JN411855

OPTICS

FIFTH EDITION

EUGENE HECHT

광 학

제5판

조재흥 · 김규욱 · 황인각 옮김

PEARSON

자유아카데미

역자 서문

2018년 무술년(戊戌年) 새해에 청림소축(靑林小築)에서 E. Hecht의『OPTICS 5th ed.』번역을 마무리하면서 학문의 소중함과 본 교재와의 인연을 새삼 되새겨보고 있다. 27세였던 1987년 2월 KAIST에서 박사학위를 마친 후, 대전 대덕연구단지의 한국표준과학연구원으로 내려와서 5년여를 각종 레이저 개발과 레이저 주파수 체인 연구에 몰두하였고, 1992년 3월 한남대학교 물리학과로 자리를 옮겨 동료이자 선배인 장 수 교수와 함께 교육과 연구에 몰두한 지 벌써 27년이 되었다. 이렇게 평생 광학이라는 학문을 연구하였지만, 여전히 극히 일부분의 영역에서만 그 내용을 이해하고 이를 활용하였기에 아직도 해야 할 공부가 더 남아 있다고 생각한다. 이러한 학자적 탐구정신과 지적 호기심이 지금까지의 나를 있게 한 기둥이라고 생각하는데, 이러한 정신은 박사 과정 지도교수였던 고 이상수 교수에게서 보고 배운 것으로서 이를 한남대학교 대학원 제자들도 이어받기를 희망한다.

본 번역서는 1996년 8월『OPTICS 2nd ed.』의 번역본인『광학』을 본 역자를 포함한 21명의 역자진이 번역하여 발간한 이래로 실로 21년 동안 본 역자가 대표 역자가 되어 지속적으로 번역해 국내에 소개하고 널리 알린 명저이다. 이번 제5판은 광학에 나오는 최신 이론을 미적분학을 최소화하여 설명하면서 최신 광학기술과 기존의 광학 관련 기초내용을 이해하기 쉽게 풀이하였으며, 내용을 확인할 수 있도록 수많은 예제와 문제를 수록하였다. 본 교재는 무엇보다도 정확한 전자기학적 이론과 원자 산란 및 양자역학 개념에 기반을 둔 정량적/정성적 설명이 큰 장점이라고 본다. 두꺼운 분량과 긴 설명으로 독자들에게 강한 인내와 막대한 시간 투자를 요구하지만, 광학 개념을 매우 정확하고 확고하게 안내해 줄 것이며, 그 어떤 교재보다도 더욱 더 큰 만족감을 제공하리라 생각한다. 이미 2판부터 4판까지 국내의 광학 및 광공학 분야에서 가장 많이 읽히고 참고문헌이 된 명저이기에 더 이상의 소개는 필요 없다고 생각한다. 각 장의 내용 및 5판에 새로 추가된 내용과 그에 대한 이유는 뒤에 나오는 저자 서문에 자세히 설명되어 있으므로 이를 참조하기를 바란다.

사실 4판 번역본을 출판한 이래로『OPTICS 4th ed.』에 최신 광학 내용들이 추가되었으면 하는 바람과 함께, 번역본의 오탈자를 바로잡을 기회가 생겼으면 하는 역자로서의 미안함도 가지고 있었다. 새로운 교재를 만들어야 될지, 아니면 오탈자를 수정한 수정본을 출간할지에 대해 지속적으로 고민하던 중, 2017년 초 미국에서 출판된『OPTICS 5th ed.』의 판권 및 번역권을 갖고 있는 자유아카데미에서 본 역자에게 번역 대표를 부탁하는 제안이 들어왔으며 김규욱 교수, 황인각 교수와 함께 본 교재를 번역하게 되었다. 참으로 여러 가지 우여곡절과 본 역자의 기나긴 기다림의 결과로 5판 번역이 시작되었다고 생각하는 바이다.

본『광학 제5판』은 한남대학교 조재흥 교수, 전남대학교 황인각 교수, 금오공과대학교 김규욱 교수가 나누어 번역 및 교정을 하였다. 역자들은 이미 국내외 연구 및 교육 분야에서 전문가로 활동하시는 분들로 각자 번역에 최선을 다하였다고 생각한다. 또한 자유아카데미 편집부에서도 교정과 편집에 매우 힘써 주었다. 훌륭히 작업해 준 것에 대해 깊은 감사의 말을 전한다. 다음은 3명의 역자가 E. Hecht의『OPTICS 5th ed.』의 원서를 나누어 번역한 내용이다.

- 역자 서문, 저자 서문, 1~5장: 한남대학교 광 · 센서공학과 조재흥 교수(jhjo@hnu.kr)
- 6~9장: 전남대학교 물리학과 황인각 교수(ikhwang@chonnam.ac.kr)
- 10~13장, 부록, 해답: 금오공과대학교 광시스템공학과 김규욱 교수(gukim@kumoh.ac.kr)

담당 역자들이 번역 및 1차 교정을 하였고 본 대표 역자가 따로 2번의 교정을 하였으며 자유아카데미에서도 여러 번의 편집 작업을 통해 오탈자 및 오역을 최대한 없애려고 노력하였다. 이렇게 나름 최선을 다하였지만 미흡한 부분이 있을 수 있다. 이 점은 양해를 바라며, 내용적 오류나 의문사항 등이 있다면 담당 역자 이메일로 알려주시길 바란다. 이를 바탕으로 출간 후 수정사항이 있을 경우에는 자유아카데미 홈페이지(www.freeaca.com) 자료실에 제공할 예정이다.

드디어『광학 제5판』의 번역이 마무리되었다. 본 교재가 출판될 때까지 수고하신 모든 분들에게 감사드린다. 특히 지난 2017년 한 해 동안 이 교재의 번역 작업으로 시간적으로 지도가 소홀해진 대학원생과 학부생에게 미안함을 전하며, 각 역자의 가족들에게도 감사와 심심한 위로를 전하는 바이다. 이러한 마음을 명저인 E. Hecht의 『OPTICS 5th ed.』 번역서 『광학 제5판』을 출판함으로써 대신 전하고자 한다.

2018년 1월 5일
청림소축에서 조재흥 교수

저자 서문

Ca,b.w.l.에게

이번 5판을 새롭게 만든 이유는 다음과 같은 3가지 중요한 필요성 때문이다. 먼저, 교재 전반에 걸쳐서 교육적으로 내용을 개선하기 위해서, 또한 이 내용을 설명하는 방식을 보다 현대적으로 다루기 위해서(즉 광자, 위상자, 푸리에 분석 등을 약간 더 취급하는 것과 같이), 그리고 기술적으로 진보한 내용을 새롭게 추가하기 위해서이다. 광학은 매우 빠르게 진화하는 학문인데, 이번 판에서는 이를 반영하여 최신 접근 방법을 제공하기 위해 노력하였으며 이 모든 과정을 교육학적 관점에 초점을 맞추었다.

이러한 노력에는 여러 개의 목표가 있다. (1) 광학에 대한 거의 모든 관점에 대해서 원자 산란을 중심적으로 적절히 설명하는 것이며, (2) 이 책이 전통적인 방법론을 기저에 깔고 있을지라도 시작부터 빛(사실상 모든 양자 입자)의 양자역학적 성질을 강조하면서 설명하는 것이다. 따라서 전자와 중성자 회절 형태가 광자 영상과 나란히 찍혀있는 그림을 볼 수 있을 것이다. (3) 오늘날 일반적으로 취급하는 분석법인 강력한 푸리에 이론의 관점을 초기 서론부터 도입하기 시작한다. 따라서 공간 주파수와 공간 주기의 개념을 도입하고 2장 초입부터 도표를 사용하여 시간 주파수와 시간 주기의 설명 방식에 따라 이를 설명한다.

학생들의 요청에 따라 각 절에서 공부하였던 원리를 적용한 100개 이상의 예제를 곳곳에 실었으며, 과제용으로 풀 수 있도록 책에 해답이 나와 있지 않은 200개 이상의 문제를 각 장 뒷부분의 연습문제에 추가하였다. 또한 책의 내용을 더욱 쉽게 설명하기 위해 더욱 많은 도표와 사진을 수록하였다. 이 책의 교육학적 강점은 그 내용에서 강조할 것을 실제로 토론할 수 있도록 설명한다는 것이다. 이번 판에는 이러한 접근법을 더 많이 사용하였다.

4판이 출판된 이래로 매년 『광학』을 사용하여 가르쳐왔기 때문에, 본 저자는 요즈음 학생들의 장점을 살리기 위해 이 책에서 어느 것을 더 명확히 해야 하는지를 알고 있다. 따라서 이번 개정판에서는 수십 개의 강조할 점들을 추가로 다루며, 그동안 빠뜨렸던 유도 과정을 새로이 채워놓았다. 또한 모든 삽화들은 정확성을 지키기 위해서 더욱 자세하게 그렸으며, 가독성과 교육학적 효율을 키우기 위해서 배치에 변화를 주었다.

각 장마다 새로운 내용들도 많이 추가되었다. 2장(파동 운동)에서는 나선형 빛이라는 절을 추가했으며, 3장(전자기 이론, 광자, 빛)에서는 음의 굴절과 압착광의 부절을 추가하였고 발산과 회전에 대한 내용도 수록하였다. 4장(빛의 전파)에서는 흡광도에 대한 간단한 내용, 전자기장의 경계에 대한 부분, 에바네센트 파에 대한 내용, 그리고 부절로 점광원에서 나오는 빛의 굴절, 음의 굴절, 하위헌스의 광선 작도법, 구스-헨센 횡 이동을 추가하였다. 5장(기하광학)에서는 허물체, 초평면 광선 추적, 다공 광섬유/마이크로 구조 광섬유의 부절과 함께, 렌즈와 거울의 결상 원리를 설명하는 수많은 새로운 그림과 광섬유 광학과 관련된 부가적인 설명 부분을 새롭게 추가하였다. 6장(기하광학에 덧붙여)에서는 두꺼운 렌즈에 대한 간단한 광선 추적을 설명하는 방법을 새롭게 다루었다. 7장(파동의 중첩)에서는 음의 위상 속도라는 부절, 계산하지 않고도 실제로 푸리에 분석이 어떻게 진행되는지를 보여주는 수많은 도표, 푸리에 분석을 훨씬 더 많이 확장해서 취급하는 방법, 광 주파수 빗(이는 2005년 노벨상 수상으로 알려짐)에 대한 토론 내용들을 추가하였다. 8장(편광)에서는 편광된 빛을 분석하기 위해서 위상자를 사용하는 강력한 기술을 다루며, 단축 결정에서의 파면과 광선이라는 부절도 추가하였다. 9장(간섭)에서는 간섭이 영의 실험과 관련이 있기 때문에 회절과 결맞음에 대한 간단한 개념적 토론으로 시작한다. 근거리장/원거리장, 위상을 이용한 전기장 진폭, 회절의 징후, 입자 간섭, 빛에 대한 파동 이론의 성립, 결맞음 길이 측정과 같은 새로운 부절이 추가되었다. 10장(회절)에서는 위상자와 전기장 진폭이라는 부절이 새롭게 추가되었는데, 수많은 새로운 도표와 사진을 통해 다양한 회절 현상들을 설명하고 있다. 11장(푸리에 광학)에서는 2차원 상이라는 부절이 추가되었는데, 공간 주파수 성분이 상을 생성하는 데 어떻게 결합되는지를 묘사한 일련의 삽화가 상당히 포함되었다. 12장(결맞음 이론의 기초)에서는 간섭 무늬와 결맞음이라는 절이 추가되었으며, 수많은 고도화된 보조용 삽화가 부가적으로 첨부되었다. 13장(현대 광학: 레이저를 비롯한 몇 가지 논제)에서는 광전자 상 재생을 포함한 몇 개의 새로운 부절이 추가되었고, 여러 가지 표와 삽화로 구성된 최신의 방법으로 레이저를 설명한다.

5판은 광학을 가르치는 강사들에게 흥미가 있을 만한 상당히 새로운 내용들을 제공하고 있다. 예를 들어 평면파, 구면파, 원통파에 추가해서 나선형 파(helical wave)를 새로이 살펴보는데, 이 파는 공간을 통해서 진행할 때 일정한 위상면이 나선 형태로 돈다(2.11절, 33쪽).

학생들은 발산과 회전이 물리적으로 어떤 현상에 대응하는지를 이해하는 것에 매우 어려움을 겪는다. 따라서 이번 개정판에는 꽤 단순한 용어를 사용하여 실제적으로 이들 연산자(operator)에 대해 탐구하는 절을 넣었다(3.1.5절, 46쪽).

음의 굴절에 대한 현상은 활발히 진행되고 있는 현대 연구 영역으로, 이와 관련된 기초 물리에 대한 간단한 소개를 4장에서 찾아 볼 수 있다(110쪽).

하위헌스는 굴절된 광선을 작도하는 방법을 유도하였는데, 이 방법은 그 자체로 상당히 좋은 방법이며(111쪽), 또한 비등방성 결정에서의 굴절을 적절하게 설명하는 편리한 방법이기도 하다(357쪽).

전자기파와 매질 사이의 상호작용을 연구할 때(즉 프레넬 방정식을 유도할 때) 경계 조건을 사용한다. 전자기학에 익숙하지 않은 학생들을 위해 이번 5판에서는 이 경계 조건에 대해 간략히 설명한다(4.6.1절, 118쪽).

내부 전반사에서 일어나는 구스-헨센 횡 이동에 대해서도 간략히 논의한다. 입문 단계에서 종종 간과되지만 매우 흥미로운 물리학 분야이다(4.7.1절, 132쪽).

초평면 광선 추적은 복잡한 렌즈계를 지나가는 광선의 궤적을 추적하는 간단한 방법이다. 이번 판에 새롭게 도입한 기술로, 교실 내에서도 충분히 할 수 있으며 많지 않은 강의시간으로도 충분히 이해할 수 있다(175쪽).

몇 가지 새로운 도표를 통해 허상 및 렌즈계에서 발생하는 허물체의 성질을 명백히 알 수 있다(174~175쪽).

광섬유 광학은 실제로 광범위하게 널리 사용하기 때문에 이 주제에 대한 관점을 설명하는 최신 내용이 필요하였다(205~209쪽). 새로운 매질들 중에서도 마이크로 구조 광섬유와 이보다 더 일반적인 광자 결정에 대해서도 설명하였다. 이 두 가지는 중요한 물리적 내용들을 수반한다(209~211쪽).

푸리에 급수에 대한 어느 정도 수식을 통한 설명, 즉 이러한 '건조한' 수학적 방식 외에도, 개념적으로 이들에 대한 몇 가지 적분을 실제로 하는 것을 보여 주는 매우 흥미로운 그래프적인 분석을 첨가하였다. 이 방법은 학부생들에게는 매우 중요한 방식이다(7.3.1절, 307~311쪽).

위상자는 조화파의 합을 가시적으로 보여 주기 위하여 널리 사용된다. 이 기술은 다양한 편광 상태를 구성하는 직교하는 전기장 성분들을 취급하는 데 매우 유용하다(340~342쪽). 더군다나 이 방법은 파장판의 작동 원리를 분석하는 멋진 그래프적 수단이 될 수 있다(370~371쪽).

일반적으로 영의 실험과 이중 빔 간섭은 고전광학과 양자광학의 중간 정도 된다고 볼 수 있다. 이 내용에 대한 일반적인 소개는 너무나 단순해서 회절 현상과 결맞음이 갖는 한계를 내려다 볼 수 있게 해준다. 앞서서 관심을 가졌던 이 실험들을 이러한 분석으로 간단히 살펴본다(9.1.1절, 403쪽).

전기장 진폭을 그래프적으로 나타내는 위상자를 사용하여 간섭에 대한 전통적인 논의를 보다 확장하였다. 이 방법은 간섭에서 전기장 진폭이 어떻게 되는지를 가시적으로 보여 주는 또 다른 방법을 가르쳐준다(9.3.1절, 410쪽).

또한 전기장 위상자를 사용하여 편리하게 회절을 평가할 수 있다(471~472쪽). 자연스럽게 이 방법이 고전적인 진동 곡선을 이끄는데, 이 진동 곡선은 양자역학에서 사용한 파이만의 확률-진폭 접근법을 기억나게 한다. 어쨌든 이 곡선은 학생들에게 근본적으로 미적분이 없이 회절을 깨닫게 해주는 보완적인 수단을 제공한다.

푸리에 광학에 흥미를 갖는 학생들은 사인파의 공간 주파수 성분들이 어떻게 젊은 아인슈타인의 상과 같은 2차원 상을 만드는 데 기여하는지를 일련의 삽화를 통해 볼 수 있다(556쪽). 이 책의 수준을 넘어서는 부분이 있지만 11장에서 일련의 삽화들을 통해서 간략히 논의한다. 그 이유는 현대 상 이론에서 푸리에 광학이 기본적 내용이며 개념적으로 매우 멋지기 때문이다.

독자층을 더 넓게 확보하면서 결맞음에 대한 진일보된 취급법을 만들기 위해서 이번 판에서는 비수학적인 소개법을 12장에 포함시켰다(591쪽). 이것은 전통적인 표현법에 대한 단계이다.

끝으로 레이저에 대한 내용을 소개하는 정도에서 확대하여 넣었으며(624쪽), 현대의 상황에 맞춰 설명하였다.

4판이 출간된 후 수년 동안 전 세계의 수많은 동료들이 이번 새로운 5판을 위해 조언과 제안을 해 주었으며, 글 및 사진 등의 자료도 제공해 주었다. 이들 모두에게 진심으로 감사하고 있으며, 특별히 University of Texas at Austin의 Chris Mack 교수와 Adelphi University의 Andreas Karpf 박사에게 깊은 감사를 드린다. 또한 여러 새로운 문제의 테스트와 새로 추가된 사진을 촬영하는 데 많은 도움을 준 우리 학생들에게도 빚을 지고 있다. 사진 촬영에 있어서 많은 시간을 할애해 준 Tanya Spellman, George Harrison, Irina Ostrozhnyuk에게 특별한 고마움을 전한다.

Addison Wesley 사의 많은 분들께도 도움을 받았다. 프로그램 매니저 Katie Conley는 시작부터 끝까지 완벽하게 책 출간을 도와주었다. Joanne Boehme은 원고정리 및 편집에 있어서 빈틈없는 모습을 보여 주었다. Atherton Customs의 Jim Atherton은 수백 장의 복잡한 도표를 예술적으로 그려주었는데, 그 많은 작업을 모두 혼자서 해내었다. 이번 제5판은 Orr Book Services의 John Orr의 안내에 따라 진행되었다. 정확하고 멋진 책을 만들기 위해 그가 보여 준 헌신적인 모습은 매우 인상적이었다. 전통적인 출판 시장이 급격한 변화를 겪고 있는 시점에서도 현실과 타협하지 않고 고품질을 위한 확고한 기준을 유지하며 작업하였는데, 이 점에 대해 정말 깊은 감사를 표하며 이런 유능한 전문가와 함께 일했다는 것만으로도 큰 즐거움이었다고 말하고 싶다.

마지막으로 초판부터 제5판까지 여러 개정판을 내는 데 있어 많은 도움을 준 나의 소중한 친구이자 훌륭한 교정자인 아내 Carolyn Eisen Hecht에게 고마움을 전한다. 힘들 때마다 재치 있는 유머와 조언으로 큰 힘이 돼주었고, 책 내용 또한 훌륭히 교정해주었다.

이번 제5판과 관련된 의견이나 조언이 있다면 저자의 이메일(genehecht@aol.com)로 보내주기 바란다. 다음 판을 준비하는 데 있어 큰 도움이 될 것이다.

차례

1 간추린 역사

1.1 머리말

앞으로 여러 장에 걸쳐 현 시대에서 관심의 대상이 되는 영역들을 특별히 강조해 가며 광학 전반에 대해서 체계적으로 전개해 나가고자 한다. 이 광학이라는 주제는 대략 3천 년에 걸쳐 쌓아올린 방대한 양의 지식을 담고 있다. 광학 전반에 대한 현대적인 고찰을 다루기 전에 모든 것을 제대로 보기 위해 광학이 지나온 길을 한 번 거슬러 가보자.

1.2 초기 역사

광 기술의 기원은 먼 고대로 거슬러 올라간다. 성경의 출애굽기 38장 8절에는 기원전 약 1200년에 브살렐(Bezaleel)이 방주와 성막을 만들면서 어떻게 '여자들의 거울'을 다시 주조하여 유대인들의 의식에 사용하는 놋대야를 만들었는지 기록해 놓고 있다. 초기의 거울은 표면이 잘 가공된 구리, 청동, 그리고 나중에는 주석이 많이 들어 있는 구리 합금으로 만들어졌다. 고대 이집트 시대의 이러한 물건들 중 아직까지 남아 있는 것들이 있다. 기원전 약 1900년에 만들어진 나일강 근처 세소스트리스(Sesostris) 2세의 피라미드가 있는 당시 노동자 거주 지역에서 몇 가지 공구와 함께 아주 완벽하게 보존된 거울 1개가 발견되었다. 그리스의 철학자 피타고라스(Pythagoras), 데모크리토스(Democritus), 엠페도클레스(Empedocles), 플라톤(Plato), 아리스토텔레스(Aristotle) 등은 빛의 본질에 관한 여러 이론을 생각해 내었다. 빛의 직진성은 유클리드(Euclid)가 기원전 300년에 지은 「반사광학(Catopics)」이라는 책에서 **반사의 법칙**(Law of Reflection)을 발표할 때 알려졌다. 헤론(Hero of Alexandria)은 빛은 두 점 사이의 가장 짧은 경로로 지나간다고 주장하며 이 두 가지 현상을 설명하려고 시도하였다. 아리스토파네스(Aristophanes)는 기원전 424년에 그의 희극 「구름(The Clouds)」에서 태우는 유리(즉 볼록 렌즈)를 언급하였다. 그리고 플라톤의 「공화국(Republic)」에서는 물에 일부가 잠긴 물체가 굽어보이는 현상을 언급하였다. 굴절률은 서기 50년에 클레오메데스(Cleomedes)가 연구하였고, 나중에 서기 130년에 알렉산드리아의 톨레미(Claudius Ptolemy)가 여러 물질에 대해서 입사각과 굴절각을 비교적 정확하게 측정하여 발표하였다. 역사학자 플리니(Pliny, 서기 23~79)는 로마인들이 불을 지피는 렌즈를 가지고 있었다고 기록하였다. 또한 불을 지피기 위해 사용했을지도 모르는 여러 가지 유리와 결정 구면체들도 로마의 폐허에서 발견되었다. 또한 평면-볼록 렌즈가 폼페이(Pompeii)에서 발견되었다. 로마의 철학자 세네카(Seneca, 기원전 3~서기 65)는 물로 채워진 유리공을 확대용으로 쓸 수 있다는 것을 알았다. 또한 일부 로마의 예술가들이 매우 섬세한 작업을 쉽게 하기 위하여 돋보기를 사용했음이 분명하다.

475년에 서로마 제국이 멸망한 후, 암흑기가 시작되었으며 아주 오랫동안 유럽에서는 과학의 진보가 거의 없었다. 지중해 연안의 그레코-로만(Greco-Roman) 기독교 문화는 그 지역이 정복당한 후 이슬람 문화에 굴복당하였다. 그 결과 학문의 중심부도 아랍의 세계로 바뀌었다.

바그다드에서 이슬람 법정에서 근무한 이븐 살(Abo Sa`d al-` Ala'Ibn Sahl, 서기 940~1000)은 굴절에 대해서 연구하였는데, 이곳에서 서기 984년에 「불 피우는 도구(On the Burning Instruments)」라는 글도 저술하였다. 그 책에서 그는 최초로 굴절을 세밀하게 도식적으로 설명하였다. 이 책에서 이븐 살은 불 피우는 포물면 및 타원면 거울을 둘 다 기술하였으며, 평-볼록 쌍곡면 렌즈뿐만이 아니라 양볼록 쌍곡면 렌즈도 해석하였다. 서구에서는 알하젠(Alhazen)으로 알려진 학자 이븐 알 하이삼(Abu Ali al-Hasan ibn al-Haytham, 서기 965~1039)은 혼자 집필한 광학 관련 책 14권을 포함하여 다양한 주제에 대해서 기술한 다작의 작가였다. 그는 입사각과 반사각을 접촉면에 수직인 동일한 평면에서 다루는 경우에 대한 반사의 법칙을 자세히 설명하였다. 또한 그는 구면경과 포물면경을 연구하였고 인간의 눈에 대해 자세히 묘사하였다. 알하젠은 빛이 매질에서 가장 빠른 경로를 지나

포르타(Giovanni Battista Della Porta, 1535~1615). (US National Library of Medicine)

간다고 페르마(Fermat)에 앞서서 주장하였다.

13세기의 후반부에 유럽은 지적인 휴면기에서 막 깨어나고 있었다. 알하젠의 연구 결과는 라틴어로 번역되었고 폴란드의 수학자 비텔로(Vitello)와 링컨의 주교였던 그로스테스테(Robert Grosseteste, 1175~1253)의 글에 대단한 영향을 끼쳤다. 현대적 관점에서 볼 때 최초의 과학자라고 일컬어지는 베이컨(Franciscan Roger Bacon, 1215~1294)이 그들의 연구 결과를 알게 되었다. 그는 시력 교정용 렌즈의 개념을 도입하였고, 렌즈를 결합해서 망원경을 만들 수 있다는 것을 암시하였다. 또한 광선이 렌즈를 통과하는 경로에 대해서도 어느 정도 이해하고 있었다. 베이컨이 죽은 후 광학은 다시 쇠약해졌다. 그럼에도 불구하고 1300년대 중반기에 유럽의 화가들은 안경을 끼고 있는 승려들을 그리고 있으며, 연금술사들은 거울을 만들기 위해 유리 뒷면에 문지르는 주석과 수은의 액체 아말감을 만들었다. 다 빈치(Leonardo da Vinci, 1452~1519)는 **어둠상자**(camera obscura)를 제작하였고 나중에 포르타(Giovanni Battista Della Porta, 1535~1615)의 연구로 이것이 대중화되었다. 포르타는 또한 그의 책 「기술(奇術)(Magia naturalis, 1589)」에서 여러 개의 거울과 볼록, 오목 렌즈의 결합에 관해 논의하였다.

대략 이러한 여러 사건들이 초기의 광학 역사가 되는 셈이다. 물론 그것이 시작이기는 하지만 전반적으로 볼 때 별로 이렇다 할 게 없다. 그 시대는 실제로 점수를 따는 게임을 하는 것이 아니라 게임하는 방법을 배우는 시간이라고 해야 할 것이다. 성취와 흥분의 회오리바람이 조금 후인 17세기에 다가오고 있었다.

1.3 17세기부터

굴절 망원경을 실제로 누가 발명했는지는 확실하지가 않다. 그러나 헤이그(Hague)에 있는 업적 기록에 의하면 1608년 10월 2일 독일의 안경 제조업자인 리페르쉐이(Hans Lippershey, 1587~1619)가 굴절 망원경에 대한 특허를 신청하였다. 파두아(Padua)에 있던 갈릴레이(Galileo Galilei, 1564~1642)는 그 발명 소식을 듣고 나서 렌즈를 손으로 갈아서 수개월 후에 그 자신의 망원경을 만들었다. 거의 같은 시기에 네덜란드인 얀센(Zacharias Janssen, 1588~1632)이 복합 현미경을 만들었다. 네이플스(Naples)의 폰타나(Francisco

유럽 마을의 풍경을 그린 초기 그림. 그림의 왼쪽 남자가 안경을 팔고 있다. (INTERFOTO/Alamy)

케플러(Johannes Kepler, 1571∼1630). (Nickolae/Fotolia)

Fontana, 1580∼1656)는 망원경의 대안 렌즈로 쓰던 오목 렌즈를 볼록 렌즈로 바꾸었고 케플러(Johannes Kepler, 1571∼1630)는 망원경의 렌즈를 그와 비슷한 방법으로 바꾸었다. 케플러는 1611년에 「디옵터학(Dioptrice)」이라는 책을 저술하였다. 그는 전반사를 발견하였고 작은 각에서는 입사각과 굴절각이 비례한다는 근사적인 굴절의 법칙을 발견하였다. 그는 얇은 렌즈계에 대한 1차 근사광학 이론을 전개하였고 그의 책에서 케플러의 망원경(볼록 접안 렌즈)과 갈릴레이 망원경(오목 접안 렌즈)의 원리를 상세히 설명하였다. 1621년에 레이든(Leyden)의 스넬(Willebrord Snel, 1591∼1626) 교수는 오랫동안 숨겨져 있던 **굴절의 법칙**(Law of Refraction)을 실험적으로 발견하였는데, 광학 분야에서는 이 사실이 굉장한 일로 알려져 있다(스넬의 이름은 이유를 알 수 없지만 대개 'Snell'이라는 철자 표기로 알려져 있다). 스넬은 두 물질 사이의 경계를 통과하면서 광선의 방향이 어떻게 바뀌는지 정확히 알아내어 현대 응용 광학으로 향하는 문을 단번에 활짝 열어버린 것이다. 데카르트(René Decartes, 1596∼1650)는 지금 잘 알려진 사인(sine)을 이용한 굴절법칙의 공식을 발표한 첫 번째 사람으로, 빛을 탄성 매질에 의해 전달되는 일종의 압력으로 보는 모델을 사용하여 굴절의 법칙을 유도하였다. 그는 그의 저서 「굴절광학(La Dioptrique, 1637)」에서 다음과 같이 기술하였다.

> … 모든 다른 물체의 작은 구멍들을 채우고 있는 매우 파악하기 어려운 물질로 이해되는 어떤 운동이나 작용을 말할 때, 이러한 성질은 빛의 탓이라고밖에 말할 수 없다는 것을 기억한다. …

세상은 많은 것들로 구성되어 있다. 페르마(Pierre de Fermat, 1601∼1665)는 데카르트의 가정을 무시하고 그의 **최소 시간의 원리**(Principle of Lest Time, 1657)로부터 반사의 법칙을 다시 유도하였다.

볼로나(Bologna)에 있는 예수 대학(Jesuit College)의 그리말디(Francesco Maria Grimaldi, 1618∼1663) 교수는 빛이 어떤 장애물 건너로 진행할 때 직선 운동에서 벗어나는 회절 현상을 처음으로 주목하였다. 그는 작은 광원을 막대에 비췄을 때 그림자 속에 빛의 띠가 있는 것을 발견하였다. 런던의 왕립학회의 실험 담당이었던 훅(Robert Hooke, 1635∼1703)은 그 후에 이러한 회절 효과를 발견하였다. 그는 박막으로 인해 생기는 색깔 있는 형태를 처음으로 연구하였다(「Micrographia」, 1665). 그는 빛이란 굉장히 빠른 속도로 전파하는 매질의 빠른 진동 운동이라고 주장하였다. 그리고 "빛을 내는 물체에서 생긴 모든 펄스나 진동은 구면을 만든다"는 것이 곧 파동설의 시작이 되었다. 갈릴레오가 죽은 지 1년이 채 안 되어서 뉴턴(Isaac Newton, 1642∼1727)이 태어났다. 그의 과학적인 연구의 요점은 추측에 근거한 가설을 배제하고 직접 관찰한 사실에 근거를 두려고 하는 것

할스(Frans Hals)가 그린 데카르트(Rene Descartes, 1596∼1650) 초상화. (Georgios Kollidas/Shutterstock)

뉴턴 경(Sir Isaac Newton, 1642∼1727). (Georgios Kollidas/Fotolia)

호이겐스(Christiaan Huygens, 1629~1695). (약 1680년경의 호이겐스 초상화. Abraham Bloteling. Engraving. Rijksmuseum [Object number RP-P-1896-A-19320].)

이다. 그래서 뉴턴은 빛의 본질이 미립자, 즉 입자들의 흐름인가? 아니면 어디에나 퍼져 있는 에테르(aether) 안에서의 파동인가? 하고 오랫동안 이 두 가지 생각에 사로잡혔다. 23살의 나이에 그는 분산에 대한 실험을 시작하였다.

> 나는 잘 알려진 여러 색깔들의 현상을 다루어보기 위해 삼각형 유리 프리즘을 한 개 준비하였다.

뉴턴은 백색광이 독자적인 여러 색깔들의 혼합으로 구성되어 있다고 결론지었다. 그는 여러 색깔과 관련된 빛의 미립자들이 에테르로 하여금 그 색에 해당하는 고유의 진동수로 진동한다고 주장하였다. 비록 그의 연구 결과는 빛의 파동성과 입자성을 동시에 포용하는 이상한 성질을 이야기하고 있지만 나중에 나이가 먹어가면서 빛의 입자성에 더 기울었다. 그가 당시의 파동론을 받아들이지 않았던 가장 큰 이유는 모든 방향으로 퍼져 나가는 파동으로 빛의 직진을 설명할 때 너무 분명하게 부딪치는 문제점 때문이었다.

뉴턴은 몇 가지 매우 제한적인 실험을 하고 나서 굴절 망원경 렌즈의 색수차를 제거하려는 노력을 포기하였다. 이러한 색수차를 제거한다는 것이 불가능하다는 잘못된 결론을 내리고, 그는 반사경의 설계로 돌아섰다. 아이작(Isaac)경의 첫 반사형 망원경은 1668년에 완성되었으며, 그 길이는 6인치이고 지름은 1인치밖에 안 되었으나 배율은 30배나 되었다.

뉴턴이 영국에서 빛의 입자설을 강조하고 있을 때 유럽 대륙에서는 호이겐스(Christian Huygens, 1629~1695)가 파동론을 강력하게 전개해나가고 있었다. 데카르트, 훅(Hooke), 뉴턴과는 달리 호이겐스는 빛이 더 밀도가 높은 매질로 들어가면 속도가 감소한다는 정확한 결론을 얻었다. 그는 반사와 굴절의 법칙을 유도할 수 있었고 그의 파동론을 사용하여 방해석의 복굴절 현상을 설명하였다. 그가 **편광**(polarization) 현상을 발견한 것도 방해석을 가지고 연구할 때였다.

> 2개의 다른 굴절이 존재하므로 나는 두 가지의 다른 광파의 빛살이 존재한다고 생각하였다.

따라서 빛은 입자들의 흐름이거나 에테르라는 물질의 빠른 파동이라고 여겼다. 어떤 경우가 됐든 빛의 속도가 엄청나게 빠르다는 것을 일반적으로 인정하고 있었다. 실제로 많은 사람들은 빛이 순간적으로 전파한다고 믿었고 이러한 개념은 아리스토텔레스 이후로 계속 믿어 온 것이었다. 그러나 빛이 한정된 속도를 가진다는 사실을 덴마크 사람 뢰매르(Ole Christensen Römer, 1644~1710)가 알아내었다. 목성에 가장 가까운 달인 이오(Io)의 궤도는 거의 목성의 태양 공전 궤도의 평면에 있다. 뢰매르는 이오가 목성의 그림자를 지나갈 때 발생하는 월식 현상을 면밀하게 관찰하였다. 1676년에 뢰매르는 이오가 11월 9일에는 연평균으로 계산한 값보다 10분 늦게 그 모습이 보일 것이라고 예언하였다. 이오는 그가 예언한 그대로 출현하였고 뢰매르는 이것을 빛의 한정된 속도 때문이라고 정확하게 설명하였다. 그는 지구의 태양 공전 궤도의 지름, 즉 약 1억 8600만 마일을 빛이 지나가는 데 약 22분 걸린다는 것을 계산해 내었다. 호이겐스와 뉴턴은 뢰매르의 연구 결과가 맞다는 것을 확신하였으며, 두 사람도 각자 지구의 공전 궤도 지름을 알아내어 빛의 속도가 각각 2.3×10^8 m/s와 2.4×10^8 m/s 라고 발표하였다.*

뉴턴의 견해가 18세기 내내 파동론을 덮어버렸고 파동론을 주장하는 사람들을 거의 숨 막히게 하였다. 기존의 정설에 만족하는 사람들은 많고, 자신의 실험 철학에 충실하고 당시의 지배적인 견해를 따르지 않는 사람들은 극소수였다. 물론 뉴턴 때문이었다. 그런 상황이었지만 당시 수학자였던 오일러(Leonhard Euler, 1707~1783)는 주목을 받을 만한 사람은 아니었지만 파동론의 주창자 중 한 명이였다. 그는 렌즈에서 볼 수 있는 불필요한 색 효과는 다른 매질에서는 분산이 되지 않으므로 눈에서는 존재하지 않는다고 주장하였다(이것은 잘못된 생각이었다). 그는 색지움 렌즈를 비슷한 방법으로 만들 수도 있을 것이라고 발표하였다. 이러한 결과에 고무되어 웁살라(Uppsala) 대학의 클린겐츠제르나(Samuel Klingenstjerna, 1698~1765) 교수는 뉴턴의 색수차 실험을 다시 하고 뉴턴의 실험이 잘못되었다고 판단하였다. 클린겐츠제르나는 비슷한 실험 결과를 얻은 런던의 안경상인 돌런드(John Dollond, 1706~1761)와 의견교환을 하였고, 마침내

* A. Wróblewski, *Am.J.Phys.* **53**, 620 (1985).

1758년 창유리와 플린트(flint) 유리를 결합하여 색수차가 없는 렌즈를 만들었다. 이것은 실제적으로 매우 중요한 성취였다. 또한 에섹스(Essex)에 있는 무어(Moor) 공회관의 아마추어 과학자인 홀(Chester Moor Hall, 1703~1771)의 연구 결과도 발표되지는 않았으나 돌런드의 발명보다 앞서 있었다.

1.4 19세기

빛의 파동론은 19세기의 위대한 지성인 중의 한 사람인 영(Thomas Young, 1773~1829) 박사의 노력으로 다시 태어났다. 영은 1801년, 1802년, 1803년에 영국 학술원에서 파동론을 격찬하고 새로운 기본 개념인 이른바 **간섭 원리**(principle of interference)를 담은 논문들을 발표하였다.

> 서로 다른 파원으로부터 발생한 두 파동의 방향이 완전히 혹은 거의 같을 때 그들의 결합은 각 파의 운동의 합과 같다.

그는 얇은 막의 색깔 있는 무늬(fringe)의 원인을 설명하고 뉴턴의 실험 결과를 이용하여 이 무늬에서 나타나는 여러 가지 색의 파장들을 알아내었다. 하지만 그의 개념이 뉴턴의 연구 결과에서 나온 것이라고 영 박사는 여러 차례 주장했지만 어떤 사람들은 그의 결과에 대하여 심하게 공격하였다. 예를 들면 브로엄(Lord Brougham)은 「에딘버러 리뷰(Edinburgh Review)」에 발표했던 일련의 기고문들에서 영의 논문들은 '일고의 가치도 없는 것들'이라고 심하게 혹평하였다.

노르만디(Normandy)의 브로글리(Broglie)에서 태어난 프

영(Thomas Young, 1773~1829). (Smithsonian Institution)

프레넬(Augustin Jean Fresnel, 1788~1827). (US National Library of Medicine)

레넬(Augustin Jean Fresnel, 1788~1827)은 약 13년 전에 영이 했던 일을 알지 못한 채 파동론을 다시 재생시키기 시작하였다. 프레넬은 호이겐스가 설명한 파동 개념과 간섭 원리를 합성하였다. 주파(primary wave)의 진행방식은 어느 순간 후 곧 구면 형태의 연속적인 2차 파들이 서로 중첩되고 간섭하여 그 다음의 주파를 형성하는 것으로 보았다. 프레넬의 설명은 다음과 같다.

> 광파의 어떤 한 점에서의 진동은 이전에 있던 파의 모든 부분의 각 운동으로부터 그 점으로 동시에 전달된 운동의 합으로 생각할 수 있다.

당시에는 이러한 파를 공기 중의 음파와 같은 종파라고 생각하였다. 프레넬의 이론에 의하면 다양한 장애물이나 구멍으로 인해 생기는 회절 형태를 계산할 수 있고 균질한 등방성 재료에서 빛이 직진하는 것을 잘 설명할 수 있었다. 그리하여 뉴턴이 파동론을 반대하게 된 주요 근거들을 파동론으로 깨끗이 없애버렸다. 프레넬은 영이 간섭의 원리를 먼저 발표했다는 것을 알고서는 다소 낙담했지만 그에게 편지를 써서 자신은 좋은 친구를 알게 되어 위안이 된다고 하였고, 두 사람은 마침내 같이 일하게 되었다.

호이겐스는 뉴턴처럼 방해석에서 편광 현상이 있다는 것을 알아내었다. 호이겐스의 저서인 「광학(Opticks)」의 후반부에는 이렇게 적혀 있다.

> 따라서 각 광선은 2개의 서로 반대되는 측면을 가지고 있다.…

말뤼스(Étienne Louis Malus, 1775~1812)가 빛의 이러한 양면성이 반사에서도 나타난다는 것을 발견한 것도 1808년이 되어서이다. 하지만 이러한 현상이 결정체 매질의 고유 특성은 아니었다. 그 후 프레넬과 아라고(Dominique François Arago, 1786~1853)는 간섭에 대한 편광 효과를 알아보기 위해 일련의 실험을 수행하였으나 빛을 종파로 다루어서는 그 실험 결과를 설명할 수가 없었다. 수년 동안 영, 아라고, 프레넬은 이 문제와 씨름하였고, 마침내 영이 에테르 진동은 줄 위의 파동처럼 **횡파(가로파**, transverse wave)일지도 모른다는 견해를 제시하였다. 빛의 2개의 측면은 광선의 방향을 가로지르는 서로 수직인 두 가지의 에테르의 진동의 모습으로 이해하였다. 프레넬은 에테르 진동을 역학적으로 설명하기 시작하였고, 마침내 반사와 투과 빛의 계수에 관한 유명한 공식을 유도하였다. 1825년에는 방출론, 즉 입자론을 주장하는 사람은 소수의 끈질긴 사람들밖에 남지 않았다.

빛의 속도를 지구상에서 최초로 측정한 실험은 1849년의 피조우(Armand Hoppolyte Louis Fizeau, 1819~1896)의 실험이었다. 이 실험 장치는 회전 톱니바퀴와 8633 m만큼 멀리 떨어져 있는 거울로 구성되어 있으며, 이 두 장치는 파리의 근교인 수레스네스(Suresnes)에서 몽마르뜨(Montmartre)까지의 먼 거리에 설치되었다. 톱니바퀴의 한 틈을 통과한 광 펄스가 거울에서 반사되어 되돌아오면, 바퀴의 알고 있는 회전 속도를 조절하여 되돌아오는 펄스가 톱니에 부딪쳐 막히거나 톱니 사이로 통과하도록 할 수 있다. 이로부터 피조는 빛의 속도가 315,300 km/s임을 계산해 냈다. 이후로 그의 동료인 푸코(Jean Bernard Leon Foucault, 1819~1868)가 광속 측정 연구에 동참하였고, 1834년에는 휘트스톤(Charles Wheatstone, 1802~1875)이 전기 방전 불꽃의 지속 시간을 측정하기 위한 회전 거울 장치를 제작하여 밀한 매질에서의 빛의 속도를 측정하는 일에 사용하였는데, 나중에 이것이 그의 박사 학위 논문이 되었다. 1850년 5월 6일에 그는 물에서의 빛의 속도는 공기에서의 빛의 속도보다 작다는 사실을 과학원에 보고하였다. 이 결과는 물론 뉴턴의 방출론과 직접 충돌할 수밖에 없었고, 이 이론을 주장하는 몇 안 되는 사람들에게는 엄청난 타격이었다.

이러한 일들이 광학 분야에서 일어나고 있는 동안에 전기와 자기를 연구하는 분야에서도 새로운 열매들이 맺어지고 있었다. 1845년에 실험의 대가인 패러데이(Michael Faraday, 1791~1867)는 매질에 강한 자기장을 걸어주면 빛의 편광 방향이 바뀔 수 있다는 것을 알고 빛과 전자기 사이의 관계를 정립하였다. 맥스웰(James Clerk Maxwell, 1831~1879)은 전자기에 관한 모든 실험적인 지식을 잘 요약하여 몇 개의 수학 방정식들로 간략히 표현하였다. 이렇게 매우 간결하고 멋있는 대칭 구조의 식들로부터 그는 전자기장은 빛을 내는 에테르에서 횡파로 전파할 수 있다는 것을 이론적으로 증명하였다.

맥스웰(James Clerk Maxwell, 1831~1879). (E.H.)

전자기파의 속도에 대해서는 이 방정식들을 풀어서 ($c = 1/\sqrt{\epsilon_0\mu_0}$)와 같이 매질의 전기와 자기의 성질로 표현하였으며, 이러한 물리량에 대해 실험적으로 결정된 값을 대입하여 측정한 광속과 일치한 값을 얻었다. 그래서 **빛은 에테르를 통해 전파되는 '파동 형태의 전자기적 요동'**이라고 결론을 내릴 수밖에 없었다. 맥스웰은 그의 통찰력이 실험적으로 확증되는 것을 미처 보지 못하고 그보다 8년 전인 48세의 나이에 죽었다. 물리학은 그를 너무 빨리 잃은 것이다. 그의 뒤를 이어 헤르츠(Heinrich Rudolf Hertz, 1857~1894)는 이어지는 광범위한 실험들을 통해 긴 전자기파를 발생시키고 검출함으로써 전자기파의 존재를 증명하였고, 이러한 사실을 1888년에 발표하였다.

빛의 파동설을 받아들이기 위해서는 어디에나 퍼져 있는 물질인 발광성 에테르의 존재를 받아들여야 했다. 만약 파동이 있다면 그것을 유지하는 매질이 있어야 한다고 생각했기에, 당연히 에테르의 물리적 본질을 규명하려는 엄청난 노력이 있었으며 이로부터 에테르가 꽤 이상한 성질을 갖는 것으로 알려지게 되었다. 즉 이 에테르는 그 밀도가 매우 희박해야 하므로 전체의 운동이 외관상 전혀 방해를 받지 않아야 하며, 동시에 초속 186,000마일로 진행하면서 $\sim 10^{15}$ Hz의 고주파의 빛을 유지할 수 있는 물질이어야 했다. 이러한 조건은 에테르 내에서 굉장히 강한 복원력이 존재해야 함을 뜻하며, 파동이 어떤 매질을 진행하는 속도가 그 물질의 특성에 따라 달라지지만 파원의 어떤 운동에는 영향을 받지 않아야 한다는 것이다. 그러나 이러한 사실은 입자 흐름의 경우에 입자를 내놓는 물체에 대한 입자의 상대 속도가 중요한 매개변수로 작용하는 것과는 매우 대조적이다.

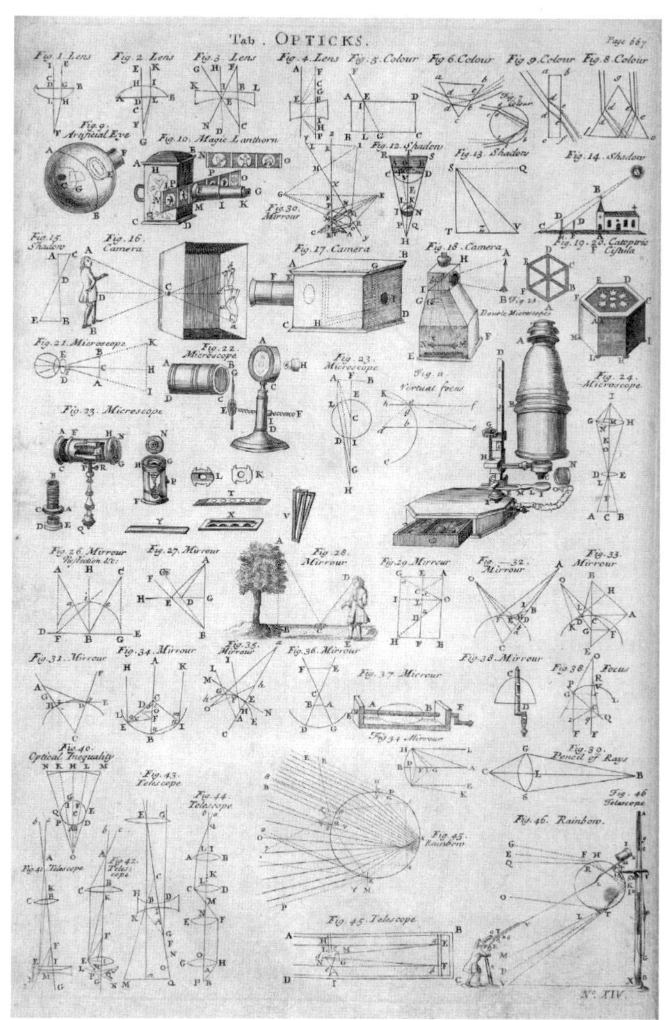

Cyclopedia 2권 또는 1728년에 Ephraim Chambers가 편집하고 James와 John Knapton이 런던에서 출판한 *An Universal Dictionary of Arts and Sciences*에 나온 광학에 대한 표 (University of Wisconsin Digital Collections)

움직이는 물체에 대한 광학 현상을 연구하면 에테르의 본질 중 어떤 특정한 부분이 끼어들게 되어 있다. 이 분야의 연구는 조용히 발전되어 그 후 굉장한 전환점을 맞이하게 되었다. 나중에 옥스퍼드 대학교에서 천문학과의 사빌리안(Savilian) 교수가 된 브래들리(James Bradley, 1693~1762)는 1725년 한 해에 두 번의 다른 때를 정하여 어떤 별의 위치를 관측하고 이로부터 그 별까지의 거리를 측정하고자 하였다. 지구의 위치는 태양 주위를 공전하면서 바뀌며, 이로 인하여 관찰하고자 하는 별을 꼭짓점으로 하고, 지구의 최대 이동 거리를 밑면으로 하는 커다란 삼각형이 생긴다. 브래들리는 그 '고정된' 별들이 공간상에서의 지구의 위치에 따라 움직일 것이라고 예상했던 결과와는 달리 지구의 공전 궤도에서 그 운동 방향에 따라 일관성 있게 움직이는 것을 관측하였다. 이러한 별의 **항성 수차**(stellar aberration)는 잘 알려진 빗방울 운동, 즉 움직이는 관측자에게는 빗방울의 떨어지는 각이 다르게 나타나는 것 때문이다. 그래서 빛의 입자설이 항성 수차를 꽤 잘 설명할 수가 있었다. 또 다른 설명의 대안으로서 **만약 지구가 에테르를 헤쳐나가는 동안 에테르가 전혀 영향을 받지 않고 그대로 남아있다고 한다면** 파동론도 역시 이를 만족스럽게 설명할 수가 있었다.

에테르를 지나가는 지구의 운동으로 인해 지구상의 빛과 우주에서 온 빛 사이에 어떤 차이점이 관측될 것이라는 추측에 대하여 아라고는 그 문제를 실험을 통해서 조사해 보았으나 아무런 차이점도 관측할 수 없었다. 즉 빛은 지구가 에테르에 대해 정지하고 있는 것처럼 행동하였다. 이러한 실험 결과를 설명하기 위하여 프레넬은 운동하고 있는 투명한 매질을 빛이 가로 질러가면 부분적으로 끌리는 효과가 나타날 것이라고 주장하였다. 피조는 움직이는 물기둥을 따라 빛이 지나가는 실험을 하였고, 에어리(George Biddell Airy, 1801~1892)는 1871년에 항성 수차를 조사하기 위해 물로 채워진 망원경을 사용하였다. 두 사람 모두 프레넬의 끌림설을 뒷받침해 주는 것처럼 보였다. 에테르가 **절대 정지 상태**(absolute rest)에 있다고 가정하고 로렌츠(Hendrik Antoon Lorentz, 1853~1928)는 프레넬의 생각을 포함한 이론을 유도하였다.

맥스웰은 1879년에 미국 항해담당국의 토드(D. P. Todd)에게 쓴 편지를 통하여 빛을 내는 에테르에 대해 태양계가 움직이는 속도를 측정하는 방법을 제시하였으며, 당시에 해군강사로 일하고 있던 물리학자 마이켈슨(Albert Abraham Michelson, 1852~1931)은 그 방법을 받아들였다. 26세의 젊은 나이에 광속을 극히 정확히 측정함으로써 좋은 평판을 얻고 있던 마이켈슨은 수년 후에 지구가 에테르를 관통해 지나가는 효과를 측정하는 실험을 시작하였다. 에테르에서 빛의 속도는 일정하고 지구는 에테르에 대해서 시속 67,000마일로 공전하므로, 지구에 대한 빛의 속도는 지구의 운동에 영향을 받을 것이 분명하였다. 1881년에 마이켈슨은 이러한 그의 실험 결과를 출판하였다. 그는 에테르에 대한 지구의 운동은 측정할 수 없었으며, 이는 에테르가 정지해 있다는 사실을 말해주고 있었다. 그러나 로렌츠가 마이켈슨의 계산에서 한 가지 실수를 지적하게 되자 이 놀라운 결과의 명성은 다소 흐려졌다. 수년 후에 마이켈슨은 오하이오주의 클리블랜드에 있는 케이스(Case) 대학의 물리학과 교수가 되었으며, 웨스턴 리저브(Western Reserve) 대학의 유명한 화학 교수인 몰리(Edward Williams Morely, 1838~1923)와 공동으로 그 실험을 다시 한 번 정확히 해 보았다. 1887년에 출판된 그 연구 결과는 놀랍게도 다시 한 번 에테르에 대해 부정적이었다.

> 지금까지 알려진 것을 모두 종합해 보면 만약 지구와 빛을 내는 에테르 사이에 어떤 상대적인 운동이 있다면, 프레넬의 수차에 대한 설명을 반박할 수가 있을 정도로 그 운동은 매우 작을 것임이 분명하다.

지구와 에테르 사이의 상대적 운동이 존재해야만 파동론의 범주 내에서 항성 수차를 설명할 수 있었던 반면에, 마이켈슨-몰리 실험은 그 가능성을 일축하였다. 더욱이 피조와 에어리의 실험 결과로 인해 매질의 운동에 따라 빛이 부분적으로 끌림을 당할 수밖에 없다고 생각하게 되었다.

1.5 20세기

푸앙카레(Jules Henri Poincaré, 1854~1912)는 에테르에 대한 어떤 상대적인 운동도 실험적으로 관측할 수 없다는 중요한 사실을 가장 먼저 이해하였다. 1899년에 이에 대한 견해를 발표하기 시작하였고, 1900년에는 다음과 같이 언급하였다.

> 에테르는 과연 존재하는가? 나는 아무리 정확하게 측정한다 해도 **상대적인** 변위밖에 밝힐 수 없다.

1905년 아인슈타인(Albert Einstein, 1879~1955)은 **특수 상대성 이론**(Special Theory of Relativity)을 소개하였고, 이 이론에서 아주 독자적으로 에테르의 존재를 부정하였다.

> 여기서 전개하는 논의에서는 '절대적인 정지(stationary) 공간'이 필요 없으므로 '발광성의 에테르'의 도입도 필요하지 않다는 것을 증명할 것이다.

그는 더 나아가 다음과 같이 주장하였다.

> 빛을 내는 물체의 운동 상태와 무관하게 빛은 항상 일정한 속도 c로 빈 공간을 진행한다.

피조, 에어리, 마이켈슨-몰리의 실험을 아인슈타인의 상대론적 운동학*의 틀 안에서는 아주 자연스럽게 설명할 수 있게 되었다. 물리학자들은 에테르를 빼앗겨 버리자 다른 대안 없이 전자기파가 자유 공간에서 전파할 수 있다는 생각에 익숙하게 되었다. 에테르에서 장(field)의 개념으로 바뀌면서 빛이란 이제 스스로 지탱하는 파동인 것으로 보게 되었다.

1900년 10월 19일 플랑크(Max Karl Ernst Ludwig Planck, 1858~1947)는 과학적 사고에 일대 혁명의 서곡을 알리는 논문[극미세 현상까지 다루는 **양자역학**(Quantum Mechanics)의 초기 논문]을 독일 물리학회에서 발표하였다. 1905년에 이러한 개념에 근거하여 아인슈타인은 빛이란 에너지의 작은 덩어리들이나 미립자들로 이루어져 있다고 주장하여 새로운 형태의 입자론을 제시하였다. 이러한 빛 입자, 즉 **광자**(photon)**는 그 진동수 ν에 비례하는 에너지를 가지며, 이 광자의 에너지는 플랑크 상수로 알려진 h를 사용하여 $\mathscr{E} = h\nu$로 나타낼 수 있다(그림 1.1). 1920년대 말기에는 보어(Bohr), 보른(Born), 하이젠베르크(Heisenberg), 슈뢰딩거(Schrödinger), 드 브로이(De Broglie), 파울리(Pauli), 디랙(Dirac) 등의 노력으로 양자역학은 잘 검증된 학문으로 정립되었다. 이에 따르면 거시적인 세계에서는 분명히 상호 배타적인 것처럼 보이는 입자와 파동의 개념이 극미세 영역에서는 통합될 수밖에 없다. 전자나 중성자와 같은 원자의 입자들을 매우 작은 물질 덩어리라고 생각하는 것은 완전하지 못한 사고이다. 실제로 이러한 '입자들'로부터 빛과 마찬가지로 간섭과 회절 현상이 발견되었으며, 광자, 양성자, 전자, 중성자 등 모든 것이 입자와 파동의 두 모습을 모두 가지고 있다는 것이 알려졌다. 아인슈타인은 "물리학자는 누구나 광자가 무엇인지 안다고 생각한다. 나는 일생동안 광자가 무엇인지 알아내고자 노력하였지만 여전히 나는 그것이 무엇인지 모른다"라고 말하였다.

아인슈타인(Albert Einstein, 1879~1955). (Orren Jack Turner/Library of Congress Prints and Photograps Division [LC-USZ62-60242])

상대론은 빛을 에테르로부터 해방시켰고, $\mathscr{E}_0 = mc^2$을 통하여 질량과 에너지의 유사성을 표현하였다. 서로 상반된 것처럼 여겨지던 것이 서로 호환성을 갖게 되었다. 양자역학은

* 예를 들어 French가 쓴 *Special Relativity*의 5장을 보라.

** 광자(photon)라는 말은 G. N. Lewis가 *Nature*(1926년 12월 18일 발행)지에서 처음으로 사용하였다.

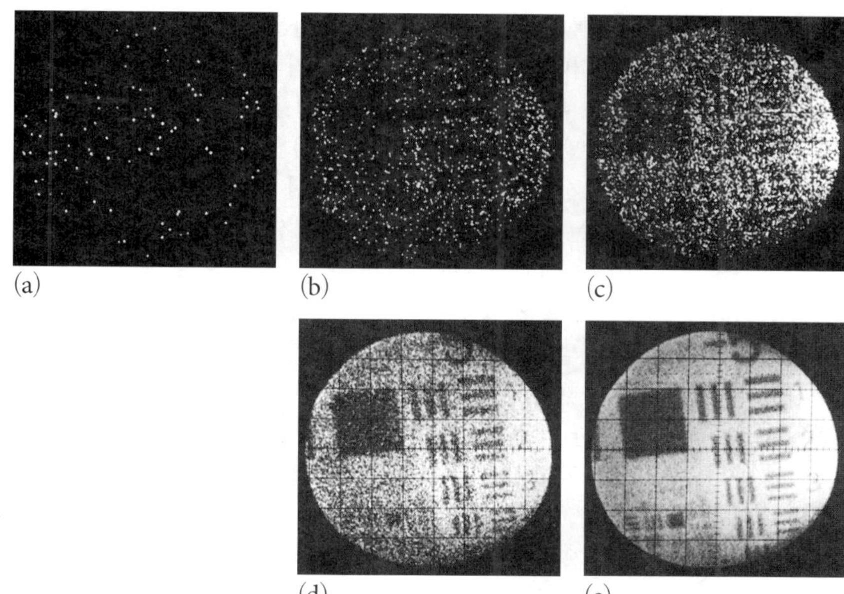

그림 1.1 빛의 입자성을 증명하는 그림. 막대 차트의 임의의 상(초당 8.5×10^3 카운트)을 조명한 위치 민감 광증배관을 사용하여 이 일련의 사진들을 찍었다. 여기서 노출 시간은 (a) 8 ms, (b) 125 ms, (c) 1 s, (d) 10 s, (e) 100 s이다. 각 점들은 단일 광자가 도착한 증거로 해석할 수 있다. (ITT Electro-Optical Products Division)

어떤 입자*의 운동량 p와 그와 관련된 파장 λ가 $p = h/\lambda$의 관계임을 확립하였다. 극히 미세한 아주 작은 입자들은 쉽게 형상화할 수 없으며, 파동-입자의 이분법만이 이러한 입자들의 이중성을 쉽게 해결하고 나타낼 수 있다.

양자역학은 빛이 원자에 의해 흡수되고 방출되는 현상을 다룬다. 어떤 기체를 가열시켜서 작열하게 한다든지 전기방전을 시켰다고 가정하자. 이때 방출된 빛은 그 기체를 구성하는 원자 구조의 특성을 나타낸다. 빛의 스펙트럼을 분석하는 광학 분야인 분광학은 뉴턴의 연구부터 시작되었다. 월러스턴(William Hyde Wollaston, 1766~1828)은 1802년에 태양 스펙트럼에서 어두운 선들을 처음으로 관측하였는데, 일반적으로 분광기에 사용하던 슬릿 형태의 틈 때문에 스펙트럼은 좁은 빛 스펙트럼들, 즉 **분광선**(spectral line)들로 나타난다. 프라운호퍼(Josepth Fraunhofer, 1787~1826)는 독자적으로 이 문제를 연구하여 이 분야를 크게 확장하였다. 그는 우연히 나트륨의 2개의 선을 발견한 후 태양 빛을 계속해서 연구하였고, 회절 격자를 이용하여 처음으로 그 파장을 측정하였다. 키르히호프(Gustav Robert Kirchhoff, 1824~1887)와 분젠(Robert Wilhelm Bunsen, 1811~1899)은 하이델베르그(Heidelberg) 대학에서 함께 연구한 결과, 원자는 그 종류마다 스펙트럼선의 고유의 배열이 나타난다는 것을 알았다. 보어(Niels Henrik David Bohr, 1885~1962)는 1913년에 수소 원자에 대해 초보적이긴 하지만 수소 원자의 방출 스펙트럼의 파장을 예측할 수 있는 초기 양자론을 발표하였다. 이 방출 이론에 따르면 원자로부터 방출되는 빛은 그 외곽 전자에서 나온 것으로 이해할 수 있다. 현대 양자론으로 이러한 과정의 세부적인 내용들을 매우 정확하고 깨끗하게 설명할 수 있다.

20세기 후반부터는 응용 광학의 번영, 즉 광학의 르네상스 시대가 시작되었다. 1950년대의 많은 사람들이 수학과 통신이론으로 광학을 꾸준히 발전시킨 결과, 운동량의 개념이 역학의 모양으로 시각화될 수 있도록 차원개념을 운동량에 더 추가하였듯이 공간 주파수라는 개념이 광범위한 광학 현상을 이해하는 매우 새로운 방법이 되었다. 푸리에 해석이라는 수학적인 형식으로 진행한 공간 주파수에 대한 연구 결과들이 매우 광범위하게 발표되었으며, 특히 영상의 형성과 평가, **전달 함수**(transfer function), **공간 필터**(spatial filtering)의 개념에 대한 이론들은 매우 흥미로운 관심이 되었다.

고속 디지털 컴퓨터의 출현은 복잡한 광 시스템의 설계에 상당한 발전을 가져왔다. 컴퓨터를 사용하여 설계 및 제작된 비구면 렌즈의 실용적 중요성이 다시 인식되었고, 이러한 렌즈로 인하여 엄청난 시야를 가지며 오직 **회절 한계**(diffraction-limited)만을 갖는 광 시스템을 현실적으로 구현할 수 있었다. 한 번에 하나의 원자를 떼어내는 이온 충돌 연마 기술이 초정밀 광소자 제작을 위하여 사용되었으며, 반사, 무반사 등의 단층 혹은 다층 박막 코팅 기술도 보편화되었다. 광섬유 광학은 실용적인 도구로 발전하였고 박막 광도파로가 연구되었다. 감시 장치나 미사일 유도 등을 위해 적외선 영역에 지대한 관심을 기울였고, 이것은 적외선 재료의 개발 연구로 이어졌다. 플라스틱 재료가 렌즈, 복제 회절 격자, 광섬유, 비구면 렌즈 등의 광학 분야에서 사용되기 시작

* 이것을 파동 입자(wavicles)라고 부르면 더 좋을 듯하다.

했으며, 열팽창 계수가 매우 낮고 일부가 유리로 된 유리 세라믹이 개발되었다. 전 스펙트럼에 걸쳐 사용할 수 있는 아주 성능 좋은 지상 우주 천문대의 설치 계획이 1960년대 말에 시작하여 21세기에서도 계속적으로 진행되고 있다.

최초의 레이저는 1960년에 만들어졌고, 그 후 10년 동안에 적외선부터 자외선 영역에 걸쳐서 수많은 레이저들이 개발되었다. 고출력의 결맞는(coherent) 광원의 개발로 수많은 새로운 광학 효과(고조파 발생, 주파수 혼합 등)를 발견하게 되었고, 놀라운 새로운 장치들이 잇달아 등장하게 되었다. 실제로 광통신에 필요한 기술이 빠르게 발전하였다. 2차 조화파 발생 장치, 전기 광학(electro-optic) 혹은 광음향(acousto-optic) 변조기 등에서 결정체를 사용할 수 있게 되자 결정 광학 분야에서 수많은 연구들이 진행되었다. 3차원 상을 만들어내는 **홀로그래피**(holography)라고 하는 파면 재현 기술은 무수히 많은 또 다른 응용 분야(비파괴 검사, 데이터 저장 등)를 새로이 만들어냈다.

군사적 목적의 수많은 연구개발이 1960년대에 시작하여 2000년대에도 더욱더 활발히 진행될 것이다. 오늘날 광학에서 기술적인 관심 분야는 '스마트 폭탄'과 첩보위성에서부터 '살인 광선' 기기, 야간용 적외선 기기 등에 이르기까지 다양하였다. 그러나 생활의 질을 향상시키고자 하는 욕구와 함께 경제적인 고려로 인해 광학 분야의 생산품들이 그 어느 때보다도 시장으로 많이 진출하였다. 레이저는 거실에서 비디오 디스크를 읽어내고, 공장에서 강철을 자르며, 신문을 조판하고, 슈퍼마켓에서 상표를 훑어보거나, 병원에서 외과수술을 하는 등 어디에서나 사용되고 있다. 또한 시계, 계산기, 컴퓨터의 수백만 개의 광 표시(display) 장치가 전 세계에서 깜박거리며 사용되고 있다. 지난 100년 동안 데이터를 다루거나 송신하는 데 거의 예외 없이 전기 신호를 사용해 왔으나, 이제 효율이 더 좋은 광기술을 사용하는 것으로 빠르게 바뀌고 있다. 정보 처리나 정보 교환의 방법에서 광범위한 혁명이 조용히 일어나고 있으며 이것은 가까운 장래에 우리의 생활을 엄청나게 변화시킬 것이다.

이러한 깊은 통찰력은 천천히 다가왔다. 물론 그 발전 속도가 빨라지고 있기는 하지만 우리가 지금 소유한 사소한 지식을 얻는 데에도 3천 년이나 걸렸다. **"빛이란 무엇인가?"**라는 질문은 여전히 변하지 않았지만, 그 해답이 미묘하게 변하고 있는 것을 보면 정말 놀랍다.*

* 광학의 역사에 대해 더 자세히 알고자 하면 F. Cajori의 *A History of Physics* 또는 V. Ronchi의 *The Nature of Light*를 보라. 수많은 논문들로부터 발췌한 것들을 보려면 W. F. Magie, *A Source Book in Physics*와 M. H. Shamos의 *Great Experiments in Physics*를 보라.

2 파동 운동

광학의 전체적인 내용은 빛의 실제 성질을 밝히는 것이며, 이것이 이 책의 전반에 걸쳐서 해야 할 일이다. "빛은 파동 현상인가? 아니면 입자 현상인가?"라는 직접적인 질문은 눈에 보이는 것보다는 훨씬 더 복잡한 의미를 내포하고 있다. 예를 들어 입자의 본질적인 형태는 그것의 국지성(localization), 즉 '작은' 공간 영역에 존재하는 것으로 명확히 정의할 수 있다. 실제적으로 입자를 공이나 자갈과 유사하다고 생각하고, 이것이 극소로 작게 될 때까지를 생각하면, 이것들을 '입자'로 취급할 수 있든지 또는 적어도 '입자'의 개념을 토대로 생각할 수 있게 된다. 그러나 이 공은 주위와 상호작용을 한다. 즉 이 공들은 지구(그리고 달, 태양 등등)와 상호작용하는 중력장을 가지고 있다. 이 중력장이 무엇이든지 간에 공간상에 펴져 있는 것으로 공과는 분리할 수 없다. 즉 이 중력장이 '입자' 정의에 대하여 풀 수 없는 부분인 것처럼 공과는 서로 뒤엉킨 부분이다. 실제 입자들은 장(field)을 통하여 상호작용하며, 어떤 점에서는 장이 입자이며 입자가 장이기도 하다. 이 작은 수수께끼는 후에 더 언급할 양자장론의 영역이다. 지금으로서는 빛을 초미시적 입자의 흐름(광자)이라고 하더라도 '일반적인' 고전적인 소형구 형태의 입자를 의미하지는 않는다고 말해두자.

한편 파동의 근본적인 양상은 비국지성(nonlocalization)에 있다. **고전적인 진행파는 공간을 통하여 에너지와 운동량을 이동시키는 매질의 자체유지 교란(self-sustaining disturbance)으로 볼 수 있다.** 보통 우리들은 이상적인 파동을 전체 영역에 걸쳐 존재하는 연속적인 존재로서 생각하는 경향이 있다. 그러나 줄에 생기는 파동처럼 가까이서 실제적인 파동을 볼 때, 이 파동은 일제히 움직이는 대단히 많은 수의 입자들로 구성되어 나타나는 합성 현상이다. 이들 파동을 유지하는 물질들은 원자들, 즉 미립자들이기 때문에 파동은 연속적인 존재가 아니다. 오직 전자파만이 예외적인 존재이다. 개념적으로 고전 전자기파는 연속적인 것으로 가정하며, 이 전자기파는 입자와는 다른 파동에 대한 모델을 제공한다. 그러나 지난 세기에 전자기파의 에너지가 연속적으로 분포하지 않는다는 것을 발견하였다. 전자기론에 입각한 빛의 고전적 수식화를 미시적 수준에서 깊게 들여다보는 것은 매우 중요하다. 아인슈타인은 먼저 거시적으로 여기는 전자기파를, 근본적으로 미시적 현상을 강조한 입자들의 통계적 현상으로 이해하자고 제안하였다. 이러한 원자 이하의 영역에서 물리적 파동의 고전적 개념은 환상에 지나지 않는다. 그러나 여전히 운동이 일어나는 거시 세계에서 전자기파는 충분히 실제로 보이며, 고전 이론이 매우 잘 맞는다.

빛에 대한 고전적인 취급과 양자역학적인 취급 모두 파동에 대한 수학적 표현을 사용하기 때문에 이 장에서는 대략적으로 양쪽 모든 분야에서 필요한 수학적 기초에 대하여 기술하고자 한다. 표면 장력으로 인해 찻물의 표면에 생기는 작은 잔물결에서부터 멀리 떨어진 은하계에서 오는 빛까지의 모든 물리적 파동에 여기서 공부한 내용들을 적용해 볼 것이다.

2.1 1차원 파동

근본적으로 진행파는 이 파가 전파하여 통과하는 매질의 자체유지 교란이다. 가장 친숙한 파동이면서 가장 쉽게 볼 수 있는 것(그림 2.1)은 줄에 생기는 파, 액체에 생기는 표면파, 공기에서 전파되는 음파, 고체와 유체에서 생기는 압축파와 같은 역학적인 파들이다. 음파는 **매질이 파동의 진행 방향으로 변위하는 종파(longitudinal waves)**이다. 줄에 생기는 파와 전자기파는 **매질이 파동의 진행 방향과는 수직 방향으로 변위하는 횡파(transverse waves)**이다. 모든 경우에 있어서 에너지를 운반하는 광학 교란이 매질을 통하여 진행하지만 개별적으로 기여하는 원자들은 이들의 평형 위치 근처에 그대로 있다. 즉 **매질이 아니고 자체유지 교란이 진행하는 것이다.** 마당을 가로질러 부는 바람은 각 줄기만을 적절히 흔들지만, 실제로는 낱알들의 파동이 휩쓸고 지나가는 것처럼 보이는 것과 같다. 아마도 다빈치(Leonardo da Vinci)는 파동들이 매질을 전달하는 것이 아니라는 것을 안 최초의 사람처럼 보인다. 그리고 이러한 이유 때문에 파동은 매우 빠른

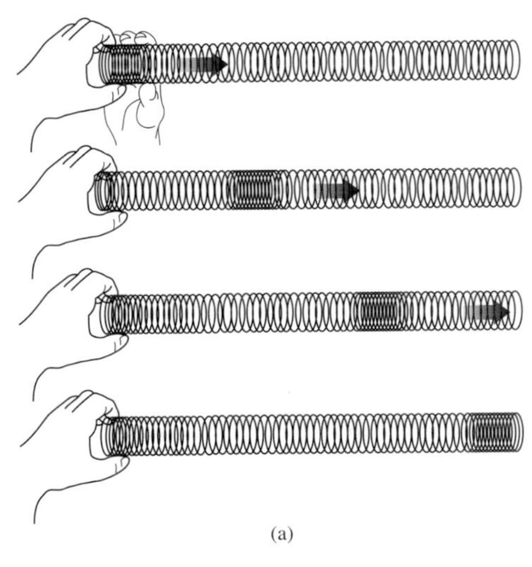
(a)

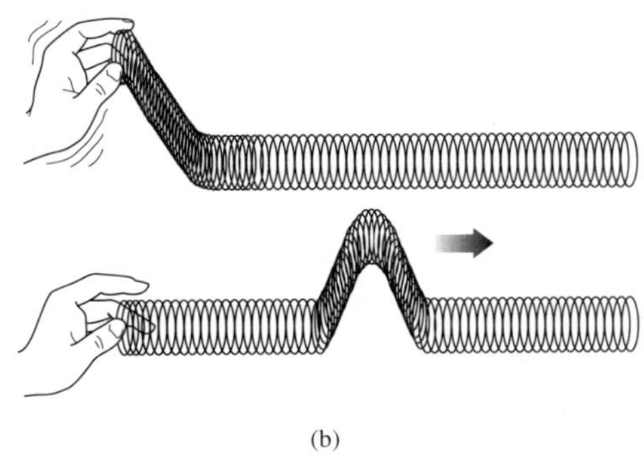
(b)

그림 2.1 (a) 스프링에서의 종파, (b) 스프링에서의 횡파

속도로 전파할 수 있다.

지금 하고자 하는 것은 파동 방정식이 가져야만 하는 형태를 이해하는 것이다. 이러한 목적을 위해서 일정한 속력 v로 $+x$ 방향으로 진행하는 어떤 분포 ψ를 생각해 보자. 이 분포의 특징은 어떤 순간의 분포를 통해서 알 수 있다. 이와 같은 분포로는 그림 2.2에 표현된 줄의 수직 변위이거나 전자기파의 전기장 혹은 자기장을 예로 들 수 있다(심지어 양자역학적 확률을 나타내는 물질파의 진폭일 수도 있다).

진행하는 분포는 다음과 같이 위치와 시간의 함수로 표현된다.

$$\psi(x, t) = f(x, t) \tag{2.1}$$

여기서 $f(x, t)$는 어떤 특정 함수 혹은 파동 형태에 대응한다. 이를 정지 좌표계 S에서 속력 v로 움직이는 어떤 펄스를 나타내는 그림 2.3a에서 볼 수 있다. 어떤 순간, 예를 들어 $t = 0$에서의 교란의 형태는 시간을 상수로 놓으므로 구할 수 있다.

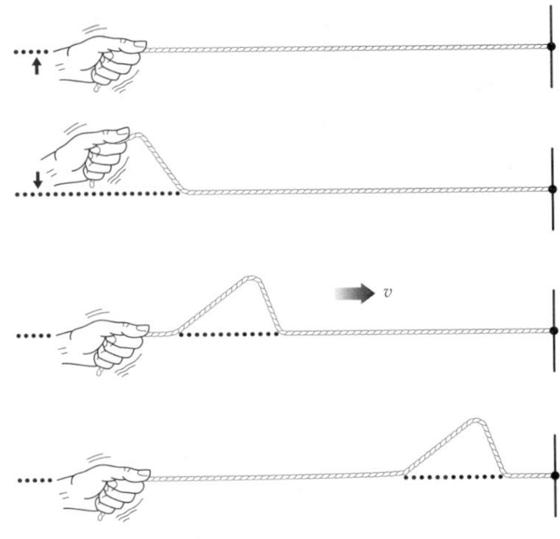

그림 2.2 줄 위를 진행하는 파동

$$\psi(x, t)\big|_{t=0} = f(x, 0) = f(x) \tag{2.2}$$

위 식은 그 순간에 있어서 파동의 모양이나 **형태(profile)**를 나타낸다. 예를 들어 a가 상수인 **가우스 함수(Gaussian function)** $f(x) = e^{-ax^2}$의 형태는 종 모양이다. (x 제곱 때문에 $x = 0$ 축을 중심으로 이 함수는 대칭형이 된다.) $t = 0$으로 놓는다면 이는 펄스가 진행하는 것을 사진 촬영하는 것과 유사하다.

공간을 진행하는 동안 **모양이 변하지 않는** 파동으로만 한정하여 잠시 생각해 보자. 시간 t가 흐른 후에는 펄스가 x축을 따라 vt만큼 움직이지만, 이를 제외한 나머지는 변하지 않는다. 이와 같은 과정은 진행하는 펄스를 사진 촬영하는 것과 유사하다. 여기서 펄스와 같은 속력 v로 이동하는 좌표계 S'를 생각해 보자(그림 2.3b). 이 계에서는 ψ가 더 이상 시간의 함수가 아니며, S'과 같이 이동한다면 식 (2.2)와 같이 정지된 일정한 분포로 인식된다. 여기서 좌표는 x가 아니라 x'이므로 다음과 같이 적을 수 있다.

$$\psi = f(x') \tag{2.3}$$

S와 S'의 원점이 같을 때, S'에서의 모든 t에 대한 분포는 S에서 $t = 0$일 때와 같다(그림 2.3c).

파동을 S 계에서 정지해 있는 어떤 사람으로 그릴 수 있으므로 이에 대한 파동 표현을 얻기 위해서 x로 식 (2.3)을 다시 작성하고자 한다. 그림 2.3c에서

$$x' = x - vt \tag{2.4}$$

이고 이를 식 (2.3)에 대입한다면,

$$\psi(x, t) = f(x - vt) \tag{2.5}$$

이 된다. 이것이 1차원 **파동 함수(wavefunction)**의 가장 일반적인 형태이다. 더 구체적으로 설명하면 식 (2.2)와 같은

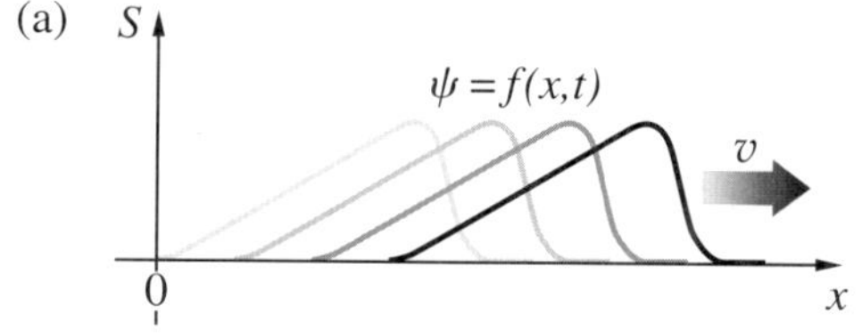

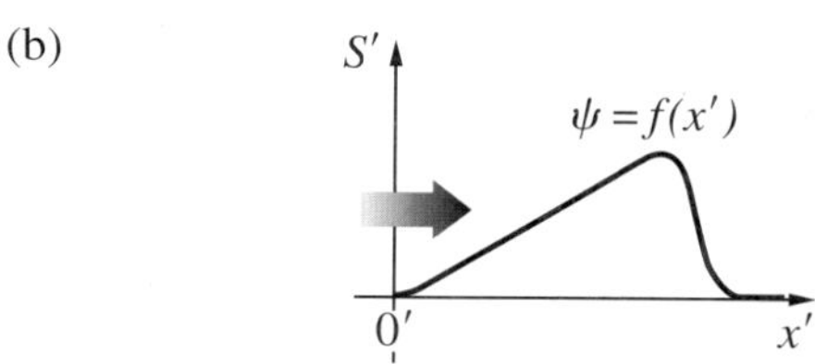

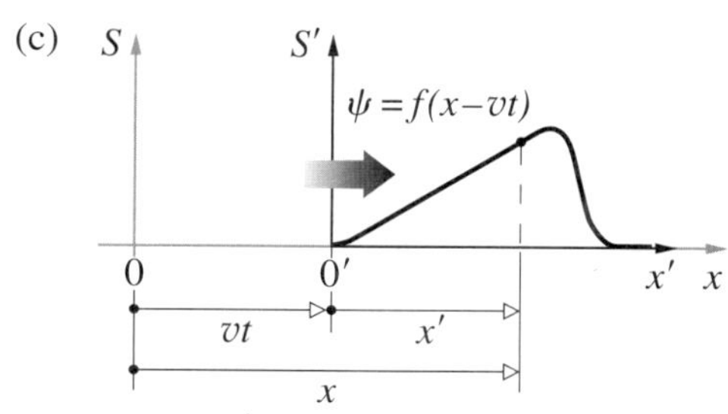

그림 2.3 기준 좌표계의 이동

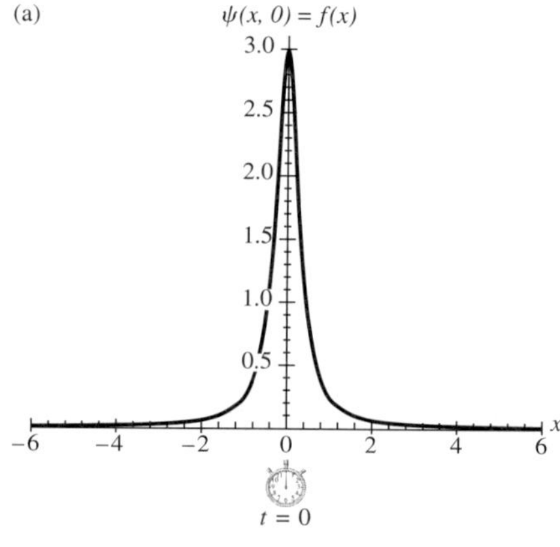

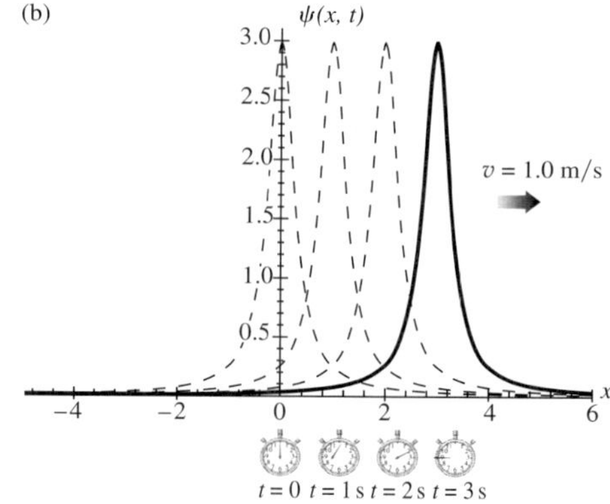

그림 2.4 (a) $f(x) = 3/(10x^2 + 1)$의 함수로 주어지는 펄스의 형태. (b) (a)에서 나타난 펄스가 오른쪽으로 움직이는 $\psi(x,\ t) = 3/[10(x-vt)^2 + 1]$의 파동이다. 이 파동은 1 m/s의 속도로 움직이는 것으로 하였으며, $+x$ 방향으로 진행한다.

모양을 택하여 x 대신에 $(x-vt)$를 $f(x)$에 대입하였다. **이 결과식은 어떤 함수 형태를 갖고 속력 v로 $+x$ 방향으로 진행하는 파동을 나타낸다.** 따라서 $\psi(x,\ t) = e^{-a(x-vt)^2}$는 종 모양의 파동인 펄스를 의미한다.

이러한 파동이 어떻게 일어나는지를 보다 자세히 보기 위하여 특별한 펄스, 예를 들어 $\psi(x) = 3/[10x^2 + 1] = f(x)$에 대한 분석을 해 보기로 하자. 이 함수의 형태는 그림 2.4a이고, 밧줄 상의 파동이라면, ψ는 수직으로 변위하고 y라는 기호로 이를 나타낼 수 있다. ψ가 변위, 압력, 전기장 중 무엇이든지 간에 교란의 형태를 갖는다. $f(x)$를 $\psi(x,\ t)$로 바꾸기 위해서, 즉 $f(x)$를 속력 v로 $+x$ 방향으로 움직이는 파동으로 바꾸기 위해서 $f(x)$에서의 x를 $(x\ -vt)$로 대체하면 되는데, 그 결과 $\psi(x,\ t) = 3/[10(x-\ vt)^2+1]$이 된다. 임의적으로 v를 1.0 m/s라고 놓고 이 함수를 $t = 0$, $t = 1\,\text{s}$, $t = 2\,\text{s}$, $t = 3\,\text{s}$에서 연속적으로 그리면, 가정한 수치인 1.0 m/s에서 펄스가 오른쪽으로 미끄러지는 것을 보여 주는 그림 2.4b가 된다. 부가해서 말하자면 형태 함수의 x 대신에 $(x + vt)$로 바꾸면, 그 결과 파동은 왼쪽으로 움직인다.

시간이 Δt 지난 후, 즉 x가 $v\Delta t$ 증가한 후의 ψ로 식 (2.5)를 점검해 보면

$$f[(x + v\,\Delta t) - v(t + \Delta t)] = f(x - vt)$$

가 되어, 모양이 변하지 않았음을 알 수 있다.

마찬가지로 파동이 $-x$ 방향, 즉 왼쪽으로 진행하면 식 (2.5)는 다음과 같이 된다.

$$\psi = f(x + vt), \quad v > 0 \tag{2.6}$$

따라서 분포의 모양과 상관없이 변수 x와 t는 함수에서 단일 변수처럼 여겨진다. 즉 $(x \mp vt)$ 형태의 단일 변수와 같다고 결론지을 수 있다. 식 (2.5)는 다음과 같이 $(t - x/v)$의 새로운 함수로 표현되기도 한다.

$$f(x - vt) = F\left(-\frac{x - vt}{v}\right) = F(t - x/v) \tag{2.7}$$

그림 2.2의 펄스와 식 (2.5)로 표현된 분포를 **1차원**이라고 한 것은 파동이 선을 따라서 이동하여 파동을 결정하는 공간 변수가 한 개이기 때문이다. 그러나 앞에서 보기로 보여 준 펄스의 세워진 모양을 보고 이차원이라고 혼동하지 말기 바란다. 1차원 파동과는 대조적으로, 연못에 퍼지는 잔물결 같은 2차원 파동은 면을 가로질러 퍼져 나가므로 두 개의 공간 변수로 기술된다.

2.1.1 미분 파동 방정식

1747년에 달랑베르(Jean Le Rond d'Alembert)는 수학적으로 물리를 이해하는 데 도움이 되기 위하여 편미분 방정식을 도입하였다. 같은 해에 그는 진동하는 줄의 운동에 대한 논문을 썼는데, 이것이 **미분 파동 방정식**(differential wave equation)을 처음으로 기술한 것이다. 2차 선형(linear) 동차(homogeneous) 편미분 방정식은 손실이 없는 매질에서 나타나는 모든 물리적 파동에 대한 기본식이다. 수없이 다양한 종류의 파동들이 있으며, 이들 파동들은 각기 이들 고유의 파동 함수 $\psi(x)$로 나타낼 수 있다. 이들 중 어떤 것들은 압력이나 변위일 수도 있고, 혹은 전자기장으로 볼 수 있지만, 공통적으로 이러한 모든 파동 함수들은 동일한 미분 파동 방정식의 해들이다. 이 미분 파동 방정식이 **편미분** 방정식인 이유는 파동이 몇 개의 독립 변수들, 즉 공간과 시간에 대한 함수이기 때문이다. **선형** 미분 방정식은 근본적으로 두 개 이상의 항으로 구성되어 있으며, 이 항들은 상수가 곱해진 $\psi(x)$나 이것의 미분들로 구성되어 있다. 이것과 관련된 것들로 각 항들은 첫 번째 거듭제곱으로만 되어 있으며, ψ와 ψ 미분을 곱한 항이나 또는 이것의 미분들로 이루어진 항들은 없다. 미분 방정식의 **차수**는 이 방정식의 가장 높은 미분 차수라는 것을 기억하자. 다시 말해서 미분 방정식이 N차라고 하면, 이 방정식의 해는 N개의 임의의 상수가 포함될 것이다.

따라서 지금부터 일정한 속도로 진행하는 파동의 가장 간단한 형태로 이 파동을 결정하기 위해서는 두 개의 상수(진폭과 주파수나 파장)가 필요하며, 이 때문에 2계 미분이 제안된다는 선견에 의해서 유도된 파동 방정식의 1차원 형태를 유도할 것이다. 두 개의 독립된 변수(여기에서는 x와 t)가 있기 때문에 x 또는 t에 대해서 $\psi(x, t)$의 미분을 할 수 있다. 이러한 미분은 하나의 변수에 대해서 미분하면서 마치 다른 변수는 상수인 것처럼 취급하면 된다. 미분에 대한 보편적인 규칙을 적용하되, 이러한 것에 대한 독특한 표기로 편미분을 $\partial/\partial x$라고 적는다.

$\psi(x, t)$의 공간과 시간을 연결하기 위해서 t를 상수라고 하고 x에 대한 $\psi(x, t) = f(x')$의 편미분을 하자. 여기에서 $x' = x \mp vt$의 관계를 이용하고,

$$\frac{\partial x'}{\partial x} = \frac{\partial(x \mp vt)}{\partial x} = 1 \quad \text{때문에}$$

$$\frac{\partial \psi}{\partial x} = \frac{\partial f}{\partial x}$$

$$\frac{\partial \psi}{\partial x} = \frac{\partial f}{\partial x'}\frac{\partial x'}{\partial x} = \frac{\partial f}{\partial x'} \tag{2.8}$$

이 된다. x를 상수로 하고 시간에 대한 편미분 도함수를 구하면 다음과 같다.

$$\frac{\partial \psi}{\partial t} = \frac{\partial f}{\partial x'}\frac{\partial x'}{\partial t} = \frac{\partial f}{\partial x'}(\mp v) = \mp v\frac{\partial f}{\partial x'} \tag{2.9}$$

식 (2.8)과 식 (2.9)를 묶으면 다음과 같다.

$$\frac{\partial \psi}{\partial t} = \mp v\frac{\partial \psi}{\partial x}$$

이것은 그림 2.5에 표현된 것과 같이 곱해진 상수 외에는 t와 x에 대한 ψ의 변화율이 같다는 것을 말해준다. 식 (2.8)과 식 (2.9)의 2차 편미분 도함수는

$$\frac{\partial^2 \psi}{\partial x^2} = \frac{\partial^2 f}{\partial x'^2} \tag{2.10}$$

과

$$\frac{\partial^2 \psi}{\partial t^2} = \frac{\partial}{\partial t}\left(\mp v\frac{\partial f}{\partial x'}\right) = \mp v\frac{\partial}{\partial x'}\left(\frac{\partial f}{\partial t}\right)$$

이다. 또한

$$\frac{\partial \psi}{\partial t} = \frac{\partial f}{\partial t}$$

$$\frac{\partial^2 \psi}{\partial t^2} = \mp v\frac{\partial}{\partial x'}\left(\frac{\partial \psi}{\partial t}\right)$$

이므로, 식 (2.9)를 이용하면

$$\frac{\partial^2 \psi}{\partial t^2} = v^2\frac{\partial^2 f}{\partial x'^2}$$

이 된다. 이 식과 식 (2.10)을 묶으면 다음과 같은 식이 생긴다.

$$\frac{\partial^2 \psi}{\partial x^2} = \frac{1}{v^2}\frac{\partial^2 \psi}{\partial t^2} \tag{2.11}$$

이것을 1차원 **미분 파동 방정식(differential wave equation)**이라고 한다.

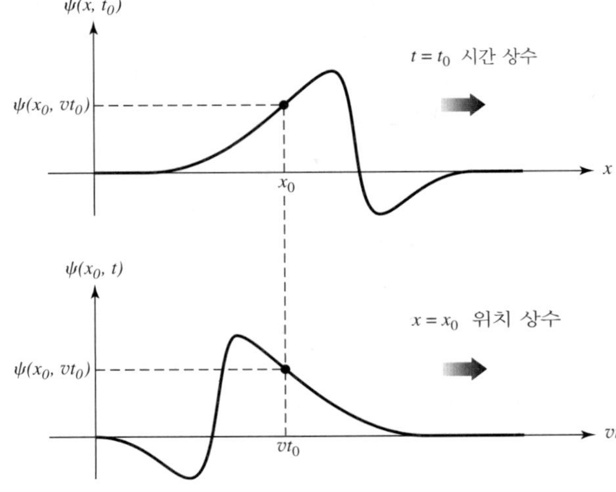

그림 2.5 x와 t에 대한 ψ의 변화

예제 2.1

그림 2.4에서 주어진 파동은

$$\psi(x, t) = \frac{3}{[10(x - vt)^2 + 1]}$$

으로 기술한다. 브뤼트 포스(brute force) 방식을 사용하였을 때 이 파동이 1차원 미분 파동 방정식의 해라는 것을 보여라.

풀이

$$\frac{\partial^2\psi}{\partial x^2} = \frac{1}{v^2}\frac{\partial^2\psi}{\partial t^2}$$

x에 대해서 미분한다면,

$$\frac{\partial\psi}{\partial x} = \frac{\partial}{\partial x}\left[\frac{3}{10(x - vt)^2 + 1}\right]$$

$$\frac{\partial\psi}{\partial x} = (-1)\,3[10(x - vt)^2 + 1]^{-2}\,20(x - vt)$$

$$\frac{\partial\psi}{\partial x} = (-1)\,60[10(x - vt)^2 + 1]^{-2}(x - vt)$$

$$\frac{\partial^2\psi}{\partial x^2} = \frac{-60(-2)\,20(x - vt)(x - vt)}{[10(x - vt)^2 + 1]^3} - \frac{60}{[10(x - vt)^2 + 1]^2}$$

$$\frac{\partial^2\psi}{\partial x^2} = \frac{2400(x - vt)^2}{[10(x - vt)^2 + 1]^3} - \frac{60}{[10(x - vt)^2 + 1]^2}$$

이 된다. t에 대해서 미분한다면,

$$\frac{\partial\psi}{\partial t} = \frac{\partial}{\partial t}\left[\frac{3}{10(x - vt)^2 + 1}\right]$$

$$\frac{\partial\psi}{\partial t} = (-1)\,3[10(x - vt)^2 + 1]^{-2}\,20(-v)(x - vt)$$

$$\frac{\partial\psi}{\partial t} = 60v(x - vt)\,[10(x - vt)^2 + 1]^{-2}$$

$$\frac{\partial^2\psi}{\partial t^2} = \frac{60v(x - vt)(-2)\,20(x - vt)(-v)}{[10(x - vt)^2 + 1]^3} + \frac{-60v^2}{[10(x - vt)^2 + 1]^2}$$

$$\frac{\partial^2\psi}{\partial t^2} = \frac{2400v^2(x - vt)^2}{[10(x - vt)^2 + 1]^3} - \frac{60v^2}{[10(x - vt)^2 + 1]^2}$$

이 된다. 따라서 $$\frac{\partial^2\psi}{\partial x^2} = \frac{1}{v^2}\frac{\partial^2\psi}{\partial t^2}$$

이 식이 소위 **동차 미분 방정식**(homogenious differential equation)으로 오직 독립된 변수들만으로 구성된('힘'이나 '파원(source)'과 같은) 항들을 내포하지 않는다는 것을 강조하고자 한다. 다시 말해서 ψ가 이 방정식의 각 항들에 있다는 것으로, 이는 만약에 ψ가 이 방정식의 해라면 ψ의 어떤 배수도 또한 해라는 것을 의미한다. 식 (2.11)은 그 영역 내에 파원이 없는 **비감쇠계(undamped systems)**에 대한 파동 방정식이다. 일반적인 파동 방정식을 구성하기 위해서 들어가는 $\partial\psi/\partial t$의 항이 감쇠에 대한 효과를 나타내지만 이는 후에 다시 언급할 것이다.

일반적으로 편미분 방정식은 시스템이 연속일 때 나타난다. 시간이 독립 변수의 하나라는 사실이 이를 해석하는 과정에서 시간 변화의 연속성을 반영한다. 보통 장론(field theories)은 시간과 공간에서 여러 양들의 연속적 분포를 취급하므로 편미분 방정식의 형태를 취한다. 장론인 맥스웰의 전자기학 기술은 식 (2.11)의 미소 변화를 나타내고 있으며, 이 전자기학 표현은 전자기파의 개념이 완벽하고도 자연스럽게 생겼다는 것을 보여 준다.

보통 파동들은 고정된 형태를 유지하지 못하지만 이 파동들이 진행하는 동안 일정한 모양을 갖는 아주 특별한 경우에 대해서 논의하고자 한다. 앞에서와 같이 간단한 가정으로부터 일반적인 공식인 미분 파동 방정식을 유도하고자 한다. 어떤 함수가 파동 방정식의 해이면, 그 함수는 파동을 나타낸다. 앞에서 보았듯이 특히 x와 t에 대해 두 번 미분 가능한 함수이면 $(x \mp vt)$의 함수이기도 하다.

예제 2.2

다음 함수는 파동을 나타내는가? 여기서 a와 b는 상수이다. 만약에 그렇다면, 이 파동의 속력과 전파 방향은 어떻게 되는가?

$$\psi(x, t) = \exp\,[(-4ax^2 - bt^2 + 4\sqrt{ab}\,xt)]$$

풀이

대괄호 내의 항들을 인수 분해하라.

$$\psi(x, t) = \exp\,[-a(4x^2 + bt^2/a - 4\sqrt{b/a}\,xt)]$$

$$\psi(x, t) = \exp\,[-4a(x - \sqrt{b/4a}\,t)^2]$$

이 함수는 $(x - vt)$에 대해서 2번 미분 가능한 함수이다. 그래서 이것은 식 (2.11)의 해이고, 이 때문에 이 함수는 파동을 나타낸다. 여기에서 이 파동의 속력은 $v = \frac{1}{2}\sqrt{b/a}$ 이고, 이 파동은 $+x$ 방향으로 이동한다.

2.2 조화파

파동의 형태가 사인이나 코사인 곡선으로 주어지는 가장 간단한 파동을 생각해 보자. 이러한 파동은 삼각 함수파, 단순

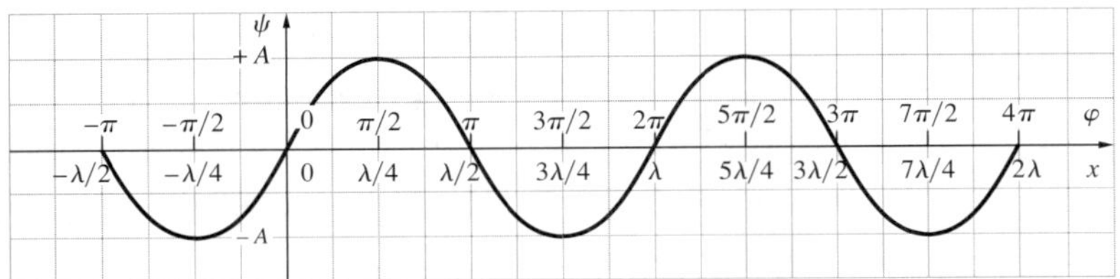

그림 2.6 조화 파동 형태를 표현하는 조화 함수. 2π rad의 위상 φ의 변화에 대응한다.

조화파 또는 **조화파(harmonic wave)**라고 한다. 우리는 7장에서 모든 파동은 조화파들의 중첩으로 표현될 수 있음을 볼 것인데, 이것은 특별한 중요성을 갖는다.

파동의 분포로 다음과 같이 간단한 함수를 선택하자.

$$\psi(x, t)|_{t=0} = \psi(x) = A \sin kx = f(x) \tag{2.12}$$

여기서 양의 상수인 k는 **전파 상수(propagation number)**이다. 사인 함수의 양이 물리적 단위를 갖지 않기 때문에 간단하게 상수 k를 도입하는 것이 필수적이다. 사인 값은 두 개의 길이의 비율이므로 이 값은 단위가 없다. 따라서 kx의 단위는 라디안(radian)이다. 사인 곡선은 +1에서 −1 사이에서 변하므로 $\psi(x)$의 최댓값이 A인데, 이것을 **진폭(amplitude)**이라고 한다(그림 2.6). 식 (2.12)를 속력 v로 $+x$ 방향으로 진행하는 **진행파**(progressive wave)로 변환하려면, 다음과 같이 단순히 x를 $(x-vt)$로 바꾸면 된다.

$$\psi(x, t) = A \sin k(x - vt) = f(x - vt) \tag{2.13}$$

위 식도 미분 파동 방정식의 해이다(문제 2.24 참조). x 또는 t를 고정시키면 삼각 함수꼴의 분포를 가지므로 이 파동도 공간과 시간에 대해 주기적이다. **공간 주기(spatial period)**를 **파장(wavelength)**이라고 하며 λ로 표기한다. 파장은 **단위 파동에서 길이의 단위로 표기**된다. λ의 관습적인 단위는 나노미터(nm)로 $1\,\text{nm} = 10^{-9}\,\text{m}$이다. 마이크로미터($1\,\mu\text{m} = 10^{-6}\,\text{m}$)가 사용되기도 하며, 어떤 책에는 오래전에 사용되던 옹스트롬($1\,\text{Å} = 10^{-10}\,\text{m}$)으로 표기하기도 한다. x가 λ만큼 증가하거나 감소해도 ψ가 그대로이므로 다음과 같이 쓸 수 있다.

$$\psi(x, t) = \psi(x \pm \lambda, t) \tag{2.14}$$

조화파인 경우에는 이것은 사인 함수의 인수(argument)가 $\pm 2\pi$까지 변한 것과 등가이다. 따라서

$$\sin k(x - vt) = \sin k[(x \pm \lambda) - vt] = \sin[k(x - vt) \pm 2\pi]$$

$$|k\lambda| = 2\pi$$

인데, k와 λ가 양의 수이므로 다음과 같다.

$$k = 2\pi/\lambda \tag{2.15}$$

그림 2.6은 λ의 항으로 식 (2.12)의 형태를 그리는 방법을 보여 준다. 여기서 φ는 사인 함수의 **위상(phase)**이다. $\sin\varphi = 0$일 때는 항상 $\psi(x) = 0$인데, 이것은 $\varphi = 0,\ \pi,\ 2\pi,\ 3\pi \ldots$에서 생긴다는 것을 주목하라. 이것은 각각 $x = 0,\ \lambda/2,\ \lambda,\ 3\lambda/2$에서 일어난다.

이 λ에 대해서 앞에서 했던 것과 같은 방법으로 **시간 주기(temporal period)** τ를 유도할 수 있다. 이것은 한 개의 파동이 정지한 관찰자를 지나가는 데 걸린 시간이다. 이 경우 파동은 시간적으로 반복되므로

$$\psi(x, t) = \psi(x, t \pm \tau) \tag{2.16}$$

와

$$\sin k(x - vt) = \sin k[x - v(t \pm \tau)]$$

$$\sin k(x - vt) = \sin[k(x - vt) \pm 2\pi]$$

이다. 따라서 다음과 같다.

$$|kv\tau| = 2\pi$$

이들은 모두 양의 값을 가지므로

$$kv\tau = 2\pi \tag{2.17}$$

또는

$$\frac{2\pi}{\lambda} v\tau = 2\pi$$

이므로 다음과 같은 결과를 얻는다.

$$\tau = \lambda/v \tag{2.18}$$

주기는 **단위 파동당 걸린 시간**이며(그림 2.7), 이것의 역은 **단위 시간당 파동의 수**인 **시간 주파수(temporal frequency)** ν이다. 따라서

$$\nu \equiv 1/\tau$$

이며, 식 (2.18)은 다음과 같다.

$$v = \nu\lambda \tag{2.19}$$

여러분들은 정지해 있으며, 과거로부터 생긴 줄 위에 있는 조화 파동이 당신을 지나간다고 상상하자. 초당 훑고 지나가는 파동의 수가 ν이며, 각 파동의 길이는 λ이다. 1.0초에 여러분들을 지나가는 교란의 전체 길이는 이들의 곱인 $\nu\lambda$이다.

예를 들어 각 파동의 길이가 2.0m이고, 이 파들이 초당 5.0의 비율로 다가온다면, 1.0초에 파동이 10m를 지나간다. 이것이 파동의 속도로써 나타낸 이 파동이 진행하는 (m/s로 표현되는) 비율을 의미한다. 약간 달리 말하자면 파의 길이 λ가 시간 τ 동안에 지나가기 때문에 이 파동의 속도는 $\lambda/\tau = \nu\lambda$와 같아야만 한다. 부언하자면 뉴턴(Newton)은 '파동의 속도 발견'이라고 하는 절이 들어 있는 「Principia」(1687년)라는 책에서 이러한 관계식을 유도하였다.

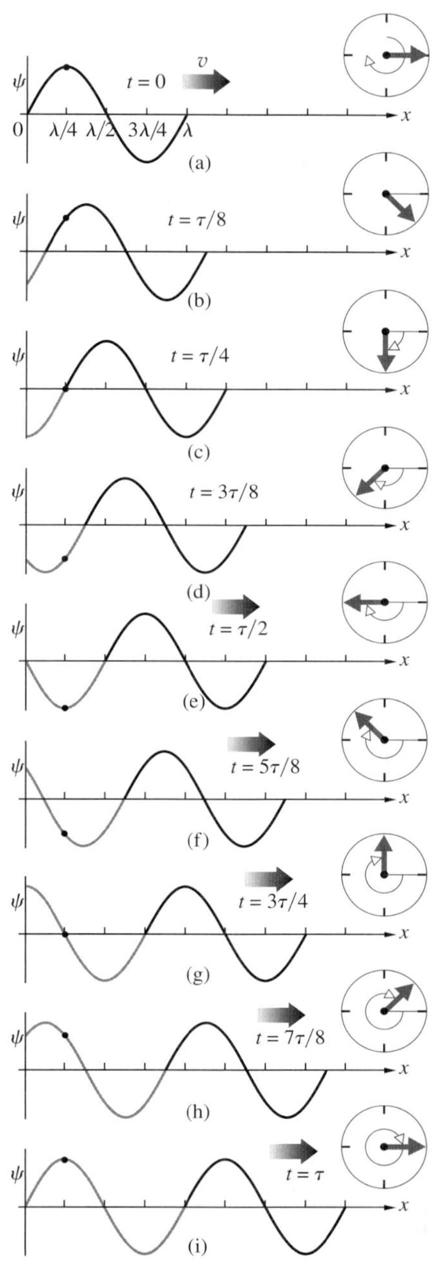

그림 2.7 한 주기 동안에 x축을 따라 움직이는 조화파. 이 그림이 밧줄이라고 한다면 이 줄 위의 한 점은 오직 수직으로만 움직인다는 것을 주목하라. 2.6절에서 회전하는 화살표의 중요성을 논의할 것이다. 그 순간 수직축 방향으로의 화살표를 투영한 양은 $x = 0$에서 ψ의 값과 동일하다는 것을 관찰하라.

두 개의 다른 양들이 파동 운동에 대한 문헌에서 종종 사용된다. 하나는 초당 단위 라디안으로 주어지는 **각시간 주파수(angular temporal frequency)**이다.

$$\omega \equiv 2\pi/\tau = 2\pi\nu \tag{2.20}$$

분광학에서 중요한 또 다른 양은 미터의 역수로 측정하는 **파수(wave number)** 혹은 **공간 주파수(spatial frequency)**인

$$\kappa \equiv 1/\lambda \tag{2.21}$$

이 있다. 달리 말하자면 κ는 **단위 길이(미터)당 파동의 개수**이다. 이 양들 모두는 조화파가 아닌 파동들에도 똑같이 잘 적용할 수 있으며, 이 비조화파들은 정기적으로 반복되는 단일 **형태 요소(profile-element)**를 갖는다(그림 2.8).

예제 2.3

Nd:YAG 레이저는 진공에서 파장이 1.06 μm인 전자기 복사의 빔(beam)이 나온다. (a) 이 빔의 시간 주파수, (b) 이 빔의 시간 주기, (c) 이 빔의 공간 주파수를 구하라.

풀이

(a) $v = \nu\lambda$이므로

$$\nu = \frac{v}{\lambda} = \frac{2.99 \times 10^8 \text{ m/s}}{1.06 \times 10^{-6} \text{ m}} = 2.82 \times 10^{14} \text{ Hz}$$

또는 ν = 282 TH이다. (b) 시간 주기는 $\tau = 1/\nu = 1/2.82 \times 10^{14}$ Hz = 3.55×10^{-15} s 또는 3.55 fs이다. (c) 공간 주파수는 $\kappa = 1/\lambda = 1/1.06 \times 10^{-6}$ m = 943×10^3 m^{-1}, 즉 미터당 943,000개의 파가 있다.

위의 정의를 사용한다면 조화 진행파에 대하여 동등한 의미의 다음과 같은 수많은 표현들을 기술할 수 있다.

$$\psi = A \sin k(x \mp vt) \tag{2.13}$$

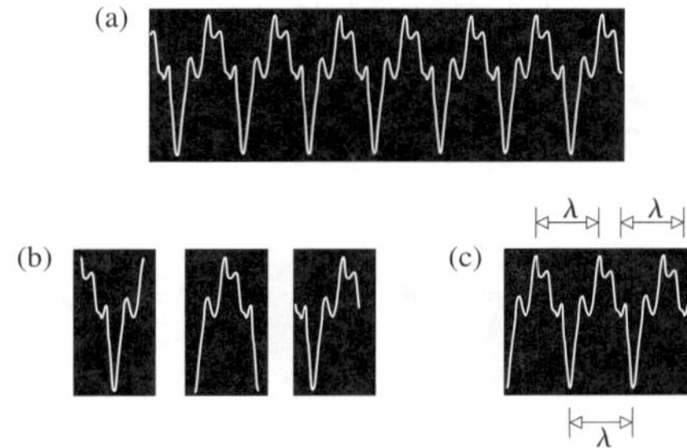

그림 2.8 (a) 색소폰에서 나는 파형. (b) 이 파형의 어떤 형태 요소들로, (c) 이것들이 반복될 때 파형이 만들어진다. 파가 스스로 반복되는 길이를 파장 λ라고 한다.

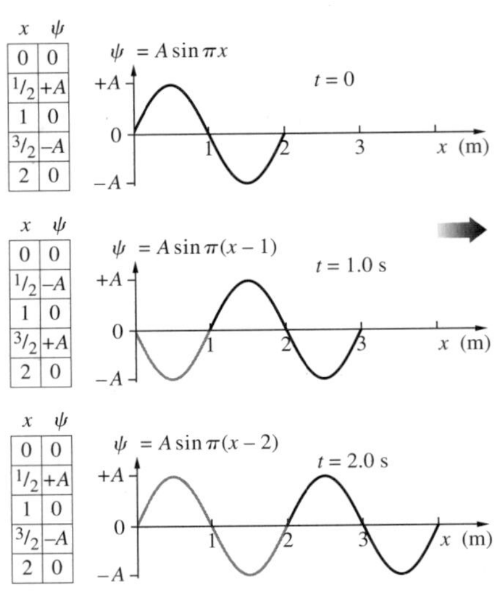

그림 2.9 1.0 m/s의 속도로 오른쪽으로 움직이는 $\psi(x, t)=A \sin k(x-vt)$ 형태의 파의 진행 과정

$$\psi = A\sin 2\pi\left(\frac{x}{\lambda} \mp \frac{t}{\tau}\right) \tag{2.22}$$

$$\psi = A\sin 2\pi(\kappa x \mp \nu t) \tag{2.23}$$

$$\psi = A\sin(kx \mp \omega t) \tag{2.24}$$

$$\psi = A\sin 2\pi\nu\left(\frac{x}{v} \mp t\right) \tag{2.25}$$

위의 식들 중에서 식 (2.13)과 식 (2.24)를 가장 빈번히 볼 것이다. 이 파동들은 무한대로, 즉 어떤 t에 대해 x가 $-\infty$에서 $+\infty$까지 수학적 제한이 없이 펼쳐진다. 한 개의 일정한 주파수만 가진 파동을 **단색파(monochromatic wave)**, 혹은 **단일 에너지파(monoenergetic wave)**라고 한다. 실제 파동은 결코 단색파가 될 수 없다. 완전한 사인파 발생기조차도 영원히 작동할 수 없다. 사인파 발생기가 만든 파동이 $t = -\infty$로 되돌려 확장할 수 없기 때문에 이것의 출력은 필수적으로 일정한 주파수 영역(사실 작은 영역이지만) 내에 한정된다. 그래서 모든 파들은 일정한 주파수 대역폭이 있게 되며, 이 대역폭이 좁을 때 이 파를 **준단색파(quasimonochromatic wave)**라고 한다.

지속적으로 움직이기 전에 어떤 수인가를 식 (2.13)에 대입하고 각 항들의 의미를 다루기로 하자. 그리고 끝으로 임의적으로 $v = 1.0$ m/s와 $\lambda = 2.0$ m를 선택하자. 그러면 SI 단위계에서

$$\psi = A\sin\frac{2\pi}{\lambda}(x - vt)$$

와 같은 파동 함수는

$$\psi = A\sin\pi(x - t)$$

이 된다. $t = 0$[이 결과 $\psi = A \sin \pi x$]에서 $t = 1.0$초 [이 결과 $\psi = A \sin \pi(x - 1.0)$] 및 $t = 2.0$초 [이 결과 $\psi = A \sin \pi(x - 2.0)$]로 시간이 지남에 따라 1.0 m/s에서 이 파가 오른쪽으로 어떻게 진행하는지를 그림 2.9에서 볼 수 있다.

예제 2.4

다음과 같은 함수를 생각하자. 여기에서 모든 문자와 숫자는 적절한 SI 단위를 사용한다.

$$\psi(y, t) = (0.040)\sin 2\pi\left(\frac{y}{6.0\times10^{-7}} + \frac{t}{2.0\times10^{-15}}\right)$$

(a) 이 함수의 모양은 파동의 형태인가? 만약에 그렇다면, 이 파동의 (b) 주파수, (c) 파장, (d) 진폭, (e) 전파 방향, (f) 속력을 구하라.

풀이

(a) 괄호 안에 있는 $1/6.0\times10^{-7}$ 인자를 괄호 밖으로 내보내면 $\psi(y, t)$가 $(y \pm vt)$의 함수라는 것이 명백하게 나타나므로, 이 함수는 조화파라는 것을 알 수 있다. (b) 또한 간단히 식 (2.22)인

$$\psi = A\sin 2\pi\left(\frac{x}{\lambda} + \frac{t}{\tau}\right)$$

를 사용할 수 있다. 그래서 이 식에 따라 $\tau = 2.0\times10^{-15}$ s이다. 이에 따라 $\nu = 1/\tau = 5.0\times10^{14}$ Hz이다. (c) 파장은 $\lambda = 6.0\times10^{-7}$ m이다. (d) 진폭은 $A = 0.040$이다. (e) 이 파는 $-y$ 방향으로 이동한다. (f) 속력은 $v = \nu\lambda = (5.0\times10^{14}\,\text{Hz})(6.0\times10^{-7}\,\text{m}) = 3.0\times10^{8}$ m/s이다. 다른 방식으로 괄호 안의 $1/6.0\times10^{-7}$을 괄호 밖으로 내 보내면, 속력은 $6.0\times10^{-7}/2.0\times10^{-15} = 3.0\times10^{8}$ m/s가 된다.

공간 주파수

시간에 따른 주기적인 파는 파장, 시간 주기, 시간 주파수를 보여 주면서 공간과 시간에 따라 움직이는 구조로 시간에 대해서 진동한다. 현대 광학에서는 개념적으로 파동의 스냅 사진과 닮은 정지된 파의 공간적 분포에 대한 정보에 대해서도

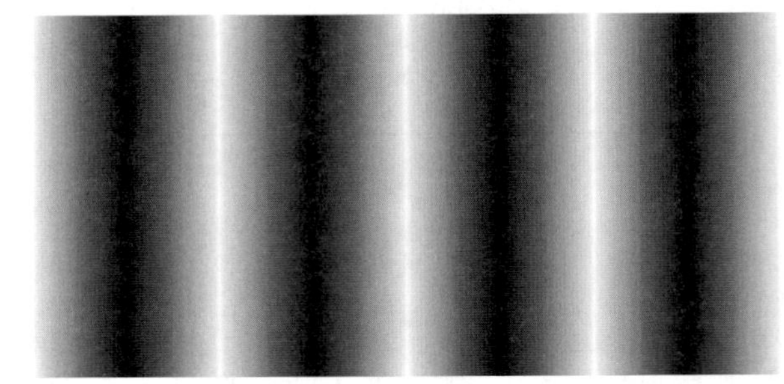

그림 2.10 상대적으로 낮은 공간 주파수를 갖는 사인파적 밝기 분포

그림 2.11 상대적으로 높은 공간 주파수를 갖는 사인파적 밝기 분포

관심이 있다. 이후 7장과 11장에서 빌딩, 사람, 말뚝 울타리의 일상적인 영상이 소위 푸리에 분석(Fourier analysis)이라는 과정을 사용하여 공간에서 주기적인 함수로 모두 분해될 수 있음을 볼 것이다.

여기에서 꼭 기억할 것은 광학 정보는 시간 파동 형태에서 보는 것과 같이 매우 비슷하게 주기적으로 공간에 흩어져 있을 수 있다는 것이다. 이러한 것을 보여 주기 위하여 그림 2.6의 사인파(sinusoid, 정현파)를 그림 2.10과 같이 부드럽게 밝기가 변하는 그림으로 바꾼다. 이런 사인파적 밝기의 변화는 수 밀리미터의 **공간 주기**(spatial period)를 갖는다(즉 이는 인접한 최대 밝기들 사이의 거리로 측정됨). 여기에서 한 쌍의 밝고 어두운 줄무늬는 한 '파장'에 대응하는데, 이 파장은 흑백 줄무늬 한 쌍당 수 밀리미터(또는 수 센티미터) 정도이다. 이 파장의 역수, 즉 공간 주기 분의 1은 **공간 주파수**(spatial frequency)로 밀리미터당(또는 센티미터당) 흑백 줄무늬 쌍의 개수이다. 그림 2.11은 그림 2.10에 비해서 더 짧은 공간 주기와 더 높은 공간 주파수를 갖는 비슷한 공간 분포 그림을 그린 것이다. 이것들은 시간 도메인(domain)에서 단색파와 비슷한 단일 공간 주파수 분포를 갖는다. 앞으로는 어떻게 영상들이 그림 2.10과 그림 2.11의 공간 분포와 같은 개개의 공간 주파수 분포들의 중첩으로 만들어지는지를 볼 것이다.

2.3 위상과 위상 속도

다음과 같은 조화 파동 함수가 있다고 하자.

$$\psi(x, t) = A \sin(kx - \omega t) \tag{2.26}$$

사인 함수의 변수 전체를 다음과 같이 파동의 위상(phase) φ라고 한다.

$$\varphi = (kx - \omega t) \tag{2.27}$$

$t = x = 0$에서는

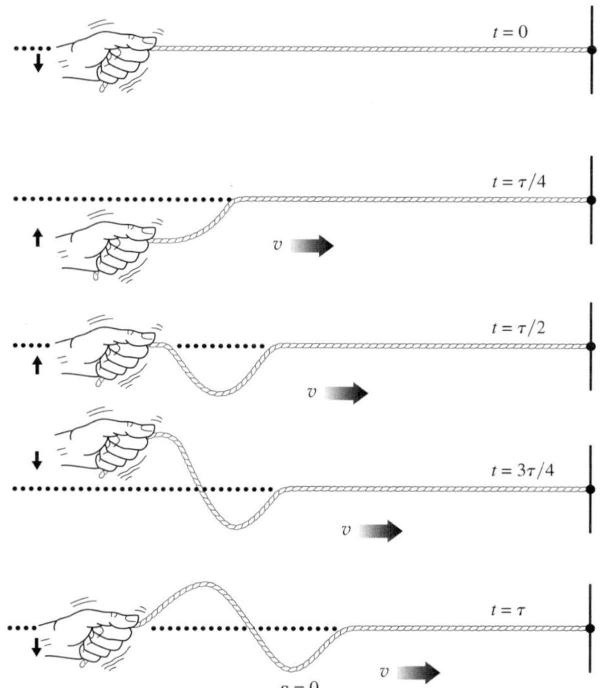

그림 2.12 $\varepsilon = 0$일 경우에, $x = 0$인 곳에서 $t = \tau/4 = \pi/2\omega$일 때 $y = A\sin(-\pi/2) = -A$이다.

$$\psi(x, t)\big|_{\substack{x=0\\t=0}} = \psi(0, 0) = 0$$

이 되는데, 이것은 특수한 경우이고 일반적으로는 다음과 같다.

$$\psi(x, t) = A \sin(kx - \omega t + \varepsilon) \tag{2.28}$$

여기서 ε는 **초기 위상(initial phase)**이라고 한다. ε의 물리적 의미를 알아보기 위해 그림 2.12와 같이 줄을 따라 진행하는 조화파를 만든다고 생각해 보자. 조화파를 발생시키기 위해 줄잡은 손으로 단순 조화 운동을 한다(문제 2.27 참조). $t = 0$과 $x = 0$에서 그림 2.12와 같이 x축 위의 손을 아래로 내리는 것뿐 아니라, 그림 2.13의 $\varepsilon = \pi$와 같이 손을 위쪽 방향으로 올림으로써 운동을 시작할 수도 있다. 후자의 경우는

$$\psi(x, t) = y(x, t) = A \sin(kx - \omega t + \pi)$$

이고, 이는

$$\psi(x, t) = A \sin(\omega t - kx) \tag{2.29}$$

또는

$$\psi(x, t) = A \cos\left(\omega t - kx - \frac{\pi}{2}\right)$$

과 동등한 식이다. 초기 위상각은 발생기에서 만들어지는 위상과 같으며 파동이 진행해 나간 거리와 무관하게 일정하다.

식 (2.26)의 위상은 $(kx - \omega t)$이며, 반면에 식 (2.29)에서는 위상 $(\omega t - kx)$이다. 그럼에도 불구하고 이들 두 방정식은 π

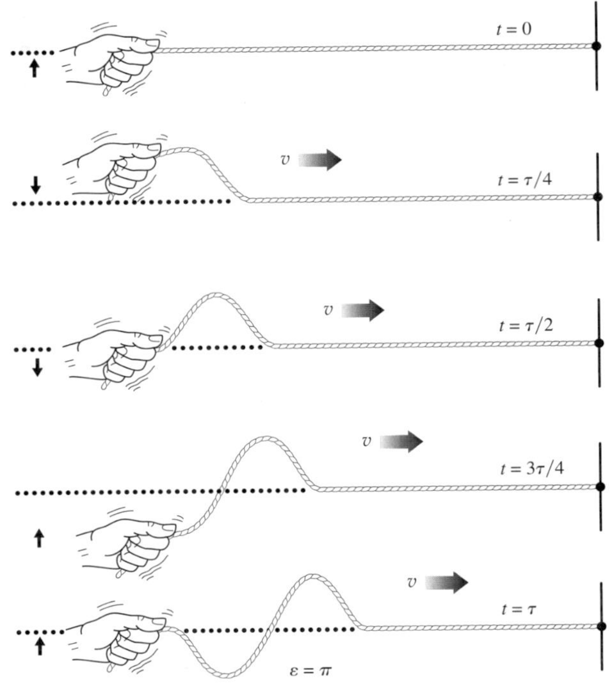

그림 2.13 $\varepsilon = \pi$일 경우에, $x = 0$인 곳에서 $t = \pi/4$일 때 $y = A\sin(\pi/2) = A$이다.

의 상대 위상차가 있다는 것을 제외하고는 똑같이 $+x$ 방향으로 움직이는 파동을 나타내고 있다. 이러한 경우처럼 초기 위상이 식 (2.26)이나 식 (2.29)와 같이 주어진 상황에서 특별히 중요하지가 않을 때는 코사인 함수가 이 파동들을 표현하는 데 사용할 수도 있다. 그렇더라도 어떤 상황들에서는 수학적으로 위상에 대한 하나의 표현이 다른 표현보다 훨씬 많이 나타날 수도 있다. 즉 논문들에서는 둘 다 많이 나오며, 이 두 가지 표현을 여기에서는 모두 사용할 것이다.

식 (2.28)과 같이 주어지는 $\psi(x, t)$의 위상 분포

$$\varphi(x, t) = (kx - \omega t + \varepsilon)$$

는 x와 t의 함수이다. x가 일정할 때, t에 대한 편미분 도함수 φ는 **시간에 따른 위상의 변화율**(rate of change of phase with time)로 다음과 같다.

$$\left|\left(\frac{\partial\varphi}{\partial t}\right)_x\right| = \omega \tag{2.30}$$

어떤 고정된 위치에서 위상의 변화율은 파동의 각주파수이며, 이 변화율은 그림 2.12의 밧줄 상의 한 점이 위 아래로 진동하는 변화율이다. 이 점은 파동처럼 같은 수의 초당 사이클 수로 진행해야만 한다. 각 사이클에서 φ는 2π까지 변한다. ω는 위상이 초당 휩쓸고 자나가는 양으로 라디안 단위의 숫자이다.

이와 유사하게 t가 일정할 때, **거리에 따른 위상의 변화율**(rate of change of phase with distance)은 다음과 같다.

$$\left|\left(\frac{\partial\varphi}{\partial x}\right)_t\right| = k \tag{2.31}$$

열역학에서 자주 나타나는 편미분 이론으로부터 유도된 위의 두 표현식들은 다음과 같은 관계를 갖는다.

$$\left(\frac{\partial x}{\partial t}\right)_\varphi = \frac{-(\partial\varphi/\partial t)_x}{(\partial\varphi/\partial x)_t} \tag{2.32}$$

왼쪽 항은 **일정한 위상 상태의 전파 속도**를 나타낸다. 조화 파동을 상상하고 이 파동의 한 점을, 예를 들어 파동의 꼭대기를 선택하자. 파동이 공간을 통해 진행하더라도 마루에서의 변위 y는 일정하다. 조화 파동 함수에서의 유일한 변수가 위상이므로 위상이 일정해야 한다. 따라서 선택한 위치에 대응되는 일정한 y를 주는 어떤 값으로 위상이 고정된다. 이 위치는 분포를 따라 속력 v로 이동하고 위상이 일정한 상태도 같이 이동한다.

식 (2.29)로 주어진 φ의 적당한 편미분 도함수를 구하여 식 (2.32)에 대입하면 다음 결과가 나온다.

$$\left(\frac{\partial x}{\partial t}\right)_\varphi = \pm\frac{\omega}{k} = \pm v \tag{2.33}$$

ω의 단위는 rad/s이고 k의 단위는 rad/m이다. 이것이 형태(profile)가 이동하는 속력(speed)이며, 보통 파동의 **위상 속도(phase velocity)**라고 알려져 있다. 위상 속도는 x가 증가하는 방향으로 진행하면 양의 부호이고, x가 감소하는 방향으로 진행하면 음의 부호를 갖는다. 이것은 파동 속도 v로부터 유도한 결과($v > 0$)와 일치한다.

일정한 위상의 진행이 조화 파동 방정식과 어떤 관계가 있는지 알아보자. 즉

$$\varphi = k(x - vt) = \text{상수}$$

일 때, t가 증가함에 따라 x도 증가한다. $x < 0$이면 $\varphi < 0$이므로 x는 증가해야만 한다(즉 음의 값이 적어진다). 따라서 위상이 일정한 상태는 x가 증가하는 방향으로 이동한다. 위상의 두 항이 빼기로 되어있는 한은 파동이 $+x$ 방향으로 움직인다. 또 다른 한편

$$\varphi = k(x + vt) = \text{상수}$$

인 경우 t가 증가하면 x가 양이면 감소하고, x가 음수이면 음의 값이 커진다. 따라서 두 경우 모두 위상이 일정한 상태는 x가 감소하는 방향으로 이동한다.

예제 2.5

시간 $t=0$에서 진행파는 SI 단위로 $\psi(y, 0)=(0.030\text{ m})\cos(\pi y/2.0)$처럼 표현할 수 있다. 이 교란이 2.0m/s의 위상 속도로 $-y$ 방향으로 움직인다. 6.0s의 시각에서 이 파동에 대한 표현을 써라.

풀이

다음과 같은 형태로 이 파동을 쓰고,

$$\psi(y, t) = A\cos 2\pi\left(\frac{y}{\lambda} \pm \frac{t}{\tau}\right)$$

여기에서 $A = 0.030\text{ m}$이므로

$$\psi(y, 0) = (0.030\text{ m})\cos 2\pi\left(\frac{y}{4.0}\right)$$

이다. 이 문제에서 주기를 구하고자 하며, $\lambda = 4.0\text{ m}$이기 때문에 $v = \nu\lambda = \lambda/\tau$이다. 즉 $\tau = \lambda/v = (4.0\text{ m})/(2.0\text{ m/s}) = 2.0\text{ s}$이다. 그래서

$$\psi(y, t) = (0.030\text{ m})\cos 2\pi\left(\frac{y}{4.0} + \frac{t}{2.0}\right)$$

이다. 위상에서 양의 부호는 $-y$ 방향으로의 운동임을 알려준다. $t = 6.0\text{ s}$에서는

$$\psi(y, 6.0) = (0.030\text{ m})\cos 2\pi\left(\frac{y}{4.0} + 3.0\right)$$

이다.

일정한 진폭을 갖는 조화파 상의 임의의 한 점은 $\varphi(x, t)$가 일정하게, 즉 $d\varphi(x, t)/dt = 0$ 또는 $d\psi(x, t)/dt = 0$이 되게 움직인다. 이러한 사실은 그 파동이 주기적이든지 아니든지 간에 모든 파동에 대해서 성립하며, 다음과 같은 결론(문제 2.34)이 유도된다.

$$\pm v = \frac{-(\partial\psi/\partial t)_x}{(\partial\psi/\partial x)_t} \tag{2.34}$$

이 결과는 $\psi(x,t)$를 알 때 아주 편리하게 v를 알 수 있게 해준다. 특별히 v는 항상 양수이기 때문에 오른쪽에 있는 비율식이 음수일 때는 이 운동이 $-x$ 방향으로 움직인다는 것을 주시해야만 한다.

그림 2.14 구면파. (E.H.)

그림 2.14는 수면 위에 가상적인 2차원 파동들을 발생시키는 것을 묘사한다. 매질이 오르락내리락하며 삼각 함수꼴의 분포를 이루는 모습이 그림에 표현되어 있다. 이 파동들이 어떻게 퍼져나갈지 예견하는 좋은 방법이 있다. 이것은 **같은 위상을 갖는 지점들은 연결한 곡선은 일련의 동심원 모임이 된다**는 것이다. 더욱이 발생원으로부터 같은 거리에 있는 모든 곳에서 A가 일정하고, 원 전체에 대해 φ가 일정하다면, 그 원 전체에서의 ψ도 역시 일정하다. 다시 말해서 이 원들은 모든 마루와 골에 대응하는데, 이것을 **구면파**(circular wave)라고 하며, 이 파는 속력 v로 바깥쪽을 향하여 퍼져나간다.

2.4 중첩 원리

미분 파동 방정식[식 (2.11)]으로부터 파동의 흥미로운 성질을 하나 밝힐 수 있다. 이 성질은 고전 입자의 흐름이라고 생각할 때 나타나는 양상과는 사뭇 다르다. 파동 함수 ψ_1과 ψ_2가

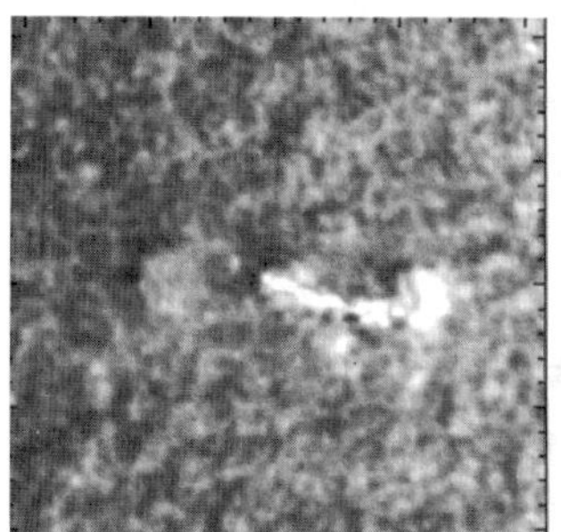
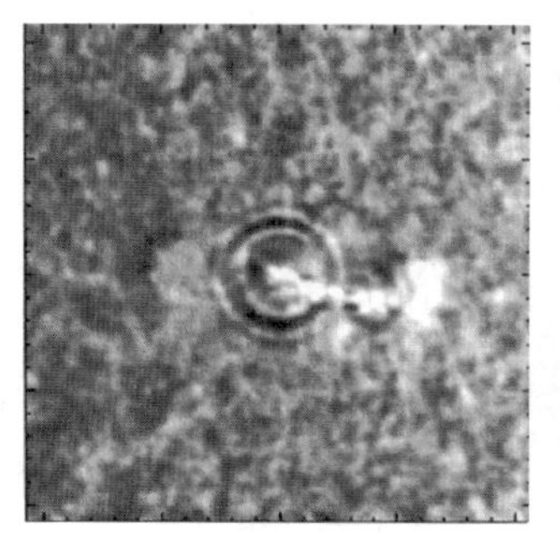
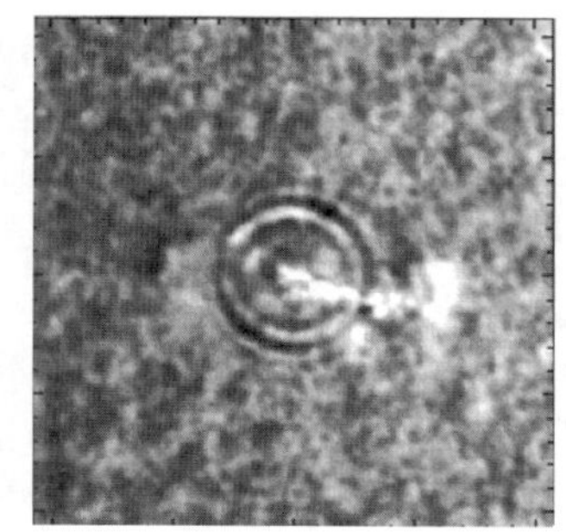
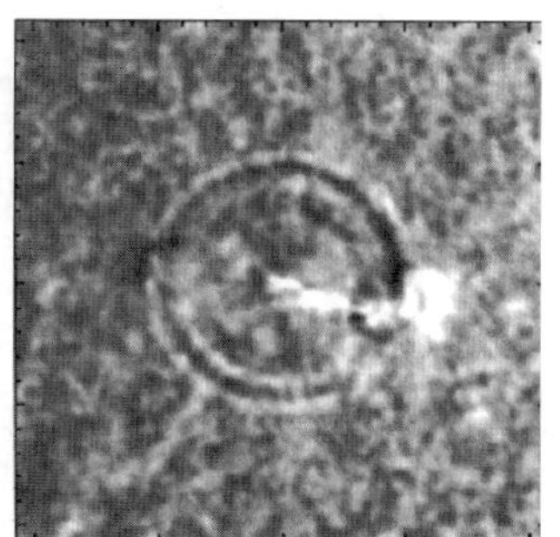

태양에서 생긴 태양 플레어(solar flare)가 태양 표면을 타고 흐르는 원형 지진파 파문. (NASA)

파동 방정식의 각각 해라고 하면, $(\psi_1 + \psi_2)$도 또한 해가 된다. 이것을 **중첩 원리(Superposition Principle)**라고 하며,

$$\frac{\partial^2 \psi_1}{\partial x^2} = \frac{1}{v^2}\frac{\partial^2 \psi_1}{\partial t^2} \quad \text{와} \quad \frac{\partial^2 \psi_2}{\partial x^2} = \frac{1}{v^2}\frac{\partial^2 \psi_2}{\partial t^2}$$

인 파동 방정식의 관계로부터 쉽게 증명을 할 수 있다. 이 두 식들을 서로 더하면

$$\frac{\partial^2 \psi_1}{\partial x^2} + \frac{\partial^2 \psi_2}{\partial x^2} = \frac{1}{v^2}\frac{\partial^2 \psi_1}{\partial t^2} + \frac{1}{v^2}\frac{\partial^2 \psi_2}{\partial t^2}$$

이 되며, 이로부터

$$\frac{\partial^2}{\partial x^2}(\psi_1 + \psi_2) = \frac{1}{v^2}\frac{\partial^2}{\partial t^2}(\psi_1 + \psi_2)$$

이 된다. 따라서 $(\psi_1 + \psi_2)$가 해가 됨을 알 수 있다. 이 결과가 의미하는 바는 두 개의 서로 다른 파동이 공간상의 같은 지점에서 만나서 서로 겹쳐질 때, 이 두 파동은 서로 완전히 소멸시키거나 방해하지 않고 단순히 합쳐진다(혹은 빼진다). 즉 **두 파동이 겹쳐지는 곳의 각 점에서 이 결과 나타나는 교란(disturbance)은 이 지점에서의 각각의 파동들의 대수적 합과 같다**(그림 2.15). 이 파동들이 과거로부터 와서 두 파동들이 공존하는 영역을 지난다면, 각각은 서로에게 영향을 주지 않고 멀어져 갈 것이다.

널리 유효하게 쓰이고 가장 자주 볼 수 있는 파동의 **선형** 중첩에 대한 것들을 잘 기억해야 한다. 그렇지만 물체가 비선형적으로 작동할 정도로 충분히 큰 진폭도 있을 수 있다. 여기에서는 선형 미분 파동 방정식에 관심을 집중할 것이며 결과적으로 선형 중첩 원리가 중심이 될 것이다.

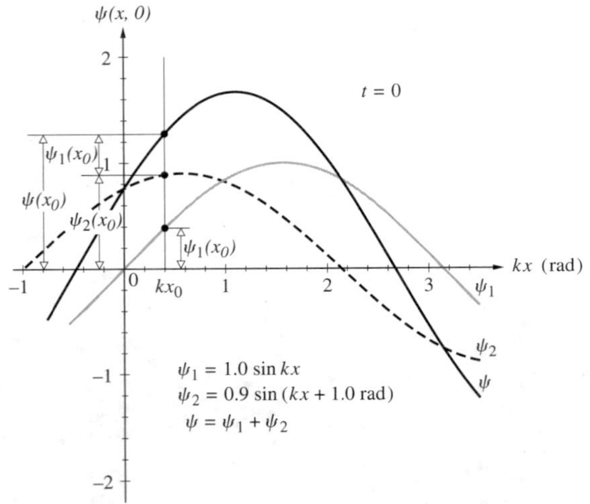

그림 2.15 같은 파장을 갖는 두 사인파 ψ_1과 ψ_2의 중첩. 이 결과는 같은 파장의 사인파인데, 모든 점에서 두 사인파의 대수적 합과 같다. 그래서 $x = x_0$에서 $\psi(x_0) = \psi_1(x_0) + \psi_2(x_0)$로 진폭들을 합하면 된다. ψ의 진폭은 A이고, 이 진폭은 몇 가지 방법으로 정할 수 있다. 그림 2.19를 보라.

여러 광학 책에서 여러 가지 방법으로 파동의 중첩을 설명하고 있다. 반사와 굴절의 기본 과정조차도 빛과 수많은 원자들과의 산란으로 취급하고 있지만, 파동들의 겹침으로 이러한 현상을 만족스럽게 설명할 수 있다. 그런 까닭에 적어도 정성적이라도 가능한 한 빨리 이러한 과정을 이해하는 것이 중요하다. 결과적으로 그림 2.15에서 공존하는 두 파동을 주의 깊게 관찰할 필요가 있다. 모든 점, 즉 kx의 모든 값들에서 간단히 ψ_1과 ψ_2를 더하는데, 이들 함수들은 양수일 수도 음수일 수도 있다. 빨리 조사해 보기 위해서 두 파동들 중 하나를 영으로 놓을 경우(즉 $\psi_1 = 0$), 결과적인 교란은 다른 영이 아닌 파동($\psi = \psi_2$)과 같아지며, 이들 두 함수들은 그 지점(즉 $kx = 0$과 $+3.14\,\text{rad}$)에서 교차한다. 또 다른 한편 두 개의 파동들이 크기가 같고 부호가 반대인 지점(즉, $kx = +2.67\,\text{rad}$)들에서는 $\psi = 0$이다. 말하자면 두 파동 사이에서 상대적으로 $1.0\,\text{rad}$인 **양**의 위상차가 있다면 ψ_2가 $1.0\,\text{rad}$만큼 ψ_1에 대하여 **왼쪽**으로 이동된다.

그림으로 약간 더 설명한다면 거의 같은 진폭의 파동들의 중첩의 결과들이 어떻게 이 파동들 사이에서 생기는 **위상각 차**(phase-angle difference)에 의존하는지를 그림 2.16에서 알 수 있다. 그림 2.16a에서 두 파동들은 같은 위상을 갖는다. 즉 이들의 위상각 차는 영이며, 이들이 **위상 일치(in-phase)** 상태에 있다고 하며 이들은 같이 상승과 하강을 하면서 서로를 증강시킨다. 실제적인 진폭을 갖는 이 합성파는

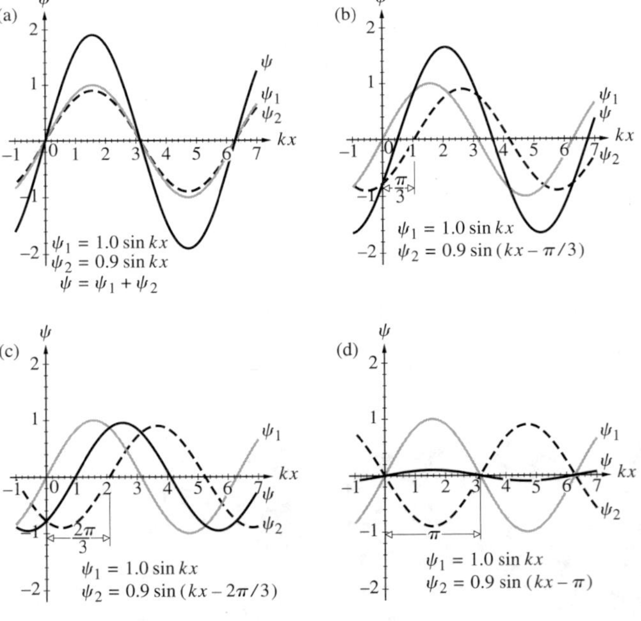

그림 2.16 $A_1 = 1.0$과 $A_2 = 0.9$의 진폭을 갖는 두 사인파의 중첩. (a)에서 이 두 파동은 위상 일치이다. (b)에서 ψ_1은 $\pi/3$만큼 ψ_2를 뒤따라간다. (c)에서 ψ_1은 $2\pi/3$ 만큼 ψ_2를 뒤따라간다. (d)에서 ψ_1과 ψ_2는 π만큼 위상 불일치하며 거의 각각의 파동이 지워진다. 이 진폭들을 구하는 방법을 보고자 한다면 그림 2.20을 참조하라.

서로 겹치고 간섭하는 수면파들. (E.H.)

성분파들과 같은 주파수와 파장을 갖는 사인파이다. 다음으로 이어지는 그림들에서 그림 2.16d와 같이 π의 위상각 차에서 거의 합성파의 진폭이 사라질 때까지 위상각 차가 커짐에 따라 합성파의 진폭이 줄어드는 것을 볼 수 있다. 이때 이 파동들은 180° **위상 불일치(out-of-phase)**한다고 말한다. 위상 불일치하는 파동들이 줄어든다는 사실은 전체에서 서로가 **간섭(interference)**한다는 것이다.

2.5 복소 표현

파동 현상을 다루는 데 있어서 사인 함수와 코사인 함수는 조화파를 표현하는 데 불편하다. 표현식들이 복잡하게 연결되면 삼각공식을 이용한 지루한 계산이 필요하다. 그러나 복소수를 이용하여 파동을 표현하면 수학적으로 간단해진다. 사실 복소수 지수 형태의 파동 방정식은 광학뿐 아니라 고전

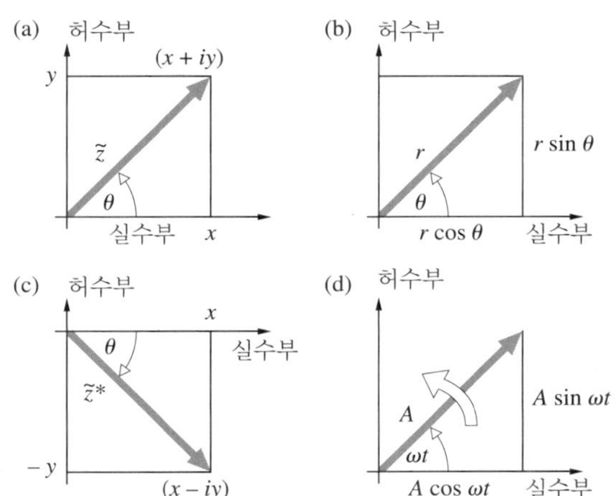

그림 2.17 복소수의 실수부와 허수부의 항으로 복소수를 표현하는 아르강 도표. 이 도표는 (a) x와 y 또는 (b) r과 θ를 사용할 수 있다. 더군다나 (d) θ가 시간에 따라 일정하게 변하는 함수일 때, 화살표는 ω의 비율로 회전하는 방향을 나타낸다.

역학과 양자역학에서도 광범하게 사용된다.

복소수 $\tilde{z}$는 다음과 같은 형태를 갖는데

$$\tilde{z} = x + iy \tag{2.35}$$

여기서 $i = \sqrt{-1}$ 이다. $\tilde{z}$의 실수부와 허수부는 각각 x와 y 이며, x와 y는 실수이다. 이 내용이 그림 2.17a에 표현되어 있다. 극좌표 (r, θ)로 표현하면,

$$x = r\cos\theta \qquad y = r\sin\theta$$

와

$$\tilde{z} = x + iy = r(\cos\theta + i\sin\theta)$$

이다.

$$e^{i\theta} = \cos\theta + i\sin\theta$$

으로 주어지는 **오일러 식**(Euler formula)*에 의하면 $e^{-i\theta} = \cos\theta - i\sin\theta$이며, 다음과 같은 두 식들을 더하고 빼면

$$\cos\theta = \frac{e^{i\theta} + e^{-i\theta}}{2}$$

과

$$\sin\theta = \frac{e^{i\theta} - e^{-i\theta}}{2i}$$

이 된다. 더군다나 이 오일러 식은 다음과 같이 쓸 수 있다 (그림 2.17b).

$$\tilde{z} = re^{i\theta} = r\cos\theta + ir\sin\theta$$

여기서 r은 $\tilde{z}$의 **크기**(magnitude)이고, θ는 $\tilde{z}$의 **위상각**(phase angle)으로 단위는 라디안이며, 크기는 $|\tilde{z}|$로 표시되기도 하는데, 이것은 복소수의 **크기**(modulus)나 **절댓값**(absolute value)을 의미한다. 별표(*)가 표시된 **공액 복소수**(complex conjugate)는 i를 $-i$로 바꿈으로써 구할 수 있다. 따라서

$$\tilde{z}^* = (x + iy)^* = (x - iy)$$

$$\tilde{z}^* = r(\cos\theta - i\sin\theta)$$

와

$$\tilde{z}^* = re^{-i\theta}$$

가 된다. 덧셈과 뺄셈 연산은 매우 간단하다.

$$\tilde{z}_1 \pm \tilde{z}_2 = (x_1 + iy_1) \pm (x_2 + iy_2)$$

이므로 다음과 같다.

$$\tilde{z}_1 \pm \tilde{z}_2 = (x_1 \pm x_2) + i(y_1 \pm y_2)$$

이와 같은 계산 과정은 벡터에서 성분별로 계산하는 것과 비슷하다.

곱셈과 나눗셈도 다음과 같이 극좌표로

$$\tilde{z}_1\tilde{z}_2 = r_1 r_2 e^{i(\theta_1 + \theta_2)}$$

* 이 식의 동일성에 대해 의심이 가면, $r = 1$인 경우인 $\tilde{z} = \cos\theta + i\sin\theta$를 미분해 보라. 미분한 결과는 $d\tilde{z} = i\tilde{z}d\theta$이며, 이것을 적분하면 $\tilde{z} = \exp(i\theta)$가 된다.

와

$$\frac{\tilde{z}_1}{\tilde{z}_2} = \frac{r_1}{r_2} e^{i(\theta_1 - \theta_2)}$$

로 간단히 표현된다. 앞으로 계산에 사용될 몇 가지 유용한 내용들을 살펴보자. 먼저 일반적인 삼각 함수 더하기 공식(문제 2.44)에서

$$e^{\tilde{z}_1 + \tilde{z}_2} = e^{\tilde{z}_1} e^{\tilde{z}_2}$$

인데, 만일 $\tilde{z}_1 = x$ 그리고 $\tilde{z}_2 = iy$라면 다음과 같다.

$$e^{\tilde{z}} = e^{x+iy} = e^x e^{iy}$$

복소수의 크기는

$$r = |\tilde{z}| \equiv (\tilde{z}\tilde{z}^*)^{1/2}$$

과

$$|e^{\tilde{z}}| = e^x$$

로 주어진다. $\cos 2\pi = 1$이고 $\sin 2\pi = 0$이므로

$$e^{i2\pi} = 1$$

이다. 마찬가지로 다음과 같이 쓸 수 있다.

$$e^{i\pi} = e^{-i\pi} = -1\text{과 } e^{\pm i\pi/2} = \pm i$$

함수 $e^{\tilde{z}}$는 주기적이므로 $i2\pi$마다 반복되기 때문에 다음과 같이 된다.

$$e^{\tilde{z} + i2\pi} = e^{\tilde{z}} e^{i2\pi} = e^{\tilde{z}}$$

어떤 복소수이든지 실수부 $\text{Re}(\tilde{z})$와 허수부 $\text{Im}(\tilde{z})$의 합으로 다음과 같이 표현된다.

$$\tilde{z} = \text{Re}(\tilde{z}) + i\,\text{Im}(\tilde{z})$$

따라서

$$\text{Re}(\tilde{z}) = \frac{1}{2}(\tilde{z} + \tilde{z}^*)\text{와 } \text{Im}(\tilde{z}) = \frac{1}{2i}(\tilde{z} - \tilde{z}^*)$$

이다. 이들 표현 모두는 그림 2.17a와 c의 아르강 도표(Argand diagram)로부터 얻을 수 있다. 예를 들어 허수부가 지워지기 때문에 $\tilde{z} + \tilde{z}^* = 2x$이며, $\text{Re}(\tilde{z}) = x$이다.

이것을 구좌표로 표현하면 다음과 같다.

$$\text{Re}(\tilde{z}) = r\cos\theta\text{와 } \text{Im}(\tilde{z}) = r\sin\theta$$

실수부나 허수부 중 하나를 택하여 조화파를 기술할 수 있다. 그러나 관습적으로 실수부를 선택하며, 이 경우 조화파를 다음과 같이 기술한다.

$$\psi(x, t) = \text{Re}\,[Ae^{i(\omega t - kx + \varepsilon)}] \tag{2.36}$$

이것은

$$\psi(x, t) = A\cos(\omega t - kx + \varepsilon)$$

와 동등한 식이다. 앞으로 모든 내용에서 편의상 파동 방정식을

$$\psi(x, t) = Ae^{i(\omega t - kx + \varepsilon)} = Ae^{i\varphi} \tag{2.37}$$

로 표현하고, 이와 같은 복소수 형태를 계산에 사용한다. 앞에서 본 바와 같이 복소수의 지수를 이용하면 계산이 편리하다. 계산 결과를 얻은 후에, 복소수의 실수부를 취하여 실제 파동을 표현한다. 파동을 식 (2.37)의 $\psi(x,t)$와 같이 표현하는 것이 가장 일반적인데, 실제 파동은 이것의 실수부라고 이해하면 된다.

복소수 표현이 현대물리에서 상식적으로 쓰이지만, 다음과 같이 조심해서 사용해야만 한다. 즉 **파동을 복소 함수로 표현한 후 이 함수를 가지고 또는 이 함수에 대해서 어떤 수학적 연산을 한다면, 이 수학적 연산이 실수를 가지고 하는 더하기, 빼기, 곱하기, 나누기와 같은 사칙연산만으로 제한되고 실변수에 대한 미분과 적분만으로 제한되는 경우에 한해서만 이 함수의 실수부는 실수부로 복귀될 수 있다.** 벡터 내적(vector dot product)과 벡터 외적(vector cross product)을 포함한 곱셈 연산은 배타적으로 실수 양만을 가지고 실행되어져야만 한다. 복소수 양들을 서로 곱하고 나서 실수부를 취하면 틀린 결과가 생길 수 있다(문제 2.47 참조).

2.6 위상자와 파동의 합

아르강 도표(그림 2.17d)에서 각도를 ωt라고 놓으면 주파

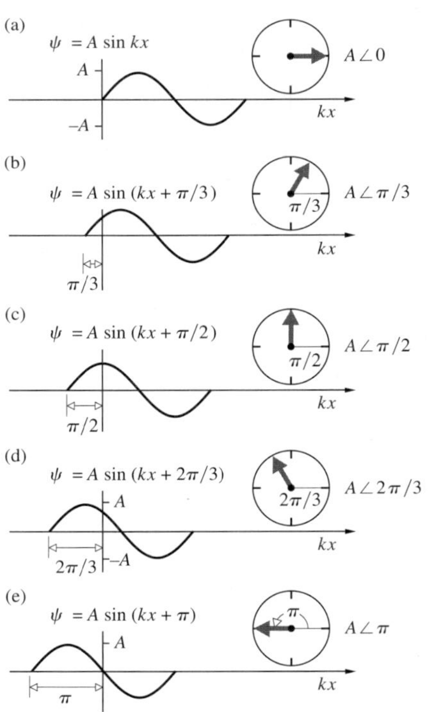

그림 2.18 함수 $\psi = A\sin(kx + \omega t)$의 그림과 이에 대응하는 위상자 도표. (a), (b), (c), (d), (e)에서 ωt의 값들은 각각 0, $\pi/3$, $\pi/2$, $2\pi/3$, π이다. 다시 말해서 회전하는 화살표의 수직축 쪽으로의 투영된 값은 $kx = 0$ 축에서의 ψ의 값과 같다.

수 ω로 화살표가 회전한다. 이것은 이 절에서 정성적으로 그리고 후에 정량적으로 도입할 파동들을 표현하는(궁극적으로는 서로 합할 것임) 하나의 형태이다. 그림 2.18은 왼쪽으로 진행하는 진폭 A의 조화파를 나타낸다. 이 도표의 화살표는 길이 A를 가지며, 기준 축인 x축에 대한 각도 변화가 ωt와 같은 일정한 비율로 회전한다. 회전하는 화살표 및 이 화살표와 결합된 위상각은 함께 **위상자(phasor)**의 구성 요소로 이에 대응하는 조화파에 대한 모든 정보를 알려준다. $A\angle\varphi$처럼 이 위상자의 진폭 A와 위상 φ로 위상자를 표현하는 것이 일반적이다.

이것들을 취급하는 방법을 알기 위해서 먼저 그림 2.18의 각 부분들을 분리해서 검사하기로 하자. 그림 2.18a에서 위상자는 영의 위상각을 갖는다. 즉 위상자는 기준축을 따라 놓여 있으며, 또한 이와 관련된 사인 함수를 기준으로 사용할 수 있다. 그림 2.18b에서 위상자는 $+\pi/3$ rad의 위상각을 가지며, 사인 함수는 왼쪽으로 $\pi/3$ rad만큼 움직인다. 이 사인 함수는 (a)의 기준곡선에서 극댓값의 위치보다 더 작은 kx에서 첫 번째 극댓값을 갖는다. 그리고 이러한 이유 때문에 이 사인 함수는 기준 함수를 $\pi/3$만큼 앞서 나간다. 그림 2.18의 (c), (d), (e)에서 위상각들 각각 $+\pi/2$ rad, $+2\pi/3$ rad, $+\pi$ rad이다. 이 일련의 이 곡선들을 왼쪽으로 진행하는 $\psi = A\sin(kx + \omega t)$라는 파동으로 볼 수 있다. 또한 똑같이 이러한 것들은 어느 순간에 위상각이 ωt가 되도록 반시계 방향으로 회전하는 위상자로 나타낼 수 있다. 그림 2.7에서 이와 똑같은 것을 볼 수 있으나, 다만 오른쪽으로 파가 진행한다는 것과 위상자가 시계 방향으로 회전하는 것이 다르다.

파동 함수들을 결합할 때 보통 이들이 간섭한 결과로 진폭과 위상이 나타난다. 이것을 생각하면서 그림 2.16에서 이 파동들이 함께 합쳐지는 것을 다시 보기로 하자. 명백히 위상 일치(그림 2.16a)가 된 자체유지 교란에 대해서 결과적으로 최종 진폭 A는 성분파들의 진폭의 합인 $A = A_1 + A_2 = 1.0 + 0.9 = 1.9$이다. 이것이 동일한 답이다. 만약에 같은 방향을 갖는 동일선상의 두 벡터들을 합친다면 이것과 같은 결과를 얻을 수 있다. 이와 유사하게(그림 2.16d) 각 성분파들이 180° 위상 불일치할 때, $A = A_1 - A_2 = 1.0 - 0.9 = 0.1$이 되는데, 마치 동일선상에서 반대 방향의 두 벡터를 서로 합하는 것과 같다. 위상자들은 벡터가 아니지만, 이것들

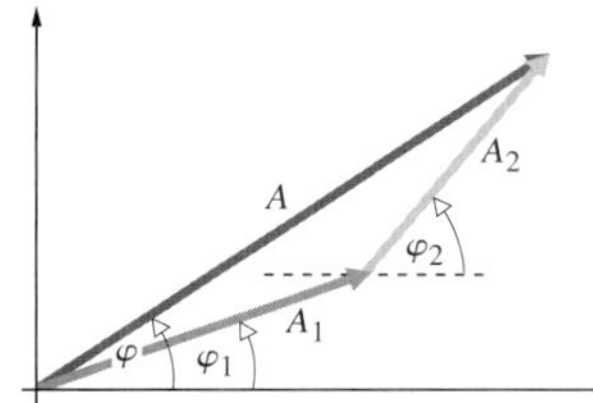

그림 2.19 두 위상자 $A_1\angle\varphi_1$와 $A_2\angle\varphi_2$의 합은 $A\angle\varphi$와 같다. 뒤로 돌아가서 진폭이 $A_1 = 1.0$과 $A_2 = 0.9$이고 위상이 $\varphi_1 = 0$과 $\varphi_2 = 1.0$ rad인 두 개의 사인파가 겹친 것을 그림 2.15에서 볼 수 있다.

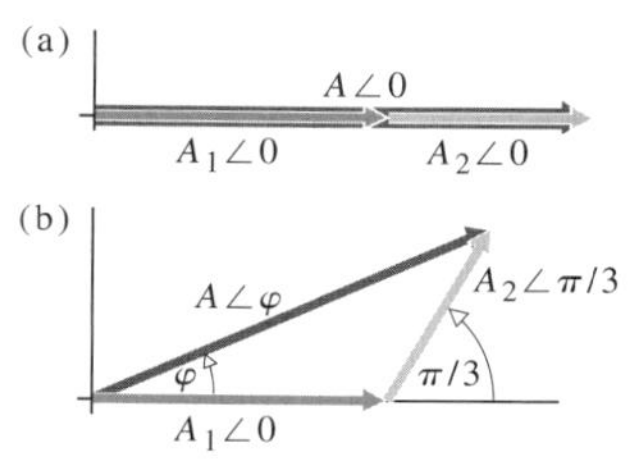

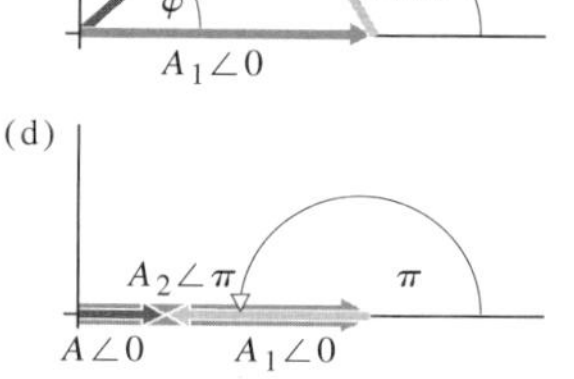

(d) $A_2\angle\pi$, π, $A\angle 0$, $A_1\angle 0$

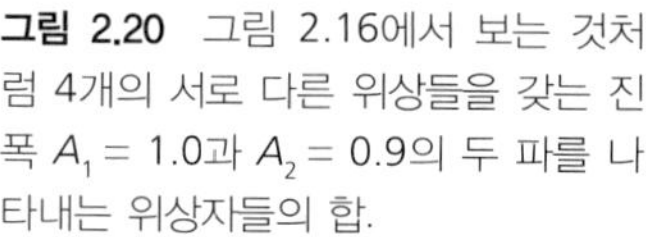

그림 2.20 그림 2.16에서 보는 것처럼 4개의 서로 다른 위상들을 갖는 진폭 $A_1 = 1.0$과 $A_2 = 0.9$의 두 파를 나타내는 위상자들의 합.

은 같은 방법으로 합한다. 후에 두 임의의 위상자 $A_1\angle\varphi_1$와 $A_2\angle\varphi_2$를 벡터처럼 머리와 꼬리를 서로 이어서 최종 결과인 $A\angle\varphi$가 되는 것을 증명할 것이다(그림 2.19). 두 위상자들이 모두 함께 ω 비율로 회전하기 때문에 이들을 $t = 0$에서 간단히 정지시킬 수 있고, 시간 의존성에 대해서는 걱정하지 않아도 된다. 그래서 이들을 그리기가 매우 쉽다.

그림 2.20에 나온 4개의 위상자 도표는 그림 2.16에 연속적으로 생기는 4개의 파동들의 조합에 대응한다. 이 파동들이 위상 일치일 때(그림 2.16a처럼) 파동 1과 파동 2의 위상을 영으로 놓을 수 있고(그림 2.20a), 이에 대응하는 위상자들은 $\varphi = 0$의 기준축에서 머리와 꼬리가 연결된다. 이 파동들이 $\pi/3$만큼 위상이 다를 경우(그림 2.16b처럼) 위상자들은 $\pi/3$의 상대 위상(그림 2.20b)을 갖는다. 그림 2.16b와 그림 2.20b에서 볼 수 있는 것처럼 적절히 줄인 진폭의 최종 파동은 0에서 $\pi/3$ 사이의 위상을 갖는다. 두 파동들이 $2\pi/3$만큼 위상이 다르다면(그림 2.16c처럼), 이에 대응하는 위상자들은 그림 2.20c에서처럼 거의 이등변 삼각형이 된다(그러나 $A_1 > A_2$임). 그래서 A는 A_1과 A_2 사이에 있게 된다. 끝으로 두 파동들(그리고 두 위상자들)의 이 위상각 차가 π rad(즉, 180°)이라면 이들은 거의 상쇄되고 최종 진폭은 최소화된다. (그림 2.20d에서) 최종 위상자가 기준 축을 따라 놓여지고, 이로 인하여 $A_1\angle\varphi_1$처럼 같은 위상(여기에서는 영)을 갖는다는 것에 주목하라. 그래서 $A_2\angle\varphi_2$와는 위상 불일치가 된다. 즉 그림 2.16d에서 이에 대응하는 파동들이 사실이라는 것을 알 수 있다.

이것이 위상자와 위상자의 합을 가장 간단하게 소개한 것이다. 7.1절에서 이 방법을 확대해서 적용할 것이다.

2.7 평면파

광파는 공간 내의 어떤 주어진 시각에 한 지점에서 주파수, 진폭, 전파 방향 등등으로 나타낼 수 있지만, 이것이 어떤 확장된 공간 영역에 걸쳐 존재하는 광학 교란(optical disturbance)에 대해서 더 많은 것을 알려주지는 않는다. 이것을 찾기 위해서 **파면(wavefront)**이라는 공간개념을 도입한다. 빛은 진동하며 어떤 종류의 조화 진동에 대응하고, 1차원 사인파는 이 현상을 보여 주기 시작하는 데 하나의 중요한 요소이다. 그림 2.14는 방사형으로 퍼져나가는 2차원 사인파가 흐트러지지 않고 팽창하는 교란, 즉 **구면파**(circular wave)가 될 수 있는지를 이해할 수 있도록 그림으로 보여준다. 바깥으로 퍼져나가는 모든 1차원 가지 파동(wavelet)으로부터 각 마루(crest)는 하나의 원에 놓여 있고 또한 골(trough)에 대해서 사실 동일하다. 사실상 이러한 결과는 어떤 특정한 파동 크기에 대해서도 사실이다. 어떤 특정한 위상(말하자면 $5\pi/2$)에 대해서 사인파 성분은 특별한 크기(즉 1.0)를 가지고 있으며, 이 크기를 갖는 모든 점들은 (크기 1.0인) 하나의 원을 그린다. 다시 말해서 개개의 1차원 가지 파동의 위상이 동일한 모든 점들의 궤적이 일련의 동심원을 형성하고 각 원은 ($\pi/2$, $5\pi/2$, $9\pi/2$ 등등인 골 부분에 대해서) 특별한 위상을 갖는다.

일반적으로 **어떤 순간에 3차원에서의 파면은 일정한 위상면이며**, 이를 **동위상면**(phase front)이라고도 한다. 현실적으로 항상 파면은 극도로 복잡한 배치이다. 나무나 얼굴에서 반사한 광파는 바깥쪽으로 멀리 이동하면서 변하는데, 충돌과 함몰하는 면들로 불규칙하게 퍼지고 구부러지는 파면들로 구성되어 있다. 이 장의 나머지 부분에서는 약간 고도로 유용한 이상적인 파면에 대한 수학적 표현을 공부할 것인데, 이는 충분히 쉬운 표현으로 작성되므로 복잡하지 않다.

평면파는 3차원 파동의 가장 간단한 예이다. 평면파는 주어진 시간에 대해 일정한 위상 분포가 진행 방향에 대해 직각인 면을 이루고 있다. 광학 기구로 쉽게 평면파와 유사한 파동을 만들 수 있기 때문에 평면파를 취급하는 것은 실제적으로 필요하다.

주어진 벡터 $\vec{\mathbf{k}}$와 직각이고 어떤 위치 (x_0, y_0, z_0)를 지나는 평면에 대한 수학적 표현은 쉽게 유도할 수 있다(그림 2.21). 먼저 단위 기본 벡터로 직각 좌표계(cartesian coordinate)의 위치 벡터를 기술하면(그림 2.21a) 다음과 같다.

$$\vec{\mathbf{r}} = x\hat{\mathbf{i}} + y\hat{\mathbf{j}} + z\hat{\mathbf{k}}$$

이 벡터는 임의의 원점 O에서 시작하여 위치 (x, y, z)를 향한다. 이와 유사하게

$$(\vec{\mathbf{r}} - \vec{\mathbf{r}}_0) = (x - x_0)\hat{\mathbf{i}} + (y - y_0)\hat{\mathbf{j}} + (z - z_0)\hat{\mathbf{k}}$$

이라 놓을 수 있다. 그리고 다음과 같이 놓으면

$$(\vec{\mathbf{r}} - \vec{\mathbf{r}}_0)\cdot\vec{\mathbf{k}} = 0 \tag{2.38}$$

이다. 벡터 $(\vec{\mathbf{r}} - \vec{\mathbf{r}}_0)$는 (x, y, z)의 값이 허용되는 범위에서 $\vec{\mathbf{k}}$에 직각인 평면 전체에 포함된다.

$$\vec{\mathbf{k}} = k_x\hat{\mathbf{i}} + k_y\hat{\mathbf{j}} + k_z\hat{\mathbf{k}} \tag{2.39}$$

을 사용하면, 식 (2.38)은

$$k_x(x - x_0) + k_y(y - y_0) + k_z(z - z_0) = 0 \tag{2.40}$$

또는 다음과 같이 표현된다.

$$k_x x + k_y y + k_z z = a \tag{2.41}$$

여기서 a는 다음과 같다.

$$a = k_x x_0 + k_y y_0 + k_z z_0 = \text{상수} \tag{2.42}$$

$\vec{\mathbf{k}}$와 직각인 평면을 표현하는 가장 간단한 형태는 다음과 같다.

$$\vec{\mathbf{k}}\cdot\vec{\mathbf{r}} = \text{상수} = a \tag{2.43}$$

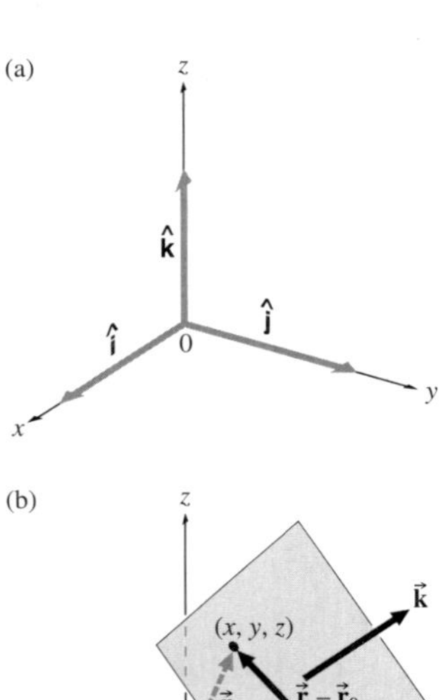

그림 2.21 (a) 직각 좌표계의 단위 기본 벡터. (b) $\vec{\mathbf{k}}$ 방향으로 진행하는 평면파.

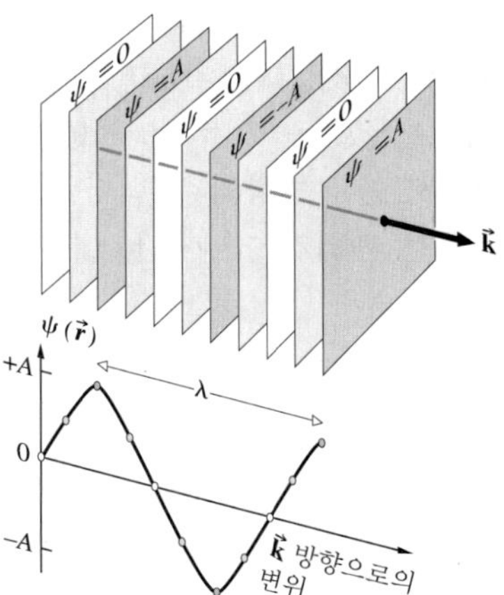

그림 2.22 조화 평면파의 파면

평면은 $\vec{\mathbf{k}}$ 방향으로 같은 투영을 갖는 위치 벡터의 각 점들의 집합이다.

공간상에서 사인 함수적으로 변하는 분포 $\psi(\vec{\mathbf{r}})$로 주어진 평면들은

$$\psi(\vec{r}) = A\sin(\vec{\mathbf{k}}\cdot\vec{\mathbf{r}}) \tag{2.44}$$

$$\psi(\vec{r}) = A\cos(\vec{\mathbf{k}}\cdot\vec{\mathbf{r}}) \tag{2.45}$$

또는

$$\psi(\vec{r}) = Ae^{i\vec{\mathbf{k}}\cdot\vec{\mathbf{r}}} \tag{2.46}$$

로 표현된다. 이와 같은 $\psi(\vec{r})$는 $\vec{\mathbf{k}}\cdot\vec{\mathbf{r}}$ = 상수로 정의되는 모든 평면, 즉 동위상면(즉 파면)에서 일정하다. 여기서 조화 함수를 취급하기 때문에, 조화 함수들은 공간상에서 $\vec{\mathbf{k}}$ 방향으로 변위 λ만큼 지날 때마다 반복된다. 이러한 대략적인 모습은 그림 2.22와 같다. 여기에는 무한개의 평면에서 몇 개만을 그렸는데, 이들 평면들은 서로 다른 $\psi(\vec{r})$을 갖는다. 또한 $\vec{r}$에는 제한이 없기 때문에, 이 평면들은 무한한 공간 크기로 그려진다. 그러므로 명백히 이러한 교란은 모든 공간에 퍼진다.

그림 2.23은 조화 평면파를 달리 설명하면서 보여 주는 그림으로, 이는 하나의 이상적인 원통 빔을 횡으로 가로지르는 두 개의 슬라이스(slice) 면을 보여 주고 있다. 빛은 평행한 경로를 따라 밀집되어 앞으로 진행하는 무한개의 사인파 형태를 갖는 가지 파동(wavelets)들로 구성되어 있되, 이들은 모두 동일 주파수를 갖는다고 상상한다. 두 개의 단면은 정확하게 한 파장만큼 떨어져 있으며, 두 단면은 모든 가지 파동들의 마루 부분에 놓여 있는 파동의 사이클 내의 사인 함수파를 그려놓은 것이다. 두 개의 일정한 위상면은 평평한 원판이고, 이러한 빔을 '평면파'로 구성되어 있다고 말한다. 이 슬라이스 면을 빔의 길이 방향으로 약간 이동시키면 새로운 파면의 파동 크기는 달라지지만, 여전히 이 슬라이스 면은 평면이다. 사실상 빔이 슬라이스 면을 통과할 때 슬라이스 면의 위치가 정지해 있다면, 이 슬라이스 면에서 파동의 크기는 사인파적으로 커지거나 작아진다. 이 도표에서 개개의 가지 파동은 동일한 진폭(즉 최대 크기)을 갖는다는 것을 주목하라. 다시 말해서 합성 평면파는 슬라이스 면 전체에 걸쳐서 동일한 '강도(strength)'를 갖는다. 이런 까닭에 이 평면파는 **균질파(homogeneous wave)**라고 말한다.

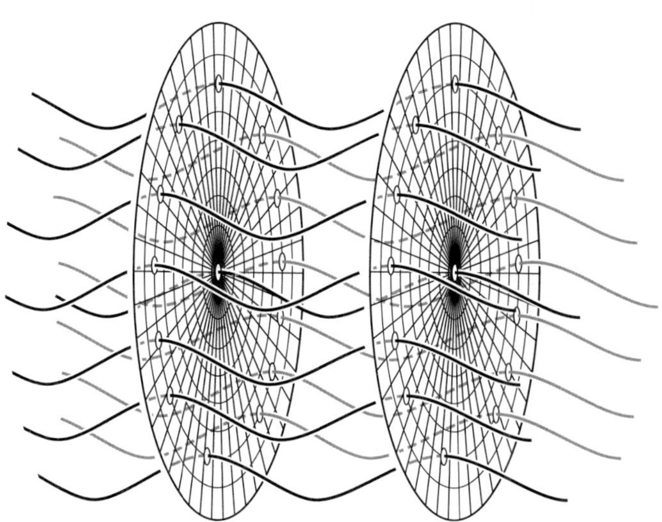

그림 2.23 동일한 주파수와 파장을 갖는 조화 가지 파동들로 구성한 빔. 이 가지 파동들은 모두 발을 맞추어 놓여 있어서 두 개의 횡으로 그은 슬라이스 면의 평평한 면들 전체에 걸쳐서 동일한 위상을 갖는다. 그런 까닭에 빔은 평면파들로 구성된다.

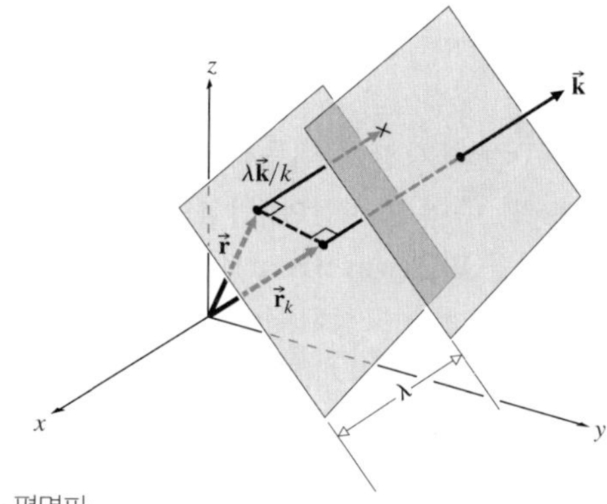

그림 2.24 평면파

이와 같은 조화 함수의 공간적인 반복을

$$\psi(\vec{r}) = \psi\left(\vec{r} + \frac{\lambda\vec{k}}{k}\right) \tag{2.47}$$

로 표현할 수 있는데, k는 $\vec{\mathbf{k}}$의 크기이며 $\vec{\mathbf{k}}/k$는 $\vec{\mathbf{k}}$와 평행한 단위 벡터이다(그림 2.24). 지수 함수 형태로는

$$Ae^{i\vec{\mathbf{k}}\cdot\vec{\mathbf{r}}} = Ae^{i\vec{\mathbf{k}}\cdot(\vec{\mathbf{r}}+\lambda\vec{\mathbf{k}}/k)} = Ae^{i\vec{\mathbf{k}}\cdot\vec{\mathbf{r}}}e^{i\lambda k}$$

이다. 이 지수 함수 형태가 사실이기 위해서는

$$e^{i\lambda k} = 1 = e^{i2\pi}$$

이여야만 한다. 그런 까닭에

$$\lambda k = 2\pi$$

와

$$k = 2\pi/\lambda$$

이다. 크기가 **전파 상수**(propagation number) k인 벡터 $\vec{\mathbf{k}}$를 **전파 벡터(propagation vector)**라고 한다.

$\vec{\mathbf{r}}$가 일정한 공간상의 어떤 고정된 위치에서는 $\psi(\vec{r})$가 일정한 것처럼 위상도 일정하다. 간단히 말해서 그 면은 움직이지 않는다. 진행파이려면 $\psi(\vec{r})$이 시간에 따라 변해야 한다. 이것을 시간 의존항을 도입하여 1차원 파동에서와 유사한 방법으로 다음과 같이 표현할 수 있다.

$$\psi(\vec{r}, t) = Ae^{i(\vec{\mathbf{k}}\cdot\vec{\mathbf{r}} \mp \omega t)} \tag{2.48}$$

여기서 A, ω, k는 상수이다. 이와 같은 분포가 $\vec{\mathbf{k}}$ 방향으로 진행함에 따라 공간과 시간에 대응하는 각 위치에서의 위상이 결정된다. 어떤 주어진 시간에 **위상이 같은 점들의 집합으로 이루진 평면을 파면(wavefront)이라고 한다.** 파면 위의 모든 위치에서 진폭 A가 고정된 값을 가질 때, 파동 함수가 파면 위에서 일정한 값을 갖게 된다. 그러나 일반적으로 A는 $\vec{\mathbf{r}}$의 함수이며 모든 공간이나 심지어 파면 위에서도 일정하지 않다. 후자와 같은 경우를 **비균질**(inhomogeneous)하다고 하며, 뒤에서 레이저 광선과 전반사를 다루기 전까지는 이와 같은 종류의 분포는 고려하지 않는다.

식 (2.48)로 주어지는 평면파의 위상 속도는 파면의 진행 속도와 같다. 그림 2.24에서 $\vec{\mathbf{k}}$ 방향으로 $\vec{\mathbf{r}}$의 스칼라 성분은 r_k이다. 파면 위에서의 분포가 일정하므로 시간 dt가 지나 파면이 $\vec{\mathbf{k}}$를 따라 dr_k만큼 진행하면

$$\psi(\vec{r}, t) = \psi(r_k + dr_k, t + dt) = \psi(r_k, t) \tag{2.49}$$

이고, 지수 함수꼴로는

$$Ae^{i(\vec{\mathbf{k}}\cdot\vec{\mathbf{r}} \mp \omega t)} = Ae^{i(kr_k + kdr_k \mp \omega t \mp \omega\, dt)} = Ae^{i(kr_k \mp \omega t)}$$

이며, $kdr_k = \pm\omega dt$이어야만 한다.

그러므로 파동 속도의 크기 dr_k/dt는 다음과 같다.

$$\frac{dr_k}{dt} = \pm\frac{\omega}{k} = \pm v \tag{2.50}$$

그림 2.24의 좌표계를 회전시켜 $\vec{\mathbf{k}}$를 x축과 평행하게 하면, $\vec{\mathbf{k}} \cdot \vec{\mathbf{r}} = kr_k = kx$이므로 다음과 같다.

$$\psi(\vec{r}, t) = Ae^{i(kx \mp \omega t)}$$

따라서 이 파동은 이미 취급한 1차원 교란으로 쉽게 환원됨을 볼 수 있다.

그림 2.25에서 볼 수 있는 두 파동을 생각하자. 두 파동들은 $k_1 = k_2 = k = 2\pi/\lambda$가 되는 동일 파장을 갖는다. z축을 따라 전파하는 파동 1은

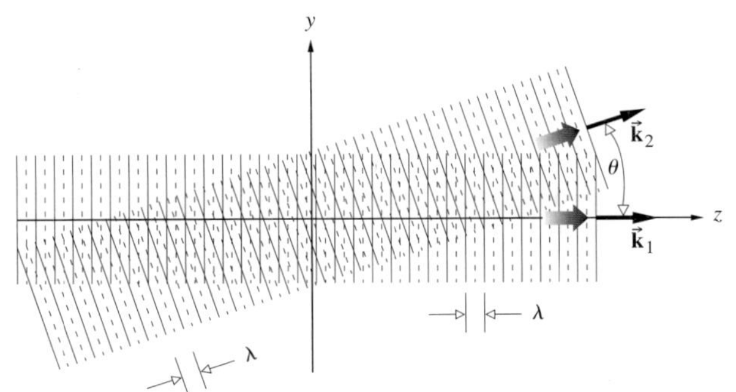

그림 2.25 서로 다른 방향으로 진행하는 동일 파장을 갖고 서로 포개지는 두 파동들

$$\psi_1 = A_1 \cos\left(\frac{2\pi}{\lambda}z - \omega t\right)$$

와 같이 기술할 수 있으며, 여기에서 $\vec{\mathbf{k}}_1$과 $\vec{\mathbf{r}}$이 평행하기 때문에 $\vec{\mathbf{k}}_1 \cdot \vec{\mathbf{r}} = kz = (2\pi/\lambda)z$이다. 이와 유사하게 파동 2에 대해서도 $\vec{\mathbf{k}}_2 \cdot \vec{\mathbf{r}} = k_z z + k_y y = (k\cos\theta)z + (k\sin\theta)y$이며,

$$\psi_2 = A_2 \cos\left[\frac{2\pi}{\lambda}(z\cos\theta + y\sin\theta) - \omega t\right]$$

이 된다. 이들 표현식들을 보면서 보다 자세히 간섭 현상을 고려할 때 두 파동이 겹쳐지는 영역에서 어떤 일이 발생하는지를 보고자 한다.

평면 조화파를 직각 좌표로 표현하면

$$\psi(x, y, z, t) = Ae^{i(k_x x + k_y y + k_z z \mp \omega t)} \tag{2.51}$$

또는

$$\psi(x, y, z, t) = Ae^{i[k(\alpha x + \beta y + \gamma z) \mp \omega t]} \tag{2.52}$$

이다. 여기서 α, β, γ는 $\vec{\mathbf{k}}$의 방향 코사인이다(문제 2.48 참조). 전파 벡터의 크기를 성분들로 표현하면

$$|\vec{\mathbf{k}}| = k = (k_x^2 + k_y^2 + k_z^2)^{1/2} \tag{2.53}$$

이며, 당연히 다음의 관계가 존재한다.

$$\alpha^2 + \beta^2 + \gamma^2 = 1 \tag{2.54}$$

예제 2.6

다음 장에서 보는 것처럼 특별한 전자기 평면파에 대한 전기장($\vec{\mathbf{E}}$)는 다음과 같은 표현으로 기술할 수 있다.

$$\vec{\mathbf{E}} = (100\,\mathrm{V/m})\,\hat{\mathbf{j}}\,e^{i(kz+\omega t)}$$

(a) 이 전기장에 대한 파동의 진폭은 얼마인가? (b) 이 파동은 어느 방향으로 진행하는가? (c) 전기장 $\vec{\mathbf{E}}$의 방향은 어디인가? (d) 만약에 이 파동의 속도가 2.998×10^8 m/s이고 파장이 500 nm이라면, 이 파동의 주파수는 얼마인가?

풀이

(a) 진폭을 구하는 것은 간단하다. 100 V/m이다. (b) $\vec{\mathbf{k}} \cdot \vec{\mathbf{r}} = kz$이므로 평면 파면은 z축에 수직이다. 다시 말해서 k_x와 k_y는 영이고 $k = k_z$이다. 위상 $(kz + \omega t)$에는 + 부호가 있는데, 이는 파동이 $-z$ 방향으로 움직인다는 것을 의미한다. (c) 벡터 $\vec{\mathbf{E}}$는 $\hat{\mathbf{j}}$ 방향을 따라 놓여 있지만 이 파동이 조화파이므로 $\vec{\mathbf{E}}$의 방향은 시간에 무관하게 진동한다. 그래서 전기장의 방향은 $\pm\hat{\mathbf{j}}$로 하는 것이 더 좋다. (d)

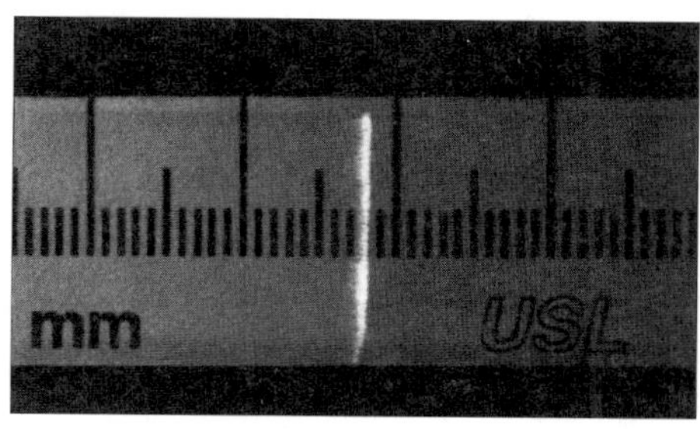

자의 표면을 훑어서 찍은 평행화된 단일 레이저 펄스 레이저의 상. 이러한 극단적으로 짧은 빛다발은 평면파의 일부분에 대응한다. 시간적으로 이 펄스는 300×10^{-15} 초 동안 지속되며 단지 1 mm 이하의 길이를 갖는다. (J. Valdmanis and N. H. Abramson.)

$$v = \nu\lambda$$

$$\nu = \frac{v}{\lambda} = \frac{2.998\times10^8\ \text{m/s}}{500\times10^{-9}\ \text{m}}$$

$$\nu = 6.00\times10^{14}\ \text{Hz}$$

이다.

우리는 분포가 특별히 조화 함수꼴로 주어지는 평면파를 다루었다. 이와 같은 파동의 특징은 다음과 같은 두 가지로 나타낼 수 있다. 첫째로 물리적으로 삼각 함수 형태의 파동은 조화 진동자를 사용하여 상대적으로 쉽게 만들어진다. 둘째로 각각의 진폭과 진행 방향을 갖는 **평면파들의 조합으로 어떠한 3차원 파동도 표현할 수 있다**.

우리는 그림 2.22와 같이 조화 함수 형태가 아닌 형태로 교란이 변하는 일련의 평면파를 생각할 수 있다(사진 참조). 다음 절에서 조화 평면파가 일반적인 평면파 해의 특별한 경우라는 것을 보게 될 것이다.

수학적으로 평면파는 모든 방향으로 무한히 퍼져 있지만, 당연히 물리적으로는 무한히 퍼지지는 것은 불가능하다. 실제 '평면파'는 얼마나 크든지 간에 단지 수학적 면과 닮은 크기가 유한한 파이다. 렌즈, 거울, 레이저빔들도 모두 유한한 크기를 가지기 때문에 항상 이러한 '닮은꼴'은 충분히 좋은 가정이다.

예제 2.7

전자기 평면파는 전기장 E로 기술한다. 이 전자기파는 진폭 E_0, 각주파수 ω, 파장 λ를 갖고 다음과 같은 단위 전파 벡터의 방향으로 속력 c로 바깥쪽으로 이동한다(단위 기저 벡터(basis vector) $\hat{\mathbf{k}}$과 혼동하지 말 것).

$$\hat{\mathbf{k}} = (4\hat{\mathbf{i}} + 2\hat{\mathbf{j}})/\sqrt{20}$$

전기장 E의 스칼라 값에 대한 표현을 써라.

풀이

다음과 같은 형태의 방정식을 쓰고자 한다.

$$E(x, y, z, t) = E_0 e^{i(\vec{\mathbf{k}}\cdot\vec{\mathbf{r}} - \omega t)}$$

여기에서

$$\vec{\mathbf{k}}\cdot\vec{\mathbf{r}} = \frac{2\pi}{\lambda}\hat{\mathbf{k}}\cdot\vec{\mathbf{r}}$$

이고,

$$\vec{\mathbf{k}}\cdot\vec{\mathbf{r}} = \frac{2\pi}{\lambda\sqrt{20}}(4\hat{\mathbf{i}} + 2\hat{\mathbf{j}})\cdot(x\hat{\mathbf{i}} + y\hat{\mathbf{j}} + z\hat{\mathbf{k}})$$

$$\vec{\mathbf{k}}\cdot\vec{\mathbf{r}} = \frac{\pi}{\lambda\sqrt{5}}(4x + 2y)$$

이다. 그래서

$$E = E_0 e^{i\left[\frac{\pi}{\lambda\sqrt{5}}(4x+2y) - \omega t\right]}$$

이다.

2.8 3차원 미분 파동 방정식

모든 3차원 파동 중에서 평면파만이(그것이 조화파이든 아니든 간에) 공간을 진행하면서 형태가 변하지 않는다. 따라서 형태가 **변하지 않는** 분포를 갖는 진행파에 대한 설명은 분명히 무엇인가 결여되어 있다. 이와 같은 문제점은 파동을 미분 파동 방정식의 해로 정의함으로써 극복될 수 있으므로 우리에게 필요한 것은 3차원 파동 방정식이다. 이것은 1차원 표현식인 식 (2.11)의 일반화된 형태를 생각함으로써 보다 쉽게 얻을 수 있다. 직각 좌표에서의 위치 변수 x, y, z는 3차원 방정식에서 대칭적으로 나타난다는 것*을 기억하기 바란다. 식 (2.52)로 주어지는 파동 함수 $\psi(x, y, z, t)$는 우리가 찾던 미분 방정식의 특수해이다. 식 (2.11)의 미분과 유사하게 식 (2.52)로부터 다음과 같은 편미분 도함수들을 구할 수 있다.

$$\frac{\partial^2\psi}{\partial x^2} = -\alpha^2 k^2\psi \tag{2.55}$$

$$\frac{\partial^2\psi}{\partial y^2} = -\beta^2 k^2\psi \tag{2.56}$$

$$\frac{\partial^2\psi}{\partial z^2} = -\gamma^2 k^2\psi \tag{2.57}$$

$$\frac{\partial^2\psi}{\partial t^2} = -\omega^2\psi \tag{2.58}$$

세 편미분 도함수들을 더하고 $\alpha^2 + \beta^2 + \gamma^2 = 1$의 관계를 이용하면, 다음의 관계를 얻는다.

* 직각 좌표에서는 어떤 축도 특별히 구별하지 않는다. 따라서 미분 파동 방정식을 고치지 않고도 x를 z로, y를 x로 그리고 z를 y로(오른손 좌표계를 유지하면서) 바꿀 수 있다.

$$\frac{\partial^2\psi}{\partial x^2}+\frac{\partial^2\psi}{\partial y^2}+\frac{\partial^2\psi}{\partial z^2}=-k^2\psi \tag{2.59}$$

이것과 시간에 대한 도함수 식 (2.58)을 결합하고 $v=\omega/k$의 관계를 사용하면

$$\frac{\partial^2\psi}{\partial x^2}+\frac{\partial^2\psi}{\partial y^2}+\frac{\partial^2\psi}{\partial z^2}=\frac{1}{v^2}\frac{\partial^2\psi}{\partial t^2} \tag{2.60}$$

와 같은 **3차원 미분 파동 방정식**(three-dimentional differential wave equation)을 얻게 된다. 이 식은 x, y, z가 대칭적이므로 식 (2.11)의 일반화에 의해 얻을 수 있는 형태와 같다.

식 (2.60)은 **라플라시안 연산자**(Laplacian operator)가

$$\nabla^2 \equiv \frac{\partial^2}{\partial x^2}+\frac{\partial^2}{\partial y^2}+\frac{\partial^2}{\partial z^2} \tag{2.61}$$

이므로 다음과 같이 간단한 형태가 된다.

$$\nabla^2\psi=\frac{1}{v^2}\frac{\partial^2\psi}{\partial t^2} \tag{2.62}$$

가장 중요한 방정식을 얻었으므로 평면파가 이 방정식을 만족시키는지 살펴보자. 다음과 같은 형태의 함수

$$\psi(x, y, z, t)=Ae^{ik(\alpha x+\beta y+\gamma z\mp vt)} \tag{2.63}$$

는 식 (2.52)와 동등하고 식 (2.62)의 해이다. 또한 이 식은

$$\psi(x, y, z, t)=f(\alpha x+\beta y+\gamma z-vt) \tag{2.64}$$

와

$$\psi(x, y, z, t)=g(\alpha x+\beta y+\gamma z+vt) \tag{2.65}$$

와 같이 표현될 수 있는데(문제 2.49), 이들은 모두 미분 파동 방정식의 평면파 해이다. 두 번 미분 가능한 함수 f와 g는 조화 함수일 필요가 없는 임의의 함수이다. 이 해들의 선형 조합도 해이므로 다음과 같은 형태로 쓸 수 있다.

$$\psi(\vec{r}, t)=C_1f(\vec{r}\cdot\vec{k}/k-vt)+C_2g(\vec{r}\cdot\vec{k}/k+vt) \tag{2.66}$$

여기서 C_1과 C_2는 상수이다.

직각 좌표는 평면파를 표현하기에 특별히 편리하다. 그러나 다양한 물리적 상황에 대해 주어진 대칭의 장점을 살릴 수 있는 좌표계를 취할 수도 있다.

2.9 구면파

물통에 돌을 던지면 잔물결이 2차원 구면파가 되어 돌이 떨어진 지점으로부터 퍼져 나간다. 이것을 3차원으로 확장시키기 위해서 액체에 둘러싸여 진동하는 구를 상상해 보자. 진동원이 팽창과 수축을 반복하면 압력의 변화가 발상하여 구면파가 되어 퍼져 나간다.

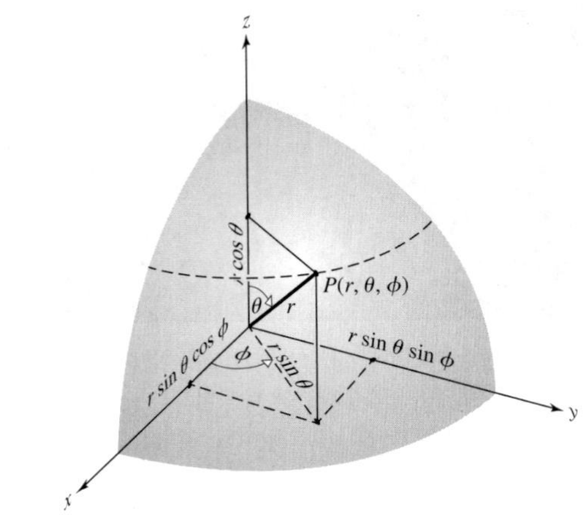

그림 2.26 구좌표계

이상적인 점광원을 생각해 보자. 점광원에서 나온 광선은 모든 방향으로 고르게 퍼져 나간다. 이와 같이 **등방성**(isotropic)이 있는 광원에서 나온 파면들은 주위의 공간으로 퍼져나감에 따라 지름이 증가하는 동심구들로 되어 있다. 구면파의 파면들이 갖고 있는 대칭성은 수학적으로 구 극좌표를 사용하여 표현하는 것이 편리하다(그림 2.26). 이 좌표계에서 라플라시안 연산자는

$$\nabla^2=\frac{1}{r^2}\frac{\partial}{\partial r}\left(r^2\frac{\partial}{\partial r}\right)+\frac{1}{r^2\sin\theta}\frac{\partial}{\partial\theta}\left(\sin\theta\frac{\partial}{\partial\theta}\right)+\frac{1}{r^2\sin^2\theta}\frac{\partial^2}{\partial\phi^2} \tag{2.67}$$

이며 r, θ, ϕ는 다음과 같이 정의된다.

$$x=r\sin\theta\cos\phi,\quad y=r\sin\theta\sin\phi,\quad z=r\cos\theta$$

구면파는 구대칭(즉 θ와 ϕ에 대해 의존하지 않는 대칭)을 가지므로 다음과 같이 표현할 수 있다.

$$\psi(\vec{r})=\psi(r, \theta, \phi)=\psi(r)$$

따라서 $\psi(r)$의 라플라시안은 다음과 같이 간단하게 표현된다.

$$\nabla^2\psi(r)=\frac{1}{r^2}\frac{\partial}{\partial r}\left(r^2\frac{\partial\psi}{\partial r}\right) \tag{2.68}$$

이와 같은 결과는 식 (2.67)을 몰라도 구할 수 있다. 이것을 보기 위해 라플라시안의 직각 좌표 형태[식 (2.61)]를 구대칭 파동 함수 $\psi(r)$에 적용시켜 각 항들을 극좌표로 변환시키자. x 의존성만을 본다면

$$\psi(\vec{r})=\psi(r)$$

이기 때문에

$$\frac{\partial\psi}{\partial x}=\frac{\partial\psi}{\partial r}\frac{\partial r}{\partial x}$$

와

$$\frac{\partial^2\psi}{\partial x^2} = \frac{\partial^2\psi}{\partial r^2}\left(\frac{\partial r}{\partial x}\right)^2 + \frac{\partial\psi}{\partial r}\frac{\partial^2 r}{\partial x^2}$$

이다.

$$x^2 + y^2 + z^2 = r^2$$

의 관계를 이용하면

$$\frac{\partial r}{\partial x} = \frac{x}{r}$$

$$\frac{\partial^2 r}{\partial x^2} = \frac{1}{r}\frac{\partial}{\partial x}x + x\frac{\partial}{\partial x}\left(\frac{1}{r}\right) = \frac{1}{r}\left(1 - \frac{x^2}{r^2}\right)$$

과

$$\frac{\partial^2\psi}{\partial x^2} = \frac{x^2}{r^2}\frac{\partial^2\psi}{\partial r^2} + \frac{1}{r}\left(1 - \frac{x^2}{r^2}\right)\frac{\partial\psi}{\partial r}$$

를 얻는다. 이제 $\partial^2\psi/\partial x^2$을 얻었으므로 $\partial^2\psi/\partial y^2$와 $\partial^2\psi/\partial z^2$도 구하여 이것들을 더하면, 다음과 같이 식 (2.68)과 동등한 식을 얻게 된다.

$$\nabla^2\psi(r) = \frac{\partial^2\psi}{\partial r^2} + \frac{2}{r}\frac{\partial\psi}{\partial r}$$

이 결과는 다음과 같은 형태로도 표현할 수 있다.

$$\nabla^2\psi = \frac{1}{r}\frac{\partial^2}{\partial r^2}(r\psi) \tag{2.69}$$

미분 파동 방정식은

$$\frac{1}{r}\frac{\partial^2}{\partial r^2}(r\psi) = \frac{1}{v^2}\frac{\partial^2\psi}{\partial t^2} \tag{2.70}$$

와 같이 쓸 수 있는데, 양쪽 항에 r을 곱하면 다음과 같다.

$$\frac{\partial^2}{\partial r^2}(r\psi) = \frac{1}{v^2}\frac{\partial^2}{\partial t^2}(r\psi) \tag{2.71}$$

이 표현식은 공간 변수가 r이고 파동 함수가 $(r\psi)$인 경우에 대한 1차원 미분 파동 방정식[식 (2.11)]임을 주목하라. 식 (2.71)의 해는

$$r\psi(r, t) = f(r - vt)$$

또는

$$\psi(r, t) = \frac{f(r - vt)}{r} \tag{2.72}$$

이다. 위 식은 임의의 함수 형태 f를 가지며 일정한 속력 v로 원점으로부터 지름 방향으로 진행하는 구면파를 나타낸다. 또 다른 해인

$$\psi(r, t) = \frac{g(r + vt)}{r}$$

는 원점으로 수렴해 들어가는 파동을 의미한다.* 이 표현식이 $r = 0$인 곳에서 만족되지 않는다는 사실은 실제적으로 거의 일어나지 않는다.

일반적인 해인

$$\psi(r, t) = C_1\frac{f(r - vt)}{r} + C_2\frac{g(r + vt)}{r} \tag{2.73}$$

의 특별한 경우인 **조화 구면파**(harmonic spherical wave)는

$$\psi(r, t) = \left(\frac{\mathscr{A}}{r}\right)\cos k(r \mp vt) \tag{2.74}$$

또는

$$\psi(r, t) = \left(\frac{\mathscr{A}}{r}\right)e^{ik(r \mp vt)} \tag{2.75}$$

로 표현된다. 여기서 상수 $\mathscr{A}$를 **광원 강도**(source strength)라고 한다. 고정된 시간에 대해 조화 구면파는 모든 공간을 채우고 있는 공심원들의 모임으로 표현된다. 각 파면 또는 일정한 위상을 갖는 표면에서는 다음과 같다.

$$kr = 상수$$

모든 구면파의 진폭은 r의 함수이며, r^{-1}항은 감쇠 요소로 주어진다. 평면파와는 달리 구면파는 원점으로부터 퍼져나가

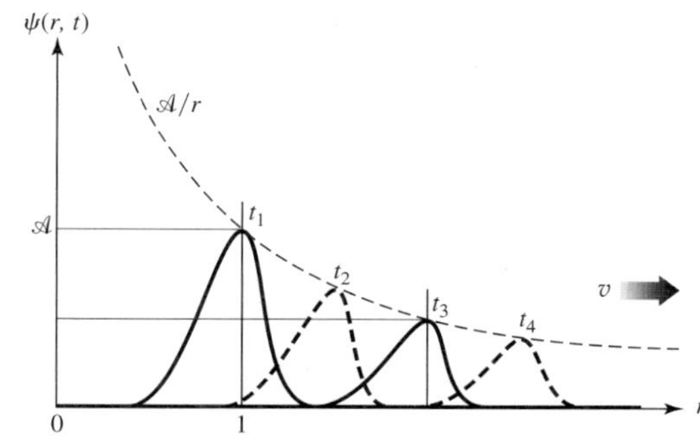

그림 2.27 구면파 펄스를 네 번 '다중 노출'시킨 그림

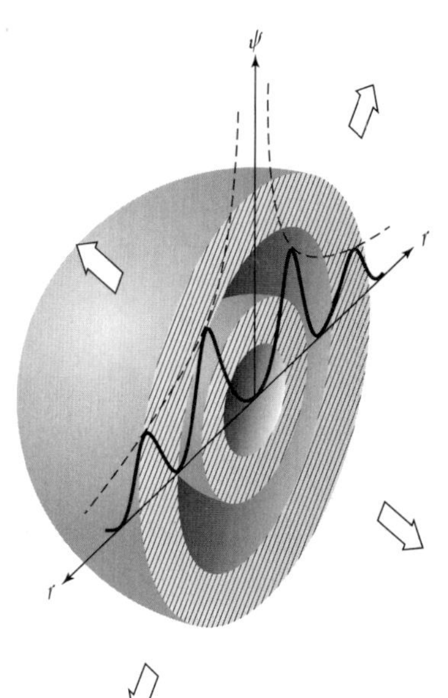

그림 2.28 구형 파면

* 파동에 구대칭이 없을 때는 더 복잡한 해들이 존재한다. C. A. Coulson의 저서 *Waves*의 1장을 참고하라.

그림 2.29 거리에 따른 구면파의 평면화

면서 커지기 때문에, 진폭이 감소하므로 분포가 변한다.* 그림 2.27은 구면파 펄스를 네 번 다중 노출하여 얻은 예를 그림으로 나타낸 것이다. 펄스는 어떤 반지름 r인 공간상의 위치에서 같은 크기의 폭을 갖고 있다. 즉 r축을 따라 펄스폭이 일정하다. 그림 2.28은 구면파의 실제적인 모습을 보여 주기 위해 앞 그림의 $\psi(r,t)$를 도식화한 것이다. 이것은 밖으로 퍼져나가는 두 개의 구면파 펄스를 반쪽만 묘사한 것이다. 구대칭성 때문에 r의 방향을 고려하지 않고도 이와 같은 결과가 얻어짐을 기억하라. 펄스가 아니더라도 그림 2.27과 그림 2.28처럼 조화 파동을 그림으로 표현할 수 있다. 이 경우 삼각 함수 형태의 분포는 다음의 곡선 안에 제한되어 있어야 한다.

$$\psi = \mathscr{A}/r \quad \text{및} \quad \psi = -\mathscr{A}/r$$

밖으로 진행하는 구면파는 점광원으로부터 퍼져나가고, 들어오는 구면파는 점으로 수렴된다는 것은 이상적인 표현이다. 실제 경우에 있어서 빛은 단지 근사적으로 구면파이며, 마찬가지로 근사적인 평면파일 뿐이다.

구형 파면이 진행해 나가면 파면의 반지름이 증가한다. 그러나 충분히 광원으로부터 멀어진 경우, 파면의 일부분만 보면 평면파와 비슷한 모습을 갖게 된다(그림 2.29).

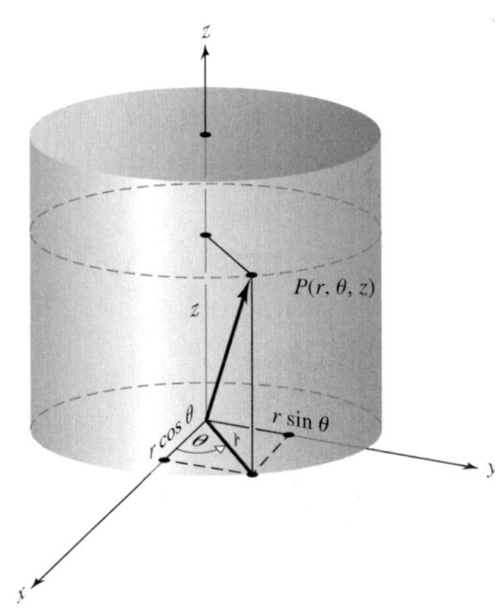

그림 2.30 원통 좌표계

* 감쇠 요소는 에너지 보존에 의한 결과이다. 3장에서 이와 같은 내용이 전자기 복사에 어떻게 적용되는가를 설명할 것이다.

2.10 원통파

평면파와 구면파 외에 이상적인 파형으로 생각할 수 있는 원통파에 대하여 알아보자. 원통파를 수학적으로 정확하게 기술하지는 않겠지만, 대략적인 과정을 통해 파동 함수를 구할 것이다. 그림 2.30에 그린 원통 좌표에서 ψ의 라플라시안은

$$\nabla^2\psi = \frac{1}{r}\frac{\partial}{\partial r}\left(r\frac{\partial\psi}{\partial r}\right) + \frac{1}{r^2}\frac{\partial^2\psi}{\partial\theta^2} + \frac{\partial^2\psi}{\partial z^2} \tag{2.76}$$

이며, 여기서 x, y, z는 다음과 같다.

$$x = r\cos\theta, \quad y = r\sin\theta, \quad z = z$$

원통 대칭성이 있는 가장 간단한 경우 다음과 같이 기술할 수 있다.

$$\psi(\vec{r}) = \psi(r, \theta, z) = \psi(r)$$

θ에 대해 독립이라는 것은 z축과 직각인 면이 서로 다른 z에서 하나의 원으로 파면을 보여 준다는 것을 의미하며, 이 원은 r에 따라 변한다. 또한 z에 대한 독립이라는 것은 파면이 z축을 중심으로 하고 무한한 길이의 직각 원통에 제한된다는 것이다. 따라서 미분 파동 방정식을 다음과 같이 쓸 수 있다.

$$\frac{1}{r}\frac{\partial}{\partial r}\left(r\frac{\partial\psi}{\partial r}\right) = \frac{1}{v^2}\frac{\partial^2\psi}{\partial t^2} \tag{2.77}$$

일련의 계산을 통해 시간 의존항을 분리시키면, 식 (2.77)은 베셀(Bessel) 방정식이 된다. r이 큰 경우에 베셀 방정식의 해는 간단한 삼각 함수 형태로 근사된다. 결과적으로 충분히 큰 r이면 다음과 같이 쓸 수 있다.

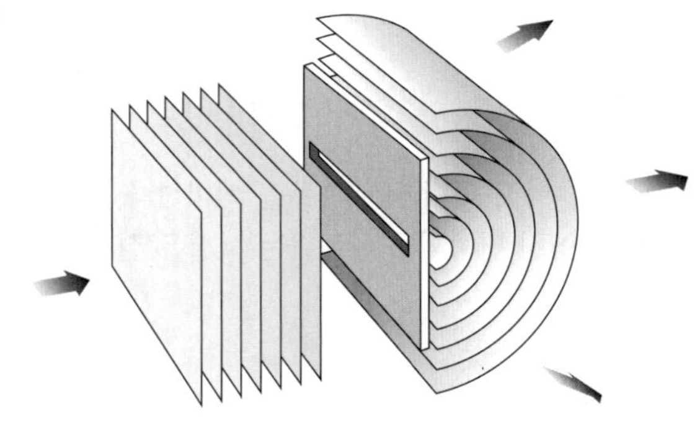

그림 2.31 길고 좁은 실틈으로부터 퍼져나가는 원통파

$$\psi(r, t) \approx \frac{\mathscr{A}}{\sqrt{r}} e^{ik(r \mp vt)}$$

$$\psi(r, t) \approx \frac{\mathscr{A}}{\sqrt{r}} \cos k(r \mp vt) \tag{2.78}$$

위 식은 무한 길이의 선원(line source)으로 수렴되거나 발산되어 나오는 공간에 펼쳐진 동심의 원통들의 집합을 나타낸다. 구면파 식 (2.73)과 평면파 식 (2.66)에서와 같이 임의의 함수들로 주어지는 해는 존재하지 않는다.

길고 가는 슬릿이 있는 불투명한 판자의 뒷면에서 입사한 평면파는 원통파가 되어 나간다(그림 2.31 참조). 이와 같은 방법이 원통형의 광파를 발생시키는 데 광범위하게 사용된다.

2.11 나선형 빛

1990년대 초반 이후로 멋진 나선형 빔을 만드는 것이 가능해졌다. 이 파동에 대한 수학적 표현은 너무나 복잡하여 여기에서 설명할 수가 없지만 식 (2.52)와 같은 복소수 형태로 파동을 기술할 때 $\exp(-i\ell\phi)$의 위상항이 들어간다. 여기서 ℓ은 정수이고 이 값이 커질수록 결과적으로 더욱 더 복잡한 파동이 된다. 다시 그림 2.23과 같은 그림에서처럼 삼각 함수 성분의 가지 파동들로 이루어진 파동 흐름으로 원통 빔을 생각하되, 지금부터 일정한 위상면이 평면보다는 오히려 코르크마개 따개용 송곳처럼 나선으로 돌아간다고 생각하자. 가장 간단한 이 파동의 표현($\ell = \pm 1$)에서 파면은 오른쪽으로 회전하든지 왼쪽으로 회전하든지 간에 중심 전파 축 주위로 회전한다.

이런 빔은 **방위각(ϕ) 위상 의존**(azimuthal phase dependence)형 빔이라고 한다. 마치 시계 전면에서 볼 때 시계의 12와 6을 연결한 수직선과 분침 사이의 각 ϕ에 따라 시각이 변하는

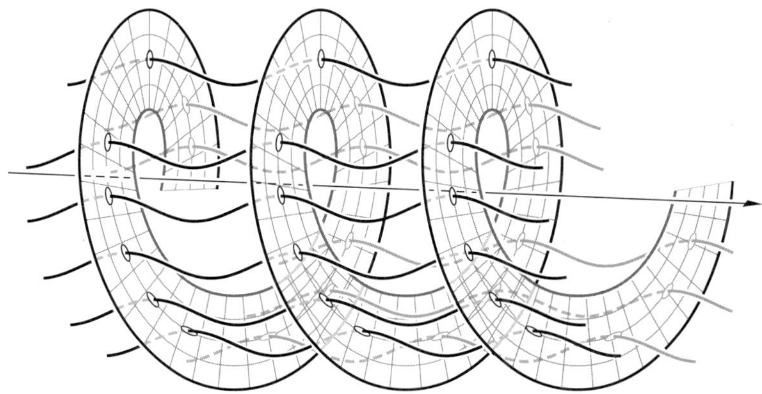

그림 2.33 나선형으로 회전하는 빛. 나선형 빛의 중심부에 빈 영역은 빛이 없는 중심축이다. 이것은 회전 운동이 있는 부분이 돌아갈 때 중심이 되는 위상 특이점에 대응한다. 이러한 구조는 광 소용돌이로 알려져 있다.

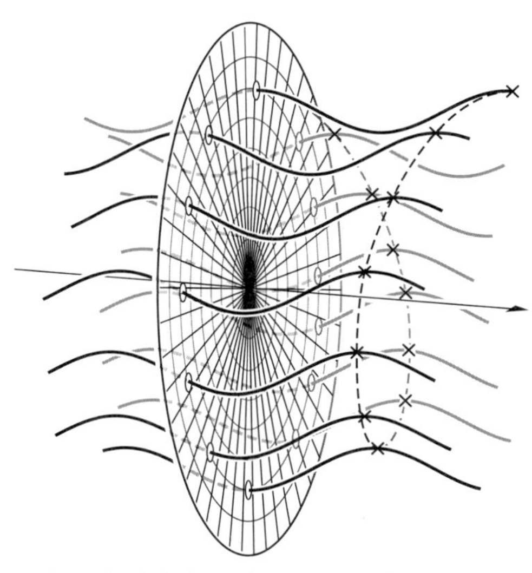

그림 2.32 모든 조화 가지 파동들의 그룹이 정밀하게 배열된 결과, 이 조화 가지 파동들의 위상들이 빔의 중심축을 따라 나선형으로 회전하며 돌아서 진행한다. 일정한 위상이라는 조건은 동일한 나선형 묶음에 놓여 있으며, 이들 중에 하나를 점선 나선으로 나타낸다.

것처럼 눈을 광선이 오는 방향에서 광원 쪽을 보면 위상이 각도에 따라 변한다. 만약에 그림 2.32처럼 한 성분파의 마루가 12에서 생긴다면 골은 직접적으로 이 수직선 축 아래인 6에서 생긴다. 이 분침이 12에서 1, 2, 3 등등으로 계속 움직임에 따라 가지 파동은 전진한다는 것을 주목하면서 주의 깊게 이 도표를 살펴라. 이 가지 파동의 위상은 슬라이스 면에서 모두 다르며, 이 위상은 각각 연속적으로 $\pi/6$만큼씩 이동한다. 원판 모양의 슬라이스 면은 빔을 가로지르면서 횡단하지만 일정한 위상면이 아니며 전체의 교란은 평면파가 아니다.

여전히 (모두 파장 λ를 갖는) 성분별 삼각 함수 가지 파동은 서로 상관관계가 있으며 이 가지 파동의 모든 마루는 나선을 따라 놓여있다. 지금 가지 파동이 단일 원에서 원판을

가로지른다기보다는 오히려 이 마루에 일정한 숫자가 곱해져서 이 마루가 원판을 채운다고 가정해 보자. 즉 일정한 위상의 나선이 (아르키메데스 나사 또는 늘려진 슬링키(Slinky)와 같이) 늘려진 원형 스프링처럼 보이는 꼬여진 나선면을 휩쓸면서 지나가는 것이다. 일정한 위상을 갖는 이 면들이 파면이다.

실제 빔이 전진하며 진행할 때 이 빔이 전개되는 상황을 자세히 보면서 그림 2.32를 하나의 빔이 만들어지도록 확장하자. 그림 2.33은 공간에서 변위된 수많은 가지 파동들을 보여 주는데, 이 가지 파동 모두는 파면상에서 마루 값에 도달하면서 이 파가 광속으로 움직이는 동안 λ당 한번 앞쪽으로 감기는 **나선체**(helicoid)로 전진한다. λ는 나선체의 피치이다. 이 특별한 나선형 파면은 최댓값(즉 가지 파동의 마루)에 대응하여 생기는데, 이 최댓값은 어떤 값을 갖는다. 이 빔이 단색 빔이기 때문에 한 파면에서 다른 파면으로 삼각 함수적으로 이 파면이 변하면서 약간씩 다른 위상과 크기를 갖는다.

그림 2.32로 되돌아가서 생각하자. 모든 가지 파동들이 중심 쪽으로 방사형으로 미끄러지고 만약에 그렇지 않다면 이것들이 변화하지 않는다고 상상하자. 그때 중심축을 따라서 모든 위상의 파들이 중첩하는 혼잡한 과정을 겪는데, 이 복잡한 광학 교란의 위상은 불확정적이다. 이에 따라서 중심축은 **위상 특이점(phase singularity)**에 대응한다. 어떤 축상의 점에서 어떤 양수로 기여하는 모든 가지 파동에 대해 동일한 어떤 음수로 기여하는 가지 파동이 있을 것이다. 어떤 경우에서든지 간에 이 축을 따라가는 광학장(optical field)은 영이여야만 한다. 나선체의 중간값 아래 부분들이 블랙 코어(black core) 또는 **광 소용돌이(optical vortex)**인데, 이 블랙 코어 주위에서는 소위 '**나선형 빛(twisted light)**'이 토네이도처럼 회전한다. 스크린에서 빛이 날 때 이 빔은 어두운 원형 소용돌이를 둘러싼 밝은 고리를 만들 것이다.

8장에서 우리는 원형 편광된 빛을 볼 것이며, 이것이 나선형 빛과 유사한 것처럼 보이지만 이 둘은 완전히 다르다. 원형 편광된 빛은 스핀 각운동량과 유사하며 나선형 빛은 궤도 각운동량을 갖는다. 더군다나 나선형 빛은 편광될 필요조차도 없다. 그러나 이후 광자 스핀을 토의할 때 이 모든 것에 대해서 다시금 살펴볼 것이다.

연습문제

***가 붙지 않은 문제의 풀이는 책 뒤에 나와 있다.**

2.1* 다음과 같은 함수가 미분 파동 방정식에서 자명한 해 이외의 해(nontrivial solution)라는 것을 증명하라.

$$\psi(z, t) = (z + vt)^2$$

이 파동은 어느 방향으로 이동하는가?

2.2* 다음과 같은 함수가 미분 파동 방정식의 한 해라는 것을 보여라.

$$\psi(y, t) = (y - 4t)^2$$

이 파동은 어느 방향으로 이동하는가?

2.3* 다음과 같은 함수를 생각하자.

$$\psi(z, t) = \frac{A}{(z - vt)^2 + 1}$$

여기서 A는 상수이다. 이 함수가 미분 파동 방정식의 한 해라는 것을 증명하라. 그리고 이 파동의 속력과 전파 방향을 구하라.

2.4* 아르곤 이온 레이저는 전형적으로 가시광 스펙트럼인 초록색 또는 파란색 영역에서 수 와트의 빔이 나온다. 이 레이저의 514.5 nm 빔의 주파수를 구하라.

2.5* 다음과 같은 함수가 미분 파동 방정식의 한 해라는 것을 보여라.

$$\psi(y, t) = Ae^{-a(by - ct)^2}$$

여기서 A, a, b, c는 모두 상수이다. 이 파동은 가우시안 또는 종 모양 함수이다. 이 파동의 속력과 전파 방향을 구하라.

2.6 '노란색' 광파의 파장(λ = 580 nm)은 종이 두께(0.003 in) 내에 공간적으로 몇 개나 분포하겠는가? 같은 파장수의 마이크로파($\nu = 10^{10}$ Hz, 즉 10 GHz 그리고 $v = 3 \times 10^8$ m/s)는 공간적으로 얼마나 길게 분포하겠는가?

2.7* 진공 중에서 빛의 속력은 3×10^8 m/s이다. 주파수 5×10^{14} Hz인 붉은색 광파의 파장은 얼마인가? 이것을 60 Hz인 전자기파의 파장과 비교하라.

2.8* 결정체 내에서 빛과 비슷한 파장(5×10^{-5} cm)을 가지며 주파수(6×10^8 Hz)가 작은 초음파를 발생시킬 수 있다. 이 초음파의 속력을 구하라.

2.9* 정점들 사이의 간격이 0.5초 간격이고 동일한 정점 높이를 갖는 무한히 연속적인 것처럼 보이는 물결파를 호수에 떠있는 보트 속의 아이가 바라보고 있다. 이 모든 파들이 4.5 m 길이의 보트를 지나는 데 1.5초가 걸린다면, 이 파들의 주파수, 주기, 파장을 구하라.

2.10* 진동망치로 긴 금속막대를 때려서 파장 4.3 m의 주기적인 압축파가 3.5 km/s의 속도로 막대의 길이 방향으로 타고 내려가도록 하였다. 이때 진동 주기는 얼마인가?

2.11 스쿠버 다이버의 결혼식에서 연주를 위하여 수영장에 바이올린을 가지고 들어간다. 순수한 물에서 압축파의 속도가 1498 m/s이라면, 이 악기에서 연주된 440 Hz의 A 음표 파장은 얼마인가?

2.12* 파동 형태의 펄스가 2.0초에 줄의 길이 방향으로 10 m 이동한다. 그러면 0.50 m의 파장을 갖는 조화 파동이 이 줄에 생긴다. 이때 주파수는 얼마인가?

2.13* 주기적인 파동에서 $\omega = (2\pi/\lambda)v$임을 보여라.

2.14* θ가 $\pi/4$의 간격으로 $-\pi/2$에서 2π까지 변하는 표를 만들어라. 각 세로칸에는 $\sin\theta$, 그 밑에 $\cos\theta$, 계속해서 그 밑에 $\sin(\theta - \pi/4)$, $\sin(\theta - \pi/2)$, $\sin(\theta - 3\pi/4)$, $\sin(\theta + \pi/2)$ 함수들의 값을 적는다. 위상 이동을 고려하면서 이 함수들을 그려라. $\sin\theta$가 $\sin(\theta - \pi/2)$보다 앞서는가 아니면 뒤처지는가? 다시 말해서 (마치 $\cos\theta$가 $\sin\theta$를 앞서듯이) 이 함수들 중의 하나가 다른 함수보다 θ가 적더라도 특정한 어떤 크기에 먼저 도달하는가?

2.15* x가 $\lambda/4$ 간격으로 $x = -\lambda/2$에서 $x = +\lambda$까지 변할 때, kx의 값이 적힌 표를 만들어라. 여기서 $k = 2\pi/\lambda$이다. 각 세로칸에는 $\cos(kx - \pi/4)$, 그 밑에 $\cos(kx + 3\pi/4)$ 함수의 값을 적는다. 다음으로 함수 $15\cos(kx - \pi/4)$와 $25\cos(kx + 3\pi/4)$를 그려라.

2.16* t가 $\tau/4$ 간격으로 $t = -\tau/2$에서 $t = +\tau$까지 변할 때, ωt의 값이 적힌 표를 만들어라. 여기서 $\omega = 2\pi/\tau$이다. 각 세로칸에는 함수 $\sin(\omega t + \pi/4)$와 $\sin(\pi/4 - \omega t)$의 값을 적고 두 함수를 그려라.

2.17* 어떤 줄에서 1.2 m/s의 속도로 진행하는 조화파의 형태는

$$y = (0.02\ \text{m})\sin(157\ \text{m}^{-1})x$$

이다. 이 파동의 진폭, 파장, 주파수, 주기를 구하라.

2.18* 그림 P.2.18은 20.0 m/s의 속도로 $+x$축 방향으로 줄 위에서 진행하는 횡파의 형태($t = 0$)를 나타낸다. (a) 이 파의 파장은 얼마인가? (b) 이 파의 주파수는 얼마인가? (c) 이 파동에 대한 파동 함수(wave function)를 써라. (d) 이 파가 x축 상에 있는 어떤 고정된 지점을 지나감에 따라 그 위치에 줄이 시간에 따라 진동한다. $x = 0$에서 이 줄 위의 한 점이 어떻게 진동하는지를 보여 주는 ψ 대 t의 그래프를 그려라.

그림 P.2.18

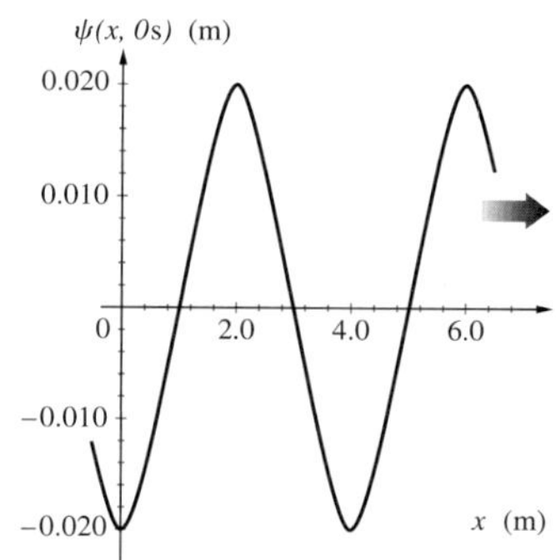

2.19* 그림 P.2.19는 100 cm/s의 속도로 $+z$축 방향으로 줄 위에서 진행하는 횡파의 형태($t = 0$)를 나타낸다. (a) 이 파의 파장을 구하라. (b) 이 파가 z축 상에 있는 어떤 고정된 점을 지나감에 따라 그 위치에 줄이 시간에 따라 진동한다. $x = 0$에서 이 줄 위의 한 점이 어떻게 진동하는지를 보여 주는 ψ 대 t의 그래프를 그려라. (c) 이 파의 주파수는 얼마인가?

그림 P.2.19

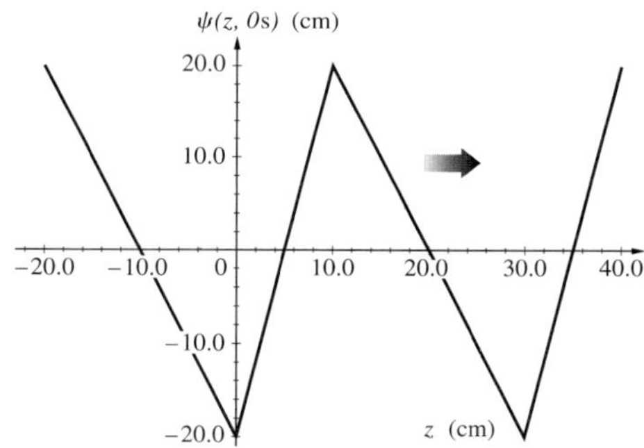

2.20* 줄 위의 횡파가 40.0 cm/s의 속도로 $-y$축 방향으로 진행한다. 그림 P.2.20은 $y = 0$에서 이 줄 위의 한 점이 어떻게 진동하는지를 보여 주는 ψ 대 t의 그래프이다. (a) 이 파의 주기를 구하라. (b) 이 파의 주파수는 얼마인가? (c) 이 파의 파장은 얼마인가? (d) 이 파의 형태(ψ 대 t)를 대략적으로 그려라.

그림 P.2.20

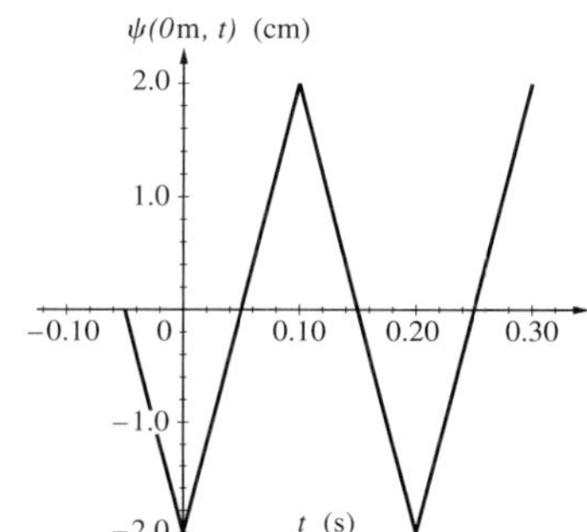

2.21 파동 함수가

$$\psi_1 = 4\sin 2\pi(0.2x - 3t)$$

와

$$\psi_2 = \frac{\sin(7x + 3.5t)}{2.5}$$

이라면, 각각의 경우에 있어서 (a) 주파수, (b) 파장, (c) 주기, (d) 진폭, (e) 위상 속도, (f) 운동의 방향을 결정하라. 시간은 초이며, x는 미터를 사용한다.

2.22* 어떤 줄 위에 존재하는 횡파의 파동 함수가

$$\psi(x, t) = (30.0\text{ cm})\cos[(6.28\text{ rad/m})x - (20.0\text{ rad/s})t]$$

이다. (a) 주파수, (b) 파장, (c) 주기, (d) 진폭, (e) 위상 속도, (f) 전파 방향을 계산하라.

2.23* 어떤 진행파가 SI 단위계에서 다음과 같이 표현된다.

$$\psi(y, t) = 10\sin 2\pi(5.0 \times 10^{14})\left(\frac{y}{3.0 \times 10^8} + t\right)$$

이 파동의 (a) 진폭, (b) 주파수, (c) 파장, (d) 속력, (e) 주기, (f) 전파 방향을 계산하라.

2.24* 다음의 함수가 미분 파동 방정식의 해임을 보여라.

$$\psi(x, t) = A\sin k(x - vt) \qquad [2.13]$$

2.25* 다음과 같은 식이 미분 파동 방정식의 해임을 보여라.

$$\psi(x, t) = A\cos(kx - \omega t)$$

2.26* 아래와 같은 식이

$$\psi(x, t) = A\cos(kx - \omega t - \pi/2)$$

다음 식과 동등하다는 것을 증명하라.

$$\psi(x, t) = A\sin(kx - \omega t)$$

2.27 그림 2.12에 주어진 줄의 변위가

$$y(x, t) = A\sin[kx - \omega t + \varepsilon]$$

와 같이 주어진다면, 손을 흔들어서 발생시킨 파동이 단순 조화 운동을 하면서 수직 방향으로 진행한다는 것을 보여라.

2.28 진폭이 10^3 V/m, 주기가 2.2×10^{-15} s, 그리고 속력이 3×10^8 m/s인 조화파의 표현식을 써라. 이 파동은 $-x$ 방향으로 진행하며 $t = 0$과 $x = 0$인 곳에서 10^3 V/m인 값을 갖는다.

2.29 $t = 0$에서 변위가 다음과 같이 표현되는 펄스가 있다.

$$y(x, t)|_{t=0} = \frac{C}{2 + x^2}$$

여기서 C는 상수이다. 파동의 분포를 그려라. $-x$ 방향으로 v의 속력으로 진행하는 파동을 t의 함수로 표현하라. $v = 1$ m/s일 때, $t = 2$ s에서의 분포를 그려라.

2.30* $t = \tau/2$와 $t = 3\pi/4$일 때, $z = 0$에서 파동 함수 $\psi(z,t) = A\cos[k(z + vt) + \pi]$의 진폭을 구하라.

2.31 A가 상수인 다음의 함수가 파동을 나타내는지 설명하라.

$$\psi(y, t) = (y - vt)A$$

2.32* SI 단위계로 다음과 같이 표현된 파동의 속력을 식 (2.33)을 이용하여 구하라.

$$\psi(y, t) = A\cos\pi(3 \times 10^6 y + 9 \times 10^{14} t)$$

2.33* 줄 위에 생긴 파동의 변위가 다음과 같다.

$$\psi(z, t) = (0.020\text{ m})\sin 2\pi\left(\frac{z}{\lambda} + \frac{t}{\tau}\right)$$

여기서 이 파동은 2.00 m/s로 이동하며 1/4 s의 주기를 갖는다. $t = 2.2$ s에서 1.50 m 떨어진 곳의 줄의 변위를 구하라.

2.34 "만약에 $z = f(x, y)$와 $x = g(t)$와 $y = h(t)$이라면,

$$\frac{dz}{dt} = \frac{\partial z}{\partial x}\frac{dx}{dt} + \frac{\partial z}{\partial y}\frac{dy}{dt}$$

이다"라는 정리를 가지고 시작하여 식 (2.34)를 유도하라.

2.35 앞 문제의 결과를 사용한다면, 위상 $\varphi(x, t) = k(x - vt)$를 갖는 조화파에 대해서 $d\varphi/dt = 0$이라고 놓을 경우 속도를 결정할 수 있음을 보여라. 파동의 속도를 구하기 위하여 문제 2.32에 이 방법을 적용하라.

2.36* 가우스 파는 $\psi(x,t) = Ae^{-a(bx+ct)^2}$의 형태를 갖는다. 이 파동의 속도를 구하기 위하여 $\psi(x,t) = f(x \mp vt)$라는 사실을 이용하라. 그리고 식 (2.34)를 이용하여 답을 증명하라.

2.37 파동의 크기가 $z = -\lambda/12$에서 0.866, $z = +\lambda/6$에서 1/2, 그리고 $z = \lambda/4$에서 0인 z 방향으로 진행하는 조화파의 표현식을 구하라.

2.38 다음 표현들 중에 어느 것이 진행파에 해당하는가? 이들 각각에 대한 파동의 속도는 얼마인가? a, b, c는 양의 상수이다.

(a) $\psi(z, t) = (az - bt)^2$

(b) $\psi(x, t) = (ax + bt + c)^2$

(c) $\psi(x, t) = 1/(ax^2 + b)$

2.39* 다음의 함수 중 진행파를 나타내는 것을 선택하라.

(a) $\psi(y, t) = e^{-(a^2y^2 + b^2t^2 - 2abty)}$

(b) $\psi(z, t) = A\sin(az^2 - bt^2)$

(c) $\psi(x, t) = A\sin 2\pi\left(\frac{x}{a} + \frac{t}{b}\right)^2$

(d) $\psi(x, t) = A\cos^2 2\pi(t - x)$

선택된 진행파에서 이것의 분포를 그리고 속력과 운동방향을 구하라.

2.40 진행파가 $\psi(x,t) = 5.0\exp(-ax^2 - bt^2 - 2\sqrt{ab}\,xt)$로 주어진다면, 이 파동의 전파의 방향을 결정하라. $a = 25\text{ m}^{-2}$와 $b = 9.0\text{ s}^{-2}$일 때, $t = 0$에서 이 파동을 그리고 ψ의 값을 계산하라.

2.41* 330 m/s의 속도로 전파해 나가는 주파수 1.10 kHz의 음파를 생각하자. 이 파동에서 10.0 cm 떨어져 있는 두 지점 사이의 위상차를 라디안(rad) 단위로 구하라.

2.42 위상 속도가 3×10^8m/s이고, 주파수는 6×10^{14}Hz인 광파가 있다. 위상차가 30°이면서 가장 가까운 두 위치 간의 거리는 얼마인가? 주어진 어떤 위치에서 10^{-6}s 동안 일어나는 위상차와 이 시간 동안 몇 개의 파동이 지나가는지 구하라.

2.43 그림 P.2.43에 나타난 파동에 대한 표현식을 써라. 그리고 이 파동의 파장, 속도, 주파수 그리고 주기를 구하라.

그림 P.2.43 조화파

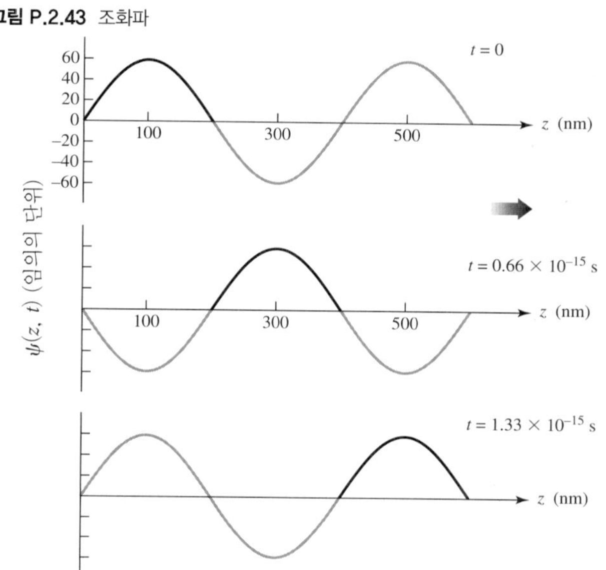

2.44* 직접 지수 함수 표현을 사용하여 $\psi = Ae^{i\omega t}$의 진폭이 A임을 보여라. 그리고 오일러 식을 이용하여 같은 결과를 다시 유도하라. $e^{i\alpha}e^{i\beta} = e^{i(\alpha+\beta)}$를 증명하라.

2.45* 복소수 $\tilde{z}$의 허수부가 $(\tilde{z} - \tilde{z}^*)/2i$임을 보여라.

2.46* 복소수 $\tilde{z}_1 = (x_1 + iy_1)$과 $\tilde{z}_2 = (x_2 + iy_2)$를 가지고 다음을 보여라.

$$\text{Re}\,(\tilde{z}_1 + \tilde{z}_2) = \text{Re}\,(\tilde{z}_1) + \text{Re}\,(\tilde{z}_2)$$

2.47* 복소수 $\tilde{z}_1 = (x_1 + iy_1)$과 $\tilde{z}_2 = (x_2 + iy_2)$를 가지고 다음을 보여라.

$$\text{Re}\,(\tilde{z}_1) \times \text{Re}\,(\tilde{z}_2) \neq \text{Re}\,(\tilde{z}_1 \times \tilde{z}_2)$$

2.48 식 (2.51)을 시작할 때,

$$\psi(x, y, z, t) = Ae^{i[k(\alpha x+\beta y+\gamma z) \mp \omega t]}$$

과

$$\alpha^2 + \beta^2 + \gamma^2 = 1$$

을 증명하라. 모든 적합한 양들을 보여 주는 그림을 그려라.

2.49* 평면파를 표현한 식 (2.64)와 식 (2.65)가 3차원 미분 파동 방정식을 만족함을 보여라.

2.50* 전자기 평면파의 전기장이 SI 단위로 다음과 같다.

$$\vec{\mathbf{E}} = \vec{\mathbf{E}}_0 e^{i(3x-\sqrt{2}\,y-9.9\times10^8 t)}$$

(a) 이 파동의 각주파수는 얼마인가? (b) $\vec{\mathbf{k}}$에 대한 표현을 써라. (c) k의 값은 얼마인가? (d) 이 파동의 속력을 구하라.

2.51* 다음 함수를 생각하자.

$$\psi(z, t) = A\exp[-(a^2z^2 + b^2t^2 + 2abzt)]$$

여기서 A, a, b는 모두 상수이며 적절한 SI 단위를 갖는다. 이 함수는 파동인가? 만약에 그렇다면 이 파동의 속력과 전파 방향은 무엇인가?

2.52 드 브로이의 가정에 의하면 모든 입자는 프랑크 상수($h = 6.6\times10^{-34}$ J · s)를 입자의 운동량으로 나눈 값의 파장을 갖는다고 한다. 빛의 파장과 1.0m/s의 속력으로 운동하는 6.0kg인 돌이 갖는 파장과 비교하라.

2.53 진폭 A이고 주파수가 ω이며 $\vec{\mathbf{k}}$ 방향으로 진행하는 조화 평면파를 직각 좌표계에서 표현하라. 이때 파동은 원점에서 위치 (4, 2, 1)로 그은 직선 위에 있다. 힌트: 먼저 $\vec{\mathbf{k}}$를 결정하고 $\vec{\mathbf{r}}$을 따라 표현한다.

2.54* 진폭 A이고 주파수가 ω이며 $+x$ 방향으로 진행하는 조화 평면파를 직각 좌표계에서 표현하라.

2.55 $\psi(\vec{\mathbf{k}} \cdot \vec{\mathbf{r}},\ t)$는 $\vec{\mathbf{k}}$가 파면에 직각인 평면파를 나타냄을 보여라. 힌트: $\vec{\mathbf{r}}_1$와 $\vec{\mathbf{r}}_2$가 평면위의 임의의 두 점을 나타내는 위치 벡터라 할 때, $\psi(\vec{\mathbf{r}}_1,\ t) = \psi(\vec{\mathbf{r}}_2,\ t)$임을 보인다.

2.56* 아래 함수가 $v = \omega/k$를 갖는 파동임을 자세히 보여라.

$$\psi(\vec{r}, t) = A\exp[i(\vec{\mathbf{k}}\cdot\vec{\mathbf{r}} + \omega t + \varepsilon)]$$

2.57* θ를 $\pi/4$의 간격으로 $-\pi/2$에서 2π까지 변하는 표를 칸으로 만들어라. 각 세로칸에는 $\sin\theta$, 그 아래에 $2\sin\theta$ 함수들의 값을 적는다. 이것의 아래에는 두 값을 더한 값, 즉 $\sin\theta + 2\sin\theta$ 함수의 값을 적는다. 세 개의 함수들을 그림으로 표현하되, 이것들의 상대적인 진폭과 위상에 주의하라.

2.58* θ를 $\pi/4$의 간격으로 $-\pi/2$에서 2π까지 변하는 표를 만들어라. 각 세로칸에는 $\sin\theta$, 그 아래에 $\sin(\theta-\pi/2)$ 함수들의 값을 적는다. 이것의 아래에는 두 값을 더한 값, 즉 $\sin\theta + \sin(\theta-\pi/2)$ 함수의 값을 적는다. 세 개의 함수들을 그림으로 표현하되, 이것들의 상대적인 진폭과 위상을 표시하라.

2.59* 앞의 두 문제와 같은 방법으로 (a) $\sin\theta$, (b) $\sin(\theta-3\pi/4)$, (c) $\sin\theta + \sin(\theta - 3\pi/4)$ 함수들을 그림으로 표현하라. 이 합해진 함수의 진폭과 앞 문제에서의 더해진 함수의 진폭과 비교하라.

2.60* x가 $\lambda/4$ 간격으로 $x = -\lambda/2$에서 $x = +\lambda$까지 변할 때, kx의 값이 적힌 표를 만들어라. 각 세로칸에는 $\cos kx$, 그 아래에 $\cos(kx + \pi)$ 함수의 값을 적는다. 다음으로 $\cos kx$, $\cos(kx + \pi)$, $\cos kx+\cos(kx + \pi)$를 그림으로 표현하라.

3 전자기 이론, 광자, 빛

1800년 이후 맥스웰(J. C. Maxwell)을 비롯한 여러 사람들의 연구 결과를 통하여 빛이 전자기파의 일종이라는 증거가 확실해졌다. 우리가 아는 바와 같이 고전 전자기학(classical electrodynamics)에서는 에너지 교환이 전자기파의 형태로 일어난다고 설명하는 반면에, 현대의 양자 전기역학(quantum electrodynamics)에서는 **광자**(photons)를 정지 질량이 없는 입자라는 개념을 도입하여 설명한다. 그러나 복사에너지의 양자성(quantum nature)은 광학의 많은 분야에서 중요하게 취급되지 않으며 항상 분명하게 나타나는 것도 아니다. 실제로 광자 하나하나를 구분할 수 있는 측정 장비도 없다.

빛의 파장이 광학 소자의 크기(렌즈, 거울 등의 크기)에 비하여 매우 작다면 근사적으로 **기하광학**(geometrical optics)의 기법을 사용할 수 있다. 광학 소자의 크기가 사용하는 빛의 파장과 비슷하거나 보다 정확하게 다루기를 원하면 **물리광학**(physical optics) 이론을 사용해야 한다. 물리광학에서 빛은 파동으로 취급되며, 이때 필요한 식을 빛의 파장과 독립된 형태로 유도할 수 있다. 고전적인 방법으로 물리광학을 다룰 때는 빛을 전자기파의 일종으로 취급하는 것만으로도 충분하다.

빛은 물질의 또 다른 표현 형태로 생각할 수 있다. 실제로 양자역학의 기본 이론 중 하나는 빛과 물체가 각각 파동-입자성을 동시에 가지고 있다는 것이다. 양자이론을 발견한 사람 중 하나인 슈뢰딩거(Erwin C. Schrödinger, 1887~1961)는 다음과 같이 말하였다.

> 새로운 관점에서 볼 때 입자와 파동의 구분은 없어졌다. 왜냐하면 모든 입자는 동시에 파동성을 가지고 있고 그 반대도 성립하기 때문이다. 입자성 또는 파동성이라는 각각의 생각은 낡은 것으로 하나로 통합되어야 한다. 왜냐하면 이와 같은 생각은 물리적 대상에서 나온 것이 아니고 그 대상을 조사하기 위한 실험기구 때문에 어쩔 수 없이 나타난 것이기 때문이다.*

광자, 전자, 양성자 등을 양자역학적으로 취급하려면 파동방정식을 이용하게 된다. 물질 입자의 경우 파동성은 슈뢰딩거 방정식에서 나타나며 빛의 경우는 고전적인 맥스웰 방정식의 형태로 표현된다. 이것을 이용하면 광자와 전하와의 상호작용을 설명할 수 있다. 빛의 이중성이란 공간을 전파하는 파동성과 흡수 및 방출 과정에서 나타나는 입자성을 말한다. 전자기 복사 에너지는 고전적 파동과 같이 연속적인 양이 아니라 양자 또는 광자 형태의 불연속적인 양으로 생성되거나 소멸된다. 반면에 렌즈나 바늘구멍 또는 슬릿(slit)을 통과하는 빛은 파동성을 보인다. 일반적으로 이러한 미시적인 특성이 잘 나타나지 않는 이유는 물체의 파장이 운동량에 반비례하기 때문이다. 예를 들어 아주 느리게 움직이는 한 알의 모래알의 파장은 너무 짧아서 어떤 정밀한 실험을 통해서도 측정되지 않는다.

광자는 질량이 없으며, 이 때문에 빛의 다발에서 볼 수 있는 것처럼 극도로 많은 수의 저에너지인 광자를 상상할 수 있다. 이 모델에서 광자가 아주 밀집된 흐름의 평균적 행동이 잘 정의된 고전적 장을 보여 준다. 출근시간에 기차역을 통과하는 통근자들을 보면 각 사람은 인간 양자처럼 개별적으로 유사하게 행동한다. 그러나 전체적으로 볼 때 이들의 움직임은 같은 성향을 가지고 있고 비슷한 궤적을 갖는다. 따라서 조금 떨어진 곳에서 눈이 나쁜 사람이 본다면 사람들의 흐름은 연속적으로 매끄럽게 움직이는 것처럼 보일 것이다. 이 흐름의 양상은 언제나 **집단**(en masse)으로서 예측 가능하며, 각 사람의 움직임은 중요하지 않다. **평균적으로** 볼 때 수많은 광자들에 의한 에너지 전달은 고전적인 전자기파에 의한 에너지 전달과 같으므로 전자기 현상의 고전장(classical field) 표현이 가능하며, 여러 가지 유용성 때문에라도 전자기파를 계속 고전장으로 다룰 것이다. 그럼에도 불구하고 가시적으로 보이는 전자기파의 연속성은 마치 보통의 물질들이 나타내는 가시적 연속성이 허구이듯이 (이는 그리 간단하지는 않지만) 거시 세계에서의 허구적인 소설과도 같은 이야기라는 것을 이해해야만 한다.

즉 고전적으로 빛을 전자기파로 다루는 것에 아무런 문제

---

* 출처: Erwin C. Schrodinger (1887~1991). *Science Theory and Man*, Dover Publications, New York, 1957.

가 없으나, 이렇게 다룰 수 없는 부분도 있다는 사실을 염두에 두어야 한다는 것이다.

3.1 전자기 이론의 기본 법칙

이 절에서는 주로 전자기파를 이해하는 데 필요한 기본 개념을 살펴보고 전개시키려고 한다.

진공 중에 놓인 주 전하 사이에 힘이 작용하는 것은 실험적으로 잘 알려져 있다. 대전된 막대 근처에 작은 구가 있을 때 나타나는 현상을 다시 생각해 보자. 두 물체 사이의 상호작용을 설명하기 위해서 관측되지 않는 어떤 입자[**가상 광자**(virtual photon)]가 있다고 생각해야 한다. 상호작용이란 두 전하 사이에 이런 입자를 서로 교환하는 것이다. 반면에 고전적인 관점에서는 각 전하 주위에는 전기장이 존재하고, 각각의 전하는 주위의 전기장과 상호작용을 한다고 해석한다. 따라서 어떤 전하 $q_\circ$가 전기장 속에서 힘 $\vec{\mathbf{F}}_E$를 받았다면 주위의 **전기장**(electric field) $\vec{\mathbf{E}}$는 $\vec{\mathbf{F}}_E = q_\circ\vec{\mathbf{E}}$로 정의된다. 전하가 이동하는 경우는 여기에 더해서 속도 $\vec{\mathbf{v}}$에 비례하는 힘 $\vec{\mathbf{F}}_M$을 받는다. 이 힘을 설명하기 위해서 **자기 유도**(magnetic induction) 혹은 **자기장**(magnetic field)이라는 $\vec{\mathbf{B}}$를 정의하며, 이로부터 $\vec{\mathbf{F}}_M = q_\circ\vec{\mathbf{v}} \times \vec{\mathbf{B}}$를 정의한다. 힘 $\vec{\mathbf{F}}_E$와 $\vec{\mathbf{F}}_M$이 동시에 나타난다면(즉 전하가 전기장과 자기장이 함께 존재하는 영역에서 운동한다면), 합력은 $\vec{\mathbf{F}} = q_\circ\vec{\mathbf{E}} + q_\circ\vec{\mathbf{v}} \times \vec{\mathbf{B}}$가 된다. $\vec{\mathbf{E}}$의 단위는 미터당 볼트 또는 쿨롱당 뉴턴이다. $\vec{\mathbf{B}}$의 단위는 테슬라(tesla)이다.

우리가 보는 것처럼 전기장은 전하뿐만 아니라 **시간 변화 자기장**(time-varying magnetic field)에 의해서도 만들어진다. 같은 방법으로 전류뿐 아니라 **시간 변화 전기장**(time-varying electric field)도 자기장을 만들 수 있다. 이러한 $\vec{\mathbf{E}}$와 $\vec{\mathbf{B}}$ 사이의 상호의존성은 빛의 특성을 설명하는 데 매우 중요한 것이다.

3.1.1 패러데이의 유도 법칙

패러데이(Michael Faraday)가 자기와 전기의 전환에 대한 증거를 확보하기 위한 노력 끝에 1822년에 노트에 몇 자 간단히 적어 놓은 것이 바로 '자기를 전기로 전환'이라는 것이다. 다른 실험으로 한 몇 년 후 페러데이는 1831년에 전자기 유도라는 문제로 되돌아왔다. 패러데이는 나무실패에 고정한 두 개의 코일을 이용하여 이를 실험하는 첫 번째 장치를 만들었다(그림 3.1a). 일차 코일은 전지와 스위치에 연결하며, 이차 코일은 검류계(galvanometer)에 연결한다. 그는 일정한 전류가 일차 코일에 계속적으로 흐름에도 불구하고 스위치를 닫을 때마다 순간적으로 검류계의 바늘이 한쪽 방향으로 움직였다가 곧바로 영점 위치로 되돌아오는 현상을 발견하였다. 또한 스위치를 열 때마다 일차 코일 쪽의 전류가 교란되며 이차 코일 쪽에 있는 검류계의 바늘이 반대 방향으로 돌아갔다가 영점 위치로 즉각 되돌아간다는 것도 알았다.

패러데이는 '자기장'을 가두기 위하여 강자성체(ferromagnetic) 코어인 연철(soft iron) 고리의 서로 반대 면에서 두 개의 코일을 감았다(그림 3.1b). 그러자 이 전자기 유도 효과(**전자기장 변화에 의한 전류 발생**)가 명백히 나타났다. 사실 패러데이가 발견하였던 것처럼 이러한 **전자기장 변화**가 전자기 유도에서의 근본적인 원인이다.

패러데이는 자석을 코일 내로 집어넣어서 코일 양 끝단에서 전압[이는 **유도 기전력**(induced electromotive force) 또는 **emf**로 알려져 있음]이 생기는 것을 보였다. [기전력이라는 어휘는 지독하게 잘못되었고 유행에 뒤쳐진 단어(이것은 힘이 아니며 전압임)이므로 이 어휘를 사용하지 않고 emf라는 단어를 사용할 것이다.] 이에 더해서 emf의 진폭은 자석을 얼마나 빨리 움직이냐에 의존한다는 것도 알았다. **유도 emf는 코일을 통과하는 *B*의 변화율에 의존하지** *B* 자체에는 의존하지 않는다. 빨리 움직이는 약한 자석이 느리게 움직이는 강한 자석보다 더 큰 emf를 유도할 수 있다.

그림 3.2처럼 똑같이 변하는 자기장 *B*가 두 개의 서로 다른 고리를 지날 때, 유도 emf는 더 큰 고리의 끝단에서 더 크

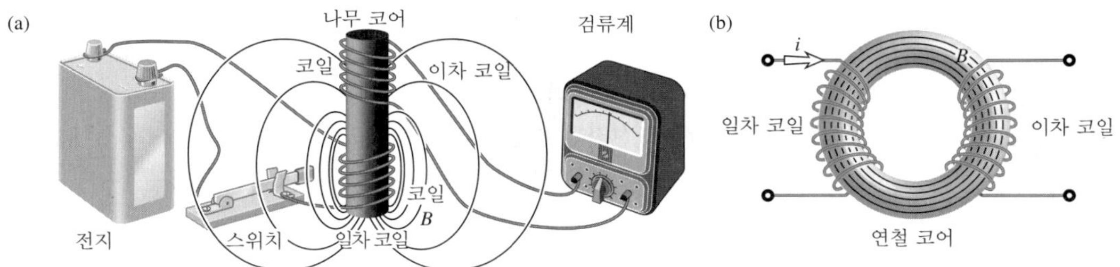

그림 3.1 (a) 한쪽 코일 내의 전류가 흐르기 시작하면 시간에 따라 변하는 자기장이 생성되고, 이로 인하여 다른 코일 내의 전류가 유도된다. (b) 일차 코일과 이차 코일이 연철로 된 코어를 통하여 연결된다.

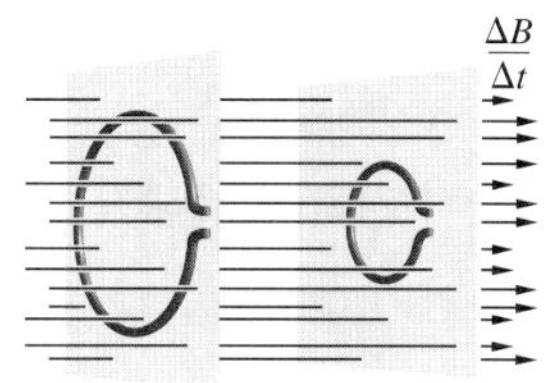

그림 3.2 고리의 크기가 크면 가변 자기장이 이 고리를 더 많이 통과하고, 이로 인하여 고리 양 끝단에서 더 큰 emf가 발생한다.

게 나타난다. 다시 말하자면 자기장 B가 변할 때, **전자기장 변화 유도 emf는 이 자기장이 수직으로 통과하는 고리의 면적 A에 비례한다**. 만약에 고리가 그림 3.3에서 보는 것처럼 연속적으로 기울어진다면 자기장에 수직한 면($A_\perp$)은 $A\cos\theta$에 따라 변하며, $\theta = 90°$일 때 유도 emf는 고리를 통과하는 자기장이 없기 때문에 영이다. 그러므로 $\Delta B/\Delta t \neq 0$일 때 emf $\propto A_\perp$이다. 또한 그 역 과정도 성립한다. 즉 **자기장이 일정할 때 유도 emf는 자기장이 통과하는 수직면의 변화율에 비례한다**는 것이다. 만약에 일정한 자기장 B에서 코일이 꼬이거나 회전하거나 심지어는 뭉개져서 초기에 자기장이 통과하여 수직면의 크기가 변한다면, 유도 emf는 emf $\propto\Delta A_\perp/\Delta t$일 것이며 이것은 B에 비례할 것이다. 결론적으로 $A_\perp$=일정한 상수일 때 emf $\propto A_\perp\Delta B/\Delta t$이고, B=일정한 상수일 때 emf $\propto B\Delta A_\perp/\Delta t$이다.

이 결과 emf는 $A_\perp$과 B 각각의 시간 변화율에 의존, 즉 이들 각각의 곱에 의존한다는 것이다. 이 때문에 자기장의 선속(flux)(자기장과 자기장이 통과하는 수직면의 곱)의 개념을 도입해야만 한다. 따라서 전선 고리를 통과하는 **자기 선속 (flux of magnetic field)**은

$$\Phi_M = B_\perp A = BA_\perp = BA\cos\theta$$

(a)

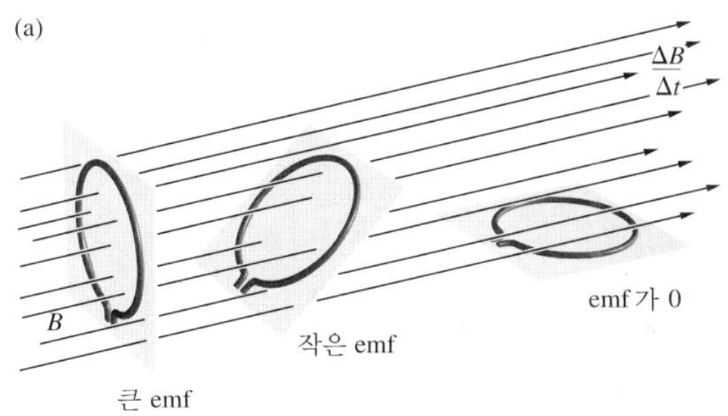

(b)

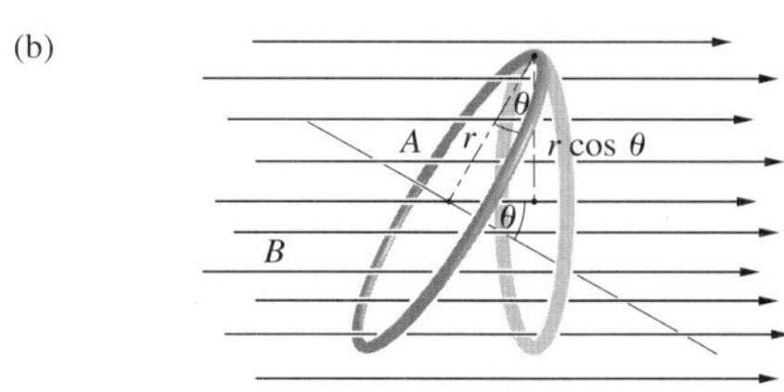

그림 3.3 (a) 유도된 emf는 자기장이 지나가는 수직면의 크기에 비례한다. (b) 이 수직면의 크기는 $\cos\theta$로 변한다.

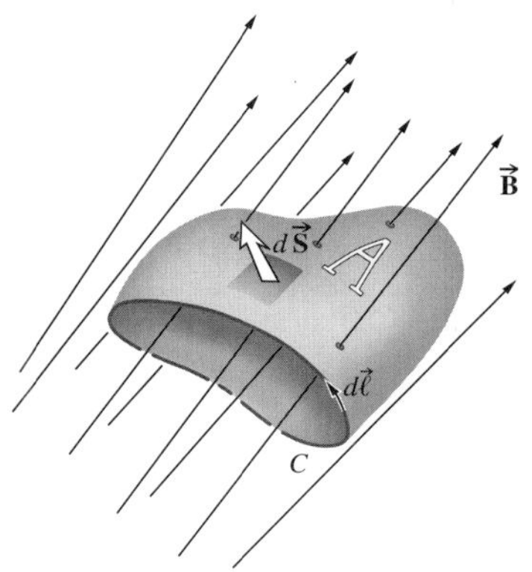

그림 3.4 폐곡선 C로 제한된 단면적 A를 통과하는 자기장 $\vec{B}$

이 된다. 보다 일반적으로 말하자면 B가 어떤 공간에서 변한다면 도체 고리가 둘러싸고 있는 열린 표면 A를 통과하는 자기장은

$$\Phi_M = \iint_A \vec{\mathbf{B}}\cdot d\vec{\mathbf{S}} \tag{3.1}$$

이다(그림 3.4). 여기서 $d\vec{\mathbf{S}}$는 표면에 수직인 부분을 나타낸다. 이런 고리에 유도된 유도 기전력(electromotive force 또는 emf)은

$$\text{emf} = -\frac{d\Phi_M}{dt} \tag{3.2}$$

이다.이 식에서 음의 부호의 의미는 처음 위치에서 유도 자기장을 만든 선속 변화에 반대가 되는(즉 커지면 작아지게, 작아지면 커지게 만드는) 선속 변화를 일으키는 유도 전류를 만드는 유도 emf가 생긴다는 것이다. 이것은 로렌츠 법칙이며 이는 유도 자기장의 방향을 해결해주는 매우 유용한 방법이다. 만약에 유도 자기장이 선속 변화와 반대로 되지 않는다면 이 변화는 끝없이 증가할 것이다. 이 절의 주된 관심사는 전기장과 자기장 그 자체이므로 전선이나 전류 그리고 emf에 지나치게 관심을 둘 필요는 없다.

매우 일반적인 용어로 emf는 전위차(potential difference)이고, 이것의 정의는 단위 전하당 위치 에너지 차(potential energy difference)이다. 단위 전하당 위치 에너지 차는 단위 전하당 한 일에 대응하며, 이는 단위 전하당 힘과 이 힘에 의한 변위의 곱에 해당하고, 이는 최종적으로 전기장과 전하가 움직인 변위의 곱이다. 실제로 emf는 다음과 같이 폐회로 C에 형성된 전기장에 의하여 나타난다.

$$\text{emf} = \oint_C \vec{\mathbf{E}}\cdot d\vec{\ell} \tag{3.3}$$

식 (3.2)와 식 (3.3)을 같게 놓고 식 (3.1)을 대입하면

$$\oint_C \vec{\mathbf{E}}\cdot d\vec{\ell} = -\frac{d}{dt}\iint_A \vec{\mathbf{B}}\cdot d\vec{\mathbf{S}} \tag{3.4}$$

를 얻을 수 있다. 여기서 내적(dot product)은 경로 C에 평행

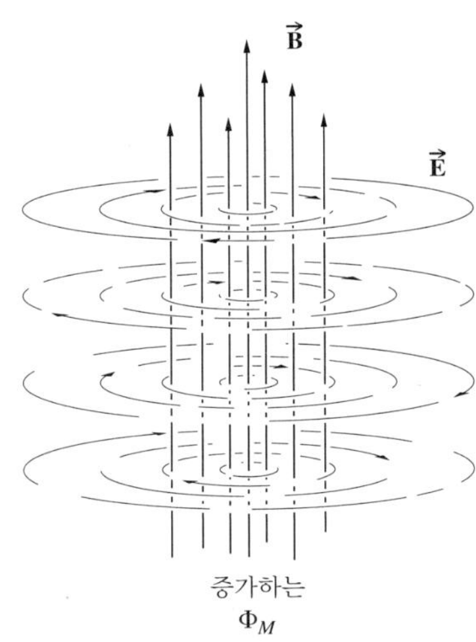

그림 3.5 시간에 따라 변하는 자기장 $\vec{\mathbf{B}}$. Φ_M가 변하는 각 점의 주위에서 전기장 $\vec{\mathbf{E}}$가 폐회로를 만든다. $\vec{\mathbf{E}}$에 의해서 같이 따라 밀려가는 전류를 상상하라. 이 전류가 전기장을 만드는 위쪽 방향의 증가하는 자기장 $\vec{\mathbf{B}}$에 반대가 되는 아래쪽 방향의 자기장 $\vec{\mathbf{B}}$를 유도한다.

한 $\vec{\mathbf{E}}$의 총량과 면 A에 수직한 $\vec{\mathbf{B}}$의 총량을 알려준다. A는 [식 (3.7)과 식 (3.9)에서 보는] 폐곡면이 아니라는 것을 주의하라.

도체 고리를 가지고 이러한 논의를 시작해서 식 (3.4)에 도달한다. 이 식에서 C가 의미하는 고리의 모양이나 크기에 어떤 제한도 없다. 사실상 경로는 도체의 내부나 도체가 가까이에 있을 필요 없이 임의로 잡을 수 있다. 식 (3.4)에서 전기장은 전하로부터 발생되는 것이 아니라 시간에 따라 변하는 자기장으로부터 만들어지는 것을 알 수 있다. 따라서 샘(sources)이나 싱크(sinks)가 되는 전하가 없으므로 전기력선이 폐곡선을 만들게 된다(그림 3.5). 공간상에서 증가하는 선속이 수직으로 관통하는 도선 고리가 있다고 상상함으로써 유도 전기장의 방향을 확인할 수 있다. 도선 고리의 영역에서 전기장이 유도 전류를 유도하는 것이 틀림없다. 렌츠의 법칙에 따라 (아래쪽을 바라보면서 시계 방향으로 흐르는) 이 전류는 위쪽으로 증가하는 선속에 반대하여 아래 방향으로 유도 자기장을 생성한다.

어떤 고리도 없는 공간에서 이동하는 전자기파만을 생각하면, $\vec{\mathbf{B}}$의 시간적 변화 때문에 자기 선속이 변한다. 그러면 식 (3.4)의 **유도 법칙**(induction law)은 다음과 같이 쓸 수 있다.

$$\oint_C \vec{\mathbf{E}} \cdot d\vec{\ell} = -\iint_A \frac{\partial \vec{\mathbf{B}}}{\partial t} \cdot d\vec{\mathbf{S}} \tag{3.5}$$

여기서 $\vec{\mathbf{B}}$는 항상 공간의 함수이므로 시간 t에 대하여 편미분을 한다. 이 식은 **시간에 따라 변하는 자기장이 이와 관련된 전기장을 유도**하기 때문에 매우 흥미로운 표현이라 할 수 있다.

어떤 장에서 폐곡선을 따라가는 선적분(line imtegral)을 그 장의 **순환(circulation)**이라고 한다. 여기에서 이 순환은 경로 C를 따라 한 바퀴 돌 때 하나의 단위 전하에 가해진 일과 동일하다.

3.1.2 가우스의 법칙-전기

전자기학의 또 다른 기본 법칙 중 하나는 독일의 수학자 가우스(Karl Friedrich Gauss, 1777~1855)의 이름을 붙인 것이다. 가우스 법칙은 전기장 선속과 이 선속을 만드는 전기장 원천 사이의 관계를 나타낸 것이다. 가우스 법칙이라는 아이디어는 유체 역학에 나오는 장(field)과 선속(flux)의 개념을 도입하여 유도한 것이다. 마치 전기장을 역선(field lines)들로 그리듯이 속도장(velocity field)으로 나타내는 유체의 흐름은 유속선(streamlines)으로 그린다. 그림 3.6은 가상적인 밀폐된 면으로 둘러싸여진 공간 내를 이동하는 유체의 한 부분을 그린 것이다. **부피 선속**(volume flux) (Av)인 방전율(discharge rate)은 단위 시간당 주어진 관 내의 어떤 지점을 지나서 흐르는 유체의 부피이다. 관의 양쪽 끝 면을 통과하는 부피 선속은 크기가 같다. 즉 초당 이 관으로 흘러 들어간 것은 초당 흘러나오는 양과 같다는 것이다. 이 폐곡면 전체에 대한 순 유체 선속(net fluid flux)(폐곡면으로 들어가고 나온 것을 모두 합한 순수하게 들어간 선속 또는 나온 선속)은 영이다. 그러나 만약에 어떤 조그마한 관을 이 폐곡면 안에 삽입하여 유체를 뽑아내거나[싱크(sink)] 유체를 추

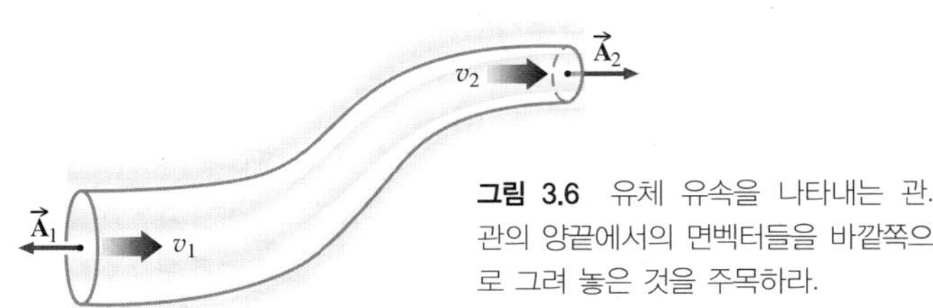

그림 3.6 유체 유속을 나타내는 관. 관의 양끝에서의 면벡터들을 바깥쪽으로 그려 놓은 것을 주목하라.

가우스(Johann Karl Friedrich Gauss) (Pearson Education, Inc.)

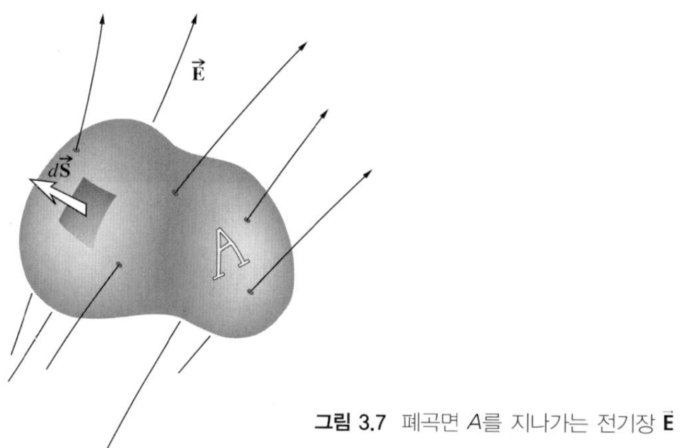

그림 3.7 폐곡면 *A*를 지나가는 전기장 $\vec{E}$

가로 넣는다면[샘(source)], 순 선속은 영이 아닐 것이다.

이러한 생각을 전기장에 적용하기 위해서 그림 3.7에서처럼 어떤 임의의 전기장 내에 놓여 있는 가상의 폐곡면 *A*를 생각하자. *A*를 통과하는 전기장 선속은

$$\Phi_E = \oint\!\!\oint_A \vec{\mathbf{E}} \cdot d\vec{\mathbf{S}} \tag{3.6}$$

이다. 원이 그려진 이중 적분은 폐곡면에서의 적분을 의미한다. 벡터 $d\vec{\mathbf{S}}$의 방향은 **밖으로 향하는 법선 방향**이다. **폐곡면으로 둘러싼 영역에 싱크나 샘들이 없을 때 이 폐곡면을 지나가는 순 선속은 영이다.** 이것은 모든 종류의 장들에 대해서 일반적으로 적용된다.

내부 싱크나 샘이 있으면 어떻게 되는지를 보기 위해서 진공 중에 있는 양(positive)의 점 전하($q_•$)를 둘러싸면서 이를 중심으로 반지름이 *r*인 구면을 생각해 보자. 전기장 *E*의 방향은 이 구면의 중심에서 전부 바깥쪽이며, 중심으로부터 반지름 *r*에서 이 구면과 수직을 이룬다. 즉 $E = E_\perp$이므로

$$\Phi_E = \oint\!\!\oint_A E_\perp \, dS = \oint\!\!\oint_A E\, dS$$

이다. 더군다나 *E*가 구의 표면 전체에서 일정하기 때문에 다음 식처럼 *E*는 적분 밖으로 나갈 수 있다.

$$\Phi_E = E \oint\!\!\oint_A dS = E4\pi r^2$$

쿨롱 법칙(Coulomb's Law)으로부터 점전하가

$$E = \frac{1}{4\pi\epsilon_0}\frac{q_•}{r^2}$$

인 전기장을 만든다는 것을 알고 있으므로 전기 선속은

$$\Phi_E = \frac{q_•}{\epsilon_0}$$

이 된다. 이 결과가 폐곡면 내에 있는 단일 점전하 $q_•$에 의한 전기 선속이다. 모든 전하 분포는 점전하들로 구성되어 있으므로 **어떤 폐곡면 내에 놓여있는 수많은 전하들이 만드는 순 선속은**

$$\Phi_E = \frac{1}{\epsilon_0}\sum q_•$$

이라는 것은 상당히 이치가 맞는 말이다. Φ_E에 대한 위의 두 식을 결합하면 **가우스 법칙(Gauss's Law)**인

$$\oint\!\!\oint_A \vec{\mathbf{E}} \cdot d\vec{\mathbf{S}} = \frac{1}{\epsilon_0}\sum q_•$$

이 나온다. 이 법칙은 만약에 선속이 공간 내의 어떤 부피로 들어간 것보다 나오는 것이 더 많다면 이 부피 내부에는 순 양전하를 품고 있어야 하며, 만약에 반대로 선속이 어떤 부피로 들어간 것 보다 나오는 것이 더 적다면 이 부피 내부에는 순 음전하가 들어 있어야 한다는 것을 말해주고 있다.

미적분학 개념을 이에 적용하기 위해서는 이러한 전하 분포가 연속이라고 근사해야 한다. 그러면 *A*가 둘러싼 부피를 *V*라고 한다면, 그리고 전하 분포의 밀도가 ρ라면 가우스 법칙은

$$\oint\!\!\oint_A \vec{\mathbf{E}} \cdot d\vec{\mathbf{S}} = \frac{1}{\epsilon_0}\iiint_V \rho\, dV \tag{3.7}$$

이 된다. 전기장은 전하가 만들기 때문에 어떤 폐곡면을 통과하는 전기장의 순 선속은 이 폐곡면이 둘러싼 총 전하에 비례한다.

전기 유전율

진공 중에서 **자유 공간의 유전율**(permittivity of free space)은 $\epsilon_0 = 8.8542 \times 10^{-12}\,\mathrm{C^2/N \cdot m^2}$이다. ϵ_0의 값이 정의로 고정되고, 이 값이 갖는 기묘한 수치적 값은 진공의 성질에서 나온 통찰의 결과라기보다는 오히려 선택된 단위의 결과이다. 만약에 전하가 물질 속에 박혀 있다면 식 (3.7)에서 이 물질의 유전율은 ϵ_0 대신에 ϵ이 될 것이다. 식 (3.7)에 있는 ϵ의 역할 중 하나는 양변의 단위를 같게 하는 일이며, 물리적 개념은 평행판 축전기의 경우에 잘 나타나 있다(3.1.4절 참조). 즉 이 ϵ은 기하학적인 모양과 축전기의 전기용량 사이의 비를 나타내는 것으로 매질에 관계된 상수이다. 실제로 어떤 매질의 ϵ를 측정하고자 할 때 원하는 매질을 축전기 사이에 넣고 측정한다. 개념적으로 볼 때 유전율은 매질의 전기적 성질을 나타내는 것으로 매질 속으로 전기장이 침투하는 정도를 나타내지만, 더 좋은 설명으로는 얼마나 많은 전기장이 매질 내를 지나갈 수 있게 허용할 것이냐를 나타내는 것이다.

본격적으로 전자기학에 관한 연구가 진행된 초기에는 여러 사람들이 여러 가지 분야에서 서로 다른 단위계를 사용함으로써 통합에 어려움이 있었다. 따라서 시간의 낭비를 줄이

기 위해 서로 다른 단위계에서 ϵ를 도표로 만드는 것이 필요하게 되었다. 비슷한 문제가 역학의 경우 밀도에서 나타나는데, 이를 피하기 위해서 비중을 사용하게 된 것을 생각해 보면 이를 이해할 수 있다. 유전율의 경우도 ϵ를 사용하기보다는 단위계와 무관한 양을 사용하는 것이 여러 가지 장점이 있으므로, **유전 상수(dielectric constant)** 또는 **상대 유전율**(relative permittivity) K_E를 ϵ/ϵ_0로 정의한다. 어떤 물질의 유전율은 ϵ_0를 사용하면,

$$\epsilon = K_E\epsilon_0 \tag{3.8}$$

로 나타낼 수 있다. 물론 진공에 대한 K_E는 1.0이다.

K_E가 유전율과의 관계에서 흥미를 끄는 것은 이 상수가 유리나 공기, 수정과 같은 유전체 물질에서 빛의 속도와 관련있기 때문이다.

3.1.3 가우스의 법칙-자기

달에서 채취한 시료까지 조사하였음에도 불구하고 지금까지 알려진 바로는 전하와 같이 고립된 자극(magnetic pole)의 존재는 밝혀지고 있지 않다. 전기장과 달리 자기장 $\vec{\mathbf{B}}$는 단자극 같은 어떤 샘으로부터 나오거나 싱크로 들어가지 않는다. 자기장은 전류 분포를 이용하여 설명할 수 있다. 실제로 자석은 작은 전류 고리로 이루어진 단위 자석이 배열된 것으로 $\vec{\mathbf{B}}$의 선속이 고리를 이루고 있는 것으로 생각된다. 임의의 폐곡면 A에서 들어가는 자기력선의 수나 나가는 자기력선의 수는 항상 같다(그림 3.8). 이것은 어떤 폐곡면 내부에도 단자극이 존재할 수 없다는 것과 같은 말이다. 따라서 어떤 폐곡면을 통과하는 자기장 선속 Φ_M은 항상 0이 된다. 이것이 바로 자기장에 대한 가우스의 법칙으로 다음과 같이 나타낼 수 있다.

$$\Phi_M = \oiint_A \vec{\mathbf{B}} \cdot d\vec{\mathbf{S}} = 0 \tag{3.9}$$

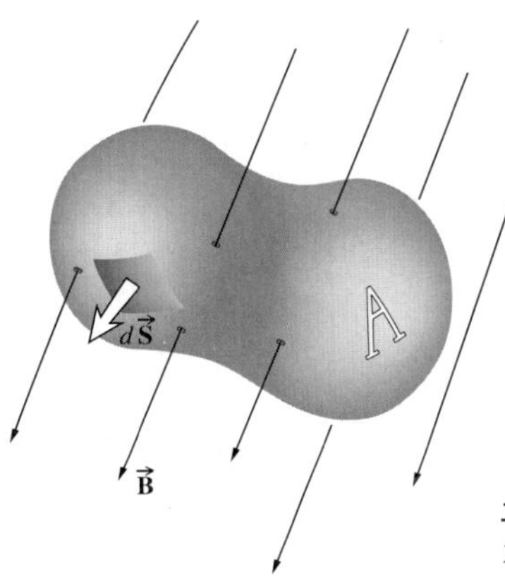

그림 3.8 폐곡면 A를 통과하는 자기장 $\vec{\mathbf{B}}$

3.1.4 앙페르의 회로 법칙

전자기 이론에서 매우 중요한 또 하나의 법칙은 앙페르(André Marie Ampére, 1775~1836)에 의하여 발견되었다. 이 법칙은 **회로 법칙**(Circuital Law)으로 알려졌는데, 법칙의 근원이 약간 모호하다. 따라서 법칙의 정당성 증명을 약간 할 것인데, 이 과정은 개념을 이해하는 데 어느 정도 도움이 된다. 이제 진공 중에 놓여 있는 전류가 지나가는 직선 도선을 생각하자. 그러면 이 직선 도선 주위로 자기장 B가 둘러싼다고 생각할 수 있다(그림 3.9). 실험을 통하여 전류 i가 흐르는 직선 도선의 자기장은 $B = \mu_0 i/2\pi r$이라는 것을 이미 알고 있다. 그리고 자기 전하(q_m)를 생각하였던 19세기로 돌아가 보자. 이러한 단자극의 자기 전하를 정의하자. 그러면 이 자기 전하가 자기장 B에 놓인다면 전기 전하 q_e가 q_eE의 힘을 받는 것과 같이 B의 방향으로 q_mB와 같은 크기의 힘을 받는다. 북극을 나타내는 단자극(monopole)이 전류가 흐르는 도선을 중심으로 이 도선에 수직한 원형 폐곡선을 따라 흐른다고 가정하고, 이로 인한 일을 계산하자. $\vec{\mathbf{B}}$의 방향 변화로 인한 힘의 방향의 변화 때문에 원형 경로를 아주 작은 조각($\Delta\ell$)으로 나눌 것이고 이들 각 조각들에 의한 일을 모두 합할 것이다. 일은 변위(displacement)에 평행한 힘의 성분과 변위를 곱한 것으로 $\Delta W = q_mB_{\parallel}\Delta\ell$이며, 자기장에 의한 총 일은 $\sum q_mB_{\parallel}\Delta\ell$이다. 이 경우 $\vec{\mathbf{B}}$는 자기장 내의 어디에서든 원형 경로와 접선을 이루므로 $B_{\parallel} = B = \mu_0 i/2\pi r$이고, 이는 원형 경로에서 일정한 상수이다. q_m과 B가 일정한 상수이므로 총 일에서의 합은

$$q_m\sum B_{\parallel}\,\Delta\ell = q_mB\sum\Delta\ell = q_mB2\pi r$$

이고, 여기에서 $\sum\Delta\ell = 2\pi r$은 원형 경로의 총 길이인 원주이다.

만약에 B를 r에 따라 역으로 변하는 등가의 전류 표현인 $\mu_0 i/2\pi r$로 바꾼다면 반지름의 표현이 사라지므로, 일은 선택한 경로에 무관하게 된다. q_m을 도선 주위로 한바퀴 돌릴 때마다 하나의 원형 조각에서 다른 원형 조각으로 이 q_m을 이동시킨다면, 자기 전하 $\vec{\mathbf{B}}$에 수직하게 움직이면서 한 일이 없기 때문에 q_m을 원형 경로의 반지름을 따라 이동시키는 경우는 (즉 도선에서 멀어지거나 가까워지거나 하면) 모든 일은 같아야만 한다. 사실 W는 경로의 선택에 무관하므로 일

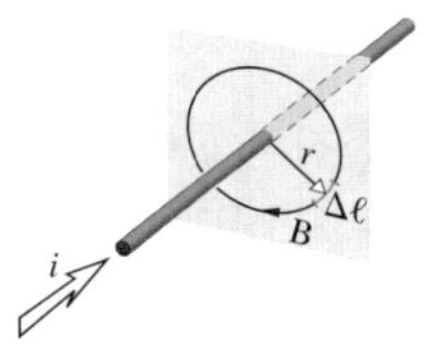

그림 3.9 전류가 흐르는 도선 주위의 자기장 $\vec{\mathbf{B}}$

은 전류를 둘러싸는 **어떤 폐경로**에 대해서도 똑같을 것이다. 전류 표현을 B에 대입하면

$$q_m \sum B_{\parallel} \Delta \ell = q_m (\mu_0 i / 2\pi r) 2\pi r$$

가 나온다. 여기서 '자기 전하' q_m을 지운다면, **전류를 둘러싼 어떤 폐경로 전체에 대한 전체 합**을 나타내는 유명한 표현식인

$$\sum B_{\parallel} \Delta \ell = \mu_0 i$$

이 얻어진다. 자기 단극을 가지고 하는 이러한 사고(thought) 실험은 사실 틀린 것인데, 다행히 여기에서는 자기 전하가 멋지게 사라지고 만다. 그럼에도 불구하고 물리학은 일관성이 있으며, 자기 단극의 존재 유무에 관계없이 위 식은 받아들여야 한다. 더군다나 폐경로가 둘러싼 전류가 흐르는 도선이 여러 개라면 이들 도선에 의한 자기장을 겹치고 합쳐서 순 자기장을 구한다. 위 방정식은 여러 개의 분리된 자기장들에 대해서도 성립하며, 이들을 합쳐서 생기는 순 자기장에 대해서도 당연히 성립해야만 한다. 그래서

$$\sum B_{\parallel} \Delta \ell = \mu_0 \sum i$$

이다. $\Delta \ell \to 0$이면, 다음과 같이 위 식의 합은 **폐경로 주위**(around a closed path)에 대한 적분으로 바뀐다.

$$\oint_C \vec{\mathbf{B}} \cdot d\vec{\ell} = \mu_0 \sum i$$

한때는 이 방정식은 보통 '일 규칙(work rule)'이라고 말하기도 하였지만 오늘날에는 **앙페르 법칙(Ampère's Law)**이라고 한다. 이 법칙은 C의 경계 내를 총전류 i가 지나는 경우에 폐곡선 C에 접하는 $\vec{\mathbf{B}}$의 선적분과 관련이 있다.

전류가 불균일한 단면적을 갖는 도선을 지날 때는 다음과 같이 앙페르 법칙을 단위면적당 전류인 **전류 밀도**(current density) J로 기술하되, 이 전류 밀도를 단면적에 걸쳐 적분하여 나타낸다.

$$\oint_C \vec{\mathbf{B}} \cdot d\vec{\ell} = \mu_0 \iint_A \vec{\mathbf{J}} \cdot d\vec{\mathbf{S}} \tag{3.10}$$

C는 열린 면 A를 둘러싼다(그림 3.10). μ_0는 **자유 공간에서의 투자율(permeability of free space)**이라고 하며 $4\pi \times 10^{-7}$ N·s²/C²로 정의한다. 전류가 물질 내를 흐를 때는 식 (3.10)에서 매질의 투자율 μ를 사용할 것이다. 투자율의 경우에도 다음과 같이 식 (3.8)처럼 차원이 없는 **상대 투자율**(relative permeability) K_M을 도입할 수 있다.

$$\mu = K_M \mu_0 \tag{3.11}$$

식 (3.10)은 대부분 옳지만 총체적으로는 옳지 않다. 그림 3.11a에서 보는 것처럼 축전기를 충전할 때에 암페어 법칙을 적용하는 것은 확실히 문제가 되는데, 폐곡선 C를 둘러싸는 면적은 암페어 법칙에서 특별히 중요하지 않다. 평면 A_1을

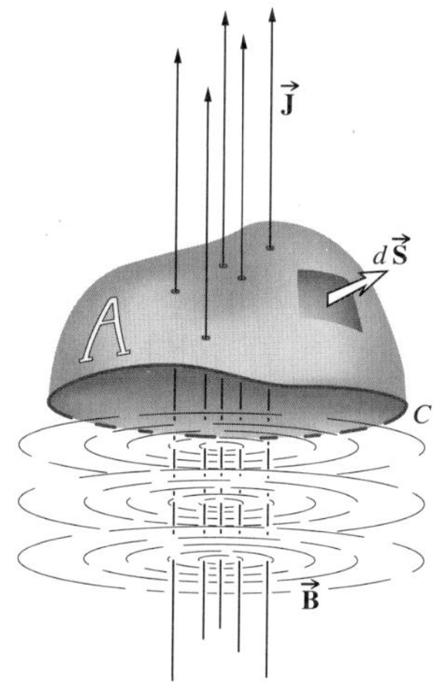

그림 3.10 열린 면 A를 통과하는 전류 밀도

사용한다면 전류 i가 이 면을 통하여 흐르고, 식 (3.10)의 오른쪽 항이 영이 아니므로 폐곡선 C를 따라 자기장 $\vec{\mathbf{B}}$가 생긴다. 그러나 C를 둘러싼 A_2면을 사용한다면, 실제적으로 물리적 변화가 없음에도 불구하고 이 면을 지나는 전류 i가 없으며 자기장은 영이 된다. 어떤 것이 잘못된 것일까!

운동하는 전하는 자기장의 근원만이 되는 것은 아니다. 어떤 축전기에서 전하가 충전되거나 방전될 때 두 판 사이에서 자기장 $\vec{\mathbf{B}}$를 측정할 수 있다(그림 3.11b). 이때 축전기의 두 판 사이에는 실제로 전류가 흐르지 않음에도 불구하고 축전기를 연결하는 도선의 주위에서와 같이 자기 유도가 나타난다. 축전기의 단면적을 A 그리고 대전된 전하를 Q라고 할 때

$$E = \frac{Q}{\epsilon A}$$

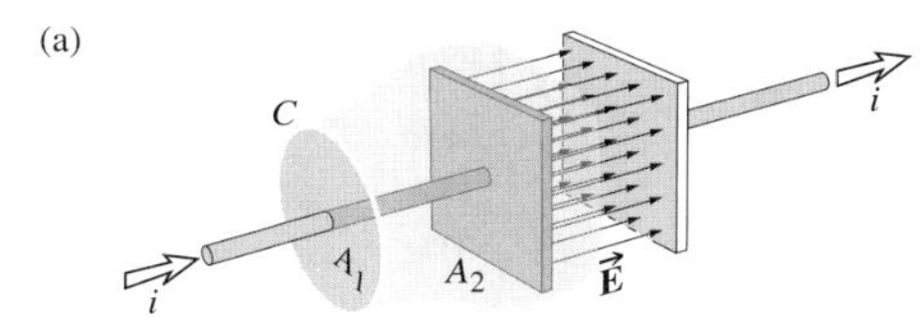

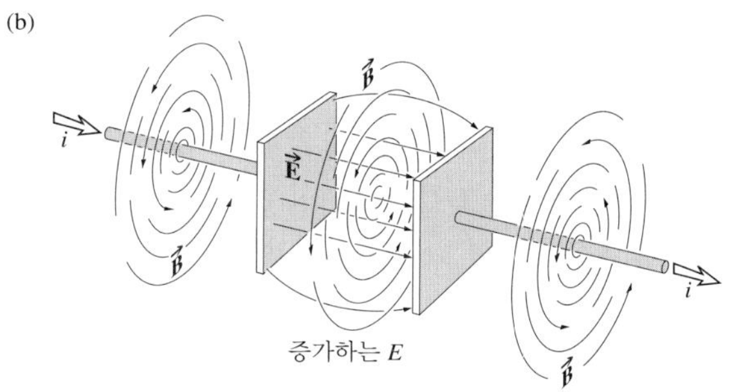

그림 3.11 (a) 경로 C에 의해서 둘러싸인 면적 A_1과 A_2에 대해서 암페어 법칙은 다르지 않다. 전류가 A_1을 통해서 흐르나 A_2를 통해서는 흐르지 않으므로 무엇인가가 매우 틀렸다는 것을 의미한다. (b) 축전기의 극판 사이에서 시간에 따라 변하는 전기장 $\vec{\mathbf{E}}$ 때문에 생기는 자기장 $\vec{\mathbf{B}}$.

이 된다. 그리고 전하량이 변하면 전기장도 변하고 위 식의 양쪽을 미분하면

$$\epsilon\frac{\partial E}{\partial t}=\frac{i}{A}$$

이 되며, 이 결과 $\epsilon(\partial E/\partial t)$는 효과적으로 보면 전류 밀도이다. 따라서 맥스웰은 여기에 다음과 같이 정의되는 **변위 전류 밀도**(displacement current density)*가 존재한다고 가정하였다.

$$\vec{\mathbf{J}}_D\equiv\epsilon\frac{\partial\vec{\mathbf{E}}}{\partial t}\tag{3.12}$$

변위 전류 밀도를 적용하여 암페어의 법칙을 다시 쓰면

$$\oint_C\vec{\mathbf{B}}\cdot d\vec{\ell}=\mu\iint_A\left(\vec{\mathbf{J}}+\epsilon\frac{\partial\vec{\mathbf{E}}}{\partial t}\right)\cdot d\vec{\mathbf{S}}\tag{3.13}$$

이 되는데, 이것이 바로 맥스웰이 이룬 큰 업적 중 하나이다. 이 식은 $\vec{\mathbf{J}}=0$이라 할지라도 **시간에 따라 변하는 전기장 $\vec{\mathbf{E}}$가 자기장 $\vec{\mathbf{B}}$를 만들 수 있다**는 것을 보여 준다(그림 3.12).

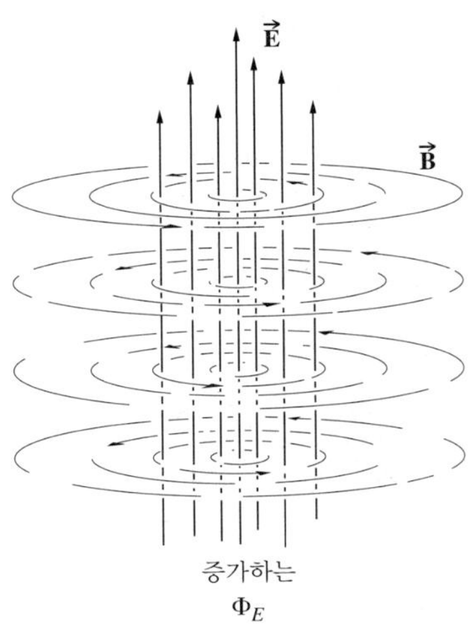

그림 3.12 시간에 따라 변하는 전기장 $\vec{\mathbf{E}}$. Φ_E가 변하는 각 점의 주위에서 자기장 $\vec{\mathbf{B}}$가 폐곡선을 이룬다. 식 (3.12)를 고려한다면 위쪽으로 증가하는 전기장은 위쪽 방향의 변위 전류와 등가이다. 오른손 법칙에 따라서 유도 자기장은 아래를 바라보면서 반시계 방향으로 돈다.

3.1.5 맥스웰 방정식

앞 절에서 유도한 식 (3.5), (3.7), (3.9), (3.13)을 맥스웰 방정식이라고 한다. 이 식들은 실험 결과를 일반화한 것이다. 맥스웰 방정식의 가장 간단한 형태는 $\epsilon=\epsilon_0$와 $\mu=\mu_0$인 자유 공간에서 적용하여 얻은 전기장과 자기장의 형태이다. 추측하건대 이 공간에서 흘러 다니는 전류와 전하가 없어서 ρ와 $\vec{\mathbf{J}}$이 모두 영이다. 이러한 경우에 있어서 맥스웰 방정식은 다음과 같다.

$$\oint_C\vec{\mathbf{E}}\cdot d\vec{\ell}=-\iint_A\frac{\partial\vec{\mathbf{B}}}{\partial t}\cdot d\vec{\mathbf{S}}\tag{3.14}$$

$$\oint_C\vec{\mathbf{B}}\cdot d\vec{\ell}=\mu_0\epsilon_0\iint_A\frac{\partial\vec{\mathbf{E}}}{\partial t}\cdot d\vec{\mathbf{S}}\tag{3.15}$$

$$\oiint_A\vec{\mathbf{B}}\cdot d\vec{\mathbf{S}}=0\tag{3.16}$$

$$\oiint_A\vec{\mathbf{E}}\cdot d\vec{\mathbf{S}}=0\tag{3.17}$$

이 식들에서 각 항에 곱해지는 상수를 무시하면 전기장과 자기장이 대칭적으로 나타나는 것을 볼 수 있다. 즉 $\vec{\mathbf{B}}$는 $\vec{\mathbf{E}}$를 만들고, 차례대로 $\vec{\mathbf{E}}$는 $\vec{\mathbf{B}}$를 만들며, 수학적인 대칭성은 물론 물리적으로도 대칭성이 있음을 나타낸다.

벡터가 공간 영역 내의 모든 점들과 관련되어 있을 때, 이 벡터를 **벡터장(vector field)**이라고 하며, 전기장과 자기장은 벡터장이다. 위에서 기술한 맥스웰 방정식은 곡선과 이를 둘러싼 공간 내의 면에 대해서 계산한 적분을 사용하여 벡터장들을 나타낸다. 이와는 대조적으로 각 맥스웰 방정식은 공간 내의 어떤 특정한 점들에서 미분으로 다시 공식화할 수 있는데, 이는 완전히 새로운 관점을 보여 준다. 대충 중요한 식들만을 보여 주면서 이것을 하기 위해서 (보다 엄밀하게 다루려면 부록 1 참조) 뒤집어진 대문자 델타로 표시하면서 '델(del)'로 읽는 $\vec{\boldsymbol{\nabla}}$이라는 미분 벡터 연산자를 생각하자. 이 델은 직각 좌표계에서는 다음처럼 정의된다.

$$\vec{\boldsymbol{\nabla}}=\hat{\mathbf{i}}\frac{\partial}{\partial x}+\hat{\mathbf{j}}\frac{\partial}{\partial y}+\hat{\mathbf{k}}\frac{\partial}{\partial z}$$

델은 벡터장과 내적을 하여 스칼라가 되며, 외적을 하여 벡터가 된다. 그래서 $\vec{\mathbf{E}}=E_x\hat{\mathbf{i}}+E_y\hat{\mathbf{j}}+E_z\hat{\mathbf{k}}$ 이라고 한다면

$$\vec{\boldsymbol{\nabla}}\cdot\vec{\mathbf{E}}=\left(\hat{\mathbf{i}}\frac{\partial}{\partial x}+\hat{\mathbf{j}}\frac{\partial}{\partial y}+\hat{\mathbf{k}}\frac{\partial}{\partial z}\right)\cdot(E_x\hat{\mathbf{i}}+E_y\hat{\mathbf{j}}+E_z\hat{\mathbf{k}})$$

이다. 이 식은 벡터장 $\vec{\mathbf{E}}$의 **발산(divergence)**이라고 한다.

$$\operatorname{div}\vec{\mathbf{E}}=\vec{\boldsymbol{\nabla}}\cdot\vec{\mathbf{E}}=\frac{\partial E_x}{\partial x}+\frac{\partial E_y}{\partial y}+\frac{\partial E_z}{\partial z}$$

이 식에 대한 이러한 명칭은 위대한 영국 전기공학자이면서 물리학자인 헤비사이드(Oliver Heaviside, 1850~1925)가 붙였다. $\vec{\mathbf{E}}$의 발산은 x축에 대한 E_x의 변화에 y축에 대한 E_y를 더하고 다시 z축에 대한 E_z의 변화를 더한 것이다. 그리고 이것은 양수, 음수, 영 모두 될 수 있다. 이 방정식은 발산을 계산하는 법을 알려주고 있지만, 이 발산이 물리적으로 의미하는 것을 이해하는 데 어떤 도움도 되지는 않는다.

이 발산은 가시적으로 보여 주는 것이 더 쉽고, 정전기장에서보다는 움직이는 유체에서 언급하는 것이 더 쉽다. 그래

* 이러한 얼개(mechanism)에 관한 맥스웰 자신의 말과 생각은 A. M. Bork, *Am. J. Phys* **31**, 854(1963) 논문에 잘 기술되어 있다. 부수적으로 클럭(Clerk)은 클락(clark)으로 발음한다.

서 이를 정전기장에서 형상화하는 것은 혼란을 유발하는 경향이 있다. 이 발산에 대해서 생각하는 가장 좋은 방법은 **정상 상태에서 흐르는 유체장을 그림으로 그리고 난 후 이것을 마음속으로 사진을 찍는 것이다. 어떤 전하 분포로 인하여 생긴 전기장은 이렇게 상상한 정지된 영상과 유사하다.** 대략적으로 말해서 양의 발산은 퍼져 나가는 것을 의미하는 것으로 어떤 특정한 위치로부터 장이 퍼져 나가는 것이다. 장 내의 어떤 지점에서 '흐름'이 들어가는 것보다 많이 나온다면 그 지점에 발산이 있다는 것이고 그 값은 양수라는 것이다. 가우스 법칙에서 보았던 것처럼 파원은 이 파원을 둘러싼 **폐곡면을 통과하여 지나가는** 순 선속을 만들며, 이와 유사하게 공간 내의 그 한 점에 위치한 파원(하나의 양전하)은 **그 점에서** 양의 발산을 만든다.

어떤 벡터장의 발산은 그 벡터장의 강도와 발산을 확인하는 점으로부터 수렴하는지 아니면 퍼져 나가는지에 따라 변하기 때문에 이 발산은 명확하지가 않을 수 있다. 예를 들어, 점 P_1에 있는 한 개의 양전하를 생각하자 (완전하지는 않지만 '흐름'이라는 용어를 사용한다면) 이 양전하로부터 전기장이 바깥으로 '흐르고', P_1에서 양의 발산이 있는 것이다. P_1이 아닌 점 P_2의 영역을 둘러싼 곳의 전기장은 양의 발산을 만들면서 이 지역에서 $1/r^2$으로 퍼져 나가기도 하지만 이 장은 이 지역에서 $1/r^2$으로 약해지면서 음의 발산을 만든다. 그 결과 이 점전하가 포함되지 않은 영역에서는 div $\vec{\mathbf{E}}$는 영이다. 점전하가 주변 공간에 만든 점전하를 포함하지 않는 공간 내의 점에서는 이 점전하가 만든 전기장이 퍼져 나가지 않는다. 이 결론은 **전기장의 영이 아닌 발산은 오직 전하들이 있는 지점에서만 생긴다**는 것으로 일반화할 수 있다.

대략 다시 한 번 말하자면 선속은 어떤 면을 통과하는 순 '흐름'과 관련이 있으며, 발산은 한 점에 대한 순 '흐름'과 관련이 있다. 이 두 가지는 다음과 같은 놀라운 벡터장의 발산에 대한 수학적 정의에 의해서 서로 묶여 있다.

$$\lim_{\Delta V \to 0} \frac{1}{\Delta V} \oiint_A \vec{\mathbf{E}} \cdot d\vec{\mathbf{S}} = \text{div}\, \vec{\mathbf{E}} = \vec{\nabla} \cdot \vec{\mathbf{E}}$$

다시 말해서 벡터장 내의 어떤 점을 선택하고 이 점을 면적 A인 폐곡면으로 작은 부피 ΔV가 되도록 둘러싼다고 하자. A를 통과하는 벡터장에 대한 순 선속을 계산해 보자. 이것은 위 식에서 면적에 대한 이중 적분을 하는 것이다. 단위 부피당 선속을 구하기 위해서 A로 둘러싼 부피로 이 순 선속을 나눈다. 그리고 이 부피를 한 점으로 축소하자. 이 결과가 이 점에서의 이 벡터장에 대한 발산이다. 이 면적이 매우 작아졌을 때 부피를 축소시키는 과정을 중지하고 이런 매우 작은 면적에 대한 순 선속이 양수인지 음수인지 아니면 영인지를 볼 수 있다. 이에 대응하여 축소 과정을 계속 진행시켰을 경우 극한에서 발산이 양수인지 음수인지 아니면 영인지도 살펴볼 수 있다. 그러므로 선속과 발산은 그 개념이 직접적으로 서로 연결되어 있다.

식 (3.7)인 적분형 가우스 법칙으로부터 순 선속은 이 선속을 계산하기 위한 면적이 둘러싼 내부의 순 전하량과 동일하다는 것을 알 수 있다. 부피로 이 값을 나누면 그 점에서의 전하 밀도가 된다. 그래서 **전기장에 대한 미분형 가우스 법칙**은

$$\vec{\nabla} \cdot \vec{\mathbf{E}} = \frac{\rho}{\epsilon_0} \qquad [A1.9]$$

이다. 만약에 전기장이 공간 내에서 지점마다 어떻게 다른지를 안다면, 그 지점들마다의 전하 밀도를 구할 수 있다.

이와 마찬가지로 자기에 대한 가우스 법칙의 미분형인 식 (3.9) 및 자기 전하가 없다는 사실로부터 다음과 같은 **자기장에 대한 미분형 가우스 법칙**이 나온다.

$$\vec{\nabla} \cdot \vec{\mathbf{B}} = 0 \qquad [A1.10]$$

공간 내의 어떤 점에 대한 자기장 발산은 영이다.

패러데이 법칙의 미분형을 만들기 위해서 적분형 패러데이 법칙인 식 (3.14)로 되돌아가자. 패러데이 법칙은 시간변화 자기장이 전기장을 항상 동반하는데 전기장은 그 자체가 폐곡선이다. 식 (3.14)의 왼쪽 항은 전기장의 폐경로를 따른 **순환**(circulation) 적분을 의미한다. 이러한 미분형을 만들기 위해서 맥스웰이 벡터장의 **회전(curl)**이라고 부른 미분 연산자를 사용해야 하는데, 이 회전 연산자는 벡터장이 공간 내의 한 점 주위를 회전하는 경향을 보여 주기 때문이다. 회전 연산자는 벡터인 $\vec{\nabla}\times$로 표기하고 '델 크로스(del cross)'라고 읽는다. 직각 좌표계에서 이것은

$$\vec{\nabla} \times \vec{\mathbf{E}} = \left(\hat{\mathbf{i}}\frac{\partial}{\partial x} + \hat{\mathbf{j}}\frac{\partial}{\partial y} + \hat{\mathbf{k}}\frac{\partial}{\partial z}\right) \times (E_x\hat{\mathbf{i}} + E_y\hat{\mathbf{j}} + E_z\hat{\mathbf{k}})$$

이다. 회전 연산자와 전기장의 외적에 대한 성분별 계산규칙에 따라 전기장의 회전은

$$\vec{\nabla} \times \vec{\mathbf{E}} = \left(\frac{\partial E_z}{\partial y} - \frac{\partial E_y}{\partial z}\right)\hat{\mathbf{i}} + \left(\frac{\partial E_x}{\partial z} - \frac{\partial E_z}{\partial x}\right)\hat{\mathbf{j}} + \left(\frac{\partial E_y}{\partial x} - \frac{\partial E_x}{\partial y}\right)\hat{\mathbf{k}}$$

이다. 괄호로 나타낸 각 항들은 전기장이 각각의 단위 벡터 방향 주변을 회전하는 정도를 보여 준다. 따라서 첫 번째 항은 공간 내의 특정한 한 점을 통과하여 지나가는 단위 벡터 $\hat{\mathbf{i}}$을 중심으로 yz면에서 전기장의 회전을 나타낸다. 결과적인 회전은 각 단위 벡터 성분별 기여의 벡터 합이 된다.

패러데이 법칙으로 되돌아가서 살펴보면 전기장의 순환과 이 전기장의 회전(curl)의 의미에 대한 진가를 알게 될 것이다. 따라서 전기장 내에 폐곡선 C로 둘러싼 작은 면적 ΔA에 놓여있는 한 점 P를 생각하자. 전기장의 순환은 식 (3.14)의 왼쪽 항으로 주어지는 반면에, 오른쪽 항은 면적분이다. 이

에 따라서 단위 면적당 순환을 구하기 위해서 면적 ΔA로 선적분을 나눈다. 전기장이 이 점 주위를 순환하면서 C를 줄이고 면적 ΔA가 P를 향해서 점점 작아지게 한다. 즉 C를 미분소적으로 만든다. 그러면 단위 면적당 순환은 다음과 같이 회전(curl)이 된다.

$$\lim_{\Delta A \to 0} \frac{1}{\Delta A} \oint_C \vec{\mathbf{E}} \cdot d\vec{\ell} = \text{curl } \vec{\mathbf{E}} = \vec{\nabla} \times \vec{\mathbf{E}}$$

실제로 증명하지는 않지만(이 증명은 부록 1로 남겨두었음), 식 (3.14)로부터 **미분형 패러데이 법칙(the differential version of Faraday's Law)**은

$$\vec{\nabla} \times \vec{\mathbf{E}} = -\frac{\partial \vec{\mathbf{B}}}{\partial t} \qquad [A1.5]$$

이 된다. 정전기학에서 전기장은 전하에서 시작하여 전하에서 끝나기 때문에 전기장은 그 자체로 닫히지 않으며 전기장의 순환은 없다. 따라서 정전기장의 회전(curl)은 영이다. 단지 시간 변화 자기장으로 인하여 발생한 전기장만이 회전을 갖는다.

근본적으로 동일한 논의가 앙페르 법칙에도 적용될 수 있는데, 간단하게 하기 위해서 이것을 진공에서만 들여다볼 것이다. 이런 가정하에 어떤 시간 변화 전기장으로부터 생기는 자기장의 순환을 다룬다. 위의 논의와 유사하게 따라가면 **미분형 앙페르 법칙(the differential version of Ampere's Law)**은

$$\vec{\nabla} \times \vec{\mathbf{B}} = \mu_0 \epsilon_0 \frac{\partial \vec{\mathbf{E}}}{\partial t}$$

이 된다. 이 벡터 공식들은 매우 간결하고 기억하기 쉽다. 실제로 직각 좌표계에서 이 법칙들은 다음과 같은 8개의 미분방정식에 대응한다.

패러데이 법칙:

$$\frac{\partial E_z}{\partial y} - \frac{\partial E_y}{\partial z} = -\frac{\partial B_x}{\partial t} \qquad \text{(i)}$$
$$\frac{\partial E_x}{\partial z} - \frac{\partial E_z}{\partial x} = -\frac{\partial B_y}{\partial t} \qquad \text{(ii)} \qquad (3.18)$$
$$\frac{\partial E_y}{\partial x} - \frac{\partial E_x}{\partial y} = -\frac{\partial B_z}{\partial t} \qquad \text{(iii)}$$

앙페르 법칙:

$$\frac{\partial B_z}{\partial y} - \frac{\partial B_y}{\partial z} = \mu_0 \epsilon_0 \frac{\partial E_x}{\partial t} \qquad \text{(i)}$$
$$\frac{\partial B_x}{\partial z} - \frac{\partial B_z}{\partial x} = \mu_0 \epsilon_0 \frac{\partial E_y}{\partial t} \qquad \text{(ii)} \qquad (3.19)$$
$$\frac{\partial B_y}{\partial x} - \frac{\partial B_x}{\partial y} = \mu_0 \epsilon_0 \frac{\partial E_z}{\partial t} \qquad \text{(iii)}$$

자기에 대한 가우스 법칙:

$$\frac{\partial B_x}{\partial x} + \frac{\partial B_y}{\partial y} + \frac{\partial B_z}{\partial_z} = 0 \qquad (3.20)$$

전기에 대한 가우스 법칙:

$$\frac{\partial E_x}{\partial x} + \frac{\partial E_y}{\partial y} + \frac{\partial E_z}{\partial_z} = 0 \qquad (3.21)$$

지금까지 다룬 것으로 전기장과 자기장에 관한 모든 것을 알 수 있다. 전기장과 자기장은 결합되어 서로가 서로를 만들며 전하, 전류, 물질 및 에테르가 없는 자유 공간까지 퍼져 나간다.

3.2 전자기파

앞에서 전자기파에 대한 파동 방정식을 수학적으로 유도하는 일을 부록 1에서 다루도록 미루어 놓은 것과 같이 이 절에서는 전자기파를 수학적인 관점보다는 직관적이고 물리적인 측면에서 다루려고 한다. 앞에서 다룬 내용을 통하여 전자기장에 대한 전자기장의 수직성, 맥스웰 방정식의 대칭성, 맥스웰 방정식에서 $\vec{\mathbf{E}}$와 $\vec{\mathbf{B}}$의 독립성과 같은 세 가지 특징을 찾아낼 수 있었다.

전자기와 관련된 내용을 공부하면 오른손 법칙과 같이 벡터곱(외적)과 관련된 내용들이 많이 있음을 알 수 있다. 이 말은 한 물리량이 수직한 방향의 물리량을 만드는 경우가 많이 있다는 것이다. 시간 변화 전기장 $\vec{\mathbf{E}}$가 모든 점에서 전기장과 수직한 방향으로 자기장 $\vec{\mathbf{B}}$를 만드는 것이 좋은 보기이다(그림 3.12). 같은 방법으로 시간 변화 자기장 $\vec{\mathbf{B}}$는 모든 점에서 $\vec{\mathbf{B}}$와 수직한 방향으로 전기장 $\vec{\mathbf{E}}$를 만든다(그림 3.5). 따라서 전기장 $\vec{\mathbf{E}}$와 자기장 $\vec{\mathbf{B}}$는 직교한다.

어떤 전하가 **가속되는** 경우를 생각해 보자. 전하가 정지해 있는 경우 전기장 $\vec{\mathbf{E}}$가 모든 방향으로 무한대까지 (이것이 무엇을 의미하던지 간에) 분포하게 된다. 그러나 전하가 움직이기 시작하면 전하의 주위에서 전기장 $\vec{\mathbf{E}}$가 변하게 되고 이것은 일정한 속도로 공간을 전파한다. 식 (3.15)와 식 (3.19)에 따르면 시간 변화 전기장은 자기장을 만든다. 전하의 속도가 일정하다면 전기장 $\vec{\mathbf{E}}$의 변화율은 일정할 것이며, 이 결과 자기장 $\vec{\mathbf{B}}$도 일정하게 된다. 그러나 전하가 가속되는 경우 $\partial\vec{\mathbf{E}}/\partial t$가 상수가 아니므로 유도된 자기장 $\vec{\mathbf{B}}$는 시간 종속이 된다. 식 (3.14)와 식 (3.18)에 따르면 시간 변화 자기장 $\vec{\mathbf{B}}$는 전기장 $\vec{\mathbf{E}}$를 만든다. 이 과정은 계속해서 반복되며 $\vec{\mathbf{E}}$와 $\vec{\mathbf{B}}$가 펄스 모양으로 결합되는 것을 알 수 있다. 한 개의 장(field)이 변하면서 넓게 퍼지는 새로운 장을 만들고, 이것이 좀 더 퍼

져 나가 다른 장을 만드는 순서로 장이 전파하게 된다.

전기 선속을 지름 방향으로 퍼져 있는 줄로 생각할 때 전체 얼개를 그림으로 나타낼 수 있다. 중심에서 이 줄을 건드리면 중심에서 밖으로 진행하는 파동을 만들게 된다. 이러한 파동은 매 순간 서로 결합되어서 전기장의 연속체에서 3차원 공간으로 전파하는 펄스를 만든다.

전기장 $\vec{\mathbf{E}}$와 자기장 $\vec{\mathbf{B}}$는 움직이는 전하로부터 나오는 **전자기장**(electromagnetic field)의 서로 다른 표현이라고 생각할 수 있다. 공간상에 분포하고 있던 전자기장에서 어떤 광학장이 일어나면 이것은 전 공간에 퍼지게 된다. 이때 시간 변화 전기장과 자기장은 결합되어서 서로를 만드는 과정을 되풀이한다. (맨 눈으로 볼 수 있는) 안드로메다 은하에서 지구까지 이와 같은 전자기파가 진행하는 데 걸리는 시간은 2,200,000년 정도이다.

아직까지 전자기장의 방향과 파동이 전파하는 방향에 대한 문제는 고려하지 않았다. 그러나 앞서 다룬 바와 같이 전기장 $\vec{\mathbf{E}}$와 자기장 $\vec{\mathbf{B}}$ 사이에 존재하는 대칭성을 생각할 때, 파동의 전파 방향도 대칭적일 것이라고 예측할 수 있다. 이것은 전자기파의 전파 방향이 순수하게 가로 방향(즉 $\vec{\mathbf{E}}$ 또는 $\vec{\mathbf{B}}$와 평행한 방향)이 될 수 없다는 말이다. 약간의 수식을 사용하면 이러한 예측을 확인해 볼 수 있다.

부록 1은 맥스웰 방정식이 자유 공간에서 다음과 같이 간단한 벡터 방정식으로 변환될 수 있다는 것을 보여 준다.

$$\nabla^2\vec{\mathbf{E}} = \epsilon_0\mu_0\frac{\partial^2\vec{\mathbf{E}}}{\partial t^2} \quad [\text{AI}.26]$$

$$\nabla^2\vec{\mathbf{B}} = \epsilon_0\mu_0\frac{\partial^2\vec{\mathbf{B}}}{\partial t^2} \quad [\text{AI}.27]$$

라플라시안(Laplacian)* ∇^2은 $\vec{\mathbf{E}}$와 $\vec{\mathbf{B}}$의 각 성분에 대하여 계산되므로 이 식은 실제로 6개의 스칼라 방정식을 의미한다. 직교 좌표계에서 이 중 두 식은

$$\begin{aligned}
\frac{\partial^2 E_x}{\partial x^2} + \frac{\partial^2 E_x}{\partial y^2} + \frac{\partial^2 E_x}{\partial z^2} &= \epsilon_0\mu_0\frac{\partial^2 E_x}{\partial t^2}\\
\frac{\partial^2 E_y}{\partial x^2} + \frac{\partial^2 E_y}{\partial y^2} + \frac{\partial^2 E_y}{\partial z^2} &= \epsilon_0\mu_0\frac{\partial^2 E_y}{\partial t^2} \qquad (3.22)\\
\frac{\partial^2 E_z}{\partial x^2} + \frac{\partial^2 E_z}{\partial y^2} + \frac{\partial^2 E_z}{\partial z^2} &= \epsilon_0\mu_0\frac{\partial^2 E_z}{\partial t^2}
\end{aligned}$$

$$\begin{aligned}
\frac{\partial^2 B_x}{\partial x^2} + \frac{\partial^2 B_x}{\partial y^2} + \frac{\partial^2 B_x}{\partial z^2} &= \epsilon_0\mu_0\frac{\partial^2 B_x}{\partial t^2}\\
\frac{\partial^2 B_y}{\partial x^2} + \frac{\partial^2 B_y}{\partial y^2} + \frac{\partial^2 B_y}{\partial z^2} &= \epsilon_0\mu_0\frac{\partial^2 B_y}{\partial t^2} \qquad (3.23)\\
\frac{\partial^2 B_z}{\partial x^2} + \frac{\partial^2 B_z}{\partial y^2} + \frac{\partial^2 B_z}{\partial z^2} &= \epsilon_0\mu_0\frac{\partial^2 B_z}{\partial t^2}
\end{aligned}$$

이 된다. 이와 같이 시간과 공간의 함수로 주어지는 물리량에 대한 식은 맥스웰이 방정식을 만들기 오래전부터 연구된 것이고 파동 현상으로 설명할 수 있다는 것이 이미 알려져 있었다. 전자기장의 모든 성분(E_x, E_y, E_z, B_x, B_y, B_z)들은 다음의 스칼라 미분 방정식을 만족하게 된다.

$$\frac{\partial^2\psi}{\partial x^2} + \frac{\partial^2\psi}{\partial y^2} + \frac{\partial^2\psi}{\partial z^2} = \frac{1}{v^2}\frac{\partial^2\psi}{\partial t^2} \quad [2.60]$$

여기서

$$v = 1/\sqrt{\epsilon_0\mu_0} \quad [3.24]$$

이다. 속도 v의 값을 구하기 위하여 맥스웰은 베버(Wilhelm Weber, 1804~1891)와 코라우쉬(Rudolph Kohlrausch, 1809~1858)가 1856년 라이프치히에서 실험했던 결과를 사용했다. 현재 μ_0의 값은 SI 단위계로 $4\pi\times10^{-7}\,\text{m}\cdot\text{kg/C}^2$로 주어져 있고, ϵ_0는 최근까지 간단한 축전기로부터 구했다. 따라서

$$\epsilon_0\mu_0 \approx (8.85\times10^{-12}\,\text{s}^2\cdot\text{C}^2/\text{m}^3\cdot\text{kg})(4\pi\times10^{-7}\,\text{m}\cdot\text{kg/C}^2)$$

또는

$$\epsilon_0\mu_0 \approx 11.12\times10^{-18}\,\text{s}^2/\text{m}^2$$

이 된다.

이 값을 이용하여 자유 공간에서 전자기파의 전파 속도를 구하면 다음과 같다.

$$v = \frac{1}{\sqrt{\epsilon_0\mu_0}} \approx 3\times10^8\,\text{m/s}$$

이 이론 값은 피조우가 정밀한 실험을 통하여 측정한 값 315,300 km/s와 정확하게 일치하고 있다. 1849년 피조우가 행한 실험 결과를 보고 맥스웰은 다음과 같이 말했다.

> 이 속도(즉 그가 이론적으로 계산한 속도)는 거의 빛의 속도와 같다. 따라서 (열복사와 다른 복사들을 모두 포함해서) 빛은 전자기 법칙에 따라 전자기장의 형태로 공간을 전파하는 전자기파의 일종인 것으로 보인다. (출처: James Clark Maxwell, 1852)

빛에 대한 이 놀라운 해석은 역사적으로 볼 때 하나의 위대한 지적 성취이다. 진공 중에서 빛의 속도를 c로 쓰는 것은 라틴어의 빠르다는 말인 *celer*에서 따온 것이다. 1983년 파리에서 열린 측정표준을 위한 제17차 국제회의는 길이의 단위로 미터를 새로 확정했고, 이에 따르면 빛의 속도는 정

* 직교 좌표계에서

$$\nabla^2\vec{\mathbf{E}} = \hat{\mathbf{i}}\nabla^2 E_x + \hat{\mathbf{j}}\nabla^2 E_y + \hat{\mathbf{k}}\nabla^2 E_z$$

확하게

$$c = 2.997\,924\,58 \times 10^8 \text{ m/s}$$

이다. 식 (3.24)로 주어진 빛의 속도는 광원과 관찰자의 운동에 의존한다. 이것은 비정상적인 결론이며, 아인슈타인이 1905년 특수 상대론(Special Theory of Relativity)을 발표할 때까지 누구도 이러한 의미를 제대로 알아차리는 못했다는 것은 놀랄 만한 일이다.

3.2.1 횡파

실험에서 증명한 대로 빛은 횡파(transverse wave, 가로파)이며, 이 특성은 전자기 이론을 사용하여 설명할 수 있다. x축 양의 방향으로 진행하는 평면파를 생각해 보자. 전기장 세기(electric field incensity)는 식 (A1.26)의 해로 주어지고, 여기서 $\vec{\mathbf{E}}$는 x축과 수직한 무한 평면상에서 상수가 되며, x와 t의 함수인 $\vec{\mathbf{E}} = \vec{\mathbf{E}}(x, t)$로 주어진다. 맥스웰 방정식을 보면 식 (3.21)은 **$\vec{\mathbf{E}}$의 발산이 0이 되는 것**을 의미한다. 따라서 $\vec{\mathbf{E}}$가 y나 z의 함수가 아니고 x만의 함수라면 이 식은 다음과 같이 간단하게 쓸 수 있다.

$$\frac{\partial E_x}{\partial x} = 0 \tag{3.25}$$

이 식에서 E_x가 0이 아니라면, 즉 전기장 중 일부가 전자기파의 전파 방향의 성분을 갖는다면 이 식은 E_x가 x에 따라 변하지 않는다는 것을 의미한다. 임의의 시간에 E_x는 모든 x값에서 상수인데, 이것은 양의 x 방향으로 진행하는 진행파에는 맞지 않은 조건이다. 따라서 식 (3.25)로부터 $E_x = 0$일 수밖에 없으며, 이 말은 전자기파의 진행 방향으로는 전기장의 성분이 없다는 것을 의미한다. 즉 평면파에서 전기장 $\vec{\mathbf{E}}$는 완전하게 **횡**(transverse) 방향만 있다는 것이다.

전기장 $\vec{\mathbf{E}}$가 횡파라는 사실이 의미하는 바는 이 파동을 완벽히 나타내기 위해서 전기장 $\vec{\mathbf{E}}$의 순간순간의 방향을 잘 정의해야만 한다는 것이다. 이러한 의미는 빛의 **편광(polarization)**을 말하는 것으로 8장에서 다룰 것이다. 이때 일반적으로 전기장 $\vec{\mathbf{E}}$의 진동 방향이 한 평면 내에 있으면 **평면 편광** 또는 **선편광**이라고 한다. 이때 전기장 벡터의 방향을 y축과 평행하게 잡으면

$$\vec{\mathbf{E}} = \hat{\mathbf{j}} E_y(x, t) \tag{3.26}$$

이 된다. 식 (3.18)과 전기장의 회전으로 되돌아가자. $E_x = E_z = 0$이고 E_y가 오직 x만의 함수이면서 y와 z의 함수가 아니기 때문에 식 (3.18)은

$$\frac{\partial E_y}{\partial x} = -\frac{\partial B_z}{\partial t} \tag{3.27}$$

이 된다. 그러므로 B_x와 B_y는 상수가 되고, 이 때문에 이들을

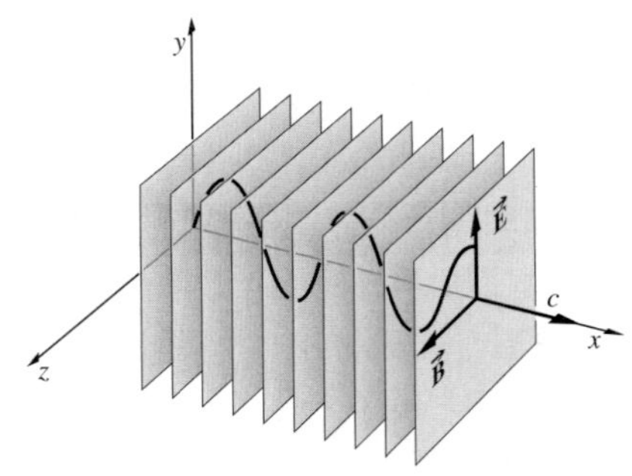

그림 3.13 진공에서 이동하는 평면 조화 전자기파의 장 모양

고려하지 않아도 된다. 즉 시간 종속 자기장 $\vec{\mathbf{B}}$는 z 방향 성분만 가지게 되고 **자유 공간에서 평면파는 횡파가 된다**는 것을 알 수 있다(그림 3.13). 매질의 경계면에 수직하게 입사하는 경우를 제외하고는 자유 공간이 아닌 매질 속에서 전자기파는 더 이상 횡파가 아니다. 여기에서는 매질 내에서 전자기파의 진행 방향은 에너지 손실이 있는가와 매질이 자유 전하를 포함하고 있는가의 여부에 따라 결정된다. 이때 균질하면서 등방성이고 선형이며 정적인 유전체(즉 비자성체) 매질에 대해서만 생각할 것인데, 이러한 매질 내에서 진행하는 평면 전자기파는 횡파이다.

파동이 평면파가 아닌 경우를 아직 다루지 않았지만, 평면파로부터 얻은 대부분의 결과는 연속된 임의의 파동에도 적용할 수 있다. 앞에서 어떤 파동이 있을 때 이것이 조화 파동이라면 푸리에 방법을 이용하여 사인 항으로 나타낼 수 있다는 것을 말하였다. 따라서 y성분만 존재하는 조화 파동 $E_y(x, t)$는

$$E_y(x, t) = E_{0y} \cos[\omega(t - x/c) + \varepsilon] \tag{3.28}$$

이 되며, 이때 파동의 진행 속력은 c이다. 여기서 식 (3.27)을 직접 적분하면 자기 선속 밀도(magnetic flux density)를 다음과 같이 구할 수 있다.

$$B_z = -\int \frac{\partial E_y}{\partial x} dt$$

이 식에 식 (3.28)을 대입하면

$$B_z = -\frac{E_{0y}\omega}{c} \int \sin[\omega(t - x/c) + \varepsilon] dt$$

또는

$$B_z(x, t) = \frac{1}{c} E_{0y} \cos[\omega(t - x/c) + \varepsilon] \tag{3.29}$$

가 된다. 여기서 시간 독립인 적분 상수는 무시하였다. 이 결과를 식 (3.28)과 비교해 보면 명백히 진공에서

$$E_y = cB_z \tag{3.30}$$

이 되는 것을 알 수 있다. B_z에 적당한 스칼라를 곱하면 E_y가 된다는 것은 $\vec{\mathbf{E}}$와 $\vec{\mathbf{B}}$가 같은 시간 종속 특성을 가지고 있다는 말로, 공간상의 모든 점에서 위상이 일치한다(in phase)는 것

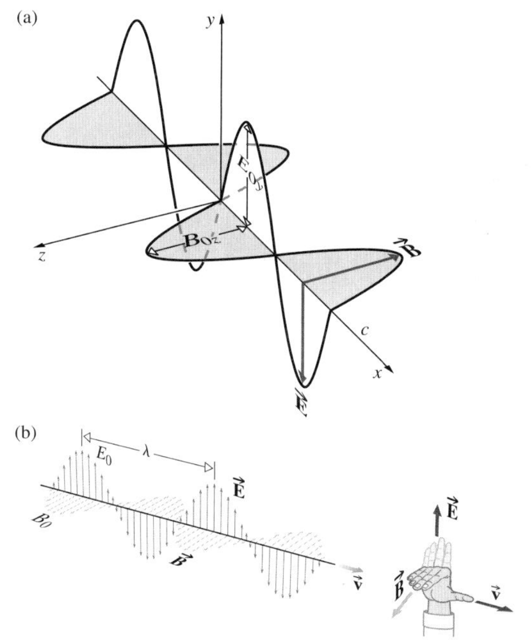

그림 3.14 (a) 평면 편광파의 수직 조화 전기장 $\vec{\mathbf{E}}$와 자기장 $\vec{\mathbf{B}}$. (b) 이 파는 $\vec{\mathbf{E}}\times\vec{\mathbf{B}}$의 방향으로 전파한다.

을 의미한다. 여기서 $\vec{\mathbf{E}} = \hat{\mathbf{j}}E_y(x, t)$와 $\vec{\mathbf{B}} = \hat{\mathbf{k}}B_z(x, t)$가 **서로 수직**이므로 벡터곱 $\vec{\mathbf{E}}\times\vec{\mathbf{B}}$는 파동의 진행 방향 $\hat{\mathbf{i}}$와 일치한다(그림 3.14).

근본적으로 전도체이면서 비자성체인 정상적인 유전체 매질에서 식 (3.30)을 다음과 같이 일반화할 수 있다.

$$E = vB$$

여기서 v는 매질 내에서의 파동의 속도이고 $v = 1/\sqrt{\epsilon\mu}$이다.

평면파가 매우 중요한 것이지만 이것 말고도 맥스웰 방정식은 다양한 형태의 해가 존재한다. 앞 장에서 본 것처럼 파동 방정식은 원통파 또는 구면파 등과 같이 사용하는 좌표계에 따라 많은 해를 가질 수 있다(그림 3.15). 여전히 구면파라는 것이 간혹 받아들일 만한 것이지만 실제로는 존재하지 않는다는 것을 다시 생각해야만 한다. 사실 맥스웰 방정식은 이러한 파동의 존재를 부정한다. 방사자(emitters)들을 정렬해서 이 방사자들이 내는 복사장을 결합하여서는 어떤 진짜 구면파를 만들 수 없다. 더군다나 양자역학을 통해서 복사가 근본적으로 비등방적이라는 것을 알고 있다. 평면파처럼 구면파도 실제 상황의 근사이다.

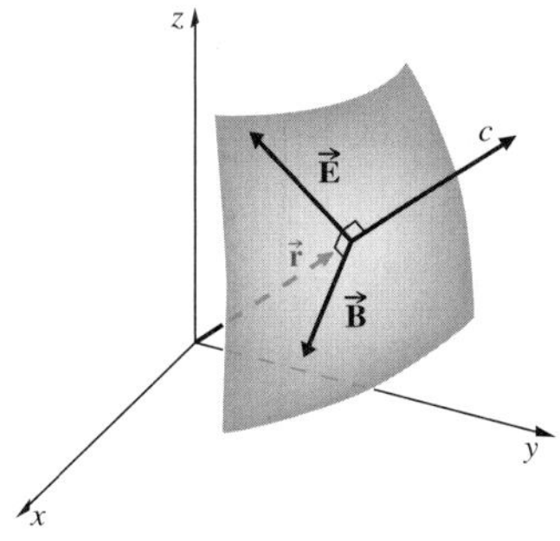

그림 3.15 파동의 샘으로부터 멀리 떨어진 곳의 구형 파면의 일부분

예제 3.1

1.0 V/m의 진폭과 2.0 m의 파장을 갖는 사인 함수 형태의 전자기 평면파가 진공 중에서 $+z$ 방향으로 이동한다. (a) 전기장이 x 방향으로 놓여 있고 $\vec{\mathbf{E}}(0,0) = 0$이라고 할 때 $\vec{\mathbf{E}}(z, t)$의 표현을 써라. (b) 이때의 $\vec{\mathbf{B}}(z, t)$를 써라. (c) $\vec{\mathbf{E}}\times\vec{\mathbf{B}}$의 방향이 전파 방향이라는 것을 증명하라.

풀이

(a) $\vec{\mathbf{E}}(z, t) = \hat{\mathbf{i}}(1.0\,\mathrm{V/m})\sin k(z - ct)$이고 $k = 2\pi/2 = \pi$이므로

$$\vec{\mathbf{E}}(z, t) = \hat{\mathbf{i}}(1.0\,\mathrm{V/m})\sin \pi(z - ct)$$

이다. 전기장은 x 방향이고 $\vec{\mathbf{E}}(0,0) = 0$임을 주목하라.

(b) 식 (3.30)인 $E = cB$로부터

$$\vec{\mathbf{B}}(z, t) = \hat{\mathbf{j}}\frac{(1.0\,\mathrm{V/m})}{c}\sin \pi(z - ct)$$

이다.

(c) $\vec{\mathbf{E}}\times\vec{\mathbf{B}}$의 방향은 $\hat{\mathbf{i}}\times\hat{\mathbf{j}}$의 방향인데, 이것은 z 방향의 기본 벡터인 $\hat{\mathbf{k}}$이다.

3.3 에너지와 운동량

전자기파의 중요한 특성들 중 하나는 이 파가 에너지와 운동량을 전달한다는 것이다. 태양 다음으로 가장 가까운 별에서 오는 빛도 지구에 도달하려면 40조 km를 날아와야 하지만 여전히 우리 눈 내부의 전자를 작동시키기에 충분한 에너지를 가지고 온다.

3.3.1 포인팅 벡터

공간상의 어떤 영역에 전자기파가 존재한다면 **단위 부피당 복사 에너지**, 즉 **에너지 밀도(energy density)** u가 있다고 할 수 있다. 전자기파 자체가 어떻게 해서든지 간에 에너지를 저장할 수 있다고 가정하자. 이것이 장에다가 물리적 실재성(reality)(즉 장이 에너지를 갖는다면 이 장은 자체로 어떤 것인가 된다)을 부여하기 때문에 이 가정은 논리적으로 매우 중요한 단계가 된다. 더군다나 고전장은 연속체이기 때문에 이 에너지도 연속이다. 그러므로 장의 에너지를 일반적인 에너지와 똑같이 가정하기로 하고 이 에너지가 퍼져 나가는 곳을 보기로 하자.

정전 용량이 C인 평행판 축전기를 전압 V로 연결하여 축전한다고 할 때 전하와의 상호작용에 따라 이 축전기에 저장된 에너지인 $\frac{1}{2}CV^2$은 이 축전기의 두 평행판 사이의 간격에 존재하는 전기장 E 내에 존재한다. 평행판 면적이 A이고 두 판 사이의 간격이 d일 때 $C = \epsilon_0 A/d$이다. 이 두 판 사이의 간격에서 단위 부피당 에너지는

$$u_E = \frac{\frac{1}{2}CV^2}{Ad} = \frac{\frac{1}{2}(\epsilon_0 A/d)(Ed)^2}{Ad}$$

이다. 그 결과 빈 공간 내에서 전기장의 에너지 밀도가

$$u_E = \frac{\epsilon_0}{2}E^2 \tag{3.31}$$

이라는 결론에 다다른다. 같은 방법으로 전류 I가 흐르는 속이 빈 코일이나 인덕터(inductor)(인덕턴스가 L임)를 생각하면 자기장 B만의 에너지 밀도를 구할 수 있다. 단면적이 A이고 길이가 l이면서 단위 길이당 n번 감은 간단한 공기-코어의 솔레노이드의 인덕턴스는 $L = \mu_0 n^2 lA$이다. 이 코일 내부의 자기장 B는 $B = \mu_0 nI$이고, 이 영역에서의 에너지 밀도는

$$u_B = \frac{\frac{1}{2}LI^2}{Al} = \frac{\frac{1}{2}(\mu_0 n^2 lA)(B/\mu_0 n)^2}{Al}$$

이다. 그리고 좀 더 논리를 전개한다면 빈 공간에서의 자기장 B에 대한 에너지 밀도는

$$u_B = \frac{1}{2\mu_0}B^2 \tag{3.32}$$

이다.

$E = cB$의 관계식은 평면파인 경우에 대해서만 유도했지만 그럼에도 불구하고 여러 가지 형태의 파동들에 대해서도 사용이 가능하다. 이 관계식과 $c = 1/\sqrt{\epsilon_0\mu_0}$를 사용한다면,

$$u_E = u_B \tag{3.33}$$

이 된다. **전자기파의 형태로 공간을 지나가는 에너지는 전기장과 자기장에 균등하게 분배되어 있다.** 그러므로

$$u = u_E + u_B \tag{3.34}$$

$$u = \epsilon_0 E^2 \tag{3.35}$$

또는 동등하게

$$u = \frac{1}{\mu_0}B^2 \tag{3.36}$$

으로 나타낼 수 있다.

장의 변화와 u는 시간의 함수라는 것을 기억하라. 전자기 에너지의 흐름을 표현하기 위하여 단위 면적을 통하여 단위 시간에 전달하는 에너지를 나타내는 S 기호를 사용하는 것이 편리하다. SI 단위계에서 이것은 W/m²의 단위를 가진다. 그림 3.16은 단면적 A를 속력 c로 통과하는 전자기파를 나타낸 것이다. 매우 짧은 시간 간격 Δt를 생각하면 원기둥 속에 들어

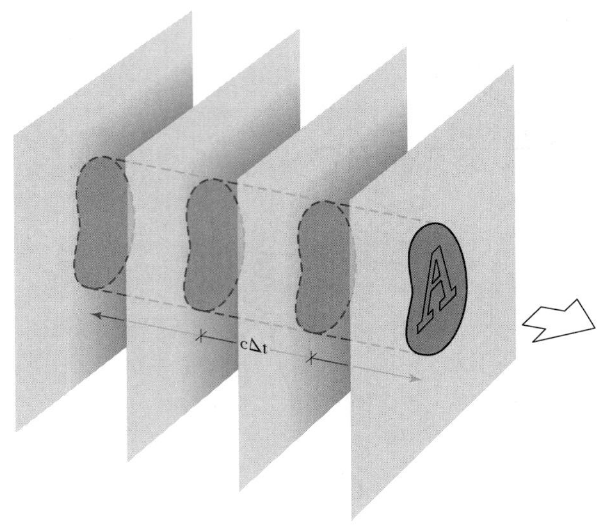

그림 3.16 전자기 에너지의 흐름

있는 에너지 $u(c\Delta t A)$가 단면적 A를 통과하게 된다. 따라서

$$S = \frac{uc\,\Delta t\,A}{\Delta t\,A} = uc \tag{3.37}$$

또는 식 (3.35)를 적용하면

$$S = \frac{1}{\mu_0}EB \tag{3.38}$$

이 된다. 등방성 매질의 경우 파동이 진행하는 방향으로 에너지가 전달된다고 가정할 수 있으므로 **벡터 $\vec{\mathbf{S}}$**는 다음과 같이 표현할 수 있다.

$$\vec{\mathbf{S}} = \frac{1}{\mu_0}\vec{\mathbf{E}} \times \vec{\mathbf{B}} \tag{3.39}$$

또는

$$\vec{\mathbf{S}} = c^2\epsilon_0\,\vec{\mathbf{E}} \times \vec{\mathbf{B}} \tag{3.40}$$

여기서 벡터 $\vec{\mathbf{S}}$의 크기는 $\vec{\mathbf{S}}$와 평행한 법선을 갖는 단위 면적을 통과하는 빛의 파워이며, $\vec{\mathbf{S}}$는 포인팅(John Henry Poynting, 1852~1914)의 이름을 따서 **포인팅 벡터(Poynting vector)**라고 한다.

포인팅 벡터를 계속 말하기 전에 전자기파와 연관된 에너지가 실제로는 양자화되어 있다는 양자역학 관점을 알려주어야만 한다. 즉 이 전자기파 에너지는 연속적이지 않다는 것이다. 그래도 여전히 일상적인 환경에서는 고전론으로도 전자기파 에너지를 완벽하게 잘 설명할 수 있기 때문에 마치 이 전자기파 에너지가 공간 영역을 가득 채우는 연속적인 어떤 '물체'인 것처럼 광파를 앞으로 계속 논의할 것이다.

공간에서 $\hat{\mathbf{k}}$ 방향으로 전파하는 선편광된(전기장 $\vec{\mathbf{E}}$와 자기장 $\vec{\mathbf{B}}$의 방향이 고정되어 있음) 조화 파동에 앞서 고려한 개념을 적용해 보면

$$\vec{\mathbf{E}} = \vec{\mathbf{E}}_0 \cos(\vec{\mathbf{k}} \cdot \vec{\mathbf{r}} - \omega t) \tag{3.41}$$

$$\vec{\mathbf{B}} = \vec{\mathbf{B}}_0 \cos(\vec{\mathbf{k}} \cdot \vec{\mathbf{r}} - \omega t) \tag{3.42}$$

이 된다. 이들을 식 (3.40)에 대입하면

$$\vec{\mathbf{S}} = c^2 \epsilon_0 \vec{\mathbf{E}}_0 \times \vec{\mathbf{B}}_0 \cos^2(\vec{\mathbf{k}} \cdot \vec{\mathbf{r}} - \omega t) \tag{3.43}$$

이 된다. 이 결과는 단위 시간당 단위 면적당 순간적인 에너지 흐름을 나타낸다.

평균 조화 함수들

$\vec{\mathbf{E}} \times \vec{\mathbf{B}}$가 최댓값과 최솟값 사이에서 주기를 갖는다. 실제로 빛의 진동수($\approx 10^{15}$ Hz)가 매우 크기 때문에 $\vec{\mathbf{S}}$는 매우 빠르게 진동하며(코사인의 제곱의 진동수는 코사인 진동수의 두 배이므로 장이 변하는 것보다 두 배 빨리 변한다), 순간 값을 직접 측정하는 것은 매우 어렵다(사진 참조). 이것 때문에 매일 매일의 일상사에서는 주로 평균하는 과정을 사용한다. 즉

(a)

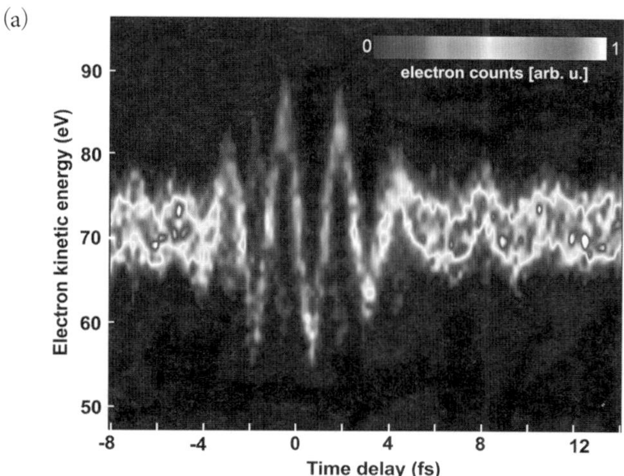

(b)

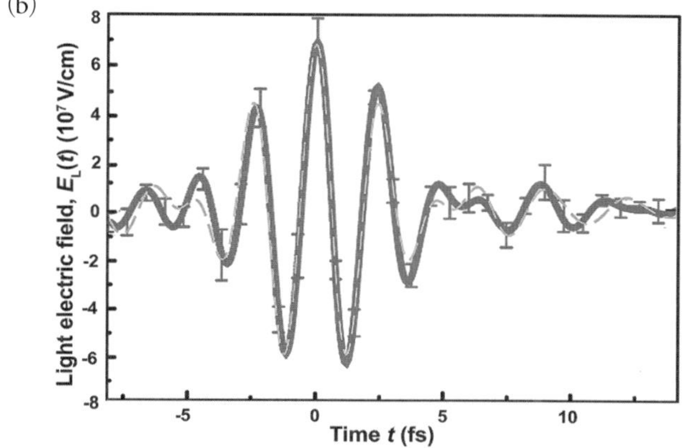

(a) 오직 수 사이클뿐이지만 적색광($\approx$750 nm)의 강한 펄스에 대한 전기장의 진동을 보여주는 전자 프로브의 출력. (b) 이것이 광파의 진동하는 전기장을 첫 번째로 직접 측정한 결과이다. (Max Planck Institute of Quantum Optics)

우리가 사용하는 광검출기, 사진 필름, 사람의 눈 같은 검출기는 매 순간의 값을 측정하는 것이 아니라 일정 시간 동안 조사된 빛을 흡수하여 그 양을 측정하는 것이다.

식 (3.43)의 특별한 형태와 조화 함수의 중심 역할로 보건대 이러한 함수들의 평균값들을 알아보아야 한다. 주기 T에 대한 어떤 함수 $f(t)$의 시간 평균값은 $\langle f(t)\rangle_{\mathrm{T}}$라고 적고, 다음과 같이 계산한다.

$$\langle f(t)\rangle_{\mathrm{T}} = \frac{1}{T}\int_{t-T/2}^{t+T/2} f(t)\,dt$$

이 결과 $\langle f(t)\rangle_{\mathrm{T}}$의 값은 T에 매우 크게 의존한다. 조화 함수의 평균을 찾기 위하여 다음과 같은 값을 알아보아야 한다.

$$\langle e^{i\omega t}\rangle_{\mathrm{T}} = \frac{1}{T}\int_{t-T/2}^{t+T/2} e^{i\omega t}\,dt = \frac{1}{i\omega t} e^{i\omega t}\Big|_{t-T/2}^{t+T/2}$$

$$\langle e^{i\omega t}\rangle_{\mathrm{T}} = \frac{1}{i\omega T}\left(e^{i\omega(t+T/2)} - e^{i\omega(t-T/2)}\right)$$

$$\langle e^{i\omega t}\rangle_{\mathrm{T}} = \frac{1}{i\omega T} e^{i\omega t}\left(e^{i\omega T/2} - e^{-i\omega T/2}\right)$$

괄호 안의 항은 $\sin\omega T/2$라는 것을 기억해야 한다. 그래서

$$\langle e^{i\omega t}\rangle_{\mathrm{T}} = \left(\frac{\sin\omega T/2}{\omega T/2}\right)e^{i\omega t}$$

이다. 괄호 내의 비율은 광학 분야에서 일반적으로 잘 출현하고 중요하므로 자체적으로 이름이 붙어 있다. 즉 $(\sin u)/u$는 $(\operatorname{sinc} u)$라고 한다. 위의 표현의 실수부와 허수부는

$$\langle \cos\omega t\rangle_{\mathrm{T}} = (\operatorname{sinc} u)\cos\omega t$$

와

$$\langle \sin\omega t\rangle_{\mathrm{T}} = (\operatorname{sinc} u)\sin\omega t$$

이다. 코사인 함수의 평균은 동일 주파수로 진동하지만 1.0의 초깃값에서 매우 급격히 줄어드는 sinc 함수의 진폭을 갖는 코사인 함수 그 자체이다(그림 3.17과 부록 2의 표 1). $T = \tau$인 $u = \omega T/2 = \pi$에서 $\operatorname{sinc} u = 0$이므로 한 주기에 해당하는 구간 T에서 걸쳐서 평균된 $\cos\omega t$는 영이 된다. 이와 유사하게 $\sin\omega t$에 대해서 했던 것처럼 모든 주기들에 대해서 $\cos\omega t$의 평균도 영이 된다. 이것은 다음과 같은 이유로 합리화된다. 즉 이들 함수 각각은 축 아 래의 음의 면적만큼 똑같이 축 위의 양의 면적을 둘러싸기 때문에 정의한 적분 값은 영이 된다. 몇 개의 주기를 지난 후에는 sinc 항은 매우 작아져서 영에 가까운 변동을 나타내지만 이는 무시할 만한 값이 되며, 결국 $\langle\cos\omega t\rangle_{\mathrm{T}}$와 $\langle\sin\omega t\rangle_{\mathrm{T}}$는 영이 된다.

2ω의 주파수와 1/2의 진폭으로 진동하면서 T가 수십 주기 이상 증가함에 따라 급속도로 1/2로 접근하는 $\langle\cos^2\omega t\rangle_{\mathrm{T}} = \frac{1}{2}[1+\operatorname{sinc}\omega t\ \cos^2\omega t]$을 증명하는 것을 문제 3.16로 남겨 놓았다. 빛의 경우에 $\tau \approx 10^{-15}$ s이고, 마이크로초에 걸쳐서 이를 평균하는 것은 $T \approx 10^9\tau$에 해당하며 이는 sinc 함수를

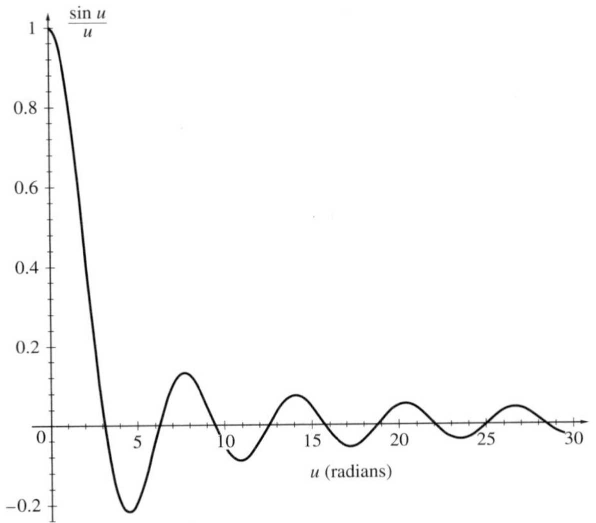

그림 3.17 sinc u. sinc 함수가 $u = \pi$, 2π, 3π 등에서 영이 된다는 것을 주목하라.

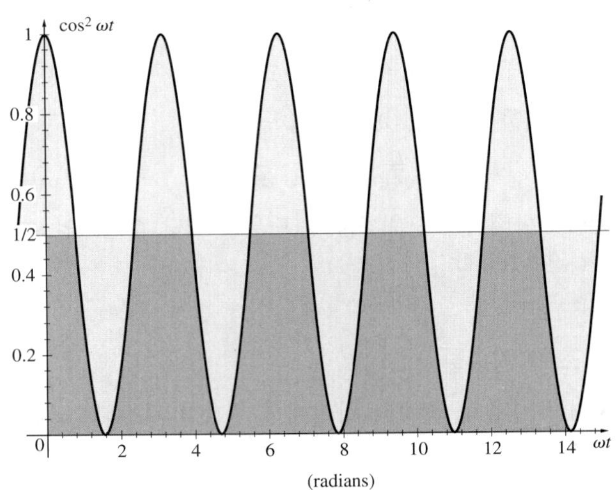

그림 3.18 1/2선 아래의 들어간 부분을 채우는 1/2선 위의 봉우리들을 사용하여 평균이 1/2이라는 것을 설명함.

거의 무시할 수 있을 정도로 충분히 큰 값이다. 이 때문에 $\langle \cos^2 \omega t \rangle_T = 1/2$이 된다. 그림 3.18은 이와 같은 결과를 보여 준다. 즉 1/2선을 초과하는 봉우리들은 베어내서 선 아래에 빈 부분을 이것들로 채운다. 충분히 많은 주기를 지난 후, 주기 T로 나눈 $f(t)$ 아래의 면적, 즉 $\langle f(t) \rangle_T$는 1/2에 근접한다.

3.3.2 복사 조도

어떤 면을 비추는 빛의 총량을 언급할 때 I라고 표기하는 **복사 조도(irradiance)***, 즉 **단위 시간당 단위 면적당 평균 에너지**를 언급해야 한다. 어떤 종류의 빛을 감지하는 검출기라도 일정하게 고정된 면적 A를 통하여 복사 에너지를 통과시키는 입사창이 있다. 이런 특별한 창의 크기의 비례하는 입사 에너지의 총량에 대한 의존성을 없애기 위해서 A로 총 입사 에너지를 나눈다. 더군다나 검출기로 검출하는 출력을 순간적으로 측정할 방법이 없기 때문에 검출기는 어떤 유한한 시간 T에 대한 에너지 흐름을 누적시켜서 측정할 수밖에 없다. 측정량이 수광 면적당 순 에너지라면 이 양은 T에 의존하며, 따라서 이 양의 효용성이 제한된다. 똑같은 조건들하에서 이와 유사한 측정을 하는 사람들에게 다른 T에서 다른 결과가 나올 수 있다. 그러나 T로 나눈다면 상당히 실질적인 양, 즉 단위 시간당 단위 면적당 평균 에너지에 대응하는 I를 얻을 수 있다.

$\langle S \rangle_T$로 표기하는 포인팅 벡터의 크기의 시간 평균값($T \gg \tau$)이 I의 측정값이다. 조화 전자기장과 식 (3.43)의 특별한 경우에 있어서

$$\langle S \rangle_T = c^2 \epsilon_0 |\vec{\mathbf{E}}_0 \times \vec{\mathbf{B}}_0| \langle \cos^2 (\vec{\mathbf{k}} \cdot \vec{\mathbf{r}} - \omega t) \rangle$$

이 된다. $\langle \cos^2(\vec{\mathbf{k}} \cdot \vec{\mathbf{r}} - \omega t) \rangle_T = \frac{1}{2}$ ($T \gg \tau$인 경우) 때문에(문제 3.15 참조)

$$\langle S \rangle_T = \frac{c^2 \epsilon_0}{2} |\vec{\mathbf{E}}_0 \times \vec{\mathbf{B}}_0|$$

또는

$$I \equiv \langle S \rangle_T = \frac{c\epsilon_0}{2} E_0^2 \tag{3.44}$$

가 된다. **복사 조도는 전기장의 진폭의 제곱에 비례한다.** 복사 조도는 다음과 같이 서로 다르게 표현될 수 있다.

$$I = \frac{c}{\mu_0} \langle B^2 \rangle_T \tag{3.45}$$

와

$$I = \epsilon_0 c \langle E^2 \rangle_T \tag{3.46}$$

어떤 유전체가 선형이고 균일하며 등방성일 때 복사 조도는 다음과 같다.

$$I = \epsilon v \langle E^2 \rangle_T \tag{3.47}$$

앞에서 본 바와 같이 $\vec{\mathbf{E}}$는 전하에 힘을 주거나 일을 하는데 있어서 $\vec{\mathbf{B}}$보다 효과적이다. 따라서 $\vec{\mathbf{E}}$를 **광학장(optical field)**이라고 하고 복사 조도는 식 (3.46)과 (3.47)을 주로 사용한다.

예제 3.2

균질한 등방성 유전체 내에서 z 방향으로 이동하는 평면 조화 전자기파를 상상하자. 만약에 진폭이 E_0인 이 전자기파가

* 과거에는 보통 물리학자들이 '단위 시간당 단위 면적당 에너지'의 흐름을 의미하는 세기(intensity)라는 단어를 사용하였다. 그러나 아직 보편적으로 사용되지는 않지만, 국제적으로 광학 분야에서 이 단어는 복사 조도(irradiance)라는 단어로 서서히 바뀌어가고 있다.

$t = 0$과 $z = 0$에서 진폭 0인 값을 갖는다고 할 때 (a) 이 전자기파의 에너지 밀도가

$$u(t) = \epsilon E_0^2 \sin^2 k(z - vt)$$

이라는 것을 보여라. (b) 이 전자기파의 복사 조도에 대한 표현을 구하라.

풀이

(a) 유전체에 적용한 식 (3.34)로부터

$$u = \frac{\epsilon}{2}E^2 + \frac{1}{2\mu}B^2$$

이고, 여기서

$$E = E_0 \sin k(z - vt)$$

이다. $E = cB$를 사용한다면

$$u = \frac{\epsilon}{2}E^2 + \frac{1}{2\mu}\frac{E^2}{v^2} = \epsilon E^2$$

$$u = \epsilon E_0^2 \sin^2 k(z - vt)$$

이 된다.

(b) $S = uv$로 주어진 식 (3.37)로부터 복사 조도는

$$S = \epsilon v E_0^2 \sin^2 k(z - vt)$$

이며, 이로 인하여

$$I = \langle S \rangle_T = \frac{1}{2}\epsilon v E_0^2$$

이다.

광원에서 방출되는 에너지의 비율은 와트로 표현되며 **광출력(optical power)** 또는 **복사 선속(radiant flux)**을 의미한다. 이때 표면에서 입사하는 선속과 방출되는 선속을 면적으로 나누면 **복사 선속 밀도(radiant flux density**, W/m²)가 된다. 전자의 경우를 **복사 조도**, 후자의 경우를 **분광 방출도**(exitance)라고 하고, 두 경우 모두 **선속 밀도(flux density)**가 된다. 복사 조도는 전력의 **집중도**(concentration)를 측정하는 것이다. 맨눈으로 밤하늘에서 볼 수 있는 가장 희미한 별의 복사 조도는 약 1.6×10^{-9} W/m²이다.

예제 3.3

평면 전자기파의 전기장은 다음처럼 나타낸다.

$$\vec{\mathbf{E}} = (-2.99\ \mathrm{V/m})\,\hat{\mathbf{j}}\,e^{i(kz-\omega t)}$$

$\omega = 2.99 \times 10^{15}$ rad/s와 $k = 1.00 \times 10^7$ rad/m이라고 할 때, (a) 이와 관련된 벡터 자기장(자기 유도 벡터)과 (b) 이 전자기파의 복사 조도를 구하라.

풀이

(a) 전자기파가 $+z$ 방향으로 이동하고 $\vec{\mathbf{E}}_0$는 $-\hat{\mathbf{j}}$ 또는 $-y$ 방향이다. $\vec{\mathbf{E}} \times \vec{\mathbf{B}}$가 $\hat{\mathbf{k}}$ 또는 $+z$ 방향이기 때문에 $\vec{\mathbf{B}}_0$는 $\hat{\mathbf{i}}$ 또는 $+x$ 방향에 있어야만 한다. $E_0 = vB_0$이고 $v = \omega/k = 2.99 \times 10^{15}/1.00 \times 10^7 = 2.99 \times 10^8$ m/s이므로

$$\vec{\mathbf{B}} = \left(\frac{2.99\ \mathrm{V/m}}{2.99 \times 10^8\ \mathrm{m/s}}\right)\hat{\mathbf{i}}\,e^{i(kz-\omega t)}$$

$$\vec{\mathbf{B}} = (10^{-8}\ \mathrm{T})\,\hat{\mathbf{i}}\,e^{i(kz-\omega t)}$$

이다.

(b) 진공 중에서 이 전자기파의 속도가 2.99×10^8 m/s이기 때문에

$$I = \frac{c\epsilon_0}{2}E_0^2$$

$$I = \frac{(2.99 \times 10^8\ \mathrm{m/s})(8.854 \times 10^{-12}\ \mathrm{C^2/N \cdot m^2})}{2}(2.99\ \mathrm{V/m})^2$$

$$I = 0.0118\ \mathrm{W/m^2}$$

이다.

역제곱 법칙

앞에서 미분 파동 방정식의 해가 구면파 모양일 때 파동의 진폭이 r에 반비례하는 것을 보았는데, 이것을 에너지 보존의 관점에서 생각해 보자. 자유 공간에 놓인 등방성의 한 점에서 모든 방향으로 에너지가 방출될 때(즉 구면파가 방출될 때), 샘의 주위에는 그림 3.19에서 보는 바와 같이 반지름 r_1과 r_2인 동심원이 생긴다. 여기서 $E_0(r_1)$과 $E_0(r_2)$를 각각 첫 번째와 두 번째 면에서 파동의 진폭이라고 하자. 두 표면 사이에 샘이나 싱크가 없다고 가정할 때, 각 면을 통과한 에너지의 총량은 같아야 한다. 따라서 각각의 면적에 세기 I를 곱하고 제곱근을 취하면

$$r_1 E_0(r_1) = r_2 E_0(r_2)$$

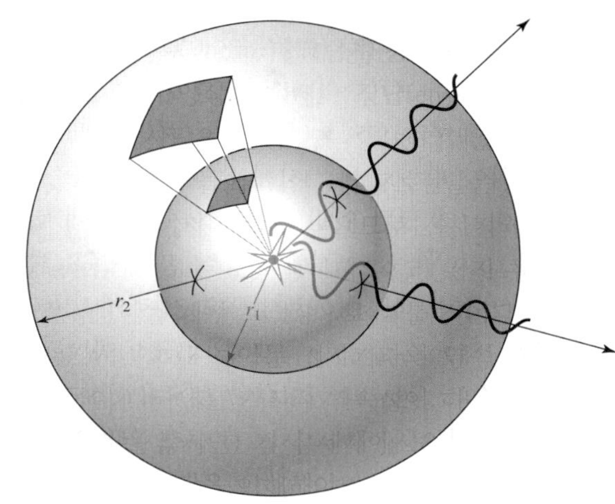

그림 3.19 역제곱 법칙의 설명 배치도

이 된다. 이때 r_1과 r_2를 임의로 잡을 수 있으므로

$$rE_0(r) = \text{상수}$$

가 되어 진폭이 거리에 반비례하는 것을 알 수 있다. 점광원에서 나오는 복사 조도는 $1/r^2$에 비례한다. 이것이 유명한 **역제곱 법칙(Inverse Square Law)**으로 조도계를 사용하면 쉽게 확인할 수 있으며, 점광원에서 밖으로 방출되는 광자의 흐름에서도 같은 결과를 얻을 수 있다.

3.3.3 광자

빛은 작고 이산적인 파열, 즉 광자라고 알려진 전자기적 '물질'로서 흡수되고 방출된다. 이러한 것은 많은 사실로 확인되어 왔으며 설명이 잘 되고 있다.* 보통 빛 다발은 너무나 많은 미세한 에너지 양자(quanta)를 운반하므로 본질적인 입자성이 총체적으로 감추어지고 거시적으로 연속적인 현상만이 관찰되는 것이다. 이러한 종류의 현상들은 자연에서는 흔하다. 즉 바람 속에 있는 개개의 기체 분자들은 섞여서 작용하므로 연속적인 압력이 있는 것처럼 보이지만 사실은 그렇지가 않다. 기체와 광자의 흐름 사이의 유사성은 곧 되짚어 볼 것이다.

위대한 프랑스 과학자 드 브로이(Louis de Broglie)가 광자에 대하여 설명한 것처럼 "간단히 말해서 빛은 물질이 가장 세련된 형태이다." 그리고 빛을 포함한 모든 물질은 양자화되어 있는데, 물질의 최소 단위는 쿼크, 렙톤, 광자와 같은 엄밀한 기본 단위들이다. 광자가 이와 같은 중요한 단위인 것이 광자를 입자에 포함하는 가장 표면적인 이유 중 하나이다. 여전히 이들 모두는 매일 일상에서 경험하는 '입자'와는 매우 다른 **양자 입자**이다.

고전론의 실패

1900년 플랑크(Max Planck)는 약간 틀렸지만 **흑체 복사**(blackbody radiation)라고 알려진 현상에 대한 시험적 분석을 하였다. 시험적 분석에도 불구하고 그는 그때까지 존재하는 모든 실험 데이터를 멋지게 맞춘 표현식을 찾았는데, 이는 그때까지 있었던 어떤 다른 식들이 근처에 접근조차 하지 못하였던 위대한 업적이었다. 기본적으로 그는 단열체로 둘러싸인 빈 공간(공동) 내의 평형 상태에 있는 전자기파를 생각하였다. 이 공동 내의 모든 전자기 복사파는 공진기 밖으로 나가는 것이 없이 둘러싼 벽으로부터 방출되거나 흡수된다. 이 전자기 복사파의 분광 성분은 이상적인 흑체 표면으로부터 방출되는 것과 잘 맞을 것이다. 그의 목표는 공동에 뚫려있는 작은 구멍에서 나오는 복사의 분광선을 예측하는 것이었다. 전반적으로 문제가 어려웠지만 플랑크는 기체 운동론의 토대로 연구된 맥스웰(Maxwell)과 볼츠만(Boltzmann)의 고전 통계론을 이용하였다. 철학적으로 이것은 완전히 결정론적 취급이다. 즉 적어도 원론적으로는 원자들이 계(system) 근처를 움직일 때 이 모든 원자들을 지배할 수 있다고 가정하는 것이다. 결론적으로 말해서 각 원자가 서로 독립적이며 이들 각 원자들을 인지할 수 있고 동시에 셀 수 있다는 것이다. 순전히 계산적인 이유에서 플랑크는 공동의 벽에 연결된 각 진동자들이 이 진동자의 진동 주파수 ν에 비례하는 이산적인(discrete) 에너지 덩어리를 흡수하거나 방출할 수 있다고 가정하였다. 이들 에너지 양은 $h\nu$라는 어떤 수와 주파수 ν의 곱이다. 여기서 **플랑크 상수(Planck's Constant)**라고 하는 h는 $6.625 \times 10^{-34}\,\text{J}\cdot\text{s}$이다. 보수적이었던 플랑크는 단지 진동자가 양자화되었다고 주장하면서도 빛의 고전적 파동론에 단단히 의존하고 있었다.

전자의 발견자인 톰슨(J. J. Thomson, 1903)은 예언적으로 이 아이디어를 확장하여 실질적으로 전자기파가 여타 파동들과는 기본적으로 다르다고 제안하였는데, 이는 복사 에너지가 지역적으로 집중될 수 있다는 것이다. 톰슨은 고주파인 전자기 복사파(X-선)의 빔을 어떤 기체에 쪼였을 때 쪼여진 영역 내의 여러 원자들이 이온화된다는 것을 관찰하였다. 빔은 파면 전체에 연속적으로 에너지가 골고루 분포되어 있다기보다는 '한 점'에 집중되어 있는 것처럼 되어 있다(아래 사진 참조).

1905년에 있었던 광전 효과에 대한 아인슈타인의 위대한 이론적 업적으로 인하여 광자에 대한 현대적 개념이 구체화되었다. 금속에 전자기 복사파를 비출 때 이 금속으로부터

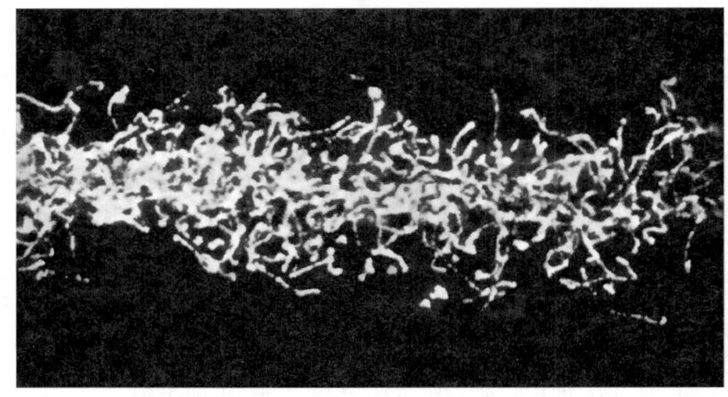

X-선 빔이 왼쪽에서 구름상자로 입사한다. 이 궤적들은 광전 효과(Photoelectric Effect: 이들은 빔에서 큰 각도로 들어올 때 긴 궤적을 그리는 경향이 있다)와 컴퓨턴 효과(Compton Effect: 앞쪽 방향으로 보다 더 짧은 궤적을 나타낸다)이다. 고전적으로 X-선 빔이 파면의 횡방향으로 에너지가 고루 분포되어 있지만 산란은 이산적이고 무작위적인 것처럼 보인다. (참조: the Smithsonian Report, 1915)

* R. Kidd, J. Ardini, A. Anton이 게재한 "Evolution of the modern photon," *Am. J. Phys.* **57** (1), 27 (1989)이라는 종합논문 참조.

전자가 방출된다. 이 현상에 대하여 수십 년 동안 실험적으로 연구되었지만 대부분 고전 전자론으로 분석하고자 하였다. 그러나 아인슈타인은 **전자기장 자체가 양자화되었다**고 하는 놀라운 생각을 하였다. 전자기장을 구성하는 광자들은 다음과 같이 플랑크 상수와 복사장의 주파수의 곱에 해당하는 에너지를 갖는다.

$$\mathscr{E} = h\nu \tag{3.48}$$

광자는 광속도 c일 때만이 오직 안정적이며 전하가 없고 질량도 없는 기본 입자로 존재한다. 오늘날 만약에 광자가 어떤 전하를 가지고 있다면 이 전하량은 전자의 전하보다 5×10^{-30}배 이하일 것이며, 또 만약에 광자가 어떤 질량을 갖고 있다면 이 광자의 질량은 10^{-52}kg 이하라는 것이 실험적으로 알려져 있다. 다시 말해서 현재까지 전자에 대해서 했던 실험으로는 광자의 크기를 측정할 수 없다는 것이다. (이것이 무엇을 의미하던지 간에) 크기가 영이라고 하면 광자는 내부 부분들이 없으며 '근본(fundamental)' 입자 또는 '기본(elementary)' 입자로 취급해야만 한다.

1924년에 보스(Satyendra N. Bose)는 빛의 양자화에 통계적 방법을 적용하여 보다 엄밀하면서도 새로운 플랑크의 흑체 복사 방정식의 증명 방법을 발표하였다. 그는 공동이 광자라는 '기체'로 가득 차 있다고 상상하였는데, **이 기체는 하나하나가 모두 서로 간에 구별되지 않는 것으로 취급하였다.** 이것이 양자역학적으로 취급할 때에 중요한 성질이 된다. 이것은 미소 입자들이 완전히 상호교환할 수 있다는 것을 의미하며, 통계적 취급 시에 매우 중요한 효과이다. 수학적 감각에서 보면 이러한 양자 '기체'의 각 입자는 모든 다른 입자들과 관련되고, 이들의 어느 하나도 통계적으로 전체 시스템과 무관하게 취급할 수 없다. 그것은 고전적 입자들이 일반적인 기체 내에서 원칙대로 행동하는 것과는 매우 다르다. 백열광(thermal light)의 통계적 행동을 나타내는 양자역학적 확률함수는 보스-아인슈타인(Bose-Einstein) 분포 함수로 알려져 있다. 양자가 무엇이든지 간에 이것은 이론물리의 필수불가결적 도구가 된다.

1932년에 소련 과학자인 브럼베르그(Evgenii M. Brumberg)와 바빌로프(Sergei I. Vavilov)는 빛의 기본적인 양자성을 확인하는 일련의 간단하고 직접적인 실험을 하였다. 전자 검출기(즉 광증배관)의 출현 전에 이들은 빛의 통계 특성을 연구하기 위해서 사람 눈을 사용하는 측광학 기술(photometric technique)을 고안하였다. 이 기술의 트릭은 시력의 문턱값에 거의 근접하는 정도까지 복사 조도를 점점 더 낮추는 것이다. 이들은 어두운 방에서 매우 짧은 시간(0.1 s) 동안만 열리는 셔터에 녹색광(505 nm)의 극도로 약한($\approx 200 \times 10^{-18}$ W) 빔을 비추는 방법으로 이 방법을 수행하였다. 셔터가 열리고 닫히는 매 시간 약 50개의 광자가 평균적으로 셔터를 지나갈 수 있다. 이론적으로는 눈이 수 개의 광자를 '볼' 수 있지만 광자 50개는 신뢰할 만한 검출을 위한 문턱값이다. 그래서 브럼베르그와 바빌로프는 간단히 셔터를 쳐다보았고 이 관측 결과를 기록하였다. 만약에 빛이 파면 전체에 걸쳐서 균일하게 에너지가 분포된 고전 파동이었다면, 이들은 셔터가 열리는 시간마다 희미한 섬광을 보았을 것이다. 그러나 빛이 제멋대로인 밀려오는 광자의 흐름이라면 보이는 것이 매우 달랐을 것이다. 그들이 관찰했던 것은 틀림이 없었다. 즉 셔터가 열린 절반의 시간마다 이들은 섬광을 보았고 다른 절반의 시간마다는 아무것도 보지 못하였으며, 이러한 두 가지 상황은 완전히 제멋대로 발생하였다. 브럼베르그와 바빌로프는 본질적으로 빔이 양자역학적이고 요동치기 때문에 펄스의 광자가 눈이 볼 수 있는 문턱을 넘을 만큼 충분할 때 이 섬광이 보이고, 광자가 충분하지 못할 때는 섬광이 보이지 않는 것이라는 올바른 결론을 내렸다. 예상했던 것처럼 복사조도를 급속히 높이면 관찰이 안 되는 횟수가 줄어든다.

일반적인 물체들과는 다르게 광자는 직접 볼 수 없다. 즉 광자들에 대하여 알려진 것은 보통 광자의 생성 또는 소멸 결과들을 관찰한 것이다. 공간을 통과하여 지나가는 빛은 결코 볼 수 없다. 광자는 이 광자가 주변에 미치는 효과를 검출함으로써 관측되고, 광자가 생성될 때나 소멸될 때 생기는 관측 가능한 효과만을 갖는다. 광자는 하전 입자로부터 시작하여 끝난다. 즉 대부분 광자는 전자로부터 방출되거나 전자에 의해서 흡수된다. 그리고 항상 이 전자들은 원자 주위의 전자 구름 속에서 돌아다니는 전자들이다. 수많은 실험을 통해서 방출 과정에 대한 양자적 성질이 직접 확인되었다. 예를 들어 미세한 양의 빛도 측정이 가능한 광검출기들을 똑같은 거리에 둘러싸도록 배치하여 매우 희미한 광원을 측정한다고 상상하자. **비록 희미하다 하더라고** 빛의 방출이 고전적으로 연속적이라면 모든 검출기들은 동시에 각 방출되는 펄스를 기록해야만 한다. 그러나 이렇게 될 수 없다. 즉 이렇게 되지 않고 한 번에 하나씩 독립적으로 검출기에 기록되는데, 이것은 원자들이 임의의 방향으로 국지적으로 제한된 광자만을 방출한다는 아이디어와 잘 일치한다.

더군다나 원자가 빛(즉 광자)을 방출할 때 원자가 반대 방향으로 튕겨 나가는 사실로부터 광자의 입자성이 확인되는데, 이는 마치 총을 쏠 때 총알이 나가면서 동시에 총이 뒤로 튕겨 나가는 것과 같다. 그림 3.20에서 (여기시키는) 외부의 에너지로 펌핑한 여기 원자들이 가는 빔(narrow beam)을 형성한다. 이들 원자 빔은 곧 자발적으로 임의의 방향으로 광자를 복사하며 뒤쪽 방향으로 튕겨 나가는데, 종종 이 광자들은 빔과는 아주 멀리 떨어져서 옆으로 벗어나기도 한다.

결과적으로 이 빔이 퍼지는 것은 이와 유사한 연속적인 대칭 파동의 방사에 대한 고전적 견해와는 배치되는 양자역학적 효과이다.

이 빛의 빔 내의 어디에서인가 특별한 광자가 있지 않을까? 이것은 우리가 답을 할 수 있는 질문이 아니다. 날아가는 대포알의 궤적을 추적하는 것처럼 광자의 궤적을 추적할 수는 없다. 광자의 비행 경로를 가로질러서 국지화하는 것보다 전파 방향을 따라 국지화하는 것이 더 낫지만 비행 중인 광자들을 정밀하게 국지화할 수 없다. 종 방향 불확정도(indeterminacy)는 대략 빛의 파장 차수 정도라고 논의할 수 있다. 그래서 (그림 3.20에서처럼) 짧은 전자기 파열(wavetrain)로 광자를 표현하는 것이 유용하지만, 파열이라는 글자 그대로 이해하지 말아야 한다. 광자를 매우 작은 총알 같은 '입자'라고 주장한다면 전자기 파열이 있는 영역 내의 어딘가에 이 입자가 있다고 소박하게 생각할 수 있지만, 이것도 역시 문제가 있다. 여전히 빛의 속력 c(광자의 속력은 오직 c이다)로 이동하는 광자는 작고 안정적이며 전하가 없고 질량이 없는 실체이다. 이 광자는 에너지, 선형 운동량, 각운동량을 운반한다. 이 광자는 전자기파로 진동하는 형태를 명백하게 보여 주면서 어느 정도 비국지화되어 있어서 전통적인 '입자'라기보다는 오히려 '부푼 물체'에 가깝다. 그래서 광자는 **양자 입자**(quantum particle)이며, 다른 기본 입자들도 양자 입자이다. 광자와 다른 기본 입자들 사이의 주요 차이는 다른 기본 입자들은 질량이 있고 정지가 되지만 광자는 질량도 없고 정지가 안 된다는 것이다. 간단히 말해서 **광자**(photon)라고 하는 것은 무수한 실험들에서 밝혀지고 실제로 있는 성질들의 합이며, 지금까지는 이런 설명을 벗어난 거시적 항으로 광자를 설명하는 다른 만족스러운 방법은 없다.

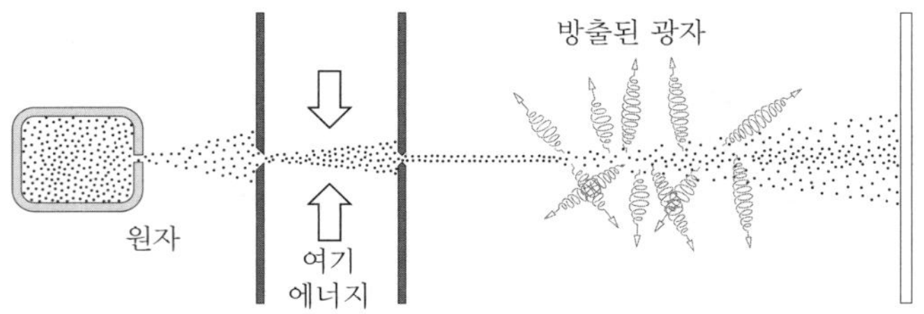

그림 3.20 소위 가느다란 빔을 만드는 들뜬 원자(excited atoms)들이 광자를 방출할 때, 광자들이 빔 방향의 옆 방향으로 되튕겨 나가며 빔이 퍼진다. 바꾸어 말하자면 들뜨지 않은 원자로 구성된 빔이 있다면(즉 이들이 바닥 상태에 있다면), 이 빔은 스크린 쪽으로 진행하는 과정에서 여전히 가느다랗게 유지된다.

광자 다발

수많은 광자들의 작용으로 생기는 현상을 분석하고자 할 때, 이를 해결할 수 있는 실제 방법은 통계 기술뿐이다. 고전적 맥스웰-볼츠만(Maxwell-Bolzmann: 구별 가능한 입자) 통계 외에도 보스-아인슈타인(Bose-Einstein) 통계와 페르미-디랙(Fermi-Dirac) 통계와 같은 두 가지 양자역학적 통계(구별 불가능한 입자)가 있다. 보스-아인슈타인 통계는 파울리(Pauli) 배타 원리에 **지배되지 않는** 입자(즉 영이나 정수의 스핀 값을 갖는 입자)를 다룬다. 페르미-디랙 통계는 파울리 배타 원리에 **지배되는** 입자(즉 1/2에 홀수 정수배가 곱해진 스핀 값을 갖는 입자)를 다룬다. 광자는 소위 **보손(boson)**이고, 스핀 1의 입자이며, 이들 집단은 보스-아인슈타인 통계를 따른다. 유사하게 전자는 **페르미온(fermion)**이고 스핀 1/2의 입자이며, 페르미-디랙 통계를 따른다.

마이크로 입자들은 불변량인 전하와 스핀과 같은 물리적 특성으로 정의된다. 이들 양들이 주어진다면 사용하고자 하는 입자의 종류를 완벽히 정의할 수 있다. 어떤 마이크로 입자들은 에너지, 운동량, 스핀 배치와 같은 순간적 조건을 표현하는 여러 가지 가변 성질들을 갖고 있다. 이들 모든 성질들을 안다면 어떤 순간에 입자가 있을 수 있는 특별한 **상태(state)**가 정의된다.

페르미온들은 홀로 존재하는 것으로, 즉 **오직 하나의 페르미온만이 주어진 상태(state)에 들어간다는 것이다.** 이와 비교해 보면 보손은 집단적으로 존재하는 것으로 **이들은 임의의 갯수로 같은 상태에 들어갈 수 있다. 이들은 실제로 가까이 붙어서 군락을 이루는 경향이 있다. 대단히 많은 수의 광자가 같은 상태로 들어갈 때 본질적으로 빛에 대한 입자성은 사라지고 전자기장은 전자기파의 연속체로서 나타난다.** 그래서 단색(단일 에너지) 평면파를 개수 밀도(population density)가 높으면서 같은 상태(같은 에너지, 같은 주파수, 같은 운동량, 같은 방향)로 진행하는 광자의 흐름과 관련지을 수 있다. 그러므로 **다른 단색 평면파는 다른 광자 상태를 나타낸다.**

광자와 달리 전자들은 페르미온이기 때문에 다수의 전자들은 같은 상태에 조밀하게 집단화될 수 없으며 단일 에너지의 전자 빔은 연속적인 고전 파동처럼 거시 크기에서는 그 자체가 명확하지가 않다. 이런 점에서 전자기(EM) 복사파는 꽤나 특별나다.

주파수 ν의 균일한 단색 빔에 대해서 $I/h\nu$라는 양은 단위 시간당 (입사 빔에 수직인) 단위 면적당 입사하는 광자의 평균 개수, 즉 광자 선속 밀도(photon flux density)이다. 보다 사실적으로 말해서 빔이 평균 주파수 ν_0를 갖는 준단색파라면 이 준단색파의 **평균 광자 선속 밀도(mean photon flux density)**는 $I/h\nu_0$가 된다. 입사 준단색 빔의 단면적이 A라면 **평균 광자 선속(mean photon flux)**은

$$\Phi = AI/h\nu_0 = P/h\nu_0 \tag{3.49}$$

이다. 여기에서 P는 와트(watt) 단위로 기술하는 빔의 **광출력(optical power)**이다. 평균 광자 선속은 단위 시간당 도달하는 평균 광자수이다(표 3.1). 예를 들어 평균 파장 632.8 nm인 1.0 mW의 작은 He-Ne 레이저빔은 초당 $P/h\nu_0 = (1.0 \times 10^{-3}\,\mathrm{W})/[(6.626\times10^{-34}\,\mathrm{J\cdot s})(2.998\times10^{8}\,\mathrm{m/s})/(632.8\times10^{-9}\,\mathrm{m})] = 3.2\times10^{15}$개의 광자를 가지고 간다.

스크린에 입사하는 일정한 복사 조도(그리고 이 때문에 생기는 일정한 평균 광자 선속)를 갖는 균일한 빔을 상상하자. 이 빔의 에너지는 다양한 작은 덩어리로 스크린에 부딪힌다. 물론 충분히 조심스럽게 본다면 어떤 빛의 빔도 세기에 따라 요동한다는 것을 알 수 있을 것이다. 개별적으로 보아서 입사하는 광자들은 스크린 내의 예측이 불가능한 지점에 기록되며 동시에 예측이 불가능한 순간에 스크린에 도착한다. 마치 빔은 각 광자들의 무작위적인 흐름들로 이루어지는 것처럼 보인다. 그러나 이런 개별적인 흐름들은 관찰할 수 없는 것이다. 다만 언급할 수 있는 것은 빛이 공간과 시간상에서 예측할 수 없이 이산적인 충격으로 에너지를 운반한다는 것이다.

스크린 위에다 빛의 형태를 투사시킨다고 가정하자. 이 빛의 형태는 여자 얼굴의 영상 내지는 간섭무늬의 모음일 수도 있다. 영상을 만드는 광자 다발은 통계적 혼합 결과로 한 광자가 어떤 위치에 도달할 것인가는 예측할 수 없다. 그러나 실제로 측정하는 시간 동안에 하나 이상의 광자들이 특정한 지점을 때리는 확률을 결정할 수는 있다. **스크린 위의 임의의 한 지점에서 측정한(고전적으로 계산한) 복사 조도 값은 그 위치에서 광자를 검출할 확률에 비례한다.**

광자들 하나하나의 도착을 알려주는 영상기록인 그림 1.1은 특별한 종류의 광증배관(photomultiplier tube)을 사용하여 얻은 것이다. 본질적으로 갖고 있는 복사 에너지에 대한 광자적 특성을 강조하기 위하여 빛의 입사를 앞서의 방법과는 전적으로 다르면서도 직접적인 방법인 사진기록법을 이용하기로 하자. 사진 유제(photographic emulsion)는 마이크로 크기($\approx 10^{-6}$m)의 할로겐화 은(silver halide) 결정들이 분포되어 있는 것으로 이 결정들은 대충 10^{10}개의 Ag 원자들로 되어 있다. 하나의 광자는 이러한 결정들과 상호작용하며, 은–할로겐 결합을 끊어서 하나의 Ag 원자를 생성한다. 그래서 하나 이상의 은 원자들은 노출된 결정에서 현상의 중심체(development center)로서 역할을 한다. 필름은 화학적 환원제를 사용하여 현상한다. 이 환원제는 각각의 노출된 결정들을 분해시키고 그 위치에서 Ag를 침전시킨 후, 결정의 모든 Ag 원자들이 단일 금속 알갱이처럼 되도록 만든다.

점차로 증가하는 노출량에 따라 찍은 일련의 사진을 그림 3.21에서 볼 수 있다. 수천 개의 광자들로 이루어진 극도로 약한 빛을 사용한다면 많은 은 알갱이들로 첫 번째 사진이 대략 만들어지고, 이것이 전체 영상을 대충 보여 주기 시작한다. 영상을 구성하는 데 점점 많은 광자가 기여한다면(각 연속적인 사진들은 대충 10배씩 광자수가 증가함) 영상은 놀라울 정도로 매끄러워지면서 알아볼 수 있게 된다. 영상을 만드는 데 수천만 개의 광자들이 기여한다면 통계적 성질이 없어지고, 그림은 자연스럽게 이어지는 모습이 된다.

표 3.1 본보기로 주어진 일반적인 광원들에 대한 평균 광자 선속 밀도

광원	(광자수/s · m²)의 단위로 표기한 평균 광자 선속 밀도 Φ/A
레이저빔(10 mW, He-Ne, 20 μm로 집속)	10^{26}
레이저빔(1 mW, He–Ne)	10^{21}
낮의 햇빛	10^{18}
실내의 밝기	10^{16}
해질녘 밝기	10^{14}
달빛	10^{12}
별빛	10^{10}

광자 계수

빛의 빔으로 전송된 광자 다발의 통계적 성질이 무엇인지를 어떻게 말할 수 있는가? 이러한 질문에 답을 하기 위해서 연구자들은 글자 그대로 개개의 광자를 셀 수 있는 실험들을 고안하였다. 이들은 광자를 검출한 형태로 광원의 특성을 발견하였다.* 이론적으로 자세히 말하지는 않겠지만 적어도 종종 **결맞는 광**(coherent light)과 **혼돈광**(chaotic light)이라고 말하는 두 가지 극단적인 경우들에 대한 결과를 살펴보는 것이 좋겠다.

일정한 복사 조도를 갖는 이상적인 연속적 레이저빔을 고려하자. 즉 복사 조도가 식 (3.46)으로 주어진 시간 평균된 양이라는 것을 기억하자. 빔은 일정한 광출력 P(이것도 시간 평균된 양이다)와 식 (3.49)로부터 구할 수 있는 이에 대응하는 평균 광자 선속 Φ를 갖는다. 그림 3.22는 복사 조도를 평균하는 구간에 비해서 짧은 시간에 광자가 불규칙하게 도착

* P. Koczyk, P. Wiewior, C. Radzewicz, "Photon counting statistics–Undergraduate experiment," *Am. J. Phys.* **64**(3), 240 (1996) 그리고 A. C. Funk와 M. Beck, "Sub-Poissonian photocurrent statistics: Theory and undergraduate experiment," *Am. J. Phys.* **65** (6), 492 (1997) 참조

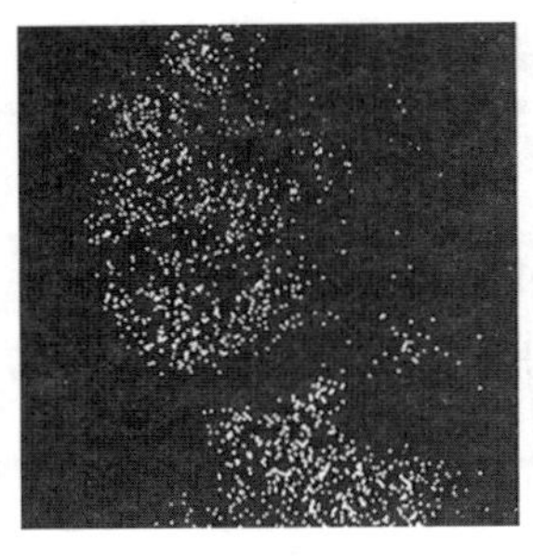
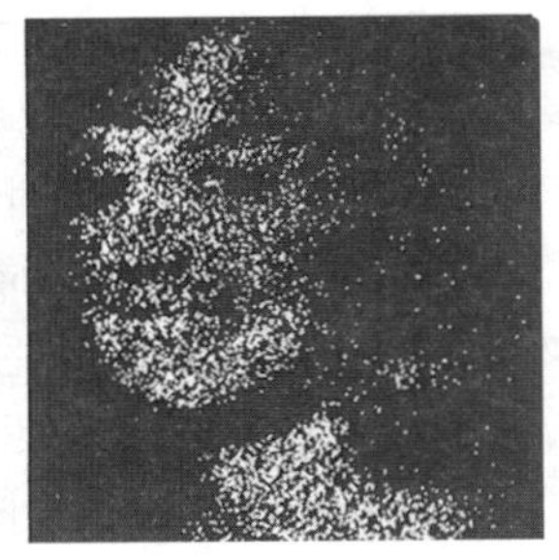

그림 3.21 (전자적으로 증폭시킨) 이들 사진들은 빛과 물질이 상호작용하는 데에 있어서 빛에 의하여 나타나는 입자상들의 그림을 억지로 보여 주는 것이다. 극도로 흐린 조명하에서 형상(하나의 광자에 대응하는 각 점)은 거의 제멋대로인 것처럼 보이나, 빛이 세질수록 이 과정에서의 양자적 특성이 점진적으로 사라진다. (*Advances Biological and Medical Physics* V, 1957, 211~242 참조) (Radio Corporation of America)

하는 것을 보여 준다. 그래서 에너지가 불연속적으로 전달될 때조차도 거시적 양 P는 일정한 것으로 측정된다.

짧은 샘플링 시간 T(대략 10μs에서 10ms의 영역 걸쳐 있음) 동안 셔터(shutter)로 빔이 지나가도록 하고, 이 시간 동안 광 검출기에 도달한 광자 수를 세자. 이 과정에서 중간마다 잠깐씩 쉰 후, 이러한 측정을 수천 번 다시 반복한다. 이 결과를 히스토그램(histogram)(그림 3.23)으로 표시하였다. 이 그림은 N개의 광자를 세는 측정 수를 N에 대해서 그렸다. 아주 적은 광자 수와 아주 많은 광자 수는 기록하지 않았다. 평균적으로 측정당 광자의 수는 $N_{av} = \Phi T = PT/h\nu_0$이다. 확률론을 사용하여 유도할 수 있는 실험 결과의 형태는 잘 알려진 **푸아송 분포(Poisson distribution)**와 근사적으로 매우 유사하다. 이것은 검출기(측정하는 시간 T 동안)가 영 개, 한 개, 두 개 등의 광자수를 검출할 확률 그래프를 나타낸다.

푸아송 분포는 수명이 긴 방사선 샘플에서 제멋대로 방출된 입자들의 수나 혹은 일정하게 내리는 빗속에서 어떤 면적에 제멋대로 내리는 빗방울 수를 셀 때 얻을 수 있는 똑같은 대칭곡선이다. 또한 그것은 20번 이상 동전을 던졌을 때 앞면이 나오는 개수(N)를 그린 것으로 앞면이 나오는 확률을 나타내는 곡선이다. 그래서 N_{max} = 20일 때, 평균값 N_{av} 근처, 즉 $\frac{1}{2}N_{max}$ 또는 N = 10에서 최고 확률을 가지며 N = 0과 N = 20에서 최저 확률을 갖는다. 최빈값(most probable value)은 20번 던질 때 10번 앞면이 나오는 것이며 앞면이 한 번도 나오지 않거나 20번 모두 앞면이 나올 수 있는 가능성은 매우 작다. 그러나 이상적인 레이저를 사용한다면 이 레이저광이 개개의 광자가 도달하는 것이 무작위적이면서 통계적으로 독립적인 광자의 흐름이 된다. 나중에 밝히겠지만 이상적인 단일 에너지 빔(단색 평면파)이 **결맞는 광(coherent light)**의 대략적 특성이다.

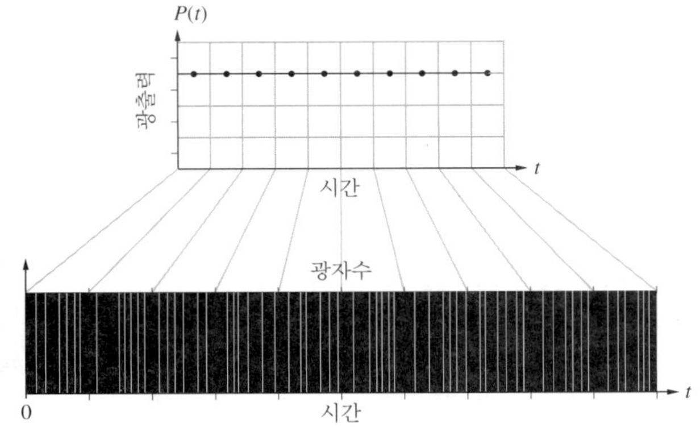

그림 3.22 광원으로 레이저를 일정한 광출력과 이에 대응하는 무작위적인 광자수 세트를 얻는데, 각 광자수는 백색선으로 표기하였다. 각 광자가 도달하는 것은 독립적인 사건이고 이것은 함께 떼로 뭉치는 경향은 없으며 뭉칠 경우 이를 '번칭(bunching)'이라고 한다.

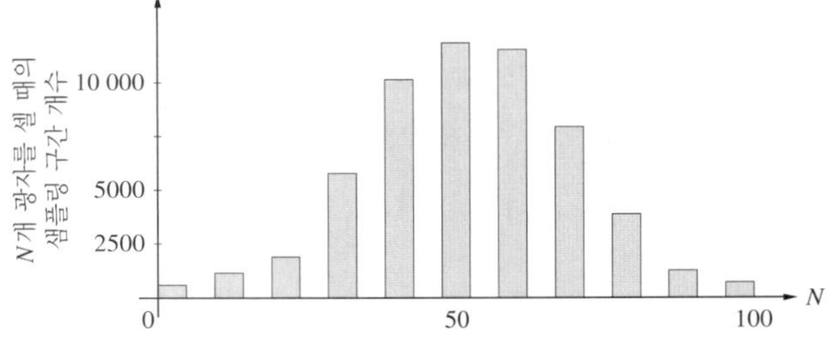

그림 3.23 일정한 복사 조도의 레이저빔에 대한 광자수의 분포 혹은 확률을 보여 주는 전형적인 히스토그램

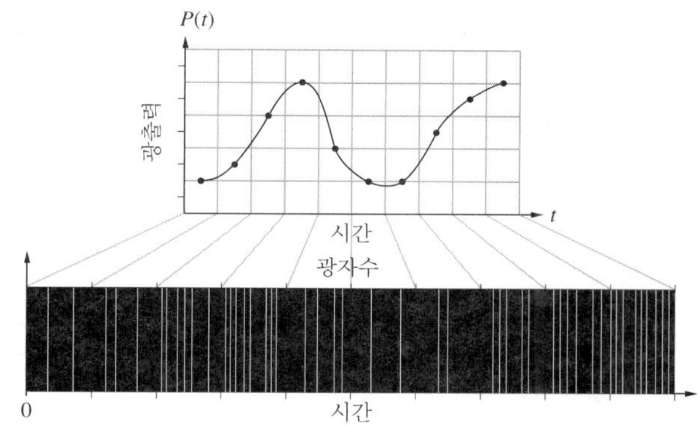

그림 3.24 열광원을 사용한다면 시간적으로 변하는 광출력과 이에 대응하는 무작위적인 광자수의 조합을 얻을 수 있는데, 이 개개의 광자수는 백색선으로 표기하였다. 서로 상관관계가 있으며, 광자 검출은 요동과는 상호 관련이 있다. 광자가 뭉쳐지는 것은 '광자 번칭'으로 알려져 있다.

놀라울 것 없이 **검출기에 도달하는 광자수의 통계적 분포는 광원의 성질에 의존한다**. 즉 하나의 극한적 상황인 이상적 **결맞는 광원**(coherent source)과 또 다른 극한적 상황인 이상적 완전 결어긋난 광원[**혼돈 광원**(chaotic source)]과 비교해서 보면 이 둘은 근본적으로 다르다. 주파수 안정화된 레이저는 결맞는 광원과 매우 닮았고 백열 전구나 별, 기체 방전 램프 등과 같은 보통의 열광원은 결어긋난 광원과 닮았다. 보통 빛의 경우 복사 조도에서 본질적인 요동이 있고, 이 때문에 광출력에 있어서도 요동이 있다. 이들 요동은 서로 상관관계가 있으며, 시간적으로는 무작위적이지만 이와 관련된 복사 광자수도 서로 관련되어 있다(그림 3.24). 광출력이 크면 클수록 광자수의 밀도도 더욱 더 늘어난다. 검출기에 검출되는 광자들이 독립적인 사건들의 연속이 아니기 때문에 **보스-아인슈타인 통계(Bose-Einstein statistics)**가 적용된다(그림 3.25). 레이저광에 대하여 표본 추출 시간 동안 측정한 광자수는 기록된 평균수와 같음에도 불구하고 여기했을 때 가장 가능성이 있는 시간당 개수는 영이다. 그래서 레이저광과 일반 광이 똑같은 평균 복사 조도를 갖고 같은 주파수 스펙트럼을 갖고 있다고 하더라도 이 광들은 여전히 본질적으로 다르다. 이러한 결과는 고전론을 넘어서는 것이다.

압착광

빛의 장(field)은 강도(즉 진폭 또는 에너지)와 위상으로 규정된다. 따라서 어떤 빛이 진폭과 위상을 갖고 있다면 위상자로 빛을 생각하는 것은 빛을 이해하는 데 도움이 된다. 그러나 양자론에 따르면 이 두 양 모두와 관련된 본질적인 불확정성(uncertainty)이 있다. 개개의 이 양들에 대한 일정하고 연속적인 측정과 연결된 그 밖의 모든 측정량들은 일반적으로 약간 다른 값이 되기도 하므로 항상 측정량에는 불확정도(indeterminacy)가 있다고 한다. 광학장을 나타내는 위상자의 길이와 방향에 있어서도 역시 항상 이러한 측정의 불확정성이 있다. 더군다나 이 두 개의 개념은 하이젠버그의 불확정성 원리(Heisenberg Uncertainty Principle)라는 특별한 관계로 연결되어 있다. 에너지의 불확정도, 즉 에너지의 측정값이 퍼져 있는 것은 위상의 불확정도와 역수로 비례한다. 두 불확정도의 곱은 플랑크 상수로 주어진 최솟값인 $(h/4\pi)$와 같거나 이보다 커야만 한다. $(h/4\pi)$가 모든 측정값의 변화에 대해서 가장 낮은 한계값이기 때문에 이를 **작용 양자(quantum of action)**라고 한다. 따라서 밀접하게 연관된 물리양의 쌍들에 대한 이러한 관계는 놀라울 것이 없다.

백열등에서 나온 빛에 대한 불확정도의 곱은 $h/4\pi$보다 훨씬 크다. 이에 반하여 레이저광과 관련된 불확정도의 곱은 백열등의 불확정도의 곱보다 작으며, 이 두 광의 불확정도의 곱은 비교할 가치가 있다. 사실상 잘 안정화된 레이저광에 대한 불확정도의 곱은 $h/4\pi$에 근접한다. 빛의 진폭에 대한 측정값의 변동 폭을 줄이려는(즉 이 진폭의 측정값이 퍼지는 것을 줄이려는) 모든 노력은 위상 측정값이 점점 더 퍼지게 할 것이다.

그림 3.22는 이 cw 레이저로부터 나오는 빛과 관련된 광자 검출을 보여 주는 것이다. 만약에 적절히 긴 시간 구간 동안 입사 에너지를 평균한다면 복사 조도는 꽤 일정하다. 그래도 여전히 짧은 기간 요동, 즉 무상관 광자들이 제멋대로 요동치는 **양자 잡음(quantum noise)**이 있으며, 이는 **산탄 잡음(shot-noise)**으로 알려져 있다. 정말로 모든 종류의 빔에 이 요동이 있는 것처럼 항상 레이저빔에도 이런 요동이 있을 것이다. 레이저광은 결맞는 상태 또는 글라우버(Glauber, 후에 Roy Glauber는 2005년 노벨 물리학상을 수상하였음) 상태에 있다고 말한다. 레이저광의 광자들은 매우 많이 뭉치지 않기 때문에 **광자 번칭(photon bunching)**이라고 하는 중요한 양이 발생하지 않는다. 레이저광의 경우는 혼돈 광원(또는 열광원)에서 나온 열광(thermal light)에 대한 그림 3.24에서 보여 주는 경우와 맞지 않는데, 열광에 대한 복사 조도의 많은 변동은 중요한 광자의 번칭으로 설명이 된다.

산탄 잡음은 디스플레이되는 가장 작은 양의 잡음이며, 잘 안정화된 레이저의 산탄 잡음은 이 수준까지만 내려간다. 그럼에도 불구하고 오늘날 하나의 레이저빔 내에서 광자들이 정상적인 것보다 훨씬 더 균일하게 진행하도록 만들 수 있다. 동일한 크기의 모든 샘플링 구간에 동일한 수의 아주 많은 광자를 취합하기 때문에 상업적으로 **진폭 압착광(amplitude squeezed light)**으로 알려진 이런 고도로 정렬된 빛은 매우 좁은 광자 분포 곡선을 갖는다(그림 3.25). 이 곡선은 **서브-푸아송(sub-Poisson)** 분포이다. 광자 하나 뒤에 다

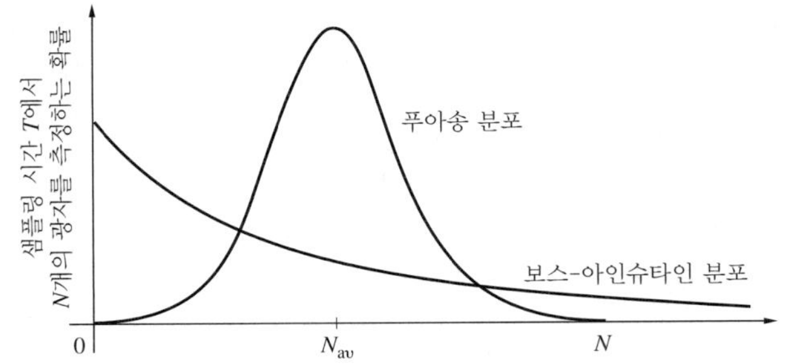

그림 3.25 푸아송과 보스-아인슈타인 광자 셈 분포

른 한 광자가 거의 동일한 간격으로 행진하듯이 시간에 따라 광자가 도착한다. 이러한 상황을 **반번칭(anti-bunching)**이라고 한다. **일반적으로 서브-푸아송광의 관찰 결과는 광자의 존재에 대한 직접적인 증거이다.**

거의 일정한 복사 조도와 상당히 줄어든 광자 잡음을 갖는 '비고전광'의 빔이 진폭 압착의 결과이다. 사실상 이 집폭 압착광의 잡음 수준은 독립적인 광자들의 존재와 관련된 산탄 잡음보다 작다. 그래서 압착광의 특징적인 양상은 이 광자들이 양자 상관관계를 보인다는 것이다. 즉 이 광자들은 각자 완전히 독립적이지 않다. 물론 진폭에서 불확정성을 압착하면 위상에서 불확정성은 넓어지지만, 이는 대부분의 요즈음 응용분야에서 중요한 논쟁거리가 아니다. 우리는 **압착광**(squeezed light) 또는 **비고전광**(non-classical light)을 이 두 개의 불확정성이 상당히 다른 빛으로 정의할 수 있다. 압착광에 대한 연구는 1980년대에 시작되었고, 잘 평탄화된 빔이 필요한 연구그룹들이 2008년에 광자 잡음을 90%까지 줄인 압착광을 만들었다.

3.3.4 복사압과 운동량

오래전인 1619년 케플러(Johannes Kepler)는 태양광선이 압력을 가지고 있어서 혜성의 꼬리가 태양과 반대쪽에 나타나게 되는 것이라고 설명하였다. 이 이론은 나중에 빛의 입자설을 주장하는 사람들에게 힘이 되었다. 그래서 이들은 빛이 입자의 흐름이고, 물체와 충돌할 때 압력을 주게 된다고 주장하였다. 언뜻 보면 이 이론은 파동설에 대하여 입자설의 우월성을 나타내는 것 같았다. 그러나 복사압을 측정하려는 모든 노력은 수포로 돌아갔고, 사람들은 관심을 잃었다.

역설적으로 복사압을 다시 거론한 사람은 빛이 전자기파임을 밝힌 맥스웰이다. 1873년 맥스웰은 파동도 압력을 줄 수 있다는 이론으로 복사압을 소생시켰다. 맥스웰은 말하기를 "파동이 전파하는 매질에서 파동이 진행하는 방향으로 복사압이 작용하며, 크기는 단위 부피당 에너지와 같다"라고 하였다.

전자기파가 어떤 물체의 표면에 입사할 때 물체에 있는 전하들과 상호작용을 한다. 파동이 부분적으로 흡수되든 아니면 반사되든 이것은 전하에 힘을 주고, 결국 표면 자체에 힘을 미치게 된다. 예를 들면 좋은 도체의 경우, 파동의 전기장은 전류를 만들고 자기장은 이러한 전류에 힘을 작용한다.

어떤 물체의 운동량 변화율은 작용한 힘의 크기와 같게 된다는 뉴턴의 제2법칙과 **파동이 그 자체로 운동량을 가지고 있다**는 가정을 사용하면 고전 전자기 이론을 이용하여 표면에 작용하는 힘을 구하는 것이 가능하다. 실제로 에너지가 이동한다면 운동량도 함께 이동한다고 보아야 하는데 에너지와 운동량은 운동에서 각각 시간과 공간에 관계되는 항이다.

맥스웰에 따르면 **복사압(radiation pressure)** $\mathcal{P}$는 전자기파의 에너지 밀도와 같다. 식 (3.31)과 식 (3.32)에 의하면 진공 중에서

$$u_E = \frac{\epsilon_0}{2}E^2 \quad \text{및} \quad u_B = \frac{1}{2\mu_0}B^2$$

인 것을 알 수 있다. $\mathcal{P} = u = u_E + u_B$이므로

$$\mathcal{P} = \frac{\epsilon_0}{2}E^2 + \frac{1}{2\mu_0}B^2$$

이다. 또한 식 (3.37)을 이용하여 포인팅 벡터의 크기로 복사압의 또 다른 표현을 다음과 같이 나타낼 수 있다.

$$\mathcal{P}(t) = \frac{S(t)}{c} \tag{3.50}$$

이 식은 파워를 면적으로 나누고, 또 속력으로 나눈 것과 같은 차원이며, 힘과 속력의 곱을 면적과 속력으로 나누거나, 또는 단순히 힘을 면적으로 나눈 것과 같은 차원이다. 이것은 완전 흡수체의 표면에 수직하게 입사하는 빛이 모두 흡수되는 경우의 순간 압력을 의미한다.

$\vec{\mathbf{E}}$와 $\vec{\mathbf{B}}$가 빠르게 변하는 경우 $S(t)$도 빠르게 변한다. 따라서 다음 식과 같이 $1\,\text{m}^2$당 뉴턴(N)으로 나타내는 평균 복사압의 개념을 사용하는 것이 보다 실제적이다.

$$\langle \mathcal{P}(t) \rangle_T = \frac{\langle S(t) \rangle_T}{c} = \frac{I}{c} \tag{3.51}$$

이것과 같은 크기의 압력이 빛이 방출될 때 광원에 작용하게 된다.

그림 3.16에서 p를 운동량이라고 하면, 표면에서 흡수되는 빔에 의해 작용하는 힘은

$$A\mathcal{P} = \frac{\Delta p}{\Delta t} \tag{3.52}$$

이 된다. 만약에 p_V를 **단위 복사 부피당 운동량**이라고 할 때, 단면적 A를 단위 시간 동안 통과하는 총운동량은 $\Delta p = p_V(c\,\Delta t\,A)$이고

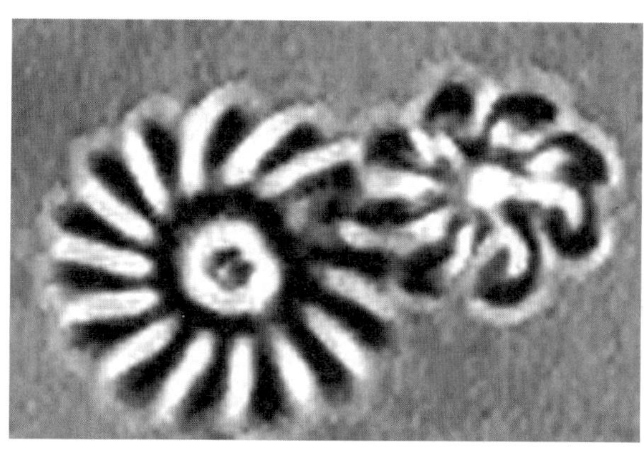

지름 5μm(대략 사람 머리털 두께의 1/15 크기)인 2개의 작은 바람개비 모양의 핀휠. 이러한 미세 기어들은 너무나 작아서 광압으로 돌아갈 수 있다. (Galajda and Ormos/Hungarian Academy of Science)

$$A\mathcal{P} = \frac{p_V(c\,\Delta t\,A)}{\Delta t} = A\,\frac{S}{c}$$

로 주어진다. 그래서 전자기 운동량의 부피 밀도는

$$p_V = \frac{S}{c^2} \tag{3.53}$$

이다.

예제 3.4

균질하고 등방성인 선형 유전체에서 포인팅 벡터는 평면파가 운반한 선형 운동량 방향과 같다. 일반적으로 운동량 밀도를

$$\vec{\mathbf{p}}_V = \epsilon\vec{\mathbf{E}} \times \vec{\mathbf{B}}$$

와 같이 기술할 수 있다는 것을 보여라. 그리고 예제 3.1에 나온 평면파에 대해서

$$\vec{\mathbf{p}}_V = \frac{\epsilon}{v}E_0^2 \sin^2 k(z - vt)\,\hat{\mathbf{k}}$$

이라는 것을 증명하라.

풀이

(a) 식 (3.39)에서

$$\vec{\mathbf{S}} = \frac{1}{\mu}\vec{\mathbf{E}} \times \vec{\mathbf{B}}$$

이고, 파동의 속력이 v인 유전체에서 식 (3.53)으로부터

$$\vec{\mathbf{p}}_V = \frac{\vec{\mathbf{S}}}{v^2}$$

이기 때문에

$$\vec{\mathbf{S}} = \frac{1}{\mu}\vec{\mathbf{E}} \times \vec{\mathbf{B}}$$

이 된다. z 방향으로 이동하는 평면파에 대한 표현은

$$\vec{\mathbf{p}}_V = \frac{\epsilon\mu}{\mu}\vec{\mathbf{E}} \times \vec{\mathbf{B}} = \epsilon\vec{\mathbf{E}} \times \vec{\mathbf{B}}$$

$$E = E_0 \sin k(z - vt)$$

이다. 예제 3.1의 결과를 사용한다면

$$\vec{\mathbf{p}}_V = \frac{\vec{\mathbf{S}}}{v^2} = \frac{\epsilon}{v}E_0^2 \sin k(z - vt)\,\hat{\mathbf{k}}$$

이다.

빛이 조사되는 면이 **완전 반사체(perfectly reflecting)**일 때 $+c$로 입사한 빛은 $-c$의 속도로 반사되어 나온다. 따라서 운동량의 변화는 흡수되는 경우의 2배가 되며, 그 평균값은 다음과 같다.

$$\langle \mathcal{P}(t) \rangle_T = 2\frac{\langle S(t) \rangle_T}{c}$$

식 (3.50)과 식 (3.52)에 따르면 1초당 1제곱미터의 면적을 통과하는 에너지가 $\mathscr{E}$일 때 이에 대응되어 1초당 1제곱미터의 면적에 전달되는 운동량은 $\mathscr{E}/c$이다.

광자의 관점에서 각 양자(quantum)는 $\mathscr{E} = h\nu$의 에너지를 갖는다. 그러면 하나의 광자가 다음과 같은 선형 운동량을 운반한다고 예상할 수 있다.

$$p = \frac{\mathscr{E}}{c} = \frac{h}{\lambda} \tag{3.54}$$

이때 벡터 운동량은

$$\vec{\mathbf{p}} = \hbar\vec{\mathbf{k}}$$

이다. 여기서 $\vec{\mathbf{k}}$는 전파 벡터를 의미하며, $\hbar \equiv h/2\pi$이다. 이 모든 것은 다음과 같이 특수 상대론으로 취급하면 정확하다. 입자의 질량 m, 에너지 $\mathscr{E}$, 그리고 운동량 p는 다음과 같은 관계를 갖는다.

$$\mathscr{E} = [(cp)^2 + (mc^2)^2]^{1/2}$$

광자의 경우는 $m = 0$이므로 $\mathscr{E} = cp$가 된다.

이러한 양자역학적 특성은 콤프턴 효과의 실험에서 잘 나타나는데, 이 실험에서 보면 X-선 광자의 운동량과 에너지가 전자로 전이되는 것을 볼 수 있다.

태양으로부터 지구 대기의 경계면에 수직으로 입사하는 전자기 에너지의 선속 밀도는 1400 W/m^{2}이다. 이 에너지가 완전히 흡수될 경우, 복사 압력은 4.7×10^{-6} N/m^2 또는 1.8×10^{-9} ounce/cm^{2}로 대기압 10^5 N/m^{2}과 비교할 때 매우 작아서 무시할 정도이다. 그러나 지구 전체로 보면 약 10여 톤이나 된다. 태양 표면은 매우 넓지만 복사압은 매우 작은 편이다(문제 3.40). 그러나 이 복사압은 밝게 빛나는 별이 중력을 이기고 빛을 내뿜는 데 중요한 역할을 한다. 예를 들어 우주선 바이킹이 화성을 향해서 항해하는 동안 태양의 복사압을 무시한다면 화성의 위치로부터 15,000 km 벗어난 곳에 도달하게 된다. 한편 이와 같은 결과는 행성 사이를 여행할 때, 태양광의 복

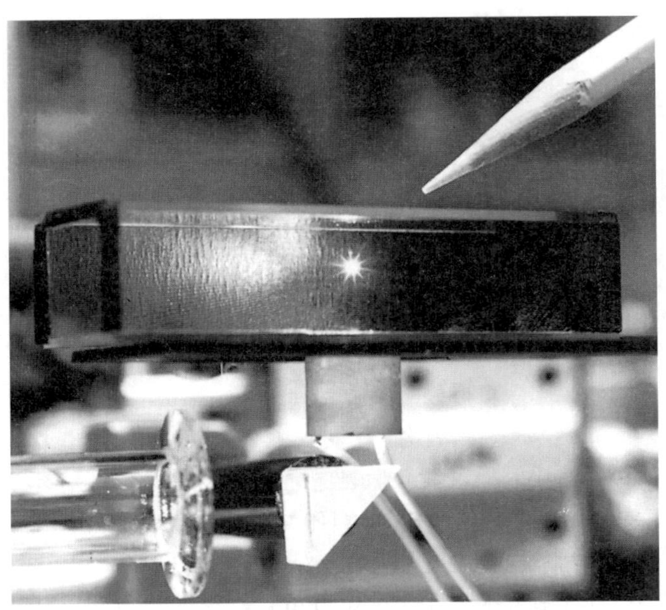

크기가 매우 작은(직경이 1/1000 인치인)인 작은 별모양의 투명한 유리구슬이 위로 진행하는 250 mW 급의 레이저빔에 의해서 떠 있다. (Bell Laboratories)

사압을 사용하는 것이 가능함을 보여 준다.* 즉 미래에는 태양광을 반사하도록 설계된 거대한 돛을 단 우주선이 행성 주위의 어두운 우주공간을 날아다니는 것을 볼 수 있을 것이다.

복사압은 1901년 러시아의 실험 물리학자인 레베데프(Pyotr Nikolaievich Lebedev, 1866~1912)와 미국의 니콜스(Ernest Fox Nichols, 1869~1924) 그리고 헐(Gordon Ferrie Hull, 1870~1956)에 의해 독립적으로 발견되었다. 이들의 발견은 당시의 광원들이 매우 약했다는 것을 생각하면 놀랄 만한 일이다. 지금은 레이저를 이용하여 이론적 한계인 한 파장 정도의 반지름을 갖는 공간에 빛을 모을 수 있으므로 레이저의 세기가 수 와트에 불과하더라도 복사압은 매우 크다. 따라서 이러한 레이저 복사압(광압이라고도 함)을 동위원소 분리, 입자 가속, 원자 포획 및 냉각, 또는 작은 물체의 부양 등에 응용할 수 있다.

그리고 또한 빛은 각운동량도 갖고 있는데, 이에 관한 많은 논제들은 뒤에서 더 언급할 것이다.

3.4 복사

전자기파 복사는 넓은 파장대와 주파수대를 갖고 있지만, 진공 중에서 파장에 관계없이 일정한 속도로 움직인다. 이 전자기파 주파수대를 라디오파, 마이크로파, 적외선 등과 같은 여러 영역대로 구별한다는 사실에도 불구하고, 전자기파에 대한 본질인 정체성은 동일하다. 맥스웰 방정식의 해는 파장과 무관하기 때문에 파장에 따라 서로 다른 상호작용이 나타나는 것에 대한 근본적인 차이를 보여 주지 못한다. 따라서 모든 종류의 전자기 복사에 대한 공통이 되는 복사 샘의 얼개를 찾아 볼 필요가 있다. 여러 종류의 복사들은 **불균일한 이동 전하**라는 공통적인 복사 샘을 가지고 있다는 것을 알 수 있다. 물론 앞서 다룬 바와 같이 전자기장에서 파동이 나타나고 전하가 전기장을 만드는 것이므로 이것은 당연한 결과이다.

정지하고 있는 전하의 주위에서 자기장 $\vec{\mathbf{B}}$는 0이며, 일정한 전기장 $\vec{\mathbf{E}}$만 존재한다. 이 경우 전하는 어떤 복사도 하지 않는다. 일정한 속도로 움직이는 전하는 $\vec{\mathbf{E}}$와 $\vec{\mathbf{B}}$를 동시에 만들지만 복사는 하지 않는다. 만일 관측자가 전하를 따라 같은 속도로 이동하면 자기장 $\vec{\mathbf{B}}$는 없어지고 전기장만 존재하는 처음 상태로 돌아간다. 관측자가 전하를 따라 걷기 시작하자마자 전하가 복사를 중지한다는 것은 잘못된 설명이지만, 관측자가 전하와 같이 이동할 때 복사가 없다는 것은 타당하다. 관측자가 가속되면 **불균일한 이동 전하**가 나타나고, 이것들이 전자기파를 방출하게 된다. 광자라는 관점에서 볼 때 빛과 물체 사이의 상호작용은 광자와 전하 사이의 상호작용이라고 볼 수 있다.

일반적으로 (원자에 속해 있지 않은) 자유 전하는 가속될 때 전자기파를 방출한다. 이것은 선형 가속기에서 가속되거나, 싱크로트론에서 원운동을 할 때나, 안테나에서와 같이 단순하게 진동하는 모든 경우에 성립한다. 즉 **전하가 불균일하게 움직이면 전자기파를 방출한다.** 어떤 자유 전하 입자는 광자를 자발적으로 방출하거나 흡수할 수 있다. 이와 같은 원리는 자유 전자 레이저, 싱크로트론 발생기 등 여러 장치에서 실제적으로 응용되고 있다.

3.4.1 선형 가속 전하

일정한 속력으로 움직이는 전하를 생각하자. 이 전하에는 변하지 않는 방사형 전기장과 이를 둘러싸는 원형 자기장이 따라다닌다. 공간상의 모든 점에서 전기장 $\vec{\mathbf{E}}$는 시시각각 변하지만, 어느 순간 전기장은 전기력선이 전하에 고정되어 움직인다고 가정하면 쉽게 구할 수 있다. 이때 전기장은 전하로부터 떨어지지 않으며 따라서 복사도 없다.

정지하고 있는 전하에 의한 전기장은 그림 3.26과 같이 지름 방향으로 균일한 직선 형태의 역선(field lines)으로 나타낼 수 있다. 전하가 일정한 속도 $\vec{\mathbf{v}}$로 움직이면 전기력선은 아직 지름 방향의 직선이지만 균일하게 분포하지는 않는다. 이러한 불균일성은 전하의 속도가 클수록 잘 나타나며, $v \ll c$

* '태양풍'이라고 부르는 대전된 입자의 흐름은 태양의 복사압보다 1,000배에서 100,000배나 약하다.

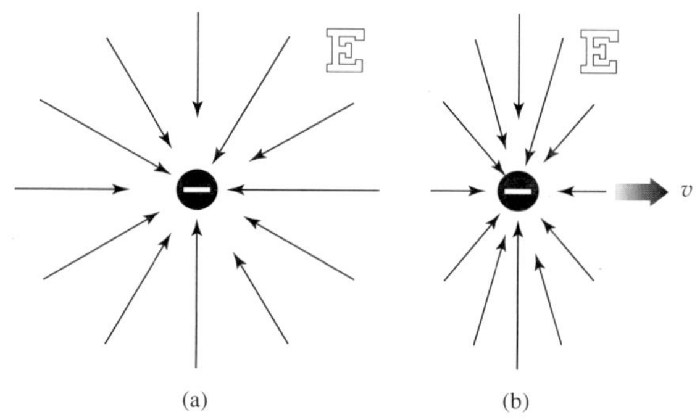

그림 3.26 (a) 정지 전하에 의한 전기장, (b) 이동 전하에 의한 전기장

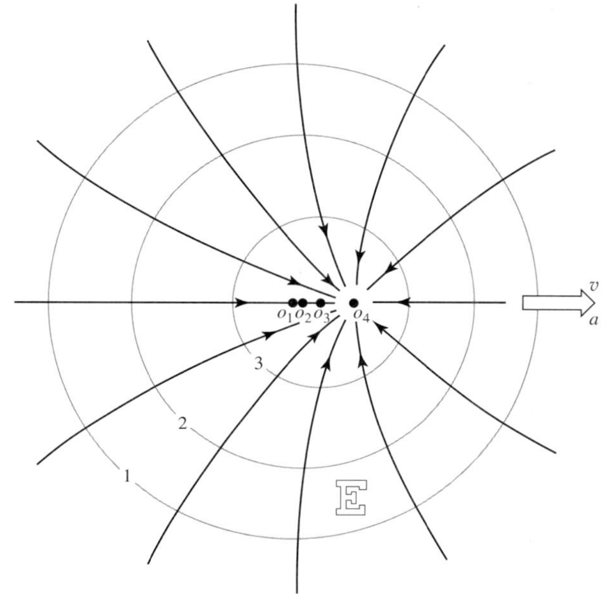

그림 3.27 등가속 전하에 의한 전기장

의 경우에는 무시할 수 있다.

반면에 그림 3.27은 전하가 오른쪽으로 일정하게 가속되는 경우를 보여 준다. 점 O_1, O_2, O_3, O_4들은 같은 시간 간격을 나타내는 점들로 전기력선의 모양은 곡선이며 앞의 경우와 매우 다르다는 것을 알 수 있다. 그림 3.28은 임의의 시간 t_2에서의 전기장을 보여 준다. 이 전하는 $t = 0$에서는 정지하고 있었으며, t_1까지 일정하게 가속되어 속력 v가 되고, 그 후로는 일정한 속도를 유지하고 있다. 따라서 우리는 공간상에 나타나는 전기력선이 전자가 가속되는 상황에 대한 정보를 가지고 있다는 것과, 이 '정보'가 광속 c로 전파된다는 것을 알 수 있다. 예를 들어 $t_2=10^{-8}$s라면 원점 O로부터 3 m 이상 떨어진 곳에서는 전하가 이동하고 있다는 것을 알 수 없다. 따라서 이곳의 모든 전기력선은 전하가 아직도 정지하고 있는 것 같이 점 O를 원점으로 하는 지름 방향의 균일한 직선이 된다. t_2에서 전자는 점 O_2에 있으며 일정한 속력 v

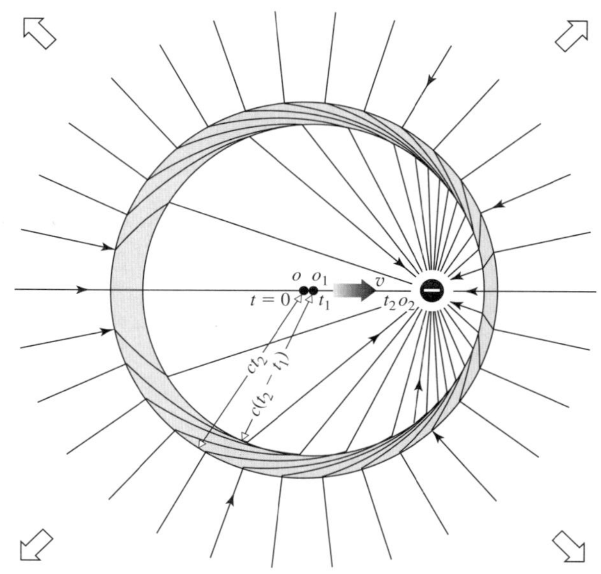

그림 3.28 전기장 역선의 꼬임

로 이동하고 있다. 그러므로 점 O_2의 부근에서 전기력선은 그림 3.26b와 같은 형태가 된다. 가우스의 법칙에 따르면 전하가 없는 두 경계면 사이에서는 전기력선이 연속되어야 하므로, 반지름 ct_2인 구의 밖에서 전기력선이 반지름 $c(t_2-t_1)$인 구의 전기력선과 연결되어야 한다. 여기에서 보면 전하가 가속되는 경우 당연히 전기력선이 교란되며 꼬이게 되는 것을 알 수 있다. 전기력선이 꼬여 있는 구의 내부에서 정확한 전기력선의 모양을 구하는 것은 관심 밖의 일이며, 중요한 것은 외부에 펄스처럼 진행하는 **가로 방향(횡방향) 성분**(transverse component)의 전기장 $\vec{\mathbf{E}}_T$가 존재한다는 것이다. 가로 방향 성분의 이 전기장은 공간상의 임의의 점에서 시간의 함수로 주어지며 자기장을 동반한다.

전기장의 지름 방향 성분은 $1/r^2$으로 감소하고, 가로 방향 성분은 $1/r$로 감소한다. 따라서 전하로부터 먼 거리에서는 가로 방향 전기장이 주로 나타나며 이것을 **복사장**(radiation field)이라고 한다*. 어떤 양전하가 천천히($v \ll c$) 움직일 때 $\vec{\mathbf{a}}$를 전하의 가속도라 하면 전기장과 자기장은 각각 $\vec{\mathbf{r}} \times (\vec{\mathbf{r}} \times \vec{\mathbf{a}})$와 $(\vec{\mathbf{a}} \times \vec{\mathbf{r}})$에 비례한다. 음전하의 경우는 그림 3.29와 같이 방향이 반대가 된다. 이때 복사 조도를 각의 함수로 측정하면, $I(0) = I(180°) = 0$이고, $I(90°) = I(270°)$에서 최대가 된다. 즉 **에너지는 복사를 일으키는 가속에 수직한 방향으로 가장 강하게 복사된다.**

* 톰슨(J. J. Thomson)의 방법을 사용해서 꼬임을 계산하는 방법은 J. R. Tessman과 J. T. Finnell, Jr.에 의해 발견되었다. "Electric Field of an Accelerating Charge" *Am. J. Phys.* **35**, 523(1967). 복사에 대한 일반적인 참고서로는 Marion과 Heald의 **고전 전자기 복사**(*Classical electromagnetic radiation*) 7장 참조.

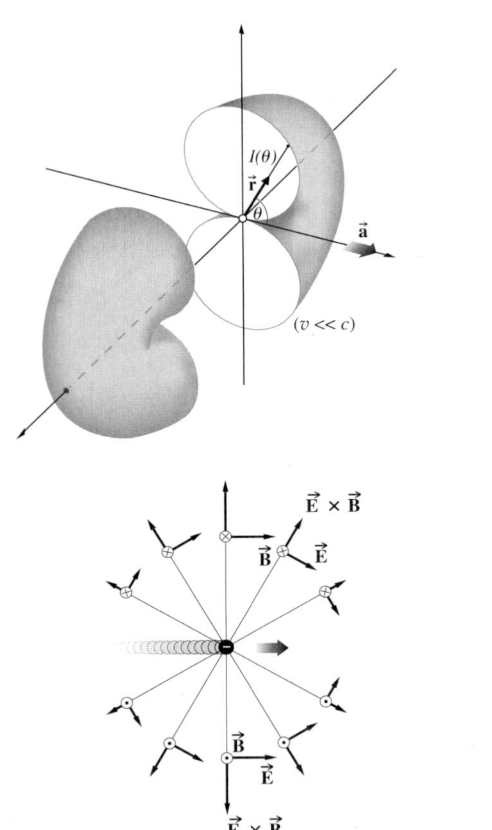

그림 3.29 선형으로 가속된 전하의 토로이달 복사 패턴(단면을 보기 위해 나눈 것)

공간상에서 전하로부터 방출되는 에너지는 외부로부터 전하에 공급되는데, 외력이 전하를 가속하여 전하에 대하여 일을 하는 형태가 된다.

3.4.2 싱크로트론 복사

어떤 대전 입자가 곡선 경로를 따라 이동하면 가속 운동이므로 전자기파를 방출한다. 이러한 특성은 실험실에서 인공적으로 복사 에너지를 만드는 유용한 방법이다. 1970년에 개발된 방사광 가속기는 이러한 연구 도구 중 하나이다. 싱크로트론 가속기에서 대전된 입자의 덩어리는 주로 전자나 양전자 등이고, 자기장 속에서 속도가 정밀하게 조절되며 큰 원궤도를 따라 회전한다. 궤도의 회전 진동수는 복사 진동수(고조파 포함)에 따라 결정되며 필요에 따라 연속적으로 변화시킬 수 있다. 덧붙여 말하자면 전하의 덩어리가 필요하다는 것으로 **균일한 전류 고리는 복사하지 않는다**는 것이다.

대전된 전하가 원궤도를 천천히 도는 경우, 그림 3.29에서와 같은 도넛 모양으로 전자기파를 방출한다. 운동하는 전하를 기준으로 할 때 전자기 복사의 분포는 원궤도의 중심을 향하는 구심 가속도 $\vec{\mathbf{a}}$에 대해서 대칭이다. 그리고 다시 한 번 말하지만 에너지는 이 에너지를 유발한 가속도 방향에 수직으로 가장 강하게 복사한다. 속력이 커질수록 정지하고 있는 관측자는 전방 복사의 크기가 후방 복사보다 매우 커지는 것을 볼 수 있다. 전하의 속도가 광속 c에 접근하면(지름이 작은 핀만한) 입자 선속은 입자의 순간 속도 $\vec{\mathbf{v}}$ 방향으로 뾰족한 원뿔 모양의 전자기파를 방출한다(그림 3.30). $v \approx c$인 경우 복사선은 운동하는 평면상에서 강하게 편광된다.

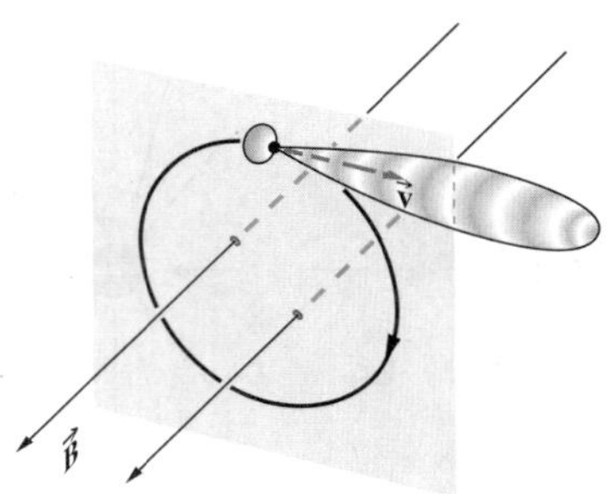

그림 3.30 궤도 전하의 복사 패턴

이러한 '탐조등' 같은 불빛은 지름이 수 밀리미터 이내로 원궤도상의 커브길을 기차의 전조등처럼 비추며 지나간다. 입자의 회전에 따라 가속 장치에 있는 여러 개의 창문 중 하나를 통하여 순간적인($< 1/2\,\text{ns}$) 섬광이 나타난다. 따라서 순간적으로 매우 강한 펄스 모양의 복사가 나타나며, 이때 방출되는 빛의 파장은 적외선에서 X-선에 이르기까지 넓은 폭을 갖는다. 또한 자석을 사용하여 입자를 궤도의 주위에서 진동하게 하면 광의 세기가 원궤도에 평행하지 않은 높은 주파수의 X-선이 나타난다. 이 빔은 수 W에 불과한 치과용 X-선보다 수십만 배나 강하므로 3 mm 정도 두께의 납판에 손가락 굵기만한 구멍을 낼 수 있다.

이와 같이 전자 싱크로트론을 이용하여 빛을 만드는 방법은 1947년경부터 알려져 있었으나, 그 얼개를 완전히 이해하여 가속기에서 에너지를 도둑질 해 가는 범인이 누구인가를 아는 데는 수십 년이 걸렸다(다음 쪽의 사진 참조).

우주공간에서 볼 때 강한 자기장이 존재하는 영역이 있으며, 대전된 입자가 이 영역을 지나다가 잡히면 원궤도 또는 타원궤도를 돌게 된다. 이때 하전 입자의 속력이 크다면 그들은 싱크로트론 복사를 낼 것이다. 그림 3.31은 은하 사이에 존재하는 게 성운을 찍은 5개의 사진이다.* 게 성운에서

* 게 성운은 별이 갑자기 폭발한 후에 생겨난 잔해로 추정된다. 팽창 속도를 가지고 계산해 볼 때 최초의 폭발은 1050년에 있었던 것으로 생각된다. 이것은 1054년 중국의 천문학자들이 하늘의 같은 영역에서 매우 밝은 별을 보았다는 다음과 같은 기록에 의해 확인된다.

> 치하 원년 5번째 달 치추일(즉, 1054년 7월 4일)에 큰 별이 나타났다. …
> 1년 후 이 별은 서서히 사라졌다.

이 사실로부터 바로 게 성운이 초신성의 잔해라는 것을 의심할 여지가 없게 되었다.

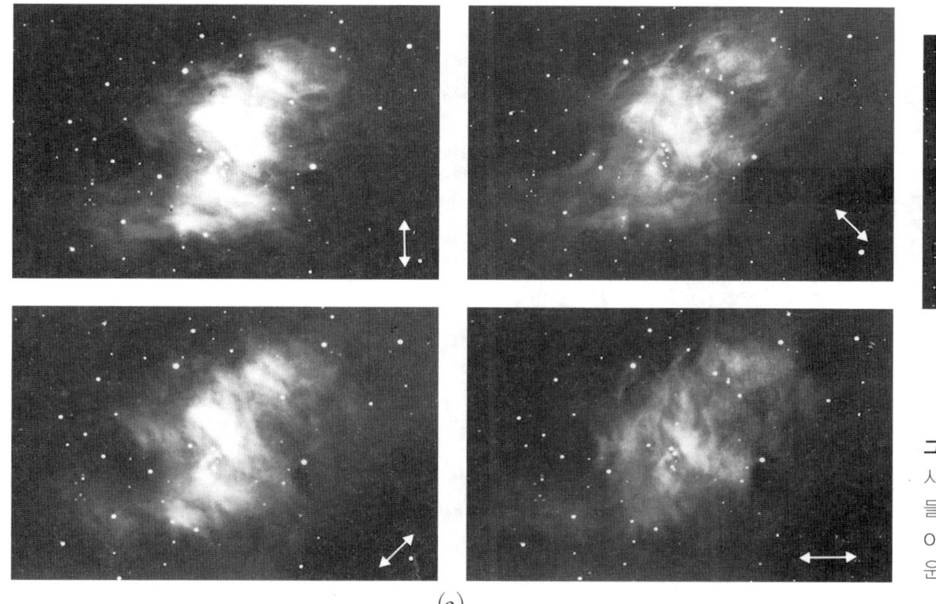
(a)

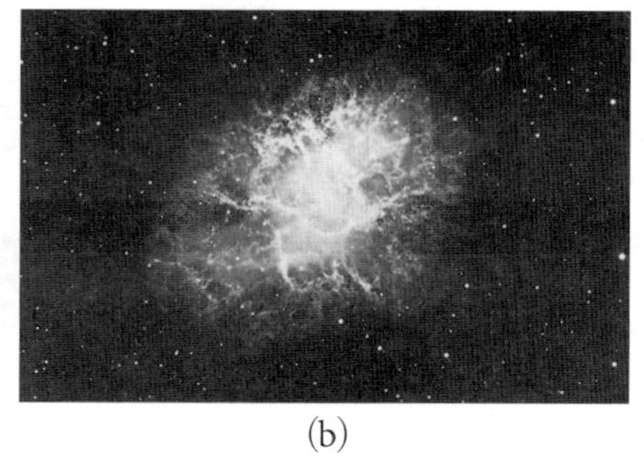
(b)

그림 3.31 (a) 게 성운으로부터 생긴 싱크로트론 복사. 이들 사진들에서 전기장 $\vec{E}$의 방향이 표기된 빛들만 찍혔다. (Mount Wilson Institute/Mount Wilson Observatory.) (b) 편광판을 사용하지 않고 찍은 게 성운의 사진.

미국 국립 싱크로트론 광원장치(1982)의 자외선 광원용 전기 저장 고리로부터 첫 번째 '빛'이 나오고 있다. (The National Synchrotron Light Source. Brookhaven National Laboratory)

방출되는 빛은 긴 파장의 라디오파부터 짧은 파장의 자외선까지 넓게 퍼져 있다. 만일 이 빛이 원운동하는 전하들에서 방출되는 것이라면 강하게 편광되어 있을 것이다. 이러한 효과는 편광 필터를 사용하여 찍은 앞의 네 장의 사진을 보면 명백히 알 수 있다. 각 사진에 전기장 벡터의 방향이 표시되어 있는데, 싱크로트론 복사에서 방출되는 빛의 전기장은 궤도면상에 편광되어 있기 때문에 사진으로부터 강한 자기장이 궤도와 전기장에 수직한 방향으로 존재한다는 것을 알 수 있다.

우주에서 지구에 도달하는 낮은 진동수의 라디오파는 대부분 싱크로트론 복사라고 생각된다. 1960년 천문학자들은 준성(quasar)으로 알려진 새로운 종류의 별들을 구분하는 데 이 방법을 사용하였다. 1955년 대량의 편광된 라디오파가 목성으로부터 나오는 것이 관측되었다. 지금 그 광원은 목성 주위에 있는 복사대에서 포획되어 나선형으로 회전하는 전자라고 생각한다.

3.4.3 전기 쌍극자 복사

아마도 가장 간단한 전자기파 발생장치는 양전하와 음전하로 이루어져 직선상에서 진동하는 쌍극자일 것이다. 이러한 구조는 전자기파 문제를 다룰 때 가장 중요한 구조 중의 하나이다.

가시광선과 자외선 복사는 둘 다 원자나 분자의 가장 바깥쪽에 있는 전자들이 재배치될 때 나오는 것이다. 양자역학적으로 보면 원자의 쌍극자 모멘트는 이 복사의 가장 중요한 광원이다. 어떤 물체에서 방출되는 에너지는 그 과정이 양자역학적이지만 고전적인 진동 쌍극자 같이 취급할 수 있다. 이러한 얼개는 원자와 분자 그리고 핵에서 전자기파를 흡수하고 방출하는 과정을 이해하는 데 매우 중요하다. 그림 3.32는 전기 쌍극자 주위에서 전기장의 분포를 나타낸 그림이다. 이 그림은 양전하가 고정되고 음전하가 단조화 진동을 하고 있는 것으로, 진동의 각 주파수를 ω라고 할 때 쌍극자 모멘트 $p(t)$는 시간의 함수로 다음과 같은 스칼라 형태를 갖는다.

$$p = p_0 \cos \omega t \tag{3.55}$$

여기서 $p(t)$가 원자 크기의 진동하는 전하 분포들에 의한 쌍극자 모멘트의 합이거나, 선형 TV 안테나에서 진동하는 전

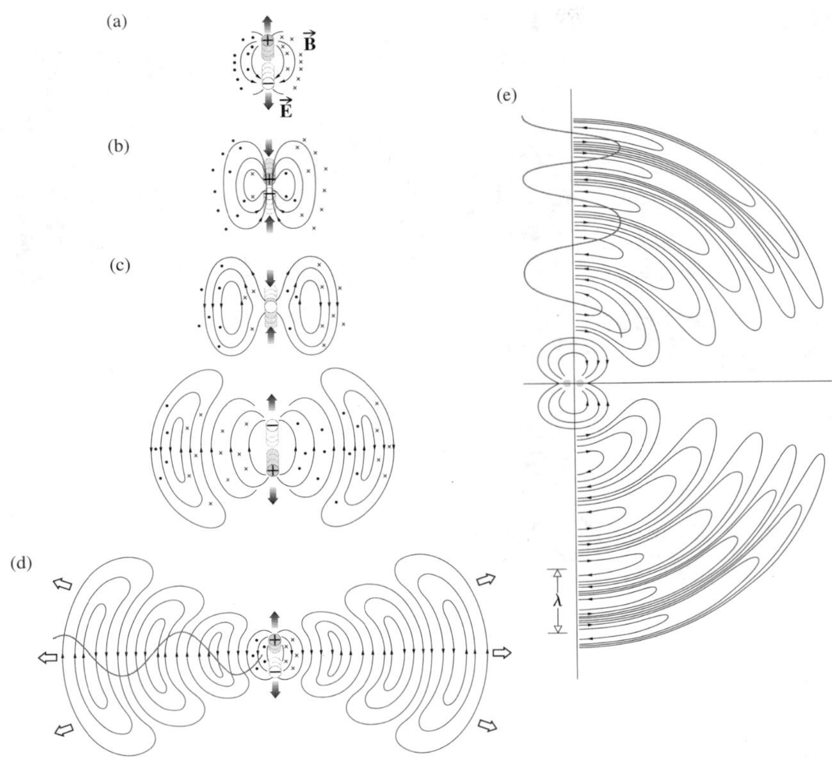

그림 3.32 진동하는 전기 쌍극자에 의한 전기장 $\vec{\mathbf{E}}$

류에 의한 쌍극자 모멘트의 합을 나타내는 것임을 주목하라.

$t = 0$일 때, $\wp = \wp_0 = qd$이며, d는 중심으로부터 두 전하 사이의 최대 변위를 의미한다(그림 3.32a). 쌍극자 모멘트는 벡터량으로 $-q$에서 $+q$로 가는 방향이다. 그림에서 보면 전기력선의 변위가 감소하여 0이 되고, 다시 방향이 반대로 바뀌는 과정을 반복하는 것을 볼 수 있다. 전하가 적당히 중첩되면 $\wp = 0$이 되고 전기력선은 폐곡선이 된다.

원자와 매우 가까운 영역에서 전기장 벡터 $\vec{\mathbf{E}}$는 정전기 쌍극자의 형태를 갖는다. 그 바로 밖에서는 폐곡선의 형태가 되며 이때는 특정한 파장이 없다. 전기장은 세부적으로는 다섯 개의 다른 항으로 이루어져 있으며 매우 복잡하다. 쌍극자에서 먼 영역, 즉 **파동 영역**(wave zone) 또는 **복사 영역**(radiation zone)이라고 하는 곳에서는 전자기파의 형태가 매우 단순하다. 이 영역에서는 진동 주파수가 하나로 고정되며 전기장 벡터 $\vec{\mathbf{E}}$와 자기장 벡터 $\vec{\mathbf{B}}$는 모두 가로 방향으로 서로 수직하며 같은 위상을 갖고 있다. 이때 전기장 벡터 크기 E는 다음과 같이 표현된다.

$$E = \frac{\wp_0 k^2 \sin\theta}{4\pi\epsilon_0} \frac{\cos(kr - \omega t)}{r} \tag{3.56}$$

여기서 $B = E/c$로 각 전자기장은 그림 3.33과 같은 방향을 가진다. 포인팅 벡터 $\vec{\mathbf{S}} = \vec{\mathbf{E}} \times \vec{\mathbf{B}}/\mu_0$는 항상 복사 영역에서 지름 방향으로 밖으로 나가는 방향을 가리킨다. 그리고 자기장 $\vec{\mathbf{B}}$를 나타내는 자기력선은 쌍극자 축에 수직한 평면상에서 동심원을 그린다. 이것은 $\vec{\mathbf{B}}$가 시간에 따라 변하는 진동 전류로부터 생성되기 때문이다.

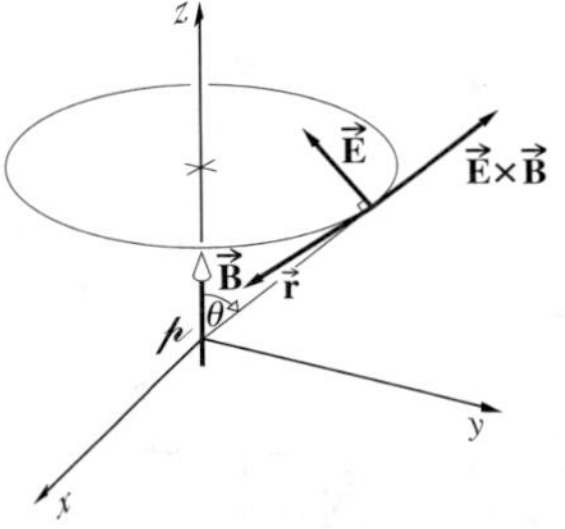

그림 3.33 진동하는 전기 쌍극자에 대한 장의 방향

식 (3.44)에서(광원으로부터 지름 방향으로 복사되는) 복사 조도를 구하면 거리의 역제곱에 비례하는 다음과 같은 식을 얻을 수 있다.

$$I(\theta) = \frac{\wp_0^2 \omega^4}{32\pi^2 c^3 \epsilon_0} \frac{\sin^2\theta}{r^2} \tag{3.57}$$

각선속 밀도의 분포는 그림 3.29와 같이 토로이달 형태이며, 가속이 일어나는 축에 대하여 대칭적이다. 이때 복사 조도의 세기가 ω^4에 비례하므로 **높은 주파수의 빛일수록 더 강한 복사를 방출**하게 되는데, 이 특성은 산란 문제에 있어 매우 중요하다.

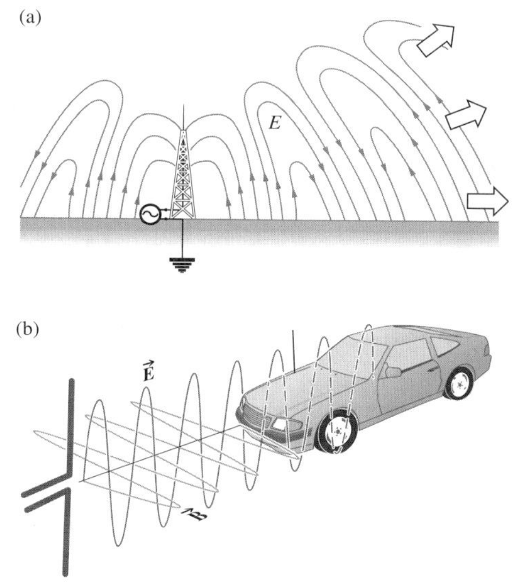

그림 3.34 (a) 방송용 안테나로부터 나오는 전자기파. (b) 자동차는 길이가 약 1 m인 위로 곧장 뻗어 올라간 라디오 안테나가 있다. 이 안테나를 수직으로 진동하면서 스쳐지나가는 전기장이 안테나의 길이 방향으로 전압을 유도하며, 이 전압이 수신기에서 입력 신호가 된다.

두 도체 사이에 교류 전원을 인가하여 자유 전자가 상하로 진동하도록 한 것이 바로 '송신 안테나'이다. 그림 3.34a는 이를 잘 보여 주는 적절한 보기로 AM용 송신 안테나이다. 이런 종류의 안테나는 길이가 전파의 파장과 같거나 반파장(1/2 λ)일 때 가장 효율적으로 동작한다. 복사되는 전자기파의 위상은 안테나를 흐르는 진동하는 전류와 같은 위상이다. AM 라디오파의 파장은 수백 미터나 되는데, 그림에서 보는 안테나는 전체 길이를 줄이기 위하여 반파장 쌍극자의 절반을 땅속에 묻은 형태이다. 이 경우 최소한 절반의 높이를 절약할 수 있어 1/4 파장만 세우면 된다. 특히 이런 형태의 안테나는 **지상파**(ground wave)라는 지표면을 따라 진행하는 전파를 복사하므로 근거리의 청취 상태를 좋게 한다. 이때 라디오를 가지고 있는 모든 사람은 지상파가 도달하는 영역에 있어야 하며, 상업 방송국의 경우 이 범위 내에 있는 가청거리는 통상 40 km에서 160 km 정도이다.

3.4.4 원자들로부터 나오는 빛의 방출

대부분의 원자에서 에너지 또는 빛을 방출하거나 흡수하는 얼개는 원자에 속박된 전자(즉 속박된 전하)와 관련되어 있다. 무거운 핵의 주위를 둘러싸고 있는 이 작은 음전하의 입자는 어렴풋이 희미한 구름 모양으로 분포한다. 많은 매질들의 화학적 또는 광학적 성질은 최외각 또는 공유 전자들에 의하여 정해진다. 전자 구름의 안쪽 나머지 부분은 원칙적으로 '닫혀' 있고, 핵 주위에 견고하게 붙어 있어 외부와 고립되어 있다. 이렇게 견고한 전자 껍질들은 특별한 수의 전자쌍으로 이루어져 있다. 원자의 내부에서 어떤 일이 일어나는지는 명백하지는 않지만, 빛은 핵을 둘러싸고 있는 전자 구름 밖에 있는 전자가 재배치될 때 방출된다. 대부분의 광원은 이러한 얼개로 빛을 방출한다.

일반적으로 원자에 속박된 전자들은 총 에너지가 가장 낮은 안정한 상태 또는 **수준**으로 분포한다. 모든 전자들이 가장 낮은 에너지 상태에 있을 때를 **바닥 상태(ground state)**에 있다고 한다. 이러한 상태는 외부로부터 교란되지 않으면 무한정 지속된다. 그러나 어떤 이유로든 원자에 에너지를 주게 되면 바닥 상태는 변하게 된다. 예를 들어 한 원자가 다른 원자와 충돌하는 경우, 전자나 광자들은 원자의 에너지 상태에 심하게 영향을 준다. 원자에서 주위의 전자 구름이 안정적으로 존재할 수 있는 것은 에너지와 분포 상태가 특정한 값을 가질 때만 가능하다. 바닥 상태보다 높은 에너지 상태를 갖고 있는 분포를 **들뜬 상태(excited state)**라고 한다. 하나 혹은 몇 개의 전자들이 바닥 상태보다 높은 에너지 상태에 존재할 때, 원자가 **들떠 있다**고 하며 이 상태는 본래 불안정하고 한시적이다.

낮은 온도에서 대부분의 원자들은 바닥 상태에 있으려고 하나, 온도가 높아질수록 원자 사이의 충돌에 의해서 들뜬 상태로 간다. 이러한 변화는 상대적으로 완만하게 일어나며, 글로우 방전, 불꽃 방전, 전기 방전 등에 의하여 에너지가 공급될 때 쌍을 이루지 못한 최외각 전자부터 에너지를 받는다. 따라서 처음부터 가시광선과 적외선, 자외선을 방출하는 최외각 전자의 전이(transition)에 관심을 집중한다.

어떤 방법으로든 전자[특별히 가전자(valence electron)]에 충분한 에너지를 공급하면 원자는 갑자기 낮은 에너지 상태에서 높은 에너지 상태로 전이한다(그림 3.35). 전자들은 일반적으로 바닥 상태의 궤도 분포에서 들뜬 상태 중 하나로 **양자뜀(quantum jump)**이라는 매우 빠른 전이를 한다. 이것은 마치 사다리의 계단을 하나 올라가는 것과 같다. 규칙에 따르면 **이 과정에서 필요한 에너지는 두 상태 사이의 에너지 차이와 정확하게 같아야 한다. 즉 원자에 의하여 흡수되는 에너지는 양자화되어 있다(특정한 양이 정해져 있다)**. 이러한 원자의 들뜬 상태는 수명이 짧은 공명 현상으로, 약 10^{-8}초 또는 10^{-9}초 후에 원자는 자발 방출을 복사하고 에너지를 잃어 본래의 상태로 되돌아온다. 이때 여분의 에너지는 빛으로 방출하거나 아니면 매질 내에서 원자들 사이의 충돌에 의해 열에너지로 바뀌게 된다. (뒤에서 확인하겠지만, 후자의 메커니즘이 결과적으로 공명 주파수에서 빛의 흡수와 공명 주파수가 아닌 주파수의 빛에 대한 투과 또는 반사를 일으킨다. 이것이 우리 주변 세계에서 생기는 대부분의 색깔에 대한 원인이다.)

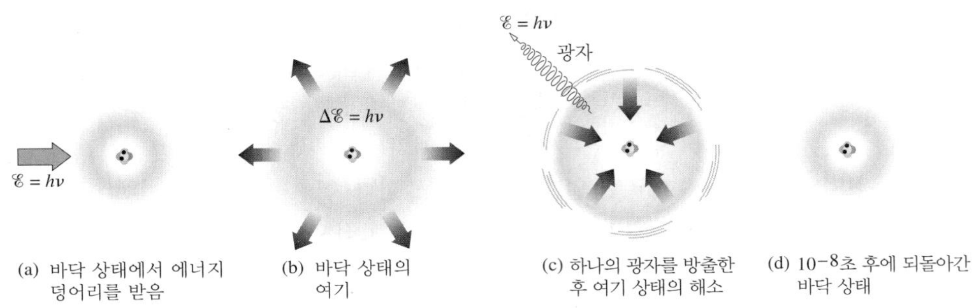

그림 3.35 원자의 들뜸. (a) 원자까지 $h\nu$의 에너지를 운반한다. (b) 이 에너지가 들뜬 상태가 되는데 필요한 에너지와 일치하기 때문에, 원자는 이 에너지를 흡수하게 되고 더 높은 에너지 준위로 올라간다. (c) 하나의 광자를 방출한 후, 이 들뜬 상태는 원래의 상태로 떨어진다. (d) 그리고 약 10^{-8} 초 내에 바닥 상태로 돌아간다.

(희박한 기체의 경우처럼) 만약 원자가 전이하면서 빛을 방출하면, **광자의 에너지는 정확하게 원자에서 감소하는 양자화된 에너지와 일치한다.** 광자가 일정한 에너지를 갖는다는 것은 $\Delta\mathscr{E} = h\nu$인 특정한 진동수 갖는다는 것을 의미한다. 이것을 **공명 주파수(resonance frequency)**라고 한다. 몇 개의 진동수 중 하나는 매우 효율이 높게 에너지를 흡수하고 방출한다. 원자는 반드시 어떤 점에서 변형된 전자에 의한 자발적 전이로 생긴 에너지를 방출한다.

실제로 10^{-8}초 동안에 어떤 일이 일어나는지가 명백하지 않지만, 궤도 전자가 공명 진동수에서 감쇠 진동을 하면서 낮은 에너지 상태로 전이하는 것을 상상하면 이해하기 쉽다. 방출되는 빛은 10^{-8}초보다 짧은 펄스 또는 **파열(wavetrain)**로 방출하는 것과 같은 준고전적인 방법으로 설명할 수 있으며, 이 결과는 실험 결과와 잘 일치한다(7.4.2절과 그림 7.45 참조). 이와 같이 전자기 펄스는 광자와 뗄 수 없이 얽혀 있는 것이라고 생각하는 것이 타당하며, 펄스는 광자의 파동성에 대한 준고전적인 표현이 된다. 그러나 이 두 가지가 항상 같은 것은 아니다. 즉 전자기 파열은 빛의 전파와 공간 분포를 표현하기 위한 고전적인 개념으로 에너지가 양자화되어 있지 않았더라도 광자의 중요한 성질이다. 따라서 우리가 광자 파열에 대하여 이야기할 때, 이것이 단순하게 고전적으로 진동하는 전자기파 펄스 이상의 의미가 있다는 것을 기억해야 한다. 물론 파열 복사의 개념을 도입하는 까닭은 빛의 주파수에 대한 기초 논의가 있어야만 하기 때문이다. 아마도 이것이 단순한 광자 모델에서 가장 중심이 되는 문제이다. 어떤 수단으로 주파수를 증명할 것인가?

원자 하나의 복사 스펙트럼 또는 원자들 사이의 상호작용이 약한 저압 기체의 복사 스펙트럼은 원자의 주파수 특성을 잘 나타내는 가는 선들로 구성되어 있다. 물론 들뜸에는 원자의 운동이나 충돌 등에 의한 주파수 확대(frequency broadening)가 존재하기 때문에 정확하게 단일 주파수(즉 단색광)가 되는 것은 아니다. 일반적으로 한 준위에서 다른 준위로 원자가 전이하는 것은 매우 작은 주파수 영역 안에서만 가능하다. 반면에 구성하는 원자들 사이의 상호작용이 많은 고체나 액체의 스펙트럼은 넓게 퍼져 있다. 두 원자가 가까이 접근하면 상호작용에 의해서 각각의 에너지 준위가 변하게 되는데, 고체 내에서 상호작용하는 많은 원자들의 에너지 준위는 무수하게 나누어지며 결국 연속적인 분포를 갖게 된다. 이러한 특성을 갖는 매질은 넓은 주파수 영역에서 빛을 흡수하거나 방출한다.

광냉각

광자에 의한 선형 운동량은 움직이는 원자나 이온으로 전달될 수 있으며, 이로 인하여 이들 원자나 이온들의 운동이 격렬하게 바뀐다. 약 일만 번 정도 흡수와 복사를 반복한 후에 초기에 대략 700 m/s으로 움직이는 원자가 거의 정지할 정도로 느려진다. 일반적으로 온도가 계를 구성하는 입자들의 평균 운동 에너지(average kinetic energy; KE)에 비례하기 때문에 이러한 과정을 **광냉각(optical cooling)** 또는 **레이저 냉각(laser cooling)**이라고 한다. 이 과정으로 마이크로 켈빈(μK)의 KE 온도를 얻을 수 있다. 레이저 냉각은 원자 시계(atomic clock), 원자 간섭계(atom interferometer), 원자 빔의 집속(the focusing of atomic beams) 등과 같은 다양한 응용들에 있어서 핵심 기술이다. 이 기술은 3.3.4절과 3.4.4절의 아이디어를 보다 강제적이면서 실용적인 방법으로 옮겨 놓은 것이다.

그림 3.36은 속도 $\vec{\mathbf{v}}$로 움직이는 질량 m의 각 원자들로 이루어진 원자 빔이 전파 벡터 $\vec{\mathbf{k}}_L$을 갖는 레이저 광자들로 이루어진 빔과 충돌하는 과정을 그린 것이다. 레이저 주파수 ν_L은 원자들의 공명 주파수(ν_0) 바로 아래가 되도록 선택한다. 원자의 운동 때문에 어떤 특별한 원자는 $|\vec{\mathbf{k}}_L \cdot \vec{\mathbf{v}}|/2\pi = \nu_L v/c$만큼 위로 도플러 편이된(Doppler-shifted)* 주파수를 갖는 입사하는 광자를 본다. 레이저 주파수를 $\nu_0 = \nu_L(1 + v/c)$로 동

* 주파수 ν_s를 갖고 속력 v로 퍼져 나가는 파를 복사 샘(source)쪽으로 속력 v_0로 움직이는 관찰자를 상상하자. 도플러 효과의 결과로써 이 관찰자는 $\nu_0 = \nu_s(v + v_0)/v$의 주파수의 파를 느끼게 된다. 좀 더 상세한 것은 대부분의 물리학 입문 교과서, 예를 들어 E. Hecht. *Physics: Calculus*, Sect. 11.11을 보라.

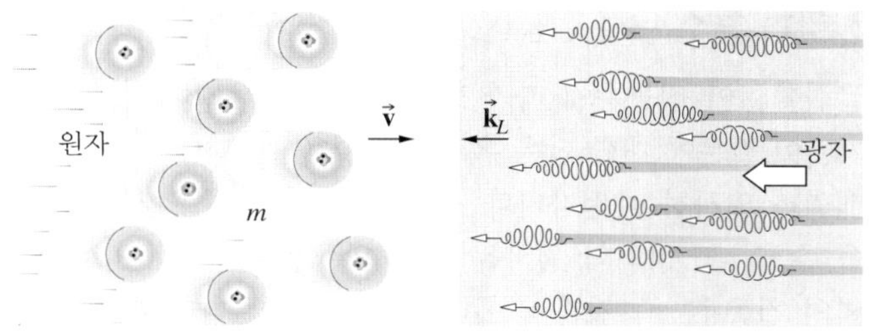

그림 3.36 레이저 냉각이라는 과정에서 레이저빔과 충돌하는 원자들의 흐름

조(tunning)시키면 광자들과의 충돌 시 이들은 서로 공명한다. 이러한 과정에서 각 광자들은 이들의 운동량 $\hbar\vec{\mathbf{k}}_L$을 충돌하는 원자로 전이하며, 이들 원자들의 속도는 $m\Delta v = \hbar k_L$으로 주어진 Δv만큼 속도가 감소한다.

원자 구름은 매우 밀하지 않다. 그리고 각 여기 원자들은 $h\nu_0$의 에너지를 갖는 광자를 자발 방출(spontaneous emission)하는 과정으로도 바닥 상태로 내려갈 수 있다. 이 자발 방출에 의한 복사들의 방향은 제멋대로이기에, 이로 인하여 원자들이 반동이 생기겠지만 수천 번 반복되는 이 과정으로 얻어진 운동량의 평균치는 영으로 접근한다. 그런 까닭에 광자의 흡수-방출 한 과정당 원자의 운동량 변화는 $\hbar\vec{\mathbf{k}}_L$이며 서서히 작아진다. (실험실 좌표계에서 정지한 사람이 보기에) 각 사이클에서 원자는 $h\nu_L$의 에너지를 흡수하고 $h\nu_0$의 에너지를 방출한다. 그리고 이 과정에서 도플러 편이에 비례하는 $h\nu_L v/c$ 정도의 KE를 잃는다.

이와 대조적으로 광원으로부터 멀어지는, 즉 반대 방향으로 움직이는 원자는 ν_0에서 충분히 멀리 떨어져 있는 주파수 $\nu_L(1-v/c)$를 갖는 광자들을 본다. 원자들의 ν_0에서는 흡수가 거의 없기 때문에 원자들의 운동량 변화는 없다.

복사압에 의한 힘(radiation pressure force)은 주파수에 의존하며, 원자는 도플러 효과에 의한 속도 의존 힘(seed-dependent force)을 느낀다는 것을 주목하라. 이것은 ν_0와 ν_L이 v가 감소함에 따라 적절한 관계를 유지해야 한다는 것을 의미한다. 이러한 관계를 유지해주는 매우 적절한 방법들은 많이 있다.

3.5 덩어리 물질 속에서의 빛

유전체나 부도체와 전자기파 사이의 상호작용은 광학에서 특별히 중요하다. 이 절에서는 공기의 영향을 무시하고 렌즈나 프리즘, 평유리판, 박막 형태 등 투명한 유전체를 다룰 것이다.

자유 공간 내의 임의의 영역에 유전체를 놓았을 때, 맥스웰 방정식에서 ϵ_0가 ϵ으로 μ_0가 μ로 바뀐다. 매질 속에서 위상 속도는 다음과 같다.

$$v = 1/\sqrt{\epsilon\mu} \tag{3.58}$$

진공에서의 광속과 매질 내에서의 광속의 비를 그 물질의 **절대 굴절률(absolute index of refraction)** n이라고 하며 다음과 같이 쓴다.

$$n \equiv \frac{c}{v} = \pm\sqrt{\frac{\epsilon\mu}{\epsilon_0\mu_0}} \tag{3.59}$$

이때 굴절률을 상대 유전율 K_E와 상대 투자율 K_M으로 표현하면

$$n = \pm\sqrt{K_E K_M} \tag{3.60}$$

가 된다. 여기서 n은 보통 양수이다.

스펙트럼상의 적외선 영역과 마이크로파 영역에서 투명한 자성 물질들이 있다. 그러나 먼저 가시광 영역에서 투명한 물질에 집중할 것이며, 이 물질들은 본질적으로 모두 '비자성 물질'이다. 실제로 K_M은 10^{-4} 정도 이내에서 근사적으로 1.0의 값을 갖는다(예를 들면, 다이아몬드의 경우 $K_M = 1.0 - 2.2\times10^{-5}$이다). 따라서 K_M을 1.0으로 놓으면 굴절률 n은 다음과 같이 **맥스웰 관계식**(Maxwell relation)으로 표현할 수 있다.

$$n \approx \sqrt{K_E} \tag{3.61}$$

표 3.2 맥스웰 관계식

1 atm과 0℃에서의 기체		
물질	$\sqrt{K_E}$	n
공기	1.000294	1.000293
헬륨	1.000034	1.000036
수소	1.000131	1.000132
이산화탄소	1.00049	1.00045
20℃의 액체		
물질	$\sqrt{K_E}$	n
벤젠	1.51	1.501
물	8.96	1.333
에틸알코올(에탄올)	5.08	1.361
사염화탄소	4.63	1.461
이황화탄소	5.04	1.628
실온에서의 고체		
물질	$\sqrt{K_E}$	n
다이아몬드	4.06	2.419
호박(amber)	1.6	1.55
용융 석영	1.94	1.458
염화나트륨	2.37	1.50

60Hz 정도로 낮은 주파수의 경우에 K_E의 값은 가능한 주파수 중 가장 낮은 주파수에서 측정한 값인 반면 n은 약 0.5×10^{15}Hz에서 측정한 값이다. 나트륨(sodium) D선의 빛을 사용하였다(λ = 589.29 nm).

여기서 K_E는 **정적 유전 상수**(static dielectric constant)이다. 표 3.2에서와 같이 이러한 관계는 단순한 기체의 경우에는 잘 맞는다. 실제로 문제가 되는 것은 K_E가 입사하는 **빛의 진동수에 따라 달라지는** 경우이다. 굴절률 n이 파장(또는 색)에 따라 달라지는 것을 **분산(dispersion)**이라고 한다. 실제로 300년 전 뉴턴은 프리즘을 이용하여 백색광을 여러 색으로 분리하였는데, 당시 이 현상의 원인은 잘 몰랐지만 지금은 이미 널리 알려진 현상이었다.

예제 3.5

전자기파가 $\omega = 2.10\times10^{15}\,\text{rad/s}$이고 $k = 1.10\times10^{7}\,\text{rad/m}$인 균질한 유전체 매질을 통하여 전파한다. 이 전자기파의 전기장 $\vec{\mathbf{E}}$는

$$\vec{\mathbf{E}} = (180\ \text{V/m})\,\hat{\mathbf{j}}\,e^{i(kx-\omega t)}$$

이다. (a) $\vec{\mathbf{B}}$의 방향, (b) 이 전자기파의 속력, (c) 이 전기장과 관련된 $\vec{\mathbf{B}}$, (d) 매질의 굴절률, (e) 매질의 유전률, (f) 이 전자기파의 복사 조도를 구하라.

풀이

(a) 이 전자기파가 $\vec{\mathbf{E}}\times\vec{\mathbf{B}}$의 방향으로 움직이고 이 방향은 $\hat{\mathbf{i}}$ 또는 $+x$ 방향이기 때문에 $\vec{\mathbf{B}}$의 방향은 $\hat{\mathbf{k}}$ 방향과 같다.

(b) 속력은 $v = \omega/k$이므로

$$v = \frac{2.10\times10^{15}\ \text{rad/s}}{1.10\times10^{7}\ \text{rad/m}}$$

$$v = 1.909\times10^{8}\ \text{m/s} \quad 또는 \quad 1.91\times10^{8}\ \text{m/s}$$

(c) $E_0 = vB_0 = (1.909\times10^{8}\ \text{m/s})B_0$

$$B_0 = \frac{180\ \text{V/m}}{1.909\times10^{8}\ \text{m/s}} = 9.43\times10^{-7}\ \text{T}$$

$$\vec{\mathbf{B}} = (9.43\times10^{-7}\ \text{T})\,\hat{\mathbf{k}}\,e^{i(kx-\omega t)}$$

이다.

(d) $n = c/v = (2.99\times10^{8}\ \text{m/s})/(1.909\times10^{8}\ \text{m/s})$와

$$n = 1.566 \quad 또는 \quad 1.57$$

(e) $n = \sqrt{K_E}$

$$n^2 = K_E$$

$$K_E = 2.453$$

$$\epsilon = \epsilon_0 K_E$$

$$\epsilon = (8.8542\times10^{-12})2.453$$

$$\epsilon = 2.172\times10^{-11}\text{C}^2/\text{N}\cdot\text{m}^2$$

(f) $I = \dfrac{\epsilon v}{2}E_0^2$

$$I = \frac{(2.172\times10^{-11}\text{C}^2/\text{N}\cdot\text{m}^2)(1.909\times10^{8}\ \text{m/s})(180\ \text{V/m})^2}{2}$$

$$I = 67.2\ \text{W/m}^2$$

산란과 흡수

굴절률 n이 진동수에 따라 달라지는 물리적 이유가 무엇인가? 이 질문에 대한 답은 유전체 매질을 구성하고 있는 원자 배열과 입사하는 전자기파 사이의 상호작용을 조사하면 얻을 수 있다. 임의의 원자는 입사하는 전자기파와 입사하는 빛의 진동수, 즉 광자의 에너지($\mathscr{E} = h\nu$)에 따라 다음과 같은 두 가지 상호작용을 할 수 있다. 하나는 일반적으로 원자들이 빛을 산란(다른 것은 그대로 두고 빛의 진행 방향만 흩어버리는 것)시키는 상호작용이고, 다른 하나는 광자의 에너지가 들뜬 상태의 에너지와 같을 때 원자는 빛을 흡수하여 높은 에너지 상태로 양자뜀을 하는 상호작용이다. 밀도가 높은 기체(압력이 10^2 Pa 정도)나 고체, 액체 등에서는 이와 같은 들뜬 에너지가 광자가 재복사되기 전에 충돌에 의해서 불규칙한 운동이나 열에너지 등으로 전환된다. 이런 일상적인 과정(광자가 포획되고 열에너지로 변환되는 것)을 '흡수'라고 한다. 그러나 최근에는 흡수라는 용어가 내부에서 에너지가 변환되는 과정과 무관하게 단순히 '포획'의 의미로 사용되고 있다. 따라서 위와 같은 경우는 **소모 흡수(dissipative absorption)**라는 용어를 사용하는 것이 더 좋다. 모든 물질들은 한 개 주파수 이상에서 어느 정도의 소모 흡수가 일어난다.

이러한 여기 과정과는 대조적으로 **바닥 상태** 또는 **비공명 산란(nonresonant scattering)**은 입사하는 빛의 주파수가 공명 주파수에서 많이 벗어나 있는 경우에 일어난다. 어떤 원자가 가장 에너지가 낮은 상태에 있고, 입사하는 빛의 에너지가 이 원자를 들뜬 상태로 전이시킬 수 있는 에너지보다 작다고 가정하자. 이 경우 전자 구름은 입사하는 전자기파와 같은 주파수로 진동하지만, 원자가 다른 에너지 상태로 전이하지는 못한다. 즉 원자는 전자 구름이 입사광의 주파수에 따라 약간씩 진동하는 동안에도 상태를 유지한다. 전자 구름이 양전하의 핵에 대해서 진동하기 시작하면 이 원자계는 진동하는 쌍극자를 갖게 되는 것이며, **이와 동시에** 입사광과 같은 주파수의 광을 복사하기 시작한다. 이 결과 복사되는 산란광은 입사 광자와 같은 양의 에너지와 방향을 갖는 광자들로 이루어진다. 그러므로 **산란은 탄성 산란이다.** 효과 면에서 보면 원자는 맥스웰 이론을 고전적 방법으로 원자 영역까지 확장하기 위하여 로렌츠(Hendrik Antoon Lorentz(1878))가 채택한 모델인 소형 쌍극 진동자 모델을 채택한다. 입사광이 편광되어 있지가 않다면 원자 진동자는 무작위적인 방향으로 산란된다.

원자가 빛을 복사할 때 들뜸과 자연 복사의 과정이 빠르게 반복된다. 실제로 충분한 에너지가 주어지는 방출 수명이

10^{-8}초인 원자가 있다면, 1초에 10^8번 광자가 방출된다. 원자는 공명 주파수를 갖는 빛과 강한 상호작용을 하게 된다[즉 **충돌 단면적**(absorption cross section)이 크다]. 이러한 상황은 적당한 조도($\approx 10^2$ W/m^2)에서 원자가 들뜨고 복사를 방출하는 것이 일정한 비율로 일어나는 포화 상태가 나타난다는 것을 의미한다. 따라서 1초에 1억 개의 광자를 방출하는 원자들을 모으는 것은 쉬운 일이다.

일반적으로 어떤 매질에 빛을 비추었을 때(탄성 충돌에 의한 산란이나 공명 산란에 의하여), 원자들은 각 방향으로 흩어지는 수많은 광자의 샘(광원)처럼 행동한다. 이와 같은 에너지의 흐름은 고전적인 구면파와 다를 바 없다. **따라서 어떤 원자를 구면파의 점광원으로 가정할 수 있다.** 그러나 이러한 편리함에도 불구하고 우리는 "구면파 형태로 방출되는 복사는 없다"라는 아인슈타인의 말을 기억해야 한다.

어떤 매질이 가시광선 영역에서 공명하지 않으면 비공명 산란이 일어나며, 이로 인하여 각 원자들은 작은 광원같이 작용하여 매질 전체가 빛으로 뒤덮여 있는 것처럼 보인다. 입사 빔의 주파수가 공명 주파수 부근이 되면 강한 상호작용이 일어나고, 특히 밀한 매질에서 대부분의 에너지가 소모 흡수된다. 이것이 바로 눈에 잘 보이는 **선택 흡수**(selective absorption)(4.9절 참조)에 대한 설명이다. 머리카락이나 피부 그리고 옷의 색 그리고 잎이나 사과, 그림의 색 등은 모두 이런 현상 때문에 나타나는 것이다.

3.5.1 분산

분산은 물질의 굴절률이 주파수에 의존함으로써 생기는 현상이다. 진공을 제외하고는 모든 물질은 분산적이다.

맥스웰의 이론은 ε과 μ가 상수일 때 유도된 전기장 $\vec{\mathbf{E}}$와 자기장 $\vec{\mathbf{B}}$ 그리고 그 매질에 의한 전자기적 반응이 연속적으로 일어난다는 것을 보여 준다. 따라서 매질 내에서 K_E와 K_M도 역시 상수가 되며, 현실과 다르게 굴절률 n이 주파수와 무관한 양이 된다. 이론적으로 분산을 다루기 위해서 매질의 원자적 성질을 포함하여 분산의 주파수 의존성을 알아내는 것이 필요하다. 로렌츠에 따르면 등방성 유전체의 특성을 기술하기 위해서는 많은 수의 원자들의 기여도를 평균할 수 있다.

유전체에 전기장이 작용할 때 내부 전하 분포는 일그러지며, 따라서 전기 쌍극자가 형성되고, 이것이 내부 전기장을 변화시킨다. 간단하게 말하면 외부 전기장은 매질에서 양전하와 음전하(쌍극자의 쌍)를 분리시키고 이것이 추가적인 전기장을 만든다. 이때 단위 부피당 쌍극자 모멘트를 **전기 분극(electric polarization, $\vec{\mathbf{P}}$)**이라고 한다. 대부분의 매질에서 $\vec{\mathbf{P}}$와 $\vec{\mathbf{E}}$는 비례하며 다음의 관계식을 만족한다.

$$(\epsilon - \epsilon_0)\vec{\mathbf{E}} = \vec{\mathbf{P}} \tag{3.62}$$

전기 분극은 공간 중에 놓여 있는 물체가 있을 때와 없을 때 사이의 차이를 측정한 것이다. $\epsilon = \epsilon_0$일 때, $\vec{\mathbf{P}} = 0$이다. $\vec{\mathbf{P}}$의 단위는 C·m/m^{3}로 결국 C/m^{2}이다.

전하의 재분포와 이에 따르는 분극은 다음과 같은 얼개로 나타난다. 즉 어떤 분자에서 가전자(valence electrons)의 분포가 불균일하면 영구 쌍극자 모멘트를 갖는다. 이것을 **극성 분자**(polar molecules)라고 하며, 산소와 수소가 각을 이루어 결합하고 있는 물분자가 대표적인 보기이다(그림 3.37). 각각의 수소–산소 결합에서 수소 쪽이 +이고, 산소 쪽이 −인 극성 공유 결합이다. 열적 교란으로 인하여 개별 분자의 쌍극자 모멘트는 임의의 방향으로 분포하게 되며, 전기장이 작용하면 쌍극자는 다시 배치되어 **방향성 분극(orientational polarization)**을 형성한다. **비극성 분자(nonpolar molecules)**나 **비극성 원자(nonpolar atom)**의 경우, 전기장은 핵 주위에 분포하는 전자 구름의 모양을 바꾸어 쌍극자 모멘트를 만드는데 이것을 **전자 분극(electronic polarization)**이라고 한다. 또 하나의 분극은 NaCl 같은 이

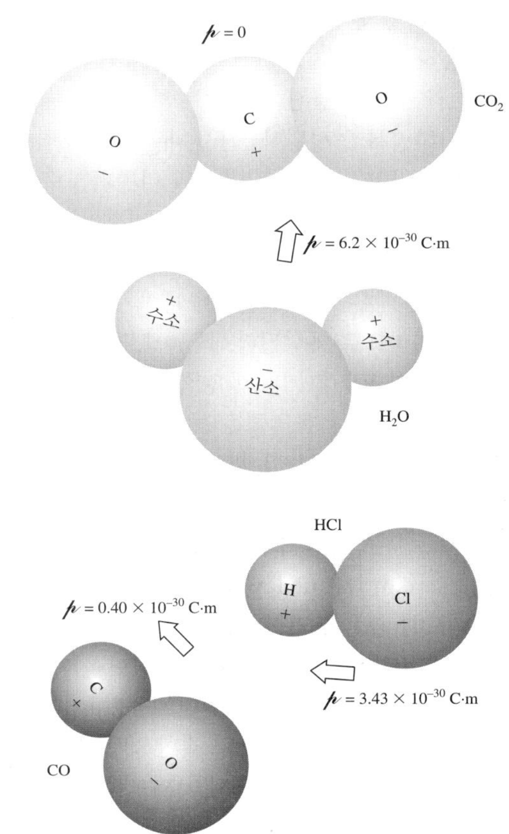

그림 3.37 분자의 종류와 각각의 쌍극자 모멘트(℘). 물체의 전기 쌍극자 모멘트는 한쪽 끝의 전하에 이들 전하들 사이의 거리를 곱한 값이다.

온 결합 분자에서 주로 나타나는 것으로, 전기장이 가해지면 양이온과 음이온이 서로에 대하여 이동하여 쌍극자를 만든다. 이와 같이 유도되는 쌍극자 모멘트를 **이온 분극(ionic polarization)** 또는 **원자 분극(atomic polarization)**이라고 한다.

만약에 유전체에 조화 전자기파가 입사한다면, 이 유전체의 내부 전하 구조는 시간적으로 변하는 힘과 회전력을 받는다. 이들은 입사파의 전기장 성분에 비례할 것이다.* 극성 유전체인 유체들에서는 실제로 분자들의 회전은 전기장 $\vec{\mathbf{E}}(t)$에 따라 정렬될 정도로 대단히 빠르다. 그러나 이들 분자들은 상대적으로 크고 적당한 관성 모멘트를 갖고 있다. 강제 인가 주파수 ω를 높이면 극성 분자들은 전기장이 바뀌는 것을 쫓아 갈 수 없다. 이에 따라 $\vec{\mathbf{P}}$에 대한 극성 분자들의 기여도가 감소하며, K_E는 상당히 작아진다. 물의 상대 유전률은 10^{10}Hz 까지 근사적으로 80 근처로 일정하지만 이 이상에서는 급속도로 작아진다.

반면에 전자들은 매우 작은 관성 모멘트를 가지고 있으므로, 광학 진동수(5×10^{14}Hz) 정도의 주파수를 갖는 전자기파에 대해서도 $K_E(\omega)$를 갖는다. 여기서 ω에 대한 n의 의존성은 특별한 주파수에서 전기 분극의 얼개와 역할에 따라 달라지며, 이를 이용하면 원자 수준에서 $n(\omega)$를 해석적으로 유도하는 것이 가능하다.

원자에서 전자 구름은 양전하를 갖는 핵의 인력 때문에 평형 상태를 유지하면서 형성된다. 원자 내부의 상호작용을 모두 고려하지 않더라도 다른 안정한 계와 마찬가지로 작은 교란이 계 전체를 붕괴시키지 않으며, 계를 다시 원상으로 회복하는 알짜 힘 F가 존재한다. 더군다나 평형 상태(여기에서 $F = 0$임)로부터 매우 작은 변위 x에 대해서 힘은 x에 선형일 것이라고 합리적으로 예상된다. 즉 x에 대한 $F(x)$의 그래프는 원점 부근에서 x축을 지나고 양끝이 거의 직선에 가깝게 되어 작은 변위에 대한 복원력은 $F = -k_E x$의 형태를 갖는다. 전자의 질량을 m_e이라고 할 때 외부 자기장이 없는 경우 전하 분포는 어떤 이유로든 교란되면, 전자들은 평형점을 중심으로 $\omega_0 = \sqrt{k_E/m_e}$의 **고유 주파수(natural frequency)** 또는 **공명 주파수(resonant frequency)**로 진동하게 된다. 이 주파수가 **비강제**(undriven) 시스템의 진동 주파수이며, 그리고 $F = -\omega_0^2 m_e x$이다. 관측 가능량(observable)인 ω_0을 사용한다면 허구적인 용수철 모델의 양 k_E를 제거할 수 있다.

일반적으로 매질은 많은 원자들의 집합으로 볼 수 있는데, 이들의 크기는 입사하는 빛의 파장에 비하여 매우 작고 서로

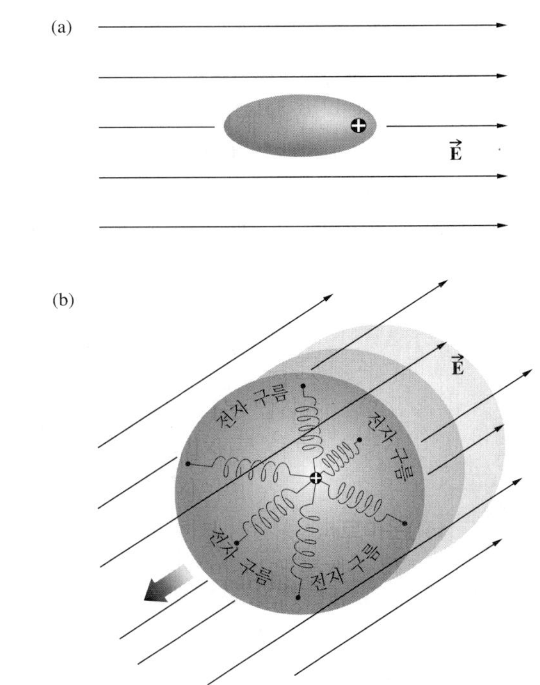

그림 3.38 (a) 인가된 전기장 $\vec{\mathbf{E}}$에 따른 전자 구름의 왜곡. (b) 등방성 물질에 대한 역학적 진동자 모델–모든 용수철은 동일하고 진동자는 모든 방향으로 똑같이 진동한다.

가까이 있다. 따라서 광파가 이곳에 입사하면 각 원자들은 x축을 따라 가해진 시간 변화 전기장 $E(t)$에 따라 진동하는 고전적 **강제 진동자(forced oscillator)**와 같이 행동한다. 그림 3.38b는 이와 같은 상황을 **등방성 매질**(isotropic medium) 내에 존재하는 역학적 진동자로 표현한 것으로, 음전하의 껍질이 양전하의 핵에 각 방향으로 같은 세기의 용수철로 매달려 있다. 밝은 태양광이 비출 때조차도 이 진동의 진폭은 10^{-17}m보다 더 클 수가 없다. 따라서 전하 q_e인 전자에 작용하는 주파수 ω인 조화파에 의한 힘 F_E는 다음과 같다.

$$F_E = q_e E(t) = q_e E_0 \cos \omega t \tag{3.63}$$

만약에 구동력(driving force)이 한쪽 방향으로 가해진다면 복원력(restoring force)은 반대 방향으로 생긴다는 것, 즉 $F = -k_E x = -m_e\omega_0^2 x$을 주목하라. 이것이 복원력에 음의 기호를 사용하는 이유이다. 어떤 물체에 작용하는 모든 힘의 합은 그 물체의 질량과 가속도의 곱과 같다는 뉴턴의 제2법칙을 사용하면 다음과 같은 식을 얻을 수 있다.

$$q_e E_0 \cos \omega t - m_e \omega_0^2 x = m_e \frac{d^2x}{dt^2} \tag{3.64}$$

좌변의 첫 항은 구동력이며, 두 번째 항은 반대로 작용하는 복원력이다. 이 식을 만족하기 위해서는 x의 2차 미분은 x와 비슷한 모양이어야 한다. 더구나 전자가 $E(t)$와 같은 주파수로

* 장의 자기장 성분으로 인한 힘은 전기장에 의한 힘 $\vec{\mathbf{F}}_E = q_e\vec{\mathbf{E}}$와 비교하여 $\vec{\mathbf{F}}_M = q_e\vec{\mathbf{v}}\times\vec{\mathbf{B}}$와 같은 형태를 갖는다. 그러나 $v \ll c$에서 전자기장에 의한 힘은 $\vec{\mathbf{F}}_M$이 일반적으로 무시되는 식 (3.30)을 따른다.

진동한다고 가정한다면 $x(t)$를 다음과 같이 '가정'할 수 있다.

$$x(t) = x_0 \cos \omega t$$

위 식을 식 (3.63)과 식 (3.64)에 대입하여 x_0를 구할 수 있으며, 이로부터

$$x(t) = \frac{q_e/m_e}{(\omega_0^2 - \omega^2)} E_0 \cos \omega t \tag{3.65}$$

혹은

$$x(t) = \frac{q_e/m_e}{(\omega_0^2 - \omega^2)} E(t) \tag{3.66}$$

과 같은 해를 얻는다. 이것은 양전하를 갖는 핵과 음전하를 갖는 전자 구름 사이의 상대적인 변위를 의미한다. 전통적으로 q_e를 양으로 놓고 변위를 표현한다. 구동력이 없는 경우(즉 입사광이 없을 때) 진동자가 갖는 **공명 주파수**(resonance frequency) ω_0보다 작은 빛이 입사할 때 $E(t)$와 $x(t)$는 같은 부호를 갖는다. 즉 진동자의 변위가 구동력과 동위상이 된다. 그러나 $\omega > \omega_0$인 경우 변위 $x(t)$는 순간적인 힘 $q_eE(t)$와 방향이 반대로 역위상이 되는 것을 알 수 있다. 우리는 $\omega_0 > \omega$인 영역에서 진동하는 쌍극자를 다룰 때 전기장 방향으로 진동하는 양전하의 상대적인 운동을 잡았다. 따라서 위의 경우 양전하는 전기장과 180° 벗어난 운동을 하며, 쌍극자는 위상이 π 라디안 늦게 된다(그림 4.9 참조).

쌍극자 모멘트는 전하 q_e와 변위의 곱이다. 그리고 단위 부피당 N개의 쌍극자가 있다면, 전기 분극 또는 쌍극자 밀도는 다음과 같다.

$$P = q_e x N \tag{3.67}$$

따라서 식 (3.66)으로부터

$$P = \frac{q_e^2 NE/m_e}{(\omega_0^2 - \omega^2)} \tag{3.68}$$

이며, 식 (3.62)로부터

$$\epsilon = \epsilon_0 + \frac{P(t)}{E(t)} = \epsilon_0 + \frac{q_e^2 N/m_e}{(\omega_0^2 - \omega^2)} \tag{3.69}$$

이 된다. $n^2 = K_E = \epsilon/\epsilon_0$의 관계식을 이용하면, 굴절률 n을 다음과 같이 ω의 함수인 **분산 방정식(dispersion equation)**으로 표현할 수 있다.

$$n^2(\omega) = 1 + \frac{Nq_e^2}{\epsilon_0 m_e}\left(\frac{1}{\omega_0^2 - \omega^2}\right) \tag{3.70}$$

주파수가 공명 주파수보다 커지면, 즉 $(\omega_0^2 - \omega^2) < 0$이면, 진동자의 변위는 구동력과 180° 위상차를 나타내며, 전기 분극도 외부 전기장과 같이 180° 위상차를 나타낸다. 따라서 유전 상수와 굴절률 모두가 1보다 작은 값을 갖는다. 반면에 입사하는 빛의 주파수가 공명 주파수보다 작으면, 즉 $(\omega_0^2 - \omega^2) > 0$이면, 전기 분극은 외부 전기장과의 같은 위상이 되며 유전 상수와 굴절률은 모두 1보다 크게 된다. 이러한 현상은 모든 종류의 매질에서 일반적으로 관측된다.

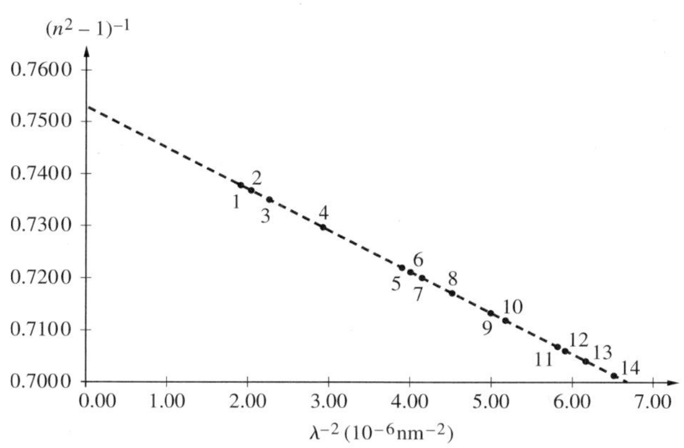

그림 3.39 표 3.3의 자료를 λ^{-2}에 대한 $(n^2-1)^{-1}$로 그린 그래프. N. Gauthier, *Phys. Teach.*, **25**, 502 (1987)을 보라.

연구 재료로 만든 분산 프리즘을 사용하여 굴절률 해석을 검사할 수 있으나 문제 3.62에서 하였던 것처럼 식 (3.70)을 다음과 같이 먼저 다시 써야 한다.

$$(n^2 - 1)^{-1} = -C\lambda^{-2} + C\lambda_0^{-2}$$

여기서 $\omega = 2\pi c/\lambda$이기 때문에 곱하는 상수는 $C = 4\pi^2 c^2 \epsilon_0 m_e/Nq_e^2$이다. 그림 3.39는 학생실험에서 얻은 자료를 사용하여 λ^{-2}에 대한 $(n^2-1)^{-1}$을 그린 것이다. He 방전관에서 나오는 다양한 파장의 빛으로 크라운 유리(crown-glass) 프리즘을 비추었으며, 각 파장에 대한 이 유리의 굴절률을 측정하였다(표 3.3). 이 결과 얻은 곡선은 직선 형태이며 ($y = mx + b$

표 3.3 크라운 유리의 분산*

	파장 λ(nm)	굴절률 n
1.	728.135	1.5346
2.	706.519, 706.570	1.5352
3.	667.815	1.53629
4.	587.562, 587.587	1.53954
5.	504.774	1.54417
6.	501.567	1.54473
7.	492.193	1.54528
8.	471.314	1.54624
9.	447.148	1.54943
10.	438.793	1.55026
11.	414.376	1.55374
12.	412.086	1.55402
13.	402.619	1.55530
14.	388.865	1.55767

* 파장은 He 방전관의 파장이다. 이 파장들에 대응하는 굴절률을 측정하여 제시하였다.

를 사용하여 구하면) 이 직선의 기울기는 $-C$이고 이 직선의 y 절편은 $C\lambda_0^{-2}$이다. 이 값으로부터 자외선 영역에 들어가는 2.95×10^{15} Hz인 공명 주파수를 구하였다.

대개 어떤 물질에 입사하는 전자기파의 진동수가 커질 때 굴절률이 1보다 큰 영역에서 작은 영역으로 변하는 것을 여러 번 반복한다. 이것은 곧 공명 주파수 ω_0가 여러 개 존재한다는 말이다. 일반적으로 매질이 단위 부피당 N개의 진동자를 가지고 있고 그 속에 고유 주파수가 ω_{0j}인 f_j 진동자라면(j = 1, 2, 3, ⋯), 굴절률은 다음과 같이 주어진다.

$$n^2(\omega) = 1 + \frac{Nq_e^2}{\epsilon_0 m_e}\sum_j\left(\frac{f_j}{\omega_{0j}^2 - \omega^2}\right) \tag{3.71}$$

이 결과는 일부 항을 제외하고는 양자역학에서 유도된 것과 근본적으로 일치하는 것이다. 여기서 ω_{0j}는 원자가 빛을 흡수하거나 방출하는 고유 주파수이다. 여기서 f_j는 $\Sigma_j f_j = 1$의 조건을 만족해야 하는 가중치, 즉 **진동자 세기**(oscillator strength)로서 각 모드의 세기를 의미한다. 이것은 또한 주어진 주파수에서 전이가 일어날 수 있는 가능성이므로 f_j를 **전이 확률**(transition probabilities)이라고 한다.

실험적으로 이들은 1보다 작아야 하므로, 고전적 관점에서 f_j항을 재해석할 필요가 있다. 이것은 식 (3.71)에서 사용된 f_j에 대한 정의와 명백하게 반대되는 것이다. 따라서 가능한 가정은 각각의 진동자가 여러 개의 진동 모드를 가질 수 있고, 이들은 서로 다른 주파수와 진동 세기를 갖는다고 하는 것이다.

ω가 고유 주파수 중의 하나와 같은 값을 갖게 되면, 실제와는 달리 굴절률 n이 불연속이 된다. 이것은 식에서 분모에 있어야 하는 감쇠 항을 무시했기 때문이다. 감쇠는 강제 진동자가 진동하며 재복사하기 때문에 나타나는 에너지 손실의 결과이다. 고체와 액체 그리고 고압($\approx 10^3$ atm)의 기체에서 분자들 사이의 거리는 표준 상태의 기압과 온도의 경우와 비교해서 1/10에 불과하다. 이렇게 상대적으로 가까운 원자와 분자들은 강한 상호작용을 하게 되며, 결과적으로 '마찰력(frictional force)'이 나타난다. 이것이 진동자의 진동을 감쇠시키고 '열'(분자의 마구잡이 운동)의 형태로 에너지 손실을 가져온다.

진동자의 운동 방정식에 속도에 비례하는 감쇠 항($m_e \gamma dx/dt$)을 포함시키면, 식 (3.71)의 분산 방정식은 다음과 같이 된다.

$$n^2(\omega) = 1 + \frac{Nq_e^2}{\epsilon_0 m_e}\sum_j \frac{f_i}{\omega_{0j}^2 - \omega^2 + i\gamma_j\omega} \tag{3.72}$$

이 식이 밀도가 희박한 기체에서는 잘 맞고 있으나 밀한 매질에도 적용하기 위해서는 몇 가지 해결해야 할 문제가 있다. 일반적으로 각각의 원자는 국지적인 전기장과 상호작용한다. 즉 밀한 매질의 경우 고립된 원자와 달리 외부 전기장만 아니라 주위의 원자들에 의해서 유도된 전자장과도

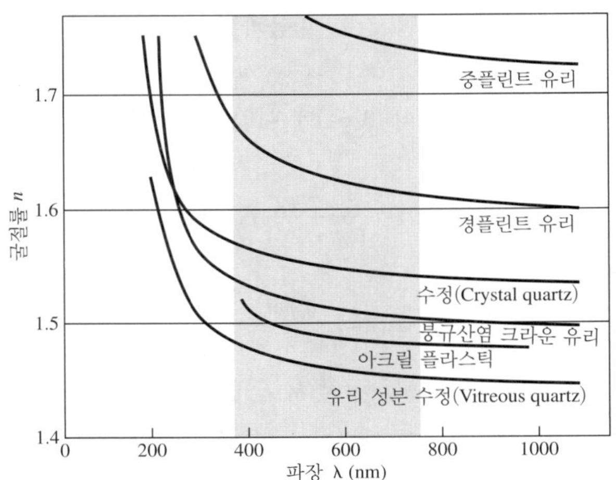

그림 3.40 여러 매질에서 굴절률의 파장 의존성. λ가 오른쪽으로 갈수록 커지지만, ν는 왼쪽으로 갈수록 커진다.

상호작용한다. 따라서 원자는 외부 전기장 $E(t)$와 함께, 즉 $P(t)/3\epsilon_0$로 주어진 다른 전기장*을 고려해야 한다. 자세한 유도 과정을 생략하고 결과만 보면 다음과 같다.

$$\frac{n^2 - 1}{n^2 + 2} = \frac{Nq_e^2}{3\epsilon_0 m_e}\sum_j \frac{f_j}{\omega_{0j}^2 - \omega^2 + i\gamma_j\omega} \tag{3.73}$$

지금까지 우리는 전자 진동자만을 다루었다. 그러나 고정된 원자에 붙어있는 이온에 대해서도 같은 결과를 얻을 수 있다. 이 경우 m_e는 충분히 큰 이온의 질량으로 대치된다. 따라서 전자의 분극이 광학 스펙트럼의 모든 영역에서 중요한 반면에 이온의 분극은 공명 주파수($\omega_{0j} = \omega$) 영역에서만 굴절률 n에 영향을 미친다.

복소 굴절률의 의미는 4.8절에서 다시 설명할 것이며, 지금부터는 주로 흡수가 무시되는 영역(즉 $\omega_{0j}^2 - \omega^2 \gg \gamma_j\omega$)과 굴절률 n이 실수가 되는 영역을 주로 다루고자 한다. 이때 식 (3.73)은 다음과 같이 간단하게 된다.

$$\frac{n^2 - 1}{n^2 + 2} = \frac{Nq_e^2}{3\epsilon_0 m_e}\sum_j \frac{f_j}{\omega_{0j}^2 - \omega^2} \tag{3.74}$$

색깔이 없고 투명한 매질은 고유 주파수가 가시광선 영역 밖에 존재하는 물질이다(이것이 바로 매질이 투명하고 색깔이 없는 이유이다). 특별히 유효 고유 주파수가 자외선 영역에 존재하는 유리는 이 영역에서 불투명하다. $\omega_{0j}^2 \gg \omega^2$인 경우 식 (3.74)에서 ω^2을 무시할 수 있으므로 전체 주파수 영역에서 굴절률은 일정한 값을 갖는다. 예를 들어 유리의 중요한 고유 주파수는 대략 100 nm의 파장대에 있고 가시광선의 중간 부분은 이 값의 대략 5배 정도이므로 $\omega_{0j}^2 \gg \omega^2$의 조건을 만족한다. 이때 진동수가 증가하여 고유 주파수 부근이 되면 $(\omega_{0j}^2 - \omega^2)$은

* 등방성 매질에서 유도된 이 결과는 대부분의 전자기학 교재에 나와 있다.

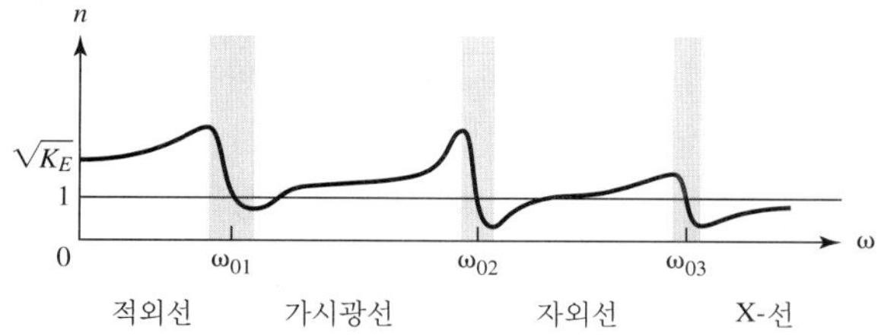

그림 3.41 진동수에 대한 굴절률 그래프

감소하고 굴절률 n은 그림 3.40에서와 같이 **주파수가 커짐에 따라 점차로 증가**한다. 이것이 **정상 분산(normal dispersion)**이다. 자외선 영역에서 ω는 고유 주파수에 가까워지고 진동자는 공명하기 시작한다. 진폭의 세기는 현저하게 커지고 입사하는 광파로부터 에너지를 강하게 흡수하며 감쇠가 나타난다. 식 (3.73)에서 $\omega_{0j} = \omega$이면, 감쇠항이 우세하게 된다. 그림 3.41과 같이 여러 개의 ω_{0j} 바로 근처의 영역을 **흡수대(absorption bands)**라고 한다. 여기서 $dn/d\omega$는 음의 값을 갖는데 이것을 **비정상 분산(anomalous dispersion)**이라고 한다. 백색광이 유리 프리즘을 통과할 때, 파란색 성분은 빨간색 성분보다 큰 굴절률을 갖기 때문에 더 큰 각도로 굴절한다(5.5.1절 참조). 반면에 흡수대가 가시광선에 있는 염료를 담은 통을 사용한다면 스펙트럼은 현저하게 다른 모양을 나타낸다(문제 3.59 참조). 이와 같이 모든 물질은 전자기파의 영역에서 흡수대를 가지고 있으므로 1800년대 후반부터 쓰고 있는 **비정상 분산**이란 말은 잘못된 표현이다.

우리가 본 바와 같이 분자 속에 있는 원자도 역시 평형 위치로부터 진동한다. 그러나 핵은 무겁기 때문에 핵의 고유 주파수는 매우 낮고 이로 인한 흡수대는 적외선 영역에 위치

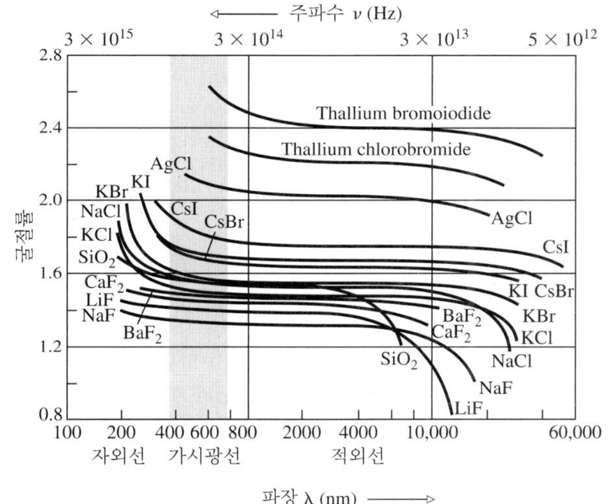

그림 3.42 몇 가지 중요한 광학 결정에서 파장과 진동수에 대한 굴절률 그래프 (출처: The Harshaw Chemical Co.)

한다. H_2O와 CO_2 같은 분자들은 적외선과 자외선 영역에서 모두 공명한다. 만일 물이 유리를 만드는 과정에서 들어갔다면, 이 물 분자에 의한 분자 진동이 생기고 적외선 영역에서 흡수대가 존재한다. 산소가 있다는 것도 역시 적외선을 흡수하는 요인이다. 그림 3.42는 몇 가지 중요한 광학 결정에 대한 $n(\omega)$ 곡선을 적외선에서 자외선까지 보여 주고 있다. 이 $n(\omega)$ 곡선들이 어떻게 자외선에서는 커지고 적외선에서는 작아지는지를 보자. 그러므로 라디오파의 낮은 주파수 영역에서 유리는 다시 투명해진다. 반면에 채색 유리는 가시광선 영역에서 공명 주파수를 갖고 있어 특정한 파장을 흡수하고 보색을 방출한다.

마지막으로 구동 주파수가 모든 ω_{0j}보다 크면, $n^2 < 1$이고, $n < 1$이 된다. 보기를 들면 이러한 상황은 X-선이 유리에 입사하는 경우이다. 이것은 $v > c$가 되어 특수 상대론에서 벗어나기 때문에 매우 흥미 있는 상황이 된다. 이 문제는 군속도를 다룰 때 나중에 다시 다룰 것이다(7.2.2절 참조).

부분적으로 요약하면 가시광선 영역에서 전자의 분극은 $n(\omega)$를 결정하는 가장 중요한 요소이다. 고전적으로 사람들은 전자 진동자(electron-oscillators)가 입사광의 진동수로 진동한다고 생각하였다. 따라서 입사광의 주파수가 고유 주파수에서 멀어지게 되면 진동의 세기는 작아지고 소모 흡수도 작게 된다. 그러나 공명 주파수에서는 진동의 세기가 급격하게 증가하고, 전기장은 전하에 대해서 더 많은 일을 하게 된다. 전자기 에너지는 광파에서 매질 내의 역학 에너지로 바뀌어 열로 소모되는데, 이 영역을 흡수대라고 한다. 따라서 고유 주파수 영역에 입사하는 빛에 대해서 매질은 불투명하며, 그 외에 영역에서는 투명하다(79쪽의 렌즈 사진 참조).

음의 굴절

물질의 굴절률은 식 (3.59)인 $n = \pm\sqrt{\epsilon\mu/\epsilon_0\mu_0}$에서 보듯이 전기 유전률과 자기 투자율에 관계된다. 추측하건대 근호는 양수 또는 음수 중 하나일 수 있지만, 후자의 가능성에 관심을 갖는 사람은 없다. 그러나 1968년에 러시아 물리학자인 베셀라고(Victor G. Veselago)는 물질의 투자율과 유전율이 모두가 음수라면 이 물질이 음의 굴절률을 가질 수 있다는 것과 이로 인하여 여러 가지 기묘한 특성이 나타날 수 있다는 것을 말하였다. 그 당시 적절한 환경과 제한된 주파수 영역에서 $\epsilon < 0$또는 $\mu < 0$을 보여 줄 수 있는 물질이 있었지만, 알려진 투명한 물질 또는 반투명한 물질에서는 한 번에 이 두 가지를 모두 갖는 물질은 존재하지 않았다. 당연하게도 이후 10년간 이 이론은 거의 흥미를 끌지 못하였다.

광파의 파장은 대략 원자 크기의 5000배 정도 되며, 이 광

메타물질을 만드는 데 사용된 초소형 전도성 산란자(분리된 고리 공진기)로 구정한 어레이. 이 어레이가 마이크로파 영역에서 작동한다면 이 어레이는 $\epsilon < 0$, $\mu < 0$, $n < 0$을 갖는다.

파가 개개의 원자를 '볼' 수 없는 유전체 매질을 통과하여 지나갈 때 다수의 원자들이 광파를 산란한다. 실제적으로 전자기파는 마치 어느 정도 연속적인 이 매질을 '보는' 것처럼 행동하고 이 전자기파가 이동할 때 이 전자기파 전체의 특성을 그대로 유지한다. 만약에 수 센티미터의 긴 마이크로파와 같은 파장이 긴 파가 매우 작은 밀집된 안테나로 채워진 영역을 통과하여 전파하면서 산란한다면 이러한 동일한 현상이 발생한다. 20세기 끝에서야 연구자들이 이러한 산란자들의 3차원 어레이를 제작하기 시작하였다. 작은 열린 고리 모양의 산란자들로 3차원 어레이를 구성한 후, 정전 용량(capacitance)과 인덕턴스(inductance)를 갖고 있는 이 산란자를 진동하는 자기장이 관통하였을 때 산란자들이 원자처럼 공명 진동수를 갖는다. 전기장을 산란시키기 위해서 작은 도전성 도선들로 만든 격자를 이 3차원 어레이 구조에 합쳤다. 이런 공학적 복합체를 **메타물질(metamaterials)**이라고 하며, 이 물질의 공명 주파수보다 높은 주파수 영역에서 메타물질이 음의 굴절률을 보여 준다.

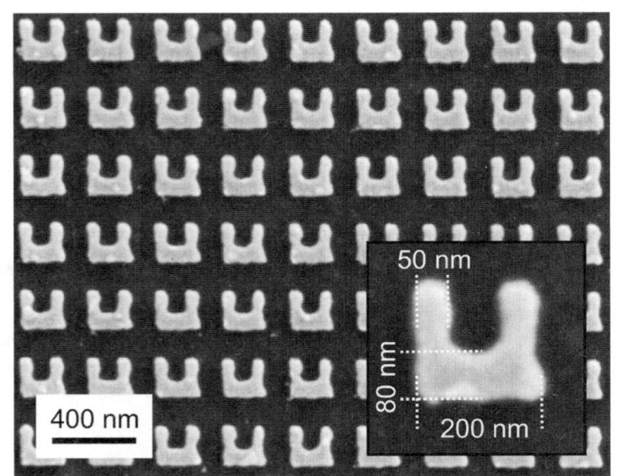

메타물질 내의 산란자들이 점점 더 작아짐에 따라 작동하는 파장도 점점 더 짧아진다. 이렇게 매우 작은 공진기들은 광파의 크기이며 약 200THz에서 기능이 작동하도록 설계를 한다. (Ames Laboratory, USDOE)

음의 굴절률 물질은 다수의 놀라운 특성들을 가지며, 이후에 이 특성들 중 몇 가지 특성들을 예시할 것이다. 이 중에서 가장 이상한 것은 포인팅 벡터로 설명해야만 한다. 유리와 같은 균질하고 등방성인 정상적인 물질에서 전자기파의 위상 속도와 이 전자기파의 포인팅 벡터(에너지 흐름의 방향)는 동일하다. 그러나 **음의 굴절률을 갖는 물질(negative index material)**에서는 그렇지 않다. $\vec{\mathbf{E}} \times \vec{\mathbf{B}}$가 에너지 흐름의 방향을 나타내는 가장 중요한 것인 반면에, 위상 속도는 포인팅 벡터의 반대 방향으로 음의 포인팅 벡터 방향이다. 즉 이 파를 구성하는 구성파(ripple)가 뒤로 움직이는 동안 이 전자기파는 앞으로 진행한다. 위상 속도가 오른손 규칙에 따라 정해지는 전기장과 자기장의 외적(벡터곱)과는 반대 방향이기 때문에 음의 굴절률을 갖는 물질은 **왼손 규칙 물질(left-handed materials)**로 널리 알려져 있다.

오늘날 이 분야는 상당히 어려운 분야이지만 연구자들은 다양한 구조를 사용하여 **광자 결정**(photonic crystals)으로 알려진 유전체를 포함한 음의 굴절률을 갖는 물질을 만드는 데 성공하였다. 이론적으로 가시광선 파장대에서 작동하는 메타물질을 창조하는 것이 가능하기 때문에 '슈퍼렌즈'부터 투명 망토까지의 매우 놀라운 다양한 응용들이 가능하게 될 것이다.

3.6 전자기파-광자 스펙트럼

1876년 맥스웰이 전자기 이론에 관한 첫 번째 논문을 출판할 때 알려진 주파수대는 적외선에서 가시광선을 거쳐 자외선이 고작이었다. 이 영역이 광학에서 가장 관심 있는 부분이기는 하지만 넓은 전자기파의 스펙트럼을 고려할 때 작은 부분에 불과하다(그림 3.43 참조). 이 절에서는 일반적으로 나누는 스펙트럼의 중요한 영역들을(일부는 중첩됨) 자세히 언급하려고 한다.

3.6.1 라디오파

맥스웰이 죽은 지 8년이 지난 1887년 독일 칼스루헤(Karlsruche)에 있는 기술전문대학(Techcische Hochschule)의 물리학 교수인 헤르츠(Heinrich Hertz)는 전자기파를 발생시키고 검출하는 데 성공하였다.* 그가 만든 송신기는 불꽃 간극(spark

* 휴스(David Hughes)가 아마도 이 실험을 한 첫 번째 사람일 것이다. 그러나 1879년 행한 그의 실험은 출판되지 않았고 여러 해 동안 인용되지 않았다.

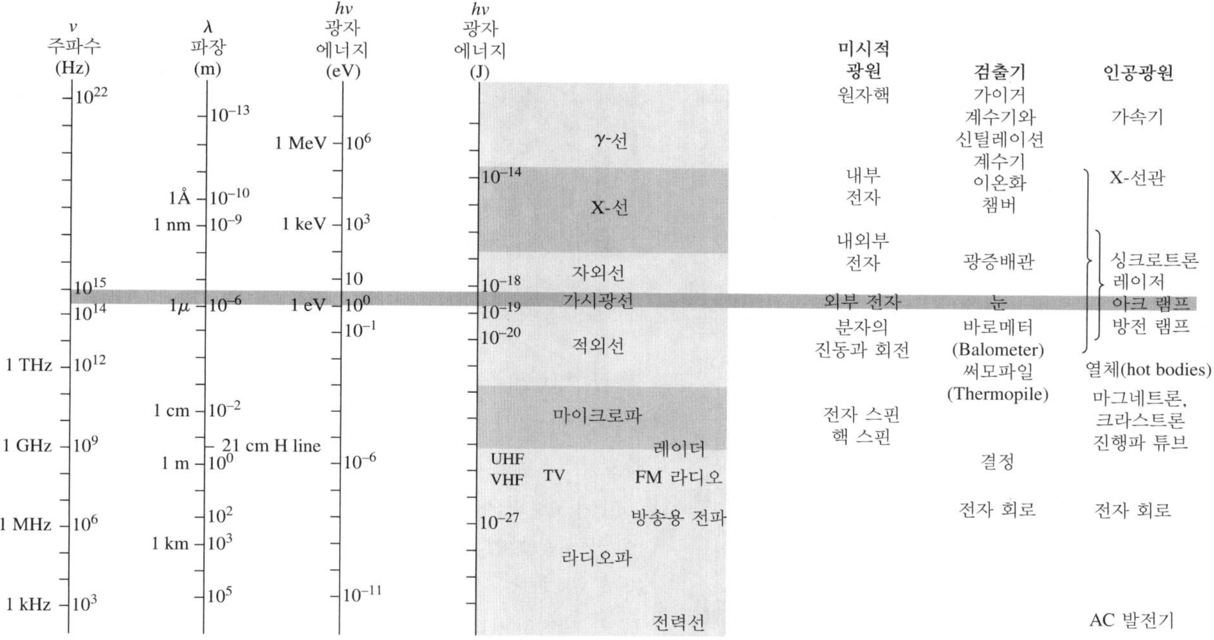

그림 3.43 전자기-광자 스펙트럼

gap)에서 방전하는 (진동 쌍극자 형태의) 진동자였다. 수신 안테나로는 한끝에 놋쇠 손잡이가 달려 있고 다른 쪽 끝에는 뾰쪽한 구리봉이 붙어있는 열린 고리를 사용하였다. 고리의 양끝 사이에서 나타나는 작은 불꽃은 전자기파가 검출되었다는 표시였다. 헤르츠는 복사의 편광 상태 및 반사와 굴절을 측정하고, 간섭 및 정상파를 만들어(미터 단위까지) 파장을 측정하였다. 그는 다음과 같이 기록하였다.

> 나는 전기력으로 몇 가지 광선을 만드는 데 성공하였다. 그리고 이것들을 이용하여 몇 가지 기본적인 실험을 수행한 결과, 이것이 빛과 복사열과 공통점을 가지는 것을 발견하였다. 우리는 아마도 이들을 긴 파장을 갖는 빛이라 고 부를 수 있을 것이다. 위의 실험은 내가 빛의 본질과 복사열 그리고 전자기파의 운동에 관하여 어떤 의심도 할 수 없도록 하였다. (Heinrich Hertz, *Journal of Scince*, 1889)

헤르츠가 사용한 파동은 수 Hz에서 10^9Hz 사이(λ가 수 km에서 0.3 m임)의 **라디오파 주파수(radio frequency)**의 영역으로 알려져 있다. 이러한 파동들은 일반적으로 전기 회로에서 방출된다. 예를 들어 60 Hz가 사용되는 전선으로부터 파장이 5×10^6m 또는 3×10^3마일의 라디오파가 방출된다 . 전자기파의 파장은 제한이 없다. 어떤 사람이 대전된 큰 공을 천천히 흔든다면, 약하지만 긴 파장의 전자기파를 만들 수 있다. 실제로 파장이 298만km가 넘는 전자기파의 흐름이 외계에서 지구를 향하는 것이 관측되었다. 높은 주파수대의 전파

ZnSe, CdTe, GaAs 그리고 Ge로 만든 반도체 렌즈, 이 매질은 특히 적외선(2 μm에서 30 μm) 영역에서 유용하다. 이 렌즈는 가시광선 영역에서 불투명하나 적외선 영역에서는 완전히 투명하다(Two-Six Incorporated/II-IV Inc.).

파리의 에펠탑의 꼭대기에 설치된 마이크로파 안테나. (E.H.)

는 TV와 라디오 방송에 사용된다.

1MHz(10^6Hz)에서 라디오파의 광자는 6.62×10^{-28}J 또는 4×10^{-9}eV의 매우 작은 에너지를 가진다. 따라서 방송에 사용된다. 광자 개개의 효과는 잘 나타나지 않고 거시적으로 연속적인 에너지 흐름처럼 보인다.

3.6.2 마이크로파

마이크로파 영역은 10^9Hz에서 3×10^{11}Hz까지로 파장으로는 대략 30cm에서 1.0mm 사이이다. 지구의 대기를 통과할 수 있는 복사파의 파장은 대략 1cm에서 30m까지이다. 마이크로파는 위성들 사이의 통신에 주로 사용된다. 실제로 우주 공간에 분포하는 중성의 수소 원자는 21cm(1420MHz)파를 방출한다. 이 특별한 복사파는 우리 은하계와 다른 은하계들의 구조에 관한 좋은 정보를 담고 있다.

분자들은 이들을 구성하는 원자의 회전 또는 진동 상태를 바꾸면서 빛을 흡수하거나 방출한다. 물론 이 운동과 관련된 에너지도 양자화되어 있으므로 각 분자는 전자의 에너지 준위와 함께 회전 및 진동에 의한 에너지 준위를 가지고 있다. 단지 극성 분자만이 입사하는 전기장 $\vec{\mathbf{E}}$에 의한 힘을 받아 전기장의 방향으로 정렬할 수 있으므로, 회전 전이로 들뜬 상태가 되는 흡수를 할 수 있다. 많은 분자들이 쉽게 진동할 수 없으므로 낮은 진동수에서 회전 공명이 일어난다(원적외선 0.1mm에서 마이크로파 1cm까지 사이). 예를 들어 물분자는 극성 분자이며(그림 3.37 참고) 전자기파가 입사되면 진동하고 전기장 $\vec{\mathbf{E}}$에 따라 정렬하려고 한다. 이것은 특별히 입사 전자기파가 회전 공명 중 하나와 일치할 때 현저하게 나타난다. 따라서 물분자는 마이크로파나 그 부근에서 매우 효과적인 흡수체이다. 전자레인지(12.2cm, 2.45GHz)는 이를 이용한 것이다. 한편 비극성 분자인 이산화탄소, 수소, 질소, 산소 그리고 메탄 등은 회전 전이를 할 수 없으므로 광자를 흡수하지 않는다.

최근에 마이크로파는 많은 분야에 이용되고 있다. 예를 들어 시외 및 국제전화와 원격 화상 전송, 햄버거 요리, 비행기 유도, 속도 측정(레이더 이용), 우주의 기원 연구, 차고문의 개폐 그리고 행성 표면의 관측 등이다. 이것은 또한 편리한 크기까지 크게 만든 실험장치를 가지고 물리광학을 연구하기에 매우 유용하다.

마이크로파의 낮은 진동수에서 광자는 매우 작은 에너지를 가지며 일반적으로 전기 회로에서 방출되나 두 에너지 준위가 근접해 있을 때, 원자의 전이에서도 나올 수 있다. 세슘 원자의 바닥 상태는 좋은 보기이다. 이것은 근접해 있는 두 에너지 준위의 쌍으로 이들 사이의 에너지 차는 4.14×10^{-5}eV이다. 따라서 방출되는 마이크로파의 주파수는 9.19263177×10^9Hz이다. 이것이 바로 주파수와 시간의 표준으로 잘 알려진 세슘 원자 시계에 사용된다.

T-선을 사용하여 찍은 초콜릿의 사진. 초콜릿 아래에 감춰진 땅콩이 굴절의 결과로 보인다. (V. Rudd, Picometrix, Inc.)

마이크로파와 적외선 양쪽(대략 50GHz에서 10THz까지)에 걸쳐 놓여있는 복사 영역을 테라헤르츠 복사 혹은 T-선이라고 한다. 이 복사파는 플라스틱, 종이, 지방 등과 같은 대부분 건조하거나 무극성인 물질에 의해서는 흡수되지 않는다. 그 결과 이 복사파는 보이지 않는 내부 구조를 찍는 데 사용할 수 있다(앞의 사진 참조).

3.6.3 적외선

적외선 영역은 1800년 유명한 천문학자인 허셜경(Sir William Herschel, 1738~1822)에 의해 발견되었는데, 주파수가 대략 3×10^{11}Hz에서 4×10^{14}Hz 사이이다. 이름이 의미하는 것처럼 전자기파의 이 대역은 적색광 바로 아래에 놓여 있다. 적외선 또는 IR은 다시 4개로 세분되는데 **근적외선**(near IR) (즉 가시광선 부근인 780~3000nm), **중적외선**(intermediate IR) (즉 3000~6000nm), **원적외선**(far IR) (즉 6000~15,000nm), **극원적외선**(extreme IR) (즉 15,000nm~1.0mm)이다. 이것은 역시 대략적인 분류로서 공인된 분류법은 없다. 이 적외선은 마이크로파 진동자나 백열등(즉, 분자 진동자)에서 대단히 긴 파장을 갖는 전자기파로서 방출되는 에너지는 매우 작다. 실제로 어느 물체이든 구성 분자의 열운동으로 적외선을 흡수하거나 방출할 수 있다.

어떤 매질의 온도가 절대 온도 0도(−273°C) 이상이면 구성분자는 약하지만 적외선을 방출한다(13.1.1절 참조). 한편 적외선은 전열기나 불붙은 석탄 그리고 가정용 난로 등과 같은 고온의 물체에서 연속 스펙트럼의 형태로 다량 방출된다. 대략 태양에서 방출되는 에너지의 절반이 적외선이며, 가정용 전구의 경우 빛보다는 더 많은 적외선을 방출한다. 모든 항온 동물처럼 사람도 적외선을 방출한다. 인체가 방출하는 약한 적외선은 3000nm에서 시작해서 10,000nm에서 최대가 되며 극원적외선 영역까지 다다르지만 그 이상은 무시된

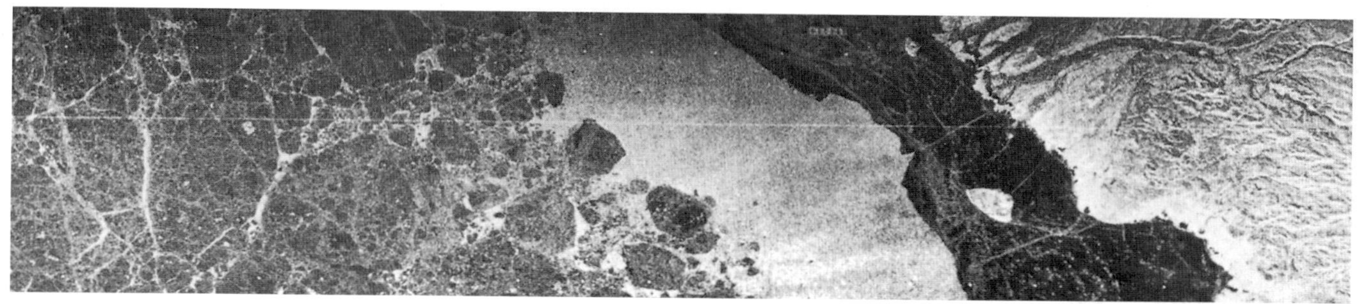

알래스카 북동쪽을 찍은 18×75마일 넓이의 사진. 이 사진은 지상 800㎞ 높이에 있는 시샛(Seasat) 인공위성에서 찍은 것이다. 실제로 이 사진은 레이더나 마이크로파로 찍은 사진이므로 이상하게 보인다. 오른편의 주름진 회색 부분은 캐나다이다. 장화 모양 검은색 바다(빠르게 얼은 첫 번째 얼음)에 박혀 있는 작고 밝은 조개 모양은 뱅크(Bank) 섬이다. 인접한 것은 얼지 않은 물로 매끈한 회색이다. 왼쪽에 있는 검은 회색의 브로치 부분은 주로 극지 빙산이다. 사진에 구름이 없어 보이는 것은 레이더가 구름을 통과할 수 있기 때문이다. (NASA)

다. 이러한 적외선 방출은 밤에도 볼 수 있는 야간 투시경에 이용되며, 열에 민감한 뱀(반시뱀, 살무사, 방울뱀 등)들을 밤에 활동하게 한다.

회전과 함께 분자들은 한 원자가 다른 원자에 대하여 움직이는 방향을 달리하면서 여러 가지 방법으로 진동할 수 있다. 이 경우 분자가 극성일 필요는 없으며 CO_2 같이 일직선에 분포하는 분자는 3가지 다른 모드로 진동할 수 있어서 광자에 의해 들뜨는 몇 개의 에너지 준위를 가질 수 있다. 이때 진동에 의한 흡수대 스펙트럼의 에너지 준위는 적외선(1000 nm ~ 0.1 mm) 영역이다. 대다수 분자들은 적외선 영역에서 진동과 회전 공명을 동시에 가지고 있기 때문에 좋은 흡수체가 된다. 이것이 바로 적외선이 '열선'이라고 잘못 불리는 주된 원인이다. 따라서 햇빛에 얼굴을 노출시키면 바로 열에너지를 느낄 수 있다.

적외선 복사는 주로 검게 칠해진 표면에서 적외선을 흡수해서 열로 바꾸는 장치에 의해 측정된다. 예를 들어 열전쌍 검출기(thermocouple detector), 공기열 복사계(pneumatic detector)(예, 골레이셀), 초전 검출기(pyroelctric detector), 저항열 복사계(bolometer detector) 등이 있으며, 이들은 순서대로 전압, 기체 부피, 영구 전기 분극 그리고 저항 등의 온도 의존성을 이용한다. 이때 검출기들은 음극선관 등과 같은 주사 방식의 브라운관과 연결되어 온도 기록계와 같은 적외선 그림을 보여 줄 수 있다(사진 참조). 이것은 고장난 변압기부터 사람의 상처 난 부위까지 모든 종류의 이상을 검출하는 데 사용할 수 있다. 적외선 영역(<1300 nm)에 민감한 필름도 이러한 적외선 검출에 사용 가능하다. 적외선 검출기를 사용하는 응용의 예로 로켓의 발사를 감지하는 적외선 첩보위성, 농작물의 재해를 감지하는 적외선 위성, 우주를 감시하는 천문관측용 적외선 인공위성, 적외선으로 유도되는 열추적 유도탄, 적외선 레이저와 망원경을 이용하여 대기의 상태를 관측하는 시스템(LIDAR 시스템이라고 함) 등도 있다.

IR 사진. 가시광에서는 셔츠가 암갈색이고 내의는 공처럼 검은색이다. (E.H.)

물체의 온도와 주위의 온도 차이가 작으면 특성 적외선을 방출한다. 이것을 이용하면 도둑같이 몰래 숨어 있는 뇌의 종양이나 유방암 등을 찾아낼 수 있다. 적외선 레이저인 CO_2 레이저는 100 W 이상의 연속적인 출력이 쉽게 가능하기 때문에 산업 현장에 많이 이용되고 있다. 특히 정밀한 절단이나 열처리 등에 많이 이용된다. 극원적외선($18.3\mu m \sim 23.0\mu m$)은 주로 인체 조직에서 흡수되므로 적외선 레이저는 출혈 없이 절개할 수 있는 효과적인 외과용 수술칼이 된다.

3.6.4 가시광

가시광은 주파수가 3.84×10^{14} Hz에서 7.69×10^{14} Hz(표 3.4 참고) 사이인 좁은 영역의 전자기파를 의미한다. 이것은 주로 원자나 분자의 외각 전자의 재배열에 의해서 방출되는 것이다(싱크로트론 복사는 완전히 다른 얼개에 의한 것임을 잊

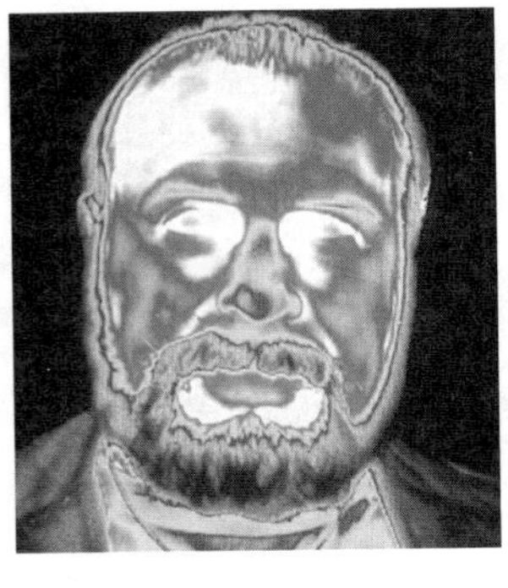

저자 얼굴을 찍은 열사진(thermograph). 이 사진은 컬러로 보면 더 잘 보인다. 차가운 수염을 주목하고, 이 책의 첫판을 낸 이래로 이마의 머리털들이 얼마나 뒤로 멀어졌는지를 주목하라. (E.H.)

지 말 것).*

고온의 필라멘트나 태양 등에서는 전자들이 임의로 가속되고 충돌한다. 따라서 **열복사(thermal radiation)**라고 하는 넓은 범위의 복사띠가 존재하며, 이것이 바로 가시광을 내는 광원이다. 반대로 어떤 유리관 속에 특정한 기체를 채우고 전기방전을 시키면 원자들은 들뜬 상태가 되어 빛을 방출한다. 방출되는 빛은 원자의 에너지 준위의 특성을 잘 나타내고 있으며 잘 알려진 주파수대의 선스펙트럼을 만든다. 이 장치가 바로 방전관이다. 이 방전관에 크립톤 86 동위원소의 기체를 넣으면, 매우 좁은 스펙트럼 선이 나온다(핵 스핀이 0이므로 초미세구조가 없다). 진공 중에서 파장이 605.7802105 nm인 Kr 86의 주황색선은 선폭(높이의 절반)이 불과 0.00047 nm 또는 400 MHz에 불과하다. 따라서

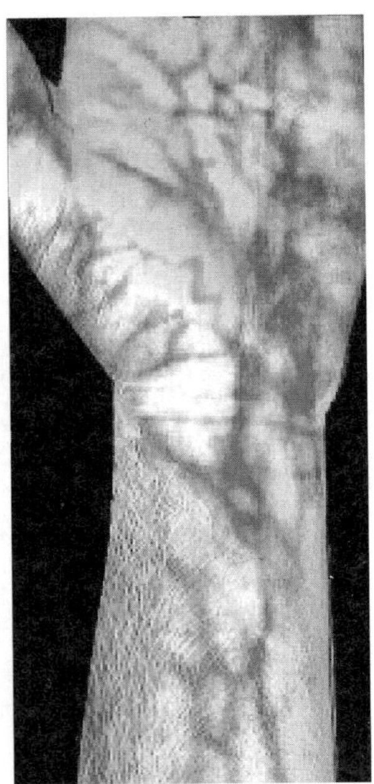

468.5 nm(가시광)에서 827.3 nm(근적외선)까지 전개된 복사 에너지의 광대역 스펙트럼의 전자기파에 의하여 관찰된 팔 사진. 이 기술은 생물의학에서 많은 응용성을 갖으며, 이러한 응용 중에는 피부암의 조기 발견도 있다.

* 인간의 생리학 측면에서 가시광을 정의할 필요는 없을 뿐만 아니라 이것이 좋지 않은 생각이라는 증거는 많이 있다. 예를 들어 T. J. Wang, "Visual Response of the Humen Eye to X Radiation", *Am. J. Phys.* **35**, 779 (1967)을 보라.

표 3.4 여러 종류의 색에 대한 대략적인 주파수와 진공 중의 파장 범위

색	λ_0 (nm)	ν(THz)*
빨간색	780–622	384–482
주황색	622–597	482–503
노란색	597–577	503–520
녹색	577–492	520–610
파란색	492–455	610–659
보라색	455–390	659–769

* 1 테라헤르츠(THz) = 10^{12} Hz, 1 나노미터 (nm) = 10^{-9}m

1983년까지는 이것을 길이의 표준으로 사용하였다(파장의 1,650,763.73 배를 1 m로 사용하였다).

백색광(white light)을 여러 색이 섞여서 만들어진 것이라고 처음으로 생각한 사람은 뉴턴이다. 수세기 동안 사람들은 이 프리즘이 서로 다른 각도로 빛을 분리할 수 있다는 생각을 못하고 단지 빛이 흐려져서 색이 나온다고 생각하였다. 놀랄 것 없이 **흰색**(whiteness)이란 지구에서 낮에 조사되는 빛의 스펙트럼에 대한 우리의 감각일 뿐이다. 이 낮의 빛에 대한 스펙트럼은 일반적으로 적색보다는 보라색에서 더 빨리 감소하는 넓은 주파수 분포를 갖는다(그림 3.44). 인간의 눈과 뇌로 이어지는 검출기는 비슷한 세기를 갖는 여러 진동수가 섞여 있을 때 흰색으로 받아들인다. 이것이 바로 우리가 특별히 강한 색이 없이 여러 색이 존재할 때 흰색이라고 표현하는 이유이다. 그러나 같은 흰색에도 여러 가지 다양한 분포가 존재할 수 있다. 우리는 어떤 종이가 서로 다름에도 불구하고 실내의 전등 밑에서 볼 때와 태양 빛 아래서 볼 때 같은 흰색을 나타내는 것을 알고 있다. 실제로 여러 종류의 색깔 있는 빛이 쌍으로 존재한다(예를 들어 656 nm의 빨간색과 492 nm의 청록색). 이 경우 많은 색이 섞여 있는 흰색과 구분할 수 없다. 귀는 소리의 배수 진동을 구분하여 분석할 수 있지만 눈은 빛을 배수 진동으로 구분하여 분석할 수 없다(7.3절 참조).

흑체(black-body)라고 하는 이상적인 복사체로부터의 열복사는 이 복사체의 온도에 의존한다(그림 13.2). 대부분의 뜨겁게 작열하는 물체는 어느 정도 흑체와 비슷하며 넓은 주파수대의 전자기파를 복사하는데, 물체의 온도가 내려가는 낮은 주파수대에서 점점 많은 에너지가 나온다. 더군다나 물체가 점점 더 뜨거워지면 물체는 점점 더 밝아진다. 절대 영도보다 큰 온도의 모든 물체는 전자기파를 복사하지만 가시광 영역을 많이 복사하기 위해서는 물체가 상당히 뜨거워야만 한다. 즉 우리가 눈으로 전혀 볼 수 없는 적외선을 몸에서 대부분 방출한다는 사실이 이에 대한 증거이다. 이와 비교해 보면 상대적으로 낮은 온도인 1700 K에서 성냥 불꽃이 적홍색으로 타오르며, 이보다 약간 더 뜨거운 1850 K에서는 촛불이 노란색으로 보인다. 반면에 약 2800 K에서 3300 K의

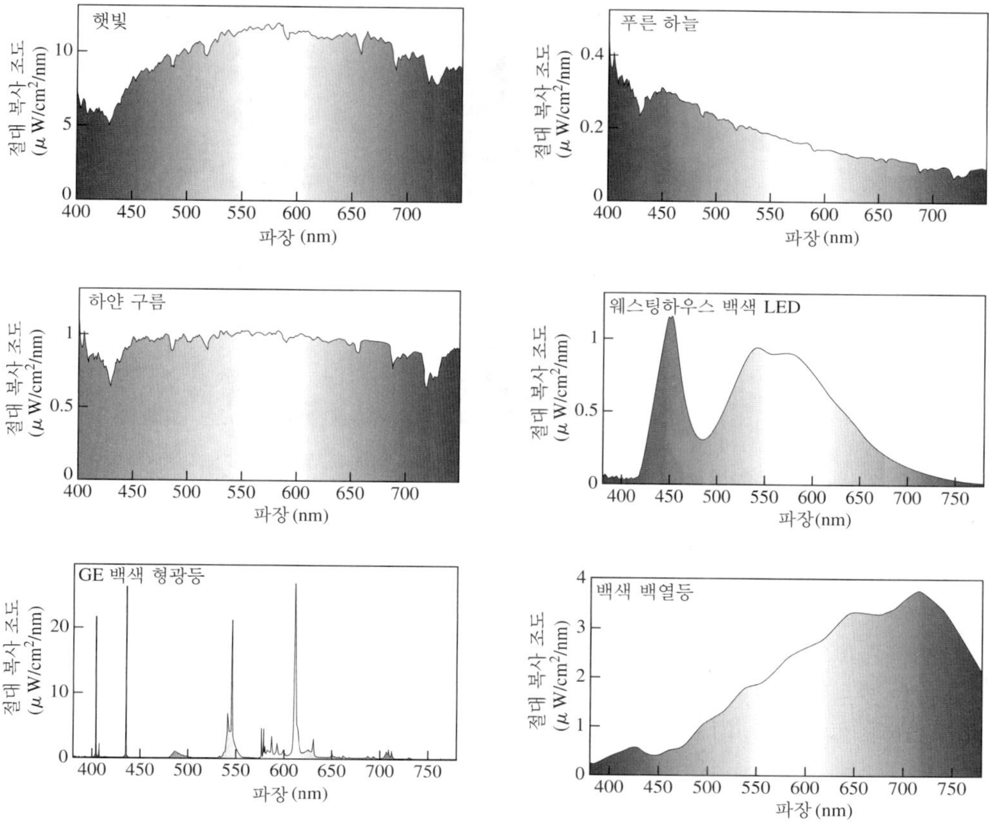

그림 3.44 빛에 대한 다양한 스펙트럼 분포 (Dr. Gottipaty N. Rao, Adelphi University)

온도 범위에 있는 백열전구는 약간 더 푸른색이 포함된 스펙트럼이 빛을 내면서 백황색 빛으로 보인다. 더 높은 온도인 6500 K에서는 보통 햇빛(daylight)이라고 하는 스펙트럼이 나온다. 디지털 카메라, DVD, 웹 그래픽 및 대부분의 다른 응용 프로그램은 6500 K의 색온도에 맞춰 설계되었다.

사람이 구별할 수 있는 색은 빨간색의 384 THz에서 주황색, 노란색, 녹색 그리고 파란색을 지나 보라색의 769 THz까지 분포한다(표 3.4). 색을 인식하는 것은 전적으로 인간의 생리적 또는 심리적 느낌이다. 색은 전자기파 자체의 특성이 아니라, 검출하는 장치(눈, 신경, 뇌 등)에서 결정되는 것이다. 정확하게 말하면 '노란색'이라고 하기보다는 '노란색으로 보이는 빛'이라고 하는 것이 옳다. 서로 다른 여러 진동수를 섞어서 눈과 뇌의 감각으로부터 같은 색반응을 얻어낼 수 있다. 빨간색의 빛(430 THz에서 최고치)을 녹색(540 THz에서 최고치)과 섞으면, 노란색 대의 빛이 없음에도 불구하고 노란색의 감각을 느끼게 된다. 눈과 뇌가 입력을 평균하여 노란색을 '보는' 것(4.9절)이 분명하다. 이것이 바로 컬러 TV가 세 가지 형광(빨강, 파랑, 녹색)만을 이용하여 모든 색을 재현할 수 있는 이유이다.

한낮에 태양광이 비칠 때의 광자선속은 10^{21} 광자/$m^2 \cdot s$로 우리가 기대하는 양자 현상을 관측하기에는 무리일 정도로 크다. 그러나 매우 약한 빛의 경우 광자의 에너지가 가시광의 영역($h\nu \approx 1.6$ eV에서 3.2 eV까지)에 있다면 이것은 개별적으로 효과를 낼만큼 충분한 에너지를 가지고 있기 때문에 양자 효과가 명백하게 나타난다. 인간의 눈에 대한 연구 결과를 보면 10개의 광자나 심지어 1개의 광자까지도 검출할 수 있다고 알려져 있다.

3.6.5 자외선

가시광에 이웃하는 영역으로 리터(Johann Wilhelm Ritter, 1776~1810)가 발견한 자외선이 있다(대략 8×10^{14} Hz에서 3.4×10^{16} Hz 사이). 이 영역에서 광자의 에너지는 3.2 eV부터 100 eV까지이다. 태양으로부터 오는 자외선(UV)은 대기 상층부의 원자들을 이온화시킬 수 있는 충분한 에너지를 가지고 있기 때문에, 대기 상층부에 전리층을 형성한다. 이러한 광자의 에너지는 또한 화학 반응에 필요한 에너지와 비슷한 크기로 화학 반응을 일으키는 데 중요한 역할을 한다. 다행스럽게도 대기 중의 오존(O_3)이 자외선을 흡수하여 치명적인 태양 자외선을 막아준다. 290 nm보다 짧은 파장의 자외

마리너 10호가 찍은 금성의 자외선 사진 (DVIDS/NASA)

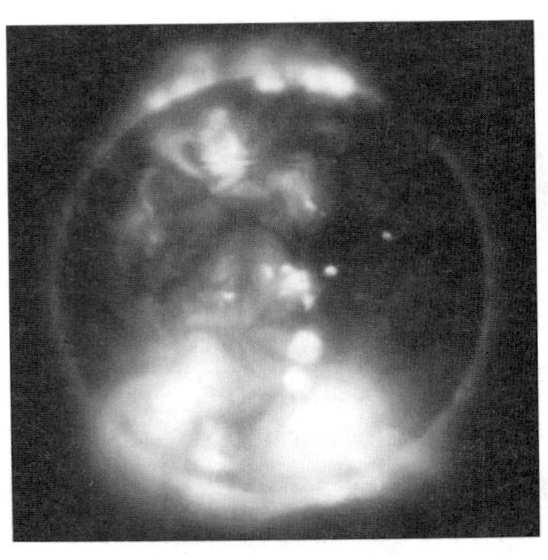

1970년 3월에 찍은 태양의 X-선 사진. 달의 가장자리가 남동쪽 구석에 보인다. (Dr. G. Vaiana and NASA)

선 영역에서는 UV가 살균력이 있으며(즉 미생물을 죽인다) 파장이 짧아질수록 입자성이 강해진다.

눈의 각막이 UV를 흡수하기 때문에 인간의 눈은 UV를 잘 볼 수 없으며, 특히 300 nm보다 짧은 파장은 대부분 수정체에서 흡수된다. 백내장으로 수정체를 제거한 사람은 UV($\lambda > 300$ nm)를 볼 수 있다. 꿀벌을 비롯한 몇 가지 곤충의 경우는 UV에 반응한다. 예를 들면 비둘기는 UV만 있어도 형태를 알아볼 수 있으며, 따라서 흐린 날에 비행하는 것이 가능하다.

전자가 들뜬 상태에서 낮은 에너지로 전이하는 경우 원자는 자외선을 방출한다. 예를 들면 나트륨의 최외각 전자는 5.1 eV에서 분리되어 이온화되기 전까지 점점 더 높은 에너지 준위로 전이한다. 만일 이온이 즉시 자유 전자와 재결합하면 전자는 연속적으로 들뜰 때와 같이 급속히 바닥 상태로 전이하며 광자를 방출한다. 그러나 때로는 이 과정이 한 번에 일어나서 단일 전이로 5.1 eV의 에너지를 갖는 광자(UV)를 방출한다. 보다 많은 에너지를 갖는 UV는 내부에 단단히 결합되어 있는 전자가 들뜬 상태가 될 때 방출된다.

고립된 원자의 쌍을 이루지 못한 가전자(valence electrons)는 채색광의 중요한 광원이다. 그러나 같은 원자가 분자나 고체 상태로 결합되었을 때, 가전자는 화학 결합에 의해 서로를 공유하는 쌍을 이루게 된다. 따라서 전자는 보다 견고하게 결합되고 그들의 들뜬 상태 분자 에너지는 UV보다 크게 된다. N_2, O_2, CO_2, H_2O 같은 대기 중의 분자들은 이와 같이 UV에서 전자 공명을 한다.

최근에 자외선 사진필름과 현미경, UV 천체망원경, 방사광원 그리고 자외선 레이저 등이 개발되었다.

3.6.6 X-선

X-선은 1895년 뢴트겐(Wilhelm Conrad Röntgen, 1845~1923)에 의하여 우연하게 발견되었다. X-선의 영역은 2.4×10^{16} Hz에서 5×10^{19} Hz 사이로 원자보다 작을 정도로 파장이 매우 짧다. 이들의 광자 에너지(100 eV에서 0.2 MeV까지)는 마치 에너지 총알처럼 모든 원자들과 개별적인 상호작용을 하는 데 충분하다. X-선을 발생시키는 일반적인 얼개는 고속의 대전 입자를 갑자기 감속시키는 것이다. 이 경우 에너지를 가지고 있는 전자가 구리판과 같은 물체 표적에 충돌하여 넓은 주파수 영역의 **제동 복사**(bremsstrahlung)를 방출한다. 구리 원자핵과 충돌한 전자 선속은 방향을 바꾸게 되므로 X-선 광자를 방출한다.

뿐만 아니라 표적의 원자들은 충돌하는 동안 이온화되면서 원자핵에 가까이 있는 속껍질의 전자들도 분리되므로 원자가 바닥 상태로 돌아가면서 X-선을 방출한다. 따라서 양자화된 복사는 표적 원자의 에너지 준위에 따라 달라지며 이러한 복사를 **특성 복사**(characteristic radiation)라고 한다.

전통적인 방사선 촬영은 보통 의미의 사진 촬영과 달리 복잡하다. 왜냐하면 X-선에 사용할 수 있는 적당한 렌즈가 없기 때문이다. 그러나 최근에 나온 거울을 이용한 집광 방법(5.4절 참조)은 X-선 촬영의 새로운 시대를 열어 핵융합 반응의 폭발, 태양(사진 참조), 멀리 떨어진 준성, 블랙홀 등 수백만 도의 온도로 X-선을 내고 있는 천체의 사진을 자세하게 찍을 수 있게 되었다. 궤도에 있는 X-선 천체망원경은 우리에게 우주를 보는 새로운 시야를 열어준다(사진 참조). X-선의 응용으로는 X-선 현미경, 고속 X-선 섬광사진기, X-선 회절 격자와 간섭계, X-선 홀로그래피 등이 있다. 1984년 로렌스 리버모아 국립 연구소(Lawrence Livermore National Laboratory)의 한 연구팀은 20.6 nm의 파장을 갖는 레이저를 만드는 데 성공하였다. 정확하게는 극자외선(XUV) 영역이지만 첫 번째 연 X-선(soft X-ray) 레이저에 가까운 것이다.

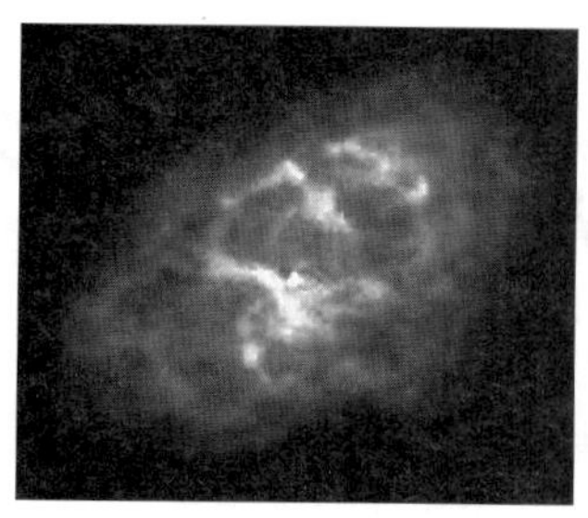
(지구로부터 6000광년 떨어진) 게 성운이 서기 1054년에 지구에서 관찰된 초신성, 즉 폭발된 별의 잔해이다. 성운은 장파장의 라디오파의 밝은 광원이다. 여기에서 개개의 광자 에너지는 상대적으로 낮다. 주변에 멀리 떨어져 있는 별들은 보이지 않는다. (DVIDS/NASA)

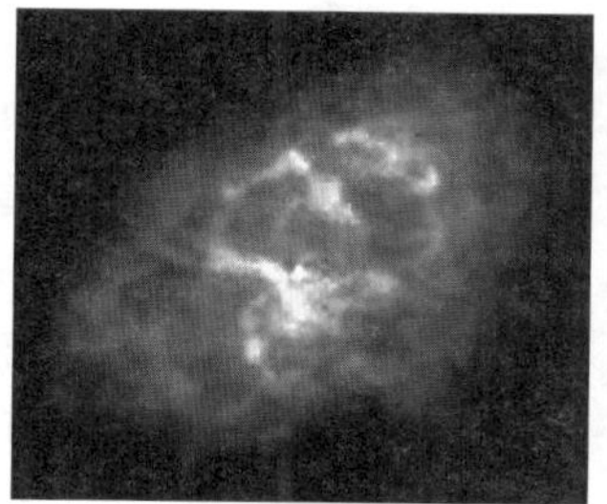
(별자리 중 황소자리에 놓여 있는) 게성운의 중심에서는 아주 빠르게 회전하는 중성자별 또는 1초에 30번의 섬광을 복사하는 펄사(pulsar)가 놓여 있다. 게 성운의 영상은 게 성운에서 나온 근적외선 복사 에너지로 찍은 것이다. 상대적으로 뜨거운 영역은 이 사진에서 밝은 영역으로 나타난다. 배경에 놓여 있는 약간의 별들은 근적외선에서 보는 것보다 가사광에서 더 밝게 보인다. (DVIDS/NASA)

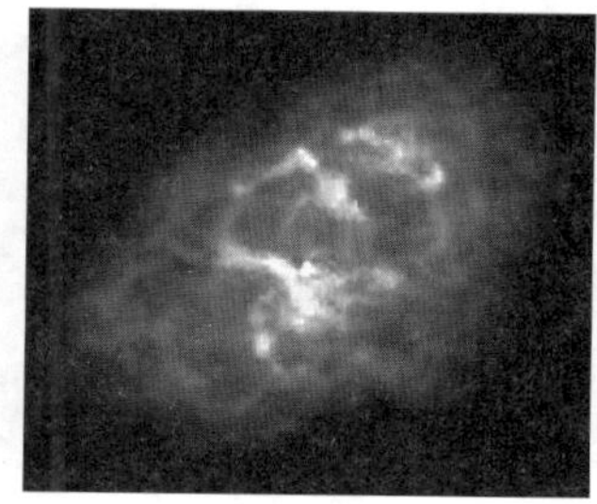
이 놀랄 정도로 상세한 게 성운에 대한 X-선 사진은 챈드라(Chandra) X-선 천문대에서 최근에 찍은 것이다. 이 사진은 펄사(pulsar)에서 가장 에너지가 강한 입자들이 나오는 위치를 알려준다.(DVIDS/NASA)

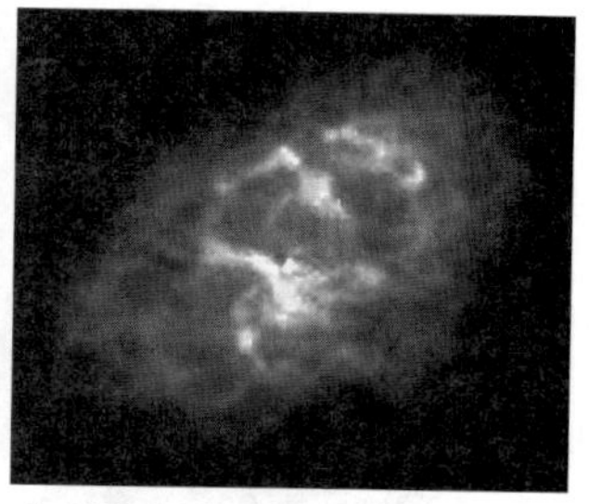
게 성운에 대한 광학 사진. 이 사진을 찍을 수 있는 빛은 중간 에너지의 입자들로부터 나왔다. 가느다란 필라멘트 형상은 수만 도의 온도를 갖는 매우 뜨거운 가스에서 나온 것이다.(DVIDS/NASA)

3.6.7 감마선

가장 높은 에너지(10^4eV부터 10^{19}eV까지), 즉 가장 짧은 파장을 갖는 전자기파가 바로 감마선이다. 감마선은 원자핵의 전이에 의해 방출된다. 단일 감마선 광자는 에너지가 너무 크기 때문에 어려움 없이 검출할 수 있다. 동시에 파장이 매우 짧기 때문에 파동성을 보는 것은 거의 불가능하다.

우리는 이 절에서 파동성이 강한 라디오파에서 입자성이 강한 감마선까지 전 영역을 다루었다. 로그 눈금으로 볼 때 스펙트럼의 중간 부근 어딘가에 가시광이 있다. 다른 모든 전자기파와 같이 이것도 양자화되어 있다. 그러나 여기서 중요한 것은 우리가 '보는 것'은 우리가 어떤 관점을 가지고 있는가에 따라서 달라진다는 것이다.

3.7 양자장론

하전 입자들은 다른 하전 입자들에 힘을 가한다. 이 하전 입자는 주변 공간에다가 거미줄 같은 전자기 상호작용의 그물을 형성한다. 이러한 가상현실은 전기장의 개념으로 전자기 상호작용을 거시적 세계에서 보여 주는 표현이다. 정전기장(static electric field)은 효과적인 면에서 전하들 사이의 상호작용을 축약해 놓은 공간적 개념이다. 패러데이의 관점을 통해서 장에 대한 아이디어가 확장되었으며 이러한 개념은 하나의 전하가 전기장 $\vec{\mathbf{E}}$를 만들고 이 장내에 들어간 다른 전하가 이것과 직접 상호작용하는 것으로 생각하도록 한다. 힘을 생성하는 것이 무엇이든지 간에 이 힘으로 1 대 1 대응(mapping)시키는 것은 하나의 물건일 수도 하나의 장일 수도 있다. 이것들은 그 자체로도 힘을 발휘할 수 있다. 이에 대한 많은 의문점들이 있을 수 있지만 장에 대한 이러한 개념상의 그림은 간단한 것처럼 보인다. 정전기장 $\vec{\mathbf{E}}$는 이 자체의 물리적 실체를 가지고 있을까? 실제로 장내에서는 어떤 것들이 흐르고 있을까? 장은 전하에 어떻게 힘을 가할 수 있을까? 이 힘이 영향을 주는 데 시간이 필요할까?

전자기장이 실제로 존재하므로 물리학자들은 편하게 공간 내의 빈 곳을 채우는 매우 희박한 물질을 생각하였다. 즉 **빛은 전자기장 내에 존재하는 전자파로 생각하였다.** 존재하는 장을 통하여 흘러가는 어떤 파동을 생각하는 것은 매우 쉽지만 그림 3.45처럼 국지화(localized)되어 있는 펄스가 공간으로 퍼져 나가는 것을 어떻게 개념화해야 하는지 분명하지가 않다. 펄스보다 앞서서 퍼져 나가는 공간 내의 정전기장은 없다. 즉 펄스가 전자기장 내의 물질을 타고 퍼져 나간다면 먼저 진행상으로 보아 이 물질 자체가 먼저 만들어져야만 한다. 이것을 상상하는 것이 어느 정도 불가능한 것은 아니지만 이것을 고전적 파동이라고 말할 수는 없다. 전통적인 파동에서는 기본적인 시작점을 평형 상태에 있는 물질로 본다. 즉 이 파동의 통과 전후에 임의의 위치에서 평형 상태에 있는 파동이 존재한다고 본다. 그래서 수학적으로 매우 아름다운 형태를 취하는 전자기파의 아이디어가 개념적으로는 그렇게 썩 좋은 것만은 아니다.

1905년에 이미 아인슈타인은 필요한 여러 양들의 평균값으로 표기하는 고전 전자기 방정식을 생각하였다. 아인슈타인은 플랑크(Planck)에게 "내가 보기에는 에테르를 가정하지 않고 공간 내에 연속적으로 분포하는 에너지를 생각하는 것은 매우 불합리한 것처럼 보인다. 페러데이의 표현이 전자기

그림 3.45 네오디뮴이 도핑된 유리 레이저에서 나오는 초록색 극초단 펄스. 이 펄스가 유리벽에 mm 표기가 새겨진 물통을 지나간다. 10피코초의 노출 동안에 펄스는 약 2.2mm 움직인다. (Bell Laboratories)

학의 발전에 있어서 매우 유용하지만, 에테르적 관점이 모든 점에서 상세히 그대로 맞아야만 한다는 내 주장과는 그 표현이 다르다"라고 편지를 썼다. 놀랍게도 고전론으로 모든 측정 결과를 잘 설명할 수 있지만 이 고전론은 극도로 작은 입자 구조에 의한 여러 현상들을 염두에 두고 만들어지지는 않았다. 열역학적 논의를 할 때 아인슈타인은 전기장과 자기장을 연속적인 파동보다는 오히려 입자로 양자화하는 것을 제안하였다. 무엇보다도 고전론은 전자가 발견되기 전 수십 년 동안 이미 발전되어 왔다. 만약에 전하(전자기학의 기본 샘임)를 양자화한다면 고전론에다가 이러한 것을 어떤 기본적인 방법으로 반영하여야만 하는가?

오늘날 우리들은 양자역학에 모든 것을 의지하는데, 이 양자역학은 상당한 계산력과 예지력을 가지고 있음에도 불구하고 개념을 혼란스럽게 한다. 마이크로 입자들과 이들의 상호작용을 다루는 학문인 양자장론(Quantum Field Theory: QFT)은 물리 이론 중에서 가장 기본적인 이론이며, 논리적으로 가장 성공적인 이론이다. 빛에 대한 양자(light quanta)들은 양자장론에서 자연스럽게 전자기장을 양자화하는 과정에서 나온다. 명백히 이에 대한 의미는 모든 마이크로 입자들이 이들 자체의 장으로부터 기원한다는 것이다. 즉 전에 언급한 것처럼 **장이 물체 자체**라는 것이다. 그래서 전자는 전자장(electron field)의 양자화이고, 양성자는 양성자장(proton field)의 양자화이다. 20세기 중반 이래로 장론의(field theory) 이론학자들은 이러한 양자장론에 대하여 세세히 밝혀왔다.

현대의 QFT에서는 장에 중심을 두는 주장과 입자에 중심을 두는 주장과 같이 두 가지 서로 다른 철학적 흐름이 있다. 장에 중심을 두는 관점에서는 **장이란 기본적인 존재이고 입자들은 이 장의 양자들이다.** 입자에 중심을 두는 관점에서는 **입자란 기본적인 존재이고 장들은 입자들의 거시적 결맞는 상태(coherent states)들이다.** 드브로이(L. de Broglie, 1923), 슈뢰딩거(E. Schrödinger), 조단(P. Jordan), 파울리(W. Pauli)가 장의 개념을 전승하였는데, 이들의 연구 결과는 소위 파동 역학(Wave Mechanics)이라는 양자역학의 개념에 대한 기초를 형성하였다. 입자론에 대한 정신적 스승은 전자-양전자 쌍에 대한 이론으로 입자적 논의를 제시하였던 디랙(P. A. M. Dirac)이지만 하이젠베르크(W. Heisenberg, 1925)의 업적을 입자론의 시초로 본다. 전자기 상호작용에 대한 상대론적 양자역학으로 취급하려는 QFT의 특별한 분야를 양자 전기 동력학(Quantum Electrodynamics: QED)이라고 하는데, 여기에도 역시 입자 중심론 지지자들과 장 중심 지지자들이 있다. QED의 기본 아이디어들 중 일부는 파인만(R. P. Feynman)이 이 책의 수준에서 알 수 있도록 해석하였다. 그리고 이 이론의 기본 아이디어들로 광학 분야를 설명하기 때문에 책의 뒷부분에서 이 이론을 다룰 것이다.

QFT를 사용하는 현대 물리에서는 모든 장들이 양자화된다고 한다. 즉 네 개의 기본 힘들(중력, 전자기력, 강한 핵력, 약한 핵력)을 하나의 특별한 장입자(field particle)로 구별한다. 상호작용하는 물질 입자들(전자, 양성자 등)이 이들 **메신저 보손**(messenger bosons)들을 흡수하거나 방출한다. 이렇게 진행되는 교환이 상호작용이다. 특히 전기장을 매개하는 입자를 **가상 광자(virtual photon)**라고 한다. 이 질량이 없는 메신저는 광속으로 움직이며 에너지와 운동량을 운반한다. 두 전자가 다른 한 전자를 튕겨내거나 전자와 양성자가 서로 끌려올 때 가상 광자를 방출하거나 흡수하게 되며, 이 때문에 하나의 입자에서 다른 입자로 운동량이 이동하게 되고, 이 운동량 이동의 결과가 힘의 작용으로 측정된다. 전자기력의 메신저 입자들이 상호작용을 제한하기 때문에 이 입자들을 소위 **가상** 광자라고 하는 것이다. 가상 광자들은 어떤 장비로도 결코 직접 측정할 수 없으므로 철학적으로 매우 혼란스럽고 이들의 존재를 확고하게 하는 것이 매우 어렵다. (실질 광자와는 다른) 가상 광자들은 오직 상호작용하에서만 존재한다. 이런 것들이 형이상학적 상태가 아직 결정되지 않은 이 이론의 결과이다.*

거시적 입장에서 메신저 입자들이 매우 많은 수로 모인 연속적인 장이 있다고 한다면 이 메신저 입자들 자체를 명백히 보여 줄 수 있다. 기본 입자들은 이 입자들의 집단적 특성을 결정하는 고유의 각운동량, 즉 **스핀**(spin)을 갖고 있다.

* 이 주제에 대해 더 논의하려면 H. R. Brown and R. Harré, *Philosophical Foundations of Quantum Field Theory*를 참조하라.

$h/2\pi$(즉, 0, $1h/2\pi$, $2h/2\pi$, $3h/2\pi$, …)의 정수배가 되는 각운동량을 갖는 메신저 입자들이 힘을 매개할 경우에만 원하는 장이 생길 수 있다는 것을 양자 이론으로부터 알 수 있다. 가상 광자의 각운동량은 $1(h/2\pi)$이다. 즉 이 가상 광자는 스핀 1의 입자이다. 스핀 1의 메신저들을 갖는 매우 중요한 상호작용이 **게이지 힘(gauge forces)**이고, 모든 게이지 힘의 모델이 전자기력이다. 오늘날 거리에 따라 작용한다는 마법은 바로 가상 입자들의 신비스러운 교환을 통해서 이해된다. 그러나 적어도 지금은 수학적인 이론으로 이러한 여러 현상들을 적절하게 설명할 수 있다.

연습문제

***가 붙지 않은 문제의 풀이는 책 뒤에 나와 있다.**

3.1 $E_x = 0$, $E_y = 2\cos[2\pi \times 10^{14}(t - x/c) + \pi/2]$ 그리고 $E_z = 0$으로 표현되는 진공 중의 평면 전자기파(SI 단위)가 있다.

(a) 주파수, 파장, 운동의 방향, 진폭, 초기 위상각 그리고 편광은 무엇인가?

(b) 자기 선속의 표현을 써라.

3.2 $+z$ 방향으로 진행하는 평면 조화파의 전기장 $\vec{\mathbf{E}}$와 자기장 $\vec{\mathbf{B}}$의 표현을 써라. 파동은 선편광되어 있고 진동면은 yz 평면상에서 45°를 이룬다.

3.3* 식 (3.30)을 고려하여 다음과 같은 관계식을 전기장의 방향이 일정한 평면파에 적용할 때, 이 관계식이 옳다는 것을 증명하라.

$$\vec{\mathbf{k}} \times \vec{\mathbf{E}} = \omega \vec{\mathbf{B}}$$

3.4* y 방향으로 진동하는 전기장 $\vec{\mathbf{E}}$를 생각하자.

$$\frac{\partial E}{\partial x} = -\frac{\partial B}{\partial t}$$

와 같은 식 (3.27)에 조화파 $\vec{\mathbf{B}}$를

$$\vec{\mathbf{E}} = \vec{\mathbf{E}}_0 \cos(kx - \omega t) \qquad \vec{\mathbf{B}} = \vec{\mathbf{B}}_0 \cos(kx - \omega t)$$

을 적용하면 식 (3.30)과 일치하는

$$E_0 = cB_0$$

이 된다는 것을 보여라.

3.5* 다음과 같이 표기하는 (SI 단위로 기술한) 전자기파가 있다.

$$\vec{\mathbf{E}} = (-6\hat{\mathbf{i}} + 3\sqrt{5}\hat{\mathbf{j}})(10^4 \text{ V/m})\, e^{i[\frac{1}{3}(\sqrt{5}x + 2y)\pi \times 10^7 - 9.42 \times 10^{15} t]}$$

$\vec{\mathbf{E}}_0$와 $\vec{\mathbf{k}}$는 서로 수직이라는 것을 기억하라.

(a) 전기장이 진동하는 방향은 어디인가? (b) 전기장 진폭의 스칼라 값은 얼마인가? (c) 전자기파의 전파 방향은 어디인가? (d) 이 전자기파의 파수 벡터의 크기(propagation number)와 파장은 얼마인가? (e) 주파수와 각주파수는 얼마인가? (f) 이 전자기파의 속력은 얼마인가?

3.6 다음과 같은 $+x$ 방향으로 진행하는 전자기파의 전기장이 있다.

$$\vec{\mathbf{E}} = E_0 \hat{\mathbf{j}} \sin \frac{\pi z}{z_0} \cos(kx - \omega t)$$

(a) 이 장을 말로 설명하라. (b) k에 대한 표현식을 써라. (c) 전자기파의 위상 속력을 구하라.

3.7* 만약에 어떤 위치와 시간에서 진공 중의 전자기파의 전기장 $\vec{\mathbf{E}}(z, t)$가 $\vec{\mathbf{E}} = (10\,\text{V/m})(\cos 0.5\pi)\hat{\mathbf{i}}$ 이라면, 이와 관련된 자기장 $\vec{\mathbf{B}}$의 표현을 기술하라.

3.8* 전기장의 방향이 z 방향인 550 nm의 전자기파가 진공에서 y 방향으로 진행한다. (a) 이 파의 주파수는 얼마인가? (b) 이 파에 대한 ω와 k를 구하라. (c) 전기장 진폭이 600 V/m이라면 자기장 진폭은 얼마인가? (d) 전기장 $E(t)$와 자기장 $B(t)$가 각각 이 $x = 0$과 $t = 0$에서 영으로 주어진다면 이들 장들에 대한 표현을 구하라. 이 모든 값들에 대한 적절한 단위를 기술하라.

3.9* 전자기파의 전기장 E를

$$\vec{\mathbf{E}} = (\hat{\mathbf{i}} + \hat{\mathbf{j}})E_0 \sin(kz - \omega t + \pi/6)$$

으로 나타낸다. 자기장 B에 대한 표현을 구하라. 그리고 $\vec{\mathbf{B}}(0, 0)$를 구하라.

3.10* 앞 문제에서 주어진 전자기파를 사용하여 $\vec{\mathbf{E}}(-\lambda/2, 0)$을 구하고 그 순간의 전기장을 나타내는 벡터 그림을 그려라.

3.11* 진공 속을 y 방향으로 진행하는 평면 전자기파를 다음과 나타낸다.

$$\vec{\mathbf{E}}(x, y, z, t) = E_0 \hat{\mathbf{i}}\, e^{i(ky - \omega t)}$$

이 전자기파의 전기장에 대응하는 자기장의 표현을 구하라. $\vec{\mathbf{E}}_0$, $\vec{\mathbf{B}}_0$, 전파 벡터 $\vec{\mathbf{k}}$를 보여 주는 도표를 그려라.

3.12* 진공 중에서 전자기파의 자기장 $\vec{\mathbf{B}}$가 다음과 같다면,

$$\vec{\mathbf{B}}(x, y, z, t) = B_0 \hat{\mathbf{j}}\, e^{i(kz + \omega t)}$$

이와 연관된 전기장 $\vec{\mathbf{E}}$의 표현을 구하라. 이 경우 전파 방향은 어디인가?

3.13* 평행판 축전기에서 전하를 한쪽 극판에서 다른 극판으로 움직이는 데 필요한 에너지를 계산하라. 두 극판 사이에 저장된 에너지의 단위 부피당 밀도는 u_E이다[식 (3.31)]. **힌트**: 전하를 옮길수록 전기장의 세기가 강해진다. 따라서 이를 적분하거나 이 전기장 세기의 평균값인 $E/2$를 사용하여 풀어라.

3.14* 식 (3.32)로부터 전기장과 자기장의 에너지 밀도들이 전자기파에서 모두 같다($u_E = u_B$)라는 것을 증명하라.

3.15 어떤 함수 $f(t)$의 시간 간격 T 동안의 시간 평균은 다음과 같이 주어진다.

$$\langle f(t)\rangle_T = \frac{1}{T}\int_t^{t+T} f(t')\,dt'$$

여기서 t'은 더미 변수(dummy variable)이다. 만일 $\tau = 2\pi/\omega$가 조화파의 주기라면 $T = \tau$, $T \gg \tau$일 때 다음 관계식이 성립하는 것을 보여라.

$$\langle \sin^2(\vec{\mathbf{k}}\cdot\vec{\mathbf{r}} - \omega t)\rangle = \tfrac{1}{2}$$

$$\langle \cos^2(\vec{\mathbf{k}}\cdot\vec{\mathbf{r}} - \omega t)\rangle = \tfrac{1}{2}$$

$$\langle \sin(\vec{\mathbf{k}}\cdot\vec{\mathbf{r}} - \omega t)\cos(\vec{\mathbf{k}}\cdot\vec{\mathbf{r}} - \omega t)\rangle = 0$$

3.16* 임의의 시간 T에 대해서 앞 문제를 보다 일반화시킨 형태가 다음과 같다는 것을 보여라.

$$\langle \cos^2\omega t\rangle_T = \tfrac{1}{2}[1 + \operatorname{sinc}\omega T\cos 2\omega t]$$

3.17* 앞 문제를 기억하고서 임의의 시간 T에 대해서 다음 관계식을 증명하라.

$$\langle \sin^2\omega t\rangle_T = \tfrac{1}{2}[1 - \operatorname{sinc}\omega T\cos 2\omega t]$$

3.18* 진공 중에서의 조화 전자기파의 복사 조도가

$$I = \frac{1}{2c\mu_0}E_0^2$$

이라는 것을 증명하고, 진폭이 15.0 V/m인 평면파가 단위 면적당 전달하는 에너지의 시간당 평균은 얼마인지를 계산하라.

3.19* 1.0 mW의 출력과 파장 650 nm인 레이저에서 1.0 cm^2의 단면적을 갖는 거의 평행한 빔이 나온다. 이 빔의 파면이 균질하고 이 빛이 진공 내를 진행한다고 가정할 때, 이 빔 내의 전기장의 진폭을 구하라.

3.20* 거의 원통파에 가까운 레이저빔이 완전 흡수체의 표면에 수직으로 들어간다. (이 빔의 단면에 걸쳐서 복사 조도가 일정하다고 가정한다면) 이 빔의 복사 조도는 40 W/cm^2이다. 만약에 이 빔의 지름이 $2.0/\sqrt{\pi}$이라면 이 완전 흡수체는 1분당 얼마나 많은 에너지를 흡수하는가?

3.21* 다음 식은 균질한 유전체 내부를 진행하는 전자기파의 전기장 $\vec{\mathbf{E}}$에 대한 것이다.

$$\vec{\mathbf{E}} = (-100\ \mathrm{V/m})\hat{\mathbf{i}}\,e^{i(kz-\omega t)}$$

여기서 $\omega = 1.80\times10^{15}$ rad/s이고 $k = 1.20\times10^{7}$ rad/m이다.

(a) 이 전기장과 연관된 자기장 $\vec{\mathbf{B}}$를 구하라. (b) 이 유전체의 굴절률을 구하라. (c) 유전체의 유전율을 계산하라. (d) 이 전자기파의 전기장에 대한 복사 조도를 구하라. (e) $\vec{\mathbf{E}}_0$, $\vec{\mathbf{B}}_0$, 전파 벡터 $\vec{\mathbf{k}}$를 보여 주는 도표를 그려라.

3.22* 텅스텐 전구에서 20 W의 복사 에너지가 나온다(이것의 대부분은 적외선이다). 이 전구를 점광원으로 가정하고 전구로부터 1.00 m 떨어진 곳에서의 복사 조도를 계산하라.

3.23* $+x$ 방향으로 진행하며 xy 평면상에서 진동하는 선편광된 평면 전자기파가 자유 공간을 전파하고 있다. 이 파동의 주파수가 10 MHz이고, 진폭이 $E_0 = 0.08$ V/m일 때

(a) 주기와 파장을 구하라.

(b) $E(t)$와 $B(t)$의 표현식을 써라.

(c) 선속 밀도 $\langle S\rangle$를 구하라.

3.24* 평균적으로 태양이 복사하는 순 전자기 출력(power), 즉 복사도(luminosity)(L)는 3.9×10^{26} W이다. 지구 대기의 상단부(태양으로부터 거리가 1.5×10^{11} m임)에 도달하는 모든 복사 에너지에 의한 전기장의 평균 진폭은 얼마인가?

3.25 진폭의 크기가 10 V/m인 선편광된 조화파가 xy 평면상에서 진동하며, x축과 45°를 이루는 선을 따라 전파한다. k_x와 k_y가 모두 양으로 가정하고 파동의 벡터 식을 써라. 진공에서 파동의 선속 밀도를 계산하라.

3.26 2 ns 동안 지속하는 펄스가 빔 지름 2.5 mm인 레이저로부터 방출되었다. 각 펄스가 6.0 J의 에너지를 운반할 때, (a) 각 파열의 길이를 구하고, (b) 펄스의 단위 부피당 에너지를 구하라.

3.27* 레이저에서는 진공 중에서 10^{-12} s 동안 지속되는 전자기파 복사가 나온다. 복사 선속 밀도(radiant flux density)가 10^{20} W/m^2이라면, 이 빔의 전기장의 진폭은 얼마인가?

3.28 1.0 mW의 레이저빔의 지름이 2 mm이다. 빔의 퍼짐을 무시할 때 레이저 근처에서 에너지 밀도를 계산하라.

3.29* 6 m/min의 속력으로 북쪽으로 날고 있는 메뚜기떼가 100마리/m^3의 밀도를 가지고 있다. 메뚜기의 선속 밀도는 얼마인가? 즉 초당 몇 마리의 메뚜기가 그들의 이동 방향에 수직한 1m^2의 면적을 통과하는가?

3.30 어떤 안테나가 100 MHz의 주파수에서 선속 밀도 19.88×10^{-2} W/m^2로 전파를 방출한다. 광자의 선속 밀도, 즉 단위 시간 단위 면적당 광자의 수를 구하라. 평균적으로 1 m^3당 몇 개의 광자가 발견되겠는가?

3.31* 100W의 노란색 전등에서 550nm의 단색광이 방출된다면, 열에너지에 의한 손실을 무시하고 초당 몇 개의 광자가 방출되겠는가? 실제로 100W의 백열전구에서 소모되는 전력의 약 2.5%만 가시광으로 방출된다.

3.32 어떤 백열 손전등에 3.0V의 전압을 걸었더니 0.25A의 전류가 흐르고 이 중 1%가 $\lambda \approx 550$nm의 빛을 방출한다. 빔의 단면적이 10cm^2이고 대략 원통형이라면,

(a) 초당 방출되는 광자의 수는 얼마인가?

(b) 1m 길이의 빔에 몇 개의 광자가 있는가?

(c) 빛이 손전등을 떠나는 순간 선속 밀도는 얼마인가?

3.33* 준단색광의 점광원이 모든 방향으로 균일하게 100W의 빛을 방출하고 있다. 광원에서 1m 떨어진 지점에서 선속 밀도는 얼마인가? 이점에서 전기장 $\vec{\mathbf{E}}$와 자기장 $\vec{\mathbf{B}}$의 진폭은 얼마인가?

3.34 에너지를 사용해서 원통형 파동의 진폭이 $\sqrt{r}$의 역에 비례하는 것을 보여라. 원통의 반지름에 따른 진폭의 그래프를 그려라.

3.35* 진동수가 10^{19}Hz인 X-선의 운동량은 얼마인가?

3.36 어떤 전자에 전자기파가 입사하였다. 역학적으로 전자의 운동량 변화율의 평균값은 파동이 전자에 한 일의 변화율 $\vec{\mathbf{p}}$의 평균값과 같다. 즉 다음과 같다.

$$\left\langle \frac{d\vec{\mathbf{p}}}{dt} \right\rangle = \frac{1}{c} \left\langle \frac{dW}{dt} \right\rangle \hat{\mathbf{i}}$$

여기서 운동량의 변화가 완전 흡수체에서 일어났다면 광압이 식 (3.51)과 같다는 것을 보여라.

3.37* 파장이 0.12m인 평면 조화 전자기파가 진공 중에서 $+z$ 방향으로 진행한다. 이 전자기파가 x축을 따라 진동하면서 $t = 0$과 $z = 0$에서 전기장이 최댓값 $E(0,0) = +6.0\text{V/m}$를 갖는다. (a) $\vec{\mathbf{E}}(z, t)$의 표현을 써라. (b) 이와 연관된 자기장에 대한 표현을 써라. (c) 이 전자기파의 벡터 운동량 밀도의 표현을 써라.

3.38* 어떤 면에 수직하게 입사한 빛이 완전히 반사되었을 때 광압에 대한 표현식을 유도하라. 이 식을 임의의 각 θ로 입사한 경우에 대해서도 성립하게 일반화하라.

3.39 완전 흡수체인 스크린이 100초 동안 300W의 빛을 받았다. 스크린에 전달된 선운동량을 계산하라.

3.40 태양으로부터 1.5×10^{11}m 떨어진 지구 대기의 상층부에 도달하는 태양광의 포인팅 벡터는 1.4kW/m^2이다.

(a) 태양을 향하여 놓인 금속 반사경에 작용하는 복사압의 평균값을 구하라.

(b) 반지름이 1.4×10^9m인 표면에서 복사압을 구하라.

3.41* 어떤 면이 일정한 복사 조도(I)를 갖는 빛의 빔에 수직으로 놓여 있다. 이 면이 흡수한 복사 조도 부분(비율)을 α라고 가정하자. 이 면에 나타나는 압력이 다음과 같음을 보여라.

$$\mathcal{P} = (2 - \alpha)I/c$$

3.42* $2.00 \times 10^6\text{W/m}^2$의 복사 조도를 갖는 빔이 70.0%를 반사하고 30.0%를 흡수하는 어떤 면에 수직으로 입사한다. 이 면에 작용하는 복사압(radiation pressure)을 계산하라.

3.43 지구 궤도에서 반사율이 큰 우주선 날개(40m×50m)가 태양을 향하고 있다. 표면에 작용하는 평균 힘은 얼마인가?

3.44 지름 2m인 접시형 레이다 안테나가 200kW의 에너지를 펄스 형태로 송신하고 있다. 초당 500펄스가 방출된다면 안테나의 반동력은 얼마인가?

3.45 우주비행사가 사고로 우주선을 떠나 공간을 떠돌고 있다. 그가 (에너지가 충분한) 10W의 손전등을 가지고 있다면 10m/s의 속력을 얻는 데 필요한 시간은 얼마인가? (우주비행사의 질량은 100kg이다.)

3.46 그림 3.26b와 같이 일정하게 움직이는 전하를 생각해 보자. 운동하는 전하의 주위에 구를 그리고, 포인팅 벡터 방향으로 방출되는 빛이 없다는 것을 보여라.

3.47* 유리 속을 전파하는 선편광된 평면 조화파가 다음과 같은 크기의 전기장을 가지고 있다.

$$E_z = E_0 \cos \pi\, 10^{15}\left(t - \frac{x}{0.65c}\right)$$

다음을 구하라.

(a) 빛의 주파수

(b) 파장

(c) 유리의 굴절률

3.48* 다이아몬드의 굴절률이 2.42라면, 다이아몬드 안에서의 빛의 속력은 얼마인가?

3.49* 진공 중에서 빛의 파장이 540nm이라면, 굴절률 $n = 1.33$인 물에서의 파장은 얼마인가?

3.50* 어떤 물질 내에서 빛의 속력이 진공 중에서의 빛의 속력보다 10% 작다면 이 물질의 굴절률은 얼마인가?

3.51 파블라이트(fabulite:$SrTiO_3$)에서의 빛의 속력(위상 속력)이 1.245×10^8m/s이라면 이 물질의 굴절률은 얼마인가?

3.52* 노란색의 빛이 물속에서 1.00초 동안 이동한 거리는 얼마인가?(여기서 $n = 1.33$)

3.53* 진공에서 파장이 500nm인 빛이 굴절률 1.60인 유리로 입사하여 이 유리를 가로질러서 지나간다. 이 유리의 두께가 1.00cm이라면, 이 빛이 유리를 지나가기까지 몇 개의 파장이 지나가는가?

3.54* 나트륨 등(sodium lamp: $\lambda_0 = 589\,\text{nm}$)의 노란색 빛이 길이 20.0 m인 글리세린(굴절률 1.47)이 담긴 통을 t_1의 시간이 걸려서 통과한다. 같은 통을 이황화탄소(carbon disulfide: 굴절률 1.63)로 채운 후 같은 빛이 이 통을 지나갈 때 t_2의 시간이 걸려서 통과한다면, $t_2 - t_1$의 값은 얼마인가?

3.55* 진공 중에서 빛이 A지점에서 B지점으로 진행한다. 두께 $L = 1.00\,\text{mm}$의 평면 유리판(굴절률 $n_g = 1.50$)을 이 두 지점 사이에 넣는다고 가정하자. 진공 중에서 이 빛의 파장이 500 nm이라면, A와 B 사이에 유리판을 놓았을 경우와 놓지 않았을 경우에 각각 몇 개의 파장이 이 공간에 걸쳐서 놓이는가? 유리판을 넣었을 경우 위상 이동(phase shift)은 얼마인가?

3.56 낮은 진동수에 대한 물의 상대 유전률이 88.00(0°C)부터 55.33(100°C)까지 변한다. 이러한 특성을 설명하라. 같은 상태에서 굴절률($\lambda = 589.3\,\text{nm}$)은 1.33에서 1.32까지 변한다. n의 변화가 K_E의 변화에 비해서 매우 작은 이유는 무엇인가?

3.57 기체와 같이 낮은 밀도에서 단일 공명 주파수 ω_0를 갖는 매질의 굴절률이 다음과 같이 주어지는 것을 보여라.

$$n \approx 1 + \frac{Nq_e^2}{2\epsilon_0 m_e(\omega_0^2 - \omega^2)}$$

3.58* 다음 장의 식 (4.47)에서 보면 굴절률의 차가 큰 매질 사이에서 많은 에너지가 반사된다.

(a) 마이크로파의 주파수에서 얼음의 유전 상수는 대략 1이다. 그러나 물의 유전 상수는 80배나 크다. 이유는?

(b) 왜 레이더 전파가 얼음은 잘 통과하나 폭우 속에서는 대부분 반사되는가?

3.59 푹신(fuchsin)은 강한 아닐린(aniline) 염료의 일종으로 알코올에 녹이면 진한 빨강이 된다. 이것은 스펙트럼 중 녹색을 흡수하기 때문에 빨간색으로 보인다(알고 있는 바와 같이 푹신의 결정은 표면에서 녹색을 보다 강하게 반사한다). 만약 당신이 이 용액으로 채워진 얇은 두께의 프리즘을 가지고 있다면 백색광이 입사할 때 스펙트럼은 어떻게 보이겠는가? 비정상 분산은 1840년 폭스 탈보트(Fox Talbot)에 의해서 발견되어 1862년 르 루(Le Roux)가 이름을 붙였다. 이 일은 완전히 잊혀졌다가 8년 후 크리스티안센(C. Christiansen)에 의해서 다시 발견되었다.

3.60* 식 (3.71)의 단위를 조사하여 양변이 일치되게 만들어라.

3.61 납유리의 공명 주파수는 가시광선에 가까운 UV이며, 용융 석영은 가시광선에서 먼 쪽의 UV이다. 분산 방정식을 사용하여 가시광선 영역에서 ω에 대한 n의 그래프를 대략 그려라.

3.62* 식 (3.70)을 다음과 같이 기술할 수 있음을 보여라.

$$(n^2 - 1)^{-1} = -C\lambda^{-2} + C\lambda_0^{-2}$$

여기에서 $C = 4\pi^2 c^2 \epsilon_0 m_e / Nq_e^2$이다.

3.63 코시(Austin Louis Cauchy, 1789~1857)는 경험적으로 가시광선 영역에서 투명한 매질의 $n(\lambda)$가 다음 식을 만족하는 것을 찾아내었다.

$$n = C_1 + C_2/\lambda^2 + C_3/\lambda^4 + \cdots$$

여기서 C들은 모두 상수이다. 그림 3.41의 빛에서 C_1의 물리적 의미는 무엇인가?

3.64 앞의 문제를 참고하여(상수값은 다르지만) 각 흡수대의 사이에 코시 방정식이 성립하는 영역이 있다는 것을 알았다. 그림 3.41에서 ω가 감소할 때 C_1의 변화에 대하여 어떻게 설명할 수 있는가? 처음 두 항을 제외한 나머지 항을 무시할 때 그림 3.40을 사용하여 붕규산 크라운(borosilicate crown) 유리의 C_1과 C_2의 근삿값을 정하라.

3.65* 수정의 굴절률은 파장 410.0 nm에서 1.557이고 파장 550.0 nm에서 1.547이다. 코시 방정식의 첫 두 항을 이용하여 C_1과 C_2를 결정하고, 610.0 nm의 파장에서 굴절률을 구하라.

3.66* 1871년 셀마이어(Sellmeier)는 다음과 같은 식을 유도하였다.

$$n^2 = 1 + \sum_j \frac{A_j \lambda^2}{\lambda^2 - \lambda_{0j}^2}$$

여기서 A_j는 상수이고 λ_{0j}에서의 파장이다($\lambda_{0j}\nu_{0j} = c$). 이 식은 코시의 식을 실질적으로 개량한 것이다. $\lambda \gg \lambda_{0j}$일 때 코시의 식이 셀마이어 식의 근삿값이 됨을 보여라. **힌트:** 위 식의 첫 항만을 쓰고 이를 이항 정리를 이용하여 전개하라. n^2의 제곱근을 선택하고 이를 다시 전개하라.

3.67* 자외선이 일산화탄소를 탄소와 산소로 분해하려면 11 eV의 에너지가 필요하다. 이 경우 필요한 빛의 최소 주파수는 얼마인가?

4 빛의 전파

4.1 서론

이 장에서는 **투과**(transmission), **반사**(reflection), **굴절**(refraction)이라는 기본적인 현상에 대해 다루어본다. 이들은 다음과 같은 두 가지 고전적 방법으로 설명한다. 먼저 파동과 광선이라는 일반적인 개념과 전자기론으로 특별히 살펴보고, 그 후 이 현상들에서 일어나는 것들을 양자 전기 동력학(QED)을 통해 더 고차원적이면서도 간단하게 현대적 관점으로 전망해 본다.

대부분의 학생들은 벌써 몇 가지 기본적인 방법으로 이들 빛이 진행하면서 생기는 현상들을 공부하였으며, 직접적이면서도 간단하게 반사의 법칙과 굴절의 법칙과 같은 아이디어를 발견하기도 하였다. 그러나 이러한 취급법들이 거시적 조망만을 다룬 것이기 때문에 잘못하면 피상적으로 흐를 수 있다. 예를 들면 명백히 빛이 '표면으로부터 되 튕겨 나가는' 것처럼 보이는 반사는 항상 셀 수 없이 많은 원자들이 똑같은 행동을 하여 나온 놀라울 정도로 난해한 결과이다. 이러한 현상들을 보다 심도 있게 탐구하면 할수록 점점 더 난해해진다. 그러나 이렇게 탐구하기 전에 다음과 같은 많은 흥미로운 질문들을 정리할 필요가 있다. 빛은 어떻게 물질 속을 통하여 진행할 수 있는가? 빛이 물질 속을 진행하는 동안 이 물질 속에서는 어떤 일이 벌어지는가? 광자는 오직 광속도 c일 때만 존재할 수 있는데, 어떻게 물질 속에서는 광속력 c와는 다른 속력으로 이동하는가?

빛과 물질과의 상호작용은 광자의 흐름이 (전자기장을 통하여) 공간상에서 서로 연결되어 있는 원자 배열을 통과하면서 상호작용할 때 발생하는 공조적인 사건으로 볼 수 있다. 이러한 과정을 상세히 살펴보다 보면 하늘이 파란 이유, 피가 빨간 이유, 각막이 투명한 이유, 손이 불투명한 이유, 눈은 하얗지만 비는 그렇지 않은 이유를 알 수 있다. 이런 설명 시 중심이 되는 것으로 이 장에서는 **산란(scattering)**에 대하여, 특히 원자와 분자들의 전자들에 의한 전자기파 복사의 흡수 및 재방출에 대하여 다룬다. **투과, 반사, 굴절의 과정들은 초미시적 크기에서 일어나는 산란의 거시적 표현 결과들이다.**

이러한 해석들을 알아보기 위해서 먼저 여러 가지 균질한 물질들을 통한 복사 에너지의 전파를 고려하기로 하자.

4.2 레일리 산란

진공을 지나가는 넓은 주파수대를 갖는 좁은 빔의 햇빛을 생각하자. 이 햇빛이 진행함에 따라 이 빔은 서서히 퍼지는데, 이러한 단점만을 제외한다면 모든 에너지는 광속력 c로 앞을 향해 지속적으로 나아간다. 이 경우 이 빔은 산란되지 않으며 옆에서는 이 빔을 볼 수 없다. 이 빛은 어떤 방법으로도 약해지거나 없어지지 않는다. 1.7×10^5 광년 떨어져 있는 가

(a)

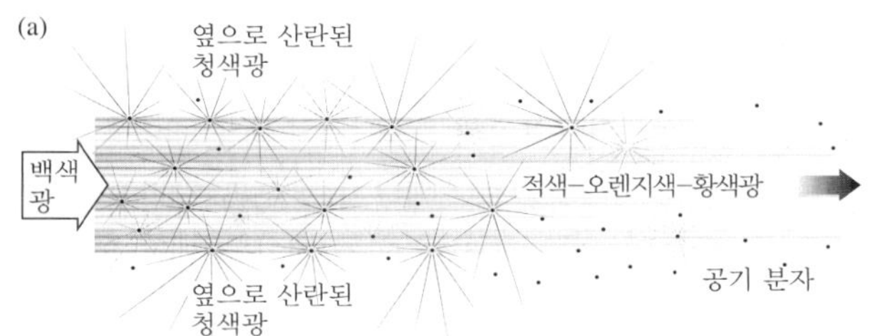

(b)

그림 4.1 (a) 넓게 퍼져 있는 공기 분자들의 영역을 지나가는 햇빛. 옆으로 산란된 빛은 대부분 청색광이고, 이것이 하늘이 파란 이유이다. 태양이 일출이나 일몰 시에 낮게 떠 있을 때 대부분이 적색광인 산란되지 않은 빛 부분만이 보인다. (b) 태양 광선은 대기 산란 때문에 낮이 끝난 시점에서도 약 18° 아래까지 도달한다. 이러한 황혼의 빛도 끝나면 하늘은 점점 어두워져서 완전히 깜깜해지고 드디어 밤이 된다.

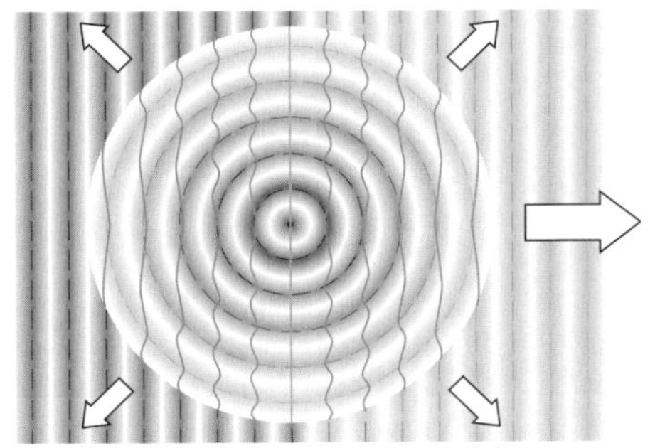

그림 4.2 왼쪽에서 입사하는 평면파가 원자를 훑고 지나가고, 이로 인하여 원자는 구면 가지 파동을 산란한다. 이 과정은 연속적으로 일어나며, 초당 수억 개의 광자들이 모든 방향으로 산란되어 흩어진다.

까운 은하 내의 어떤 별이 1987년에 폭발하였는데, 이때 지구에서 본 섬광은 지구에 도착하기 전에 170,000년 동안 우주를 날라서 온 것이다. 즉 **광자들은 영원한 것이다.**

공간 내의 작은 공기 원소, 즉 질소 분자, 산소 분자 등을 약간씩 혼합한다고 가정하자. 이들 분자들은 가시광 영역에서 공명대가 없고 이들 중 어느 것도 광자를 흡수하는 들뜬 상태가 될 수 없다는 것이며, 이 이유 때문에 이 기체는 투명하다. 이 대신에 각 분자들은 전자 구름이 입사한 광자에 의해서 바닥 상태가 강제 진동하는 소형 진동자처럼 행동한다. 이 진동자들이 진동하자마자 즉시 분자들은 빛을 재방출하기 시작한다. 하나의 광자가 흡수되고 지연됨이 없이 곧바로 같은 주파수(파장)의 다른 광자가 방출된다. 즉 **빛은 탄성적으로 산란한다.** 분자들은 제멋대로 정렬되어 있으며, 이로 인하여 광자는 사방으로 산란되어 나간다(그림 4.1). 빛이 꽤 흐릴 때조차도 이 빛에는 수많은 광자가 들어있으며, 이로 인하여 마치 분자들이 고전적인 구면 가지 파동들을 산란하는 것처럼 보인다(그림 4.2). 즉 에너지는 모든 방향으로 퍼져나간다. 그렇더라도 여전히 산란 과정 자체는 매우 약하고 기체도 희박하기 때문에 빔이 상당한 양의 공기층을 지나가지 않는 한 이 빔은 매우 조금밖에 감소하지 않는다.

모든 분자들이 UV 영역에서 전자 공명(electronic resonance)을 갖기 때문에 이 분자들의 바닥 상태의 진동에 대한 진폭과 이로 인한 산란광의 진폭은 주파수에 따라 증가한다.

달에서는 태양 광선을 산란시키는 대기가 없기 때문에 하늘은 완전히 까맣다. (DVIDS/NASA)

진동시키는 주파수가 공명 주파수에 가까울수록 진동자들은 더욱 더 강하게 반응한다. 그래서 보라색광은 강하게 옆으로 산란되고, 청색광은 이보다 산란이 작고, 녹색광은 이보다 덜 산란되며, 황색광은 산란이 훨씬 작다. 그래서 이 분자 기체를 통과하여 끝에 나오는 빔은 스펙트럼의 끝 부분인 적색광이 더 많은 반면에, 산란되는 광(햇빛은 초기에 청색광보다는 보라색광을 아주 많이 함유하지 않고 있다)은 청색광 부분이 많다. 또한 사람 눈은 흰색 배경에다 가장 민감도가 큰 476 nm를 더한 것과 같은 산란광(보라색, 청색, 녹색이 많음)의 불균일한 스펙트럼을 평균하는 경향이 있기 때문에 하늘이 우리들에게 친숙한 청명한 푸른 하늘색으로 보인다.*

양자역학이 나오기 오래 전에 레일리 경(Lord Rayleigh, 1871)이 분자 진동자라는 것을 사용하여 햇빛의 산란 현상을 해석하였다. 1차원적 해석을 기초로 한 간단한 논의를 통해(연습문제 4.1 참조) 그는 산란된 빛의 세기가 $1/\lambda^4$에 비례한다는 것, 즉 ν^4에 따라 증가한다는 올바른 결론을 내렸다. 이러한 레일리 경의 업적이 나오기 전에도 미세한 먼지 입자들에 의한 산란으로 인하여 하늘이 파랗다는 것은 널리 믿어지고 있었다. 레일리 경의 해석 이후로 파장보다 더 작은 입자들(약 $\lambda/10$보다 더 작음)에 의한 산란을 **레일리 산란(Rayleigh Scattering)**이라고 말한다. 빛의 파장이 500 nm 근처인 반면에 원자와 정상적인 분자들이 지름 수십 나노미터이기 때문에 이들에 의한 산란은 레일리 산란의 영역과 일치한다. 이에 더해서 이 원자나 분자들이 작은 범위에서 산란광을 불균일하게 산란할 것이다. 작은 섬유, 작은 공기방울, 작은 입자, 작은 물방울 등 모두 산란자이다. 레일리 산란에서 산란자의 정확한 모양은 보통 거의 중요하지 않다. 산란광의 총량은 산란자의 지름을 입사광의 파장으로 나눈 값에 비례한다. 따라서 산란광의 스펙트럼 끝 부분인 푸른색 부분이 대부분 강하게 산란한다. 인간의 푸른 눈, 블루제이(bluejay)의 푸른 깃털, 푸른 꼬리도마뱀, 개코원숭이(baboon)의 푸른 엉덩이도 레일리 산란에 의한 색깔들이다. 동물의 세계에서 모든 파란 색깔, 많은 초록색들, 자주 색깔 일부는 산란이 원인이라고 할 수 있다. 어치(jay) 깃털의 깃가지 내에 있는 작은 치조 세포(alveolar cell)에 의한 산란으로 깃털이 파랗게 보이는 반면에, 앵무새의 초록 색깔은 우선적 흡수 현상으로 생긴 노란색과 산란의 결과 생긴 파란색이 혼합된 결과이다. 또한 정맥이 푸르게 보이는 것도 부분적으로 산란 때문이다.

대부분의 대기층 하부에 적용될 수 있는 밀하면서도 균일한 물질 속에서는 빛이 그 경로의 옆으로 산란하지 않는

* G.S.Smith, "Human color vision and the unsaturated blue color of the daytime sky," *Am. J. Phys.* **73**, 590 (2005).

다. 무엇보다도 청색광이 해수면 높이에서 강하게 산란한다고 한다면, 수십 km 이상 아주 멀리 떨어진 산의 경우를 제외하고는 적당히 멀리 떨어진 산은 파란 접시처럼 보일 것이다. 대기의 중간층에서는 레일리 산란이 생기지 않을 정도로 여전히 밀한 공기가 있지만, 공기가 희박한 대기의 상층부에서는 레일리 산란이 생겨서 하늘색이 파랗게 된다. 대기의 중간층에서는 공기의 열적 운동 때문에 국지적으로 급속한 **공기 밀도의 요동**이 생긴다. 이러한 상당히 무작위로 시시각각 변하는 미시적 요동 때문에 공기 분자들이 다른 곳보다 한 곳에 더 많이 존재하며 어떤 한 방향으로 더 많이 복사한다. 스몰루코프스키(M. Smoluchowski)(1908)와 아인슈타인(1910)은 서로 무관하게 레일리의 결론과 유사한 결론인 이들 요동으로부터 산란 이론의 기본 아이디어를 내었다. 밀도의 불균질성 때문에 생기는 산란은 통신용 유리 섬유(glass fiber)와 같이 빛이 매질을 상당히 먼 거리를 지나갈 때 생기는 산란과 관련이 있다.

한쪽 방향에서 대기를 가로지르는 햇빛은 모든 방향으로 산란된다. 반면에 레일리 산란은 앞쪽과 뒤쪽 방향으로 동일하게 산란한다. 만약에 대기가 없다면 대낮의 하늘도 우주의 빈 공간이나 달 하늘처럼 검을 것이다. 태양이 수평선 바로 위에 있을 때 햇빛은 굉장히 두꺼운 공기층을 지나간다(정오에 햇빛이 지나가는 공기층 두께보다 훨씬 더 두꺼운 공기층을 지나감). 이 경우 청색광은 산란으로 인하여 적절히 감소되지만 적색광과 황색광들은 태양을 바라보는 시선 방향으로 그대로 전파된 결과 지구에서 우리가 잘 알고 있는 붉은 노을이 생긴다.

4.2.1 산란과 간섭

산란 현상으로 인하여 밀한 매질에서 서로 가까이 붙어있는 엄청나게 많은 수의 원자들과 분자들이 엄청난 수(원자들과 같은 수만큼)의 전자기 가지 파동(wavelet)을 만든다. 이들 가지 파동들은 서로 겹쳐지고 간섭하는데 이러한 방법은 소한 매질에서 일어나지 않는다. **일반적으로 빛이 지나가는 물질이 밀하면 밀할수록 옆으로 산란되는 빛은 더욱 더 작아지는데,** 이렇게 되는 이유를 알기 위해서는 여기에서 일어나는 간섭을 조사해 보아야만 한다.

간섭 현상은 이미 논의하였지만 7장과 9장에서 더욱 자세히 다룰 것이다. 여기서는 간섭에 대한 기본적인 내용만으로도 충분하다. **겹쳐지는 둘 이상 파동들의 합으로 광학 교란이 생기는 2개 이상의 파동들에 의한 중첩 현상을 간섭이라고 한다는 것**을 기억하라. 그림 2.16은 같은 방향으로 진행하는 동일 주파수의 두 조화 파동을 보여 준다. 이 두 파동이 정확히 위상 일치(in-phase)할 때(그림 2.16a)는 결과적으로 모

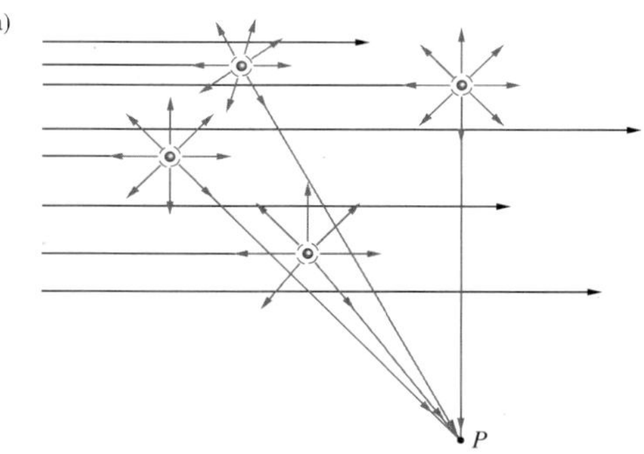

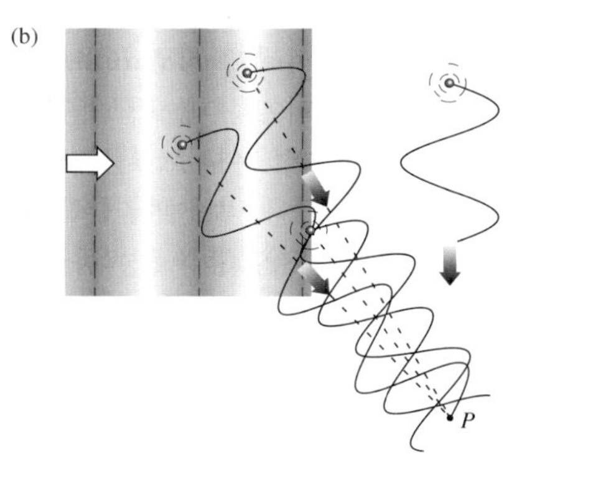

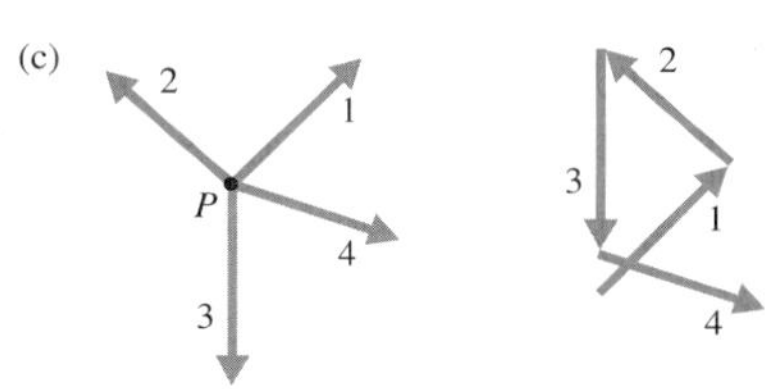

그림 4.3 왼쪽으로부터 입사하는 평면파를 생각하자. (a) 띄엄띄엄 떨어져서 분포하고 있는 분자들에 의한 빛의 산란. (b) 가장자리에서 *P*점에 도달하는 파들은 뒤죽박죽인 다른 위상들을 가지며 어떤 일정한 유형으로 보강 간섭이 생기지 않는다. (c) 아마도 이것은 위상자(phasors)들을 사용하면 대부분 쉽게 알 수 있을 것이다. 이 산란된 파들이 *P*점에 도달할 때 이들 산란파들의 위상자들은 서로 각각에 대해서 위상각의 차가 상당히 크다. 위상자들의 머리와 꼬리를 서로 겹치면 이들은 나선형으로 감기면서 위상자가 매우 작아지는 결과를 보인다. 실제로 그림과 같은 4개의 위상자들보다 훨씬 많은 수백만 개의 위상자들이 산란에 기여한다는 것을 기억해야만 한다.

든 지점들에서 두 파의 파고(wave-height) 값들을 합하면 된다. 이러한 극한 경우를 **완전 보강 간섭**(total constructive interference)이라고 한다. 두 파동의 위상차가 180°일 때 이 두 파동들은 지워지며, 이런 앞과 다른 극한 상황을 **완전 소멸 간섭**(total destructive interference)이라고 한다(그림 2.16d).

레일리 산란의 이론은 공간 안에 무작위적으로 배열된 서로 무관한 분자들을 갖고 있으므로 빛이 지나가는 경로의 양쪽 끝에서 산란된 이차 가지 파동들의 위상은 다른 것들과 특별한 관계를 갖지 않고 간섭의 형태를 유지하지 않는다. 이러한 상황은 이 분자 산란자가 희박한 기체 내에 있기 때문에 대략 분자 산란자들 사이의 간격이 파장과 같거나 그 이상일 때 생긴다. 그림 4.3a에서 보듯이 평행한 광파 빔이 왼쪽에서 입사한다. 이러한 소위 **1차 광학장**(primary light field)(이 보기에서는 평면파들로 구성되어 있음)라는 파가 띄엄띄엄 퍼져 있는 분자 그룹들을 비춘다. 그러면 1차 파면이 이들 분자들을 휩쓸고 지나가고, 동시에 각 분자들에 에너지를 공급 및 재공급하며 차례로 입사한 빛들이 모든 방향으로 산란된다. 이들 산란된 빛이 특별히 진행 방향의 옆쪽에 있는 어떤 P점 쪽으로 산란한다고 하자. P에 도착하는 이들 개개의 경로 길이들은 파장 λ보다 크거나 작기 때문에 P에 도달하는 어떤 가지 파동들은 다른 가지 파동의 앞에 있을 수도 있고 어떤 것들은 뒤에 있을 수도 있지만 실제로 한 파장의 범위 내에 있다(그림 4.3b). 다시 말하자면 P점에 도달하는 가지 파동들의 위상들은 상당히 다르다. (또한 분자들이 주변에서 움직이고 있으며, 이로 인하여 위상들이 변한다는 것을 기억하라.) 어떤 순간에 일부의 가지 파동들은 보강 간섭하며 어떤 것들은 소멸 간섭한다. 그리고 위상들이 무작위적으로 변하여 뒤범벅된 이들 가지 파동들이 서로 겹쳐져서 평균이 되면 간섭이 없어져 버린다. **입사 기본파가 무작위적으로 널리 떨어진 산란자들은 건드린다면, 이 산란자들은 앞쪽 방향을 제외한 모든 방향에서 다른 가지 파동들하고는 완전히 무관한 가지 파동들을 방출한다.** 근사적으로 이것이 대기가 희박한 지구 고공인 약 100마일 높이에서 일어나는 현상, 즉 대부분의 대기에서 일어나는 청색광의 산란을 설명한다.

산란된 복사 조도가 $1/\lambda^4$에 의존해야만 한다는 것은 전기 쌍극자 복사의 개념으로 되돌아가보면 쉽게 알 수 있다(3.4.3절). 이때 각 분자를 입사장에 의하여 강제로 진동하는 전자 진동자로 취급한다. 각 분자들이 멀리 떨어져 있다면 이들은 다른 것들과는 무관하다고 가정할 수 있으며 이들은 식 (3.56)에 따라 복사한다. 산란된 전기장들은 근본적으로는 서로 무관하며 옆쪽에서 나타나는 간섭이 없다. 따라서 P점에서 순 복사 조도는 각 분자로부터 나오는 산란된 복사 조도의 대수적 합이 된다. 개개의 산란자에 의한 복사 조도는 식 (3.57)로 계산하며, 이 값은 ω^4에 따라 변한다.

레이저가 나옴으로 인하여 저압 기체에서 직접적으로 레일리 산란을 상대적으로 쉽게 관측할 수 있었으며, 이 결과들로부터 이 산란 이론의 정당성을 확인할 수 있었다.

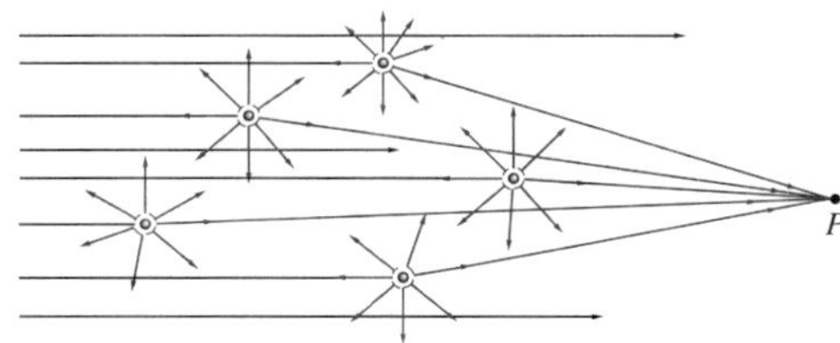

그림 4.4 왼쪽으로부터 입사하는 평면파를 생각하자. 빛이 앞쪽 방향으로 어느 정도 산란한다.

전방 전파

왜 앞쪽 방향이 특별한가와 왜 파동들이 매질 내에서 앞으로만 전진하는가를 보기 위해서 그림 4.4를 살펴보자. 전방에 있는 P점에 대해서 (멀리 왼쪽에 있는 원자에 의해서) 먼저 산란된 빛은 가장 긴 경로를 이동하는 반면에 (오른쪽에 있는 원자로부터) 산란된 빛은 가장 짧은 경로를 이동한다. 보다 자세한 설명은 그림 4.5에 나와 있다. 이 그림은 시간에 따라 두 개의 분자 A와 B가 입사하는 기본파와 상호작용하는 것을 시간에 따라 일련의 과정을 보여 준다. 직선 원호(arc) 형태는 2차인 가지 파동 최댓값을 나타내며(양의 최댓값) 점선 원호 형태는 골에 해당한다(음의 최댓값). (a)에서 기본 파면이 분자 A에 입사하는데, 이 분자가 구면 가지 파동들을 산란하기 시작한다. 우선 가지 파동이 입사파에 대해서 180° 위상 불일치(out-of phase)한다고 가정하자.(구동된 진동자는 항상 구동자(driver)와 위상 불일치한다.) 그래서 A는 입사파가 마루(peak)(양의 전기장)에서 이 A 분자를 구동하면 A는 골(trough)의 상태(음의 전기장)로 전기장을 복사한다. (b) 부분은 구면 가지 파동과 평면파가 겹쳐지고 위상 불일치로 전진하지만 함께 나간다. 입사 파면이 B로 들어가고, 이어서 차례로 180° 위상 불일치하는 가지 파동을 재복사하기 시작한다. (c)와 (d)에서 모든 지점을 볼 수 있는데,

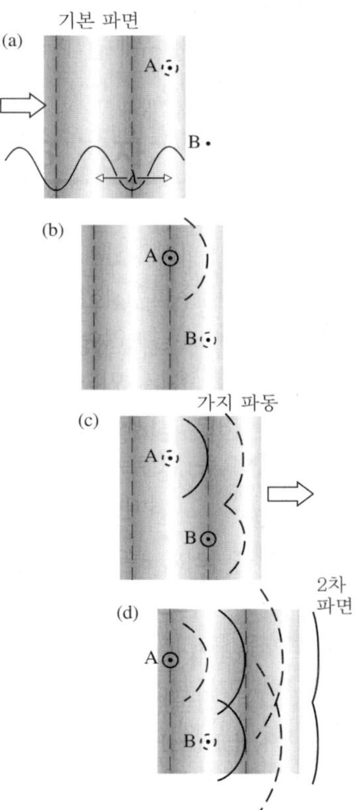

그림 4.5 전방에서 산란된 가지 파동들이 평면 파면들과 위상 일치 상태로 만난다. 즉 골은 골끼리 마루는 마루끼리 만난다.

두 가지 파동이 각각 위상 일치 상태로 앞으로 나간다. 분자수와 이들이 분포하는 방법을 고려하지 않아도 이 조건은 모든 이런 가지 파동들에 대해서 사실이다. 빔 그 자체의 비대칭 때문에 **모든 산란된 가지 파동들은 전방 쪽에서 각각 다른 가지 파동들과 보강적으로 합쳐진다.**

4.2.2 밀한 매질에서의 빛의 투과

이제 고려하고자 하는 영역 내의 공기의 양이 증가한다고 가정하자. 사실 한 변의 길이가 한 파장 정도인 작은 정육면체 내에는 상당히 많은 분자가 들어 있다. 이 때문에 이 정육면체는 적절한 **흡광도**(optical density)를 갖는다.(기체에 대한 앞부분 실험에서의 기체 밀도의 증가가 굴절률 증가를 수반한다는 사실로부터 이러한 흡광도라는 개념을 사용하였다.) 빛의 파장 영역에서 보면 표준 온도와 압력에서 지구 대기는 λ^3의 정육면체에 약 3백만 개의 분자를 갖는다. 가까이 붙어있는($\approx$ 3nm) 산란 광원들로부터 복사하는 산란 가지 파동들($\lambda \approx$ 500nm)이 제멋대로인 위상을 가지면서 어떤 점 P에 적절히 전부 도달한다고 가정할 수 없다. 즉 간섭이 매우 중요할 것이다. 이러한 현상은 원자들이 10배 더 가까이 붙어있고 상당히 질서가 있게 배열된 액체와 고체에서도 똑같은 사실이다. 이런 경우에 있어서 대칭성을 깨는 불연속성이 없는 균일한 매질과 빛이 만난다. 다시 말하자면 산란된 가지 파동들은 앞쪽 방향에서 보강 간섭하지만(이들 대다수는 분자의 정렬 상태와는 무관하지만) 다른 모든 방향으로는 소멸 간섭이 대부분이다. **즉 밀하고 균질한 매질에서는 진행 방향의 옆이나 뒤쪽 방향으로 산란하는 빛은 거의 없다.**

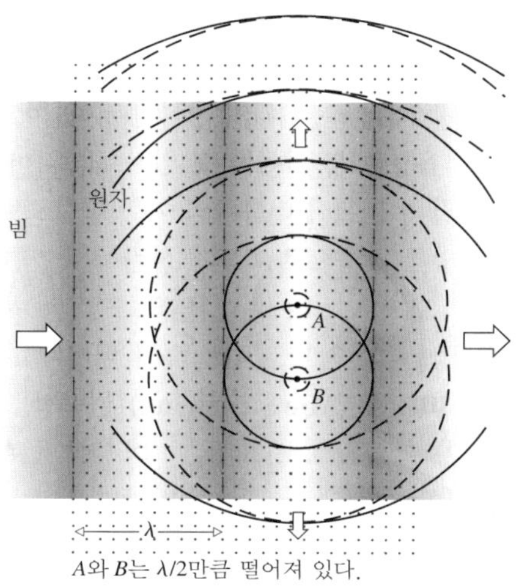

그림 4.6 왼쪽에서 들어오는 평면파. 매질은 수많은 밀접하게 붙어있는 원자들로 구성되어 있다. 셀 수 없이 많은 원자들 중 여기에서의 파면은 거의 반 파장 정도 떨어진 두 원자 A와 B를 가지고 전산 모의를 한 것이다. 이 두 원자가 방출하는 가지 파동들은 서로 소멸 간섭한다. 마루 부분이 겹쳐진 곳을 통하여 보면 빔의 수직 방향에서는 서로 간에 지워버린다. 이러한 과정은 몇 번이고 다시금 반복되어 일어나고 옆으로 산란하는 빛은 거의 없게 된다.

이러한 현상을 설명하기 위해서 그림 4.6을 사용하고자 한다. 그런데 이 그림은 임의의 한 빔이 잘 정리된 산란자 배열층을 통과하여 지나가는 것을 보여 준다. 이 빔을 통과하여 지나가는 파면을 따라 만나는 모든 산란자 분자층은 빛이 지나감에 따라 몇 번이고 반복하여 위상 일치 상태로 에너지를 받고 복사하며 그리고 재복사한다. 따라서 어떤 분자 A는 구형 형태로 이 빔을 복사하지만, 이들 분자들이 다닥다닥 붙은 형태로 정렬되어 있기 때문에 거리가 $\approx\lambda/2$ 정도 떨어진 분자 B를 고려하면 이 두 분자에서 나온 가지 파동들은 횡 방향에서는 지워진다. 파장 λ는 산란자 크기나 이들 사이의 간격에 비해서 수천 배 더 크며, 여기에서는 항상 어떤 주어진 옆 방향에서 각각 다른 분자들의 가지 파동들을 없애는 경향을 갖는 분자 쌍들이 있음직할 것이다. 매질이 완벽하게 정렬되어 있지 않을 때조차도 임의의 횡 방향 내에 있는 어떤 지점에서 순 전기장은 상당히 많은 **가느다란**(tiny) 산란장들의 합일 것이고, 각각은 다음 번 산란장들과 어느 정도 위상 불일치 상태로 만나며 항상 이들 합은 작은 값일 것이다(그림 4.7). 이러한 과정은 에너지 보존의 개념으로부터 이해될 수 있다. 즉 모든 방향에서 보강 간섭이 일어나지 않는다. **간섭 현상은 에너지를 재분배하여 진행하는 영역 밖은 에너지가 소멸하도록 하고 이 영역 안은 에너지가 보강되도록 한다.**

매질이 더욱 더 밀하고 균일하며 잘 배열되면 될수록 (더욱 더 균질해지면) 옆쪽 방향의 간섭은 더욱 더 완벽하게 소멸 간섭이 될 것이며, 앞쪽이 아닌 방향으로의 산란 양은 더욱 더 작아질 것이다. 그렇기 때문에 대부분의 에너지는 앞쪽 방향으로 나갈 것이며, 이 빔은 본질적으로 줄어들지 않고 진행할 것이다(그림 4.8).

한 분자에 의한 산란은 매우 약하다. 산란파의 에너지가 입사파 에너지의 절반이 되는 에너지를 갖기 위해서는 녹색광의 경우 대기에서 $\approx$150km 정도를 지나가야 할 것이다. 액체의 어떤 부피 내에서 분자수는 같은 부피의 (대기압하에서) 기체 내에 있는 분자수보다 1000배 정도 많기 때

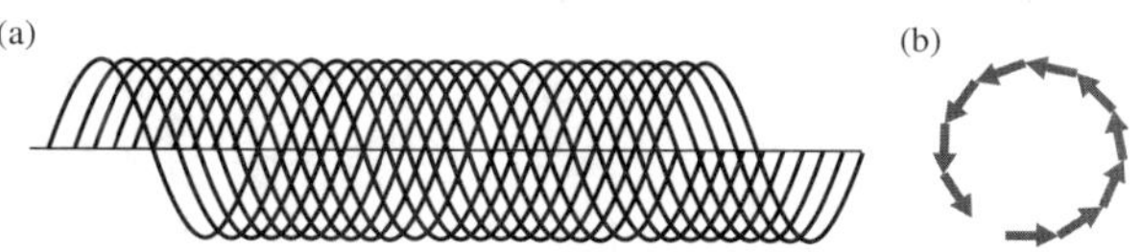

그림 4.7 (a) 굉장히 많고 가느다란 약간 이동한 파들이 공간 내의 한 점에 도달하였을 때, 일반적으로 음의 전기장만큼의 양의 전기장이 있을 것이며, 이 결과 광학 교란은 거의 영이 된다. (b) 이러한 파들을 나타내는 작은 위상자들이 매우 작은 원을 그리는데, 이 결과(이 결과는 파들의 수량에 의존하는 어떤 방법으로 진동한다)는 결코 크지가 않다.

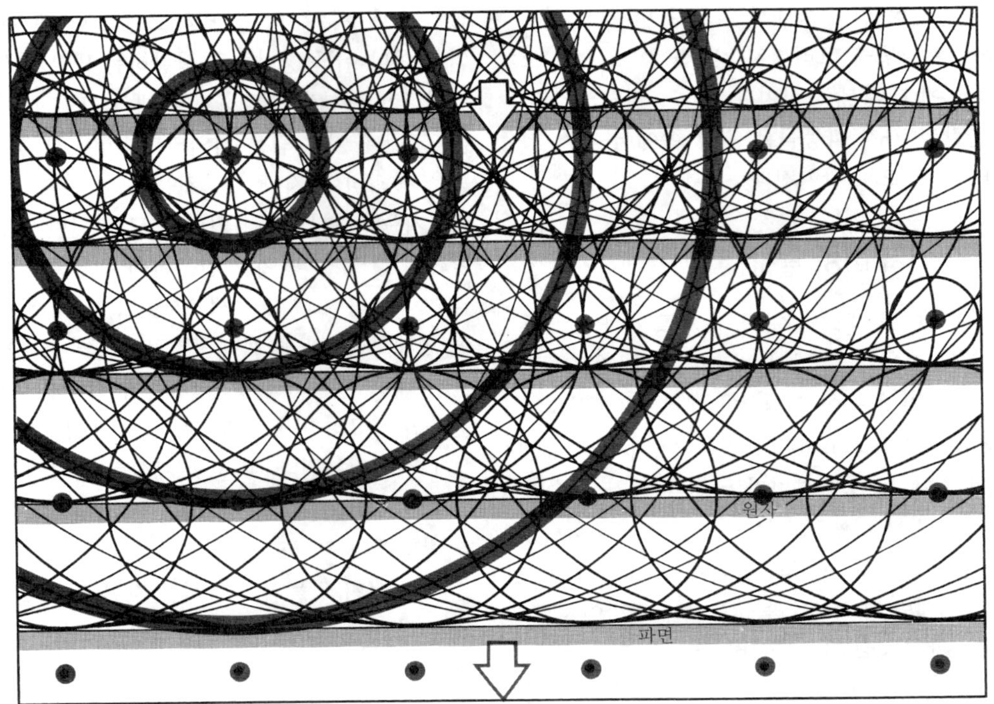

그림 4.8 잘 정렬된 원자 배열로 입사하는 아래 방향으로 진행하는 평면파. 가지 파동들은 모든 방향으로 산란되며 아래 방향으로 진행하는 연속적인 2차 평면파들을 만들기 위해서 서로 겹쳐진다. (E.H.)

문에 액체에서 산란이 증가하는 것을 예상할 수 있다. 그러나 여전히 액체는 기체보다 훨씬 작은 밀도 변동(density fluctuation)을 갖는 더욱 더 잘 정렬된 상태이며, 이로 인하여 액체에서는 앞쪽이 아닌 방향으로의 산란은 생각만큼 늘어나지 않는다. 따라서 액체에서는 단위 부피당 증가한 산란이 관찰되기는 하지만, 1000배 정도가 아닌 5~50배 정도 증가한다. 그러므로 분자 대 분자 수준에서 보면 근본적으로 액체가 기체보다 산란이 더 작다. 물탱크 내에 우유를 여러 방울 넣고 밝은 손전등 빔(flash-light beam)을 물 탱크에 비추자. 흐리지만 명확한 파란 아지랑이는 옆쪽으로 산란을 할 것이며 직진하는 빔은 결정적으로 붉게 되어 나타난다.

유리, 플라스틱과 같은 투명한 비정질 고체들 또한 옆으로 빛을 산란할 것이지만 매우 약할 것이다. 거의 완벽하게 정렬된 구조를 갖는 수정과 운모와 같은 양질의 결정들은 더욱 더 약하게 산란할 것이다. 물론 액체 내의 먼지나 거품, 고체 내의 불순물 등과 같은 불완전한 요인들이 매질의 산란자 역할을 할 것이며, 보석인 월장석(moonstone)과 같이 이 산란자들이 작을 경우 이 매질로부터 나오는 빛은 파란색을 띨 것이다.

1869년에 틴들(John Tyndall)은 작은 입자들에 의한 산란 현상을 실험적으로 연구하였다. 그는 입자의 크기가 커질수록(한 파장 정도에서) 긴 파장에서의 산란된 총량이 선형적으로 증가한다는 것을 발견하였다. 즉 상당히 커다란 물방울은 특정한 색깔이 없는 백색광을 산란한다는 사실을 하늘에 있는 보통 구름으로부터 검증하였다. 지방에 있는 미세한 글로브린(globules)과 우유에 있는 단백질에 대해서도 같은 사실을 알 수 있다.

한 입자에 들어 있는 분자의 수가 작을 때 이들 분자들은 다른 분자에 가까이 근접해 있어서 마치 한 몸체처럼 행동한다. 즉 이들이 만든 가지 파동들은 서로 보강 간섭을 하여 강하게 산란한다. 입자의 크기가 한 파장에 가까워질수록 이런 극한 상황의 원자는 필연적으로 위상 일치된 가지 파동을 더 이상 복사하지 않으며 산란은 사라지기 시작한다. 먼저 이러한 상황은 짧은 파장(청색광)에서 일어나며, 입자 크기가 커질수록 스펙트럼의 적색 끝 부분에서 더욱더 많이 선형적으로 산란이 늘어난다(그리고 앞쪽 방향으로 이렇게 산란이 증가한다).

1908년에 미(Gustav Mie)는 임의의 크기의 구형 입자에 의한 산란에 대해 이론적으로 분석하여 이를 최초로 논문으로 발표하였다. **미 산란(Mie Scattering)**은 파장 의존성이 매우 약하고, 입자 크기가 λ보다 클 때 파장에 무관하게 된다(백색광이 들어와서 백색광이 나간다). 미 산란에서는 산란자들이 거의 구형이라고 생각한다. 산란의 총량은 투명한 공기방울, 결정, 섬유 등등의 지름이 커짐에 따라 증가한다. 레일리 산란과 다르게 미 산란은 후방 산란보다는 전방 산란이 더 강하다. 레일리 산란을 미 산란의 작은 크기에 대한 극한 경우로 보는 것은 충분히 타당하다.

구름 낀 날 하늘은 큰 물방울들 때문에 흐릿한 회색으로 보인다. 같은 이유로 비싸지 않은 플라스틱 도시락통과 흰색 플라스틱 쓰레기봉투는 산란광으로는 엷은 청백색광이 보이고 투과광으로는 이와 매우 다른 오렌지색광이 보인다. 쓰레기봉투를 불투명하게 만들기 위해서 지름이 대략 200 nm인 순수한 TiO_2 구($n = 2.76$)를 2%에서 2.5% 정도 첨가하면 미 산란으로 인하여 청백색으로 보인다.*

투명한 입자의 지름이 파장의 10배를 초과할 때 기하 광학의 일반적인 법칙이 잘 맞으며 기하 광학적 산란으로 이러한 미 산란을 잘 설명할 수 있다.

4.2.3 투과와 굴절률

균질한 매질을 지나는 빛의 투과 현상은 산란과 재산란의 지속적인 반복 과정이다. 이러한 각 사건은 빛의 위상 이동을 유발하는데, 궁극적으로 c의 명목값으로부터 투과한 빔의 위상 속도 이동량을 잴 수 있다. 광자들이 **속력 c를 갖는 오직 1개의 광자**만이 존재할 때조차도 이런 위상 속도의 이동량은

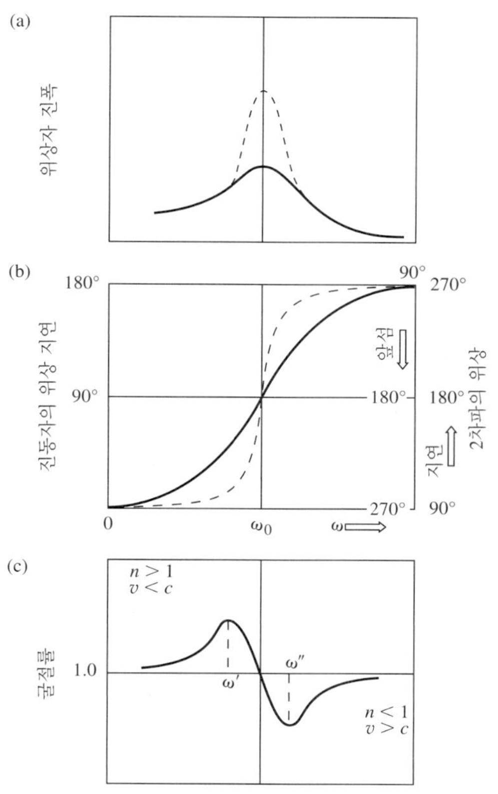

그림 4.9 감쇠 진동자의 구동 주파수에 대한 (a) 진폭과 (b) 위상 지연의 그래프, (c) 각각의 굴절률. 점선은 감쇠를 적게 했을 때이다. 각각의 굴절률이 (c)에 있다.

1이 아닌 매질의 굴절률 값($n = c/v$)에 대응한다.

어떻게 이런 현상이 일어나는지를 알아보기 위해서 그림 4.5로 되돌아가자. 산란된 가지 파동들 전부는 앞쪽 방향에서 위상 일치로 결합하는데, 이를 **2차파**(secondary wave)라고 한다. 경험적으로 2차파**는 입사파의 후속 부분과 결합되어 매질 속에서 유일하게 발견되는 광학 교란, 즉 **투과파**(**refracted wave**)를 만든다. **입사파와 2차 전자기파는 둘 다 광속 c로 원자들 사이의 공간을 전파한다.** 그럼에도 불구하고 매질은 1이 아닌 굴절률을 갖는다. 굴절파는 c보다 작거나 같거나 큰 속도를 가질 수 있다. 이러한 명백한 모순은 입사파와 2차파 사이의 위상 관계 때문에 생기는 것이다.

고전적인 모델로부터 상대적으로 낮은 주파수의 경우에만 전자 진동자가 1차 구동력(즉 1차 광학 교란)과 완벽하게 동위상으로 진동할 수 있을 것이라고 예측할 수 있으며, 전자기장의 주파수가 증가했을 때 이에 비례하는 위상 지연이 나타나는 것을 알 수 있다. 자세히 보면 공명 주파수에서 위상 지연은 90°인데, 주파수가 점점 증가하여 특정한 값에 이르면 위상 지연은 180°, 즉 반파장까지 커진다. 연습문제 4.4는 강제 감쇠 진동에서 이러한 위상 지연을 구하는 것이고, 그림 4.9는 이를 요약한 것이다.

이러한 위상 지연과 함께 또 하나의 효과를 고려해야 한다. 즉 산란된 파동이 다시 중첩될 때 합성된 2차파†는 진동자에 대하여 90°의 위상 지연을 갖는다는 것이다.

이 두 가지 얼개의 합성된 효과로 인하여 주파수가 공명 주파수보다 작은 경우 그림 4.10과 같이 90°에서 180° 사이의 값을 갖고, 주파수가 공명 주파수보다 큰 경우 180°에서 270° 사이 값을 갖는다. 그러나 위상 지연이 $\theta \geq 180°$라는 것은 위상이 $360° - \theta$[즉 $\cos(\theta - 270°) = \cos(\theta + 90°)$]만큼 빠르다는 것이다. 이 결과는 그림 4.9b의 오른쪽에 나와 있다.

투명한 매질에서는 입사광과 2차파가 서로 중첩되어서 진폭과 상대적 위상차에 따른 알짜 투과된 광학 교란이 생긴다. 산란 때문에 약해지는 것을 제외하면 입사광은 마치 자유 공간을 진행하는 것처럼 매질 속을 진행한다. 이 과정을 초기에 시작하는 자유 공간을 진행하는 파와 투과파의 차이점은 투과파가 위상 이동(phase shift)이 있는 것이며 이것은 매우 중요하다.

2차파가 입사파에 대하여 지연될 때(또는 앞설 때) 굴절파도 적당한 양만큼 지연되어야(또는 앞서야) 한다(그림 4.11). 합성파의 정확한 위상은 두 파의 진폭에도 관계되지만 앞에

* 우유나 흰색 페인트와 같은 불균질하고 불투명한 물질에서 예상된 광속의 1/10 만큼 유효 광속이 감속할 수 있다는 사실이 최근에 (우연히) 관찰되었다. S. John, "Localization of light," *Phys. Today* **44**, 32 (1991)을 보라.

**이 점은 회절을 취급하는 장에서 하위헌스-프레넬 이론의 가정을 다룰 때 좋은 참고가 된다. 전자기에 관한 대부분의 교재는 전하들이 널려있는 분포로부터 복사되는 것을 다루고 있고, 이 경우 90°의 위상 지연은 당연한 결과이다(연습문제 4.5 참조).

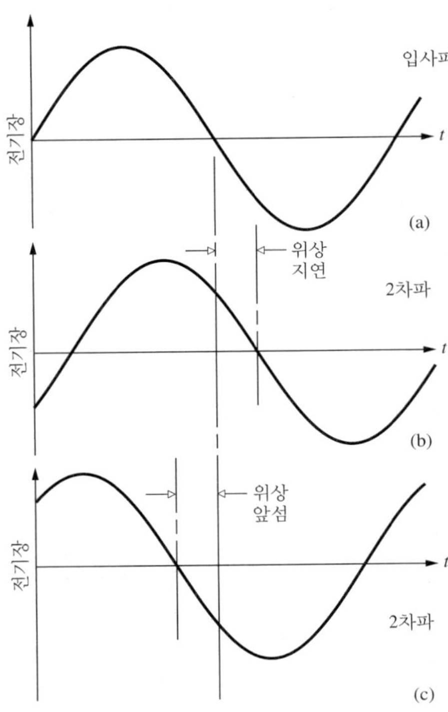

그림 4.10 입사파 (a)와 두 개의 가능한 2차파 중 하나인 (b)에서 2차파는 입사파에 대하여 지연된다. 즉 같은 값을 갖기 위해서 더 시간이 필요하다. (c)에서 2차파는 입사파보다 앞선(즉 이른 시간에) 위상값을 갖는다. 이것이 바로 위상이 빠르다는 말이다.

서와 같은 정성적인 해석은 일단 매우 유용하다[식 (7.10)]. 따라서 주파수가 ω_0보다 작은 경우 굴절파는 자유 공간을 진행하는 파보다 늦게 되고, ω_0보다 큰 경우는 빠르게 된다. 특별히 $\omega = \omega_0$인 경우, 입사파와 2차파는 정확하게 180° 차

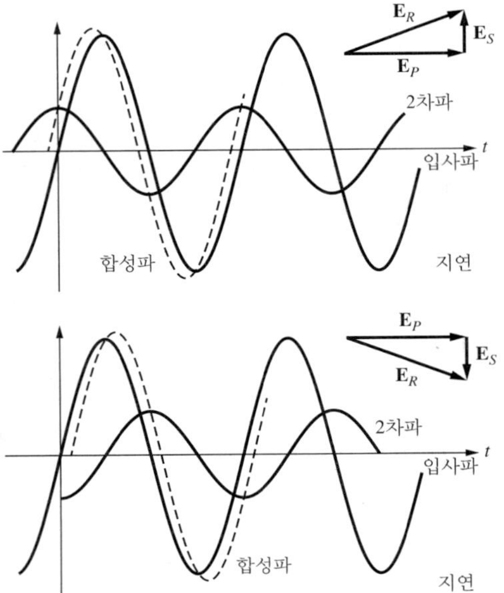

그림 4.11 2차파가 입사파보다 앞선다면 합성파도 역시 앞설 것이다.

표 4.1 여러 가지 물질의 굴절률 근삿값*

물질	굴절률
공기(Air)	1.00029
얼음(Ice)	1.31
물(Water)	1.333
에틸 알코올(Ethy alcohol(C_2H_5OH))	1.36
케로신(Kerosene)	1.448
용융 석영(Fused quartz(SiO_2))	1.4584
카로(설탕) 시럽(Karo (sugar) syrup)	1.46
사염화탄소(Carbon tetrachloride(CCl_4))	1.46
올리브 오일(Olive Oil)	1.47
테레빈유(Turpentine)	1.472
구식명 파이렉스(Old formular Pyrex)	1.48
41% 벤젠(Benzene) + 59% 사염화탄소(carbon tetrachloride)	1.48
메틸 메타크릴산염(Methyl methacrylate)	1.492
벤젠(Benzene(C_6H_6))	1.501
플렉시글라스(Plexiglass)	1.51
시더우드 오일(Oil of cedarwood)	1.51
크라운 유리(Crown glass)	1.52
소금(Sodium chloride(NaCl))	1.544
소한 플린트 유리(Light flint glass)	1.58
폴리카보네이트(Polycarbonate)	1.586
폴리스티렌(Polystyrene)	1.591
이황화탄소(Carbon disulfide(CS_2))	1.628
밀한 플린트 유리(Dense flint glass)	1.66
사파이어(Sapphire)	1.77
란타넘 플린트 유리(Lanthanum flint glass)	1.80
고밀도 플린트 유리(Heavy flint glass)	1.89
지르코늄(Zircon($ZrO_2 \cdot SiO_2$))	1.923
패불라이트(Fabulite($SrTiO_3$))	2.409
다이아몬드(Diamond(C))	2.417
금홍석(Rutile(TiO_2))	2.907
갈륨 인화물(Gallium phosphide)	3.50

* 이 값들은 물리적 조건들(순도, 압력 등)에 따라 변한다. 이 값들은 파장 589 nm에서 측정한 것이다.

이가 나게 되고, 2차파는 입사파와 반대로 진동한다. 따라서 투과파는 위상 변화가 없이 진폭만 감소한다.

투과파가 매질을 통하여 진행할 때 산란이 되풀이된다. 그리고 빛이 매질을 관통할 때 위상 지연(또는 앞섬)이 매우 커진다. 또한 파의 속력이 위상이 이동하는 비율을 의미하므로 위상의 변화는 곧 속력의 변화가 된다.

지금부터는 위상 이동이 실제로 위상 속력의 차이와 같다는 것을 보이고자 한다. 자유 공간상의 어떤 점 P에서 이 결과 발생하는 광학 교란(전기장)은 다음과 같다.

$$E_R(t) = E_0 \cos \omega t \tag{4.1}$$

점 P가 유전체 내에 있다면 P점까지 매질을 통과하면서 누적된 위상이동 ε_P가 존재한다. 보통 세기의 빛이 입사하는 경우 매질은 선형적으로 반응하므로 입사하는 빛의 파장과 속도는 달라지지만 주파수는 진공 중에서의 주파수와 같다. 따

라서 매질 내의 점 P에서 광학 교란은

$$E_R(t) = E_0 \cos(\omega t - \varepsilon_P) \tag{4.2}$$

가 되며, 여기에서 ε_P는 음의 부호를 갖는 것은 위상 지연을 의미한다. 관측된 P에서 파동의 마루가 오려면 진공 중에서 보다 오랜 시간을 기다려야 한다. 이 말은 두 개의 평행한 광파가 있어서 하나는 매질 속을 진행하고 다른 하나는 진공 중에서 진행할 때, 진공 중에서 진행하는 광파가 ε_P/ω만큼 앞선 시간에 같은 점 P를 지난다는 것이다. 그러므로 **분명히 ε_P의 위상 지연이 있다는 것은 속력이 $v < c$로 줄었다는 것**이고, $n > 1$이라는 것이다. 같은 의미로 **위상이 앞선다는 것은 속력이 증가한다는 것**으로, $v > c$이고 $n < 1$이라는 것이다. 산란 과정은 연속적으로 일어나며 이로 인한 위상 이동은 빛이 매질을 완전히 통과할 때까지 계속된다. 매질 내에서의 속력 v가 상수이면 위상 이동은 유전체 내에서 진행 거리의 함수이다(연습문제 4.5 참조). 광학에서 거의 대부분 만나는 주된 상황은 $v < c$와 $n > 1$이다. 즉 표 4.1을 보면 알 수 있다. 중요한 예외적 경우는 $\omega > \omega_0$, $v > c$, $n < 1$인 X-선 영역에서 전파하는 경우이다.

공명 주파수 부근에서 $n(\omega)$에 대한 그래프가 그림 4.9c에 잘 나타나 있다. 입사광의 주파수가 ω_0보다 매우 작은 경우 진동자와 2차파의 진폭은 매우 작으며 위상각은 대략 90°이다. 따라서 굴절파의 위상 지연은 매우 작으며 n은 1보다 조금 큰 값을 갖는다. ω가 증가함에 따라 2차파는 진폭이 더 커지고 점점 더 지연이 커져간다. 그 결과 서서히 파동의 속력이 느려지고 $n > 1$인 굴절률이 점진적으로 커진다. 주파수 ω가 ω_0에 접근할 때 2차파의 진폭은 서서히 증가하고 상대 위상은 180°에 접근하며 위상 지연의 증가 속도는 서서히 느려진다. 전환점(turning point)($\omega = \omega'$)을 지나면서 굴절파의 위상 지연은 감소하고 속력은 증가한다($dn/d\omega < 0$). 이러한 현상은 $\omega = \omega_0$일 때까지 계속되며, 따라서 투과파의 위상과 속력은 일정하나 진폭이 감소한다. 공명 주파수에서는 $n = 1$이 되고 $v = c$이며 이 점은 흡수대 부근에 있게 된다.

주파수가 공명 주파수를 막 넘었을 때 상대적으로 큰 진폭의 2차파가 앞서 진행한다. 즉 투과파의 위상이 앞서게 되고 속력이 광속보다 커진다($n < 1$). (진동자의 진폭과 산란에서 주파수에 의존하는 어떤 비대칭성 때문에) ω가 증가할 때는 반대의 결과가 나타난다. 더 높은 주파수에서 2차파는 매우 작은 진폭을 갖게 되고 위상은 거의 90°를 앞선다. 따라서 굴절파의 위상은 약간 앞서고 굴절률은 점차로 1에 접근한다.

특별한 곡선인 $n(\omega)$의 정밀한 모양은 흡수되는 양뿐만이 아니라 특정 진동자 감쇠에도 의존하며 이에 따라 참여한 진동자의 수에 따라서도 변한다.

표 4.2 물의 굴절률에 대한 온도 의존성

0°C	1.3338
20°C	1.3330
40°C	1.3307
60°C	1.3272
80°C	1.3230

$n(\omega)$에 대한 정확한 해는 **에발트-오신의 소광 정리**(Ewald-Oseen Extinction Theorem)로 알려져 있다. 수학적으로 미적분 방정식을 다루기에는 너무 복잡하지만 결과는 매우 흥미 있는 것이다. 이 정리에 의하면 전자 진동자는 기본적으로 두 개의 항을 갖는 전자기파를 만든다. 하나는 정확하게 입사파를 상쇄하는 것이고 다른 하나는 $v = c/n$으로 진행하는 굴절파가 된다.* **앞으로는 어떤 매질에서든 광파가 $v \neq c$의 속력으로 매질을 통과한다고 가정할 것이다.** 또한 굴절률이 온도에 따라 변한다는 것(표 4.2 참조)을 주목해야 하지만, 이 과정은 이해가 잘 안 된다.

명백히 우리가 만들었던 양자역학적 모델을 통해서 보면 한 파장의 파는 광자 하나와 결합해야만 할 것이다. 무엇이 파인가 하는 것이 명확하지 않을 때조차도 $p = h/\lambda$라는 관계식을 통하여 수학적으로 쉽게 이러한 고찰을 할 수 있다. 그러나 여전히 빛의 파동성을 피할 수 없는 것처럼 보인다. 그래서 한두 가지 방법을 이 이론에다 추가할 것이라는 것이다. 그리고 전에 했던 광자-파장이라는 아이디어를 생각한다면 상대적 위상이라는 개념으로 옮겨가는 것이 자연스러운 것이다. 그래서 **광자들이 속력 c로 움직일 때조차도 흡수와 방출의 과정이 산란된 광자의 위상들을 앞서게 하거나 지연시키는 과정에서 굴절률이 생긴다.**

4.3 반사

빛이 얇은 유리판과 같은 투명한 매질의 표면으로 입사할 때 이 빛은 빛을 산란시키는 밀집된 거대한 원자 배열을 볼 것이다. 이 파의 파장이 ≈500nm인 반면에 원자 크기 및 원자 간격(≈0.2nm)은 수천 분의 1 정도로 빛의 파장보다 더 작다. 밀한 매질을 지나가는 투과의 경우 산란된 가지 파동들은 각각 서로를 지워버리지만 앞쪽 방향, 즉 앞으로 진행하는 빛은 그대로 유지된다. 그러나 이러한 과정은 매질의 불연속적 경계면이 없다고 가정할 때만이 일어날 수 있다. 즉 이 과정은 (공기 및 유리와 같이) 두 개의 서로 다른 투명한

* 에발트-오신의 정리에 관한 논의는 어렵기는 하지만 본과 울프(Born and Wolf)의 *Principle of Optics* 2.4.2절을 참조하라. 또한 릴리(Reali)의 "Reflection from dielectric materials," *Am. J. Phys.* **50**, 1133(1982)을 참조하라.

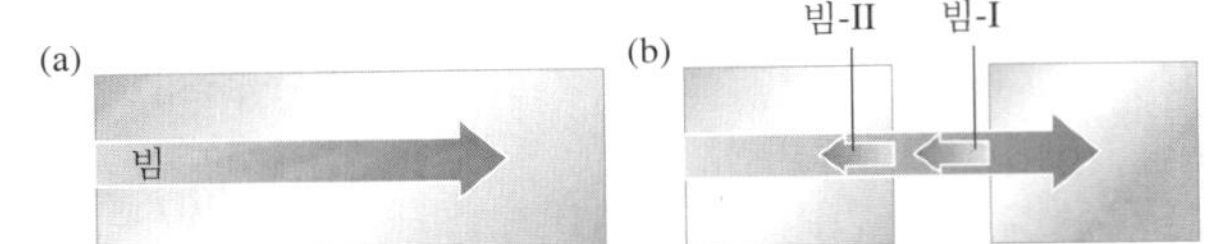

그림 4.12 (a) 유리와 같은 밀하면서 균질한 매질을 통과하여 진행하는 빔. (b) 유리 조각은 잘라서 나누었을 때, 빛이 두 개의 새로운 경계면에서 뒤로 반사된다. 빔 I은 외부로 반사하고, 빔 II는 내부로 반사한다. 이상적으로 두 조각이 다시 합쳐진다면 두 반사 빔은 서로를 소멸시킨다.

매질들 사이의 경계면에서는 적용되지 않는다. 이러한 경계면은 사실 울퉁불퉁한 불연속 경계면이다. 빛이 경계면에 입사할 때 일부의 빛은 뒤로 되반사하는데, 이러한 현상을 **반사(reflection)**라고 한다.

두 매질 사이에서의 전환이 매끄럽게 일어난다면, 즉 유전 상수(또는 굴절률)가 한 파장 이상의 거리에 걸쳐서 한 매질의 유전 상수에서 다른 매질의 유전 상수로 변한다면 매우 적은 반사만이 있을 것이다. 즉 효과적 측면에서 경계면은 없는 것과 같다. 또 다른 한편 1/4 파장 이하의 거리에 걸쳐서 한 매질에서 다른 매질로 전환되는 것은 완전 불연속 변화처럼 보인다.

내부 반사와 외부 반사

빛이 커다랗고 균질한 유리 조각을 통과한다고 상상하자(그림 4.12). 이제 이 빔에 수직 방향으로 이 유리 조각을 절반씩 잘랐다고 가정하자. 이 유리 조각을 분리한 후 그림 4.12b에서 보여 주는 것처럼 매끄러운 평면들에다 빛을 비춘다. 유리를 두 조각으로 자르기 전에는 빛은 유리 내부에서 왼쪽으로 되돌아가지 않고 오직 직진한다. 그러나 유리를 두 조각으로 나눈 후에는 오른쪽 조각의 표면에서 반사되어 왼쪽으로 이동하는 어떤 파(빔 I)가 있어야만 한다. 빛이 입사하는 오른쪽 조각의 첫 면의 바로 앞뒤에 존재하는 산란자들의 영역은 산란자들의 짝이 지어지지가 않는 영역이고 이들 짝지어지지 않은 산란자들로부터 방출되는 후방 복사는 더 이상 소멸되지 않는다. 이들 짝이 지워지지 않은 산란자들의 영역에 바로 이웃한 진동자 영역이 왼쪽 유리 조각의 단면이다. 두 단면이 함께 붙어 있었을 때는 아마도 이 이웃한 산란자들이 빔 I과는 180° 위상 불일치 상태로 가지 파동을 방출하고 이 결과 빔 I과 만나서 소멸된다. 그러나 지금은 이 이웃했던 산란자들이 빔 II를 만든다. 이들 각 분자는 뒤쪽 방향으로 빛을 산란시키고 원리적으로 **각각 그리고 모든 분자는 이 반사파에 기여한다.** 그럼에도 불구하고 실질적으로 반사에 효과적으로 기여하는 것들은 바로 표면 근처에 존재하는 짝지어지지 않은 원자 진동자들이다. 공기–유리 경계면에 대해서 **유리 바로 위의 공기에** 수직으로 입사하는 빛 에너지의 약 4%가 짝지어지지 않은 산란자 층에 의해서 곧장 뒤로 반사되어 나간다. 그리고 이러한 사실은 유리 두께가 1.0 mm이든지 1.00 m이든지 간에 관계없이 일어난다.

빔 I은 오른쪽 유리 조각으로부터 반사한다. 이 경우 빛이 초기에 광학적으로 소한 매질에서 밀한 매질로 진행하기 때문에 이러한 반사를 **외부 반사(external reflection)**라고 한다. 다시 말하자면 입사 매질의 굴절률(n_i)이 투과 매질의 굴절률(n_t)보다 더 작다. 똑같은 사건이 왼쪽으로 움직였었던 단면의 짝지어지지 않은 층에서도 일어나기 때문에 빛이 다시 뒤로 반사된다. **공기 바로 위의 유리에** 수직으로 입사하는 빔(빔 II)인 경우 4%의 빛이 다시 반사되어야만 한다. $n_i > n_t$이기 때문에 이러한 반사를 **내부 반사(internal reflection)**라고 한다. 두 유리 영역이 서로 가까이 접근한다면 (그래서 이 두 유리 사이의 간격을 얇은 공기 필름이라고 상상할 수 있다) 두 유리 조각의 마주보는 면들이 서로 합쳐져서 경계면이 사라지고 다시 한 개의 유리 덩어리가 됨에 따라 이 면들에서의 반사광이 약해지다가 결국 없어질 것이다. 다시 말해서 빔 I이 빔 II를 소거한다. 즉 이 빔은 180° 위상 불일치가 있어야만 한다. **내부 반사한 빛과 외부 반사한 빛들 사이에 생기는 이러한 180° 상대 위상 이동**을 기억하라(보다 엄밀하게 분석을 위해서 4.10절 참조). 이 내용은 뒷부분에서 다시 볼 것이다.

보통 거울에서 백색광이 파란색이 아닌 백색으로 반사한다는 것을 잘 알고 있다. 이에 대한 이유를 알기 위해서 먼저 반사에 기여하는 산란자층의 두께가 약 λ/2이라는 것을 기억해야 한다(그림 4.6 참조). 그래서 입사광의 파장이 길면 길수록 반사에 기여하는 영역은 점점 더 두꺼워지며(전형적으로 1000개의 원자층이 기여함) 이 영역에서 다함께 반사에 작용하는 산란자의 수는 더욱 더 증가한다. 이러한 사실과 입사광의 λ가 증가함에 따라 각 산란자의 산란 정도가 나빠진다는 사실($1/\lambda^4$를 기억하라)이 서로 균형을 이룬다. 이 결과 **투명한 매질의 표면은 거의 똑같이 모든 파장들을 반사하며 이렇게 반사한 빛이 아무런 색깔도 띄지 않는다.** 곧 볼 것이지만 이것이 백색광 조명하에서 이 책의 각 페이지가 흰색으로 보이는 이유이다.

4.3.1 반사 법칙

그림 4.13은 광학적으로 밀한 매질(유리라고 하자)의 매끄럽고 평평한 표면에 임의의 각도로 입사하는 평면 파면으로 이루어진 한 빔을 보여 준다. 이 매질의 주변은 진공이라고 가정하자. 이 매질 표면에 있는 분자들을 훑고 지나가는 한 입

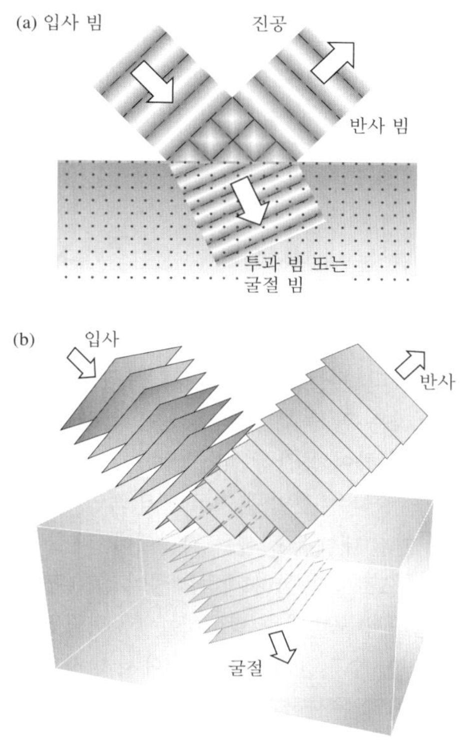

그림 4.13 깨끗한 유리 조각이나 플라스틱 조각을 구성하는 분자들에 입사하는 평면파 빔. 입사 빔의 일부가 반사하고 일부는 굴절한다.

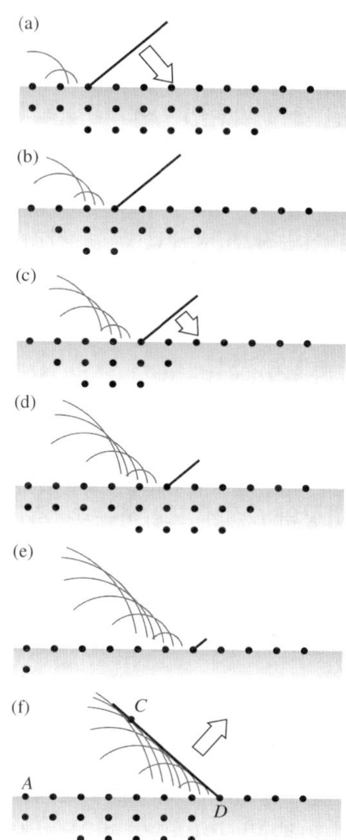

그림 4.15 산란의 결과로 생긴 파의 반사

사 파면을 따라가 보자(그림 4.14). 이러한 과정을 간단히 할 목적으로 그림 4.15에서 경계면상의 몇 개의 분자층만을 제외한 나머지 다른 분자층들은 모두 빼버리고 그렸다. 파면이 경계면의 분자층으로 내려옴에 따라 이 파면은 산란자들에 하나씩 순서대로 에너지를 주고 또 다시 다른 파면이 이 산란자들에 에너지를 다시 주는데, 이들 산란자들은 각각 입사 매질 내에서 반구 형태의 가지 파동으로 생각할 수 있는 광자를 복사한다. 이 가지 파동의 파장이 분자들 사이의 간격보다 훨씬 크기 때문에 입사 매질 내에서 뒤로 방출하는 가지 파동들은 다 같이 진행하고 한 방향으로 보강 간섭하며 이로 인하여 하나의 **반사 빔**(reflected beam)만이 존재하게 된다. 그러나 입사 빔이 짧은 파장의 X-선이라면 이렇지 않고 여러 개의 반사 빔이 있게 된다. 그리고 회절 격자의 경우와 같이 산란자들이 λ보다 훨씬 멀리 떨어져 있다고 할 경우에도 또한 이렇지 않고 여러 개의 반사 빔이 존재한다. 그리고 원자 산란자들 사이에서의 일정한 위상차가 이러한 반사 빔의 방향을 결정한다. 결국 이 반사 빔의 방향은 입사파와 경계면이 만드는 각도, 소위 **입사각(angle-of-incidence)**에 의해서 결정된다.

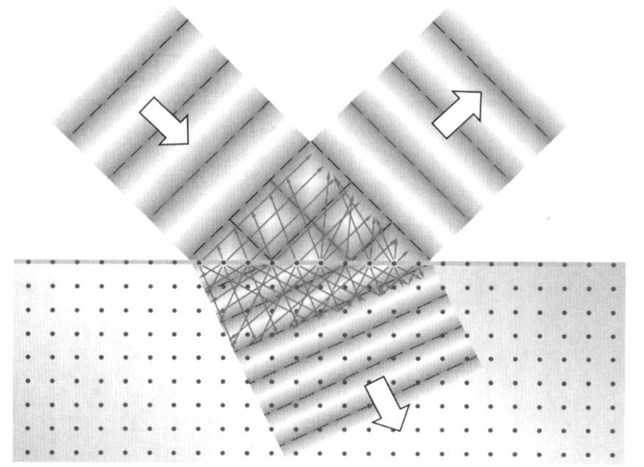

그림 4.14 평면파가 경계면상의 원자들을 자극시킨다. 이들 원자들은 거의 지속적으로 복사하고 또 재복사하며 이로 인하여 반사파와 투과파 모두가 생긴다. 실제로는 빛의 파장은 원자 크기나 그 간격의 수천 배이다.

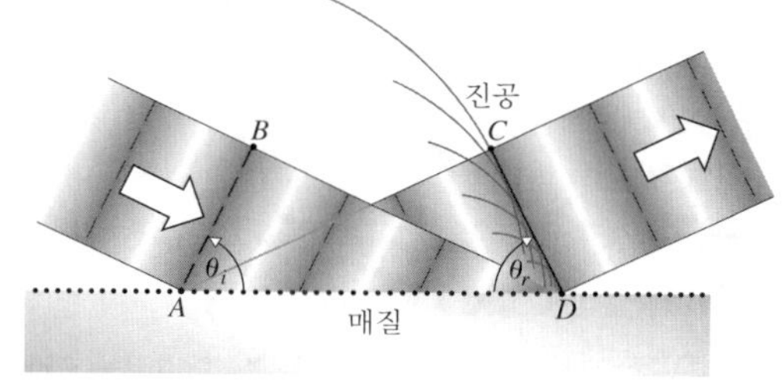

그림 4.16 평면파가 왼쪽에서 입사하여 오른쪽으로 반사된다. 반사된 파면 $\overline{CD}$는 A에서 D까지의 표면에 존재하는 원자들이 산란한 파들로 만들어진다. 첫 번째 가지 파동은 이제 막 A에서 나와서 C에 도착할 때 D에 있는 원자가 가지 파동을 방출하고, 이 결과 $\overline{CD}$의 따라 나오는 파면이 완성된다.

그림 4.16에서 선분 $\overline{AB}$는 입사하는 파면에 있는 반면에 선분 $\overline{CD}$는 반사하는 파면상에 있다. 그림 4.15를 생각해 보면 A에서 방출된 가지 파동이 D에서 방출되는 가지 파동(B가 자극한다)과 위상 일치 상태로 C에서 만날 것이라는 것을 알 수 있다. 단 $\overline{AC}$의 길이와 $\overline{BD}$의 길이는 같다. 다시 말해서 모든 표면 산란자가 방출한 모든 가지 파동들이 위상 일치 상태로 겹쳐져서 단일 반사 평면파를 만든다면, $\overline{AC} = \overline{BD}$가 된다. 그래서 두 삼각형이 공통 빗변을 갖기 때문에 다음과 같은 관계가 성립한다.

$$\frac{\sin\theta_i}{\overline{BD}} = \frac{\sin\theta_r}{\overline{AC}}$$

모든 파들이 동일한 속력 v_i로 입사 매질을 지난다. 파면상의 B점이 경계면상의 D점에 도달하는 데 걸리는 시간 Δt 동안에 A에서 방출된 가지 파동이 C점에 도달한다. 다시 말하자면 $\overline{BD} = v_i\Delta t = \overline{AC}$이고 위의 방정식으로부터 $\sin\theta_i = \sin\theta_r$이 되는데 이는 다음과 같은 결과를 의미한다.

$$\theta_i = \theta_r \tag{4.3}$$

즉 **입사각(angle-of-incidence)은 반사각(angle-of-reflection)과 같다**. 이 방정식이 **반사 법칙(Law of Reflection)**의 첫 번째 기본 법칙이다. 이 반사 법칙은 최초로 유클리드가 저술하였다고 알려져 있는 **반사광학(Catoptrics)**이라는 책에 나온다. $\theta_i = 0°$일 때를 빛이 **수직 입사한다**고 하며, 이 경우 $\theta_r = 0°$이며 거울에서는 이 빛이 그대로 반사한다. 유사하게 **스침 입사(glancing incidence)**는 $\theta_i \approx 90°$에 대응하며 이 결과 필연적으로 $\theta_r = 90°$가 된다.

광선

이들 상황을 이해하는 데 파면은 약간 혼란스럽다. 그래서 빛의 진행 과정을 가시화하기 위한 다른 편리한 도구를 도입하고자 한다. 고대인들의 상상에서는 이를 빛의 직선 흐름으로 나타내었다. 이를 라틴어로는 'radii'라고 하였으며 이것이 영어로 'rays(광선)'라는 말이 되었다. **광선은 복사 에너지가 흘러가는 방향에 대응하여** 공간상에다 그려놓은 선이다. 이것은 수학적으로 만들어 놓은 것일 뿐이고 물리적인 양은 아니다. 균일한(균질한) 매질 내에서 광선은 직선이다. 매질이 모든 방향에서 같은 방법으로 작동한다면(등방성이라면) **광선은 파면에 수직이다.** 그래서 구면파를 방출하는 한 점광원에 대해서 이 구면파의 파면에 수직인 광선은 광원에서 방사형으로 바깥쪽으로 나간다. 이와 유사하게 평면파와 연결된 광선들은 모두 평행하다. 광선 다발을 그리는 것보다는 오히려 간단히 하나의 입사 광선과 하나의 반사 광선만을 그린다(그림 4.17a). **모든 각도는 표면에서 직각인(또는 수직인) 선으로부터 측정하고**, θ_i와 θ_r은 이전처럼 같은 값을 갖는다(그림 4.16).

고대 그리스에서도 반사 법칙을 알고 있었다. 평면 거울에서의 현상을 관찰함으로써 이를 유도할 수 있지만 현대에서

현대 위상 배열 레이더 시스템. 개개의 소형 안테나들의 장은 매끄러운 표면의 원자들과 거의 똑같은 장이다. 이 안테나는 두 이웃한 안테나 줄들 사이에 적절한 위상 이동을 줌으로써 어떤 방향에서도 볼 수 있다. 반사면에 입사하는 입사파가 원자 배열들을 모두 휩쓸고 지나감에 따라 이 반사면은 θ_r로 결정된 유사한 위상 이동을 갖는다.(Raytheon Corp.)

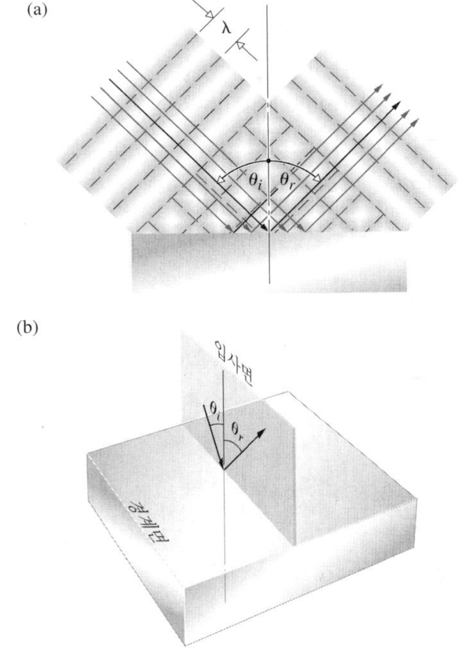

그림 4.17 (a) 평면파의 빔을 표현하는 하나의 빔을 선택하라. 입사각 θ_i와 반사각 θ_r은 반사면에서 수직으로 그린 직선에서부터 측정한다. (b) 입사 광선과 반사 광선으로 반사면에 수직인 입사면을 정의한다.

상트페테르부르크(St. Petersburg)시의 항구에 정박 중인 공산혁명(1917년)에서 중요한 역할을 한 유람선 오로라(Aurora)호. 여전히 물이 잔잔한 곳의 반사는 거울 반사이다. 물이 거칠어서 흔들려서 반사가 난반사가 되는 곳에서는 상이 퍼진다. (E.H.)

는 이러한 반사 법칙을 손전등(flashlight)이나 이보다 더 좋은 저출력 레이저를 사용하여 매우 쉽게 관찰할 수 있다. 반사 법칙의 두 번째 기본 법칙은 **입사 광선, 경계면의 법선, 반사 광선들은 입사면(plane-of-incidence)이라고 하는 한 평면 내에 놓여 있다**는 것으로(그림 4.17b) 3차원 개념이다. 정지한 거울로 손전등 빔을 반사시켜서 이 빛으로 방에 있는 어떤 물체를 비추도록 하자. 그러면 반사 법칙의 두 번째 기본 법칙에 대한 중요성이 명백히 드러난다.

그림 4.18a는 매끄러운 반사면(면의 울퉁불퉁한 정도가 파장에 비해서 매우 작은 면)으로 입사하는 빛을 보여 준다. 이 경우 수도 없이 많은 원자들이 방출한 빛으로 **거울 반사(specular reflection)**(고대에 일반적인 합금 금속 거울을 말하는 단어였던 'speculum'이 어원임)라는 과정으로 단일 광속의 반사광이 된다. 이 파들의 마루와 골들이 λ에 비해서 매우 작다고 한다면 산란된 가지 파동들은 $\theta_i = \theta_r$일 때 여전히 어느 정도 위상 일치 상태가 된다. 이것이 그림 4.13, 4.15, 4.16, 4.17에서 가정하였던 상황이다. 다른 한편 반사면이 λ에 비해서 클 때, 각 빔들의 입사각은 반사각과 같지만 전체 광선들은 **난반사(diffuse reflection)**라는 과정으로

F-117A 스텔스 전폭기는 레이더 영상이 거의 잡히지 않는다. 즉 전폭기에 부딪힌 마이크로파가 이 마이크로파를 보낸 레이더 기지로 거의 되돌아가지 않는다는 것이다. 이것은 레이더파가 산란되어 레이더 기지로부터 멀리 날아가 버리도록 반사 법칙을 적용한 기울어진 평면들로 대부분 비행기 기체를 만들었기 때문이다. 군 관계자들은 $\theta_i = \theta_r \approx 0$이 되는 경우를 피하고 싶어 한다. (US Dept. of Defense)

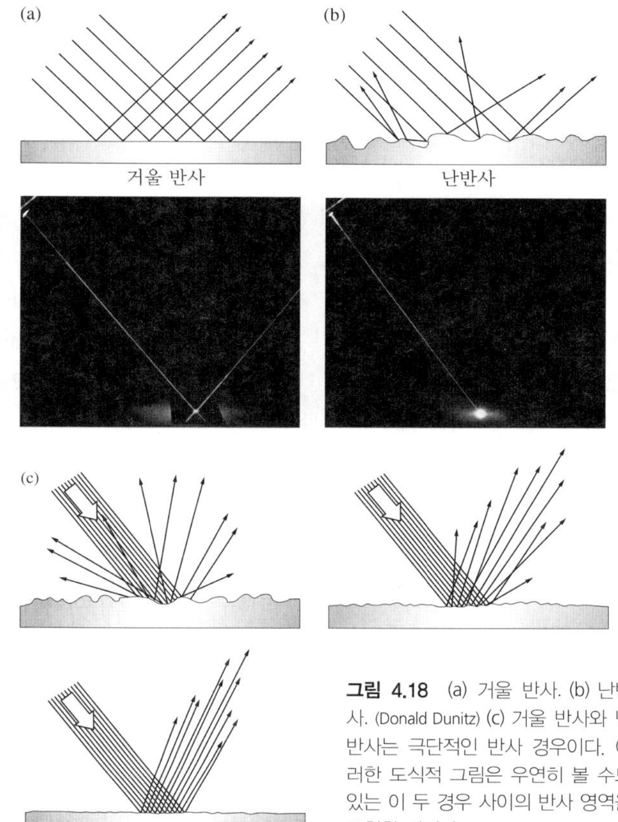

그림 4.18 (a) 거울 반사. (b) 난반사. (Donald Dunitz) (c) 거울 반사와 난반사는 극단적인 반사 경우이다. 이러한 도식적 그림은 우연히 볼 수도 있는 이 두 경우 사이의 반사 영역을 표현한 것이다.

반사한다(그림 4.18 사진 참조). 이러한 두 조건 모두는 극한적인 경우이다. 대부분의 반사 형태는 이 두 극한 경우의 사이에 있다. 이 페이지의 종이는 조심스럽게 난반사용 산란자들로 만들지만 이 책의 표지는 난반사와 거울반사의 중간적인 방법으로 만든다.

4.4 굴절

그림 4.13은 임의 각도($\theta_i \neq 0$)로 경계면에 들어오는 빔을 보

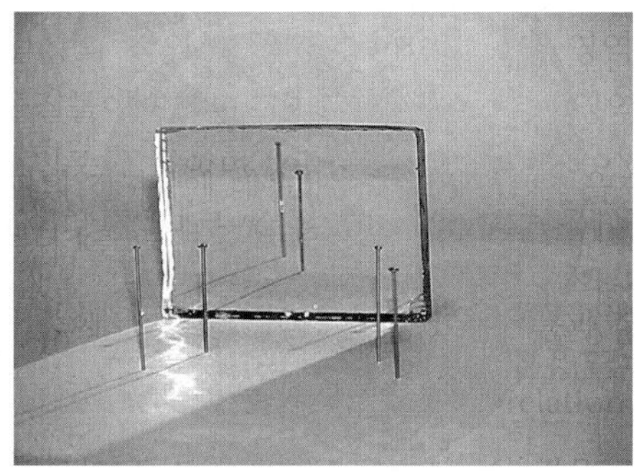

평면 거울 앞에 한 쌍의 핀을 놓고 이 핀들의 상들과 다른 쌍의 핀들과 정렬을 한다면 쉽게 $\theta_i = \theta_r$를 증명할 수 있다. (E.H.)

여 준다. 이 면이 대표적인 불균질 매질에 대응하고 이 면을 구성하고 있는 원자들이 반사광처럼 뒤쪽으로 그리고 투과광처럼 앞쪽으로 모두 빛을 산란시킨다. 입사 광선이 휘거나 구부러지는 현상을 뉴턴(Newton) 언급했던 것처럼 **굴절 (refraction)** 이라고 한다.

투과광 또는 반사광을 조사하자. 고전적으로 말하자면 입사광으로부터 에너지를 받은 경계면상의 각 분자들은 유리 내에서 속력 c로 퍼져 나가는 가지 파동들을 복사한다. 이들 가지 파동들이 순수 투과파가 되기 위해서 기본파(primary wave) 중에서 산란되지 않은 나머지 부분들과 재결합한 2차 파(secondary wave)로 합쳐지는 것으로 상상할 수 있다. 이러한 과정은 파가 투과하는 매질을 지나감에 따라 몇 번이고 다시금 반복된다.

그러나 입사파가 투과 매질로 들어가자마자 생기는 투과파를 가시화해 보면 이 매질에는 이러한 단 하나의 장, 즉 단 하나의 파만 있다. 우리가 보았었던 것처럼 항상 이러한 투과파는 유효 속력 $v_t < c$로 매질 내를 전파한다. 근본적으로 이것은 마치 경계면의 원자들이 유리쪽으로 '느린 투과파'를 만드는 '느린 가지 파동'들을 산란하는 것이다. 하위헌스 원리를 논의할 때 이러한 상황을 다시 되짚을 것이다. 어떤 경우에는 가지 파동들이 합쳐져서 나타난 투과 전자기파가 입사 전자기파보다 더 느려지기 때문에 투과 파면들이 굴절하여 변위하며(입사 파면에 대해서 구부러지고) 이 결과 빔이 휜다.

4.4.1 굴절 법칙

그림 4.19는 그림 4.13과 그림 4.16에서 그리지 않았던 곳을 보여 주고 있다. 이 그림은 몇 개의 파면을 보여 주는데 이들은 모두 시간적으로 어떤 순간에 동시에 나타나는 것이다. 이들 각 파면은 일정한 위상을 갖는 면이라는 것을 기억하자. 그리고 각 파면이 뒤쪽에서 붙잡혀 있기 때문에 총체적인 장의 위상이 투과 매질로 인하여 지연된다. 경계 전후에서의 파들의 속도 변화 때문에 이 경계면을 파면이 지나가면서 휘게 된다. 달리 말하자면 계속하여 같은 시간 간격으로 단일 파면이 움직인 결과를 찍는 다중노출된 사진으로 그림 4.19를 상상할 수 있다. (속력 v_i로 움직이는) 파면상의 B점이 D 지점에 도달하기 위해서 필요한 시간 간격 Δt에서 (속력 v_t로 움직이는) 동일 파면의 투과 부분이 E점에 도달한다. 만일 유리($n_t = 1.5$)를 진공($n_i = 1$) 또는 공기($n_i = 1.0003$) 또는 $n_t > n_i$, $v_t < v_i$, $\overline{AE} < \overline{BD}$ 인 입사 매질에 놓는다면 파면은 구부러진다. E에서 D로 놓인 굴절 파면은 경계면과 θ_t의 각도로 구부러져서 나간다. 이 전처럼 그림 4.19에서 두 삼각형 ABD와 AED는 공통 빗면($\overline{AD}$)을 공유한다. 그래서

$$\frac{\sin\theta_i}{\overline{BD}} = \frac{\sin\theta_t}{\overline{AE}}$$

인데, 여기서 $\overline{BD} = v_i\Delta t$이고 $\overline{AE} = v_t\Delta t$이다. 그래서

$$\frac{\sin\theta_i}{v_i} = \frac{\sin\theta_t}{v_t}$$

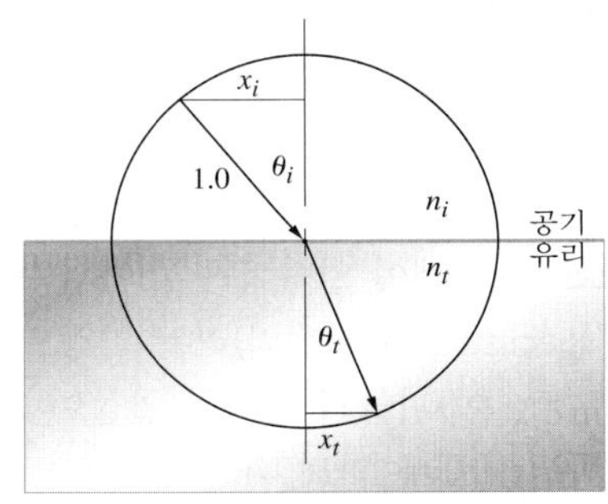

그림 4.20 굴절 법칙을 유도하는 데카르트 배열. 원의 반지름은 1.0이다.

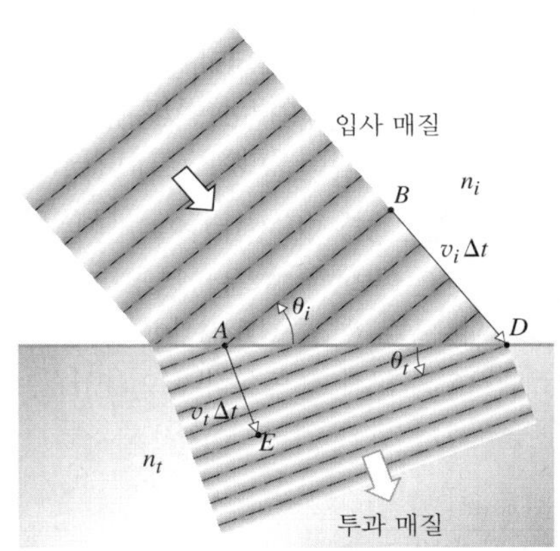

그림 4.19 파의 굴절. 투과 매질 $\overline{AE}$의 표면에 있는 원자가 굴절 빔을 만들기 위해서 보강적으로 서로 결합시키데 사용하는 가지 파동들을 복사한다. 단순하게 보여 주기 위하여 반사파는 그리지 않았다.

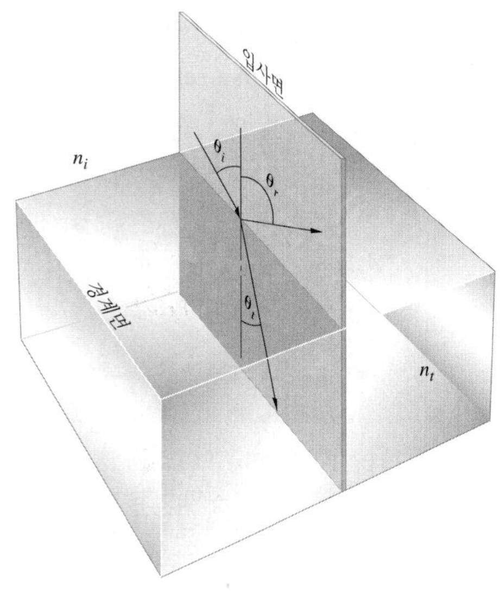

그림 4.21 입사 빔, 반사 빔, 투과 빔 모두가 입사면에 놓여 있다.

빛이 한 매질에서 다른 매질로 들어갈 때 보통 경계면에서 반사한다. 수직 입사에서 이 부분의 전기장 반사는 식 (4.47)로 주어진다. 깨끗한 플라스틱 필름과 접착성 코팅을 사용하는 경우, 이 두 매질은 같은 굴절률을 갖기 때문에 빛에 대해서는 생각해 보면 사진에서 보는 접착테이프의 수백 개의 접착면들 각각은 모두 간단히 사라진다. 그 결과 플라스틱-접착제로 이루어진 면들 사이의 모든 경계면에서 빛이 반사되지 않으며, 전체 수백 번 감은 접착제 테이프 롤은 투명하다.(E.H.)

이 된다. c를 이들 양변에 곱하라. 그러면 $n_i = c/v_i$와 $n_t = c/v_t$이기 때문에

$$n_i \sin\theta_i = n_t \sin\theta_t \tag{4.4}$$

이 된다. 분산(3.5.1절) 때문에 n_i, n_t, θ_i, θ_t는 일반적으로 주파수에 따라 변한다. 이 식은 모든 주파수에 대해서 성립하지만, 각 파장에 따라 굴절된 빛은 서로 다르게 구부러진다.

이 표현을 제안하였던 스넬(Willebrord Snel van Royen, 1591~1626) 이후로 이 방정식을 **스넬의 법칙(Snell's Law)**이라고 하며, 이것이 **굴절 법칙(Law of Refraction)**의 제일 중요한 부분이다. 스넬의 분석 방법은 잊어버리고 그림 4.20에서 보여 주는 것과 같은 현대적 설명을 따라간다. 이것으로부터 알 수 있는 것은 광선의 휨 정도가 x_i와 x_t의 비로서 정

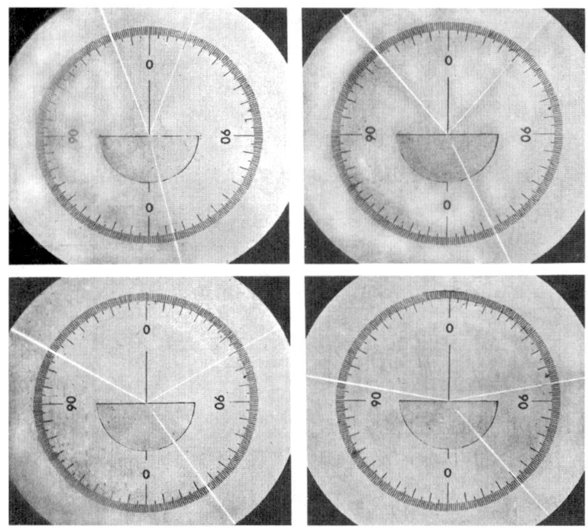

그림 4.22 여러 가지 입사각에서의 굴절. 바닥 면을 원형으로 잘랐기 때문에 항상 유리 내의 반지름을 따라 투과 빔이 지나가며, 모든 경우에 있어서 유리 원통을 지나서 나가는 순간 굴절률이 낮은 면에 대해서 이 투과 빔은 수직으로 통과한다. (PSSC College Physics, D. C. Health & Co., 1968)

량화될 수 있다는 것으로 이 비는 θ_i의 값에 무관하게 일정하다. 이러한 상수를 자연스럽게 **굴절률**(index of refraction)이라고 한다. 다시 말하면

$$\frac{x_i}{x_t} \equiv n_t$$

이고, 공기 중에서는 $x_i = \sin\theta_i$와 $x_t = \sin\theta_t$이므로 이 식은 식 (4.4)와 동등하다. 영국의 헤리옷(Thomas Harriot)은 1601년 이전에 이와 같은 결론은 얻었으나 자신만 알고 있었다.

처음에는 굴절률을 실험적으로 매질의 상수들로부터 구하였다. 그러나 그 후에 뉴턴이 그가 만든 입자 이론(corpuscular theory)을 사용하여 실제로 스넬의 법칙을 유도하였다. 그래서 빛의 속력을 측정하는 데 있어서 n이 중요하다는 것이 명백해졌다. 이후로 맥스웰 전자기론으로부터 스넬의 법칙을 자연스럽게 유도하였다.

이러한 파면 표현을 광선 표현(그림 4.21)으로 바꾸어 사용하는 것이 편리한데, 이때 모든 각도는 경계면상의 법선으로부터 측정한다. 식 (4.4)를 가지고 따라가 보면 **입사 광선, 반사 광선, 굴절 광선 모두가 입사면에 놓여 있다.** 다시 말하자면 이 광선 각각의 단위 전파 벡터들인 $\hat{\mathbf{k}}_i$, $\hat{\mathbf{k}}_r$, $\hat{\mathbf{k}}_t$는 동일 평면상에 있다(그림 4.22).

예제 4.1

공기 중에서 특정 주파수를 갖고 있는 광선이 한 장의 유리판에 입사한다. 이 유리는 이 주파수에서 1.52의 굴절률을 가지고 있다. 만약에 투과 광선이 수직선에 대해서 19.2°의 각도로 굴절한다고 할 때 이 빛이 경계면으로 들어가는 각도를 구하라.

풀이

스넬의 법칙으로부터

$$\sin\theta_i = \frac{n_t}{n_i}\sin\theta_t$$

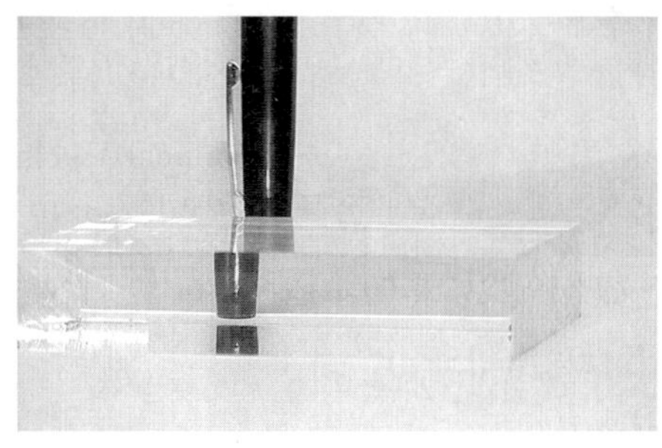

투명하고 깨끗한 두꺼운 플라스틱 덩어리를 통하여 본 만년필의 상. 이 상의 변위는 공기와 플라스틱 사이의 경계면에서 수직으로 들어간 빛이 굴절되어 생긴 것이다. 만약에 가느다란 물체(예를 들어 조명된 슬릿)로 이런 실험을 하여 각도들을 정확히 측정한다면 스넬의 법칙을 직접적으로 확인할 수 있다.

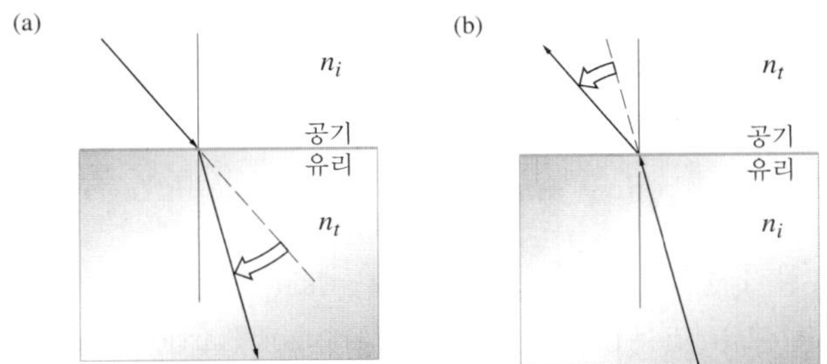

그림 4.23 경계면에서 광선의 휨. (a) 빛이 광학적으로 더 밀한 매질, 즉 더 큰 굴절률을 갖는 매질($n_i < n_t$)로 들어갈 때 이 빛이 법선 쪽으로 구부러진다. (b) 빛이 밀한 매질에서 소한 매질로 지나갈 때($n_i > n_t$)이 빛이 법선에서 멀리 휜다.

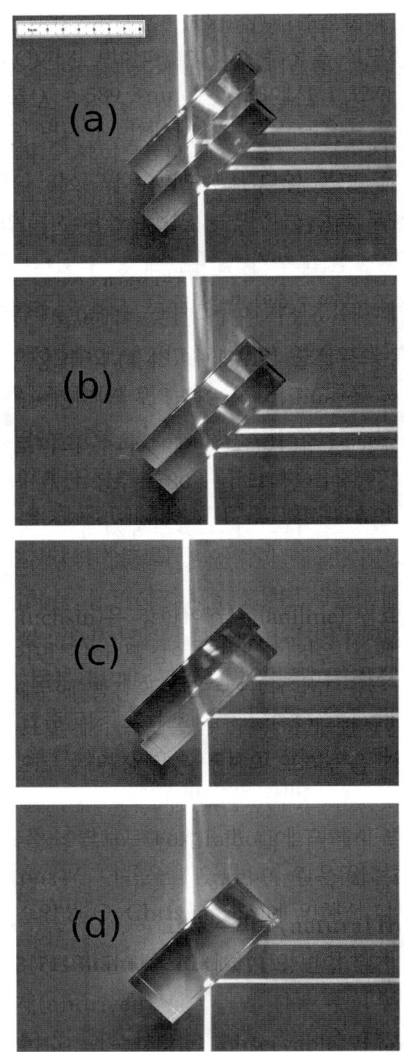

그림 4.24 빛의 빔이 위에서 플렉시글라스 블록의 아래쪽으로 들어간다. (a) 여기에 공기 중에서 멀리 떨어진 두 장의 플렉시글라스 블록이 있다. (b) 얇은 공기층을 두 블록 사이에 만들면 2개의 반사된 빔이 오른쪽으로 나가는 밝은 중간 빔을 만들기 위해서 겹친다. (c) 피마자유로 공기층을 메우면 블록 사이의 경계면이 근본적으로 사라진다. (d) 그리고 이 두 장의 플렉시글라스 블록은 마치 한 장의 단일 플렉시글라스 블록인 것처럼 행동한다. (G. Calza, T. Lopez-Arias, L. M. Gratton, and S. Oss, reprinted with permission from *The Physics Teacher* **48**, 270 (2010). Copyright 2010, American Association of Physics Teachers).

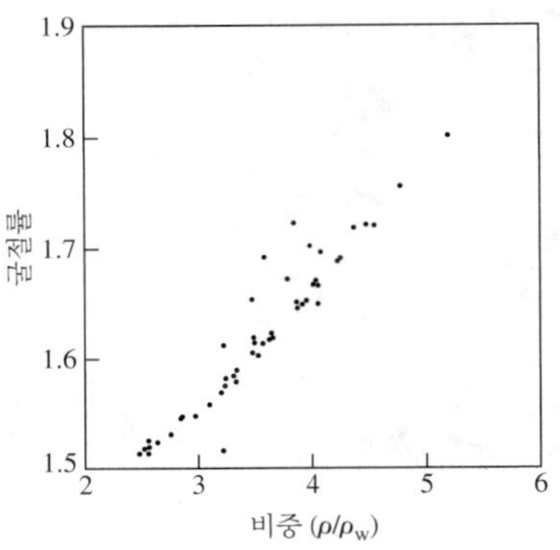

그림 4.25 임의로 선택한 투명하고 밀한 물질들에 대한 굴절률 대 비중 그래프

$$\sin\theta_i = \frac{1.52}{1.00}\sin 19.2° = 0.4999$$

$$\theta_i = 30°$$

이다.

$n_i < n_t$일 때(즉 초기에 빛이 낮은 굴절률의 매질 내에서 진행할 때) $\sin\theta_i > \sin\theta_t$가 스넬의 법칙으로부터 나오며, 두 사인 함수가 0°와 90° 사이에서 모두 양수이므로 $\theta_i > \theta_t$가 된다. **고굴절률 매질로 들어가는 광선은 직선으로 통과하기보다는 법선 방향 쪽으로 구부러진다**(그림 4.23a). 또한 이와는 역으로 진행하는 과정도 사실이다(그림 4.23b). 즉 **저굴절률 매질로 광선이 들어가자마자 직선으로 통과한다기보다는 법선 방향에서 멀어지는 쪽**으로 구부러질 것이다(사진 참조). 이것은 광선이 어느 쪽 매질로 들어가든지 나가든지 간에 같은 경로를 지나갈 것이라는 것을 의미한다. 화살표가 뒤바뀔 수 있고 이 결과의 그림도 여전히 사실이다.

투명한 매질의 **흡광도**(optical density)에 대해서 논하는 것은 상당히 평범한 일이다. 약간 잘못되었지만 의심할 여지없이 이 개념은 다양한 물질들의 굴절률이 항상 매질의 질량 밀도에 비례한다고 하는 광범위하게 받아들이는 생각으로부터 나온 것이다. 몇 가지 투명하면서 밀한 매질에 대한 데이터를 보여 주는 그림 4.25에서 보는 것처럼 이 상관관계는 있는 것처럼 보이지만 꼭 일치하지는 않는다. 예를 들어 아크릴(acrylic)은 1.19의 비중과 1.491의 굴절률을 갖고 있는 반면에 스티렌(stylene)은 이보다 더 낮은 1.06의 비중과 더 높은 1.590의 굴절률을 갖는다. 질량 밀도를 의미하지 않고 굴절률을 말하는 흡광도라는 단어는 여전히 물질을 서로 비교할 때 유용하다.

스넬의 법칙이 다음과 같은 형태로 다시 기술할 수 있는데, 여기에서 $n_{ti} \equiv n_t/n_i$는 두 매질에 대한 **상대 굴절률(relative index of refraction)**이다.

$$\frac{\sin\theta_i}{\sin\theta_t} = n_{ti} \tag{4.5}$$

$n_{ti} = v_i/v_t$라는 것을 주목하라. 그리고 $n_{ti} = 1/n_{it}$이다. 공기-물인 경우에는 $n_{wa} \approx 4/3$이고, 공기-유리인 경우에는 $n_{ga} \approx 3/2$이다. $n_{ga} = n_g/n_a$라는 정의에 따라 빛이 '공기에서 유리로' 들어가는 순서대로 '유리 굴절률을 공기 굴절률로' 나눈다.

예제 4.2

굴절률이 1.33인 물속에서 진행하는 좁은 레이저빔이 물-유리 경계면의 수직으로부터 40.0°의 각도로 물-유리 경계면으로 들어간다. 만약에 유리가 1.65의 굴절률을 가지고 있다면 (a) 상대 굴절률을 구하라. (b) 유리에서의 이 빔의 투과각은 얼마인가?

풀이

(a) 다음과 같은 정의 식으로부터

$$n_{ti} = \frac{n_t}{n_i}$$

$$n_{GW} = \frac{n_G}{n_W} = \frac{1.65}{1.33} = 1.24$$

이다.

(b) 스넬의 법칙으로부터

$$\sin\theta_t = (\sin\theta_i)/n_{ti}$$

$$\sin\theta_t = (\sin 40.0°)/1.24 = 0.5184$$

$$\theta_t = 31.2°$$

이다.

$\hat{\mathbf{u}}_n$을 경계면에 수직이고 입사 매질에서 투과 매질 쪽으로 향하는 단위 벡터라고 하자(그림 4.26). 연습문제 4.33에서 증명할 기회를 갖게 되겠지만 굴절 법칙의 완벽한 형태는 벡터적으로 다음과 같이 쓸 수 있다.

$$n_i(\hat{\mathbf{k}}_i \times \hat{\mathbf{u}}_n) = n_t(\hat{\mathbf{k}}_t \times \hat{\mathbf{u}}_n) \tag{4.6}$$

또는 이 대신에

$$n_t\hat{\mathbf{k}}_t - n_i\hat{\mathbf{k}}_i = (n_t\cos\theta_t - n_i\cos\theta_i)\,\hat{\mathbf{u}}_n \tag{4.7}$$

이 된다.

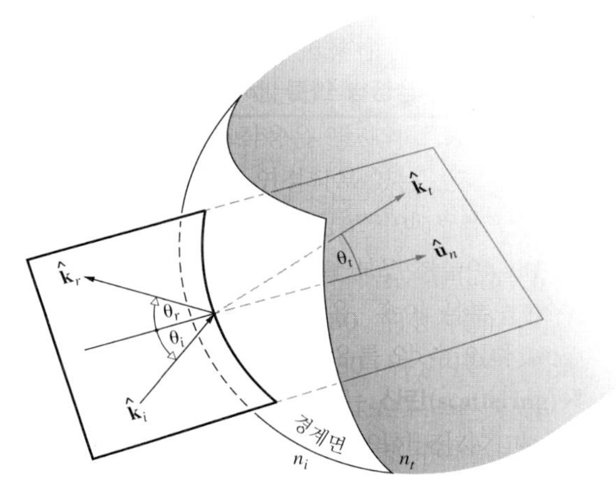

그림 4.26 광선의 기하적 배치도

점광원에서 나오는 빛의 굴절

모든 일반 광원은 실제로 다중 점광원이기 때문에 한 점광원에서 퍼져 나오는 광선 다발부터 공부하는 것이 순서이다. 그림 4.27에서 보는 것과 같은 평평한 하나의 경계면으로 분리되어 있는 2개의 균질한 유전체 물질을 생각하자. 왼쪽의 광점 S로부터 빛이 나와서 일부가 경계면에 도달한 후 굴절한다. 그림 4.27a에서는 굴절된 광이 광축으로 약간 모이듯이 수렴하며, 그림 4.27b에서는 굴절된 광이 광축에서 약간 발산한다. 서로 다른 각도로 경계면에 입사한 이 광선들은 다른 방향으로 구부러질 것이며, 이 광선들이 모두 광축상의 한 점 S로부터 나왔지만 일반적으로 그림의 두 도표에서 보는 것과 같은 형태로 광축상의 한 점으로는 모이지 않는다. 그러나 만약에 광축상의 매우 좁은 원뿔 범위에서 나오는 광선으로 한정한다면 이 광선들은 경계면에서 아주 조금밖에 굴절하지 않아서 굴절 전후에도 경계면에 거의 수직에 가까울 것이다. 따라서 그림 4.27a와 b에서 보는 것처럼 이 광선들은 단일점 P로부터 나온 것처럼 보일 것이다(여기에서 원

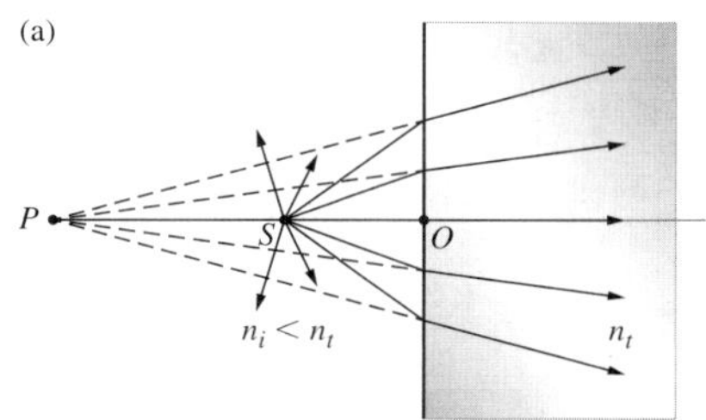

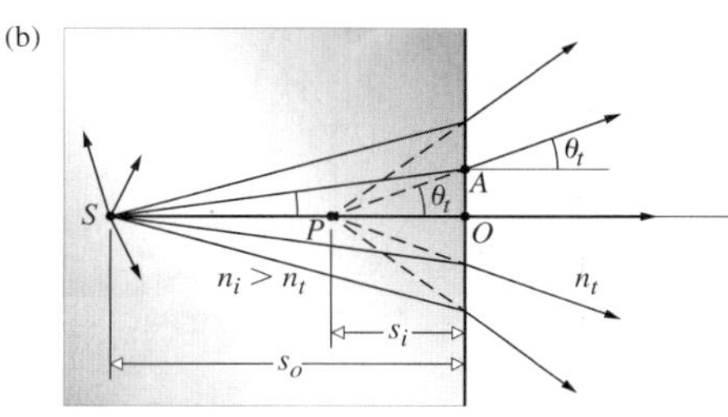

그림 4.27 빛이 평면인 경계면의 전후로 두 개의 서로 다른 투명한 물질을 들어갔다가 나올 때 빛의 휘는 과정. 그림 (b)를 90° 반시계 방향으로 돌려서 S가 물속에 있다고 가정하자. 공기 속에 있는 관찰자가 P에 결상된 S를 보게 된다.

뿔각은 글씨를 그릴 수 있도록 과장하여 크게 그린 것이다). 그 결과 만약에 그림 4.27b에서 *S*가 태양광이 물고기에서 반사하여 물 바깥(이 그림에서는 오른쪽임)으로 되돌아 나오는 점이라고 하면, 관찰자의 작은 눈 동공으로 들어가는 광선의 원뿔이 매우 좁아서 상당히 선명한 *S*의 상이 망막에 결상될 것이다. 그리고 눈과 뇌의 전체 시스템이 마치 빛이 물고기의 한 점에서 직선을 따라 나온 것처럼 느끼면서 빛의 경로를 학습하게 된다. 그래서 물고기의 한 점이 *P*에 나타날 것이다.

*S*와 *P*의 위치를 **공액점(conjugate points)**이라고 한다. *S*에서 물체는 경계면으로부터 '물체 거리'에 있으며 이 물체 거리를 s_o라고 기호로 적는다. 그리고 *P*에서 상은 *O*로부터 '상거리'인 s_i에 있다. 그림 4.27b에서 삼각형 *SAO*와 삼각형 *PAO*를 사용한다면

$$s_o \tan\theta_i = s_i \tan\theta_t$$

이다. 광선 원뿔은 매우 좁기 때문에 θ_i와 θ_t는 작고, 이 때문에 사인을 탄젠트로 대체해도 되므로 스넬의 법칙은

$$s_i/s_o = n_t/n_i$$

이다. 물고기를 향해서 아래쪽으로(즉 그림 4.27b에서 왼쪽으로) 직선으로 이어서 보면(여기서 $n_t = 1$이고 $n_i = 4/3$이므로 $n_t/n_i = 3/4$임), 경계면 수직 아래로 4.0 m 지점에 놓여 있는 *S*의 상인 *P*는 경계면 아래의 3.0 m 지점에 나타날 것이다.

점 *S*에서 나온 광선 원뿔이 넓을 때는 그림 4.28에서 보는 경계면의 수직 단면에 그린 것처럼 매우 복잡해진다. 수직 법선에서 적당히 비껴서 물속의 물체를 볼 때 수많은 다른 물체점들로부터 투과된 광선이 나올 것이다. 이들 광선들이 퍼져서 나갈 때 각각의 광선들은 **초면(caustic)**이라고 하는 곡면의 접선이 된다. 다시 말해서 서로 다른 광선들이 서로 다른 점들(*P*)를 지나가는 것처럼 보일 것이다. 이 점들은 모두 초면에 놓여 있으며 *S*로부터 나온 광선의 초기 각이 크면 클수록 굴절각도 더 커지고 더 높아지는 초면에 *P*가 생길 것이다.

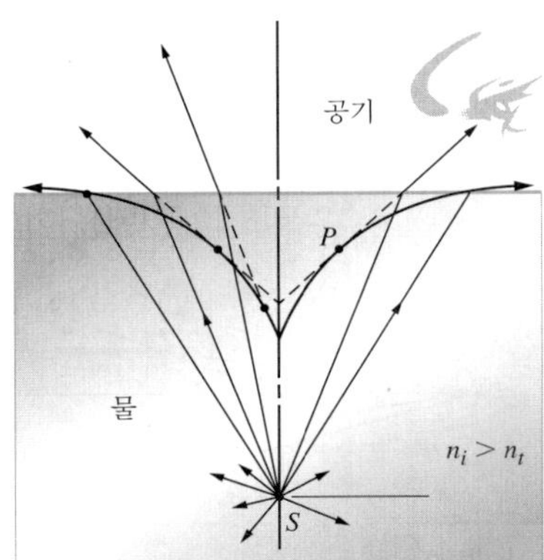

그림 4.28 광학적으로 밀한 매질 내에 위치한 하나의 점광원(어항 속의 물고기). 관찰자가 보는 광선에 의존하는 곡선을 따라 관찰자가 어떤 위치인가 놓여진 *S*를 볼 것이다. 그림에서 보는 것처럼 관찰자의 눈으로 들어가는 광선은 *P*에서 나온다.

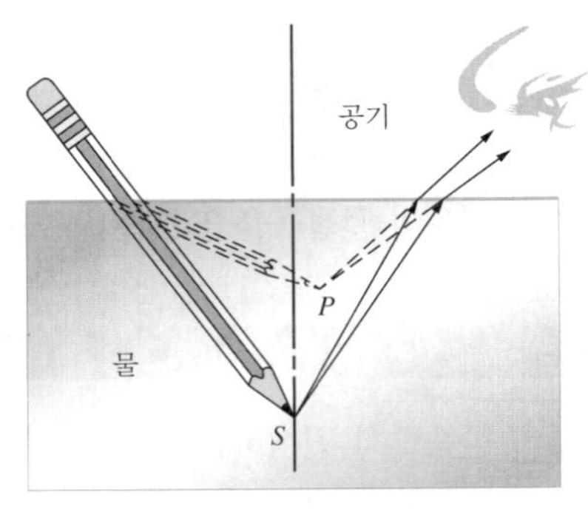

그림 4.29 물표면 아래에 있는 물체를 보는 장면

눈으로 들어갈 정도로 매우 좁은 *S*로부터 나온 광선의 원뿔이 *P*점에서 나오는 것으로 보일 것이다(그림 4.29). 이 두 점은 모두 수직 물체에 비해서 더 높고 관찰자 쪽을 향해서 수평선 방향으로 변위가 될 것이다(즉 초면을 따라 이동할 것이다). 이 모든 *P*점들로 인하여 연필의 상이 구부러지며(물속에서 구부러진 연필 상을 보여 주는 뒤쪽 사진 참조), 물고기의 상이 매우 복잡하기보다는 오히려 단순하게 떠오른 모습만을 보여 준다. 그림 4.29에서 약간 더 논의할 것이 있다. 즉 불투명한 머그컵 속에 동전을 하나 넣고 이것을 내려다보면서, 머그컵의 가장자리가 동전의 직접 상을 가릴 때까지 수평하게 멀리 머그컵을 움직여라. 눈을 움직이지 않고 천천히 컵을 움직이면 머그컵에 물이 가득 찰 것이고 동전의 상이 떠올라서 이 동전이 보일 것이다.

예제 4.3

문제의 그림에서 보듯이 광선 하나가 굴절률이 1.55인 유리 블록 속으로 들어간다.

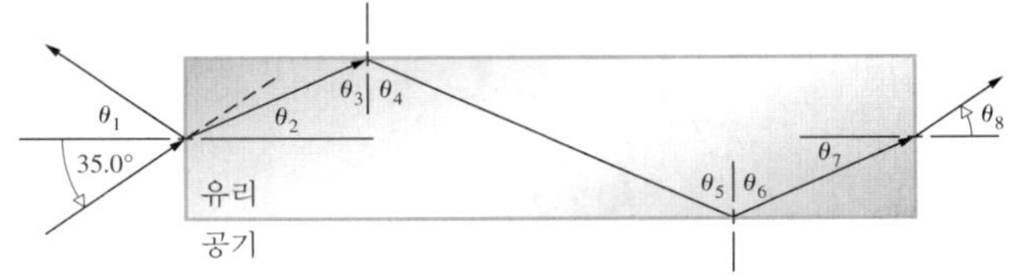

각도 θ_1, θ_2, θ_3, θ_4, θ_5, θ_6, θ_7, θ_8의 값을 구하라.

풀이

굴절의 법칙으로부터 $\theta_1 = 35.0°$이다. 스넬의 법칙에서

$$1 \sin 35.0° = 1.55 \sin\theta_2$$

$$\sin\theta_2 = \frac{\sin 35.0°}{1.55} = 0.3700$$

이고 $\theta_2 = 21.719°$ 또는 21.7°이다. $\theta_2 + \theta_3 = 90°$이며 $\theta_3 = 68.281°$ 또는 68.3°이다. 굴절의 법칙으로부터 $\theta_3 = \theta_4 = 68.3° = \theta_5 = \theta_6$이다. 그러므로 $\theta_6 + \theta_7 = 90°$이기 때문에 $\theta_7 = 90° - \theta_6 = 21.7°$이다. 그리고 경계면에서 매우 멀리 떨어진 오른쪽에 대해서 스넬의 법칙을 적용하면

$$1.55 \sin 21.719° = 1.00 \sin \theta_8$$
$$0.5736 = \sin \theta_8$$

이 되고 $\theta_8 = 35.0°$이다. 즉 광선은 이 광선이 들어간 각도와 동일한 각도로 나온다.

빔이 경계면을 지나갈 때 일어나는 3가지 중요한 변화를 그림 4.19에서 볼 수 있다. (1) 빛의 진행 방향이 변한다. 유리 내에서 파면의 앞쪽 부분이 점차로 늦어지기 때문에 아직 공기 부분에 놓여 있는 부분은 더 빨리 진행하여 막 지나가고 빔은 법선 방향 쪽으로 구부러진다. (2) 유리 내의 빔은 공기 내의 빔보다 더 넓은 단면을 갖는다. 그래서 투과된 에너지는 더 얇게 퍼진다. (3) 유리 내에서 빔의 속력이 감소하는 동안 주파수는 불변이므로 이 빔의 파장은 줄어든다. 즉 $\lambda = v/\nu = c/n\nu$이고,

$$\lambda = \frac{\lambda_0}{n} \tag{4.8}$$

이다. 이러한 후자의 표기를 보면 빛의 색깔 측면에서 볼 때 빛이 지나가는 매질에 따라 파장이 변하기 때문에 파장보다는 주파수와 결부하여 생각하는 것이 더 좋다. 그렇더라도 색깔은 생리-심리학적(physio-psychological) 현상이므로 더욱 더 신중하게 다루어야만 한다. 그리고 여전히 간단한 경우조차 청색광 광자가 적색광 광자보다 더 에너지를 많이 갖고 있다는 사실을 기억하여 적용하는 것이 보다 더 유용하다. 항상 파장과 색깔에 대해서 토의할 때 파장은 **진공 파장(vacuum wavelength)**(그래서 이를 λ_0라고 표현한다)이라고 언급해야만 한다.

취급하는 모든 상황들에 대해서 항상 반사 빔과 굴절 빔은 입사 빔과 같은 주파수를 갖는다고 가정하였는데, 이러한 가정은 일반적으로 타당한 가정이다. 주파수 ν의 빛이 매질로 들어오면 추측하건대 분자들이 단조화 운동(simple harmonicc motion)을 하게 된다. 이것은 확실히 분자를 구동하는 전기장이 작아서 분자 진동의 진폭이 상당히 작은 경우에 해당한다. 밝은 햇빛에 대한 전기장은 약 1000 V/m이다(반면에 자기장은 지표면에서의 전기장의 1/10 이하이다). 이 값은 원자 내에서 전자를 붙잡는 전기장과 비슷한 크기인 결정을 유지하는 10^{11} V/m의 전기장과 비교할수 없이 작다. 항상 진동자가 단조화 운동으로 진동한다고 예상할 수 있으며 주파수는 일정하게 지속될 것이다. 즉 매질은 보통 선형적으로 반응할 것이다. 그러나 고출력 레이저를 사용하는 경우처럼 입사 빔이 극도로 큰 진폭의 전기장을 갖는다면 이러한 사실은 깨질 것이다. 그래서 어떤 주파수의 고출력 입사 빔으로 이 진동자를 구동한다면 매질은 비선형적으로 움직이므로 주파수 ν만이 아니라 이 주파수의 조화 주파수(2ν, 3ν 등)를 갖는 파의 반사와 굴절이 생길 수 있다. 적당히 정렬된 투명한 비선형 결정[예를 들어 potassium dihydrogen phosphate(KDP), ammonium dihydrogen phosphate(ADP) 등]을 적색광(694.3 nm)으로 비추면 이 비선형 결정에서 UV 빔(347.15 nm)이 나올 것이다.

위의 내용에 대한 것은 어느 정도 더 논의할 필요가 있다. 그림 4.13에서 경계면상의 어떤 지점이 입사파, 반사파, 투과파의 어떤 특별한 지점과 일치한다. 다시 말하자면 경계면을 따라서 놓여있는 모든 점들에서 각 파들 사이에 일정한 위상 관계가 있다. 또한 입사파의 전면이 경계면을 지나감에 따라 이 경계면과 접하는 입사파의 모든 점들은 이에 대응하는 반사파의 전면과 이에 대응하는 투과파의 전면 상의 점들이 된다. 이러한 상황을 **파면 연속성(wavefront continuity)**이라고 하며, 4.6.1절에서 수학적으로 보다 더 엄밀하게 증

보는 사람 쪽으로 연필로부터 광선이 나올 때 물에 담긴 연필 부분에서 나온 광선이 물에서 나오자마자 구부러진다. (E.H.)

굴절되어 보이는 거북이 모습. (Anya Levinson and Tom Woosnam)

명할 것이다. 흥미로운 것은 조머펠트(Sommerfeld)*가 파면 연속성으로부터 직접 반사 법칙과 굴절 법칙을(파동의 종류에 무관하게) 유도하였다는 것이며 연습문제 4.30의 풀이에서 이를 보여 준다.

음의 굴절

아직은 초기이지만 메타물질의 기술들 중에 몇 가지 흥미로운 논쟁들이 떠오르고 있는데, 이들 중에서 재미있는 것 하나는 음의 굴절이라는 개념이다. 아직 누구도 왼손 좌표계 물질(left-handed materials)판을 카탈로그에서 볼 수도 없고 주문을 할 수도 없기 때문에 여기에서는 실용성에 초점을 맞추지 않을 것이다. 대신에 물리학적 특성, 즉 상당히 비정상적인 여러 물리 특성들에 대해서만 초점을 맞출 것이다. 일반적으로 에너지는 광선의 방향인 포인팅 벡터의 방향을 따라 흘러간다. 파동은 파면에 수직인 전파 벡터의 방향을 따라 이동한다. 유리와 같은 균질한 등방성 유전체에서 이들 방향은 모두 동일하다. 그러나 이들 방향은 왼손 좌표계 물질의 경우에는 그렇지가 않다.

그림 4.30에서 보여 준 시뮬레이션에서 공기 또는 유리 또는 물과 같은 보통 물질로 둘러싸인 음의 굴절률은 갖는 수평으로 놓인 물체 판을 볼 수 있다. 상당히 평평한 파면을 갖는 빔이 정상적인 양의 굴절률은 매질 내에서 왼쪽 꼭대기에서 시작하여 위쪽 경계면으로 들어온다. 그러므로 이 빔이 진행함에 따라 약간 퍼진다. 이 빔이 음의 굴절률을 갖는 물질 내로 들어오면 4사분면에서 수직 법선 쪽으로 휘지 않고 3사분면 쪽으로 휘어서 진행하지만 그래도 여전히 음의 굴절률을 갖는 스넬의 법칙에 따라 굴절각으로 진행한다. 이 경우 파면은 퍼지는 대신에 수렴하게 된다. 즉 정상 상태에서 실제로 파면은 첫 번째 경계면의 오른쪽 위를 향하여 퍼지는 것처럼 보이면서 뒤로 이동한다. 이 파면은 음의 위상 속도를 갖는다.

음의 굴절률을 갖는 물질에서 전파 벡터는 오른쪽 위를 가리킨다. 반면에 광선은 왼쪽 아래를 향하여 이동한다. (광선의 방향인) 포인팅 벡터가 왼쪽 아래를 향할지라도 파면의 가지파동에 대한 위상 속도는 오른쪽 위를 향한다. 비록 이 빔이 왼쪽 아래를 향하지만 보통 에너지는 빔이 진행하는 방향을 향한다.

더 아래에 있는 경계면에서 정상적인 매질로 다시 들어갈 때 수직 법선에서 4사분면 쪽으로 다시 접혀서 들어가며 마치 이 빔이 유리판을 관통하여 지나가는 것처럼 원래 처음에 입사한 빔과 평행하게 전파한다. 모든 빔이 수직 법선 쪽으로 되돌아가며 투과된 빔이 마치 오른쪽 아래를 향하여 전파하는 것처럼 퍼져나간다.

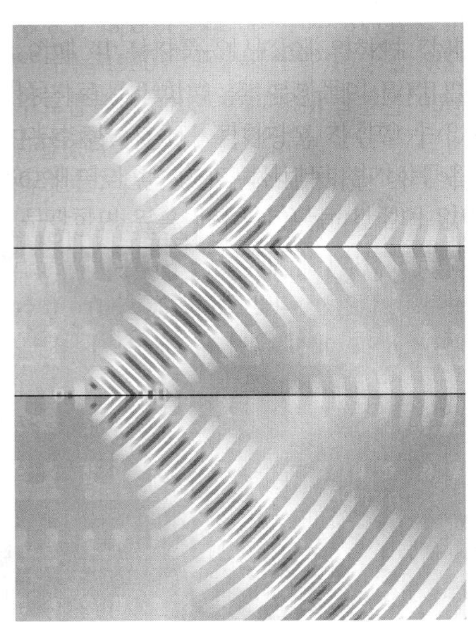

그림 4.30 음의 굴절률을 갖는 물질 판에서 위쪽으로부터 입사하는 광선 빔이 공기층인 꼭대기에서 바닥을 향해 들어간다.

4.4.2 하위헌스 원리

그림 4.31에서처럼 빛이 불균일한 유리판을 지나간다고 가정하면 파면 Σ가 왜곡된다. 이 경우 새로이 왜곡된 파면 Σ′을 어떻게 정할 수 있는가? 혹은 그 경우에 있어서 만약에 파면이 왜곡된 후 또 다른 왜곡이 없다면 Σ′은 조금 전에 어떻게 보일 것인가?

이러한 문제를 해결하기 위한 예비적 단계가 1690년에 *Traité de la Lumiére*라는 책으로 출판되었으며 이 책은 12년 전에 네덜란드의 물리학자인 하위헌스(Christiaan Huygens)가 작성한 것이다. 그때 그가 발표한 것이 바로 **하위헌스 원리(Huygens's Principles)**로서 **1차 파면상의 모든 점은 구면**

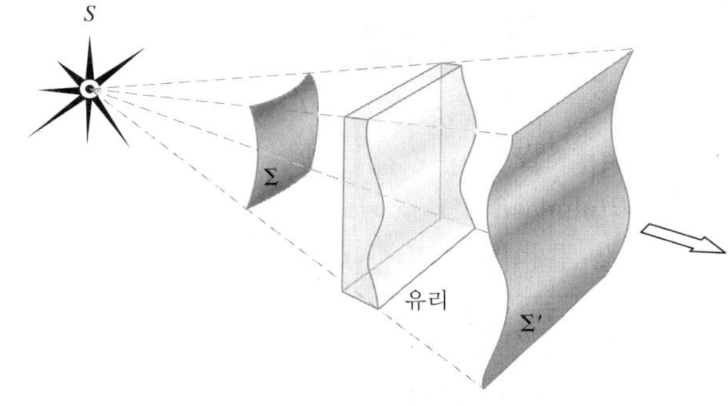

그림 4.31 두께가 일정하지 않은 매질을 통과하는 파면의 왜곡.

* A. Sommerfeld, *Optics*, p. 151. 및 J. J. Sein, *Am. J. Phys.* **50**, 180 (1982)을 참조하라.

가지 파동들의 중심으로 작용한다는 것이다. 따라서 일정 시간 후에 새로운 파면은 가지 파동들의 포락선(envelope)으로 만들어진다.

더 중요한 점은 **만약에 진행파가 주파수 υ를 갖고 어떤 속력 v_i로 매질을 투과한다면 가지 파동들도 같은 주파수와 속력을 갖는다**는 것이다.* 하위헌스는 매우 총명한 과학자인데 그가 만든 이 원리는 엉성하지만 매우 통찰력 있는 산란 이론의 기초가 된다. 이것은 너무나 빨리 나온 이론이어서 자연적으로 몇 가지 단점들이 존재하였다. 이러한 단점들 중의 하나는 당연히 간섭의 개념을 함유하지 않고 있다는 것이며, 이로 인하여 필연적으로 옆으로의 산란을 취급할 수 없다는 것이다. 더군다나 가지 파동들이 매질에 의해서 결정되는 속력[비등방성(anistropic)일지도 모르는 속력]으로 전파한다는 아이디어는 매우 낭만적인 가정이다. 그럼에도 불구하고 하위헌스 원리를 식 (4.4)을 유도한 방법과 유사한 방법으로 스넬의 법칙을 유도하는 데 사용할 수 있다. 이후에 볼 것이지만 하위헌스 원리는 푸리에 해석이라고 하는 보다 수학적으로 매우 복잡한 기법과 밀접하게 연관된다.

일단 물리적으로 세세한 것들(예를 들어 진공 중에서의 전파를 합리적으로 설명하는 법)을 언급하지 않는 것이 좋으며 이 원리를 도구(일하는 데 고도로 유용한 가설)로만 사용한다. 무엇보다도 아인슈타인이 옳다면 단지 산란되는 광자만이 존재한다. 즉 가지 파동들 자체는 이론적인 구성물일 뿐이다.

만약 매질이 균일하다면 가지 파동들은 유한한 반지름들로 이루어지며, 매질이 불균일하다면 가지 파동들은 극소한(infinitesimal) 반지름들로 구성되어야만 한다. 그림 4.32는 이것을 아주 명확히 보여 주고 있다. 즉 파면 Σ뿐만 아니라 시간 t 동안 진행하여 반지름이 vt로 된 많은 가지 파동을 보여 주고 있다. 이 가지 파동들의 윤곽선은 진행한 1차 파면 Σ′에 대응하게 된다고 말할 수 있다. 탄성 매질의 기계적 진동을 이용하여 이 과정을 상상하는 것은 쉬운 일이다. 아래와 같은 하위헌스의 설명으로 미루어보면 이러한 상상은 하위헌스가 공간에 퍼져있는 에테르라는 물질을 상상했다는 것을 알 수 있다.

> 파가 매질 속을 퍼져나가는 것을 연구할 때 우리는 밝은 점에서 나오는 직선으로 표현되는 매질 입자들의 운동이 다음 입자들에 전달됨은 물론 그 입자들에 부딪히거나 운동을 방해하는 모든 입자들에도 필연적으로 전달되어야 한다는 것을 고려해야 한다. 그 결과로서 각 입자들의 주변에 이 입자들을 중심으로 하는 파가 발생한다. (Christian Huygens, 1690, *Traite de la Lumiere* [Treatise on Light])

1800년에 프레넬이 간섭 개념을 수학적으로 하위헌스 원리에 넣어서 하위헌스 원리를 수정하는 데 성공하였다. 프레넬의 이러한 작업 후 키르히호프(Kirchhoff)는 **하위헌스–프레넬 원리**가 미분 파동 방정식인 식 (2.60)의 직접적인 결과라는 것을 보여 주었는데 그는 보다 엄격한 수학적 기초에다가 이 방정식을 넣어서 이 원리를 유도하였다. 이 원리에 대한 수식을 재구성할 필요성이 있다는 것을 그림 4.32로부터 확실히 알 수 있는데, 이 그림은 사람을 현혹시키기 위해서 단지 반구형의 가지 파동만을 그리고 있다.** 이러한 반구면 가지 파동들을 구형으로 그린다면 이 그림에서 보이지 않지만 왼쪽에 존재하는 광원 쪽으로 **되돌아가는** 가지 파동들이 있다. 프레넬과 키르히호프가 이론적으로 이러한 난제를 조심스럽게 취급하였기 때문에 이 점에 대해서는 혼란스러워할 필요가 없다.

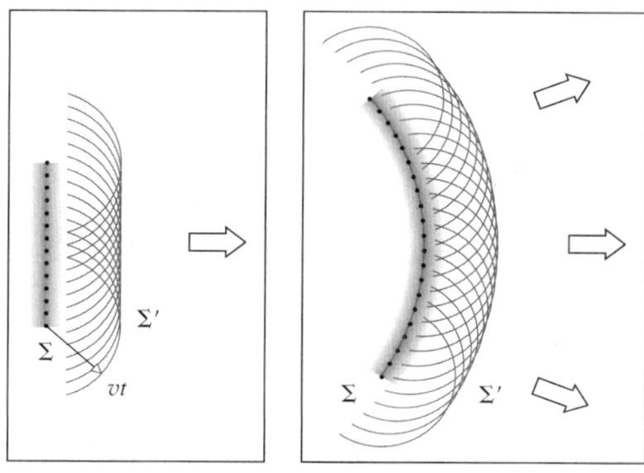

그림 4.32 하위헌스 원리에 따라 파는 마치 파면이 점광원의 배열로 이루어져서 이들 점광원들이 구형파를 방출하는 것처럼 전파해 나간다.

하위헌스의 광선 작도법

하위헌스는 그 시대의 위대한 과학자 중 한 명이며, 빛의 파동론을 촉진시킨 것에 덧붙여서 굴절 광선을 그림으로 보여

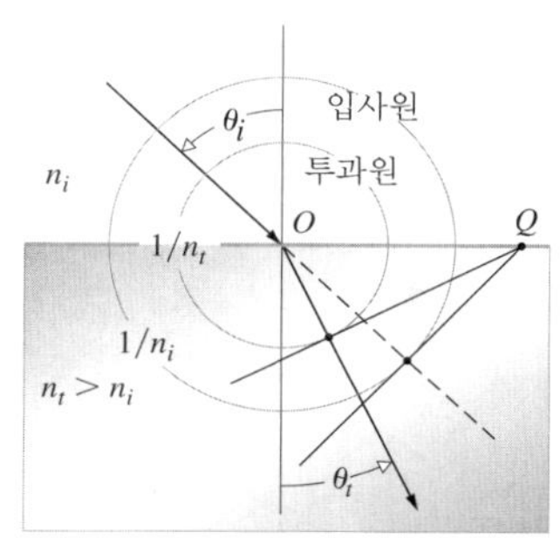

그림 4.33 굴절 광선을 그리기 위한 하위헌스의 작도법

* 출처: Christian Huygens, 1690, *Traite de la Lumiere (Treatise on Light)*

** E. Hecht, *Phys. Teach.* **18**, 149 (1980)을 참조하라.

주는 기술을 고안하였다. 하위헌스가 제안한 가지 파동 작도법에 따라 그린 굴절 광선의 개략도는 8장에서 볼 이등방성 결정에서 빛이 어떻게 전파하는지를 알게 해 주는 매우 유용한 방법이다. 이 방법을 생각하면서 O점에서 n_i와 n_t인 굴절률을 갖는 투명하고 균질하며 등방성인 두 개의 유전체 사이에 있는 경계면으로 들어가는 한 광선을 그린 그림 4.33을 생각하자. 경계면의 중심 O에서 반지름 $1/n_i$의 입사원과 반지름 $1/n_t$의 굴절원을 그려라. 이들 반지름은 두 매질에서의 빛의 속도를 c로 나눈 값에 대응한다. 그리고 입사 광선이 더 큰 원과 교차할 때까지 이 광선을 연장하여 그려라. 이 지점에서 입사원의 접선을 그리고 이 접선이 점 Q에서 경계면과 만날 때까지 이 접선을 연장하여 그려라. 이 접선은 평면 파면에 대응한다. Q에서 굴절(또는 투과)원까지 직선을 그려라. 이 접점으로부터 O까지 다시 뒤로 선을 그리면 이 광선이 굴절 광선이 될 것이다. 이러한 접점에서는 하위헌스 방법이 상당한 교육적 가치가 있기 때문에 연습문제 4.10에서 이 작도법이 스넬의 법칙에 대응한다는 것을 증명하는 것을 남겨두었다.

4.4.3 광선과 법선 합동

실제로 우리는 매우 **가는 빔**(보기를 들면 레이저빔)을 만들 수 있으며 이 광선이 얻을 수 있는 가장 가는 빔의 한계라고 생각할 수 있다. **등방성 매질**(isotropic medium, 모든 방향으로 성질이 같은 매질)에서 **광선은 파면에 수직 방향의 궤적을 그린다.** 즉 이는 **광선이 모든 교차점에서 파면에 수직인 직선이라는 것이다.** 확실히 **이와 같은 매질에서 광선은 전파 벡터 $\vec{\mathbf{k}}$에 평행이다.** 짐작하고 있겠지만 나중에 고려할 비등방성 매질에서는 이렇지 않다(8.4.1절 참조). **균일한 등방성 매질 내에서는 모든 방향에 있어서 광선들이 곧게 나아가기 때문에** 이러한 매질 내에서 광선은 직선이 될 것이다. 또한 이 매질 내의 모든 방향에서는 전파 속도가 똑같기 때문에 광선을 따라 측정된 두 파면의 떨어져 있는 거리는 어디서나 똑같아야 한다.* 단일 광선이 한 광원에서 나온 파면

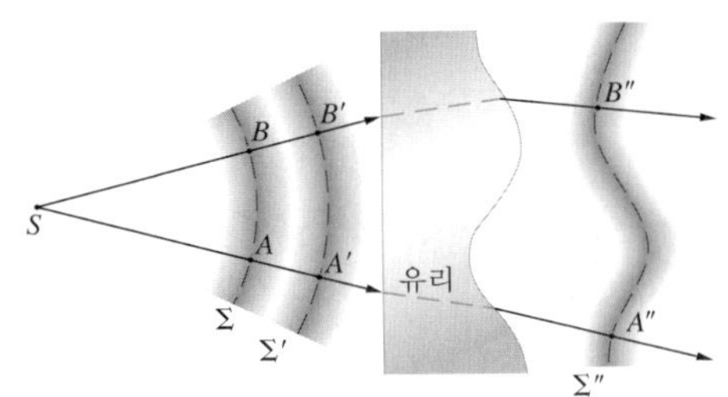

그림 4.34 파면과 광선들

* 매질이 불균일하거나 두 종류 이상의 물질이 포함되어 있을 때 그것은 똑같은 두 파면 사이의 **광경로**일 것이다(4.5절 참조).

들과 만나는 점들은 **대응점**(corresponding points)이라고 하며 그림 4.34의 A, A', A''가 그 보기이다. **두 개의 연속적인 파면 위에 있는 어떤 두 개의 대응점들 사이의 시간 간격은 확실히 똑같다.** 다시 말해서 만약 t'' 시간 후에 파면 Σ가 Σ''으로 변환되었다면 모든 광선상에 있는 대응점들 사이의 거리도 시간 t'' 사이에 지나갈 수 있다. 이것은 파면이 하나의 균일한 등방성 매질을 통과하여 다른 균일한 등방성 매질로 진행할 때에도 성립한다. 이것은 바로 Σ상의 각 점들이 광선을 따라 시각 t''에서 Σ''으로 되는 것을 의미한다.

만약 광선의 다발들이 이렇게 진행되어서 모든 광선들에 수직인 면을 찾을 수 있다면 이 광선들은 **법선 합동(normal congruence)**을 이룬다고 말한다. 보기를 들면 점광원에서 나온 광선은 점광원을 중심으로 하는 구에 수직하고 결과적으로 법선 합동을 이룬다.

빛이 여러 등방성 매질을 지나가는 과정을 하위헌스 원리로 바꾸어서 간단하게 이해할 수 있다. 이와 같은 설명은 (1808년 말뤼스(E. Malus)에 의해서 세워지고, 1816년에 두팽(C. Dupin)에 의해서 수정된) **말뤼스와 뒤팽의 정리(theorem of Malus and Dupin)**에 기초를 두고 있으며(그림 4.34과 같이), **이 정리는 아무리 반사와 굴절을 거듭해도 광선 다발들은 법선 합동을 유지한다는 것이다.** 현재 우리들이 갖고 있는 파동론의 관점에서 보면 이것은 등방성 매질 내에서 빛이 전파할 때 광선은 파면에 항상 수직 상태를 유지한다는 말과 같다. 연습문제 4.32에서처럼 이 정리는 스넬의 법칙뿐만 아니라 반사 법칙을 유도하는 데에도 사용된다. 광학계를 통한 광선 추적을 할 때 반사 법칙과 굴절 법칙을 사용한 후에 파면을 재생시키는 것이 가장 편리하다. 후자는 위에서 고려한 대응점들 사이의 경과된 시간이 같다는 것과 광선과 파면과의 직교성에 따라 행해진다.

4.5 페르마 원리

반사와 굴절 법칙을 포함한 실제로 빛이 전파하는 일반적 방법은 **페르마 원리(Fermat's principle)**라는 전혀 다른 관점으로 흥미롭게 다룰 수 있다. 곧 전개할 이 개념은 고전광학 안팎에서 물리적 사고의 발전에 엄청난 영향을 미쳤다.

기원전 150년에서 서기 250년 사이의 헤론(Hero of Alexandria)이 **변분 원리**(variational principle)를 처음으로 설명하였다. 이 사람이 변분 원리를 이용하여 반사 법칙을 공식화하였는데, 이는 **빛이 어떤 점 S에서 반사면을 경유하여 다른 점 P로 움직일 때 실제로 지나는 경로는 가능한 가장 최단 경로이다** 라는 것이다. 이것은 그림 4.35에서 보다

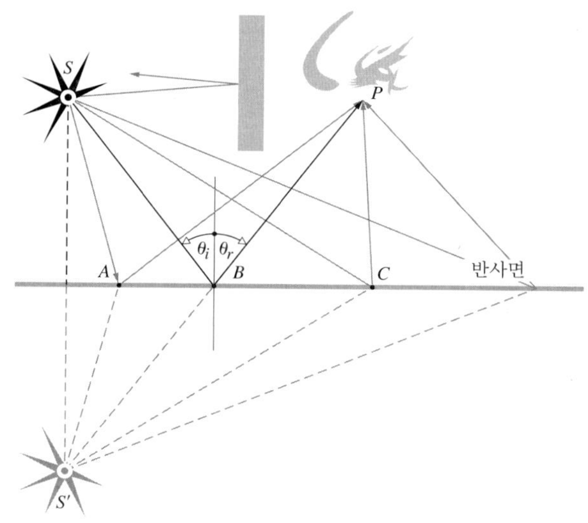

그림 4.35 광원 S로부터 관찰자의 눈이 있는 점 P까지의 최소 경로

쉽게 이해할 수 있으며 여기서 보면 점광원 S에서 나온 여러 광선이 반사되어 점 P로 간다. 물론 물리적으로는 여러 경로 중 오직 하나만이 존재한다. 만약 광선들이 S'(S의 상)에서 나온다고 하면 P까지의 거리는 변하지 않지만(즉 $SAP = S'AP$, $SBP = S'BP$ 등), $\theta_i = \theta_r$에 해당하는 직선 $S'BP$가 최단거리가 된다. 같은 방법(연습문제 4.35)으로 추론해 보면 점 S, B, P는 이미 앞에서 정의한 입사면 위에 있어야 한다.

이 위인의 기묘한 관찰 결과는 1657년 페르마가 반사와 굴절을 포함한 **최소 시간의 원리**(principle of least time)를 발표할 때까지 아무도 수정하지 못하였다. 확실히 경계면을 지나는 빛은 입사 매질 속의 한 점과 투과 매질 속의 한 점을 연결하는 직선 경로나 **최소의 공간 경로**만을 지나가지는 않는다. 페르마는 이 위인의 말을 **'광선이 지나는 두 지점 사이의 실제 경로는 최소 시간 동안 통과하는 경로이다'** 로 수정하였다. 이와 같은 해석이 비록 완벽하지는 않았지만 그 당시에는 어느 정도 인정받았다.

그림 4.36을 참조로 하여 이 원리를 굴절에 적용하기 위해서 변수 x로 점 S와 P 사이를 지나는 시간 t를 최소화해야 한다. 즉 다시 말해서 x에 따라 점 O가 움직이게 되고 점 S로부터 P까지의 광선의 경로가 변하게 된다. 그러므로 실제의 경로로 빛이 진행하면 통과 시간이 최소화될 것이다. 따라서

$$t = \frac{\overline{SO}}{v_i} + \frac{\overline{OP}}{v_t}$$

혹은

$$t = \frac{(h^2 + x^2)^{1/2}}{v_i} + \frac{[b^2 + (a - x)^2]^{1/2}}{v_t}$$

가 된다. x의 변화에 대해서 $t(x)$를 최소화하기 위해서는 $dt/dx = 0$으로 놓아야 한다. 따라서

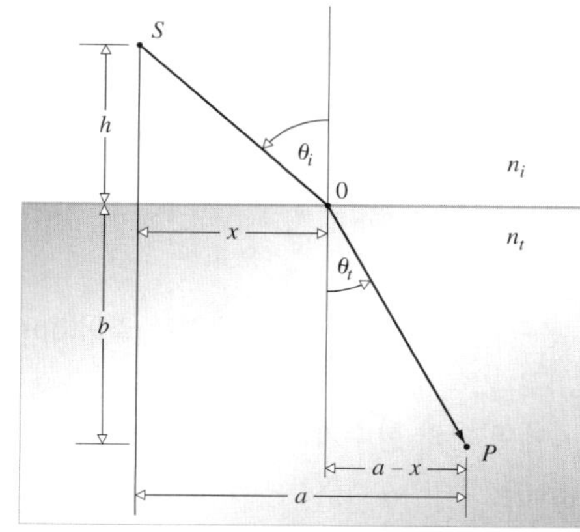

그림 4.36 굴절에 적용된 페르마 원리

$$\frac{dt}{dx} = \frac{x}{v_i(h^2 + x^2)^{1/2}} + \frac{-(a - x)}{v_t[b^2 + (a - x)^2]^{1/2}} = 0$$

이 된다. 이 그림을 이용하면 위의 표현은 다음과 같이 다시 쓸 수 있다.

$$\frac{\sin\theta_i}{v_i} = \frac{\sin\theta_t}{v_t}$$

물론 이것은 스넬의 법칙에 지나지 않는다(식 4.4). 따라서 빔이 S에서 P로 최소 시간 동안만 진행한다면 반드시 경험적인 굴절 법칙을 따르게 된다.

그림 4.37과 같이 각각 굴절률이 다른 m개의 층으로 이루어진 매질을 가정하자. 그러면 S에서 P까지 통과하는 데 걸리는 시간은

$$t = \frac{s_1}{v_1} + \frac{s_2}{v_2} + \cdots + \frac{s_m}{v_m}$$

혹은

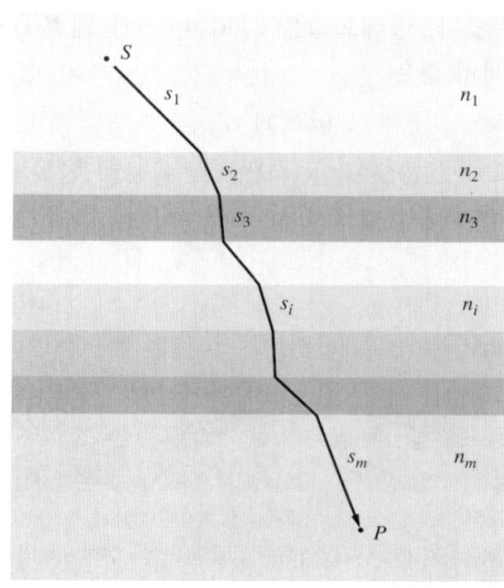

그림 4.37 여러 층으로 된 매질을 전파하는 광선

$$t = \sum_{i=1}^{m} s_i/v_i$$

가 된다. 이때 s_i와 v_i는 각각 i번째 층에서의 경로와 빛의 속력이다. 그러므로

$$t = \frac{1}{c}\sum_{i=1}^{m} n_i s_i \tag{4.9}$$

이며, 합의 총량은 광선이 지나간 **광경로 길이**(optical path length(OPL))로 기하적인 공간 경로 길이인 $\sum_{i=1}^{m} s_i$에 대비된다. 명백히 n이 위치의 함수가 되는 불균질 매질에 대해서는 이 합의 총량이

$$OPL = \int_{S}^{P} n(s)\, ds \tag{4.10}$$

이 된다. 여기에서 **광경로 길이는 굴절률 n인 매질 내를 지나가는 거리(s)와 동등한 진공 중의 거리에 대응한다.** 즉 이 둘은 $(OPL)/\lambda_0 = s/\lambda$처럼 파장수가 같고 빛이 진행함에 따라 같은 위상을 갖을 것이다.

$t = (OPL)/c$이므로 페르마 원리를 **점 S에서 P로 가는 빛은 최단 광경로를 가진 길을 따라간다**고 다시 말할 수 있다.

페르마와 신기루

태양광선이 불균일한 대기를 통과할 때 그림 4.38과 같이 가능한 한 위 방향으로 굽어서 OPL을 최소화하려고 한다. 그러므로 우리들은 태양이 실제로 지평선을 넘어가도 볼 수 있게 된다.

똑같은 방법으로 그림 4.39와 같이 도로를 보게 되면 마치 도로가 수막(sheet of water)처럼 작용하여 주변 경치를 반사하는 것을 볼 수 있다. 그 이유는 다음과 같이 설명할 수 있다. 도로 주변의 공기가 멀리 떨어진 곳의 공기보다 따뜻하여 밀도가 낮다. 글래드스톤(Gladstone)과 데일(Dale)은 밀도 ρ인 기체의 경우

$$(n - 1) \propto \rho$$

이 된다는 것을 실험적으로 보였다. 일정한 압력일 때 이상기체 상태 방정식으로부터 $\rho \propto P/T$이므로 $(n - 1) \propto 1/T$이 나온다. 길이 점점 뜨거워질수록 길 위에 있는 공기의 굴절률은 점점 작아진다.

페르마 원리에 따라 그림 4.39a의 나뭇가지에서 나온 광선은 OPL이 최소가 되도록 약간 아래쪽으로 휘어지는 경로를 지나간다. 그러면 광선이 직선으로 가는 것보다는 다소간 밀도가 낮은 공기를 지나가므로 광선은 위로 구부러진다. 어떻게 이렇게 되는지를 설명하기 위해서 엄청나게 얇으면서도 일정한 두께들을 갖는 무한개의 수평판으로 이들 공기층을 잘게 나누어 생각하자. 한 층의 수평 공기판에서 다른 층의 수평 공기판으로 광선이 지나갈 때 스넬의 법칙에 따라 각 경계면에서 약간 위로 휜다(그림 4.36에서 보는 것과는 반대로 위아래가 바뀌었다고 생각하고 또 광선을 반대 방향으로 보내는 경우). 물론 공기판들 사이의 각 경계면에서 입사각이 작아지도록 광선을 거의 수직으로 입사시키면 이 광선은 그 경계면에서 아주 조금밖에 휘지 않으며 그대로 땅으로 입사하여 아무도 이 광선을 '볼 수 없을 것'이다.

다른 한편으로는 거의 수평으로 들어오는 광선이 궁극적으로 거의 수평 입사에 가까운 각도로 경계면으로 들어오는 경우이다. 그래서 거의 완전 반사를 하며 이 때문에 보다 밀도가 높은 공기쪽으로 되돌아 들어간다(그림 4.36에서처럼 위에서 아래로 입사하는 경우).

그림 4.39에서 보듯이 이렇게 휘는 광선을 보는 왼쪽 관찰자는 자연스럽게 직선의 연장선상에서 나무를 보게 되므로 마치 거울면에 의해서 반사된 나무 상을 보는 것처럼 보인다. 당신이 서 있는 곳에 따라 서로 다른 신기루 뭉치를 볼 수 있지만 이 신기루는 항상 멀리서 생기고 이것에 다가가면

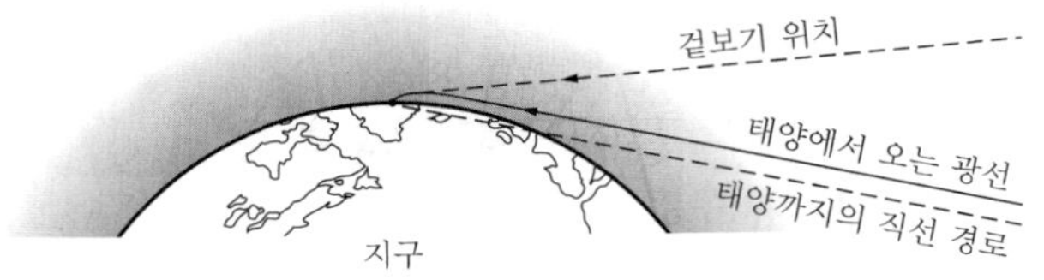

그림 4.38 불균질한 매질을 통과하는 광선들의 휨 현상. 이 광선들이 대기를 통과할 때 구부러지므로 태양은 실제 높이보다 더 높은 곳에 있는 것처럼 보인다.

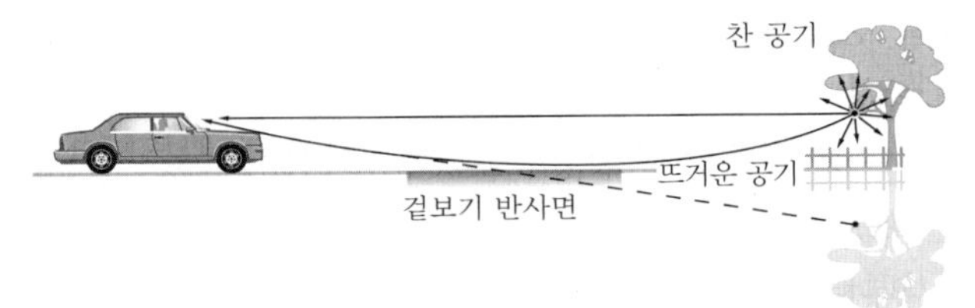

그림 4.39 (a) 매우 낮은 각도에서는 빛이 웅덩이에서 반사되는 것처럼 보이는 것과 같이 광선이 길 아래쪽에서 나오는 것처럼 보인다. (b) 이러한 웅덩이 효과의 사진. (Matt Malloy and Dan MacIsaac, Northern Arizona University, Physics & Astronomy)

(a)

(b)

그림 4.40 물웅덩이 신기루는 파를 통하여 이해할 수 있다. 밀도가 상대적으로 작은 매질 내에서 이 파의 속력이, 즉 다시 말하자면 이 파의 파장은 길어진다. 이 파의 파면이 휘고 이 파의 광선도 마찬가지로 휜다. 음파를 가지고 해도 같은 효과를 볼 수 있다. (a) 지표면의 공기가 차가울 때 소리는 정상 시보다 더 멀리 들을 수 있다. (b) 그리고 공기가 따뜻할 때 소리는 공기 중에서 사라지는 것처럼 느껴진다.

이 신기루는 곧 사라진다. 이 효과는 특히 길게 뻗어있는 현대식 고속도로에서 쉽게 볼 수 있다. 다만 광선이 매우 천천히 굽어지므로 도로에서 내려다보는 각도가 매우 작아야 한다는 것이 하나의 필수조건이다.*

이 효과를 소리에 적용해 보면 매우 잘 알 수 있다. 그림 4.40은 파로써 이를 이해시키고자 그린 그림이다. 음파의 속력이 온도에 의해서 변화하고 이로써 음파의 파장이 변하기 때문에 음파의 파면이 휜다.(소리의 속력은 온도의 제곱근에 비례한다.) 뜨거운 해변에서 사람들의 시끄러운 소리는 위로 멀리 퍼져나가고 이 때문에 이상할 정도로 조용하게 느껴진다. 저녁에는 땅이 식고 그 결과 바로 위의 공기도 식으므로 반대의 경우가 생기고 멀리 있는 소리가 잘 들린다.

페르마 원리의 현대적 표현

최소 시간의 원리라는 페르마의 최초의 주장은 중대한 결점을 가지고 있으므로 수정할 필요성이 있다. 만약 함수 $f(x)$가 있다고 하면 $df/dx = 0$으로 놓고 이것을 만족하는 x를 구함으로써 $f(x)$의 **정상**(stationary)값을 갖는 x를 결정할 수 있다는 것을 기억하자. 여기서 정상값이라는 의미는 x에 대한 $f(x)$의 기울기가 0이거나 함수가 최댓값 혹은 최솟값

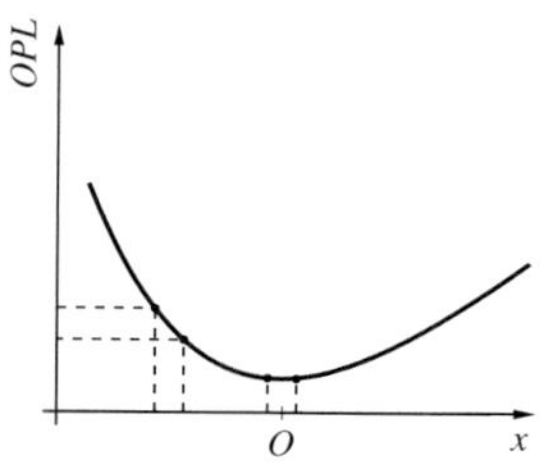

그림 4.41 그림 4.36의 상황에서 O점의 실제 위치는 OPL이 최소가 되는 경로상에 있다.

을 갖는 곳이거나 아니면 접선이 수평선인 변곡점(point of inflection)이라는 것이다.

페르마의 원리를 현대적으로 표현하면 다음과 같다. **점 S에서 점 P로 향하는 광선은 그 경로가 변하더라도 걸리는 시간이 정상적인 광경로를 따라서 진행해야 한다.** 다시 말해서 첫 번째 근사에 의한 실제의 OPL은 바로 인접한 경로의 OPL과 똑같다**. 예를 들어 그림 4.36에서 보여 준 광선의 굴절을 가지고 OPL이 최소가 되는 상황을 찾고자 한다면 이 OPL 곡선은 그림 4.41과 같이 보일 것이다. O 근처에서 x를 조금 움직이면 OPL에 거의 변화가 없지만 O로부터 매우 먼 곳에서 x를 조금 움직이면 OPL에 중대한 변화가 생긴다. 따라서 빛이 진행하는 실제 경로와 거의 같은 시간이 걸리는 많은 이웃한 경로가 존재할 것이다. 이 후자의 직관 때문에 빛이 구불구불한 그들의 경로를 어떻게 현명하게 지나가는지를 이해할 수 있다.

빔이 균질한 등방성 매질 내를 지나가고(그림 4.42), 이로 인하여 광선이 S에서 P까지 지나간다고 가정하자. 입사 광학

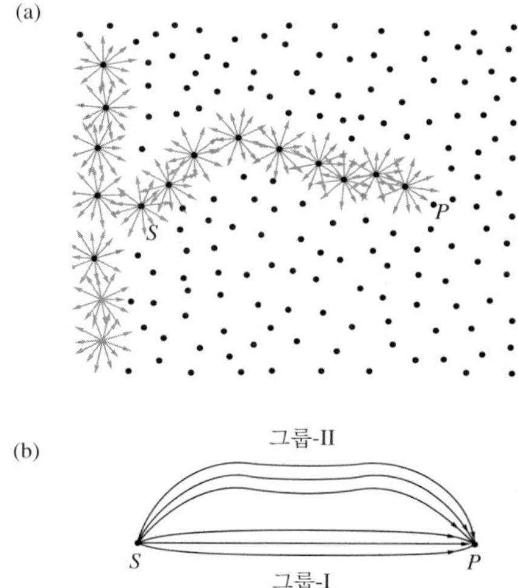

그림 4.42 (a) 추측하건데 빛이 S에서 P까지 진행하는 경로들은 여러 개 있을 수 있지만, 명백히 빛은 정상적인 OPL에 대응하는 한 경로만 진행한다. 다른 경로들은 모두 빛의 합성적 효과에 의해서 소멸된다. (b) 예를 들어 어떤 빛이 도표상에서 3개의 위쪽 경로를 선택하여 진행한다면 이 빛은 3개의 매우 다른 위상들을 갖고 P 점에 도달하고 어느 정도 소멸적으로 간섭한다.

* 예를 들어 T. Kosa와 P. Palffy-Muhoray, "Mirage mirror on the wall", *Am. J. Phys.* **68** (12), 1120 (2000)을 참조하라.

** 경로가 정상적이므로 Taylor 급수 전개에서 OPL의 1차 미분값이 없어진다.

교란이 물질 내의 원자들을 구동하고 이 원자들이 모든 방향으로 재복사를 한다. (그림 4.42b의 그룹 I처럼) 정상적인(stationary) 직선 광경로 바로 옆의 경로를 따라서 진행하는 가지 파동들이 *OPL*과는 약간 다른 경로로 *P*점에 도달한다. 그런 까닭에 이들은 거의 위상 일치 상태로 *P*점에 도달하며 서로 보강될 것이다. 파가 어떤 광선 경로를 따라 한 파장 정도를 진행할 때 한 바퀴 돌아가는 작은 위상자로 표현하는 각 가지 파동들을 생각하자. 이들의 *OPL* 모두는 거의 같기 때문에 *P*점에서 위상자들은 어느 정도 같은 방향을 가리키며, 이들 위상자들은 모두 그 크기가 작더라도 이들이 결합하여 핵심적 기여를 한다.

이러한 정상적인 광경로(그림 4.42b에서 그룹 II처럼)로부터 멀리 떨어진 다른 경로를 선택한 가지 파동들은 각각 위상 불일치 상태로 *P*점에 도달할 것이며 이로 인하여 서로 간에 파들을 소멸시킬 것이다. 다시 말하자면 작은 위상자들 사이에서도 큰 위상각을 가질 것이다. 이들 위상자들의 꼬리와 머리를 서로 연결하여 놓으면 나선형으로 말리고 그 결과 이들의 순 합의 결과는 매우 작아진다. 여기서는 3개의 광선 경로만을 그렸을 뿐이지만 각 그룹을 수백만 개의 위상자들로 구성된 것으로 취급하는 것이 더 좋다는 의미이다.

파의 에너지는 페르마 원리를 만족하면서 *S*에서 *P*로 이 광선을 따라서 전파해 나갈 것이라고 결론 내릴 수 있다. 이러한 결과는 간섭하는 전자기파들로 토론을 하든지 광자 확률 진폭으로 토의를 하든지 간에 항상 옳다.

이와 똑같은 논리가 모든 전파 과정,* 즉 예를 들어 평면 거울에 의한 반사와 같은 경우에도 적용된다고 할 수 있다(그림 4.35). 이 경우 *S*에서 나온 구면파가 거울 전체에 퍼지고, *P*점에서의 관찰자는 전체 거울면에서 오는 대부분의 광선을 보는 것이 아니라 오직 하나의 점광원만을 보게 된다. (그림 4.43의 그룹 I처럼) $\theta_i \approx \theta_r$를 만족하는 광선들만이 정상적인 *OPL*을 갖는다. 즉 서로 관련 있는 가지 파동들이 *P*점에서 거의 위상 일치하면서 만날 것이며 이 결과 파동이 강해진다. 반면에 (그림 4.43의 그룹 II처럼) 다른 모든 광선들은 *P*점에 도달하는 에너지에 거의 기여를 하지 못할 것이다.

정상적인 경로들

광선의 *OPL*이 항상 최소가 아니라는 것을 보여 주기 위하여 그림 4.44를 보자. 이것은 속이 비어 있는 3차원 타원체 거울의 한 단면이다. 만약 광원 *S*와 관찰자 *P*가 타원의 초점 위에 있다면 정의에 의해서 *SQP*는 *Q*가 타원 원주의 어디에 있

* 이 장에서 언급한 QED와 10장에서 프레넬 원형띠판(Fresnel zone plate)을 살펴볼 때 이러한 아이디어를 다시금 되돌아 볼 것이다.

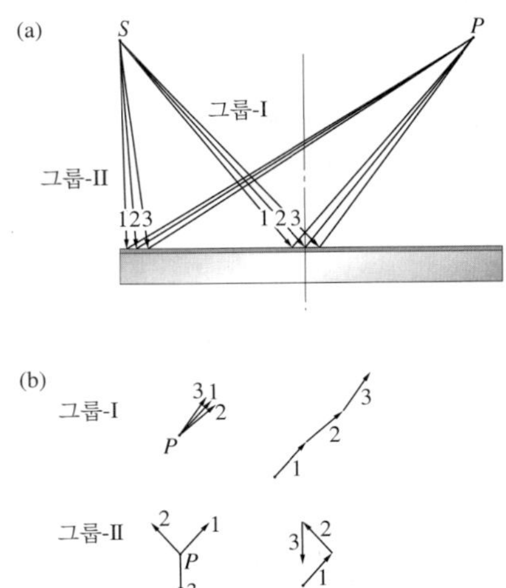

그림 4.43 평면 거울에서 반사한 광선들. *OPL*이 정상적인 그룹 I 의 광선들만 오직 *P*점에서 어느 정도 위상 일치하면서 도달하는 파들에 대응한다. 이들 위상자들은 거의 직선을 따라 합쳐질 것이며 이 결과 (1의 꼬리에서 3의 머리까지의) 파의 진폭이 정해진다. 그룹 II에 대한 위상자들은 위상차가 매우 크고, 이 위상자들은 본질적으로 나선형으로 합쳐져서 (1의 꼬리에서 3의 머리까지의) 매우 진폭이 작은 파가 생긴다. 물론 이런 상대적으로 큰 위상자 3개만을 그리는 것이 아니라 실제로 각 그룹에서 수백만 개의 매우 작은 위상자들을 그려야 한다.

더라도 항상 일정하다. 또한 *Q*가 어느 위치에 있더라도 기하학적으로 $\theta_i \approx \theta_r$이다. *S*에서부터 *P*까지의 모든 광경로는 정확히 똑같다. 즉 최소 경로인 것은 없으며 경로의 변화에 대해서 *OPL*은 확실히 정상적이다. *S*를 떠나서 반사를 거친 광선들은 초점 *P*에 도달할 것이다. 다른 관점으로는 *S*에서 나온 광 에너지가 거울 같은 면 위의 전자들에 의해서 산란되어 모두 같은 거리를 지나오고 같은 위상을 가진 곳인 *P*에서 본질적으로 서로 보강된다고 말할 수 있다. 만약 평면경이 점 *Q*에서 타원에 접했다면 정확히 *SQP*와 같은 경로가 상대적으로 최소일 것이다. 이것이 그림 4.35와 관련되는 것이다.

극단적인 경우로 만약 그림 4.44c에서 보는 점선처럼 타원 안에 있는 곡선과 같은 거울면이 있다면 똑같은 *SQP*는 상대적으로 최대의 *OPL*이 될 것이다. 이것을 보기 위해서 그림 4.44c를 시험해 보기로 하는데, 여기서 모든 점 *B*에 대응하는 점 *C*가 있다. *Q*와 *B*가 둘 다 타원상에 있기 때문에

$$\overline{SQ} + \overline{PQ} = \overline{SB} + \overline{PB}$$

이다. 그러나 $\overline{SB} > \overline{SC}$이고 $\overline{PB} > \overline{PC}$이므로

$$\overline{SQ} + \overline{PQ} > \overline{SC} + \overline{PC}$$

이고, *Q*가 아닌 어떤 곳에 *C*가 있던지 간에 이러한 관계는 사실이다. 그래서 $\overline{SQ} + \overline{PQ}$는 타원 안에 있는 곡선에서 최댓값이다. 비록 사용하지 않은 다른 경로들($\theta_i \neq \theta_r$)이 실제로 더 짧더라도(허용되지 않은 경로는 제외하고) 이것은 사실이

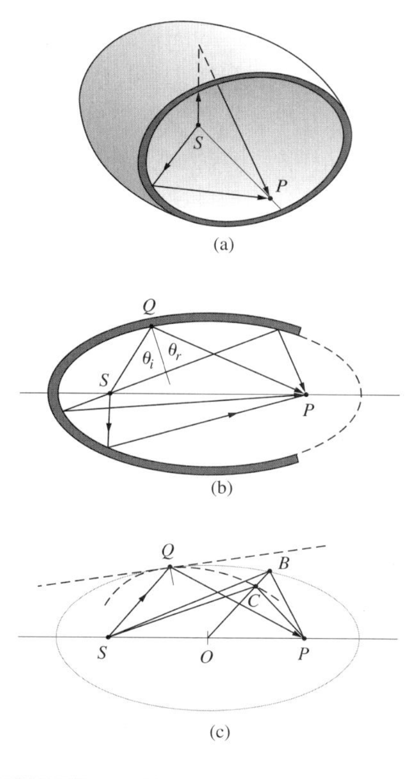

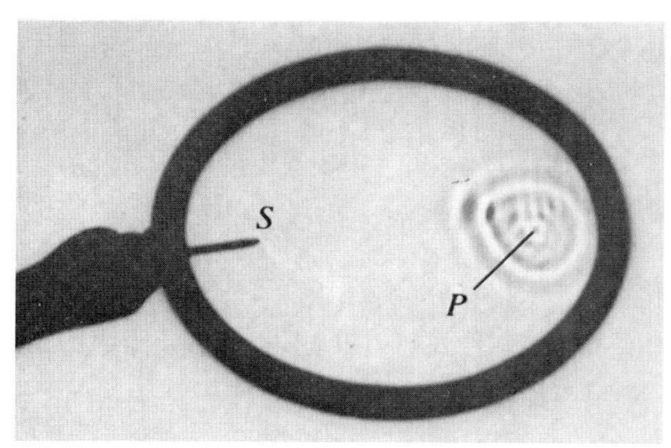

그림 4.44 타원체 표면에서의 반사. 물이 차 있는 프라이팬으로 파의 반사를 관찰하라. 테두리가 원형이라도 전혀 상관없다. (PSSC College Physics, D. C. Heath & Co., 1968)

다. 따라서 모든 경우에 광선은 페르마 원리를 수정한 원리에 따라 진행한다. 이 원리는 방향이 아니고 오직 경로에 대해서만 언급하기 때문에 P에서 S로 진행하는 광선도 S에서 P로 진행하는 경로와 같다는 것을 주목해야 한다. 이것이 매우 중요하고 유용한 **가역 원리**(principle of reversibility)이다.

이러한 페르마의 업적은 뉴턴의 역학 법칙을 비슷한 변분 공식으로 바꾸어 보려는 많은 노력을 불러 일으켰다. 많은 사람의 업적들, 그 중에서는 모파투(Pierre Maupertuis), 오일러(Leonhard Euler) 그리고 최종적으로, 라그랑주(Joseph Louis Lagrange)를 통하여 연구되고, 해밀턴(William Rowan Hamilton)에 의해서 공식화된 **최소 작용의 원리**(principle of least action)가 있다. 페르마 원리와 해밀턴 원리의 유사성은 슈뢰딩거(Schrodinger)가 양자역학을 발전시키는 데 중요한 역할을 하였다. 1942년에 파이먼(Richard Phillips Feynman)은 변분적 접근을 사용한 다른 방법으로 양자역학을 표현할 수 있다는 것을 보여 주었다. 이러한 변분 원리는 계속 발전하여 양자광학의 보다 현대적인 표현으로 광학에 기여하였다.

페르마 원리는 수학적인 도구라기보다는 빛의 전파에 관한 원리를 간결하게 보여 주는 방법이다. 즉 이 원리는 일반적으로 모든 물질에 대해서 언급한 것이므로 수많은 다양한 상황에 대해서 적용되어 직관적으로 많은 결과들을 얻을 수 있다.

4.6 전자기적 접근법

지금까지 우리는 산란 이론, 말뤄스(Malus)와 뒤팽(Dupin)의 정리, 페르마 원리를 통해 반사 및 굴절법칙을 공부하였다. 각각 특색 있고 유용한 관점을 가지고 있지만 빛의 전자기적 이론에 의한 또 다른 접근법도 있다. 입사, 반사, 투과하는 복사 선속 밀도(즉 각각 I_i, I_r, I_t)에 대해서는 아무 언급이 없었던 앞의 방법들과는 달리 전자기 이론은 보다 완벽한 표현으로 이들을 다룬다.

4.6.1 경계면에서의 파

입사 광파가 단색 평면파라고 가정하면

$$\vec{\mathbf{E}}_i = \vec{\mathbf{E}}_{0i} \exp\left[i(\vec{\mathbf{k}}_i \cdot \vec{\mathbf{r}} - \omega_i t)\right] \tag{4.11}$$

와 같거나 혹은 간단히

$$\vec{\mathbf{E}}_i = \vec{\mathbf{E}}_{0i} \cos(\vec{\mathbf{k}}_i \cdot \vec{\mathbf{r}} - \omega_i t) \tag{4.12}$$

로 표현할 수 있으며, 여기서 일정한 위상면은 $\vec{\mathbf{k}} \cdot \vec{\mathbf{r}}$ = 일정이라는 관계를 만족하는 면이다. $\vec{\mathbf{E}}_{0i}$는 시간에 대해서 일정하다. 즉 광파가 선편광 혹은 평면편광이라고 가정한다. 8장에서 빛은 서로 수직인 두 개의 선편광된 광파의 조합으로 이루어진다는 것을 알게 될 것이다. 따라서 실제로 이러한 선편광이 되었다는 가정은 조건이 아니라 실제 상황으로 만들 수 있다. 시간적으로 원점을 $t = 0$이라고 하고, 공간적으로 $\vec{\mathbf{r}} = 0$인 곳을 원점 O라고 하자. 그러면 파의 방향, 주파수, 파장, 위상, 진폭에 대한 가정 없이 반사파를

$$\vec{\mathbf{E}}_r = \vec{\mathbf{E}}_{0r} \cos(\vec{\mathbf{k}}_r \cdot \vec{\mathbf{r}} - \omega_r t + \varepsilon_r) \tag{4.13}$$

로, 투과파를

$$\vec{\mathbf{E}}_t = \vec{\mathbf{E}}_{0t} \cos(\vec{\mathbf{k}}_t \cdot \vec{\mathbf{r}} - \omega_t t + \varepsilon_t) \tag{4.14}$$

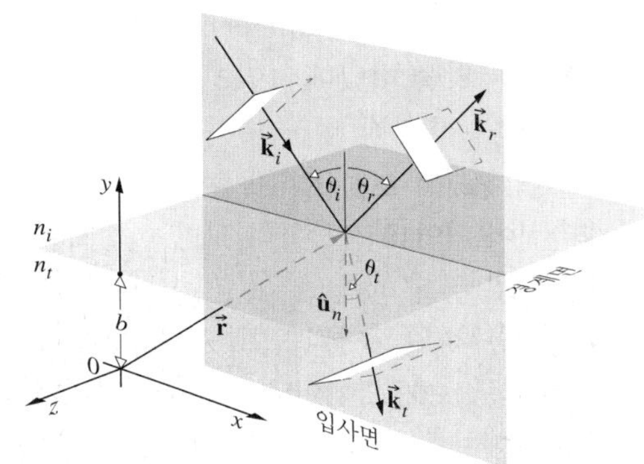

그림 4.45 균일하고 등방성이며 손실 없는 두 유전체의 경계면에 입사하는 평면파.

로 나타낼 수 있다. 여기서 원점의 위치가 단일 값으로 고정(unique)되지 않았기 때문에 $\vec{E}_i$에 관한 **위상 상수**(phase constants)인 ε_r과 ε_t를 도입하였다. 그림 4.45는 균일하며 손실이 없고, 굴절률이 n_i와 n_t인 두 개의 유전체 매질 사이의 경계면에서 일어나는 광파들의 모습을 보여 준다.

전자기 법칙(3.1절)에 의하면 전자기장이 만족해야 하는 어떤 조건이 있는데 이것을 **경계 조건**(boundary condition)이라고 한다. 특히 경계 조건들 중의 하나는 전기장의 세기인 $\vec{E}$의 평행 성분의 합은 다른 면에서 $\vec{E}$의 평행 성분의 합과 같아야만 한다. 이러한 조건이 어떻게 유도되는지를 알기 위해서 두 개의 서로 다른 유전체 사이의 경계면을 보여 주는 그림 4.46을 생각하자. 전자기파가 위에서 경계면으로 들어가며, 이때 화살표는 입사 전기장과 투과 전기장의 전파 방향 또는 이에 대응하는 입사 자기장과 투과 자기장의 전파 방향을 나타낸다. 지금은 전기장에 초점을 맞출 것이다. 두 매질 사이의 경계면에 평행하게 잡힌 좁은 (점선의) 폐경로 C를 그린다. 페러데이 유도 법칙[식 (3.5)]은 만약에 전체 경로 C에 걸쳐서 이 경로의 미분 요소 $\overrightarrow{d\ell}$에 평행한 전기장 $\vec{E}$의 성분과 $\overrightarrow{d\ell}$의 크기를 곱하여 경로에 따라 더한다면 (전위차인) 이 결과는 C가 둘러싼 면적을 통과하는 자기 선속(magnetic flux)의 시간적 변화율과 같다는 것이다. 그러나 만약에 점선 고리를 매우 좁게 만든다면 C를 통과하는 자기 선속은 없을 것이며 이 고리의 윗부분에서 (오른쪽으로) 하는 선적분의 기여는 아랫부분에서 (왼쪽으로) 하는 선적분의 기여와 서로 상쇄된다. 이 방법에 따르면 C를 따라서 돌면

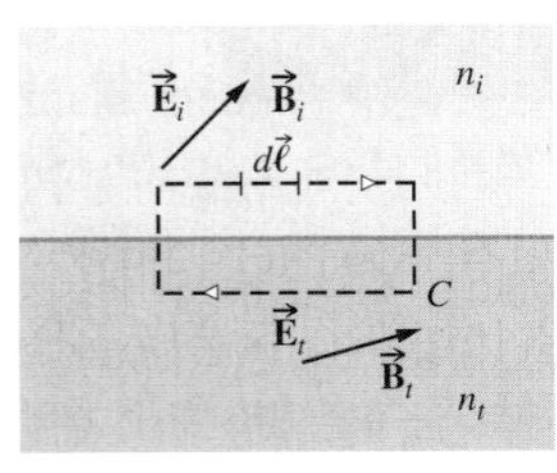

그림 4.46 두 유전체 사이의 경계면에서 성립하는 경계 조건들

서 생긴 순 전위 하강(net voltage drop)은 0이다. 만약 경계면에 인접한 $\vec{E}_i$와 $\vec{E}_t$의 접선 성분이 같다면(즉 둘 다 오른쪽을 가리킨다면), 경계면의 위와 아래의 경로에서 경로의 진행 방향이 서로 반대이기 때문에 C를 한 바퀴 도는 적분은 0으로 갈 것이다. 다시 말해서 표면의 한쪽에 대한 $\vec{E}$의 총 접선 성분은 다른 쪽에 대한 전기장의 총 접선 성분과 같아야만 한다는 것이다.

$\hat{u}_n$이 경계면에 수직한 단위 벡터이므로 파면상의 전기장 방향에 상관없이 전기장 벡터와 $\hat{u}_n$의 벡터곱(cross product)은 $\hat{u}_n$에 수직할 것이며, 이 때문에 이 벡터곱의 방향은 경계면에 평행할 것이다. 따라서

$$\hat{u}_n \times \vec{E}_i + \hat{u}_n \times \vec{E}_r = \hat{u}_n \times \vec{E}_t \tag{4.15}$$

혹은

$$\begin{aligned}\hat{u}_n \times \vec{E}_{0i} \cos(\vec{k}_i \cdot \vec{r} - \omega_i t) \\ + \hat{u}_n \times \vec{E}_{0r} \cos(\vec{k}_r \cdot \vec{r} - \omega_r t + \varepsilon_r) \\ = \hat{u}_n \times \vec{E}_{0t} \cos(\vec{k}_t \cdot \vec{r} - \omega_t t + \varepsilon_t)\end{aligned} \tag{4.16}$$

이 된다. 이러한 관계는 경계면상에서 모든 경우에 그리고 모든 지점($y = b$)에서 성립되어야 한다. 결론적으로 $\vec{E}_i$, $\vec{E}_r$, $\vec{E}_t$가 변수 t와 r에 대한 같은 모양의 함수가 되어야 하며, 이는

$$\begin{aligned}(\vec{k}_i \cdot \vec{r} - \omega_i t)|_{y=b} = (\vec{k}_r \cdot \vec{r} - \omega_r t + \varepsilon_r)|_{y=b} \\ = (\vec{k}_t \cdot \vec{r} - \omega_t t + \varepsilon_t)|_{y=b}\end{aligned} \tag{4.17}$$

를 의미한다. 따라서 식 (4.16)의 코사인 부분이 없어져서 t와 r에 의존하지 않는 표현식만 남게 된다. 이것이 모든 시간에 걸쳐서 성립해야 하므로 t의 계수들은 똑같아야 한다. 즉

$$\omega_i = \omega_r = \omega_t \tag{4.18}$$

이다. 매질 내의 전자들은 입사광파와 같은 주파수를 가지고 선형 강제 진동(linear forced vibrations)을 받기 때문에 확실히 산란된 빛은 모두 같은 주파수를 갖는다.

또한

$$(\vec{k}_i \cdot \vec{r})|_{y=b} = (\vec{k}_r \cdot \vec{r} + \varepsilon_r)|_{y=b} = (\vec{k}_t \cdot \vec{r} + \varepsilon_t)|_{y=b} \tag{4.19}$$

이다. 단 경계면에서 $\vec{r}$은 끝난다. 주어진 O의 위치에 따른 ε_r과 ε_t의 값들은 O의 위치에 상관없이 아래와 같은 관계를 갖는다(예를 들면 $\vec{r}$이 $\vec{k}_i$에는 수직하지만 $\vec{k}_r$과 $\vec{k}_t$에는 수직하지 않도록 원점을 결정해야 한다). 처음 두 항에서

$$[(\vec{k}_i - \vec{k}_r) \cdot \vec{r}]_{y=b} = \varepsilon_r \tag{4.20}$$

을 얻을 수 있다. 식 (2.43)을 생각해 보면 이러한 표현은 단순히 $\vec{r}$의 끝점이 벡터 $(\vec{k}_i - \vec{k}_r)$에 수직인 평면(물론 경계면)을 지나가는 것을 의미한다. 다른 말로 표현하면 $(\vec{k}_i - \vec{k}_r)$이 $\hat{u}_n$에 평행하다는 것이다. 그러나 입사파와 반사파가 같은 매

질 속에 있어서 $k_i = k_r$임을 주의해야 한다. $(\vec{\mathbf{k}}_i - \vec{\mathbf{k}}_r)$가 경계면에서 어떤 성분도 없다는 사실, 즉 $\hat{\mathbf{u}}_n \times (\vec{\mathbf{k}}_i - \vec{\mathbf{k}}_r) = 0$으로부터

$$k_i \sin\theta_i = k_r \sin\theta_r$$

라는 결론을 얻을 수 있다. 따라서

$$\theta_i = \theta_r$$

인 반사 법칙이 얻어진다. 또한 $(\vec{\mathbf{k}}_i - \vec{\mathbf{k}}_r)$이 $\hat{\mathbf{u}}_n$에 평행하므로 세 벡터 $\vec{\mathbf{k}}_i$, $\vec{\mathbf{k}}_r$, $\hat{\mathbf{u}}_n$이 모두 입사 평면상에 있다. 또한 식 (4.19)로부터

$$[(\vec{\mathbf{k}}_i - \vec{\mathbf{k}}_t) \cdot \vec{\mathbf{r}}]_{y=b} = \varepsilon_t \tag{4.21}$$

이 얻어지므로 $(\vec{\mathbf{k}}_i - \vec{\mathbf{k}}_t)$도 경계면에 수직이다. 따라서 $\vec{\mathbf{k}}_i$, $\vec{\mathbf{k}}_t$, $\vec{\mathbf{k}}_r$, $\hat{\mathbf{u}}_n$이 모두 동일 평면 위에 있다. 앞에서와 마찬가지로 $\vec{\mathbf{k}}_i$와 $\vec{\mathbf{k}}_t$의 접선 성분이 같아야 하므로

$$k_i \sin\theta_i = k_t \sin\theta_t \tag{4.22}$$

이다. 그러나 $\omega_i = \omega_t$이므로 양변에 c/ω_i를 곱하면

$$n_i \sin\theta_i = n_t \sin\theta_t$$

를 얻을 수 있다. 이것이 스넬의 법칙이다. 마지막으로 만약 경계면상에 있는 원점 O를 선택하였다면, 식 (4.20)과 식 (4.21)로부터 ε_r과 ε_t 모두 0이 된다. 이와 같은 과정이 비록 크게 도움이 되지는 않지만 간단하므로 여기서부터 사용하기로 한다.

4.6.2 프레넬 방정식

지금까지는 경계면에서의 $\vec{\mathbf{E}}_i(\vec{r}, t)$, $\vec{\mathbf{E}}_r(\vec{r}, t)$, $\vec{\mathbf{E}}_t(\vec{r}, t)$들이 갖고 있는 위상들 사이의 관계를 알아보았다. 이에 더하여 각 진폭들 $\vec{\mathbf{E}}_{0i}$, $\vec{\mathbf{E}}_{0r}$, $\vec{\mathbf{E}}_{0t}$ 사이에는 상호 의존하는 관계도 곧바로 유도할 수 있다. 그러기 위해서 평면 단색파가 두 개의 등방성 매질 사이의 평면 경계면에 입사한다고 하자. 파의 편광 방향이 어떻든 간에 전기장 $\vec{\mathbf{E}}$와 자기장 $\vec{\mathbf{B}}$를 입사면에 평행한 성분과 수직한 성분으로 나누고 이들을 분리하여 취급한다.

i) $\vec{\mathbf{E}}$가 입사면에 수직한 경우

이제 전기장 $\vec{\mathbf{E}}$가 입사면에 수직하고 자기장 $\vec{\mathbf{B}}$가 평행하다고 가정할 수 있다(그림 4.47). $E = vB$를 기억하면

$$\hat{\mathbf{k}} \times \vec{\mathbf{E}} = v\vec{\mathbf{B}} \tag{4.23}$$

가 되고

$$\hat{\mathbf{k}} \cdot \vec{\mathbf{E}} = 0 \tag{4.24}$$

이 된다(즉 $\vec{\mathbf{E}}$, $\vec{\mathbf{B}}$ 그리고 단위 전파 벡터 $\hat{\mathbf{k}}$는 오른손 법칙을 따른다). 또한 전기장 $\vec{\mathbf{E}}$의 평행 성분의 연속성을 이용하면 언제 어느 점에서나 경계면에서는

$$\vec{\mathbf{E}}_{0i} + \vec{\mathbf{E}}_{0r} = \vec{\mathbf{E}}_{0t} \tag{4.25}$$

를 얻을 수 있다. 여기서 코사인 항은 없어졌다. 그러므로 그림과 같이 전자기장 벡터들이 $y = 0$에(즉 표면에) 있어야만 한다. 명확하게 하기 위하여 경계면에서부터 벡터들이 변위된다고 하자. 또한 대칭성 때문에 $\vec{\mathbf{E}}_r$과 $\vec{\mathbf{E}}_t$들이 입사면에 수직이지만, $\vec{\mathbf{E}}_i$ 때와 같이 이들 전기장들도 경계면에서 **바깥 방향으로 향하고 있다고 가정한다.** $\vec{\mathbf{B}}$ 벡터의 방향은 식 (4.23)에 따른다.

또 하나의 식을 얻기 위해서 다른 경계 조건이 추가로 필요하다. 광파에 의해서 전기적으로 분극화되는 물질은 장의 형태에 결정적인 영향을 준다. 따라서 $\vec{\mathbf{E}}$의 접선 성분(즉 경계면의 접선 성분)이 경계면을 가로질러서 연속이라 하더라도 수직 성분은 그렇지 않다. 그 대신 $\epsilon\vec{\mathbf{E}}$의 수직 성분은 경계

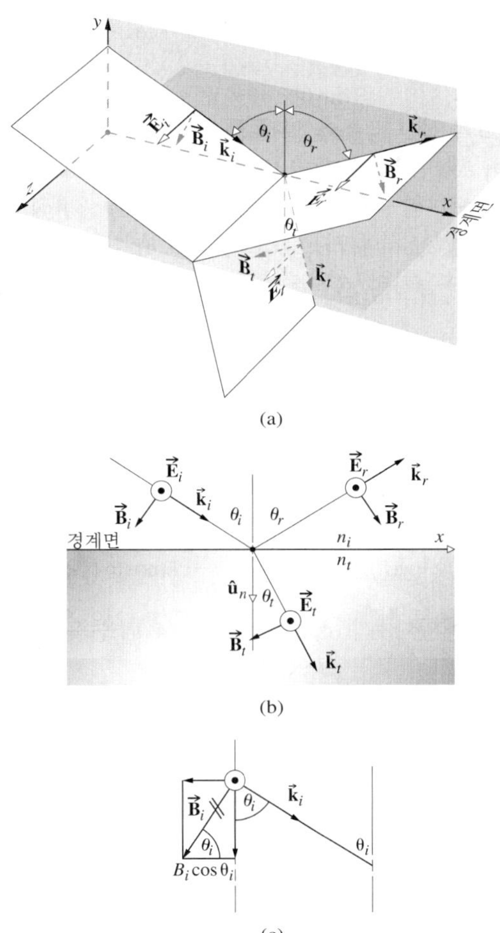

그림 4.47 전기장이 입사면에 수직인 입사광파. 여기에서 보는 전자기장들은 경계면에 대한 것이다. 즉 이 전자기장들은 경계면으로 이동시켜서 혼란 없이 그릴 수 있다.

면 양쪽에서 같은 값을 가진다. 이와 유사하게 $\mu^{-1}\vec{\mathbf{B}}$의 접선 성분이 연속이듯이 $\vec{\mathbf{B}}$의 수직 성분도 연속이다. 이러한 상황을 살펴보기 위해서 그림 4.46과 앙페르 법칙으로[식 (3.13)]으로 되돌아가되, 이번에는 그림 4.46에서 화살표가 자기장 $\vec{\mathbf{B}}$를 의미한다. 투자율이 두 매질에서 다를 수도 있기 때문에 μ로 앙페르 법칙에 나온 식의 양변을 모두 나눈다. 점선 고리의 간격이 매우 좁아서 이 고리가 거의 없어지도록 놓는다면, C에 의해서 둘러싸인 면적 A는 사라질 것이며 이로 인하여 식 (3.13)의 오른쪽 항은 지워질 것이다. 이것은 만약 전체 경로 C에 걸쳐서 이 경로의 미분 요소 $\vec{d\ell}$에 평행한 전기장 $\vec{\mathbf{B}}/\mu$의 성분과 $\vec{d\ell}$의 크기를 곱하여 경로에 따라 더한다면 이 결과는 0임에 틀림이 없다. 그래서 경계면 바로 위에서 $\vec{\mathbf{B}}/\mu$의 총량은 경계면 바로 아래의 $\vec{\mathbf{B}}/\mu$의 총량과 같아야만 한다. 여기서 두 매질의 자기적 특성은 투자율 μ_i와 μ_t로 표현한다. 이러한 경계 조건은 특히 전도체 표면에서의 반사에서 가장 간단히 사용될 수 있다.* 따라서 $\vec{\mathbf{B}}/\mu$의 접선 성분의 연속성에 의해

$$-\frac{B_i}{\mu_i}\cos\theta_i + \frac{B_r}{\mu_i}\cos\theta_r = -\frac{B_t}{\mu_t}\cos\theta_t \tag{4.26}$$

와 같이 된다.

자기장 B의 접선 성분이 입사 자기장 방향과 같은 음의 방향일 때 이 접선 성분에 음의 기호가 추가된다. 이 식의 좌변과 우변은 각각 입사 매질과 투과 매질에서 경계면에 평행한 $\vec{\mathbf{B}}/\mu$의 크기를 합한 것이다. x가 증가하는 방향이 양의 방향이므로 $\vec{\mathbf{B}}_i$와 $\vec{\mathbf{B}}_t$의 부호는 음으로 나타난다. 식 (4.23)으로부터

$$B_i = E_i/v_i \tag{4.27}$$

$$B_r = E_r/v_r \tag{4.28}$$

그리고

$$B_t = E_t/v_t \tag{4.29}$$

를 얻는다. 따라서 $v_i = v_r$와 $\theta_i = \theta_r$에 의해서 식 (4.26)은

$$\frac{1}{\mu_i v_i}(E_i - E_r)\cos\theta_i = \frac{1}{\mu_t v_t}E_t\cos\theta_t \tag{4.30}$$

로 다시 쓸 수 있다. 식 (4.12), (4.13), (4.14)들을 사용하고, $y = 0$에서 코사인들이 같은 값을 가지므로

$$\frac{n_i}{\mu_i}(E_{0i} - E_{0r})\cos\theta_i = \frac{n_t}{\mu_t}E_{0t}\cos\theta_t \tag{4.31}$$

를 얻게 된다. 이 식이 식 (4.25)와 결합하여

$$\left(\frac{E_{0r}}{E_{0i}}\right)_\perp = \frac{\dfrac{n_i}{\mu_i}\cos\theta_i - \dfrac{n_t}{\mu_t}\cos\theta_t}{\dfrac{n_i}{\mu_i}\cos\theta_i + \dfrac{n_t}{\mu_t}\cos\theta_t} \tag{4.32}$$

와

$$\left(\frac{E_{0t}}{E_{0i}}\right)_\perp = \frac{2\dfrac{n_i}{\mu_i}\cos\theta_i}{\dfrac{n_i}{\mu_i}\cos\theta_i + \dfrac{n_t}{\mu_t}\cos\theta_t} \tag{4.33}$$

가 된다. 아래첨자 ⊥는 $\vec{\mathbf{E}}$가 입사면에 수직한 경우를 취급하고 있다는 것을 의미한다. 이 두 개의 관계식은 **모든 선형적이며 균일한 등방성 매질에서 적용되는 가장 일반적인 관계식**으로서 이를 **프레넬 방정식(Fresnel equation)**이라고 한다. $\mu_i \approx \mu_t \approx \mu_0$인 유전체에서는 간단하게 이 방정식들이 보다 일반적인 형태인

$$r_\perp \equiv \left(\frac{E_{0r}}{E_{0i}}\right)_\perp = \frac{n_i\cos\theta_i - n_t\cos\theta_t}{n_i\cos\theta_i + n_t\cos\theta_t} \tag{4.34}$$

와

$$t_\perp \equiv \left(\frac{E_{0t}}{E_{0i}}\right)_\perp = \frac{2n_i\cos\theta_i}{n_i\cos\theta_i + n_t\cos\theta_t} \tag{4.35}$$

가 된다. 여기서 $r_\perp$는 **진폭 반사 계수**(amplitude reflection coefficient) 그리고 $t_\perp$는 **진폭 투과 계수**(amplitude transmission coefficient)이다.

ii) $\vec{\mathbf{E}}$가 입사면에 평행한 경우

입사 전기장 $\vec{\mathbf{E}}$가 그림 4.48과 같이 입사면상에 있을 때 앞서 언급한 첫 번째 경우와 비슷한 한 쌍의 방정식을 구할 수 있다. 경계면 양쪽에서의 전기장 $\vec{\mathbf{E}}$의 접선 성분에 대한 연속성

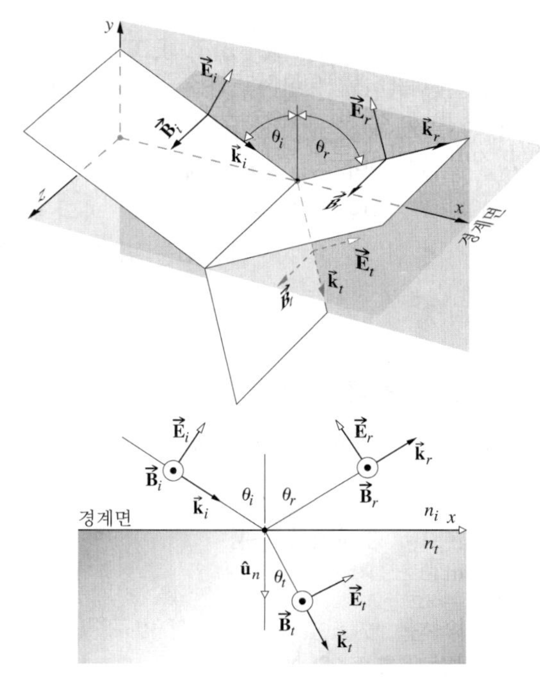

그림 4.48 전기장이 입사면상에 있는 입사광파

* 최소한 이 논의의 앞부분에서라도 오직 $\vec{\mathbf{E}}$와 $\vec{\mathbf{B}}$만을 쓰기 위해서

$$\vec{\mathbf{H}} = \mu^{-1}\vec{\mathbf{B}} \tag{A1.14}$$

의 관계를 가진 $\vec{\mathbf{H}}$의 사용을 피했다.

때문에

$$E_{0i}\cos\theta_i - E_{0r}\cos\theta_r = E_{0t}\cos\theta_t \tag{4.36}$$

이 된다. 앞의 경우와 똑같이 $\vec{\mathbf{B}}/\mu$의 접선 성분에 대한 연속성에 의해서

$$\frac{1}{\mu_i v_i}E_{0i} + \frac{1}{\mu_r v_r}E_{0r} = \frac{1}{\mu_t v_t}E_{0t} \tag{4.37}$$

가 얻어진다. $\mu_i \approx \mu_r$와 $\theta_i = \theta_r$에 의해서 이 두 개의 공식을 결합하여 두 개의 또 다른 **프레넬 방정식**인

$$r_{\parallel} \equiv \left(\frac{E_{0r}}{E_{0i}}\right)_{\parallel} = \frac{\dfrac{n_t}{\mu_t}\cos\theta_i - \dfrac{n_i}{\mu_i}\cos\theta_t}{\dfrac{n_i}{\mu_i}\cos\theta_t + \dfrac{n_t}{\mu_t}\cos\theta_i} \tag{4.38}$$

와

$$t_{\parallel} = \left(\frac{E_{0t}}{E_{0i}}\right)_{\parallel} = \frac{2\dfrac{n_i}{\mu_i}\cos\theta_i}{\dfrac{n_i}{\mu_i}\cos\theta_t + \dfrac{n_t}{\mu_t}\cos\theta_i} \tag{4.39}$$

를 얻는다. 경계면을 이루는 두 매질 모두가 유전체일 때, 즉 근본적으로 '비자성체'일 때 진폭 계수들은

$$r_{\parallel} = \frac{n_t\cos\theta_i - n_i\cos\theta_t}{n_i\cos\theta_t + n_t\cos\theta_i} \tag{4.40}$$

과

$$t_{\parallel} = \frac{2n_i\cos\theta_i}{n_i\cos\theta_t + n_t\cos\theta_i} \tag{4.41}$$

이 된다. 스넬의 법칙을 사용하여 보다 간단히 표현하면 유전체 매질에 대한 프레넬 방정식은 다음과 같다(연습문제 4.43).

$$r_{\perp} = -\frac{\sin(\theta_i - \theta_t)}{\sin(\theta_i + \theta_t)} \tag{4.42}$$

$$r_{\parallel} = +\frac{\tan(\theta_i - \theta_t)}{\tan(\theta_i + \theta_t)} \tag{4.43}$$

$$t_{\perp} = +\frac{2\sin\theta_t\cos\theta_i}{\sin(\theta_i + \theta_t)} \tag{4.44}$$

$$t_{\parallel} = +\frac{2\sin\theta_t\cos\theta_i}{\sin(\theta_i + \theta_t)\cos(\theta_i - \theta_t)} \tag{4.45}$$

앞에서 한 계산의 중요성을 언급하기 전에 주의할 사항을 약간 짚고 넘어가고자 한다. 그림 4.47과 그림 4.48에 표시한 전자기장들의 방향(보다 정확하게는 위상)은 임의로 정해졌다는 것을 알아야 한다. 예를 들어 그림 4.47에서 $\vec{\mathbf{E}}_r$이 안쪽으로 향하게 하여 $\vec{\mathbf{B}}_r$도 반대 방향이 되게 할 수 있다. 만약 이렇게 했다면 다른 진폭 계수들은 바뀌지 않고 $r_{\perp}$의 부호만 이 양으로 바뀔 것이다. 식 (4.42)부터 식 (4.45)까지 표현된 부호들은 특별히 선택된 장들에 대한 첫째 항을 제외하고는 모두 양의 부호가 된다. 다음에 알게 되겠지만 식 (4.42)에서 음의 부호가 최종적으로 유도된 것은 그림 4.47의 $\vec{\mathbf{E}}_r$에 대한 부호를 올바로 추정하지 않았다는 것을 의미한다. 이런 부호에 대한 의미를 알고 있음에도 불구하고 많은 책들이 제대로 표준화되지 않았다는 것을 알아야 하며 이러한 혼동을 피하기 위해서 가능한 모든 부호의 변동을 **프레넬 방정식**에다 표시해야 한다. 혼란을 방지하기 위해서 **프레넬 방정식에서의 이 부호들이 처음에 정해진 전자기장의 일정한 방향과 어떤 관계가 있는지를 살펴야만 한다.**

예제 4.4

진폭이 1.0 V/m인 전자기파가 굴절률이 1.60인 유리면에서 공기 쪽으로의 수직 법선에서 30.0°의 각도로 유리로 들어온다. 이 전자기파의 전기장은 입사면에 완전하게 수직이다. 반사파의 진폭을 구하라.

풀이

$(E_{0r})_{\perp} = r_{\perp}(E_{0i})_{\perp} = r_{\perp}(1\ \text{V/m})$이고,

$$r_{\perp} = -\frac{\sin(\theta_i - \theta_t)}{\sin(\theta_i + \theta_t)} \tag{4.42}$$

이다. 먼저 θ_t가 필요하므로 스넬의 법칙으로부터

$$n_i \sin\theta_i = n_t \sin\theta_t$$

$$\sin\theta_t = \frac{n_i}{n_t}\sin\theta_i$$

$$\sin\theta_t = \frac{1}{1.60}\sin 30.0° = 0.3125$$

$$\theta_t = 18.21°$$

이 나온다. 그래서

$$r_{\perp} = -\frac{\sin(30.0° - 18.2°)}{\sin(30.0° + 18.2°)} = -\frac{\sin 11.8°}{\sin 48.2°}$$

$$r_{\perp} = -\frac{0.2045}{0.7455} = -0.274$$

이며,

$$(E_{0r})_{\perp} = r_{\perp}(E_{0i})_{\perp} = r_{\perp}(1.0\ \text{V/m})$$

$$(E_{0r})_{\perp} = -0.27\ \text{V/m}$$

이다.

4.6.3 프레넬 방정식의 해석

이 절에서는 프레넬 방정식들의 관계를 물리적으로 취급한다. 특히 부분적으로 반사되고 굴절되는 빔의 진폭

(amplitude)과 선속 밀도(flux density)를 결정하고자 한다. 또한 이러한 반사와 굴절 과정 동안에 생길 수 있는 위상 이동에 대해서도 다루고자 한다.

진폭 계수

θ_i의 전 범위에 걸쳐서 진폭 계수의 형태를 간단히 유도해 보자. 빛이 거의 수직으로 입사할 때($\theta_i \approx 0$) 식 (4.43)의 탄젠트 값들이 사인 값과 같으므로 이 경우에는

$$[r_\parallel]_{\theta_i=0} = [-r_\perp]_{\theta_i=0} = \left[\frac{\sin(\theta_i - \theta_t)}{\sin(\theta_i + \theta_t)}\right]_{\theta_i=0}$$

이 된다. 곧 지금 나타난 음의 부호의 물리적 중요성을 볼 것이다. 사인을 전개하고 스넬의 법칙을 쓰면 이 표현은

$$[r_\parallel]_{\theta_i=0} = [-r_\perp]_{\theta_i=0} = \left[\frac{n_t\cos\theta_i - n_i\cos\theta_t}{n_t\cos\theta_i + n_i\cos\theta_t}\right]_{\theta_i=0} \tag{4.46}$$

이 되며, 이것은 식 (4.34)와 식 (4.40)에서도 유도할 수 있다. θ_i가 0이 되는 극한적인 경우에는 $\cos\theta_i$와 $\cos\theta_t$ 모두 1로 접근하므로 결과적으로

$$[r_\parallel]_{\theta_i=0} = [-r_\perp]_{\theta_i=0} = \frac{n_t - n_i}{n_t + n_i} \tag{4.47}$$

가 된다. 하나의 보기로 빛이 공기($n_i = 1$)와 유리($n_t = 1.5$)의 경계면에 수직 입사하면 진폭 반사 계수는 ± 0.2가 된다(연습문제 4.58 참조).

$n_t > n_i$ 일 때 스넬의 법칙에 의해서 $\theta_i > \theta_t$가 되며, $r_\perp$는 모든 θ_i 값에 대해서 음의 값을 갖게 된다(그림 4.49). 반면에 $r_\parallel$는 $\theta_i = 0$에서 양수로 출발하여 $(\theta_i + \theta_t) = 90°$일 때까지

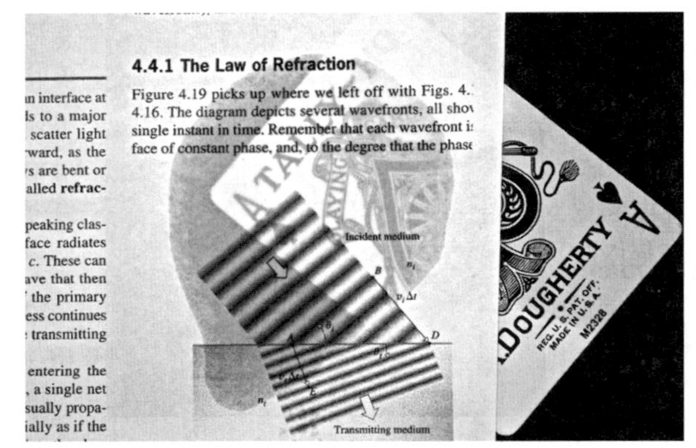

염색되지 않은 종이는 본질적으로 종이 주변의 굴절률과 다른 굴절률(약 1.56)을 갖는 얇고 투명한 섬유로 된 판이다. 그래서 종이는 백색광을 적당하게 산란시키기 때문에 밝고 불투명한 백색으로 보인다[식 (4.46) 참조]. 만약에 공기와 섬유 사이의 굴절률인 (대충 굴절률이 1.46 정도인) 어떤 액체(즉 미네랄 오일이나 아카 베이비 오일 등)로 이 종이를 '적시면', 이 오일이 후방 산란되는 광을 가려서 오일이 젖은 영역이 본질적으로 투명하게 될 것이다. (E.H.)

벤젠에 담겨진 유리 막대와 나무 막대. 벤젠의 굴절률이 유리 막대의 굴절률과 거의 같기 때문에 왼쪽에 있는 유리 막대는 벤젠에서 사라진 것처럼 보인다. (E.H.)

점차적으로 줄어들어서 0이 된다는 것을 식 (4.43)으로부터 알 수 있다. 왜냐하면 이때 $\tan\pi/2$가 무한대가 되기 때문이다. 이러한 현상이 생기는 특별한 입사각을 θ_p로 표시하고 **편광각(polarization angle)**이라고 한다(8.6.1절 참조). θ_p에서 $r_\parallel \to 0$이고 위상이 180° 뒤집어진다. 이것은 양쪽에서 θ_i가 θ_p로 접근할 때 전기장 $\vec{\mathbf{E}}$가 어느 쪽으로 뒤집힐지를 알 수 없다는 것을 의미한다. θ_i가 θ_p보다 커지게 되면 $r_\parallel$가 점차적으로 음이 되어서 90°에서 -1.0이 된다.

만약 현미경 슬라이드 유리 한 장을 이 책의 종이 위에 올려놓고 수직($\theta_i = 0$)으로 내려다본다면 유리 바로 아랫부분은 종이의 다른 부분보다 회색광을 띠게 될 것이다. 왜냐하면 슬라이드 유리는 경계면 양쪽에서 반사하고 종이를 거쳐서 되돌아 나온 빛이 적당히 감소하기 때문이다. 유리를 눈에 가까이 대고 θ_i를 증가시키면서 종이를 다시 한 번 보라. 반사하는 광량이 증가되므로 유리를 통하여 종이를 보는 것이 어려워진다. $\theta_i \approx 90°$이 되면 진폭 반사 계수(그림 4.49)가 -1.0이 되므로 슬라이드 유리가 완전한 거울처럼 된다. 좋지 못한 종이면도 옆에서 보면 거울처럼 보인다(사진 참

$\theta_i = 0°$에서 벽면과 복도 면들이 매우 나쁜 반사체이라는 사실에도 불구하고 거의 스침 입사(near-glancing incidence) 시 벽과 복도는 거울처럼 된다. (E.H.)

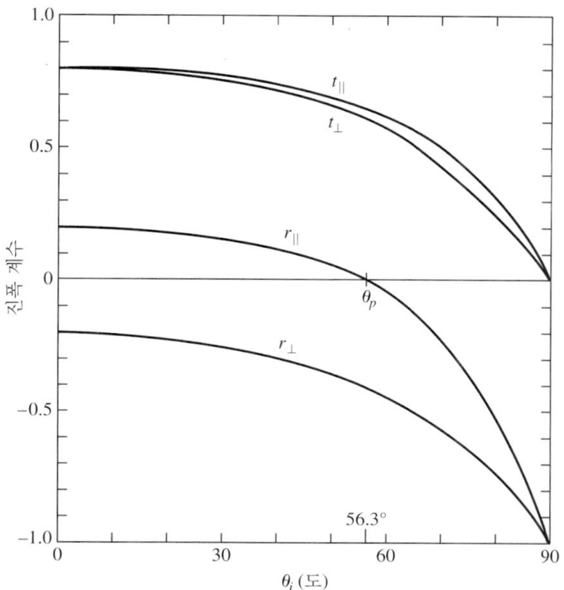

그림 4.49 입사각의 함수로 그린 진폭 반사 계수와 진폭 투과 계수, 이들은 공기-유리의 경계면(n_{ti} = 1.5)에서 $n_t > n_i$인 외부 반사에 해당된다.

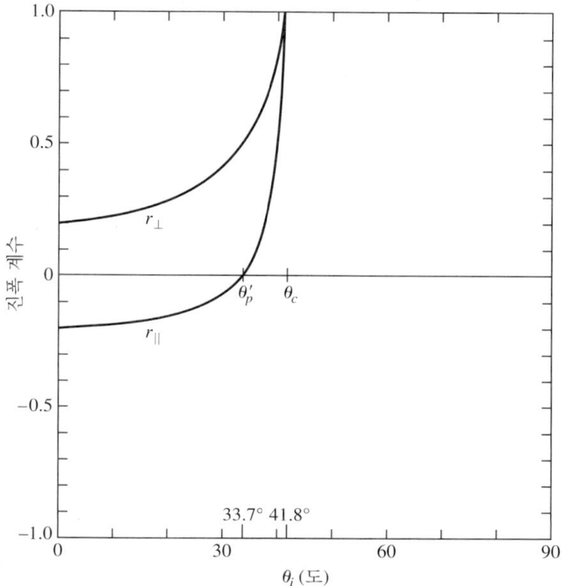

그림 4.50 입사각의 함수인 진폭 반사 계수, 이들은 공기-유리의 경계면 (n_{ti} = 1/1.5)에서 $n_t < n_i$인 내부 반사에 해당된다.

조). 책을 눈높이 정도까지 수평으로 올려서 밝은 빛을 비추면 광원이 표지에서 잘 반사되는 것을 알 수 있다. 이것은 X-선도 옆에서 비스듬히 비추면 거울처럼 반사된다는 것을 말해주는 것이며, 현대의 X-선 망원경은 바로 여기에 기초를 두고 있다.

수직 입사할 때 식 (4.35)와 식 (4.41)은 직접적으로

$$[t_\parallel]_{\theta_i=0} = [t_\perp]_{\theta_i=0} = \frac{2n_i}{n_i + n_t} \tag{4.48}$$

이 된다. 연습문제 4.63에서 알 수 있겠지만

$$t_\perp + (-r_\perp) = 1 \tag{4.49}$$

는 모든 θ_i에 대해서 성립하는 반면에

$$t_\parallel + r_\parallel = 1 \tag{4.50}$$

은 수직 입사일 때만 성립한다.

앞의 논의는 대부분이 **외부 반사(external reflection)**의 경우(즉 $n_t > n_i$)로 국한시켰다. 입사 쪽 매질의 밀도가 더 높은 경우($n_i > n_t$)에 해당하는 반대의 상황인 **내부 반사(internal reflection)** 또한 흥미롭다. 이때는 $\theta_t > \theta_i$이며 $r_\perp$는 식 (4.42)에서 나타났듯이 항상 양수이다. 그림 4.50은 $\theta_i = 0$에서부터 $r_\perp$가 증가하여서 **임계각(critical angle)**이라고 하는 각도 θ_c에서는 $r_\perp$가 +1로 증가한다(식 4.47)는 것을 보여 준다. 이 θ_c는 $\theta_t = \pi/2$일 때의 특별한 입사각이다. 마찬가지로 $r_\parallel$는 $\theta_i = 0$에서 음수로 출발한 후[식 (4.47)] 점점 증가하여 $\theta_i = \theta_c$에서 +1이 된다. 이것은 식 (4.40)인 프레넬 방정식으로부터 명확하게 알 수 있다. 또한 $r_\parallel$은 **편광각**(polarization angle) θ_p'에서 0을 가진다. 두 매질의 경계면에서 각각 내부 반사와 외부 반사의 편광각인 θ_p'과 θ_p가 단순히 서로 보상적이라는 것은 연습문제 4.68에서 증명한다. 4.7절에서는 내부 반사를 고려할 것이며 그 절에서 $\theta_i > \theta_c$일 때 $r_\perp$와 $r_\parallel$이 복소수라는 것을 알게 된다.

위상 이동

$n_t > n_i$일 때 식 (4.42)에서 보면, $r_\perp$는 θ_i에 상관없이 음수이다. 만약 그림 4.47에서 $[\vec{\mathbf{E}}_r]_\perp$의 벡터 방향이 반대가 된다면 첫 번째 프레넬 방정식인 식 (4.42)의 부호가 바뀌어서 $r_\perp$이 양의 값을 가질 것이라는 것을 이미 앞에서 보았다. 그러므로 $r_\perp$의 부호는 $[\vec{\mathbf{E}}_{0i}]_\perp$와 $[\vec{\mathbf{E}}_{0r}]_\perp$의 상대적 방향과 관련이 있다. 즉 $[\vec{\mathbf{E}}_{0r}]_\perp$의 부호가 반전되는 것은 $[\vec{\mathbf{E}}_r]_\perp$를 π 라디안만큼 위상 이동($\Delta\varphi_\perp$)하는 것과 동등하다. 따라서 경계면에서 $[\vec{\mathbf{E}}_i]_\perp$와 $[\vec{\mathbf{E}}_r]_\perp$는 서로 반대 방향, 즉 $r_\perp$가 음의 값을 가진 것으로 알 수 있듯이 서로 위상이 π 만큼 어긋나게 된다. 입사면에 수직한 성분을 생각한다면 두 벡터가 서로 같은 위상인지 아니면 π 라디안만큼 어긋나 있는지를 혼동할 수 없다. 만약 평행하면 같은 위상이며 반대 방향이면 π 만큼 어긋나기 때문이다. 요약하면 **입사 매질의 굴절률이 투과 매질의 굴절률보다 작을 경우 입사면에 수직한 전기장 성분은 반사 시 π 라디안만큼 위상 이동을 하게 된다.** 이와 비슷하게 $t_\perp$와 $t_\parallel$도 항상 양수이며 $\Delta\varphi = 0$이다. **또한 $n_i > n_t$일 때 수직 성분은 반사 시 위상 이동이 일어나지 않는다. 즉 $\theta_i < \theta_c$인 한 $\Delta\varphi_\perp = 0$이다.**

$[\vec{\mathbf{E}}_i]_\parallel$와 $[\vec{\mathbf{E}}_r]_\parallel$, 그리고 $[\vec{\mathbf{E}}_t]_\parallel$를 취급할 때는 이러한 것들이

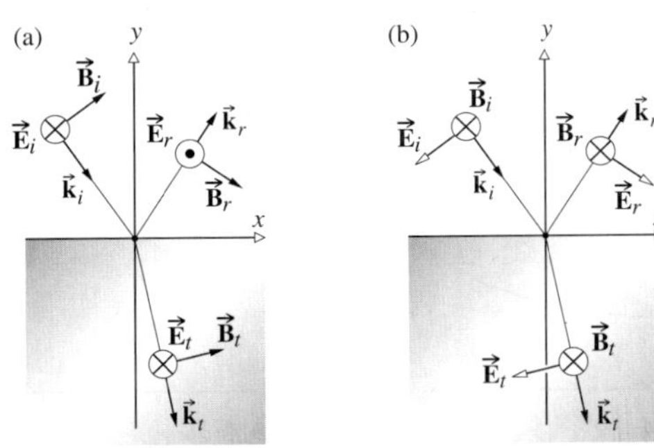

그림 4.51 전자기장의 방향과 위상 이동

확실하게 구별되지 않는다. 위상 일치라는 말을 정의할 때 벡터들이 동일 평면상에는 있을지라도 일반적으로 같은 방향으로 선형(colinear)은 아니기 때문에 위상 이동에 대해서 보다 확실히 할 필요가 있다. 장벡터들의 방향은 그림 4.47과 그림 4.48에서 정해졌기 때문에 만약 빛이 진행해오는 방향을 한 벡터의 진행 방향으로 본다면, 입사 광선인지 반사 광선인지 혹은 투과 광선인지에 상관없이 $\vec{\mathbf{E}}$, $\vec{\mathbf{B}}$, $\vec{\mathbf{k}}$들은 서로 같은 상대적 방향을 갖는다. 우리는 이것을 두 개의 전기장이 위상 일치가 되기 위한 필요조건으로 사용할 수 있다. 똑같지만 보다 간단하게 이를 표현하면 다음과 같다. **입사 평면에서 두 개의 장은 그들의 y 성분들이 같은 방향이면 위상 일치이고 반대 방향이면 위상 불일치가 된다.** 두 전기장의 위상이 서로 반대이면 자기장의 위상도 그럴 것이고, 그 역도 마찬가지라는 것을 주목하자. 이와 같은 가정하에서 전기장이든 자기장이든 상관없이 입사 평면에서 서로 관련된 장들의 상대적 위상을 결정하기 위해서는 오직 입사 평면에 수직인 벡터만을 고려하면 된다. 따라서 그림 4.51a에서 $\vec{\mathbf{E}}_i$와 $\vec{\mathbf{E}}_t$가 위상 일치인 것처럼 $\vec{\mathbf{B}}_i$와 $\vec{\mathbf{B}}_t$도 위상 일치인데 반해서 $\vec{\mathbf{E}}_i$와 $\vec{\mathbf{E}}_r$, 그리고 $\vec{\mathbf{B}}_i$와 $\vec{\mathbf{B}}_r$은 각각 위상 불일치가 된다. 비슷하게 그림 4.51b에서 $\vec{\mathbf{E}}_i$, $\vec{\mathbf{E}}_r$, $\vec{\mathbf{E}}_t$가 위상 일치인 것처럼 $\vec{\mathbf{B}}_i$, $\vec{\mathbf{B}}_r$, $\vec{\mathbf{B}}_t$도 위상 일치가 된다.

이제 평행한 성분의 진폭 반사 계수는

$$r_\parallel = \frac{n_t \cos\theta_i - n_i \cos\theta_t}{n_t \cos\theta_i + n_i \cos\theta_t}$$

로 주어지며

$$n_t \cos\theta_i - n_i \cos\theta_t > 0$$

인 한은, 즉

$$\sin\theta_i \cos\theta_i - \cos\theta_t \sin\theta_t > 0$$

이라면 또는 동등하게

$$\sin(\theta_i - \theta_t)\cos(\theta_i + \theta_t) > 0 \tag{4.51}$$

이라면 $r_\parallel$은 양수($\Delta\varphi = 0$)이다.

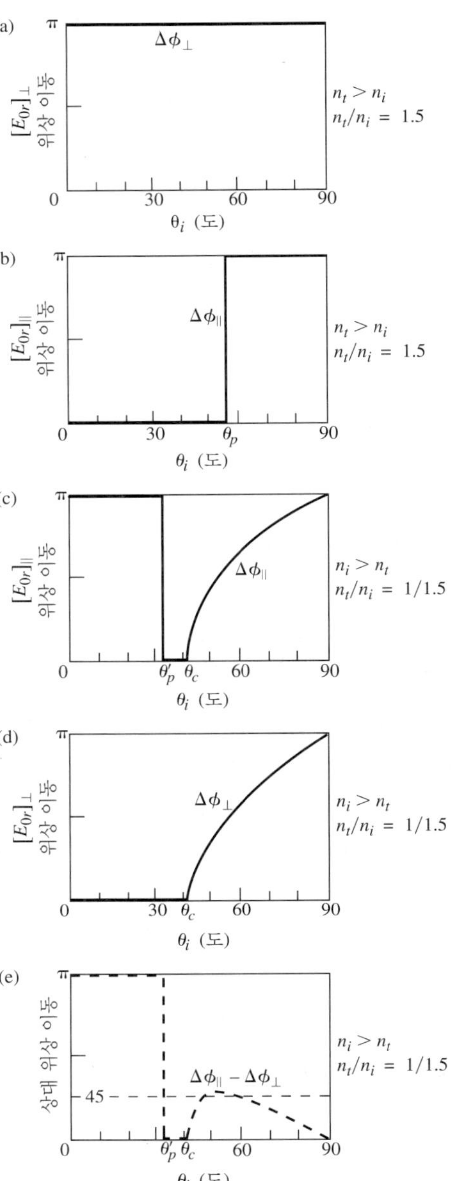

그림 4.52 내부 반사 및 외부 반사에 해당하는 전기장의 수평 성분과 수직 성분의 위상 이동

$$(\theta_i + \theta_t) < \pi/2 \tag{4.52}$$

이라면 $n_i < n_t$인 경우가 될 것이고,

$$(\theta_i + \theta_t) > \pi/2 \tag{4.53}$$

이라면 $n_i < n_t$인 경우가 된다. 따라서 $n_i < n_t$이면 $[\vec{\mathbf{E}}_{0r}]_\parallel$와 $[\vec{\mathbf{E}}_{0i}]_\parallel$는 $\theta_i = \theta_p$가 될 때까지 서로 위상 일치($\Delta\varphi = 0$)이며, 그 이후는 π 라디안만큼 서로 위상이 불일치한다. $[\vec{\mathbf{E}}_{0r}]_\parallel$가 θ_p에서 0이므로 이러한 위상 변화는 정확히 불연속이 아니다. 이와는 대조적으로 내부 반사에서는 $r_\parallel$이 θ'_p까지는 음수이며 이것은 $\Delta\varphi_\parallel = \pi$임을 의미한다. 그리고 θ'_p부터 θ_c까지 $r_\parallel$는 양수이고 $\Delta\varphi_\parallel = 0$이다. 입사 각도가 θ_c를 넘어서면 $r_\parallel$

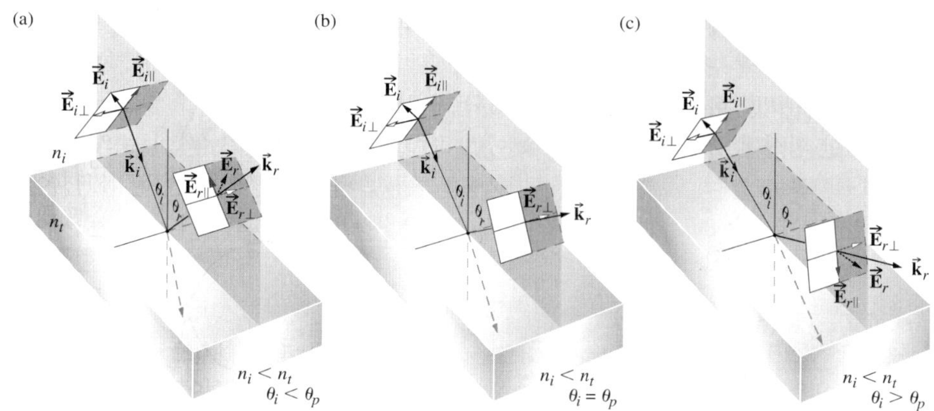

그림 4.53 여러 입사 각도에서 외부 반사 때 생기는 전기장. 이 전기장 모두는 경계면에 대한 것이다. 이 전기장들은 경계면에서 약간 변위가 되며, 혼란 없이 전기장 벡터들을 그릴 수 있다.

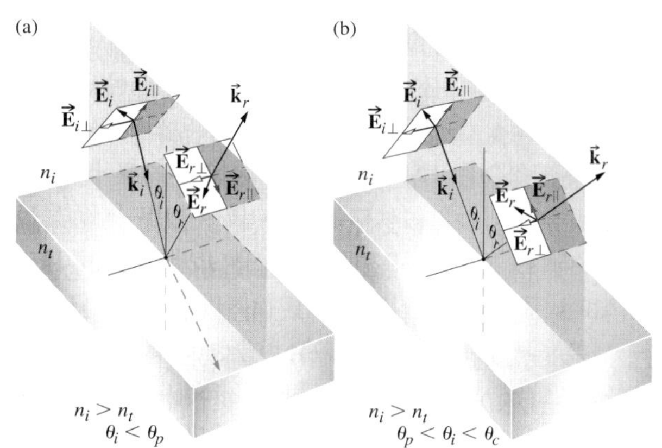

그림 4.54 여러 입사 각도에서 내부 반사 때 생기는 전기장

는 복소수가 되고 $\Delta\varphi_\parallel$는 증가하여 $\theta_i = 90°$에서 π가 된다.

이러한 결론을 요약한 것이 그림 4.52이며 앞으로 이 결과를 계속 사용할 것이다. $\theta_i > \theta_c$인 영역의 전반사에서 $\Delta\varphi_\parallel$와 $\Delta\varphi_\perp$의 실제 함수 형태는 다른 문헌*에서 찾아볼 수 있다. 그러나 이 책에서는 여기에 그려져 있는 곡선 형태만으로도 충분하다. 그림 4.52e는 평행한 성분과 수직한 성분과의 상대적 위상 이동인 $\Delta\varphi_\parallel - \Delta\varphi_\perp$를 나타낸 것이다. 이것은 뒤에서(편광 효과를 고려할 때) 매우 유용하므로 여기에 포함시켜 그려 놓았다. 마지막으로 이러한 논의를 할 때 근본적으로 언급해야 하는 사항들을 그림 4.53과 그림 4.54에 나타내었다. 반사 벡터들의 진폭은 그림 4.49와 그림 4.50(공기-유리 경계면)과 일치하고 위상 이동은 그림 4.52의 위상 이동과 일치한다.

이와 같은 반사와 투과 시의 위상 이동 결과들은 간단한 실험 장치, 즉 두 개의 선편광자, 유리판, 회중 전등 혹은 밝은 전구와 같은 작은 광원 등으로 검증할 수 있다. 편광자 한 개를 (입사면과 45°가 되게) 광원 바로 앞에 놓음으로써 그림 4.53의 조건들과 같게 할 수 있다. 예를 들면 (입사면과 45°가 되게) $\theta_i = \theta_p$일 때(그림 4.53b) 투과 광축이 입사면과 평행하다면 두 번째 편광자로는 빛이 투과하지 못한다. 이에 비해서 비스듬하게 입사하면 두 편광자의 축이 서로 거의 수직일 때 반사 빔은 소멸된다.

반사율과 투과율

그림 4.55와 같이 경계면의 면적 A를 비추는 원형 빔을 생각하자. 진공 속에서 이 면을 지나는 빔의 단위 면적당 파워(power)인 포인팅 벡터 $\vec{\mathbf{S}}$는

$$\vec{\mathbf{S}} = c^2\epsilon_0 \vec{\mathbf{E}} \times \vec{\mathbf{B}} \tag{3.40}$$

로 주어진다. 또한 복사 선속 밀도(W/m²) 혹은 복사 조도(irradiance)는

$$I = \langle S \rangle_{\mathrm{T}} = \frac{c\epsilon_0}{2} E_0^2 \tag{3.44}$$

이다. 이러한 복사 조도는 $\vec{\mathbf{S}}$(등방성 매질에서 $\vec{\mathbf{S}}$는 $\vec{\mathbf{k}}$와 평행하다)에 수직인 단위 면적을 단위 시간당 지나가는 평균 에너지이다. I_i, I_r, I_t를 각각 입사 선속 밀도, 반사 선속 밀도, 투과 선속 밀도라고 하면(그림 4.55), 입사, 반사, 투과 빔의 단면적은 각각 $A\cos\theta_i$, $A\cos\theta_r$, $A\cos\theta_t$가 된다. 따라서 입사 파워는 $I_iA\cos\theta_i$이다. 즉 이 입사 파워는 입사 빔에 의해

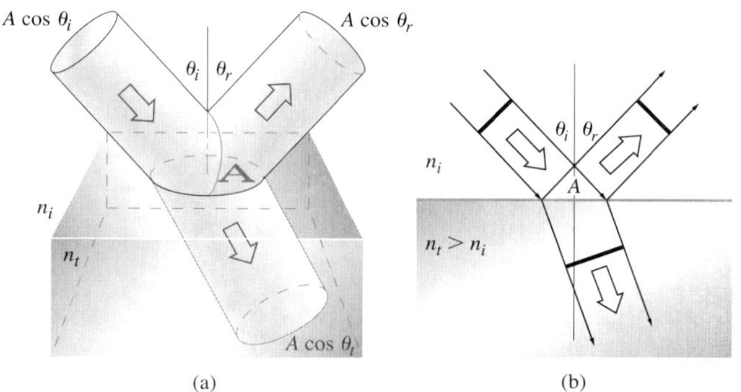

그림 4.55 입사 빔의 반사 및 투과

* Born and Wolf, *Principles of Optics*, 49쪽.

서 단위 시간당 면적 A에 도달하는 파워이다. 이와 유사하게 $I_r A\cos\theta_r$은 반사 빔의 파워이고, $I_t A\cos\theta_t$는 A를 통해서 투과하는 빔의 파워이다. 그러므로 **반사율(reflectance)** R을 다음과 같이 입사광의 파워[혹은 선속(flux)]에 대한 반사된 광의 파워비로 정의한다.

$$R \equiv \frac{I_r A\cos\theta_r}{I_i A\cos\theta_i} = \frac{I_r}{I_i} \tag{4.54}$$

이와 유사한 방식으로 **투과율(transmittance)** T는 입사 선속에 대한 투과 선속의 비로 다음과 같이 정의한다.

$$T \equiv \frac{I_t \cos\theta_t}{I_i \cos\theta_i} \tag{4.55}$$

이때 I_r/I_i은 $(v_r\epsilon_r E^2_{0r}/2)/(v_i\epsilon_i E^2_{0i}/2)$와 같으며, 입사파와 반사파가 같은 매질 속에 있으므로 $v_r = v_i$와 $\epsilon_r = \epsilon_i$에 의해서

$$R = \left(\frac{E_{0r}}{E_{0i}}\right)^2 = r^2 \tag{4.56}$$

이 된다. ($\mu_i = \mu_t = \mu_0$라고 가정하면) 같은 방법으로

$$T = \frac{n_t\cos\theta_t}{n_i\cos\theta_i}\left(\frac{E_{0t}}{E_{0i}}\right)^2 = \left(\frac{n_t\cos\theta_t}{n_i\cos\theta_i}\right)t^2 \tag{4.57}$$

이 된다. 여기서 $\mu_0\epsilon_t = 1/v^2_t$과 $\mu_0 v_t\epsilon_t = n_t/c$를 사용하였다. 실제로 가장 관심있는 경우인 $\theta_t = \theta_i = 0$, 즉 수직 입사 때 투과율[식 (4.55)]은 반사율[식 (4.54)]처럼 단순히 복사 조도의 비가 된다. $R = r^2$이므로 r의 부호에 대해서 걱정할 필요가 없으며, 따라서 반사율은 아주 단순하게 표현된다. 식 (4.57)에서 보듯이 T는 두 가지 이유 때문에 단순히 t^2과는 같지 않다. 첫째는 굴절률의 비이다. 경계면에 들어가고 나오는 에너지 전파 속도가 다르기 때문에 즉, 식 (3.47)에서 $I \propto v$ 때문이다. 둘째는 입사하고 반사하는 빔의 단면적이 다르므로 단위 면적당 흘러가는 에너지가 영향을 받게 되어 그것이 코사인 항의 비로 나타나는 것이다.

이제 그림 4.55와 같은 상황에서 에너지 보존을 나타내기 위한 표현을 써 보자. 다시 말해서 단위 시간당 면적 A에 흘러 들어가는 총 에너지는 그로부터 흘러나오는 에너지와 같다는 것으로 다음과 같이 쓸 수 있다.

$$I_i A\cos\theta_i = I_r A\cos\theta_r + I_t A\cos\theta_t \tag{4.58}$$

이 식의 양변에 똑같이 c를 곱하면 이 표현은

$$n_i E_{0i}^2\cos\theta_i = n_i E_{0r}^2\cos\theta_i + n_t E_{0t}^2\cos\theta_t$$

혹은

$$1 = \left(\frac{E_{0r}}{E_{0i}}\right)^2 + \left(\frac{n_t\cos\theta_t}{n_i\cos\theta_i}\right)\left(\frac{E_{0t}}{E_{0i}}\right)^2 \tag{4.59}$$

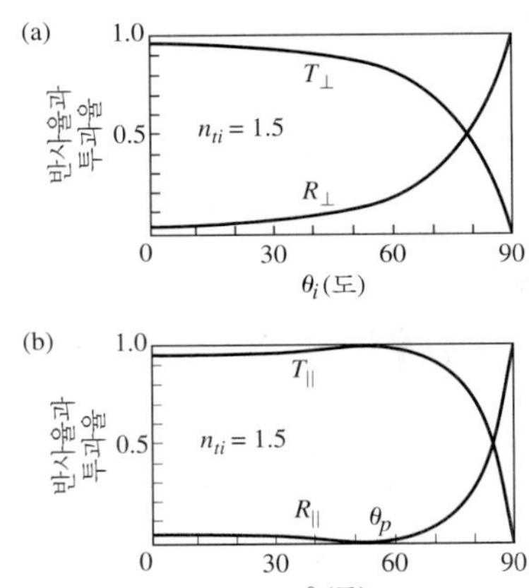

그림 4.56 입사 각도에 따른 반사율과 투과율

가 된다. 그러나 흡수가 없는 경우에 이것은 간단히

$$R + T = 1 \tag{4.60}$$

이 된다.

전기장은 벡터장이고, 프레넬 해석에서 했던 것처럼 전기장이 입사면에 평행하거나 수직한 두 개의 전기장 성분으로 빛이 구성되어 있다고 생각할 수 있다. 사실상 일반적인 '무편광된(unpolarized)' 빛에 대해서 이 빛의 절반은 입사면에 평행하게 진동하고 나머지 빛의 절반은 입사면에 수직하게 진동한다. 그래서 만약에 입사하는 순 복사 조도가 500 W/m²이라면 입사면에 수직으로 진동하는 빛의 총량은 250 W/m²이다. 식 (4.56)과 식 (4.57)로부터 다음 식들이 나온다.

$$R_\perp = r_\perp^2 \tag{4.61}$$

$$R_\parallel = r_\parallel^2 \tag{4.62}$$

$$T_\perp = \left(\frac{n_t\cos\theta_t}{n_i\cos\theta_i}\right)t_\perp^2 \tag{4.63}$$

$$T_\parallel = \left(\frac{n_t\cos\theta_t}{n_i\cos\theta_i}\right)t_\parallel^2 \tag{4.64}$$

이 식들은 그림 4.56에서 그림으로 나타내었다. 또한 이것은 다음과 같이 쓸 수도 있다(연습문제 4.73)

물웅덩이 안을 내려다보면(오른쪽에 녹고 있는 눈이 있음) 주변 나무들이 반사되는 것을 볼 수 있다. 수직 입사 시 물은 약 2%의 빛을 반사한다. 시야 각도를 여기서와 같이 약 40°까지 키우면 반사율도 증가한다. (E.H.)

$$R_\parallel + T_\parallel = 1 \tag{4.65a}$$

$$R_\perp + T_\perp = 1 \tag{4.65b}$$

$R_\perp$은 입사한 $I_{i\perp}$의 반사한 양을 나타내는 것이며 입사한 I_i의 반사한 양을 나타내는 것이 아니다. 따라서 $R_\perp$와 $R_\parallel$는 모두 1일 수가 있기 때문에, 자연광에 대한 총 반사율은

$$R = \tfrac{1}{2}(R_\parallel + R_\perp) \tag{4.66}$$

이다. 이 식에 대한 대략적인 증명은 8.6.1절을 보면 된다.

예제 4.5

빛이 편광각 θ_p에서 공기 중에 있는 유리판으로 들어간다. 이 경우 순 투과율이 0.86이고 입사하는 빛이 무편광이라고 가정하자. (a) 입사 파워 중 반사된 파워의 백분율을 구하라. (b) 만약에 1000 W가 들어왔다면 투과 전기장에서 입사면에 수직인 전기장의 파워는 얼마인가?

풀이

(a) $T = 0.86$이고 입사하는 빛이 무편광이기 때문에 이 빛의 절반은 입사면에 수직이고 나머지 절반은 평행이다. 그래서 무편광된 빛에 대해서는 $T_\parallel$과 $T_\perp$이 모두 1.0이기 때문에

$$T = \tfrac{1}{2}(T_\parallel + T_\perp)$$

이다. 여기서 $\theta_i = \theta_p$이고 그림 4.56으로부터 $T_\parallel = 1.0$이다. 즉 전기장이 입사면에 평행한 모든 빛은 유리판을 투과한다. 그래서

$$T = \tfrac{1}{2}(1 + T_\perp) = 0.86$$

이고 수직 편광된 빛에 대해서는

$$T_\perp = 1.72 - 1 = 0.72$$

이기 때문에

$$R_\perp + T_\perp = 1$$
$$R_\perp = 1 - T_\perp = 0.28$$

이며 순 반사율은

$$R = \tfrac{1}{2}(R_\parallel + R_\perp) = \tfrac{1}{2}R_\perp$$
$$R = 0.14 = 14\%$$

이다.

(b) 들어오는 빛의 파워가 1000 W이므로 이것의 절반인 500 W는 입사면에 수직인 전기장 성분의 파워이다. $T_\perp = 0.72$이기 때문에 이 파워의 72%가 투과한다. 그래서 입사면에 수직한 전기장이 유리판을 투과한 파워는

$$0.72 \times 500\text{ W} = 360\text{ W}$$

이다.

$\theta_i = 0$일 때 입사면은 정의되지 않으며 R과 T의 수직 성분과 수평 성분은 구분이 없어진다. 이 경우 식 (4.61)에서 식 (4.64)까지는 식 (4.47)과 식 (4.48)에 의해서

$$R = R_\parallel = R_\perp = \left(\frac{n_t - n_i}{n_t + n_i}\right)^2 \tag{4.67}$$

과

$$T = T_\parallel = T_\perp = \frac{4n_t n_i}{(n_t + n_i)^2} \tag{4.68}$$

이 된다. 따라서 빛이 공기-유리의 경계면에 수직으로 입사할 때 4%의 빛이 $n_i > n_t$에서는 내부로, $n_i < n_t$일 경우에는 외부로 반사한다(연습문제 4.70). 이것은 10 ~ 20개 정도의 공기-유리 경계면을 가진 복잡한 렌즈계를 취급할 때에 꼭 고려해야 하는 중요한 사항이다. 만약 현미경 슬라이드 유리를 50장 정도 쌓아놓은 것(많은 개수를 취급할 때는 커버 슬라이드 유리가 보다 얇고 취급하기가 쉽다)을 수직으로 내려다본다면 대부분의 빛이 반사될 것이다. 즉 이것은 마치 거

수직 입사 시 약 4%의 빛이 공기-유리 경계면에서 뒤로 반사한다. 여기에서 건물 안보다 바깥이 훨씬 더 밝기 때문에 사진사를 쉽게 볼 수 있다. (E.H.)

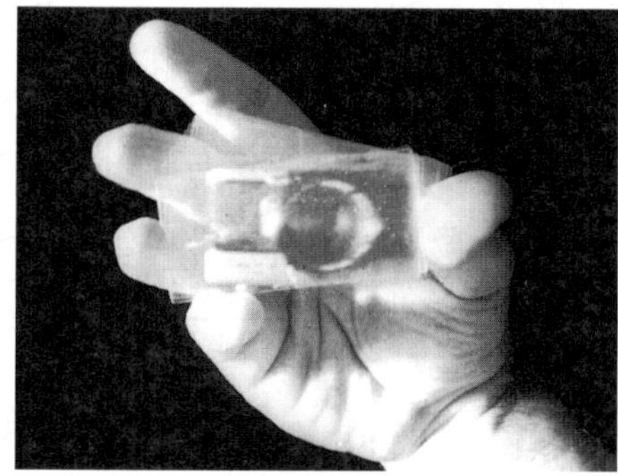

현미경 슬라이드 유리를 겹쳐 놓은 것에서 생기는 수직 반사. 이 사진을 찍은 카메라의 상을 볼 수 있다. (E.H.)

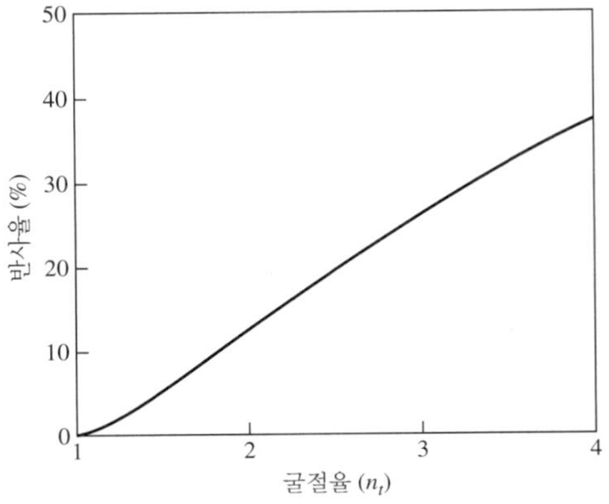

그림 4.57 공기중 (n_i = 1.0)에서 단일 경계면에 수직 입사할 때의 반사율

울처럼 보일 것이다(사진 참조). 원통에 깨끗한 플라스틱판을 여러 번 감아서 넣으면 이것은 마치 빛나는 금속처럼 보일 것이다. 이들 플라스틱 판들 사이의 많은 경계면들이 수많은 **거울 반사**(specular reflection)들을 만들어서 마치 주파수와 무관한 반사를 하는 것처럼 대부분의 빛을 입사 매질 쪽으로 되돌려 보낸다. 매끄러운 회색 금속 표면에서도 같은 현상이 꽤 많이 일어나는데 이것은 주파수와 무관한 커다란 거울 반사를 하며 빛나는 것처럼 보인다. 만약에 이 반사가 난반사라면 표면은 회색으로 보이며, 반사가 너무나 크면 흰색으로도 보인다.

그림 4.57은 공기 중에서 여러 가지 투과 매질로 수직 입사하는 경우를 가정했을 때의 반사율을 나타낸 것이다. 그림 4.58은 여러 경계면과 여러 가지 굴절률을 가진 매질에 수직 입사할 때의 투과율을 나타낸 것이다. 이 이유 때문에 매끈한 비닐 테이프가 감겨 있는 롤을 통하여 반대편을 볼 수 없으며 왜 잠망경 속의 많은 광학 소자들이 무반사 코팅되어야 하는가를 알 수 있다(9.9.2절 참조).

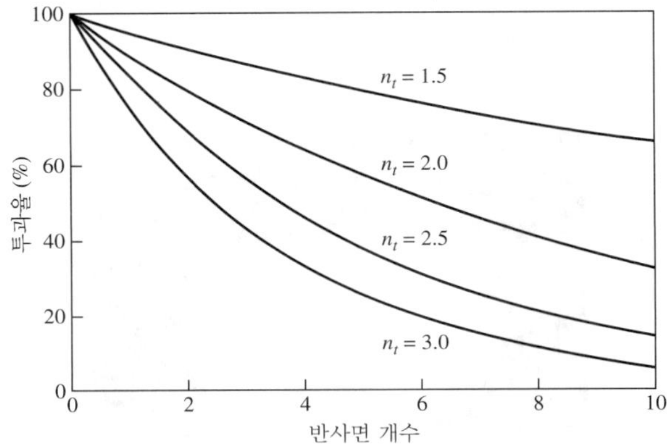

그림 4.58 공기 중(n_i = 1.0)에서 여러 경계면을 지날 때의 투과율

예제 4.6

공기 중에 있는 유리판(n = 1.50)의 한 평면에 편광각 θ_p로 들어가는 무편광된 빛의 빔을 생각하자. 그림 4.49에서 입사면에 평행하게 진동하는 전기장을 생각하면서 $R_\parallel$을 구하고 직접 계산을 하여 $T_\parallel = 1.0$임을 증명하라. $r_\parallel = 0$이면 $t_\parallel \neq 1$인 이유는 무엇인가?

풀이

식 (4.62)로부터

$$R_\parallel = r_\parallel^2 \text{ 과 } r_\parallel = 0$$

이므로

$$R_\parallel = 0$$

이고, 이 때문에 이 편광각에서는 빛이 반사되지 않는다. 한편 식 (4.64)로부터

$$T_\parallel = \left(\frac{n_t \cos\theta_t}{n_i \cos\theta_i}\right) t_\parallel^2$$

이다. 그림 4.49와 식 4.41을 적용한다면 $\theta_i = \theta_p = 56.3°$에서 $T_\parallel = 0.667$이며, $\theta_i + \theta_t = 90.0°$이므로 $\theta_t = 33.7°$이다. 결과적으로

$$T_\parallel = \frac{1.5\cos 33.7°}{1.0\cos 56.3°}(0.667)^2$$

$$T_\parallel = 1.00$$

이다. 모든 빛은 투과한다. 손실이 없는 매질의 에너지 보존으로부터 $R_\parallel + T_\parallel = 1$이다. 그러나 이것이 $r_\parallel + t_\parallel = 1$을 말하는 것은 아니다.

4.7 내부 전반사

앞 절에서 내부 반사($n_i > n_t$)의 경우 θ_i가 **임계각(critical angle)** θ_c보다 크거나 같으면 흥미로운 현상이 일어남을 알았다. 좀 더 면밀한 관찰을 위해서 그 상황을 다시 생각해 보자. 그림 4.59처럼 광학적으로 밀한 매질 속에 광원이 있고, θ_i가 점차적으로 증가하는 경우를 생각하자. θ_i가 커짐에 따라 $r_\parallel$과 $r_\perp$가 증가하고, 따라서 $t_\parallel$와 $r_\perp$가 감소한다는 것은 이미 앞 절(그림 4.50)에서 언급한 사실이다. 게다가 $\theta_t > \theta_i$이고 $n_i > n_t$인 경우에 $n_{ti} < 1$이므로

$$\sin\theta_i = \frac{n_t}{n_i}\sin\theta_t$$

이다. 따라서 θ_i가 커짐에 따라 투과 광선은 점차적으로 경계의 접선에 접근하고 그런 만큼 점점 더 많은 에너지가 반사

밝은 수평띠를 따라 두 개의 전면 불꽃을 물속에서 볼 수 없다는 것을 주목하라. 이것은 전반사 때문에 생긴 것이다. 유리 포트의 가장자리를 통하여 유리 포트의 바닥을 보라. 그런 후 물을 수 인치 정도 더 넣어라. 어떤 일이 생기는가? (E.H.)

된다. 결국 $\theta_t = 90°$일 때 $\sin\theta_i = 1$이고

$$\sin\theta_c = n_{ti} \tag{4.69}$$

이다. 앞에서 말했듯이 **임계각은 $\theta_t = 90°$에 대한 특별한 θ_i이다.** n_i가 점점 커지면 n_{ti}는 점점 작아지고 θ_c는 더욱 더 작아진다. 입사각이 θ_c보다 크거나 같은 경우 입사하는 모든 에너지는 **내부 전반사(total internal reflection)**로 알려진 과정을 통하여 입사 매질로 되돌아간다(위쪽 사진 참조).

그림 4.59a 상태에서 그림 4.59d 상태까지의 변화는 연속적으로 일어난다. 말하자면 θ_i가 커지는 만큼 반사 빔은 점점 더 강해지고, 반면에 투과 빔은 더 약해져서 $\theta_r = \theta_c$일 때 투과 빔은 모든 에너지를 잃게 되고 반사 빔이 모든 에너지를 얻게 된다. θ_i가 더 커짐에 따라 투과 빔의 감소는 더욱 더 쉽게 관찰된다. 인쇄된 면 위에 현미경용 유리 기판을 올려놓고 이때 비춰지는 반사 빛에 대해 윤곽을 그려보자. $\theta_i \approx 0$일 때 θ_t는 거의 0이고 유리를 통해서 종이면을 보면 꽤 밝고 선명하게 보인다. 그러나 만약 θ_t(경계면을 보는 곳에서의 각)를 증가시키면서 경사 각도에서 유리로 덮은 인쇄된 종이면을 보면 이 종이면이 점점 더 흐리게 보인다. 이것은 T가 현저하게 감소하는 것을 뜻한다.

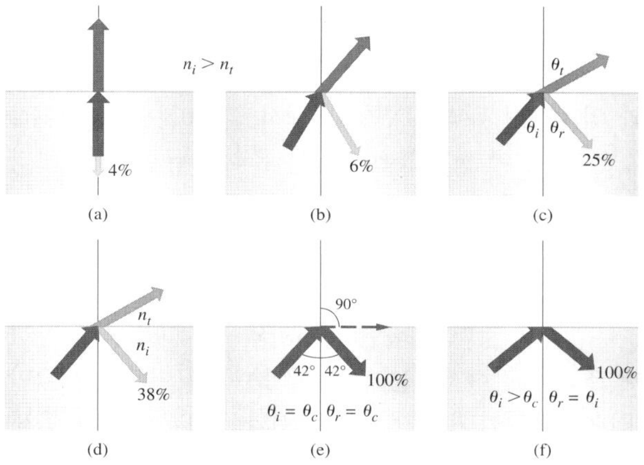

표 4.3 임계각

n_{it}	θ_c (도)	θ_c (라디안)	n_{it}	θ_c (도)	θ_c (라디안)
1.30	50.2849	0.8776	1.50	41.8103	0.7297
1.31	49.7612	0.8685	1.51	41.4718	0.7238
1.32	49.2509	0.8596	1.52	41.1395	0.7180
1.33	48.7535	0.8509	1.53	40.8132	0.7123
1.34	48.2682	0.8424	1.54	40.4927	0.7067
1.35	47.7946	0.8342	1.55	40.1778	0.7012
1.36	47.3321	0.8261	1.56	39.8683	0.6958
1.37	46.8803	0.8182	1.57	39.5642	0.6905
1.38	46.4387	0.8105	1.58	39.2652	0.6853
1.39	46.0070	0.8030	1.59	38.9713	0.6802
1.40	45.5847	0.7956	1.60	38.6822	0.6751
1.41	45.1715	0.7884	1.61	38.3978	0.6702
1.42	44.7670	0.7813	1.62	38.1181	0.6653
1.43	44.3709	0.7744	1.63	37.8428	0.6605
1.44	43.9830	0.7676	1.64	37.5719	0.6558
1.45	43.6028	0.7610	1.65	37.3052	0.6511
1.46	43.2302	0.7545	1.66	37.0427	0.6465
1.47	42.8649	0.7481	1.67	36.7842	0.6420
1.48	42.5066	0.7419	1.68	36.5296	0.6376
1.49	42.1552	0.7357	1.69	36.2789	0.6332

유리-공기의 경계면에 대한 임계각은 대략 42°이다(표 4.3 참조). 따라서 그림 4.60의 프리즘의 왼쪽 면에 수직으로 입사하는 광선은 프리즘 속 빗면에서의 입사각 θ_i가 42°보다 커지게 되므로, 전부 내부로 반사될 것이다. 금속 거울을 사용할 때 생기는 금속 표면에서의 흡수에 의한 빛의 감소를 피하기 위해서, 이 방법을 이용하면 아주 쉽고 편리하게 입사한 빛을 거의 100% 반사시킬 수 있다(위쪽 사진 참조).

이러한 내부 전반사를 해석해 주는 또 다른 방법을 그림 4.61에 그려 놓았는데 이것은 원자 진동자 산란의 개념을 단순화시킨 것으로 간주할 수 있다. 이때 균일한 등방성 매질에서의 빛의 속력 c가 각각 v_i와 v_t로 바뀐다. 이것은 합성파가 가지 파동들의 중첩이라고 하는 것과는(하위헌스 원리에 의하여) 수학적으로 동등하다. 그림 4.61a에서 보듯이 입사파는 산란 중심 A와 B로부터 연속적으로 방출되는 가지 파동이 되며 이들은 겹쳐져서 투과파를 형성한다. 입사 매질로 되

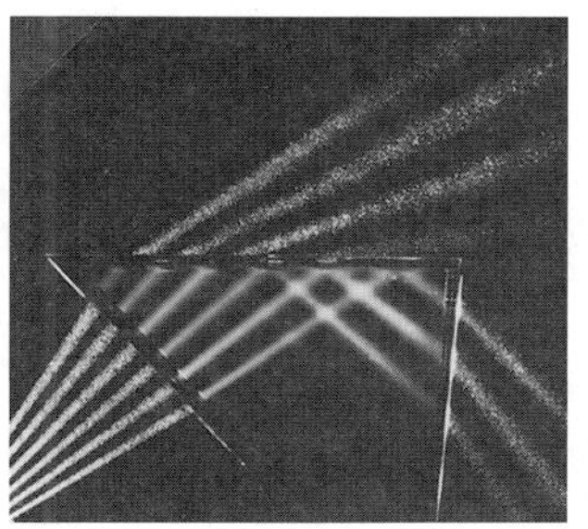

그림 4.59 내부 반사와 임계각 (Educational Service, Inc.)

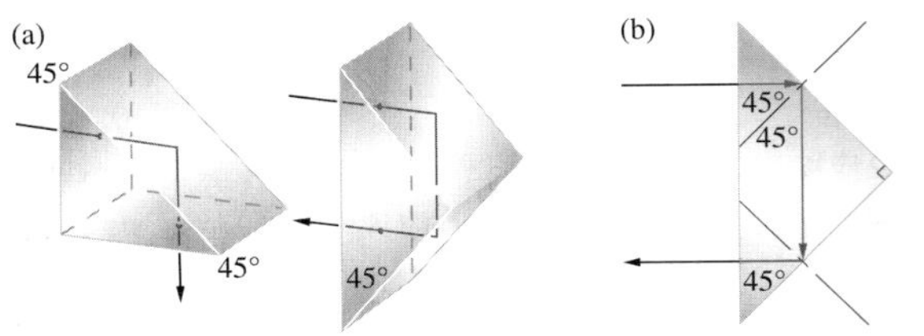

그림 4.60 내부 전반사

돌아오는 반사파($\theta_i = \theta_r$)는 이 그림에다 그리지 않았다. 시간 t 동안 입사면은 거리 $v_i t = \overline{CB}$를 진행하는데 이 시간 동안 투과면은 거리 $v_t t = \overline{AD} > \overline{CB}$를 진행한다. A에서 E로 진행하는 파와 C에서 B로 진행하는 다른 파는 이동 시간이 같고 동일한 주파수와 주기를 갖기 때문에 그들은 진행 과정 속에서 위상 변화가 같아야 한다. 그러므로 E 지점에서의 광학 교란(disturbance)은 B 지점에서의 광학 교란된 파와 동일한 위상이어야 한다. 이와 더불어 이를 두 지점이 동일한 투과 파면 위에 있어야 한다(4.4.2절 참조).

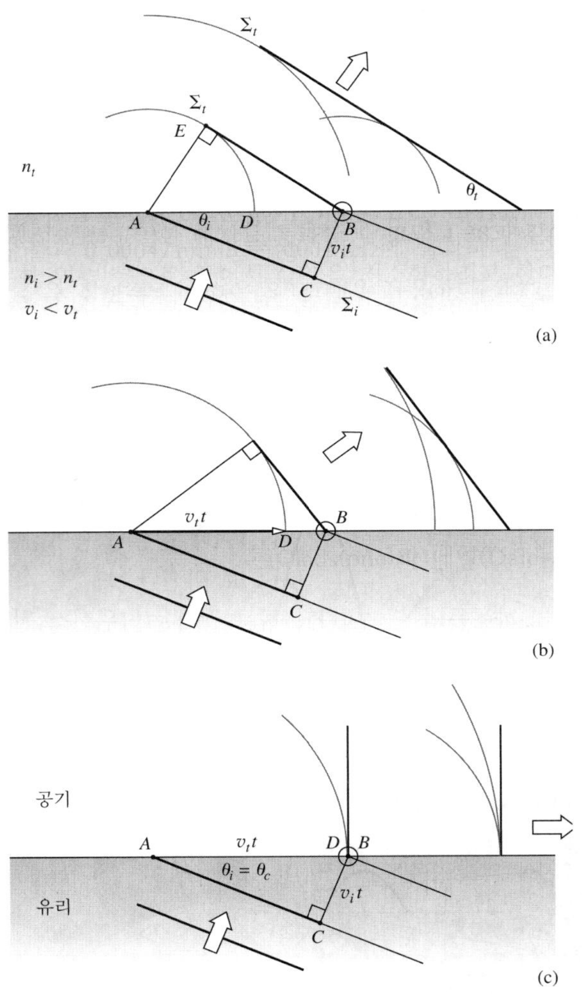

그림 4.61 산란 관점에서 본 내부 전반사가 진행되고 있는 투과파. θ_i와 n_i는 일정하게 두고 n_t를 점차로 감소시켰다(즉 v_t를 증가시켰다). 반사파($\theta_r = \theta_i$)는 그리지 않았다.

v_t에 비해 v_i가 더 클수록 더욱 기울어진 투과 파면(즉 θ_t가 더 커질 것이다)이 됨을 알 수 있다. 이러한 상황을 그림 4.61b에 그려 놓았다. 여기서 n_t가 작다고 가정하여 n_{ti}를 더 작게 취했다. 그 결과 투과각이 클수록 $\overline{AD}$는 증가되고 속력 v_t는 더 커진다. 그림 4.61c는 특별한 경우이다. 즉 $\overline{AD} = \overline{AB} = v_t t$이고 가지 파동들은 **오직 θ_t 5 90°인 경계선만을 따라** 위상 일치로 중첩된다. 삼각형 ABC로부터 $\sin \theta_i = v_i t / v_t t = n_t / n_i$이다[식 (4.69)]. 두 개의 매질이 주어진 경우(즉 n_{ti}가 특정한 값인 경우) 투과 매질 내에서 보강적으로 더해지는 산란된 가지 파동들의 방향은 경계면에 평행할 것이다. 그 결과로 발생하는 광학 교란($\theta_t = 90°$)은 **표면파**(surface wave)이다.

4.7.1 에바네센트 파

X-선의 주파수가 매질 원자들의 공명 주파수보다 더 높기 때문에 식 (3.70)에 따르면 X-선의 굴절률은 1.0보다 더 작고 이는 실험적으로 확인되었다. 따라서 가장 밀한 매질에서도 속도가 1/10000 이하 정도밖에 차이가 나지 않지만 X-선의 속도(즉 위상 속도임)는 진공 중에서의 속도(c)보다 더 크다. X-선이 유리같이 밀한 매질로 들어갈 때 이 광선은 그대로 직진하는 경로보다는 경계면 법선에서 멀어지는 쪽으로 구부러져서 들어간다. 내부 전반사에 대한 앞서의 논의를 살펴보건대 예를 들어 $n_i = n_{air}$ 및 $n_t = n_{glass}$일 때 X-선은 **외부 전반사(total external reflection)**할 것이라는 것을 예상할 수 있다. 종종 문헌에 따라 이렇게 말하기도 하지만 이것은 잘못 말하는 것이다. 왜냐하면 물리적으로 유리가 공기보다 더 밀하지만 X-선에서는 $n_{air} > n_{glass}$이고 $n_i > n_t$이가 때문에 실제로 이 외부 전반사라고 하는 과정은 여전히 **내부 반사**인 것이다. 어떤 경우에 있어서도 n_t가 1과 거의 같거나 작기 때문에 굴절률 비는 $n_{ti} \approx 1$이고 $\theta_c \approx 90°$이다.

1923년에 콤프턴(A. H. Compton)은 보통 각도로 샘플에 입사하는 X-선이 거울 반사를 하지 않을 때조차도 거의 스침 입사(glancing incidence)할 때만 외부 전반사해야만 하는 이유를 밝혔다. 그는 0.128nm의 X-선을 유리에 비추면서 측정한 결과 임계각이 유리 표면에 대해서 약 10분(0.167°)이라는 것을 알았다. 이 결과 X-선에서는 유리의 굴절률이 1보다 -4.2×10^{-6}만큼 작다는 것을 알 수 있다.

이후에 내부 전반사와 외부 전반사 모두에 대한 몇몇 중요한 실제적인 ~~응용~~을 살펴볼 것이다.

만약 투과파가 없다고 하면 입사파와 반사파만을 사용하여 경계 조건을 만족시키는 것은 불가능하다(이것은 생각만큼 간단하지 않다). 게다가 식 (4.34)와 식 (4.40)을 다음과 같이 다시 쓸 수 있다(연습문제 4.77).

$$r_{\perp} = \frac{\cos\theta_i - (n_{ti}^2 - \sin^2\theta_i)^{1/2}}{\cos\theta_i + (n_{ti}^2 - \sin^2\theta_i)^{1/2}} \tag{4.70}$$

와

$$r_{\parallel} = \frac{n_{ti}^2\cos\theta_i - (n_{ti}^2 - \sin^2\theta_i)^{1/2}}{n_{ti}^2\cos\theta_i + (n_{ti}^2 - \sin^2\theta_i)^{1/2}} \tag{4.71}$$

이다. 이제 $\theta_i > \theta_c$일 때 $\sin\theta_c = n_{ti}$이므로 $\sin\theta_i > n_{ti}$이고, $r_{\perp}$와 $r_{\parallel}$는 복소수가 된다. 따라서 $r_{\perp}r_{\perp}^* = r_{\parallel}r_{\parallel}^* = 1$이고 $R = 1$인데(연습문제 4.78), 이것은 $I_r = I_i$이고 $I_t = 0$임을 의미한다. 따라서 비록 투과파가 있을지라도 평균적으로 경계면을 지나서 에너지를 전달할 수 없다. 반사와 투과장에 대한 것을 유도하기 위한 완전하고 장황한 계산은 하지 않을 것이다. 그러나 다음의 방법을 통해서 무엇이 어떻게 일어나는가를 이해할 수 있다. 투과 전기장에 대한 파동 함수는

$$\vec{\mathbf{E}}_t = \vec{\mathbf{E}}_{0t}\ \exp i(\vec{\mathbf{k}}_t \cdot \vec{\mathbf{r}} - \omega t)$$

이다. 여기서

$$\vec{\mathbf{k}}_t \cdot \vec{\mathbf{r}} = k_{tx}x + k_{ty}y$$

이고, $\vec{\mathbf{k}}$의 z 성분은 없다. 그러나 그림 4.62에 나타낸 것처럼

$$k_{tx} = k_t \sin\theta_t$$

와

$$k_{ty} = k_t \cos\theta_t$$

이다. 다시 한 번 스넬의 법칙을 이용하면,

$$k_t\cos\theta_t = \pm k_t\left(1 - \frac{\sin^2\theta_i}{n_{ti}^2}\right)^{1/2} \tag{4.72}$$

이 된다. 또는 $\sin\theta_i > n_{ti}$의 경우에는

$$k_{ty} = \pm ik_t\left(\frac{\sin^2\theta_i}{n_{ti}^2} - 1\right)^{1/2} \equiv \pm i\beta$$

와

$$\vec{\mathbf{E}}_t = \vec{\mathbf{E}}_{0t}e^{\mp\beta y}\ e^{i(k_t x \sin\theta_i / n_{ti} - \omega t)}$$

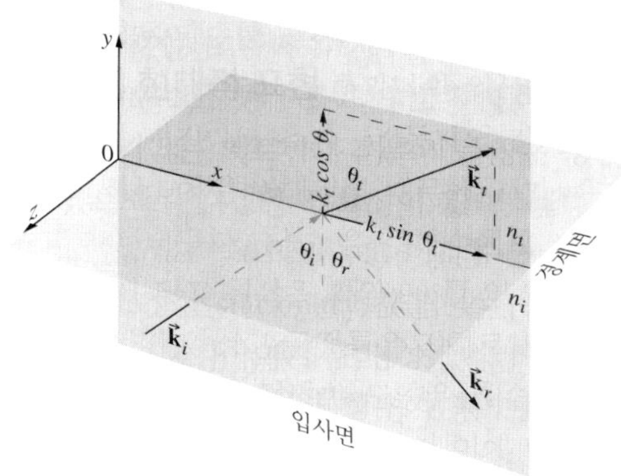

그림 4.62 내부 반사에 있어서의 전파 벡터

가 된다. 그러므로

$$\vec{\mathbf{E}}_t = \vec{\mathbf{E}}_{0t}e^{\mp\beta y}\ e^{i(k_t x \sin\theta_i / n_{ti} - \omega t)} \tag{4.73}$$

이다. 물리적으로 허용되지 않는 지수에 대한 양의 부호를 무시하면 덜 밀한 매질을 지날 때 지수 함수적으로 진폭이 감소하는 파가 생긴다. 이 광학 교란은 표면파 또는 **에바네센트 파(evanescent wave)**로서 x 방향으로만 진행한다. 일정한 위상(yz 평면에 평행한)의 파면(또는 표면)은 진폭이 일정한 표면(xz 평면에 평행한)에 수직이다. 이와 같은 파는 **비균질한**(inhomogeneous) 파이다. 이 에바네센트 파의 진폭은 y 방향으로 급속하게 감쇠하며, 오직 두 번째 매질 안으로 수 파장 정도의 거리를 벗어나면 이 파는 거의 무시된다.

식 (4.73)에서 β는

$$\beta = \frac{2\pi n_t}{\lambda_0}\left[\left(\frac{n_i}{n_t}\right)^2 \sin^2\theta_i - 1\right]^{1/2}$$

와 같이 주어지는 **감쇠 계수**(attenustion coefficient)이다. 에바네센트 전기장의 강도는 경계면($y = 0$)에서 최댓값이고 이로부터 광학적으로 덜 밀한 매질 쪽 거리에 따라 지수 함수적으로 줄어들다가 $y = 1/\beta = \delta$에서 이 최댓값의 $1/e$가 되는데, 이 δ를 **침투 깊이(penetration depth)**라고 한다. 그림 4.63a는 입사파와 반사파를 보여 준다. 이 두 파가 동일한 속력(**이는 에바네센트 파의 속력임**)으로 오른쪽으로 움직이지만, 입사파의 위쪽 방향의 성분과 이와 동일한 크기의 아래 방향의 전반사파 성분이 있다. 소위 두 파가 겹쳐서 생긴 **정상파**(standing wave)가 있는 곳은 광학적으로 더 밀한 입사 매질쪽이다. 이에 대한 수학적 분석을 한 7.1절에서 동일한 주파수를 갖고 서로 반대 방향으로 움직이는 두 파동이 동일한 지역에 있을 때는 언제나 정지 상태의 에너지 분배가 일어난다는 것을 알게 될 것이며, 이 때문에 (이것이 정식으로 파동이 아니라고 할지라도) 이를 정상파라고 한다. 그림에서 검

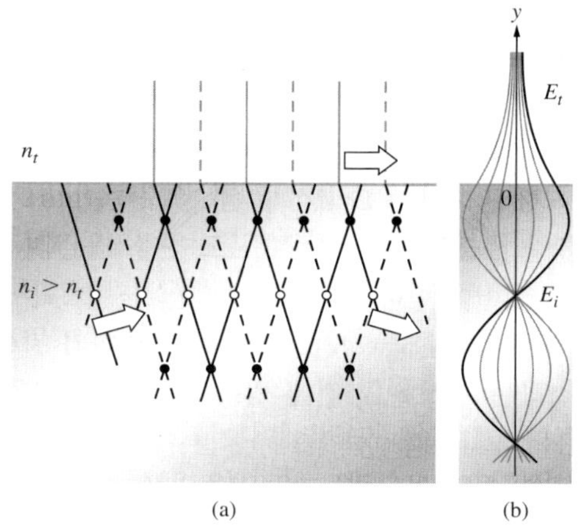

그림 4.63 (a) 내부 전반사에서 경계면에 들어오고 나가는 파들. (b) 경계면 양쪽 매질에서의 정상 전기장.

은색 점은 최댓값에 대응하고 원은 최솟값에 대응하는 것으로 이들 모드는 두 파동이 겹칠 때 공간에 고정되어 서 있다. 그림 4.63b에서처럼 입사 매질 내의 정상 전기장(E_i)이 위아래로 사인 함수처럼 진동하는 그래프에서 이 마디(nodes)와 배(antinodes)의 위치는 반복된다. 이러한 상황은 안쪽 끝이 열린 오르간 파이프에서 생기는 정상 음파를 기억나게 한다. 검은 점들 또는 최댓값들로 이루어진 첫 번째 줄은 경계면에서 약간 뒤에서 생기며 이곳은 그림 4.63b에서 코사인이 최대가 되는 곳이다. 이것은 입사파와 반사파 사이에 위상 이동이 있기 때문에 발생한다(그림 4.52e). **경계면($y = 0$)에서 정상파의 크기는 에바네센트 파의 크기와 일치하는데,** 이 크기는 경계면으로부터 멀어질수록 지수 함수적으로 감소한다.

입사각이 θ_c보다 커지면, 서로 겹치는 두 평면파면 사이의 각도는 감소하고, 정상파 형태의 연속적인 마디 사이의 거리는 증가하며, 경계면에서 정상파의 크기는 감소하고, 덜 밀한 매질 내의 전기장의 크기는 감소하며, 침투 깊이는 감소한다.

이 파에 대한 에너지 보존을 살펴보면 실제로 에너지가 경계면을 가로질러 앞뒤로 순환하는 것을 알 수 있다. 따라서 경계면을 통해서 두 번째 매질로 흐르는 에너지의 알짜 흐름은 평균적으로 0이 된다. 다시 말해서 에너지는 입사파에서 에바네센트 파 쪽으로 흘러서 반사파 쪽으로 되돌아간다는 것이다. 그러나 여전히 입사 평면 내에서 경계면을 따라 움직이는 에바네센트 파와 관련된 일부의 에너지가 있기 때문에 이를 고려한 에너지 보존 문제를 고려해야만 한다. 현재의 조건($\theta_i \geq \theta_c$)에서는 이 에너지가 소한 매질 속으로 들어갈 수 없기 때문에 실제적인 에바네센트 파와 관련된 에너지 문제는 달리 생각해야만 한다. 실제 실험 조건에서는 입사빔이 유한한 단면을 가지고 있기 때문에 앞서 가정한 평면파와 분명히 다를 것이다. 이 차이가 경계면을 지나 (회절에 의해서) 약간의 투과 에너지가 생기는 원인이며 이로 인하여 에바네센트 파가 생긴다.

덧붙여 말하면 그림 4.52의 (c)와 (d)에서 보는 것과 같이 ($\theta_i = 90°$인 경우를 제외한) 입사파와 반사파는 π 만큼의 위상차가 나지 않기 때문에, 이 두 파는 서로 상쇄될 수 없다. 또한 소한 매질 속에는 $\vec{\mathbf{E}}$의 접선 성분의 연속성 때문에 경계면에 평행한 성분을 갖고 진동수 ω로 진동하는 장(즉 에바네센트 파)이 있어야 한다.

경계파(boundary wave)라고도 하는 표면파가 지수 함수적으로 감소하는 현상은 이전에 광주파수에서 실험적으로 이미 확인되었다.*

구스–헨센 횡 이동

1947년에 구스(Fritz Goos)와 헨센(Hilda Lindberg-Hänschen)은 **내부 전반사하는 광선 빔이 경계면에서 만나는 지점으로부터 미세한 횡 이동이 생기는 것**을 실험적으로 보여 주었다. 표면으로부터 반사하는 광선을 그릴 때조차 일반적으로 반사를 경계면에서 정밀하게 그리지는 않는다. 이러한 과정은 표면에서 튕겨 오르는 공을 사실과 다르지만 정밀하게 그리지 않는 것과 같다. 대신에 수많은 원자층이 입사파가 반사하는 데 기여한다. 내부 전반사의 경우에 들어오는 빔은 마치 이 빔이 덜 밀한 매질로 들어가서 경계면으로부터 덜 밀한 매질 쪽으로 δ의 거리에 놓여진 가상면에서 반사하는 것처럼 행동한다(그림 4.64). 결과적으로 에바네센트 파의 이동 방향으로 생긴 횡이동 Δx를 **구스–헨센 횡 이동(Goos–Hänschen shift)**이라고 하고, 이것이 전반사에서 반사파의 편광이 약간 달라지는 것에 영향을 주는데 이는 프레넬 방정식을 통하여 확인할 수 있다. 이 그림으로부터 오프셋(offset)은 근사적으로 $\Delta x \approx 2\delta$이고 이 값이 입사파 파장 정도의 차수라는 것이 밝혀졌다. 따라서 우리가 전반사에서 그림을 그릴 때에는 구스–헨센 횡 이동에 관심이 거의 없지만, 많은 연구자들에게는 매우 관심을 끄는 주제이다.

부분 내부 전반사

유리판 내에서 진행하는 빔이 경계면에서 내부 반사한다고 생각하자. 만약 처음의 유리판에 다른 유리 조각을 눌러 붙인다면 공기–유리 경계면이 없어지고 빔은 교란이 되지 않고 앞으로 진행할 것이다. 게다가 공기막이 점차적으로 얇아짐에 따라 전반사로부터 반사가 일어나지 않는 경우로 바뀐다. 거의 같은 방법으로 만약 손으로 술잔이나 프리즘을 잡는다면 내부 전반사 때문에 거울 같은 부분에서 지문의 융기선을 볼 수 있다. 좀 더 일반적인 표현으로 만약 어느 정도의 진폭을 갖는 에바네센트 파가 소한 매질을 지나 더 높은 굴절률의 물질로 채워진 인접한 영역으로 넘어간다면 에바네센트 파의 에너지는 이 소한 매질의 간격을 통해 흘러 나갈 것이다. 이러한 현상은 **부분 내부 전반사(frustrated total**

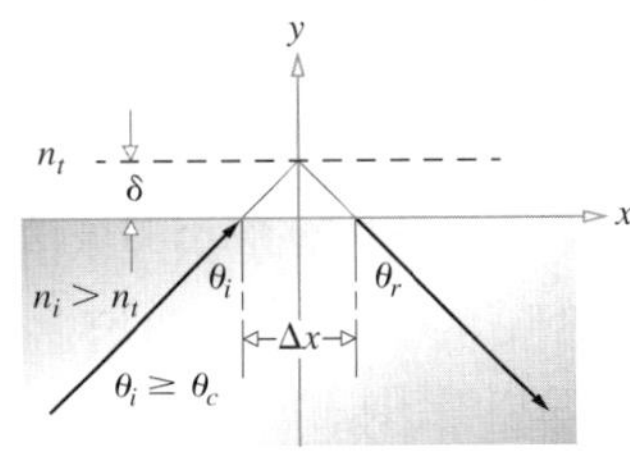

그림 4.64 내부 전반사 조건에서 광선 빔은 경계면에서 횡 이동 Δx가 생긴다.

* 흥미로운 논문인 K. H. Drexhage, "Monomolecular layer and light." *Sci. Am.* **222**, 108 (1970)를 참조하라.

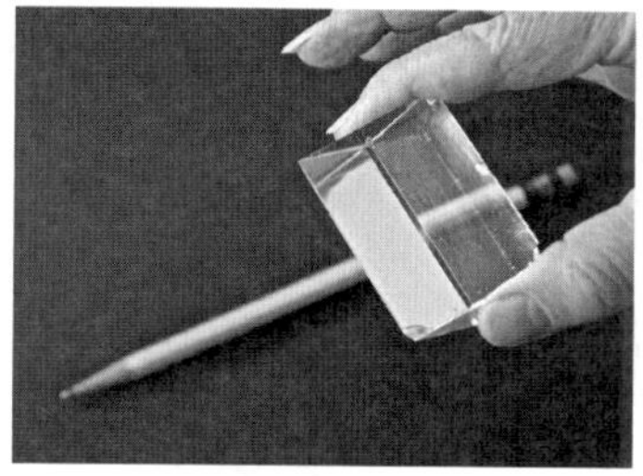

유리 프리즘의 한 면에서 생긴 내부 전반사. (E.H.)

유리 프리즘의 한 면에서 생긴 부분 내부 전반사. (E.H.)

internal reflection; FTIR)로 알려져 있다. 바꾸어 말하면 만약 이러한 소한 매질의 간격을 지나는 에바네센트 파가 이 파를 '저지하는(frustrating)' 매질의 전자들을 움직일 만큼 강하다면 이 전자들이 새로운 파를 만들어서 에바네센트 파의 에너지가 흐르도록 장 분포를 현저하게 바꿀 것이다. 그림 4.65는 FTIR의 도식적인 표현이다. 파면을 나타내는 선들의 폭은 장의 크기를 나타낸다. 동일한 방향으로 움직이는 장의 크기가 이 간격을 지나서는 감소한다. 이러한 과정 전체는 양자역학의 **장벽 투과**(barrier penetration) 또는 **터널링**(tunneling) 현상과 매우 비슷한데, 이 에바네센트 파의 투과 현상은 현대 물리학에서 많이 응용되고 있다.

매우 쉽고 단순하게 그린 그림 4.66의 프리즘 배열로 FTIR을 설명할 수 있다. 만약 두 프리즘의 빗면이 평평하고 서로 평행하다면, 입사하는 선속 밀도를 원하는 만큼 투과 또

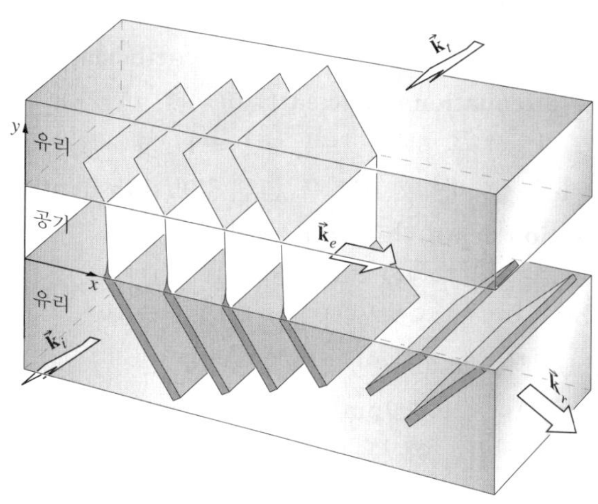

그림 4.65 부분 내부 전반사

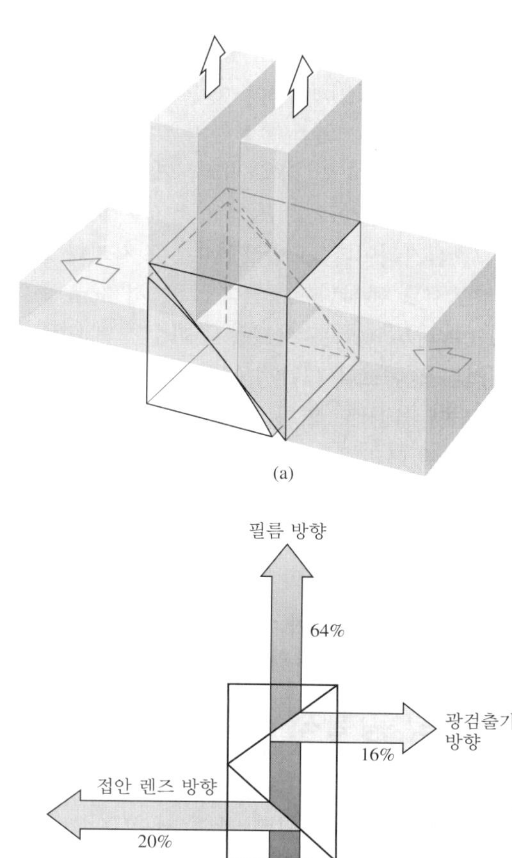

그림 4.66 (a) FTIR을 이용한 빔분할기. (b) FTIR의 전형적인 응용. 현미경을 통해 사진을 촬영하기 위해 사용되는 상용적인 빔분할기의 배열. (c) 빔분할 큐브. (Melles Griot)

는 반사시킬 수 있도록 조정할 수 있다. 이러한 기능을 수행하는 장치를 **빔분할기**(beamsplitter)라고 한다. **빔분할 큐브**(beamsplitter cube)는 얇고 굴절률이 낮은 투명막으로 된 다층 코팅 박막을 사용하면 더욱 편리하게 만들 수 있다. 투과율이 부분 내부 전반사로 조절 가능한 저손실 반사경은 매우 실질적인 관심거리이다. 또한 FTIR은 전자기파 스펙트럼의 다른 영역에서도 관찰할 수 있다. 특별히 3cm의 마이크로파가 만드는 침투 깊이는 가시광 주파수가 만드는 에바네센트 파의 침투 깊이보다 대략적으로 10^5배 더 크기 때문에 마이크로파로 에바네센트 파를 실험하는 것이 더 쉽다. 파라핀으로 만든 고체 프리즘 또는 케로신이나 모터 오일로 채워진 아크릴 플라스틱의 빈 프리즘으로 위의 실험을 다시금 할 수 있다. 이 경우 3cm 파에 대해서 약 1.5의 굴절률을 갖는다. 그래서 이 프리즘들은 장의 크기에 대한 의존을 y의 변수로 측정하기가 매우 용이하다.

4.8 금속의 광학적 특성

전도성 매질의 특성은 수많은 자유 전하(구속 상태에 있지 않는, 즉 물질 내에서 순환할 수 있는 의미에서의 자유)가 존재한다는 것이다. 금속에서 이들 전하는 물론 전자들이고, 그들의 운동으로 전류가 생긴다. 전기장 $\vec{\mathbf{E}}$에 의한 단위 면적당 전류는 식 (A1.15)와 같이 매질의 전도도 σ와 관계된다. 유전체에는 어떠한 자유 전자나 전도 전자도 없고 $\sigma = 0$인데 반해서 실제 금속에서는 σ가 0이 아닌 유한한 값이다. 대조적으로, 이상적인 '완전' 도체는 무한대의 전도성을 가진다. 이것은 조화파로 구동된 전자들이 장의 변화에 단순히 따른다는 의미이다. 거기에는 어떤 복원력도 없고 어떤 고유 주파수도 없고 어떤 흡수도 없으며 단지 재방출만 있다. 실제 금속에서는 전도 전자가 열적으로 요동하는 격자나 결함들과 충돌하며, 이로 인하여 비가역적으로 전자기 에너지가 줄열(joule heat)로 바뀐다. 분명히 물질에 의한 복사 에너지의 흡수는 전도율의 함수이다.

금속에서의 파동

매질을 연속체로 보면, 맥스웰 방정식으로부터 다음 식을 유도할 수 있다.

$$\frac{\partial^2\vec{\mathbf{E}}}{\partial x^2}+\frac{\partial^2\vec{\mathbf{E}}}{\partial y^2}+\frac{\partial^2\vec{\mathbf{E}}}{\partial z^2}=\mu\epsilon\frac{\partial^2\vec{\mathbf{E}}}{\partial t^2}+\mu\sigma\frac{\partial\vec{\mathbf{E}}}{\partial t} \tag{4.74}$$

이 식은 직각 좌표계에서의 식 (A1.21)이다. 마지막 항인 $\mu\sigma\, \partial\vec{\mathbf{E}}/\partial t$는 진동자 모델에서의 감쇠력처럼 시간에 대한 1차 미분이다. $\vec{\mathbf{E}}$의 시간에 대한 변화율이 전압을 만들기 때문에 전류가 생겨서 순환한다. 그리고 물질은 저항이 있으므로 빛이 열로 바뀌고 이 열은 흡수된다. 유전율을 복소수로 취급하면 이 식은 형태가 바뀌지 않은 파동 방정식으로 유도된다. 이것은 앞에서 보았듯이 흡수를 나타내는 복소 굴절률을 유도한다. 이제 비전도 매질에 대응하는 해 속의 굴절률을 복소 굴절률로 대치하는 것만이 필요하다. 즉

$$\tilde{n} = n_R - in_I \tag{4.75}$$

이고, 여기서 실수 굴절률 n_R과 허수 굴절률 n_I는 모두 실수이다. 이 파동 방정식과 적당한 경계 조건을 사용하면, 이 파동 방정식의 특별 해를 구할 수 있다. 여하튼 도체에서 적용할 수 있는 간단한 조화 평면파의 해를 찾을 수 있다. y축 방향으로 진행하는 이런 파는 보통 다음과 같이 쓸 수 있다.

$$\vec{\mathbf{E}} = \vec{\mathbf{E}}_0 \cos(\omega t - ky)$$

그리고 n의 함수로 나타내면

$$\vec{\mathbf{E}} = \vec{\mathbf{E}}_0 \cos\omega(t - \tilde{n}y/c)$$

이다. 그런데 여기서 굴절률은 반드시 복소수로 취해야 한다. 따라서 지수 함수로서 파를 기술하고 식 (4.75)를 이용하면 다음 식을 얻을 수 있다.

$$\vec{\mathbf{E}} = \vec{\mathbf{E}}_0\, e^{(-\omega n_I y/c)} e^{i\omega(t - n_R y/c)} \tag{4.76}$$

또는

$$\vec{\mathbf{E}} = \vec{\mathbf{E}}_0\, e^{-\omega n_I y/c} \cos\omega(t - n_R y/c) \tag{4.77}$$

이다. 마치 n_R이 보통 사용하는 굴절률인 것처럼 사용되어 광학 교란은 속도 c/n_R로 y 방향으로 나아간다. 그러면 도체 속으로 파가 진행할 때 파의 진폭 $\vec{\mathbf{E}}_0 \exp(-\omega n_I y/c)$는 지수적으로 감쇠한다. 파의 세기는 진폭의 제곱에 비례하므로 다음 식을 얻을 수 있다.

$$I(y) = I_0 e^{-\alpha y} \tag{4.78}$$

여기서 $I_0 = I(0)$, 즉 I_0는 $y = 0$(경계면)에서 파의 세기이고, $\alpha \equiv 2\omega n_I/c$는 **흡수 계수**(absorption coefficient) 또는 **감쇠 계수(attenuation coeficient)**라고 한다. 파가 $y = 1/\alpha$ 거리를 진행한 후 선속 밀도는 $e^{-1} = 1/2.7 \approx 1/3$의 비율로 낮아질 것이다. 이 거리를 **침투 깊이(skin depth 혹은 penetration depth)**라고 한다. 물질이 투명하려면 침투 깊이가 그 물질의 두께에 비해 커야 한다. 그러나 금속의 침투 깊이는 상당히 작다. 예를 들어 구리는 자외선 파장($\lambda_0 \approx$ 100nm)에서 약 0.6nm의 매우 작은 침투 깊이를 가지며, 적외선 파장($\lambda_0 \approx$ 10000nm)에서도 단지 약 6nm의 침투 깊이를 가질 뿐이다. 이것은 일반적으로 관찰되는 금속의 불투명도를 설명한다. 그러나 금속이 지극히 얇은 박막의 형태로 되었을 때는 부분적으로 투과할 수도 있다(예를 들어 은 박

막이 입혀진 쌍방향 부분 반사경의 경우). 잘 알려진 도체의 금속 광택은 금속 표면에서의 반사율이 높다는 것을 말하며, 이것은 입사파가 효과적으로 금속을 통과할 수 없다는 사실로부터 나온다. 상대적으로 금속 내에 있는 소수의 전자들만이 투과파를 '본다'. 따라서 비록 각각의 전자들이 이 투과파를 강하게 흡수할지라도 소량의 에너지가 이들 전자에 의해 흩어져 사라진다. 대신에 입사 에너지의 대부분이 반사파로 다시 나타난다. 희귀 금속[예를 들어 나트륨(sodium), 칼륨(potassium), 세슘(cesium), 바나듐(vanadium), 나이오븀(niobium), 가돌리늄(gadolium), 홀륨(holmium), 이트륨(yttrium), 스칸듐(scandium), 오스뮴(osmium)을 포함한 대부분의 금속]들은 알루미늄, 주석, 강철처럼 은회색을 나타낸다. 그들은 파장에 관계없이 입사파의 거의 모두(대략 85 ~ 95% 정도)를 반사한다. 그러므로 본질적으로 그들은 무색이다.

식 (4.77)은 확실히 식 (4.73)과 FTIR을 연상시킨다. 이 두 경우 모두 진폭이 지수 함수적으로 감소한다. 게다가 완벽한 분석을 통해서 보면 투과파가 완전한 횡파가 아니고 진행하는 방향의 장 성분을 포함하고 있음을 알 수 있다.

낮은 주파수인 적외선 영역의 긴 파장에서는 금속을 연속적인 매질로 고려하여도 그 결과가 실험과 잘 일치한다. 그러므로 입사 빔의 파장이 감소하면 연속적인 매질이 아니라 물질의 실질적인 알갱이 성질을 고려해야만 한다는 것을 알 수 있다. 실제로 연속 매질에 대한 모델은 광학 영역에서 실험 결과와 크게 어긋난다. 그래서 다시 로렌츠(Hendrik Lorentz)와 드루드(Paul Karl Ludwig Drude, 1863~1906)를 포함한 여러 사람들이 처음으로 공식화한 고전 원자 구조로 돌아가야 한다. 이 단순한 접근은 실험 결과를 잘 설명하지만 궁극적으로는 양자 이론을 사용해야 한다.

분산 방정식

도체를 감쇠 구동하는 진동자의 집합체로 생각하자. 이들 중 어떤 진동자들은 자유 전자에 대응되므로 이로 인한 복원력이 영이 되며, 반면에 다른 진동자들은 3.5.1절의 원자에 속박된 유전체에 존재하는 진동자들과 매우 유사하게 행동한다. 이들 중에서 전도성 전자들은 금속의 광학적 특성에 크게 기여한다. 다음과 같이 주어지는 진동하는 전자의 변위를 생각하자.

$$x(t) = \frac{q_e/m_e}{(\omega_0^2 - \omega^2)} E(t) \qquad [3.66]$$

복원력이 없을 때는 $\omega_0 = 0$이고 변위의 방향은 구동력 $q_eE(t)$에 대해서 반대이므로 180° 위상차가 난다. 이것은 공명 주파수가 가시광보다 더 높은 영역에 있으며 그 전자가 구동력과 같은 위상을 가지고 진동하는 투명한 유전체의 상황과는 다르다(그림 4.67). 입사광과 다른 위상으로 진동하는 자유 전자들은 입사하는 요동을 상쇄하려는 가지 파동들을 재복사한다. 이미 보았듯이 이 효과로 인한 파는 빠르게 붕괴하는 굴절파이다.

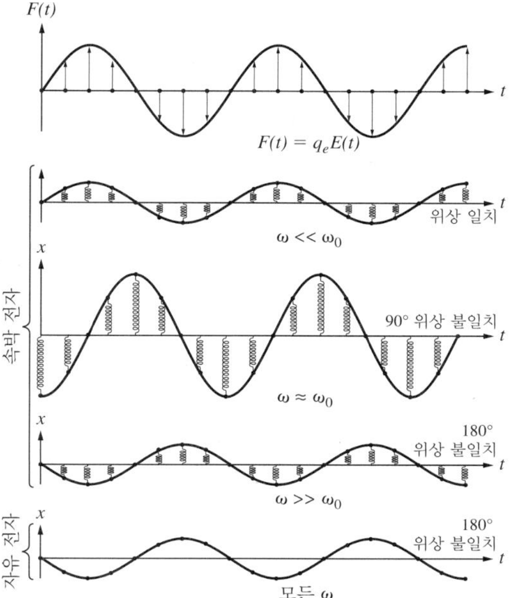

그림 4.67 속박 전자와 자유 전자의 진동

도체 내부에서 움직이고 있는 전자가 받는 평균 전기장을 외부 전기장 $\vec{\mathbf{E}}(t)$라고 가정하면 식 (3.72)의 분산식을 다음과 같이 확장할 수 있다.

$$n^2(\omega) = 1 + \frac{Nq_e^2}{\epsilon_0 m_e}\left[\frac{f_e}{-\omega^2 + i\gamma_e\omega} + \sum_j \frac{f_j}{\omega_{0j}^2 - \omega^2 + i\gamma_j\omega}\right] \qquad (4.79)$$

괄호 속의 첫 번째 항은 자유 전자들에 의한 것이고, N은 단위 부피당 원자의 수이다. 이들 각각은 고유 주파수가 없는 전도성 전자의 f_e를 갖는다. 두 번째 항은 속박된 전자에 의한 것이며 식 (3.72)와 동일하다. 만약 금속이 특유의 색깔을 가진다면 자유 전자들의 일반적인 흡수 특성에 추가하여 속박 전자들에 의한 선택 흡수에 원자들이 기여하고 있다는 것을 명심해야 한다. 주어진 주파수에서 매우 강하게 흡수하는 매질은 실제로 그 주파수에서 입사광의 많은 부분을 흡수하지 않고 오히려 **선택적으로 반사시킨다**는 것을 기억해야 한다. 금과 구리는 붉은색을 띤 황색인데 이것은 n_I가 파장에 따라 증가하고 λ가 클수록 더 강하게 반사하기 때문이다. 예를 들어 금은 더 긴 가시 영역 파장에서는 아주 불투명해진다. 그러므로 결과적으로 백색광하에서 두께가 약 10^{-6}m보다 얇은 금박막은 초록빛을 띤 파란색을 보다 잘 투과시킬 것이다.

몇 개의 간단한 가정을 함으로써 빛에 관한 금속의 반응에 대해서 대략적인 개념을 세울 수 있다. 따라서 속박 전자의 기여를 무시하고, 또한 ω가 매우 큰 경우에 γ_e가 무시될 수 있다는 것을 가정하면

$$n^2(\omega) = 1 - \frac{Nq_e^2}{\epsilon_0 m_e \omega^2} \tag{4.80}$$

이 된다. 두 번째 가정은 높은 주파수에서 전자가 각각의 충돌 사이에 많은 진동을 겪게 될 것이라는 사실에 근거를 둔다. 금속 안에서의 자유 전자와 양이온은 고유 주파수 ω_p, 즉 **플라스마 주파수(plasma frequency)**로 진동하는 플라스마로 생각할 수 있다. ω_p는 $(Nq_e^2/\epsilon_0 m_e)^{1/2}$와 같다. 그래서

$$n^2(\omega) = 1 - (\omega_p/\omega)^2 \tag{4.81}$$

이다. 플라스마 주파수는 임계값으로 기여한다. 즉 주파수가 플라스마 주파수보다 낮은 경우에 굴절률은 복소수이며, 투과파는 경계로부터 지수적으로(식 4.77 참조) 감소한다. 그리고 ω_p보다 높은 주파수에서 n은 실수이고 흡수가 작다. 그리고 도체는 투명하다. 이 경우 매우 높은 주파수에서 유전체의 경우와 같이 n은 1보다 작다. 따라서 일반적으로 금속은 X-선에 대해서 상당히 투명한 물체라고 할 수 있다. 표 4.4에 자외선 영역에서도 투명한 몇 가지 알칼리 금속에 대한 플라스마 주파수를 나타내었다.

금속의 굴절률은 보통 복소수이며 침투파는 주파수에 의존하는 양으로 흡수될 것이다. 예를 들면 아폴로 우주복의 헬멧에 있는 차양경(visor)은 매우 얇은 금박막으로 씌워져 있다(사진 참조). 이 코팅은 입사하는 빛의 약 70%를 반사시키며 낮은 각도로 태양을 직접 바라보는 방향과 같은 밝은 상태하에서 사용된다. 이것은 적외선 영역에서 복사 에너지를 강하게 반사시킴으로써 냉각 장치의 열적 저항을 감소시키고 가시영역의 빛을 적절하게 투과하도록 제작되었다. 원리 면에서 꽤 유사한 값싼 금속 코팅 선글라스는 상업적으로도 가치가 꽤 있다.

지구의 이온화된 위쪽 대기는 자유 전자가 대량으로 분포하는데 이 전자들은 금속 내부에 갇힌 자유 전자와 매우 비슷하게 행동한다. 이런 매질에서의 굴절률은 ω_p 보다 높은 주파수에서 실수이며 1보다 작다. 1965년 7월에 **마리너 포**(Mariner IV) 우주선은 지구로부터 216만 km 떨어진 화성의 전리층을 조사하기 위해 만들어졌는데 이때의 이러한 효과가 이용되었다.*

달의 고요의 바다 기지에 있는 에드윈 알드린(Edwin Aldrin Jr.). 사진사 닐 암스트롱(Neil Armstrong)이 금코팅된 차양경에 반사되어 보인다. (NASA)

표 4.4 여러 가지 알칼리 금속의 임계 파장 λ_p와 임계 주파수 ν_p

금속	λ_p (측정값) nm	λ_p (계산값) nm	$\nu_p=C/\lambda_p$ (측정값) Hz
리튬(Li)	155	155	1.94×10^{15}
나트륨(Na)	210	209	1.43×10^{15}
칼륨(K)	315	287	0.95×10^{15}
루비듐(Rb)	340	322	0.88×10^{15}

지구상에서 떨어진 두 점 사이에 정보를 전달하려면 지구의 전리층에서 저주파가 반사되도록 신호를 보내면 된다. 그러나 지구상에서 달 위에 있는 누군가에게 말하기 위해서는 전리층을 통과하는 고주파 신호를 사용해야 한다.

금속에 의한 반사

공기에서 전도 물체의 표면으로 침투하는 평면파를 생각하자. 수직 방향에 대해 약간의 각도로 진행하는 투과파는 불균일할 것이다. 그러나 매질의 전도성이 증가한다면, 파면들은 일정한 진폭을 갖는 표면으로 정렬될 것이다. 그래서 $\vec{\mathbf{k}}_t$와 $\hat{\mathbf{u}}_n$은 평행 상태로 접근하게 된다. 바꿔 말하면 좋은 도체에서의 투과파는 θ_i에 관계없이 경계면에 수직인 방향으로 전파한다.

이제 금속에 수직 입사하는 가장 간단한 경우에 대한 반사율 $R = I_r/I_i$을 계산하자. $n_i = 1$과 $n_t = \tilde{n}$(즉 복소 굴절률)로 선택하면 식 (4.47)로부터

$$R = \left(\frac{\tilde{n}-1}{\tilde{n}+1}\right)\left(\frac{\tilde{n}-1}{\tilde{n}+1}\right)^* \tag{4.82}$$

이고, $\tilde{n} = n_R - in_I$이므로

$$R = \frac{(n_R-1)^2 + n_I^2}{(n_R+1)^2 + n_I^2} \tag{4.83}$$

이 된다.

만약 매질의 전도도가 영으로 가면 유전체의 경우가 된다. 그래서 원리 면에서 굴절률은 실수($n_I = 0$)가 되고 감쇠 계수 α는 영이 된다. 이런 상황하에서 투과 매질의 굴절률 n_t

* R. Von Eshelman, *Sci. Am.* **220**, 78 (1969).

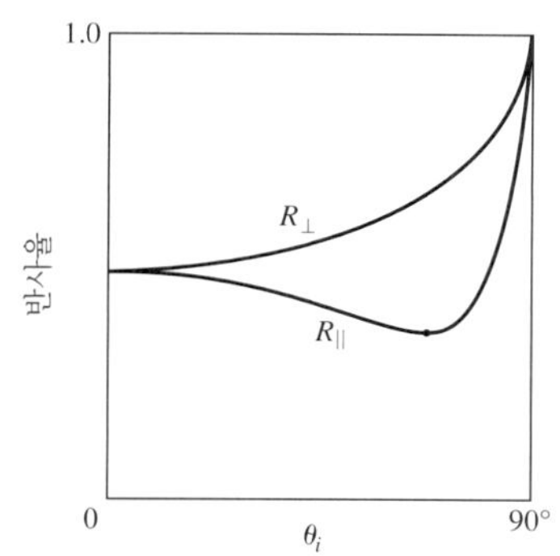

그림 4.68 흡수 매질로 입사하는 선형 편광된 백색 빔의 전형적인 반사율

는 n_R이며, 식 (4.83)의 반사율은 식 (4.67)과 일치한다. 만약 n_I가 크고 n_R이 상대적으로 작다면 역으로 R은 커지게 된다(연습문제 4.95). $\tilde{n}$가 순허수인 극한적인 경우 입사 선속 밀도의 100%가 반사할 것이다($R = 1$). 어떤 금속의 n_I가 다른 금속의 n_I보다 더 작다 할지라도 반사율이 다른 금속의 반사율보다 더 크게 될 수도 있다. 예를 들어 $\lambda_0 = 589.3$nm에서 고체 나트륨의 경우는 대략 $n_R = 0.04$, $n_I = 2.4$, $R = 0.9$이고, 또한 주석의 경우는 $n_R = 1.5$, $n_I = 5.3$, $R = 0.8$이지만, 단결정 갈륨은 $n_R = 3.7$, $n_I = 5.4$, $R = 0.7$이다.

그림 4.68의 경사 입사에 대한 $R_\parallel$과 $R_\perp$의 곡선은 흡수 매질의 전형적인 형태이다. 비록 $\theta_i = 0$에서 백색광에 대한 금의 R은 약 0.5이고 은의 경우는 거의 0.9로 대조적이지만, $\theta_i = 90°$일 때 두 금속 모두의 반사율이 1.0으로 접근하며 형태상 매우 유사한 반사율을 나타낸다. 유전체에서와 같이(그림 4.56) $R_\parallel$이 **주입사각**(principal angle of incidence)이라고 하는 각에서 최솟값으로 떨어지지만 여기서의 최솟값은 영이 아니다. 그림 4.69는 이상적인 조건하에서 증착된 여러 가지 금속 박막들의 수직 입사에 대한 분광 반사율을 나타낸 것이다. 금은 스펙트럼의 초록색 영역과 더 짧은 파장 영역에서 매우 잘 투과하지만 가시영역에서 고반사율을 나타내는 은은 약 316nm의 자외선에서 투명하다.

금속에 의한 반사 때문에 생기는 위상 변화는 장의 두 성분(즉 입사면에 평행한 성분과 수직한 성분) 모두에서 발생한다. 유전체에서는 두 성분 모두 반사에 의해 π 위상 변위가 일어나지만, 금속에서의 반사에 대한 위상 변위는 일반적으로 $\theta_i = 90°$인 입사각을 제외하고는 0도 π도 아니며, 유전체를 가지고 할 경우 반사 시 입사면에 평행하거나 수직한 두 전기장 성분의 상대적으로 변화한 위상은 180°이다.

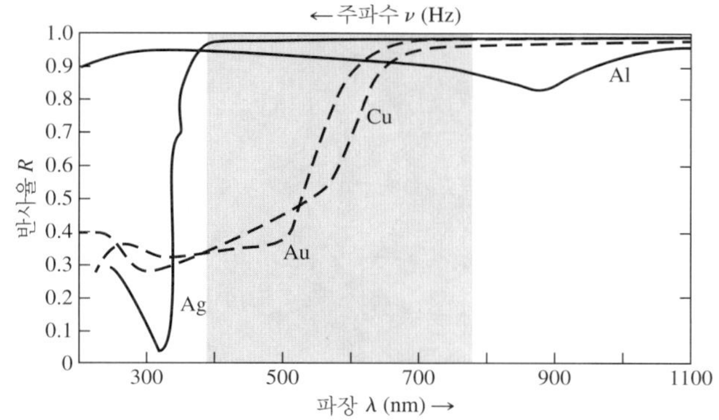

그림 4.69 파장의 변화에 따른 은, 금, 구리, 알루미늄의 반사율

4.9 빛과 물질의 상호작용

일상생활에서 볼 수 있는 대단히 많은 종류의 색들이 나타나는 현상들을 조사해 보자.

앞서 보았듯이 가시광 영역의 모든 진동수를 대체적으로 같은 양으로 포함하는 빛은 흰색으로 인식된다. 그래서 (자연적이든지 인공적이든지 간에) 넓은 백색광원은 표면 위의 모든 점들이 모든 방향으로 모든 가시광 진동수를 갖는 빛을 방출하는 것으로 생각할 수 있다. 행성에다가 이를 적용하여 본다면 광원의 스펙트럼이 태양의 스펙트럼과 닮았을 때 이 광원이 백색광으로 보인다는 것은 놀랄만한 일이 아니다. 이와 같은 방법으로 이 빛을 반사한 반사면 또한 희게 보일 것이다. 즉 반사율이 높고 주파수에 무관하게 산란하는 물체는 백색광 아래에서 흰색으로 감지될 것이다.

비록 물은 투명하지만, 수증기는 젖빛 유리와 비슷하게 흰색으로 나타난다. 그 이유는 아주 간단하다. 만약 입자의 크기가 작지만 빛의 파장보다 훨씬 크다면 빛은 투명한 각각의 입자에 들어가서 여러 번 반사와 굴절을 한 후에 나올 것이다. 모든 진동수 성분에 대한 반사율이 같기 때문에 관찰자에 도달하는 반사광은 흰색일 것이다. 이것은 각각의 입자들이 투명한, 설탕, 소금, 종이, 구름, 화장분, 눈, 페인트 같은 물질이 백색으로 보이는 것을 설명하는 메커니즘이다.

이와 비슷한 경우로 작은 공기 방울로 채워진 보통의 투명한 물질들처럼(예를 들면 저어서 섞은 달걀이 흰 색으로 보이는 경우) 구겨진 깨끗한 플라스틱 포장용 랩의 조각은 희다. 우리가 일상적으로 종이, 화장분, 설탕 등이 불투명한 물질로 이루어졌다고 생각하지만 이제 이런 잘못된 생각을 쉽게 버릴 수 있게 되었다. 몇몇 물질(흰 종이 한 장, 약간의 설탕 입자, 화장분)로 인쇄된 종이를 덮자. 그리고 뒤쪽으로부터 빛을 비춰 보아라. 그다지 어렵지 않게 종이를 볼 수 있을 것이다. 흰 페인트의 경우에는 색깔 없는 투명한 입자들(아연, 티타늄, 납의 산화물)을 투명한 용제(아마인유나 새로운 아크릴 제품) 속에 간단히 섞어 만든다. 만약 입자와 용액의 굴절률이 두드러지게 다르다면 모든 파장에서 많은 반사가 있을 것이며(연습문제 4.72), 페인트는 희고 불투명하게 나타날 것이다[식 (4.67) 참조]. 페인트에 색을 띠게 하기 위해서는 입자들을 염색하기만 하면 된다. 따라서 색을 내고자 하는 영역을 제외한 모든 주파수를 흡수하게 된다.

반대로 논리를 전개해 보자. 만약 입자나 섬유의 경계에서 상대 굴절률 n_{ti}를 감소시키면 물질의 입자들은 반사를 덜 시킬 것이고 따라서 물체의 전체적인 흰 정도가 감소할 것이다. 결과적으로 젖은 흰색 휴지는 회색광을 띠게 될 것이며 보다 투명하게 보일 것이다. 젖은 화장분은 그것의 흰 광택을 잃어버리고 젖은 옷과 같이 조금은 희미한 회색이 될 것이다. 같은 방법으로 맑은 용액(물, 술 또는 벤젠)에 잠긴 염색된 직물 조각은 그것의 희미한 흰색을 잃어버릴 것이고 더 어둡게 될 것이다. 이런 후 직물의 색은 물에 젖은 컬러 채색과 같이 깊고 풍부한 진한 색이 될 것이다.

가시광 스펙트럼에서 일정하게 흡수하여 확산적으로 반사하는 표면은 흰 표면보다 조금 적은 양을 반사할 것이며, 그래서 광택이 안 나는 회색으로 보일 것이다. 그러므로 반사하는 양이 적을수록 더 어두운 회색이 되며 거의 모든 빛을 흡수하면 검은색으로 나타난다. 아마 70%, 80% 또는 이보다 더 많이 반사시키는 표면은 거울과 같이 전형적인 금속의 광택을 내는 회색으로 나타낼 것이다. 금속은 매우 많은 자유 전자를 가지고 있어서 주파수에 관계없이 매우 효과적으로 빛을 산란시킨다. 이들은 원자에 속박되어 있지 않으며 결합된 공명도 가지고 있지 않다. 게다가 자유 전자의 진동 진폭이 속박된 전자의 것보다 10의 몇 승 이상 더 크다. 입사광은 파장의 어떠한 부분도 금속을 통과할 수 없거나 또는 통과하기 전에 완전히 제거된다. 즉 굴절되는 빛은 거의 없다. 에너지의 대부분은 반사되고 적은 부분만이 흡수된다. 회색면과 거울로 된 면 사이의 주된 차이점은 확산 반사와 매끄러운(거울같은) 반사의 차이이다. 미술가는 은이나 알루미늄 같은 윤이 나는 '흰색' 금속의 그림을 회색 표면 위에 방안에 있는 물체의 상이 '반사'하는 것으로 그린다.

가법 착색

스펙트럼 내에서 광선의 에너지 분포가 효과적으로 균일하지 않을 때 빛은 색깔을 띤다. 그림 4.70은 적색, 녹색, 청색으로 지각되는 전형적인 주파수 분포를 나타내고 있다. 이들 곡선들이 이 색들의 주된 주파수 영역을 보여 주고 있으며, 곡선의 분포가 다소간 변할 수 있지만, 여전히 적색, 녹색, 청색의 반응을 보일 것이다. 1800년대 초에 영(Thomas Young)은 주파수가 크게 분리되어 있는 세 가지 빛을 섞음으로써 넓은 색깔 영역을 만들 수 있다는 것을 보였다. 이러한 세 가지 빛이 섞여 백색광이 되었을 때 이 세 가지 빛을 **원색(primary colors)**이라고 한다. 이들 원색들의 세트는 유일

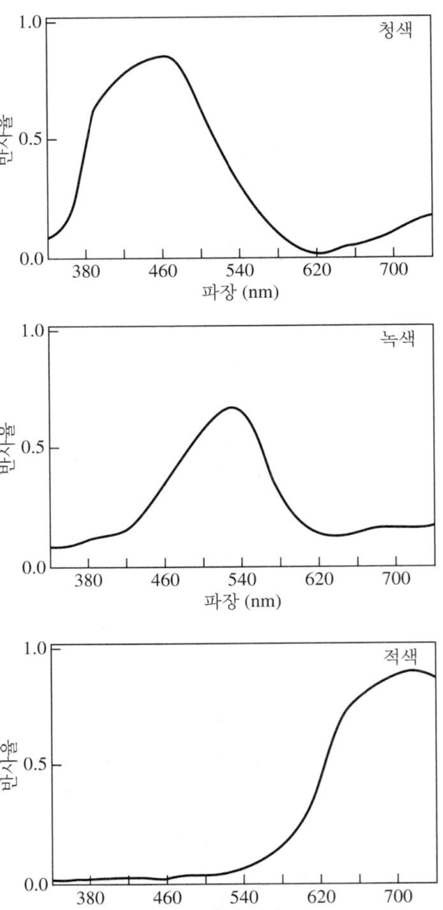

그림 4.70 청색, 녹색, 적색 색소에 대한 반사 곡선. 이 반사 곡선들은 전형적이지만 색깔 사이에 수많은 변화가 가능하다.

하게 하나만 존재하지 않으며 또한 이것들이 준단색성을 띠지도 않는다. 색깔들은 적색(R), 녹색(G), 청색(B)을 섞어서 만들 수 있으므로 이들이 가장 자주 사용된다. 이것들이 컬러 텔레비전에서 나타나는 색채의 전 영역을 발생시키는 세 가지 성분(세 인광 물질에 의해 방출)이다.

그림 4.71은 이들 세 원색의 빔이 여러 다른 조합으로 중첩되었을 때의 결과를 요약한 것이다. 적색과 청색을 합하면 진홍색(M, 붉은 보라색)으로 보이며 청색과 녹색을 합하면

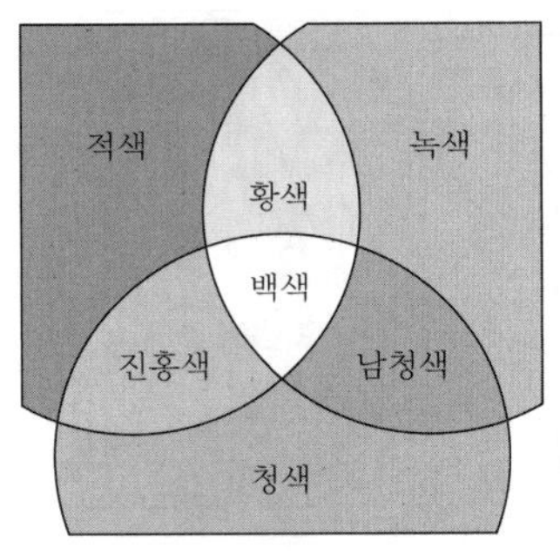

그림 4.71 세 가지 색 빔의 조합. 텔레비전 세트는 이러한 삼원색 빛인 적색, 녹색, 청색을 사용한다.

표 4.5 자주 사용되는 가시광, UV, IR의 파장들

λ(nm)	분광선
334.147 8	자외선 수은 분광선
365.014 6	자외선 수은 분광선
404.656 1	보라색 수은 분광선
435.834 3	청색 수은 분광선
479.991 4	청색 카드뮴 분광선
486.132 7	청색 수소 분광선
546.074 0	녹색 수은 분광선
587.561 8	황색 헬륨 분광선
589.293 8	황색 나트륨 분광선 (이중 분광선의 중심 분광선)
632.8	헬륨 네온 레이저
643.846 9	적색 카드뮴 분광선
656.272 5	적색 수소 분광선
676.4	크립톤 이온 레이저
694.3	루비 레이저
706.518 8	적색 헬륨 분광선
768.2	적색 칼륨 분광선
852.11	적외선 세슘 분광선
1013.98	적외선 수은 분광선
1054	Nd:유리 레이저
1064	Nd:YAG 레이저

황색(Y)으로 보인다는 것이다. 세 가지 원색의 총합은 백색이다. 즉

$$R + B + G = W,$$

$$M + G = W \ (R + B = M\text{이므로})$$

$$C + R = W \ (B + G = C\text{이므로})$$

$$Y + B = W \ (R + G = Y\text{이므로})$$

이다. 백색을 만드는 어떤 두 색깔을 **상보색(complementary colors)**이라고 하며 위의 세 개의 기호로 된 표현이 그 예이다. 그래서

$$R + B + G = W$$

$$R + B = W - G = M$$

$$B + G = W - R = C$$

$$R + G = W - B = Y$$

이다. 예를 들어 이것은 백색광에서 청색을 흡수하는 필터를 통해서는 황색이 나타난다는 것을 의미한다.

대부분의 사람들은 빛을 섞어본 경험이 거의 없기 때문에 보통 적색 빔과 녹색 빔이 섞여서 황색 빔으로 보이는 것에 놀라워하며, 이러한 현상은 다른 여러 가지 적색 빔과 녹색 빔에 대해서도 마찬가지이다. 근본적으로 망막에서 컬러를 검출하는 원추 세포(cone cell)는 광자 주파수에 대해서 평균하여 작동하며, 뇌는 황색 빛이 없을 때조차도 황색으로 '본다'. 예를 들면 540nm의 녹색 빛에 640nm의 적색 빛을 3배 정도 많이 더하면 580nm의 황색 빛이 보인다. 그리고 순수한 색과 섞은 색과의 차이를 말할 수가 없는데, 즉 밝은 노란 장미는 700nm부터 약 540nm까지 강하게 반사된다. 이 장미의 색은 적색, 황색, 녹색으로 보인다. 분광기 없이 우리가 보는 황색 옷이 577nm에서 597nm까지의 파장만을 반사하는지 아닌지를 알 수 있는 방법은 없다. 만약에 '황색' 빛을 보고 싶다면 오늘날 상당히 일반화된 밝은 황색 나트륨 가로등에서 쉽게 볼 수 있는데, 이 가로등에서는 589nm의 빛이 가장 많이 나온다(그림 4.72 참조).

이제 진홍색광과 황색광을 겹친다고 가정하자. 즉

$$M + Y = (R + B) + (R + G) = W + R$$

이다. 결과는 적색광과 백색광의 배합, 즉 분홍색광이다. 이것은 다음과 같은 중요한 점을 말한다. 즉 색이 어떠한 백색광도 포함하고 있지 않을 때 이 색은 진하고 강렬해지면서 포화색이 되었다고 말한다. 그림 4.73에서 보듯이 분홍색은 백색 바탕 위에 겹쳐진 적색으로 이는 포화되지 않은 적색이다.

감법 착색

황색을 띤 적색의 금과 구리에 대해 감지할 수 있는 메커니즘은 어떤 점에서는 하늘이 파랗게 보이는 이유와 그 과정

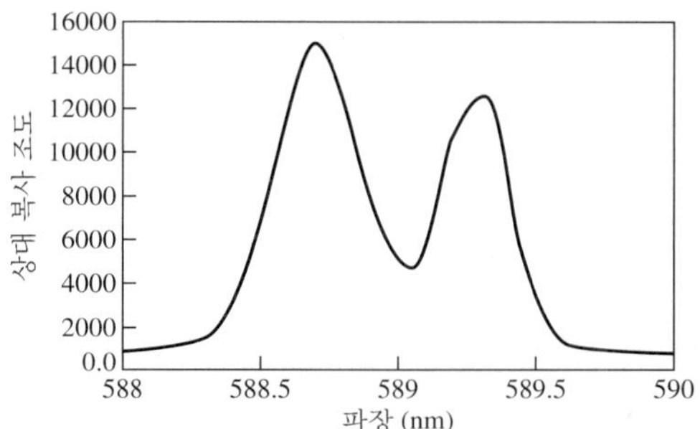

그림 4.72 나트륨 스펙트럼의 일부분. 이렇게 스펙트럼이 둘로 나누어지는 이유로 인하여 이 스펙트럼을 나트륨 이중선(doublet)이라고 한다.

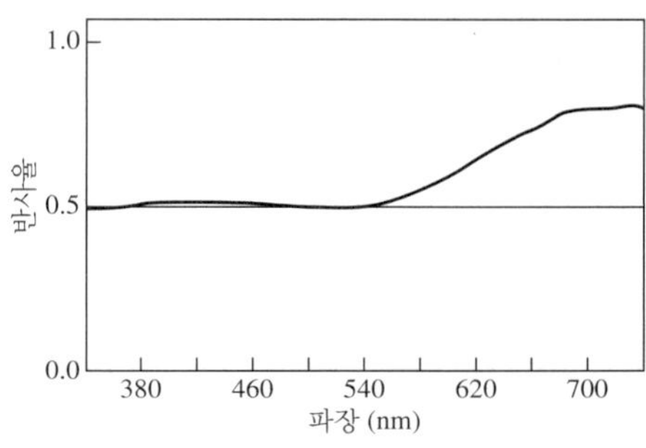

그림 4.73 분홍 색소의 분광 반사

이 유사하다. 그것을 더 명료하게 설명해 보자. 공기 중의 분자들은 자외선에서 공명을 일으킨다. 그러므로 입사광의 주파수가 자외선 쪽으로 증가할수록 이 분자들은 더 큰 진폭의 진동으로 구동된다. 그것들은 태양광의 청색 성분으로부터 에너지를 얻고 다시 이 에너지를 모든 방향으로 재방출할 것이다. 그래서 약간 변화된 스펙트럼인 상보적인 적색 쪽을 통과시킨다. 이것은 금 필름의 표면에서 일어나는 황색을 띤 적색광의 선택적인 반사나 산란 그리고 청색을 띤 녹색광의 부수적인 투과와 비슷한 현상이다.

거의 모든 물체의 색깔 특성은 **선택 흡수(selective absorption)** 또는 **우선 흡수(preferential absorption)**에 그 기원을 두고 있다. 예를 들면 물은 적색광의 흡수 때문에 엷은 녹색을 띤 청색을 나타낸다. 즉 H_2O 분자가 적외선에서 넓은 공명 영역을 가지고 있고 이 공명 영역이 가시 영역으로 조금 확장되어 있다. 흡수가 그다지 강하지 않기 때문에, 표면에서 눈에 띄는 적색 반사는 없다. 이 적색광은 투과되어 바닷물 약 30m 깊이에 도달할 때까지 점진적으로 흡수되며 이 깊이 이상에서는 태양 빛의 적색이 거의 완전하게 흡수되어 제거된다. 이와 같은 선택적인 흡수 과정은 갈색 눈과 나비, 새와 벌, 그리고 배추흰나비와 딱새들의 색깔이 나타나는 원인이다. 실제로 자연계에 있는 대부분의 물체들은 색소 분자들에 의해 선택적인 흡수의 결과로써 특징적인 색을 띠게 된다. 자외선과 적외선에서 공명을 가지는 거의 대부분의 원자나 분자들과는 반대로 색소 분자들은 명백히 가시 영역에서 공명 주파수를 갖는다. 게다가 가시광의 광자들은 대체로 1.6eV에서 3.2eV 정도의 에너지를 가지는데 이는 보통의 전자 여기에 비해서 낮으며 분자 진동에 의한 분자 여기에 비해서는 높다. 그럼에도 불구하고 **불완전한 껍질(incomplete shells, 예: 금)을 이루는 구속 전자가 있으며** 이러한 껍질 내에서의 진동은 낮은 에너지 여기에 대한 모드(mode)를 제공한다. 또한 분명히 가시광 영역에 공명 주파수가 있는 유기 색소 분자들도 많이 있다. 자연적이든 합성적이든 이러한 모든 물질들은 복합계라 불리는 하나 또는 두 개의 결합이 교대로 규칙적으로 만들어진 긴 사슬 모양의 분자들로 이루어져 있다. 이러한 구조는 카로틴 분자[$C_{40}H_{56}$(그림 4.74)]에서 볼 수 있다. 카로티노이드(carotenoids)가 나타내는 색 범위는 황색에서 적색까지이며 당근, 토마토, 수선화, 민들레, 단풍, 그리고 사람에게서 발견된다. 엽록소는 흔한 자연 색소의 또 다른 무리인데 긴 사슬의 한 부분이 그 자체의 주위를 돌아서 고리 형태를 만든다. 아무튼 이러한 종류의 복합계는 **파이 전자**(pi electron)로 알려진 움직이기 쉬운 수많은 전자들을 포함하고 있다. 이 파이 전자들은 특정한 원자에 구속되지 않고 분자 사슬이나 분자 고리에까지 돌아다닐 수 있다. 양자역학적 표현에 따르면 이 전자들은 긴 파장, 즉 낮은 주파수, 달리 말하면 낮은 에너지 상태에 있다고 말할 수 있다. 따라서 파이 전자를 여기 상태로 올리는 데 요구되는 에너지는 낮으며, 이는 가시광 광자의 에너지에 대응한다. 실제로 이 분자들을 가시광 영역에서 공명 주파수를 가지는 진동자로서 생각할 수 있다.

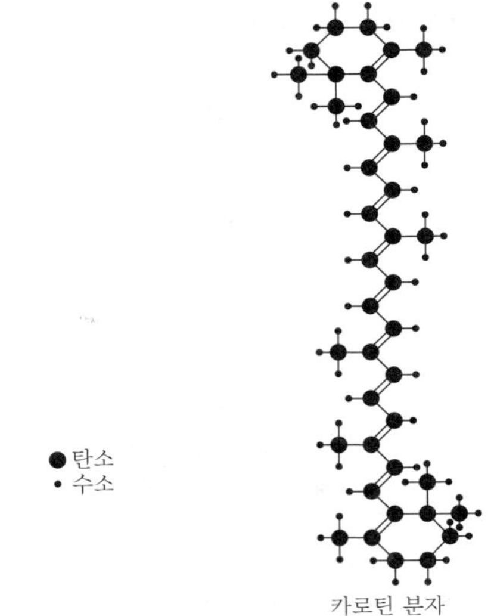

그림 4.74 카로틴 분자

개별적인 원자의 에너지 준위는 정확하게 정의된다. 즉 공명 주파수가 매우 좁다는 것이다. 그러나 고체나 액체에서는 원자들이 가까이 있으므로 에너지 준위가 확장되어 넓은 띠를 나타낸다. 다시 말해서 공명 주파수가 넓어진다. 결과적으로 색소가 스펙트럼의 좁은 부분만을 흡수하지 않을 것이라고 기대할 수 있다. 실제로 스펙트럼의 좁은 부분만 흡수한다면 대부분의 주파수를 반사시키고 거의 하얗게 보일 것이다.

파란색에서 공명하면서 강하게 흡수하는 색유리 조각을 생각하자. 만약 이것을 통해 적색, 청색, 녹색으로 구성된 백색광을 본다면 유리는 청색을 흡수하고 적색과 녹색을 통과시킬 것이다. 즉 유리는 황색을 통과시키는 것이며(그림 4.75) 이로 인하여 황색으로 보인다. 여기서 노란 옷, 노란 종이, 노란 색소, 노란 페인트, 노란 잉크는 청색을 선택적으로 흡수한다. 만약 황색을 통과시키고 청색을 흡수하는 황색 필터를 통해서 순수한 청색을 본다면 물체는 검은색으로 보일 것이다. 청색을 제거함으로써 이 필터는 여기에서 황색의 빛을 띤다. 그리고 우리는 이 과정을 **감법 착색(subtractive coloration)**이라고 한다. 빛의 빔을 겹침으로써 야기되는 **가법 착색(additive coloration)**과는 반대되는 과정이다.

같은 방법으로 흰 옷 또는 흰 종이의 섬유는 본질적으로 투명하지만 염색된 각각의 섬유는 마치 색을 띤 얇은 유리

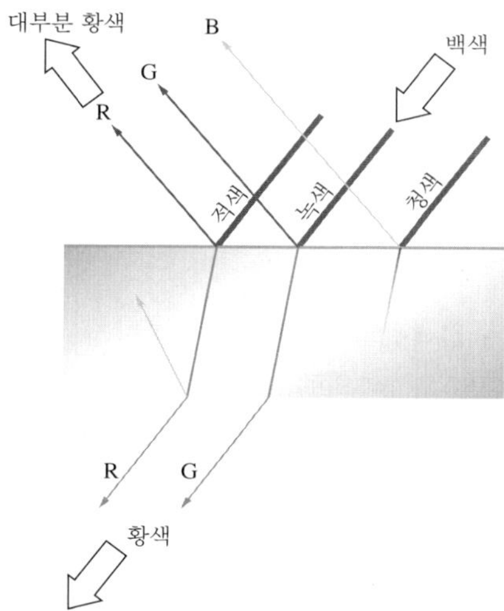

그림 4.75 황색 유리

조각과 같다. 이 섬유에 입사한 빛은 염색된 섬유 내에서 수많은 반사와 굴절을 한 후에 대부분 반사되면서 종이를 침투한다. 출사된 빛은 색소에 의해서 흡수된 주파수의 색을 띠게 될 것이다. 이것이 바로 식물잎이 녹색으로 보이고, 바나나가 황색으로 보이는 이유이다.

일반적인 파란 잉크는 반사광 또는 투과광으로 인하여 파랗게 보인다. 그러나 만약 잉크를 슬라이드 유리 위에 칠하고 용매를 증발시키면 다소 재미있는 현상이 일어난다. 진한 색소는 효과적으로 빛을 흡수하여 공명 진동수에서 선택적으로 나머지 빛을 반사시킨다. 그리고 우리는 강한 흡수체(더 큰 n_I)가 강한 반사체라는 것을 기억하고 있다. 따라서 진한 청색을 띤 녹색 잉크는 적색을 반사시키며 반면에 적색을 띤 청색 잉크는 녹색을 반사시킨다. 마킹 펜으로 이것을 시도해 보아라(오버헤드 프로젝터(OHP) 펜이 가장 좋다). 하지만 아래로부터 다른 빛이 오지 않도록 주의하면서 반드시 반사광만을 사용해야만 한다. 이런 것을 볼 수 있는 가장 편한 방법은 흡착성이 없는 검은 면 위에 색잉크를 놓는 것이다. 예를 들어 광택이 나는 인쇄된 페이지(혹은 검정 플라스틱 조각이 더 좋다) 위의 검은 부분 전체에 걸쳐서 얼룩덜룩하게 퍼진 붉은 잉크를 보면 이것으로부터 반사되는 반사광에서 녹색 빛이 반짝일 것이다. 아무 약국에서나 살 수 있는 젠쉬안 바이올렛(gentian violet)을 가지고 멋있게 이런 현상을 볼 수 있다. 슬라이드 유리 위에 이 액체를 약간 떨어뜨리고 두꺼운 코트(coat) 속에서 건조시킨다. 그리고 나서 이것의 반사광과 투과광을 조사하라. 이 두 광은 서로 상보적일 것이다.

전체 영역의 색(적색, 녹색, 청색을 포함하여)들은 진홍색, 청록색, 황색 필터들로 만들 수 있다(그림 4.76). 이 색들이

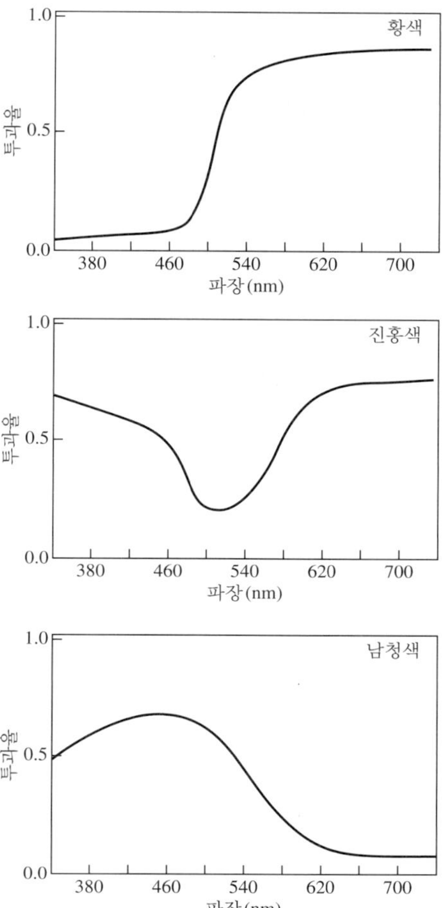

그림 4.76 색 필터들의 투과 곡선

감법 혼합의 기본색이며 그림물감의 주요색이다. 그런데 종종 이 주요색들을 적색, 청색, 황색으로 잘못 이야기한다. 이 색들이 사진을 만들기 위해 사용하는 색소이며 인쇄하기 위해서 사용하는 잉크의 기본적인 색상들이다. 잡지의 그림은 TV 화면과 같은 컬러 빛의 광원과는 다르다. 램프나 하늘에서 나오는 백색광이 잡지의 그림을 비추면 이 잡지의 그림에서 다른 파장을 흡수하고 흡수되지 않은 파장의 빛을 반사하여 그림의 색에 대응하는 '컬러' 빛을 만든다. 이상적으로 만약 감법으로 주요색을 모두 함께 섞는다면(물감들을 섞든지 필터들을 쌓든지) 어떤 색도 어떤 빛도 얻을 수 없다. 즉 검은색을 얻게 된다. 이 색들이 갖는 스펙트럼의 영역을 서로 제거해 버리고 이 색들을 모두 흡수해 버리게 된다.

만약 흡수한 주파수 영역이 가시광 영역에 걸쳐 있다면 물체는 검은색으로 보일 것이다. 그러나 이 경우에 반사가 전혀 없다는 것은 아니다. 즉 검은 에나멜 가죽의 한 부분에서도 반사된 상이 생기며 거친 검은 표면도 확산적으로 빛을 반사한다. 만약 적색과 청색 잉크를 가지고 있다면, 이것들

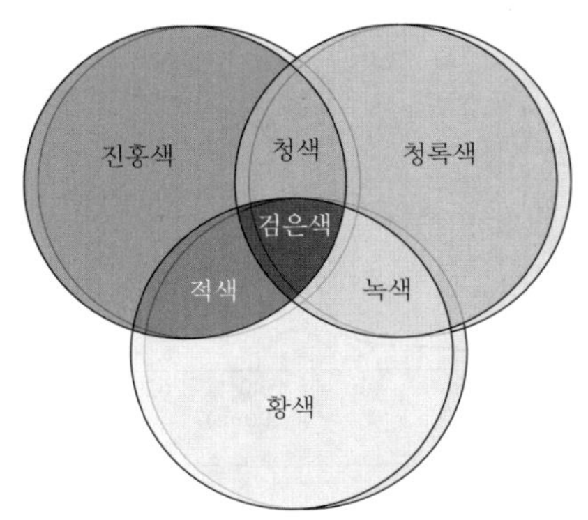

그림 4.77 색 필터들의 투과 곡선. 백색광을 필터 뒤에서 비춘 진홍색(magenta), 청록색(cyan), 황색(yellow) 필터 3개를 서로 겹침.

을 섞은 후 녹색을 약간 첨가해 보라. 그러면 검은색이 생길 것이다.

잉크나 염료 같은 컬러 필터는 특정 주파수의 빛을 흡수하고나서 아직 흡수하지 않고 남은 빛은 통과시킨다. 모든 필터는 제거하겠다는 주파수의 빛이 일부 통과하기 때문에 더 강하게 흡수하면(즉 더 두껍게 필터를 만들면) 더 순수한 컬러 빛이 이 필터를 통과하게 된다. 그림 4.77은 진홍색(magenta), 청록색(cyan), 황색(yellow) 필터를 서로 겹친 후 백색광을 조명하여 투과된 빛의 색들을 보여 준다. 이렇게 투과된 색들은 진홍색, 청록색, 황색을 겹쳐서 인쇄한 사진에서 반사한 색들과 같다.

백색광이 황색 필터를 거쳐서 진홍색 필터로 들어간다고 가정하면 무슨 색깔의 빛이 통과하여 보일까? 백색광은 적색광, 청색광, 녹색광의 결합으로 생각할 수 있다. 청록색 필터는 적색광을 흡수하고 동시에 녹색광을 통과시킨다. 황색 필터는 청색광을 흡수하고 동시에 녹색광을 통과시킨다. 필터의 흡광도(두께)를 바꾼다면 녹색 음영이 변하고, 이는 청색 페인트에 황색 페인트를 점점 더 많이 섞는 것과 거의 같은 결과가 되어서 녹색광이 보인다. 다시 백색광을 조명하면 두꺼운 황색 필터(대부분의 청색광을 제거한다)와 얇은 진홍색 필터(많은 양의 적색광과 청색광이 투과하며, 일부의 황색광이 투과한다)는 한꺼번에 대부분의 적색광과 약간의 황색광이 통과시켜서 오렌지색광이 보이게 한다.

반사, 굴절, 흡수와 관련된 위의 과정과 더불어 색을 만드는 다른 많은 메커니즘이 있다. 예를 들면 풍뎅이과의 딱정벌레는 날개 덮개 위에 회절 격자가 있어 이 회절 격자에 의해 화려한 색상을 만들어 낸다. 그리고 기름의 매끈매끈한 부분, 진주층, 비누방울, 공작새들, 벌레들에서 보이는 색은 파장에 의존하는 간섭 효과 때문이다.

예제 4.7

정육면체의 5개면은 각각 밝은 단일색인 적색, 청색, 진홍색, 청록색, 황색으로 칠하고, 나머지 한 면은 백색면으로 칠한다. 진홍색 스테인드 글라스의 유리를 통하여 이 정육면체를 보았을 때 각 면은 어떤 색으로 보이는가? 답에 대한 이유도 설명하라.

풀이

진홍색 필터는 적색광과 청색광을 통과시키고 녹색광을 흡수한다. 적색 면은 적색으로 보일 것이고 청색 면은 청색으로 보일 것이다. 진홍색 면은 진홍색으로 보일 것이다. 청록색 면은 청색으로 보일 것이다. 황색 면은 적색으로 보일 것이다. 그리고 백색 면은 진홍색으로 보일 것이다.

4.10 반사와 굴절에 대한 스토크스의 취급 방법

경계면에서 반사와 투과를 보다 정밀하고 새롭게 보는 방법을 영국의 물리학자 스토크스(George Gabriel Stokes, 1819~1903)경이 개발하였다. 그림 4.78a와 같이 두 유전체 매질을 분리하는 평면의 경계면에 침투하는 진폭 E_{0i}인 입사파를 가정하자. 이 장의 앞부분에서 보았던 것처럼 r과 t는 각각 반사된 진폭비와 투과된 진폭비(여기서 $n_i = n_1$과 $n_t = n_2$)이므로 $E_{0r} = rE_{0i}$와 $E_{0t} = tE_{0i}$이다. 다시 페르마 원리가 가역 원리(Principle of Reversibility)를 이끌어낸다는 것을 상기하자. 모든 광선의 진행 방향이 역으로 진행하도록 묘사한 그림 4.78b의 상황이 실제로 가능하다는 것이 가역 원리이다. 즉 에너지가 흩어지지 않는다면(흡수가 없다면) 파동의 흐름은 가역적이어야 한다. 이와 동등하게 현대 물리학의 관용어로 **시간 가역 불변**(time-reversal invariance), 즉 순과정이 있다면 역과정도 일어날 수 있음을 말한다. 그래서 경계면에서 입사, 반사, 투과하는 파의 가상적인 운동 영상을 촬영한다면 필름을 뒤로 돌릴 때 일어나는 현상도 물리적으로 이해되어야 한다. 따라서 이제 진폭 $E_{0i}r$과 $E_{0i}t$인 두 입사파가 있는 그림 4.78c를 살펴보자. 진폭이 $E_{0i}t$인 파의 일부는 경계면에서 반사하고 일부는 투과한다. 어떠한 가정도 없이 r'과 t'을 각각 아래로부터 입사한 파의 진폭 반사 계수와 진폭 투과 계수라고 하자(즉 $n_i = n_2$와 $n_t = n_1$). 그러면 반사된 부분은 $E_{0i}tr'$이고 투과된 부분은 $E_{0i}tt'$이다. 이와 유사하게 진폭이 $E_{0i}r$로 들어오는 파는 진폭 $E_{0i}rr$과 $E_{0i}rt$으로 분리된다. 만약 그림 4.78c의 형태가 그림 4.78b와 같게 되려면,

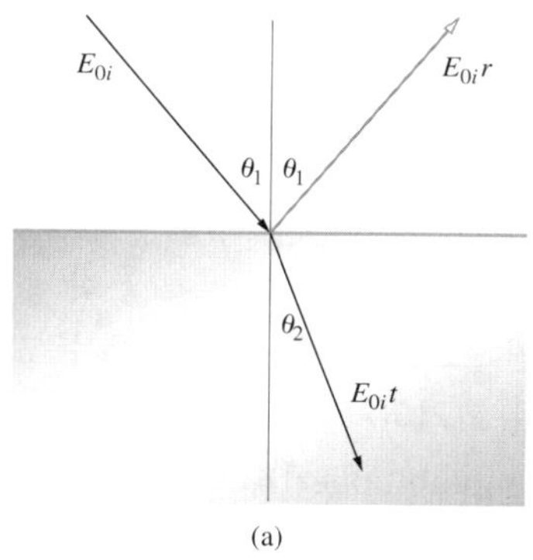

(a)

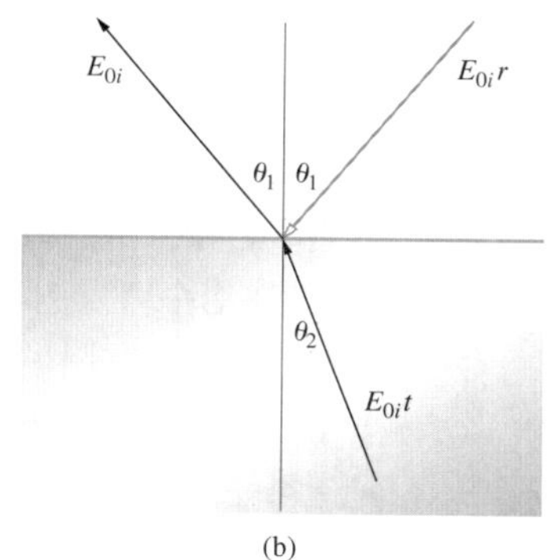

(b)

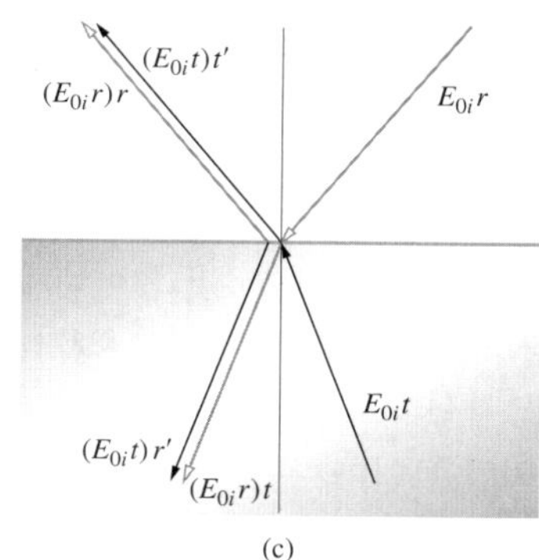

(c)

그림 4.78 스톡스 방법에 의한 반사와 굴절

$$E_{0i}tt' + E_{0i}rr = E_{0i} \tag{4.84}$$

이어야 하고,

$$E_{0i}rt + E_{0i}tr' = 0 \tag{4.85}$$

이어야 한다. 그러므로

$$tt' = 1 - r^2 \tag{4.86}$$

이고,

$$r' = -r \tag{4.87}$$

이다. 위의 두 식은 스톡스 관계로 알려져 있다. 실제적으로 이러한 관계식을 논의할 때는 보통 때보다 좀 더 주의해야 한다. **진폭 계수들은 입사각의 함수**라는 것을 지적해야 하고, 이 때문에 스톡스 관계는

$$t(\theta_1)t'(\theta_2) = 1 - r^2(\theta_1) \tag{4.88}$$

과

$$r'(\theta_2) = -r(\theta_1) \tag{4.89}$$

이 된다. 여기서 $n_1 \sin \theta_1 = n_2 \sin \theta_2$이다. **두 번째 식의 음의 부호는 내부 반사된 파와 외부 반사된 파 사이의 위상차가 180°임을 표시한다.** 여기서 가장 중요한 것은 θ_1과 θ_2가 스넬의 법칙에 의해 관계된 각들의 쌍이라는 것이다. 또한 n_1이 n_2보다 큰지 작은지를 언급하지 않았으므로 식 (4.88)과 식 (4.89)는 양쪽 경우에 모두 적용된다. 잠시 다음과 같은 프레넬 방정식으로 돌아가자.

$$r_\perp = -\frac{\sin(\theta_i - \theta_t)}{\sin(\theta_i + \theta_t)} \tag*{[4.42]}$$

만약 그림 4.78a처럼 광선이 위로부터 입사할 때 $n_2 > n_1$라고 가정하고(외부 반사) $\theta_i = \theta_1$과 $\theta_t = \theta_2$로 두면 $r_\perp$이 계산된다. 이 경우 θ_2는 스넬의 법칙으로부터 유도된다. 한편 만약 파가 아래쪽에서 같은 각으로 입사한다면(이 경우는 내부 반사) $\theta_i = \theta_1$이고 다시 식 (4.42)로 대치되지만 여기서는 전과 같이 θ_t는 θ_2가 아니다. **같은 입사각으로 입사한** 내부 반사와 외부 반사에 대한 $r_\perp$의 값은 명백히 다르다. 그러면 내부 반사의 경우($\theta_i = \theta_2$)를 가정하자. 그러면 $\theta_t = \theta_1$이며 광선들의 방향이 첫 번째 상황에서의 방향과 반대이고 식 (4.42)는

$$r'_\perp(\theta_2) = \frac{\sin(\theta_2 - \theta_1)}{\sin(\theta_2 + \theta_1)}$$

가 된다. 비록 불필요하지만 이것이 바로 외부 반사인 $\theta_i = \theta_1$일 때 값의 음의 크기 값이라는 것을 다시 한 번 언급한다. 즉

$$r'_\perp(\theta_2) = -r_\perp(\theta_1) \tag{4.90}$$

이다. 진폭 계수를 표시하는 부호에 프라임이 있는 것과 프라임이 없는 것은 스넬의 법칙으로 관련된 각들을 표시하는 것으로 생각하자. 이와 같은 방법으로 θ_i와 θ_t를 바꾸면 식 (4.43)은

$$r'_\parallel(\theta_2) = -r_\parallel(\theta_1) \tag{4.91}$$

이 된다. 그림 4.52에서 보듯이 각 성분들의 짝들 사이에서는 분명히 180°의 위상차가 있다. 그러나 $\theta_i = \theta_p$이면 $\theta_t = \theta'_p$이고 이 반대의 경우도 성립한다(연습문제 4.100). 또한 θ_t가 θ_c보다 크면 투과파가 없고 식 (4.89)를 적용할 수 없으며 위상차가 더 이상 180°가 아니다.

외부 반사된 빔의 평행 성분과 수직 성분 모두 위상이 π 라디안만큼 변하는 반면에 내부 반사된 빔은 전혀 위상이 변하지 않는다고 단정하는 것이 보통이다. 지금까지의 특별한 약속에서 보면 이것은 옳지 않거나 적어도 거의 분명하지 않음을 알 수 있다(그림 4.53a와 그림 4.54a를 비교하라).

4.11 광자, 파동, 확률

광학에서 나오는 기초 이론의 대부분은 파동론으로 예측된다. 당연히 여러 현상을 이해하는 것과 이렇게 이해한 것이 '사실'이라는 것은 의심의 여지가 없다고 생각한다. 자주 보는 많은 예 중의 하나로서 산란 과정은 오직 간섭으로만 이해할 수 있는 것처럼 보인다. 즉 간단히 고전적 입자들은 간섭하지 않는다. 어떤 빔이 밀한 매질을 통해서 전파할 때 앞쪽 방향에서의 간섭은 보강 간섭인 반면에 다른 모든 방향에서의 간섭은 거의 완벽한 소멸 간섭이다. 따라서 거의 모든 빛 에너지는 앞쪽 방향으로만 나아간다. 그러나 이러한 과정을 살펴보면 간섭의 기본 성질과 이 과정에서 발생한 것들을 보통 해석하는 것에 있어서 여러 가지 의문점들을 불러일으킨다. **간섭은 비지역적(nonlocalized) 현상이다.** 즉 *P*점에서의 간섭에 대하여 논의하는 경우가 많지만 **간섭은 공간상의 한 점에서만 일어나지 않는다.** 어떤 한 지점에서 보강 간섭이 있다면 이 지점에 생긴 '여분의' 에너지는 다른 지점들에서 와야만 한다는 것을 에너지 보존 법칙으로 깨끗이 설명할 수 있다. 그런 까닭에 다른 지점들에서는 소멸 간섭이 생겨야만 한다. **간섭은 복사 총에너지가 변화하지 않는 형태로 공간 전체에 생긴다.**

그림 4.6에서처럼 밀한 매질을 지나는 빔을 상상하자. 실제로 에너지를 운반하는 전자기파의 가지 파동들이 옆으로 퍼져서 전파되면서 이 빔이 없는 영역에서는 소멸 간섭하는가? 만약에 그렇다면 이들 가지 파동들은 상쇄될 것이며 끝에서 순수한 옆쪽 산란이 없기 때문에 이 가지 파동들이 바깥으로 운반하는 에너지는 어떤 이유에서인지 원래 빔 쪽으로 되돌아온다. 비록 *P*가 멀리 떨어져 있다고 할지라도 이러한 현상은 사실이다. 더군다나 이것은 **모든** 간섭 효과에 적용된다(9장 참조). 만약에 두 개 이상의 전자기파가 *P* 지점에 위상 불일치 상태로 도달해서 상쇄된다면 이들 전자기파의 에너지가 관련되어 있는 한은 이렇게 파가 상쇄된다는 의미는 무엇인가? 에너지는 재분배될 수는 있지만 사라지지는 않는다. 양자역학으로부터 간섭은 물리학에서 가장 기본적인 불가사의들 중의 하나라는 것을 배웠다.

원자들에서 방출되는 구면 가지 파동(spherical wavelets)들이 없다는 아인슈타인의 지적을 기억한다면 아마도 이런 의문은 고전 전자기장에 대한 해석에 너무나 글자 그대로 집착한 결과이다. 무엇보다도 엄격하게 말하자면 연속적인 에너지 분포를 갖는 고전 전자기파는 실제로 존재하지 않는다. 아마도 빛이 어디에서 끝날 것인지를 알려주는 이론적 도구로써 가지 파동들과 (실제 파동 장이 있는 것보다도 오히려) 이들 가지 파동들이 만드는 전체적인 형태에 대해서 생각해야만 한다. 어떤 경우에 있어서도 맥스웰 방정식은 공간 내의 전자기파 에너지의 거시적 분포를 계산할 수 있게 해준다.

반고전적인 방법으로 진행하고자 한다면 비축상의 각도 θ의 어떤 함수로 주어진 빛의 분포를 생각하자. 예를 들어 슬릿 형태의 구멍에서 멀리 놓인 스크린 상에 생기는 복사 조도인 $I(\theta) = I(0)\ \mathrm{sinc}^2\,\beta(\theta)$를 고려하자. 눈으로 이 형태를 관찰하는 대신에 광증배관(photomultiplier)과 이 앞에 설치된 조리개로 구성된 검출기를 사용한다. 이런 장치는 한 지점에서 다른 지점으로 돌아다니면서 움직일 수 있고 일정한 시간 간격 동안에 이 장치는 각 위치에 도달하는 광자의 수 $N(\theta)$를 측정할 수 있다. 이런 실험을 굉장히 많이 한다면 측정한 광자 수의 공간적 분포인 복사 조도에 대한 공간적 분포는 $N(\theta) = N(0)\ \mathrm{sinc}^2\beta(\theta)$와 같은 형태가 된다. 즉 검출된 광자의 수는 복사 조도에 비례한다. 이것과 같이 셀 수 있는 양들은 통계적 분석을 할 수 있으며 이를 통하여 스크린 상의 어떤 지점에서 하나의 광자를 검출할 수 있는 확률을 논의할 수 있다. 즉 그림 3.23을 회고해 보면 확률 분포는 보강적(constructive)일 수 있다. 공간 변수들(θ, x, y, z)이 연속이기 때문에 **확률 밀도(probability density)** $\wp(\theta)$를 도입하는 것이 필수적이다. 그래서 $\wp(\theta)\ d\theta$는 무한소적인 영역인 θ에서 $\theta + d(\theta)$ 사이에서 하나의 광자를 발견할 확률이다. 이 경우에는 $\wp(\theta) = \wp(0)\ \mathrm{sinc}^2\beta(\theta)$이다.

공간 내의 모든 지점에서 순 전기장 진폭의 제곱은 복사 조도(직접 측정할 수 있음)에 대응하며, 이것은 어떤 지점에서 광자를 발견할 확률과 등가이다. 따라서 시험 삼아 어떤 양의 제곱인 절댓값이 확률 밀도와 같게 되는 양으로 **확률 진폭(probabolity amplitude)**을 정의하자. 그래서 *P*점에서의 순 E_0는 **공간 내의 어떤 지점에서 하나의 광자를 검출하는 확률이 그 지점에서 복사 조도에 의존하여** $I \propto E_0^2$인 까닭에 **반고전적인(semiclassical)** 확률 진폭에 비례하는 것으로써 해석할 수 있다. 이것은 빛의 장에 대한 아인슈타인의 개념에 따른 것이다. 그런데 이것을 보른(Max Born)(양자역학의 통계적 해석을 최초로 하였음)은 *Gespensterfeld* 또는 도깨비 장이라고 묘사하였다. 그런 관점에서 파동 진폭의 절댓값의 제곱이 광자들이 도달하는 확률 밀도와 다소간 관련이 있다는 개념하에서 이런 장의 파동들이 공간 내에서 광자들이 어떻게 분포하는지를 밝힌다. 양자역학의 수식적 취급 시 **일반적으로 확률 진폭은 복소수 양**인데 이 복소수의 절댓값 제곱은 확률 밀도에 대응한다[즉 슈뢰딩거(Schrödinger) 파동 함수는 확률 진폭이다]. 그래서 어떤 방식이라도 반고전적 확률 진폭과 동등한 것으로 E_0를 고려하는 것은 타당하지만 양자역학 전반에서 이렇게 사용할 수는 없다.

그렇더라도 여전히 이 모든 사실은 확률을 고려하면 산란도 근본적으로 계산할 수 있을지도 모른다는 것을 알려준다. 각 산란된 가지 파동은 한 지점에서 다른 지점까지의 특별한 경로를 택한 빛에 대한 확률 진폭을 측정한 결과이며, *P*점에서의 순 전기장은 모든 가능한 경로를 통하여 도달한 산란된 장들의 총합이다. 이런 것과 유사한 양자역학적 방법론을 양자 전기역학(Quantum Electrodynamics)이 발전하던 과정에서 파인만(Feynman), 슈빙거(Schwinger), 토모나가(Tomonaga), 다이슨(Dyson)이 고안하였다. 간단히 말해서 하나의 사건에 대한 최종적으로 관찰 가능한 결과는 이 사건들이 일어날 수 있는 각각 그리고 모든 가능한 방법들과 결부된 모든 다양한 확률 진폭의 중첩으로 결정된다. 다시 말하자면 하나의 사건이 일어날 수 있는 각 '경로'는 추상적인 수학적 표현인 복소 확률 진폭(complex probability amplitude)으로 주어진다. 그래서 이들 모두는 이 사건이 일어날 순 확률 진폭을 만들기 위해서 전부 합쳐지고 복소수에서 늘 하던 것처럼 간섭한다.

다음에 나오는 것은 이러한 분석을 매우 단순화시킨 것이다.

4.11.1 QED

빛의 성질에 대해서 깊이 연구한 파인만은 다음과 같이 명료하게 말하였다.

> 나는 빛이 이러한 형태, 즉 입자에서 온다는 것을 강조하고 싶습니다. 빛이 입자처럼 행동한다는 것을 안다는 것은 매우 중요합니다. 특별히 학교에 다녔던 여러분들이 빛을 이해하는 것에 대해서, 아마도 파동처럼 행동하는 빛에 대한 것들을 언급하는 곳에서, 나는 빛의 본질이 입자처럼 행동한다는 것을 말하고 있는 것입니다. (출처: R. P. Feynman, QED, Princeton University Press, Princeton, NJ, 1985)

그는 "빛은 입자로 구성되어 있다(원래 뉴턴의 생각임)"라고 하였는데 이것은 빛의 입자들이 서로 부딪혔을 때의 행동을 통계적으로 결정할 수 있는 어떤 입자의 흐름이라는 것이다. 예를 들어 만약에 100개의 광자가 공기 중에 놓여있는 유리 조각에 수직으로 입사한다면 평균적으로 4개가 첫 면에서 뒤로 반사할 것이다. 어느 광자들이 반사되는 4개의 광자인지는 알 수 없고 사실상 어떻게 이 특별한 4개의 광자들을 골라내는지는 수수께끼이다. 유도할 수 있고 실험적으로 확인할 수 있는 것은 입사광의 4%가 반사할 것이라는 것이다.

파인만의 해석은 몇 가지 일반적인 계산 규칙을 가지고 진행하는데 이것이 이 작업에 있어서 정당성을 부여한다. 즉 이 설계를 통하여 정확한 예측이 가능한 것이다. (1) **사건 발생과 결부된 확률 진폭은 이 사건이 일어날 수 있는 각각의 그리고 모든 가능한 경로에 대응하는 각각의 구성(constituent) 확률 진폭들의 '총합'이다.** (2) **이러한 각각의 구성 확률 진폭은 일반적으로 복소수로 표현할 수 있다.** 이들 구성 확률 진폭들을 해석적으로 합치는 것보다는 오히려 위상자 표현(phasor representation)을 사용하여 근사적인 합산을 하고 이로부터 얻고자 하는 확률 진폭을 구한다. (3) **전체적으로 이 사건의 발생 확률은 결과적인 확률 진폭의 절댓값 제곱에 비례한다.**

그림 4.79에 그린 반사를 취급함으로써 이들 반사파들 모두가 어떻게 함께 나오는지를 알 수 있다. 즉 점광원 *S*가 한 거울을 비추고 이어서 빛이 거울 위에 있는 모든 점들로부터 모든 위 방향으로 산란한다. 하나의 광자가 도달했다는 것을 기록함으로써 *P*점에 있는 한 검출기에 도달할 확률을 결정하고 싶다. 여기서 우리에게 친숙한 가지 파동 모델을 취급하는 고전적인 방법은 이러한 현상에 대한 안내를 해주는 유사한 방법으로 사용할 수 있다. (그리고 아마도 여러분이 아직도 고전 전자기파를 믿고 있다면 이는 약간의 지적인 편안함을 줄 뿐이다.)

간단하게 설명하기 위해서 거울을 가느다란 띠 형태로 만든다(이 띠는 근본적으로 1차원이다). 그렇지만 개념적으로

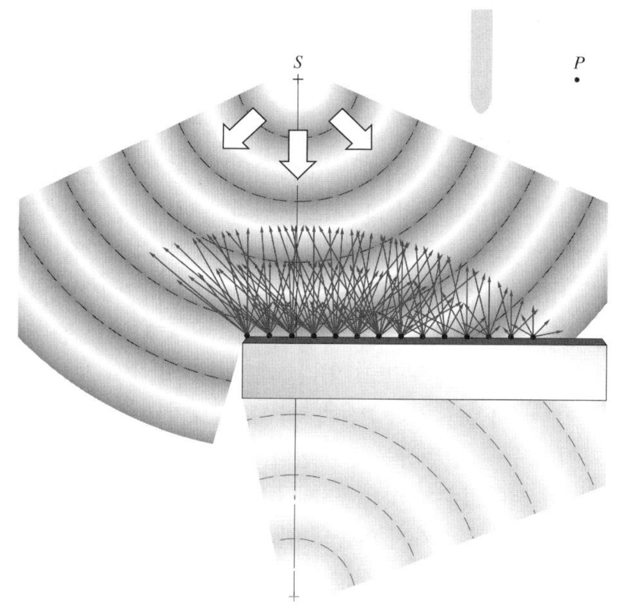

그림 4.79 반사의 개략적 표현. *S*로부터 나온 파가 아래로 내려가면서 거울면 전체에 퍼진다. 이어서 거울 경계면상의 모든 원자들이 위쪽 방향으로 빛을 산란한다. 결국 이 빛들 중 일부는 거울면의 모든 산란자들에서 나와서 *P*에 도달한다.

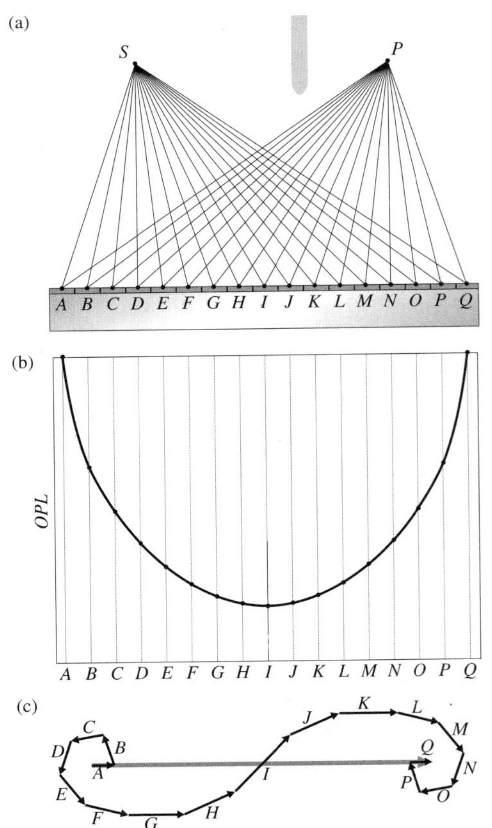

그림 4.80 QED를 사용한 반사 문제의 파인만의 분석. (a) S에서 거울을 지나 P점까지 가는 많은 경로들. (b) (a)에서 보여 준 경로들을 따라 S에서 P점까지 가는 빛의 *OPL*. 각 경로는 이와 결부된 확률 진폭을 가지고 있다. 이들의 합이 순 진폭이다.

바뀐 것은 없다. 이 때 거울을 같은 크기의 길이를 갖는 많은 조각으로 나누고(그림 4.80a), 이들 조각 각각은 *P*점까지 가능한 경로를 따라간다. (물론 표면에 있는 모든 원자는 전부 산란자들이기 때문에 다수의 경로가 있지만 여기서는 몇 개만을 그려서 할 것이다.) 고전적으로 *S*에서 거울을 지나 *P*점까지의 모든 경로는 산란된 가지 파동의 경로에 대응하며 *P*점에서 이러한 각 가지 파동들의 진폭(E_{0j})과 위상이 결과적인 순 진폭 E_0를 결정한다는 것을 알고 있다. 페르마 정리에서 보았던 것처럼 *S*에서 거울을 지나 *P*점까지의 광경로가 *P*점에 도달하는 각 가지 파동들의 위상을 결정한다. 더군다나 **경로 길이**(path length)가 길어질수록 빛은 (역제곱 법칙에 따라) 더욱 더 퍼지고 *P*점에 도달하는 가지 파동의 진폭은 점점 작아진다.

그림 4.80b는 관찰된 경로(*S-I-P*)에서 최소가 되는 *OPL*을 그린 것으로 $\theta_i = \theta_r$이다. (*S-A-P*)와 (*S-B-P*) 사이에서처럼 *OPL*의 커다란 변화는 커다란 위상차를 수반하며 이에 대응해서 그림 4.80c에서 그린 것과 같이 위상자들이 커다란 회전을 한다. *A*에서 *B*를 지나 *C*까지 가고 그래서 *I*까지 간다면 광경로 길이는 점점 빨리 감소하며 그 영역에서 각 위상자들은 작은 각으로 앞의 위상자를 이어 나간다(곡선의 기울기가 됨). 효과적인 면에서 *I*의 왼쪽에서 위상들은 *A*부터 시작하여 *I*까지 반시계 방향으로 회전한다. *OPL*이 *I*에서 최소이기 때문에 이 영역에서 위상자들은 크지만, 위상각(phase angle)은 크지 않다. *I*에서 *J*를 지나 *K*까지 가고 그래서 *Q*까지 간다면 광경로 길이는 점점 더 빨리 증가하며 그 영역에서 각 위상자들은 더 큰 각으로 앞서의 위상자를 이어 나간다. 효과적인 면에서 *I*의 오른쪽에서 위상들은 *I*부터 시작하여 *Q*까지 시계 방향으로 회전한다.

그림 4.80c에서 그 최종적인 진폭의 시작하는 꼬리부터 끝나는 머리까지를 보여 주고 있으며, 이것은 고전적으로 *P*점에서의 순 전기장 진폭에 대응한다. 복사 조도 *I*는 순 전기장 진폭의 제곱에 비례하며 이것은 검출기를 *P*점에 놓았을 때 이 검출기로 하나의 광자를 발견할 가능성을 측정하는 것이다.

산란된 가지 파동과 전기장의 고전적 아이디어를 뛰어넘어서 이를 양자역학적으로 취급해 보자(그럼에도 불구하고 이 고전적 아이디어는 여러 개념들을 잘 이해하도록 해준다). 광자들은 무수히 많은 다른 경로를 따라 *S*에서 거울을 지나 *P*점까지 갈 수 있다. 이러한 각 경로는 최종 결과에 특별한 기여를 한다고 가정하는 것은 타당하다. 즉 거울의 끝부분에서 *P*로 가는 어떤 대단히 긴 경로는 대부분의 직접적인 경로들과는 기여하는 바가 매우 다르다. 파인만에 따르면 어떤 복소수 양(아직 정의하지 않았지만)인 **양자역학적 확률 진폭[quamtum-mechanical(QM) probability amplitude]** 성분들을 각 가능한 경로와 결합시킬 수 있다. 이러한 각 양자역학 확률 진폭 성분들을 위상자 각이 *S*에서 거울을 지나 *P*점까지 비행하는 총시간에 의해서 결정되는 위상자로 표현할 수 있는데, 이 위상자의 크기는 진행한 경로의 길이로 결정한다. (물론 이것은 그림 4.80c에서 각 위상자들을 가지고 구하는 것이다. 여전히 고전 전기장이 QM 확률 진폭일 수는 없다는 확실할 만한 이유가 있다.) 총 QM 확률 진폭은 모든 가능한 경로들에 대응하는 모든 위상자들의 합이고, 이것은 그림 4.80c에서 보여 준 최종적인 위상자와 매우 유사하다.

그림 4.80c에 다시 이름을 붙이면 이것은 양자역학적 공식화를 나타낸다. 명백히 **최종적인 QM 확률 진폭의 대부분의 길이는 경로 *S-I-P*의 바로 근처 경로들의 길이들로부터 생긴다. 여기에서 위상자 성분들은 크고 거의 위상 일치 상태이다.** 빛이 반사에 의해서 *S*에서 *P*까지 축적된 확률 대부분은 경로 *S-I-P* 및 바로 근처 경로를 따라서 생긴다. 거울 양 끝 부분 영역은 위상자들이 양쪽 극한 부분에서 돌돌 말린 나선 모양이기 때문에 이 확률에 거의 기여하지 못한다(그림 4.80c). 거울 양쪽 끝을 덮어버려도 최종적인 진폭의 길이에 미치는 효과가 거의 없을 것이며, 이 때문에 *P*에 다다르는

광량에 미치는 영향도 거의 없다. 이러한 도표가 오히려 자연스럽다는 것을 기억하라. 즉 S에서 P까지 놓여 있는 17개의 경로 대신에 수십억 개의 가능한 경로가 있고 나선 양끝에서의 위상자들은 시간이 무한히 지남에 따라 감겨간다.

QED는 점광원 S에서 방출되는 빛이 거울면 전체에서 P로 반사하지만 대부분의 경로는 S-I-P이며 $\theta_i = \theta_r$이라는 것을 예측하게 해준다. P에 눈을 놓고 거울을 본다면 하나의 선명한 S의 상을 보게 된다.

4.11.2 광자와 반사 법칙 및 굴절 법칙

빛이 광자의 흐름으로 되어 있다고 가정하고 입사각 θ_i로 두 유전체 물질(예를 들어 공기와 유리) 사이의 경계면으로 입사하는 하나의 광자를 생각하자. (예를 들어 유리의) 한 원자가 이 광자를 흡수하고 곧바로 이 광자와 똑같은 광자를 복사하여 θ_t로 투과시킨다. 만약에 이 투과된 광자가 가느다란 레이저빔 내에 존재하는 수십억 개의 광자들 중 하나라면 그것이 스넬의 법칙을 따라갔을 것이다. 이러한 상황을 알아보기 위해서 한 개의 광자가 벌이는 항해의 과정 및 그 운동학을 추적해 보기로 하자. 식 (3.54)인 $p = h/\lambda$라는 것과 이 광자의 운동량이

$$\vec{\mathbf{p}} = \hbar\vec{\mathbf{k}}$$

이라는 것을 기억하자. 여기서 $\vec{\mathbf{k}}$는 전파 벡터이고 $\hbar \equiv h/2\pi$이다. 결과적으로 입사 운동량과 투과 운동량은 각각 $\vec{\mathbf{p}}_i = \hbar\vec{\mathbf{k}}_i$와 $\vec{\mathbf{p}}_t = \hbar\vec{\mathbf{k}}_t$이다. 별다른 타당성 증명이 없이도 빛이 입사할 때 경계면 근방에서 경계면에 수직한 운동량 성분이 바뀌는 동안 경계면에 평행한 성분은 변화 없이 빛이 경계면을 지나간다고 가정할 수 있다. 실험적으로 경계면에 수직한 선형 운동량 성분이 입사 빔에서 물질 쪽으로 전이될 수 있다(3.3.4절 참조). 단일 원자의 경계면에 평행한 운동량 성분이 보존된다는 말은 다음과 같이 식으로 기술할 수 있다.

$$p_i \sin\theta_i = p_t \sin\theta_t$$

우리는 여기에서 중요한 전환점을 맞는다. 즉 고전적으로 물질 입자의 운동량은 이 입자들의 속도에 의존한다. $n_t > n_i$일 때 (스넬의 법칙과 위의 수식으로부터) $p_t > p_i$이고 이로 인하여 아마도 빛의 입자들은 속력이 높아질 것이다. 데카르트(René Descartes)(1637)의 논문에서 나오는 굴절 법칙에 대한 최초의 유도 결과를 보면, 빛을 광학적으로 보다 더 밀도가 높은 매질로 빛이 들어가면 속력이 커지는 입자 흐름으로 잘못된 취급하고 있다(연습문제 4.12 참조). 이와는 대조적으로 아마도 영이 빛이 밀도가 큰 매질로 입사할 때 빛의 파장이 짧아진다는 것을 최초로 측정한 사람일 것이다 (≈1802).* 그는 빛의 속력이 위의 사실로부터 실제로 줄어든다고 올바로 언급하였다. 즉 $v < c$이다.

양자역학으로부터 항상 광자의 속력이 c라는 것과 이 광자의 운동량이 빛의 파장에 의존하는 것이지 속력에 의존하는 것이 아니라는 것을 알게 된다. 따라서

$$\frac{h}{\lambda_i}\sin\theta_i = \frac{h}{\lambda_t}\sin\theta_t$$

이다. 이 식의 양변에 c/v를 곱하면 스넬의 법칙이 된다.

위의 해석은 상당히 간단하지만 교육적으로는 효과가 있다.

* 이러한 것을 증명한 푸코(Foucault)의 결정적인 실험이 1850년에 있었다.

연습문제

***가 붙지 않은 문제의 풀이는 책 뒤에 나와 있다.**

4.1 차원 분석(dimensional analysis)을 사용하여 레일리 산란에서 산란된 빛의 비율이 λ^{-4}에 의존한다는 것을 보여라. E_{0i}와 E_{0s}를 입사파 진폭과 산란파 진폭이라고 하자. 여기서 산란파 진폭은 산란자로부터 거리 r만큼 떨어진 곳에서 측정한다. $E_{0s} \propto E_{0i}$와 $E_{0s} \propto 1/r$이라고 가정하자. 이에 더해서 산란된 파의 진폭이 산란자의 부피 V에 비례한다고 가정하자. 이것은 극한 내에서는 타당한 가정이다. 비례 상수의 단위를 정하라.

4.2* 백색 조명등 빛이 대부분 산소와 질소의 희박한 분자 기체 혼합이 들어있는 큰 부피 속을 지나간다. 황색광(580 nm)에서 일어나는 상대적 산란량과 보라색광(400 nm)에서 일어나는 산란량을 비교하라.

4.3* 그림 P.4.3은 점광원에서 나오는 빛을 묘사한다. 이 그림

그림 P.4.3 구면파의 일부분

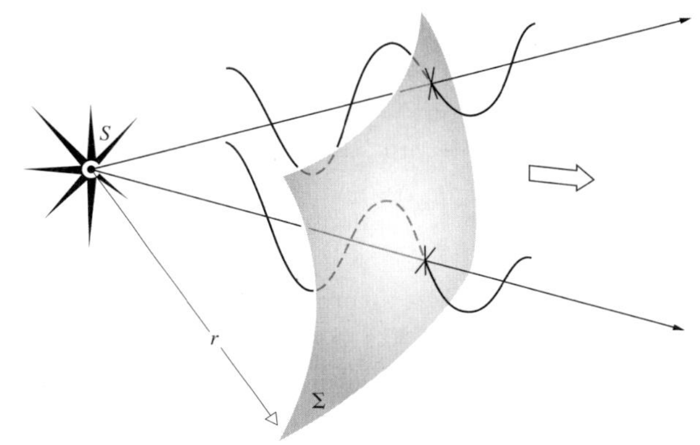

은 바깥으로 흘러나가는 복사 에너지에 대한 3가지 다른 표현을 나타내고 있다. 각각을 확인하고 다른 것들과의 관계에 대해서 논하라.

4.4 구동 감쇠 진동자(driven damped oscillator)에 대한 방정식은

$$m_e\ddot{x} + m_e\gamma\dot{x} + m_e\omega_0^2 x = q_e E(t)$$

이다.

(a) 각 항들의 중요성을 설명하라.

(b) $E = E_0 e^{i\omega t}$라고 하고 $x = x_0 e^{i(\omega t - \alpha)}$라고 하자. 여기서 E_0와 x_0는 실수 양들이다. 이를 위의 식에다 대입하여 다음을 보여라.

$$x_0 = \frac{q_e E_0}{m_e}\frac{1}{[(\omega_0^2 - \omega^2)^2 + \gamma^2\omega^2]^{1/2}}$$

(c) 위상 지연 α에 대한 표현을 유도하고 ω가 $\omega \ll \omega_0$부터 $\omega = \omega_0$를 지나 $\omega \gg \omega_0$까지 변함에 따라 α가 어떻게 변하는지를 논하라.

4.5 굴절률이 n이고 두께가 Δy인 비흡수 유리판을 광원 S와 관찰자 P 사이에 세워 놓는다고 상상하자.

(a) 광학 교란되지 않은 파(판이 없을 때)를 $E_u = E_0 \exp i\omega(t - y/c)$라고 한다면 이를 유리판을 통해서 볼 때 관찰자가 다음과 같은 파를 본다는 것을 증명하라.

$$E_p = E_0 \exp i\omega[t - (n-1)\Delta y/c - y/c]$$

(b) $n \approx 1$이거나 Δy가 매우 작다면

$$E_p = E_u + \frac{\omega(n-1)\Delta y}{c} E_u e^{-i\pi/2}$$

이라는 것을 보여라. 오른쪽의 두 번째 항을 유리판에 있는 진동자들로부터 생기는 장으로 상상할 수 있을지도 모른다.

4.6* 매우 가느다란 레이저빔이 수평으로 놓여있는 거울 위를 58°의 각도로 입사한다. 반사된 빔이 거울과 만나는 입사점에서 5.0 m 멀리 떨어져 있는 한 지점에 서 있는 벽에 부딪힌다. 수평적으로 이 벽은 입사점에서 얼마나 멀리 있는가?

4.7* 노드(Nod)의 영웅인 프레드(FRED)의 무덤을 들어가자마자 마루로부터 3.0 m 위쪽에 있는 벽에 조그마한 구멍이 뚫린 어둡고 밀폐된 공간을 발견할 수 있다. 일 년에 한번 있는 프레드의 생일에 햇빛 줄기가 이 구멍을 통해 들어와서 벽으로부터 4.0 m 떨어져 있는 조그마한 반짝이는 금판에서 반사한 후 벽에서 20 m 떨어진 프레드의 영광스러운 조각상의 전면에 박혀있는 거대한 다이아몬드를 빛나게 한다. 대충 이 조각상은 얼마나 큰가?

4.8* 그림 P.4.8은 코너 거울(corner mirror)이라고 하는 것이다. 주어진 입사 광선에 대해서 출사 광선의 방향은 어디인가?

그림 P.4.8

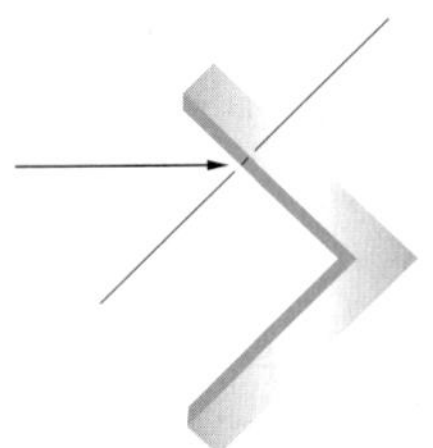

4.9* 그림 P.4.9에서처럼 빛의 빔이 거울-1에서 반사한 후 거울-2를 반사한다. 각도 θ_{r1}과 각도 θ_{r2}를 구하라.

그림 P.4.9

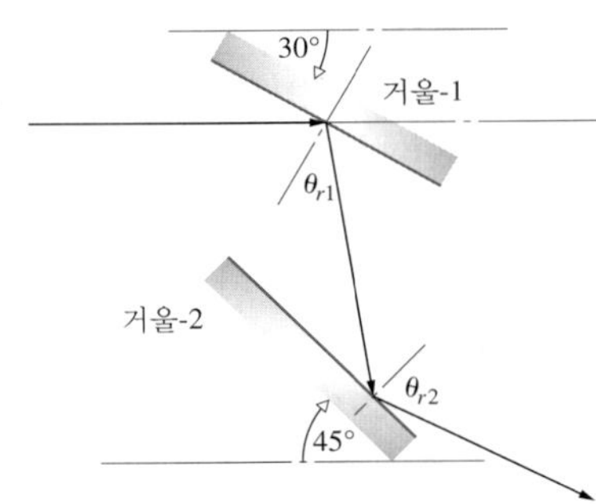

4.10* 그림 4.33과 하위헌스의 광선 작도법으로 되돌아가서 이로부터 스넬의 법칙을 유도하는 것을 증명하라.

4.11 공기 중에서 30°로 크라운 유리($n_g = 1.52$) 블록에 입사하는 광선에 대한 투과각을 계산하라.

4.12* 그림 P.4.12의 작도는 굴절 법칙에 대한 데카르트(Descarte)의 유도법에 대응한다. 빛이 S에서 O로 진행함과 동시에 O에서 P로 진행한다. 그리고 이 빛의 횡방향 운동량(transverse momentum)은 빛이 경계면을 지나가는 동안에도 변하지 않는다. 스넬의 법칙을 유도하기 위하여 이 결과를 사용하라.

그림 P.4.12

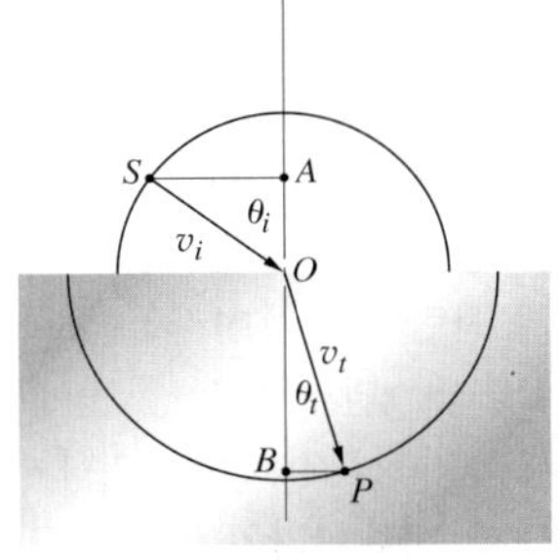

4.13* 공기 중에서 레이저빔이 30.0°의 입사각으로 유리판($n_g = 1.50$)의 평면으로 입사한다. 유리 내에서는 입사 빔이 직선으로 연결되지 않고 편의각(deviation angle)이라고 하는 각도 θ_d만큼 법선 방향으로 구부러져서 들어간다. 이 각도를 구하라.

4.14* 그림 P.4.14는 빛이 공기에서 광학적으로 밀한 매질로 지나갈 때 측정한 입사각의 사인(sine)값 대 투과각의 사인값을 그린 그래프이다. 이 그래프에 대해서 논하라. 이 직선의 기울기는 어떤 중요성을 갖는가? 이런 밀한 매질이 있다고 가정하라.

그림 P.4.14

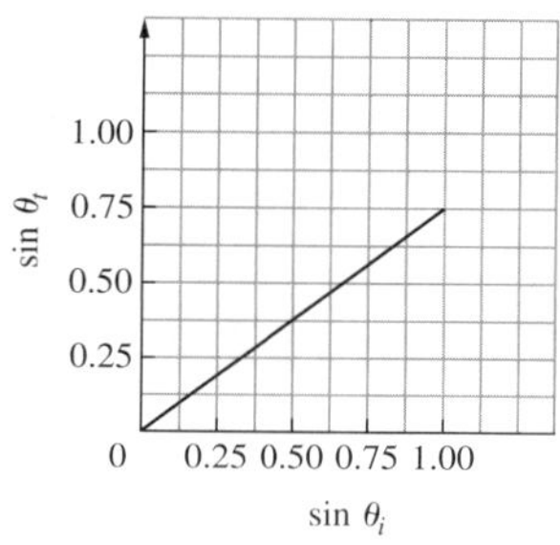

4.15* 나트륨(sodium) 방전 램프에서 나오는 노란색 광선이 45°의 각도로 공기 중에 있는 다이아몬드 표면에 입사한다. 이 진동수에서 $n_d = 2.42$라면 투과 시의 각도 변화를 계산하라.

4.16* 물($n_w = \frac{4}{3}$)과 유리($n_g = \frac{3}{2}$)가 경계면을 이루고 있다. 물속에서 이 경계면에 45°로 입사하는 빔의 투과각을 계산하라. 만약 투과된 빔의 역방향으로 빔이 경계면에 입사한다면 $\theta_t = 45°$임을 보여라.

4.17 파장이 12cm인 평면파 형태의 마이크로파 빔이 45°로 유전체 표면에 입사한다. 만약 $n_{ti} = \frac{4}{3}$라면 (a) 투과 매질 내에서 파장과 (b) 투과각 θ_t를 계산하라.

4.18* 진공 중에서 파장 600nm인 빛이 유리($n_g = 1.5$) 블록으로 입사한다. 유리 내에서 빛의 파장을 계산하라. 유리 내에 있는 관측자에게는 무슨 색으로 보이겠는가? (표 3.4 참조)

4.19* 레이저빔이 55°의 경사각으로 공기−액체 경계면으로 들어간다. 굴절 광선이 40°로 투과한다. 이 액체의 굴절률은 얼마인가?

4.20* 수중에서 수영하는 사람은 물 표면에서 밝게 빛줄기가 반짝이는 것을 본다. 이 빛들은 35°로 공기−물 경계면으로 들어간다. 이 빛은 몇 도의 각도로 공기층에서 나타나는가?

4.21 공기−유리 경계에 대해서 θ_i 대 θ_t의 그림을 그려라(여기서 $n_{ga} = 1.5$). 이 곡선의 모양이 갖는 의미에 대해서 토론하라.

4.22* 공기 중에서 지름 D인 레이저빔이 θ_i라는 각도로 유리(n_g) 조각에 입사한다. 유리에서 이 빔의 지름은 얼마인가?

4.23* 대단히 좁은 백색광의 빔이 공기 중에서 두께가 10.0cm인 유리판에 60.0°의 각도로 입사한다. 적색광에 대한 굴절률은 1.505이고 보라색광에 대해서는 1.545이다. 유리판에서의 근사적인 지름은 얼마인가?

4.24* 깊이가 10.0cm인 그릇이 올리브 오일로 채워져 있다. 이 그릇 바닥에 놓은 동전 한 개를 수직으로 위에서 내려다본다. 이 동전은 수면 아래로 얼마의 깊이에 나타날 것인가?

4.25* 굴절률이 3/2인 유리 블록에서 이 블록의 수평으로 놓인 평평한 위쪽 면 아래의 3.0cm 지점에 작은 흠이 있다. 수면 위의 8.0cm 지점에 있는 카메라가 수직으로 이 흠을 바라본다. 이 흠은 카메라 렌즈로부터 수면 방향 쪽으로 얼마인 곳에 나타나는가?

4.26* 레이저빔이 35°의 각도로 두께 2.00cm인 평행 유리판의 윗면으로 들어간다. 유리를 통과하는 실질적인 경로의 길이는 얼마인가?

4.27* 빛이 공기−유리 경계면으로 공기 쪽에서 입사한다. 유리의 굴절률이 1.70이라면, 투과각이 $\frac{1}{2}\theta_i$가 되는 입사각은 얼마인가?

4.28* 부착용 접사 벨로우즈(close-up bellows)를 설치한 카메라로 이 페이지에 인쇄되어 있는 글자들을 직접 촬영한다고 가정하자. 이 글자를 굴절률 1.55이면서 두께 1.00mm인 현미경 슬라이드 유리판으로 덮는다. 이때 글자에 초점을 맞추기 위해서는 카메라를 얼마나 높이로 들어 올려야 하는가?

4.29* 물($n_W = 1.33$)로 가득 찬 깊이 1.00m의 물탱크의 바닥에 동전을 하나 놓았다. 두께 20.0cm의 벤젠($n_b = 1.50$)층이 물 위쪽에 떠 있다. 거의 수직으로 이들을 내려다본다면 동전은 가장 상층 표면 아래쪽으로 얼마나 멀리 나타나는가? 광선 그림을 그려라.

4.30 그림 P.4.30에서 입사 매질의 파면들은 경계면의 모든 곳에서 투과 매질의 파면과 만난다. 이것은 **파면 연속성**(wave-front continuity)으로 알려진 개념이다. 한 경우는 θ_i와 λ_i를, 또 다른 경우는 λ_t와 θ_t를 사용하여 경계면을 따라 단위 길이당 파수에 대해서 기술하라. 이들을 이용하여 스넬의 법칙을 유도하라. 스넬의 법칙을 음파에 적용할 수 있겠는가? 설명하라.

그림 P.4.30

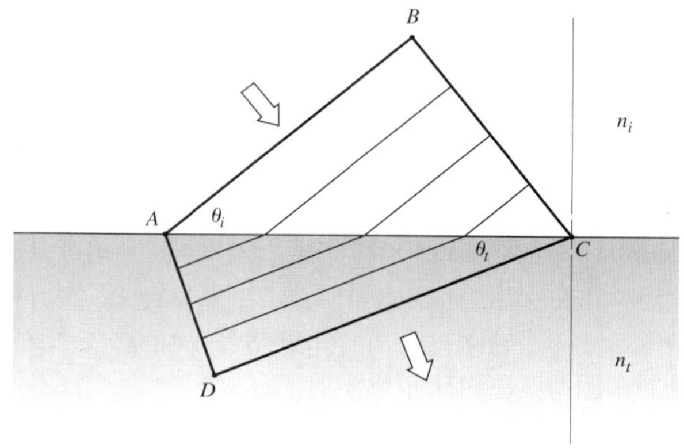

4.31* 앞의 연습문제를 생각하면서 식 (4.19)로 되돌아가자. 경계면(그림 4.47) 위에 있으면서 입사면 내에 있는 점을 좌표계

의 원점으로 잡아라. 그러면 식 (4.19)가 여러 전파 벡터들의 x 성분들을 같게 한다는 것을 보여라. 또한 그것이 파면 연속성의 개념과 같음을 보여라.

4.32 대응점들 사이에 동일한 통과 시간이 걸린다는 개념과 광선과 파면 사이의 직교성을 이용하여 반사 법칙과 스넬의 법칙을 유도하라. 그림 P.4.32의 광선 도식을 참고하라.

그림 P.4.32

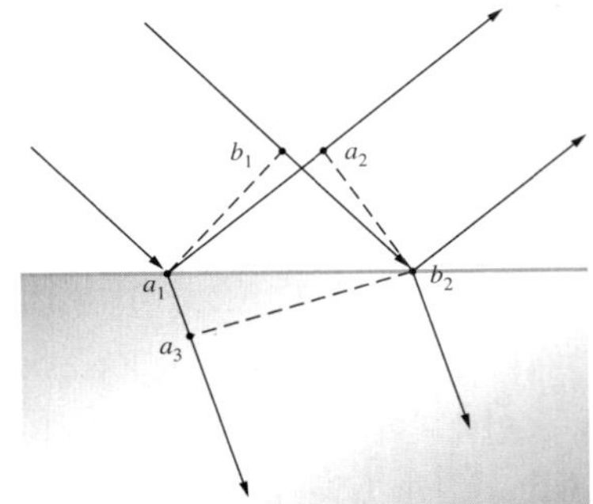

4.33 스넬의 법칙으로 출발하여 다음의 벡터 굴절 방정식을 증명하라.

$$n_t\hat{\mathbf{k}}_t - n_i\hat{\mathbf{k}} = (n_t\cos\theta_t - n_i\cos\theta_i)\,\hat{\mathbf{u}}_n \qquad [4.7]$$

4.34 반사 법칙을 벡터 표현으로 유도하라. 앞에서와 같이 법선이 입사 매질로부터 투과 매질로 향하게 선택한다.

4.35 평면으로부터 반사하는 경우 페르마 원리를 이용하여 입사 광선과 반사 광선이 법선 방향 $\hat{\mathbf{u}}_n$과 같은 평면, 즉 입사면에 있음을 증명하라.

4.36* 페르마 원리가 요구하는 것과 같이 통과 시간을 최소화하는 계산을 이용하여 반사의 법칙($\theta_i = \theta_r$)을 유도하라.

4.37* 수학자인 슈바르츠(Hermann Schwarz)에 의하면 한 예각 삼각형 내부에 둘레의 길이가 최소가 되는 한 개의 삼각형을 삽입할 수 있다고 한다. 두 평면 거울과 하나의 레이저빔, 그리고 페르마 원리를 이용하여 다음을 설명하라. 예각 삼각형의 높이들이 대응되는 면과 교차하는 점들에 이 삽입된 삼각형의 꼭짓점을 갖는다.

4.38 그림 P.4.38에서 볼 수 있듯이 (굴절률 n_1인 매질 내에서) (굴절률이 n_2이고 두께가 d인) 투명한 평면판에 입사하는 빔이 입사 방향과 평행하게 나온다는 것을 해석적으로 보여라. 이 빔의 횡변위(lateral displacement) (a)에 관한 표현을 유도하라. 다른 물질로 구성된 여러 층의 투명한 판들에 대해서도 입사 광선과 나오는 광선은 서로 평행하다.

그림 P.4.38 (E. H.)

4.39* 그림 P.4.39에 주어진 시스템에 서로 평행하게 들어가는 두 광선이 평행하게 나온다는 것을 보여라.

그림 P.4.39

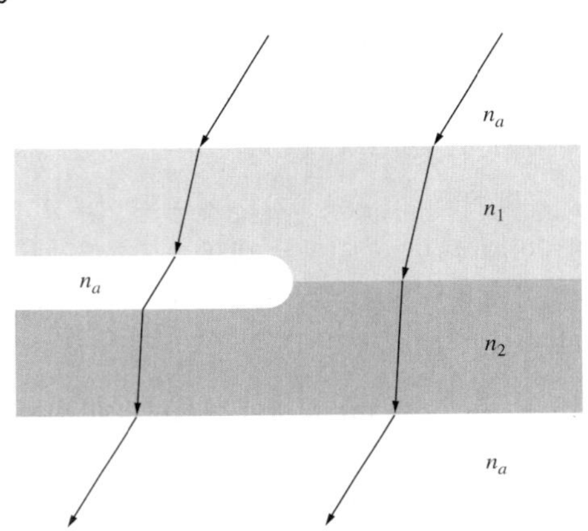

4.40 페르마 원리에 비추어 연습문제 4.38의 결과를 논의하라. 즉 상대 굴절률 n_{21}이 어떻게 그 상황에 영향을 미치는지를 논의하라. 횡변위를 보기 위해서 두꺼운 유리 조각(¼인치 정도) 혹은 같은 각도를 유지하는 여러 장(4개 정도)의 현미경 슬라이드를 통하여 넓은 광원을 보라. 직접적으로 본 광원의 영역과 유리를 통해본 영역 사이에 명확한 변이가 있을 것이다.

4.41* 그림 P.4.41의 3장의 사진을 조사하라. (a)는 플렉시글라스(Plexiglas)로 제작된 한 개의 넓은 블록을 보여 준다. (b)는 플렉시글라스인 두 개의 좁은 블록을 보여 주는데, 이 블록의 폭은 첫 번째 블록 폭의 절반이며, 한 블록을 다른 블록에 대해서 가볍게 눌러준다. (c)는 동일한 두 개의 플랙시글라스로 된 블록을 보여 주는데, 이 두 블록은 피마자유(castor oil)의 박막으로 분리되어 있다. 여러분이 플렉시글라스를 통하여 본 것을 말하라. (a)와 (c)를 비교하라. 피마자유와 플렉시글라스에 관하여 여러분은 무엇을 말할 수 있는가?

그림 P.4.41 (G. Calza, T. Lopez-Arias, L. M. Gratton, and S. Oss, *The Physics Teacher* **48**, 270 (2010). Copyright 2010, American Association of Physics Teacher의 허락하에 게재함.)

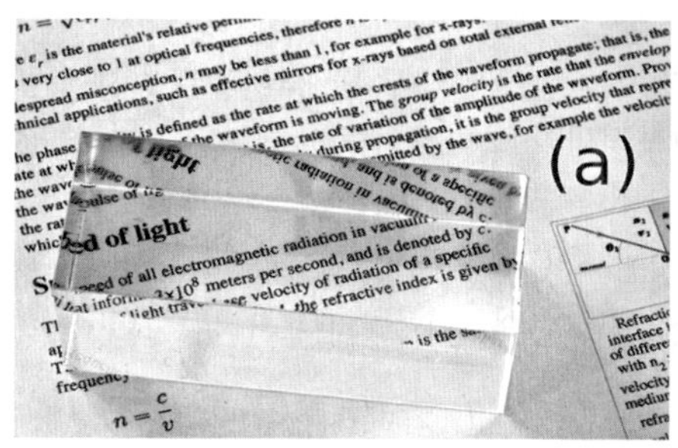

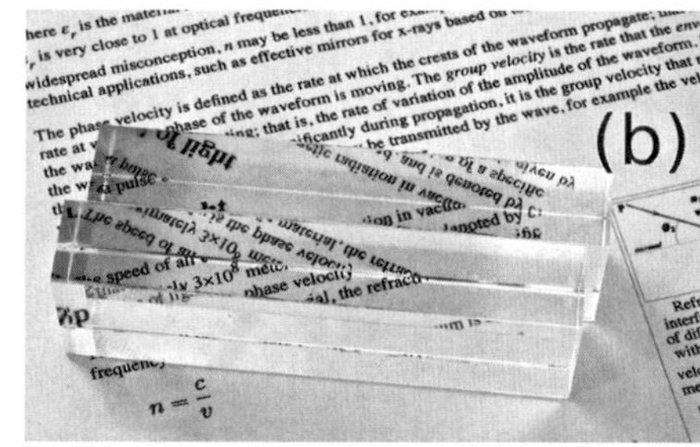

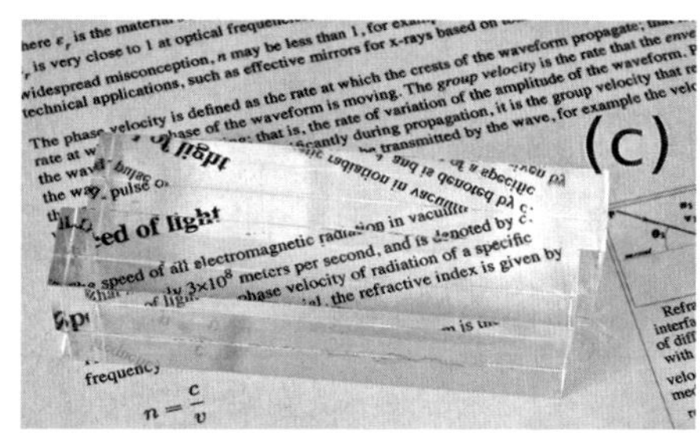

4.42 입사 평면에서 선형 편광된 광파가 30°로 공기 중에 놓인 크라운 유리(n_g = 1.52)판에 입사한다고 가정하자. 경계면에서 알맞은 진폭 반사 계수와 진폭 투과 계수를 계산하라. 이 결과를 그림 4.47과 비교하라.

4.43 $r_\perp$, $r_\parallel$, $t_\perp$, $t_\parallel$에 대한 식 (4.42)로부터 식 (4.45)까지를 유도하라.

4.44* 공기 중에서 빔이 수직 법선에서 22.0°의 각도로 굴절률 1.55인 매끄러운 플라스틱 조각으로 입사한다. 입사면에 평행한 입사 전기장 진폭 성분과 입사면에 수직한 입사 전기장 진폭 성분이 각각 10.0 V/m 및 20.0 V/m이다. 이에 대응하는 반사 전기장 진폭을 구하라.

4.45* 공기와 굴절률 n인 유전체 사이의 경계면으로 레이저빔이 입사한다. 작은 θ_i에 대해서 $\theta_t = \theta_i/n$임을 보여라. 이 경계면에 레이저빔이 거의 수직으로 입사할 경우 $[-r_\perp]_{\theta_i \approx 0} = (n-1)/(n+1)$를 유도하기 위해서 앞서의 결과와 식 (4.42)를 적용하라.

4.46* 두 유전체 사이의 경계면에서 수직 입사하는 경우에

$$[t_\parallel]_{\theta_i=0} = [t_\perp]_{\theta_i=0} = \frac{2n_i}{n_i + n_t}$$

임을 증명하라.

4.47* 전기장이 입사면에 수직인 상태로 편광된 거의 단색인 레이저빔이 공기에서 유리(n_t = 1.50)로 들어간다. 이때 투과 진폭 계수를 구하라. 유리에서 공기로 수직으로 입사하는 레이저빔에 대해서 다시 계산하라. 앞의 연습문제를 참조하라.

4.48* 앞의 연습문제로부터 공기에서 유리로 수직 입사하는 경우와 유리에서 공기로 수직 입사하는 두 경우에 대한 반사 진폭 계수에 대응하는 값을 계산하라. 식 (4.49)인 $t_\perp + (-r_\perp) = 1$이 양쪽 경우에 모두 적용된다는 것을 보여라.

4.49* 빛이 공기에서 굴절률 1.522인 크라운 유리판으로 수직하게 입사한다. 반사율(reflectance)과 투과율(transmittance)을 구하라.

4.50* 500 W/m^{2}의 복사 조도를 갖는 준단색광의 빔이 공기 중에서 물(n_W = 1.333) 표면으로 수직하게 입사한다. 투과 복사 조도는 얼마인가?

4.51* 프레넬 방정식을 이용하여

$$r_\perp = \frac{\cos\theta_i - \sqrt{n_{ti}^2 - \sin^2\theta_i}}{\cos\theta_i + \sqrt{n_{ti}^2 - \sin^2\theta_i}}$$

와

$$r_\parallel = \frac{n_{ti}^2\cos\theta_i - \sqrt{n_{ti}^2 - \sin^2\theta_i}}{n_{ti}^2\cos\theta_i + \sqrt{n_{ti}^2 - \sin^2\theta_i}}$$

을 증명하라.

4.52* 무편광된 빛이 법선으로부터 30.0°의 각도로 공기에서 굴절률이 1.60인 유리판의 평평한 면으로 입사한다. 전기장이 입사면에 수직한 경우와 평행한 두 경우에 대한 반사 진폭 계수를 구하라. 이 경우 부호는 왜 중요한가? 앞의 연습문제에서 부호를 검토하라.

4.53* 앞의 연습문제로부터 $R_\perp$, $R_\parallel$, $T_\perp$, $T_\parallel$, 순 투과율 T, 순 반사율 R을 계산하라.

4.54* 1000 W/m^{2}의 무편광된 빛이 공기로부터 n_{ti} = 3/2인 공기-유리의 경계면에 입사한다. 만약에 전기장이 입사면에 수직인 빛의 투과율이 0.80이라면, 이 빛의 얼마 정도가 반사하는가?

4.55* 무편광된 빛의 빔이 공기-플라스틱 경계면에서 2000 W/m^{2}의 복사 조도로 입사한다. 경계면에서 전기장이 입사면에 수직하게 편광된 반사광의 복사 조도가 300 W/m^{2}이며, 경계면에서 전기장이 입사면에 평행하게 편광된 반사광의 복사 조도가 200 W/m^{2}라는 것을 알았다. 이 경계면을 빔이 지나갈 때 순 투과율을 구하라.

4.56* 앞의 연습문제에서 에너지가 보존되는 것을 증명하라.

4.57* 400 W/m^{2}의 복사 조도를 갖는 준단색광의 광이 사람 눈의 각막(n_c = 1.376)에 수직으로 입사한다. 만약에 이 사람이 물(n_W = 1.33) 속에서 수영한다면 각막에서의 투과 복사 조도는 얼마인가?

4.58* 공기-물(n_w = 4/3) 경계면에서의 진폭 반사 계수와 공기-크라운 유리(n_g = 3/2) 경계면에서의 진폭 반사 계수를 비교하라. 단 이 두 경우 모두 거의 수직 입사이다. 이에 대응하는 반사광의 복사 조도와 입사광의 복사 조도의 비는 얼마인가?

4.59* 거의 수직 입사인 경우, 연습문제 4.45인 $[-r_\perp]_{\theta_i \approx 0} = (n-1)/(n+1)$ 보다 더 좋은 근사인

$$[-r_\perp]_{\theta_i \approx 0} = \left(\frac{n-1}{n+1}\right)\left(1+\frac{\theta_i^2}{n}\right)$$

를 구하기 위해서 사인(sine) 함수의 멱급수 전개법(power series expansion)과 식 (4.42)를 적용하라.

4.60* 거의 수직 입사인 경우 다음과 같은 식이 좋은 근사식이 되는 것을 보여라.

$$[r_\parallel]_{\theta_i \approx 0} = \left(\frac{n-1}{n+1}\right)\left(1-\frac{\theta_i^2}{n}\right)$$

[힌트: 앞 연습문제의 결과인 식 (4.43)과 사인 함수와 코사인 함수의 멱급수 전개법을 사용하라.]

4.61* 그림 4.49에서처럼 진공-유전체 경계면에 대해서 수평 입사의 경우 $r_\perp \to -1$임을 증명하라.

4.62* 그림 4.49에서 입사각이 90°에 접근함에 따라 $r_\perp$의 곡선이 −1.0에 접근한다. 만약에 $\alpha_\perp$가 θ_i = 90°로 되는 각도라면,

$$\tan\alpha_\perp = \frac{\sqrt{n^2-1}}{2}$$

임을 증명하라.[힌트: 먼저 $d\theta_t/d\theta_i = 0$를 증명하라.]

4.63 경계 조건을 이용하고 프레넬 방정식을 이용하여 모든 θ_i에 대해

$$t_\perp + (-r_\perp) = 1 \qquad [4.49]$$

이 됨을 증명해 보여라.

4.64* 크라운 유리와 공기(n_{ti} = 1.52)의 경계면에서 θ_i = 30°에 대해

$$t_\perp + (-r_\perp) = 1 \qquad [4.49]$$

이 됨을 증명해 보여라.

4.65* 프레넬 방정식을 적용하여, 빛이 $\theta_p = \frac{1}{2}\pi - \theta_t$로 입사할 때 반사된 빛이 편광되어 있음을 증명하라.

4.66 $\tan\theta_p = n_t/n_i$임을 보이고, 공기 중에서 크라운 유리(n_g = 1.52)판 위로 입사할 때 외부 입사에 대한 편광각을 계산하라.

4.67* 식 (4.38)로부터 시작하여 일반적으로 두 유전체에 대하여 다음이 성립함을 보여라.

$$\theta_p = [\epsilon_t(\epsilon_i\mu_i - \epsilon_i\mu_t)/\epsilon_i(\epsilon_i\mu_t - \epsilon_i\mu_i)]^{1/2}$$

4.68 주어진 경계면에서 내부 반사와 외부 반사에 대한 편광각이 서로 상보적임을 보여라. 즉 $\theta_p + \theta_p'$ = 90°(연습문제 4.66 참조)임을 보여라.

4.69 진동면과 입사면 사이의 각으로 정의되는 **방위각** γ을 이용하는 것이 종종 유용하다. 그래서 선편광된 빛에 대해서는

$$\tan\gamma_i = [E_{0i}]_\perp/[E_{0i}]_\parallel \qquad (4.92)$$

$$\tan\gamma_t = [E_{0t}]_\perp/[E_{0t}]_\parallel \qquad (4.93)$$

그리고

$$\tan\gamma_r = [E_{0r}]_\perp/[E_{0r}]_\parallel \qquad (4.94)$$

이 된다. 그림 P.4.69는 공기-유리(n_{ga} = 1.51) 경계면에서 내부 반사와 외부 반사에 관하여 γ_r대 θ_i에 대한 그림이다. 여기서 γ_i = 45°이다. 곡선상의 몇 개의 점에 대해 검증해 보고 덧붙여

$$\tan\gamma_r = -\frac{\cos(\theta_i-\theta_t)}{\cos(\theta_i+\theta_t)}\tan\gamma_i \qquad (4.95)$$

임을 증명하라.

4.70* 연습문제 4.69의 방위각의 정의를 이용하여

그림 P.4.69

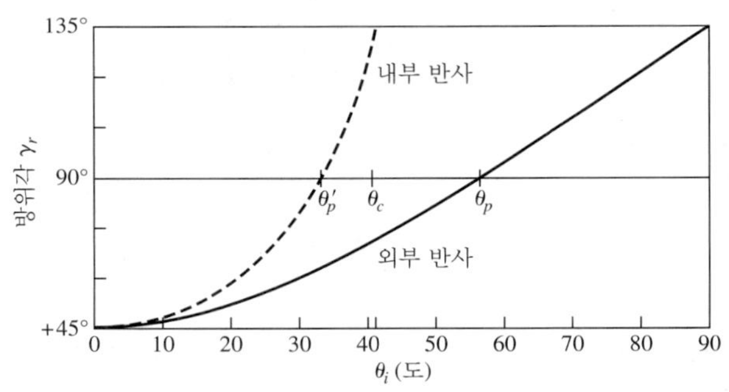

$$R = R_\parallel\cos^2\gamma_i + R_\perp\sin^2\gamma_i \qquad (4.96)$$

와

$$T = T_\parallel\cos^2\gamma_i + T_\perp\sin^2\gamma_i \qquad (4.97)$$

를 증명하라.

4.71 n_i = 1.5와 n_t = 1(즉 내부 반사)에 대해서 입사각 대 $R_\perp$와 $R_\parallel$을 그려라.

4.72 다음을 증명하라.

$$T_\parallel = \frac{\sin 2\theta_i \sin 2\theta_t}{\sin^2(\theta_i+\theta_t)\cos^2(\theta_i-\theta_t)} \qquad (4.98)$$

$$T_\perp = \frac{\sin 2\theta_i \sin 2\theta_t}{\sin^2(\theta_i + \theta_t)} \tag{4.99}$$

4.73* 연습문제 4.72의 결과식인 식 (4.98)과 식 (4.99)를 이용하여

$$R_\parallel + T_\parallel = 1 \qquad [4.65]$$

과

$$R_\perp + T_\perp = 1 \qquad [4.66]$$

을 증명하라.

4.74 N개의 현미경 슬라이드 유리 층을 통하여 수직으로 광원을 본다고 가정하자. 열두 개의 슬라이드 글라스를 통하여 볼 때 광원은 현저하게 어두워질 것이다. 흡수를 무시할 수 있다고 가정하여, 유리층의 투과율이

$$T_t = (1 - R)^{2N}$$

으로 주어짐을 보이고, 공기 중에서 세 개의 슬라이드 유리에 대한 T_t를 구하라.

4.75 흡수 매질에 대한 관계식

$$I(y) = I_0 e^{-\alpha y} \qquad [4.78]$$

을 사용하여 **단위 투과율** T_1을 정의한다. 즉 수직 입사일 때 식 (4.55)로부터 $T = I_t/I_i$이고 $y = 1$일 때 $T_1 \equiv I(1)I_0$이다. 앞 문제에서 만약 전체 슬라이드 유리의 두께가 d이고 단위 길이당 투과율이 T_1이라면

$$T_t = (1 - R)^{2N}(T_1)^d$$

와 같이 됨을 보여라.

4.76 빛이 두 유전체의 경계면에 수직으로 입사할 때, $n_{ti} \to 1$이 됨에 따라 $R \to 0$ 그리고 $T \to 1$이 됨을 보여라. 거기에다 $n_{ti} \to 1$이 됨에 따라 모든 θ_i에 대해 $R_\parallel \to 0$, $R_\perp \to 0$, $T_\parallel \to 1$, $T_\perp \to 1$이 됨을 보여라. 위와 같으므로 두 매질의 굴절률이 보다 비슷할수록 반사파에 의해 전달되는 에너지는 점점 작아진다. 분명히 $n_{ti} = 1$일 때 경계면도 없을 것이고 반사도 없을 것이다.

4.77* 식 (4.70)과 식 (4.71)에 의해서 주어지는 $r_\perp$와 $r_\parallel$에 대한 식을 유도하라.

4.78 유전체 경계면에서 $\theta_i > \theta_c$일 때 $r_\parallel$와 $r_\perp$이 복소수이고 $r_\perp r_\perp^* = r_\parallel r_\parallel^* = 1$이 됨을 보여라.

4.79* 공기–유리($n_g = 1.5$) 경계면에서 전반사가 일어나는 임계각을 계산하라.

4.80* 연습문제 4.21로 돌아가서 보면 θ_i가 증가함에 따라 θ_t가 증가한다는 것을 알 수 있다. θ_t의 최댓값이 θ_c라는 것을 증명하라.

4.81* 다이아몬드의 경우 내부 전반사를 하는 임계각은 얼마인가? 잘 자른 다이아몬드에서 광택을 내는 데에 있어서 임계각을 어떻게 해야만 하는가?

4.82* 투명한 미지의 물질 조각을 사용하였을 경우 이 물질 내부에서 빔이 48.0°의 각도로 공기–물질 조각 경계면에서 내부 전반사한다. 이 물질의 굴절률은 얼마인가?

4.83* 프리즘 ABC는 각 $BCA = 90°$와 각 $CBA = 45°$를 갖는다. 공기 중에서 프리즘이 놓여 있으며 AC면을 통과한 빔이 BC면에서 내부 전반사를 한다면 이 프리즘의 최소 굴절률 값은 얼마인가?

4.84* 연못의 매끄러운 수면을 바로 위에서 내려다 본 물고기는 원추형 광선 다발을 받고 하늘과 새들의 영상으로 채워진 빛 고리를 본다. 이 밝은 원형장(circular field)은 어둠으로 둘러싸여 있다. 이것이 어떻게 된 것인지를 설명하고 이 원추각(cone angle)을 계산하라.

4.85* 굴절률 1.55인 유리 조각을 굴절률 1.33의 물로 덮는다. 빛이 유리를 지나간다면 경계면에서의 임계각은 얼마인가?

4.86 내부 반사의 경우 에바네센트 파의 속도에 대한 식을 유도하라. 이것을 c, n_i, θ_i로 나타내어라.

4.87 진공 중에서 파장이 600 nm인 빛이 유리($n_g = 1.5$) 속에서 유리–공기 경계면에 45° 각도로 입사한다. 이때 내부 전반사가 일어난다. 경계면에서 공기 중으로 에바네센트 파의 진폭이 $1/e$로 감소되는 거리를 구하라.

4.88* 유리($\lambda_0 = 500\,\text{nm}$)에서 진행하는 아르곤 레이저($n_g = 3/2$)빔이 공기–유리 경계면에서 내부 전반사를 한다. 만약에 이 레이저빔이 법선으로부터 60.0°로 경계면에 들어간다면, 공기 중에서 에바네센트 파의 진폭이 경계면에서의 에바네센트 파 진폭의 36.8%가 될 때까지 에바네센트 파가 공기 쪽으로 에바네센트 파가 투과하는 깊이를 구하라.

4.89* 큰 다이아몬드 블록 위쪽을 물로 완전히 덮는다. 아주 좁은 레이저빔이 다이아몬드 내에서 위쪽으로 진행하다가 다이아몬드와 물 사이의 경계면에 도달한다. 이 결과 레이저빔이 다이아몬드 쪽으로 완전히 반사되기 위한 최소 입사각을 구하라.

4.90* 아주 큰 파블라이트(Fabulite) 결정 위쪽을 사염화탄소(carbon tetrachloride, CCl_4) 층으로 덮는다. 광선 빔이 이 결정 안에서 위를 향해 가다가 이 결정과 사염화탄소 사이의 경계면으로 입사한다. 이 빛이 경계면에서 결정 쪽으로 완전히 반사하는 (최소) 입사각은 얼마인가?

4.91 그림 P.4.91은 굴절률을 측정하려고 하는 유리판 위에 젖은 종이 필터를 놓고 레이저빔을 쪼여주는 것을 보여 준다. 그리고 이 결과로 생긴 빛의 패턴도 보여 준다. 무엇이 일어났는지를 설명하고 R과 d로 n_i에 대한 식을 유도하라.

4.92 뜨거운 도로 위에 있는 공기가 불균일하기 때문에 생기는 보통의 신기루에 대해 생각해 보자. 이것이 마치 내부 전반사

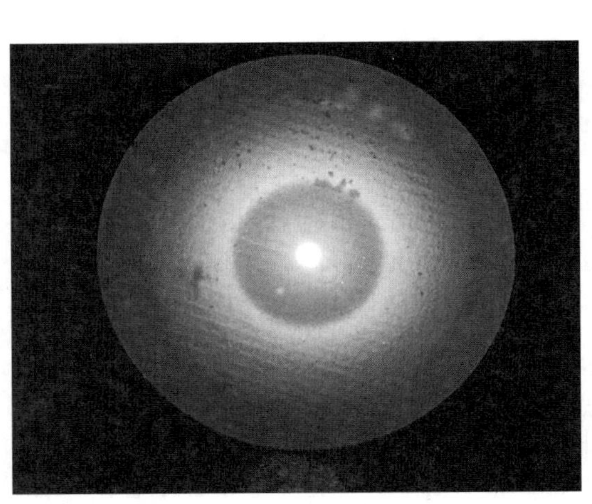

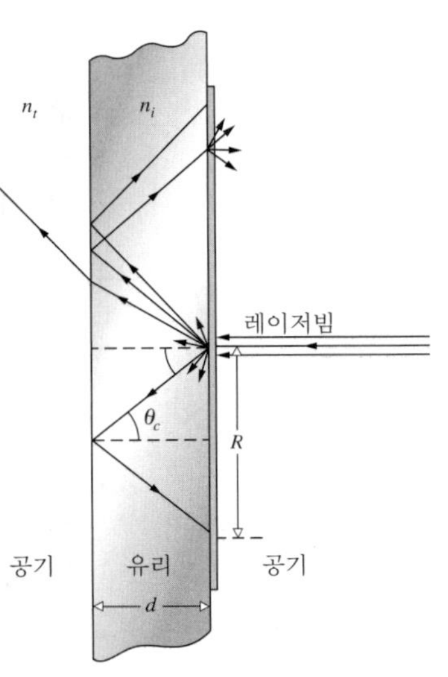

그림 P.4.91(S. Reich, The Weizmann Institute of Science, Israel)

문제처럼 광선이 굽는 것으로 상상해 보자. 만약 관찰자의 머리가 $n_a = 1.00029$인 곳에 있을 때 관찰자가 도로 아래쪽으로 $\theta_i \geq 88.7°$인 범위에 나타난 점을 본다면 도로 바로 위의 공기의 굴절률은 얼마인가?

4.93 그림 P.4.93은 유리 입방체 옆에 매우 근접해 있는 네 개의 유리 프리즘을 그려 놓았다. 그림에서 보여 준 두 광선에 의해 생길 경로를 스케치하고 이 장치의 가능한 응용에 대해 논의하라.

그림 P.4.93

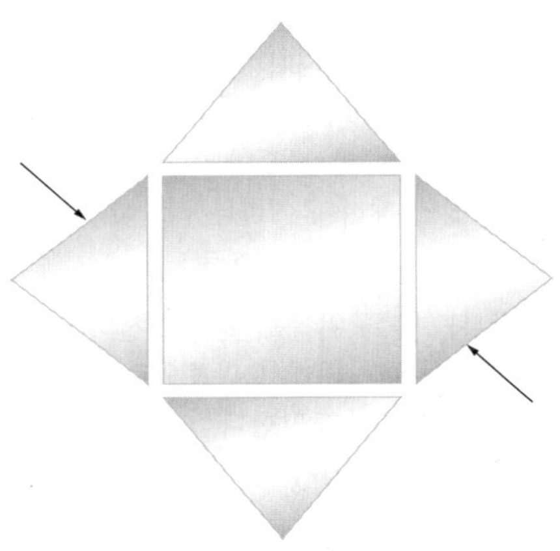

4.94 그림 P.4.94는 Bell 연구소에서 개발한 프리즘 결합기(prism-coupler)의 배치도이다. 이것은 레이저빔을 투명박막(0.00001inch) 속으로 공급하는 역할을 한다. 이때 이것은 도파관과 같은 종류의 역할을 한다. 이것의 한 응용이 박막 레이저 회로[집적 광학(integrated optics)의 한 종류]이다. 이것이 어떻게 동작할 것이라고 생각하는가?

그림 P.4.94

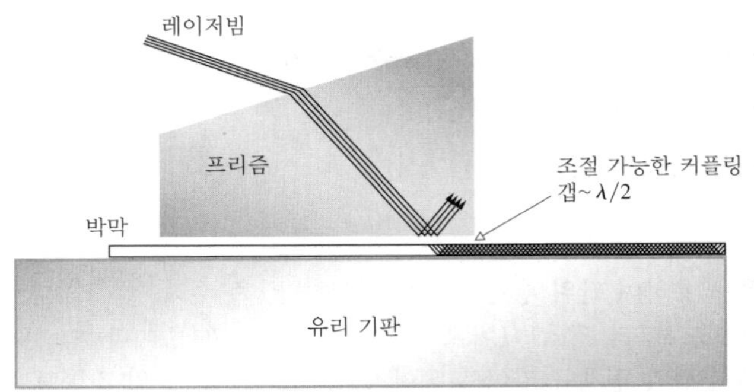

4.95 그림 P.4.95는 일반 금속에 대하여 λ의 변화에 따른 n_I와 n_R의 그래프이다. 이 장에서 고려한 금속의 특성들과 비교하여 이 그래프의 재질이 금속임을 증명하고, 이것의 광학적 성질을 논의하라.

그림 P.4.95

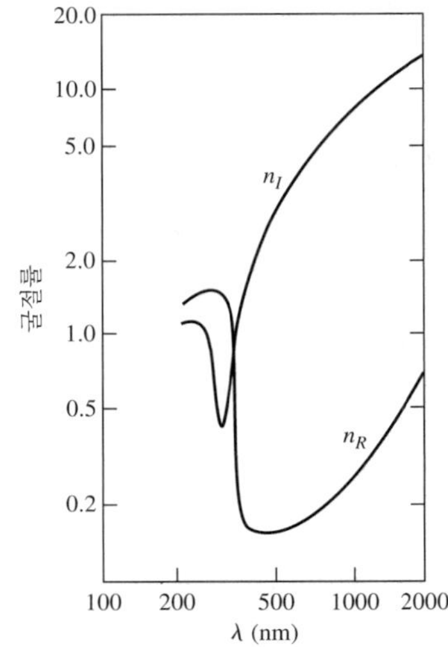

4.96* 어떤 사람이 노란 필터를 통해서 깃발을 본다. 이 깃발은 수평으로 그러진 다섯 개의 줄무늬가 있는데, 이 줄무늬의 색은

위에서부터 파란색, 청록색(cyan), 진홍색(magenta), 노란색, 백색이다. 이 사람이 필터를 통해서 보는 줄무늬 색은 무엇인가?

4.97* 벽을 빨간색, 청록색, 백색, 노란색, 초록색, 진홍색의 줄로 페인트칠을 하였다. 노란 선글라스를 착용한 사람이 청록색 스테인드 글라스 조각을 통해서 이 벽을 본다. 이때 이 사람이 보는 벽의 줄무늬 색은 무엇인가?

4.98* 그림 P.4.98의 그래프는 백색광에서 보는 여러 가지 장미의 색에 대한 반사 스펙트럼이다. 장미의 색은 각각 백색, 노란색, 연분홍색(light pink), 어두운 분홍색(dark pink), 파란색, 오렌지색, 빨간색이다. 이 특정 색들과 그래프의 각 곡선들을 서로 연상하여 연결하라.

그림 P.4.98 (Dr. Gottipaty N. Rao, and Brain Capozzi, Adelphi University)

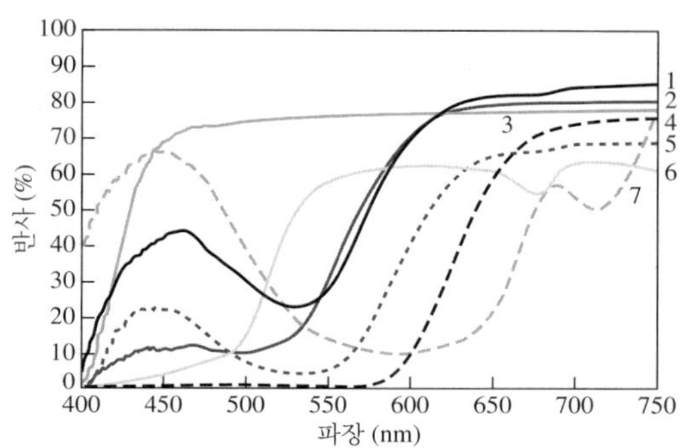

4.99 그림 P.4.99는 투명한 유전체 판에 의한 다중 반사 광선을 보여 준다.(각 광선의 부분마다 진폭이 표시되어 있다.) 4.5절처럼, 각이 스넬 법칙에 관계되므로 프라임 계수 기호를 사용한다.

(a) 끝 부분에 나오는 네 개 광선의 진폭을 표시하라.

(b) 프레넬 식을 이용하여

$$t_{\parallel}t'_{\parallel} = T_{\parallel} \tag{4.100}$$

$$t_{\perp}t'_{\perp} = T_{\perp} \tag{4.101}$$

$$r_{\parallel}^2 = r_{\parallel}'^2 = R_{\parallel} \tag{4.102}$$

그리고,

$$r_{\perp}^2 = r_{\perp}'^2 = R_{\perp} \tag{4.103}$$

가 됨을 보여라.

그림 P.4.99

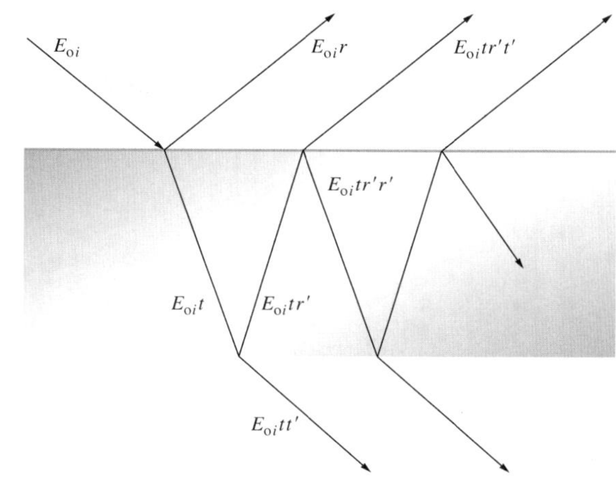

4.100* 입사면 내에서 선형 편광인 파가 두 유전체 매질 사이의 경계면에 입사한다. 만약 $n_i > n_t$이고 $\theta_i = \theta_p'$이면 반사파가 생기지 않는다. 즉 $r_{\parallel}'(\theta_p') = 0$이다. 스토크스의 방법을 이용하여 $t_{\parallel}(\theta_p)t_{\parallel}'(\theta_p') = 1$, $r_{\parallel}(\theta_p) = 0$ 그리고 $\theta_t = \theta_p$ (연습문제 4.68)가 됨을 보여라. 식 (4.100)과 어떻게 비교할 수 있는가?

4.101 프레넬 방정식을 이용하여 앞의 연습문제에서처럼 $t_{\parallel}(\theta_p)t_{\parallel}'(\theta_p') = 1$이 됨을 보여라.

5 기하광학

5.1 서론

스스로 빛을 내거나 외부 광원에 의해서 조명된 물체의 표면은 마치 무수히 많은 점광원의 집합체처럼 행동한다. 표면 위의 각 점은 구면파를 방출하는데, 이때 광선은 에너지가 전달되는 방향, 즉 포인팅 벡터(Poynting vector)의 방향을 따라서 각 점으로부터 방사형으로 발산한다. 반대로 광선이 어느 한 점을 향해서 모여든다면 그 구면파는 수렴한다. 일반적으로 **파면의 일부분이 한 점으로부터 발산하거나 그 점을 향해서 수렴한다면, 그 점을 광선 다발의 초점(focus)이라고 한다.**

그림 5.1은 **광학계**(optical system)를 나타내는 반사면 또는 굴절면 부근에 놓인 점광원을 보여 준다. 일반적으로 *S*에서 나온 무수히 많은 광선 가운데 오직 하나의 광선이 공간상의 임의의 한 점을 지나간다. 그렇지만 우리는 그림 5.1에서처럼 다른 점을 지나온 많은 광선들이 특정한 어느 점 *P*에 모이도록 조절할 수 있다. 점광원 *S*에서 나온 한 원추형 광선 다발에 대응해서 한 점 *P*로 모이는 원추형 광선 다발이 존재한다면, 이 광학계는 두 점 *S*와 *P*에 대해서 **무수차계(stigmatic system)**라고 한다. *S*에서 나온 원추형 광선 다발의 에너지가 완전히 *P*점에 도달하는 경우 *P*점은 *S*의 **완전한 상(perfect image)**이라고 한다. 반면에 광선 다발이 *P*점 부근에서 유한한 크기의 **번진 점(blur spot)**을 만드는 경우 그 반점은 역시 *S*의 상이지만 완전한 상은 아니다. 약간 달리 말해서 *S*에서 *P*까지 수많은 광선을 추적할 수 있다면, 즉 적절한 양의 복사 에너지가 *S*에서 *P*까지 직접적으로 흐를 때, *P*에 도달한 에너지가 *S*의 상에 대응한다.

가역 원리(principle of reversibility)에 따르면 *P*점에 광원을 놓을 경우 *S*점에 상을 맺게 되는데, 이들 두 점을 **공액점(conjugate points)**이라고 한다. **이상적인 광학계**(ideal optical system)에서 3차원 영역의 모든 점들은 다른 영역에

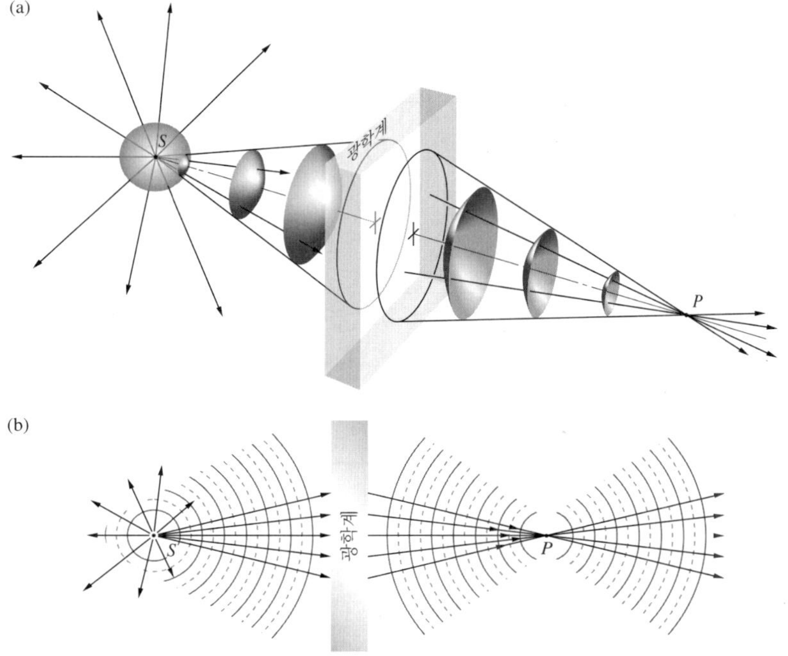

그림 5.1 공액 초점. (*a*) 점광원 *S*에서 나온 구면파는 광학계에 의해서 파면이 변형된 후 *P*점에 모인다. (*b*) 단면을 살펴보면 *S*에서 나온 광선의 일부분만이 *P*점에 모인다. 광선을 차단하지 않는 한 *P*점의 광선은 계속 퍼져나간다.

서 완벽하게(또는 무수차적으로) 결상되는데, 앞의 3차원 공간을 **물체 공간(object space)**이라고 하고 후자의 영역을 **상공간(image space)**이라고 한다.

일반적으로 광학 장치의 기능은 입사파면의 일부분을 모으고 변형시켜서 물체의 상을 만드는 것이다. 실제의 광학계는 물체에서 나온 광선을 다 모을 수 없다는 사실을 주목해야 한다. 즉 광학계는 파면의 일부분만을 받아들이기 때문에 광선이 균일한 매질을 지날 때에도 직진하는 방향에서 조금씩 벗어나는 **회절**(diffraction)이 존재한다. 이 경우 실제의 광학계가 도달할 수 있는 결상력의 한계가 바로 **회절 한계(diffraction-limited)**이다[항상 번진 점(blur spot)이 있을 것이다]. 광학계의 물리적인 크기에 비해서 입사광의 파장이 작을 경우 회절의 영향은 작아진다. 광의 파장이 0에 접근하는 영역에서는 간섭이나 회절과 같은 빛의 파동성이 관찰되지 않고, 균일한 매질 속의 광선은 직진하기 때문에 **기하광학***(geometrical optics)**의 이론이 완벽하게 적용될 수 있다. 기하광학 근사법은 경우에 따라서 부정확하다는 단점은 있으나 간단하다는 장점이 훨씬 더 크기 때문에 널리 사용된다. 한마디로 요약하면 **기하광학이란 회절 효과를 무시하고, 반사면 또는 굴절면을 이용하여 파면(또는 광선)을 원하는 모양으로 바꾸는 방법을 연구하는 분야이다.**

5.2 렌즈

사람들이 안경을 쓰고 사물을 본다는 사실을 고려하지 않더라도 가장 널리 사용되는 광학 소자가 렌즈인 것은 의심의 여지가 없다. 인류가 렌즈를 사용한 것은 고대 불붙이는 렌즈 시대로 거슬러 올라간다. 성냥이 발명되기 오래 전에 사람들은 불을 붙이는 데 렌즈를 이용하였다. 넓은 의미에서 볼 때 **렌즈는 투과된 파동(예를 들면 자외선, 광파, 적외선, 마이크로파, 라디오파, 음파 등)의 에너지를 재배치하는 기능을 갖는 굴절 소자이다.**

파면을 어떤 모양으로 변형시킬 것인가에 따라서 렌즈의 배치가 결정된다. 가장 기본적인 광원은 구면파를 방출하는 점광원이다. 사람들은 가끔 이 구면파를 평면파로 바꾸기를 원한다. 손전등, 투영기, 탐조등의 경우 빛이 퍼짐으로써 약해지는 것을 막기 위해서 평면파를 만드는 데 렌즈가 사용된다. 반대로 불붙이는 렌즈나 망원경 렌즈처럼 평면파를 모아

* 물리광학(physical optics)은 광의 파장이 0이 아닌 상황을 취급한다. 이와 유사하게 드브로이(de Broglie) 파장이 0이 되는 영역에서는 고전역학(classical mechanics)이, 그렇지 않은 경우는 양자역학(quantum mechanics) 이론이 적용된다.

그림 5.2 모든 물질과 마찬가지로 사람의 얼굴은 수많은 원자 산란자들로 덮혀 있다.

서 그 에너지를 한 점에 집중시키는 경우도 있다. 또한 사람의 얼굴에서 반사된 광파는 수십억 개의 점광원에서 나온 발산파들로 구성되는데, 이들을 모아서 얼굴의 상을 만들 때 렌즈가 사용된다(그림 5.2)

5.2.1 비구면

렌즈의 작동 원리를 보기 위해서 파동이 진행하는 경로 중간에 파동 속도가 다른 투명한 물질을 삽입하자. 그림 5.3a는 굴절률 n_i인 매질을 지나온 발산 구면파가 굽은 경계면에 입사한 후 굴절률 n_t인 투명한 매질 속으로 굴절하는 모양을 나타낸다. n_t가 n_i보다 크다면 새로운 매질로 들어갈 때 파동 속도는 작아진다. 중심 부분의 파면은 입사 매질 속을 진행하는 가장자리의 파면보다 더 천천히 진행한다. 가장자리의 파면이 빠르게 진행함으로써 중심 부분의 파면은 연속적으로 평면화된다. 만일 경계면을 적절히 배치한다면 투과파는 평면파로 바뀐다. 그림 5.3b는 광선 표현법을 사용하여 굴절 현상을 보여 준다. 밀한 매질로 들어갈 때 광선은 법선 방향

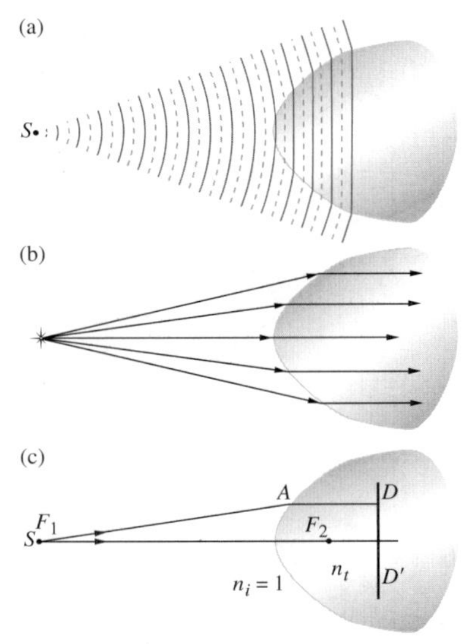

그림 5.3 공기와 유리 사이에 놓인 쌍곡면 경계. (*a*) 구면 파면은 굴절하여 평면 파면이 된다. (*b*) 굴절 광선은 평행하게 된다. (*c*) *S*에서 나온 광선이 쌍곡면 위의 점 *A*를 지나 *D*에 이르는 광경로는 *A*가 경계면에서 어디에 있던지 간에 언제나 동일하다.

쪽으로 굽게 되는데, 만일 굴절면이 적절히 배치된다면 광선은 평행으로 나간다.

적절한 경계면의 모양을 찾기 위해서 그림 5.3c의 경계면 위에 있는 임의의 점 A를 생각하자. 점 S에서 나온 동일 위상의 구면파가 경계면을 지난 후, 파면이 변형되어 그 에너지가 평행한 방향으로 전파되기 위해서는 $\overline{DD'}$ 평면 위에서의 위상이 동일해야 한다. 파동은 동일 위상으로 시작해서 동일 위상으로 끝나야 하므로 점 S에서 나온 빛이 $\overline{DD'}$ 평면에 도달하는 동안 파장 수는 모두 같아야 한다. 즉 점 S에서 단일 파면의 형태로 나온 복사 에너지가 $\overline{DD'}$ 평면에 도달하는 데 걸리는 시간은 지나온 모든 경로에 대해서 같아야 한다. 바꾸어 말하면 $\overline{F_1A}/\lambda_i$($F_1$에서 A까지의 파장 수)와 $\overline{AD}/\lambda_t$(A에서 D까지의 파장 수)의 합은 A의 위치에 무관하게 일정해야 한다. 이제 이들을 더해서 진공 중의 파장 λ_0을 곱해 주면 다음 식을 얻는다.

$$n_i(\overline{F_1A}) + n_t(\overline{AD}) = \text{상수} \tag{5.1}$$

위 식의 왼쪽 항들은 빛이 지나온 경로에 굴절률을 곱한 값, 즉 광경로 길이(optical path length, *OPL*)를 나타낸다. 만일 식 (5.1)을 진공 속에서의 광속 c로 나누면, 왼쪽의 첫째 항은 빛이 S에서 A까지 오는 데 걸리는 시간을 의미하고, 둘째 항은 빛이 A에서 D까지 오는 데 걸리는 시간이 된다. 이 경우 오른쪽 항은 역시 상수이다. 식 (5.1)은 빛이 점 S에서 $\overline{DD'}$ 평면에 도달하는 데 걸리는 시간은 일정해야 한다는 것을 의미한다.

이제 경계면의 모양을 결정해 보기로 하자. 식 (5.1)을 n_i로 나누면 다음 식이 된다.

$$\overline{F_1A} + \left(\frac{n_t}{n_i}\right)\overline{AD} = \text{상수} \tag{5.2}$$

이 식은 곡면의 굽은 정도를 나타내는 척도인 이심률(eccentricity) 값이 $(n_t/n_i) > 1$인, 즉 $e = n_{ti} > 1$인 쌍곡면에 대한 식이다. 이심률이 클수록 쌍곡면은 더 평면에 가까워진다(즉 굴절률 차이가 클수록 경계면의 곡률은 작아진다). 점광원이 F_1에 놓여 있고 두 매질의 경계가 쌍곡면일 때, 굴절률이 큰 매질에서는 평면파의 모양으로 전파한다. 반대로, 이심률 값이 $(n_t/n_i) < 1$ 경우 점광원에서 나온 파가 평면파로 변환되기 위해서는 경계면이 타원체여야 한다(문제 5.3). 그림 5.4는 광선들이 초점 F에서 나오거나 그 점에 모일 수 있음을 보여 준다. 그림 5.4(c)와 같이 평면파가 오른쪽에서 입사하면 그 빛은 타원체의 먼 초점에 수렴하게 된다.

렌즈 또는 거울 면 제작을 위해서 원추 단면을 사용할 것을 처음으로 제안한 사람들 중 한 명이 요한 케플러(Johann Kepler, 1611)였다. 그러나 스넬 법칙(Snell's law)이 아직 발견되지 않은 상황 속에서 그는 자신의 생각을 더 발전시킬 수 없었다. 스넬 법칙이 알려진 후 데카르트(Rene Descartes, 1637)는 자신이 개발한 해석기하학을 사용해서 비구면 광학 이론의 토대를 마련하였다. 이 절의 내용은 바로 데카르트 이론을 요약한 것이다.

오늘날 물체와 상이 렌즈 매질의 밖에 놓이도록 설계하는 것은 쉬운 일이다. 그림 5.5a는 발산하는 구면파가 쌍곡면에 입사하여 그림 5.4a의 원리에 따라서 평면파로 바뀌는 과정을 보여 주고 있다. 이 평면파는 렌즈 매질 뒤에 있는 평면 경계면에 수직으로 들어가서 변형되지 않고 그대로 나간다.

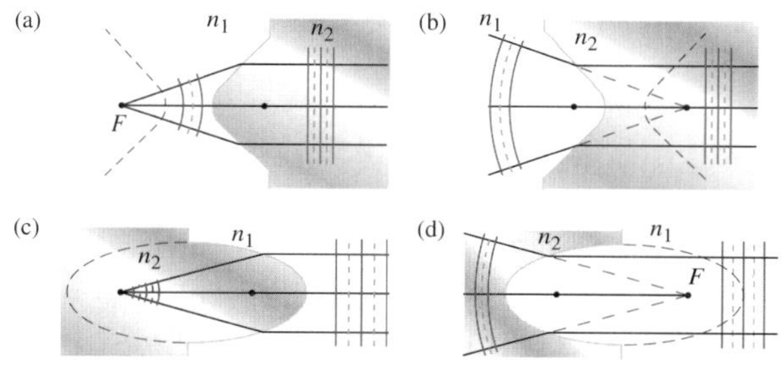

그림 5.4 (*a*)와 (*b*)는 단면으로 본 쌍곡 굴절면이며, (*c*)와 (*d*)는 타원 굴절면 $(n_2 > n_1)$이다.

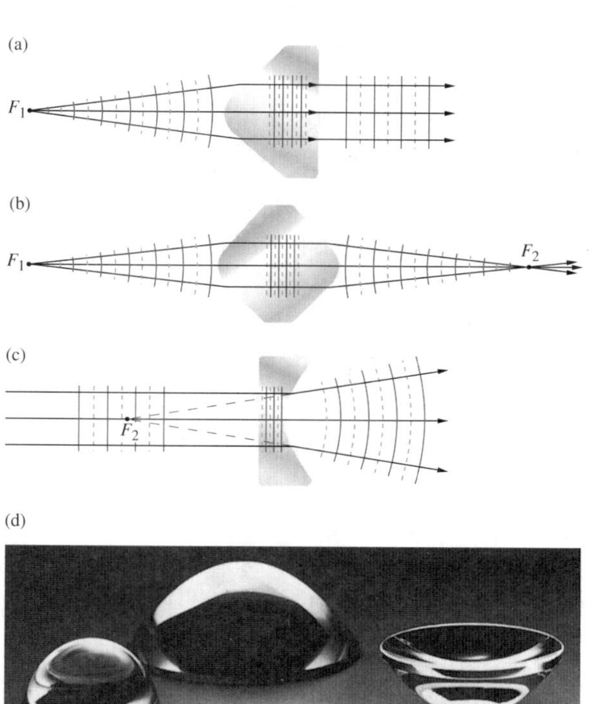

그림 5.5 (*a*), (*b*), (*c*) 단면에서 보는 몇 가지 쌍곡면 렌즈. (*d*) 여러 가지 비구면 렌즈들 사진. (Melles Griot)

즉 $\theta_i = 0$일 때 $\theta_t = 0$이다. 광선은 가역의 원리에 따라서 행동하므로 오른쪽에서 입사하는 평면파는 F_1점에 수렴하는데 이 점이 바로 렌즈의 초점이다. 태양에서 나온 평면파가 이 렌즈의 평면 경계면에 입사하는 경우 초점에 모인 태양 에너지는 물질을 태우는 데 멋지게 이용될 수 있다.

그림 5.5b는 평면파가 렌즈 뒤쪽의 굽은 경계면을 지나면서 축을 향해서 수렴하는 것을 보여 준다. 이들 두 렌즈는 모두 가장자리보다 가운데 부분이 더 두껍기 때문에 이를 **볼록**(**convex**; 아치 모양이라는 뜻의 라틴어 *convexus*에서 유래함) 렌즈라고 한다. 이 렌즈는 입사 광선을 중심축 방향으로 모으는 역할을 하기 때문에 **수렴 렌즈(converging lens)**이다.

반대로 **오목**(**concave**, 비었다는 뜻의 라틴어 *concavus*에서 유래함) 렌즈는 그림 5.5c에서 볼 수 있듯이 가운데 부분이 가장자리보다 더 얇다. 이 렌즈는 평행으로 들어온 광선을 중심축으로부터 발산시키는 역할을 하기 때문에 **발산 렌즈(diverging lens)**라고 한다. 왼쪽에서 평행으로 입사한 광선은 렌즈를 지난 후, 점 F_2에서 나오는 것처럼 발산한다. 이 점 역시 렌즈의 초점이다. **서로 평행하게 입사한 광선 다발이 렌즈를 지난 후 모이는 점 혹은 그 점에서 나오는 것처럼 보이는 점이 바로 초점이다.**

그림 5.5b에서와 같이 렌즈의 전방 중심축 상의 한 점 F_1에서 나온 광선은 공액점 F_2에 모두 모인다. 점 F_2에 놓인 화면에는 광원의 밝은 상이 나타나기 때문에 이를 **실상(real image)**이라고 한다. 다른 한편으로 그림 5.5c의 경우 점광원은 무한대의 거리에 있고 렌즈를 지나온 광선은 F_2점에서 나오는 것처럼 발산한다. 이 점에 놓인 화면에는 사실상 밝은 상이 나타나지 않는다. 이것은 평면 거울에서의 상과 마찬가지로 **허상(virtual image)**이라고 한다.

평면도 아니고 구면도 아닌, 하나 또는 그 이상의 경계면을 포함하는 렌즈 및 거울과 같은 광학 소자를 **비구면 광학 소자**(aspherics)라고 한다. 비구면 광학 소자는 원추 단면 형태, 다항식 형태, 부분적으로 수렴하고 부분적으로 발산하는 형태와 같은 다양한 형태가 있다. 특정한 성능을 갖는 비구면 광학 소자를 이론적으로 설계하기는 쉽지만, 높은 정확도를 유지하면서 실제로 가공하는 일은 여전히 어려운 문제이다. 그럼에도 불구하고 요구되는 정밀도가 높지 않거나 생산량이 많을 때에는 비용 절감 효과가 있기 때문에 비구면 광학 소자가 사용되고 있으며 비구면 광학 소자의 중요성은 앞으로 더욱 커질 전망이다. 코닥 디스크 카메라(1982)용 렌즈는 수천만 개 단위로 생산되는 일급품의 비구면 렌즈이다. 최근 비구면 렌즈는 복잡한 광학계에서 수차를 보정하는 수단으로도 자주 이용되고 있다. 비구면 콘택트(eyeglass) 렌즈는 구면 렌즈에 비해서 가볍고 평탄하기 때문에 외견상 어색하지 않으면서 높은 굴절능이 요구되는 교정 처방에 잘 적용될 수 있다.

컴퓨터에 의해서 조작되는 공작 기계 및 비구면 가공기가 개발되면서 공차(tolerance, 원하는 값으로부터의 편차)가 0.5 μm(0.000020 inch) 정도인 소자를 생산하고 있다. 그러나 이것은 정밀 광학계가 일반적으로 요구하는 $\lambda/4$ 이하의 공차에 비하면 약 10배 큰 수치이다. 연삭(grinding) 후에는 비구면 제작에서 연마(polishing) 하는데에 연마 방향과 연마 압력을 자기유동학적 방법으로 자동 조절하는 기술이 사용되고 있다.

플라스틱이나 유리 재질을 이용한 비구면 광학 소자는 망원경, 투영기, 카메라, 정찰용 장비 등과 같은 모든 종류의 광학 기기에서 볼 수 있다.

예제 5.1

다음 그림은 공기 중에 놓여 있는 유리 렌즈를 단면으로 그린 것이다. 이 렌즈가 어떻게 작동하는지를 설명하라.

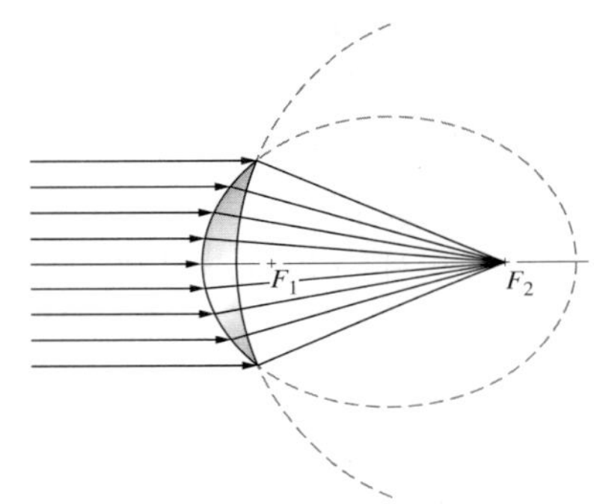

풀이

광선이 만나는 첫 번째 면은 타원(실제로는 타원체)의 한 부분이다. 이 타원의 두 초점은 작은 수직선상에 놓여 있다. 그림 5.4c에서처럼(오른쪽에서 왼쪽으로 본다) 광선은 유리 렌즈로 들어가는 멀리 있는 초점 F_2쪽으로 직접 굴절한다. 두 번째 면은 F_2에 중심이 있는 구면이어야 한다. 그러면 광선은 모두 두 번째 면에 수직으로 구부러지지 않으면서 두 번째 면을 그대로 통과한다.

5.2.2 구면에서 굴절

곡률 반지름이 같으면서 마주보는 면이 오목과 볼록인 두 개의 물체를 생각하자. 이들 두 물체는 그들의 방향성을 고려하지 않아도 서로 잘 맞출 수 있는데, 이것은 구면이 갖는 유일한 특성이다. 만일 적절한 곡률을 가진 두 개의 거친 구면

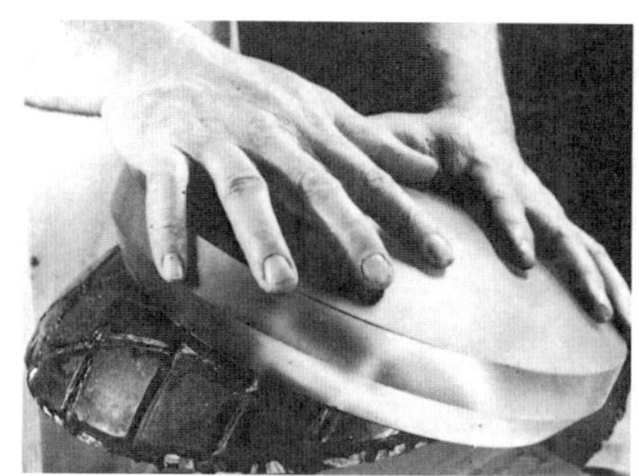

구면 렌즈의 연마 (Optical Society of America)

물체(하나는 연마기이고 다른 하나는 유리판임) 사이에 연마제를 넣고 두 물체를 상대적으로 움직이면 각 물체의 높은 곳이 닳아 없어지기 때문에 각각의 면은 점점 더 닮은 구면이 된다(사진 참조). 오늘날에는 자동 연마기를 이용해서 구면들을 쉽게 가공하고 있다.

따라서 오늘날 사용하고 있는 렌즈의 대부분이 구면인 것은 그리 놀라운 일이 아니다. 이 절에서는 여러 파장의 빛 가운데 놓인 수많은 물체점을 동시에 만족스럽게 결상하기 위해서 구면이 어떻게 이용될 수 있는가를 살펴보고자 한다. **수차(aberrations)**라고 하는 결상 결함이 발생할 수 있으나 오늘날 이 수차는 잘 보정될 수 있기 때문에 상의 충실도가 회절 한계에 접근하는 고급 구면 렌즈계를 설계 및 제작할 수 있다.

그림 5.6은 점광원 S에서 나온 광파가 C에 중심을 둔 곡률 반지름 R인 구면에 입사하는 모습을 보여 준다. 점 V는 면의 **정점(vertex)**이며, 길이 $s_o = \overline{SV}$는 **물체 거리(object distance)**이다. 광선 $\overline{SA}$는 경계면($n_2 > n_1$)에서 법선 방향, 즉 **광축(optical axis)** 방향으로 굴절할 것이다. 점 P에서 굴절 광선이 광축과 만난다고 가정하면 3차원 공간에서 같은 각도 θ_i로 입사한 다른 모든 광선들도 P에서 광축과 교차한다(그림 5.7). 길이 $s_i = \overline{VP}$는 **상거리(image distance)**이다. 페르마 원리에 따르면 P점에 모인 광선의 광경로 길이(optical path length; OPL)는 최솟값을 갖는다. 다시 말해서 광경로 길이의 위치에 대한 미분이 0이 된다. 이 광선의 광경로 길이는

$$OPL = n_1\ell_o + n_2\ell_i \tag{5.3}$$

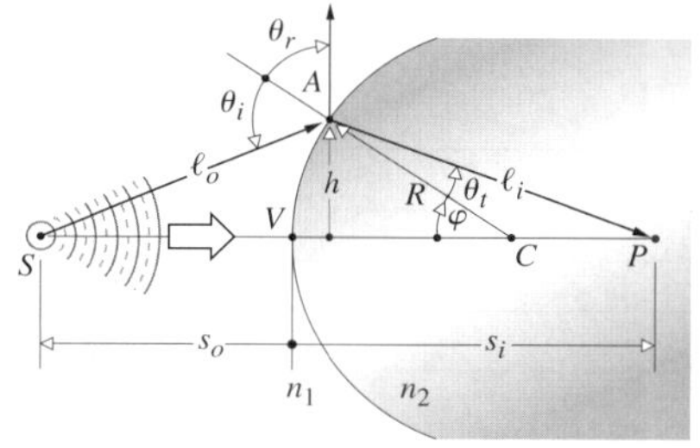

그림 5.6 구면 경계에서의 굴절과 공액 초점

표 5.1 구면 굴절면과 얇은 렌즈에 대한 부호 규약(빛은 왼쪽에서 입사)

s_o, f_o	V의 왼쪽일 때 +
x_o	F_o의 왼쪽일 때 +
s_i, f_i	V의 오른쪽일 때 +
x_i	F_i의 오른쪽일 때 +
R	C가 V의 오른쪽에 있으면 +
y_o, y_i	광축 위쪽에 있으면 +

이다. 삼각형 SAC와 ACP에서 코사인 법칙과 $\cos\varphi = -\cos(180° - \varphi)$ 관계를 사용하면

$$\ell_o = [R^2 + (s_o + R)^2 - 2R(s_o + R)\cos\varphi]^{1/2}$$

와

$$\ell_i = [R^2 + (s_i - R)^2 + 2R(s_i - R)\cos\varphi]^{1/2}$$

이 된다. 광경로 길이(OPL)는 다음과 같이 다시 쓸 수가 있다.

$$OPL = n_1[R^2 + (s_o + R)^2 - 2R(s_o + R)\cos\varphi]^{1/2} + n_2[R^2 + (s_i - R)^2 + 2R(s_i - R)\cos\varphi]^{1/2}$$

그림 5.6에 표시된 양(s_i, s_o, R 등)은 모두 양수이다. 이들은 뒤에서 다시 언급하게 될 **부호 규약**(sign convention)의 기본이 된다(표 5.1 참조). 점 A가 일정한 반지름을 갖는 구면 위에서 움직이는 경우(즉 R = 상수) φ는 위치 변수가 되기 때문에 페르마 원리에 의하여 $d(OPL)/d\varphi = 0$으로 두면

$$\frac{n_1R(s_o + R)\sin\varphi}{2\ell_o} - \frac{n_2R(s_i - R)\sin\varphi}{2\ell_i} = 0 \tag{5.4}$$

이 된다. 이로부터

$$\frac{n_1}{\ell_o} + \frac{n_2}{\ell_i} = \frac{1}{R}\left(\frac{n_2s_i}{\ell_i} - \frac{n_1s_o}{\ell_o}\right) \tag{5.5}$$

이 된다. 이것은 S에서 나온 광선이 구면에서 굴절하여 P에 도달하는 과정에서 변수들이 만족하는 정확한 관계식이다. 이 표현은 정확하지만 복잡하다. 점 A가 새로운 위치로 이동하여 φ가 변화하면 광선들은 더 이상 광축 위의 P점에서 교차될 수 없다(φ의 변화에 무관하게 광선이 P점에서 교차되

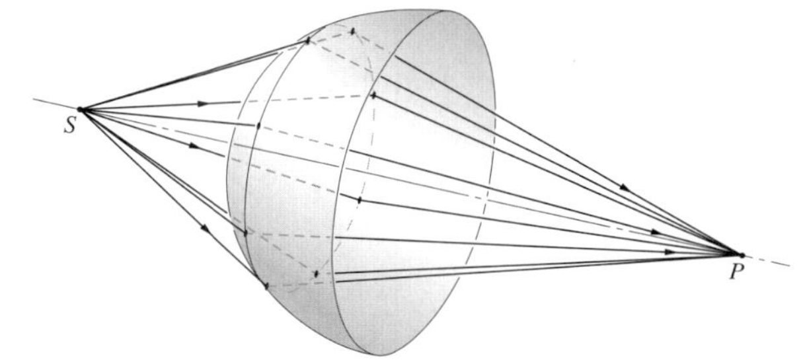

그림 5.7 같은 각으로 입사하는 광선들

는 데카르트 타원체에 관해서는 문제 5.1 참조). ℓ_o와 ℓ_i에 대한 근사식을 사용해서 식 (5.5)를 단순화하는 것이 앞으로 논의할 핵심이다. 먼저 삼각 함수의 급수 전개식은

$$\cos\varphi = 1 - \frac{\varphi^2}{2!} + \frac{\varphi^4}{4!} - \frac{\varphi^6}{6!} + \cdots \tag{5.6}$$

과

$$\sin\varphi = \varphi - \frac{\varphi^3}{3!} + \frac{\varphi^5}{5!} - \frac{\varphi^7}{7!} + \cdots \tag{5.7}$$

이다. 만약 φ가 매우 작다고 가정하면(즉 A가 V에 접근하면) $\cos\varphi \approx 1$이고, ℓ_o와 ℓ_i에 대한 표현은 $\ell_o \approx s_o$, $\ell_i \approx s_i$이므로 다음 근사식을 얻는다.

$$\frac{n_1}{s_o} + \frac{n_2}{s_i} = \frac{n_2 - n_1}{R} \tag{5.8}$$

페르마 원리 대신에 스넬의 법칙을 이용해서 위 식을 유도할 수도 있다(문제 5.5). 이 경우 φ가 작아서 $\sin\varphi \approx \varphi$이 성립하기 때문에 식 (5.8)이 다시 유도된다. 이 근사는 이른바 **1차 수차론**(first-order theory) 영역에 속한 것이며, **3차 수차론**(third-order theory)($\sin\varphi \approx \varphi - \varphi^3/3!$)에 대한 논의는 다음 장에서 할 것이다. 광축에 대해서 작은 각도로 입사하는 광선(즉 φ와 h가 근사적으로 작은 광선)은 **근축 광선(paraxial rays)**으로 알려져 있다. **근축 광선에 대응하는 굴절 파면의 모양은 필연적으로 구면이기 때문에 거리 s_i에 위치한 파면의 중심 P에 완전한 상을 만들게 된다.** **근축 영역**(paraxial region)에서 식 (5.8)은 점 A의 위치에 무관하다는 사실에 주목하라. 가우스(Karl Friedrich Gauss, 1841)는 이러한 근사를 이용하여 결상에 대한 설명을 처음으로 체계화하였는데, 그 이론은 **1차 광학**(first-order optics), **근축 광학**(paraxial-ray optics) 또는 **가우스 광학(Gaussian optics)** 등으로 불린다. 이 이론은 지난 수십 년간 렌즈 설계를 위한 기초가 되었다. 광학계가 잘 보정된 경우 입사한 구면파는 굴절한 후 구면파에 가까운 파면을 갖고 나오게 된다. 결과적으로 광학계가 완전해질수록 굴절파는 1차 광학 이론에 가까이 접근한다. 따라서 근축 해석으로부터 얼마나 벗어났는지를 측정하는 것은 실제 광학 장비의 품질을 평가하는 좋은 방법이 될 수 있다.

만약 그림 5.8에서 F_o점이 무한대 ($s_i = \infty$)에 결상된다면

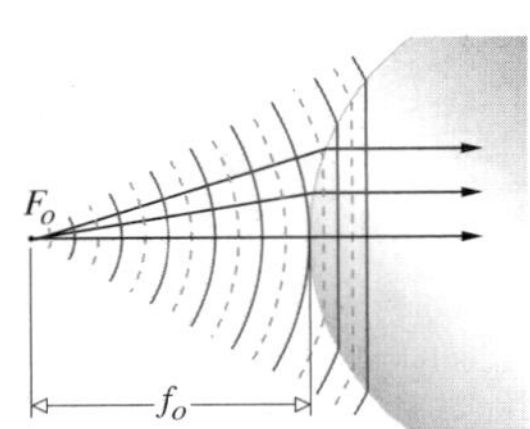

그림 5.8 구면 경계를 지나 전파하는 평면파–물체 초점

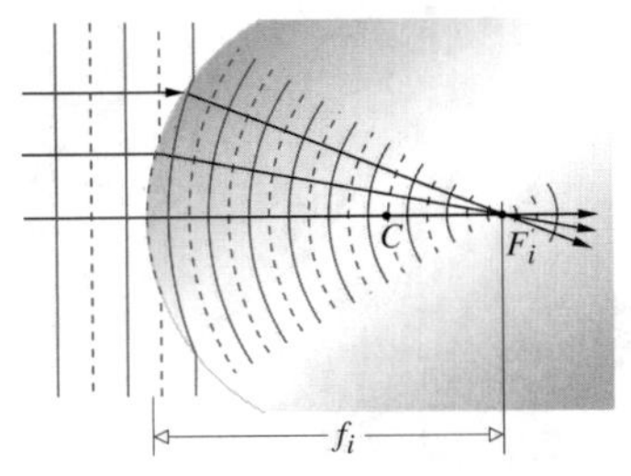

그림 5.9 구면 경계에서 평면파가 구면파로 재형상–상초점

$$\frac{n_1}{s_o} + \frac{n_2}{\infty} = \frac{n_2 - n_1}{R}$$

이 된다. 이때 $s_o \equiv f_o$가 되는 이 특별한 물체 거리를 **제1초점 거리(first focal length)** 또는 **물체 초점 거리(object focal length)**라고 한다. 따라서

$$f_o = \frac{n_1}{n_2 - n_1} R \tag{5.9}$$

이 된다. F_o점은 **제1초점(first focus)** 또는 **물체 초점(object focus)**으로 알려져 있다. 한편 $s_o = \infty$일 때, 상이 형성되는 곳인 축상 F_i점은 **제2초점(second focus)** 또는 **상초점(image focus)**이다.

$$\frac{n_1}{\infty} + \frac{n_2}{s_i} = \frac{n_2 - n_1}{R}$$

즉 f_i가 s_i와 같은 특별한 경우(그림 5.9), **제2초점 거리(second focal length)** 또는 **상초점 거리(image focal length)**는 다음과 같다.

$$f_i = \frac{n_2}{n_2 - n_1} R \tag{5.10}$$

광선이 이 초점으로부터 발산할 때 상은 허상임을 상기하라(그림 5.10). 마찬가지로 **초점으로 광선이 수렴할 때 물체는 허물체**이다(그림 5.11). 이 경우 허물체는 정점의 오른쪽에 있으므로 s_o는 음수가 될 것이다. 더욱이 면이 오목이고 f_o가 음수이므로 식 (5.9)에 의해서 이 면의 곡률 반지름 또한 음수가 될 것이다. 이와 같은 방법으로 허상까지의 거리는 V의 왼쪽에 있을 것이므로 음의 값이 된다.

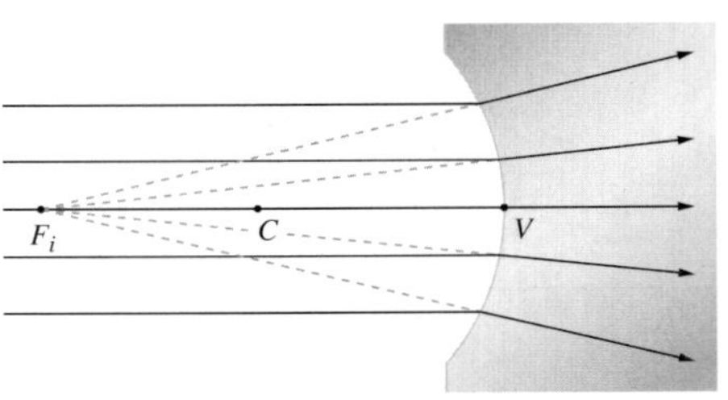

그림 5.10 허상점

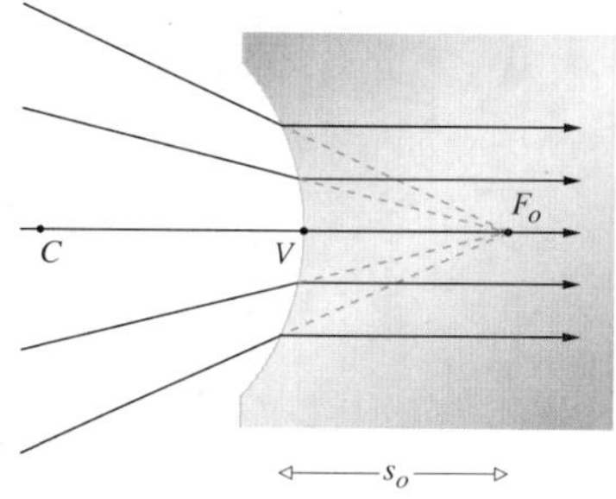

그림 5.11 허물체점

예제 5.2

수평으로 놓인 긴 플린트 유리(n_g = 1.800) 막대의 지름이 20.0cm이며, 왼쪽 면을 볼록한 반구형으로 연마하고 광택을 내었다. 이 반구형 유리 막대는 에틸 알코올(n_a = 1.361)에 담겨있고 반구형 유리 막대의 왼쪽 정점에서 80.0cm인 지점의 에틸 알코올 속에 가느다란 LED가 한 개 놓여 있다. LED의 상의 위치를 구하라. 에틸 알코올 대신에 공기로 바꾸었을 때 상의 위치는 어떻게 되는가?

풀이

식 (5.8)인

$$\frac{n_1}{s_o} + \frac{n_2}{s_i} = \frac{n_2 - n_1}{R}$$

으로 돌아가자. 여기서 $n_1 = 1.361$, $n_2 = 1.800$, $s_o = +80.0$cm, $R = +10.0$cm이다. 이 문제는 센티미터 단위로 계산할 수 있으므로 이 식은

$$\frac{1.361}{80.0} + \frac{1.800}{s_i} = \frac{1.800 - 1.361}{10.0}$$

$$\frac{1.800}{s_i} = \frac{0.439}{10} - \frac{1.361}{80}$$

$$1.800 = (0.0439 - 0.01701)s_i$$

$$s_i = 66.9 \text{ cm}$$

이 된다. 에틸 알코올을 가지고 한다면 상은 정점의 오른쪽으로 66.9cm가 되는 지점의 유리 내에 생긴다($s_i > 0$). 에틸 알코올을 제거한다면

$$\frac{1}{80.0} + \frac{1.800}{s_i} = \frac{0.800}{10.0}$$

과

$$s_i = 26.7 \text{ cm}$$

이 된다. 두 매질의 경계면에서 굴절 정도는 두 매질의 굴절률 비인 n_2/n_1에 따라 변한다. $n_2 - n_1$이 크면 클수록 s_i는 점점 더 작아진다.

5.2.3 얇은 렌즈

파동의 특성에 따라서 여러 가지 형태의 렌즈가 존재한다. 예를 들면 음파 렌즈 또는 마이크로파 렌즈가 그것이다. 후자 가운데에는 유리나 왁스로 제조되어 모양을 쉽게 식별할 수 있는 경우도 있으나 아래 사진에 보인 것과 같이 모양을 쉽게 식별할 수 없는 것도 있다. 일반적으로 렌즈란 두 개 또는 그 이상의 굴절면으로 구성된 광학계이며 적어도 한 면 이상은 곡면이다. 대개 비평면(nonplanar)의 중심들은 같은 광축 위에 위치한다. 이 면들은 거의 대부분이 구면의 일부이며 투과 특성을 조절하기 위해서 얇은 유전체막이 입혀져 있다(9.9절 참조).

한 개의 소자로 구성된 렌즈(즉 두 개의 굴절면으로 이루어진 렌즈)는 **단일 렌즈**(simple lens)이다. 한 개보다 많은 소자로 되어 있으면 **복합 렌즈**(compound lens)가 된다. 소자의 두께를 무시할 수 있는지 여부에 따라 렌즈는 **얇은 렌즈**와 **두꺼운 렌즈**로 분류된다. 여기서 우리는 구면으로 이루어진 **동축 광학계**(centered system, 모든 면들이 공통축에 대하여 대칭인 광학계)에 국한시켜 논의할 것이다. 이러한 조건에서 단일 렌즈는 그림 5.12에서 보는 바와 같이 여러 가지 형태가 있게 된다.

볼록(convex), **수렴(converging)**, **양(positive)**의 렌즈 등으로 알려진 렌즈는 중심 부분이 가장자리보다 더 두껍기 때문에 파면의 곡률 반지름을 감소시키는 경향이 있다. 즉 입사 파동이 렌즈를 지나면 수렴한다. 물론 렌즈의 굴절률이 주변 매질의 굴절률보다 더 크다는 가정하에서 그렇게 된다. 반면에 **오목(concave)**, **발산(diverging)**, **음(negative)**의 렌즈는 중심 부분이 가장자리보다 얇기 때문에, 입사할 때보다

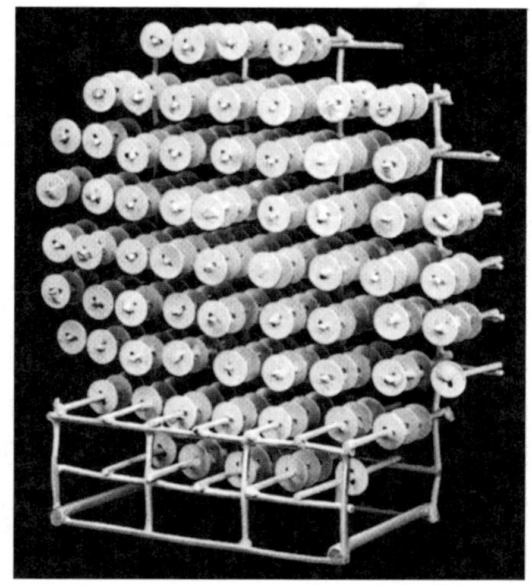

단파장 라디오파용 렌즈. 얇은 판들은 원자의 열(row)이 빛을 굴절시키는 것과 같이 이 파를 굴절시킨다. (Optical Society of America)

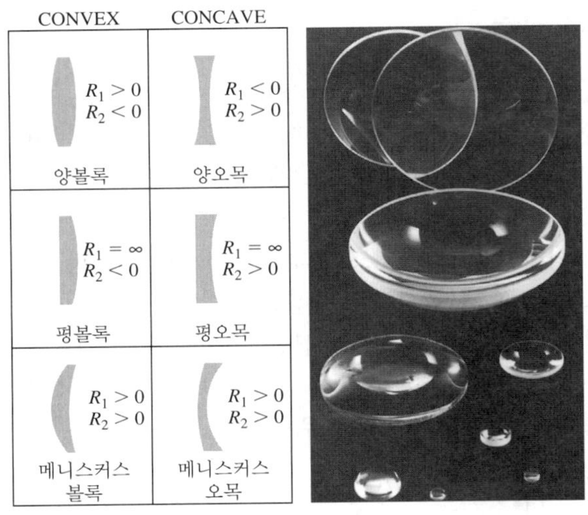

그림 5.12 여러 가지 센터링된 단일 구면 렌즈의 단면. 왼쪽의 면을 광이 먼저 만나기 때문에 왼쪽 면이 1면이다. 이 반지름은 R_1이다. (Melles Griot)

빛의 빔을 초점에 모으는 렌즈 (L-3 Communications Tinsley Labs Inc.)

더욱 더 큰 발산이 생기며 가장자리의 파면이 중심의 파면보다 앞서 나아간다.

얇은 렌즈 방정식

먼저 단일 구면에서의 굴절 문제로 돌아가서 공액점 S와 P가 식 (5.8)로 주어진다고 하자.

$$\frac{n_1}{s_o} + \frac{n_2}{s_i} = \frac{n_2 - n_1}{R} \qquad [5.8]$$

고정된 값인 $(n_2 - n_1)/R$에 대하여 s_o가 클 때에는 s_i가 상대적으로 작다. S에서 나온 광선 원뿔은 작은 중심각을 갖고 이 광선들은 크게 발산하지 않으며, 경계면에서 굴절하여 모든 광선들이 P에 수렴한다. s_o가 감소함에 따라 광선 원뿔 각은 커지면서 광선의 발산도 커진다. s_i는 정점으로부터 멀리 이동하므로, 결국 $s_o = f_o$와 $s_i = \infty$가 될 때까지 θ_i와 θ_t가 감소한다. 이 경우에 $n_1/s_o = (n_2 - n_1)/R$이다. 그래서 s_o가 더 작아지면 식 (5.8)이 성립하기 위해서 s_i는 음의 값을 가져야만 할 것이다. 다시 말하면 상은 허상이 될 것이다(그림 5.13).

이제 그림 5.14와 같이 굴절률 n_m인 물질에 둘러싸여 있는 굴절률 n_l인 렌즈에 대한 공액점을 잡아보자. 여기서 다른 한쪽 끝은 그림 5.13(c)와 같이 평면으로 연마된다. 이것은 가장 일반적인 상황은 아니지만 가장 단순하면서도 보편적으로 수긍할 만하다.* 식 (5.8)을 통해 s_{o1}에 있는 S로부터 나오는 광선들이 V_1으로부터 거리 s_{i1} 만큼 떨어진 (이는 다음과 같은 식으로부터 구할 수 있다) P' 점에서 만남을 알 수 있다.

$$\frac{n_m}{s_{o1}} + \frac{n_l}{s_{i1}} = \frac{n_l - n_m}{R_1} \qquad (5.11)$$

이제 두 번째 면의 효과를 살펴보자. 두 번째 면의 입장에서 광선은 P'점에서 나오는 것처럼 행동하므로, 첫 번째 면에 의한 상거리가 두 번째 면에서는 s_{o2} 떨어진 물체점 역할을 한다. 더욱이 두 번째 면에 도달하는 광선은 굴절률 n_l인 매질 내에 있다. 이와 같이 P'을 포함하는 두 번째 면에 대한 물체 공간은 굴절률 n_l을 갖는다. P'에서 두 번째 면에 입사하는 광선들은 직선임을 주목하라. s_{o2}가 왼쪽에 있으므로 양

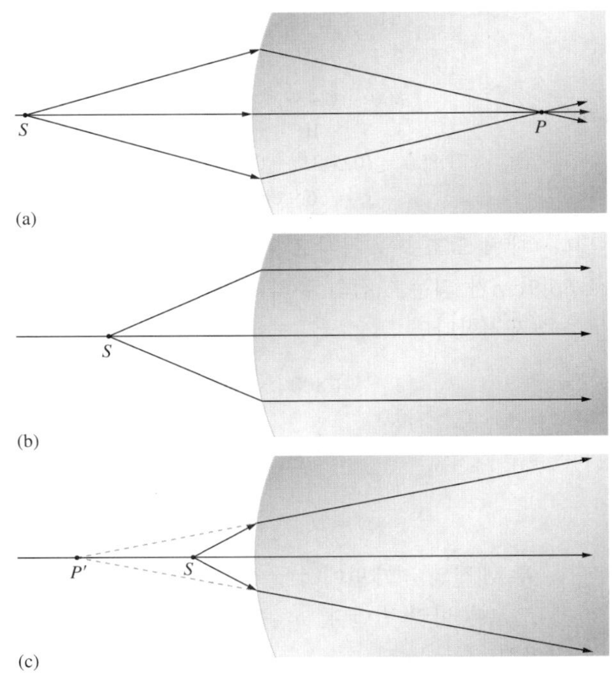

그림 5.13 투명한 매질 사이에 있는 구면 경계에서의 굴절

* 세 개의 서로 다른 굴절률을 포함한 유도식에 관해서 Jenkins와 White 저, Fundamentals of Optics의 57쪽을 보라.

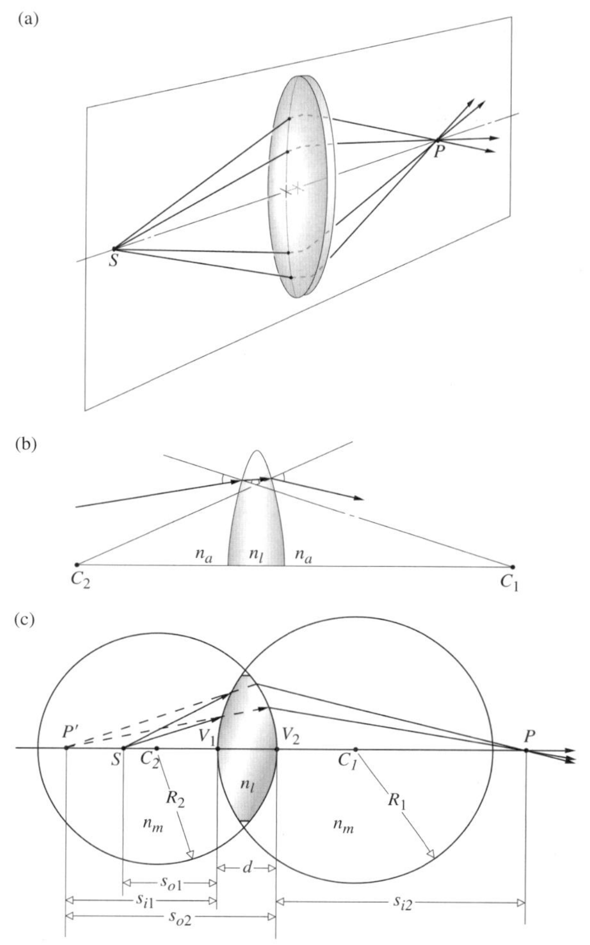

그림 5.14 구면 렌즈. (*a*) 수직 단면상에서 렌즈를 지나는 광선들. (*b*) 경계면에서의 굴절. C_1으로부터 그린 반지름은 첫 번째 면에 수직이다. 광선이 렌즈에 들어갈 때, 법선 쪽으로 휜다. C_2로부터 그린 반지름은 두 번째 면에 수직이다. 두 번째 면을 지난 광선은 $n_l > n_a$이므로 법선으로부터 멀어지는 쪽으로 휜다. (*c*) 기하적인 형태

수인 동시에 $s_{o2} = |s_{o2}|$이며, s_{i1}은 왼쪽에 있기 때문에 음수이고 $-s_{i1} = |s_{i1}|$이다. 이것과

$$|s_{o2}| = |s_{i1}| + d$$

라는 사실을 고려하면

$$s_{o2} = -s_{i1} + d \tag{5.12}$$

과 같은 식을 얻게 된다. 식 (5.8)은 두 번째 면에서

$$\frac{n_l}{(-s_{i1} + d)} + \frac{n_m}{s_{i2}} = \frac{n_m - n_l}{R_2} \tag{5.13}$$

이 된다. 여기서 $n_l > n_m$이고 $R_2 < 0$이다. 그러므로 우변은 양수이다. 식 (5.11)과 식 (5.13)을 더하면 식 (5.14)를 얻게 된다.

$$\frac{n_m}{s_{o1}} + \frac{n_m}{s_{i2}} = (n_l - n_m)\left(\frac{1}{R_1} - \frac{1}{R_2}\right) + \frac{n_l d}{(s_{i1} - d)s_{i1}} \tag{5.14}$$

만약 렌즈가 충분히 얇다면($d \to 0$) 우변의 마지막 항은 0이다. 더욱 단순화할 때는 주의의 매질이 공기라고 가정한다($n_m \approx 1$). 이에 따라 대단히 유용한 **얇은 렌즈 방정식(thin lens equation)**, 때로는 **렌즈 제작자 공식(lens maker's formula)**이라고 하는 식 (5.15)가 생긴다. 단, 여기서 $s_{o1} = s_o$, $s_{i2} = s_i$로 놓는다.

$$\frac{1}{s_o} + \frac{1}{s_i} = (n_l - 1)\left(\frac{1}{R_1} - \frac{1}{R_2}\right) \tag{5.15}$$

점 V_1과 V_2는 $d \to 0$일 때 붙는다. 그래서 s_o와 s_i를 양쪽의 정점으로부터 또는 렌즈의 중심으로부터 측정할 수 있다.

단일 구면의 경우 만약 s_o가 무한대로 이동한다면, 상거리 s_i는 초점 거리 f_i가 되며 기호로는

$$\lim_{s_o \to \infty} s_i = f_i$$

라고 쓴다. 그리고 같은 방법으로

$$\lim_{s_i \to \infty} s_o = f_o$$

이 된다. 식 (5.15)로부터 얇은 렌즈에 대하여는 분명히 $f_i = f_o$가 되며 결과적으로 첨자를 모두 없앨 수 있다. 이와 같이 하면

$$\frac{1}{f} = (n_l - 1)\left(\frac{1}{R_1} - \frac{1}{R_2}\right) \tag{5.16}$$

과

$$\frac{1}{s_o} + \frac{1}{s_i} = \frac{1}{f} \tag{5.17}$$

이 되고, 이것이 유명한 **가우스 렌즈 공식(Gaussian lens formula)**이다.

이 표현이 어떻게 이용될 수 있는가에 대한 예로 굴절률이

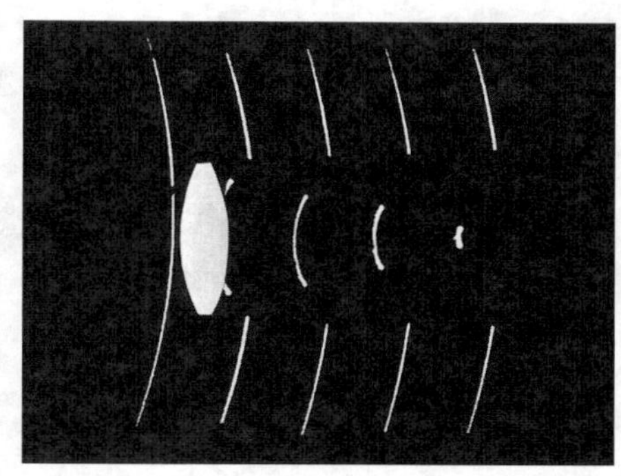

발산하는 광 파면이 렌즈에 의해서 부분적으로 집속되는 모습 사진. 10 ps의 구면파 펄스가 100 ps 간격으로 지나가는 모습을 홀로그래피 기술을 사용하여 5번 노출하여 찍었다. (N.H. Abramson)

1.5이고 곡률 반지름이 50 mm인 평볼록 렌즈의 공기 중에서 초점 거리를 계산해 보자. 평면으로 빛이 입사한다고 할 때 ($R_1 = \infty$, $R_2 = -50$)

$$\frac{1}{f} = (1.5 - 1)\left(\frac{1}{\infty} - \frac{1}{-50}\right)$$

이고, 반면에 만약 빛이 곡면으로 입사한다면($R_1 = +50$, $R_2 = \infty$)

$$\frac{1}{f} = (1.5 - 1)\left(\frac{1}{+50} - \frac{1}{\infty}\right)$$

이다. 그리고 두 경우 모두 $f = 100$ mm이다. 만약 모든 경우에 물체가 렌즈로부터 600 mm, 200 mm, 150 mm, 100 mm, 50 mm씩 각각 떨어져 있다면 식 (5.17)로부터 상점을 구할 수가 있다. 먼저 $s_o = 600$ mm을 사용한다면

$$s_i = \frac{s_o f}{s_o - f} = \frac{(600)(100)}{600 - 100}$$

이며, $s_i = 120$ mm이다. 같은 방법으로 다른 상거리는 각각 200 mm, 300 mm, ∞, -100 mm가 된다.

얇은 렌즈에 대한 흥미로운 사실은 $s_o = \infty$일 때 $s_i = f$이며, s_o가 감소하여 $s_o = f$가 될 때까지는 s_i는 양의 값을 가지면서 증가하고, s_o가 f보다 작아지면 s_i는 음수 값을 갖는다는 것이다. 그림 5.15는 이러한 경향을 그림으로 보여 준다. 렌즈로 인하여 광선은 어느 정도의 수렴이 더 생길 수 있다. 입사광의 발산이 커질수록 렌즈는 광선 모두를 함께 덜 당길 수도 있으며, 점 P가 오른쪽으로 더 멀리 이동한다.

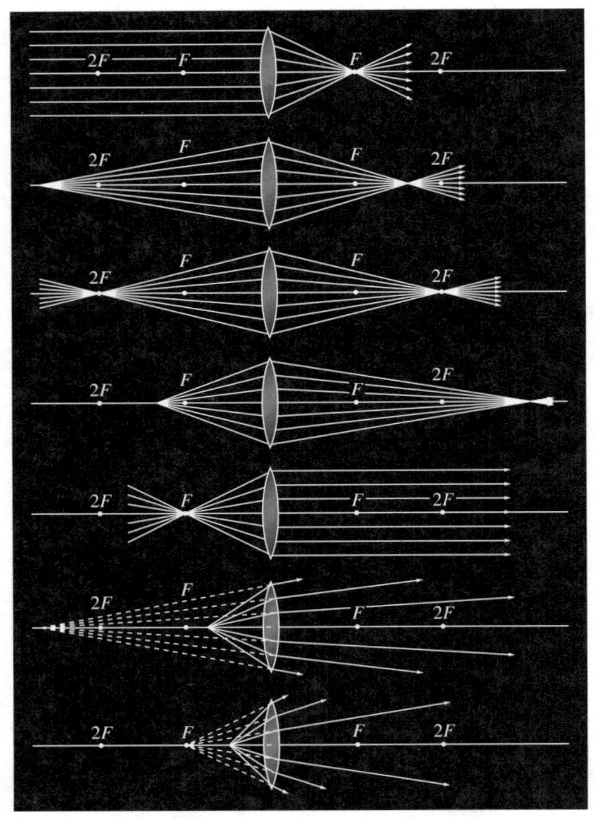

그림 5.15 얇은 볼록 렌즈에 대한 공액 물체점과 상점

우리는 한 개의 볼록 렌즈와 작은 전등을 가지고 이 사실을 정량적으로 확인할 수 있다. 이 경우 아마도 자동 램프를 이용하여 강도를 변화시킬 수 있으면 편리할 것이다. 가능한 한 광원으로부터 멀리 서 있으면 선명한 상이 흰 종이 위에 투사된다. 즉 램프를 아주 선명하게 번짐 없이 볼 수 있을 것이다. 이때의 상거리는 대략 f이다. 이제 렌즈를 S쪽으로 이동하여 선명한 상이 만들어지도록 s_i를 조정하라. 상의 선명도는 확실히 감소할 것이다. $s_o \to f$일수록 멀리 떨어진 스크린 위에서만 필라멘트의 선명한 상이 형성될 수가 있다. $s_o < f$에 대해서는 발산하는 광선의 원추와 교차하는 벽면 위에서 번짐이 생기는데 이에 관련된 상은 허상이다.

초점과 초평면

그림 5.16은 식 (5.16)에 의해 해석적 방법으로 기술된 몇 가지 상황을 요약한 것이다. 만약 굴절률 n_l인 렌즈가 굴절률 n_m인 매질 내에 있다면 다음과 같게 된다.

$$\frac{1}{f} = (n_{lm} - 1)\left(\frac{1}{R_1} - \frac{1}{R_2}\right) \qquad (5.18)$$

렌즈의 양쪽이 같은 매질이기 때문에 그림 5.16의 (a)와 (b)에서 초점 거리는 같다. 그리고 $n_l > n_m$이므로 $n_{lm} > 1$이다. 두 경우 모두 $R_1 > 0$이고 $R_2 < 0$이므로 초점 거리는 양수이다. (a)에서는 실물체를, (b)에서는 실상을 갖는다. (c)에서는 $n_l < n_m$이며 결과적으로 f가 음수이다. (d)와 (e)에서는 $n_{lm} > 1$이며 $R_1 < 0$인 반면에 $R_2 > 0$이다. 그래서 f가 다시 음수이다. (d)의 경우는 허물체이고 (e)의 경우는 허상이다. (f)는 주변 매질에 대한 렌즈의 상대 굴절률이 $n_{lm} < 1$이고 $f > 0$이 되는 경우이다.

각각의 경우 렌즈의 중심을 지나는 광선을 사용하는 것이 편리하다. 왜냐하면 이 광선은 두 면에 수직하여 편향이 일어나지 않기 때문이다. 다음에는 그림 5.17과 같이 비축상에서 입사한 광선이 렌즈를 지난 후 입사 광선과 평행하게 진행하는 상황을 생각해 보자. 이 광선들은 **렌즈의 광심(optical center)**이라고 정의되는 한 점을 지나게 된다. 이것을 보기 위해서 렌즈 면 위에 있는 한 쌍의 점 A와 B를 지나면서 면에 접하는 두 평면을 그려라. 반지름 $\overline{AC_1}$과 $\overline{BC_2}$가 평행이 되도록 A와 B를 선택하면 쉽게 그릴 수 있다. $\overline{AB}$를 지나는 근축 광선은 렌즈의 앞면으로 들어가서 뒷면으로 나올 때 서로 평

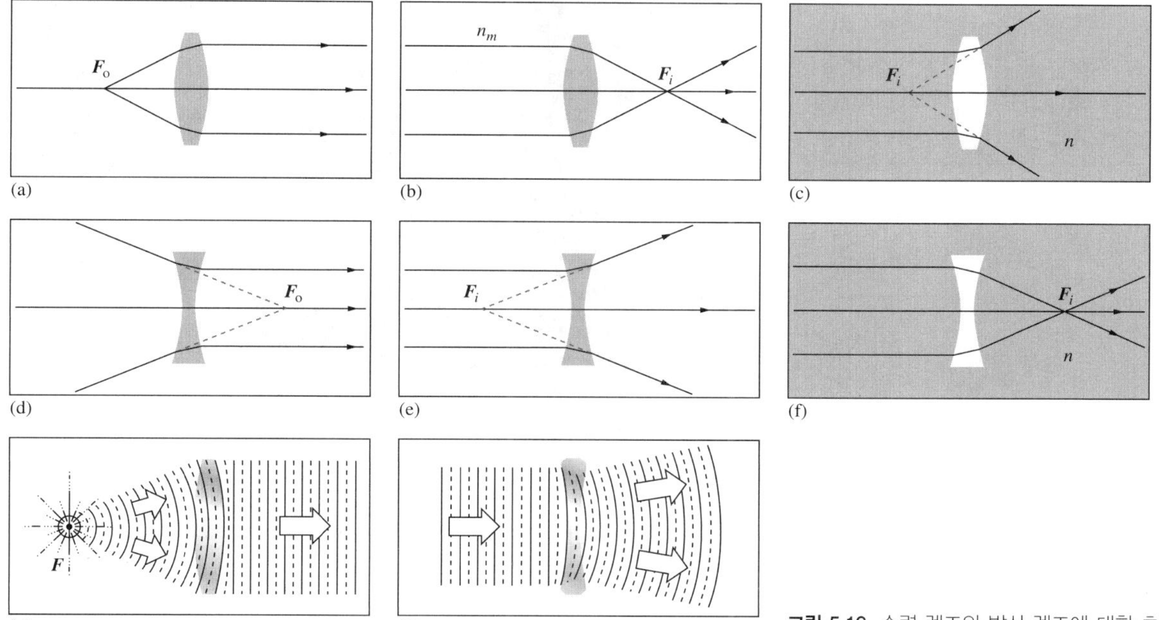

그림 5.16 수렴 렌즈와 발산 렌즈에 대한 초점 거리

행하다. 이것은 삼각형 AOC_1과 삼각형 BOC_2가 닮은 꼴이므로 변의 길이가 서로 비례한다는 사실에서 쉽게 알 수 있다. 다시 말해서 $|R_1|(\overline{OC_2}) = |R_2|(\overline{OC_1})$이고 반지름이 상수이므로 A와 B의 위치에 무관하게 O의 위치는 고정된다. 앞 장의 문제 4.38와 그림 P.4.38에서 보았듯이 두 평행면 사이의 매질을 지나는 광선은 들어가는 점과 나오는 점의 위치는 변화되지만 광선의 진행 방향은 같은 성질이 있다. 이 위치의 변화는 면의 두께에 비례하는데 얇은 렌즈의 경우 무시될 수 있다. 따라서 **O를 지나는 광선들은 직선으로 그려진다.** 얇은 렌즈에서 O의 위치는 정점 사이 가운데에 두는 것이 통례이다.

그림 5.10에서 보았듯이 구형 굴절면에 입사한 평행한 근축 광선들은 광축상의 한 점인 초점에 모인다. 그림 5.18은 좁은 원추 모양으로 들어온 몇 개의 평행한 근축 광선 다발이 C에 중심을 둔 구면 σ에 집속되는 모양을 보여 준다. 굴절면에 수직으로 입사한 광선은 C를 통과하여 σ면 위의 초점을 지나게 된다. 광선 원추의 범위가 좁을 경우 σ면은 초점을 지나는 대칭축에 수직인 평면으로 표현될 수 있는데 이 면을 **초평면(focal plane)**이라고 한다. 근축 이론의 관점에서 같은 방법으로 해석하면, 그림 5.19와 같이 렌즈에 입사하는 모든 평행 광선의 다발*들은 **제2초평면(second focal plane)**

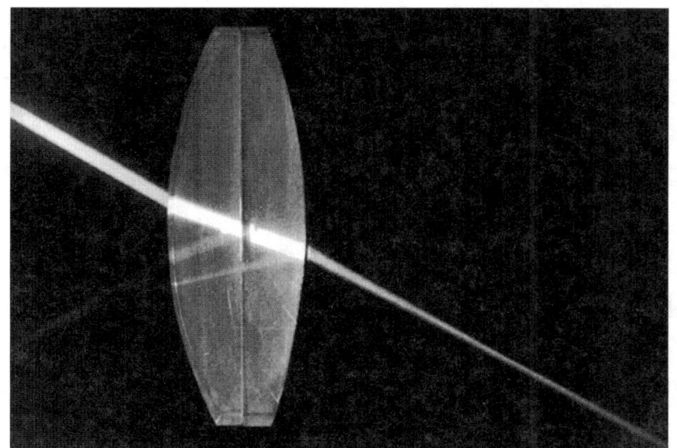

그림 5.17 렌즈의 광심 (E. H.)

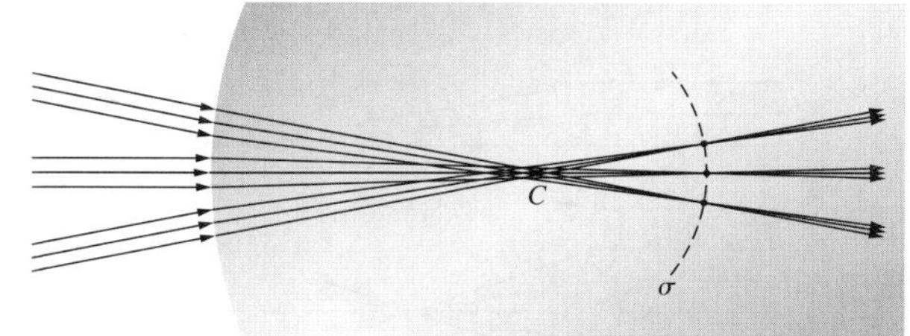

그림 5.18 몇 개의 광선 다발이 집속된 초점

* 아마도 렌즈의 특성에 관계되는 가장 오래된 고전 문헌은 아리스토파네(Aristophane)의 연극인 「Clouds」에 나타난다. 이 작품은 B.C. 423년으로 거슬러 올라간다. 이 작품에서 스트랩시아디스(Strepsiades)가 화경(burning glass)을 이용하여 태양광선을 왁스 서판 위에 집속시켜서 도박 빚의 기록을 녹여버리려는 음모를 한다.

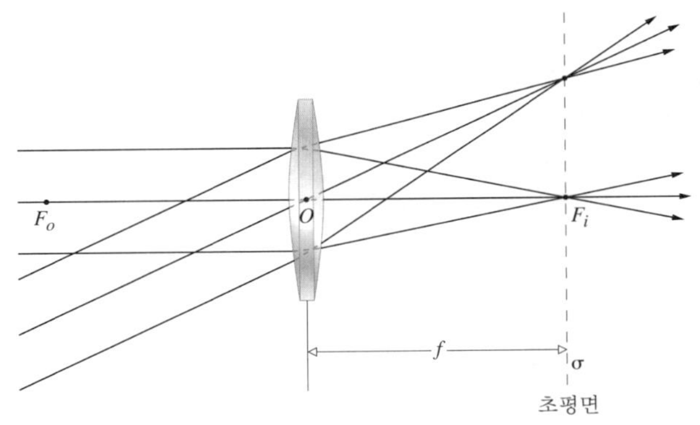

그림 5.19 렌즈의 초평면

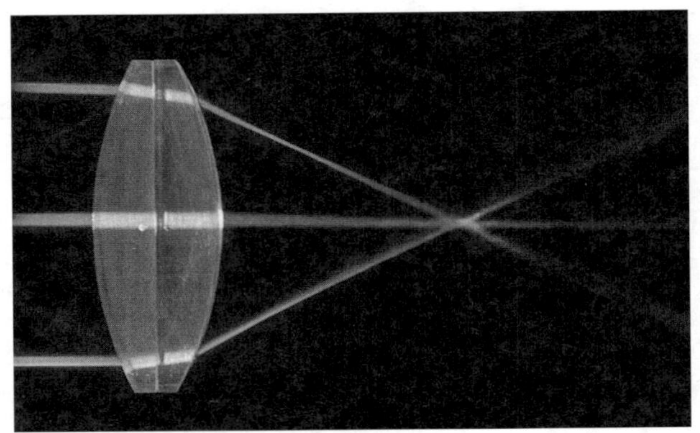

양의 렌즈가 빛의 빔을 초점으로 모은다. (E. H.)

또는 **뒤초평면(back focal plane)**의 초점에 모임을 알 수 있다. 여기서 σ면의 각 점은 O를 지나서 직진하는 광선에 의해 결정된다. 마찬가지로 **제1초평면(first focal plane)** 또는 **앞초평면(front focal plane)**은 물체 초점 F_o를 포함하고 있다.

다른 것을 언급하기 전에 소개할 만한 가치가 있는 렌즈 관련의 또 다른 실질적인 관찰 결과가 있는데. 이는 렌즈의 모양과 초점 거리 사이의 관계와 관련된 것이다. 렌즈 하나의 물리적 특성을 취급하는 식 (5.16)으로 되돌아가서 생각하되, 단순하게 생각하기 위해서 $R_1 = -R_2 = R$인 양볼록 렌즈만을 생각하자. 그러면 식 (5.16)은 $f = R/2(n_l - 1)$이 되며, 렌즈의 곡률 반지름이 작아질수록, 즉 렌즈가 점점 더 심하게 쪼그라질수록 렌즈의 초점 거리가 점점 더 짧아진다는 것을 즉시 알 수 있다. **거의 평면에 가까운 렌즈는 아주 긴 초점 거리를 가질 것이며**, 이에 반하여 작은 구(거의 '얇은 렌즈'가 어렵지만)는 아주 작은 초점 거리를 가질 것이다. 물론 그림 5.20에서 보는 것처럼 각 면의 곡률($1/R$)이 커질수록 광선의 구부러지는 정도는 더욱 더 커질 것이다. 또한 f가 n_l에 역비례 한다는 사실을 기억해야만 하는데, 이것은 이후에 수차를 취급할 때 다시 살펴볼 것이다. 만약에 더 평평하면서도 충분한 성능의 렌즈가 필요하다면 R을 증가시키면서 이 렌즈의 굴절률을 증가시키는 방법만이 유일한데, 이렇게

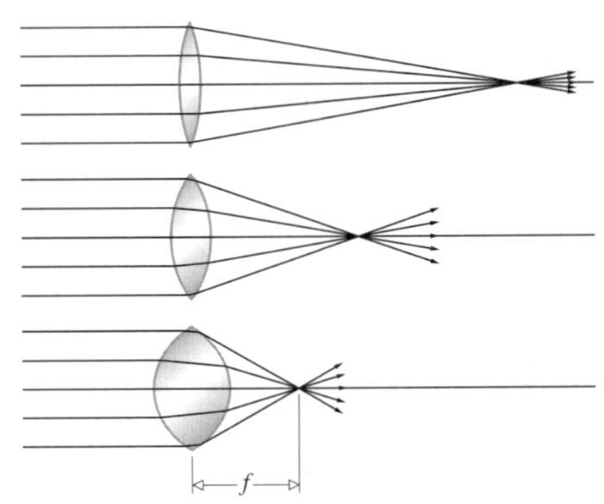

그림 5.20 곡률($1/R$)이 점점 더 커질수록 초점 거리는 더욱 더 짧아 진다.

렌즈를 만들면 렌즈의 초점 거리는 변하지 않는다.

유한 결상

지금까지 우리는 단일 점광원이라는 추상적인 개념을 사용하여 기하광학을 다루었다. 이제는 이러한 점들이 무수히 많이 결합하여 유한하고 연속적인 물체를 형성한다고 가정하자(그림 5.2). 당분간 그림 5.21처럼 C에 중심을 둔 구면의 일부 σ_o를 물체라고 상상해 보자. 만일 σ_o가 구형 경계면에 가까이 접근하면, 점 S는 허상 P를 갖는다. 즉 $s_i < 0$이므로 상은 V의 왼쪽에 위치한다. S가 멀어지면 점 S의 상은 실상이 된다. 즉 $s_i > 0$이므로 상은 오른쪽에 위치한다. 모든 경우 σ_o면의 각 점들은 C를 지나는 직선을 따라서 σ_i면 위에 공액점을 갖는다. 근축 이론의 제한된 범위 내에서 이 면들은 평면으로 간주될 수 있다. 이와 같이 광축에 수직한 작은 평면 물체는 역시 광축에 수직한 작은 평면 영역으로 결상된다. 만일 σ_o가 무한대로 이동하면 광원으로부터 나온 광선 원추는 **평행화(collimated)**되며 그 상은 초평면 위에 놓이게 될 것이다(그림 5.19).

그림 5.21에 주어진 막대의 오른편을 절단하고 연마함으로써 얇은 렌즈를 만들 수 있다. 렌즈의 첫 번째 면에 의해 형성된 상(그림 5.21의 σ_i)은 두 번째 면에 대하여 물체 역할을 할 것이며 이 물체에 대한 최종적인 상이 생길 것이다. 그림 5.21a의 σ_i가 곡률 반지름이 음수(−)인 두 번째 면에 대한 물체라고 가정하자. 우리는 이미 어떻게 될 것인지 알고 있으며, 이 상황은 광선의 방향이 뒤바뀐 그림 5.21b와 같다. **광축에 수직한 작은 평면 물체를 렌즈로 결상할 때 최종적인 상은 이 광축에 수직한 작은 평면 그 자체가 될 것이다.**

렌즈로 결상한 상의 위치와 크기 그리고 방향은 광선 그림으로 간단하게 결정할 수 있다. 그림 5.22에서 물체의 상을 보기 위해서는 각 물체점에 대응하는 상점을 찾아야 한다. 근축 원추에서 광원점으로부터 나오는 모든 광선들은 상

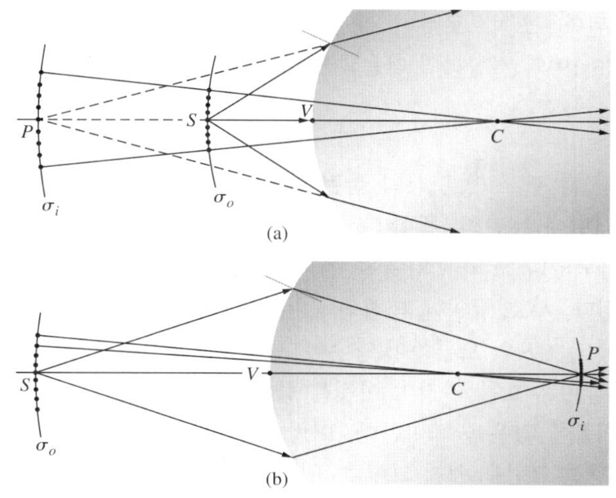

그림 5.21 유한 결상

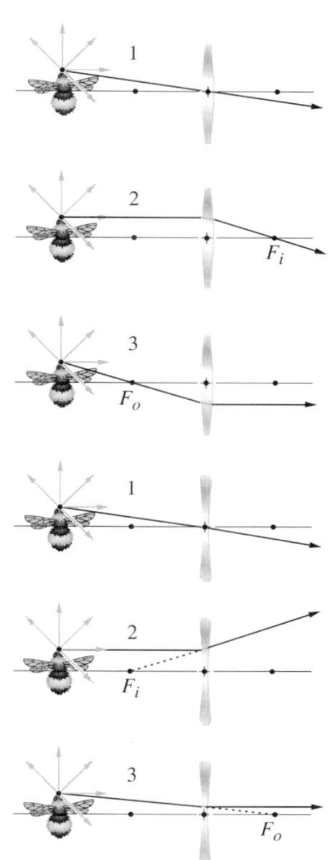

그림 5.22 볼록 렌즈와 오목 렌즈를 통과하는 몇 개의 중요한 광선을 추적한 그림

점에 도달할 것이므로 임의의 두 광선을 추적하면 상점을 결정할 수 있다. 초점의 위치를 알고 있는 경우 상점을 찾는 데 사용되는 특별한 세 개의 광선이 있다. 첫 번째는 렌즈의 중심을 지나서 직진하는 광선이고, 두 번째 광선은 광축과 평행하게 렌즈에 입사하여 굴절 후 초점을 지나는 광선이며, 세 번째는 초점을 지나서 렌즈에 입사하여 굴절 후에 광축과 평행하게 나아가는 광선이다. 광선을 작도하는 일반적인 방법을 살펴보면 다음과 같다. 먼저 지름이 대략 초점 거리와 같도록 렌즈를 그린다. 그 다음 광축 위에 앞초점과 뒷초점의 위치를 표시한다. 끝으로 끝단의 물체점에서 나온 첫 번째 광선과 두 번째 광선을 추적하여 그 교차점을 찾으면 그 점이 바로 상점이다.

그림 5.23은 세 개의 광선 가운데 두 개의 광선을 사용해서 물체점에 대응하는 상점을 찾는 과정을 보여 주고 있다. 이 방법은 오래 전인 1738년에 스미스(Robert Smith)가 이룬 업적이다. 이 작도법은 얇은 렌즈를 그 중심을 통과하면

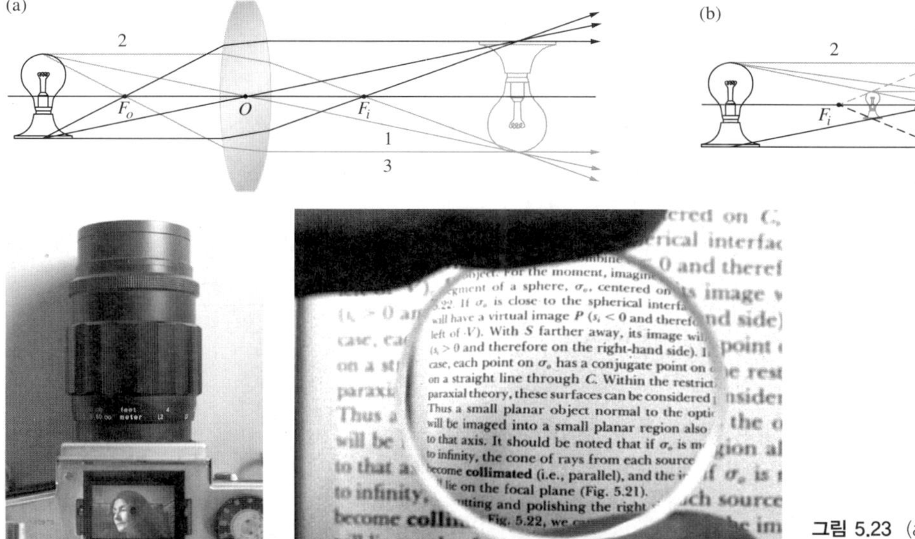

그림 5.23 (a) 실물체와 볼록 렌즈. (b) 실물체와 오목 렌즈. (c) 눈이 망막상에 눈의 상을 투사하는 것과 똑같이 관찰 스크린상에 투사된 실상. (d) 오목 렌즈에 의해 형성된 축소된 직립 허상

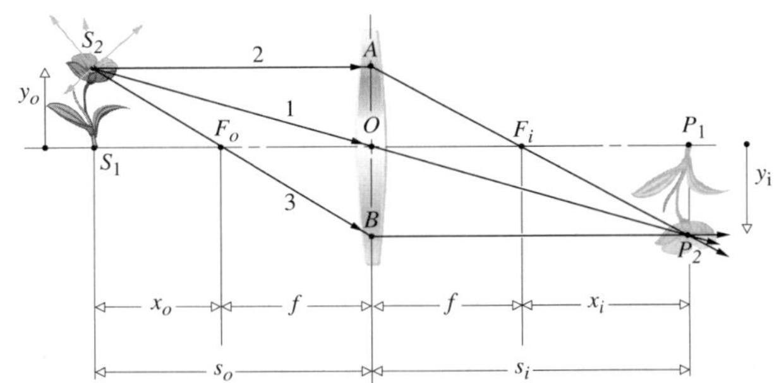

그림 5.24 얇은 렌즈에 대한 물체와 상의 위치

서 중심축에 수직인 수직 평면으로 대치할 경우 더욱 간단해진다(그림 5.24). 렌즈 면에 들어오는 광선을 진행 방향으로 연장하고 렌즈면에서 나가는 광선을 뒤로 약간 연장하면 광선들은 이 평면에서 만날 것이다. 이와 같이 광선들의 모든 굴절이 한꺼번에 이 평면 위에서 일어나는 것으로 가정할 수 있다. 이것은 렌즈의 전후면에서 발생하는 두 번의 굴절 결과와 동일하다[후에 논의되겠지만, 이것은 얇은 렌즈의 앞 및 뒤 주요면(principal planes)이 일치한다고 말하는 것과 같다].

부호 규약에 따라 광축 위쪽에 놓인 물체의 높이는 양수이며, 광축 아래쪽에 있는 물체의 높이는 음수이다. 그러므로 그림 5.24에서 $y_o > 0$이고 $y_i < 0$이다. 이 경우 상은 **도립(invert)**이라고 한다. 반면에 $y_o > 0$일 때 $y_i > 0$이면 상은 **정립(erect)**이라고 한다. 삼각형 AOF_i와 삼각형 $P_2P_1F_i$가 닮은꼴이므로

$$\frac{y_o}{|y_i|} = \frac{f}{(s_i - f)} \tag{5.19}$$

이 된다. 동일한 방법으로 삼각형 S_2S_1O와 P_2P_1O가 닮은꼴이므로

$$\frac{y_o}{|y_i|} = \frac{s_o}{s_i} \tag{5.20}$$

이 된다. 여기서 y_i 외에 다른 모든 값은 양수이다. 그러므로

$$\frac{s_o}{s_i} = \frac{f}{(s_i - f)} \tag{5.21}$$

과

$$\frac{1}{f} = \frac{1}{s_o} + \frac{1}{s_i}$$

이 된다. 이 식은 물론 가우스 렌즈 공식인 식 (5.17)이다. 더욱이 삼각형 $S_2S_1F_0$와 BOF_o는 닮은꼴이기 때문에

$$\frac{f}{(s_o - f)} = \frac{|y_i|}{y_o} \tag{5.22}$$

이 된다. 초점으로부터 측정한 거리를 이용하고 이 공식을 식 (5.19)와 결합하면 다음과 같이 된다.

$$x_o x_i = f^2 \tag{5.23}$$

이 식은 렌즈 방정식의 **뉴턴 형태(newtonian form)**이며 1704년에 뉴턴의 「광학(Opticks)」이라는 저서에서 처음으로 언급되었다. x_o와 x_i의 부호는 이들과 관련된 초점에 따라 결정된다. 부호 규약에 의하면 x_o는 F_o의 왼쪽이 양수이고, 반면에 x_i는 F_i의 오른쪽이 양수이다. 식 (5.23)으로부터 x_o와 x_i는 같은 부호를 가지며 이것은 **물체와 상이 이들 각 초점의 반대쪽에 있음**을 의미한다. 이렇게 하면 초심자들도 대략적인 광선 그림을 쉽게 그릴 수 있다. 어떤 광학계에 의해 맺은 상의 횡 방향 크기와 이에 대응하는 물체 크기의 비를 **가로 배율** 또는 **횡배율(lateral or transverse magnification)** M_T라고 정의한다. 즉

$$M_T \equiv \frac{y_i}{y_o} \tag{5.24}$$

이거나 또는 식 (5.20)으로부터

$$M_T = -\frac{s_i}{s_o} \tag{5.25}$$

이다. 이와 같이 **양수의 M_T는 정립상을 의미하고 반면에 음수는 도립상을 의미한다**(표 5.2 참조). s_i와 s_o는 실물체와 실상에 대하여 양수임을 명심하라. 그래서 분명하게 **얇은 단일 렌즈에 의해 형성된 모든 실상은 도립상**이 될 것이다. 배율에 관한 뉴턴 표현식은 식 (5.19)와 식 (5.22) 그리고 그림 5.24로부터 얻을 수 있는데 다음과 같다.

$$M_T = -\frac{x_i}{f} = -\frac{f}{x_o} \tag{5.26}$$

M_T의 크기는 1보다 작을 수도 있으므로 M_T를 '**확대율(magnification)**'이라고 부르면 옳지 않다. 왜냐하면 이 경우에는 상이 물체보다 작기 때문이다. 물체 거리와 상거리가 양수로 서로 같을 때에는 $M_T = -1$이다. 그리고 이런 경우는 식 (5.17)에서 $s_o = s_i = 2f$일 때만 일어난다. 이것은 될 수

표 5.2 여러 가지 얇은 렌즈와 구면 경계 변수의 부호에 관련된 의미

물리량	부호	
	+	−
s_o	실물체	허물체
s_i	실상	허상
f	수렴 렌즈	발산 렌즈
y_o	정립 물체	도립 물체
y_i	정립상	도립상
M_T	정립상	도립상

표 5.3 얇은 렌즈에 의해 형성된 실물체의 상

볼록 렌즈				
물체	상			
위치	형태	위치	방향	상대적 크기
$\infty > s_o > 2f$	실상	$f > s_o > 2f$	도립	축소
$s_o = 2f$	실상	$s_i = 2f$	도립	동일크기
$f > s_o > 2f$	실상	$\infty > s_i > 2f$	도립	확대
$s_o = 2f$		$\pm\infty$		
$s_o < f$	허상	$\lvert s_i \rvert > s_o$	정립	확대
오목 렌즈				
물체	상			
위치	형태	위치	방향	상대적 크기
임의점	허상	$\infty > s_o > 2f$	정립	축소

있는 한 물체와 상이 근접한 정렬일 경우에 생긴다(거리가 $4f$ 만큼 떨어질 때 문제 5.15 참조). 표 5.3은 얇은 렌즈와 실물체를 나란히 배치했을 때 이를 조합하여 생길 수 있는 몇 가지 상의 배치 및 형태를 요약한 것이다.

예제 5.3

얇은 양볼록(소위 양쪽 볼록) 구면 렌즈의 반지름은 각각 100cm와 20.0cm이다. 이 렌즈는 굴절률 1.54의 유리로 만들었고 공기 중에 놓았다. (a) 만약 물체를 반지름 100cm인 면의 앞쪽 70.0cm에 놓는다면, 결과적으로 생긴 상의 위치를 구하고 이를 상세히 설명하라. (b) 상의 횡배율을 구하라. (c) 광로도를 그려라.

풀이

(a) 초점 거리가 없지만 이를 구하기 위한 모든 물리량을 알고 있기 때문에 다음과 같은 식 (5.16)을 생각하면 된다.

$$\frac{1}{f} = (n_l - 1)\left(\frac{1}{R_1} - \frac{1}{R_2}\right)$$

모든 값은 센티미터로 계산한다면, 이 렌즈의 초점 거리는

$$\frac{1}{f} = (1.54 - 1)\left(\frac{1}{100} - \frac{1}{-20.0}\right)$$

$$\frac{1}{f} = (0.54)\left(\frac{1}{100} + \frac{1}{20.0}\right)$$

$$\frac{1}{f} = (0.54)\,\frac{6}{100}$$

$$f = 30.86 \text{ cm} = 30.9 \text{ cm}$$

이 된다. $s_o = 70.0$cm이기 때문에 이 물체 거리는 $2f$보다 더 크다. 그래서 s_i를 계산하기도 전에 상이 f와 $2f$ 사이에 축소된 도립 실상일 것이라는 것을 안다. s_i를 구하기 위해서 f를 가지고 가우스 결상 공식을 사용한다.

$$\frac{1}{s_i} + \frac{1}{s_o} = \frac{1}{f}$$

$$\frac{1}{s_i} + \frac{1}{70.0} = \frac{1}{30.86}$$

$$\frac{1}{s_i} = \frac{1}{30.86} - \frac{1}{70.0} = 0.018\,12$$

$$s_i = 55.19 = 55.2 \text{ cm}$$

상은 렌즈의 오른쪽 f와 $2f$ 사이에 있다. 상이 실상이라는 것을 의미하는 $s_i > 0$이라는 것을 주목하라.

(b) 배율은 다음과 같다.

$$M_T = -\frac{s_i}{s_o} = -\frac{55.19}{70.0} = -0.788$$

상은 도립상($M_T < 0$)이며 축소된 상($M_T < 1$)이다.

(c) 렌즈를 그리고 두 개의 초점을 양쪽에 표기하라.

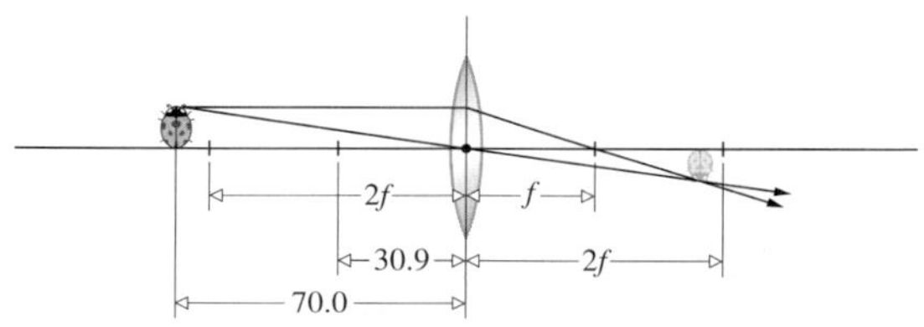

물체를 렌즈의 왼쪽에 $2f$가 더 되는 거리에 놓아라. 상은 f와 $2f$ 사이에 생긴다.

이제부터 볼록 렌즈 또는 오목 렌즈의 결상 특성을 살펴보자. 먼저 그림 5.25에서와 같이 멀리 떨어진 물체에서 나온 원추 형태의 광선이 볼록 렌즈에 입사하는 경우를 생각하자. 광원이 무한대에 있다면 그곳에서 나와서 렌즈로 들어가는 광선은 평행 광선일 것이므로 이들은 초점 F_i에 모이게 된다(그림 5.25a). 만일 광원 S_1이 렌즈에 가까이 약간 더 접근하면(그림 5.25b) 광선은 긴 원추 형태가 되고 축에 대해서 작은 각도로 비스듬히 렌즈에 입사하게 된다. 입사 광선이 크게 발산하지 않았기 때문에 굴절 광선은 수렴하여 P_1 점에 모이게 된다. 광원이 렌즈에 더욱 가까이 접근하면, 입사 광선은 더욱 발산하게 되고, 굴절 광선이 모이는 점은 오른쪽으로 더 이동하게 된다. 마침내 광원이 초점 F_o에 도달하면, 광선은 더욱 발산하게 되고 굴절 광선도 더 이상 한 점에 수렴하지 못하고 광축과 평행하게 나간다. 광원을 렌즈에 더욱 접근시키면 굴절 광선은 발산하고 허상을 맺게 된다. **초점 거리 f와 같거나 더 작은 거리에 물체를 두면 실상을 맺지 못한다.**

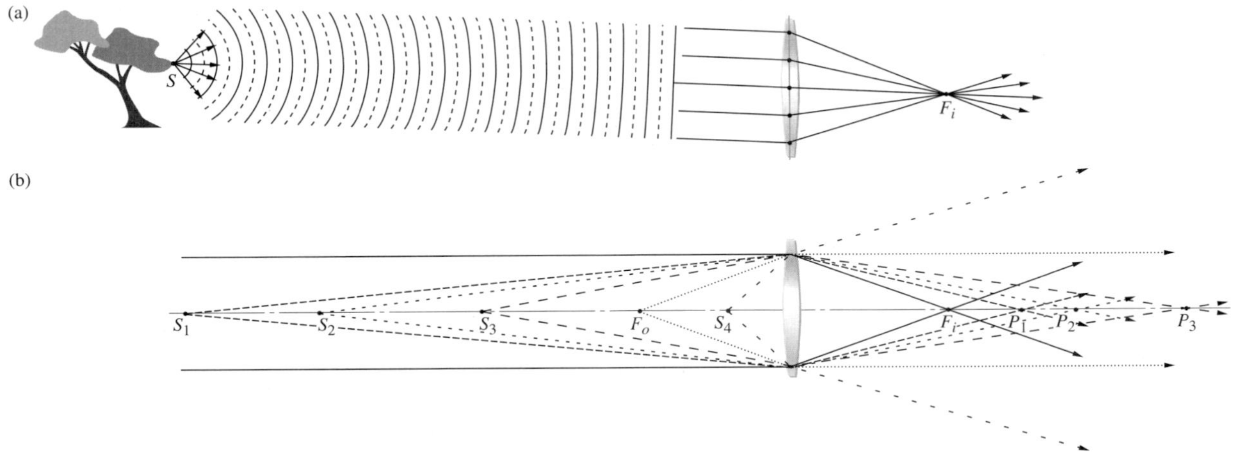

그림 5.25 (a) 먼거리에서 나온 파동은 퍼지면서 평면화된다. 따라서 광선은 평행광으로 변하며 이들은 초점 F_i에 수렴한다. (b) 점광원이 렌즈에 접근하면 광선은 더욱 퍼지고 상도 렌즈에서 멀어진다. 점광원이 초점을 지나서 접근하면 출사 광선은 더 이상 모이지 않는다.

그림 5.26은 볼록 렌즈의 행동을 그림으로 보여 주고 있다. **물체가 렌즈에 접근하면 실상은 렌즈로부터 멀어지는 것**을 관찰할 수 있다. 물체가 렌즈로부터 아주 멀리 있으면 물체의 크기보다 작은(즉 $M_T < 1$) 도립 실상이 렌즈의 뒷 초평면 바로 오른쪽에 생긴다. 물체가 렌즈 쪽으로 서서히 움직이면 도립 실상도 초평면으로부터 멀어짐과 동시에 점점 커진다. 렌즈로부터 무한대에서 $2f$ 거리에 있는 물체의 상은 축소된($M_T > 1$) 도립 실상이다. 사람의 경우 동공에 의해서 망막에 맺는 물체의 상은 도립 실상이지만 두뇌의 작용으로 정립상으로 느끼게 된다.

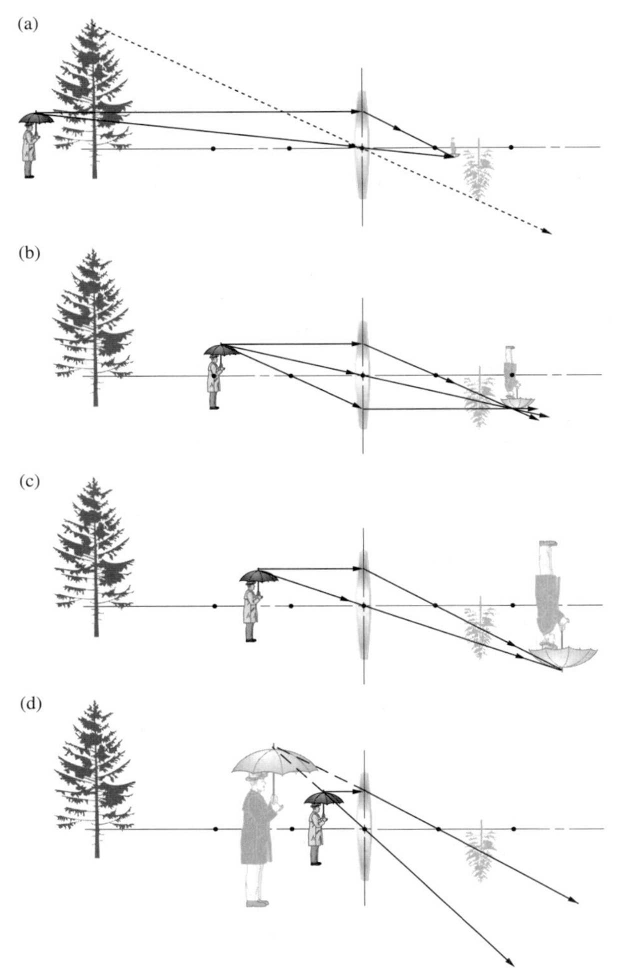

그림 5.26 얇은 볼록 렌즈의 결상 행태

물체가 렌즈로부터 $2f$의 거리에 있으면 실물 크기의 도립 실상이 생기는데 이때의 배율은 $M_T = 1$이다. 이러한 배치는 주로 복사기에서 사용되고 있다.

물체가 $2f$와 f 사이의 범위에서 렌즈에 접근하면 물체보다 큰 ($M_T > 1$) 도립 실상이 오른쪽으로 빠르게 이동하면서 점점 커진다. 이러한 배치는 확대된 실상이 요구되는 필름 투영기에서 사용되고 있다. 투영기에서 상을 똑바로 세우려면 물체의 상하를 뒤집어 놓으면 된다.

렌즈의 초점에 물체를 놓으면 상의 위치는 무한대로 이동한다. (이 경우 상은 안 생긴다. 즉 나오는 광선은 평행하다.)

물체가 초점 안쪽으로 이동하면 확대된 ($M_T > 1$) 정립 허상이 렌즈의 왼쪽에 다시 나타난다. 이러한 배치는 확대경에서 사용된다. 그림 5.27에서와 볼 수 있듯이 **광축에 평행으로 입사한 광선이 실상의 높이를 고정시킨다**는 사실을 알면 편리하다. 왜냐하면 이 광선은 굴절 후 축으로부터 발산하기 때문에 물체가 초점 F에 접근할수록 상은 급격히 커지게 된다.

예제 5.4

얇은 대칭 볼록 구면 렌즈의 양면은 동일한 곡률을 갖는다. 2.0 cm 크기의 벌레가 이 렌즈의 전면으로부터 100 cm 떨어져서 중심축상에 놓여 있다. 벽에 형성된 벌레의 상의 크기

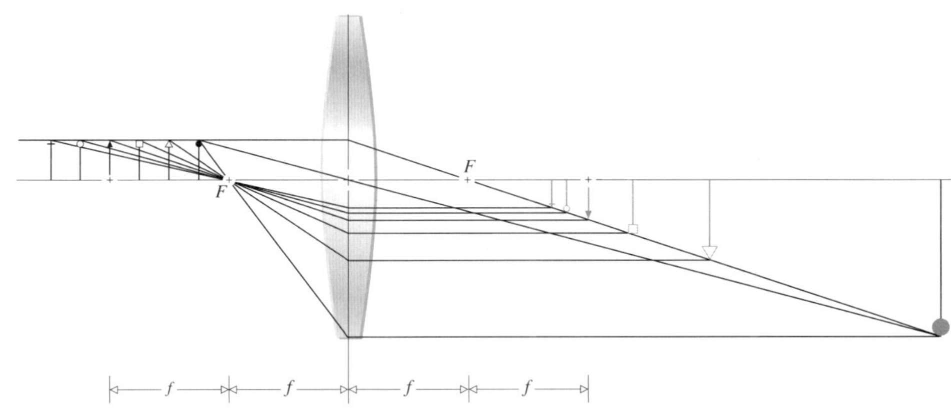

그림 5.27 광축에 평행하게 렌즈에 입사한 제 2광선은 상의 크기를 제한한다.

는 4.0 cm이다. 렌즈의 유리 굴절률이 1.50이라고 할 때 이 렌즈 면들의 곡률 반지름을 구하라.

풀이

$y_o = 2.0\,\text{cm}$, $s_o = 100\,\text{cm}$, $R_1 = R_2$, $|y_i| = 4.0\,\text{cm}$, $n_l = 1.50$이다. 또한 상은 실상이고 도립상이므로 $y_i = -4.0\,\text{cm}$인데, 이것이 결정적인 내용이다. 렌즈 양면의 반지름을 구하기 위해서 식 (5.16)과 초점 거리에 대한 식을 사용할 것이다. 먼저 s_i를 구하기 위해서 f를 계산해야 한다. 그래서 M_T를 알고 있으므로 s_i는

$$M_T = \frac{y_i}{y_o} = -\frac{s_i}{s_o} = \frac{-4.0}{2.0} = -2.0$$
$$s_i = 2.0 s_o = 200\text{ cm}$$

이 된다. 가우스 렌즈 공식을 사용한다면 f는

$$\frac{1}{f} = \frac{1}{s_o} + \frac{1}{s_i} = \frac{1}{100} + \frac{1}{200}$$
$$f = \frac{200}{3} = 66.67\text{ cm}$$

이 된다. 렌즈 제작자 공식으로부터 렌즈 면들의 곡률 반지름인 R을 구할 수 있다.

$$\frac{1}{f} = (1.50 - 1)\left(\frac{1}{R} - \frac{1}{-R}\right) = \frac{1}{2}\frac{2}{R}$$
$$f = R = 67\text{ cm}$$

물체 공간에서 상공간으로의 변환은 비선형임을 주목해야 한다. 물체가 렌즈 왼쪽 $2f$에서부터 무한대 사이의 거리에 있을 경우 상은 렌즈의 오른쪽 f에서 $2f$ 사이에 존재한다. 그림 5.27은 물체가 렌즈에 균일하게 접근할 때 상은 광축과 그것에 수직인 방향 양쪽으로 변화된다는 의미에서 상이 왜곡되고 있음을 나타내고 있다. 광축 방향 상의 크기는 횡방향(가로 방향) 상의 높이보다 훨씬 더 빨리 증가한다. 렌즈에서 멀리 떨어진 물체의 상은 납작하게 '평면화' 된다는 사실은 망원경에서 쉽게 관측된다. 여러분들은 아마도 망원 렌즈를 통해서 찍은 영화 장면에서 이런 효과를 본적이 있을 것이다. 주인공이 멀리에서 카메라를 향해 열심히 달려오는 데도 불구하고 그 크기가 별로 커지지 않는다.

물체를 렌즈의 한 초점 거리보다 더 가깝게 놓았을 때(그림 5.26d), 상은 확대된 정립 허상이 된다. 표 5.3에 보는 것처럼 상은 렌즈의 왼쪽에 물체보다 더 멀리 떨어져서 생긴다. 동일한 크기의 몇 개의 물체에 대한 그림 5.28에서의 허상이 초점 F_o와 정점 V 사이에 생기는 과정을 알 수 있다. 중심축에 평행한 2번 광선은 모든 물체의 꼭대기에서 나온 광선이고, 이 광선 뒤로 투영되어 연결된 광선은 각 상의 높이를 고정한다. 물체가 렌즈에 다가갈수록 배율은 여전히 1보다 크지만 상은 작아진다는 것을 주목하라. 물체가 렌즈에 찰싹 달라붙으면 상은 실물 크기와 같아진다.

종배율

아마 3차원 물체의 상은 3차원일 것이며, 광학계는 이러한 상의 크기를 횡적 그리고 종적으로 바꿀 수 있다. 광축 방향의 **세로 배율** 또는 **종배율(longitudinal magnification)** M_L은 식 (5.27)과 같이 정의된다.

$$M_L \equiv \frac{dx_i}{dx_o} \tag{5.27}$$

이것은 상의 영역에서 미소한 축상 길이와 물체 영역에서 이

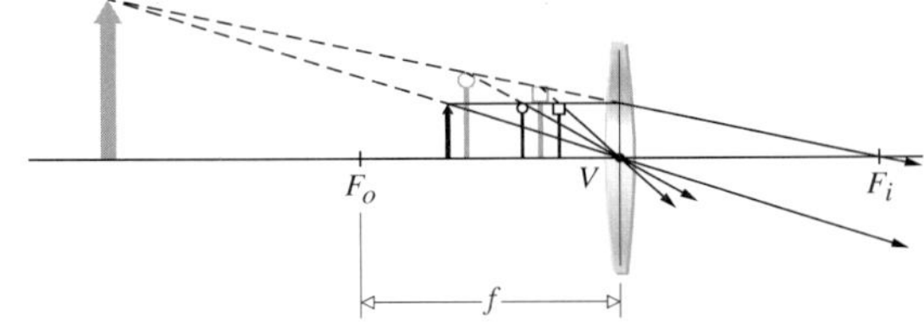

그림 5.28 양의 렌즈가 만든 허상. 물체가 렌즈에 점점 더 가까워지면 상은 렌즈 쪽으로 더 가까이 다가간다.

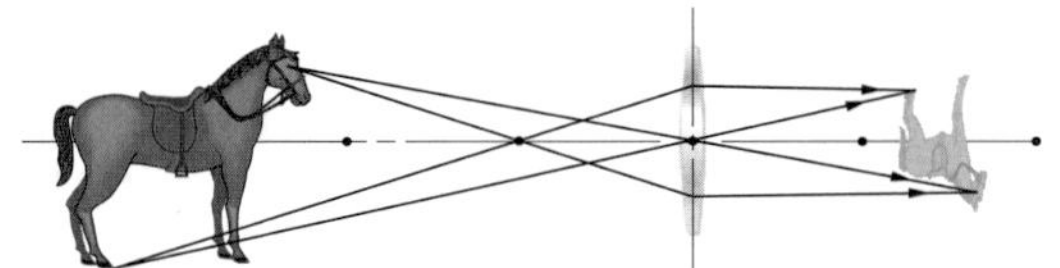

그림 5.29 횡배율은 종배율과 다르다.

에 대응하는 길이의 비율이다. 식 (5.23)을 미분하면 단일 매질 내에서 얇은 렌즈에 대한 식 (5.28)이 된다(그림 5.29).

$$M_L = -\frac{f^2}{x_o^2} = -M_T^2 \tag{5.28}$$

분명히 $M_L < 0$는 양수의 dx_o와 음수의 dx_i, 또는 그 반대의 부호를 의미한다. 다른 말로 하면 렌즈를 향하는 손가락이 렌즈로부터 멀리 떨어진 곳을 가리키는 손가락 형태로 결상된다(그림 5.30).

단일 볼록 렌즈를 이용하여 종이 위에 창문을 결상해 보라. 나무의 풍경을 가정하여 그 종이 위에 멀리 있는 나무를 결상해 보라. 이제 이 종이를 렌즈로부터 멀리 이동하라. 그러면 상은 상공간의 서로 다른 영역을 교차하며 지나간다. 창문 그 자체가 가까이 보이면 이 나무는 희미해질 것이다.

허물체

잠시 뒤에 렌즈 조합에 대해서 공부할 것이지만, 그 전에 몇 개의 렌즈가 연속적으로 있을 때 종종 생기는 상황에 대해서 고려해야만 한다. 그림 5.31a에서처럼 광선은 렌즈 위아래에서 수렴하는 것도 가능하다. 여기서 광선들은 중심축에 대해서 대칭으로 분포하며 이 광선들 모두는 물체 공간의 초점 F_o를 향해서 들어간다. 그 결과 광선은 중심축에 평행하게 렌즈로부터 나가며 상은 무한대 거리에 생기는데, 이는 상이 생기지 않는다는 것을 의미한다. 광선들이 F_o쪽으로 수렴하기 때문에 이 초점이 허점물체(virtual point object)에 대응한다고 할 수 있다. 모든 광선은 광선 1과 평행하게 렌즈에서 나간다. 이 사실은 중요하게 기억해야 하는 것이며 이후에 이것을 사용할 것이다.

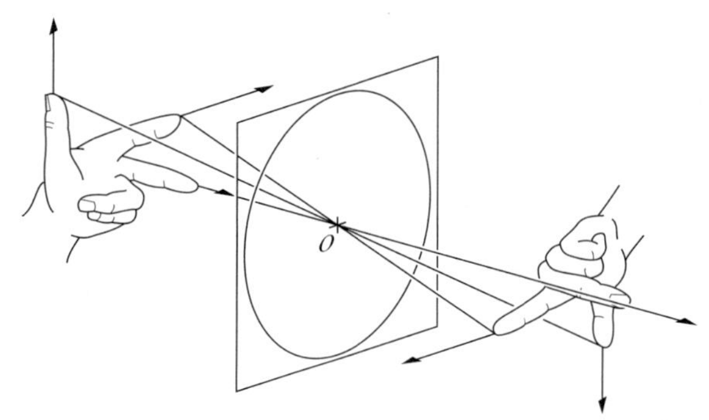

그림 5.30 얇은 렌즈에서 상의 방향 전환

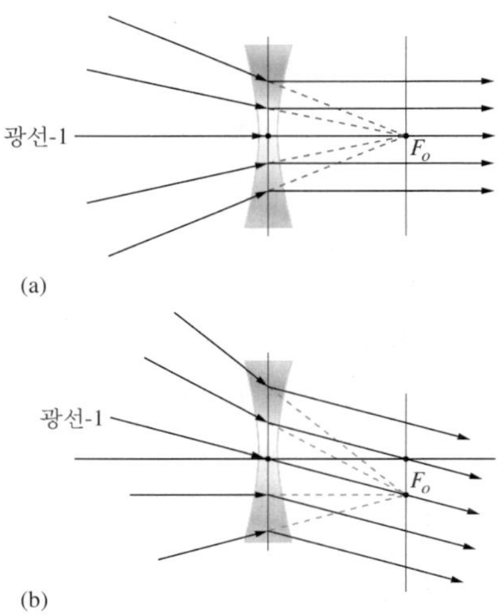

그림 5.31 (a) 축상에 있거나 (b) 비축상에 있는 음의 렌즈에 대한 허점물체. 광선들이 물체를 향해서 수렴할 때, 물체는 허물체이다. 종종 이런 일이 다중 렌즈계에서 일어난다.

그림 5.32에서처럼 확대된 물체에 대해서는 약간 더 복잡하다. '물체'를 나타내는 꼭대기의 3개의 수렴 광선이 양의 렌즈로 들어가는데, 물론 광선 1을 제외하고는 어느 광선도 실제로 물체라는 곳의 위치에 없다. 실제 벌레는 아마 렌즈의 왼쪽 어디인가에 있을 것이다. 광선이 렌즈에 들어가기 전에 물체인 벌레(오른쪽 멀리 위치함, $s_o < 0$)의 머리 쪽을 향하는 광선들은 렌즈 때문에 굴절해서 실제로 발레의 축소된 정립 실상의 머리 쪽으로 수렴한다. 물체는 렌즈로부터 초점 거리보다 먼 거리에 있다는 것을 주목하라. 렌즈 때문에 광선에 컨버전스(convergence)가 추가되어 광선이 상으로 수렴하는데, 이 상은 렌즈에 더 가깝게 생기지만 여전히 렌즈의 오른쪽에 있다. **물체는 허물체이고($s_o<0$), 상은 실상이다($s_i>0$).** s_i에 스크린을 놓을 수도 있고 상은 이 스크린에 맺힌다. 부수적으로 **물체와 상이 모두 렌즈의 한쪽 동일한 공간에 생길 때 이 둘 중 하나는 실(real)이고 나머지는 허(virtual)이다.**

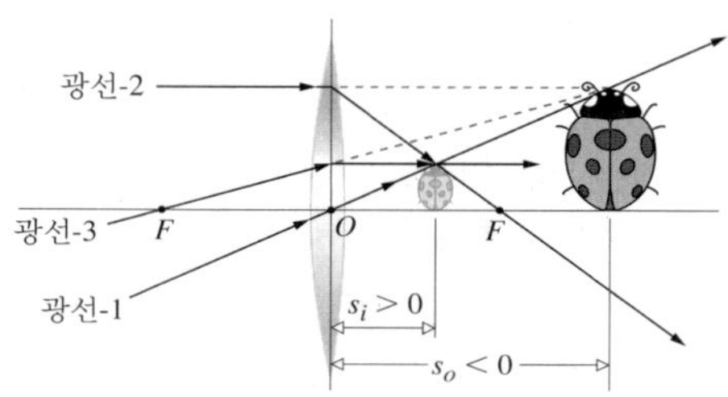

그림 5.32 (오른쪽 멀리 있는) 하나의 허물체와 (렌즈의 바로 오른쪽에 생긴) 정립 실상. 이러한 상황은 다중 렌즈계에서 생길 수 있다.

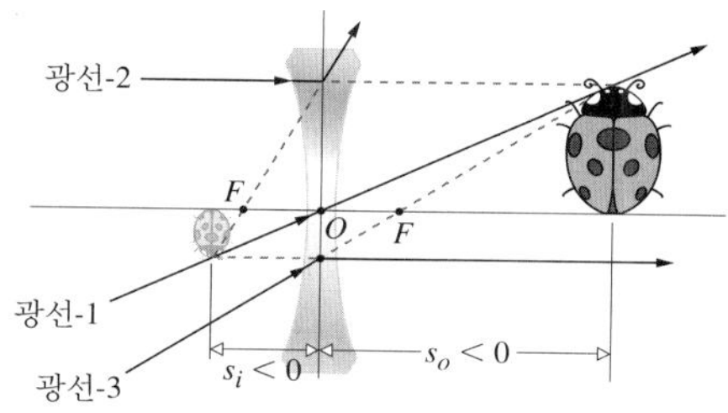

그림 5.33 (오른쪽에 있는) 허물체와 이 허물체에 대한 (왼쪽에 생긴) 도립 허상. 이런 종류의 상황은 다중 렌즈계에서 일어날 수 있다.

이와 약간 유사한 상황이 그림 5.33에 나와 있는데, 이번에는 음의 렌즈에 광선들이 들어가기 전에 이 광선들은 '물체'의 꼭대기 쪽을 향한다. 렌즈의 오른쪽($s_o < 0$)에 있는 물체인 벌레는 허물체이다. 광선들은 렌즈를 통과하여 발산하면서 렌즈의 왼쪽에 축소된 도립 허상으로 들어가는 것처럼 보인다. 즉 렌즈의 왼쪽을 보는 오른쪽에 있는 관찰자는 3개의 광선을 잡아 렌즈의 왼쪽에 투영시켜서 뒤집어진 벌레 상을 본다. **물체는 허물체이고($s_o < 0$), 상은 허상이다($s_i < 0$).**

그림 5.33에서 허물체가 렌즈의 초점 거리보다 먼 거리에 나타낸다는 것을 주목하라. 만약에 3개의 광선들이 더 큰 각도로 렌즈에 다가간다면 이 광선들은 렌즈에 더 가까운 물체 쪽으로 수렴한다(그림 5.34). 모든 광선들은 실제로 물체를 만들지 않으므로 다시 말해서 이 물체는 허물체($s_o < 0$)이다. 광선들은 렌즈 때문에 굴절해서 상에 도달한다. 광선들은 렌즈의 오른쪽($s_i > 0$)에 있는 상으로 수렴하므로 실상이다. **물체는 허물체이고($s_o < 0$), 상은 실상이다($s_i > 0$).**

초평면 광선 추적

지금까지 간단하게 3개의 친숙한 광선만을 추적해서도 상에 대해서 잘 이해하였지만, 알만한 가치가 있는 다른 광선 추적 방법이 있다. 이것은 렌즈의 초평면 상에 생긴 점들이 항상 평행 광선 다발과 관련이 있다는 사실로부터 예상된 것이다. 결과적으로 양의 렌즈로 입사하는 임의의 광선을 생각하

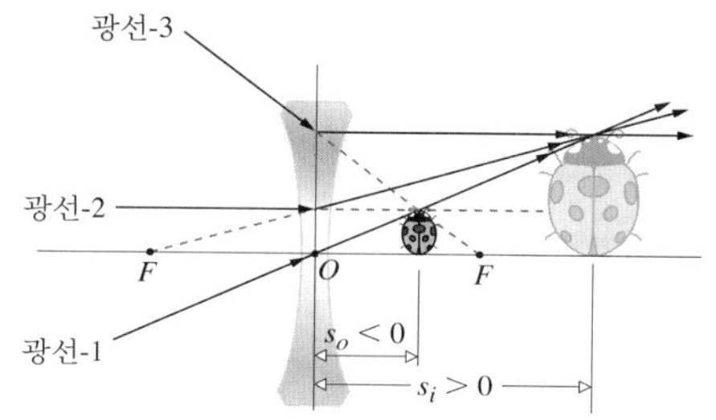

그림 5.34 (렌즈의 오른쪽에 바싹 붙어 있는) 허물체와 이 허물체에 대한 (멀리 왼쪽에 생긴) 확대된 정립 실상. 이런 상황은 초기에 광선들이 수렴하는 다중 렌즈계에서 생길 수 있다.

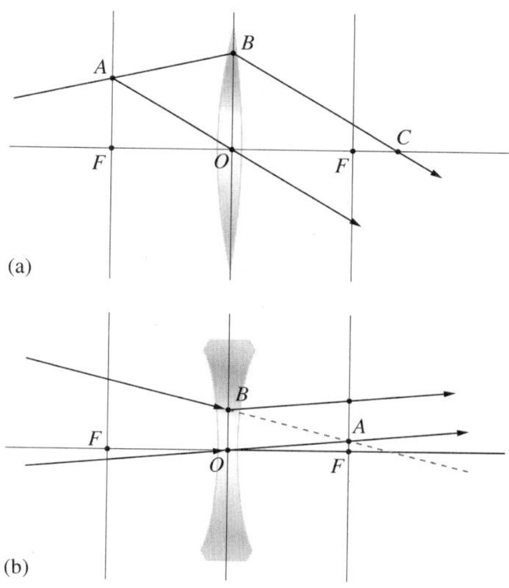

그림 5.35 초평면 광선 추적. 그림 5.31*b*를 다시 살펴보라.

자(그림 5.35a). 이 광선은 점 A에서 **제1초평면**을 지나간다(그림 5.19를 다시 살펴보라). 그러나 지금까지 했던 것처럼 이 광선이 점 B에서 굴절한 후에 이 광선이 가는 방향을 그림으로 결정하지 않는다. 여전히 점 A로부터 나온 모든 광선은 서로 평행하게 렌즈로부터 나가야만 한다. 더군다나 A에서 렌즈의 중심으로 가는 광선은 렌즈를 직선으로 통과하여 나간다는 것을 알고 있다. 그래서 B에서 출발한 굴절 광선은 A에서 O로 가는 광선과 평행해야만 하며 그 결과 C에서 중심축을 가로지른다.

그림 5.35b에서 음의 렌즈에 대해서도 이 방법을 시도해보자. 임의로 아래를 향한 광선은 점 B에서 렌즈와 만난다. 이 광선은 음의 렌즈의 점 F의 약간 위에 있는 **제2초평면**의 점 A를 향해서 들어간다. O에서 A로 연결한 직선을 그리고 이 직선을 어느 정도 연장하라. 이 직선을 따라 가는 광선이 A를 통과하여 지나서 계속 나아간다. 더군다나 초기에 A를 향한 모든 광선들(그림 5.31을 다시 살펴보라)은 렌즈에서 굴절하고 O부터 A까지 연결한 직선에 평행하면서 다른 광선들과 평행하게 렌즈로부터 나간다. 이것은 관심을 갖고 있는 광선이 B에서 굴절하여 발산이 생기고 광선이 위로 들리면서 광축으로부터 멀어지면서 O부터 A까지 연결한 직선에 평행해진다는 것이다.

현재 보는 것처럼 이 기술은 일련의 렌즈를 통과한 임의의 한 광선을 빠르게 추적할 수 있게 해 줄 것이다.

얇은 렌즈 조합

이 절의 목적은 복잡한 오늘날의 렌즈 설계방법을 소개하는 것이 아니라 이미 상업화된 렌즈계의 특성을 알아봄으로써

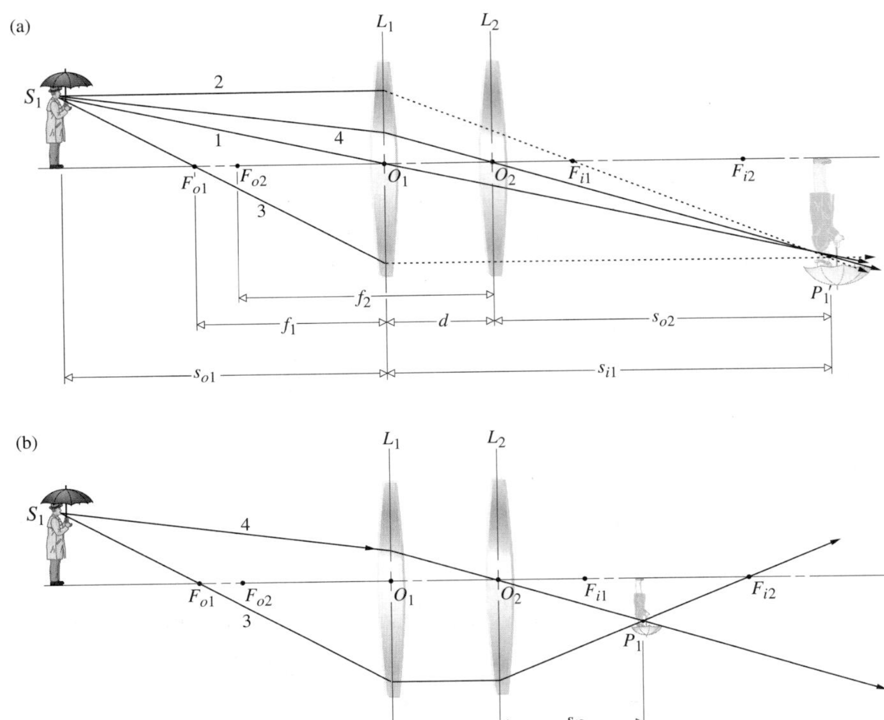

그림 5.36 어느 한 렌즈의 초점 거리보다 더 짧은 거리만큼 떨어진 두 개의 얇은 렌즈

이에 대한 활용 능력을 배양시키는 데 있다.

새로운 광학계를 제작할 때는 먼저 빠른 근사 계산법을 사용해서 대략적인 배열을 정한다. 그 다음 복잡하지만 정확한 광선 추적 기술을 사용하여 섬세하게 초기 배열을 수정한다. 이 일에는 오늘날 컴퓨터가 자주 이용된다. 그러나 많은 경우 얇은 렌즈의 개념은 필요한 예비 지식을 얻는 데 매우 유익하게 사용될 수 있다.

실제로 엄밀한 의미에서 두께가 0인 얇은 렌즈는 없다. 그러나 아직도 지름에 비해서 두께가 작은 단일 렌즈들은 얇은 렌즈처럼 취급되고 있다. 적어도 13세기 이래로 이용되고 있는 거의 모든 안경 렌즈들은 이 범주에 속한다. 렌즈면의 곡률 반지름이 크고 렌즈 지름이 작을 때에는 통상적으로 두께가 작다. 이런 종류의 렌즈는 일반적으로 초점 거리가 길며 이에 비해 두께는 매우 작다. 망원경의 대물 렌즈가 이러한 형태에 해당된다.

이제부터 얇은 렌즈의 조합과 관련된 변수들 사이에 성립하는 관계식을 유도할 것이다. 여기서는 단순한 근사 관계식만을 취급하며, 전통적으로 완전한 취급은 다음 장으로 미루겠다.

그림 5.36은 두 개의 얇은 볼록 렌즈 L_1과 L_2의 조합을 보여 준다. 렌즈 사이의 거리 d는 두 렌즈의 초점 거리보다 작다고 가정한다. 이 렌즈계의 결상 과정은 다음과 같다. 먼저 L_2를 무시하고 광선 2와 광선 3을 사용하여 렌즈 L_1에 의한 상을 만들어라. 이 광선은 렌즈의 물체 초점 F_{o1}과 상초점 F_{i1}을 지나간다. 물체는 광축과 두 광선을 포함한 평면 내에 있기 때문에 두 광선의 교차점은 상의 꼭대기가 되고 이 점에서 광축에 수직선을 그으면 상의 바닥이 결정된다. 광선 4는 P_1' 점과 O_2 점을 지나도록 그린다. 렌즈 L_2를 다시 넣으면 광선 4는 아무 변화가 없으나 광선 3은 L_2의 상초점 F_{i2}를 향해서 굴절한다. 광선 4와 광선 3의 교차점이 최종적인 상이 된다. 이 경우 축소된 도립 실상이 생긴다. 두 렌즈를 더 가까이 접근시키면 L_1을 지난 광선은 L_2 때문에 더욱 수렴하거나($f_2 > 0$) 발산한다($f_2 < 0$)(그림 5.37 참조).

그림 5.38은 렌즈 간격이 초점 거리보다 큰 얇은 렌즈의 조합을 보여 준다. F_{i1}과 F_{o1}을 지나는 광선 2와 광선 3을 이용하여 렌즈 L_1이 만드는 중간상의 위치를 결정한다. 광선 4는 O_2를 지나서 P_1'과 S_1에 이르도록 그린다. 광선 3이 F_{i2}를 통하여 굴절하므로 광선 3과 4의 교차점이 최종상의 위치가 된다. 이때 만들어진 상은 실상이며 정립이다. 만일 다른 변수를 고정한 채 L_2의 초점 거리를 증가시키면 마찬가지로 상의 크기도 증가한다.

해석적으로 그림 5.36에서 L_1만 살펴보면

$$\frac{1}{s_{i1}} = \frac{1}{f_1} - \frac{1}{s_{o1}} \tag{5.29}$$

혹은

$$s_{i1} = \frac{s_{o1} f_1}{s_{o1} - f_1} \tag{5.30}$$

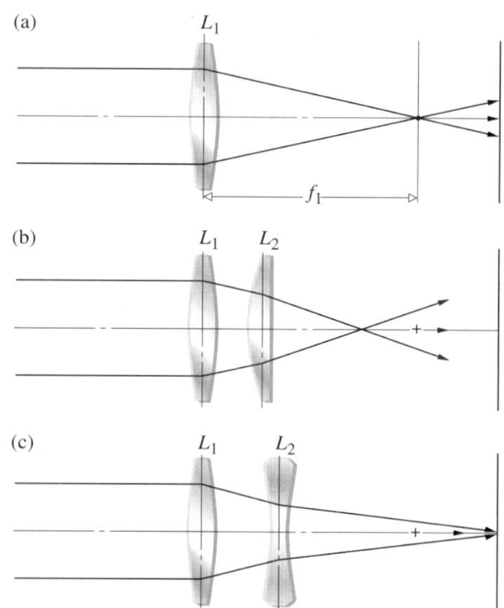

그림 5.37 (a) 볼록 렌즈의 초점 거리 내에 위치한 제2렌즈 L_2의 효과. (b) L_2가 볼록 렌즈이면 광선은 더욱 수렴한다. (c) L_2가 오목 렌즈이면 광선은 발산한다.

이 성립한다. $s_{o1} > f_1$과 $f_1 > 0$일 때 s_{i1}은 양수이므로 (P_1'에서) 중간상은 L_1의 오른쪽에 있다. 지금 P_1'에 물체가 있는 두 번째 렌즈 L_2를 고려한다면

$$s_{o2} = d - s_{i1} \tag{5.31}$$

이다. 만일 $d > s_{i1}$이면 L_2에 대한 물체는 실물체이다(그림 5.38). 반면에 $d < s_{i1}$이면 이것은 허물체이다(그림 5.36에서와 같이 $s_{o2} < 0$이다). 전자의 경우 L_2에 입사하는 광선들은 P_1'으로부터 발산하고 있다. 그림 5.36a에서 그린 것처럼 L_1이 만든 중간상은 L_2에 대해서 허물체이다. 더욱이 L_2에 대해서

$$\frac{1}{s_{i2}} = \frac{1}{f_2} - \frac{1}{s_{o2}}$$

또는

$$s_{i2} = \frac{s_{o2}f_2}{s_{o2} - f_2}$$

이다. 식 (5.31)을 이용하면 다음과 같은 식을 얻는다.

$$s_{i2} = \frac{(d - s_{i1})f_2}{(d - s_{i1} - f_2)} \tag{5.32}$$

이와 같은 방법으로 얇은 렌즈가 여러 개인 경우에 대한 결상을 계산할 수 있다. 때로는 이 과정을 단일 표현식으로 나타내는 것이 편리할 것이다. 적어도 두 개의 렌즈를 취급할 때에는 식 (5.29)로부터 s_{i1}을 치환하면 아래와 같은 식 (5.33)이 생긴다.

$$s_{i2} = \frac{f_2 d - f_2 s_{o1} f_1/(s_{o1} - f_1)}{d - f_2 - s_{o1} f_1/(s_{o1} - f_1)} \tag{5.33}$$

여기서 s_{o1}와 s_{i2}는 각각 복합 렌즈의 물체 거리와 상거리이다. 예로서 두 개의 볼록 렌즈 중에서 첫 번째 렌즈 앞 50cm에 놓여 있는 물체의 상거리를 계산해 보자. 이 렌즈들은 20cm 떨어져 있고 초점 거리가 각각 30cm와 50cm이다. 식 (5.33)에 직접 대입하면

$$s_{i2} = \frac{50(20) - 50(50)(30)/(50 - 30)}{20 - 50 - 50(30)/(50 - 30)} = 26.2 \text{ cm}$$

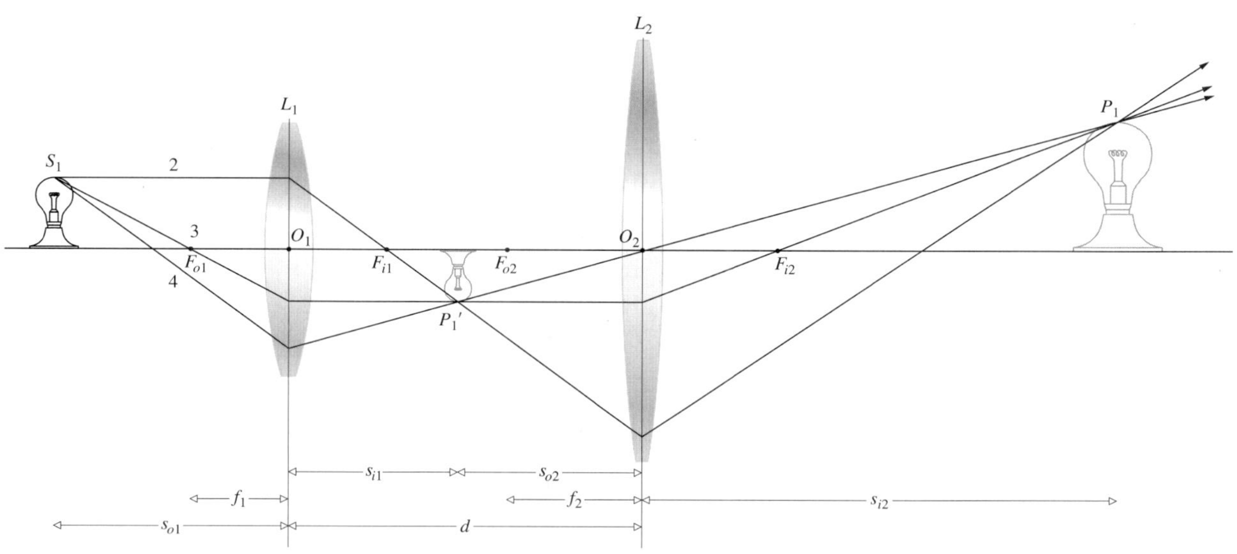

그림 5.38 초점 거리의 합보다 더 멀리 떨어진 두 개의 얇은 렌즈 조합. 중간상이 실상이므로 P_1' 점을 L_2의 실상으로 볼 수 있다. 따라서 P_1'에서 나온 광선은 F_{o2}를 통해 P_1에 도착한다.

이고 상은 실상이다. L_1에 의해 결상된 중간상을 L_2가 '확대'하므로 복합 렌즈의 총 횡배율은 개별적인 렌즈 배율의 곱이다. 즉

$$M_T = M_{T1}M_{T2}$$

이다. 식 (5.34)를 증명하는 것은 문제 5.45에 남겨 두기로 한다.

$$M_T = \frac{f_1 s_{i2}}{d(s_{o1} - f_1) - s_{o1}f_1} \tag{5.34}$$

위의 예제에서

$$M_T = \frac{30(26.2)}{20(50-30) - 50(30)} = -0.72$$

이며, 그림 5.36으로부터 추론했던 것과 같이 상은 축소된 도립 실상이다.

예제 5.5

초점 거리가 +40.0 cm인 얇은 양볼록 렌즈를 초점 거리 −40.0 cm인 얇은 양오목 렌즈의 앞쪽(즉 왼쪽)으로부터 30.0 cm 거리에 놓았다. 만약에 작은 물체를 양의 렌즈의 왼쪽으로부터 120 cm 거리에 놓았다면 (a) 각 렌즈의 효과를 계산하여 상의 위치를 구하라. (b) 이 경우에 대한 배율을 계산하라. (c) 그리고 상의 형태를 기술하라.

풀이

(a) 첫 번째 렌즈가 s_{i1}에 중간상을 만드는데, 이는

$$\frac{1}{f_1} = \frac{1}{s_{o1}} + \frac{1}{s_{i1}}$$

$$\frac{1}{40.0} = \frac{1}{120} + \frac{1}{s_{i1}}$$

$$\frac{1}{s_{i1}} = \frac{1}{40.0} - \frac{1}{120} = \frac{2}{120}$$

$$s_{i1} = 60.0\text{ cm}$$

이다. 이 위치는 음의 렌즈로부터 오른쪽 30.0 cm에 있다. 그래서 $s_{o2} = -30.0$ cm이고, s_{i2}는

$$\frac{1}{f_2} = \frac{1}{s_{o2}} + \frac{1}{s_{i2}}$$

$$\frac{1}{-40.0} = \frac{1}{-30.0} + \frac{1}{s_{i2}}$$

$$s_{i2} = +120\text{ cm}$$

이다. 상은 음의 렌즈로부터 오른쪽으로 120 cm에 생긴다.

(b) 배율은

$$M_T = M_{T1}M_{T2} = \left(-\frac{s_{i1}}{s_{o1}}\right)\left(-\frac{s_{i2}}{s_{o2}}\right)$$

$$M_T = \left(-\frac{60.0}{120}\right)\left(-\frac{120}{-30}\right) = -2.0$$

이다.

(c) $s_{i2} > 0$이기 때문에 상은 실상이다. 그리고 $M_T < 0$이므로 상은 도립상이며 확대되었다. 식 (5.34)를 이용하여 M_T를 검사할 수 있다.

$$M_T = \frac{40(120)}{30(120-40) - 120(40)} = \frac{40(120)}{-40(60)}$$

$$M_T = -2.0$$

그리고 식 (5.33)을 이용하여 s_{i2}도 검사할 수 있다.

$$s_{i2} = \frac{(-40.0)(30.0) - (-40.0)(120)(40.0)/(120-40.0)}{30.0 - (-40.0) - 120(40.0)/(120-40.0)}$$

$$s_{i2} = \frac{-1200 + 40.0(60.0)}{70.0 - 60.0} = \frac{1200}{10} = 120\text{ cm}$$

그림 5.39에서 두 개의 양의 렌즈 L_1과 L_2는 각각 짧고 긴 초점 거리를 갖고 있으며, 두 초점 거리를 합친 것보다 더 긴 거리로 떨어져 있다. 축소된 도립 실상의 중간상은 광선 1, 2, 3의 교차점에 위치하는데, 이 광선들은 점 A_1, A_2, A_3에서 두 번째 렌즈의 제1초평면과 만나고 점 B_1, B_2, B_3에서 렌즈 L_2와 교차한다. 질문은 이 광선들이 L_2로 인하여 어떻게 굴절하는가이다. 다시 말해서 어떻게 점 P의 위치를 정할 수 있는가? 중간상이 실상이기 때문에 편리한 두 개의 새로운 광선을 도입할 수 있지만, 이 대신에 초평면 광선 추적법을 사용하기로 하자.

A_2로부터 O까지 연결한 직선을 그려라. B_2에서 시작한 굴절한 광선이 이 직선과 평행해야만 하도록 이 직선을 그려라. A_1에서 O까지 직선을 그려라. B_1에서 시작한 굴절한 광선이 이 직선과 평행해야만 하도록 이 직선을 그려라. 이 두 직선의 교차점이 점 P에 있고 이것이 정립 실상인 최종 상이다.

이 방법을 사용하는 다른 보기로 그림 5.40에 있는 양의 렌즈 L_1에 들어오는 중심축에 평행한 광선을 생각하고 광학계를 이 광선이 지나가는 것을 추적하자. 광선은 A_1에서 L_1의 첫 번째 초평면과 교차한다. 그리고 광선은 굴절해서 초점 F_1 쪽을 향해 가지만 또한 A_1에서 O_1까지 연결한 직선에 평행하게 간다. 따라서 광선은 구부러져서 B_1에서 B_2까지 가는데, 이 광선이 A_2에서 음의 렌즈 L_2의 두 번째 초평면과 교차할 때까지 점선으로 이 광선을 연장하여 그린다. A_2에서 O_2까

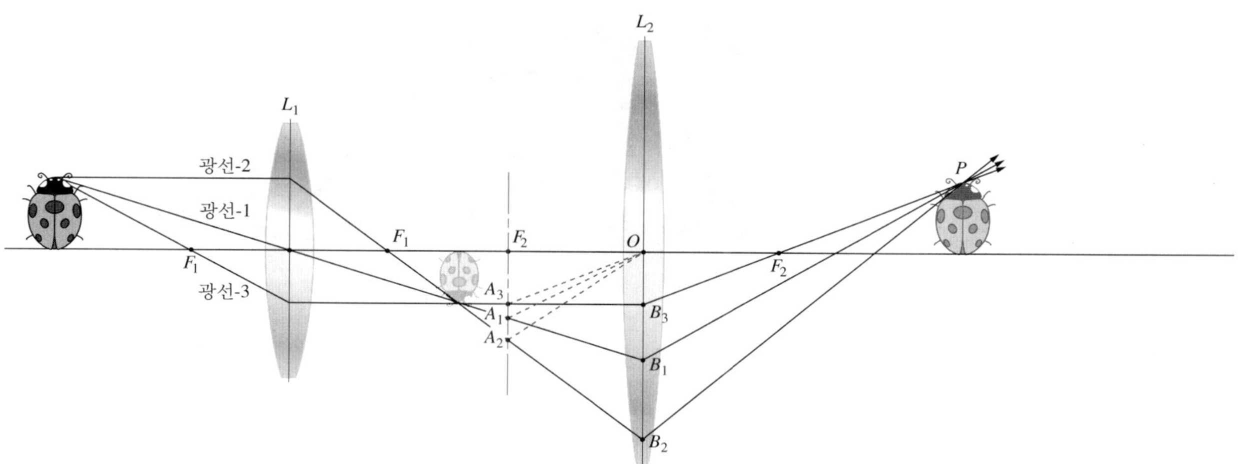

그림 5.39 초평면 광선 추적법 사용하기

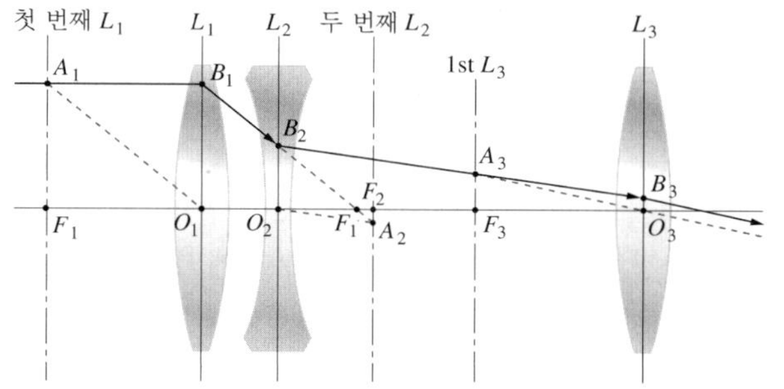

그림 5.40 초평면 광선 추적법을 사용한 3개의 렌즈로 구성된 광학계를 통과하는 한 광선을 추적하는 과정

지 점선을 그리되 B_2에서 B_3까지의 광선이 이 점선과 평행해지도록 그린다. 이 광선은 A_3에서 L_3의 첫 번째 초평면과 교차하면서 B_3를 향해서 L_3로 들어간다. 광선이 L_3를 떠날 때의 마지막 굴절하는 정도를 구하기 위해서 O_3에서 A_3로 뒤로 직선을 그려라. 마지막 광선은 O_3와 A_3를 연결한 직선에 평행하게 나간다.

뒤초점 거리와 앞초점 거리

광학계의 마지막 면으로부터 이 광학계의 제2초점까지의 거리를 **뒤초점 거리(back focal length)** 또는 b.f.l.이라고 한다. 마찬가지로 첫 번째 면으로부터 제1초점 또는 상초점까지의 거리를 **앞초점 거리(front focal length)** 또는 f.f.l.이라고 한다. 결과적으로 $s_{i2} \to \infty$이면 s_{o2}는 f_2로 접근한다. 그리고 이것은 식 (5.31)과 결합하여 $s_{i1} \to (d - f_2)$로 접근한다고 할 수 있다. 그래서 식 (5.29)로부터

$$\left.\frac{1}{s_{o1}}\right|_{s_{i2}=\infty} = \frac{1}{f_1} - \frac{1}{(d - f_2)} = \frac{d - (f_1 + f_2)}{f_1(d - f_2)}$$

이다. 이 경우 s_{o1}의 값이 f.f.l.이 된다. 즉

$$\text{f.f.l.} = \frac{f_1(d - f_2)}{d - (f_1 + f_2)} \tag{5.35}$$

같은 방법으로 식 (5.33)에서 $s_{o1} \to \infty$로 놓으면 $(s_{o1} - f_1) \to s_{o1}$이고 s_{i2}가 b.f.l.이므로 다음 식 (5.36)을 얻게 된다.

$$\text{b.f.l.} = \frac{f_2(d - f_1)}{d - (f_1 + f_2)} \tag{5.36}$$

수치적으로 이 식이 어떻게 적용되는가를 보기 위해서 그림 5.41(a)와 같은 얇은 렌즈에 대한 b.f.l.과 f.f.l.을 구해 보자. 단 $f_1 = -30\,\text{cm}$이고 $f_2 = +20\,\text{cm}$이다. 그러면

$$\text{b.f.l.} = \frac{20[10 - (-30)]}{10 - (-30 + 20)} = 40\text{ cm}$$

이다. 이와 유사하게 f.f.l. = 15 cm이다. 만일 망원경에서와 같이 $d = f_1 + f_2$이면 복합 렌즈의 앞면 또는 뒷면의 어느 쪽으로 평면파가 들어가든 그대로 평면파로 나갈 것이다(문제 5.49).

만일 $d \to 0$이면, 즉 몰색화된 이중 렌즈와 같이 두 렌즈가 붙어있다면

$$\text{b.f.l.} = \text{f.f.l} = \frac{f_2 f_1}{f_2 + f_1} \tag{5.37}$$

이 된다. **붙어있는 두 개의 얇은 렌즈**에 대해 결과적으로 얇은 렌즈는 다음과 같은 **유효 초점 거리**(effective focal length) f를 가진다.

$$\frac{1}{f} = \frac{1}{f_1} + \frac{1}{f_2} \tag{5.38}$$

이것은 만약 N개의 렌즈가 붙어 있다면 식 (5.39)와 같이 표현될 수 있음을 의미한다.

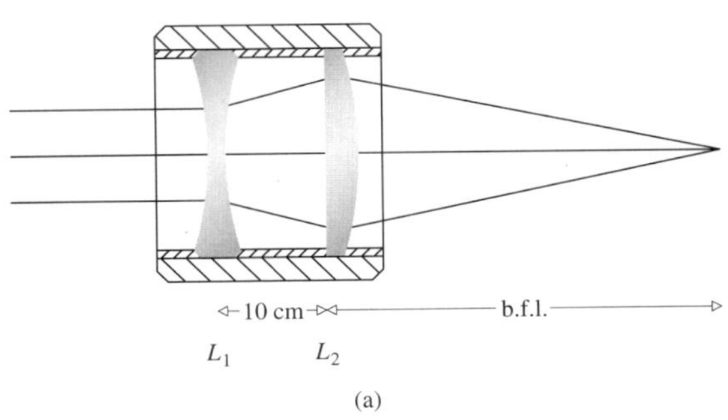

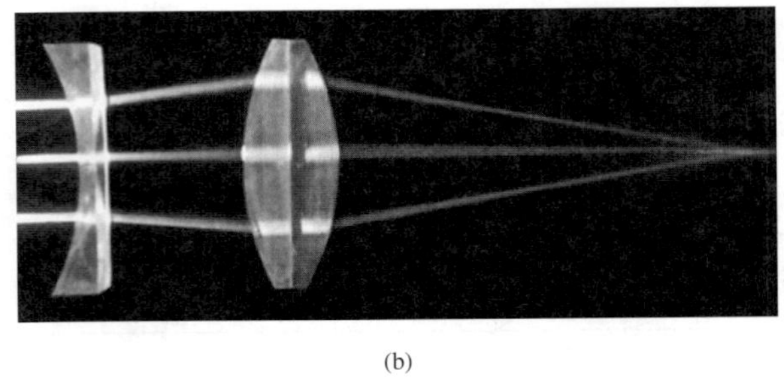

그림 5.41 볼록 렌즈와 오목 렌즈의 결합 (E.H.).

$$\frac{1}{f}=\frac{1}{f_1}+\frac{1}{f_2}+\cdots+\frac{1}{f_N} \tag{5.39}$$

몇 개의 얇은 렌즈 조합에 대해서 위 관계식을 정성적으로 증명할 수 있다. 이를 위해서 그림 5.36의 과정을 반복 적용할 수 있음은 분명하다. 반면에 그림 5.38의 과정을 적용하는 것은 좀 더 주의를 요한다. 먼저 무한 광원을 결상하여 렌즈 각각의 초점 거리를 결정한다. 그 다음, L_2의 **초점 거리 약간 바깥에** 관찰면(흰 종이판)을 고정시킨다. 광학대가 없다면 광선을 정렬하는 데 상당한 노력이 필요할 것이다. L_1을 손으로 잡고 광축을 따라서 광원 쪽으로 이동시킨다. L_2로 직접 들어가는 빛을 차단하지 않고도 아마 L_1을 잡고 있는 손의 번진 상을 볼 수 있을 것이다. 렌즈들을 적당히 위치시켜서 L_1에 대응하는 상의 영역이 관찰면 위에서 가능한 한 밝도록 조절한다. L_1을 가로질러 번진 상은 그림 5.38과 같이 선명한 정립상이 될 것이다.

양자 전기역학(QED)과 렌즈

이 장에서 페르마의 원리로부터 기본 방정식을 유도한 이유는 광경로 길이의 개념을 이해함으로써 양자 전기역학에 대한 파인먼 접근법을 자연스럽게 알게 하려는 목적이었다. 많은 물리학자들은 "이론은 관찰 결과를 설명하기 위한 개념적인 체계에 불과할 뿐이다"라고 생각한다는 사실을 염두에 두어야 한다. 이론은 어떤 체계로 세워지든지 간에 '보편적인' 관찰 결과를 설명할 수 있어야 한다. 렌즈가 양자 전기역학의 관점과 얼마나 잘 일치하는지를 보기 위해서 그림 4.80으로 돌아가 보자.

S점에서 나온 광파가 가능한 모든 경로를 통해서 거울을 거쳐 P점까지 진행한다고 하자. 각 경로에 대한 광경로 길이와 이를 통과하는 데 걸리는 시간은 모두 다를 것이다. 양자 전기역학의 관점에서 보면 광이 각 경로를 지나갈 확률은 존재하며 위상은 지나가는 데 걸리는 시간에 비례한다. 이들을 모두 더할 경우 P점에 도달하는 광파들 가운데 평균적 관점에서 가장 효과적으로 기여하는 항은 광경로 길이가 최소가 되는 경로 부근의 파동일 것이다.

그림 5.42의 렌즈에 대해서는 그 상황이 매우 다르다. 렌즈 면을 여러 개의 작은 부분(예를 들어 A에서 Q까지 17개의 부분)으로 나누면 각 부분을 광파가 지나갈 확률은 작지만 존재할 것이다. 물론 이 하나의 작은 부분에는 광이 지나갈 수 있는 수십억 개의 다른 경로가 있으며, 각 경로는 모두 작은 확률의 위상 진폭을 나름대로 갖는다. 렌즈를 지나는 광파의 광경로 길이는 모두 같도록 설계되기 때문에 렌즈 면에서 위치의 함수로 광경로 길이를 그려보면 직선이 된다. 따라서 광자는 어떤 경로를 지나가든지 동일한 시간이 걸리고 각 경로에 대한 위상 지연은 동일하다. 따라서 모든 경로를 통해서 들어온 광자가 P에서 보강 간섭되어 큰 진폭으로 합성된다. 양자 전기역학의 관점에서 보면 **렌즈는 모든 경로**

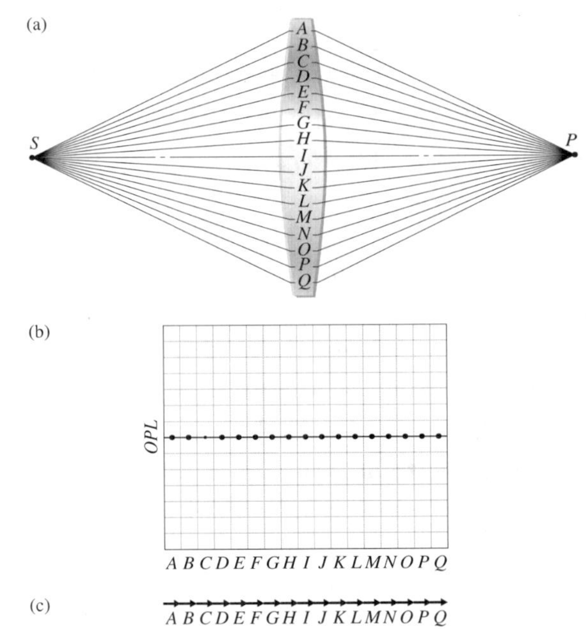

그림 5.42 얇은 렌즈에 대한 파인먼의 양자 전기역학적 해석. (a) S에서 P까지 수많은 광선의 경로, (b) 각 지점에 해당하는 광경로 길이, (c) 각 지점을 통과한 광의 진폭이 동일 위상으로 중첩된 모습

에 대한 광파의 확률 진폭이 동일한 위상을 갖도록 만들어줌으로써 광을 집속한다.

*P*를 포함하는 평면 위의 광축 근처 점들은 축으로부터의 거리에 비례해서 위상이 달라진다. 따라서 이 점에 도달한 광파의 위상 진폭을 더하면 처음에는 급격히 감소하다가 다시 조금 증가하고 감소함을 반복한다. 즉 확률 분포가 한 곳에 집중되지 않는다는 사실을 주목해야 한다. 다시 말해서 빛은 한 곳에 집속될 수 없다. 축에서 벗어난 곳에서의 위상합이 항상 0이 되지는 않는다. 이 원형 대칭 확률 분포 $I(r)$를 에어리 무늬(Airy pattern)라고 한다.

5.3 조리개

5.3.1 구경 조리개와 시야 조리개

모든 렌즈는 본질적으로 점광원으로부터 방출된 에너지의 일부만을 모으는 제한된 성능을 갖고 있다. 따라서 단일 렌즈의 가장자리 크기가 광학계로 들어가서 상을 만드는 광선의 양을 결정한다. 이러한 관점에서 광선이 렌즈에 의해 차단되지 않는 범위, 즉 **실지름**(clear diameter)은 에너지가 지나가는 구경으로서의 역할을 한다. 상에 도달하는 빛의 양을 결정하는 소자, 즉 렌즈의 테두리 또는 별도의 소자를 **구경 조리개(aperture stop)** 약자로는 A.S.라고 한다. 광학계의 구경 조리개는 중심축에 있는 물체점에서 나온 광선이 광학계를 통과할 때 광학계가 통과시킬 수 있는 이 광선의 빔이 퍼져 나오는 정도를 제한하는 특별한 물리적 실체이다. 복합 카메라 렌즈의 중심 부분에 위치한 크기 조절이 가능한 가변형 원판(leaf diaphragm)이 이러한 구경 조리개이다. 렌즈계에서 전체적으로 빛을 모으는 성능은 바로 이것에 의해 좌우된다. 그림 5.43의 경우 많이 경사진 광선들까지도 이 광학계로 들어갈 수가 있다. 그러나 통상적으로 이 조리개들은 상의 질을 결정하기 때문에 신중하게 선택되어야 한다.

광학계에 의해서 결상될 수 있는 물체의 크기 또는 각도의 폭을 제한하는 소자를 **시야 조리개(field stop)** 또는 F.S.라고 하는데, 이것이 이 렌즈계의 시야를 결정한다. 카메라에서 필름의 가장자리는 그 자체가 상면의 범위를 결정하며 시야 조리개의 역할을 담당한다. 이와 같이 구경 조리개는 물체점으로부터 공액상점에 도달하는 광선 수를 제어하는 반면에, 시야 조리개는 극단적으로 말하면 그 광선들을 차단할 수도 또는 그렇지 않을 수도 있다. 그림 5.43에서 물체의 꼭대기나 바닥 밖의 것은 전혀 시야 조리개를 지나가지 못한다. 원형의 구경 조리개를 열면 이 광학계가 받아들일 수 있는 에너지 원추는 더 넓어지며 각 상점에서의 밝기가 증가한다. 반대로 시야 조리개를 열면 전에 차단되었던 물체의 끝단이 결상될 수 있도록 허용된다.

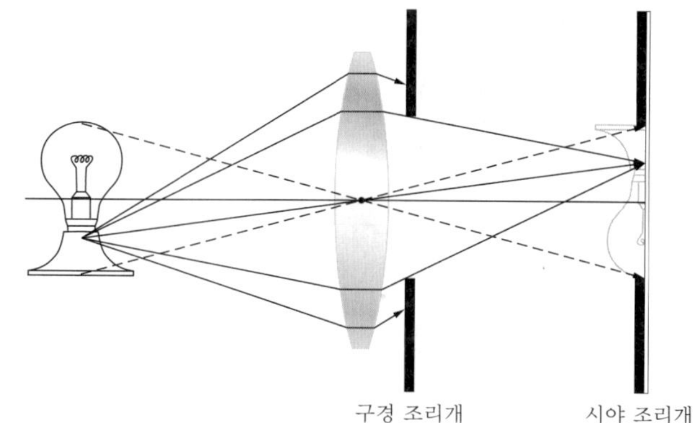

그림 5.43 구경 조리개와 시야 조리개

5.3.2 입사동과 출사동

광선이 전체 광학계를 지나갈 수가 있느냐 없느냐를 결정하는 또 다른 아주 유용한 개념은 **동공**(pupil)이다. 간단히 말해서 동공은 구경 조리개의 상이다. 광학계의 **입사동 (entrance pupil)**이란 **축상 물체점에서 렌즈들을 통하여 보는 구경 조리개의 상**이다. 만일 물체와 구경 조리개 사이에 렌즈가 없다면 구경 조리개 자체가 입사동의 역할을 한다. 이러한 예로서 그림 5.44를 살펴보자. 이것은 **후방 구경 조리개**(rear aperture stop)를 가진 렌즈이다. 구경 조리개의 중심에서 물체 공간 내에 있는 렌즈를 통하여 구경 조리개의 왼쪽을 보는 중심축에 놓인 우리 눈을 상상하자. 눈이 본 상은 허상이든 실상이든지 간에 입사동이다. 구경 조리개가 렌즈로부터 초점 거리보다 더 짧은 물체 거리에 있기 때문에 L에서 구경 조리개의 상은 확대된 실상이다(표 5.3 참조). 후

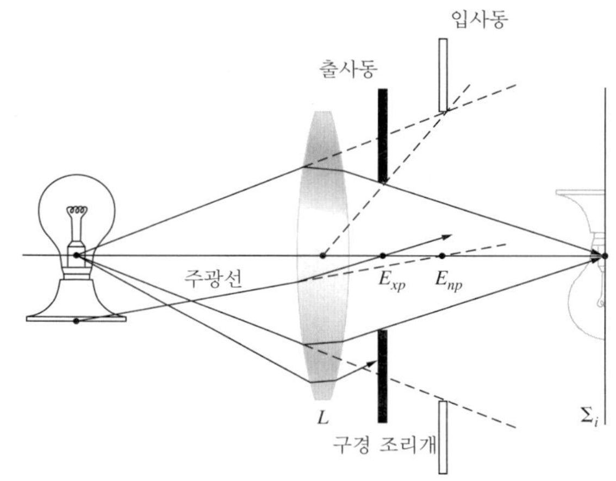

그림 5.44 입사동과 출사동

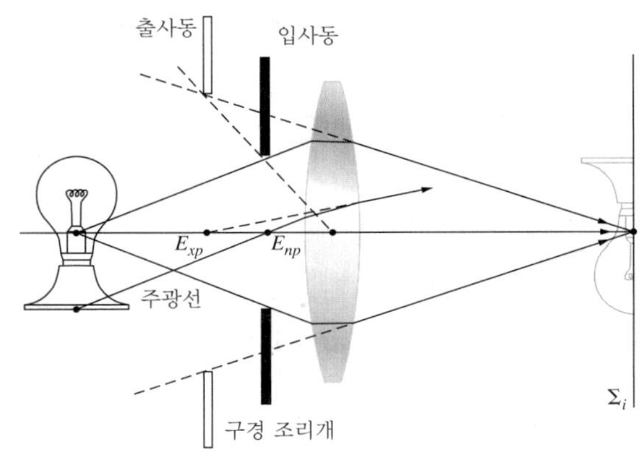

그림 5.45 전방 구경 조리개

방 구경 조리개의 상은 구경 조리개의 가장자리로부터 몇 개의 광선을 보냄으로써 그 위치가 결정될 수 있다. 반대로 **출사동(exit pupil)**은 **구경 조리개의 중심에서 오른쪽 렌즈들를 통하여 본 구경 조리개의 상**이다. 그림 5.44에서는 후방 렌즈가 없어서 구경 조리개 자체가 출사동 역할을 한다. 그림 5.45를 고려했을 때, 구경 조리개에서 렌즈를 통하여 왼쪽을 바라보는 중심축에 놓여있는 상공간 내의 눈을 상상하자. 이때 눈이 본 상이 출사동이다.

광학계에 실제로 들어가는 빛의 원추 크기는 입사동에 의해 결정되는 반면에, 광학계를 나가는 원추의 크기는 출사동에 의해 제어된다는 것을 주목하라. 이 두 가지 중 어느 쪽 원추이든지 간에 이것의 밖으로 진행하는 광선은 상면에 도달하지 못할 것이다. 입사동, 출사동, 구경 조리개는 공액 관계이다. 비네팅이 없을 때 입사동으로 들어오는 어떤 발산하는 광선 원추는 구경 조리개를 통과하여 지나갈 것이고, 출사동을 통과하여 나가는 수렴하는 광선 원추가 된다. **중심축을 따라 놓여진 다른 물체들은 다른 구경 조리개와 입사동 및 출사동에 대응할 것이다.** 그래서 이것을 주의해야만 한다.

망원경이나 카메라에서 단일 렌즈가 사용된다면 입사광의 양을 제어하기 위해서 노출용 **전방 구경 조리개**(front aperture stop)를 따로 부착해야 한다. 그림 5.45는 입사동과 출사동의 위치가 분명히 보이는 광학계를 나타내고 있다. 렌즈의 초점 거리가 더 짧아지거나 물체가 구경 조리개에 더 가까이 놓이면 광선들은 조리개의 위쪽 가장자리 아래 부분으로 지나간다. 따라서 렌즈의 꼭대기가 광선 원추의 크기를 제한하게 되며, 렌즈 자체가 구경 조리개가 된다. 다른 한편, 물체를 왼쪽으로 움직이면 구경 조리개는 원래 구경 조리개 그대로이며 입사동 및 출사동도 원래대로 위치한다.

그림 5.44와 그림 5.45에는 **주광선(chief ray)**이 표시되어 있다. **주광선은 비축 물체점에서 나와서 구경 조리개의 중심을 지나가는 광선으로 정의된다. 이 광선은 입사동 E_{np}의 중심을 통과해서 직선을 따라 광학계로 들어간 후, 출사동 E_{xp}의 중심을 지나는 직선을 따라 나간다.** 주광선은 물체의 한 점으로부터 나오는 원추형 광선 다발의 중심 광선 역할을 하며 이 원추형 광선 다발을 대표한다. 주광선은 렌즈 설계 시 수차를 보정할 때 매우 중요한 역할을 한다.

그림 5.46은 더욱 복잡한 광학계를 보여 준다. 여기서 실선으로 표시된 두 광선은 광선 추적 시 필수적으로 사용되는 광선이다. 첫 번째 광선은 물체의 테두리(또는 가장자리)에서 나와서 구경 조리개의 중심을 지나가는 주광선이며, 다른 하나는 중심축의 물체점에서 나와서 입사동(또는 구경 조리개)의 테두리(또는 가장자리)를 지나가는 **주변 광선(marginal ray)**이다.

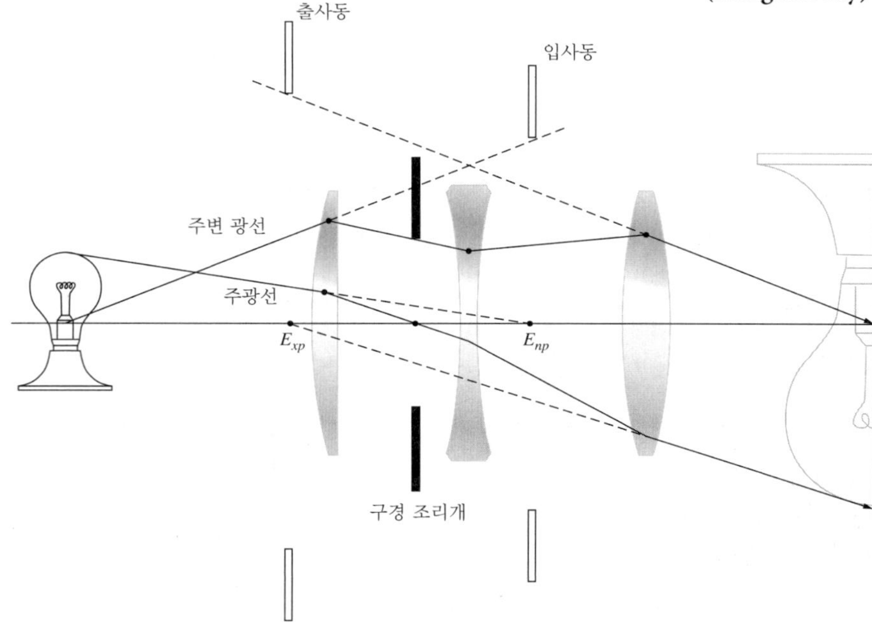

그림 5.46 3군 렌즈에서의 동공과 조리개

어느 소자(element)가 실제적인 구경 조리개인지 분명하지 않는 상황에서 각 소자는 나머지 소자들에 의해서 결상될 것이다. **축상 물체점에서 볼 때 가장 작은 각도 사이에 끼어 있는 상이 입사동이다.** 상이 입사동인 소자, 즉 입사동에 대응하는 물체점이 광학계의 구경 조리개이다. 문제 5.46은 이러한 종류의 계산을 다루고 있다.

예제 5.6

0.10m의 초점 거리와 140mm의 지름을 갖는 양의 렌즈가 지름 40mm의 중심 구멍을 갖고 있는 불투명한 스크린의 전방 8.0cm에 놓여 있다. 축상 물체점 S가 렌즈 전방 20cm에 있다. 스크린 왼쪽에 있는 각 광학 소자를 통과하는 광선을 상상하고 S에서 나온 광선 다발이 가장 작아지는 광학 소자를 구하라. 이것은 **입사동**일 것이며, 이 입사동의 위치와 크기를 구하라. 입사동과 공액인 물체가 **구경 조리개**이다. 이것을 확인하라.

풀이

렌즈 L의 왼쪽에 광학 소자가 없기 때문에 근본적으로 렌즈의 입사동은 렌즈 자체이다. 상공간으로부터 L을 통하여 본 지름 40mm의 구멍의 상을 구하기 위해서 구멍에서 렌즈를 향하여 왼쪽으로 광선을 보내는 구멍 중심의 축상에 놓인 점 광원을 상상해야만 한다. **이것은 가우스 렌즈 공식에서 부호를 모두 적절하게 변조해야 한다는 것을 의미한다.**

$$\frac{1}{f} = \frac{1}{s_o} + \frac{1}{s_i}$$

여기서 $f = +10\,\text{cm}$이고 $s_o = +8.0\,\text{cm}$이므로

$$\frac{1}{10} = \frac{1}{8.0} + \frac{1}{s_i}$$

이다. 그러므로 $s_i = -40\,\text{cm}$이다. 이것은 상이 오른쪽에 있는 물체와 동일한 공간에 있다는 것을 의미한다. $s_o < f$이므로 구멍의 상은 허상이다.

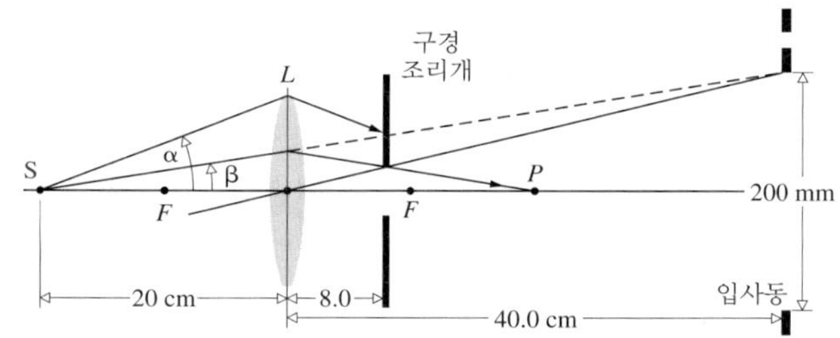

구멍의 상에 대한 크기는 다음과 같이 구한다.

$$M_T = -\frac{s_i}{s_o} = -\frac{-40}{8.0} = 5$$

여기에서 입사동의 지름은 $5 \times 40\,\text{mm} = 200\,\text{mm}$이다. 이제 P라고 하는 S의 상의 위치를 아래와 같이 구한다.

$$\frac{1}{10} = \frac{1}{20} + \frac{1}{s_i}$$
$$s_i = +20\ \text{cm}$$

P는 L의 오른쪽 20cm 거리에 위치한다. P에 도달하는 광선 원추의 크기를 제한하는 광학 소자는 렌즈가 아니라 스크린에 있는 구멍이다. 각도 $\beta < \alpha$이므로 구멍은 구경 조리개이고 이 구경 조리개의 상은 입사동이다.

그림 5.47에서 물체점이 광축 밖으로 이동할 때 상평면에 도달하는 광선 원추가 어떻게 좁아지는가를 주목하라. 축상에서 광선 다발에 대한 유효 구경 조리개는 L_1의 테두리인 반면에 비축상에서의 광선 다발에 대해서는 이 테두리가 현저하게 줄어든다. 이 결과는 가장자리 근처의 점에서 상이 점차로 사라져 가고 있으며 이 과정을 **비네팅(vignetting)**이라고 한다.

광학계에서 동공의 위치와 크기는 실제적으로 상당히 중요하다. 눈으로 보는 광학계에서 관찰자의 눈은 출사동의 중심에 위치한다. 눈의 동공은 일반적으로 조명 상태에 따라서 2mm부터 약 8mm까지 변한다. 밤에 사용할 목적으로 설계된 망원경이나 쌍안경은 적어도 8mm의 출사동을 갖는다

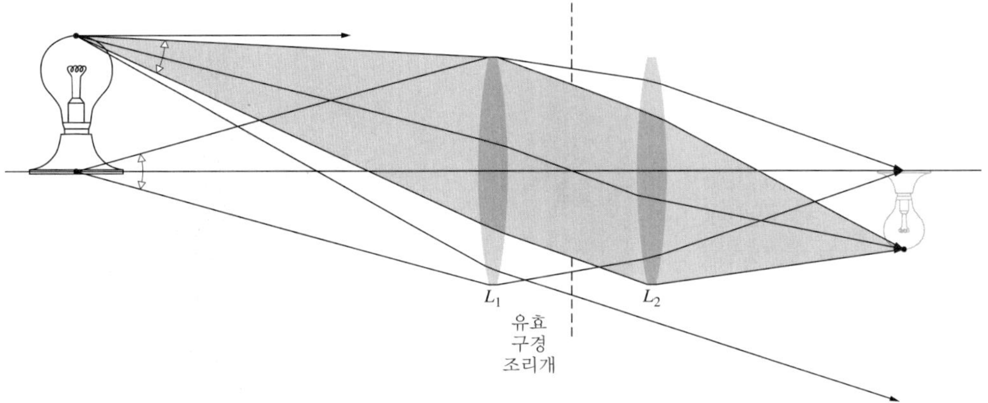

그림 5.47 비네팅

[**야시경**(night glasses)이라는 말을 들어 보았을 것이다–이것들은 제2차 세계대전 동안에 지극히 인기가 좋았다]. 반면에 주간용 광학계는 3mm 또는 4mm의 출사동이면 충분하다. 출사동이 크면 클수록 기구와 눈을 정렬하기가 쉬어진다. 대부분의 눈으로 보는 광학 기기에서 출사동은 실상이며 광학 기기의 마지막 면에서 대략 12mm 정도 떨어진 거리에 생긴다. 확실히 고배율의 라이플 총에 붙는 망원경의 출사동은 반동으로 인한 부상을 방지하기 위해서 접안 렌즈로부터 충분히 후방에 위치하며 넓은 출사동을 가진다.

예제 5.7

물체가 초점 F_1에 있고 하나의 내부 가변 조리개(diaphragm)가 있는 아래 그림과 같은 얇은 렌즈계를 고려하자. 구경 조리개, 입사동, 출사동의 위치를 구하라. 주변광을 확인하라.

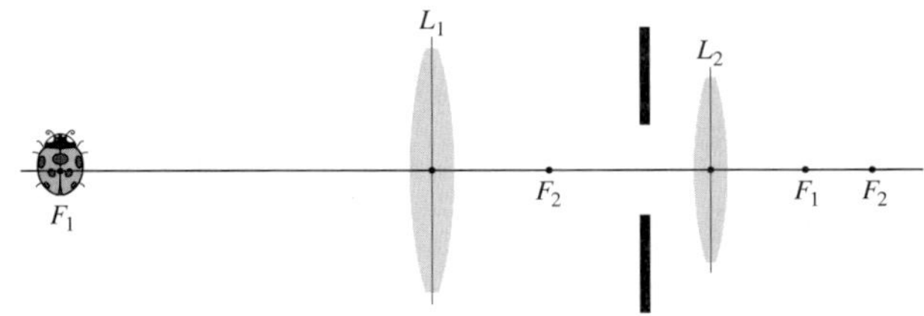

풀이

F_1에서 시작한 광선 원추를 그리고 광학계를 지나가게 그린다.

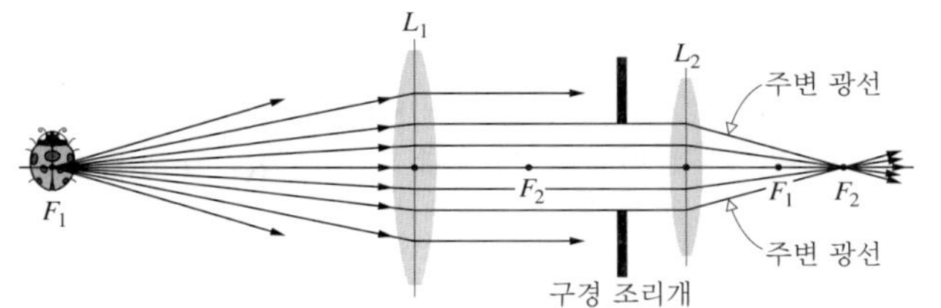

가변 조리개가 빔의 양을 제한하기 때문에 가변 조리개는 구경 조리개이다. 이제 입사동의 위치를 찾기 위해서 관찰자에게 보여진 구경 조리개의 왼쪽에 있는 광학계인 렌즈 L_1에 의한 구경 조리개의 상을 찾아라.

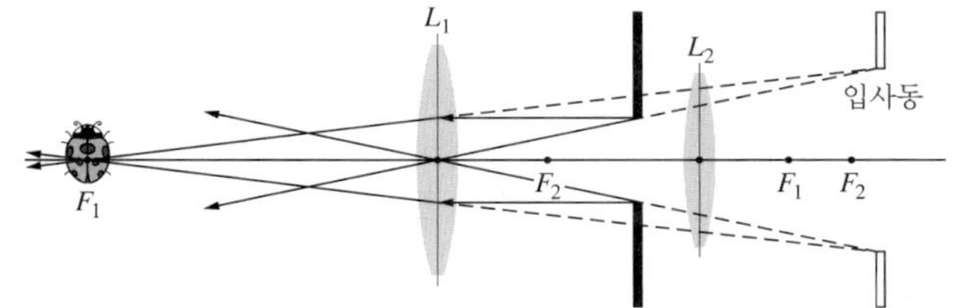

입사동은 렌즈의 오른쪽에 있고 허상이다. 출사동은 상공간에서 관찰자에게 보여진 렌즈 L_2에 의한 구경 조리개의 상이다. 출사동은 구경 조리개의 왼쪽에 있고 역시 허상이다.

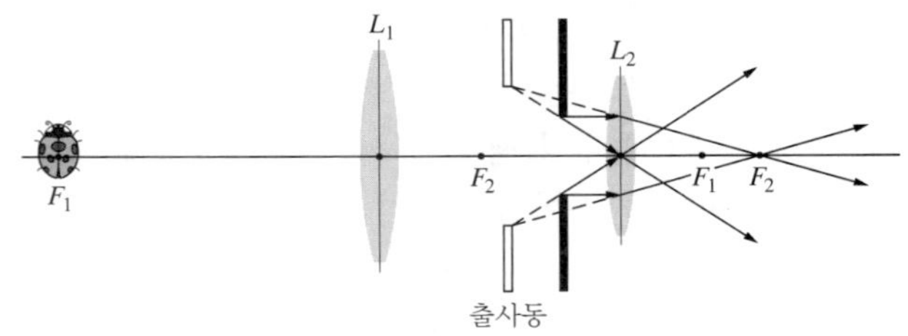

5.3.3 상대 구경과 f-수

넓은 광원으로부터 나온 광선을 렌즈(또는 거울)로 모아서 결상하는 과정을 생각해 보자. 먼 곳에 있는 광원의 한 부분에서 나와서 렌즈에 입사하는 광선의 에너지 양은 렌즈의 면적(또는 입사동의 면적)에 비례한다. **실구경**(clear aperture)이 넓으면 이를 통과하는 원추형 광선 다발의 크기가 증가할 것이다(그러나 대단히 좁은 빔을 가진 레이저 광원의 경우 이 생각은 반드시 옳지는 않다). 만일 반사나 흡수 등에 의한 여러 손실들을 무시할 경우 입사 광선의 에너지는 상공간에 모두 전달된다(그림 5.48). 상면에 들어오는 시간당 면적당 에너지(선속 밀도 또는 복사 조도)는 상의 면적에 반비례한다.

입사동이 원이라면 그 면적은 반지름 또는 지름 D의 제곱에 비례한다. 또한 상의 면적은 상의 횡크기의 제곱에 비례하고 식 (5.24)와 식 (5.26)에서와 같이 f^2에 비례할 것이다. (지금 점광원보다 넓은 물체에 대하여 말하고 있다는 것을 염두에 두어라. 레이저의 경우는 상이 f와는 무관하게 매우 좁은 영역에 국한된다.) 그래서 상면에서의 복사 조도는 $(D/f)^2$에 비례한다. 이 비율 D/f는 **상대 구경**(relative aperture)으로 알려져 있다. 그리고 그 역수를 **초점비** 또는 ***f*-수(*f*-number)**라고 하며, 종종 $f/\#$라고 쓰는데, 즉

$$f/\# \equiv \frac{f}{D} \tag{5.40}$$

과 같이 쓴다. 단 $f/\#$은 단일 기호로서 이해되어야 한다. 예를 들면 25mm의 구경과 50mm의 초점 거리를 가진 렌즈는 f-수 2를 가진다. 그리고 통상 $f/2$로 명명한다. 그림 5.49는

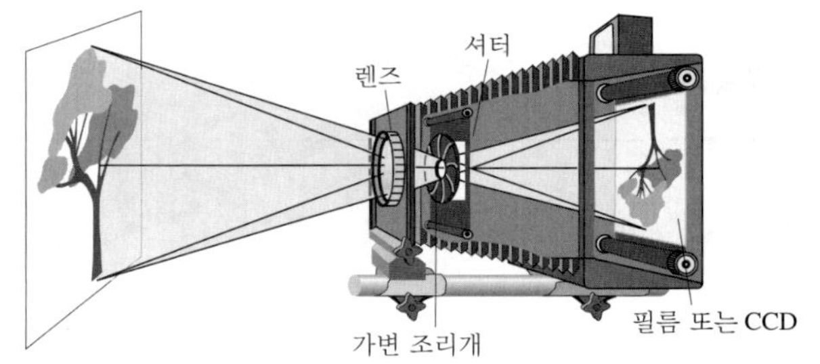

그림 5.48 렌즈, 가변 조리개, 셔터, 필름판으로 이루어진 대구경 주름 상자 사진기

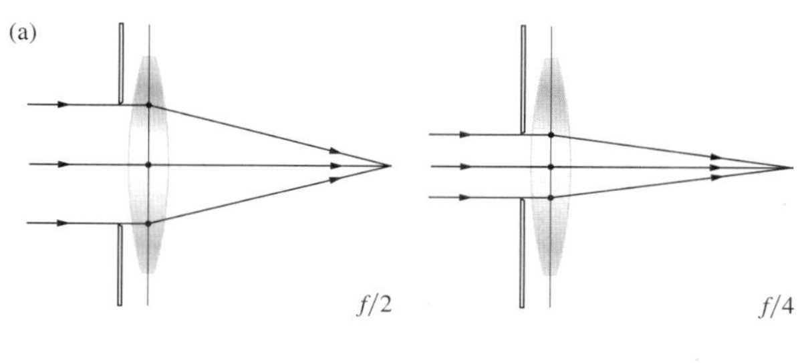

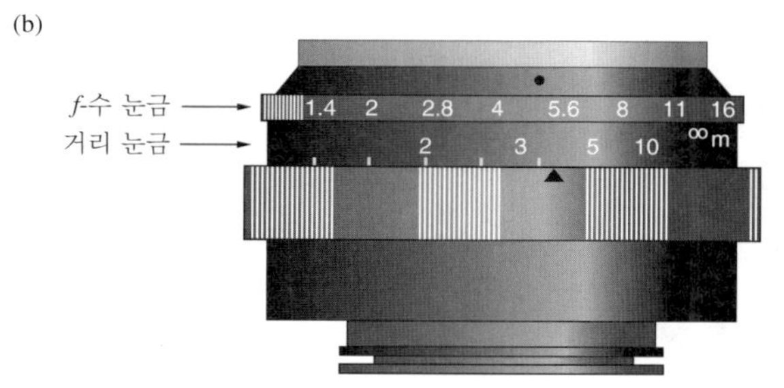

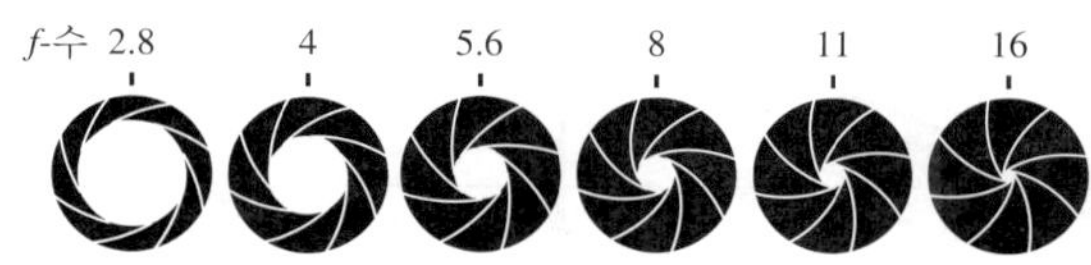

그림 5.49 (a) f-수를 변화시키기 위해 렌즈를 가변 조리개로 가리는 모습. (b) 사진기 렌즈에 장착된 가변 조리개의 모습

$f/2$ 또는 $f/4$에서 동작하는 가변 조리개 후방에 얇은 렌즈가 설치된 광학계를 보여 준다. f-수가 작을수록 더 많은 광선이 상면에 도달한다.

카메라 렌즈의 성능은 통상 초점 거리와 가능한 가장 넓은 구경으로서 나타낸다. 예를 들어 렌즈의 경통 위에 '50mm, $f/1.4$'라고 적혀있는 것을 볼 수 있을 것이다. 사진 노출 시간은 f-수의 제곱에 비례하기 때문에 후자는 때때로 렌즈의 **속도(speed)**라고도 한다. $f/1.4$ 렌즈는 $f/2$ 렌즈보다 두 배가 빠르다고 말한다. 보통 렌즈 조리개는 1, 1.4, 2, 2.8, 4, 5.6, 8, 11, 16, 22 등의 f-수를 갖는다. 이 경우에 가장 넓은 개구는 $f/1$에 해당하고, 이것이 가장 빠른 렌즈이다. 그러나 $f/2$가 더 전형적인 카메라 렌즈이다. 각 일련의 조리개는 $\sqrt{2}$의 곱하기 비율로(수치적으로 반올림) f-수가 증가한다. 이것은 $1/\sqrt{2}$의 비율로 상대 구경이 감소한다는 것을 말하며, 이 경우 선속 밀도는 절반씩 감소한다. 그러므로 카메라가 $f/1.4$에 1/500초, $f/2$에 1/250초 또는 $f/2.8$에 1/125초 중 어느 것으로 맞추든지 필름에 도달하는 광선의 양은 동일할 것이다.

세계에서 가장 큰 굴절 망원경은 시카고 대학의 여키즈(Yerkes) 관측소에 있으며, 이 망원경의 크기는 초점 거리가 63피트이고 지름이 40인치이다. 그러므로 이 망원경의 f-수는 18.9이다. 같은 방법으로 반사 망원경의 입사동과 초점 거리가 이 반사경의 f-수를 결정한다. 그러므로 지름이 20인치이고 제1초점 거리가 666인치인 팔로마산(Mount Palomar) 망원경의 반사경의 f-수는 3.33이다.

예제 5.8

지름 5.0cm인 양의 렌즈의 초점 거리가 50.0mm이다. 광축(중심축)을 따라 이 렌즈의 오른쪽으로 5.0mm 되는 곳에 구경 조리개로 작동하는 지름 4.0mm의 구멍이 있는 불투명한 스크린을 놓았다. 이 구성의 f-수를 구하라.

풀이

먼저 입사동의 지름 D가 필요하다. 이것은 구경 조리개의 상에 대한 크기이다. 그래서 오른쪽으로부터 렌즈로 들어가는 빛을 가지고 다음과 같은 가우스 렌즈를 사용한다.

$$\frac{1}{f} = \frac{1}{s_o} + \frac{1}{s_i}$$

여기서 $f = +50.0\text{mm}$, $s_o = +5.0\text{mm}$, $s_o < f$이다. 그래서

$$\frac{1}{50.0} - \frac{1}{5.0} = \frac{1}{s_i}$$

이므로 $s_i = -5.56\text{mm}$이다. 이 결과,

$$M_T = -\frac{-5.56}{5.0} = 1.11$$

이고

$$D = M_T(4.0\text{ mm}) = 4.44\text{ mm}$$

이다. 따라서

$$f/\# = \frac{f}{D} = \frac{50.0}{4.44} = 11.3$$

이다.

5.4 거울

거울 광학계는 X선, 자외선, 적외선 영역에 걸쳐서 널리 이용되고 있다. 넓은 파장 대역에서 우수한 성능을 갖는 반사계는 비교적 간단히 제작될 수 있는 반면에, 굴절계는 그렇지 않다. 예를 들면 적외선용으로 설계된 실리콘이나 저마늄 렌즈는 가시영역에서 완전히 불투명하다. 나중에 알겠지만 반사 거울은 유용한 다른 속성을 가지고 있다.

거울은 단순히 검은 유리조각이나 섬세하게 연마된 금속면일 수도 있다. 거울을 제작할 때 과거에는 자외선과 적

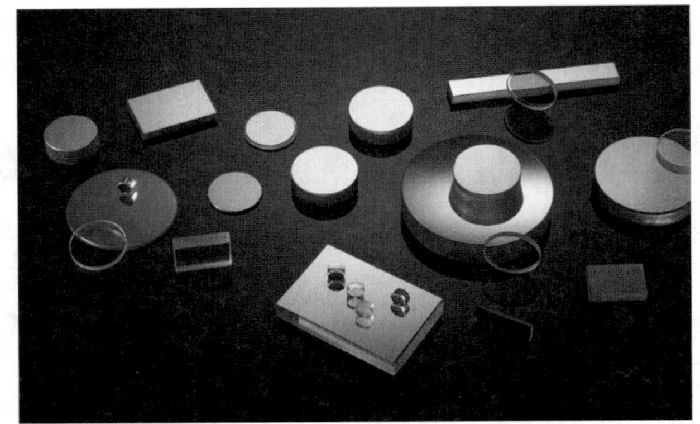

다양한 종류의 거울 모음 (Perkins Precision Developments of Longmont, Colorado)

외선에서 높은 반사율을 갖는 은(그림 4.69 참조)을 유리면에 얇게 입혀서 만들었으며, 요즈음에는 잘 연마된 기판 위에 알루미늄을 진공 증착시키는 방법이 거울 제작의 표준으로 되어 있다. 또한 그 알루미늄 박막을 보호하기 위해서 SiO_2(Silicon dioxide) 또는 MgF_2(Magnesium fluoride) 등을 추가로 입히기도 한다. 금속면에 의한 아주 작은 손실도 허용되지 않는 특별한 용도(특히 레이저용 반사계)에서는 다중 박막의 유전체로 만든 거울이 사용되기도 한다(9.9절 참조).

대형 우주망원경용 신세대 초경량 정밀 거울의 제작 기술은 끊임없이 발전되고 있다.

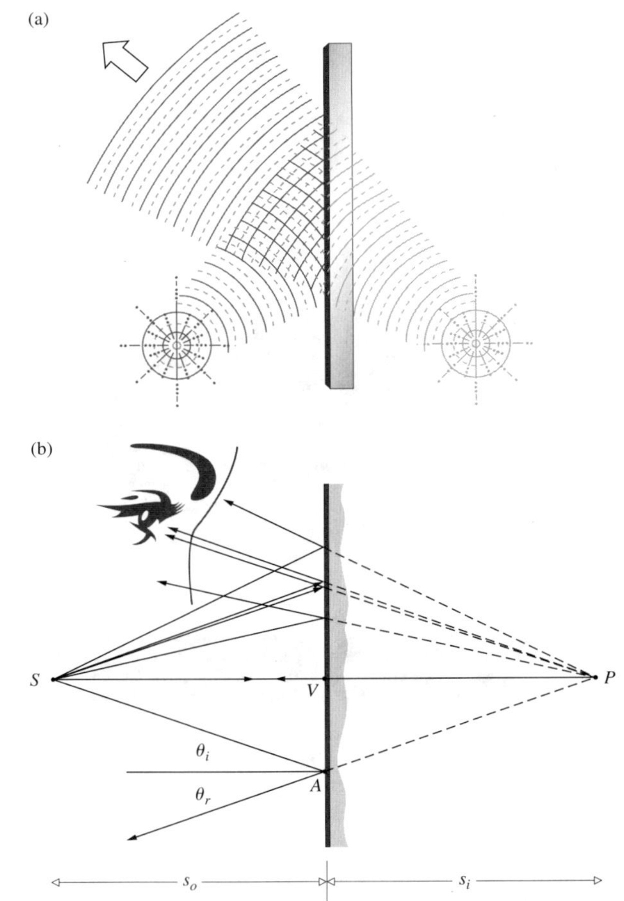

그림 5.50 평면 거울. (a) 파의 반사. (b) 광선의 반사.

5.4.1 평면 거울

평면 거울의 반사면은 앞면 또는 뒷면이 될 수 있다. 후자는 유리 뒷면에 있는 금속 반사층을 보호할 수 있기 때문에 일상에서 가장 많이 사용되고 있다. 반면에 특정 목적으로 설계 제작된 거울의 대부분은 앞면 반사가 사용되고 있다(그림 5.50).

4.3.1절의 결과를 이용하면 평면 거울의 상특성을 쉽게 알 수 있다. 그림 5.50에서와 같이 평면 거울 앞에 위치한 점광원을 생각해 보자. 상 *P*와 물체 *S*는 거울면으로부터 같은 거리에 있음(즉 $|s_o| = |s_i|$)을 증명할 수 있다. 반사 법칙에 의하면 $\theta_i = \theta_r$이고 $\theta_i + \theta_r$는 삼각형 *SPA*의 외각이므로 이 각은 엇갈리는 내각의 합인 $\measuredangle VSA + \measuredangle VPA$와 같다. 그러나 $\measuredangle VSA = \theta_i$이므로 $\measuredangle VSA = \measuredangle VPA$이다. 이 때문에 $|s_o| = |s_i|$이라면 삼각형 *VAS* 와 *VPA*는 합동이 된다.

이제부터 거울에 적용할 부호 규약을 정하자. 어떤 규약이든지 간에 정해지면 그 규약에 충실해야 한다. 부호 규약에서 한 가지 주의할 점은 허상이 경계면의 오른쪽에 있다는 것이다. 관측자의 눈(또는 카메라)은 반사를 실제로 인지할 수 없기 때문에 관측자는 광선을 뒤로 연장한 점 *P*가 거울 뒤에 있는 것으로 느낀다. *P*에서 나온 광선은 발산하기 때문에 *P*에 위치한 스크린에는 어떤 광선도 모이지 않는다. 따라서 상은 분명히 허상이다(그림 5.51). s_i를 양수 또는 음수로 볼 것인가는 여러분이 결정하면 된다. 허물체와 허상을 보통 음수로 생각하므로 **여기서는 s_o와 s_i가 정점 *V*의 오른쪽에 있으면 음수로 정의할 것이다.** 이 정의는 거울 공식과 가우스 렌즈 공식(식 5.17)이 서로 일치하는 장점이 있으며 횡배율의 정의인 식 (5.24)가 그대로 적용된다. 따라서 $M_T = +1$은 거울에 의한 상이 실물 크기의 정립 허상임을 의미한다.

그림 5.51에서 넓은 물체의 각 점은 거울로부터 수직 거리 s_i에 존재하고 거울 뒤편으로 같은 거리에 결상된다. 이와 같이 점 대 점으로 전체적인 상이 만들어진다. 이것은 렌즈가 하나의 상을 결상시키는 방법과는 매우 다르다. 그림 5.30에서 물체는 왼손이었으며 렌즈에 의해 형성된 상도 또한 왼손이었다. 상이 왜곡될 수도 있지만($M_L \neq M_T$) 상은 여전히 왼손이었다. 단지 바뀐 것은 광축에 대해서 180도 회전했다는 것이다. 이를 **상역전**(reversion) 현상이라고 한다. 반대로 왼손 물체의 거울에 의한 상은 각 점으로부터 수직으로 내려서

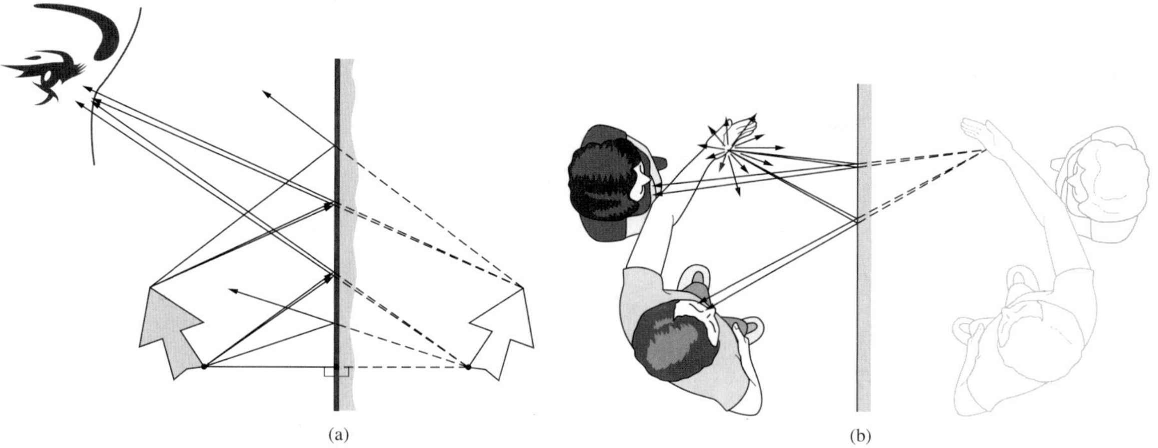

그림 5.51 (a) 평면 거울에서 넓은 물체의 상. (b) 평면 거울에서의 상.

결정되며, 상은 오른손이 된다(그림 5.52). 이것을 **도착된 상**(perverted image)이라고 한다. 광학에서는 이 단어를 점차로 사용하지 않고 있다. 그 대신 이와 같이 물체 공간에서의 우수 좌표계(right-handedr(r-h) coordinate system)가 상공간의 좌수 좌표계(left-handed(l-h) coordinate system)로 바뀌는 과정을 **상반전**(inversion)이라고 한다. 그러므로 홀수나 짝수의 반전을 일으키기 위해서 다수의 평면 거울을 사용할 수도 있다. 짝수의 반전을 일으키는 경우에는 우수계(r-h) 물체가 우수계 상을 만들고(그림 5.53) 홀수의 반전을 일으키는 예에서는 우수계 물체의 상이 좌수계(l-h) 상을 만들 것이다.

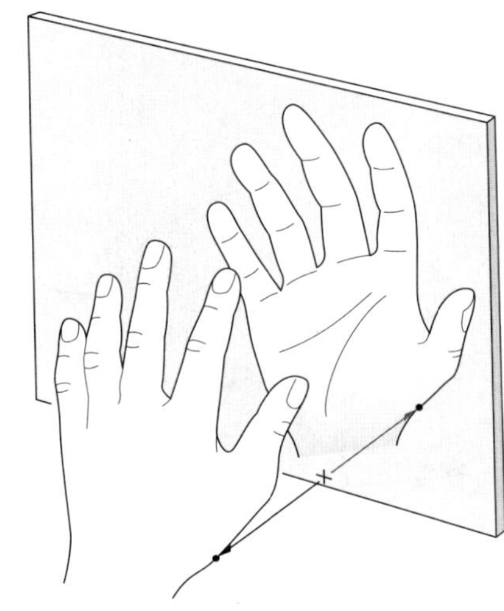

그림 5.52 거울 상-상반전

예제 5.9

다음 그림에서 보는 것처럼 높이가 40 cm이고 폭이 20 cm인 시력 검사표를 환자의 눈 위에 세워놓는다. 전체 시력 검사표를 볼 수 있도록 하는 가장 작은 거울의 크기는 얼마인가?

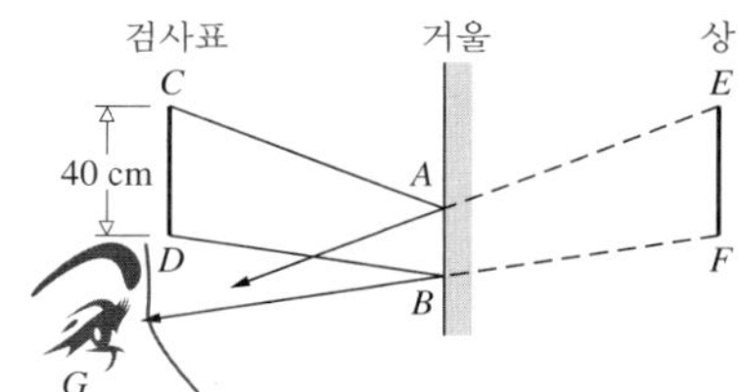

풀이

거리 $\overline{DB}$는 $\overline{GB} = \overline{BF}$와 같기 때문에 $\overline{GF} = 2\,\overline{GB}$이다. 삼각형 GBA와 삼각형 GFE는 닮은꼴 삼각형이여서 $40\,\text{cm} = 2\,\overline{AB}$이다. 거울은 최소 20 cm의 높이와 10 cm의 폭을 가져야만 한다.

움직이는 거울

초퍼(chopper), 빔 편향기(beam deflector), 상 회전기(image rotator) 등과 같은 회전하는 평면 거울을 이용하는 많은 장치들이 있다. 이 경우 반사 거울은 어떤 실험 장치(검류계, 비틀림 진자, 전류 천칭 등)의 미세한 회전을 증폭시키거나 이 미세한 회전을 측정하기 위해서 자주 사용된다. 그림 5.54에서 보는 바와 같이 거울이 α만큼 회전하면 반사된 빔이나 상은 2α의 각도로 움직인다.

광선의 방향을 바꾸는 거울의 능력 때문에 평면 거울은 수 세기에 걸쳐서 사용되어 왔다. 전통적인 단일 렌즈 반사식

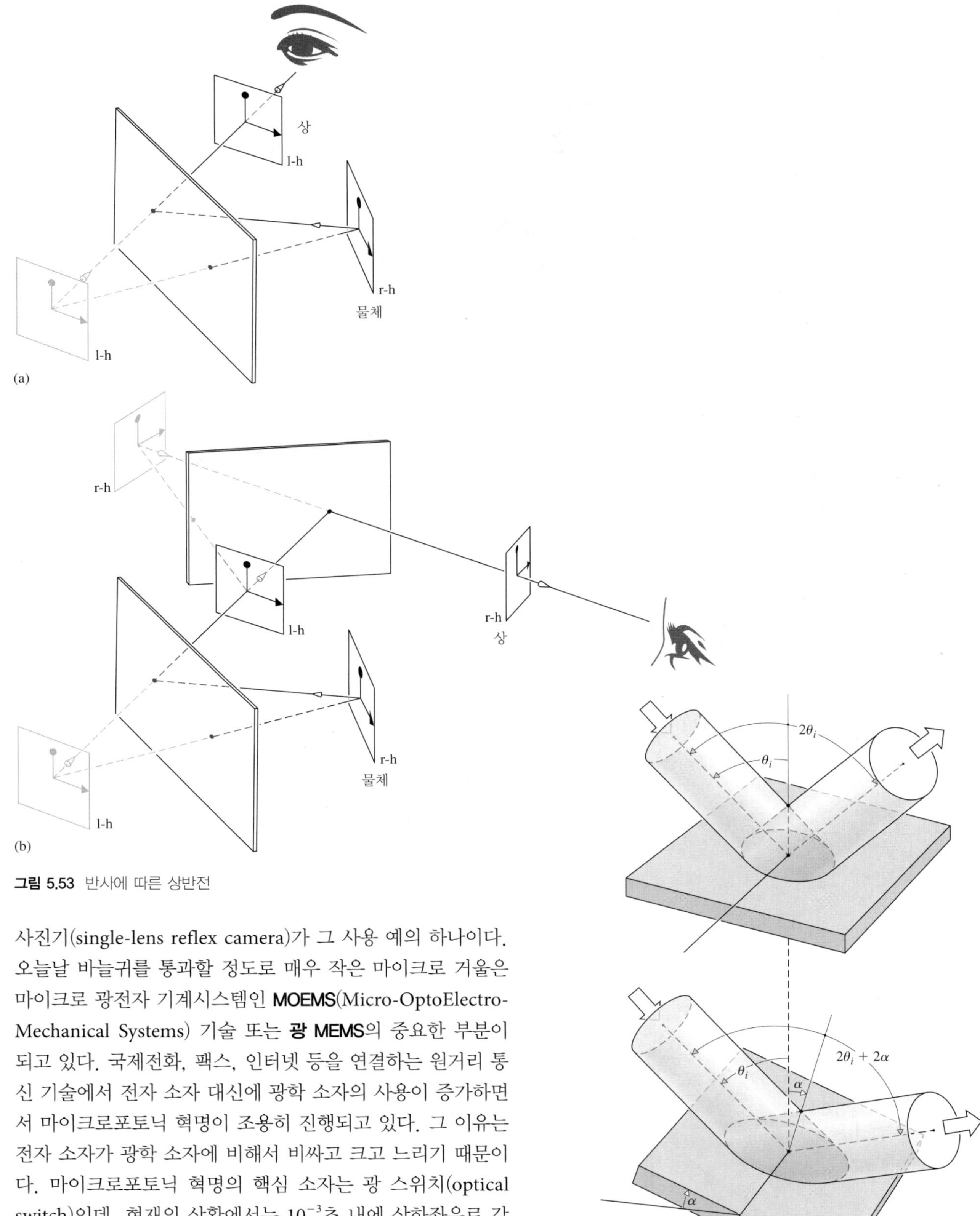

그림 5.53 반사에 따른 상반전

그림 5.54 거울의 회전과 이에 따른 각변위

사진기(single-lens reflex camera)가 그 사용 예의 하나이다. 오늘날 바늘귀를 통과할 정도로 매우 작은 마이크로 거울은 마이크로 광전자 기계시스템인 **MOEMS**(Micro-OptoElectro-Mechanical Systems) 기술 또는 **광 MEMS**의 중요한 부분이 되고 있다. 국제전화, 팩스, 인터넷 등을 연결하는 원거리 통신 기술에서 전자 소자 대신에 광학 소자의 사용이 증가하면서 마이크로포토닉 혁명이 조용히 진행되고 있다. 그 이유는 전자 소자가 광학 소자에 비해서 비싸고 크고 느리기 때문이다. 마이크로포토닉 혁명의 핵심 소자는 광 스위치(optical switch)인데, 현재의 상황에서는 10^{-3}초 내에 상하좌우로 각도 변환이 가능한 마이크로거울 소자가 유망해 보인다.

평면 거울은 오직 허상만을 형성한다고 말하기도 하지만, 모두 사실은 아니다. 거울을 상상하고 이것에서 매우 작은

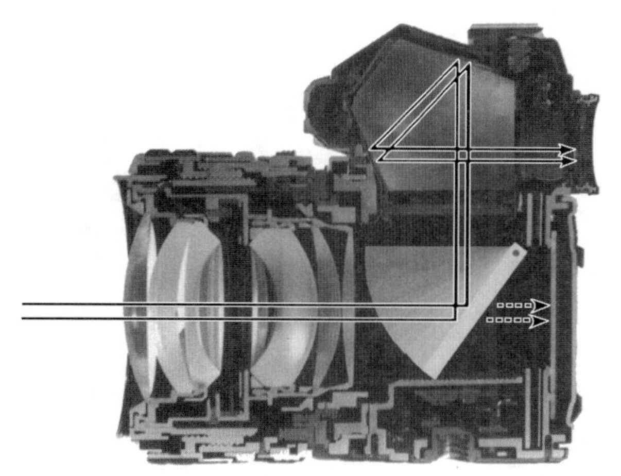

고전적인 반사식 단일 렌즈 사진기. 렌즈를 지난 광선이 거울과 프리즘에 의해 반사된 후 눈에 들어온다. 셔터를 누르면 거울이 접히면서 광선이 직접 필름에 들어가며 곧바로 거울은 원래의 위치로 돌아간다. (E.H.)

장거리 통신 장비에 사용되는 초소형(크기가 너무나 작아서 바늘귀를 통과할 정도이다) 미세 각도 조절용 거울. (Used with permission of Alcatel-Lucent USA Inc.)

마개(plug)를 제거하자. 그러면 이 마개를 통과하는 바늘 구멍이 생긴다. 마치 바늘 구멍 사진기처럼 이 구멍은 조리개의 뒤쪽에 있는 멀리 떨어진 스크린에 '실'상을 만들 것이다. 작은 거울로 된 마개를 고려하자. 이 마개는 반사면의 전면에 '실'상을 만들어야 한다. $\theta_i = \theta_r$이기 때문에 이러한 작은 거울은 구멍이 거울 뒤에 놓여있으므로 거울 전면에 동일한 광선 배치를 만든다. 이것은 이 상들이 작은 거울들에 의해서 투영된다는 개념에서 '실'상을 만든다. 그러나 이 상들은 광선의 좁은 다발이 수렴하지 않는다는 개념에서 실제로 '실'상이 아니다. 그래서 이는 단지 의미론의 문제일 뿐이다.

5.4.2 비구면 거울

곡면 거울이 렌즈나 굽은 굴절면과 마찬가지로 상을 만든다는 사실은 고대 그리스 때부터 알려져 있다. 「반사광학(Catoptrics)」이라는 제목의 책을 저술한 것으로 추정되는 유클리드(Eulid)는 그의 저서에서 오목 거울 및 볼록 거울에 관해서 논술하였다.* 앞 절에서 페르마 원리에 근거하여 굴절계의 결상을 논의할 때 거울을 설계하기 위한 기초 개념을 소개한 바 있다. 입사한 평면파를 수렴하는 구면파로 바꿔주는 반사 거울을 설계해 보자(그림 5.55). 평면파가 점 F에 수렴하기 위해서는 그 점에 들어오는 광선의 광경로 길이는 모두 같아야 한다. 따라서 임의점 A_1과 A_2를 지나는 광선의 광경로 길이는

$$OPL = \overline{W_1A_1} + \overline{A_1F} = \overline{W_2A_2} + \overline{A_2F} \tag{5.41}$$

이다. 평면 Σ는 입사 파면과 평행하므로

$$\overline{W_1A_1} + \overline{A_1D_1} = \overline{W_2A_2} + \overline{A_2D_2} \tag{5.42}$$

이 된다. 따라서 위 식들로부터 $\overline{A_1F} = \overline{A_1D_1}$과 $\overline{A_2F} = \overline{A_2D_2}$의 관계를 얻는다. 일반적으로 평면파를 구면파로 전환시키는 거울의 경우, 면 위의 점 A에 대해서 $\overline{AF} = \overline{AD}$ 또는 $\overline{AF} = e(\overline{AD})$의 관계가 성립한다. 여기서 e는 **원추 단면(conic section)**의 이심률이다. 5.2.1절에서 $e = n_{ti} > 1$인 쌍곡면에 대해서 논의한 바 있으며 문제 5.3에서는 $e = n_{ti} < 1$인 타원면을 다룬다. 거울의 경우 두 번째 매질이 첫 번째 매질과 동

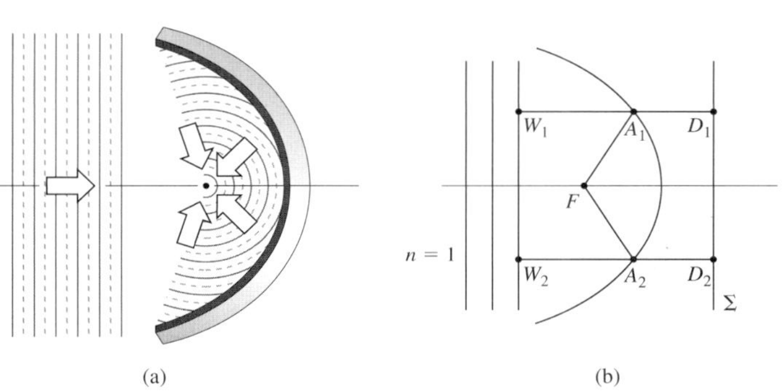

그림 5.55 포물면 거울

* 굴절광학(dioptrics)은 굴절 소자의 광학을 표시하며, 반사광학(catoptrics)은 반사면의 광학을 나타낸다.

골드스톤 딥 우주통신단지(Goldstone Deep Space Communications Complex)에 있는 포물면 라디오 안테나. (NASA)

일하기 때문에, $n_t = n_i$이고 $e = n_{ti} = 1$이다. 다시 말하면 이 반사면은 F가 초점인 포물면이다. 그리고 Σ는 포물면의 준선(directrix)이다. 광선이 역으로 진행하는 과정도 마찬가지로 허용된다(즉 포물면의 초점에 있는 점광원에서 나온 광선은 평면파로 나간다).

오늘날 오목 포물면은 손전등 및 자동차 전조등용 거울에서부터 마이크로파 및 음파 반사용 거울 그리고 광학 망원경 또는 달에 설치된 통신 안테나와 같은 대형 전파 망원경용 안테나(사진)에 이르기까지 다양하게 이용되고 있다. 볼록 포물면 거울도 역시 유용하지만 널리 사용되지는 않고 있다. 그림 5.56에서 보는 바와 같이 평행하게 입사한 광선 다발은 거울면이 볼록일 때에는 F에 허상을 맺으며, 오목일 때에는 실상이 맺음을 쉽게 알 수 있다.

타원면 거울 ($e < 1$) 또는 쌍곡면 ($e > 1$) 거울은 유용한 비구면 거울이다. 이 비구면은 모두 대응하는 한 쌍의 축상 공액점 사이에서 완전한 상을 만든다(그림 5.57). 카세그레인(Cassegrain) 망원경과 그레고리(Gregory) 망원경의 2차 거울은 각각 볼록 쌍곡면과 오목 타원면으로 이루어졌다. 대부분의 망원경에서와 마찬가지로 허블 우주 망원경(Hubble Space Telescope)의 1차 거울은 오목 쌍곡면이다(사진).

오늘날 다양한 비구면 거울이 상업적으로 판매되고 있는

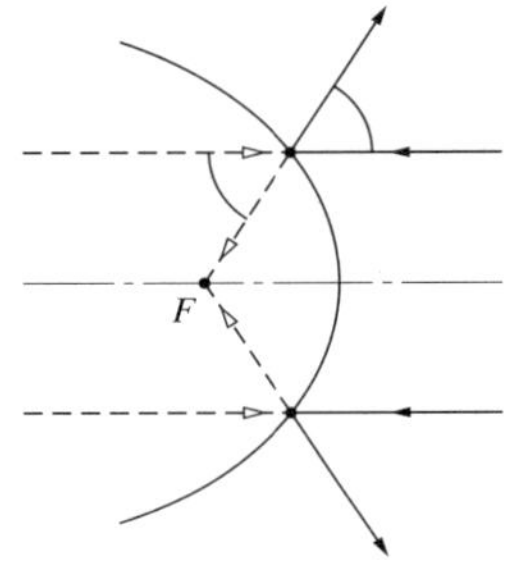

그림 5.56 포물면 거울에 의한 실상과 허상

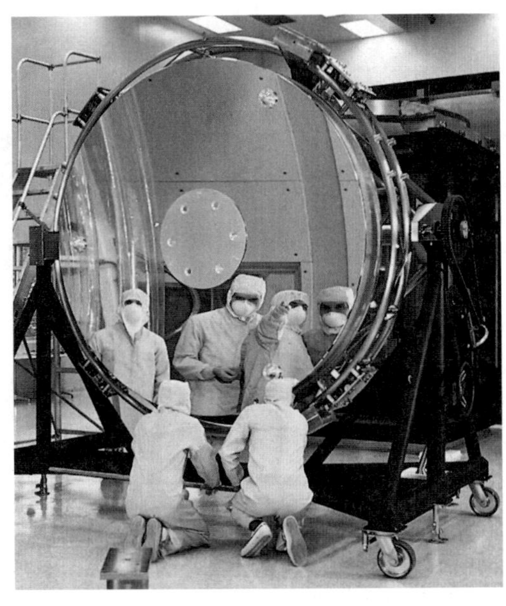

허블 우주 망원경에 사용된 2.4 m 지름의 오목 쌍곡면형 1차 거울 (NASA)

데 보편적인 축상 광학계(centered systems)뿐만 아니라 **비축 소자(off-axis elements)**들도 쉽게 구입할 수 있다. 그림 5.58의 비축 소자에서 볼 수 있듯이 초점에 집속된 광선은 거울의 방해를 받지 않고 변환될 수 있다. 이 때문에 비축 소자는 대형 마이크로파 안테나에서 많이 사용된다.

5.4.3 구면 거울

비구면을 정밀하게 가공하는 것은 구면을 가공하는 것보다 훨씬 어렵기 때문에, 비구면의 제작비는 구면에 비해서 비싸다. 따라서 비구면을 구면으로 대치할 수 있는 적절한 영역

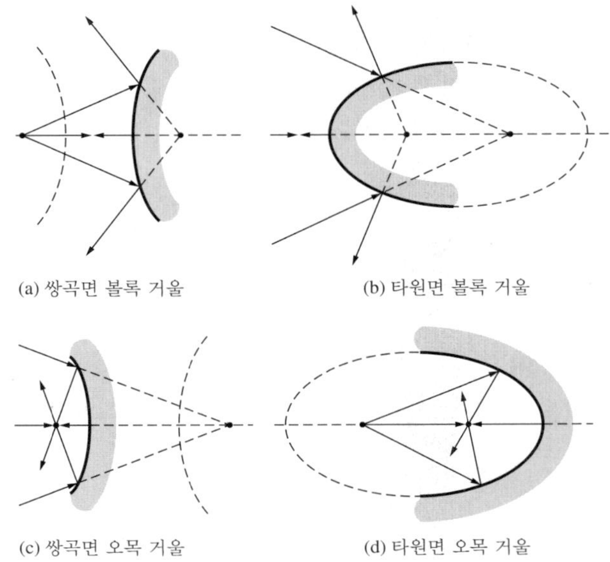

그림 5.57 쌍곡면 거울과 타원면 거울

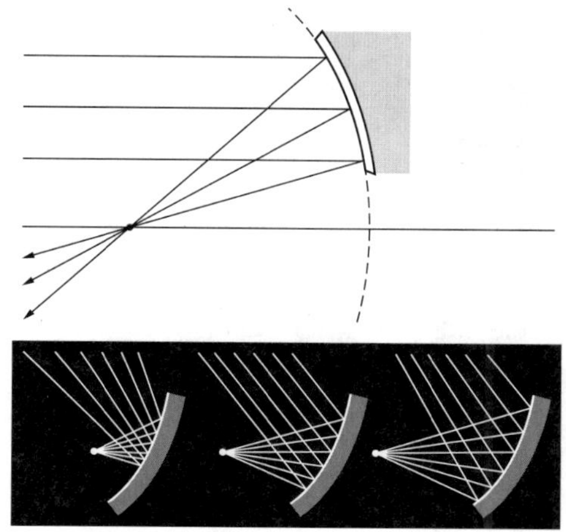

그림 5.58 비축 포물면 거울 소자

을 살펴보자.

근축 영역

구의 원형 단면에 대한 방정식은 다음과 같다(그림 5.59a).

$$y^2 + (x - R)^2 = R^2 \tag{5.43}$$

여기서 중심 C는 원점 O로부터 반지름 R만큼 이동되었다. 위 식을 전개하여 다시 쓰면

$$y^2 - 2Rx + x^2 = 0$$

이 된다. 이로부터 x에 대한 해를 구하면

$$x = R \pm (R^2 - y^2)^{1/2} \tag{5.44}$$

이다. x가 R보다 작은 경우에 대해서 살펴보자. 즉 식 (5.44)에서 − 부호에 해당하는 오른쪽으로 열려 있는 반구를 살펴보도록 하자. 두 번째 항을 급수로 전개하면 x는 다음 형태가 된다.

$$x = \frac{y^2}{2R} + \frac{1y^4}{2^2 2! R^3} + \frac{1 \cdot 3y^6}{2^3 3! R^5} + \cdots \tag{5.45}$$

원점을 정점으로 하고 초점이 오른쪽으로 f 거리에 있는 포물면(그림 5.59b)의 표준 방정식이 단순히

$$y^2 = 4fx \tag{5.46}$$

이라는 사실에서 식 (5.45)의 표현에 대한 의미를 찾을 수 있다. 만약 $4f = 2R$(만약 $f = R/2$)이라면 두 공식을 비교함으로써 이 급수의 첫 번째 항을 포물면으로 생각할 수 있고 나머지 항을 이 값에 대한 편차로 간주할 수 있다. 만약 편차가 Δx라면

$$\Delta x = \frac{y^4}{8R^3} + \frac{y^6}{16R^5} + \cdots$$

이다. 분명히 이 편차는 y가 R에 비하여 상대적으로 클 때에만 알아볼 수 있다(그림 5.59c). **근축 영역, 즉 광선이 광축에 근접된 경우, 구면과 포물면은 본질적으로 차이가 없다.**

그림 5.122b에서 보는 뉴턴식 반사 망원경과 같은 망원경과 아마추어 망원경을 비교함으로써 Δx에 대한 정도를 느낄 수 있다. 초점 거리가 약 56인치 정도일 때 편리한 경통 길이가 나온다. 좋은 크기의 망원경은 지름 8인치의 거울로 만드는데, 이 경우 f-수는 $f/D = 7$이다. 이런 거울의 가장자리($y = 4$인치)에서 포물면과 구면 사이의 수평 차이(Δx)(그림 5.59)는 단지 2천300백만분의 1인치이며 포물면이 구면보다 더 평평하다. 중심쪽으로 다가갈수록 ($y = 2$인치) Δx는 단지 수백만분의 1인치씩 줄어든다.

구면 거울의 제1차 근사식을 기준으로 평가할 때 포물면의 상은 결함을 수반하게 되며 결함의 정도는 앞에서 유도된 식으로 표현된다. 실제 상황에서는 y에 대한 제한이 없기 때문에 수차가 존재한다. 더욱이 비구면들은 오직 한 쌍의 축상점에 대해서만 완전한 상이 생기는데 이들도 역시 수차가 있게 마련이다.

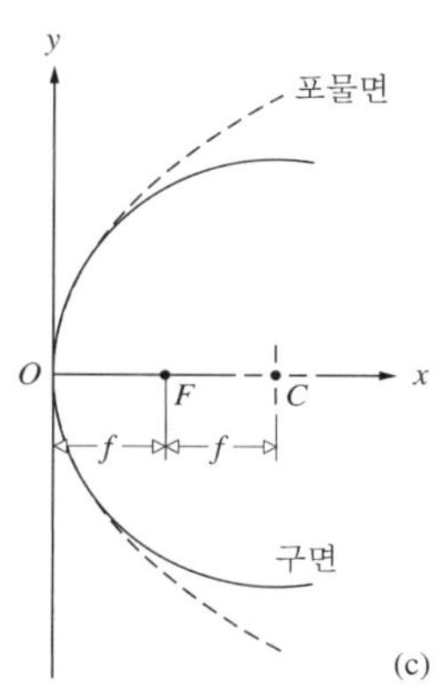

그림 5.59 구면 거울과 포물면 거울의 비교

거울 공식

물체점와 상점에 관한 구면 거울의 물리적 변수들을 연결하는 근축 방정식은 그림 5.60의 도움으로 쉽게 유도될 수 있다. $\theta_i = \theta_r$이므로 선분 $\overline{CA}$는 $\measuredangle SAP$를 2등분함과 동시에 삼각형 SAP의 변 $\overline{SP}$를 다음 비례 관계에 따라서 나눈다. 즉

$$\frac{\overline{SC}}{\overline{SA}} = \frac{\overline{CP}}{\overline{PA}} \tag{5.47}$$

이다. 더욱이

$$\overline{SC} = s_o - |R| \quad \text{및} \quad \overline{CP} = |R| - s_i$$

이며, 여기서 s_o와 s_i는 왼쪽에 있기 때문에 양수이다. 반지름 R의 부호를 굴절면의 경우에서와 같도록 잡으면 오목면의 C는 V의 왼쪽에 있기 때문에 R은 음수이다. 따라서 $|R| = -R$이고,

$$\overline{SC} = s_o + R \quad \text{및} \quad \overline{CP} = -(s_i + R)$$

이 된다. 근축 영역에서는 $\overline{SA} \approx s_o$, $\overline{PA} \approx s_i$이므로 식 (5.47)은

$$\frac{s_o + R}{s_o} = -\frac{s_i + R}{s_i}$$

또는

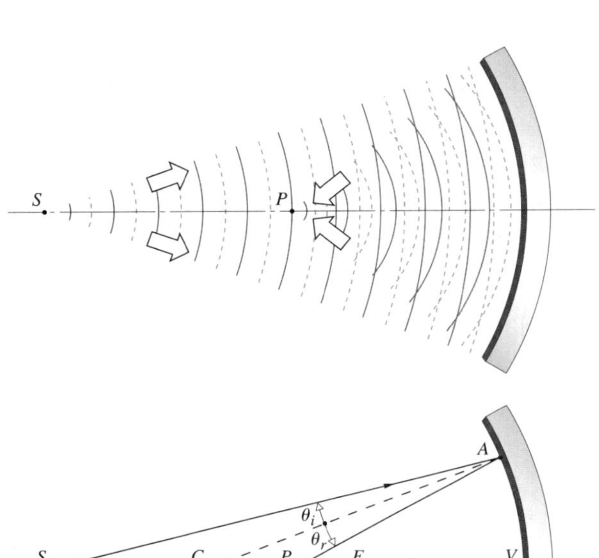

그림 5.60 오목 구면 거울. 공액 초점.

축소된 정립 허상을 형성하는 볼록 구면 거울. 이 사진을 찍기 위하여 카메라를 들고 있는 저자의 상을 찾을 수 있다면 찾기 바란다. (E.H.)

$$\frac{1}{s_o} + \frac{1}{s_i} = -\frac{2}{R} \tag{5.48}$$

이 되는데 이 식을 **거울 공식(mirror formula)**이라고 한다. 이것은 오목 거울($R < 0$)과 볼록 거울($R > 0$)에 똑같이 적용할 수 있다. 거울의 **제1초점** 또는 **물체 초점**은

$$\lim_{s_i \to \infty} s_o = f_o$$

로 정의되며, 마찬가지로 **제2초점** 또는 **상초점**은

$$\lim_{s_o \to \infty} s_i = f_i$$

으로 정의된다. 결론적으로 식 (5.48)로부터

$$\frac{1}{f_o} + \frac{1}{\infty} = \frac{1}{\infty} + \frac{1}{f_i} = -\frac{2}{R}$$

가 되며 그림 5.59c에서 볼 수 있듯이

$$f_o = f_i = -\frac{R}{2} \tag{5.49}$$

이다. 이제 초점 거리에서 첨자를 없애면

$$\frac{1}{s_o} + \frac{1}{s_i} = \frac{1}{f} \tag{5.50}$$

이 된다. f는 오목 거울($R < 0$)에 대해서는 양수로, 볼록 거울($R > 0$)에 대해서는 음수로 부호가 결정될 것이다. 후자의 경우 상이 거울 뒤에 형성되며 허상이다(그림 5.61).

유한 결상

거울의 특성은 구형 굴절면이나 렌즈와 유사하므로 논리적인 유도 없이 간단히 설명할 것이다. 근축 이론의 관점에서

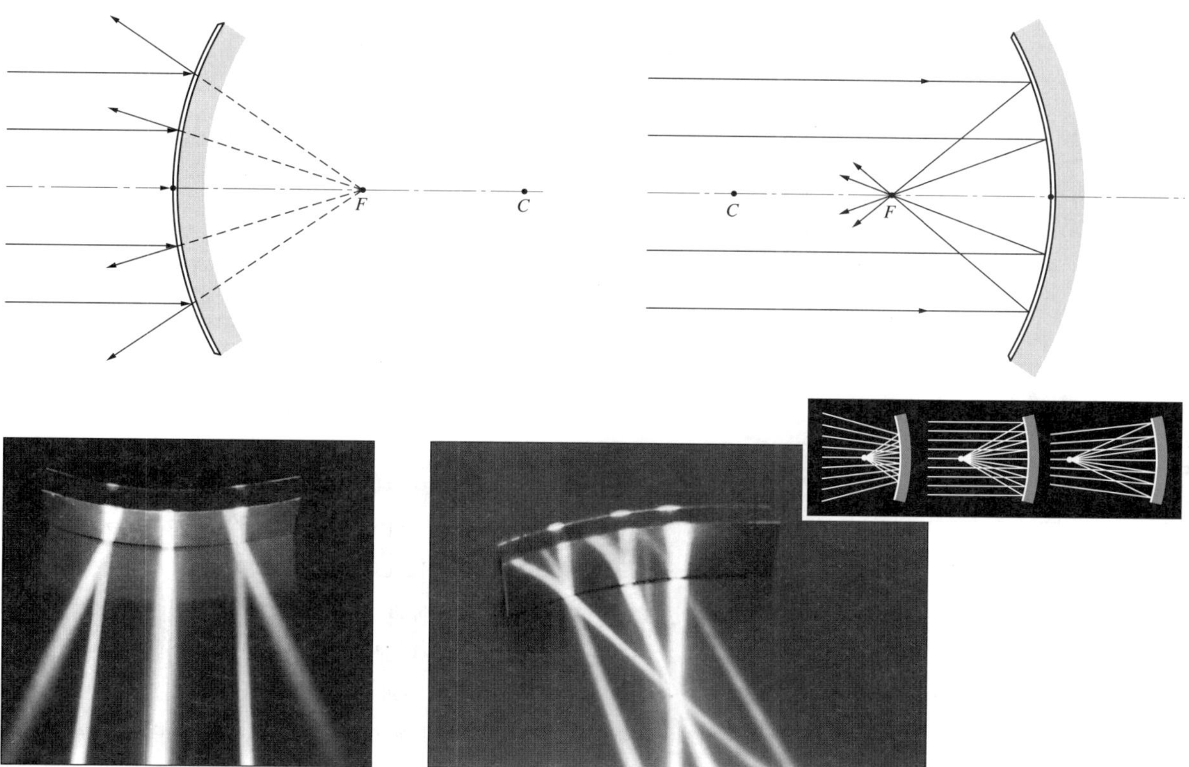

그림 5.61 구면 거울에 의한 광선의 초점 (E.H.)

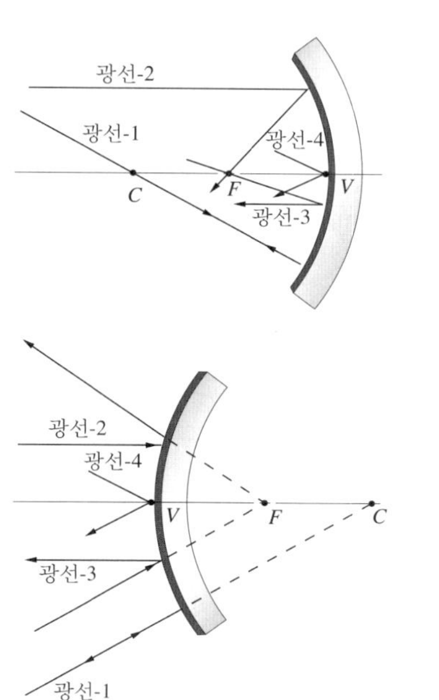

그림 5.62 작도에 사용되는 4개의 광선들. 곡률 중심 C를 지난 제1광선은 반사 후 제자리로 돌아온다. 광축과 평행으로 입사한 제2광선은 초점을 지나서 반사된다. 물체 초점을 지난 제3광선은 광축과 평행하게 반사된다. 정점 V에 입사한 제4광선은 $\theta_i = \theta_r$ 식에 따라서 반사한다.

볼 때 서로 평행하게 입사한 비축 광선의 다발은 광축에 수직인 초점 F를 지나는 **초평면**(focal plane)의 한 점에 모일 것이다. 따라서 광축에 수직한 유한 크기의 평면 물체는 광축에 수직한 평면 위에 결상될 것이다. 이러한 결론은 평면 거울에서는 정확하다. 그러나 다른 구조에 대해서는 근사적으로 성립한다.

만일 구면 거울을 사용할 때 그 크기 범위를 적절히 제한하면 각 물체점에 대응하는 반사파는 구면파에 아주 가까워진다. 이 경우 넓은 물체도 매우 훌륭하게 결상될 수 있다.

광심 O를 지나는 직선 위에 형성된 얇은 렌즈의 상점과 마찬가지로 구면 거울에 의한 상점은 곡률 중심 C와 물체점을 통과하는 광선 위에 놓이게 된다(그림 5.62). 얇은 렌즈의 경우와 마찬가지로(그림 5.23) 상의 도식적 위치는 직접 그릴 수 있다(그림 5.63). 이 경우 상의 꼭대기는 두 광선의 교점에 위치한다. 하나의 광선은 평행하게 나가서 반사한 후에 초점 F를 지난다. 그리고 다른 하나의 광선은 C를 지나간다(그림 5.64). 비축상의 어떤 물체로부터 정점으로 가는 광선은 광축과 반사 광선이 같은 각을 이루므로 작도가 편리하다. 마찬가지로 처음에 초점을 지나는 광선은 반사 후에 축과 평행하게 나간다.

그림 5.63(a)에서 삼각형 S_1S_2V와 삼각형 P_1P_2V는 닮은꼴

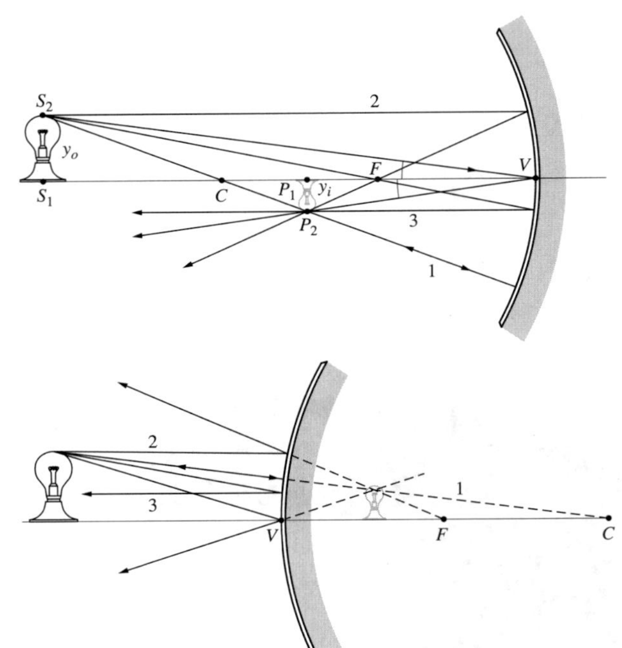

그림 5.63 구면 거울에 의한 유한 결상

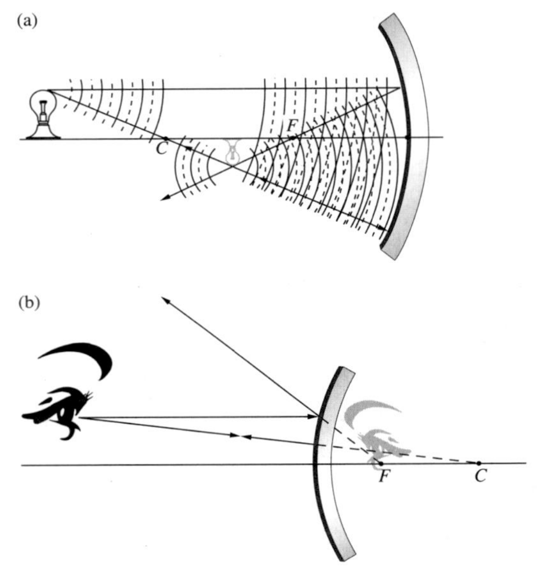

그림 5.64 (*a*) 오목 거울로부터의 반사. (*b*) 볼록 거울로부터의 반사.

이다. 그러므로 각 도형의 변은 서로 비례한다. y_i가 축 아래에 있기 때문에 음수로 잡으면, $y_i/y_o = -s_i/s_o$가 되는 것을 발견하게 되는데, 물론 렌즈의 경우와 마찬가지로 이것은 **가로 배율** 또는 **횡배율**(transverse magnification) M_T가 된다(식 5.25).

광학 소자의 구조에 관한 정보(n, R 등)를 포함하는 유일한 방정식은 f에 대한 것이다. 그래서 이 식은 오히려 이해하기 쉽게 얇은 렌즈와 구면 거울에 대한 차이만을 지적하면 된다. 그러나 s_o, s_i 그리고 f 또는 y_o, y_i 그리고 M_T에 관련된 다른 함수적 표현은 정확하게 동일하다. 표 5.4에서 과거의 부호 규약과 유일하게 다른 것은 V의 왼쪽에 s_i가 있을 때 양수로 간주한다는 것이다. 다른 한편으로 볼록 렌즈와 오목 거울 그리고 볼록 거울과 오목 렌즈의 특성이 동일하다는 것을 표 5.3과 표 5.5를 비교해 보면 명백히 알 수 있다.

표 5.4 구면 거울에 대한 부호 규약

물리량	부호 +	부호 −
s_o	V의 왼쪽, 실물체	V의 오른쪽, 허물체
s_i	V의 왼쪽, 실상	V의 오른쪽, 허상
f	오목 거울	볼록 거울
R	C가 V의 오른쪽, 볼록	C가 V의 왼쪽, 오목
y_o	축의 위쪽, 정립 물체	축의 아래쪽, 도립 물체
y_i	축의 위쪽, 정립상	축의 아래쪽, 도립상

표 5.5에 요약된 특성과 그림 5.65에 도식적으로 묘사한 특성은 경험적으로 쉽게 증명할 수 있다. 만일 당신이 구면 거울을 가지고 있지 않다면 조잡하지만 전등의 구형 표면(이러한 특별한 경우에는 R이 작고 f도 작을 것이다)에 알루미늄 박막을 씌워서 오목 구면 거울의 모양을 만들 수가 있다. 이렇게 하면 짧은 초점 거리의 오목 거울에 의해 형성된 작은 물체의 결상 과정을 정량적으로 실험할 수 있다. 이 물체를 $2f = R$ 거리 밖에서 거울 쪽으로 움직이면 상은 $s_o = 2f$ 거리에 실물 크기의 도립상이 나타날 때까지 점점 커질 것이다. 물체를 점점 거울에 접근시키면 상은 식별할 수 없을 정도로 퍼져서 거울 위에 상이 가득 찰 때까지 더욱 더 커질 것이다. s_o가 더욱 감소하면 확대된 정립상은 물체가 거울 위에 닿을 때까지 계속 감소할 것이다. 만일 반짝이는 숟가락으로 거울

표 5.5 구면 거울이 형성한 실물체의 상들

오목 거울				
물체	상			
위치	형태	위치	방향	상대적 크기
$\infty > s_o > 2f$	실상	$f < s_i < 2f$	도립	축소
$s_o = 2f$	실상	$s_i = 2f$	도립	동일 크기
$f < s_o < 2f$	실상	$\infty > s_i > 2f$	도립	확대
$s_o = f$		$\pm\infty$		
$s_o < f$	허상	$\lvert s_i \rvert > s_o$	정립	확대
볼록 거울				
물체	상			
위치	형태	위치	방향	상대적 크기
임의점	허상	$\lvert s_i \rvert < \lvert f \rvert$, $s_o > \lvert s_i \rvert$	정립	축소

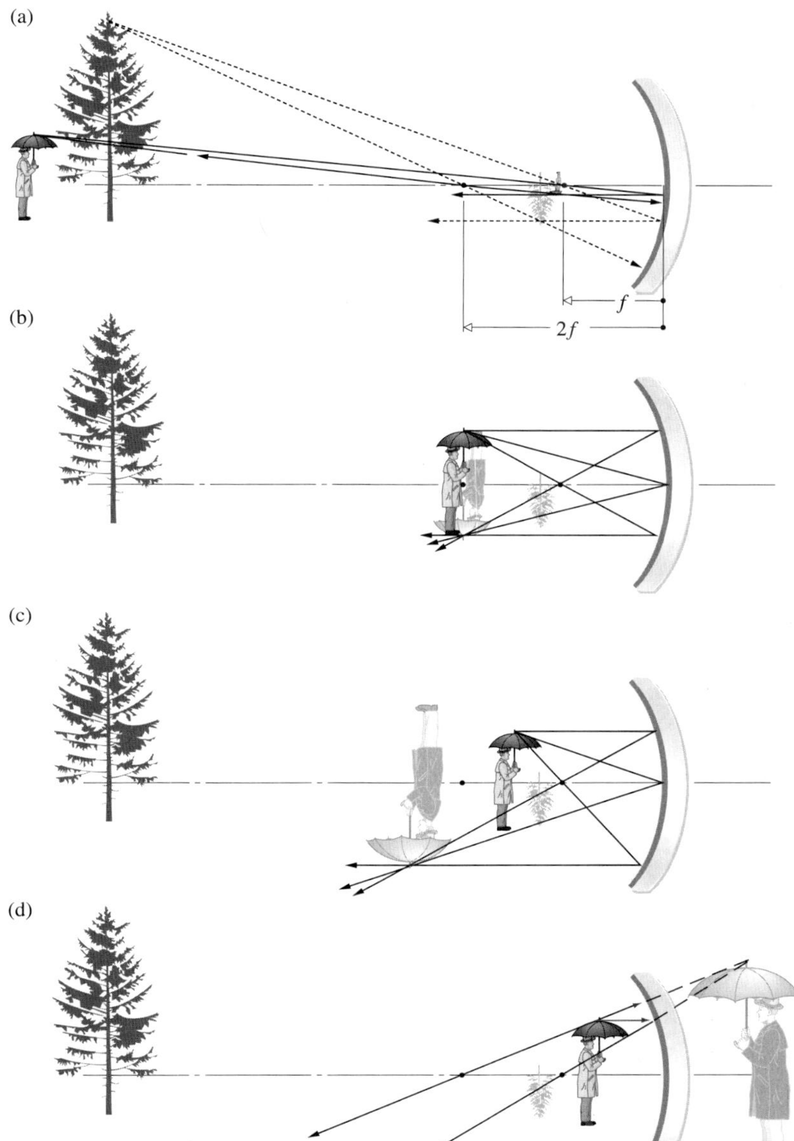

그림 5.65 오목 구면 거울에 의한 결상

을 대신한 후 거울을 갑자기 움직이지 않는다면 이 숟가락 거울로 상을 만들 수 있는데, 어느 쪽이든 흥미가 있을 것이다.

예제 5.10

조그마한 개구리가 초점 거리가 20.0cm인 오목 구면 거울의 전방으로 35.0cm가 되는 거리에 광축상에 앉아있다. 상의 위치를 구하고 이 과정을 완전하게 기술하라. 이 상의 횡배율은 얼마인가?

풀이

식 (5.50)으로부터 다음을 구할 수 있다.

$$\frac{1}{s_o} + \frac{1}{s_i} = \frac{1}{f}$$

$$\frac{1}{35.0} + \frac{1}{s_i} = \frac{1}{20.0}$$

$$\frac{1}{s_i} = \frac{1}{20.0} - \frac{1}{35.0} = 0.021\,43$$

$$s_i = 46.67 \text{ cm} \quad \text{또는} \quad 46.7 \text{ cm}$$

상은 확대된 도립 실상이다. s_i는 양수라는 것을 주목해야 하는데, 이는 상이 실상이라는 것을 의미한다.

$$M_T = -\frac{s_i}{s_o} = -\frac{46.67 \text{ cm}}{35.0 \text{ cm}} = -1.3$$

음의 부호는 상이 도립상이라는 것을 의미한다. 달리 말해서

$$M_T = -\frac{f}{x_o} = -\frac{20}{15} = -\frac{4}{3} = -1.3$$

이다.

애리조나의 투손(Tucson) 시에 있는 다중 소자 망원경 거울로부터 초점 거리보다 더 가까이 서 있는 사진사의 거대한 허상. 이 사진사는 모자를 쓰고 있고 오른손을 올리고 있다. (Joseph Shaw)

5.5 프리즘

광학에서 프리즘의 역할은 매우 다양하다. 빔분할기와 편광기(8.4.3절) 그리고 간섭계 등의 역할을 위해 프리즘 조합이 사용된다. 가장 넓게 응용되는 기능은 다음 두 가지이다. 첫째로 프리즘은 여러 가지 스펙트럼 분석기에서 분산 도구로 사용된다(그림 5.66). 말하자면 프리즘은 복합 파장의 빔을 연속적인 주파수 성분으로 어느 정도 범위까지 분리시킬 수 있다. 일찍이 **분산**(dispersion)이란 용어가 유전체 굴절률 $n(\omega)$의 주파수 의존성과 관련하여 소개된 바 있는데, 실제로 프리즘은 여러 가지 물질의 굴절률을 넓은 주파수 범위에 걸쳐 측정하고자 할 때 매우 편리한 도구이다.

둘째로 프리즘의 더 일반적인 기능은 상의 방향 또는 빔의 전파 방향을 바꾸는 것이다. 프리즘은 많은 광학 기기에서 광학계의 배치를 제한된 공간 범위 이내로 축소시키는 데 이용된다. 상반전 프리즘(inversion prims), 상역전 프리즘(reversion prims), 상반전과 상역전 그리고 분산이 없이 빔을 편향시키는 프리즘이 있다.

5.5.1 분산 프리즘

오늘날 프리즘은 매우 다양한 크기와 모양을 갖고 있으며 동시에 매우 다채로운 기능을 갖는다(사진). 먼저 **분산 프리즘(dispersing prisms)**으로 알려진 종류를 살펴보자. 그림 5.66에서와 같이 분산 프리즘으로 들어가는 광선은 전형적으로 **편의각(angular deviation)**으로 알려진 각도 δ만큼 원래의 방향으로부터 벗어나서 나간다. 첫 번째 굴절에서 광선은 $(\theta_{i1} - \theta_{t1})$ 각도만큼, 그리고 두 번째 굴절에서는 $(\theta_{t2} - \theta_{i2})$ 각도만큼 편향되기 때문에 전체 편향된 각도는 다음과 같다.

$$\delta = (\theta_{i1} - \theta_{t1}) + (\theta_{t2} - \theta_{i2})$$

다각형 $ABCD$는 두 개의 직각을 포함하고 있으므로 $\measuredangle BCD$는 **꼭지각(apex angle)**의 보각이다. α는 삼각형 BCD의 외각이므로 다른 내각의 합과 같다. 즉

$$\alpha = \theta_{t1} + \theta_{i2} \tag{5.51}$$

이다. 그래서

$$\delta = \theta_{i1} + \theta_{t2} - \alpha \tag{5.52}$$

이 된다. 이제 δ를 광선의 입사각(θ_{i1} 등)과 프리즘의 꼭지각 α의 함수로 표현하자. 프리즘 굴절률이 n이고 이것이 공기 중($n_a \approx 1$)에 놓여 있다면 스넬 법칙으로부터 다음과 같이 된다.

$$\theta_{t2} = \sin^{-1}(n \sin\theta_{i2}) = \sin^{-1}[n \sin(\alpha - \theta_{t1})]$$

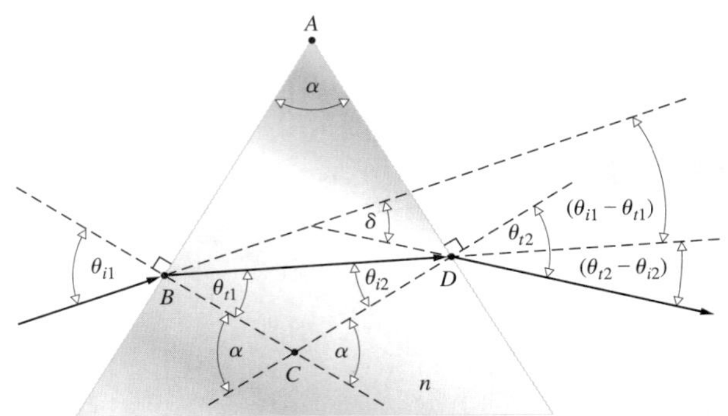

그림 5.66 분산 프리즘의 기하학적 모양

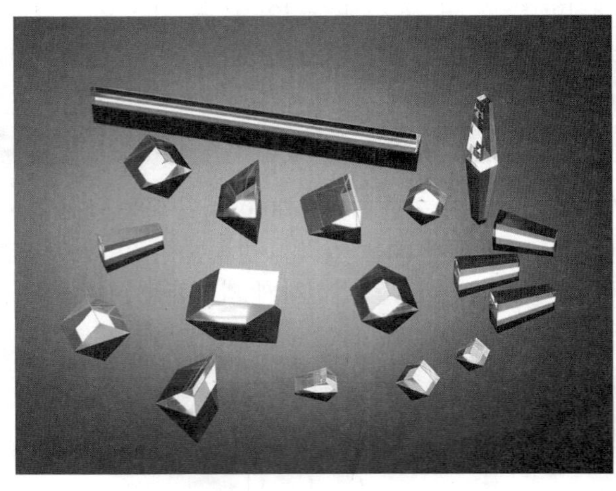

다양한 프리즘의 일부 (Perkins Precision Developments)

이 표현을 전개할 때 $\cos\theta_{t1}$을 $(1 - \sin^2\theta_{t1})^{1/2}$으로 대치하고 스넬 법칙을 이용하면 다음을 얻을 수 있다.

$$\theta_{t2} = \sin^{-1}[(\sin\alpha)(n^2 - \sin^2\theta_{i1})^{1/2} - \sin\theta_{i1}\cos\alpha]$$

그러면 편의각은

$$\delta = \theta_{i1} + \sin^{-1}[(\sin\alpha)(n^2 - \sin^2\theta_{i1})^{1/2} - \sin\theta_{i1}\cos\alpha] - \alpha \tag{5.53}$$

이 된다. 명백히 δ는 n과 함께 증가하며 그 자체가 주파수의 함수이다. 그래서 편의각을 $\delta(\nu)$ 또는 $\delta(\lambda)$으로 표시할 수 있다. 대부분의 투명한 유전체들은 가시영역에 걸쳐서 $n(\lambda)$는 파장이 증가함에 따라 감소한다(여러 가지 유리에 대한 λ 대 $n(\lambda)$의 관계는 그림 3.41을 참고하라). 그러면 분명히 $\delta(\lambda)$가 파란빛에서보다 빨간빛에서 더 작을 것이다.

선교사들이 1600년대 초기에 만든 아시아에 대한 보고서에 따르면 프리즘은 색깔을 발생시키는 능력으로 인하여 중국에서 잘 알려져 있고 높은 가격이라고 하였다. 이 시대의 많은 과학자들, 특히 마르시(Marci), 그리말디(Grimaldi), 보일(Boyle)이 프리즘을 이용한 약간의 실험을 하였으나 최초로 분산에 대한 결정적인 연구를 수행한 사람은 위대한 뉴턴(Isaac Newton)경이었다. 1672년 2월 6일 뉴턴은 왕립학회에 '빛과 색깔에 대한 새로운 이론'이라는 제목의 고전적 논문을 발표하였다. 뉴턴은 백색이 여러 가지 색깔의 혼합으로 이루어진 것이며 굴절 과정은 색깔에 의존한다고 결론을 내렸다.

식 (5.53)으로 돌아가서 보면(n과 α의 값이 고정된) 프리즘을 지나는 단색 빔에 의해서 일어나는 편향은 첫 번째 면에서의 입사각인 θ_{i1}만의 함수라는 사실은 명백하다. 편의각을 전형적인 유리 프리즘에 적용한 식 (5.53)의 결과가 그림 5.67에 나와 있다. 이때 δ의 최솟값을 **최소 편의(minimum deviation)** δ_m이라고 하며 이 값은 실용면에서 특별히 중요하다. 이것은 식 (5.53)을 미분하고 $d\delta/d\theta_{i1} = 0$으로 놓음으로써 해석적으로 구할 수 있다. 그러나 간접적인 방법이 더 간단하다. 식 (5.52)를 미분하고 이것을 0으로 놓으면 다음이 된다.

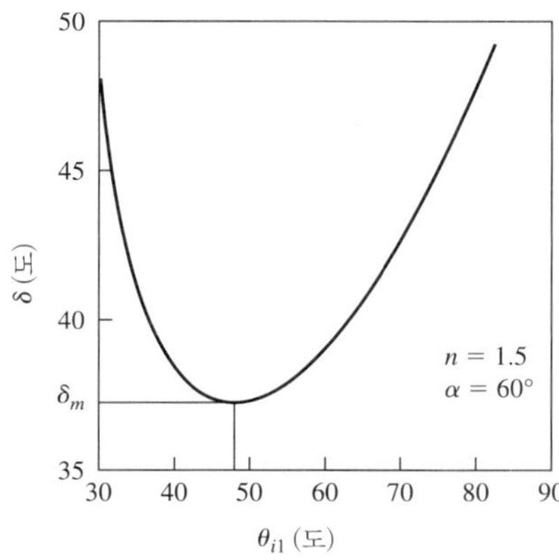

그림 5.67 입사각 대 편의각

$$\frac{d\delta}{d\theta_{i1}} = 1 + \frac{d\theta_{t2}}{d\theta_{i1}} = 0$$

또는 $d\theta_{t2}/d\theta_{i1} = -1$. 그리고 각 경계면에서 스넬 법칙의 미분을 취하면 다음 식을 얻는다.

$$\cos\theta_{i1}\,d\theta_{i1} = n\cos\theta_{t1}\,d\theta_{t1}$$

그리고

$$\cos\theta_{t2}\,d\theta_{t2} = n\cos\theta_{i2}\,d\theta_{i2}$$

이다. 마찬가지로 식 (5.51)을 미분하면 $d\alpha = 0$이므로 $d\theta_{t1} = -d\theta_{i2}$임을 주목하라. 이제 위의 두 방정식의 양변을 서로 나누고 미분을 대치하면

$$\frac{\cos\theta_{i1}}{\cos\theta_{t2}} = \frac{\cos\theta_{t1}}{\cos\theta_{i2}}$$

이 되는데, 스넬 법칙을 이용하면 위 식은 다시

$$\frac{1 - \sin^2\theta_{i1}}{1 - \sin^2\theta_{t2}} = \frac{n^2 - \sin^2\theta_{i1}}{n^2 - \sin^2\theta_{t2}}$$

이 된다. 이 식을 만족하는 θ_{i1}값은 $d\delta/d\theta_{i1} = 0$에 대한 θ_{i1}값이다. $n \neq 1$인 경우는

$$\theta_{i1} = \theta_{t2}$$

이며, 이로 인하여

$$\theta_{t1} = \theta_{i2}$$

이다. 이것은 **편의각이 최소가 되는 광선은 프리즘을 대칭적으로 지나간다는 것, 즉 프리즘 밑변에 평행하다는 것**을 의미한다. 덧붙여서 θ_{i1}과 θ_{t2}가 같은 이유를 살펴보자. 먼저 최소 편의각의 광선에 대해서 관계식 $\theta_{i1} \neq \theta_{t2}$가 성립한다고 가정하자. 그 다음으로 광선을 역으로 돌리면 이 광선은 같은 경로를 지나갈 것이다. 따라서 δ는 변하지 않아야 한다($\delta = \delta_m$). 이것은 편의각이 최소가 되는 두 개의 입사각이 있음을 의미한다. 그러나 이것은 사실이 아니므로 $\theta_{i1} = \theta_{t2}$이어야 한다.

$\delta = \delta_m$인 경우 식 (5.51)과 식 (5.52)로부터 $\theta_{i1} = (\delta_m + \alpha)/2$와 $\theta_{t1} = \alpha/2$가 성립된다. 이 때문에 첫 번째 면에서 스넬 법칙을 적용하면

$$n = \frac{\sin[(\delta_m + \alpha)/2]}{\sin\alpha/2} \tag{5.54}$$

의 관계식을 얻는다. 위 방정식은 투명한 물질의 굴절률을 결

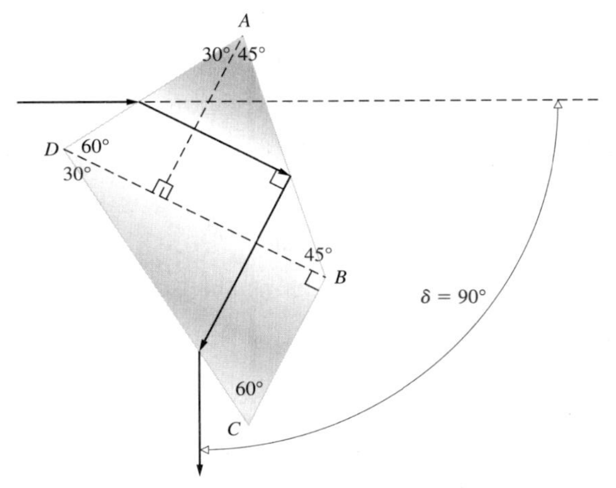

그림 5.68 펠랭-브로카 프리즘

정하는 가장 정확한 방법을 제공한다. 임의의 물질로 프리즘 모양을 만들고 나서 α와 $\delta_m(\lambda)$을 측정하면, 각 파장에 대한 $n(\lambda)$가 식 (5.54)로부터 계산될 수 있다. 평행한 평면 유리판을 프리즘 면으로 갖는 속이 빈 프리즘을 만든다면 그 속에 액체나 기체를 채워서 유체의 굴절률을 정확히 측정할 수 있다. 이때 유리판 그 자체는 어떤 편향도 일으키지 않는다.

그림 5.68과 그림 5.69는 분광학에서 가장 중요한 **일정 편의 분산 프리즘(constant-deviation dispersing prism)**의 두 가지 예를 보여 주고 있다. **펠랭–브로카 프리즘(Pellin–Broca prism)**은 이 가운데 가장 일반적인 프리즘이다. 비록 한 개의 유리 덩어리이지만 이것은 두 개의 30°–60°–90° 프리즘과 한 개의 45°–45°–90° 프리즘으로 구성된 것으로 생각할 수 있다. 보는 바와 같이 파장 λ인 단색 광선이 프리즘 *DAE*를 대칭적으로 통과한 후 면 *AB*로부터 45°로 반사된다고 가정하자. 그러면 이 광선은 프리즘 *CDB*를 대칭적으로 통과하여 90°의 총 편의각을 갖는다. 이 광선은 최소 편의각에서 보통의 60° 프리즘(*CDB*와 결합된 *DAE*)을 통과한 것처럼 생각할 수 있다. 빔에 나타난 모든 다른 파장은 다른 각도로 나올

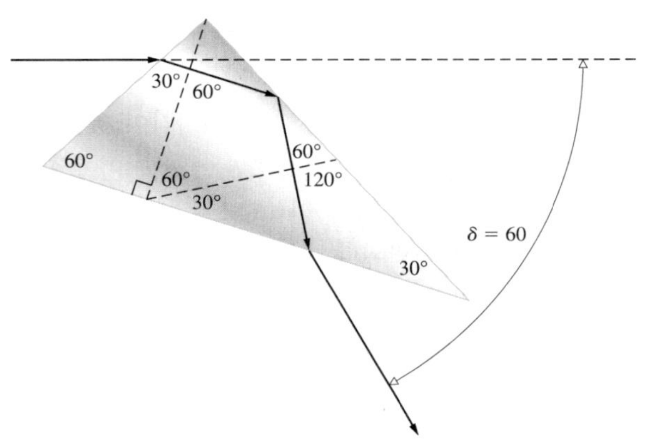

그림 5.69 아베 프리즘

것이다. 이제 프리즘이 지면에 수직한 축에 대하여 약간 회전한다면 들어오는 광선은 새로운 입사각을 가질 것이다. 이른바 λ_2의 다른 파장 성분은 다시 90°인 최소 편의각을 갖는데, 이와 같은 각도를 **일정 편의**(constant deviation)라고 한다. 이 종류의 프리즘을 이용하면 고정된 각도(여기서는 90°)에서 광원 및 관측 계통을 손쉽게 설치할 수 있으며 특정한 파장에서 관찰하려면 단순히 프리즘을 회전시키기만 하면 된다. 이 장치에서는 프리즘 회전 다이얼이 직접 파장을 나타내도록 눈금을 교정하여 표시할 수 있다.

5.5.2 반사 프리즘

이제는 분산이 필요 없는 **반사 프리즘(reflecting prisms)**을 살펴보자. 광선의 진행 방향을 바꾸거나 상의 방향을 반전시키기 위해서 적어도 한 번의 내부 전반사가 일어나도록 광선이 입사된다.

먼저 분산 없이 내부 전반사가 가능한지를 살펴보자. δ가 λ에 독립적인가? 그림 5.70에서와 같은 이등변 삼각형 형태의 프리즘을 생각해 보는데,이것이 반사 프리즘의 일반적인 형태이다. 첫 번째 경계면에서 굴절된 광선은 굴절된 후에 면 *FG*로부터 반사한다. 4.7절에서 공부했듯이 이러한 반사는 내부 입사각이 다음과 같은 식으로 정의된 임계각 θ_c보다 클 때 일어난다.

$$\sin\theta_c = n_{ti} \qquad [4.69]$$

유리–공기 경계면에서 이러한 반사를 일으키는 입사각 θ_i는 대략 42° 보다 클 것이다. 더욱이 임계각보다 작은 각도로 입사하는 경우 발생할지도 모르는 어려움을 피하기 위해서 프리즘의 밑면이 은으로 입혀졌다고 가정하는데 사실상 어떤 프리즘은 은을 입힌 면이 필요하다. 이때 들어오는 광선과 나가는 광선 사이의 편의각은

$$\delta = 180° - \measuredangle BED \qquad (5.55)$$

이다. 또한 다각형 *ABCD*로부터

$$\alpha + \measuredangle ADE + \measuredangle BED + \measuredangle ABE = 360°$$

이다. 더욱이 두 개의 굴절면에서

$$\measuredangle ABE = 90° + \theta_{i1}$$

와

$$\measuredangle ADE = 90° + \theta_{t2}$$

이다. 식 (5.55)의 $\measuredangle BED$를 치환하면 다음 식을 얻는다.

$$\delta = \theta_{i1} + \theta_{t2} + \alpha \qquad (5.56)$$

점 *C*에서 입사각과 반사각이 같으므로 $\measuredangle BCF = \measuredangle DCG$이

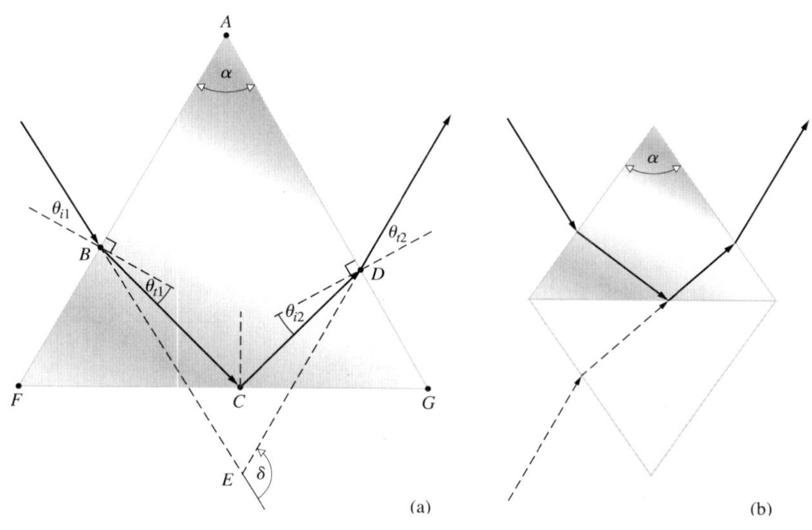

그림 5.70 반사 프리즘의 기하학적 형태

다. 프리즘이 이등변이기 때문에 $\measuredangle BFC = \measuredangle DGC$이고, 삼각형 FBC와 DGC는 닮은꼴이다. $\measuredangle FBC = \measuredangle CDG$이므로 $\theta_{t1} = \theta_{i2}$이다. 스넬 법칙으로부터 이것은 $\theta_{t1} = \theta_{i2}$와 동일하다는 것을 안다. 이 때문에 편의각은

$$\delta = 2\theta_{i1} + \alpha \tag{5.57}$$

이 되고, 이 각은 확실히 λ와 n에 모두 독립적이다. 그러므로 이 각에서는 입사하는 광선의 색깔에 관계없이 똑같은 반사가 일어날 것이므로 이 프리즘을 **색지움(achromatic)**된 프리즘이라고 한다. 만약 프리즘을 펼쳐 놓으면, 즉 그림 5.70b에서와 같이 반사면 FG에 대한 프리즘의 상을 그리면 평행사면체 또는 두꺼운 평면판과 같음을 알 수 있다. 그러므로 입사 광선의 상은 파장에 관계없이 입사 광선 자신에 평행하게 나간다.

널리 사용되는 수많은 반사 프리즘들 중에 몇 가지를 다음 그림들을 통해 소개해 놓았다. 이들은 흔히 BSC-2 또는 C-1 광학 유리(표 6.2)로 제작된다. 이 프리즘들은 명칭으로부터 그 기능을 대부분 알 수 있기 때문에 간단하게 설명하겠다.

직각 프리즘(right-angle prism)(그림 5.71)은 광선을 입사면의 수직한 방향으로 90° 편향시킨다. 상의 꼭대기와 바닥이 서로 바뀌었음을 주의하라. 즉 화살표가 뒤집어진다. 그러나 좌우는 변하지 않는다. 따라서 꼭대기면이 평면 거울처럼 작용하여 상반전(inversion)시키는 광학계이다. (이를 보기 위해서 화살표와 사탕과자를 벡터라고 가정하고 이들의 벡터곱을 생각하자. 벡터곱의 결과는 처음에는 진행 방향이었으나 나중에는 반대로 상역전(reversion)하였음을 알 수 있다.)

포로 프리즘(Porro prism)(그림 5.72)은 모양으로는 직각 프리즘과 같다. 그러나 직각 프리즘과는 달리 다른 면으로 빛을 입사시켜서 사용한다. 두 번 반사 후 빔은 180° 편향된다. 광선은 우수계(right-handed)로 들어와서 그대로 우수계로 나간다.

도브 프리즘(Dove prism)(그림 5.73)은 평행광에 대해서 독점적으로 사용되며 크기와 무게를 줄이기 위해서 직각 프리즘의 90° 꼭지각 부분을 밑면에 평행하게 잘라 버린 프리즘이다. 종축에 대하여 프리즘을 한번 회전시킬 때 상은 두 번 회전하는 흥미 있는 특성을 갖는다(문제 5.92).

아미치 프리즘(Amici prism)(그림 5.74)은 기본적으로 잘

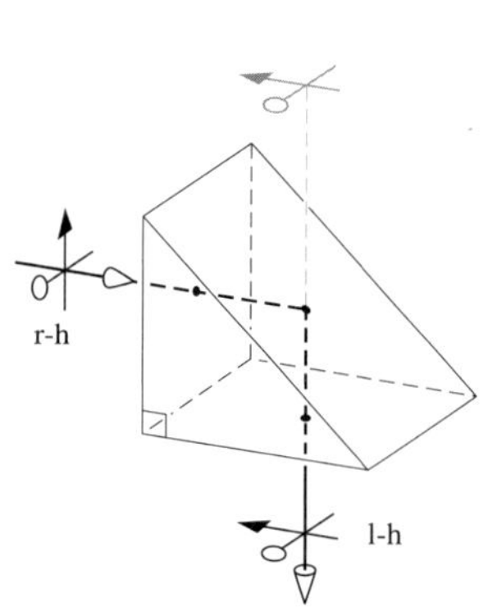

그림 5.71 직각 프리즘

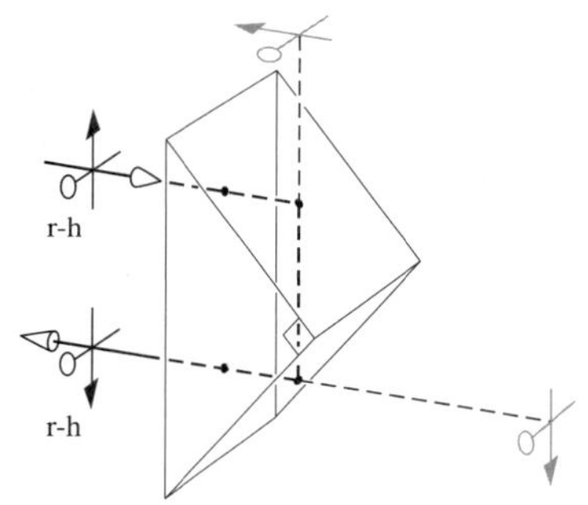

그림 5.72 포로 프리즘

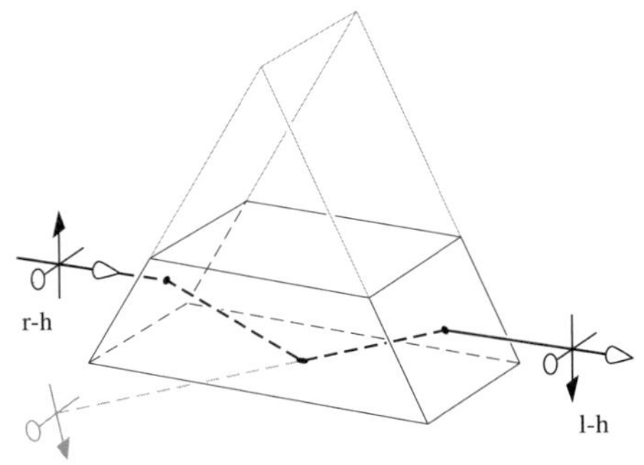

그림 5.73 도브 프리즘

린 직각 프리즘의 경사면 위에 살짝 잘린 지붕형 단면이 추가된 프리즘이다. 가장 일반적인 용도에서 보면 상을 중간에서 나누어 좌우를 바꿔주는 효과가 있다.* 이 프리즘은 90° 지붕각이 대략 3~4초의 공차를 유지해야 하기 때문에 값이 비싸다. 이렇게 정밀하지 않을 경우 중복된 상이 나타나기 때문이다. 이 프리즘은 간단한 망원경 광학계에서 반전된 상을 바로 세우기 위해서 가끔 이용된다.

롬보이드 프리즘(Rhomboid prism)(그림 5.75)은 어떠한 편의각이나 상의 상하 좌우를 바꾸지 않고 단지 시계선(line of sight)만을 변화시킨다.

펜타 프리즘(Penta prism)(그림 5.76)은 상의 방향에 영향

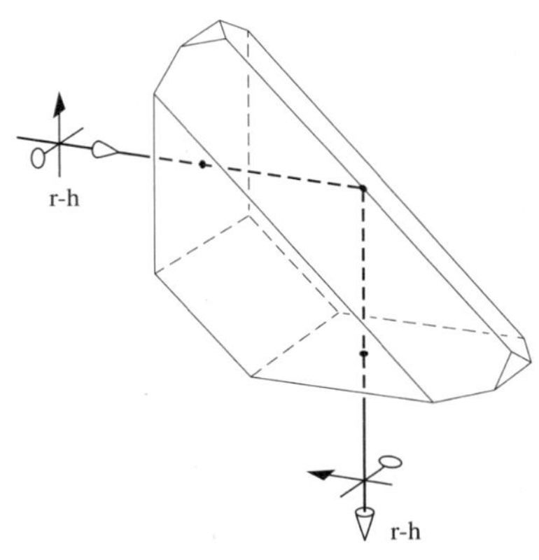

그림 5.74 아미치 프리즘

* 두 개의 평면 거울을 직각으로 놓고 직접적으로 결합시켜 봄으로써 이 거울들이 실제적으로 어떻게 작용하는가를 알 수 있다. 만약에 당신이 오른쪽 눈을 깜짝거리면 이 상은 오른쪽 눈을 깜짝거릴 것이다. 덧붙여 말하면 당신의 눈이 똑같이 튼튼하다면 당신은 가상적으로 두 눈 사이의 코가 있고 각 눈의 중간 아래로 내려가는 두 모습(반사 거울이 만나는 선의 상)을 볼 것이다. 만약 한 눈이 더 좋다면 이 눈의 중간 아래 한 모습만 존재할 것이다. 만약 당신이 이 선에 접근하면 그 모습은 다른 눈으로 건너뛰게 될 것이다. 이것을 식별하려면 애를 써야만 한다.

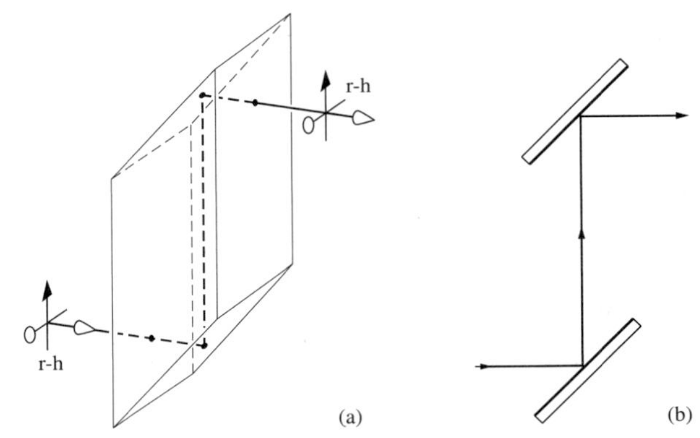

그림 5.75 롬보이드 프리즘 및 등가의 반사 거울

을 주지 않고 빔을 90° 편향시킨다. 이 프리즘의 면들 중에 두 면은 은을 입혀야 함을 주목하라. 이 프리즘은 흔히 작은 거리 탐지기에서 최종 반사기로서 이용된다.

레만–스프링거 프리즘(Leman-Springer prism)(그림 5.77)은 역시 90° 지붕을 가지고 있다. 여기서 시계선은 편향됨이 없이 변위된다. 그러나 나타나는 상은 우수계이고 180° 회전한다. 그러므로 이 프리즘은 조준경이나 망원경 광학계에서 상을 바로 세우는 역할을 한다.

특수한 목적으로 사용되는 많은 반사 프리즘들이 있다. 예를 들면 만약에 입방체를 단순하게 잘라내서 조각을 제거하면 이것은 3개의 수직한 면을 가지게 된다. 이것을 **코너큐브 프리즘(corner-cube prism)**이라고 한다. 이 프리즘은 입사한 빛을 제자리로 돌리는 특성을 가지고 있다. 즉 들어오는 모든 광선은 이 광선의 원래 방향을 따라서 되 반사하게 될 것이다. 100개의 이 프리즘들을 아폴로 11호가 비행하여 여기서 240,000마일 떨어진 달 위에 18제곱인치 안에 배치하

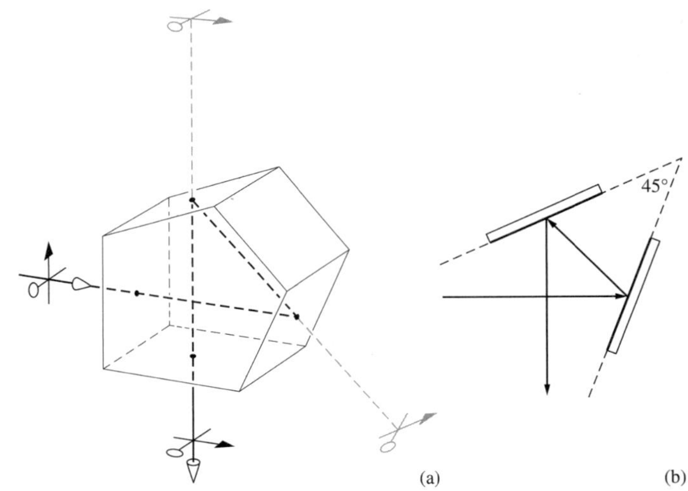

그림 5.76 펜타 프리즘과 등가의 반사 거울

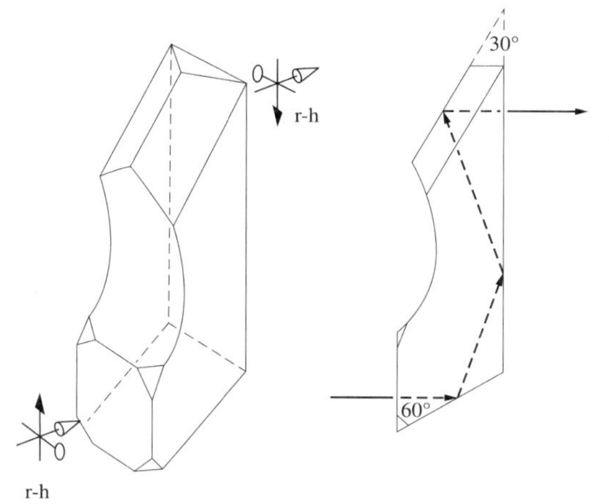

그림 5.77 레만–스프링거 프리즘

였다.*

대부분의 일반적인 직립상 광학계는 그림 5.78에 예시한 것처럼 두 개의 포로 프리즘으로 구성된다. 이 프리즘은 다른 광학 부품에 비하여 상대적으로 가공하기가 쉬운데, 여기서는 무게와 크기를 줄이기 위해 모서리를 날려 둥글게 한 포로 프리즘을 보여 주고 있다. 네 번의 반사가 있기 때문에 출력상은 우수계일 것이다. 기울어진 각도에서 전반사한 광선을 차단하기 위해서 하나의 작은 홈이 직각삼각형 사면에 새겨진다. 가정용 쌍안경을 분해하면 이러한 홈을 발견하게 될 것이다.

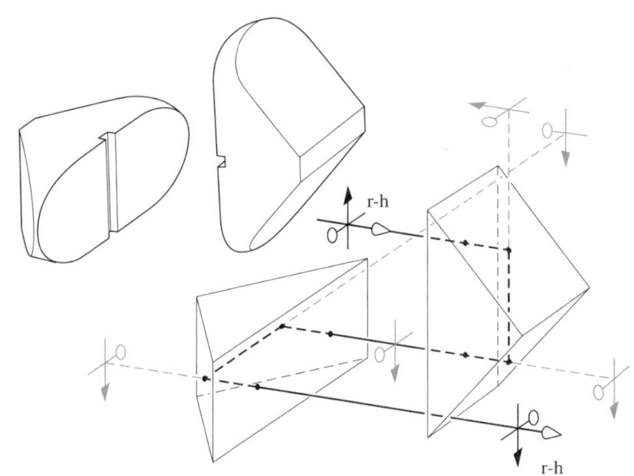

그림 5.78 이중 포로 프리즘

* J. E. foller와 E. J. Wampler 저, "Lunar Laser Reflector", *Sci. Am.* March 1970, p. 38.

5.6 광섬유 광학

길고 미세한 유전체 물질을 통해서 전반사 방식으로 빛을 전달하려는 생각은 과거에도 있었다. 틴들(John Tyndall, 1870)은 얇게 흐르는 물을 통해서 빛이 전달될 수 있음을 보여 주었고, 곧이어 유리로 만들어진 '광파이프'와 실 모양의 용융된 석영을 이용하여 같은 현상을 보여 주었다. 그러나 1950년대 초에 이르러서야 짧은 유리섬유 다발을 통한 영상 전달 실험이 본격적으로 이루어졌다.

1960년 레이저가 탄생하면서 한 장소에서 다른 곳으로 정보를 전달하는데 전류 또는 마이크로파보다는 빛을 이용하는 것이 유리하다는 사실을 인식하게 되었다. 빛의 주파수가 10^{15} Hz이므로 마이크로파보다 10만 배 이상의 많은 정보를 전달할 수 있다. 이론적으로 보면 광선 하나를 통해서 수천만 개의 텔레비전 프로그램을 한 번에 보낼 수 있는 셈이다. 장거리 통신을 위해서 광섬유와 레이저의 결합 가능성이 지적된 것은 1966년의 일이다. 현재에도 기술의 변화가 엄청난 속도로 이루어지고 있다.

1970년 코닝(Corning)사의 연구원들은 광에너지 전달 효율이 1 km당 1% 이상이 되는 석영유리 섬유를 만드는 데 성공하였다. 이 광섬유의 손실율은 20 dB/km로서 구리선의 손실율과 맞먹는 것이었다. 그 후 20여 년이 지나는 동안 신호 전달률이 1 km당 96%(즉 손실율이 0.16 dB/km)에 이르는 우수한 광섬유가 개발되었다.

손실이 적고 정보 전달 능력이 우수하고 크기가 작고 무게가 가벼우며 전자기적 간섭이 없고 모래 재질이 풍부하다는 장점 때문에 통신의 주요 수단으로 고순도의 유리 섬유가 널리 이용되고 있다.

광섬유의 지름이 복사 에너지의 파장에 비해서 큰 경우에

그림 5.79 작은 지름을 가진 광섬유의 끝면에서 보이는 도파관 모드의 패턴 (Narinder S. Kapany, AMP Fellow)

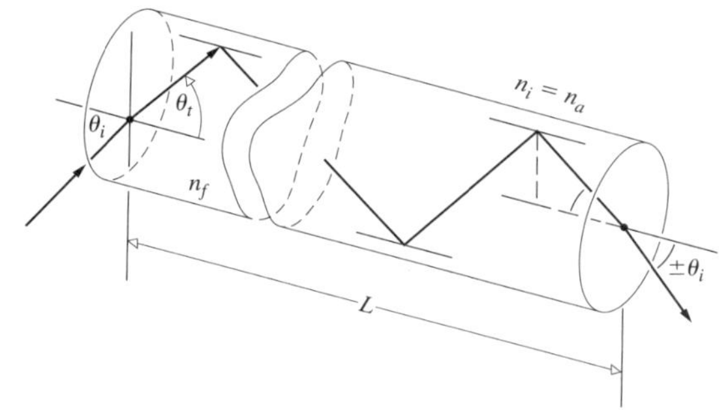

그림 5.80 유전체 원통 내에서 반사된 광선

는 빛의 전파 과정에서 파동적 성질이 무시될 수 있으므로 잘 알려진 기하광학의 법칙을 따른다. 반면에 지름이 파장 정도의 크기가 되면 빛은 도파관을 따라서 마이크로파가 진행하는 방법과 매우 유사하다. 그림 5.79는 광섬유 다발의 현미경 사진으로서 도파관 모드가 광섬유의 끝에 명확하게 나타나 있다. 여기서는 물리광학의 특성인 파동성이 고려되어야 한다. 오늘날 미세한 박막층으로 이루어진 도파관에 대한 관심이 높아가고 있지만 본문에서는 도파관의 지름이 머리카락 정도로 큰 경우에 대해서만 논의할 예정이다.

그림 5.80에서와 같이 공기에 의해 둘러싸인 일직선의 유리 원통을 생각해 보자. 각각의 반사에 있어서 입사각이 $\theta_c = \sin^{-1}(n_a/n_f)$보다 크다면 유리 원통 안의 벽에 입사된 빛은 전반사할 것이며, 여기서 n_f는 원통 또는 광섬유의 굴절률이다. 앞으로 설명하겠지만 광선이 광섬유를 따라 반사되어 광섬유의 끝에 나타날 때까지 **자오 광선**(meridional ray)(광축을 포함한 평면 내의 광선)은 일 피트당 수천 번의 반사를 하며 진행할 것이다(사진 참조). 지름이 D이고 길이가 L인 광섬유 내에서 광선이 통과하는 길이를 ℓ이라고 하면, ℓ은

$$\ell = L/\cos\theta_t$$

묶여있지 않은 한 다발의 광섬유 끝면에서 방출되는 빛 (E. H.)

이 되고 스넬 법칙으로부터

$$\ell = n_f L(n_f^2 - \sin^2\theta_i)^{-1/2}$$

이 된다. 반사 횟수 N_r은

$$N_r = \frac{\ell}{D/\sin\theta_t} \pm 1$$

또는

$$N_r = \frac{L\sin\theta_i}{D(n_f^2 - \sin^2\theta_i)^{1/2}} \pm 1 \tag{5.58}$$

에 의해 주어지며 가장 가까운 정수로 나타낼 수 있다. 광선이 부딪히는 가장자리 면에 의존하는 ±1은 실제로 N이 클 때는 중요하지 않다. D가 50μm(50마이크론으로 여기서 1μm = 10^{-6}m = 39.37 × 10^{-6}in.)이고, $n_f = 1.6$, $\theta_i = 30°$이면 N은 일 피트당 대략 2,000회이다. 여기서 50μm는 약 2 × 10^{-3}in.(인간의 머리카락의 지름은 대략 50μm)이다. 지름이 2μm부터 ¼인치까지의 광섬유가 사용될 수 있으나 약 10μm보다 작은 크기는 거의 사용되지 않는다. 극히 얇은 유리(또는 플라스틱) 섬유는 아주 유연해서 심지어는 직물로 이용될 수도 있다.

내부 전반사 조건이 깨질 때 생기는 손실을 없애려면 수분, 먼지, 기름 등이 광섬유의 표면에 묻지 않도록 깨끗이 유지해야 한다. 마찬가지로 많은 수의 광섬유가 매우 가깝게 묶여 있다면 빛이 한 광섬유에서 다른 광섬유로 스며드는 **누화**(cross-talk)가 발생할 수도 있다. 이 때문에 **클래딩(cladding)**이라고 하는 낮은 굴절률의 투명한 덮개로 각각의 광섬유를 둘러싸는 것이 보통이다. 클래딩은 혼신을 주지 않을 정도의 두께이면 충분하지만 여러 가지 이유 때문에 단면적의 약 1/10을 차지하도록 한다. 광섬유를 '광파이프'로 언급한 문헌은 100년 전으로 거슬러 올라가야 하지만 광섬유 광학의 현대적 기원은 클래딩이 있는 광섬유가 소개된 1953년부터 시작된다.

여러 가지의 굴절률 가운데, 대체로 광섬유의 코어는 1.62의 굴절률(n_f)과 1.52의 클래딩 굴절률(n_c)을 갖는다. 클래

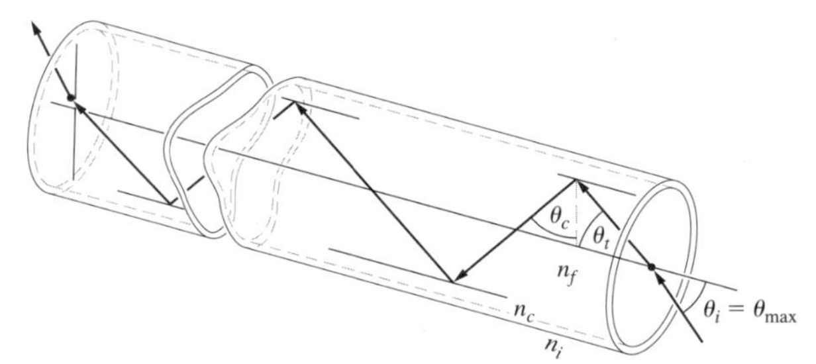

그림 5.81 클래딩으로 된 광섬유에서의 광선

딩을 갖는 광섬유가 그림 5.81에 보인다. 광선이 임계각 θ_c로 내부면과 부딪치게 하기 위한 광섬유 입사각 θ_i의 최댓값 θ_{max}가 존재함에 유의하자. θ_{max}보다 더 큰 각도로 광섬유 면에 입사한 광선은 θ_c보다 더 작은 각도로 내부면에 입사할 것이다. 이 광선은 코어-클래딩 경계면에 입사하면 부분적으로 반사할 것이며 빠르게 광섬유 밖으로 유출될 것이다. 허용각(acceptance angle)으로 알려진 θ_{max}는 광섬유에 입사하는 광선들이 만드는 원추의 반각으로 정의된다. 이 각을 결정하기 위해 다음 식을 먼저 생각하자.

$$\sin\theta_c = n_c/n_f = \sin(90° - \theta_t)$$

따라서

$$n_c/n_f = \cos\theta_t$$

또는

$$n_c/n_f = (1 - \sin^2\theta_t)^{1/2}$$

이다. 스넬 법칙을 이용하여 식을 다시 정리하면

$$\sin\theta_{max} = \frac{1}{n_i}(n_f^2 - n_c^2)^{1/2} \tag{5.59}$$

이다. 여기서 $n_i \sin\theta_{max}$을 **개구수(numerical aperture)** 또는 NA라고 한다. 이것의 제곱은 광학계가 빛을 모을 수 있는 능력을 의미한다. 이 용어는 현미경에서 비롯하는데 현미경에서 사용하는 NA는 대물 렌즈의 능력을 의미한다. **수용각(acceptance angle)** ($2\theta_{max}$)은 광섬유 코어로 들어갈 수 있는 가장 큰 광선 원추의 원추각에 대응한다. 이것은 명백히 이 광학계의 **속도**(speed)와 관련되며

$$f/\# = \frac{1}{2(\text{NA})} \tag{5.60}$$

이다. 따라서 광섬유에 대해서는

$$\text{NA} = (n_f^2 - n_c^2)^{1/2} \tag{5.61}$$

이다. 식 (5.59)의 왼쪽 항은 1을 넘을 수 없고 공기(n_o = 1.00028 ≈ 1) 중에서는 NA의 최댓값이 1이며, 이 경우에 반각 θ_{max}은 90°이고 입사하는 모든 광이 전반사된다(문제 5.93). 오늘날 상업적으로 시판되는 광섬유는 약 0.2부터 1.0까지 다양한 개구수를 갖고 있다.

예제 5.11

광섬유의 코어 굴절률이 1.499이고 클래딩 굴절률이 1.479이다. 이 광섬유를 공기 중에 놓았을 때 이 광섬유의 (a) 수용각, (b) 개구수, (c) 코어와 클래딩 사이의 경계면에서의 임계각은 얼마인가?

풀이

(a) 식 (5.61)로부터

$$\text{NA} = (n_f^2 - n_c^2)^{1/2} = (1.499^2 - 1.479^2)^{1/2}$$

$$\text{NA} = 0.244$$

인데, 이 값은 전형적인 값이다.

(b)

$$\sin\theta_{max} = \frac{1}{n_i}\text{NA} = \text{NA}$$

이기 때문에

$$\theta_{max} = \sin^{-1}(0.244) = 14.1°$$

이다. 따라서 다음과 같다.

$$2\theta_{max} = 28.2°$$

(c) 임계각은 다음과 같다.

$$\sin\theta_c = \frac{n_t}{n_i} = \frac{n_c}{n_f} = \frac{1.479}{1.499}$$

$\sin\theta_c$는 1보다 작거나 같아야만 한다는 것을 주목하라.

$$\theta_c = \sin^{-1}0.9866$$

$$\theta_c = 80.6°$$

광섬유 다발의 양끝을 에폭시 등으로 붙이고 잘 연마하면 유연성이 있는 도파관이 된다. 규칙적으로 평행하게 정렬되지 않은 광섬유의 다발을 **결어긋난 다발**(incoherent bundle)이라고 한다. 결어긋난 다발의 경우 입사면의 가장 위쪽 첫 번째 열에 있던 광섬유가 출사면에 도달하면 임의의 다른 위치로 나오게 된다. 이런 종류의 광도파로는 상대적으로 만들기 쉽고 가격도 싸다. 이들의 주요 기능은 단순히 한 영역에서 다른 영역으로 빛을 보내는 것이다. 이와 반대로 규칙적으로 평행하게 정렬된 광섬유 다발들은 양끝 입사면과 출사면 위에서 상대적으로 같은 위치에 있는데, 이를 **결맞는 다발**(coherent bundle)이라고 한다. 이런 배열은 상의 전송이 가능하기 때문에 이를 **유연한 영상 전달 장치**(flexible image carrier)라고 한다.

한편 원통에 광섬유를 촘촘히 감으면 리본 모양의 결맞는 다발을 만들 수 있다. 이 다발의 한 쪽을 밝은 면에 평평하게 놓으면 아래에 놓인 것이 무엇이든지 그 모습이 광섬유를 통해서 다른 끝 부분에 나타날 것이다(사진 참조). 이 다발의 끝 부분은 작은 렌즈로 구성되어 있으므로 시험 물질과 접촉될 필요가 없다. 요즘은 원자로 중심부는 물론 제트 엔진에

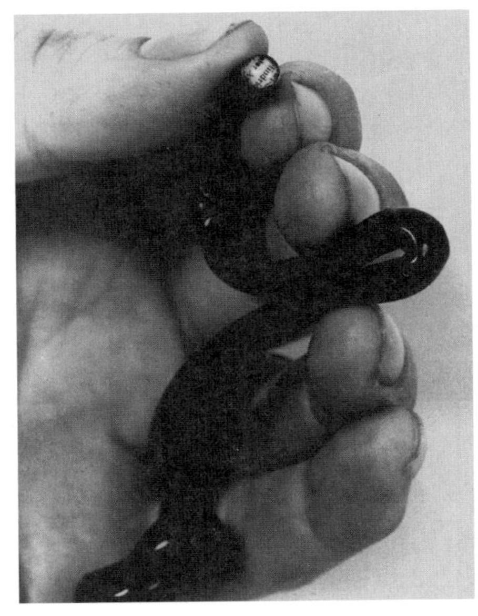

매듭을 만들고 심하게 구부렸음에도 불구하고 상을 전송하는 10μm의 유리로 된 광섬유의 결맞는 다발 (American ACMI Div., American Hospital Supply Corp.)

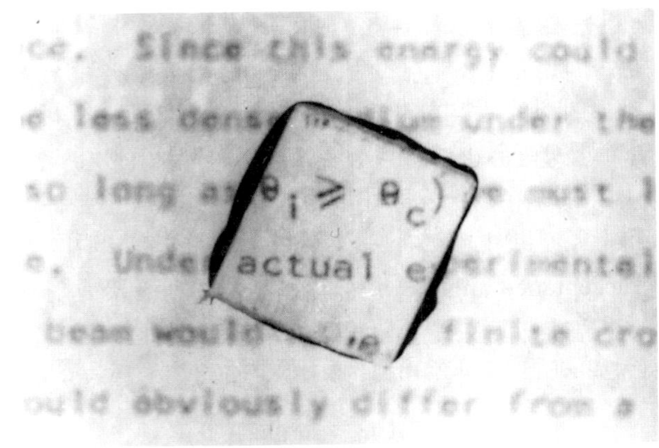

고무줄로 묶은 현미경 덮개 유리는 결맞는 도파관 역할을 한다. (E.H.)

서부터 신체의 위와 생식기에 이르기까지 상상할 수 없었던 모든 분야를 검사하는 데 이 장치를 사용한다. 이 기구로 신체 내부를 검사하기 위해 사용한다면 이를 **내시경**(endoscope)이라고 한다. 내시경은 기관지 내시경, 장 내시경, 위 내시경 등의 종류가 있고, 길이는 일반적으로 약 200cm보다 짧다. 유사하게 공업용 기구에서는 전체 지름을 변화시킬 수 있으며 원하는 상의 분해능에 따라 5,000~50,000개의 광섬유를 포함하고 길이도 내시경보다 보통 2~3배 길다. 또한 결어긋난 다발은 조명 장치에 사용된다.

광섬유의 배열을 모두 유연하게 만들 수는 없다. 예를 들면 단단히 용융된 결맞는 광섬유판, 즉 모자이크(mosaics)는 음극선관, 비디콘, 상의 증폭 장치와 그 밖의 다른 소자 등에 부착된 저분해능 유리판을 대신하여 사용된다. 클래딩을 가진 백만 개의 광섬유를 단단히 용융시킨 모자이크는 균질한 유리의 특성과 같은 역학적 특성을 갖는다. 다른 한편으로 끝이 가늘어지는(tapered) 광섬유 다발을 용융시켜 만든 판은 빛이 끝이 좁은 부분에 입사할 경우 확대된 영상이 나타나며 그 반대의 경우는 축소된 영상이 나타난다. 집파리와 같은 곤충의 복합안은 실제로 점점 가늘어지는 광섬유 다발이다. 인간의 망막을 구성하는 원통 세포와 원추 세포 역시 내부 전반사를 통해 빛을 보낸다. 결상을 포함한 모자이크의 다른 일반적인 응용으로는 상면 보정기(field flattener)가 있다. 렌즈계에 의해 형성된 상이 곡면 위에 존재할 때, 이것을 (예를 들어 필름과 일치시키기 위해) 평면으로 바꾸기를 원한다면 우리는 모자이크를 상과 검출기의 형태에 맞춰 연마할 수 있다. 부수적으로 울렉사이트(ulexite)로 알려진 자연적으로 만들어진 섬유결정은 연마하였을 때 놀랍게도 광섬유 모자이크처럼 작용한다(보석을 만드는 데 사용하기 위해 과학용품 가게에서 판다).

지금까지 언급하였던 빛을 전송하는 장비들을 결코 본 적이 없다면 한 묶음의 현미경 슬라이드의 가장자리를 내려다보면 알 수 있다. 덮개 유리가 얇으면 얇을수록 더 좋다 (0.18mm). 사진은 고무 밴드로 함께 묶은 수백 개의 슬라이드가 빛을 위쪽 면으로 운반하는 방법을 보여 준다.

오늘날 광섬유 광학은 세 가지의 다른 분야에서 사용된다. 첫째는 근거리 영상 전달과 조명 분야이며, 둘째는 원거리 통신용 광도파로 분야이고, 셋째는 센서의 핵심 소자 분야이다. 결맞는 다발을 이용해서 겨우 수미터 떨어진 곳에 상을 전송하는 것은, 유용하지만 광섬유 광학의 풍부한 잠재력을 이용하지 못하고 있는 것으로 볼 수 있다. 광섬유 광학은 지난 수십 년 동안 전자 통신 분야에서 구리선을 대체하는 훌

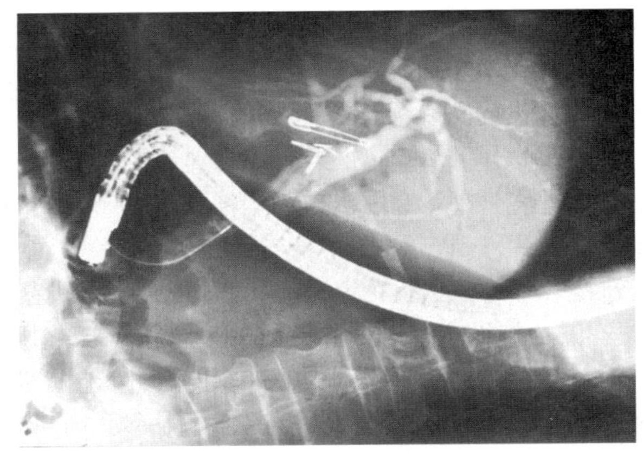

결장 암 환자의 진단에 사용된 광섬유 내시경의 X-선 사진. (Pearson Education, Inc.)

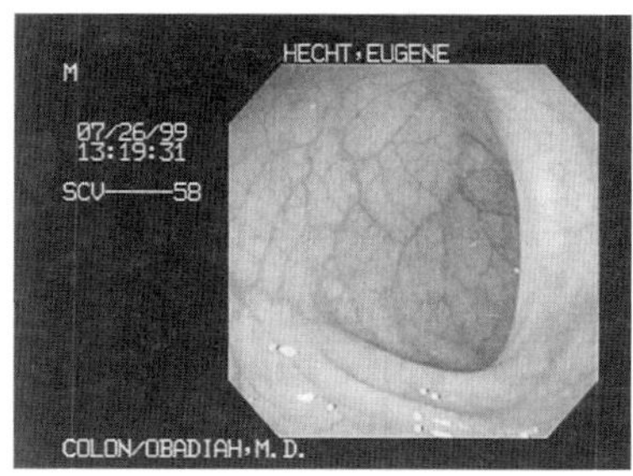

광섬유 내시경을 통해서 본 결장 사진 (E.H.)

륭한 도파관 역할을 해오고 있다.

1970년 이래로 수십 년 동안 전 세계적으로 1억 km 이상의 광섬유를 설치하였다. 오늘날 추정되기로는 매일 지구 둘레를 여러 차례 감을 수 있는 길이의 광섬유가 설치된다. 이와는 다른 분야이지만, 최근에는 다양한 기능을 갖는 광섬유가 개발됨에 따라서 광섬유 센서(압력, 소리, 온도, 전압, 전류, 액체 상태, 전자기장, 회전 등을 측정하는 장치)가 널리 이용되고 있다.

5.6.1 광섬유 통신 기술

빛은 높은 주파수를 갖고 있기 때문에 정보 전달 용량이 믿을 수 없을 정도로 매우 크다. 예를 들어 적절한 전송 기술이 사용된다고 가정할 때 한 쌍의 구리 전화선을 통해서는 24명이 동시에 통화할 수 있는 반면에, 텔레비전 전송 방식에서는 약 1,300명이 동시에 전화 통화를 할 수 있는데 이는 매 초에 약 2,500자의 타이핑된 문서를 보내는 것과 같다. 따라서 구리 전화선을 통해 텔레비전의 영상을 보내는 것은 현재로서 분명히 비실용적이다. 그러나 **한 쌍**의 광섬유를 통해서는 9개 TV 채널보다 더 많은 12,000명 이상이 동시에 통화할 수 있다. 즉 광섬유는 매초에 약 4억 비트의 정보(400 Mb/s)에 해당하는 선율(line rate) 또는 6,000개의 음성 회로를 가지고 있는 셈이다. 오늘날 약 40 km마다 중계소를 두고 도시와 도시를 잇는 광섬유 원거리 통신망이 설치되고 있다. 1990년 대 초에 과학자들은 **솔리톤(soliton)** 신호를 이용하여 전송 선율을 4 Gb/s까지 높이는 데 성공하였다. 이것은 하나의 광섬유를 통해서 70개의 컬러 TV 채널을 100만 km 떨어진 곳에 동시에 전송할 수 있는 용량에 해당한다.

지난 수십 년간의 연구 성과는 놀랄만하다. 예를 들면 최초의 광섬유 통신망인 대서양 횡단 케이블 TAT-8은 기발한 정보 전달 기술을 사용하여 2쌍의 유리 광섬유만을 통해서 40,000명이 동시 통화할 수 있도록 고안된 광섬유 광학계이다. 1956년에 설치된 구리 케이블 TAT-1은 51명만이 동시 통화를 할 수 있었고 구리 형태의 마지막인 거대한 TAT-7(1983)은 8,000명이 동시 대화를 할 수 있었다. 1988년에 작동하기 시작한 TAT-8은 296 Mb/s로 작동한다[단일모드의 파장이 1300 nm인 광섬유를 사용함(그림 5.82c 참조)]. 특히 TAT-8은 50 km(30 mi)마다 또는 그 이상에서 (신호의 세기를 증가시키기 위해) 재생기나 중계기를 사용하도록 고안되었다. 이런 특성은 장거리 통화에서 매우 중요하다. 일반 도선은 대략 1 km마다 중계기가 필요하며 전기적 동축케이블의 통신망은 약 2~6 km까지 범위를 넓힌다. 심지어 대기를 통한 라디오 전송도 30~50 km마다 재생기를 필요로 한다. 1990년대 중반까지의 광신호 중계기는 약해진 광신호를 전기신호로 바꾸어 증폭하고 반도체 레이저를 이용하여 이를 다시 광신호로 변환하여 광섬유에 집어넣는 전기-광 혼합 방식이었다.

중계기의 간격을 결정하는 주요 요인은 전송선을 통해 전파할 때 신호의 감쇠로 인한 전력의 손실이다. 데시벨(dB은 입력(P_i)과 출력(P_o)의 비율로 표시되는 일상적 단위이다. dB $= -10 \log_{10}(P_o/P_i)$에 따라 1:10의 비율은 10 dB, 1:100은 20 dB, 1:1,000은 30 dB 등이다. 감쇠 계수(α)는 흔히 광섬유 길이(L)의 킬로미터당 데시벨(dB/km)로 주어진다. 따라서 $-\alpha L/10 = \log_{10}(P_O/P_i)$이 되고, 이것을 지수 형태로 택하면

$$P_o/P_i = 10^{-\alpha L/10} \tag{5.62}$$

이 된다. 일반적으로 전력이 약 10^{-5}배로 떨어졌을 때 신호의 재증폭이 필요하다. 1960년대 중반에 광섬유에 사용된 물질인 상업적 광학 유리는 약 1,000 dB/km의 감쇠 계수를 가지고 있었다. 광학 유리를 통해 1 km 전송된 후의 빛은 출력에 있어서 10^{-100}배 만큼 떨어질 것이다. 그래서 재생기는 50 m마다 필요하게 될 것이다(줄과 두 개의 깡통 캔으로 대화하는 것보다도 더 좋지 않다). 1970년까지 α는 이산화 규소(수정, SiO_2)를 사용하여 약 20 dB/km로 낮아졌으며, 1982년에는 0.16 dB/km까지 작게 줄어들었다. 이 대단한 감쇠 계수의 감소는 대부분의 불순물(특히 철, 니켈, 구리의 이온)을 제거하고 OH 이온에 의한 오염을 줄이고 유리에서 물의 흔적을 깨끗이 제거함으로써 이루어졌다. 오늘날 가장 좋은 광섬유는 80 km까지 재증폭 없이 전송할 수 있다.

21세기가 시작될 무렵 장거리 광섬유 케이블의 자료 전달 능력을 획기적으로 증가시킬 수 있는 두 가지의 중요한 진전이 있었다. 그 첫째는 희토류 원소인 어븀 이온을 100~1000 ppm 정도로 광섬유에 집어넣은 **어븀 첨가 광섬유 증폭기 (erbium-doped fiber amplifier,** EDFAs)이다. 어븀 이온은 200 mW 정도의 반도체 레이저에 의해서 파장 980 nm(밀도 반전 최고 준위) 또는 1480 nm (최고의 양자 효율)에서 쉽게 여기된다. 여기된 어븀 원자들은 약해진 신호 광자들에 의해

서 유도 방출하면서 광신호를 증폭하게 된다. 이 증폭 작용은 광섬유 전체에 걸쳐서 일어나며 넓은 주파수 대역에서 동시에 일어난다. 이 광섬유 증폭기는 기존 전기-광 혼합방식의 중계기를 대신할 수 있다.

두 번째의 혁신적인 기술은 **고밀도 파장 분할 다중화(dense wavelength division multiplexing,** DWDM)이다. 여기서 '다중화(multiplexing)' 란 여러 개의 신호가 개별성을 유지하면서 단일 통로를 지나가는 과정을 의미한다. 오늘날 160개 이상의 다른 주파수를 갖는 광신호를 같은 시간에 같은 광섬유를 통해서 전달하는 것은 어렵지 않으며 머지않아 단일 광섬유당 1000채널의 신호를 동시에 전달할 것으로 보인다. 대략 50~100 GHz 주파수 대역에서 채널당 자료 전송 속도는 10 Gb/s 정도이다. 모든 원거리 통신에서는 DWDM 기술이 이용되고 있으며 최근에 설치된 대서양 횡단 통신망은 4쌍의 광섬유로 이루어진 결과 광섬유당 48채널의 DWDM 방식으로서 채널당 자료 전송 속도는 10 Gb/s이다. 따라서 총용량은 $4 \times 48 \times 10$ Gb/s 또는 1.9 Tb/s이다.

그림 5.82는 오늘날 통신에서 사용되는 세 종류의 광섬유를 나타낸 것이다. (a)에서 코어는 상대적으로 넓고 코어와 클래딩의 굴절률이 처음부터 끝까지 일정하다. 이는 50~200 μm 지름의 균질한 코어와 20 μm 두께의 클래딩을 갖는 **계단형 굴절률 분포(stepped-index)** 광섬유이다. 세 유형 중 가장 오래된 계단형 굴절률 분포 광섬유는 제1세대 체계(1975~1980)에서 널리 이용되었다. 비교적 중심부가 큰 코어는 튼튼하고 빛을 쉽게 주입, 차단, 연결시킬 수 있다. 이것은 가장 싸지만 장거리 응용에 있어서는 몇 가지 심각한

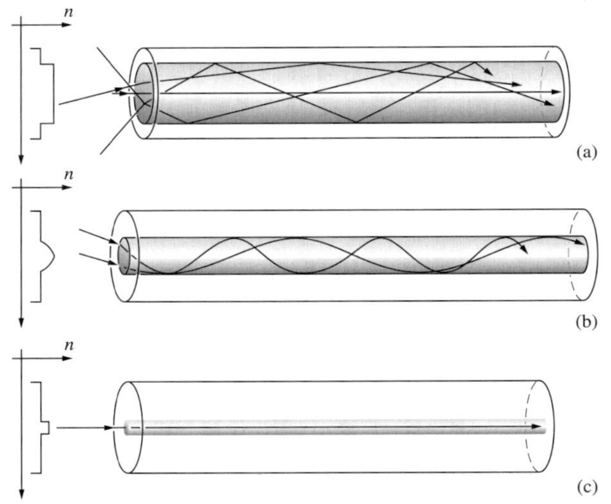

그림 5.82 세 가지 주요한 광섬유 형태와 굴절률 분포. (*a*) 계단형 굴절률 분포 다중 광섬유. (*b*) 언덕형 굴절률 분포 다중 모드. (*c*) 계단형 굴절률 분포 단일 모드 광섬유.

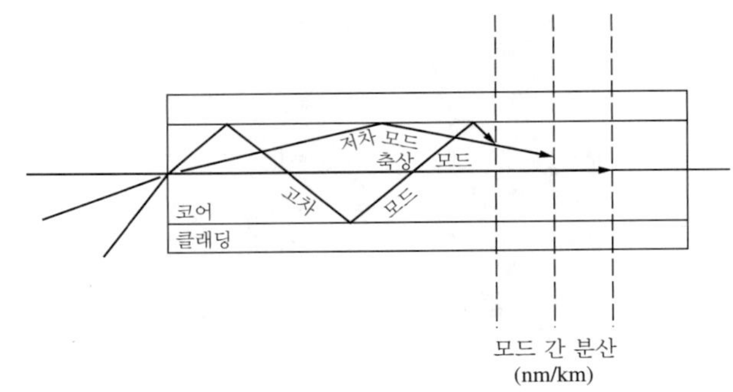

그림 5.83 계단형 굴절률 분포를 가진 다중 모드 광섬유에서 모드 간 분산.

단점이 있다.

광섬유에 주입하는 광의 입사각에 따라서 광에너지가 코어에 전달될 수 있는 수백, 수천의 다른 경로 또는 모드가 존재한다(그림 5.83). 따라서 이 광섬유를 **다중 모드 광섬유 (multimode fiber)**라고 하는데, 각 모드는 광섬유를 지나는 시간이 다르다. 광섬유는 광도파관이며, '빛'이 이런 종류의 채널을 따라 전파하는 자세한 방법은 아주 복잡하다(그림 5.79). 다양한 전파 형태 또는 모드는 맥스웰 방정식을 사용하여 이론적으로 알 수 있다. 이러한 해석에서 나오는 매우 유용한 매개변수는 다음과 같이 정의되는 **V-수(V-number)** 이다.

$$\text{V-수} = \frac{\pi D \,\text{NA}}{\lambda_0} \tag{5.63}$$

여기서 D는 코어의 지름이고 λ_0는 투과된 복사 에너지의 진공 파장이다. 계단형 굴절률 분포 광섬유에 대해서 상세한 이론적 해석은 V-수가 2.405 이상으로 증가함에 따라 **모드수 (number of modes)** (N_m)가 급속하게 증가함을 보여 주며, 이를 근사하는 몇 가지 식이 있다.

$$N_m \approx \tfrac{1}{2}(\text{V-수})^2 \tag{5.64}$$

광섬유의 코어 지름 또는 코어의 굴절률이 증가함에 따라 모드수는 증가한다. 이와 대조적으로 클래딩 굴절률 또는 파장이 증가하면 광섬유에서 진행하는 모드수는 감소한다. 계단형 굴절률 분포 광섬유에서 대부분의 에너지는 코어에 갇혀 있을 것이지만 에바네센트파가 진행하는 클래딩에서는 투과가 있을 것이다.

자주 나타나는 다른 매개변수는 **굴절률차비(fractional refractive index difference)**인 $(n_f - n_c)/n_f$이다. 개구수의 제곱근에 비례하는 이 양은 코어(또는 광섬유) 굴절률(n_f)이 클래딩 굴절률(n_c)에 근접할 때 $\ll 1$이 된다. 이 조건은 **약한 도파 근사(weakly guiding approximation)**라고 하며, 이 조건에서는 도파관 해석이 상당히 단순해진다. 이러한 근사 조

건에서 중심축에 대해서 대칭인 선형 편광(linear polarized, LP) 모드가 광섬유 내에 존재할 수 있다. 가장 간단한 모드는 LP_{01}이며, 여기에서 아래 첨자는 빔에 존재하는 (복사 조도가 영인) 마디(nodes) 수와 관계가 있다. 아래 첨자 0은 빔의 단면적에서 방위각(azimuthal) 마디 또는 각(angular) 마디가 없다는 것을 의미한다. 아래 첨자 1은 빔의 바깥쪽 경계에서 살펴보았을 때 하나의 단일 방사 마디만 있다는 것을 알려주고 있다. 가장 간단한 복사 조도 분포는 중심축에 피크가 있는 종형이다.

V-수가 원통형 도파관에서 영차 베셀 함수의 첫 번째 영이 되는 2.405를 넘어섰을 때, 다음번 모드인 LP_{11}은 LP_{01} 모드와 같이 광섬유 내에 존재할 수 있다. V-수가 1차 베셀 함수의 첫 번째 영이 되는 3.832를 넘어섰을 때, 두 개의 모드 LP_{02}와 LP_{21}이 광섬유 내에 있을 수 있다. 단거리 통신용 다중 모드 광섬유는 $D = 100\,\mu\text{m}$와 NA $= 0.30$이며, 그 때문에 633 nm에서 작동한다면 이 광섬유의 V-수는 148이고 이 광섬유 내를 진행하는 모드수는 $N_m = 11 \times 10^3$이다.

각 모드 내에 전송되는 에너지 양은 모드의 진행 조건에 의존한다. 입사 빔의 퍼짐각(또는 NA)은 광섬유가 수용할 수 있는 퍼짐각(즉 광섬유의 NA)보다 더 클 수 있다. 더군다나 입사 빔의 지름은 코어의 지름보다 더 클 수 있다. 이 경우에 신호광의 일부는 광섬유에 들어갈 수 없는데, 이것을 **과다채움(overfilled)**라고 한다. 반대의 조건이 적용되고 광섬유가 받아들일 수 있는 광보다 더 많은 광을 받았을 때, 이를 **과소채움(underfilled)**이라고 한다. 보통 이것은 좁은 광선 원추가 광섬유에 들어가서 단지 낮은 차수의 모드만 광섬유에 존재하는 것을 의미한다. 달리 말해서 강하게 수렴하여 광섬유에 들어가는 광선이 코어−클래딩 경계면에서 반사가 잘되지 않기 때문에 과다채움은 더 높은 감쇠가 결과적으로 생긴다.

다중 모드 광섬유에서 입사각이 더 큰 광선은 면에서 여러 번 반사하기 때문에 축을 따라 움직이는 광선보다 광섬유의 끝에 도달하는 데 더 오래 걸린다. 이것은 비록 진동수에 의존하는 굴절률과는 관계가 없음에도 불구하고 **모드 간 분산[intermode dipersion,** 또는 간단히 **모드 분산**(modal dispersion)]이라고 한다. 전송될 정보는 어떤 부호화된 방법으로 디지털화되고 초당 수백만의 펄스 또는 비트로서 광섬유를 따라 보내진다. 빛이 광섬유를 지나는 통과 시간이 서로 다르기 때문에 이로 인하여 신호를 나타내는 광 펄스 모양이 좋지 않게 변화된다. 뚜렷한 사각 펄스로 입사된 신호가 광섬유 안에서 수 km 지난 후에 인식할 수 없을 정도로 변형될 수 있다(그림 5.84).

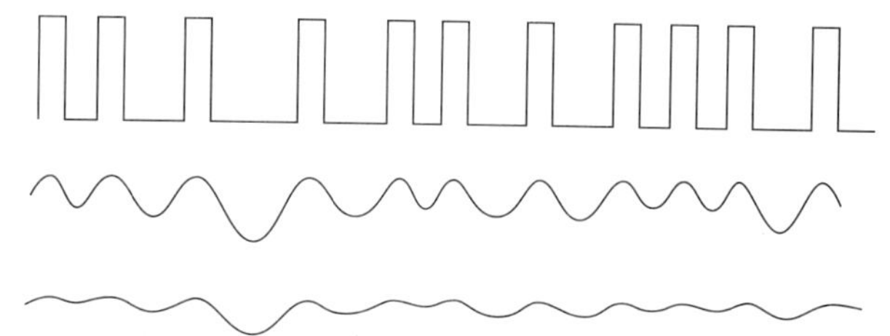

그림 5.84 빛의 사각 펄스는 분산의 증가량에 의해 퍼지면서 약해진다. 공간에서 밀집된 펄스가 얼마나 빨리 감소하는지에 주의하라.

축을 따라 온 광선과 가장 늦게 도착한(가장 먼 거리를 통과한) 광선 사이의 지연된 전체 시간은 $\Delta t = t_{\max} - t_{\min}$이다. 여기서 앞에서 본 그림 5.81을 인용하면 이동했을 때의 최소 시간은 축 길이 L을 광섬유 안에서 빛의 속도로 나누는 것이다.

$$t_{\min} = \frac{L}{v_f} = \frac{L}{c/n_f} = \frac{Ln_f}{c} \tag{5.65}$$

$\ell = L/\cos\theta_t$으로 주어진 식의 비축상 경로(ℓ)는 광선이 임계각으로 입사되었을 때 가장 길며, 여기서 $n_c/n_f = \cos\theta_t$이다. 이러한 두 식을 이용하면 $\ell = Ln_f/n_c$를 얻을 수 있고 결과적으로

$$t_{\max} = \frac{\ell}{v_f} = \frac{Ln_f/n_c}{c/n_f} = \frac{Ln_f^2}{cn_c} \tag{5.66}$$

이 된다. 식 (5.66)에서 식 (5.65)를 빼면

$$\Delta t = \frac{Ln_f}{c}\left(\frac{n_f}{n_c} - 1\right) \tag{5.67}$$

이 된다. 예를 들어 $n_f = 1.500$, $n_c = 1.489$라고 가정하자.

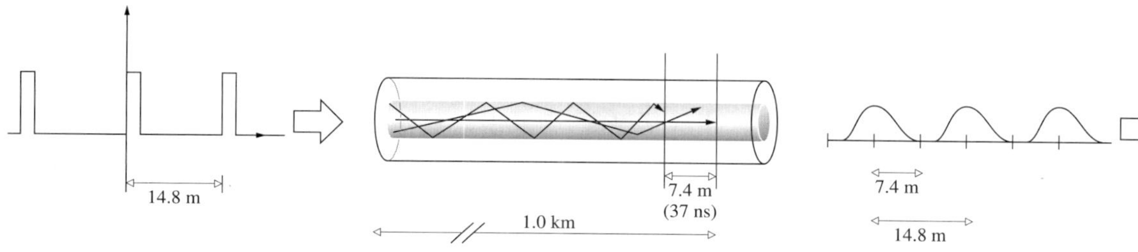

그림 5.85 모드 간 분산 때문에 생기는 입력 신호의 퍼짐

그러면 시간 지연 $\Delta t/L$은 37ns/km가 된다. 달리 말하면 광섬유에 뚜렷한 광 펄스가 들어와 1km의 광섬유를 통과하면 약 37ns 후에는 이 펄스는 퍼져서 약해질 것이다. 더욱이 $v_f = c/n_f = 2.0 \times 10^8$ m/s의 속도로 이동한다. 7.4m/km의 길이로 이 펄스는 광섬유 속의 공간으로 퍼져서 약해질 것이다. 통과한 신호를 쉽게 읽을 수 있도록 하기 위해서 공간의(또는 시간의) 분리 간격이 최소한 신호폭의 두 배가 되어야 한다(그림 5.85). 이제 광섬유의 길이가 1.0km인 경우를 생각해 보자. 이런 경우 광섬유의 출력 펄스폭은 7.4m이므로 이 펄스들은 14.8m로 분리되어야 한다. 이것은 입력 펄스가 최소한 14.8m 떨어져 있어야 한다는 것을 의미한다. 이들은 74ns로 분리되어야 초당 1,350만 개의 펄스가 통과한다. 모드 간 분산(일반적으로 15~30ns/km)은 입력 신호의 진동수를 제한하고 그 계를 통해 공급될 수 있는 정보의 비율을 규정한다. 계단형 굴절률 분포 다중 모드 광섬유는 낮은 전송 속도와 짧은 전송 거리의 분야에서 사용한다.

이들 코어가 큰 광섬유는 주로 영상 전송과 조명용 다발로 사용한다. 또한 이 광섬유는 에너지가 넓은 공간에 분포된 고출력 레이저빔의 전송에 유용하게 사용되는데, 이 광섬유를 사용하면 이 레이저빔이 전송용 광섬유에 피해를 주지 않는다.

예제 5.12

계단형 굴절률 분포 다중 모드 광섬유의 코어 지름은 40μm이고, 개구수는 0.19이다. 이 광섬유가 1300nm의 진공 파장에서 사용된다면 이 광섬유 내에서 진행하는 모드수를 구하라.

풀이

다음과 같은 V-수의 정의에 따라

$$\text{V-수} = \frac{\pi D \text{NA}}{\lambda_0}$$

모드수는

$$N_m = \tfrac{1}{2}(\text{V-수})^2$$

이다. 따라서

$$\text{V-수} = \frac{\pi\, 2(40 \times 10^{-6}\ \text{m})\, 0.19}{1300 \times 10^{-9}\ \text{m}}$$

$$\text{V-수} = 36.73$$

이며,

$$N_m \approx \tfrac{1}{2} 36.73^2 \approx 674.6$$

이다. 근사적으로 674개의 모드가 이 광섬유 내에 있을 것이다.

시간 지연차의 문제는 클래딩 쪽 방향으로 코어의 굴절률을 점차 감소시킴으로써 해결할 수 있는데, 이렇게 함으로써 이 시간 지연차를 100배 정도 감소시킬 수 있다(그림 5.82b). 따라서 광선은 뚜렷한 지그재그 경로를 따르는 대신에 중심축 둘레를 부드럽게 나선형으로 움직인다. 광섬유의 중심에서 굴절률이 더 높은 언덕형 굴절률을 갖는 광섬유 내에서는 짧은 경로를 택한 광선은 느려지고, 클래딩 주위를 나선 형태로 진행한 광선은 더 빠르므로 먼 거리를 진행해 간다. 이 결과 이러한 다중 모드 **언덕형 굴절률 분포(graded-index)**를 가진 광섬유 내의 모든 광선은 동시에 동일한 단면적을 통과하려는 경향이 있다. 일반적으로 언덕형 굴절률을 가진 광섬유는 약 20~90μm의 코어 지름과 2ns/km의 모드 간 분산을 가지고 있다. 이들은 가격이 중간 정도이며 중거리 도시들 사이의 통신에 널리 이용된다.

코어 지름이 50μm 또는 그 이상인 다중 모드 광섬유에서는 광원으로서 **발광 다이오드(light emitting diode)**, 즉 LED가 일반적으로 사용된다. 이것은 비교적 싸며, 전송율이 낮은 상대적으로 짧은 거리에 사용된다. 이것들이 가진 문제는 넓은 범위의 진동수로 발광한다는 것이다. 결과적으로 광섬유의 굴절률이 진동수의 함수가 되므로 **물질 분산** 또는 **스펙트럼 분산**(material or spectral dispersion)이 제한요소가 된다. 실제로 이러한 문제는 순수한 레이저 광선을 이용함으로써 피할 수 있다. 다른 방법으로는 파장이 약 1.3μm에서 거의 분산이 생기지 않는 이산화 규소 유리(그림 3.40과 그림 3.41) 광섬유를 사용하는 방법이 있다.

모드 간 분산 문제에 대한 최선의 방법은 광선이 중심축과 평행하게 이동하도록 하나의 모드만 제공하는 아주 좁은(10μm보다 작은) 코어를 만드는 것이다(그림 5.82c). 이러한 아주 순수한 유리(계단형 굴절률 분포와 언덕형 굴절률 분포 모두)의 **단일 모드 광섬유(single-mode fibers)**는 가장 좋은 성능을 가진다.

단일 모드 광섬유는 코어를 따라 전파하는 특별한 파장에서 오직 기본 모드만 전파할 수 있도록 설계된다. 이는 V-수가 2.405 이하가 되도록 맞추어진 계단형 굴절률 분포 광섬유로 만들 수 있다[포물선 언덕형 굴절률 분포(parabolic graded-index) 광섬유에 대해서 이에 대응하는 V-수는 3.40이고 삼각형 굴절률 분포(triangular index)에 가까운 광섬유에 대해서는 이 값이 4.17이다]. 보통 코어와 클래딩 사이의 굴절률차를 줄이고 이로 인한 개구수가 줄어들게 하면서 광섬유의 지름을 매우 작게(전형적으로 9μm 정도) 만들어서 단일 모드 광섬유를 제작한다. 그러면 이 단일 모드 광섬유에 오직 기본 모드만 통과할 가장 작은 파장이 있을 것이다. 동일한 조건에서 파장이 더 짧아질수록 V-수는 커지고 그 결과 다중 모드가 이 광섬유를 전파한다. 소위 이렇게 단일 모드로 전파하는 파장을 **차단 파장(cut-off wavelength)** λ_c라고 하며, 이는 계단형 굴절률 분포 광섬유에 대해서 식 (5.63)으로부터 다음과 같다.

$$\lambda_c = \frac{\pi D \mathrm{NA}}{2.405} \tag{5.68}$$

이미 앞서 본 것처럼 단일 모드 광섬유의 단면에 대한 복사 조도 분포는 종 모양으로 중심축에서 피크를 가지고 코어를 지나서 클래딩 쪽으로 퍼져 있다. 달리 말하면 **모드 장(mode field)**의 지름(중심축으로부터 최대 복사 조도의 $1/e^2 = 0.135$배가 되는 지점까지의 거리의 두 배로 정의함)은 코어 지름보다 10~15% 큰 지름이다. 그런 까닭에 광섬유에서 나오는 빛의 스폿 크기는 코어 지름보다 약간 더 크다. 클래딩이 복사 에너지의 일부를 운반하기 때문에 모드 장이 클래딩 자체의 크기 한계를 넘어서서 확대된 빛은 손실된다. 따라서 계단형 굴절률 분포 단일 모드 광섬유의 지름은 항상 코어 지름보다 10배 정도 크다. 이러한 광섬유는 코어 지름이 8.2μm이며, 1310nm 파장에서 9.2μm의 모드 장 지름을 갖는다. 이 값은 1550nm에서 아마도 10.4μm까지 늘어난다. 전형적으로 $2\sim9\mu$m(대략 파장의 10배 정도)의 코어 지름을 갖는 단일 모드 광섬유는 근본적으로 모드 간 분산이 없어지게 된다. 비록 이들 광섬유가 상대적으로 비싸고 레이저 광원을 요구한다 할지라도 1.55μm에서 동작하는 단일 모드 광섬유(감소가 0.1dB/km의 이상적인 값과 멀지 않은 약 0.2dB/km인 광섬유)는 오늘날 최초의 장거리 전송용 도파관이다. 구리선의 기원이 원시인에게 매력적으로 보였듯이 머지않아 광섬유는 여러분의 집을 광대한 컴퓨터 통신망과 연결될 것이다.

예제 5.13

계단형 굴절률 분포 단일 모드 광섬유는 굴절률이 1.446과 1.467을 갖는다. 이 광섬유를 1.300μm의 파장에서 사용한다. 최대 코어 지름을 구하라. 이 코어 지름과 파장을 비교하라.

풀이

단일 모드 전파의 조건은

$$\text{V-수} = \frac{\pi D}{\lambda_0}(n_f^2 - n_c^2)^{1/2} \le 2.405$$

$$\frac{\pi D}{1300\ \text{nm}}(1.467^2 - 1.446^2)^{1/2} \le 2.405$$

$$\pi D(0.06117)^{1/2} \le 3.1265 \times 10^{-6}$$

$$\pi D \le 1.264$$

이고,

$$D \le 4.02\ \mu\text{m}$$

이다. 이 광섬유의 코어 지름은 4.0μm이고 파장은 1.3μm이므로 이 두 값은 서로 매우 비슷하다.

순수 용융 석영(이산화 석영, SiO_2)은 고품질의 초저손실 통신용 광섬유의 주재료이다. 요즘에는 이 광섬유의 특성을 필요한 만큼 바꾸기 위해서 실리카에 첨가제를 넣는다. 오산화 인(P_2O_5)처럼 아주 작은 양의 이산화 저마늄(GeO_2)을 용융 실리카에 넣으면 굴절률이 상승한다. 또 다른 한편 삼산화 보론(B_2O_3)처럼 플루오린(F)은 굴절률을 낮춘다. 오늘날 그림 5.82c에서 보는 **정합 클래딩 광섬유**(matched cladding fiber)라고 하는 계단형 굴절률 분포 단일 모드 광섬유는 코어의 굴절률을 1% 이하(보통 < 0.5%)로 증가시키기 위하여 이산화 저마늄을 첨가한 석영을 순수 석영으로 된 클래딩으로 둘러싸서 만든다. 그림 5.86은 **압축 클래딩 광섬유**(depressed cladding fiber)로 알려진 광섬유 설계이다. 이 광섬유는 이산화 저마늄을 아주 조금 첨가한 용융 석영의 코어를 플루오린을 첨가하여 굴절률을 낮춘 석영 클래딩으로 둘러싸서 만든다. 그러고 나서 이렇게 굴절률이 압축된 영역을 순수 석영으로 다시 둘러싸서 두 번째 경계면을 만든다.

다공 광섬유 / 마이크로 구조 광섬유

1990년대에 매우 미래지향적인 광섬유가 등장하였으며, 이는 (초기에 매우 우습게 명칭된 것이지만) **다공 광섬유(holey fiber)** 또는 구조 전부를 전부 통틀어서 언급한 **마이크로 구조 광섬유(microstructured fiber)**로 바로 알려졌다. 오늘날 이들 두 광섬유는 작동 원리와 응용 측면에서 기존의 광섬유와는 매우 다른 두 개의 특별한 배열 형태를 갖는다. 하나는 광자 결정 빈 코어 밴드갭 광섬유(photonic-crystal hollow core bandgap fiber)이고, 다른 하나는 광자 결정 단단한 코어 밴드갭 광섬유(photonic-crystal solid core bandgap fiber)이다.

결정은 원자가 잘 정렬된 배열의 물질인데, 주기적 배열로

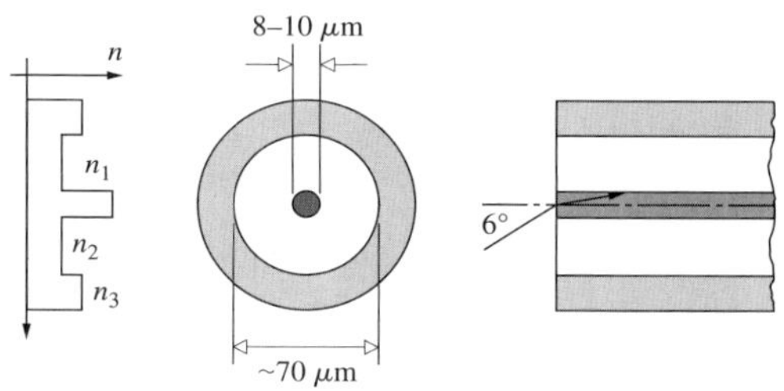

그림 5.86 압축 클래딩 광섬유

인하여 양자역학적 전자 파동(electron waves)이나 전통적인 전자기파에 관계없이 유용한 여러 가지 효과를 유발하는 흥미로운 광파를 산란한다. 이러한 결정에 대한 이해와 함께 파장에 따른 확대 개념만을 추가하면 장파장 전자기파를 위의 파동과 유사하게 산란시킬 수 있는 거시적 주기 배열 형태의 조절 가능한 유전체 결정을 만들 수 있다. 이러한 형태는 이미 완성되었고 지금도 연구자들은 (자연 결정에 비해서는 아무것도 아닌 것처럼 보이지만) 스펙트럼의 가시광 영역에서 작동하는 이러한 인공 '결정'을 만드는 연구를 계속하고 있다. 이러한 비균질하고 거의 주기적인 모든 유전체 구조물을 **광자 결정(photonic crystal)**이라고 한다.

레일리 경은 1887년에 발표한 'The Propagation of Waves Through a Medium Endowed with a Periodic Structure"이라는 제목의 논문에서 얇은 판 모양의 매질에 적당한 파장의 파동이 입사할 때 이 파동들이 입사하였던 방향으로 되반사되는 것을 발표하였다. 이는 마치 파동이 통과할 수 없는 일종의 금지대를 만난 것처럼 작동한다. 이미 전자 파동이 반도체 결정의 주기적인 구조를 통하여 움직일 때 이 전자 파동은 이 결정의 주기적인 원자 층에서 부분적으로 산란된다는 것을 알고 있다. 만약에 드브로이 전자 파장이 주기적인 원자 층 간격과 일치한다면, 뒤로 반사된 가지 파동(wavelets)들은 보강적으로 결합하여, 결과적으로 전자 파동들이 완전히 반사하며 투과 빔은 소멸한다. 이런 종류의 개념적 장애물을 **밴드갭(bandgap)**이라고 한다. 달리 말하자면 광자 결정에서 전자 파동들이 광파의 전파가 금지된 금지대에 의해서 에너지대에서 분리되었다고 가정할 수 있다. 저온의 고체에서 전자들은 에너지가 낮으며, 소위 **가전자대**(valence band)에 채워져 있다. 반도체와 부도체에 있어서 밴드갭은 에너지 측면에서 가전자대와 가전자대 위에 존재하는 **전도대**(conduction band)를 서로 분리한다. 오직 밴드갭을 가로질러서 올라갈 수 있을 정도의 충분한 에너지를 얻은 전자는 전도대로 들어가서 자유로이 움직인다.

거시적으로 주기적인 유전체 화합물(즉 광자 결정)에서 전파하는 전자기파에 대해서도 이와 유사한 밴드갭이 존재할 수 있다. 우리는 **광자 밴드갭(photonic bandgap)**으로 알려진 어떤 주파수 영역 내에서 전자기파의 투과를 억제하는 유전체 구조를 제작할 수 있다. 이 장에서 우선적으로 이러한 구조를 갖는 광섬유와 이 광섬유 방향을 따라 진행하는 빛의 전파에 관심을 집중할 것이다. 따라서 광섬유의 중심축을 따라 평행하게 설치된 작은 지름의 원통형 구멍이 규칙적으로 배열된 형태로 인하여 길게 늘려진 2차원 밴드갭 구조를 형성한 석영 광섬유(사진 참조)를 생각하자. 이들 작은 구멍들은 보통 다른 구멍들보다 훨씬 더 큰 중심의 빈 코어 근처에

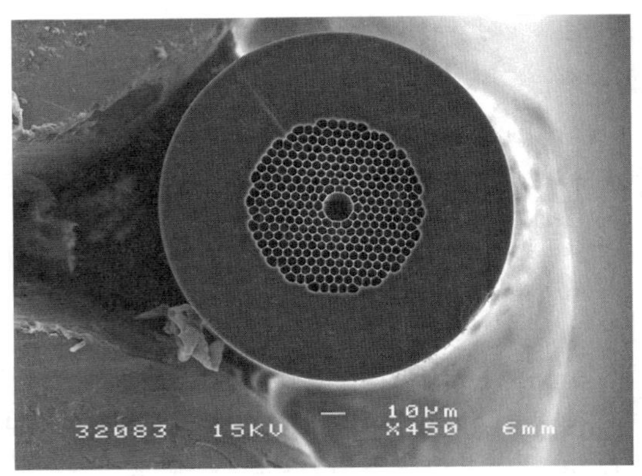

빈 코어의 광자 결정 광섬유 (Tim Birks, University of Bath)

모여 있다. 이것이 빈 코어 광자 밴드갭 광섬유이다.

광섬유 중심축을 위에서 내려다본다면, 서로 교차하는 유리-공기-유리-공기와 같이 주기적인 유전체 배열의 클래딩이 중심의 빈 코어를 둘러싸서 특정 영역의 주파수만 전방으로 전파하는 것을 방해하는 밴드갭을 만들고, 이런 형태로 복사 에너지가 산란한다. 이 아이디어는 어떤 특정 주파수 영역에 공학적으로 밴드갭을 만들어서 이 밴드에 이 주파수대의 '빛'을 가두는 것이다. 광자 결정의 클래딩은 좁은 에너지 밴드를 제외한 나머지 모든 파장을 차단하여 근본적으로 빛이 약 15μm의 지름을 갖는 공기로 채워진 빈 코어 쪽으로 전파하여 내려가도록 제한하는 것이다. 코어는 광자 결정에서 일종의 '결함'이며, '빛'의 99.5% 이상이 이 코어 안으로 집중될 수 있다. 다른 방법으로, 만약에 광자 밴드갭을 스펙트럼의 가시광 영역에서 만들 수 있다면 이 결정은 빛을 전달하는 데 유용하지가 않다. 하나의 '결함'을 도입함으로써 코어(이 코어가 채워졌든지 채워지지 않았든지 간에)는 대칭을 깬다. 그래서 코어는 클래딩에서 빠져나온 이들 주파수에 대한 도파관으로 기능을 한다. 전체 구멍에도 불구하고 그래도 여전히 클래딩은 공기보다 평균적으로 더 높은 굴절률을 갖고 있기 때문에 빈 코어로 들어간 모든 다른 파장들은 급속하게 새나간다. 열린 코어를 따라 1550nm 근처에서 대략 200nm의 밴드폭을 갖는 빔을 보내도록 이런 광섬유를 만들 수 있다.

이 광섬유가 공기로 채워진 빈 중심 채널을 가지고 있기 때문에 광자 결정 광섬유는 일반적인 빈 공간이 없는 통신용 유리 광섬유보다 더 많은 에너지를 전송할 수 있다. 그리고 이것은 더 많은 정보를 멀리 전달하는 능력이 아마도 100배 더 커졌다는 것을 잠재적으로 의미한다. 보통의 계단형 굴절률 분포 고순도 유리 광섬유는 어느 정도 빛을 흡수하고 산란시키기 때문에 장거리에서는 전송된 신호가 감쇠한다. 더군다나 유리의 분산 때문에 펄스 신호는 퍼져서 이 신호

가 전파함에 따라 점점 더 신호는 넓어져서 다른 신호와 겹쳐지고, 이로 인하여 고밀도의 데이터가 성공적으로 전송될 수 있는 영역이 제한된다. 이와는 대조적으로 공기-코어 광자 결정 광섬유에서는 흡수와 분산을 근본적으로 무시할 수 있다. 그리고 약간 비선형적인 유리와 같은 매질을 통과하여 '빛'이 매우 멀리 진행할 때는 다른 문제가 생긴다. 그러나 '빛'이 빈 코어의 공기를 타고 진행할 때에는 이런 문제가 발생하지 않는다.

이제 작고 단단한 코어를 갖는 광자 결정 광섬유, 즉 광섬유의 전체 길이에서 중심축에 평행한 작은 지름의 구멍이 아주 간격이 좁게 규칙적으로 배열되어 있는 클래딩으로, 이보다 큰 지름의 빈 코어를 둘러싸고 있는 좁은 원통형 유리로 구성한 광섬유를 상상하자. 그러나 이번에는 중심 코어가 유리이다(사진 참조). 이런 종류의 첫 번째 성공적인 광섬유는 1996년 초에 나왔으며, 모든 파장에 대해서 단일 기본 모드만을 진행시키는 놀라운 성능을 보여 주었다. 벌집 모양의 클래딩은 모든 고차 모드를 새나가게 한다. 다시 말해서 이 광섬유는 차단 주파수 λ_c[식 (5.68)]가 없으므로 '영구' 단일 모드 광섬유인 단단한 코어의 광자 결정 광섬유를 제작할 수 있다. 즉 최소 파장이 없어서 더 짧은 파동이 2차나 고차 모드를 통과시킬 수 있다. '빛'의 주파수가 증가함에 따라 클래딩의 평균 굴절률이 증가하기 때문에 이러한 현상이 발생한다. 파장이 짧아짐에 따라 코어와 클래딩 사이의 굴절률차가 줄어들기 때문에 이러한 영구 단일 모드 광섬유가 작동한다. 파장이 짧아짐에 따라 이 광섬유의 개구수는 감소하며 이에 비례하여 차단 주파수도 같이 감소한다.

단단한 코어를 갖는 광자 결정 광섬유에 대한 유전 상수의 주기적이고 미세구조적인 변화가 내부적으로 복잡한 형태에서 빛을 산란시키지만, 수정된 내부 전반사의 과정으로 매우 간단하게 이것의 전체적인 작동을 생각할 수 있다. 여기서 클래딩은 실제로 석영 매질의 굴절률보다 더 낮은 평균 굴절률을 가지고 있으며, 구멍 격자의 존재로 인하여 코어보다 낮은 평균 굴절률을 갖는다.

단단한 코어의 영구 단일 모드 광자 결정 광섬유 (Tim Birks, University of Bath)

단단한 코어를 갖는 다공 광섬유의 가장 중요한 특색들 중 하나는 이 광섬유를 만드는 성분인 투명한 고체의 분산과는 매우 다른 유용한 분산 특성을 공학적으로 가지고 있다는 것이다. 오늘날 특별한 광자 결정 광섬유의 설계에서는 (대칭과 비대칭 구조 모두에서) 구멍의 크기와 모양이 다른 다양한 형태의 복잡한 구조를 사용한다. 영구 단일 모드 전송 능력, 큰 모드장 지름, 낮은 휨 손실, 쉬운 분산 조작이 필요하다면 단단한 코어를 갖는 다공 광섬유로 이 특징을 갖는 광대역 투과를 단단히 약속할 수 있다.

먼저 보통 수백 개의 석영 막대와 얇은 벽의 빈 관들을 쌓고 묶어서 대략 1m의 길이와 2~4cm의 지름을 **예비 형성품**이라고 하는 유리관 다발을 만드는 것으로 다공 광섬유의 제작을 시작한다. 이 예비 형성품을 ≈ 180°C까지 가열하여 예비 형성품을 잡아당겨서 2~4mm의 지름까지 줄인다. 그리고 이 유리 기둥을 석용관으로 된 슬리브관에 넣고, 지름이 약 125μm가 될 때까지 잡아당긴다. 이렇게 만들어진 전형적인 이 광섬유의 길이는 수 킬로미터이다.

광 스위치

인터넷 상에서의 정보교환을 위해서는 광섬유들 간에 방대한 정보를 고속으로 연결하는 기술이 필요하다. 20세기 말에는 전송된 광 펄스를 전기 신호로 바꾸어 전자적으로 스위칭한 후 다시 광 펄스로 바꾸어 전송하는 방식이 사용되었다. 그러나 전자 스위치는 크고 비싸며 상대적으로 느린 단점이 있기 때문에 미래의 다양한 요구를 충족시킬 수 없었다. 아주 최근까지도 광통신이 갖는 이러한 전자적인 병목 현상을 해결할 수 있는 희망이 없어 보였다. 21세기가 시작되면서 다양한 광 스위칭 장치가 소개되면서 극적인 돌파구가 마련되었다.

그림 5.87은 미세 광전자 기계 장치인 **MOEMS**(Micro-OptoElectroMechanical Systems) 기술을 이용한 광 스위칭 소자를 보여 준다. 들어오고 나가는 수백 개의 광섬유 다발 끝단에 작은 렌즈 다발의 모자를 씌운다. 아래로 진행하는 광선은 0.5mm 지름의 조절 거울에 의해서 대형 반사판에 보내진 후 다시 반사된 광선은 조절 거울에 의해서 다른 광섬유로 연결된다. 조절 거울은 ms 단위로 전자적으로 조절된다. MOEMS 장치는 이미 사용화되고 있다. 궁극적으로 광 스위치가 초당 10^{15} 비트의 속도에 이를 날이 머지 않았다. 더 나아가면 순수 광학적 방법으로 상상할 수도 없는 빠른 속도로 전화, 텔레비전, 인터넷을 이용하는 시대가 도래

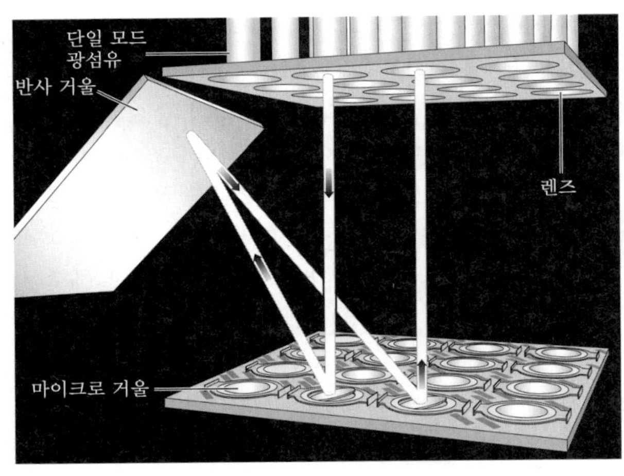

(a)

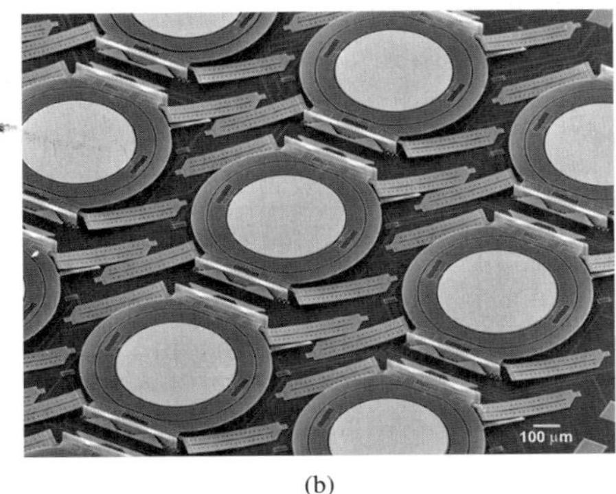

(b)

그림 5.87 (*a*) 광 펄스 방향 제어를 위해서 조절 거울이 부착된 광 스위치 (Alcatel-Lucent USA Inc.의 허가하에 사용함) (b) 경사 조절 거울 배열 (Alcatel-Lucent USA Inc.의 허가하에 사용함)

수백 개의 속이 빈 모세관이 결합된 단일 다중 채널 다발의 전자 현미경 사진 (X-ray Optical Systems, Inc. Albany, New York)

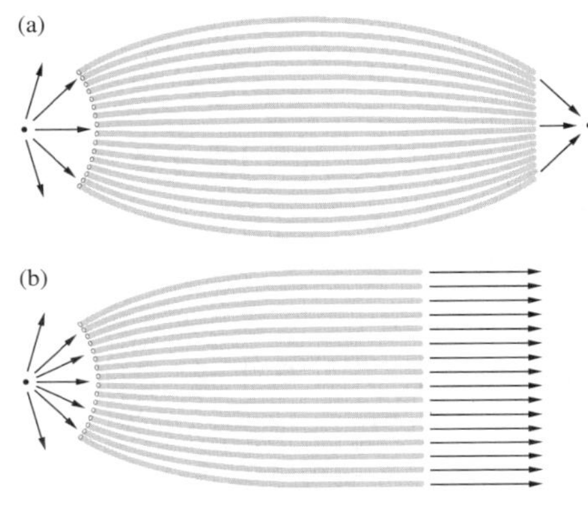

그림 5.89 X선을 (*a*) 집속하고, (*b*) 평행하게 보내기 위해서 사용된 다중 모세관 다발

할 것이다.

모세관 광학

광섬유 광학은 상대적으로 저주파인 가시광(또는 적외선)이 고굴절–저굴절 경계에서의 내부 전반사 과정을 통해서 미세한 고체 매질을 지나가는 현상을 다루고 있다. 마찬가지로 X-선처럼 고주파도 공기–유리 경계에서 전반사할 수 있다 (유리–공기가 아님을 주목하라). 10 keV(≈ 0.12 nm) 에너지를 갖는 X-선에 대해서 표면으로부터 측정한 임계각은 대략 0.2°이다. 그림 5.88은 공기–유리 경계에서 비스듬히 입사한 X-선이 다중 반사 과정을 통해서 속이 빈 모세관을 지나가는 모습을 보여 준다. 이런 방법이 아니라면 X-선의 방향을 구부리는 일은 결코 쉽지 않은 문제였을 것이다.

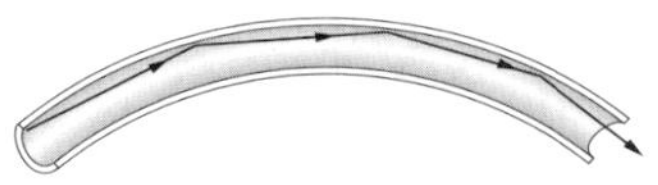

그림 5.88 속이 빈 유리 섬유 속에서 비스듬히 입사한 X-선의 다중 반사

3~50 μm의 지름을 가진 속이 빈 모세관이 수천 개 결합된 지름 300~600 μm의 단일 유리실이 오늘날 생산되고 있다(사진 참조). 이 때문에 과거에는 불가능했던 방법인 수천 가닥의 다중 채널 모세관 다발(그림 5.89)을 통해서 X-선을 집속하거나 평행하게 보낼 수 있게 되었다.

5.7 광학계

실용적인 많은 광학계의 기초 원리를 이해하기 위해서 근축 광선 광학 이론을 전개하였다. 수차를 제어하는 방법은 매우 중요하지만 이 책의 수준을 넘어서기 때문에 여기에서는 논의하지 않겠다. 그러나 이미 1차 이론으로부터 유도한 결론을 이용하면, 여러분은 고급은 아니더라도 제법 쓸만한 수준의 망원경을 제작할 수 있을 것이다.

먼저 광학 기구 중 가장 중요한 눈을 여기서 다룬다.

5.7.1 눈

눈의 종류에는 일반적으로 세 가지 형태가 있다. 그 하나는 단일 공심 렌즈를 통하여 복사 에너지를 모아서 상을 맺는 형태이고, 다른 하나는 광섬유 다발처럼 여러 방향으로 작은 렌즈들이 배열하여 복합 렌즈를 이룬 눈이며, 마지막 하나는 렌즈 없이 바늘 구멍을 통해서 상을 맺는 눈이다. 가시광을 감지하는 눈 이외에 방울뱀의 눈은 적외선을 감지하는 바늘 구멍 형태의 눈을 가지고 있는데 이것은 마지막 형태의 눈으로 볼 수 있다.

첫 번째 형태의 시각 렌즈계는 세 종류의 유기체 생물군에서 독립적이지만 매우 비슷하게 진화해 왔다. 진화된 몇몇 연체동물(예를 들면 낙지), 어떤 종류의 거미들[예를 들면 타란튤라 종류인 안틸레스(avicularia)], 인간을 포함한 척추 동물 등은 모두 빛에 민감한 상면이나 망막에 연속적인 하나의 실상을 맺는 눈을 가지고 있다. 반면에 많은 홑눈으로 이루어진 복합안(그림 5.90)은 관절로 이어진 몸과 팔다리를 가진 절지 동물들(예를 들면 곤충과 가재)에서 독립적으로 진화되었다. 이 눈은 수많은 모세관 다발을 통해 세상을 보듯이 눈의 각 부분을 통해서 보는 작은 시야점들이 모자이크 형태로 상을 맺게 된다. 텔레비전 화면이 각각 다른 밝기의 점들로 구성된 것처럼 복합안은 화상을 분리하고 디지털화 한다. 망막의 상면에 형성된 실상은 없으며 상의 합성은 신경계에서 전기적으로 이루어진다. 말파리는 이러한 부분이 7,000개 이상이다. 그리고 (특히 빨리 나는 곤충인) 잠자리는 30,000개를 가지고 있어서 약 50개를 가지고 있는 어떤 종류의 개미보다도 시야가 더 좋다. 홑눈이 많을수록 상점이 더 많아지고 분해능이 더 좋아지며 합성된 상은 더 선명해진다. 5억 년 전의 작은 바다생물인 삼엽충의 복합안이 잘 발달된 사실을 통해서 볼 때 이것은 눈 형태 중 가장 오래된 것임을 추측할 수 있다. 그러나 광학계는 다르지만 지구상의 모든 동물이 상을 감지하는 화학적 메커니즘은 서로 유사하다는 사실은 매우 신기하다.

인간 눈의 구조

사람의 눈은 빛에 민감한 면에 실상을 형성하는 두 개의 볼록 렌즈 배열로 생각할 수 있다. 이러한 기본 개념은 "시각은 외부 세계의 상이 오목한 망막에 맺힐 때 생긴다" 라고 언급한 케플러(Kepler, 1604)에 의해서 처음 제안되었고, 독일의 샤이너(Jesuit Christopher Scheiner)가 1625년에 행한 실험을 통해서 더욱 지지를 받게 되었다. 약 5년 뒤 데카르트(Descartes)도 독립적인 실험을 하였다. 샤이너는 동물의 안구 뒤쪽에 있는 막을 제거함으로써 뒤쪽의 투명한 망막을 통해 눈 밖의 광경이 축소된 역상을 볼 수 있었다. 눈은 간단한 사진기와 같지만, 눈과 시신경 그리고 시각 표층을 포함하는 시각계(seeing system)는 컴퓨터로 제어되는 텔레비전보다도 훨씬 많은 기능을 수행한다.

눈(그림 5.91)은 매우 유연한 껍질인 **공막(sclera)** 내부에 거의 구형(한쪽 지름이 24 mm, 반대쪽 지름이 약 22 mm)에 가까운 공간에 젤리 같은 물질로 채워져 있다. 투명한 앞쪽

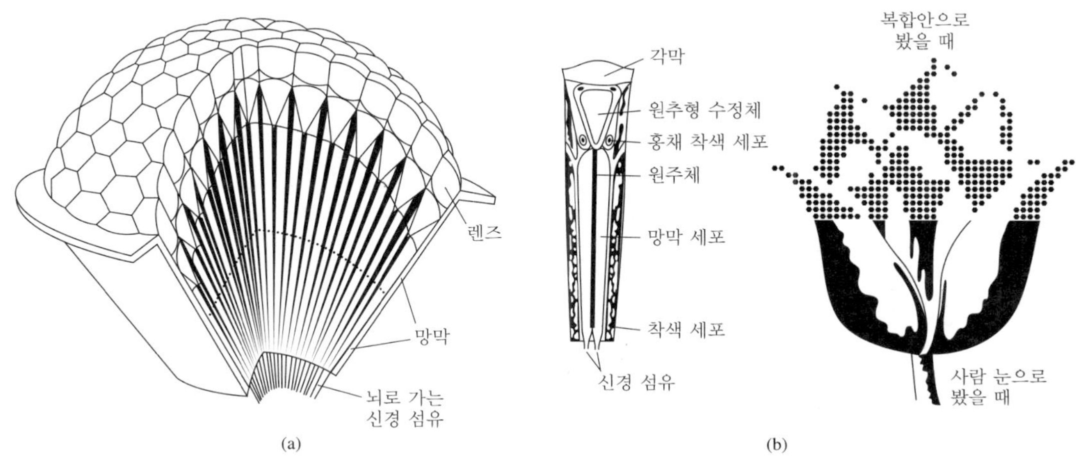

그림 5.90 (*a*) 많은 개안(ommatidium)들로 구성된 복합안. (*b*) 특별한 방향에서 각각 작은 영역을 '보는' 작은 개안. 각막 렌즈와 원추 수정체는 빛을 채널별로 깨끗한 막대 형태의 원주체(rhabdom)로 보낸다. 이들 각각은 신경 섬유를 통해 뇌에 전달하는 망막 세포에 의해 둘러싸여 있다. 사람 눈과 복합안으로 본 꽃.
(Source: Ackerman & Ellis, Biophysical Science, 2nd Ed., © 1979, p.31, Person Education.)

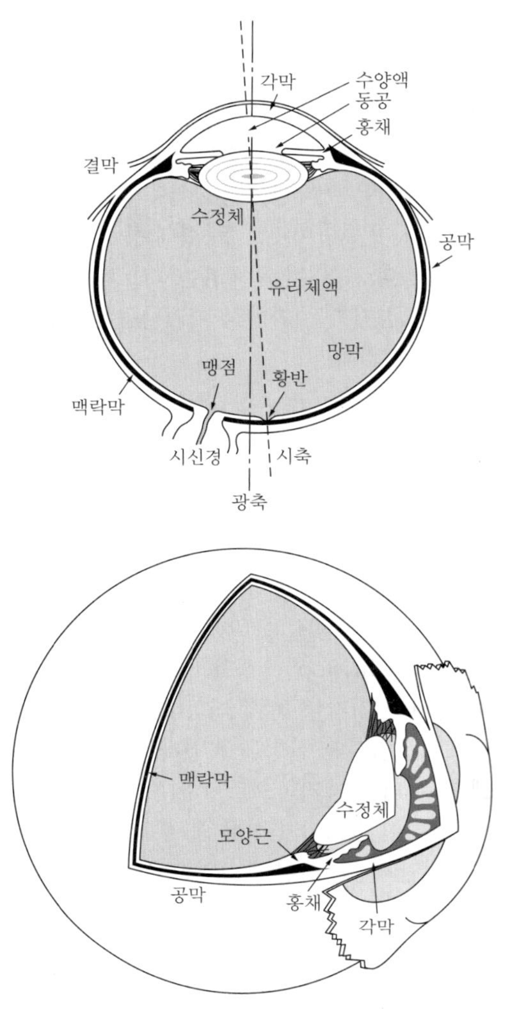

그림 5.91 인간의 눈

부분, 즉 **각막(cornea)**을 제외한 공막은 하얗고 불투명하다. 둥그런 형태에서 밖으로 튀어나온 부분인 각막은 가운데가 굽어 있는 반면에 구면수차를 줄이기 위해서 가장자리는 조금 평평하게 되어 있다. 각막은 눈이 갖고 있는 가장 큰 굴절능을 갖는 첫 번째의 볼록 렌즈이다. 실제로 광선 다발의 굴절은 대부분 공기와 각막의 접촉 영역에서 일어난다. 물($n_W \approx 1.33$)속에서 잘 볼 수 없는 이유 중에 하나는 물의 굴절률이 각막의 굴절률($n_C \approx 1.376$)과 너무 비슷해서 충분한 굴절을 할 수 없기 때문이다.

각막을 통해 들어온 빛은 **수양액(aqueous humor)** ($n_{ah} \approx 1.336$)이라고 불리는 맑은 물 같은 액체로 채워진 방을 통과한다. 공기와 각막의 접촉 영역에서 광축 쪽으로 많이 굴절된 광선은 각막과 수양액 접촉 영역에서는 조금 굴절되는데, 그 이유는 이들의 굴절률이 유사하기 때문이다. 수양액 속에는 **홍채(iris)**라고 하는 조리개가 있는데 이것은 구멍, 즉 **동공(pupil)**을 통해 눈 속으로 들어오는 빛의 양을 조절하는 구경 조리개의 역할을 한다. 홍채(iris−무지개를 의미하는 그리스어)는 독특한 파랑, 갈색, 회색, 녹색 또는 엷은 갈색의 색깔을 갖는다. 원형과 방사상의 근육으로 된 홍채는 동공을 밝은 빛에서는 약 2mm까지 어두운 곳에서는 대략 8mm 범위까지 수축 또는 확장시킬 수 있다. 이러한 기능뿐만 아니라 홍채는 초점에 있는 신경계와 연결되어 있어서 가까운 곳에서 일을 할 때에는 상의 선명도를 높이기 위해 수축하기도 한다.

홍채 뒤에 인접하여 **수정체(crystalline lens)**가 있다. 잘못 붙여진 이 명칭의 기원은 기원전 1,000년경으로 거슬러 올라가는데, 일명 카이로의 알하젠(Alhazen of Cairo)이라고도 불리는 Abu Ali al-Hasan ibn al-Haytham의 저서에서 찾아볼 수 있다. 그는 사람의 눈을 물(watery), 결정(crystalline), 유리(glassy)의 세 영역으로 나눠 기술하였다. 작은 콩(지름이 9mm, 두께가 4mm)과 같은 크기와 모양을 가진 수정체는 탄력 있는 얇은 막에 의해 둘러싸인 복잡한 층으로 된 섬유질의 물체이다. 구조를 보면 대략 22,000개의 매우 미세한 층으로 구성된 투명한 양파와 비슷하다. 수정체는 오늘날 사용되고 있는 렌즈와 다른 중요한 성질을 갖고 있다. 그것은 바로 크기가 계속 자랄 수 있다는 것이다. 엷은 층들로 이루어진 구조 때문에 광선들은 미소하고 불연속적인 부분으로 구성된 경로를 지나가게 된다. 대체적으로 수정체는 나이가 들수록 유연성이 감소된다. 굴절률은 GRIN 광학계와 유사하게 내부 핵에서는 약 1.406, 표 층에서는 약 1.386의 값을 갖는다. 수정체는 그 모양을 변화시킴으로써 초점을 잘 맺게 하는 메커니즘을 가지고 있어 다양한 초점 거리를 갖는다.

눈의 굴절을 담당하고 있는 각막과 수정체는 각막 전방 약 15.6mm인 곳에 물체 초점이 있고, 각막 후방 약 24.3mm의 거리에 있는 망막 위에 상초점이 존재하는 2군 렌즈계로 취급할 수 있다. 이 렌즈계의 광심은 수정체의 뒷면, 즉 망막 전방 17.1mm인 곳에 위치해 있다.

수정체의 뒤쪽에는 **유리체액(vitreous humor)** ($n_{vh} \approx 1.337$)이라고 불리는 투명한 젤라틴 물질로 가득 채워진 또 하나의 방이 있다. 유리체액 속에는 세포 부스러기 같은 미세 입자들이 마음대로 떠다니고 있다. 눈을 작게 뜨고 광원을 쳐다보거나 바늘 구멍을 통해서 하늘을 보면 이 미립자들에 의한 회절 무늬 그림자를 볼 수 있다. 이상하고 작은 아메바 같은 물체(*muscae volitantes*)이 시야를 가로질러 떠다닐 것이다. 이러한 부유물을 많이 볼 수 있다는 것은 망막에서 떨어져 나온 물질이 많다는 표시이다. 이들을 보면서 다시 광원(넓게 퍼지는 형광등이 좋음)을 실눈으로 보라. 당신의 눈꺼풀을 거의 감으면 빛이 보이지 않게 되고 자신의 동공의 원형 주위를 실제로 볼 수 있을 것이다. 만약 이것을 믿

전자 현미경으로 찍은 도롱뇽 망막의 사진. 앞쪽에 두 개의 원추 세포와 그 뒤에 몇 개의 간상 세포. (E. R. Lewis, Y. Y. zeevi, and F. S. Wervlin, *Brain Research* **15**, 559(1969))

을 수 없다면 빛을 가린 후 다시 보라. 빛나는 원이 뚜렷하게 각각 확장되고 축소될 것이다. 당신은 안에 있는 홍채에 의해 만들어진 그림자를 관찰하고 있는 것이다! 이와 같이 안에 있는 물체를 보는 것을 눈내부 지각(entoptic perception)이라고 한다.

공막안의 벽은 내부껍질, 즉 맥락막(choroid)이다. 이것은 혈관이 잘 통하고 많은 멜라닌으로 착색된 어두운 층이다. 맥락막은 사진기의 안쪽에 코팅된 검정 페인트처럼 빗나간 광선을 흡수하는 역할을 한다. 빛을 감지하는 얇은 세포층(약 0.5~0.1mm 두께)이 맥락막의 안쪽 면에 많이 덮여 있다. 이것이 **망막(retina**－라틴어로 그물을 뜻하는 *rete*라는 단어에서 유래됨)이다. 초점에 맺힌 광선은 전기 화학 작용을 통하여 연분홍색 망막의 다층 구조 속으로 흡수된다. 사람의 눈은 **간상(rods)** 세포와 **원추(cones)** 세포(사진 참조)라고 하는 두 종류의 감각 세포를 포함하고 있다. 망막에는 지름이 약 0.002mm인 간상 세포가 1억2천5백만 개 정도 퍼져 있는

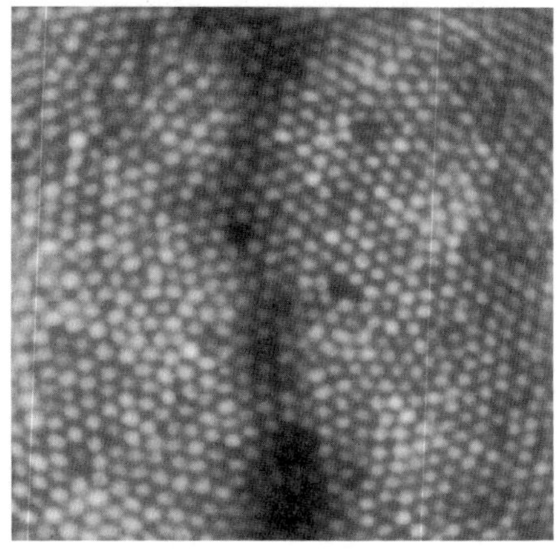

인간의 생체 망막에 대한 고분해 영상. 각각의 밝은 스폿은 지름이 4.9μm인 단일 원추 세포의 광수용체이다. (Austin Roorda and David R. Williams, University of Rochester, NY)

× 1 2

그림 5.92 맹점 확인하기. 10인치 거리에서 x를 보면 2가 사라진다. 더욱 가까이 접근하면 2가 나타나고 1이 사라진다.

데, 이 간상 세포는 감도가 좋은 흑백 필름(예를 들면 Tri-X 필름)과 같은 특성을 가지고 있으며 빛에 매우 민감해서 원추 세포가 반응하지 않을 정도로 희미한 빛에서도 반응한다. 그러나 색을 구별할 수 없으며 이것에 의해 맺히는 상은 뚜렷하지 않다. 반면에 망막에는 지름이 약 0.006mm인 원추 세포가 6백만~7백만개 정도 분포해 있는데, 이 원추 세포는 감도가 낮은 컬러 필름과 같으며 개별적으로 상을 맺지만 서로 중첩되어 나타난다. 원추 세포는 밝은 빛에서는 좋은 상을 맺으나 어두운 빛에서는 그렇지 못하다.

일반적으로 사람 눈이 느낄 수 있는 파장 범위는 대략 390~780nm라고 알려져 있으나(표 3.4), 연구 결과 자외선 영역으로는 약 310nm까지 적외선 영역으로는 약 1050nm까지 확장되었다. 실제로 사람은 X-선 복사를 '볼 수 있다'고 보고된 바 있다. 자외선은 눈의 수정체에 의해 차단되기 때문에 외과수술로 수정체가 제거된 사람은 UV 감광도가 꽤 향상된다.

눈에서 시신경이 나가는 영역은 감각 세포가 없기 때문에 빛에 둔감하다. 이 부분을 **맹점(blind spot)**이라고 한다(그림 5.92). 시신경은 눈의 망막 뒤쪽에 넓게 퍼져 있다.

망막의 중심에는 노란점, 즉 **황반(macula)**이라고 하는 지름 2.5mm~3mm의 작은 함몰이 있는데 간상 세포보다는 원추 세포가 2배 이상 분포해 있다. 이것의 가운데에는 **중심와(fovea centralis)**라고 하는 간상 세포가 전혀 없는 지름 0.3mm 크기의 작은 영역이 있다(망막에 맺힌 보름달 상의 지름은 약 0.2mm임. 문제 5.101). 이곳은 망막의 다른 어떤 부분보다 원추 세포가 얇지만(지름 0.0030~0.0015mm) 조밀하게 밀집되어 있다. 중심와는 가장 선명하고 자세한 정보를 알려주기 때문에 물체의 가장 관심 있는 부분에서 들어오는 빛이 이 영역에 도달하도록 안구는 연속적으로 움직인다. 이러한 정상적인 눈의 움직임에 의해 상은 다른 감각 세포를 가로질러 중심와를 향해 계속 이동된다. 만약 이러한 움직임이 일어나지 않고 상이 한 지점에 고정되어 있다면 상은 점차 희미해질 것이다. 중심와가 없다면 시력의 90~95%를 잃게 될 것이다.

감각계의 복잡성을 나타내는 또 다른 사실은 백여 개의 간상 세포들이 하나의 신경 섬유에 중복해서 연결되어 있다는 것이다. 이 때문에 한 개의 신경 섬유는 연결된 백여 개의 간상 세포 중 어느 하나에 의해 활성될 수 있다. 이와 대조적으

로 중심와에 분포해 있는 원추 세포는 1 대 1로 신경 섬유와 연결되어 있다. 화상의 인식은 눈과 뇌가 시간에 따라 변화하는 망막에 맺힌 상을 연속적으로 분석함으로써 이루어진다.

망막의 신경 섬유층과 수양액 사이에는 거대한 망막 혈관 조직이 있다. 이것을 볼 수 있는 한 가지 방법은 눈을 감고 밝고 작은 광원을 눈꺼풀 앞에 놓는 것이다. 이 경우 **푸르키네 형태**(Purkinje figures)라고 하는 망막층에 분포된 혈관의 그림자 영상을 '볼' 수 있을 것이다.

조절

사람 눈이 선명한 상을 맺도록 하는 눈의 작용을 **조절(accommodation)**이라고 하는데, 조절은 수정체에 의해 이루어진다. 수정체는 **모양근(ciliary muscles)**에 연결된 인대에 의해 홍채 뒤에 연결되어져 있다. 보통 이 근육은 이완된 상태이고 이런 상태에서 이 근육들은 렌즈의 가장자리에 연결된 미세 섬유의 망상 조직을 원래 상태에 있게 한다. 이것은 렌즈의 반지름을 증가시켜서 초점 거리[식 (5.16) 참조]가 증가하도록 평평한 모양으로 당긴다. 근육이 완전히 이완될 때 무한대에 있는 물체로부터 나오는 빛은 망막에 초점을 맺게 될 것이다(그림 5.93). 물체가 눈에 가까이 접근하면 모양근이 수축하여 수정체 주위의 외부 장력이 감소하는데, 이때 수정체는 자신의 탄성력에 의해 다소 두꺼워진다. 그렇게 되면 수정체의 초점 거리가 짧아지는 대신에 상거리 s_i는 일정하게 유지된다. 물체가 더 가까이 접근하면 모양근이 더욱 수축하기 때문에 수정체의 반지름이 더 작아진다. 사람 눈으로 볼 수 있는 가장 가까운 점을 **근점(near point)**이라고 한다. 정상인의 근점은 십대의 경우 약 7 cm 정도이고 28 ~ 40세의 중년은 12 cm 정도이며 60대의 경우는 100 cm로 늘어난다. 시각 장비들은 불필요한 눈의 긴장을 막기 위해 이러한 점들을 고려해서 제작된다. 눈은 동시에 두 가지 다른 물체의 초점을 맺을 수 없다. 유리잔 실험을 통해서 유리잔과 그 너머의 광경을 동시에 결상할 수 없다는 사실을 명백히 알게 될 것이다.

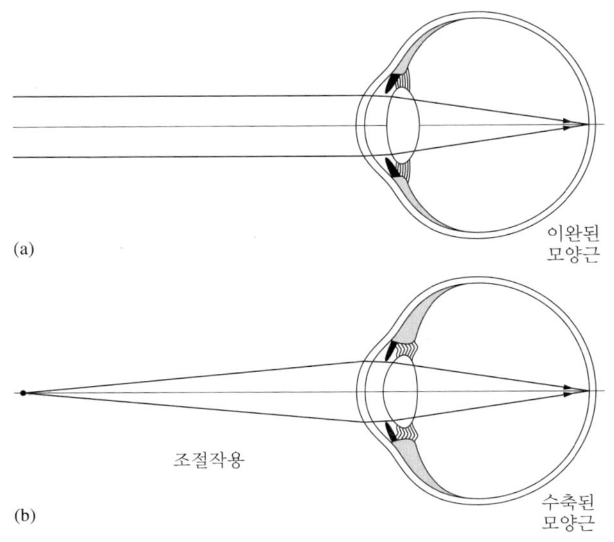

그림 5.93 조절–렌즈 형태의 변화

일반적으로 포유 동물은 렌즈의 곡률을 변화시킴으로써 조절을 한다. 그러나 다른 방법도 있다. 물고기는 사진기의 렌즈가 초점을 맺기 위해 움직이는 것처럼 렌즈를 망막으로부터 앞쪽 또는 뒤쪽으로 움직인다. 어떤 연체 동물은 눈 전체를 수축 또는 확장시킴으로써 조절이 가능하다. 그래서 렌즈와 망막 사이의 상대적인 거리를 변화시킨다. 맹금류의 경우는 생존을 위하여 넓은 범위의 거리에서 매우 빨리 움직이는 물체를 일정한 초점으로 유지해야 하므로 조절의 메커니즘이 꽤 다르다. 이들은 각막의 곡률을 크게 변화시킴으로써 조절을 한다.

5.7.2 안경

안경은 13세기 후반에 이탈리아에서 발명된 것으로 보인다. 피렌체 사람이 쓴 원고(1299–지금은 남아 있지 않음)에 "최근에 시야가 잘 보이지 않기 시작한 늙은 사람을 위해 안경이 발명되었다."고 전하고 있다. 이들 안경은 손에 들고 쓰는 돋보기 또는 독서용 안경의 변형인 양면이 볼록한 렌즈였

안경 쓰고 있는 사람을 보여 준 가장 초기 그림(서기 1352년). 이 그림은 Tomasso da Modena가 그린 1262년에 사망한 추기경 Ugo di Provenza의 초상화이다. (Cardinal Ugo of Provenza (1351), Tomaso da Modena. Fresco in the Capitol Room in the Church of San Nicolò, Treviso. 저자가 모은 사진)

다. 그리고 연마된 보석은 양면이 볼록한 렌즈보다 훨씬 전에 오페라용 안경으로 사용되었었다. 베이컨(Roger Bacon–약 1267)은 1,500년대 후반보다 이른 시기에 오목 렌즈에 대해 썼는데 그것은 쿠사(Nicholas Cusa)가 안경의 사용을 처음으로 논의했던 것보다 거의 200년 전이었고, 또 안경이 더 이상 신기한 물건이 아니라고 생각된 때보다 수백 년 전이었다. 우습게도 18세기 후반까지도 안경을 쓰는 것은 어색한 것으로 생각되었다. 그리고 그 시기까지 그림에서 안경을 쓴 사람은 거의 찾아볼 수 없었다. 1804년 사람이 렌즈의 중심을 통해서 볼 때만 전형적인(꽤 평평한, 양면이 볼록한, 오목한) 안경들이 잘 보인다는 것을 안 월라스톤(Wollaston)은 심한 곡면을 가진 새로운 렌즈의 특허를 얻었다. 이것은 오늘날의 **메니스커스**(그리스어인 *meniskos*–달의 축소형, 즉 초승달로부터 유래됨) 렌즈의 선조인데, 이것들은 안구를 중심에서 가장자리 쪽으로 돌려도 커다란 왜곡 수차 없이 볼 수 있는 렌즈들이다.

생리학적 광학에서 초점 거리의 역수인 렌즈의 **굴절능 (dioptric power)** $\mathscr{D}$에 관해서 말하는 것은 관습적이고 꽤 편리하다. f의 단위가 미터(meter)일 때 굴절능의 단위는 미터의 역수 또는 **디옵터**(diopter)이고 기호로 D, 즉 $1\,\text{m}^{-1} = 1\,\text{D}$이다. 예를 들어 수렴하는 렌즈가 $+1\,\text{m}$의 초점 거리를 가지고 있다면 이것의 굴절능은 $+1\,\text{D}$이고 $-2\,\text{m}$(발산 렌즈의 경우)의 초점 거리를 가진다면 굴절능은 $-\frac{1}{2}\text{D}$이고, $f = +10\,\text{cm}$이면 굴절능은 10D이다. 공기 중에 굴절률이 n_l인 얇은 렌즈의 초점 거리는

$$\frac{1}{f} = (n_l - 1)\left(\frac{1}{R_1} - \frac{1}{R_2}\right) \qquad [5.16]$$

이고, 이 굴절능은 다음과 같다.

$$\mathscr{D} = (n_l - 1)\left(\frac{1}{R_1} - \frac{1}{R_2}\right) \qquad (5.69)$$

이것은 렌즈의 각 면에서 입사광선을 새로운 방향으로 굴절시킴을 의미한다. 양면에서 광선을 많이 굴절시키는 볼록 렌즈는 짧은 초점 거리와 큰 굴절능을 가진다. 두 개의 얇은 렌즈가 접촉하고 있을 때 초점 거리가 다음과 같음이 알려져 있다.

$$\frac{1}{f} = \frac{1}{f_1} + \frac{1}{f_2} \qquad [5.38]$$

이것은 합쳐진 굴절능으로 개별적인 굴절능의 합을 의미한다. 즉

$$\mathscr{D} = \mathscr{D}_1 + \mathscr{D}_2$$

이다. 따라서 $\mathscr{D}_1 = +10\,\text{D}$인 볼록 렌즈와 $\mathscr{D}_2 = -10\,\text{D}$인 오목 렌즈가 접촉해 있을 때의 굴절능은 0이다. 그 결합된 렌즈들은 유리의 평행판처럼 작용한다. 예를 들어 양면 볼록 렌즈를 서로 등을 대고 붙어있는 것과 같은 두 개의 평면-볼록 렌즈(planar-convex lenses)로 생각해 보자. 각각의 굴절능은 식 (5.69)를 따른다. 따라서 첫 번째 평면-볼록 렌즈 ($R_2 = \infty$)에 대해서는

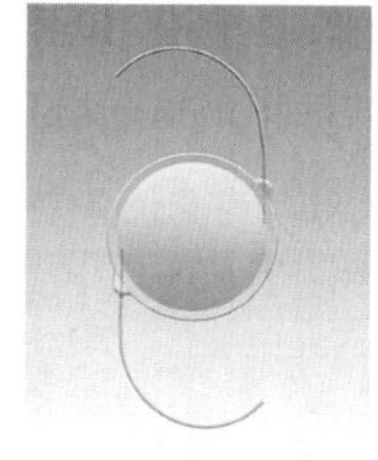

정상적으로 맑게 보이던 눈이 구름이 낀 것처럼 흐려지는 상태를 **백내장**(cataract)이라고 한다. 백내장은 시력에 심각한 영향을 준다. 이렇게 심한 경우에는 수정체를 제거하고, 눈의 컨버전스(convergence)을 키워주기 위해서 작은 플라스틱 볼록 렌즈인 **인공 수정체**(intraocular lens inplant)로 대치해야 한다. (사진은 이런 인공 수정체의 수렴 구면렌즈에 대한 확대된 상이다. 이 렌즈는 실제로 지름이 약 6mm이다.) 이 렌즈를 사용하면 이전에 수술 후 요구되던 두꺼운 '백내장용 안경'이 필요 없게 된다. (E.H.)

$$\mathscr{D}_1 = \frac{(n_l - 1)}{R_1} \qquad (5.70)$$

이고 두 번째 렌즈에 대해서는 다음과 같다.

$$\mathscr{D}_2 = \frac{(n_l - 1)}{-R_2} \qquad (5.71)$$

이러한 표현은 볼록 렌즈의 **각 면의 굴절능**이 주어질 때 잘 정의될 수 있다. 바꾸어 말하면 **얇은 렌즈의 굴절능은 각 표면들의 굴절능의 합과 같다.** 볼록 렌즈에 대해 R_2가 음수이기 때문에 이런 경우 $\mathscr{D}_1$과 $\mathscr{D}_2$는 둘 다 양수일 것이다. 이렇게 정의된 면의 굴절능은 공기 중에 있을지라도 공통적으로 초점 거리의 역수가 아니다. 앞에서 논의한 눈과 연관시켜 보면 **공기 중에 있을 때** 수정체의 굴절능이 약 +19D임을 알 수 있다. 각막은 손상되지 않은 조절이 안 된 눈의 총 +58.6D중 +43D를 제공한다.

정상적인 눈은 단어의 뜻과는 달리 사람들이 기대한 만큼 정상적인 것이 아니다. '**정상적인**' 또는 그거의 동의어인 '**정시안적인**(emmetropic)'이란 용어는 편안한 상태에서 평행광선이 망막에 초점을 맺을 수 있는 눈을 의미한다. 즉 제2초점이 망막에 놓여 있는 사람의 눈이다. 조절이 안 된 눈에 대해 망막에 상을 맺을 수 있는 점을 **원점(far point)**이라고 한다. 따라서 정상적인 눈의 경우 망막에 초점을 맺을 수 있는 가장 먼 점(원점)은 무한대이다(실제에서는 약 5m 밖인 곳이다). 반면에 제2초점이 망막에 놓여있지 않을 때 그 눈은 **굴절 이상**(ametropic)(예를 들면 원시, 근시, 난시들이다)이다. 이것은 굴절 메커니즘(각막, 수정체 등)의 비정상적인 변화 때문에 생기거나 또는 렌즈와 망막 사이의 거리를 변화시키는 안구 길이의 변화 때문에 생기거나 또는 렌즈와 망막

사이의 거리를 변화시키는 안구 길이의 변화 때문에 생길 수 있다. 후자가 일반 부정시의 가장 흔한 원인 중의 하나이다. 적당한 원근법에 의해 물체를 놓을 때 젊은 성인의 약 25%는 안경을 ±0.5D 정도 보정할 필요가 있으며 약 65% 이상은 ±1.0D 정도 보정할 필요가 있다.

근시–오목 렌즈

근시안(myopia)는 평행 광선이 망막 앞에 초점을 맺는 것이다. 배열된 렌즈계의 굴절능은 눈의 전후방 축 길이에 대한 컨버전스에 비해 너무 크다. 멀리 떨어진 물체의 상은 망막 앞에 맺히고, 원점은 무한대보다 더 가깝다. 그리고 그 범위 밖의 모든 물체들의 상은 흐리게 보일 것이다. 이것이 **근시(nearsightedness)**로 불리는 이유이다. 이러한 결함을 가진 눈은 가까운 곳에 있는 물체를 뚜렷하게 본다(그림 5.94). 그 상태를 보정하기 위해 안경과 눈의 결합된 렌즈계가 망막에 제2초점이 맺히도록 눈앞에 렌즈를 놓자. 근시안은 원점보다 가까운 물체를 뚜렷하게 볼 수 있기 때문에 안경 렌즈는 상대적으로 먼 거리에 있는 물체의 상을 이룰 수 있어야 하며, 이것을 위해서 광을 발산시킬 수 있는 오목 렌즈를 사용한다. 단지 계의 굴절능을 줄이려고만 하지 말자. 실제로는 렌즈와 눈의 결합 굴절능이 정상적인 눈의 굴절능과 같이 만들어진다. 만약 근시안을 보정하기 위해 안경을 썼다면 이 안경을 벗어 보아라. 세상이 흐릿하게 보이지만 크기는 변하지 않을 것이다. 안경으로 종이 위에 실상을 맺도록 시도해 보면 그렇게는 안 될 것이다.

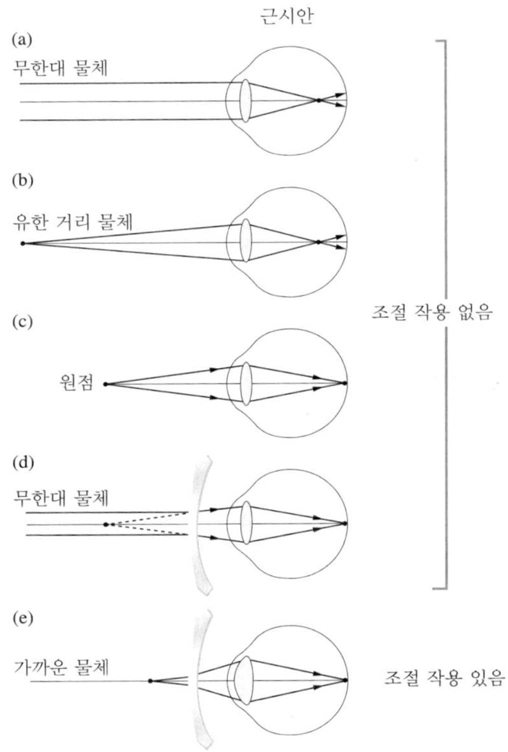

그림 5.94 근시의 보정

예제 5.14

눈이 2m의 원점을 가졌다고 생각해 보자. 만약 안경 렌즈가 더 먼 거리의 물체를 2m보다 더 가까운 곳으로 가져오면 모든 것은 잘 보일 것이다. 만약 무한대에 있는 물체의 허상이 오목 렌즈에 의해 2m에서 형성된다면 조절되지 않은 눈으로도 뚜렷하게 상을 볼 수 있을 것이다. 필요한 초점 거리를 구하라.

풀이

얇은 렌즈 근사법(안경은 일반적으로 무게와 크기를 축소하기 위해 얇다)을 사용하여 다음을 얻는다.

$$\frac{1}{f}=\frac{1}{s_o}+\frac{1}{s_i}=\frac{1}{\infty}+\frac{1}{-2} \qquad [5.17]$$

따라서 $f=-2$m이고, 굴절능은 $-\frac{1}{2}$D이다.

위 예제에서 보정 렌즈로부터 측정된 원점까지의 거리는 그것의 초점 거리와 같다는 것에 주의하라(그림 5.95). 눈은 보정 렌즈에 의해 형성된 정립 허상을 보며 이들의 상은 원점과 근점 사이에 놓여 있다. 근시안인 사람은 바늘에 실을 꿸 때 또는 작게 인쇄된 것을 읽을 때 안경을 벗게 되는데, 그 이유는 근점이 조금 뒤로 멀어지기 때문이다. 물체를 눈에 가깝게 가져오면 배율은 증가된다.

앞에서 한 계산으로부터 보정 렌즈와 눈 사이의 거리를 알 수 있다. 실제에 있어서는 안경보다 콘택트렌즈에서 응용된다. 이 거리는 보통 각막에서 눈의 제1초점까지의 거리(16mm)와 같게 하는데, 이것은 안경을 쓰지 않은 눈에 대해 상의 확대가 없게 하기 위해서이다. 많은 사람들의 눈은 양쪽이 같지는 않지만 같은 배율을 만든다. 한쪽 눈은 M_T가 변하고 다른 쪽 눈은 변하지 않는 경우 문제가 된다. 눈의 제1초점 거리에 보정 렌즈를 놓는 것은 그 렌즈의 굴절능에는

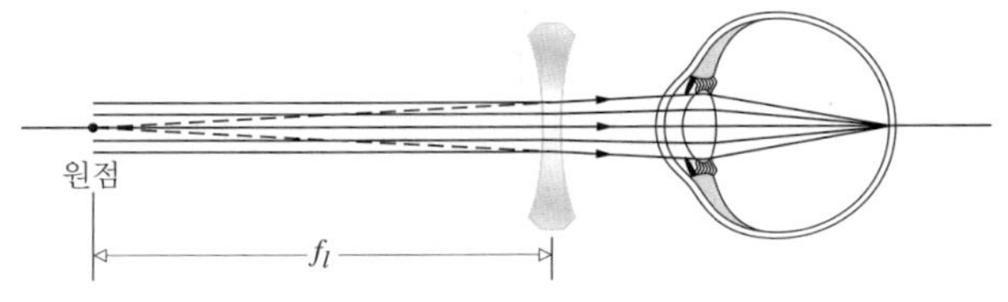

그림 5.95 원점 거리는 보정 렌즈의 초점 거리와 같다.

상관없이[식 (6.8) 참조] 완벽하게 이 문제를 피할 수 있기 때문이다. 이것을 알아보기 위해서 어떤 물체의 가장자리에서 제1초점을 통과하게 광선을 그려보라. 이 광선은 광축에 평행하게 통과하여 눈으로 입사된 후 상을 만든다. 그러나 안경 렌즈의 중심이 초점에 있을 때는 안경 렌즈의 유무에 의해서는 배율에 대한 영향이 없기 때문에 상의 위치는 렌즈의 삽입에 의해 변할 것이다. 그러나 그것의 높이와 M_T는 변하지 않을 것이다(식 5.24 참조).

그러면 다음과 같은 의문점이 생긴다. 눈으로부터 거리 d에 있는 안경 렌즈의 등가 굴절능은 얼마인가? (즉 원점 거리와 같은 초점 거리 f_c를 가진 콘택트렌즈의 그것과 같다.) 계산을 쉽게 하기 위해서 눈을 단일 렌즈로 간주하고 렌즈와 안경과의 거리 d를 각막과 안경 사이의 거리(보통 16 mm)와 대략 같다고 하자. 보정 렌즈의 초점 거리가 f_l이고 눈의 초점 거리가 f_e로 주어진다면 두 렌즈 조합은 식 (5.36)에 의해 주어지는 초점 거리를 갖는다. 즉 다음과 같다.

$$\text{b.f.l.} = \frac{f_e(d - f_l)}{d - (f_l + f_e)} \tag{5.72}$$

이것은 눈렌즈에서 망막까지 거리이다. 마찬가지로 눈렌즈와 결합된 콘택트렌즈의 초점 거리는 식 (5.38)에 의해 다음과 같이 주어진다.

$$\frac{1}{f} = \frac{1}{f_c} + \frac{1}{f_e} \tag{5.73}$$

여기서 $f = \text{b.f.l}$이다. 식 (5.72)를 역으로 하여 식 (5.73)과 같게 놓고 간단히 하면 $1/f_c = 1/(f_t - d)$의 결과를 얻는다. 굴절능에 대해서는 다음과 같다.

$$\mathscr{D}_c = \frac{\mathscr{D}_l}{1 - \mathscr{D}_l d} \tag{5.74}$$

눈렌즈에서 거리가 d 만큼 떨어져 있고 굴절능이 $\mathscr{D}_l$인 안경 렌즈는 굴절능이 $\mathscr{D}_c$의 콘택트렌즈와 같은 효과의 굴절능을 갖는다. d의 단위는 미터(meter)이고 작기 때문에 만약 $\mathscr{D}_l$가 크지 않다면 그것은 $\mathscr{D}_c \approx \mathscr{D}_l$이 됨을 주의해야 한다. 보통 안경은 코 위의 어느 곳에 놓더라도 거의 영향을 미치지 않는다. 그러나 항상 그러한 것은 아니다. 부적당한 거리 d는 많은 두통을 가져올 수 있다.

보편적이지는 않지만, 일반적으로 굴절능이 -6D인 콘택트렌즈로 교정한 사람을 6D의 근시를 갖는 사람이라고 한다.

예제 5.15

6D인 근시를 갖는 사람의 시력을 교정하는 안경의 굴절능을 구하라.

풀이

6D인 근시를 갖는 사람은 너무 많은 컨버전스를 갖고 있으며 이를 교정하기 위해서 -6D의 콘택트렌즈가 필요하다. 식 (5.74)를 사용한다면 다음과 같이 안경의 굴절능을 계산할 수 있다.

$$\mathscr{D}_c = \frac{\mathscr{D}_l}{1 - \mathscr{D}_l d}$$

여기에서

$$\mathscr{D}_c - \mathscr{D}_c\mathscr{D}_l d = \mathscr{D}_l$$

$$\mathscr{D}_c = \mathscr{D}_l(1 + \mathscr{D}_c d)$$

$$\mathscr{D}_l = \frac{\mathscr{D}_c}{1 + \mathscr{D}_c d} = \frac{-6}{1 + (-6)(0.012)}$$

$$\mathscr{D}_l = -6.47\,\text{D}$$

이다.

원시–볼록 렌즈

원시안(hyperopia)은 눈의 제2초점이 망막 뒤에 맺히게 되는 결함이다(그림 5.96). **원시(farsightedness)**라고 불리는 것으로부터 추측할 수 있지만 원시는 렌즈와 망막과의 거리

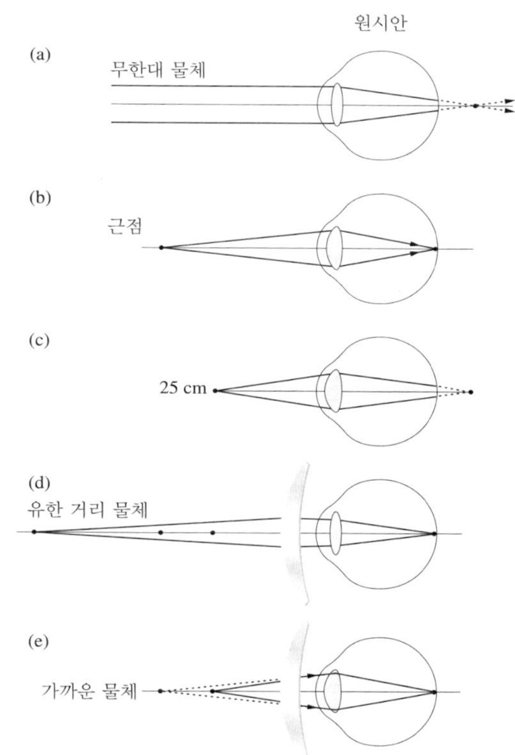

그림 5.96 원시의 보정

가 짧아 초점이 망막 뒤에 맺히는 현상이다. 이러한 점을 보완하기 위해서는 광선이 더 많이 굴절되어야 하므로 볼록 안경 렌즈가 눈앞에 놓여야 한다. 원시안은 먼 거리 물체를 뚜렷하게 볼 수 있도록 조절할 수 있으나 근점에서는 뚜렷하게 보기에는 한계가 있다. 원시는 정상적인 눈의 근점(이 값을 254mm로 또는 정확히 25cm로 잡는다)보다 더 먼 곳에 위치해 있으므로 더 명확히 볼 수 없게 된다. 양의 굴절능을 가진 수렴하는 보정 렌즈는 가까운 물체를 눈이 적절하게 작용할 수 있는 위치인 근점 밖으로 움직이게 할 것이다. 즉 먼 거리에 허상을 형성할 것이며 이를 뚜렷이 볼 수 있을 것이다.

예제 5.16

원시안이 125cm의 근점을 가지고 있다고 가정하자. 이를 교정하기 위한 보정 렌즈의 굴절능을 구하라.

풀이

상이 $s_i = -125\,\text{cm}$에서 맺히는 $+25\,\text{cm}$에 있는 물체에 대해 정상적인 눈처럼 보이게 하려면, 이 초점 거리는

$$\frac{1}{f} = \frac{1}{(-1.25)} + \frac{1}{0.25} = \frac{1}{0.31}$$

이므로 $f = 0.31\,\text{m}$이고 굴절능은 $+3.2\,\text{D}$이다. $s_o < f$인 경우 이것은 표 5.3과 일치하며 이러한 안경은 실상을 만들 것이다. 만약 당신이 원시안이라면 시도해 보라.

그림 5.97에서처럼 보정 렌즈는 무한대에 있는 물체를 보통 눈이 볼 수 있게 한다. 결과적으로 눈에 대해 허물체로 작용하는 상을 이것의 초평면에 만들 것이다(F를 통과하여). 초점(초점의 상은 망막에 맺힌다)은 다시 **원점**(far point)으로 작용하며 렌즈 **뒤쪽** 거리 f_l에 있다. 원시안은 보정렌즈를 통하여 원점을 잘 '볼' 수 있으므로 눈앞에 놓여 있는 적당한 초점 거리를 갖는 렌즈는 보정 렌즈로 사용될 수 있을 것이다.

손가락으로 눈꺼풀 위를 각막의 위와 아래로 매우 부드럽게 누르면 일시적으로 상이 왜곡될 것이며 시계가 흐렸다가 다시 뚜렷하게 또는 그 반대의 변화가 일어날 것이다.

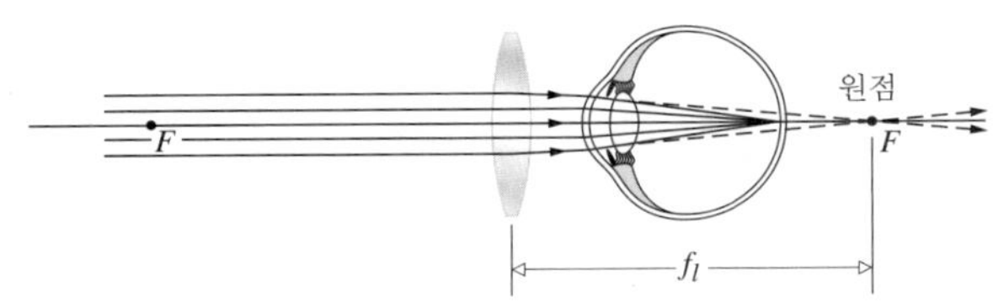

그림 5.97 원점 거리는 보정 렌즈의 초점 거리와 같다.

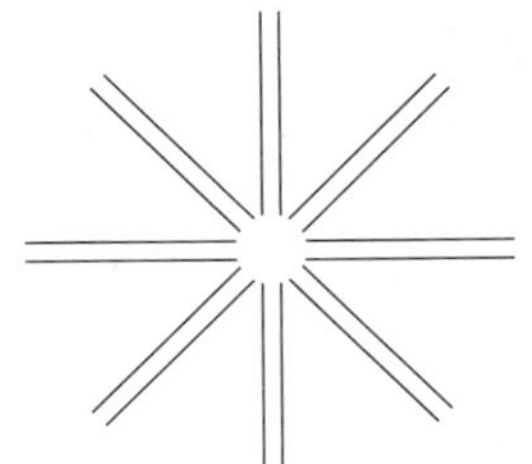

그림 5.98 난시 검사. 맨 눈으로 이 그림을 보라. 어느 한 선이 다른 것보다 굵게 보이면 당신은 난시를 가지고 있는 것이다. 그림을 눈에 가까이 댄 후 천천히 멀리 움직이면서 맨 처음 선명해지는 선을 찾아라. 만일 두 선이 동시에 선명하다면 한 선만이 선명해질 때까지 그림을 돌려라. 모든 선들이 선명하면 난시가 없는 경우이다.

난시–애너모픽(anamorphic) 렌즈

가장 일반적인 눈의 결함은 **난시(astigmatism)**일 것이다. 이것은 각막의 곡률이 고르지 않을 때 생기며 이때 각막은 비대칭 형태가 된다. 굴절능(또는 곡률)이 하나는 최대가 되고 다른 하나는 최소가 되도록 두 자오면들(광축을 포함하는 것)이 눈을 통과한다고 가정하자. 만약 이 평면들이 수직이라면, 난시는 **규칙적**(regular)이고 고칠 수 있으나, 수직이 아니라면 **불규칙적**(irregular)이고 쉽게 보정할 수 없다. 규칙적인 난시는 다른 형태를 취할 수 있는데 두 수직한 자오면 간의 여러 가지 각도에 의해 정시안, 근시안, 또는 원시안이 될 수 있다. 간단한 예로 서양 장기판의 가로는 근시안이나 원시안에서는 흐려 보이는 반면에 세로는 초점을 잘 맺는다. 이러한 자오면들은 서로 수평과 수직이 될 필요는 없다(그림 5.98).

위대한 천문학자 에어리(George B. Airy)경은 1825년에 그 자신의 근시와 난시를 개선하기 위해 오목한 구-원통형 렌즈를 사용하였다. 이것이 아마도 난시를 처음으로 보정했던 렌즈일 것이다. 그러나 네덜란드인인 던더(Franciscus Cornelius Donders: 1818~1889)에 의해 '원통 렌즈와 난시'라는 논문이 1862년에 발표되고 나서야 많은 안과 의사들이 이 방법을 채택하기 시작하였다.

두 개의 주요한 자오선에서 M_T 또는 $\mathscr{D}$가 서로 다른 값을 갖는 광학계를 **애너모픽 광학계**(anamorphic system)라고 한다. 예를 들어 그림 5.41의 계를 다시 구성해 보자. 이번에는 원통 렌즈(그림 5.99)를 사용하자. 상은 단지 한 면에서만 확대되어 왜곡될 것이다. 이것은 한 자오면에서만 결함이 있는 난시를 보정하기 위해 필요한 왜곡 수차이다. 그러므로 적당한 볼록 또는 오목의 평면–원통형 안경 렌즈(planar cylindrical spectacle lens)에 의해 정상적인 눈이 될 것이다. 두 개의 수직 자오면에서 보정이 필요할 때, 렌즈는 **구-원통형 렌즈**(sphero-cylindrical lens) 또는 그림 5.100에서처럼 **토릭 렌즈**(toric lens)를 사용해야 한다.

애너모픽 렌즈는 다른 분야에서도 사용되는데, 예를 들면 넓은 화면의 영화를 만들 때 수평 시야가 넓은 장면은 보통의 필름에 압축하여 기록한다. 특별한 렌즈를 통해서 이 필

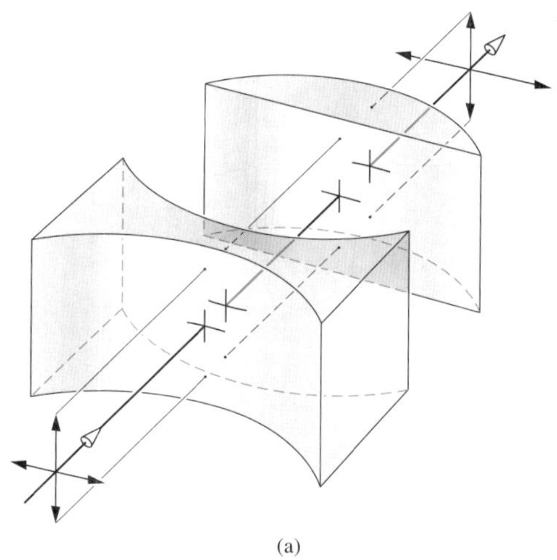
(a)

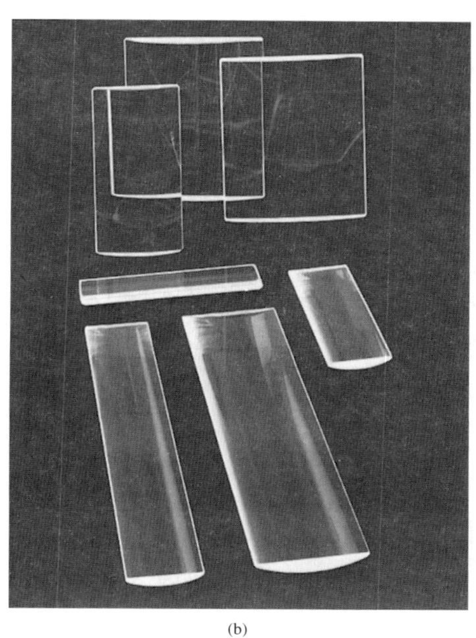
(b)

그림 5.99 (*a*) 애너모픽 렌즈계. (*b*) 원통 렌즈 (Melles Griot)

름을 보면 압축되어진 그림은 다시 원상태로 된다. 경우에 따라 텔레비전 방송국에서 특별한 렌즈 없이 짧은 발췌 부분을 보여 주는데, 이 경우 시청자들은 이상하게 늘려진 결과의 영상물을 보게 된다.

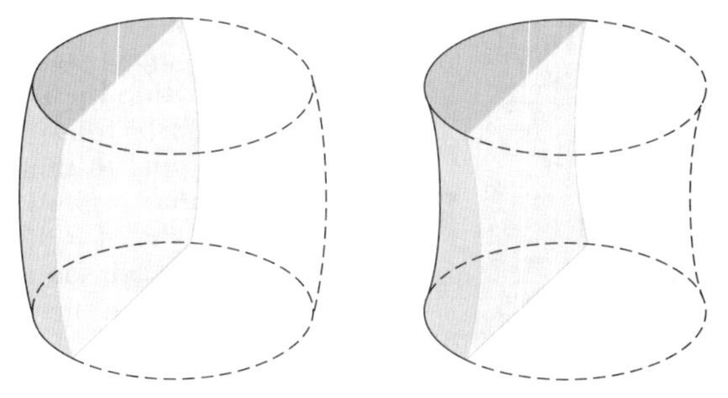
그림 5.100 토릭 렌즈의 면

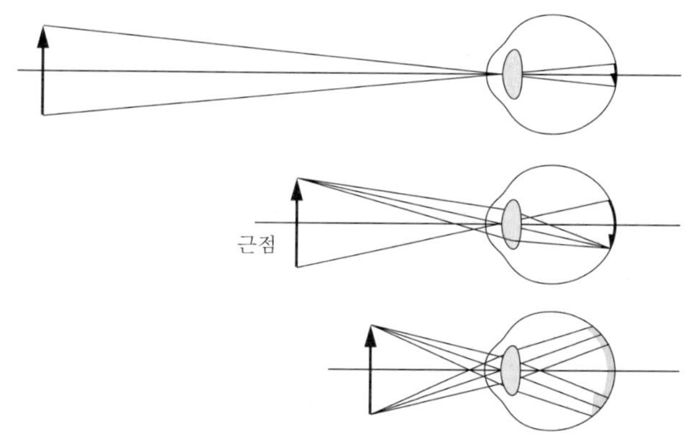

그림 5.101 근점에 대한 상들

5.7.3 확대경

관찰자가 더 자세히 관찰할 목적으로 눈 가까이에 물체를 가져감으로써 물체를 더 크게 볼 수 있다. 물체를 눈에 점점 더 가까이 가져가면 망막의 상은 더 커질 것이다. 눈은 수정체가 더 이상 적절히 조절할 수 없을 때까지 초점을 맺는다. 그러나 물체가 **근점**(near point)보다 더 가까워진다면, 상은 흐려질 것이다(그림 5.101). 실제로 눈의 굴절능을 더 높이기 위해서 볼록 렌즈를 사용할 수 있는데 볼록 렌즈는 물체를 눈 가까이 접근시켜도 초점을 맺을 수 있도록 해준다. 사용한 렌즈를 이렇게 맨눈으로 볼 때보다 더 큰 상을 제공하기 때문에 **확대경(magnifying glass)**, **돋보기**(simple magnifier) 또는 **간단한 현미경**이라고 말한다. 어떤 경우에 이 확대경은 **물체의 상을 맨눈으로 본 상보다 더 크게 만들어서 제공하는 기능을 한다.**(그림 5.102). 이런 장치는 오랫동안 사용되어져 왔다. 실제로 확대기로서 사용된듯한 수정으로 만든 볼록 렌즈($f \approx 10\,\text{cm}$)가 아시리아의 왕 세나캐리브(Sennacherib, 705~681 B.C.E.)의 궁궐의 폐허 속에서 1885년에 발굴되었다.

렌즈는 확대된 정립상을 만드는 것이 바람직할 것이다. 그러므로 정상적인 눈에 입사하는 광선은 수렴하지 않아야 하며 초점 거리 안($s_o < f$)에 물체가 놓여 있어야 한다는 것을 표 5.3으로부터 즉시 알 수 있다. 그 결과가 그림 5.102이다. 눈의 동공은 상대적으로 작기 때문에 항상 구경 조리개 역할을 할 것이며 그림 5.44에서처럼 출사동이 될 것이다.

시각 장비의 **확대능(magnifying power**, MP) 또는 같은 의미의 **각배율(angular magnification**, MA)은 **어떤 거리에서 기구를 통해 물체를 보았을 때 맺히는 망막상 크기와 맨눈으로 본 망막상의 크기의 비로써 정의한다.** 후자는 일반적으로 **근점**까지의 거리 d_o로 잡는다. 각 α_a와 α_u (각각 확대경을 사용한 경우와 맨눈의 경우에 물체의 가장자리에서 나

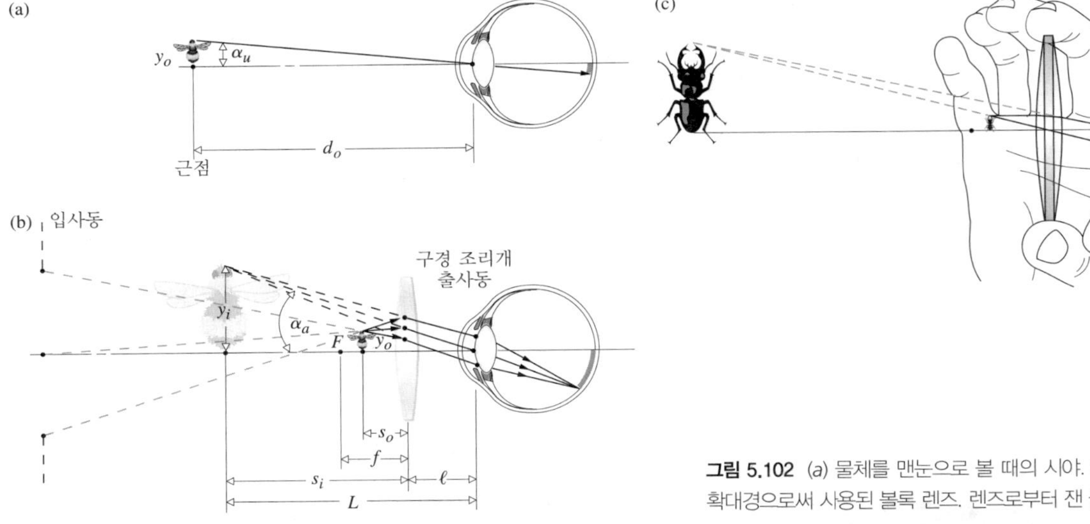

그림 5.102 (*a*) 물체를 맨눈으로 볼 때의 시야. (*b*) 확대경으로 볼 때의 시야. (*c*) 확대경으로써 사용된 볼록 렌즈. 렌즈로부터 잰 물체 거리는 초점 거리보다 짧다.

온 주광선에 의해 만들어진 각들)의 비율은 MP와 같다. 즉 다음과 같다.

$$\text{MP} = \frac{\alpha_a}{\alpha_u} \tag{5.75}$$

근축 광선 영역에서 고려하면 $\tan\alpha_a = y_i/L \approx \alpha_a$이고 $\tan\alpha_u = y_o/d_o \approx \alpha_u$이다. 따라서

$$\text{MP} = \frac{y_i d_o}{y_o L}$$

이고, 여기서 y_i와 y_o는 축의 위쪽에 있고 양의 값을 갖는다. 만약 d_o와 L을 양의 값으로 취하면 MP는 당연히 양의 값이 될 것이다. M_T에 대해 얇은 렌즈 공식과 식 (5.24)와 식 (5.25)를 사용하면

$$\text{MP} = -\frac{s_i d_o}{s_o L} = \left(1 - \frac{s_i}{f}\right)\frac{d_o}{L}$$

가 된다. 상거리가 음수이므로 $s_i = -(L - \ell)$이고 결과적으로

$$\text{MP} = \frac{d_o}{L}[1 + \mathscr{D}(L - \ell)] \tag{5.76}$$

이고, 이 경우 $\mathscr{D}$는 물론 확대경의 굴절능으로 $1/f$이다. 특별히 중요한 세 가지 경우가 있다. (1) $\ell = f$일 때 확대능은 $d_o\mathscr{D}$이다. (2) ℓ이 0일 때는

$$[\text{MP}]_{\ell=0} = d_o\left(\frac{1}{L} + \mathscr{D}\right)$$

이다. 만약 시야가 뚜렷하게 보인다면, 즉 MP의 가장 큰 값이 가장 작은 L값에 대응하는 경우라면, L은 d_o와 같아야 한다. 따라서

$$[\text{MP}]_{\substack{\ell=0\\ L=d_o}} = d_o\mathscr{D} + 1 \tag{5.77}$$

이다. 그리고 관찰자에 대해 $d_o = 0.25\,\text{m}$라고 하면

$$[\text{MP}]_{\substack{\ell=0\\ L=d_o}} = 0.25\mathscr{D} + 1 \tag{5.78}$$

이다. L이 증가하면 MP는 감소하고 마찬가지로 ℓ이 증가하면 MP는 감소한다. 만약 눈이 렌즈에서 꽤 멀리 떨어져 있다면 망막의 상은 실제로 작을 것이다. (3) 다음은 가장 일반적인 상황이다. 물체를 초점($s_o = f$)에 놓으면 허상이 무한대($L = \infty$일 때)에 맺힌다. 따라서 식 (5.76)으로부터 모든 실제적인 값 ℓ에 대해

$$[\text{MP}]_{L=\infty} = d_o\mathscr{D} \tag{5.79}$$

이 된다. 광선은 평행하기 때문에 눈은 편하고 조절되지 않은 상태에서 아주 뚜렷하게 사물을 볼 수 있다. s_o가 f에 접근해 감에 따라 $M_T = -s_i/s_o$는 무한대에 접근하며 이와는 대조적으로 같은 조건에서 M_A는 단지 1로 감소함에 주의해야 한다.

10D의 굴절능을 가진 확대경은 0.1m의 초점 거리($1/\mathscr{D}$)를 갖고 $L = \infty$일 때 MP는 2.5이다. 이것은 통상적으로

확대경으로 사용된 볼록 렌즈 (E.H.)

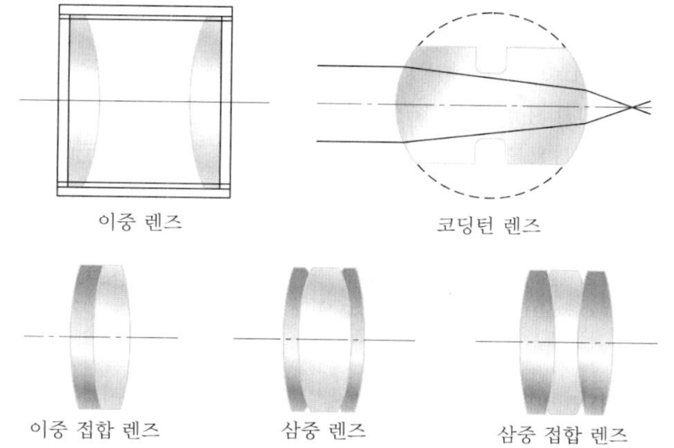

그림 5.103 확대경

2.5×로 표기한다. 이것은 물체가 렌즈의 초점 거리에 있을 때의 망막의 상이 물체가 맨눈의 근점(이곳은 가장 크고 뚜렷한 상이 가능한 곳이다)에 있을 때의 상보다 2.5배 크다는 것을 의미한다. 간단한 단일 렌즈 확대경은 수차에 의해 약 2× 또는 3×로 제한된다. 일반적으로 넓은 시야는 큰 렌즈에 의해서 가능하나, 실제적으로 렌즈들은 매우 작은 곡률을 갖는다. 반지름이 크고 f도 크면 MP는 작다. 셜록 홈즈로 인해 유명해진 독서용 안경이 그 전형적인 예이다. 시계 만드는 사람이 사용하는 확대경은 일반적으로 단일 렌즈이고 약 2× 또는 3×이다. 그림 5.103은 약 10×에서 20× 범위까지 작용하도록 고안된 복잡한 확대경을 보여 준다. 이중 렌즈는 시각 기구에서 많이 사용된다. 예를 들어 이중 렌즈는 고배율의 소형 확대 경에서 만족할 정도로 쓸 수 있다. 코딩턴(Coddington) 렌즈는 눈의 동공보다 더 작은 구멍을 갖도록 렌즈 안에 홈을 낸 구이다. 깨끗한 구슬(유리질의 작은 구)로도 또한 물체를 크게 확대시킬 수 있으나 상당한 왜곡 수차가 있게 된다.

렌즈와 이 렌즈를 담고 있는 매질의 상대적인 굴절률 n_{lm}은 파장에 의존한다. 그러나 간단한 렌즈의 초점 거리는 $n_{lm}(\lambda)$에 따라 변화하기 때문에 상대 굴절률이 파장에 의존한다는 것은 초점 거리 f가 파장의 함수라는 것과 백색광을 사용한 경우 색에 따라 다른 지점에 초점을 맺을 것이라는 것을 의미한다. 이 결과로서 생기는 결함을 **색수차**(chromatic aberration)라고 한다. 상에 이러한 색수차가 생기지 않도록 **색지움**(achromates)을 위해서 다른 유리로 구성된 볼록 렌즈와 오목 렌즈를 결합시킨다(6.3.2절 참조). 색지움 렌즈, 접합 렌즈, 이중 렌즈, 삼중 렌즈는 비교적 비싸며 보정이 잘된 작은 고배율 확대경에서 볼 수 있다.

5.7.4 접안 렌즈

접안 렌즈(**eyepiece** 또는 **ocular**)는 물체를 보기 위한 광학 기구이다. 기본적으로 접안 렌즈는 실제로 물체를 보는 것이 아니라 앞의 렌즈계에 의해 형성된 물체의 중간상을 보는 것이다. 실제로는 눈으로 접안 렌즈를 보고 접안 렌즈는 앞쪽 광학계(확대경, 복합 현미경, 망원경, 쌍안경)를 본다. 단일 렌즈는 접안 렌즈로 사용할 수 있으나 좋지 않다. 만약 망막에 맺히는 상을 더욱 잘 보기 위해서는 접안 렌즈의 수차가 없어야 한다. 그러나 특별한 기구의 접안 렌즈는 광학계의 일부분으로써 설계되며, 이 접안 렌즈의 수차를 보정하기 위해서 광학계의 나머지 부분의 설계를 이용할 수 있기 때문에 기본적인 접안 렌즈는 대부분의 망원경과 복합 현미경에서 교환하여 사용할 수 있다. 그러나 접안 렌즈는 설계하기가 어렵기 때문에 가장 좋은 설계 방법은 기존의 설계를 혼합하거나 다소 수정하는 것이다.

접안 렌즈는 대부분 거의 무한대에 위치한 (중간상의) 허상을 보여 주며 정상적이고 편안하게 상을 관찰하도록 해준다. 더욱이 이 렌즈는 출사동의 중심 또는 관찰자의 눈이 편안한 위치, 즉 렌즈의 마지막 면에서 최소 10 mm 정도인 **눈점**(eye point)에 위치해야 한다. 앞에서처럼 접안 렌즈의 배율은 $d_o\mathfrak{D}$이고 MP = (250 mm)/f이다.

250년 전에 사용된 **하위헌스(Huygens)** 접안 렌즈는 오늘날에도 특히 현미경에서 여전히 널리 사용되고 있다(그림 5.104). 접안 렌즈에서 눈에 인접한 렌즈는 **눈렌즈(eye-lens)**이고, 첫 번째 렌즈는 **시야 렌즈(field-lens)**이다. 눈렌즈에서 명시점까지의 거리를 **접안 거리(eye relief)**라고 하는데, 하위헌스 접안 렌즈에서는 접안 거리가 3 mm 정도로써 사용하기에 다소 불편하다. 눈렌즈에 대해 허물체를 형성하기 위해서는 접안 렌즈로 입사하는 광선이 수렴해야만 한다는 점을 유의해야 한다. 그러므로 하위헌스 접안 렌즈는 보통 확대경으로는 사용할 수 없으나 오늘날은 구입가격이 낮기 때문에 일부 사용한다(6.3.2절 참조). 이를 오랫동안 대체해 온 렌즈는 **람스덴(Ramsden)** 접안 렌즈이다(그림 5.105). 이때 주초점은 시야 렌즈 앞에 있기 때문에 중간상은 쉽게

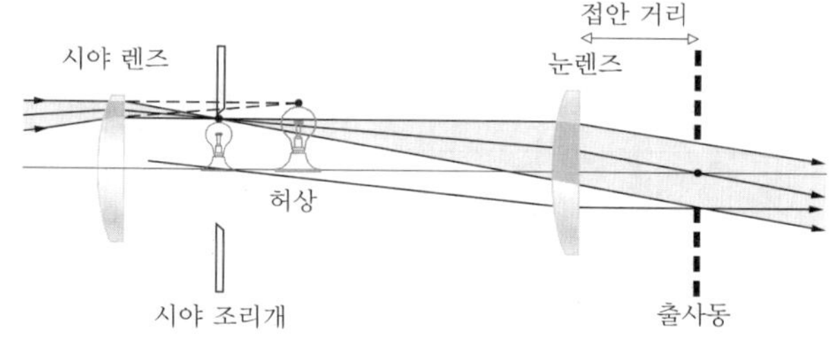

그림 5.104 하위헌스 접안 렌즈

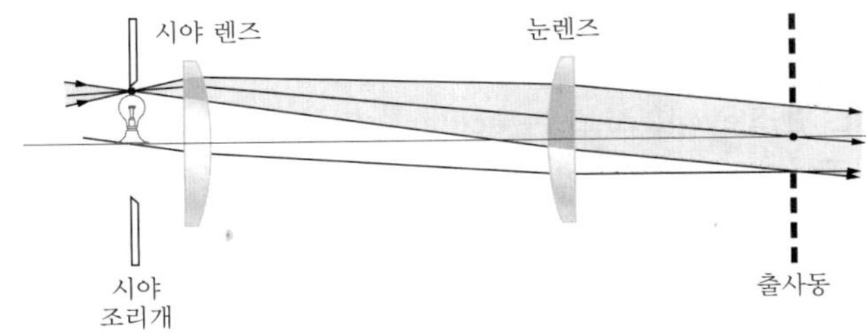

그림 5.105 람스덴 접안 렌즈

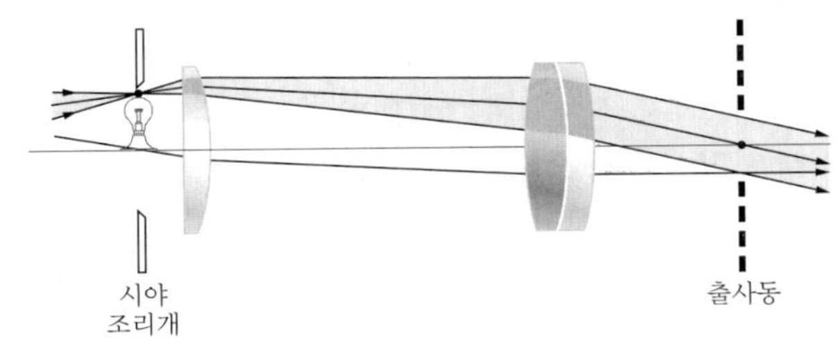

그림 5.106 켈너 접안 렌즈

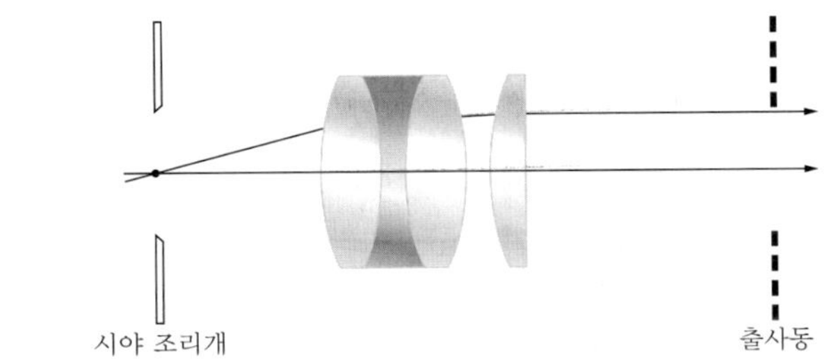

그림 5.107 정시 접안 렌즈

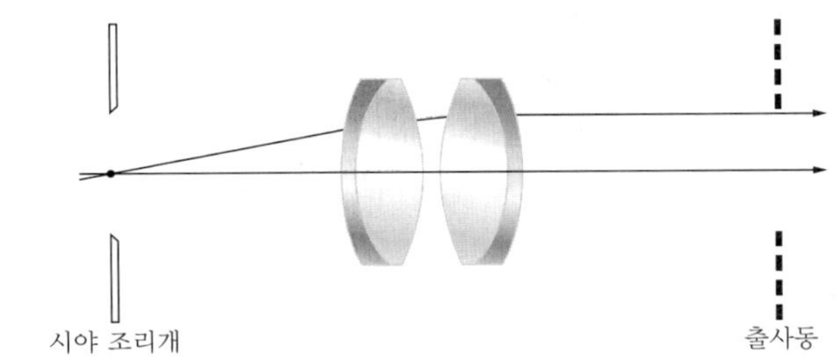

그림 5.108 대칭(프뢰슬) 접안 렌즈

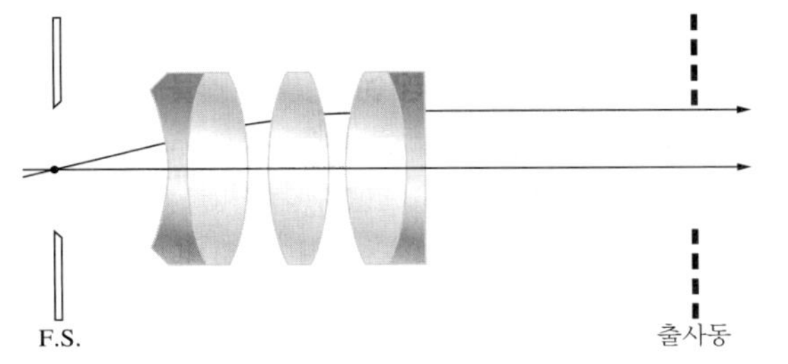

그림 5.109 에르플 접안 렌즈

접근할 수 있는 곳에 생길 것이다. 이곳이 투명판에 그려놓은 **계수선**(graticules)이라고 하는 **레티클**(reticle)이나 **레티큘**(reticule) 또는 정밀한 자나 원형각도기를 놓아야 할 곳이다. 십자선과 중간상은 같은 평면에 있기 때문에 둘 다 동시에 초점을 맞출 수 있을 것이다. 이 렌즈는 약 12 mm인 눈동자 거리를 갖고 있기 때문에 하위헌스 접안 렌즈보다 사용하기가 더 편리하다. 람스덴 접안 렌즈는 하위헌스 접안 렌즈에 비해서 상대적으로 인기 있고 값이 꽤 싸다(문제 6.2 참조). **켈너(kellner)** 접안 렌즈(그림 5.106)는 접안 거리가 앞의 두 접안 렌즈의 중간 정도임에도 불구하고 보다 향상된 상을 만든다. 켈너 접안 렌즈는 색지움된 람스덴 접안 렌즈로서 넓은 시야를 갖는 망원경에 가장 흔히 사용된다. **정시(orthoscopic)** 접안 렌즈(그림 5.107)는 넓은 시야, 고배율 그리고 긴 접안 거리(20 mm)를 가지고 있다. **대칭(symmetrica)** [또는 **프뢰슬(Plössl)**] 접안 렌즈(그림 5.108)는 정시 접안 렌즈와 유사한 성질을 가지고 있으나 일반적으로 정시 접안 렌즈보다 우수하다. **에르플(Erfle)** 접안 렌즈(그림 5.109)는 넓은 시야(대략 ±30°)를 갖는 접안 렌즈로 비교적 비싸고 모든 수차에 대해 잘 보정되어 있다.*

가변 굴절능 **줌**(zoom) 렌즈와 비구면 렌즈를 갖는 많은 다른 접안 렌즈들이 있지만 위에서 논의된 것들이 대표적인 접안 렌즈들이다. 이것들은 일반적으로 망원경, 현미경 그리고 상업적인 카탈로그의 긴 리스트들에서 찾아볼 수 있다.

5.7.5 복합 현미경

복합 현미경은 가까운 물체에 대한 각배율을 보다 크게(약 30×보다 더 크게) 함으로써 확대경의 능력을 한 단계 더 넓혀 놓았다. 이 현미경은 1590년대 초반, 네덜란드의 안경 제작자인 잰슨(Zacharias Janssen)에 의해서 발명되었다고 추측된다. 그러고 나서 갈릴레오가 두 번째로 1610년에 복합 현미경을 발명하였다. 현대 실험실에서 사용하는 현미경보다는 초기에 사용한 현미경의 구조에 더 가까운 현미경 구조를 간단하게 그림 5.110에 그렸다.

물체에 가장 가까운 렌즈계(여기서는 단일 렌즈)를 **대물 렌즈(objective lens)**라고 한다. 이것은 확대된 도립 실상을 만든다. 이 상은 접안 렌즈의 시야 조리개면 위에 나타나며, 이 상의 각 점에서 발산하는 광선은 앞 절에서 말했던 것처럼 눈렌즈(이런 간단한 경우는 접안 렌즈 자체이다)로부터 서로 평행하게 나온다. 접안 렌즈는 이렇게 대물 렌즈가 만든 중간상을 확대한다. 그래서 전체계의 확대능은 대물 렌즈의 선

* 이것들과 다른 접안 렌즈들에 대한 자세한 설계는 *Military Standardization Handbook-Optical Design*, MIL-HDBK-141에 있다.

형 횡배율 M_{To}와 접안 렌즈의 각배율 M_{Ae}곱이 된다. 즉

$$MP = M_{To}M_{Ae} \tag{5.80}$$

이다. 대물 렌즈는 물체를 확대하여 실상의 형태를 가져오며, 확대경을 통해 보는 것처럼 볼 수 있다.

식 (5.26)인 $M_T = -x_i/f$를 염두에 두고 대물 렌즈의 제2초점에서 접안 렌즈의 제1초점 거리(x_i에 해당)가 표준 거리인 160mm가 되도록 대부분의 현미경을 제작한다. **경통 길이(tube length)**를 그림에서는 L로 표시하였다(어떤 책에서는 경통 길이를 대물 렌즈의 상거리로 정의한다). 그래서 최종 상이 무한대에 있고[식 (5.79)], 표준 근점이 254mm(10인치)이면

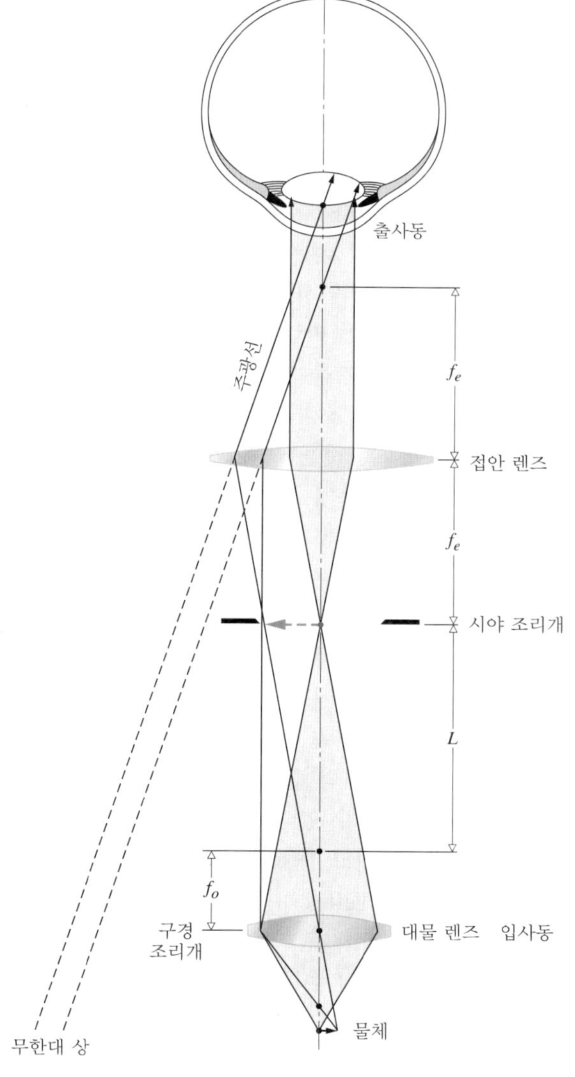

그림 5.110 기본적인 복합 현미경. 대물 렌즈는 가까운 물체의 실상을 만든다. 확대경처럼 기능을 하는 접안 렌즈는 중간상을 확대한다. 최종 허상이 현미경 내부에 있을 필요가 없기 때문에 이 상은 현미경의 경통보다 더 클 수 있다. 눈으로 들어오는 광선이 평행 광선이므로 눈은 편안하게 이완될 수 있다.

$$MP = \left(-\frac{160}{f_o}\right)\left(\frac{254}{f_e}\right) \tag{5.81}$$

이고 상은 뒤집어진다(MP < 0). 따라서 대물 렌즈의 초점거리 f_o가 32mm인 경우 원통의 5배를 가리키는 5× (또는 ×5)로 표시한다. 10× 접안 렌즈(f_e = 1인치)와 결합하면 현미경의 MP는 50×이다.

물체의 중간상을 접안 렌즈의 첫 초평면에 위치시키면서 대물 렌즈, 시야 조리개 그리고 접안 렌즈 사이의 거리 관계를 유지시키기 위해서는 이 세 개의 요소들을 균형 있게 움직여야 한다.

대물 렌즈 그 자체는 구경 조리개와 입사동으로써 작용한다. 접안 렌즈에 의해 형성된 상은 눈이 위치하는 출사동이다. 눈으로 볼 수 있는 가장 큰 물체의 범위를 제한하는 시야 조리개는 접안 렌즈의 일부분으로써 제작된다. 이때 접안 렌즈 뒤의 광학 부품에 의해 형성된 시야 조리개의 상을 **출사창**(exit window)이라고 하고, 접안 렌즈 앞의 광학 부품에 의해 형성된 상을 **입사창**(entrance window)이라고 한다. 출사동의 중심에서 출사창 가장자리를 마주보는 원뿔각은 **시야각**(angular field of view)이라고 한다.

현대 현미경의 대물 렌즈에는 대략 세 가지 종류가 있다. 이러한 대물 렌즈는 덮개 유리 아래쪽에 위치한 물체에 대해서 사용하도록 설계된 것, 덮개 유리(야금의 기구)가 없는 물체에 대해서 사용하도록 설계된 것, 액체 속에 잠겨있는 물체에 대해서 사용하도록 설계된 것으로 나눌 수 있다. 그러나 어떤 대물 렌즈는 대물 렌즈가 덮개 유리의 유무에 상관없이 사용할 수도 있다. 이러한 4개의 대표적인 대물 렌즈의 그림을 그림 5.111에서 볼 수 있는데(6.3.1절 참조), 이 대물

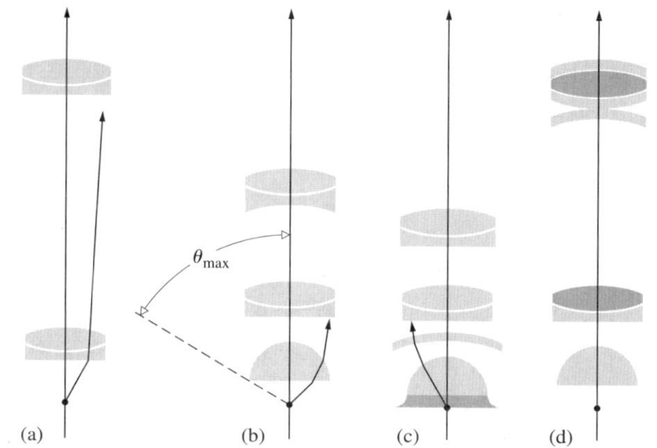

그림 5.111 현미경 대물 렌즈: (a) 10×, NA = 0.25, f = 16mm인 리스터(Lister) 대물 렌즈(두 개의 접합된 색지움 렌즈). (b) 범위가 20×, NA = 0.5, f = 8mm에서 40×, NA = 0.8, f = 4mm까지인 아미치(Amici) 대물 렌즈. (c) 100×, NA = 0.8, f = 4mm인 유적(oil-immersion) 대물 렌즈(그림 6.18). (d) 55×, NA = 0.95, f = 3.2mm[두 개의 형석(fluorite) 렌즈를 포함한] 아포크로마틱(apochromatic) 대물 렌즈.

렌즈들은 저배율(약 5×)의 접합된 이중 색지움 렌즈를 일반적으로 사용한다. 짧은 초점 거리 때문에 상대적으로 싼 중간 배율(10× 또는 20×) 색지움 대물 렌즈는 레이저 광선을 확대하거나 공간 주파수를 필터링할 때 편리하게 사용한다.

간단하게 여기서 언급하고자 하는 또 다른 중요한 특징으로써는 상의 밝기가 대물 렌즈에 의하여 모아진 빛의 양에 의존한다는 것이다. 특히 물체가 멀리 있을 때 ***f* 수**는 이 양을 나타내는 유용한 인자이다(5.3.3절 참조). 그러나 **유한 공액**(finite conjugates) (s_i와 s_o가 유한함) 점들에서 작동하는 기구에 대해서는 이러한 특징을 나타내는 것으로 개구수 NA를 사용한다(5.6절 참조). 개구수 NA는

$$\mathrm{NA} = n_i \sin\theta_{\max} \tag{5.82}$$

이며, 여기서 n_i는 대물 렌즈를 포함하는 매질(공기, 기름, 물 등)의 굴절률이고 $\theta_{\max}$는 렌즈에 의해 모아진 빛의 최대 원뿔각의 반각이다(그림 5.111(b)). 다시 말하면 $\theta_{\max}$는 축과 주변 광선에 의해서 만들어지는 각이다. 개구수는 흔히 대물 렌즈의 원통에서 새겨진 두 번째 수이다. 그 범위는 저배율 대물 렌즈의 값인 약 0.07부터 고배율(100×) 대물 렌즈의 값인 1.4 정도까지이다. 만약 물체가 공기 중에 있다면 개구수는 1.0보다 크게 될 수 없다. 이러한 개구수의 개념은 에른스트 아베[Ernst Abbe(1840~1905)]가 칼 자이스(Carl Zeiss) 현미경 회사에서 일할 때 소개하였다. 상에서 분해될 수 있는 두 물체점 사이의 최소 횡거리, 즉 **분해능**(resolving power)은 λ에 따라 변하고 NA의 역수에 따라 변한다는 것을 알아낸 사람이 바로 아베이다.

요약하면 현미경은 가까운 곳에 있는 작은 물체의 확대된 상을 얻는 장치이다. 물체 가까이에 초점 거리가 짧은 대물 렌즈를 놓음으로써 물체에서 나온 광을 최대한 많이 받아들이도록 설계한다. 대물 렌즈가 만든 실상은 확대경 역할을 하는 접안 렌즈에 의해서 더욱 확대된다.

5.7.6 사진기

현대 사진기의 기본형*은 **어둠 상자**(camera obscura)로서 이 장치의 형태는 한 벽에 작은 구멍이 있는 단순히 어두운 상자일 뿐이다. 구멍에 입사하는 광선은 바깥쪽 장면을 안쪽에 있는 상면에 뒤집힌 상을 맺는다. 이러한 원리는 아리스토텔레스(Aristotle)에 의해 알려졌고 유럽의 긴 암흑 시대 동안 아랍 과학자에 의해 지속적으로 연구되었다. 알하젠(Alhazen)은 800년 전에 일식을 간접적으로 관찰하기 위해서 사진기 상자를 사용하였다. 다빈치(Leonardo da Vinci)의 노트에서도 사진기에 대해서 약간 기술되어 있고, 포르타(Giovanni della Porta)가 지은 「주술(Natural Magic)」이라는 책에서 처음으로 자세히 다루었다. 폴타는 이 사진기 상자를 그림 그리는 보조 기구로 추진하였고 곧 대중적으로 사용되었다. 유명한 천문학자인 케플러(Johannes Kepler)는 오스트리아에서 연구하는 동안 휴대용 어둠 상자를 가지고 있었다. 1600년대 후반까지 손으로 들고 다닐 수 있는 작은 사진기가 널리 사용되었다. 그리고 작은 오징어인 노틸러스(nautilus)의 눈이 굴자 그대로 바닷물로 꽉 찬 바늘구멍 사진기와 같은 구조를 갖고 있다.

상면이 필름처럼 빛에 민감한 면으로 대체되면서 사진기 상자는 현대적인 의미를 지닌 사진기가 되었다. 1826년 니프치(Joseph Nicéphore Niépce(1765~1833))가 작은 볼록 렌즈와 감광이 되는 양은판을 가진 상자 사진기로 대략 8시간 동안 노출을 하여 처음으로 사진을 얻었다.

렌즈 없는 바늘 구멍 사진기(그림 5.112)는 가장 단순한 장치이며 아직까지도 사람들이 흥미롭게 생각하고 있고 실제로 뛰어난 결상 효력이 있다. 이것은 실제적으로 아주 넓은 각도 및 아주 멀리 떨어진 물체에 대한 왜곡되지 않은 상을 맺을 수 있다. 만약 처음에 입사동이 아주 크다면 상은 생기지 않지만, 지름이 감소함에 따라 상이 형성되고 점점 더 선명해진다. 그러나 구멍 크기를 더 감소시키면 상은 다시 흐려진다. 따라서 최대 선명도에 대한 구멍 크기는 상면으로부터의 거리에 비례한다는 것을 알 수 있다(필름에서 0.25m 떨어진 곳에서 0.5mm 지름의 구멍이 가장 편리하고 작동이 잘 된다). 모든 곳에서 광선의 초점이 잘 맺히는 것은 아니므로, 선명함이 떨어지는 요인은 이러한 메커니즘의 결함으로 인한 것이 아니다. 나중에 보겠지만(10.2.5절 참조) 문제는 회절 때문이다. 실용적인 관점에서 바늘 구멍 사진기의 가장 큰 약점은 민감한 필름을 사용하였음에도 불구하고 노출 시간이 매우 길다는 것이다(대략 f/500). 그러나 바늘 구멍 사진기는 사진에서 보는 것처럼 빌딩처럼 안정된 물체에 대해서는 더 좋은 사진을 찍을 수 있다.

그림 5.113은 대중적이고 대표적인 현재 사진기인 일안 반사식 렌즈(single-lens reflex; 즉 SLR)의 구조를 그린 것이다. 이 렌즈의 처음 몇 개 광학 부품을 통과한 광선은 노출 시간 또는 같은 의미인 ***f*-수**를 조절하는 조리개를 통과한다. 실제로 이것은 가변 구경 조리개이다. 렌즈에서 나온 빛은 45°로 기울어진 이동 가능한 거울에 입사된다. 이 빛은 초점면을 통과하여 위쪽 펜타 프리즘을 통해 파인더의 접안 렌즈로 나온다. 셔터 릴리스가 눌러졌을 때 조리개는 조여지며 거울은 밑에서 위로 올라간다. 그리고 초점면의 셔터가 열

---

* W. H. Price의 "The Photographic Lens" *Sci. Am.* (August 1976) p.72를 보라.

바늘 구멍 사진기로 찍은 사진(Science Building, Adephi University). 구멍의 지름 0.5 mm, 필름 면까지 거리 24 cm, A.S.A. 3000, 셔터 속도 0.25초. 심도에 주목하라. (E.H.)

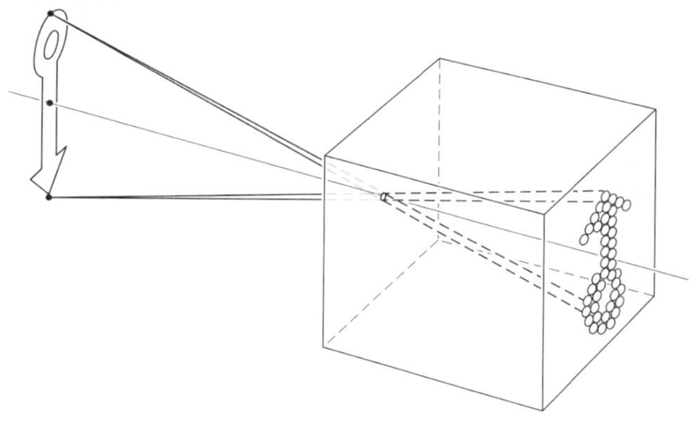

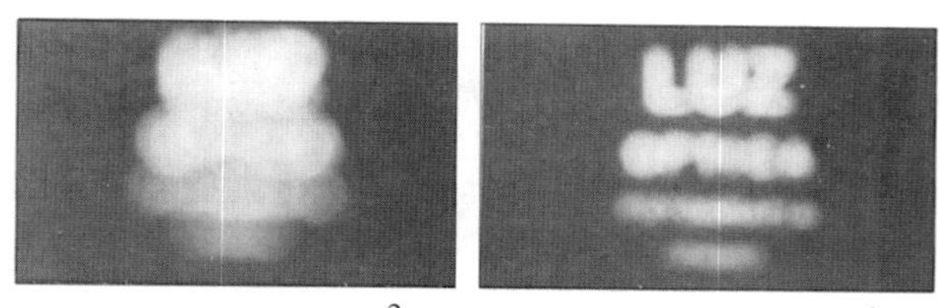

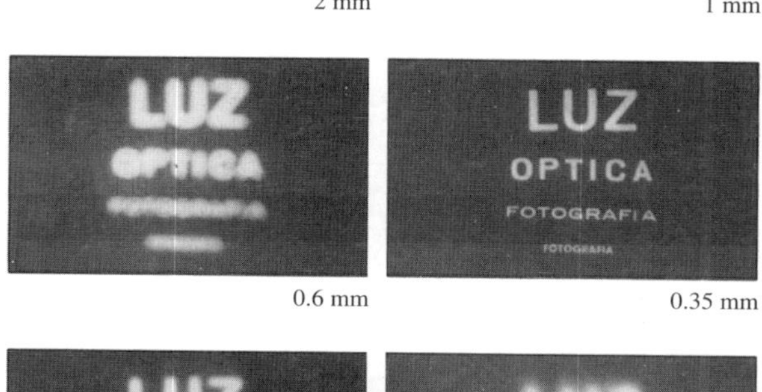

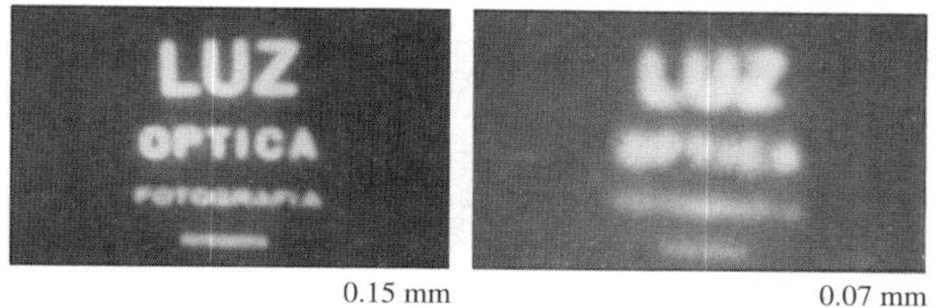

그림 5.112 바늘구멍 사진기. 구멍의 지름이 감소함에 따라 상의 선명도 변화에 주목하라. (Dr. N. Joel, UNESCO)

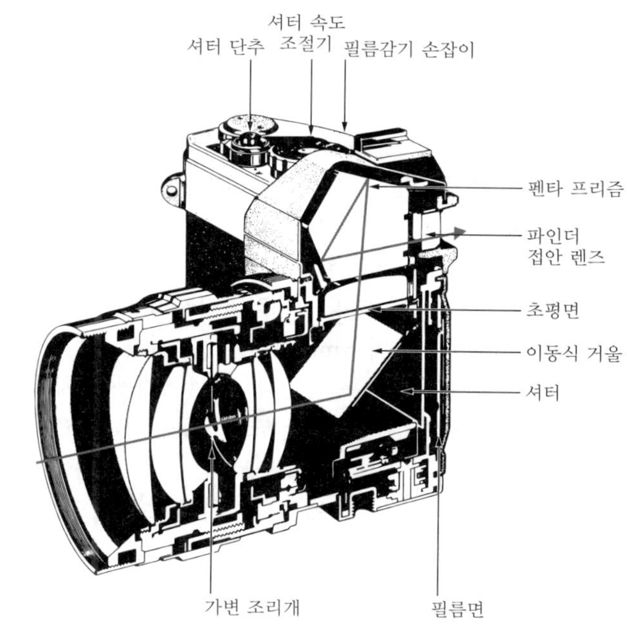

그림 5.113 전통적인 일안 반사식 렌즈 필름 사진기

려 필름은 빛에 노출된다. 필름에 노출이 끝난 후 셔터는 닫히고 조리개는 완전히 열리고 거울은 다시 내려온다. 오늘날 대부분 SLR 광학계는 조리개와 셔터가 동시에 동작되는 동시 작동(built-in light-meter) 방식 중의 하나이다.

사진기가 초점을 맺기 위해서는 렌즈계가 필름 평면이나 전자 센서 쪽으로 가까이 또는 멀리 움직여야 한다. 이 렌즈계의 초점 거리는 고정되어 있기 때문에 s_o가 변할 때 s_i도 변해야 한다. **각시야**(angular field of view)는 사진에 찍힐 물체의 크기를 결정하고 이 물체의 크기는 상의 질을 만족하는 범위 내에서 결정된다. 보다 정확하게 말하면 필름을 둘러싼 원과 렌즈가 이루는 각을 시야각 φ이라고 하는데(그림 5.114), 일반적인 광학계 배열에서는 합리적인 근사를 하

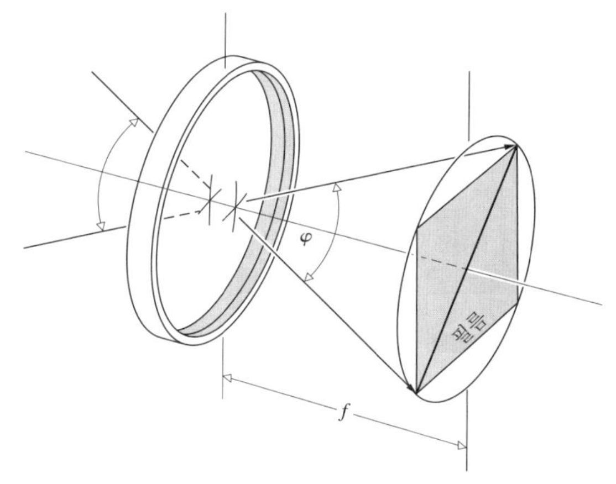

그림 5.114 무한대에서 초점이 맺혔을 때의 시야각

기 위해서 필름을 가로지르는 대각선 길이를 초점 거리와 같게 해야 한다. 그러면 $\varphi/2 \approx \tan^{-1}(1/2)$, 즉 $\varphi \approx 53°$이다. 만약 물체가 무한대에 있다면 s_i는 증가해야 되고 상을 맺기 위해서 렌즈는 필름 또는 CCD에서 멀어져야 하며 시야 조리개가 필름 그 자체일 때 시계는 감소한다. **표준** SLR 렌즈는 약 50~58 mm의 초점 거리와 40°~50°의 시야각을 가지고 있다. 필름 크기를 일정하게 유지하고 f를 줄이면 넓은 시야각을 얻을 수 있다. 따라서 **광각(wide-angle)** SLR 렌즈는 $f \approx 40$ mm에서 f가 약 6 mm가 변할 수 있기 때문에 φ는 약 50°~220°까지의 범위를 갖는다(후자는 왜곡 수차를 피할 수 없기 때문에 특수 목적용 렌즈로 사용된다). **망원 렌즈**(telephoto lens)는 약 80 mm 또는 더 긴 초점 거리를 갖는다. 결과적으로 $f \approx 1000$ mm에서 이것의 시야각은 수 °가 될 때까지 급속히 감소한다.

사진기의 표준 대물 렌즈는 노출 시간을 짧게 하기 위해서 상대적으로 큰 구경인 $1/(f/\#)$을 가져야 한다. 더욱이 상은 평평하고 왜곡이 안 되어야 하며 렌즈는 넓은 시야각을 가져야 한다. 요즈음에는 렌즈를 발전시키기 위해서 새로운 형태를 만들 수 있는 창조적인 통찰력이 있어야 한다. 과거에는 이러한 것들을 수행하기 위해서는 직감력, 경험, 이미 개발된 렌즈의 자료에 의존하였다. 오늘날은 프로토타입 없이도 컴퓨터가 이런 기능을 제공한다.

많은 사진기용 대물 렌즈는 잘 알려진 렌즈 형태들의 변형이다. 그림 5.115에서는 광각 렌즈에서 망원 렌즈까지 일반적인 렌즈계의 구조를 나타내고 있다. 변형된 렌즈들이 많기 때문에 특별한 형태의 렌즈들은 그리지 않았다. **아비오곤 렌즈**(Aviogon lens)와 **자이스 오르쏘미터 렌즈**(Zeiss Orthometer lens)는 광각 렌즈이다. 반면에 **테사 렌즈**(Tessor lens), **비오타 렌즈**(Biotar lens)는 기본 렌즈이다. 1893년 테일러와 그의 아들들(H. Dennis Tayor와 Sons)이

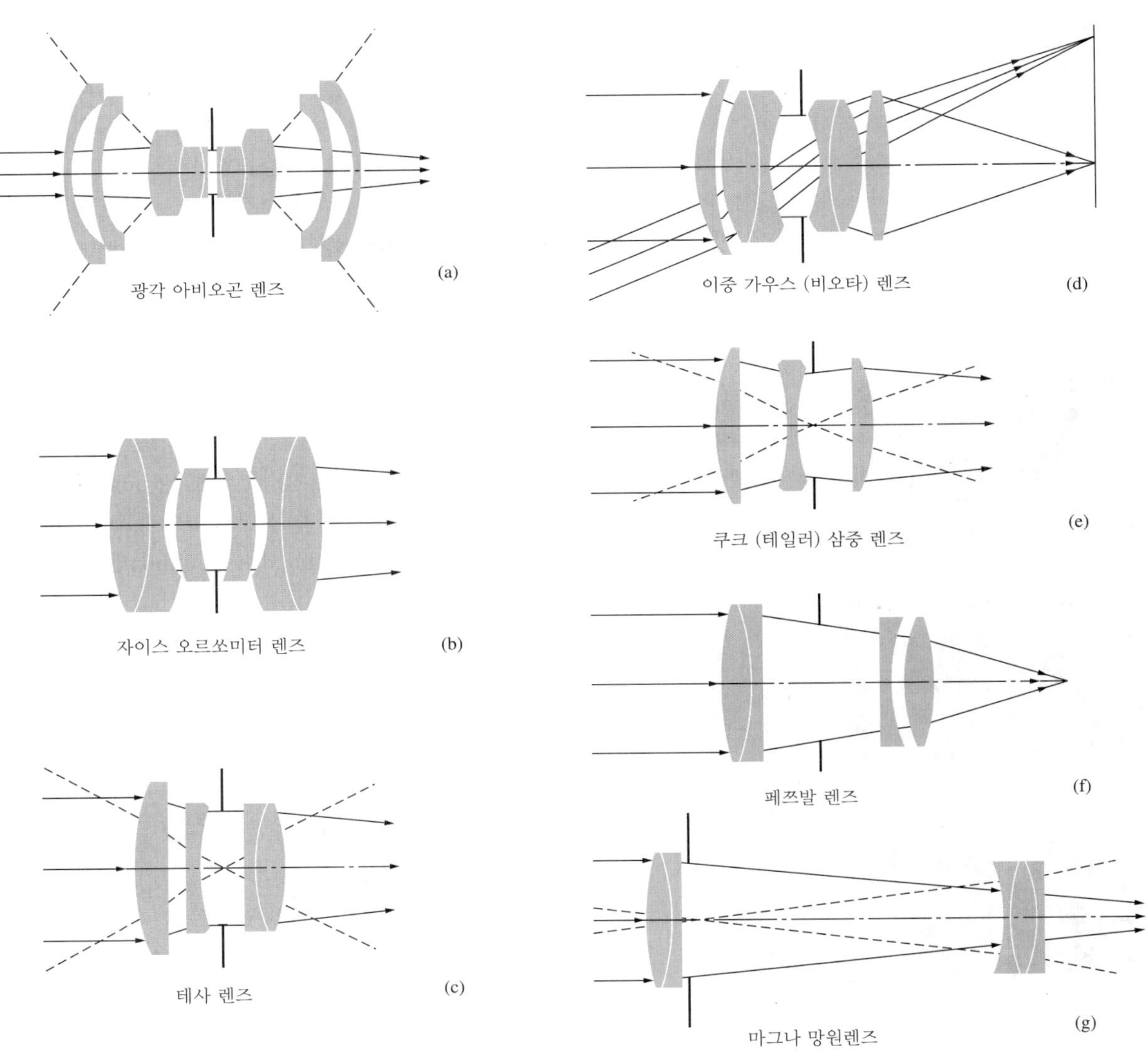

그림 5.115 사진기 렌즈

고안한 **쿠크 삼중 렌즈**(Cooke triplet)는 지금도 만들어 사용하고 있다(이것은 테사 렌즈와 유사하다). 이 렌즈는 가장 적은 수의 렌즈를 사용하여 모두 7개의 3차 수차를 제거할 수 있다. 보다 일찍이(약 1840년) 페쯔발(Josef Max Petzval)은 보이그트뢴더(Voightländer)와 그 아들을 위해 페츠빌의 초상 렌즈(portrait lens)용 사진 렌즈를 설계했는데 이 사진 렌즈의 변형은 무수히 많다.

5.7.7 망원경

누가 망원경을 실제로 발명했는가는 전혀 알려져 있지 않다. 이러한 사실로부터 망원경은 여러 번 발명되었고 또 재발명되었을 것이라는 것을 추측할 수 있을 뿐이다. 17세기까지 안경 렌즈는 약 300년 동안 유럽에서 사용되어 왔다. 그렇게 오래 렌즈를 사용해 오는 동안 우연히 두 개의 렌즈를 나란히 놓게 됨으로써 망원경을 만들 수 있었을 것이다. 어쨌든 현미경 분야에서 명성을 떨친 네덜란드인 광학자 얀센(Zacharias Janssen)이 망원경을 처음 만들었다는 것이 확실한 것 같다. 그리고 그는 현미경의 가치를 어렴풋이 알고 있었다. 그러나 망원경 발견에 대한 문헌적 증거는 리퍼세이(Hans Lippershey)가 네덜란드 주정부에 먼 거리에 있는 물체를 볼 수 있는 기계(그리스어로 *teleskopos*라고 함)에 대한 특허권을 신청한 1608년 10월 2일로 거슬러 올라간다. 그러나 이 특허가 군용으로 사용될 가능성이 있다는 것을 정부가 즉시 알아차렸기 때문에 그의 특허권은 인정되지 않았다. 즉 정부는 이 기계의 제작권을 구매한 대신에 그가 계속 연구를 할 수 있도록 하였다. 갈릴레오는 이러한 이야기를 들었고 1609년까지 그는 두 개의 렌즈와 오르간 파이프를 사용한 경통으로 그 자신의 망원경을 만들었다. 갈릴레오가 성능이 향상된 망원경을 제작하는 데는 얼마 걸리지 않았고 이를 이용한 천체의 발견으로 세계를 몹시 놀라게 했다.

굴절 망원경

간단한 **천체 망원경(astronomical telescope)**을 그림 5.116에 그려 놓았다. 복합 현미경과 달리 이것의 주요 기능은 **먼 거리** 물체의 상을 크게 하는 것이다. 그림에서 보듯이 물체가 대물 렌즈로부터 유한한 먼 거리에 있기 때문에 중간 실상은 대물 렌즈의 제2초점 바로 밖에 형성된다. 이 상은 다음 렌즈계, 즉 접안 렌즈에 대해서는 물체가 될 것이다. 이는 만약 접안 렌즈가 (보통 조절 범위 안에서) 확대된 최종 허상을 만든다면 물체 거리는 초점 거리 f_e보다 작거나 같아야 한다는 표 5.3을 따른다. 실제로 **중간상의 위치는 고정되어 있고 단지 접안 렌즈만이 그 기구의 초점을 맞추기 위해 움직인다.** 최종 단계에서 상은 뒤집어져서 나타나지만 망원경을 사용한 천체 관측의 대부분 작업이 사진에 의하기 때문에 거의 중요하지 않다.

먼 거리에 물체가 있으면 이로부터 나오는 입사 광선은 사실상 평행광이다. 중간상의 대물 렌즈의 제2초점에 있다. 보통 접안 렌즈는 이것의 제1초점이 대물 렌즈의 제2초점과 겹치도록 놓는데, 이런 경우에 중간에 맺어진 상의 한 점에서 발산하는 광선은 서로 평행하게 접안 렌즈에 들어올 것이다. 그러면 정상적인 눈은 편한 상태에서 광선의 초점을 맺을 수 있다. 만약 눈이 근시 또는 원시이면 이를 보정하기 위해

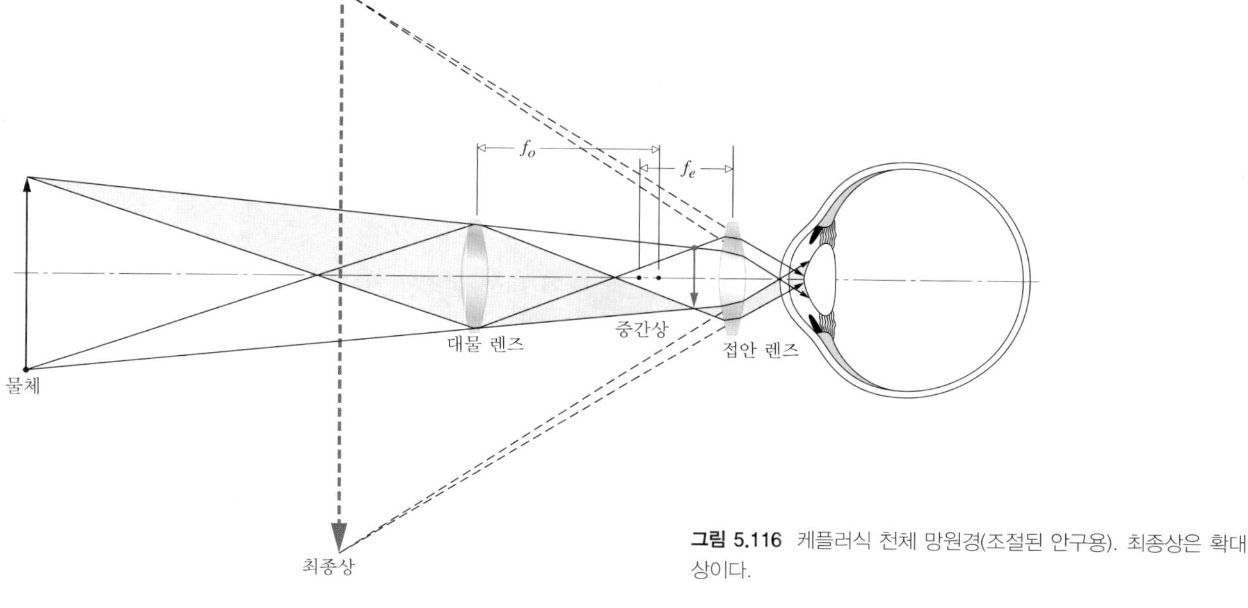

그림 5.116 케플러식 천체 망원경(조절된 안구용). 최종상은 확대된 도립 허상이다.

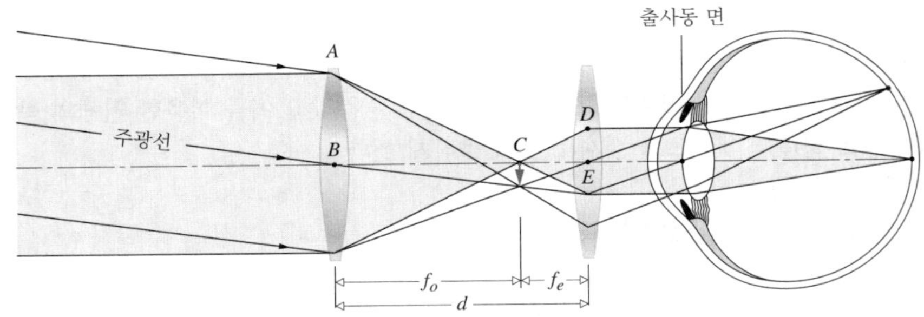

그림 5.117 천체 망원경-무한 공액

서 광선을 조금 발산 또는 수렴시키려고 접안 렌즈를 앞쪽이나 뒤쪽으로 움직여야 한다(보통 광학 기구를 사용할 때, 만약 사용자가 난시를 갖고 있다면 안경을 착용해야만 할 것이다). 앞에서 보았듯이(5.2.3절 참조) 두 렌즈 사이의 거리가 두 렌즈의 초점 거리의 합인 d 만큼 분리되어 있을 때 얇은 렌즈 조합의 앞초점 거리와 뒤초점 거리는 무한대에 있게 된다(그림5.117). 이러한 **무한 공액**(infinite conjugates)에서는 천체 망원경의 초점을 **무초점**(afocal)이라고 한다. 만약 무한대 위치에 초점을 갖는 망원경의 뒤쪽 끝을 시준된(평행 광선, 즉 평면파) 레이저 광선으로 비추면 망원경에서 나오는 빛은 여전히 평행하고 단면이 커진 상태에 있을 것이다. 광학 실험에서 가끔 단색에 가까운 넓은 평면파가 필요한 경우가 있는데 이런 평면파를 얻을 수 있는 무초점 장치들이 오늘날 시판되고 있다.

망원경에서는 대물 렌즈의 가장자리가 구경 조리개이며 대물 렌즈 왼쪽에 렌즈가 없다면 그것은 입사동이 된다. 만약 망원경으로 멀리 떨어진 은하계를 관측한다면 눈의 광축은 망원경의 중심축과 같은 선상에 있어야 할 것이다. 눈의 입사동은 공간에서 망원경의 출사동과 일치하지만 눈은 고정된 게 아니라 넓은 시계를 보기 위해서 움직인다. 실제로는 어떤 영역으로부터 나온 광선이 중심와에 오게 하기 위해서 눈이 계속 움직이므로 이 영역을 볼 수 있다. 입사동의 중심을 통해 중심와로 나가는 주광선(chief ray)의 방향을 **주시선**(primary line-of-sight)이라고 한다. 안구의 방향과는 관계없이 머리를 기준으로 한 고정축점은 **시계 교차**(sighting intersect)라고 하며 주 시선은 항상 이 축점을 통과한다. 눈이 물체를 볼 때 시계 교차는 망원경의 출사동 중심에 위치해야 한다. 이런 경우 주 시선은 항상 출사동의 중심을 통과한 주광선과 일치해야 할 것이나 눈은 여전히 움직인다.

물체의 끝에서 나온 광선이 대물 렌즈에서 α와 같은 반각을 만든다고 가정하자(그림 5.118). 이것은 눈에 의해서 만들어지는 각 α_u와 같다. 앞 절에서처럼 각배율은 다음과 같다.

$$\text{MP} = \frac{\alpha_a}{\alpha_u} \quad [5.75]$$

여기서 α_u와 α_a는 각각 물체 공간과 상공간에서의 시계를 측정한 것이다. 만약 광선이 음수의 기울기로 대물 렌즈에 도달한다면 이것은 눈에 양수의 기울기를 가지고 들어올 것이고 그 역도 성립한다. **직립상에 대해 *MP*가 양수의 값**을 갖게 하기 위해서 앞에서 사용했던 것(그림 5.102)과 모순되지 않게 α_u 또는 α_a는 음수가 되어야 한다. 광선이 음수의 경사를 갖기 때문에 여기서는 전자를 택하자. 대물 렌즈의 제1초점을 통과한 광선이 접안 렌즈의 제2초점을 통과한다는 사실을 고찰해 보자. F_{o1}과 F_{e2}는 공액점이며 근축 근사에서는 $\alpha \approx \alpha_u \approx \tan \alpha_u$이고 $\alpha_a \approx \tan \alpha_a$이다. 상은 시야 조리개 영역에 있게 되며 이것의 반은 거리 $\overline{BC} = \overline{DE}$와 같다. 그래서 삼각형 $F_{o1}BC$와 $F_{e2}DE$로부터 접선 비율은 다음과 같다.

$$\text{MP} = -\frac{f_o}{f_e} \quad (5.83)$$

그래서 초기 굴절식 망원경이 (긴 초점 거리를 갖는) 꽤 평평한 대물 렌즈로 만들어졌고, 이 때문에 경통 길이가 매우 길어진 것은 놀라만한 것이 아니다. 요하네스 헤벨리우스(Johannes Hevelius)가 제작한 유명한 망원경은 길이가 50 m이다. 긴 초점 거리의 대물 렌즈가 갖는 부가적인 장점도 있다. 즉 렌즈가 평평해질수록 이 렌즈의 구면 수차와 색수차는 점점 더 작아진다.

MP에 대한 다른 편리한 표현은 접안 렌즈의 횡축배율을 고려함으로써 얻어진다. 출사동이 대물 렌즈의 상이므로(그림 5.118) 다음을 얻는다.

$$M_{Te} = -\frac{f_e}{x_o} = -\frac{f_e}{f_o}$$

만약 D_o가 **대물 렌즈의 지름**이고 D_{ep}가 **대물 렌즈의 상, 즉 출사동의 지름**이면 $M_{Te} = D_{ep}/D_o$이다. M_{Te}에 대한 이러한 두 표현과 식 (5.83)으로부터 다음을 얻는다.

$$\text{MP} = \frac{D_o}{D_{ep}} \quad (5.84)$$

망원경에 입사하는 빛다발의 지름은 이 빛이 접안 렌즈를 나갈 때 이 망원경의 배율만큼 빛다발의 지름이 축소되어 압축된다. 이러한 상황은 그림 5.117의 두 렌즈 사이의 영역에서

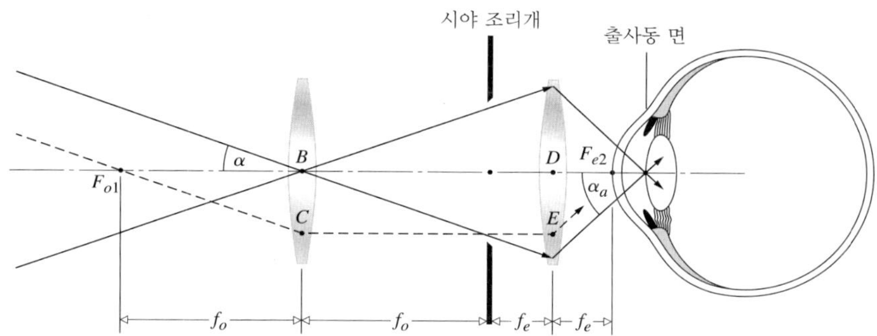

그림 5.118 망원경의 광선 각도들

기하학적으로 보면 명백하다.

여기서 상이 뒤집혀 있으므로 D_{ep}는 실제적으로 음수이다. 짧은 초점 거리를 갖는 렌즈 앞에 긴 초점 거리를 갖는 렌즈를 택하고 $d = f_o + f_e$가 되게 하면 굴절 망원경을 간단히 만들 수 있다. 그러나 잘 보정된 망원경은 일반적으로 이중 또는 삼중 렌즈의 대물 렌즈를 가지고 있다.

예제 5.17

무한 공액점들에서 사용하는 작은 케플러 망원경은 105 cm 만큼 떨어진 두 장의 얇은 양의 렌즈로 구성된다. 이러한 배치에서 이 망원경의 각배율은 20이다. 관찰자는 이완된 눈으로 가까운 물체를 선명하게 보기 위해서 5.0 cm만큼 접안 렌즈를 밖으로 민다. 이 물체는 망원경의 대물 렌즈로부터 얼마나 멀리 떨어져 있는가?

풀이

(a) 무한 공액점에 대해서

$$d = f_o + f_e = 1.05\ \text{m}$$

이고, 상이 도립상이므로

$$-20 = -\frac{f_o}{f_e}$$

이며, 이로 인하여

$$20f_e + f_e = 1.05$$

$$f_e = 0.05\ \text{m} \quad \text{및} \quad f_o = 1.00\ \text{m}$$

이 된다. 눈이 이완되어 있으므로 $s_i = \infty$이고 중간상은 접안 렌즈의 초점에 생긴다. 현재 이 초점은 대물 렌즈의 뒤쪽으로 105 cm 떨어진 곳에 있다. 대물렌즈에 대해서 $s_i = 1.05\,\text{m}$이고 $f_o = 1.00\,\text{m}$이므로

$$\frac{1}{s_o} + \frac{1}{s_i} = \frac{1}{f}$$

$$\frac{1}{s_o} + \frac{1}{1.05} = \frac{1}{1.00}$$

이다. 즉 물체는 대물 렌즈의 앞쪽으로 $s_o = 21\,\text{m}$에 생긴다.

물체의 방향이 중요할 때는 **정립 광학계**[**erecting system, 지상 굴절 망원경(terrestrial telescope)**과 같은 것]가 필요하다. 단일 정립 렌즈 또는 렌즈계는 흔히 접안 렌즈와 대물 렌즈 사이에 위치하므로 직립상을 얻는다. 그림 5.119는 접합된 이중 대물 렌즈와 켈너 접안 렌즈를 갖는 망원경을 보여준다.

이러한 이유 때문에 **쌍안경(binoculars)**은 일반적으로 정립 프리즘을 사용하는데 이 정립 프리즘은 더 작은 공간에서 정립상을 만드는 역할을 하고 대물 렌즈를 더욱 멀리 위치시켜서 입체 효과를 강화시킨다. 그림 5.120에서는 이중 포로 프리즘을 사용하였다(여기에서는 수정된 에르플 접안 렌즈, 넓은 시야 조리개, 색지움 이중 대물 렌즈가 포함되어 있다는 것을 주목해야 한다). 쌍안경은 일반적으로 수치적인 표기, 예를 들면 6 × 30, 7 × 50, 20 × 50이 있는데, 첫 번째 숫자 6, 7, 20은 배율을 나타내고 두 번째 숫자는 입사동의

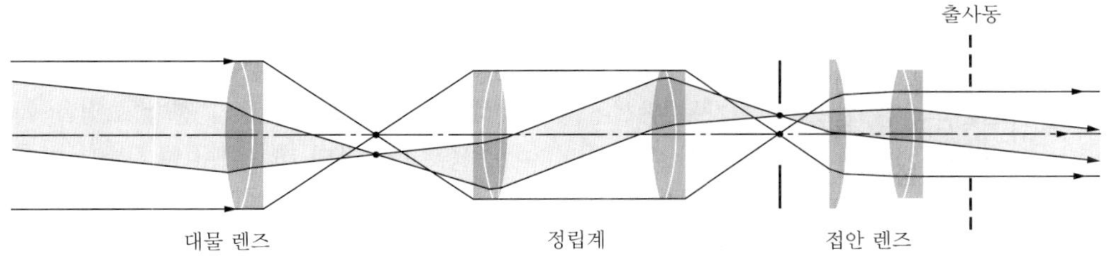

그림 5.119 지상 망원경

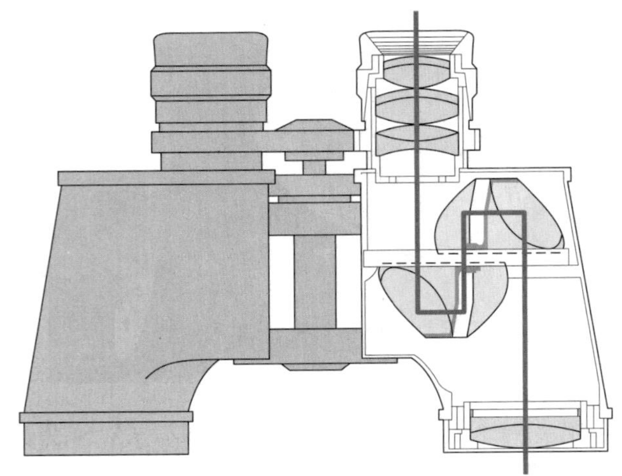

그림 5.120 쌍안경

지름 또는 밀리미터 단위로 표기된 대물 렌즈의 개구를 뜻한다. 식 (5.84)에 의해서 출사동의 지름은 첫 번째 숫자로 두 번째 숫자를 나눈 것이므로 이 경우 출사동의 지름은 모두 밀리미터 단위로 표시된 5, 7.1, 2.5이다. 기구를 눈으로부터 약간의 간격을 두고 보면 어둠에 둘러싸인 밝은 원형의 출사동을 볼 수 있다. 무한대에 초점을 갖는 기구로 하늘을 볼 때 생기는 명확한 원형 빛이 맺히는 곳을 찾으면 접안 거리를 찾을 수 있다.

심지어 접안 렌즈가 음수($f_e < 0$)일 때도 $d = f_o + f_e$일 때는 망원경은 무초점을 갖는다. 갈릴레오에 의해 제작된 망원경(그림 5.121)은 접안 렌즈로 오목 렌즈를 사용하였고 따라서 정립상을 형성한다[식 (5.83)에서 $f_e < 0$이고 MP > 0임]. 멀리 떨어진 물체로부터 평행한 광선 다발이 대물 렌즈(L_1)로 들어가고, 이 대물 렌즈를 지난 후 f_o 만큼 떨어진 이 렌즈의 초평면상의 한 점으로 수렴한다. L_1의 중심을 통과하여 지나가면서 나머지 광선 다발들과 평행한 광선-1이 이 점(P)의 위치를 잡는다. 두 렌즈가 오른쪽 먼 지점에 초점을 공유하기 때문에 P가 놓인 면은 또한 L_2의 초평면이다. L_2의 중심을 지나서 P로 들어가는 광선-2를 그리자. 광선-1, 광선-2, 광선-3, 광선-4 모두 L_2에서 P쪽을 향해서 수렴하는데, 이 점은 렌즈 L_2에 대한 허물체점이다. 이미 그림 5.31(b)에서 보았듯이 L_2의 중심을 지나가는 광선-2가 L_2에서 나오는 나머지 광선들의 방향을 결정한다. 즉 이 광선들 모두는 하나의 다른 광선과 평행하게 나간다. 망원경으로 들어가는 광선은 망원경에서 나오는 광선들처럼 아래쪽을 향한다. 망원경에서 나가는 빛을 보는 사람은 근본적으로 무한대 거리에 위치한 확대된 정립 허상을 볼 것이다. 동일한 초점 거리를 갖는다면 f_e가 음수이기 때문에 MP(magnifying power)가 지

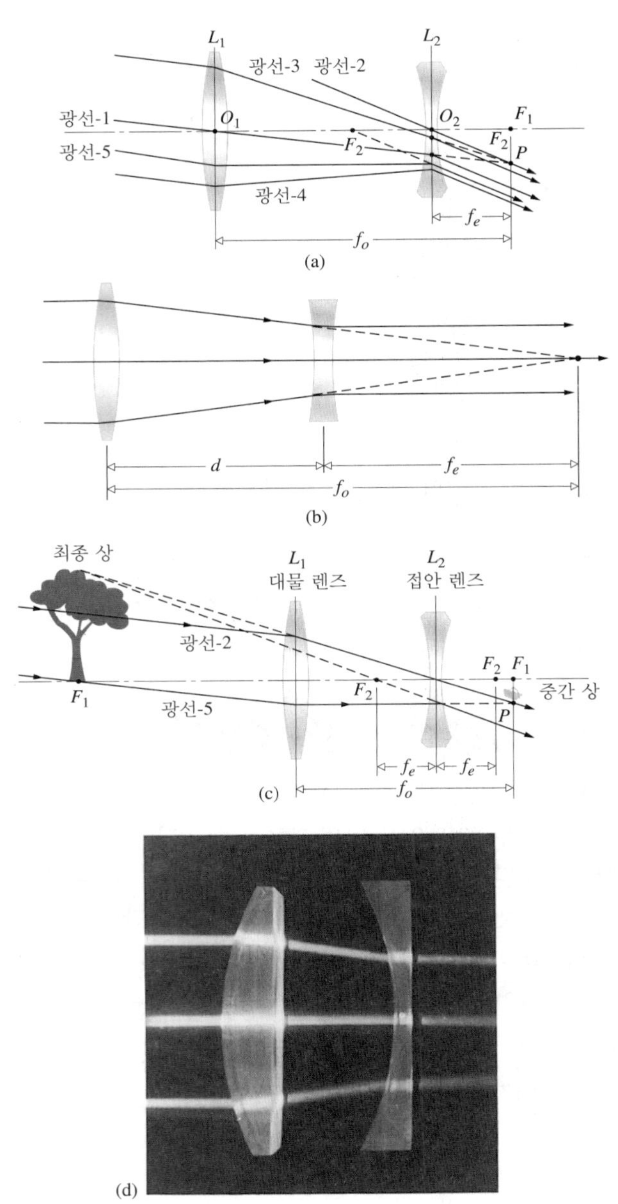

그림 5.121 갈릴레오 망원경. 갈릴레오의 첫 번째 망원경은 자신이 직접 연마한 평면-볼록 대물 렌즈(지름 5.6 cm, f = 1.7 m, R = 93.5 cm)와 평면-오목 접안 렌즈로 되어 있다. 그가 마지막으로 제작한 망원경은 32×인데 이것은 3×였다. (E.H.)

금은 양수이지만(상이 정립상이다), 천체 망원경에서처럼 갈릴레오 망원경은 동일한 확대능(MP = $-f_o/f_e$)을 갖는다.

또한 그림 5.121a에서 보여 준 것처럼 이러한 렌즈 정렬로 정립 실상과 도립 실상을 만들 수 있다. 이런 상황을 확인하기 위하여 L_1의 전방 초점을 통과하여 중심축에 평행하게 나가는 광선-5를 추적해본다. 이 광선이 L_2의 전방 초점을 지나서 나가지만, 이 광선은 L_2로부터 렌즈에서 나가는 나머지 광선들과 평행하다. 만약에 중심축을 따라 L_2의 위치를 바꾸

더라도 L_1이 결상한 도립된 중간상의 상태는 바뀌지 않을 것이라는 것을 주목하라. 결과적으로 음의 렌즈가 왼쪽으로 약간 이동할 때(그림 5.121c), 광선-2와 광선-5의 연장선이 L_2의 왼쪽으로 이러져서 그 교차점에서 확대된 정립 허상이 생긴다. 그리고 다시 도립 중간상의 최종상이 뒤집어져서 물체의 끝 부분이 바로 선다. 이렇게 배치된 갈릴레오 망원경의 접안 렌즈를 가지고 움직이면서 관찰자의 눈을 조절한다. 다시 말하자면 L_2를 정지된 중간상에 더 가깝게 오른쪽으로 살짝 움직여도 광선-5가 L_2를 지나가면서 이 광선의 방향은 변하지 않을 것이다. 그러나 P를 통과하여 지나가는 광선-2는 더 가파르게 휘고 이 두 광선은 L_2의 오른쪽 한 점으로 수렴하여 도립 실상이 생길 것이다.

현재 갈릴레오가 만든 망원경은 역사적으로나 교육학적으로 가치가 있으며, 이러한 두 개의 렌즈로 구성된 갈릴레오 망원경은 시중에서 구입할 수 있다. 그러나 이 망원경은 고출력 빔이 주변 공기를 이온화시키는 내부 초점을 가지고 있지 않기 때문에 레이저빔 확대기로 사용한다.

반사 망원경

간단히 말해서 망원경은 아주 멀리 있는 **희미한** 물체를 **선명하게** 볼 수 있도록 해주는 장치이다. 이를 위해서는 2개의 별로 이루어진 연성과 같이 작으면서도 서로 가까이 붙어있는 분리된 물체를 분해할 수 있어야 한다. 정찰 위성의 경우 지상에서 걸어 다니는 사람을 구별할 수 있는 수준이면 충분하지만 사람이 입고 있는 제복의 계급장까지 구별할 수 있으면 더욱 좋을 것이다. 이와 같이 망원경이 사물을 구별할 수 있는 능력을 **분해능(resolution)**이라고 한다. 분해능은 빛이 들어오는 면의 구경에 비례한다. 다른 조건이 같다면 구경이 큰 망원경이 구경이 작은 망원경보다 분해능이 좋다. 구경이 커야 하는 더 큰 이유는 **들어오는 빛의 양**을 증가시키기 위해서이다. 구경이 큰 망원경은 더 많은 빛을 모으고 더 멀리 떨어져 있는 물체를 볼 수 있다.

큰 렌즈를 만들 때는 실질적인 어려움이 생긴다. 캘리포니아 남서부 팔로마(Palomar)산에 있는 반사 거울은 지름이 200인치인 반면에, 위스콘신주의 윌리엄스만에 있는 가장 큰 굴절 망원경인 여키스(Yerkes) 망원경은 지름이 40인치이다. 여기서 렌즈를 사용할 경우 렌즈가 투명해야 하며 내부 기포가 없어야 한다는 점이 중요하다. 그러나 거울의 경우는 거울 앞면을 이용하기 때문에 렌즈처럼 투명하게 만들 필요가 없다. 렌즈는 가장자리에 의해서만 지지되기 때문에 렌즈 자체의 무게 때문에 가라앉을 수도 있다. 그러나 거울은 가장자리와 뒷 판에 의해서 지지될 수 있으며, 굴절 현상이 없기 때문에 굴절률의 함수인 색수차가 생기지 않는다. 이런 이유 때문에 큰 망원경에서는 반사 거울을 사용한다.

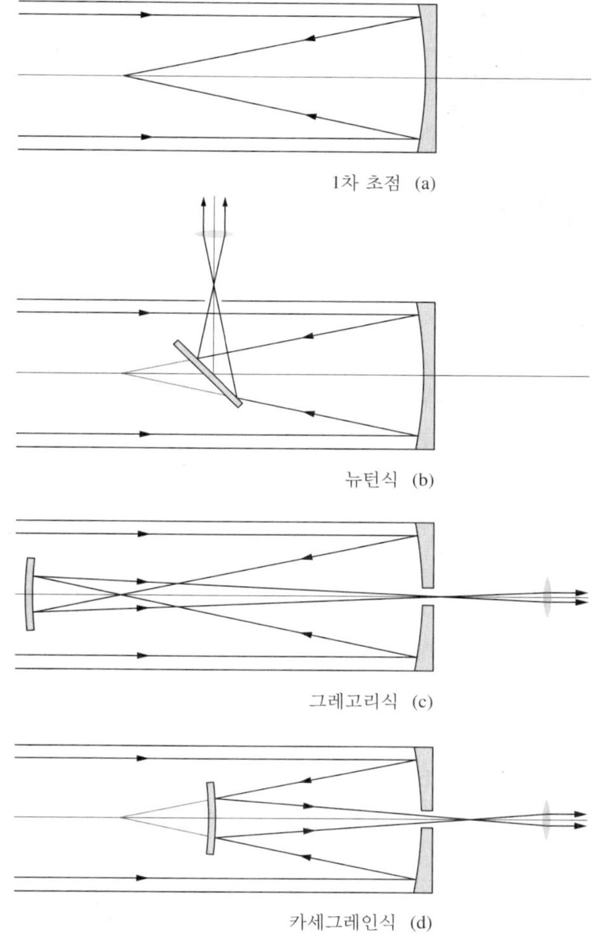

그림 5.122 반사 망원경

1661년 스코틀랜드 사람인 그레고리(James Gregory, 1638~1675)에 의해 발명된 반사 망원경은 1668년 뉴턴(Newton)에 의해서 처음으로 성공적으로 제작되었다. 그리고 1세기 후 헤셀(William Herschel)은 이를 중요한 연구 도구로 사용하였다. 그림 5.122는 오목한 포물면 형태의 반사 거울을 나타내고 있다. 200인치 헤일(Hale) 망원경은 너무 커서 관찰자가 앉을 수 있는 곳에 1차 초점이 위치할 정도이다(그림 5.122(a)). 뉴턴식 반사 망원경에서는 평면 거울 또는 프리즘을 사용하여 광선을 망원경 축에 대해서 직각으로 광속 방향을 바꾼다(그림 5.122(b)). 이것은 사진으로 찍을 수도, 눈으로 볼 수도, 스펙트럼으로 분해할 수도 또는 광전자적으로 처리할 수도 있다. 일반적인 것은 아니지만 그레고리식 반사 망원경에서 오목한 타원면 형태의 2차 거울은 상을 다시 뒤집고 1차 거울의 구멍을 통해 광선을 내보낸다(그림 5.122(c)). 카세그레인식 광학계(그림 5.122(d))는 유효

NASA는 뉴멕시코주에 지름 3m의 액체 거울 망원경을 설치하여 5cm 정도의 작은 저궤도 우주 쓰레기를 관측하였다. (NASA)

초점 거리를 증가시키기 위해서 볼록한 쌍곡면 형태의 2차 거울을 사용한다(그림 5.57). 이 경우 1차 거울은 구경은 같지만 초점 거리와 곡률 반지름이 더 큰 것처럼 작용한다.

그림 5.122(a)에 주어진 단일 포물면 망원경은 광축과 평행하게 입사하는 광선을 이용하도록 고안되었다. 그러나 광축에서 벗어난 지점에 관심 대상의 물체가 있는 경우가 있다. 광축에서 벗어난 물체에서 나온 광선이 포물면 거울에 의해 반사되면 한 점에 모이지 않는다. 다시 말해서 멀리 있는 비축 물체는 **코마**(coma)와 **비점수차**(astigmatism) 때문에 중심에서 벗어난 지점에 번진 상을 맺게 된다. 이 장치는 코마 수차로 인해서 물체가 광축에서 조금만 벗어나도 상을 볼 수 없으며 따라서 시야각이 매우 좁다. f수가 10인 경우 시야각은 9분이며 f수가 4인 경우는 시야각이 1.4분 정도이다. 마찬가지로 이중 거울 반사 망원경(그림 5.122 (b), (c), (d))의 시야각도 코마 때문에 심각하게 제한을 받는다.

한편 평평하고 얇은 용기에 수은과 같은 액체를 넣고 수직축을 기준으로 일정한 각속도 ω로 회전하면 수직축에서 직각으로 r만큼 떨어진 곳의 액체의 표면은 포물면이 될 것이다. 가장 낮은 점을 기준으로 올라간 액체의 높이 z는 다음과 같다.

$$z = \frac{\omega^2 r^2}{2g} \tag{5.85}$$

이런 방법으로 지름 3m 이상 되는 튼튼하고, 회절 한계에 접근하는 액체 거울이 제작되어 왔다. 유리판 위에 제작된 액체 거울 망원경의 장점은 비용이 저렴하다는 것이며, 단점은 사진에서 보듯이 거울면이 수직상 방향으로 고정된다는 점이다.

애플래네틱(aplanatic) 반사경

구면 수차와 코마가 무시될 정도로 작은 광학계를 **애플래네틱 광학계(aplanat)**라고 하는데 이들 수차가 제거된 카세그레인식 및 그레고리식 망원경이 개발되었다. 2m 이상의 구경을 가진 망원경 가운데 가장 유명한 리치-크레틴(Ritchey-Chrtien) 망원경은 쌍곡면 거울을 이용하여 수차를 제거한 카세그레인 형태의 망원경이다. 그 대표적인 예로는 그림 5.123에 나타난 2.4m 지름의 허블 우주 망원경(Hubble Space Telescope, HST)이다. 대기가 없는 우주에서 망원경은 자외선 영역에서도 효과적으로 기능을 수행한다. HST는 1993년에 사진 건판보다 50배 이상 감도가 좋은 CCD(charge-coupled device)판이 설치됨으로써 1μm의 적외선에서부터 121.6nm의 자외선까지 감지할 수 있다. 이 망원경은 10μm 이상의 파장 영역에서 회절 한계 근처의 상을 맺을 수 있는 지상 망원경과 상호보완적으로 이용된다.

리치-크레틴 망원경에서 시야각을 제한하는 요소는 극소량의 코마와 비점수차이다. 그래서 f수가 10인 망원경의 시야각은 18분 정도인데 이 값은 포물면을 이용한 동일한 형태의 망원경의 값보다 2배 큰 수치이다. 수차가 제거된 그레고리식 망원경과 비교할 때 리치-크레틴 망원경은 2차 거울이 더 작기 때문에 1차 거울에 입사하는 광선을 덜 차단하고 길이도 훨씬 짧다는 장점이 있다.

모든 광학계는 입사한 파면의 일부만을 통과시키기 때문에 빛이 자신의 진행 경로에서 벗어나는 회절 현상이 존재한다. 평면파가 원형 개구를 가진 광학계에 들어가면 '점'이 아닌 에어리 원판(Airy disk)이라고 불리는 작은 원형 반점(이곳에 입사 에너지의 84%가 모임) 형태의 상이 생긴다. 에어리 원판의 반지름은 이웃한 상들이 서로 중첩했을 때 분해능을 결정한다. 결상계가 맺을 수 있는 가장 완벽한 상은 **회절 한계(diffraction limited)**에 접근하는 것으로 보는 이유가 여기에 있다.

이상적인 광학계의 각분해능은 식 (10.59), 즉 $1.22\lambda/D$ (라디안) 또는 $2.52 \times 10^5\lambda/D$ (초) 로 주어지는데, 여기서 D는 광학계 개구의 지름이다. 그러나 대기의 요동 때문에 아무리 좋은 지상 망원경이라 해도 각분해능은 1초(arcsecond)보다 더 좋지 않다. 다시 말해서 각도가 1초 이하로 서로 붙어있는 2개의 별을 지상 망원경으로 관찰하면 구별할 수 없는 희미한 반점으로 나타난다. 대기권 밖에 위치한 지름 $D = 2.4$m인 허블 우주 망원경의 각분해능은 파장 $\lambda = 500$nm의 빛에 대해서 0.05초이다.

세계에서 가장 큰 망원경은 하와이 마우나키(Mauna Kea) 화산의 13,600피트 꼭대기에 설치된 두 개의 케크(Keck)(애플래네틱 광학계임) 카세그레인식 망원경이다. 이들은 서로 85m 떨어져 있으며, 주거울(primary mirror)은 36개의 6각형 거울로 이루어진 쌍곡면 형태인데, 그 지름은 10m이고 f수는 1.75로서 초점 거리는 17.5m이다. 신세대 망원경들은 초점 거리가 상대적으로 작고 f수가 2 이하인 거울을 사용하는 경향이 있음을 알 수 있다. 초점 거리가 짧은 망원경은 제작과 설치가 용이하고 더욱 안정하며 정교하게 조절할 수 있

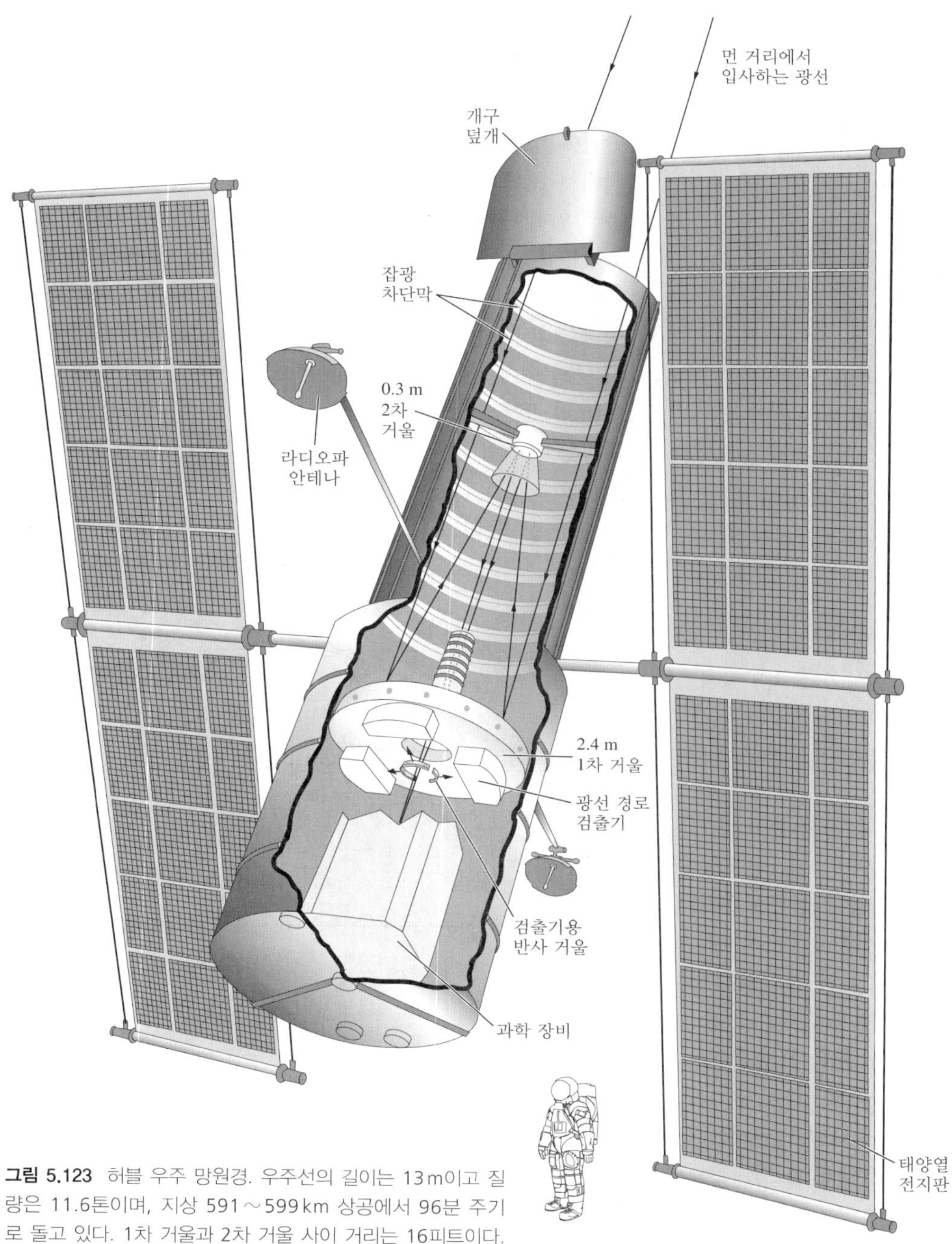

그림 5.123 허블 우주 망원경. 우주선의 길이는 13 m이고 질량은 11.6톤이며, 지상 591 ~ 599 km 상공에서 96분 주기로 돌고 있다. 1차 거울과 2차 거울 사이 거리는 16피트이다. HST의 1차 거울은 5.4.2절에 나와 있다.

는 장점이 있다.

세계에서 가장 큰 단일 광학 망원경들 중 하나는 카나리아 제도에 있는 GTC(Gran Telescopio Canarias)이다. 이 망원경과 비슷하지만 약간 더 큰 케크(Keck) 망원경의 쌍곡면 주경은 36개의 독립적으로 움직이는 육각 거울 조각으로 구성되어 있다. 이 주경의 75.7 m^2의 총 면적은 지름이 10.4 m인 원형 거울의 주경과 동등하다. GTC는 2007년에 처음으로 작동하였지만 '가장 큰 망원경'이라는 이름은 오래가지 못하였다. GTC 이후에 바로 진정한 거대 망원경인 초대형 지상 망원경(terrestrial megascope)이라는 새로운 망원경 세대가 시작되었기 때문이다. 이 초거대 지상 망원경들 중 가장 큰 망원경들로는 지름 25 m인 GMT(Giant Magellan Telescope), 지름 30 m인 TMT(Thirty Meter Telescope), 지름 42 m인 EELT(European Extremely Large Telescope)가 있다. 이들 초거대 망원경 그룹에 (IR 영역에서 우선적으로 작동하는) 지름 6.5 m인 제임스 웹 우주 망원경(James Webb Space Telescope)이 포함되는데, 이 망원경은 NASA가 2018년경 지구로부터 약 백만 마일 정도 떨어진 우주 공간상의

그림 5.124 GMT(Giant Magellan Telescope)의 형상 그림. 망원경의 바닥의 왼쪽에 서있는 사람의 키 크기를 주목하라. (National Academy of the Sciences)

궤도에 올려놓을 것이다.

이러한 우주를 향한 강력한 새로운 눈들 중 대표적인 것으로 GMT를 생각해 보자. 2017년에 완공하기로 예정되어 있었던 GMT는 지름 8.7 m인 벌집 모양의 모놀리식 붕규산염(monolithic borosilicate) 유리 거울(그림 5.124) 7장으로 구성되어 있다. GMT의 거울 7장(1장의 중심 거울과 6장의 비축 거울)은 마치 거의 하나의 타원 형태의 광학 면이 되도록 연마된다. GMT의 거울들은 구경이 지름 21.9 m인 집광 면적을 갖는 단일 거울과 동등하다. 이 망원경의 주경들은 하나의 매끄러운 면을 만들기 때문에 이 망원경의 분해능은 허블(Hubble) 망원경보다 10배 더 선명한 상을 결상할 수 있는 구경 크기가 24.5 m인 망원경의 분해능과 같다. 초점 거리가 18 m이므로 주경의 *F*수는 *f*/0.7이다. 무수차(aplanatic) 그레고리식 망원경의 설계에서는 개별적으로 움직이는 7장의 얇은 오목 적응(adaptive) 거울로 구성된 부경이 필요하다. 주경과 부경의 결합된 광학계의 유효 초점 거리는 *f*/8.0에서 203 m이다.

오늘날은 여러 개의 다른 망원경에서 얻은 상을 서로 간섭시킴으로써 망원경의 유효 지름을 엄청나게 확대하는 기술이 개발되었다. 지상에 설치된 신세대의 광학 망원경 배열은 사람이 우주를 볼 수 있는 능력의 향상에 크게 기여할 것이다.

반사-굴절식 망원경

반사(catoptric)와 **굴절**(dioptric)계를 동시에 포함한 망원경을 **반사-굴절식**(catadioptric) 망원경이라고 한다. 처음은 아니지만 이러한 것들 중에서 가장 잘 알려진 것이 고전적인 **슈미트 광학계**(Schmidt optical system)이다. 이 광학계는 넓은 시야를 갖고 동시에 큰 개구를 갖는 대표적인 반사계이기 때문에 비록 간단할지라도 여기서 취급하고자 한다. 그림 5.125에서 볼 수 있는 것처럼 구면 거울에서 반사된 평행 광선이 상을 형성할 것이다. 실제로 별들의 상을 구면 필름 위에서 보도록 하자. 이러한 구조를 갖는 망원경에서 생기는 유일한 문제는 다른 수차의 영향을 받지 않는다 할지라도(6.3.1절 참조) 거울의 가장자리에서 반사된 광선이 근축 범위에서 반사하는 광선과 동일한 초점에 모이지 않는다는 것이다. 다시 말하면 거울은 포물면이 아니라 구면이기 때문에 **구면 수차**(spherical aberration)가 생긴다[그림 5.125(b)]. 만약 이 광학계에서 구면 수차를 보정할 수 있다면 최소한 이론상으로 이 광학계는 넓은 시야에 대해서 완벽한 상을 맺

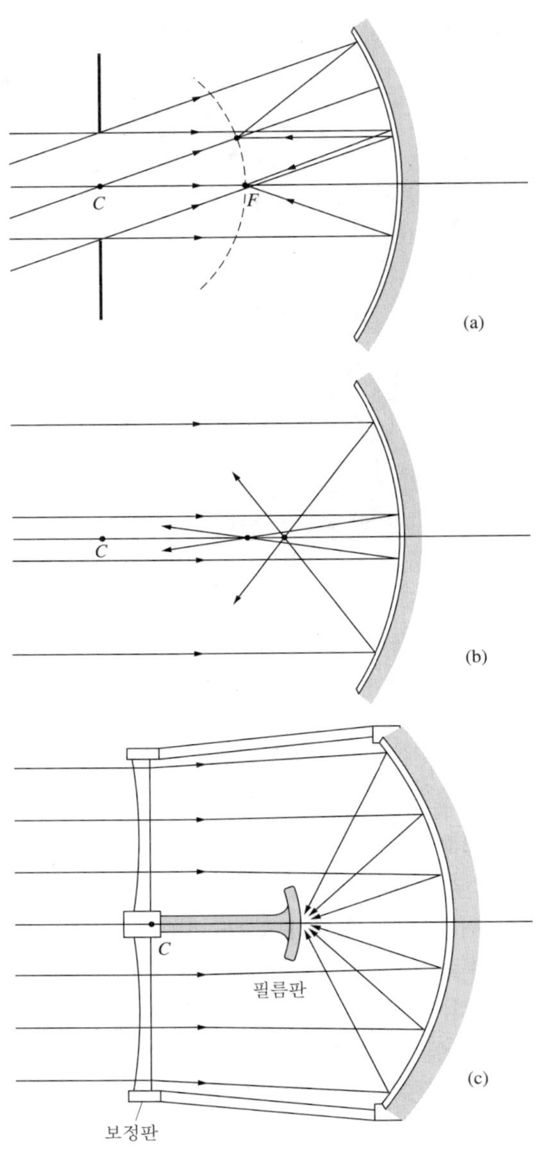

그림 5.125 슈미트 광학계

는다. 그러면 보정된 광학계에서는 중심축이 없기 때문에 실제로 축에서 떨어진 점들도 없다. 포물면에서 비축상의 점들에 대한 상은 완벽하지 못하지만 축상의 점들에 대해서는 완벽한 상을 형성한다는 것을 상기해야 한다.

1929년 어느날 밤 슈미트(Bernhard Voldemar Schmidt)(1879~1935)가 필리핀에서 일식을 관찰하고 돌아오던 중 인도양을 지날 때 구면 거울의 구면 수차를 해결하기 위해 그가 설계한 광학계의 그림을 동료들에게 보였다. 이 광학계에서 그는 얇게 도넛형의 곡선으로 연마한 면을 갖는 유리 보정판을 사용하였다[그림 5.125(c)]. 바깥 영역을 통과하는 광선은 상구면 위에 초점을 잘 맺을 수 있도록 필요한 만큼 빛이 구부려져서 나간다. 수차의 개념을 소개하지 않았지만 보정판은 구면경이 갖는 한 가지 결점을 극복하였다. 이 광학계는 1930년에 최초로 만들어졌으며 1949년에는 유명한 팔로마 관측소의 48인치 슈미트 망원경이 탄생되었다. 이 팔로마 슈미트 망원경은 밤하늘을 관측할 수 있을 정도로 고속이고($f/2.5$) 넓은 시야를 갖는 장치로 이상적인 망원경이다. 한 장의 사진으로써 북두칠성(Big Dipper)의 크기를 보여 줄 수 있다. 이것은 같은 영역에 대해 200인치 반사 거울식 망원경이 찍은 대략 400개의 사진에 대응된다.

슈미트 광학계가 출현한 이후로 반사-굴절계의 응용에 있어서 많은 진보가 있었다. 지금은 반사-굴절계를 탑재한 인공위성과 미사일 추적 기구, 운석 카메라, 복잡한 상업 망원경, 망원 대물 렌즈와 유도탄 광학계가 개발되어 있다. 그리고 기본 형태를 변형한 변종 슈미트 광학계가 셀 수 없이 많이 있다. 어떤 것은 보정판 대신에 중심이 같은 매니스커스 렌즈[보워스-마크수토프(Bouwers-Maksutov) 망원경]로 대치되고 다른 어떤 것은 두껍고 단단한 거울을 사용하기도 한다. 이러한 수많은 망원경들 중에서 가장 성공한 망원경은 삼중 비구면 렌즈 배열을 사용한 망원경이다[베이커(Baker) 망원경].

5.8 파면의 변형

이 절에서는 파면을 원하는 모양으로 변형시키는 방법에 대해서 논의한다. 파면을 바꾸는 전통적인 방법은 렌즈 또는 거울을 사용하는 것이다. 이 경우 입사한 파면 전체가 영향을 받게 된다. 그러나 최근에는 입사한 파면의 각 부분을 독립적으로 변형시키는 기술이 개발되었다.

평면파가 목욕탕 유리와 같이 굴절률 $n(\mathbf{r})$ 또는 두께가 불균일한 매질을 지나가는 경우를 생각해 보자(그림 5.126(a)). 파면은 광경로 길이(OPL)에 비례해서 지연되기 때문에 왜곡된 모습을 보이게 된다. 이런 왜곡된 파가 일반적인 평면 거울에 의해서 반사될 경우 진행 방향만 반전될 뿐 파면의 모양은 바뀌지 않는다(그림 5.126(b)). 즉 앞서가던 파면은 반사 후 그대로 앞서가고 뒤쳐진 파면은 역시 그대로 뒤쳐지게 된다. 목욕탕 유리를 통과한 파를 직접 보거나 거울에 의해 반사된 파를 보거나 모두 뿌옇게 보일 것이다.

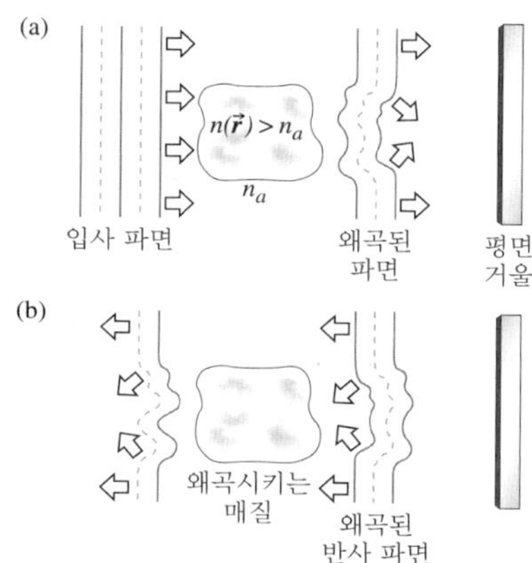

그림 5.126 (*a*) 불균일한 매질을 통과할 때, 파면은 왜곡된다. (*b*) 왜곡된 파가 보통 거울에 의해 반사되면 진행 방향이 바뀐다. 그러나 앞서 가던 파면은 반사 후 그대로 앞서 가고 뒤쳐진 파면은 그대로 뒤쳐진다. 따라서 매질을 다시 통과하는 경우 파면 왜곡은 더욱 증가한다.

만일 파면을 마음대로 변형시킬 수 있는 특별한 거울을 만들 수 있다면 여러 가지 상황 속에서 불필요하게 발생하는 파면의 왜곡을 없앨 수 있을 것이다. 이 절에서는 이런 목적으로 사용할 수 있는 두 가지의 서로 다른 기술을 소개한다.

5.8.1 적응광학

최근 망원경 기술 분야에서 가장 중요하게 성공한 것은 대기에 의한 파면 왜곡 문제를 해결할 수 있는 **적응광학(adaptive optics)**의 발전이다. "망원경의 제작 이론이 마침내 완벽해진다고 해도 그 망원경의 기능을 발휘할 수 없게 하는 장애물은 여전히 존재한다. 높은 탑의 그림자가 흔들리고 항성의 빛이 반짝거리는 현상에서 볼 수 있듯이 사람이 별을 관측하는 동안 대기는 끝없이 흔들린다."라고 뉴턴은 지적하였다. 적응광학은 끝없이 움직이는 대기에 의한 파면 왜곡을 조절하는 방법을 연구하는 분야이다. 먼저 대기의 요동에 의해서 발생되는 파면 왜곡을 측정한 후 이 정보를 이용하여 광파가 요동하는 대기 속을 지나오기 전에 갖고 있던 본래의 파면으로 되돌리는 것이다(그림 5.127).

태양으로부터 방출된 열에너지로 인해서 지구 대기는 요동하면서 이동하는 공기의 바다와 같다. 밀도의 변화는 굴절률의 변화를 동반하고 이에 따라서 광경로 길이가 변화한다. 멀리 떨어진 별에서 나온 파면은 0.5μm의 가시광 영역 파

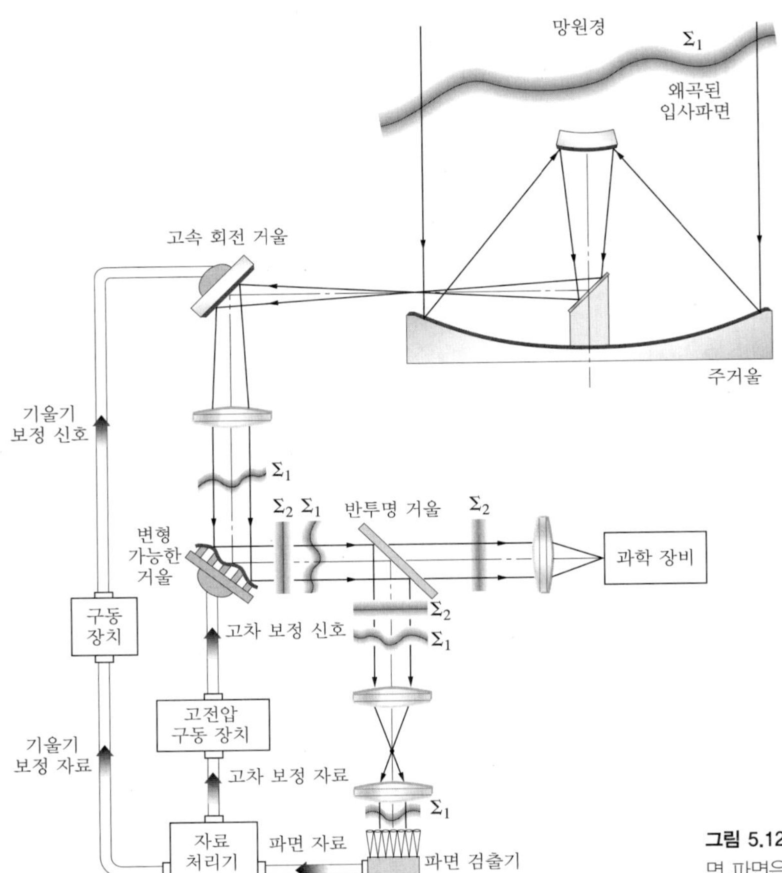

그림 5.127 적응광학계. 왜곡된 파면 Σ_1을 분석한 후 변형시킨다. 보정된 평면 파면은 다음 단계로 보내진다.

장을 갖는 평면파의 형태로 지구 대기층에 도달한다. 이 평면파가 100마일 정도의 대기층을 지나는 동안 수 μm의 광로차가 발생하고, 이에 따라서 파면은 울퉁불퉁한 모양으로 왜곡된다. 지상에 도달한 파면은 면이 고르지 않은 바닥에 제멋대로 펼쳐 놓은 10cm 크기의 타일 조각들처럼 기울어진 파면 조각이 서로 연결된 형태를 갖는다. 대기의 요동은 1/1000초마다 제멋대로 변화하기 때문에 힘센 벌들이 타일 판 아래서 제멋대로 움직이는 경우 타일 판이 상하좌우로 이동하듯이 대기를 통과한 파면의 왜곡도 연속해서 변화한다.

프리드(David L. Fried, 1966)는 요동하는 대기층에 대한 광학적 측정 결과들이 꽤 단순한 모델로 해석될 수 있음을 보여 주었다. 실제로 광속은 매우 크기 때문에, 어느 한 순간의 대기층은 작은 쐐기 모양의 안정된 굴절면들(wedge-shaped stable cell)이 수평면 위에 배열된 것으로 단순화될 수 있다. 이때 지표면에 도달한 파면의 부분은 제멋대로 기울어진 작은 **아이소플래내틱 영역(isoplanatic region)**이 합성된 것으로 간주된다. 평지에 도달한 파면은 10cm 크기의 평평한 조각의 집합으로 볼 수 있는 반면에 천문관측소가 있는 시계가 좋은 높은 산에서 관찰된 파면은 20~30cm 크기의 평평한 조각으로 이루어진다. 파면 왜곡이 $\lambda/10$ 이하일 경우에 좋은 상을 얻을 수 있다는 점에서 볼 때, 평평한 조각 내에서 앞서가는 부분과 뒤쳐진 부분 사이의 광로차는 $\lambda/17$ 정도이므로 각 조각들은 상당히 평평하고 곡률이 거의 없다. 대기의 요동이 심해질수록 쐐기 모양의 안정된 굴절면의 크기가 줄어들고 파면을 구성하는 평평한 조각들의 크기도 줄어든다.

망원경을 통해서 얻은 상에 미치는 대기 요동의 영향은 망원경의 구경에 따라서 크게 달라진다. 수 cm의 구경을 갖는 망원경의 경우 하나의 안정된 굴절면을 통과한 파면만을 받아들이기 때문에 파면은 아주 평평할 것이고, 대기 요동은 주로 파면의 기울어짐(tilt)에 영향을 미친다. 이것은 파면이 예리한 에어리 상(Airy image)을 만들지만 파면의 입사 각도가 변하기 때문에 에어리 상의 위치가 제멋대로 이동하는 것을 의미한다. 반대로 구경이 수 m인 큰 망원경은 서로 기울어진 여러 개의 평평한 조각들로 이루어진 파면을 받아들이기 때문에 상대적으로 변위된 여러 개의 에어리 상들이 중첩된 형태를 이루게 되어 어른거리고 퍼진 상을 만들게 된다. 따라서 구경을 크게 하면 더 많은 빛을 모을 수는 있으나 비례해서 분해능을 향상시키지는 못한다.

퍼짐을 느낄 수 있는 임계 구경(critical aperture size)을

대기층을 통해서 망원경으로 별을 관측할 때 순간적으로 선명한 상을 볼 확률은 대물 렌즈 지름의 지수 함수 형태로 감소한다. 12인치 지름의 대물 렌즈를 사용하여 선명한 상을 볼 확률은 1/100이다. 1/60초 간격으로 찍은 사진은 상이 어떻게 변하고 있는지를 보여 준다. 오른쪽 끝에 있는 사진은 선명한 순간에 찍힌 것이다. 회절 한계로 설계된 광학계의 상은 중심부에 에어리 원판의 점이 나타나고 주변에 흐린 원무늬가 있어야 한다. (Ron Dantowitz, Museum of Science, Boston)

측정함으로써 대기 요동의 정도를 알 수 있는데 일반적으로 r_0(r naught라고 읽음)로 표현되는 이 임계 구경을 **프리드 변수(Fried parameter)**라고 한다. 프리드 변수 r_0는 반지름이 아니고 입사 파면 가운데에서 평면으로 볼 수 있는 영역의 지름을 나타낸다. 매우 드문 경우이지만 r_0가 30 cm보다 클 때 멀리 있는 별은 하나의 에어리 상으로 '완벽하게' 결상된다. 대기 요동이 증가하면 r_0는 감소한다. 그러나 파장이 증가하면 r_0도 증가한다(즉 $r_0 \propto \lambda^{1.2}$). 지상 망원경의 각분해능(angular resolution)은 $1.22\lambda/r_0$로 표현될 수 있다. 따라서 r_0가 대개 20 cm보다 작기 때문에 아무리 강력한 지상 망원경이라 하더라도 보통의 6인치 천체 망원경의 분해능보다 더 좋지는 않다.

망원경 바로 위로 바람이 부는 경우 그 바람은 파면을 이루고 있는 평평한 조각을 구경으로부터 밀어낼 것이다. 초속 5 m의 바람은 r_0 = 10 cm인 평평한 조각을 20 ms마다 밀어낼 것이다. 이러한 대기의 변화를 관측하고 이를 조절하기 위해서는 전자-광학-기계적 조절 장치를 대기의 요동 속도보다 10~20배 더 빨리 작동시켜야 한다. 즉 초당 1000번 이상 자료를 수집해야 한다.

그림 5.127은 천문 관측용 적응 광학계의 개략도이다. 망원경은 별을 향하고 있으며 별은 관찰 대상인 동시에 파면 왜곡을 탐지하기 위한 표지 역할을 한다. 먼저 주거울(primary mirror)에 입사한 파면을 다루기 편리하도록 수 cm 크기의 지름으로 축소한다. 이 과정에서 입사 파면을 구성하는 평평한 조각들도 마찬가지로 축소된다.

첫 단계는 여러 가지 형태의 **파면 센서(wavefront sensor)**를 이용해서 망원경에 입사한 후 축소된 파면 Σ_1의 왜곡을 분석하는 것이다. 그림 5.128은 수천 개의 독립된 광검출기를 촘촘하게 배열하여 만든 하트만(Hartmann) 파면 검출기의 구조를 보여 준다. 검출기에 입사한 광은 촘촘하게 배열된 작은 렌즈군을 만나게 되며 렌즈의 초평면에서는 CCD 판이 놓이게 된다(그림 5.128(a)). 렌즈들의 크기가 파면을 구성하는 평평한 조각의 크기와 일치하는 곳에 파면 검출기를 놓으면 각 렌즈의 광축을 중심으로 배치된 4개의 CCD 픽셀 위에는 별에 대한 작은 상이 형성된다. 만일 파면을 구성하는 평평한 조각들이 서로 평행하여 파면 전체가 평면이라면 정확히 각 렌즈의 광축(즉 4개의 CCD 픽셀의 대칭축) 위에 에어리 상이 맺히게 된다(그림 5.128(b)). 반대로 파면을 구성하는 평평한 조각들이 서로 기울어져 있는 경우 대응하는 에어리 상점은 대칭축으로부터 벗어나기 때문에 4개의 CCD 픽셀은 서로 다른 크기의 신호를 보이게 된다(그림 5.128(c)). 4개의 픽셀 단위로 이루어진 모든 검출기에서 받은 정보를 컴퓨터로 분석하여 Σ_1을 이론적으로 재생한 다음에 이를 토대로 파면을 평면화하기 위해서 필요한 보정항을 계산한다.

파면 전체의 기울어짐이 감지되면 그 신호를 주거울에서 나온 빛을 반사시키는 평면 거울에 보내어서 기울어짐을 보상하도록 한다. 전체적으로 기울지는 않았지만 여전히 부분적으로 왜곡된 파면은 '고무 거울(rubber mirror)'이라고 불리는 신속하고 정밀하게 변형할 수 있는 반사경에 보내진다.

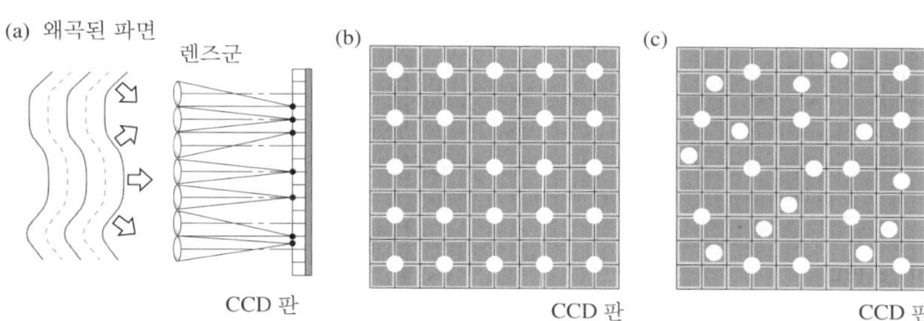

그림 5.128 하트만 파면 센서. (*a*) 작은 렌즈들의 초평면에 놓인 4개의 정사각형 픽셀 단위로 이루어진 CCD 검출기, (*b*) 입사 파면이 평면일 때 4개 단위의 픽셀 검출기 중심에 에어리 상들이 맺힌다, (*c*) 파면이 왜곡된 경우 에어리 상은 중심점에서 벗어난다.

미국 뉴멕시코주 커트랜드 공군기지에 있는 필립스 연구소에서 레이저를 이용하여 탐지용 별을 만드는 광경 (Phillips Laboratory, Department of the US Air Force)

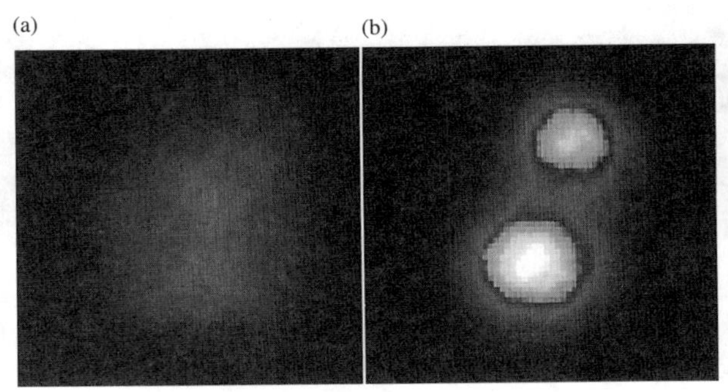

필립스 연구소의 1.5 m 망원경을 이용하여 큰곰자리의 53ξ 별을 1초간 노출하여 찍은 사진. (a) 적응광학계를 사용하지 않은 경우, (b) 적응광학계를 사용하여 크게 개선된 모습. (Phillips Laboratory, Department of the US Air Force)

고무 거울은 원하는 형태로 거울면을 신속히 조절할 수 있도록 하기 위해서 밀고 당길 수 있는 수백 개의 진동자 위에 작은 조각의 반사경을 붙여서 제작된다. 컴퓨터가 제공한 신호에 따라서 왜곡된 파면과 반대의 모양을 갖도록 거울면이 변형되면 튀어나온 파면은 들어간 거울면과 만나게 되고 들어간 파면은 튀어나온 거울면과 만나게 됨으로써 반사 후 왜곡이 없는 파면 Σ_2가 얻어진다. Σ_2는 대기 상층부에 도달한 별빛의 상태를 갖게 된다. 복사 에너지의 일부는 검출기-컴퓨터-거울의 조절 장치로 보내짐으로써 보정 작업이 계속 되도록 하고 그 나머지는 결상을 위한 장치로 보내진다.

적응광학계를 이용할 경우 천문학자들의 관심 대상인 행성, 은하계, 성운 등은 확대된 물체처럼 결상된다. 은하계를 관측하고자 할 때 파면 왜곡을 탐지하기 위한 방법으로 인접한 별을 이용할 수도 있으나 불행히 목적에 맞는 밝은 별이 주변에 존재하지 않는 경우가 많다. 이러한 제약을 극복하는 방법 중 하나는 레이저빔을 이용해서 인위적으로 탐지용 별을 만드는 것이다(사진 참조). 레이저를 이용하는 방식은 오늘날 두 가지가 알려져 있다. 그 하나는 망원경을 통해서 레이저빔을 고도 10∼40 km 범위에 집속한 후 공기 분자들에 의한 레일리 산란(Rayleigh scattering) 과정에서 후방으로 전파되는 빛을 이용하는 것이며, 다른 하나는 대기의 요동이 거의 없는 고도 92 km 지점에 분포해 있는 나트륨 층에 589 nm 파장의 레이저를 조사한 후 반사되는 황색빛을 이용하는 것이다.

세계의 주요 망원경의 대부분이 적응광학계를 이미 사용하고 있거나 곧 사용할 계획을 갖고 있을 정도로 관측 결과는 매우 고무적이다*(사진 참조).

5.8.2 위상 공액법

파면을 변형시키는 또 하나의 방법은 반사 과정에서 파면의 전후가 반전되도록 하는 **위상 공액법(phase conjugation)**이다.

오른쪽 방향으로 $+z$축을 따라서 진행하는 평면파가 보통의 평면 거울에 수직으로 입사하는 경우를 생각해 보자. 이 경우 반사파는 입사파가 들어온 경로를 따라서 되돌아가기 때문에 **진행 방향을 제외하고는 입사파와 동일하다.** 입사파를 실수로 표현하면 $E_i = E_0 \cos(kz - \omega t)$이 되고, 복소수로 표현하면 $\tilde{E}_i = E_0 e^{i(kz-\omega t)} = E_0 e^{ikz} e^{-i\omega t} = \tilde{E}(z) e^{-i\omega t}$이 된다. 마찬가지로 반사파는 $E_r = E_0 \cos(-kz - \omega t)$ 또는 $\tilde{E}_r = E_0 e^{-ikz} e^{-i\omega t} = E^*(z) e^{-i\omega t}$로 표현될 수 있다. 위상에 포함된 공간 좌표의 부호를 바꾸면 파동의 진행 방향이 반대로 바뀐다. 복소수 표현의 관점에서 보면 이것은 공간 함수에 복소 공액(complex conjugation)을 취하는 것과 같다. 이 때문에 반사파를 **위상 공액파(phase-conjugated wave)** 또는 **공액파(conjugate wave)**라고 한다. 이러한 상황은 영화 필름을 앞으로 돌리다가 다시 뒤로 돌릴 때 일어나는 상황과 동일하기 때문에 위상 공액파를 **시간 반전(time-reversed)**된 파라고도 한다. 단색파의 경우 위상에 포함된 시간 좌표의 부호를 바꾸면 역시 진행 방향이 반대로 바뀐다. 즉 $\cos[kz - \omega(-t)] = \cos(kz + \omega t) = \cos(-kz - \omega t)$이다.

오목한 구면경의 곡률 중심에 점광원을 놓을 경우 위상 공액파가 간단히 얻어진다. 점광원에서 퍼져 나온 파는 거

* L.A. Thomson, "Adaptive Optics in Astronomy," *phys. Today* **47**, 27 (1994); J. W. Hardy, "Adaptive Optics," *Sci. Am.* **60** (June 1994); R. Q. Fugate and W. J. Wild, "Untwinkling the Stars–Park I," *Sky & Telescope* **24** (May 1994); W. J. Wild and R. Q. Fugate, "Untwinkling the Stars–Part II," *Sky & Teleswpe* **20** (June 1994)를 참조하라.

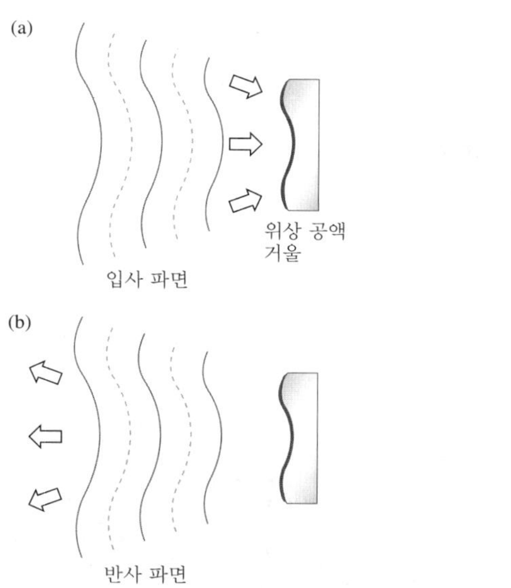

그림 5.129 특정한 파면에 대해서 작용하는 위상 공액 거울. (*a*)에 나타난 파면에 대해서만 위상 공액 반사파가 생성된다.

울면에서 반사된 후 점광원으로 다시 정확히 되돌아간다. 일반적으로 보통의 반사면은 특정한 입사 파면에 대해서만 위상 공액파를 만들 수 있다(그림 5.129). 따라서 입사 파면의 형태를 미리 알 수 없거나 그 형태가 순간마다 변하는 경우는 보통의 반사면을 이용해서 위상 공액파를 얻는 것이 불가능하다.

다행스럽게도 1972년 러시아의 과학자들은 브릴루앙 산란(Brillouin Scattering)을 이용하여 파면의 형태에 관계없이 모든 입사파에 대해서 위상 공액파를 만드는 방법을 발견하였다. 그들은 고압의 메탄 기체를 포함하는 통에 백만와트 정도의 강한 레이저광을 쪼였다. 이때 기체 내의 압력 밀도가 변하면서 입사한 모든 파를 반사하는 훌륭한 거울로 바뀌는 현상을 관찰한 것이다. 이들이 더욱 놀란 것은 반사파가 위상 공액파라는 사실이었다. 말하자면 앞선 파면이 있는 부분은 뒤쳐지도록 하고 뒤쳐진 파면의 부분은 앞서도록 하기 위해서 메탄 기체가 입사한 전자파에 적응한다는 사실이었다. 오늘날에는 비선형 매질을 이용하여 위상 공액파를 만드는 여러 가지 방법이 개발되었다. 위상 공액법은 위성 추적에서부터 레이저빔의 질을 향상시키는 목적에 이르기까지 매우 다양한 응용성을 갖고 있다.*

한 가지 예로서 불균일한 매질을 통과하는 동안 왜곡된 파면이 보통의 거울에 의해서 반사된 후 다시 처음 매질을 통

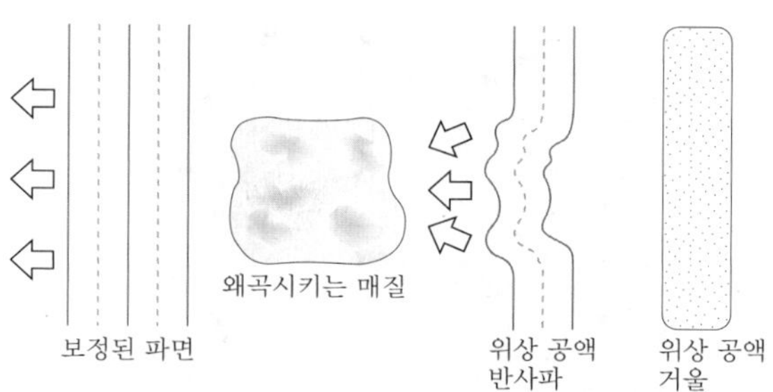

그림 5.130 그림 5.126에서와 같은 왜곡된 파가 위상 공액 거울에 의해 반사되면 파면의 전후가 반전된 상태로 돌아온다. 이 결과를 그림 5.126(*b*)와 비교해 보라. 이 반전된 파가 불균일한 매질을 다시 통과하면 앞선 파면은 뒤로 쳐지고 뒤쳐진 파면은 앞서게 되므로 원래의 파면으로 회복된다(그림 5.126(*a*)).

과해서 되돌아오는 경우를 생각하자(그림 5.126). 돌아온 파는 훨씬 많이 왜곡될 것이다. 반면에, 보통 거울 대신 위상 공액 거울(phase-conjugating mirror)이 사용된다면 불균일한 매질을 다시 통과하는 과정에서 왜곡이 없는 원래의 파면으로 회복될 것이다. 그림 5.130은 그 원리를 보여 주며 그림 5.131은 실제로 실험한 결과를 보여 준다. 먼저 파장 $\lambda = 514.5\,\text{nm}$의 아르곤 레이저빔을 고양이가 찍힌 사진 필름에 평행하게 보낸다. 이때 투과된 빔을 빔분할기로 분리한 후 보통의 거울면에서 반사되도록 한다. 돌아오는 반사파를 빔분할기로 다시 분리하여 스크린 위에서 관찰한다(그림 5.131(a)). 다음으로, 목욕탕 유리와 같은 위상 왜곡판(phase distorter)을 입사파가 두 번 통과하도록 하기 위해서 빔분할기와 거울 사이에 삽입한다. 스크린에 맺은 상은 고양이를 분간할 수 없을 정도로 왜곡된다(그림 5.131(b)). 마지막으로 보통 거울을 위상 공액 거울로 대치한 후 실험을 반복한다. 위상 왜곡판을 두 번 통과했는 데도 불구하고 스크린 위에는 위상 왜곡판이 없는 경우처럼 선명한 상이 맺는다(그림 5.131(c)).

5.9 중력의 렌즈 현상

20세기 가장 획기적인 발견 중의 하나는 "물질은 시공간을 변형시킨다"는 사실이다. 이는 아인슈타인의 일반 상대성 이론(1915)에 근거하고 있다. 거대한 질량체 근처에서 시공간은 상당한 곡률을 갖는다. 상대성 이론은 시간과 공간을 결합하고 중력은 시공 양쪽에 영향을 준다. 이것이 의미하는 것은 질량체 주변을 지나는 광선의 경로가 질량 쪽으로 휜다는 것이다. 다시 말해서 중력은 빛의 속력과 방향을 변화시킨다. 시간 자체가 느리게 변화하기 때문에 생기는 현상으로

* D. M. Pepper, "Applications of Optical Phase Conjugatin,," *Sci. Am.* **74** (January 1986)과 V. V. Shkunov and B. Ya. Zel9dovich, "Optical Phase Conjugation," *Sci. Am.* **54** (December 1985)을 참조하라.

(a)

(b)

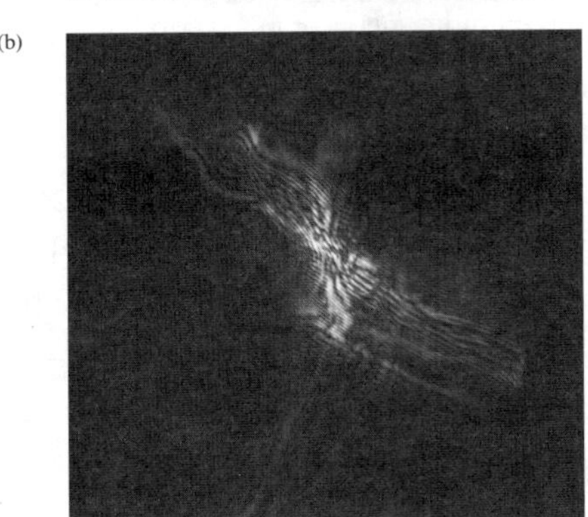

(c)

그림 5.131 위상 공액법에 의한 파면 왜곡의 보정. (*a*) 보통 거울에 의해 반사된 고양이의 상-위상 왜곡판이 없는 경우, (*b*) 보통 거울에서 반사된 고양이의 상-위상 왜곡판을 두 번 통과한 경우, (*c*) 위상 공액 거울에 의해 반사된 고양이의 상-위상 왜곡판을 두 번 통과한 경우. 상의 왜곡이 제거되었음을 알 수 있다. (Jack Feinberg, University of Southern California, School of Medicine)

놀랄 필요는 없다.

지금까지 광선은 공간을 일정한 속력 c로 직선 경로를 따라서 진행한다고 가정했었다. 이 가정은 특수 상대성 이론과 잘 부합되며 지구에서 행하는 모든 실험에서는 올바른 가정이다. 그러나 별과 은하계 그리고 블랙홀과 같은 거대한 질량체 위에서는 올바르지 않다. 거대한 질량체 위에서의 중력 (Φ_G)은 어마어마하게 크기 때문에 이 주변을 지나가는 광선은 마치 위치에 따라서 변하는 굴절률 $n_G(\vec{r})$을 갖는 매질

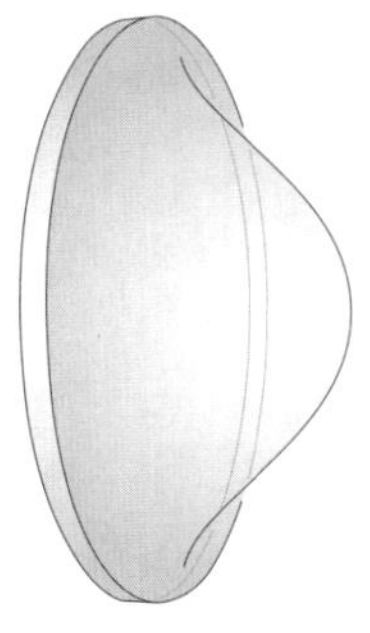

그림 5.132 은하계와 같은 질량체들의 중력 렌즈 효과를 나타내기 위해 사용되는 비구면 렌즈

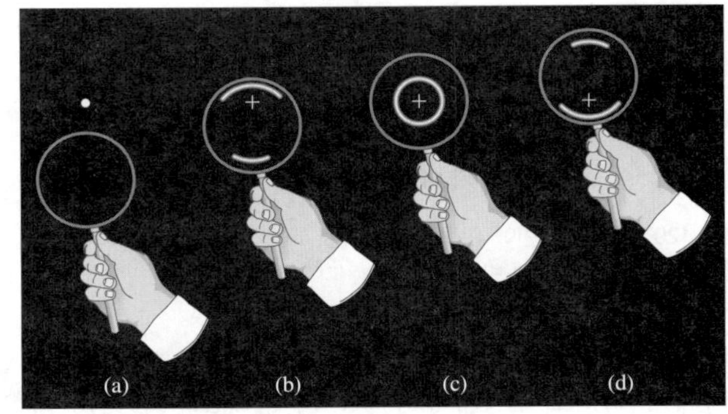

그림 5.133 은하계에 의한 중력 렌즈 현상을 나타내기 위해 사용되는 비구면

을 지나는 것과 같이 행동한다. 즉 광선은 비구면 렌즈를 지날 때와 같은 행동을 보이는데 이러한 현상을 **중력 렌즈 현상(gravitational lensing)**이라고 한다. 한편 광선의 진행이 직선 경로에서 벗어나는 것을 회절이라고 한다면 위의 현상은 **중력 회절 현상(gravitational diffraction)**이라고도 말할 수 있다.

이러한 현상의 관찰을 위한 기하학적 배치를 살펴보면 간단하다. (지상에서 망원경으로 쳐다보는) 관측자, (퀘이사 또는 은하계와 같은) 전자파의 파원, (퀘이사, 은하계, 블랙홀과 같은) **중력 렌즈**를 만드는 거대한 질량들로 구성된다.

질량체를 중심으로 구부러진 시공간은 마치 중심 거리의 함수로 굴절률이 달라지는 GRIN 렌즈(그림 6.42)와 같은 효과를 준다. 따라서 중력 렌즈는 비구면 형태의 두께를 갖는 렌즈로 표현될 수 있다. 그림 5.132의 렌즈는 회전 대칭을 갖는 은하계에 대응한다. 여기서 중심이 가장 볼록한 렌즈가 블랙홀이다. 비축상에 있는 은하계가 멀리 있는 물체를 결상할 때 상은 여러 개의 반점 형태로 나타난다(그림 5.133). 이런 현상은 그림 5.126(a)와 같이 왜곡된 매질을 지나온 파가 하위헌스 원리에 따라서 합성된 것으로 나타낼 수 있다. 회절 이론에서 다루겠지만(그림 10.7d) 이 경우 중심부에는 회절되지 않은 상이 있으며 주변에는 무수히 많은 반점들이 생기게 된다. 그림 5.134는 은하계 집단들로 구성된 렌즈가 멀

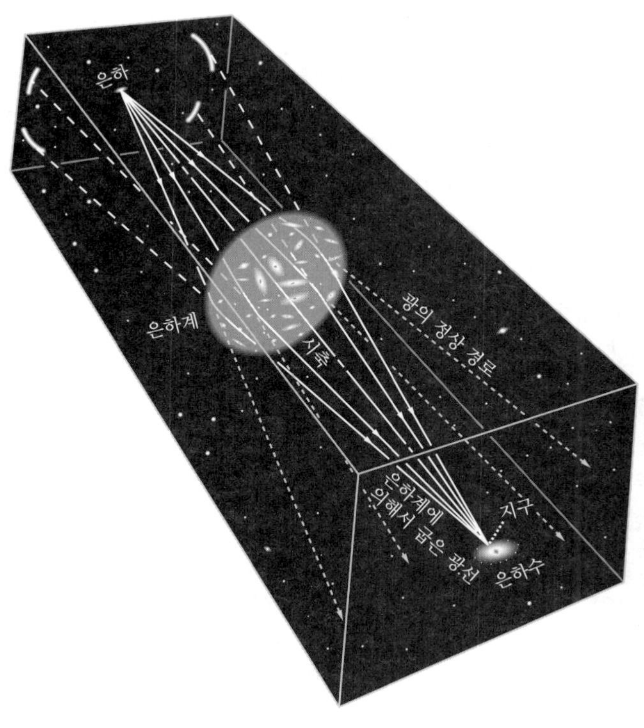

그림 5.134 은하계 집단에 의한 중력 렌즈 현상

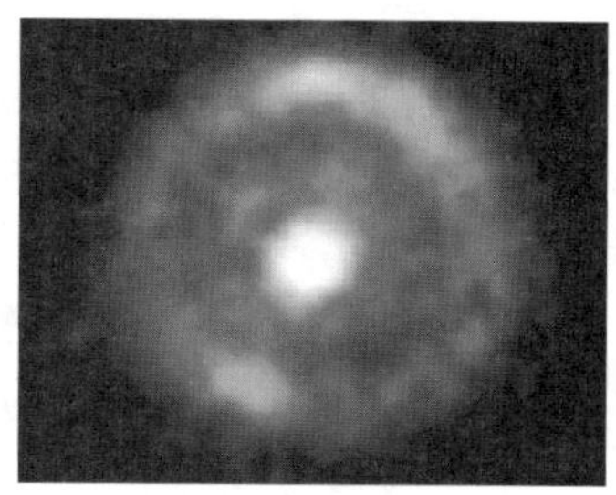

1998년 허블 우주 망원경으로 관찰된 아인슈타인 고리. 지구와 두 개의 은하계가 완전히 정렬된 상태에서 얻어진 결과이다(그림 5.133*c*).

은하계 집단 Abell 2218은 매우 무겁고 조밀해서 지나는 광선을 중력으로 편향시킨다. 이러한 효과로 인해서 후방에 위치한 다른 은하계의 왜곡된 상이 형성된다. 많은 반점들은 원래의 은하계 보다 5~10배 정도 더 멀리 있는 다른 은하계의 상들이다.

리 있는 단일 은하계를 결상할 때 렌즈의 질량 중심 주변에 무수히 많은 반점 상을 형성하는 모습을 보여 준다.

1912년 중력 렌즈에 관한 연구를 시작했던 아인슈타인은 관찰자, 광원, 렌즈가 그림 5.133c와 같이 축상에서 완전하게 정렬된다면 원형 띠 모양의 상이 형성됨을 제안한 바 있다. 1998년 허블 우주 망원경은 처음으로 아인슈타인의 고리를 관찰하였다(사진 참조).

연습문제

***가 붙지 않은 문제의 풀이는 책 뒤에 나와 있다.**

5.1 그림 P.5.1은 1600년대에 데카르트가 연구했던 타원면을 나타낸다. *S*점에서 나온 모든 광선은 굴절 후에 *P*점에 완벽하게 모인다. 타원면을 정의하는 식은

$$\ell_o n_1 + \ell_i n_2 = 상수$$

임을 증명하라. 그리고 이 식이 다음 식과 동등함을 증명하라(여기서 x, y는 A점의 좌표이다).

$$n_1(x^2 + y^2)^{1/2} + n_2[y^2 + (s_o + s_i - x^2)]^{1/2} = 상수$$

그림 P.5.1

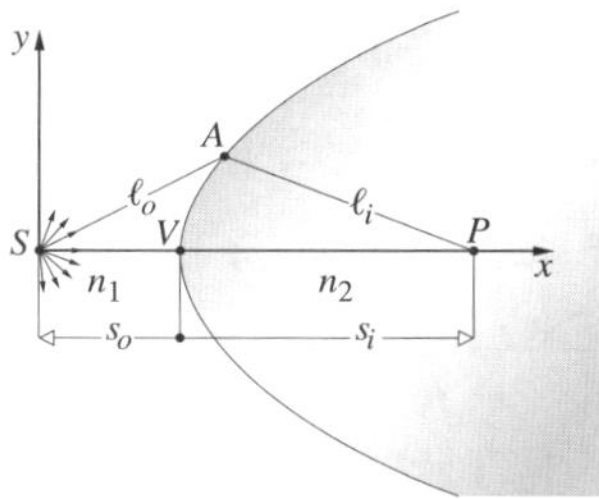

5.2 물체가 정점에서 5cm 떨어져 있을 때 공액점들이 11cm 만큼 분리되도록 데카르트의 타원면을 구성하려고 한다. 만약 $n_1 = 1$이고 $n_2 = \frac{3}{2}$일 때 광선이 이 면과 만나는 점들을 그려라.

5.3* 그림 P.5.3에서 타원체의 초점 F_1에 점광원이 놓여 있을 때 F_2쪽 반사면에서 반사한 파는 평면파임을 보여라. 타원에 대한 정의는 한 초점에서 곡선을 거쳐서 다른 초점까지의 거리가 일정하다는 것을 기억하라.

그림 P.5.3

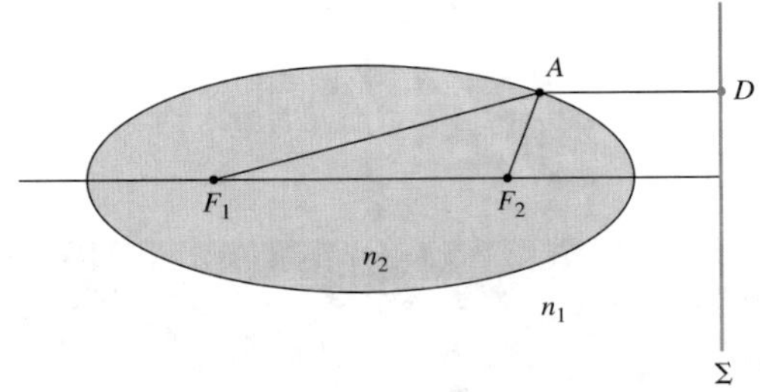

5.4 광선이 타원-구형 음의 렌즈를 통과할 때 광선과 파면의 형태를 그려라. 또 계란-구형 양의 렌즈에 대해서도 그려라.

5.5* 스넬 법칙인 그림 P.5.5와 근축 영역에서 $\alpha = h/s_o$, $\varphi \approx h/R$, $\beta = h/s_i$라는 사실을 이용하여 식 (5.8)을 유도하라.

그림 P.5.5

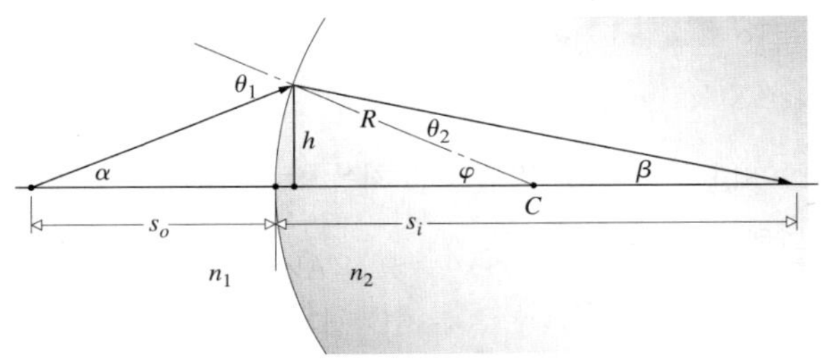

5.6* 그림 P.5.6에 주어진 단일 구형 굴절면의 횡배율은 근축 영역에서

$$M_T = -\frac{n_1 s_i}{n_2 s_o}$$

임을 보여라. 스넬 법칙(Snell's Law)에 대한 작은 각 근사(small-angle approximation)를 사용하고 각도에 대해서는 탄젠트로 근사하라.

그림 P.5.6

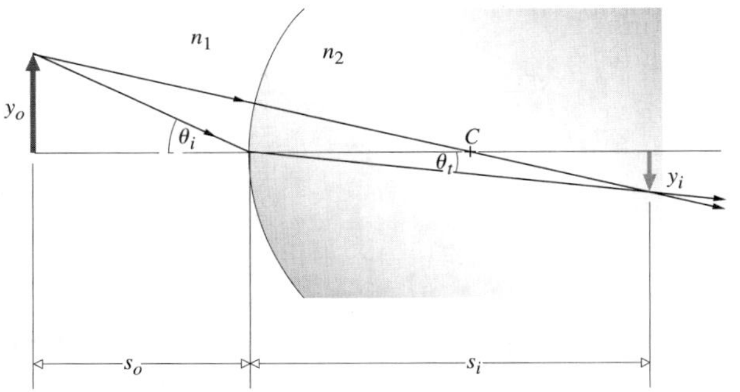

5.7* 공기와 물 사이에 곡률 반지름 5 cm의 반구형 경계면이 놓여 있다. 정점에서 30 cm 떨어진 공기 중에 광축으로부터 3 cm 크기의 두꺼비가 볼록면을 향해서 놓여 있다. 두꺼비의 상은 물속의 어느 곳에 생기는가? 물속에서 두꺼비는 얼마나 크게 보이는가? 두꺼비가 놓여있는 상태를 근축 근사로 놓을 때조차도 앞의 문제에 대한 결과를 사용하라.

5.8 지름 20 cm($n = 1.5$)를 가진 수정 공의 정점에서 1.2 m인 곳에 있는 물체의 상 위치를 구하라. 광선 경로를 스케치하라.

5.9* 문제 5.7로 되돌아가서 매질을 오른편만 잘라서 놓았다고 가정하라. 곡률 반지름 5 cm인 구면으로 이루어진 두께 10 cm의 얇은 양볼록 렌즈를 생각하라. 렌즈 속이 물로 채워진 경우 정점에서 30 cm 떨어진 공기 중에 3 cm 높이의 물체가 놓여 있다면 상의 위치와 크기는 얼마인가?

5.10* 초점 거리가 10 cm인 양볼록 렌즈($n_1 = 1.5$)가 있다. 양면의 곡률 반지름이 같다고 할 때 그 크기는 얼마여야 하는가? 렌즈 전방 1.0 cm에 위치한 거미의 상이 −1.1 cm 위치에 생김을 증명하라. 결상 과정을 그림으로 나타내어라.

5.11* 5.2.3절로 돌아가서 굴절률 n_m인 매질 속에 놓인 얇은 렌즈에 대해서 다음을 증명하라.

$$\frac{1}{f} = \frac{(n_l - n_m)}{n_m}\left(\frac{1}{R_1} - \frac{1}{R_2}\right)$$

위 식을 이용하여 물속에 놓인 양오목 공기 렌즈의 수렴 또는 발산 여부를 결정하라.

5.12* 그림 5.12의 얇은 메니스커스 렌즈 ($n_l = 1.5$)는 곡률 반지름 +20.0 cm와 +10.0 cm의 굴절면을 갖고 있다. 물체가 전방 20 cm에 놓여있다면 상은 −13.3 cm에 위치함을 보여라. 결상 과정을 그림으로 나타내어라.

5.13 양오목 렌즈($n_l = 1.5$) 면의 곡률 반지름은 각각 20 cm와 10 cm이고 축상에서의 두께는 5 cm이다. 얇은 렌즈 공식을 사용해서 전방 정점으로부터 8 cm 떨어진 곳에 위치한 2.5 cm 크기의 물체에 대한 상을 찾아라.

5.14* 35 mm 카메라는 초점 거리 50 mm의 단일 볼록 렌즈로 되어 있다. 키가 1.7 m인 여자가 10 m 전방에 위치해 있다. (a) 필름의 위치는 렌즈 후방 50.3 mm이어야 함을 보여라. (b) 상의 크기는 얼마인가?

5.15 얇은 양의 렌즈에서 공액 관계인 실물체점과 상점 사이의 최소 분리 거리가 $4f$임을 보여라.

5.16 초점 거리가 10 cm인 얇은 양의 렌즈에서 오른쪽으로 5cm 떨어진 곳에 높이 2 cm인 물체가 있다. 가우스 공식과 뉴턴 공식의 두 가지 방법으로 상의 위치를 찾아라.

5.17 가우스 렌즈 공식에 대한 그래프를 대략 그려라. 각 축에

서 f의 간격 단위를 사용하여 s_i 대 s_o를 그려라. (곡선 두 개 선분을 얻어라.)

5.18* 멀리에 있는 점광원으로부터 나온 평행 광선이 초점 거리 −50 cm의 오목 렌즈에 입사한다. 입사 광선이 광축과 6.0°의 각을 이룬다고 할 때 상점의 위치를 결정하라.

5.19* LED가 얇은 렌즈의 앞쪽으로 30.0 cm 거리에 중심축 상에 놓여 있다. 이에 대한 허상이 렌즈로부터 10.0 cm 거리에 생긴다. 렌즈의 초점 거리를 구하라. 표 5.3을 이용하여 양의 렌즈가 허상을 만들 수도 있지만 이 렌즈가 음의 렌즈여야만 하는 이유를 설명하라.

5.20 렌즈의 오른쪽으로 100 cm 떨어진 곳에 개미가 있다. 개미의 허상을 50 cm 떨어진 곳에 형성하기 위해서는 얇은 음의 렌즈의 초점 거리가 얼마가 되어야 하는가? (약간 개미가 느리게 움직여서) 개미가 렌즈의 오른쪽에 있다고 한다면 이 개미의 상에 대한 형태와 위치를 구하라.

5.21* 촛불이 얇은 양의 렌즈 앞 18.0 cm 거리에 있다. 이때 동일한 촛불이 먼 산에 놓여 있다고 가정할 때보다 렌즈로부터 3배 먼 거리에 나타난다. 이 렌즈의 초점 거리를 구하라.

5.22* 반지름이 20 cm와 40 cm인 얇은 양볼록 렌즈(n_l = 1.5)가 공기 중에 있을 때 초점 거리를 계산하고 렌즈로부터 물체가 40 cm 떨어져 있을 때 이상의 형태와 위치를 구하라.

5.23 곡률 반지름이 10 cm인 평면-오목 렌즈(n_l = 1.5)의 초점 거리를 결정하고 이 렌즈의 굴절능을 구하라(디옵터 단위로 나타내어라).

5.24* 공기에서 얇은 평볼록 렌즈의 초점 거리가 250.0 cm이다. 렌즈 유리는 굴절률은 1.530이다. 렌즈면의 곡률 반지름을 구하라. n이 1.500으로 줄어들었다면 렌즈면의 곡률 반지름은 어떻게 되는가?

5.25* 근본적으로 무한대에 있는 물체가 얇은 양의 렌즈 앞 90 cm 거리까지 움직인다. 이 이동 과정에서 물체의 상은 3배로 늘어난다. 렌즈의 초점 거리를 구하라.

5.26* 공기 중에서 곡률 반지름이 50.0 mm이고 굴절률이 1.50인 얇은 구형의 평면-볼록 렌즈의 초점 거리를 계산하라. 렌즈가 물속에 놓여 있다면 초점 거리는 어떻게 변하겠는가?

5.27* 점광원 S가 얇은 양의 렌즈의 중심축에 놓여 있다. 이 점광원은 렌즈 앞 l_1 거리에 있으며, S의 실상이 렌즈로부터 l_2 거리인 P에 생긴다. 이 렌즈를 중심축을 따라 새로운 위치까지 움직이는 것과 최종적으로 S와 P의 위치를 서로 바꾸지 못하는 것이 가능한가?

5.28* 물체가 얇은 양의 렌즈 앞 40 cm 거리에 중심 상에 놓여 있다. 이 물체의 상이 렌즈 너머 80 cm 거리에 있는 스크린에 맺힌다. 지금 중심축 상에서 렌즈를 새로운 위치로 움직여서 다시 상이 스크린에 맺힌다. 렌즈의 변위로 인한 결과로써 새로운 상의 크기와 위치가 어떻게 되는지를 기술하라.

5.29* 앞선 두 문제를 생각하면서 얇은 양의 렌즈의 중심축 상에 놓여 있는 자체 발광하는 물체를 상상하자. 물체는 상이 맺히는 스크린으로부터 거리 d에 있다. 렌즈를 새로운 위치까지 렌즈 쪽으로 움직인다고 가정하자. 그래서 스크린에 생긴 상이 원래 맺혔던 상보다 N배 더 크다. 이 렌즈의 초점 거리가 다음과 같다는 것을 증명하라.

$$f = \frac{\sqrt{N}d}{(1+\sqrt{N})^2}$$

5.30* 물체를 렌즈 앞 45 cm에 놓고 상을 렌즈 뒤 90 cm되는 곳에 생기게 하고 싶다. 볼록 렌즈의 초점 거리는 얼마가 되어야 하는가?

5.31 그림 5.29에 보여진 것처럼 초점 거리가 3.00 m인 얇은 렌즈의 면으로부터 15.0 m 떨어진 곳에 높이가 2.25 m인 말이 렌즈와 마주보고 있다.

(a) 말의 코에 대한 상의 위치를 구하라.

(b) 상의 모양, 방향, 배율을 구하라.

(c) 상의 높이는 얼마인가?

(d) 말의 꼬리가 렌즈로부터 17.5 m인 곳에 위치해 있다면 말의 상은 코부터 꼬리까지의 길이는 얼마인가?

5.32* 초점 거리가 −30 cm인 얇은 오목 렌즈로부터 10 cm 떨어진 곳에 높이가 6.00 cm인 양초가 있다. 상의 형태와 위치를 구하라. 대략적으로 광선을 그려라.

5.33* 굴절률 n = 1.50인 유리로 만든 양볼록 렌즈 앞에 5.0 cm 크기의 개구리를 놓았더니 렌즈 후방 60 cm 떨어진 스크린 위에 25 cm 크기의 상이 맺었다. 렌즈 양쪽면의 곡률 반지름이 같다고 할 때 곡률 반지름을 결정하라.

5.34* 스크린에서 127 cm 떨어진 곳에 놓여있는 얇은 양볼록 렌즈가 자체 발광하는 물체의 크기보다 5.80배 큰 상을 스크린에 투영하여 맺는다. 이 렌즈의 초점 거리를 구하라.

5.35* 스크린에 개구리의 상을 투영하여 맺기를 원한다. 상의 크기는 물체의 실제 크기보다 2배 크다. 만약에 이때 사용된 얇은 평볼록 렌즈가 100 cm의 곡률 반지름을 갖고 있고 유리(n_g = 1.50)로 만들어졌다면, 스크린으로부터 얼마나 먼 곳에 개구리를 놓아야만 하는가?

5.36* 공기 중에 놓여 있는 유리로 제작된 얇은 대칭 볼록 렌즈를 생각해 보자. 아주 멀리 있는 자체 발광하는 물체를 렌즈 앞 180.0 cm 되는 거리에 다시 갖다 놓는다. 이 결과 상거리는 원래 상거리보다 약 3배 정도 커진다. 이 렌즈의 곡률 반지름을 구하라.

5.37* 4.00mm 높이의 가늘고 길게 곧은 철사 조각을 렌즈 앞 60.0cm인 곳에 놓았더니 2.00mm 높이의 예리한 상이 스크린 위에 맺었다. 렌즈의 초점 거리를 구하라. 스크린을 10mm 만큼 뒤로 이동하였더니 철사 두께가 0.80mm가 되었다면 렌즈의 지름은 얼마인가?

5.38 10cm의 초점 거리를 갖는 얇은 양볼록 렌즈(굴절률은 1.56이다)가 공기 중에 놓여 있다. 만약 물속(굴절률은 1.33이다)에서 작은 물고기로부터 100cm인 곳에 렌즈가 위치해 있다면 물고기에 대한 상의 위치를 구하라.

5.39 국내의 TV 영사계는 스크린의 상을 벽 위에 나타내도록 하기 위해서 큰 양의 렌즈를 사용한다. 최종상은 세 배로 확대되고 다소 흐릿할지라도 볼 수 있을 정도로 깨끗하다. 렌즈가 60cm의 초점 거리를 갖는다면 스크린과 벽 사이의 거리는 얼마가 될 것인가? 큰 렌즈를 사용하는 이유는 무엇인가? 렌즈에 대해 그 장치를 어떻게 설치해야 하는가?

5.40 물($n_w = \frac{4}{3}$)속에 잠겨 있을 때 얇은 렌즈의 초점 거리(f_a)를 공기 중에 있을 때의 초점 거리(f_w)로 표현하라.

5.41* 그림 P.5.41에서 3개의 벡터 $\vec{\mathbf{A}}$, $\vec{\mathbf{B}}$, $\vec{\mathbf{C}}$,는 양의 렌즈 초점 거리 f의 1/10의 크기이다. $\vec{\mathbf{A}}$와 $\vec{\mathbf{B}}$가 만드는 평면은 렌즈 앞 $1.1f$의 거리에 위치해 있다. 각 벡터의 상을 결정하라.

그림 P.5.41

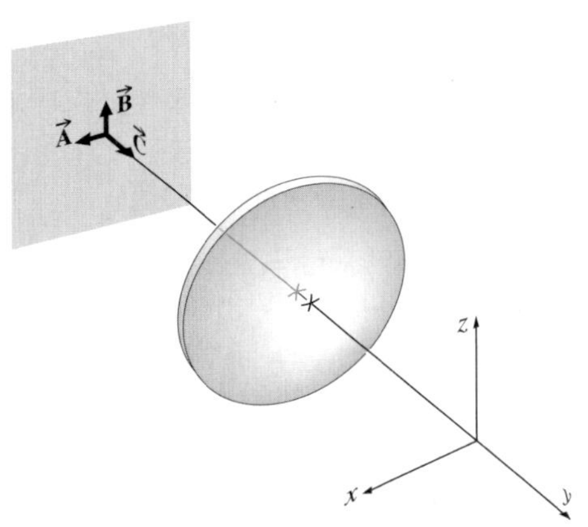

5.42* 양의 렌즈의 초점 거리를 측정할 때 다음 사실을 이용하면 편리하다. 한 쌍의 공액 물체점과 상점(S와 P)이 $L > 4f$의 거리로 떨어져 있다면 이 공액점들에 대해서 렌즈의 이동 거리가 d만큼 떨어져 위치할 것이다. 이때 다음을 증명하라.

$$f = \frac{L^2 - d^2}{4L}$$

정점으로부터 정확하게 측정되지 않음에 유의하라.

5.43* 초점 거리 0.30m와 0.50m인 두 양의 렌즈가 0.20m 떨어져 있다. 이때 나비 한 마리가 첫 번째 렌즈의 전방 0.50m인 광축상에 앉았다. 이 나비의 상은 두 번째 렌즈에서 얼마 떨어진 곳에 형성되는가?

5.44 얇은 양볼록 렌즈 L_1이 얇은 오목 렌즈 L_2와 결합되어 있어 공기 중에서 50cm의 초점 거리를 갖는다. 만약 이들의 굴절률이 각각 1.50과 1.55이고 L_2의 초점 거리가 -50cm이라고 하면 각각의 곡률 반지름은 얼마인가?

5.45 접합된 두 개의 얇은 렌즈에서 M_T를 구하는 식 (5.34)를 증명하라.

5.46* 10mm 크기의 풀잎이 초점 거리 100mm인 얇은 양의 렌즈의 전방 150mm에 있다. 이 렌즈 후방 250mm 지점에 초점 거리 -75.0mm인 음의 렌즈가 있다. (a) 첫 번째 렌즈는 후방 300mm 지점에 상을 형성함을 보여라. (b) 이 과정을 작도하라. (c) 배율은 얼마인가? (d) 두 렌즈에 의한 최종 상은 음의 렌즈 후방 150mm에 생김을 보여라. (e) 총 배율은 얼마인가?

5.47 그림 P.5.47에서 이중 렌즈의 앞쪽으로 30cm 떨어진 곳에 있는 물체에 대한 상의 위치와 배율을 구하라. 각각의 렌즈를 고려하여 계산하고 대략적으로 광선을 그려라.

그림 P.5.47

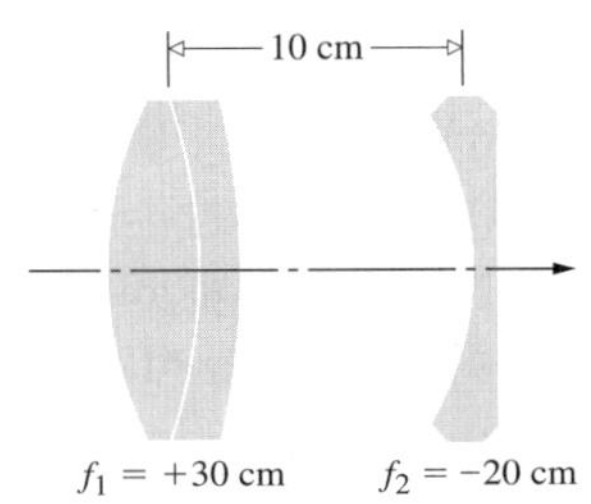

5.48* 초점 거리가 각각 +15.0cm와 −15.0cm인 두 개의 얇은 렌즈가 60.0cm 떨어져 있다. 양의 렌즈 앞 25.0cm인 곳에 인쇄종이가 놓여 있을 때 상의 위치를 계산하라.

5.49* 두 개의 볼록 렌즈가 각각의 초점 거리를 더한 만큼 떨어져 있을 때 이 계에서의 광선을 그려라. 이 렌즈들 중 하나가 오목 렌즈인 경우에 대해서도 그려라.

5.50* 두 개의 볼록 렌즈가 레이저빔 확대기에 이용된다. 1.0mm 지름의 광선이 짧은 초점 거리의 볼록 렌즈를 지난 후 다시 더 긴 초점 거리를 갖는 볼록 렌즈를 지나면 8.0mm 지름의 광선으로 바뀐다. 첫 번째 렌즈의 초점 거리가 50.0mm이라면 두 번째 렌즈의 초점 거리와 위치는 얼마여야 하는가? 이 과정을 작도하라.

5.51 복합 현미경(그림 5.110)에 대한 광선을 작도하는데 이번에는 중간의 상을 실제 물체처럼 취급하라. 이렇게 접근하면 문제가 더 간단해질 것이다.

5.52* 얇은 양의 렌즈 L_1을 생각하고 광선 도표를 사용해서 두 번째 렌즈 L_2를 L_1의 초점에 놓았을 경우, 배율이 변하지 않는다는 것을 보여라. 이것이 눈으로부터 올바른 거리(즉 눈의 초점 거리)에 굴절능이 눈과는 다른 안경 렌즈를 착용하는 이유이다.

그림 P.5.53a

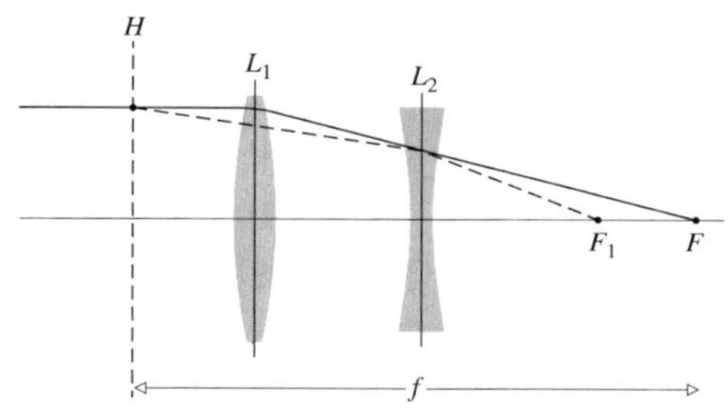

그림 P.5.53b

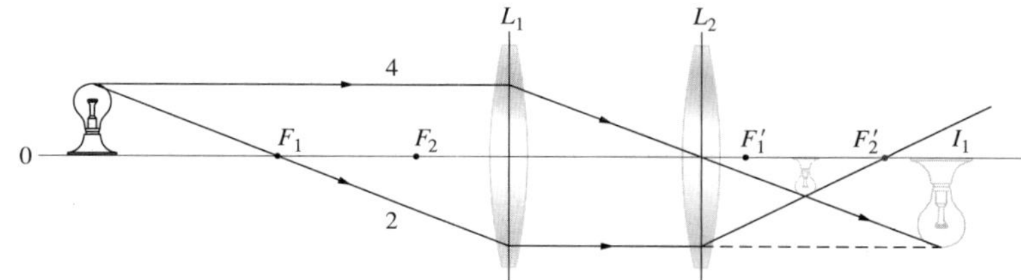

5.53* 그림 P.5.53(a), (b)는 일반 물리 교재에서 발췌한 것이다. 잘못된 부분을 지적하라.

5.54* 가장 좋은 갈릴레오식 망원경은 지름이 약 30cm인 양볼록 대물 렌즈와 이 대물 렌즈의 중심축을 따라 40mm의 초점 거리를 갖는 접안 렌즈로 구성된다. 이 대물 렌즈는 경토 내부로 대략 120cm가 되는 거리에 별의 중간상을 형성했다. 이 망원경의 배율과 대물 렌즈의 초점 거리비(f/#)를 구하라.

5.55 5cm만큼 떨어진 두 개의 얇은 볼록 렌즈 L_1과 L_2를 생각해 보자. 이들의 지름은 각각 6cm와 4cm이고 초점 거리는 $f_1 =$ 9cm와 $f_2 =$ 3cm이다. 지름이 1cm인 구멍을 갖는 조리개가 L_2로부터 2cm 떨어진 렌즈 사이에 위치한다면 (a) 구경 조리개와 (b) L_1에서 (왼쪽으로) 12cm 떨어진 축점 S에 대해 동(pupil)의 크기와 위치를 구하라.

5.56* 두 개의 가변 조리개(diaphragms) 사이의 중간에 얇은 볼록 렌즈 L을 놓는데, 가변 조리개 D_1은 렌즈의 왼쪽 4.0cm에 있고 가변 조리개 D_2는 렌즈의 오른쪽 4.0cm에 놓여 있다. D_1과 D_2의 열린 구멍의 지름은 각각 12cm와 8.0cm이다. 축 상의 물체점이 D_1의 왼쪽으로 20cm인 거리에 있다. (a) 물체 공간에서 D_1의 상(즉 렌즈가 왼쪽으로 전파하는 빛으로 렌즈의 왼쪽에 맺는 상)은 무엇인가? (b) 물체 공간에서 L의 상은 무엇인가? (c) 물체 공간에서 D_2의 상은 무엇인가? 이 가변 조리개의 상의 위치와 크기를 구하라. (d) 입사동과 구경 조리개의 위치를 구하라.

5.57 그림 P.5.57의 렌즈에 대해 구경 조리개, 입사동, 출사동의 위치를 대략적으로 그려라.

그림 P.5.57

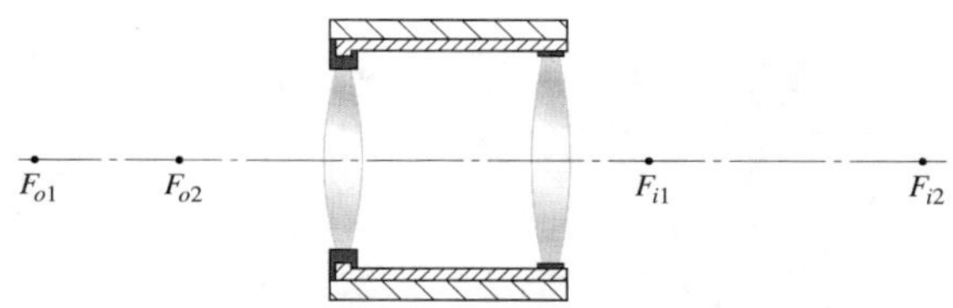

5.58 그림 P.5.58의 렌즈에 대해 구경 조리개, 입사동, 출사동의 위치를 대략적으로 그려라. 물점이 F_{o1}(왼쪽으로) 바깥쪽에 있다고 가정하자.

그림 P.5.58

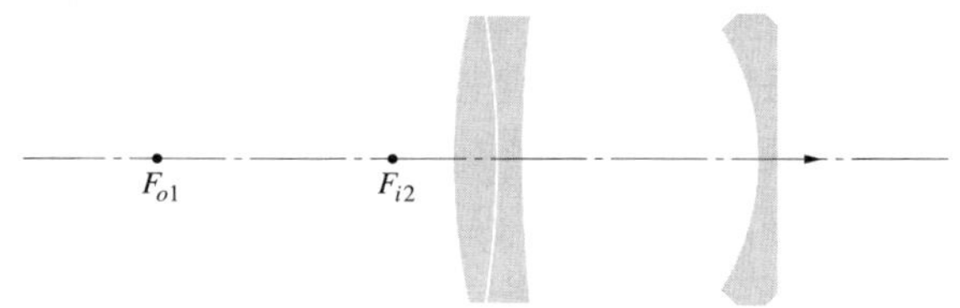

5.59* 굴절식 천체 망원경이 지름 50mm인 대물 렌즈로 구성되어 있다. 이 망원경의 배율을 10×라고 한다면 **눈-빔**(eye-beam)(눈으로 들어가는 빛의 원통다발)의 지름은 얼마인가?

5.60 그림 P.5.60의 광학계에 대해서 상의 위치를 작도하라.

5.61 그림 P.5.61에 주어진 90°로 교차된 두 거울에서 (a) 점광원과 (b) 화살표에 의해 생긴 상을 그려라.

그림 P.5.61

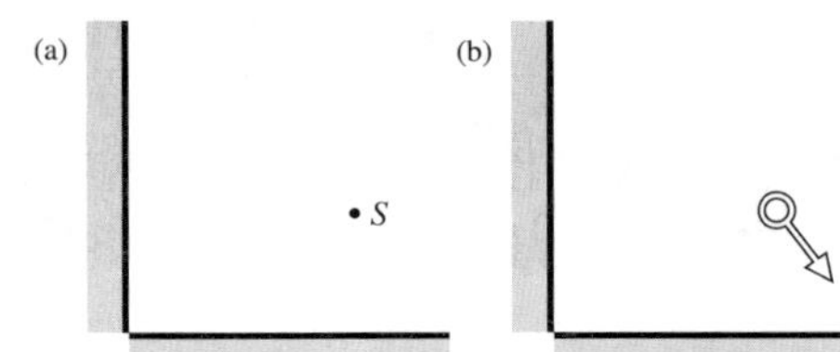

그림 P.5.60

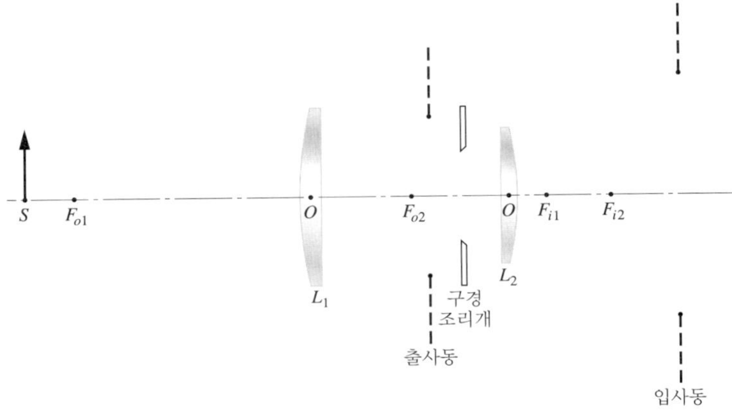

5.62 벨라스케스(Velasquez)의 그림 '비너스와 큐피트(Venus and Cupid)'(그림 P.5.62)에서 비너스는 거울을 통해 그녀 자신을 제대로 보고 있는가? 그렇다면 이유를 설명하라.

그림 P.5.62 벨라스케스가 그린 몸단장하는 비너스 (Courtesy of the Trustees, The National Gallery, London.)

5.63 마네의 그림 '폴리 베르제르의 술집(The Bar at the fiolies Bergeres)'(그림 P.5.63)에서 소녀가 큰 평면 거울 앞에 서 있다. 거울에는 그녀의 등 그리고 그녀가 얘기하고 있는 것 같은 이브닝드레스 차림의 남자가 반사되어 있다. 마네의 의도는 신사가 있어야 할 위치에 관찰자가 서 있는 것 같은 묘한 느낌을 주기 위한 것이다. 기하광학의 법칙으로부터 무엇이 잘못되었는지를 설명하라.

그림 P.5.63 마네가 그린 폴리 베르제르의 술집 (Bar at the Folies-Bergere (1882), Edouard Manet. Oil on canvas. Courtauld Institute Galleries/Lutz Braun/Art Resource, New York.)

5.64 구면에 대한 식 (5.48)이 평면 거울에 대해서도 적용될 수 있음을 보여라.

5.65* 어떤 여자가 수직으로 서 있는 커다란 평면 거울의 앞 600 cm 거리에 서 있다. 이 여자가 그녀의 얼굴로부터 1200 cm 떨어진 나무의 상을 본다. 실제 나무는 어디에 있는가? 상이 맺히는 과정을 상세히 설명하라.

5.66* 그림 P.5.66은 1884년에 출판된 파킨슨(S. Parkinson)의 광학 교재에서 발췌한 것이다. 이 그림은 두 장의 '평행한 평면 거울' 사이에 놓여 있는 Q에서 '자체 발광하는 점'을 눈으로 보는 것을 나타낸 것이다. 어떻게 상이 보이는지를 상세히 설명하라. Q_1과 Q_2 그리고 Q_2와 Q_3 사이의 관계는 어떻게 되는가?

그림 P.5.66

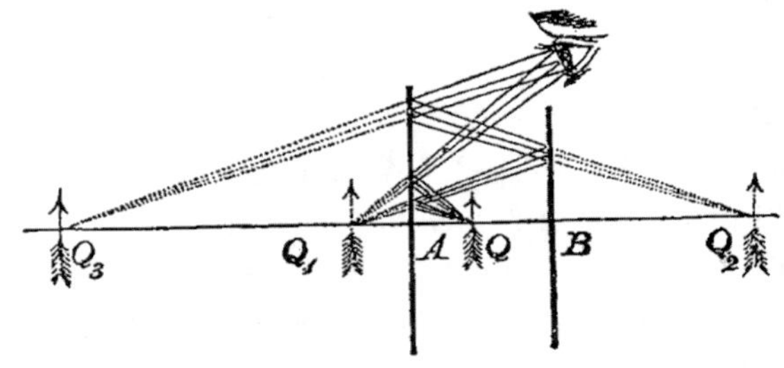

5.67* 앞서의 문제에서 나온 두 개의 거울(A와 B)에서 두 거울 사이가 20.0 cm 만큼 떨어져 있고 작은 촛불이 P로부터 8.0 cm 만큼 떨어진 Q에 놓여 있다. A에 대해서 Q_1, Q_2, Q_3에 놓인 상의 위치를 구하라.

5.68* 지름이 D_C인 동전이 지름 D_M인 원형 평면 거울을 매달아 놓은 동전과 평행한 벽의 앞쪽으로 300 cm인 곳에 놓여 있다. 어떤 사람이 벽으로부터 900 cm 떨어진 곳에 서 있다. $D_M =$

$\frac{3}{4}D_C$이 관찰자가 동전의 반사된 가장자리를 겨우 볼 수 있는(즉 동전의 상이 거울 가득 채운다) 가장 작은 지름의 거울임을 증명하라.

5.69* 사람의 눈이 거울에서 2.0m 떨어진 곳에 있는 예제 5.9를 생각하자. 거울의 아래가 바닥으로부터 위로 1.45m에 있고 눈의 중심축은 바닥 위로 1.25m의 높이에 있다. 시력검사표의 아래 가장자리의 높이를 구하라.

5.70* 얇은 수직 도선에 작은 평면 거울을 걸어 놓아서 거울이 1.0m 떨어진 벽과 평행하게 놓여 있다. 수평자가 거울의 반대 벽에 걸려있는데, 이 거울의 중심이 수평자의 정면으로 0 눈금의 반대편에 놓여 있다. 수평으로 진행하는 레이저빔이 거울에서 반사해서 수평자의 0 눈금으로부터 왼쪽으로 5.0cm되는 곳의 수평자와 만난다. 그리고 거울이 각도 α만큼 돌아서 레이저빔의 수평자 눈금에서의 스폿이 15.0cm만큼 추가로 왼쪽으로 움직인다. 이때 α를 구하라.

5.71 곡률 반지름이 80cm인 볼록 구면 거울로부터 100cm 떨어진 클립에 대한 상의 위치를 구하라.

5.72* 전당포에 걸려있는 지름이 1피트인 놋쇠 공으로부터 당신이 5피트 떨어진 곳에서 있다면 당신이 어떤 상을 볼 수 있는지를 설명하라.

5.73* 초점 거리 50cm인 얇은 렌즈가 평면 거울 전방 250cm에 놓여 있다. 개미 한 마리가 렌즈의 전방 250cm에 있다면 개미의 상은 어디에 맺는가?

5.74 오목 구면 거울에 의해서 빨간 장미의 상이 100cm 떨어진 곳에 형성되었다. 장미가 거울로부터 25cm 떨어진 곳에 위치해 있다면 이 거울의 곡률 반지름을 구하라.

5.75 아이크(van Eyck)의 그림 '아르놀피니 부부(John Arnolfini and His Wife)' (그림 P.5.75)에서 보여진 상의 형태를 고려하여 뒤쪽 벽에 걸린 거울의 모양을 결정하라.

5.76* 1.00cm 크기의 압정이 초점 거리가 30.0cm인 구면 오목 거울의 앞의 35.0cm 거리에 있다. (a) 상의 위치를 구하라. (b) 이 상은 실상인가 허상인가? (c) 배율을 구하라. (d) 이 상은 정립상인가? (e) 상은 얼마나 큰가? (f) 거울의 곡률 반지름을 구하라.

5.77* 시판되는 반사경에는 여러 종류가 있다. 그 중 하나는 뒷면을 은으로 입힌 투명한 유리 구슬이다. 평행 광선이 첫 번째 면에서 굴절한 후 뒷면에 집속되고 이들은 다시 반사되어 왔던 길을 되돌아간다. 유리 구슬의 굴절률은 얼마여야 하는가?

5.78* 구면 오목 거울을 사용하여 높이가 1.0m인 물체가 렌즈로부터 10m 떨어져 있을 때 $1.0 \times 1.0\text{cm}^2$의 감광 소자(목표물에 초점을 맞추기 위해 움직일 수 있는)에 이 물체의 상을 맺을 수 있는 로봇의 눈을 고안하고자 한다. 이 소자는 거울로부터 얼마만큼 떨어져 있어야 하겠는가? 거울의 초점 거리는 얼마인가? 광선을 그려라.

5.79* 0.60cm 크기의 LED가 구면 볼록 거울의 앞 30.0cm 거리에서 중심축 상에 있다. 거울의 곡률 반지름이 12.0cm일 때 상의 위치를 구하고, 이 상이 생기는 과정을 설명하며, 광선의 경로를 그려라.

5.80 치과에서 아이의 입에 사용될 막대의 끝에 고정된 작은 거울을 고안하고자 한다. (1) 상이 의사에게 보이는 것처럼 직립이 되게 하고 (2) 거울이 치아로부터 1.5cm에 있을 때, 거울이 상을 실제 크기의 2배를 만들어 낼 수 있도록 해 보라.

5.81 반지름 R의 구면 거울로부터 거리가 s_o 떨어진 물체가 다음의 양만큼 확대된 상으로 나타남을 증명하라.

$$M_T = \frac{R}{2s_o + R}$$

그림 P.5.75 아이크의 '아르놀피니 부부' 그림 (*Portrait of Giovanni Arnolfini and his Wife* (Detail)(1434), Jan van Eyck. Oil on oak, 82.2 × 60cm. The National Gallery, London/Art Resource, New York.)

5.82* 각막 측정기(keratometor)는 콘택트렌즈를 착용할 때 각막의 곡률 반지름을 측정하기 위해 사용하는 기구이다. 조사된 물체의 눈으로부터 거리는 알 수 있고 각막에서 반사된 상도 관찰할 수 있다. 이 기구는 허상의 크기를 측정할 수 있다. 물체의 거리가 100mm일 때 배율이 0.037×로 보인다고 하면 곡률 반지름은 얼마인가?

5.83* 구면 거울을 고려하여 물체와 상의 위치가 다음과 같이 주어짐을 보여라.

$$s_o = f(M_T - 1)/M_T \quad \text{과} \quad s_i = -f(M_T - 1)$$

5.84 25cm 떨어진 곳에서 스프 스푼의 오목한 부분을 보며 서 있는 사람은 −0.064의 배율로 반사된 그의 상을 볼 수 있다. 스푼의 곡률 반지름을 결정하라.

5.85* 유원지에 있는 큰 볼록 구면 거울이 10.0m 떨어진 곳에 있는 평면 거울과 마주하고 있다. 두 거울의 중앙에 서 있는 키가 1.0m인 소녀가 구면 거울에서보다 평면 거울에서 2배만큼 커진 그녀 자신을 보고 있다. 달리 말하면 평면 거울에 있는 상에 의해 관찰자에 마주한 각이 구면 거울의 상에 의한 맞각의 2배이다. 후자의 초점 거리는 얼마인가?

5.86* 그림 P.5.86에 묘사된 망원경은 2개의 구면 거울로 구성되어 있다. 큰 거울(중앙에 구멍이 있는)의 곡률 반지름이 2.0m이고 작은 것은 60cm이다. 물체가 별이라면 필름은 작은 거울로부터 얼마나 떨어져야 하겠는가? 이 계의 유효 초점 거리는 얼마인가?

그림 P.5.86

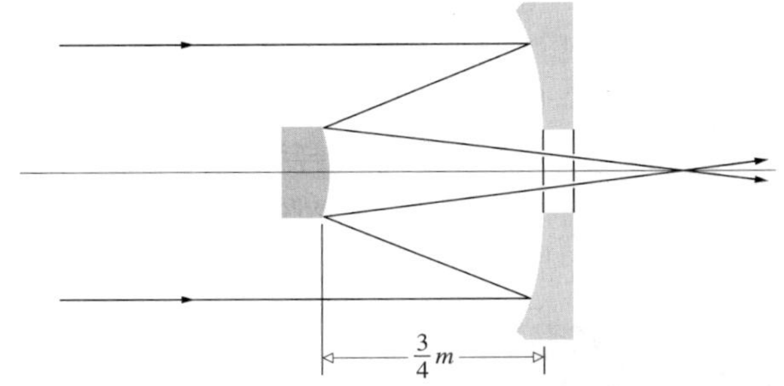

5.87* 점광원 S가 얇은 양의 렌즈의 전방 초점 거리와 2배의 초점 거리 사이에 위치해있다. 렌즈의 후방에 구면 오목 거울을 놓아서 최종 상이 원래의 점광원과 일치하도록 하였다. 거울의 위치는 어디에 두어야 하는가? 만일 구면 볼록 거울을 사용하여 같은 결과를 얻으려면 어디에 두어야 하는가?

5.88* 초점 거리가 10cm인 구면 오목 거울을 가지고 있다고 가정하자. 절반 크기의 직립상이 생기기 위해서는 물체가 어떤 지점에 위치해야 하는가? 거울의 곡률 반지름은 얼마인가? 표 5.5와 비교하라.

5.89 곡률 반지름이 −60cm인 연마된 구면 오목 거울로부터 20cm만큼 떨어진 3인치 높이의 물체에 대한 상을 설명하라.

5.90* 초점 거리 f_L인 얇은 양의 렌즈가 반지름이 R_M인 전면에 은으로 코팅한 구면 오목 거울의 앞 20cm 거리에 놓여 있다. f_L과 R_M을 결합된 유효 초점 거리를 근사적으로 표현한 식을 기술하라.

5.91* 양면의 곡률 반지름이 같은 오목 렌즈에 평행 광선이 입사할 때 일부는 앞면에서 반사하고 나머지는 투과한다. 만일 렌즈의 굴절률이 2.00이라면 앞면 반사광이 만든 상과 투과광이 만든 상은 같은 위치에 있음을 보여라.

5.92 그림 5.73의 도브 프리즘(dove prism)을 고려하여 입사한 상을 광축에 대해 90° 회전시켜라. 새로운 배치도를 그리고 상이 얼마만큼 회전되었는가를 구하라.

5.93 코어가 1.62, 클래딩이 1.52의 굴절률을 갖는 광섬유의 수치 구경을 구하라. 공기 중에 있을 때 이것의 최대 수용각(acceptance angle)은 얼마인가? 입사광이 45°일 때 어떻게 되겠는가?

5.94* 계단형 굴절률 분포 다중모드 유리 광섬유는 1.481과 1.461의 굴절률을 갖는다. 이 광섬유의 코어 지름은 100m이다. 광섬유가 공기 중에 있을 때 광섬유의 수용각을 구하라.

5.95 0.2dB/km의 감쇠 계수를 갖는 현대의 이산화규소 광섬유가 있다면 출력이 절반으로 떨어지기 전까지 신호는 얼마나 멀리 갈 수 있겠는가?

5.96* 계단형 굴절률 분포 광섬유의 굴절률이 1.451과 1.457이다. 코어 반지름이 3.5m일 때 광섬유에 기본 모드만이 존재하는 차단 파장을 구하라.

5.97* 계단형 굴절률 분포 단일 모드 광섬유의 코어 지름이 8.0m이고 개구수가 0.13이다. 이 광섬유가 단일 모드에서 작동하는 차단 주파수를 구하라.

5.98 코어 지름이 50μm이고 $n_c = 1.482$, $n_f = 1.500$인 광섬유에 중심 파장이 0.85μm로 복사하는 LED를 비추었을 때 이 광섬유에서 진행하는 모드 수는 얼마인가?

5.99* 계단형 굴절률 분포 다중 모드 유리 광섬유가 굴절률이 1.50인 코어와 굴절률이 1.48인 클래딩으로 되어 있다. 이 광섬유의 코어 반지름이 50.0μm이고 1,300μm의 진공 파장에서 작동한다면 광섬유 내에서 진행하는 모드 수는 얼마인가?

5.100* 클래딩의 굴절률이 1.485이고 코어의 굴절률이 1.500인 계단형 굴절률 분포를 가진 광섬유의 모드 간 시간 지연(ns/km의 단위로)을 구하라.

5.101 5.7.1절에서 눈의 정보를 이용하여 망막에 나타나는 달의 상에 대해 대략적인 크기(밀리미터 단위로)를 계산하라. 달

은 2160마일의 지름과 지구로부터 약 230,000마일에 있다.

5.102* 그림 P.5.102는 입사각에 관계없이 두 평면 거울의 사이각 β의 두 배와 같은 일정한 각 σ로 광선이 평향된 장치를 보여 준다. 이것이 실제 경우임을 보여라.

그림 P.5.102

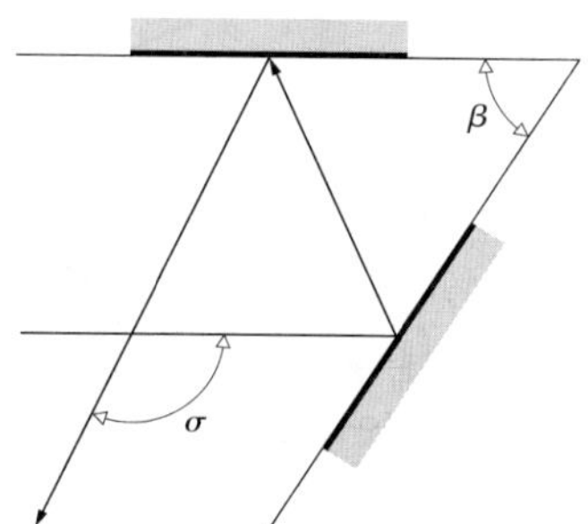

5.103 천체 망원경의 대물 렌즈($f_o = 4\,\text{m}$)에서 20 m 떨어져 있는 물체가 접안 렌즈($f_e = 60\,\text{cm}$)로부터 30 cm 떨어진 곳에 상을 맺는다. 이 망원경의 전체 선형 배율을 구하라.

5.104* 정립 렌즈계를 보여 주고자 하는 그림 P.5.104는 오래되고 절판된 광학 교재에 있다. 틀린 점은 무엇인가?

5.105* 그림 P.5.105는 실제로 많이 사용되는 검은 면 위에 뚫린 핀홀을 나타낸다. 이들의 역할은 무엇인지 생각해 보라.

그림 P.5.105

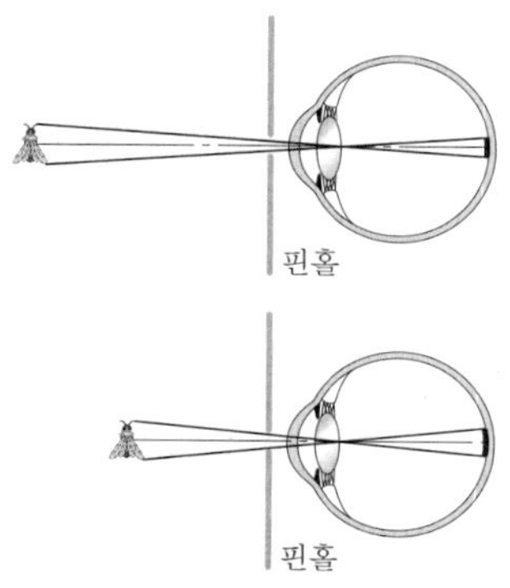

5.106* 움직이는 회전목마의 사진이 적정 노출되었으나 $\frac{1}{30}$s와 $f/11$에서 사진이 흐릿하게 나왔다. 움직임을 '정지'시키기 위해서 셔터 속도를 $\frac{1}{120}$s로 올렸다면 조리개는 얼마로 하여야 하는가?

그림 P.5.104

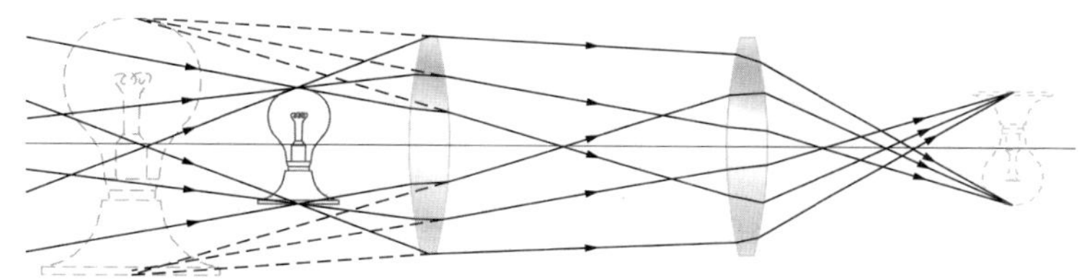

5.107 간단한 두 개의 렌즈로 만들어진 천체 망원경의 시야는 눈렌즈의 크기에 의해 제한된다. 비네팅(vignetting)이 생기는 것을 알아보기 위해 광선을 그려라.

5.108 시야 렌즈는 대개 광학계에서 광선을 모으기 위해(그렇지 않으면 다음 렌즈를 빗나가게 된다) 중간의 상면에(또는 근처에) 위치한 볼록 렌즈이다. 이것은 이 광학계의 배율은 변화시키지 않고 시야를 증가시킨다. 시야 렌즈를 포함시켜서 앞 문제의 광선을 다시 그려라. 결과적으로 눈동자 거리가 다소 줄어듦을 보여라.

5.109* 벌레가 얇은 볼록 렌즈의 정점에 놓여있을 때 상을 설명하라. 이것은 시야 렌즈가 작동하는 방법과 어떤 관계가 있는가? (문제 5.108 참조)

5.110* 한 환자의 근점이 50 cm이다. 눈이 약 2.0 cm의 길이라면,

(a) 무한대에 놓여있는 물체에 대해 초점을 맞출 때 굴절계는 얼마만큼의 굴절능을 가지고 있는가?

(b) 50 cm의 거리에 있는 물체를 보기 위해 어느 정도의 조절이 요구되는가?

(c) 25 cm의 근점에 있는 물체를 뚜렷하게 보기 위한 눈의 굴절능은 얼마인가?

(d) 환자의 시력계를 보정하기 위해서는 얼마만큼의 굴절능을 높여야 하는가?

5.111* 검안사는 원시인 사람이 125 cm의 근점을 갖고 있음을 알았다. 책을 편하게 읽을 수 있도록 콘텍트렌즈로 이 근점을 보다 더 적당한 거리인 25 cm 안으로 옮길 수 있게 하려면 콘택트렌즈에는 얼마만큼의 굴절능이 요구될 것인가? 사물이 근점에 맺히면 뚜렷하게 보인다는 사실을 이용하라.

5.112* 양쪽 눈의 시력이 같은 근시인 사람이 각막으로부터 100 cm인 거리에 원점을 갖고 있으며 18 cm인 거리에 근점을 각각 갖고 있다. (a) 이를 보정하기 위한 콘택트렌즈의 초점 거리를 구하라. (b) 콘택트렌즈로 보정한 후 새로운 근점을 구하라. 여기에서 이 렌즈의 전방 18 cm 거리에 상이 맺는 렌즈 전방에 있는 물체의 위치를 찾고자 한다.

5.113* 7D의 근시인 사람에 대한 시력을 안경으로 보정할 것인데, 이 사람의 양안의 시력은 모두 같고 눈으로부터 15 mm 거리에 안경을 착용한다. 이 안경에 대한 적절한 굴절능을 구하라.

5.114* 원시인 사람의 시력을 각막으로부터 12 mm인 지점에 +9 D인 안경을 착용하여 보정한다. 이 안경을 콘택트렌즈로 대체할 경우 콘택트렌즈의 굴절능을 구하라.

5.115* 6 D의 근시인 사람이 눈으로부터 16.67 cm인 거리에 원점을 갖는다. 이 사람의 시력을 보정하는 눈으로부터 12 mm 지점에 착용하는 안경 렌즈를 처방하라.

5.116* 원시인 사람이 100 cm 거리에 근점을 가지고 있고 원점은 정상적인 위치에 있다. 이 문제를 해결할 콘택트렌즈의 처방전을 구하라. 이 콘택트렌즈에 의한 새로운 원점의 위치를 구하라.

5.117 원시인 사람이 +3.0 D의 콘택트렌즈를 끼고 이완된 눈으로 매우 먼 거리의 산을 볼 수 있었다. 각막의 앞쪽으로 17 mm인 곳에 안경을 쓴다면 콘택트렌즈와 같은 효과를 보이기 위해서는 안경 렌즈가 가져야 할 굴절능은 얼마인가? 두 경우에 대해 원점의 위치를 구하고 비교하라.

5.118* 보석상은 25.4 mm의 초점 거리를 갖는 루페(loupe)로 지름이 5.0 mm인 다이아몬드를 검사하고 있다.

(a) 루페의 최대 각배율을 결정하라.

(b) 확대경을 통하여 본 보석은 얼마나 크게 보이겠는가?

(c) 다이아몬드가 근점에 놓여 있다면 맨눈과 다이아몬드에 의해 마주한 각은 얼마인가?

(d) 루페를 끼웠을 때 눈과 다이아몬드에 의해 마주한 각은 얼마인가?

5.119 25 mm 초점 거리를 갖는 두 개의 볼록 렌즈로 구성된 (이완된 눈으로 볼 수 있는) 현미경을 만들고 싶다. 대물 렌즈로부터 27 mm인 곳에 물체가 놓여 있다면

(a) 렌즈들은 서로 얼마나 멀리 떨어져 있는가?

(b) 확대율은 어느 정도이겠는가?

5.120* 그림 P.5.120은 1952년에 월터(Hans Wolter)에 의해서 고안된 입사 X-선 초점계를 보여 준다. 각 광선의 나머지 부분을 채워라. 각 광선은 반사를 얼마나 하는가? 이 장치는 어떻게 작동하는가? 이런 종류의 현미경은 레이저 핵융합 연구에서 핵연료의 탄환 목표물에 대한 X-선 사진을 찍는 데 사용되어 왔다. X-선의 광학적 배열은 천체 망원경에서 사용되어 왔다.

그림 P.5.120

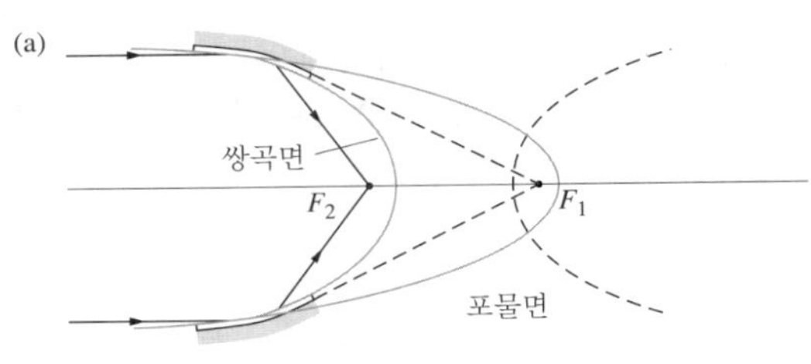

5.121* 그림 P.5.121은 비스듬히 입사하는 X-선을 집속하기 위해 사용되는 비구면 거울을 보여 준다. 이들이 어떻게 작동되는가를 설명하라.

그림 P.5.121

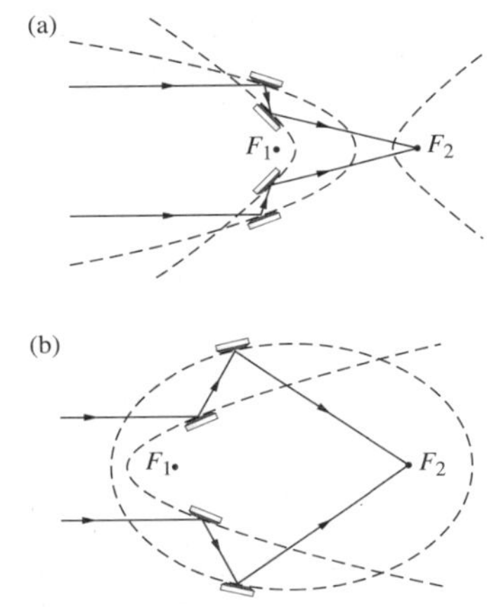

5.122* 1차 거울의 지름이 2.4 m인 허블 우주 망원경이 회절 한계까지 설계되었다고 하자. 멀리 떨어진 러시아 위성 안에 있는 1.0 cm 크기의 인쇄물을 관찰하기 위해서 위성과 망원경 사이의 거리는 얼마여야 하는가?

6 기하광학에 덧붙여

앞 장에서는 대부분 근축 이론을 구면 렌즈계에 적용하였다. 이때 2개의 주요한 근사로서 (1) 얇은 렌즈를 사용하고, (2) 일차 이론으로 충분히 분석할 수 있다고 가정하였다. 이런 가정 중 어느 것도 정밀한 광학계를 설계하는 과정에서는 정확히 유지될 수 없고 단지 대략적인 해만을 제공한다. 이 장에서는 두꺼운 렌즈와 이에 대응하는 수차를 살펴봄으로써 이 문제를 더 깊이 다루어 보도록 한다. 그럼에도 불구하고 이 역시 시작일 뿐이다. 컴퓨터에 의한 렌즈 설계의 등장으로 인해 강조해야 할 부분에 변화가 생겼다. 즉 컴퓨터가 더 잘할 수 있는 일을 구태여 강조할 필요는 없다.

6.1 두꺼운 렌즈와 렌즈계

그림 6.1은 두께를 무시할 수 없는 하나의 두꺼운 렌즈를 보여 준다. 이것은 많은 단순 렌즈로 이루어진 광학계로 간주할 수 있다. 이때 제1초점(물체 초점)과 제2초점(상초점), 즉 F_0과 F_i까지의 거리를 앞과 뒤의 정점(vertices)으로부터 측정하여 이들을 f.f.l과 b.f.l로 나타내고 각각 앞초점 거리와 뒤초점 거리라고 한다. 입사 광선과 출사 광선은 반드시 어떤 점에서 만나고 이 점의 궤적은 곡면을 형성하는데, 이 면은 렌즈 내에 있거나 그렇지 않을 수도 있다. 이 면은 근축 영역에서 **주요면**(principal planes)이라는 평면에 접근한다(6.3.1절 참조). 그림 6.1에서 보듯이 제1주요면과 제2주요면이 광축과 교차하는 점은 **제1주요점**(first principal points)과 **제2주요점**(second principal points)이라고 하며 각각 H_1과 H_2라고 쓴다. 이 점들은 광학계 변수를 측정하는 매우 유용한 기준점이 된다. 렌즈의 광축을 통과한 광선은 입사 방향과 평행하게 나간다는 사실은 앞(그림 5.17)에서 보았다. 입사 광선과 출사 광선을 연장하여 광축과 만나는 점을 **마디점**(nodal points) N_1과 N_2라고 한다(그림 6.2). **렌즈가 양쪽에 같은 매질(일반적으로 공기)로 둘러싸여 있을 때 마디점과 주요점은 일치한다.** 6개의 점, 즉 2개의 초점, 2개의 주요점과 2개의 마디점은 이 렌즈계의 **특이점**(cardinal points)을 구성한다.

만일 물체의 위치와 함께 여섯 개의 특이점이 주어진다면 어떤 형태의 렌즈에 대해서도 최종 상을 결정할 수 있는데

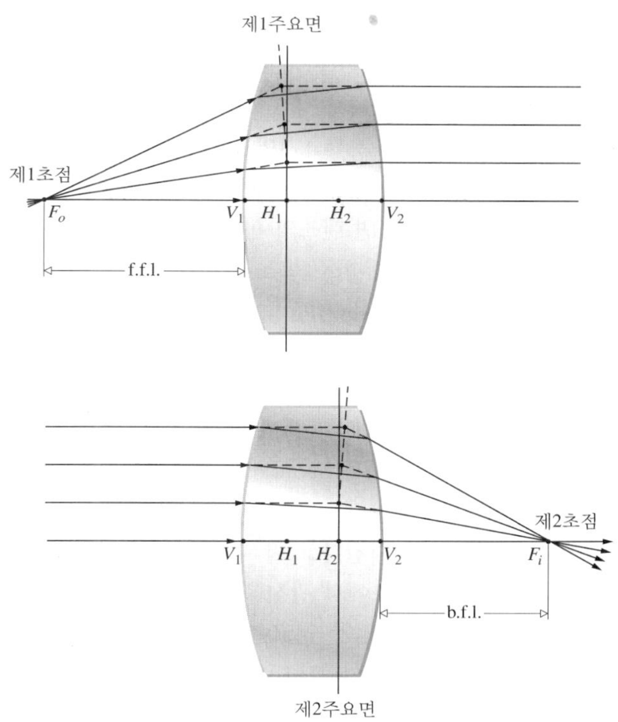

그림 6.1 두꺼운 렌즈

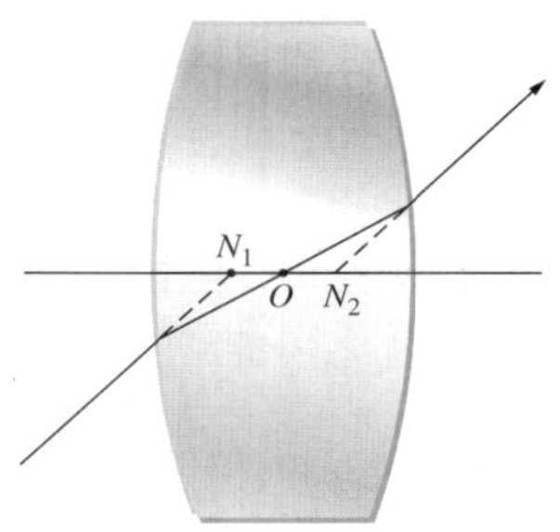

그림 6.2 마디점

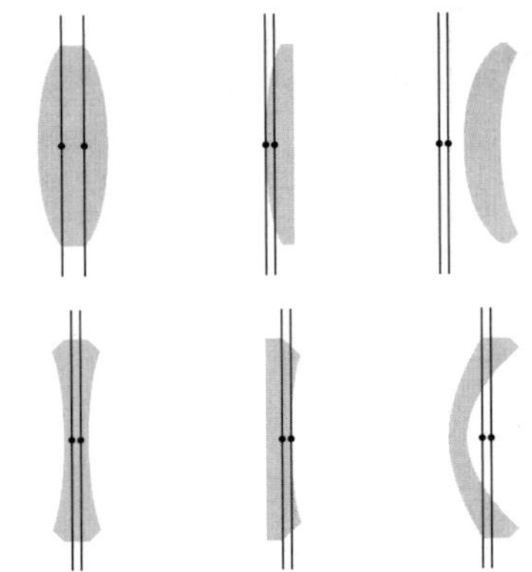

그림 6.3 렌즈의 휨

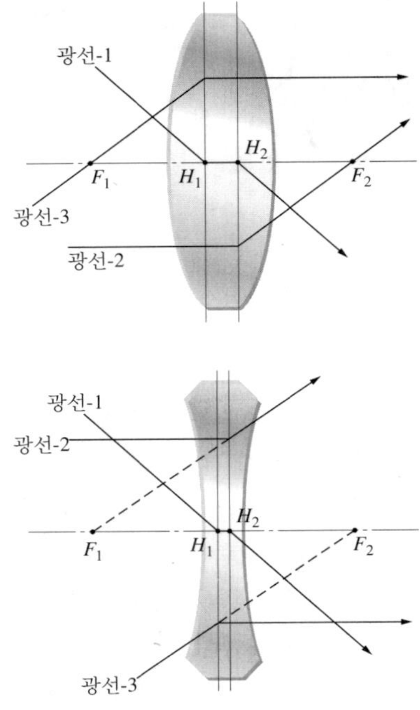

그림 6.4 두꺼운 렌즈를 지나가는 광선 그리기

이때 렌즈의 실제 곡률, 두께, 굴절률 등은 몰라도 된다. 결과적으로 어떤 분석에서든지 먼저 특이점을 계산한다.

그림 6.3에서 보듯이 주요면은 완전히 렌즈계 밖에 존재할 수 있다. 형태는 다르지만 이들 렌즈는 같은 굴절능을 가진다. 대칭 렌즈에서 주요면도 역시 대칭임을 유의하라. 평면 볼록(혹은 평면 오목) 렌즈의 경우 1개의 주요면은 근축 영역에서 곡면에 접한다. 그러나 메니스커스 렌즈의 주요점은 렌즈 밖에 있을 수 있다. 예를 들면 **렌즈의 휨**(lens bending)을 연속적으로 변화시키면서도 같은 굴절능을 가진 렌즈를 만들 수 있다. 보통 공기 중에 있는 유리 렌즈에 대해서 거리 $\overline{H_1H_2}$는 대략 렌즈 두께 $\overline{V_1V_2}$의 1/3과 같다.

얇은 렌즈를 지나는 광선을 그릴 때, 렌즈의 앞과 뒤 경계에서 광선을 두 번 꺾는 대신, 렌즈의 중앙에 광축에 수직한 면을 그리고나서 모든 입사 광선을 그 주요면에서 굴절시키는 간단한 방법을 사용한다. 즉 얇은 렌즈에서는 그림 6.1의 두 주요면이 하나로 합쳐진다고 할 수 있다. 몇 가지 규칙만 정하고 나면 두꺼운 렌즈에서 광선을 그릴 때에도 비슷한 방법을 고안할 수 있다. 우리가 얻고 싶은 기술은 실제 입사 광선으로부터 실제 출사 광선을 구성하는 것이라는 것을 유념하자. 렌즈 안에서 형성된 광경로는 실제로 광선이 지나가는 경로와는 다르겠지만 그것은 중요치 않다. 물론 얇은 렌즈 안에서도 실제 경로를 구한 것은 아니었다.

첫 번째 렌즈면에 도달한 어떤 광선이든 첫 번째 주요면 H_1과 만날 때까지 연장시켜야 한다. 이 '유령' 광선은 H_1과 H_2 사이의 간격을 광축과 평행하게 가로지른다. 두 번째 주요면 H_2에서 굴절한 후 렌즈 바깥으로 곧바로 통과해 나가는데 그 굴절 방향은 앞으로 결정하게 될 것이다. 얇은 렌즈에서와 마찬가지로 두꺼운 렌즈에도 따로 계산하지 않고도 렌즈를 통과하는 경로를 결정할 수 있는 세 개의 특별한 광선이 존재한다.

그림 5.22에서 얇은 렌즈의 중심을 향해오는 광선과 같이 H_1을 향해 오는 광선-1이 그림 6.4에 그려져 있다. 광선-1은 H_1을 만난 후, 중심축과 나란하게 H_2로 이동한다. H_2에서 광선은 꺾이고 얇은 렌즈에서와 마찬가지로 입사 광선과 나란하게 빠져나간다. 이제 그림 6.4의 중심축과 평행하게 들어오는 광선-2를 생각해 보자. 이 광선은 첫 번째 주요면을 만난 후 꺾이지 않고 진행하다가 두 번째 주요면에서 꺾인다. 렌즈가 양의 렌즈이면 광선-2는 후방 초점 F_2로 수렴한다. 만일 렌즈가 음의 렌즈이면 광선-2는 그림 5.22의 얇은 렌즈의 경우와 같이 전방 초점 F_1에서 나온 것처럼 발산한다. 양의 렌즈에서 광선-3은 전방 초점 F_1을 지나서 첫 번째 주요면을 만나고 중심축에 평행하게 꺾인 후 계속 직진한다. 음의 렌즈에서는 광선-3이 후방 초점 F_2를 향해 오다가 첫 번째 주요면에서 중심축에 평행하게 꺾인 후 직진한다.

양의 두꺼운 렌즈에 평행하게 들어오는 모든 광선 다발은 초점면에 있는 한 점을 향해 수렴하는 원뿔처럼 나온다. 음의 두꺼운 렌즈에 평행하게 들어오는 모든 광선 다발은 초점면에 있는 한 점에서 발산하는 원뿔처럼 나온다.

두꺼운 렌즈는 5.2.3절에서 보듯이 얇은 렌즈 방정식을 유도할 때처럼 두꺼운 렌즈의 정점 사이의 거리 d_l만큼 떨어진 2개의 구면 굴절면으로 이루어졌다고 할 수 있다. d_l을 무시하지 않고 계산*을 하면 공기 속에 있는 두꺼운 렌즈에 대해

* 완전한 유도를 위해 Morgan의 *Introduction to Geometrical and Physical Optics* 57쪽을 참조하라. 우리는 6.2.1절의 행렬을 활용하여 대부분의 자료를 도출할 것이다.

재미있는 결론에 도달한다. 물체 거리와 상거리를 각각 첫 번째와 두 번째 주요면으로부터 측정한다면 물체점과 상점에 대한 표현은 다음과 같이 가우스 공식 형태로 쓸 수 있다.

$$\frac{1}{s_o} + \frac{1}{s_i} = \frac{1}{f} \tag{6.1}$$

더욱이 **유효 초점 거리**(effective focal length) 혹은 간단히 **초점 거리**(focal length) f는 주요면에 대해 다음과 같이 주어진다.

$$\frac{1}{f} = (n_l - 1)\left[\frac{1}{R_1} - \frac{1}{R_2} + \frac{(n_l - 1)d_l}{n_l R_1 R_2}\right] \tag{6.2}$$

주요면의 위치는 각각 정점의 오른쪽에 있으면 양수이고, $\overline{V_1H_1} = h_1$과 $\overline{V_2H_2} = h_2$의 거리에 위치한다. 그림 6.5는 여러 값들의 의미를 시각적으로 보여 준다. 그러면 h_1과 h_2의 값은 다음과 같다(연습문제 6.22).

$$h_1 = -\frac{f(n_l - 1)d_l}{R_2 n_l} \tag{6.3}$$

및

$$h_2 = -\frac{f(n_l - 1)d_l}{R_1 n_l} \tag{6.4}$$

그림 6.4의 닮은꼴 삼각형으로부터 렌즈 방정식의 뉴턴식이 성립한다. 즉 f가 식 (6.2)로 주어지면 뉴턴의 렌즈 공식은

$$x_o x_i = f^2 \tag{6.5}$$

이 된다. 그리고 합동인 삼각형으로부터

$$M_T = \frac{y_i}{y_o} = -\frac{x_i}{f} = -\frac{f}{x_o} \tag{6.6}$$

이다. 만일 $d_l \to 0$이라면 식 (6.1), 식 (6.2), 식 (6.5)는 각각 얇은 렌즈에 대한 식 (5.17), 식 (5.16), 식 (5.23)에 접근한다.

예제 6.1

렌즈면의 곡률 반지름이 각각 20 cm와 40 cm이고, 두께가 1.0 cm이며, 굴절률이 1.5인 양볼록 렌즈의 정점으로부터 30 cm 떨어진 물체에 대해서, 상까지의 거리를 구하라.

풀이

식 (6.2)로부터 초점 거리를 cm 단위로 구하면,

$$\frac{1}{f} = (1.5 - 1)\left[\frac{1}{20} - \frac{1}{-40} + \frac{(1.5 - 1)1.0}{1.5(20)(-40)}\right]$$

이고 $f = 26.8$ cm이다. 더 나아가

$$h_1 = -\frac{26.8(0.50)1.0}{-40(1.5)} = +0.22 \text{ cm}$$

와

$$h_2 = -\frac{26.8(0.5)1.0}{20(1.5)} = -0.44 \text{ cm}$$

가 된다. 이 결과는 H_1이 V_1의 오른쪽에 있고 H_2는 V_2의 왼쪽에 있다는 것을 의미한다. 결과적으로 $s_0 = 30 + 0.22$이다. 그러므로

$$\frac{1}{30.2} + \frac{1}{s_i} = \frac{1}{26.8}$$

이고 H_2로부터 측정해서 $s_i = 238$ cm이다.

주요점은 서로 공액 관계를 가진다. 다시 말하면 $f = s_o s_i/(s_o + s_i)$이기 때문에, $s_o = 0$이면 $s_i = 0$이 된다. 왜냐하면 f가 유한하고, H_1은 H_2에 상을 맺기 때문이다. 더 나아가 첫 번째 주요면($x_o = -f$)에 있는 물체는 배율 변화 없이($M_T = 1$) 두 번째 주요면($x_i = -f$)에 상이 맺힌다. 이런 이유로 이들은 때때로 **단위면**(unit planes)이라고 한다. 그러므로 첫 번째 주요면을 향해 들어온 광선은 같은 높이의 두 번째 주요면에서 나오는 것처럼 취급할 수 있다.

2개의 두꺼운 렌즈 L_1과 L_2로 이루어진 복합 렌즈를 가정해 보자(그림 6.6). s_{o1}, s_{i1}, f_1 및 s_{o2}, s_{i2}, f_2는 각각 대응되는 주요면으로부터 측정한 두 렌즈의 물체까지와 상까지의 거리 및 초점 거리이다. 이미 횡배율이 각 렌즈 배율의 곱이라는 것을 우리는 알고 있다. 즉

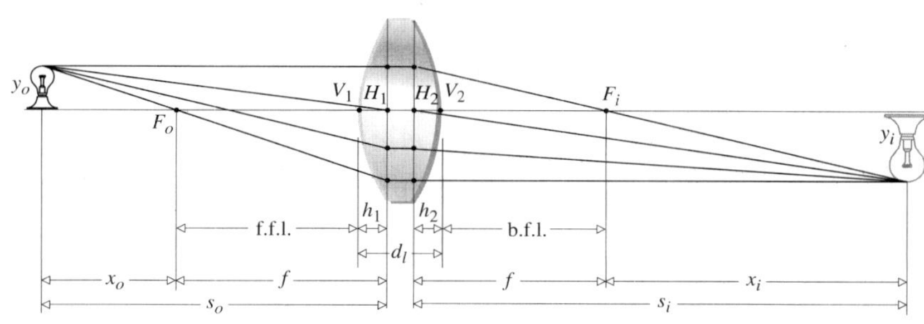

그림 6.5 두꺼운 렌즈의 기하학적 배치

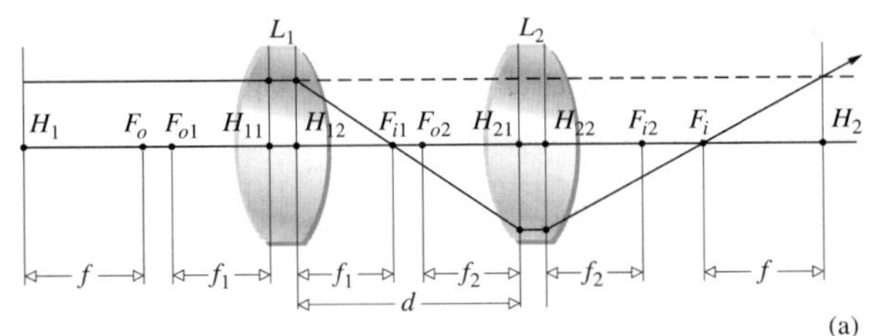

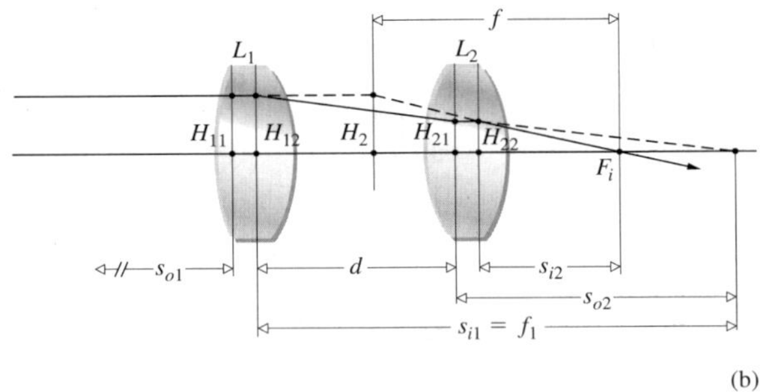

그림 6.6 두꺼운 복합 렌즈

$$M_T = \left(-\frac{s_{i1}}{s_{o1}}\right)\left(-\frac{s_{i2}}{s_{o2}}\right) = -\frac{s_i}{s_o} \tag{6.7}$$

이다. 여기서 s_o와 s_i는 전체적인 렌즈 조합에 대한 물체와 상까지의 거리이다. s_o가 무한대일 때 $s_o = s_{o1}$, $s_{i1} = f_1$, $s_{o2} = -(s_{i1} - d)$와 $s_i = f$가 성립한다.

$$\frac{1}{s_{o2}} + \frac{1}{s_{i2}} = \frac{1}{f_2}$$

이기 때문에 식 (6.7)에 대입하면

$$-\frac{f_1 s_{i2}}{s_{o2}} = f$$

혹은

$$f = -\frac{f_1}{s_{o2}}\left(\frac{s_{o2}f_2}{s_{o2} - f_2}\right) = \frac{f_1 f_2}{s_{i1} - d + f_2}$$

가 된다(연습문제 6.1). 그러므로

$$\frac{1}{f} = \frac{1}{f_1} + \frac{1}{f_2} - \frac{d}{f_1 f_2} \tag{6.8}$$

가 된다. 모든 거리를 주요면으로부터 측정할 때 이 식은 2개의 두꺼운 렌즈의 유효 초점 거리를 나타내는 식이 된다. 전체적인 렌즈계에 대한 주요면의 위치는

$$\overline{H_{11}H_1} = \frac{fd}{f_2} \tag{6.9}$$

와

$$\overline{H_{22}H_2} = \frac{fd}{f_1} \tag{6.10}$$

로 표현된다. 위 식의 유도를 위해서는 6.2.1절을 참조하라. 이 절에서는 두꺼운 렌즈로 이루어진 복합 렌즈를 1개의 두꺼운 렌즈로 동일하게 묘사하였다. 만약 구성 렌즈가 얇다면 H_{11}과 H_{12}끼리, H_{21}과 H_{22}끼리 합쳐진다. 반면에 d는 5.2.3절에서와 같이 렌즈 중심 사이의 떨어진 거리가 된다.

예제 6.2

$f_1 = -30\text{cm}$, $f_2 = 20\text{cm}$, $d = 10\text{cm}$일 때, 그림 5.41의 얇은 렌즈로 되돌아가서 이 광학계의 주요면들을 찾아라.

풀이

그림 6.7에서와 같이 식 (6.8)을 사용해서 시스템의 초점 거리를 구한다.

$$\frac{1}{f} = \frac{1}{-30} + \frac{1}{20} - \frac{10}{(-30)(20)}$$

이 되어 $f = 30\text{cm}$가 된다. 앞에서 식 (5.36)과 식 (5.35)에 따라 우리는 b.f.l. = 40cm와 f.f.l. = 15cm임을 알고 있다. 게다가 이것들은 얇은 렌즈이기 때문에 식 (6.9)와 식 (6.10)은

$$\overline{O_1H_1} = \frac{30(10)}{20} = +15 \text{ cm}$$

와

$$\overline{O_2H_2} = -\frac{30(10)}{-30} = +10 \text{ cm}$$

같이 쓸 수 있다. 양쪽 다 양수이기 때문에 주요면은 각 O_1, O_2의 오른쪽에 있다. 이렇게 계산된 값은 그림에 그려진 결과와 일치한다. 만약 빛이 오른쪽에서부터 들어오면 이 렌즈계는 유효 초점 거리가 30cm이고 필름 면에서 15cm 떨어진 렌즈가 놓여 있는 망원 렌즈계와 비슷하다.

같은 방법을 3개, 4개 혹은 더 많은 렌즈로 이루어진 광학계에 대해 확장시킬 수 있다. 따라서

$$f = f_1\left(-\frac{s_{i2}}{s_{o2}}\right)\left(-\frac{s_{i3}}{s_{o3}}\right)\cdots \tag{6.11}$$

이다. 앞에서와 같은 방법으로 처음 2개의 렌즈를 하나의 두

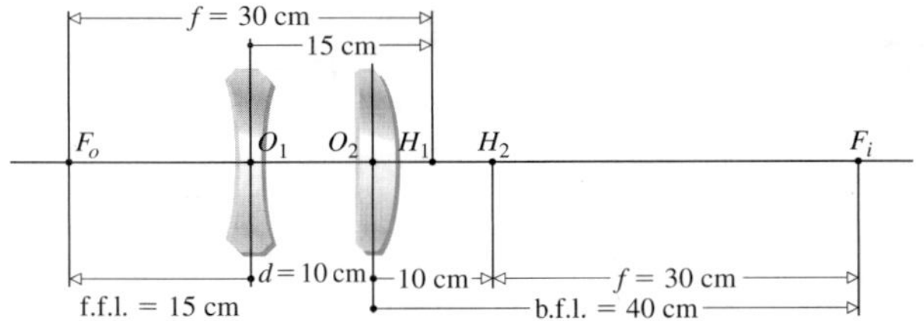

그림 6.7 복합 렌즈

꺼운 렌즈로 바꿀 수 있으며 이 두꺼운 렌즈의 주요점과 초점 거리를 계산할 수 있다. 그리고 다시 3번째 렌즈와 이 두꺼운 렌즈를 결합한다. 이와 같이 계속적으로 여러 렌즈들을 결합시킬 수 있다.

6.2 광선 추적의 해석적 방법

광선 추적은 설계자에게 필수적인 수단이다. 설계자는 종이 위에 광학계를 형성한 후 수학적으로 광선의 경로를 계산할 수 있기 때문에 근축 광선이든 비근축 광선이든 관계없이 광학계를 통한 광선의 경로를 정확히 추적할 수 있다. 개념적으로 볼 때 광선 추적은 첫 번째 면에 굴절 방정식인

$$n_i(\hat{\mathbf{k}}_i \times \hat{\mathbf{u}}_n) = n_t(\hat{\mathbf{k}}_t \times \hat{\mathbf{u}}_n) \tag{4.6}$$

을 적용하고 투과한 광선이 부딪히는 두 번째 면에 다시 위 방정식을 적용한다. 이 경우 비자오 광선(nonmeridional rays) 또는 **사교 광선(skew rays)**의 경로를 추적하는 작업은 수학적으로 매우 복합하기 때문에 어렵지만, 물체와 광축을 포함한 평면 내에 있는 **자오 광선(meridional rays)**의 추적은 비교적 쉽다. 그러나 고속 컴퓨터를 이용하는 경우 사교 광선 추적과 자오 광선 추적의 차이는 거의 나타나지 않는다. 숙련된 사람이 탁상용 계산기로 1개의 면을 통해 1개의 사교 광선을 추적하는 데 약 10~15분이 걸리는 반면에 컴퓨터는 같은 일을 하는 데 수천 분의 1초보다 더 짧게 걸리며, 더욱 중요한 것은 전혀 지치지 않고 다음 계산을 할 준비가 되어 있다는 것이다.

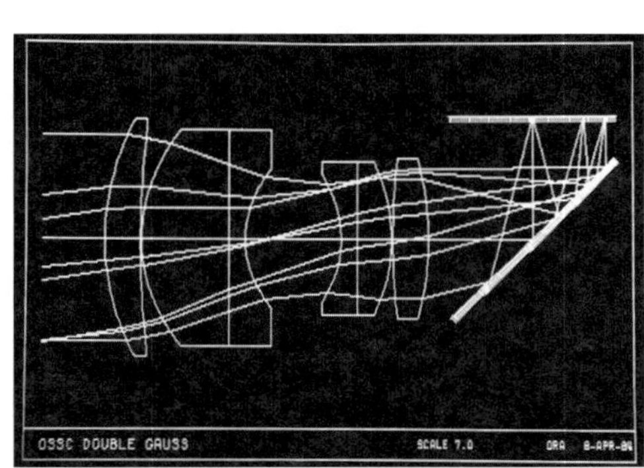

컴퓨터 광선 추적(Optical Research Associates, Pasadena, CA)

다음 설명에서 (1) 수평 거리들은 정점 V_1과 V_2에서 측정되며, 양수는 정점의 오른쪽, 음수는 정점에서 왼쪽을 가리킨다. (2) 광선이 중앙축으로부터 위쪽으로 진행하는 경우 광선의 각도는 양수가 된다. 이 각은 시계 반대 방향으로 증가한다.

광선 추적 과정을 설명할 수 있는 가장 간단한 광선은 두꺼운 구면 렌즈를 통과하는 근축 자오 광선이다. 그림 6.8의 점 P_1에 스넬 법칙을 적용하면

$$n_{i1}\theta_{i1} = n_{t1}\theta_{t1}$$

혹은

$$n_{i1}(\alpha_{i1} + \alpha_1) = n_{t1}(\alpha_{t1} + \alpha_1)$$

을 얻을 수 있다. **여기서 모든 각은 라디안 단위로 표현됨을 명심하라.** 또한 $\alpha_1 = y_1/R_1$이므로 이 식은 다음과 같이 된다.

$$n_{i1}(\alpha_{i1} + y_1/R_1) = n_{t1}(\alpha_{t1} + y_1/R_1)$$

이 식에서 항을 다시 정리하면 다음 식을 얻는다.

$$n_{t1}\alpha_{t1} = n_{i1}\alpha_{i1} - \left(\frac{n_{t1} - n_{i1}}{R_1}\right)y_1$$

그러나 5.7.2절에서 볼 수 있듯이 첫 번째 굴절면의 굴절능은

$$\mathscr{D}_1 = \frac{(n_{t1} - n_{i1})}{R_1}$$

이고 따라서

$$n_{t1}\alpha_{t1} = n_{i1}\alpha_{i1} - \mathscr{D}_1 y_1 \tag{6.12}$$

이 된다. 이것은 첫 번째 경계면에 대한 **굴절 방정식(refraction equation)**이라고 한다. 점 P_1에서 굴절된 광선은 렌즈의 균일한 매질을 통해 두 번째 경계면 위의 점 P_2에 도달한다. P_2의 높이는 $\tan\alpha_{t1} \approx \alpha_{t1}$이라는 관계식으로부터 다음과

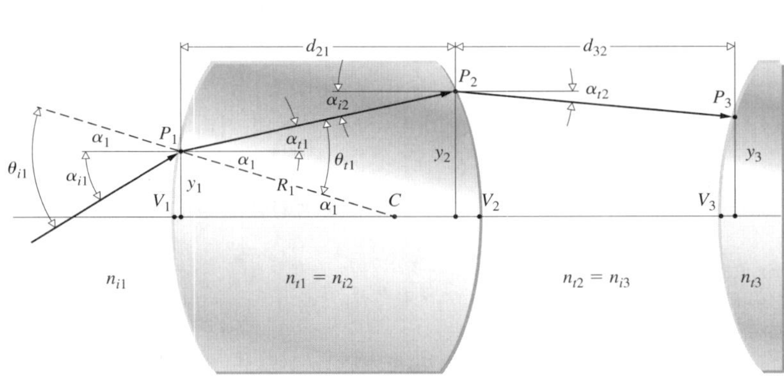

그림 6.8 광선의 기하학적 경로

같이 기술된다.

$$y_2 = y_1 + d_{21}\alpha_{t1} \tag{6.13}$$

위 식은 광선이 P_1에서 P_2로 진행하는 것을 나타내기 때문에 **전이 방정식(transfer equation)**으로 알려져 있다. 광선의 기울기가 양이라면 각도는 양수가 된다. 근축 영역에서 $d_{21} \approx \overline{V_2V_1}$과 y_2는 쉽게 계산될 수 있다. 전체 광학계에 걸쳐서 광선을 추적하기 위해서는 식 (6.12)와 식 (6.13)을 연속적으로 사용한다. 물론 광축에 대한 렌즈의 대칭 때문에 이 광선은 같은 자오면상에 있게 된다. 이 경우 광선은 이차원 평면상에서 움직이며, 2개의 방정식과 2개의 미지수 α_{t1}과 y_2가 존재한다.

6.2.1 행렬법

1930년대 초에 스미스(T. Smith)는 광선 추적 방정식을 다루는 흥미로운 방법을 수식화하였다. 그는 광선 추적식이 간단한 선형 형태라는 점과 같은 수식이 반복적으로 적용된다는 점에 착안하여 행렬을 사용하였다. 그래서 굴절과 전이의 과정은 행렬 연산자를 사용하여 수학적으로 표현된다. 이런 초기의 그의 통찰은 거의 30년 동안 널리 인식되지 못했다. 그러나 1960년대 초, 이런 접근법이 다시 주목을 받기 시작하였다.* 이 방법에 대한 보다 자세한 것은 참고문헌을 참고하기로 하고, 여기에서는 이 방법의 특징 중 몇 개만 언급하도록 한다.

행렬을 이용한 렌즈 해석

다음 식으로부터 시작하자.

$$n_{t1}\alpha_{t1} = n_{i1}\alpha_{i1} - \mathscr{D}_1 y_{i1} \tag{6.14}$$

과

$$y_{t1} = 0 + y_{i1} \tag{6.15}$$

위 식은 식 (6.12)에서 y_1을 y_{i1}으로 바꾸고 $y_{t1} = y_{i1}$으로 놓았기 때문에 새로운 것은 아니다. 이렇게 한 이유는 식을 간단하게 하기 위해서이다. 입사 매질에서 광축 위의 참고점 P_1의 높이(y_{i1})는 투과 매질 속에서의 높이(y_{t1})와 명백히 같다고 말할 수 있다. 그러므로 한 쌍의 방정식은 다음과 같이 행렬로 다시 쓸 수 있다.

$$\begin{bmatrix} n_{t1}\alpha_{t1} \\ y_{t1} \end{bmatrix} = \begin{bmatrix} 1 & -\mathscr{D}_1 \\ 0 & 1 \end{bmatrix}\begin{bmatrix} n_{i1}\alpha_{i1} \\ y_{i1} \end{bmatrix} \tag{6.16}$$

이것을 동일하게 다음과 같이 쓸 수 있다.

$$\begin{bmatrix} \alpha_{t1} \\ y_{t1} \end{bmatrix} = \begin{bmatrix} n_{i1}/n_{t1} & -\mathscr{D}_1/n_{t1} \\ 0 & 1 \end{bmatrix}\begin{bmatrix} \alpha_{i1} \\ y_{i1} \end{bmatrix} \tag{6.17}$$

따라서 2 × 1 컬럼(column) 행렬의 정확한 형태인 위의 두 가지 중에서 독자가 더 좋아하는 것을 택하면 된다. 어떤 경우이든 이 행렬들은 P_1의 양쪽, 즉 굴절 전과 후의 광선으로 나타낼 수 있다. 따라서 식 (6.16)의 두 광선에 대해 $\boldsymbol{r}_{t1}$, $\boldsymbol{r}_{i1}$을 사용하면 다음과 같이 쓸 수 있다.

$$\boldsymbol{r}_{t1} \equiv \begin{bmatrix} n_{t1}\alpha_{t1} \\ y_{t1} \end{bmatrix} \quad \text{과} \quad \boldsymbol{r}_{i1} \equiv \begin{bmatrix} n_{i1}\alpha_{i1} \\ y_{i1} \end{bmatrix} \tag{6.18}$$

2 × 2 행렬은 **굴절 행렬(refraction matrix)**이고 다음과 같이 표현된다.

$$\mathscr{R}_1 \equiv \begin{bmatrix} 1 & -\mathscr{D}_1 \\ 0 & 1 \end{bmatrix} = \begin{bmatrix} 1 & \dfrac{-(n_{t1} - n_{i1})}{R_1} \\ 0 & 1 \end{bmatrix} \tag{6.19}$$

그래서 식 (6.16)은 다음과 같이 간결하게 쓸 수 있다.

$$\boldsymbol{r}_{t1} = \mathscr{R}_1 \boldsymbol{r}_{i1} \tag{6.20}$$

위 식에서 $\mathscr{R}_1$은 첫 번째 경계면에서의 굴절을 나타내고 $\boldsymbol{r}_{i1}$의 광선을 $\boldsymbol{r}_{t1}$의 광선으로 변환시킨다. 식 (6.14)와 (6.15)에 있는 항들의 배열 방법에 따라 굴절 행렬의 형태가 결정된다. 이와 비슷한 역할을 하는 다양한 형태의 행렬들이 문헌에 소개되어 있다.

그림 6.8로부터 $n_{i2}\alpha_{i2} = n_{t1}\alpha_{t1}$, 즉

$$n_{i2}\alpha_{i2} = n_{t1}\alpha_{t1} + 0 \tag{6.21}$$

이

$$y_{i2} = d_{21}\alpha_{t1} + y_{t1} \tag{6.22}$$

으로 된다. 여기에서 $n_{i2} = n_{t1}$과 $\alpha_{i2} = \alpha_{t1}$이고, 식 (6.13)에서 y_2를 y_{i2}로 다시 쓸 수 있다. 따라서

$$\begin{bmatrix} n_{i2}\alpha_{i2} \\ y_{i2} \end{bmatrix} = \begin{bmatrix} 1 & 0 \\ d_{21}/n_{t1} & 1 \end{bmatrix}\begin{bmatrix} n_{t1}\alpha_{t1} \\ y_{t1} \end{bmatrix} \tag{6.23}$$

이 된다. 그림 6.8에 나타낸 바와 같이, d_{21}은 P_1에서 P_2로 가는 광선이 지나가는 수평 거리이다. 작은 각도로 들어오는 광선에 대해서는 d_{12}가 두 정점 사이의 거리인 $\overline{V_1V_2}$, 즉 렌즈의 두께인 d_l에 근접한다.

그러면 **전이 행렬(transfer matrix)**은

$$\mathscr{T}_{21} \equiv \begin{bmatrix} 1 & 0 \\ d_{21}/n_{t1} & 1 \end{bmatrix} \tag{6.24}$$

이 되는데, $d_{21} = d_l$, $n_{t1} = n_l$이므로,

*보다 자세한 내용은 다음과 같은 저서를 보라. K. Halbach, "Matrix Representation of Gaussian Optics" *Am. J. Phys.* **32**, 90(1964); W. Brouwer, *Matrix Methods in Optics Instrument Design*; E. L. O'Neill, *Introduction to Statistical Optics*; A. Nussbaum, *Geometric Optics*.

$$\mathcal{T}_{21} = \begin{bmatrix} 1 & 0 \\ d_l/n_l & 1 \end{bmatrix}$$

으로 쓴다. 이 행렬은 다음과 같이 P_1의 투과 광선(즉 $\boldsymbol{r}_{t1}$)을 P_2에 입사하는 광선으로 변화시킨다.

$$\boldsymbol{r}_{i2} \equiv \begin{bmatrix} n_{i2}\,\alpha_{i2} \\ y_{i2} \end{bmatrix}$$

따라서 식 (6.21)과 식 (6.22)는 간단히

$$\boldsymbol{r}_{i2} = \mathcal{T}_{21}\boldsymbol{r}_{t1} \tag{6.25}$$

이 된다.

예제 6.3

굴절률 1.50을 갖는 오목-평면 렌즈가 공기 중에 놓여 있다. 렌즈의 중심축 두께는 1.00cm이다. (a) 전이 행렬을 구하라. (b) 렌즈의 주변 매질에 따라 전이 행렬이 달라지는가?

풀이

(a) 일반적으로 전이 행렬은 식 (6.24)와 같이 주어진다.

$$\mathcal{T}_{21} = \begin{bmatrix} 1 & 0 \\ d_{21}/n_{t1} & 1 \end{bmatrix}$$

여기서 n_{t1}은 렌즈의 굴절률이고, d_{21}은 중심 두께이다. 따라서,

$$\mathcal{T}_{21} = \begin{bmatrix} 1 & 0 \\ 1/1.50 & 1 \end{bmatrix} = \begin{bmatrix} 1 & 0 \\ 0.667 & 1 \end{bmatrix}$$

(b) 전이 행렬은 오직 광선이 지나가는 매질에 의해서만 결정된다.

만약 식 (6.20)을 사용한다면 식 (6.25)는 다음과 같이 된다.

$$\boldsymbol{r}_{i2} = \mathcal{T}_{21}\mathcal{R}_1\boldsymbol{r}_{i1} \tag{6.26}$$

전이 행렬과 굴절 행렬의 곱 $\mathcal{T}_{21}\mathcal{R}_1$에 의해 형성된 2 × 2 행렬은 P_1에 입사하는 광선을 P_2에 입사하는 광선으로 바꾼다. $\mathcal{T}_{21}$의 행렬식(determinant)인 $|\mathcal{T}_{21}| = 1$이다. 즉 $(1)(1) - (0)(d_{21}/n_{t1}) = 1$이다. 마찬가지로 $|\mathcal{R}_1| = 1$이며, 따라서 $|\mathcal{T}_{21}\mathcal{R}_1| = |\mathcal{T}_{21}||\mathcal{R}_1| = (1)(1) = 1$이 된다. 이와 같이 행렬식으로 복잡한 계산의 중간 과정을 확인해 볼 수 있다. 굴절 행렬이 $\mathcal{R}_2$인 렌즈의 두 번째 경계면(그림 6.8)에서 앞서와 같은 과정을 반복하면

$$\boldsymbol{r}_{t2} = \mathcal{R}_2\boldsymbol{r}_{i2} \tag{6.27}$$

이다. 여기서

$$\mathcal{R}_2 \equiv \begin{bmatrix} 1 & -\mathcal{D}_2 \\ 0 & 1 \end{bmatrix}$$

이고 제2면의 굴절능은 다음과 같다.

$$\mathcal{D}_2 = \frac{(n_{t2} - n_{i2})}{R_2}$$

예제 6.4

오목-평면 렌즈의 첫 번째 표면의 반지름이 20.0cm이다. 렌즈의 굴절률은 1.50이고 공기 중에 놓여 있다. 각 면의 굴절 행렬을 구하라.

풀이

오목 표면에 대해서는 반지름이 음수이고 식 (5.70)을 사용하면,

$$\mathcal{D}_1 = \frac{n_l - 1}{R_1} = \frac{1.5 - 1}{-20.0}$$

이므로 $\mathcal{D}_1 = -0.025\,\text{cm}^{-1}$이다. 굴절능은 당연히 음수이다. 따라서 곡면에 대한 굴절 행렬은

$$\mathcal{R}_1 = \begin{bmatrix} 1 & -\mathcal{D}_1 \\ 0 & 1 \end{bmatrix} = \begin{bmatrix} 1 & 0.025 \\ 0 & 1 \end{bmatrix}$$

이다. 평면에 대해서는 $R_2 = \infty$이고, 식 (5.71)로부터

$$\mathcal{D}_2 = \frac{n_l - 1}{-R_2} = 0$$

이고, 따라서

$$\mathcal{R}_2 = \begin{bmatrix} 1 & -\mathcal{D}_2 \\ 0 & 1 \end{bmatrix} = \begin{bmatrix} 1 & 0 \\ 0 & 1 \end{bmatrix}$$

이 된다.

식 (6.26)으로부터

$$\boldsymbol{r}_{t2} = \mathcal{R}_2\mathcal{T}_{21}\mathcal{R}_1\boldsymbol{r}_{i1} \tag{6.28}$$

을 얻는다. **계행렬(system matrix)** $\mathcal{A}$는 다음과 같이 정의된다.

$$\mathcal{A} \equiv \mathcal{R}_2\mathcal{T}_{21}\mathcal{R}_1 \tag{6.29}$$

이 행렬은 P_1에 입사한 광선을 P_2에서 두 번째 경계를 지나가는 광선으로 옮겨준다. 계행렬은 다음과 같은 형태를 갖는다.

$$\mathcal{A} = \begin{bmatrix} a_{11} & a_{12} \\ a_{21} & a_{22} \end{bmatrix} \tag{6.30}$$

그러므로

$$\mathscr{A} = \begin{bmatrix} 1 & -\mathscr{D}_2 \\ 0 & 1 \end{bmatrix} \begin{bmatrix} 1 & 0 \\ d_{21}/n_{t1} & 1 \end{bmatrix} \begin{bmatrix} 1 & -\mathscr{D}_1 \\ 0 & 1 \end{bmatrix}$$

혹은

$$\mathscr{A} = \begin{bmatrix} 1 & -\mathscr{D}_2 \\ 0 & 1 \end{bmatrix} \begin{bmatrix} 1 & -\mathscr{D}_1 \\ \dfrac{d_{21}}{n_{t1}} & 1 - \dfrac{\mathscr{D}_1 d_{21}}{n_{t1}} \end{bmatrix}$$

이기 때문에

$$\mathscr{A} = \begin{bmatrix} 1 - \dfrac{\mathscr{D}_2 d_{21}}{n_{t1}} & -\mathscr{D}_1 - \mathscr{D}_2 + \dfrac{\mathscr{D}_2 \mathscr{D}_1 d_{21}}{n_{t1}} \\ \dfrac{d_{21}}{n_{t1}} & 1 - \dfrac{\mathscr{D}_1 d_{21}}{n_{t1}} \end{bmatrix}$$

과 같이 쓸 수 있으며 $|\mathscr{A}| = 1$이다(연습문제 6.21). 단지 하나의 렌즈만을 다루고 있으므로, 편의상 $d_{21} = d_l$이고, 렌즈 굴절률을 $n_{t1} = n_l$로 두면 계행렬은 다음과 같이 간단히 표현된다.

$$\begin{bmatrix} a_{11} & a_{12} \\ a_{21} & a_{22} \end{bmatrix} = \begin{bmatrix} 1 - \dfrac{\mathscr{D}_2 d_l}{n_l} & -\mathscr{D}_1 - \mathscr{D}_2 + \dfrac{\mathscr{D}_1 \mathscr{D}_2 d_l}{n_l} \\ \dfrac{d_l}{n_l} & 1 - \dfrac{\mathscr{D}_1 d_l}{n_l} \end{bmatrix} \quad (6.31)$$

$\mathscr{A}$의 각 원소의 값은 두께, 굴절률, 반지름과 같은 물리적 렌즈 변수($\mathscr{D}$)로 나타낼 수 있다. 그러므로 제작할 때 이미 결정되는 렌즈의 성질인 특이점은 $\mathscr{A}$로부터 연역된다. 이 경우 계행렬인 식 (6.31)은 첫 번째 면에 입사 광선을 두 번째 면에서 나오는 광선으로 변환시킨다. 이것을 앞으로 $\mathscr{A}_{21}$로 쓴다는 것에 유의하라.

예제 6.5

공기 중에 놓여 있는 오목-평면 렌즈의 굴절률은 1.50이고 축 두께는 1.00 cm이며, 앞 표면의 반지름이 20.0 cm이다. 광선이 중앙 축 위로 5.73°의 각도로 렌즈에 입사해서 높이 2.00 cm에서 렌즈의 앞 표면을 지난다. 렌즈를 빠져나갈 때의 높이와 각도를 구하라. 계행렬이 앞의 두 예제와 잘 들어맞음을 보여라.

풀이

식 (6.28)에서 우리가 필요로 하는 것은 다음과 같이 주어지는 투과 광선 행렬인 $\boldsymbol{r}_{t2}$이다.

$$\boldsymbol{r}_{t2} = \mathscr{A}\,\boldsymbol{r}_{i1}$$

렌즈가 공기 중에 있으므로, 두 번째 경계에서 투과 광선은 다음과 같이 주어진다.

$$\begin{bmatrix} \alpha_{t2} \\ y_{t2} \end{bmatrix} = \begin{bmatrix} a_{11} & a_{12} \\ a_{21} & a_{22} \end{bmatrix} \begin{bmatrix} \alpha_{i1} \\ y_{i1} \end{bmatrix}$$

여기서 $\mathscr{D}_2 = 0$이므로 식 (6.31)로부터

$$\mathscr{A} = \begin{bmatrix} 1 & -\mathscr{D}_1 \\ d_l/n_l & 1 - \dfrac{\mathscr{D}_1 d_l}{n_l} \end{bmatrix}$$

이 된다. 첫 번째 반지름 R_1이 음수이므로,

$$\mathscr{D}_1 = \frac{(n_l - 1)}{R_1} = \frac{0.50}{-20.0} = -0.025\ \text{cm}^{-1}$$

이다. 따라서

$$\mathscr{A} = \begin{bmatrix} 1 & 0.025 \\ 0.667 & 1 - (-0.025)0.667 \end{bmatrix} = \begin{bmatrix} 1 & 0.025 \\ 0.667 & 1.0167 \end{bmatrix}$$

이고, $5.73° = 0.100\,\text{rad}$이므로

$$\begin{bmatrix} \alpha_{t2} \\ y_{t2} \end{bmatrix} = \begin{bmatrix} 1 & 0.025 \\ 0.667 & 1.0167 \end{bmatrix} \begin{bmatrix} 0.100 \\ 2.00 \end{bmatrix}$$

이고,

$$\begin{bmatrix} \alpha_{t2} \\ y_{t2} \end{bmatrix} = \begin{bmatrix} 0.100 + 0.025(2) \\ 0.667(0.100) + 1.0167(2) \end{bmatrix}$$

이다. 그러므로 광선은 $\alpha_{t2} = 0.150\,\text{rad}$의 각도로 중심축에서부터 높이 $y_{t2} = 2.10\,\text{cm}$에서 나온다.

$$\mathscr{A} = \mathscr{R}_2 \mathscr{T}_{21} \mathscr{R}_1$$

이므로, 앞의 두 예제로부터 다음을 알 수 있다.

$$\mathscr{A} = \begin{bmatrix} 1 & 0 \\ 0 & 1 \end{bmatrix} \begin{bmatrix} 1 & 0 \\ 0.667 & 1 \end{bmatrix} \begin{bmatrix} 1 & 0.025 \\ 0 & 1 \end{bmatrix}$$

$$\mathscr{A} = \begin{bmatrix} 1 & 0 \\ 0 & 1 \end{bmatrix} \begin{bmatrix} 1 & 0.025 \\ 0.667 & 1.0167 \end{bmatrix}$$

$$\mathscr{A} = \begin{bmatrix} 1 & 0.025 \\ 0.667 & 1.0167 \end{bmatrix}$$

이는 앞의 예제들과 잘 들어맞는다.

적당한 물체면과 상면을 정할 수 있으면 상 형성(image formation)의 개념을 직접적으로(그림 6.9) 다룰 수 있다. 첫 번째 연산자 $\mathscr{T}_{1O}$는 기준점(reference point)을 물체에서 렌즈로(P_O에서 P_1으로) 옮긴다. 그 다음 연산자 $\mathscr{A}_{21}$은 렌즈를 통해서 광선을 이동시키고 마지막 전이 행렬 $\mathscr{T}_{I2}$는 이것을 상점 P_I로 옮긴다. 그러므로 상점(image point)에서의 광선($\boldsymbol{r}_I$)은 다음과 같이 주어진다.

그림 6.9 광선의 기하학적 그림. 여기서 d_O는 음의 값을, d_I는 양의 값을 나타낸다.

$$\boldsymbol{r}_I = \mathcal{T}_{I2}\mathcal{A}_{21}\mathcal{T}_{1O}\boldsymbol{r}_O \tag{6.32}$$

여기서 $\boldsymbol{r}_O$는 P_O에서의 광선이다. 행렬 형태로 이것을 쓰면

$$\begin{bmatrix} n_I\alpha_I \\ y_I \end{bmatrix} = \begin{bmatrix} 1 & 0 \\ d_I/n_I & 1 \end{bmatrix}\begin{bmatrix} a_{11} & a_{12} \\ a_{21} & a_{22} \end{bmatrix}\begin{bmatrix} 1 & 0 \\ -d_O/n_O & 1 \end{bmatrix}\begin{bmatrix} n_O\alpha_O \\ y_O \end{bmatrix} \tag{6.33}$$

가 된다. 정점 V_1에서 물체까지의 거리가 음의 부호를 갖고 있는데, 이는 여기서 d_O가 음의 값을 갖도록 잡았기 때문이다.

여기서 $\mathcal{T}_{1O}\boldsymbol{r}_O = \boldsymbol{r}_{i1}$이고, $\mathcal{A}_{21}\boldsymbol{r}_{i1} = \boldsymbol{r}_{t2}$이며, 따라서 $\mathcal{T}_{I2}\boldsymbol{r}_{t2} = \boldsymbol{r}_I$임을 유의하라. 첨자 O, 1, 2,$\cdots$, I는 기준점 P_O, P_1, P_2에 대응되며 첨자 i와 t는 각각 기준면에 입사 및 투과하는 광을 나타낸다. 굴절 행렬에 의한 연산은 기준점의 명칭을 그대로 둔 채 단지 i를 t로 바꾸어 준다. 반면에 전이 행렬은 기준점의 명칭도 변화시킨다.

렌즈가 공기 중에 놓여 있다고 가정하여($n_I = n_O = 1$) 식 (6.33)을 간단하게 만들자. 다음 식을 증명하는 것은 연습문제 6.18에 있다.

$$\begin{aligned} y_I = \alpha_O[a_{21} - a_{22}d_O + (a_{11} - a_{12}d_O)d_I] \\ + y_O(a_{22} + a_{12}d_I) \end{aligned} \tag{6.34}$$

그러나 이 값은 광선이 물체점으로부터 나오는 각도 α_O과 무관해야 한다. y_O에서 출발하는 근축 광선은 α_O에 관계없이 y_I에 도착해야 한다. 따라서

$$a_{21} - a_{22}d_O + (a_{11} - a_{12}d_O)d_I = 0 \tag{6.35}$$

이다. 그러므로 오른쪽의 마지막 정점에서부터 측정한 상의 거리 d_I는 왼쪽의 첫 번째 정점에서 측정한 물체 거리 d_O와 다음의 관계를 갖는다.

$$d_I = \frac{-a_{21} + a_{22}d_O}{a_{11} - a_{12}d_O} \tag{6.36}$$

예제 6.6

한 물체가 공기 중의 복합 테사 렌즈(compound Tessar lens)의 첫 번째 정점으로부터 20.0 cm 앞쪽에 놓여있다. 렌즈의 계행렬은 다음과 같다.

$$\begin{bmatrix} 0.848 & -0.198 \\ 1.338 & 0.867 \end{bmatrix}$$

렌즈의 뒷면으로부터 상의 위치를 구하라.

풀이

식 (6.35)로부터

$$d_I = \frac{-a_{21} + a_{22}d_O}{a_{11} - a_{12}d_O}$$

이고,

$$d_I = \frac{-1.338 + 0.867(-20.0)}{0.848 - (-0.198)(-20.0)}$$

이 된다. 따라서

$$d_I = \frac{-18.678}{-3.112} = +6.00 \text{ cm}$$

이며, 상은 가장 오른쪽의 정점으로부터 6.00 cm 떨어져 있다.

우리는 식 (6.34)로부터 배율 (M_T)에 관한 표현을 얻을 수 있다. 첫 번째 항이 0이므로

$$y_I = y_O(a_{22} + a_{12}d_I)$$

이고, 따라서

$$M_T = a_{22} + a_{12}d_I \tag{6.37}$$

이다. 이를 다음과 같이 정점–물체 거리로 표현할 수도 있는데, 이를 유도하는 것은 연습문제 6.26로 남겨둔다.

$$M_T = \frac{1}{a_{11} - a_{12}d_O} \tag{6.38}$$

예제 6.7

앞의 예제에서의 테사 렌즈가 20.0 cm 앞에 놓인 물체에 대해 렌즈 뒤 6.00 cm 위치에 상을 만들었다. 식 (6.37)과 식 (6.38)을 사용해서 배율을 구하고 이 값이 맞는지 확인하라.

풀이

식 (6.37)에서,

$$M_T = a_{22} + a_{12}d_I$$

$$M_T = 0.867 + (-0.198)6.00$$

이고, $M_T = -0.321$이다. 따라서 상은 뒤집어지고 축소된

다. 이를 검증하기 위해서

$$M_T = \frac{1}{a_{11} - a_{12}d_O}$$

을 사용하는데, 여기서 d_O가 음수임을 고려하면

$$M_T = [0.848 - (-0.198)(-20.0)]^{-1}$$

이다. 따라서 $M_T = -0.321$이고, 이 결과는 앞과 일치한다.

식 (6.31)로 돌아가서 여러 항을 살펴보자. 예를 들어

$$-a_{12} = \mathscr{D}_1 + \mathscr{D}_2 - \mathscr{D}_1\mathscr{D}_2 d_l/n_l$$

을 보자. 단순히 렌즈가 공기 속에 있다면 이때 식 (5.70)과 식 (5.71)에서처럼

$$\mathscr{D}_1 = \frac{n_l - 1}{R_1} \quad \text{및} \quad \mathscr{D}_2 = \frac{n_l - 1}{-R_2}$$

이 된다. 그러므로

$$-a_{12} = (n_l - 1)\left[\frac{1}{R_1} - \frac{1}{R_2} + \frac{(n_l - 1)d_l}{R_1R_2n_l}\right]$$

이 된다. 이것은 두꺼운 렌즈의 **유효 초점 거리**에 대한 표현이다[식 (6.2)]. 다시 말하면 다음과 같다.

$$-a_{12} = -1/f_o = +1/f_i \tag{6.39}$$

여기서 H_1의 왼쪽에 놓여 있는 f_o는 음수이며, H_2의 오른쪽에 놓여 있는 f_i는 양수이다. 따라서 렌즈의 총굴절능은

$$-a_{12} = \mathscr{D}_l = \mathscr{D}_1 + \mathscr{D}_2 - \frac{\mathscr{D}_1\mathscr{D}_2 d_l}{n_l}$$

이 된다. 렌즈 양쪽 매질이 다르다면(그림 6.10) 이것은 다음과 같다.

$$-a_{12} = -\frac{n_{i1}}{f_o} = +\frac{n_{t2}}{f_i} \tag{6.40}$$

마찬가지로 제1주요점의 위치는

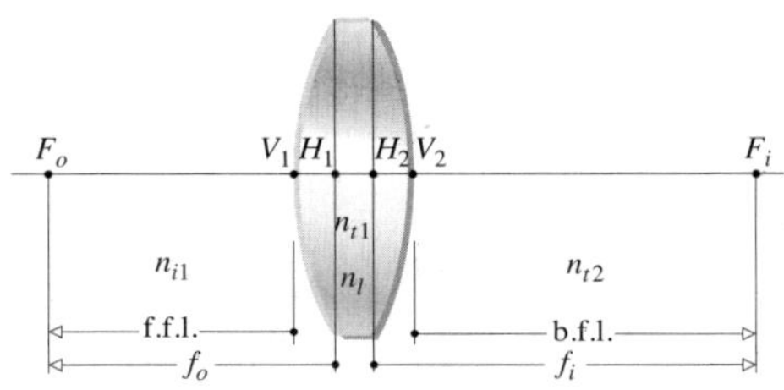

그림 6.10 주요면과 초점 거리

$$\overline{V_1H_1} = \frac{n_{i1}(1 - a_{11})}{-a_{12}} \tag{6.41a}$$

이고, 또는 공기 중에 놓인 렌즈에 대해서는

$$\overline{V_1H_1} = \frac{(1 - a_{11})}{-a_{12}} \tag{6.41b}$$

이다. 제2주요점의 위치는

$$\overline{V_2H_2} = \frac{n_{t2}(a_{22} - 1)}{-a_{12}} \tag{6.42a}$$

이며, 공기 중의 렌즈에 대해서는

$$\overline{V_2H_2} = \frac{(a_{22} - 1)}{-a_{12}} \tag{6.42b}$$

이 된다. 마찬가지로 앞과 뒤 초점면들은 각각 $\overline{V_1F_O}$, $\overline{V_2F_i}$ 만큼 떨어져서 위치하는데 식 (6.31)을 참조하면

$$\overline{V_1F_o} = \text{f.f.l.} = a_{11}f_o \tag{6.43a}$$

이고

$$\overline{V_2F_i} = \text{b.f.l.} = a_{22}f_i \tag{6.43b}$$

이다.

예제 6.8

0.500 cm의 중심 두께와 1.50의 굴절률을 갖는 작은 양볼록 구면 렌즈가 공기에 의해 둘러싸여 있다. 첫 번째 면이 2.00 cm의 반지름이고, 두 번째 면이 1.00 cm의 반지름을 가질 때, (a) 각 면의 굴절능을 구하고, (b) 주요면의 위치를 구하고, (c) 렌즈의 초점 거리를 계산하고, (d) 전방과 후방 초점 거리를 구하라.

풀이

(a) 앞면과 뒷면의 굴절능은 다음과 같이 주어진다.

$$\mathscr{D}_1 = \frac{n_l - 1}{R_1} \quad \text{및} \quad \mathscr{D}_2 = \frac{n_l - 1}{-R_2}$$

$\mathscr{D}_1 = (1.50 - 1)/2.00 = 2.00 = 0.250\,\text{cm}^{-1}$이고, $\mathscr{D}_2 = (1.50 - 1)/1.00 = 0.500\,\text{cm}^{-1}$이다. 당연히 두 값 모두 양수이다.

(b) 주요면은

$$\overline{V_1H_1} = \frac{1 - a_{11}}{-a_{12}} \quad \text{과} \quad \overline{V_2H_2} = \frac{a_{22} - 1}{-a_{12}}$$

에 위치하므로, 식 (6.31)로부터 a_{11}, a_{12}, a_{22}를 계산한다.

$$a_{11} = 1 - \frac{\mathscr{D}_2 d_l}{n_l} = 1 - \frac{0.50(0.50)}{1.50}$$

$$a_{11} = 0.833$$

이고,

$$a_{12} = -\mathscr{D}_1 - \mathscr{D}_2 + \frac{\mathscr{D}_1\mathscr{D}_2 d_l}{n_l}$$

$$a_{12} = -0.25 - 0.50 + \frac{(0.25)(0.50)(0.50)}{1.50}$$

$$a_{12} = -0.708$$

$$a_{22} = 1 - \frac{\mathscr{D}_1 d_l}{n_l} = 1 - \frac{0.25(0.50)}{1.50}$$

$$a_{22} = 0.917$$

이다. 따라서 주요면은

$$\overline{V_1H_1} = \frac{1 - 0.833}{+0.708} = +0.236 \text{ cm}$$

(즉 H_1은 V_1의 오른쪽에 있다)와

$$\overline{V_2H_2} = \frac{0.917 - 1}{+0.708} = -0.117 \text{ cm}$$

(즉 H_2는 V_2의 왼쪽에 있다)에 위치해 있다.

(c) 렌즈의 초점 거리(f_i)는 식 (6.39)에 따라

$$-a_{12} = +\frac{1}{f_i} = +0.708$$

이므로, $f_i = +1.41\,\text{cm}$이고 $f_o = -1.41\,\text{cm}$이다. 이들은 모두 주요점들로부터 측정하는 것으로서 오른쪽에 있으면 양수, 왼쪽에 있으면 음수를 갖는다.

(d) 그러므로 전방 초점 거리는 V_1의 왼편으로

$$\text{f.f.l.} = a_{11}f_o = 0.833(-1.412) = -1.18 \text{ cm}$$

이고, 후방 초점 거리는 V_2의 오른편으로

$$\text{b.f.l.} = a_{22}f_i = 0.917(+1.412) = +1.29 \text{ cm}$$

이다.

이 방법이 어떻게 사용되는지 더 살펴보기 위해, 그림 6.11에 보이는 테사 렌즈*에 적용해 보자. 이 경우 계행렬은 다음과 같은 형태를 가진다.

$$\mathscr{A}_{71} = \mathscr{R}_7\mathscr{T}_{76}\mathscr{R}_6\mathscr{T}_{65}\mathscr{R}_5\mathscr{T}_{54}\mathscr{R}_4\mathscr{T}_{43}\mathscr{R}_3\mathscr{T}_{32}\mathscr{R}_2\mathscr{T}_{21}\mathscr{R}_1$$

여기서

$$\mathscr{T}_{21} = \begin{bmatrix} 1 & 0 \\ \dfrac{0.357}{1.6116} & 1 \end{bmatrix} \quad \mathscr{T}_{32} = \begin{bmatrix} 1 & 0 \\ \dfrac{0.189}{1} & 1 \end{bmatrix}$$

$$\mathscr{T}_{43} = \begin{bmatrix} 1 & 0 \\ \dfrac{0.081}{1.6053} & 1 \end{bmatrix}$$

등이다. 또한

$$\mathscr{R}_1 = \begin{bmatrix} 1 & -\dfrac{1.6116 - 1}{1.628} \\ 0 & 1 \end{bmatrix} \quad \mathscr{R}_2 = \begin{bmatrix} 1 & -\dfrac{1 - 1.6116}{-27.57} \\ 0 & 1 \end{bmatrix}$$

$$\mathscr{R}_3 = \begin{bmatrix} 1 & -\dfrac{1.6053 - 1}{-3.457} \\ 0 & 1 \end{bmatrix}$$

등으로 주어진다. 이 계산은 개념적으로는 간단하지만 실제 계산 과정은 상당히 길며 이를 계산하면

$$\mathscr{A}_{71} = \begin{bmatrix} 0.848 & -0.198 \\ 1.338 & 0.867 \end{bmatrix}$$

이 되고, 이로부터 $f_i = 5.06$, $\overline{V_1H_1} = 0.77$, $\overline{V_7H_2} = -0.67$을 얻는다.

얇은 렌즈

마지막 예로서 얇은 렌즈로 이루어진 계를 행렬 표현으로 생각해 보는 것도 편리하다. 이 목적을 위해서 식 (6.31)로 돌아가자. 이것은 1개의 렌즈에 대한 계행렬을 나타낸 것이다. 만약 $d_l \to 0$으로 놓으면 이것은 얇은 렌즈에 대응된다. 이것은 $\mathscr{T}_{21}$행렬을 단위 행렬로 만드는 것과 동일하므로

$$\mathscr{A} = \mathscr{R}_2\mathscr{R}_1 = \begin{bmatrix} 1 & -(\mathscr{D}_1 + \mathscr{D}_2) \\ 0 & 1 \end{bmatrix}$$

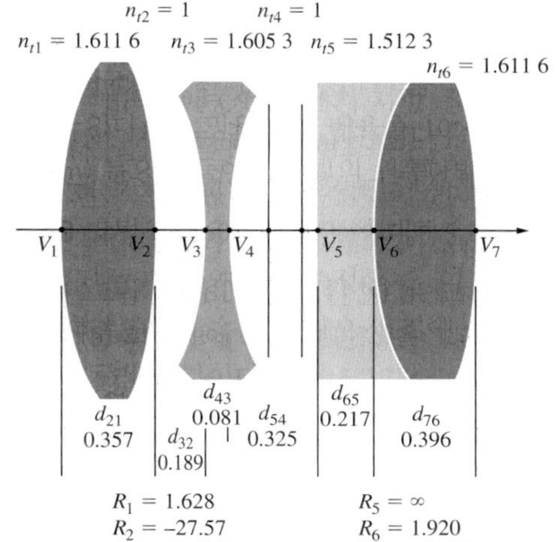

그림 6.11 테사 렌즈

*이와 같은 특별한 예는 누스바움(Nussbaum)이 지은 『기하광학(Geometric Optics)』에 이 렌즈를 위해 특별히 쓴 간단한 포트란(Fortran) 프로그램이 있기 때문에 선택하였다. 손으로 계행렬을 계산하는 것은 매우 어리석은 일이다. 포트란은 쉽게 숙달할 수 있는 언어이기 때문에 이 프로그램은 더 연구할 가치가 있다.

이 된다. 그러나 5.7.2절에서 보듯이 얇은 렌즈의 굴절능 $\mathscr{D}$는 각 면의 굴절능의 합이다. 그러므로

$$\mathscr{A} = \begin{bmatrix} 1 & -\mathscr{D} \\ 0 & 1 \end{bmatrix} = \begin{bmatrix} 1 & -1/f \\ 0 & 1 \end{bmatrix}$$

이다. 더욱이 공기 속에 거리 d만큼 떨어져 있는 2개의 얇은 렌즈에 대한 계행렬은

$$\mathscr{A} = \begin{bmatrix} 1 & -1/f_2 \\ 0 & 1 \end{bmatrix}\begin{bmatrix} 1 & 0 \\ d & 1 \end{bmatrix}\begin{bmatrix} 1 & -1/f_1 \\ 0 & 1 \end{bmatrix}$$

혹은

$$\mathscr{A} = \begin{bmatrix} 1 - d/f_2 & -1/f_1 + d/f_1f_2 - 1/f_2 \\ d & -d/f_1 + 1 \end{bmatrix}$$

이다. 따라서 명백히

$$-a_{12} = \frac{1}{f} = \frac{1}{f_1} + \frac{1}{f_2} - \frac{d}{f_1f_2}$$

가 되며 식 (6.41)과 식 (6.42)로부터

$$\overline{V_1H_1} = fd/f_2 \quad \overline{V_2H_2} = -fd/f_1$$

이 된다. 이러한 것들이 지금은 매우 익숙하게 느껴져야 한다. 3개, 4개 혹은 그 이상의 얇은 렌즈로 이루어진 복합 렌즈의 초점 거리와 주요점은 이 접근법으로 쉽게 구할 수 있다.

행렬을 이용한 거울의 해석

반사에 대한 행렬을 유도하기 위해서 먼저 그림 6.12의 오목한 구면 거울을 생각해 보자. 이 거울에 입사하는 광선과 반사하는 광선에 대한 두 개의 식을 결정해야 한다. 앞에서와 마찬가지로 반사 행렬의 형태도 이 두 식을 어떻게 활용할 것인가와 다양한 값에 대해 어떤 부호규칙을 적용할 것인가에 따라 달라진다. 우리가 필요한 것은 거울면 위에서 두 광선의 각도에 관련된 식과 높이에 관련된 식을 찾는 것이다.

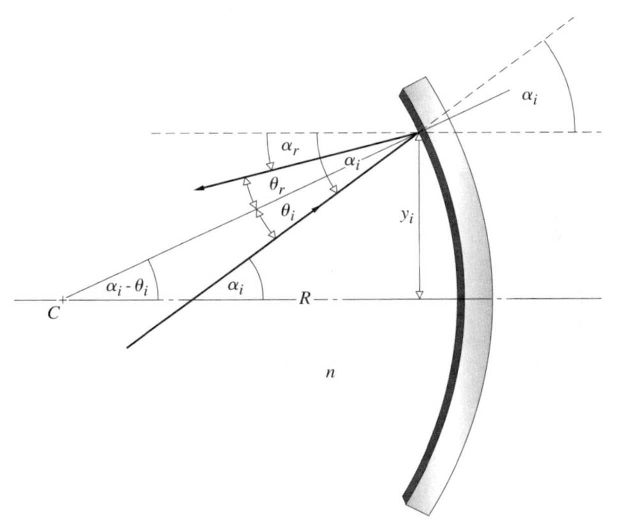

그림 6.12 오목 거울에 의한 반사. 입사 광선과 반사 광선이 광축과 이루는 각도는 각각 α_i와 α_r이다.

먼저 광선의 각도를 살펴보자. 반사 법칙 $\theta_i = \theta_r$로부터 $\tan(\alpha_i - \theta_i) = y_i/R$이 된다. 이 식은 근축 광선의 경우 다음과 같이 근사될 수 있다.

$$(\alpha_i - \theta_i) \approx y_i/R \tag{6.44}$$

각도를 모두 양수(+)로 간주하면 y는 양수이지만 R은 그렇지 않기 때문에 위 방정식은 성립하지 않는다. 따라서 위 식은 $(\alpha_i - \theta_i) = -y_i/R$로 고쳐져야 한다. 다음으로 $\alpha_i = \alpha_r + 2\theta_i$이므로 $\theta_i = (\alpha_i - \alpha_r)/2$이 된다. 이것을 식 (6.44)에 대입하면 $\alpha_r = -\alpha_i - 2y_i/R$이 되는데 양변에 주변 매질의 굴절률 n으로 곱해 주면 다음 식을 얻는다.

$$n\alpha_r = -n\alpha_i - 2ny_i/R$$

두 번째로 필요한 방정식은 $y_r = y_i$이므로 이 식들을 조합하면

$$\begin{bmatrix} n\alpha_r \\ y_r \end{bmatrix} = \begin{bmatrix} -1 & -2n/R \\ 0 & 1 \end{bmatrix}\begin{bmatrix} n\alpha_i \\ y_i \end{bmatrix}$$

를 얻는다. 구면에 대한 거울의 행렬 $\mathscr{M}$은

$$\mathscr{M}_{\text{o}} = \begin{bmatrix} -1 & -2n/R \\ 0 & 1 \end{bmatrix} \tag{6.45}$$

로 주어진다. 식 (5.49)에서 언급된 $f = -R/2$를 상기하라.

평면 거울과 광공진기

공기($n = 1$) 중에 놓인 평면 거울($R \to \infty$)의 행렬은

$$\mathscr{M}_{|} = \begin{bmatrix} -1 & 0 \\ 0 & 1 \end{bmatrix}$$

이다. 여기서 이 행렬의 첫 번째 원소에 대한 음의 부호는 광선이 반사 후 반전됨을 나타낸다. 그림 6.13은 마주 보는 평면 거울로 이루어진 **광공진기(optical cavity)**를 보여 준다. 점 O를 출발한 광선은 + 방향으로 간격을 지나서 거울 1에

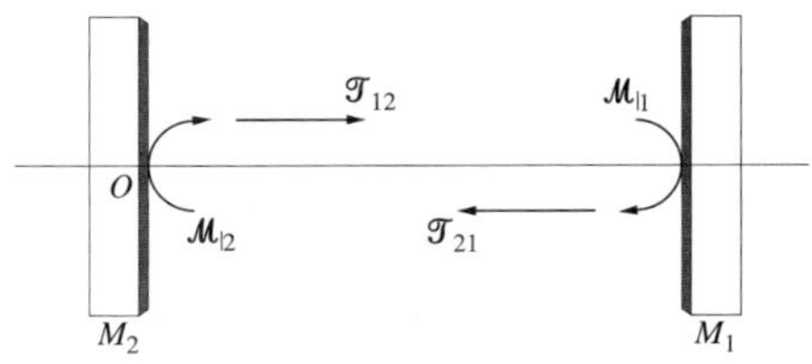

그림 6.13 2개의 평면 거울 M_1과 M_2로 구성된 광공진기

의해서 반사된 후 − 방향으로 왔던 길을 되돌아가고, 그 후 거울 2에 의해 반사된다. 계의 전체 행렬은

$$\mathcal{A} = \mathcal{M}_{|2}\mathcal{T}_{21}\mathcal{M}_{|1}\mathcal{T}_{12}$$

$$\mathcal{A} = \begin{bmatrix} -1 & 0 \\ 0 & 1 \end{bmatrix}\begin{bmatrix} 1 & 0 \\ -d & 1 \end{bmatrix}\begin{bmatrix} -1 & 0 \\ 0 & 1 \end{bmatrix}\begin{bmatrix} 1 & 0 \\ d & 1 \end{bmatrix}$$

이고, 이 결과

$$\mathcal{A} = \begin{bmatrix} 1 & 0 \\ 2d & 1 \end{bmatrix}$$

이 된다. 위 식에서 계의 행렬식은 1이 된다. 즉 $|\mathcal{A}| = 1$ 이다. 초기에 광선이 축을 따라서 진행하였다면(즉 $\alpha = 0$) 계의 행렬은 광선을 처음 위치로 되돌릴 것이므로 나중 광선 $\boldsymbol{r}_f$와 처음 광선 $\boldsymbol{r}_i$는 같아진다. 다시 말해서

$$\mathcal{A}\boldsymbol{r}_i = \boldsymbol{r}_f = \boldsymbol{r}_i$$

가 된다. 이 식은 **고윳값 방정식**으로 알려진 특별한 방정식으로서 일반적으로 쓰면

$$\mathcal{A}\boldsymbol{r}_i = a\boldsymbol{r}_i$$

이며 a는 고유 상수이다. 위 식을 구체적으로 표현하면 다음과 같다.

$$\begin{bmatrix} 1 & 0 \\ 2d & 1 \end{bmatrix}\begin{bmatrix} \alpha_i \\ y_i \end{bmatrix} = a\begin{bmatrix} \alpha_i \\ y_i \end{bmatrix}$$

만일 $\alpha_i = 0$으로서 처음 광선이 축을 따라서 진행한다면 $y_i = ay_i$에서 $a = 1$이 된다. 두 차례 반사 후 계의 행렬은 $\boldsymbol{r}_i$를 $\boldsymbol{r}_i$로 변환시키는 단위 행렬이 된다. 즉 축을 따라가는 광선은 공명 공진기(resonant cavity) 내에서 소멸되지 않고 앞뒤로 왕복 운동을 한다.

그림 13.16에서와 같이 여러 가지 거울을 사용하는 공진기가 있다. 공진기에서 광선이 여러 번 왕복한 후 처음 위치에 처음 각도로 되돌아온다면, 광선은 붙잡혀 있다(trapped)고 하고 그 공진기는 **안정하다**(stable)고 말한다. 이 때문에 고윳값 방정식은 공진기 문제에서 중요하다. 2개의 오목 거울로 이루어진 **공초점 공진기**(confocal cavity)의 특성 분석은 연습문제 6.28에서 논의한다.

6.3 수차

다시 강조하지만 1차 광학 이론은 좋은 '근사'일 뿐이다. 즉 주어진 광학계를 통한 정확한 광선 추적과 측정 결과는 1차 이론의 결과와 일치하지 않는다. 이와 같이 1차 광학의 이상적인 조건으로부터 벗어나는 현상을 **수차(aberrations)**라고 한다. 수차에는 **색수차(chromatic aberrations)**(굴절률 n이 주파수 혹은 색에 따라 달라진다는 사실에서 생긴다)와 **단색 수차(monochromatic aberrations)**의 두 가지 종류가 있다. 후자는 거의 단색인 빛의 경우에도 생기는 수차로서 다시 크게 두 가지로 분류되는데, 첫째로 상을 불명확하게 하여 훼손시키는 **구면 수차**(spherical aberration), **코마**(coma)와 **비점 수차**(astigmatism)가 있고, 둘째로 이것에 더해서 상은 뚜렷하지만 상이 변형되는 수차로서, 예를 들어 **페츠발 만곡 수차**(Petzval field curvature)와 **왜곡 수차**(distortion)가 있다.

일반적으로 구면은 근축 영역에서는 완전한 상을 만든다. 이제는 어느 정도의 크기를 갖는 구경(aperture)을 갖는 면을 사용했을 때 생기는 편향 정도와 그 종류를 결정하고자 한다. 광학계의 물리 변수(예: 굴절능, 모양, 두께, 유리 종류, 조리개의 위치뿐만 아니라 렌즈 사이의 떨어진 거리 등)를 조정하여 이런 수차들을 실제로 최소화시킬 수 있다. 여기서 사용되는 렌즈의 모양을 조금 변화시키거나 조리개의 위치를 바꾸어 줌으로써(전자 회로에서 작은 변수인 축전기나 코일 혹은 포트를 바꿔 주는 것과 같이) 불필요한 결함을 효과적으로 제거한다. 이렇게 하면 광선이 한 면을 통과할 때 생기는 파면의 변형은 광선이 계속하여 다른 면을 투과해 나갈 때 상쇄될 것이다.

1950년 초부터 새로운 디지털 컴퓨터용 광선 추적 프로그램이 개발되었으며, 1954년에는 이미 렌즈 설계 전용 소프트웨어를 만들어 사용하였다. 1960년대 초에는 렌즈 제조업자에 의해 컴퓨터를 사용한 렌즈 설계가 전 세계적으로 사용되는 상업용 도구가 되었다. 오늘날 모든 종류의 복잡한 광학계를 '자동적으로' 설계하거나 그 동작을 분석하는 정교한 컴퓨터 프로그램들이 있다.

6.3.1 단색 수차

근축 이론은 그림 5.6에서처럼 $\sin\varphi$를 φ로 표현할 수 있다는 가정하에서 의미가 있다. 즉 광학계는 광축 근처의 극히 좁은 근축 영역에서만 제한적으로 동작한다. 렌즈의 바깥둘레를 통과한 광선이 상을 형성하면 $\sin\varphi \approx \varphi$는 명백히 성립하지 않는다. 스넬 법칙을 간단히 $n_i\theta_i = n_t\theta_t$로 쓴 것도 역시 부정확하다. 어느 경우에든, 만일 더 나은 근사를 위해

$$\sin\varphi = \varphi - \frac{\varphi^3}{3!} + \frac{\varphi^5}{5!} - \frac{\varphi^7}{7!} + \cdots \qquad [5.7]$$

의 전개에서 처음 2개의 항을 고려하면, 최고차항은 φ^3이 되어 소위 **3차 수차론**(third-order theory)이 된다. 이렇게 하면 일차 이론으로부터 얻을 수 없었던 5개의 **주요 수**

차(primary aberrations)(구면 수차, 코마, 비점 수차, 만곡 수차, 왜곡 수차)가 포함된다. 이 수차들에 대해서 1850년대의 자이델(Ludwig von Seidel, 1821~1896)이 처음으로 자세히 연구하였다. 따라서 이 수차를 **자이델 수차(Seidel aberrations)**라고 한다. 위 전개식에서 보면 처음 두 항에 비해서 나머지 항의 기여도가 점점 작아지지만 아직도 많은 항이 있다는 것을 알 수 있다. 그러므로 **고차 수차**(higher-order aberrations)가 존재한다. 정확한 광선 추적의 결과와 계산을 통해 얻은 주요 수차 사이의 차는 더 높은 차수의 수차를 포함한 항들의 합으로 생각할 수 있다. 여기서는 주요 수차에 대해서만 논의한다.

구면 수차

하나의 구면 경계에서 굴절에 대한 공액점을 계산한 5.2.2절의 내용을 잠시 살펴보자. 근축 영역에서는 다음 식이 성립한다.

$$\frac{n_1}{s_o} + \frac{n_2}{s_i} = \frac{n_2 - n_1}{R} \qquad [5.8]$$

ℓ_o와 ℓ_i의 근사를 더 정확히 취하면(연습문제 6.31) 다음과 같은 3차 표현을 얻는다.

$$\frac{n_1}{s_o} + \frac{n_2}{s_i} = \frac{n_2 - n_1}{R} + h^2\left[\frac{n_1}{2s_o}\left(\frac{1}{s_o} + \frac{1}{R}\right)^2 + \frac{n_2}{2s_i}\left(\frac{1}{R} - \frac{1}{s_i}\right)^2\right] \qquad (6.46)$$

근사적으로 h^2에 비례한 항은 1차 이론에서 나타나지 않는다. 그림 6.14에서 보듯이 축 위의 더 높은 높이(h)에서 면에 입사하는 광선은 정점(vertex)에 더 가까운 곳에다가 초점을 맺는다. 구면 수차(혹은 간단히 SA) 때문에 비근축 광선(nonparaxial rays)과 구경(aperture)에 따라 초점 거리가 달라진다. 그림 6.15에서 볼록 렌즈를 통과하는 주변 광선은 상대적으로 많이 구부러져 근축 광선보다 앞에 초점을 맺는다. 구면 수차는 광축에 있는 물체점에만 관련된다는 것을 기억하라. 광선이 광축과 교차하는 점과 근축 광선의 초점 사이의 거리를 이 광선의 **종구면 수차(longitudinal spherical aberration)** 혹은 L · SA라고 한다. 이 경우 구면 수차는 **양**(+)이다. 반대로 오목 렌즈의 경우 주변 광선은 일반적으로 근축 초점 뒤에서 광축과 교차하고 이때 구면 수차는 **음**(−)이 된다.

수차가 파면에 미치는 효과를 좀 더 잘 살펴보기 위해서 점광원에서 나온 빛이 광학계를 지나는 경우를 생각해 보자. 출사동을 나온 투과 파면이 가우스 상점을 중심으로 이상적인 구면을 이룬다면 완전한 상이 형성될 것이다. 반면에 투과 파면이 이상적인 구면이 아니라면 이 광학계는 수차를 포함하고 있음을 의미한다(그림 6.16). **파면 수차(wavefront aberration)**는 이상적인 파면과 실제 파면 사이의 광경로 길

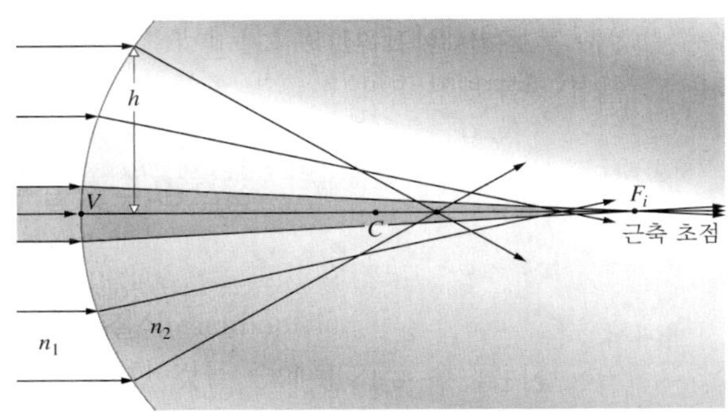

그림 6.14 1개의 경계면에서 굴절에 의한 구면 수차

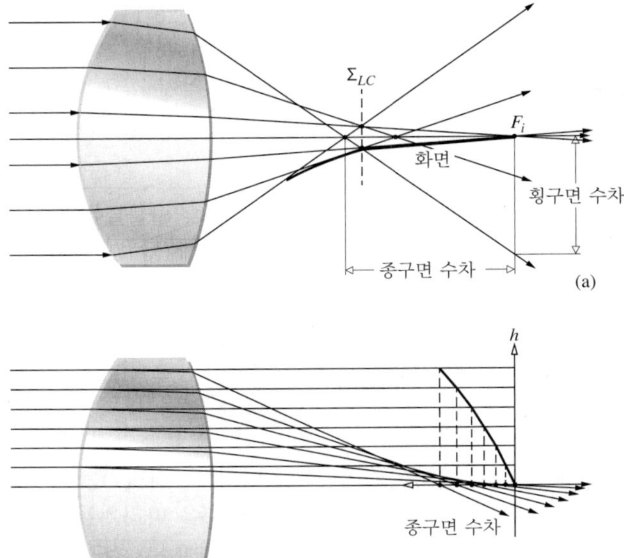

그림 6.15 렌즈의 구면 수차. 굴절된 광선의 외곽은 화면(caustic)이라고 한다. 주변 광선과 화면의 교점은 Σ_{LC}에 위치한다.

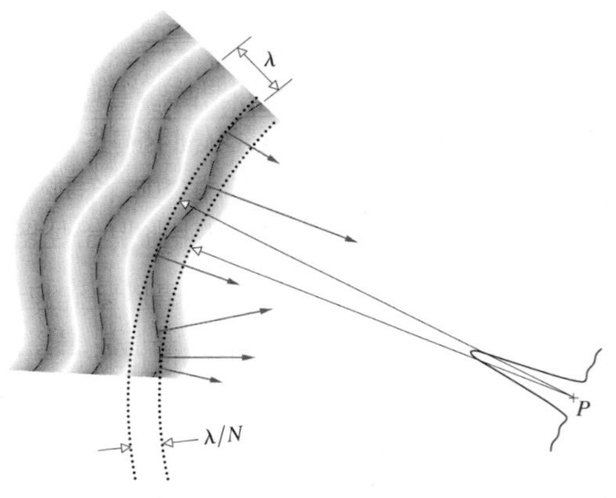

그림 6.16 가우스 상점을 중심으로 한 표준 구면에서 실제 파면이 벗어나 있다. 이 벗어난 정도는 상의 일그러짐을 나타낸다.

이 차이 가운데 최댓값으로서 단위는 nm, μm 또는 파장에 대한 비율 등으로 나타낸다. 그림 6.16과 같이 점 P로 수렴하는 이상적인 구면으로부터 실제 파면의 벗어난 정도는 λ/N의 형태로 표현될 수 있다. 이런 관점에서 레일리 경은 품질을 결정하는 광학적 기준을 제안하였다. 즉 550nm에서의 파면 수차가 $\lambda/4$를 넘을 경우 광학계의 상이 심하게 일그러진다는 것이다.

상이 한 점에 맺히는 광학계는 물리적으로 현실적이지 않다. 그 대신 최적 조건하에서 렌즈에 의한 점광원의 상은 구별하기 힘든 희미한 고리로 둘러싸인 작고 밝은 원판 형태를 가진다(그림 10.36). 이것이 에어리(Airy) 무늬이다. 그림 6.16에서는 원판 무늬의 단면이 최대 강도인 점 P를 둘러싸고 있다.

구면 수차가 있는 경우 빛은 중심 원판으로부터 주변 고리 부분 쪽으로 퍼져 나간다. 레일리(Rayleigh)는 1/4 파장 정도의 구면 수차가 있는 경우 중심 원판의 조도가 20% 가량 감소한다는 사실을 보인 바 있다. 그림 6.16은 실제 파면에서 나온 광선이 주변 고리 쪽으로 진행하는 모습을 보여 주고 있다. 총파면 수차가 $\lambda/4$이라고 하더라도 파면의 변형이 촘촘하다면 대부분의 광선은 주변 고리 쪽으로 가기 때문에 상은 흐려질 것이다. 이것이 파면이 평평하지 못할 때 예상되는 결과이다.

그림 6.15로 돌아가서 스크린이 F_i에 있으면 별(star)의 상은 원추형의 주변 광선 때문에 대칭 형태의 후광이 둘러싸고 있는 밝은 반점으로 나타난다. 커다란 상의 경우에는 SA가 대비를 감소시키고 상의 세부적인 면을 볼 수 없게 만든다.

주변 광선이 스크린에 도달할 때 축으로부터 높이를 **횡**[또는 **가로(lateral)**] **구면 수차(transverse spherical aberration)** 혹은 간단히 T · SA라고 한다. 당연히 SA는 조리개의 크기를 작게 함으로써 줄일 수 있다. 그러나 이것은 동시에 광학계를 통과하는 빛의 양을 감소시킨다. 만약 스크린을 Σ_{LC}라는 위치로 이동하면 상은 최소 반지름의 후광을 갖는다. 이것을 **최소 착란원(circle of least confusion)**이라고 하며 Σ_{LC}는 상을 관측하는 최상의 위치가 된다. 어떤 렌즈에 SA가 있다면 조리개로 광선을 가린 후 다시 초점을 잡아야 한다. 왜냐하면 조리개의 크기가 작아질수록 Σ_{LC}의 위치가 F_i에 접근하기 때문이다.

구경과 초점 거리가 고정되어 있을 때 구면 수차의 양은 렌즈로부터 물체까지의 거리와 렌즈 형태에 따라 변한다. 볼록 렌즈의 경우 비근축 광선은 너무 많이 꺾인다. 렌즈를 밑면이 결합된 2개의 프리즘이라 생각하면 이런 **렌즈에 입사 광선이 출사 광선과 같은 각을 가질 때 입사 광선은 최소 편의각을 가진다**(5.5.1절 참조). 이것의 좋은 예가 그림 6.17이다. 여기서는 단지 렌즈를 반대로 돌리기만 해도 SA를 크게 줄일 수 있다. 물체가 무한대에 있을 때 뒷면이 평면인 단순 오목 렌즈 혹은 볼록 렌즈는 구면 수차의 양을 최소화시킨다. 같은 방법으로 물체와 상까지의 거리가 같다면($s_o = s_i = 2f$), SA를 최소화시키기 위해서 렌즈의 양면은 볼록이어야 하고 같은 곡률 반지름을 가져야 한다. 볼록 렌즈와 오목 렌즈의 결합(한 예로 색지움 이중 렌즈)도 역시 구면 수차를 없애기 위해 사용된다.

5.2.1절에서 설명한 비구면 렌즈는 특별한 한 쌍의 공액점에 대해서 구면 수차가 완전히 없어진다는 것을 기억하라. 이런 2개의 축점(axial point)이 구면에서 또한 존재한다는 것을 발견한 최초의 사람은 하위헌스(Huygens)이다. 그림 6.18a에는 P에서 나오는 광선이 마치 P'에서 똑바로 나오는 것처럼 곡면에서 보인다. 그림에서 보인 P와 P' 쌍에 대해 SA가 0이 되는 구면 렌즈를 만들 수 있다. 양 혹은 음의 메니스커스 렌즈를 만들기 위해서 P에 중심을 둔 반지름 $\overline{PA}$를 갖는 다른 면을 간단히 연마하면 된다. 현미경의 유침(기름에 담가서 사용하는) 대물 렌즈(oil-immersion objective)는 이런 법칙을 이용하는 한 예이다. 관찰하고자 하는 물체를 P에 놓고 그림 6.19에서처럼 굴절률 n_2인 기름을 사용한다. P와 P'은 첫 번째 물질(기름)에 대해 SA가 0이 되는 공액점이고 P'와 P''은 메니스커스 렌즈에 대한 공액점이다.

1990년 4월에 허블 우주망원경(Hubble Space Telescope, HST)이 설치된 직후 촬영한 영상에서 2차 거울의 방향과 위치를 아무리 조정해도 여전히 선명하지 않다는 사실을 발견하고 무엇인가 크게 잘못된 것이 있음을 알게 되었다. 점광원인 먼 별을 촬영했을 때 상의 크기는 기대되었던 회절 한계치(약 0.1초의 지름)에 근접했으나 광량은 전체 에너지의 약 12%에 불과하여 기대했던 70%(이상적으로는 거의 84%)

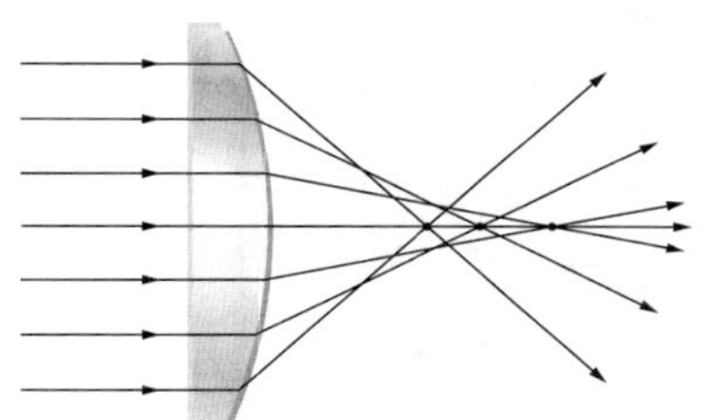
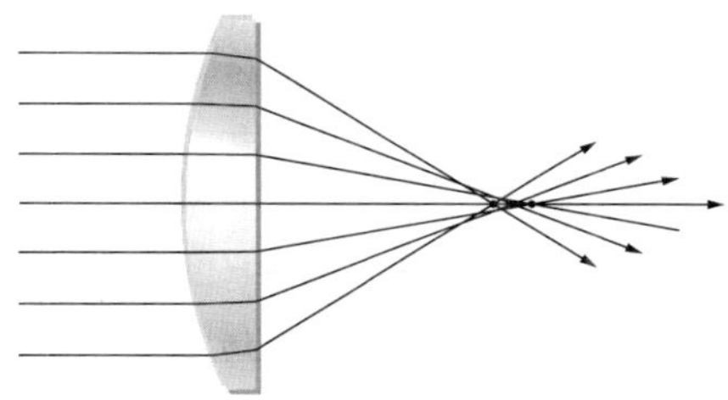

그림 6.17 평볼록 렌즈의 구면 수차

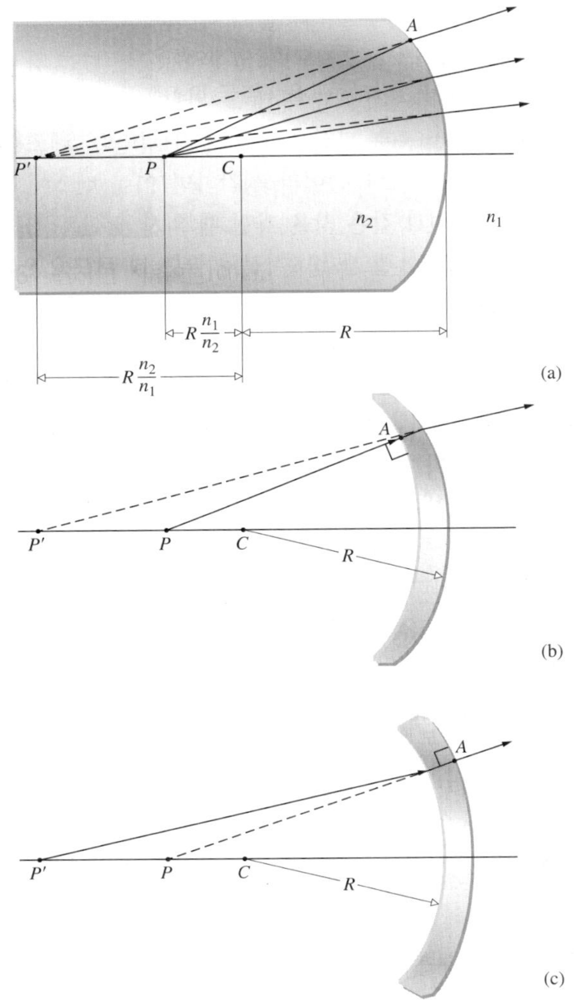

그림 6.18 구면 수차가 0이 되는 대응 축점(*axial points*)

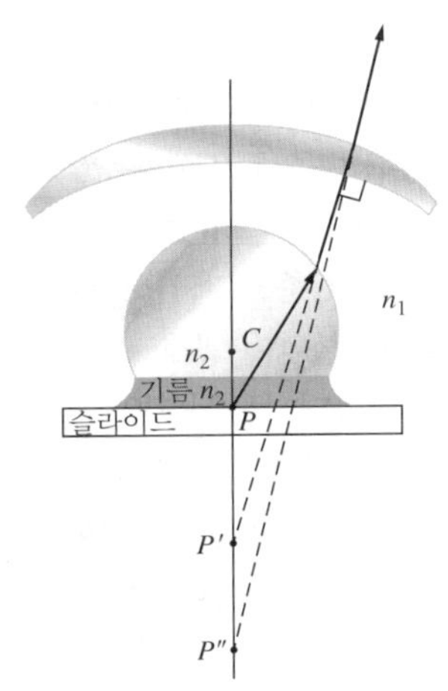

그림 6.19 유침 현미경 대물 렌즈

에는 훨씬 못 미치는 값이었다. 광의 약 70%를 포함하는 1.5초 지름의 후광이 그 상을 둘러싸고 있었다. 나머지 에너지는 균일하지 않은 거울면과 2차 거울을 지지하는 부분에 의한 회절 때문에 후광 너머로 퍼졌다(그림 6.20b). 이것은 바로 구면 수차 때문에 발생된 것이었다.

나중에 과학자들은 1차 거울(primary mirror)이 정확하게 연마되지 않았음을 발견하였다. 가장자리 부분이 반파장 정도 더 평면화되었기 때문에 중심 부근의 광선이 모이는 점이 가장자리 부근의 광선이 모이는 점보다 앞쪽에 있었다. 2.4 m 쌍곡면 거울을 유행시켰던 퍼킨-엘머(Perkin-Elmer) 기술진이 허블 망원경 거울을 잘못 연마했던 것이다. 이는 단지 거울 형상 측정기의 위치가 1.3 mm 빗나가는 바람에 야기된 큰 오점이었다. 16억 달러의 망원경이 38 mm의 구면 수차를 갖는 쓸모없는 쇳덩어리가 되어버렸다(그림 6.20a).

1993년 **인데버**(Endeavor) 우주 왕복선에 탄 우주인들은 허블 망원경 가장자리에 생긴 반파장의 수차를 보정하기 위해서 반파장 보정 광학계가 달린 광각 행성 카메라(Wide-Field Planetary Camera)를 추가로 설치하였다. 추가로 설

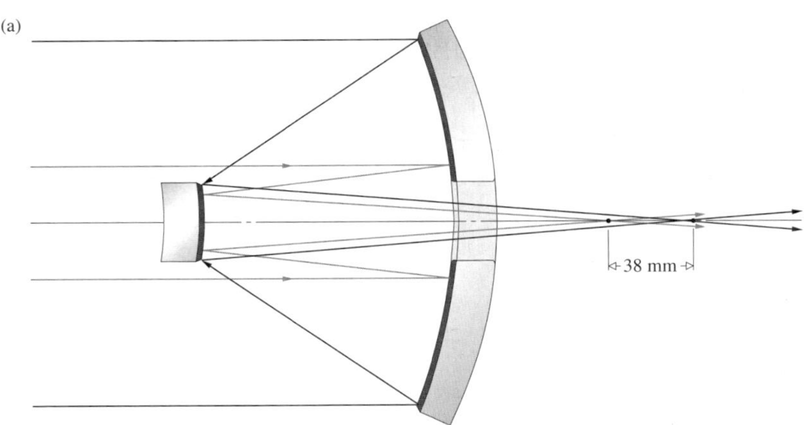

그림 6.20 (a) 1차 거울이 너무 평면화되었기 때문에 가장자리에서 반사한 광선은 중심 부근에서 반사된 광선의 초점으로부터 38 mm 후방에 집속된다. (b) 허블 우주 망원경(HST)이 찍은 먼 거리 별의 사진. (NASA)

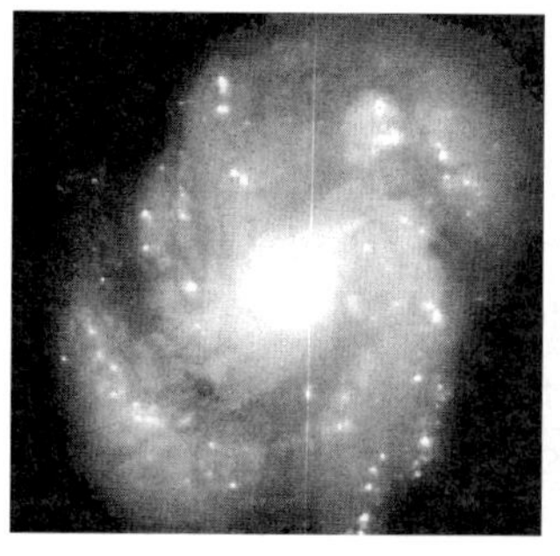
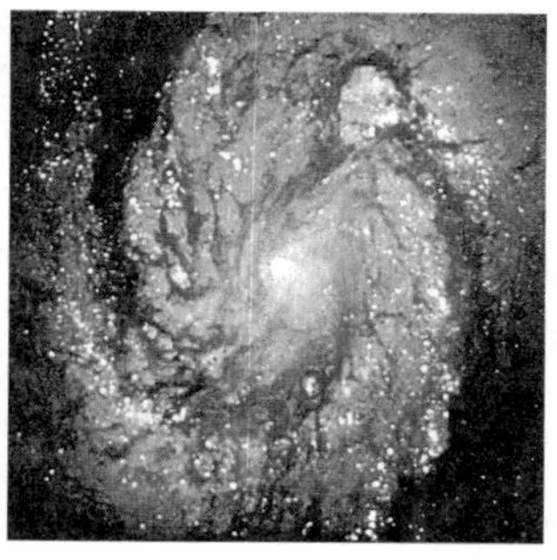

구면 수차가 있을 때(왼쪽)와 구면 수차를 제거한 후(오른쪽) 허블 우주망원경이 찍은 M-100 은하의 사진. (NASA)

치된 장치를 COSTAR(Corrective Optics Space Telescope Axial Replacement)라고 한다. COSTAR의 임무는 기존 장치가 야기한 파면 수차를 보정하는 것이다. 한 쌍의 작은 거울(지름 10 mm와 30 mm)을 입사하는 광선 가운데 설치하였는데 하나의 광선을 비대칭 비구면인 다른 쪽 거울로 보내도록 하였다. 또한 비축 보정 거울이 설치되었는데 이는 주거울이 갖는 구면 수차와 반대의 수차를 갖도록 설계되었다. 이 결과 70% 이상의 광에너지가 집속됨으로써 전보다 6.5배 더 밝은 상을 얻게 되었다. 미항공우주국(NASA) 과학자들은 허블 우주 망원경으로 지구 둘레의 반 정도에 해당하는 거리만큼 떨어진 곳에 있는 불나방 한 마리를 선명하게 찍을 수 있다고 자랑한다(단 그 나방이 90분 동안 한 장소에 머문다는 전제하에서). 더욱이 허블 우주 망원경은 3 m 떨어진 2개의 나방을 구별할 수도 있다.

푸에르토리코에 있는 아레시보 천문대에는 세계에서 가장 큰 전파 망원경이 설치되어 있다. 대물 거울은 지름 1000피트이고, 파장 3~6 cm 범위에서 동작하는 구형 접시안테나이다. 이 1000피트 접시 안테나는 고정식이다. 반면에 5.4.2절에서 언급한 전파 망원경은 이동식 포물면 거울을 사용하므로 전방에서 평행으로 들어온 광을 축에 작은 점으로 결상한다. 구면 거울의 특징은 여러 각도에서 들어온 광을 모아서 광축 위에 결상한다는 것이다. 이때 전파 수신기가 거울면 위쪽에 놓이게 된다. 그 높이는 우주의 어느 부분을 관측하느냐에 따라서 달라진다. 구면 거울은 여러 방향의 전파를 수신할 수 있는 대신에 어떤 상도 완전한 상은 아니다. 그림 6.15의 볼록 렌즈처럼 구면 수차를 보이게 된다. 즉 초점(focal point)이 하나가 아니고 축상에 초선(focal line)이 생긴다. 수신기를 축을 따라 옮기면서 측정한 후 합성하면 좋은 결과를 얻을 수 있으나 비효율적이므로 실제로는 그렇게 동작시키지는 않고 있다.

1997년 아레시보 천문대는 허블 우주 망원경이 구면 수차를 보정하기 위해서 했던 것과 마찬가지로 비축상에 비구면 거울을 추가시키는 보완 작업을 하였다(그림 6.21). 1661년 반사 망원경의 2차 거울로 오목 거울을 사용했던 제임스 그

(a)

(b)

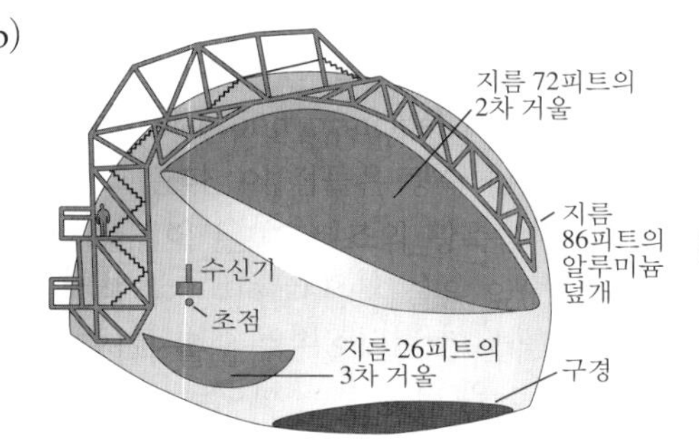

(c)

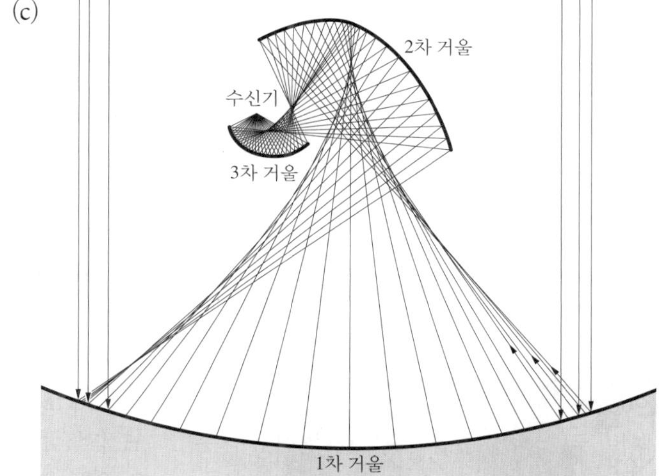

(d)

그림 6.21 (a) 1997년에 개선된 아레시보 전파 망원경(Arecibo Observatory/NSF). (b) 2개의 새로운 거울과 수신기를 달고 있는 그레고리안 돔. (c) 지름 1000피트인 구면경에서 수신기까지의 모든 광경로 길이가 동일하도록 구성된 모습. (d) 수신기와 3차 거울. (U.S. General Services Administration Office of Citizen Services and Innovative Technologies) 다음의 논문을 참조하라. "Synthesis of Multireflector Antennas by Kinematic and Dynamic Ray Tracing," *IEEE Trans. Antennas Propagat.* **38** (10), 1587-1599 (Oct. 1990), by Per-Simon Kildal.

레고리의 이름을 딴 90톤짜리 그레고리안 수신기가 1차 거울의 위쪽 450피트 높이에 설치되었다. 또한 알루미늄 덮개 속에 72피트 지름의 2차 거울이 1차 거울에서 반사된 전파를 수신하기 위해서 설치되었다. 2차 거울에서 반사된 전자파는 26피트 지름의 3차 거울로 보내져서 수신기 면에 점으로 집속되도록 한다. 망원경의 면을 지나간 광선의 광경로 길이(OPL)가 모두 같아서 수신기에서 동일한 위상으로 만나도록 이 면이 배치되어 있다.

이 장치는 1MW 레이더 송신기의 전파를 우주로 방출할 수 있도록 역으로 동작시킬 수도 있다. 이와 같은 가역 동작을 통해서 금성 표면을 0.5마일 크기의 분해능으로 관측했으며 달의 표면에 있는 골프공 크기의 물체를 관측할 수 있었다.

코마

코마(coma) 혹은 **코마 수차**는 광축으로부터 가까운 높이에 있는 물체점의 상을 변형시키는 단색 수차이다. (보통 태양이나 작은 백열등에서 나오는 빛을 볼록 렌즈로 모을 때, 렌즈를 기울이면 초점이 혜성 모양으로 길게 늘어지는데, 이것이 코마 효과이다.) 이 근원은 주요 '면'이 실질적으로 근축 영역에서만 평면이 된다는 사실에 있다. 주요면들은 사실상 주요 곡면(principal curved surface)인 셈이다(그림 6.1). 구면 수차가 없을 경우 평행 광선의 다발은 뒷면의 정점으로부터 b.f.l. 거리에 있는 축점인 F_i에 초점이 맺힌다. 그러므로 유효 초점 거리와 횡배율은 렌즈의 광축을 벗어난 영역을 횡단하는 광선에 대해서 서로 다르다. 상점이 광축 위에 있을 때 이런 상황은 중요하지 않다. 그러나 광선 다발이 비스듬하고 상점이 축을 벗어나 있을 때 코마는 명백히 생긴다.

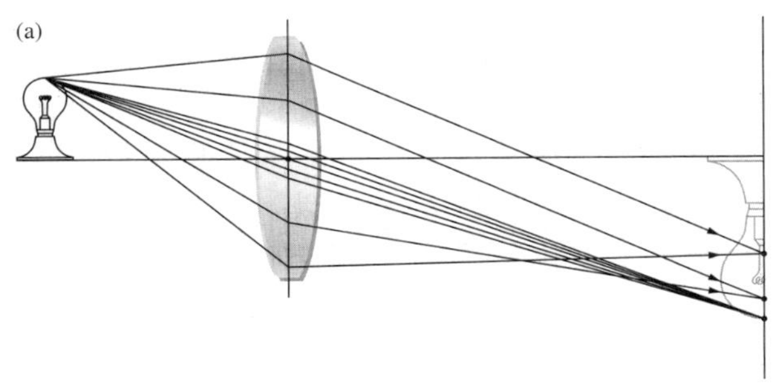
(a)

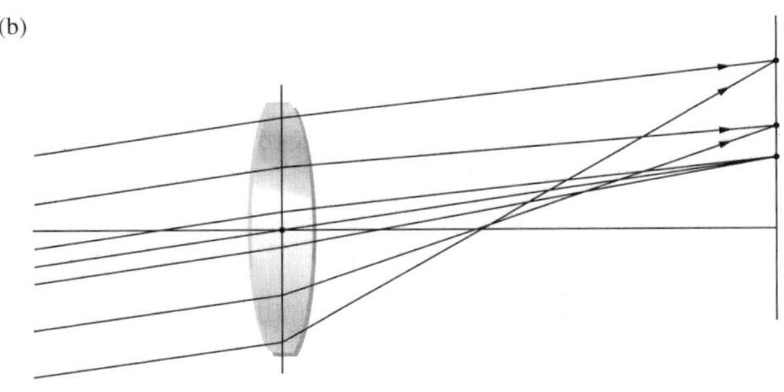
(b)

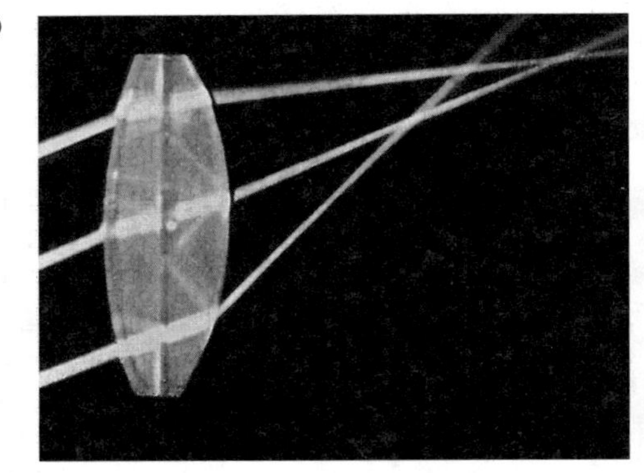
(c)

그림 6.22 (a) 음의 코마, (b)와 (c) 양의 코마 (E.H)

렌즈에서 광선의 높이 h에 대한 M_T의 변화를 그림 6.22a에서 볼 수 있다. 여기서 렌즈의 양 끝을 횡단하는 자오광선은 **주요 광선**(principal ray)(즉 주요점을 통과하는 광선)의 근처에 있는 광선보다 축에 더 가깝게 상면에 도달한다. 이 경우 최소 배율은 가장 작은 상(코마는 음이 된다)을 형성하는 주변 광선과 관련이 있다. 이 경우와 달리 그림 6.22b의 코마는 주변 광선이 광축으로부터 더 멀리 초점을 맺기 때문에 양이다.

한 점에 대한 코마상이 형성되는 것을 기하학적으로 설명하기 위해서 그림 6.23에서 보듯이 광축을 벗어난 물체점 S로부터 여러 개의 사교 광선을 그려놓았다. 원추 형태의 광선의 끝 점(1−2−3−4−1−2−3−4)은 렌즈 위에서 고리를 형성하고, 이것은 테일러(H. Dennis Taylor)가 **코마원**(comatic circle)이라고 부른 위치인 Σ_i 위에 상을 맺는다. 이 경우는 양의 코마에 해당하므로 렌즈 위의 고리가 클수록 축으로부터 코마원은 더 멀어진다. 바깥 고리가 주변 광선과 교차할 때 상 안에서 0부터 1까지의 거리를 **자오면 코마(tangential coma)**라고 하고 Σ_i 위에서 0부터 3까지의 길이를 **구결면 코마(sagittal coma)**라고 한다. 상을 형성하는 광에너지의 절반보다 약간 큰 양이 대략적으로 0과 3 사이의 삼각형 영역에 분포한다. 혜성의 꼬리에서 이름이 유래된 꼬마 불꽃은 주로 이 형태의 비대칭적 구조 때문에 생기는데 모든 수차 중에서 가장 나쁜 형태라고 할 수 있다.

광이 화면에 도달할 때 그림 6.23과 같은 모양이 기대된다. 그러나 여기서 보인 코마 원추는 가우스 상점과 마찬가지로 매우 단순화시킨 결과이다. 실제로 상점들은 원판의 집합이 되고 코마 원추는 복잡한 비대칭적인 회절 무늬로 나타난다. 코마가 커질수록 더욱 더 원추는 에어리 무늬에서 길게 늘어진 활모양으로 변한다(그림 6.24).

구면 수차와 같이 코마는 렌즈의 모양과 관련이 있다. 그러므로 무한대에 있는 물체의 경우 심하게 오목한 양의 메니

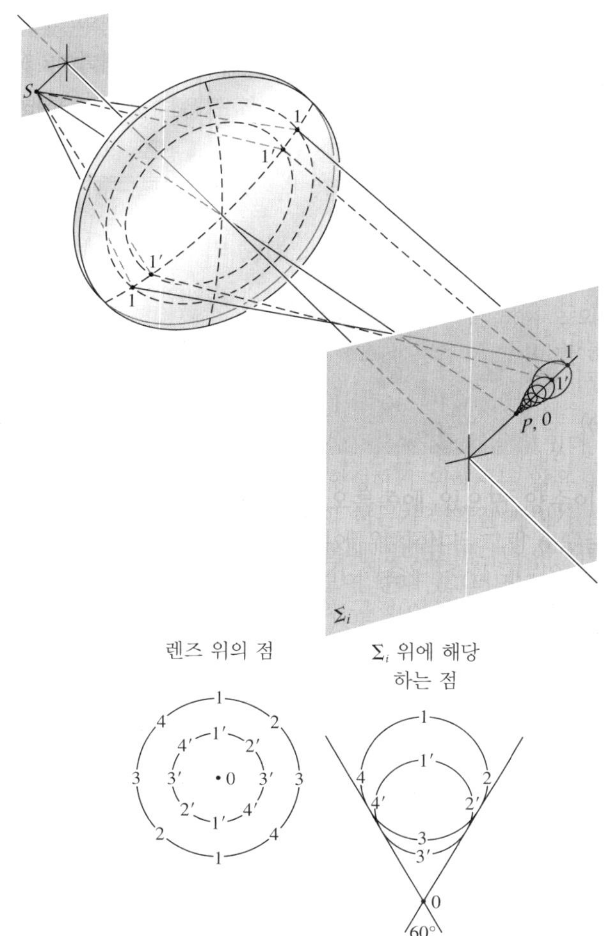

그림 6.23 한 점의 기하학적 코마상. 렌즈의 중심 부분은 원추의 정점에서 한 점의 상을 형성한다.

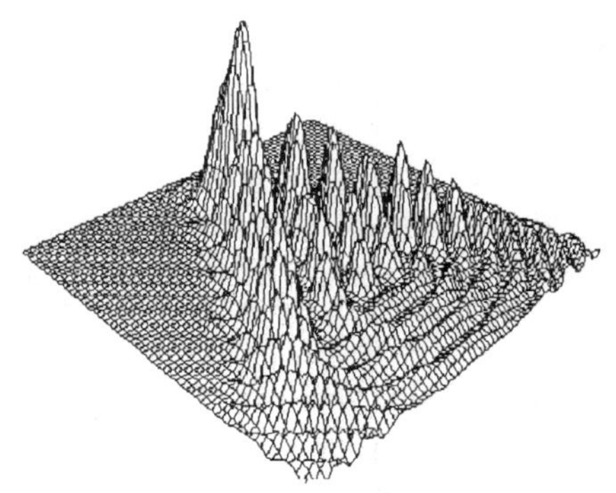

그림 6.24 3차 코마. (a) 수차가 큰 광학계에 의해서 형성된 점광원의 상 (OPAL Group, St. Petersburg, Russia.), (b) 상의 강도분포 (OPAL Group, St. Petersburg, Russia.)

스커스 렌즈(concave positive meniscus lens,))는 큰 음수의 코마를 갖는다. 이 렌즈를 자꾸 펴 가면 평면-볼록 렌즈(planar-convex, ◗), 양볼록 렌즈(equiconvex, ◖◗), 볼록-평면 렌즈(convex-meniscus, ◖), 그리고 결국에는 볼록-메니스커스 렌즈(convex-meniscus, ()가 되는데, 이들은 코마값이 음수에서 0을 거쳐 양수로 변한다. 주어진 물체까지의 거리에서 1개의 렌즈로 코마를 0으로 만들 수 있다는 사실은 매우 중요하다. 코마가 0이 될 수 있는 특별한 모양은 거의 볼록-평면 렌즈이고, SA 역시 최소화시키는 모양과 거의 유사하다.

하나의 공액점이 무한대($s_0 = \infty$)에 있는 경우에 대해서 교정한 렌즈는 물체가 가까이 있을 때 만족스럽게 동작하지 않는다는 것은 중요하다. 그러므로 유한대의 공액점에서 작동하는 광학계를 손쉽게 구할 수 있는 렌즈들로 구성하려면 그림 6.25에서처럼 2개의 무한 공액을 갖도록 교정된 렌즈를 서로 결합하면 된다. 다른 말로 하면 유한개의 공액점에서 작동하고 원하는 초점 거리의 렌즈를 1개의 기성품으로 얻는다는 것이 불가능하기 때문에 이를 위해서는 등을 서로 맞댄 렌즈 결합이 현실적인 대안이 될 수 있다.

1812년에 월러스턴(William Hyde Wollaston, 1766 ~ 1828)이 발견한 것처럼 코마는 적당한 위치에 조리개를 사용함으로써 음이 될 수 있다. 수차(구면 수차, 코마, 비점 수차, 페츠발 만곡 수차와 왜곡 수차)의 목록에서 순서가 중요한데 그 이유는 구면 수차와 페츠발 만곡 수차를 제외한 수차들은 앞에서 언급한 수차 중 하나가 그 계에 존재할 경우 조리개의 위치에 의해서 영향을 받기 때문이다. 그러므로 구면 수차는 축을 따라 조리개의 위치에 무관한 반면에 코마는 구면 수차가 존재하는 한 조리개의 위치에 영향을 받는다. 이것은 그림 6.26의 설명에서 알 수 있다. 조리개가 Σ_1에 있으

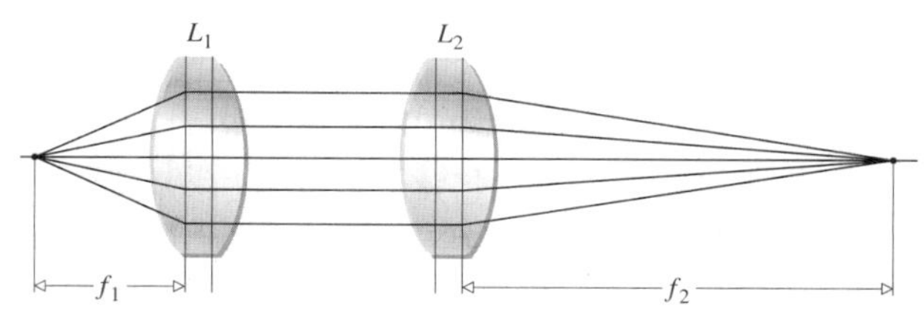

그림 6.25 유한개의 공액점에서 작동하는 광학계를 만드는 2개의 무한 공액 렌즈의 결합

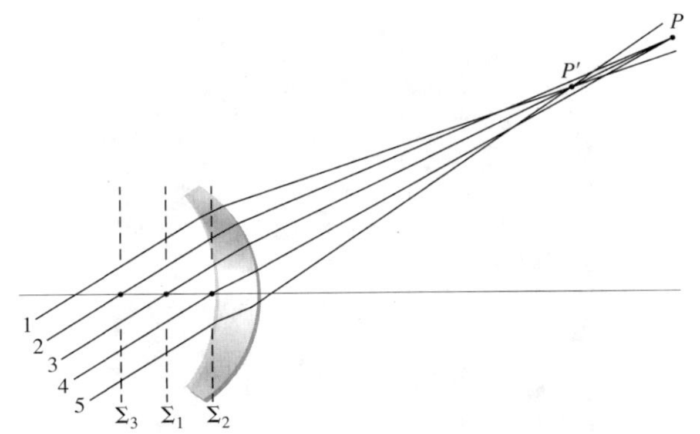

그림 6.26 코마 위의 조리개 위치에 대한 효과

면 광선 3은 주광선이 되어 코마는 없고 구면 수차는 존재한다. 만일 조리개의 위치가 Σ_2로 바뀌면 이것의 양쪽에 있는 3과 5와 같은 광선은 4보다 조금 위에서 만난다(양의 코마가 된다). 조리개가 Σ_3에 있으면 광선 1과 3은 주광선 2의 밑에서 교차하고 코마는 음이 된다. 이런 방법으로 복합 렌즈에서 전체 광학계의 수차를 상쇄시킬 수 있다.

광사인 정리(optical sine theorem)는 지면 관계상 증명은 하지 않겠지만 여기서 소개해야 하는 중요한 관계식이다. 이것은 1873년에(열역학 분야에서 명성 있는) 클라우지우스(R. Clausius)가 발견하였는데 10년 후에 아베(Abbe)와 헬름홀츠(Helmholtz)가 독립적으로 다시 재발견하였다. 이 정리는

$$n_o y_o \sin\alpha_o = n_i y_i \sin\alpha_i \qquad (6.47)$$

이며, 여기서 n_o, y_o, α_o와 n_i, y_i, α_i는 정해진 구경의 크기(그림 6.9)에서 각각 물체 공간과 상공간의 굴절률, 광선의 높이 및 기울기 각이다.* 코마가 0이라면

$$M_T = \frac{y_i}{y_o} \qquad [5.24]$$

는 모든 광선에 대해서 상수가 된다. 이때 주변 광선과 근축 광선이 광학계를 통과한다고 가정하자. 전자는 식 (6.47)을 만족하고 후자는 근축 관계식($\sin\alpha_o = \alpha_{op}$, $\sin\alpha_i = \alpha_{ip}$)을 만족한다. M_T는 전체 렌즈에 대해서 상수이기 때문에 주변 광선과 근축 광선에 대한 배율을 같게 놓아 다음 식을 얻는다.

$$\frac{\sin\alpha_o}{\sin\alpha_i} = \frac{\alpha_{op}}{\alpha_{ip}} = \text{상수} \qquad (6.48)$$

이것을 **사인 조건(sine condition)**이라고 한다. 코마의 존재를 판단할 때 필요한 기준은 사인 조건이다. 구면 수차가 없다면 사인 조건은 코마가 0이 되는 필요충분조건이 된다.

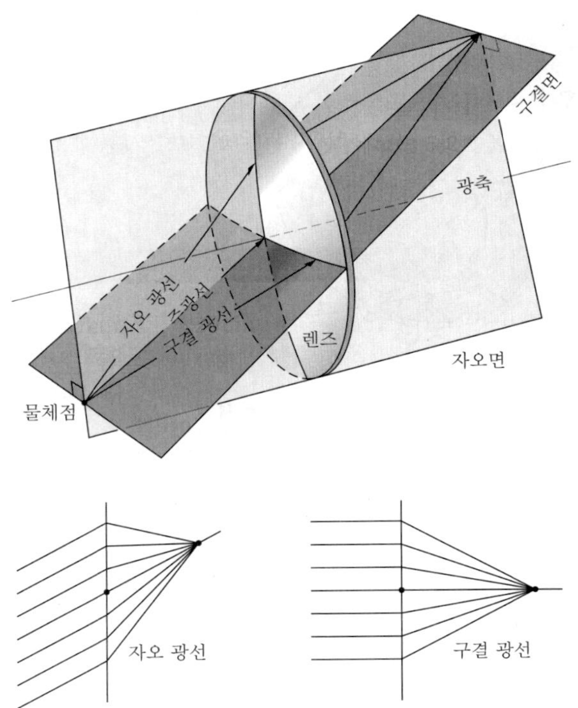

그림 6.27 자오면과 구결면

코마는 관측하기 쉽다. 사실 간단한 볼록 렌즈로 태양빛을 초점에 접속시키면 누구라도 이 수차를 볼 수 있다. 렌즈를 조금 기울이면 거의 평행하게 들어오는 태양광은 광축과 각을 이루어 초점은 혜성 형태의 불꽃 모양이 된다.

비점 수차

물체점이 광축으로부터 어느 정도 떨어져 있을 때 원추형으로 입사하는 광선은 비대칭적으로 렌즈에 부딪혀 **비점 수차(astigmatism)**로 알려진 세 번째 중요한 수차가 생긴다. 이 단어는 그리스어인 *a*(부정을 의미)와 *stigma*(점을 의미)로부터 유래되었다. 이 수차를 설명하기 위해서 광축과 주광선(즉 구경 조리개의 중심을 통과하는 광선)을 포함하는 **자오면**(영어로 meridional plane 또는 tangential plane이다)을 그려 보자. **구결면**(sagittal plane)은 이때 자오면에 수직하고 주광선을 포함하는 평면으로 정의(그림 6.27)된다. 복잡한 렌즈계의 한쪽 끝에서 다른 쪽 끝까지 한 평면을 유지하는 자오면과는 달리 구결면은 일반적으로 주광선이 여러 광학 부품을 통과할 때 기울기가 변하는 평면이다. 정확히 말하자면 렌즈계 내의 각 영역에서 1개씩의 구결면이 있게 되어 실질적으로 전체 렌즈계에서는 여러 개의 구결면이 있다. 또한 구결면에 있는 물체점으로부터 나온 모든 사교 광선을 **구결 광선(sagittal rays)**이라고 한다.

* 정확하게 사인 정리는 다음 절에서 논의할 구결면(라틴어로 sagitta는 화살을 의미한다) 내에 있는 α_o의 모든 값에 대해서만 성립한다.

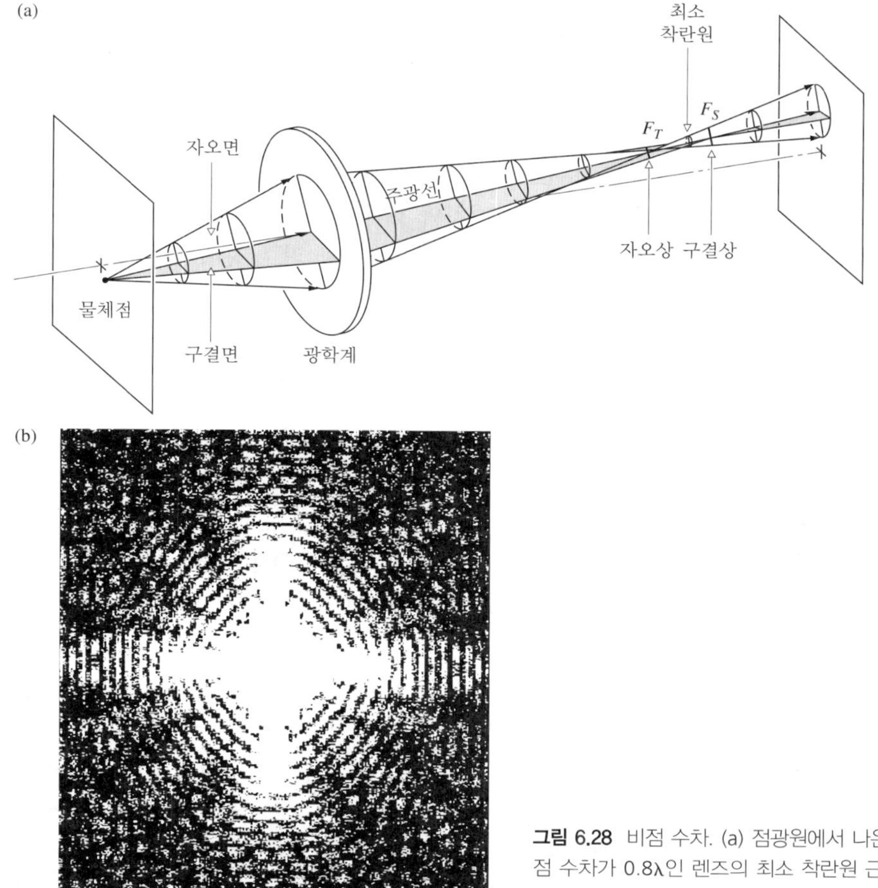

그림 6.28 비점 수차. (a) 점광원에서 나온 단색광은 렌즈의 비점 수차 때문에 길쭉해진다. (b) 비점 수차가 0.8λ인 렌즈의 최소 착란원 근처에서 회절 무늬를 보여 주는 컴퓨터 그림 (OPAL Group, St. Petersburg, Russia.)

광축에 있는 물체점의 경우 원추형 광선은 렌즈의 구면에 대해 대칭이다. 그러므로 자오면과 구결면을 구분할 필요가 없다. 광축을 포함한 모든 평면에서 광선의 전체적 윤곽은 같다. 구면 수차가 없으면 모든 초점 거리는 같고 결과적으로 모든 광선은 1개의 초점에 도달한다. 반대로 비스듬히 입사하는 평행한 광선 다발의 경우에는 자오면과 구결면이 다르다. 그러므로 각 평면에 대응하는 초점 거리 또한 다르다. 이때 자오 광선은 구결 광선보다 렌즈에 대해 더 기울어져 있고, 더 짧은 초점 거리를 갖는다. 페르마 원리를 적용하면 이런 **초점 거리의 차**는 렌즈의 (굴절률이나 모양이 아니라) 굴절능과 광선의 기울어진 각도에 의존한다는 것을 알 수 있다.* **비점수차의 차이**라고 하는 이 양은 광선이 기울어질수록, 즉 물체점이 광축으로부터 멀리 떨어질수록 급격히 증가하고 광축 위에서는 0이 된다.

2개의 다른 초점 거리를 갖고 원추형으로 입사하는 광선 다발은 굴절한 후 변형된다(그림 6.28). 빔(광선 다발)이 렌즈를 떠날 때 단면적은 처음에 원형이지만 빔이 더 진행할수록 구결면에 장축을 갖는 타원이 되고, 마침내 **자오 초점**(tangential or meridional focus) F_T에서 타원은 (최소한 3차 이론에 의하면) **일직선**(line)이 된다. 물체점으로부터 모든 광선은 **일차상**(primary image)이라고 하는 이런 선을 가로지른다. 이 점을 넘어서면 빔의 단면은 급격히 변화하여 다시 원이 된다. 이 위치에서의 상을 **최소 착란원**(circle of least confusion)이라고 한다. 빔이 렌즈로부터 더 진행하면 빔의 단면은 다시 **이차상**(secondary image)이라고 하는 일직선이 된다. 이 선은 자오면 내에 있고 **구결 초점**(sagittal focus) F_S라고 한다.

비점 수차 0.2λ 이하인 광학계에 의해서 형성된 점광원의 상을 최소 착란원 근처에서 관찰하면 에어리 원모양을 하고 있다. 비점 수차가 0.5λ 이상으로 커지면 양축에 대한 비대칭성이 증가한다. 상은 프레넬 회절 무늬처럼 복잡한 명암이 엇갈린 모습으로 변한다. 위의 과정에서 구면 수차와 코마가 없다고 가정했음을 기억하라.

최소 착란원은 비점 수차의 차이가 증가할수록(즉 물체가 광축으로부터 멀어질수록) 지름이 증가하기 때문에 상은 가장자리 근처에서 불명확해지면서 나빠진다. 구결 직선상은

* A. W. Barton, *A Text Book on Light*, p. 124를 참조하라.

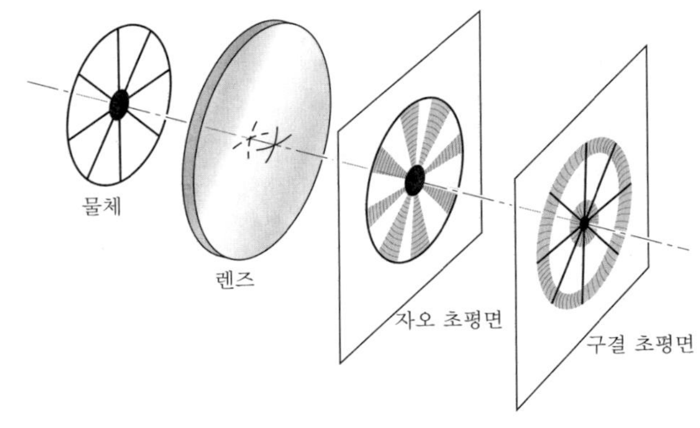

그림 6.29 자오 초평면과 구결 초평면에서의 상

물체의 위치가 변함에 따라 방위(orientation)가 변화한다. 그러나 항시 광축을 향한다. 즉 방사(radial) 성분을 갖는다. 같은 방법으로 자오 직선상은 역시 방위가 변하지만 구결상과는 수직이 된다. 이런 배치는 물체가 방사 성분과 접선(tangential) 성분으로 이루어질 때 그림 6.29에서 보이는 것과 같은 흥미로운 효과가 생긴다. 물체점이 광축으로부터 멀어질수록 일차상과 이차상은 더 길어진다. 후자의 경우는 방사 성분을 가지므로 상의 중심을 향한다(그러므로 *sagitta*란 이름이 유래한다).

구결 초점과 자오 초점의 존재는 비교적 간단한 실험장치로 직접 증명할 수 있다. He-Ne 레이저의 빔에 짧은 초점 거리(약 10 또는 20 mm)의 볼록 렌즈를 놓는다. 초점 거리가 이보다 더 긴 시험용 볼록 렌즈를 충분히 멀리 놓아서 첫 번째 렌즈에 의해 발산된 빔이 후자의 렌즈 크기로 들어오게 한다. 두 렌즈 사이에는 보통 도선으로 만들어진 그물눈(혹은 투명한 물체)을 물체로서 놓는다. 이 도선 중 2개가 광축과 수직으로 만나도록[수직(y)과 수평(x)에 오도록] 이 물체를 잘 맞춘다. 수직축(x축, y축, z축은 렌즈에 고정된 좌표이다)을 중심으로 시험용 렌즈를 대략 45° 돌리면 비점 수차가 관측된다. 자오면은 xz 평면(렌즈축은 z이고, 지금은 레이저 축에 대해 약 45°)이고 구결면은 레이저 축과 y축을 포함하는 평면이 된다. 그물눈을 시험용 렌즈 쪽으로 움직여 수평 도선이 렌즈 뒤의 초점이 잘 맺힌 곳에 스크린을 놓으면 한 점이 생긴다. 반면에 수직 도선은 그렇지 못하다. 이 위치가 구결 초점의 위치이다. 물체의 각 점은 자오(수평)면에서 짧은 선으로 상이 맺힌다. 이것은 수평 도선만이 초점을 맺었다는 사실을 의미한다. 그물눈을 렌즈 쪽으로 조금 더 가까이 움직이면 수평 도선은 희미해지고 수직 도선은 뚜렷해진다. 이곳이 자오 초점이다. 각 초점에서 레이저 축을 중심으로 그물눈을 돌려 보라.

렌즈계에서 표면의 비대칭에 의해 생겨 눈으로 볼 수 있는 비점 수차라는 이름과는 달리 이 3차 수차는 구면 대칭 렌즈에 적용된다는 것을 명심하라.

평면 거울을 제외한 모든 거울은 렌즈와 같이 단색 수차를 갖는다. 무한대 떨어진 광축 물체점에 대해서 포물면 거울(paraboloidal mirror)은 구면 수차가 없을지라도 광축을 벗어난 상은 비점 수차와 코마 때문에 상이 매우 나빠진다. 오목 구면 거울은 구면 수차, 코마 및 비점 수차를 갖는다. 광선이 경사지게 비춰진 구면 거울로 렌즈를 대치하면 그림 6.28과 같은 그림을 그릴 수 있다. 이런 거울은 같은 초점 거리를 갖는 단순 볼록 렌즈보다도 눈에 띄게 작은 구면 수차를 보인다.

만곡 수차

지금까지 논의된 수차가 존재하지 않는 광학계를 생각해 보자. 이때 물체면과 상면의 점은 일대일로 대응[즉 점수차상(stigmatic imagery)]한다. 광축에 수직인 평면 물체는 근축 영역에서만 오직 평면상이 맺히는 것을 앞에서(5.2.3절) 보았다. 유한 구경을 사용하여 얻는 구부러진 점수차 상면(curved stigmatic image surface)은 헝가리 수학자인 페츠발(Josef Max Petzval, 1807~1891)의 이름을 따서 **페츠발 만곡 수차(Petzval field curvature)**로 알려진 주요 수차이다. 이 수차는 그림 5.21과 그림 6.30을 보면 쉽게 알 수 있다. 구면 물체의 호(segment) σ_o는 렌즈에 의해 구면 호 σ_i에 상을 맺

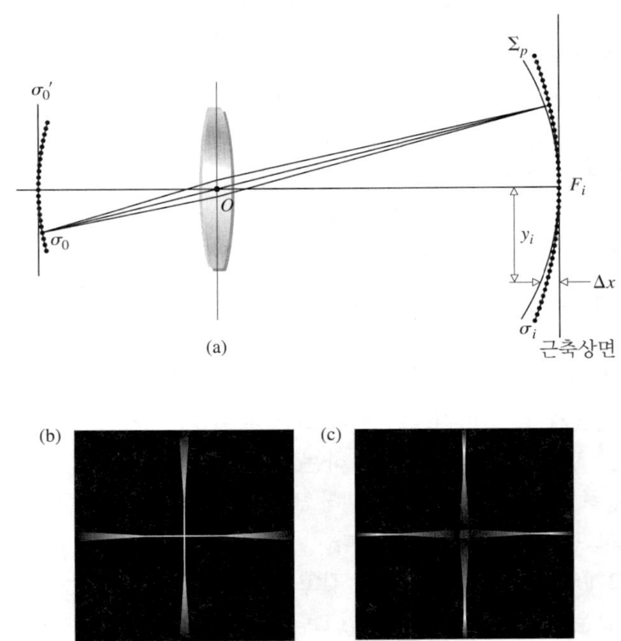

그림 6.30 만곡 수차. (a) 물체면이 σ_o'일 때 상면은 Σ_p이다. (b) 근축상면에 맺는 상은 광축에서만 예리하게 생긴다. (E.H.) (c) 상면을 렌즈 쪽으로 이동하면 주변부가 선명해진다. (E.H.)

는다. 이 2개의 호는 O에 중심이 있다. σ_o가 평평해져서 평면 σ'_o이 되면, 각 물체점은 주광선을 따라 렌즈 쪽으로 움직여 포물면의 **페츠발 면**(Petzval surface) Σ_P를 형성한다. 이때 볼록 렌즈의 페츠발 면은 물체 평면을 향해 **안쪽으로** 곡면을 이루고 오목 렌즈의 경우는 **바깥쪽으로**, 즉 평면으로부터 멀어지는 곡면을 이룬다. 그러므로 오목 렌즈와 볼록 렌즈를 적절히 결합하면 만곡 수차를 없앨 수 있다. 근축상면으로부터 페츠발 면 위의 높이 y_i에 있는 상점의 변위 Δ_x는 다음과 같다.

$$\Delta x = \frac{y_i^2}{2}\sum_{j=1}^{m}\frac{1}{n_j f_j} \tag{6.49}$$

여기서 n_j와 f_j는 광학계를 형성하는 m개의 얇은 렌즈들에 대한 굴절률과 초점 거리이다. 이 식에서 n_j와 f_j가 고정되면 렌즈의 모양이나 위치 또는 조리개의 위치가 변해도 페츠발 면이 변하지 않는다는 것을 의미한다. 임의의 거리만큼 떨어진 2개의 얇은 렌즈의 경우에 만약

$$\frac{1}{n_1 f_1} + \frac{1}{n_2 f_2} = 0$$

이거나 혹은 동일하게

$$n_1 f_1 + n_2 f_2 = 0 \tag{6.50}$$

이 성립한다면 **Δ_x는 0이 될 수 있다**는 것을 유의하라. 이것이 소위 **페츠발 조건(Peztval condition)**이다. 예를 들면 $f_1 = -f_2$와 $n_1 = n_2$를 만족하는 오목 렌즈와 볼록 렌즈로 결합된 2개의 얇은 렌즈계를 생각하자.

$$\frac{1}{f} = \frac{1}{f_1} + \frac{1}{f_2} - \frac{d}{f_1 f_2} \qquad f = \frac{f_1^2}{d} \tag{6.8}$$

이기 때문에 이 광학계는 페츠발 조건을 만족하고 평평한 상면을 가지며 양의 초점 거리를 갖는다.

영상 장치에서 눈은 어느 정도의 만곡을 수용할 수 있기 때문에 이 수차는 어느 정도까지 허용된다. 사진기에 쓰이는 렌즈에서 필름면이 F_i에 있을 때 비축상(off-axis image)은 급격히 나빠지기 때문에 이 만곡 수차가 가장 문제가 된다. 볼록 렌즈의 경우 안쪽으로 구부러진 만곡을 제거하기 위한 방법으로 초점 평면 근처에 음의 **상면 보정기**(field flatter)를 놓는 것이 효과적이다. 이와 같은 방법은 페츠발 조건을 만족하지 못하는 환등기나 사진기의 대물 렌즈에 사용된다(그림 6.31). 이때 보정기는 다른 수차에 별 영향을 미치지 않는다.

비점 수차는 만곡 수차와 밀접히 연관되어 있다. 비점 수차가 있는 경우 (그림 6.32에서처럼) 2개의 포물상면인 자오상면 Σ_T와 구결상면 Σ_S가 있다. 이들 면은 물체점이 물체면 위에서 움직일 때 만들어지는 일차상과 이차상의 위치를 나타낸다. 주어진 높이(y_i)에서 Σ_T 위의 한 점은 Σ_S 위의 대응되는 점보다 페츠발 상면 Σ_P로부터 3배 정도 멀리 떨어져 있고, 두 점은 페츠발 면과 같은 쪽에 있다(그림 6.32). 비점 수차가 없을 때 Σ_S와 Σ_T는 Σ_P 위에서 합쳐진다. 렌즈를 구부리거나 위치를 옮기거나 혹은 조리개를 이동함으로써 Σ_S와 Σ_T의 모양을 바꿀 수 있다. 그림 6.32b는 **인위적으로 평편하게 만든 장**(field)으로 알려져 있다. 비교적 값이 싼 메니스커스 렌즈가 내장된 카메라 앞의 조리개는 바로 이런 효과를 만들기 위해 설치된다. 최소 착란원 Σ_{LC}를 형성할지라도 광축을 벗어난 거리에 따라 최소 착란원의 지름은 증가한다. 현재 사용되고 있는 좋은 사진기의 대물 렌즈는 일반적으로 **비점 수차 제거 렌즈(anastigmats)**이다. 즉 광축 이외에 축을 벗어난 다른 각에서 Σ_S와 Σ_T가 서로 교차하여 비점 수차가 0이 되도록 렌즈를 설계한 것이다. 쿠크 삼중 렌즈(Cooke Triplet), 테사(Tessar), 오르쏘미터(Orthometer)와 비오타

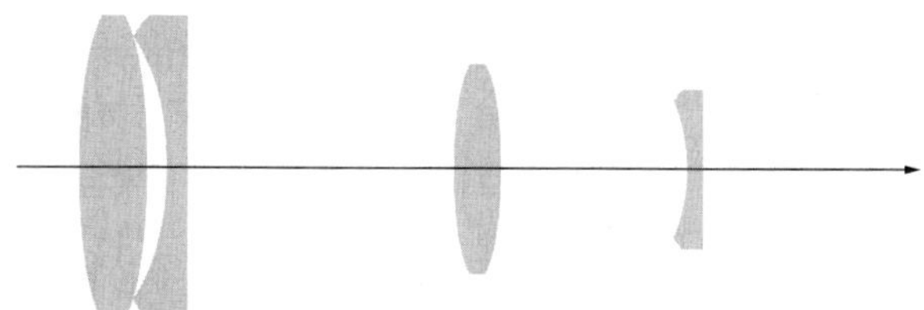

(a) 상면 보정기를 배치한 페츠발 렌즈

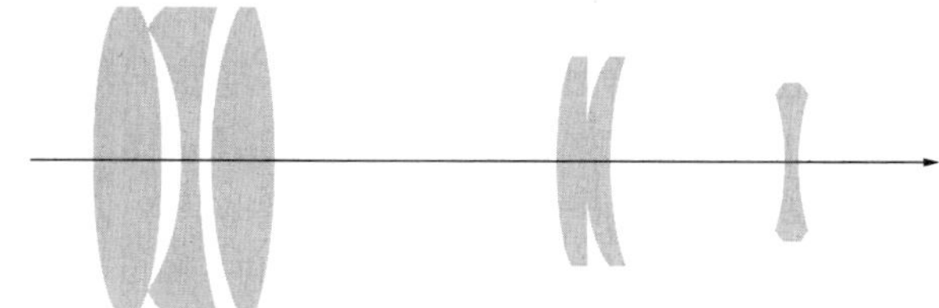

(b) 16 mm 투사 렌즈

그림 6.31 상면 보정기

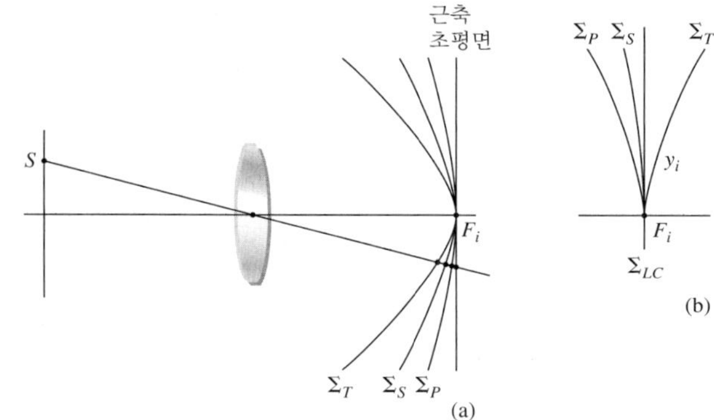

그림 6.32 자오상면(Σ_T), 구결상면(Σ_S) 및 페츠발 상면(Σ_P)

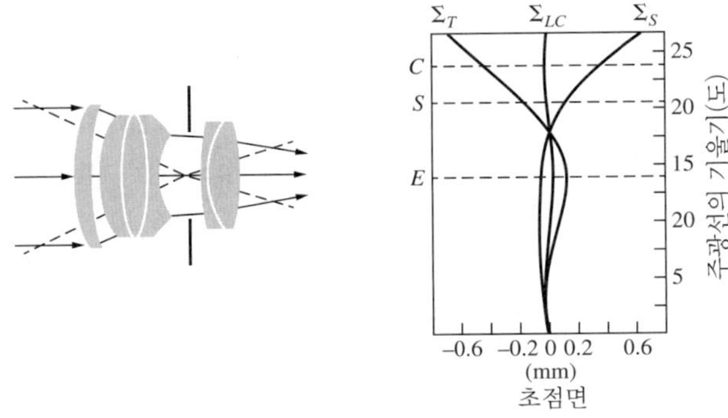

그림 6.33 전형적인 조나 렌즈. *C*, *S*, *E*는 35mm 필름 조리개의 크기 제한, 즉 코너, 가장자리, 모서리를 나타낸다. 조나 렌즈 계열은 이중 가우스 렌즈와 삼중 렌즈 사이에 있다.

(Biotar) 렌즈(그림 5.115) 등은 상대적으로 큰 구경을 갖는 (그래서 빠른 셔터 속도를 가능케 하는) 자이스 조나(Zeiss Sonnar) 렌즈와 같이 모든 비점 수차가 제거된 렌즈이다. 그런 자이스 조나 렌즈의 잔류 비점 수차는 그림 6.33에 잘 설명되어 있다. 대부분의 필름면 위에서 비점 수차는 작고 장은 상대적으로 평평하다는 것에 유의하라.

지금까지 설명한 것을 바탕으로 슈미트(Schmidt) 사진기의 작동 원리를 충분히 이해할 수 있으므로 그림 5.125의 슈미트 카메라로 잠시 돌아가 보자. 구면 거울의 곡률 중심에 조리개를 놓으면 정의에 의해서 *C*를 통과하는 모든 주광선은 거울에 수직으로 입사한다. 이렇게 되면 주광선은 광축처럼 행동하여 축을 벗어난 점은 없게 되며 원리적으로는 코마나 비점 수차도 생기지 않는다. 상면을 평평하게 만들려는 노력 대신에 필름판을 상면과 같게 하여 곡면 문제를 해결할 수도 있다.

왜곡 수차

5개의 주요한 단색 수차 중 마지막 수차는 **왜곡 수차(distortion)**이다. 이 수차의 원인은 광축을 벗어난 상거리 y_i에 따라 횡배율 M_T가 달라진다는 사실에 있다. 그러므로 이 거리는 M_T를 상수로 보는 근축 이론에 의해 예측된 값과는 다르다. 다시 말하면 렌즈의 각 부분마다 다른 초점 거리와 배율을 갖기 때문에 왜곡이 생긴다. 다른 수차가 제거되어 각 물체점에 대응하는 선명한 상이 형성된다고 해도 왜곡 수차는 전체 상의 모양을 일그러지게 한다. **양**(+) 혹은 **바늘꽂이 왜곡 수차(pincushion distortion)**를 갖는 광학계에서는 그림 6.34b에서처럼 직사각형 배열이 중심에서 멀어질수록 M_T가 증가함으로써 왜곡의 정도가 더 심해진다. 반면에 M_T가 광축으로부터의 거리에 따라 감소하는 광학계는 그림 6.34c와 같은 **음**(−) 또는 **통모양 왜곡 수차(barrel distortion)**를 나타낸다. 따라서 상 위의 각 점은 중심을 향해 안쪽으로 움직인다.

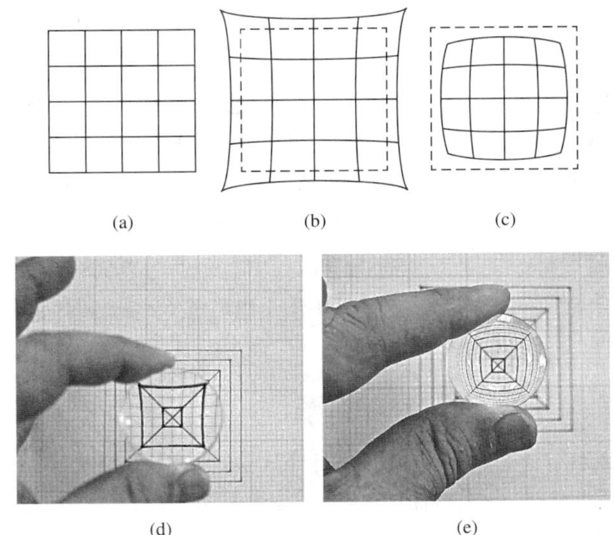

그림 6.34 (a) 왜곡되지 않은 물체, (b) 축상 배율보다 비축 배율이 크면 바늘꽂이 왜곡 수차가 생긴다. (c) 축상 배율이 더 크면 통모양 왜곡 수차가 생긴다. (d) 렌즈의 바늘꽂이 왜곡 수차, (e) 렌즈의 통모양 왜곡 수차 (E.H.)

왜곡은 그래프 용지나 줄이 쳐진 종이를 수차가 있는 렌즈로 들여다볼 때 쉽게 관측된다. 어느 정도 얇은 렌즈는 근본적으로 왜곡 수차가 없다. 반면에 두꺼운 단순 볼록 렌즈나 오목 렌즈는 일반적으로 각각 양 혹은 음의 왜곡 수차를 갖는다. 얇은 렌즈계와 조리개로 이루어진 보통의 광학계는 그림 6.35에서 보이는 것처럼 왜곡 수차가 항상 수반된다. 하나의 예외는 주광선(chief ray)이 주요 광선(principal ray)이 되도록 구경 조리개를 렌즈계에 설치하는 경우이다(즉 주광선이 *O*에서 합쳐지는 주요점을 통과한다). 그림 6.35b에서처럼 조리개가 볼록 렌즈의 앞에 있다면 주광선을 따라 측정된 물체 거리는 조리개가 없을 때보다 더 길어진다($S_2A > S_2O$). 그러므로 x_o는 더 길어지고 식 (5.26)에 의해서 M_T는 더 작아지고 '통모양 왜곡 수차'가 된다. 다시 말하면 광축을 벗어난 점에 대해 M_T는 조리개가 없을 경우보다 더 작아진다. 이런 차이가 구경의 크기와 상관없이 존재하는 왜곡 수차 양이다. 같은 방법으로 뒤에 있는 조리개는(그림 6.35c) 주광선을 따라 x_o를 감소시킨다(즉 $S_2O > S_2B$). 그러므로 M_T는 증가하고 바늘꽂이 왜곡 수차가 생긴다. **주어진 렌즈와 조리개에 대해 물체와 상을 맞바꾸면 왜곡 수차의 부호가 변하는 효과가 있다.** 앞서 언급한 조리개의 위치에서 볼록 렌즈를 오목 렌즈로 바꾸면 정반대의 왜곡이 생긴다.

이런 맥락에서 동일한 렌즈 사이의 중간 지점에 조리개를 사용한다. 첫 번째 렌즈로부터 왜곡 수차는 두 번째 렌즈에 의해 정확히 상쇄된다. 이 방법은 많은 사진기 렌즈의 설

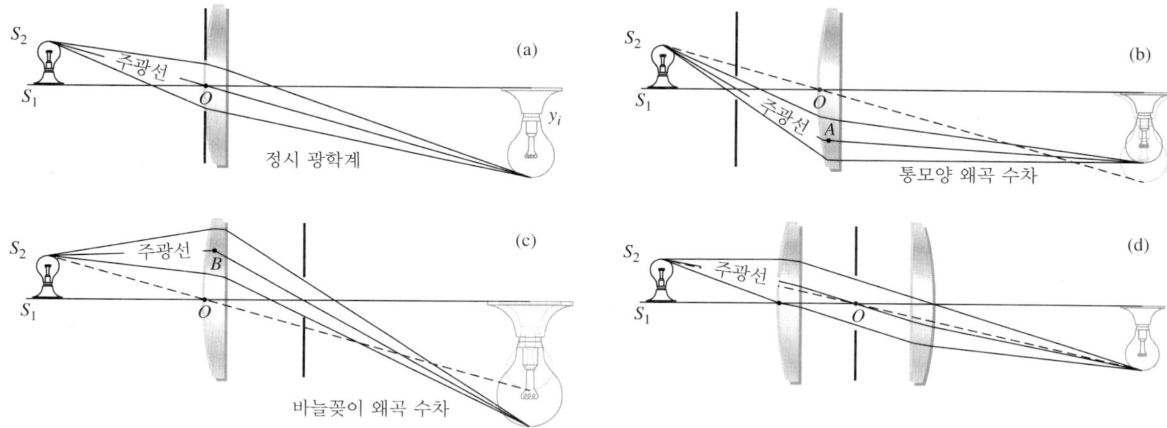

그림 6.35 왜곡 수차에 대한 조리개 효과

계(그림 5.115)에 유용하게 사용된다. 렌즈가 완전히 대칭이고 그림 6.35d에서처럼 작동한다면 물체 거리와 상거리는 확실히 같다. 그러므로 $M_T = 1$이다. [부수적으로 코마와 횡색(lateral color)은 이 경우 동일하게 0이 된다.] 이것을 응용하는 예는 자료를 기록하기 위해 사용하는 (유한 공액점에서 작동하는) 복사기용 렌즈(copy lens)이다. M_T가 1이 아닐 때 조차도 조리개에 대해서 대칭으로 렌즈계를 만들면 여러 수차가 현저히 감소되기 때문에 매우 일반적으로 사용된다.

왜곡 수차는 그림 6.36의 사진 전송용(telephoto arrangement) 복합 렌즈에서도 생긴다. 멀리 있는 물체점에 대해 양의(혹은 볼록인) 색지움 렌즈의 가장자리가 구경 조리개처럼 작동한다. 이 배열은 앞에 조리개가 있는 오목 렌즈와 같아서 양 혹은 바늘꽂이 왜곡 수차를 보인다.

예를 들어 그림 6.35d처럼 주광선이 광학계로 입사하여 같은 방향으로 나간다고 가정하자. 이 광선이 광축과 만나는 점이 이 광학계의 광심(optical center)이다. 그러나 이 광선은 주광선이라 하였으므로 광심은 구경 조리개의 중심이 된다. 이것은 조리개가 얇은 렌즈 바로 위에 놓인 그림 6.35a와 같은 상황이다. 그러므로 입사하고 출사하는 주광선은 평행하며 왜곡이 없다. 즉 그 광학계는 **정시 광학계**(orthoscopic system)이다. 이와 같은 사실은 입사동과 출사동이 주요면에 대응된다는 것을 의미한다(만약 광학계가 단일한 매질 속에 잠겨 있다면 그림 6.2를 참조하라). 이 경우 주광선은 주요 광선임을 명심하라. **얇은 렌즈계에서 광심이 구경 조리개의 중심과 일치한다면 왜곡 수차는 없다.** 그런데 바늘구멍 사진기에서 서로 공액이 물체점과 상점을 연결한 광선은 똑바로 진행하여 구경 조리개의 중심을 통과한다. 입사하고 출사하는 광선은 명백히 평행하므로(같아져서 하나가 됨) 왜곡 수차는 없다.

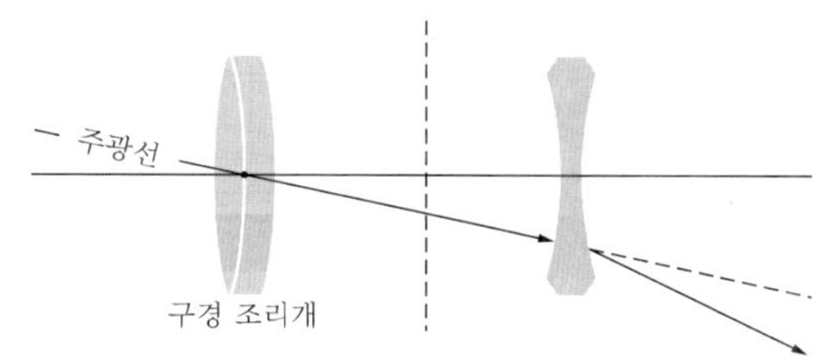

그림 6.36 복합 렌즈에서 왜곡 수차

6.3.2 색수차

지금까지 5개의 주요 수차 혹은 자이델 수차를 단색인 빛에 대해서만 살펴보았다. 광원이 넓은 분광 대역폭(spectral bandwidth)을 가질 때도 앞에서 말한 수차들이 존재한다. 그러나 광학계가 잘 교정되어 있는 경우라면, 이런 수차들은 그리 중요하지 않다. 다색(polychromatic)인 빛에서는 색수차가 더욱 중요하다. 광선 추적 방정식인 식 (6.12)는 파장에 따라 변하는 굴절률의 함수이다. 다른 '색깔'의 광선은 다른 경로를 따라 광학계를 통과하는데 이것이 **색수차(chromatic aberrations)**의 두드러진 특징이다.

얇은 렌즈 방정식인

$$\frac{1}{f} = (n_l - 1)\left(\frac{1}{R_1} - \frac{1}{R_2}\right) \tag{5.16}$$

은 $n_l(\lambda)$에 의해 파장에 의존하기 때문에 초점 거리 또한 파장(λ)에 따라 변한다. 일반적으로 $n_l(\lambda)$는 가시광선 영역에서 파장에 따라 감소하므로(그림 3.40) $f(\lambda)$는 λ에 따라 증가한다. 이 결과를 그림 6.37이 설명하고 있다. 이 그림에서 평행한 백색 빔을 구성하는 각 색깔은 광축 위의 다른 점에 초점을 맺는다. 주어진 주파수 영역의 양 끝의 색깔에 대응하는(예: 파랑에서 빨강까지) 2개의 초점 사이의 축상 거리를 **축상 색 수차(axial chromatic aberration)** 혹은 **종색 수차**

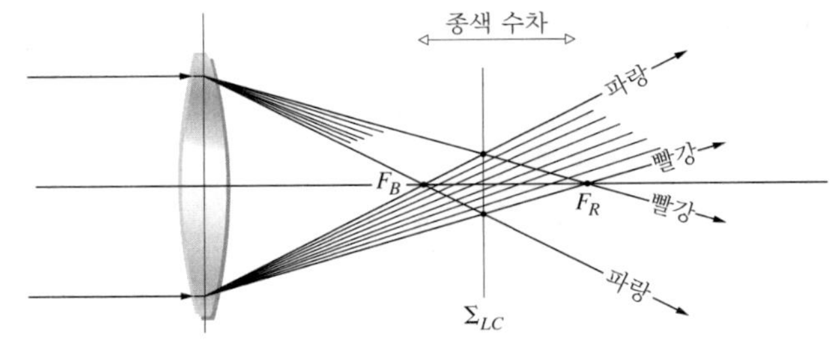

그림 6.37 종색 수차

(longitudinal chromatic aberration) 혹은 간단히 A · CA라고 한다.

단순하며 두꺼운 오목 렌즈로 색수차 혹은 CA를 관측하는 것은 쉽다. (촛불의 경우처럼) 다색의 점광원은 렌즈를 통해 관측면에서 보면 후광에 의해서 둘러싸인 실상이 된다. 관측면이 렌즈 가까이 움직이면 희미한 상의 테두리는 오렌지색-빨간색으로 물든다. 반대로 관측면이 렌즈로부터 멀어지면 가장 좋은 상이 생기며 더 멀어지면 외곽선은 파란색-보라색으로 물든다. 최소 착란원의 위치(예: 평면 Σ_{LC})는 최상의 상이 나타나는 위치가 된다. 렌즈를 통해 광원을 직접 보도록 노력하라. 색깔은 훨씬 더 두드러진다.

광축을 벗어난 점은 파장에 따라 광축 위의 다른 높이에 상을 맺는다(그림 6.38). 파장에 따라 f가 변하면 횡배율 또한 변하게 된다. 2개의 극단적인(대부분 파랑과 빨강이 선택된다) 상점 사이의 수직 거리는 **횡색 수차(lateral chromatic aberration)**, L · CA 혹은 **횡색(lateral color)**이라고 한다. 따라서 색수차가 있는 렌즈를 백색광으로 쬐어 주면 크기와 색깔이 다른 매우 많은 상이 중첩되어 나타난다. 우리의 눈은 특히 노란색-초록색에 가장 민감하기 때문에 이 영역에서 렌즈가 초점을 맺는 것이 일반적이다. 이를 통해 다른 모든 색깔의 상이 중첩되는 것을 볼 수 있다. 그러나 초점을 조금만 벗어나면 희끄무레하게 흐리거나 혹은 안개 낀 것같이 여러 개의 상이 중첩된 것이 보인다.

그림 6.37에서처럼 파란 초점 F_B가 빨간 초점 F_R의 왼쪽에 있을 때 A · CA는 양이다. 반대로 오목 렌즈는 파란 광선을 더 심하게 벗어나게 하여 빨간 초점의 오른쪽에서 나오는 것처럼 보인다. 그래서 이때 색수차는 음의 A · CA가 된다. 오목 렌즈든 볼록 렌즈든 상관없이 물리적 현상으로 보면 렌즈의 모양은 프리즘과 같다. 즉 렌즈의 두께는 광축으로부터 멀어질수록 더 두꺼워지거나 얇아진다. 그래서 익히 알다시피 광선은 각각 광축 쪽으로 혹은 광축으로부터 멀리 벗어나게 된다. 어쨌든 광선은 프리즘의 단면이 더 두꺼운 '밑변' 쪽으로 구부러진다. 그러나 편의각(angular deviation)은 n에 따라 증가하고, λ에 따라 감소한다. 그러므로 파란빛은 가장 많이 편의되어 렌즈에 가장 가까이 초점을 맺는다. 바꿔 말하면 볼록 렌즈의 경우 빨간 초점은 가장 멀리 오른쪽에 위치하지만, 오목 렌즈에 대해서는 가장 멀리 왼쪽에 놓인다.

사람의 눈은 상당한 양의 색수차를 갖고 있는데, 몇 가지 정신물리학적 방법에 의해 상쇄된다. 그렇더라도 이 효과를 보는 것은 가능하다. 작은 자주색 점을 눈에 가까이 가져가 보면 중앙은 파랗고 주변은 붉게 보일 것이다. 멀리 놓고 보면 중앙이 빨갛고 주변이 파랗게 보인다.

얇은 색지움 이중 렌즈

2개의 얇은 렌즈를 볼록 렌즈 1개와 오목 렌즈 1개로 잘 결합하면 F_R과 F_B가 정확히 겹쳐지게 할 수 있다(그림 6.39). 이런 배열은 2개의 특수한 파장에 대해 **색지움되었다**(achromatized)고 한다. 여기에서 하려는 것은 전체적 분산(즉 각 색은 다른 양만큼 꺾인다는 사실)을 효과적으로 제거하는 것이지 모든 파장의 빛이 일률적으로 같은 각도로 꺾이게 하는 것은 아니다. 거리 d만큼 떨어진 2개의 렌즈에 대해 다음 식이 성립한다.

$$\frac{1}{f} = \frac{1}{f_1} + \frac{1}{f_2} - \frac{d}{f_1 f_2} \qquad [6.8]$$

얇은 렌즈식인 식 (5.15)의 두 번째 항을 그대로 쓰기보다는 이 표현을 보다 간단히 한 후 2개의 광학 부품에 대해서 $1/f_1 = (n_1 - 1)\rho_1$과 $1/f_2 = (n_2 - 1)\rho_2$라고 쓰자. 이때

$$\frac{1}{f} = (n_1 - 1)\rho_1 + (n_2 - 1)\rho_2 - d(n_1 - 1)\rho_1(n_2 - 1)\rho_2 \qquad (6.51)$$

이다. 첫 번째와 두 번째 렌즈의 빨간 빛과 파란 빛에 대한 굴절률을 각각 n_{1R}, n_{2R}, n_{1B}, n_{2B}라고 하면 빨간 빛(f_R)과 파란 빛(f_B)을 위한 이중 렌즈의 초점 거리가 식 (6.51)로부터 구해

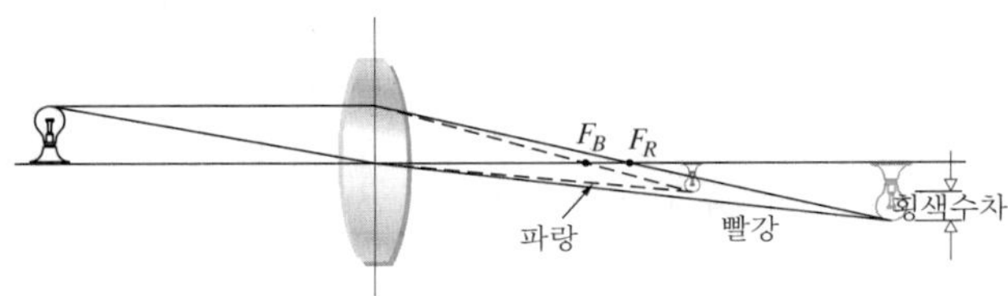

그림 6.38 횡색 수차

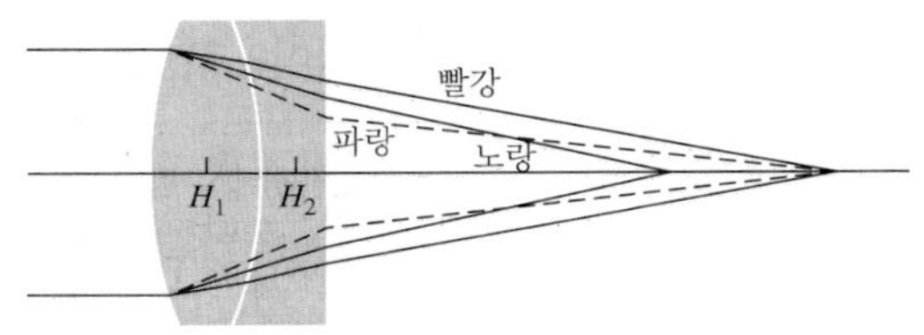

그림 6.39 색지움 이중 렌즈. 광선의 경로가 매우 과장되게 그려져 있다.

진다. 만약 f_R이 f_B와 같다면

$$\frac{1}{f_R} = \frac{1}{f_B}$$

이다. 이때

$$(n_{1R} - 1)\rho_1 + (n_{2R} - 1)\rho_2 - d(n_{1R} - 1)\rho_1(n_{2R} - 1)\rho_2 = (n_{1B} - 1)\rho_1 + (n_{2B} - 1)\rho_2 - d(n_{1B} - 1)\rho_1(n_{2B} - 1)\rho_2 \tag{6.52}$$

가 된다. 그러면 이때 $d = 0$, 즉 2개의 렌즈가 접촉한 경우를 살펴보자. $d = 0$을 사용하여 식 (6.52)를 전개하면 다음 식이 된다.

$$\frac{\rho_1}{\rho_2} = -\frac{n_{2B} - n_{2R}}{n_{1B} - n_{1R}} \tag{6.53}$$

가시광선의 양극단인 파란 빛과 빨간 빛 사이에 있는 노란 빛에 대한 복합 렌즈의 초점 거리(f_Y)도 언급해야 할 가치가 있다. 노란 빛에 대해서 각 렌즈는 $1/f_{1Y} = (n_{1Y} - 1)\,\rho_1$과 $1/f_{2Y} = (n_{2Y} - 1)\rho_2$가 성립한다. 그러므로

$$\frac{\rho_1}{\rho_2} = \frac{(n_{2Y} - 1)}{(n_{1Y} - 1)} \frac{f_{2Y}}{f_{1Y}} \tag{6.54}$$

가 된다. 식 (6.53)과 식 (6.54)를 같게 놓으면

$$\frac{f_{2Y}}{f_{1Y}} = -\frac{(n_{2B} - n_{2R})/(n_{2Y} - 1)}{(n_{1B} - n_{1R})/(n_{1Y} - 1)} \tag{6.55}$$

이다. 다음과 같은 양

$$\frac{n_{2B} - n_{2R}}{n_{2Y} - 1} \quad \text{과} \quad \frac{n_{1B} - n_{1R}}{n_{1Y} - 1}$$

은 두 렌즈의 구성 물질에 대한 **분산능(dispersive power)**이다. 이것의 역수인 V_2와 V_1은 **분산율**(dispersive indices), **V-수**(V-numbers) 혹은 **아베수(Abbe numbers)**로 다양한 이름으로 알려져 있다. 아베수가 낮을수록 분산능은 더 커진다. 그러므로

$$\frac{f_{2Y}}{f_{1Y}} = -\frac{V_1}{V_2}$$

혹은

$$f_{1Y}V_1 + f_{2Y}V_2 = 0 \tag{6.56}$$

이다. 분산능이 양이면 V-수 또한 양이다. 식 (6.50)은 f_R이 f_B와 같을 경우에 사용하는 식인데, 이 식을 자세히 살펴보면 2개의 렌즈 중 하나는 아베수가 양이고 다른 것은 음인 것을 알 수 있다.

이 시점에서 우리는 **색지움 이중 렌즈**(achromatic doublet)를 설계할 수 있으나 먼저 몇 가지 해결해야 할 문제가 있기 때문에 이 문제를 먼저 살펴볼 것이다. 파장을 빨강, 노랑, 파랑으로 말하는 것은 실질적으로 너무 부정확하다. 대신에 매우 정확히 파장이 알려져 있는 특별한 분광선(spectral line)을 언급하는 것이 통례이다. 이와 같은 분광선을 **프라운호퍼선(Fraunhofer lines)**이라고 하는데 분광에서 필요한 기준점으로 쓰인다. 가시광선 영역에서 대표적인 프라운호퍼선이 표 6.1에 수록되어 있다. 분광선 F, C와 d(즉 D_3)는 (파랑, 빨강, 노랑으로) 가장 많이 사용되고 일반적으로는 d-빛을 사용하여 근축 광선을 추적한다. 유리 수공업자들은 그림 6.40에서처럼 보통 아베수로 그들이 만든 세공품을 표현한다. 그림 6.40은 굴절률에 대한

$$V_d = \frac{n_d - 1}{n_F - n_C} \tag{6.57}$$

의 그래프를 그린 것이다(또한 표 6.2 참조). 그러므로 식 (6.56)을 다음과 같이 쓰는 것이 더 편리하다.

$$f_{1d}V_{1d} + f_{2d}V_{2d} = 0 \tag{6.58}$$

여기서 아래 첨자의 수는 이중 렌즈에서 사용된 2개의 유리를 나타내고 문자는 d-선과 관련되어 있다.

뉴턴은 그 당시 이용할 수 있는 매우 제한된 물질을 가지고 수행한 실험으로부터 분산능은 모든 유리에 대해 상수라는 그릇된 결론을 내렸다. 이와 같은 결론은 이중 렌즈가 0의 굴절능을 갖는 경우 $f_{1d} = -f_{2d}$라고 말하는 것과 같다. 뉴턴은 굴절 망원경 대신에 반사 망원경을 만들려고 노력했는데 다행히도 이것은 지금 생각해 보면 좋은 방향이었다고 평가된다. 색지움은 1733년경에 홀(Chester Moor Hall)이 발견하였다. 그러나 이것은 런던의 안경상 돌런드(John Dollond)가 1758년에 재발견하여 특허를 얻을 때까지 망각된 채 있었다.

표 6.1 여러 개의 강한 프라운호퍼선

기호	파장(Å)*	광원
C	6562.816 빨강	H
D_1	5895.923 노랑	Na
D	5892.9 이중선의 중심	Na
D_2	5889.953 노랑	Na
D_3 또는 d	5875.618 노랑	He
b_1	5183.618 초록	Mg
b_2	5172.699 초록	Mg
c	4957.609 초록	Fe
F	4861.327 파랑	H
f	4340.465 보라	H
g	4226.728 보라	Ca
K	3933.666 보라	Ca

*1 Å = 0.1 nm

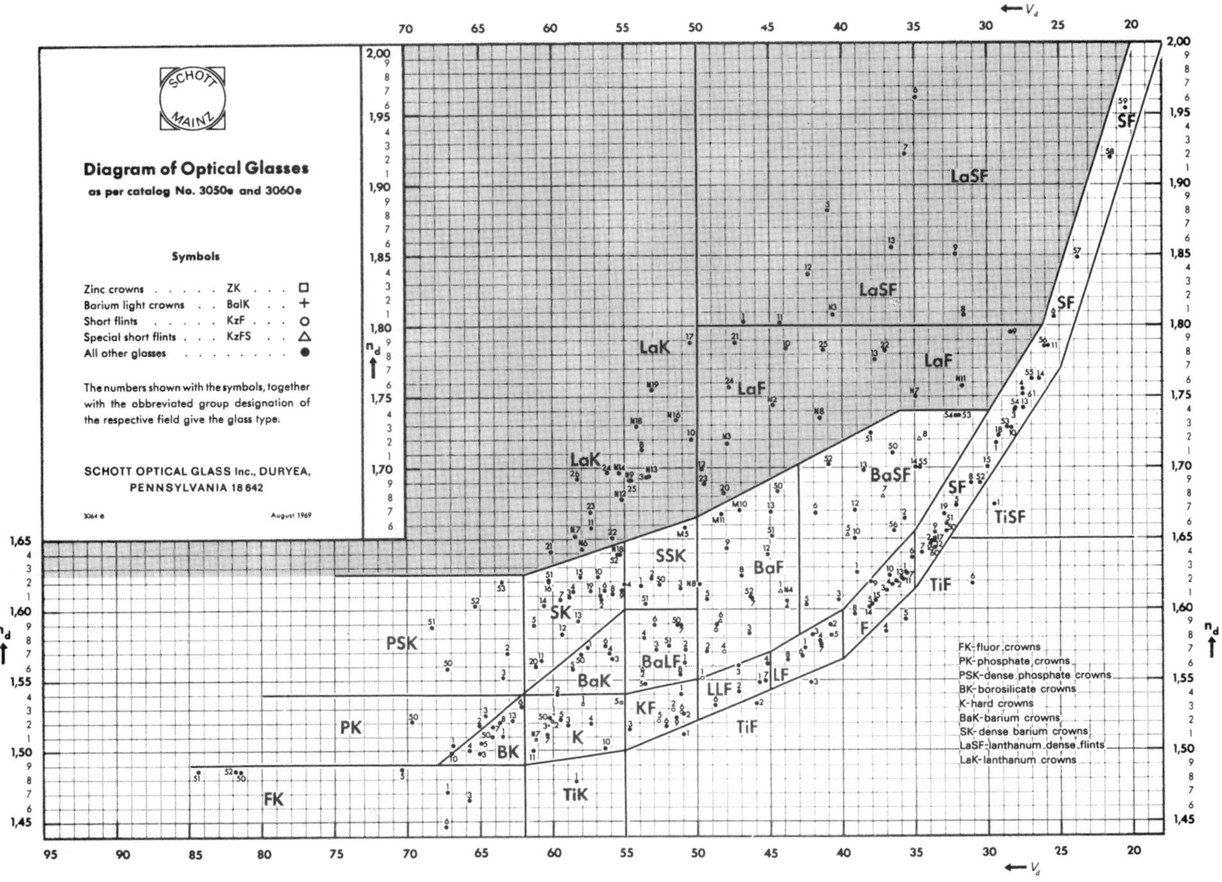

그림 6.40 여러 유리에 대한 굴절률과 아베수의 상관관계. 위쪽 어두운 부분은 낮은 분산능과 높은 굴절률을 가진 희토류 유리가 속한 영역이다. (출처: Diagram of Optical Glasses as per catalog No. 3050e and 3060e, August 1969, Schott Optical Glass Inc. Duryea, PA 18542.)

색지움 이중 렌즈의 여러 형태를 그림 6.41에서 볼 수 있다. 조절 가능한 수차 중 어떤 수차를 선택할 것인지는 이들의 모양과 유리의 재질에 따른다. 그런데 쉽게 구할 수 있다는 이유만으로 기존의 광학계에서 떼어 낸 렌즈로 이중 렌즈를 꾸밀 때, 원래 광학계의 오차를 교정할 목적에서 특정 수차를 포함하도록 특별히 설계된 렌즈를 사지 않도록 주의하라. 아마 가장 일반적으로 사용되는 이중 렌즈는 접합 프라운호퍼 색지움 렌즈(Fraunhofer achromat)일 것이다. 이것은 오목-평면(혹은 거의 평면) 플린트 렌즈(concave-planar flint lens)와 양볼록 크라운 렌즈(crown double convex lens)를 결합하여 만든다. 크라운 렌즈*는 마모에 강하기 때문에 일반적으로 앞 렌즈로 쓰인다. 전체적인 형태는 적당한 유리 재질을 선택하면 대략 볼록-평면이기 때문에 구면 수차와 코마가 또한 교정된다. 초점 거리가 50 cm인 프라운호퍼 색지움 렌즈를 설계해 보도록 하자. 복합 렌즈 방정식

$$\frac{1}{f_{1d}} + \frac{1}{f_{2d}} = \frac{1}{f_d}$$

과 식 (6.58)로부터

$$\frac{1}{f_{1d}} = \frac{V_{1d}}{f_d(V_{1d} - V_{2d})} \tag{6.59}$$

와

$$\frac{1}{f_{2d}} = \frac{V_{2d}}{f_d(V_{2d} - V_{1d})} \tag{6.60}$$

를 얻음으로써 어떤 유리를 선택해야 할지 알 수 있다. 구성 렌즈의 곡면이 심하게 구부러져 있으면 f_{1d}와 f_{2d}의 값이 작아지는데 이 값을 크게 하기 위해서 $V_{1d} - V_{2d}$를 크게(대략 20 혹은 이보다 더 크면 좋다) 설계해야 한다. 그림 6.40(혹은 이와 같은 그림)으로부터 BK1과 F2를 선택하자. 목록을 찾아보면 이 재질의 굴절률은 각각 $n_C = 1.50763$, $n_d = 1.51009$, $n_F = 1.51566$ 및 $n_C = 1.61503$, $n_d = 1.62004$, $n_F = 1.63208$이다. 또한 이들의 V-수는 일반적으로 매우 정확하게 목록에 나와 있기 때문에 다시 계산할 필요는 없다. 그

* 전통적으로 $n_d > 1.60$, $V_d > 50$과 $n_d < 1.60$, $V_d > 50$의 영역에 있는 유리는 크라운 유리(crown glass)로 알려졌고 그 외에는 플린트 유리(flint glass)이다. 그림 6.40의 문자를 잘 살펴보자.

표 6.2 광학 유리

유리 번호	이름	n_D	V_D
511:635	Borosilicate crown−BSC-1	1.511 0	63.5
517:645	Borosilicate crown−BSC-2	1.517 0	64.5
513:605	Crown−C	1.512 5	60.5
518:596	Crown	1.518 0	59.6
523:586	Crown−C-1	1.523 0	58.6
529:516	Crown flint−CF-1	1.528 6	51.6
541:599	Light barium crown−LBC-1	1.541 1	59.9
573:574	Barium crown−LBC-2	1.572 5	57.4
574:577	Barium crown	1.574 4	57.7
611:588	Dense barium crown−DBC-1	1.611 0	58.8
617:550	Dense barium crown−DBC-2	1.617 0	55.0
611:572	Dense barium crown−DBC-3	1.610 9	57.2
562:510	Light barium flint−LBF-2	1.561 6	51.0
588:534	Light barium flint−LBF-1	1.588 0	53.4
584:460	Barium flint−BF-1	1.583 8	46.0
605:436	Barium flint−BF-2	1.605 3	43.6
559:452	Extra light flint−ELF-1	1.558 5	45.2
573:425	Light flint−LF-1	1.572 5	42.5
580:410	Light flint−LF-2	1.579 5	41.0
605:380	Dense flint−DF-1	1.605 0	38.0
617:366	Dense flint−DF-2	1.617 0	36.6
621:362	Dense flint−DF-3	1.621 0	36.2
649:338	Extra dense flint−EDF-1	1.649 0	33.8
666:324	Extra dense flint−EDF-5	1.666 0	32.4
673:322	Extra dense flint−EDF-2	1.672 5	32.2
689:309	Extra dense flint−EDF	1.689 0	30.9
720:293	Extra dense flint−EDF-3	1.720 0	29.3

출처: T. Calvert, "Optical Components," *Electromechanical Design*, May 1971. 더 많은 자료를 얻고자 한다면 Smith, W. J., *Modern Optical Engineering*, McGraw-Hill, New York (2nd ed), 1990을 참조하라. 유리 번호는 $(n_D - 1)$:$(10V_D)$를 의미한다.

러므로 각 재질에 대해 $V_{1d} = 63.46$과 $V_{2d} = 36.37$이다. 두 렌즈의 굴절능 혹은 초점 거리는 식 (6.59)와 식 (6.60)으로부터 다음 식과 같이 된다.

$$\mathscr{D}_{1d} = \frac{1}{f_{1d}} = \frac{63.46}{0.50(27.09)}$$

과

$$\mathscr{D}_{2d} = \frac{1}{f_{2d}} = \frac{36.37}{0.50(-27.09)}$$

그러므로 $\mathscr{D}_{1d} = 4.685\text{D}$와 $\mathscr{D}_{2d} = -2.685\text{D}$가 되고 합은 1/0.5가 되므로 2 D이다. 가공을 쉽게 하기 위해서 첫 번째 렌즈 혹은 볼록 렌즈는 양볼록 렌즈라고 하자. 결과적으로 이 렌즈의 반지름 R_{11}과 R_{12}는 크기가 같다. 그러므로

$$\rho_1 = \frac{1}{R_{11}} - \frac{1}{R_{12}} = \frac{2}{R_{11}}$$

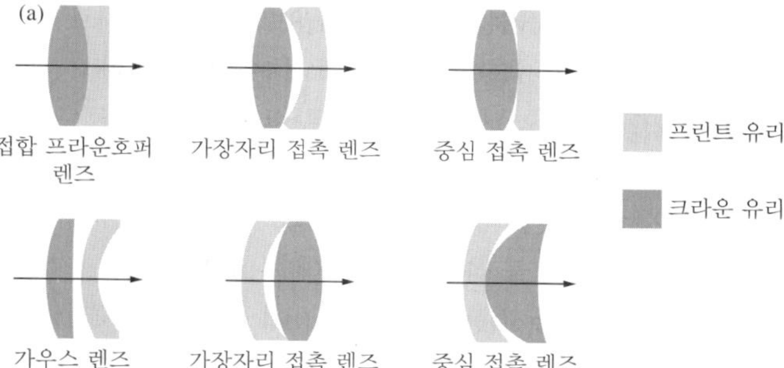

그림 6.41 (a) 색지움 이중 렌즈, (b) 이중 렌즈와 삼중 렌즈 (Melles Griot)

혹은 동일하게

$$\frac{2}{R_{11}} = \frac{\mathscr{D}_{1d}}{n_{1d} - 1} = \frac{4.685}{0.51009} = 9.185$$

이다. 그러므로 $R_{11} = -R_{12} = 0.2177\text{m}$가 된다. 더욱이 렌즈면이 완전히 밀착되어 있다면 $R_{12} = R_{21}$이 된다. 즉 첫 번째 렌즈의 뒷면은 두 번째 렌즈의 앞면과 꼭 맞는다. 두 번째 렌즈에 대해

$$\rho_2 = \frac{1}{R_{21}} - \frac{1}{R_{22}} = \frac{\mathscr{D}_{2d}}{n_{2d} - 1}$$

혹은 $$\frac{1}{-0.2177} - \frac{1}{R_{22}} = \frac{-2.685}{0.62004}$$

와 $R_{22} = -3.819\text{m}$이다. 결과를 요약하면 크라운 렌즈의 반

지름은 $R_{11} = 21.8$cm와 $R_{12} = -21.8$ cm이고, 플린트 렌즈의 반지름은 $R_{21} = -21.8$cm, $R_{22} = -381.9$cm이다.

얇은 렌즈를 결합한 광학계에서 주요면이 합쳐지므로 초점 거리를 색지움하면 A · CA와 L · CA도 아울러 교정된다. 빨간 빛과 파란 빛에 대한 초점 거리가 같게 두꺼운 이중 렌즈를 만든다 할지라도 파장이 다르면 주요면의 위치가 달라진다. 결과적으로 굴절능이 모든 파장에 대해 같을지라도 초점은 일치하지 않는다. 다시 말하면 L · CA를 교정할 수 있지만 A · CA는 그렇지 못하다.

위의 분석에서 *C*-광선과 *F*-광선만이 공통 초점을 갖고 *d*-선은 이중 렌즈의 전체적 초점 거리를 말하기 위해 쓰인다. 색지움 이중 렌즈를 통과한 모든 파장이 1개의 공통 초점에서 만난다는 것은 불가능하다. 이때 남은 색수차를 **이차 스펙트럼**(secondary spectrum)이라고 한다. 현재 이용할 수 있는 유리만을 사용하여 설계할 때 이차 스펙트럼을 제거하는 것은 골치 아픈 문제이다. 두말할 필요 없이 적당한 유리 재질을 형석(CaF_2)에 섞으면 3개의 파장에 대해 색지움되며 매우 작은 이차 스펙트럼을 갖는 이중 렌즈를 만들 수 있다. 3개 혹은 4개의 파장에 대한 색교정을 위해서 종종 삼중 렌즈가 사용된다. 쌍안경으로 멀리 있는 백색 물체를 바라보면 이차 스펙트럼이 쉽게 관측된다. 초점을 앞뒤로 움직이면 물체의 가장자리에 자홍색과 초록색을 띤 후광이 생기는 것을 볼 수 있다.

분리된 색지움 이중 렌즈

동일한 유리 재질로 만들어진 2개의 렌즈가 멀리 떨어져 있으면 이 이중 렌즈의 초점 거리 역시 색지움할 수 있다. 식 (6.52)로 돌아가서 $n_{1R} = n_{2R} = n_R$과 $n_{1B} = n_{2B} = n_B$라 놓자. 직접 대수 계산을 하여 정리하면 다음과 같이 된다.

$$(n_R - n_B)[(\rho_1 + \rho_2) - \rho_1\rho_2 d(n_B + n_R - 2)] = 0$$

혹은

$$d = \frac{1}{(n_B + n_R - 2)}\left(\frac{1}{\rho_1} + \frac{1}{\rho_2}\right)$$

이다. 이전에 한 것처럼, 즉 $1/f_{1Y} = (n_{1Y} - 1)\,\rho_1$과 $1/f_{2Y} = (n_{2Y} - 1)\,\rho_2$로 놓고 노란 빛을 기준 파장으로 하면 ρ_1과 ρ_2를 굴절률과 초점 거리로 대치할 수 있다. 그러므로

$$d = \frac{(f_{1Y} + f_{2Y})(n_Y - 1)}{n_B + n_R - 2}$$

이다. 여기서 $n_{1Y} = n_{2Y} = n_Y$이다. $n_Y = (n_B + n_R)/2$라고 가정하면

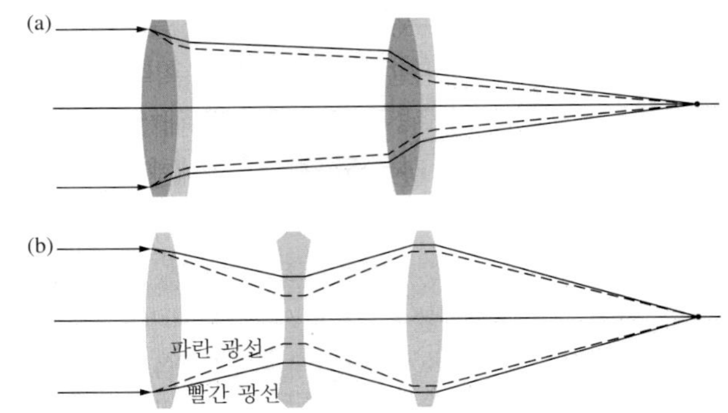

그림 6.42 색지움 렌즈

$$d = \frac{f_{1Y} + f_{2Y}}{2}$$

혹은 *d*-선에서

$$d = \frac{f_{1d} + f_{2d}}{2} \tag{6.61}$$

이 된다. 이 식은 정확히 하위헌스 접안 렌즈의 식과 같다(5.7.4절). 빨간색과 파란색의 초점 거리는 같지만 이중 렌즈에서 이 색깔에 대응되는 주요면은 반드시 같지 않기 때문에 두 색깔의 광선은 일반적으로 같은 초점에서 만나지 않는다. 그러므로 접안 렌즈의 가로 색수차는 잘 교정되지만 축상 색수차는 그렇지 않다.

2개의 색수차가 없는 광학계에서 빨간 광선과 파란 광선은 서로 평행하게(L · CA가 없다) 진행하고 광축 위의 같은 점에서 교차(즉 한 점에서 중첩)해야 한다(A · CA가 없다). 1개의 얇은 색지움 렌즈의 경우 이 같은 설명이 잘 맞기 때문에 많은 렌즈로 이루어진 광학계에서 빨간 광선과 파란 광선이 분리되지 않도록 하려면 색지움 렌즈를 써야 한다(그림 6.42). 그러나 이와 같이 되지 않는 경우도 있다. 테일러(Taylor) 삼중 렌즈(5.7.7절)가 대표적 예이다. 색지움되는 2개의 색깔로 이루어진 광선은 렌즈 내에서 분리되지만 나올 때는 재결합하여 함께 나온다.

6.4 구배형 굴절률 광학계

일반적인 균질 렌즈는 파면의 형태를 바꾸기 위해서 두 가지의 물리적 특징을 갖고 있다. 그 첫 번째는 렌즈 매질의 굴절률이 주변 매질과는 다르다는 것이며, 두 번째는 렌즈면이 곡률을 갖고 있다는 것이다. 한편 광이 비균질 매질을 지나는 경우 광학적으로 밀한 부분에서는 속도가 느리고 광학적으로 소한 부분에서는 속도가 빠르기 때문에 전파 방향이 굽

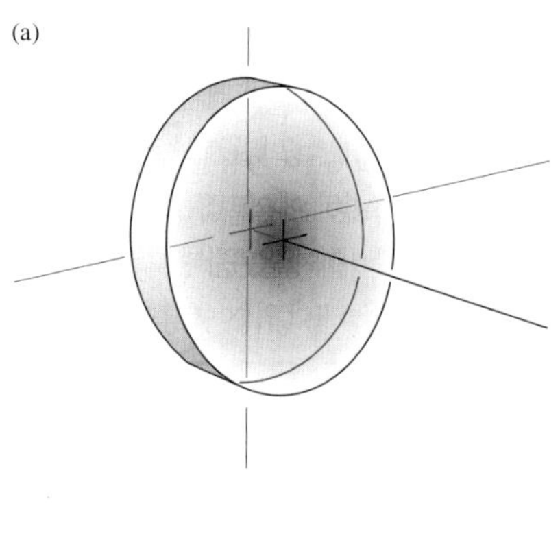

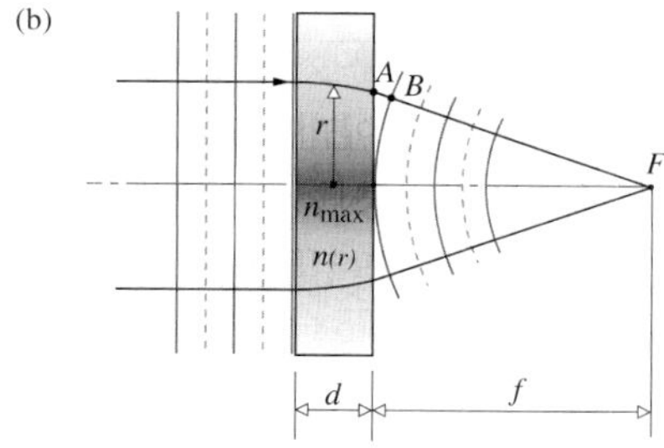

그림 6.43 (a) 반지름 방향을 따라서 중심으로부터 멀어질수록 굴절률이 감소하는 투명한 유리 원판, (b) 구배형 굴절률 렌즈에 의해서 평행 광선이 초점에 모이는 모습

는 현상이 생긴다는 사실을 이미 알고 있다. 원리적으로 굴절률이 위치에 따라 연속적으로 변하는 비균질 매질을 이용하여 렌즈를 만드는 것이 가능한데 이것을 **구배형 굴절률 렌즈(Gradient-Index lens, GRIN lens)**라고 한다. 이 렌즈에 대한 관심이 높은 이유는 렌즈 설계자들이 수차를 제거하기 위해서 조절할 수 있는 새로운 변수가 추가되었다는 사실이다.

구배형 굴절률 렌즈가 어떻게 동작하는지를 보기 위해서 그림 6.43의 소자를 생각하자. 여기서 $f > r$라고 가정한다. 평평한 원판인 이 렌즈의 굴절률 $n(r)$은 중심 부분에서 최댓값 n_{max}이고 중심에서 방사 방향으로 멀어질수록 감소한다. 이 렌즈를 **방사형 GRIN 렌즈(radial-GRIN lens)**라고 한다. 광축을 따라서 이 렌즈를 지나가는 광선의 광경로 길이는 $(OPL)_o = n_{max}d$이다. 그리고 광축에서 높이 r인 지점을 통과하는 광선은 약간의 휨이 생기는데 광경로 길이는 $(OPL)_r \approx n(r)d$로 주어진다. 평면파가 렌즈를 지난 후 구면파로 바뀌기 위해서는 어떤 경로를 지나가더라도 두 파면 사이의 광경로 길이가 다음 식을 만족해야 한다.

$$(OPL)_r + \overline{AB} = (OPL)_o$$

그리고

$$n(r)d + \overline{AB} = n_{max}d$$

그러나 $\overline{AF} \approx \sqrt{r^2 + f^2}$이고 $\overline{AB} = \overline{AF} - f$이므로

$$n(r) = n_{max} - \frac{\sqrt{r^2 + f^2} - f}{d}$$

이다. 이항 정리를 이용해서 다시 쓰면 $n(r)$은 다음과 같다.

$$n(r) = n_{max} - \frac{r^2}{2fd}$$

광축으로부터의 높이에 대해 굴절률은 포물선 함수 모양으로 감소한다. 이 경우 GRIN 렌즈는 볼록 렌즈 역할을 하고 평행광을 초점에 집속할 수 있다. 앞의 분석이 비록 단순화된 것이지만 포물선 형태의 굴절률 분포가 평행광을 집속시킨다는 핵심은 사실이다.

오늘날 여러 가지 방사형 GRIN 렌즈가 상업적으로 판매되고 있으며, 수천만 개가 이미 레이저 프린터, 복사기, 팩스 장치 등에 사용되고 있다. 대부분 그림 5.82b의 광섬유와 비슷한 형태를 갖는 지름이 수 mm인 GRIN 원통 렌즈이며 이들은 단색광에 대해서는 회절 한계의 성능을 보이고 있고, 다색광에 대해서는 비구면 효과를 주고 있다.

위와 같은 작은 방사형 GRIN 렌즈는 이온 확산법으로 제조된다. 균일한 유리를 용융 용기에 넣어서 수 시간 동안 이온 교환 및 확산이 이루어지도록 한다. 유리에서 나온 이온과 용기에서 나온 이온이 교환되면서 굴절률이 변화한다. 이 과정은 반지름 방향을 따라서 내부로 확산되며 반응 시간은 원통 렌즈 지름의 제곱에 비례한다. 그러나 포물선 모양의 굴절률 분포를 갖도록 하기 위해서는 렌즈 구경에 대한 실질적인 제한이 있다. 초점 거리는 굴절률 차이 Δn에 의해서 결정되는데 구경비가 클수록(즉 초점 거리가 짧을수록) 굴절률 차이는 더 증가한다. 제조 공정상의 이유 때문에 굴절률의 차이는 0.10보다 작은 것이 보통이다. 대부분의 GRIN 원통 렌즈는 포물선 모양의 굴절률 분포를 갖는데 보통 다음 식으로 표현된다.

$$n(r) = n_{max}(1 - ar^2/2)$$

그림 6.44는 길이 L인 방사형 GRIN 렌즈에 단색광이 입사한 경우를 나타낸다. 자오 광선은 원주에 수직인 입사면 내에서 사인함수 모양의 경로를 따라서 진행한다. 광의 경로는 $2\pi/\sqrt{a}$의 공간 주기를 갖는데 **구배 상수(gradient constant)** $\sqrt{a}$는 파장 λ의 함수이며 또한 렌즈 매질에 따라서 변화한다. 그림 6.44a의 단면도는 방사형 GRIN 렌즈가 어떻게 확대된 정립 실상을 만들 수 있는가를 보여 준다. 물체 거리 또는 렌즈 길이 L을 변화시킬 경우 다양한 종류의 상이 형성된다. 그림 6.44b, c는 물체와 상이 렌즈면 위에 형성되는 모습을 보여 준다.

방사형 GRIN 렌즈의 규격은 길이 또는 **피치(pitch)**로 나

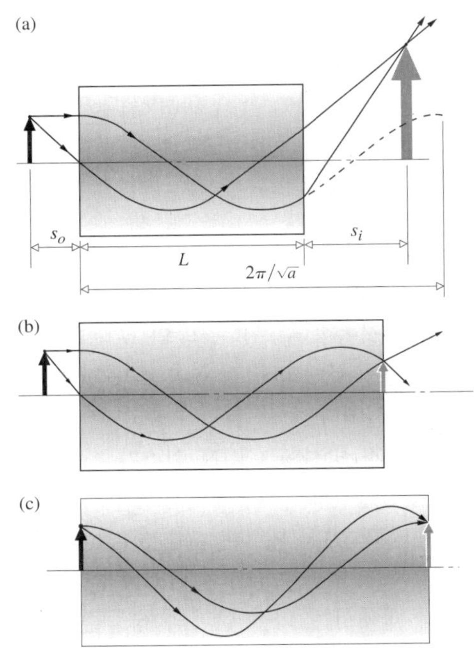

그림 6.44 (a) 방사형 GRIN 렌즈에 의해서 정립 실상이 생기는 모습, (b) 막대면 위에 실상이 맺히는 모습, (c) 복사기용으로 사용될 수 있는 구조

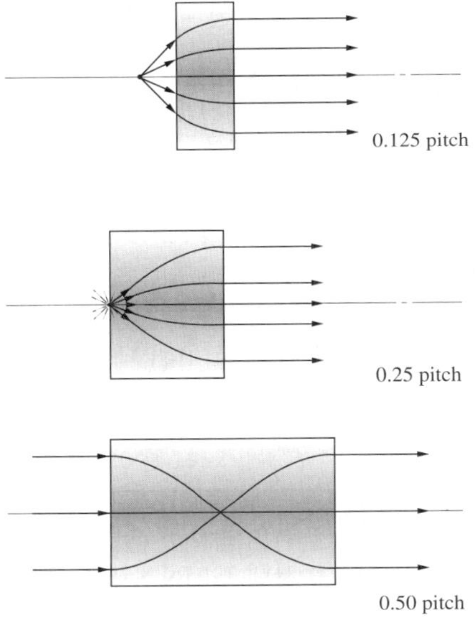

그림 6.45 피치의 변화에 따른 방사형 GRIN 렌즈의 몇 가지 기능

타낸다(그림 6.45). 피치 1.0은 렌즈 길이가 한 파장, 즉 $L = 2\pi/\sqrt{a}$임을 의미하며 피치 0.25는 렌즈 길이가 파장의 4분의 1, 즉 $L = \pi/2\sqrt{a}$임을 나타낸다.

평면 단면의 방사형 GRIN 렌즈를 대신할 수 있는 또 다른 형태는 구면으로 연마된 축-GRIN(axial-GRIN) 렌즈이다. 이것은 양면 비구면 렌즈와 기능이 유사하지만, 복잡한 표면을 형성해야 한다는 어려움이 없다. 굴절률이 다른 유리

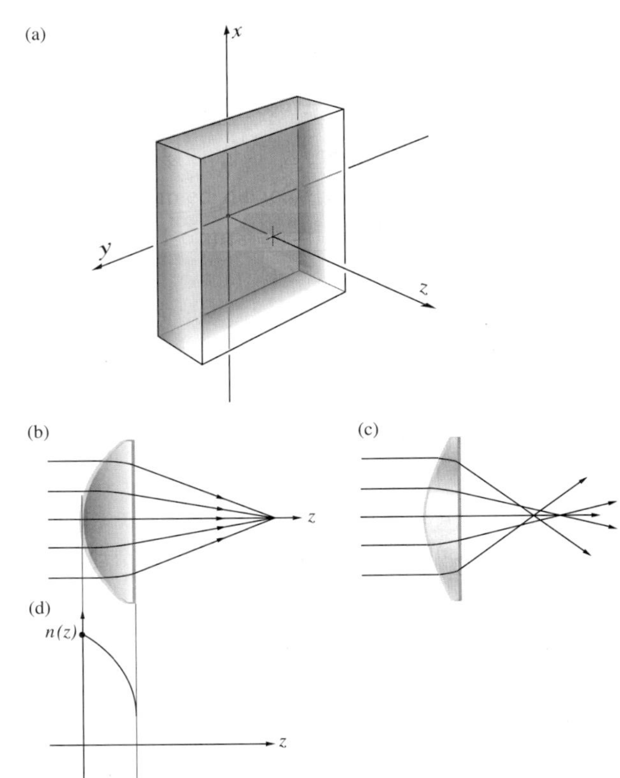

그림 6.46 (a) 굴절률이 $n(z)$인 축-GRIN(axial-GRIN)판, (b) 구면 수차가 제거된 축-GRIN 렌즈, (c) 구면 수차가 있는 보통 렌즈, (d) 굴절률 함수의 그림

판을 겹친 상태에서 함께 용융시키면 고온에서 녹은 유리가 서로 확산되어 선형 함수, 2차 함수 또는 입방체 모양의 연속적인 굴절률 분포를 갖는 유리 덩어리가 만들어진다(그림 6.46a). 그 다음 이 덩어리를 연마하여 구면 렌즈 형태를 갖도록 하면, 광축을 중심으로 반지름에 따라서 다른 굴절률을 갖는 부분이 드러난다. 이 렌즈에 들어온 광선은 높이에 따라서 다른 굴절률을 갖는 매질을 만나게 되고 적절히 굴절하게 된다. 그림 6.46c는 일반적인 경우 구면 렌즈의 가장자리 부분이 더 많이 굴절하기 때문에 구면 수차가 생기는 모습을 보여 준다. 그러나 축-GRIN 렌즈는 가장자리로 갈수록 굴절률이 감소하기 때문에 구면 수차를 보정할 수 있다.

대개 구배형 굴절률 렌즈를 사용할 경우 성능은 그대로 유지하면서 광학 부품의 수를 최대 1/3로 줄일 수 있기 때문에 시스템이 단순해진다.

6.5 결론

제조의 편리성 때문에 대다수의 광학계는 구면 렌즈로 국한하여 설계 제작한다. 이 외에도 많은 다른 비구면 렌즈뿐 아

(a) Itek's Metritek-21 카메라로 12,500 m에서 찍은 뉴올리언스와 미시시피 강. 지면 분해능 1 m, 축척 1 : 59,492, (b) 사진 축척 1 : 10000, (c) 사진 축척 1 : 2500 (Litton/Itek Optical Systems)

니라 토릭 렌즈와 원통형 렌즈가 있다. 고위도 지형 탐사 사진기와 추적 광학계 같은 정교하고 값비싼 장치는 여러 개의 비구면 렌즈로 구성된다. 그렇다 할지라도 구면 렌즈는 여기서도 쓰이고, 필연적으로 고유한 수차가 생기게 된다. 설계자(와 그의 믿음직한 전기 전문가)는 특히 문제가 되는 수차와 균형을 맞추기 위해 광학계의 변수(굴절률, 모양, 간격, 조리개 등)를 적절히 조정해야 한다. 이것은 특별한 광학계에 문제가 되는 수차의 순서와 허용되는 수차의 정도에 따라 다르다. 예를 들어 천체를 관측하는 망원경에서는 일반 사진을 찍는 경우보다 왜곡 수차나 만곡 수차에 덜 민감할 수 있다. 마찬가지로 단색광인 레이저광으로 작업하는 경우라면 색수차에 관해 염려할 필요가 거의 없다.

이 장에서는 문제를 수박 겉핥기로 다루었다(즉 문제점을 해결하기보다는 이해하는 데 더 역점을 두었다). 수차의 문제가 해결 가능한 문제라는 것을 앞의 항공사진이 잘 보여준다. 좋은 스파이 위성은 이보다 10배 정도 더 뛰어난 성능을 가진다는 사실을 기억하라.

연습문제

***가 붙지 않은 문제의 풀이는 책 뒤에 나와 있다.**

6.1* 식 (6.8)에 이르는 과정을 자세히 써라.

6.2 군사용 안내서인 MIL-HDBK-141(23.3.5.3)에 따라 람스덴(Ramsden) 접안 렌즈(그림 5.105)는 거리 $2f'/3$만큼 떨어진 동일한 초점 거리 f'을 가진 평볼록 렌즈로 이루어진다. 이런 얇은 렌즈 결합의 전체적인 초점 거리를 구하고 주요면과 시야 조리개의 위치를 결정하라.

6.3 초점 길이가 무한대가 되는 이중 볼록 렌즈의 두께 d_l에 대한 표현을 써라.

6.4* 두꺼운 렌즈의 곡률 반지름이 각각 +10.0 cm, +9.0 cm이다. 광축을 따라 렌즈 두께는 1.0 cm이며, 굴절률은 1.50이고 공기 중에 있다. 렌즈의 초점 거리를 구하고, 그것의 부호가 갖는 의미를 말하라.

6.5 반지름이 6과 10이고 두께가 3(모순되지 않는 한 어떤 단위를 써도 된다)이며 굴절률이 1.5인 양의 메니스커스 렌즈가 있다고 하자. 이것의 주요점의 위치(그림 6.3과 비교하라)와 초점 거리를 결정하라.

6.6* 두께 d_l인 양볼록 렌즈의 주요점이 두 정점 사이의 가운데 지점에 있다면 이 렌즈는 구형임을 증명하라(단 렌즈는 공기 중에 있다고 가정하라).

6.7 식 (6.2)를 사용하여 반지름 R인 균일하고 투명한 구의 초점 길이에 대한 표현을 유도하라. 그것의 주요점의 위치를 결정하라.

6.8* 무시할 정도로 얇은 벽을 가진 지름 20 cm의 구면 유리병이 물로 채워져 있다. 그 병이 맑은 날 차의 뒷좌석에 놓여 있다. 이것의 초점 거리는 얼마인가?

6.9* 앞의 두 문제를 마음에 두고 지름이 0.20 m이고 (굴절률이 1.4인) 고체 상태의 투명한 플라스틱 구의 중심으로부터 4.0 m 떨어진 꽃의 상이 가까운 벽 위에 맺힐 때 배율을 계산하라. 또한 상을 자세히 묘사하라.

6.10* 굴절률이 1.50인 두꺼운 유리 렌즈는 반지름 +23 cm와 +20 cm를 갖는다. 그래서 두 정점은 각 곡면의 중심에 대해 왼쪽에 있다. 두께가 9.0 cm로 주어진다면 렌즈의 초점 거리는 얼마인가? 일반적으로 이러한 무초점(굴절능이 0임) 렌즈에 대해 $R_1 - R_2 = d/3$임을 보여라. 축방향으로 입사하는 평행 광선 다발이 이 광학계를 통과할 때 이 광선이 어떻게 되는지 그림을 그려 설명하라.

6.11 태양광은 $H_1 = +2.0$ cm, $H_2 = -4.0$ cm에 주요점을 갖는 두꺼운 렌즈의 뒷면으로부터 29.6 cm 떨어진 거리에 점으로 초점을 맺는다. 이 렌즈의 앞 49.8 cm에 놓인 촛불의 상의 위치를 결정하라.

6.12* 두꺼운 유리 렌즈의 주요면 사이의 거리가 거의 렌즈 두께의 1/3이 된다는 것을 보여라. 가장 간단한 기하학적 그림을 물체 초점으로부터 광선을 추적하는 평볼록 렌즈로 그릴 수 있다. 이런 형태의 렌즈와 초점 거리 사이의 관계에 대해 어떻게 말할 수 있는가?

6.13 두께가 4.0 cm이고 900 nm의 파장에서 작동하는 유리로 된 크라운 양볼록 렌즈는 3/2의 굴절률을 갖는다. 그것의 반지름이 4.0 cm와 15 cm로 주어졌을 때 주요점의 위치와 초점 거리를 계산하라. 텔레비전 화면이 렌즈의 앞면으로부터 1.0 m 떨어진 거리에 놓여 있다면 이 그림의 실제 상은 어디에 나타나는가?

6.14* 2개의 동일한 양볼록 렌즈에서 이들의 이웃하는 정점 사이의 거리가 20 cm 떨어져 있다. 곡면의 모든 반지름은 50이고 굴절률은 1.5, 각 렌즈의 두께가 5.0 cm일 때 결합된 광학계의 초점 거리를 계산하라.

6.15* 하나의 복합 렌즈가 10cm 떨어진 2개의 얇은 렌즈로 구성되어 있다. 이들 중 첫 번째 렌즈는 +20cm의 초점 거리를 갖고 두 번째는 +20cm의 초점 거리를 갖는다. 복합 렌즈의 초점 거리와 주요점의 위치를 결정하라. 이 광학계를 그림으로 그려라.

6.16* 굴절률이 3/2인 평볼록 렌즈는 두께가 1.2cm이고 2.5 cm의 곡률 반지름을 갖는다. 빛이 곡면으로 입사할 때 계행렬을 결정하라.

6.17* 두꺼운 양볼록 렌즈가 굴절률 1.810과 두께 3.00cm를 갖는다. 첫 번째 곡률 반지름이 11.0cm, 두 번째 곡률 반지름이 120cm이다. 계 행렬 $\mathcal{A}$를 구하라.

6.18* 물체와 상 모두가 공기 중에 있을 때, 식 (6.33)에서 시작해서 식 (6.34)를 유도하라.

6.19* 렌즈의 정점에서 측정한 물체와 상의 거리와 관련해서 식 (6.36)이 얇은 렌즈에 대한 가우스 공식인 식 (5.17)로 수렴함을 보여라. $s_o > 0$일 때 $d_{1O} < 0$이며, $s_i > 0$일 때 $d_{I2} > 0$임을 기억하라.

6.20* 굴절률 2.4인 물질로 제작된 굴절능이 양인 메니스커스 렌즈를 굴절률 1.9인 매질 속에 넣었다. 이 렌즈의 축방향 두께는 9.6mm이고, 앞과 뒷면의 곡률 반지름은 각각 50mm와 100mm이다. 볼록한 면으로 광선이 입사할 때 계의 광선 전이 행렬을 쓰고 이 행렬식이 1임을 보여라.

6.21* 식 (6.31)에서 계행렬의 행렬식(determinant)이 1임을 보여라.

6.22 식 (6.41)과 식 (6.42)은 각각 식 (6.3) 및 식 (6.4)와 동일하다는 것을 보여라.

6.23 평오목 렌즈 혹은 평볼록 렌즈는 계행렬에 기여하지 않는다는 것을 보여라.

6.24 두꺼운 양볼록 렌즈는 두께가 0.3, 반지름이 0.5와 0.25(당신이 좋아하는 아무 단위로)이고 굴절률이 1.5이다. 이 렌즈의 계행렬을 계산하라. $|\mathcal{A}| = 1$임을 확인하라.

6.25* 공기 속에 있는 두꺼운 양볼록 렌즈의 계행렬이 다음과 같이 주어진다.

$$\begin{bmatrix} 0.6 & -2.6 \\ 0.2 & 0.8 \end{bmatrix}$$

첫 번째 면의 반지름이 0.5cm이고 두께는 0.3cm, 굴절률은 1.5인 것을 안다고 할 때 다른 면의 반지름을 구하라.

6.26* 식 (6.35)와 식 (6.37)에서 시작해서, 식 (6.33)의 세 개의 2 × 2 행렬의 곱이 다음의 행렬 형태를 만드는 것을 보여라.

$$\begin{bmatrix} (a_{11} - a_{12}d_O) & a_{12} \\ 0 & M_T \end{bmatrix}$$

각자의 행렬식이 1인 행렬을 곱한 것이므로 이 행렬 역시 행렬식이 1이다. 따라서 다음이 성립함을 보여라.

$$M_T = \frac{1}{a_{11} - a_{12}d_O} \qquad [6.38]$$

6.27* 공기 중에 있는 평오목 유리($n = 1.50$) 렌즈가 10.0cm의 반지름과 1.00cm의 두께를 갖는다. 계행렬을 결정하고 이것의 행렬식이 1이 됨을 확인하라. 축 위에서 라디안으로 측정된 각도가 어떤 양의 값을 가질 때, 광선이 2.0cm의 높이에서 렌즈를 만나겠는가? 단, 이때 나가는 광선은 같은 높이에서 렌즈를 떠나며 광축에 평행하다.

6.28* 연습문제 6.29의 렌즈를 고려해 볼 때 이것의 정점 V_1과 V_2에 관해 초점 거리와 초점의 위치를 결정하라.

6.29* 그림 P.6.29는 2개의 동일한 오목 구경이 서로 마주보면서 공초점 공진기를 이루고 있다. d의 값을 정하지 않은 상태에서 광선이 공진기를 두 번 지나간 후의 계행렬은

$$\begin{bmatrix} \left(\frac{2d}{r} - 1\right)^2 - \frac{2d}{r} & \frac{4}{r}\left(\frac{d}{r} - 1\right) \\ 2d\left(1 - \frac{d}{r}\right) & 1 - 2\frac{d}{r} \end{bmatrix}$$

임을 보여라. 또한 $d = r$일 때 광선이 네 번 반사한 후 원래의 출발점으로 되돌아온다는 것을 보여라.

그림 P.6.29

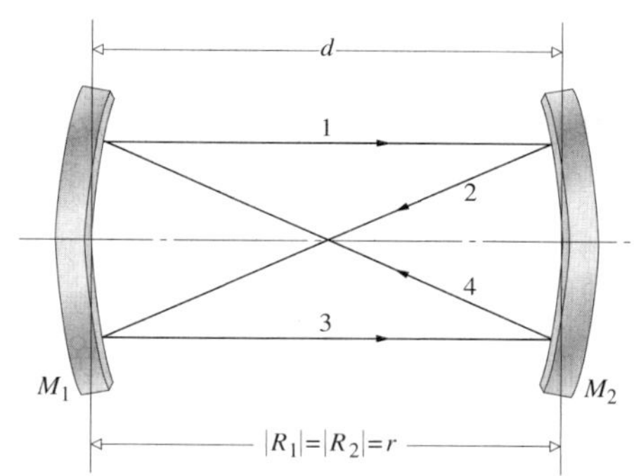

6.30 그림 6.18a를 참조해서 $\overline{P'C} = Rn_2/n_1$와 $\overline{PC} = Rn_1/n_2$일 때 P에서 출발하는 광선은 P'에서 나오는 것처럼 보인다는 것을 보여라.

6.31 식 (5.5)로 주어진 정확한 표현으로부터 출발해 ℓ_o와 ℓ_i에 대한 근사가 조금 개량되면 식 (5.8)이 아니라 식 (6.46)이 나온다는 것을 보여라.

6.32 그림 P.6.32의 물체가 오직 구면 수차만 있는 렌즈에 의해 결상될 때 상의 모양을 그려라.

그림 P.6.32

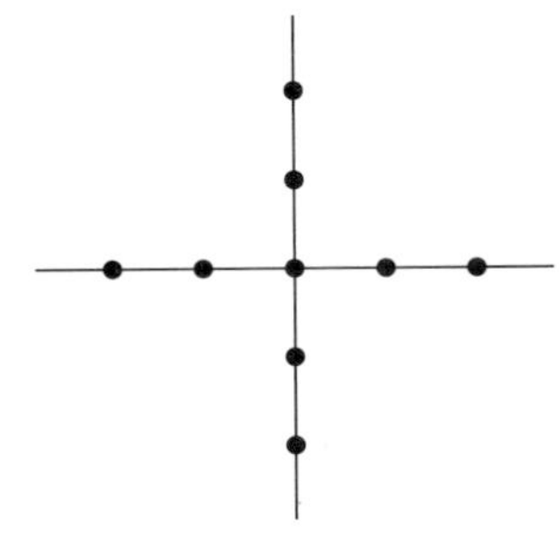

6.33* 그림 P.6.33은 3개의 각각 다른 광학계에 의해 맺힌 단색 점광원에 대한 상의 강도 분포를 나타낸다. 이들 광학계는 각각 한 가지의 수차를 가지고 있다고 한다. 수차의 종류를 밝히고 그 이유를 설명하라.

그림 P.6.33a (E.H.)

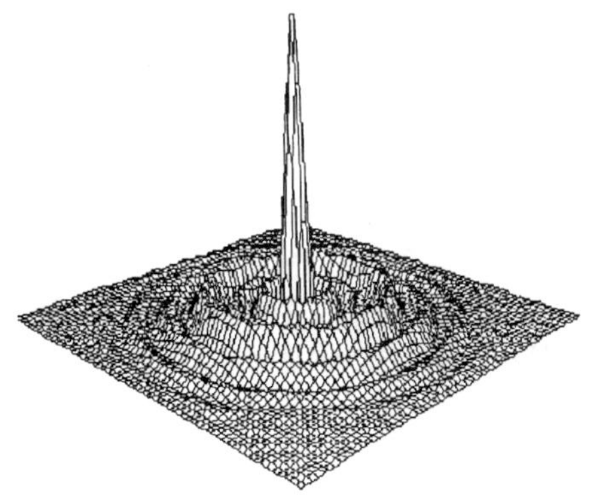

그림 P.6.33b (E.H.)

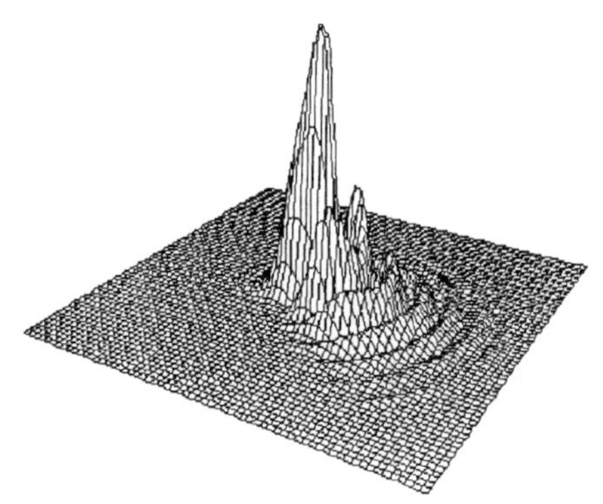

그림 P.6.33c (E.H.)

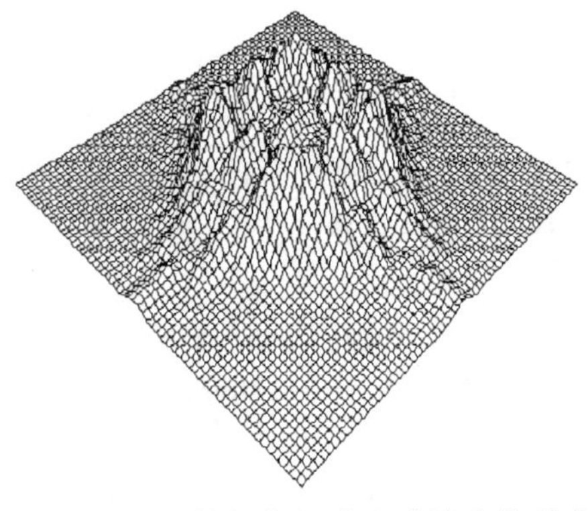

6.34* 그림 P.6.34는 2개의 각각 다른 광학계에 의해 맺힌 단색 점광원에 대한 상의 강도 분포를 나타낸다. 이들 광학계는 각각 한 가지의 수차를 가지고 있다고 한다. 수차의 종류를 밝히고 그 이유를 설명하라.

그림 P.6.34

(a)

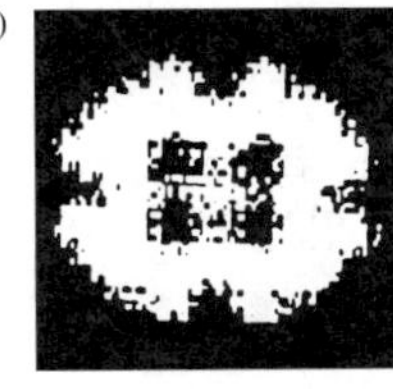

(b)

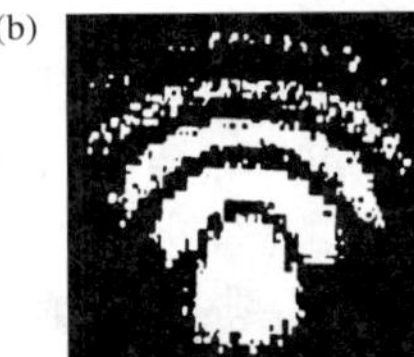

7 파동의 중첩

다음 장들에서는 편광, 간섭, 회절 현상에 대해서 공부하게 될 것이다. 이 현상들은 대부분 동일한 과정을 여러 다른 측면에서 다룬다는 점에서 개념적으로 공통된 기반을 가지고 있다. 이 장에서는 2개 또는 그 이상의 광파가 공간상의 어떤 지점에서 중첩될 때 일어나는 현상에 초점을 두고 논의하고자 한다. 주변 환경의 미세한 부분들이 이러한 중첩에 영향을 미치고 결국 최종적인 광학 교란(optical disturbance)이 결정된다. 무엇보다도 개별적인 파동이 가진 특성(진폭, 위상, 주파수 등)이 합성파의 최종 형태에 어떤 영향을 주는가에 관심이 있다.

전자기파의 각 성분(E_x, E_y, E_z, B_x, B_y, B_z)은 다음과 같은 스칼라 형태의 3차원 미분 파동 방정식을 만족한다.

$$\frac{\partial^2\psi}{\partial x^2}+\frac{\partial^2\psi}{\partial y^2}+\frac{\partial^2\psi}{\partial z^2}=\frac{1}{v^2}\frac{\partial^2\psi}{\partial t^2} \qquad [2.60]$$

이 표현식에서 중요한 것은 방정식이 **선형(linear)**이라는 점이다. 즉 $\psi(\vec{r}, t)$와 미분값이 1차 항으로만 나타난다. 그 결과 만약에 $\psi_1(\vec{r}, t)$, $\psi_2(\vec{r}, t)$, $\cdots$, $\psi_n(\vec{r}, t)$가 식 (2.60)의 해라면 이들의 모든 **선형 결합**(linear combination) 역시 해가 된다. 따라서

$$\psi(\vec{r}, t)=\sum_{i=1}^{n} C_i\psi_i(\vec{r}, t) \qquad (7.1)$$

는 위의 파동 방정식을 만족하며 계수 C_i는 임의의 상수이다. **중첩의 원리(principle of superposition)**로 알려진 이 성질은 매질 속 임의의 지점에서의 교란은 개별적인 성분 파동의 대수적 합으로 표현될 수 있음을 의미한다(그림 7.1). 지금부터는 중첩의 원리가 적용될 수 있는 선형계만을 다루기로 하자. 그러나 음파이든 현의 진동이든 진폭이 큰 파동은 매질 속에서 비선형적인 반응을 일으킬 수 있다는 점을 주의해야 한다. 고출력 레이저에서 나온 빔을 집속시켜서 전기장이 10^{10} V/cm 정도가 되도록 만들면 쉽게 비선형 효과를 이끌어낼 수 있다(13장 참조). 참고로 지구상에 도달하는 태양광의 전기장 진폭은 불과 10 V/cm 정도이다.

많은 광학적 현상은 빛의 벡터적 성질까지 고려하지 않아도 설명될 수 있기 때문에 당분간 스칼라의 경우에 국한해서 논의하기로 한다. 예를 들어 여러 광파가 일정한 진동 평면을 공유하며 동일 선상에서 진행하는 경우 광파를 하나의 전기장 성분으로 기술할 수 있을 것이다. 이 광파의 전기장은 어느 순간에든지 나란하며 같은 방향 또는 반대 방향으로만 진동하므로 스칼라 양으로 취급된다. 이 점에 관해서는 앞으로 많은 논의가 있을 것이다. 다만 지금은 광학 교란을 스칼라 함수 $E(\vec{r}, t)$로서 나타내기로 하자. 이러한 접근법은 간단한 스칼라 이론으로 귀결되며, 적용할 때 주의만 기울인다면 매우 유용하다.

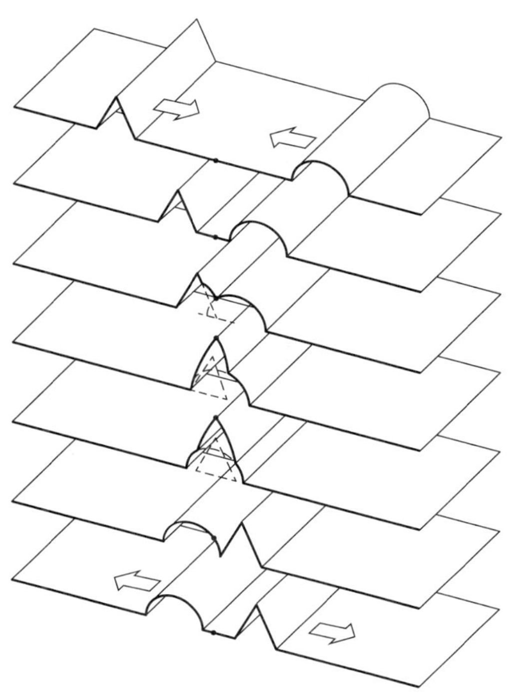

그림 7.1 두 교란의 중첩

7.1 주파수가 같은 파동의 합성

주파수와 파장이 같은 2개 또는 그 이상의 파동을 수학적으로 합성하는 방법에는 여러 가지가 있다. 상황에 따라서 편리한 방법을 선택할 수 있도록 하기 위해서 여러 가지 다른 취급 방법을 살펴보자.

7.1.1 대수적 방법

같은 주파수(ω)를 가지고 같은 방향(x)으로 진행하는 두 조화파가 공간상에서 중첩되는 경우를 생각하자. 미분 파동 방정식의 해를

$$E(x,t) = E_0 \sin[\omega t - (kx + \varepsilon)] \tag{7.2}$$

의 형태로 쓸 수 있음을 상기하자. 여기서 E_0는 $+x$축 방향으로 진행하는 조화 교란의 진폭이다. 위상의 공간과 시간 영역을 분리하기 위해

$$\alpha(x, \varepsilon) = -(kx + \varepsilon) \tag{7.3}$$

이라고 하면

$$E(x,t) = E_0 \sin[\omega t + \alpha(x, \varepsilon)] \tag{7.4}$$

이 된다. 이제 같은 주파수를 가지고 같은 속도로 진행하는 다음의 두 파동이 공간상에서 중첩된다고 하자.

$$E_1 = E_{01} \sin(\omega t + \alpha_1) \tag{7.5a}$$

$$E_2 = E_{02} \sin(\omega t + \alpha_2) \tag{7.5b}$$

중첩된 교란은 두 파동의 선형적 합이 된다. 따라서

$$E = E_1 + E_2$$

이다. 우리가 찾고자 하는 것을 살펴보면, 두 파동의 합은 식 (7.4)의 형태가 되어야 한다. 즉 주파수가 같은 두 신호를 더해서 주파수가 다른 합성파를 얻을 수는 없다. 왜냐하면 주파수는 광자 에너지에 해당하므로 변하지 않기 때문이다. 어떤 경우에도 합성파는 주파수 ω인 사인파가 되기 때문에, 여기서 진폭 E_0와 위상 α만 결정하면 된다.

식 (7.5a)와 식 (7.5b)를 전개하면

$$E = E_{01}(\sin\omega t \cos\alpha_1 + \cos\omega t \sin\alpha_1) + E_{02}(\sin\omega t \cos\alpha_2 + \cos\omega t \sin\alpha_2)$$

가 된다. 시간에 의존하는 항을 따로 떼어 내면 위의 식은

$$E = (E_{01}\cos\alpha_1 + E_{02}\cos\alpha_2)\sin\omega t + (E_{01}\sin\alpha_1 + E_{02}\sin\alpha_2)\cos\omega t \tag{7.6}$$

가 된다. 괄호 안의 양들이 시간에 대해 일정한 상수이므로

$$E_0 \cos\alpha = E_{01}\cos\alpha_1 + E_{02}\cos\alpha_2 \tag{7.7}$$

그리고

$$E_0 \sin\alpha = E_{01}\sin\alpha_1 + E_{02}\sin\alpha_2 \tag{7.8}$$

라고 할 수 있다. 이 치환은 엄밀한 치환이라고 할 수는 없으나, E_0와 α에 대해 풀 수 있는 적절한 치환이다. 이를 위해서 식 (7.7)과 식 (7.8)을 각각 제곱해서 더한 다음에 $\cos^2\alpha + \sin^2\alpha = 1$의 관계식을 사용하면

$$E_0^2 = E_{01}^2 + E_{02}^2 + 2E_{01}E_{02}\cos(\alpha_2 - \alpha_1) \tag{7.9}$$

을 얻는다. 위 식이 바로 합성파의 진폭(E_0)에 대한 표현이다. 그리고 식 (7.8)을 식 (7.7)로 나누면

$$\tan\alpha = \frac{E_{01}\sin\alpha_1 + E_{02}\sin\alpha_2}{E_{01}\cos\alpha_1 + E_{02}\cos\alpha_2} \tag{7.10}$$

을 얻는다. 이 마지막 두 식이 E_0와 α에 대해 만족된다면 식 (7.7)과 식 (7.8)의 치환은 적절한 것이다. 그러면 전체 교란은

$$E = E_0\cos\alpha \sin\omega t + E_0 \sin\alpha \cos\omega t$$

또는

$$E = E_0 \sin(\omega t + \alpha) \tag{7.11}$$

가 된다. 여기서 E_0와 α값은 각각 식 (7.9)와 식 (7.10)으로부터 계산하면 된다. 즉 사인 함수 형태의 파동 E_1과 E_2가 중첩되어 하나의 사인 교란을 이룬다. 두 조화파가 중첩되어 나타난 **합성 파동 역시 식 (7.11)과 같은 조화파이며 원래 성분 파동과는 진폭과 위상이 다르지만 같은 주파수를 가진다.**

식 (7.10)으로부터 $E_{01} >> E_{02}$의 경우 $\alpha \approx \alpha_1$이고, $E_{02} >> E_{01}$의 경우 $\alpha \approx \alpha_2$가 됨을 알 수 있는데, 이는 합성파의 위상은 진폭이 큰 파동의 위상과 비슷하다는 뜻이다(그림 4.11 참조). 광파의 선속 밀도는 식 (3.44)와 같이 진폭의 제곱에 비례한다. 따라서 식 (7.9)로부터 합성된 파동의 선속 밀도는 개별적인 성분 파동의 선속 밀도를 단순히 더한 것이 아니고 **간섭항(interference term)**이라고 하는 $2E_{01}E_{02}\cos(\alpha_2 - \alpha_1)$의 항을 추가로 갖고 있다. **간섭하는** 두 파동 E_1과 E_2 사이의 위상차 $\delta \equiv (\alpha_2 - \alpha_1)$는 중요한 인자가 된다. $\delta = 0, \pm 2\pi, \pm 4\pi \cdots$인 경우 합성파의 진폭이 최대가 되며, $\delta = \pm\pi, \pm 3\pi \cdots$인 경우에는 최소가 된다(연습문제 7.3). 전자의 경우에 두 파동은 위상 일치한다고 하며 마루와 마루가 만나는 상태가 된다. 후자의 경우에 두 파동이 180° 어긋난 위상이 되며 이를 위상 불일치라고 하고 그림 7.2와 같이 골

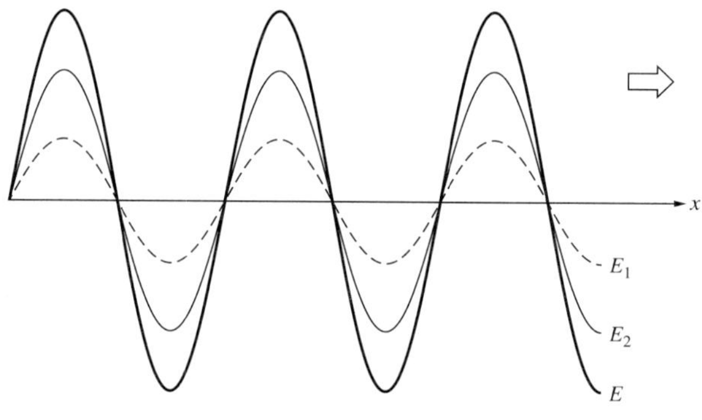

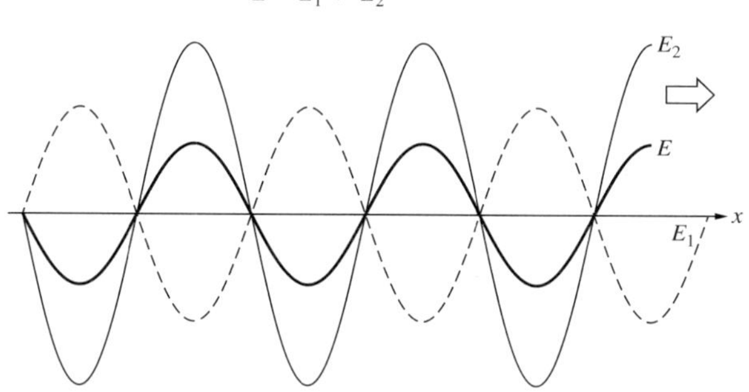

그림 7.2 위상 일치인 경우와 위상 불일치인 경우의 두 조화 파동의 중첩

과 마루가 중첩된다. **위상차**(phase difference)가 두 파동의 초기 위상각에서의 차이뿐만 아니라 두 파동이 거치는 경로의 차이에 의해서도 생길 수 있음을 생각하면

$$\delta = (kx_1 + \varepsilon_1) - (kx_2 + \varepsilon_2) \tag{7.12}$$

또는

$$\delta = \frac{2\pi}{\lambda}(x_1 - x_2) + (\varepsilon_1 - \varepsilon_2) \tag{7.13}$$

가 된다. 여기서 x_1과 x_2는 두 파동의 파원으로부터 관측점까지의 거리이며, λ는 매질 내에서의 파장이다. 만일 두 파동이 각각의 파원 위치에서 초기 위상이 같으면 $\epsilon_1 = \epsilon_2$이고

$$\delta = \frac{2\pi}{\lambda}(x_1 - x_2) \tag{7.14}$$

이다. 이것은 같은 광원으로부터 나와 관측점에 도달하기까지 서로 다른 경로를 거치는 경우에도 적용된다. $n = c/v = \lambda_0/\lambda$이므로

$$\delta = \frac{2\pi}{\lambda_0} n(x_1 - x_2) \tag{7.15}$$

이다. 여기서 $n(x_1 - x_2)$는 **광경로차(optical path difference)**로서 약자로 *OPD* 또는 Λ로 표시하는데 이는 두 광의 경로[식 (4.9)] 간의 길이 차이를 의미한다. 더욱 복잡한 상황에서는 각 파동이 두께가 서로 다른 여러 종류의 매질을 통과할 수도 있다(연습문제 7.6). 또한 $\Lambda/\lambda_0 = (x_1 - x_2)/\lambda$는 광로차에 해당하는 파수(number of waves)임에 주목하라. 이는 한 경로가 다른 경로보다 파장의 몇 배 만큼 더 긴가를 나타낸다. 각 파장은 2π 라디안의 위상 변화와 관계되기 때문에 $\delta = 2\pi(x_1 - x_2)/\lambda$ 또는 간결하게

$$\delta = k_0\Lambda \tag{7.16}$$

로 쓸 수 있다. 여기서 k_0는 진공 중에서의 전파 상수, 즉 $2\pi/\lambda_0$이다. 이는 한 경로가 다른 경로보다 δ 라디안만큼 더 긴 것을 의미한다.

파동들 간에 $\epsilon_1 - \epsilon_2$가 일정한 상수인 파동을 이 상수값에 관계없이 **결맞음(coherence)**이라고 하며 이후 대부분의 논의에서 이러한 상황을 가정한다.(역자주: $\epsilon_1 = \epsilon_2$가 일정하지 않고 시간에 따라 빠르게 변하는 경우에는 보강 및 소멸 간섭이 교대로 일어나므로 간섭 효과가 사라진다.)

특히 주목할 만한 상황은

$$E_1 = E_{01}\sin[\omega t - k(x + \Delta x)]$$

와

$$E_2 = E_{02}\sin(\omega t - kx)$$

의 파동이 중첩되는 경우로서, 특히 $E_{01} = E_{02}$, $\alpha_2 - \alpha_1 = k\Delta x$인 경우이다. 이러한 경우에 두 파동이 중첩되면 식 (7.9)와 식 (7.10), 식 (7.11)에 의해서

$$E = 2E_{01}\cos\left(\frac{k\,\Delta x}{2}\right)\sin\left[\omega t - k\left(x + \frac{\Delta x}{2}\right)\right] \tag{7.17}$$

의 합성파가 되는데 이 증명은 연습문제 7.7로 남겨 놓는다. 여기서 특히 같은 위상($\epsilon_1 = \epsilon_2$)으로 파동이 방출될 때 경로차 Δx의 역할이 분명하게 나타난다. 뒤에서 다시 나오겠지만 실제로 이런 조건을 가진 경우가 많이 있다. 만약 $\Delta x << \lambda$이면 합성파는 거의 $2E_{01}$에 가까운 진폭을 가진다. 반면에 $\Delta x = \lambda/2$인 경우에는 $k = 2\pi/\lambda$를 고려하면 합성파의 진폭이 0이 된다. 전자의 상황을 **보강 간섭(constructive interference)** 그리고 후자는 **소멸 간섭(destructive interference)**이라고 한다(그림 7.3).

이런 원리가 어떻게 응용되는지 보기 위해 그림 7.4를 살펴보자. 이 그림은 적군의 지상 레이더 송신기에서 방출된 마이크로파가 아군 전투기에 도달한 경우이다. (F-117 스텔스 전투기의 경우와는 달리) 비행기는 상당히 많은 복사 에너지를 안테나 쪽으로 반사한다. 비행기는 수신된 마이크로파의 주파수와 진폭을 측정한 후, $\lambda/2$ 위상 이동된 마이크로파를 추가로 방출한다. 이 경우 2개의 파동이 중첩되어 소멸 간섭된 상태로 적군 레이더로 돌아가므로 적군의 레이더에

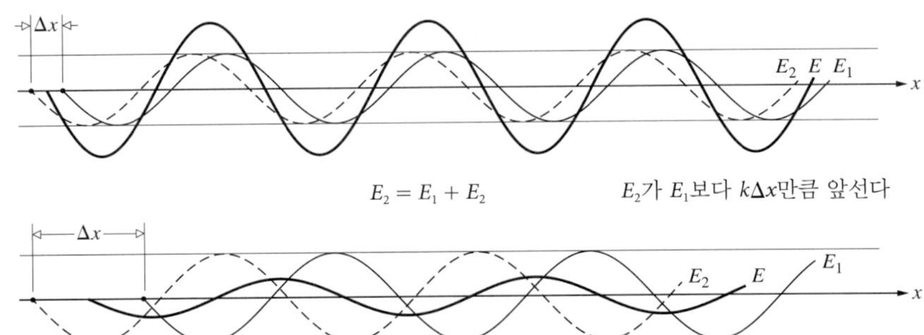

그림 7.3 $k\Delta x$ 라디안만큼 위상이 어긋난 파동

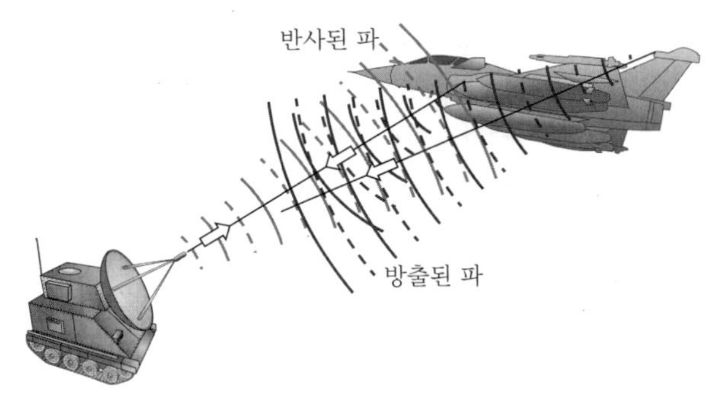

그림 7.4 프랑스제 라팔 전투기는 레이더 신호를 능동적으로 상쇄시키는 장치를 이용한다. 반사파와 반파장의 위상차를 가진 마이크로파를 방출하여 적군 레이더나 신호를 검출하지 못하도록 한다.

는 아무런 신호도 나타나지 않는다. 물론 적군이 여러 레이더 기지에서 동시에 마이크로파를 검출할 경우는 큰 문제에 봉착할 것이다.

여러 파동의 중첩

식 (7.11)을 얻기 위해 사용한 과정을 반복하여 적용함으로써 같은 주파수를 가지고 같은 방향으로 진행하는 **여러 개의 조화 파동(harmonic wave)을 중첩하여 같은 주파수를 가진 새로운 조화 파동을 만들 수 있다**(그림 7.5). 이제까지 두 파동의 형태를 사인 함수로 나타냈지만 코사인 함수를 사용하더라도 같은 결과를 얻을 수 있다. 따라서 일반적으로 *N*개 파동들의 합

$$E = \sum_{i=1}^{n} E_{0i} \cos(\alpha_i \pm \omega t)$$

은

$$E = E_0 \cos(\alpha \pm \omega t) \tag{7.18}$$

로 주어지는데, 여기서

$$E_0^2 = \sum_{i=1}^{N} E_{0i}^2 + 2 \sum_{j>i}^{N} \sum_{i=1}^{N} E_{0i} E_{0j} \cos(\alpha_i - \alpha_j) \tag{7.19}$$

이고

$$\tan\alpha = \frac{\sum_{i=1}^{N} E_{0i} \sin\alpha_i}{\sum_{i=1}^{N} E_{0i} \cos\alpha_i} \tag{7.20}$$

이다. 여기서 잠깐 멈추고 이러한 관계가 정말로 성립하는지 확인해 보라.

*N*개의 원자 발광체로 구성된 일반 광원(백열구, 촛불 또는 방전 램프)을 생각해 보자. 아마도 이 광원들은 광자 다발에 대응하는 휘황찬란한 빛을 내뿜는다. 이 광자 다발은 전자기파임이 명백하다. 파동적 관점으로 이들을 보기 위해서는 광자를 짧은 시간 동안 진동하는 파동 펄스라고 상상하는 것이 좋다. 개개 원자는 광자(photon)의 파열(wavetrain)을 방출하는 독립된 파원이다(3.4.4절). 그리고 발생된 개개 파열은 대략 1~10 ns 정도 지속된다. 다시 말하면 일반적으로 원자는 길어야 10 ns 정도의 시간 동안만 위상이 유지되는 파열을 방출하고 그 후에는 위상이 임의의 값으로 변화된 새로운 파열을 방출하는데 이 역시 약 10 ns 이하의 짧은 시간 동안 유지될 뿐이다. 따라서 개개 원자는 위상이 임의로 빨리 변하는 광자의 대열로 이루어진 파동을 방출하는 것으로 생

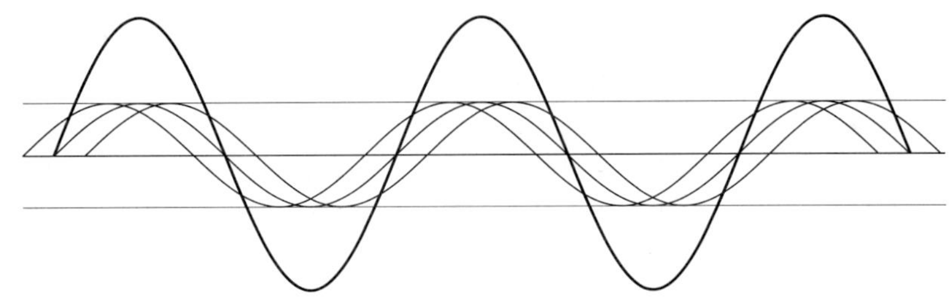

그림 7.5 세 조화 파동의 중첩에 의해 새로운 조화 파동이 발생된다.

각할 수 있다.

어떠한 경우든지 어느 한 원자로부터 방출되는 빛의 위상 $\alpha_i(t)$ 또는 다른 원자로부터 방출되는 빛의 위상 $\alpha_j(t)$에 대하여 임의 위상으로 변하기 전까지 기껏해야 10 ns 정도의 시간 동안만 일정하게 유지된다. 원자들은 10^{-8}초 동안만 결맞음을 가진다. 선속 밀도가 E_0^2의 평균값(비교적 긴 시간에 걸쳐 평균한 값)에 비례하므로 식 (7.19)에서 둘째 합의 각 항은 $\langle\cos[\alpha_i(t) - \alpha_j(t)]\rangle$에 비례하게 되는데 위상이 무작위적으로 빠르게 변화하므로 시간적 평균을 취하면 0이 된다. 단지 첫째 합만이 남게 되는데 이 항들은 상수이다. 만일 원자 진폭이 E_{01}으로 모두 같은 파열을 방출한다면

$$E_0^2 = NE_{01}^2 \tag{7.21}$$

이 된다. **위상이 무작위적으로 빨리 변화하는 N개의 광원으로부터 나오는 빛을 합성한 선속 밀도는 한 광원에서 나온 빛의 선속 밀도의 N배로 주어진다. 즉 개별적인 선속 밀도의 합으로 결정된다.**

섬광 전구는 결어긋난(incoherent) 파열들의 중첩으로서 빠르게 그리고 무작위적으로 위상이 변화하는 빛을 방출한다. 따라서 둘 이상의 이러한 전구는 본질적으로 서로 비간섭성(10 ns 정도보다 긴 시간에 대해서)인 빛을 방출한다. 전체 복사 조도(irradiance)는 개별 전구의 복사 조도의 합과 같으며 촛불이나 다른 모든 (레이저가 아닌) 열광원의 경우에도 마찬가지이다. **두 전등불로부터 온 빛이 중첩될 때 간섭 현상을 관찰하는 것은 불가능하다.**

다른 극단적인 경우로서 만일 광원이 결맞음이고 관측점에서 같은 위상(즉 $\alpha_i = \alpha_j$)이면 식 (7.19)는

$$E_0^2 = \sum_{i=1}^{N} E_{0i}^2 + 2\sum_{j>i}^{N}\sum_{i=1}^{N} E_{0i}E_{0j}$$

또는

$$E_0^2 = \left(\sum_{i=1}^{N} E_{0i}\right)^2 \tag{7.22}$$

이 된다. 다시 각각의 진폭을 모두 E_{01}이라고 하면

$$E_0^2 = (NE_{01})^2 = N^2E_{01}^2 \tag{7.23}$$

을 얻게 된다. **이처럼 같은 위상을 가진 결맞는 광원의 경우에는 진폭이 먼저 더해진 후 제곱이 되어 최종적인 선속 밀도가 결정된다.** 결맞는 파동이 중첩되어 보강 간섭을 일으키면 갑자기 에너지가 커지는 것처럼 보이지만, 어디선가는 소멸 간섭을 일으키는 곳이 생겨 결국 전체 에너지는 보존된다. 선속 밀도가 개별 선속 밀도의 합보다 큰 영역이 있으면 합보다 작은 영역도 반드시 있게 마련이다.

7.1.2 복소 방법

조화 파동의 중첩을 다룰 때 삼각 함수의 복소 표현법을 이용하는 것이 수학적으로 편리할 때가 있다. 7.1.1절의 두 조화파 덧셈을 다시 해 보자. 복소 표현법에서는 실수부에만 관심이 있으므로(2.5절)

$$E_1 = E_{01}\cos(kx \pm \omega t + \varepsilon_1)$$

또는

$$E_1 = E_{01}\cos(\alpha_1 \mp \omega t)$$

는

$$\tilde{E}_1 = E_{01}e^{i(\alpha_1 \mp \omega t)} \tag{7.24}$$

로 쓸 수 있다. 같은 주파수를 가진 N개의 파동이 모두 **양의 x축 방향**으로 진행한다고 생각하자. 합성파는

$$\tilde{E} = E_0e^{i(\alpha + \omega t)}$$

으로 주어지는데 이는 식 (7.18)과 동등하다. 또는 성분 파동을 합하여

$$\tilde{E} = \left[\sum_{j=1}^{N} E_{0j}e^{i\alpha_j}\right]e^{+i\omega t} \tag{7.25}$$

로 쓸 수 있다. 여기서

$$E_0e^{i\alpha} = \sum_{j=1}^{N} E_{0j}e^{i\alpha_j} \tag{7.26}$$

은 합성파의 **복소 진폭**(complex amplitude)이라고 하며 이것은 개별 파동 복소 진폭의 단순합과 같다. 여기서 E_0^2는

$$E_0^2 = (E_0e^{i\alpha})(E_0e^{i\alpha})^* \tag{7.27}$$

이므로 식 (7.26)과 식 (7.27)로부터 언제나 합성파의 복사 조도를 계산할 수 있다. 예를 들어 만일 $N = 2$이면

$$E_0^2 = (E_{01}e^{i\alpha_1} + E_{02}e^{i\alpha_2})(E_{01}e^{-i\alpha_1} + E_{02}e^{-i\alpha_2})$$

이 되는데 이는 곧

$$E_0^2 = E_{01}^2 + E_{02}^2 + E_{01}E_{02}[e^{i(\alpha_1-\alpha_2)} + e^{-i(\alpha_1-\alpha_2)}]$$

또는

$$E_0^2 = E_{01}^2 + E_{02}^2 + 2E_{01}E_{02}\cos(\alpha_1 - \alpha_2)$$

가 되며 이것은 식 (7.9)와 동일하다.

7.1.3 위상자의 덧셈

식 (7.26)에서 표현된 합산은 복소 평면상에서 벡터의 덧셈

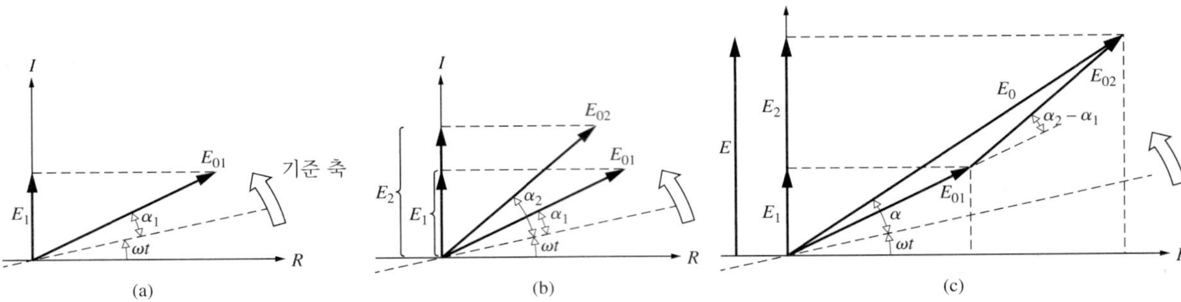

그림 7.6 위상자의 덧셈

으로서 도식적으로 표현될 수 있다(2.5절 참조). 전기공학적 전문 용어에서 복소 진폭은 **위상자(phasor)**로 알려져 있는데, 그 크기와 위상으로 나타내며 흔히 단순하게 $E_0\angle\alpha$의 꼴로 쓴다. 지금 유도하고자 하는 위상자 덧셈 방식은 복소수 이론에 대한 이해가 없어도 할 수 있는 방법이다. 그러면

$$E_1 = E_{01}\sin(\omega t + \alpha_1)$$

으로 표현되는 파동을 생각하자. 그림 7.6a에서 파동은 반시계 방향으로 ω의 가속도로 회전하는 크기 E_{01}인 벡터로 나타낸다. 그러면 이 벡터를 수직축에 투사한 크기가 $E_{01}\sin(\omega t + \alpha_1)$이 된다. 만일 코사인 파동을 다룬다면 수평축에 투과하면 된다. 덧붙여서 회전하는 벡터는 위상자 $E_{01}\angle\alpha_1$을 의미하며 R과 I는 각각 실수축과 허수축을 의미한다. 마찬가지로 둘째 파동

$$E_2 = E_{02}\sin(\omega t + \alpha_2)$$

가 그림 7.6b에 E_1과 함께 표시되어 있다. E_1과 E_2의 대수적 합 $E = E_1 + E_2$는 그림 7.6c에서와 같이 성분 파동 위상자의 벡터합으로 결정되는 합성파의 위상자를 I축에 투영한 것이다. E_{01}, E_{02}, E_0로 이루어지는 삼각형에 코사인 법칙을 적용하면

$$E_0^2 = E_{01}^2 + E_{02}^2 + 2E_{01}E_{02}\cos(\alpha_2 - \alpha_1)$$

이 되는데, 이 식의 유도에 $\cos[\pi - (\alpha_2 - \alpha_1)] = -\cos(\alpha_2 - \alpha_1)$의 관계를 이용하였으며 이 결과는 당연히 식 (7.9)와 동일하다. 같은 그림을 사용하여 $\tan\alpha$도 식 (7.10)으로 주어짐을 주목하라. 대개의 경우에 $E(t)$보다는 E_0를 구하게 된다. 그리고 모든 위상자가 등속도로 돌면 E_0는 변하지 않으므로 $t = 0$으로 놓고 회전을 생각하지 않는 것이 편리할 때가 있다.

다음 10장에 나오는 **진동 곡선(vibration curve)**이나 **코르뉘 나선(Cornu spiral)**과 같은 멋진 방법은 위상자의 덧셈 방식에 근거하고 있다. 더욱이 이는 도식적인 방식이기 때문에

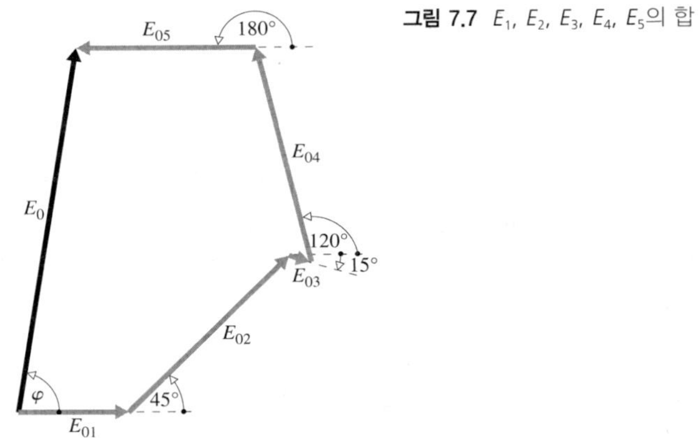

그림 7.7 E_1, E_2, E_3, E_4, E_5의 합

직관을 키우는 데 도움이 된다. 마지막 예로서 다음과 같은 파동의 합성파를 조사해 보자.

$$E_1 = 5\sin\omega t$$
$$E_2 = 10\sin(\omega t + 45°)$$
$$E_3 = \sin(\omega t - 15°)$$
$$E_4 = 10\sin(\omega t + 120°)$$
$$E_5 = 8\sin(\omega t + 180°)$$

여기서 ωt는 도(degree)로 나타난다. 그림 7.7에 위의 파동들에 해당하는 위상자 $5\angle 0°$, $10\angle 45°$, $1\angle -15°$, $10\angle 120°$, $8\angle 180°$가 그려져 있다. 각각의 위상각이 양수든 음수든 수평축을 기준으로 나타내었다. $E = E_0\sin(\omega t + \alpha)$를 구하기 위해서는 자와 각도기를 가지고 $E_0\angle\varphi$를 읽기만 하면 된다. 이 방법은 정확성에서 다소 뒤질지 모르지만 속도와 단순성 면에서 큰 장점이 있다.

그림 7.7에서는 위상각이 $(\omega t + 45°)$일 때 위상자를 수평축으로부터 45° 위쪽으로 그렸는데 이는 단지 관습에 따른 것이다. 일관성만 유지한다면 수평축으로부터 45° 아래쪽으로 그리는 것도 문제될 것이 없다. 마찬가지로 앞에서 사인 함수를 사용했으나 대신 코사인 함수를 사용해도 된다(연습문제 7.10 참조).

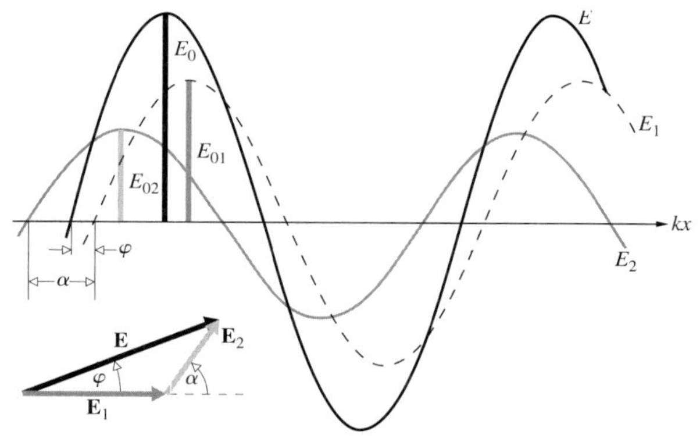

그림 7.8 위상자를 이용하여 주파수가 같은 2개의 사인함수의 합성. $\mathbf{E}_1$은 기준 위상자이다. E_2가 E_1를 앞서 가기 때문에 각도 α는 양수이다. 따라서 φ는 양수이며, E 또한 E_1을 앞서는 결과를 나타낸다.

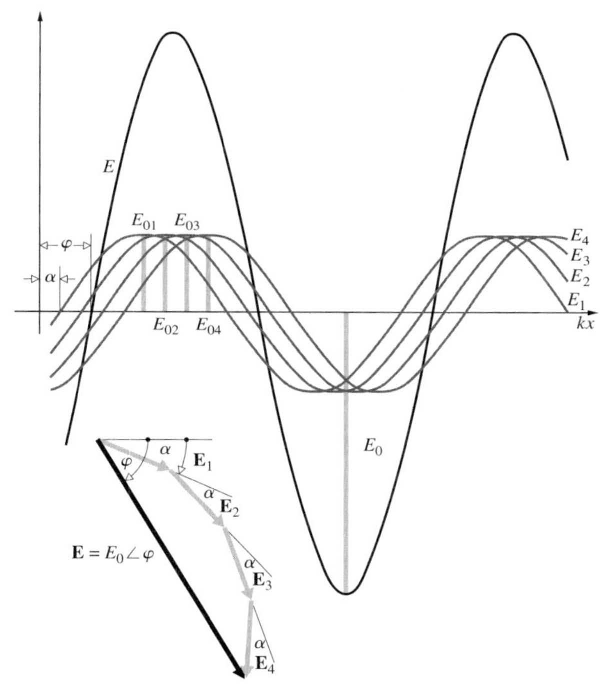

그림 7.9 주파수가 같은 4개의 사인 함수의 합성. 위상자 합성법을 정립하기 위해서 원점을 위상의 기준으로 삼는다. E_1은 원점에서 α만큼 지연된다. 다른 파동도 서로에게 α만큼씩 지연된다. $\mathbf{E}_1$은 수평 기준선에서 α만큼 아래로 향하게 그리며 다른 파동도 α만큼씩 회전하여 그린다. 합성 위상자의 길이는 합성파의 진폭과 일치한다.

이 방법의 응용 예로서 그림 7.8은 동일한 주파수를 가지며 진폭이 다르고 α만큼의 위상차를 갖는 두 파동의 중첩 과정을 나타내고 있다. 여기서 개별 파동의 진폭 E_{01}과 E_{02}는 각 파동에 대응하는 위상자의 진폭이다. 합성 위상자의 길이 E_0는 합성파의 진폭과 같다. 그림 7.5에서와 같이 그림 7.9에서는 동일한 진폭과 주파수를 가진 4개의 파동이 서로에 대해서 α만큼씩 위상이 이동된 상태에서 합성되는 모습을 보여 준다. 합성 위상자 $\mathbf{E} = E_0 \angle \varphi$는 합성파의 진폭과 위상을 갖는다. 흥미롭게도 합성된 개별 파동의 수가 많을수록 위상자는 꼬리에 꼬리를 물면서 나선을 그리게 되며 합성 진폭은 감소한다. 이러한 현상은 파동 함수 표현에서는 보이지 않지만 위상자 도표에서는 명확히 드러난다.

7.1.4 정상파

2장에서 두 진행파의 합으로 이루어진 미분 파동 방정식의 일반해는

$$\psi(x, t) = C_1 f(x - vt) + C_2 g(x + vt)$$

임을 알 수 있었다. 특히 **서로 반대 방향으로 진행하는 같은 주파수의 두 조화 파동을 조사해 보기로 하자.** 실제로 이와 같은 상황은 입사파가 거울 같은 것에서 반사될 때 일어난다. 음파의 경우에는 단단한 벽, 그리고 전자기파의 경우에는 도체판이 이러한 역할을 한다. 왼쪽으로 진행하는 입사파

$$E_I = E_{0I} \sin (kx + \omega t + \varepsilon_I) \tag{7.28}$$

가 $x = 0$에 있는 거울면을 만나 오른쪽으로 반사되면

$$E_R = E_{0R} \sin (kx - \omega t + \varepsilon_R) \tag{7.29}$$

의 형태가 된다. 거울의 오른쪽 영역에서 합성된 파동은 $E = E_I + E_R$이다. 다시 말하면 두 파동(하나는 오른쪽으로 이동하고 다른 하나는 왼쪽으로 이동)이 파원(source)과 거울 사이의 공간에 동시에 존재한다.

두 파동의 합을 계산하면 7.1절에서와 같은 일반해*에 도달할 수 있다. 그러나 좀 더 제한된 접근 방식을 취하면 중요한 물리적 직관을 얻을 수 있다.

$E_I = E_{0I} \sin kx$일 때 시계를 동작시킴으로써 초기 위상을 $\epsilon_I = 0$에 고정할 수 있다. 수학적인 해도 반드시 물리적 상황을 요구하는 조건을 만족해야 하는데 이 조건을 **경계 조건(boundary condition)**이라고 한다. 예를 들어 만일 한쪽 끝이 $x = 0$ 위치의 벽에 묶인 줄을 생각한다면 이 점은 항상 변위가 0이어야만 한다. 벽으로 입사하는 파와 반사파가 중첩되면 $x = 0$에서 합성파가 0이 되도록 파의 합성이 이루어져야 한다. 마찬가지로 합성된 전자기파는 도체판으로 이루어진 경계면에서 표면과 나란한 전기장 성분이 반드시 0이 되어야 한다. $E_{0I} = E_{0R} = E_0$을 가정하면 경계 조건은 $x = 0$에서 $E = 0$이고, $\epsilon_I = 0$이므로 식 (7.28)과 식 (7.29)로부터 $\epsilon_R = 0$이 된다. 다시 말하면 $x = 0$에서 $E_I = E_0 \sin(+\omega t)$ 그리고 $E_R = E_0 \sin(-\omega t)$이다. 따라서 두 파동은 위상이 180° 반대이고 $E_I = -E_R$이므로 항상 서로 상쇄된다. 그러면 합성된 파동은

* 예를 들어 J. M. Pearson, *A Theory of Waves*를 참조하라.

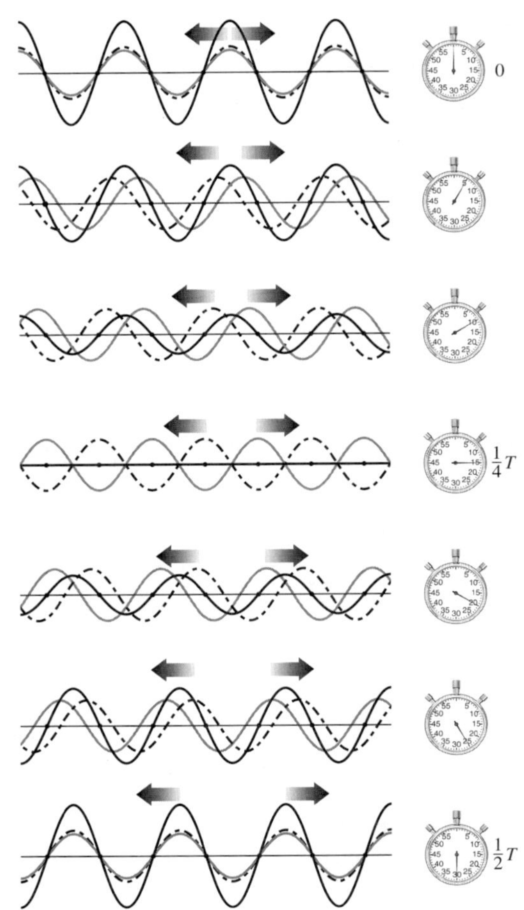

그림 7.10 정상파의 생성. 같은 진폭과 파장을 가진 반대 방향으로 진행하는 2개의 파동이 중첩하여 정상파를 만든다.

$$E = E_0[\sin(kx + \omega t) + \sin(kx - \omega t)]$$

가 된다. 여기에 다음의 등식

$$\sin\alpha + \sin\beta = 2\sin\tfrac{1}{2}(\alpha + \beta)\cos\tfrac{1}{2}(\alpha - \beta)$$

를 적용하면

$$E(x, t) = 2E_0 \sin kx \cos\omega t \tag{7.30}$$

를 얻는다. 이것은 진행파(traveling wave)와 달리 정지해 있는 파동, 즉 **정상파(standing wave** 또는 **stationary wave**)에 대한 식이다(그림 7.10). 정상파는 공간상에서 이동하지 않으며 $f(x \pm vt)$의 형태를 갖지 않는다. 임의의 점 $x = x'$에서 진폭은 $2E_0 \sin kx'$의 일정한 크기가 된다. 그리고 $E(x', t)$는 $\cos\omega t$와 같은 조화파로서 시간에 따라 변화한다. 어떤 점에서, 즉 $x = 0, \lambda/2, \lambda, 3\lambda/2, \cdots$와 같은 점들에서 파동은 언제나 0이 된다. 이러한 점은 **마디(node)** 또는 **마디점**(nodal point)이라고 한다(그림 7.11). 서로 이웃한 마디 사이의 중간 지점, 즉 $x = \lambda/4, 3\lambda/4, 5\lambda/4, \cdots$에서는 진폭이 E_{0I}의 최댓값을 가지며 이러한 점을 **배(antinode)**라고 한다. 교란 $E(x, t)$는 $\cos\omega t = 0$의 시간, 즉 $t = (2m + 1)\tau/4$(여기서 m은 0, 1, 2, 3,⋯이고 τ는 파동의 주기임)에서 x의 값에 관계없이 0이다.

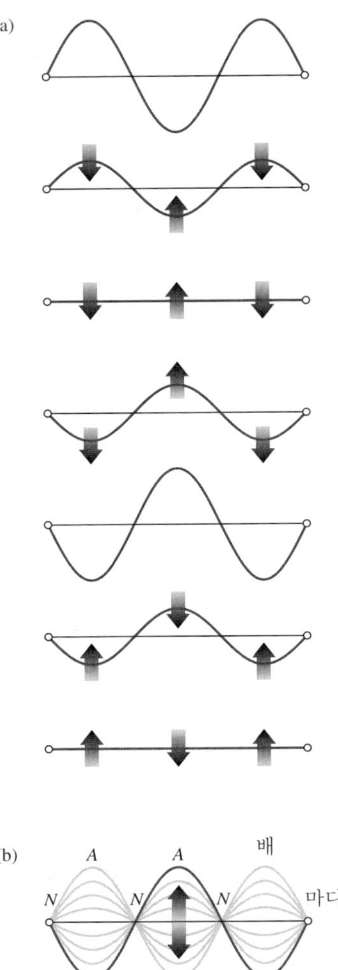

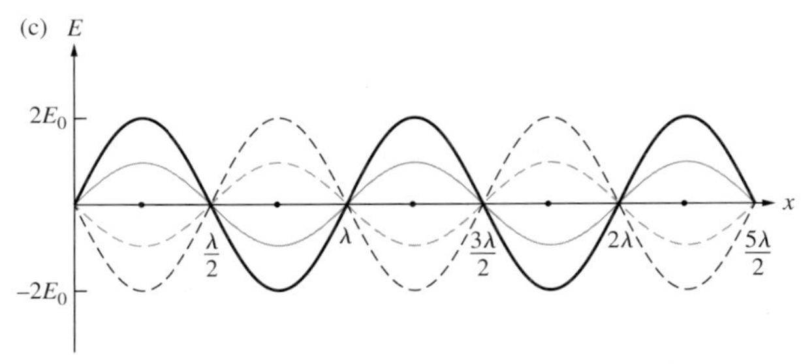

그림 7.11 시간에 따른 정상파의 변화

예제 7.1

같은 진폭 E_0를 갖는 다음의 두 파동으로부터 출발해서 $x = 0$에서 배를 갖는 정상파의 식을 써라.

$$E_I = E_0 \sin(\omega t - kx)$$

$$E_R = E_0 \sin(\omega t + kx)$$

여기서 식 (7.28)과 (7.29)의 위상식의 공간과 시간 위치가 바뀌었고, 따라서 식 (7.30)에서도 바뀌게 됨을 유념하라.

풀이

$$\sin\alpha + \sin\beta = 2\sin\tfrac{1}{2}(\alpha+\beta)\cos\tfrac{1}{2}(\alpha-\beta)$$

을 이용하면

$$E_I + E_R = 2E_0 \sin\tfrac{1}{2}(2\omega t)\cos\tfrac{1}{2}(-2kx)$$

이다. $\cos(-kx) = \cos(kx)$이므로

$$E_I + E_R = 2E_0 \sin\omega t \cos kx$$

또는

$$E(x, t) = 2E_0 \cos kx \sin\omega t$$

이 된다. $x = 0$에서 $E(0, t) = 2E_0 \sin\omega t$이며, 시간이 흐름에 따라 $+2E_0$에서 $-2E_0$ 사이를 진동한다.

그림 7.12는 위상자의 관점에서 정상파가 형성되는 과정을 보여 준다. 두 조화파에 대해서 위상자를 $\mathbf{E}_1$과 $\mathbf{E}_2$로 두었다. 두 파동이 $x = 0$에서 반대 위상으로 만날 때, 위상자의 초기값은 $E_{01}\angle 0$과 $E_{02}\angle\pi$가 된다. 2.6절에서 언급했듯이 ω의 각속도로 반시계 방향으로 회전하는 위상자는 $-x$으로 진행하는 파동에 해당한다. 마찬가지로 시계 방향으로 회전하는 위상자는 $+x$ 방향으로 진행하는 파동을 의미한다. 위상자 $\mathbf{E}_1$을 $-x$ 방향으로 진행하는 파동 그리고 위상자 $\mathbf{E}_2$를 $+x$ 방향으로 진행하는 파동을 나타낸다고 하자. 합성 위상자는

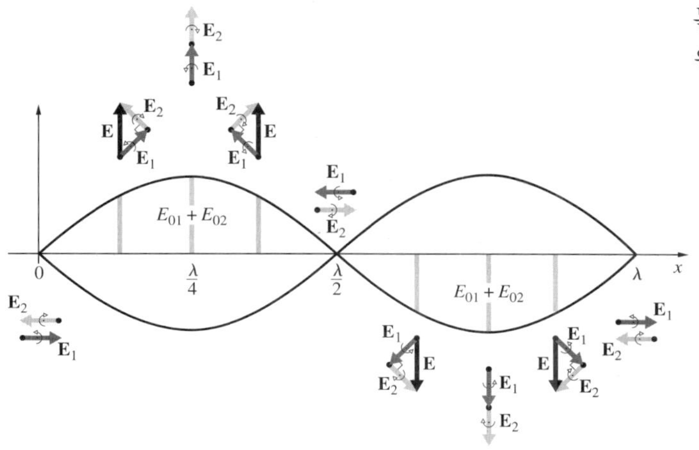

그림 7.12 위상자 합성법에 의한 정상파의 생성. 두 위상자는 같은 속도로 반대 방향으로 회전한다. 두 진폭이 같은 경우 마디점에서 진폭은 0이 된다.

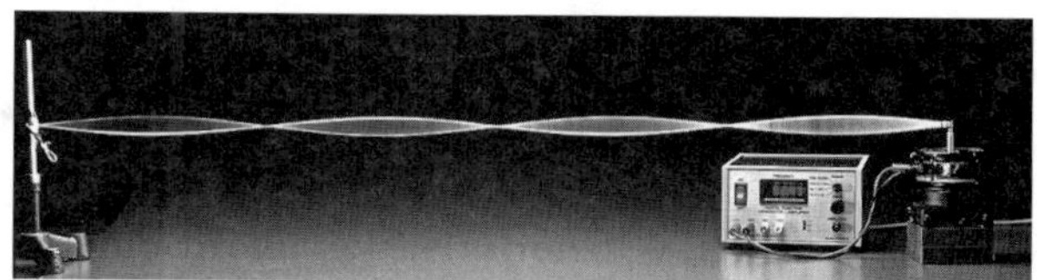

현의 진동에 의한 정상파 (PASCO)

$\mathbf{E}_1 + \mathbf{E}_2 = \mathbf{E} = E_0\angle\varphi$이 된다. 여기서 E_0는 합성파의 진폭이다. 그림 7.11을 다시 얻기 위해서 두 파동의 진폭이 같다고 가정하고 $\mathbf{E}_1$은 반시계 방향으로, $\mathbf{E}_2$는 시계 방향으로 같은 속도로 회전하면서 합성파 $\mathbf{E}$를 만든다고 하자. 3개의 위상자가 만든 삼각형은 이등변 삼각형이다. $\mathbf{E}$는 수직 방향이며 회전하지 않는다. 즉 공간 속에서 진행하지 않는 정상파를 나타낸다.

그림 7.10으로 돌아가서 만일 거울로부터의 반사가 불완전한 경우 마디점에서 합성파의 진폭은 0이 아니다(그림 7.13). 이 결과는 $E_{01} > E_{02}$인 조건하에서 위상자 $\mathbf{E}_1$과 $\mathbf{E}_2$를 이용하면 간단히 볼 수 있다. 이 경우 $\mathbf{E}$는 두 위상자 중 더 큰 위상자(즉 $\mathbf{E}_1$)와 같은 방향으로 회전한다. 합성파는 정상파 성분과 함께 진행파의 성분을 가진다(그림 7.13c와 문제 7.17 참조). 순수한 정상파에서는 에너지의 이동이 없는 반면에 진행파 성분이 존재하면 에너지의 이동이 있게 된다. 합성파 가운데 정상파 성분을 $E = E_0(x)\cos[\omega t - \varphi(x)]$로 표현할 수 있다. 진폭은 위치에 따라서 변하며, 고정된 위치에서 진폭은 코사인 함수 모양으로 변한다. 그림 7.13b의 위상자 도표를 이용해서 살펴보면, 위치에 따라 변하는 진폭은 코사인 정리로부터 $E_0(x) = (E_{01}^2 - E_{02}^2 + 2E_{01}E_{02}\cos 2kx)^{1/2}$이 된다.

지금까지 1차원 정상파만을 다루었으나 정상파는 2차원과 3차원에서 모두 존재할 수 있다. 기타 줄과 다이빙 보드에서는 1차원 정상파가 형성되며 북의 표면과 물동이에서는 2차원 정상파가 발생한다(아래 사진). 목욕탕에서 노래를 부를

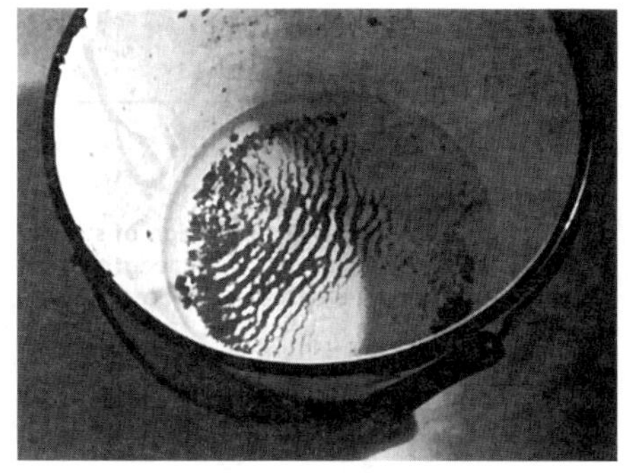

먼지 입자가 담겨있는 청소용 물동이. 물동이를 굽은 바닥에 놓을 때 이 물동이는 고정된 한 방향으로 흔들리면서 정상파가 생기며 먼지 입자가 마디에 모이게 된다. (E.H.)

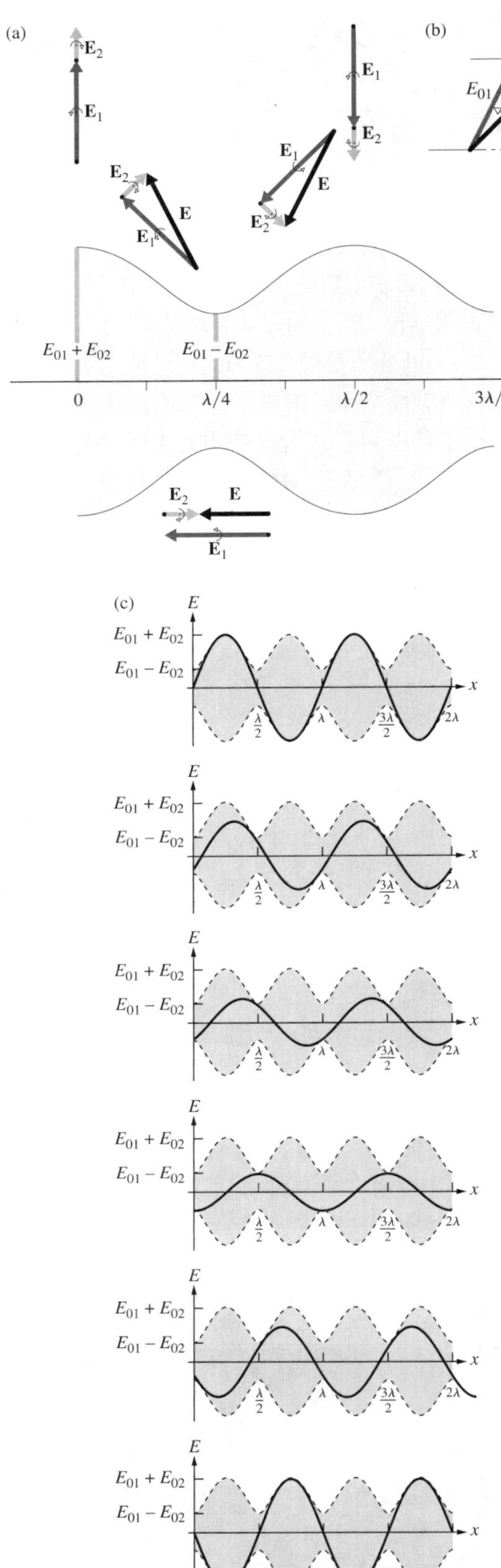

엔진의 진동에 의해 자동차 옆문에 생긴 정상파 무늬. 크기는 미크론 단위(여기서 $1\,\mu m = 10^{-6} m$)이며 홀로그래픽 기술로 측정되었다. (HOL03/FTPO)

때 3차원 정상파가 생긴다. 사실상 우리가 어디에 있든지 노래를 부르면 두개골 내에서는 3차원 정상파가 형성된다.

외부 진동자를 이용한 정상파 발생시, 계의 정상파 모드가 외부 진동과 일치하면 계는 효과적으로 에너지를 흡수하게 된다. 이것을 공명(resonance)이라고 한다. 비행기가 지붕 위를 낮게 날아가거나 큰 트럭이 집 옆을 통과할 때 집이 흔들리는 것은 바로 정상파가 생기기 때문이다. 외부 진동자로부터 에너지가 계속 공급되는 경우 에너지의 공급률이 계의 고유 손실률과 비교해서 같거나 크면 진동은 계속된다. 입력 에너지를 유지하는 능력은 정상파 계의 중요한 특성이다. 사람의 귀는 이러한 공진기로서 ≈ 3kHz에서 ≈4kHz 범위의 음

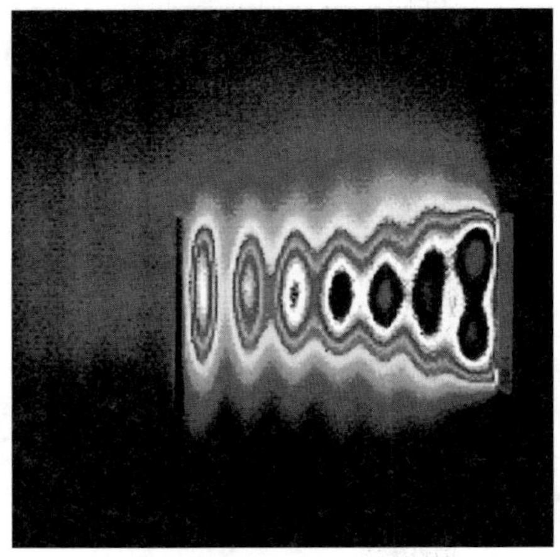

오른쪽에 위치한 3.9GHz 전자파 안테나와 왼쪽의 금속 반사면 사이에서 형성된 정상파의 모습. 전자파를 흡수하는 물질을 놓은 후 온도 변화를 적외선 카메라로 찍은 사진이다. (H.H. Pohle, Phillips Laboratory, Kirtland Air Force Base)

그림 7.13 *(a)* 위상자 합성법에 의한 부분 정상파의 생성. 두 위상자의 진폭이 다르기 때문에 마디점에서의 진폭이 0이 아니다. 합성파는 더 큰 진폭을 가진 파동과 같은 방향으로 진행한다. *(b)* 정상파 성분을 $E = E_0(X)\cos[\omega t - \varphi(x)]$로 표현할 수 있다. 진폭은 코사인 정리를 쓰면 $E_0(x) = (E_{01}^2 + E_{02}^2 + 2E_{01}E_{02}\cos 2kx)^{1/2}$가 된다. *(c)* $\mathbf{E}_1$이 시계 방향, $\mathbf{E}_2$가 반시계 방향으로 도는 경우의 진행파 성분을 보여 준다. $\mathbf{E}_1 > \mathbf{E}_2$이므로, $\mathbf{E}$는 시계 방향으로 돌고, 파동은 오른쪽으로 이동한다. 위상자의 끝의 궤적은 타원형을 이룬다.

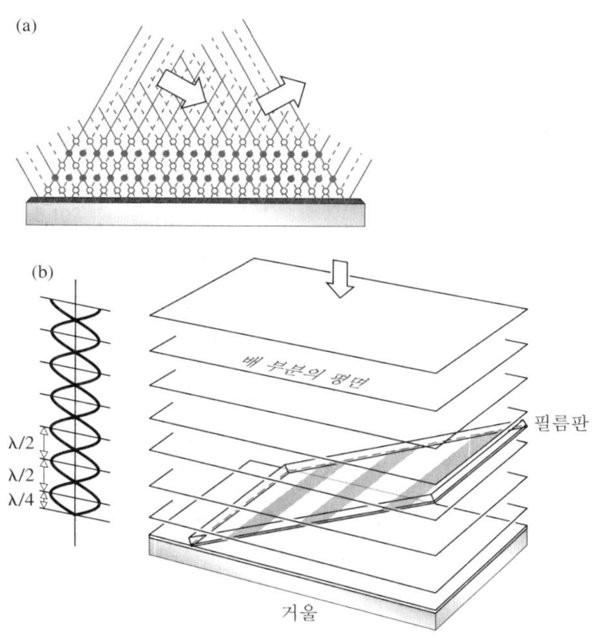

그림 7.14 위너의 실험. (a) 입사파는 아래로 내려가는 성분을, 반사파는 위로 올라가는 성분을 포함하고 있다. 이들이 겹쳐져서 이차원상에 정상파를 형성한다. 작은 검은 점은 최대점을, 작은 원은 최소점을 가리킨다. (b) 여기서 입사광은 수직으로 아래를 향하며 수직으로 올라오는 반사광과 함께 정상파 패턴을 형성한다.

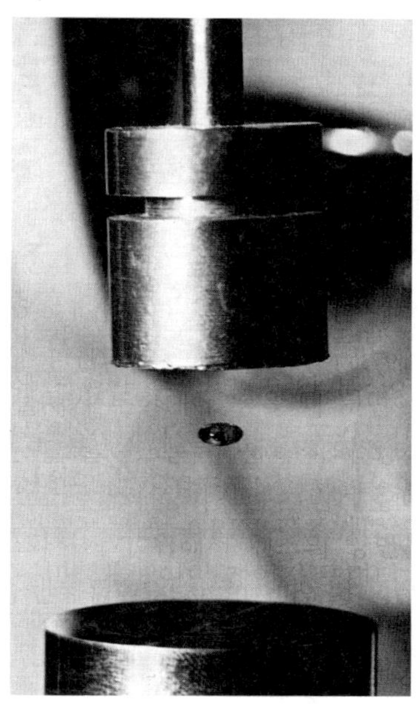

초음파 부양. 초음파를 상하 양방향으로 보내서 정상파를 만들면 그 마디점에 물방울이 공중 부양된다. (NASA)

파를 거의 100% 증폭시키는 역할을 한다. 마찬가지로 레이저는 정상파 공진기 속에서 강력한 복사파를 생성시킨다.

헤르츠(Hertz)는 역사적인 실험(3.6.1절)에서 정상파 마디 사이의 간격을 측정함으로써 전자기파의 파장을 측정할 수 있었다. 몇 년 후 1890년에 위너(Otto Wiener)가 처음으로 빛에서의 정상파의 존재를 입증하는 실험을 하였다. 그가 사용한 방법이 그림 7.14b에 나타나 있다. 거의 단색성을 지닌 나란한 빛이 은으로 코팅된 거울에 수직으로 입사하여 반사된다. 거울을 사용함으로써 겹치는 두 파동은 거의 같은 진폭을 갖게 되며 그림 7.13보다는 7.12에 더 가까운 패턴을 만들게 된다. 최대점은 골과 골이 만나고 마루와 마루가 만나는 위치에 형성되고, 최소점은 골과 마루가, 마루와 골이 만나는 지점이다. $\lambda/20$보다 더 얇은 두께의 투명한 사진 필름이 유리판에 입혀져 거울과 10^{-3} 라디안 정도의 아주 작은 각을 이루며 기울어져 있다.(역자 주: 각이 충분히 작지 않으면 필름에 형성되는 패턴이 너무 촘촘해서 눈으로 확인할 수 없다.) 이러한 방법으로 필름판이 정상파 패턴을 가로지르게 된다. 필름을 현상해 보니 등간격의 나란한 검은 줄무늬가 나타나 있음을 관찰할 수 있었다. 이 줄무늬는 필름층이 정상파의 배 부분으로 이루어진 평면을 가로지르고 있기 때문에 생긴 것이다. 여기서 중요한 것은 거울 표면에 닿아있는 부분은 검게 되어 있지 않았다는 점이다. 정상파 형태의 전자기파에서 자기장 성분의 배와 마디는 전기장 성분의 배, 마디와 교대로 나타남을 보인다(연습문제 7.13). 여기서 시간 $t = (2m + 1)\tau/4$에서 모든 x값에 대해 $E = 0$인 사실로부터 에너지가 보존되기 위해서는 $B \neq 0$이 아닐까 하는 생각을 가질 수 있다. 그 이전에(1888년) 헤르츠는 이론에서 예측한 바와 같이 반사면에서 전기장 마디점의 존재를 입증할 수 있었으며, 이에 위너는 검은 영역이 전기장 $\vec{\mathbf{E}}$의 배 부분에 해당한다고 결론지을 수 있었다. 따라서 **필름면에서 광화학적 반응을 일으킨 것은 전기장인 것이다.**

비슷한 방법으로 드루드(Drude)와 네른스트(Nernst)가 형광(fluorescence)을 발생시키는 것은 전기장이라는 것을 입증하였다. 이러한 관찰 결과는 전자기파의 자기장 성분이 전자에 가하는 힘이 전기장이 전자에 가하는 힘과 비교할 때 거의 무시될 만큼 작기 때문에 납득할 수 있는 결과이다. 전기장을 **광학 교란**(optic disturbance) 또는 **광학장**(light field)으로 취급하는 것은 이러한 이유 때문이다.

서로 반대 방향으로 진행하는 두 파동에 의해 형성된 정상파는 2차원 평면상의 이중 빔에 의한 간섭의 특수한 경우이다. 그림 7.15에서와 같이 2개의 점광원 S_1과 S_2에서 멀리 떨어진(즉 사잇각 ϕ가 매우 작은) 관찰지점 P를 생각하자. 광원을 둘러싼 공간은 2개의 파동이 서로 중첩하여 보강 간섭과 소멸 간섭이 교차되면서 밝거나 어두운 띠 형태의 복잡한 간섭 무늬로 채워진다. 점 P가 광원에 접근할수록 (사잇각 ϕ가 더욱 증가할수록) 간섭 무늬는 점점 더 좁고 촘촘해진다. 점 P가 두 광원을 연결하는 직선상(즉 $\phi = 180°$)에 도착하면

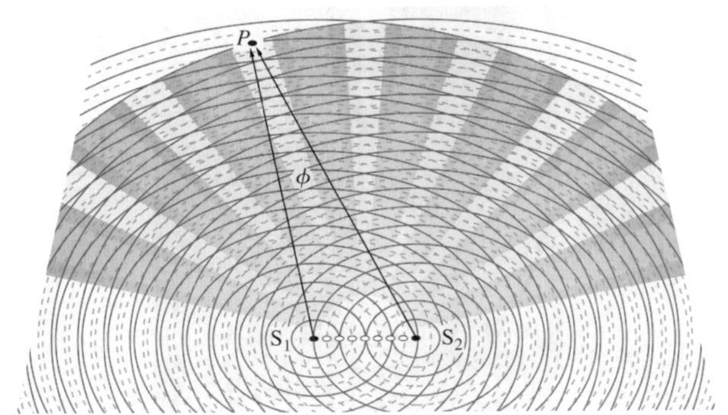

그림 7.15 2개의 단색 광원. 합성파의 진폭은 마루(—)와 마루(—) 또는 골(- -)과 골(- -)이 겹치는 점에서 최대이고, 마루(—)와 골(- -)이 만나는 점에서 최소이다. $\overline{S_1S_2}$ 선분 위에 생긴 최대점은 정상파에 해한다.

무늬 간격이 파장의 1/2인 정상파가 생기는데, 파동이 만들 수 있는 가장 촘촘한 간섭 무늬에 해당된다. 서로 반대 방향으로 진행하는 두 파동에 의해 형성되는 정상파가 이 지점에 존재하고 있다.

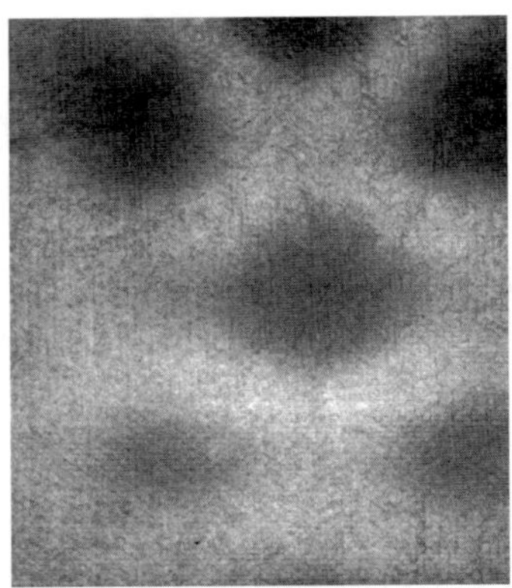

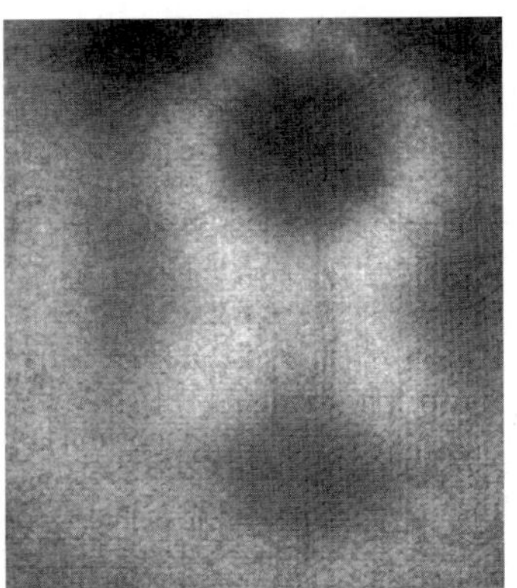

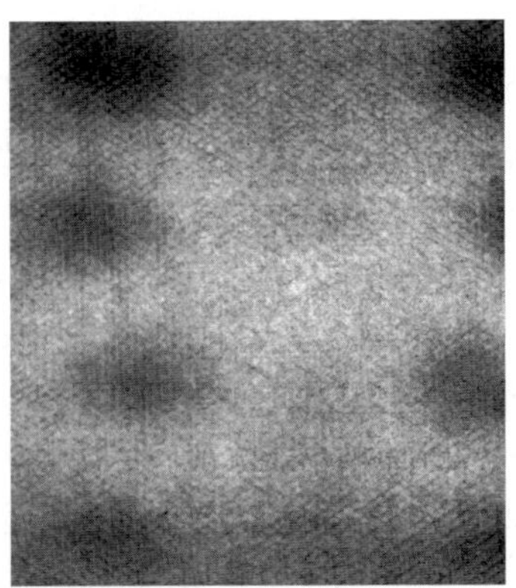

마이크로파 오븐 속에 형성된 3차원 정상파 무늬(Alistair Steyn-Ross, University of Waikato)

7.2 주파수가 다른 파동의 합성

이제까지의 이론은 주파수가 동일한 파동이 중첩되는 경우에 국한되었다. 그러나 어떠한 경우든지 엄밀한 의미에서 단색광은 실제로 있을 수 없으며 좁은 영역의 주파수 성분으로 구성된 준단색광(quasimonochromatic light)을 생각하는 것이 현실적이다. 준단색광에 대해 공부하다 보면 대역폭(bandwidth)과 결맞음 시간(coherence time)이라는 중요한 개념을 만나게 된다.

빛을 효율적으로 변조할 수 있는 기술이 발전함에 따라(8.11.3절) 전자 기술과 광기술의 결합이 가능하게 되었다. 특히 전기광학(electro-optic) 기술이 발전함으로써 빛은 이미 정보 전송의 전달자로서 새롭고 중요한 역할을 하고 있다. 이 절에서는 이렇게 새롭게 드러난 역할을 이해하는 데 필요한 수학적인 개념을 살펴보기로 하자.

7.2.1 맥놀이

진폭이 같고 초기 위상각이 0인 다음의 두 파동이 합성된 경우 파동 형태를 생각해 보자.

$$E_1 = E_{01}\cos(k_1x - \omega_1t)$$
$$E_2 = E_{01}\cos(k_2x - \omega_2t)$$

여기서 $k_1 > k_2$와 $\omega_1 > \omega_2$이다. 그러면 합성된 전체 파동

$$E = E_{01}[\cos(k_1x - \omega_1t) + \cos(k_2x - \omega_2t)]$$

는

$$E = 2E_{01}\cos\tfrac{1}{2}[(k_1 + k_2)x - (\omega_1 + \omega_2)t] \times \cos\tfrac{1}{2}[(k_1 - k_2)x - (\omega_1 - \omega_2)t]$$

로 다시 쓸 수 있다. 이 과정에서

$$\cos\alpha + \cos\beta = 2\cos\tfrac{1}{2}(\alpha + \beta)\cos\tfrac{1}{2}(\alpha - \beta)$$

의 등식을 사용하였다. 우리는 지금 $\overline{\omega}$와 $\overline{k}$를 정의하고자 한다. $\overline{\omega}$는 **평균 각주파수(average angular frequency)**이며, $\overline{k}$는 **평균 전파 상수(average propagation number)**이다. 마찬가지로 ω_m과 k_m을 각각 **변조 주파수(modulation frequency)**

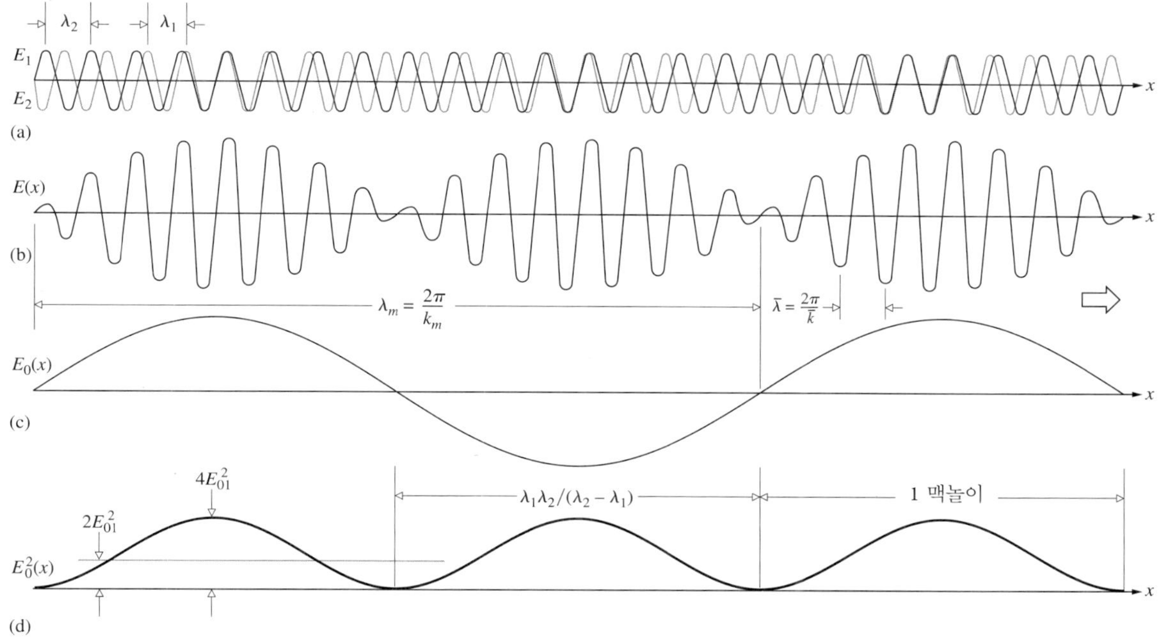

그림 7.16 진폭이 같고 주파수가 다른 두 조화 파동의 중첩

와 **변조 전파 상수(modulation propagation number)**라고 하자. 그리고

$$\bar{\omega} \equiv \tfrac{1}{2}(\omega_1 + \omega_2) \qquad \omega_m \equiv \tfrac{1}{2}(\omega_1 - \omega_2) \tag{7.31}$$

이고

$$\bar{k} \equiv \tfrac{1}{2}(k_1 + k_2) \qquad k_m \equiv \tfrac{1}{2}(k_1 - k_2) \tag{7.32}$$

라고 하면

$$E = 2E_{01}\cos(k_m x - \omega_m t)\cos(\bar{k}x - \bar{\omega}t) \tag{7.33}$$

가 된다. 전체 파동은 진폭이 시간에 따라 변화하는 또는 변조된 진폭 $E_0(x, t)$와 $\bar{\omega}$의 주파수(**반송 주파수, carrier frequency**라고 함)를 가진 진행파로서 다음과 같이 표현될 수 있다.

$$E(x, t) = E_0(x, t)\cos(\bar{k}x - \bar{\omega}t) \tag{7.34}$$

여기서 $E_0(x, t)$는

$$E_0(x, t) = 2E_{01}\cos(k_m x - \omega_m t) \tag{7.35}$$

이다. 여기서 $\bar{k}$와 $\bar{\omega}$를 각각 공간과 시간 반송 주파수라고 한다. 지금 살펴보는 응용에서는 ω_1과 ω_2 값이 상당히 크다. 게다가 ω_1과 ω_2의 크기가 거의 비슷해지면($\omega_1 \approx \omega_2$), $\bar{\omega} >> \omega_m$이 되고 $E_0(x, t)$는 시간에 대해 서서히 변화하는 함수가 된다. 반면에 $E(x, t)$는 대단히 빠르게 변화한다(그림 7.16). 그러면 복사 조도는

$$E_0^2(x, t) = 4E_{01}^2\cos^2(k_m x - \omega_m t)$$

또는

$$E_0^2(x, t) = 2E_{01}^2[1 + \cos(2k_m x - 2\omega_m t)]$$

에 비례하게 된다. $E_0^2(x, t)$는 $2E_{01}^2$을 중심으로 $2\omega_m$, 또는 단순히 $(\omega_1 - \omega_2)$의 각주파수로 진동한다는 사실에 유의하라. 여기서 $2\omega_m$은 **맥놀이 주파수(beat frequency)**라고 한다. 다시 말하면 E_0는 변조 주파수로 변화하는 데 반해 E_0^2은 그것의 2배, 즉 맥놀이 주파수로 변화한다.

중첩된 조화파가 진폭이 서로 다른 경우에도 맥놀이는 발생한다. 그러나 완전한 상쇄가 일어나지 않기 때문에 대비(contrast)가 나빠진다. 그림 7.17은 이러한 맥놀이 무늬를 보여 주고 있으며 위상자 $\mathbf{E}_1$과 $\mathbf{E}_2$가 맥놀이를 만드는 과정을 설명하고 있다. 합성 위상자 $\mathbf{E} = E_0(x, t)\angle\varphi$는 합성파의 **진폭(amplitude)**과 **상대 위상(relative phase)**을 나타낸다. 파동의 포락면은 천천히 진동하는 진폭 $E_0(x, t)$를 시간의 함수로 그린 것이다. 합성 위상자는 성분 조화파의 진폭을 나타내지 못한다.

같은 방향으로 진행하는 두 파동의 위상자는 같은 방향으로 각각 ω_1과 ω_2의 속도로 회전한다. $\omega_1 > \omega_2$이라고 가정하고 위상자 $\mathbf{E}_1$을 위상자 $\mathbf{E}_2$의 끝에 붙여서 그리면(그림 7.17b) $\mathbf{E}_2$에 대해서 $\mathbf{E}_1$은 $\omega_1 - \omega_2$의 속도로 회전한다. t인 순간에 $\mathbf{E}_2$에 대한 $\mathbf{E}_1$의 각도를 α라고 하면 $\alpha = (\omega_1 - \omega_2)t$가 된다(그림 7.17c). 합성파의 진폭 $E_0(x, t)$는 $E_{02} + E_{01}$과 $E_{02} - E_{01}$ 사

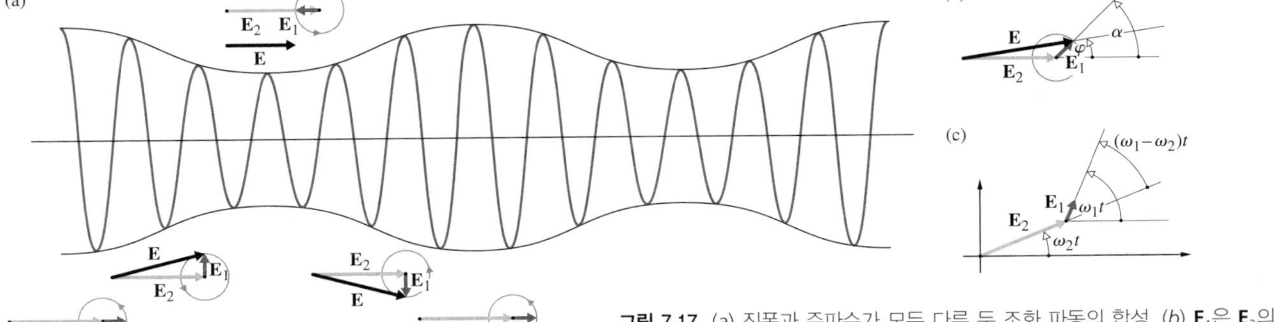

그림 7.17 (a) 진폭과 주파수가 모두 다른 두 조화 파동의 합성, (b) $\mathbf{E}_1$은 $\mathbf{E}_2$의 끝에 놓인다. (c) $\mathbf{E}_1$은 $\omega_1 - \omega_2$의 속도로 회전한다.

이에서 진동할 것이다. 위상자 **E**와 수평을 이루는 각 φ는 $\mathbf{E}_2$에 관한 합성파의 위상이 된다. $\mathbf{E}_1$이 회전함에 따라 이 각이 천천히 진동한다.

그림 7.16에서와 같이 $E_{01} = E_{02}$인 경우 E_0는 0과 $2E_{01}$ 사이에서 진동한다. 또한 $\alpha = 2\varphi$이므로 위상자 **E**는 $\frac{1}{2}(\omega_1 - \omega_2)$의 속도로 회전한다. 이 결과는 식 (7.33)과 일치한다.

빛에서의 맥놀이 현상은 1955년에 포레스터(Forrester), 구드문젠(Gudmundsen) 그리고 존슨(Johnson)에 의해 처음으로 관찰되었다.* 주파수가 약간 차이 나는 두 파동을 얻기 위해 제만 효과(Zeeman effect)가 이용되었다. 방전 램프(이 경우에는 수은등) 내의 원자는 자기장에 의해 에너지 준위가 갈라진다. 그 결과 방출광은 ν_1과 ν_2의 두 주파수 성분을 가지게 되는데 그 주파수 차이는 가해 주는 자기장의 세기에 비례한다. 이 주파수 성분이 광전관(광검출기)의 표면에서 다시 합해질 때 맥놀이 주파수 $\nu_1 - \nu_2 = 10^{10}$Hz에 맞추었는데 이는 다루기 편리한 파장 3cm의 마이크로파 신호에 해당한다. 광전관 전류를 기록하면 그림 7.16d에서의 $E_0^2(x)$의 곡선과 같은 형태가 된다.

레이저가 출현함으로써 빛을 이용한 맥놀이의 관찰이 상당히 용이해졌다. 주파수 10^{14}Hz 정도의 빛으로부터 수 Hz 정도의 맥놀이 주파수까지도 광전관의 전류 변화로 측정할 수 있다. 맥놀이의 관찰은 작은 주파수 차이를 감지하는 매우 예민하고도 손쉬운 방법이다. 고리형 레이저(ring laser, 9.8.3절)는 자이로스코프(gyroscope)로서 작용하는데 레이저 시스템이 회전할 때 발생되는 주파수 차이를 측정하기 위해 맥놀이를 이용한다. 움직이는 거울면에서 빛이 반사될 때 주파수가 변하는 것을 설명하는 도플러 효과(Doppler effect) 역시 맥놀이의 응용 분야가 된다. 어떤 목표물로부터 산란된 빛을 원래의 빛과 맥놀이 시킴으로써 목표물의 정확한 속도를 측정할 수 있다. 원자 차원에서도 똑같은 원리가 적용되는데, 레이저광이 물질 내의 음파에 의해 반사될 때 레이저광의 위상이 변화된다[이 현상을 브릴루앙 산란(Brillouin scattering)이라고 한다]. 따라서 맥놀이 주파수 $2\omega_m$은 매질 내 음속의 척도가 된다.

7.2.2 군속도

ω와 k 사이의 관계는 파동의 위상 속도 v를 결정한다. 진공[식 (2.33)]과 같은 비분산 매질에서 $v = \omega/k$이며 분산 관계는 ω와 k 공간에서 직선이 된다. 즉 주파수와 파장이 달라질 때도 v는 일정하게 유지된다. 비분산 매질에서 모든 전자기파는 동일한 위상 속도를 갖는다. 반면에 분산 매질에서는 주파수에 따라서 전자기파의 속도가 달라진다.

여러 개의 파동이 중첩된 경우 변조된 파동의 포락면은 성분 파동과는 다른 속도로 전파한다. 이 때문에 **군속도(group velocity)**라는 새로운 개념이 도입되어야 하며 위상 속도와의 관련성이 조사되어야 한다. 군속도의 개념은 1839년 아일랜드의 위대한 물리학자이자 수학자였던 해밀턴(William Rowan Hamilton)에 의해서 처음 소개되었다. 처음에는 큰 주목을 받지 못했으나 1876년 스토크스(Stokes)가 수력학 분야에 이 개념을 다시 도입함으로써 관심이 모아졌다. 펄스의 모양이 진행하는 속도가 파동의 군속도이다.

앞 절에서 조사된 파동

$$E(x, t) = E_0(x, t)\cos(\bar{k}x - \bar{\omega}t) \qquad [7.34]$$

는 높은 주파수($\bar{\omega}$)의 **반송파(carrier wave)**가 코사인 함수로 **진폭 변조**된 형태로 되어 있다. 우선 그림 7.16b의 파동이 변조되지 않은 것으로, 즉 E_0 = 상수인 것으로 생각하자. 반송파의 작은 마루(peak)는 통상적인 위상 속도(phase velocity)로 오른쪽으로 진행할 것이다. 즉

$$v = -\frac{(\partial\varphi/\partial t)_x}{(\partial\varphi/\partial x)_t} \qquad [2.32]$$

*A. T. Forrester, R. Gudmundsen, and P. O. Johnson, "Photo-electric Mixing of Incoherent Light", *Phys. Rev.* **99**, 1691 (1955).

이다. 식 (7.34)로부터 위상은 $\varphi = (\bar{k}x - \bar{\omega}t)$로 주어지므로

$$v = \bar{\omega}/\bar{k} \tag{7.36}$$

이다. 반송파의 변조 여부에 관계없이 위상 속도는 위의 식으로 주어진다. 그러나 반송파가 변조될 경우에는 반송파가 진행하면서 그 진폭이 주기적으로 변화한다.

그런데 위상 속도로의 전파 외에 또 다른 종류의 움직임이 분명히 존재하는데 그것은 변조 포락면(envelope)의 움직임이다. 그림 7.16a로 돌아가서 구성 성분 파동 $E_1(x, t)$와 $E_2(x, t)$가 같은 속도 $v_1 = v_2$로 진행한다고 가정하자. 서로 다른 파장과 주파수를 가진 2개의 조화파가 각각 별도의 투명한 플라스틱 판 위에 그려져 있다고 상상하라. (그림 7.16a에서와 같이) 이 두 장의 판이 겹쳐질 때 그 결과로 정지해 있는 맥놀이 패턴을 볼 수 있다. 진행파를 묘사하기 위해 이 두 장의 판을 함께 같은 속도로 오른쪽으로 움직이면 맥놀이 패턴도 당연히 같은 속도로 움직일 것이다. **변조 포락면의 진행 속도를 군속도(group velocity)** 또는 v_g라고 하는데 이 경우에는 군속도가 반송파의 위상 속도(평균 속도 $\bar{\omega}/\bar{k}$)와 같다. 즉 $v_g = v = v_1 = v_2$이다. 구체적으로 설명하면 위상 속도가 파장에 무관하여 두 파가 같은 속도로 진행하는 비분산 매질(nondispersive medium)의 경우에 군속도와 위상 속도는 같다.

더 일반적으로 적용할 수 있는 해를 구하기 위해 변조 포락면에 대한 표현식을 조사해 보자.

$$E_0(x, t) = 2E_{01}\cos(k_m x - \omega_m t) \tag{7.35}$$

파동이 움직이는 속도는 다시 식 (2.32)로 주어지나 지금은 반송파를 무시해도 된다. 따라서 변조 신호는 포락면의 위상 $(k_m x - \omega_m t)$에 의존하는 속도로 진행한다.

$$v_g = \frac{\omega_m}{k_m}$$

또는

$$v_g = \frac{\omega_1 - \omega_2}{k_1 - k_2} = \frac{\Delta\omega}{\Delta k}$$

그러나 ω는 λ에 따라 또는 k에 따라 변화한다는 것을 알아야 한다. $\omega = \omega(k)$는 **분산 관계**(dispersion relation)라고 하는데 $\bar{\omega}$를 중심으로 주파수 범위 $\Delta\omega$가 작을 때 $\Delta\omega/\Delta k$는 근사적으로 분산 관계의 미분과 같다. 즉

$$v_g = \left(\frac{d\omega}{dk}\right)_{\bar{\omega}} \tag{7.37}$$

이다. (이 관계식이 어떻게 성립하는지 알려면 연습문제 7.37을 공부하라.) **변조 신호는 v_g의 속도로 진행하는데 이 속도는 반송파의 위상 속도보다 클 수도 있고 작을 수도 있다.** 줄의 파동에서는 위상 속도와 군속도가 같으나, 깊은 물의 수면파의 군속도(연습문제 7.29)는 위상 속도의 절반이 된다.

예제 7.2

(그림 7.18처럼) 양자역학에서 질량 m의 자유 입자를 나타내는 파동 다발은 $\omega = \hbar k^2/2m$이 된다. 여기서 $\hbar$는 플랑크 상수를 2π로 나눈 것이다. 자유 입자의 파동 함수에서 (고전적인 입자 속도에 해당하는) 군속도는 위상 속도의 두 배가 됨을 보여라.

풀이

$\omega = \hbar k^2/2m$에서, 위상 속도는

$$v = \frac{\omega}{k} = \frac{\hbar k^2}{k2m} = \frac{\hbar k}{2m}$$

이다. 반면에, 파동 다발의 군속도는

$$v_g = \frac{d\omega}{dk} = \frac{2k\hbar}{2m} = \frac{\hbar k}{m}$$

이다. 따라서

$$v_g = 2v$$

이다. 이에 덧붙여서 입자의 고전적인 속도를 계산해 보자. $k = 2\pi/\lambda$와 $p = h/\lambda$이므로 $k = 2\pi p/h = p/\hbar$이며, $E = p^2/2m$이므로 파동 다발의 위상 속도 v는

$$v = \frac{\hbar k}{2m} = \sqrt{\frac{E}{2m}}$$

이 된다. 반면에 고전적인 속도 v_c는 입자의 모든 에너지가 운동 에너지라는 사실로부터 $E = \frac{1}{2}mv_c^2$이 되므로

$$v_c = \sqrt{\frac{2E}{m}} = 2v$$

따라서

$$v_c = v_g$$

의 결과를 얻는다.

엄밀히 말해서 실제 파동은 유한한 길이를 갖는다. 광원은 어느 순간에 켜지고 일정한 시간 후에 꺼져야 하기 때문에 실제의 파동은 길이가 길다고 하더라도 사실상 펄스라고 볼 수 있다. 모든 펄스는 적절한 진폭과 위상을 갖는 여러 주파수의 사인파의 중첩으로 표현될 수 있다. 그림 7.16에서처럼 2개의 파동이 아닌 수천 개 이상의 다른 주파수를 갖는 파동이 중첩된다. 사인파들이 중첩될 때, 특정 영역에서만 서로

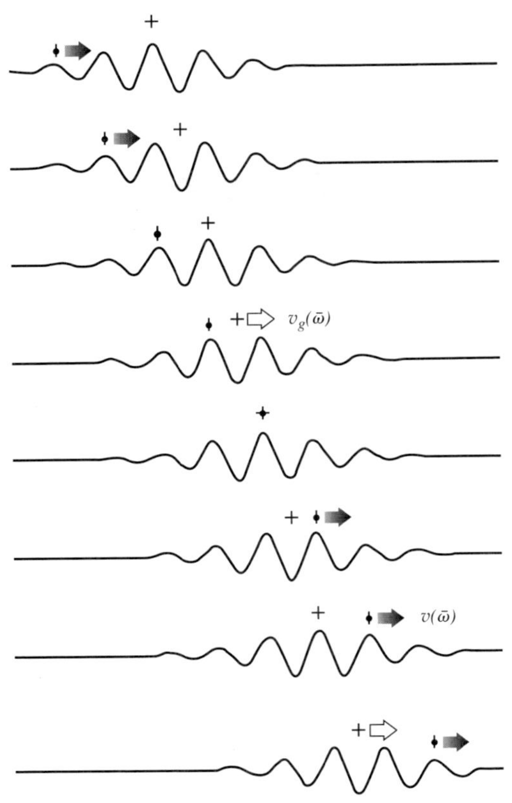

그림 7.18 분산 매질에서의 펄스 파동. 여기에서 $v > v_g$이며, 새로운 가지 파동(wavelet)이 (왼쪽에서) 이동하는 펄스로 들어온다. 만약에 v가 v_g보다 작다면 새로운 가지 파동은 (오른쪽에서) 이 펄스의 전면에 들어온다.

위상이 거의 같아 보강 간섭을 일으키고, 그 이외의 지역에서 상쇄 간섭을 일으키면서 국지화된 펄스의 형태를 만들어낸다. 이를 **파동 다발(wave packet)**이라고 한다(그림 7.18). 여기서 다시 군속도에 대해 생각해보는 것이 좋겠다. 식 (7.37)은 중첩된 사인파가 갖는 k값의 범위인 Δk가 작다고 가정하면 거의 옳다. 앞으로 배우게 되겠지만, Δk가 작다는 것은 공간 속에서 펄스가 넓다는 것을 의미한다. 반대로 공간 속에서 펄스의 폭이 좁으면 중첩된 사인파의 수가 증가하고, 따라서 Δk(또는 $\Delta\lambda$)가 커진다. 분산 매질에서는 파장에 따라 진행하는 파동의 위상 속도가 달라지기 때문에, Δk가 큰 펄스는 전파함에 따라 펄스의 모양 자체가 크게 변한다. 이런 경우에는 v_g의 개념이 다소 모호해지는 것이 사실이다.

공명 근처에서 그림 7.19에서와 같은 굴절률($n(\nu)$)–주파수(ν) 곡선을 가진 전형적인 매질을 생각하자. 공명 주파수 ν_0 근처에서 광파는 매질에 의해서 강하게 흡수되며, 이 흡수 주파수 범위를 **흡수대**(absorption band)라고 한다. 그 이외의 영역에서 굴절률은 주파수가 증가할 때 같이 커지는데 이것을 **정상 분산**(normal dispersion)이라고 한다. 반면 흡수대에서는 주파수가 증가할 때 굴절률이 감소하는데 이것을 **이상 분산**(anomalous dispersion)이라고 한다.

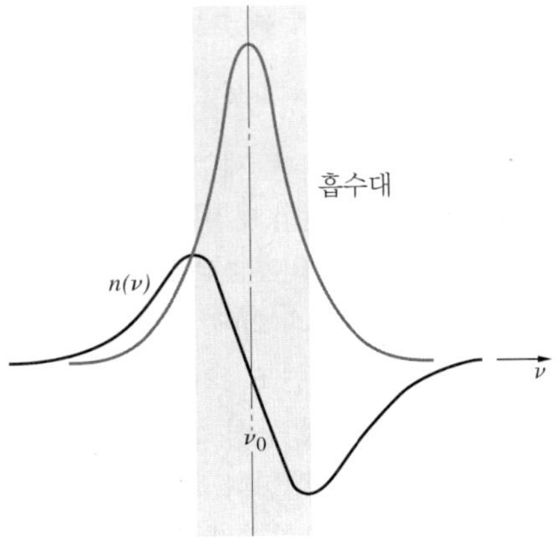

그림 7.19 공명 주파수 근처에서 주파수에 따른 굴절률과 흡수율의 전형적인 변화. 또한 공명 주파수의 중심이 놓인 흡수 곡선이 보인다.

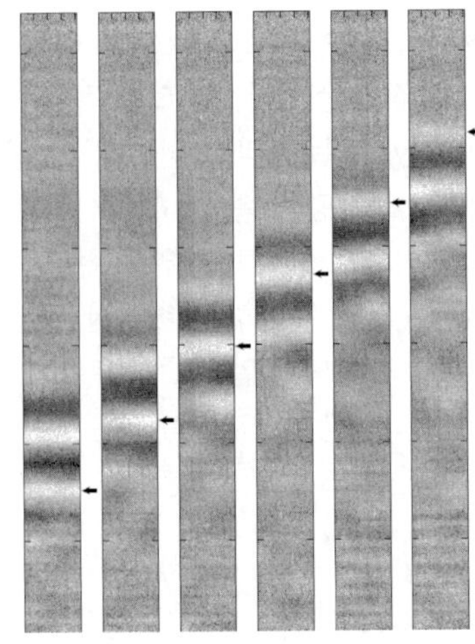

물통에서의 파동 다발의 진행을 포착한 일련의 사진들. 시간은 왼쪽 사진에서 오른쪽 사진으로 흐른다. 화살표는 파형 하나를 가리키는데, 전체 다발보다 더 빨리 위로 진행하다가 결국 다발의 위쪽 끝부분에서 사라진다. 이러한 정상 분산의 경우는 $v > v_g$에 해당한다. (제공: B. Ströbel, "Demonstration and study of the dispersion of water waves with a computer-controlled ripple tank," *Am. J. Phys.* **79**(6), 581–590 [June, 2011], American Association of Physics Teachers)

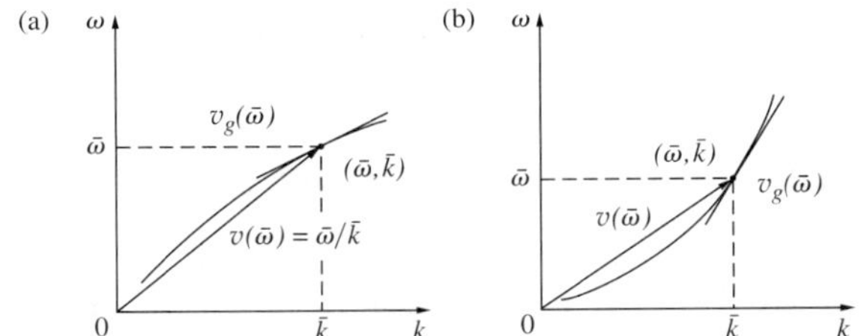

그림 7.20 분산 관계의 곡선. (*a*) 정상 분산에서 $v(\overline{\omega}) > v_g(\overline{\omega})$이며, (*b*) 이상 분산에서 $v_g(\overline{\omega}) > v(\overline{\omega})$이다. 주파수 ω인 파동의 위상 속도 v는 원점에서 곡선상의 점까지 잇는 직선의 기울기이다. 군속도는 곡선상의 점 $(\overline{\omega}, \overline{k})$에서 접선의 기울기이다. 여기서 $\overline{\omega}$는 평균 주파수이다.

그림 7.20에서와 같이 분산 관계식은 원점을 지나는 곡선

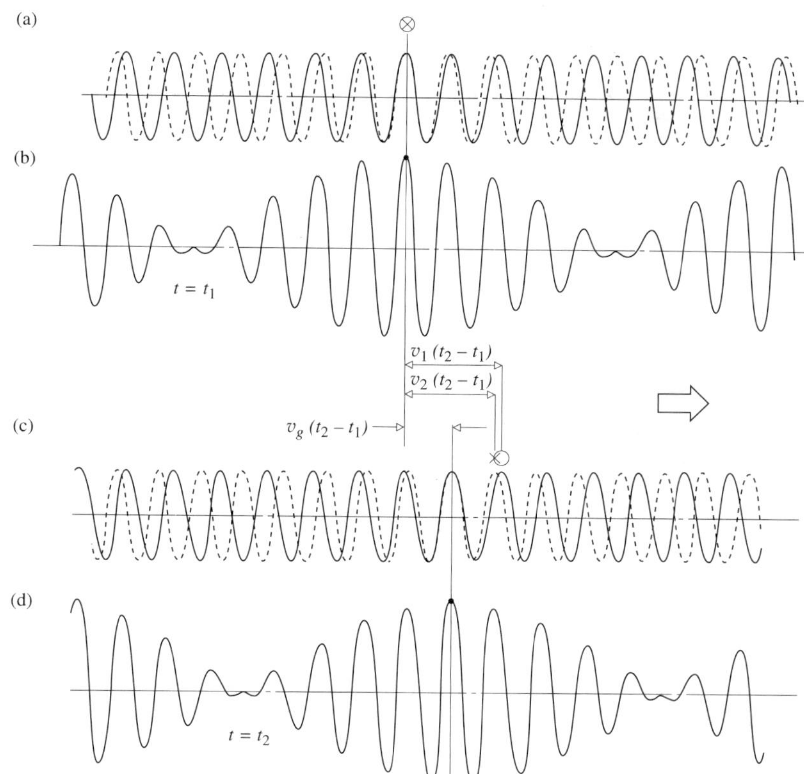

그림 7.21 군속도와 위상 속도. (*a*) 두 파동의 위상이 ⊗점에서 일치한다. (*b*) 이 점이 변조파의 마루가 된다. (*c*) 두 파동은 다른 속도로 전파한다. 그 결과 ×와 ○가 분리된다. (*d*) 다른 지점에서 파동의 위상이 일치한다. 변조파의 마루는 다른 속도로 전파한다. 여기서 $v_1 > v_2 > v_g$이고 $\lambda_1 > \lambda_2$이므로 정상 분산의 경우이다.

으로 나타낼 수 있다. 정상 분산의 경우 위로 볼록한 곡선을 이룬 반면에 이상 분산의 경우는 아래로 볼록한 곡선이 된다. 원점에서 (ω, k)점에 이르는 직선의 기울기는 주파수 $\overline{\omega}$인 파동의 위상 속도이다. 마찬가지로 $(\overline{\omega}, \overline{k})$ 점에서 곡선의 기울기 $(d\omega/dk)_{\overline{\omega}}$는 중심 주파수가 $\overline{\omega}$인 합성파의 군속도가 된다. 정상 분산 매질에서 고주파(청색) 빛의 굴절률이 저주파(적색) 빛보다 더 크기 때문에 고주파가 더 느리게 진행한다(즉 $v_g < v$). 따라서 분산 곡선의 기울기는 직선의 기울기보다 항상 더 작다. 반대로 이상 분산의 경우는 $v_g > v$가 된다.

식 (7.37)은 $\omega = kv$의 관계에 의하여

$$v_g = v + k\frac{dv}{dk} \tag{7.38}$$

가 되는데, 이 결과 v가 λ에 무관한 비분산 매질에서는 $dv/dk = 0$이고 $v_g = v$가 된다. 특히 진공 중에서는 $\omega = kc$이고 $v = c$이므로 $v_g = c$가 된다.

굴절률 $n(k)$가 알려진 분산 매질(그림 7.21에서와 같이 $v_1 \neq v_2$)에서는 $\omega = kc/n$이고 v_g를 다음과 같이 재구성하여 표현하는 것이 편리하다.

$$v_g = \frac{c}{n} - \frac{kc}{n^2}\frac{dn}{dk}$$

또는

$$v_g = v\left(1 - \frac{k}{n}\frac{dn}{dk}\right) \tag{7.39}$$

이다. **광학 매질에서 정상 분산(normal dispersion) 영역에서는 주파수가 증가하면 굴절률이 증가하며**($dn/dk > 0$), **그 결과 $v_g < v$가 된다.** 기존의 굴절률 n과 구별해서 **군굴절률(group index of refraction)**은 다음과 같이 정의할 수 있다.

$$n_g \equiv c/v_g \tag{7.40}$$

마이컬슨(A. A. Michelson)은 1885년에 백색광의 펄스를 사용하여 이황화탄소(carbon disulfide)의 군굴절률 n_g를 측정하여 1.758의 값을 얻었는데 이는 굴절률 $n = 1.635$와 차이가 난다.

예제 7.3

마이컬슨의 1885년 실험에서 두 개의 표준 파장, $\lambda_F = 486.1\,\text{nm}$와 $\lambda_D = 589.2\,\text{nm}$가 사용되었다. 이에 해당하는 굴절률은 $n_F = 1.652$, $n_D = 1.628$이다. 연습문제 7.36의 결과를 사용해서 CS_2 매질 내에서의 군속도를 구하고 위상 속도의 평균값과 비교하라.

풀이

연습문제 7.36에서

$$v_g = \frac{c}{n} + \frac{\lambda c}{n^2}\frac{dn}{d\lambda}$$

이며, 다음과 같이 바꿔 쓸 수 있다.

$$v_g = \frac{c}{n}\left(1 + \frac{\lambda}{n}\frac{dn}{d\lambda}\right)$$

v_g의 정의를 생각해 보면, 이를 $\overline{\omega}$에서 계산하는 것이 옳다.

$$v_g = \frac{c}{\overline{n}}\left(1 + \frac{\overline{\lambda}}{\overline{n}}\frac{\Delta n}{\Delta\lambda}\right)$$

여기서 평균값은

$$\overline{n} = \frac{n_F + n_D}{2} \text{와 } \overline{\lambda} = \frac{\lambda_F + \lambda_D}{2}$$

이며, 따라서

$$v_g = \frac{2.998 \times 10^8}{1.640}\left(1 + \frac{537.65 \times 10^{-9}}{1.640}\frac{\Delta n}{\Delta\lambda}\right)$$

이다. 여기서 아주 조심해야 한다. 우리는 $\Delta n/\Delta\lambda < 0$, 즉 파장이 늘어날수록 굴절률이 줄어드는 정상 분산의 상황을 다루고 있다. 따라서

$$v_g = 1.8280 \times 10^8[1 + (3.2784 \times 10^{-7})(-2.3278 \times 10^5)]$$

$$v_g = 1.8280 \times 10^8(0.92369)$$

$$v_g = 1.688 \times 10^8\,\text{m/s}$$

이다. 평균 위상 속도는

$$\overline{v} = \frac{c}{\overline{n}} = \frac{2.998 \times 10^8}{1.640}$$

이고

$$\overline{v} = 1.828 \times 10^8\,\text{m/s}$$

$\overline{v} > v_g$이므로 적합한 결과이다.

그림 7.18로 돌아가 보자. 매질은 정상 분산을 갖고, 위상 속도는 주파수 $\overline{\omega}$의 사인 함수인 반송파의 속도와 같다. 반송파의 마루는 합성파의 중심보다 더 빨리 전파하기 때문에 왼쪽에서 입사한 후 합성파의 중심을 지나서 오른쪽으로 사라지는 것처럼 보인다. 반송파가 펄스 내부를 지나가는 동안 반송파의 각 마루의 높이는 변화하지만, 모든 마루가 같은 속도 $v(\overline{\omega})$로 진행하므로 동일한 위상을 갖는 점의 전파 속도라고 할 수 있다. 이와는 대조적으로 변조 포락선의 속도는 $v_g(\overline{\omega}) = (d\omega/dk)_{\overline{\omega}}$가 되는데, 그림의 예에서는 위상 속도 $v(\overline{\omega})$의 1/4 값을 갖는다. 변조 포락선 중심의 이동 속도 $v_g(\overline{\omega})$는 변조파에서 동일한 진폭을 갖는 점의 전파 속도에 해당한다.

예제 7.4

짧은 파장의 물결파가 수면에서 진행하는 속도는 아래와 같이 주어진다.

$$v = \left(\frac{2\pi\Upsilon}{\lambda\rho}\right)^{1/2}$$

여기서 Υ는 표면 장력, ρ는 물의 밀도이다. 이에 해당하는 군속도를 구하라.

풀이

정의에 의해 다음을 구할 수 있다.

$$v_g = \frac{d\omega}{dk} = \frac{d(2\pi\nu)}{d(2\pi/\lambda)} = \frac{d\nu}{d(1/\lambda)}$$

여기서 $v = \nu\lambda = (2\pi\Upsilon/\lambda\rho)^{1/2}$이고 다음을 구할 수 있다.

$$\nu = \left(\frac{2\pi\Upsilon}{\lambda\rho}\right)^{1/2}\left(\frac{1}{\lambda}\right) = \left(\frac{2\pi\Upsilon}{\rho}\right)^{1/2}\left(\frac{1}{\lambda}\right)^{3/2}$$

$$\frac{d\nu}{d(1/\lambda)} = \left(\frac{2\pi\Upsilon}{\rho}\right)^{1/2}\left(\frac{3}{2}\right)\left(\frac{1}{\lambda}\right)^{1/2}$$

$$v_g = \frac{3}{2}\left(\frac{2\pi\Upsilon}{\lambda\rho}\right)^{1/2} = \frac{3}{2}v$$

다른 방법으로는 식 (7.38)로부터 다음과 같다.

$$v_g = v + k\frac{dv}{dk} = v + k\frac{d}{dk}\left(\frac{k\Upsilon}{\rho}\right)^{1/2}$$

$$v_g = \left(\frac{k\Upsilon}{\rho}\right)^{1/2} + k\left(\frac{\Upsilon}{\rho}\right)^{1/2}\frac{d}{dk}k^{1/2}$$

$$v_g = \left(\frac{k\Upsilon}{\rho}\right)^{1/2} + k\left(\frac{\Upsilon}{\rho}\right)^{1/2}\frac{1}{2}k^{-1/2}$$

$$v_g = \left(\frac{k\Upsilon}{\rho}\right)^{1/2} + \frac{1}{2}\left(\frac{k\Upsilon}{\rho}\right)^{1/2}$$

$$v_g = \frac{3}{2}\left(\frac{k\Upsilon}{\rho}\right)^{1/2}$$

또 다른 방법으로는 다음과 같음을 알 수 있다.

$$v = \left(\frac{k\Upsilon}{\rho}\right)^{1/2} = \frac{\omega}{k}$$

$$\omega = k\left(\frac{k\Upsilon}{\rho}\right)^{1/2} = k^{3/2}\left(\frac{\Upsilon}{\rho}\right)^{1/2}$$

$$v_g = \frac{d\omega}{dk} = \frac{3}{2}k^{1/2}\left(\frac{\Upsilon}{\rho}\right)^{1/2} = \frac{3}{2}v$$

연습문제 7.33에서 다음 식을 얻었다.

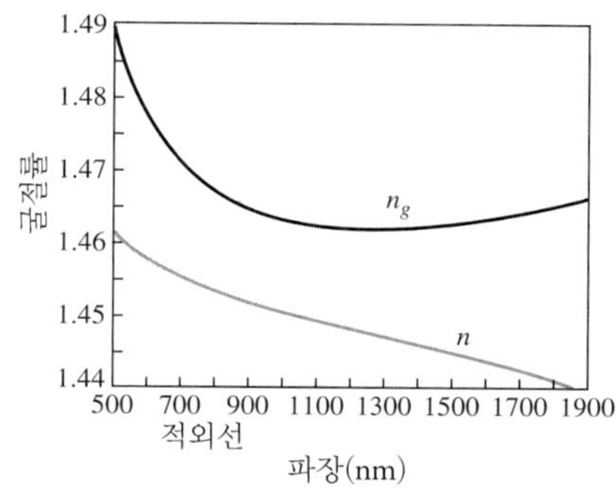

그림 7.22 석영 유리(SiO_2)의 위상 굴절률(n)과 군굴절률(n_g)을 나타낸 그래프. n의 변곡점이 1312 nm에서 나타나며 이때 n_g는 최솟값을 갖는다.

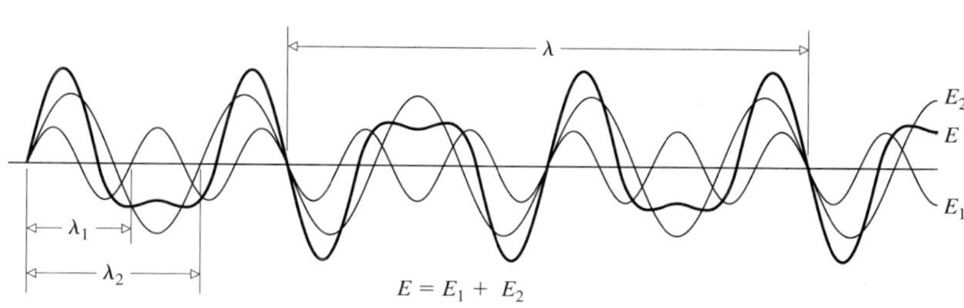

그림 7.23 주파수가 다른 두 조화파의 중첩. 주기적인 비조화파가 발생한다.

$$n_g = n - \lambda\frac{dn}{d\lambda}$$

분산 매질에서 n은 λ의 함수이고, 마찬가지로 n_g도 λ의 함수이다. 게다가 그림 3.42에서 보았듯이 정상 분산에서는 $dn/d\lambda < 0$이므로 일반적인 광학 매질에서 $n_g > n$일 것이라고 기대할 수 있다. 하나의 보기로 그림 7.22은 석영 유리(SiO_2)의 위상 굴절률과 군굴절률을 500 nm에서 적외선 영역의 1900 nm까지 보여 준다. n_g가 1300 nm 근처에서 거의 수평해진다는 사실은 현대 통신 시스템에서 매우 중요하다. 유리 광섬유로 데이터 펄스를 보낼 때 만일 1300 nm의 적외선광을 사용한다면 분산이 거의 없어서 신호가 왜곡되지 않기 때문이다.

7.3 비조화 주기 파동

따로 증명은 하지 않았지만, 공간상의 어떤 파동이든지 적절하게 선택된 조화파들의 합성으로 구성할 수 있다는 점을 앞에서 언급하였다. 물론 이들 조화파들의 공간 주파수, 진폭, 상대적 위상들을 올바로 설정해야 가능하다. 이 기술을 **푸리에 분석(Fourier analysis)**이라고 하는데, 모든 이론 물리학에서 사용되는 가장 중요한 방법 중 하나이다. 이 절에서는 실제로 어떻게 조화파들을 합성하는지 보여 줄 것이다. 전통적인 방식은 아니지만 두 가지 상보적인 접근법을 사용한다. 일반적인 분석법은 다소 수학적으로 모호하므로, 먼저 직관적이고 시각적인 접근을 사용해서 수학이 실제로 하는 일이 무엇인지 보여 줄 것이다. 여기서 확립된 방법은 공간적인 변화(말하자면 줄의 파동과 같이 특정한 순간에 여러 장소에 펼쳐진 것)과 시간적인 변화(말하자면 교류 전압처럼 한 장소에서 시간에 따라 변하는 것)에 똑같이 적용된다. 우리가 다루는 실제 현상은 수학적으로 잘 정의된 함수들로 표현할 수 있다고 가정한다.

7.3.1 푸리에 급수

공간에서의 파동이나 시간에서의 신호의 형태를 **파형(waveform)**이라고 하는 경우가 많다. 이 장의 앞부분(그림 7.9)에서 같은 주파수를 갖는 여러 조화파가 더해졌을 때, 어떻게 같은 주파수의 한 조화파로 귀결되는지 보여 주었다. 이 현상을 일반화시키면 다음과 같다. **같은 주파수의 여러 조화 파형이 중첩되면, 그들의 진폭이나 상대적인 위상차와 관계없이 같은 주파수를 갖는 하나의 조화 파형이 형성된다.** 이와 대조적으로, 그림 7.23처럼 서로 다른 주파수를 갖는 파형들을 더하면 **비조화적인(unharmonic**, 사인파가 아닌) 합성파가 만들어진다.

그림 7.23은 여러 개의 사인 함수를 합성할 때 흥미로운 파형이 만들어질 수 있음을 보여 준다. 파장 λ_1과 λ_2가 다를 때 한 주기 후에 두 파동의 위상이 서로 반대가 된다. 그러나 두 파동이 각각 N_1 주기와 N_2 주기 후에 $N_1\lambda_1 = N_2\lambda_2$를 만족한다면 두 파동은 다시 동일한 위상을 갖게 된다. 이 과정은 계속 반복되면서 합성된 파동은 공간 주기 λ를 갖는 **주기적인 형태**를 띤다.

파장을 특별히 고려하지 않고(그림 7.24) 여러 개의 조화파를 선택해 더했을 때는, 합성파가 정확히 한 주기를 반복하려면 각 조화파 성분이 엄청나게 많은 주기를 지나야만 가능하다. 반면에 가장 긴 파장 λ로부터 시작해서 $\lambda/2$, $\lambda/3$, $\lambda/4$ 등의 주기를 갖는 조화파들을 더하는 경우에는 합성파의 주기가 λ로 깔끔하게 결정된다. 짧은 파장의 조화파들이 **기본 파장**(λ)을 갖는 조화파 내에 정수배만큼 딱 맞게 떨어지기 때문이다.

이 현상이 시간 영역에서 일어나면 그림 7.25a처럼 된다. 여기서 각 조화 함수 성분이 원점에서 다른 출발점을 갖고 있음을 유념하라. 달리 말하면 이들은 서로 다른 위상을 갖는다. 각 파형 성분의 진폭을 수직 막대로 나타내었고, 이 막

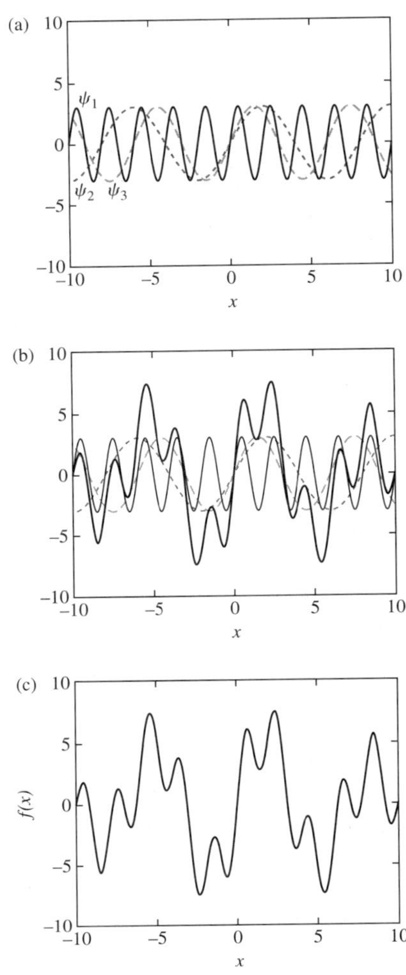

그림 7.24 진폭이 같은 세 개의 사인파의 합. $\psi_1(x) = 3\sin\pi x$, $\psi_2(x) = 3\sin(\pi x/4)$, $\psi_3(x) = 3\sin(\pi x/3)$. 여기서 $\lambda_1 = 2$, $\lambda_2 = 8$, $\lambda_3 = 6$이다.

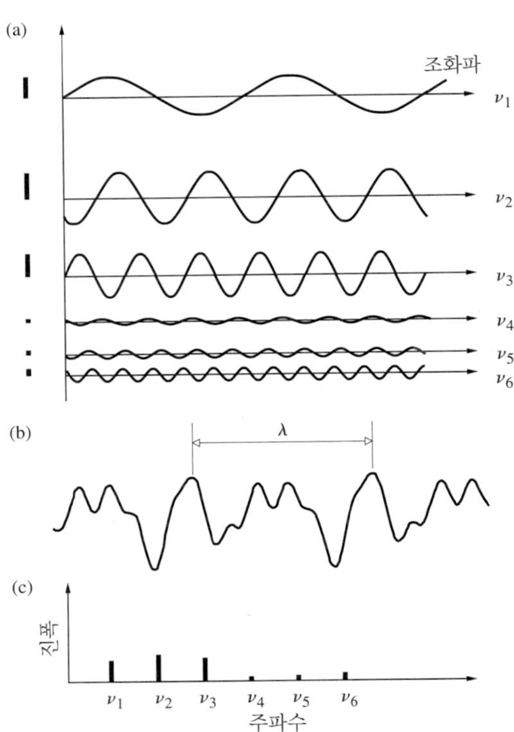

그림 7.25 (a) 주파수(주파수)와 진폭이 다른 6개 조화파의 중첩, (b) 주기적인 합성파, (c) 주파수 스펙트럼

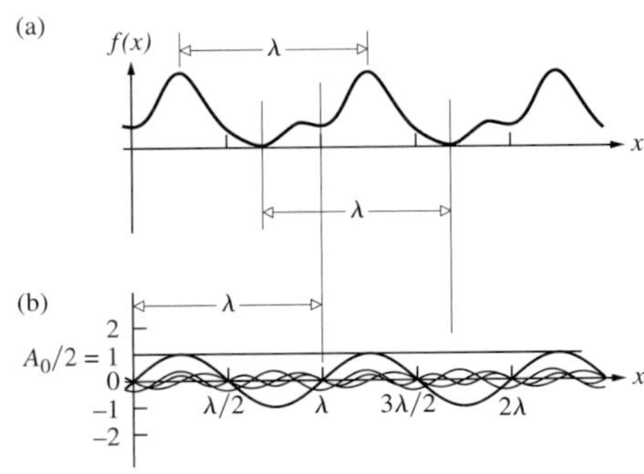

그림 7.26 주기 함수 $f(x)$를 조화파 푸리에 성분으로 분해한 것. 여기서 $f(x) = 1 + \sin kx - \frac{1}{3}\cos 2kx - \frac{1}{4}\sin 2kx - \frac{1}{5}\sin 3kx$이다.

대들을 다시 그림 7.25c에서 주파수에 맞춰 배열하였다. 일단은 이 진폭 막대들을 수평축에서 위로 배열하였지만, 나중에 이들을 배열하는 새로운 방법을 소개하겠다. 그림 7.25c를 **주파수 스펙트럼(frequency spectrum)**이라고 하는데, 이는 그림 7.25b의 합성파를 만드는 데 각 주파수의 사인파가 얼마나 필요한지 알려주고 있다.

조화 성분들을 사용해서 공간 주기가 λ인 어떤 주기적인 파형 $f(x)$를 합성하기 원한다고 하자. 위의 논의대로라면 파장 λ의 사인 혹은 코사인 함수를 준비하고, 파장이 λ의 정수분의 1인 조화항들을 여기에 추가해야 한다.

그림 7.24에 표현된 파형은 사인 함수와 코사인 함수의 합으로 이루어져 있어, x축을 중심으로 오르락내리락하는데 위로 올라간 양만큼 아래로 내려오는 것처럼 보인다. 물론 그림 7.26에서 한 것처럼 양이나 음의 상수를 더하면 그 결과가 달라질 수 있다. 따라서 x축 위로 높이 $A_0/2$에 놓인 직선이 그런 상수값에 해당한다. 이 경우엔 그 상수값이 1.0이다. 이 상수값을 왜 $A_0 = 2$라고 표현하는지는 곧 설명할 것이다. 이 상수는 어떤 주파수와도 관계없으므로 이 부분을 ***DC* 항**이라고 한다. 광학에서 이 항이 갖는 물리적 중요성을 나중에 설명할 것이다.

주기적인 함수를 분석하는 데 있어서 특별히 멋진 수학적 기법이 프랑스 물리학자 푸리에(Jeam Baptiste Joseph, Baron de Fourier, 1768~1830)에 의해 고안되었다. 이 이론은 나중에 **푸리에 정리(Fourier's Theorem)**로 알려졌는데, 이것은 **공간 주기가 λ인 함수 $f(x)$가 그 파장의 정수분의 일**(즉 λ, λ/2, λ/3 등)**인 조화 함수의 합으로 합성될 수 있다는**

정리이다. 이 푸리에 급수 표현법은 다음과 같은 수학적 형태를 가진다.

$$f(x) = C_0 + C_1 \cos\left(\frac{2\pi}{\lambda}x + \varepsilon_1\right) + C_2 \cos\left(\frac{2\pi}{\lambda/2}x + \varepsilon_2\right) + \ldots \tag{7.41}$$

여기서 C값은 상수이며 물론 $f(x)$는 진행파 $f(x - vt)$의 형태를 가질 수도 있다. 이 푸리에 급수가 어떻게 성립될 수 있는지를 알아보기로 하자. 첫째 항의 상수 C_0만으로는 원래 함수를 거의 대체할 수 없지만 적어도 몇몇 점들(C_0의 직선이 $f(x)$ 곡선과 교차하는 점들)에서는 함수값을 올바로 표현하고 있다. 같은 방식으로 함수

$$[C_0 + C_1 \cos(2\pi x/\lambda + \varepsilon_1)]$$

이 $f(x)$ 곡선과 더 많이 교차하도록 계수를 잘 선택하여 항을 추가해 보면 $f(x)$ 곡선과 더 닮게 된다. 만일 합성된 함수[식 (7.41)의 우변]가 비조화 함수와 무수히 교차하도록 무한대 개수의 선택된 항으로 구성된다면 이 급수는 추측건대 $f(x)$와 동일하게 될 것이다.

식 (7.41)을 다음의 삼각 함수 공식을 사용하여 재구성하는 것이 편리하다.

$$C_m \cos(mkx + \varepsilon_m) = A_m \cos mkx + B_m \sin mkx$$

여기서 $k = 2\pi/\lambda$이고 λ는 $f(x)$의 주기이며 $A_m = C_m \cos \epsilon_m$ 그리고 $B_m = -C_m \sin \epsilon_m$이다. 따라서

$$f(x) = \frac{A_0}{2} + \sum_{m=1}^{\infty} A_m \cos mkx + \sum_{m=1}^{\infty} B_m \sin mkx \tag{7.42}$$

가 된다. 첫째 항은 나중에 수학적으로 단순한 표현이 되도록 $A_0/2$로 쓴다. 이 식은 주기적인 파형인 $f(x)$가 다음과 같은 무한히 많은 항들로부터 합성될 수 있음을 말하고 있다.

$$f(x) = \frac{A_0}{2} + A_1 \cos 1kx + A_2 \cos 2kx + A_3 \cos 3kx + \ldots + B_1 \sin 1kx + B_2 \sin 2kx + B_3 \sin 3kx + \ldots$$

이제 우리가 해야 할 일은 각 계수 A_m과 B_m을 어떻게 결정하는지 알아내는 것이다. 일단 위 식에서 오른편 전체 식은 모든 측면에서 왼쪽 식과 완전히 동일하다는 것을 유념하라. 이 말은 x축의 어떤 구간(예를 들면 λ)에 걸쳐 $f(x)$ 함수 그래프의 아래 면적을 구하면, 같은 구간에 걸쳐 오른쪽의 각 항에 해당하는 그래프의 면적을 각각 구한 후 합한 값과 같다야 한다는 뜻이다. 이로부터 A_0를 구하는 방법을 찾아낼 수 있다.

'곡선 아래의 면적'이라는 것은 함수의 곡선과 수평축, 그리고 x축 구간의 시작점과 끝점에서 올린 두 수직축에 의해 만들어진 도형의 면적을 뜻한다. x축 위에 만들어진 면적은 양수값을, x축 아래에 만들어진 면적은 음수값을 가지므로 전체 면적은 그 차이값이 될 것이다.

잠시 DC항은 놔두고 위의 식의 오른쪽에서 각 조화항의 아래 면적을 구해 보자. 각 조화항은 구간 λ에 걸쳐 정수배의 사이클을 거치며 진동하므로 x축을 중심으로 대칭적이 된다. 따라서 A_1 cos $1kx$와 A_2 cos $2kx$, 그리고 다른 모든 코사인 함수 항들이 만들어내는 알짜 면적은 0이 된다. B_1 sin $1kx$, B_2 sin $2kx$, 그리고 다른 모든 사인 함수에서도 마찬가지로 0이다. 따라서 오른쪽 식에서 구간 λ에 걸쳐 계산한 면적에 기여하는 유일한 항은 $A_0/2$뿐이다. 달리 말해서, $f(x)$ 아래의 면적은 상수 함수 A_0 아래의 면적의 절반과 같다. 상수 함수 A_0 아래의 면적은 $A_0 \times \lambda$이므로 다음과 같은 관계가 성립한다.

$$A_0 = \frac{2}{\lambda} \times \ f(x) \text{ 아래의 면적}$$

앞으로는 '$f(x)$ 아래의 면적' 대신 제대로 된 적분 표현을 쓰겠지만 당분간은 이렇게 말하도록 하자.

다른 A_m과 B_m값을 결정하는 데에도 비슷한 접근 방식을 사용할 수 있다. 그림 7.27에 나타낸 바와 같이 어떤 주기 함수 $f(x)$와 그것의 푸리에 성분을 생각해 보자. A_1을 구하기 위해 cos kx를 오른쪽의 각 항에 곱한 후 $f(x)$의 한 주기 λ에 걸쳐 그 곱한 함수의 아래 면적을 구하려고 한다. 당연히 $(1/2)A_0$와 cos kx의 곱인 $(1/2)A_0$ cos kx 함수의 아래 면적은 0이 되어 사라진다. 두 번째 항인 A_1 cos $1kx$는 특별히 흥미로운데, 함수의 곱에 관한 기법을 설명한 후에 다시 언급하기로 하겠다.

예를 들어 sin $2kx$와 cos kx를 수치적으로 곱하기 위해서 그림 7.28에 보인 것처럼 각 함수의 그래프에 수직선을 그어 같은 간격으로 쪼갠다. 그러고 나서 각 수직선과 교차하는 그래프의 값들을 곱해본다. 이는 1.00×0, 0.966×0.500, 0.866×0.866, 0.707×1.00 등등이 된다. 그 결과값을 그려보면 그림 7.28c처럼 된다. 이 곱의 그래프는 두 개의 양의 봉우리와 두 개의 음의 봉우리를 갖는데 봉우리의 모양이 똑같아서 **이 그래프 아래의 면적은 0이 된다.** cos kx와 sin $2kx$를 곱해서 $\frac{1}{4}\lambda$ 영역 안에서 양의 봉우리를 얻었다면 반드시 그에 대응되는 음의 봉우리가 생기도록 하는 대칭성이 존재하기 때문이다. 이 사실은 두 함수의 공간 주파수가 어떠하든지 **두 주파수가 완전히 같지 않은 한** 항상 성립한다. 따라서 (cos kx)(A_2 cos $2kx$) 아래의 면적은 0이고, (cos kx)(A_3 cos$3kx$), (cos kx)(B_1 sin $1kx$), (cos kx)(B_2 sin $2kx$), (cos kx)(B_3 sin $3kx$) 등등의 아래 면적도 모두 0이다.

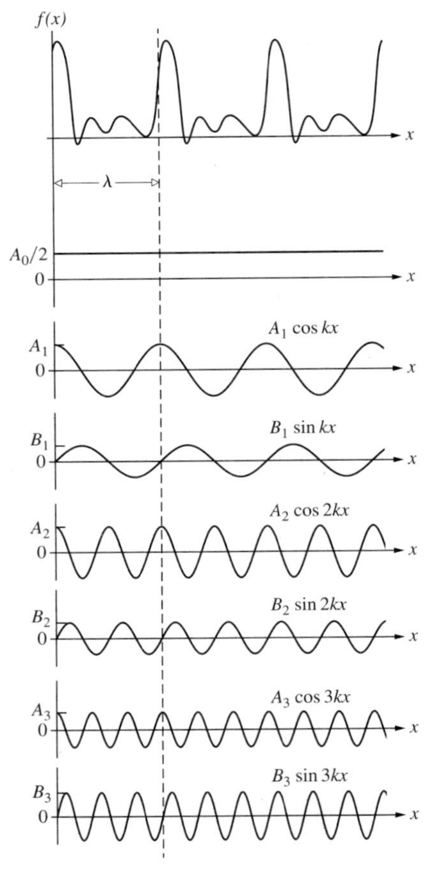

그림 7.27 비조화 주기 함수 $f(x)$의 푸리에 분해. $f(x)$의 공간 주기 혹은 파장은 λ이다.

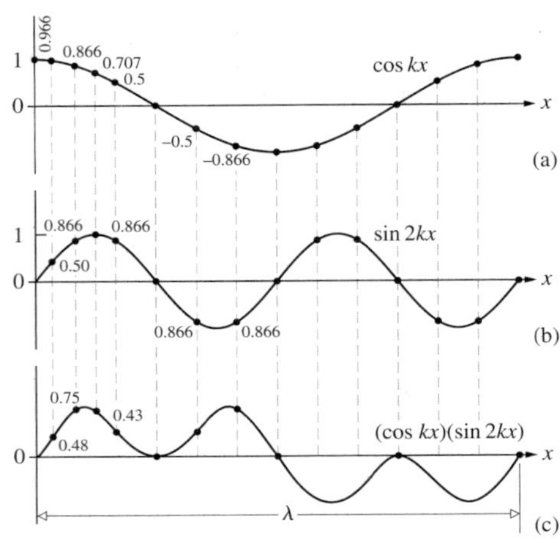

그림 7.28 두 조화 함수 cos kx와 sin $2kx$의 곱

이제 $A_1 \cos kx$ 항으로 돌아가 보자. 이 항은 cos kx를 곱했을 때, 다른 경우와 달리 $(\cos kx)(A_1 \cos kx) = A_1 \cos^2 kx$이 되어 항상 양의 값을 갖는다. 그림 7.29a는 $A_1 \cos^2 kx$를 보여 준다. 그래프 아래의 면적을 구하기 위해 그림 7.29b에서는 오른쪽 절반을 둘로 쪼갠 다음 뒤집어서 왼쪽 계곡 안

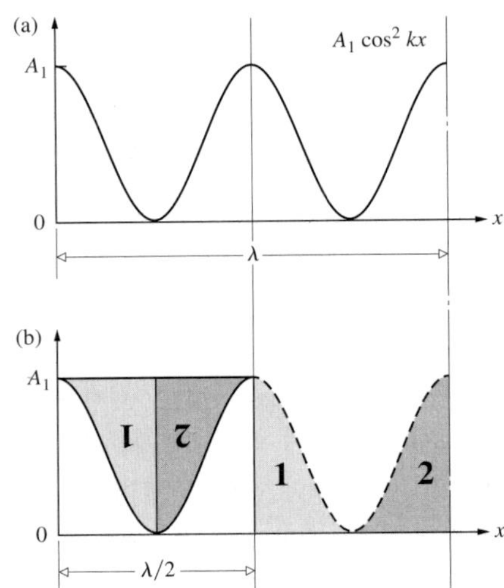

그림 7.29 길이 λ에 걸친 $A_1 \cos^2 kx$ 그래프의 아래 면적은 $A_1\lambda/2$와 같다.

에 깔끔하게 삽입했다. 이때 만들어진 사각형의 면적은 $\frac{1}{2}A_1\lambda$이다. $f(x)$ cos kx 아래의 면적이 $\frac{1}{2}A_1\lambda$이므로

$$A_1 = \tfrac{2}{\lambda} \times f(x) \cos kx\text{의 아래 면적}$$

이다. (면적은 $f(x)$의 한 공간 주기에 대해 계산한다.)

주어진 주기 파형 $f(x)$에 대해 푸리에 계수 A_1을 구할 때 $f(x)$cos kx 그래프 아래의 면적을 한 주기 λ에 대해 계산한 후 $\frac{1}{2}\lambda$로 나누었다. 완전히 똑같은 방법으로

$$A_2 = \tfrac{2}{\lambda} \times f(x) \cos 2kx\text{의 아래 면적}$$

이다. 일반적으로 $m = 0, 1, 2, 3, \ldots$에 대해

$$A_m = \tfrac{2}{\lambda} \times f(x) \cos mkx\text{의 아래 면적}$$

이라고 쓸 수 있다. 이 식은 A_0에도 마찬가지로 적용되며, 이것이 바로 식 (7.42)에서 푸리에 급수의 첫 항을 $A_0/2$로 적은 이유이다. 따라서 A_0는 0번째 진폭 계수이며, $A_0/2$는 급수의 DC항이다.

만일 B_1을 구하기 위해 양변에 sin $1kx$를 곱한 후 전 과정을 다시 반복한다면 거의 같은 결과를 얻는다.

$$B_1 = \tfrac{2}{\lambda} \times f(x) \sin kx\text{의 아래 면적}$$

(면적은 $f(x)$의 한 공간 주기에 대해 계산한다.) 일반적으로 $m = 0, 1, 2, 3, \ldots$에 대해

$$B_m = \tfrac{2}{\lambda} \times f(x) \sin mkx\text{의 아래 면적}$$

이 된다. 많은 경우에 '$f(x)$'는 실제 함수가 아니라 데이터의 집합으로 주어진다(7.4.4절 참조). 위의 방법을 사용해서 수치적으로 A_m과 B_m 계수를 구하는 과정을 **이산 푸리에 분석(discrete Fourier analysis)**이라고 하며, 보통 컴퓨터를 사용

해서 계산한다. 반면에 $f(x)$라는 함수식을 갖고 있다면, 필요한 면적 계산은 적분을 통해 하면 된다.

다음에 설명하는 내용은 우리가 앞에서 그래프를 이용해서 한 것과 거의 같은데, 이번에는 적분을 통해 계산해본다. 목적은 앞과 같이 A_m과 B_m 계수를 결정하는 것이다. 이를 위해 식 (7.42)의 양변을 구간의 크기가 λ인 임의의 구간에 걸쳐 적분한다. 예를 들어 0에서 λ까지나 혹은 $-\lambda/2$에서 $\lambda/2$까지 또는 더욱 일반적으로 x'에서 $x' + \lambda$까지 적분한다. 이러한 임의 구간에 대해서도 적분값은

$$\int_0^\lambda \sin mkx\,dx = \int_0^\lambda \cos mkx\,dx = 0$$

이므로 오직 하나의 항만이 0이 안 된다. 즉

$$\int_0^\lambda f(x)\,dx = \int_0^\lambda \frac{A_0}{2}dx = A_0\frac{\lambda}{2}$$

이므로

$$A_0 = \frac{2}{\lambda}\int_0^\lambda f(x)\,dx \tag{7.43}$$

이다. 다음에 A_m과 B_m을 구하기 위하여 **삼각함수의 직교성질**(orthogonality)을 이용한다(연습문제 7.43). 즉

$$\int_0^\lambda \sin akx \cos bkx\,dx = 0 \tag{7.44}$$

$$\int_0^\lambda \cos akx \cos bkx\,dx = \frac{\lambda}{2}\delta_{ab} \tag{7.45}$$

$$\int_0^\lambda \sin akx \sin bkx\,dx = \frac{\lambda}{2}\delta_{ab} \tag{7.46}$$

이다. 여기서 a와 b는 0이 아닌 양의 정수이며, δ_{ab}는 **크로네커 델타**(Kronecker δ)인데 이는 $a = b$일 때 1이고 $a \neq b$일 때 0임을 의미한다. A_m을 구하기 위하여 식 (7.42)의 양변에 $\cos \ell kx$를 곱하고(ℓ은 양의 정수) 공간 주기에 대해 적분한다. 적분값이 0이 아닌 항은 단 하나로서 첫 번째 합 부분에 유일하게 기여하는데 이는 $\ell = m$에 해당하며 이 경우에

$$\int_0^\lambda f(x)\cos mkx\,dx = \int_0^\lambda A_m \cos^2 mkx\,dx = \frac{\lambda}{2}A_m$$

이다. 따라서

$$A_m = \frac{2}{\lambda}\int_0^\lambda f(x)\cos mkx\,dx \tag{7.47}$$

가 된다. 이 표현식은 식 (7.43)과 식 (7.47)을 비교해 보면 알 수 있듯이 **$m = 0$을 포함한 모든 m에 대해** A_m의 값을 구하는 데 사용될 수 있다. 마찬가지로 식 (7.42)에 $\sin \ell kx$를 곱하고 적분하면

$$B_m = \frac{2}{\lambda}\int_0^\lambda f(x)\sin mkx\,dx \tag{7.48}$$

가 된다. 요약하면 주기 함수 $f(x)$는 푸리에 급수로서 다음과 같이 나타낼 수 있다.

$$f(x) = \frac{A_0}{2} + \sum_{m=1}^{\infty} A_m \cos mkx + \sum_{m=1}^{\infty} B_m \sin mkx \tag*{[7.42]}$$

$f(x)$를 이미 알고 있다면 계수는 다음 두 식에 의해 결정된다.

$$A_m = \frac{2}{\lambda}\int_0^\lambda f(x)\cos mkx\,dx \tag*{[7.47]}$$

$$B_m = \frac{2}{\lambda}\int_0^\lambda f(x)\sin mkx\,dx \tag*{[7.48]}$$

급수의 수렴 여부와 $f(x)$의 특이점과 관련하여 수학적으로 미묘한 부분이 있다는 것을 알아야 한다. 그러나 여기서는 그러한 문제를 걱정할 필요가 없다.

푸리에 계수의 계산에 있어서 알아 둘 가치가 있는 대칭 조건이 있다. 왜냐하면 계산상의 지름길이 될 수 있기 때문이다. 만일 함수 $f(x)$가 $x = 0$을 중심으로 대칭인 **짝함수**(even function)이면, 즉 $f(-x) = f(x)$이면 $f(x)$의 푸리에 급수는 그 자체가 짝함수인 코사인 항만을 가지게 된다(즉 모든 m에 대해 $B_m = 0$이다). 마찬가지로 $x = 0$을 중심으로 반대칭인 **홀함수**(odd function)[즉 $f(-x) = -f(x)$]는 사인 함수만으로 급수 전개된다(즉 모든 m에 대해 $A_m = 0$). 따라서 이 두 경우에는 두 종류의 계수를 모두 계산하느라 애쓸 필요가 없다. 만일 원점 위치를 임의로 잡아도 무방한 경우에는, 계산이 최대한 간편해지는 쪽으로 원점을 선택하면 된다. 그렇지만 대부분의 보통의 함수들은 짝함수도 홀함수도 아님을 명심하라(예: e^x).

그림 7.30에 나타낸 톱니파는 홀함수이다. 즉 원점 오른쪽에서의 함수값과 왼쪽 같은 거리에서의 함수값은 부호만 다르고 크기는 같다. 이 때문에 톱니파는 사인함수의 합으로 표현될 수 있는데, 성분파 모두 원점에서 위상이 동일하며 값은 0이 된다. 그림 7.31을 보면 왜 이래야만 하는지 분명하다. 사인파들이 처음에는 모두 0값을 갖다가 원점 직후에 서로 보강해서 큰 합을 만들어내고, 그 이후로는 점차 서로 위상이 어긋나면서 값이 줄어들고, 결국 $\lambda/2$에서는(그림 7.30의 첫 번째 파선에서) 서로 상쇄되어 다시 0이 된다. 이 $\lambda/2$ 지점을 중심으로 사인파들이 뒤집어진 것처럼 나타나므로 합성파는 이제 음수값을 갖는다. 가장 작은 성분파가 λ 안에 6개 들어가고 이 때문에 이 6개 항짜리 톱니파에 6개의

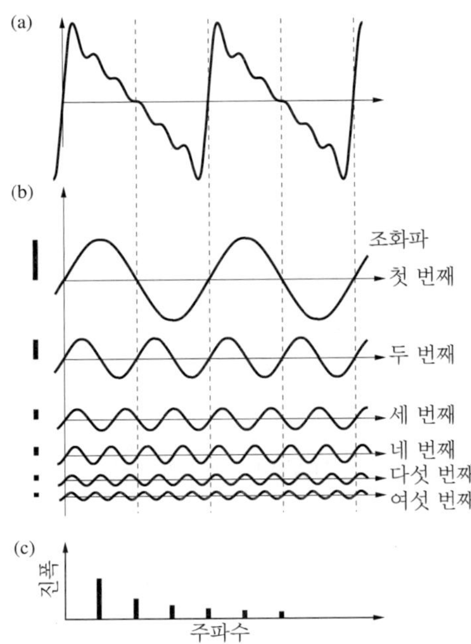

그림 7.30 (*a*) 근시적인 톱니파. 수천 개의 사인파가 중첩되면 깨끗한 톱니파가 얻어진다. (*b*) 근사적인 톱니파를 구성하는 6개의 조화파, (*c*) 주파수 스펙트럼

작은 혹이 나타남을 주목하라.

이 사실은 더 높은 주파수(또는 더 짧은 파장)와 더 작은 진폭을 갖는 항들을 추가할수록 합성 함수가 점점 더 매끈해질 것임을 말해준다. 그림 7.32에서 항의 개수를 3에서 7개, 11개, 100개로 늘렸을 때 어떻게 되는지 잘 볼 수 있다. 그림의 마지막 부분에서 불연속점에 뾰족한 침이나 흔들림이 나타나는 것은 이 과정에서 나타나는 일종의 결함인데, **깁스 현상(Gibbs phenomenon)**으로 알려져 있다.

예제 7.5

그림 7.33에 나타난 사각파(square wave)에 대한 푸리에 급수를 계산하라.

풀이

$$f(x) = \begin{cases} +1 & 0 < x < \lambda/2 \text{ 인 경우} \\ -1 & \lambda/2 < x < \lambda \text{ 인 경우} \end{cases}$$

한 주기에 대해 $f(x)$ 아래의 면적은 0이다. 따라서 $A_0 = 0$이다. $f(x)$가 홀함수이므로 $A_m = 0$이고,

$$B_m = \frac{2}{\lambda}\int_0^{\lambda/2} (+1)\sin mkx\,dx + \frac{2}{\lambda}\int_{\lambda/2}^{\lambda} (-1)\sin mkx\,dx$$

이다. 따라서

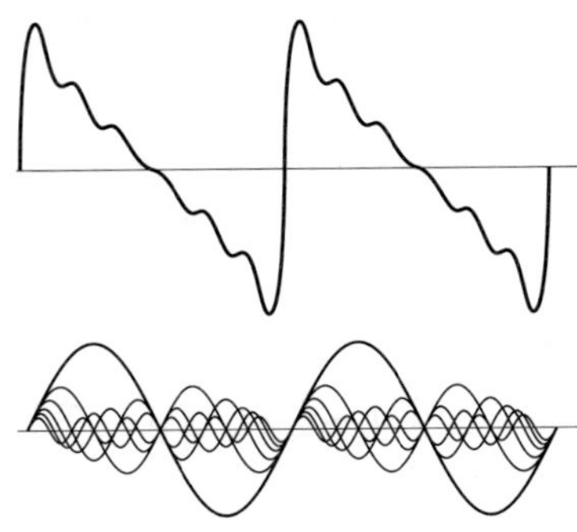

그림 7.31 각 성분파들이 어떻게 동일 위상, 또는 반대 위상으로 만나는지 볼 수 있다.

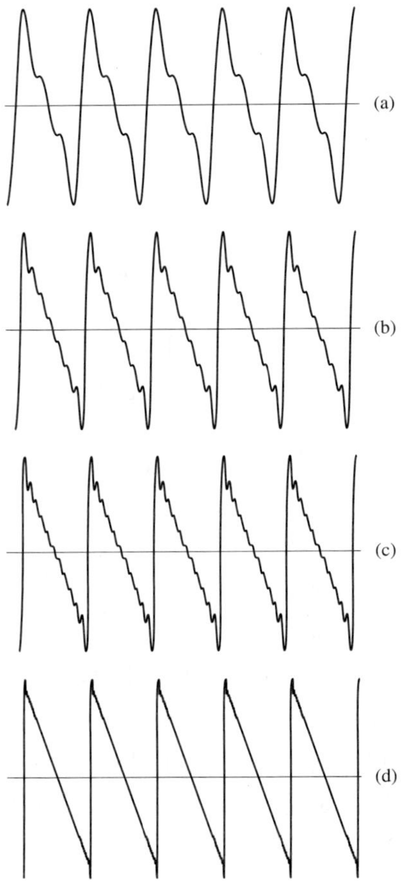

그림 7.32 톱니파에 대한 푸리에 급수. (*a*) 3개의 항. (*b*) 7개의 항. (*c*) 11개의 항. (d) 100개의 항을 사용.

$$B_m = \frac{1}{m\pi}[-\cos mkx]_0^{\lambda/2} + \frac{1}{m\pi}[\cos mkx]_{\lambda/2}^{\lambda}$$

이 되는데, $k = 2\pi/\lambda$임을 기억하면

$$B_m = \frac{2}{m\pi}(1 - \cos m\pi)$$

를 얻는다. 따라서 푸리에 계수는

$$B_1 = \frac{4}{\pi}, \qquad B_2 = 0, \qquad B_3 = \frac{4}{3\pi},$$

$$B_4 = 0, \qquad B_5 = \frac{4}{5\pi}, \cdots$$

이 되며 사각파를 합성하는 데 필요한 급수는

$$f(x) = \frac{4}{\pi}\left(\sin kx + \tfrac{1}{3}\sin 3kx + \tfrac{1}{5}\sin 5kx + \cdots\right) \qquad (7.49)$$

이 된다.

그림 7.34는 항의 수를 증가시키면서 몇 개의 부분 합을 그린 것이다. 시간의 함수 $f(t)$를 구하기 위해서는 단지 kx를 ωt로 바꿈으로써 시간 영역으로 넘어갈 수도 있다. 출력 전압이 사인 함수적으로 변화하고 주파수와 진폭이 조절 가능한 3개의 전기적 발진기가 있다고 가정하자. 이 발진기의 주파수를 ω, 3ω, 5ω에 맞추어 직렬로 연결하고 오실로스코프로 합성 신호를 조사하면 그림의 어느 파형이든 만들어 낼 수 있다. 마찬가지로 피아노의 세 건반 각각에 적절한 힘을 가하여 동시에 누르면, 그림 7.34c와 같은 합성파나 화음(chord)을 만들어 낼 수도 있다. 신기하게도 인간의 귀와 뇌의 청각 시스템은 합성파를 그 조화 성분으로 분해하는 푸리에 해석을 할 수 있는 능력이 있다(아마 화음을 이루는 각 음의 이름까지 거명할 수 있는 사람도 있을 것이다).

앞에서 우리는 비조화 주기 함수를 다루는 데 필요한 이론적 기반이 없었기 때문에 순수한 조화 함수만을 다루어 왔다. 이제는 비조화 주기 파동을 서로 다른 주파수를 갖는 조화 성분의 중첩으로 생각할 수 있으며, 개별 주파수 성분의 작용은 서로 독립적으로 분석하고 취급하면 된다. 이에 따라 **비조화 주기 파동(anharmonic periodic wave)**에 대해서도

$$f(x \pm vt) = \frac{A_0}{2} + \sum_{m=1}^{\infty} A_m \cos mk(x \pm vt) + \sum_{m=1}^{\infty} B_m \sin mk(x \pm vt) \qquad (7.50)$$

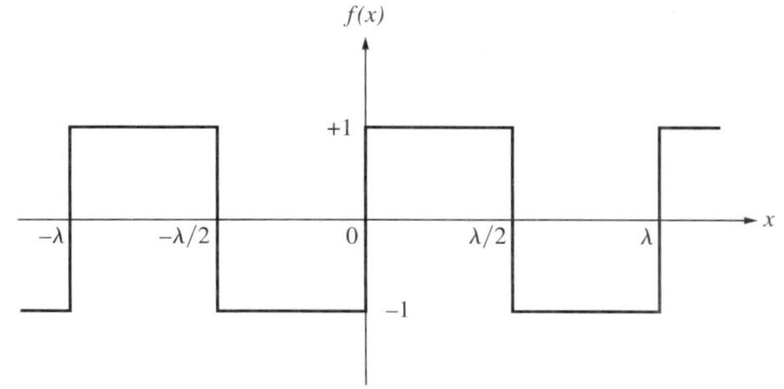

그림 7.33 주기적인 사각파

으로 쓸 수 있으며, 이와 동등하게

$$f(x \pm vt) = \sum_{m=0}^{\infty} C_m \cos[mk(x \pm vt) + \varepsilon_m] \qquad (7.51)$$

으로 쓸 수 있다.

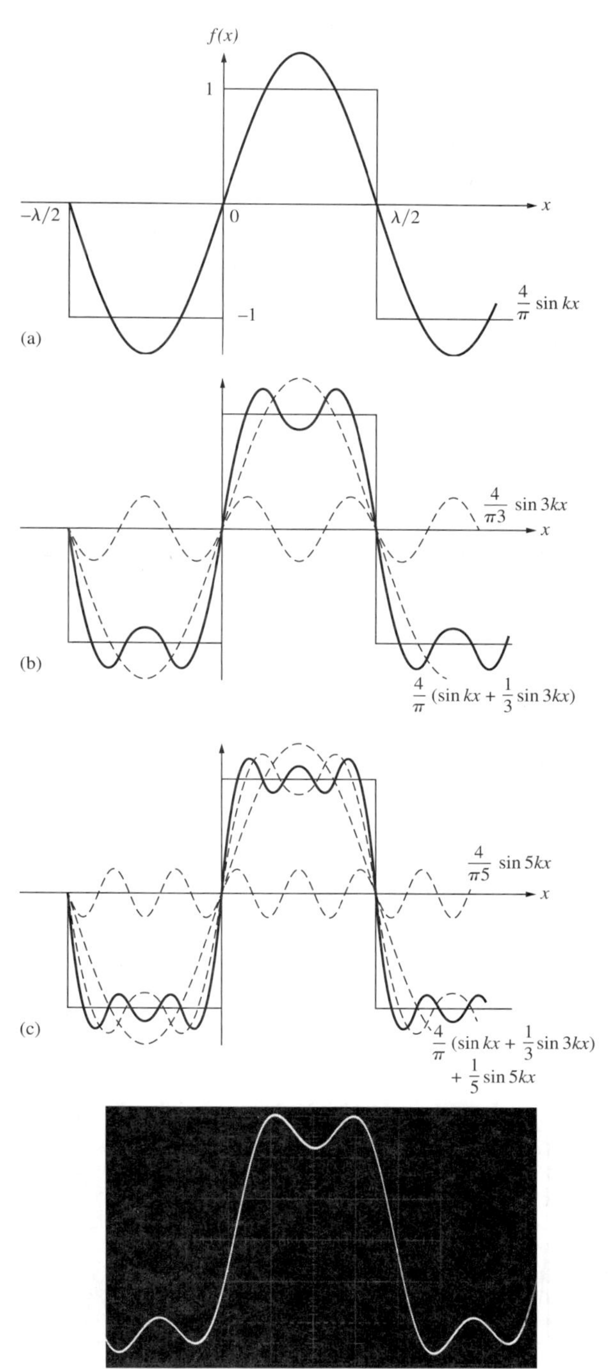

그림 7.34 주기적인 사각파의 합성. 성분 조화파는 사각파의 진폭이 0인 지점에서 모두 0이 되며 동일 위상을 갖는다. B_m은 모두 양수이다. 사진은 두 개의 신호 발행기를 사용해서 (b)를 재현하고, 시간에 따른 전압 변화를 오실로스코프 상에서 관찰한 것이다. (E.H.)

마지막 예로서 그림 7.35의 사각파를 푸리에 성분으로 분석하자. 그림에서 보는 바와 같이 원점을 잡으면 이 함수는 짝함수가 되고, 따라서 모든 B_m값이 0이 됨에 주목한다. 그러면 푸리에 계수(연습문제 7.44)는

$$A_0 = \frac{4}{a} \quad \text{및} \quad A_m = \frac{4}{a}\left(\frac{\sin m2\pi/a}{m2\pi/a}\right) \tag{7.52}$$

가 된다. 그리고 만약 펄스 높이가 1.0이 아니라 h라면 식 (7.52)의 각 계수에 h를 곱해 주면 된다. 앞의 함수[식 (7.49)]와는 달리, A_0의 값이 0이 아니다. $A_0/2$가 $f(x)$의 평균값이 되는데 곡선이 완전히 축의 위쪽에 있기 때문에 A_0는 분명히 0이 아니다.

표현식 $(\sin u)/u$는 광학계에서 자주 나오기 때문에 특별히 **sinc *u***라고 이름이 붙어 있으며 그 값이 부록의 표 1에 나와 있다. u가 0으로 갈 때 sinc u의 극한값은 1이므로 $m = 0, 1, 2, \cdots$라고 하면 A_m은 A_0를 포함하여 모든 계수를 나타낼 수 있다. 싱크 함수는 음수값을 가질 수 있기 때문에 계수 A_m 가운데 몇 개는 음수일 것이다. 이것은 고차 코사인 함수의 일부는 $m = 1$차의 코사인 함수와 비교할 때 위상이 180° 반전될 수 있음을 의미한다. 다시 말하자면 **주파수 스펙트럼에서 A_m이 음수인 경우 그에 해당하는 코사인 항은 x축에 대해 뒤집은 후 더해야 한다는 뜻이다.** 이 이야기는 곧 다시 하게 될 것이다.

그림 7.33과 그림 7.35는 모두 사각형의 함수를 보여 준다. 그러나 이들은 세 가지 다른 점이 있다. 첫째로 $x = 0$축의 위치가 다르며, 둘째로 $f(x) = 0$축의 위치가 다르고, 셋째로 계단의 높이가 다르다. 따라서 A_0를 제외한 모든 성분 조화파는 원래의 함수들 사이의 관계를 그대로 만족해야 한다. 다시 말해서 $x = 0$축을 그림 7.33의 위치에서 그림 7.35의 형태로 옮기면 사인 함수는 코사인 함수로 변하지만, 그렇지 않으면 그림 7.34의 성분 조화 함수들은 변하지 않은 채 그대로 있을 것이다. 즉 그림 7.34의 사각형 함수를 이루고 있는 성분 조화 함수들은 사인 함수 형태지만, 그림 7.35b의 사각형 함수를 구성하는 성분 조화들은 코사인 함수일 것이다. 그림 7.35b에서 사각형 함수의 중심을 지나는 수직선을 $x = 0$으로 볼 때 성분 코사인 파의 값은 차수가 증가하면서 부호가 반전되고 있음을 알 수 있다.

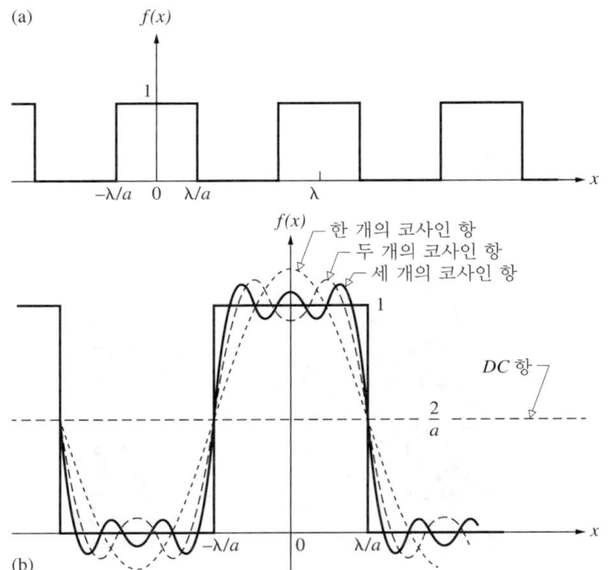

그림 7.35 짝함수인 주기적인 비조화 함수. (*b*)에서 펄스 아래의 면적은 $(2\lambda/a) \times 1$이고, $A_0 = (2/\lambda)(2\lambda/a) = 4/a$이다. 푸리에 급수의 *DC*항은 $A_0/2 = 2/a$이다.

사각파의 폭 $2(\lambda/a)$는 a값에 따라 어떤 값이든 가질 수 있으므로 매우 일반적인 표현식이라고 할 수 있다. 이 사각파에 대한 푸리에 급수는

$$f(x) = \frac{2}{a} + \sum_{m=1}^{\infty} \frac{4}{a}(\text{sinc } m2\pi/a)\cos mkx \tag{7.53}$$

가 된다. 만일 폭이 $2(\tau/a)$인 사각파 형태의 시간 함수 $f(t)$를 합성하려 한다면 같은 표현식인 식 (7.53)을 kx를 ωt로 바꾸어 적용할 수 있다. 여기서 ω는 주기 함수 $f(t)$의 **각시간 주파수**(angular temporal frequency)이며 **기본 주파수(fundamental frequency)**가 되는데 코사인 항의 가장 작은 주파수로서 $m = 1$일 때 나타난다. 2ω, 3ω, 4ω의 주파수는 기본 주파수의 **조화 주파수(harmonic frequency)**라고 하며 $m = 2, 3, 4$에 해당한다. 같은 방법으로 λ가 **공간 주기**(spatial period)이므로 $\kappa \equiv 1/\lambda$는 **공간 주파수(spatial frequency)**이고 $k = 2\pi\kappa$는 **각공간 주파수(angular spatial frequency)**라고 할 수 있다. 마찬가지로 공간 영역에서도 $2k$, $3k$, $4k$에 대한 고주파의 조화를 말할 수 있는데, 이것은 공간적인 변화율을 나타낸다. 명백히 κ의 차원은 단위 길이당 사이클(cycles/mm 또는 cm^{-1})이며 k는 단위 길이당 라디안이다.

여기서 잠시 **공간 주파수**와 **공간 주기**(또는 파장)라는 용어를 사용하는 것과 관련하여 흔히 혼동하기 쉬운 점에 관해 명확히 하는 것이 중요하다. 그림 7.35a는 x축을 따라서 공간상에 펼쳐진 1차원의 주기적인 사각파를 나타낸다. 이것은 팽팽한 줄을 따라 움직이는 다소 기이한 파형일 수도 있다. 이 파형은 공간상에서 파장 간격으로 계속 반복되어 나타난다. 그리고 파장의 역수는 공간 주파수가 된다.

이제 위의 패턴이 밝고 어두운 줄무늬처럼 정적인 분포를 가리킨다고 하자. 예를 들면 나무 판자 울타리의 좁은 수평 슬릿을 통해 바라보는 것이나 또는 투명하고 불투명한 부

분이 반복되는 띠에 단색광을 비추어 띠를 가로질러 주사(scanning)할 때 나타나는 패턴을 생각하자(그림 13.30). 이러한 패턴은 공간 주기와 공간상에서의 반복률로서 결정되는 공간 주파수를 가진다. 한편 광파 자체도 역시 시간 주파수와 주기뿐만 아니라 공간 주파수(κ)와 공간 주기(λ)를 갖는데, 이들은 패턴이 보여 주는 값들과는 크게 다르다. 이를테면 정적인 패턴은 20 cm의 파장을 가지며, 빛 자체는 500 nm의 파장으로 이루어져 있다. 이것이 혼란을 일으킬 수 있으므로 **빛 자체에 대해서는 k(공간 주파수)를 사용할 것이며 정적인 공간 패턴을 나타내는 데는 k를 사용할 것이다.** 다음 장에서 이 구분이 더 중요해질 것이다.

이제 그림 7.35의 사각파 함수로 돌아가자. 그리고 이 사각파가 $\lambda/2$의 폭을 가지도록 $a = 4$로 놓았다고 생각하자. 이 경우에 $f(x)$는

$$f(x) = \frac{1}{2} + \frac{2}{\pi}\left(\cos kx + \frac{1}{3}\cos 3kx + \frac{1}{5}\cos 5kx - \cdots\right) \tag{7.54}$$

이 된다. 사실 **함수 $f(x)$의 그래프가 있을 때 어떤 수평선이 이 그래프를 수평선의 위아래로 똑같은 모양이 되도록 분할할 수 있다면 이 함수의 푸리에 급수는 홀수의 조화파만으로 구성될 것이다.**

그림 7.34로부터 왜 이렇게 되는지 알 수 있다. 사각 파형은 절반 사이클 안에는 그것을 구성하는 홀수차 조화파의 반파장을 홀수개씩 담고 있다. 이는 $f(x)$ sin mkx 그래프 아래의 면적이 0이 아니며, 그래서 모든 홀수차 조화파는 0이 아닌 계수를 갖는다는 뜻이다. 이와 반대로 만일 주어진 성분의 인자가 kx의 짝수 배라면 λ 간격 안에 그 조화파의 파장이 짝수개 들어갈 것이다. 결과적으로 $f(x)$의 절반 사이클 안에는 그 조화 파형이 짝수개 들어갈 것이다. 합성되는 함수가 수평축을 중심으로 대칭이 되도록 DC 항만큼 이동할 수 있는 경우에는, $m = 2, 4, 6 \ldots$에서 λ 간격에 대한 [$f(x)$ sin mkx 또는 $f(x)$ cos mkx]의 면적이 0이 될 것이며, 해당하는

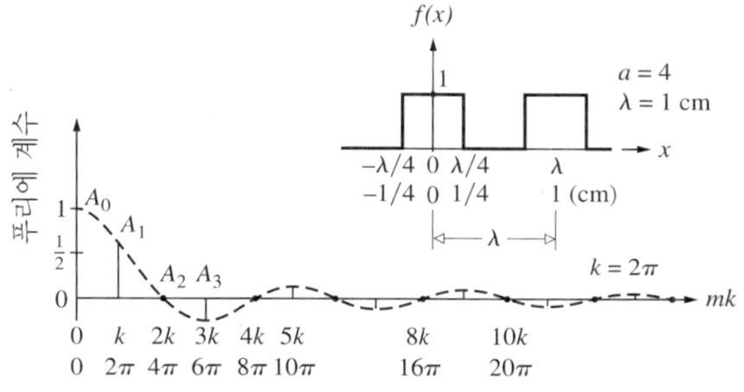

그림 7.36 주기적인 사각 파형과 공간 주파수 스펙트럼. 여기서 공간 주기 λ는 1.0 cm이며 각 펄스는 파장의 절반에 해당하는 폭을 갖는다. 사각 파형이 무수히 계속되지만, 그림에는 두 개만 보여 준다.

계수(A_m 또는 B_m)도 0이 된다(예를 들어 연습문제 7.45 삼각파형 참조).

그림 7.36은 $a = 4$를 갖는 사각 펄스를 그린 것인데, 이 함수의 급수는 식 (7.54)에 나타나 있고, $A_0 = 1$이고 DC 항이 $A_0/2$이다. 적절하게도 모든 짝수 A_m항들은 없다. 식 (7.53)의 푸리에 계수는 sinc $m2\pi/a$를 포함하고 있으며, A_m 계수의 포락선을 이루는 파선 곡선은 sinc 함수이다. 3장에서 $u = \pi$, 2π, 3π 등일 때, sinc u는 0이 되는 것을 설명하였다. $a = 4$일 때 $m2\pi/a = m\pi/2$이므로, $m = 2, 4, 6, \ldots$에서 sinc는 0이 되며, 점선 곡선이 축과 교차하며 그에 해당하는 A_m 계수는 이 급수에서 다시 사라진다.

만일 식 (7.54)에서 $m = 9$까지의 부분합을 나타내는 곡선을 그려 보면 사각파와 상당히 닮은 결과를 얻을 것이다. 만일 사각파의 폭이 좁아진다면 앞의 경우와 비슷한 정도로 $f(x)$와 닮기 위하여 더 많은 급수항을 추가해야 한다. 이것은 A_m과 A_1의 비를 조사함으로써 알 수 있다.

$$\frac{A_m}{A_1} = \frac{\sin m2\pi/a}{m \sin 2\pi/a} \tag{7.55}$$

위의 식에서 $a = 4$일 때 9번째 항($m = 9$)은 $A_9 \approx 10\%$ A_1으로 상당히 작은 양이다. 이와 비교하여 사각파의 폭이 1/100로 좁아진 경우(즉 $a = 400$)에는 $A_9 \approx 99\%$ A_1이다. **이 폭을 좁게 하는 것은 파장이 더욱 짧은 고차 조화 성분이 많이 포함되도록 하는 효과를 가진다.** 여기서 중요한 것은 급수항의 전체 수가 아니라 재현하고자 하는 가장 작은 모양의 상대적인 크기와 이에 해당하는 파장 성분이 포함되어 있는가라는 점임을 짐작할 수 있다.* 패턴의 모양 중 미세한 부분이 있으면 급수는 상대적으로 단파장 성분(시간 영역에서는 짧은 주기 성분)을 많이 포함해야 한다.

식 (7.53)에서 A_m의 음의 값의 의미는 파형을 합성할 때 이 조화 성분의 진폭이 양의 값을 가지는 항과 비교하여 180°의 위상차를 가지고 더해지는 것으로 생각할 수 있다. 음의 진폭과 π 라디안의 위상차가 동등한 의미를 갖는다는 것은 $A_m \cos(kx + \pi) = -A_m \cos kx$로부터 분명하게 드러난다.

이 모든 사실들이 모여서 어떤 일들이 일어나는지 보기 위해서 그림 7.37의 함수를 조사해 보자. 여기서 $a = 8$이지만 공간 주기가 1 cm에서 2 cm로 두 배가 되었으므로 봉우리의 폭은 변하지 않았다. 여전히 짝함수이며, 그래서 이전처럼 급수에는 A_m항들만 포함된다. 그럼에도 불구하고 주파수 스펙트럼에는 여러 가지 변화가 생겼다. 그림 7.36(A_2, A_4, A_6 등이 0)과 달리, 이 파형은 위나 아래로 이동해도 축에 대해

* 벽돌이 성보다 충분히 작지 않으면 벽돌로 된 성을 지을 수 없다는 것은 자명하다.

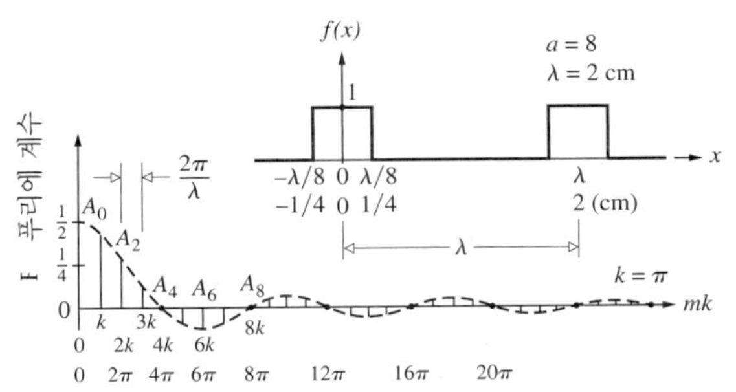

그림 7.37 주기적인 사각 파형과 공간 주파수 스펙트럼. 여기서 $\lambda = 2.0$ cm 이며 각 펄스의 넓이는 파장의 1/4이다. 사각 파형이 무수히 계속되지만, 그림에는 두 개만 보여 준다.

대칭이 되도록 만들 수 없다. 따라서 이 합성파는 cos mkx에서 짝수와 홀수 m값을 다 갖고 있다. **이웃하는 A_m 항과의 간격은 k이며**, 이는 $2\pi/\lambda$와 같다. λ가 두 배가 되었으므로, k의 간격은 절반이 되었다. 코사인 항들이 더 빽빽하게 모인 것이다.

7.4 비주기 파동

모든 실제 파동은 그 길이에 관계없이 펄스이다. 따라서 비주기 함수의 분석법을 공부하는 것은 중요하다. 특히 비주기 함수는 광학과 양자역학을 포함한 물리학 분야에의 응용에서 많은 관심을 갖는 함수이다.

그림 7.16에서 우리는 2개의 사인파가 중첩되어 맥놀이를 만드는 과정을 보았다. 두 사인파가 반대 위상으로 중첩될 때 포락선(envelope)의 진폭이 최소가 되고 같은 위상으로 만날 때 최대 진폭을 나타냈다. 여러 주파수의 파동이 중첩될 때 이들이 같은 위상으로 만나는 주기는 더욱 길어진다(그림 7.38). 다시 말해서 합성파의 펄스 사이의 간격은 더욱 넓어진다. 맥놀이를 구성하는 반송파가 평균 주파수를 갖는다는 사실을 기억해 보라(이 평균 주파수가 스펙트럼에서 최대의 크기를 갖게 되므로 k_p라고 하자). 만일 성분 조화파의 주파수가 k_p를 중심으로 대칭적인 분포를 이룬다면 반송파 주파수는 변하지 않고 일정할 것이다. 연습문제 7.21과 그림 7.38b는 이 과정을 보여 준다. 이제 만일 우리가 조화파를 중첩하여 단일 펄스를 만들고자 할 때, 어떤 주파수를 얼마의 크기로 합성해야 하는가를 결정하는 일이 남아 있다(그림 7.38e).

우리는 지금까지 실제로 어떻게 응용될 것인가는 고려하지 않고, 주파수 측면에서 파형을 구현하는 멋진 수학적 방법만을 개발하였다. 이제는 잠깐 현대 광학 기술로 눈을 돌려볼 때가 되었다. 새로운 방법론에서 가장 중요한 중 하나인 **광 주파수 빗(optical frequency comb)**은 초민감 화학 검출기, 광섬유 통신, 라이다(lidar: *li*ght *d*etection *a*nd *r*anging) 시스템에서 고정밀 광 원자 시계에 이르기까지 폭넓게 응용되고 있다. 광 주파수 빗은 수십 혹은 수십 만 개에 이르는 동일 간격의 뾰족한 시간 주파수 침들로 이루어졌는데, 보통 가시광선 영역대에 위치한다(그림 7.38d에서는 공간 주파수 빗을 다루었다). 잘 정렬된 주파수 침들은 빗의 빗살처럼, 자로 사용될 수 있다. 이런 도구를 사용하면 빛의 주파수를 특별히 높은 정밀도로 측정할 수 있는데, 빛의 주파수가 너무 높기 때문에 다른 방법으로는 불가능하다.

그림 7.39는 그림 7.38을 시간 영역에서 바라본 것이다. 그림 7.38d의 파형은 공간상에서 분포하고, 스펙트럼은 공간 주파수를 나타낸다. 그림 7.39a의 파형은 시간상에서 분포하고, 그림 7.39b의 스펙트럼은 시간 주파수(특정한 '색깔'을 갖는)를 나타낸다. 짧은 펄스는 진공 중에서 10 펨토초(10×10^{-15}초) 동안만 유지되는데, 이는 3×10^{-6}m 길이에 해당한다. 반송파가 아주 짧은 가시광 파장을 가질 때, 그림 7.39a에서 보여 주는 것처럼 한 펄스 안에는 반송파가 단 몇 번만 진동하고 있다. 그림 7.38에서 보듯 빗 안에서 중앙 최대점은 평균 주파수 또는 반송파 주파수임을 유념하라. 빗 포락선의 폭은 레이저에서 방출된 각 파동 다발의 지속 기간에 반비례한다.

주파수 빗을 물리적으로 만들어내는 방법은 일정한 간격으로 아주 짧은 진동하는 파열을 만들어내는 것이다. 이 일을 할 수 있는 이상적인 장비는 모드 잠김 레이저(mode-locked laser)인데, 대략 10^9Hz 정도의 아주 일정한 **반복률**을 갖는다. 펄스의 시간 주기(τ)(반송파의 주기와 다르다)는 이웃하는 파열 사이의 시간 간격(즉, 반복률의 역수)이며 이 값은 상수이다. 그림 7.37에서 공간적으로 그러했듯이, 그림 7.39b의 시간 주파수 빗의 침들 사이의 간격은 펄스 사이의 시간 간격의 역수인 $1/\tau$이 된다. 만약 레이저가 N 나노초마다 펄스를 하나씩 방출한다면, 빗의 침들은 $1/N$GHz의 간격을 갖는다. τ에 비해 펄스의 폭이 짧을수록, 빗 안에는 더 많은 침들이 존재한다. 빛의 주파수 스펙트럼이 가시광 영역에 걸쳐 있고(380×10^{12}Hz 정도의 폭을 갖는다) 1GHz의 반복률을 갖는다면 빗 안에는 약 380,000개의 주파수 침들이 들어간다. 안정한 레이저를 사용하면 빗의 각 침들이 아주 뾰족해진다(좁은 주파수 폭을 갖는다). 오늘날 이 용도로 사용하기에 가장 좋은 레이저는 Ti:sapph라는 품명을 갖는 티타늄 첨가 사파이어(Ti:sapphire) 레이저이다.

대부분의 물질에 있어서 빛의 세기에 따라 빛의 굴절률이 미세하게 달라지는데(13.4절), 이로 인해 **자기-위상 변조**(self-phase modulation)라고 하는 현상이 발생한다.

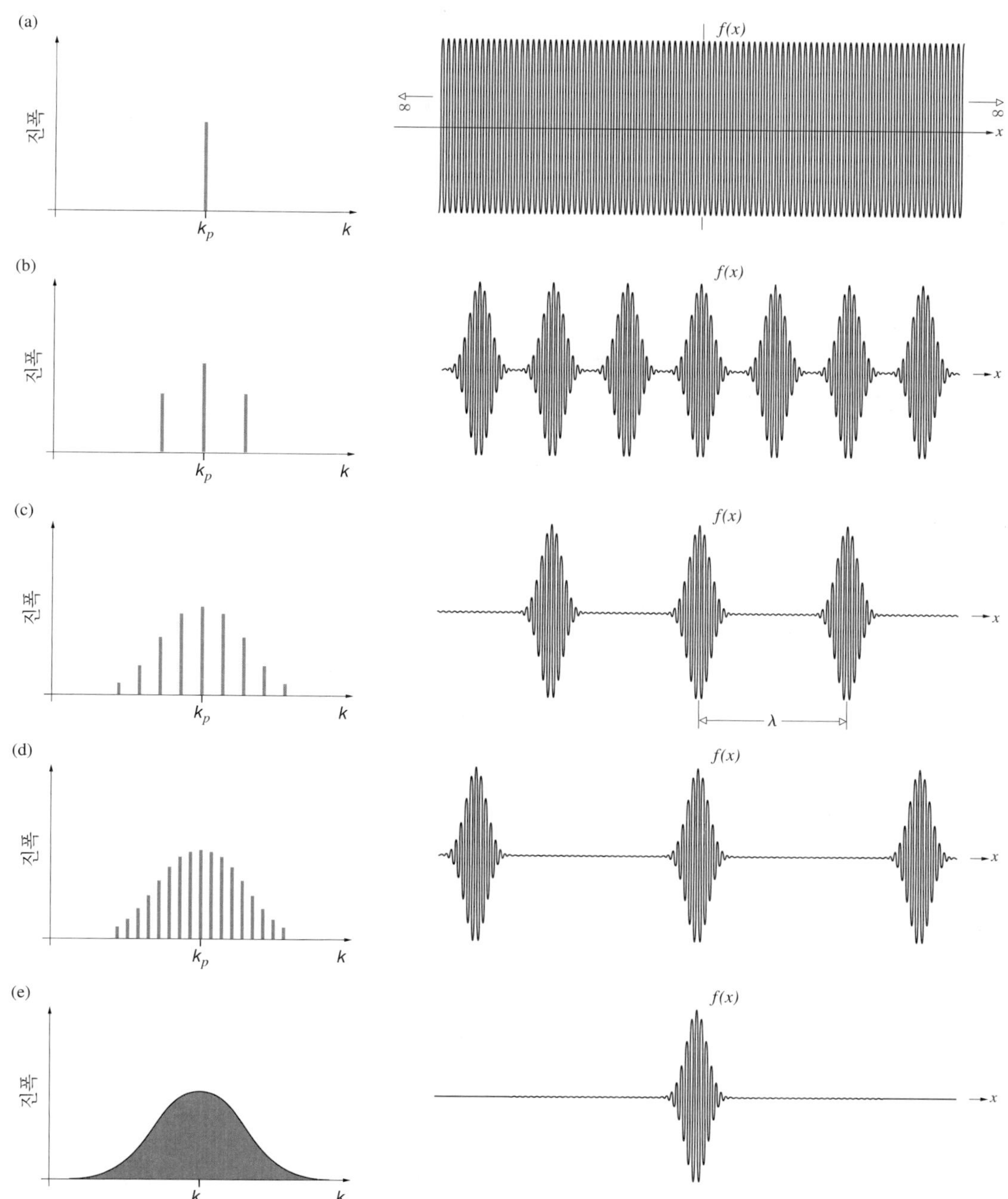

그림 7.38 먼저 반송(또는 평균) 주파수라고 하는 공간 주파수 k_p에서 무한히 긴 단일 사인파를 생각한다. k_p에 대해서 대칭인 2개 이상의 주파수를 더하면 맥놀이가 생기는데 반송(또는 평균) 주파수는 일정하다. 더 많은 사인파의 쌍을 더하면 펄스의 모양 또는 반송 주파수는 변하지 않으면서 펄스들 간격이 더 멀어진다. 이는 λ가 증가함에 따라 펄스가 전체 파형의 보다 상세한 형태로 되어가는 것을 생각할 수 있다는 사실을 나타낸다. 그림 7.44에서 보듯이 주파수 분포는 가우스형이며, 펄스의 모양도 가우스형(즉 e^{-ax^2} 형태)이다.

Ti:sapphire 레이저의 출력이 적당한 길이의 석영 유리 같은 투명 매질을 지날 때, 자기-위상 변조는 빛의 구조는 건드리지 않은 채 주파수 포락선을 넓힌다. 한 펄스에 대해 미치는 효과는 당연히 각각의 펄스에 대해 똑같이 적용되니, 주기적인 펄스열이 입력되면 나중에 주파수 빗이 출력된다. 근적외선 레이저빔을 긴 길이의 **미세구조 광섬유**(또는 **광결정 광섬유**, photonics crystal fiber)에 통과시키면 (자기-위상 변조를 일으키는 데 필요한 만큼의) 높은 광세기를 긴 길이에 걸쳐 유지할 수 있으므로 스펙트럼이 훨씬 효과적으로 넓어진다.*

2005년에 노벨 물리학상은 "광 주파수 빗 기술을 포함하

*S. Cundiff, J. Ye, and J. Hall, "Rullers of light," Sci. Am. 298, 74 (2008)

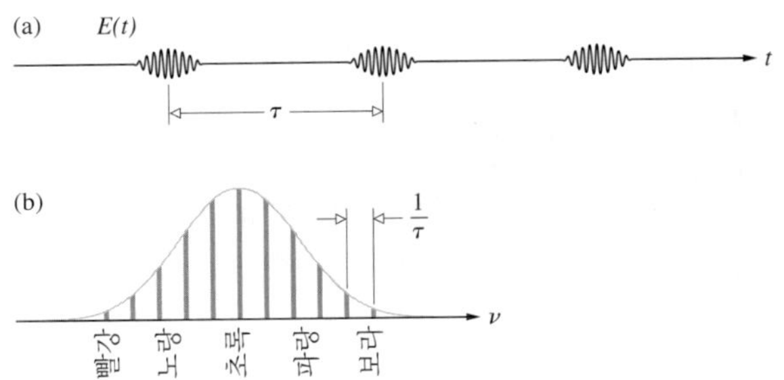

그림 7.39 (*a*) 펨토초 파동 다발의 흐름. 각 다발은 가우시안 포락선을 갖는데, 이는 (*b*)에서 보는 가우시안 포락선을 갖는 빗 모양의 주파수 스펙트럼에 대응된다.

여 레이저를 기반으로 하는 정밀 분광학의 개발에 기여"한 공로로 John Hall과 Theodor Hänsch에게 수여되었다.

7.4.1 푸리에 적분

그림 7.35로 돌아가서 사각파의 폭을 일정하게 유지하고 반면에 λ를 무한히 증가시킨다고 생각하자. λ가 무한대에 접근하면 함수는 더 이상 주기 함수처럼 보이지 않는다. 이웃한 펄스는 무한대로 이동하고 단 하나의 사각형 펄스만 남게 된다. 이런 방식으로 푸리에 급수 방법을 비주기 함수에까지 적용하기 위해 일반화시킬 수 있다.

이러한 일들이 어떻게 이루어지는가를 알기 위하여 초기에 $a = 4$로 놓고 λ의 값을 선택하자. 어떤 값이라도 무방하다. 그림 7.36과 맞추기 위해 $\lambda = 1\,\text{cm}$로 하자. 그러면 그림 7.40a에 나타난 바와 같이 $x = 0$을 중심으로 폭이 0.5cm, 즉 $2(\lambda/a)$가 된다. 특정 주파수(mk) 성분의 기여도는 해당 푸리에 계수를 조사함으로써 알 수 있는데, 이 경우에는 A_m이 된다. 이 계수는 여러 조화 성분을 적절히 강조하는 가중지수(weighting factor)로 생각될 수 있다. 그림 7.40a에 앞에서 언급한 사각파에 대해 $A_m(m = 0, 1, 2, \cdots)$의 많은 값이 mk에 대해서 그려져 있는데 이러한 그래프를 **공간 주파수 스펙트럼(spatial frequency spectrum)**이라고 한다.

A_m은 $m = 0, 1, 2, \cdots$의 값에서만 0이 아닌 함수 $A(mk)$로 간주된다. 만일 $a = 8$로 하고 λ는 2cm로 증가시키면, 사각파의 폭은 전혀 영향 받지 않을 것이다. 단지 사각파 사이의 간격이 2배로 되었을 뿐이다. 그러나 그림 7.40b의 공간 주파수 스펙트럼을 보면 대단히 흥미로운 변화가 있음을 볼 수 있다. mk의 축을 따라 스펙트럼 성분의 밀도가 현저히 증가한 것에 주목하라. 그럼에도 불구하고 $mk = 4\pi, 8\pi, 12\pi$일 때, $A(mk)$는 여전히 0이다. 그러나 k가 2π가 아니라 π이기 때문에 함수값이 0이 되는 점들 사이에 여러 개의 항이 있게

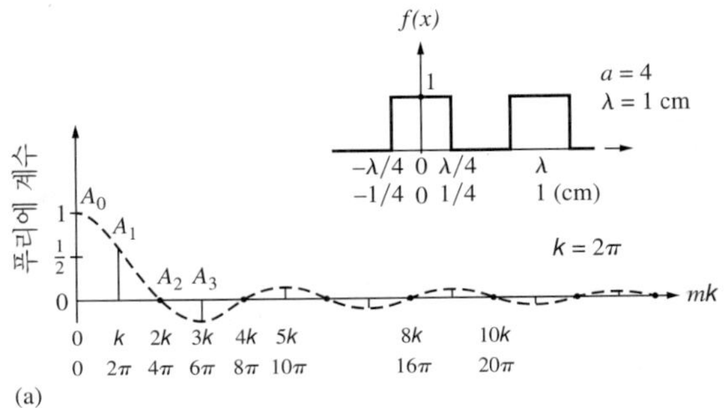

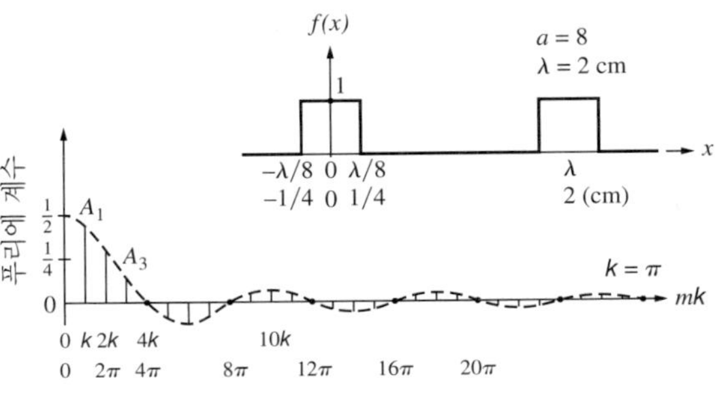

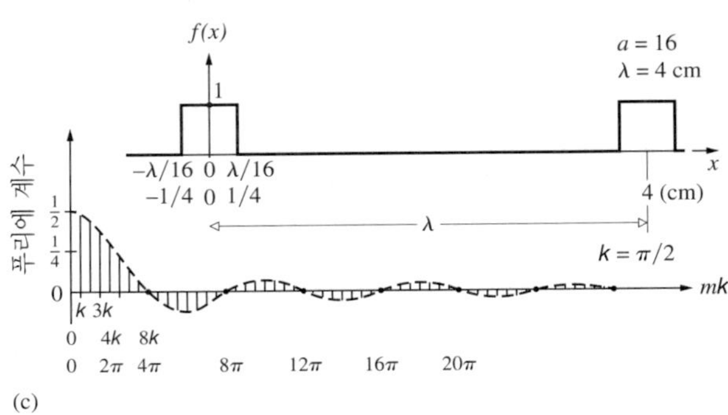

그림 7.40 극한적인 경우로써 사각 펄스. 음수의 진폭은 π의 위상차를 나타낸다. 이 사각 펄스들 중 2개만을 그려 놓았다. 더 많은 주파수 항이 더해지면 원점을 기준으로 양쪽에 있던 펄스는 ∞로 각각 이동한다. 궁극적으로 주파수 분포가 연속일 때 원점에 단일 사각 펄스가 생긴다.

된다. 마지막으로 $a = 16$으로 하고 λ는 4cm로 증가시키자. 역시 사각파의 폭과 모양은 변화가 없으나 주파수 스펙트럼 상의 항이 더욱 밀집되어 있다. 실제로 펄스는 λ와 비교하여 점점 더 짧아지고 있다. 이 때문에 이 펄스를 합성하자면 더 고주파인 성분이 필요하다.

그림 7.40a에서 $A_2 = 0$이며, 그림 7.40b에서도 같은 위치에서 sinc 함수가 0이 되지만, 이때는 A_4이다. 마찬가지로 그림 7.40c에서는 A_8이 0이 된다. 0의 진폭을 갖는 항이 있어야만 한다는 사실은 다음을 떠올리면 쉽다.

$$A_m = \frac{2}{\lambda} \times f(x)\cos mkx \text{ 아래의 면적}$$

여기서 $f(x)$는 1이나 0의 값을 가지므로 **각 A_m은 사각형 아래**

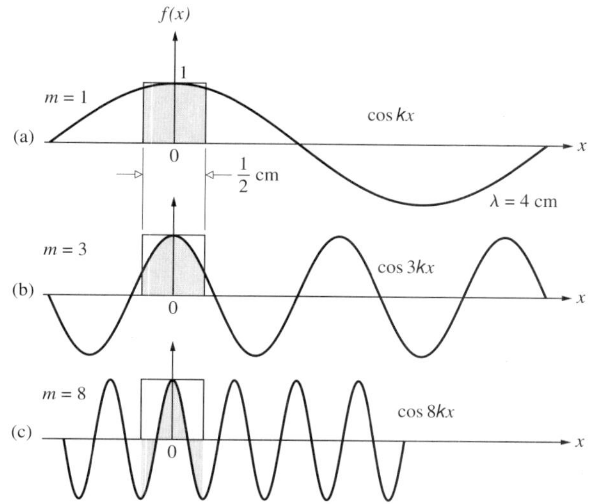

그림 7.41 어두운 영역이 $f(x) \times \cos mkx$의 아래 면적이다. 이 면적에 $2/\lambda$를 곱하면 A_m을 얻는다. $m = 8$일 때 이 면적이 (절반은 양, 절반은 음이라서) 0이 되고, $A_8 = 0$이 됨을 주목하라.

의 cos mkx 그래프의 면적이다. 급수에서 DC 항은 $1/2A_0$이고, 여기서 $A_0 = (2/\lambda)[f(x)$ 아래의 면적]으로 그림 7.40의 각 파형마다 달라진다. 즉 λ에 비해 사각파의 폭이 좁아질수록 이 값은 줄어든다. 예를 들어 그림 7.40c에서 $\lambda = 4$일 때 그 면적은 (1 cm)(1/2 cm)이고 $A_0 = 1/4$이 된다.

그림 7.41에 몇 가지 코사인(cos $1kx$, cos $3kx$, cos $8kx$)을 사각 봉우리와 겹쳐서 나타내었다. 사각형 내부의 코사인 함수의 면적, 즉 $f(x)$ cos mkx 아래의 면적이 갈수록 줄어들기 때문에 A_1, A_2, A_3도 또한 갈수록 줄어든다. cos $4kx$의 경우 1 cm의 파장(즉 $\frac{1}{4}\lambda$)을 가지며, 반 사이클이 사각형 안에 정확하게 들어간다. 더 높은 m 항들에서는 음의 면적 부분이 늘어난다. $m = 8$일 때 cos $8kx$의 한 사이클 전부가 사각형 안에 정확히 들어가며 (절반은 축 위에, 절반은 축 아래에) 따라서 겹침 면적이 0이 된다. 그림 7.40c에서 A_8 항이 사라지는 이유이다. 어떤 m의 값에서 sinc 함수가 0이 될 때마다 사각 파형 안에 정수개의 cos mkx 사이클이 들어간다.

그림 7.40a에서는 계수들의 포락선이 sinc 함수를 갖는다는 것을 겨우 알아볼 수 있을 정도이지만 그림 7.40c에 가면 포락선이 뚜렷하게 나타난다. 포락선은 각 경우에 축척(scale)만이 다를 뿐 사실상 모두 같다. 포락선은 원래의 신호 모양에 의해서만 결정되며 신호의 모양이 달라지면 포락선도 완전히 달라진다. λ가 점점 증가하고 이에 따라 함수꼴이 단 하나의 사각형 펄스 모양을 하게 되면 스펙트럼상의 개개 $A(mk)$에 대한 첨두 간의 간격은 점점 좁아지는 것으로 결론지을 수 있다. 불연속적인 스펙트럼선은 진폭이 감소하면서 점차 합쳐지고 나중에는 거의 구별할 수 없게 된다. 즉 λ가 ∞로 가는 극한에서 이웃하는 첨두들은 무한히 가까워지게 된다. k가 매우 작아질 때 mk가 무한하기 위해서는 m값이 대단히 커져야 한다. 기호를 바꾸어서 조화의 각주파수 mk를 k_m으로 바꾸자. k_m이 원래는 불연속적인 값들을 가졌지만 극한에서 k(연속적인 주파수 분포)로 변화될 것이다. 극한에서의 함수 $A(k_m)$은 그림 7.40에 나타나는 포락선이 된다. 그러면 이제 기본 주파수와 그 조화 주파수에 관해 이야기하는 것은 더 이상 의미가 없다. 합성된 펄스에서는 기본 주파수가 더 이상 나타나지 않는다.

사실상 적분이라는 것이 덧셈에서 항의 수가 무한히 많아지고 그 크기가 0에 접근할 때의 극한값이라는 것을 상기하라. 따라서 λ가 무한대로 길어짐에 따라 **푸리에 급수**가 **푸리에 적분(Fourier integral)**으로 대체되어야 한다는 것은 놀라운 일이 아니다. 푸리에 적분은 다음과 같으며 증명 없이 쓰겠다.

$$f(x) = \frac{1}{\pi}\left[\int_0^\infty A(k)\cos kx\,dk + \int_0^\infty B(k)\sin kx\,dk\right] \tag{7.56}$$

이며, 위 식에서의 조건은

$$A(k) = \int_{-\infty}^{\infty} f(x)\cos kx\,dx$$

와

$$B(k) = \int_{-\infty}^{\infty} f(x)\sin kx\,dx \tag{7.57}$$

이다. 위의 식에서 급수 표현과의 유사성이 명백히 나타난다. $A(k)$와 $B(k)$는 각 주파수 k와 $k + dk$ 사이의 영역에서 각각 코사인 항과 사인 항에 기여하는 진폭으로 해석된다. 일반적으로 이들은 각각 **푸리에 코사인 변환(Fourier cosine transform)**과 **푸리에 사인 변환(Fourier sine transform)**이라고 한다. 앞의 사각형 펄스의 예에서 그림 7.40의 포락선에 해당하는 것은 코사인 변환 $A(k)$이다.

급수의 첫 항이 $A_0/2$였음을 기억하라. 이는 주파수 스펙트럼을 표현하는 또 다른 방법을 암시한다. $\cos(mkx) = \cos(-mkx)$이므로, $m = 0$ 이후의 모든 항들의 진폭을 둘로 나누어서 양의 k에 하나를 그리고, 음의 k에 나머지 하나를 그릴 수 있다. (그림 7.42) 이런 수학적 조작을 통해 멋진 대칭형의 곡선을 만들어 낼 수 있다. 여기서 이 이야기를 하는 이유는 주파수 스펙트럼을 이와 같이 나타내는 것이 보다 보편적이기 때문이다.

이 후 11장에서 볼 수 있듯이 가장 강력한 푸리에 변환 방식은 양과 음의 공간 주파수 항이 자동적으로 대칭 분포가

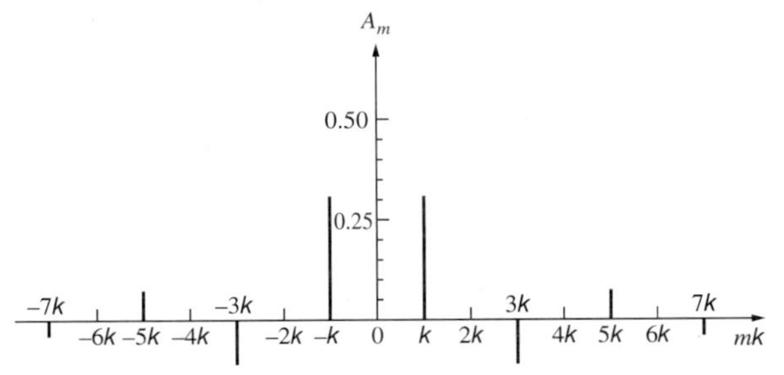

그림 7.42 그림 7.40a의 파형에 대한 대칭적인 주파수 스펙트럼. 0번째 항은 실제로 $A_0/2$인데 이것은 $m = 0$이 이 급수에 기여하는 진폭임을 유의하라.

되는 복소 표현법으로 표기하는 것이다. (회절과 같은) 어떤 광학적 현상은 공간상에서 대칭적으로 일어나며, 공간 주파수 스펙트럼에 양과 음의 주파수를 모두 포함시킨다면 공간 주파수 스펙트럼과 광학 현상 사이에 훌륭한 관계식을 만들어 낼 수 있다. 음의 주파수는 대칭적인 물리계를 기술하는 데 유용한 수학적 도구이다.

7.4.2 펄스와 파동 다발

그림 7.43의 사각형 펄스가 다음과 같은 함수로 표현되는 경우에 대하여 푸리에 적분 방식으로 나타내 보자.

$$f(x) = \begin{cases} E_0 & |x| < L/2 \text{ 인 경우} \\ 0 & |x| > L/2 \text{ 인 경우} \end{cases}$$

당분간 우리의 분석은 양의 k에 대해서만 국한하기로 한다. $f(x)$가 짝함수이므로 사인 변환 $B(k)$는 0이 된다. 그리고

$$A(k) = \int_{-\infty}^{\infty} f(x) \cos kx\, dx = \int_{-L/2}^{+L/2} E_0 \cos kx\, dx$$

이다. 따라서

$$A(k) = \frac{E_0}{k} \sin kx \,\Big|_{-L/2}^{+L/2} = \frac{2E_0}{k} \sin kL/2$$

이 된다. 분모와 분자에 L을 곱하여 항을 재정리하면

$$A(k) = E_0 L \frac{\sin kL/2}{kL/2}$$

이 된다. 또는 동등하게

$$A(k) = E_0 L \operatorname{sinc}(kL/2) \tag{7.58}$$

이 된다. 사각형 펄스를 푸리에 변환한 형태를 그림 7.43b에 그려 놓았다. 이것은 그림 7.40의 포락면과 비교되어야 한다. L이 증가함에 따라 $A(k)$의 이웃한 0끼리의 간격이 감소하며, 그 반대도 성립한다. 그리고 $k = 0$일 때 식 (7.58)로부터 $A(0) = E_0 L$이 된다.

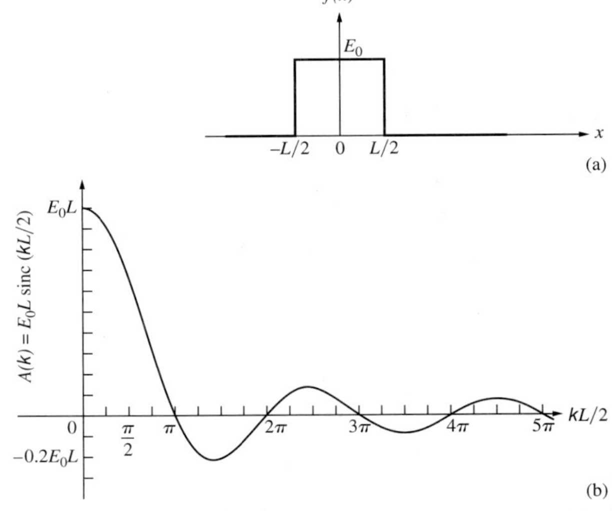

그림 7.43 사각형 펄스와 그 푸리에 변환

식 (7.56)을 사용하여 $f(x)$의 적분 표현식을 다음과 같이 쓸 수 있다.

$$f(x) = \frac{1}{\pi} \int_0^{\infty} E_0 L \operatorname{sinc}(kL/2) \cos kx\, dx \tag{7.59}$$

이 적분의 계산은 연습문제 7.50에 남겨 놓았다.

코사인 파열(Wavetrain)

앞에서 단색성의 파동에 대해 이야기할 때 적어도 물리적으로는 가상의 것이라는 점을 지적한 바 있다. 그림 7.44에 이상적인 조화 펄스가 그려져 있는데 이 펄스는

$$E(x) = \begin{cases} E_0 \cos k_p x & -L \le x \le L \text{ 인 경우} \\ 0 & |x| > L \text{ 인 경우} \end{cases}$$

으로 쓸 수 있다. 여기서는 공간 영역에서의 함수를 선택하였으나 당연히 시간의 함수로서의 파동으로 생각할 수도 있다. $E(x - vt)$의 움직이는 파동에 대해서 한 지점 $x = 0$에서 파동의 시간적 변화를 보기보다는 특정 시간 $t = 0$에서 공간적인 변화를 관찰한다고 생각하면 된다. 공간 주파수 k_p는 펄스 자신의 조화 영역의 공간 주파수이다. 해석을 계속하기 위해 $E(x)$가 짝함수임에 유의한다. 따라서 $B(k) = 0$이며

$$A(k) = \int_{-L}^{+L} E_0 \cos k_p x \cos kx\, dx$$

이다. 이 식은

$$A(k) = \int_{-L}^{+L} E_0 \tfrac{1}{2} [\cos (k_p + k)x + \cos (k_p - k)x]\, dx$$

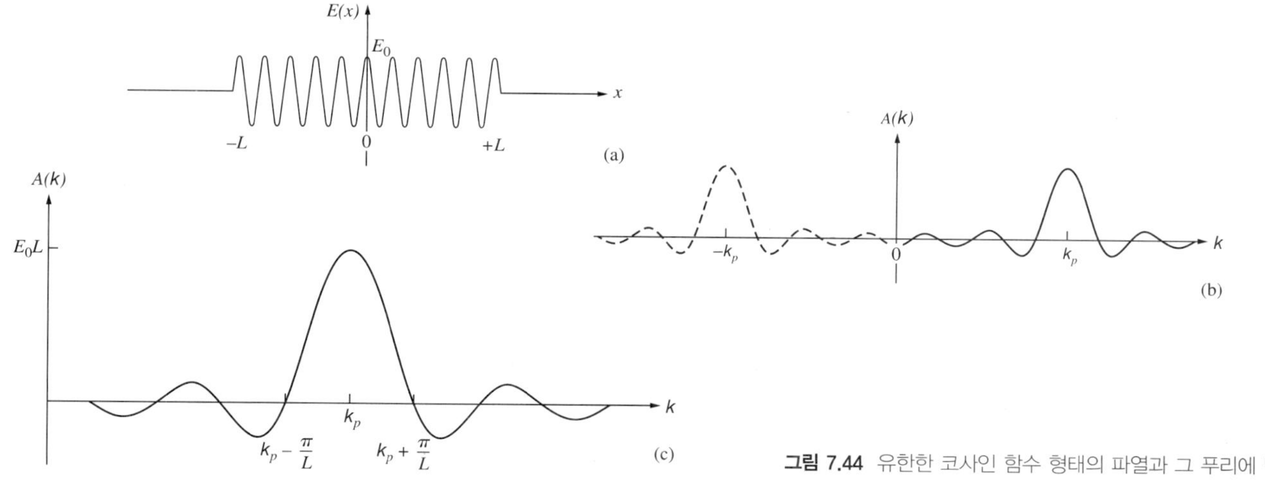

그림 7.44 유한한 코사인 함수 형태의 파열과 그 푸리에 변환

와 동일하며, 이를 적분하면

$$A(k) = E_0 L\left[\frac{\sin(k_p + k)L}{(k_p + k)L} + \frac{\sin(k_p - k)L}{(k_p - k)L}\right]$$

이 된다. 또는 원한다면

$$A(k) = E_0 L[\operatorname{sinc}(k_p + k)L + \operatorname{sinc}(k_p - k)L] \tag{7.60}$$

로 써도 된다. 파동의 대열 내에 많은 수의 파장이 들어 있는 경우($\lambda_p << L$)에, $k_pL >> 2\pi$가 된다. 따라서 $(k_p + L) >> 2\pi$이고, 이에 따라 $\operatorname{sinc}(k_p + L)L$의 값이 아주 작아진다. 반면에 $k_p = k$일 때 대괄호 안의 두 번째 sinc 함수는 최댓값이 1을 갖는다. 다시 말하자면 식 (7.60)으로 주어진 함수는 그림 7.44의 (b)에서 보는 것처럼 $k = -k_p$에서 봉우리를 갖는 것으로 생각할 수 있다. 양의 k값만을 고려한다고 하면 왼쪽 봉우리에서 양의 k 영역으로 들어가는 꼬리 부분만이 진폭에 기여한다. 따라서 $k = -k_p$에서 멀리 떨어지면 이 꼬리 부분의 기여는 거의 무시할 수 있게 되며, 특히 $L >> p$이고 봉우리가 좁고 간격이 넓을수록 더욱더 무시할 수 있다. 그래서 왼쪽 봉우리의 양의 꼬리 부분은 $k = -k_p$를 벗어난 부분에서는 급속도로 영으로 떨어진다. 결과적으로 이렇게 특수한 경우에는 첫째 sinc 함수를 무시할 수 있으며, 이 변환식은

$$A(k) = E_0 L \operatorname{sinc}(k_p - k)L \tag{7.61}$$

로 쓸 수 있다(그림 7.44c). 비록 파열이 길기는 하지만 무한히 긴 것은 아니기 때문에 공간 주파수의 연속적인 영역으로부터 합성되어야 한다. 따라서 이 펄스 파형은 무한히 많은 조화 파동이 합성된 것으로 생각할 수 있다. 이러한 펄스를 **파동 다발(wave packet)** 또는 **파군(wave group)**이라고 한다. 예측했던 바와 같이 $k = k_p$의 성분이 펄스의 형성에 가장 큰 기여를 하게 된다. 만약 시간 영역에서 해석이 이루어졌다면 각주파수 ω_p를 중심으로 하는 같은 결과를 얻었을 것이다. 명백히 파열이 무한히 길어지면($L \to \infty$) 그 주파수 스펙트럼은 좁아지고 그림 7.44c의 조건은 k_p(또는 ω_p)에서 단 하나의 날카로운 침과 같은 형태가 된다. 이것은 이상적인 단색성 파동을 의미한다.

$A(k)$를 k와 $k + dk$ 사이의 공간 주파수 범위에서 $E(x)$에 기여하는 진폭으로서 생각할 수 있으므로 $A^2(k)$는 그 범위에서의 파동 에너지와 연관되어야 한다(연습문제 7.54). 11장에서 **파워 스펙트럼**(power spectrum)을 생각할 때 이러한 관점을 다시 언급할 것이다. 당분간은 그림 7.44c의 가운데 봉우리 양 옆의 최소점 사이의 구간인 $k_p - \pi/L$에서 $k_p + \pi/L$의 공간 주파수 범위 내에 대부분의 에너지가 실려 있다는 점만을 인식하자. 파열의 길이가 늘어나면 에너지가 k_p를 중심으로 하는 좁은 영역에 집중될 것이다.

시간 영역에서 파동의 다발, 즉

$$E(t) = \begin{cases} E_0 \cos\omega_p t & -T \le t \le T \text{ 인 경우} \\ 0 & |t| > T \text{ 인 경우} \end{cases}$$

은

$$A(\omega) = E_0 T \operatorname{sinc}(\omega_p - \omega)T \tag{7.62}$$

로 변환되는데 ω와 k는 위상 속도로 연결되어 있다. 시간 영역의 주파수 스펙트럼은 그림 7.44c와 동일하다. 단지 k가 ω로, 그리고 L이 T로 바뀌었을 뿐이다.

요약하자면 그림 7.44a의 파형은 일정한 공간 주파수 k_p로 진동하는 파동을 ($-L$에서 L까지 펼쳐진) 사각 펄스로 변조시켜 사각 펄스 바깥 부분의 진폭을 0으로 만든 것이다. 이 포락선 함수(사각 함수)의 푸리에 변환은 sinc 함수이다. 실제로는 사각 펄스만 있는 것이 아니라 내부에 조화파가 존재하고 있는데, 이 조화파의 존재는 푸리에 변환에서 sinc 함

수를 k축에서 k_p만큼 수평 이동시킨다. 이 주파수 k_p가 가장 지배적인(큰 진폭을 갖는) 주파수임은 당연하다. k_p 양쪽에서 진폭이 처음으로 0이 되는 두 점의 간격, 즉 변환 함수의 폭은 $2\pi/L$이다. 파열의 길이($2L$)가 길수록 변환 함수의 폭($2\pi/L$)은 좁아진다.

따라서 푸리에 변환 결과(그림 7.44c)의 모양만 보더라도 원래의 파형이 사각 형태였음을 알 수 있다. k축에서의 위치를 보면 원래의 파형의 진동 주파수가 k_p임을 알 수 있다. 변환 함수의 폭을 보면 원래 파열의 길이를 알 수 있으며, 변환 함수의 최댓값을 보면 원래 파열의 진폭을 알 수 있다. (사인 변환은 0이며) 코사인 변환 결과라는 사실로부터 원래 함수가 $x = 0$에서 갖는 위상을 알 수 있다.

만일 기본 진동 주파수가 k_p이되 (사각 파형이 아닌) 다른 포락선 함수로 변조되어 있는 파형을 푸리에 변환한다면, 포락선 함수 자체를 푸리에 변환한 후 그 중심을 k_p에 갖다 놓으면 된다(보기로 그림 7.46 참조).

주파수 대역폭

우리가 공부하는 파동 다발에 있어서 이를 구성하는 조화파의 (또는 푸리에 변환의) 각주파수(ω 또는 k)의 범위는 유한하지 않고 무한히 넓다. 그러나 만일 푸리에 변환의 폭($\Delta\omega$ 또는 Δk)을 이야기해야 한다면 그림 7.44c에서처럼 $\Delta k = 2\pi/L$ 또는 $\Delta\omega = 2\pi/T$의 관계를 사용할 수 있다. 이와 달리, 앞에서 다룬 펄스의 공간적 범위와 시간적 범위는 각각 $\Delta x = 2L$과 $\Delta t = 2T$로 모호함이 없다. **k-공간**에서 파동 다발의 폭과 **x-공간**에서의 폭을 곱한 크기는 $\Delta k \Delta x = 4\pi$가 되며, 마찬가지로 $\Delta\omega\Delta t = 4\pi$가 된다. 사람들은 Δk와 $\Delta\omega$를 **주파수 대역폭(frequency bandwidth)**이라고 한다. 만약 다른 모양의 펄스를 사용했다면 주파수 대역폭과 펄스 길이의 곱은 약간 달라질 수 있다. 아직까지는 Δk와 $\Delta\omega$를 나타내는 데 애매한 부분이 있다. 예를 들어 $A(\mathbf{k})$의 첫 번째 최소점을 사용하는 대신에 (11.2절의 가우스 함수처럼 이러한 최소점을 갖지 않는 경우의 변환도 있다) Δk를 $A^2(\mathbf{k})$가 최댓값의 1/2 또는 $1/e$로 떨어지는 점에서의 폭으로 정할 수도 있다. 어느 경우이든 $\Delta\omega = 2\pi\Delta\nu$이므로

$$\Delta\nu \approx 1/\Delta t \tag{7.63}$$

이다. 즉 주파수 대역폭이 펄스 시간 폭의 역수와 대략 크기가 같다는 것을 알고 있는 것만으로 충분하다(연습문제 7.55). 만일 파동 다발이 좁은 대역폭을 가지고 있다면, 이는 파동 다발이 시간과 공간 영역에서 넓게 퍼져 있음을 나타낸다. 그래서 $\Delta\nu$ 대역폭의 신호를 받도록 튜닝된 라디오는 $\Delta t \approx 1/\Delta\nu$보다 긴 펄스만을 제대로 검출할 수 있다.

이러한 개념은 입자(particle)를 파동 다발로 표현하는 양자역학에서 대단히 중요한 의미를 가지며 식 (7.63)은 **하이젠베르크**(Heisenberg)의 **불확정성 원리**(uncertainty principle)와 유사하다.

7.4.3 결맞음 거리

나트륨 방전등과 같이 우리가 대략 단색 광원이라고 생각하는 광원에서 나오는 빛을 조사해 보자. 이 빛을 스펙트럼 분석기와 같은 것에 통과시켜 보면 여러 주파수 성분이 있는 것을 관찰할 수 있다. 대개 대부분의 에너지를 가지고 있는 매우 좁은 주파수 영역이 많이 존재하고, 이 좁은 주파수 성분들이 어두운 영역 사이에 띄엄띄엄 나타남을 볼 수 있다. 각각 색색으로 밝게 나타나는 이러한 부분을 **분광선(spectral line)**이라고 한다. 빛이 슬릿을 통해 들어가도록 되어 있는 분광 장치가 있는데 각 분광선은 색깔별로 분산된 슬릿의 상(image)에 해당한다. 다른 분석 장치에서는 오실로스코프의 화면에 주파수 스펙트럼을 나타내기도 한다. 어느 경우에든지 각각의 분광선이 한없이 날카로운 것은 아니다. 좁기는 하지만 어느 정도의 주파수 폭을 가진다(그림 7.45).

전자의 전이(transition)는 10^{-8}초에서 10^{-9}초 정도의 지속시간을 갖는 빛을 발생시킨다. 방출된 파열의 길이가 유한하기 때문에 **자연 선폭(natural linewidth**, 11.3.4절 참조)이라고 하는 **주파수 확대**(frequency broadening)가 있다. 더욱이 원자가 무작위적인 열운동을 하기 때문에 주파수 스펙트럼은 도플러 효과로 인한 영향을 받는다. 게다가 원자의 충돌로 인해 파열이 깨지게 되고 주파수 분포가 더 넓어지게 된다. 이러한 여러 가지 효과가 합쳐져서 각각의 분광선은 하

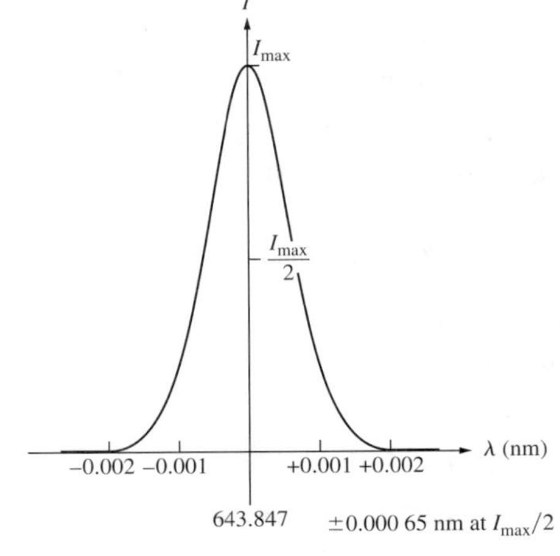

그림 7.45 저압 카드뮴 적색등($\bar{\lambda}$ = 643.847 nm)의 분광 분포

나의 주파수가 아닌 $\Delta\nu$의 대역폭을 가지게 된다. 식 (7.63)을 만족하는 시간을 **결맞음 시간**(**coherence time**, 앞으로 Δt_c로 씀)이라고 하며

$$\Delta l_c = c\,\Delta t_c \tag{7.64}$$

로 주어지는 길이 Δl_c는 **결맞음 거리**(**coherence length**)라고 한다. 앞으로 명확해지겠지만 결맞음 거리란 사인파의 위상을 예측할 수 있는 거리의 범위를 말한다. 이러한 개념은 파동의 성질을 이해하는 데 있어서 대단히 중요하기 때문에 뒤에서 간섭(interference)에 관해 이야기할 때 다시 거론하기로 하자.

광자의 파열에 대한 개념에 이미 익숙해졌겠지만 이제 푸리에 해석 기법을 이용하여 파열의 형태에 대해 무엇인가 따져 볼 수 있는 단계가 되었다. (레이저가 아닌) 준단색성(quasi-monochromatic) 광원의 분광선에 대한 주파수 분포를 종모양의 가우스 함수(Gaussian function)로 표현할 수 있다는 실험 결과(2.1절)에서부터 출발해 보자. 즉 복사 조도를 주파수에 대해 나타내 보면 가우스 함수꼴이 된다. 복사 조도는 전기장 진폭의 제곱에 비례하며 가우스 함수의 제곱도 가우스 함수이기 때문에 광파의 전체 진폭도 역시 종모양이다.

이제 빔 안에 들어있는 N개의 동일한 파동 다발 중에 있는 하나의 다발, 혹은 단일 광자 파열을 생각하자. 그리고 조화파가 가우스 함수로 변조되었다는 점에서 그림 7.46a를 닮았다고 가정하자. 흥미롭게도 가우스 함수의 푸리에 변환 $A(\omega)$도 역시 가우스 함수 모양이다. 우리가 각 파열을 구성하는 특정 조화 주파수 성분, 이를테면 ω'에 해당하는 조화 주파수 성분만을 들여다보고 있다고 가정하자. 이 성분은 일정한 크기의 진폭으로 무한히 지속되는 사인 함수 형태의 파

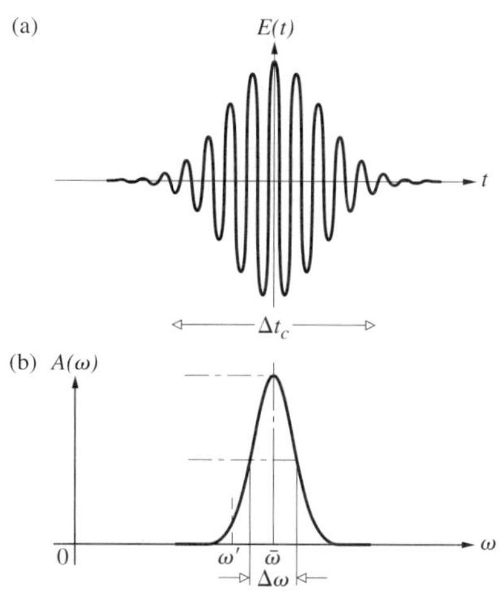

그림 7.46 가우스형 파열과 그 푸리에 변환. 변환 역시 가우스형이다.

동임을 기억하라. 만일 모든 파동 다발이 완벽히 동일하다면 ω'이 관련된 푸리에 성분의 진폭은 각 다발에 대하여 모두 서로 같을 것이다. 광자가 지나가는 어떤 점에서든지 이 ω' 성분의 단색광 파동은 시간에 따라 빠르게 변화하고 무작위적인 상대 위상 분포를 가진다. 따라서 이러한 것들이 모두 합쳐져[식 (7.21)] 평균되는데 이는 $N^{1/2}$의 진폭을 가진 주파수 ω'의 조화파에 해당한다. 이것이 전체 광파의 ω' 주파수 성분이다. 파동 다발을 구성하는 모든 다른 주파수 성분에 대해서도 마찬가지이다. 이것은 전체 파동 다발에서 어떤 주파수 성분에 들어 있는 에너지의 크기와 개개의 파열의 그 주파수 성분에 들어 있는 에너지를 모든 파열에 대해 합한 크기가 서로 같다는 것을 의미한다. 더욱이 우리는 에너지-주파수 분포에 대해 알고 있는데 이는 가우스 분포이다. 따라서 파열은 푸리에 변환하여도 역시 가우스 함수꼴이 된다. 즉 관측된 분광선은 빔의 강도 스펙트럼이 되며 동시에 개개 파동 다발의 강도 스펙트럼에도 해당한다. 만일 복사 조도가 가우스형이면 광자 파열도 가우스형이다.

파열의 무작위성으로 인하여 각 다발의 개개 조화 성분은 (진폭은 같지만) 서로 위상이 같지 않을 것이다. 관측되는 분광선은 분명히 전체 합성파의 강도 스펙트럼이지만 또한 개개 파동 다발의 강도 스펙트럼에도 이 결과가 적용된다. 대개는 아주 많은 수의 파동 다발이 임의의 위치에서 서로 중첩되기 때문에 합성파의 포락선은 좀처럼 0이 되지 않는다. 만일 광원이 준단색적(즉 대역폭이 평균 주파수 $\bar{\nu}$와 비교해 상당히 작은 경우)이라면 합성파의 형태가 '거의' 사인함수처럼 보일 것이다.

요약하면 합성된 광파는 그림 7.47과 같은 모양으로 그려질 수 있다. 주파수와 진폭이 무작위적으로 변하고, 특히 주파수는 $\bar{\nu}$를 중심으로 $\Delta\nu$의 범위에 걸쳐 변하는 것으로 생각하자. 그러면 주파수 안정도(frequency stability)는 $\Delta\nu/\bar{\nu}$로 정의되며 이것은 스펙트럼의 순수성에 대한 척도가 된다. 10^{-9}초 정도로 짧은 결맞음 시간조차도 빠르게 진동하는 반송파($\bar{\nu}$)에서는 대략 수백만 개의 파장에 해당하므로 진폭이나 주파수의 변화는 상대적으로 매우 느리게 일어난다고 할 수 있다. 시간에 따라 변화하는 위상 인자는 파동이

$$E(t) = E_0(t)\cos[\varepsilon(t) - 2\pi\bar{\nu}t] \tag{7.65}$$

의 식으로 정의할 수도 있다. **여기서 파동의 마루 사이의 간격은 (일정하지 않고) 시간에 따라 변화한다.**

파동 다발의 평균 지속 시간은 Δt_c이다. 그래서 그림 7.47에서 Δt_c보다 더 멀리 떨어진 두 점은 반드시 서로 다른 파열에 있게 된다. 따라서 이 두 점의 위상은 전혀 상호 관련성이 없다. 즉 만일 이상적인 검출기를 써서 합성파의 전기장을

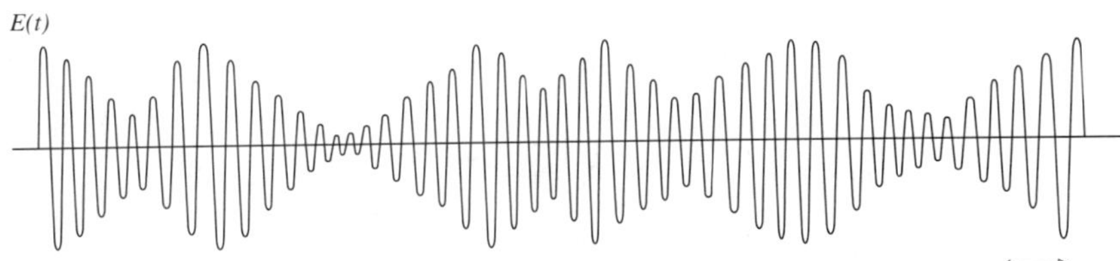

그림 7.47 준단색광 파형의 대략적인 형태

측정한다면 Δt_c보다 훨씬 짧은 시간 동안에는 위상의 변화를 상당히 정확하게 예측할 수 있고, Δt_c보다 긴 시간 후에는 전혀 예측할 수 없다. 12장에서는 이런 극단적인 경우까지 포함하여 적용할 수 있는 **결맞음도**(degree of coherence)의 개념을 생각하게 될 것이다.

백색광은 0.4×10^{15}Hz로부터 0.7×10^{15}Hz에 이르는 주파수 범위, 즉 약 0.3×10^{15}Hz의 대역폭을 가지고 있다. 그러면 결맞음 시간은 대략 3×10^{-15}초 정도 되는데 이는 공간적으로 몇 개 정도의 파장 길이를 가진 파열(표 7.1)에 해당한다[식 (7.64)]. 따라서 **백색광은 대단히 짧은 펄스가 무작위적으로 이어져 있는 것으로 생각할 수 있다.** 백색광을 합성하려 한다면 대단히 짧은 파동 다발을 만들기 위하여 넓은 범위의 연속적인 조화 주파수 성분을 중첩시켜야 한다. 역으로 백색광을 회절 격자나 프리즘과 같은 푸리에 분석기를 거치게 함으로써 조화 주파수 성분으로 분해할 수도 있다.

가시광선 스펙트럼에서 활용할 수 있는 대역폭(≈300 THz)은 대단히 넓어서 통신 기술자들에게는 가히 꿈의 대역이라고 할 수 있다. 예를 들어 보통의 텔레비전 한 개의 채널은 전자기 스펙트럼상에서 약 4MHz 정도의 대역을 점유한다($\Delta\nu$는 전자빔 주사를 조절하는 데 필요한 펄스의 폭에 의해 결정된다). 그러므로 가시광선 영역 전체를 활용한다면 그 안에 약 7500만 개의 텔레비전 채널을 수용할 수 있다. 당연히 이 분야는 매우 활발한 연구 분야가 되고 있다(8.11절 참조).

보통의 방전 램프는 결맞음 거리가 수 mm 정도밖에 되지 않으며 비교적 넓은 대역폭을 가지고 있다. 대조적으로 Hg^{198}($\lambda_{공기}$ = 546.078 nm)이나 국제 표준인 Kr^{86}($\lambda_{공기}$ = 605.616 nm)과 같은 저압 동위원소 램프에서 방출되는 분광선은 대략 1000 MHz 정도의 선폭을 가진다. 이에 해당하는 결맞음 거리는 0.3 m 수준이며 결맞음 시간은 1 ns 수준이다. 주파수 안정도는 1/100만 수준인데 이 정도면 분명히 준단색광이라고 할 수 있다.

오늘날의 광원 중에서 가장 뛰어난 것은 레이저이다. 온도 변화나 진동이 잘 제어된 최상의 조건하에서 레이저는 실제로 이론적 한계치에 근접하는 주파수 안정도로 동작한다. 연속 발진하는 He−Ne 레이저의 λ_0 = 1153 nm 파장에서 $8/10^{14}$ 정도의 단기적인 주파수 안정도를 얻었으며* 이는 20 Hz 정도의 매우 좁은 주파수 선폭에 해당한다. 10^9분의 몇 정도의 주파수 안정도는 그리 힘들이지 않고 보편적으로 얻을 수 있다. 상용화된 CO_2 레이저는 $\Delta\nu/\bar{\nu}$가 단시간(≈10^{-1}초) 동안 10^{-9}이고 장시간(≈10^3초) 동안 10^{-8} 정도이다.

표 7.1 광원의 근사적인 결맞음 거리

광원	평균 파장 $\bar{\lambda}_0$(nm)	선폭* $\Delta\lambda_0$(nm)	결맞음 거리 $\Delta\ell_c$
열적외선 (8000–12000 nm)	10000	≈4000	≈25000 nm = $2.5\bar{\lambda}_0$
중적외선 (3000–5000 nm)	4000	≈2000	≈8000 nm = $2\bar{\lambda}_0$
백색광	550	≈300	≈900 nm = $1.6\bar{\lambda}_0$
수은 아크등	546.1	≈1.0	≳0.03 cm
Kr^{86} 방전 램프	605.6	1.2×10^{-3}	0.3 m
주파수 안정화 He−Ne 레이저	632.8	≈10^{-6}	≳400 m
특별한 He−Ne 레이저	1153	8.9×10^{-11}	15×10^6 m

* 대응하는 주파수 대역폭을 구하기 위해서 $\Delta\nu/\Delta\lambda_0 = \bar{\nu}/\bar{\lambda}_0$를 사용하라.

예제 7.6

적색광 광다이오드(LED)는 진공에서 평균 파장 607 nm를 방출한다. 만일 출력광의 선폭이 18 nm라면 주파수 대역폭은 얼마인가?

풀이

진공에서의 선폭 $\Delta\lambda_0$와 주파수 대역폭 $\Delta\nu$와의 관계를 구해야 한다. 이를 위해서 $\bar{\nu} = c/\bar{\lambda}_0$를 $\bar{\lambda}_0$에 대해 미분하면 $\Delta\nu/\Delta\lambda_0 = c/\bar{\lambda}_0^{-2}$를 얻는다. 여기서 음의 기호는 $\Delta\nu$의 증가가 $\Delta\lambda_0$의 감소를 가져온다는 뜻이므로 생략해도 무방하다. 평균 파장 $\bar{\lambda}_0$에서 주파수 대역폭은 다음과 같이 계산한다.

$$\Delta\nu = \frac{c\Delta\lambda_0}{\bar{\lambda}_0^2} = \frac{(3.0 \times 10^8 \text{m/s})(18 \times 10^{-9}\text{m})}{(607 \times 10^{-9}\text{m})^2}$$

* T. S. Jaseja, A. Javan, and D. H. Townes, "Frequency stability of helium-neon lasers and measurements of length", *Phys. Rev.* Letters **10**, 165 (1963).

그리고

$$\Delta\nu = 1.47 \times 10^{13}\ \text{Hz} = 15\ \text{THz}$$

이다.

7.4.4 이산 푸리에 변환

물리적인 현상을 표현하는 함수는 푸리에 변환(Fourier transform)할 수 있으며, 이에 관한 기초적인 방법은 이미 앞에서 소개하였고 11장에서 다시 한 번 논의할 것이다. 여기서는 함수로 표현될 수 없는 데이터를 푸리에 분석하는 방법을 소개한다. 우리는 종종 불연속적인 데이터 또는 기록기(plotter)와 컴퓨터 화면 위에 나타난 곡선 자료를 근거로 수집한 데이터의 빈도수를 알고 싶을 때가 있다. 이를 위한 수치해석적 방법을 (분석적 푸리에 변환과 구별하여) **이산 푸리에 변환(discrete Fourier transform)**이라고 한다. 이 작업은 컴퓨터상에서 이루어지기 때문에 우리로서는 그 개념을 이해하고 최종 결과를 평가할 수 있는 정도면 충분하다.

지금까지 우리는 연속 변수 x 모두에 대한 함수값 $f(x)$가 주어진 상황(예: 전기장)을 다루어 왔다. 이제 유한 개수인 N개의 변수 0, x_1, x_2, x_3, ⋯, x_{N-1}에 대한 함수값 f_0, f_{x_1}, f_{x_2}, ⋯, $f_{x_{N-1}}$이 주어진 경우를 생각하자. 만일 자료점이 x_0의 등간격으로 분포하고 있다면 함수값은 f_0, f_{x_0}, f_{2x_0}의 수열로 표현된다. 원리적으로 푸리에 적분 변환[식 (7.57)]은 주어진 자료점에 대한 합으로 근사될 수 있다. 그림 7.48은 손으로 그린 펄스와 이를 컴퓨터로 푸리에 변환한 결과를 보여 주고 있는데, 그림 7.42와 같은 방식으로 양(+) 그리고 음(−)의 주파수값에 대해서 보여 준다.

푸리에 변환을 2차 함수 $f(x, y)$로 확장하는 것은 어렵지 않다(11.2.2절). 예를 들면 그림 7.49b는 사각 함수를 공간 주파수 k로 표현한 1차원 푸리에 변환이며, 그림 7.49d는 같은 모양의 2차원 함수를 공간 주파수 k_x, k_y로 표현한 2차원 푸리에 변환 결과이다.

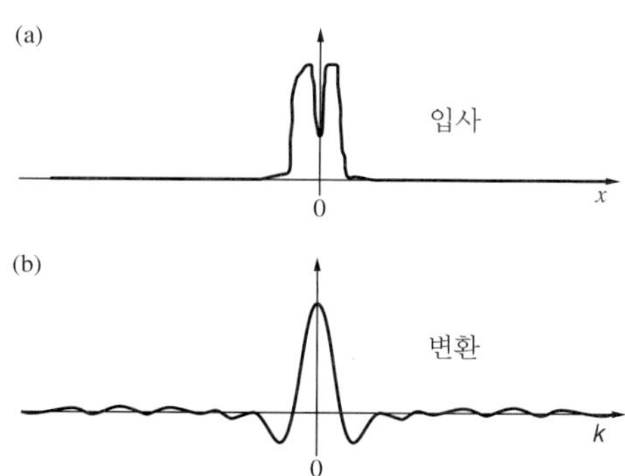

그림 7.48 입사 신호와 이에 대한 이산 푸리에 변환

물리학자들은 푸리에 변환을 주로 에너지와 관련시켜서 생각한다. 푸리에 변환은 입사파를 구성하는 조화파 성분의 진폭을 의미하며 조화파 성분의 에너지는 진폭의 제곱에 비례하기 때문에 푸리에 변환의 제곱은 특정 주파수를 갖는 조화파 성분의 에너지를 나타낸다. 2차원(k_x, k_y) 공간에서 단위 면적당 시간당 에너지를 **세기 스펙트럼(power spectrum)**이라고 한다. 푸리에 변환은 대개 복소수로 표현되기 때문에 세기 스펙트럼은 **푸리에 변환 결과의 절댓값을 제곱**하여 얻으며 단위는 W/m^{-2} 혹은 $\text{W}\cdot\text{m}^2$이다.

그림 7.49e는 2차원 정방형 함수의 세기 스펙트럼을 k-공간에서 그린 그림이다. 푸리에 변환 결과와는 달리 세기 스펙트럼은 모두 양(+)수임을 주목하라. 이 때문에 세기 스펙트럼을 점 도표(spot diagram)로 표현할 수도 있다(점의 밀도는 특정 주파수에 대응하는 빛의 세기를 나타내도록 한다). 한편 세기 스펙트럼에서 볼 때 중심에서 멀어질수록 주파수는 증가하는데 대부분의 에너지가 저주파 영역에 속해 있음을 알 수 있다. 11.3.4절에서는 푸리에 변환을 멀리 떨어진 관찰면 위의 좌표 (Y, Z)로 나타내고 그 결과를 제곱하면 관찰면에 도달한 회절광의 복사 조도(irradiance) 분포가 된다는 사실을 알게 될 것이다. 2차원 좌표 (Y, Z) 공간에서 단위 면적당 시간당 에너지를 **복사 조도 스펙트럼**(irradiance spectrum)이라고 하며 단위는 W/m^2이다. 세기 스펙트럼과 복사 조도 스펙트럼은 수학적인 정의에서 분명한 차이가 있으나 많은 응용 분야에서는 그 차이를 구별하지 않아도 된다.

함수의 해석적 표현을 모르는 경우는 이산 푸리에 변환을 통해서 유사한 결과를 얻을 수 있다. 그림 7.50a의 모나리자 사진과 같은 2차원 명암 자료를 스캐너로 받아서 디지털화한 후 이산 푸리에 변환을 계산한다. 복잡한 신호를 푸리에 변환하면 그 결과 또한 복잡하기 때문에 그림 7.50b에서는 세기 스펙트럼을 보여 준다. 푸리에 변환의 정의에서 음(−)의 주파수가 포함되기 때문에 세기 스펙트럼은 대각선에 대해서 대칭적이다. 십자 모양의 밝고 가는 선은 사진의 예리한 경계선에 의한 효과이다. 사진의 수평 경계선은 수직방향의 밝은 선을 만들고, 수직 경계선은 수평방향의 밝은 선을 만든다(그림 13.34 참조). 세기 스펙트럼 가운데 고주파 성분을 제거한 후 역푸리에 변환을 통해서 재생하면 부드럽게 흐려진 모나리자 사진이 나온다(그림 7.50c). 반대로 세기 스펙트럼의 중심 부분, 즉 저주파 성분을 제거한 후 재생하면 그림 7.50d와 같이 모나리자의 윤곽선만 나타난다.

사진 속 각 부분의 모양은 그에 대응하는 푸리에 변환 또

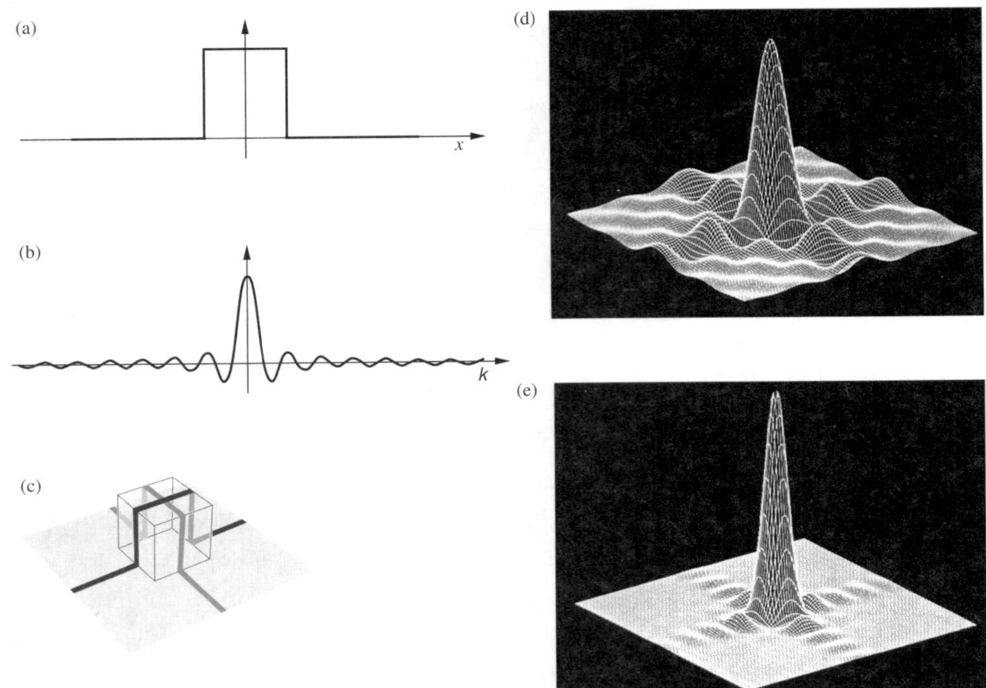

그림 7.49 (*a*) 1차원 사각 펄스와 (*b*) 그 푸리에 변환, (*c*) 2차원 사각 펄스와 (*d*) 이것에 대한 푸리에 변환, (*e*) (*d*)에서 구한 푸리에 변환의 세기 스펙트럼(power spectrum)을 2차원 *k*-공간에서 그렸다. (R.G. Wilson, Illinois Wesleyan University)

는 세기 스펙트럼을 결정한다. 푸리에 변환의 요점을 설명하기 위해서 사인 함수로 주기적인 수직 무늬를 넣어 컴퓨터로 그린 그림 7.51을 살펴보자. 목적은 그림의 자료를 푸리에 변환시킨 후 필터링(filtering) 과정을 거쳐서 그림 속에 포함된 여러 개의 주기적인 수직 무늬를 그림으로부터 제거하는 것이다. 주기적인 수직 무늬[즉 **격자(grating)**]에 대응하는 스펙트럼은 단일 공간 주파수 κ_0에만 존재하기 때문에 $\pm\kappa_0$ 지점에 2개의 밝은 반점으로 나타난다. **다시 말해서 사인 함수 형태의 격자에 대응하는 세기 스펙트럼은 양(+)과 음(−)의 격자 주파수에 해당하는 지점에 모든 에너지가 집중되어 있다.**

$\pm\kappa_0$ 지점에 있는 검은 반점(예: 그림 7.51에서 볼 때 흰 종이 위에 찍힌 2개의 검은 점)을 필터를 사용하여 제거한 후 역푸리에 변환하면 그림의 왼편 작은 사각형 안에서 보듯이 수직 무늬가 없는 원래의 그림이 나타난다. 그림 7.51a의 검은 배경 위에 찍힌 밝은 점은 사진 속 당근 근처 부분에 대응하는 세기 스펙트럼을 나타내며, 그림 7.42b에서는 유리컵에 대응하는 세기 스펙트럼을 보여 준다. 이를 비교해 볼 때 세기 스펙트럼의 고주파 성분은 주로 유리컵 영상에 의해서 만들어짐을 알 수 있다. 사진의 세기 스펙트럼은 상의 재처리에 대한 새로운 방법을 제시하고 있다.

그림 7.50 (*a*) 모나리자와 (*b*) 세기 스펙트럼의 중심부, (*c*) 높은 공간 주파수 부분이 제거된 모나리자, (*d*) 낮은 공간 주파수가 제거된 모나리자 (Synoptics Image Processing Systems, Cambridge, UK)

푸리에 변환과 회절

컴퓨터를 이용한 상(image)의 분석은 일종의 시광학(visual optics) 분야면서 회절광학과 깊은 연계가 있지만 여기서는 간단히 설명하고 지나가고자 한다. 그림 7.52a의 투명한 슬라이드는 모나리자의 영상 정보를 가진 빛의 2차원 기록이다. 이 슬라이드에 평면 단색광을 쪼이면 기록된 영상 정보

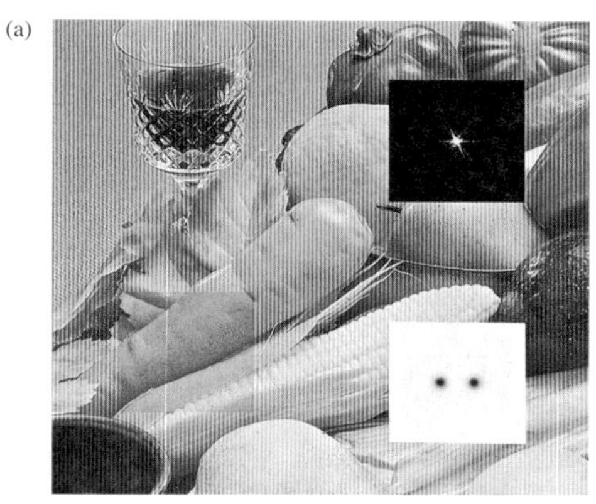

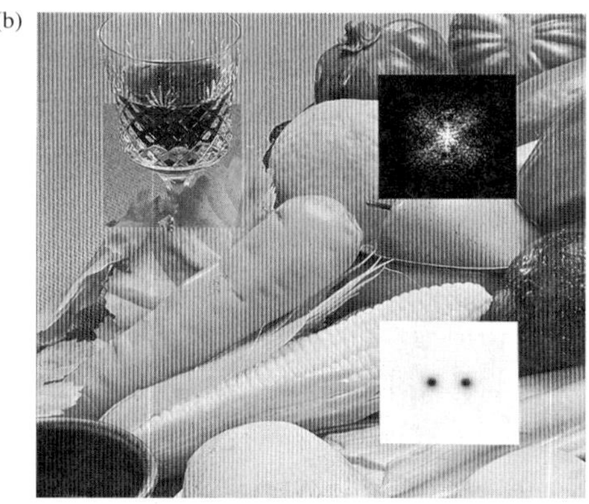

그림 7.51 2개의 컴퓨터 영상. 그림 왼편에 줄무늬가 없는 맑은 사각형 영상은 푸리에 변환 후, 오른쪽 아래의 필터를 통과해서 얻은 것이다. 검은 부분은 걸러진 상의 세기 스펙트럼이다. (MountainGate, Reno NV)

를 읽을 수 있다. 슬라이드 위의 모든 점은 일종의 산란 입자(scatterer)로 작용하기 때문에 각 점에서 나온 광선은 그림 7.52b와 같이 여러 방향으로 퍼지게 된다. 광축 위쪽 특정한 각도 방향으로 퍼지는 광선이 존재하면 같은 각도로 광축 아래쪽으로 나가는 광선이 항상 존재한다. 특정한 $\boldsymbol{\kappa}_i$ 방향으로 나가는 평면파(또는 광선 다발)는 푸리에 변환 시 특정한 공간 주파수 성분에 해당한다. 투명 슬라이드를 통과한 광의 푸리에 변환 결과는 이와 같은 평면파 성분의 집합으로 이루어진다. 다시 말해서 **슬라이드 위의 전기장에 대한 푸리에 변환은 전기장을 구성하는 공간 주파수 성분의 상대적 크기를 나타낸다.** 슬라이드를 투과한 평면파 성분은 복잡한 모나리자 영상 정보를 포함한 파면으로 볼 수 있는데, 영상 내에 특정한 주기를 가진 격자 정보가 들어있다면 그에 해당하는 각도로 평면파가 방출된다. 왜냐하면 격자는 광축에 대해서 각각 위쪽과 아래쪽으로 격자 주파수에 비례하는 각도로 광을 산란시키기 때문이다.

여기서 일어나는 일을 이해하는 또 다른 좋은 방법은 각 그림 조각이 어떤 방향으로 특정한 공간 주파수를 갖고 있는 격자처럼 동작한다고 가정하는 것이다. 이런 격자는 입사광을 대칭적인 두 평면파로 꺾어내보낼 것이며, 이때 꺾이는 각도는 격자의 주파수에 비례한다.

슬라이드 오른쪽 지역은 투과된 여러 개의 파동이 중첩되어 나타난다. 가까운 거리에서는 모나리자의 영상이 비교적 선명하지만 멀어질수록 영상이 흐려지다가 나중에는 전혀 알아볼 수 없는 모습으로 변한다. 즉 슬라이드로부터의 거리가 멀어지면 슬라이드에 의한 회절 무늬가 된다. 수학적으로 볼 때 2개의 영역이 있다. 하나는 슬라이드에 상대적으로 근접한 위치에서 관찰되는 **프레넬 회절**(Fresnel diffraction)이고, 다른 하나는 슬라이드로부터 아주 멀리 떨어진 곳에서 관찰되는 **프라운호퍼 회절**(Fraunhofer diffraction)이다.

그림 7.52c에서와 같이 슬라이드 뒤에 렌즈를 놓고 초점거리에서 관찰하면 각각의 평행 광선을 관찰면 위에 다른 위치의 점으로 집속할 수 있다. 대칭적으로 분포한 집속점들은

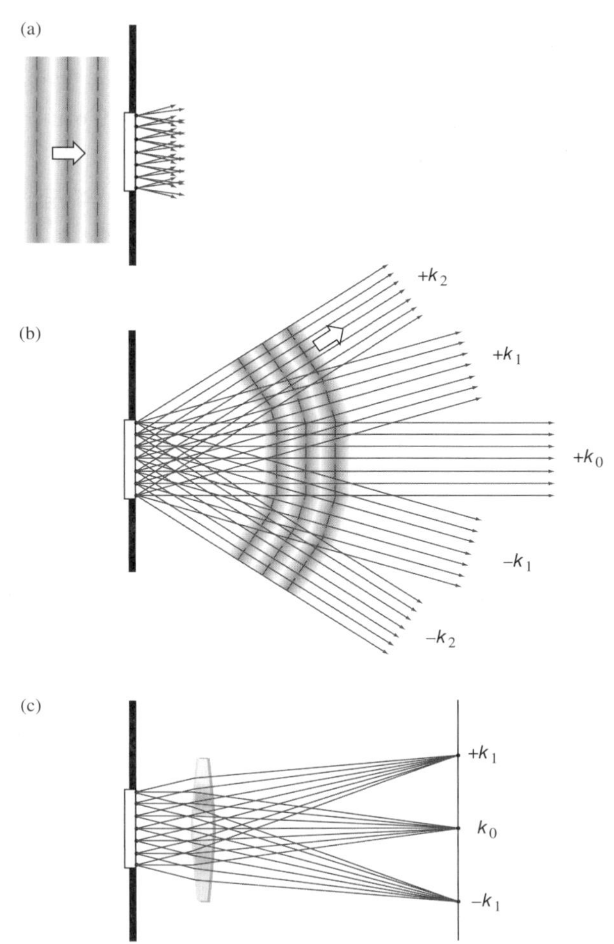

그림 7.52 투명판. (*a*) 평면 입사파, (*b*) 산란된 평면 광선 다발, (*c*) 세기 스펙트럼의 투영

공간 주파수에 따른 복사 조도 분포(irradiance distribution)를 나타낸다. **프라운호퍼 회절광의 진폭(직접 측정할 수는 없지만)은 슬라이드 위의 전기장에 대한 푸리에 변환과 같다.**

측정이 가능한 양은 전기장에 대한 푸리에 변환의 제곱인 복사 조도 분포이다. 복사 조도 분포는 모나리자 슬라이드에 포함된 공간 주파수 성분 지도를 나타내며, 그림 7.50b에서 보인 세기 스펙트럼과 잘 부합한다. 나중에 공부하겠지만 공간 주파수 성분의 일부를 제거한 후 컴퓨터로 재생하면 그림 7.50c, d와 같은 영상을 얻을 수 있다.

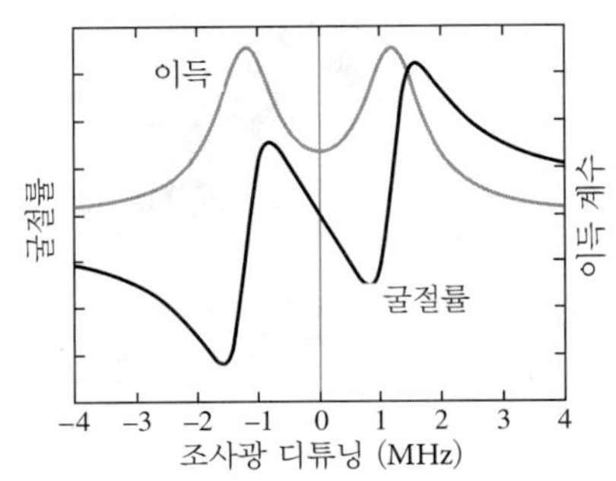

그림 7.53 초고속 군속도를 얻기 위해 사용된 이득 매질에서의 이상 분산 현상. 세슘 원자의 이득과 굴절률이 그림에 있다.

초고속광(Superlumiral Light)

이 제목은 최근에 발견된 '빛보다 빠른(faster than light)' 빛의 존재를 알리기 위해서 대중매체에서 사용했던 용어이다.

특수 상대성 이론에 의하면 에너지를 전달하는 어떠한 신호도 광속도 c보다 더 빨리 전파할 수 없다. 그러나 3.5.1절에서 언급했듯이 특정한 환경에서 위상 속도는 광속 c보다 클 수 있다. 1904년 우드(R. W. Wood)는 백색광이 나트륨 증기를 지날 때 위상 속도가 c보다 커짐을 실험으로 보여 주었다. 그는 나트륨 D 공명선(파장 589.0 nm와 589.6 nm) 근처의 이상 분산(anomalous dispersion) 영역을 연구했다.

일반적으로 공명 주파수보다 훨씬 작은 주파수의 광선에 대해서 굴절률은 1보다 약간 크다. 더욱이 흡수 영역의 광선은 매질을 거의 투과하지 못한다. 그러나 나트륨 D선에 근접한 주파수의 광선에 대해서 굴절률은 이상 분산 현상을 보이기 시작했으며 공명선보다 큰 주파수 쪽에서 접근할 때 굴절률은 1 이하로 급격히 감소하고, 빛의 속도는 굴절률에 반비례하므로 c보다 커진다. 이와 같은 초고속(superluminal) 위상 속도에 대해서는 잘 알려져 왔다.

여기서 상대성 이론과 모순되는 것처럼 보이지만, 단지 겉보기에만 그러할 뿐으로 단색광 자체는 속도가 c를 초과할 수 있으나 이는 (상대성 이론이 말하는) 정보의 전달 속도와는 관계가 없다. 위상 속도와 달리 변조파 형태로 전달되는 신호(정보)는 군속도로 전파되며 그 군속도는 정상 분산 영역에서 항상 c보다 작다.*

1980년대부터 현재까지 많은 물리학자들은 군속도 v_g 역시 c보다 클 수 있다는 사실을 보이기 위해서 연구**해 오고 있다. 주파수가 ν인 펄스의 군굴절률은 다음과 같이 표현한다(증명은 연습문제 7.32 참조).

$$n_g = n(\nu) + \nu\frac{dn(\nu)}{d\nu}$$

이 식에 따르면 초광속 펄스가 생길 수 있는 영역은 굴절률이 주파수에 대해서 급격히 감소하는 이상 분산 영역이다. $n_g < 1$을 얻기 위해서는 $dn(\nu)/d\nu$가 음수여야 하므로 광선은 흡수대 안에 있어야 하는 것이다.

이때의 문제점은 펄스의 대부분이 흡수되거나 왜곡되어 약화된다는 것이다. 이에 대한 해결책은 광을 증폭할 수 있는 **이득**(gain) 매질을 사용하는 것이다. 최근에 세슘 기체를 담은 용기에 다른 주파수를 갖는 2개의 레이저빔에 의한 펌핑을 통해서 흡수가 없는 이상 분산 영역을 만들 수 있었다(그림 7.53).

가우스형 또는 종 모양의 3.7 μs 다이오드 레이저 펄스를 세슘 용기에 넣었을 때 놀랍게도 입사 펄스의 최고점(peak)이 앞면에 도달하기 전에 똑같은 펄스가 용기의 반대편에 나타났다. 그 시간차는 62 ns로서 입사 펄스보다 출사 펄스가 20 m 앞선 것이었다. 펄스가 6 cm 길이의 진공 용기를 지나는 시간이 0.2 ns인 것과 비교하면 약 310배 더 긴 거리였다.

직관에 반대되는 결과일지는 몰라도 $dn(\nu)/d\nu$가 큰 음수이면 n_g가 음수가 될 수 있다. 사실 이 실험에서 $n_g = -310$이다. 이 의미를 살펴보기 위해서 펄스가 길이 L인 세슘 용기를 지나는 시간을 $L/v_g = n_g L/c$라고 하자. 펄스가 길이 L인 진공 용기를 지나는 시간이 L/c이므로 시간차 $\Delta t = L/v_g$

* 이상 분산(3.5.1절) 영역에서는 $dn/dk < 0$이며 v_g가 c보다 클 수도 있다. 그러나 여기서 신호는 또 다른 속도인 신호 속도로 알려진 v_s로 진행한다. 따라서 공명 흡수대(resonance absorption band)를 제외하면 $v_s = v_g$가 된다. 모든 경우에 v_s는 에너지의 전달 속도에 해당하며 광속도 c를 초과하지 않는다.

** S. Chu and S. Wong, "Linear pulse propagation in an absorbing medium," *Phys. Rev. Lett.* **48**, 738 (1982); L. J. Wang, A. Kuzmich, and A. Dogariu, "Gain-assisted superluminal light propagation," *Nature* **406**, 277 (2000); D. Mognai, A. Ranfagni, and R. Ruggeri, "Observation of superluminal behavior in wave propagation," *Phys. Rev. Lett.* **84**, 4830 (2000).

$-L/c = (n_g - 1)L/c$는 진공에 대한 세슘 속에서의 펄스 지연 시간이다. 만일 $n_g < 1$이면 $\Delta t < 0$이므로 펄스는 진공에서보다 더 빨리 세슘 용기를 지나게 된다.

이 현상을 이해하기 위해서 중심부의 앞과 뒤에서 진폭이 0으로 떨어지는 가우스형 펄스를 생각하자. 물리적 관점에서 이 펄스에는 여러 파장의 사인파가 포함되어 있고, 중심점에서는 이 사인파들의 위상이 동일하지만, 중심에서 멀어짐에 따라 어떤 파들은 동일 위상, 어떤 파들은 반대 위상으로 서로 중첩된다. 이 과정에서 펄스의 마루 양편에는 가늘어진 '날개'가 생기고 결국에는 상쇄되어 사라진다.

중요한 점은 날개 부분도 중심 부분과 동일한 사인파들로 이루어진다는 사실이다. 다만 펄스의 외곽에서는 성분 사인파가 서로 중첩하여 소멸될 뿐이다. 위 실험에서는 파동 다발의 전방 날개 부분이 세슘 용기 안에 들어갈 때, 세슘 원자가 각각의 사인파를 흡수한 후 다시 복사하는 과정에서 위상을 변화시키는데, 이 변화량이 사인파의 주파수에 따라서 달라진다. 이 과정에서 원래의 파동 다발을 다른 위치에 복제하는 듯한 효과가 발생한다. 즉 사인파들이 동일 위상으로 중첩되어 봉우리를 이루던 곳에서 (각 사인파의 위상 변화로 인해) 중첩 후 상쇄가 되고, 상쇄되어야 할 부분(용기의 출구쪽)에 대신 봉우리가 나타난 것이다. 봉우리의 위치만으로 판단하면 마치 c보다 큰 속도로 전파된 것처럼 보일 것이다.

초저속광(Subluminal Light)

초고속광을 연구하는 동안 또 다른 과학자들은 반대로 펄스를 정지시키거나 초저속(subluminal)으로 진행시키는 연구를 하고 있었다.*

증발 냉각 과정을 동반한 레이저 냉각 기술로 435 nK 온도 이하로 냉각된 나트륨 원자는 보스-아인슈타인 응집물(Bose-Einstein condensate, BEC) 상태로 전이한다. 이 상태는 모든 원자가 하나의 양자 상태에 놓이는 상황으로 원자의 밀도가 최대 5×10^{12}(원자/cm^3)까지 높아지며 굴절률-주파수 곡선의 기울기를 크게 증가시킬 수 있다.

* Lene Vestergaard Hau, S. E. Harris, Z. Dutton, and C. H. Behroozi, "Light speed reduction to 17 metres per second in an ultracold atomic gas," *Nature* **397**, 594 (1999). Chien. Liu, Z. Dutton, C. H. Behroozi, and Lene Vestergaard Hau, "Observation of coherent optical information storage in an atomic medium using halted light pulses," *Nature* **409**, 490 (2001); D. F. Phillips, A. Fleischhauer, A. Mair, R. L. Walsworth, and M. D. Lukin, "Storage of light in atomic vapor," *Phys. Rev. Lett.* **86**, 783 (2001). Also take a look at Kirk. T. McDonald, "Slow light," *Am. J. Phys.* **68**, 293 (2000). 간단히 살펴보기 위해서는 Barbara Gross Levi, "Researchers stop, store, and retrieve photons—or at least the information they carry," *Phys. Today* **54**, 17 (2001)를 보라..

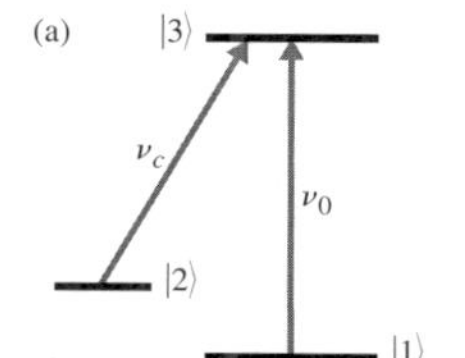

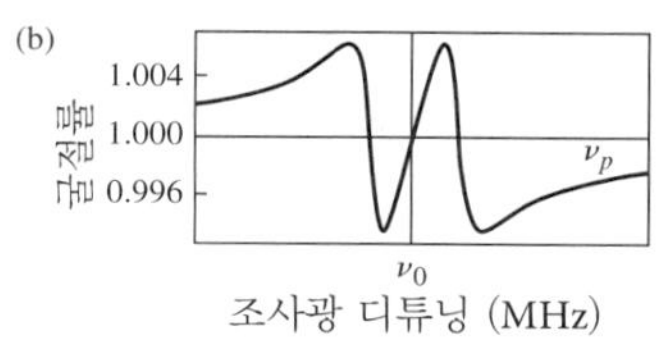

그림 7.54 (*a*) 전자기학적 유도 투과(*EIT*) 발생에 사용된 에너지 준위, (*b*) 공명 주파수 근처에서 높은 정상 분산을 보이는 나트륨의 굴절률-주파수 곡선

밀도가 높은 기체는 공명 주파수 근처에서 광을 흡수하는 것이 보통이다. 여기에 주파수 ν_p인 레이저 펄스를 보내는 경우를 살펴볼 것이다. 그림 7.54a와 같은 준위의 기체를 생각하자. $|1\rangle$ 상태에서 $|3\rangle$ 상태로 전이하는 원자는 주파수 ν_0인 빔을 흡수하게 된다. 이 원자가 빛을 재방출하기 전에 다른 원자와 충돌하면 에너지를 모두 잃어버리게 된다. 이 때문에 주파수 ν_0인 빔에 대해서 매질은 불투명해진다.

이러한 문제점은 **전자기 유도 투명 현상(electromagnetically induced transparency, EIT)** 기술을 사용하면 극복될 수 있다. 먼저 자기 여과(magnetic filtering) 기술을 이용해서 모든 원자를 바닥 상태 $|1\rangle$에 있도록 만든다. 그 다음 비어 있는 초미세 바닥 상태 $|2\rangle$와 여기 상태 $|3\rangle$ 사이의 공명 전이선에 맞춘 주파수 ν_c인 결합 빔(coupling beam)을 비춘다. 이때 두 바닥 상태 사이의 양자 간섭 효과 때문에 $|1\rangle \to |3\rangle$ 전이가 억제되고, 주파수 ν_0 근처의 광선을 비추어도 흡수가 일어나지 않는다. 다시 말해서 모든 원자가 바닥 상태 $|1\rangle$에 있고 여기에 결합 빔이 입사되고 있으면, 원자들은 주파수 ν_0의 빛을 흡수하지 않는 '암흑 상태(dark state)'가 된다. 탐사광의 주파수 ν_p가 ν_0 근처에 있을 때 탐사광은 이 매질을 투명하게 인식하는 것이다. 탐사광은 정상 분산을 경험하나 에너지의 흡수 및 발산은 없다. 이 실험에서 신호 펄스의 왜곡을 막기 위해서는 탐사광의 주파수 스펙트럼의 폭이 충분히 좁아야 하며 따라서 긴 시간의 펄스가 사용된다.

굴절률의 주파수 의존성이 그림 7.54b에 나타나 있다. ν_0에서의 굴절률 $n(\nu_0) = 1$이므로 군굴절률 식

$$n_g = n(\nu) + \nu\frac{dn(\nu)}{d\nu}$$

에서 두 번째 항이 중요한 역할을 한다. ν_0 부근에서 $dn(\nu)/d\nu$는 매우 큰 양수로서 군굴절률이 매우 큰 정상 분산을 보인다. $\nu_p = \nu_0$에 중심을 둔 펄스가 17 m/s의 매우 느린 군속도로 진행하는 것이 관측되었다. 이 결과 이후 얼마 지나지 않아서 과학자들은 나트륨 D_2와 D_1을 연결시켜서 군속도가 0.44 m/s인 초저속 펄스를 얻었다.

2001년 1월 하버드대학교의 서로 다른 두 연구팀은 각각

냉각된 나트륨과 따뜻한 루비듐을 이용하여 펄스를 천천히 진행시키다가 결합 빔 v_c를 차단함으로써 (다시 불투명한 매질로 만들어서) 빛을 정지시켰다. 즉 펄스에 대해서 불투명한 매질이 되었다. 이렇게 빛이 원자계와 결합됨으로써 펄스를 구성하고 있는 성분 사인파의 정보(주파수와 진폭 그리고 각운동량)가 원자의 스핀 배열 형태로 기체 속에 기록되며, 그 정보가 나중에 광에 전달되어 펄스가 재생산된다. 이 과정을 간단히 살펴보도록 하자.

자유 공간에서 3.4km의 길이를 갖는 신호 펄스가 EIT 조건을 만족하는 원자에 주입된다면 c/v_g배만큼 압축된다. (이 상황은 쉽게 이해할 수 있다. 펄스의 앞부분이 매질에 들어가는 순간 앞부분의 속도가 갑자기 느려지므로 빠르게 뒤따라오던 광은 앞부분에 촘촘히 겹치게 된다. 달리기 선수들이 마른 도로를 일렬로 달리다가 갑자기 무릎 길이의 물웅덩이를 만날 경우, 선두주자 뒤에 따라오던 주자들은 선두에 바짝 붙게 되고 마지막 주자가 도착할 때까지 더욱 촘촘해진다.)

27×10^3개의 광자로 구성된 신호 펄스가 339μm 길이로 압축된 후 나트륨 기체 구름 속에서 천천히 진행하는 동안 그 에너지의 많은 양이 유도 방출을 통해서 결합 빔에 전달된 후 기체를 떠나게 된다. 펄스 속에 있던 원자는 두 빔의 진폭과 위상에 의해서 결정된 중첩 상태에 있게 된다.

신호 펄스가 기체 구름 속으로 없어지자마자 결합 빔을 갑자기 차단하였다. 그러나 펄스와 관련된 작은 에너지가 여전히 기체 속에 남아서 기체 구름의 집단적인 스핀 여기를 발생시켰다. 이 기체 구름은 펄스를 구성하는 성분 사인파의 물리적인 특성에 관한 정보를 약 1ms 동안 기록하고 있었다. 이제 결합 빔을 다시 켜면 원래의 신호 펄스가 복제되어 나타났다. 다시 말해서 결맞는 양자역학계로서 동작하는 기체 속의 활성화된 원자들이 신호 펄스의 정보를 저장하였다가 결합 빔이 다시 켜짐으로써 전자기 에너지를 공급받아서 신호를 닮은 펄스를 재생했던 것이다.

이 절에서 논의한 모든 내용은 펄스와 c보다 크거나 작은 군속도에 관한 것이다. 어느 경우이든 광자 자체는 오직 c로 움직인다. 광자는 있든지 없든지 둘 중의 하나일 뿐이지 빨리 또는 느리게 움직이게 할 수 없으며 결코 붙잡아 둘 수 없다.

음의 위상 속도

3장에서 보았듯이 메타 물질이라고 불리는 이상한 구조체가 있는데, 음수의 굴절률을 갖는다. 이는 전자기파가 그 물질을 지날 때 음의 위상 속도(negative phase velocity)를 갖는다는 뜻이다. 포인팅 벡터는 여전히 에너지의 흐름 방향, 그리고 빔의 진행 방향을 가리킨다.

전자기 복사의 어떤 빔도 실은 펄스라고 할 수 있으므로 그림 7.38처럼 조화파의 진폭이 변조된 유한한 길이를 갖는 펄스 파동을 생각하자. 음의 굴절률을 갖는 매질을 지날 때 음의 위상 속도를 갖는다고 했는데, 이는 포락선 내부의 반송파가 뒤로 흐른다는 의미이다. 펄스와 이에 동반된 에너지는 앞으로 움직인다. 이 점을 염두에 두고 음의 굴절률을 갖는 유체 내에 레이저가 잠겨있다고 가정하자. 빔이 저 멀리 떨어진 벽을 비춘다. 평소와 같이 빛의 에너지는 벽을 향해 군속도로 앞으로 나아간다. 그러나 빔은 점점 퍼지는 대신 모여드는 경향을 띤다. 그리고 만일 우리가 반송파를 볼 수만 있다면, 조화파 물결이 벽에서 레이저쪽으로 흐르는 것을 보게 될 것이다. 달리 말하자면 파동 다발은 에너지를 싣고 레이저로부터 (속도 v_g로) 멀어지지만, 푸리에 성분인 평면파는 반대로 레이저쪽으로 (속도 v)로 흐른다(그림 4.30 참조)

연습문제

＊가 붙지 않은 문제의 풀이는 책 뒤에 나와 있다.

7.1 서로 나란한 파동 $E_1 = E_{01} \sin(\omega t + \epsilon_1)$과 $E_2 = E_{02} \sin(\omega t + \epsilon_2)$가 중첩되었다. $\omega = 120\pi$, $E_{01} = 6$, $E_{02} = 8$, $\epsilon_1 = 0$, $\epsilon_2 = \pi/2$인 경우에 대하여 중첩된 결과를 구하라.

7.2* 7.1절을 참고해서 두 코사인 함수 $E_1 = E_{01} \cos(\omega t + \alpha_1)$과 $E_2 = E_{02} \cos(\omega t + \alpha_2)$의 합 $E = E_1 + E_2$를 계산하라. 복잡을 피하기 위해 $E_{01} = E_{02}$이고, $\alpha_1 = 0$이라고 하자. 두 파를 대수적으로 더하라. 그리고 삼각함수 공식 $\cos\theta + \cos\Phi = 2\cos(\theta + \Phi)/2 \cos(\theta - \Phi)/2$를 이용하여 $E = E_0 \cos(\omega + \alpha)$임을 보여라. 여기서 $E_0 = 2E_{01} \cos \alpha_2/2$와 $\alpha = \alpha_2/2$이다. 식 (7.9)와 식 (7.10)을 사용해도 같은 결과를 얻을 수 있음을 보여라.

7.3* 식 (7.5)의 두 파동이 같은 위상일 때 합성파 진폭의 제곱이 그 최댓값인 $(E_{01} + E_{02}^2)$이고, 두 파동이 180° 위상차일 때 최솟값이 $(E_{01} - E_{02})^2$가 됨을 보여라.

7.4* 빛이 가로지르는 여러 매질의 두께와 굴절률을 곱하여 더

한 양으로 정의되는 **광경로 길이**, 즉 $\Sigma_i n_i x_i$는 이 빛이 통과하는 데 같은 시간이 걸리는 진공 중에서의 거리와 같음을 보여라.

7.5 다음에 답하라.

(a) 진공 중에서 1 m 간격 내에 $\lambda_0 = 500\,\text{nm}$의 빛의 파장이 몇 개나 들어 있는가?

(b) 5 cm 두께의 유리판($n = 1.5$)이 경로상에 삽입되면 그 1 m 간격 내에 몇 개의 파장이 들어 있는가?

(c) 위의 두 경우에 대해 광경로 길이 차 Λ를 구하라.

(d) Λ/λ_0가 위의 (a)와 (b)의 답 간의 차이에 해당함을 증명하라.

7.6* 그림 P.7.6에서 진공에서의 파장이 500 nm인 두 파 A와 B의 광경로 길이의 차를 구하라. 유리($n = 1.52$) 그릇 안이 물($n = 1.33$)로 채워져 있다. 두 파가 같은 위상으로 시작하고 위의 숫자가 모두 정확하다고 가정했을 때 종착선에서 두 파의 위상 차를 구하라.

그림 P.7.6

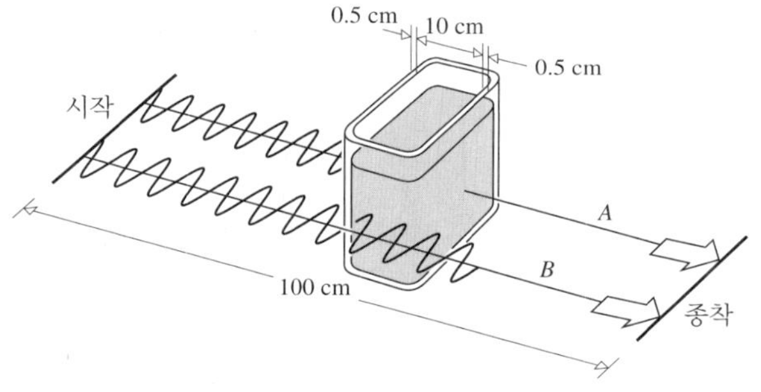

7.7* 식 (7.9), 식 (7.10), 식 (7.11)을 이용하여 다음의 두 파동

$$E_1 = E_{01} \sin[\omega t - k(x + \Delta x)]$$

와

$$E_2 = E_{01} \sin(\omega t - kx)$$

를 합한 파동이

$$E = 2E_{01} \cos\left(\frac{k\,\Delta x}{2}\right) \sin\left[\omega t - k\left(x + \frac{\Delta x}{2}\right)\right] \qquad [7.17]$$

가 됨을 보여라.

7.8 연습문제 7.7의 두 파를 직접 더하여 식 (7.17)을 구하라.

7.9 복소 표현법을 사용하여 $E = E_1 + E_2$의 합성파를 구하라. 여기서

$$E_1 = E_0 \cos(kx + \omega t) \quad \text{및} \quad E_2 = -E_0 \cos(kx - \omega t)$$

이다. 이 합성파를 그려라.

7.10* 함수 $E_1 = 3 \cos \omega t$와 $E_2 = 4 \sin \omega t$에 대해서 (1) $E_2 = 4 \cos(\omega t - \pi/2)$임을 보여라. (2) 위상자법을 사용해서 $E_3 = E_1 + E_2 = 5 \cos(\omega t - \varphi)$를 보여라(그림 P.7.10 참조). (3) φ를 구하라. (4) $E_1 = 0$이거나 $E_2 = 0$일 때, E_3의 값을 논하라.

그림 P.7.10

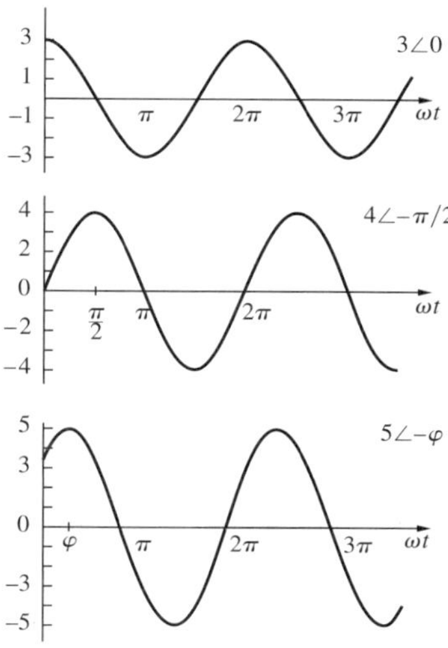

7.11* 위상자를 사용해서 다음 파형의 진폭과 위상을 구하라.

$$\psi(t) = 6 \cos \omega t + 4 \cos(\omega t + \pi/2) + 3 \cos(\omega t + \pi)$$

수식을 정리해서 구하지 말고 그림을 통해 진폭과 위상을 구하도록 한다. 즉 $A \cos(\omega t + \alpha)$ 형태가 된다고 가정하고, 자와 각도기를 이용하여 A와 α를 구하라.

7.12* 위상자를 이용해서 다음 파형의 진폭과 위상을 구하라.

$$\psi(t) = 16 \cos \omega t + 8 \cos(\omega t + \pi/2) + 4 \cos(\omega t + \pi) + 2 \cos(\omega t + 3\pi/2)$$

$A \cos(\omega t + \alpha)$ 형태가 된다고 가정하고, 자와 각도기를 이용하여 A와 α를 구하라.

7.13 정상파의 전기장이

$$E(x, t) = 2E_0 \sin kx \cos \omega t \qquad [7.30]$$

로 주어진다. $B(x, t)$에 대한 표현식을 유도하라. (3.2절을 다시 참고해도 좋다). 정상파의 모양을 스케치하라.

7.14* 파장 550 nm인 단색광을 사용하는 위너의 실험(그림 7.14)을 생각하자. 필름면이 반사면에 대하여 1.0°의 각을 이루는 경우에 필름면상에 1 cm당 나타나는 밝은 무늬의 개수를 구하라.

7.15* 주파수 10^{10} Hz의 마이크로파가 금속 반사면에 직접 쪼여지고 있다. 공기의 굴절률을 무시하고 합성된 정상파 패턴에서 이웃한 마디 사이의 간격을 구하라.

7.16* 어떤 정상파가

$$E = 100 \sin \tfrac{2}{3}\pi x \cos 5\pi t$$

로 주어진다. 이러한 정상파를 만들기 위해 중첩해야 하는 두 파동을 구하라.

7.17* 서로 진폭이 다른 다음의 두 파동

$$E_I = E_0 \sin(kx \mp \omega t)$$

$$E_R = \rho E_0 \sin(kx \pm \omega t)$$

에 의해 만들어지는 정상파가 다음과 같은 형태를 갖게 됨을 보여라.

$$E = 2\rho E_0 \sin kx \cos \omega t + (1 - \rho)E_0 \sin(kx \mp \omega t).$$

여기서 ρ는 입사한 파와 반사된 파의 진폭 비율이다. 위 두 항의 의미를 설명하라. $\rho = 1$일 때 어떤 일이 일어나는가?

7.18* 2개의 소리굽쇠를 때린다고 생각하자. 하나는 340 Hz이고 다른 하나는 342 Hz이다. 어떤 소리가 들리겠는가?

7.19* 그림 7.17의 위상자 방법을 사용해서 진폭이 같고 주파수가 약간 다른 2개의 파동이 만드는 그림 7.16 또는 그림 P7.19a의 맥놀이 현상을 설명하라. 그림 P7.19b는 한 성분파를 기준으로 측정된 합성파의 위상을 그린 것이다. 그 특징을 설명하라. 진폭은 언제 0이며 그 이유는 무엇인가? 위상은 언제 갑자기 변하며, 그 이유는 무엇인가?

그림 P.7.19

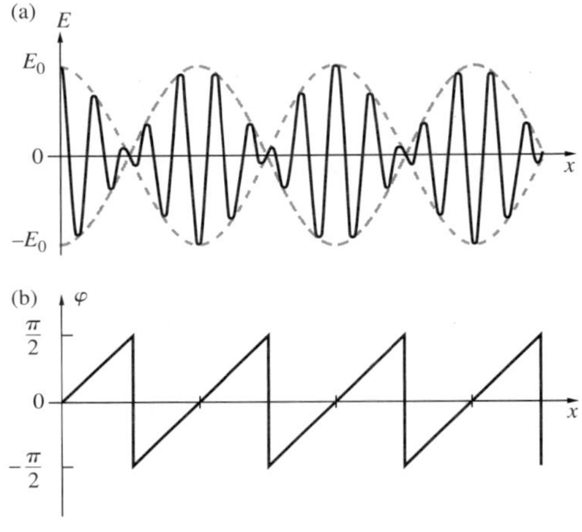

7.20* 식 (7.33)은 맥놀이 무늬를 나타낸다. 이제 진폭은 같고 공간 주파수가 $k_c + \Delta k$와 $k_c - \Delta k$이고, 시간 주파수가 $\omega_c + \Delta\omega$와 $\omega_c - \Delta\omega$인 코사인 파동이 만드는 맥놀이 식을 유도해 보자(ω_c와 k_c는 중심 주파수임). 합성파는 다음과 같음을 보여라.

$$E = 2E_{01} \cos(\Delta k x - \Delta\omega t) \cos(k_c x - \omega_c t)$$

위 식으로부터 맥놀이파가 다음과 같음을 보여라.

$$E = 2E_{01} \cos(k_m x - \omega_m t) \cos(\bar{k}x - \bar{\omega}t) \qquad [7.33]$$

맥놀이 파장을 시간 주기로 나누면 맥놀이파의 속도가 되는데 이는 군속도 $\Delta\omega/\Delta k$와 같음을 보여라.

7.21 그림 P.7.21에서 주파수 ω_c의 반송파가 주파수 ω_m의 사인파로 진폭 변조되고 있음을 보여 준다. 즉

$$E = E_0(1 + a \cos \omega_m t) \cos \omega_c t$$

이다. 이것은 주파수가 ω_c, $\omega_c + \omega_m$, $\omega_c - \omega_m$인 세 파의 중첩에 의한 결과와 같음을 보여라. 많은 수의 변조 주파수가 있는 경우에 우리는 E를 푸리에 급수로 쓰고 ω_m의 모든 값에 대해 합한다. $\omega_c + \omega_m$의 항은 위쪽 옆띠(upper sideband)를 이루고 $\omega_c - \omega_m$은 아래쪽 옆띠(lower sideband)를 이룬다. 가청 주파수 범위 전체를 전송하려면 얼마나 넓은 대역폭이 필요한가?

그림 P.7.21

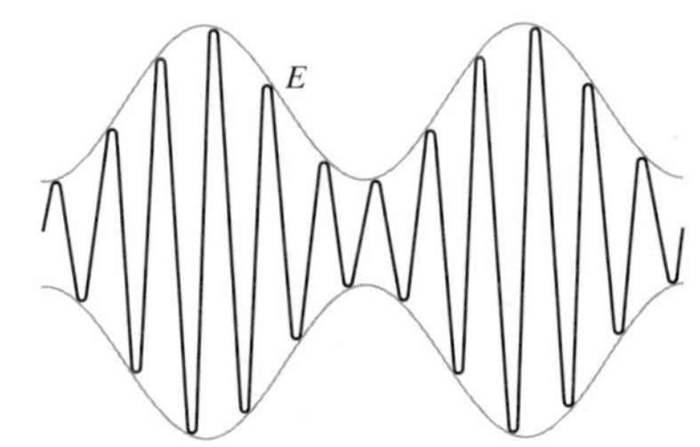

7.22 분산 관계가 $\omega = ak^2$로 주어졌을 때 위상 속도와 군속도를 계산하라.

7.23* $v_g = d\omega/dk$로부터 시작해서 다음을 증명하라.

$$v_g = -\lambda^2 \frac{d\nu}{d\lambda}$$

7.24* 다음이 성립함을 보여라.

$$v_g = \frac{c}{n} + \frac{c}{\lambda} \frac{d(1/n)}{d(1/\lambda)}$$

[힌트: 먼저 $v_g = d\nu/d(1/\lambda)$을 증명하라.]

7.25* 앞의 문제를 참고하여 다음이 성립함을 보여라.

$$v_g = v\left[1 - \frac{c}{\lambda n^2} \frac{dn}{d(1/\lambda)}\right]$$

그리고

$$\frac{d}{d(1/\lambda)} = \frac{d\nu}{d(1/\lambda)} \frac{d}{d\nu}$$

임을 이용하여 다음을 증명하라.

$$v_g = \frac{v}{1 + (\nu/n)(dn/d\nu)}$$

위 식의 단위가 맞는지 확인하라.

7.26* 파장 1100nm에서 순수한 실리카 유리는 1.449의 굴절률을 갖는다. 그림 7.22를 사용해서 (a) 그 파장에서 군굴절률을 구하라. (b) 군속도를 구하고 (c) 위상 속도와 비교하라.

7.27* $1/v_g = d\kappa/d\nu$의 관계식을 사용하여 다음 식을 증명하라.

$$\frac{1}{v_g} = \frac{1}{v} - \frac{\nu}{v^2}\frac{dv}{d\nu}$$

7.28* 광파에 대해서 $\frac{1}{v_g} = \frac{n}{c} + \frac{\nu}{c}\frac{dn}{d\nu}$ 임을 보여라.

7.29 λ보다 훨씬 깊은 액체에서 표면파의 전파 속도가

$$v = \sqrt{\frac{g\lambda}{2\pi} + \frac{2\pi\Upsilon}{\rho\lambda}}$$

로 주어진다. 여기서 g = 중력 가속도, λ = 파장, ρ = 밀도, Υ = 표면 장력이다. 장파장의 극한에서 펄스(중력파라 불림)의 군속도를 계산하라.

7.30* 군속도를 다음의 식으로 쓸 수 있음을 보여라.

$$v_g = v - \lambda\frac{dv}{d\lambda}$$

7.31 군속도가 다음과 같이 표현될 수 있음을 보여라.

$$v_g = \frac{c}{n + \omega(dn/d\omega)}$$

7.32* 앞의 경우를 참고하여 다음을 증명하라.

$$n_g = n(\nu) + \nu\frac{dn(\nu)}{d\nu}$$

7.33* 앞의 문제를 참고하여 다음이 성립함을 보여라.

$$n_g = n - \lambda\frac{dn}{d\lambda}$$

7.34* 잘 알려진 광학책에는 다음의 식이 나온다.

$$v_g = \frac{d\omega}{dk} = \frac{c}{n} - \frac{c}{n^2}\frac{dn}{dk} = v\left(1 - \frac{1}{n}\frac{dn}{dk}\right)$$

과연 위 식이 맞겠는가? 설명하라. [힌트: 단위가 맞는지 검사해보라.]

7.35* 위상 속도가 파장에 반비례할 때 군속도를 구하라.

7.36* 군속도를 다음과 같이 쓸 수 있음을 보여라.

$$v_g = \frac{c}{n} + \frac{\lambda c}{n^2}\frac{dn}{d\lambda}$$

7.37* 파장 λ_1 = 656.3nm에서 20°C의 물은 굴절률 n_1 = 1.3311을 갖는다. λ_2 = 589.3nm에서는 n_2 = 1.3330이 된다. 물에서 빛의 대략적인 군속도를 구하라. $\bar{v} > v_g$인가? [힌트: 연습문제 7.36을 다시 읽어보라. 미분을 유한차로 근사하고, λ에 대한 n의 기울기에 유념하라.]

7.38* 주기적인 분산식 $\omega(t) = 2\omega_0 \sin(k\ell/2)$을 만족하는 파동의 위상 속도와 군속도를 계산하라. 또한 위상 속도를 sinc 함수로 표현하라.

7.39* 이온화된 기체 또는 플라스마를 지나는 전자기파의 분산식은 다음과 같다.

$$\omega^2 = \omega_p^2 + c^2k^2$$

여기서 ω_p는 플라스마 주파수로서 상수이다. 이 전자기파의 위상 속도와 군속도를 계산하고 $vv_g = c^2$임을 증명하라.

7.40 다음과 같은 분산식

$$n^2(\omega) = 1 + \frac{Nq_e^2}{\epsilon_0 m_e}\sum_j\left(\frac{f_j}{\omega_{0j}^2 - \omega^2}\right) \qquad [3.71]$$

를 이용하여 전자기파의 고주파 영역(예: X-선)에서 군속도가

$$v_g = \frac{c}{1 + Nq_e^2/\epsilon_0 m_e\omega^2 2}$$

로 주어짐을 보여라. f_j는 가중 지수(weighting factor)이며 $\Sigma_j f_j$ =1임을 명심하라. 위상 속도는 어떻게 되는가? $vv_g \approx c^2$임을 보여라.

7.41* 두 함수 $E_1 = 2E_0 \cos\omega t$와 $E_2 = \frac{1}{2}E_0 \sin 2\omega t$가 중첩될 때 합성된 함수를 해석적으로 구하라. E_1과 E_2, 그리고 $E = E_1 + E_2$를 구하라. 합성된 함수가 주기 함수인가? 그렇다면 주기를 ω로 나타내어라.

7.42* 그림 P.7.42는 시간에 따른 전기장의 변화와 그것을 구성하는 푸리에 성분들을 보여 준다. 단위는 임의적이다. 아래와 같이 주어졌을 때,

$$E(t) = \frac{1}{3} + \sin\omega t + \frac{1}{6}\cos 2\omega t + \frac{1}{8}\sin 2\omega t + \frac{1}{6}\sin 3\omega t$$

(a) 왜 이 급수가 사인과 코사인 항을 모두 갖고 있는지 설명하라.

(b) 왜 이 급수는 ωt의 홀수배와 짝수배에 해당하는 조화 함수를 모두 갖고 있는가?

(c) DC항의 값은 얼마인가?

(d) A_0의 값은 얼마인가?

(e) $E(t)$의 주기는 얼마인가?

(f) $\omega = 0$ 항을 포함해서 주파수 스펙트럼을 대략 그려보라.

그림 P.7.42

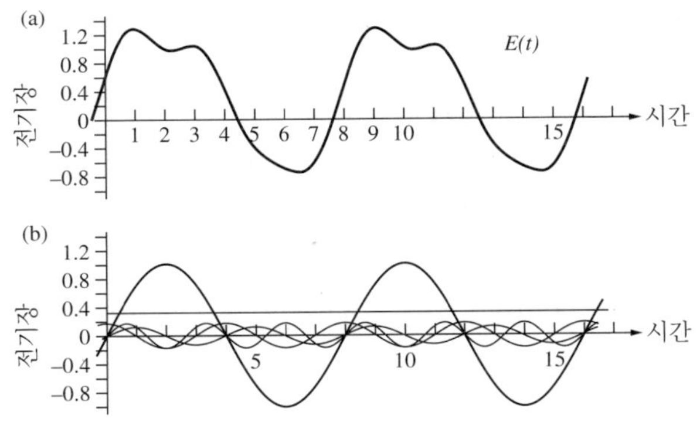

7.43 다음 식을 증명하라.

$$\int_0^\lambda \sin akx \cos bkx \, dx = 0 \qquad [7.44]$$

$$\int_0^\lambda \cos akx \cos bkx \, dx = \frac{\lambda}{2}\delta_{ab} \qquad [7.45]$$

$$\int_0^\lambda \sin akx \sin bkx \, dx = \frac{\lambda}{2}\delta_{ab} \qquad [7.46]$$

여기서 $a \neq 0$, $b \neq 0$이고 a와 b는 양의 정수이다.

7.44 그림 7.35에 나타난 주기 함수에 대하여 푸리에 급수 성분을 계산하라.

7.45* 그림 P.7.45의 주기 함수에 대한 푸리에 급수를 구하라.

그림 P.7.45

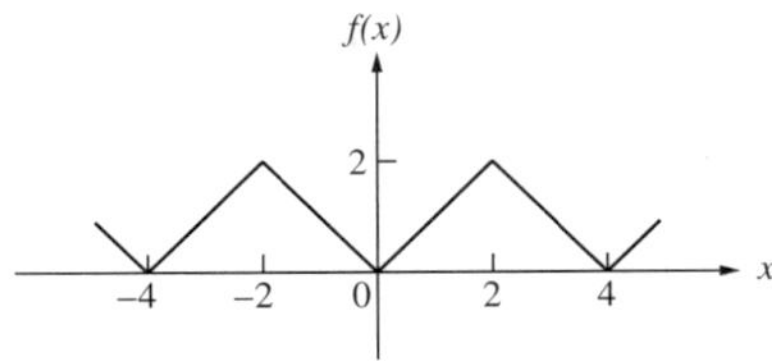

7.46* 함수 $f(x) = A\cos(\pi x/L)$을 푸리에 급수로 나타내어라.

7.47* 한 파장에 대해 다음과 같이 정의된 주기 함수를 생각하자.

$$f(x) = (kx)^2 \qquad -\pi < kx < \pi$$

이 파형이 2π의 주기로 계속 반복된다고 할 때, $f(x)$를 그래프로 나타내고 푸리에 급수로 나타내어라.

7.48* $0 < \theta < 2\pi$ 구간에서 함수값이 $f(\theta) = \theta^2$이고, 이것이 2π마다 반복되는 함수에 대한 푸리에 급수 전개식은

$$f(x) = \frac{4\pi^2}{3} + \sum_{m=1}^{\infty}\left(\frac{4}{m^2}\cos m\theta - \frac{4\pi}{m}\sin m\theta\right)$$

임을 보여라.

7.49* 함수 $f(\theta) = |\sin\theta|$의 푸리에 급수 전개식은

$$f(\theta) = \frac{2}{\pi} - \frac{4}{\pi}\sum_{m=1}^{\infty}\frac{\cos 2m\theta}{4m^2 - 1}$$

임을 보여라.

7.50 식 (7.59)의 상한을 ∞로부터 a로 바꾸고 적분값을 구하라. 사인 적분이라고 하는 다음 함수

$$\text{Si}(z) = \int_0^z \text{sinc}\, w \, dw$$

로 답을 나타내어라. 사인 적분의 함수값은 보통 표에 나와 있다.

7.51* 다음의 주기 함수

$$E(t) = E_0 \cos\omega t$$

에서 음의 값을 갖는 반 사이클을 제거한다고 가정하자. 이렇게 수정된('정류된') 함수의 푸리에 급수를 구하라.

7.52* 한 파장에 대해서 다음과 같이 정의된 주기 함수를 생각하자.

$$f(x) = \begin{cases} \sin kx & 0 < kx < \pi \\ 0 & \pi < kx < 2\pi \end{cases}$$

$f(x)$를 그래프로 나타내고 푸리에 급수를 구하라.

7.53* 그림 P.7.53은 세 개의 주기 함수와 그에 해당하는 푸리에 주파수 스펙트럼을 보여 준다. 다음의 질문들에 대해 설명하라. 파장이 늘어남에 따라 주파수 스펙트럼의 포락선은 어떻게 변화되는가? 왜 0에서 $4k$ 사이에는 같은 개수의 주파수 성분이 존재하는가? 왜 각 스펙트럼은 DC항을 갖고 있으며, 그 크기가 모두 같은가? A_2, A_4, A_6 등에 해당하는 항은 왜 없는가?

7.54 그림 P.7.54의 조화 펄스의 변환 $A(\omega)$에 대한 표현식을 써라. sinc u는 $\pi/2$ 이하의 u값의 범위에서 0.5 이상인지 확인하라. 이것을 염두에 두고, $\Delta\nu\Delta t \approx 1$임을 보여라. $\Delta\nu$는 푸리에 변환값의 최대 진폭의 절반인 점에서의 대역폭이다. 또한 세기 스펙트럼에서 최댓값의 1/2인 범위에서 $\Delta\nu\Delta t \approx 1$임을 증명하라. 여기에서의 목적은 논의에서 사용된 근사에 대한 감각을 얻기 위함이다.

그림 P.7.53

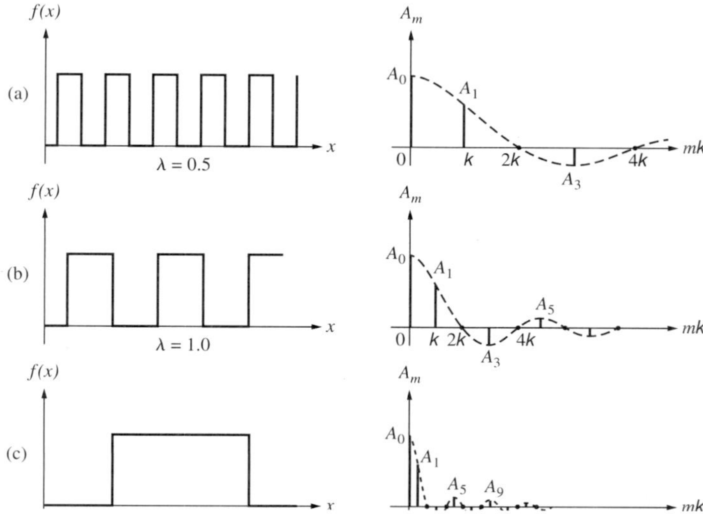

그림 P.7.54

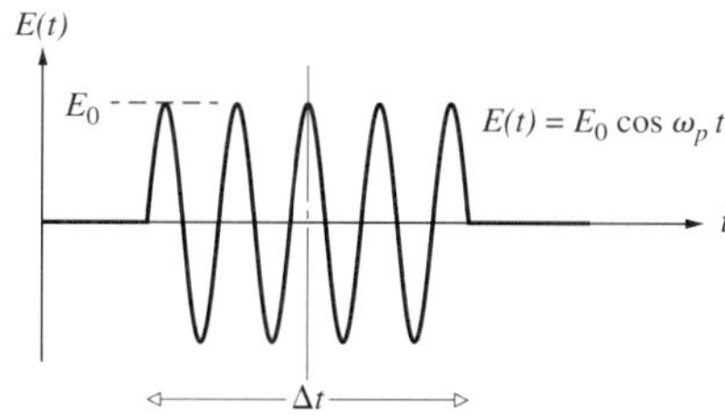

7.55 주파수 대역폭이 $\Delta\nu$인 파열의 (진공 중) 결맞음 거리에 대한 표현식을 유도하라. 답을 **선폭** $\Delta\lambda_0$와 파열의 평균 파장 $\bar{\lambda}_0$로 나타내어라.

7.56* 진공에서의 평균 파장 446 nm을 갖는 청색 LED가 21 nm의 선폭을 갖는다고 한다. 결맞음 시간과 결맞음 길이를 구하라.

7.57 약 10^{-8}초 동안의 원자 전이에 의해 가시광 영역의 광자가 방출된다. 이 광자의 파동 다발은 얼마나 긴가? 앞의 문제의 결과를 염두에 두고, ($\bar{\lambda}_0$ = 500 nm라고 할 때) 파동 다발의 선폭을 추정하라. 이 광자의 주파수 안정도로부터 단색성은 어떠하다고 할 수 있는가?

7.58 1969년에 레이저의 대역폭을 직접 측정하는 최초의 실험[*]이 성공적으로 수행되었다(이 경우에 레이저는 연속 발진하는 $Pb_{0.88}Sn_{0.12}Te$ 다이오드 레이저). 이 레이저의 파장 λ_0 = 10600 nm에서 동작하는데 CO_2 레이저와의 헤테로다인(heterodyne) 간섭을 통해 54 kHz 정도로 좁은 대역폭을 측정하였다. 이 레이저의 주파수 안정도와 결맞음 거리를 계산하라.

7.59* He−Ne 레이저를 $2/10^{10}$ 정도로 안정화시키는 자기장 기술이 특허로 되어 있다. 632.8 nm에서 이러한 주파수 안정도를 가지는 레이저의 결맞음 거리는 얼마인가?

7.60 연속 발진하는 레이저빔(λ_0 = 632.8 nm의 단색광으로 가정)을 셔터 같은 것을 이용하여 0.1 ns의 펄스로 자른다고 생각하자. 최종 선폭($\Delta\lambda$)과 대역폭, 그리고 결맞음 거리를 계산하라. 만일 10^{15} Hz로 절단한다면 그때 대역폭과 선폭은 얼마가 되는가?

7.61* 파장 600 nm를 중심으로 1.0 Å 투과 대역폭을 가진 필터가 있다고 생각하자. 그리고 태양광을 이 필터를 통해 투과시킨다고 하자. 필터를 투과해 나온 빛의 결맞음 거리를 구하라.

7.62* 필터가 평균 파장 $\bar{\lambda}_0$ = 500 nm의 빛을 통과시킨다. 만일 통과해 나오는 빛의 파열의 길이가 대략 $20\bar{\lambda}_0$라면 투과해 나오는 빛의 주파수 대역폭은 얼마인가?

7.63* 백색광을 회절 격자를 사용하여 여러 파장으로 분산시키고, 슬릿을 통해 스펙트럼의 좁은 영역만 통과시킨다고 생각하자. 파장 500 nm를 중심으로 1.2 nm 파장폭의 빛이 슬릿을 빠져나올 때, 이 빛의 주파수 대역폭과 결맞음 거리를 구하라.

---

* D. Hinkley and C. Freed, *Phys. Rev. Lett.* **23**, 277 (1969).

8 편광

8.1 편광된 빛의 성질

앞에서는 빛을 횡으로 진동하는 전자기파로 취급하였다. 또한 **선형 편광된(linearly polarized)** 혹은 **평면 편광된(plane-polarized)** 빛만을, 즉 전기장의 크기와 부호가 시간에 따라 변하더라도 전기장의 방향이 항상 일정한 빛만을 생각하였다(그림 3.14). 이 경우 전기장 또는 광학 교란(optical disturbance)은 **진동면(plane-of-vibration)** 위에 있게 된다. 이 고정된 면 위에 전기장 벡터 $\vec{\mathbf{E}}$와 진행 방향으로의 전파 벡터 $\vec{\mathbf{k}}$가 있다.

같은 공간에서 같은 주파수를 갖고 같은 방향으로 진행하는 2개의 조화적 선형 편광된 빛을 생각하자. 만약에 이 전기장 벡터가 서로 같은 방향이라면 두 광파는 선형 편광된 파로 결합된다. 간섭 현상을 공부하는 다음 장에서 다양한 조건 아래에서 이 파들의 진폭과 위상을 자세히 조사할 것이다. 이와는 대조적으로 두 광파의 전기장 방향이 서로 수직이라면 결합파는 선형 편광일 수도 있고 아닐 수도 있다. 이 장에서는 빛의 정확한 형태(즉 빛의 **편광 상태**), 그리고 편광 상태를 어떻게 관측하고, 만들어 내고, 응용할 수 있는지에 관해 다루고자 한다.

8.1.1 선형 편광

앞에서 언급한 2개의 수직한 광학 교란은

$$\vec{\mathbf{E}}_x(z, t) = \hat{\mathbf{i}}\, E_{0x} \cos(kz - \omega t) \tag{8.1}$$

과

$$\vec{\mathbf{E}}_y(z, t) = \hat{\mathbf{j}}\, E_{0y} \cos(kz - \omega t + \varepsilon) \tag{8.2}$$

같은 형태로 나타낼 수 있으며, 여기서 ε은 z 방향으로 진행하는 두 파 사이의 상대적 위상차다. 위상은 $(kz - \omega t)$의 형태이기 때문에, **양수** ε을 더하는 것은 식 (8.2)의 코사인 함수가 (ε/ω) 시간 후에야 식 (8.1)의 코사인 값과 같아진다는 것을 뜻한다. 따라서 E_y는 E_x보다 $\varepsilon > 0$ 만큼 늦게 진행한다. 물론 ε이 음이라면 E_y는 E_x보다 $\varepsilon < 0$ 만큼 앞서 나간다. 이 둘의 합성 광학 교란은 이들 두 수직한 파들의 벡터합인 다음과 같다.

$$\vec{\mathbf{E}}(z, t) = \vec{\mathbf{E}}_x(z, t) + \vec{\mathbf{E}}_y(z, t) \tag{8.3}$$

ε이 0이거나 $\pm 2\pi$의 정수배이면, 두 파는 위상이 일치한다고 한다. 이 경우 식 (8.3)은

$$\vec{\mathbf{E}} = (\hat{\mathbf{i}} E_{0x} + \hat{\mathbf{j}} E_{0y}) \cos(kz - \omega t) \tag{8.4}$$

이 된다. 이 합성파는 $(\hat{\mathbf{i}} E_{0x} + \hat{\mathbf{j}}\, E_{0y})$의 고정된 진폭을 가지며, 달리 말하자면 선형 편광된 파(그림 8.1)이고, 간단히 선형광이라고 한다. 이 파는 측정하려는 관측자 쪽으로 진행하며, 관측자는 기울어진 직선 위를 시간에 따라 코사인 함수로 진동하는 1개의 전기장 $\vec{\mathbf{E}}$를 관측하게 된다(그림 8.1b). 전기장 $\vec{\mathbf{E}}$는 합성파가 z축을 따라 한 파장 진행하는 동안 한 주기를 진동한다. 기울어진 각 θ는 원래의 수직한 파들의 진폭에 의해 정해진다. 식 (8.4)로부터

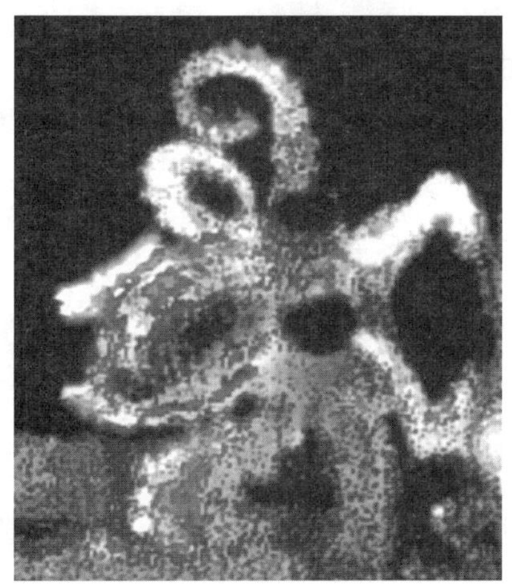

많은 동물들은 우리가 서로 다른 색을 관측하듯이 편광 상태의 변화를 관측할 수 있다. 피그미(pygmy) 문어가 이러한 생물 중의 하나이다. 새가 색 변화를 통해서 통신하는 것과 같이, 편광된 빛이 피그미 문어의 표면에서 반사될 때 변화하는 패턴은 다른 피그미 문어와 통신하고 있는 것을 나타낸다. (Thomas W. Coronin and Nadav Shashar, University of Maryland)

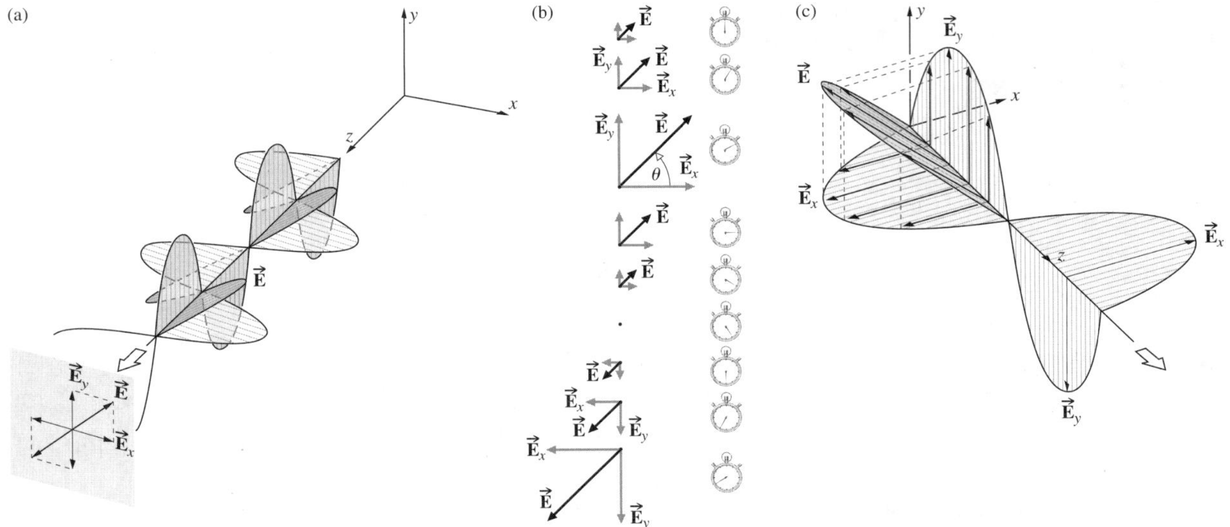

그림 8.1 선형광. (a) 1사분면과 3사분면에서 선형 편광된 전기장. (b) 정면에서 본 진동하는 전기장. (c) 2사분면과 4사분면에서 선형 편광된 빛

$$\tan\theta = \frac{E_{0y}}{E_{0x}}$$

이며, $E_{0x} = E_{0y}$일 때 그림 8.1과 같이 전기장은 $\theta = 45°$로 진동한다.

전기장이 z축을 따라 한 파장을 전파하는 동안에 이 전기장은 완벽한 한 사이클을 진행한다. 이러한 진행은 역으로 진행하여도 완전히 동등하게 수행될 수 있다. 즉 어떤 평면 편광된 파동은 두 개의 직교하는 성분으로 분해될 수 있다는 것이다.

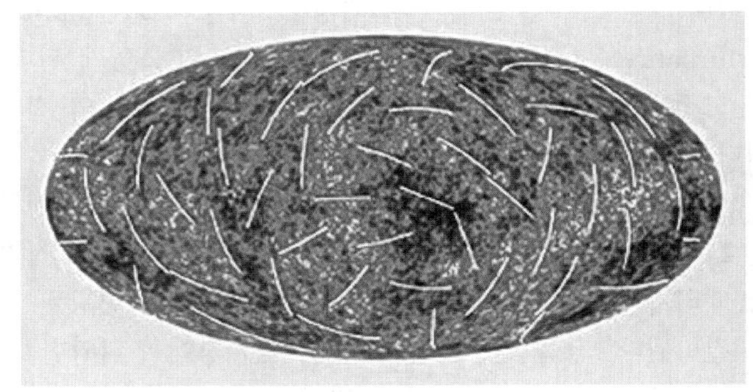

우주의 마이크로파 배경 복사. 우주의 태동기에 뜨거운 플라즈마에 의해 방출된 것이다. 선들은 복사파의 편광 방향을 대략적으로 나타낸다. (ESA/NASA)

예제 8.1

$\vec{\mathbf{E}}_y(z, t)$가 $\vec{\mathbf{E}}_x(z, t)$보다 2π 만큼 늦을 때, 파동식이 식 (8.4)와 같이 됨을 보여라.

풀이

$\vec{\mathbf{E}}_y(z, t)$가 2π 만큼 늦을 때,

$$\vec{\mathbf{E}} = \hat{\mathbf{i}}\, E_{0x}\cos(kz - \omega t) + \hat{\mathbf{j}}\, E_{0y}\cos(kz - \omega t + 2\pi)$$

이다. 그리고 이 식은

$$\cos(x \pm y) = \cos x \cos y \mp \sin x \sin y$$

을 이용하면,

$$\vec{\mathbf{E}} = \hat{\mathbf{i}}\, E_{0x}\cos(kz - \omega t) + \hat{\mathbf{j}}\, E_{0y}[\cos(kz - \omega t)\cos 2\pi - \sin(kz - \omega t)\sin 2\pi]$$

이며

$$\vec{\mathbf{E}} = (\hat{\mathbf{i}}E_{0x} + \hat{\mathbf{j}}\, E_{0y})\cos(kz - \omega t)$$

으로 증명이 된다.

이제 ε이 $\pm\pi$의 홀수배라고 가정하자. 이 두 파는 180° 위상차가 있으며

$$\vec{\mathbf{E}} = (\hat{\mathbf{i}}E_{0x} - \hat{\mathbf{j}}E_{0y})\cos(kz - \omega t) \tag{8.5}$$

이 된다. 이 합성파는 선형 편광되어 있으며, 진동면은 그림 8.2에서처럼 2사분면과 4사분면에 있다.

예제 8.2

$\vec{\mathbf{E}}_y(z, t)$가 $\vec{\mathbf{E}}_x(z, t)$보다 π 만큼 늦을 때, 파동식이 식 (8.5)와 같이 됨을 보여라.

풀이

$\vec{\mathbf{E}}_y(z, t)$가 $\vec{\mathbf{E}}_x(z, t)$보다 π만큼 늦을 때,

$$\vec{\mathbf{E}} = \hat{\mathbf{i}}E_{0x}\cos(kz - \omega t) + \hat{\mathbf{j}}E_{0y}\cos(kz - \omega t + \pi)$$

이다. 그리고

$$\cos(x \pm y) = \cos x \cos y \mp \sin x \sin y$$

을 이용하면

$$\vec{\mathbf{E}} = \hat{\mathbf{i}}E_{0x}\cos(kz - \omega t) + \hat{\mathbf{j}}E_{0y}[\cos(kz - \omega t)\cos\pi - \sin(kz - \omega t)\sin\pi]$$

이며

$$\vec{\mathbf{E}} = (\hat{\mathbf{i}}E_{0x} - \hat{\mathbf{j}}E_{0y})\cos(kz - \omega t)$$

으로 증명이 된다.

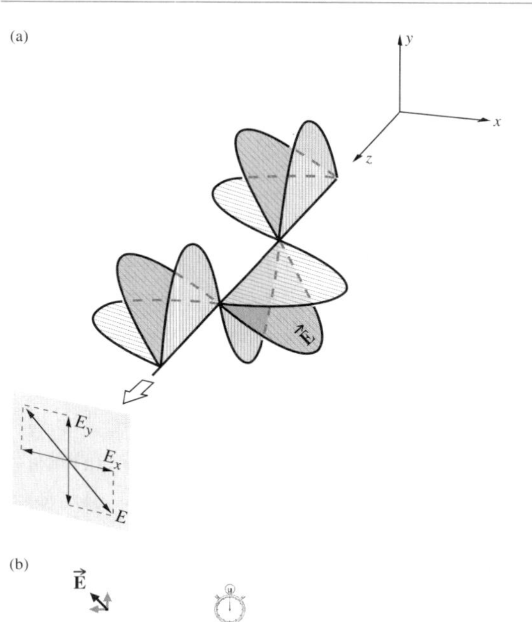

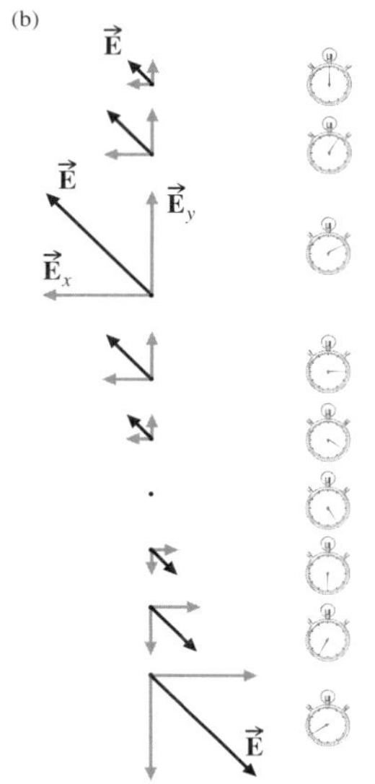

그림 8.2 (a) 2사분면과 4사분면에서 진동하는 선형 편광 빛. (b) x-성분이 y-성분을 반 사이클 또는 π 라디안만큼 앞선다. $\vec{\mathbf{E}}_y$가 막 위 방향으로 커지기 시작할 때, $\vec{\mathbf{E}}_x$는 양의 최댓값에 도달했다가 0까지 감소되었고, 이제 막 음의 x-방향으로 커지기 시작한다.

위상자 덧셈은 식 (8.1)과 (8.2)와 같은 수직한 파동의 중첩을 다루는 데 매우 효과적이다. 이 방법의 유용성은 이 평면 편광파가 비등방성 매질을 통과할 때 두 파동의 위상차가 벌어지는 경우를 설명한 이 장의 뒷부분에서 명백히 드러날 것이다. 그림 8.3은 위상이 동일한($\boldsymbol{\varepsilon} = 0$) 두 개의 수직한 파동에 대한 간단한 경우를 보여 주고 있다. 두 원의 반지름은 두 전기장 진폭에 해당하며, 여기서는 $E_{0y} > E_{0x}$이다. $\mathbf{E}_y$ 위상자는 이동되지 않은 위치-0에서 수직 위를 향한 상태에서 시작하며, 시계 방향으로 회전한다. 어떤 순간에든 y-방향으로 진동하는 파동[식 (8.2)]은 $\mathbf{E}_y$ 위상자를 y축에 투영한 것에 해당한다. 앞으로 곧 보게 되겠지만 초기 위상이 달라지면 그만큼 기준축(위치-0)인 수직축을 회전시키면 된다. 마찬가지로 $\mathbf{E}_x$ 위상자는 0-위치에서 수평 방향을 가리키는 상태에서 시작한다. 이 또한 시계 방향으로 $\mathbf{E}_y$ 위상자와 같은 ω의 속도로 회전한다. 어느 순간에든 x-방향으로 진동하는 파[식 (8.1)]는 $\mathbf{E}_x$ 위상자를 x축에 투영한 것에 해당한다.

각 위상자는 일정한 속도로 위치-1, -2, -3, 등으로 회전한다. 그로 인해 만들어지는 파는 두 위상자의 수평 및 수직 투영값에 의해 결정된다. (0, 0), (1, 1), (2, 2) 등의 점들은 두 수직한 전기장 벡터의 합[식 (8.3)]으로써, 직선상에 위치한다. 따라서 이 경우의 합성파는 선형 편광되어 있으며, ($E_{0y} > E_{0x}$이므로) $\theta > 45°$의 각으로 기울어진 채, 1사분면과 3사분면에 놓여 있다.

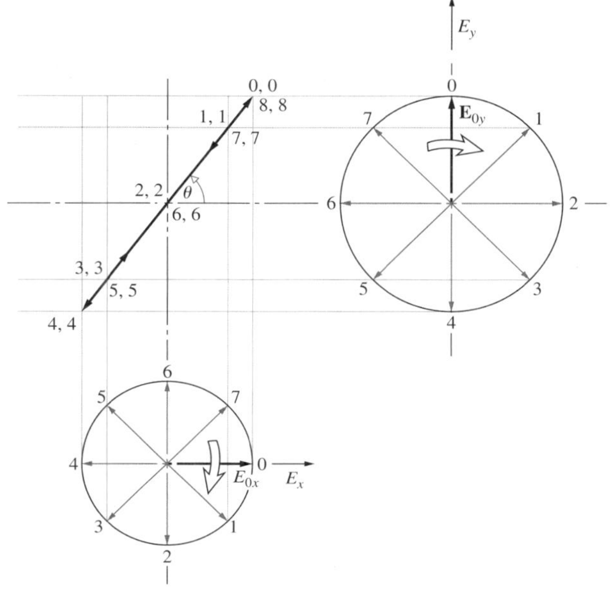

그림 8.3 두 개의 수직한 전자기파가 동일 위상과 진폭 E_{0x}, E_{0y}을 가지고 중첩될 때의 위상자의 합. 두 위상자 모두 ω의 속도로 시계 방향으로 돈다.

8.1.2 원형 편광

두 성분파가 같은 진폭(즉 $E_{0x} = E_{0y} = E_0$)을 갖고 이들의 상대 위상차가 $\varepsilon = -\pi/2 + 2m\pi$ (단, $m = 0, \pm1, \pm2, \cdots$) 이면 또 다른 재미있는 편광 상태가 생긴다. 이때 $\vec{\mathbf{E}}_y(z, t)$는 $\vec{\mathbf{E}}_x(z, t)$보다 $\pi/2$ 만큼 앞서게 되며, 따라서

$$\vec{\mathbf{E}}_x(z, t) = \hat{\mathbf{i}}E_0\cos(kz - \omega t) \tag{8.6}$$

과

$$\vec{\mathbf{E}}_y(z, t) = \hat{\mathbf{j}}E_0\cos(kz - \omega t - \pi/2) \tag{8.7}$$

이 되는데, 두 번째 식은

$$\vec{\mathbf{E}}_y(z, t) = \hat{\mathbf{j}}E_0[\cos(kz - \omega t)\cos\pi/2 + \sin(kz - \omega t)\sin\pi/2]$$

으로 쓸 수 있으므로

$$\vec{\mathbf{E}}_y(z, t) = \hat{\mathbf{j}}E_0\sin(kz - \omega t)$$

이다. 그러므로 합성파는

$$\vec{\mathbf{E}} = E_0[\hat{\mathbf{i}}\cos(kz - \omega t) + \hat{\mathbf{j}}\sin(kz - \omega t)] \tag{8.8}$$

과 같이 된다(그림 8.4). 전기장 $\vec{\mathbf{E}}$의 스칼라 진폭이 상수, 즉 $(\vec{\mathbf{E}} \cdot \vec{\mathbf{E}})^{1/2} = E_0$라는 것을 주목하라. 그러나 전기장 $\vec{\mathbf{E}}$의 방향은 시간에 따라 변하며 선형 편광처럼 단일면에 있지 않다. 축상의 임의의 점 z_0에서 전기장의 상태가 그림 8.5에 있다. $t = 0$일 때 그림 8.5a의 기준축을 따라 $\vec{\mathbf{E}}$가 있다고 하면, 전기장의 각 성분은

$$\vec{\mathbf{E}}_x = \hat{\mathbf{i}}E_0\cos kz_0 \quad \text{와} \quad \vec{\mathbf{E}}_y = \hat{\mathbf{j}}E_0\sin kz_0$$

가 된다. $t = kz_0/\omega$의 시간이 지난 후에는 $\vec{\mathbf{E}}_x = \hat{\mathbf{i}}E_0$, $\vec{\mathbf{E}}_y = 0$가 되어 $\vec{\mathbf{E}}$는 x축에 있게 된다. 그 결과 전기장 벡터 $\vec{\mathbf{E}}$는 파가 진행하는 쪽에서 관찰자가 볼 때(즉 광원을 향해 볼 때), ω의

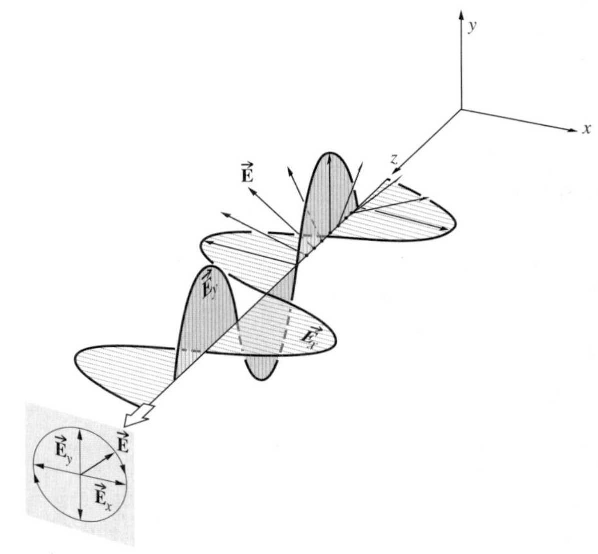

그림 8.4 우원광. (a) 일정한 진폭의 전기장이 같은 주파수로 시계 방향으로 회전한다. (b) 90° 위상차로 방출하는 2개의 수직 안테나는 원형 편광된 전자기파를 방출한다.

각주파수를 갖고 **시계 방향**으로 회전한다. 이 파는 **우원 편광(right-circularly polarized)**(그림 8.6)되어 있으며, 일반적으로 간단히 **우원광**(right-circular light)이라고 한다. 그러므로 광파가 한 파장 전진함에 따라 $\vec{\mathbf{E}}$ 벡터는 완전히 한 바퀴 돈다.

그림 8.7은 우원 전기장 $\vec{\mathbf{E}}$의 연속적인 5개의 순간을 펼쳐서 보여 준다. 여기서 $\vec{\mathbf{E}}_y$는 $\vec{\mathbf{E}}_x$를 $\pi/2$만큼 앞선다. (a)에서는 y축 위의 점(E_y에 해당)은 최대 변위(E_0)를 가지며 이제 아래를 향해 내려가고 있다. 반면에 $E_x = 0$인 x축 위의 점은 오른쪽을 향해 움직인다. 합성 전기장은 $\vec{\mathbf{E}} = E_0\hat{\mathbf{j}}$ 이고, 이 벡터는 다음 순간 오른쪽으로 회전하다가 (d)에서 x축 위에 놓이면서 $\vec{\mathbf{E}} = E_0\hat{\mathbf{i}}$이 된다. 위상자 덧셈법(그림 8.3의 방법처럼)으로 원편광임을 확인하는 것은 독자들에게 맡겨둔다.

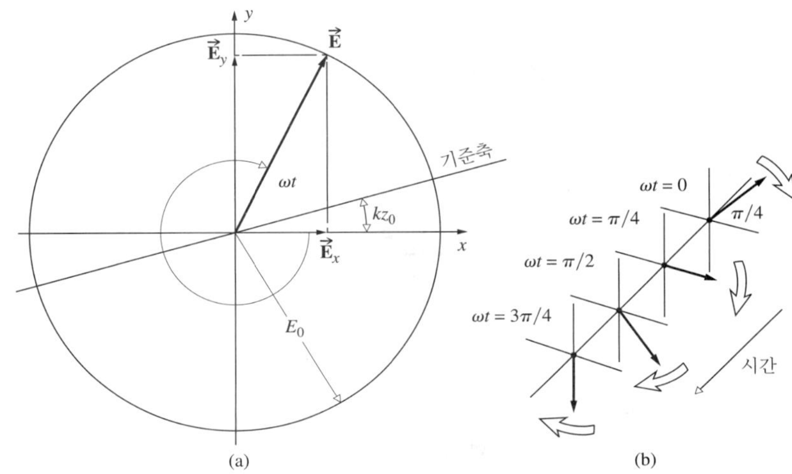

그림 8.5 우원광 전기장 벡터의 회전. 회전률이 ω이고 $kz = \pi/4$임을 주의하라.

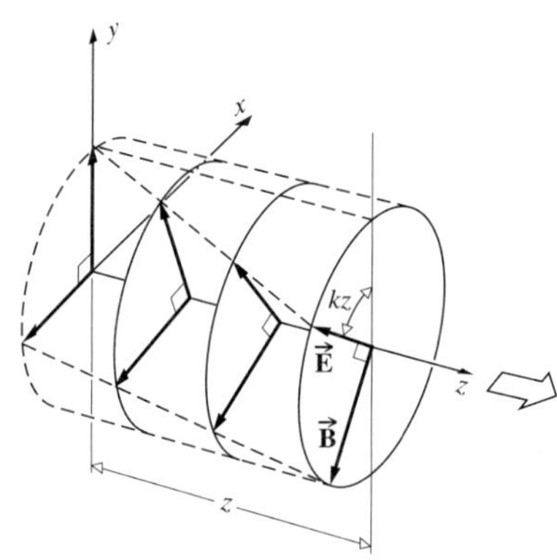

그림 8.6 우원 편광. 원점을 향하며 z축을 내려다보면, 파동이 관측자를 향하여 진행함에 따라 전기장 벡터가 시계 방향으로 회전하는 것을 볼 수 있다.

이와 비교하여 $\varepsilon = \pi/2,\ 5\pi/2,\ 9\pi/2,\ \cdots$(즉 $\varepsilon = \pi/2 + 2m\pi$이고, $m = 0,\ \pm1,\ \pm2,\ \pm3,\ \cdots$)라면,

$$\vec{\mathbf{E}} = E_0[\hat{\mathbf{i}}\cos(kz - \omega t) - \hat{\mathbf{j}}\sin(kz - \omega t)] \tag{8.9}$$

이 된다. 이 경우 진폭의 변화는 없으나 $\vec{\mathbf{E}}$는 **반시계 방향**으로 돌며, 이 파는 **좌원 편광(left-circularly polarized)**되어 있다.

선형 편광은 진폭이 같고 반대로 편광된 원형 편광 2개로 합성될 수 있다. 특히 식 (8.8)의 우원광을 식 (8.9)의 좌원광에 더하면

$$\vec{\mathbf{E}} = 2E_0\hat{\mathbf{i}}\cos(kz - \omega t) \tag{8.10}$$

이 된다. 이 식은 $2E_0\hat{\mathbf{i}}$의 일정한 진폭 벡터를 가지므로 선형 편광이다.

8.1.3 타원 편광

수학적으로 선형광과 원형광은 모두 **타원 편광(elliptically polarized light)** 또는 간단히 **타원광**(elliptical light)의 특별한 경우로 생각할 수 있다. 타원 편광이란 일반적으로 합성된 전기장 벡터 $\vec{\mathbf{E}}$가 회전하며 동시에 그 크기 또한 변한다는 것을 의미한다. 이 경우 파가 진행함에 따라 $\vec{\mathbf{E}}$의 끝점이 그리는 궤적은 $\vec{\mathbf{k}}$에 수직인 공간 내에서 타원이 된다. 실제로 $\vec{\mathbf{E}}$의 끝이 지나는 궤적에 대한 표현을 계산하면 타원이 되는 것을 알 수 있다. 이를 위해서

$$E_x = E_{0x}\cos(kz - \omega t) \tag{8.11}$$

과

$$E_y = E_{0y}\cos(kz - \omega t + \varepsilon) \tag{8.12}$$

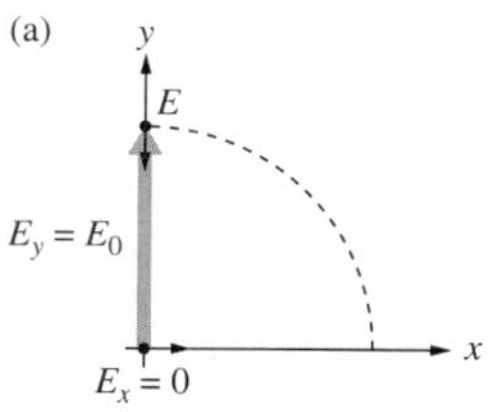

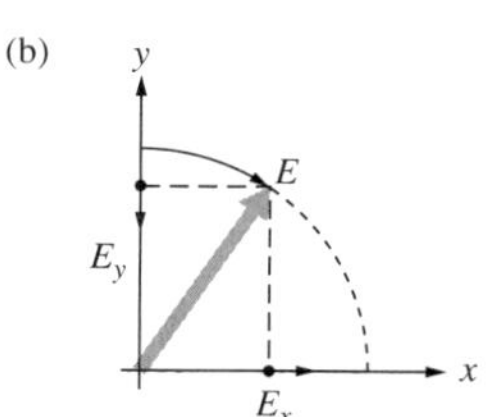

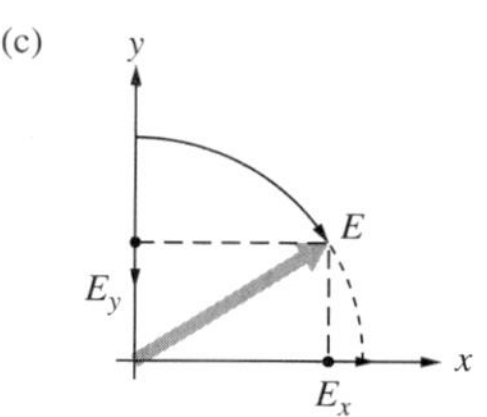

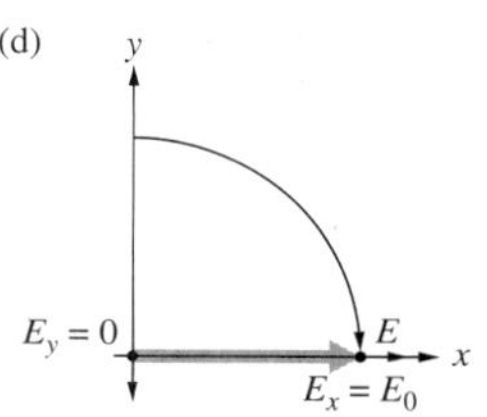

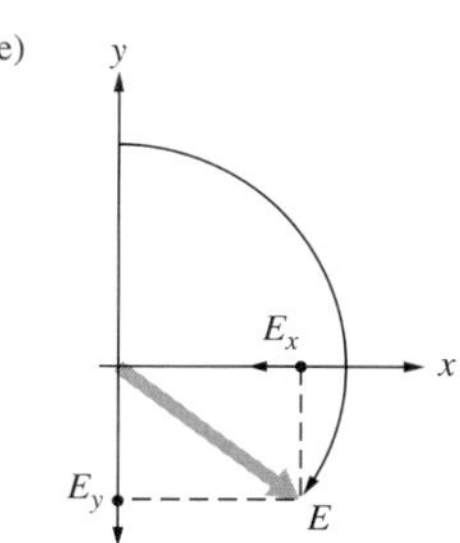

그림 8.7 우원 편광 빛의 형태. E_y가 E_x보다 $\pi/2$, 또는 1/4 사이클만큼 앞선다.

을 보자. 찾고자 하는 곡선 방정식은 위치나 시간의 함수가 아니어야 한다. 즉 $(kz - \omega t)$ 의존성을 없애야 한다. E_y를 전개하여

$$E_y/E_{0y} = \cos(kz - \omega t)\cos\varepsilon - \sin(kz - \omega t)\sin\varepsilon$$

으로 쓰고, 이를 E_x/E_{0x}와 결합하면

$$\frac{E_y}{E_{0y}} - \frac{E_x}{E_{0x}}\cos\varepsilon = -\sin(kz - \omega t)\sin\varepsilon \tag{8.13}$$

이 된다. 식 (8.11)로부터

$$\sin(kz - \omega t) = [1 - (E_x/E_{0x})^2]^{1/2}$$

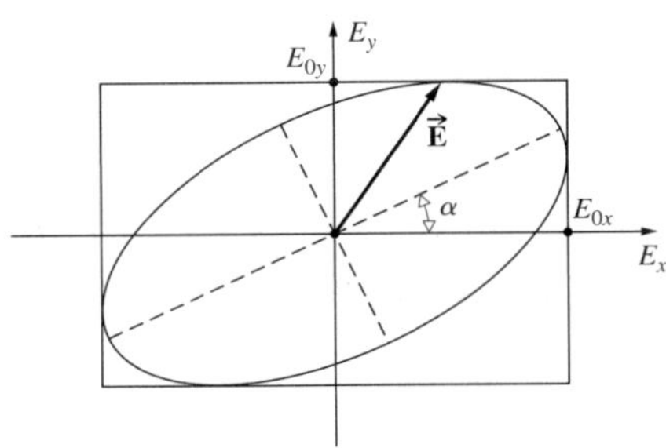

그림 8.8 타원 편광. 전기장 벡터의 끝점이 한 바퀴 도는 동안 타원을 그린다.

이 되며, 식 (8.13)은

$$\left(\frac{E_y}{E_{0y}} - \frac{E_x}{E_{0x}}\cos\varepsilon\right)^2 = \left[1 - \left(\frac{E_x}{E_{0x}}\right)^2\right]\sin^2\varepsilon$$

이 된다. 끝으로 이 항들을 재배열하면

$$\left(\frac{E_y}{E_{0y}}\right)^2 + \left(\frac{E_x}{E_{0x}}\right)^2 - 2\left(\frac{E_x}{E_{0x}}\right)\left(\frac{E_y}{E_{0y}}\right)\cos\varepsilon = \sin^2\varepsilon \quad (8.14)$$

이 된다. 이것은 (E_x, E_y) 좌표계(그림 8.8)에 대해서 각도가 α인 타원 방정식이며 α는 다음과 같다.

$$\tan 2\alpha = \frac{2E_{0x}E_{0y}\cos\varepsilon}{E_{0x}^2 - E_{0y}^2} \quad (8.15)$$

만약에 타원의 주축이 좌표축이 된다면, 즉 $\alpha = 0$(혹은 $\varepsilon = \pm\pi/2, \pm 3\pi/2, \pm 5\pi/2, \cdots$)이라면 식 (8.14)는 흔히 보는

$$\frac{E_y^2}{E_{0y}^2} + \frac{E_x^2}{E_{0x}^2} = 1 \quad (8.16)$$

형태가 되므로 타원 방정식임을 쉽게 알 수 있다. 더군다나 $E_{0y} = E_{0x} = E_0$이라면 이 식은

$$E_y^2 + E_x^2 = E_0^2 \quad (8.17)$$

로 원이 되며, 이것은 이전의 결과들과 잘 일치하고 있다. 그리고 ε이 π의 짝수 정수배라면 식 (8.14)는

$$E_y = \frac{E_{0y}}{E_{0x}}E_x \quad (8.18)$$

가 되며, 이와 비슷하게 π의 홀수 정수배라면

$$E_y = -\frac{E_{0y}}{E_{0x}}E_x \quad (8.19)$$

가 된다. 이것은 모두 기울기가 $\pm E_{0y}/E_{0x}$인 직선으로 선형 편광이다.

이러한 결론을 정리하여 그림 8.9에 그려 놓았다. 이 그림의 아래쪽에 'E_x가 E_y를 0, $\pi/4$, $\pi/2$, $3\pi/4$, …만큼 앞선다'고 하는 것은 식 (8.2)에서 ε이 양수임을 의미한다. 만약에 'E_y가 E_x를 2π, $7\pi/4$, $3\pi/2$, $5\pi/4$, …만큼 앞선다'고 하면 이 값에서는 똑같은 곡선들이 생기는데, 이는 ε이 -2π, $-7\pi/4$, $-3\pi/2$, $-5\pi/4$, … 등의 경우와 같다. 그림 8.9b는 E_x가 E_y를 $\pi/2$만큼 앞서 나가는 것이 E_y가 E_x를 $3\pi/2$ 만큼 앞서 나가는 것과 같다는 것을 그림으로 보여 준다(두 각도의 합은 2π이다). 이것은 광파를 구성하는 2개의 서로 직교하는 성분의 상대 위상이 계속 변화할 때 어떻게 되는지를 보여 주는 것이다.

타원 편광 빛의 일반적인 성질을 나타내기 위해 그림 8.3과 같은 위상자 도표를 사용하자. 서로 다른 진폭($E_{0x} > E_{0y}$)

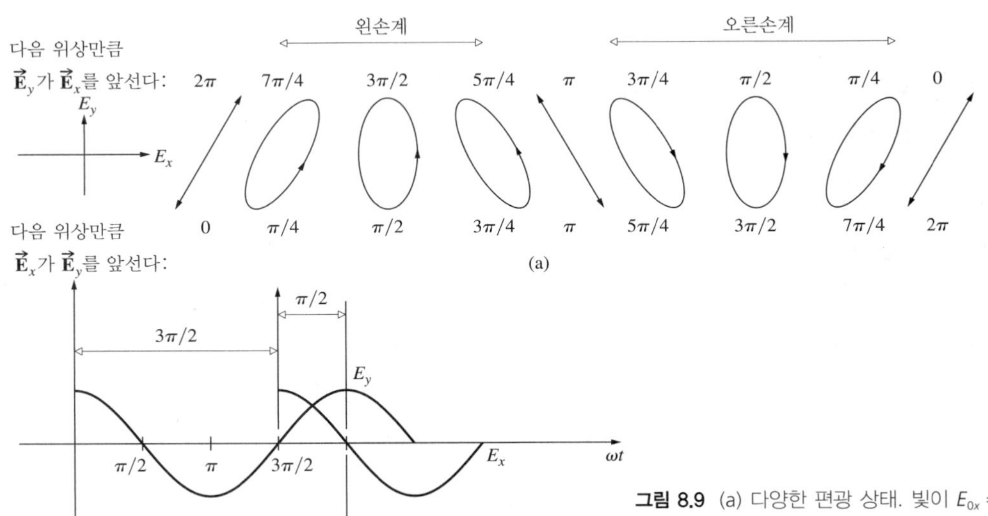

그림 8.9 (a) 다양한 편광 상태. 빛이 $E_{0x} = E_{0y}$라면 $\varepsilon = \pi/2$ 또는 $\varepsilon = 3\pi/2$에서 원편광이 된다. 그러나 일반적으로 보여 주기 위해서 E_{0y}를 E_{0x}보다 더 크게 잡았다. (b) E_x가 $\pi/2$만큼 E_y를 앞서거나(또는 E_y가 $\pi/2$만큼 E_x보다 지연되거나) 혹은 바꾸어서 E_y가 $3\pi/2$만큼 E_x를 앞선다(또는 E_x가 $3\pi/2$만큼 E_y보다 지연된다).

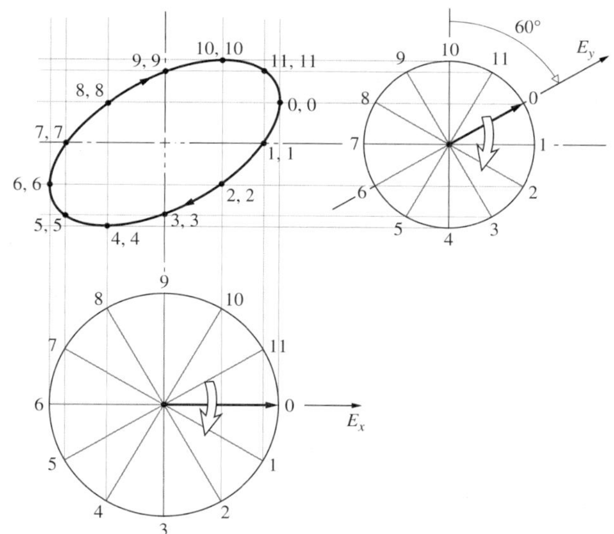

그림 8.10 두 개의 수직한 EM파들의 중첩을 위상자로 표현하였다. 여기서 두 원의 반지름은 $E_{0x} > E_{0y}$이다. $\vec{\mathbf{E}}_y$가 $\vec{\mathbf{E}}_y$를 60° 만큼 앞서며 따라서 0-위치의 $\mathbf{E}_y$가 시계 방향으로 60° 앞선다.

을 갖고 E_y가 E_x를 $\pi/3$ 혹은 60° 앞서는 두 개의 수직한 조화 전기장의 합성파를 찾고 싶다고 가정해 보자. E_y가 E_x를 60° 앞서기 때문에 E_x축은 수평하게 놓아두고 E_y 기준축을 수직에서 시계 방향으로 60° 회전시킨다. 그림 8.9a에서 예상한 대로 그림 8.10은 이 합성파가 우타원 편광되어 있음을 보여 준다. 그림 8.8처럼 이 타원은 높이가 $2E_{0y}$이고 너비가 $2E_{0x}$인 사각형 안에 들어간다.

이제부터는 특정 광파가 구체적으로 어떤 **편광 상태(state of polarization)**에 있는지 언급할 수 있다. 선형 편광 혹은 평면 편광은 $\mathscr{P}$-상태에 있다고 하며, 우원 편광 혹은 좌원 편광은 각각 $\mathscr{R}$- 혹은 $\mathscr{L}$-상태에 있다고 한다. 이와 비슷하게 타원 편광의 조건은 $\mathscr{E}$-상태로 표현한다. $\mathscr{P}$-상태는 $\mathscr{R}$-상태와 $\mathscr{L}$-상태의 중첩으로 나타낼 수 있다[식 (8.10)]. $\mathscr{E}$-상태도 같은 방법으로 나타낼 수 있는데, 다만 이 경우에는 그림 8.11에서와 같이 두 원형파의 진폭이 다르다. (연습문제 8.6에서는 이를 해석적으로 다룬다.)

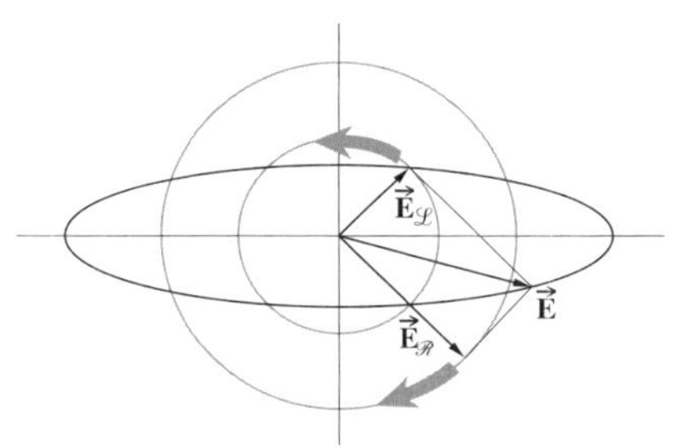

그림 8.11 $\mathscr{R}$-과 $\mathscr{L}$-상태의 중첩으로 나타낸 타원 편광

8.1.4 자연광

보통 광원은 제멋대로 배열된 수많은 원자 복사체(atomic emitter)로 되어 있다. 제각기 여기된 원자는 대략 10^{-8}초 동안에 편광된 파열(wavetrain)을 복사한다. 똑같은 주파수로 방출된 빛들은 서로 결합하여 단일 편광파라고 볼 수 있으며, 이 편광파는 10^{-8}초 이하의 시간 동안만 유지된다. 여기에 다른 편광을 가진 새로운 파열이 계속 방사되면, 전체적인 편광 상태는 예측 불가능한 형태로 수시로 변한다. 이 편광 상태가 상당히 빠르게 바뀌어서 편광 상태를 식별할 수 없을 정도가 되는 파를 **자연광(natural light)**이라고 한다. 또한 이것을 **무편광**(unpolarized light)이라고도 하지만, 빛은 실제로 일련의 급속도로 변하는 편광 상태를 갖기 때문에 약간 잘못된 명칭이다. **제멋대로 편광**(randomly polarized)이라고 하는 것이 더 나은 방법이다.

자연광은 수학적으로 표현하자면, 같은 진폭을 갖는 2개의 임의적이고 **결어긋난**, 직교하는 선형 편광들(즉 상대 위상차가 빠르게 제멋대로 변하는 파들)로 표시한다.

이상적인 단색 평면파는 무한히 긴 파열로 나타내야만 한다. 이러한 파동을 진행 방향에 수직인 2개의 직교 성분으로 분해한다면, 이 성분은 똑같은 주파수를 갖고 무한히 퍼져 있으므로 서로 결맞는다(즉 ε = 일정). 다시 말하면 **완전한 단색 평면파는 항상 편광되어 있다.**(역주: 편광 상태가 바뀌려면 두 성분파의 주파수 혹은 위상차가 달라져야 하므로 단색광이 아니다.) 사실상 식 (8.1)과 식 (8.2)는 횡($E_z = 0$)조화 평면파의 직각좌표 성분들이다.

근본적으로 자연광이든 인공광이든 빛은 일반적으로 완전히 편광된 것도 완전히 무편광된 것도 아니다. 이들은 모두 극단적인 경우이다. 종종 전기장 벡터는 전체적으로 완전히 규칙적이지도 않고 불규칙적이지도 않은 형태로 변하는데, 이러한 광학 교란을 **부분 편광(partially polarized)**되었다고 한다. 부분 편광을 기술하는 유용한 방법은 특정 비율로 자연광과 편광된 빛이 중첩된 결과로 생각하는 것이다.

8.1.5 각운동량과 광자

우리는 어떤 물체에 입사하는 전자기파가 그 물체에 에너지와 선형 운동량을 전달해 준다는 것을 알고 있다. 또한 입사파가 원형 편광이라면, 물질 내의 전자가 회전하는 전기장 $\vec{\mathbf{E}}$가 생성하는 힘에 의해 원형 운동을 한다고 예상할 수 있다. 즉 전기장이 위상이 90° 다른(out of phase) 2개의 직교하는 $\mathscr{P}$-편광 상태로 구성되어 있다고 생각할 수 있다. 이들은 동시에 전자를 $\pi/2$의 위상차를 갖는 두 수직 방향으로 운동시키며 그 결과 원형 운동을 하게 된다. 이 경우 자기장 $\vec{\mathbf{B}}$에 의한 토크는 궤도 전체에 걸쳐서 평균하면 0이 되고, 전자는 전기장 $\vec{\mathbf{E}}$에 의해서 전자기파의 주파수와 같은 각속도 ω로 운동한다. 따라서 각운동량이 전자기파로부터 속박 전자가 속한 물질로 전달된다. 이 문제는 동역학적 고찰을 자세히 하지 않고도 간단하게 분석할 수 있다. 이 계에 전달된 출력(power)은 단위 시간당 전달된 에너지인 $d\mathscr{E}/dt$이다. 또한 회전하는 물체에 작용하는 토크 Γ에 의한 출력은 $\omega\Gamma$(이것은 선형 운동에 대한 출력인 vF와 유사하다)이다. 그래서

$$\frac{d\mathscr{E}}{dt} = \omega\Gamma \tag{8.20}$$

이 된다. 이때 토크는 각운동량 L의 시간적 변화율과 같기 때문에 평균적으로 다음과 같다.

$$\frac{d\mathscr{E}}{dt} = \omega\frac{dL}{dt} \tag{8.21}$$

입사한 원형 편광으로부터 에너지 $\mathscr{E}$를 흡수한 전하는 동시에 다음과 같은 각운동량을 흡수한다.

$$L = \frac{\mathscr{E}}{\omega} \tag{8.22}$$

입사파가 $\mathscr{R}$-편광 상태에 있다면 이 파의 전기장 벡터 $\vec{\mathbf{E}}$는 관찰면에서 광원 쪽 방향으로 보았을 때 시계 방향으로 돈다. 이 방향이 흡수 매질 내의 양전하가 도는 방향이며, 이 결과 각운동량 벡터는 그림 8.12에서 보는 것처럼 진행 방향의 반대 방향을 가리킨다.*

양자역학에 의하면 전자기파는 양자화된 파속(packet) 혹은 $\mathscr{E} = h\nu$라는 광자의 형태로 에너지를 전달한다. 따라서 $\mathscr{E} = \hbar\omega(\hbar \equiv h/2\pi)$이고 광자의 **고유** 각운동량 또는 **스핀**(spin) 각운동량은 $-\hbar$이거나 $+\hbar$이다. 여기서 부호는 각각 오른손계(right-handedness)와 왼손계(left-handedness)를 나타낸다. 이때 **광자 1개의 각운동량은 광자의 에너지와는 완전히 무관하다.** 전하 입자의 에너지와 선형 운동량이 변화하면 전자기파가 방출되거나 흡수되며, 이때마다 각운동량에는 $\pm\hbar$의 변화가 생긴다.**

입사하는 단색 전자기파가 물체에 전달하는 에너지는 동일한 광자들의 흐름에 의해 전달되는 것이다. 또한 이에 대응하는 각운동량도 양자화되어 전달될 것이라고 예측할 수 있다. 좌원 편광인 평면파 내의 모든 광자는 진행 방향으로 정렬된 스핀을 갖고 물체 내의 전자에 같은 방향의 각운동량을 전달한다. 우원 편광으로 빛의 편광이 바뀐다면 광자의 스핀 정렬도 바뀌며 또한 광자에 의해서 물체 내 전자에 생기는 토크의 방향도 바뀐다. 1935년 베스(Richard A. Beth)는 극도로 민감한 토크 저울을 이용하여 이것을 측정하였다.***

지금까지는 별로 어렵지 않게 순수한 우원광과 좌원광을 광자적으로 생각할 수 있었다. 그러면 선형 편광과 타원 편광은 무엇인가? 고전적으로는 $\mathscr{P}$-편광 상태의 빛은 같은 양의 $\mathscr{R}$-편광 상태와 $\mathscr{L}$-편광 상태(적당한 위상차가 있음)의 빛의 중첩으로 합성할 수 있다. 어떤 단일 광자든 그 각운동량을 측정해 보면 총체적으로 $\vec{\mathbf{k}}$에 평행하거나 반평행한 스핀을 가질 것이다. 그렇다면 선형 편광된 빔이 물질과 상호작용할 때는 마치 같은 수의 오른손 광자(right-handed photon)와 왼손 광자(left-handed photon)가 물질과 상호작용하는 것처럼 보일 것이다. 그러나 여기서 언급해야 할 미묘한 점이 있다. 즉 광자는 모두 같은 상태에 있기 때문에 여기에 오른손 광자와 왼손 광자가 절반씩 존재한다고 생각해서는 안 된다. 오히려 각 개개의 광자는 두 스핀 상태를 같은 확률로 갖고 있다. 구성하고 있는 광자의 각운동량을 측정했다면 $-\hbar$가 $+\hbar$만큼 측정된다. 이것이 우리가 측정할 수 있는 것이다. (측정 전에 광자가 존재하고 있었다면) 측정 전에 광자가 어떤 상태인지는 알 수가 없다. 이런 까닭에 선편광된 빔이 물체에 전달하는 총 각운동량은 0이 된다.

이와 대조적으로 각 광자의 양쪽 스핀 상태에 대한 확률이 같지 않다면 하나의 각운동량($+\hbar$)이 다른 각운동량($-\hbar$)보다 어느 정도 더 많이 측정될 것이다. 이 경우 양의 유효 각운동

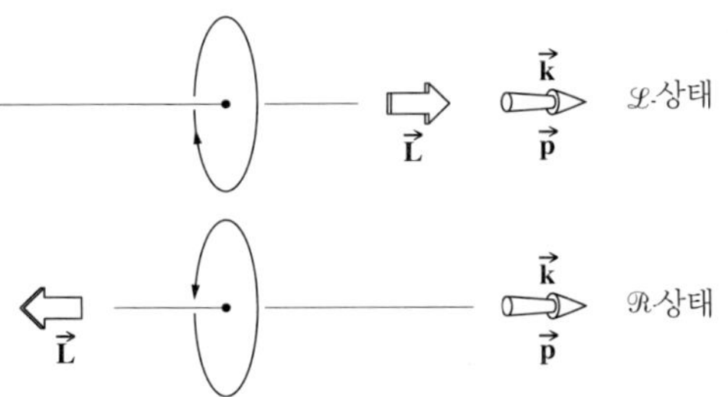

그림 8.12 광자의 각운동량

* 이러한 용어의 선택은 약간 어색하다. 이것은 입자물리학에서 채택한 규약과 완전히 정반대지만, 이미 광학에서는 이러한 용어의 사용이 일반화되어 있다.

** 중요한 간단한 보기로 수소 원자를 생각하자. 이것은 양성자와 전자로 구성되어 있으며 그 각각은 $\hbar/2$의 스핀을 갖는다. 원자는 두 입자의 스핀이 같은 방향일 때 약간 더 큰 에너지를 갖는다. 그러나 대략 10년이라는 긴 시간이 지나면 이 중 하나의 스핀이 엎어져서 다른 것과 반대의 방향이 될 수 있다. 이때 원자의 각운동량 변화는 $\hbar$이며, 이것은 아주 미세한 에너지와 함께 광자 형태로 방출된다. 이것이 21-cm 마이크로파 복사의 원천인데, 라디오파 천문학에서는 매우 중요한 것이다.

*** Richard A. Beth, "Mechanical detection and measurement of the angular momentum of light," *Phys. Rev.* **50**, 115 (1936).

량이 물체에 전달된다. $\mathscr{R}$-편광 상태와 $\mathscr{L}$-편광 상태가 서로 특정한 위상 관계를 유지한 채 다른 진폭을 갖고 중첩되면, 타원 편광이라고 할 수 있다.

8.2 편광기

편광에 대한 개념을 이해하였으므로 다음에 할 일은 우리의 필요에 맞게 이러한 편광을 만들고 바꾸며 조작하는 기술을 배우는 것이다. 자연광을 입력시킬 경우 편광된 빛을 출력시키는 광학 장치가 **편광기(polarizer)**이다. 예를 들면 무편광된 빛(unpolarized light)은 진폭이 같고, 결어긋나며, 직교하는 2개의 $\mathscr{P}$-편광 상태의 중첩으로 나타낼 수 있다. 이들 두 성분을 분리하여 하나를 버리고, 다른 하나를 통과시키는 장치가 **선형 편광기**이다. 출력의 형태에 따라 **원형 편광기**(circular polarizer)나 **타원 편광기**(elliptical polarizer)도 존재한다. 이들 장치의 효율을 낮게 만들면 누수(leaky) 또는 **부분**(partial) 편광기가 된다.

편광기는 다양한 형태로 만들 수 있으나, 이것은 4개의 기본적인 물리적 현상인 **이색성**(dichroism)(또는 선택적 흡수), **반사**, **산란**, **복굴절**(또는 이중 굴절) 중 하나에 기반을 두고 있다. 그러나 이들이 모두 공통으로 갖고 있는 중요한 성질은 이 **편광 과정에는 비대칭성(asymmetry)이 있어야만 한다는 것이다.** 편광기는 특별한 편광 상태만 선택하고 나머지 모두는 버려야만 하기 때문에 비대칭성이 존재함은 당연하다. 사실상 이러한 비대칭성은 빛이 입사되는 각도 또는 출력되는 빛을 바라보는 각도와도 연관되어 있다고 할 수 있으나, 그보다는 편광기 물질 자체의 비등방성(anisotropy)이 제일 큰 원인이 된다.

8.2.1 말뤼스 법칙

그러면 어떤 장치가 실제로 선형 편광기인지 아닌지를 실험적으로 어떻게 결정할 수 있을까?

그림 8.13처럼 자연광이 이상적인 선형 편광기에 입사한다면 정의에 따라 오직 $\mathscr{P}$-편광 상태의 빛만이 투과한다. 이러한 $\mathscr{P}$-편광 상태는 편광기의 **투과축(transmission axis)** 방향에 평행하며, 투과축에 평행한 광파의 성분만 이 장치에 영향을 받지 않고 통과한다. 그림 8.13처럼 편광기가 z축에 대해서 회전하더라도 무편광(자연광)의 완전한 대칭성 때문에 (태양 전지와 같은) 광검출기에 도달하는 출력광의 세기는 변하지 않는다. 빛은 실제로 파동의 일종이지만, 빛의 주파수가 매우 높기 때문에 검출기는 실제로 복사 조도

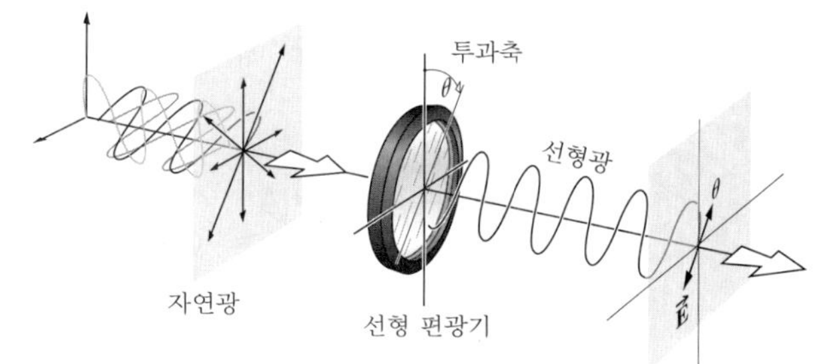

그림 8.13 수직축에 대해 θ의 각도로 기울어진 선형 편광기에 입사하는 자연광

(irradiance)만을 측정하게 된다. 이러한 복사 조도는 전기장 진폭의 제곱에 비례하기 때문에[식 (3.44)] 파동의 진폭만을 고려하면 된다.

이제 동일한 기능을 갖는 두 번째 편광기[**검광기(analyzer)**]가 투과축이 수직인(그림 8.11) 상태로 놓여 있다고 하자. 편광기를 투과한 전기장의 진폭이 E_{01}라면 검광기의 투과축에 평행한 성분인 $E_{01}\cos\theta$만이 최종적으로 검광기를 투과한다(흡수가 없다고 가정하자). 이때 식 (3.44)에 따라서 검출기에 검출되는 복사 조도는

$$I(\theta) = \frac{c\epsilon_0}{2} E_{01}^2 \cos^2\theta \tag{8.23}$$

가 된다. 검광기의 투과축과 편광기의 투과축 사이의 각도 θ가 0일 때 최대 복사 조도 $I(0) = c\epsilon_0 E_{01}^2/2 = I_1$이 되며, 식 (8.23)은

$$I(\theta) = I(0)\cos^2\theta \tag{8.24}$$

로 다시 쓸 수 있다. 이것을 **말뤼스 법칙(Malus's law)**이라고 하며, 나폴레옹 군대에서 군 기술자이며 육군대위였던 말뤼스(Étienne Malus)가 1809년에 최초로 발표하였다.

$I(0)$가 검광기에 도착하는 빛의 복사 조도라는 것에 유의하라. 그림 8.14에서 1000 W/m^{2}의 자연광이 첫 번째 선형 편광자에 입사하면, 이상적인 선형 편광기의 경우 500 W/m^{2}의 빛이 통과해서 검광기에 도달하는데 이 세기가 $I(0)$이다. 식 (8.24)를 이용하면 검광기를 통과한 빛의 투과 복사 조도인 $I(\theta)$를 θ에 따라 계산할 수 있다. 앞의 경우와 달리 자연광이 아닌 선형 편광된 빛이 복사 조도 1000 W/m^{2}를 가지고 첫 번째 편광자의 투과축에 평행하게 입사되었다고 하면 이 경우에는 $I(0) = 1000$ W/m^{2}가 된다.

$I(90°) = 0$임을 생각해보라. 이는 첫 번째 편광기를 통과한 빛의 편광 상태가 검광기의 투과축에 수직한 경우이며(이렇게 정렬된 두 장치는 교차되었다고 한다), 전기장은 검광기의 **소멸축**(extinction axis)에 평행하게 되고 투과축에 해당

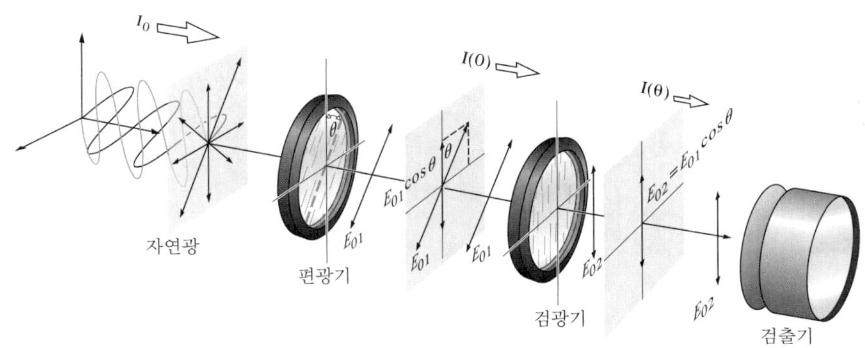

그림 8.14 선형 편광기와 검광기(말뤼스 법칙). 복사 조도 I_0의 자연광이 수직축에 대해 θ로 기울어진 선형 편광기에 입사한다. 첫 번째 선형 편광기를 통과한 빛의 복사 조도는 $I_1=I(0)$이다. 첫 번째 선형 편광기와 θ의 각도를 이루고 있는 두 번째 선형 편광기를 통과한 빛의 복사 조도는 $I(\theta)$이다.

하는 전기장 성분은 없다. 그러므로 말뤼스 법칙에 따라 그림 8.14의 장치를 이용해서 어느 특정 편광 부품이 선형 편광기인지 아닌지를 알 수 있다.

이제 곧 보게 되겠지만 오늘날 가장 보편적으로 사용되는 선형 편광기는 폴라로이드(Polaroid) 필터이다. 보통 폴라로이드 2개를 이용하면 말뤼스의 법칙을 쉽게 확인할 수 있는데, 단 사용하는 빛의 파장이 약 450 nm부터 650 nm 범위 내에 있어야 한다. 일반적인 폴라로이드는 적외선(IR)을 편광시키지 못한다.

예제 8.3

1000 W/m^{2}의 세기를 갖는 광파가 수직으로부터 +10.0° 기울어져 1사분면과 3사분면에서 선형 편광으로 진동하고 있다. 이 빔이 두 개의 이상적인 선형 편광기를 차례대로 통과해서 지나간다. 첫 번째 편광기의 편광축은 수직으로부터 −80.0° 기울어져 2사분면과 4사분면을 지난다. 두 번째 편광기의 편광축은 수직으로부터 +55.0° 기울어져 1사분면과 3사분면을 지난다. (a) 두 번째 편광기로부터 나오는 빛의 세기는 얼마인가? (b) 이제 축의 각도를 그대로 유지하면서 두 편광기의 위치를 교환한다. 최종적으로 통과된 빛의 세기는 얼마인가? 왜 그런지 설명하라.

풀이

(a) 입사된 빛(+10°)은 첫 번째 편광기의 투과축에 수직하므로 아무런 빛도 투과하지 못하며, 따라서 두 번째 편광기를 투과한 빛의 세기 역시 0이다. (b) 편광기들의 자리가 바뀌면, 빛의 편광이 처음 편광기의 투과축에 대해 45.0° 각도를 이룬다. 말뤼스 법칙에 의해

$$I(\theta) = I(0)\cos^2\theta$$

이므로,

$$I_1 = (1000\ \mathrm{W/m^2})\cos^2 45.0°$$

이 된다.

$$I_1 = 500\ \mathrm{W/m^2}$$

이 빛이 +55.0°로 진동하므로, 두 번째 편광기의 투과축과는 45.0° 각도를 이룬다. 따라서 여기서 투과되는 빛의 세기는

$$I_2 = (500\ \mathrm{W/m^2})\cos^2 45.0°$$
$$I_2 = 250\ \mathrm{W/m^2}$$

이다. 이 빛은 선형 편광되어 있고, −80.0°로 2사분면과 4사분면에서 진동한다. 편광기를 통과하는 순서가 중요하다는 것을 명심하라.

8.3 이색성

넓은 의미의 개념에서 보면 **이색성(dichroism)**이라는 단어는 서로 직교하는 입사 빔의 두 $\mathcal{P}$-편광 상태 성분 중 하나를 선택적으로 흡수한다는 것을 말한다. 이색성 편광기는 하나의 전기장 성분에 대해서는 투명한 반면에 다른 전기장 성분을 우선적으로 흡수하므로 편광기 자체가 물리적으로 비등방성을 띤다.

8.3.1 철사 격자 편광기

이러한 종류의 가장 간단한 장치는 그림 8.15에서 보는 것처럼 평행한 전도성 철사로 만든 창살 형태의 격자이다. 무편광인 전자기파가 왼쪽에서 이 격자로 입사한다고 하자. 전기장은 보통 직교하는 2개의 성분으로 나눌 수 있는데, 하나는 철사에 평행한 것으로 선택하고, 다른 성분은 철사에 수직한 것으로 선택한다. 전기장의 y 성분은 각 철사의 길이 방향을 따라 전도 전자를 움직이게 하므로 전류가 발생한다. 그리

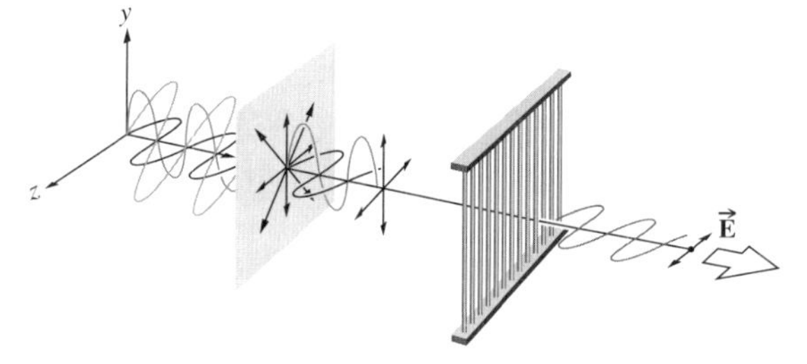

그림 8.15 철사 격자 편광기. 격자는 전기장의 수직 성분(철사줄에 평행한 성분)을 제거하고 수평 성분을 투과시킨다.

고 이 전자는 금속 내 격자 원자와 충돌하면서 에너지를 이들 원자에게 빼앗기고 결국 철사에서 열에너지[줄(joule) 열]로 사라진다. 이러한 방법으로 에너지가 전기장에서 격자로 전달된다. 이와 더불어 y축을 따라 가속하는 전자는 앞과 뒤 방향으로 복사파를 방출하는데, 이때 앞쪽 방향으로 복사하는 파에 의해 입사파가 소멸 간섭으로 사라지며, 투과된 입사 전기장의 y 성분은 거의 없게 된다. 뒤쪽 방향으로 전파하는 복사는 간단히 반사파로 나타난다. 이와 대조적으로 전자가 z 방향으로는 자유롭게 움직이지 못하므로, 이 방향으로의 전기장 성분은 파가 격자를 통해 전파하는 동안 근본적으로 변화가 없다. **그러므로 격자의 투과축은 철사에 수직하다.** 전기장의 y 성분이 철사들 사이의 공간을 통해 어느 정도 스며 나갈 것이라고 생각하는 것은 잘못된 생각이다.

보통의 전선으로 제작한 격자에 마이크로파를 입사시키면 쉽게 이러한 사실을 확인할 수 있다. 이러한 격자를 만든다는 것이 쉽지 않으나 1960년 버드(George R. Bird)와 패리시 2세(Maxfield Parrish, Jr.)는 mm당 2,160개의 철사로 구성된 격자를 제작하는 데 성공하였다.* 이들은 플라스틱 회절 격자 복사판을 90° 가까운 비스듬히 기울인 채 금(또는 알루미늄)을 진공 증착시켜서 이 격자를 만들었다(10.2.7절 참조). 이때 회절 격자의 각 계단의 가장자리를 따라 진공 증착된 금속은 폭과 간격이 한 파장 이하인 얇고 미세한 '철사'들을 형성하였다.

몇 가지 종류의 철사 격자 편광기가 시중에서 유통되고 있으며, 그 가운데 미세 알루미늄 철사로 만들어진 것이 있다. 이들은 가시광은 물론 중적외선 영역에 이르기까지 높은 투과율을 보여 준다.

철사 격자는 특히 고온에서 사용할 수 있어 유용하지만, 여기서는 실용적인 이유에서보다는 교육적인 견지에서 언급했으며, 그 근본 원리는 다른 이색성 편광기와 같다.

* G. R. Bird and M. Parrish Jr., "The wire grid as a near-infrared polarizer," *J. Opt. Soc. Am.* **50**, 886 (1960).

8.3.2 이색성 결정

어떤 물질은 개개의 결정 구조의 비등방성 때문에 본질적으로 이색적이다. 아마도 이들 중에서 가장 잘 알려진 것이 자연광물인 **전기석**(tourmaline)이며, 종종 보석으로 사용되는 준보석 광석이다. 화학 구성이 다른 규산염 붕소(boron silicates)로 만들어진 다른 종류의 전기석들도 있다[예: $NaFe_3B_3Al_6Si_6O_{27}(OH)_4$]. 이러한 물질은 주축(principal axis) 또는 **광축**(optic axis)이라는 결정 내의 특정한 방향을 갖고 있으며, 이러한 축은 원자의 배열에 의해 결정된다. 주축에 수직인 입사파의 전기장 성분은 매질에 의해서 강하게 흡수된다. 결정의 두께가 두꺼울수록 이러한 흡수는 더욱 더 강해진다(그림 8.16). 전기석을 주축에 평행하게 잘라서 만든 두께 수 mm의 얇은 전기석판은 선형 편광기로 사용된다. 이 경우 결정의 주축이 편광기의 투과축이 된다. 그러나 전기석 결정은 비교적 작기 때문에 효용성이 떨어진다. 더욱이 투과되는 편광의 빛도 일부 흡수가 된다. 더욱 복잡한 것은 이 원하지 않는 흡수가 파장에 따라 매우 강하게 변하며, 따라서

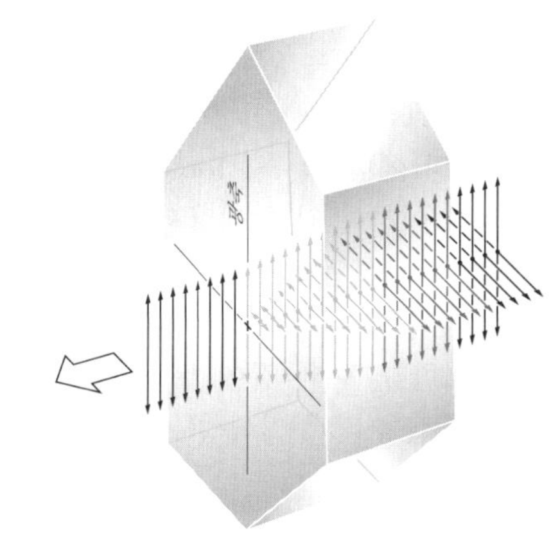

그림 8.16 이색성 결정. 광축에 평행한 전기장은 별로 손실 없이 투과한다. 전기석 결정의 사진에 명확히 보이는 자연적으로 생성된 산마루는 광축에 대응한다. (E.H.)

결정이 색깔을 띠게 된다는 것이다. 백색광에 노출된 전기석은 결정의 주축에 수직인 방향으로 보면 초록색으로 보이고(혹은 다른 색일 수 있다), 주축 방향으로 보면 거의 검게 보이며 이때 전기장 $\vec{\mathbf{E}}$는 광축에 수직이다[그래서 **두 가지 색**이란 뜻의 이색(dichroic)이란 단어를 쓴다].

이러한 특성을 나타내는 물질이 몇 가지 더 있다. 자소휘석(hypersthene) 광물의 한 결정인 강자성 규산염(ferromagnesium silicate)은 어떤 한 방향으로 편광된 백색광 아래에서는 초록색으로 보이고, 다른 편광 방향에 대해서는 분홍색으로 보인다.

우리는 물질의 미시적 구조를 통해서 결정의 이색성을 발생시키는 원리를 정성적으로 파악할 수 있다(3.5절을 참고할 수 있다). 결정 내의 주기적인 격자(lattice)를 형성하는 근거리 힘이 결정 내의 원자를 아주 강하게 서로 고정시키고 있으며, 광학적 성질을 좌우하는 전자는 이 원자에 탄성적으로 연결되어 있다. 또한 원자와 결합된 전자는 비대칭적인 주변 원자에 의해 영향을 받으며, 그 결과 전자를 연결하는 탄성 결합력은 방향에 따라 서로 달라진다. 따라서 입사하는 전자기파의 조화 전기장에 대한 전자의 반응은 $\vec{\mathbf{E}}$의 방향에 따라 변한다. 이러한 물질에 비등방성뿐만 아니라 흡수도 존재한다면 이에 대한 상세한 분석을 위해서 전자의 배열에 의존하는 전기 전도도를 알아야 한다. 이 결과 전류가 발생하며 전자기파로부터 전달된 에너지는 줄(Joule)열로 바뀐다. 편광의 방향뿐만 아니라 이러한 입사 에너지의 감쇠도 주파수에 따라 변한다. 이러한 사실은 백색광이 $\mathcal{P}$-편광 상태에 있다면 결정이 색깔을 나타내고, 색깔이 전기장 $\vec{\mathbf{E}}$의 방향에 따라 다르다는 것을 의미한다. 이와 같이 두 가지 색 또는 세 가지 색을 나타내는 물질을 각각 이색성(dichroic) 또는 삼색성(trichroic) 물질이라고 한다.*

8.3.3 폴라로이드

1928년 당시 19세의 하버드대학교 재학생이었던 랜드(Edwin Herbert Land)는 **폴라로이드 J-판**(Polaroid J-sheet)이라고 하는 이색성 편광판을 최초로 발명하였다. 그는 이 편광판을 **헤라파타이트**(herapathite) 혹은 **퀴닌 설페이트 퍼라이어다이드**(quinine sulfate periodide)라는 인공적인 이색성 물질로 만들었다.** 랜드의 업적에 대한 그 자신이 쓴 회고사에 이에 대한 내용이 들어 있으며, 이 기사를 통해서 현재 가장 널리 사용되는 편광기에 대한 기원을 알아보는 것도 재미있다. 다음은 랜드의 글을 발췌한 것이다.

> 문헌을 통해서 보면 편광기를 개발하는 데 중요한 몇 가지 내용이 있는데, 특히 영국 브리스틀 출신의 의사인 윌리엄 버드 헤라파스(William Bird Herapath)가 한 일이 중요하다. 즉 퀴닌(quinine)을 먹은 개의 소변에 요오드를 떨어뜨렸을 때 아주 작게 반짝이는 초록색 결정이 반응 액체 속에서 만들어지는 것을 헤라파스의 학생인 펠프스(Phelps)가 발견했다. 펠프스는 선생님에게 알렸으며, 헤라파스는 이러한 상황하에서 매우 기묘한 실험을 하였다. 즉 그는 현미경으로 이 결정을 보고는, 어떻게 놓으면 결정들이 겹쳐져서 빛나고, 다르게 놓으면 검게 보인다는 것을 알아냈다. 그는 현명하게도 대단한 현상인 새로운 편광 물질[지금은 헤라파타이트로 알려져 있음]이 존재한다는 것을 알아냈다. … 헤라파스의 연구는 만화경(kaleidoscope)에 대해 연구하고 있었던 브루스터(David Brewster)경의 관심을 끌었다. … 만화경을 발명한 브루스터는 만화경에 관한 책을 저술하였으며, 이 책에서 접안 렌즈로 헤라파타이트 결정을 사용하고 싶어 했음을 언급하고 있다. 1926년과 1927년에 이 책을 읽으면서, 나는 그의 참고문헌을 통해서 이러한 놀라운 결정을 알게 되었으며 헤라파타이트에 대한 흥미를 가지기 시작하였다.

새로운 형태의 편광기를 만들기 위해서 처음에 랜드는 헤라파타이트를 갈아서 수백만 개의 초소형 결정을 만들었는데, 이 초소형 결정의 모양은 원래 자연적으로 바늘 모양이다. 이들의 크기가 작아서 이것에 의한 빛의 산란 문제는 어느 정도 완화되었다. 그의 초기 실험에서는 결정을 자기장이나 전기장을 이용하여 서로 간에 거의 평행하도록 정렬하였다. 이후에 랜드는 헤라파타이트의 바늘 모양 결정이 부유하고 있는 끈적끈적한 콜로이드 용액을 길고 좁은 슬릿을 통해 뽑아내면 이 결정들이 기계적으로 정렬이 된다는 것을 발견하였다. 이렇게 만든 J-판은 굉장히 효과적인 큰 평면 이색성 결정이 된다. 그러나 아직도 이러한 초소형 결정은 여전히 빛을 약간 산란시키며 J-판은 약간 흐릿하게 보인다.

1938년에 랜드는 현재 가장 널리 사용되는 선형 편광기인 ***H*-판**을 발명하였다. 그것은 이색성 결정 대신에 철사 격자와 유사한 모양의 분자로 만들어진다. 깨끗한 폴리비닐알코올(polyvinyl alcohol) 판에 열을 가하고 이를 특정 방향으로 잡아당기면, 고분자의 긴 탄화수소 분자는 이 방향으로 정렬되기 시작한다. 그리고 이 판을 요오드가 많은 잉크액에 담그면 요오드가 플라스틱에 스며들어 곧고 긴 사슬 형태의 고

---

* 나중에 복굴절(birefringence)에서 이러한 과정을 보다 깊게 언급할 것이다. 여기서는 '단축 결정(uniaxial crystal)'에는 2개의 서로 다른 방향이 있고, 이로 인해 흡수 물질에서는 두 가지 색이 나타나는 것으로 결론을 짓는다. 또한 '쌍축 결정(biaxial crystal)'에서는 3개의 서로 다른 방향이 있고 세 가지 색이 가능하다.

** E. H. Land, "Some Aspects of the Development of Sheet Polarizers." *J Opt. Soc. Am* **41**, 957 (1951). JOSA, Vol. 41, Issue 12, pp. 957–962(1951) Journal of Optical Society of America. Optical Society of America.

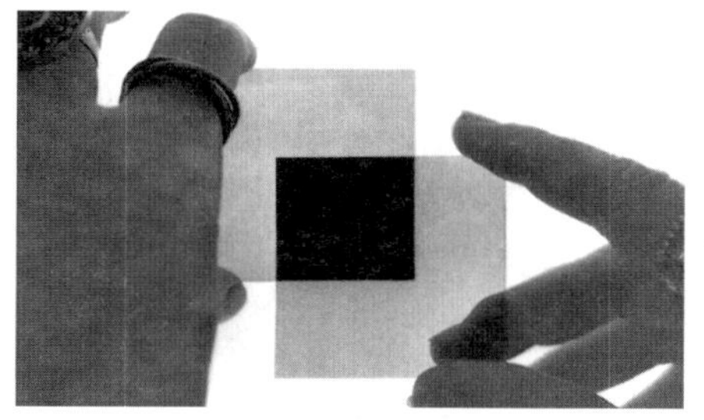

교차된 한 쌍의 폴라로이드. 각 폴라로이드는 대략 입사광의 절반을 흡수하기 때문에 희미하게 보인다. (E.H.)

분자에 부착되며, 요오드 자체의 긴 사슬이 형성된다. 요오드와 결합된 전도 전자들은 이들이 마치 길고 얇은 철사줄인 것처럼 이 사슬을 따라 움직인다. 분자의 방향에 평행한 전기장이 입사되면 전자를 움직이고 일을 하면서 강하게 흡수된다. 그러므로 편광기의 투과축은 필름이 늘어난 방향에 수직이다.

제각기 분리된 미세한 이색성 물체는 **이색체**(dichromophore)로 알려져 있다. *H*-판에서 이색체의 크기가 분자 정도이므로 산란은 문제가 되지 않는다. *H*-판은 가시광선 전체 파장에 대해 효율이 좋은 편광기지만 파란색 파장의 끝부분에서는 약간 좋지 않다. 서로 교차한 한 쌍의 *H*-판 폴라로이드를 통해 밝은 백색광을 본다면, **소멸**(extinction)된 부분의 색은 이러한 파란색 누수 현상으로 인하여 짙은 파란색이 된다. *HN*-50은 **중성색**(neutral color)(*N*)을 나타내며, 입사하는 자연광의 50%를 투과시키고, 원하지 않는 편광을 갖는 나머지 50%를 모두 흡수하는 이상적인 *H*-판의 명칭이다. 그러나 실제로는 입사광의 약 4%가 앞면과 뒷면에서 각각 뒤로 반사되어(무반사 코팅은 일반적으로 사용하지 않는다) 92%만이 편광기를 지난다. 아마도 이것의 절반인 약 46%가 흡수되므로 *HN*-46 폴라로이드가 보다 맞는 명칭이다. 들어 있는 요오드의 양에 따라 *HN*-38, *HN*-32, *HN*-22 등의 여러 종류가 상업적으로 생산되고 있으며, 이들을 구입하여 사용할 수 있다(연습문제 8.15).

이와는 다른 여러 가지 형태의 폴라로이드가 개발되었다.* 이 중에서 습도와 열에 강한 ***K*-판**은 곧은 사슬 형태의 탄소수소화 폴리비닐을 이색체로 사용하고 있다. 또한 *H*-판과 *K*-판의 성분을 합성하여 근적외선용 편광기로 사용하는 ***HR*-판**도 개발되었다. 그리고 약 300 nm부터 약 400 nm의 자외선 영역에서 사용할 수 있는 편광자도 상업용으로 나오고 있다.

판형 이색성 편광자는 특정 파장 영역에서만 사용할 수 있다는 것을 명심해야 한다. 가시광선을 차단하기 위해 교차된 2개의 편광자의 경우 파장이 450 nm 이하이거나 650 nm 이상인 빛은 현저하게 새어 나갈 것이다.

판형 폴라로이드에서 폴라코어(Polarcor, 늘어나고 정렬된 은 결정을 함유한 유리)나 전기석에 이르기까지 모든 종류의 이색성 선형 편광기는 그들의 투과 특성으로 특징지어진다. 이를 위해 수직 방향으로 선형 편광된 빛이 선형 편광기에 수직으로 입사된다고 생각해 보자. 편광기는 θ의 각도로 회전이 가능한데, 이때 θ는 투과축과 수직축 사이의 각도를 의미한다. 입사광의 전기장이 편광기의 투과축과 평행할 때($\theta = 0$), 투과된 빛의 세기 I_{t0}는 최대가 될 것이다. 입사광의 세기를 I_i라고 할 때, I_{t0}/I_i은 **주요 투과율(principal transmittance)** T_0라고 알려져 있다. 이는 투과축에 평행한 입사광이 편광기를 통과하는 비율이다. 전기장이 투과축에 수직으로 진동할 때는 편광기를 통과한 세기(I_{t90})가 최소가 되며, I_{t90}/I_i은 **작은 쪽 투과율(minor transmittance)** T_{90}이라고 한다. 이는 투과축에 수직한 입사광이 편광기를 통과하는 비율이다.

다시 선형 편광된 빛이 투과축과 θ의 각도를 이루고 편광기에 입사된다고 가정하자. 세기(복사 조도)는 전기장 진폭의 제곱에 비례하며 투과축에 평행한 전기장 성분과 투과축에 수직한 전기장 성분이 존재하므로, 선편광된 빛에 대한 편광기의 투과율은 다음과 같다.

$$T_l = T_0 \cos^2\theta + T_{90}\sin^2\theta \tag{8.25}$$

투과율(transmittance ratio)은 $(I_{t0}/I_i)/(I_{t90}/I_i) = T_0/T_{90} = I_{t0}/I_{t90}$으로 정의되며, 이 값은 30,000 : 1 정도로 클 수 있다. 마찬가지로 **소거율(extinction ratio)**은 앞의 값의 역수, T_{90}/T_0이다. 당연히 $T_0 >> T_{90}$이다.

이상적인 이색성 선편광기에 자연광을 조사하면 투과축에 평행한 빛은 모두 통과하므로 $T_0 = 1.0$이며 반면에 수직한 빛은 모두 차단되므로 $T_{90} = 0$이다. 만일 실제 편광기에 자연광이 조사되면, 수직한 두 편광이 모두 특정한 비율로 통과되며 총 투과율(T_n)은 $T_n = \frac{1}{2}(T_0 + T_{90}) \approx \frac{1}{2}T_0$이 된다. 여기서 1/2은 이상적으로 자연광의 절반이 흡수됨을 의미한다. *HN*-38, *HN*-32, *HN*-22 등의 명칭은 폴라로이드 판에 자연광이 입사되는 경우에, 총 투과율($\approx \frac{1}{2}T_0$)이 ≈38%, ≈32%, ≈22%이며 따라서 T_0가 각각 76%, 64%, 44%임을 뜻한다. 달리 말하자면 *HN*-38 편광기에서는 투과축에 나란한 선편광이 76% 투과할 것이다.

더 많은 요오드를 첨가하면 누출 현상이 줄어들지만, 원하는 투과율(T_0)도 마찬가지로 줄어든다. 그래서 *HN*-32의 작은 쪽 투과율은 약 0.005%인 반면, *HN*-22의 값은 거의

* Shurcliff가 지은 *Polarized Light: Production and Use*를 보거나 Shurcliff와 Ballard가 같이 지은 좀 더 쉬운 *Polarized Light*를 참조하라.

0.0005%이며 누출 효과가 거의 없다. 이 값들의 정확도가 더 높지 않은 이유는 투과율이 주파수에 의존하기 때문이다. T_{90}은 400 nm 근처의 파란 빛에서 최댓값을 갖는다. 오늘날에는 많은 회사들이 다양한 편광 필터들을 제작하고 있고, 따라서 *HN*처럼 보편적으로 사용되는 명칭은 사용되지 않는다. 판 편광기들은 무편광된 빛에 대한 투과율(T_n)로 특성을 나타내는데 약 46% 정도의 높은 값을 갖는다.

두 개의 동일한 선편광기를 투과축이 나란하게 연속으로 설치하고 자연광을 통과시키면 그때의 투과율은

$$T_{n\parallel} = \tfrac{1}{2}T_0T_0 + \tfrac{1}{2}T_{90}T_{90} \approx \tfrac{1}{2}T_0^2 \tag{8.26}$$

이 된다. 반면에 두 개의 동일한 선편광기가 수직으로 교차하고 있을 때는 전체 투과율이

$$T_{n\perp} = \tfrac{1}{2}T_0T_{90} + \tfrac{1}{2}T_{90}T_0 = T_0T_{90} \tag{8.27}$$

이 된다. 그리고 일반적으로 두 필터의 투과축이 θ의 각도를 이루고 있을 때는 전체 투과율이

$$T_{n\theta} = (\tfrac{1}{2}T_0T_0 + \tfrac{1}{2}T_{90}T_{90})\cos^2\theta + T_0T_{90}\sin^2\theta$$

또는

$$T_{n\theta} \approx \tfrac{1}{2}T_0^2\cos^2\theta \tag{8.28}$$

로 주어진다.

예제 8.4

HN-42HE는 새로운 판 이색성 선편광기로서 높은 투과율과 향상된 소거율을 동시에 구현한다. 두 개의 동일한 필터가 투과축이 나란하게 되도록 정렬되어 있다고 하자. 만일 250 W/m^{2}의 자연광이 이 두 개의 편광기를 순서대로 지날 때, 얼마나 많은 빛이 투과할까?

풀이

빛이 무편광되어 있으므로 입사하는 광파(I_i)의 50%가 첫 번째 편광기의 투과축에 나란히 진동한다고 볼 수 있고 다른 50%는 거의 흡수될 것이다. 만일 첫 번째 필터가 완벽하다면 $\frac{1}{2}I_i$가 통과할 것이지만, 실제로는 그것의 일부(T_0)가 통과하므로 $\frac{1}{2}I_iT_0$가 된다. 여기서 우리는 *HN*-42HE 필터를 사용하므로 $\frac{1}{2}T_0 \approx 42\%$이고 따라서 $T_0 \approx 84\%$이다. 이 T_0는 투과축에 나란한 선편광된 빛에 대한 투과율이다. 두 번째 편광기는 입사된 선편광빛 ($\frac{1}{2}I_iT_0$)의 일부(T_0)를 통과시키므로 최종 세기는 $I_t = (\frac{1}{2}I_iT_0^2) = \frac{1}{2}(250\,\text{W/m}^2)(0.84)^2 = 0.353(250\,\text{W/m}^2) = 88.2\,\text{W/m}^2$이 된다. 식 (8.26)을 이용해서 이 계산이 맞는지 점검해볼 수 있다. $T_{n\parallel} \approx \frac{1}{2}T_0^2$이고 $I_t = (\frac{1}{2}T_0^2)I_i$이므로 위의 결론과 같다.

폴라로이드 벡토그래프(Polaroid vectograph)는 한때 3차원 사진을 찍는 데 사용하도록 고안된 상업적인 재료이다. 비록 이 재료가 의도한 목적에는 성공적이지 못했으나 생각을 유발하는 실험에는 사용할 수 있다. 벡토그래프 필름은 폴리비닐 알코올로 된 2장의 판을 얇게 펴서 만든 무색 투명한 플라스틱으로 이 2장의 판은 각각 판 내의 폴리비닐알코올 분자를 잡아당긴 방향이 서로 직각인데, 이러한 형태에서는 편광용 전도 전자가 없기 때문에 이 필름은 편광기가 될 수 없다. 그러나 요오드 수용액을 사용하여 이 필름의 한쪽 면에 *X*라는 글자를 새기고, 다른 면에 *Y*를 겹쳐 새긴다고 가정해 보자. 자연광을 이 필름에 비추면, *X*를 통과한 $\mathcal{P}$-편광 상태의 빛은 *Y*를 통과할 수 있는 $\mathcal{P}$-편광 상태와는 수직이므로, 이들 글자를 색칠한 영역은 2개의 교차된 편광기 형태가 된다. 그리고 이 벡토그래프 앞에 선형 편광기를 하나 두고 회전시킨다면, *X*나 *Y*를 볼 수도 있고, 두 글자 모두를 동시에 볼 수도 있다. 그러므로 이 벡토그래프 필름에 창의적인 그림을 그릴 수 있다(단, 한 그림은 반드시 뒤쪽 면에 그려야 한다는 것을 잊으면 안 된다).

8.4 복굴절

대다수의 결정 물질(즉 원자가 규칙적으로 반복되는 배열로 정렬된 고체)은 **광학적 비등방성**(optically anisotropic)이며, 이 결정의 광학적 성질은 모든 방향에서 같지 않다. 앞절의 이색성 결정은 하나의 특별한 비등방성 소그룹으로 결정 격자의 원자가 완전히 대칭적으로 배열되어 있지 않으며, 이 결과 전자를 잡고 있는 결합력이 비등방성으로 되어 있음을 배웠다. 이전에 그림 3.38b에서는 등방성 진동자를 한 점에 고정된 똑같은 용수철로 결합된 구형 전하 껍질로 보는 역학적 모형을 사용하여 나타내었다. 이 모형은 **광학적 등방성**(optically isotropic) 물질(유리나 플라스틱과 같은 비정질 고체는 항상은 아니지만 일반적으로 등방성이다)에 대해 매우 잘 맞는다. 한편 그림 8.17에서는 다른 용수철(용수철 상수가 다름)로 결합된 또 다른 구형 전하 껍질을 보여 주고 있다. 이 경우 한 쌍의 용수철 방향으로 평형 상태에서 변위된 전자는 다른 방향으로 변위되었을 때의 고유 주파수와는 다른 고유 주파수로 진동한다.

앞서 지적한 것처럼 빛은 매질 내의 전자를 여기시키면서 투명한 매질을 통과하여 전파한다. 전기장 $\vec{\mathbf{E}}$가 전자를 움직

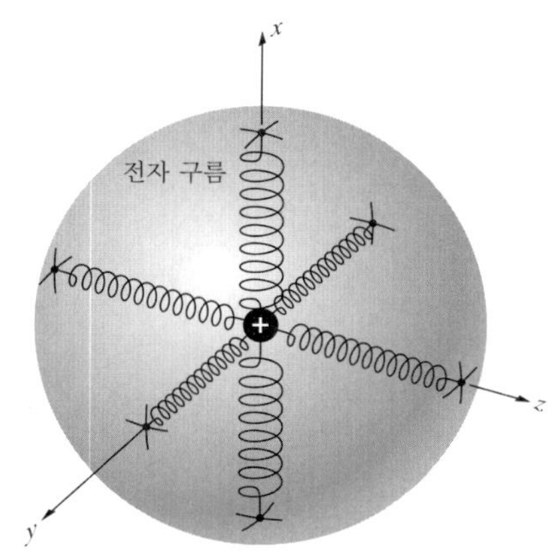

그림 8.17 양의 전하핵에 음으로 대전된 껍질이 서로 다른 강도의 용수철 쌍으로 연결된 역학적 모형

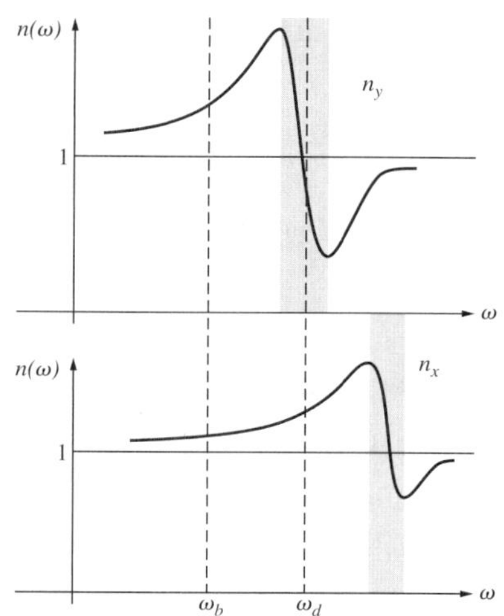

그림 8.18 결정 내의 두 축을 따라 그린 굴절률 대 주파수. $dn/d\omega<0$인 영역은 흡수대역이다.

이고 이 움직인 전자에 의해 복사가 생기며 이들 복사된 제2의 파들이 서로 재결합하여 굴절된 파가 진행하게 된다. 파의 속도와 굴절률은 전기장 $\vec{\mathbf{E}}$의 주파수와 전자의 고유 주파수(혹은 자연 주파수) 사이의 차이에 의해 결정된다. 그러므로 **결합력(binding force)의 비등방성은 굴절률의 비등방성으로 나타난다.** 예를 들어 $\mathcal{P}$-편광 상태의 빛이 어떤 가상적인 결정을 지나면서 그림 8.17과 같이 표현이 되는 전자와 상호작용을 한다면, 이 빛의 속도는 전기장 $\vec{\mathbf{E}}$의 방향에 의하여 결정된다. 전기장 $\vec{\mathbf{E}}$의 방향이 가장 견고한 용수철의 방향과 같다면, 즉 가장 강한 결합 방향(여기에서는 x축 방향)과 같다면 전자의 자연 주파수는 높다(용수철 상수의 제곱근에 비례한다). 반면에 결합력이 더 약한 y축 방향으로 전기장 $\vec{\mathbf{E}}$가 놓여 있다면 자연 주파수는 약간 더 낮다. 분산과 그림 3.41의 $n(\omega)$에 대한 논의를 다시 생각해 보면 대부분의 굴절률은 그림 8.18의 그래프처럼 보일 것이다. 서로 다른 굴절률을 나타내는 이런 종류의 물질을 **복굴절(birefringent)** 물질이라고 한다.*

이러한 결정에 입사하는 입사광의 주파수가 그림 8.18에서와 같이 ω_d 근처에 있다면 이 빛은 $n_y(\omega)$의 흡수대역에 있게 된다. 이런 주파수의 빛으로 비추어진 결정은 하나의 편광 방향(y)을 강하게 흡수하고, 다른 편광 방향(x)에 대해서는 투명하다. 그러므로 수직한 $\mathcal{P}$-편광 상태 중 하나를 흡수하고 다른 하나를 통과시키는 복굴절 물질은 **이색성** 물질이다. 더 나아가 결정이 대칭적이어서 y 방향과 z 방향의 결합력이 똑같다고(즉 이 방향 용수철의 자연 주파수가 같고 손실도 같다) 생각하자. 이때는 x축이 **광축(optic axis)** 방향이 된다. 결정은 이렇게 비등방성 전하 진동자의 배열(array)로 나타낼 수 있으므로, **광축이란 실제로 한 방향을 가리키는 것이지 하나의 직선을 의미하는 것이 아니다.** 이 모형은 이색성 결정에 대해 매우 잘 적용할 수 있다. 왜냐하면 빛이 광축 방향(전기장 $\vec{\mathbf{E}}$는 yz면에 있음)으로 전파한다면 이 빛은 강하게 흡수되고, 이 축에 수직하게 빛이 전파한다면 선형 편광된 빛으로 나오기 때문이다.

어떤 복굴절 결정의 고유 주파수는 가시광선 영역보다 주파수가 높은 영역에 존재하며, 이 때문에 결정은 색을 나타내지 않는다. 이 경우가 바로 그림 8.18에서 ω_b 주파수를 갖는 입사광이다. 두 굴절률이 명백히 다르나, 이들 편광에 대한 흡수는 무시할 정도로 작다. $n(\omega)$가 자연 주파수에 역으로 비례한다는 것이 식 (3.71)에 나와 있으며, 이로부터 큰 유효 용수철 상수(즉 강한 결합)가 낮은 편광도(polarizability), 낮은 유전 상수, 그리고 낮은 굴절률을 의미한다는 것을 알 수 있다.

한쪽 편광의 빛을 흡수하는 대신에 복굴절에 의해 2개의 수직한 $\mathcal{P}$-편광이 서로 다른 경로를 진행하고 분리되는 선형 편광기를 그림으로 설명하고자 한다. 그리고 앞으로 보게 되겠지만 이러한 복굴절 결정을 이용하여 훨씬 멋진 일들을 할 수 있다.

8.4.1 방해석

전형적인 복굴절 결정인 방해석(calcite, $CaCO_3$)은 보통 자연적으로 생성되는 물질이며 대리석과 석회암은 작은 방해석 결정이 뭉쳐져서 만들어진다. 특히 멋있고 아주 큰 단결정은 극히 희귀하지만 인도, 멕시코, 남아프리카에서 아직도

* 오늘날 사용하는 *refraction* 대신에 *refringence*라고 하는 단어를 사용하였다. 이 단어는 어원학적 근원에서 깨진다는 의미의 *frangere*라는 것으로부터 시작된 라틴어인 *refractus*에서 기원한다.

발견되고 있다. 방해석은 고출력 레이저용 선형 편광기의 재료로 많이 사용된다.

그림 8.19는 방해석 구조 내에 있는 탄소, 칼슘, 산소의 배치도이다. 그림 8.20은 그림 8.19에서 광축으로 표기한 방향을 따라 위에서 아래로 본 각 원자의 배치도이다. 각 CO_3 그룹은 광축에 수직한 평면인 삼각형 클러스터(cluster)를 형성한다. 만약에 탄산염 그룹 중 하나의 중심에 수직이고 중심을 지나는 선을 회전축으로 그림 8.20을 회전시키면 똑같은 원자 배열이 한 바퀴 회전할 때마다 세 번 나타난다. 이와 같은 광축 방향은 **3중 대칭**(3-fold symmetry)축이라는 특별한 결정학적 방향에 대응한다. 방해석에서 나타나는 큰 복굴절 현상은 탄산염 그룹이 모두 광축에 수직한 면에 있기 때문에 생긴다. 이들에 있는 전자의 행동 양상 혹은 유도된 산소 쌍극자와의 상호작용은 전기장 $\vec{\mathbf{E}}$가 이 평면에 평행하거나 수직함에 따라 상당히 다르다(연습문제 8.34). 어떤 경우라도 비대칭성은 명백히 생긴다.

방해석 재질은 **벽개면(cleavage planes)**이라는 고운 면들로 쉽게 쪼개지는데, 이는 인접한 원자들 중 결합력이 상대적으로 약한 특정한 원자면의 사이가 떨어져서 생기는 것이다. 방해석에서의 모든 벽개면(그림 8.20)은 3개의 서로 다른 방향과 수직이다. 결정이 자람에 따라 원자는 같은 형태를 유지하면서 층층이 더해져 간다. 그러나 성장 과정에서 어떤 한 면으로만 구성물질이 더 증가하면 외형적으로 복잡한 형태의 결정이 나올 수 있다. 그렇더라도 벽개면은 원자의 배열에 의존한다. 그래서 각 면이 벽개면이 되도록 자른다면 그 형태는 이 결정 내 원자의 근본적인 배열 상태와 관련을 갖게 된다. 이런 시편을 **벽개 형태(cleavage form)**라고 한다. 방해석의 경우 이것은 각면의 각도가 78°5′과 101°55′인 평행사변형으로 된 삼방정계형(rhombohedron)이다(그림 8.21).

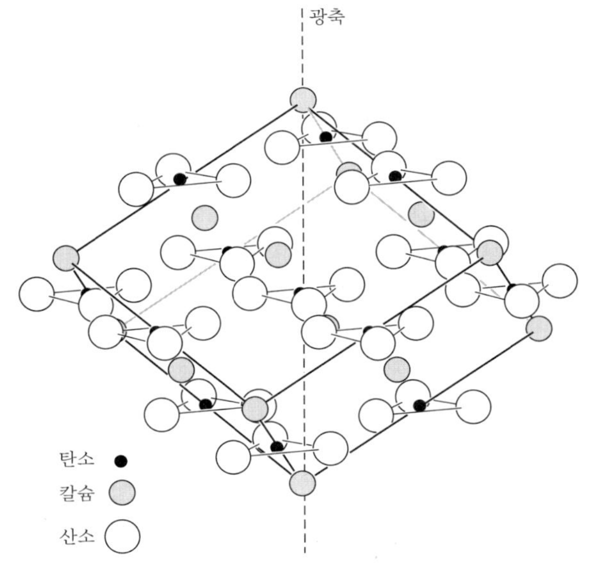

그림 8.19 방해석 내의 원자 배열

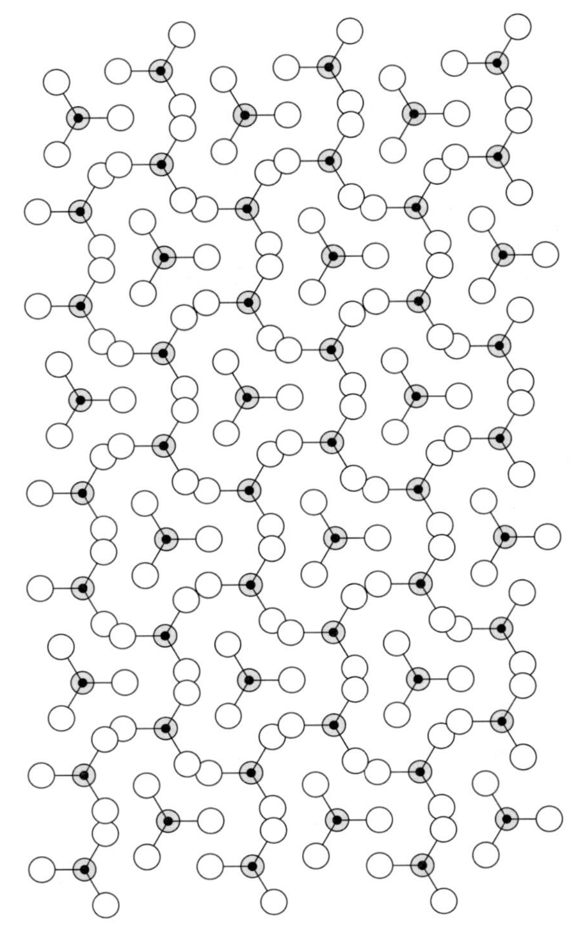
그림 8.20 광축에서 내려다본 방해석의 원자 배열

결정의 표면들이 만나서 만드는 3개의 둔각(obtuse angles)으로 된 **무딘 꼭지**(blunt corners)가 오직 2개 있다는 것을 주목하라. 무딘 꼭지에서 각 면에 대해 45.5° 각도이고 각 변에 대해서는 63.8° 각도로 무딘 꼭지의 끝을 지나는 직선을 그으면 이 선이 바로 3중 대칭축이 된다. (만약 변의 길이가 같은 마름모꼴로 자른다면 이것이 보다 명확한 축의 방향이 된다.) 분명히 이러한 선이 광축이 되어야 한다. 그래서 방해석 시편의 자연 형태가 어떻게 되었든지 간에 무딘 꼭지만 찾으면 광축의 방향을 알 수 있다.

1669년 코펜하겐대학교의 수학과 교수이자 의학박사인 바르톨리누스(Erasmus Bartholinus, 1625~1692)[그는 뢰메르(Ole Römer)의 양부임]는 방해석에서 소위 이중 굴절(double refraction, 복굴절)이라고 불리는 새롭고 놀라운 현상을 발견하였다. 아이슬란드의 에스키포두르(Eskifjordur)

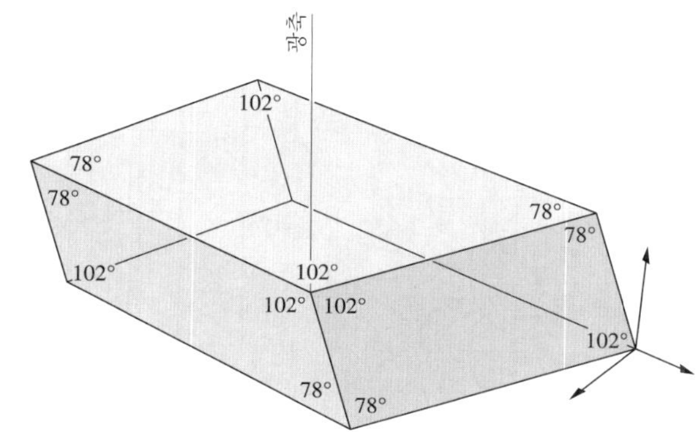

그림 8.21 방해석의 벽개 형태

방해석 결정에 의해서 형성된 이중상(벽개 형태가 아님) (E.H.)

근처에서 이러한 방해석이 발견되었기 때문에 이것을 **빙주석(Iceland spar)**이라고 한다. 바르톨리누스의 말에 의하면*

> 모든 사람이 가장 중히 여기는 것은 다이아몬드이며, 보석류와 진주 같은 유사 보물들도 사람들을 즐겁게 한다. 그러나 보석 그 자체보다는 보석에서 일어나는 특별한 현상에 더 많은 관심을 갖는 사람들은 최근에 아이슬란드에서 건너온 새로운 종류의 투명한 결정에서 많은 흥미를 느낄 것이다. 아마도 이것은 자연이 만들어 준 가장 경이로운 것 중의 하나일 것이다.
>
> 이 결정에 대한 조사를 함에 따라 그 결정 자체가 놀랍고 비정상적인 현상을 보이고 있다는 것을 알게 된다. 이 결정을 통해서 물체를 보면 다른 투명한 결정에서 나타나는 단일 굴절상이 아닌 이중상이 나타난다.

바르톨리누스가 언급한 이중상은 위의 사진에서 확실히 볼 수 있다. 가느다란 자연 빔을 방해석 결정의 벽개면에 수직으로 입사시키면, 이 빛은 2개의 평행광으로 갈라져서 나온다. 이러한 현상을 쉽게 보려면 종이 위에 까만 점을 하나 그려 놓고 이를 삼방정계 방해석으로 덮으면 된다. 그러면 두 개의 회색 점이 나타난다(두 개의 상이 겹쳐진 곳은 검게 보인다). 결정을 회전시키면 이 점들 중 하나는 그대로 있으나, 다른 하나는 움직이지 않는 점을 중심으로 결정을 따라 원의 모양으로 움직인다. 항상 결정의 위쪽 무딘 꼭지에 가까이 위치한 고정된 점에서 나오는 광선은 마치 유리면을 통하여 지나가는 광선처럼 지나가는데, 이 광선을 **정상 광선(ordinary ray)** 또는 ***o*-광선**이라고 최초로 바르톨리누스가 명명하였다. 그리고 특별한 양상을 보여 주는 다른 점에서 나오는 광선을 **이상 광선(extraordinary rays)** 또는 ***e*-광선**이라고 한다. 이 결정을 편광기로 조사해 보면 정상 광선과 이상 광선의 상은 선형 편광되어 있고(사진 참조), 이들 두 $\mathcal{P}$-편광 상태는 직교하는 것을 알 수 있다.

광축을 포함하는 여러 면을 마름모로 그릴 수 있는데, 이 면들을 모두 **주요면(principal planes)**이라고 한다. 주요면이 벽개면 중 한 쌍의 반대 변에 직각이라면 이 주요면을 이 결정의 **주요 단면(principal section)**이라고 한다. 이러한 3개의 주요 단면은 한 점을 지나며, 각 면은 109°와 71°의 각도를 갖는 평행사변형이다. 그림 8.22는 무편광된 빔이 삼방정계형 방해석의 주요 단면을 지나는 것이다. 광선을 따라 그려져 있는 검은 점과 화살표는 각각 *o*-광선과 *e*-광선을 나타내는데, *o*-광선은 주요 단면에 수직인 전기장 벡터를 가지며, *e*-광선의 전기장 벡터는 주요 단면에 평행하다.

이러한 것들을 간단히 보기 위해서 입사 평면파의 전기장 $\vec{\mathbf{E}}$가 그림 8.23처럼 광축에 수직한 방향으로 선형 편광되어 있다고 하자. 그러면 이 파가 결정면에 입사해서 전자를 진동시키고, 진동하는 전자에서 가지 파동(wavelet)이 복사된다. 이 가지 파동들은 서로 겹쳐지고 재결합되어 굴절파를 만들며, 이 굴절파가 결정을 빠져나갈 때까지 이러한 과정이 몇 번이고 다시 반복된다. 이것으로부터 하위헌스 원리(Huygens's Principle)에 따라 산란의 아이디어를 빛의 전파에 적용하는 것이 물리적으로 타당함을 알 수 있다. 1690년 하위헌스는 전자기 이론을 사용하지 않고 이 원리를 사용하

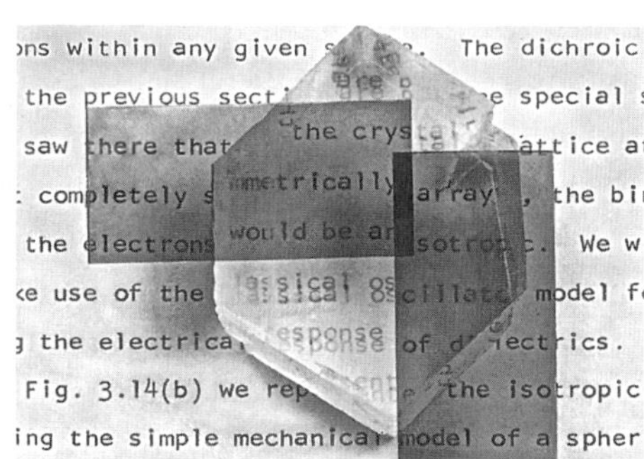

방해석 결정(아래쪽의 무딘 꼭지). 두 편광기의 투과축은 각 편광기의 길이가 짧은 변에 평행하다. 아래쪽의 이중으로 상이 보이는 곳에서 편의가 되지 않은 것은 정상 광선에 의한 상이다. (E.H.)

* Erasmus Bartholinus (1625~1692) W. F. Magie, *A Source Book in Physics*.

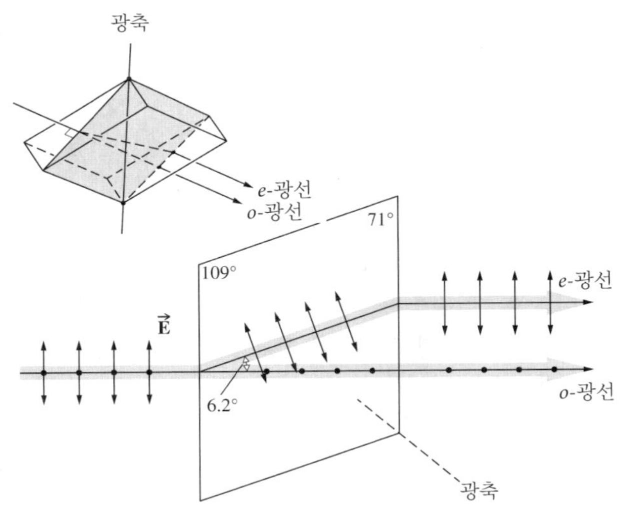

그림 8.22 두 직교하는 전기장 성분을 갖는 빔이 방해석의 주요 단면을 횡단하고 있다.

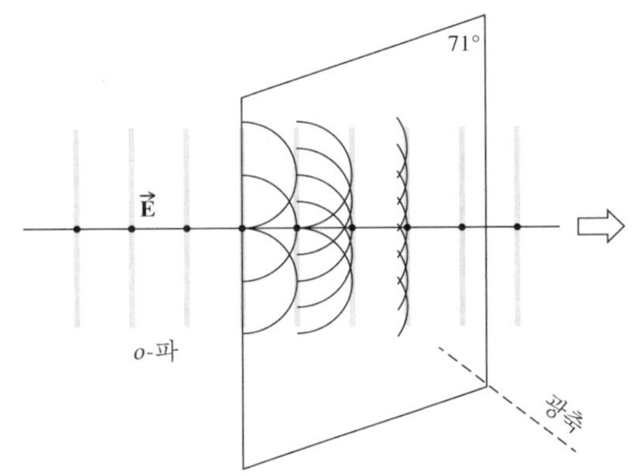

그림 8.23 주요 단면에 수직하게 편광된 평면 입사파

여 방해석에서 생기는 복굴절에 대한 현상을 설명하는 데 성공하였다. 그러나 단순한 형태로 취급한 그의 원리가 불완전하다*는 것을 처음부터 분명히 하고자 한다.

전기장 $\vec{\mathbf{E}}$가 광축에 수직이면 파면은 파면상의 수많은 원자를 자극하고, 이들은 가지 파동의 파원으로 작용하며, 이때 모든 가지 파동의 위상이 일치한다고 가정하자. 또한 가지 파동의 **전기장이 모든 곳에서 광축에 수직**이면 등방성 매질에서처럼 모든 방향으로 $v_\perp$의 속도로 퍼져 나간다고 가정하자. (속도는 주파수의 함수라는 것을 기억하라.) *o*-파는 이상 분산이 없기 때문에 이러한 가정이 상당히 타당하다. 근본적으로 가지 파동의 포락면은 평면파의 한 부분이며, 이것은 차례로 제2의 원자 점광원을 자극하게 된다. 이러한 과정이 계속되어 이 파는 결정 속을 곧게 진행한다.

* A. Sommerfeld, *Optics*, p. 148.

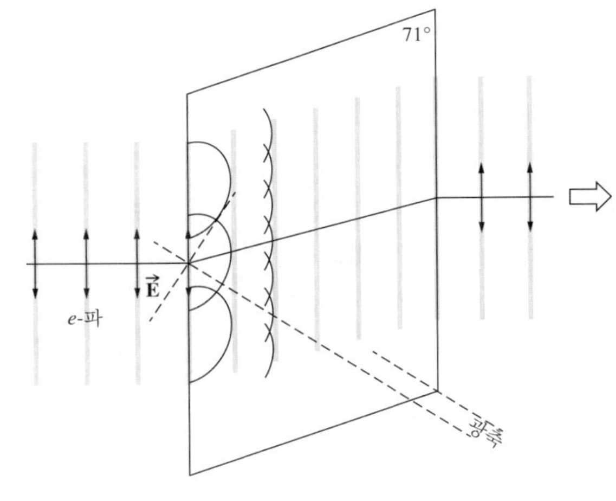

그림 8.24 주요 단면에 평행하게 편광된 평면 입사파

이와는 대조적으로 그림 8.24에서와 같이 전기장 $\vec{\mathbf{E}}$가 주요 단면에 평행한 입사파를 생각하자. 전기장 $\vec{\mathbf{E}}$에는 광축에 평행한 성분뿐만 아니라 광축에 수직한 성분도 있다는 것을 주목하라. 매질이 복굴절 물질이므로 광축에 평행하게 편광된 특정 주파수의 빛은 $v_\parallel$의 속도로 전파하며 $v_\parallel \neq v_\perp$이다. 특히 방해석과 나트륨 황색광($\lambda = 589\,\text{nm}$)을 사용할 경우에는 $1.486v_\parallel = 1.658v_\perp = c$가 된다. 그러면 어떤 종류의 하위헌스의 가지 파동을 생각할 수 있는가? 보다 더 단순하게 하기 위해서 *e*-가지 파동을 잠시 하나의 조그만 구로 표기하자(그림 8.25). 결정 내에서 전기장이 어디서나 이 가지 파동에 접한다고 상상해보라. 전기장이 광축에 평행할 때는 가지 파동이 $v_\parallel$로 진행하며, 광축에 수직할 때는 $v_\perp$로 진행한다. 그러나 $v_\parallel > v_\perp$이므로 이 가지 파동은 광축에 수직한 방향으로 보다 더 길어진다. 그러므로 하위헌스가 했던 것처럼 *e*-파로부터 발생한 가지 파동들은 광축에 대해서 타원 회전체가 된다고 가정할 수 있다. 근본적으로 모든 타원체 가지 파동들의 포락면은 입사파에 평행한 평면파의 한 부분이 된다. 이 빔은 각 가지 파동들의 파원과 평면 포락면의 접점을 연결한 선에 평행한 방향으로 움직인다. 이것이 **광선 방향(ray direction)**으로 알려졌으며, **에너지가 전파하는 방향이다.**

그림 8.25 방해석 내의 가지 파동

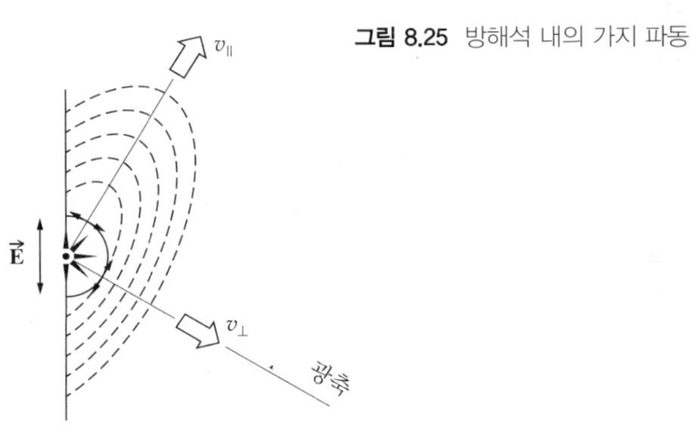

분명히 비등방 결정에서 광선의 방향은 파면에 수직하지 않다.

입사 빔이 자연광이라면 그림 8.23과 그림 8.24에서 보여 준 2개의 형태가 동시에 나타나며, 이 빔은 2개의 서로 직교하는 선형 편광된 빔으로 분리된다(그림 8.22). 사실상 임의의 방향으로 가느다란 레이저빔(주요면에 수직하지도 평행하지도 않는 전기장 $\vec{\mathbf{E}}$)을 보내면 결정 내에서 2개의 갈라지는 빔을 볼 수 있는데, 내부의 흠에 의해 빛이 산란되므로 그 경로를 직접 관찰할 수 있다.

전자기적으로 이러한 현상을 취급하는 것은 복잡하지만, 수박 겉핥기라도 이 시점에서 충분히 전자기적으로 공부할 가치가 있다. 3장에서 보듯이 입사하는 전기장 $\vec{\mathbf{E}}$가 유전체를 편극시키는 것, 즉 전하의 분포를 바꾸어 전기 쌍극자를 만드는 것을 다시 한 번 생각하자. 그래서 유전체 내의 총전기장이 유도된 전기장 때문에 바뀌며 새로운 물리량인 **변위 벡터** $\vec{\mathbf{D}}$가 생긴다(부록 1 참조). 이는 전기 선속 밀도이다. 등방성 매질에서는 $\vec{\mathbf{D}}$가 $\vec{\mathbf{E}}$와 스칼라양인 유전율 ε으로 연결되어 $\vec{\mathbf{D}} = \varepsilon\vec{\mathbf{E}}$가 되며 이 둘은 항상 평행하다. $\vec{\mathbf{E}}$에 대한 식(즉 쿨롱 법칙이나 가우스 법칙에 의해 유도된 것)이 $1/\varepsilon$을 포함하고 있으므로 $\vec{\mathbf{D}}$는 $\vec{\mathbf{E}}$와 달리 매질의 유전율과 무관하다는 점을 기억하라.

비등방성 매질에서는 $\vec{\mathbf{D}}$와 $\vec{\mathbf{E}}$가 텐서(tensor)에 의해 연결되며 항상 평행하지 않다. 맥스웰 방정식을 비등방성 매질 속을 전파하는 파에 적용하면, 파면에서 진동하는 장은 $\vec{\mathbf{E}}$와 $\vec{\mathbf{B}}$가 아니라 $\vec{\mathbf{D}}$와 $\vec{\mathbf{B}}$가 된다.

$\vec{\mathbf{B}} = \mu\vec{\mathbf{H}}$와 같이 $\vec{\mathbf{B}}$의 표현식이 μ를 포함하고 있으므로 매질에 무관한 값은 $\vec{\mathbf{H}}$다. 우리가 관심 있는 모든 물질들에서는 μ가 스칼라이므로 $\vec{\mathbf{B}}$와 $\vec{\mathbf{H}}$는 평행하고, 따라서 굳이 $\vec{\mathbf{H}}$를 다룰 필요는 없다. 일정한 위상을 갖는 면에 수직한 전파 벡터 $\vec{\mathbf{k}}$는 이제 $\vec{\mathbf{E}}$가 아니라 $\vec{\mathbf{D}}$에 수직하게 된다. 사실 $\vec{\mathbf{D}}$, $\vec{\mathbf{E}}$와 $\vec{\mathbf{k}}$는 동일 평면상에 있다(그림 8.26). 그러면 **광선 방향**은 포인팅 벡터 $\vec{\mathbf{S}} = v^2\varepsilon\vec{\mathbf{E}} \times \vec{\mathbf{B}}$의 방향이 되는데, 이 방향은 일반적으로 $\vec{\mathbf{k}}$의 방향과는 다르다. 그러나 $\vec{\mathbf{E}}$와 $\vec{\mathbf{D}}$가 모두 광축에 평행하거나 수직할 때는 원자들이 분포하는 방법이 같기 때문에 이들은 모두 같은 선상에 있게 된다.* 이것은 o-가지 파동이 등방성 매질을 만난 것과 같은 효과를 나타내어, 이들이 구면파가 되고 $\vec{\mathbf{S}}_o$와 $\vec{\mathbf{k}}$가 동일 선상에 있게 된다는 것을 의미한다. 반면에 e-가지 파동은 광축에 평행하거나 광축에 수직한 방향으로만 평행한 $\vec{\mathbf{S}}_e$와 $\vec{\mathbf{k}}$, 즉 평행한 $\vec{\mathbf{E}}$와 $\vec{\mathbf{D}}$를 갖는다. 가지 파동의 다른 모든 지점에서 $\vec{\mathbf{D}}$는 타원체에 접선이므로 $\vec{\mathbf{D}}$는 항상 결정 내의 포락면이나 평면 파면 위에 있게 된다(그림 8.27).

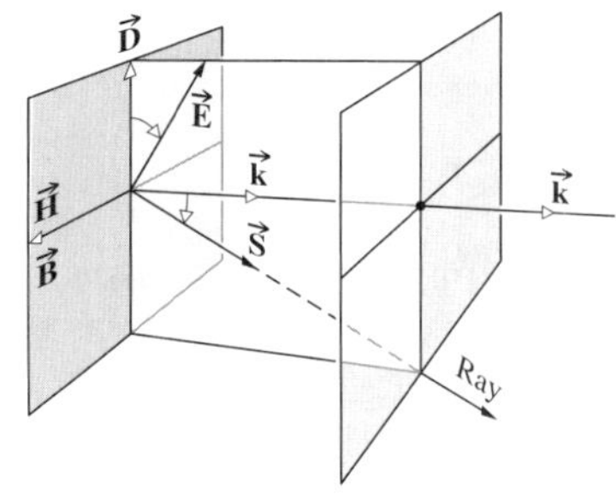

그림 8.26 비등방성 매질에서의 $\vec{\mathbf{H}}$, $\vec{\mathbf{B}}$, $\vec{\mathbf{E}}$, $\vec{\mathbf{D}}$, $\vec{\mathbf{k}}$, $\vec{\mathbf{S}}$ 사이의 관계

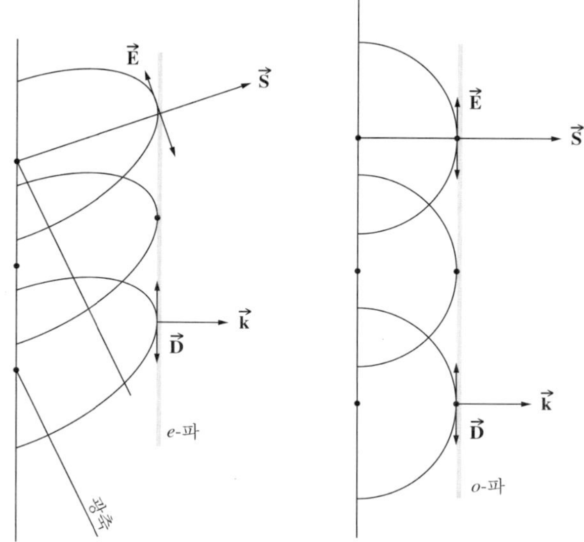

그림 8.27 $\vec{\mathbf{E}}$, $\vec{\mathbf{D}}$, $\vec{\mathbf{S}}$, $\vec{\mathbf{k}}$ 벡터의 방향

8.4.2 복굴절 결정

염화나트륨(소금) 같은 **입방정계**(cubic) 결정은 원자가 상당히 단순하고 고도의 대칭성을 갖는다. (1개의 3중 대칭축을 갖는 방해석과는 달리 한 꼭지에서 다른 꼭지로 연결되는 **4개**의 3중 대칭축이 있다.) 이런 결정 내의 한 점광원에서 나오는 빛은 모든 방향으로 균일하게 구면파로 전파한다. 비정질 고체와 같이 이 매질에서는 전파가 더 잘되는 방향이 따로 없다. 이 결정에는 하나의 굴절률이 있으며 **광학적으로 등방성**(optically isotropic)이 된다(사진 참조). 이 경우 진동자 모형에 나오는 모든 용수철은 완전히 똑같다.

육방정계(hexagonal)와 **정방정계**(tetragonal), **삼방정계**(trigonal)에 속하는 결정의 경우, 임의의 방향으로 전파하는

* 진동자 모델에서 일반적인 경우 전기장 $\vec{\mathbf{E}}$는 어떤 용수철 방향과도 평행하지 않다. 전기장 $\vec{\mathbf{E}}$가 전자를 움직이기는 하나, 비등방성인 결합력 때문에 이 운동의 방향은 전기장 $\vec{\mathbf{E}}$의 방향과는 같지 않을 것이다. 주어진 힘의 성분에 대해 전하는 가장 약하게 저항하는 방향으로 변위될 것이다. 그래서 유도된 전기장은 $\vec{\mathbf{E}}$와 방향이 다르다.

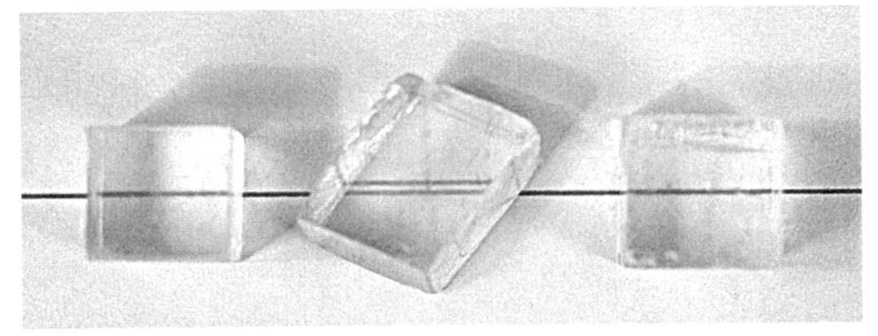

왼쪽부터 염화칼륨, 방해석과 염화나트륨 결정. 방해석에서 이중상이 나타나는데, 이는 방해석이 복굴절 결정이기 때문이다. (E.H.)

빛에 대해서 결정 내의 원자 배열이 비대칭적으로 되어 있기 때문에 광학적으로 비등방성이고 복굴절 물질이 된다. 광축은 원자가 대칭적으로 배열된 방향이며, 이 방향이 오직 하나뿐인 결정을 **단축**(uniaxial) 결정이라고 한다.

이 결정 내의 자연 점광원에서는 구형 *o*-가지 파동과 타원형 *e*-가지 파동이 발생되며, 광축에 대한 전기장의 방향에 따라 이들 가지 파동의 전파 속도가 결정된다. ***o*-파의 전기장 $\vec{\mathbf{E}}$는 모든 곳에서 광축에 수직**이며 모든 방향으로 속도 $v_\perp$로 움직인다. 이와 유사하게 *e*-파는 광축 방향으로 진행할 경우만 속도 $v_\perp$로 움직이며, 광축 방향으로는 항상 *o*-파와 접선을 이룬다(그림 8.25). *e*-파가 광축에 수직하게 진행할 경우 **$\vec{\mathbf{E}}$와 $\vec{\mathbf{D}}$는 광축에 평행**하며, 가지 파동의 이 부분은 $v_\parallel$로 퍼진다(그림 8.28). 단축 결정은 표 8.1에서 보여 주는 것처럼 2개의 굴절률 $n_o \equiv c/v_\perp$와 $n_e \equiv c/v_\parallel$을 갖고 있다(연습문제 8.36). **이런 모든 결정에서는 하나의 광축이 존재하며, 광축에서는 두 가지 파동들이 같은 접선을 공유한다.** 따라서 광축 방향으로 진행하는 모든 평면파들은 편광 상태가 그대로 보존된다.

$\Delta n = (n_e - n_o)$는 복굴절의 크기를 나타내는 척도이며, 흔히 이 값 자체를 **복굴절(birefringence)**이라고 한다. 방해석은 $v_\parallel > v_\perp$이고 $(n_e - n_o)$가 -0.172이며, 이와 같이 Δn이 음수가 되는 결정을 **음의 단축**(negative uniaxial) 결정이라고 한다. 이에 반해서 $v_\perp > v_\parallel$인 수정(결정화된 SiO_2)과 얼음 같은 결정도 있다. 이들에서는 그림 8.29처럼 타원형 *e*-가지 파동이 구형 *o*-가지 파동에 의해 안쪽으로 둘러싸여 있다. (수정은 광활성 물질이며 실제적으로는 약간 더 복잡하다.) 이 경우 $(n_e - n_o)$는 양수이며, 이 결정은 **양의 단축**(positive uniaxial) 결정이 된다. 오늘날 사용되는 전기 광학 결정 가운데, 리튬 탄탈레이트(lithium tantalate, $LiTaO_3$)는 양의 복굴절을 가지며, 반면 니오비움산 리튬(lithium niobate, $LiNbO_3$), 인산이수소칼륨(potassium dihydrogen phosphate, KH_2PO_4) 혹은 KDP, 인산이수소암모늄(ammonium dihydrogen phosphate, $NH_4H_2PO_4$) 또는 ADP는 모두 음의 복굴절을 갖는다.

나머지 결정학적 구조들, 즉 직방정계(orthorhombic), 단사정계(monoclinic), 삼사정계(triclinic)는 2개의 광축이 있으며, 이들을 **쌍축(biaxial)** 결정이라고 한다. 운모 $[KH_2Al_3(SiO_4)_3]$와 같은 물질은 3개의 서로 다른 주요 굴절률이 있다. 이 경우 진동자 모형에서 각 방향의 용수철들은

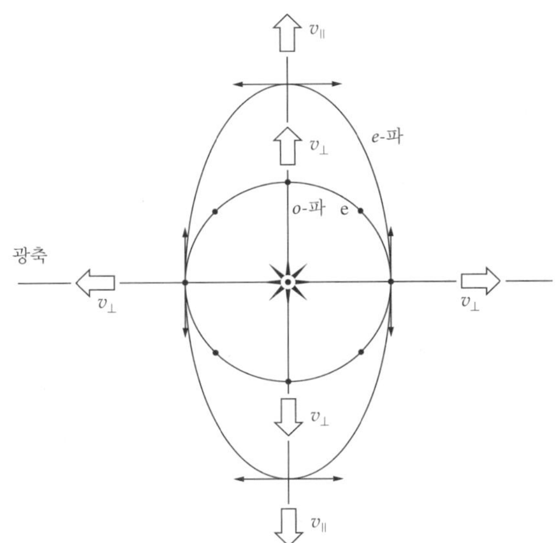

그림 8.28 음의 단축 결정 안에서의 가지 파동(이들의 차이는 과장되게 표현했다). 화살표와 점은 각각 이상 광선과 정상 광선의 전기장 $\vec{\mathbf{E}}$을 각각 나타낸다. *o*-파의 전기장은 어디서나 광축에 수직하다. 이들 특정한 위치에서는 $\vec{\mathbf{E}}$와 $\vec{\mathbf{D}}$가 서로 평행하다. 중앙점에서부터 타원에 이르는 선은 그 방향으로 진행하는 광선을 의미하며, 선의 길이는 그 방향으로의 광속에 해당한다. 광선과 *e*-파가 만나는 교점에서의 접선이 $\vec{\mathbf{D}}$의 방향이다. 이는 *o*-파가 대해서도 마찬가지지만, 여기서는 $\vec{\mathbf{E}}$와 $\vec{\mathbf{D}}$가 서로 평행하며 지면에 대해 수직이다.

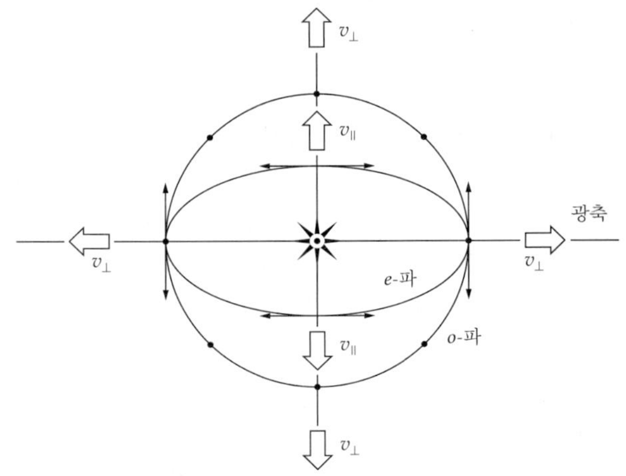

그림 8.29 양의 단축 결정 안에서의 가지 파동(이들의 차이는 과장되게 표현하였다). 화살표와 점은 각각 이상 광선과 정상 광선의 전기장 $\vec{\mathbf{E}}$을 각각 나타낸다. *o*-파의 전기장은 어디서나 광축에 수직하다. 이들 특정한 위치에서는 $\vec{\mathbf{E}}$와 $\vec{\mathbf{D}}$가 서로 평행하다. 중앙점에서부터 타원에 이르는 선은 그 방향으로 진행하는 광선을 의미하며, 선의 길이는 그 방향으로의 광속에 해당한다. 따라서 *o*-파는 어느 방향으로든 같은 속도를 갖는다.

표 8.1 단축 복굴절 결정의 굴절률($\lambda_0 = 589.3\,\text{nm}$).

결정	n_o	n_e
방해석(calcite)	1.6584	1.4864
얼음(ice)	1.309	1.313
KDP	1.51	1.47
니오비움산 리튬(lithium niobate)	2.30	2.21
석영(quartz)	1.5443	1.5534
금홍석(rutile, TiO_2)	2.616	2.903
질산나트륨(sodium nitrate)	1.5854	1.3369
전기석(tourmaline)	1.669	1.638

모두 다르게 취급한다. 그리고 쌍축 결정의 복굴절은 이 굴절률들 중 가장 큰 값과 가장 작은 값의 차로 정한다. 운모[598.3nm에서 백운모(muscovite)]의 경우 이들의 굴절률은 1.561, 1.590, 1.594이며 마지막 두 값은 충분이 비슷하므로 보통 운모는 단축 결정으로 취급된다.

쌍축 결정 안에서 진행하는 3차원적 파면은 매우 복잡하다. 그림 8.30은 한 축에 대한 평면으로 잘라낸 파면을 보여 준다. 단축 결정처럼 두 개의 수직한 주요 굴절률을 갖는 대신, 쌍축 결정은 세 개를 갖는다. 두 개는 타원 모양, 그리고 한 개는 원과 연관되어 있다. 그러나 여기서 두 개의 가지 파동이 섞여 있으며 따라서 두 개를 마치 독립적인 것처럼 보아서는 안 된다. 파면은 3차원적인이며 연속적이고 복잡한 표면이다.

앞에서와 마찬가지로 광축으로 진행하는 평면파는 파면 안에서 $\vec{\mathbf{D}}$가 어떤 방향을 향하고 있느냐에 관계없이 하나의 고정된 속도로만 진행하게 된다. 그림에서는 하나의 면이 타원과 원에 동시에 접하는 네 개의 위치가 있다. 이 두 개의 접면에 수직한 방향이 광축이 되며, 이 광축은 좌표축의 중심(내부 광원이라고 생각되는 곳)을 통과한다. 이 방향으로 진행하는 평면파는 $\vec{\mathbf{D}}$의 방향에 관계없이 같은 속도로 진행하게 될 것이다. 이들 파동은 결정을 통과하는 동안 원래의 편광 상태를 그대로 유지한다. 다행히 쌍축 결정은 일반적으로 실용적인 측면에서 그다지 관심이 없으므로, 더 이상 자세히 공부할 필요는 없다.

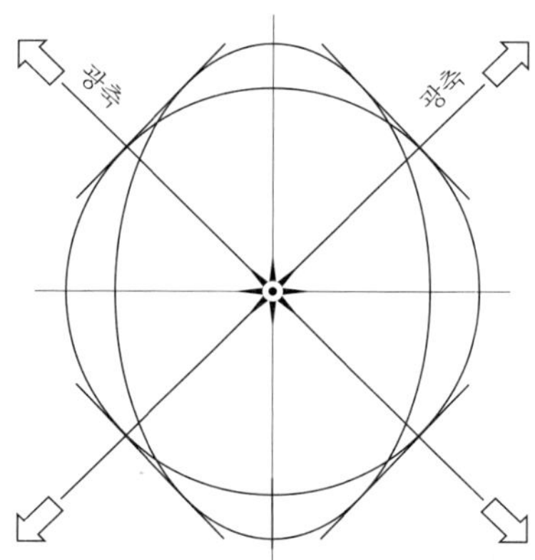

그림 8.30 쌍축 결정 안을 진행하는 복잡하고 연속적인 파면을 한 축의 단면에서 본 모습

단축 결정에서의 파면과 광선

이제 우리는 평면파가 단축 결정 안을 어떻게 진행하는지 보여 주기 위해 도식적인 방법을 사용할 수 있게 되었다. 하위헌스가 이 방법을 제안했는데, 앞의 그림 4.31에서 두 등방물질 사이의 경계에서 이를 보여 주었다. 이 방법은 우리가 스넬의 법칙을 유도할 때 사용한 그림 4.19의 것과 동등하며, 비등방성 물질에서도 역시 잘 들어맞는다. 평면 파면 $\overline{AB}$가 공기 중에 있는 음의 단축 결정의 표면에 비스듬하게 입사한다고 생각하자(그림 8.31). 단순하게 보면 그림면이 주요 단면이며, 따라서 광축은 그림에서 보듯이 이 평면 위에 있다.

먼저 o-파에 대해 생각하자. 입사파는 공기 중을 진행하여 B점이 시간 $\Delta t = \overline{BQ}/c$ 동안 Q점까지 움직인다. 이 시간은 A에서 방출된 원형 o-파가 속도 $v_\perp = c/n_o$로 결정을 지나서 C에 도달하는 데 걸린 시간과 같다. 따라서 A를 중심으로 반지름 $\overline{AC} = v_\perp \Delta t = v_\perp(\overline{BQ}/c) = \overline{BQ}/n_o$를 갖는 원형파를 그린다. 이제 Q에서 o-가지 파동에 이르는 접선을 그려보라. 입사파가 경계를 지나가는 동안 산란파들이 차례대로 생성되어 모든 원형 o-파들이 이 선에 접하면서 o-파면을 형성한다. A에서 접점까지 이르는 선이 o-광선이며, 포인팅 벡터 $\vec{\mathbf{S}}_0$의 방향이다. 이는 o-파면에 수직한데, 그 이유는 전자기 파동의 일부가 마치 결정이 등방성을 갖는 것처럼 여기기 때문이다. 같은 이유로 o-광선 위의 검은 점은 $\vec{\mathbf{E}}$와 $\vec{\mathbf{D}}$ 모두가 그림면에 수직하며 위와 아래로 진동함을 보여 준다. **o-광선은 마치 등방성 매질 안을 진행하는 것처럼 모든 방향으로 같은 속도로 진행하기 때문에 스넬의 법칙을 그대로 따른다.**

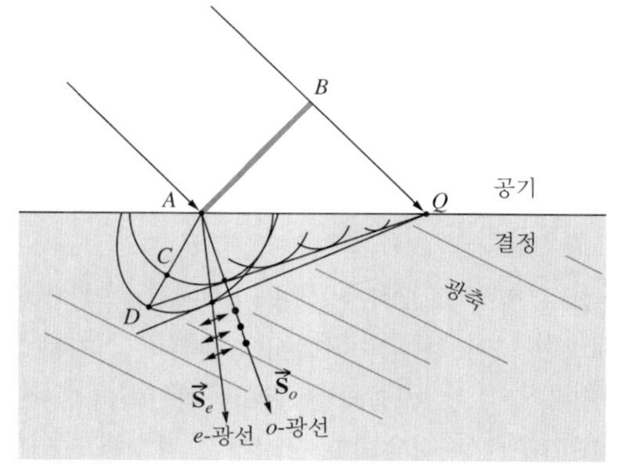

그림 8.31 음의 단축 결정 표면에서의 평면파 입사

다음으로 타원의 e-파를 A를 중심으로 장축이 $\overline{AD}=\overline{BQ}/n_e$이 되도록 그린다. 음의 결정에서는 $\overline{AD} > \overline{AC}$이며 e-파가 광축에서 o-파와 접한다. 이제 Q에서 e-파에 접하는 직선을 그려보자. 이 직선이 시간 Δt 후의 e-파면이 된다. A에서 접점까지 그은 선이 e-광선이며, 에너지의 흐름 방향이자 포인팅 벡터 $\vec{\mathbf{S}}_e$의 방향이 되는데, e-파면과 수직하지 않다. 파면에 평행한 작은 화살표는 $\vec{\mathbf{D}}$-장의 방향을 나타낸다. 이와 달리 만일 $\vec{\mathbf{E}}$-장을 나타내는 작은 화살표를 그렸다면 e-광선 혹은 $\vec{\mathbf{S}}_e$에 수직했을 것이다. **e-광선은 복굴절 결정 안을 지날 때 모든 방향으로 같은 속도로 진행하지 않으며, 따라서 일반적으로 스넬의 법칙을 따르지 않는다.**

그러나 단축 결정을 자르고 연마해서 광축이 어디서나 e-파의 전기장에 평행하도록 만들 수 있다. 예를 들어 어떤 정육면체 결정의 모서리가 x, y, z축에 놓여있다고 하자. 여기서 x, y는 수평면에 있고 z는 수직축이어서 결정의 왼쪽 수직면은 xz-평면이다. 이제 광축이 z-방향이며, 빛은 y-방향으로 진행한다. 입사광의 전기장은 두 개의 수직한 성분을 갖는다고 할 수 있는데, 하나는 수평 방향이고 다른 하나는 수직 방향이다. 수평 성분은 어디서나 광축에 수직하므로 이것이 정상 광선이 되고 늘 그렇듯이 스넬의 법칙을 만족한다. 반면에 수직 성분은 이상 광선에 해당하는데 이 특정한 상황에서는 어디서나 광축에 평행하다. e-파는 등방 매질 안을 지나가듯 수평면 안에서 어느 방향으로든 같은 속도로 진행하며, 스넬의 법칙을 만족한다.

예제 8.5

방해석($n_0 = 1.6584$, $n_e = 1.4864$)을 다음 그림처럼 광축이 그림면에 수직하도록 자르고 연마하였다.

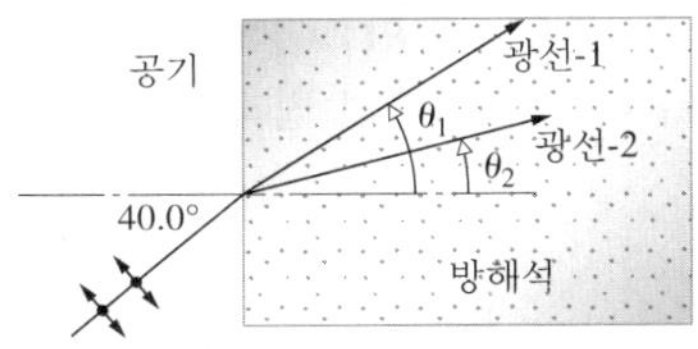

(a) 어떤 광선이 정상 광선이며 어느 것이 이상 광선인가? 왜 그런지 설명하라. (b) 둘 중 어느 것이 광축에 수직한 전기장을 갖는가? (c) 두 굴절 광선 사이의 각을 구하라.

풀이

(a) 결정이 잘린 방향 때문에 전기장의 한 성분은 어디서나 광축에 평행하고 다른 성분은 어디서나 광축에 수직하다. 각각은 이 결정을 등방성 매질로서 인식한다. 따라서 스넬의 법칙이 두 파동에 대해 적용되고 굴절각을 결정한다. 굴절률이 클수록 θ_t가 작아지므로, $n_0 > n_e$로 인해 $\theta_0 < \theta_e$이다. 따라서 이 경우에는 $\theta_0 = \theta_2$, $\theta_e = \theta_1$이며, 광선-1은 이상 광선이고 광선-2는 정상 광선이다. (b) 정상 광선은 전기장이 어디서나 광축에 수직하다. 그러므로 전기장이 그림면에 존재하며, 광선-2에 수직하다. (c) 스넬의 법칙으로부터

$$\sin\theta_1 = \sin\theta_e = \frac{1.00\sin 40.0°}{1.4864}$$
$$\sin\theta_1 = 0.4324$$

이다. 반면에

$$\theta_1 = \theta_e = 25.62°$$
$$\sin\theta_2 = \sin\theta_o = \frac{1.00\sin 40.0°}{1.6584}$$
$$\sin\theta_2 = 0.3876$$
$$\theta_2 = \theta_o = 22.80°$$

이다. 그러므로 두 각의 차이는 다음과 같다.

$$\theta_1 - \theta_2 = \theta_e - \theta_o = 2.82°$$

8.4.3 복굴절 편광기

적어도 개념으로만 보면 복굴절 편광기를 제작하는 것은 쉬운 일이다. o-파와 e-파를 분리하는 여러 가지 방법이 있으며, 이는 모두 $n_e \neq n_o$라는 사실을 이용한다.

스코틀랜드 물리학자인 니콜(William Nicol, 1768~1851)은 1828년에 **니콜 프리즘**이라는 유명한 복굴절 편광기를 소개하였다. 이 편광기는 오래전에 다른 효율적인 편광기들로 대체되어서 단지 역사적 의미만 남아 있다. 간단히 이에 대하여 언급하자면 먼저 폭이 좁고 긴 삼방정계형 방해석의 끝부분을 연마하고 광택을 낸다(68°에서 71°까지, 그림 8.23 참조). 이를 마름모의 대각선으로 잘라 이 두 조각을 연마하고 캐나다 발삼으로 두 조각을 다시 붙여서 만든다(그림 8.32). 발삼 접착제는 투명하며 굴절률은 1.55로서 n_e와 n_o 사이이다. 빔을 프리즘에 입사시키면 o-광선과 e-광선으로 굴절되고 서로 분리되어 발삼층에 도달한다. o-광선에 대해 방해석과 발삼 사이에서의 임계각이 약 69°이므로(연습문제 8.37) (대략 28°의 좁은 원추형 내로 들어가는) o-광선은 내부 전반사가 되고, 전반사된 빔은 마름모형의 프리즘 면에 칠한 검은 페인트층에 흡수될 것이다. e-광선은 횡으로 변위되어 프리즘에서 나오나 적어도 스펙트럼상의 가시광선 영역에서는 근본적으로 어떤 변화도 없다. (캐나다 발삼은 자외선을 흡수한다.)

글랜-푸코 편광기(Glan−Foucault polarizer, 그림 8.33a)

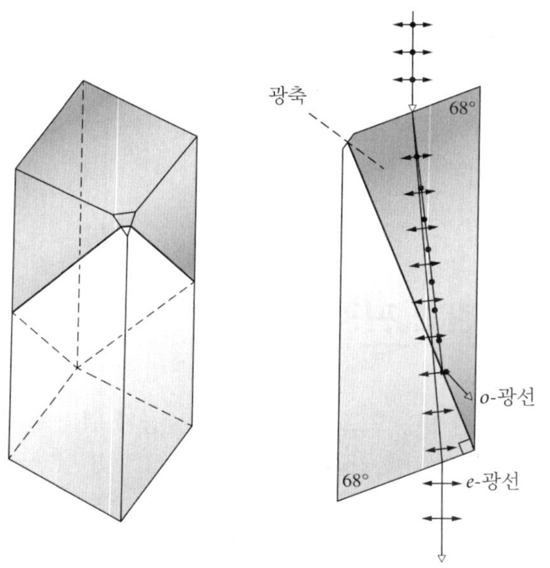

그림 8.32 니콜 프리즘. 무딘 꼭지에 표기한 납작한 작은 면은 광축을 가리킨다. (E.H.)

는 방해석으로만 제작하는데, 이 방해석은 대략 5000 nm의 적외선 영역에서부터 약 230 nm의 자외선 영역까지 투명하다. 그러므로 넓은 스펙트럼 영역에서 사용할 수 있다. 광선이 프리즘 면에 수직으로 들어온다면 전기장 $\vec{\mathbf{E}}$를 광축에 평행한 성분과 수직한 성분으로 분해할 수 있다. 이 두 성분의 광선은 어떤 변위도 없이 첫 번째 방위석을 통과하여 대각 단면에 도달한다. (8.7.1절에서 위상지연판에 대해 언급할 때 이 점으로 되돌아갈 것이다.) 그리고 방해석-공기의 경계면에서의 입사각을 θ라고 하면, o-광선에 대해서는 내부 전반사가 되고, e-광선에 대해서는 내부 전반사가 안 되는 $n_e < 1/\sin\theta < n_o$의 각도로 두 프리즘이 정렬되어 있다. 투과된 빛은 100% 선형 편광되어 있지만, 반사된 빔은 그렇지 않다.

한편 2개의 프리즘을 함께 접착시켜(자외선에서 글리세린이나 광물성 기름을 사용하여 접착) 대각면에서의 각도가 변한 광학 부품을 **글랜-톰슨 편광기**(Glan–Thompson

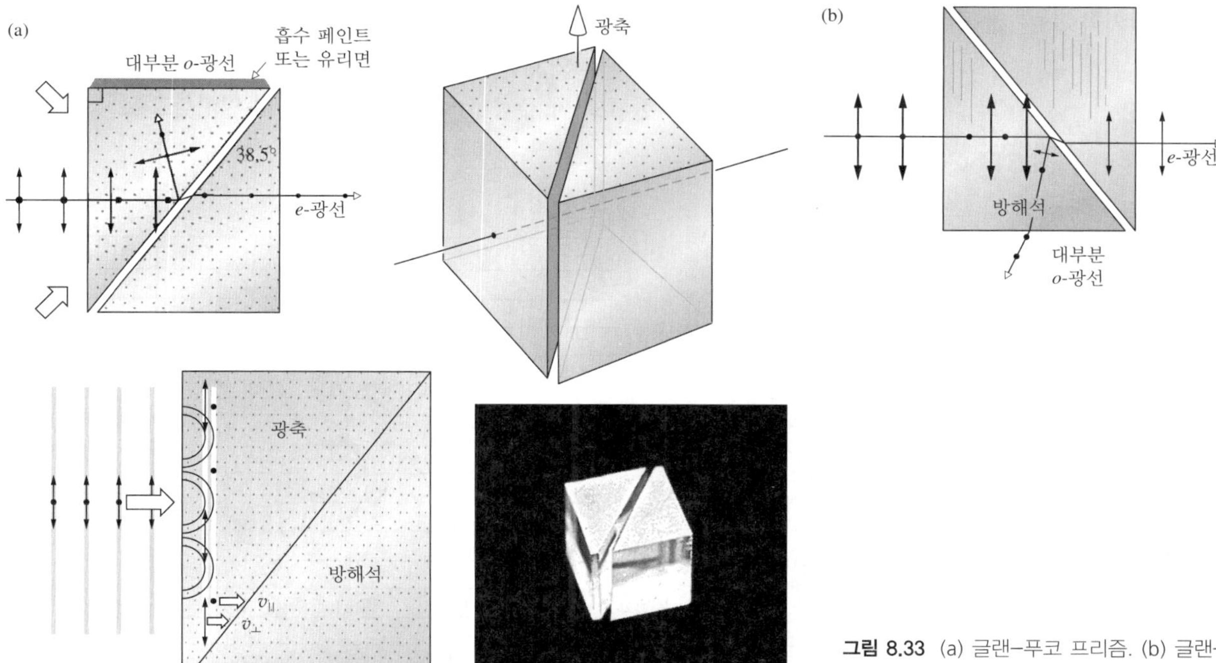

그림 8.33 (a) 글랜-푸코 프리즘. (b) 글랜-테일러 프리즘 (E.H.)

polarizer)라고 한다. 이것의 시계각은 대략 30°이며, **글랜-공기**(Glan-Air)편광기라고도 불리는 글랜-푸코 편광기는 **약 10°이다.** 그러나 후자는 고출력 레이저에 사용할 수 있다는 장점이 있다. 예를 들면 글랜-톰슨 편광기에 사용할 수 있는 최대 복사 조도가 약 1 W/cm²(펄스에 반대되는 연속 발진파의 경우)인 반면에, 전형적인 글랜-공기 편광기의 최댓값은 100 W/cm²(연속 발진파의 경우)이다. 물론 이 차이는 접착면이 손상받기 때문에 생긴 것이다(그리고 흡수용 페인트를 사용했다면 이것도 문제가 된다). 글랜-테일러 프리즘(그림 8.33b)는 글랜-푸코에 비해 투과율이 더 뛰어나며, 그래서 반사된 빛이 더 강하게 편광되어 있다. 따라서 편광 빔분할기로 사용될 수 있다.

울러스턴 프리즘(Wollastone prism)은 서로 수직인 편광 성분을 모두 통과시키므로 편광 빔분할기(polarizing beam-splitter)라고 한다. 이것은 그림 8.34와 같으며 방해석이나 수정으로 만들 수 있다. 광선의 두 성분은 대각면에서 갈라진다. 여기에서 *e*-광선은 *o*-광선이 되며, 이에 따라 그것의 굴절률이 변한다. 방해석에서는 $n_e < n_o$이므로 프리즘의 대각면에서 나오는 *o*-광선은 법선 쪽으로 구부러진다. 유사하게 전기장이 처음에 광축에 수직인 *o*-광선은 오른편 조각에서는 *e*-광선이 된다. 이 경우 방해석의 *e*-광선은 대각면의 법선으로부터 더 멀리 구부러진다(연습문제 8.38 참조). 프리즘에서 나오는 두 빔 사이의 편의각(deviation angle)은 프리즘 꼭지각 θ에 의해 결정된다. 상업적으로는 약 2°에서 대략 45°까지 편의가 되도록 프리즘을 제작하여 판매한다. 이들 프리즘은 주파수와 입사출력에 따라 접착해서(예: 피마자유나 글리세린으로) 팔거나 또는 전혀 접착하지 않고(즉 광학적으로 붙여서) 판다.

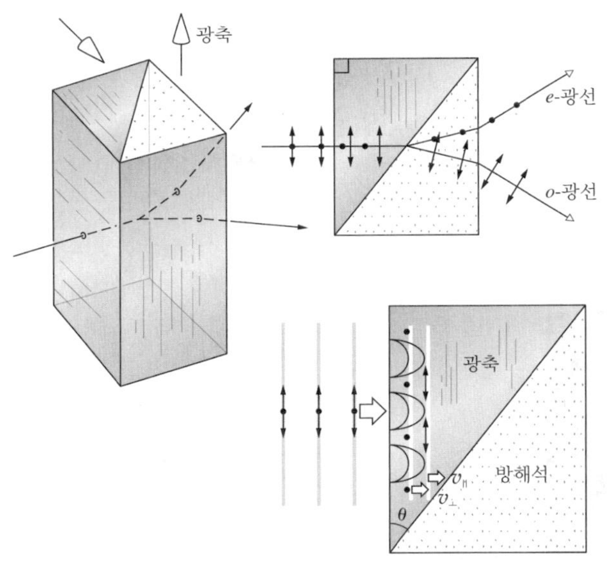

그림 8.34 울러스턴 프리즘

최근 대부분의 편광 프리즘은 새로운 복굴절 결정인 알파-바륨 붕산염(alpha-barium borate, α-BBO)과 이트륨 오르소바나듐산염(yttrium orthovanadate, YVO_4)을 이용해서 만든다. 이들 결정은 석영이나 방해석에 비해 10배나 높은 소멸률을 갖는다.

8.5 산란과 편광

하늘에서 한 방향으로 지나는 햇빛은 공기 분자로 인해 사방으로 산란한다(4.2절 참조). 대기가 없다면 낮 하늘은 아폴로 달 사진에서 나타나는 것과 같이 빈 우주 공간처럼 검게 될 것이다. 그때는 직접적으로 곧장 우리 눈을 향해 들어오는 빛만을 보게 된다. 대기에서 스펙트럼의 적색 끝부분은 잘 구부러지지 않는 반면에 파란색 또는 높은 주파수대의 끝부분은 심하게 산란된다. 이렇게 높은 주파수대에서 산란된 빛이 모든 방향으로부터 관측자에게 도착하므로 하늘 전체가 밝고 파랗게 보인다(그림 8.35).

불붙은 담배에서 생기는 연기는 빛의 파장보다 더 작은 입자로 구성되어 있으며, 어두운 배경에서 볼 때 파랗게 보인다. 반면에 입에서 내뿜어진 연기는 상대적으로 아주 큰 물방울로 되어 있어서 하얗게 보인다. 이 물방울은 빛의 파장보다 훨씬 더 크며, 하나의 물방울에 아주 작은 많은 진동자가 들어 있기 때문에 일반적인 반사와 굴절 현상이 유지될 수 있다.

백색광의 여러 주파수 성분이 모든 물방울 내에서 몇 번이고 굴절되고 반사되어 최종적으로 관찰자에게 오는데, 이러한 효과가 주파수에 무관하게 고르게 일어나므로 빛은 백색

그림 8.35 하늘에서 빛의 산란

검은 달 하늘에 걸려 있는 반쪽 지구 (NASA)

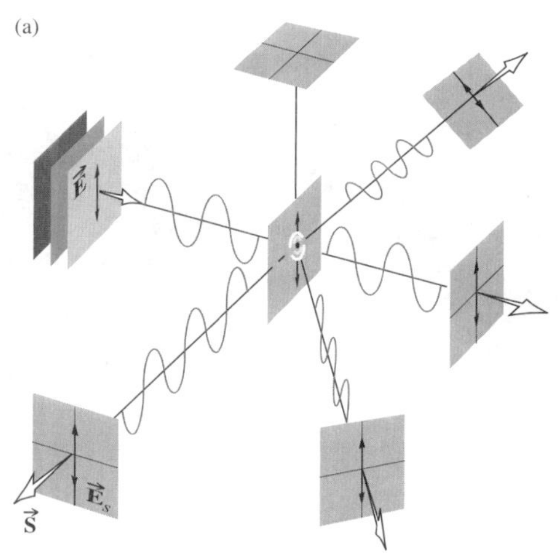

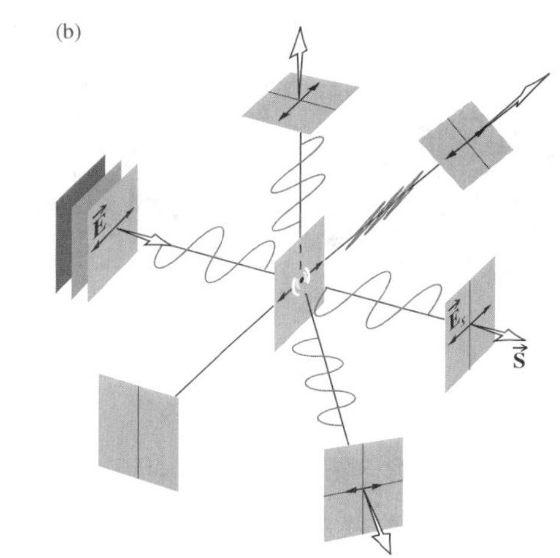

그림 8.36 분자에 의한 편광된 빛의 산란

이 된다. 유사하게 설탕, 안개, 구름, 종이, 가루, 간유리 조각, 그리고 이 밖에 거친 재료, 또는 공해에 의해 하늘이 백색으로 보이는 것도 같은 이유이다.

근사적으로 파장 크기의 입자(원자는 대략 나노미터 크기임을 기억하라)는 매우 특별한 방법으로 빛을 산란한다. 파장 크기의 유사한 입자들이 광범위하게 분포하면 특정한 색만을 투과하는 현상이 일어난다. 1883년 자바의 순다해협 서쪽에 위치한 크라카토아 화산섬이 대단한 불을 내뿜으며 폭발하였다. 굉장한 양의 화산재가 대기 중으로 높이 날아 올라갔으며, 지구상의 광범위한 영역에 내렸다. 그 후 수년 동안 태양과 달이 반복적으로 초록색 또는 파란색으로 보였으며, 일출과 일몰이 비정상적인 색으로 나타났다.

8.5.1 산란에 의한 편광

그림 8.36에서 보여 주듯이 선형 편광된 평면파가 공기 분자에 입사한다고 가정하자. 산란된 복사 전기장(즉 $\vec{\mathbf{E}}_s$)의 방향은 쌍극자의 복사 형태를 따르므로 $\vec{\mathbf{E}}_s$와 포인팅 벡터 $\vec{\mathbf{S}}$, 그리고 진동 쌍극자는 모두 단일 평면에 있게 된다(그림 3.37). 원자에 유도된 진동의 방향은 입사한 광파의 전기장 $\vec{\mathbf{E}}$에 평행하며, 전파 방향에는 수직이다. 이 쌍극자가 자신의 축방향으로는 복사하지 않는다는 사실을 생각하라. 입사파가 무편광되어 있다면 이 파는 서로 직교하는 결어긋난 두 $\mathscr{P}$-편광 상태로 나타낼 수 있다. 이 경우 산란광(그림 8.37)은 그림 8.36a, b에서 보여 주는 파들의 중첩 결과와 같다. 앞쪽으로 산란된 빛은 완전한 무편광 상태이며, 비스듬히 산란하는 빛은 부분 편광되어 있으나 각도가 커짐에 따라 점점 더 선형 편광이 된다. 관측 방향이 입사 빔에 수직일 때, 빛은 완전한 선형 편광이 된다.

폴라로이드 한 조각으로 이러한 것을 쉽게 증명할 수 있

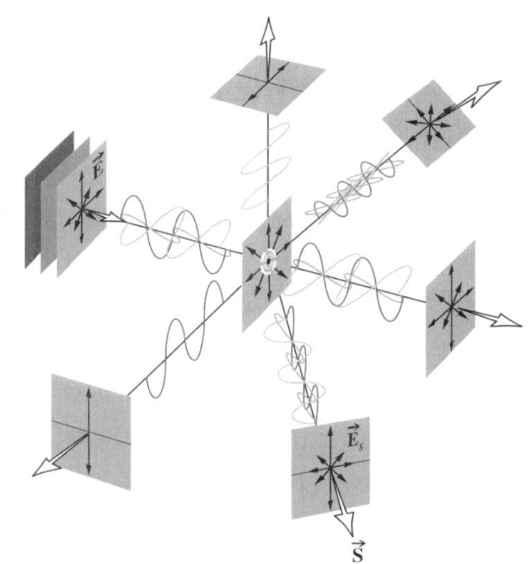

그림 8.37 분자에 의한 무편광된 빛의 산란

다. 태양의 위치를 잡고 태양 광선에서 대략 90° 방향으로 폴라로이드를 통해서 하늘을 보면 하늘이 태양 광선에 수직하

한 쌍의 교차된 편광기. 위쪽 편광기는 아래쪽 편광기보다 주목할 정도로 더 검은데, 이것은 하늘 빛이 부분 편광되어 있음을 보여 주는 것이다. (E.H.)

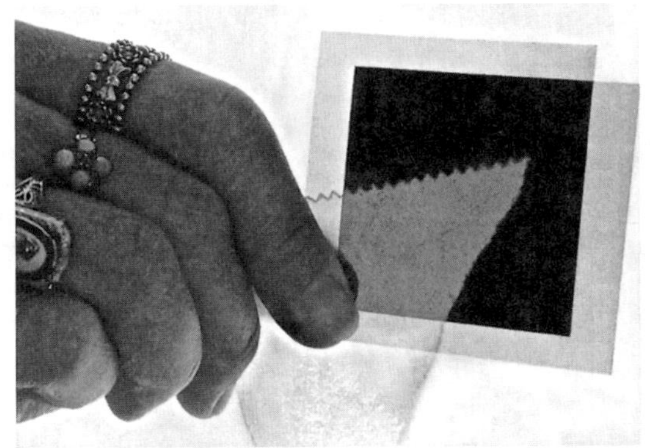

교차된 편광기 사이에 끼운 왁스를 칠한 종이 (E.H.)

게 부분 편광되어 있음을 알게 된다(사진 참조). 이것은 공기 분자의 비등방성과 공기 중에 있는 큰 입자 및 다중 산란에 의해 편광이 깨지는 효과 때문에 산란광이 완전한 선형 편광 상태가 되지 못하기 때문이다. 후자의 상황은 서로 직교한 폴라로이드 사이에 왁스를 칠해 놓은 종이 한 장으로 보여 줄 수 있다(사진 참조). 입사하는 빛은 왁스가 칠해진 종이에서 다중 반사와 산란이 생기기 때문에 진동자 입장에서는 관련 없는 수많은 전기장 $\vec{\mathbf{E}}$가 중첩되며, 이 결과 복사파는 거의 완전히 편광이 깨진 상태가 된다.

마지막 실험으로 유리잔 속에 들어 있는 물속에 우유를 조금 넣고 밝은 손전등으로 (축에 수직하게) 빛을 비추자. 이 액체의 산란광은 푸르스름한 백색으로 나타나고, 직진한 빛은 노르스름한 색으로 나타난다. 이것은 산란의 작동 원리가 레일리(Rayleigh) 산란임을 보여 주며, 산란광이 부분 편광되어 있다는 것을 나타낸다.

이와 매우 유사한 아이디어로 1906년 바클라(Charles Glover Barkla, 1877~1944)는 X-선이 매질에서 산란되어 특정 방향으로 편광될 수 있음을 보여 주어서 X-선의 횡파 성질을 규명하였다.

8.6 반사에 의한 편광

편광된 빛을 만드는 가장 보편적인 방법은 유전체 매질에서의 반사이다. 반질반질한 유리창, 매끄러운 종이, 대머리, 전화기 표면, 당구공, 책 커버에서 반사되는 빛은 일반적으로 부분 편광되어 있다.

말뤼스(Étienne Malus)는 1808년에 이러한 효과를 최초로 연구하였다. 그 당시 파리 학술원이 수학 이론으로 이중 굴절(복굴절)을 설명하는 사람에게 상을 주기로 함에 따라 말뤼스는 이 문제를 연구하기 시작하였다. 그는 루 텐페르(Rue d'Enfer)에 있는 그의 집의 창에 서서 방해석 결정을 연구하고 있었다. 이때 마침 태양이 지고 있었으며, 멀리 떨어지지 않은 룩셈부르크 궁전의 창문에서 말뤼스 쪽으로 태양이 반사되었다. 그는 방해석 결정을 들어서 태양의 반사광을 보았다. 그는 결정을 회전시킴에 따라 이중으로 보이는 상 중 하나가 사라지는 것을 발견하였다. 태양이 진 후 그는 수면과 유리면에서 반사되는 촛불을 이용하여 밤에도 그가 본 관측 사실을 계속적으로 증명하고자 실험을 하였다.* 처음으로 복굴절의 중요성과 편광된 빛의 실제 성질이 명확히 드러나기 시작했다. 그러나 그 당시에는 파동론만으로는 만족스러운 설명을 할 수가 없었다. 그 후 13년 동안 많은 사람들이 연구를 계속하였으며, 특히 영(Thomas Young)과 프레넬(Augustin Fresnel)은 횡방향 진동으로 빛을 표현하였다. (이러한 사실은 빛에 대한 전자기 이론이 나오기 대략 40년 전에 나왔다.)

전자 진동자 모델은 빛이 반사될 때 편광되는 이유를 간단히 설명해 준다. 그러나 비전도성 자성체에서의 현상을 설명할 수 없기 때문에 불행히도 이것은 완전한 이론이 될 수가 없다.** 그럼에도 불구하고 입사하는 평면파의 전기장 $\vec{\mathbf{E}}$가 입사면에 수직으로 선형 편광되었다고 생각하자(그림 8.38). 이 파는 경계면에서 굴절하여 투과각 θ_t로 매질로 들어간다. 이 경우 입사파의 전기장이 속박된 전자를 입사면에 수직하게 진동시키며, 이 전자들은 차례차례 재복사한다. 이렇게 재복사된 에너지의 일부가 반사된 파의 형태로 나타난다. 이때 기하학적 배치와 쌍극자의 복사 형태로부터 반사 및 굴절

* 촛불과 유리조각을 가지고 이 실험을 할 수 있다. 가장 효과가 잘 드러나게 하기 위해서는 $\theta_p \approx 56°$로 유리를 들어야 한다. 거의 수평으로 입사시키면 두 상은 모두 밝고, 결정을 회전시키더라도 어느 상도 없어지지 않을 것이다. 말뤼스가 궁전의 유리창에 대해 적당한 각도가 되는 곳에 서 있었던 것은 행운이었다.

** W. T. Doyle, "Sacttering Approach to Fresnel's Equations and Brewster's Law," *Am, J. Phys.* **53**, 463 (1985).

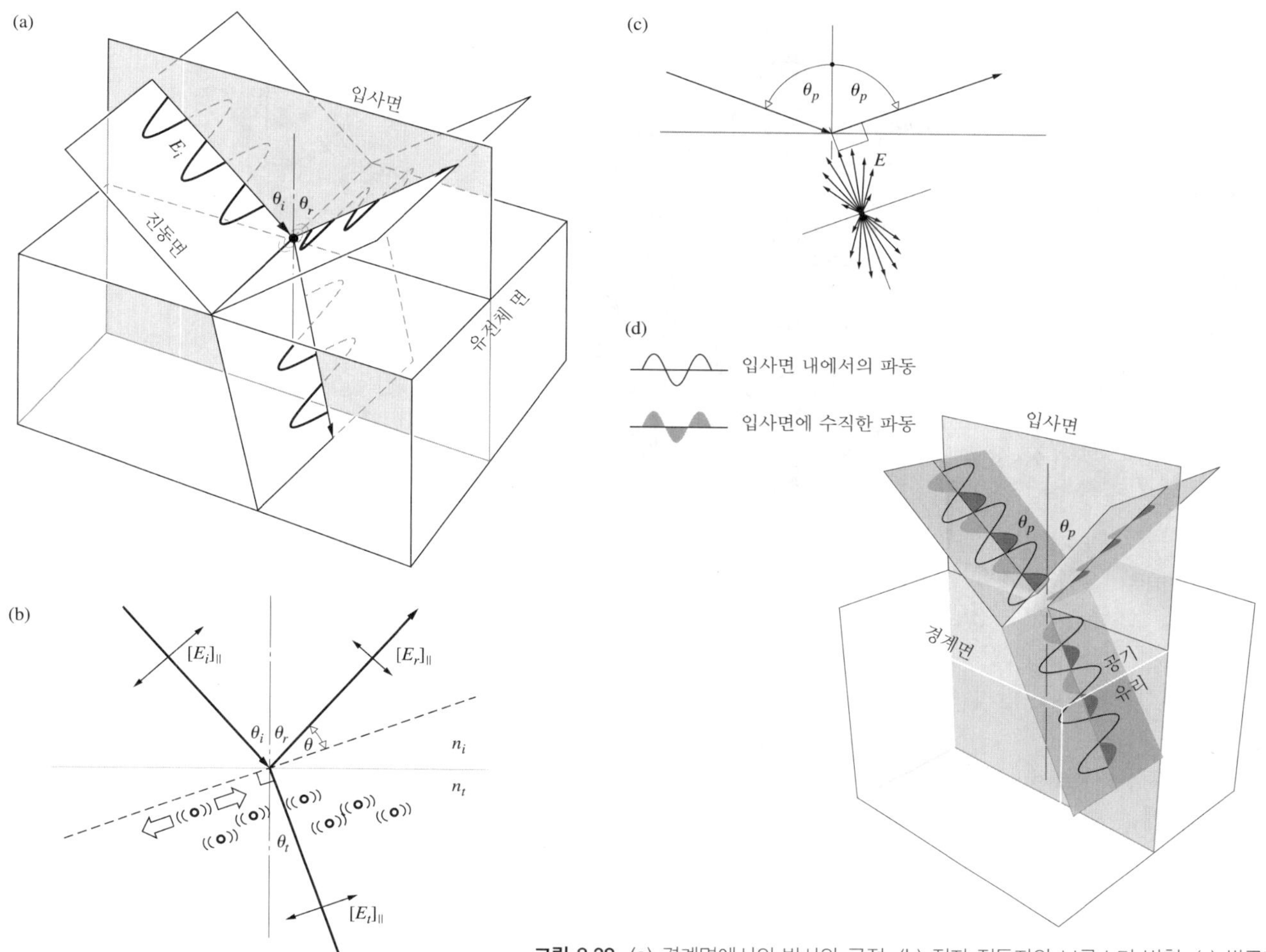

그림 8.38 (a) 경계면에서의 반사와 굴절, (b) 전자-진동자와 브루스터 법칙, (c) 쌍극자의 복사 형태, (d) 유리, 물 플라스틱 등 유전체 물질의 표면에서 반사되는 빛은 편광이 된다. θ_p에서 반사파는 입사면에 수직하게 선형 편광된 $\mathcal{P}$-상태이다. 입사면에 평행하게 선형 편광된 투과파의 $\mathcal{P}$-상태는 강하고, 입사면에 수직으로 선형 편광된 투과파의 $\mathcal{P}$-상태는 약하다. 즉 부분 편광되어 있다.

파가 모두 입사면에 수직한 P-편광 상태에 있어야 한다.* 이것과 대조적으로 입사하는 전기장 $\vec{\mathbf{E}}$가 입사면에 있다면 그림 8.38b에서 보는 것처럼 이 표면 근처의 전자 진동자들이 굴절파의 영향으로 진동한다. 이 경우 흥미로운 현상이 반사파에 나타난다. 반사 광선 방향과 쌍극자 축과의 각도인 θ가 작기 때문에 이 반사파의 선속 밀도는 상대적으로 낮다. 만약에 입사각을 조절하여 $\theta = 0$ 또는 $\theta_r + \theta_t = 90°$가 되게 한다면 반사된 파는 완전히 없어질 것이다. **이러한 상황하에서, 결어긋난 서로 직교하는 2개의 $\mathcal{P}$-편광 상태로 구성된 무편광된 파가 표면에 입사하면, 오직 입사면에 수직하고 표면에 평행하게 편광된 성분만이 반사될 것이다.** 이러한 특별한 입사각을 θ_p라고 하고 **편광각(polarization angle)** 또는 **브루스터각(Brewster's angle)**이라고 하며, 이때 $\theta_p + \theta_t = 90°$이다. 따라서 스넬 법칙인

$$n_i \sin\theta_p = n_t \sin\theta_t$$

와 $\theta_t = 90° - \theta_p$로부터

$$n_i \sin\theta_p = n_t \cos\theta_p$$

와

$$\tan\theta_p = n_t/n_i \tag{8.29}$$

가 된다. 이를 **브루스터 법칙(Brewster's Law)**이라고 하며 세인트 앤드류(St. Andrew)대학교 물리학 교수이며 만화경의 발명자인 브루스터 경(Sir David Brewster, 1781~1868)이 실험적으로 발견하였다.

빛이 $n_i = 1$인 공기에서 투과 매질이 $n_t \approx 1.5$인 유리로 입사할 때 편광각은 약 56°이다. 유사하게 무편광된 빔이 53°

* 10.2.7절에서 논의하겠지만 산란 어레이(scattering array)가 반사각을 결정한다. 일반적으로 산란된 가지 파동은 오직 한 방향으로만 상보적인 결합을 하여, 입사 광선의 각도와 같은 각도로 반사 광선이 생긴다.

(a)

(b)

웅덩이에서 반사되는 빛은 부분적으로 편광되어 있다. (a) 투과축이 지표면과 평행한 폴라로이드 필터로 보았을 때 번쩍임이 반사되어 보인다. (b) 폴라로이드의 투과축을 수면에 수직하게 놓았을 때 대부분의 번쩍거림이 없어진다. (Martin Seymour)

로 연못(H_2O로 $n_t \approx 1.33$)의 표면에 들어온다면 반사된 빔은 입사면에 수직한, 즉 수면에 평행한 전기장 $\vec{\mathbf{E}}$로 완전히 편광될 것이다(사진 참조). 이것은 편광기의 투과축을 잡는 편리한 방법으로 사용되는데, 단지 유리 한 조각 또는 연못만 있으면 된다.

효율적인 편광기를 만들기 위해서 이러한 현상을 사용할 때 생기는 문제는 반사파가 완전히 편광되더라도 세기가 약하다는 것이고, 투과파의 경우는 세기는 강하지만 부분 편광이 된다는 사실이다. 그림 8.39는 **편광판 다발(pile-of-plates polarizer)**을 보여 준다. 이것은 1812년에 아라고(Dominique F. J. Arago)가 발명하였다. 이런 장치는 가시광선 영역에서 유리판으로, 적외선 영역에서는 염화은(silver chloride)판으로, 자외선 영역에서는 수정이나 바이코어(Vycor) 유리로 만들 수 있다. 현미경 슬라이드 유리로도 쉽게 이 편광판 다발을 만들 수 있다. (슬라이드 유리가 서로 붙었을 때 나타나는 아름다운 색은 다음 장에서 논의한다.)

정육면체 빔분할기(beamsplitter cube)에서는 공간적으로 90° 분리되고 2개의 서로 수직인 선형 편광 빛을 만들기 위해 위와 같은 방법을 사용한다(그림 8.40). 프리즘의 빗면은 서로 굴절률이 다른 투명한 물질의 다층박막으로 코팅되어 있다. 흡수가 거의 없거나 전혀 없기 때문에 레이저 손상 문턱(damage threshold)이 높고 투과 파면의 왜곡이 작은 레이저 응용에 많이 사용된다.

8.6.1 프레넬 방정식의 응용

4.6.2절에서 두 유전체 물질 사이의 경계면에 입사하는 평면 전자기파의 효과를 나타내는 프레넬 방정식을 유도하였다. 이 방정식은 입사각 θ_i와 투과각 θ_t로 반사 전기장 진폭과 투과 전기장 진폭이 어떻게 입사 전기장 진폭과 관련되는지를 보여 준다. 입사면에 평행하게 선형 편광된 전기장 $\vec{\mathbf{E}}$에 대해서 **진폭 반사 계수**(amplitude reflection coefficient)는 $r_\parallel \equiv [E_{0r}/E_{0i}]_\parallel$와 같이 반사된 전기장 진폭을 입사한 전기장 진폭으로 나눈 비로 정의한다. 이와 유사하게 전기장이 입사면에 수직하면 $r_\perp \equiv [E_{0r}/E_{0i}]_\perp$이다. 이에 대응하는 복사 조도(irradiance)의 비(입사 빔과 반사 빔은 같은 단면적을 가진다)를 반사율이라고 하며, 복사 조도가 전기장 진폭의 제곱

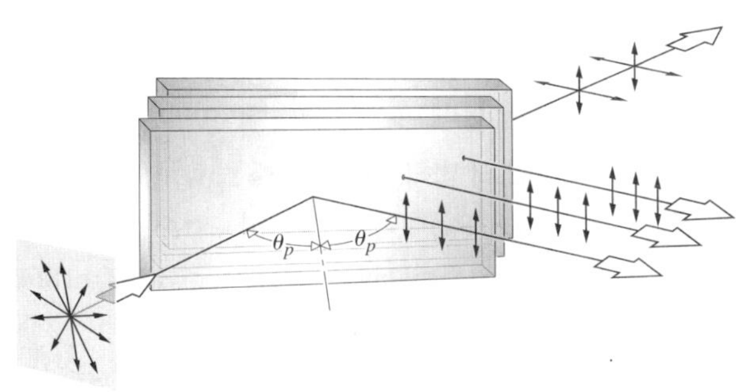

그림 8.39 편광판 다발

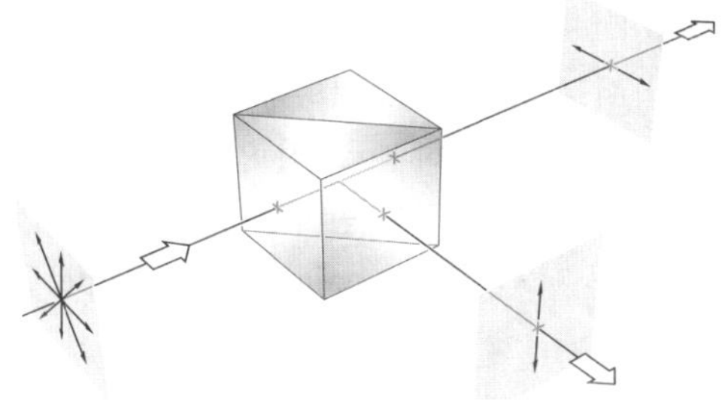
그림 8.40 정육면체 편광 빔분할기에서 두 프리즘 사이의 대각면에 유전체 다층박막이 증착되어 있다. 반사된 빛의 편광 방향은 편광판 다발에서와 같다.

에 비례하기 때문에

$$R_{\|} = r_{\|}^2 = [E_{0r}/E_{0i}]_{\|}^2 \quad \text{및} \quad R_{\perp} = r_{\perp}^2 = [E_{0r}/E_{0i}]_{\perp}^2$$

와 같이 쓸 수 있다. 그러므로 프레넬 방정식을 제곱하면

$$R_{\|} = \frac{\tan^2(\theta_i - \theta_t)}{\tan^2(\theta_i + \theta_t)} \tag{8.30}$$

과

$$R_{\perp} = \frac{\sin^2(\theta_i - \theta_t)}{\sin^2(\theta_i + \theta_t)} \tag{8.31}$$

이 된다. $R_{\perp}$는 결코 0이 될 수 없지만, $R_{\|}$는 $\theta_i + \theta_t = 90°$일 때 분모가 무한대가 되어 0이 된다. 이때 입사면에 평행한 선형 편광된 전기장 $\vec{\mathbf{E}}$에 대해서 반사율은 0이 된다. 즉 $E_{r\|} = 0$이고 빔은 전부 투과한다. 이것이 브루스터 법칙의 핵심이다.

입사하는 빛이 무편광되었다면, 이 빛은 서로 직교하고 결어긋난 진폭이 같은 2개의 $\mathscr{P}$-편광 상태로 나타낼 수 있다. 이들의 진폭이 서로 같다는 것은 한 편광 상태의 에너지양이 다른 편광 상태의 에너지양과 같다는 것(즉 $I_{i\|} = I_{i\perp} = I_i/2$)을 의미하는데, 이는 상당히 타당하다. 그래서

$$I_{r\|} = I_{r\|}I_i/2I_{i\|} = R_{\|}I_i/2$$

이며 같은 방법으로 $I_{r\perp} = R_{\perp}I_i/2$가 된다. 그러므로 자연광의 반사율 $R = I_r/I_i$는

$$R = \frac{I_{r\|} + I_{r\perp}}{I_i} = \tfrac{1}{2}(R_{\|} + R_{\perp}) \tag{8.32}$$

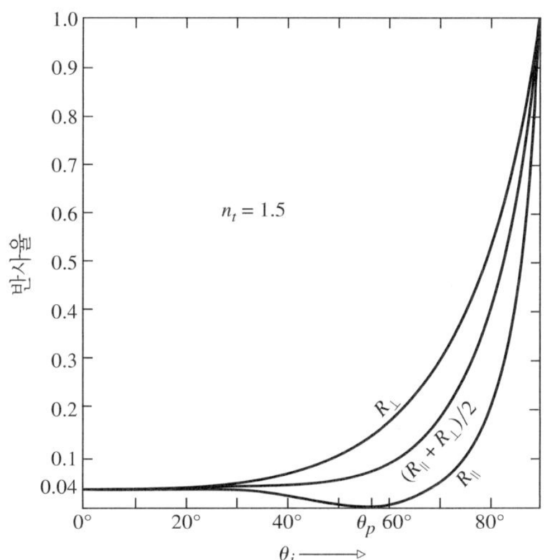

그림 8.41 입사각 대 반사율

가 된다. 그림 8.41는 $n_i = 1$과 $n_t = 1.5$인 특별한 경우에 대해서 식 (8.30), 식 (8.31), 식 (8.32)를 그려 놓은 것이다. 자연광이 입사하는 경우인 가운데 곡선을 보면 $\theta_i = \theta_p$에서 입사광의 약 7.5%만이 반사하며 투과한 빛은 부분 편광된다. $\theta_i \neq \theta_p$일 때 투과파와 반사파는 모두 부분 편광된다.

예제 8.6

200 W/m²의 자연광이 유리에 편광각으로 입사한다. 공기-유리 경계의 투과율이 92.5%라고 하자. 입사면에 수직한 $\mathscr{P}$-상태로 반사하는 빛의 양을 구하라.

풀이

문제에서 다음이 주어졌다.

$$T = \tfrac{1}{2}(T_{\|} + T_{\perp}) = 92.5\%$$

편광각에서는 입사면에 평행한 모든 빛이 투과한다. 즉, $T_{\|} = 1$이다. 따라서,

$$T = \tfrac{1}{2}(1 + T_{\perp}) = 0.925$$

$$\tfrac{1}{2}T_{\perp} = 0.925 - 0.50 = 0.425$$

그리고 $T_{\perp} = 0.850$ 또는 85.0%이다. 이는 입사면에 수직으로 들어오는 빛의 85.0%가 투과한다는 뜻이다. 식 (4.66)으로부터

$$R_{\perp} + T_{\perp} = 1$$

이고 $R_{\perp} = 1 - T_{\perp} = 0.150$이다. 달리 말하면 입사면에 수직하게 편광된 빛의 15.0%가 반사된다. 입사면에 평행한 빛은 전혀 반사하지 않는다. 따라서

$$R = \tfrac{1}{2}(R_{\|} + R_{\perp}) = \tfrac{1}{2}(0 + 0.150)$$

이고, 전체 반사율은 7.50%이다. 그러므로 반사된 복사 조도는 (0.075)(200 W/m² = 15.0 W/m²이다.

일반적으로 다음과 같이 정의된 **편광도(degree of polarization)** V의 개념을 사용하는 것이 종종 편리하다.

$$V = \frac{I_p}{I_p + I_n} \tag{8.33}$$

여기서 I_p와 I_n은 각각 편광된 빛의 선속 밀도와 '무편광'된 빛(자연광)의 선속 밀도이다. 예를 들면 $I_p = 4\text{ W/m}^2$와 $I_n = 6\text{ W/m}^2$라고 하면 $V = 40\%$이고 빔은 부분 편광된다. '무편광'된 빛은 $I_p = 0$이므로 당연히 $V = 0$이 된다. 극한적인 반대의 경우로 $I_n = 0$이라면 $V = 1$이며 빛은 완전히 편광되어

있다. 따라서 $0 \le V \le 1$이다. 여기에서는 대부분 부분적으로 선편광되어 있고 준단색광인 빛을 취급한다. 이 경우 편광기를 회전시키면 투과 복사 조도가 최댓값(I_{max})인 방향이 있고, 이 방향에 수직한 방향에서 최솟값(I_{min})을 찾을 수 있다. 그러면 명백히 $I_p = I_{max} - I_{min}$이고

$$V = \frac{I_{max} - I_{min}}{I_{max} + I_{min}} \tag{8.34}$$

이 된다. V는 실제로 빛이 어느 종류든 편광기를 거치기 전에 부분 편광되었는지 혹은 완전 편광되었는지를 보여 준다는 것에 주목하라.

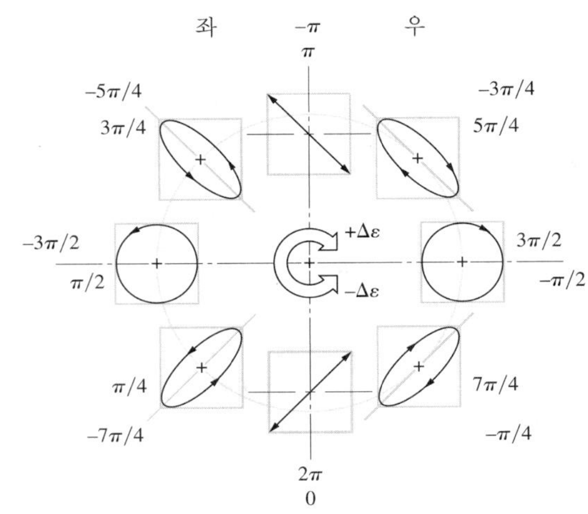

그림 8.42 E_x가 E_y를 양수 혹은 음수의 ε만큼 앞설 때 생기는 편광 상태들

8.7 위상 지연기

이제 입사파의 편광을 변화시키는 **위상 지연기(retarder)**라고 하는 광학 부품에 대해 생각해 보자. 위상 지연판의 원리는 대단히 간단하다. 2개의 결맞는 $\mathscr{P}$-상태 성분 중 하나의 위상을 미리 정해진 양만큼 다른 성분보다 지연을 시킨다. 위상 지연판에서 나올 때에는 두 성분의 상대 위상이 처음 입사할 때와 다르므로 편광 상태도 달라진다. 사실 위상 지연판에 대한 개념을 이해하면 임의의 주어진 편광 상태를 다른 편광 상태로 바꿀 수 있고, 원형과 타원 편광 편광기도 만들 수 있게 된다.

'지연기'라는 용어는 약간 부적절한 명칭이다. 이 부품은 '전진기'로도 생각할 수 있기 때문이다. 실제로 이 부품이 하는 일은 '상대적인 위상 변화기'로서, 두 수직한 전기장 중 하나의 위상을 원하는 양만큼 전진시키거나 지연시킨다. 일련의 편광 상태와 그들의 상대적인 위상을 보여 주는 그림 8.9를 떠올려 보라. 이 그림의 더 유용한 형태는 그림 8.42로서 이러한 패턴이 끝없이 이어짐을 알 수 있다. 그림에 나타난 바와 같이 각 편광 상태에서는 E_x가 E_y보다 명시된 양수만큼 앞서거나 음수만큼 뒤선다. 위상 변환기는 항상 두 개의 특정한 수직축을 갖는데, 이를 각각 **빠른축(fast axis)**, **느린축(slow axis)**이라고 한다. 만일 빠른축이 x-방향(수평 방향)으로 되어 있다면, E_y에는 영향을 주지 않은 채 E_x를 정해진 양만큼 전진시킨다고 생각하면 된다. 만일 빠른축이 y-방향(수직 방향)으로 되어 있다면, E_x에는 영향을 주지 않은 채 E_y를 정해진 양만큼 전진시킬 것이다.

그림 8.42에서 임의의 한 편광 상태에서 시계 방향으로 돌아 그 다음 편광 상태로 가고자 한다면, $+\pi/4$의 위상 변환을 도입해야 한다. 반시계 방향으로 한 단계 움직이려면 $-\pi/4$의 위상 변환이 필요하며, 이런 변환을 8번 반복하면 ($+$ 혹은 -2π) 다시 처음 상태로 되돌아온다. 예를 들어 1사분면과 3사분면을 지나는 선편광 빛(E_x가 E_y를 0만큼 앞선다)을 빠른축이 수평 방향에 놓인 지연기에 통과시킨다면 편광 상태가 그림에서 시계 방향으로 변한다. 위상차를 $\pi/4$, $\pi/2$, 또는 π, ... 만큼 주었을 때, 빛은 좌타원 편광(E_x가 E_y를 $\pi/4$만큼 앞선다), 좌원 편광(E_x가 E_y를 $\pi/2$만큼 앞선다), 2사분면과 4사분면을 지나는 선편광(E_x가 E_y를 π만큼 앞선다) 등으로 바뀐다. 만일 우원 편광(E_x가 E_y를 $3\pi/2$만큼 앞선다)이 빠른축이 수직이고 $-\pi$의 변환을 가진 지연기를 통과한다면 좌원 편광(E_x가 E_y를 $(3\pi/2) - \pi = \pi/2$만큼 앞선다)이 나올 것이다.

8.7.1 파장판과 사방정계 편광기

방해석과 같은 단축 결정에 단색 평면파가 입사하면 일반적으로 이 평면파가 **정상 광선**(ordinary beam)과 **이상 광선**(extraordinary beam)의 2개로 분리되어 나온다는 것을 상기하자. 이와 대조적으로 광축이 앞면과 뒷면 모두에 수직하도록 방해석을 자르고 연마할 수 있다(그림 8.43). 이때 수직으로 입사한 평면파는 광축에 수직한 전기장만을 갖는다. 이 상파가 결정 안에서 모든 방향으로 퍼져 나갈 때 그림면에 놓인 전기장 성분은 광축에 항상 수직일 수 없다. 그래서 파면은 타원형이 된다. 그림면에 수직한 전기장 성분은 어디서나 수직인 채로 남아있으며 정상 광선으로서 구형으로 퍼져나간다. 이러한 가지 파동(wavelet)과 타원형 가지 파동들은 광축 방향으로 서로 접(tangent)한다. 따라서 이들 가지 파동들의 포락면인 정상파(o-wave)와 이상파(e-wave)는 서로 일치할 것이고, 편향되지 않은 하나의 평면파가 결정을 통과해

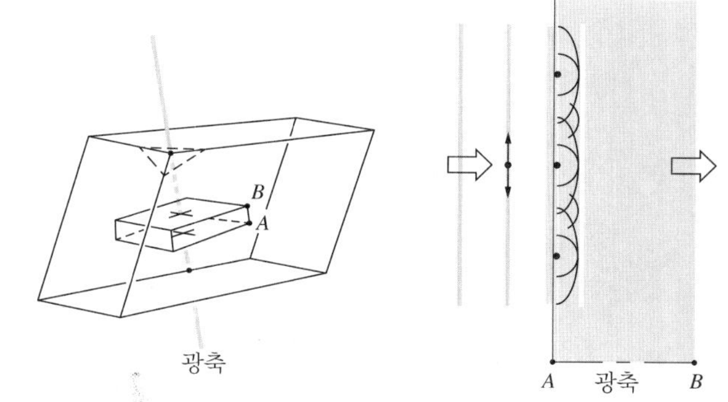

그림 8.43 광축에 수직하게 가공한 방해석 판

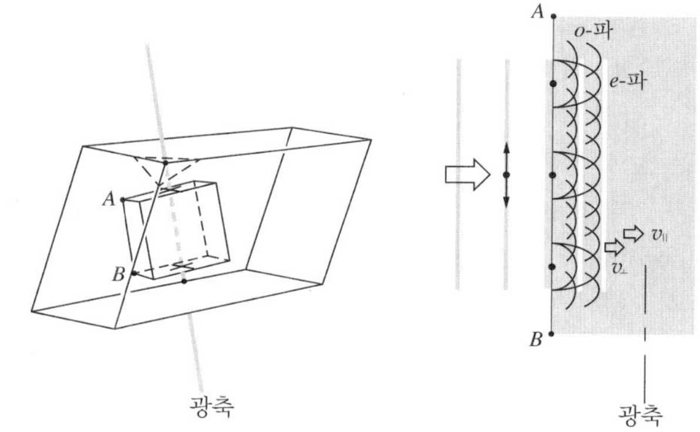

그림 8.44 광축에 평행하게 가공한 방해석 판

나갈 것이다. 즉 상대적인 위상 이동이나 이중상이 나타나지 않는다.*

이제 그림 8.44와 같이 광축의 방향이 앞면과 뒷면에 평행하도록 가공되었다고 가정하자. 만일 입사하는 단색 평면파의 전기장이 광축에 평행한 성분과 수직한 성분을 가지고 있다면, 2개의 분리된 평면파가 결정 속을 전파해 나갈 것이다. $v_\parallel > v_\perp$이므로 $n_o > n_e$이고, e-파는 o-파보다 더 빨리 시료를 가로질러 이동할 것이다. 두께가 d인 판을 통과한 후 나오는 전자기파는 e-파와 o-파의 중첩이고, 이들은 상대적인 위상차 $\Delta\varphi$를 가지고 있다. 이들은 같은 주파수를 가지고 있는 조화파이고, 이 전기장은 서로 직교한다는 것을 명심하라. 상대적인 광경로차는 다음과 같이 주어진다.

$$\Lambda = d(|n_o - n_e|) \tag{8.35}$$

그리고 $\Delta\varphi = k_0\Lambda$이므로

$$\Delta\varphi = \frac{2\pi}{\lambda_0} d(|n_o - n_e|) \tag{8.36}$$

이다. 여기서 λ_0는 진공에서의 파장이다(굴절률 차의 절댓값을 포함하고 있는 형태가 가장 일반적인 서술이다). 이 판에서 나오는 빛의 편광 상태는 들어오는 직교 전기장 성분의 진폭과 $\Delta\varphi$에 의해 결정된다.

예제 8.7

다음 그림에 나타난 방해석 판은 광축이 그림면에 수직하다(즉 z-방향이다). 빛이 결정을 지나가는 동안 무슨 일이 일어나는지 설명하고 이때 발생하는 위상차에 대한 식을 써라.

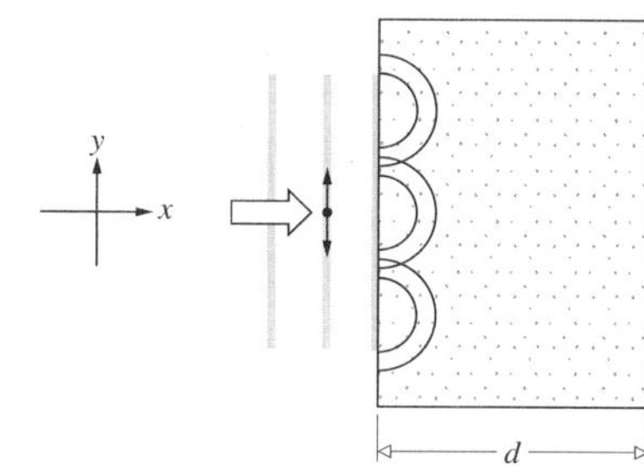

풀이

$\vec{\mathbf{E}}$는 어디서나 광축에 수직하므로 o-파에 해당한다. 늘 그렇듯이 o-가지 파동은 등방성 매질을 경험하므로 구형이 된다. 반면에 $\vec{\mathbf{E}}_z$는 e-파에 해당한다. 어디서나 광축에 평행하므로 역시 가지 파동처럼 퍼져나간다. 방해석에서는 $v_\parallel > v_\perp$이고 e-파가 o-파보다 더 빨리 움직인다. 마찬가지로 $n_o > n_e$이며, 판 전체에 걸친 광경로차는 $d(n_o - n_e)$가 될 것이다. 결과적으로

$$\Delta\varphi = \frac{2\pi}{\lambda_0} d(n_o - n_e)$$

으로서 식 (8.36)과 같다. e-파가 타원처럼 진행하는 경우는 e-파의 전기장이 광축에 평행한 성분과 수직한 성분을 모두 갖고 있을 때뿐임을 명심하라.

전파장판

만일 $\Delta\varphi$가 2π라면 **상대적 지연(relative retardation)**은 한 파장이다. 즉 e-파와 o-파는 다시 위상이 맞게 되고, 입사되는 단색 빔의 편광에는 아무런 효과도 나타나지 않는다. **상대적 위상 지연**(relative retardation 또는 retardance) $\Delta\varphi$가 360°일 때, 이 광학 부품을 **전파장기**[**full-wave plate**, 또는 **전파장 지연기(full-wave retarder)**]라고 한다(그러나 이것

* 만일 방해석 사방정계 편광기를 가지고 있으면, 이것의 뭉툭한 모퉁이를 찾아서 여러 면 중 한 면을 통해 광축을 따라 볼 수 있을 때까지 결정을 돌려보라. 2개의 상이 완전히 겹쳐질 때까지 2개의 상은 서로 접근할 것이다.

이 $d = \lambda$를 의미하지는 않는다). 일반적으로 식 (8.36)에서 의 $|n_o - n_e|$의 크기는 광경로 전체에 걸쳐서 거의 변화하지 않고, 따라서 사실상 $\Delta\varphi$는 $1/\lambda_0$에 따라 변한다. 분명히 전파장판은 앞에서 논의한 대로 특정한 파장에 대해서만 그 기능을 하며, 따라서 이와 같은 종류의 위상 지연기를 **색위상 지연기**(chromatic retarder)라고 한다. 만일 이와 같은 광학 부품이 직교하는 선형 편광 편광기 사이에 임의의 방향으로 놓여 있다면, 모든 빛(이 경우에는 백색광이라고 하자)은 선편광된 상태로 지연기에 입사될 것이다. 오로지 식 (8.36)를 만족시키는 한 파장만이 위상 지연판의 영향을 받지 않고 지나갈 수 있고, 그 후 검광기에 의해 전부 흡수될 것이다. 모든 다른 파장의 빛은 얼마간의 지연을 경험하고, 따라서 파장판을 통하여 여러 형태의 타원 편광으로 빠져나올 것이다. 이 빛 중 일부분은 검광기를 통과하여 나갈 것인데, 그 빛은 결과적으로는 소멸(흡수)된 색에 대한 보색처럼 보인다. 만일 이와 달리 검광기의 투과축이 첫 번째 편광기와 같은 방향으로 놓여 있고 그 사이에 전파장판이 있었다면, 이는 마치 필터처럼 작용한다. 이런 구조를 여러 개 겹쳐서 놓으면 (전파장판의 동작 영역에 해당하는) 좁은 선폭의 빛만 통과시키는 필터가 된다. 흔히 전파장판이 모든 주파수에 대하여 등방적(isotropic)으로 행동한다고 가정하곤 하는데, 이는 흔한 오류로서 결코 그렇지 않다.

다시 방해석으로 돌아가서 보면 전기장의 진동 중 광축에 평행한 파가 가장 빨리 진행한다. 즉 $v_{\parallel} > v_{\perp}$이다. **음**의 단축 위상 지연기에서 광축의 방향은 **빠른축(fast axis)**이라고 하고, 이것에 수직한 방향을 **느린축(slow axis)**이라고 한다. 수정과 같은 **양**의 단축 결정에서는 주축이 역전되어 있고 느린축이 광축에 해당한다.

전파장판은 광학계를 통과하는 빛의 편광 상태가 변화할 경우 이를 제거하는 데 자주 사용된다. 예를 들면 선편광된 빛을 표면이 금속인 거울에서 반사시키면 금속에 의해 위상 변위를 갖게 되어 타원 편광으로 바뀌게 된다. 이러한 빛은 빠른축이나 느린축에 대해 약간 기울어진 전파장판을 통과시켜 교정할 수 있다.

반파장판

e-파와 o-파 사이의 상대 위상차가 π 라디안 또는 180°가 되도록 만든 위상 지연기를 **반파장판**[**half-wave plate**, 또는 **반파장 지연기(half-wave retarder)**]라고 한다. 그림 8.45에서와 같이 입사하는 선편광된 빛의 진동 평면이 빠른축과 임의의 각 θ를 이룬다고 생각하자. $(n_e - n_o)$가 음인 물질에서는 e-파는 o-파보다 더 빠른 속력(같은 v에서)과 더 긴 파장

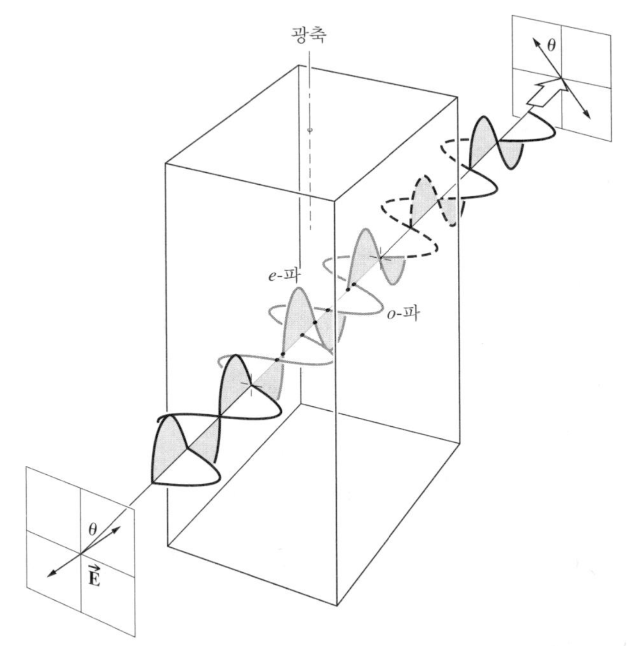

그림 8.45 지연판에서 알짜 위상 이동이 축적되는 것을 보여 주는 반파장판

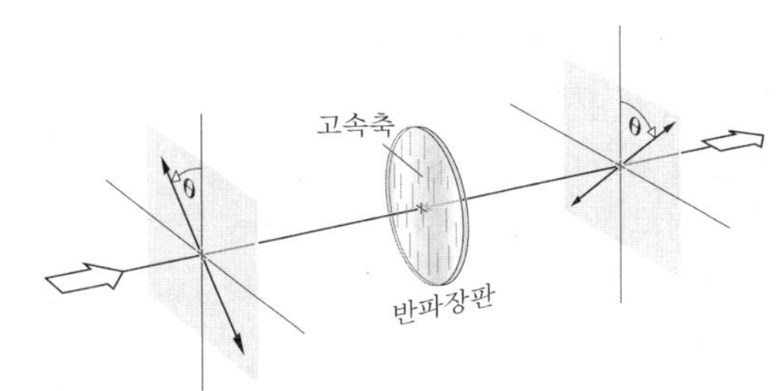

그림 8.46 반파장판은 θ의 각도로 선형 편광된 빛을 2θ만큼 회전시킨다. 여기서 입사광은 제1사분면과 제3사분면에서 진동하고, 출사광은 제2사분면과 제4사분면에서 진동한다.

을 갖게 된다. 파가 판에서 나올 때는 $\lambda_0/2$(즉 $2\pi/2$ 라디안)의 상대 위상 이동이 있게 되고, 그 효과로 전기장 $\vec{\mathbf{E}}$는 2θ만큼 회전하게 된다(그림 8.46). 그림 8.9에서 보듯이 반파장판이 타원 편광을 비슷한 방법으로 반전시킬 것이 분명하다. 즉 반파장판은 원편광 또는 타원 편광의 회전 방향을 우에서 좌 또는 좌에서 우로 바꿀 수 있다. 반파장판은 그림 8.42에서 편광 상태를 반바퀴만큼 변화시킨다.

e-파와 o-파가 어떤 위상 지연판을 진행해 감에 따라 이들의 상대 위상차 $\Delta\varphi$는 증가하고, 따라서 파의 편광 상태는 위상 지연판 내의 한 점에서 다음 점으로 단계적으로 바뀐다. 그림 8.9에서 어느 한순간 서로 다른 곳에서 다른 편광 상태를 갖는 몇 가지 예를 볼 수 있다. 만일 두께가

$$d(|n_o - n_e|) = (2m + 1)\lambda_0/2 \qquad (8.37)$$

라면(단, $m = 0, 1, 2, \cdots$), 이것은 반파장판($\Delta\varphi = \pi, 3\pi, 5\pi$ 등)으로 작용한다.

비록 방해석에서의 빛의 행동이 단순해 보일지라도 이 방해석은 실제로 위상 지연기를 만드는 데 자주 쓰이지는 않는다. 이것은 아주 깨지기 쉽고 얇은 조각으로 되어 있기 때문에 다루기 힘들 뿐만 아니라 n_e와 n_o의 차이 때문에 생기는 복굴절이 너무 커서 불편하다. 한편 훨씬 작은 복굴절을 가진 수정이 자주 쓰이지만 자연적인 절단면이 없어서 강제로 자르고 연마하고 윤을 내야 하기 때문에 훨씬 더 비싸다. 위상 지연판으로는 쌍축 결정인 운모가 제일 많이 쓰인다. 운모에는 이와 같은 목적을 멋지게 만족시킬 여러 가지 형태가 있는데, 예를 들어 금운모(phlogopite), 흑운모(biotite), 백운모(muscovite) 등이다. 가장 일반적인 종류가 옅은 갈색 백운모이다. 이것은 강하고 유연하며, 굉장히 얇은 큰 조각으로 매우 쉽게 갈라진다. 더욱이 2개의 주축은 쪼개진 평면에 거의 완전히 평행하다. 나트륨광에 대한 이들 축의 굴절률은 약 1.599와 1.594이고, 비록 시료에 따라 미세하게 변하지만 그 차이만큼은 아주 일정하다. 운모로 된 반파장판의 최소 두께는 약 60μm이다. 결정 수정, 단결정 불화 마그네슘(3000 nm에서 약 6000 nm까지의 적외선), 황화 카드뮴(6000 nm에서 12000 nm까지의 적외선)도 파장판으로 널리 사용된다.

위상 지연기는 길게 줄을 이은 유기 분자들이 정렬하도록 당겨진 폴리비닐알코올 조각으로도 만든다. 뚜렷한 비등방성으로 인하여 이 물질 속의 전자는 이들 분자의 방향과 이에 수직한 방향으로 서로 다른 결합력을 갖는다. 따라서 이와 같은 물질은 비록 결정은 아니지만 영구적인 복굴절을 가진다.

간단히 현미경용 슬라이드 유리에 보통의 셀로판 테이프 띠를 붙이면 훌륭한 반파장판을 만들 수 있다. 고속 축, 즉 두 파 중 보다 빠른 진동 방향은 테이프 폭을 가로지르는 횡방향이고, 느린축은 그 길이 방향에 대응한다. 제작과정에서 (면화나 나무 펄프로부터 추출된 재생 셀룰로스로 만들어진) 셀로판이 얇은 판의 형태로 바뀌면서 분자들이 한 방향으로 정렬하게 됨에 따라 복굴절을 갖게 된다. 만일 반파장판을 직교하는 선형 편광 편광기 사이에 놓을 때 주축이 편광기의 축과 일치하면 아무런 효과도 나타나지 않는다. 그러나 편광기에 대하여 45° 각도로 놓으면 테이프로부터 나오는 전기장은 90° 회전하여 검광기의 투과축과 평행하게 된다. 테이프에 의해 덮인 부분은 마치 직교하는 편광기들의 검은색 배경에 구멍을 뚫은 것처럼 빛을 통과시킬 것이다(사진 참조). 셀로판 포장지(예: 담배갑의 포장) 조각도 일반적으로 반파장판의 역할을 할 수 있다. 테이프 위상 지연기와 직교하는 폴라로이드(Polaroids)판을 사용하여 위상 지연기의 주축을 결정할 수 있는지 확인해 보라(셀로판지의 미세한 평행 주름선에 유의하라).

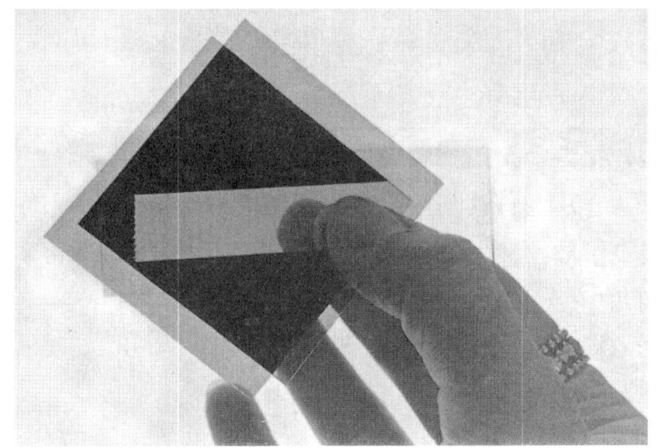

두 장의 직교하는 폴라로이드 사이에 셀로판 테이프를 붙인 슬라이드 유리를 붙잡고 있는 모습 (E.H.)

1/4 파장판

1/4 파장판(quarter-wave plate)은 e-파와 o-파 사이의 상대 위상 이동이 $\Delta\varphi = \pi/2$가 되도록 만든 광학 부품이다. 그림 8.9에서 보듯이 90° 위상 이동은 선편광을 타원 편광(또는 원편광)으로, 타원 편광(또는 원편광)을 선편광으로 만든다. 그러나 두 주축 중 하나에 평행하게 입사하는 선편광된 빛은 어떤 종류의 위상 지연기에도 영향을 받지 않는다. 즉 2개의 광파의 성분들 없이는 **상대** 위상차를 만들 수 없다. 입사광이 **자연광**인 경우 이것을 구성하는 2개의 $\mathcal{P}$-상태 사이에는 간섭성이 없다. 즉 이들의 상대 위상차는 불규칙하고 빠르게 변한다. 어떤 형태든 위상 지연기는 일정한 위상 이동을 주므로 두 성분 사이의 위상차는 여전히 제멋대로 변하고, 따라서 눈에 띌 만한 어떤 효과도 나타나지 않는다.

2개의 주축에 45°로 선편광된 빛이 1/4 파장판에 입사한다면 o-성분과 e-성분은 같은 진폭을 갖는다. 이러한 특수한 상황하에서 90° 위상 이동은 입사광을 원편광 상태로 변환시킨다(그림 8.47). 마찬가지로 원편광된 빔이 입사하면 선편광되어 나오게 된다. **선편광이 1/4 파장판에 의해 타원 혹은 원편광으로 변환될 때, 우(타)원편광이 될지 좌(타)원편광이 될지는 초기 선편광을 느린축 쪽으로 돌리는 방향과 같다고 생각하면 된다.** 1/4 파장판은 그림 8.42에서 1/4 바퀴만큼 회전시킨다.

1/4 파장판도 보통은 수정, 운모 또는 유기 중합 플라스틱으로 만든다. 어떤 경우든 복굴절 물질의 두께는

$$d(|n_o - n_e|) = (4m + 1)\lambda_0/4 \tag{8.38}$$

를 만족해야만 한다($m = 0, 1, 2, \ldots$).

가정집에서 쓰는 두루마리로 된 얇은 음식용 랩(wrap)을 사용하여 간단한 1/4 파장판을 만들 수 있다. 셀로판과 마찬

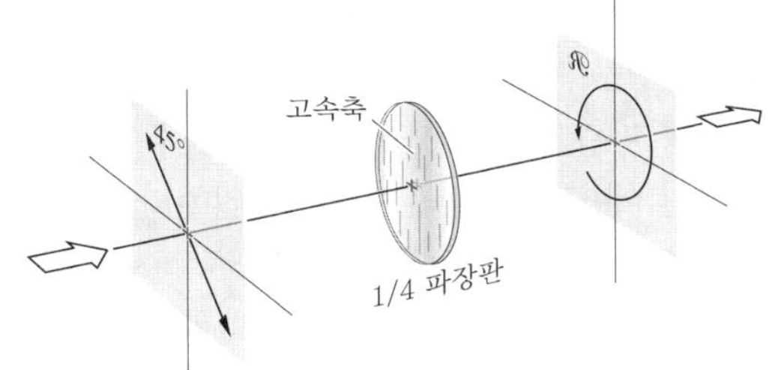

그림 8.47 입사광은 지연기를 통과하고 나서 $\vec{\mathbf{E}}_y$가 $\vec{\mathbf{E}}_x$를 $\pi/4$만큼 앞선다. 그러므로 그림 8.9로부터 1/4 파장판은 45° 선형 편광(1사분면과 3사분면을 진동한다)을 우원 편광(광원을 향해 볼 때 시계 방향으로 돌아간다)으로 변환시킨다. 선편광을 느린축에 맞추기 위해서는 시계 방향으로 돌려야 한다. 따라서 나오는 빛은 시계 방향으로 도는 편광이라고 생각하면 된다.

가지로 이것도 길이 방향의 주름이 있고 이것이 주축과 일치한다. 마루선이 평행하게 유지되도록 주의하면서 약 6장을 겹쳐 보자. 이것을 편광자의 축에 45°가 되도록 놓고 검광자를 돌리면서 관찰해 보자. 한 번에 한 층씩 더하면서 검광자를 돌리더라도 복사 조도가 거의 변하지 않을 때까지 겹쳐 보자. 그 시점이 원편광이 나오는 때이고 겹쳐진 랩은 1/4 파장판이 된다. 이것은 백색광에서는 말처럼 쉽지는 않지만 시도해 볼 만하다.

예제 8.8

파장판은 얇은 판으로 자르기가 편한 운모로 종종 만든다. 589 nm의 노란 빛이 이 판에 수직으로 입사할 때, 두 수직한 전기장 성분은 1.5997과 1.5941의 굴절률(원료가 되는 광물에 따라 조금씩 차이가 있을 수 있다)을 각각 만나게 된다. 이 판이 1/4 파장판이 되기 위해서는 최소 얼마의 두께를 가져야 할까?

풀이

1/4 파장판에서는 광경로차가 $\lambda_0/4$의 홀수배가 되어야 한다.

$$OPD = d\left(|n_o - n_e|\right) = (4m + 1)\lambda_0/4$$

여기서 $m = 0, 1, 2, \ldots$이다. 따라서

$$d = \frac{(4m + 1)\lambda_0}{\left(|n_o - n_e|\right)4}$$

그리고 $m = 0$일 때,

$$d = \frac{589\,\text{nm}}{(1.5997 - 1.5941)4}$$

따라서 $d = 2.63 \times 10^{-5}\text{m} = 26.3\,\mu\text{m}$이다.

상품으로 나온 파장판은 일반적으로 **선형 지연성(linear retardation)**을 이용하여 설계된 것이고, 예를 들면 1/4 파장판의 경우 이것이 140 nm일 수 있다. 이것은 단지 560 nm(4 × 140)의 초록빛에 대해서만 90°의 지연을 갖는다는 것을 의미한다. 선형 지연은 보통 그렇게 정확하지가 않다. 즉 140 ± 20 nm가 보다 현실적이다. 파장판의 위상 지연은 파장판을 어느 정도 기울임으로써 그 특유의 값을 더 증가시키거나 감소시킬 수 있다. 만일 판이 빠른축에 대하여 회전한다면 위상 지연은 증가할 것이고, 느린축에 대하여 회전한다면 그 반대 효과를 가질 것이다. 이와 같은 방법으로 파장판은 정상적인 값 근처 영역에서 특정한 주파수에 맞출 수 있다.

위상 지연기(파장판)—일반적 고찰

복굴절판 형태의 위상 지연기뿐 아니라, 가변형 액정 지연기도 있다(8.12절 참조). 이들은 보통 전기적으로 조절 가능한 지연을 $\lambda_0/2$까지 만들어낸다. 위상 지연기는 일반적으로 세 가지 형태 중 하나이다. 0차 위상 지연기, 고차 위상 지연기 혹은 복합적 0차 위상 지연기이다. **0차 위상 지연기**는 필요한 위상차를 만드는 데 필요한 최소 두께를 갖는다. 예를 들면 550nm에서 복굴절이 0.0092인 수정의 1/4 파장판을 생각하자. $\Delta\varphi = \pi/2$인 식 (8.36)로부터 0차 1/4 파장판의 두께는 $15\,\mu$m이다. 이 두께는 매우 얇아 깨지기 쉬워 제작하기가 어렵다. 그러나 시야각(angular field-of-view)은 넓다.

고차 위상 지연기의 두께는 2π의 정수배에 원하는 $\Delta\varphi(= 2\pi,\ \pi,\ \pi/2)$를 더한 위상에 대응할 것이다. 이러한 부품은 쉽게 만들 수 있고 가격이 싸다. 그러나 파장, 입사각과 온도에 매우 민감한 경향이 있으며 시야각이 좁다.

복합적 0차 파장판은 2개의 고차 위상 지연기의 위상차가 원하는 $\Delta\varphi$일 경우 이들을 결합하여 만들 수 있으며(예제 8.9 참조), 한 위상 지연기의 빠른축과 다른 위상기의 느린축을 정렬시켜 제작한다. 이 경우 온도 변화에 의한 위상 변화를 상쇄할 수 있으나 여전히 시야각은 좁다.

예제 8.9

단축 복굴절 결정이 두께 d_1이고, 광축이 x-방향이라고 생각하자. 그 다음에 두께 d_2이고 광축이 y-방향인 비슷한 판이 놓여 있다. 이 조합으로 복합적인 0차 파장판을 만든다. 이 판의 지연값이 얼마인지 식으로 표현하고 식 (8.36)과 비교하라.

풀이

식 (8.36)을 유도할 때와 같은 방식으로 해 보자. 빛이 z-방

향으로 결정을 지나갈 때, E_x 성분이 경험하는 광경로 길이를 OPL_x라고 하고 E_y 성분에 대한 광경로 길이를 OPL_y라고 하자. 첫 번째 판에서 E_x 성분이 광축에 평행하므로 이는 *e*-파에 해당한다. 따라서 첫 번째 판에 대해서는 $OPL_{x1} = n_e d_1$, $OPL_{y1} = n_o d_1$이다. *o*-파와 *e*-파는 두 번째 판에서 서로 바뀌므로, $OPL_{x2} = n_o d_2$, $OPL_{y2} = n_e d_2$이다. 따라서 두 장을 합하면,

$$OPL_x = n_e d_1 + n_o d_2$$
$$OPL_y = n_o d_1 + n_e d_2$$

가 된다. 광경로 길이차 Λ는

$$\Lambda = OPL_y - OPL_x = d_1(n_o - n_e) + d_2(n_e - n_o)$$

이며, 따라서

$$\Delta\varphi = \frac{2\pi}{\lambda_0}(d_1 - d_2)(n_o - n_e) \tag{8.39}$$

이다. 식 (8.36)과 비교해 보면 이 식은 판 전체의 두께가 아니라, 각각의 판 두께의 차이에 의해 결정된다.

복굴절 폴리머는 복굴절이 작아서 쉽게 0차 위상 지연기로 만들 수 있다. 이 경우 시야각은 넓으며 구경을 크게 만들 수 있다.

수직한 파를 다루는 데 사용할 수 있는 위상자 기법을 지연기에도 적용할 수 있다.* 먼저 그림 8.48에 나타낸 것처럼 1사분면과 3사분면에서 x축으로부터 임의의 각 θ로 진동하는 선형광을 생각하자. 전기장 벡터 $\vec{\mathbf{E}}$의 길이는 진폭 $\vec{\mathbf{E}}_0$로 나타내었다. 이제 이 빛이 1/4 파장판을 투과한다고 생각하자. 편의상 지연기의 빠른축이 x축으로부터 30°에 놓여 있다고 하자. 그림 8.48에서 빠른축에 해당하는 기준선을 그렸다. 이 기준선과 이에 수직한 축으로 된 새로운 $x'y'$-좌표계를 설정한다. 이 좌표계 안에서 $\vec{\mathbf{E}}$를 빠른축과 느린축에 투영하여 사각형을 만들면 $x'y'$-좌표계의 두 진폭 $E_{0x'}$, $E_{0x'}$를 얻는다. 최종 편광 상태는 그림 8.10에서 그랬던 것처럼 이 사각형 상자 안에 꼭 맞게 들어간다. 이 상자의 경계를 확장해서 $E_{0x'}$, $E_{0y'}$를 진폭(즉, 반지름)으로 갖는 두 개의 원을 그린다.

빠른축이 x'축이기 때문에 작은 원에 해당하는 위상자는 $\vec{\mathbf{E}}_{y'}$이며 수직 위치-0에서 시작해서 y'축상에서 회전한다. 마찬가지로 큰 원에 있는 위상자 $\vec{\mathbf{E}}_{x'}$는 x'축상에서 오른쪽을 향해 있는 상태에서 회전을 시작해야 하지만, $\vec{\mathbf{E}}_{y'}$보다 90°만큼 앞서있으므로 $\vec{\mathbf{E}}_{x'}$는 90°만큼 시계 방향으로 전진해야 하고, 위치-0은 y'축상에서 아래를 향하게 된다. 최종적인 편광은 30° 기울어진 좌타원 편광이 되는데, 이는 결국 지연기의 빠른축만큼 기울어진 셈이다.

프레넬 사방정계 편광기

4장의 내부 전반사 과정에서 2개의 직교하는 전기장 성분 사이에 상대 위상차가 발생하는 것을 살펴보았다. 다시 말하면 입사면에 수평한 성분과 수직한 성분은 서로에 대하여 위상이 이동한다. 유리($n = 1.51$)에서 특별한 입사각 54.6°로 내부 반사를 시키면 45°의 위상 이동이 수반된다(그림 4.52e). 그림 8.49에 나타난 프레넬 사방정계(Fresnel rhomb) 편광기는 내부 전반사를 두 번 일어나게 함으로써 이러한 효과를 일으키는데, 이로 인하여 광파의 두 직교하는 편광 성분에 대하여 90°의 상대 위상 이동을 준다. 만일 입사 평면파가 입사면에 대하여 45°로 선편광되어 있다면, 전기장 성분 $[E_i]_{\parallel}$와 $[E_i]_{\perp}$는 처음에는 같을 것이다. 처음 반사 후에 유리 안의 광파는 타원 편광이 될 것이고, 두 번째 반사 후에 이 파는 원편광이 될 것이다. 위상 지연값이 넓은 주파수 범위에서 주파수에 무관하기 때문에 사방정계 편광기는 본질적으로 **무색**(achromatic) 90°의 위상 지연기이다. 두 개의 사방정계를 끝과 끝이 맞닿도록 만들면 아주 넓은 파장 영역(≈2000 nm)에서 $\lambda_0/2$ 위상 지연을 만들 수 있다. 그림 8.50의 무니 사방정계(Mooney rhomb, $n = 1.65$) 편광기는 비록 동작 특성이 몇 가지 면에서 다르지만 원리적으로는 이와 비슷하다.

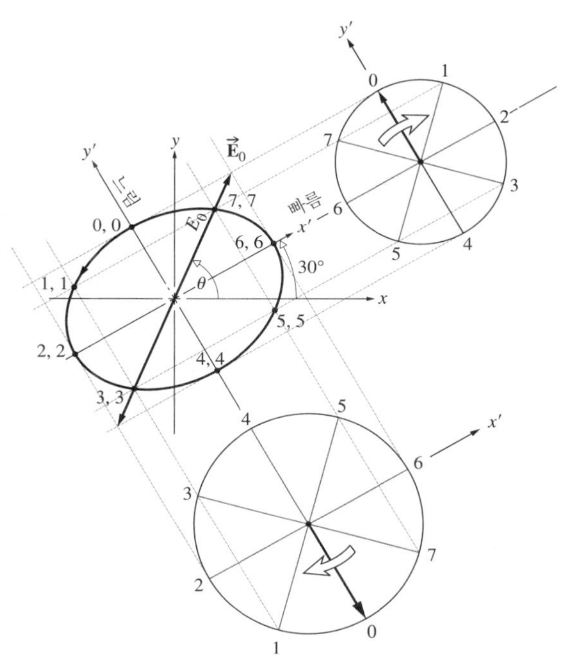

그림 8.48 선편광($\vec{\mathbf{E}}$)이 1/4 파장판을 통과할 때 빠른축 각도만큼 기울어진 좌타원광을 얻는다. 여기서 지연기의 빠른축은 + 30°에 있다.

* 더 완벽하고, 잘 정리된 기법을 보려면 다음을 참조하라. K. Iizuka, *Elements of Photonics*, Vol. 1, Wiley-Interscience, 2002.

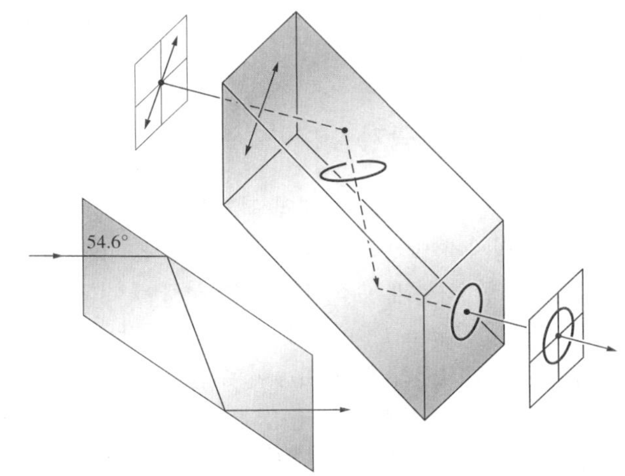

그림 8.49 프레넬 사방정계 편광기

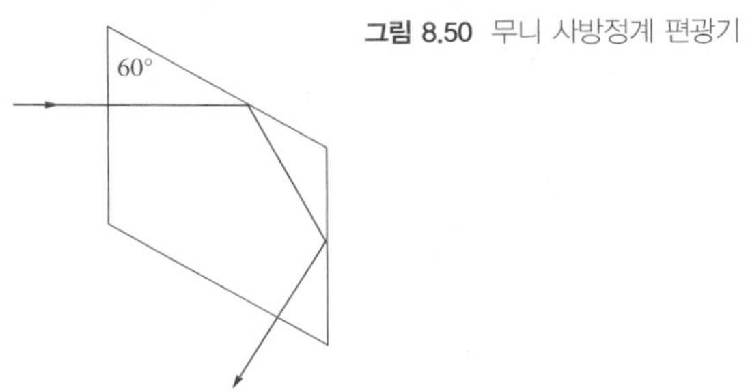

그림 8.50 무니 사방정계 편광기

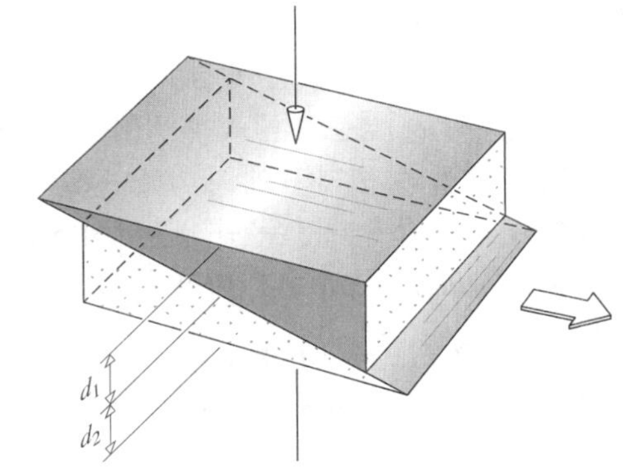

그림 8.51 바비네 보정기

8.7.2 보정기와 가변형 지연기

보정기(compensator)는 광파의 위상 지연을 인위적으로 조절할 수 있는 광학 부품이다. $\Delta\varphi$가 고정되어 있는 파장판과는 달리 보정기에서는 상대 위상차를 연속적으로 변화시킬 수 있다. 여러 가지 형태의 보정기 중에서 가장 널리 쓰이는 두 가지만을 살펴보기로 하자. 그림 8.51에 나타낸 **바비네 보정기(Babinet compensator)**는 2개의 방해석 또는 일반적으로 수정으로 된 쐐기로 되어 있는데, 그림에서 이 결정의 광축을 선과 점으로 표시하였다. 임의의 점에서 수직 아래로 보정기를 통과하는 광선은 윗부분 쐐기에서 d_1을, 아랫부분 쐐기에서 d_2의 두께를 통과할 것이다. 첫 번째 결정에 의해 광파에 주어지는 상대 위상차는 $2\pi d_1(|n_o - n_e|)/\lambda_0$이고, 두 번째 결정에 의한 상대 위상차는 $-2\pi d_2(|n_o - n_e|)/\lambda_0$이다. 이것과 매우 닮았으나 보다 각이 크고 훨씬 두꺼운 울러스턴 프리즘(Wollaston prism)에서와 마찬가지로 위 쐐기에서의 o-광선과 e-광선은 아래 쐐기에서 각각 e-광선과 o-광선이 된다.

이 보정기는 얇기 때문에 (쐐기각은 일반적으로 약 2.5°임) 광선의 분리는 무시할 수 있다. 이 경우 총위상차는

$$\Delta\varphi = \frac{2\pi}{\lambda_0}(d_1 - d_2)(|n_o - n_e|) \tag{8.40}$$

이다. 만일 보정기를 방해석으로 만들었다면 위 쐐기에서 e-파가 o-파를 앞서고 이에 따라서 $d_1 > d_2$라면 $\Delta\varphi$는 e-성분이 o-성분을 앞서는 위상차를 의미한다. 수정으로 만든 보정기에 대해서는 그 역이 성립한다. 다시 말해 $d_1 > d_2$라면 $\Delta\varphi$는 o-파가 e-파를 앞서는 위상이다. $d_1 = d_2$인 중심에서는 한 쐐기에 의한 효과가 정확히 다른 것에 의해 상쇄되고, 모든 파장에 대하여 $\Delta\varphi = 0$이 된다. 위상 지연은 표면 위의 각 점마다 다를 것이고, 보정기의 폭 방향으로 좁은 영역에서는 쐐기의 두께가 미세하게 변하므로 위상 지연이 거의 일정하다고 보아도 된다. 만일 빛을 이러한 영역에 평행하게 설치한 슬릿을 거쳐서 입사하게 하고, 마이크로미터를 사용해서 둘 중 하나의 쐐기를 수평으로 이동시키면, 원하는 $\Delta\varphi$를 가진 빛이 나오게 할 수 있다.

바비네 보정기가 직교하는 편광기 사이에 45°의 각도로 놓이면, 평행한 같은 간격의 검은 흡수 무늬선이 보정기의 폭에 걸쳐 나타날 것이다. 이것은 이러한 위치에서 이 기구가 전파장판의 역할을 한다는 것을 의미한다. 백색 광선을 쓰면 이 무늬는 중앙의 검은 띠($\Delta\varphi = 0$)를 제외하고는 색깔을 나타낼 것이다. 미지의 판에 대한 위상 지연은 이것을 보정기 위에 놓고 이 판이 만들어 내는 무늬 이동을 조사함으로써 알아낼 수 있다. 무늬가 좁고 전기적으로 '읽어내기' 어려워 바비네 보정기는 예전보다 많이 사용되지 않는다. 바비네 보정기는 표면 전체에 걸쳐서 일정한 위상 지연을 만들어 내도록 바꿀 수 있는데, 이것은 단지 위 쐐기를 180° 회전하여 얇은 모서리가 아래 쐐기의 얇은 모서리 위에 놓이도록 하면 된다. 그러나 이와 같은 구조는 빛을 약간 편향시킨다.

바비네 보정기의 또 다른 변형으로 전 표면에 걸쳐서 일정한 위상차를 만들어 내고 편향도 없는 것이 그림 8.52에서 볼 수 있는 **솔레이 보정기(Soleil compensator)**이다. 일반적

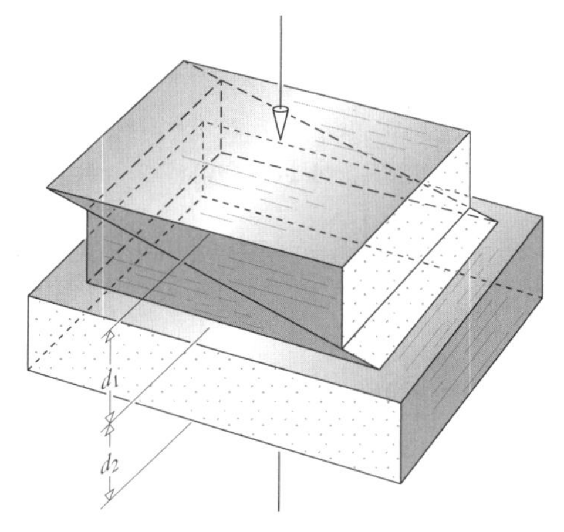

그림 8.52 솔레이 보정기

으로 수정으로 만들어지는(적외선에 대해서는 MgF_2와 CdS 사용) 솔레이 보정기는 2개의 쐐기와 하나의 평행판으로 구성되며 광축은 그림에 나타낸 것과 같다. d_1은 두 쐐기의 총 두께에 해당하고, 마이크로미터로 두 쐐기를 어떻게 이동하였든지 균일한 두께를 나타낸다.

8.8 원형 편광기

앞에서 1/4 파장판의 주축에 대하여 45°로 선형 편광된 빛이 1/4 파장판에서 나올 때 원편광된다는 것을 알았다. 적절한 방향을 가진 선형 편광 편광기와 90° 위상 지연기의 조합은 원형 편광기(circular polarizer)의 역할을 할 수 있다. 두 광학 부품은 완전히 독립적인 기능을 하고, 하나는 복굴절성이 있어야만 하는 반면 다른 하나는 반사 형태로도 만들 수도 있다. 나오는 빛의 원편광 방향은 선형 편광 편광기의 투과축이 위상 지연기의 빠른축에 대하여 +45°인지 또는 −45°인지에 달려 있으므로 이렇게 하면 원편광인 $\mathcal{L}$− 또는 $\mathcal{R}$−상태를 매우 쉽게 만들 수 있다. 실제로 하나는 +45° 방향을, 다른 하나는 −45° 방향을 취하고 있는 2개의 위상 지연기 사이에 선형 편광 편광기를 놓으면 이 조합은 '양방향성'이 된다. 다시 말하면 한 방향으로 입사한 빛은 $\mathcal{R}$−상태를 만들 것이고, 반대 방향으로 입사한 빛은 $\mathcal{L}$−상태를 만들어낸다.

CP-HN은 흔히 볼 수 있는 한 장으로 된 원형 편광 편광기의 상품명이다. 이것은 *HN* 폴라로이드와 당겨진 폴리비닐 알코올로 된 90° 위상 지연기가 겹쳐진 것이다. 이와 같은 결합의 **입사 쪽**은 명백히 선형 편광기 면이다. 만일 빔이 **출력 쪽**(즉 위상 지연기 쪽)으로 입사한다면, 이것은 그 후 *H*-판을 통과하여 오로지 선편광만 되어 나올 수 있다.

원형 편광 편광기는 이미 원편광되어 있다고 알고 있는 광

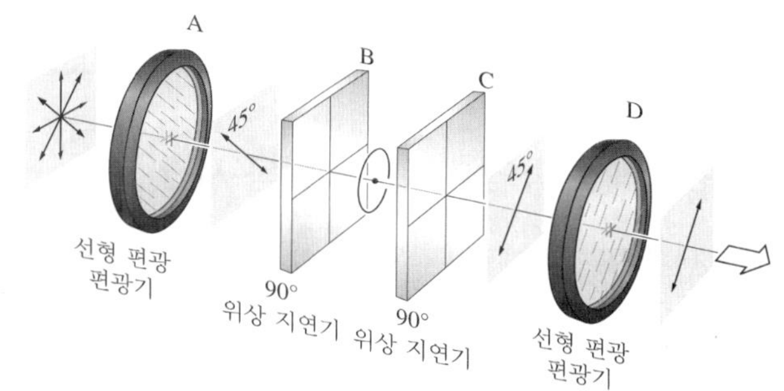

그림 8.53 2개의 선형 편광 편광기와 2개의 1/4 파장판

파의 편광 방향을 결정하는 검광기로 쓸 수 있다. 이것이 어떻게 이루어지는지 알기 위해 그림 8.53에 *A*, *B*, *C*, *D*로 표시되어 있는 4개의 광학 부품을 생각하자. 처음 두 부품 *A*와 *B*는 *C*와 *D*처럼 원형 편광 편광기를 이룬다. 이들 편광기의 정확한 편광 방향은 위상 지연기의 빠른축이 평행하기 때문에 지금은 중요하지 않다. *A*로부터 오는 선편광된 빛은 *B*에서 90° 위상 지연을 받는데, 이 점에서 빛은 원편광 상태를 가진다. 이 빛이 *C*를 통과해 가면 또다시 90°의 위상 지연이 추가되고 다시 선편광파가 된다. 사실상 *B*와 *C*는 함께 반파장판을 형성하고 이것은 단지 *A*로부터 온 선편광된 빛을 2θ(여기서는 90°)의 각도만큼 회전시키는 것이다. *C*로부터 나오는 선편광파가 *D*의 투과축과 평행하기 때문에 빛은 이것을 통과하여 시스템 밖으로 나오게 된다.

이 단순한 과정에서 실제로는 어려운 것을 증명하였다. 만일 원형 편광 편광기인 *A* + *B*와 *C* + *D*가 모두 좌원 편광기일 경우, **좌원 편광된 빛이 출력 쪽으로부터 좌원 편광 편광기에 입사하면 그대로 투과할 것이라는 것을 보여 주었다.** 또한 잠시 생각하면 우원 편광된 빛은 *D*의 투과축에 대하여 수직 $\mathcal{P}$-상태를 만들 것이고, 따라서 흡수될 것이라는 것이 분명하다. 이 역도 성립한다. 즉 **출력 쪽에서 들어갔다면 2개의 원편광 상태 중 $\mathcal{R}$-상태만이 우원 편광 편광기를 통과할 것이다.**

2개의 직교하는 폴라로이드 사이에 들어 있는 구겨진 셀로판. 셀로판의 두께와 입사한 빛의 파장에 따라 셀로판은 전기장을 다른 각도로 회전시킨다. 폴라로이드 1개를 회전시키면 보상색이 나타난다.

8.9 천연색광의 편광

8.9.1 천연색 광파의 띠폭과 결맞음 시간

순수 단색광(물론 실제로 존재하지 않지만)은 바로 그 본성 때문에 편광되어 있어야만 한다. 이러한 광파의 2개의 직교하는 성분은 같은 주파수를 가지며, 각각의 진폭은 일정하다. 만일 어느 한쪽 사인파 성분의 진폭이 변하면 이것은 푸리에 스펙트럼에서 또 다른 주파수가 존재한다는 것과 같은 뜻이 된다. 또한 두 성분은 일정한 상대 위상차를 갖고 있다. 즉 결맞음이다. 단색파는 무한대의 파열(wavetrain)이며 그 성질은 시간에 대하여 불변이다. 즉 광파는 $\mathscr{R}$-, $\mathscr{L}$-, $\mathscr{P}$-, $\mathscr{E}$-상태 중의 하나로 완전히 편광되어 있다.

실제의 광원에는 여러 가지 빛이 섞여 있다. 즉 방출되는 복사 에너지는 여러 주파수의 폭을 갖는다. 이제 방출되는 파의 편광 상태에 특히 관심을 두면서 미시적 수준에서 어떤 일이 일어나는지 살펴보자. (아마도 충돌에 의해서) 진동하도록 들떠 있는 전자 진동자를 상상하고, 진동의 결과로 복사가 일어난다고 생각하자. 진동자의 미세한 운동에 따라서 진동자는 어떤 형태의 편광된 빛을 방출할 것이다.

7.4.3절에서처럼 단일 원자로부터의 복사 에너지가 유한한 길이 Δl_c를 갖는 파열로 나온다고 상상하자. 잠시 동안 이 편광 상태가 결맞음 시간 Δt_c(이것은 파열의 시간적 길이로 $\Delta l_c/c$이다) 정도의 시간 동안 본질적으로 일정하다고 가정하자. 전형적인 광원은 일반적으로 이와 같은 복사 원자들의 커다란 집합으로 이루어졌는데, 이것은 어떤 주된 주파수 $\bar{\nu}$에서 서로 다른 위상으로 진동한다고 상상할 수 있다. 관측점에 도착하는 방출광선이 본질적으로 평행하도록 광원의 아주 작은 영역에서 오는 빛을 가정하자. 평균 결맞음 시간 정도의 짧은 시간 동안 각 원자로부터 나오는 파열의 진폭과 위상은 필연적으로 일정할 것이다. 이것은 어떤 방향에서 광원 쪽으로 바라본다면 적어도 잠시 동안 이 방향으로 방출된 파들의 결맞는 중첩을 '볼 수' 있다는 것을 의미한다. 다시 말하면 합성파의 주어진 편광 상태를 '볼' 것이다. 이 상태는 오로지 결맞음 시간보다 작은 시간 동안만 지속되고 그 후로는 바뀐다. 결맞음 시간이 짧다고 하더라도 그 시간 동안 주파수 $\bar{\nu}$로 아주 여러 번 진동하게 될 것이다. 분명한 것은 만일 띠폭 $\Delta\nu$가 넓다면 결맞음 시간($\Delta t_c \approx 1/\Delta\nu$)이 작을 것이고 어떤 편광 상태도 수명이 짧을 것이다. 분명히 **편광과 결맞음의 개념은 근본적으로 관련이 있다**.

이제 그 평균 주파수에 비해 띠폭이 매우 좁은 파, 즉 준단색파(quasimonochromatic wave)를 생각하자. 이 광파는 식 (8.1) 및 식 (8.2)와 같은 2개의 직교하는 조화파의 $\mathscr{P}$-상태로 나타낼 수 있다. 그러나 여기서 진폭과 초기 위상각은 시간의 함수이다. 또한 주파수와 전파 상수는 광파에 존재하는 스펙트럼 값의 평균, 즉 $\bar{\omega}$와 $\bar{k}$에 해당한다. 따라서

$$\vec{\mathbf{E}}_x(t) = \hat{\mathbf{i}}E_{0x}(t)\cos[\bar{k}z - \bar{\omega}t + \boldsymbol{\varepsilon}_x(t)] \tag{8.41a}$$

와

$$\vec{\mathbf{E}}_y(t) = \hat{\mathbf{j}}E_{0y}(t)\cos[\bar{k}z - \bar{\omega}t + \boldsymbol{\varepsilon}_y(t)] \tag{8.41b}$$

이다. 편광 상태 그리고 이에 상응하는 $E_{0x}(t)$, $E_{0y}(t)$, $\boldsymbol{\varepsilon}_x(t)$, $\boldsymbol{\varepsilon}_y(t)$는 많은 수의 진동에 걸쳐서 필연적으로 서서히 변할 것이다. 좁은 띠폭은 비교적 긴 결맞음 시간을 의미함을 명심하라. 더 긴 시간 동안 파를 관찰하면 진폭과 초기 위상각은 독립적이거나 또는 어떤 상관관계를 가지면서 변할 것이다. 만일 이들 변화 간에 전혀 상관관계가 없다면 편광 상태는 결맞음 시간에 비해 짧은 시간 동안만 일정하게 유지될 것이다. 다시 말하면 타원 편광 상태의 모양, 방향, 회전 방향이 변할 수 있다는 것을 말한다. 실제로는 현존하는 어떤 검출기도 그렇게 짧은 시간 동안 지속되는 특별한 편광 상태를 식별할 수 없기 때문에 광파는 편광되지 않았다고 추정할 것이다.

이와 대조적으로 비록 2개의 항이 모두 변하더라도 비율 $E_{0x}(t)/E_{0y}(t)$가 일정하고 $\boldsymbol{\varepsilon} = \boldsymbol{\varepsilon}_y(t) - \boldsymbol{\varepsilon}_x(t)$도 일정하다면 이 광파는 편광되어 있을 것이다. 여기서 이들 서로 다른 함수 사이의 상관관계의 필요성이 확실히 드러난다. 단순히 광파를 편광기에 통과시켜 원하지 않는 성분을 제거함으로써 실제로 이 조건을 적용할 수 있다. 그 후 광파가 편광 상태를 유지하는 시간은 더 이상 띠폭과 관계가 없다. 왜냐하면 광파의 성분이 적절히 상관되어 있기 때문이다. 빛은 다색광(심지어 백색광)이라도 완전히 편광될 수 있다. 이것은 8.1절에서 취급한 이상적인 단색광과 매우 비슷한 행동을 할 것이다.

완전하게 편광된 빛과 편광되지 않은 빛의 두 극단 사이는 부분 편광된 빛이다. 사실 임의의 준단색파는 편광된 파와 편광되지 않은 파의 합으로 나타낼 수 있다는 것을 보일 수 있는데, 여기서 이 둘은 서로 독립적이고, 둘 중의 하나는 0이 될 수 있다.

8.9.2 간섭색

백색광으로 비추는 두 장의 폴라로이드 사이에 쭈글쭈글해진 셀로판 종이를 끼워 넣자. 아니면 보통의 비닐주머니(폴리에틸렌)를 직교하는 폴라로이드 사이에 넣고 비닐주머니를 당긴다. 그렇게 하면 비닐의 분자들이 정렬하여 복굴절성

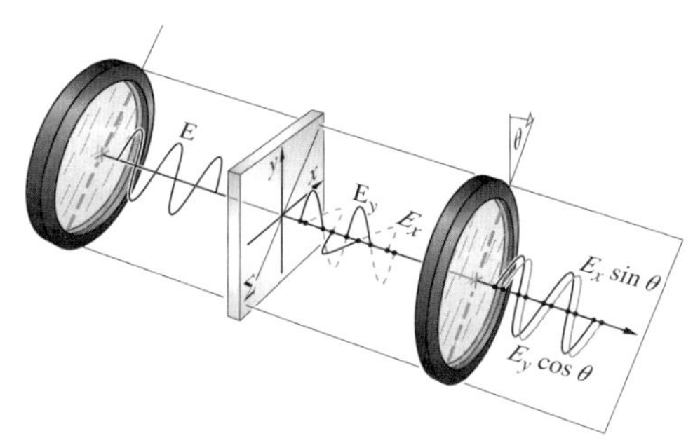

그림 8.54 간섭색의 기원

이 나타난다. 이제 이것을 구겨서 다시 한 번 시험해 보자. 이 결과 나오는 무늬는 여러 색깔로 된 영역이 많고, 이 무늬의 색조는 폴라로이드가 회전함에 따라 변한다. 이들 **간섭색(interference color)**은 위상 지연이 파장에 따라 다르기 때문에 생긴다. 이 무늬의 일상적인 다양한 모양과 색은 비닐 두께의 국소적 변화나 복굴절성 또는 이 모두에 기인한다.

간섭색이 생기는 것은 매우 일반적인 현상이고, 임의의 물질에서도 쉽게 관찰할 수 있다. 예를 들어 이 효과는 다층 운모조각, 얼음조각, 당겨진 비닐주머니 또는 보통의 백수정의 미립자 등에서 볼 수 있다. 어떻게 이런 현상이 일어나는지 알아보기 위해 그림 8.54를 살펴보자. 이 그림은 가느다란 단색 선편광 빔이 복굴절판 Σ의 작은 영역을 통과하여 지나는 것을 보여 준다. 이 영역에서 복굴절성과 두께가 모두 일정하다고 가정한다. 투과된 빛은 일반적으로 타원 편광되어 있다. 다시 말하면 Σ로부터 나오는 빛을 2개의 선형 편광된 직교하는 광파(즉 전체 전기장의 x와 y 성분) 성분으로 나타낼 수 있는데, 이들은 식 (8.36)에 의해 결정되는 상대 위상차 $\Delta\varphi$를 가지고 있다. 이들 두 파에서 검광기의 투과축 방향의 성분만이 검광기를 통과하여 관찰자에게로 간다.

이들 성분도 역시 $\Delta\varphi$의 위상차를 갖고 있고 같은 평면에 있기 때문에 간섭을 할 수 있다. $\Delta\varphi = \pi, 3\pi, 5\pi, \cdots$일 때는 위상이 완전히 어긋나고 서로 상쇄된다. $\Delta\varphi = 0, 2\pi, 4\pi, \cdots$일 때 광파는 위상이 맞고 서로 보강된다. 그러면 Σ 위의 어떤 점 P_1에서 청색광($\lambda_0 = 435\,\text{nm}$)에 대하여 4π의 위상 지연이 일어난다고 가정하자. 이 경우에 청색광은 강하게 투과될 것이다. 식 (8.36)에 의하면 $\lambda_0\Delta\varphi = 2\pi d(|n_o - n_e|)$는 두께와 복굴절성에 의해 결정되는 상수이다. 따라서 이 경우 모든 파장에 대하여 $\lambda_0\Delta\varphi = 1740\pi$이다. 이제 입사광을 황색광($\lambda_0 = 580\,\text{nm}$)으로 바꾸면 $\Delta\varphi = 3\pi$이고 P_1으로부터 오는 빛은 완전히 상쇄된다. 백색광을 Σ에 비출 때, Σ 위의 특정한 점은 황색이 완전히 제거된 것처럼 보일 것이고, 다른 모든 색은 통과시키나 청색만큼 강하게는 통과시키지 않는다. 이 상황을 설명하는 또 다른 방법은 P_1 주위의 영역에서 나오는 청색광은 선편광($\Delta\varphi = 4\pi$)되어 있고, 검광기의 투과축에 평행하다고 하는 것이다. 반면에 황색광은 선편광($\Delta\varphi = 3\pi$)되어 있고, 흡수축 방향이다. 다른 색깔은 타원 편광되어 있다. P_1 근처 영역은 황색광에 대해서는 반파장판, 청색광에 대해서는 전파장판의 역할을 한다. 만일 검광기를 90° 회전시키면 황색광이 투과되고 청색광은 소멸될 것이다.

두 색을 섞어서 백색광이 되는 두 색을 보색이라 정의한다. 그러므로 검광기가 90° 회전하면 보색은 교대로 투과되고 흡수된다. 똑같은 방법으로 적색광($\lambda_0 = 650\,\text{nm}$)에 대하여 $\Delta\varphi = 4\pi$인 Σ 위의 또 다른 점 P_2가 있을 것이다. 그러면 $\lambda_0\Delta\varphi = 2600\pi$이고, 이 결과 녹색광($\lambda_0 = 520\,\text{nm}$)은 위상 지연 5π를 갖게 되어 소멸된다. 따라서 시료 전체에 걸쳐서 위치에 따라 위상 지연이 변한다면, 검광기를 투과하는 빛의 색깔도 달라질 것이 분명하다.

8.10 광활성

빛이 물질과 상호작용하는 과정으로부터 물질의 분자 구조에 관한 수많은 정보를 얻을 수 있다. 다음에 조사할 과정은 비록 광학 연구에서는 특정한 분야에서만 관심을 보이지만, 화학이나 생물학에서는 원대한 영향을 주어 왔고 또한 계속 줄 것이다.

1811년 프랑스의 물리학자 아라고(Dominique F. J. Arago)는 오늘날 **광활성(optical activity)**이라고 하는 아주 기묘한 현상을 처음으로 관찰하였다. 아라고는 수정판의 광축을 따라 빛이 전파하면서 선편광된 빔의 진동면이 연속적으로 회전한다는 사실을 발견하였다(그림 8.55). 거의 같은 시기에 비오(Jean Baptiste Biot, 1774~1862)는 터펜틴

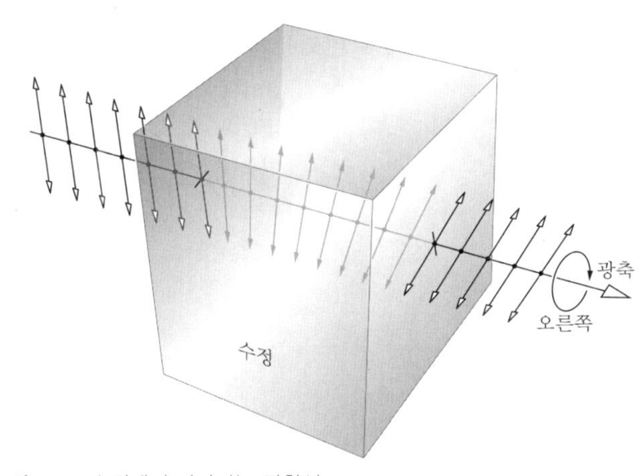

그림 8.55 수정에서 나타나는 광활성

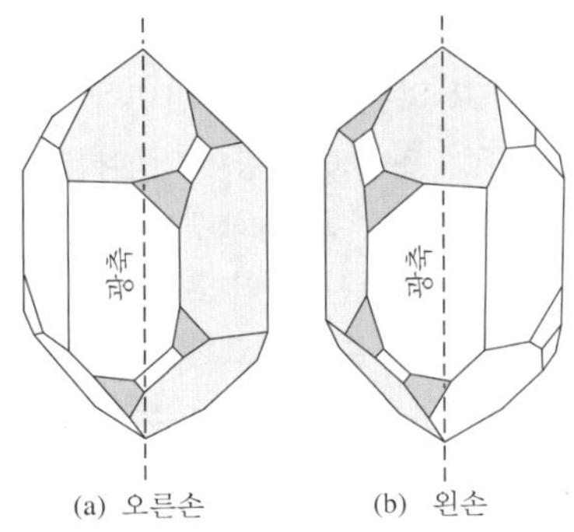

그림 8.56 오른손 회전과 왼손 회전의 수정 결정

(turpentine)과 같은 여러 가지 기체와 액체 형태의 천연 물질을 사용하는 중에 유사한 효과를 관찰하였다. 입사 선형 편광 평면파의 전기장을 회전시키는 그와 같은 물질을 **광학적으로 활성화**(optically active)된 물질이라고 한다. 또한 비오가 발견한 대로 오른손 회전과 왼손 회전을 구분해야만 한다. 만일 광원 쪽을 바라보아 진동면이 시계 방향으로 돌면 이 물질은 **우선성**(dextrorotatory 또는 *d*-rotatory, 라틴어로 *dextro*는 오른쪽을 의미)이라고 한다. 반대로 전기장 $\vec{\mathbf{E}}$가 시계 반대 방향으로 돌면 이 물질은 **좌선성**(levorotatory 또는 *l*-rotatory, 라틴어로 *levo*는 왼쪽을 의미)이라고 한다.

1822년 영국의 천문학자 허셜 경(Sir John F. Herschel)은 수정에서의 우선성과 좌선성이 실제로 두 가지 다른 결정 구조에 대응한다는 것을 알아냈다. 비록 분자들이 같더라도 (SiO_2) 결정 수정은 이들 분자의 배열에 따라 우선성일 수도 있고 좌선성이 될 수도 있다. 그림 8.56에서 보여 주듯이 이들 두 형태는 겉모양이 하나가 다른 것의 거울상이라는 것만 제외하고 모든 면에서 같다. 즉 이들은 서로 **좌우대칭 결정**(enantiomorphs)이라고 할 수 있다. 모든 투명한 좌우대칭 결정은 광학적으로 활성적이다. 반면에 융해 수정(molten quartz)과 **용융 수정**(fused quartz)은 둘 다 결정이 아니고 광학적으로 비활성적이다. 분명히 수정에서의 광활성은 전체 분자의 구조적 분포와 관련되어 있다. 수정처럼 결정 형태에서만 광활성을 나타내는 유기 물질과 무기 물질(예: 유기물의 경우 벤질, 무기물의 경우 $NaBrO_3$)이 많이 있다. 반면에 설탕이나 주석산(tartaric acid), 터펜틴(turpentine)과 같이 천연적으로 존재하는 유기 화합물은 용액이나 액체 상태에서 광활성이 있다. 여기서 자주 인용되는 **회전능**(rotator power)은 분명히 각 분자의 기여이다. 물론 더 복잡한 물질도 있는데 이 경우에 광활성은 분자 그 자체와 다양한 결정 안에서의 분자 배열 두 가지 모두와 관련되어 있다. 그 한 예가 주석산염 루비듐(rubidium tartrate)이다. 이 화합물의 우선성 용액은 결정화되면 **좌선성**으로 바뀐다.

1825년 프레넬은 실제의 작동원리에 대한 언급 없이 단순한 광활성의 현상학적 결과를 발표하였다. 입사하는 선편광파는 $\mathscr{R}$-상태와 $\mathscr{Q}$-상태의 중첩으로 나타낼 수 있기 때문에 그는 이 두 가지 형태의 원편광파가 서로 다른 속력으로 진행한다고 제안했다. 따라서 활성 물질은 **원편광 복굴절**(circular birefringence)을 나타낸다고 할 수 있다. 즉 이것은 $\mathscr{R}$-상태에 대한 굴절률($n_{\mathscr{R}}$)과 $\mathscr{Q}$-상태에 대한 굴절률($n_{\mathscr{Q}}$)을 가지고 있다. 광학적으로 활성적인 시료를 통과하는 동안 두 원편광파는 위상이 어긋나게 되고, 이 결과 나오는 선편광파는 회전된 것처럼 보일 것이다. 이를 해석적으로 이해하기 위하여 z 방향으로 진행하는 단색 우원 편광과 좌원 편광을 기술하는 식 (8.8)과 식 (8.9)로 돌아가자. 식 (8.10)에서 이들 두 파의 합이 선편광되어 있는 것을 보았다. 이제 식 (8.10)의 진폭에서 2라는 인자를 제거하기 위해 이들 표현식을 약간 바꿔 보면

$$\vec{\mathbf{E}}_{\mathscr{R}} = \frac{E_0}{2}\,[\hat{\mathbf{i}}\cos(k_{\mathscr{R}}z - \omega t) + \hat{\mathbf{j}}\sin(k_{\mathscr{R}}z - \omega t)] \tag{8.42a}$$

와

$$\vec{\mathbf{E}}_{\mathscr{L}} = \frac{E_0}{2}\,[\hat{\mathbf{i}}\cos(k_{\mathscr{L}}z - \omega t) - \hat{\mathbf{j}}\sin(k_{\mathscr{L}}z - \omega t)] \tag{8.42b}$$

와 같이 각각 오른손파와 왼손파로 나타낼 수 있다. ω는 상수이기 때문에 $k_{\mathscr{R}} = k_0 n_{\mathscr{R}}$이고 $k_{\mathscr{Q}} = k_0 n_{\mathscr{Q}}$이다. 합성파는 $\vec{\mathbf{E}} =$

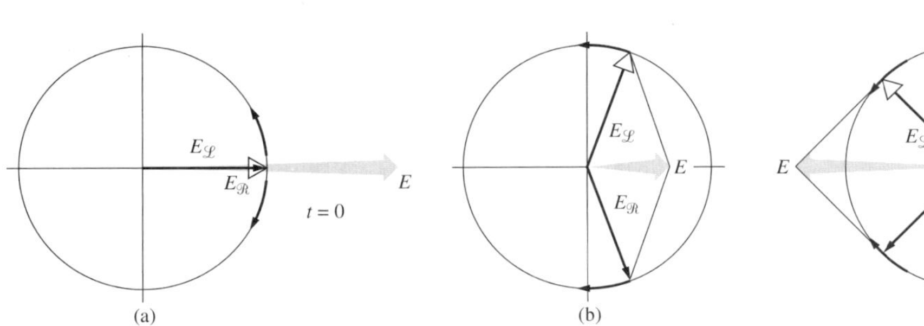

그림 8.57 $z=0$에서 $\mathscr{R}$-상태와 $\mathscr{L}$-상태의 중첩

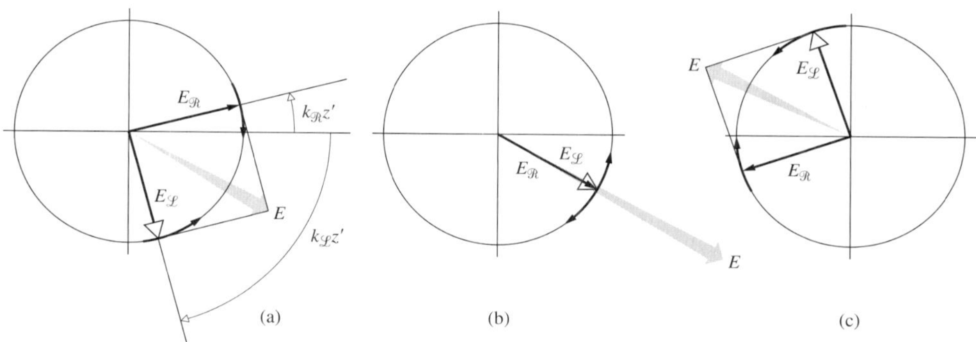

그림 8.58 $z=z'$에서 $\mathscr{R}$-상태와 $\mathscr{L}$-상태의 중첩($k_{\mathscr{L}}>k_{\mathscr{R}}$)

$\vec{\mathbf{E}}_{\mathscr{R}} + \vec{\mathbf{E}}_{\mathscr{Q}}$이고 약간의 삼각함수 계산을 거치면

$$\vec{\mathbf{E}} = E_0 \cos[(k_{\mathscr{R}} + k_{\mathscr{L}})z/2 - \omega t][\hat{\mathbf{i}}\cos(k_{\mathscr{R}} - k_{\mathscr{L}})z/2 + \hat{\mathbf{j}}\sin(k_{\mathscr{R}} - k_{\mathscr{L}})z/2] \tag{8.43}$$

으로 된다. 광파가 매질로 들어가는 위치($z = 0$)에서 합성파는 그림 8.57에서와 같이 x축을 따라 선편광되어 있다. 즉

$$\vec{\mathbf{E}} = E_0\hat{\mathbf{i}}\cos\omega t \tag{8.44}$$

이다. 광경로 위의 임의의 점에서 두 성분은 같은 시간 의존성을 가지며, 따라서 위상이 결맞다는 점에 유의하라. 즉 z축 위의 임의의 곳에서 합성파는 방향은 확실히 z의 함수이지만 선형 편광(그림 8.58)되어 있다는 것을 의미한다. 또한 $n_{\mathscr{R}} > n_{\mathscr{Q}}$ 또는 이와 동등하게 $k_{\mathscr{R}} > k_{\mathscr{Q}}$이라면 $\vec{\mathbf{E}}$는 시계 반대 방향으로 돌 것이고, 반면에 만일 $k_{\mathscr{Q}} > k_{\mathscr{R}}$이라면 회전은 시계 방향이다(광원을 향해 보았을 때). 전통적으로 $\vec{\mathbf{E}}$가 회전하는 각 β는 회전 방향이 시계 방향일 때 양으로 정의된다. 이 부호 규약을 염두에 두면 식 (8.43)으로부터 점 z에서의 전기장은 원래의 방향에 대하여 $\beta = -(k_{\mathscr{R}} - k_{\mathscr{Q}})z/2$의 각도를 만든다는 것이 분명하다. 만일 매질이 두께 d를 가지면 그것을 거치는 동안 진동면의 회전하는 각은

$$\beta = \frac{\pi d}{\lambda_0}(n_{\mathscr{L}} - n_{\mathscr{R}}) \tag{8.45}$$

이 된다. 여기서 $n_{\mathscr{Q}} > n_{\mathscr{R}}$이면 우선성이고, $n_{\mathscr{R}} > n_{\mathscr{Q}}$이면 좌선성이다(그림 8.59).

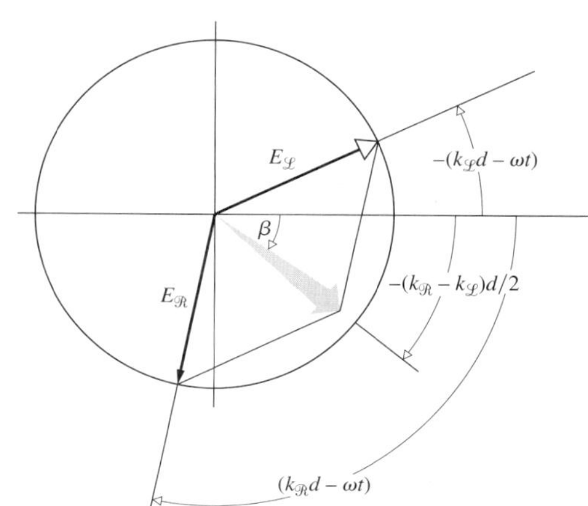

그림 8.59 $z=d$에서 $\mathscr{R}$-상태와 $\mathscr{L}$-상태의 중첩($k_{\mathscr{L}}>k_{\mathscr{R}}$, $\lambda_{\mathscr{L}}>\lambda_{\mathscr{R}}$, $v_{\mathscr{L}}<v_{\mathscr{R}}$)

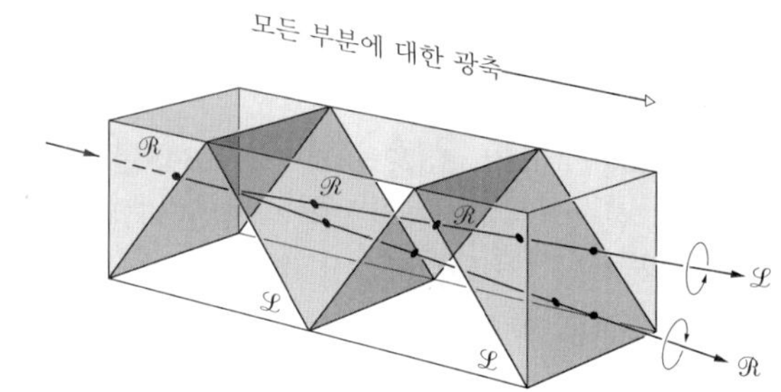

그림 8.60 프레넬 합성 프리즘

프레넬은 실제로 그림 8.60의 합성 프리즘을 사용하여 선편광된 빔을 이 광파의 성분인 $\mathscr{R}$-상태와 $\mathscr{Q}$-상태로 분리하였다. 이 프리즘은 광축이 그림과 같이 잘린 몇 개의 우선 수정과 좌선 수정으로 구성되어 있다. $\mathscr{R}$-상태는 첫 번째 프리즘에서 더 빨리 진행하는데 이 때문에 경사진 경계면의 법선 쪽으로 굴절된다. $\mathscr{Q}$-상태에 대해서는 그 반대이다. 두 원편광파 사이의 분리각은 접촉면을 지나며 커진다.

나트륨광의 경우 β/d로 정의되는 수정의 **고유 회전능**(specific rotatory power)은 21.7°/mm이다. 따라서 광축을 따라 진행하는 빛에 대해서는 $|n_{\mathscr{Q}} - n_{\mathscr{R}}| = 7.1 \times 10^{-5}$이다. 이와 같은 특별한 방향에서 정상 복굴절(ordinary double refraction)은 사라진다. 그러나 광축에 대해 수직으로 진행하는(편광 프리즘, 파장판, 보정기에서 자주 일어나는 경우처럼) 입사광에 대해서 수정은 광학적으로 비활성적인 양의 단축 결정과 같은 행동을 한다. 다른 종류의 광학적 활성 복굴절 물질(단축과 쌍축)도 있는데, 예를 들면 진사(HgS, $n_o = 2.854$, $n_e = 3.201$)의 회전능은 32.5°/mm이다. 반면에 $NaClO_3$는 광학적으로 활성적(3.1°/mm)이지만 복굴절 물질이 아니다. 이와 대조적으로 액체의 회전능은 상대적으로 너무나 작기 때문에 보통 10 cm 길이당 회전각으

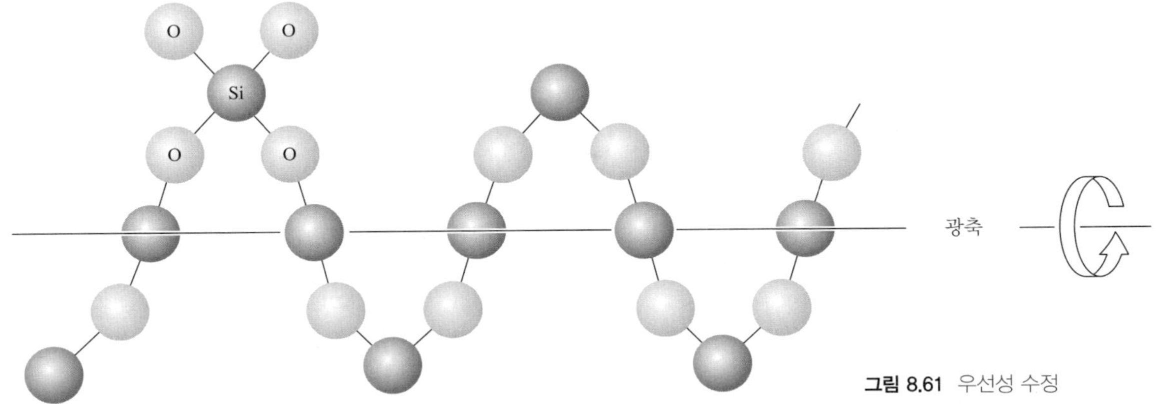

그림 8.61 우선성 수정

로 표시한다. 예를 들어 터펜틴($C_{10}H_6$)의 경우 이 값은 불과 $-37°/10\,cm$(10°C, $\lambda_0 = 589.3\,nm$일 때)이다. 용액의 회전능은 농도에 따라 변한다. 이러한 사실은 소변이나 설탕 시럽 속에 있는 당의 양을 결정하는 데 특히 유용하다.

식품가게에서 구할 수 있는 무색 옥수수 시럽을 사용하면 보다 쉽게 광활성을 관찰할 수 있다. 그것의 β/d 값은 대략 +30°/inch이기 때문에 많은 양은 필요하지 않다. 시럽을 두 장의 직교하는 폴라로이드 사이에 있는 유리 용기에 조금 넣고 플래시 빛으로 비추어 보라. 검광기를 회전시킴에 따라 아름다운 색깔이 나타나는데, 이것은 β가 λ_0의 함수이기 때문에 일어나며, 이를 **회전 분산**(rotator dispersion)이라고 한다. 단색광을 얻기 위하여 필터를 사용하면 시럽의 회전능을 쉽게 결정할 수 있다.*

파스퇴르(Louis Pasteur, 1822~1895)가 1848년에 낸 박사 논문은 광활성 현상과 관련된 최초의 커다란 과학적 업적이었다. 그는 주석산의 광학적 비활성 형태인 포도산(racemic acid)이 실제로 같은 양의 좌선과 우선 성분을 포함한 혼합물로 구성되어 있다는 것을 밝혔다. 같은 분자식을 가졌지만 구조가 조금 다른 이와 같은 물질을 **이성체**(isomer)라고 한다. 그는 포도산을 결정화하여, 이로부터 나오는 거울상 결정체(좌우대칭 결정)의 두 가지 다른 형태를 분리할 수 있었다. 이들이 따로따로 물속에서 완전히 녹으면 우선성과 좌선성의 용액을 형성한다. 이것은 화학적으로는 같지만 서로 거울상인 분자들이 존재한다는 것을 의미하는데 이와 같은 분자를 **광스테레오 이성체**(optical stereoisomers)라고 한다. 이러한 생각은 유기와 무기화합물의 입체화학의 기반이 되었는데, 이러한 분자에서는 원자의 3차원 공간 분포가 중요해진다.

* 젤라틴 필터도 잘 작동되지만 채색된 셀로판 조각도 역시 잘 작동된다. 다만 셀로판이 파장판(8.7.1절 참조)의 역할을 할 것이므로 주축을 잘 맞추지 않고 폴라로이드 사이에 넣어서는 안 된다는 것을 기억하라.

8.10.1 쓸모 있는 모형

광활성 현상은 매우 복잡하고, 비록 이것을 고전 전자기 이론으로 취급할 수 있지만 실질적으로는 양자역학적 이해가 필요하다.** 그럼에도 불구하고 이 과정을 설명할 수 있는 정성적이고 그럴듯한 간단한 모형을 생각해 보자. 광학적으로 등방적인 매질을 입사파의 전기장에 평행하게 진동하는 등방적 전기 진동자의 균일한 분포로 나타낼 수 있음을 상기하자. 마찬가지로 광학적으로 비등방적인 매질은 걸어 준 전기장에 대해서 어떤 각도로 진동하는 비등방적 진동자의 분포로 표현하였다. 이제 광학적으로 활성적인 물질 안에 있는 전자가 뒤틀린 경로(단순화하기 위하여 나선으로 가정)를 따라 움직인다고 하자. 다시 말하면 이와 같은 분자는 마치 나선형의 도체처럼 생각할 수 있다. 수정 결정 내의 실리콘과 산소 원자들은 그림 8.61에 나타낸 것처럼 광축에 대하여 우선 또는 좌선의 나선으로 정렬한다고 알려져 있다. 이 표현에서는 결정 안에서 나선들이 서로 평행하게 배열하고 있다. 이와 대조적으로 활성적인 설탕 용액은 각각 같은 회전 방향을 갖고 있으나, 가리키는 방향이 제멋대로 되어 있는 나선의 분포와 비슷하다.***

수정에서는 입사파가 시료를 우선 나선으로 '보느냐' 또는 좌선 나선으로 '보느냐'에 따라 서로 다른 상호작용이 일어나리라고 예상된다. 따라서 광파의 $\mathscr{R}$-성분과 $\mathscr{L}$-성분에 대하여 서로 다른 굴절률을 예상할 수 있다. 결정에서 원편광 복

** 해설논문 S. F. Mason의 "Optical activity and molecular dissymmetry", *Contemp. Phys.* **9**, 239 (1968)에 더 읽어야 할 참고문헌의 목록이 들어 있다.

*** 이들 고체 상태와 액체 상태 이외에 제3의 물질 상태가 있는데, 이 상태는 두드러진 광학적 특성 때문에 매우 유용하다. 이 상태를 **준결정** 상태 또는 **액정** 상태라고 한다. 액정은 그 특징적인 분자 방향을 유지한 채로 흐를 수 있는 유기 화합물이다. 특히 콜레스테릭 액정은 나선 구조를 가지고 있고, 따라서 40000°/mm 정도의 대단히 큰 회전능을 나타낸다. 나사 모양의 분자 배열의 피치(pitch)는 수정의 피치보다 대단히 작다.

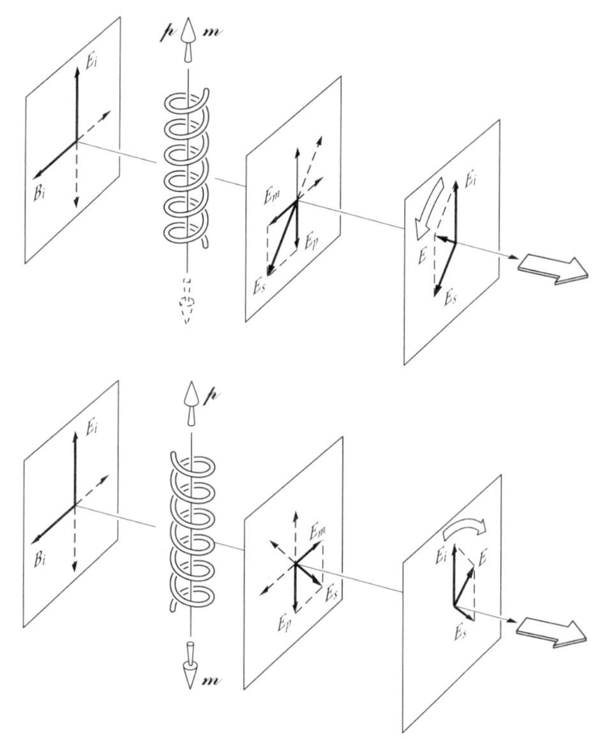

그림 8.62 나선 분자로부터의 복사

굴절이 되는 과정을 자세히 취급하는 것은 결코 단순하지 않으나 적어도 이를 설명하기 위해서는 비대칭이 필요하다는 것은 분명하다. 그러면 어떻게 나선의 불규칙한 배열이 광활성을 만들 수 있을까? 단순한 모형으로 예를 들어 어떤 나선 분자의 축이 우연히 전자기파의 전기장에 평행한 경우를 조사해 보자. 이 전기장은 전하를 분자의 길이 방향을 따라 위아래로 진동시킬 것이고, 축에 평행하게 시간에 따라 변하는 전기 쌍극자 모멘트 $p(t)$를 만들어낸다. 또한 전자의 나선 운동과 관련된 전류가 있다. 이것은 나선축을 따라 진동하는 자기 쌍극자 모멘트 $m(t)$를 만들어낸다(그림 8.62). 반면에 만일 분자가 광파의 자기장 $\vec{\mathbf{B}}$에 평행하다면 시간에 따라 변하는 선속이 있을 것이고, 따라서 유도 전류가 분자 주위를 돌게 된다. 이것은 다시 진동하는 축상의 전기와 자기 모멘트를 만들어낼 것이다. 어느 쪽의 경우라도 **$p(t)$와 $m(t)$는 특정한 분자 나선의 방향에 따라 서로 평행하거나 반평행하게 된다.** 두 가지의 진동하는 쌍극자들은 전자기파를 산란(즉 재복사)시킬 것이다. 전기 쌍극자에 의해 주어진 방향으로 방사된 전기장 $\vec{\mathbf{E}}_p$는 자기 쌍극자에 의해 방사된 전기장 $\vec{\mathbf{E}}_m$과 수직이다. 따라서 이들의 합이 바로 나선에 의하여 산란되는 전기장인 $\vec{\mathbf{E}}_s$인데 전파 방향을 따라서 입사하는 전기장 $\vec{\mathbf{E}}_i$에 평행하지 않을 것이다(물론 자기장에 대해서도 마찬가지이다). 따라서 투과하는 합성광($\vec{\mathbf{E}}_s + \vec{\mathbf{E}}_i$)의 진동면은 나선의 방향에 의해 결정된 방향으로 회전한다. 회전하는 정도는 각 분자의 방향에 따라 다르나 같은 방향의 나선에 대하여 같은 방향을 가진다.

비록 광학적으로 활성인 분자를 나선형 도체로 보는 논의는 명백히 피상적이지만, 이 유추법은 상당한 가치가 있다. 사실 선형 편광된 파장 3cm인 마이크로파 빔을 똑같은 모양의 많은 구리 나선으로 차 있는(예: 지름 0.5cm이고 길이 1cm이며 서로 절연되어 있다) 상자에 보내면 투과하는 광파의 진동면은 회전을 일으키게 된다.*

8.10.2 광학적으로 활성적인 생물 물질

광활성과 관련된 가장 흥미 있는 관찰은 생물학 분야에서의 광활성 현상이다. 유기 분자들이 실험실에서 합성될 때마다 언제나 같은 수의 우선성 이성체(*d*-isomers)와 좌선성 이성체(*l*-isomers)가 만들어지고, 이 효과 때문에 화합물은 광학적으로 비활성적이다. 만일 이것들이 존재한다면 천연 유기 물질에서도 같은 양의 우선성과 좌선성의 광스테레오 이성체가 발견될 것으로 기대할 수 있다. 그러나 이런 경우는 결코 없다. 천연설탕(sucrose, $C_{12}H_{22}O_{11}$)은 그것이 어디서 자랐든, 또 사탕수수에서 추출했든 혹은 사탕무에서 추출했든 관계없이 언제나 우선성이다. 또한 단순한 포도당, 즉 *d*-글루코스($C_6H_{12}O_6$)는 그 이름이 암시하듯이 우선성인데, 인간의 대사작용에서 가장 중요한 탄수화물이다. 분명히 생체는 광이성체와는 약간 구별된다고 할 수 있다.

모든 단백질은 **아미노산**이라고 하는 화합물의 합성물이다. 이들은 순서대로 탄소, 수소, 산소, 질소의 결합이다. 20개의 아미노산이 있는데, 이들 모두(예외는 가장 단순한 글리신인데 이것은 좌우대칭이 아니다)는 일반적으로 좌선성이다. 이 말은 이 단백질 분자가 달걀(egg)에서 왔든 가지(eggplant)에서 왔든, 딱정벌레(beetle)에서 왔든 비틀즈(Beatle)에서 왔든 상관없이 이를 구성하는 아미노산은 좌선성일 것임을 의미한다. 한 가지 중요한 예외는 페니실린과 같은 항생물질 그룹인데, 이것은 얼마간의 우선성 아미노산을 포함하고 있다. 사실 이것이 페니실린이 갖는 박테리아에 대한 독성 효과를 설명한다.

지구 및 다른 행성에서 가능한 생명의 기원에 대해 생각하는 것은 흥미로운 일이다. 예를 들면 지구 위의 생명은 원래 두 가지의 거울-상 형태로 구성되어 있었을까? 다섯 가지 아미노산이 1969년 9월 28일 호주 빅토리아에 떨어진 운석에서 발견되었는데, 분석해 본 결과 대략 같은 양의 광학적 우선성 아미노산과 좌선성 아미노산의 형태가 존재한다는 것

* I. Tinoco and M. P. Freeman, "The optical activity of oriented copper helices", *J. Phys. Chem.* **61**, 1196 (1957).

이 밝혀졌다. 이것은 지구상의 암석에서 발견되는 압도적으로 우위인 좌선성 아미노산과 좋은 대조가 된다. 그 함축적 의미는 크고 놀라운 것이다.*

8.11 유도 광학 효과–광변조기

편광된 빛과 관련된 많은 종류의 물리적 효과가 있는데 이들의 한 가지 공통점은 외부로부터 유도된다는 것이다. 이들의 경우 외부적 영향(예: 기계적 힘이나 자기장 및 전기장)을 광학 매질에 주었을 때, 이 영향에 의하여 매질 속에서 빛이 투과하는 형태가 변한다.

8.11.1 광탄성

1816년 브루스터 경(Sir David Brewster)은 정상적으로 투명한 등방성 물질에 기계적 변형을 가하여 광학적으로 비등방성 물질을 만들 수 있음을 발견하였다. 이 현상을 **기계적 복굴절** 또는 **광탄성(photoelasticity)** 혹은 **변형 복굴절** 등이라고 한다. 압축력 또는 인장력 아래에서 물질은 각각 음의 단축 결정 또는 양의 단축 결정과 같은 성질을 갖게 된다. 어떤 경우이든 유효광축은 변형력이 가해지는 방향과 같다. 그렇다면 변형력이 시료 전체에 걸쳐서 일정하지 않으면 분명히 광파에 작용하는 복굴절성이나 위상 지연도 일정하지 않게 된다.

광탄성은 투명하거나 불투명한 모든 역학적 구조에서 변형력을 연구하는 기법에 활용된다(사진 참조). 부적절하게 열처리되거나 아무렇게나 설치된 유리는 이것이 자동차의 방풍 유리로 쓰이든, 망원경 렌즈로 쓰이든 간에 내부 변형력을 받을 것이고, 이 변형력은 쉽게 검출할 수 있다. 불투명 물체의 표면 변형에 대한 정보는 조사하려고 하는 부분에 광탄성 코팅을 함으로써 얻을 수 있다. 보다 일반적으로는 조사하고자 하는 부분의 투명한 모형을 에폭시(expoxy)나 글립톨(glyptol) 또는 변형된 폴리에스터 수지와 같이 **광학적으로 변형에 예민한** 물질로 만든다. 따라서 이 모형에서 실제 사용하는 부분이 외부 힘에 따라 광탄성이 달라진다. 이 모형의 표면에 걸쳐서 곳곳마다 복굴절성이 변하기 때문에 이 모형을 직교하는 편광기 사이에 놓으면 내부 변형력을 나타내는 복잡한 각양각색의 무늬가 나타난다. 임의의 투명 플라스틱 또는 향이 없는 젤라틴 덩어리를 2개의 폴라로이드 사이에 놓고 조사해 보자. 또 이것에 변형력을 더 가하고 이에

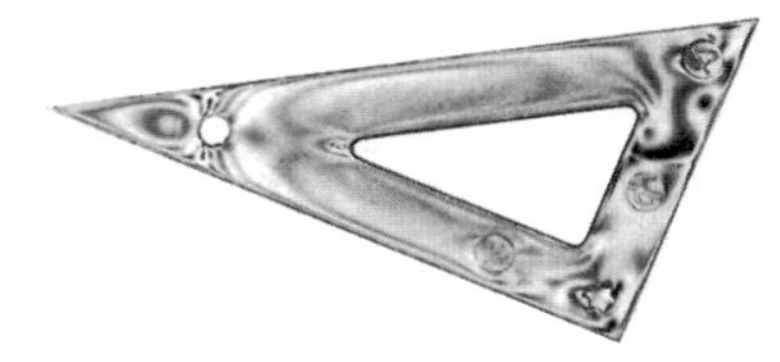

투명한 플라스틱 삼각형을 폴라로이드 사이에 끼운 것. 위 무늬들은 다양한 색깔을 띤다. (E.H.)

따라 변하는 무늬를 관찰해 보자(뒤쪽의 사진 참조).

시료의 임의의 점에서 위상 지연은 **주요 변형력차**(principal stress difference), 즉 $(\sigma_1 - \sigma_2)$에 비례한다. 여기서 σ는 직교하는 주요 변형력을 나타낸다. 예를 들어 시료가 수직 인장력을 받는 판이라면 σ_1은 수직 방향의 최대 변형력일 것이고, σ_2는 수평 방향의 최소 변형력일 것인데 이 경우는 0이 된다. 좀 더 복잡한 상황에서 주요 변형력의 차는 영역마다 다르다. 백색광이 비칠 때 시료 위에서 $(\sigma_1 - \sigma_2)$가 일정한 모든 점의 위치를 **등색 영역**(isochromatic regions)이라고 하고, 이와 같은 각 영역은 특정한 색깔에 대응한다. 이들 색 무늬가 겹치면 독립된 검은 띠가 된다. 선편광된 입사광의 전기장이 국소적 변형축에 평행하다면, 광파는 파장에 관계없이 아무런 영향을 받지 않고 통과해 나갈 것이다. 직교하도록 놓은 편광기를 쓰면 빛은 검광기에 의해 흡수되고 **등경사 띠**(isoclinic band)라고 하는 검은 영역을 만든다(연습문제 8.72). 이 무늬는 변형 분포에 대한 정성적 지도를 제공하고 정량적 계산의 기초 자료로 활용된다.

8.11.2 패러데이 효과

패러데이(Michael Faraday)는 1845년 빛이 물질 속을 전파해 나가는 방식이 외부 자기장에 의해 영향받을 수 있음을 발견하였다. 특히 그는 유리 조각에 입사한 선편광된 빛의 편광 방향이 진행 방향으로 강한 자기장이 걸릴 때 회전하는 것을 발견하였다. **패러데이 효과(Faraday effect)**는 전자기장과 빛 사이의 상호관계에 대한 초기 효과 중의 하나였다. 비록 이것이 광활성과 비슷해 보이지만 두 효과 사이에는 중요한 차이가 있다.

진동면이 회전한 각 β(호의 분으로 측정된)는 실험적으로 결정된 다음 식으로 주어진다.

$$\beta = \mathcal{V}Bd \tag{8.46}$$

여기서 B는 정자속 밀도(static magnetic flux density, 보통 가우스 단위)이고, d는 통과해 가는 매질의 길이이며, $\mathcal{V}$는 **베르데 상수(Verdet constant)**라고 하는 비례 상수이다. 특정한 매질에 대한 베르데 상수는 주파수(ν가 감소하면 급격

* 더 깊은 토론이나 참고문헌은 *Physics Today*, Feb. 1971, p. 17을 참조하라.

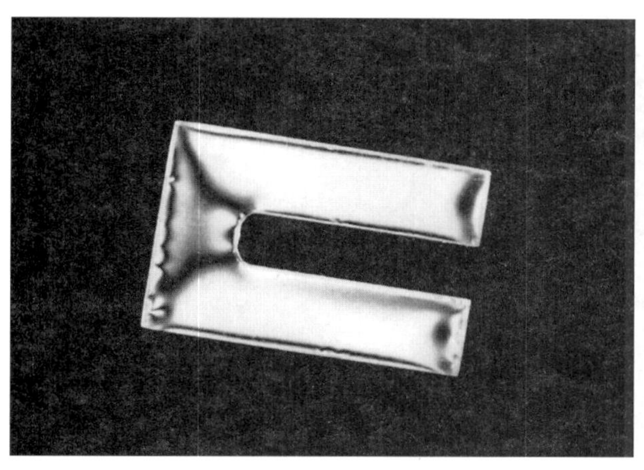

(a)

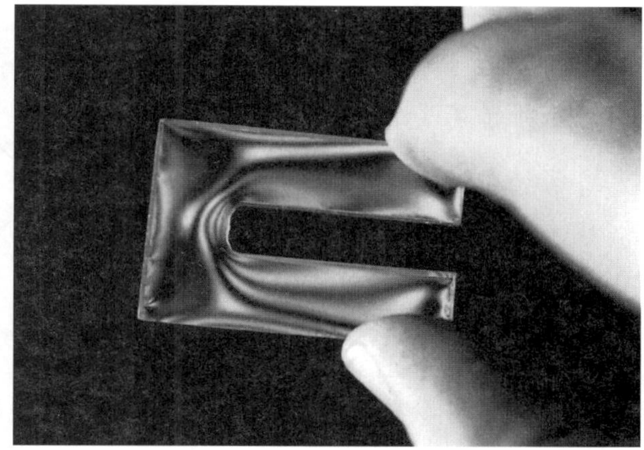

(b)

(a) 직교하는 폴라로이드 사이에 있는 영구히 변형력을 받는 투명 플라스틱 (E.H.) (b) 힘을 가하면 무늬의 형태가 바뀐다. (E.H.)

대부분의 차의 뒷 유리창은 열처리가 되어 있어서, 깨졌을 때 작은 조각으로 부서져서 덜 위험하도록 되어 있다. 선편광기를 통해 보면 위의 사진과 같이 유리 내부의 응력이 균일하지 않음을 볼 수 있다. 유리가 깨질 때 이 응력 분포에 따라 조각이 만들어진다. (E.H.)

하게 떨어짐)와 온도에 따라 변한다. 이 상수는 기체에 대해서 대략 10^{-5}분gauss^{-1}cm^{-1} 정도이고, 고체와 액체에 대해서는 10^{-2}분gauss^{-1}cm^{-1} 정도이다(표 8.2 참조). 예를 들어 10^4gauss(지구의 자기장은 약 1/2gauss) 정도의 자기장 내에 있는 1cm 길이의 H_2O 시료에 대해서 생각해 보면 이 숫자

표 8.2 물질의 베르데 상수

물질	온도(°C)	$\mathscr{V}$(분gauss^{-1} cm^{-1})
경플린트 유리	18	0.0317
물	20	0.0131
NaCl	16	0.0359
수정	20	0.0166
$NH_4Fe(SO_4)_2 \cdot 12H_2O$	16	−0.00058
공기*	0	6.27×10^{-6}
CO_2*	0	9.39×10^{-6}

더 많은 물질의 베르데 상수는 보통 과학편람에서 찾을 수 있다.
* λ=578 nm, 760 nm Hg.

의 의미를 피부로 느낄 수 있다. 이와 같은 특수한 경우에는 $\mathscr{V} = 0.0131$이기 때문에 2°11′의 회전이 생긴다.

관습적으로 **빛이 외부 자기장 $\vec{\mathbf{B}}$에 평행하게 진행할 때에는 패러데이 효과가 좌선성을 갖고 $\vec{\mathbf{B}}$에 반평행하게 진행할 때에는 우선성을 갖는 반자성(diamagnetic) 물질의 경우 베르데 상수를 양수로 정의한다.** 이와 같은 회전 방향의 반전은 천연 광활성의 경우에는 일어나지 않음을 유의하라. 편의상 시료를 둘러싸고 있는 솔레노이드 코일에 의해 생성된 자기장 $\vec{\mathbf{B}}$를 상상하자. $\mathscr{V}$가 양수일 때 진동면은 축을 따르는 빔의 전파 방향과 관계없이 코일을 흐르는 전류와 같은 방향으로 회전한다. 따라서 이 효과는 시료를 통해 빛을 앞뒤로 몇 번 반사시킴으로써 증폭시킬 수 있다.

이론적으로 패러데이 효과를 취급하자면, 원자 또는 에너지 준위에 대한 자기장의 효과를 포함하는 분산에 대한 양자역학적 이론을 써야 한다. 여기서는 단지 비자성 물질에 대해 고전적인 이론으로 설명되는 부분만 훑어보아도 충분하다.

입사광이 원편광되어 있는 단색광이라고 가정하자. 탄성적으로 묶여 있는 전자는 광파의 회전하는 전기장에 의해 정상 상태의 원궤도를 따를 것이다(광파의 자기장은 무시할 수 있을 정도로 미미하다). 궤도 평면에 대해 수직 방향으로 일정한 큰 자기장을 가하면 전자에 반지름 방향의 힘 F_M을 주게 된다. 이 힘은 빛의 회전 방향과 일정한 자기장의 방향에 따라 원의 중심을 향하거나 반대 방향을 향할 수 있다. 따라서 반지름 방향의 총힘(F_M 더하기 탄성 복원력)은 두 가지 다른 값을 가질 수 있고, 궤도 반지름도 두 가지 값을 가질 수 있다. 결과적으로 주어진 자기장에 대하여 2개의 굴절률값 $n_{\mathscr{R}}$과 $n_{\mathscr{L}}$만 아니라 전기 쌍극자 모멘트, 편광, 유전율도 두 가지 값을 가진다. 이 논의는 광활성에 대한 프레넬의 취급처럼 정밀하게 전개할 수 있다. 앞에서와 같이 매질을 지나가

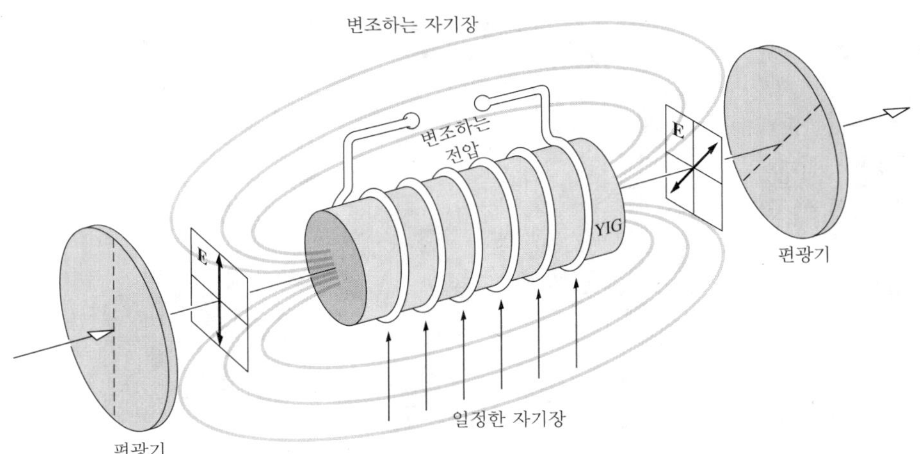

그림 8.63 패러데이 효과 변조기

는 전자기파의 2개의 정상 전파 모드를 $\mathscr{R}$-상태와 $\mathscr{L}$-상태라고 한다. 강자성체의 경우에는 양상은 약간 더 복잡하다. 자화된 물질의 경우 β는 걸어 준 직류장의 성분이 아니라 빛의 진행 방향에 따른 자화 성분에 비례한다.

패러데이 효과의 실제적인 응용은 여러 가지가 있다. 이것은 탄화수소의 혼합물을 분석하는 데 사용할 수 있는데, 이는 각 구성성분이 고유한 자기 회전(magnetic rotation)을 가지고 있기 때문에 가능하다. 또한 분광학적 연구에서는 바닥 준위의 에너지 상태에 대한 정보를 제공한다. 흥미 있게도 패러데이 효과는 광변조기를 만드는 데 사용되고 있다. 이러한 목적의 적외선 변조기는 르크로우(R. C. LeCraw)가 만들었다. 이것은 합성 자기 결정 YIG(yttrium−iron garnet)에 다량의 갈륨(gallium)을 첨가시킨 자기 광학 물질을 이용한다. YIG는 천연보석인 석류석(garnets)과 비슷한 구조를 가지고 있다. 이 부품은 그림 8.63에 알기 쉽게 그려져 있다. 선편광된 적외선 레이저빔이 결정의 왼쪽에서 입사하고, 횡방향의 dc 자기장이 그 방향으로 YIG 결정의 자화를 포화시킨다. 그러면 (일정한 자기장과 코일의 자기장으로부터 생성되는) 총자화 벡터는 방향을 바꿀 수 있고, 이는 코일 내의 변조 전류에 비례하는 양만큼 결정축을 향해 기울어진다. 패러데이 회전은 자화의 축 성분에 의해 결정되기 때문에 코일 전류가 β를 제어한다. 그 다음에 검광기가 편광 변조를 말뤼스 법칙[Malus's law, 식 (8.24)]에 따라 진폭 변조로 변환한다. 요약하면 송신할 신호를 변조 전압으로 코일에 걸면, 변조기로부터 나오는 레이저빔의 진폭이 전압에 따라 변화하여 송신할 정보를 운반한다.

실제로는 몇 가지 다른 자기 광학 효과가 있다. 이들 중에서 2개만을 보다 간단하게 생각하기로 하자. **포크트 효과**(Voigt effect)와 **코튼−무텅 효과**(Cotton−Mouton effect)는 모두 일정한 자기장이 투명한 매질에 입사광의 진행 방향에 대하여 수직하게 걸렸을 때 일어난다. 전자는 기체에서 일어나는 데 비해 후자는 훨씬 더 강하고 액체에서 일어난다. 어떤 경우이든지 간에 매질은 (빔에 수직한) dc 자기장의 방향이 광축인 단축 결정과 비슷한 복굴절성을 나타낸다[식 (8.36)]. 2개의 굴절률은 광파의 진동면이 자기장에 대하여 수직일 때와 평행일 때에 각각 대응한다. 이 굴절률의 차 Δn(즉 복굴절성)은 걸어 준 자기장의 제곱에 비례한다. 이것은 자기장이 걸린 액체 속에서 광학적으로나 자기적으로 비등방성인 분자의 정렬로부터 생긴다. 만일 입사하는 광이 일정한 자기장에 대하여 0 또는 $\pi/2$가 아닌 각으로 진행하면 패러데이 효과와 코튼−무턴 효과가 동시에 생기는데 일반적으로 전자가 후자보다 더 크다. 코튼−무턴 효과는 다음에서 논의하는 커(Kerr)(전기광학) 효과의 자기적 형태라고 할 수 있다.

8.11.3 커 효과와 포켈스 효과

최초의 전기 광학 효과는 1875년 스코틀랜드의 물리학자 커(Kerr, 1824~1907)에 의해 발견되었다. 그는 등방인 투명 물질이 전기장 $\vec{\mathbf{E}}$ 안에 놓이면 복굴절성을 갖게 된다는 것을 알아냈다. 그 매질은 걸어 준 전기장과 같은 방향의 광축을 갖는 단축 결정의 특성을 갖는다. 2개의 굴절률 $n_{\parallel}$과 $n_{\perp}$는 각각 광파의 진동면 방향(즉 걸어 준 전기장에 각각 평행과 수직인 방향)과 관련되어 있다. 그들의 차 Δn은 복굴절성이며, 다음과 같은 관계로 밝혀졌다.

$$\Delta n = \lambda_0 K E^2 \tag{8.47}$$

여기서 K는 **커 상수(Kerr constant)**이다. 대부분의 경우 K가 양수이면 $n_e - n_0$인 Δn을 양수로 생각할 수 있고, 이 물질은 양의 단축 결정처럼 행동한다. 커 상수의 값(표 8.3)은 보통 정전 단위(electrostatic units)를 사용하므로 식 (8.47)의 E에

표 8.3 액체의 커 상수(20°C, λ_0=589.3 nm)

	물질	K (단위: 10^{-7} cm statvolt^{-2})
벤젠(benzene)	C_6H_6	0.6
이황화탄소(carbon disulfide)	CS_2	3.2
클로로폼(chloroform)	$CHCl_3$	23.5
물	H_2O	4.7
니트로톨루엔(nitrotoluene)	$C_5H_7NO_2$	123
니트로벤젠(nitrobenzene)	$C_6H_5NO_2$	220

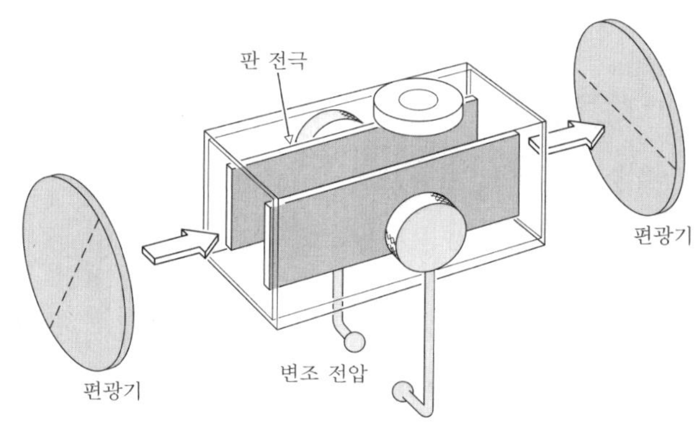

그림 8.64 커 셀

cm당 statvolt(1 statvol ≈ 300 V)를 넣는 것을 기억해야만 한다. 코튼–무턴 효과에서와 같이 **커 효과는 전기장의 제곱에 비례하므로, 때때로 2차 전기 광학 효과라고 한다**는 점에 유의하라. 액체에서의 이 현상은 전기장에 의한 비등방성 분자의 부분적 정렬에 기인한다. 고체에서는 상황이 매우 복잡해진다.

그림 8.64는 커 셔터 또는 광변조기라고 하는 장치이다. 이것은 2개의 전극이 있는 유리 용기로 구성되는데, 이 안에 극성 액체가 채워져 있다. 이것을 **커 셀**(Kerr cell)이라고 하며, 커 셀은 걸어 준 전기장에 대하여 ±45°로 직교하는 두 편광기 사이에 놓여 있다. 0 V에서는 두 판 사이에 어떤 빛도 투과되지 않는다. 즉 셔터는 닫혀 있다. 변조 전압을 걸면 전기장이 만들어지고 셀은 가변 파장판의 작용을 하며 이에 비례하여 셔터가 열리게 된다. 이와 같은 장치는 대략 10^{10} Hz 정도의 주파수에 효과적으로 반응할 수 있다는 데 중요한 가치가 있다. 보통 니트로벤젠이나 이화황탄소가 들어 있는 커 셀이 여러 해 동안 다양하게 응용되어 왔다. 그들은 고속 사진술에서 셔터로써 회전 톱니바퀴를 대신하여 빔 자르개(chopper)의 역할을 한다. 이와 같이 이들은 빛의 속력을 측정하는 데에 이용되어 왔다. 또한 커 셀은 펄스 레이저 장치에서 *Q*-스위치로 광범위하게 사용된다.

만일 전극의 역할을 하는 판의 유효 길이가 ℓ cm이고 거리 d만큼 떨어져 있으면 위상 지연은 다음과 같다.

$$\Delta\varphi = 2\pi K\ell V^2/d^2 \tag{8.48}$$

여기서 V는 걸어 준 전압이다. 그러므로 d가 1 cm이고 ℓ이 수 cm인 니트로벤젠 셀이 반파장판으로 작용하기 위해서는 이 전압이 대략 3×10^4 V가 된다. 이 고유한 양을 반파장 전압(half-wave voltage) $V_{\lambda/2}$라고 한다. 그러나 이 물질의 단점은 독성과 폭발성이 있다는 점이다. 커 효과를 보이는 혼합 결정 탄탈산 니오브산염 칼륨($KTa_{0.65}Nb_{0.35}O_3$, 줄여서 KTN)이나 티탄산염 바륨($BaTiO_3$) 같은 투명한 고체 물질이 전기광학 변조기의 매질로서 관심의 대상이 되고 있다.

포켈스 효과(Pockels effect)라고 하는 또 하나의 대단히 중요한 전기광학 효과가 있다. 이는 독일의 물리학자 포켈스(Friedrich Carl Alwin Pockels, 1865~1913)의 이름을 딴 것인데 1893년에 이에 대해 광범위하게 연구하였다. 이 경우에는 유도되는 복굴절성이 걸어 준 전기장의 1차, 즉 걸어 준 전압에 비례하기 때문에 선형 전기광학 효과이다. 포켈스 효과는 중심 대칭이 없는 결정, 바꿔 말하면 모든 원자가 어떤 점을 통하여 똑같은 원자로 반사될 수 있는 대칭점이 없는 결정에서만 존재한다. 32개의 결정 대칭 종류 중에서 20 종류만이 포켈스 효과를 나타낸다. 우연히도 이들 20 종류가 역시 압전(piezoelectric) 효과를 나타낸다. 그러므로 많은 결정들과 모든 액체에서는 선형 전기광학 효과를 볼 수 없다.

셔터 또는 변조기로 쓸 수 있는 최초의 실용적인 포켈스 셀은 1940년대에 알맞은 결정이 개발되고 나서야 만들어졌다. 이 기구의 동작 원리는 이미 앞서 논의한 것과 같다. 간단히 말하면 복굴절이 걸어 준 전기장에 의하여 전기적으로 바뀐다. 그러면 위상 지연을 원하는 대로 바꿀 수 있고 이에 의하여 입사하는 선편광파의 편광 상태를 바꿀 수 있다. 이 같은 방법으로 이 장치는 편광 변조기의 역할을 한다. 초기의 장치들은 인산이수소암모늄($NH_4H_2PO_4$, ADP)과 KDP로 알려진 인산이수소칼륨(KH_2PO_4)으로 만들었는데 이 두 가지는 아직도 널리 사용되고 있다. 이후 인산이중수소칼륨(KD_2PO_4, KD*P) 단결정의 도입으로 매우 큰 진보가 이루어졌는데 이것은 KDP에 필요한 전압의 절반 이하 값으로 똑같은 위상 지연을 만들어낸다. 중수소를 결정에 주입하는 이 과정은 중수 용액에서 이 결정을 성장시킴으로써 만들 수 있다. 오늘날에는 KD*P나 CD*A(cesium dideuterium arsenate, 이중수소비산염세슘)로 만들어진 포켈스 셀을 구입할 수 있다.

포켈스 셀은 단지 비중심 대칭(noncentrosymmetric)이고 방향성이 있는 단결정이 조절 가능한 전기장 내에 있는 것이다. 이와 같은 장치는 보통 대단히 낮은 전압에서 동작한

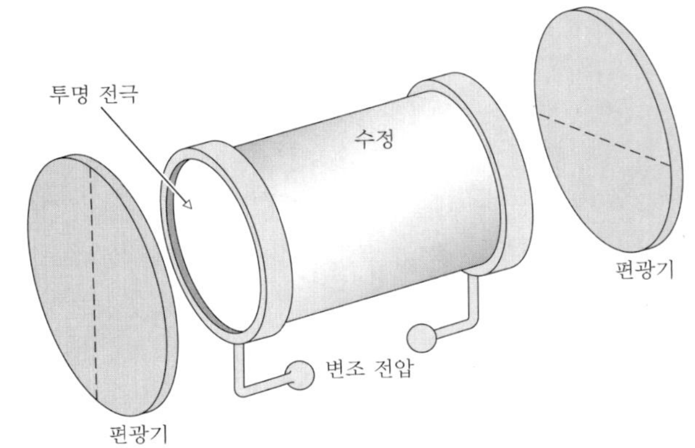

그림 8.65 포켈스 셀

다(동등한 커 셀과 비교할 때 대략 5~10배 작다). 이것은 선형적인 반응을 보이며, 물론 독성 액체로 인한 문제도 없다. KDP의 반응 시간은 대단히 짧아 전형적으로 10 ns보다 작고, 약 25 GHz(예: 25×10^9 Hz)까지 빔을 변조할 수 있다.

셀은 걸어 준 전기장이 전파 방향에 수직 또는 수평인지에 따라 각각 횡방향과 종방향의 두 방법으로 설치하고 있다. 종방향 방법의 가장 기본적인 모양이 그림 8.65에 나와 있다. 빔이 전극을 통과해야 하기 때문에 전극은 보통 투명 산화금속(예: SnO, InO, CdO) 코팅, 금속 박막, 망(grid) 또는 고리로 만든다. 외부 전기장이 없을 때 결정은 그 자체가 일반적으로 단축이고, 빔의 전파 방향과 광축이 일치하도록 정렬한다. 이와 같은 배치에서 위상 지연은 다음과 같다.

$$\Delta\varphi = 2\pi n_o^3 r_{63} V/\lambda_0 \tag{8.49}$$

여기서 r_{63}은 m/V로 나타낸 **전기광학 상수**(electro-optic constant)이고, n_o는 **정상** 굴절률이며, V는 볼트로 나타낸 전위차이고, λ_0는 미터로 나타낸 진공 속에서의 파장이다.* 결정은 비등방성이기 때문에 그 성질은 방향에 따라 변하며, 총체적으로 2계 전기광학 텐서 r_{ij}라고 하는 항들의 집단으로 기술해야 한다. 다행히 여기서는 이 성분 중의 하나, 즉 r_{63}만이 필요하고, 이 값은 표 8.4에 주어져 있다. 이 경우 $\Delta\varphi = \pi$ 값에 해당하는 반파장 전압은

$$\Delta\varphi = \pi \frac{V}{V_{\lambda/2}} \tag{8.50}$$

이고, 식 (8.49)로부터

$$V_{\lambda/2} = \frac{\lambda_0}{2n_o^3 r_{63}} \tag{8.51}$$

*이것은 횡모드에 대한 적절한 표현으로 A. Yariv의 책 *Quantum Electronics*에 보다 잘 유도되어 있다. 그러나 취급이 복잡하기 때문에 일반 독자에게는 추천하지 않는다.

표 8.4 전기광학 상수(실온, $\lambda_0 = 546.1$ nm)

물질	r_{63} (단위: 10^{-12} m/V)	n_o (근삿값)	$V_{\lambda/2}$ (단위: kV)
ADP ($NH_4H_2PO_4$)	8.5	1.52	9.2
KDP (KH_2PO_4)	10.6	1.51	7.6
KDA (KH_2AsO_4)	~13.0	1.57	~6.2
KD*P (KD_2PO_4)	~23.3	1.52	~3.4

이다. 예를 들어 KDP의 경우 $r_{63} = 10.6 \times 10^{-12}$ m/V, $n_o = 1.51$, $\lambda_0 = 546.1$ nm일 때 $V_{\lambda/2} \approx 7.6 \times 10^3$가 된다.

포켈스 셀은 초고속 셔터, 레이저의 Q-스위치, 그리고 dc에서 30 GHz까지의 광변조기로 사용되어 왔다.**

8.12 액정

1888년 오스트리아의 식물학자인 프리드리히 라인처(Friedrich Reintzer)는 콜레스테릴 벤조에이트(cholesteryl benzoate)가 두 가지 뚜렷한 전이 특성을 갖는 것을 관측하였다. 하나는 이 결정이 탁한 액체로 바뀐다는 것이고, 다른 하나는 그것이 투명하게 된다는 것이다. 그는 오늘날 **액정(liquid crystal)**으로 알려졌으며 보통 액체와 고체 중간의 물리적 특성을 갖고 있는 새로운 상태의 물질을 발견하였다. 액정(LC)은 움직일 수 있는 긴 시가(cigar) 모양의 분자를 가지고 있으며, 보통 액체와 같이 위치적으로 무질서하다. 그러나 분자는 장거리 질서를 유지할 수 있을 정도로 강하게 상호작용을 하고 있다. 분자가 정렬하는 방법에 따라 액정은 세 종류로 분류된다. 여기서는 분자의 위치는 비교적 제멋대로지만 분자끼리 다소 평행한 경향을 갖는 **네마틱(nematic)** 액정을 주로 다룰 것이다(그림 8.66).

평행한 네마틱 셀(parallel nematic cell)을 준비하기 위해서는 유리판의 한 면에 인듐 주석 산화물(ITO, 450 nm에서 1800 nm까지 최대 투과율을 가짐) 박막 같은 투명한 전도성 박막을 코팅한다. 이와 같은 두 장의 투명 전극 유리판 사

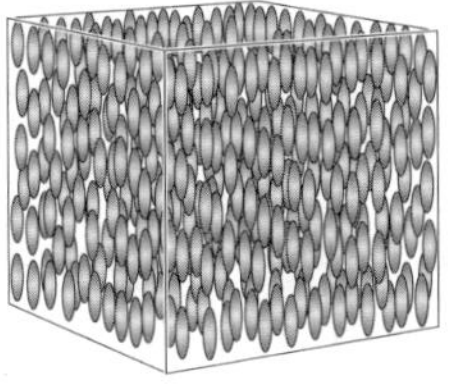

그림 8.66 네마틱 액정의 긴 시가 모양 분자들은 제멋대로지만 평행한 형태로 스스로 정렬한다.

**일반적인 광변조에 관심이 있는 독자는 D. F. Nelson, "The modulation of light," *Scientific American* (June 1968)를 보라. 또한 Vol II of *Handbook of Optics* (1995)의 Chapter 14를 참조하라.

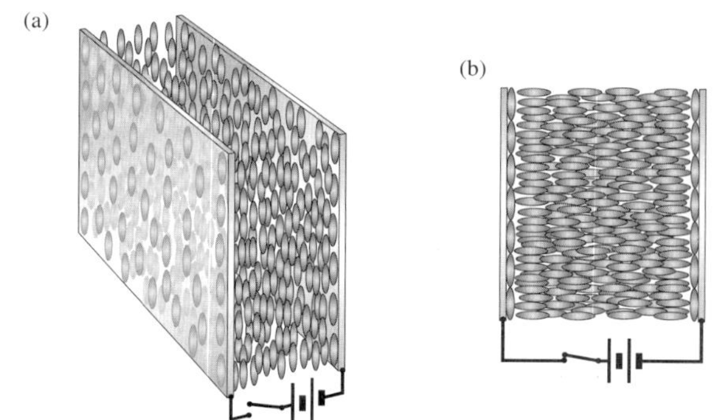

그림 8.67 (a) 2개의 투명 전극 사이에 있는 네마틱 액정. 긴 방향의 분자는 두 전극의 안쪽 면에 있는 미세 홈에 평행하게 정렬한다. (b) 전압이 가해지면 분자는 전기장 방향으로 회전하여 정렬한다.

이에 액정을 넣고 두 전극 사이에 조절 가능한 전압을 걸어 준다. 유리판과 접촉하는 LC 분자는 유리판에 평행하고 분자끼리도 평행한 방향으로 정렬시켜야 한다. 이를 위해서는 LC 분자가 정렬할 수 있도록 평행하고 길게 패인 자국이 있는 틀이 필요하다. 이것을 위해서는 여러 가지 방법이 있지만 가장 간단한 방법은 ITO 박막(혹은 ITO를 덮고 있는 얇은 유전체 박막)의 표면을 조심스럽게 긁어 평행하고 미세한 상처들을 만드는 것이다.

두 유리판 사이의 얇은 공간(수 μm까지)에 네마틱 LC 분자를 넣으면 미세한 홈과 접촉한 분자는 패인 자국에 평행하게 스스로 달라붙는다. 기본적으로 LC 분자는 서로 잡아당겨 정렬을 하고 유사하게 액체 전체가 방향성을 갖게 된다(그림 8.67a). 액정 분자가 정렬하는 방향을 **방향자(director)**라고 한다.

길게 늘어난 모양과 방향 때문에 액정 분자는 전체적으로 비등방성 유전체이며, 양의 단축 복굴절 물질이다. 분자의 장축은 이상 광선 굴절률 방향이며, 느린축이 된다. LC 방향자에 평행한 선형 편광 광선은 이상 광선이 되고, 셀을 지나가며 위상 변화를 갖게 된다. 방향자에 대해 45°인 선형 편광 광선은 복굴절 결정을 지나갈 때와 마찬가지로 위상 지연 $\Delta\varphi$를 갖게 된다.

가변 액정 위상 지연기

이제 셀에 전압 V를 걸어 주어 유리판에 수직한 전기장을 발생시키자(그림 8.67b). 전기 쌍극자처럼 행동하는 LC 분자는 걸어 준 전기장에 평행하게 정렬되도록 회전력을 받게 된다. 전압이 증가함에 따라 분자는 점점 걸어 준 전기장 방향으로 회전하며(유리판의 안쪽에 붙어 있는 분자들은 제외), 따라서 복굴절($\Delta n = n_e - n_o$)이 감소하고 위상 지연($\Delta\varphi$)도 감소한다. 복굴절(보통 0.1~0.3임)이 전압, 온도(1°C 증가에 약 0.4% 감소함)와 파장(λ_0가 증가하면 감소함)의 함수이므로

$$\Delta\varphi(V, T, \lambda_0) = \frac{2\pi}{\lambda_0} d\, \Delta n(V, T, \lambda_0)$$

이다. 걸어 준 전압이 $V = 0$일 때 최대 지연(보통 $\approx \lambda_0/2$)을 얻을 수 있다. V가 크면(예: 20 V) 지연은 최소 약 30 nm이다(유리판에 붙어 있는 층의 잔류 지연을 보정기로 제거하면 0이다).

입사광이 느린축에 평행하게 편광되어 있으면 LC 셀은 전압-조절 **위상 변조기(phase modulator)**로 사용할 수 있다. 즉 빛이 셀을 지나갈 때 위상지연을 변화시킬 수 있다. 만약 입사광이 느린축에 평행한 성분과 수직한 성분을 모두 가지고 있다면, LC 셀은 넓은 주파수 대역에서 **연속 가변 위상 지연기(continuously variable retarder)**로 사용할 수 있다. 셀을 ±45°로 교차된 편광기 사이에 넣으면 전압-조절 **광세기 변조기(irradiance modulator)**가 된다.

액정 디스플레이

그림 8.67a에서 평행한 LC 셀의 한 유리판을 90° 회전시키자. 이것은 주위의 네마틱 액체를 끌어당기고, 분자는 유리판에 수직한 비틀림 축에 대해 1/4 회전을 한 나선 모양이 된다(두 손 사이에 한 벌의 카드를 넣고 회전시켰을 때 부채꼴로 펼쳐진 카드 모양과 비슷하다). 이것을 보통 **비틀린 네마틱 셀(twisted nematic cell)**이라고 한다(그림 8.68a). 분자는 한쪽 유리판 위에는 수직으로 정렬되어 있으며, 분자층마다 점진적으로 회전하여 반대쪽 유리판에는 수평으로 정렬된다. 셀은 마치 광학적으로 활성화된 물질처럼 편광면을 회전시

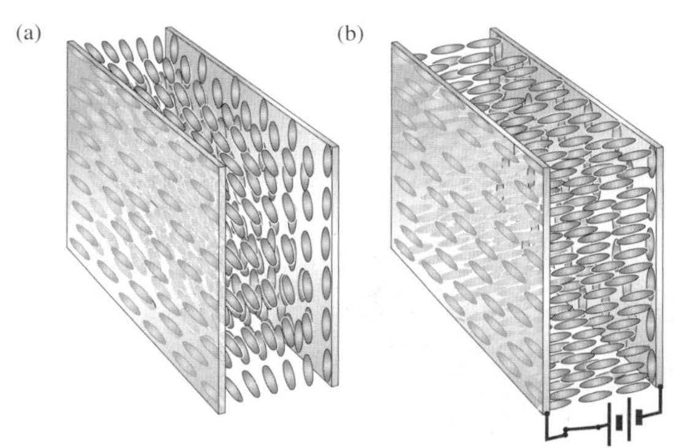

그림 8.68 (a) 비틀린 네마틱 셀. LC 분자는 왼쪽 유리 위에서는 수평, 오른쪽 유리 위에서는 수직으로 정렬되어 있으며, 점진적으로 (한 평면씩) 차례로 비틀려 있다. (b) 셀에 전압이 걸리면 분자는 전기장 방향으로 정렬한다.

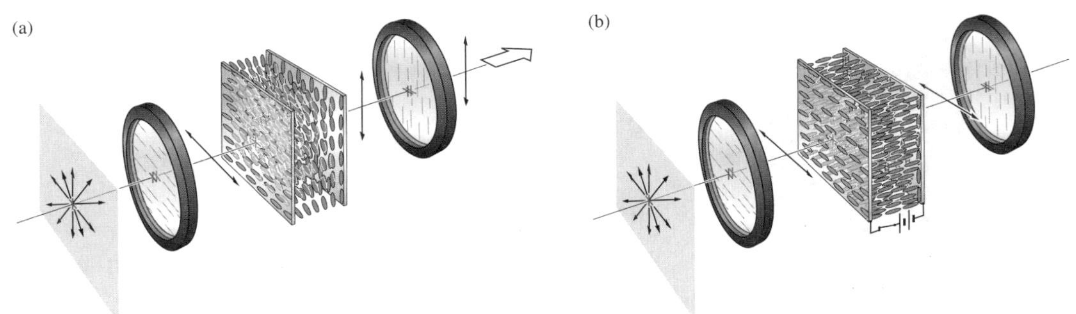

그림 8.69 (a) 교차된 선형 편광기 사이의 비틀린 네마틱 셀. 수직으로 편광된 빛이 셀에서 나온다. (b) 전압을 셀에 걸어 주면 LC 셀은 편광면을 회전시키지 않는다. 수평으로 빛이 LC 셀에 들어가고 그대로 나온다. 이 빛은 두 번째 편광기에 의해 흡수되고, 이 기기로부터 빛은 나오지 않게 된다.

킬 것이다.* 예를 들면 그림 8.68a에서 수평으로 선형 편광된 빛이 유리판에 수직으로 입사하면 편광면이 90° 회전하여 수직으로 편광된 빛으로 나오게 된다.

셀에 전압을 가해 주면 비틀림 축에 평행한 전기장이 액정 전체에 걸리게 된다. 그러면 LC 분자는 회전하여 전기장 방향으로 정렬한다(그림 8.68b). 셀에서 비틀린 구조는 없어지고, 빛을 편광시키는 힘도 없어지게 된다. 전기장이 없어지면 셀은 비틀림 구조로 되돌아가고 다시 빛의 편광을 회전시킨다. 셀이 교차된 편광기 사이에 놓인다면(그림 8.69), 입사빔을 투과시키거나 흡수할 수 있는 **전압-조절 스위치**가 된다.

디지털 손목시계, 탁상시계, 사진기, 계산기 등에 사용되는 가장 간단한 액정 디스플레이(LCD)에는 자연광을 비춰준다. 이들의 주요한 장점은 발광체를 구동하지 않아도 되기 때문에 전력 소모가 매우 작다는 것이다.

LCD를 만드는 간단한 방법은 그림 8.69에서 마지막 편광기 뒤에 단지 평면 거울을 놓는 것이다. 자연광이 왼쪽에서 들어오면 첫 번째 편광기를 통과한 후 수평으로 선형 편광된 빛이 된다. 전극에 전압을 걸지 않으면 오른쪽으로 진행한 빛은 LC 셀에서 수직으로 진동하는 빛이 되어 나온다. 이

*증명은 B. E. A. Saleh와 M. C. Tech, *Fundamentals of Photonics*, p. 228을 참조하라.

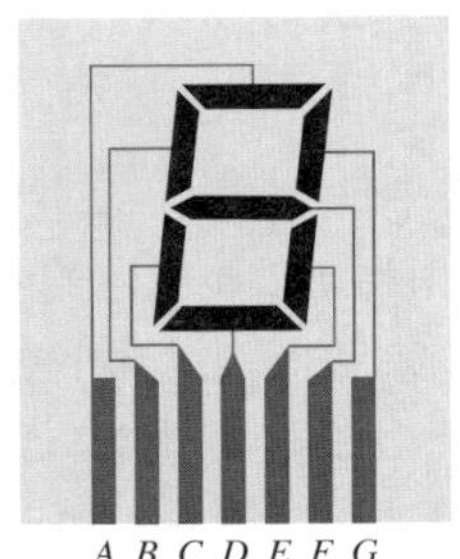

그림 8.70 숫자를 표시하기 위해 사용하는 7개-막대 전극 배열. 숫자 9를 만들기 위해서는 전압을 *D*, *E*, *F*, *G*, *A*, *B* 막대 전극과 뒷면의 큰 전극 사이에 걸어 준다.

것은 두 번째 편광기를 그대로 통과하고, 거울에서 반사되어 수직으로 진동하며 다시 왼쪽으로 되돌아온다. 이 빛은 LC 셀을 반대로 지나 수평으로 편광된다. 따라서 첫 번째 편광기를 들여다보면 밝은 빛이 나오는 것을 볼 수 있다.

LC 셀에 전압을 걸면 액정은 방향을 바꾸어 정렬하며, 편광면을 회전시키는 기능을 잃게 된다. 수평 편광된 빛이 셀을 들어가서 그대로 나오며 두 번째 편광기에 의해 완전히 흡수된다. 따라서 입사 유리창은 어두워지며 나오는 빛이 없다.

앞쪽 투명 전극을 적절히 배열하면 반사가 되지 않는 어두운 영역을 숫자, 문자 혹은 기타 모양으로 만들 수 있다. 보

(a)

(b)

액정 디스플레이 앞에서 선형 편광기를 회전시키면 숫자가 보였다 안 보였다 한다. 이 실험은 계산기를 이용하여 할 수 있다. (E.H.)

통 계산기의 숫자는 7개의 작은 막대 전극을 이용하여 생성하며(그림 8.70), 각 막대 전극은 0부터 9까지의 숫자를 만들기 위하여 [집적 회로의 디코더(decoder)에 의하여] 독립적으로 활성화된다. ITO 박막으로 형성된 막대 전극은 앞쪽 유리 위에 있다. 전압이 한 막대 전극과 뒤쪽 유리의 큰 전극 사이에 걸리면 막대 뒤의 전기장은 막대에 해당되는 좁은 영역의 비틀린 LC의 배열을 흩뜨리고 이 부분은 어두워진다.

8.13 편광의 수학적 표현

이제까지 편광된 빛을 광파의 전기장 성분으로 생각해 왔다. 편광의 가장 일반적인 표현은 타원 편광으로 표현하는 것이었다. 이 경우 벡터 $\vec{\mathbf{E}}$의 끝점이 특정한 모양(특별한 경우에는 원과 선이 된다)을 갖는 타원의 경로를 쓸어 나간다고 생각한다. 타원을 통과하는 주기는 광파의 주기와 같고(즉 대략 10^{-15} s이고), 따라서 이 주기가 너무나 짧기 때문에 이 주기를 검출하기는 어렵다. 반면에 실제의 측정은 비교적 긴 시간에 걸쳐서 평균된다.

그러므로 편리한 관측 가능량, 즉 복사 조도로 편광을 기술하는 것이 편리하다. 여기에서의 주제는 지금까지 존재하는 미학과 교육학의 결합을 훨씬 능가하는 것이다. 여기에서 고려한 수학적 체계는 다른 연구 분야, 예를 들어 입자물리학(광자는 결국 소립자이다)과 양자역학에서도 매우 큰 중요성을 갖는다. 이것은 어떤 면에서는 고전적 관점과 양자역학적 관점을 연결시키는 역할을 한다. 그러나 현재의 관심은 이러한 대체 방법으로부터 나올 실제적 이점에 있다.

여기서는 편광용 광학 부품을 거쳐서 나온 광파의 상태에 대한 과정을 정밀하게 전개할 것이다. 편광의 형태를 행렬의 형태로 기술한 수학에서는 이들 행렬의 단순한 조작법만 알면 된다. 위상 지연, 상대적 방향, 더 나아가 연속으로 놓여 있는 파장판과 편광기 등과 관련된 복잡한 논리를 거의 대부분 포함하고 있다. 그러므로 단지 도표로부터 적절한 행렬을 선택하여 이를 수학적 기계에 넣기만 하면 된다.

8.13.1 스토크스 변수

편광된 광에 대한 현대적 표현은 실제로 1852년 스토크스(G. G. Stokes)의 연구에서 유래한다. 그는 4개의 양을 도입했는데, 이것은 전자기파의 관측 가능량의 함수이고, 지금은 이를 **스토크스 변수(Stokes parameters)**라고 한다.* 빔의 편광 상태(자연광, 완전 또는 부분적으로 편광된 빛)는 이 4개의 항으로 기술할 수 있다. 우선 변수를 연산으로 정의한 다음에 이것을 전자기 이론과 연관시킬 것이다.

4개의 필터가 있다고 생각해 보자. 이들 각각은 **자연** 조명에 대해 입사광의 반을 투과시키고 나머지 반은 버린다고 하자. 필터를 선택하는 방법은 유일하지 않고 다른 몇 개의 선택 방법이 있다. 첫 번째 필터는 단순히 등방적이어서 모든 상태를 똑같이 통과시키는 반면에, 두 번째는 투과축이 수평인 필터이고, 세 번째는 투과축이 +45°(1사분면과 3사분면에 걸친 대각선)인 필터라고 하자. 마지막 필터는 $\mathscr{Q}$-상태에 대하여 불투명한 원형 편광기이다. 이들 4개의 필터 각각은 광경로에 단독으로 놓이고, 투과된 복사 조도 I_0, I_1, I_2, I_3는 편광에 둔감한 검출기로 측정한다(모든 검출기가 그런 것은 아니다). 이때 스토크스 변수의 연산정의는 다음의 관계식들로 주어진다.

$$\mathcal{S}_0 = 2I_0 \tag{8.52a}$$

$$\mathcal{S}_1 = 2I_1 - 2I_0 \tag{8.52b}$$

$$\mathcal{S}_2 = 2I_2 - 2I_0 \tag{8.52c}$$

$$\mathcal{S}_3 = 2I_3 - 2I_0 \tag{8.52d}$$

$\mathcal{S}_0$는 단지 입사 복사 조도이며, 이제 준단색광에 대한 표현을 다시 생각하면서 $\mathcal{S}_1$, $\mathcal{S}_2$, $\mathcal{S}_3$ 편광 상태를 기술한다. 그러므로 $\mathcal{S}_1$은 편광인 수평 $\mathscr{P}$-상태($\mathcal{S}_1 > 0$) 또는 수직 $\mathscr{P}$-상태($\mathcal{S}_1 < 0$)를 반영한다. 빔이 이들 축에 대하여 어떤 주도적인 방향을 나타내지 않을 때($\mathcal{S}_1 = 0$), 이 빔은 ±45°로 타원 편광되어 있거나 원형 편광되어 있거나 아니면 편광되지 않았을 것이다. 마찬가지로 $\mathcal{S}_2$는 빛이 +45°($\mathcal{S}_2 > 0$일 때) 방향 또는 −45°($\mathcal{S}_2 < 0$일 때) 방향 또는 전혀 다른($\mathcal{S}_2 = 0$) 방향을 하고 있는 $\mathscr{P}$-상태를 나타낸다. 이와 똑같은 방법으로 $\mathcal{S}_3$는 빔이 우원 편광($\mathcal{S}_3 > 0$) 또는 좌원 편광($\mathcal{S}_3 < 0$) 또는 둘 다 아닌($\mathcal{S}_3 = 0$) 경향을 나타낸다.

이제 준단색광에 대한 표현을 다시 생각하면,

$$\vec{\mathbf{E}}_x(t) = \hat{\mathbf{i}}E_{0x}(t)\cos[(\bar{k}z - \bar{\omega}t) + \varepsilon_x(t)] \tag{8.41a}$$

와

$$\vec{\mathbf{E}}_y(t) = \hat{\mathbf{j}}E_{0y}(t)\cos[(\bar{k}z - \bar{\omega}t) + \varepsilon_y(t)] \tag{8.41b}$$

*이 절의 많은 소재는 Shurcliff의 *Polarized Light : Production and Use*에 보다 광범위하게 취급되었는데, 이 책은 이 주제에 대한 고전적 저서이다. 독자들은 M. J. Walker, "Matrix Calculus and stokes parameters of polarized radiation," *Am. J. Phys.* **22**, 170 (1954), W. Bicke and W. Bailey, "Stokes Vectors, Meller matrices, and polarized scattererd light," *Am. J. Phys.* **53**, 468 (1985)도 읽어야 한다.

표 8.5 몇 가지 편광상태에 대한 스토크스 벡터와 존스 벡터.

편광 상태	스토크스 벡터	존스 벡터
수평 $\mathcal{P}$-상태	$\begin{bmatrix}1\\1\\0\\0\end{bmatrix}$	$\begin{bmatrix}1\\0\end{bmatrix}$
수직 $\mathcal{P}$-상태	$\begin{bmatrix}1\\-1\\0\\0\end{bmatrix}$	$\begin{bmatrix}0\\1\end{bmatrix}$
$\mathcal{P}$-상태(+45°)	$\begin{bmatrix}1\\0\\1\\0\end{bmatrix}$	$\frac{1}{\sqrt{2}}\begin{bmatrix}1\\1\end{bmatrix}$
$\mathcal{P}$-상태(−45°)	$\begin{bmatrix}1\\0\\-1\\0\end{bmatrix}$	$\frac{1}{\sqrt{2}}\begin{bmatrix}1\\-1\end{bmatrix}$
$\mathcal{R}$-상태	$\begin{bmatrix}1\\0\\0\\1\end{bmatrix}$	$\frac{1}{\sqrt{2}}\begin{bmatrix}1\\-i\end{bmatrix}$
$\mathcal{L}$-상태	$\begin{bmatrix}1\\0\\0\\-1\end{bmatrix}$	$\frac{1}{\sqrt{2}}\begin{bmatrix}1\\i\end{bmatrix}$

이다. 여기서 $\vec{\mathbf{E}}(t) = \vec{\mathbf{E}}_x(t) + \vec{\mathbf{E}}_y(t)$이다. 이들 식을 그대로 이용하면 스토크스 변수를 다음과 같이 다시 쓸 수 있다.*

$$\mathcal{S}_0 = \langle E_{0x}^2\rangle_T + \langle E_{0y}^2\rangle_T \tag{8.53a}$$

$$\mathcal{S}_1 = \langle E_{0x}^2\rangle_T - \langle E_{0y}^2\rangle_T \tag{8.53b}$$

$$\mathcal{S}_2 = \langle 2E_{0x}E_{0y}\cos\varepsilon\rangle_T \tag{8.53c}$$

$$\mathcal{S}_3 = \langle 2E_{0x}E_{0y}\sin\varepsilon\rangle_T \tag{8.53d}$$

여기서 $\varepsilon = \varepsilon_y - \varepsilon_x$이다. 상수 $\varepsilon_0 c/2$는 생략했으므로, 이제 스토크스 변수는 복사 조도에 **비례**하게 된다. 완전한 단색광으로 가상한 경우에 $E_{0x}(t)$, $E_{0y}(t)$와 $\varepsilon(t)$는 시간-독립적이며, 적절한 스토크스 변수를 얻기 위해서는 식 (8.53)에서 $< >$ 기호만 빼면 된다. 매우 흥미롭게도 타원 편광에 대한 일반적인 방정식인 식 (8.14)를 시간 평균하면 이것들과 같은 결과를 얻을 수 있다.**

만일 빔이 편광되지 않았으면 $\langle E_{0x}^2\rangle_T = \langle E_{0y}^2\rangle_T$이다. 진폭의 제곱이 언제나 양수이므로 어느 정도 평균을 취하면 0이 아니다. 이 경우 $\mathcal{S}_0 = \langle E_{0x}^2\rangle_T + \langle E_{0y}^2\rangle_T$이나, $\mathcal{S}_1 = \mathcal{S}_2 = \mathcal{S}_3 = 0$이다. cos ε과 sin ε의 평균이 진폭과 관계없이 0으로 되기 때문에 나중의 변수 2개는 0으로 된다. 때때로 각 변수를 $\mathcal{S}_0$ 값으로 나누어 스토크스 변수를 **규격화**(normalization)하는 것이 편리하다. 이것은 단위 복사 조도를 가진 입사 빔을 사용하는 것과 같은 효과가 있다. 따라서 규격화된 표현을 사용할 경우 **자연광**에 대한 변수의 집합 ($\mathcal{S}_0$, $\mathcal{S}_1$, $\mathcal{S}_2$, $\mathcal{S}_3$)는 (1, 0, 0, 0)이다. 만일 빛이 수평으로 편광되었다면 수직 성분이 없고 규격화된 변수는 (1, 1, 0, 0)이다. 마찬가지로 수직 편광된 광에 대해서는 (1, −1, 0, 0)이다. 몇 개의 다른 편광 상태에 대한 표현이 표 8.5에 실려 있다(변수는 세로로 표시되어 있으며, 이유는 뒤에 논의될 것이다). 완전 편광광에 대해서는 식 (8.53)에 의하여

$$\mathcal{S}_0^2 = \mathcal{S}_1^2 + \mathcal{S}_2^2 + \mathcal{S}_3^2 \tag{8.54}$$

이 됨을 유의하라. 또한 부분 편광광에 대해서 식 (8.29)의 편광도는 다음과 같이 주어진다는 것을 보일 수 있다.

$$V = (\mathcal{S}_1^2 + \mathcal{S}_2^2 + \mathcal{S}_3^2)^{1/2}/\mathcal{S}_0 \tag{8.55}$$

($\mathcal{S}_0'$, $\mathcal{S}_1'$, $\mathcal{S}_2'$, $\mathcal{S}_3'$)과 ($\mathcal{S}_0''$, $\mathcal{S}_1''$, $\mathcal{S}_2''$, $\mathcal{S}_3''$)으로 기술되는 2개의 준단색파가 있다고 생각하고, 이것들이 공간의 어떤 영역에서 겹쳐진다고 하자. 파가 **결어긋남**이면 합성파의 스토크스 변수는 성분파의 대응하는 변수의 합이 될 것이다(이들 모두는 복사 조도에 비례한다). 바꿔 말하면 합성파를 기술하는 변수들의 집합은 ($\mathcal{S}_0' + \mathcal{S}_0''$, $\mathcal{S}_1' + \mathcal{S}_1''$, $\mathcal{S}_2' + \mathcal{S}_2''$, $\mathcal{S}_3' + \mathcal{S}_3''$)이다. 예를 들어 만일 단위 선속 밀도의 수직 $\mathcal{P}$-상태 (1, −1, 0, 0)이 선속 밀도 2의 **결어긋난** $\mathcal{L}$-상태(표 8.5 참조) (2, 0, 0, −2)에 합쳐졌다면 합성파의 스토크스 변수는 (3, −1, 0, −2)이다. 이것은 선속 밀도 3의 타원 편광파이고, 수평보다는 수직에 가까우며($\mathcal{S}_1 < 0$), 우원 편광($\mathcal{S}_3 < 0$)이고 $\sqrt{5}/3$의 편광도를 갖는다.

주어진 파에 대한 스토크스 변수의 집합은 **벡터**로 생각할 수 있다. 우리는 이와 같은 (결어긋난) 벡터를 어떻게 더하는지 보았다.*** 사실 그것은 보통의 3차원 벡터는 아니지만 이러한 표현은 많은 이점을 가지므로 물리학에서 광범위하게 이용된다. 변수 ($\mathcal{S}_0$, $\mathcal{S}_1$, $\mathcal{S}_2$, $\mathcal{S}_3$)는 다음과 같은 **열벡터**(column vector)라고 하는 형태로 정리할 수 있다.

$$\mathcal{S} = \begin{bmatrix}\mathcal{S}_0\\ \mathcal{S}_1\\ \mathcal{S}_2\\ \mathcal{S}_3\end{bmatrix} \tag{8.56}$$

*상세한 것은 E. Hecht, "Note on an operational definition of the Stokes parameters," *Am. J. Phys.* **38**, 1156 (1970)을 보라.

E. Collett, "The Description of Polarization in Classical Physics," *Am. J. Phys.* **36, 713 (1968) 참조.

***대상들의 모임이 벡터 공간을 형성하고, 이와 같은 공간에서 이들 자체가 벡터가 되기 위한 자세한 조건은 Davis의 *Introduction to Vector Analysis* 같은 책에 논의되어 있다.

8.13.2 존스 벡터

스토크스 변수를 보완하는 편광의 또 다른 표현법을 1941년 미국의 물리학자 존스(R. Clark Jones)가 발견하였다. 그가 발전시킨 기법은 결맞는 빔에 적용할 수 있는 동시에 대단히 간결한 장점이 있다. 그러나 앞의 방식과는 달리 이것은 **오로지 편광된 파에만 적용**할 수 있다. 이 경우에 빔을 표현하는 가장 자연스러운 방법은 전기장 벡터 그 자신을 써서 나타내는 것이다. 열의 형태로 쓰면 **존스 벡터**는

$$\vec{\mathbf{E}} = \begin{bmatrix} E_x(t) \\ E_y(t) \end{bmatrix} \tag{8.57}$$

이다. 여기서 $E_x(t)$와 $E_y(t)$는 $\vec{\mathbf{E}}$의 순간적인 스칼라 성분이다. 분명히 $\vec{\mathbf{E}}$를 알면 편광에 대한 모든 것을 안다. 그리고 위상 정보를 간직한다면 결맞는 파를 다룰 수 있다. 이것을 염두에 두고 식 (8.57)을 다시 쓰면

$$\tilde{\mathbf{E}} = \begin{bmatrix} E_{0x}e^{i\varphi_x} \\ E_{0y}e^{i\varphi_y} \end{bmatrix} \tag{8.58}$$

으로 쓸 수 있다. 여기서 φ_x와 φ_y는 적절한 위상이다. 그러므로 수평과 수직 $\mathscr{P}$-상태는 각각 다음과 같이 주어진다.

$$\tilde{\mathbf{E}}_h = \begin{bmatrix} E_{0x}e^{i\varphi_x} \\ 0 \end{bmatrix} \quad 및 \quad \tilde{\mathbf{E}}_v = \begin{bmatrix} 0 \\ E_{0y}e^{i\varphi_y} \end{bmatrix} \tag{8.59}$$

2개의 결맞는 빔의 합은 스토크스 벡터와 마찬가지로 대응하는 성분의 합으로 형성된다. $\tilde{\mathbf{E}} = \tilde{\mathbf{E}}_h + \tilde{\mathbf{E}}_v$이기 때문에, 예를 들어 $E_{0x} = E_{0y}$와 $\varphi_x = \varphi_y$이면 $\tilde{\mathbf{E}}$는 다음과 같이 주어진다.

$$\tilde{\mathbf{E}} = \begin{bmatrix} E_{0x}e^{i\varphi_x} \\ E_{0x}e^{i\varphi_x} \end{bmatrix} \tag{8.60}$$

또는 공통 인수를 앞으로 내놓으면

$$\tilde{\mathbf{E}} = E_{0x}e^{i\varphi_x}\begin{bmatrix} 1 \\ 1 \end{bmatrix} \tag{8.61}$$

인데, 이것은 $+45°$의 $\mathscr{P}$-상태이다. 이것은 진폭이 같고 위상차가 없는 경우이다.

많은 응용에서 정확한 진폭과 위상을 알 필요가 없는 경우가 있는데, 이와 같은 경우에는 복사 조도를 1로 규격화할 수 있고, 이 때문에 약간의 정보를 잃지만 훨씬 간단한 표현을 얻을 수 있다. 이것은 2개의 벡터 요소를 두 성분의 제곱의 합이 1이 되도록 같은 스칼라양(실수 또는 복소수)으로 나누어 줌으로써 얻을 수 있다. 예를 들어 식 (8.60)의 두 항을 $\sqrt{2}E_{ox}e^{i\varphi x}$로 나누어 주면,

$$\tilde{\mathbf{E}}_{45} = \frac{1}{\sqrt{2}}\begin{bmatrix} 1 \\ 1 \end{bmatrix} \tag{8.62}$$

이 된다. 마찬가지로, 규격화된 상태는

$$\tilde{\mathbf{E}}_h = \begin{bmatrix} 1 \\ 0 \end{bmatrix} \quad 및 \quad \tilde{\mathbf{E}}_v = \begin{bmatrix} 0 \\ 1 \end{bmatrix} \tag{8.63}$$

이다. 우원 편광은 $E_{0x} = E_{0y}$이고, 이 원편광 빛의 y 성분은 x 성분보다 90° 앞선다. 광파의 위상은 $(kz - \omega t)$의 형태를 쓰기 때문에 $-\pi/2$를 φ_y에 더해 주어야만 한다. 따라서

$$\tilde{\mathbf{E}}_{\mathscr{R}} = \begin{bmatrix} E_{0x}e^{i\varphi_x} \\ E_{0x}e^{i(\varphi_x - \pi/2)} \end{bmatrix}$$

이다. 2개의 성분을 $E_{0x}e^{i\varphi x}$로 나누면 다음과 같다.

$$\begin{bmatrix} 1 \\ e^{-i\pi/2} \end{bmatrix} = \begin{bmatrix} 1 \\ -i \end{bmatrix}$$

그러므로 규격화된 존스 벡터는*

$$\tilde{\mathbf{E}}_{\mathscr{R}} = \frac{1}{\sqrt{2}}\begin{bmatrix} 1 \\ -i \end{bmatrix} \text{이고, 마찬가지로} \quad \tilde{\mathbf{E}}_{\mathscr{L}} = \frac{1}{\sqrt{2}}\begin{bmatrix} 1 \\ i \end{bmatrix} \tag{8.64}$$

이 된다. 두 성분의 합 $\tilde{\mathbf{E}}_{\mathscr{R}} + \tilde{\mathbf{E}}_{\mathscr{L}}$은

$$\frac{1}{\sqrt{2}}\begin{bmatrix} 1+1 \\ -i+i \end{bmatrix} = \frac{2}{\sqrt{2}}\begin{bmatrix} 1 \\ 0 \end{bmatrix}$$

이다.

이것은 각 성분의 2배의 진폭을 가진 수평 $\mathscr{P}$-상태인데, 이 결과는 앞에서의 계산식인 식 (8.10)과 일치한다. 타원 편광에 대한 존스 벡터는 $\tilde{\mathbf{E}}_{\mathscr{R}}$과 $\tilde{\mathbf{E}}_{\mathscr{L}}$을 얻을 때 사용했던 것과 똑같은 과정을 거쳐 얻을 수 있는데, 여기서 E_{0x}가 E_{0y}와 같지 않을 수도 있고 위상차가 90°일 필요도 없다. 본질적으로 수직과 수평의 $\mathscr{E}$-상태는 원편광의 어느 한쪽 성분에 스칼라를 곱해 원을 타원으로 늘여서 얻을 수 있다. 따라서

$$\frac{1}{\sqrt{5}}\begin{bmatrix} 2 \\ -i \end{bmatrix} \tag{8.65}$$

는 수평이고 우선성인 타원 편광의 한 가지 가능한 형태를 나타낸다.

2개의 벡터 $\vec{\mathbf{A}}$와 $\vec{\mathbf{B}}$가 $\vec{\mathbf{A}} \cdot \vec{\mathbf{B}} = 0$이면 서로 직교한다고 한다. 마찬가지로 2개의 복소수 벡터가 $\tilde{\mathbf{A}} \cdot \tilde{\mathbf{B}}^* = 0$이면 서로 직교한다. 우리는 존스 벡터가 **직교**일 때 2개의 편광 상태가 직교한다고 한다. 예를 들어

$$\tilde{\mathbf{E}}_{\mathscr{R}} \cdot \tilde{\mathbf{E}}_{\mathscr{L}}^* = \tfrac{1}{2}[(1)(1)^* + (-i)(i)^*] = 0$$

*위상에 대하여 $(\omega t - kz)$를 써 왔기 때문에 $\vec{\mathbf{E}}_{\mathscr{R}}$내의 항이 교환되었다. 현재의 표기법은 비록 일관성을 유지하기에 약간 더 힘들지만(예 : 위상이 앞서는 데 $-\pi/2$를 씀) 최근의 논문이나 책에 자주 쓰인다. 참고문헌을 볼 때 유의하라(예: Shurcliff의 책).

또는

$$\tilde{\mathbf{E}}_h \cdot \tilde{\mathbf{E}}_v^* = [(1)(0)^* + (0)(1)^*] = 0$$

이다. 여기서 실수는 공액 복소수를 취해도 값이 변하지 않는다. 어떤 편광 상태도 그에 대응하는 직교 상태가 있다.

$$\tilde{\mathbf{E}}_{\mathscr{R}} \cdot \tilde{\mathbf{E}}_{\mathscr{R}}^* = \tilde{\mathbf{E}}_{\mathscr{L}} \cdot \tilde{\mathbf{E}}_{\mathscr{L}}^* = 1$$

과

$$\tilde{\mathbf{E}}_{\mathscr{R}} \cdot \tilde{\mathbf{E}}_{\mathscr{L}}^* = \tilde{\mathbf{E}}_{\mathscr{L}} \cdot \tilde{\mathbf{E}}_{\mathscr{R}}^* = 0$$

임에 유의하라. 이와 같은 벡터는 $\tilde{\mathbf{E}}_h$와 $\tilde{\mathbf{E}}_v$가 그렇듯이 **직교 규격화 집합**(orthogonal set)을 형성한다. 앞에서 보았듯이 임의의 편광 상태는 직교 규격화 집합을 이루는 벡터의 선형 결합으로 기술할 수 있다. 이와 같은 개념은 양자역학에서는 대단히 중요한데, 양자역학에서는 직교 규격화 파동 함수를 취급한다.

8.13.3 존스 행렬과 뮐러 행렬

존스 벡터 $\tilde{\mathbf{E}}_i$의 편광된 입사 빔이 광학 부품을 투과하여 새로운 벡터 $\tilde{\mathbf{E}}_t$로 빠져나간다고 가정하자. 광학 부품은 $\tilde{\mathbf{E}}_i$를 $\tilde{\mathbf{E}}_t$로 변환하였고, 이 과정은 수학적으로 2×2 행렬을 써서 기술할 수 있다. 행렬은 단지 규정된 덧셈과 곱셈 연산을 갖는 수의 배열이라는 것을 상기하라. $\mathscr{A}$가 문제의 광학 요소의 변환 행렬을 나타낸다고 하면

$$\tilde{\mathbf{E}}_t = \mathscr{A}\tilde{\mathbf{E}}_i \tag{8.66}$$

이고, 여기서

$$\mathscr{A} = \begin{bmatrix} a_{11} & a_{12} \\ a_{21} & a_{22} \end{bmatrix} \tag{8.67}$$

이며, 열벡터는 다른 행렬과 같이 취급된다. 이때 식 (8.66)은 다음과 같이 쓸 수 있다.

$$\begin{bmatrix} \tilde{E}_{tx} \\ \tilde{E}_{ty} \end{bmatrix} = \begin{bmatrix} a_{11} & a_{12} \\ a_{21} & a_{22} \end{bmatrix} \begin{bmatrix} \tilde{E}_{ix} \\ \tilde{E}_{iy} \end{bmatrix} \tag{8.68}$$

이것을 전개하면 다음을 얻는다.

$$\tilde{E}_{tx} = a_{11}\tilde{E}_{ix} + a_{12}\tilde{E}_{iy}$$

$$\tilde{E}_{ty} = a_{21}\tilde{E}_{ix} + a_{22}\tilde{E}_{iy}$$

표 8.6은 여러 가지 광학 부품에 대한 존스 행렬의 간단한 목록을 싣고 있다. 이들이 어떻게 쓰이는지 이해하기 위하여 몇 가지 응용 예를 조사해 보자. +45°의 $\mathscr{P}$-상태인 $\tilde{\mathbf{E}}_i$가 빠른 축인 수직(즉 y 방향)인 1/4 파장판을 통과한다고 가정하자.

표 8.6 존스 행렬과 뮐러 행렬

선형 광학 소자		존스 행렬	뮐러 행렬
수평 선형 편광기	↔	$\begin{bmatrix} 1 & 0 \\ 0 & 0 \end{bmatrix}$	$\frac{1}{2}\begin{bmatrix} 1 & 1 & 0 & 0 \\ 1 & 1 & 0 & 0 \\ 0 & 0 & 0 & 0 \\ 0 & 0 & 0 & 0 \end{bmatrix}$
수직 선형 편광기	↕	$\begin{bmatrix} 0 & 0 \\ 0 & 1 \end{bmatrix}$	$\frac{1}{2}\begin{bmatrix} 1 & -1 & 0 & 0 \\ -1 & 1 & 0 & 0 \\ 0 & 0 & 0 & 0 \\ 0 & 0 & 0 & 0 \end{bmatrix}$
선형 편광기 (+45°)	⤢	$\frac{1}{2}\begin{bmatrix} 1 & 1 \\ 1 & 1 \end{bmatrix}$	$\frac{1}{2}\begin{bmatrix} 1 & 0 & 1 & 0 \\ 0 & 0 & 0 & 0 \\ 1 & 0 & 1 & 0 \\ 0 & 0 & 0 & 0 \end{bmatrix}$
선형 편광기 (−45°)	⤡	$\frac{1}{2}\begin{bmatrix} 1 & -1 \\ -1 & 1 \end{bmatrix}$	$\frac{1}{2}\begin{bmatrix} 1 & 0 & -1 & 0 \\ 0 & 0 & 0 & 0 \\ -1 & 0 & 1 & 0 \\ 0 & 0 & 0 & 0 \end{bmatrix}$
1/4 파장판 (빠른축이 수직임)		$e^{i\pi/4}\begin{bmatrix} 1 & 0 \\ 0 & -i \end{bmatrix}$	$\begin{bmatrix} 1 & 0 & 0 & 0 \\ 0 & 1 & 0 & 0 \\ 0 & 0 & 0 & -1 \\ 0 & 0 & 1 & 0 \end{bmatrix}$
1/4 파장판 (빠른축이 수평임)		$e^{i\pi/4}\begin{bmatrix} 1 & 0 \\ 0 & i \end{bmatrix}$	$\begin{bmatrix} 1 & 0 & 0 & 0 \\ 0 & 1 & 0 & 0 \\ 0 & 0 & 0 & 1 \\ 0 & 0 & -1 & 0 \end{bmatrix}$
균일한 우원 편광기	↻	$\frac{1}{2}\begin{bmatrix} 1 & i \\ -i & 1 \end{bmatrix}$	$\frac{1}{2}\begin{bmatrix} 1 & 0 & 0 & 1 \\ 0 & 0 & 0 & 0 \\ 0 & 0 & 0 & 0 \\ 1 & 0 & 0 & 1 \end{bmatrix}$
균일한 좌원 편광기	↺	$\frac{1}{2}\begin{bmatrix} 1 & -i \\ i & 1 \end{bmatrix}$	$\frac{1}{2}\begin{bmatrix} 1 & 0 & 0 & -1 \\ 0 & 0 & 0 & 0 \\ 0 & 0 & 0 & 0 \\ -1 & 0 & 0 & 1 \end{bmatrix}$

나오는 파의 편광 상태는 다음과 같은데 여기서 편의상 상수 진폭항은 생략하였다. 즉

$$\begin{bmatrix} 1 & 0 \\ 0 & -i \end{bmatrix}\begin{bmatrix} 1 \\ 1 \end{bmatrix} = \begin{bmatrix} \tilde{E}_{tx} \\ \tilde{E}_{ty} \end{bmatrix}$$

이고, 따라서

$$\tilde{\mathbf{E}}_t = \begin{bmatrix} 1 \\ -i \end{bmatrix}$$

이다. 이 빔은 잘 알다시피 우원 편광파이다. 만일 편광파가 행렬 $\mathscr{A}_1$, $\mathscr{A}_2$, …, $\mathscr{A}_n$으로 나타내는 몇 개의 광학 부품을 통과한다면

$$\tilde{\mathbf{E}}_t = \mathscr{A}_n \cdots \mathscr{A}_2\mathscr{A}_1\tilde{\mathbf{E}}_i$$

이다. 행렬은 교환적(commute)이 아니기 때문에 순서대로 곱해져야 한다. 일련의 부품 중 맨 처음 광학 부품을 떠나는

파는 $\mathcal{A}_1\tilde{\mathbf{E}}_i$이고, 두 번째 광학 부품을 통과한 뒤에는 $\mathcal{A}_2\mathcal{A}_1\tilde{\mathbf{E}}_i$ 등으로 된다. 이 과정을 설명하기 위하여 앞에서 생각한 파(즉 45°에서의 $\mathcal{P}$-상태)로 돌아가자. 그러나 지금은 이 광파가 빠른축이 모두 수직인 두 장의 1/4 파장판을 통과하여 가게 한다. 그러므로 다시 진폭 인자를 생략하면

$$\tilde{\mathbf{E}}_t = \begin{bmatrix} 1 & 0 \\ 0 & -i \end{bmatrix}\begin{bmatrix} 1 & 0 \\ 0 & -i \end{bmatrix}\begin{bmatrix} 1 \\ 1 \end{bmatrix}$$

이 되고, 이 결과는 다시

$$\tilde{\mathbf{E}}_t = \begin{bmatrix} 1 & 0 \\ 0 & -i \end{bmatrix}\begin{bmatrix} 1 \\ -i \end{bmatrix}$$

이 되며, 마지막으로

$$\tilde{\mathbf{E}}_t = \begin{bmatrix} 1 \\ -1 \end{bmatrix}$$

이 된다. 투과된 빔은 −45°의 $\mathcal{P}$-상태이고 반파장판에 의해 90°만큼 회전하여 나오게 된다. 동일한 일련의 광학 부품에 대해 여러 편광 상태를 조사하고자 할 때 $\mathcal{A}_n \cdots \mathcal{A}_2\mathcal{A}_1$을 먼저 곱해서 하나의 2 × 2 **계행렬**(system matrix)로 대치하는 것이 유리하다. (계산은 $\mathcal{A}_2\mathcal{A}_1$를 계산한 다음 $\mathcal{A}_3\mathcal{A}_2\mathcal{A}_1$를 계산하는 등의 순서로 한다.)

1943년 당시 MIT의 물리학 교수였던 뮐러(Hans Mueller)는 스토크스 벡터를 다루는 행렬법을 고안하였다. 스토크스 벡터는 편광파와 부분 편광파 모두에 적용할 수 있는 속성이 있음을 상기하자. 뮐러 방법은 이러한 성질을 공유하므로 존스 방법의 보완 역할을 한다. 그러나 존스 방법이 결맞는 파를 쉽게 다룰 수 있는 데 반해 뮐러 방법은 그렇지 못하다. 뮐러의 4 × 4 행렬은 존스 행렬과 똑같은 방식으로 적용되므로 이 방법을 자세히 논의할 필요는 없다. 몇 가지 간단한 예를 보여주는 표 8.6으로 충분할 것이다. 단위 복사 조도의 편광되지 않은 파를 수평 선형 편광기를 통해 통과시킨다고 가정하자. 나오는 파의 스토크스 $\mathcal{S}_t$는

$$\mathcal{S}_t = \frac{1}{2}\begin{bmatrix} 1 & 1 & 0 & 0 \\ 1 & 1 & 0 & 0 \\ 0 & 0 & 0 & 0 \\ 0 & 0 & 0 & 0 \end{bmatrix}\begin{bmatrix} 1 \\ 0 \\ 0 \\ 0 \end{bmatrix} = \begin{bmatrix} \frac{1}{2} \\ \frac{1}{2} \\ 0 \\ 0 \end{bmatrix}$$

이다. 투과된 파는 1/2(즉 $\mathcal{S}_0 = 1/2$)의 복사 조도를 갖고 있고 수평으로 선편광되어 있다($\mathcal{S}_1 > 0$). 다른 예로서 스토크스 변수가 (4, 2, 0, 3)인 부분 편광된 타원 편광파가 있다고 가정하자. 이 복사 조도는 4이고 수직이라기보다는 거의 수평하며($\mathcal{S}_1 > 0$), 우선성이고($\mathcal{S}_3 > 0$), 90%의 편광도를 갖고 있다. 어떤 변수도 $\mathcal{S}_0$보다 클 수 없기 때문에 $\mathcal{S}_3 = 3$이란 값은 대단히 큰 것이며, 타원이 거의 원에 가까움을 의미한다. 만일 이 광파를 빠른축이 수직인 1/4 파장판에 통과시키면

$$\mathcal{S}_t = \begin{bmatrix} 1 & 0 & 0 & 0 \\ 0 & 1 & 0 & 0 \\ 0 & 0 & 0 & -1 \\ 0 & 0 & 1 & 0 \end{bmatrix}\begin{bmatrix} 4 \\ 2 \\ 0 \\ 3 \end{bmatrix}$$

이고, 따라서

$$\mathcal{S}_t = \begin{bmatrix} 4 \\ 2 \\ -3 \\ 0 \end{bmatrix}$$

이다. 나오는 파는 같은 복사 조도와 편광도를 갖고 있으나 부분 편광되어 있다.

우리는 여기서 단지 행렬법의 몇 가지 중요한 면만을 개론적으로 다루었다. 만일 이 주제를 본격적으로 다루고자 한다면 지금까지 논의된 범위를 훨씬 뛰어 넘는다.*

*결맞음 행렬(coherence matrix)이라고 하는 것을 사용하여 좀 더 정교하고 수학적으로 만족하는 전개를 구성할 수 있다. 좀 더 높은 수준의 자세한 것은 O'Neill의 *Introduction to Statistical Optics*를 보라.

연습문제

***가 붙지 않은 문제의 풀이는 책 뒤에 나와 있다.**

8.1* 두 광파 $E_x = E_0\cos(kz - \omega t)$, $E_y = -E_0\cos(kz - \omega t)$가 같은 공간에서 겹쳐 있다. 이들의 합성파가 선형 편광임을 보이고, 합성파의 진폭과 기울어진 각도 θ를 구하라.

8.2* 두 파동 $E_z = 4\sin(ky - \omega t)$, $E_x = 3\sin(ky - \omega t)$이 같은 공간에 겹쳐 있다(단위는 SI이다). 합성파의 편광 상태를 완벽히 나타내어라.

8.3* 다음 두 파동을 생각하라(단위는 SI이다). $E_x = 8\sin(ky - \omega t + \pi/2)$, $E_z = 8\sin(ky - \omega t)$. 어느 파동이 얼마나 앞서고 있는가? 합성파를 나타내어라. 이 합성파의 진폭은 얼마인가?

8.4 다음 각 파의 편광 상태를 완전하게 기술하라.

(a) $\vec{\mathbf{E}} = \hat{\mathbf{i}}E_0\cos(kz - \omega t) - \hat{\mathbf{j}}E_0\cos(kz - \omega t)$

(b) $\vec{\mathbf{E}} = \hat{\mathbf{i}}E_0\sin 2\pi(z/\lambda - \nu t) - \hat{\mathbf{j}}E_0\sin 2\pi(z/\lambda - \nu t)$

(c) $\vec{\mathbf{E}} = \hat{\mathbf{i}}E_0\sin(\omega t - kz) + \hat{\mathbf{j}}E_0\sin(\omega t - kz - \pi/4)$

(d) $\vec{\mathbf{E}} = \hat{\mathbf{i}}E_0\cos(\omega t - kz) + \hat{\mathbf{j}}E_0\cos(\omega t - kz + \pi/2)$.

8.5 $\vec{\mathbf{E}}(z, t) = [\hat{\mathbf{i}}\cos\omega t + \hat{\mathbf{j}}\cos(\omega t - \pi/2)]E_0 \sin kz$로 주어지는 파를 생각하자. 이것은 어느 종류의 파인가? 이 파의 주된 특성이 나타나도록 대략적인 그림을 그려라.

8.6 그림 8.11에서 진폭이 다른 $\mathscr{R}$-상태와 $\mathscr{L}$-상태의 중첩이 $\mathscr{E}$-상태를 만든다는 것을 해석적으로 증명하라. 이 그림대로 되기 위해서 ε은 얼마여야 하는가?

8.7 주파수가 ω이고 진폭이 E_0이며 그 진동면이 xy면에 대하여 25°의 각도를 이루면서 x축 방향을 따라 진행하는 $\mathscr{P}$-상태 광파의 식을 써라. 이 파의 진폭은 $t = 0$, $x = 0$일 때 0이다.

8.8* 주파수가 ω이고 진폭이 E_0이며 x축에 대하여 45°를 이루는 xy면 내의 선을 따라 진행하고 진동 방향이 xy면과 일치하는 $\mathscr{P}$-상태 광파의 식을 써라. $t = 0$, $y = 0$, $x = 0$일 때 전기장은 0이다.

8.9 주파수가 ω이고 $t = 0$ 및 $x = 0$일 때 전기장이 $-z$ 방향을 향하도록 $+x$ 방향으로 진행하는 $\mathscr{R}$-상태 광파의 식을 써라.

8.10* 수직 전기장의 선편광 빔이 투과축이 수직인 선편광기에 수직으로 입사하고 있다. 입사 빔의 복사 조도가 200 W/m^{2}라면 투과 빔의 복사 조도는 얼마인가?

8.11* 텅스텐등으로부터 300 W/m^{2}의 빛이 선편광기에 입사하고 있다. 투과하여 나오는 빛의 선속 밀도는 얼마인가?

8.12* 수직 선형 편광된 빛이 이상적인 선형 편광기에 수직으로 입사한다. 편광기의 투과축이 수직으로부터 60°를 이루고 있다면 편광기를 투과한 빛은 입사한 복사 조도의 25%임을 보여라.

8.13* 실제 편광기에 투과축과 θ의 각도로 선편광된 빛을 입사시키면 다음의 투과율을 갖게 된다.

$$T_l = (T_0 - T_{90})\cos^2\theta + T_{90}$$

여기서 T_0와 T_{90}은 투과율의 최댓값 및 최솟값을 각각 나타낸다. 이 표현이 식 (8.25)와 동등함을 보여라.

8.14* 1000 W/m^{2}의 자연광이 HN-22 판형 편광기에 수직으로 입사한다고 하자. 이 필터를 투과한 빛의 상태를 설명하라. 복사 조도는 얼마가 되는가?

8.15 만일 초기 선속 밀도가 I_i인 자연광이 편광축이 평행인 두 장의 HN-32를 통과하면 나오는 광의 선속 밀도는 얼마인가?

8.16* 앞 문제에서 만일 검광기가 30° 회전하면 나오는 광의 복사 조도는 어떻게 되겠는가?

8.17* 두 장의 HN-38S 편광기가 투과축이 나란하게 겹쳐져 있다. 첫 번째 편광기에 1000 W/m^{2}의 자연광이 입사하였을 때, 이 편광기를 투과하는 빛의 복사 조도를 구하라. 한 쌍의 편광기에 대한 최종 투과율은 얼마인가?

8.18* 자연 빔의 복사 조도가 400 W/m^{2}이다. 이 빛이 투과축이 40.0°의 각을 이루고 있는 2개의 연속 편광기 중 첫 번째 면에 입사하고 있다. 두 편광기를 투과하여 나온 빛의 복사 조도는 얼마인가?

8.19* 네 장의 HN-32 폴라로이드를 투과축을 나란하게 해서 겹쳐두었다. 만일 처음 필터에 입사되는 자연광의 복사 조도가 I_i일 때, 전체 폴라로이드 더미를 투과하는 복사 조도는 얼마인가?

8.20* 복사 조도 I_i의 자연광이 HN-32 편광기에 수직으로 입사한다. (a) 투과되는 빛의 양은 얼마인가? (b) 동일한 편광기가 첫 번째 편광기 다음에 나란하게 배치되었다. 두 투과축이 45°의 각을 이룰 때, 두 번째 편광기를 투과하는 양은 얼마인가?

8.21* 복사 조도 I_i의 자연광이 투과축이 나란한 세 장의 선평편광기에 수직으로 입사한다. 만일 각 편광기의 주요 투과율이 64%이고 높은 소광률을 갖는다고 한다면, 투과되는 최종 복사 조도가 13% I_i임을 보여라.

8.22* 8.10절에서 보았듯이 설탕과 인슐린 같은 물질은 **광학적으로 활성화**되어 있다. 즉 편광면의 회전이 용액의 길이와 농도에 비례한다. 설탕물이 들어 있는 유리병이 서로 수직인 두 HN-50 편광기 사이에 놓여 있고, 첫 번째 편광기에 입사한 자연광의 50%가 두 번째 편광기를 통과하여 나왔다. 유리병의 설탕물은 첫 번째 편광기를 통과한 빛을 몇 도 회전시키겠는가?

8.23* 보통 회전등의 빛이 투과축이 수직인 편광자를 통과하였다. 통과한 빛의 복사 조도는 200 W/m^{2}이고, 투과축이 수평축으로부터 30° 위에 있는 다른 HN-50 선형 편광기에 수직으로 입사하고 있다. 투과된 빛의 복사 조도는 얼마인가?

8.24* 수직축에 대해 전기장 벡터가 +55°를 이루고 있고 복사 조도가 200 W/m^{2}인 선형 편광된 빛이 투과축이 수직축에 대해 +10°를 이루고 있는 평판 편광기에 수직으로 입사하고 있다. 투과한 빛의 복사 조도를 구하라.

8.25* 두 평판 편광기의 투과축이 수직축에 대해 각각 10°와 60°를 이루고 있다. 선형 편광된 빛의 전기장이 수직축에 대해 40°의 각도로 첫 번째 편광기에 입사한다면 입사 복사 조도의 몇 %가 투과하여 나오겠는가?

8.26* 투과축이 수직과 수평으로 직교하는 2개의 편광기가 있다고 하자. 처음 편광기에서 나오는 빔의 선속 밀도가 I_1이고, 물론 검광기를 빠져나오는 빛은 없다(즉 $I_2 = 0$). 이제 투과축이 수직에 대하여 45°를 이루는 완전한 선형 편광기(HN-50)를 앞의 두 광학 부품 사이에 넣었다. I_2를 계산하라. 각 편광기에서 복사하는 전자의 운동에 대해서 생각하라.

8.27* 2개의 똑같은 선형 편광기와 자연 광원을 가지고 있다고 생각하자. 하나의 편광기를 다른 하나의 뒤에 놓고 그들의 투과축이 각각 0°와 50°가 되도록 한다. 다음에 투과축이 25°인 세

번째 선형 편광기를 이것들 사이에 넣는다. 만일 $1000\,W/m^2$의 빛이 입사한다면 중간의 편광기가 있을 때와 없을 때 각각 얼마의 빛이 나오겠는가?

8.28* $200\,W/m^2$의 제멋대로 편광된 빛이 여러 개로 구성된 편광기 다발에 입사하고 있다. 첫 번째 편광기의 투과축은 수직축 위에 있고, 두 번째 편광기는 투과축이 수직축에 대해 30°, 세 번째 편광기는 60°, 네 번째 편광기는 90°를 이루고 있다. 투과하여 나온 빛의 복사 조도를 구하라.

8.29* 2개의 이상적인 *HN*-50 선형 편광기가 차례로 놓여 있다. 편광되지 않은 $100\,W/m^2$의 빔이 두 편광기를 통과한 후 $30\,W/m^2$라면 두 편광기의 투과축이 이루고 있는 각도를 구하라.

8.30 이상적인 편광기가 똑같은 한 쌍의 직교하는 편광기 사이에서 각속도 ω로 돌고 있다. 나오는 광의 선속 밀도는 회전 주파수의 4배로 변조됨을 보여라. 즉 다음과 같음을 보여라.

$$I = \frac{I_1}{8}(1 - \cos 4\omega t)$$

여기서 I_1은 첫 번째 편광기에서 나오는 선속 밀도이고 I는 최종 선속 밀도이다.

8.31 그림 P.8.31은 방해석 결정에 거의 수직으로 입사하는 광선이 거울에 의하여 반사되어 다시 결정을 통과하는 것을 보여준다. 관찰자는 Σ 위에 있는 점의 이중상을 볼 수 있는가?

그림 P.8.31

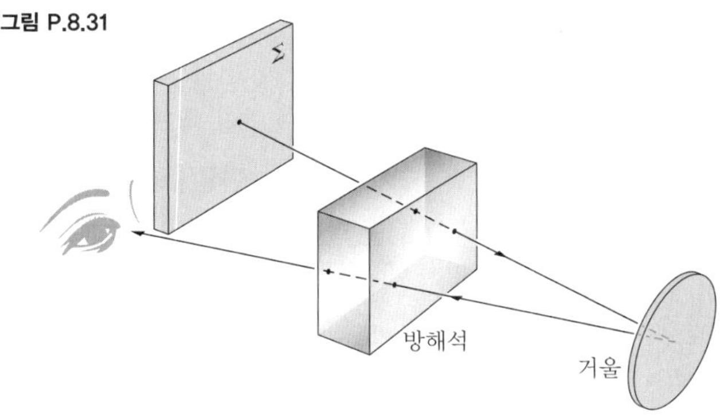

8.32* 종이 위의 연필자국이 방해석 결정에 의하여 덮여 있다. 위에서 빛을 비출 때 종이 위에 부딪히는 빛이 이미 편광되어 있지 않다면 이 빛은 결정을 통과한 것인가? 그렇다면 어째서 2개의 상을 보게 되는가? 플래시 빛으로부터 나오는 빛을 편광시켜 그것을 종이에서 반사시킴으로써 답을 시험해 보라. 유리 없이 거울 반사를 하라. 반사된 빛은 편광되는가?

8.33 그림 P.8.33에서 본 것을 자세히 논의하라. 그림 속의 결정은 방해석이고 뭉툭한 모퉁이가 왼쪽 위에 있다. 두 장의 폴라로이드의 투과축은 그들의 짧은 모서리에 평행하다.

그림 P.8.33 (E.H)

8.34 그림 P.8.34의 방해석 결정은 세 가지 다른 방향을 취하고 있다. 뭉툭한 모퉁이가 (a)에서는 왼쪽, (b)에서는 왼쪽 아래, (c)에서는 밑쪽에 있다. 폴라로이드의 투과축은 수평하다. 각 그림을 설명하라. 특히 (b)를 설명하라.

그림 P.8.34a (E.H)

그림 P.8.34b (E.H)

그림 P.8.34c (E.H)

8.35 방해석의 복굴절성이 큰 것은 탄산염 집단이 평면으로(광축에 수직하게) 배열되어 있기 때문이다. $\vec{\mathbf{E}}$가 CO_3면에 수직일 때가 평행할 때보다 편광이 왜 더 작은지 그림을 그려서 설명하라. $v_\perp$와 $v_\parallel$(즉 $\vec{\mathbf{E}}$가 광축에 대하여 수직으로 편광되었을 때 파의 속력) 각각에 대하여 이것은 무엇을 의미하는가?

8.36 그림 P.8.36과 같이 빔이 방해석 프리즘의 왼쪽에서 입사한다. 특히 관심 있는 세 가지 가능한 광축 방향이 있고 이들은 x, y, z 방향에 대응한다. 이와 같은 프리즘이 3개 있다고 생각하자. 각 경우에 입사하는 빔과 나가는 빔을 그리고 편광 상태를 그려라. 어떻게 이것들을 n_o와 n_e를 구하는 데 이용할 수 있는가?

그림 P.8.36

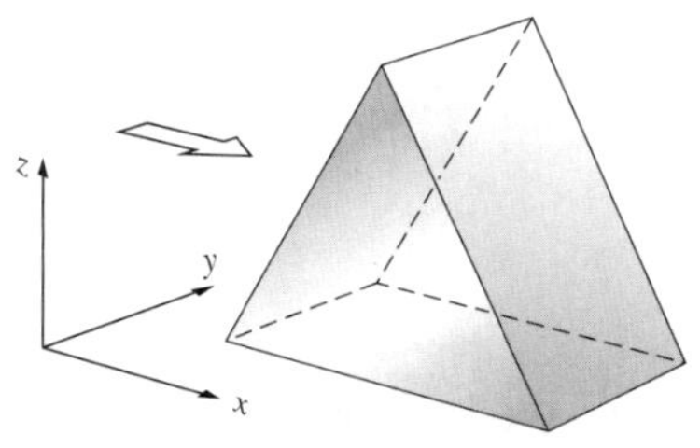

8.37 니콜 프리즘의 방해석–발삼(balsam) 층에서 정상 광선에 대한 임계각(즉 전반사각)을 구하라.

8.38* 수정 울러스턴 프리즘을 그리고, 관련된 모든 광선과 그들의 편광 상태를 나타내어라.

8.39* 울러스턴 프리즘은 두 개의 45° 석영 프리즘으로 만들며, 그림 8.34처럼 생겼다. $\lambda_0 = 589.3\,\text{nm}$라고 할 때, 두 개의 방출 광선 사이의 각도를 구하라. [힌트: 방해석 울러스턴과 비교할 때, 정상 광선과 이상 광선이 바뀌어 있다.]

8.40 그림 P.8.40은 **로숀**(Rochon) **편광기**이다.

그림 P.8.40

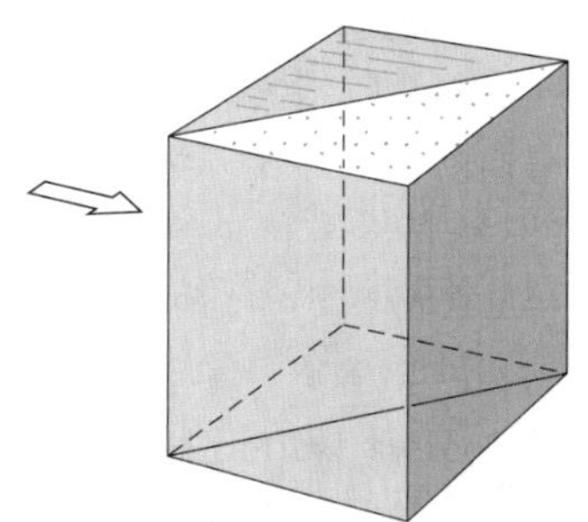

이 편광기가

(a) 방해석으로 만들어졌을 때 또는

(b) 수정으로 만들어졌을 때

를 가정하고 이 편광기를 지나가는 모든 가능한 광선을 그려라.

(c) 왜 위와 같은 부품이 선속 밀도가 높은 레이저광과 작용할 때 이색 편광기보다 더 유용한가?

(d) 울러스턴 편광기에 없는 로숀 편광기의 쓸모 있는 특징은 무엇인가?

8.41* 전기장이 쌍극자 방향에 대하여 평행인 선편광파를 복사하는 마이크로파 송신기가 있다고 하자. 많은 에너지를 연못(굴절률 9.0)의 표면에서 반사시키고자 한다. 필요한 입사각을 구하고 빔의 방향에 대해 논의하라.

8.42* 연못($n = 1.33$)에서 반사된 하늘을 폴라로이드 필터를 통하여 볼 때, 완전히 보이지 않는 각도를 구하라.

8.43* 물속($n_w = 1.33$)에 잠겨 있는 유리($n_g = 1.65$) 표면에서 반사된 빛의 브루스터 각도를 구하라.

8.44* 공기 중에 놓인 어떤 투명한 물질의 임계각이 41.0°일 때 이것의 편광각을 구하라.

8.45* 모르는 액체에서 반사되고 있는 빛을 선형 평판 편광자로 조사하고 있다. 편광기의 중심축(편광기 평면에 수직)이 수직축으로부터 54.30°일 때 반사된 빛이 완전히 통과하였으며 편광기의 투과축은 경계 평면에 평행하였다. 이때 액체의 굴절률을 구하라.

8.46* 에틸알코올($n_e = 1.36$)에 잠겨 있는 유리($n_g = 1.65$)의 표면에서 반사된 빛이 완전히 선형 편광되었다. 부분 편광된 빛은 몇 도에서 유리판으로 통과할 것인가?

8.47* 자연 빔이 공기–유리 경계면($n_{ti} = 1.5$)에 40° 입사한다. 반사광의 편광도를 계산하라.

8.48* 반사된 빛의 편광도(V_r)가 다음과 같이 표현될 수 있음을 보여라.

$$V_r = \frac{R_\perp - R_\parallel}{R_\perp + R_\parallel}$$

[힌트: 무편광된 반사광에서는 $I_{r\parallel} = I_{r\perp}$이지만, 편광된 반사광에서는 $I_p = I_{r\perp} - I_{r\parallel}$이다.]

8.49* 자연 빔이 유리($n = 1.5$) 위의 공기 경계면에 70°로 입사하여 부분 반사한다. 전체적인 반사도를 계산하라. 이것과 입사각이 56.3°인 경우와 비교하면 어떻게 되는가? 설명하라.

8.50* 자연광의 좁은 빔이 공기 중의 유리판($n = 1.50$)에 56.0°으로 입사한다. 반사된 빛은 부분적으로 편광되어 있다. 편광도를 구하라. [힌트: 문제 8.48 참조]

8.51* 좁은 빔이 투명한 물질로 되어 있는 블럭의 표면에 부딪혀서 그 반사광이 완전히 편광되었다. 만일 전체 반사율이 10%라면, 공기와 블럭 경계에서의 투과율은 얼마인가?

8.52 황색광선이 방해석 판에 50°로 입사한다. 이 판은 광축이 앞면에 평행하고 입사면에 수직하도록 잘려 있다. 두 광선 사이

의 각분리(angular separation)를 구하라.

8.53* 빔이 수정판 위에 수직으로 입사하는데 수정판의 광축은 빔에 수직하다. 만일 $\lambda_0 = 589.3\,\text{nm}$라면 정상 광선과 이상 광선의 파장은 각각 얼마인가? 두 광선의 주파수는 얼마인가?

8.54 입사하는 $\mathcal{P}$-상태와 전기장 벡터가 1/4 파장판의 수평 빠른축과 $+30°$의 각을 이루고 있다. 나오는 파의 편광 상태를 자세히 기술하라.

8.55* 이상적인 폴라로이드 두 장을 골라(첫 번째 것은 그 축이 수직이고 두 번째 것은 수평임) 그 사이에 10장의 반파장판 묶음을 넣는다. 반파장판은 첫 번째 것의 빠른축이 수직으로부터 $\pi/40$ 라디안만큼 회전되어 있고 그다음에 있는 것은 각각 그 앞의 것보다 $\pi/40$ 라디안만큼 회전되어 있다. 명백한 논리에 따라 입사 복사 조도에 대한 출사 복사 조도의 비를 구하라.

8.56* 오로지 선형 편광 편광기와 1/4 파장판이 주어졌다고 하자. 어떻게 구별할 수 있는가?

8.57* 수평에서 135° 기울어지고 2사분면과 4사분면에서 진동하는 선형편광이 빠른축이 수직으로 세워진 $\pi/2$ 지연기를 통과한다. 투과하는 빛의 편광 상태를 설명하라. 만일 느린축이 수직으로 세워져 있었다면, 선편광은 어떻게(시계 방향 또는 반시계 방향) 회전하겠는가?

8.58* 우원 편광된 빛이 빠른축이 수직으로 놓인 $\lambda/4$ 지연기를 지나간다. 투과한 빛의 편광 상태를 말하라. 편광 상태가 그림 8.42에서 1/4 바퀴를 지나갔는지 확인하라.

8.59* 우원 편광된 빛이 빠른축이 수평으로 놓인 1/4 파장판을 지나간다. 선편광된 빛이 1사분면과 3사분면에 45°로 기울어진 채로 나오는 이유를 설명하라.

8.60* 135°로 2사분면과 4사분면에서 진동하는 선편광이 빠른축이 수직으로 세워진 반파장판을 지난다. 여기서 1사분면과 3사분면에 놓인 선편광이 나오는 이유를 설명하라.

8.61* 우원 편광된 빛이 빠른축이 수직으로 세워진 반파장판을 지난다. 출력광의 편광 상태를 말하라.

8.62* 수평 x축 위에서 60° 기울어져 1사분면과 3사분면을 진동하는 선편광이 빠른축이 수평하게 놓인 1/4 파장판을 지나간다. 장축이 수직인 좌타원 편광이 나오는 이유를 설명하라.

8.63* x축을 따라 진동하는 선편광된 빛이 x축 위로 45° 기울어진 1/4 파장판을 지나간다. 위상자 방법을 사용해서 투과광이 우원 편광임을 보여라. [힌트: x'축을 x축 위로 45°가 되도록 그려라. $E_{y'}$ 위상자의 o-위치는 음의 y' 방향에서 아래를 향하고 있다.]

8.64* 수평으로 선편광된 빛이 빠른축이 수평에서 $\pi/8$ 라디안 기울어진 1/4 파장판을 지나간다. 위상자 방법을 사용해서 투과광의 편광 상태를 도식적으로 구하라. [힌트: $\vec{\mathbf{E}}$는 x'축 아래의 x축 방향이며, 그래서 위상자 E_y'는 아래를 향한 채로 시작한다.

8.65* 파장 590 nm의 좌원 편광이 z 방향으로 진행하다가 석영판을 수직으로 통과하고 나서 우원 편광으로 변환된다. 석영은 광축이 y축이 되도록 자르고 연마되었으며 석영판은 xy 평면에 놓여 있다. ($n_o = 1.5443$, $n_e = 1.5534$) (a) 빠른축의 방향은 어디인가? (b) 이 판은 적어도 얼마나 두꺼워야 하는가? 그렇게 생각하는 이유를 자세히 설명하고, 그림으로 나타내어라.

8.66* $\mathcal{L}$-상태 빔이 수평 빠른축을 갖고 있는 1/8 파장판을 통과한다. 나오는 광의 편광 상태는 무엇인가?

8.67* 그림 P.8.67은 두 장의 폴라로이드 선형 편광 편광기와 그 사이에 있는 셀로판 테이프가 부착된 현미경용 슬라이드 유리를 나타낸다. 왜 이렇게 보이는지 설명하라.

그림 P.8.67 (E.H)

8.68 레이더 화면의 유리 표면에 거의 수직으로 입사하는 편광되지 않은 실내광이 있다고 하자. 그 빛의 일부가 관찰자를 향하여 다시 반사되어 레이더 상을 흐리게 한다. 이제 그림 P.8.68과 같이 우원 편광 편광기로 스크린을 덮는다고 가정하자. 입사 빔과 반사 빔을 그리고 그 편광 상태를 나타내어라. 반사 빔은 어떻게 되겠는가?

그림 P.8.68

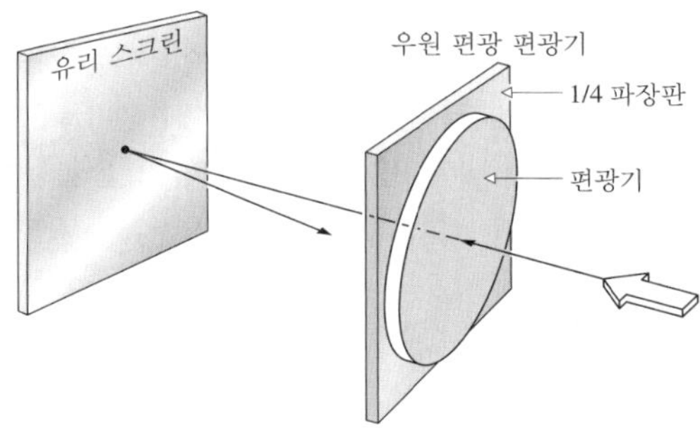

8.69 바비네 보정기가 직교하는 선형 편광 편광기 사이에 45° 각도로 놓여 있고 나트륨광으로 비치고 있다. 얇은 운모(굴절률이 1.599와 1.594) 한 장이 보정기 위에 놓이면 검은 띠는 모두 그들 사이 간격의 1/4만큼 이동한다. 운모판의 위상 지연과 그 두께를 구하라.

8.70 자연광이 아니면서 2개의 직교하는 결어긋난 $\mathscr{P}$-상태로 구성된 빔이 가능한가? 설명하라. 이와 같은 빔을 만들려면 어떻게 해야 하는가?

8.71* $20°C(\lambda_0 = 589.3\,nm)$ 물에 녹아 있는 설탕의 고유 회전능은 용액 $1\,cm^3$당 1g의 활성 물질(설탕)을 포함하는 용액의 경로에서 10 cm당 +66.45°이다. 수직 $\mathscr{P}$-상태의 나트륨광이 $1000\,cm^3$ 용액이 담겨 있고 그중 10g이 설탕인 1 m 관의 한끝에 입사하였다. $\mathscr{P}$-상태 광이 튜브에서 나올 때의 방향은 어떻게 되는가?

8.72 직교하는 선형 편광 편광기 사이에서 변형력을 받고 있는 광탄성 물질을 조사할 경우 한 집단의 색띠들(등색곡선)과 그것에 겹쳐 있는 한 집단의 검은색 띠들(등경사곡선)을 볼 수 있다. 등색 곡선만 그대로 두고 등경사 곡선을 제거하려면 어떻게 해야 하는가? 설명하라. 그런데 적절한 배열은 광탄성 물질의 방향과 무관하다.

8.73* 2개의 판이 거리 d만큼 떨어진 커 셀을 생각하자. 이 판들의 유효 거리(가장자리의 전기장 때문에 실제의 길이와 약간 다르다)를 ℓ이라고 하자. 다음을 증명하라.

$$\Delta\varphi = 2\pi K\ell V^2/d^2 \qquad [8.48]$$

8.74 $\lambda_0 \approx 550\,nm$, $r_{63} = 5.5 \times 10^{-12}$, $n_0 = 1.58$일 때 ADA(ammonium dihydrogen arsenate)로 만들어진 종방향 포켈스 셀(longitudinal Pockels cell)의 반파장 전압을 구하라.

8.75* 수평축에 대해 θ를 이루고 있는 선형 편광기의 존스 벡터는

$$\begin{bmatrix}\cos\theta\\ \sin\theta\end{bmatrix}$$

이다. 이 행렬이 표 8.5에서 +45° 각도의 $\mathscr{P}$-상태와 일치함을 보여라.

8.76 다음 상태에 직교하는 편광 상태를 나타내는 존스 벡터 $\tilde{\mathbf{E}}_2$를 구하라. 두 벡터 모두를 그려라.

$$\tilde{\mathbf{E}}_1 = \begin{bmatrix}1\\ -2i\end{bmatrix}$$

8.77* (1, 1, 0, 0)과 (3, 0, 0, 3)으로 표현되는 두 결어긋난 빔이 중첩되었다.

(a) 각각의 편광 상태를 자세히 기술하라.

(b) 합쳐진 빔의 스토크스 변수를 구하고 편광 상태를 기술하라.

(c) 편광도는 얼마인가?

(d) 결어긋난 빔 (1, 1, 0, 0)과 (1, −1, 0, 0)이 겹쳐져서 만들어 내는 합성파는 무엇인가? 설명하라.

8.78* 뮐러 행렬을 이용하여 수직 선형 편광기를 통과하는 자연 빔이 수직 $\mathscr{P}$-상태로 변환됨을 직접 계산으로 보여라. 상대 복사 조도와 편광도를 구하라.

8.79* 뮐러 행렬을 이용하여 투과축이 +45°인 선형 편광기를 통과하는 단위 복사 조도의 자연 빔이 +45°의 $\mathscr{P}$-상태로 변하는 것을 직접 계산으로 보여라. 상대 복사 조도와 편광도를 구하라.

8.80* 뮐러 행렬을 이용하여 수평 $\mathscr{P}$-상태 빔이 빠른축이 수평인 $1/4\lambda$ 파장판을 변화 없이 통과하여 그대로 나오는 것을 직접 계산으로 보여라.

8.81* 다음 행렬이 빠른축이 +45°인 1/4 파장판에 대한 뮐러 행렬임을 확인하라.

$$\begin{bmatrix}1 & 0 & 0 & 0\\ 0 & 0 & 0 & -1\\ 0 & 0 & 1 & 0\\ 0 & 1 & 0 & 0\end{bmatrix}$$

이것에 45°로 선편광된 빛을 비추면 어떤 현상이 일어나는가? 또한 수평 $\mathscr{P}$-상태가 입사하면 어떤 빛이 나오는가?

8.82* 뮐러 행렬

$$\begin{bmatrix}1 & 0 & 0 & 0\\ 0 & C^2 + S^2\cos\Delta\varphi & CS(1-\cos\Delta\varphi) & -S\sin\Delta\varphi\\ 0 & CS(1-\cos\Delta\varphi) & S^2 + C^2\cos\Delta\varphi & C\sin\Delta\varphi\\ 0 & S\sin\Delta\varphi & -C\sin\Delta\varphi & \cos\Delta\varphi\end{bmatrix}$$

은 위상 지연이 $\Delta\varphi$이고, 빠른축이 수평축에 대해 α의 각도인 위상 지연기이다. 이때 $C = \cos 2\alpha$이고 $S = \sin 2\alpha$이다. 앞 문제의 뮐러 행렬을 유도하라.

8.83* 앞 문제의 뮐러 행렬을 이용하여 표 8.6의 행렬과 수직 빠른축 1/4 파장판이 같음을 보여라.

8.84 빠른축이 −45°인 1/4 파장판에 대한 뮐러 행렬을 유도하라. 빔이 2개의 파장판을 지나는 동안 바뀌지 않고 그대로 있기 위해서 이 행렬이 연습문제 8.81의 행렬을 효과적으로 상쇄할 수 있는지 조사하라.

8.85* 수평으로 선편광된 빔을 앞의 두 문제에서 나온 $1/4\lambda$ 파장판을 각각 통과시킨 후 나오는 광의 상태를 기술하라. 어느 성분이 어느 것을 앞서는지와 이 결과들을 어떻게 그림 8.9와 비교할 수 있을지 설명하라.

8.86 표 8.6을 사용하여 수직 빠른축을 갖고 있는 반파장판에 대한 뮐러 행렬을 유도하라. 이 결과를 $\mathscr{R}$-상태와 $\mathscr{L}$-상태로 변환시키는 데 이용하라. 같은 파장판이 $\mathscr{L}$-상태를 $\mathscr{R}$-상태로 변환시킴을 증명하라. 상대 위상이 $\pi/2$만큼 앞서거나 지연되는 것도 같은 효과를 가져야 한다. 이것을 수평 빠른축을 갖고 있는 반파장판에 대한 행렬을 유도함으로써 확인하라.

8.87 선형 편광 편광기와 1/4 파장판으로 만들어진 우원 편광기의 뭘러 행렬을 만들어라. 그와 같은 소자는 2개로 구성된 비균일 원편광기이고 표 8.6의 **균일** 원편광기와 다르다. 이와 같이 만든 행렬이 자연광을 $\mathcal{R}$-상태로 변환시키는지 시험하라. 균일 행렬과 같이 $\mathcal{R}$-상태를 통과시키는 것을 보여라. 이 행렬은 입력 쪽에 입사한 $\mathcal{L}$-상태를 $\mathcal{R}$-상태로 변환시키나, 균일 편광기는 그들을 전부 흡수할 것이다. 이것을 증명하라.

8.88* 복사 조도 I_i의 빛을 그림 8.65의 포켈스 셀 변조기에 비추면 투과된 빔의 복사 조도 I_t는 다음과 같다.

$$I_t = I_i \sin^2 (\Delta\varphi/2)$$

이 변조기에 걸어 준 전압에 대한 I_t/I_i의 그래프를 그려라. 최대 투과에 대응하는 전압의 의미는 무엇인가? ADP(λ_0 = 546.1 nm)에 대하여 I_t를 0으로 만드는 최저 전압은 얼마인가? 전압이 0일 때 I_t/I_i의 값을 최대로 하기 위해서는 배열을 어떻게 하여야 하는가? 이 새로운 배열에서 $V = V_{\lambda/2}$일 때 복사 조도는 얼마인가?

8.89 진폭 투과 계수 t를 갖는 흡수물질의 등방성 판에 대한 존스 행렬을 만들어라. 비록 $t = 1$이라도 그와 같은 판은 아직도 등방성 위상 지연기이기 때문에 때때로 위상 정보를 계속 추적하는 것이 바람직하다. 진공 영역에 대한 존스 행렬은 무엇인가? 완전한 흡수체에 대한 존스 행렬은 무엇인가?

8.90 진폭 투과 계수 t를 갖는 흡수 물질의 등방성 판에 대한 뭘러 행렬을 만들어라. 어떤 뭘러 행렬이 그 복사 조도에는 영향을 미치지 않고 임의의 파의 편광 상태를 없앨 수 있는가? (이것이 물리적으로 가능하지는 않다.)

8.91 식 (8.33)을 염두에 두고 부분 편광 빔의 편광되지 않은 선속 밀도 성분(I_n)에 대한 표현을 스토크스 변수를 사용하여 나타내어라. 이 결과를 확인하기 위하여 선속 밀도 4의 편광되지 않은 스토크스 벡터를 선속 밀도 1의 $\mathcal{R}$-상태에 더하라. 그리고 합성파에 대하여 $I_n = 4$가 나왔는지를 확인하라.

8.92* 어떤 광학 필터는 다음과 같은 존스 행렬로 기술할 수 있다.

$$\begin{bmatrix} \cos\alpha & \sin\alpha \\ -\sin\alpha & \cos\alpha \end{bmatrix}$$

다음과 같이 빔이 입사할 경우 나오는 빛의 편광 상태를 기술하라.

(a) 수평축에 대해 θ의 각도로 편광된 평면 편광 빔(연습문제 8.75 참조)

(b) 좌원 편광 빔

(c) 우원 편광 빔

(d) 위의 결과로부터 이것은 어떤 필터이고 어떻게 만드는지를 설명하라.

8.93 어떤 광학 필터는 다음과 같은 존스 행렬로 기술할 수 있다.

$$\begin{bmatrix} \cos^2\alpha & \cos\alpha\sin\alpha \\ \cos\alpha\sin\alpha & \sin^2\alpha \end{bmatrix}$$

(a) 수평축에 대해 θ의 각도로 편광된 평면파가 입사할 경우 나오는 빔의 편광 상태를 기술하라(연습문제 8.75 참조).

(b) (a)의 결과로부터 이것은 어떤 필터인가?

(c) 적어도 1개의 다른 입사파를 이용하여 (b)의 추론이 맞다는 것을 확인하라.

8.94* 2개의 선형 광학 필터의 존스 행렬이 각각 다음과 같다.

$$\mathcal{A}_1 = \frac{1}{\sqrt{2}} e^{-i\pi/4} \begin{bmatrix} 1 & i \\ i & 1 \end{bmatrix}$$

$$\mathcal{A}_2 = \frac{1}{\sqrt{2}} e^{i\pi/4} \begin{bmatrix} 1 & -i \\ -i & 1 \end{bmatrix}.$$

이들은 어떤 필터인가?

8.95* 광활성 설탕 용액이 들어 있는 액체 셀의 존스 행렬이 다음과 같다.

$$\frac{1}{2\sqrt{2}} \begin{bmatrix} 1 + \sqrt{3} & -1 + \sqrt{3} \\ 1 - \sqrt{3} & 1 + \sqrt{3} \end{bmatrix}$$

(a) 입사 빔이 수평 방향의 $\mathcal{P}$-상태일 때 나오는 빛의 편광 상태를 구하라.

(b) 입사 빔이 수직 방향의 $\mathcal{P}$-상태일 때 나오는 빛의 편광 상태를 구하라.

(c) 이 광활성 물질에 의해 회전한 각도를 구하라.

9 간섭

젖은 아스팔트 길 위에 떠 있는 얇은 기름막에 나타나는 무지개색 무늬는 간섭 현상의 흔한 예 중 하나이다.* 간섭의 또 다른 예로는 연못의 수면에 나타나는 잔물결의 상호작용을 들 수 있다. 일상생활에서 얻은 이러한 경험을 바탕으로 그림 9.1에서와 같이 교란(disturbance)의 복잡한 분포를 보여 주는 잔물결 장치를 만들 수 있다. 2개 혹은 그 이상의 파동이 중첩될 때, 부분적으로 또는 완전하게 파동이 서로 상쇄되는 영역이 있을 수 있고, 또한 파동이 현저하게 강해지는 영역이 존재할 수 있다. 중첩되었던 개개의 파동은 중첩 영역을 지난 후에는 서로 영향을 받지 않고 완전히 독립적으로 계속해서 진행한다.

이 주제는 QED의 관점(4.11.1절)에서 다룰 수 있지만, 여기서는 매우 간단한 접근 방법을 택하겠다. 앞에서 공부했던 빛의 전자기적 본성에 근거한 파동 이론을 적용하면 쉽게 설명할 수 있다. 식 (3.22)에서 설명한 바와 같이 광학 교란을 묘사하는 파동 함수는 이차 선형 편미분 방정식의 해이므로 파동 함수는 **중첩의 원리**(principle of superposition)를 따른다. 따라서 2개 혹은 그 이상의 광파가 겹쳐지는 공간상의 한 점에서 합성 전기장 $\vec{\mathbf{E}}$는 각 구성 전기장의 **벡터합**(vector sum)과 같다. 다시 말해서 "**광파의 간섭이란 2개 혹은 그 이상의 광파가 상호작용함으로써 성분 광파의 복사 조도를 단순히 더한 것과 다른 복사 조도를 갖는 현상이라고 볼 수 있다.**"

간섭 현상을 관찰하는 장치는 **파면 분리**(wavefront splitting)형과 **진폭 분리**(amplitude splitting)형의 두 가지 형태로 분류할 수 있는데, 이 장에서는 각각의 형태에 속하는 다양한 간섭 장치 중에서 개념상 중요한 몇 가지를 선택해서 살펴볼 것이다. 파면 분리형 간섭계에서는 1차 파면상의 각 점이 2차 파면을 만드는 파원으로서 또는 2차 파면의 허광원으로서 작용하며, 1차 파면에 의해 형성된 2개 이상의 2차 파면이 다시 모아질 때 간섭 무늬가 형성된다. 반면에 진폭 분리형 간섭계의 경우는 1차 파면 그 자체가 2개의 부분으로 나누어져서 서로 다른 경로를 움직인 후 다시 합쳐져서 간섭한다.

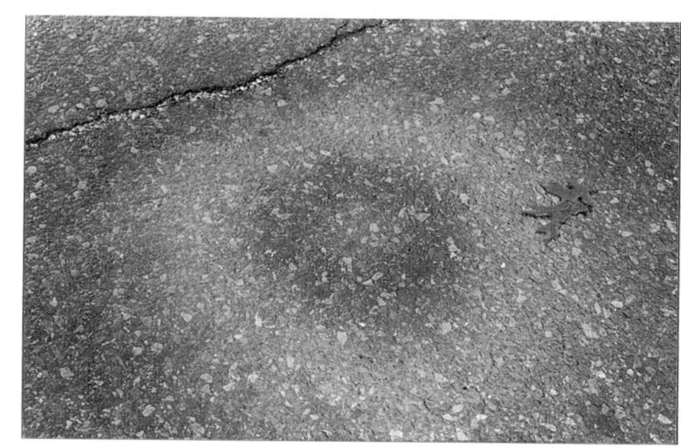
사진에서 근사적으로 원형인 간섭 무늬는 젖은 아스팔트 위의 기름 때문에 생긴다. **동일 두께 무늬**(9.4.1절)이므로 보는 각도에 따라 변하지 않으며, 무지개색으로 나타난다. (E.H.)

9.1 일반적 고찰

7.1절에서 살펴본 2개의 스칼라파의 중첩에 대한 결과는 간섭 현상을 설명하는 데 매우 유용하다. 원래는 전자기장이 벡터장이기 때문에 간섭을 직관적으로 이해하기 위해서는 빛을 벡터 현상으로 취급해야 하지만 빛의 벡터적인 성질이 실제적으로는 거의 중요하지 않은 광학계가 많이 있다. 따라서 벡터 모델 안에서 기본적인 간섭 방정식을 유도하고 난 후에 스칼라 취급이 적용되는 조건에 대해서 설명할 것이다.

여러 개의 개별 광원에서 나온 광파의 전기장 $\vec{\mathbf{E}}_1$, $\vec{\mathbf{E}}_2$, $\cdots$가 공간상의 한 점에 형성한 합성파의 총전기장 $\vec{\mathbf{E}}$는 중첩의 원리에 의해서

$$\vec{\mathbf{E}} = \vec{\mathbf{E}}_1 + \vec{\mathbf{E}}_2 + \cdots \tag{9.1}$$

*아스팔트 위의 수면층은 기름막이 평평한 면이 되도록 해 준다. 검은 아스팔트는 투과광을 흡수하고 뒷면에 의한 반사를 차단해서 무늬가 선명하게 보이도록 해준다.

최대 최소 최대 최소 최대 최소 최대 최소 최대 최소

그림 9.1 잔물결 장치에서 위상이 일치하는 두 점파원에 의해 발생한 수면파. 무늬의 중점에 파의 봉우리(얇고 밝은 띠)와 골(얇고 어두운 띠)이 좁고 어두우며 조용한 영역(최소)에 의해 분리된 긴 쐐기 모양의 영역(최대)에 놓여 있다. 마디선(nodal line)이 직선으로 보이지만 실제로는 쌍곡선이다. 광학적으로 동등한 전기장의 분포는 그림 9.3c에 있다. (*PSCC College Physics*, 1968. Educational Development Center, Inc.)

과 같이 주어진다. 광파의 전기장 $\vec{\mathbf{E}}$는 시간에 대해서 매우 빠르게 변화하는데, 그 비율은 대략

$$4.3 \times 10^{14}\ \text{Hz} \ \sim \ 7.5 \times 10^{14}\ \text{Hz}$$

정도이다. 이와 같이 빠른 현상은 실험실에서 검출하기에 거의 불가능하다. 반면에 전기장의 절댓값 제곱에 비례하는 복사 조도 I는 여러 가지 검출기(즉 광전지, 볼로미터, 사진 건판, 또는 눈 등)를 이용해서 직접 측정할 수 있다. 따라서 광파의 간섭 현상을 연구할 때는 복사 조도를 이용해서 문제에 접근하는 것이 가장 좋다.

간섭 현상에 대한 분석의 많은 부분은 파면의 모양을 특별히 가정하지 않고서도 이루어질 수 있으며 그 결과는 매우 일반적으로 적용될 수 있다(연습문제 9.1). 그러나 문제를 간단히 하기 위해 균일한 매질 속에서 선형 편광된 단일 주파수의 광을 방출하는 2개의 점광원 S_1, S_2를 생각하자. 두 광원이 떨어져 있는 거리 a는 파장 λ 보다 크며, 관찰점 P는 광원으로부터 충분히 먼 거리에 놓여 있어서 관찰점에 도달한 파면의 모양이 거의 평면이 된다고 가정한다(그림 9.2). 당분간 두 광원에서 나온 광파의 전기장이 다음 식과 같이 선편광되어 있다고 가정하자.

$$\vec{\mathbf{E}}_1(\vec{\mathbf{r}}, t) = \vec{\mathbf{E}}_{01} \cos(\vec{\mathbf{k}}_1 \cdot \vec{\mathbf{r}} - \omega t + \varepsilon_1) \tag{9.2a}$$

$$\vec{\mathbf{E}}_2(\vec{\mathbf{r}}, t) = \vec{\mathbf{E}}_{02} \cos(\vec{\mathbf{k}}_2 \cdot \vec{\mathbf{r}} - \omega t + \varepsilon_2) \tag{9.2b}$$

3장에서 언급했듯이 점 P에서의 복사 조도 I는 다음과 같이 주어진다.

$$I = \epsilon v \langle \vec{\mathbf{E}}^2 \rangle_{\text{T}}$$

만일 당분간 같은 매질 내에서 상대 복사 조도만을 고려하고 상수를 무시하면

$$I = \langle \vec{\mathbf{E}}^2 \rangle_{\text{T}}$$

이다. 물론 $\langle \vec{\mathbf{E}}^2 \rangle_{\text{T}}$의 의미는 전기장 크기 제곱의 시간 평균, 즉 $\langle \vec{\mathbf{E}} \cdot \vec{\mathbf{E}} \rangle_{\text{T}}$이다.

$$\vec{\mathbf{E}}^2 = \vec{\mathbf{E}} \cdot \vec{\mathbf{E}}$$

이므로

$$\vec{\mathbf{E}}^2 = (\vec{\mathbf{E}}_1 + \vec{\mathbf{E}}_2) \cdot (\vec{\mathbf{E}}_1 + \vec{\mathbf{E}}_2)$$

이다. 따라서

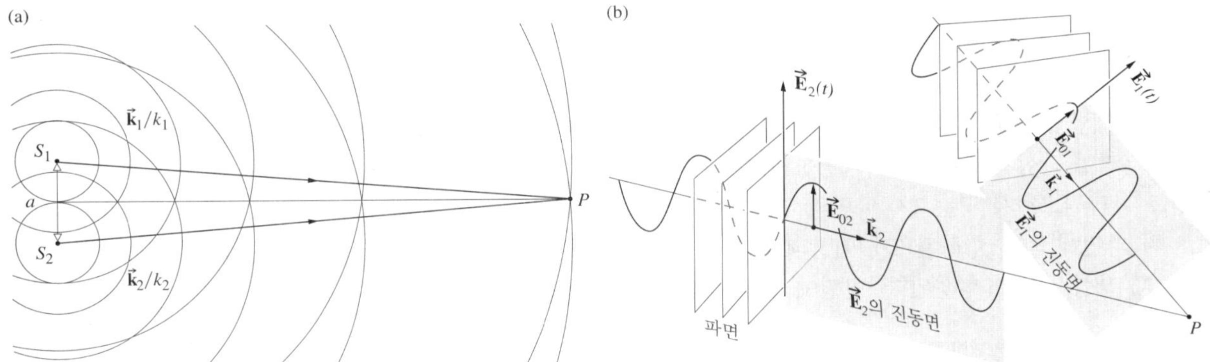

그림 9.2 두 점파원으로부터 나온 두 광파가 공간에서 중첩되고 있다.

$$\vec{\mathbf{E}}^2 = \vec{\mathbf{E}}_1^2 + \vec{\mathbf{E}}_2^2 + 2\vec{\mathbf{E}}_1 \cdot \vec{\mathbf{E}}_2 \tag{9.3}$$

이다. 양변에 시간 평균을 취하면 복사 조도에 대해서 다음과 같은 식을 얻는다.

$$I = I_1 + I_2 + I_{12} \tag{9.4}$$

여기서

$$I_1 = \langle \vec{\mathbf{E}}_1^2 \rangle_T \tag{9.5}$$

$$I_2 = \langle \vec{\mathbf{E}}_2^2 \rangle_T \tag{9.6}$$

$$I_{12} = 2\langle \vec{\mathbf{E}}_1 \cdot \vec{\mathbf{E}}_2 \rangle_T \tag{9.7}$$

이다. I_{12}항을 **간섭항**(interference term)이라고 하는데 이 식의 값을 구해 보면

$$\vec{\mathbf{E}}_1 \cdot \vec{\mathbf{E}}_2 = \vec{\mathbf{E}}_{01} \cdot \vec{\mathbf{E}}_{02} \cos(\vec{\mathbf{k}}_1 \cdot \vec{\mathbf{r}} - \omega t + \varepsilon_1) \times \cos(\vec{\mathbf{k}}_2 \cdot \vec{\mathbf{r}} - \omega t + \varepsilon_2) \tag{9.8}$$

또는

$$\vec{\mathbf{E}}_1 \cdot \vec{\mathbf{E}}_2 = \vec{\mathbf{E}}_{01} \cdot \vec{\mathbf{E}}_{02} [\cos(\vec{\mathbf{k}}_1 \cdot \vec{\mathbf{r}} + \varepsilon_1)\cos\omega t + \sin(\vec{\mathbf{k}}_1 \cdot \vec{\mathbf{r}} + \varepsilon_1)\sin\omega t] \times [\cos(\vec{\mathbf{k}}_2 \cdot \vec{\mathbf{r}} + \varepsilon_2)\cos\omega t + \sin(\vec{\mathbf{k}}_2 \cdot \vec{\mathbf{r}} + \varepsilon_2)\sin\omega t] \tag{9.9}$$

가 된다. 한편 시간 간격 T에 대해서 함수 $f(t)$의 시간 평균은 다음과 같다.

$$\langle f(t) \rangle_T = \frac{1}{T}\int_t^{t+T} f(t')\, dt' \tag{9.10}$$

여기에서 조화 함수의 주기 τ는 $2\pi/\omega$이고, 우리의 주된 관심은 $T >> \tau$일 때이다. 이 경우에 적분기호 앞에 계수 $1/T$은 중요한 의미를 가진다. 식 (9.9)를 곱한 후에 평균하면

$$\langle \vec{\mathbf{E}}_1 \cdot \vec{\mathbf{E}}_2 \rangle_T = \tfrac{1}{2}\vec{\mathbf{E}}_{01} \cdot \vec{\mathbf{E}}_{02} \cos(\vec{\mathbf{k}}_1 \cdot \vec{\mathbf{r}} + \varepsilon_1 - \vec{\mathbf{k}}_2 \cdot \vec{\mathbf{r}} - \varepsilon_2)$$

과 같다. 위 식에서는 $\langle \cos^2 \omega t \rangle_T = \frac{1}{2}$, $\langle \sin^2 \omega t \rangle_T = \frac{1}{2}$, $\langle \cos\omega t \, \sin\omega t \rangle_T = 0$을 이용하였다. 그러면 위의 간섭항은

$$I_{12} = \vec{\mathbf{E}}_{01} \cdot \vec{\mathbf{E}}_{02} \cos\delta \tag{9.11}$$

이다. 여기서 δ는 $(\vec{\mathbf{k}}_1 \cdot \vec{\mathbf{r}} - \vec{\mathbf{k}}_2 \cdot \vec{\mathbf{r}} + \varepsilon_1 - \varepsilon_2)$이고, 이것은 경로차와 초기 위상차에 의해서 발생하는 **합성 위상차**(phase difference)이다. 만약 $\vec{\mathbf{E}}_{01}$과 $\vec{\mathbf{E}}_{02}$(즉 $\vec{\mathbf{E}}_1$과 $\vec{\mathbf{E}}_2$)가 서로 수직이면 $I_{12} = 0$이고 $I = I_1 + I_2$가 된다. 즉, 2개의 서로 수직인 $\mathscr{P}$-편광 상태는 서로 결합하여 $\mathscr{R}$-, $\mathscr{Q}$-, $\mathscr{P}$- 혹은 $\mathscr{E}$-상태를 이루지만, 광파의 선속 밀도 분포는 변하지 않는다.

앞으로 다룰 많은 간섭 현상에서 $\vec{\mathbf{E}}_{01}$과 $\vec{\mathbf{E}}_{02}$는 서로 평행하다. 이 경우에 복사 조도는 7.1절에서 논의한 스칼라 취급의 결과와 같아진다. 따라서

$$I_{12} = E_{01}E_{02}\cos\delta$$

이다. 이것은 다음과 같이 보다 간편한 방법으로 쓸 수 있다.

$$I_1 = \langle \vec{\mathbf{E}}_1^2 \rangle_T = \frac{E_{01}^2}{2} \tag{9.12}$$

$$I_2 = \langle \vec{\mathbf{E}}_2^2 \rangle_T = \frac{E_{02}^2}{2} \tag{9.13}$$

또한 간섭항은 다음과 같이 된다.

$$I_{12} = 2\sqrt{I_1 I_2}\cos\delta$$

따라서 총 복사 조도는 다음과 같다.

$$I = I_1 + I_2 + 2\sqrt{I_1 I_2}\cos\delta \tag{9.14}$$

공간상의 여러 점에서 합성 복사 조도는 $I_1 + I_2$보다 크거나 작거나 또는 같을 수도 있는데 이는 I_{12}의 값에 따라 변한다. 즉 δ에 의존한다. 복사 조도에서 최댓값은 $\cos\delta = 1$일 때 얻어진다. 따라서 최대 복사 조도는 다음과 같다.

$$I_{max} = I_1 + I_2 + 2\sqrt{I_1 I_2} \tag{9.15}$$

이때

$$\delta = 0, \pm 2\pi, \pm 4\pi, \ldots$$

이다. 이 경우 두 파의 위상차는 2π의 정수배이고 광파는 **같은 위상**을 갖는다. 이것을 **완전 보강 간섭(total constructive interference)**이라고 한다. $0 < \cos\delta < 1$일 때 광파는 서로 **위상이 같지 않고** $I_1 + I_2 < I < I_{max}$인데, 이 결과를 **보강 간섭**(constructive interference)이라고 한다. $\delta = \pi/2$, 즉 $\cos\delta = 0$에서 광파는 90°의 위상차가 있으며 $I = I_1 + I_2$이다. $0 > \cos\delta > -1$에 대해서는 **소멸 간섭**(destructive interference)이 발생하며 그 조건은 $I_1 + I_2 > I > I_{min}$이다. 복사 조도의 최솟값은 광파가 180°의 위상차를 가질 때 일어나는데 배가 서로 겹치기 때문에 $\cos\delta = -1$이다. 이때의 최솟값은 다음과 같다.

$$I_{min} = I_1 + I_2 - 2\sqrt{I_1 I_2} \tag{9.16}$$

이는 $\delta = \pm\pi$, $\pm 3\pi$, $\pm 5\pi$, ⋯일 때 발생하고, 이것이 **완전 소멸 간섭(total destructive interference)**에서의 복사 조도이다.

또 다른 매우 중요한 경우는 진폭이 같은 두 파가 그림 9.2의 P에 도달했을 때 발생한다. 그것은 $\vec{\mathbf{E}}_{01} = \vec{\mathbf{E}}_{02}$인 경우이다. 두 광원으로부터의 복사 조도 분포가 같기 때문에 $I_1 = I_2 =$

I_0이다. 이제 식 (9.14)는

$$I = 2I_0(1 + \cos\delta) = 4I_0 \cos^2\frac{\delta}{2} \tag{9.17}$$

과 같이 나타낼 수 있다. 여기에서 $I_{min} = 0$과 $I_{max} = 4I_0$라는 결과가 도출된다. 두 빔이 이루는 각도로 간섭 현상을 분석하기 위해서는 연습문제 9.3을 참조하라.

식 (9.14)는 S_1과 S_2에서 발생되는 구면파에 대해서도 동등하게 적용된다. 이 파는

$$\vec{\mathbf{E}}_1(r_1, t) = \vec{\mathbf{E}}_{01}(r_1)\exp[i(kr_1 - \omega t + \varepsilon_1)] \tag{9.18a}$$

$$\vec{\mathbf{E}}_2(r_2, t) = \vec{\mathbf{E}}_{02}(r_2)\exp[i(kr_2 - \omega t + \varepsilon_2)] \tag{9.18b}$$

과 같이 표현할 수 있다. r_1과 r_2는 P에서 겹쳐지는 구면파의 반지름이다. 즉 광원에서 P까지의 거리이다. 이 경우의 위상차는

$$\delta = k(r_1 - r_2) + (\varepsilon_1 - \varepsilon_2) \tag{9.19}$$

이다.

S_1과 S_2를 둘러싸고 있는 영역에서의 선속 밀도는 $r_1 - r_2$가 변화할 때 점에서 점으로 확실하게 변화한다. 그럼에도 불구하고 에너지 보존 원리에 의해서 I의 공간상의 평균은 상수로 유지되며, $I_1 + I_2$의 평균과 같아야 한다. 따라서 식 (9.11)에서 입증된 특성과 같이 I_{12}의 공간상의 평균은 반드시 0이어야 한다. 왜냐하면 실제로 코사인항의 평균이 0이기 때문이다(상세한 것은 연습문제 9.2 참조).

식 (9.17)은 S_1과 S_2 사이의 거리와 간섭 영역이 r_1과 r_2에 비해서 작을 때 적용된다. 이러한 조건에서 $\vec{\mathbf{E}}_{01}$과 $\vec{\mathbf{E}}_{02}$는 위치와 무관하며 작은 영역에서는 상수로 취급할 수 있다. 만약 광원의 세기가 같다면 $\vec{\mathbf{E}}_{01} = \vec{\mathbf{E}}_{02}$, $I_1 = I_2 = I_0$이며

$$I = 4I_0 \cos^2 \tfrac{1}{2}[k(r_1 - r_2) + (\varepsilon_1 - \varepsilon_2)]$$

가 된다. 따라서 최대 복사 조도는

[최대] $$\delta = 2\pi m$$

일 때 발생한다. 여기서 $m = 0, \pm1, \pm2, \cdots$이다. 또한 최솟값 $I = 0$은

[최소] $$\delta = \pi m'$$

일 때 발생하는데, $m' = \pm1, \pm3, \pm5, \cdots$ 즉 $m' = 2m + 1$일 때이다. 식 (9.19)를 사용하면,

$$(r_1 - r_2) = [2\pi m + (\varepsilon_2 - \varepsilon_1)]/k \tag{9.20a}$$

인 조건에서는 최대 복사 조도를 얻고,

$$(r_1 - r_2) = [\pi m' + (\varepsilon_2 - \varepsilon_1)]/k \tag{9.20b}$$

인 조건에서는 최소 복사 조도를 얻는다. 이 식들은 각각 곡면군을 나타내는데 이 곡면군 각각은 회전 쌍곡면이다. 이 쌍곡면의 정점은 식 (9.20a)와 식 (9.20b)의 오른쪽 항과 같은 거리만큼 떨어져 있다. 초점은 S_1과 S_2에 있다. 만약 광원의 위상이 같다면 $\varepsilon_1 - \varepsilon_2 = 0$이므로 최대 및 최소 복사 조도에 대한 식 (9.20a)와 식 (9.20b)는

[최대] $$(r_1 - r_2) = 2\pi m/k = m\lambda \tag{9.21a}$$

[최소] $$(r_1 - r_2) = \pi m'/k = \tfrac{1}{2}m'\lambda \tag{9.21b}$$

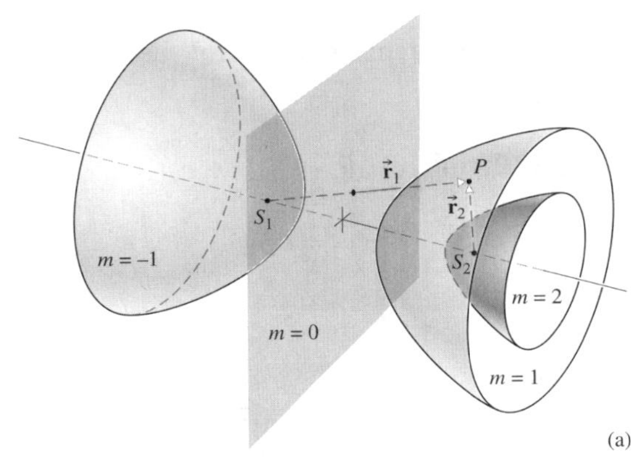

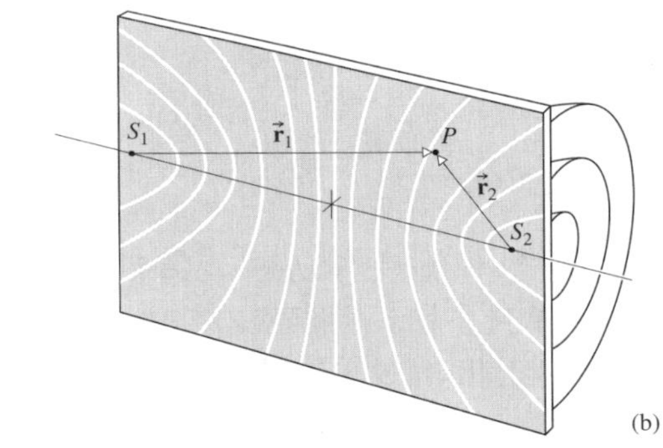

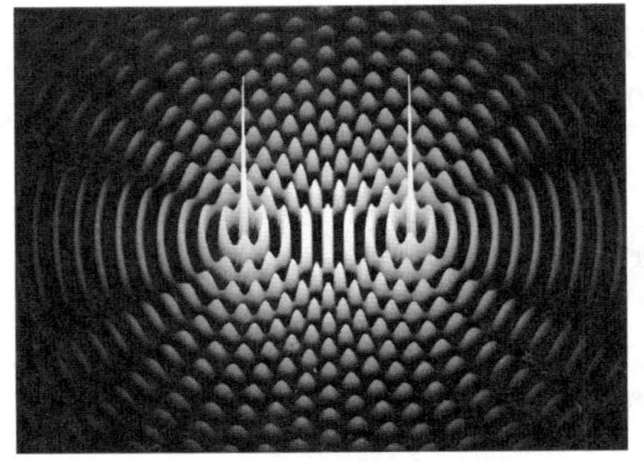

그림 9.3 (a) 두 점광원에 의한 최대 복사 조도의 쌍곡면 표면. $r_1 > r_2$인 곳에서 m은 양수이다. (b) S_1과 S_2를 포함하는 평면에서 최대 복사 조도의 분포를 보여 준다. (c) (b)의 평면에서 전기장의 분포이고, 높은 봉우리는 점광원 S_1과 S_2이다. (b)와 (c)에서 두 점광원 사이의 거리가 서로 다른 것을 주의하라. (Optics Project, Mississippi State University)

와 같이 간단하게 쓸 수 있다. 그림 9.3a는 복사 조도가 최대인 몇 개의 표면을 보여 준다. 간섭 영역에 놓여 있는 스크린에 나타나는 어둡고 밝은 부분을 **간섭 무늬(interference fringes)**라고 한다(그림 9.3b). 만일 스크린이 스크린에 수직한 방향으로 평행 이동하여 점광원으로부터 멀어진다면, 간섭 무늬는 더 직선에 가까워질 것이다. 2개의 광원으로부터 같은 거리만큼 떨어져 있는 중심의 밝은 부분은 0차 무늬($m = 0$)이며, 이들 주위에는 $m' = \pm 1$의 어두운 무늬가 분포하고, 그다음은 $m = \pm 1$의 밝은 무늬가 둘러싸고 있으며, 그 주변은 $m' = \pm 3$의 어두운 무늬가 교대로 분포하게 된다.

파장 λ가 매우 작기 때문에 여러 m 값에 대응하는 수많은 밝은 표면이 $m = 0$인 면에 가까이 양쪽으로 분포하게 된다. 따라서 $m = 0$인 평면에 수직으로 멀리 놓인 스크린 위와 그 근처에 상당히 곧은 많은 수의 평행한 무늬들이 나타날 것이며, 이 경우에 있어서 $r_1 \approx r_2$라는 근사가 성립할 것이다. 만약에 S_1과 S_2가 그림 9.3b의 수직면 내에서 선분 $\overline{S_1S_2}$에 수직으로 변위한다면, 단지 무늬들은 그 무늬 자체와 평행하게 변위할 뿐이다. 그래서 **두 개의 좁은 슬릿은 완전히 정렬된 수많은 무늬들을 만들 것인데, 이로 인하여 복사조도가 증가하며, 중심 부분의 간섭 무늬 모양은 두 점광원의 무늬와 거의 같다.**

9.1.1 근거리장/원거리장

수학적 단순성을 위해서 간섭 무늬 분석은 보통 두 점광원으로부터 충분히 먼 거리에서 이루어진다. 이 영역에서 간섭하는 파들은 평면파인 것처럼 취급될 수 있다. 거기서 코사인에 제곱한 형태의 세기 분포가 만들어지고, 매우 곧고 평행한 밝고 어두운 무늬들을 관찰하게 된다(그림 9.4). 관찰하는 스크린이 광원에서 훨씬 더 멀어지더라도 간섭 무늬의 전체적인 모양은 그대로 유지된 채로 단지 더 확대되기만 한다. 이 영역을 **원거리장(far field)**이라고 하는데 대부분의 도입부에서 먼저 언급되는 내용이다.

두 개의 파동은 원래 구면파로 되어 있으며 광원에서 멀어

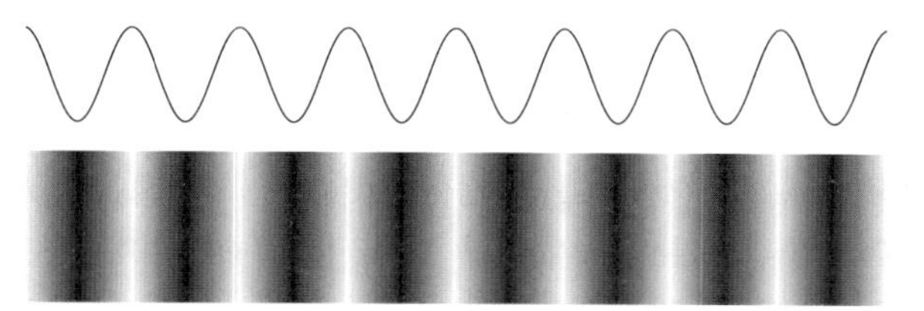

그림 9.4 이중 빔 간섭의 원거리장에서 얻어지는 코사인 제곱의 무늬들. 곡선은 다소 이상적으로 표현된 것이며, 실제로는 오른쪽과 왼쪽의 끝부분에서는 무늬의 대조가 약해진다.

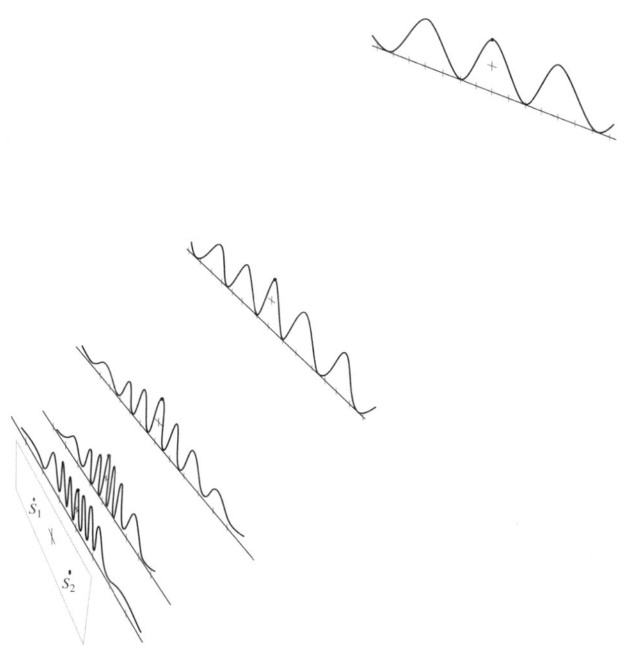

그림 9.5 $a = 4\lambda$ 만큼 떨어진 두 점광원 S_1, S_2의 근처에서의 간섭 무늬(복사 조도 분포). 각 그래프는 광원 면에서부터 $a/2$, a, $2a$, $4a$, $8a$ 떨어진 거리에 해당한다.

질 때만 평면파와 유사해진다. 물론 구면파는 멀리 진행할수록 그 진폭이 점점 작아진다. 일단 충분히 멀리 떨어진 원거리장에 도달하고 나면 두 파동이 지나온 거리 차($r_1 - r_2$)는 진폭에 거의 영향을 주지 못한다. 달리 말하자면 P가 먼 경우에 두 파동은 거의 같은 진폭을 가지고 거기 도달한다. 만일 하나가 $1000000 \times \lambda$의 거리를 진행하고 다른 하나가 $1000000.5 \times \lambda$의 거리를 진행했다면 비록 그들의 위상은 π만큼 다르지만, 진폭 차이는 거의 없을 것이다. 그러므로 원거리장에서 간섭 패턴을 결정하는 것은 오로지 두 파동의 상대 위상이며[식 (9.21)] 진폭은 같다고 보아도 된다.

광원과 가까운 영역에서는 사정이 달라진다. **근거리장(near field)**에서는 두 파동이 위상차와 진폭차를 모두 가지고 어떤 점에 도달한다. 이로 인해 분석이 좀 더 복잡해지며 그림 9.5처럼 간섭 패턴도 다양해진다. $a = 4\lambda$ 만큼 떨어진 두 점광원 뒤로 작은 영역에 대한 복사 조도를 보여 준다. 광원에서 거리가 2λ와 4λ 밖에 떨어지지 않은 곳의 간섭 패턴은 원거리장의 코사인 제곱 분포와 전혀 다른 모습을 띤다. 이후에 영의 실험을 논할 때 이에 대해 다시 언급할 것이다.

9.2 간섭 조건

두 빔이 서로 간섭하여 안정된 간섭 무늬가 형성되도록 하려

면 두 빔의 주파수 차이가 거의 없어야 한다. 주파수 차이가 크면 상대 위상차도 시간에 대해서 빠르게 변화하기 때문에 검출 시간 동안 평균하면 I_{12} 값은 0이 된다(7.1절 참조). 한편 백색광을 방출하는 두 광원의 간섭을 생각해보면 붉은색의 광파는 붉은색과 간섭할 것이고 푸른색은 푸른색과 간섭할 것이다. 따라서 각각의 단색 무늬들은 서로 약간씩 변위된 상태로 겹치게 되므로 전체적으로 보면 하나의 백색광 무늬를 만들어낸다. 백색광 무늬는 준단색광 무늬처럼 날카롭거나 폭이 넓지는 않지만, **백색광도 관찰 가능한 간섭 무늬를 만들 수 있다.**

가장 선명한 간섭 무늬는 광파의 진폭이 거의 같은 경우에 얻어지는데, 어둡고 밝은 간섭 무늬의 중심 부근 영역에 해당한다. 이 영역에서 광파는 완전 상쇄 간섭과 완전 보강 간섭이 이루어지므로 무늬의 명도 대비(contrast)가 최대이다.

간섭 무늬를 얻기 위해서 반드시 두 광원이 서로 같은 위상에 있을 필요는 없다는 사실을 기억해야 한다. 만일 두 광원의 초기 위상이 같지 않더라도 그 차이가 시간에 대해서 변하지만 않는다면, 스크린상에서 무늬가 약간 변위된 것을 제외하고는 초기 위상이 0인 경우와 똑같은 간섭 무늬가 나타난다. 이와 같이 위상차가 시간에 대해서 상수값을 갖는 광원을 **결맞는(coherent)** 광원이라고 한다.*

9.2.1 시간 결맞음과 공간 결맞음

원자에서 빛이 방출될 때 수반되는 양자적 성질 때문에 보통의 유사 단색광은 광자 파열(wavetrain) 형태로 빛을 방출한다는 것을 상기해야 한다. 따라서 공간상의 한 점에 도달하는 광파는 제멋대로 위상이 달라지기 전에 대략 10ns 이하 시간 동안(즉 수백 MHz로) 사인파 형태로 주기적인 진동을 한다. 광파가 예측 가능하게 진동하여 위상 변화 없이 사인 함수 형태를 유지하는 평균 시간 간격을 결맞음 시간(coherence time)이라고 하는데, 이것은 광파의 **시간 결맞음(temporal coherence)**을 결정하는 척도가 된다. 결맞음 시간이 길수록 광원의 시간 결맞음은 커진다.

공간상에 고정된 한 점에서 관찰하면 진행하는 광파는 위상이 일정하게 유지되는 시간 간격 동안만 사인 함수 형태로 진동한다. 제멋대로 위상이 변화하기 전까지 규칙적으로 진동하는 광파의 공간적 길이를 결맞음 거리(coherence length)라고 한다[식 (7.64)]. 다시 말해서 광파는 편의상 사인 함수 형태로 진동하는 평균 길이 Δl_c의 파속(wavegroup)으로 볼 수 있으며, 다른 파속들 사이에는 위상이 제멋대로

* 결맞음은 12장에서 상세히 다루므로 여기에서는 관련된 부분만 단순하게 언급할 것이다.

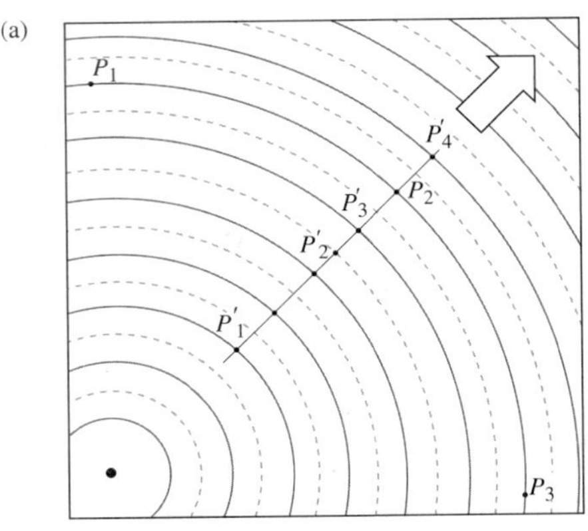

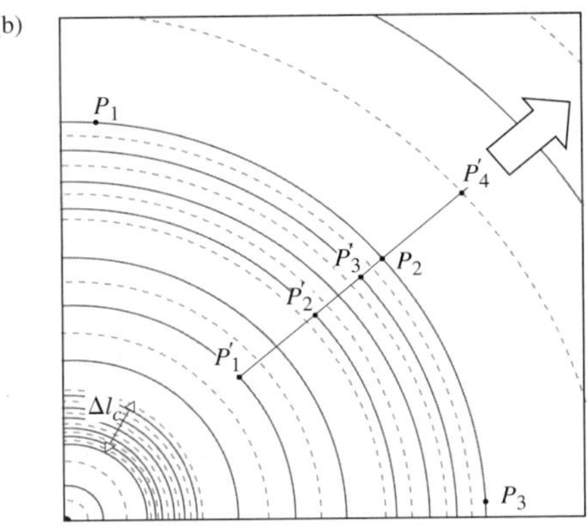

그림 9.6 시간 결맞음과 공간 결맞음. (a) 두 종류의 결맞음이 완전한 광파를 보여 준다. (b) 이 광파는 완전 공간 결맞음과 부분 시간 결맞음을 보여 준다.

변한다. **시간 결맞음은 광파의 스펙트럼이 얼마나 순수한가를 나타내는 척도임**을 염두에 두어야 한다. 만약 빛이 이상적인 단색광이라면 광파는 무한대의 결맞음 거리를 가진 완전한 사인 함수 형태로 진동할 것이다. 그러나 실제로 모든 광원은 결맞음 거리가 유한하며, 정도의 차이는 있으나 일정 범위의 주파수 폭을 가진 광파를 방출한다. 예를 들어 일반 실험실에서 사용하는 방전등에서 나온 광파의 결맞음 거리는 수 mm이지만, 반면에 레이저광의 결맞음 거리는 수십 km이다.

그림 9.6에 이러한 생각들이 요약되어 있다. (a)의 점광원에서 나온 광파는 단색광이고 완전 시간 결맞음이다. P_1'에서 일어나는 현상은 얼마 뒤 P_2'에서 일어나고 그 후에 P_3'에서도 일어날 것이며 모든 곳에서 예측 가능하게 일어날 것이다. 실제로 P_4'을 관측함으로써 P_1'에서 임의의 시간에 파가 어떻게 움직일 것인가를 결정할 수 있다. 파의 모든 점끼리 서로 상관관계가 있으며 결맞음 시간이 무한대이다. 반면에 그림 9.6b는 순간순간마다 주파수가 변하는 점광원을 보여 준다. 이때 P_1'과 P_4'이 멀리 떨어진 점에서 파들은 서로 상관관계가 없다. (a)에서 보여 준 것과 같은 완전한 결맞음은

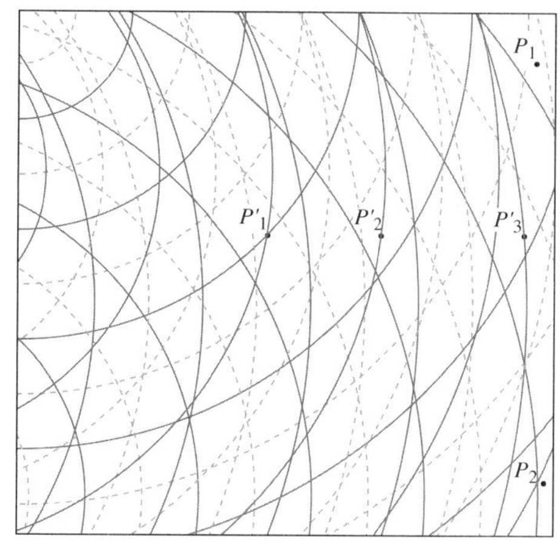

그림 9.7 넓게 떨어져 분포되어 있는 여러 개의 점광원(여기서는 4개)의 경우, 합성파에는 아직 결맞음이 있다. 그러나 이 점광원들의 위상이 임의로 빠르게 변하면 공간 결맞음과 시간 결맞음은 둘 다 감소한다.

은 부족하나, 완전히 예측할 수 없는 것도 아니다. P_2'과 P_3' 같이 가까이 있는 점에서는 상관관계가 약간 있으며, 이는 **부분 시간 결맞음**의 한 예이다. 부분 시간 결맞음의 척도는 결맞음 길이이며, 이는 교란이 사인파를 유지하는 가장 짧은 거리, 즉 위상을 예측할 수 있는 거리이다.

그림 9.6의 두 그림 모두에서 P_1, P_2, P_3 위치의 파들이 완전 상관관계가 있다. 두 경우 모두 1개의 점광원으로부터 파열이 나오고, P_1, P_2, P_3은 같은 파면 위에 놓여 있다. 옆으로 떨어진 이 점들에서 광학 교란은 위상이 서로 같고, 항상 같은 위상을 유지한다. 그러므로 두 그림의 파들은 완전한 **공간 결맞음(spatial coherence)**을 갖는다. 반면에 광원이 넓다고 가정하자. 즉 그림 9.7과 같이 멀리 떨어진 여러 개의 점광원(주기가 τ인 단색광)으로 구성되어 있다고 하자. τ초마다 파형을 그림 9.7과 같이 그린다면 파형은 같다. 즉 각 파면은 한 파장 뒤에 같은 형태의 파면으로 대치할 수 있다. P_1', P_2', P_3'에서와 광학 교란은 상관관계가 있으며, 광파는 시간 결맞음이다.

이제 현실로 들어가서 각 점광원이 위상은 매우 빠르게 임의로 변하고 10 ns의 긴 사인파의 파열을 방출한다고 가정하자. 그림 9.7의 파들은 임의로 위상이 변하고 제멋대로 재결합한다. P_1', P_2', P_3'에서의 광학 교란은 10 ns보다 짧은 시간 내에서만 상관관계가 있다. 한편 P_1과 P_2 같이 옆으로 적당히 거리가 떨어져 있는 파의 장은 광원의 크기에 따라 거의 완전히 상관관계가 없을 수 있다. 이와 유사하게 촛불로부터 나온 빔이나 한 줄기 햇빛은 여러 개의 주파수로 구성된, 공간 결맞음이 낮은 광원이다.

2개의 전구처럼 일반 광원에서 방출된 두 광파의 위상차는 Δt_c 시간보다 길고 일정하게 유지할 수 없으므로, 이들이 만들어 낸 간섭 무늬는 제멋대로 매우 빠르게 이동하고 관찰 시간에 대해서 평균하면 무늬가 사라지게 되어 거의 관측할 수 없다. 레이저가 발명되기 전까지는 2개의 광원에서 나온 광파가 서로 간섭하지 않는다는 것을 일반적인 원리로 받아들였다. 그러나 레이저광의 결맞음 시간이 매우 길어졌고, 서로 다른 레이저에서 나온 광파의 간섭 현상이 관찰되고 사진으로 촬영되었다.* 일반 열광원을 사용해서 간섭 무늬를

* G. Magyar and L. Mandel, "Interference fringes produced by superposition of two independent maser light beams." *Nature* **198**. 255 (1963). F. Louradour, F. Reynaud, B. Colombeau, and C. Froehly, "Interference fringes between two separate lasers," *Am. J. Phys.* **61**, 242 (1993). L. Basano and P. Ottonello, "Interference fringes from stabilized diode lasers," *Am. J. Phys.* **68**. 245 (2000). E. C. G. Sudarshan and T. Rothman, "The two-slit interferometer reexamined," *Am. J. Phys.* **59**, 592 (1991).

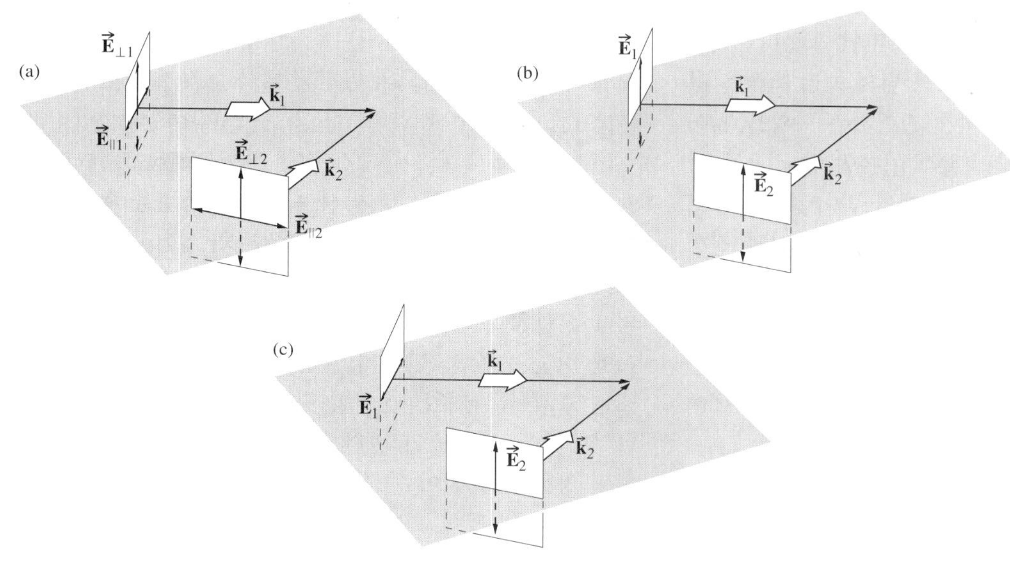

그림 9.8 편광된 광파의 간섭

관찰할 수 있는 방법이 있는데, 가장 일반적인 방법은 하나의 광원에서 나온 광파를 나누어서 2개의 결맞는 2차 광원을 만드는 것이다.

9.2.2 프레넬-아라고 법칙

9.1절에서는 두 광파가 선형 편광되고 서로 평행하다는 가정 하에서 간섭 관계식을 유도하였다. 그러나 이 식들은 광파의 편광이 복잡한 상황에도 적용할 수 있으며, 실제로는 광파의 편광에 관계없이 적용할 수 있다. 이를 이해하기 위해서 임의의 편광 상태를 2개의 직교하는 편광 성분의 선형 결합으로 표현할 수 있음을 상기하자. 자연광도 2개의 직교 성분으로 쉽게 분해할 수 있으며, 두 $\mathscr{P}$-편광 상태는 서로 결어긋남을 나타낸다.

모든 파의 파동 벡터가 같은 평면상에 있다고 가정할 때, 광파의 편광 상태는 그 평면에 대해서 평행한 성분과 수직한 성분으로 분해할 수 있다. 즉 $\vec{\mathbf{E}}_{\parallel}$과 $\vec{\mathbf{E}}_{\perp}$인데, 이들은 각각 평면에 대해 평행한 전기장 벡터와 수직한 전기장 벡터를 나타낸다(그림 9.8a 참조). 따라서 임의의 평면파는 편광되어 있든 그렇지 않든 간에 $(\vec{\mathbf{E}}_{\parallel} + \vec{\mathbf{E}}_{\perp})$의 형태로 쓸 수 있다. 2개의 똑같은 결맞는 광원에서 나온 광파의 전기장 벡터를 각각 $(\vec{\mathbf{E}}_{\parallel 1} + \vec{\mathbf{E}}_{\perp 1})$과 $(\vec{\mathbf{E}}_{\parallel 2} + \vec{\mathbf{E}}_{\perp 2})$라고 가정하면, 이들이 공간상의 어떤 영역에서 중첩될 때 이 결과로 생긴 광파의 선속 밀도 분포는 정확하게 2개의 독립적인 간섭 무늬 $\langle(\vec{\mathbf{E}}_{\parallel 1} + \vec{\mathbf{E}}_{\parallel 2})^2\rangle_T$와 $\langle(\vec{\mathbf{E}}_{\perp 1} + \vec{\mathbf{E}}_{\perp 2})^2\rangle_T$의 합으로 나타날 것이다. 그러므로 **앞 절의 식들은 선형 편광된 광파에 대해서 유도했지만, 자연광을 포함한 어떤 편광 상태의 광파에도 적용할 수 있다.**

$\vec{\mathbf{E}}_{\perp 1}$과 $\vec{\mathbf{E}}_{\perp 2}$는 항상 서로 평행하지만 기준면에 평행한 성분인 $\vec{\mathbf{E}}_{\parallel 1}$과 $\vec{\mathbf{E}}_{\parallel 2}$는 반드시 서로 평행하지 않다는 사실을 주목하라. $\vec{\mathbf{E}}_{\parallel 1}$과 $\vec{\mathbf{E}}_{\parallel 2}$는 두 빔이 평행하게 진행할 때만 서로 평행하다(즉 $\vec{\mathbf{k}}_1 = \vec{\mathbf{k}}_2$). 그러나 I_{12}의 표현식에 나타난 스칼라곱에서 [식 (9.11)] 알 수 있듯이 간섭 과정에서 빔의 벡터 특성은 무시될 수 없다. 앞으로 빔이 평행하게 진행하는 상황을 많이 보게 될 것이며, 이러한 경우에 스칼라 이론이 잘 적용될 것이다. 그림 9.8b와 c는 선형 편광된 2개의 빔이 순간적으로 중첩되는 모양을 나타낸다. 그림 9.8b에서는 두 빔의 진행 방향이 평행하지 않다고 해도 전기장 벡터는 서로 평행하기 때문에 간섭이 일어날 것이다. 반면에 그림 9.8c에서는 빔의 전기장 벡터가 서로 수직하기 때문에 $I_{12} = 0$이 되어서 간섭이 일어나지 않는데, 이런 결과는 빔의 진행 방향이 평행이라고 해도 마찬가지이다.

프레넬(Fresnel)과 아라고(Arago)는 편광된 빛의 간섭 조건에 대해서 광범위한 연구를 수행했다. **프레넬-아라고 법칙(Fresnel-Arago laws)**이라고 알려진 그 결과를 요약하면 다음과 같다.

1. $\mathscr{P}$-편광 상태의 서로 수직인 두 결맞는 광파는 $I_{12} = 0$이고 간섭 무늬가 생기지 않기 때문에 간섭을 일으킬 수 없다.
2. $\mathscr{P}$-편광 상태가 서로 평행인 두 결맞는 광파는 자연광의 경우와 마찬가지로 간섭을 일으킨다.
3. 자연광의 서로 수직인 두 $\mathscr{P}$-편광 성분은 회전시켜 정렬한다고 해도 쉽게 간섭 무늬를 관측할 정도로 간섭을 일으킬 수 없다. 이는 두 $\mathscr{P}$-편광 성분이 결어긋나기 때문이다.

9.3 파면 분리형 간섭계

간섭을 일으키는 중요한 조건은 **결맞는** 광원이어야 한다는 것이다. 현대의 레이저를 제외하고는 독립적으로 분리된 적절한 결맞는 광원이 존재하지 않는다. 이러한 어려움은 200년 전 영(Thomas Young)이 이중 빔 실험에서 처음으로 해결하였다. 영은 1개의 파면에서 결맞는 두 점으로부터 나온 빛으로 간섭을 일으켰다.

9.3.1 영의 실험

1665년 그리말디(Grimaldi)는 두 빔 사이의 상호작용을 조사한 실험을 기술하였다. 그는 매우 가까이 놓여 있는 2개의 구멍을 통해 햇빛이 어두운 방의 스크린에 도착하도록 하였다. 사진기 상자(5.7.6절 참조)와 같이 각 구멍은 태양의 상을 스크린에 맺는다. 실험의 기본 개념은 두 원이 서로 겹치면 태양의 상이 어두워질 수 있다는 것이다. 그 당시 이유는 몰랐지만 그의 실험은 실패하였다. 태양의 원판(약 32분의 각도를 이루고 있음)이 너무 커서, 입사광이 두 구멍을 동시에 적절히 비출 정도의 공간 결맞음을 갖지 못했기 때문이다. 이를 위해서는 태양의 각도가 수 초여야 한다.

140년 후에 (2개의 음파가 겹칠 때 나타나는 맥놀이 현상에 의해 영감을 받은) 영 박사는 빛의 파동성을 확립하기 위한 노력을 시작하였다. 그는 그리말디의 실험을 다시 수행하였다. 그러나 이번에는 햇빛을 먼저 1개의 구멍으로 통과시켜 1차 광원이 되게 하였다(그림 9.9). 이것은 두 구멍을 동시에 비출 수 있을 만큼의 공간 결맞음이 있는 빔을 만들어 내는 효과를 가져왔다. 실험 구성의 개략도를 그림 9.10에 나타내었다. 태양광이 먼저 불투명한 스크린을 때린 후, 원형 구멍을 통해 빛이 원뿔 형태로 퍼져 나온다. 구멍이 작을수록 빛은 더 많이 퍼지며 원뿔의 밑면에 해당하는 조명 원

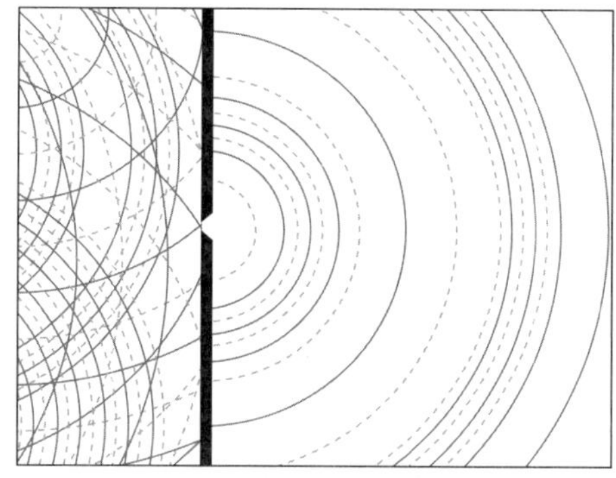

그림 9.9 구멍은 시간 결맞음은 없지만 공간 결맞음이 있는 광파로 산란시킨다.

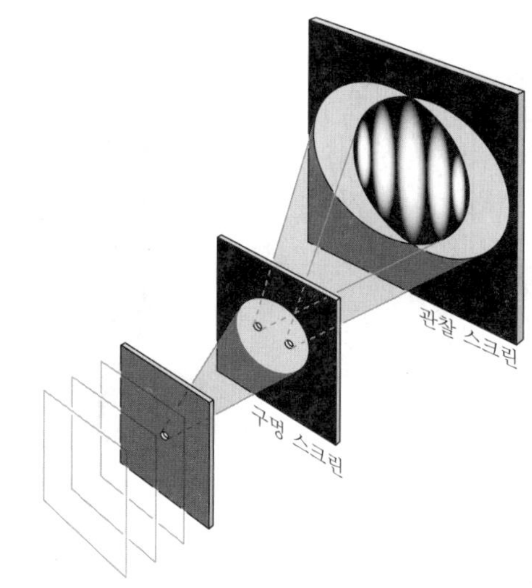

그림 9.10 두 개의 작은 원형 구멍을 통해 나오는 빛의 원뿔을 이용한 영의 실험. 두 구멍을 비추는 빛은 왼쪽 스크린의 하나의 원형 구멍에서 나온다.

판은 더 넓어진다. 또한 구멍이 작을수록 두 번째 '구멍 스크린(aperture screen)'에 닿는 빛의 공간 결맞음이 좋아진다. 빛의 조명 원판을 충분히 크게 해서 두 원형 구멍을 동시에 비출 수 있게 만들었다. 그 다음 두 개의 구멍으로부터 두 개의 결맞는 빛의 원뿔이 나와 '관찰 스크린'을 향한다. 두 구멍이 더 가까울수록, 관찰 스크린에서 빛의 원판이 더 많이 겹친다. 이렇게 겹치는 영역에서 두 파동은 간섭하며 밝고 어두운 띠–무늬를 만들어낸다. 물론 광파의 에너지는 보존되므로, 이 경우 어두운 영역에서 밝은 영역으로 에너지가 이동한 것으로 볼 수 있다. 이와 관련된 물리를 잘 알고 있는 오늘날에는 많은 빛이 통과하도록 핀 구멍 대신 슬릿을 사용한다(그림 9.11a).

단색 평면파가 길고 좁은 1차 슬릿에 입사하는 경우, 이 슬릿을 통과한 광파는 전방으로 회절되어 원통파가 된다. 이 원통파가 서로 가까이 평행으로 위치한 2개의 좁은 2차 슬릿 S_1과 S_2에 도달한다고 가정하자. 3차원 실험장치는 그림 9.11a와 같다. 대칭적으로 놓인 2개의 2차 슬릿에 도달한 원통파는 정확히 같은 위상을 가질 것이고, 2차 슬릿은 결맞는 2차 광원으로 작용하게 된다. (광경로차가 결맞음 거리 $c\Delta t_c$보다 작을 경우) S_1과 S_2로부터 나온 2개의 광파가 중첩되는 곳에서는 어디서든지 간섭이 일어난다.

그림 9.11a, b, c는 장치에 따라 차이가 있지만 고전적 **영의 간섭 실험(Young's Experiment)** 장치이다. 오늘날에는 첫 번째 스크린을 사용하지 않고 레이저로부터 나온 평면파를 직접 이중 슬릿 스크린에 비춘다(그림 9.11d). 그림 9.11c에서 두 스크린(Σ_a와 Σ_o) 사이의 거리 s는 두 슬릿 사이의 거리 a에 비해서 수천 배만큼 크기 때문에 간섭 무늬는 스크린의 중앙 점 O에 아주 가까이 분포한다. $\overline{S_1P}$와 $\overline{S_2P}$를 따라서 진행하는 두 광파 사이의 광경로차는 S_2에서 선분 $\overline{S_1P}$에 대해 수직선을 내리면 근사적으로 결정할 수 있다. 이 경로차는

$$(\overline{S_1B}) = (\overline{S_1P}) - (\overline{S_2P}) \tag{9.22}$$

또는

$$(\overline{S_1B}) = r_1 - r_2$$

와 같이 주어진다.

따라서 근사식 $(r_1 - r_2) = a\sin\theta$와 $\theta \approx \sin\theta$를 사용해서 (연습문제 9.21 참조) 이 식을 다시 표현하면

$$r_1 - r_2 \approx a\theta \tag{9.23}$$

이 된다. 여기서

$$\theta \approx \frac{y}{s} \tag{9.24}$$

이므로

$$r_1 - r_2 \approx \frac{a}{s}y \tag{9.25}$$

이 된다.

9.1절의 결과로부터 **보강** 간섭은

$$r_1 - r_2 = m\lambda \tag{9.26}$$

일 때 발생하므로, 위의 두 관계식으로부터

[m번째 밝은 무늬] $$y_m \approx \frac{s}{a}m\lambda \tag{9.27}$$

을 얻게 된다. 여기서 $m = 0, \pm1, \pm2, \cdots$이다.

이 식은 스크린상에서 0번째 밝은 무늬의 위치를 0이라고 할 때, m번째 밝은 무늬의 위치를 나타낸다. m번째 밝은 무늬의 각도 위치는 식 (9.27)을 식 (9.24)에 대입하여 얻는다.

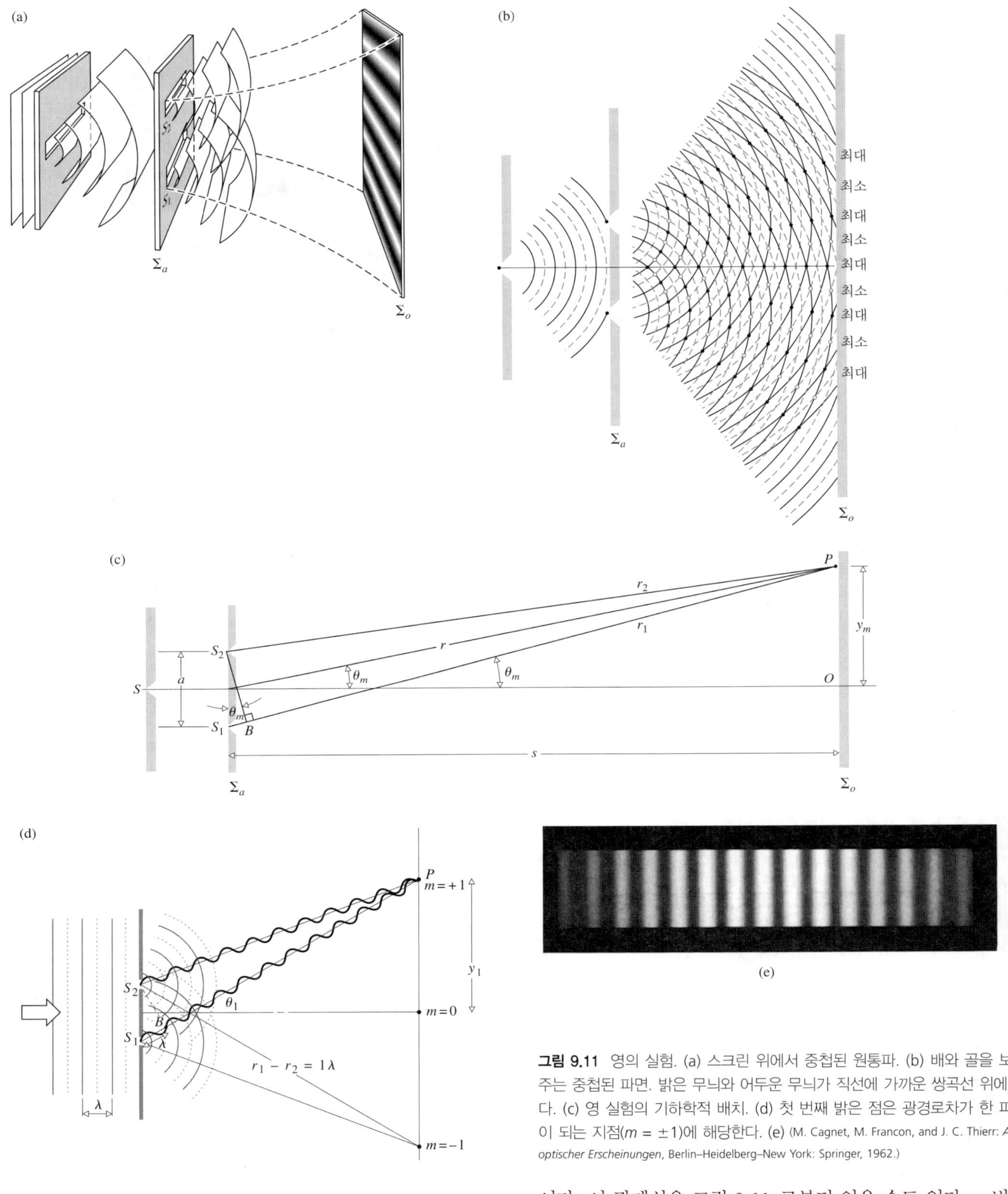

그림 9.11 영의 실험. (a) 스크린 위에서 중첩된 원통파. (b) 배와 골을 보여주는 중첩된 파면. 밝은 무늬와 어두운 무늬가 직선에 가까운 쌍곡선 위에 있다. (c) 영 실험의 기하학적 배치. (d) 첫 번째 밝은 점은 광경로차가 한 파장이 되는 지점($m = \pm 1$)에 해당한다. (e) (M. Cagnet, M. Francon, and J. C. Thierr: *Atlas optischer Erscheinungen*, Berlin–Heidelberg–New York: Springer, 1962.)

따라서

$$\theta_m = \frac{m\lambda}{a} \tag{9.28}$$

이다. 이 관계식은 그림 9.11c로부터 얻을 수도 있다. m번째 밝은 무늬에 대해서 m개의 파장이 $r_1 - r_2$ 거리 안에 있어야만 한다. 그러므로 삼각형 S_1S_2B로부터

$$a \sin\theta_m = m\lambda \tag{9.29}$$

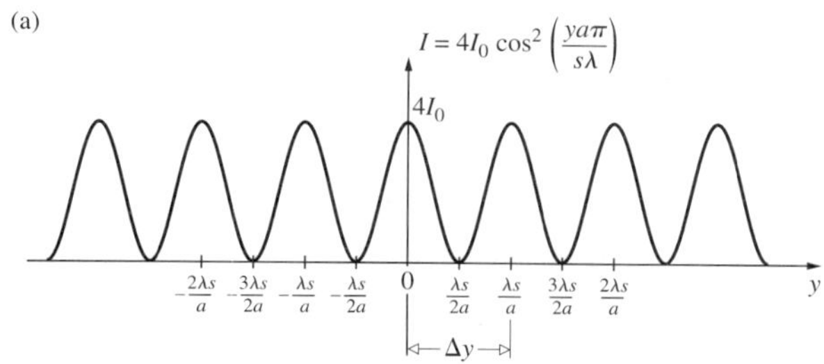

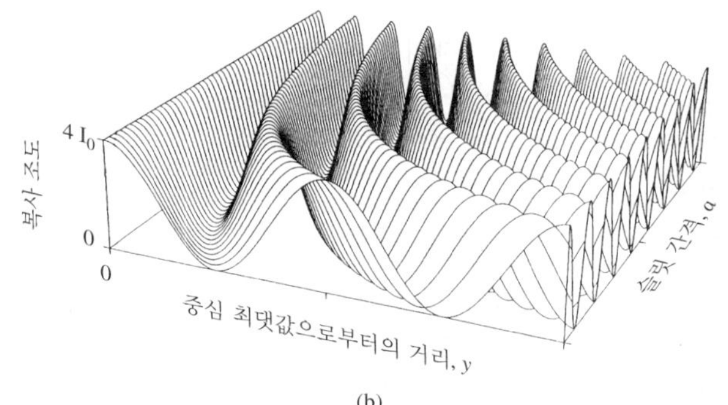

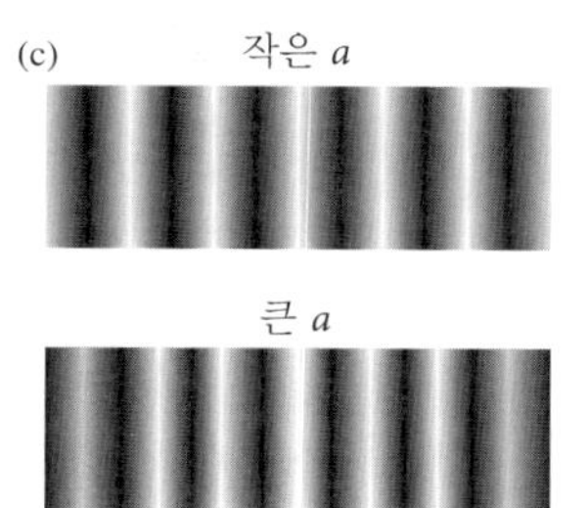

그림 9.12 (a) 거리에 따른 복사 조도의 이상적인 그래프. (b) 무늬 간격 Δy는 슬릿 간격에 반비례한다. 이는 공간 간격과 공간 주파수 간격이 항상 역수 관계에 있다는 푸리에 분석으로부터도 유추할 수 있다. (c) 슬릿 간격을 늘리면 무늬 크기가 줄어든다. 파장을 크게 하는 것 역시 무늬를 크게 만든다. (b에 대한 출처: A.B. Bartlett, University of Colorado, and B. Mechtly, Northeast Missouri State University, 다음 저자로부터의 허가하에 재생함: *Am. J. Phys* **62**, 6 (1994). Copyright 1994, American Association of Physics Teachers.)

또는

$$\theta_m \approx m\lambda/a$$

이다.

이제 스크린 위에서 간섭 무늬 사이의 간격은 식 (9.27)로부터 쉽게 얻을 수 있다. 연속으로 놓여 있는 두 최댓값의 위치 차는

$$y_{m+1} - y_m \approx \frac{s}{a}(m+1)\lambda - \frac{s}{a}m\lambda$$

또는

$$\Delta y \approx \frac{s}{a}\lambda \tag{9.30}$$

가 된다. 빨간색 간섭 무늬의 폭이 파란색 간섭 무늬의 폭보다 넓은 것을 알 수 있다.

(적어도 $r_1 \approx r_2$ 영역에서) 이 무늬는 두 구면파에 의한 간섭 무늬와 같기 때문에 식 (9.17)을 적용할 수 있다. 따라서 위상차

$$\delta = k(r_1 - r_2)$$

를 이용하면 복사 조도에 대한 식 (9.17)은

$$I = 4I_0 \cos^2\frac{k(r_1 - r_2)}{2}$$

와 같이 다시 쓸 수 있다. 여기서 두 빔은 결맞고 같은 복사 조도 I_0을 갖는다고 가정하였다. 또한

$$r_1 - r_2 \approx ya/s$$

이므로 스크린 위 중심 부근에서의 복사 조도는

$$I = 4I_0 \cos^2\frac{ya\pi}{s\lambda} \tag{9.31}$$

과 같다. 그림 9.12에서 연속적으로 분포된 밝은 무늬들은 식 (9.30)에 의해 주어진 Δy 간격으로 분리되어 있다.

예제 9.1

불투명한 수직 스크린에 두 개의 평행한 수평 슬릿이 뚫려있는데, 두 슬릿이 중심에서 중심까지 2.644 mm 떨어져 있다. 방전 램프에서 나와 필터를 통과한 노랑 평면파가 이들에게 입사한다. 구멍 판에서 4.500 m 떨어져 수직하게 세워진 관찰 스크린에 수평 무늬들이 형성되었다. 다섯 번째 밝은 띠가 0번째 혹은 중앙의 밝은 무늬로부터 5.000 mm 위에 보인다. (a) 공기 중에서 빛의 파장은 얼마인가? (b) 만일 모든 공간이 투명한 콩기름($n = 1.4729$)으로 채워져 있다면, 다섯 번째 무늬는 이제 어디에 나타나겠는가?

풀이

(a) 문제에 따르면 $y_5 = 5.000$ mm이며, 식 9.27로부터 공기 중에서

$$y_m \approx \frac{s}{a}m\lambda_0$$

임을 알고 있다. 여기서 $s = 4.500$ m, $a = 2.644$ mm이며, λ_0를 구해야 한다. 따라서

$$\lambda_0 = \frac{ay_5}{s5} = \frac{(2.644 \times 10^{-3}\,\text{m})(5.000 \times 10^{-3}\,\text{m})}{(4.500\,\text{m})5}$$

이므로

$$\lambda_0 = 587.56\,\text{nm}$$

또는 유효 숫자 4개로

$$\lambda_0 = 587.6\,\text{nm}$$

라고 쓸 수 있다.

(b) 공간이 기름으로 채워져 있다면 파장은 줄어들 것이며, 무늬의 새로운 위치(y_m')는 기구의 중심에 더 가까울 것이다. 따라서

$$y_m' = \frac{s}{a}m\left(\frac{\lambda_0}{n}\right) = \frac{y_m}{n}$$

$$y_m' = \frac{5.000 \times 10^{-3}\,\text{m}}{1.4729}$$

이고

$$y_5' = 3.395\,\text{mm}$$

이 된다.

실험 장치를 구성할 때 실제적인 문제가 생긴다. 만일 레이저빔을 슬릿에 직접적으로 비추면 빔의 폭이 좁기 때문에 긴 무늬 띠가 만들어지는 대신, 코사인 제곱 형태의 밝은 점들처럼 보인다. 이 문제를 해결하려면 레이저빔을 수십 미터 정도 진행시켜 자연스럽게 퍼지도록 한 뒤, 슬릿에 비춰야 한다. 좁은 공간에서는 그림 9.13처럼 두 개의 렌즈를 써서 레이저빔 확대기(갈릴레이 망원경의 반대 형태)를 만들 수 있다. 레이저광은 아주 뛰어난 결맞음을 보이기 때문에 렌즈 위의 지문이나 먼지 등이 자신의 간섭 무늬를 만들어 내서 산만해 보인다. 이는 그림 9.14와 같은 전통적인 배치를 사용하면 해결할 수 있다. 그림 9.11e와 같은 거의 완벽한 무늬를 보고 싶다면 이것이 가장 좋은 방법일 것이다.

위상자를 이용한 전기장 진폭

전자기 가지 파동들이 더해져서 어떻게 관찰 스크린에서 각 위치에서 합성 전기장을 형성하는지 알아보도록 하자. 그림 9.15a는 어떤 각 θ로 두 슬릿을 떠나는 광선을 보여 준다.

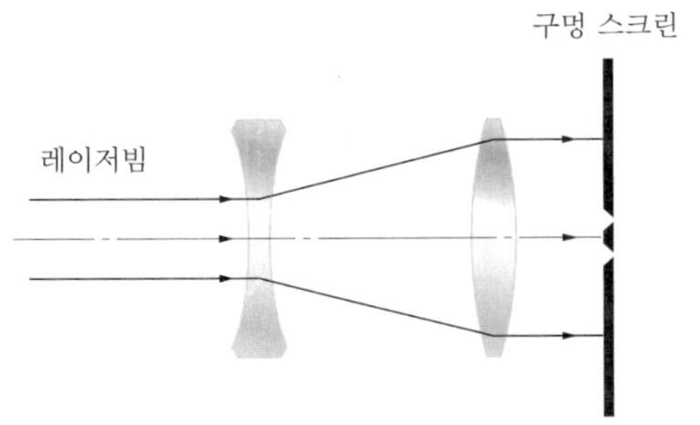

그림 9.13 레이저빔 확대기. 이런 구성은 좁은 공간에서 간섭이나 회절을 보고자 할 때, 모든 종류의 구멍들을 비추는 데 사용될 수 있다.

이 두 광선은 결과적으로 큰 볼록 렌즈를 통과한 후 초점면에 있는 스크린 위에 모이든지 또는 멀리 떨어진 관찰 스크린의 어떤 점-P에서 만난다. 어떤 경우든지 간에 가지 파동이 지나 온 광경로 길이(OPL)는 같으며, 함께 P에 도착할 때 진폭에는 거의 차이가 없다고 가정할 수 있다. 말하자면 이들의 진폭 E_{01}과 E_{02}는 같다. 그러므로 합성파는 중첩되는 파들의 위상차에 의해서만 결정된다. 두 가지 파동의 경로차는 (그림 9.11c처럼) $(a\sin\theta)$이며, 파장 개수 차는 $(a\sin\theta)/\lambda$이고, 이중 슬릿 위상각 차이는 $\delta_2 = 2\pi(a\sin\theta)/\lambda$이다. 이는 두 위상자의 위상차이다. 비록 θ가 작다하더라도 두 가지 파동의 위상각 차이는 클 수 있음을 유념하라.

전기장의 진폭을 나타내기 위해서 전기장이 양인지 음인지뿐만 아니라 그 크기를 결정해야 한다. 이를 위해 구멍의 중앙에서부터 P까지의 OPL을 기준으로 삼자. 앞쪽 방향($\theta = 0$)으로는 두 가지 파동이 같은 OPL을 지나고 스크린에 동일한 위상으로 도착한다. 이에 해당하는 두 개의 위상자를 머리-꼬리 붙이기를 하여 더해보면 진폭 $2E_{01}$(그림 9.15b)의 최댓값(그림 9.15c)을 얻는다. 이는 합성파 진폭이 가질 수 있는 가장 큰 값이며 양의 값이다.

이제 임의의 작은 각 θ로 나가는 축에서 벗어난 빔을 생각해 보자(그림 9.15a). 각도 θ로 나가는 가지 파동-1은 기준 경로보다 더 긴 OPL을 진행하고 기준파보다 $\delta_2/2$만큼 늦다. 즉 이것의 위상자는 양의 기준 방향에서 시계 방향으로 회전한다. 반면 각도 θ로 나가는 가지 파동-2는 기준 경로보다 더 짧은 OPL을 진행하고 기준파보다 $\delta_2/2$만큼 앞선다. 달리 말하자면 위상자-2는 (기준에 비해) $\delta_2/2$만큼 반시계 방향으로 회전한다. 이 결과로 각 위상자는 기준에서 $\delta_2/2 = \pi(a\sin\theta)/\lambda$만큼의 위상 변이를 갖는다. 이제 두 위상자를 머리-꼬리 붙이기로 더한다. 대칭성 때문에 최종 위상자 진폭은 오른쪽(+)이나 왼쪽(−)을 가리킨다. 비록 '진폭'이라는 단어가 일반적으로 양의 값을 가리키지만, 관습적으로 위상자가 기준 방향과 반대 방향을 가리킬 때 '음의 진폭'이라고 한다는 것에 유의하라.

그림 9.15d에서, $\delta_2/2 = \pi/4$이고 따라서 위상자-1은 기준 방향에 대해 $\pi/4$만큼 시계 방향으로 돌며, 위상자 2는 기준 방향에 대해 $\pi/4$만큼 반시계 방향으로 돈다. 최종 위상자는 양의 값을 가지며, $1.414E_{01}$과 같다. 그림 9.15b에서 45°로 나타내었다.

위상자들의 방향이 나란하지 않을 때, 이들은 이등변 삼각형을 만들며, $E_0 = E_{01}\cos\delta_2/2 + E_{02}\cos\delta_2/2$가 된다. 일반적으로 $E_{01} = E_{02}$이므로

$$E_0 = 2E_{01}\cos\delta_2/2$$

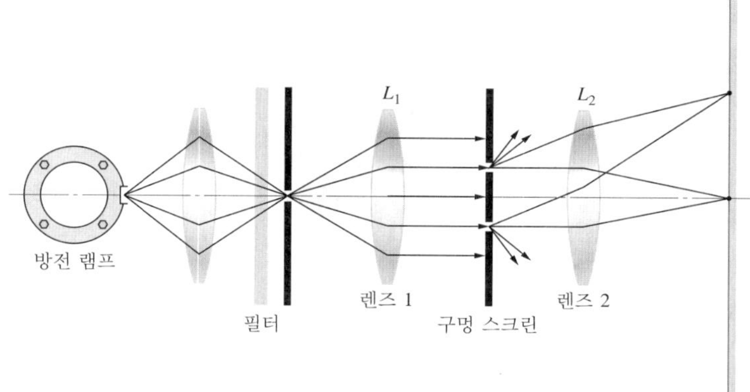

그림 9.14 레이저 광원이 아닌 경우 간섭 무늬를 관찰하기에 편리한 장치

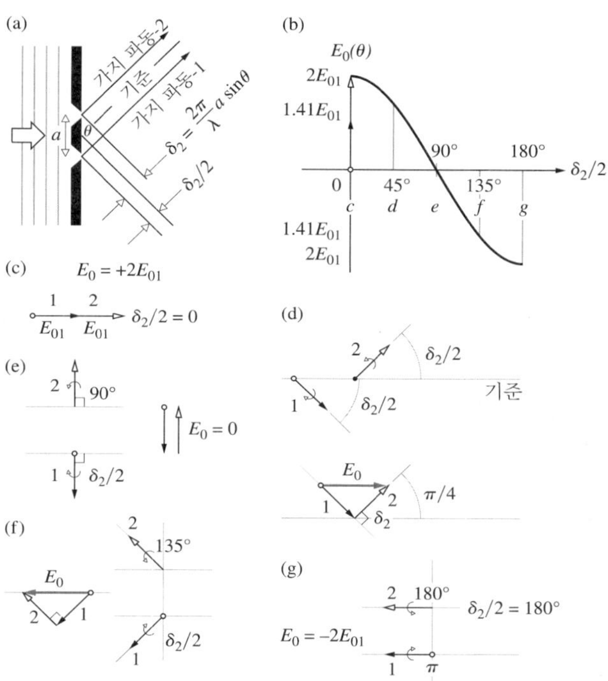

그림 9.15 이중 슬릿 간섭에 의해 형성된 전기장. (a) 이중 슬릿의 기하적 그림. (b) 전기장 그래프. (c)~(g) 위상자 덧셈.

가 된다. $\delta_2/2 = \pi(a\sin\theta)/\lambda$에서 작은 θ에 대해 $\theta \approx \sin\theta$이고, 식 (9.24)에서 $\theta = y/s$이므로 $\delta/2 = ya\pi/s\lambda$가 성립한다. 따라서 다음을 얻는다.

$$E_0 = 2E_{01}\cos(ya\pi/s\lambda)$$

복사 조도가 전기장 진폭의 제곱에 비례하므로 E_0에 대한 위의 식을 제곱하면 식 (9.31)이 나온다. 그림 9.12도 보라.

그림 9.15e에서 각 위상자가 기준으로부터 $\delta_2/2 = \pm\pi/2$만큼의 위상차를 갖도록 θ가 주어졌다. 이는 위쪽 슬릿에서 나온 가지 파동이 아래쪽 슬릿에서 나온 가지 파동보다 $\delta_2 = \pi$만큼 앞선다는 뜻이다. 두 위상자는 서로 반대 방향이 되었다. 가지 파동-1은 중앙의 기준보다 1/4 파장만큼 늦고, 가지 파동-2는 1/4 파장만큼 앞선다. 합성 진폭은 이제 0이다. 가지 파동들은 반대 위상을 가지며 서로 상쇄된다.

그림 9.15f에서 $\delta_2/2 = 3\pi/4 = 135°$이고 합성 위상자는 $1.414E_{01}$이고 이는 음의 값을 갖는다. 가지 파동-1과 가지 파동-2의 광경로 차이가 한 파장이며(즉 $\delta_2 = 2\pi$), 각 위상자는 기준에 대해 $\delta_2/2 = \pi$만큼 회전한다. 그 합성파는 음이며 다시 최대($2E_{01}$)가 된다.

이런 방식으로 관찰점이 중앙 축에서 점점 멀어짐에 따라 전기장 진폭은 코사인 함수로 오르내린다. 그림 9.15b에 나타나 있는 진폭의 제곱은 그림 9.12에 그려진 복사 조도에 비례한다. 각 슬릿에서의 복사 조도가 I_0라고 했을 때, 최대 진폭의 제곱인 $(2E_{01})^2$이 최대 복사 조도 $4I_0$와 같음을 기억하면 진폭의 제곱과 복사 조도 사이의 비례 상수를 알 수 있다.

여기서 각 슬릿의 폭은 무한히 작다고 가정했음을, 그래서 그림 9.12의 코사인 제곱 무늬는 실제로는 얻기 힘든 이상적인 무늬임을 기억하라.* 실무늬는 그림 9.11e에서처럼 슬릿 자체에 의한 회절 효과 때문에 O를 중심으로 복사 조도가 점점 감소하게 된다.

앞(그림 9.5)에서 논의한 바와 같이 근접장의 무늬는 코사인 제곱 분포보다 더 복잡하다. 즉 광원 근처에서는 $(r_1 - r_2) = a\sin\theta$의 근사식을 사용하기 어렵다는 문제가 대두된다. 사실 이 식은 놀랍게도 잘 맞는다고 알려졌다.** 그림 9.11에 의하면 $r >> 0.354a$에서 이 근사식이 성립하며, $r > 3.54a$인 경우 정확도가 99% 이상이다. 그림 9.3의 쌍곡선은 직선

* 1차 광원 S나 2차 광원인 슬릿의 폭을 증가시킴에 따라 나타나는 간섭 무늬 모양의 변화는 10장과 12장에서 다룰 예정이다. 12.1절에서는 간섭 무늬의 명도 대비를 결맞음의 척도로 사용할 것이며, 회절 효과가 매우 중요하다.

** D. C. H. Poon, "How good is the approximation 'path difference ≈ $d\sin\theta$'?" *Phys. Teach.* **40**, 460-462 (Nov. 2002).

에 근접하며 광원 근처에서도 그렇다. 그림 9.1의 수면파에서 그것을 볼 수 있다.

회절의 징후

그림 9.10은 투명한 스크린의 원형 구멍들에서 나오는 방사 에너지의 두 원뿔을 보여 준다. 이러한 종류의 직선 투영은 어떤 물체를 결맞게 비추었을 때 실제로 일어나는 일을 단순화시킨 것이다. 빛의 실제 분포는 **회절 무늬**(diffraction pattern)라고 하며 다음 장에서 그런 몇 가지 분포들을 자세히 공부할 것이다. 여기서는 각 원형 구멍이 관찰 스크린에 투영된 원판을 만들면서 이 원판의 중앙이 가장 밝고 가장자리로 갈수록 점점 약해지다가 세기가 0이 된다는 것만 알고 있으면 충분하다. 게다가 이 원판은 몇 개의 좁고 점점 희미해지는 고리 형태의 빛으로 둘러싸여 있는데 눈으로는 처음 한두 개만 보일 정도이다. 결과적으로 영의 실험에서의 광원이 매우 가까운 두 개의 작은 원형 구멍으로 이루어져 있을 때(또는 그림 9.14처럼 관찰 스크린 위에서 두 원판을 겹치기 위해 렌즈를 사용할 때) 회절 포락선 안에 '코사인 제곱' 무늬가 나타날 것이다(그림 9.16).

마찬가지 방법으로 하나의 기다란 수직 슬릿에 결맞는 빛을 비추면 수직의 사각형 띠가 관찰 스크린에 나타날 것이다. 슬릿이 좁을수록 나타나는 띠는 더 넓어진다. 대부분의 회절 에너지가 그 사각형 빛 안에 들어 있으며 수직 가장자리로 갈수록 세기가 점점 약해진다. 게다가 사각형의 왼쪽과 오른쪽에 몇 개의 갈수록 희미해지는 좁은 수직 띠들을 함께 갖고 있다(그림 10.15b).

영의 슬릿에서 두 사각형 슬릿을 아주 가늘게 만들면 각 슬릿이 만들어내는 회절 무늬의 가운데 띠가 매우 넓어진다. 두 개의 슬릿을 아주 가깝게 붙여놓으면(또는 렌즈를 사용하면) 이 두 개의 넓은 띠가 겹치게 되며, 따라서 간섭한다. 그 결과 단일 슬릿 회절 무늬가 만드는 넓은 포락선 안에 촘촘한 코사인 제곱 무늬가 나타나는 것이다(그림 9.17). 달리 말하면 슬릿 광원을 사용함으로써 코사인 제곱 무늬와 유사한 결과를 얻기는 하지만 중앙의 최대 점에서 멀어질수록 무늬의 세기는 점점 약해지는 것이다(그림 9.11e).

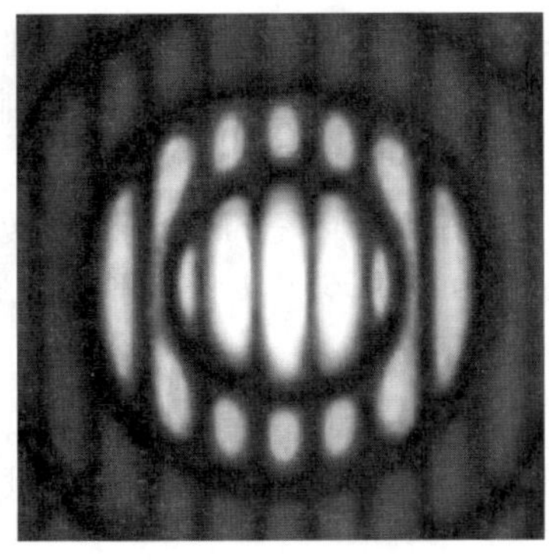

그림 9.16 원형 구멍 쌍에 의해 형성되는 이중 빔 간섭 무늬 (E.H.)

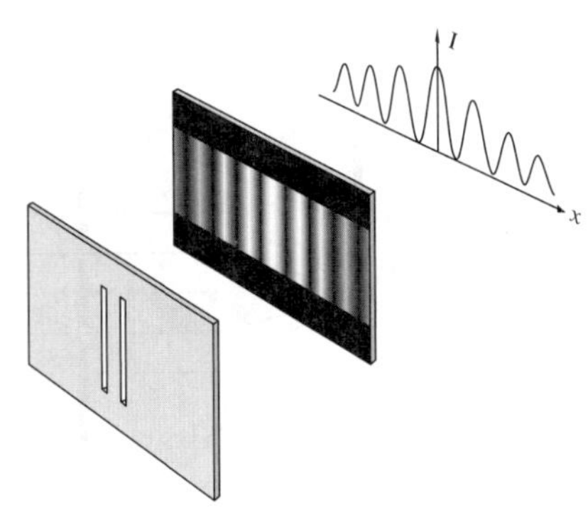

그림 9.17 이중 슬릿 무늬는 중앙의 최대점에서 양 옆으로 갈수록 약해진다. 코사인 제곱 무늬는 단일 슬릿 회절 포락선에 의해 변조된다.

유한한 결맞음 길이의 효과

그림 9.11c의 점 P가 광축으로부터 멀어질수록 광경로차 $\overline{S_1B}$ ($\overline{S_1S_2}$보다 작거나 같음)는 증가한다. 만일 1차원 광원의 결맞음 거리가 짧다면, 광경로차가 증가할 경우 동일한 파속이 점 P에 도달할 수 없을 것이고 그 대신 상관관계를 갖지 않는 파속의 중첩이 증가할 것이므로 간섭 무늬의 명도 대비가 낮아질 것이다. 결맞음 거리 Δl_c가 광경로차 $\overline{S_1B}$보다 더 작은 경우에 점 P에서는 상관관계가 없는 다른 파속들이 중첩될 것이므로 간섭 무늬가 사라질 것이다.

그림 9.18a에서 광경로차가 결맞음 거리를 초과하면 광원 S_1에서 오는 파속 E_1과 S_2에서 오는 파속 D_2가 함께 점 P에 도달하여 간섭 무늬가 생긴다. 그러나 이 무늬는 위상이 상대적으로 다른 파속 D_1이 파속 C_2와 중첩되어 간섭 무늬가 이동하기 전까지 매우 짧은 시간 동안만 유지된다. 만일 결맞음 거리가 더 커지거나 광경로차가 더 작아진다면 그림 9.18b에서 파속 D_1은 자기와 상관관계가 있는 D_2와 중첩되며, 마찬가지로 다음에 도달하는 파속도 그들과 상관관계가 있는 파속과 계속해서 중첩된다. 이 경우 중첩된 파의 상대 위상차는 항상 일정하게 유지될 것이므로 간섭 무늬는 안정한 상태가 된다. 백색 광원의 결맞음 거리는 대략 파장의 3배보다 작으므로 식 (9.27)로부터 백색광의 간섭 무늬는 중심의 밝은 무늬 근처에서 양쪽으로 각각 3개 정도의 줄무늬를 관찰할 수 있다.

백색 광원(또는 넓은 주파수 폭의 광원)을 사용할 경우 두 슬릿으로부터 나온 여러 색(또는 주파수)의 광은 두 슬릿과

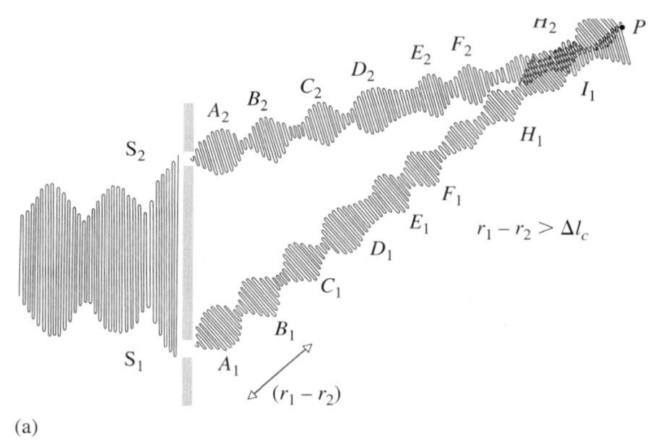

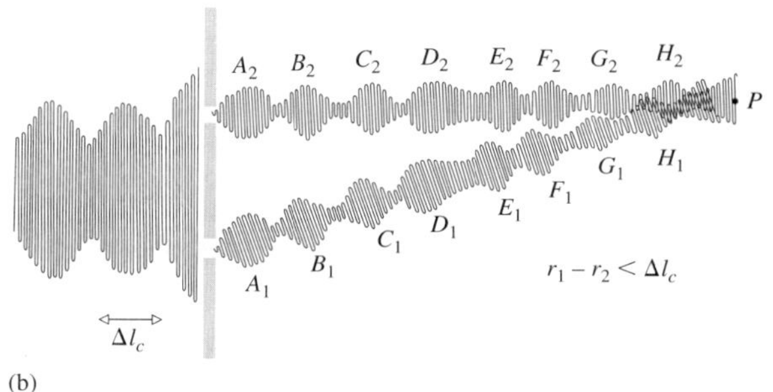

그림 9.18 결맞음 거리 Δl_c를 가진 파속이 간섭하는 과정을 그린 그림. (a) 경로차가 결맞음 거리보다 클 때, (b) 경로차가 결맞음 거리보다 작을 때

$y = 0$ 점 사이의 거리가 동일하므로 $y = 0$점에서 모두 동일 위상을 갖는다(그림 9.19). 따라서 0차 밝은 무늬는 백색을 나타낸다. 반면에 더 높은 차수의 밝은 무늬들의 경우에는 식 (9.27)에서처럼 y_m이 파장 λ의 함수이기 때문에 파장별로 넓게 분산된다. 즉 백색광의 경우 m차 밝은 무늬는 m번째 띠스펙트럼 형태로 나타난다. 이 개념은 다음 장의 회절 격자 문제에서 다시 다루어질 것이다.

얇은 종이에 뚫린 2개의 바늘 구멍을 통해서 백색광의 간섭 무늬를 직접 관찰할 수 있다. 이때 구멍의 크기는 대략 본문에서 사용된 마침표 정도의 크기이고, 두 구멍 사이의 중심 거리는 반지름의 3배 정도이다. 수십 m 떨어진 곳에 위치

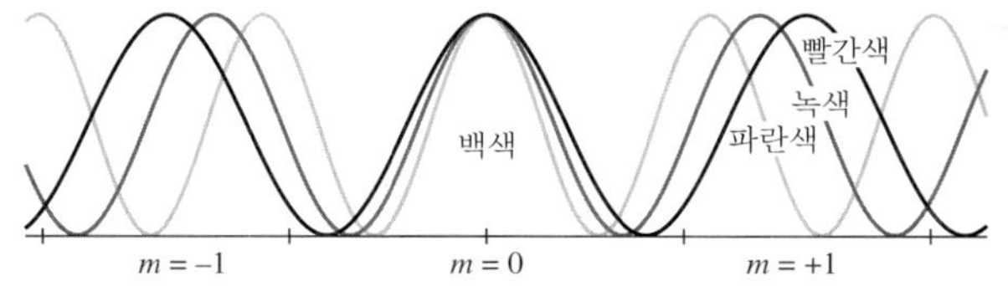

그림 9.19 영이 실험에서 백색광을 사용한 경우 코사인 제곱의 복사 조도 분포. 빨간색 무늬가 녹색 무늬에 비해 더 넓고, 녹색이 파란색 무늬보다 더 넓다는 것에 주목하라. 중앙에서는 모든 색이 겹치고 따라서 백색의 띠를 만들어낸다. 높은 차수의 무늬들은 다양한 색을 띤다.

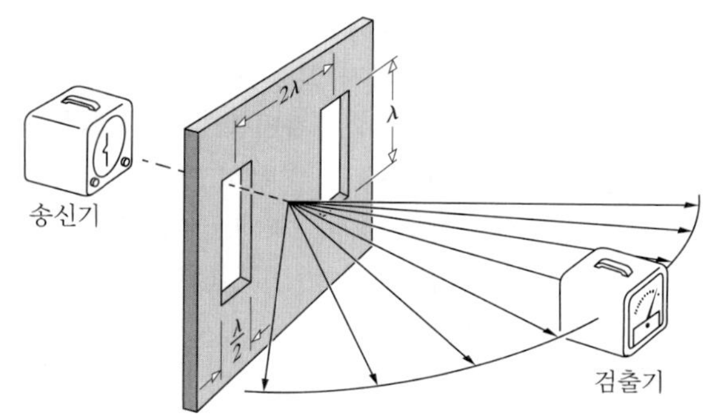

그림 9.20 마이크로파 간섭계

한 가로등이나 자동차의 전조등 또는 교통신호는 평면파를 방출하는 광원의 역할을 하기 때문에, 어두운 밤에 2개의 구멍이 뚫린 종이를 **눈앞에 아주 가까이 두고** 광원을 쳐다보면 중심선에 수직으로 간섭 무늬가 나타난다. 간섭 무늬는 바늘 구멍보다 10.2.2절에서처럼 슬릿을 사용하는 것이 더 쉽게 관찰할 수 있지만 바늘 구멍을 이용한 실험도 해 볼 필요가 있다.

마이크로파를 사용하면 파장이 길기 때문에 이중 슬릿에 의한 간섭 무늬를 쉽게 관측할 수 있다. 그림 9.20과 같이 금속관 또는 포일 위에 길이 λ, 폭 λ/2, 간격 2λ 정도의 이중 슬릿을 만들면 훌륭한 2차 광원으로 이용할 수 있다.

푸리에 관점 그림 9.11b에서 평면파를 첫 번째 좁은 슬릿에 비추면 슬릿을 통과한 빛은 원통파와 유사한 모양으로 퍼져(회절되어) 나가며 슬릿이 좁을수록 원통파에 더 가까워진다. 슬릿을 통과한 빛은 매우 넓은 범위의 각도로 퍼져 나간다. 즉 공간 주파수의 범위가 매우 넓다. 푸리에(Fourier) 관점에서 볼 때 이는 공간에서 매우 좁은 슬릿이 공간 주파수가 매우 넓은 빛의 장을 만들기 때문이다. 이상적인 1차원 신호 펄스(디랙 델타 함수, 11.2.3절)인 점광원의 푸리에 변환은 모든 주파수를 포함하고 있는 연속이고 일정한 스펙트럼이다. 같은 방법으로 이상적인 직선 광원은 원통파를 만든다.

실제로 영의 실험은 $s >> a$이며 위상이 같은 2개의 슬릿으로 구성되어 있다. 일반적으로 s가 매우 커서 영 실험의 간섭 무늬는 두 슬릿의 프라운호퍼 회절의 모양이다(10.2절 참조). 2개의 매우 얇은 슬릿은 2개의 직선 광원과 유사하고 2개의 이상적으로 좁은 신호 펄스로 간주할 수 있다. 2개 델타 함수의 푸리에 변환은 그림 11.14에서와 같이 코사인 함수이다. 두 슬릿이 매우 좁으면 회절된 전기장의 진폭은 코사인 함수일 것이고, 복사 조도의 분포는 그림 9.12와 같이 코사인의 제곱으로 변할 것이다.

입자 간섭 아인슈타인이 그랬듯이 많은 물리학자들은 비록 광자가 무엇인지는 명확하지 않았지만 빛이 광자들의 흐름이라고 믿었다. 빛은 확실히 전자기적이고 진동하기 때문에 일반적인 빔은 파동의 특성을 명확히 보여 준다. 그러므로 빛의 파장을 이야기하듯이 광자의 파장에 대해서도 말하지 않을 수 없다. 마찬가지로 모든 물질의 기본 단위들, 전자, 중성자, 원자, 그리고 심지어는 소방차도 그들의 운동량에 반비례하는 드브로이 파장을 갖는다. 그래서 90 nm의 폭을 갖는 이중 슬릿에 전자가 통과할 때 영의 간섭 무늬를 만들어낸다는 것이 그리 놀라운 것은 아니다(그림 9.21).

이와 유사한 방식으로 빔의 세기를 아주 약하게 하면 한 번에 하나의 광자만 구멍 스크린을 통과하도록 만들 수 있는데, 그럼에도 불구하고 잠시 후에는 코사인 제곱 형태의 간섭 무늬가 나타난다. 두 슬릿 중 하나만 열려있을 때는 넓은 봉우리를 갖는 단일 슬릿 회절 무늬가 나타난다. 각각의 봉우리는 그림 9.22에 보이는 것처럼 해당하는 슬릿 위치에 중심을 두고 나타난다. 두 개의 슬릿을 동시에 열어 놓은 상태에서는 한 번에 광자를 하나씩만 보냄에도 불구하고 점차적으로 밝은 띠와 어두운 띠를 형성하여 고전적인 이중 슬릿 무늬와 같은 형태를 만들어낸다. 이 놀라운 현상은 한 광자가 두 슬릿을 동시에 통과해서 자기 자신과 간섭하는 것처럼 보이므로 광자(그리고 다른 입자들)에 관한 온갖 종류의 의문점들을 불러일으켰다.

1930년에 저명한 물리학자 디랙(P. A. M. Dirac)이 남긴 단순하지만 지금은 전설이 된 다음 말은 광자에 대한 이미지에 더 큰 혼동을 가져왔다. "각 광자는 오직 자기 자신과 간섭한다." 이것이 무엇을 뜻하든지 간에 두 개의 구별된 레이저빔이 간섭 무늬를 만드는 현상과 일치하지 않는다. 하나의 나트륨 원자가 다른 나트륨 혹은 자기 자신과 '간섭'한다고 말하는 것은 거의 또는 전혀 납득이 되지 않는다. 그러므로 간섭하는 광자라는 용어를 문자 그대로 받아들이는 것은 좋지 않아 보인다. 이 문제는 2005년 노벨상 수상자인 Roy J. Glauber가 한 말에 의해 가장 명료해졌다. "양자 역학에서

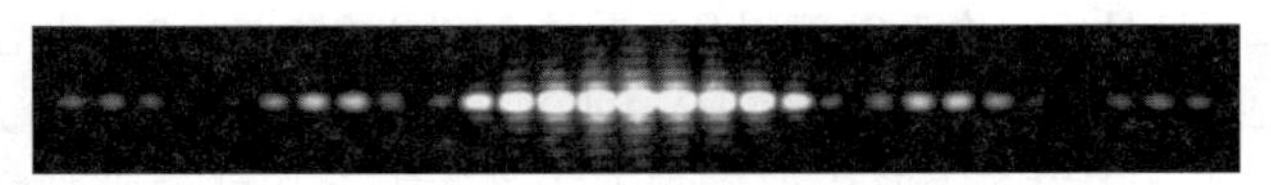

그림 9.21 가느다란 전자빔에 의해 만들어진 영의 이중 간섭 무늬. 슬릿의 폭은 90 nm, 길이는 1540 nm이며, 슬릿 사이의 간격은 450 nm이다. 코사인 제곱 무늬는 90 nm 폭의 각 단일 슬릿의 회절 포락선에 의해 변조되었다. 중앙선의 위와 아래에 나타난 희미한 가로 무늬들은 슬릿의 위아래 가장자리에 의한 회절 효과이다. (S. Frabboni, C. Frigeri, G.C. Gazzadi, and G. Pozzi, *Am. J. Phys.* **79**, 615–618 [June, 2011], American Association of Physics Teachers.)

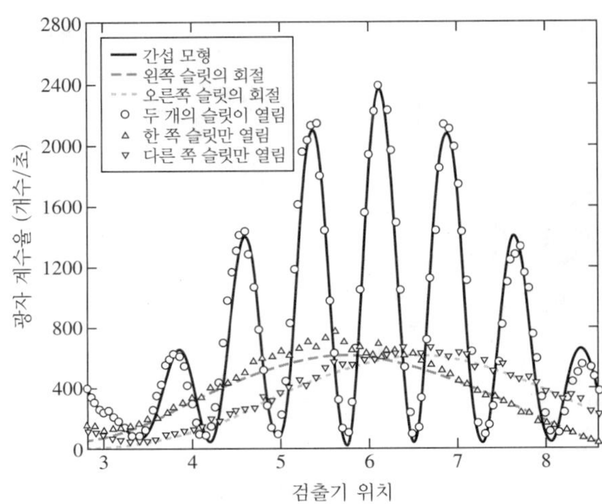

그림 9.22 단일 광자들을 사용한 영의 실험. (출처: TEACHSPIN, Inc.에서 제공한 도표)

간섭하는 것들은 입자가 아니라, 특정 사건에 대한 확률 진폭이다. 확률 진폭은 복소수처럼 더해지고 이것이 모든 양자 역학적 간섭을 일으킨다."* 이 과정이 양자 역학적 용어들로 기술될 수 있기는 하지만, 실제로 이것이 펼쳐지는 과정은 물리학의 위대한 경이 중 하나이다.

이 실험의 고전적인 전자기파 해석이 훨씬 편하다고 생각하지 마라. 여기에도 기이한 점이 있다. 두 개의 연속적인 전자기파가 각각 에너지를 운반하며 어떤 먼 점-P에 도달했다고 하자. 그리고 예를 들어 그 점이 두 파가 서로 상쇄되는 지점이라고 하자. 그 파들이 갖고 있던 에너지는 어떻게 된 것일까? 어떻게 그 에너지가 이웃하는 밝은 점으로 수평 이동하게 된 것일까? 어쩌면 식 (9.31)도 광자 확률 분포로 해석되어야 할지 모른다.

여러 다른 종류의 간섭계

영의 실험에 적용된 물리적, 수학적 개념은 다른 파면 분리형 간섭계에도 직접 적용될 수 있다. 대표적인 파면 분리형 간섭계로는 프레넬 이중 거울, 프레넬 이중 프리즘, 로이드의 거울이 있다.

프레넬 이중 거울(Fresnel double mirror) 프레넬 이중 거

* 어떤 물리학자들은 광자가 단지 복사장의 양자 덩어리이며 독립된 입자로서 존재하는 것이 아니라고 말하기도 한다. 그렇다 하더라도 다음을 참조하라. R. J. Glauber, "Dirac's famous dictum on interference: one photon or two," *Am. J. Phys.* **63** (1), 12 (Jan. 1995). 다음 논문에서 훌륭한 전개를 볼 수 있다. S. Kocsis, B. Braverman, S. Ravets, M. Stevens, R. Mirin, L. Krister Shalm, and A. Steinberg, "Observing the average trajectories of single photons in a two-slit interferometer," *Science* **332** (6034), 1170-1173 (June 2011).

울은 그림 9.23과 같이 앞면을 은으로 코팅한 2개의 거울이 매우 작은 각도로 서로 기울어져 있는 구조이다. 두 거울이 교차하는 선이 광원 슬릿과 나란하다. 슬릿 S에서 나오는 원통형 파면의 한 부분이 첫 번째 거울에 의해서 반사되고 파면의 다른 부분은 두 번째 거울에서 반사된다. 이때 반사된 2개의 파동이 서로 중첩되는 영역에서 간섭 무늬가 형성된다. 두 거울에 의해 생긴 슬릿 S의 상 S_1과 S_2는 서로 a 만큼 거리가 떨어져 있는 결맞음 광원으로 볼 수 있다. 그림 9.23a에서 반사법칙으로부터 $\overline{SA} = \overline{S_1A}$이고 $\overline{SB} = \overline{S_2B}$이므로 $\overline{SA} + \overline{AP} = r_1$이고 $\overline{SB} + \overline{BP} = r_2$가 된다. 두 광파의 광경로차는 간단히 $r_1 - r_2$로 표현할 수 있으므로 $r_1 - r_2 = m\lambda$에서 밝은 무늬가 나타나게 된다. 이것은 영의 간섭계(Young's Interferometer)와 같은 경우이다. 따라서 밝은 무늬 사이의 간격은

$$\Delta y \approx \frac{s}{a}\lambda$$

과 같다. 여기서 s는 2개의 허광원 S_1과 S_2가 놓여 있는 평면과 스크린 사이의 거리이다. 그림 9.23의 배치는 기하학적으로 확실하게 보여 주기 위해서 다소 과장되어 있다. 두 빔의 전기장 벡터가 서로 평행하거나 또는 거의 평행하다면 거울 사이의 각도는 매우 작아야 한다. 만일 $\vec{\mathbf{E}}_1$과 $\vec{\mathbf{E}}_2$를 결맞는 허광원 S_1과 S_2에 나오는 광파라고 하면, 어떤 순간에 공간상의 점 P에 도달한 이 벡터의 각각은 지면에 대해 평행한 성분과 수직한 성분으로 분해될 수 있다. 전파 벡터 $\vec{\mathbf{k}}_1$과 $\vec{\mathbf{k}}_2$가 각각 $\overline{AP}$와 $\overline{BP}$에 평행할 경우, 지면에 평행한 $\vec{\mathbf{E}}_1$과 $\vec{\mathbf{E}}_2$의 성분은 각도 θ가 매우 작은 경우에만 서로 평행할 것이다. θ가 감소함에 따라 a는 감소하고 간섭 무늬의 간격은 증가한다.

예제 9.2

(a) 그림 9.23a의 이중 거울에 대해 무늬 간격이 다음과 같음을 보여라.

$$\Delta y \approx \frac{(R + d)\lambda}{a}$$

여기서 λ는 주위 매질 안에서의 빛의 파장이다.
(b) 다음을 증명하라.

$$\Delta y \approx \frac{(R + d)\lambda}{2R\theta}$$

풀이

(a) 영의 실험으로부터

$$\Delta y \approx \frac{s}{a}\lambda$$

이고, 여기서는 $s = \overline{DP} \approx R + d$이다. 따라서

$$\Delta y \approx \frac{(R + d)\lambda}{a}$$

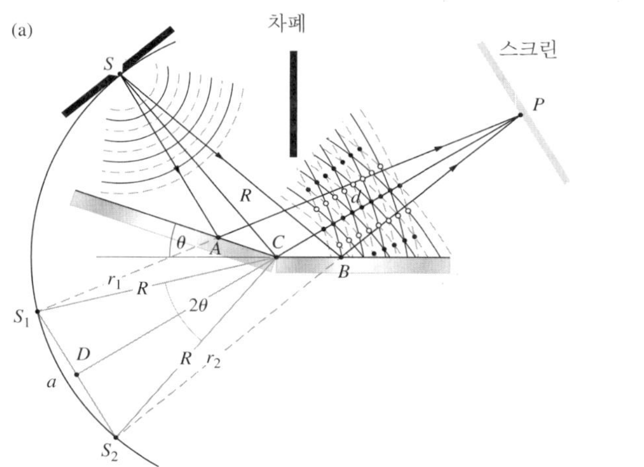

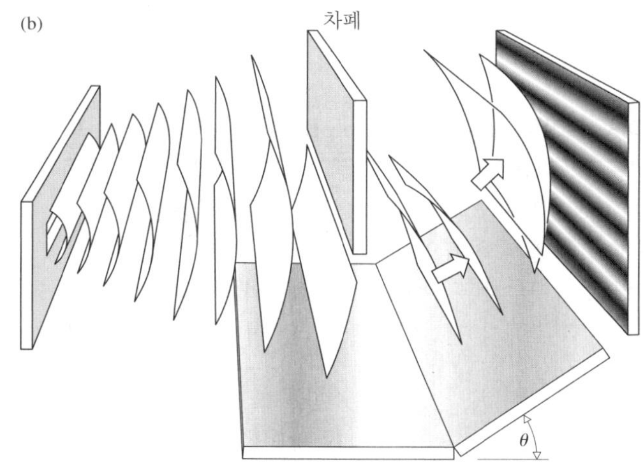

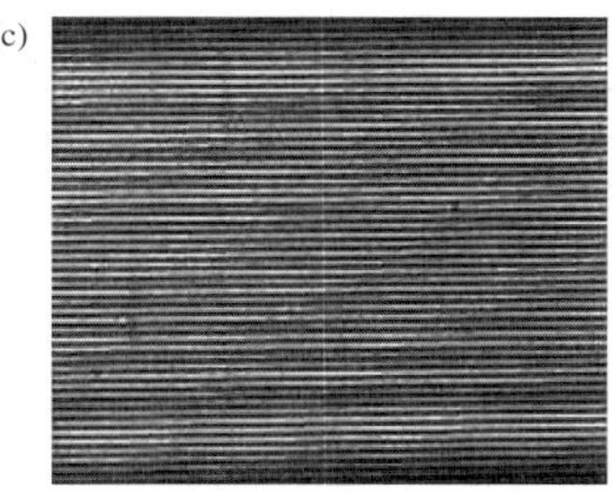

그림 9.23 (a) 프레넬 이중 거울. 그림에서 두 거울 사이의 각도(θ)는 상당히 과장되어 있다. (b) 각각의 거울에서 반사된 2개의 파동이 간섭을 일으킨다. (c) 이 간섭 무늬는 프랑스의 오르세이에 있는 LURE 싱크로트론의 13.9nm 방사광을 이용하여 얻었다. (D. Joyeux, Institut d'Optique.)

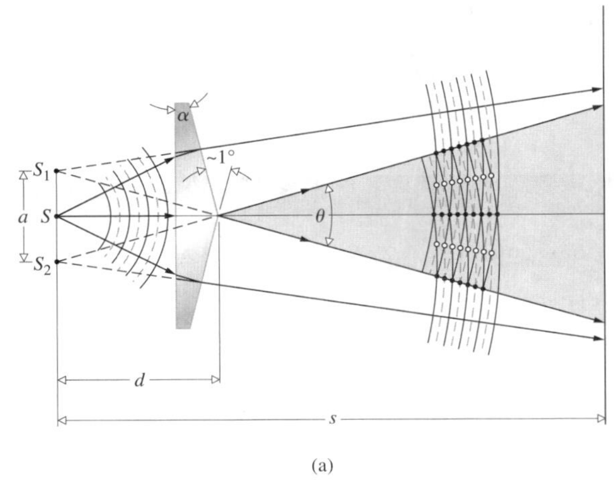

(a)

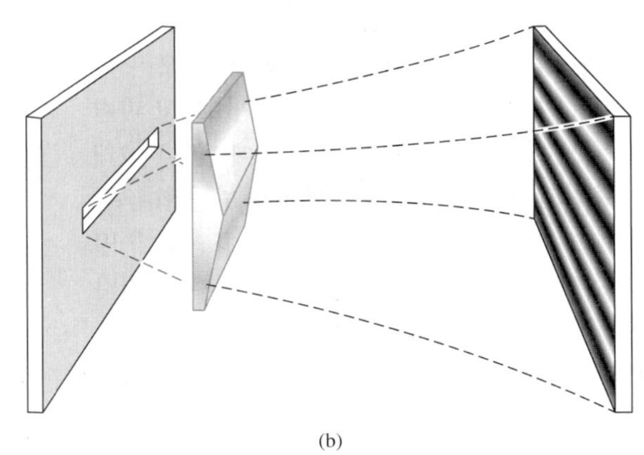

(b)

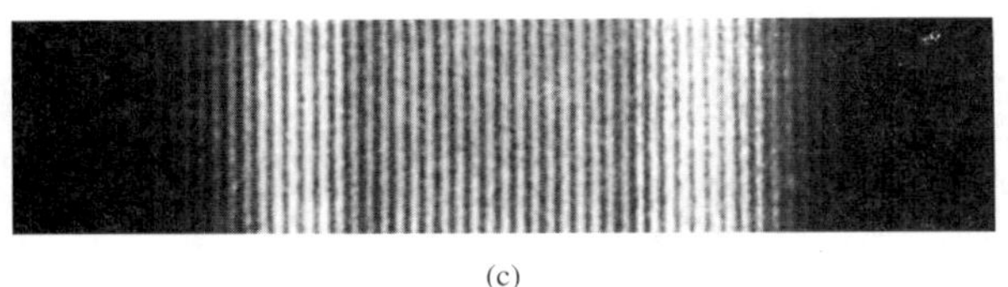

(c)

그림 9.24 프레넬의 이중 프리즘. (a) 이중 프리즘이 2개의 허광원을 만든다. (b) 슬릿 광원의 경우 밝은 간섭 무늬가 띠를 이룬다. (c) Möllenstedt의 장치에 의해 측정된 전자 이중 프리즘의 간섭 무늬 (*Handbuch der Physik*, edited by S. Flugge, Springer-Verlag, Heidelberg. Springer-Verlag, New York)

이다.

(b) 삼각형 S_1CD에서

$$\frac{a}{2} = R\sin\theta \approx R\theta$$

이므로

$$\Delta y \approx \frac{(R+d)\lambda}{2R\theta}$$

이다.

프레넬 이중 프리즘(Fresnel double prism) 프레넬 이중 프리즘 또는 복프리즘(biprism)은 그림 9.24와 같이 얇은 2개의 프리즘이 서로 붙어 있는 구조이다. 만일 한 원통형 파면이 이중 프리즘에 입사하면 입사한 파면의 윗부분은 아래쪽으로 굴절되고 아랫부분은 위쪽으로 굴절되기 때문에 두 파면이 중첩되는 부분에서 간섭이 일어난다. 여기서도 서로 a만큼 떨어져 있는 2개의 허광원 S_1과 S_2가 존재하며 두 광원 사이의 거리 a는 $s >> a$일 때 프리즘 각도 α로 표현할 수 있다(연습문제 9.27). 밝은 무늬 사이의 간격은 앞의 식과 같다.

로이드 거울(Lloyd's mirror) 마지막으로 살펴볼 파면 분리형 간섭계는 그림 9.25와 같은 **로이드 거울** 간섭계이다. 이 장치는 거울 역할을 할 수 있는 유전체 또는 금속으로 된 평평한 조각으로 구성되어 있다. 이 조각은 슬릿 S에서 오는 원통형 파면의 일부분을 반사시키며, 파면의 다른 부분은 슬릿에서 스크린으로 곧바로 진행해 간다. 이때 실제 슬릿과 거울에 의한 상 S_1이 2개의 결맞는 광원 역할을 하는데, 광원 사이의 간격은 a이다. 밝은 무늬 사이의 간격은 다시 $(s/a)\lambda$로 주어진다. 이 장치의 특별한 점은 표면에 가깝게($\theta_i = \pi/2$) 입사한 빔이 반사될 때 180° 만큼 위상이 변한다는 것이다(진폭 반사 계수가 −1임을 상기하라). 반사에 의해 π의 위상차가 추가되므로 총위상차는

$$\delta = k(r_1 - r_2) \pm \pi$$

이고, 복사 조도는

$$I = 4I_0 \sin^2\left(\frac{\pi a y}{s\lambda}\right)$$

가 된다.

로이드 거울 간섭계의 무늬는 영 간섭계에서 볼 수 있는

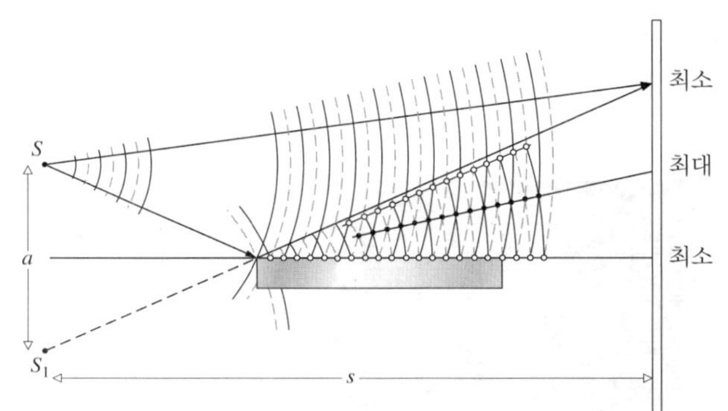

그림 9.25 로이드 거울

무늬와 서로 상보적 관계를 갖는다. 다시 말하면 로이드 간섭 무늬의 밝은 점은 영 간섭 무늬의 어두운 점과 서로 대응된다. 거울의 표면 끝은 $y = 0$에 해당되며 영 간섭계에서 본 밝은 무늬 대신 어두운 무늬의 중심이 될 것이다. 간섭 무늬의 반인 아래쪽 무늬는 거울에 의해 가려져 없다. 만일 투명한 박막을 스크린으로 곧바로 진행하는 광파의 경로상에 삽입하면 어떤 현상이 생길 것인가? 투명한 박막은 곧바로 진행하는 광파의 파장수를 늘리는 효과가 있으므로 반사파가 더 많은 거리를 진행한 곳에서 원래와 같은 무늬가 나타날 것이다. 따라서 전체 무늬는 위쪽으로 이동하게 된다. 이 장치는 단순하기 때문에 전자기파의 매우 넓은 파장 영역에 걸쳐서 널리 이용되어 왔다. 실질적인 반사면으로는 X-선에 대해서는 결정, 광파의 경우는 일반 유리, 마이크로파에 대해서는 유선 차폐 장치, 라디오파에 대해서는 호수면이나 지구의 전리층 등이 사용되어 왔다.*

예제 9.3

600 nm의 선 광원이 (공기 중의) 로이드 거울에 평행하며 위쪽으로 5.00 mm 떨어져 있다. 광원으로부터 5.00 m 떨어진 스크린에서 무늬를 관찰한다. 거울 표면 위에 나타나는 첫 번째 최대 복사 조도의 위치를 구하라.

풀이

거울면은 중앙의 어두운 무늬를 반으로 자른다. 따라서 첫 번째 밝은 무늬의 중심은 거울 위 $\Delta y/2$ 지점에 있을 것이다. 따라서

$$\Delta y = \frac{s}{a}\lambda = \frac{(5.00\text{ m})}{2(5.00 \times 10^{-3}\text{ m})} 600 \times 10^{-9}\text{ m}$$

$$\Delta y = 3.00 \times 10^{-4}\text{ m}$$

이다. 첫 번째 최댓값은 거울 위 0.150 mm 지점에 있다.

빛에 대한 파동 이론의 확립

영의 실험과 프레넬의 이중 거울을 공부했으므로 흥미로웠던 역사적인 한 부분을 이해할 수 있게 되었다. 의사인 토머스 영이 그의 연구를 1804년에 출판했을 때 빛의 성질에 관해 가장 널리 인정되고 있던 것은 뉴턴의 입자 이론이었다. 빛은 에테르 사이를 지나가는 입자들의 흐름이고, 어디에나 만연한 이 매질에 형성된 파동에 의해 영향 받을 수 있다고 보았다. 이 빛 입자들은 인력이나 척력에 의해 물질과 상호작용한다고 생각되었다. 그 당시 광학에 관심 있는 대부분의 사람들이 뉴턴을 따랐고, 소위 **방출 이론**(emission theory)을 옹호하고 있었다. 영국의 영이나 프랑스의 아라고, 그리고 그의 지지자 프레넬 같은 일부 선각자들은 파동 이론가였다. 그들은 빛이 에테르 안을 지나가는 탄성파라고 생각했다.

영의 실험이 빛이 정말로 파동이라는 사실을 드러내어 방출 이론가들을 쉽게 설득시켰을 것이라고 생각할지 모르겠다. 그러나 그렇지 않았다. 영은 "수학적 훈련을 거의 받지 않았으며", 그의 논문은 문체상 모호했고, 널리 읽히지도 않았다. 그 외에도 그의 실험에서 빛이 두 개의 좁은 슬릿을 통과할 때 빛을 이루는 입자들이 슬릿의 가장자리로부터 기계적인 영향을 받아 직선 경로에서 휘어진 것이라는(즉, 회절했다고) 반박을 받았다.

영의 노력에 대해 아무것도 모르는 전직 기술자였던 프레넬은 그의 이중 거울 실험을 1816년 어느 즈음에 수행하였다. 그의 실험에서는 회절을 야기시키는 구멍들을 모두 없앴다는 것이 큰 장점이었다. 그는 1819년에 이런 글을 남겼다. "만일 거울 중 하나를 들어 올리거나, 거울이 반사하는 빛을 반사 전이든 후에 차단하면 간섭 무늬는 사라진다... 이는 거울의 가장자리의 영향으로 무늬가 생기는 것이 아니라, 빛의 두 가느다란 다발이 만나서 생기는 것이라는 단서를 제공한다." 프레넬의 뛰어난 이론과 실험에 힘입어서 빛의 파동 이론이 점차 우위에 섰고, 1830년에는 두 가설 중에 더 강력한 것으로 인식되었다.

지금까지 서술한 모든 간섭계는 레이저를 사용하거나 백색광의 경우 방전등이나 탄소 아크등을 사용하면 쉽게 만들 수 있다(그림 9.26).

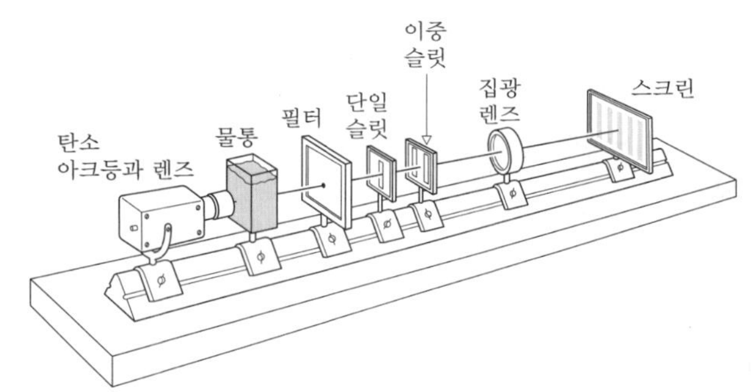

그림 9.26 탄소 아크등을 이용한 파면 분리형 간섭계의 간단한 구성. 물통은 아크등에서 나오는 적외선을 제거한다. 이 구성은 상당히 구식이지만 대형 강의실에서 사용하기에는 효과적이다.

* 슬릿 폭과 주파수 선폭의 효과에 대해서는 R. N. Wolfe and F. C. Eisen, "Irradiance distribution in a Lloyd mirror interference pattern," *J. Opt. Soc. Am.* **38**, 706 (1948)을 보라.

9.4 진폭 분리형 간섭계

광파가 반투명 은거울* 또는 단순히 유리조각에 입사할 경우 광파의 일부분은 투과하고 다른 부분은 반사된다. 물론 투과한 파와 반사된 파는 모두 입사파보다 작은 진폭을 갖는다. 이 현상은 입사파의 진폭이 '분리'된 것으로 간주될 수 있다.

만일 진폭이 분리된 두 광파가 서로 다른 경로를 따라서 진행한 후 다시 만나게 된다면, 두 광파 사이의 결맞음이 없어지지 않는 한 검출기에서는 간섭 무늬를 관찰할 수 있다. 그러나 경로차가 파속(wavegroup)의 길이(즉, 결맞음 거리)보다 더 클 경우 검출기에서 재결합된 광파는 서로 상관관계가 없는 파속으로 구성된다. 따라서 이들 파속 사이에는 일정한 위상관계가 유지되지 못하므로 간섭 무늬는 관찰할 수 없을 정도로 불안정해진다. 이 문제는 12장에서 결맞음 이론에 대해 공부할 때 더 자세히 다룰 것이므로 당분간은 광파의 경로차가 결맞음 거리보다 더 작은 경우에 한정하여 문제를 취급할 것이다.

9.4.1 유전체 박막–두 광파의 간섭

투명한 매질층에 의한 간섭 현상은 광파의 파장(예: 녹색광의 파장 λ_0은 인쇄용지의 1/150 정도임)보다 얇은 막에서부터 수 cm 두께의 투명판에 이르기까지 넓은 영역에 걸쳐서 관찰할 수 있다. 이들 가운데 매질층의 두께가 주어진 전자파의 파장 정도의 크기일 때, 그 매질층을 **박막**(thin film)이라고 한다. 1940년대 초 이전까지는 유전체 박막과 관련된 간섭 현상이 잘 알려져 있었지만 매우 제한된 범위에서만 실제로 응용되었다. 기름막이나 비누막에 나타나는 무지개 색깔의 무늬는 주로 미적(美的) 그리고 이론적 측면에서 호기심의 대상이었다.

1930년대에 개발된 진공 증착 기술의 발달과 더불어 정밀한 코팅 기술이 상업화되면서부터는 유전체 박막에 대한 관심이 다시 높아지게 되었다. 제2차 세계대전 동안에 양쪽 진영은 적을 탐지하기 위해서 코팅된 다양한 광학적 기구를 사용하였고, 1960년대까지 다층 코팅 기술이 더욱 광범위하게 사용되었다.

* **반투명 은거울**(half-silvered mirror)은 유리면 위에 은막을 얇게 입힌 반투명 유리이다. 우리는 그것을 통해서 볼 수 있는 동시에 거울 속에서 우리의 반사된 모습을 볼 수 있다. 이와 같은 빔분할기(beamsplitter)는 플라스틱을 얇게 늘린 박막인 **펠리클**(pellicle) 또는 코팅되지 않은 유리판으로도 만들 수 있다.

등경사 무늬

그림 9.27과 같이 두께가 d인 투명한 유전체 박막에 의한 광파의 간섭 현상을 살펴보자. 박막은 흡수가 없는 매질로 이루어졌고, 경계면에 의한 진폭 반사 계수가 매우 작아서 그림 9.28과 같이 한 번 반사된 처음 2개의 반사파 E_{1r}과 E_{2r}만이 간섭된다고 가정하자. 실제로 공기–물 경계면 그리고 공기–유리 경계면 등에서 고차 반사파(E_{3r} 등)의 진폭은 매우 급격히 감소한다(연습문제 9.33). 당분간 광원 S가 단색광을 방출하는 점광원이라고 하자.

이때 박막이 진폭 분리 장치로서의 역할을 한다. 즉 박막의 첫 번째와 두 번째 경계면에서 반사된 파가 만든 광원 S의 상은 각각 E_{1r}과 E_{2r}을 방출하는 2개의 결맞는 허광원으로 간주할 수 있다. 박막에 의해 반사된 두 광파는 서로 평행하게 진행하여 망원경 대물 렌즈 초평면 위의 점 P에서 다시 만나게 되거나, 또는 초점이 무한대에 맞추어진 경우에는 관찰자

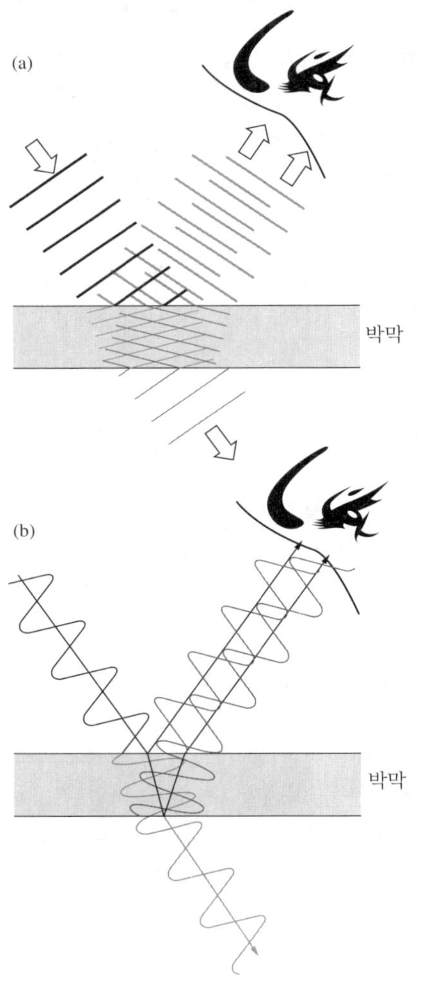

그림 9.27 파동 및 광선을 이용한 박막 간섭의 설명. 박막의 위와 아래에서 반사된 두 광파는 간섭 무늬를 형성한다.

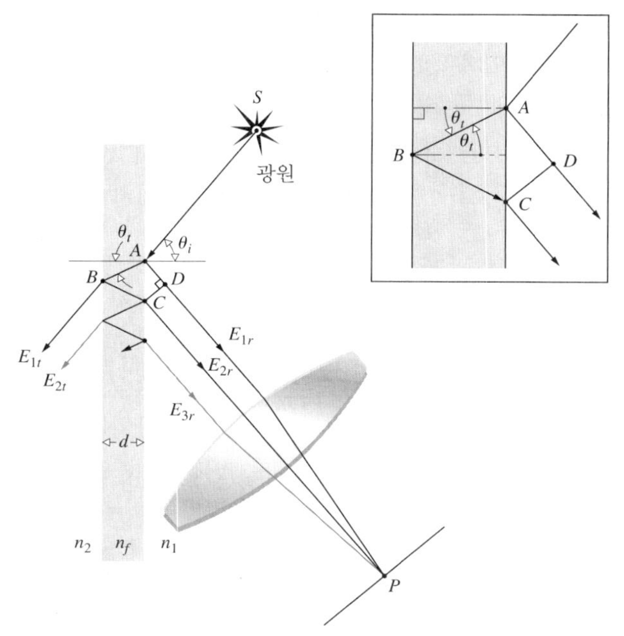

그림 9.28 등경사 무늬

눈의 망막 위에서 만나게 된다. 그림 9.28로부터 한 번 반사된 두 빔 사이의 광경로차는

$$\Lambda = n_f[(\overline{AB}) + (\overline{BC})] - n_1(\overline{AD})$$

와 같이 주어진다. 또한 $\overline{AB} = \overline{BC} = d/\cos\theta_t$이므로

$$\Lambda = \frac{2n_f d}{\cos\theta_t} - n_1(\overline{AD})$$

이다. 이제 $\overline{AD}$의 표현을 유도하기 위해서

$$(\overline{AD}) = (\overline{AC})\sin\theta_i$$

를 사용하자. 스넬의 법칙(Snell's law)에 의해서 위 식은

$$(\overline{AD}) = (\overline{AC})\frac{n_f}{n_1}\sin\theta_t$$

와 같이 다시 쓸 수 있다. 여기서

$$(\overline{AC}) = 2d\tan\theta_t \tag{9.32}$$

이므로 Λ에 대한 식은

$$\Lambda = \frac{2n_f d}{\cos\theta_t}(1 - \sin^2\theta_t)$$

또는

$$\Lambda = 2n_f d\cos\theta_t \tag{9.33}$$

로 표현될 수 있다.

광경로차에 대응하는 위상차는 자유 공간에서 빛의 전파 상수에 Λ를 곱한 값, 즉 $k_0\Lambda$가 된다. 만일 박막이 단일 매질 속에 놓인다면 굴절률은 $n_1 = n_2 = n$이다. 물론 n은 공기 중에 놓인 비누막의 경우와 같이 n_f보다 작을 수도 있고, 두 장의 유리판 사이 공기막에서와 같이 n_f보다 클 수도 있다. 두 경우 모두 **내부 및 외부 반사파 사이에는 부가적인 위상차가 발생한다**. 그림 4.52와 4.3절에서 설명한 바와 같이 입사각이 30° 정도까지는 입사파의 편광에 무관하게 내부 및 외부 반사파 사이에 π 라디안만큼의 **상대적 위상차**가 발생한다. 따라서 총위상차는

$$\delta = k_0\Lambda \pm \pi$$

이고, 식 (9.33)을 대입하면

$$\delta = \frac{4\pi n_f}{\lambda_0}d\cos\theta_t \pm \pi \tag{9.34}$$

또는

$$\delta = \frac{4\pi d}{\lambda_0}(n_f^2 - n^2\sin^2\theta_i)^{1/2} \pm \pi \tag{9.35}$$

이 된다. 부가적인 위상차의 부호는 중요하지 않기 때문에 표현을 간단히 하기 위해서 음의 부호를 선택한다. 반사파 사이의 간섭 무늬가 점 P에서 최대 밝은 점이 되는 조건은 $\delta = 2m\pi$, 즉 총위상차가 π의 짝수배일 때이므로 식 (9.34)는

[최댓값]
$$d\cos\theta_t = (2m+1)\frac{\lambda_f}{4} \tag{9.36}$$

와 같이 표현할 수 있다. 여기서 $m = 0, 1, 2, \cdots$이며, $\lambda_f = \lambda_0/n_f$이다. 이 식은 투과파의 간섭 무늬 강도가 최소가 되는 조건과 일치한다.

예제 9.4

나트륨 방전등에서 나오는 노랑 D_1선은 진공에서 파장이 5895.923Å이다. 이 빛이 공중에 (철사 틀에 의해서) 떠있는 콩기름(n = 1.4729) 박막의 표면에 30.00°의 각도로 입사한다고 하자. 이 박막의 어떤 영역이 그 빛을 강하게 반사하기 위해서는 그 부분의 두께가 최소 얼마여야 하겠는가?

풀이

최대 반사에 대한 식 (9.36)을 사용하자.

$$d\cos\theta_t = (2m+1)\frac{\lambda_f}{4}$$

여기서 최소의 두께는 m의 최솟값, 즉 0일 때에 해당한다. 따라서

$$d\cos\theta_t = \frac{\lambda_f}{4}$$

이다. 우리는 λ_f와 θ_t 모두를 계산해야 한다. 스넬의 법칙

$$n_i \sin\theta_i = n_t \sin\theta_t$$

을 이용하면,

$$\sin\theta_t = \frac{\sin 30.00°}{1.4729} = 0.3395$$

이고 θ_t =19.844°이다. 결과적으로

$$d = \frac{\lambda_f}{4}\frac{1}{\cos 19.844°}$$

이다. 여기서 $\lambda_f = \lambda_0/n_f$ 관계를 적용하면

$$d = \frac{\lambda_0}{4n_f}\frac{1}{\cos 19.844°}$$

이 된다. 따라서

$$d = \frac{589.59 \times 10^{-9}}{4(1.4729)}\frac{1}{0.94062}$$

이고,

$$d = 1.064 \times 10^{-7}\text{ m}$$

이다. 그러므로 최소 두께는 겨우

$$d = 106.4\text{ nm}$$

이다.

반사파 사이의 간섭 무늬 정도가 최소(즉, 투과파의 강도가 최대)인 조건은 $\delta = (2m \pm 1)\pi$, 즉 총위상차가 π의 홀수배일 때이다. 이 경우 식 (9.34)로부터

[최솟값] $$d\cos\theta_t = 2m\frac{\lambda_f}{4} \qquad (9.37)$$

가 된다. 식 (9.36)과 식 (9.37)에서 $\lambda_f/4$의 홀수배와 짝수배의 표시는 매우 중요하다. 물론 $n_1 > n_f > n_2$ 또는 유리 기판 위에 증착된 불화물 박막이 공기 중에 놓여 있는 경우와 같이 $n_1 < n_f < n_2$ 상황도 나타날 수 있다. 이때는 내부 및 외부 반사파 사이에서 π 만큼의 부가적 위상차가 나타나지 않기 때문에 위 식은 적절히 수정되어야 한다.

예제 9.5

얇은 물 ($n = 1.333$) 박막이 모노클로로벤젠($n = 1.5248$) 비커의 표면에 떠 있다. 여기에 647nm의 빛이 수직으로 입사하여서 넓은 면적에 밝은 빨강으로 보였다. 이 박막의 두께는 최소 얼마일까?

풀이

양 경계에서 모두 외부 반사가 되므로 부가적인 상대 위상차가 발생하지 않는다. 따라서 식 (9.34)에서 시작하면

$$\delta = \frac{4\pi n_f}{\lambda_0} d\cos\theta_t$$

이다. 여기서 $\theta_t = 0$이므로

$$\delta = \frac{4\pi n_f}{\lambda_0} d$$

이다. 우리는 보강 간섭을 원하므로 $\delta = 2\pi$이다. 따라서

$$d = \frac{\lambda_0}{2n_f} = \frac{647 \times 10^{-9}\text{ m}}{2(1.333)}$$

이며, 최소 두께는

$$d = 243\text{ nm}$$

이다. 두께가 $\lambda_f/2$의 정수배만큼 늘어나도 최대 밝기를 갖는다.

만일 그림 9.29와 같이 집속 렌즈 앞에 조그마한 핀홀을 놓으면, 박막의 제한된 좁은 영역에서 반사된 광파의 간섭 무늬만을 관찰할 수 있다. 다시 말하면 점광원으로부터 나와서 박막에 의해서 렌즈 안으로 직접 반사된 광선의 간섭 무늬만을 관찰할 수 있다. 그림 9.30과 같이 확대 광원이 사용되는 경우에는 여러 방향으로부터 반사된 광원이 렌즈에 도달하므로 간섭 무늬는 박막의 넓은 영역에 걸쳐 나타나게 된다.

점 P의 위치에 따라서 입사각 θ_i 또는 굴절각 θ_t가 결정되므로 총위상차 δ도 점 P에 따라서 변화한다. 그림 9.31의 점 P_1과 점 P_2에 나타나는 간섭 무늬는 **등경사 무늬(fringes of equal inclination)**로 알려져 있다. (등경사 무늬를 쉽게 관찰하는 몇 가지 방법은 연습문제 9.39에서 논의할 것이다.) 또한 확대 광원 위의 각 점은 서로에 대해 결어긋남을 기억해야 한다. 확대 광원의 상이 반사되면 밝고 어두운 무늬의 띠가 보일 것이다. 각 띠는 렌즈에 대한 광축에 대해서 수직하게 놓인 박막을 볼 때 동심원의 원호이다.

박막이 두꺼워질수록 E_{1r}과 E_{2r} 사이의 거리 $\overline{AC}$가 증가하는데, 그 이유는

$$\overline{AC} = 2d\tan\theta_t \qquad [9.32]$$

이기 때문이다. 두 반사파 가운데 오직 하나만이 관찰자의 눈에 들어올 경우 간섭 무늬는 사라지게 된다. 구경이 큰 망

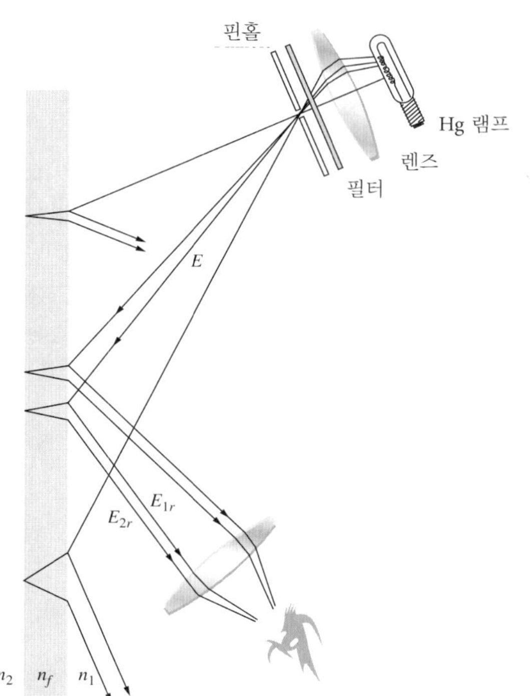

그림 9.29 박막의 좁은 영역에서 나타나는 무늬

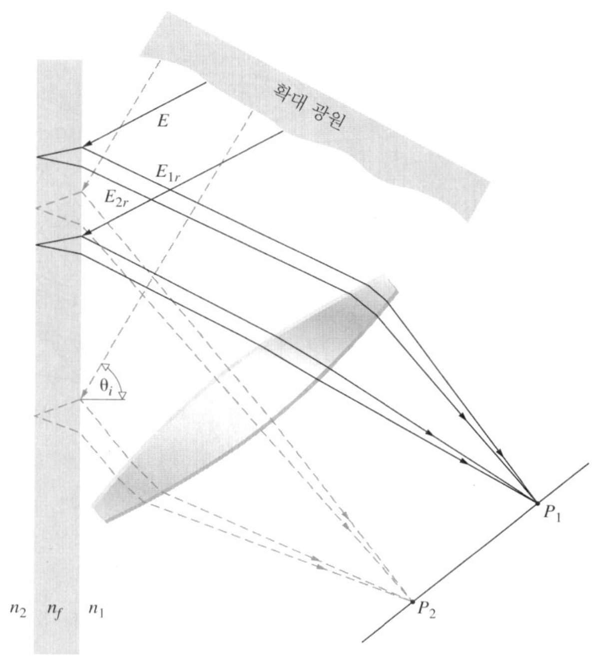

그림 9.31 같은 각도로 평행하게 입사한 모든 광선은 한 점에 모인다.

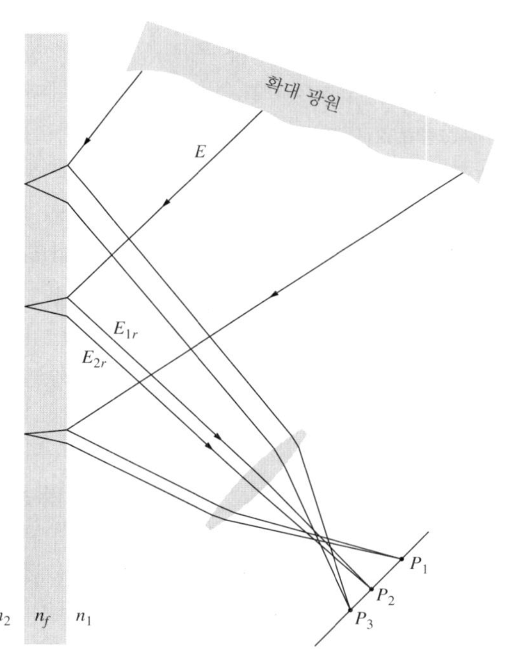

그림 9.30 박막의 넓은 영역에서 나타나는 무늬

원 렌즈를 사용하면 두 반사파를 모두 모을 수 있기 때문에 다시 간섭 무늬가 나타난다. 두 반사파 사이의 거리 $\overline{AC}$는 θ_t(즉 θ_i)가 작을수록 감소하는데, 광파가 박막에 수직으로 입사하는 경우에 0이 된다. 두꺼운 판으로부터 거의 수직인 방향에서 관찰되는 등경사 무늬는 오스트리아 물리학자 하이딩거(Wilhelm Karl Haidinger, 1795~1871)의 이름을 따서 **하이딩거 무늬(Haidinger fringes)**라고 한다. 확대 광원의 간섭 무늬는 그림 9.32에서와 같이 눈에서 박막에 내린 수직선을 중심으로 한 동심원 띠를 보여 준다. 이때 관찰자가 움직이면 간섭 무늬도 따라서 움직인다.

하이딩거 무늬는 가게의 보통 창유리에서 볼 수 있다. 밤에 네온사인이 있는 창유리를 통해 방전관에 가까운 거리를 보면, 반사된 광에 의해 먼 거리에 떠 있는 원형 무늬를 눈으로 보게 될 것이다.

동일 두께 무늬

박막에 의한 간섭 무늬 가운데에는 입사각 θ_i 대신에 광학적 두께 $n_f d$에 의존하는 무늬가 있는데 이것을 **동일 두께 무늬(fringes of equal thickness)**라고 한다. 비눗방울, 광파장 두께의 기름막 또는 금속 산화물의 표면에 백색광이 비칠 때 나타나는 무지개 형태의 무늬는 박막의 두께 변화 때문에 생긴 것이다. 이들은 박막 내에서 광학적 두께가 같은 점의 궤적에 해당하는데, 지도 위에 표시된 등고선과 유사하다. 일반적으로 매질의 굴절률 n_f는 변하지 않으므로 무늬는 박막의 기하학적 두께에 따라서 달라진다. 따라서 이 무늬는 렌즈 또는 프리즘 등과 같은 광학 소자의 표면 상태를 평가하는 데 이용될 수 있다. 예를 들어 시험하고자 하는 표면 위

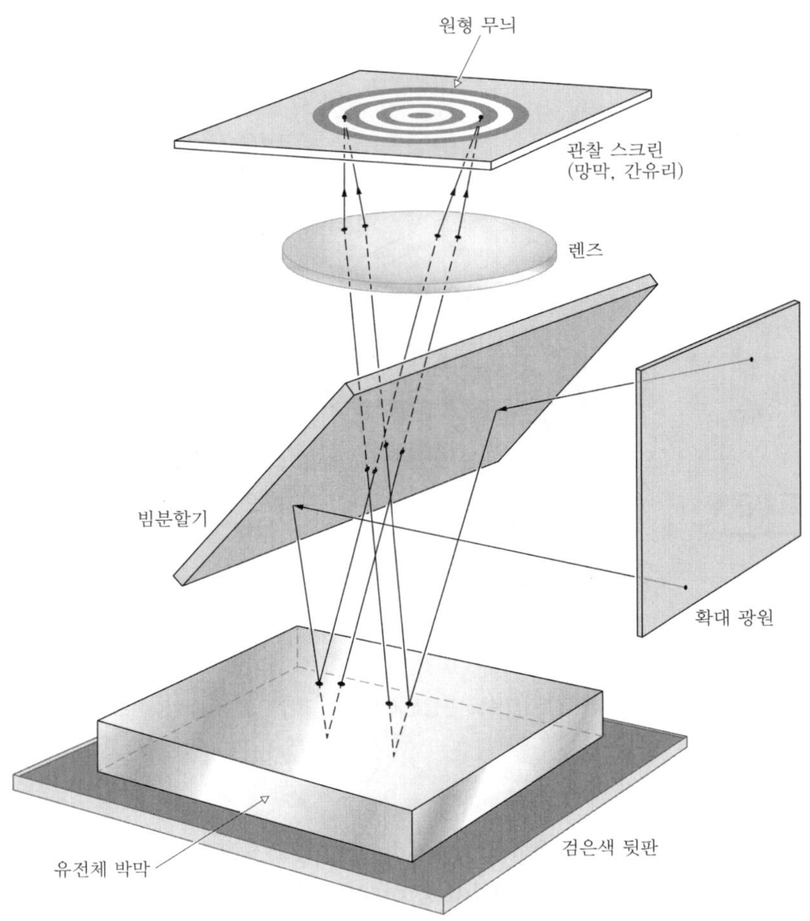

그림 9.32 렌즈 축을 중심으로 한 원형 하이딩거 무늬

에 **광학 평면**(optical flat)*을 올려 놓으면 두 면 사이에 공기층이 생기므로 공기 박막의 간섭 무늬가 나타난다. 만일 시험 표면이 평평하다면 대개의 경우 면 사이에 낀 먼지 등으로 인해서 쐐기형의 공기막이 형성되므로 등간격의 폭을 가진 직선 무늬가 나타나게 된다. 두 면 사이의 한쪽 끝에 종이 조각을 끼우면 직선 무늬를 관찰할 수 있는 만족스러운 쐐기형 공기층을 만들 수 있다.

그림 9.33과 같이 쐐기형의 비균질 박막에 의해서 거의 수직 방향으로 반사된 광파가 만드는 등고선 형태의 동일 두께 무늬를 **피조 무늬(Fizeau fringes)**라고 한다. 경사각 α가 매우 작은 쐐기형의 박막에 의해서 반사된 두 광파 사이의 광경로차는 식 (9.33)으로 근사할 수 있으며, 관측점에서의 기하학적 두께 d는

$$d = x\alpha \tag{9.38}$$

* $\lambda/4$ 이하로 불균일할 때 광학적으로 평평하다고 말한다. 광학 평면의 재료로서 과거에는 석영이 사용되었으나 요즈음은 열팽창 계수가 석영의 1/6 정도인 유리-세라믹 물질(예: CERVIT)이 사용된다. $\lambda/200$ 이하의 편평도를 가진 광학 평면도 제작이 가능하다.

이다. 따라서 입사각 θ_i가 매우 작을 때 간섭 무늬 강도가 최대인 조건은

$$(m + \tfrac{1}{2})\lambda_0 = 2n_f d_m$$

또는

$$(m + \tfrac{1}{2})\lambda_0 = 2\alpha x_m n_f$$

가 된다. 여기서 $m = 0, 1, 2, 3, \ldots$이고 처음 밝은 무늬는 $m = 0$일 때 나타나며, 두 판의 접점에 나타난 어두운 무늬(두께가 0일 때 상쇄 간섭이 일어나 아무 빛도 반사되지 않는다) 바로 옆에 위치한다. 원한다면 위의 마지막 식을 $(m' - \tfrac{1}{2})\lambda_0 = 2\alpha x_{m'} n_f (m' = 1, 2, 3, \ldots)$라고 써도 된다. 전통적으로 사용하는 식은 아니지만, 이 공식은 200번째 무늬가 $m = 199$가 아니라 $m' = 200$일 때 나타난다고 말할 수 있어 좋다.

한편 $n_f = \lambda_0/\lambda_f$이므로 x_m은

$$x_m = \left(\frac{m + \frac{1}{2}}{2\alpha}\right)\lambda_f \tag{9.39}$$

와 같이 쓸 수 있다. 간섭 무늬 강도의 최댓값은 접점으로부

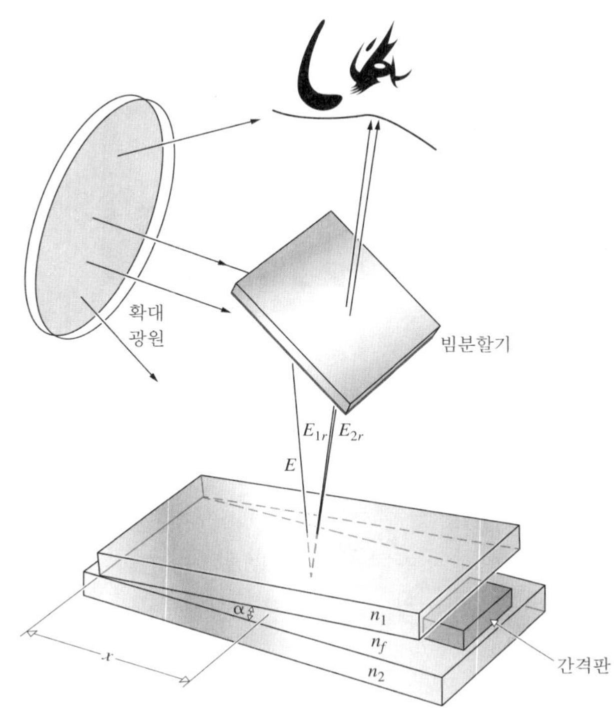

그림 9.33 쐐기형 박막에 의한 간섭 무늬

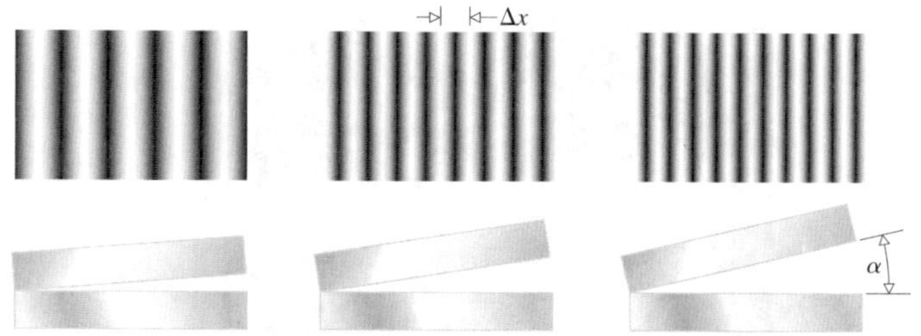

그림 9.34 쐐기 모양의 박막에 의해 만들어진 무늬들. 두 장의 평면 거울 사잇각은 α다. 이웃하는 최댓값 사이의 거리는 $\Delta x = \lambda_f/2\alpha$이다. α가 0에 점점 가까워질수록 무늬 개수는 줄어들고 무늬 폭이 점점 넓어지다가 결국 모두 사라진다.

터의 거리가 $\lambda_f/4\alpha$, $3\lambda_f/4\alpha$, …인 점에서 나타난다. 또한 밝은 무늬 사이의 간격 Δx는

$$\Delta x = \lambda_f/2\alpha \tag{9.40}$$

로 표현할 수 있다. α가 클수록 무늬 간격은 촘촘하다(그림 9.34).

인접한 밝은 무늬 사이의 박막 두께 차이는 단순히 $\lambda_f/2$임에 주목하라. 박막의 아랫면에서 반사된 빔은 박막을 두 번 지나가기 때문에($\theta_i \approx \theta_t \approx 0$) 인접한 최댓값 사이의 광경로차는 λ_f가 된다. 정점으로부터 m번째 밝은 무늬에 대응하는 박막의 두께는

$$d_m = (m + \tfrac{1}{2})\frac{\lambda_f}{2} \tag{9.41}$$

와 같이 주어진다. 즉 박막 두께가 1/4 파장의 홀수배인 지점에서 밝은 무늬가 관찰된다. 윗면 반사파와는 달리 아랫면 반사파는 위 두께의 박막을 두 번 지나가는 동안 π 라디안만큼의 위상차가 생기고 박막의 아랫면에서 반사될 때 π 라디안만큼의 부가적인 위상 반전이 일어나므로 윗면 및 아랫면 반사파는 동일한 위상을 갖게 된다.

예제 9.6

그림 9.33과 같이 쐐기 모양의 공기 박막에 노란 나트륨등(λ_0 = 589.3 nm, 이중선의 중앙)을 비춘다. 만일 쐐기 각도가 0.50°라면, 173번째 밝은 무늬의 중심은 접점에서 얼마나 멀리 떨어져 있을까?

풀이

아래 두 식 중 하나를 사용할 수 있다.

$$x_m = \frac{(m + \frac{1}{2})\lambda_f}{2\alpha},$$

여기에서 $m = 0, 1, 2, \ldots$이고 또는

$$x_{m'} = \frac{(m' - \frac{1}{2})\lambda_f}{2\alpha}$$

인데, 여기에서 $m' = 1, 2, 3, \ldots$이다. 두 경우 모두 α를 라디안으로 바꿔야 한다.

$$\alpha = \left(\frac{\pi \text{ rad}}{180°}\right)0.50° = 8.727 \times 10^{-3} \text{ rad}$$

결과적으로

$$x_m = x_{172} = \frac{(172 + \frac{1}{2})\,589.3 \times 10^{-9}}{2(8.727 \times 10^{-3})} = 5.8 \text{ mm}$$

또는

$$x_{m'} = x_{173} = \frac{(173 - \frac{1}{2})\,589.3 \times 10^{-9}}{2(8.727 \times 10^{-3})} = 5.8 \text{ mm}$$

이다.

다음 사진은 비누막을 수직으로 세워서 중력에 의해 쐐기 모양이 되도록 만든 박막의 간섭무늬를 보여 준다. 백색광을 비추면 여러 가지 색깔의 띠가 나타난다. 꼭대기의 검은 영역은 박막 두께가 $\lambda_f/4$보다 작은 부분이다. 이 값의 2배에다가 아랫면 반사로 인한 $\lambda_f/2$의 부가적인 광경로차를 더한 값이 한 파장이 채 되지 않기 때문에 어둡다. 두께가 더욱 작아

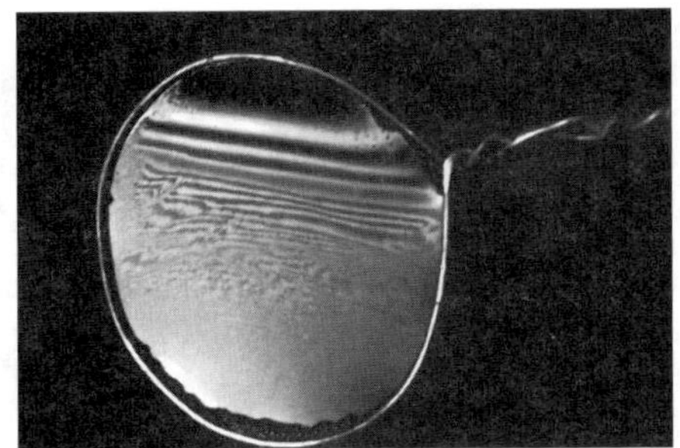

비누막에 의해서 만들어진 쐐기형 박막 (E.H.)

두 현미경 슬라이드 유리판 사이의 공기막에 의해 만들어진 간섭 무늬 (E.H.)

지면 전체 위상차는 π 라디안에 접근하므로 식 (9.16)에서와 같이 관찰자가 보는 복사 조도는 최소가 된다. 따라서 반사파에 의한 무늬는 검게 나타난다.*

잘 닦은 현미경 슬라이드 유리판 두 장을 맞붙여 누르면 불균일한 두께 분포를 가진 공기막이 형성된다. 이 공기막에 실내등을 비추면 사진과 같이 동일 두께 무늬에 해당하는 여러 가지 색의 줄무늬가 나타난다. 슬라이드 유리판을 누르면 유리판이 찌그러지면서 무늬가 이동하는 것을 볼 수 있다. 두 슬라이드 유리판을 광택이 없는 투명 테이프로 감으면 빛이 산란되어 반사된 무늬를 더 쉽게 볼 수 있다.

만일 뾰족한 연필을 사용해서 유리판 위의 한 점에 힘을 가하면 그 점을 중심으로 한 동심원 형태의 줄무늬가 형성된다. 이러한 무늬를 **뉴턴 원무늬(Newton's rings)****라고 하는데 이를 관찰하기 위한 장치가 그림 9.35에 있다. 광학 평면 위에 볼록 렌즈를 올려놓고 준단색광을 수직 방향으로 비추면 동심원 형태의 무늬가 나타나는데, 이 무늬의 균일성 여부는

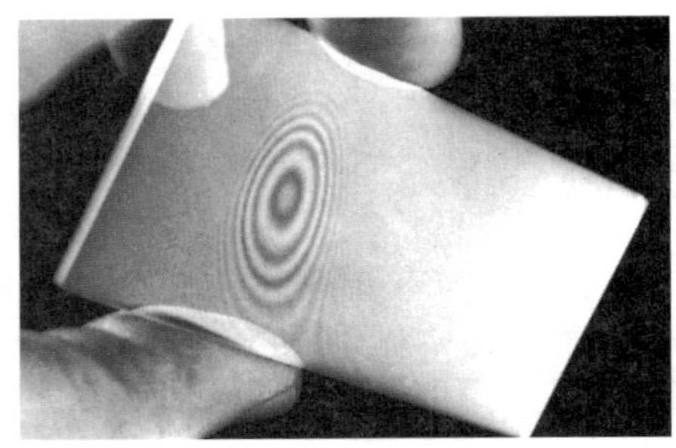

두 장의 현미경 슬라이드 유리판에 의한 뉴턴 원무늬. 유리판 사이의 공기 박막이 간섭 무늬를 만든다. (E.H.)

렌즈면의 모양이 어느 정도로 완벽한가를 평가하는 척도로 사용될 수 있다. 곡률 반지름이 R인 볼록 렌즈에 대해서 중심 거리 x와 박막 두께 d의 관계는

$$x^2 = R^2 - (R - d)^2$$

또는

$$x^2 = 2Rd - d^2$$

(a)

(b)

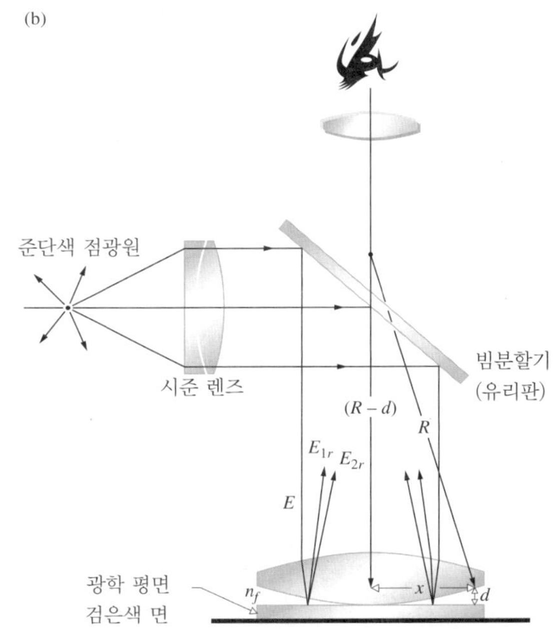

그림 9.35 (a) 반사된 빛에 나타난 뉴턴 원무늬. (b) 뉴턴 원무늬를 관찰하기 위한 전형적 장치

* 박막의 두께가 점차로 얇아지다가 없어짐에 따라 반사된 선속 밀도가 점차로 0이 된다면 내부 반사와 외부 반사 사이의 상대 위상 이동은 π가 된다.

** 훅(Robert Hooke, 1635~1703)과 뉴턴(Isaac Newton)은 비눗방울이나 공기막에서 박막 간섭 현상을 서로 독립적으로 연구하였다. 뉴턴은 자신이 쓴 책『광학(Optics)』에서 "나는 2개의 대물 렌즈를 가지고 있었는데 그 하나는 14피트 망원경용 평면 볼록 렌즈이고 다른 하나는 50피트용으로 큰 양면 볼록 렌즈였다. 그런데 평평한 쪽을 아래로 하고 다른 것을 위에 올려놓고서 서서히 압력을 가했더니 원무늬의 중심부에서 색깔이 나타났다."라고 언급하였다.

으로 주어진다. $R >> d$이기 때문에 위 식은 다음과 같다.

$$x^2 = 2Rd$$

앞의 경우와 마찬가지로 한 번씩 반사된 두 빔 E_{1r}과 E_{2r}만이 서로 간섭된다고 가정하면 m번째 밝은 무늬가 관찰되는 박막 두께는

$$2n_f d_m = (m + \tfrac{1}{2})\lambda_0$$

과 같은 관계를 가진다. 따라서 m번째 밝은 원무늬의 반지름은 위에서 언급한 마지막 두 식을 이용하면

[밝은 무늬] $$x_m = [(m + \tfrac{1}{2})\lambda_f R]^{1/2} \tag{9.42}$$

이다. 여기서 $m = 0, 1, 2, \ldots$이며, 가장 안쪽의 첫 밝은 고리는 $m = 0$에 해당한다. 만일 첫 번째 최대점이 $m' = 1$에서 나타나기를 바란다면 아래와 같이 쓰면 된다.

$$x_{m'} = [(m' - \tfrac{1}{2})\lambda_f R]^{\frac{1}{2}}$$

마찬가지로 m번째 어두운 원무늬의 반지름은

[어두운 무늬] $$x_m = (m\lambda_f R)^{1/2} \tag{9.43}$$

으로 표현된다. 여기서 $m = 0, 1, 2, \ldots$이며, 반사광에서 중앙의 어두운 원은 $m = 0$에 해당한다. 첫 번째 어두운 고리는 $m = 1$이고, 두 번째 고리는 $m = 2$에 해당한다.

만일 두 유리판 사이에 먼지 등이 없이 잘 접촉되어 있다면 중심점($x_0 = 0$)에서는 d가 0이므로 반사파의 간섭 무늬 강도는 최소가 될 것이다. 반면에 투과광의 간섭 무늬는 반사광의 간섭 무늬와 서로 상보적인 관계를 갖기 때문에 중심점에서 밝게 나타난다. (다음 사진을 참조하라.)

볼록 렌즈와 광학 평면 사이의 공기막에 의해 만들어진 간섭 무늬. 준단색광으로 비추었다. 이 간섭 무늬는 뉴턴에 의해 깊게 연구되었으며 뉴턴 원무늬로 알려져 있다. (E.H.)

무늬의 원이 커짐에 따라, 즉 x_m이 커짐에 따라 무늬는 더 좁아지고 서로 가까워진다. 이를 확인해보려면 dx_m/dm을 계산해 보라.

$$2x_m \frac{dx_m}{dm} = R\lambda_f \qquad \text{또는} \qquad \frac{dx_m}{dm} = \frac{R\lambda_f}{2x_m}$$

이다. 따라서 x_m이 클수록 m에 대해 빨리 변한다.

피조 무늬의 일종인 뉴턴 원무늬와 하이딩거 무늬에서 보이는 원무늬의 차이점은 원무늬의 지름이 차수 m과 어떤 관계를 갖느냐로 구별될 수 있다. 하이딩거 무늬에서는 중심 영역에서 m이 최대인 반면에, 뉴턴 원무늬에서는 정반대로 중심에서의 차수 m이 최소이다(연습문제 9.38).

예제 9.7

먼지가 없는 광학 평면에 볼록 렌즈가 놓여 있다. 수은 방전등에서 나오는 546.07nm의 녹색광으로 여기를 비춘다. 만일 렌즈의 곡률 반지름이 20.0cm라면, 10번째 밝은 무늬는 중앙에서부터 얼마나 떨어져 있겠는가?

풀이

다음 식

$$x_m = [(m + \tfrac{1}{2})\lambda_f R]^{1/2}$$

을 사용하거나

$$x_{m'} = [(m' - \tfrac{1}{2})\lambda_f R]^{1/2}$$

을 사용할 수 있다. 이때 $m' = 10$이다. 그러므로

$$x_{m'} = [(10 - \tfrac{1}{2})(546.07 \times 10^{-9})(20.0 \times 10^{-2})]^{1/2}$$

이고

$$x_{m'} = 1.02 \text{ mm}$$

이다.

렌즈를 가공하는 광학 공작실은 정밀한 구면 시험기 또는 게이지를 갖추고 있으며, 렌즈 설계자는 특정한 시험 게이지에 의해서 관찰되는 뉴턴 원무늬의 개수와 규칙성으로 새로 가공할 렌즈면의 정확도를 나타내기도 한다. 그러나 고품질의 렌즈를 생성하고자 할 때에는 9.8.2절에서와 같은 레이저 간섭계를 이용한 정교한 방법을 사용하기도 한다.

단일층 무반사 코팅

카메라에서 안경에 이르기까지 오늘날 대부분의 렌즈는 표

면 반사를 처리하기 위한 하나 혹은 여러 층의 투명한 유전체 박막으로 덮여있다. 이런 막들을 보통 **무반사 코팅**(antireflection coating)이라고 한다. 1935년 칼 자이스 회사(Carl Zeiss Corporation)에서 개발된 무반사 코팅은 여러 부품으로 이루어진 시각 장비(망원경, 쌍안경, 잠망경)의 효율을 향상시키는 데 매우 효과적이다. 그 당시 독일 군부는 이 기술을 가능한 오래도록 비밀로 유지하려고 애썼다. 이 주제를 나중에 9.7.2절에서 자세히 다룰 예정이다. 여기서는 소개 차원에서 수학적 분석을 모두 생략하고 간단한 단일 무반사 코팅의 경우만 다루겠다.

굴절률 n_f의 유전체 막이 굴절률 n_s인 (유리나 다른 광학 물질로 된) 기판 위에 놓여 있다고 하자. 주변 물질(보통은 공기)의 굴절률은 n_0이며, 빛이 거의 수직 입사하는 경우만을 가정하자. 프레넬 식과 특히 식 (4.47)로부터 공기의 굴절률에 비해 기판의 굴절률이 더 클수록 공기–유리 경계에서 더 많은 빛이 반사됨을 기억하면, 고굴절률 렌즈에 있어서 코팅이 더 중요함을 알 수 있다.

그림 9.26b와 9.31처럼 광선은 막의 위와 아래 면에서 각각 반사해 돌아오는데, 이 빛은 우리가 원하지 않는 빛이므로 서로 180° 만큼 위상이 어긋나게 해서 상쇄시키고자 한다. 가장 간단한 방법은 $n_s > n_f > n_0$가 되도록 구성함으로써 모든 반사가 외부 반사가 되고 부가적인 위상 변화가 없도록 만드는 것이다. 막의 두께를 파장의 1/4이 되게 하면 두 반사파를 어느 정도 상쇄시킬 수 있다. 물론 두 반사파의 진폭이 거의 비슷할수록 상쇄 효과는 더 커진다. 이를 위해서는 빛이 막에서 여러 번 반사하지 않는다는 가정하에 식 (4.47)에 의해 $(n_f - n_0)/(n_f + n_0)$이 $(n_s - n_f)/(n_s + n_f)$와 같아져야 한다. 따라서 우리의 무반사 필름이 만족해야 할 두 번째 조건은

$$n_f = (n_0 n_s)^{1/2}$$

이다. [이는 식 (9.102)와 동등하다.]

공기 중($n_0 = 1.00$)에 있는 유리 기판($n_s = 1.50$)에 대해서는 이 막의 굴절률이 $n_f = 1.22$이어야 한다. 그렇게 되면 식 (4.47)에 의해 각각의 막 경계에서 일어나는 반사율은 ≈0.98% 정도가 되는데, 아무것도 없는 유리 표면에서의 반사율 ≈4%에 비해 낮다. 아쉽게도 정확히 1.22의 굴절률을 갖는 적합한 유전체는 없으며, 단일층 무반사 코팅용 재료로는보통 불화 마그네슘(MgF_2)을 쓰는데 이는 마모에 강하고 증착으로 쉽게 만들 수 있으며 굴절률 1.38로서 투명하다.

예제 9.8

안과용 크라운 유리로 만든 안경 렌즈는 555 nm인 연두색 빛에서 1.532의 굴절률을 갖는다. 이 렌즈에 굴절률 1.38의 불화 마그네슘으로 단일층 무반사 막을 코팅하여 이 파장의 투과율을 높이고자 한다. 이 막의 두께는 최소 얼마여야 하는가? 이 렌즈에 백색광이 쪼이면 반사광이 무슨 색으로 보이겠는가?

풀이

막의 두께 h는 다음 식에 의해 결정된다.

$$h = \lambda_f/4$$

여기서

$$h = \lambda_0/4n_f = (555\text{ nm})/4(1.38) = 101\text{ nm}$$

이다. 이 막은 투과를 잘하는 색과 상보적인 색을 반사할 것이므로 푸른 빛이 많은 마젠타(자홍색)로 보일 것이다.

9.4.2 거울 간섭계

마이컬슨 간섭계

거울과 빔분할기를 이용한 진폭 분리형 간섭계는 그 종류가 매우 많지만 가장 잘 알려져 있고 역사적으로 중요한 간섭계는 마이컬슨 간섭계(Michelson interferometer)이다. 이 간섭계의 구조는 그림 9.36과 같다. 확대된 광원(예: 방전 램프 앞에 간유리를 놓아 만든 광원)에서 나온 광파는 오른쪽으로 진행하여 O에 있는 빔분할기에 의해서 두 부분으로 갈라지는데 그중 하나는 오른쪽으로 가고 다른 하나는 위쪽으로 진행한다. 이들은 다시 거울 M_1과 M_2에 의해 반사되어 빔분할기로 되돌아온다. M_2에 의해 반사된 파의 일부는 빔분할기를 통과하여 아래에 있는 검출기 쪽으로 가고 M_1에 의해 반사된 파의 일부도 빔분할기에 의해서 검출기 쪽으로 편향된다. 이들이 서로 합쳐질 때 간섭 무늬가 관찰될 수 있다.

상하 방향으로 진행한 빔은 점 O를 세 번 통과하는 반면 좌우 방향으로 진행한 빔은 단 한 번만 통과하는 데 주목하라. 두 빔의 광경로를 같도록 하기 위해서는 빔분할기와 같은 두께의 유리판 C를 OM_1 사이에 삽입해야 하는데, 이 유리판을 **보정판**(compensator plate)이라고 한다. 이 보정판은 45° 각도로 놓여 있으므로 O와 C는 서로 평행하다. 보정판이 사용될 경우 두 빔 사이의 광경로차는 실질적인 경로차에 의해서 발생된다. 한편 빔분할기가 가진 분산 효과 때문에 광경로차는 파장에 따라서 달라진다. 따라서 보정판이 없는 간섭계의 경우는 정량적 분석을 위해서 반드시 준단색광을 사용해야 한다. 그러나 보정판이 삽입되면 빔분할기의 분산 효과가 상쇄되기 때문에 넓은 주파수 폭의 광원을 사용해

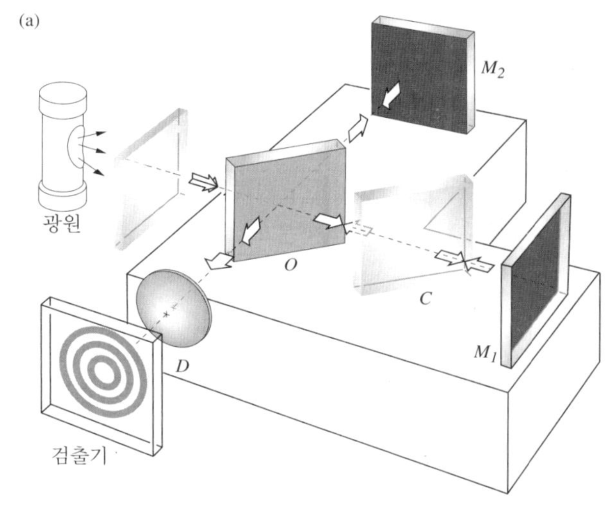

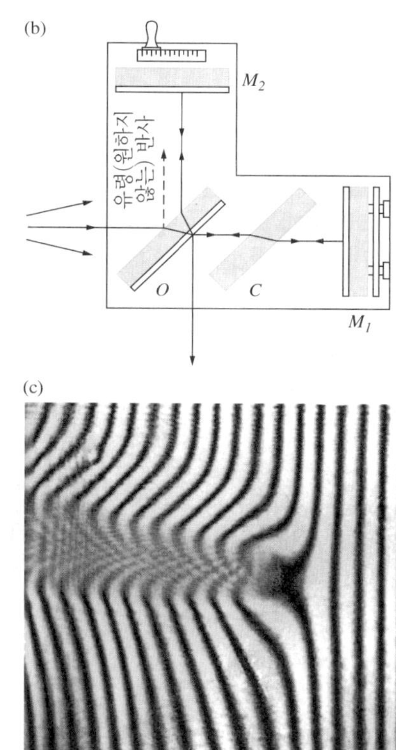

그림 9.36 마이컬슨 간섭계. (a) 원형 무늬의 중심이 렌즈의 축과 일치한다. (b) 위에서 본 간섭계의 광경로, (c) 한쪽 경로에 뜨거운 땜질용 인두를 놓으면 쐐기형 간섭 무늬가 변형된다. 인두가 매우 희미하면서 노랗게 보이는 영역에서 나타나는 흥미로운 현상을 주목하라. (E.H)

서도 식별이 가능한 무늬를 얻을 수 있다.

간섭 무늬가 어떻게 형성되는지를 알아보기 위해서 장치를 구성하고 있는 광학 부품을 수학적 평면으로 표현한 그림 9.37을 살펴보자. 검출기의 위치에 있는 관찰자는 빔분할기 속에서 광원 Σ와 더불어 거울 M_1과 M_2를 동시에 보게 된다. 따라서 간섭계를 구성하는 모든 요소는 일직선상에 있는 것으로 나타낼 수 있다. 여기서 M_1'은 빔분할기를 통해서 본 M_1의 상이며, Σ는 O 및 M_2와 같은 선상에서 움직인다. 구성요소들의 위치는 O로부터의 상대적 거리에 의존한다(예: M_1'은 M_2의 전후 또는 같은 위치에 놓일 수도 있다). 면 Σ_1과 Σ_2는 거울 M_1과 M_2를 통해서 본 광원 Σ의 상이다. 이제 광원 Σ 위의 한 점에서 나온 광선을 따라서 그 경로를 살펴보자. S에서 나온 광파는 O에서 두 부분으로 분리되고 이들은 M_1과 M_2에 의해서 반사된다. 그림 9.37은 S에서 나온 광파가 M_1'과 M_2에 의해서 반사되는 것으로 나타내었다. 또한 점 D에 있는 관찰자에게는 반사된 두 광파가 각각 상점 S_1과 S_2로부터 나오는 것처럼 보일 것이다(그림 9.37a, b에 있는 모든 광파는 같은 입사면 위에 있다). 대개의 경우 점광원 S_1과 S_2는 결맞음이므로 합성파의 선속 밀도는 식 (9.14)로 표현할 수 있다.

그림에서 두 광파의 광경로차는 $2d\cos\theta$이며, 이에 대응하는 위상차는 $k_0 2d\cos\theta$가 된다. 또한 OM_2를 따라 진행하는 광파는 빔분할기의 내부에서 반사되는 반면에 OM_1을 따라 진행하는 광파는 점 O의 외부에서 반사된다. 만일 빔분할기가 단순히 코팅되지 않은 유리판인 경우 두 반사파 사이의 부가적인 위상차는 π 라디안이다. 따라서 두 반사파 사이에서 **소멸 간섭**(destructive interference)이 일어날 조건은

$$2d\cos\theta_m = m\lambda_0 \tag{9.44}$$

이 되는데, 여기서 m은 정수이다. 만일 점광원 S가 조건을 만족한다면 반지름 $O'S$인 원주상에 있는 모든 점도 이 조건을 똑같이 만족할 것이다. 여기서 O'은 검출기가 위치한 축과 광원이 교차하는 점이다. 주변 매질이 진공이 아니라면 식 (9.44)의 λ_0는 해당 매질의 λ로 바꾸어야 한다.

그림 9.38과 같이 관찰자는 수정체에 중심을 둔 동심원 형태의 무늬를 보게 된다. 원무늬 전체를 관찰하기 위해서는 사람 눈의 구경이 작기 때문에 빔분할기 근처에 구경이 큰 볼록 렌즈를 놓아서 나오는 대부분의 광을 모아야 한다.

만일 수은등과 같이 여러 주파수 성분을 가진 광원을 사용할 경우 식 (9.44)에서 알 수 있듯이 λ_0에 따라서 위 조건을 만족하는 다른 θ_m 값이 존재한다. 이 때문에 성분 주파수마다 각각의 다른 간섭 무늬를 형성한다. 이때 $2d\cos\theta_m$은 광원의 결맞음 거리보다 반드시 작아야 하는데, 이것이 결맞음 거리가 긴 레이저광을 이용하면 간섭 무늬를 쉽게 볼 수 있는 이유이다(9.5절 참조). 이런 점은 일반 전구나 촛불에서 나온 백색광에 의해 만들어진 간섭 무늬와 레이저광에 의해

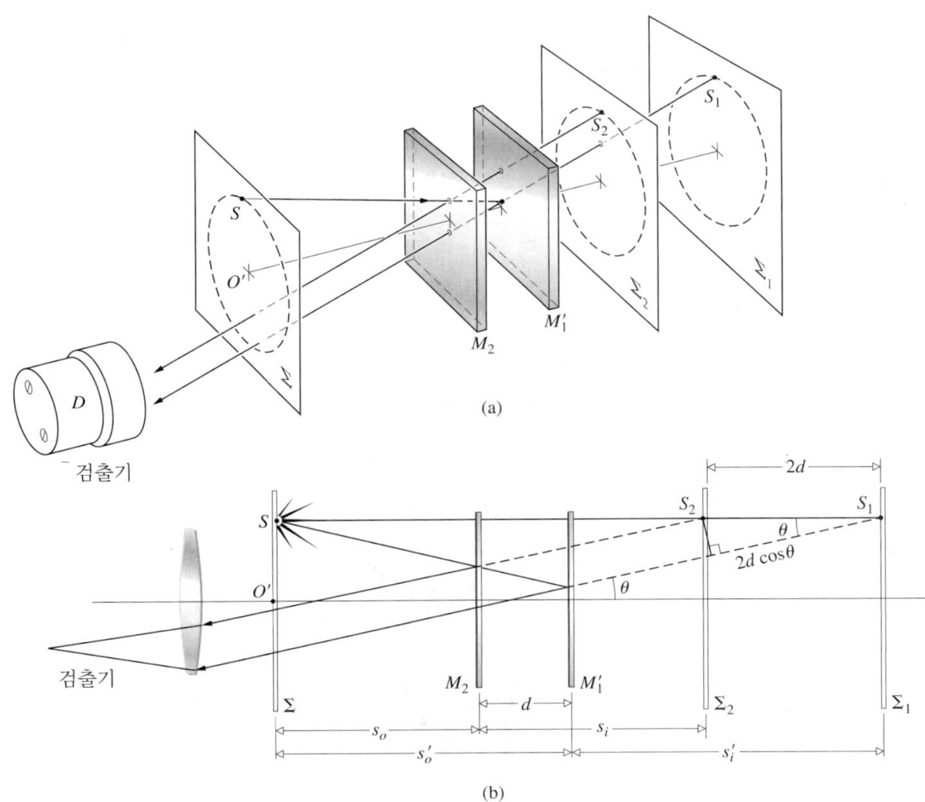

그림 9.37 마이컬슨 간섭계의 배치도

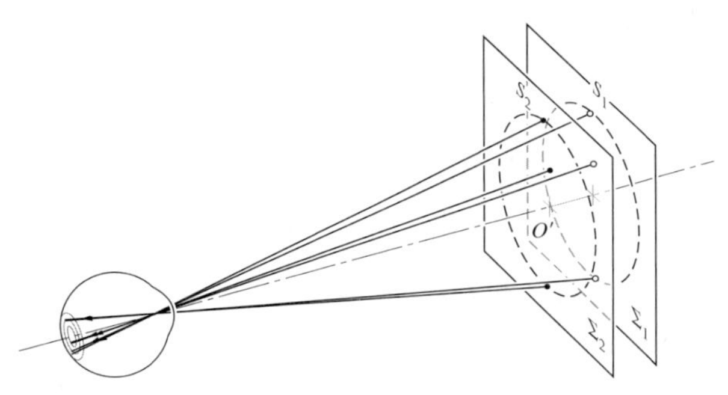

그림 9.38 원형 무늬의 형성

만들어진 무늬를 비교하면 명확히 알 수 있다. 일반 전구나 촛불의 경우는 광경로차가 거의 0일 때 비로소 무늬를 볼 수 있는 반면에 레이저의 경우는 광경로차 10cm 이상에서도 간섭 무늬를 쉽게 관찰할 수 있다.

준단색광에 의한 간섭 무늬는 대체로 많은 수의 밝고 어두운 원무늬로 구성되는데, 특정한 원무늬는 특정한 차수 m에 대응한다. m이 일정할 때 M_2가 M_1'으로 이동하면 d는 감소하므로 식 (9.44)에 의해 $\cos\theta_m$은 증가하고 θ_m은 감소한다. d가 $\lambda_0/2$ 만큼씩 감소할 때마다 차수가 높은 원무늬가 하나씩 사라지면서 원무늬는 중심을 향해서 오므라든다. 많은 무늬가 사라지면 남아 있는 원무늬는 폭이 넓어지며 나중에는 몇 개의 원이 스크린을 가득 채우게 된다. $d = 0$이 되면 중심부의 무늬가 전체 영역을 가득 채우게 되는데, 빔분할기에 의한 반사 과정에서 π 라디안의 위상차가 생기므로 전체 스크린은 어두워진다. (광학 소자가 불완전한 경우에는 이것이 관찰되지 않을 수도 있다.) M_2를 더 멀리 움직이면 중심에서 원무늬가 다시 나타나게 되며 그 무늬는 바깥쪽으로 움직인다.

식 (9.44)로부터 $\theta_m = 0$인 중심부의 어두운 무늬는 다음 조건을 만족한다.

$$2d = m_0\lambda_0 \tag{9.45}$$

(이것은 특별한 경우이고, 중심 영역이 간섭 무늬의 최댓값 또는 최솟값 중 어디에도 속하지 않을 수도 있다.) 레이저광 간섭계에서 흔히 볼 수 있듯이 d가 10cm이면 $\lambda_0 = 500\,\text{nm}$이므로 m_0은 거의 400000 정도로 매우 커진다. 주어진 d 값에 대해서 일련의 어두운 원무늬들은 다음 관계식을 만족한다.

$$\begin{aligned} 2d\cos\theta_1 &= (m_0 - 1)\lambda_0 \\ 2d\cos\theta_2 &= (m_0 - 2)\lambda_0 \\ &\vdots \\ 2d\cos\theta_p &= (m_0 - p)\lambda_0 \end{aligned} \tag{9.46}$$

과 같이 계산된다. 이제 p번째 어두운 원무늬의 각도 위치는 식 (9.45)와 식 (9.46)으로부터 m_0을 소거하여

$$2d(1 - \cos\theta_p) = p\lambda_0 \tag{9.47}$$

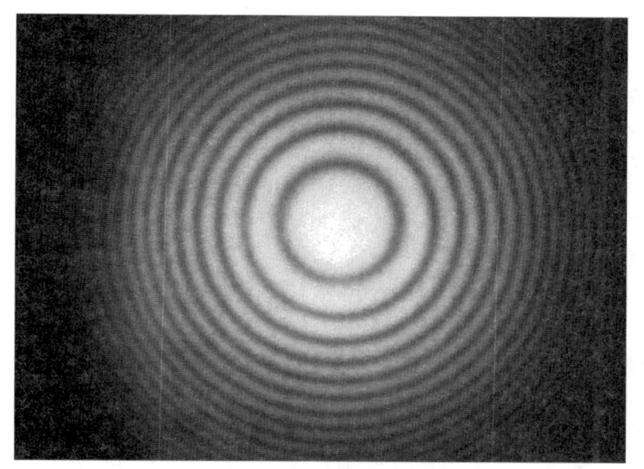

레이저광을 사용하는 마이컬슨 간섭계에서 생성된 원형 무늬. (J. Mavroudes, S. Ho, Dr. A. Karpf, and Professor G. N. Rao, Physics Department, Adelphi University.)

과 같이 계산된다. $\theta_m \equiv \theta_p$이므로 두 각도는 검출기가 위치한 축으로부터 특정한 어두운 원무늬까지 측정한 각도이다. 또한 $m = m_0 - p$이므로 식 (9.47)은 식 (9.44)와 일치한다. 식 (9.47)이 사용하기에 더 편하다. 즉 $d = 10\text{cm}$인 경우 중심으로부터 6번째 어두운 원무늬는 $p = 6$ 혹은 6번째 무늬의 차수인 $m = 399994$로 표현할 수 있다. 한편 θ_p가 작다면

$$\cos\theta_p = 1 - \frac{\theta_p^2}{2}$$

이므로 식 (9.47)은

$$\theta_p = \left(\frac{p\lambda_0}{d}\right)^{1/2} \tag{9.48}$$

과 같이 쓸 수 있다. 위 식은 p번째 어두운 원무늬에 대한 각반지름이다.

그림 9.37은 간섭 무늬를 만드는 한 방법으로서 서로 평행으로 진행하는 두 반사파의 전파를 단순화하여 보여 주는데, 이 반사파들은 서로 만나지 않기 때문에 수렴 렌즈를 사용하지 않고서는 결상되지 않는다. 사실상 평행으로 들어오는 두 반사파의 결상은 무한대에 초점을 맞춘 관찰자의 눈에 의해서 이루어진다. 이와 같이 무한대의 위치에 결상되는 **등경사 무늬(fringes of equal inclination)**(θ_m = 일정)가 바로 **하이딩거 무늬(Haidinger fringes)**이다. 결맞는 점광원으로부터 나온 광파의 간섭 현상을 보여 주는 그림 9.37b와 9.3a를 비교해 보면 무한대의 위치에 결상되는 평행 광선에 의한 (허)간섭 무늬 이외에 수렴 광선에 의해 형성되는 (실)간섭 무늬가 있음을 알 수 있다. 실제로 이러한 간섭 무늬가 존재한다. 외부의 모든 광이 차단된 암실 속에서 **넓은 광원**(broad source)으로 간섭계를 비춘다면 9.5절에서와 같이 스크린 위에 투영된 수렴 광선에 의한 무늬를 쉽게 볼 수 있다. 이 무늬들은 간섭계의 전방(검출기가 있는 쪽)에 나타나는데 그 크기는 빔분할기로부터 스크린까지의 거리가 증가할수록 커진다. 점광원을 사용하는 간섭계에서 수렴 광선에 의해 생기는 (실)간섭 무늬는 나중에 논의할 것이다.

간섭계의 거울 M_1과 M_2가 정확히 수직을 이루지 못하고 직각으로부터 작은 각도만큼 벗어나 있을 경우 **피조 무늬(Fizeau fringes)**가 관찰된다. 즉 M_2와 M_1' 사이에 있는 쐐기형의 공기막이 평행한 직선 무늬를 만들어낸다. 이때 간섭광은 거울 뒤에 있는 한 점으로부터 나오는 것처럼 이 점에 눈의 초점을 맞추면 **국지화된 무늬**(localized fringes)를 볼 수 있다. 한편 거울 M_1과 M_2의 각도를 적절히 조절하면 직선, 원형, 타원형, 포물선, 또는 쌍곡선 형태의 간섭 무늬가 만들어지는 것을 해석적*으로 보여 줄 수 있다. 이것은 간섭 무늬가 실상과 허상인 경우 모두에 대해서 잘 적용된다.

마이컬슨 간섭계는 거리를 정확히 측정하는 데 이용된다. 한쪽 거울을 $\lambda_0/2$ 움직일 때마다 각 무늬는 인접한 무늬가 있는 위치로 하나씩 이동한다. 따라서 거울이 움직인 거리 Δd를 결정하기 위해서는 기준점을 지나가는 간섭 무늬의 개수를 현미경을 통해서 세기만 하면 된다. 지나간 간섭 무늬의 개수가 N일 때 거울이 움직인 거리는

$$\Delta d = N(\lambda_0/2)$$

이 된다. 물론 요즈음에는 전자적 방법으로 무늬의 개수를 쉽게 측정할 수 있다. 마이컬슨은 파리 근교 세브르에서 이 방법을 사용하여 미터의 표준에 해당하는 적색 카드뮴선의 파장수를 측정하였다.**

예제 9.9

두께 0.050 mm의 얇은 유리판($n_g = 1.520$)이 마이컬슨 간섭계의 한쪽 경로에 삽입된다. 광원은 노란 헬륨($\lambda_0 = 587.56$ nm)등이다. 얼마나 많은 무늬 쌍이 보이겠는가?

풀이

경로가 $\lambda_0/2$ 만큼 변화할 때마다 장치가 공기 중에 있으므로 광경로도 $\lambda_0/2$ 만큼 바뀌고 무늬 한 쌍(밝은 무늬-어두운 무늬)이 이동한다. 두께 D의 유리를 삽입하여 그만큼의 공기 두께를 대치하면 광경로를 $Dn_g - Dn_{air} = D(n_g - 1)$만큼 바꾸는 셈이다. 이 경로를 2번 지나가므로 무늬 쌍의 개수를 N

* Valasek, *Optics*, p. 135의 예제를 보라.

** 마이컬슨이 3 106 327개의 무늬 이동 개수를 직접 세는 것 대신 사용했던 방법에 대해서는 Strong, *Concepts of Classical Optics*, p. 238 또는 Williams, *Applications of Interferometry*, p. 51을 참고하라 .

이라고 할 때 $N\lambda_0$와 같다. 따라서

$$2D(n_g - 1) = N\lambda_0$$

이고

$$N = \frac{2D(n_g - 1)}{\lambda_0} = \frac{2(0.050 \times 10^{-3})(0.520)}{587.56 \times 10^{-9}}$$

이므로

$$N = 88.5$$

가 된다.

마이컬슨 간섭계와 편광 필터를 사용하면 프레넬-아라고 법칙을 검증할 수 있다. 마이컬슨 간섭계의 각 경로에 편광기를 놓을 경우, 광경로차는 일정하게 유지되는 반면에 빔의 편광 상태는 쉽게 변화시킬 수 있다.

마이크로파 마이컬슨 간섭계는 금속판 거울과 철망(chicken-wire) 빔분할기로 구성된다. 한쪽 거울을 이동시킬 경우 중심부에서 변화하는 무늬의 개수를 검출기로 측정하면 마이크로파의 파장 λ를 직접 결정할 수 있다. 또한 한쪽 경로상에 플라스틱이나 유리 등과 같은 매질을 삽입하면 중심부의 무늬가 변화하는데, 이동한 무늬의 수를 측정함으로써 삽입된 매질의 굴절률과 유전 상수를 결정할 수 있다.

원자 간섭계

1990년대 초에 독일과 미국의 연구가들은 최초의 원자 간섭계를 개발하였다. 원자들의 흐름은 레이저빔에 의해 둘로 분리될 수 있다. 서로 다른 경로를 따라 이 원자 흐름이 차례대로 집속되고 겹쳐지고 따라서 간섭 무늬를 형성하도록 만든다. 다음의 사진은 나트륨 원자들을 처음으로 백만분의 몇 켈빈의 절대 온도로 낮춘 후 형성된 간섭 무늬를 보여 준다. 원자의 드 브로이 파장이 대략 수백 분의 일 나노미터 정도이므로 이 간섭계로 피코미터만큼 작은 경로 차이를 감지해 낼 수 있다.

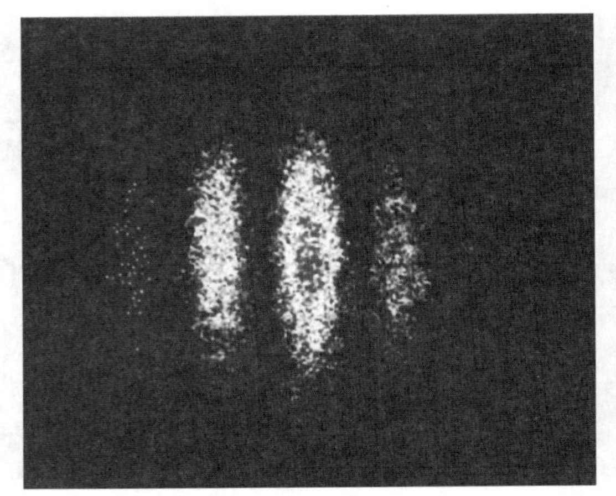

나트륨 원자의 두 빔이 겹쳐서 만든 무늬. (National Institute of Standards and Technology)

결맞음 길이 측정

마이컬슨 간섭계는 광원의 결맞음 길이를 결정하는 데에도 사용할 수 있다. 그림 9.39를 보면 세 개의 연속된 파열(그 뒤를 연속으로 따르는 파열은 그림에서 생략했다)이 빔분할기를 향한다. 파열은 각자 약 Δl_c의 결맞음 길이를 가지지만 서로의 위상은 임의의 양만큼 어긋나 있다. 이 세 파열은 둘로 분리되어 절반의 에너지는 M_1으로, 나머지 절반은 M_2로 향

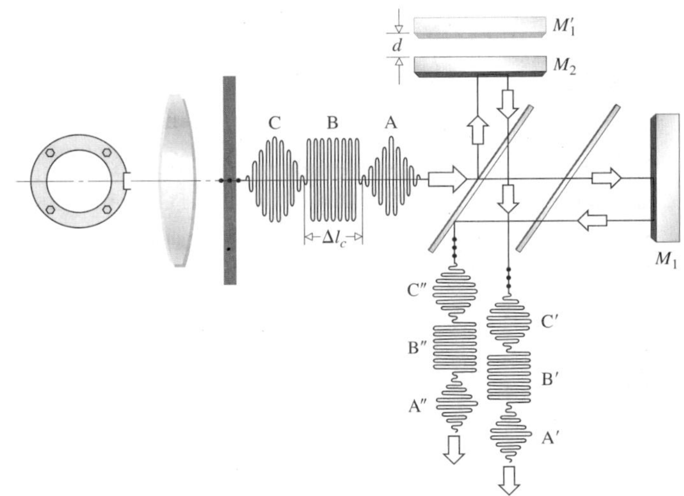

그림 9.39 마이컬슨 간섭계로 결맞음 길이(l_c)를 측정하는 방법

한다. 그 뒤 반사되어 다시 빔분할기로 돌아온 후 관찰자 쪽으로 간다. 두 거울이 빔분할기로부터 거의 같은 거리만큼 떨어져 있다고 하면 d는 거의 0이 된다. 빛의 두 흐름이 관찰자에게 도착할 때 파열-A′은 거의 완벽하게 파열-A″와 겹쳐지고 파열-B′은 거의 완벽하게 파열-B″과 겹쳐진다. 각 파열의 쌍은 일정한 상대 위상차를 유지하므로 파열-A′은 파열-A″과, 파열-B′은 파열-B″과 매우 효과적으로 간섭한다. 그 결과 높은 대비를 갖는 밝고 일정한 간섭 무늬가 관찰된다.

d를 증가시키면 파열-A″은 파열-A′의 뒤에 오게 되고 일부는 파열-B′와 겹치게 된다. 마찬가지로 파열-B″은 파열-C′와 일부 겹치게 되고, 결국 광원에 다다를 때까지 이 현상이 계속된다. 어떤 두 파열이든지(예를 들어, A″과 B′) 서로 간섭할 수 있다. 하지만 상대적인 위상 차이가 임의적이므로 A″과 A′의 간섭 결과와는 달라지고 결국 전체적인 복사 조

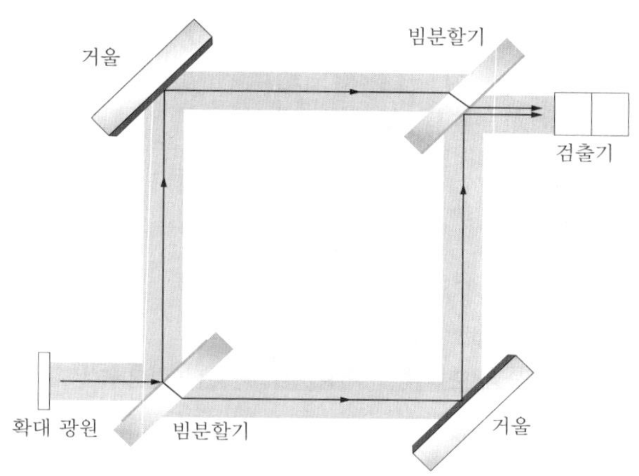

그림 9.40 마흐–젠더 간섭계

실러 IV(플라스마 자기 압축 장치) (University of California, U.S. Department of Energy)

도 분포는 흐려지고 대조가 약해진다. $2d$가 Δl_c, 즉 평균 파열의 길이와 같아질 때 간섭 무늬는 모두 사라질 것이다.

마흐–젠더 간섭계

또 하나의 중요한 진폭 분리형 간섭계는 마흐–젠더 간섭계(Mach–Zehnder interferometer)이다. 이 간섭계는 그림 9.40과 같이 2개의 빔분할기와 2개의 고반사 거울로 이루어져 있다. 이 장치에서 두 광파는 서로 다른 경로를 따라 진행하며, 두 광파 사이의 광경로차는 빔분할기 중 하나를 약간 기울여 놓음으로써 생성된다. 두 광파는 서로 다른 경로를 따라 진행하기 때문에 광학계를 정렬하는 데 다소 어려움이 있으나 그 응용 분야는 매우 넓다. 개념적으로 유사하지만 약간 변형된 마흐–젠더 간섭계가 전자의 간섭 현상을 관찰하는 데 사용된 바 있다.*

한쪽 경로에 물체를 삽입하면 두 빔 사이에는 광경로차가 생기므로 간섭 무늬의 이동이 발생한다. 이 간섭계의 응용으로 풍동 시험기나 충격관과 같은 시험 용기 속에 들어 있는 유체의 밀도 변화를 간섭 무늬를 통해서 직접 관찰할 수 있다. 한쪽 빔은 유체가 들어 있는 시험 용기를 지나가는 반면에 다른 빔은 적당한 보상판을 지나간다. 시험 용기 속의 유체는 공간에 따라서 굴절률이 변화하므로 이곳을 지나가는 광의 파면 왜곡은 등고선 형태의 간섭 무늬를 만들게 된다. 미국 로스알라모스 국립연구소에서는 열핵 반응 과정을 연구하기 위해 그림 9.41과 같은 플라스마 자기 압축 장치인 실러 IV(Scylla IV)를 제작하였고, 이 장치 속의 플라스마 상태를 관찰하기 위해 평행사변형 형태의 마흐–젠더 간섭계를 사용한 바 있다. 2개의 루비 레이저 **간섭 사진**(interferogram)은 각각 반응 용기 속에 플라스마가 없을 때의 배경 간섭 무늬와 핵반응이 일어날 때 플라스마의 밀도 분포를 나타내는 간섭 무늬이다.

* L, Marton, J Arol Simpson, and J. A. Suddeth, *Rev. Sci. Instr*, **25**, 1099 (1954), and *Phys. Rev.* **90**, 490 (1953).

사냑 간섭계

지금까지 살펴본 장치와는 여러 가지 면에서 다른 또 하나의 진폭 분리형 간섭계는 사냑 간섭계(Sagnac interferometer)이다. 이 간섭계는 정렬이 매우 쉬우며 안정된 장치이다. 따라서 광 자이로스코프(optical gyroscope)의 구성에 응용될 수 있는데 이에 관해서는 이 장의 마지막 절에서 자세히 설명할 것이다. 사냑 간섭계의 두 가지 형태를 그림 9.42a와 9.42b에서 볼 수 있는데 다른 형태의 구성도 가능하다. 이 간섭계의 특징은 두 빔이 밀폐된 경로를 따라서 서로 반대 방향으로 진행한 후에 다시 만나서 간섭 무늬를 만든다는 것이다. 한쪽 거울의 각도를 살짝 변화시키면 두 빔 사이에 경로차가 발생하고 그 결과로 무늬가 만들어진다. 이 간섭계는

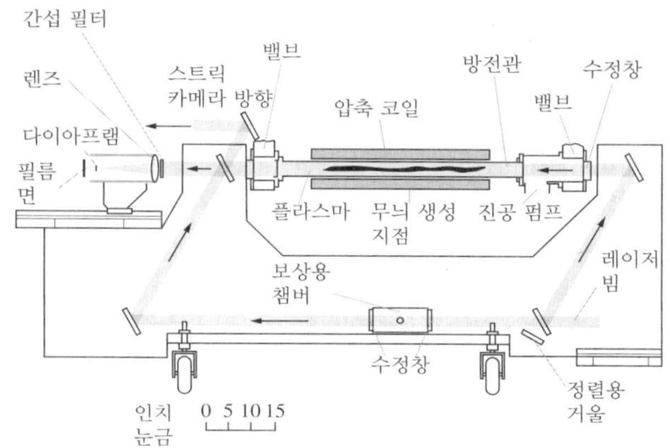

그림 9.41 실러 IV의 배치도

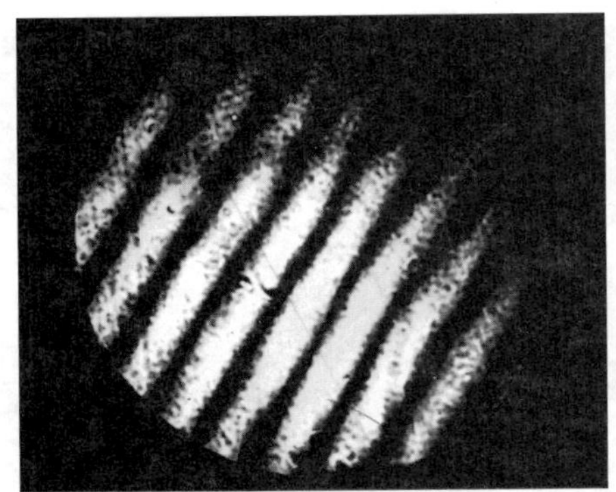
플라스마가 없을 때의 간섭 무늬 (University of California, Los Alamos National Security, LLC. All rights reserved.)

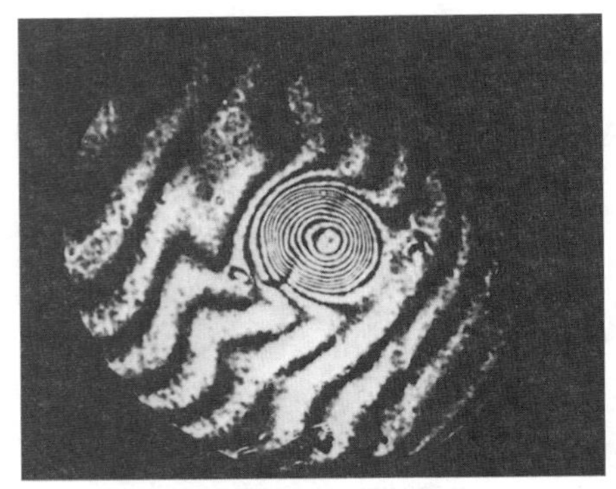
플라스마가 있을 때의 간섭 무늬 (University of California, Los Alamos National Security, LLC. All rights reserved.)

두 빔이 항상 중첩되어서 분리가 불가능하기 때문에 일반용으로는 사용할 수 없으나, 두 빔 가운데 하나에만 변화를 줄 수 있는 상황에서는 사용이 가능하다.

실무늬

실무늬(real fringes)의 생산 과정을 조사하기 전에 먼저 진폭 분리형 간섭계의 일종인 그림 9.43과 같은 **폴 간섭계(Pohl interferometer)**를 살펴보자. 이 장치는 단순히 점광원에서 나오는 광파를 투명한 박막에 비추는 것이다. 박막에 의해 반사된 두 광파는 집광 렌즈 없이도 공간상에 실무늬를 형성하는데 어느 곳에 스크린을 놓아도 무늬가 나타난다. 광원으로는 수은등 앞에 지름 1/4인치 이하의 바늘구멍 차단기를 붙여서 사용하고, 투명한 박막으로는 검은색 표지 위에 얇은 운모 조각을 테이프로 붙여서 사용할 수 있다. 광원으로서 레이저는 결맞음 길이가 매우 길고 선속 밀도가 매우 높기 때문에 평평하고 투명한 박막이면 어느 것이든 같은 실험을 할 수 있다. 초점 거리 50~100 mm인 렌즈를 사용하여 지름이 1~2인치가 되도록 확대한 빔을 현미경용 슬라이드 유리판에 반사시키면 스크린의 위치에 무관하게 간섭 무늬가 나타나는 것을 볼 수 있다.

그림 9.44와 9.45는 지금까지 공부한 4개의 간섭계에서 점광원이 사용될 때 실무늬가 생기는 기본 과정을 나타내고 있다.* 그림 9.44에서 평행한 두 직선과 그림 9.45에서 경사진 두 직선은 폴 간섭계에서 거울의 위치를 나타내거나 박막의 두 경계면을 나타낸다. 주위의 점 P에서 보강 간섭이 일어난다고 할 때 그 점에 놓인 스크린 위에는 집광 렌즈 없이도 간섭 무늬가 형성된다. 점광원 S의 거울에 의한 허상인 S_1과 S_2는 간섭하는 두 빔의 결맞는 광원이다. 이와 같은 실무늬는 마이컬슨 간섭계와 사냑 간섭계에서도 관찰될 수 있다. 어느

* A. Zajac, H. Sadowski, and S. Licht, "The Real Fringes in the Sagnac and the Michelson Interferometers," *Am. J. Phys.* **29**, 669 (1961).

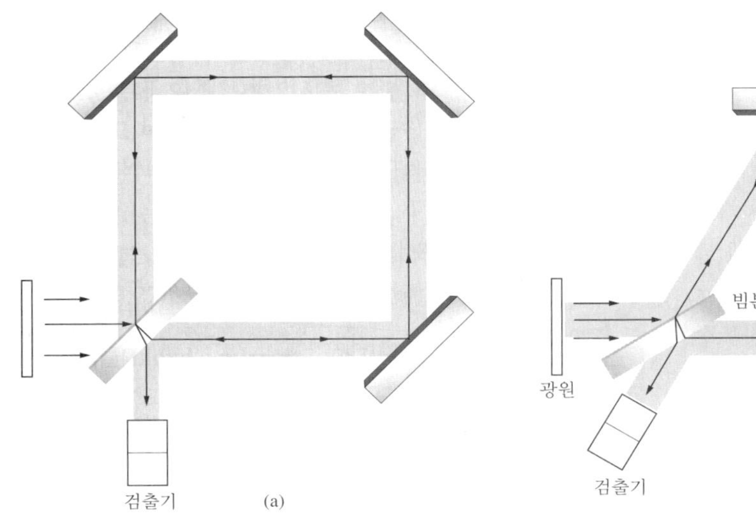

그림 9.42 (a) 사냑 간섭계, (b) 사냑 간섭계의 다른 형태

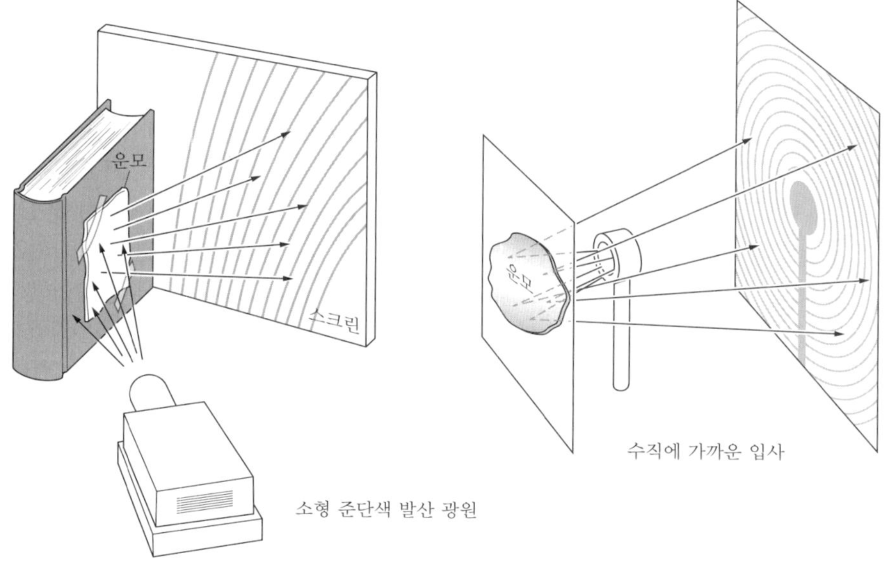

그림 9.43 폴 간섭계

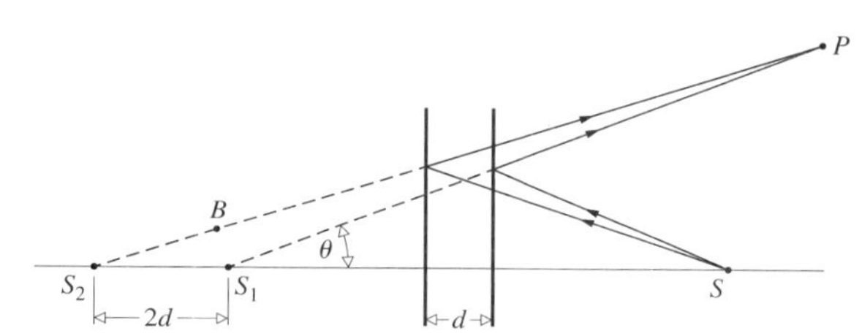

그림 9.44 평행한 표면의 점광원 조명

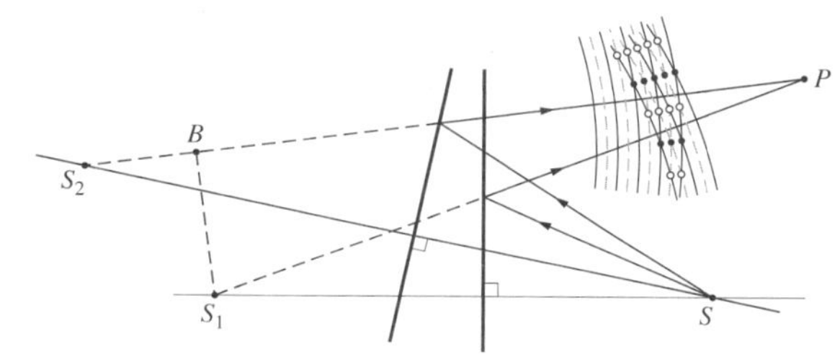

그림 9.45 경사진 표면의 점광원 조명

방법이든 확대된 레이저빔으로 비추면 나오는 광파에 의해서 직접 실무늬가 만들어지며, 이는 매우 간단하고 아름다운 실험이다.

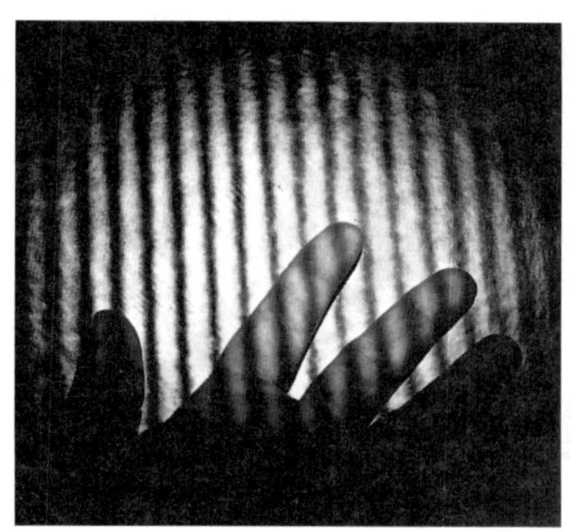

He–Ne 레이저광을 이용한 마이컬슨 간섭계의 무늬 (E.H.)

9.5 간섭 무늬의 종류 및 국지화

간섭 무늬를 관찰하기 위해서는 무늬가 있는 곳에 눈이나 카메라 또는 망원경 등과 같은 검출기의 초점을 맞춰야 하기 때문에 무늬가 어느 곳에 나타날 것인가를 아는 것은 매우 중요하다. 간섭 무늬의 위치는 일반적으로 간섭계가 가진 고유 특성이므로 개별적으로 살펴보아야 한다.

간섭 무늬의 종류는 **실무늬**(real fringes)와 **허무늬**(virtual fringes)로 구분하거나 또는 **국지화되지 않은 무늬**(nonlocalized fringes)와 **국지화된 무늬**(localized fringes)로 구분할 수 있다. 실무늬를 형성하는 광파는 그 자체로서 모든 관찰점에 수렴하기 때문에 결상 광학계 없이도 스크린상에서 무늬가 관찰된다. 반면에 허무늬를 형성하는 광파는 수렴하지 않기 때문에 결상 광학계를 부가적으로 사용하지 않고서는 스크린 위에 무늬를 나타낼 수 없다.

국지화되지 않은 무늬는 실무늬이며 (3차원) 공간상의 모든 영역에 존재한다. 그림 9.11과 같은 영의 실험에서 2차 광원 오른편 공간 전체에 실무늬가 분포하는 것을 볼 수 있

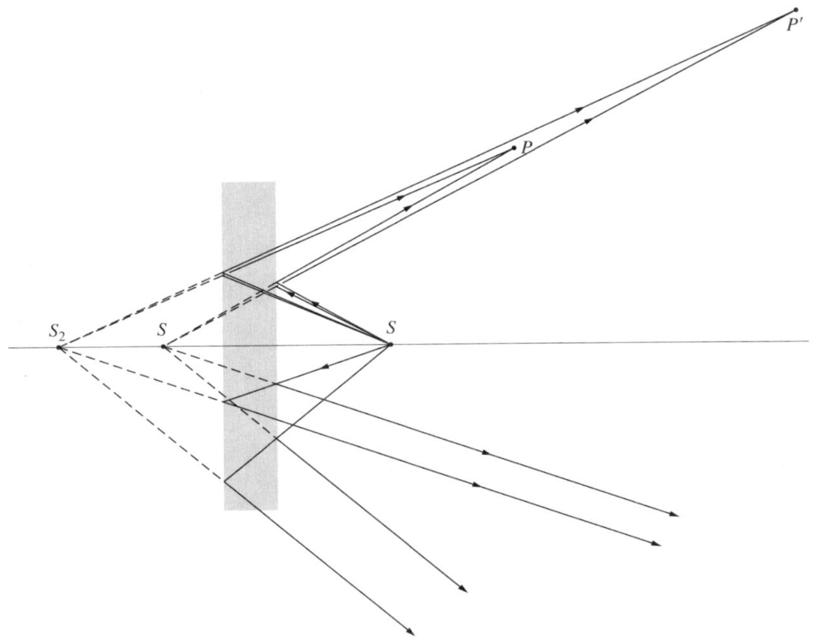

그림 9.46 평행 박막. 광선의 굴절을 무시하였다.

다. 국지화되지 않은 무늬는 일반적으로 점광원 또는 선광원과 같은 작은 광원에 의해서 형성되는데 광원의 종류가 실광원인가 허광원인가에는 관계가 없다. 반면에 국지화된 무늬는 박막 근처 또는 무한대 지점 등과 같이 특정한 한 지점에서만 관찰이 가능하다. 국지화된 무늬는 넓은 광원을 사용할 때 항상 나타나지만 점광원에 의해서도 만들어진다.

그림 9.43의 폴 간섭계는 점광원에 의해 형성된 국지화되지 않은 실무늬와 국지화된 허무늬가 동시에 관찰되므로, 이러한 원리를 보여 주는 데 특히 유용하다. 그림 9.46의 위쪽 공간에서는 국지화된 실무늬가 형성되기 때문에 운모판 앞 어느 곳에 스크린을 놓아도 무늬를 볼 수 있다.

수렴하지 않는 광선은 눈의 구경이 매우 작기 때문에 거의 정확히 눈에 직접 들어오는 부분만이 관측된다. 이러한 좁은 광선에 대해서 특정 위치에 있는 눈은 밝거나 어두운 점을 보고, 더 큰 것은 볼 수 없다. 따라서 그림 9.46의 아래쪽 공간에서 수렴하지 않는 광선이 만드는 무늬 전체를 보기 위해서는 구경이 큰 렌즈를 사용하여 모든 광을 모아야 한다. 그러나 보통은 어느 정도 넓은 광원이 박막을 비추기 때문에 관찰자 눈의 초점을 무한대에 맞추면 국지화된 허무늬를 쉽게 볼 수 있다. 이 경우 허무늬는 9.4절에서 설명한 **등경사 무늬**에 해당하며 무한대 지점에 결상된 것으로 보아야 한다. 마찬가지로 마이컬슨 간섭계에서 거울 M_1과 M_2가 서로 평행하면 거울 사이에 있는 공기막에 의해서 무한대의 지점에 원형 허무늬가 형성되는데 이 역시 등경사 무늬이다. 그림 9.43의 폴 간섭계에서와 마찬가지로 마이컬슨 간섭계에서도 국지화되지 않은 실무늬가 또한 생성될 수 있다.

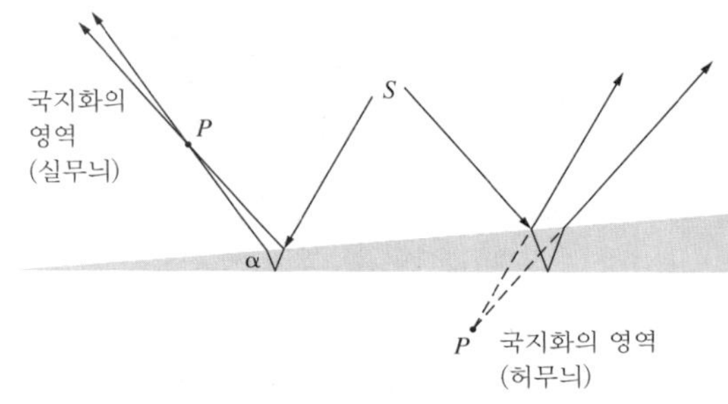

그림 9.47 쐐기형 박막에 의한 무늬

그림 9.47은 경사각이 α인 투명한 쐐기형 박막에 의해 형성된 간섭 무늬의 결상 공간을 기하학적으로 나타낸 것이다. 간섭 무늬의 위치 P는 입사광의 방향에 의해 결정된다. 뉴턴 원무늬의 위치뿐만 아니라 거울이 약간 경사지게 정렬된 마이컬슨 간섭계 또는 사냑 간섭계의 무늬 위치도 이와 같이 결정된다. 그림 9.48은 쐐기형의 박막 무늬를 만들도록 독특하게 정렬된 마흐-젠더 간섭계를 보여 주며 거울을 회전시킴으로써 허무늬의 결상 위치를 시험 챔버 내에서 조절할 수 있다.

9.6 다중 빔 간섭

지금까지는 다양한 조건 아래에서 2개의 결맞는 빔이 결합하

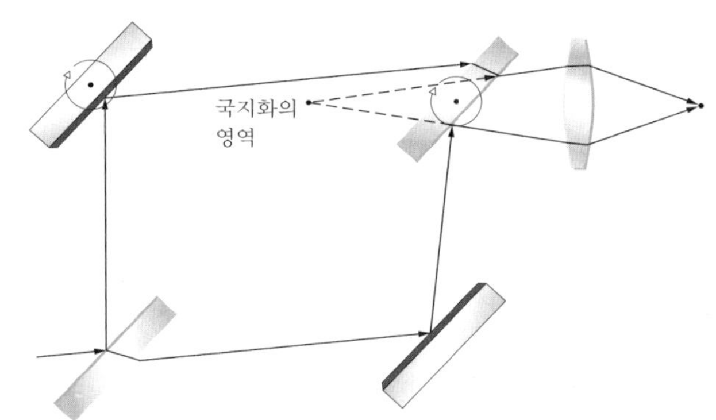

그림 9.48 마흐–젠더 간섭계의 무늬

여 간섭 무늬를 만드는 여러 경우에 대하여 설명하였다. 그러나 매우 많은 수의 결맞는 파동이 간섭 무늬를 만드는 경우도 있다. 실제로 그림 9.28의 평행판에서 반사 계수 r이 크다면 $\vec{\mathbf{E}}_{3r}$, $\vec{\mathbf{E}}_{4r}$, ⋯ 등과 같이 다중으로 반사된 파동도 중요성을 갖게 된다. r이 1에 가깝도록 양쪽 면에 은을 증착한 유리판은 내부에서 다중 반사를 일으켜 많은 수의 광선을 만들어 낸다. 우선적으로 박막과 기판 및 주변 물질이 투명한 유전체로 이루어졌다고 가정하자. 이것은 금속이 증착된 반사면에서 발생하게 되는 복잡한 위상 변화를 배제시킬 수 있다.

간단히 설명하기 위하여 박막이 비흡수성이고 $n_1 = n_2$라고 가정하자. 기호 표기는 4.10절과 같다. 즉 진폭의 투과된 비율을 나타내는 진폭 투과 계수 중 t는 박막으로 들어오는 파동에 대한 것이며, t'는 박막 안에서 밖으로 나가는 파동에 대한 것이다. 광선은 파면에 수직인 직선이므로 $\vec{\mathbf{E}}_{1r}$, $\vec{\mathbf{E}}_{2r}$, ⋯ 등에도 수직임을 명심하자. 광선이 거의 평행하기 때문에 임의의 가능한 위상 이동을 주의 깊게 고려한다면 스칼라 이론만으로 충분히 설명할 수 있다.

반사된 파동 $\vec{\mathbf{E}}_{1r}$, $\vec{\mathbf{E}}_{2r}$, $\vec{\mathbf{E}}_{3r}$, ⋯ 등 스칼라 진폭의 크기는 그림 9.49처럼 각각 E_0r, $E_0tr't'$, $E_0tr'^3t'$, ⋯ 등으로 표시할 수 있다. 여기서 E_0는 초기에 입사하는 파의 진폭이며 식 (4.89)에 의하여 $r = -r'$이다. 음의 부호는 위상 변화를 나타내는데 나중에 고려한다. 이와 마찬가지로 투과된 파동 $\vec{\mathbf{E}}_{1t}$, $\vec{\mathbf{E}}_{2t}$, $\vec{\mathbf{E}}_{3t}$, ⋯등도 E_0tt', $E_0tr'^2t'$, $E_0tr'^4t'$, ⋯로 표시할 수 있다. 평행한 반사 광선을 살펴보자. 각 광선은 다른 모든 반사 광선에 대해 일정한 위상 차이를 가지고 있다. 이 위상차는 광경로 차이와 반사할 때마다 일어나는 위상 변화의 합에 의해 발생한다. 각 파동은 상호 결맞음이어서 렌즈를 사용하여 초점 P에 모으면 간섭을 일으킨다. 합성파의 복사 조도는 두 가지 특별한 경우에 대하여 극히 간단한 형태가 된다.

인접한 광선들 사이의 광경로 차이는

$$\Lambda = 2n_f d \cos\theta_t \qquad [9.33]$$

와 같이 주어진다. 첫 번째 $\vec{\mathbf{E}}_{1r}$을 제외한 모든 파동은 박막의 내부에서 홀수 번 반사된다. 그림 4.49로부터 내부 반사의 경우 평행한 성분의 전기장은 $\theta_i < \theta_c$일 때 입사각에 따라 0 또는 π 라디안만큼 위상이 변하고, 입사면에 수직한 성분의 전기장은 $\theta_i < \theta_c$일 때 입사각에 따라 위상이 전혀 변하지 않는다. 따라서 그 같은 홀수 번의 내부 반사를 거쳐 나온 파동 사이에는 그림 9.50과 같이 상대적인 위상 변화가 없다. **첫 번째의 특별한 경우**로서 만약 $\Lambda = m\lambda$라면 두 번째, 세 번

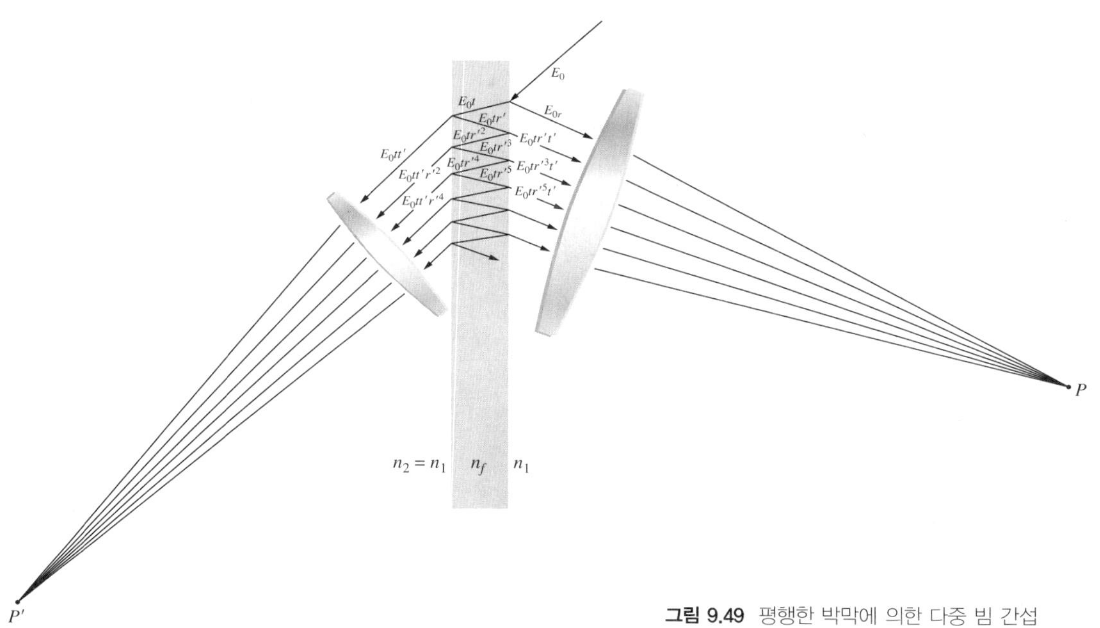

그림 9.49 평행한 박막에 의한 다중 빔 간섭

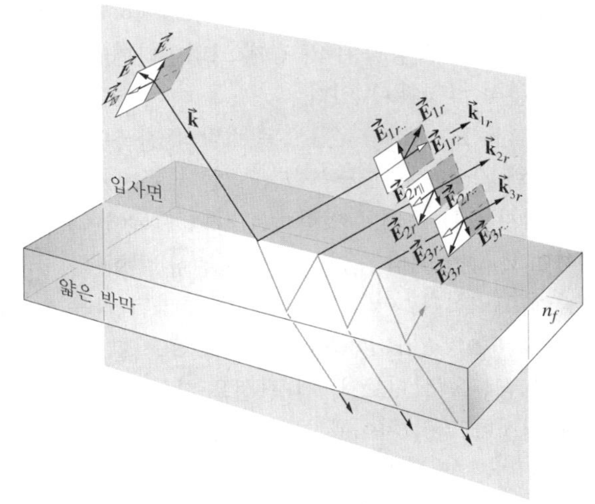

그림 9.50 순수하게 반사에 의해 발생하는 위상 변화(내부에서 $\theta_i < \theta'_p$)

째, 네 번째 등의 연속되는 파동은 점 P에서 위상이 같게 된다. 그렇지만 파동 $\vec{\mathbf{E}}_{1r}$은 박막의 윗면에서만 반사되기 때문에 다른 모든 파동에 비해 위상이 180° 다르다. $r = -r'$이고, r'은 홀수의 거듭제곱으로만 나타난다는 사실에 위상 이동의 의미가 내포되어 있다. 스칼라 진폭의 합, 즉 점 P에서의 **반사된 진폭**의 총합은

$$E_{0r} = E_0 r - (E_0 trt' + E_0 tr^3 t' + E_0 tr^5 t' + \cdots)$$

또는

$$E_{0r} = E_0 r - E_0 trt'(1 + r^2 + r^4 + \cdots)$$

이다. 여기서 $\Lambda = m\lambda$이므로 r' 대신 $-r$을 대입하였다. 괄호 속의 등비 수열은 $r^2 < 1$의 조건에서 $1/(1 - r^2)$의 유한한 값으로 수렴한다. 따라서 위 식은

$$E_{0r} = E_0 r - \frac{E_0 trt'}{(1 - r^2)} \tag{9.49}$$

와 같다. 4.10절에서 본 바와 같이 가역 원리(principle of reversibility)에 대한 스토크스의 처리[Stokes's treatment, 식 (4.86)]에 의하여 $tt' = 1 - r^2$이므로

$$E_{0r} = 0$$

이다. 그러므로 $\Lambda = m\lambda$일 때 두 번째, 세 번째, 네 번째 등의 연속적인 파동은 그림 9.51에서 보는 바와 같이 첫 번째 반사파와 완전히 상쇄된다. 이 경우 반사되는 빛은 없다. 즉 입사되는 에너지는 모두 투과된다. **두 번째의 특별한 경우**는 $\Lambda = (m + \frac{1}{2})\lambda$일 때이다. 첫 번째와 두 번째 광선은 같은 위상이고 다른 모든 인접한 광선은 서로 $\lambda/2$의 위상차를 가질 때이다. 즉 두 번째 광선은 세 번째와 $\lambda/2$ 만큼 위상이 다르

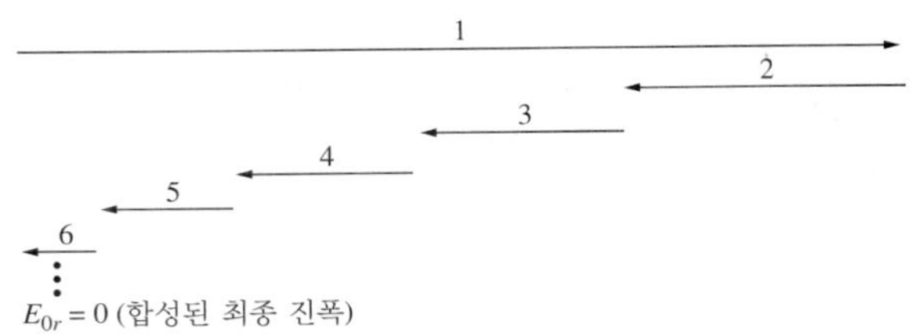

그림 9.51 위상자 도표

고, 세 번째 광선은 네 번째와 $\lambda/2$ 만큼 위상이 다르며, 나머지도 같은 방법으로 인접한 광선들은 $\lambda/2$ 만큼 위상이 다르다. 이때 합성파의 진폭의 크기는

$$E_{0r} = E_0 r + E_0 trt' - E_0 tr^3 t' + E_0 tr^5 t' - \cdots$$

또는

$$E_{0r} = E_0 r + E_0 rtt'(1 - r^2 + r^4 - \cdots)$$

가 된다. 괄호 속 급수의 값은 $1/(1 + r^2)$이므로

$$E_{0r} = E_0 r\left[1 + \frac{tt'}{(1 + r^2)}\right]$$

가 된다. 여기서 $tt' = 1 - r^2$이다. 따라서 그림 9.52에서 보는 바와 같이

$$E_{0r} = \frac{2r}{(1 + r^2)} E_0$$

이다. 이 식은 비교적 큰 진폭을 갖고 있는 첫 번째와 두 번째의 파동을 합한 것이므로 반사된 선속 밀도가 크다. 복사조도는 $E_{0r}^2/2$에 비례하므로 식 (3.44)로부터

$$I_r = \frac{4r^2}{(1 + r^2)^2}\left(\frac{E_0^2}{2}\right) \tag{9.50}$$

을 얻을 수 있다. 이것은 실제로 최댓값 $(I_r)_{max}$으로서 잠시 후에 증명할 것이다.

이제 복소수를 사용하여 더욱 일반적인 형태로 다중 빔 간섭 문제를 풀어 보자. 다시 $n_1 = n_2$로 가정하여 각 경계면에서 반사 및 투과 계수가 달라지는 것을 방지한다. 점 P에서의 광파는

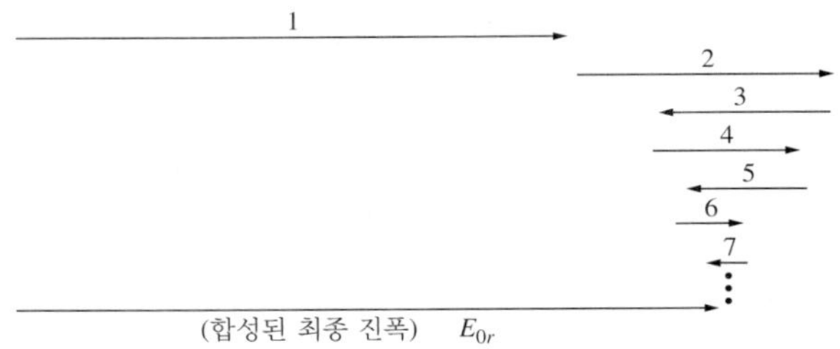

그림 9.52 위상자 도표

$$\tilde{E}_{1r} = E_0 r e^{i\omega t}$$
$$\tilde{E}_{2r} = E_0 t r' t' e^{i(\omega t - \delta)}$$
$$\tilde{E}_{3r} = E_0 t r'^3 t' e^{i(\omega t - 2\delta)}$$
$$\vdots$$
$$\tilde{E}_{Nr} = E_0 t r'^{(2N-3)} t' e^{i[\omega t - (N-1)\delta]}$$

과 같이 주어진다. 여기서 $E_0 e^{i\omega t}$는 입사파이다.

δ, 2δ, ⋯, $(N-1)\delta$의 항은 인접한 광선들 사이의 광경로 차이에 의해 발생하는 위상 차이다($\delta = k_0\Lambda$). 그 이외에 점 P까지 도달하는 광학적 거리에 의하여 발생되는 위상차가 있지만 각 광선에 대하여 공통이므로 생략한다. 박막 내에서 반사에 의한 상대적인 위상 변화는 r'에 포함되어 있다. 결과적으로 반사된 파동의 크기는

$$\tilde{E}_r = \tilde{E}_{1r} + \tilde{E}_{2r} + \tilde{E}_{3r} + \cdots + \tilde{E}_{Nr}$$

이 되고, 각 항의 값을 대입하면(그림 9.53)

$$\tilde{E}_r = E_0 r e^{i\omega t} + E_0 t r' t' e^{i(\omega t - \delta)} + \cdots + E_0 t r'^{(2N-3)} t' \times e^{i[\omega t - (N-1)\delta]}$$

이 된다. 이것은 다음과 같이 다시 쓸 수 있다.

$$\tilde{E}_r = E_0 e^{i\omega t}\{r + r' t t' e^{-i\delta}[1 + (r'^2 e^{-i\delta}) + (r'^2 e^{-i\delta})^2 + \cdots + (r'^2 e^{-i\delta})^{N-2}]\}$$

만약 $|r'^2 e^{-i\delta}| < 1$이고, 급수의 항이 무한히 많다면 이 급수는 수렴한다. 그 결과는

$$\tilde{E}_r = E_0 e^{i\omega t}\left[r + \frac{r' t t' e^{-i\delta}}{1 - r'^2 e^{-i\delta}}\right] \tag{9.51}$$

과 같다. 흡수가 없는 경우에는 각 파동의 에너지가 손실되지 않으므로 $r = -r'$ 및 $tt' = 1 - r^2$의 관계를 이용하면 식 (9.51)을

$$\tilde{E}_r = E_0 e^{i\omega t}\left[\frac{r(1 - e^{-i\delta})}{1 - r^2 e^{-i\delta}}\right]$$

과 같이 쓸 수 있다. 점 P에서 반사파의 선속 밀도는 $I_r = \tilde{E}_r \tilde{E}_r^*/2$, 즉

$$I_r = \frac{E_0^2 r^2 (1 - e^{-i\delta})(1 - e^{+i\delta})}{2(1 - r^2 e^{-i\delta})(1 - r^2 e^{+i\delta})}$$

이고

$$I_r = I_i \frac{2r^2(1 - \cos\delta)}{(1 + r^4) - 2r^2\cos\delta} \tag{9.52}$$

과 같이 변환할 수 있다. E_0가 입사파의 진폭이므로 $I_i = E_0^2/2$는 입사파의 선속 밀도를 나타낸다. 마찬가지로 투과파의 진폭은

$$\tilde{E}_{1t} = E_0 t t' e^{i\omega t}$$
$$\tilde{E}_{2t} = E_0 t t' r'^2 e^{i(\omega t - \delta)}$$
$$\tilde{E}_{3t} = E_0 t t' r'^4 e^{i(\omega t - 2\delta)}$$
$$\vdots$$
$$\tilde{E}_{Nt} = E_0 t t' r'^{2(N-1)} e^{i[\omega - (N-1)\delta]}$$

과 같이 주어진다. 이들을 합하면

$$\tilde{E}_t = E_0 e^{i\omega t}\left[\frac{tt'}{1 - r^2 e^{-i\delta}}\right] \tag{9.53}$$

이 된다. (복사 조도에 관심이 있으므로 박막의 투과에서 나타나는 공통항 $e^{-i\delta/2}$를 생략하였다. 이는 반사파와 투과파 사이에 $\pi/2$의 위상차가 있기 때문에 생기지만 여기서는 중요하지 않다.)

식 (9.53)에 공액 복소수를 곱하면 투과파의 복사 조도에 관한 식을 다음과 같이 얻을 수 있다(연습문제 9.53).

$$I_t = \frac{I_i (tt')^2}{(1 + r^4) - 2r^2\cos\delta} \tag{9.54}$$

삼각함수의 항등식 $\cos\delta = 1 - 2\sin^2(\delta/2)$를 이용하면 식 (9.52)와 식 (9.54)는 각각

$$I_r = I_i \frac{[2r/(1 - r^2)]^2 \sin^2(\delta/2)}{1 + [2r/(1 - r^2)]^2 \sin^2(\delta/2)} \tag{9.55}$$

$$I_t = I_i \frac{1}{1 + [2r/(1 - r^2)]^2 \sin^2(\delta/2)} \tag{9.56}$$

이 된다. 여기서 에너지는 흡수되지 않는다. 즉 $tt' + r^2 = 1$이다. 실제로 입사파 에너지의 흡수가 없다면 입사하는 파동의 선속 밀도는 박막에서 반사된 전체 선속 밀도와 투과된 전체 선속 밀도의 합과 같아야 한다. 식 (9.55)와 식 (9.56)을

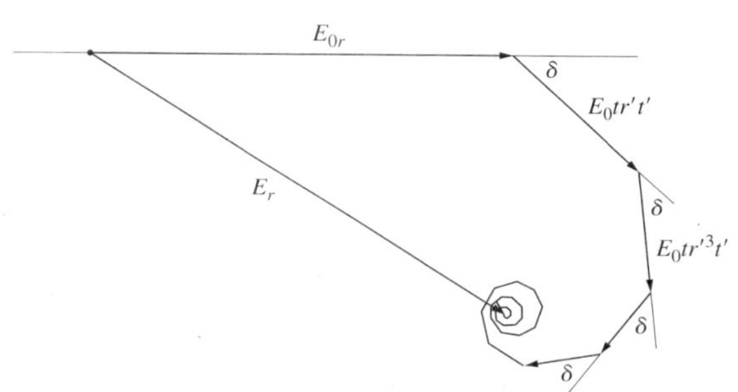

그림 9.53 위상자 도표

합하면

$$I_i = I_r + I_t \tag{9.57}$$

가 된다. 그러나 만약 유전체 박막에 반투명 금속 박막을 증착시켰다면 위의 식은 성립하지 않는다. 금속에 유도된 표면 전류가 입사 전자파 에너지의 일부분을 소모시키기 때문이다.

식 (9.54)로 표현된 투과파를 살펴보자. 최댓값은 분모가 최소일 때, 즉 $\cos\delta = 1$일 때 존재한다. 이러한 경우 $\delta = 2\pi m$이고

$$(I_t)_{\max} = I_i$$

이다. 이 경우 식 (9.52)는 식 (9.57)에서 예견할 수 있듯이

$$(I_r)_{\min} = 0$$

이 된다. 또다시 식 (9.54)로부터 최소 투과 선속 밀도는 분모가 최대일 때, 즉 $\cos\delta = -1$일 때 존재한다. 이 경우 $\delta = (2m + 1)\pi$이고

$$(I_t)_{\min} = I_i \frac{(1 - r^2)^2}{(1 + r^2)^2} \tag{9.58}$$

이다. 이에 대응하는 반사 선속 밀도의 최댓값은

$$(I_r)_{\max} = I_i \frac{4r^2}{(1 + r^2)^2} \tag{9.59}$$

이다. 등경사 간섭 무늬의 최댓값은 $\delta = (2m+1)\pi$일 때 또는

$$\frac{4\pi n_f}{\lambda_0} d \cos\theta_t = (2m + 1)\pi$$

일 때임을 유의하라. 이것은 식 (9.36)과 같이 처음 2개의 반사된 파동만을 이용하여 유도한 결과와 일치한다. 식 (9.59)는 실제로 식 (9.50)이 최댓값임을 입증한다.

식 (9.55)와 식 (9.56)의 형태는 다음 식과 같은 새로운 양인 **예리도 계수(coefficient of finesse)** F를 도입하는 것이 편리하다. 즉

$$F \equiv \left(\frac{2r}{1 - r^2}\right)^2 \tag{9.60}$$

이며, 따라서 식 (9.55)와 식 (9.56)은 각각

$$\frac{I_r}{I_i} = \frac{F \sin^2(\delta/2)}{1 + F \sin^2(\delta/2)} \tag{9.61}$$

$$\frac{I_t}{I_i} = \frac{1}{1 + F \sin^2(\delta/2)} \tag{9.62}$$

과 같이 쓸 수 있다. 이때 $[1 + F\sin^2(\delta/2)]^{-1} \equiv \mathscr{A}(\theta)$를 **에어리 함수(Airy function)**라고 한다. 이것은 투과된 선속 밀도의 분포이며 그림 9.54와 같다. 이와 상보적인 함수 $[1 - \mathscr{A}(\theta)]$, 즉 식 (9.61)은 그림 9.55와 같다. $\delta/2 = m\pi$일 때 에어리 함수는 모든 F값, 즉 임의의 r값에 대하여 1이다. r이 1로 접근하면 투과된 선속 밀도는 $\delta/2 = m\pi$인 점에서 나타나는 예리한 스파이크(spike)를 제외하고는 매우 작다. 다중 빔 간섭은 삼각 함수인 이중 빔 간섭 무늬(이들은 낮은 반사율에 대응하는 곡선에서 잘 나타난다)와 비교할 경우 에너지 밀도를 재분포시킨다. 이 효과는 회절 격자를 공부할 때 다시 설명할 것이다. 그때에는 간섭 무늬에 기여하는 결맞는 광원의 숫자가 증가하므로 지금과 똑같은 봉우리 효과(peaking effect)를 보게 될 것이다. 에어리 함수는 δ에 의존하며, 식 (9.34)와 식 (9.35)에 의해 실제로는 θ_i 또는 θ_t의 함수이다. 따라서 $\mathscr{A}(\theta)$처럼 θ의 함수로 표기한다. 선속 밀도 곡선에서 각각의 스파이크는 특정한 δ 또는 특정한 θ_t에 대응한다. 평면-평행판에 대하여 투과된 광선이 만드는 간섭 무늬는 어두운 배경 위에 좁고 밝은 동심 고리가 연속적으로 모여서 이루어진다. 반대로 반사된 광선이 만드는 무늬는 균일하게 밝은 배경 위에 좁고 어두운 동심 고리들로 이루어진다.

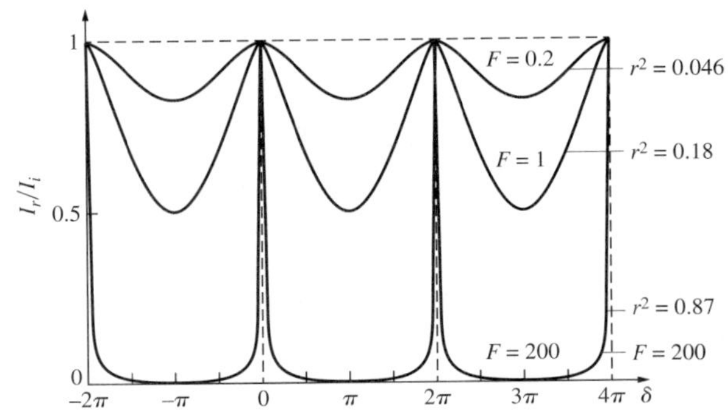

그림 9.54 에어리 함수

적절한 쐐기 평면 위에 다중 빔 간섭을 발생시킬 수 있는 은을 얇게 증착하면 등간격 무늬도 예리하고 좁게 만들 수 있다.

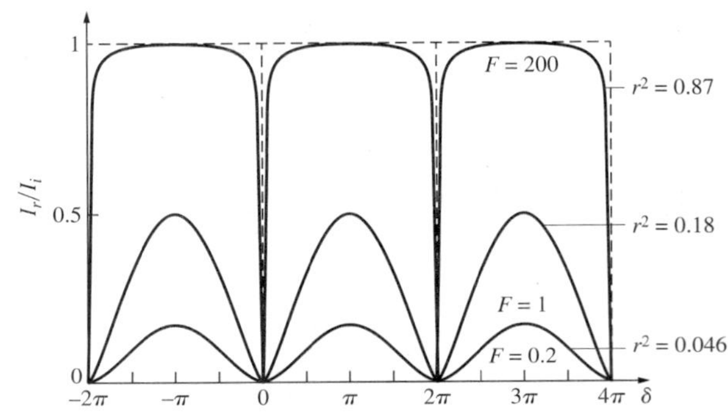

그림 9.55 1에서 에어리 함수를 뺀 그래프

9.6.1 파브리-페로 간섭계

1800년대 후반 파브리(Charles Fabry)와 페로(Alfred Perot)에 의해 처음 고안된 다중 빔 간섭계는 현대 광학에서 매우 중요하다. 이것은 극도로 높은 분해능을 가진 분광기일 뿐 아니라 기본적인 레이저 공명 공진기로도 사용된다. 원리상 이 장치는 간격 d만큼 평행하게 떨어진 높은 반사율을 가진 두 장의 평면 거울로 구성되어 있다. 이것은 가장 단순한 형태이고 앞으로 배우게 될 다양한 변형으로 널리 쓰이고 있다. 실제로는 반투명한 은이나 알루미늄을 입힌 유리 광학 평면 두 장으로 반사 경계면을 형성하는데, 이들로 둘러싸인 공기층은 이것이 간섭계로 사용될 때 수 mm에서 수 cm이고 레이저 공진기로 사용될 때는 이보다 훨씬 길다. 만약 어느 한쪽 거울을 움직여서 공기층 간격을 변화시킬 수 있다면 간섭계라고 한다. 불변강(invar)이나 수정으로 만든 간격판에 고정된 거울을 나사못을 사용하여 거울의 평행도를 조정할 수 있는 것을 **에탈론(etalon)**이라고 한다(물론 이것도 넓은 의미로는 간섭계이다). 양쪽 면을 잘 연마하고 은을 입힌 한 장의 수정판 자체도 에탈론으로 사용된다. 두 반사면 사이의 간격이 꼭 공기층일 필요는 없다. 가끔 거울의 단면을 (수 분 정도의 각도를 갖는) 쐐기 형태로 제작하는데, 그 이유는 거울이 아닌 면에서 반사된 빛이 불필요한 간섭 무늬를 만들지 못하도록 하기 위한 것이다.

그림 9.56의 에탈론에 수은 방전관 또는 수 cm의 지름으로 확대시킨 헬륨-네온 레이저빔처럼 넓은 광원으로부터 빛이 입사하고 있다. 빔 확대는 망원경에 빛을 거꾸로 입사시켜 얻을 수 있다. 그리고 거칠게 연마한 유리를 통과시켜 빛을 확산시킨다. 그림에서는 광원상 임의의 지점 S_1으로부터 방출된 1개의 광선만을 추적하였다. 거울면을 통해 들어온 빛은 두 거울 사이에서 다중 반사를 일으킨다. 투과된 광선은 렌즈로 모이고 스크린 위에 초점을 맺는다. 여기서 이들은 간섭하여 밝거나 어두운 점들을 형성한다. 모든 반사된 광선을 포함하는 특별한 입사면을 살펴보자. 광원상의 다른 지점 S_2로부터 방출된 임의의 다른 광선이 S_1로부터 방출된 원래의 광선과 평행하고 같은 입사면에 놓여 있다면 스크린 위의 똑같은 점 P에 초점을 맺을 것이다. 앞 절에서 논의된 것을 여기에 적용할 수 있으므로 식 (9.54)는 투과된 선속 밀도 I_t를 결정한다.

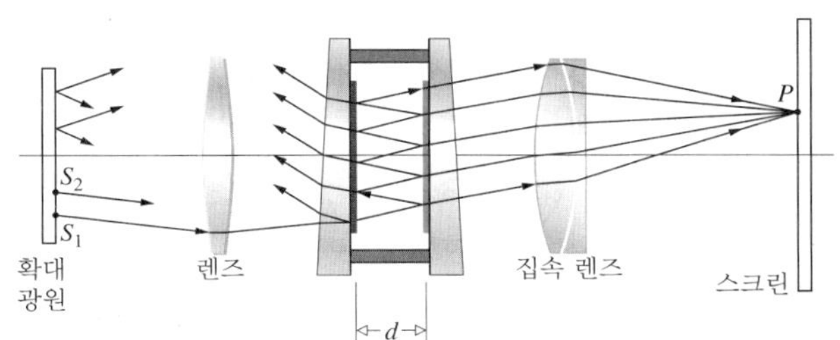

그림 9.56 파브리-페로 에탈론

S_1로부터 출발하여 점 P에 도달하는 공진기 속에서 발생된 수많은 파동은 서로 결맞는다. 그러나 S_1로부터 나온 광선과 S_2로부터 나온 광선은 완전히 결어긋난다(incoherent). 따라서 상호 간에 간섭은 전혀 없으며 점 P에서의 복사 조도 I_t는 각각의 복사 조도의 합과 같다.

주어진 특정 각도로 입사하는 모든 광선은 균일한 복사 조도를 가진 하나의 원형 무늬를 만든다(그림 9.57). 넓게 확산된 광원을 사용하면 다중 빔 투과 형태에 따르는 동심원의 좁은 고리들이 동심원 간섭 무늬를 이룬다.

무한대에 초점을 맞추고 에탈론 속을 직접 들여다보면 이 무늬를 관찰할 수 있다. 이때는 눈이 집속 렌즈(focusing lens)의 역할을 대신한다. 간격 d가 크면 고리들이 서로 가까워지므로 무늬를 확대시키기 위해 망원경이 필요할 수도 있다. 비싸지 않은 단안 망원경(monocular)을 이 같은 목적으로 사용할 수 있고 무한대에 위치한 무늬의 사진을 찍을 수도 있다. 9.5절에서 예견한 바와 같이 밝은 점광원을 이용하여 국지화되지 않은 무늬를 만들 수도 있다.

반사율($R = r^2$)을 증가시키기 위하여 자주 사용되는 반투과 금속 박막은 선속 밀도의 일부분 A를 흡수하는데 A를 **흡수율(absorptance)**이라고 한다.

다음의 두 가지 표현식

$$tt' + r^2 = 1$$

또는

$$T + R = 1 \tag{4.60}$$

은 흡수율을 고려하여

$$T + R + A = 1 \tag{9.63}$$

과 같이 고쳐 써야 한다. 이 외에도 금속 박막 때문에 생기는 복잡성은 부가적인 위상 변화 $\phi(\theta_i)$로서, 이 값은 0 또는 π가 아니다. 따라서 2개의 연속적인 투과 파동 사이의 위상차는

$$\delta = \frac{4\pi n_f}{\lambda_0} d\cos\theta_t + 2\phi \tag{9.64}$$

이다. 이러한 조건하에서 θ_i는 작고 ϕ는 상수로 생각할 수 있다. 일반적으로 d는 매우 크고 λ_0은 매우 작으므로 ϕ는 무시한다. 이제 식 (9.54)를

$$\frac{I_t}{I_i} = \frac{T^2}{1 + R^2 - 2R\cos\delta}$$

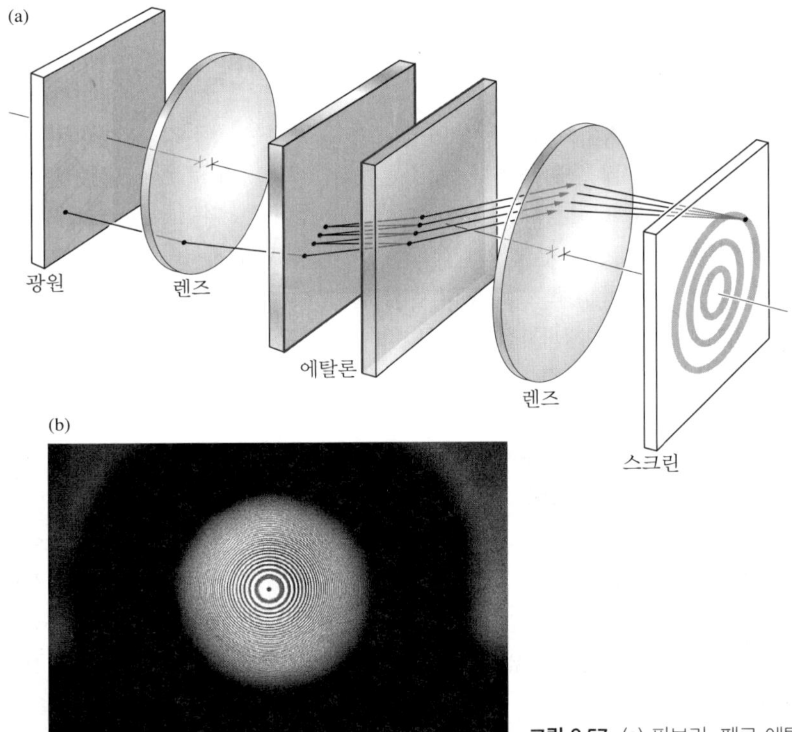

그림 9.57 (a) 파브리-페로 에탈론, (b) 에탈론을 들여다볼 때 축에 대해 대칭인 간섭 무늬. (E.H.)

또는

$$\frac{I_t}{I_i} = \left(\frac{T}{1-R}\right)^2 \frac{1}{1 + [4R/(1-R)^2]\sin^2(\delta/2)} \tag{9.65}$$

과 같이 표현할 수 있다. 식 (9.63)과 에어리 함수의 정의를 사용하여

$$\frac{I_t}{I_i} = \left[1 - \frac{A}{(1-R)}\right]^2 \mathscr{A}(\theta) \tag{9.66}$$

을 얻는다. 이 식은 흡수가 0인 경우의 식

$$\frac{I_t}{I_i} = \mathscr{A}(\theta) \qquad [9.62]$$

와 비교된다. 흡수율 A가 0이 아닌 한, 투과된 선속 밀도의 최댓값 $(I_t)_{max}$은 항상 I_i보다 약간 작게 된다. [$(I_t)_{max}$에 대하여 $\mathscr{A}(\theta) = 1$임을 상기하라.]

따라서 **봉우리 투과도**(peak transmission)는 다음과 같이 $(I_t/I_i)_{max}$으로 정의한다.

$$\frac{(I_t)_{max}}{I_i} = \left[1 - \frac{A}{(1-R)}\right]^2 \tag{9.67}$$

50 nm 두께의 은 박막은 반사율 R이 0.94 정도이며, 이때 T와 A는 각각 0.01과 0.05이다. 이 경우 봉우리 투과도는 1/36로 낮아진다. 이때 간섭 무늬의 상대적인 복사 조도는 여전히 에어리 함수로 결정한다.

$$\frac{I_t}{(I_t)_{max}} = \mathscr{A}(\theta) \tag{9.68}$$

무늬의 예리한 정도, 즉 최댓값 양쪽 변의 복사 조도가 얼마나 가파르게 떨어지는가는 반치폭 γ로 주어진다. 그림 9.58에서 γ는 $I_t = (I_t)_{max}/2$일 때 라디안으로 표시된 봉우리 폭이다.

봉우리는 위상차가 $\delta_{max} = 2\pi m$인 특정한 값에서 나타난다. 따라서 복사 조도는 $\delta = \delta_{max} \pm \delta_{1/2}$인 곳에서 최댓값의 절반[즉 $\mathscr{A}(\theta) = 1/2$]으로 떨어진다. 에어리 함수가

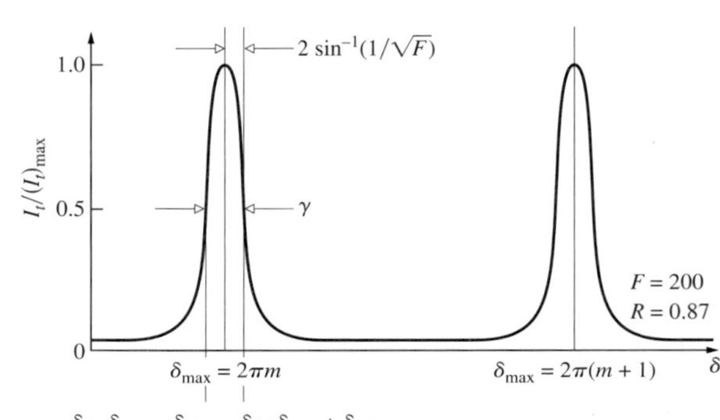

그림 9.58 파브리-페로 무늬

$$\mathscr{A}(\theta) = [1 + F\sin^2(\delta/2)]^{-1}$$

이고

$$[1 + F\sin^2(\delta_{1/2}/2)]^{-1} = \tfrac{1}{2}$$

이기 때문에

$$\delta_{1/2} = 2\sin^{-1}(1/\sqrt{F})$$

이 된다. F는 일반적으로 큰 값이므로 $\sin^{-1}(1/\sqrt{F}) \approx (1/\sqrt{F})$이며, 반치폭 $\gamma = 2\delta_{1/2}$는

$$\gamma = 4/\sqrt{F} \tag{9.69}$$

로 표시할 수 있다. $F = 4R/(1-R)^2$임을 상기하라. 즉 R이 커질수록 투과 봉우리는 더욱 예리해진다.

특별히 관심을 끄는 또 다른 양은 반치폭에 대한 최댓값 사이 간격의 비율이다. **예리도(finesse)**라 알려진 $\mathscr{F} \equiv 2\pi/\gamma$는 식 (9.69)로부터

$$\mathscr{F} = \frac{\pi\sqrt{F}}{2} \tag{9.70}$$

로 표시한다. 가시광선 영역에서 가장 일반적인 파브리-페로 간섭계의 예리도는 대략 30이다. $\mathscr{F}$에 대한 물리적인 한계는 거울의 평면 평행도에 의해 결정된다. 예리도를 증가시키면 반치폭이 감소되지만 봉우리 투과도도 감소됨을 명심하라. 대략 1000 정도의 예리도는 유전체 박막을 증착한 곡면 거울을 사용하여 얻을 수 있다.*

파브리-페로 분광학

파브리-페로 간섭계는 분광선의 미세구조를 분석할 때 흔히 쓰인다. 여기서는 간섭 분광학에 대하여 완벽하게 취급하지는 않고, 간략하게 식을 유도하는 데 필요한 관련 전문용어에 대하여 정의하고자 한다.**

알고 있는 바와 같이 순수한 단색 광파는 특정한 원형 무늬를 만든다. 그러나 δ가 λ_0의 함수이므로, 만약 광원이 2개의 단색광으로 이루어졌다면 2개의 중첩된 고리 무늬가 만들어진다. 개개의 무늬가 부분적으로 겹쳐졌을 때, 두 계가 개별적으로 구별될 수 있는, 즉 그들이 분해되었다고 결정하는 데 어려움이 존재한다. 똑같은 복사 조도를 가지고 겹쳐진 2개의 무늬를 분해할 때, 실제 응용에서는 다소 임의적이기는 하지만 레일리 기준(Lord Rayleigh's criterion)을 채택한다.*** 이 기준은 프리즘이나 회절 격자에 대해서도 유사하게 적용된다. 이것의 본질적인 특징은 양쪽 무늬가 합쳐진 결과, 넓어진 무늬의 중심 또는 안장점에서의 복사 조도가 최대 복사 조도값의 $8/\pi^2$이 되는 때를 분해할 수 있는 기준으로 삼는 것이다. 이것은 넓고 밝은 무늬의 중심에 약간 어두운 영역을 볼 수 있음을 의미한다. 좀 더 해석적으로 표현하기 위하여 반치폭에 대한 앞에서의 유도 과정을 유념하면서 그림 9.59를 검토하자. 전체를 구성하는 2개의 무늬가 똑같은 복사 조도 $(I_a)_{max} = (I_b)_{max}$인 경우를 생각하자. 결과적으로 $\delta = \delta_a$와 $\delta = \delta_b$에서 나타나는 봉우리들은 같은 복사 조도를 갖게 된다.

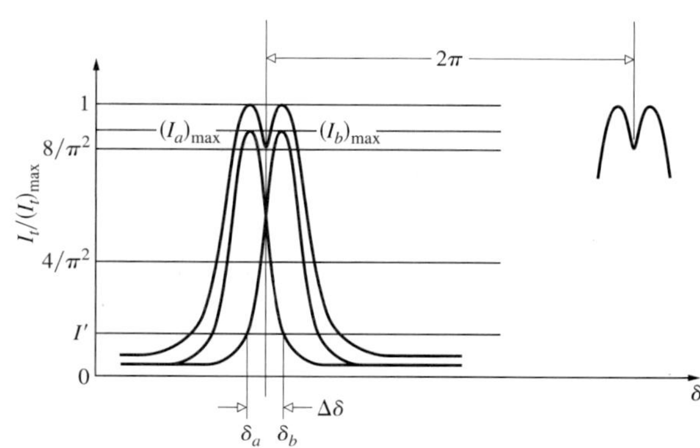

그림 9.59 겹쳐진 무늬

$$(I_t)_{max} = (I_a)_{max} + I' \tag{9.71}$$

안장점에서의 복사 조도 $(8/\pi^2)(I_t)_{max}$은 이를 구성하는 2개의 복사 조도의 합이며, 식 (9.68)을 상기하면

$$(8/\pi^2)\frac{(I_t)_{max}}{(I_a)_{max}} = [\mathscr{A}(\theta)]_{\delta=\delta_a+\Delta\delta/2} + [\mathscr{A}(\theta)]_{\delta=\delta_b+\Delta\delta/2} \tag{9.72}$$

이다.

식 (9.71)로 주어진 $(I_t)_{max}$과 다음의 식

$$\frac{I'}{(I_a)_{max}} = [\mathscr{A}(\theta)]_{\delta=\delta_a+\Delta\delta}$$

을 사용하여 식 (9.72)를 $\Delta\delta$에 대하여 풀 수 있다. F가 크면

$$(\Delta\delta) \approx \frac{4.2}{\sqrt{F}} \tag{9.73}$$

이다. 이것은 2개의 분해 가능한 무늬를 분리시키는 가장 작은 위상 증분 $(\Delta\delta)_{min}$을 나타낸다. 이것은 동등한 최소의 증

* 다음과 같은 흥미로운 논문을 읽어 보라. H. D. Polster, "Multiple Beam Interferometry," *Appl. Opt.* **8**, 522 (1969); E. Abraham, C. Seaton, and S. Smith, "The Optical Computer," *Sci. Am.* (Feb. 1983), p. 85는 파브리-페로 간섭계를 광학 트랜지스터에 응용한 논문이다.

** 보다 완벽한 취급은 다음과 같은 책들에서 찾아보라. Born and Wolf, *Principles of Optics*; W. E. Williams, *Applications of Interferometry*.

*** 이 기준은 다음 장(그림 10.40 참조)에서 회절에 관하여 논의할 때 재고될 것이다.

분인 파장 $(\Delta\lambda_0)_{\min}$, 주파수 $(\Delta\nu)_{\min}$, 파수 $(\Delta k)_{\min}$과 관련되어 있다. 식 (9.64)로부터 $\delta = 2\pi m$에 대하여 다음 식을 얻는다.

$$m\lambda_0 = 2n_f d\cos\theta_t + \frac{\phi\lambda_0}{\pi} \tag{9.74}$$

명백히 무시할 수 있는 양 $\phi\lambda_0/\pi$을 소거하고 미분하면

$$m(\Delta\lambda_0) + \lambda_0(\Delta m) = 0$$

또는

$$\frac{\lambda_0}{(\Delta\lambda_0)} = -\frac{m}{(\Delta m)}$$

이 된다. 음의 부호는 λ_0이 감소할 때 단지 차수만이 증가함을 의미하므로 생략한다. δ가 2π 변하면 m은 1만큼 변하므로

$$\frac{2\pi}{(\Delta\delta)} = \frac{1}{(\Delta m)}$$

이고, 따라서

$$\frac{\lambda_0}{(\Delta\lambda_0)} = \frac{2\pi m}{(\Delta\delta)} \tag{9.75}$$

이다. 최소 분해 가능한 파장 차이 $(\Delta\lambda_0)_{\min}$에 대한 λ_0의 비는 분광기의 **색분해능(chromatic resolving power, $\mathscr{R}$)**이라고 한다. 거의 수직 입사에 대하여

$$\mathscr{R} \equiv \frac{\lambda_0}{(\Delta\lambda_0)_{\min}} \approx \mathscr{F}\frac{2n_f d}{\lambda_0} \tag{9.76}$$

또는

$$\mathscr{R} \approx \mathscr{F}m$$

이다. 파장이 50 nm이고 $n_f d$ = 10 mm, R = 90%일 때 분해능은 100만이 넘는데, 이 값은 최근의 정교한 회절 격자로 겨우 얻을 수 있는 한계와 같다. 이 경우 $(\Delta\lambda_0)_{\min}$은 λ_0의 1/100만보다 작다. 주파수로 따지면 $|\Delta\nu| = |c\Delta\lambda_0/\lambda_0^2|$이므로 **최소 분해 대역폭(minimum resolvable bandwidth)**은 다음과 같다.

$$(\Delta\nu)_{\min} = \frac{c}{\mathscr{F}2n_f d} \tag{9.77}$$

광원 속에 존재하는 두 성분의 파장 차이가 크다면 그림 9.59에서 겹쳐져 있는 봉우리는 분리된다. 파장 차이가 더욱 증가하면 한쪽 파장 λ_0에 대한 m번째 무늬는 다른 파장 $(\lambda_0 - \Delta\lambda_0)$에 대한 $(m+1)$번째 무늬에 접근하게 된다. 겹치기가 일어나는 특별한 파장 차이 $(\Delta\lambda_0)_{\text{fsr}}$를 **자유 스펙트럼 영역(free spectral range)**이라고 한다. 식 (9.75)로부터 δ의 변화가 2π일 때 $(\Delta\lambda_0)_{\text{fsr}} = \lambda_0/m$이고, 거의 수직 입사인 경우

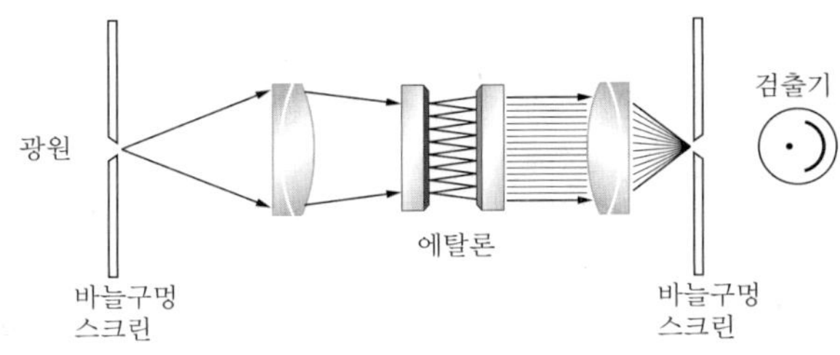

그림 9.60 중심점 주사

$$(\Delta\lambda_0)_{\text{fsr}} \approx \lambda_0^2/2n_f d \tag{9.78}$$

이다. 마찬가지로

$$(\Delta\nu)_{\text{fsr}} \approx c/2n_f d \tag{9.79}$$

이다. 앞에서의 예, 즉 λ_0 = 500 nm와 $n_f d$ = 10 mm인 경우에 대해서 자유 스펙트럼 영역은 $(\Delta\lambda_0)_{\text{fsr}}$ = 0.0125 nm이다. 단순히 d를 증가시켜서 분해능을 증가시키려고 한다면 자유 스펙트럼 영역이 감소되어 다른 차수의 무늬들이 겹치므로 혼란을 초래한다. 오로지 필요한 것은 $(\Delta\lambda_0)_{\min}$이 **가능한 한 작아야 하며** $(\Delta\lambda_0)_{\text{fsr}}$**은 가능한 한 커야 한다**는 것이다. 다음 식은 매우 흥미롭다.

$$\frac{(\Delta\lambda_0)_{\text{fsr}}}{(\Delta\lambda_0)_{\min}} = \mathscr{F} \tag{9.80}$$

이 결과는 $\mathscr{F}$에 대한 원래의 정의에 비추어 볼 때 그리 놀랄 만한 것도 아니다.

파브리–페로 간섭계의 형태와 응용은 실로 많다. 에탈론은 회절 격자와 프리즘 분광기뿐 아니라 다른 에탈론 등과 연속적으로 사용되며, 다층의 유전체 박막이 금속 거울 코팅 대신에 사용된다.

주사(scanning) 기술은 오늘날 널리 쓰인다. 이는 더욱 신뢰할 수 있는 선속 밀도의 측정을 위하여 사진 건판보다 월등히 나은 광검출기의 선형성(linearity)을 이용한다. **중심점 주사(central-spot scanning)**의 기본적인 장치가 그림 9.60에 그려져 있다. 주사는 $\cos\theta_t$ 보다는 n_f나 d의 변화에 의한 δ의 변화를 이용한다. 어떤 장치에서는 에탈론 사이의 공기압을 조절하여 n_f를 매끄럽게 변화시킨다. 물리적인 진동으로 한쪽 거울을 $\lambda_0/2$만큼 변위시켜 $\Delta\delta = 2\pi$에 대응하는 자유 스펙트럼 영역을 주사시키는 방법도 있다. 이렇게 하기 위해 보편적으로 쓰이는 기술은 거울을 압전 물질에 부착하는 것이다. 압전 물질은 인가된 전압에 따라 길이(d)가 변화한다. 전압의 모양이 거울의 움직임을 결정한다.

이 방법은 시간적으로 한순간에 공간의 넓은 영역에 걸쳐

서 복사 조도를 사진으로 기록하는 대신에, 공간의 한 점에서 넓은 시간 범위에 걸쳐서 복사 조도를 기록한다.

에탈론 자체의 실제적인 모양은 몇 가지 중요한 변화를 거쳐 왔다. 1956년 콘(Pierre Connes)은 **구면 거울 파브리-페로 간섭계**에 대해 처음으로 기술하였다. 그 후 곡면 거울계는 레이저 공진기로서 중요하게 되었고 스펙트럼 분석기로서의 이용도 점차 증가하고 있다.

9.7 단일층 및 다층 박막의 응용

오늘날 광학의 여러 분야에서 유전체 박막을 대단히 많이 이용하고 있다. 진열용 유리 상자부터 사진기 렌즈에 이르기까지 다양한 표면의 원치 않는 반사를 없애기 위한 반사 방지막을 증착하고 있으며 이제는 평범한 것이 되었다(사진 참조). 또한 다층의 흡수가 없는 빔분할기와 **이색 거울**(dichroic mirror), 즉 특정한 파장을 투과시키거나 반사시키는 색 선택성 빔분할기(color-selective beamsplitter)가 상업적으로 판매되고 있다.

그림 9.61은 적외선 복사를 영사기의 뒤로 보내기 위하여 **열 반사경**(heat reflector)과 결합된 **찬 반사경**(cold mirror)을 사용하고 있다. 광원으로부터 방출된 강력한 적외선 복사는 사진필름에 미치는 열적 문제를 배제시키기 위하여 빔으로부터 제거된다. 이와 비교하기 위하여 뒤에 은을 코팅한 보통 거울을 그림 9.61의 위쪽 절반에 그려 놓았다. 우주선의 주된 동력원의 하나인 태양 전지와 우주비행사의 헬멧, 챙(visor) 등은 이와 비슷한 열 제어 덮개로 차폐되어 있다.

특정한 스펙트럼 영역을 투과시키는 여러 층의 넓은 대역 투과(band-pass) 필터와 좁은 대역 투과 필터는 적외선으로부터 자외선 영역의 범위까지 만들 수 있다. 예를 들면 가시광선 영역에서는 컬러 텔레비전 카메라의 색 영상을 분리하

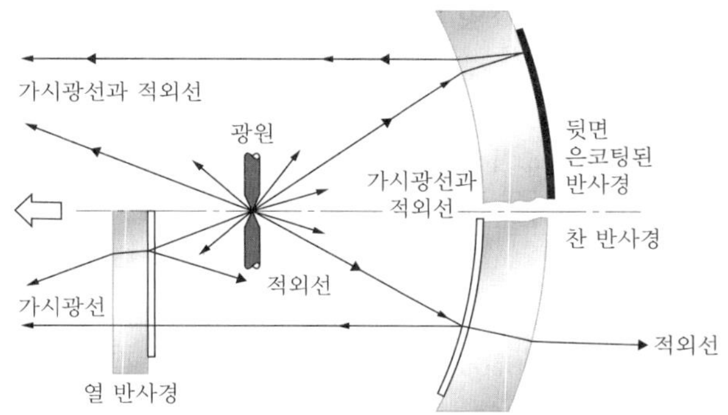

그림 9.61 위는 평범한 구조, 아래는 증착된 구조를 함께 보여 주는 합성 그림

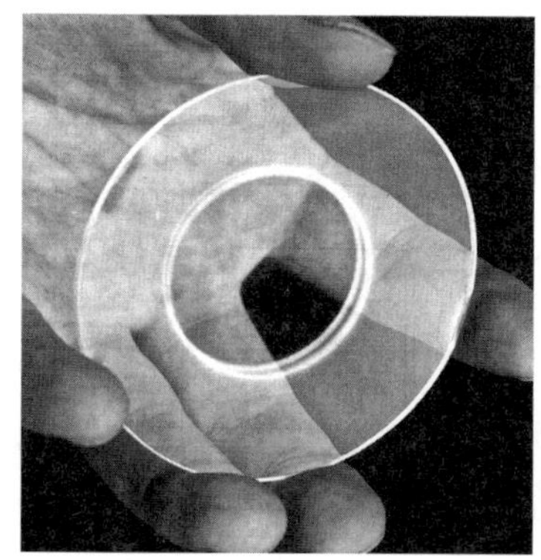

고리 모양의 유리판 양면에 반사 방지막이 코팅되어 있다. (E.H.)

며, 적외선 영역에서는 미사일 유도 장치, 탄산가스 레이저, 인공위성의 수평 감지기 등에 이용된다. 광학 박막은 구조가 가장 단순한 단층 코팅부터 100층 이상의 복잡한 배열을 한 것까지 다양하게 응용하고 있다.

여기서 사용할 다층 박막 이론의 논의에서는 총전기장 및 자기장 그리고 여러 영역에서의 경계 조건을 다룰 것이다. 이것은 다층으로 된 계에 대하여 앞에서 사용한 파동의 다중 반사 방법보다 훨씬 더 실용적인 접근방법이다.*

9.7.1 수학적 처리

그림 9.62와 같이 2개의 투명한 매질 사이에 놓여 있는 유전체 박막으로 입사하며 입사면에 수직으로 선형 편광된 파동을 생각하자. 실제로는 이것이 렌즈나 거울 또는 프리즘 등의 표면에 증착된, 두께가 한 파장 이하인 유전체층에 해당될 수 있다. 먼저 명확히 해야 할 사항이 있다. E_{rI}, E'_{rII}, E_{tII} 등의 각 파동은 매질 내의 한 점에서 한 방향으로 진행이 가능한 모든 파동의 합성파를 나타낸다. 그러므로 합하는 과정이 이미 이 속에 들어 있다. 4.6.2절에서 논의된 것처럼 경계면에서는 전기장($\vec{\mathbf{E}}$)과 자기장($\vec{\mathbf{H}} = \vec{\mathbf{B}}/\boldsymbol{\mu}$)의 접선 성분이 모두 연속(양쪽에서 같다)이어야 한다는 경계 조건이 필요하다. 따라서 경계면 I에서

$$E_{\mathrm{I}} = E_{i\mathrm{I}} + E_{r\mathrm{I}} = E_{t\mathrm{I}} + E'_{r\mathrm{II}} \tag{9.81}$$

과

$$\begin{aligned} H_{\mathrm{I}} &= \sqrt{\frac{\epsilon_0}{\mu_0}}\,(E_{i\mathrm{I}} - E_{r\mathrm{I}})n_0 \cos\theta_{i\mathrm{I}} \\ H_{\mathrm{I}} &= \sqrt{\frac{\epsilon_0}{\mu_0}}\,(E_{t\mathrm{I}} - E'_{r\mathrm{II}})n_1 \cos\theta_{i\mathrm{II}} \end{aligned} \tag{9.82}$$

* 매우 읽기 쉽게 비수학적으로 논의한 것으로 다음 논문을 보라. P. Baumeister and G. Pincus, "Optical Interference Coatings," *Sci. Amer.* **223**, 59 (Dec. 1970).

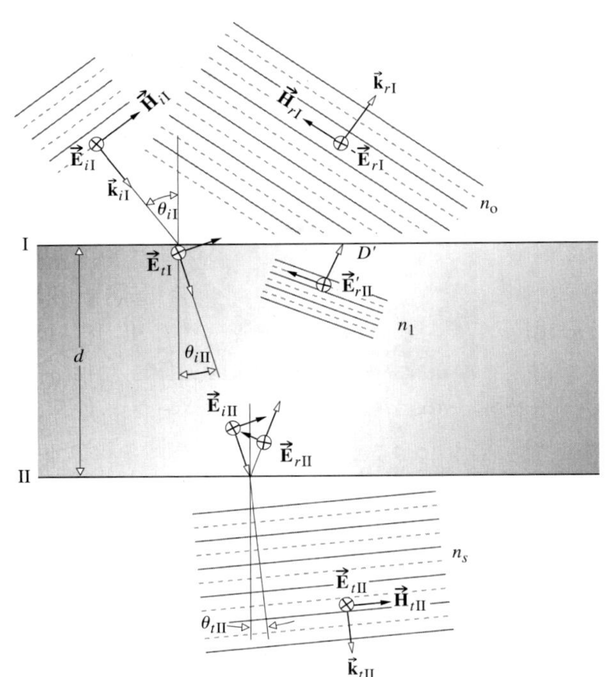

그림 9.62 경계면에서의 전기장 및 자기장

이 성립한다. 여기서 비자성 물질 내에서의 $\vec{\mathbf{E}}$와 $\vec{\mathbf{H}}$는 굴절률 및 단위 전파 벡터에 의해 연결된 다음 식을 이용하였다.

$$\vec{\mathbf{H}} = \sqrt{\frac{\epsilon_0}{\mu_0}}\, n\hat{\mathbf{k}} \times \vec{\mathbf{E}}$$

경계면 II에서는

$$E_{\mathrm{II}} = E_{i\mathrm{II}} + E_{r\mathrm{II}} = E_{t\mathrm{II}} \tag{9.83}$$

과

$$H_{\mathrm{II}} = \sqrt{\frac{\epsilon_0}{\mu_0}}(E_{i\mathrm{II}} - E_{r\mathrm{II}})n_1 \cos\theta_{i\mathrm{II}}$$
$$H_{\mathrm{II}} = \sqrt{\frac{\epsilon_0}{\mu_0}}E_{t\mathrm{II}} n_s \cos\theta_{t\mathrm{II}} \tag{9.84}$$

이 되는데, 여기서 n_s는 기판의 굴절률이다. 식 (9.33)에 따라 박막을 한 번 횡단하는 파동은 $k_0(2n_1 d\cos\theta_{t\mathrm{II}})/2$의 위상 변화를 겪는데, 이것을 k_0h로 표시하면

$$E_{i\mathrm{II}} = E_{t\mathrm{I}}e^{-ik_0h} \tag{9.85}$$
$$E_{r\mathrm{II}} = E'_{r\mathrm{II}}e^{+ik_0h} \tag{9.86}$$

이 된다. 따라서 식 (9.83)과 식 (9.84)는 각각

$$E_{\mathrm{II}} = E_{t\mathrm{I}}e^{-ik_0h} + E'_{r\mathrm{II}}e^{+ik_0h} \tag{9.87}$$

$$H_{\mathrm{II}} = (E_{t\mathrm{I}}e^{-ik_0h} - E'_{r\mathrm{II}}e^{+ik_0h})\sqrt{\frac{\epsilon_0}{\mu_0}}n_1\cos\theta_{i\mathrm{II}} \tag{9.88}$$

과 같이 쓸 수 있다. 이 두 방정식을 $E_{t\mathrm{I}}$과 $E'_{t\mathrm{II}}$에 대하여 풀어서 식 (9.81)과 식 (9.82)에 대입하면

$$E_{\mathrm{I}} = E_{\mathrm{II}}\cos k_0h + H_{\mathrm{II}}(i\sin k_0h)/\Upsilon_1 \tag{9.89}$$
$$H_{\mathrm{I}} = E_{\mathrm{II}}\Upsilon_1 i\sin k_0h + H_{\mathrm{II}}\cos k_0h \tag{9.90}$$

를 얻는다. 여기서

$$\Upsilon_1 \equiv \sqrt{\frac{\epsilon_0}{\mu_0}}n_1\cos\theta_{i\mathrm{II}}$$

이다.

$\vec{\mathbf{E}}$가 입사면에 놓여 있을 때도 앞의 계산은 비슷한 식들로 이루어진다. 단지 바로 위 식의 값이

$$\Upsilon_1 \equiv \sqrt{\frac{\epsilon_0}{\mu_0}}n_1/\cos\theta_{i\mathrm{II}}$$

처럼 되는 것만 다를 뿐이다.

앞의 선형 관계식을 행렬로 바꾸면 다음과 같은 형태가 된다.

$$\begin{bmatrix} E_{\mathrm{I}} \\ H_{\mathrm{I}} \end{bmatrix} = \begin{bmatrix} \cos k_0h & (i\sin k_0h)/\Upsilon_1 \\ \Upsilon_1\, i\sin k_0h & \cos k_0h \end{bmatrix}\begin{bmatrix} E_{\mathrm{II}} \\ H_{\mathrm{II}} \end{bmatrix} \tag{9.91}$$

또는

$$\begin{bmatrix} E_{\mathrm{I}} \\ H_{\mathrm{I}} \end{bmatrix} = \mathcal{M}_{\mathrm{I}}\begin{bmatrix} E_{\mathrm{II}} \\ H_{\mathrm{II}} \end{bmatrix} \tag{9.92}$$

과 같은 형태가 된다. **특성 행렬** $\mathcal{M}_{\mathrm{I}}$은 두 인접 경계면 I, II에서의 전기장과 자기장을 서로 연결시킨다. 계속하여 만약 기판이 2개의 박막으로 덮여 있다면 경계면은 3이 될 것이므로

$$\begin{bmatrix} E_{\mathrm{II}} \\ H_{\mathrm{II}} \end{bmatrix} = \mathcal{M}_{\mathrm{II}}\begin{bmatrix} E_{\mathrm{III}} \\ H_{\mathrm{III}} \end{bmatrix} \tag{9.93}$$

이며, 이 식의 양변을 $\mathcal{M}_{\mathrm{I}}$으로 곱하면 다음을 얻는다.

$$\begin{bmatrix} E_{\mathrm{I}} \\ H_{\mathrm{I}} \end{bmatrix} = \mathcal{M}_{\mathrm{I}}\mathcal{M}_{\mathrm{II}}\begin{bmatrix} E_{\mathrm{III}} \\ H_{\mathrm{III}} \end{bmatrix} \tag{9.94}$$

일반적으로 만약 층의 수가 p이고 각 층이 특정한 값 n과 h를 갖고 있다면, 첫째와 마지막 경계면 사이의 관계식은

$$\begin{bmatrix} E_{\mathrm{I}} \\ H_{\mathrm{I}} \end{bmatrix} = \mathcal{M}_{\mathrm{I}}\mathcal{M}_{\mathrm{II}}\cdots\,\mathcal{M}_p\begin{bmatrix} E_{(p+1)} \\ H_{(p+1)} \end{bmatrix} \tag{9.95}$$

과 같다. 전체 계의 특성 행렬은 각각 2 × 2 행렬을 차례로 순서에 따라 곱한 결과와 같다. 즉

$$\mathcal{M} = \mathcal{M}_{\mathrm{I}}\mathcal{M}_{\mathrm{II}}\cdots\,\mathcal{M}_p = \begin{bmatrix} m_{11} & m_{12} \\ m_{21} & m_{22} \end{bmatrix} \tag{9.96}$$

이 된다.

이들 모두가 어떻게 적용되는지를 알기 위해서 앞에서의

방법을 이용하여 반사와 투과 진폭 계수에 대한 표현식을 유도하자. 식 (9.92)를 경계 조건[식 (9.81), (9.82), (9.84)]으로 다시 바꾸고 다음과 같이 놓으면

$$\mathrm{Y}_0 = \sqrt{\frac{\epsilon_0}{\mu_0}}\, n_0 \cos\theta_{i\mathrm{I}}$$

$$\mathrm{Y}_s = \sqrt{\frac{\epsilon_0}{\mu_0}}\, n_s \cos\theta_{t\mathrm{II}}$$

다음 식을 얻는다.

$$\begin{bmatrix} (E_{i\mathrm{I}} + E_{r\mathrm{I}}) \\ (E_{i\mathrm{I}} - E_{r\mathrm{I}})\mathrm{Y}_0 \end{bmatrix} = \mathcal{M}_1 \begin{bmatrix} E_{t\mathrm{II}} \\ E_{t\mathrm{II}}\mathrm{Y}_s \end{bmatrix}$$

이 행렬식을 전개하면

$$1 + r = m_{11}t + m_{12}\mathrm{Y}_s t$$
$$(1 - r)\mathrm{Y}_0 = m_{21}t + m_{22}\mathrm{Y}_s t$$

가 된다. 여기서 r과 t는

$$r = E_{r\mathrm{I}}/E_{i\mathrm{I}} \qquad t = E_{t\mathrm{II}}/E_{i\mathrm{I}}$$

이다. 결과적으로

$$r = \frac{\mathrm{Y}_0 m_{11} + \mathrm{Y}_0\mathrm{Y}_s m_{12} - m_{21} - \mathrm{Y}_s m_{22}}{\mathrm{Y}_0 m_{11} + \mathrm{Y}_0\mathrm{Y}_s m_{12} + m_{21} + \mathrm{Y}_s m_{22}} \tag{9.97}$$

$$t = \frac{2\mathrm{Y}_0}{\mathrm{Y}_0 m_{11} + \mathrm{Y}_0\mathrm{Y}_s m_{12} + m_{21} + \mathrm{Y}_s m_{22}} \tag{9.98}$$

을 얻게 된다. 다층 구조를 가진 박막에 대하여 r 또는 t를 구하려면, 단지 각 박막에 대한 특성 행렬을 계산하여 그것들을 곱하고 이 결과의 행렬 요소를 앞의 식에 대입하면 된다.

9.7.2 무반사 코팅

이제 중요한 수직 입사인 경우를 생각하자. 즉

$$\theta_{i\mathrm{I}} = \theta_{i\mathrm{II}} = \theta_{t\mathrm{II}} = 0$$

인 경우로서 이것은 가장 단순할 뿐 아니라 실제로 이런 상황을 자주 만나게 된다. 반사 계수 r에 붙은 아래 첨자가 박막의 층수를 나타낸다면, 일층 박막에 대한 반사 계수는

$$r_1 = \frac{n_1(n_0 - n_s)\cos k_0 h + i(n_0 n_s - n_1^2)\sin k_0 h}{n_1(n_0 + n_s)\cos k_0 h + i(n_0 n_s + n_1^2)\sin k_0 h} \tag{9.99}$$

이 되며, 여기서 복소 공액을 곱하면

$$R_1 = \frac{n_1^2(n_0 - n_s)^2\cos^2 k_0 h + (n_0 n_s - n_1^2)^2\sin^2 k_0 h}{n_1^2(n_0 + n_s)^2\cos^2 k_0 h + (n_0 n_s + n_1^2)^2\sin^2 k_0 h} \tag{9.100}$$

와 같은 반사율을 얻는다. 이 공식은 박막의 광학적 두께 h가 $\lambda_0/4$의 홀수배와 같은 $k_0 h = \pi/2$일 때 매우 간단하게 된다. 이 경우 $d = \lambda_f/4$이고 반사율은

$$R_1 = \frac{(n_0 n_s - n_1^2)^2}{(n_0 n_s + n_1^2)^2} \tag{9.101}$$

인데, 이 값은 다음과 같은 조건에서 0이 된다.

$$n_1^2 = n_0 n_s \tag{9.102}$$

일반적으로 d는 눈에 가장 민감한 파장 영역인 연두색(yellow-green)에서 h가 $\lambda_0/4$이 되도록 선택한다. 빙정석(cryolite, $n = 1.35$)인 불화나트륨알루미늄(Na_3AlF_6) 화합물과 불화마그네슘(MgF_2, $n = 1.38$)은 저굴절률 박막으로 흔히 쓰이는 물질이다. 그중에서도 MgF_2는 내구성이 크기 때문에 더 자주 쓰인다. 유리 기판($n_s \approx 1.5$)의 경우 두 물질의 굴절률이 식 (9.102)를 만족시키기에는 약간 크다. 그럼에도 불구하고 $\lambda_0/4$ 두께의 MgF_2 단일층은 가시광선 영역에서 4%인 유리의 반사율을 1%로 감소시킨다. 요즘은 광학부품에 무반사 코팅이 보편적으로 사용된다. 사진기 렌즈에서 무반사 코팅은 영상의 밝기를 현저히 증가시킬 뿐 아니라, 렌즈 표면 사이에서 산란되어 빗나간 광선에 의해 영상이 흐려지는 것을 감소시킨다. 중심 파장 영역인 연두색 이외의 양쪽 영역에서는 R이 증가하므로 렌즈 표면에서 반사된 빛은 청-적색(blue-red)으로 보인다.

1/4 파장 무반사 코팅을 이중으로 한 경우는

$$\mathcal{M} = \mathcal{M}_\mathrm{I}\mathcal{M}_\mathrm{II}$$

인데, 좀 더 구체적으로 쓰면

표 9.1 무반사 코팅에 대한 지수

물질	굴절률
Na_3AlF_6	1.35
MgF_2	1.3 – 1.4
SiO_2	1.46
유리	1.5 – 1.7
ThF_4	1.52
MgO	1.74
Al_2O_3	1.8 – 1.9
SiO	1.8 – 1.9
Si_3N_4	1.9
ZrO_2	2.0
Ta_2O_5	2.1 – 2.3
TiO_2	2.3
CeO_2	2.3 – 2.4
ZnS	2.32
CdTe	2.69
Si	3.85
Ge	4.05
PbTe	5.1

MgF_2 단일층이 증착된 렌즈에 의한 사진 (Optical Coating Laboratory, Inc., Santa Rosa CA)

다층 박막 구조로 증착된 렌즈에 의한 사진 (Optical Coating Laboratory, Inc., Santa Rosa CA)

$$\mathcal{M} = \begin{bmatrix} 0 & i/Y_1 \\ iY_1 & 0 \end{bmatrix} \begin{bmatrix} 0 & i/Y_2 \\ iY_2 & 0 \end{bmatrix} \tag{9.103}$$

이다. 수직 입사에 대하여 이 식은

$$\mathcal{M} = \begin{bmatrix} -n_2/n_1 & 0 \\ 0 & -n_1/n_2 \end{bmatrix} \tag{9.104}$$

이 된다. 식 (9.97)에 적절한 행렬 요소를 대입하면 r_2를 얻는데, 이를 제곱하면 반사율은

$$R_2 = \left[\frac{n_2^2 n_0 - n_s n_1^2}{n_2^2 n_0 + n_s n_1^2}\right]^2 \tag{9.105}$$

이 된다. 특정한 파장에서 R_2가 정확히 0이 되는 조건은

$$\left(\frac{n_2}{n_1}\right)^2 = \frac{n_s}{n_0} \tag{9.106}$$

가 된다. 이러한 종류의 박막은 **이중-1/4**(double-quarter), **단일-최소**(single-minimum) 코팅이라고 한다. 가능한 한 n_1과 n_2를 작게 하면 반사율은 선택된 주파수에서 폭이 넓고 크기가 0에 가까운 최솟값을 갖는다. 식 (9.106)으로부터 $n_2 > n_1$임이 명백하다. 따라서 [(유리)−(고굴절률)−(저굴절률)−(공기)]의 코팅을 일반적으로 [$gHLa$]와 같이 간단히 표시한다. 산화지르코늄(ZrO_2, $n = 2.1$), 산화티타늄(TiO_2, $n = 2.40$), 황화아연(ZnS, $n = 2.32$) 등은 H층으로, 불화마그네슘(MgF_2, $n = 1.38$)과 불화세륨(CeF_2, $n = 1.63$) 등은 L층으로 흔히 쓰이는 물질이다.

이 외에도 2층 또는 3층의 구조가 스펙트럼 영역이나 입사각도, 비용 등에 따라 특별한 요구를 만족하도록 설계할 수 있다. 사진은 15개의 렌즈로 이루어진 줌렌즈 사진기에 150 W의 램프를 직접 비추면서 찍은 사진이다. 이 렌즈는 MgF_2를 단일층으로 증착한 것이다. (그 다음 사진과 같이) 3층으로 된 무반사 코팅을 사용했을 때는 명도 대비가 개선되고 눈부신 빛의 반사가 줄어들었음을 알 수 있다.

9.7.3 다층의 주기적 박막 구조

가장 단순한 종류의 주기적 다층 박막은 **1/4 파장 적층**(quarter-wave stack)으로 1/4 파장 두께의 층을 여러 번 쌓아서 만든다. 그림 9.63처럼 고굴절률 물질과 저굴절률 물질이 교대로 된 주기적 구조는

$$g(HL)^3a$$

와 같이 표시한다.

그림 9.64는 다층 박막 필터의 파장에 대한 반사율을 나타낸 것이다. 중심의 반사 대역폭은 굴절률의 비 n_H/n_L가 증가함에 따라 넓어지고, 최대 반사율은 층의 수에 따라 높아진다. $g(HL)^m a$와 같은 주기적 구조에 다른 H층을 하나 더 첨가하여 $g(HL)^m Ha$의 구조로 만들면 반사율의 최댓값을 증가시킬 수 있다. 매우 높은 반사율을 가진 거울은 이러한 배열을 사용하여 만들 수 있다.

중심 부분으로부터 짧은 파장 쪽의 측면에 존재하는 작은 봉우리는 적층 구조의 양쪽 끝에 저굴절률 박막을 1/8 파장 두께로 첨가시켜 감소시킬 수 있다. 이 경우 전체 배열은 다

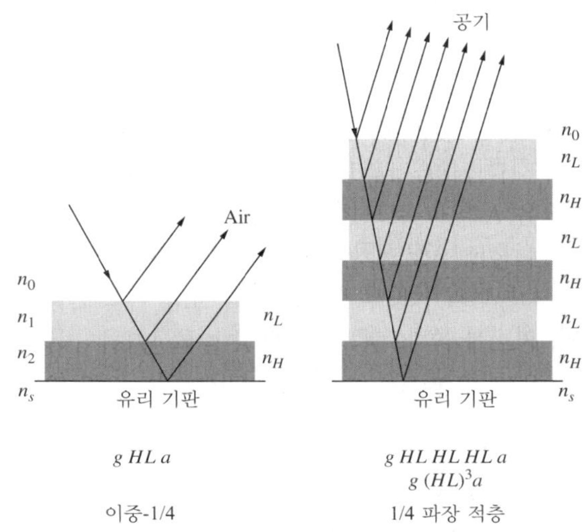

그림 9.63 주기적인 구조. 단순하게 나타내기 위하여 빛의 굴절을 생략하였다.

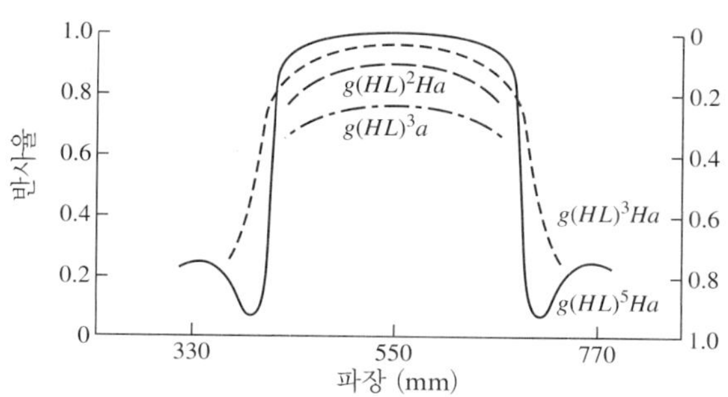

그림 9.64 여러 주기 구조의 반사율 및 투과율

음과 같이 표현된다.

$$g(0.5L)(HL)^m H(0.5L)a$$

이것은 짧은 파장, 즉 높은 주파수에 대한 투과율을 증가시키는 효과가 있다. 따라서 이것을 **고주파수 투과 필터**(high-pass filter)라고 한다. 마찬가지로

$$g(0.5H)L(HL)^m(0.5H)a$$

과 같은 구조는 앞의 경우와 달리 양쪽 끝 부분이 $\lambda_0/8$ 두께의 고굴절률층으로 되어 있다. 이것은 긴 파장, 즉 낮은 주파수 영역을 잘 투과시키므로 **저주파수 투과 필터**(low-pass filter)라고 한다.

수직 입사가 아닌 경우, 대략 30°까지는 박막의 광학적 특성이 거의 저하되지 않는다. 일반적으로 입사 각도를 증가시키면 전체 반사율 곡선이 좀 더 짧은 파장 쪽으로 이동하는 효과가 있다. 이러한 종류의 반응은 공작이나 벌새의 깃털, 나비의 날개, 딱정벌레의 등껍질 등 여러 가지 자연적으로 나타나는 주기적 구조에 의해서도 입증된다.

마지막으로 고려할 다층 박막계는 **간섭 필터**로 좀 더 정확히 **파브리-페로 필터**이다. 만약 에탈론판 사이의 간격이 λ 정도라면 투과 봉우리는 파장 영역에서 넓게 분리된다. 이때 색유리나 젤라틴 등의 흡수 필터를 사용하면 1개를 제외한 나머지 모든 봉우리를 차단시키는 것이 가능하다. 투과된 빛은 단 하나의 예리한 봉우리가 되므로 에탈론은 좁은 대역 투과 필터 역할을 한다. 이와 같은 장치는 유리 기판 위에 반투명한 금속 박막, MgF_2 간격층(spacer), 금속 박막을 차례로 증착시켜 제조할 수 있다.

전체가 유전체 박막으로 구성된 흡수가 없는 파브리-페로 필터도 유사한 [반사경-간격층-반사경]의 구조를 갖고 있다. 2개의 가능한 예를 들면 다음과 같다.

$$g\ HLH\ LL\ HLH\ a$$

$$g\ HLHL\ HH\ LHLH\ a$$

이 중 첫 번째에 대한 특성 행렬은 다음과 같다.

$$\mathcal{M} = \mathcal{M}_H\mathcal{M}_L\mathcal{M}_H\mathcal{M}_L\mathcal{M}_L\mathcal{M}_H\mathcal{M}_L\mathcal{M}_H$$

식 (9.104)로부터

$$\mathcal{M}_L\mathcal{M}_L = \begin{bmatrix} -1 & 0 \\ 0 & -1 \end{bmatrix}$$

또는

$$\mathcal{M}_L\mathcal{M}_L = -\mathcal{I}$$

이다. 여기서 $\mathcal{I}$는 단위 행렬이다. 파브리-페로 공진기에 해당하는 중심의 이중층은 두께가 반파장($d = \lambda_f/2$)이다. 따라서 **봉우리의 투과 파장**에서는 반사율에 아무런 영향을 주지 않는다. 그러므로 이 반파장층을 부재층(absentee layer)이라고 한다. 결과적으로 특성 행렬은 다음과 같이 줄어든다.

$$\mathcal{M} = -\mathcal{M}_H\mathcal{M}_L\mathcal{M}_H\mathcal{M}_H\mathcal{M}_L\mathcal{M}_H$$

이러한 조건이 중심에서 계속되므로 최종적인 결과는

$$\mathcal{M} = \begin{bmatrix} 1 & 0 \\ 0 & 1 \end{bmatrix}$$

과 같이 된다. 따라서 필터가 설계되는 봉우리의 투과율 주파수에서 수직입사에 대한 r은 식 (9.97)에 따라

$$r = \frac{n_0 - n_s}{n_0 + n_s}$$

가 된다. 이것은 코팅되지 않은 기판의 값이다. 특히 공기(n_0

그림 9.27에서 광경로차는 λ(즉 빛의 색깔)와 보는 각도에 따라 변한다. 이와 유사하게 미국 지폐를 인쇄하는 데 사용되는 잉크에는 간섭색을 만들 수 있는 구조의 입자가 포함되어 있다. 잉크에는 같은 방향으로 배열된 조그마한 박편이 주입되어 있으며, 각 박편은 다층구조의 간섭 필터이다. 지폐에서 숫자 20은 보는 각도를 변화시키면 검은색에서 초록색으로 바뀐다. (E.H.)

= 1) 중의 유리(n_s = 1.5) 기판의 경우 파브리-페로 필터의 이론적인 봉우리 투과율은 96%이다(이때 기판 뒷면에서의 반사, 차단시키는 필터와 박막 자체에서의 손실은 무시하였다).

9.8 간섭 측정법의 응용

간섭 측정법(interferometry)의 원리는 많은 물리 분야에서 응용되고 있다. 이 중 일부는 단지 역사적 혹은 교육적 중요성만을 갖지만 그 이외의 대부분은 폭넓게 사용되고 있다. 레이저의 출현으로 높은 결맞는 단색광을 얻게 되었고 이는 새로운 구조의 간섭계 창출을 쉽게 만들었다.

9.8.1 산란광 간섭

산란광으로부터 생긴 간섭 무늬에 대한 연구 중 가장 최초의 기록은 뉴턴의 『광학(*Optiks*)』(1704, Book Two, Part IV)에서 발견된다. 이 현상에 대하여 흥미로운 것은 두 가지이다. 첫째로 이것은 극히 쉬운 방법으로 아름다운 색채 간섭 무늬를 볼 수 있도록 해 준다는 것이다. 둘째로 이것은 매우 간단하고 유용한 간섭계의 기초가 된다는 것이다.

간섭 무늬를 보기 위하여 뒷면에 은을 입힌 보통의 거울 표면에 활석 가루(talcum powder)를 놓고 가볍게 문질러 얇은 층을 만든다(또는 고운 이슬이 맺히게 해도 된다). 두께나 겉칠의 균일도는 특별히 중요하지 않다. 보다 결정적인 것은 밝은 점광원을 사용하는 것이다. 이러한 점광원은 밝은 회중전등 앞에 지름 6mm 정도의 구멍을 뚫은 판지를 놓아서 만든다. 우선 거울 뒤로 약 1m 되는 곳에 선다. 무늬가 너무 미세하고 간격이 좁아서 너무 가까운 곳에 서 있으면 잘 볼 수 없기 때문이다. 거울 속의 광원이 가장 밝게 반사되도록 회중 전등을 관측자의 뺨과 나란하게 들고 거울을 비추자. 그러면 많은 수의 밝고 어두운 띠 무늬가 번갈아 있는 것을 선명하게 볼 수 있다.

그림 9.65는 점광원으로부터 출발한 2개의 결맞는 광선이 서로 다른 경로를 지나 점 P에 도달하는 것을 보여 준다. 한 광선은 거울 뒷면에서 반사된 후 투명한 활석 입자에서 산란되어 점 P로 향한다. 두 번째 광선은 먼저 산란된 후 거울 뒷면에서 반사되어 점 P로 온다. 이들의 광학적 경로 차이가 P에서의 간섭을 결정한다. 수직 입사 시 무늬의 형태는 연속적인 동심 고리로 다음과 같은 반지름을 가진다.*

$$\rho \approx \left[\frac{nm\lambda a^2 b^2}{d(a^2 - b^2)}\right]^{1/2}$$

이제 이와 관련된 장치에 대해 생각해 보자. 이것은 광학계를 검사하는 데 매우 유용하다. **산란판(scatter plate)**이라고 알려진 이것은 면이 약간 거칠고 투명한 얇은 판으로 되어 있다. 그림 9.66과 같은 구조에서 이것은 진폭을 분리시키는 역할을 한다. 이 응용에서 산란판은 중심에 대해 대칭이어야 하고, 각 산란점의 위치는 중심점에 대해 대칭적으로 중복되게 놓아야 한다.

이 계에서 단색 점광원 S의 상은 L_1에 의해 검사하려는 거울의 점 A에 맺힌다. 광원으로부터 오는 광선의 일부는 산란판에서 산란되어 거울 전체를 비추게 된다. 다음에는 거울이 빛을 반사시켜 산란판으로 되돌려보낸다. 이 파동은 점 A에 바늘 구멍(점광원)의 상을 만드는 빛과 함께 산란판을 다시 한 번 지나 상평면(스크린 위 또는 사진기 속)에 도달하게 되고, 무늬는 이 상평면 위에 형성된다. 이러한 간섭 과정은 최종 상평면의 각 점을 비추는 광선이 2개의 서로 다른 경로, 즉 하나는 점 A로부터 오고 다른 것은 산란광을 반사시키는 점 B로부터 오기 때문에 발생한다. 신기할 만큼 윤곽이 뚜렷한 무늬가 사진처럼 나타난다.

좀 더 상세히 계 전체를 통한 광선의 경로를 조사하기 위해서 산란판으로 입사하는 광선이 그림 9.67과 같이 평면파라고 가정하자. 평면인 입사 파면 $\vec{\mathbf{E}}_i$는 산란판을 통과한 후에 투과하면 $\vec{\mathbf{E}}_T$로 왜곡된다. 이 파동은 평면파로 구성된 푸리에 성분으로 분해된다고 가정하자. 즉

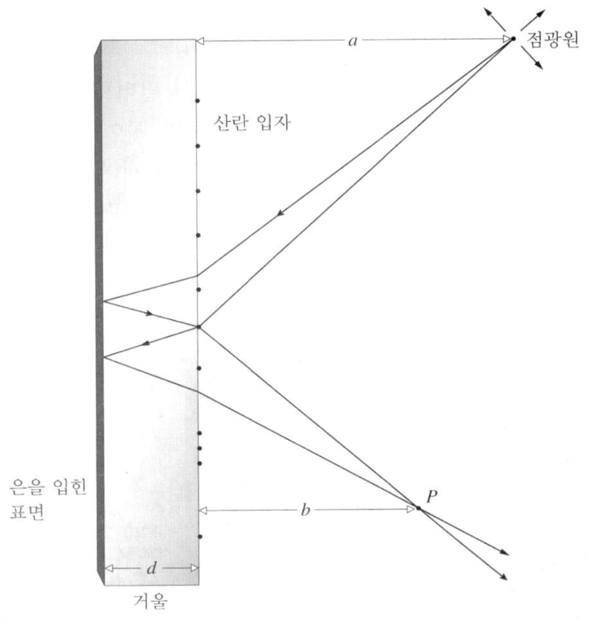

그림 9.65 산란광 간섭

* 더 많은 자세한 내용은 A. J. deWitte, "Interference in scattered light," *Am. J. Phys.* **35**, 301 (1967)에 나와 있다.

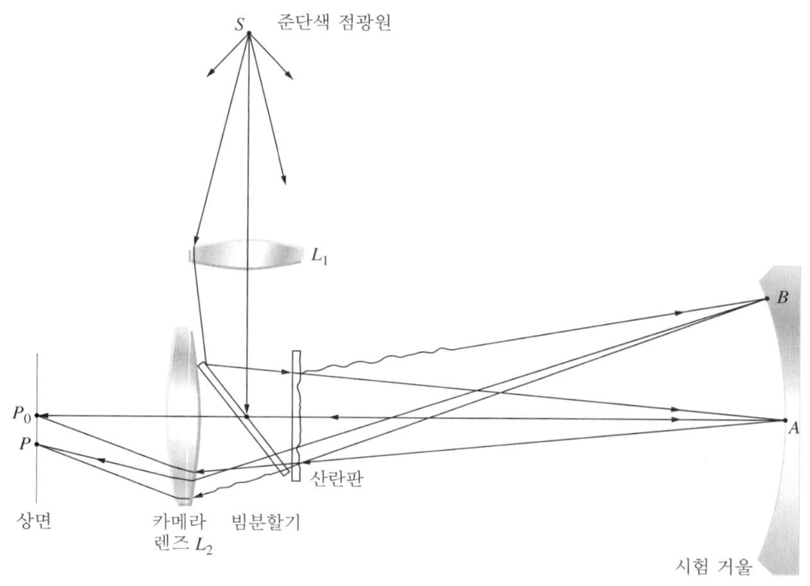

그림 9.66 산란판 실험 장치도 (Adapted from R. M. Scott, *Appl. Opt.* **8**, 531 [1969].)
(출처: R. M. Scott, *Appl. Opt.* 8, 531 (1969). Scott R. M., "Scatter Plate Interferometry," Applied Optics, 531, (1969). The Optical Society에 근거를 둠)

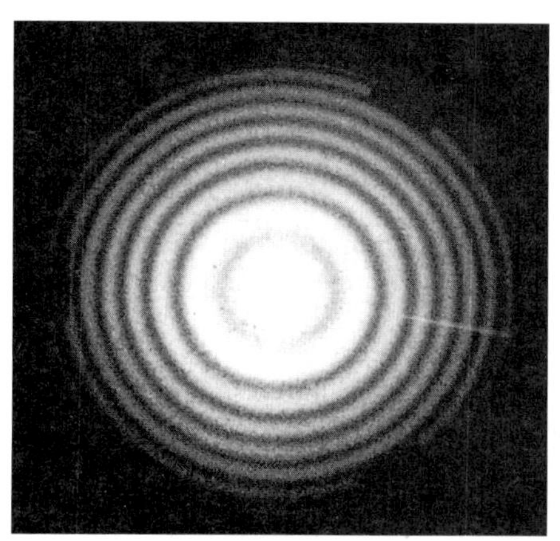

산란광에 의한 간섭 무늬 (E.H.)

$$\vec{\mathbf{E}}_T = \vec{\mathbf{E}}_1 + \vec{\mathbf{E}}_2 + \cdots \tag{9.107}$$

이다. 이들 구성 성분 중 2개가 그림 9.67a에 그려져 있다. 이제 이 성분에 특별한 의미를 부여하자. $\vec{\mathbf{E}}_1$은 그림 9.67의 점 A로 향하고, $\vec{\mathbf{E}}_2$는 점 B로 향해 가는 광선을 나타낸다고 가정하자. 뒤따라 일어나는 단계에 대해서도 계속해서 같은 방법으로 분석할 수 있다. 그림 9.67b에서 파면 $\vec{\mathbf{E}}_A$는 A로부터 되돌아오는 파면의 일부분을 나타낸다. 산란판은 이것을 울퉁불퉁한 투과파로 변환시킬 것이다. 이것을 같은 그림의 $\vec{\mathbf{E}}_{AT}$로 나타내었다. 이것은 또다시 복잡한 형태로 된 것이지만 앞에서처럼 평면파를 구성하는 푸리에 성분으로 가를 수 있다. 그림 9.67b에 이들 성분 중 2개의 파면이 그려져 있다. 그 중 하나는 왼쪽으로 진행하고 다른 하나는 θ 만큼 각도가 기울어져 진행하고 있다. 후자, 즉 $\vec{\mathbf{E}}_{A\theta}$로 표현된 파면은 렌즈 L_2에 의해 스크린(그림 9.66) 위의 점 P에 상을 맺는다.

그림 9.67c의 $\vec{\mathbf{E}}_B$는 점 B로부터 산란판으로 되돌아오는 파면을 나타낸다. 산란판을 통과하면서 이것은 $\vec{\mathbf{E}}_{BT}$로 모양이 바뀐다. 이 파면의 푸리에 성분 중 $\vec{\mathbf{E}}_{B\theta}$는 각도가 기울어져 스크린 위의 같은 점 P에 상을 맺는다.

점 P에 도달하는 파동 중 일부는 결맞음이 있어서 간섭이 발생한다. 합성 복사 조도 I_P를 구하기 위하여 P에 도달하는 모든 파동의 진폭 $\vec{\mathbf{E}}_P$를 구하며 이를 제곱하고 시간에 대해

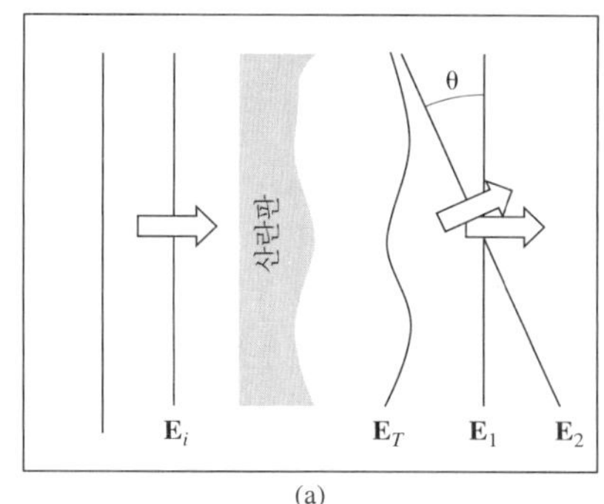

(a)

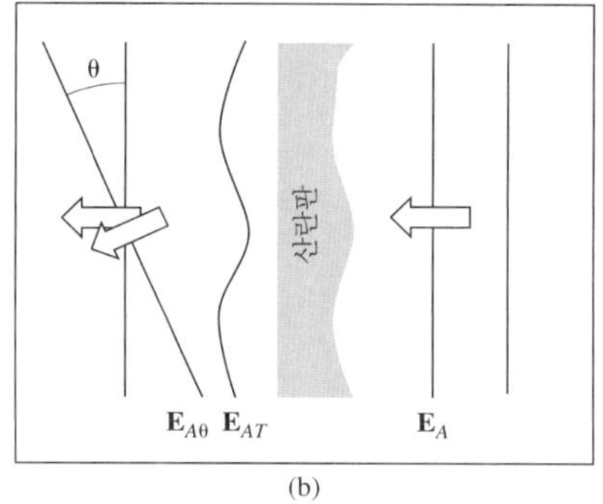

(b)

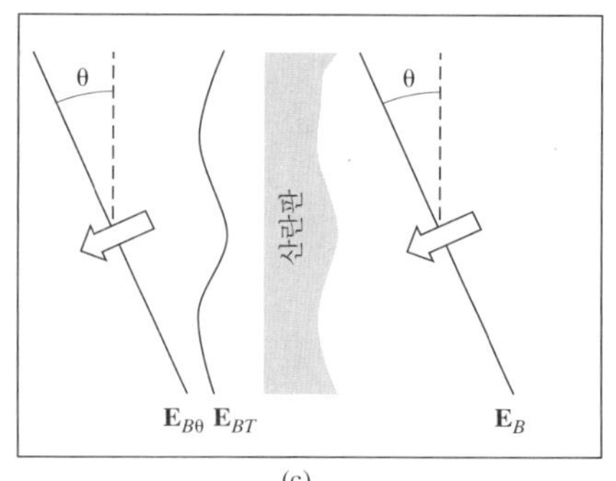

(c)

그림 9.67 산란판을 투과하는 파면

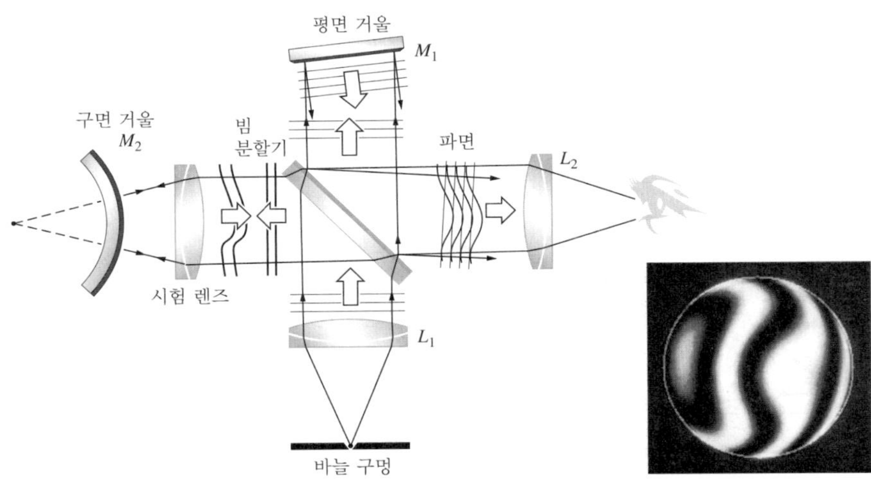

그림 9.68 트와이먼–그린 간섭계 (E.H.)

평균을 취한다.

앞의 논의에서는 거울면에 대해서 단지 2개의 점광원만을 고려하였다. 물론 실제로는 거울면 전체가 빛을 받기 때문에 거울면의 모든 점이 되돌아오는 파동의 2차 광원 역할을 하게 된다. 이 모든 파동은 산란판에 의해 변형되고, 그때마다 평면파의 성분으로 나눌 수 있다. 이 일련의 파동 성분 중에는 각도가 θ로 기울어진 것이 하나씩 있을 것이고, 이들은 스크린 위의 같은 점 P에 초점을 맺을 것이다. 결과적인 진폭은

$$\vec{\mathbf{E}}_P = \vec{\mathbf{E}}_{A\theta} + \vec{\mathbf{E}}_{B\theta} + \cdots$$

가 된다.

스크린에 도달하는 광선의 일부는 특히 흥미 있는 2개의 광파로 구성되어 있는 것으로 생각할 수 있다. 이 중 하나는 산란판에서 거울로 가는 경로상에서 산란판을 통과할 때 산란된 광선이고, 다른 하나는 거울에서 상면으로 향하는 도중에 산란된 광선이다. 먼저 것은 시험하려는 거울을 넓게 비추고 결국 스크린 위에 시험 거울의 상을 맺는다. 나중 것은 처음에 A에 초점을 맺은 후 산란되어 스크린 쪽에서는 뿌옇고 흐리게 된다. 점 A는 그 근처에서 수차가 없도록 선택된다. 이 점에서 반사된 파동은 거울 전체에 대응하는 반사 파면을 비교할 수 있는 기준파의 역할을 한다. 간섭 무늬의 모양은 일련의 등고선 무늬로서 거울면이 얼마나 완벽한가에 대한 편차를 보여 준다.*

* 산란판에 대해 더 많은 내용을 알고 싶으면, 다음과 같은 논문들을 읽을 필요가 있다. J. M. Burch, *Nature* **171**, 889 (1953), and *J. Opt. Soc. Am.* **52**, 600(1962); J. Strong, *Concepts of Classical Optics*, p.383; R. M. Scott, "Scatter Plate Interferometry," *Appl. Opt.* **8,** 531(1969); J. B. Houston, Jr., "How to make and use a scatterplate Interferometer," *Optical Spectra* (June 1970), p. 32.

9.8.2 트와이먼–그린 간섭계

트와이먼–그린(Twyman–Green) 간섭계는 기본적으로 마이컬슨 간섭계를 변형한 것이다. 이것은 현대 광학 검사(optical testing) 분야에서 매우 중요한 기기이다. 마이컬슨 간섭계와 구별되는 외형적 특성은 그림 9.68과 같이 준단색성의 점광원과 이것을 **평면파**로 만드는 렌즈 L_1, M_1과 M_2로부터 오는 모든 광선을 모아서 눈으로 보내 주어 무늬 전체를 볼 수 있는 렌즈 L_2이다. 연속 발진 레이저는 매우 훌륭한 광원으로서 광로의 차이가 길고, 사진을 찍을 때 노출 시간이 짧아져 편리하며, 이로 인해 원치 않는 진동 효과를 최소화한다. 레이저를 광원으로 사용하는 트와이먼–그린 간섭계는 광학 분야에서 가장 효율적인 검사 장비이다. 그림 9.68은 렌즈를 검사하기 위한 장치이다. 구면 거울 M_2의 곡률 중심이 렌즈의 초점과 일치하도록 되어 있다. 만약 검사하려는 렌즈에 수차가 없다면 빔분할기로 되돌아오는 반사광은 또다시 평면파가 될 것이다. 그러나 비점 수차, 코마(coma), 구면 수차 등이 파면을 왜곡시킨다면, 이들을 명확히 나타내는 간섭 무늬를 직접 보거나 사진을 찍을 수 있다. 거울 M_2를 평면 거울로 바꾸면 많은 다른 광학 부품(프리즘, 광학 평면 등)도 같은 방법으로 검사할 수 있다. 이 간섭 무늬의 모양을 분석한 결과로부터 소자의 표면에 높거나 낮은 지점 표시를 해서 다시 연마하면 표면을 수정할 수 있다. 매우 정밀한 광학계, 망원경, 고공 촬영용 사진기 등을 제조할 때는 간섭 무늬 사진을 전자적으로 주사하고, 이렇게 얻은 측정치는 컴퓨터를 이용해 분석한다. 시험하고자 하는 광학 소자에 의해 발생한 왜곡된 파면의 그림은 컴퓨터-제어 플로터(plotter)가 자동적으로 등고선 지도 또는 '3차원' 투시도로 만들어 준다. 이러한 과정은 높은 품질의 광학 기기를 제조

하는 공정 전체에 사용할 수 있다. 파면 수차가 파장보다 작은 복잡한 광학계를 만들 수 있는 것은 이러한 최신 기술의 결과이다.

9.8.3 회전 사냑 간섭계

사냑(sagnac) 간섭계는 회전 속도의 측정에 널리 사용되고 있다. 특히 **고리 레이저(ring laser)**는 원리상으로 1개 또는 그 이상의 팔에 레이저를 장착한 사냑 간섭계이며, 자전 속도를 측정하기 위한 목적으로 특별히 고안되었다. 최초의 고리 레이저 자이로스코프는 1963년 도입되었으며, 이러한 종류의 여러 가지 장치에 대한 연구가 계속되고 있다(사진 참조). 이러한 노력의 동기가 된 최초의 실험은 1911년 사냑에 의해 수행되었다. 그 당시 그는 거울, 광원, 검출기 등 전체 간섭계를 중심축 주위로 회전시켰다(그림 9.69). 9.4.2절로 돌아가 2개의 빔이 하나는 시계 방향으로, 다른 하나는 반대 방향으로 간섭계를 돌아서 합쳐지는 것을 상기하라. 한쪽 빔의 경로는 회전 효과에 의해 다른 쪽의 것보다 짧아진다. 그 결과는 간섭계에서 각속도 ω에 비례하는 무늬의 이동으로 나타난다. 고리 레이저의 경우에는 서로 다른 방향으로 발진하는 두 빔 사이의 주파수 차이가 ω에 비례한다.

그림 9.69의 구조를 생각하자. 모서리 A(와 다른 모든 모서리)는 선형 속력 $v = R\omega$로 움직인다. 여기서 R은 대각선 길이의 절반이다. 고전적인 논리를 사용하면 빛이 AB를 여행하는 데 걸린 시간은

$$t_{AB} = \frac{R\sqrt{2}}{c - v/\sqrt{2}}$$

또는

$$t_{AB} = \frac{2R}{\sqrt{2}c - \omega R}$$

이 된다. 빛이 A에서 D로 가는 데 걸린 시간은

$$t_{AD} = \frac{2R}{\sqrt{2}c + \omega R}$$

이다. 시계 반대 방향과 시계 방향에 대한 전체 시간은 각각

$$t_{\circlearrowleft} = \frac{8R}{\sqrt{2}c + \omega R}$$

과

$$t_{\circlearrowright} = \frac{8R}{\sqrt{2}c - \omega R}$$

이다. 이들 사이의 차이는

$$\Delta t = t_{\circlearrowright} - t_{\circlearrowleft}$$

인데, $\omega R << c$에 대하여 이항 급수를 이용하면

$$\Delta t = \frac{8R^2\omega}{c^2}$$

이 된다. 빔의 경로가 만드는 장방형의 면적은 $A = 2R^2$이므로

$$\Delta t = \frac{4A\omega}{c^2}$$

로 쓸 수 있다. 사용된 단색광의 주기를 $\tau = \lambda/c$라 하면 $\Delta N = \Delta t/\tau$로 주어지는 무늬의 부분적인 이동은 다음과 같다.

$$\Delta N = \frac{4A\omega}{c\lambda}$$

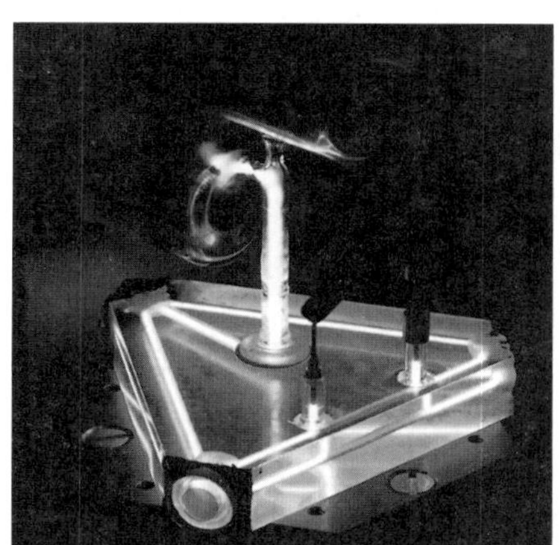

고리 레이저 자이로스코프 (Autonetics, a Division of Boeing North America, Inc.)

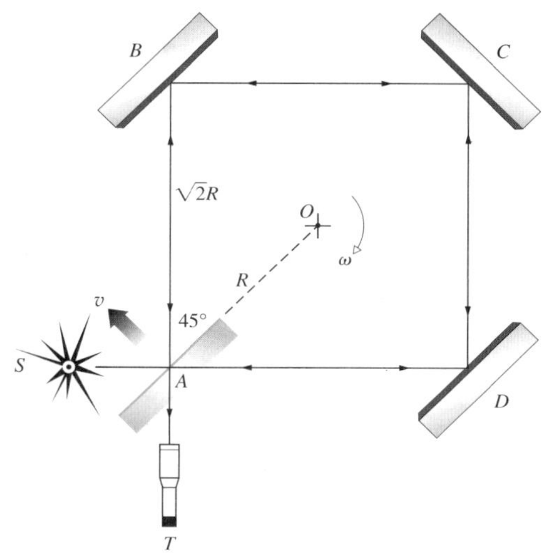

그림 9.69 회전 사냑 간섭계. 원래 이것은 크기가 1 m × 1 m, ω = 120 rev/min이었다.

가 된다. 이 결과는 실험적으로 증명되었다. 특히 마이컬슨과 게일(Gale)* 은 지구의 각속도를 측정하기 위해 이 방법을 사용하였다.

앞에서 다룬 고전적 이론은 특수 상대성 이론에 상반되도록 c보다 큰 빛의 속력을 가정하고 있어 확실히 부족한 점이 있다. 더욱이 계가 가속되기 때문에 일반 상대성 이론의 효과가 더 우세해 보인다. 실제로는 이 모든 공식이 같은 결과를 가져온다.

9.8.4 레이더 간섭계

2000년 2월 우주왕복선 엔데버(Endeavour)는 1억 1900만 제곱 km의 지구 표면을 '3차원' 지도로 만드는 임무를 완성하였다. 이 위업은 합성 구멍 레이더(synthetic aperture radar)를 이용하여 완수되었다. SAR은 비행과 신호 처리 방법을 이용하여 매우 큰 안테나를 모의하는 기술이다.

위상 배열 안테나(4.3.1절 참조)를 이용하여 왕복선은 레이더 빔을 진행 방향에 수직으로 225km의 넓은 폭에 걸쳐 주사하며 지구 표면을 지나갔다(그림 9.70). 엔데버호는 뒤집어진 채로 궤도를 돌면서 끝에 2개의 수신 안테나가 달려 있는 60m 돛대를 사용하였다(그림 9.71). SAR은 송신기와 수신기를 겸하고 있는 짐칸의 주 안테나로부터 초당 1700개의 고출력 전자파 펄스를 발사하였다. 실제로 왕복선의 임무에는 2개의 다른 레이더가 활용되었다. 대부분의 지역을 포함하기 위해 5.6cm의 파장을 사용하는 C-밴드 시스템과 좁은 50km의 폭을 상세히 볼 수 있는 파장 3cm의 고분해 X-밴드 시스템이다(그림 9.70). 레이더 상은 픽셀(10.2.7절 참조)로 알려진 무한히 많은 균일한 작은 점으로 구성되어 있다. 픽셀은 그림에서 정보의 가장 작은 비트(bit)이다(픽셀보다 작은 것은 볼 수 없다). 주요한 C-밴드 시스템에서 각 픽셀은 지름이 약 12.5m이고, 분해할 수 있는 가장 작은 물체는 지름이 약 30m이다.

* Michelson and Gale, *Astrophys, J.* **61**, 140 (1925).

그림 9.70 왕복선이 궤도를 도는 동안 두 레이더 시스템은 지구 표면을 넓은 길 모양으로 쓸며 지나갔다.

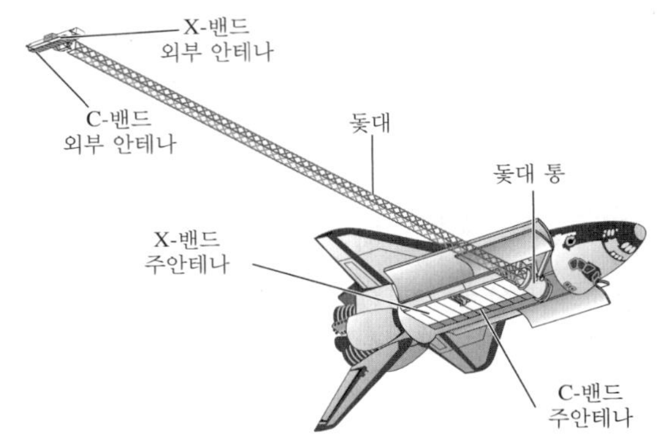

그림 9.71 주요 C-밴드 송수신기 안테나는 엔데버의 짐칸에 있고, 두 번째 수신기는 60m의 긴 돛대에 달려 있다.

보통 레이더 시스템은 펄스(10~50μs의 펄스폭)를 발사하고, 후방 산란된 파를 수신하여 진폭과 왕복 시간을 기록한다. 이것으로부터 목표물의 크기와 위치에 대한 대강의 정보를 얻는다. 그러나 지표면 형상의 높이를 알기 위해 왕복선 레이더 지형 임무(Shuttle Radar Topography Mission, SRTM) 시스템은 영의 실험(9.3.1절)을 상기시키는 간섭계를 활용하였다. 라디오와 광학 천문학에서는 이와 유사한 간섭 기술의 중요성이 증가하고 있다.

SAR은 결맞는 결상 시스템이고, 레이더의 반사파로부터 데이터를 수집하고 처리하는 동안 진폭과 위상에 관한 정보를 얻는다. 왕복선으로부터 전파가 신호로 방사된다(보통 카메라의 플래시와 비슷하지만 특별히 조절된 스펙트럼을 사용한다). 신호는 지면에서 반사된 후(그림 9.72), 짐칸(P_1)과 돛의 끝(P_2)에 있는 2개의 안테나로 되돌아간다. 두 안테나는 기준선 a에 의하여 60m 떨어져 있다. 2개의 레이더 반사파는 디지털 데이터로 변환되며 나중에 데이터 처리와 디스플레이를 하기 위해 저장된다. 지형을 나타내는 함수인 $z(x)$는 아래 식과 같이 고도 h, 레이더가 **보는 각도**(look angle) θ와 두 신호 사이에서 측정된 위상각의 차이나 **간섭 위상각** ϕ로 표현할 수 있다(연습문제 9.62, 그림 9.73)

$$z(x) = h - \frac{(\lambda\phi/2\pi)^2 - a^2}{2a\sin(\alpha - \theta) - (\lambda\phi/2\pi)}\cos\theta \qquad (9.108)$$

이와 같은 간섭계는 기준선의 끝에 도착하는 두 신호 사이의 위상차인 ϕ를 측정한다. 이는 **상호 상관관계**(11.3.5절 참조)라는 과정을 이용하여 두 신호를 해석적으로 간섭시켜 얻

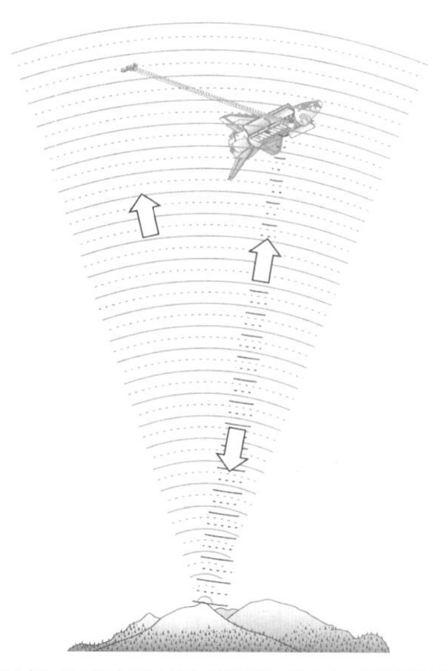

그림 9.72 왕복선으로부터 방사된 레이더 펄스는 지표면에서 반사되며, 반사파는 왕복선의 안과 밖에 있는 안테나가 수신한다.

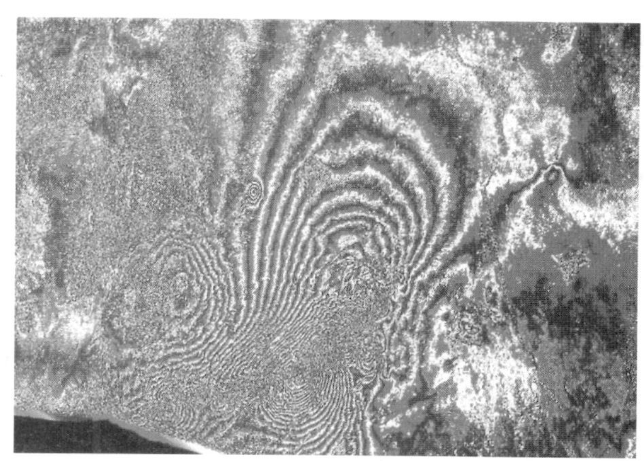

1992년 6월 캘리포니아 랜더스(Landers)에서 발생한 지진의 간섭 사진을 만드는 데 합성 구멍 레이더가 이용되었다. ERS-1 인공위성에 의해 지진 전후에 촬영된 상을 합성하여 지진에 의한 지표면의 이동을 나타내는 간섭무늬 형상을 만들었다. 사진은 약 125×175km의 면적을 나타낸다. (Centre National d'Etudes Spatiales)

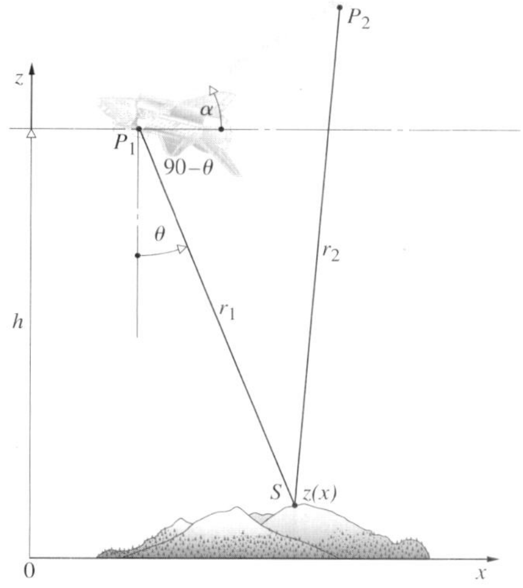

그림 9.73 SAR 간섭계의 기하학적 기본 구조. 점광원 S는 레이더 펄스를 왕복선으로 반사시키는 지표면의 점이다. P_1과 P_2는 짐칸과 돛대에 있는 왕복선의 두 수신기이다.

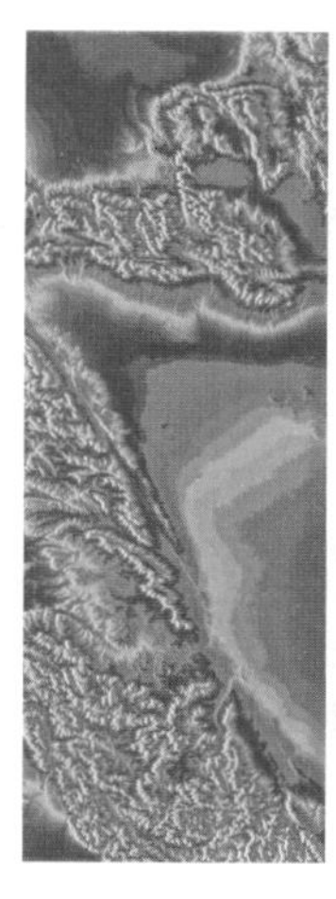

2000년 우주왕복선 엔데버가 촬영한 캘리포니아 샌안드레아스(San Andreas)의 레이더 상. 왼쪽 사진은 지형 위에 겹쳐진 간섭 사진을 나타낸다(컬러는 더 잘 보임). 오른쪽 사진은 모든 데이터를 분석하여 나타낸 '3차원' 지도이다.

는다. 각 안테나로부터 온 2개의 데이터 집합을 지상에서 합하면 지형을 기호화한 간섭 사진(interferogram)이나 간섭무늬 지도가 만들어진다(사진 참조). 그러나 등고선의 높이에 관한 정보를 얻기 위해서는 더 많은 과정을 거쳐야 한다. 돛대의 길이와 방향을 정확히 알고 있으므로 각 등고선의 높이 $z(x)$를 삼각 측량법으로 구할 수 있다. 바다 위에서 수집한 데이터는 모든 고도에 대한 해수면 기준을 제공한다. 각 픽셀마다 상당한 양의 계산을 한 후 3차원 지형도가 마침내 완성된다(사진 참조).

연습문제

*가 붙지 않은 문제의 풀이는 책 뒤에 나와 있다.

9.1 9.1절로 돌아가

$$\tilde{\mathbf{E}}_1(\vec{r}, t) = \tilde{\mathbf{E}}_1(\vec{r})e^{-i\omega t}$$

$$\tilde{\mathbf{E}}_2(\vec{r}, t) = \tilde{\mathbf{E}}_2(\vec{r})e^{-i\omega t}$$

이라고 하자. 여기서 파면의 모양은 명확히 규정되지 않았고, $\tilde{\mathbf{E}}_1$, $\tilde{\mathbf{E}}_2$는 공간과 초기 위상에 의존하는 복소 벡터이다. 간섭항은 다음과 같이 주어짐을 보여라.

$$I_{12} = \tfrac{1}{2}(\tilde{\mathbf{E}}_1 \cdot \tilde{\mathbf{E}}_2^* + \tilde{\mathbf{E}}_1^* \cdot \tilde{\mathbf{E}}_2) \tag{9.109}$$

여기서 $T >> \tau$에 대하여 다음의 식을 계산해야만 한다(연습문제 3.15 참조).

$$\langle \tilde{\mathbf{E}}_1 \cdot \tilde{\mathbf{E}}_2 e^{-2i\omega t} \rangle_T = (\tilde{\mathbf{E}}_1 \cdot \tilde{\mathbf{E}}_2/T)\int_t^{t+T} e^{-2i\omega t'}dt'$$

평면파에 대하여 식 (9.109)는 식 (9.11)이 됨을 보여라.

9.2 9.1절에서는 2개의 점광원에 대한 에너지의 공간 분포를 고려하였다. 분리된 거리가 $a >> \lambda$인 경우 I_{12}를 공간적으로 평균하면 0이 되었다. 어째서 이렇게 되는가? a가 λ보다 매우 작다면 어떻게 되는가?

9.3* 그림 2.25에서 각도 θ를 이루고 있는 두 전자기 평면파의 진폭이 E_0일 경우, yx-평면에서 간섭 무늬의 복사 조도가

$$I(y) = 4E_0^2 \cos^2\left(\frac{\pi}{\lambda} y \sin\theta\right)$$

같이 코사인의 제곱임을 보여라. 복사 조도가 0이 되는 위치를 구하라. 간섭 무늬의 간격은 얼마인가? u가 증가하면 간섭 무늬의 간격은 어떻게 변하는가? 식 (9.17)과 비교하여 설명하라. [힌트: 2.7절에서 적당한 위상을 가진 평면파를 지수 함수로 표현하라.]

9.4 영의 간섭 실험(그림 9.11)에서 광원 슬릿을 하나의 긴 필라멘트 전구로 바꾸어도 간섭 무늬를 얻을 수 있겠는가? 만약 슬릿 S_1과 S_2를 이러한 전구로 바꾸면 어떻게 되겠는가?

9.5* 그림 P.9.5는 조그마한 마이크로폰으로 측정한 음파의 출력이다. 서로 15cm 떨어져 있는 2개의 작은 피조(piezo)-고음 스피커는 마이크로폰에서 1.5m의 거리에 놓여 있다. 소리의 속력이 20°C에서 343m/s일 경우, 스피커를 작동시키는 주파수의 근삿값을 구하라. 출력의 모양을 설명하고 가운데에서 최소가 되는 이유를 설명하라.

그림 P.9.5 (CENCO가 제공한 데이터.)

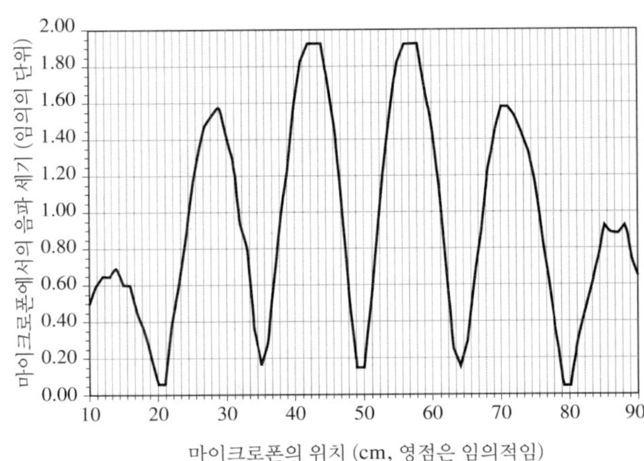

9.6* 두 대의 라디오 안테나가 남북으로 600m 떨어져 동일 위상으로 1.0MHz를 방출하고 있다. 한 대의 라디오 수신기가 양쪽 안테나로부터 동쪽으로 같은 거리 2.0km 떨어져 매우 강한 신호를 수신한다. 이 수신기가 북쪽으로 움직여서 다시 강한 신호를 수신하려면 얼마의 거리를 움직여야 하는가?

9.7* 불투명한 스크린에 두 개의 좁고 평행한 슬릿이 0.100mm만큼 떨어져 있다. 파장 589nm의 평면파로 슬릿을 비춘다. 관찰 스크린에 코사인 제곱 무늬가 나타났는데, 이웃하는 최댓값끼리 3.00mm 떨어져 있다. 슬릿이 있는 스크린과 관찰 스크린 사이의 거리는 얼마인가?

9.8* 영의 실험에서 좁은 슬릿 사이의 간격이 1.000mm라고 하고 관찰 스크린이 5.000m 떨어져 있다고 하자. 589.3nm의 단색 평면파가 슬릿을 비추고, 전체 장치는 n = 1.00029의 공기 중에 있다. 만일 모든 공기를 펌프로 다 뽑아낸다면 무늬 간격에 어떤 변화가 생기겠는가?

9.9 빔을 확대시킨 헬륨-네온 레이저(λ_0 = 632.8nm) 빛이 수평으로 나란하고 간격이 0.200mm인 2개의 좁은 슬릿으로 입사한다. 무늬는 1.00m 떨어진 스크린에 나타난다.
(a) 중심축의 위와 아래로 복사 조도가 첫 번째로 0이 되는 지점은 얼마나 떨어져 있는가? 라디안(rad)과 mm 단위로 각각 구하라.
(b) 다섯 번째 밝은 무늬는 축으로부터 얼마나 떨어져 있는가? (단위: mm)
(c) 이 두 결과를 비교하라.

9.10* 얇은 알루미늄 판에 두 개의 핀홀이 1.00mm 간격으로 뚫려있고, 물(n = 1.33) 탱크 안에 잠겨있다. 구멍에 λ_0 = 589.3nm의 평면파를 비추고, 구멍에서 3.00 m 떨어진 채 물속에 있는 스크린에서 간섭 무늬를 관찰한다. 장치의 중심축에서 가장 가까운 두 최대점의 위치를 구하라.

9.11* 루비 레이저(λ_0 = 694.3 nm)의 적색 평면파가 2개의 평행한 슬릿으로 입사한다. 간섭 무늬가 형성되었을 때 네 번째 밝은 띠는 중심축으로부터 1.0° 떨어진 곳에 위치한다. 슬릿 사이의 거리를 계산하라.

9.12* 지름이 0.08 mm인 2개의 바늘구멍이 중심 사이 거리가 0.10 mm 떨어져 있다. 아르곤 이온 레이저(λ_0 = 487.99 nm)의 청색 평면파가 여기에 입사한다. 스크린에 나타난 무늬들 사이의 거리가 10 mm이면 스크린은 얼마나 떨어져 있는가?

9.13* 2개의 길고 좁은 슬릿 사이로 빠져나온 백색광을 스크린에서 관찰한다. 만약 적색광(λ_0 = 780 nm)의 첫 번째 무늬와 보라색 광선의 두 번째 무늬가 겹쳐졌다면 보라색 광선의 파장은 얼마인가?

9.14* 그림 9.14에 나타난 실험 장치를 생각하라. 두 번째 렌즈의 초점 거리가 f일 때, 최대점들이 $y_m = mf\lambda/a$에 나타남을 증명하라. [힌트: 렌즈-2의 중심에서부터 중심축 위로 높이 y_m인 곳까지 직선을 그리면, 이 직선은 중심축과 각 $\theta \approx y_m/s$를 이룬다.]

9.15* 그림 9.14의 장치를 사용하고 두 번째 렌즈의 초점 거리가 f일 때, 중심축 위와 아래의 첫 번째 최소점 사이의 거리를 f, λ, a의 함수로 구하라.

9.16* 이중 슬릿 실험에서 중심축으로부터 복사 조도가 m'번째로 **최소**가 되는 지점까지의 거리 y_m'을 구하는 공식을 유도하라. 예를 들어 중심축상의 밝은 곳으로부터 양쪽의 첫 번째 어두운 띠는 $m' = \pm 1$에 해당한다. 모든 근사에 있어서 근거를 제시하고 사용하라.

9.17* 얇은 금속 판에 두 개의 가느다란 슬릿이 2.70 mm 떨어져 있다. 공기 중에서 평면파가 입사하고, 4.60 m 떨어진 스크린에서 간섭 무늬를 관찰한다. 하나의 어두운 무늬에서 다섯 번째 어두운 무늬까지의 거리가 5.00 mm이다. 입사하는 빛의 파장을 구하라.

9.18* 영의 실험에서 한쪽의 슬릿을 굴절률 n, 두께 d인 유리로 막았을 때 m번째 밝은 무늬가 수직으로 이동한 거리를 표현하는 공식을 유도하라.

9.19* 2개의 슬릿이 거리 a만큼 떨어져 있고 여기에 단색 평면파가 입사각 θ_i로 입사한다. 중심축으로부터 m번째 밝은 무늬까지의 거리를 각도로 표현하는 공식을 유도하라.

9.20* 태양 광선이 분리거리가 0.20 mm인 2개의 나란한 슬릿으로 입사하고, 2.0 m 떨어진 곳에 위치한 흰 종이 위에 무늬를 형성한다. 보라색(λ_0 = 400 nm)의 첫 번째 띠는 붉은색(λ_0 = 600 nm)의 두 번째 띠로부터 얼마나 떨어져 있는가?

9.21 식 (9.23)의 근사식 조건이 정당한지 검사하기 위하여
(a) 그림 9.11c의 삼각형 S_1S_2P에 코사인 법칙을 적용하여 다음 식을 구하라.

$$\frac{r_2}{r_1} = \left[1 - 2\left(\frac{a}{r_1}\right)\sin\theta + \left(\frac{a}{r_1}\right)^2\right]^{1/2}$$

(b) 이것을 맥클로린(Maclaurin) 급수로 전개하여 다음 식을 구하라.

$$r_2 = r_1 - a\sin\theta + \frac{a^2}{2r_1}\cos^2\theta + \cdots$$

(c) 식 (9.17)을 감안하여, 만약 $(r_1 - r_2)$가 $a\sin\theta$와 같으려면 $r_1 >> a^2/\lambda$의 조건이 필요함을 증명하라.

9.22 각각의 에너지가 0.5 eV인 전자의 흐름이 10^{-2} mm의 간격을 가진 한 쌍의 슬릿으로 입사한다. 20 m 떨어진 스크린 위에 나타난 최솟값 사이의 간격은 얼마인가? (m_e = 9.108 × 10^{-31} kg, 1 eV = 1.602 × 10^{-19} J.)

9.23* 평균 파장이 500 nm이고 선폭이 2.5 × 10^{-3} nm인 빛을 한 실험 장치(영의 실험, 박막, 마이컬슨 간섭계 등)에 비추어 간섭 무늬를 만들려고 한다. 대략 어느 정도의 광경로 차이면 간섭 무늬가 없어지겠는가? [힌트: 결맞음 길이를 생각하고 연습문제 7.55를 참조하라.]

9.24* 3개의 수평 슬릿이 있는 불투명한 스크린을 생각하자. 두 번째 슬릿의 중심은 첫 번째 슬릿의 중심으로부터 a만큼 아래에 있고, 세 번째 슬릿은 첫 번째 슬릿으로부터 $5a/2$만큼 아래로 떨어져 있다. (a) 먼 스크린 위에서 각도 θ인 점 P에서 전기장의 진폭을 나타내는 복소수 지수 함수를 δ로 나타내라.

(b)

$$I(\theta) = \frac{I(0)}{3} + \frac{2I(0)}{9}(\cos\delta + \cos 3\delta/2 + \cos 5\delta/2)$$

임을 증명하라. $\theta = 0$에서 $I(\theta) = I(0)$임을 확인하라.

9.25* 공기 중에 있는 프레넬 이중 거울에 600.0 nm의 단색광을 비춘다. 슬릿 광원은 거울의 교차선과 평행하며 1.000 m 떨어져 있다. 만일 거울 교차선에서 3.900 m 떨어진 스크린에 밝은 띠들이 2.00 mm 간격으로 만들어졌다고 할 때, 근사적인 거울 각도를 도 단위로 구해 보라.

9.26* 프레넬 이중 거울에서 s = 2 m, λ_0 = 589 nm이고 무늬 사이의 간격은 0.5 mm로 나타났다. 실제 점광원으로부터 두 거울의 교차점까지 수직 거리가 1 m라면 거울의 경사 각도는 얼마인가?

9.27* 그림 9.23의 프레넬 이중 프리즘에서 $a = 2d(n - 1)\alpha$임을 보여라.

9.28* 프레넬 이중 프리즘을 2 m 떨어진 점광원과 스크린 사이에 놓아서 무늬를 만들려고 한다. 프리즘은 광원과 스크린 사이 거리의 가운데에 놓여 있다. 빛의 파장은 λ_0 = 500 mm이고 유리의 굴절률은 1.5라고 하자. 만약 무늬 사이의 간격이 0.5 mm

이면 프리즘의 각도는 얼마인가?

9.29 굴절률 n'인 매질 속에 담겨 있는 굴절률 n의 프레넬 이중 프리즘에 의한 무늬들 사이의 간격을 표현하는 식을 구하라.

9.30* 나트륨 빛($\lambda_0 = 589.3\,\text{nm}$)의 선 광원이 표면으로부터 10.0mm 떨어진 로이드 거울을 비춘다. 광원에서 5.00m 떨어진 곳에 관찰 스크린이 있고 모든 장치는 공기 중에 있다. 처음과 세 번째 최댓값은 얼마나 떨어져 있을까?

9.31 로이드 거울을 사용하여 간격이 0.0025cm인 X-선 무늬를 관찰하였다. 사용한 파장은 8.33Å이다. 만약 광원과 스크린 사이의 거리가 3m이면 X-선 점광원은 거울면으로부터 얼마나 높은 곳에 위치하고 있는가?

9.32 그림 P.9.32와 같이 호수의 가장자리에 있는 안테나가 먼 곳의 별로부터 거의 수평면에 나란하게 다가오는 라디오 신호를 받는다고 가정하자. 안테나가 첫 번째 최댓값을 수신할 때, δ와 별의 각도 위치에 대한 표현식을 구하라.

그림 P.9.32

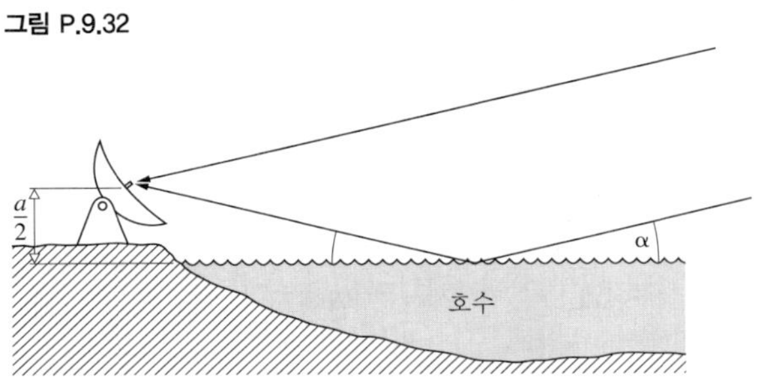

9.33* 그림 9.27의 판이 공기 중의 유리일 때, E_{1r}, E_{2r}, E_{3r} 등의 진폭이 각각 $0.2E_{0i}$, $0.192E_{0i}$, $0.008E_{0i}$ 등으로 표현됨을 보여라. 여기서 E_{0i}는 입사파의 진폭이다. 수직 입사에 대한 프레넬 공식을 이용하고 흡수가 없다고 가정하라. 공기 중의 수막(water film)에 대해서도 이러한 계산을 적용할 수 있다.

9.34 공기 중의 비누막은 굴절률이 1.34이다. 만약 막에서 정상적으로 반사된 밝은 빛이 적색($\lambda_0 = 633\,\text{nm}$)이라면 막의 최소 두께는 얼마인가?

9.35* 평면 유리판 위에 퍼져 있는 에탄올($n = 1.36$) 박막에 백색광을 반사시켜 색무늬를 만든다. 이 박막에서 초록빛(500nm)만이 강하게 반사된다면 막의 두께는 얼마인가?

9.36* 굴절률 1.34인 비누막의 두께가 550.0nm이다. 햇빛이 막의 위에서 비칠 때 반사가 일어나지 않는 빛의 진공 중에서의 파장을 구하라.

9.37* 투명한 플라스틱($n = 1.59$) 위에 두께 25.0nm의 균일한 수막($n = 1.333$)이 존재한다. 어느 입사각에서 물이 파란빛($\lambda_0 = 460\,\text{nm}$)을 강하게 반사하겠는가? [힌트: 식 (9.34)를 수정하라.]

9.38 두께가 2mm이고 굴절률이 1.5인 막으로부터 생기는 원형의 하이딩거 무늬를 생각하자. 파장이 $\lambda_0 = 600\,\text{nm}$인 단색광에 대하여 중앙의 무늬($\theta_t = 0$)에 대한 m값을 구하라. 이 무늬는 밝겠는가? 어둡겠는가?

9.39 현미경 받침 유리(또는 얇은 덮개 유리면 더욱 좋다)에 넓은 광원으로서 보통의 형광등을 사용하거나 또는 점광원으로서 수은 가로등을 사용하여 빛을 입사시키면 색 무늬를 쉽게 볼 수 있다. 이 무늬를 설명하라. 유리를 회전시키면 무늬 형태에 변화가 생기는가? 그림 9.29과 그림 9.30에 나타난 조건과 똑같이 하라. 음식을 덮을 때 쓰는 플라스틱 랩(wrap)을 컵 위에 걸쳐 놓고 다시 해 보라.

9.40 굴절률이 1.5인 쐐기 모양의 박막에 파장 500nm의 평행광을 수직으로 입사시키고 간섭 무늬를 관찰한다. 무늬 사이의 간격이 1/3cm라면 쐐기의 벌어진 각도는 얼마인가?

9.41* 겹쳐진 유리 두 장의 한쪽 끝에 두께 $7.618 \times 10^{-5}\,\text{m}$의 종이를 삽입하여 쐐기 모양의 공기막을 만들었다. 여기에 파장 500nm의 빛이 위로부터 수직으로 입사할 때 쐐기 전체에 걸쳐서 보이는 밝은 무늬의 수를 구하라.

9.42* 평평한 유리판 두 장 사이에 만들어진 쐐기 형태의 공기막을 나트륨 빛($\lambda_0 = 589.3\,\text{nm}$)으로 비춘다. 두 유리가 접촉하는 선에서부터 173번째 되는 밝은 무늬의 중심에 해당하는 막의 두께는 얼마일까?

9.43 그림 P.9.43은 렌즈를 검사하는 장치도이다. $2R_1$과 $2R_2$에 비해 d_1과 d_2를 각각 무시할 수 있을 때 다음 식을 유도하라.

$$d = x^2(R_2 - R_1)/2R_1R_2$$

(현을 가로지르는 호의 곱에 관한 평면기하학의 정리를 상기하라.) m번째 어두운 무늬의 반지름이 다음과 같음을 증명하라.

$$x_m = [R_1R_2m\lambda_f/(R_2 - R_1)]^{1/2}$$

이것은 식 (9.43)과 어떤 관련이 있는가?

그림 P.9.43

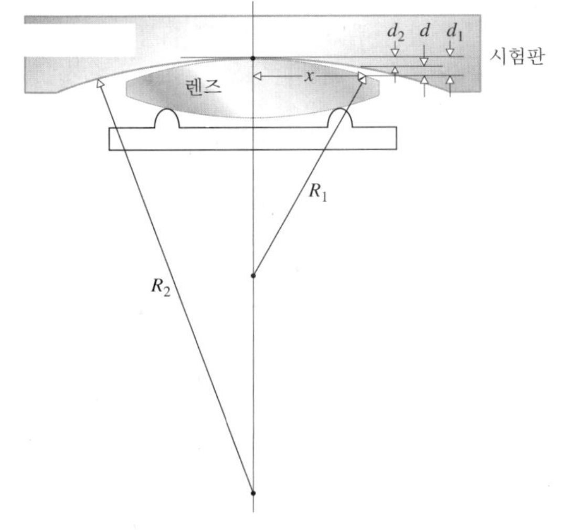

9.44* 파장 500 nm의 준단색광을 사용하여 뉴턴 고리를 관찰한다. 만약 20번째 밝은 고리의 반지름이 1 cm이면 간섭 장치의 한 부분을 이루는 렌즈의 곡률 반지름은 얼마인가? [힌트: 사용하는 m 값에 유의하라.]

9.45* 뉴턴 고리 장치의 유리 사이에 먼지가 끼었을 때 막의 두께 Δd에 알 수 없는 변화를 가져오고 그에 따라 간섭 무늬가 변할 수 있다. 경로 차이는 $2(d + \Delta d) = m\lambda_f$이 되고, 반사할 때 생기는 추가적인 상대 위상 변화 때문에 이 때 어두운 띠가 만들어진다. 렌즈의 곡률 반지름(R)이 Δd에 무관하게 어두운 무늬 사이의 간격에 의해 다음과 같이 결정됨을 증명하라.

$$R = \frac{x_m^2 - x_{m-1}^2}{(m_m - m_{m-1})\lambda_f}$$

9.46* 뉴턴 고리 사진을 조사했을 때, 큰 m 값에 대해서는 이웃하는 무늬 사이의 간격이 거의 같음을 볼 수 있다. 그 값이 다음과 같음을 보여라.

$$\frac{(x_{m+1} - x_m)}{(x_{m+2} - x_{m+1})} \approx 1 + \frac{1}{2m}$$

9.47 마이컬슨 간섭계에 단색광이 입사한다. 거울 중 하나가 2.35×10^{-5} m 움직이는 동안 92쌍의 밝고 어두운 무늬가 이동했다. 입사 빔의 파장을 구하라.

9.48* 마이컬슨 간섭계의 거울 하나가 움직이는 동안 1000쌍의 무늬가 관측하는 망원경의 십자선을 통과하였다. 사용한 파장이 500 nm라면 거울이 움직인 거리는 얼마인가?

9.49* 평균 파장이 500 nm인 준단색광으로 마이컬슨 간섭계를 비춘다. 이동 거울 M_1은 고정 거울 M_2보다 빔분할기에서 d만큼 더 멀다. d를 0.100 mm만큼 줄일 때 몇 개의 무늬 쌍이 관측 망원경의 십자선을 통과하였다. 무늬 쌍의 수를 구하라.

9.50* 양쪽에 나란한 평면 유리창이 달린 길이 10.0 cm의 배기 상자를 600 nm의 빛을 사용하는 마이컬슨 간섭계의 한쪽 경로에 집어넣었다. 만약 공기의 굴절률이 1.00029이고 배기 상자 속의 공기를 완전히 뽑아낸다면 이 과정 중에 이동하는 무늬는 몇 쌍인가?

9.51* 카드뮴 적색광은 평균 파장 $\bar{\lambda}_0 = 643.847$ nm와(그림 7.45 참조) 선폭 0.0013 nm를 갖는다. 마이컬슨 간섭계에 사용되었을 때 거울 간격을 0에서 어떤 값 D로 증가시킬 때 무늬들이 사라졌다. 이때 다음 관계가 성립함을 보이라.

$$\Delta\lambda_0 = \frac{\bar{\lambda}_0^2}{\Delta l_c}$$

그리고 카드뮴 광원에 대한 D값을 구하라.

9.52* 그림 P.9.52는 자민(Jamin) 간섭계의 한 형태이다. 이것은 어떻게 작동하는가? 어떤 용도에 쓰이는가?

그림 P.9.52

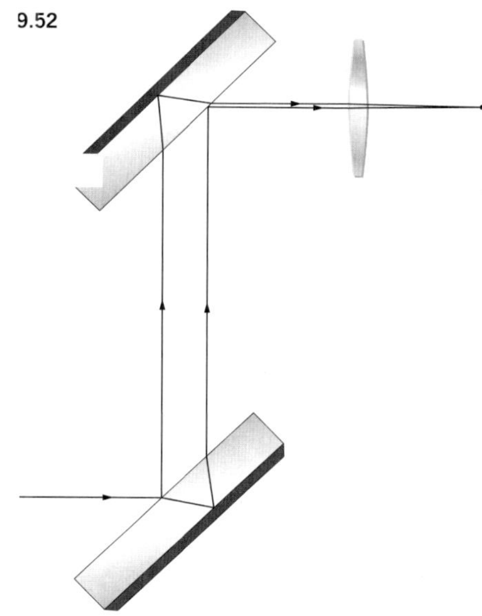

9.53 투과 파동에 대한 식 (9.53)으로부터 출발하여 선속 밀도, 즉 식 (9.54)를 유도하라.

9.54 파브리-페로 간섭계의 거울이 $r = 0.8944$의 진폭 반사 계수를 가질 때 다음을 구하라.
(a) 예리도 계수
(b) 반치폭
(c) 예리도
(d) 다음의 식으로 정의된 **대비 인자**(contrast factor)

$$C \equiv \frac{(I_t/I_i)_{\max}}{(I_t/I_i)_{\min}}$$

9.55 2개의 분해 가능한 파브리-페로 간섭무늬의 가장 작은 위상 증분, 즉

$$(\Delta\delta) \approx 4.2/\sqrt{F} \qquad [9.73]$$

을 좀 더 자세히 전개하기 위하여 다음 조건을 증명하라.

$$[\mathscr{A}(\theta)]_{\delta=\delta_a\pm\Delta\delta/2} = [\mathscr{A}(\theta)]_{\delta=\Delta\delta/2}$$

(9.72)는 다음과 같이 쓸 수 있음을 증명하라.

$$2[\mathscr{A}(\theta)]_{\delta=\Delta\delta/2} = 0.81\{1 + [\mathscr{A}(\theta)]_{\delta=\Delta\delta}\}$$

F가 크면 γ는 작고 $(\Delta\delta) = \Delta\delta$이다. 이 경우 식 (9.73)이 유도됨을 증명하라.

9.56 복사 밀도가 같은 2개의 선속에 의해 생기는 마이컬슨 간섭계의 무늬를 생각하자. 식 (9.17)을 사용하여 반치폭을 계산하라. 인접한 최댓값 사이의 간격 δ는 얼마인가? 예리도는 얼마인가?

9.57* 두께가 $\lambda_f/4$이고 굴절률이 n_1인 박막은 $n_s > n_1 > n_0$이면 증착된 기판의 반사율을 감소시킨다. $n_0 = 1$이고 수직 입사하는 경우를 생각하자. 이 사실은 2개의 경계면으로부터 반사된 파동이 서로 상쇄된다는 것과 동일함을 증명하라.

9.58 두께 $\lambda_f/4$의 고굴절층, 즉 $n_1 > n_s$인 물질을 기판에 증착하면 기판의 반사율이 증가함을 증명하라. 반사된 파동이 보강간섭하게 됨을 증명하라. 1/4 파장 적층 $g(HL)^m Ha$는 일련의 그와 같은 구조로 생각할 수 있다.

9.59 유리면($n_g = 1.54$)에 수직 입사하는 540 nm 빛의 반사를 완전히 없애기 위해 증착해야 할 박막의 굴절률 및 두께를 구하라.

9.60 굴절률이 1.55인 현미경 유리 렌즈에 수직으로 입사하는 황색광($\lambda_0 = 500\,\text{nm}$)의 투과율을 높이기 위해 MgF_2 박막을 코팅하려고 한다. 박막의 최소 두께는 얼마인가?

9.61* 굴절률이 1.55인 사진기 유리 렌즈에 수직으로 입사하는 녹색광($\lambda_0 = 500\,\text{nm}$)의 반사율을 줄이기 위해 빙정석 ($n \approx 1.30$) 박막을 코팅하려고 한다. 얼마의 두께로 증착해야 하는가?

9.62* 왕복선 레이더 간섭계의 기하학적 구조를 나타내는 그림 9.73을 이용하여

$$z(x) = h - r_1 \cos\theta$$

임을 보여라. 식 (9.108)이 맞다는 것을 확립시키기 위하여 코사인 법칙을 이용하라.

10 회절

10.1 예비적인 고찰

점광원과 스크린 사이에 불투명한 물체가 놓이면 스크린 위에는 기하광학의 예측과는 달리 밝은 부분과 어두운 부분이 교차하는 복잡한 그림자가 나타난다(사진 참조).* 이처럼 **직선 경로에서 벗어나 빛이 진행하는 현상**에 대하여 1600년대 그리말디(Francesco Grimaldi)는 자세한 연구결과를 발표했는데, 이 현상에 대하여 언급할 때 처음으로 **'회절(diffraction)'이라는 말을 사용하였다. 파면의 일부, 음파, 물질파, 빛을 포함한 모든 파동에서 회절은 진행하는 파면의 일부가 차단되었을 때 발생하는 파동 현상의 일반적인 특성이다.** 투명하거나 불투명한 장애물을 만나서 일부 파면의 진폭이나 위상이 변하게 되면 회절 현상이 나타난다.** 장애물을 지나 진행하는 파면상의 각 부분은 서로 간섭하여 회절무늬라 불리는 독특한 에너지 밀도 분포를 형성한다. **간섭**(interference)과 **회절**(diffraction)은 명확하게 물리적으로 구분되지 않는다. 그러나 항상 적절한 것은 아니지만 관례적으로 몇 개의 파가 중첩되는 경우에는 간섭으로, 대단히 많은 수의 파가 중첩되어 나타나는 현상은 회절로 구분한다. 그렇더라도 많은 파의 중첩을 취급하는 경우 한편으로는 다중 빔 간섭이라고 하고 다른 한편으로는 격자에 의한 회절이라고 한다.

빛의 회절은 최근의 가장 강력한 이론인 양자전기역학(QED)의 관점에서 다루는 것이 좋을 것 같지만 이는 매우 비현실적이다. 왜냐하면 분석이 매우 복잡하여 현상론적으로 도움 될 것이 많지 않기 때문이다. 여기서 할 수 있는 것은 QED가 일부 기본 현상에 어떻게 적용될 수 있는지를 정성적으로 보여 주는 것이다. 그러나 매우 간단하고 효과적인 공식을 제공해주는 고전적 파동 이론이면 충분하다. 또한 적절한 곳에서는 어디서든지 푸리에 분석(상세한 것은 다음 장에서 다룰 예정임)을 이용하여 설명을 진행할 것이다.

(a)

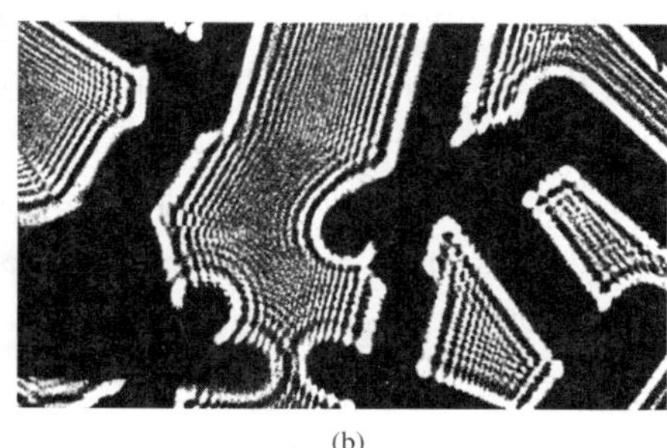

(b)

(a) 10센트 은화를 든 손의 그림자. 렌즈는 사용하지 않았으며, 헬륨-네온 빔을 사용하여 4 × 5 폴라로이드(Polaroid) A. S. A. 3000 필름에 직접 감광시켰다. (E.H.) (b) 산화 아연 결정의 프레넬 회절 (H. Boersch, Handbuch der Physik, edited by S. Flügge, Springer-Verlag, Heidelberg.)

하위헌스-프레넬 원리

회절에 대한 논의를 위하여 우선 하위헌스 원리(Huygen's Principle)를 다시 검토해 보자(4.4.2절). 한 파면 위의 각 점을 이차 구면 가지 파동(wavelet)의 광원(source)으로 간주함으로써 다음 단계의 파의 진행을 결정할 수 있다. 이때 특정

*이 현상은 쉽게 관찰할 수 있으나 상당히 밝은 광원을 필요로 한다. 작은 구멍을 통과하여 나오는 밝은 전등 빛을 사용하면 효과를 쉽게 관찰할 수 있다. 점광원에 의해 조명된 연필의 그림자 무늬를 관찰하면 가장자리를 따라 유난히 밝은 영역과 그림자 내부에서도 희미한 띠를 볼 수 있다. 태양 광선이 만드는 손의 그림자를 자세히 관찰해 보라.

**투명한 장애물에 의한 회절은 대체로 언급되지 않지만, 빗방울이 묻은 안경을 쓰고 밤에 자동차를 운전해 본 경험이 있는 사람에게는 상당히 친숙한 현상이다. 또한 물방울이나 침을 바른 유리판을 눈앞에 가까이 놓고 점광원에서 나온 빛이 투과되어 나오는 것을 자세히 관찰하면 밝고 어두운 무늬가 교차되는 것을 볼 수 있다.

시간에서 파면의 모양은 2차 가지 파동의 포락면(envelope)으로 주어지게 된다(그림 4.32). 이 원리를 적용할 때 포락면을 제외한 2차 가지 파동의 나머지 대부분의 파면은 무시된다. 이러한 부정확성 때문에 하위헌스 원리만으로는 회절의 과정을 자세히 기술할 수 없다. 전신주나 나무와 같은 큰 물체 주위에서 음파(예: $\nu = 500\,\text{Hz}$, $\lambda \approx 68\,\text{cm}$)는 쉽게 '휘지만' 빛의 경우에는 상당히 명확한 그림자를 만든다. 그런 하위헌스 원리는 파장을 고려하지 않기 때문에 음파와 빛에 대하여 동일한 형태의 파면을 예측하게 한다.

이러한 문제점은 프레넬(Fresnel)이 간섭의 개념을 도입하여 해결되었다. 그 결과 **하위헌스–프레넬 원리(Huygens-Fresnel Principle)에서는 어느 순간에 차단되지 않는 한 파면 위의 모든 점은 2차 구면 가지 파동의 광원 역할을 한다(2차파의 주파수는 1차파와 동일하다). 또한 이 파면을 지난 임의의 관찰점에서 광파와 진폭은 모든 2차 가지 파동(진폭과 상대적 위상을 고려하는)의 중첩으로 주어진다.**

이 원리를 간단히 적용하여 잔물결통(ripple tank)의 사진과 그림 10.1에 나타내었다. 입사된 평면파 중 차단되지 않은 파면의 각 점이 모두 결맞는 2차 광원 역할을 한다면, 광경로 길이차의 최댓값은 구멍의 가장자리에 위치한 점광원들로부터의 광경로 길이차에 해당하는 $\Lambda_{\max} = |\overline{AP} - \overline{BP}|$가 된다. 그러나 $\Lambda_{\max}$은 $|\overline{AB}|$보다 작거나 같은데, 같은 경우는 P가 스크린 위에 있는 경우이다. 그림 10.1b에서와 같이 $\lambda > \overline{AB}$이면 $\lambda > \Lambda_{\max}$의 관계가 성립하고, 광파들의 위상이 처음에는 동일하므로 P가 어느 곳에 있든지(정도의 차이는 있으나) 보강 간섭이 이루어진다(잔물결통 사진의 c 참조). 따라서 **광파의 파장이 구멍보다 크면, 광파는 구멍이 뒤로 매우 큰 각도로 퍼져 나간다.** 그리고 구멍이 작을수록 회절 광파는 구면파에 가깝다 (9.3절의 푸리에 관점의 설명을 상기하라).

(잔물결통 사진의 a와 같이) $\lambda < \overline{AB}$인 경우에는 대조적인 상황이 발생한다. 구멍의 정면에 놓인 좁은 영역의 공간에서는 $\lambda > \Lambda_{\max}$의 조건이 만족되고 가지 파동들은 보강 간섭을 하게 된다. 그러나 이 영역을 넘어선 공간에서 가지 파동들은 소멸 간섭을 하고 '그림자'가 생긴다. **기하광학적 그림자**는 $\lambda \to 0$의 극한에 대응된다.

고전적 파동 이론 관점에서 구멍이 있는 스크린의 뒤에서 나타나는 빛의 현상은 구멍에서 방출된 수많은 가지 파동이 '간섭'을 일으키기 때문이다. 즉 광파는 위상자로서 공간의 모든 점에서 결합하며 OPL에 따라 어떤 곳에서는 보강되고 어떤 곳에서는 소멸된다.

양자역학적(4.11.1절) 관점에서 구멍이 있는 스크린의 뒤에서 나타나는 빛의 현상은 구멍에서 방출된 수많은 광자의 확률 진폭이 '간섭'을 일으키기 때문이다. 즉 광자는 위상자

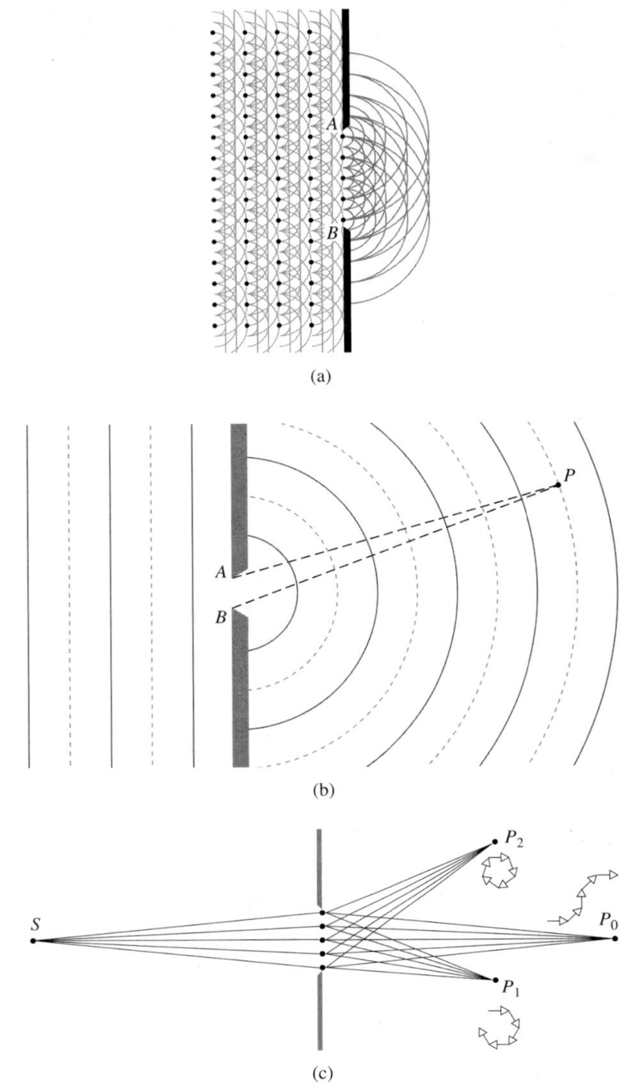

그림 10.1 작은 구멍에서의 회절. (a) 하위헌스 가지 파동들. (b) 고전적 파동의 관점. (c) QED와 확률 진폭에 의한 관점.

로서 공간의 모든 점에서 결합하며, OPL에 따라 어떤 곳에서는 보강되고 어떤 곳에서는 소멸된다. 구멍이 (잔물결통 사진의 a와 같이) 파장 몇 개 정도로 넓을 때, 점 P에 도착하는 많은 경로는 위상자의 넓은 위상 분포에 대응된다. 전방에 놓여 있는 점 P_0에 도착하는 모든 경로를 생각해 보자. S에서 P_0을 잇는 직선은 OPL이 최소이다. 구멍의 다른 점을 통과하여 P_0에 도착하는 광경로는 조금 더 길고(구멍의 크기에 따라 변함), 위상자가 그림 4.80에서와 같이 일정한 OPL 주위에 모인다(모든 위상자의 크기는 같다). 위상자의 위상각 차이는 매우 작으며 반은 (+)이고 반은 (–)이다. 그래서 머리와 꼬리를 이어 주며 더하면 위상자는 한 방향으로 돌고 다음에는 다른 방향으로 돌아서 합성파의 확률 진폭은 매우 커진다. 이때 P_0의 광자 계수기는 많은 수의 광자를 검출한

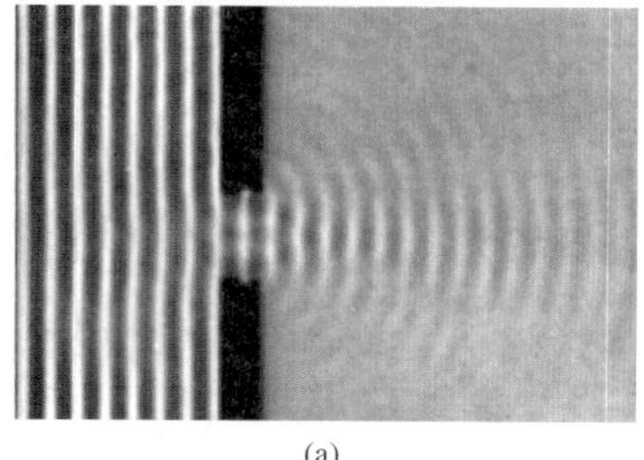

(a)

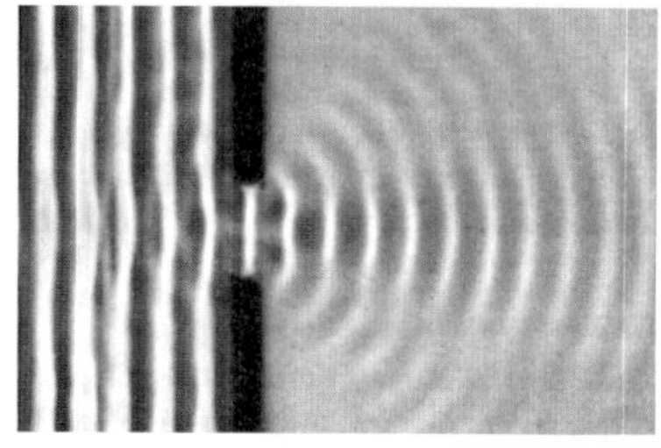

(b)

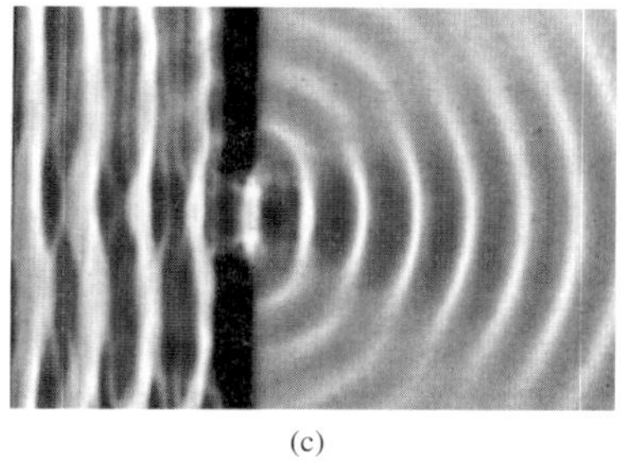

(c)

λ의 변화에 따른 잔물결통 안에서 구멍에 의한 회절. 파장이 길어짐에 따라 스크린 오른쪽으로 진행하는 파동이 그림자 영역으로 넓게 퍼진다. (PSSC *Physics*, D. C. Heath, Boston, 1960. Cengage Learning, D. C. Heath, Boston, 1960.)

다. 전방 방향으로 스크린의 중심에서 멀어지면(*OPL*이 일정하지 않은 영역임) 각 경로의 위상자는 위상각의 차이가 크고 부호가 같다. 위상자의 머리와 꼬리를 이어 주면 거의 나선 위를 회전하고 그 값이 작거나 0이다. 따라서 P_1에서의 검출기는 매우 작은 양을 검출할 것이고 P_2도 마찬가지이다.

이제 구멍이 매우 작아지면 P_0에서의 광자수가 감소하더라도 P_1과 P_2에서 검출된 광자수는 증가한다. 구멍이 작은 경우 P_1이나 P_2로 가는 경로들은 매우 가까이 놓여 있고 *OPL*이 거의 같다. 따라서 위상각의 차이가 매우 작고, 위상자는 더 이상 나선 위를 가까이 반복하여 돌지 않으며, 합성된 확률 진폭은 작지만 충분히 측정할 정도로 모든 곳에서 크다.

정성적으로 QED와 고전적인 하위헌스-프레넬 원리 모두 같은 일반적 결론에 도달한다. **빛은 회절하고 간섭은 이 과정의 핵심이다.**

하위헌스-프레넬 원리는 하나의 가설이며 나중에 설명하겠지만 몇 가지 단점을 가지고 있다. 키르히호프(Gustav Kirchhoff)는 미분형 파동 방정식의 해에 근거하여 보다 엄밀한 이론을 발전시켰다. 키르히호프는 맥스웰(Maxwell)과 같은 시대의 사람이었지만, 그의 연구는 1887년에 발표된 전자기파에 대한 헤르츠(Hertz)의 실험이나 연구결과가 널리 알려지기 전에 시행되었다. 따라서 키르히호프는 빛에 대한 종래의 탄성체 이론을 사용하였다. 그의 개선된 연구결과는 프레넬의 가정을 확인시켜 주었고, 파동 방정식에서 출발하여 정확한 결론을 도출함으로써 하위헌스 원리에 대해 더욱 엄밀한 이론적 근거를 제공하였다. 그럼에도 불구하고 키르히호프의 이론은 파장이 충분히 짧을 때, 즉 회절을 일으키는 구멍의 크기가 λ에 비해 클 경우에 한해서 타당성을 갖는 근사적 이론이다. 장애물에서의 경계 조건을 만족하는 편미분 방정식의 해를 구하는 것은 일반적으로 어렵다. 이러한 정확한 해는 몇 가지 특별한 경우에만 구할 수 있다. 키르히호프 이론은 빛을 스칼라파로 취급하고 빛이 횡파이면서 벡터장이라는 사실을 고려하지 않음에도 불구하고 상당히 정확한 결과를 예측하고 있다.*

어느 특정 회절 상황의 정확한 해를 결정하는 것은 광학에서 가장 다루기 어려운 문제 중의 하나라는 사실을 기억해 둘 필요가 있다. 빛의 전자기 이론을 적용한 첫 번째 해는 1896년 조머펠트(Arnold Johannes Wilhelm Sommerfeld, 1868~1951)에 의해 발표되었다. 이는 물리적으로 약간은 비현실적인, 무한히 얇으면서도 불투명하고 완전한 도체 평면 스크린을 가정하였지만 대단히 유용한 결과를 얻었고 회절 현상에 대하여 기본적이고 직관적인 분석을 제공하였다.

보다 실제적이고 중요한 대부분의 회절 상황에 대해 위와 같은 정확한 해는 오늘날에도 존재하지 않는다. 따라서 부득이 하위헌스-프레넬과 키르히호프의 근사적인 방법에 의존할 수밖에 없다. 최근에는 광학적으로 관찰하는 것이 거의 불가능한 회절 무늬의 여러 특성에 대한 연구에 마이크로파의 기술이 활용되고 있다. 키르히호프 이론은 이와 같은 종류의 조사에도 매우 훌륭하게 성립한다.** 우리가 취급하고자 하는 대부분의 경우는 보다 간단한 하위헌스-프레넬 원리를 사용해도 충분히 타당한 결과를 얻을 수 있다.

10.1.1 불투명 물체

회절은 전자기파와 물리적인 장애물과의 상호작용 결과로 발생된다고 생각할 수 있다. 따라서 관련된 물리적 현상을

*스칼라 키르히호프 이론을 벡터 이론으로 확장하는 문제는 J. D. Jackson, *Classical Electrodynamics*, p. 283의 논의를 참고하라. 또한 Sommerfeld, *Optics*, p. 325를 참조하라. 회절에 대한 일반적인 참고문헌으로는 B. B. Baker and E. T. Copson의 *The Mathematical Theory of Huygens's Principle*이 있다. 이 참고문헌들은 이해하기에 쉬운 책은 아니다.

C. L. Andrews, *Am. J. Phys.* **19, 250 (1951); S. Silver, *J. Opt. Soc. Am.* **52**, 131 (1962).

간략하게 재검토해 보기로 하자. 즉 불투명한 물체 내부에서 실제로 무슨 일이 일어날까?

재질의 미시적 구조를 무시하고 스크린을 연속적인 물체로 가정하면 분석이 가능하다. 주로 열을 발생하지 않고 무한 전도도를 가진 비흡수 금속 박판 스크린의 경우, 금속과 주위의 매질에 대하여 두 개의 경계 조건을 만족하는 맥스웰 방정식을 쓸 수 있다. 기하학적 모양이 대단히 간단하다면 정확한 해를 구할 수 있다. 반사파와 회절파는 박막 내의 전류 분포를 이용하여 구할 수 있다.

마이크론 이하의 작은 분해능으로 스크린을 관찰한다고 가정하고, 각 원자의 전자 구름이 입사파의 전기장에 의하여 진동하는 것을 상상해 보자. 입사파의 주파수로 진동하면서 전자파를 재방출하는 전자-진동자(electron-oscillator)를 가정한 고전적 모델은 매우 간편하며 양자역학적 취급을 필요로 하지 않는다. 스크린 내 개개의 진동자의 진폭과 위상은 주위의 전기장에 의해 결정된다. 이 전기장은 입사파의 전기장과 진동자에 의한 전기장의 합으로 주어진다. 구멍이 없는 불투명한 스크린(검은 종이나 알루미늄 포일)에 의한 효과는 분명해서 이 스크린 뒤의 영역에서는 광파가 전혀 없다. 빛이 입사하는 표면 가까이에 놓인 전자는 입사된 빛에 의해 진동하게 되며 복사 에너지를 방출한다. 이 복사 에너지는 궁극적으로 '되반사'되거나 또는 열의 형태로 재질 내에 흡수되며 두 경우가 동시에 일어나기도 한다. 어느 경우에도 입사파와 전자-진동자에서 발생된 파는 스크린 뒤에서 중첩되어 서로 완전히 소멸 간섭하게 된다. 이 결과를 두고 매우 특별한 균형이 이루어졌다고 추측할 수도 있겠지만, 실제로는 그렇지 않다. 입사된 광파가 완전하게 소멸되지 않는다면 스크린 재질 내로 더욱 깊게 전파될 것이고, 보다 많은 전자를 여기시키고 파를 방출한다. 결국 입사파는 점점 약해지며 스크린이 충분히 두껍다면 완전히 소멸하게 된다. 은과 같은 불투명한 재질의 박막도 충분히 얇으면 입사파가 일부 투과한다(얇게 은도금된 반투명 거울을 생각해 보라).

이제 스크린의 중앙에서 작은 원판을 도려내어 빛이 원형 구멍을 통과하는 경우를 생각해 보자. 원판 내에 균일하게 분포하던 진동자가 제거되었으므로 스크린의 다른 부분에 남아 있는 전자는 제거된 진동자의 영향을 받지 않게 된다. 첫 번째 근사적인 가정으로 **진동자의 상호작용을 무시한다**. 즉 원판의 제거는 스크린에 남아 있는 전자에 아무런 영향을 주지 않는다고 가정한다. 그렇게 되면 구멍 너머 공간에서의 광파는 원판을 도려내기 전의 광파, 즉 0에서 원판(또는 원판 내의 전자)에 의한 광파를 뺀 결과와 같다. 부호는 다르지만 이 결과는 원판 내의 진동자는 남겨 놓고 반대로 광원과 스크린이 함께 제거된 경우의 전기장과 같다는 것을 말해 준다. 다시 말해서 회절된 광파는 근사에 따르면 원판 구멍에 균일하게 분포된 상호작용을 하지 않는 가상의 진동자에 의해 발생된 것으로 생각할 수 있다. 이것은 물론 하위헌스-프레넬 원리(Huygens-Fresnel Principle)의 핵심이다.

잔물결통 사진. 왼쪽의 경우는 1개의 슬릿에 의한 회절을 보여 주며, 오른쪽의 경우는 등간격으로 배열된 점파원이 구멍에서 유사한 무늬를 형성하는 것을 보여 준다. (PSSC *Physics*, D. C. Heath, Boston, 1960. Cengage Learning)

실제로는 전자-진동자들 사이에 상호작용이 전혀 없는 것은 아니고, 다만 진동자의 장이 거리가 멀리 떨어질수록 감소하기 때문에 짧은 거리 효과(short-range effect)만이 존재한다고 생각할 수 있다. 보다 실제적인 물리적 관점에서 원판이 제거되면 구멍의 가장자리 부근에 위치한 전자들이 영향을 받게 된다. 구멍이 크면 원판 내의 진동자수는 가장자리에 위치한 진동자수보다 훨씬 더 많다. 이 경우 관찰점이 구멍에서 멀리 떨어져 있고 입사파의 진행 방향에 놓여 있다면 하위헌스-프레넬 원리가 훌륭히 적용된다. 매우 작은 구멍의 경우나 구멍에 가까운 곳에서는 가장자리 효과(edge effect)를 무시할 수 없으며 해석이 어려워진다. 실제로 작은 구멍 내의 점에서 가장자리에 위치한 전자-진동자에 의한 영향은 이 진동자들이 서로 근접해 있기 때문에 심각하다. 또한 인접해 있던 원판 내의 진동자를 제거할 때 가장자리의 전자는 그 영향을 크게 받는다. 따라서 하위헌스-프레넬 원리를 적용하여 구한 결과는 실험적 사실과 상당한 차이를 보여 준다.

10.1.2 프라운호퍼 회절과 프레넬 회절

(그림 10.1의 어느 하나와 같이) 불투명한 스크린 Σ에 작은 구멍이 하나 뚫려 있고 멀리 떨어진 점광원 S에서 평행 광선이 입사하는 경우를 생각해 보자. 관찰면 σ가 Σ와 평행하고 매우 가까이 놓여 있는 경우, 관찰면에는 명확한 구멍의 상이 나타나며 상의 가장자리에는 몇 개의 회절 무늬가 희미하게 나타난다(그림 10.2). 관찰면을 Σ에서 멀리 이동시키면 구멍의 상은 여전히 뚜렷하지만 회절 무늬가 현저하게 발

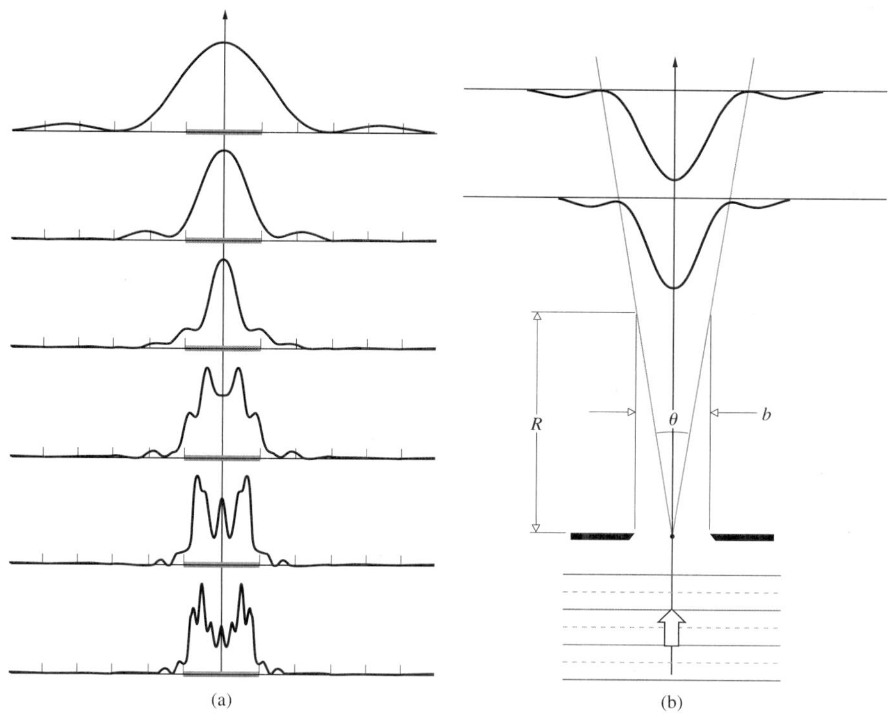

그림 10.2 (a) 단일 슬릿으로부터의 거리를 증가시킬 때 회절 무늬의 모양. 아래의 프레넬 회절(근거리 회절)부터 위의 프라운호퍼 회절(원거리 회절)까지. (Based on *Fundamentals of Waves and Oscillations* by K. U. Ingard, Cambridge University Press, 1988, page 323.) (b) 원거리 회절은 $R > b^2/\lambda$인 거리에서 나타나기 시작한다.

전되어 구멍의 상은 복잡한 구조를 갖게 된다. 이 현상을 **프레넬 회절(Fresnel diffraction)** 혹은 **근거리 회절(near-field diffraction)**이라고 한다. 관찰면을 더욱 멀리 이동시키면 회절 무늬도 연속적으로 변화한다. Σ에서 대단히 멀리 떨어지면 회절 무늬는 상당히 넓게 퍼지고, 구멍의 실제 모양과 전혀 비슷하지 않게 된다. σ를 더욱 멀리 이동시켜도 무늬의 모양은 기본적으로 변화하지 않으며 무늬의 크기만 변한다. 이것을 **프라운호퍼 회절(Fraunhofer diffraction)** 혹은 **원거리 회절(far-field diffraction)**이라고 한다. 이때 만일 입사파의 파장을 충분히 줄일 수 있다면 프레넬 회절 무늬를 다시 얻게 된다. λ가 더욱 감소하여 0에 가까워지면 회절 무늬는 사라지고, 기하광학의 예측과 같이 구멍의 모양과 같은 상이 맺힌다. 원래의 상태에서 점광원을 Σ에 가까이 이동시키면 구멍에는 구면파가 입사하게 되고, 관찰면을 멀리 이동시켜도 프레넬 회절이 나타난다.

광원 S와 관찰점 P가 모두 Σ에서 매우 멀리 떨어져 있고 관찰면의 상을 맺기 위해 별도의 렌즈를 사용하지 않는 경우를 고려해 보자(연습문제 10.1). **입사파와 출사파를 회절 구멍(혹은 장애물) 내에서 평면파로 간주할 수 있다면(평면파를 기준으로 파면의 휘어진 정도가 파장에 비해 상당히 작은 경우) 프라운호퍼 회절이 얻어진다.** 이것을 이해하기 위해서는 점 P에서의 합성파는 여러 파의 서로 다른 경로로 인한 위상차에 심각한 영향을 받는다는 사실을 고려해야 한다. 그리고 구멍에 들어오는 입사파와 나가는 출사파의 파면이 평면이면 경로차는 2개의 구멍 좌표(aperture variables)의 선형 함수로 주어진다. **구멍 좌표에 대한 선형성은 분명히 프라운호퍼 회절의 수학적 특징이다.** 반면에 S 또는 P 또는 모두가 Σ에 매우 가까워서 입사파면과 출사파면의 곡률을 무시할 수 없다면 프레넬 회절 특성이 확실하게 나타난다.

회절 구멍 내의 각 점은 하위헌스 2차 가지 파동들의 파원으로 간주할 수 있는데, 가지 파동들의 상대적인 밝기에 약간의 주의를 기울일 필요가 있다. S가 구멍의 크기에 비해 가까이 있으면 구면파가 구멍을 비춘다. S에서 구멍 내의 각 점까지의 거리가 달라지고, 입사파의 전기장 크기(거리에 반비례)는 회절 스크린 위의 각 위치에 따라 변하게 된다. 따라서 입사파가 평면파로 주어지는 경우와는 다른 결과를 보여 준다. 회절 스크린에서 P로 진행하는 회절파에 대해서도 같은 설명을 할 수 있다. P가 가까이 놓여 있다면 같은 진폭의 회절파일지라도 구멍의 각 부분에서 P까지의 경로차 때문에 P에 수렴하는 파는 구면파가 되며 진폭도 각각 다르다. 이상적으로는 P가 무한히 먼 곳에 위치한다면 거기에 도달하는 파는 평면파가 되고, 파의 세기의 변화를 고려할 필요가

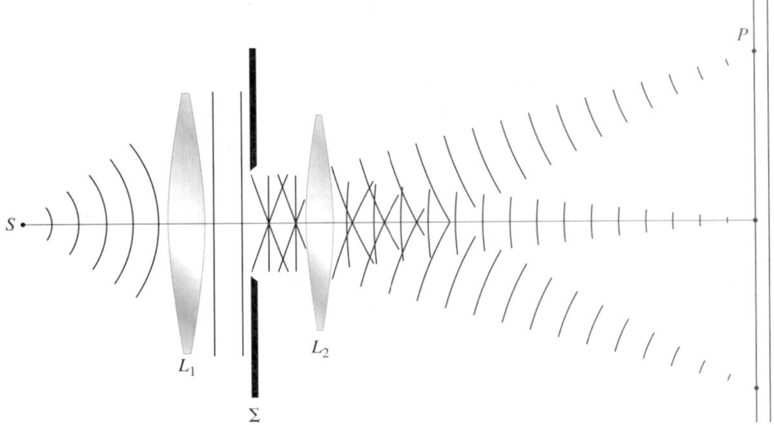

그림 10.3 렌즈를 사용하여 프라운호퍼 회절을 관찰하면 광원과 회절 무늬를 구멍으로부터 적절한 거리에 놓을 수 있다.

없게 된다. 이 사실은 제한된 조건에서 성립하는 프라운호퍼 회절 이론이 가진 간결성을 설명해 준다.

실용적인 척도로서

$$R > b^2/\lambda$$

의 조건을 만족하는 구멍(혹은 장애물)에서 프라운호퍼 회절을 관찰할 수 있는데, b는 구멍의 가장 큰 폭의 크기이며, R은 S에서 Σ까지의 거리와 Σ에서 P까지의 거리 중 작은 쪽의 거리이다(연습문제 10.1). 물론 $R = \infty$일 경우에는 구멍의 유한한 크기는 별문제가 되지 않는다. 또한 λ가 커지면 회절 현상은 프라운호퍼 경우에 더 접근하게 된다.

일단 프라운호퍼 회절 무늬가 나타나면 관찰하는 스크린이 점점 멀어질 때 회절 무늬는 단순하게 커진다. 사실적으로 말하면 구멍 스크린에서 일반적인 프라운호퍼 회절 무늬의 중앙 주봉우리에 대한 각 θ는 일정하거나 일정하지 않을 수 있다. 그림 10.2b는 평면파가 회절 구멍에 입사하는 간단한 경우이다. 그림에서 $R\theta \approx b$이고 일반적으로 $\theta \approx \lambda/b$이므로 $R \approx b^2/\lambda$임을 알 수 있다. 원거리 회절은 대략 R 너머에 나타난다.

그림 10.3과 같은 장치를 사용하면 S와 P가 효과적으로 무한 거리에 위치해야 하는 프라운호퍼 조건을 실제적으로 만족시킬 수 있다. 점광원 S는 렌즈 L_1의 제1초점인 F_1에 놓이고, 관찰면은 L_2의 제2초평면에 위치한다. 기하광학 용어에 따르면 광원이 놓인 평면과 σ는 공액 평면이 된다.

위의 논의는 유한한 크기의 광원이나 물체의 상을 맺는 임의의 렌즈로 일반화가 가능하다(연습문제 10.4).* 실제로 상은 프라운호퍼 회절 무늬를 보여 준다. 이론상의 간결성뿐 아니라 이 같은 실제적 중요성 때문에 프라운호퍼 회절은 프레넬 회절의 특수한 경우임에도 불구하고 먼저 논의할 것이다.

*헬륨-네온 레이저를 사용하면 보조 렌즈 없이도 훌륭한 회절 무늬를 얻을 수 있는 장치를 구성할 수 있으나 넓은 공간이 필요하다.

10.1.3 몇 개의 결맞는 진동자에 의한 회절

간섭과 회절 사이의 간단하고 논리적인 연관성을 알기 위하여 그림 10.4와 같은 배열을 생각하자. 이 그림은 N개의 결맞는 점진동자(coherent point oscillators, 혹은 복사 안테나)의 선형 배열(linear array)을 보여 주는데, 각 진동자는 완전히 같고 편광 상태도 동일하다. 우선 진동자 자체의 위상차는 없다고 가정하자. 즉 동일한 초기 위상을 가진다. 그림에 나타난 광선은 모두 거의 평행하며 매우 먼 점 P에서 서로 만난다. 배열의 전체적인 크기가 비교적 작다면 P에 도달하는 파는 거의 같은 거리를 진행하며, 각 파의 진폭은 실질적으로 같다. 즉

$$E_0(r_1) = E_0(r_2) = \cdots = E_0(r_N) = E_0(r)$$

이다. 간섭하는 구면파를 합하면 P에서의 전기장을 얻을 수 있는데, 이는

$$\tilde{E} = E_0(r)e^{i(kr_1-\omega t)} + E_0(r)e^{i(kr_2-\omega t)} + \cdots + E_0(r)e^{i(kr_N-\omega t)} \tag{10.1}$$

의 실수부로 주어진다. 9.1절에서 논의한 바와 같이 이 경우 전기장의 벡터적 성질을 고려할 필요가 없음은 분명하다. 즉

$$\tilde{E} = E_0(r)e^{-i\omega t}e^{ikr_1} \times [1 + e^{ik(r_2-r_1)} + e^{ik(r_3-r_1)} + \cdots + e^{ik(r_N-r_1)}]$$

이다. 인접한 광원 사이의 위상차는 $\delta = k_0\Lambda$이고, 굴절률 n인 매질 내에서는 $\Lambda = nd\sin\theta$이므로 $\delta = kd\sin\theta$이다. 그림 10.4를 이용하면 $\delta = k(r_2 - r_1)$, $2\delta = k(r_3 - r_1)$ 등과 같이 쓸 수 있으므로, P에서의 전기장은

$$\tilde{E} = E_0(r)e^{-i\omega t}e^{ikr_1} \times [1 + (e^{i\delta}) + (e^{i\delta})^2 + (e^{i\delta})^3 + \cdots + (e^{i\delta})^{N-1}] \tag{10.2}$$

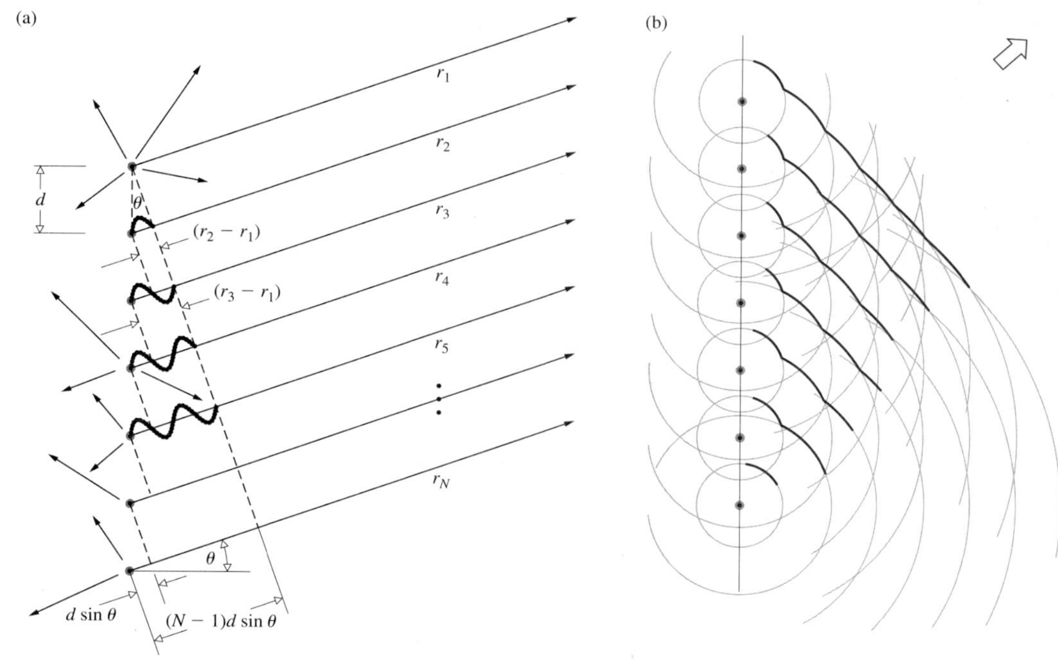

그림 10.4 동일한 위상을 가진 결맞는 진동자의 선형 배열. (a) 그림에서 $\delta = \pi$이며, $\theta = 0$의 각도에서는 δ는 0이 됨을 유의하라. (b) 결맞는 점광원의 선형 배열로부터 얻어지는 여러 종류의 파면 중 화살표 방향으로 진행하는 파면이 그려져 있다.

과 같이 표현된다. 괄호 안의 기하 급수의 값은

$$(e^{i\delta N} - 1)/(e^{i\delta} - 1)$$

이며,

$$\frac{e^{iN\delta/2}[e^{iN\delta/2} - e^{-iN\delta/2}]}{e^{i\delta/2}[e^{i\delta/2} - e^{-i\delta/2}]}$$

는

$$e^{i(N-1)\delta/2}\left(\frac{\sin N\delta/2}{\sin\delta/2}\right)$$

로 다시 쓸 수 있다. 그러면 전기장은

$$\tilde{E} = E_0(r)e^{-i\omega t}\, e^{i[kr_1+(N-1)\delta/2]}\left(\frac{\sin N\delta/2}{\sin\delta/2}\right) \tag{10.3}$$

으로 표현할 수 있다. R을 진동자 선의 중심에서 점 P까지의 거리, 즉

$$R = \tfrac{1}{2}(N-1)d\sin\theta + r_1$$

과 같이 정의한다면, 식 (10.3)은

$$\tilde{E} = E_0(r)e^{i(kR-\omega t)}\left(\frac{\sin N\delta/2}{\sin\delta/2}\right) \tag{10.4}$$

로 표현된다. 결국 N개의 결맞으면서 멀리 떨어진 동일한 점광원의 선형 배열에 의한 회절 무늬의 선속 밀도 분포는 복소수 E의 경우 $\tilde{E}\tilde{E}^*/2$에 비례하기 때문에

$$I = I_0\frac{\sin^2(N\delta/2)}{\sin^2(\delta/2)} \tag{10.5}$$

와 같이 주어진다. 여기서 I_0는 P에 도달하는 점광원 하나의 선속 밀도이다. $N = 0$일 때 $I = 0$이고, $N = 1$이면 $I = I_0$이며, $N = 2$인 경우에는 $I = 4I_0\cos^2(\delta/2)$와 같이 되어 식 (9.17)과 일치한다. I와 θ의 함수 관계는

$$I = I_0\frac{\sin^2[N(kd/2)\sin\theta]}{\sin^2[(kd/2)\sin\theta]} \tag{10.6}$$

의 표현에서 보다 분명하게 나타난다. $\sin^2[N(kd/2)\sin\theta]$항은 빠르게 변화하는 데 반해, 그 크기를 변조하는 함수인 $\{\sin[(kd/2)\sin\theta]\}^{-2}$는 상대적으로 천천히 변한다. 두 함수가 결합되면 일련의 뾰족한 주요 최대(principal peaks)와 그 사이에 크기가 작은 보조 최댓값(subsidiary maxima)을 가진 함수가 된다. 주요 최댓값은 $\delta = 2m\pi\,(m = 0, \pm1, \pm2, \ldots)$를 만족하는 각도 θ_m에서 발생한다. $\delta = kd\sin\theta$로부터

$$d\sin\theta_m = m\lambda \tag{10.7}$$

와 같은 관계가 성립한다. 또한 로피탈 정리(L'Hospital's rule)로부터 $\delta = 2m\pi$에서 $[\sin^2 N\delta/2]/[\sin^2\delta/2] = N^2$이 되

오스트레일리아의 시드니대학교에 있는 간섭 전파 망원경 (N = 32, λ = 21 cm, d =7 m, 지름 2 m, 동–서 기준선 700 ft.) (W.N. Christiansen)

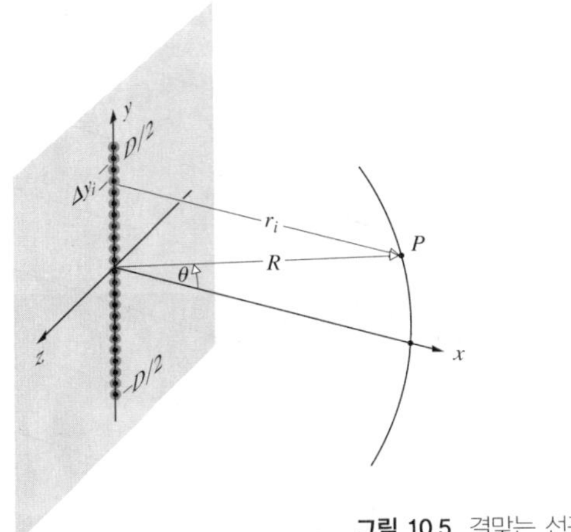

그림 10.5 결맞는 선광원

므로 주요 최댓값의 크기는 N^2I_0이 된다. 이 결과는 진동자의 위상이 그 방향에서 모두 같아진다는 사실로부터 예측할 수 있다. 이 배열의 복사 분포는 진동자의 선형 배열에 수직한 방향(m = 0, θ_0 = 0 또는 π)에서 최대가 된다. θ가 증가함에 따라 δ는 증가하고, $N\delta/2 = \pi$에서 I는 첫 번째 최소(first minimum)로 0이 된다. 식 (10.7)에서 만일 $d < \lambda$이면 m = 0, 즉 영차(zero-order) 주요 최댓값만이 존재하게 된다는 사실에 유의하라. **원자 단위의 간격으로 놓여 있는 이상적인 전자-진동자들이 선광원(line source)으로 배열되어 있다면, 회절 무늬의 복사 조도에서는 오직 1개의 주요 최댓값만을 기대할 수 있다.**

사진의 안테나 배열은 주요 최대에 해당하는 방향으로 전파를 송신할 수 있다. (포물면 안테나는 전방으로 신호를 송출하는데, 각 안테나가 송출하는 전파의 공간적 강도 분포는 이미 안테나를 연결하는 축에 대하여 대칭적이 아니다.) 인접한 진동자 사이에 위상차 ϵ을 만들어 줄 수 있는 장치를 가정해 보자. 이 경우에는

$$\delta = kd\sin\theta + \epsilon$$

과 같이 되고, 주요 최댓값은

$$d\sin\theta_m = m\lambda - \epsilon/k$$

과 같이 새로운 조건을 만족하는 방향에서 발생된다. 여기서의 관심은 $m = 0$에 해당하는 중앙 최대(central maximum)의 방향이며, ϵ 값을 조정함으로써 θ_0의 방향을 조정할 수 있다.

흡수가 일어나지 않을 경우 파의 진행 방향은 역으로도 가능하다는 가역 원리(principle of reversibility)에 의해 송신기나 수신기로 사용되는 안테나의 전파는 동일한 공간 분포를 갖게 된다. 따라서 안테나 배열을 전파 망원경으로 사용할 때 각 안테나의 출력에 적당한 위상차 ϵ를 더해 줌으로써 '조준(pointing)'이 가능하다. 즉 주어진 ε에 해당하는 출력은 공간상의 특정 방향에서 오는 신호에 해당하게 된다(4.3.1절의 위상 배열 레이더 사진의 설명 참조).

사진은 크리스티얀센(W. N. Christiansen)에 의해 설계되고, 1951년 오스트레일리아에 설치된 최초의 다중 전파 간섭계이다. 이 장치는 21 cm 수소 스펙트럼선의 파장에서 위상이 일치(in-phase)하도록 설계되었으며 지름이 2 m인 32개의 포물면 안테나(parabolic antenna)로 구성되어 있다. 안테나는 7 m 간격으로 동–서 기준선을 따라 배열되어 있다. 이 특별한 배열은 지구의 회전을 주사 원리(scanning mechanism)로 이용하고 있다.*

그림 10.5에 이상적인 전자-진동자 선광원이 그려져 있다(예: 폭이 λ보다 훨씬 작고, 긴 슬릿에 평행 광선을 입사시키면 하위헌스–프레넬 원리에 따라 2차파의 작은 파원이 선광원 역할을 하게 된다). 각 점에서 방출되는 2차 구면 가지 파동의 전기장은 진폭이 거리에 반비례하는 r^{-1} 의존성을 분명히 나타내어

$$E = \left(\frac{\varepsilon_0}{r}\right)\sin(\omega t - kr)$$

와 같이 표현할 수 있다. ε_0는 **광원의 세기(source strength)**이다. 그림 10.4와는 달리 현재의 상황에는 광원의 세기가 대단히 약하고, 광원의 수 N은 대단히 크며, 그들 사이의 간격은 무한히 작다. 미소하지만 유한한 선분 Δy_i는 $\Delta y_i(N/D)$만 한 수의 광원을 포함한다. D는 전체 배열의 길이이다. 전체 배열을 M개의 선분으로 나누어 보자(즉 i는 1에서 M까지 된 다). Δy_i가 충분히 작아서 그 안에 있는 진동자들의 상대적인 위상차를 무시할 수 있고(r_i = 상수), 방출된 각 전기장이 점 P에서 서로 보강 간섭을 이룬다면 i 번째 부분에 의한 점 P의 전기장의 세기는

$$E_i = \left(\frac{\varepsilon_0}{r_i}\right)\sin(\omega t - kr_i)\left(\frac{N\Delta y_i}{D}\right)$$

* E. Brookner의 "Phased-Array Raders," *Sci. Am.* (Feb. 1985), P. 94를 보라.

로 주어진다. N을 무한대로 하는 극한을 취함으로써 배열은 연속적인(결맞는) 선광원이 된다. 이 같은 방법은 거시적인 척도에서 대단히 실제적일 뿐 아니라, 보다 복잡한 기하학적 구조에 대하여 적분을 활용한 계산을 가능하게 한다. N이 무한대로 접근함에 따라 배열 전체의 출력이 유한한 값을 갖는다면 개개의 진동자의 광원의 세기는 0에 접근한다. 따라서 배열의 **단위 길이당 광원의 세기**를 나타내는 상수 $\boldsymbol{\varepsilon}_L$을 다음과 같이 정의한다.

$$\boldsymbol{\varepsilon}_L \equiv \frac{1}{D} \lim_{N\to\infty} (\boldsymbol{\varepsilon}_0 N) \tag{10.8}$$

M 개의 선분 전체에 의한 점 P 의 총전기장은

$$E = \sum_{i=1}^{M} \frac{\boldsymbol{\varepsilon}_L}{r_i} \sin(\omega t - kr_i)\Delta y_i$$

로 주어진다. 연속적인 선광원에서 Δy_i는 무한소($M \to \infty$)가 되고, 합산은 정적분

$$E = \boldsymbol{\varepsilon}_L \int_{-D/2}^{+D/2} \frac{\sin(\omega t - kr)}{r}\, dy \tag{10.9}$$

로 변환하며, 이때 $r = r(y)$이다. 식 (10.9)의 적분값을 계산할 때 사용될 근사가 배열에 대한 점 P의 위치에 따라 다르므로 프라운호퍼 회절과 프레넬 회절의 구분이 이루어진다. 광학적 결맞는 선광원은 물리적 실체로 존재하지 않지만 수학적인 도구로 자주 활용된다.

10.2 프라운호퍼 회절

10.2.1 단일 슬릿

이제 관찰점이 결맞는 선광원에서 매우 멀리 떨어져 있고 $R >> D$인 그림 10.5로 돌아가자. 이 경우에는 $r(y)$가 중간값 R에서 거의 벗어나지 않으므로 P에서 $(\boldsymbol{\varepsilon}_L/R)$은 모든 미분 요소 dy에 대하여 일정하게 된다. 광원의 미분요소 dy에 의한 P에서의 광파는 식 (10.9)로부터

$$dE = \frac{\boldsymbol{\varepsilon}_L}{R} \sin(\omega t - kr)\, dy \tag{10.10}$$

가 되며, $(\boldsymbol{\varepsilon}_L/R)dy$는 파의 진폭이다. 위상은 진폭에 비해 $r(y)$의 변화에 더 민감하기 때문에 위상에 근사를 취할 때는 더 주의해야 한다. 연습문제 9.21에서 사용했던 방법과 정확하게 같은 방법으로 $r(y)$를 y에 대해 전개할 수 있다.

$$r = R - y\sin\theta + (y^2/2R)\cos^2\theta + \cdots \tag{10.11}$$

여기에서 θ는 xz-평면으로부터 측정된다. 이 식에서 세 번째 항이 $y = \pm D/2$인 경우에도 위상에 별 기여를 하지 않는다면, 즉 $(\pi D^2/4\lambda R)\cos^2\theta$의 값이 충분히 작다면 이 항을 고려할 필요가 없다. 이러한 근사는 R이 충분히 큰 경우에는 θ 값에 관계없이 가능하다. 이와 같이 거리 r이 y에 선형적으로 변하게 되는 **프라운호퍼 조건**(Fraunhofer condition)에서 관찰점까지의 거리와 위상은 구멍 좌표의 선형 함수로 표현된다. 식 (10.11)의 오른쪽 2개 항만을 식 (10.10)에 대입하면,

$$E = \frac{\boldsymbol{\varepsilon}_L}{R} \int_{-D/2}^{+D/2} \sin[\omega t - k(R - y\sin\theta)]\, dy \tag{10.12}$$

와 같이 되고, 적분을 시행하면

$$E = \frac{\boldsymbol{\varepsilon}_L D}{R} \frac{\sin[(kD/2)\sin\theta]}{(kD/2)\sin\theta} \sin(\omega t - kR) \tag{10.13}$$

과 같이 된다. 다시

$$\beta \equiv (kD/2)\sin\theta \tag{10.14}$$

로 놓으면

$$E = \frac{\boldsymbol{\varepsilon}_L D}{R}\left(\frac{\sin\beta}{\beta}\right)\sin(\omega t - kR) \tag{10.15}$$

과 같이 보다 간결한 표현을 얻는다. 직접 측정이 용이한 물리량은 복사 조도이며, 비례하는 상수를 무시한다면 $I(\theta) = \langle E^2\rangle_T$ 또는

$$I(\theta) = \frac{1}{2}\left(\frac{\boldsymbol{\varepsilon}_L D}{R}\right)^2\left(\frac{\sin\beta}{\beta}\right)^2 \tag{10.16}$$

로 쓸 수 있고, 여기에서 $\langle\sin^2(\omega t - kR)\rangle_T = \frac{1}{2}$이다. $\theta = 0$인 경우 $\sin\beta/\beta = 1$이고 $I(\theta) = I(0)$이며, 이는 **주요 최댓값**에 해당한다. 따라서 **프라운호퍼 근사에서 이상적인 결맞는 선광원이 만드는 복사 조도**는

$$I(\theta) = I(0)\left(\frac{\sin\beta}{\beta}\right)^2 \tag{10.17}$$

이며, **싱크 함수**(sinc function)를 사용하면(부록의 표 1 참조)

$$I(\theta) = I(0)\,\mathrm{sinc}^2\beta$$

와 같이 표현할 수 있다. y-축 대칭이 있으므로 이 식은 y-축을 포함한 모든 평면에 대해 적용된다. $\beta = (\pi D/\lambda)\sin\theta$이므로 $D >> \lambda$인 경우 복사 조도는 θ가 0에서 벗어남에 따라 급격히 감소한다는 사실에 유의하라. 이 현상은 길이 D(빛을 사용할 경우에 1 cm 정도)가 클 때 β는 매우 큰 값을 가진다

(a)

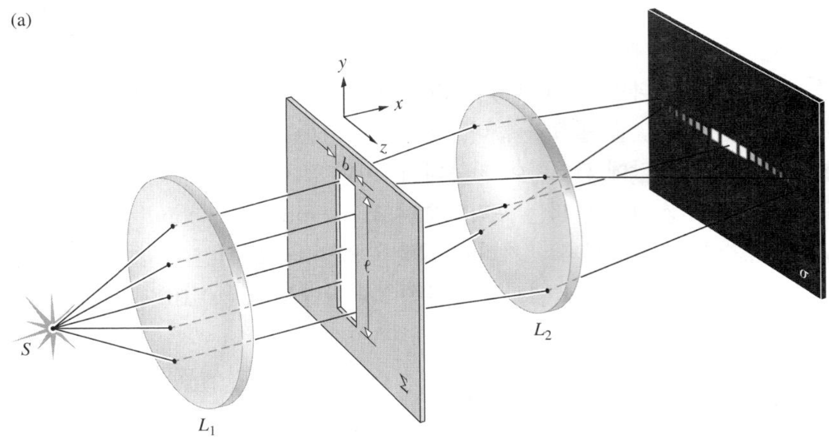

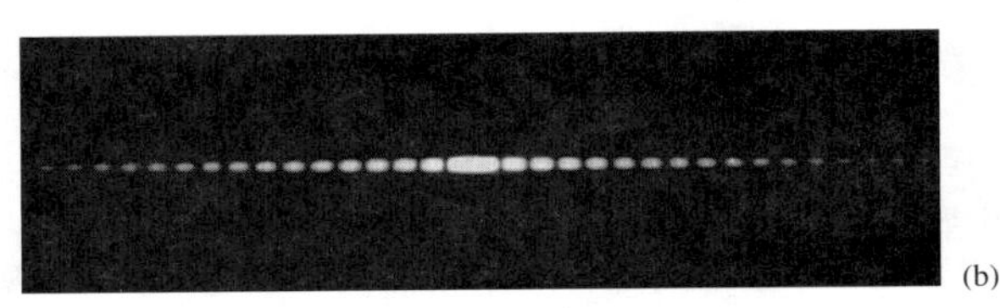

(b)

그림 10.6 (a) 단일 슬릿에 의한 프라운호퍼 회절. (b) 점광원으로 비출 경우 수직 단일 슬릿의 회절 무늬.

는 사실에 기여한다. 식 (10.15)에 따르면 선광원에 의한 광파의 위상은 선광원의 중앙에 놓인(P로부터 R의 거리에 놓인) 점광원이 만드는 위상과 같다는 것을 보여 준다. 결국 상당히 긴 결맞는 선광원($D >> \lambda$)은 $\theta = 0$ 방향, 즉 전방으로 대부분의 복사 에너지를 방출하는 1개의 점광원으로 간주할 수 있다. 다시 말해서 점광원의 복사는 xz-평면상의 원형파와 유사하다. 반면에 $\lambda >> D$이면 β는 작은 값이 되고, $\sin\beta \approx \beta$이며 $I(\theta) \approx I(0)$이다. 따라서 복사 조도는 모든 θ에 대해 일정하게 되고, 선광원은 구면파를 방출하는 점광원과 유사하다.

이제 슬릿 또는 가늘고 긴 좁은 직사각형 구멍에 의한 프라운호퍼 회절 문제를 생각해 보자(그림 10.6). 이와 같은 구멍은 흔히 수백 λ의 폭과 수 cm의 길이를 갖는다. 보통의 방법은 그림 10.7에서 볼 수 있는 것처럼 슬릿(폭이 dz이고 길이가 l인 띠)을 y-축에 평행한 미분 요소로 나누는 것이다. 각 미분 요소는 긴 결맞는 선광원이므로 z-축 위의 점광원으로 즉시 대치시킬 수 있다. 각 점광원은 xz-평면($y = 0$)에서 원형파를 방출한다. 이러한 논의는 분명히 이치에 맞다. 왜냐하면 슬릿은 길고 출사파의 파면은 슬릿 방향으로는 실질적으로 방해를 받지 않으며, 슬릿의 양 끝 부분에 평행한 방향으로는 회절이 거의 일어나지 않기 때문이다. 따라서 문제는 z-축을 따라 슬릿의 폭을 가로질러 배열된 무한히 많은 점광원에 의한 xz-평면 내의 광파를 계산하는 것으로 요약된다. 결국 프라운호퍼 근사에 의하여 각 미분 요소 dz가 만드는 dE의 적분을 계산하기만 하면 된다. 그런데 이것은 또 다른 결맞는 선광원이므로 슬릿에 대한 완전해는 앞에서 이미 유도한 것처럼

$$I(\theta) = I(0)\left(\frac{\sin\beta}{\beta}\right)^2 \qquad [10.17]$$

이 되고, 여기에서

$$\beta = (kb/2)\sin\theta \qquad (10.18)$$

이며, θ는 xy-평면으로부터 측정된다(연습문제 10.2 참조). 여기에서는 선광원의 길이가 $D = b$로서 짧다는 사실에 유의해야 한다. 즉 β는 크지 않으며 복사 조도의 감소가 급격하더라도 높은 차수의 보조 최댓값을 관찰할 수 있다. $dI/d\beta$가 0이 되는 복사 조도의 극값은, 즉

$$\frac{dI}{d\beta} = I(0)\,\frac{2\sin\beta(\beta\cos\beta - \sin\beta)}{\beta^3} = 0 \qquad (10.19)$$

의 관계가 만족하는 β 값에서 얻을 수 있다. $\sin\beta = 0$인 경우, 즉

$$\beta = \pm\pi, \pm 2\pi, \pm 3\pi, \ldots \qquad (10.20)$$

인 경우 복사 조도는 최댓값 0을 갖는다. 식 (10.19)는 또한

$$\begin{gathered}\beta\cos\beta - \sin\beta = 0\\ \tan\beta = \beta\end{gathered} \qquad (10.21)$$

인 경우에 만족하는데, 이 초월 방정식의 해는 그림 10.8과 같이 도해에 의하여 결정할 수 있다. $f_1(\beta) = \tan\beta$와 직

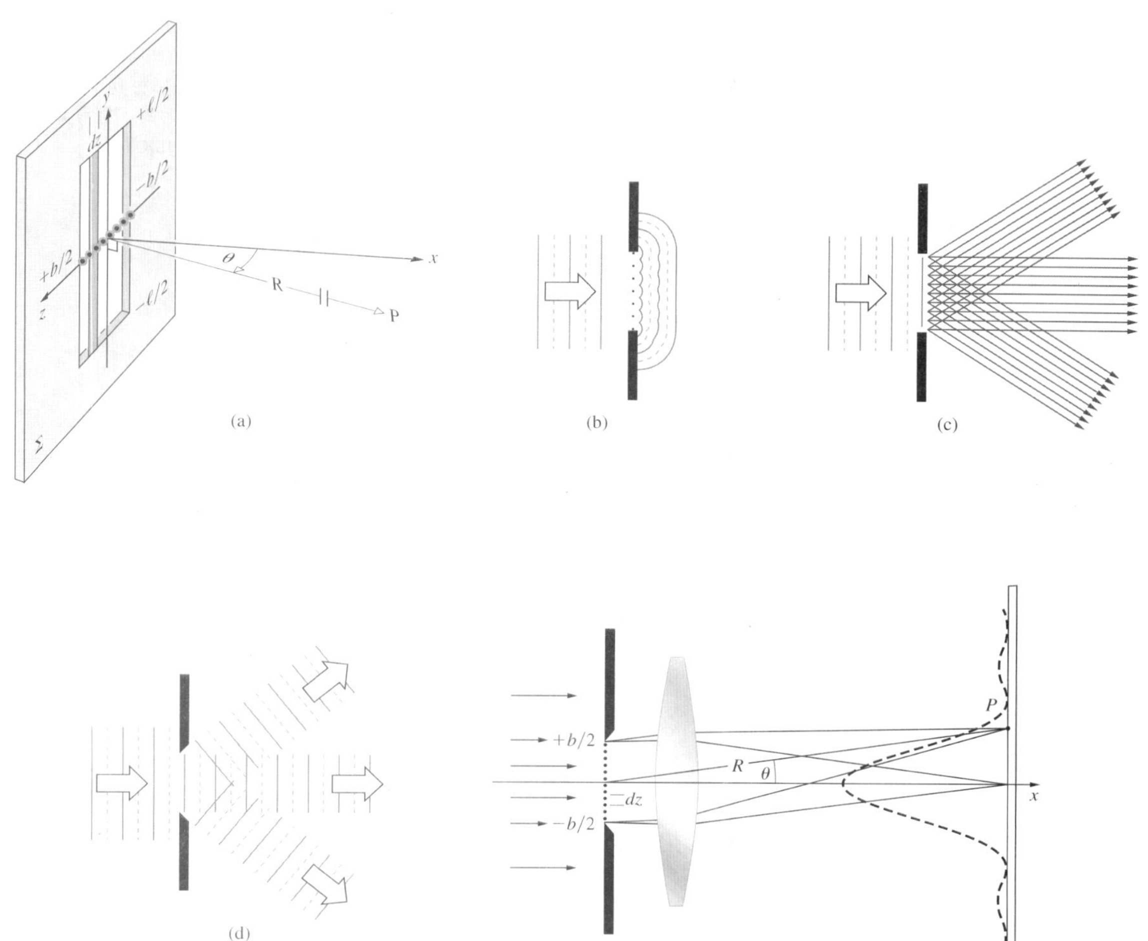

그림 10.7 (a) σ 상의 점 P는 Σ에서 무한히 멀리 떨어져 있다. (b) 구멍에서 방출되는 하위헌스 가지 파동, (c) 광선을 이용한 묘사. 각 점은 모든 방향으로 광선을 보내며, 여러 방향으로 진행하는 평행 광선이 그려져 있다. (d) 광선의 묶음은 평면파이며, 3차원 푸리에 성분으로 생각할 수 있다. (e) 단일 슬릿에 단색 평면파를 비출 때 나타나는 복사 조도 분포.

선 $f_2(\beta) = \beta$의 교점에서 두 식은 같은 값이므로 식 (10.21)의 해가 된다. 이 극값은 식 (10.20)의 인접한 2개의 최솟값 사이에서만 존재하므로 $I(\theta)$는 이들 β(즉 $\pm 1.4303\pi$, $\pm 2.4590\pi$, $\pm 3.4707\pi$, ...)의 값들에서 보조 최댓값을 갖는다.

(지면에 수직하게 정렬된) 길고 좁은 슬릿을 나타내는 그림 10.9를 보면 여기에서 무엇이 일어나는가를 수학을 쓰지 않고 쉽게 알 수 있다. 구멍을 가로지르는 각 점에서 하위헌스 가지 파동을 방출하는 것을 가정해 보자. 슬릿을 균일한 단색 평면 전자기파로 비추기 때문에 진폭, 위상, 파장이 모두 같은 많은 전자기파가 발생한다. 그림 10.9a에서 앞으로 계속 직진하는 광선은 회절되지 않는 빔이다. 이와 같이 구멍을 비출 때 프라운호퍼 회절로 취급하면 항상 중앙의 밝은 점이 나타난다. 스크린이 무한히 먼 곳에 스크린이 놓여 있거나 그림 10.7e와 같이 구멍 가까이에 볼록 렌즈가 있을 경우 스크린 중앙에 항상 밝은 영역이 나타난다. 이것은 모든

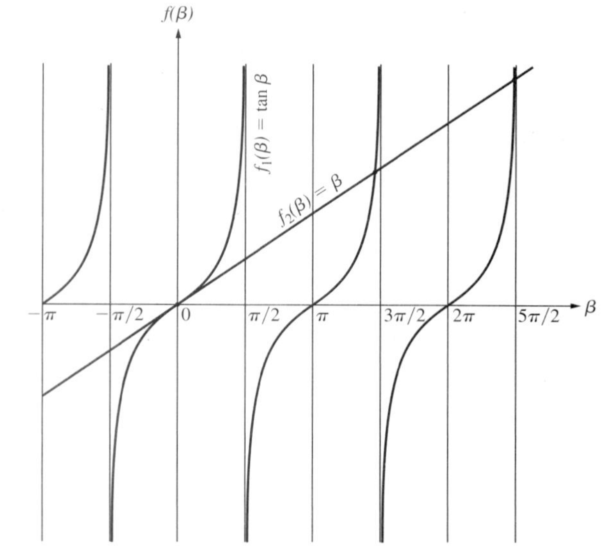

그림 10.8 두 곡선의 교점은 식 (10.21)의 해이다.

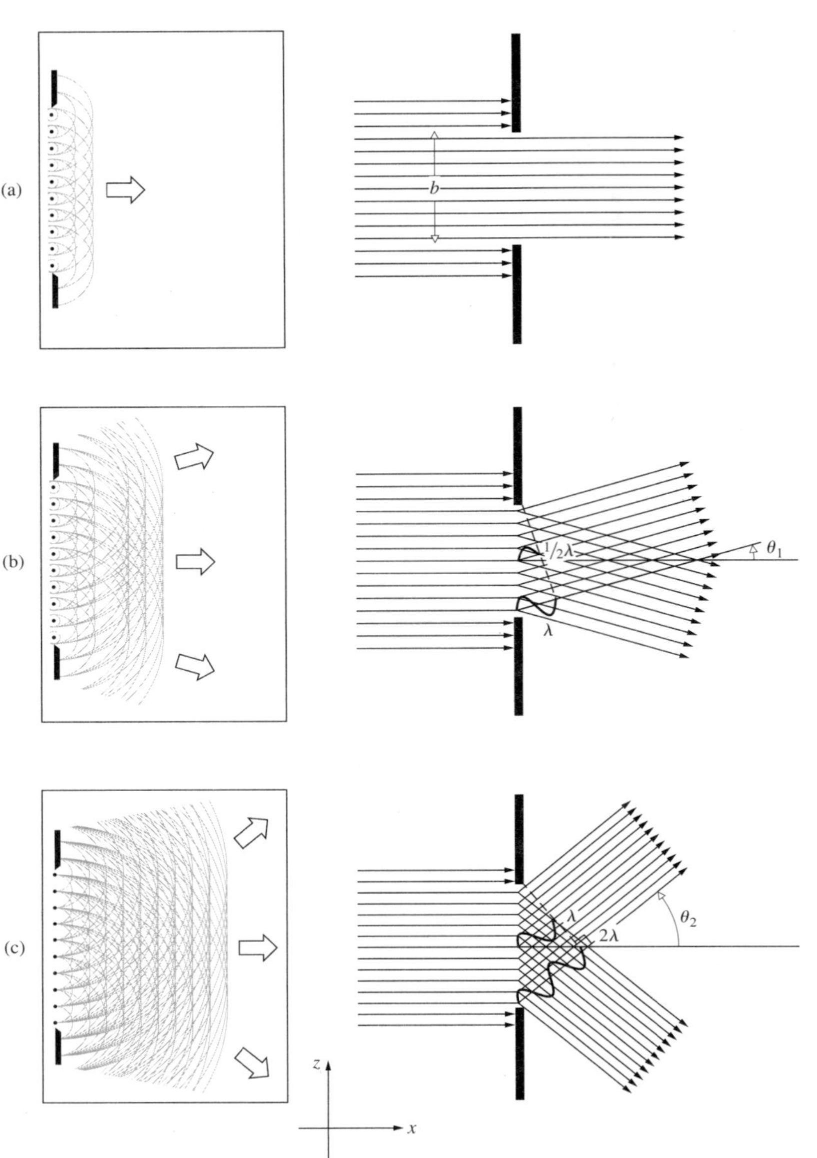

그림 10.9 다양한 방향으로 회절되는 빛. 구멍은 그림 10.7과 같이 단일 슬릿이다. (b)와 (c)에서와 같이 $b \sin\theta_m = m\lambda$일 때 복사 조도는 0이 된다. 직사각형 안의 그림은 하위헌스 가지 파동의 진행을 나타낸다. 모든 경우에 대하여 입사광은 평면파이다.

가지 파동들은 스크린 중앙까지 같은 광경로 길이(*OPL*)를 진행하기 때문에 위상이 같고 보강 간섭이 일어나기 때문이다.

슬릿으로부터 모든 방향으로 빛이 퍼져나갈 때 그림 10.9b에 나타낸 것처럼 한 가지 특별한 빔에 대하여 조사해 보자. 구멍에서 방출되는 전자기 가지 파동들에 대한 *OPL* 차이가 있고, 이 차이는 중심축으로부터 측정하는 빔의 각 θ에 따라 달라진다. 그림 10.9b에서 θ_1의 각으로 진행하는 빔의 경우, 슬릿의 상단과 하단에서 출발하는 가지 파동들 사이에 경로 길이의 차이는 λ이다. 슬릿의 폭이 b이므로 경로차는 $b \sin\theta_1 = \lambda$이다. 슬릿 중앙의 광선은 상단에서 출발한 광선에 비해 $\lambda/2$ 만큼 늦게 도달하고 서로 상쇄된다. 마찬가지로 중앙 바로 아래의 광선은 위에서 두 번째 광선과 상쇄된다. 이와 같이 그림에 나타난 모든 광선은 상쇄되어 해당 각도 θ_1에서 조도는 최소가 된다. 다시 말하면 스크린의 각도 θ_1 지점에서 알짜 전기장 진폭은 0이 된다. 조도는 전기장 진폭의 제곱이므로 중심축 위와 아래의 각도 θ_1에서 빛을 관찰할 수 없고, 중앙 최댓값 조도는 0으로 떨어지고 이때가 첫 번째 최소이다.

각도 θ를 더 크게 하면 비록 작지만 알짜 전기장 진폭이 다시 생겨나고 복사 조도는 증가해서 **2차 최대**(secondary maximum) 또는 **보조 최대**(subsidiary maximum)가 나타난다. 이러한 현상이 어떻게 일어나는지는 위상자를 다룰 때 공부하기로 하자. 각도를 더욱 증가시켜 $b \sin\theta_2 = 2\lambda$가 되면 그림 10.9c에서 보인 것처럼 조도는 다시 최소가 된다. 이제 구멍을 4등분하면 첫 번째 1/4 부분의 광선은 두 번째 1/4 부분과 상쇄되고, 세 번째는 맨 아래의 1/4 부분 광선과 상쇄되어서 알짜 전기장 진폭은 0이 된다. 인접한 부분의 대응

되는 위치에 있는 두 광선은 위상차가 λ/2이며 상쇄 간섭을 한다. 따라서 일반적으로,

$$b \sin \theta_m = m\lambda$$

인 경우에 복사 조도는 0이 되고, 여기서 $m = \pm1, \pm2, \pm3, \ldots$이며 $\beta = m\pi = (kb/2)\sin\theta_m$이므로 이 β는 식 (10.20)과 일치한다. 슬릿의 상단과 하단에서 출발하는 파들 사이이의 광경로 길이차는 $(b \sin\theta)$이다. 이것은 파장수 차이가 $(b \sin\theta)/\lambda$이고, 단일 슬릿의 위상각 차이가 $\delta_1 = 2\pi(b \sin\theta)/\lambda$라는 것과 같다. 따라서 **$b$는 단일 슬릿의 상단과 하단에서 출발하는 파들 사이의 위상각 차이(δ_1)의 1/2과 같다.**

위상자와 전기장 진폭

그림 10.10a는 좁은 슬릿으로부터 멀리 있는 스크린에 형성된 프라운호퍼 회절 무늬의 전기장을 나타낸 것이다. 전기장이 어떻게 결합하여 무늬를 만드는지 보기 위하여 파를 위상자로 표현해 보자. 그림 10.7e, 그림 10.9, 그림 10.10을 참고해서 슬릿을 홀수(N)로 나누고, 각 부분은 앞쪽 방향으로 진폭이 같은 가지 파동을 방출한다고 가정하자. 이 파들은 스크린의 지점-P(중심축 위)에 같은 위상으로 도달한다. 파들의 전기장은 모두 더해지고 그림 10.10b는 그 결과를 나타낸 것으로 모든 위상자들의 머리와 꼬리를 이어서 더한다. 이때 각 위상자들은 각 파들의 전기장 진폭 E_{01}, E_{02}, E_{03}, $\ldots$을 의미한다. 파들의 위상이 같기(단일 슬릿의 위상각 차 δ_1은 0이고 $\beta = 0$임) 때문에 위상자들은 직선으로 정렬한다. 따라서 그림 10.10a의 지점-1에서의 알짜 전기장 진폭은 $E_0(\theta) = E_0(0) = E_{01} + E_{02} + E_{03} + \ldots$이고, 이것은 알짜 진폭의 최댓값이다. 진폭이 E_{01}인 파들이 N개 있으므로 $E_0(0) = NE_{01}$이다. 여기에서는 N을 9로 두고 더하기 과정을 설명하고자 한다.

θ를 크게 하고 점 P를 스크린 위쪽으로 옮겨가면 각 파들은 같은 양만큼의 상대적인 위상차를 가지고 도달한다. P가

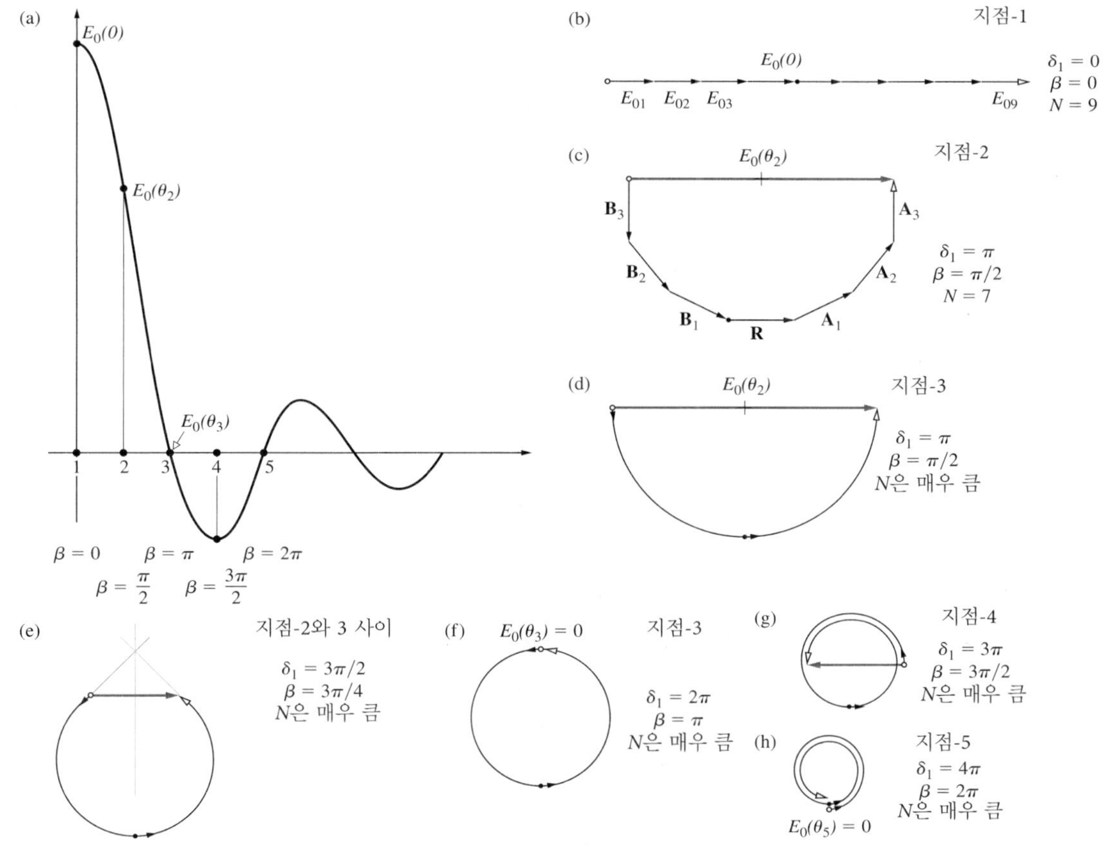

그림 10.10 단일 슬릿에 의한 프라운호퍼 회절 무늬의 전기장. (a) 위치의 함수로 나타낸 전기장 진폭 그림. (b) $\beta = 0$일 때의 최대 진폭. (c) $N = 7$일 때의 진폭들. (d) $\mathbf{B}_1$은 $\mathbf{R}$보다 30° 늦고, 시계 방향으로 돌아가 있다. 마찬가지로 $\mathbf{B}_2$는 $\mathbf{B}_1$보다 늦고, $\mathbf{B}_3$는 $\mathbf{B}_2$보다 늦고, $\mathbf{B}_3$는 슬릿 하단에서 출발한다. 같은 방법으로 $\mathbf{A}_1$은 $\mathbf{R}$보다, $\mathbf{A}_2$는 $\mathbf{A}_1$보다, $\mathbf{A}_3$는 $\mathbf{A}_2$보다 각각 30° 빠르다. $\mathbf{A}_3$는 슬릿 상단에서 출발한다. (d) $\delta_1 = \pi$이고, $E_0(\theta_2)$는 양이다. (e) $\delta_1 = 2\pi$일 때 진폭은 0이다. (*f*) 지점-4에서 $E_0(\theta_4)$는 음이다. (*g*) $\delta_1 = 4\pi$일 때 $E_0(\theta_5) = 0$이다.

그림 10.10a의 지점-2로 이동하면 $\beta = \pi/2$이므로 슬릿의 위 아래에서 출발하는 두 파들 사이의 위상차는 $\delta_1 = 2\beta = \pi$이고 1/2 파장이 된다. 슬릿의 가운데에서 출발하는 파를 기준으로 해서 그것의 위상자-**R**을 그림 10.10c에 나타낸 것과 같이 검은 점을 꼬리에 두고 오른쪽으로 향하게 수평으로 그린다. 슬릿 가운데의 아래에서 출발하는 파들의 위상자들(위상자-$\mathbf{B}_1$, -$\mathbf{B}_2$, -$\mathbf{B}_3$, … -$\mathbf{B}_7$)은 긴 *OPL*을 진행하고 가운데의 것보다 늦게 스크린에 도달한다. 반면에 슬릿 가운데의 위에서 출발하는 위상자들(위상자-$\mathbf{A}_1$, -$\mathbf{A}_2$, -$\mathbf{A}_3$, … -$\mathbf{A}_7$)은 위상자-**R**보다 앞선다. 그림 10.10a의 지점-2의 경우 $\beta = \pi/2$이고 $\delta_1 = 180°$이다. 그림 10.10c의 경우 $N = 7$이고, 그림 10.10d의 경우 N은 정할 수는 없지만 매우 큰 홀수이다.

가운데의 수평 위상자-**R**를 나타내는 그림 10.10c에서 슬릿 가운데의 아래에서 출발하는 파들에 대한 $(N - 1)/2$개의 위상자들은 각각 앞선 위상자에 대하여 시계 방향으로 계속해서 $\delta_1/(N - 1) = 180°/(N - 1)$의 각도로 회전한다. 마찬가지로 슬릿 가운데의 위에서 출발하는 파들에 대한 위상자들은 반시계 방향으로 $180°/(N - 1)$ 의 각도로 회전한다. 그 결과 알짜 위상차는 π이고, 구멍 모서리들에서 출발하는 파들의 위상자는 아래(꼬리가 하얀 점)로 향하거나 위(하얀 화살표)로 향한다. 따라서 $N = 5, 7, 9, \ldots$일 때 위상자는 각각 45°, 30°, $22\frac{1}{2}°$, … 만큼 회전한다. 진폭이 $E_0(\theta_2)$인 임의의 홀수 N개에 대한 최종 위상자는 왼쪽의 꼬리(하얀 점)에서 오른쪽의 머리(하얀 화살표)로 그리고, 기준 위상자와 평행하고 양(+)이다. 또한 원호 위의 위상자들의 길이가 $E_0(0)$이므로 최종 위상자는 $E_0(\theta_2) < E_0(0)$의 값을 갖는다.

대칭성에 의해 최종 위상자는 언제나 수평이고 양 또는 음이 된다. 달리 말하면 슬릿 상단에서 출발하는 파에 대한 위상자는 하단에서 출발하는 파에 대한 위상자에 대하여 $2\beta = \pi$만큼 어긋난다. 지점-2에서 $\delta_1 = \pi$이므로 위상자는 중심이 최종 위상자 가운데에 있는 반원 위에 있다. 처음 꼬리와 마지막 머리로 그린 반지름들은 $\delta_1 = 180°$ 벌어진다.

이제 N이 매우 크다고 가정하면 임의의 주어진 θ 값에서 각 위상 이동은 모두 같고 매우 작고 각 위상자들도 작을 것이다. N을 더 크게 하면 작은 위상자들로 형성되는 호는 **진동 곡선(vibration curve)**으로 알려진 연속 곡선이 된다(그림 10.10d). 따라서 θ에 따라 곡선이 어떻게 바뀌는지 잘 이해할 수 있도록 진동 곡선의 시작을 하얀 원으로 끝을 하얀 화살표로 표시하자. 호의 길이는 그림 10.10b에 표시한 것과 같이 일련의 위상자들의 길이 $E_0(0)$ 와 같게 고정된다.

모든 θ 값에 대하여 특정한 진동 곡선 모양이 있다. θ가 커지면 구멍 모서리들에서 출발하는 파들 사이의 *OPL* 차이는 커지고 각 위상자들 사이의 상대적인 위상각이 커진다. 그리고 중심축에서 멀리 떨어진 각 지점에서 진동 곡선은 원호의 반지름이 점점 줄어들면서 나선형으로 돈다. 이것은 *P*가 중심축으로부터 멀어질 때 최종 진폭의 가능한 최댓값은 점점 작아진다는 것을 의미한다. 그림 10.10a에서 지점-2와 지점-3의 위상자들 사이의 β 값에 대하여 그림 10.10d의 진동 곡선의 반원호는 반지름이 감소할 때 약간 더 위로 구부러져서 어느 정도 닫히는데 이것은 호의 길이가 일정하게 유지되기 때문이다. 그림 10.10e는 이러한 사실을 보여 준다. 처음 꼬리와 마지막 머리로 그린 반지름들은 180° 보다 크게 벌어진다. 최종 위상자는 여전히 왼쪽에서 오른쪽이며 양이지만 크기는 작아진다.

그림 10.10a에서 지점-3은 $\delta_1 = 2\beta = 2\pi$, 즉 한 파장이고 그림 10.9b와 같이 파들은 소멸된다. 이 경우 곡선은 무한히 작은 위상자들로 이루어진 호(그림 10.10e)가 되고, 반지름이 줄어들면서 좌우에서 돌돌 감겨서 꼭대기에서 닫히게 되어(작은 기준 위상자는 여전히 바닥에 있다고 상상해 보자) 지점-3에서의 전기장 진폭은 0이 된다. 이때 그림 10.10f와 같이 진동 곡선의 호의 중심은 원의 중심과 같다. 일련의 위상자들의 처음 꼬리와 마지막 머리로 그린 이전의 두 반지름은 겹치고 $\delta_1 = 360°$로 벌어진다. 그 후에는 θ가 증가하기 때문에 원의 꼭대기에 있는 무한히 작은 마지막 위상자는 왼쪽으로 향하고 있다고 생각할 수 있고 진폭은 음(−)이 된다.

그림 10.10a의 지점-4의 경우 $\delta_1 = 2\beta = 3\pi$이고 반지름은 조금 더 줄어들고 진동 곡선은 그림 10.10g와 같이 3π 회전한다. 곡선에 접해 있는 첫 번째 위상자(작은 하얀 원으로 표시)는 무한히 작은 기준 위상자(꼬리가 검은 점)로부터 시계 방향으로 $3\pi/2$ 회전하여 위로 향한다. 이와 비슷하게 마지막 위상자(하얀 화살표로 표시)의 머리는 반시계 방향으로 $3\pi/2$ 회전하여 아래로 향한다. 최종 진폭은 작고 위상자는 중앙 최댓값을 갖는 위상자(기준 위상자)와 반대 방향이다. **따라서 이 전기장 진폭은 음이다.**

그림 10.10a에서 지점-5의 경우 $2\beta = 4\pi$이고, 기준 위상자에서 시작하는 첫 번째 위상자는 시계 방향으로 360° 회전하고(그림 10.10h) 기준 위상자에서 시작하는 마지막 위상자는 반시계 방향으로 360° 회전한다. 이 두 위상자는 모두 오른쪽으로 향하면서 만나고 최종 전기장 진폭은 다시 0이 된다. θ가 증가할 때 무한히 작은 마지막 위상자(하얀 화살표)는 오른쪽으로 향하고 있어서 전기장은 다시 양으로 된다. 이와 같은 방법으로(그림 10.11) θ가 증가함에 따라 최종 전기장 진폭은 부호가 교대로 바뀌면서 줄어든다.

그림 10.12는 진폭이 $E_0(\theta) = 2r\ \sin\beta$이고 호의 길이가 $E_0(0) = 2r\beta$인 일반적인 경우를 나타낸 것이다. 따라서 규격화된 전기장 진폭은

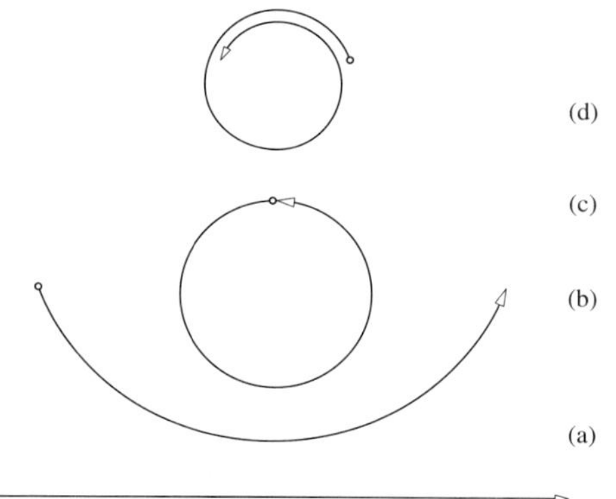

그림 10.11 단일 슬릿에 대한 위상자 더하기의 요약. P 중심축에서 멀어질 때 θ는 증가하고, 슬릿에서 P까지의 거리도 증가한다. 결국 P에 도달하는 각 파의 진폭은 감소하고, θ가 증가할 때 각 위상자의 진폭은 서서히 감소하고, 진동 곡선은 안쪽으로 향하는 나선 모양이 된다. (a)부터 (d)까지 곡선의 전체 길이는 일정하다. 그러나 P가 이동하고 나선이 안쪽으로 감길 때 최종 위상자(열린 원으로부터 열린 화살표까지)의 길이와 부호는 변한다.

$$\frac{E_0(\theta)}{E_0(0)} = \frac{\sin\beta}{\beta}$$

이고, 이것을 제곱하면 복사 조도에 대한 식 (10.17)이 된다. 진폭 싱크 함수는 $\beta = \pm\pi,\ \pm2\pi,\ \pm3\pi,\ \ldots$일 때 0이 된다. 전기장 진폭은 음이 될 수도 있지만 단위 면적당 단위 시간당 에너지인 복사 조도는 음이 될 수 없다. 비록 전기장 진폭이 이론적으로 매우 흥미롭지만 실제로는 복사 조도를 측정하기 때문에 이것에만 관심을 가질 것이다.

여기서 한 가지 주의해야 할 사실이 있는데, 즉 하이헌스–프레넬 원리의 단점 중 하나는 각 2차파의 가지 파동 표면에서 각도에 따른 진폭의 변화를 고려하지 않는다는 것이다. 프레넬 회절에서는 이 효과가 중요하며, **경사 인자**(obliquity factor)에 대하여 언급할 때 다시 검토할 것이다. 프라운호퍼 회절에서는 구멍에서 관찰 면까지의 거리가 대단히 커서 θ가 작은 값을 갖는 한 이 효과는 무시할 수 있다.

단일 슬릿 복사 조도

그림 10.13은 식 (10.17)에 따른 규격화된 선속 밀도이다. 곡선상의 어떤 점, 예를 들어 $\beta = 3.4707\pi$에 위치한 세 번째 보조 최댓값을 생각해 보자. $\beta = (\pi b/\lambda)\sin\theta$이므로 β가 일정할 때 슬릿 폭 b를 증가시키면 θ는 감소해야 된다. 이때 회절 무늬는 전체적으로 주요 최대를 향해 수축하는 양상을 보이는데 이 효과는 λ를 감소시켰을 경우와 동일하다.

일반적으로 간섭 무늬의 폭과 중앙 최대의 폭은 슬릿 폭에 반비례한다. 중앙 최대의 폭은 중심축($m = \pm1$)을 기준으로 한쪽에서 복사 조도가 처음으로 0이 되는 곳으로부터 다

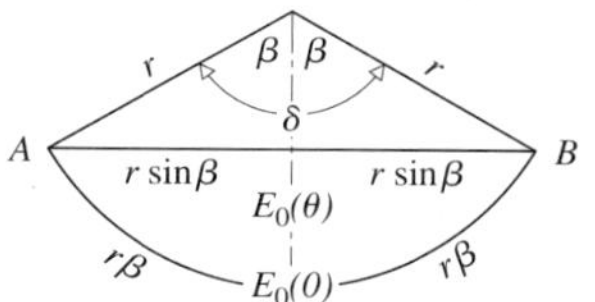

그림 10.12 (A에서 B까지) 최종 진폭은 $E_0(\theta) = 2r\sin\beta$이고, 호의 길이는 $E_0(0) = 2r\beta$이다.

른 쪽($m = -1$)에서 처음으로 0이 되는 곳까지의 거리로 택하면 편리하다. 그리고 $b\sin\theta_m = m\lambda$이고 작은 각도의 경우 $\sin\theta_m \approx \theta_m$이므로 중앙 최댓값의 **각폭(angular width)** $\Delta\theta$를 라디안으로 나타내면

$$\Delta\theta = 2\theta_1 \approx 2\lambda/b$$

이다. $\beta = 0$인 중앙 봉우리($\theta = 0$)에서 규격화된 복사 조도 $I(\theta)/I(0)$는 $(\sin\beta)/\beta$이다. β는 라디안이므로 β가 작아지면 $\sin\beta \approx \beta$이고 $(\sin\beta)/\beta$는 1로 근사한다. 다음 최대는 $\beta = 1.4304\pi$인 곳에 있는 작은 봉우리(그림 10.8)이다. 이 간섭 무늬 봉우리의 상대적인 복사 조도는

$$[(\sin\beta)/\beta]^2 = [(\sin 1.4304\pi)/1.4304\pi]^2 = 0.04719$$

이어서 중앙 최댓값의 4.72%에 지나지 않는다. 표 10.1은 몇 가지 최댓값과 최솟값의 위치에 대한 β와 규격화된 복사 조도의 값들이다. 중앙 최대 또는 **주요 최대(principal maximum)**의 폭은 다른 고차 간섭 무늬의 두 배이고, 스크린에 도달하는 빛의 80% 이상을 차지한다.

슬릿의 폭 b가 파장에 비하여 작은 경우 슬릿을 지나는 빛은 슬릿에 수직 방향으로 퍼지고 중앙 복사 조도의 봉우리는 매우 넓어진다. 그림 10.13b는 b가 λ에서 2λ, 4λ, 10λ로 변할 때 규격화된 복사 조도에 대한 그림으로 각 곡선의 최댓값은 1.0으로 두었다. b가 감소함에 따라 봉우리들은 넓어지

표 10.1 단일 슬릿 프라운호퍼 회절

β	± 규격화된 진폭	규격화된 복사 조도	최대 또는 최소
0	1	1	최대
π	0	0	최소
1.4303π	−0.217	0.047	최대
2π	0	0	최소
2.4590π	0.128	0.016	최대
3π	0	0	최소
3.4707π	−0.091	0.008	최대
4π	0	0	최소

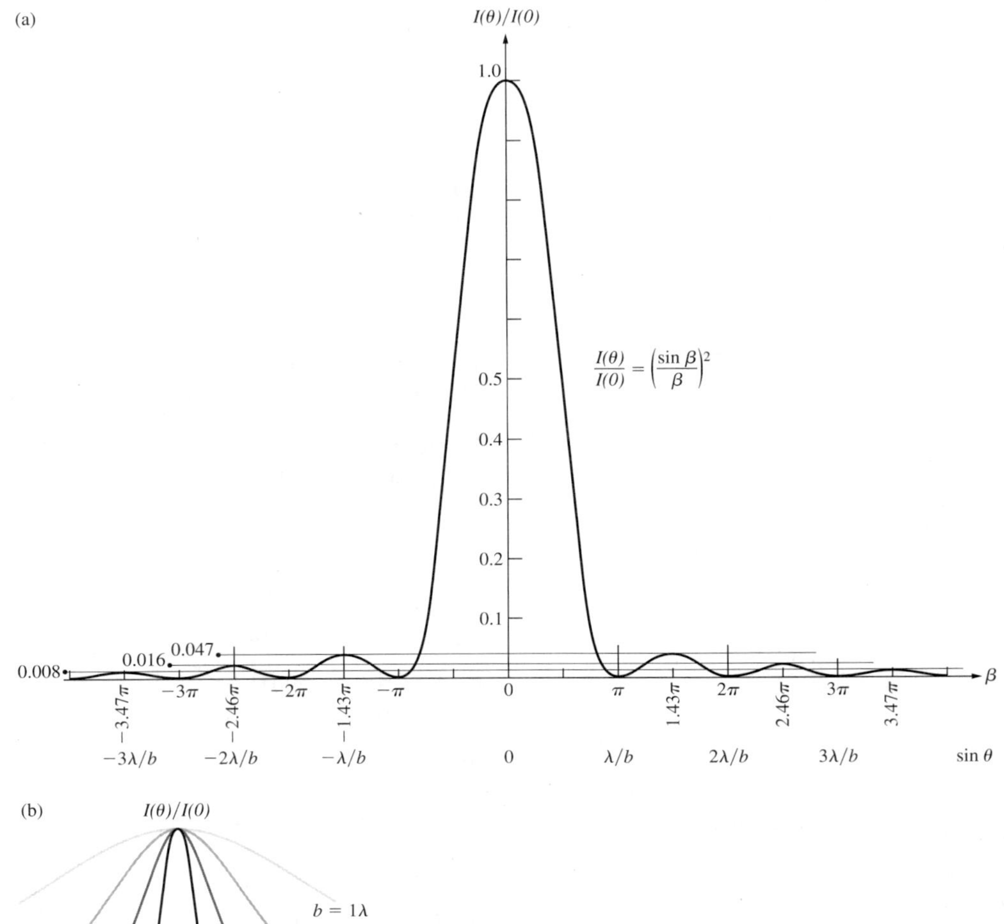

그림 10.13 단일 슬릿의 프라운호퍼 회절 무늬. (a) 이것은 복사 조도 분포이다. (b) 슬릿 폭이 $b = \lambda$, 2λ, 4λ, $10\ \lambda$인 경우 규격화된 복사 조도.

고 에너지는 넓은 영역에 걸쳐 있고 $I(0)$는 감소한다. 이것이 에너지 보존 법칙이다.

예제 10.1

그림 10.3과 같이 큰 렌즈 L_2가 길고 좁은(0.250 mm) 슬릿에 가까이 있는 경우를 생각해 보자. 슬릿은 518.36 nm의 초록색 마그네슘 등으로 비춘다. 초점 거리가 65.0 cm인 L_2에 의해 스크린 σ 위에 형성된 중앙 최대의 폭을 결정하라.

풀이

L_2의 중심으로부터 σ 위의 점 P로 선을 그려서 중심축과의 각이 θ가 되도록 한다. 렌즈의 초점 거리 f인 거리에 있는 σ와 수직으로 상이 형성된다. σ 위의 Y_1을 중심축으로부터 복사 조도가 처음으로 0이 되는 P까지의 거리라고 하면 주요 최대의 폭은 $2Y_1$이다. 이때 $\tan\theta_1 = Y_1/f$이므로 $Y_1 = f\tan\theta_1$이다. θ_1이 작을 경우 $Y_1 = f\tan\theta_1 \approx f\sin\theta_1$이고, m-차 최소의 경우 $b\sin\theta_m = m\lambda$이므로 $Y_1 \approx f\lambda/b$이다. 따라서

$$2Y_1 \approx 2f\lambda/b$$

$$2Y_1 \approx \frac{2(65.0\times10^{-2})(518.36\times10^{-9})}{0.25\times10^{-3}}$$

$$2Y_1 \approx 2.695\ \text{mm}$$

이다. 스크린 위의 중앙 최대 폭의 세 자리 유효 숫자는 2.70 mm이다.

구멍 스크린을 지나서 진행하는 광파는 꽤 복잡해서 방향(예를 들어 보면 다른 θ 값에 따라)에 따라 진폭들이 다르다. 그림 10.3과 같은 초점 거리가 L_2인 렌즈의 배열을 이용해서 규격화된 최종 전기장 진폭과 규격화된 복사 조도를 그리면 그림 10.14와 같다. **어떤 지점에서 전기장 진폭이 음이라는 것은 그 지점에서의 전기장은 중앙 최대의 전기장과 180° 위상 차이가 있다는 것을 의미한다.**

앞에서 영의 실험을 공부할 때 처음의 작은 구멍(그림 9.10) 또는 슬릿(그림 9.11)을 사용해서 구멍 스크린에 도달

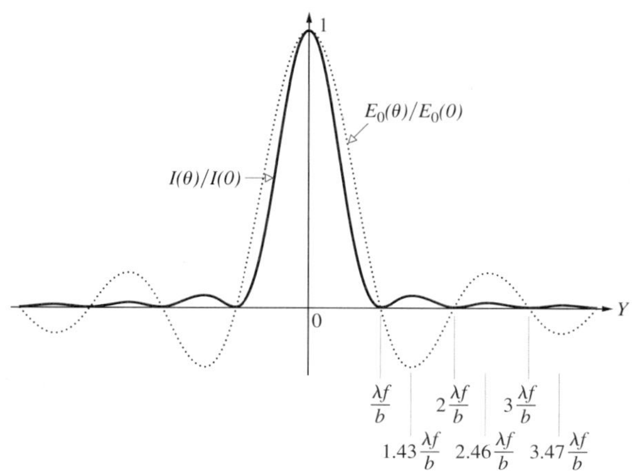

그림 10.14 실선은 규격화된 복사 조도이고, 점선은 규격화된 전기장 진폭이다. 초점 거리 f인 렌즈에 의한 간섭 무늬가 형성된다. 관찰 스크린 위의 거리 Y는 중심축($Y = 0$)으로부터 측정한다.

하는 빛을 가렸다. 그리고 처음의 구멍에 의한 회절 무늬의 중앙 최대 범위 안에서 두 번째 스크린에 있는 두 개의 구멍(두 개의 핀홀 또는 슬릿)을 비추도록 하였다. 따라서 불투명한 스크린에 아주 좁은 슬릿이 있을 때 프라운호퍼 회절 무늬의 넓은 주요 최대에 해당하는 빛으로 구멍 스크린의 두 슬릿을 비춘다. '광원의 밴드폭이 넓을 경우에도 주요 최대 내의 빛은 공간 결맞음이 높다'는 반시테르트-제르니케 정리(van Cittert-Zernike theorem)를 12장에서 공부할 것이다.

백색 광원을 사용한 경우에는 높은 차수의 최댓값에서는 θ의 증가에 따라 적색을 따라가는 연속적인 색의 분포를 볼 수 있다. 백색광 중의 서로 다른 색의 빛은 각 파장에 따른 각도에서 최소와 보조 최대를 갖는다(연습문제 10.6). 실제로 오직 $\theta = 0$에서만 모든 색의 빛이 중첩되어 백색광을 이룬다.

그림 10.6에서 회절 스크린 Σ를 제거한다면 점광원 S의 상이 무늬의 중앙에 생길 것이다. 이제 회절 슬릿을 설치하면 관찰면 σ의 yz-평면에는 일련의 점선 모양의 회절 무늬가 만들어지는데 S의 펼쳐진 상과 매우 비슷하다(그림 10.6b). 시준 렌즈 L_1의 초평면상에 점광원 S 대신에 결어긋난 선광원을 슬릿과 평행하게 놓으면 회절 무늬는 띠선 대신 격자 무늬를 형성한다. 선광원의 모든 점은 각각 독립적인 회절 무늬를 만들며, 각 무늬는 서로에 대하여 y-방향 변위를 갖는다. 회절 스크린을 제거하면 선광원은 원래의 슬릿에 평행한 선 모양의 상을 만든다. 회절 스크린을 설치하면 점광원 S 의 경우처럼 선 모양에서 옆으로 퍼져 나간 띠 모양이 된다(그림 10.15). 여기서 무늬의 퍼져 나가는 방향은 슬릿의 좁은 방향이라는 것을 유념하라.

단일 슬릿에 의한 회절 무늬는 특별한 장치를 사용하지 않

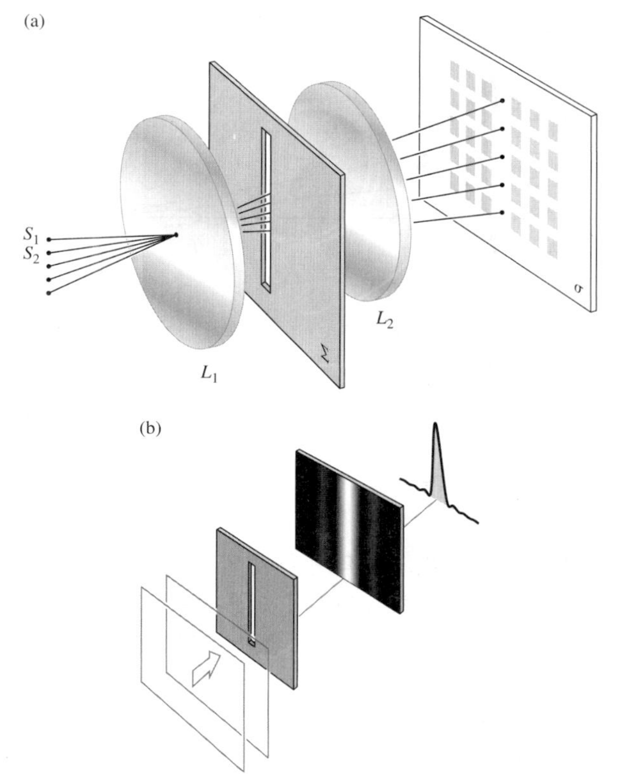

그림 10.15 (a) 선광원에 의한 단일 슬릿 회절 무늬. (b) 같은 슬릿을 평면파로 비추고 있다. (그림 10.18의 첫 번째 사진 참조)

고도 쉽게 볼 수 있으며 여러 광원을 사용할 수 있다(예: 멀리 있는 가로등, 작은 백열 전등, 좁은 창틈으로 들어오는 태양 광선). 점광원 또는 선광원과 유사한 거의 대부분의 광원을 사용할 수 있다. 목적에 맞는 가장 좋은 광원은 **직선 필라멘트 전구**(straight-filament display bulb, 약 3인치 정도의 수직 필라멘트)이다. 상상할 수 있는 모든 종류의 단일 슬릿을 사용할 수 있다 [예: 빗이나 포크를 비스듬히 놓아 빗살 사이의 간격을 줄이거나, 또는 인디아 잉크(흑색 유성 잉크)를 칠한 현미경 슬라이드 위에 긁어 놓은 직선 모양의 슬릿]. 보통의 버니어 캘리퍼는 간격을 조절할 수 있는 매우 훌륭한 슬릿이다. 버니어 캘리퍼를 수십 μm 정도의 폭이 되도록 슬릿을 조절하여 눈 가까이에 두고, 슬릿을 전구의 필라멘트와 평행이 되게 한다. 슬릿 뒤 무한히 먼 곳에 눈의 초점을 맞추어 눈의 렌즈가 L_2 역할을 하도록 한다.

10.2.2 이중 슬릿

그림 10.7에서 보면 주요 최댓값의 위치는 항상 회절 구멍의 중심과 일직선상에 있는 것처럼 생각할 수 있다. 그러나 이것은 일반적으로 옳지 않다. 실제로 회절 무늬는 렌즈의 축

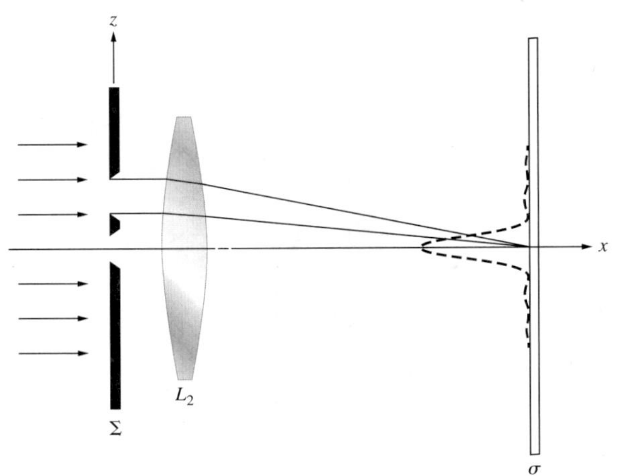

그림 10.16 (a) 이중 슬릿 장치

을 중심으로 맺히며, 슬릿의 방향이 일정하고 근사가 타당하기만 하면 슬릿의 위치에 관계없이 정확하게 같은 모양과 위치를 갖는다(그림 10.16). 렌즈 축에 평행하게 진행하는 모든 파는 L_2의 제2초점에 수렴한다. 이 점이 S의 상이며 또한 회절 무늬의 중심이 된다. 이제 폭이 b이고 중심 사이의 간격이 a인 2개의 긴 슬릿을 생각해 보자(그림 10.17). 각 구멍은 관찰 스크린 σ에 각각 단일 슬릿 회절 무늬를 형성한다. σ 상의 모든 위치에서 두 슬릿의 파는 중첩되고 두 파의 진폭이 동일하더라도 서로의 위상은 매우 다르다. 각 슬릿의 2차파는 동일한 입사파에 의해 발생되므로 2차파의 가지 파동들은 서로 결맞음을 가지며 간섭하게 된다. 만일 평면파가 Σ에 θ_i의 각도로 입사한다면 2차파의 가지 파동들은 일정한 위상차를 갖게 된다(연습문제 10.2 참조). 수직으로 입사하는 경우에는 2차 가지 파동들의 위상이 서로 같다. 특정 관찰점에서 간섭 무늬는 두 슬릿에서 관찰점까지의 광경로차에 의해 결정된다. 선속 밀도 분포(그림 10.18)는 급격히 변하는 이중 슬릿 간섭계에 의한 무늬가 되며 전체적으로 복사 조도의 크기는 단일 슬릿 회절 무늬에 의해 변조된다.

σ 위의 한 점에서 광학 교란에 대한 표현을 구하기 위해서 단일 슬릿에 대한 과정을 약간 변화시키기만 하면 된다. 두 구멍을 각각 ($dz \times l$ 크기의) 미분 요소로 나누면 각 미분 요소는 z-축을 따라 정렬된 많은 수의 점광원 역할을 한다. 식 (10.12)의 프라운호퍼 근사에 따른 총전기장은

$$E = C\int_{-b/2}^{b/2} F(z)\,dz + C\int_{a-b/2}^{a+b/2} F(z)\,dz \qquad (10.22)$$

이 되고, 여기서 $F(z) = \sin[\omega t - k(R - z\sin\theta)]$이다. 상수인 진폭 인자 C는 z-축 방향으로 단위 길이당 2차 가지 파동의 세기(구멍의 전 영역에서 z에 무관하다고 가정함)를 R로 나눈 값이며, R은 원점에서 P까지의 거리로서 일정하다. σ 위의 상대적인 선속 밀도가 관심의 대상이며, C의 실제 값은 중요하지 않다. 그러면 식 (10.22)의 적분은

$$E = bC\left(\frac{\sin\beta}{\beta}\right)[\sin(\omega t - kR) + \sin(\omega t - kR + 2\alpha)] \qquad (10.23)$$

가 된다. 여기서 $\alpha \equiv (ka/2)\sin\theta$이며, 앞에서처럼 $\beta \equiv (ka/2)\sin\theta$이다. 이 표현은 각 슬릿으로부터 점 P에 도착한 두 전기장의 합이며, 각 슬릿의 전기장은 식 (10.15)로 주어진다. 첫 번째 슬릿에서 P까지의 거리는 R이며, 해당 위상은 $-kR$이 된다. 두 번째 슬릿에서 P까지의 거리는 $(R - a\sin\theta)$

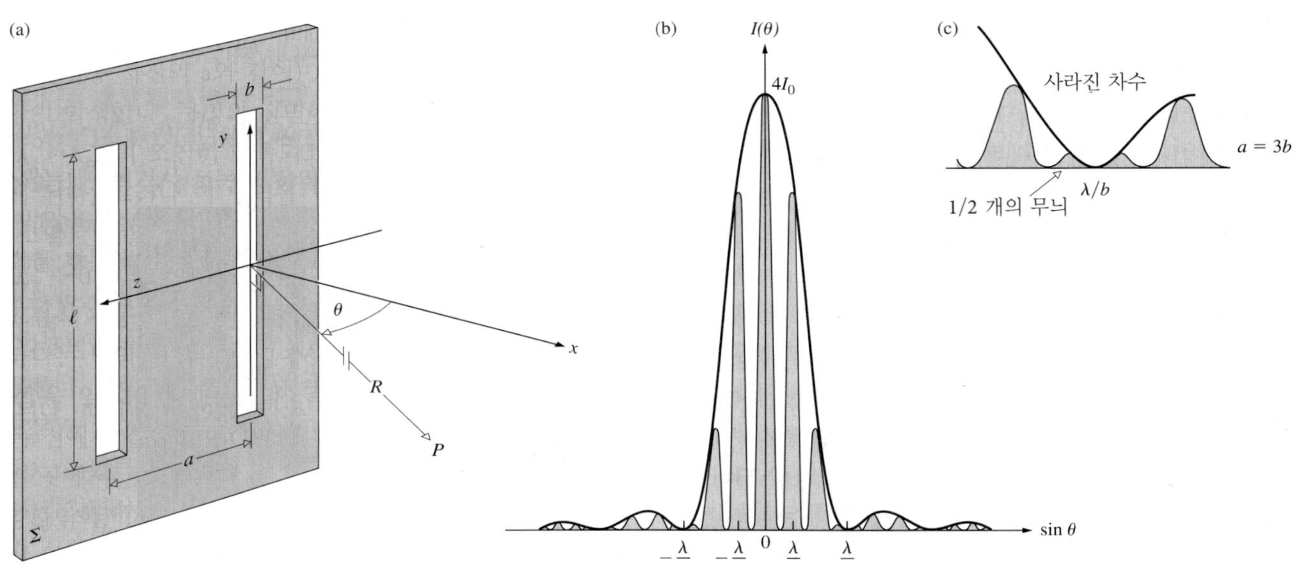

그림 10.17 (a) 이중 슬릿 배치도. σ 상의 점 P는 무한히 멀리 떨어져 있다. (b) 이중 슬릿에 의한 간섭 무늬($a = 3b$). (c) 사라진 차수를 자세히 보기

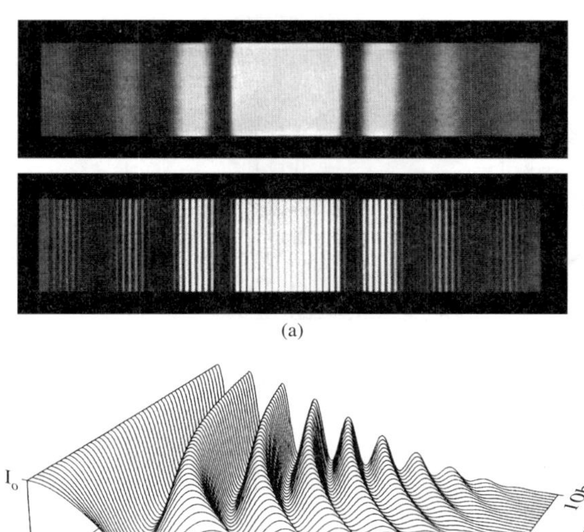

그림 10.18 단일 슬릿과 이중 슬릿의 프라운호퍼 무늬. (a) 단색광으로 촬영한 무늬. 희미한 가로무늬는 전적으로 인화하는 과정에서 생긴 것이다. (M. Cagnet, M. Francon, and J.C. Thrierr: *Atlas optisscher Erscheinungen*, Berlin-Heidelberg-New York. Springer-Verlag, New York.) (b) 슬릿 간격이 *b*이면 이중 슬릿은 폭이 2*b*인 단일 슬릿이 되며 단일 슬릿의 회절 무늬가 나타난다. 앞쪽으로 가장 가까운 첫 번째 곡선이다. 가장 멀리 떨어진 곡선은 두 슬릿 사이의 거리가 *a* = 10*b*일 때이다. 모든 이중 슬릿 무늬의 첫 번째 회절 최소가 중심의 최댓값으로부터 Z_0인 곳에서 나타남을 주의하라. *a*와 비교할 때 *b*가 작아짐에 따라 곡선이 그림 10.17b에 가까이 일치함을 주의하라. ("Graphical representations of Fraunhofer interference and diffraction," *Am. J. Phys* **62**, 6(1994)의 허가하에 게재함. A. B. Bartlett, University of Colorado, and B. Mechtly, Northeast Missouri State University. Copyright 1994, American Association of Physics Teachers)

또는 $(R - 2\alpha/k)$로 표현할 수 있으며, $(-kR + 2\alpha)$의 위상을 가진 두 번째 사인 함수에 해당된다. 2β는 어느 한 슬릿의 두 가장자리에서 출발하여 σ 상의 점 P에 도달한 2개의 평행 광선 사이의 위상차$(k\Lambda)$이다. 2α는 첫 번째 슬릿상의 한 점에서 출발한 광선과 두 번째 슬릿의 대응되는 점에서 출발하여 P에 도달한 광선 사이의 위상차이다. 식 (10.23)을 조금 더 간단히 하면

$$E = 2bC\left(\frac{\sin\beta}{\beta}\right)\cos\alpha\sin(\omega t - kR + \alpha)$$

가 되며, 이 식에 제곱을 취하고 상대적으로 긴 시간에 대한 평균을 취하면 복사 조도

$$I(\theta) = 4I_0\left(\frac{\sin^2\beta}{\beta^2}\right)\cos^2\alpha \qquad (10.24)$$

를 얻는다. $\theta = 0$인 방향에서(즉 $\beta = \alpha = 0$인 경우) I_0은 어느 한 개의 슬릿에 의한 선속 밀도이고, $I(0) = 4I_0$은 총선속 밀도이다. 4의 숫자는 이중 슬릿에서 한 개의 슬릿이 닫혀 있는 경우에 비하여 이중 슬릿의 전기장 크기가 2배라는 사실에서 기인한다.

식 (10.24)에서 b가 극히 작다면, $kb << 1$이고 $(\sin\beta)/\beta \approx 1$이며, 식은 한 쌍의 긴 선광원에 의한 선속 밀도, 즉 영의 실험이 되고 식 (9.17)과 같게 된다. 반면에 $a = 0$이면 두 슬릿은 하나가 되고, $\alpha = 0$이면 식 (10.24)는 $I(0) = 4I_0(\sin^2\beta)/\beta^2$이 된다. 이것은 2배의 광원의 세기를 가진 단일 슬릿에 의한 회절, 즉 식 (10.17)과 동일하다. 따라서 전체적인 표현은 회절항 $(\sin^2\beta)/\beta^2$에 의해 변조된 항 $\cos^2\alpha$라고 볼 수 있다.

만약 슬릿의 폭이 유한하고 매우 좁다면 양쪽 슬릿에 의한 회절 무늬는 넓은 중앙 영역 내에서 거의 일정한 조도를 갖게 될 것이고, 이상적인 영의 무늬와 유사한 띠가 그 영역 내에 나타날 것이다.

$$\beta = \pm\pi, \pm 2\pi, \pm 3\pi, \ldots$$

에 해당하는 σ 상의 위치(θ-값)에서는 회절에 의하여 빛의 조도가 0이 되므로 간섭할 수 있는 빛이 없다.

$$\alpha = \pm\pi/2, \pm 3\pi/2, \pm 5\pi/2, \ldots$$

에 해당하는 σ 상의 각 점에서는 회절에 의하여 빛이 실제로 도달할 수 있을지라도 파들의 위상이 완전히 어긋나게 되어 전기장은 완전히 상쇄된다.

두 개의 이상적인 좁은 슬릿에 대한 영의 실험을 공부할 때 위상각 차이는 $\delta = ka\sin\theta$일 때 $\alpha = \delta/2$이었다. 이때 δ가 π의 홀수배일 때 두 슬릿으로부터 나오는 파들은 위상이 정반대이고 관찰 스크린에서 상쇄된다. 달리 말하면 이와 관련된 두 위상자들의 방향은 반대이고, 총 전기장 진폭은 0이고, 복사 조도는 0이 된다.

이중 슬릿 프라운호퍼 무늬에 대한 복사 조도 분포가 그림 10.17b와 그림 10.19에 그려져 있다. 이 그림은 그림 9.12와 그림 10.6의 합성임을 유의하라. 그림 10.7의 곡선은 $a = 3b$ (즉 $\alpha = 3\beta$)인 특정한 경우에 대한 것이다. 무늬의 모양에 대하여 개략적으로 생각해 보자. $a = mb$(여기서 m은 임의의 수)라고 하면 중앙 회절 봉우리(central diffraction peak) 내에 ['분할된 무늬(fractional fringe)'를 계산에 포함하여] $2m$개의 밝은 무늬가 생긴다*(연습문제 10.14). 간섭 최대와 회절 최소(0의 값을 가짐)가 같은 θ-값에 대응될 수 있다. 이 위치에서는 간섭 과정에 참여할 빛 자체가 없으며, 이같이

*m은 정수일 필요는 없으며, 정수가 아닐 경우 그림 10.17c처럼 '1/2개의 무늬(half-fringe)'가 생긴다.

억제된 간섭 최대를 **사라진 차수**(missing order)라고 한다.

예제 10.2

두 개의 좁고 긴 평행한 슬릿의 폭을 b라고 하고 간격을 a $=0.100$ mm라고 하자. 이 슬릿들을 노란색 나트륨등(λ $=589.6$ nm)으로 수직으로 비춘다. 멀리 떨어진 스크린에는 가운데 봉우리 양쪽으로 밝기가 서서히 감소하는 9개의 좁은 최대들로 이루어진 무늬가 나타났을 때 슬릿의 폭 b의 근삿값을 결정하라.

풀이

단일 슬릿 회절의 경우 $b\sin\theta_{mD} = m_D\lambda$이고, 첨자 D는 '회절'을 의미한다. 또한 이중 슬릿 간섭의 경우 $a\sin\theta_{mI} = m_I\lambda$이고, 첨자 I는 '간섭'을 의미한다. 9개의 최대들이 있으므로 가운데 봉우리 양쪽으로 4개의 보조 봉우리들이 있고, $m_I = \pm 4$이다. 그러므로 중앙 회절 최대의 가장자리 위치(θ_{1D})는 4차 간섭 무늬의 가장자리 위치(θ_{4I})와 같아야 한다. 따라서

$$\sin\theta_{4I} = \sin\theta_{1D}$$

이고,

$$\theta_{4I} = \theta_{1D}$$

따라서

$$\frac{4\lambda}{a} = \frac{1\lambda}{b}$$

$$4b = a$$

$$b = \frac{0.100}{4}\text{ mm}$$

이고, $b = 0.025$ mm이다.

또한 이중 슬릿 무늬도 쉽게 관찰할 수 있으며 이 무늬도 노력하여 관찰해 볼 만한 가치가 있다. 이 경우에도 직선 필라멘트 전구가 역시 가장 좋은 선광원이다. 슬릿을 만들기 위해 우선 인디아 잉크를 현미경 슬라이드 위에 칠한다. 가능하다면 탄소를 포함한 알코올 현탁액을 사용하면 더욱 좋다(보다 불투명하다). 잉크가 마르면 면도날로 긁어 한 쌍의 슬릿을 만들어서 광원에서 대략 3m 정도 떨어진 곳으로 가지고 간다. 슬릿을 필라멘트와 평행이 되게 하여 눈에 가깝게 놓고, 눈의 초점을 무한대에 맞추어 렌즈 역할을 하게 한다. 적색 또는 청색 셀로판지를 슬릿 위에 겹쳐 놓고 무늬 폭의 변화를 관찰해 보라. 또한 슬릿 하나를 가렸을 경우와 두 슬릿을 모두 사용할 경우를 비교해 보라. 슬릿을 z-방향으로

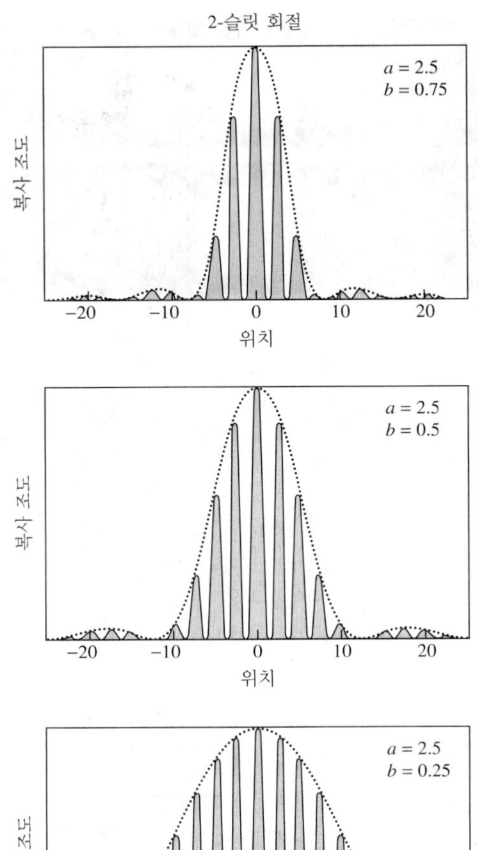

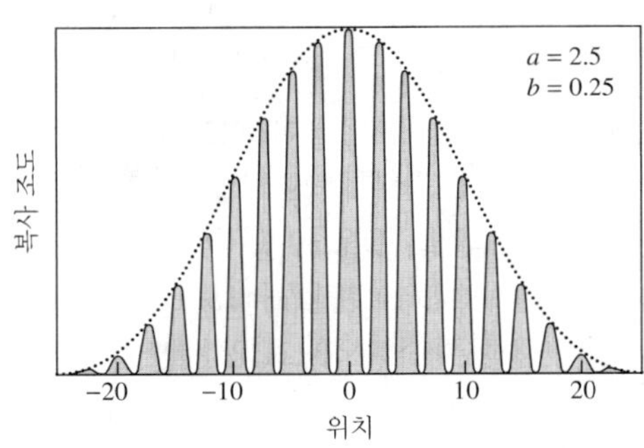

그림 10.19 이중 슬릿 프라운호퍼 회절. 이때 슬릿의 간격 a는 일정하고, 폭 b는 0.75 mm에서 0.25 mm로 감소한다. 슬릿이 좁아지면 단일 슬릿에 대한 곡선(점선)은 넓어져서 (코사인을 제곱한) 많은 수의 이중 슬릿 간섭 무늬들을 포함한다.

천천히 이동시키며 관찰해 보고, 다시 슬릿은 고정된 채로 눈을 z-방향으로 이동시켜 보라. 두 결과를 비교함으로써 무늬의 중앙 위치는 구멍이 아니라 렌즈에 의해서 결정된다는 사실을 확인하라.

10.2.3 다중 슬릿에 의한 회절

이제 길고 좁은 평행한 N개의 슬릿을 생각해 보자. 수학적인 분석에 앞서 결과를 예측할 수 있는 위상자를 이용하자. 그림 10.20에서 (a)는 폭이 b이고 간격이 a인 3개의 평행한 슬릿을 단색 평면파로 비춘다. (b)는 멀리 떨어져 있는 관찰 스크린에서의 전자기장 진폭을 그린 것으로 관찰점이 중심축에서 멀어질 때 회절 무늬를 가로지르면서 슬릿에 수직인 알짜 진

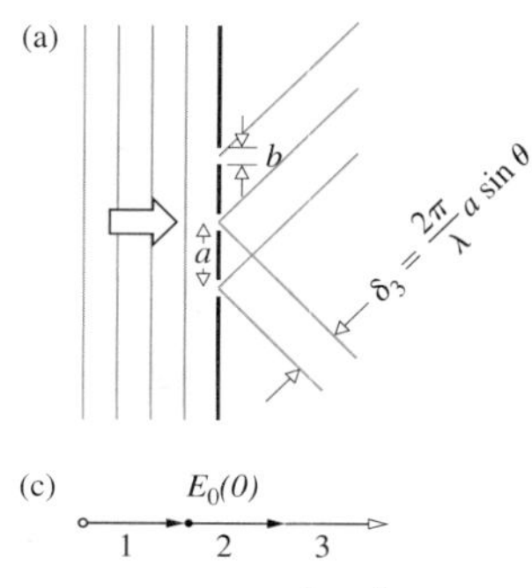

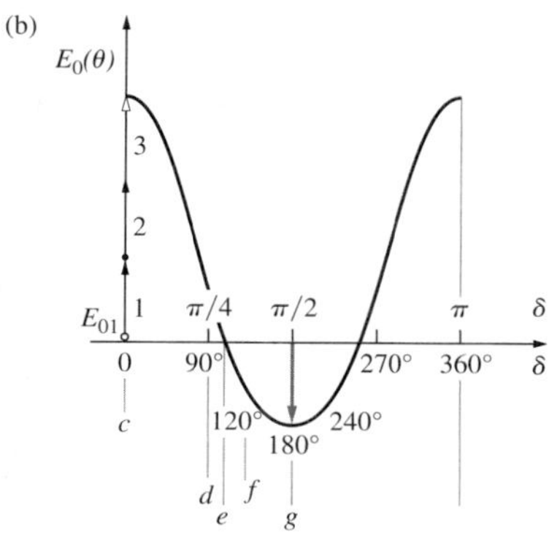

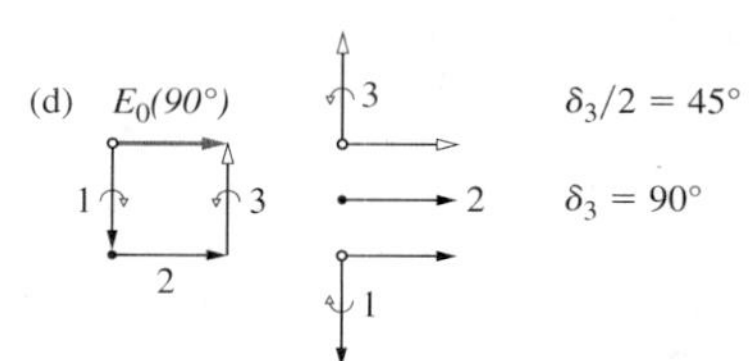

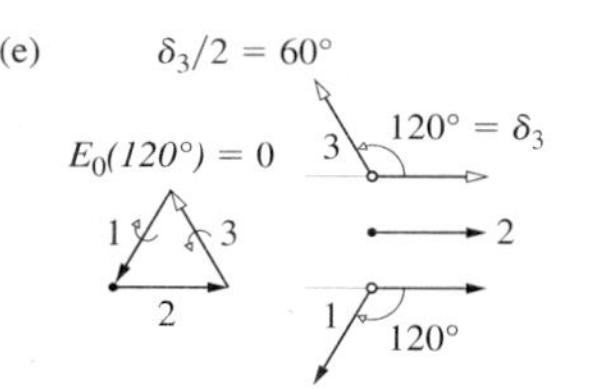

그림 10.20 3개 슬릿에 의한 회절 무늬의 전기장. (a) 구멍 스크린. (b) 총전기장 진폭. (c) 최대 전기장 진폭. (d) δ_3 =90°일 때 총전기장 진폭은 양의 값을 갖는다. (e) δ_3 =120°일 때 총전기장 진폭은 0이다. (f) δ_3 = 135°일 때 총전기장 진폭은 음의 값을 갖는다. (g) δ_3 = 180°일 때 총전기장 진폭은 E_{01}이다.

폭의 그래프이다. 모든 경우에 대하여 수평축이 기준축이다. 3개의 슬릿의 경우 슬릿에서 출발하는 파들 사이의 위상차는 다시 $\delta_3 = (2\pi/\lambda)a \sin\theta$가 된다. 구멍 스크린의 가운데에서 출발하는 파는 기준 *OPL*을 진행하고, 따라서 위상자(꼬리를 검은 점으로 표시한 2번)는 수평으로 오른쪽 방향이고 크기가 변하지 않는 양(+)이다. 다른 두 개 위상자(1번과 3번)의 위상은 기준 위상자로부터 한 개는 시계 방향으로 이동하고 다른 한 개는 반시계 방향으로 δ_3 만큼 이동한다.

중심축($\theta = 0$)에 해당하는 (c)에서 3개의 파가 위상이 같게($\delta_3 = 0$) 도달하고 위상자들은 직선을 이루며 알짜 전기장 진폭($3E_{01}$)은 양의 최댓값을 갖는다. θ가 증가한 그림 (d)에서는 연속한 위상자들 사이에 δ_3 =90°의 위상차가 있다. 가운데 슬릿의 기준 위상자-2(꼬리가 검은 점)는 수평을 유지하고 있지만 그것을 기준으로 위상자-1은 시계 방향으로 위상자-3은 반시계 방향으로 90° 돌아간다(그림 9.14와 그림 10.10을 참조). 위상자들의 머리와 꼬리를 잇게 하면 총전기장 진폭(그림 10.20d)은 양의 작은 값($1E_{01}$)을 갖는다.

(e)에서 기준 위상자-2에 대한 각각의 위상 이동은 δ_3 =120°(위상자-1은 시계 방향이고 위상자-3은 반시계 방향임)이다. 이때 3개의 위상자는 서로 가까이 있고 정삼각형을 이루고 총전기장 진폭은 0이다. (f)에서 위상자-3과 위상자-1은 위상자-2에 대하여 δ_3 = 135°의 위상차가 있고 진폭은 음의 작은 값을 갖는다. δ_3 = 180°일 때 위상자-3은 위상자-2로부터 반시계 방향으로 180° 돌지만 위상자-1은 위상자-2로부터 시계 방향으로 180° 돈다. 3개의 위상자는 겹쳐져서 두 개는 상쇄되고 음의 방향으로 한 개만 남는다(그림 10.20g). 알짜 진폭은 $-1.0E_{01}$이고 음의 작은 **보조 최댓값(subsidiary maximum)**이다. 이와 같은 현상은 그림 10.20b와 같이 대칭적으로 일어난다. 전기장 진폭을 제곱하면 복사 조도 분포를 구할 수 있다. 0°와 360°에 있는 주요 봉우리의 복사 조도는 $3^2E_{01}^2$ 또는 $9E_{02}^2$인 것에 비해 180°에 있는 보조 최댓값은 $1^2E_{02}^2$이다.

일반적으로 주요 최대는 연속적인 파들 사이의 위상 이동이 $m2\pi$(m은 0을 포함한 자연수)일 때 일어난다. θ가 증가함에 따라 위상자들은 N개의 변을 가진 다각형을 형성한다(3개의 슬릿인 경우 삼각형). 위상각 차이가 $m'2\pi/N$(m'은 정수)일 때마다 진폭이 0인 경우가 나타난다. 이 경우 $m' = 1$, $N = 3$, $\delta_3 = 2\pi/3 = 120°$일 때 진폭이 처음으로 0이 된다. $\delta_N = \pi$일 때 위상자들이 서로 겹쳐져서 총전기장 진폭은 N이 짝수이면 0이거나 N이 홀수이면 $\pm E_{01}$이 된다. 3개 슬릿의 회절 무늬에서 진폭이 두 번째로 0이 되는 것은 그림 10.20b와 같이 $m' = 2$이고, $\delta_3 = m'2\pi/N = 4\pi/3$ 또는 $\delta_3/2 = 120°$일 때 일어난다. 전기장 진폭(상수를 제외하고)을 제곱하면 복사 조도 분포가 된다.

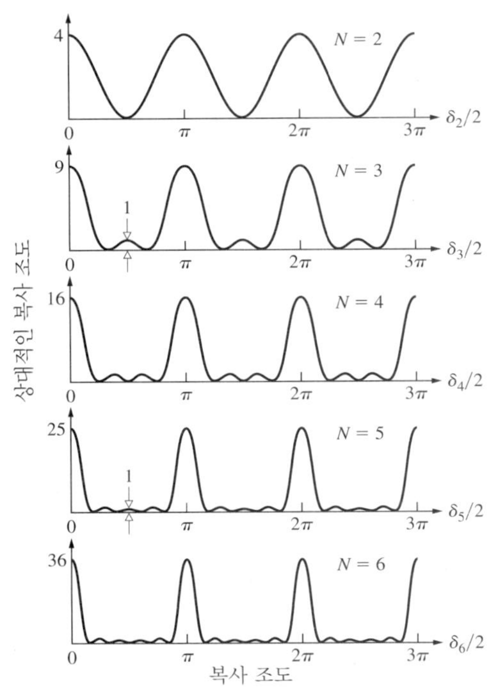

그림 10.21 단일 슬릿 회절을 무시한 다중 슬릿 무늬의 복사 조도. 이때 $\delta_N/2 = \pi/\lambda$ a *sin* θ이고 N은 길고 평행한 좁은 슬릿들의 수이다. 주요 최댓값은 N^2에 따라 증가함에 유의하라.

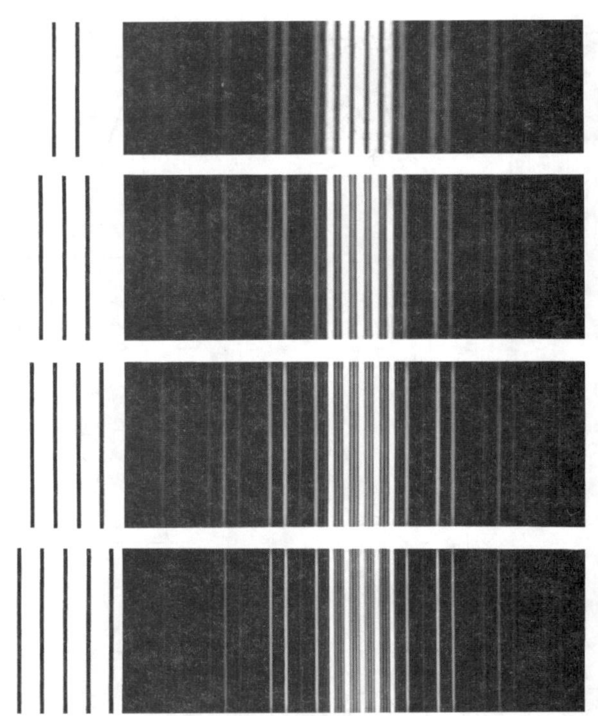

그림 10.22 왼쪽에 그려진 슬릿 배열에 대응하는 회절 무늬 (Francis Weston Sears, *Optics*. Addison Wesley Longman, Inc.의 허가하에 재인쇄함)

그림 10.21은 N = 2, 3, 4, 5, 6인 경우 규격화된 복사 조도를 보여 준다. 현재로서는 슬릿 폭을 이상적으로 무한히 작다고 가정하고 단일 슬릿에 의한 회절은 무시한다. 이웃한 슬릿들 사이의 간격 a는 모든 경우에 같다. 슬릿의 수가 짝수인 경우 가운데 기준 슬릿이 있지만 홀수인 경우는 그렇지 않다는 차이가 있다는 것을 상기하자. 그림 10.21은 이러한 사실을 고려해서 $\frac{1}{2}\delta_N$에 대한 상대적인 복사 조도를 그린 것이다. 3개 슬릿 회절 무늬에서 주요 최대의 위치는 이중 슬릿 회절 무늬의 위치와 일치한다는 것에 유의하라. 3개 슬릿의 경우 위상자가 더 많기 때문에 전기장 진폭은 이중 슬릿보다 빠르게 처음의 0에 도달한다. 이제 알게 되겠지만 슬릿의 수가 많을수록 위상이 반대가 되는 수가 많아진다. 따라서 N이 증가할수록 복사 조도의 최대는 좁아지고 높아지고 $(N - 2)$개의 보조 최대에는 작은 양의 에너지만이 나타난다. 그림 10.22는 실제의 회절 무늬들을 보여 준다.

그림 10.23은 4개 슬릿 시스템에 대한 것이고 (a)는 여러 가지 θ의 값에서 전기장 진폭의 그래프이다. 이전과 같이 중심축($\theta = 0$)에서 4개의 파들은 같은 위상으로 도달한다 [$\delta_4 = (2\pi/\lambda)a \sin\theta = 0$]. 이때 1, 2, 3, 4로 숫자를 붙인 위상자들은 직선 위에 있고, 각각의 진폭이 E_{01}라고 하면 알짜 진폭($4E_{01}$)은 양의 최댓값을 가진다(그림 10.23b). 가운데 슬릿이 없지만 이것이 기준 방향이 되고 특별한 기준 위상자는 없다.

(c)에서 θ는 연속한 위상자들 사이의 위상차가 $\delta_4 = 90°$인 경우이다. N이 짝수이므로 가운데 파가 없다. 따라서 위상자-2와 위상자-3은 기준 방향으로부터 $\delta_4/2 = 45°$ 이동하는데, 위상자-2는 시계 방향으로 돌며 위상자-3은 반시계 방향으로 돈다. 이때 서로에 대하여 90°씩 이동한 4개의 위상자들은 닫힌 사각형을 이루고 전기장 진폭은 처음으로 0이 된다(그림 10.23c). 그림 10.23a는 $\delta_4/2 = \pi/4 = 45°$일 때의 전기장 진폭 그래프이다. 이 결과는 이전에 본 것과 일치한다. 즉 처음의 0은 $\delta_4 = m'2\pi/N = 2\pi/4$일 때 생긴다.

3개 슬릿 시스템의 경우 $\delta_3/2 = 120°$까지는 0이 나타나지 않는다는 것에 유의하라. 이 경우 주요 최대는 이전보다 훨씬 좁아진다. $\delta_4 = 90°$을 지나면 바로 위상자-1의 꼬리쪽(열린 원)은 위상자-4(열린 화살표) 오른쪽의 머리 방향으로 교차한다. 그 결과 최종 위상자는 작고 수평 방향이며 전기장 진폭은 음의 값을 갖는다(그림 10.23d). 그림 10.23e와 같이 θ가 더 커지면 위상자-1(시계 방향으로 회전)과 위상자-4(반시계 방향으로 회전)는 더 작아지고 진폭은 음의 수평 방향으로 커진다. 이러한 현상은 위상자-1과 위상자-4가 겹칠 때까지 계속되고 결과(하얀 원에서 하얀 화살표 머리까지 그린 것)는 $-E_{01}$이 된다.

θ를 더 크게 하면 $\sin\theta$가 커지고 δ_4가 커진다. 이때 위상

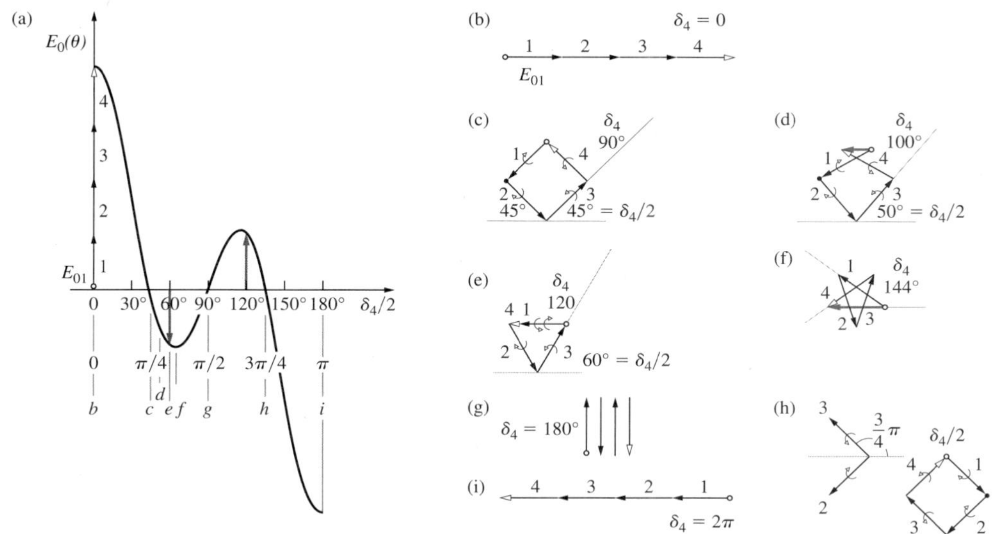

그림 10.23 4개 슬릿에 의한 회절 무늬의 전기장. (a) 전기장 진폭. (b) 이 경우 위상자들은 직선 방향이고 진폭은 양의 최댓값을 가진다. (c) δ_4 =90°일 때 총전기장 진폭은 0이다. (d) θ가 증가해서 $\delta_4 > 90°$일 때, 진폭은 음이 된다. (e) δ_4 = 120°일 때 진폭은 $-E_{01}$의 음의 값을 갖는다. (*f*) δ_4 = 144°일 때 진폭은 다시 $-E_{01}$이다. (*g*) δ_4가 180°로 갈 때 4개의 위상자들은 상쇄된다. (*h*) $\delta_4/2 = 3\pi/4$에서 위상자들은 사각형을 이루고 총전기장 진폭은 0이 된다. (*i*) $\delta_4 = 2\pi$일 때 위상자는 다시 정렬하고 진폭은 $-4E_{01}$이다.

자들은 불완전한 별모양(그림 10.23f)을 이루고 알짜 진폭은 $-E_{01}$이 된다. 연속한 위상자들의 상대적 위상각이 $\delta_4 = 180°$가 되는 θ에서 4개의 위상자는 번갈아 반대 방향이 되어 완전히 상쇄되어(그림 10.23g) 진폭이 두 번째로 0이 된다. 달리 말하면 $m' = 2$이고, $\delta_4 = m'2\pi/N = \pi$이다.

가운데에 슬릿이 없기 때문에 $\delta_4 = 3\pi/2$일 때 중간의 위상자-2와 위상자-3은 기준 축에 대하여 각각 시계 방향과 반시계 방향으로 $3\pi/4$ 만큼 회전한다. 그림 10.23h는 4개의 위상자가 다음 위상자에 대하여 각각 $3\pi/2$만큼 회전한 것을 보여 준다. 그 결과 닫힌 사각형이 형성되고 알짜 전기장 진폭은 0이다. 따라서 δ_4가 증가함에 따라 위상자-1(하얀 원)의 꼬리는 오른쪽으로 이동하고 왼쪽으로 이동하는 위상자-4(하얀 화살표)의 머리에서 멀어진다. $\delta_4 = 3\pi/2$ 이상에서 알짜 전기장 진폭(수평 방향)은 음의 값을 갖고 $\delta_4 = 2\pi$일 때 $-4E_{01}$까지 증가한다. 그림 10.23a에서 $\delta_4/2 = 3\pi/4$ 이상일 때 음의 봉우리를 볼 수 있다. 이 곡선을 제곱하면 그림 10.21과 같은 복사 조도를 얻고, 이것은 그림 10.22와 같은 4개 슬릿에 의한 간섭 무늬에 해당한다.

5개 슬릿에 의한 전기장 진폭 분포를 그림 10.24a에 나타내었다. $m = 0$의 주요 최댓값은 $5E_{01}$이다. 그 다음 $\delta_5 = m'2\pi/N$에서 $m' = 1$, $\delta_5 = 2\pi/5$일 때 처음으로 0이 된다. 이때 위상자들은 서로 가까이 있어서 오각형을 이루는데, 바닥의 기준 위상자-3은 크기가 변하지 않고 수평으로 오른쪽을 향한다(그림 10.24b). 따라서 위상자-1(하얀 원)의 끝은 시계 방향으로 움직이고, 위상자-5(하얀 화살표 머리)는 반시계 방향으로 움직인다. 이들은 서로 지나치고 진폭은 음이 된다(그림 10.24c). 이들 위상자(1과 5)는 연속적으로 위상자-3을 가로지르고 결국 위상자-3 아래에서 머리와 꼬리가 만난다. 두 번째 $0(m' = 2)$에 해당하는 $\delta_5 = 4\pi/5$일 때 위상자들은 다섯 개의 별 모양(그림 10.24d)에 가깝게 되고, 기준 위상자는 여전히 수평으로 오른쪽을 향한다. δ_5를 증가시키면 위상자-5가 반시계 방향으로 돌아서 머리가 위상자-1의 꼬리 오른쪽과 만나서 증가하는 양의 알짜 진폭이 생긴다. 그림 10.24a에서 $\delta_5/2 = \pi/2$일 때 가운데 양의 보조 최댓값은 E_{01}이다. 그림 10.24e에서 위상자-4는 기준 위상자-3으로부터 반시계 방향으로 180° 돌아가서 왼쪽을 향하고, 위상자-5는 위상자-4로부터 반시계 방향으로 180° 돌아가서 오른쪽을 향한다. 마찬가지로 위상자-2는 기준 위상자-3으로부터 시계 방향으로 180° 돌아가서 왼쪽을 향하고, 위상자-1은 위상자-2로부터 시계 방향으로 180° 돌아가서 오른쪽을 향한다. 따라서 위상자 2개는 왼쪽으로 향하고 3개는 오른쪽으로 향하고 있어서 이들 중 4개는 상쇄되어서(그림 10.24e) 결국 전기장 진폭은 $+1E_{01}$이다. 전체 전기장 진폭은 $\pi/2$에 대하여 대칭적으로 분포한다.

폭이 b인 단일 슬릿에 의한 회절 무늬의 전기장에 대한 표현식을 구할 수 있는 그림 10.12를 상기하자. 비슷한 방법으

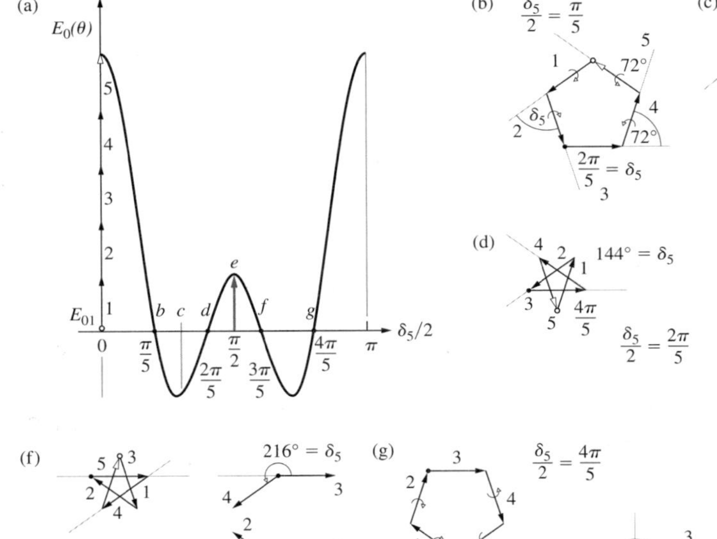

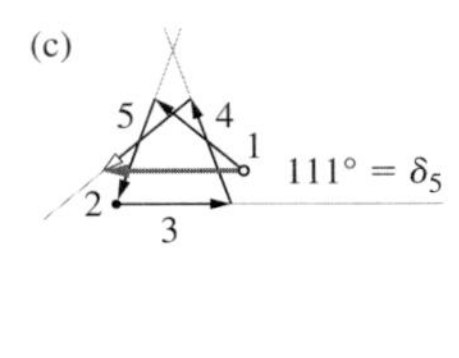

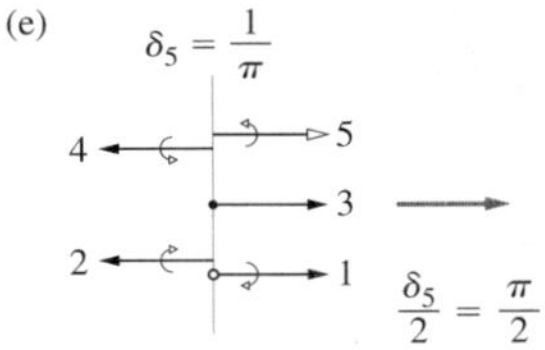

그림 10.24 5개 슬릿에 의한 회절 무늬의 전기장. (a) 전기장 진폭. (b) $\delta_5/2 = \pi/5$일 때 $E_0(\theta) = 0$. (c) $\delta_5/2$가 $\pi/5$와 $2\pi/5$ 사이일 때 전기장은 음임. (d) $\delta_5/2 = 2\pi/5$일 때 $E_0(\theta) = 0$. (e) $\delta_5/2 = \pi$일 때 $E_0(\theta) = E_{01}$. (f) $\delta_5/2 = 3\pi/5$일 때 $E_0(\theta) = 0$. (g) $\delta_5/2 = 4\pi/5$일 때 $E_0(\theta) = 0$.

로 N개의 좁고 평행한 슬릿에 대한 그림 10.25를 생각할 수 있다. 각 위상자는 꼭지각이 $2\alpha = \delta_N$인 이등변 삼각형의 밑변이고, $\alpha = (\pi a \sin\theta)/\lambda$이다. 당분간 계속해서 각 슬릿을 극단적으로 무한히 넓다고 가정하자. 그림 10.25는 각 위상자의 길이(즉 전기장 진폭)가

$$2r\sin\alpha = E_{01}$$

로 주어진다는 것을 보여 준다. 결국 N개의 위상자 진폭(하얀 원의 꼬리부터 하얀 화살표 머리까지 그린 것)은

$$2r\sin N\alpha = E_0(\theta)$$

이다. 위의 두 식을 나누면

$$E_0(\theta) = E_{01}\frac{\sin N\alpha}{\sin\alpha} \tag{10.25}$$

가 된다. 이 식은 그림 10.20b, 그림 10.23a, 그림 10.24a의 이상적인 곡선에 해당하는 (단일 슬릿 회절에서는 보지 못한) 전기장 진폭에 대한 것이다.

θ가 0으로 가까워지면 α도 0으로 가까워지고, 식 (10.25)의 비는 $N\alpha/\alpha$ 또는 N으로 접근함에 유의하라. 한편 일반적으로 α가 π의 정수배이면 분모는 0이고 분자도 마찬가지이다. 이때 $E_0(\theta) = E_{01} = 0/0$이고 로피탈의 법칙(L'Hospital's Rule)을 이용하여야 한다. 따라서 식 (10.25) 우변의 분모와 분자에 미분을 취한다. α가 π의 정수배로 접근할 때 비율은 $\pm N$으로 접근한다. 그 결과 그림 10.20b, 그림 10.23a, 그림 10.24a에서 본 것과 같이 주요 최댓값은 $E_0 = \pm NE_{01}$이다.

각 슬릿에 회절 효과를 포함시키기 위하여

$$\frac{E_0(\theta)}{E_0(0)} = \frac{\sin\beta}{\beta}$$

를 이용한다. 이때 단일 슬릿에 의한 단일 위상자의 진폭은 $E_0(0) = E_{01}$이다. 따라서

$$E_0(\theta) = E_{01}\frac{\sin\beta}{\beta}\frac{\sin N\alpha}{\sin\alpha} \tag{10.26}$$

이다. 상수를 제외하고 이것을 제곱하면 복사 조도를 구할 수 있다.

다중 슬릿에 의한 복사 조도

다중 슬릿에 의해 회절된 단색광의 복사 조도 함수를 구하는 계산은 이중 슬릿을 취급할 때 사용한 것과 본질적으로 같다. 여기서 적분 한계는 다시 적당히 바뀌어야 한다. 그림 10.26에 그려진 것처럼 폭이 b이고 중심 사이의 간격이 a인 N개의 길고 평행하며 좁은 슬릿을 생각해 보자. 다시 첫 번

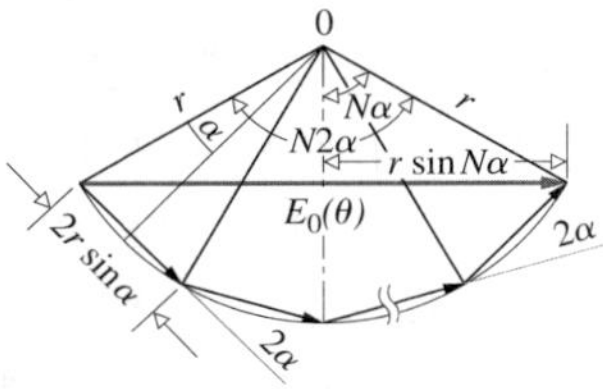

그림 10.25 N개의 좁고 평행한 슬릿에 의한 프라운호퍼 회절 무늬의 전기장 진폭 $E_0(\theta)$.

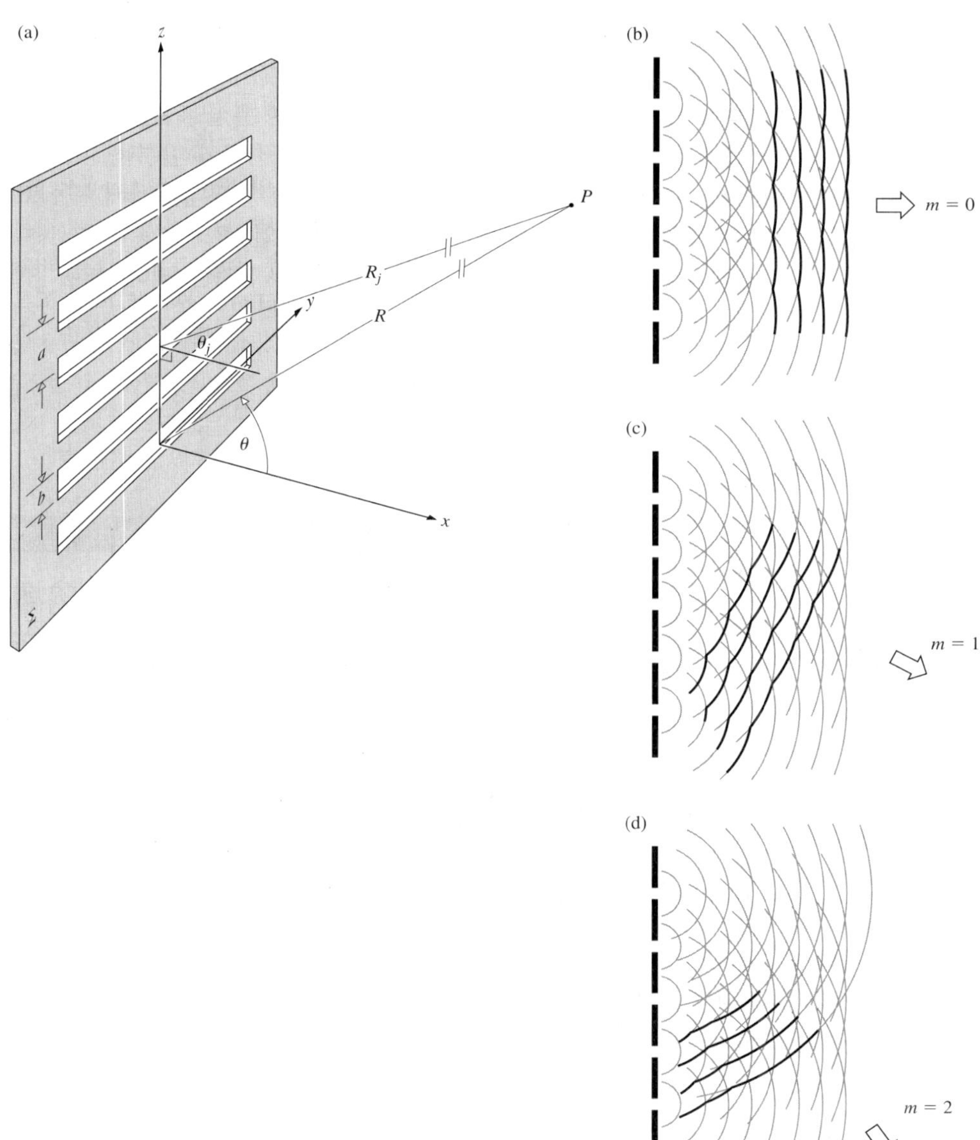

그림 10.26 다중 슬릿. 점 P 는 Σ에서 무한히 떨어진 σ 위에 있다.

째 슬릿의 중심에 좌표계의 원점을 두면 스크린 σ 상의 한 점에서 전체 광학 교란에 대한 표현은

$$E = C\int_{-b/2}^{b/2} F(z)\,dz + C\int_{a-b/2}^{a+b/2} F(z)\,dz + C\int_{2a-b/2}^{2a+b/2} F(z)\,dz + \cdots + C\int_{(N-1)a-b/2}^{(N-1)a+b/2} F(z)\,dz \tag{10.27}$$

로 주어지며, 여기에서 $F(z)$는 전과 같이 $F(z) = \sin[\omega t - k(R - z\sin\theta)]$이다. 이 표현은 프라운호퍼 조건을 적용한 결과이며, 모든 슬릿은 원점 가까이에 있어야 하고 식 (10.11)의 근사

$$r = R - z\sin\theta \tag{10.28}$$

는 모든 슬릿에 적용된다. j번째 슬릿(첫 번째 슬릿을 0번째 슬릿으로 정한다)에 의한 광파는 식 (10.27)에 나타난 1개의 적분에 해당하며 $\theta_j \approx \theta$라고 가정하면

$$E_j = \frac{C}{k\sin\theta}\left[\sin(\omega t - kR)\sin(kz\sin\theta) - \cos(\omega t - kR)\cos(kz\sin\theta)\right]_{ja-b/2}^{ja+b/2}$$

와 같이 계산된다. 위 식은 약간의 과정을 거치면

$$E_j = bC\left(\frac{\sin\beta}{\beta}\right)\sin(\omega t - kR + 2\alpha j)$$

의 형태로 고쳐 쓸 수 있고, 여기서 $\beta = (kb/2)\sin\theta$와 $\alpha = (ka/2)\sin\theta$의 정의를 다시 사용한다. 이 식은 선광원에 대한 표현 식 (10.15)와 유사하다. 여기서 물론 단일 슬릿에 대한 표현과도 유사하며 식 (10.28)과 그림 10.26에 따라서 $R_j = R - ja\sin\theta$이고, $-kR + 2\alpha j = -kR_j$이다. 식 (10.27)에 따라서 전체 광학 교란은 각 슬릿에 의한 전기장을 더하면 된다. 즉

$$E = \sum_{j=0}^{N-1} E_j$$

또는

$$E = \sum_{j=0}^{N-1} bC\left(\frac{\sin\beta}{\beta}\right)\sin(\omega t - kR + 2\alpha j)$$

이다. 이 결과는 복소 지수 함수

$$E = \text{Im}\left[bC\left(\frac{\sin\beta}{\beta}\right)e^{i(\omega t - kR)}\sum_{j=0}^{N-1}(e^{i2\alpha})^j\right] \tag{10.29}$$

의 허수 부분과 같다. 이미 식 (10.2)의 간결한 표현을 구하는 과정에서 이와 동일한 기하 급수를 계산한 바 있으므로 식 (10.29)는

$$E = bC\left(\frac{\sin\beta}{\beta}\right)\left(\frac{\sin N\alpha}{\sin\alpha}\right)\sin[\omega t - kR + (N-1)\alpha] \tag{10.30}$$

가 된다. 슬릿 배열의 중앙에서 점 P까지의 거리는 $[R - (N-1)(a/2)\sin\theta]$와 같으므로, P에서 E의 위상은 광원의 중앙에서 방출된 파의 위상에 해당한다. $\beta = (kb/2)\sin\theta$와 $\alpha = (ka/2)\sin\theta$를 이용하면 선속 밀도 분포 함수는

$$I(\theta) = I_0\left(\frac{\sin\beta}{\beta}\right)^2\left(\frac{\sin N\alpha}{\sin\alpha}\right)^2 \tag{10.31}$$

이다.

I_0는 1개의 슬릿에 의해 $\theta = 0$인 방향으로 방출된 선속 밀도이고 $I(0) = N^2 I_0$임을 유의하라. 다시 말해서 정면으로 진행하는 파는 위상이 모두 같으며 보강 간섭의 결과로 더해진다. 각 슬릿은 하나만으로도 정확히 같은 선속 밀도 분포를 형성할 것이다. 각 슬릿에 의한 파들이 중첩되면 이 파들은 단일 슬릿 회절 무늬를 포락면으로 하여 변조된 다중광파 간섭과 같게 된다. 만일 각 슬릿의 폭이 0으로 줄어든다면 식 (10.31)은 진동자의 선형적 결맞는 배열에 대한 선속 밀도의 표현인 식 (10.6)이 된다. 식 (10.17)에서 **주요 최댓값 (principal maxima)**은 $(\sin N\alpha/\sin\alpha) = N$인 경우에 나타난다. 즉

$$\alpha = 0, \pm\pi, \pm 2\pi, \ldots$$

인 경우이다. 마찬가지로 $\alpha = (ka/2)\sin\theta$로부터

$$a\sin\theta_m = m\lambda \tag{10.32}$$

인 경우이며, 이때 $m = 0, \pm1, \pm2, \ldots$이다. 이 결과는 매우 일반적인 표현이며 $N \geq 2$인 모든 N의 값에서 최대를 이루는 θ의 위치를 나타낸다. 선속 밀도가 0인 최솟값은 $(\sin N\alpha/\sin\alpha)^2 = 0$ 인 경우 또는

$$\alpha = \pm\frac{\pi}{N}, \pm\frac{2\pi}{N}, \pm\frac{3\pi}{N}, \ldots, \pm\frac{(N-1)\pi}{N}, \pm\frac{(N+1)\pi}{N}, \ldots \tag{10.33}$$

인 경우에 해당한다.

예제 10.3

폭이 b이고 중심 사이의 간격이 $5b$인 12개의 길고 평행하며 좁은 슬릿을 생각해 보자. 평면파로 구멍들을 수직으로 비출 때 멀리 떨어진 스크린에 프라운호퍼 회절이 나타난다. 0차 주요 최댓값에 비하여 상대적인 1차 주요 최댓값을 결정하라.

풀이

식 (10.31)을 이용하면, 주요 최대는 $(\sin N\alpha/\sin\alpha) = N$일 때이고,

$$I(\theta) = I(0)\left(\frac{\sin\beta}{\beta}\right)^2$$

이다. 그리고 $a = 5b$이므로

$$\beta = \frac{\pi}{\lambda}b\sin\theta = \frac{\pi}{\lambda}\frac{a}{5}\sin\theta = \frac{\alpha}{5}$$

이다. 1차 최대는 $\alpha = \pi$일 때이므로 $\beta = \pi/5$이다. 그리고 $m = 1$인 경우

$$I(\theta) = I(0)\left(\frac{\sin\beta}{\beta}\right)^2 = I(0)\left(\frac{\sin\pi/5}{\pi/5}\right)^2$$

이다. 따라서

$$\frac{I(\theta)}{I(0)} = \left(\frac{\sin\pi/5}{\pi/5}\right)^2 = \left(\frac{0.5878}{0.6283}\right)^2 = 0.936^2$$

이다.

1차 주요 최댓값은 0차 최댓값의 0.875배이다.

인접한 2개의 주요 최댓값 사이에(즉 α가 π의 범위 내에) $N-1$개의 최소가 존재한다. 그리고 물론 한 쌍의 최솟값 사이에 **보조 최댓값(subsidiary maximum)**이 존재해야만 한

다. $(\sin N\alpha/\sin\alpha)^2$ 항은 간섭 효과의 결과이며 분자는 빠르게 변하고 분모는 느리게 변한다. 따라서 보조 최댓값은 근사적으로 $\sin N\alpha$가 최댓값을 갖는 곳, 즉

$$\alpha = \pm\frac{3\pi}{2N}, \pm\frac{5\pi}{2N}, \ldots \tag{10.34}$$

에 해당한다. 인접하는 주요 최댓값 사이에서 $N-2$개의 **보조 최댓값**을 그림 10.22에서 분명하게 볼 수 있는데, 그림 10.21과 자세하게 비교할 필요가 있다. 식 (10.31)을

$$I(\theta) = \frac{I(0)}{N^2}\left(\frac{\sin\beta}{\beta}\right)^2\left(\frac{\sin N\alpha}{\sin\alpha}\right)^2 \tag{10.35}$$

과 같이 고쳐 쓰고 보조 최댓값에 대하여 알아보자. 이때 $|\sin N\alpha| = 1$이 되므로 N이 클 때 α는 작고 $\sin^2\alpha \approx \alpha^2$이 된다. 첫 번째 보조 최대, 즉 $\alpha = 3\pi/2N$의 경우에

$$I \approx I(0)\left(\frac{\sin\beta}{\beta}\right)^2\left(\frac{2}{3\pi}\right)^2 \tag{10.36}$$

이 되며, 선속 밀도는 인접한 주요 최댓값의 대략 1/22로 떨어진다(연습문제 10.17 참조). β가 작은 경우에 $(\sin\beta)/\beta$는 천천히 변하기 때문에 0차 주요 최댓값 1과 거의 같으므로 $I/I(0) \approx 1/22$이 된다. 두 번째 보조 최댓값의 선속 밀도 비는 1/62로 내려가고, α가 주요 최댓값 사이의 중간점에 접근할 때까지 계속 감소한다. 이 대칭점에서 $\alpha \approx \pi/2$이고 $\sin\alpha \approx 1$이며, 이때 선속 밀도의 비는 가장 낮은 값을 가지게 되는데 근사적으로 $1/N^2$이 된다. 다시 $\alpha > \pi/2$가 되면 보조 최댓값의 선속 밀도는 증가하기 시작한다.

선형 필라멘트 전구와 집에서 만든 슬릿을 사용하여 그림 10.22와 같은 무늬를 만들어 보라. 아마도 선명한 보조 최대는 관찰하기 어려울 것이며, 이중 슬릿의 무늬와 다중 슬릿 무늬 사이의 차이에 관한 한 주요 최댓값 사이의 어두운 영역이 확장되는 효과만을 관찰할 수 있을 것이다. 그림 10.22와 같이 N이 증가함에 따라 어두운 영역은 밝은 띠에 비해 넓어지며 보조 최대의 밝기는 점점 희미해진다. 각 주요 최대의 폭을 양쪽에 놓인 조도가 0인 두 점 사이의 값으로 결정하며, 그 폭은 근사적으로 $2\lambda/Na$인 θ, $(\sin\theta \approx \theta)$의 영역에 해당한다. N이 증가함에 따라 주요 최대 사이의 상대적인 간격 (λ/a)는 일정하게 유지되지만 그 폭은 대단히 작아진다. 그림 10.27은 $a = 4b$인 6개의 슬릿의 경우를 그려 놓은 것이다.

식 (10.35)에서 다중 슬릿 간섭 항을 $(\sin^2 N\alpha)/N^2\sin^2\alpha$의 형태를 가진다. 따라서 N값이 크면 $(N^2\sin^2\alpha)^{-1}$을 나타내는 곡선 아래에서 빠르게 변화하는 $\sin^2 N\alpha$를 상상할 수 있다. α값이 작으면 이 간섭 항은 $\mathrm{sinc}^2 N\alpha$와 비슷해진다(그림 10.28 참조).

예제 10.4

불투명한 스크린에 길고 평행하며 매우 좁은 7개의 슬릿이 촘촘하게 있다. 이것을 단색 평면파로 비출 때 멀리 떨어진 스크린에 프라운호퍼 회절 무늬가 나타난다. (a) 0차와 1차 주요 극대 사이에 얼마나 많은 복사 조도의 보조 최대가 있을까? (b) 슬릿들이 무한히 좁다고 가정하고, 가장 낮은 보조 최대와 주요 최대의 복사 조도의 비를 비교하라.

풀이

(a) 연속한 주요 최대 사이에 $(N-2)$개의 보조 최대가 있으므로 $(7-2)$, 즉 5개의 작은 봉우리들이 $m = 0$과 $m = 1$인 주요 최대 사이에 나타난다.

(b) 이 위치에서 전기장 진폭은 $1E_{01}$이다. 7개의 위상자들 중 1개만 제외하고 6개는 반대 방향이어서 상쇄되기 때문에 N이 2보다 큰 홀수일 때 가운데의 주요 봉우리들 사이에 보조 최대가 나타난다. 7개의 위상자들은 각각 주요 최대에서 직선 위에 놓이고 $7E_{01}$의 진폭이 얻어진다. 따라서 구하고자 하는 복사 조도의 비는 $1^2/7^2 = 1/49$이다.

10.2.4 직사각형 구멍

그림 10.29와 같은 배치를 생각해 보자. x-방향으로 진행하는 단색 평면파가 불투명한 회절 스크린 Σ에 입사한다. (원거리) 선속 밀도의 공간 분포 또는 같은 의미로 임의의 멀리 떨어진 점 P에서의 선속 밀도를 구하자. 하위헌스-프레넬 원리에 따르면 구멍 내부의 미분 면적 dS는 결맞는 2차 가지 파동의 모임으로 간주한다. 그런데 dS의 크기는 λ보다 훨씬 작으므로 모든 광파는 P에서 동일한 위상을 가지며 보강 간섭을 한다. 이 사실은 θ 값에 무관하다. 즉 dS는 구면파를 방출한다(연습문제 10.22). 만일 단위 면적당 광원의 세기인 ε_A가 **구멍의 전 영역에서 일정하다**고 가정한다면 dS로 인한 P에서의 광학 교란은

$$dE = \left(\frac{\varepsilon_A}{r}\right)e^{i(\omega t - kr)}\,dS \tag{10.37}$$

의 실수부 또는 허수부가 된다. 이 결과는 사인파 또는 코사인파 중 어느 하나로 나타나게 되는데, 어느 것을 선택하든지 일정한 위상의 차이 외에는 아무런 차이도 없다. dS부터 P까지의 거리는

$$r = [X^2 + (Y-y)^2 + (Z-z)^2]^{1/2} \tag{10.38}$$

로 주어지고 이미 언급한 바와 같이 프라운호퍼 조건은 이

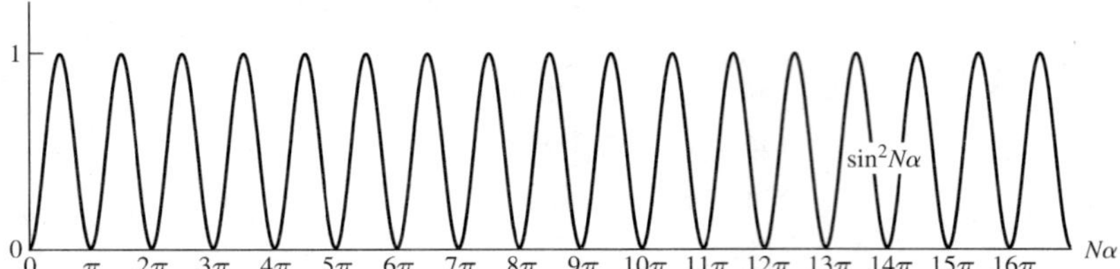

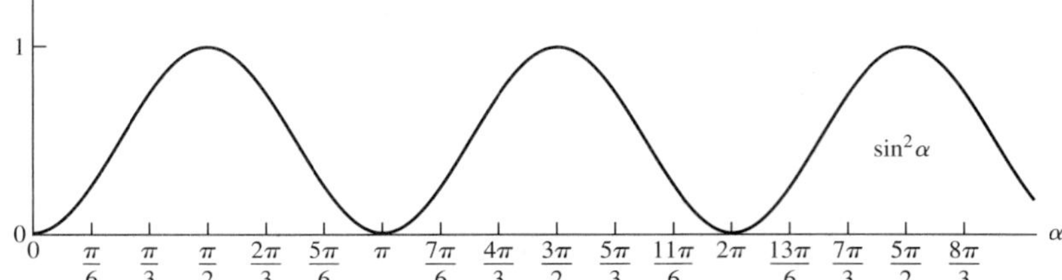

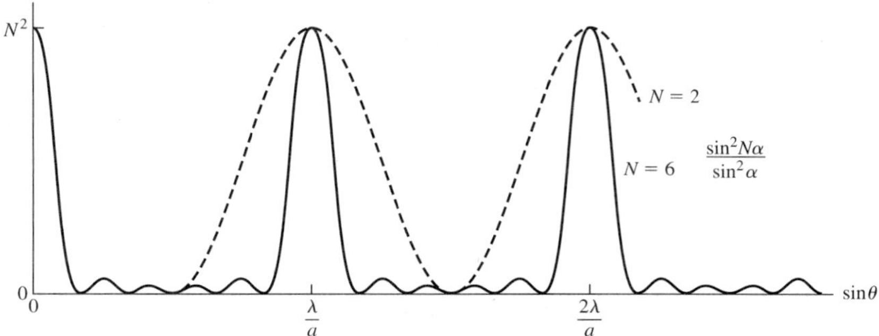

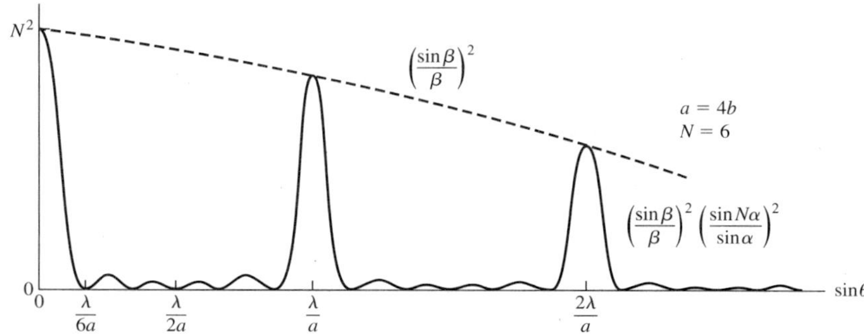

그림 10.27 다중 슬릿에 의한 회절 무늬($a = 4b$, $N = 6$). 마지막 그림에서 간섭 무늬는 폭이 유한한 단일 슬릿의 회절 무늬 포락선에 맞추어졌다.

거리가 무한대로 접근할 경우에 해당한다. 앞에서와 같이 구멍이 상대적으로 작다면 진폭을 나타내는 항에서 r을 거리 $\overline{OP}$, 즉 R로 대치할 수 있다. 그렇지만 위상에 관한 한 r에 대한 근사를 조금 더 주의 깊게 취급할 필요가 있다. $k = 2\pi/\lambda$는 큰 수이기 때문이다. 따라서

$$R = [X^2 + Y^2 + Z^2]^{1/2} \tag{10.39}$$

을 사용하여 식 (10.38)을

$$r = R[1 + (y^2 + z^2)/R^2 - 2(Yy + Zz)/R^2]^{1/2} \tag{10.40}$$

과 같이 전개한다. 원거리 회절의 경우, R은 구멍의 크기에 비해 매우 길기 때문에 $(y^2 + z^2)/R^2$ 항은 명백히 무시된다. P가 Σ로부터 매우 멀리 떨어져 있기 때문에 비록 Y와 Z가 아주 크다 할지라도 θ는 여전히 작으므로 가지 파동의 방향성(또는 경사 인자)을 고려하지 않아도 된다. 이제

$$r = R[1 - 2(Yy + Zz)/R^2]^{1/2}$$

의 표현에서 이항 정리를 이용하여 첫 번째와 두 번째 항만을 남기면

$$r = R[1 - (Yy + Zz)/R^2]$$

와 같다. 따라서 P에 도달하는 전체의 광학 교란은

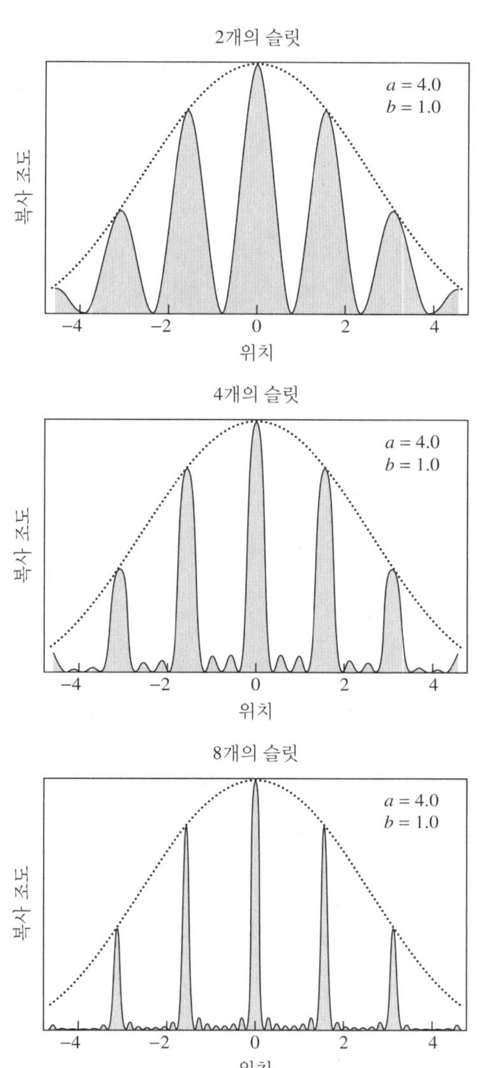

그림 10.28 유한한 폭을 가진 다중 슬릿에 의한 회절 무늬. 슬릿의 수가 많아지면 봉우리들이 좁아진다. 주요 최대는 고정된 위치에 나타난다. 또한 인접한 주요 최대 사이에 (N − 2)개의 보조 최대가 있다(N은 1보다 큰 슬릿의 수이다).

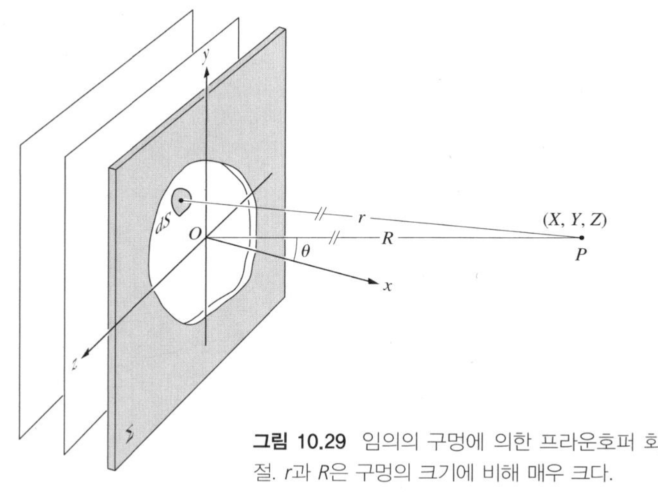

그림 10.29 임의의 구멍에 의한 프라운호퍼 회절. r과 R은 구멍의 크기에 비해 매우 크다.

$$\tilde{E} = \frac{\boldsymbol{\mathcal{E}}_A e^{i(\omega t - kR)}}{R} \iint_{\text{구멍}} e^{ik(Yy+Zz)/R}\, dS \tag{10.41}$$

이다.

그림 10.30과 같은 특정한 배치를 생각해 보자. 식 (10.41)은 이제

$$\tilde{E} = \frac{\boldsymbol{\mathcal{E}}_A e^{i(\omega t - kR)}}{R} \int_{-b/2}^{b/2} e^{ikYy/R}\, dy \int_{-a/2}^{a/2} e^{ikZz/R}\, dz$$

와 같이 표현되고, 여기에서 $dS = dydz$이다. $\beta' \equiv kbY/2R$와 $\alpha' \equiv kaZ/2R$를 정의하면

$$\int_{-b/2}^{+b/2} e^{ikYy/R}\, dy = b\left(\frac{e^{i\beta'} - e^{-i\beta'}}{2i\beta'}\right) = b\left(\frac{\sin\beta'}{\beta'}\right)$$

이며, 같은 방법으로

$$\int_{-a/2}^{+a/2} e^{ikZz/R}\, dz = a\left(\frac{e^{i\alpha'} - e^{-i\alpha'}}{2i\alpha'}\right) = a\left(\frac{\sin\alpha'}{\alpha'}\right)$$

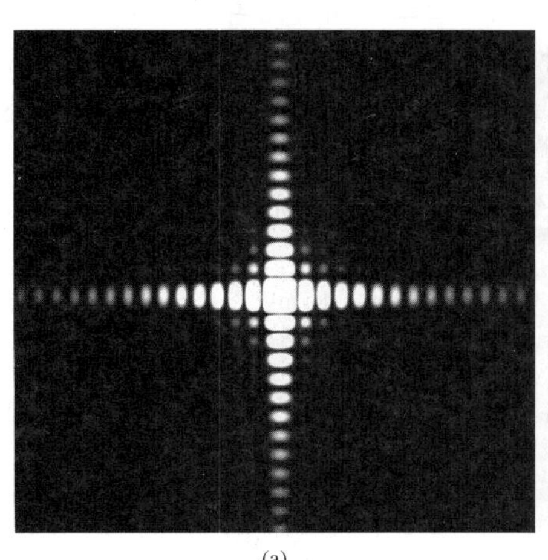

(a)

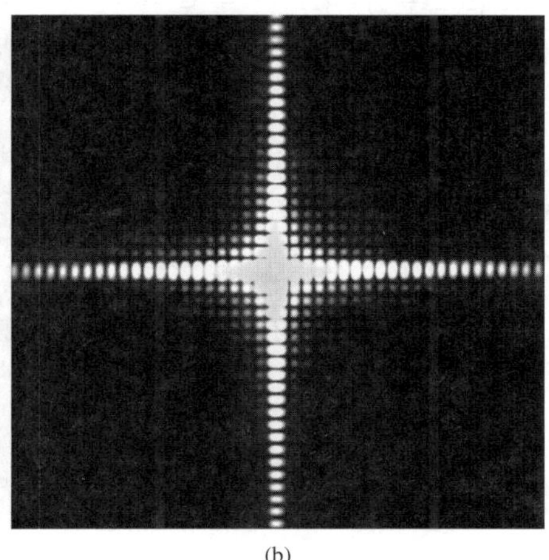

(b)

(a) 정사각형 구멍의 프라운호퍼 회절 무늬. (b) 동일한 상황에서 희미한 부분을 부각시키기 위해 장시간 노출시킨 사진. (E.H.)

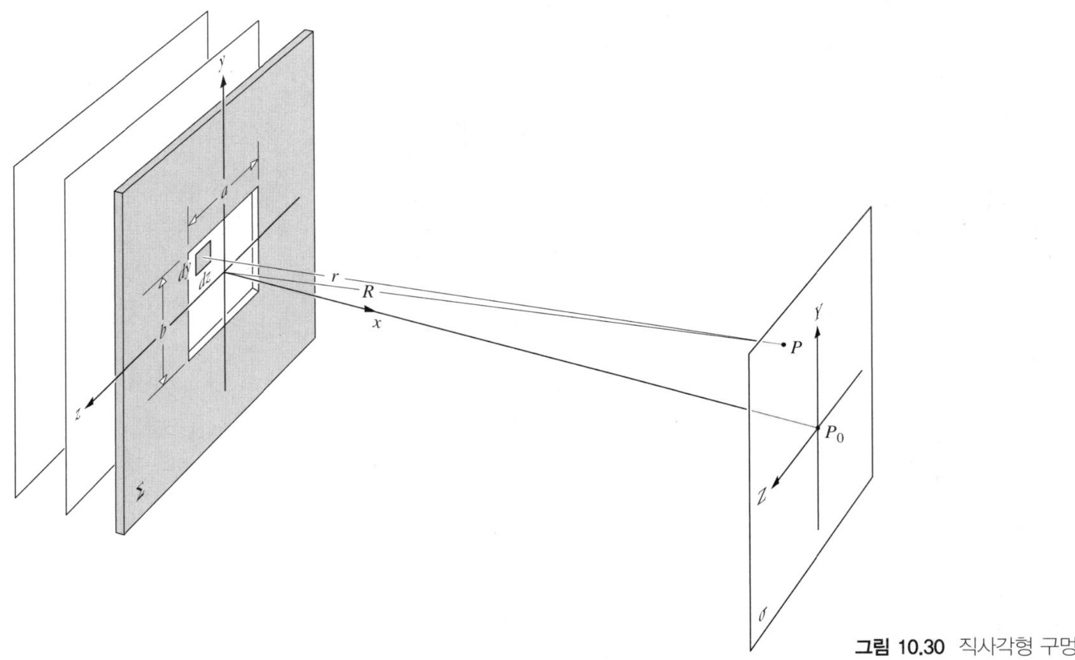

그림 10.30 직사각형 구멍

와 같으므로

$$\tilde{E} = \frac{A\mathcal{E}_A e^{i(\omega t - kR)}}{R}\left(\frac{\sin\alpha'}{\alpha'}\right)\left(\frac{\sin\beta'}{\beta'}\right) \tag{10.42}$$

이다. 여기에서 A는 구멍의 면적이다. 이제 $I = \langle(Re\tilde{E})^2\rangle_T$이므로

$$I(Y, Z) = I(0)\left(\frac{\sin\alpha'}{\alpha'}\right)^2\left(\frac{\sin\beta'}{\beta'}\right)^2 \tag{10.43}$$

가 되며, $I(0)$는 점 P_0(즉 $Y = 0$, $Z = 0$)에서의 복사 조도이다. $\alpha' = 0$이거나 $\beta' = 0$인 Y와 Z의 값에서는 $I(Y, Z)$는 그림 10.13에 나타난 친숙한 모양의 함수가 된다. β'과 α'이 0이 아닌 π의 정수배가 되는 값인 경우에 또는 마찬가지로 Y와 Z가 각각 0이 아닌 $\lambda R/b$와 $\lambda R/a$의 정수배 값인 경우에 $I(Y, Z) = 0$이며 그림 10.31에서 볼 수 있는 마디선의 직사각형 격자를 나타낸다. Y-방향과 Z-방향으로 조도는 y-좌표와 z-좌표의 크기의 변화에 반비례함을 유의하라. 수평 방향의 직사각형 구멍은 중앙에 수직 방향의 직사각형의 무늬를 만들게 된다(그림 10.32와 그림 10.33).

β'-축상에서는 $\alpha' = 0$이고 보조 최대는 근사적으로 영점들(zeros)의 중간, 즉 $\beta_m' = \pm 3\pi/2, \pm 5\pi/2, \pm 7\pi/2, \ldots$에 놓여 있다. 각 보조 최대에서 $\sin\beta_m' = 1$이며, 물론 β'-축상에서는 $\alpha' = 0$, $(\sin\alpha')/\alpha' = 1$이므로 상대 복사 조도(relative irradiance)는

$$\frac{I}{I(0)} = \frac{1}{\beta_m'^2} \tag{10.44}$$

과 같이 간단한 근삿값을 가진다. 같은 방법으로 α'-축을 따라서는

$$\frac{I}{I(0)} = \frac{I}{\alpha_m'^2} \tag{10.45}$$

의 근삿값을 가진다. 선속 밀도비(flux-density ratio)*는 1에서 $\frac{1}{22}$, $\frac{1}{62}$, $\frac{1}{122}$로 급격하게 감소한다. 축에서 벗어난 곳에 놓인 보조 최댓값은 더욱 작다. 예를 들면, 중앙의 최댓값에 가장 가까운 4개의 모서리(각 좌표는 $\beta_m' = \pm 3\pi/2$, $\alpha' = \pm 3\pi/2$의 적당한 조합에 대응된다)에 있는 정점(peak)의 상대 복사 조도는 $(\frac{1}{22})^2$이다.

예제 10.5

그림 10.30에 보인 불투명 스크린의 구멍의 크기는 y-방향으로 0.120 mm, z-방향으로 0.240 mm이다. 이것을 543 nm의 헬륨–네온 레이저로 비춘다. 초점 거리가 1.00 m인 큰 볼록렌즈로 프라운호퍼 회절을 렌즈의 초평면에 있는 스크린에 투영시킨다. 관찰 스크린 위의 $Y = 2.00$ mm, $Z = 3.00$ mm

*이 사진들은 학부 실험시간에 얻은 것이다. 1.5 mW 헬륨–네온 레이저가 평면파의 광원으로 사용되었다. 장치는 길고 어두운 방에 설치되었으며, 무늬는 4 × 5 폴라로이드(ASA 3000) 필름에 직접 노출되었다. 필름의 위치는 작은 구멍으로부터 대략 9 m 떨어져 있기 때문에 초점 렌즈는 필요가 없다. 레이저 바로 앞에 놓인 셔터는 학생이 고안한 마분지로 만든 길로틴(guillotine)이므로 노출 시간은 조정이 불가능하다. 어떤 카메라 셔터든지 사용될 수 있겠지만 (예: 렌즈를 제거하고 뒷부분을 열어 놓은 1안 리플렉스), 마분지 셔터를 사용하는 것이 더욱 재미있다.

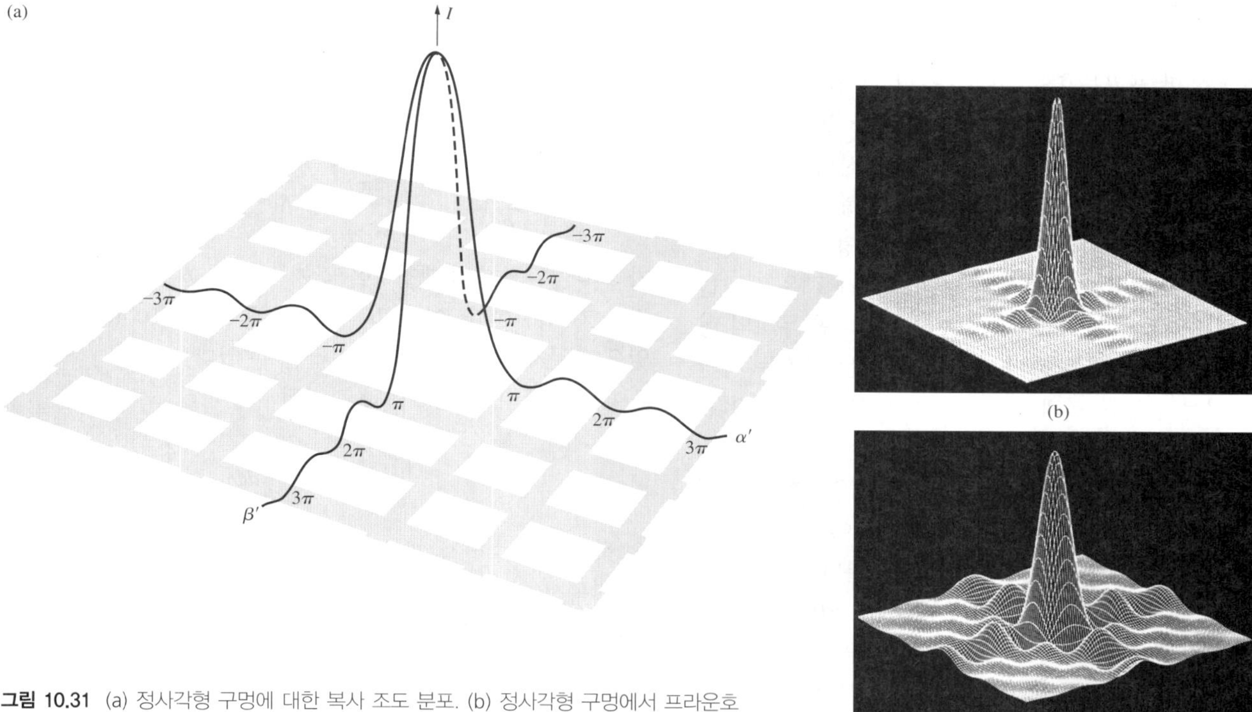

그림 10.31 (a) 정사각형 구멍에 대한 복사 조도 분포. (b) 정사각형 구멍에서 프라운호퍼 회절에 의해 만들어진 복사 조도. (c) 정사각형 구멍에서 프라운호퍼 회절에 의해 만들어진 전기장의 분포. (R.G. Wilson, Illinois Wesleyan University)

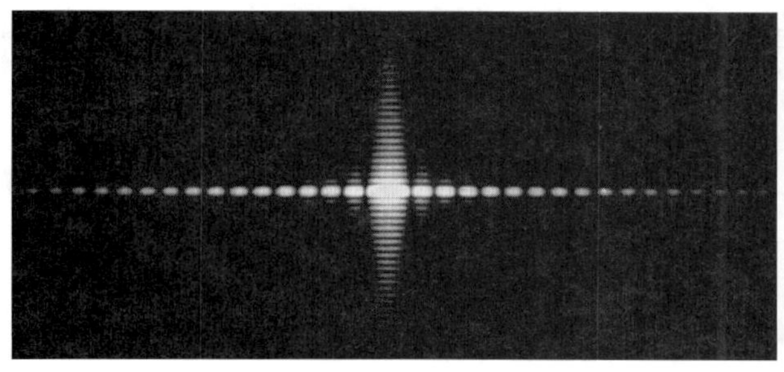

그림 10.32 $b > a$인 수직 구멍에 의한 프라운호퍼 회절 무늬. 구멍은 폭보다 높다. (M. Cagnet, M. Francon, and J.C. Thrierr: *Atlas optisscher Erscheinungen*, Berlin-Heidelberg-New York. Springer-Verlag, New York.)

0.0002	0.0007	0.016	0.0007	0.0002
0.0007	0.002	0.047	0.002	0.0007
0.016	0.047	1	0.047	0.016
0.0007	0.002	0.047	0.002	0.0007
0.0002	0.0007	0.016	0.0007	0.0002

그림 10.33 수직 구멍(폭보다 높음, $b > a$)에 의한 프라운호퍼 회절 무늬. 중심과 $A = 1$, $B = 0.047$, $C = 0.0016$를 지나는 십자선을 그리면, 대각 항들은 $B \times B = 0.002$, $C \times C = 0.0002$이고, 나머지 항들은 $C \times B = B \times C = 0.0007$이다. 이 화면은 $D = 0.0083$을 이용하여 확장할 수 있다.

인 곳에서의 상대 복사 조도 $I(Y, Z)/I(0)$를 구하라.

풀이

식 (10.43)에서

$$I(Y, Z) = I(0)\left(\frac{\sin\alpha'}{\alpha'}\right)^2\left(\frac{\sin\beta'}{\beta'}\right)^2$$

이고, 여기서 $\alpha' = kaZ/2R$, $\beta' = kbY/2R$이다. 이때 $R \approx f$, $a = 0.240\,\text{mm}$, $b = 0.120\,\text{mm}$이고,

$$I(Y, Z) = I(0)\left[\frac{\sin(\pi aZ/f\lambda)}{\pi aZ/f\lambda}\right]^2\left[\frac{\sin(\pi bY/f\lambda)}{\pi bY/f\lambda}\right]^2$$

$$\frac{I(Y, Z)}{I(0)} = \left[\frac{\sin(1388.5Z)}{1388.5Z}\right]^2\left[\frac{\sin(694.27Y)}{694.27Y}\right]^2$$

$$\frac{I(Y, Z)}{I(0)} = \left(\frac{-0.8541}{4.1655}\right)^2\left(\frac{0.9834}{1.3885}\right)^2$$

$$= (0.2050)^2(0.7082)^2$$

이고, 따라서

$$I(2,3) = 0.0211I(0)$$

이다.

10.2.5 원형 구멍

원형 구멍에 의한 프라운호퍼 회절은 광학 기기의 연구에 실제적으로 대단히 중요하다. 전형적인 배치를 생각해 보자. 원형 구멍을 포함한 스크린 Σ에 평면파가 입사하고 멀리 떨어진 관찰 스크린 σ에 원거리 회절 무늬가 형성된다. 집속 렌즈 L_2를 사용하며 무늬의 변화 없이 σ를 구멍 가까이 가져올 수 있다. 이제 정확하게 회절 구멍과 크기가 같은 렌즈를 이용하여 Σ 내의 회절 구멍 안에 L_2를 설치한다면 무늬의 형태는 본질적으로 변하지 않는다. Σ에 도달하는 광파는 차단되고 원형 부분만 L_2를 통과하여 초평면에 상을 맺게 된다. 이 과정은 분명하게 눈, 망원경, 현미경, 또는 카메라 렌즈에서 일어나는 과정과 동일하다. 수차가 없는 완전한 렌즈에 의한 멀리 떨어진 점광원의 상은 결코 점이 아니며 일종의 회절 무늬이다. 본질적으로 입사파면의 일부분만 이 상을 맺는 데 사용되므로 결코 완전한 상을 기대할 수 없다. 앞 절에서 설명한 바와 같이 임의의 형태는 구멍에 의한 원거리 회절의 결과로서 점 P의 광파는

$$\tilde{E} = \frac{\mathcal{E}_A e^{i(\omega t - kR)}}{R} \iint_{\text{구멍}} e^{ik(Yy+Zz)/R}\, dS \qquad [10.41]$$

로 주어진다. 원형의 열린 구멍의 경우 대칭성이 있으므로 그림 10.34와 같이 구멍의 평면과 관찰 평면 모두에서 구형 극좌표를 사용할 수 있다. 따라서

$$z = \rho\cos\phi \qquad y = \rho\sin\phi$$
$$Z = q\cos\Phi \qquad Y = q\sin\Phi$$

로 놓자. 미분 면적 요소는 이제

$$dS = \rho\, d\rho\, d\phi$$

이다. 식 (10.41)에 이 표현을 대입하면

$$\tilde{E} = \frac{\mathcal{E}_A e^{i(\omega t - kR)}}{R} \int_{\rho=0}^{a} \int_{\phi=0}^{2\pi} e^{i(k\rho q/R)\cos(\phi-\Phi)} \rho\, d\rho\, d\phi \qquad (10.46)$$

가 된다. 완전한 축대칭성을 갖기 때문에 해는 Φ에 무관한 값을 가져야 한다. 이제 $\Phi = 0$으로 놓고 식 (10.46)을 풀 수 있으며 문제를 약간 간단히 취급할 수 있다.

이중 적분 내의 변수 ϕ와 관련된 부분

$$\int_0^{2\pi} e^{i(k\rho q/R)\cos\phi}\, d\phi$$

은 물리학의 수학적 계산과정에서 흔히 볼 수 있다. 이 적분은 쌍곡선 함수, 지수 함수, 삼각 함수 같은 보다 일반적인 형태의 함수로 표현되지 않는 특이한 함수이다. 실제로 이러한 일반적인 함수들을 제외하고는 가장 자주 등장하는 함수일 것이다.

$$J_0(u) = \frac{1}{2\pi}\int_0^{2\pi} e^{iu\cos v}\, dv \qquad (10.47)$$

는 0차 (제1종) **베셀 함수**(Bessel function)라고 한다. 보다 일반적인 형태인

$$J_m(u) = \frac{i^{-m}}{2\pi}\int_0^{2\pi} e^{i(mv + u\cos v)}\, dv \qquad (10.48)$$

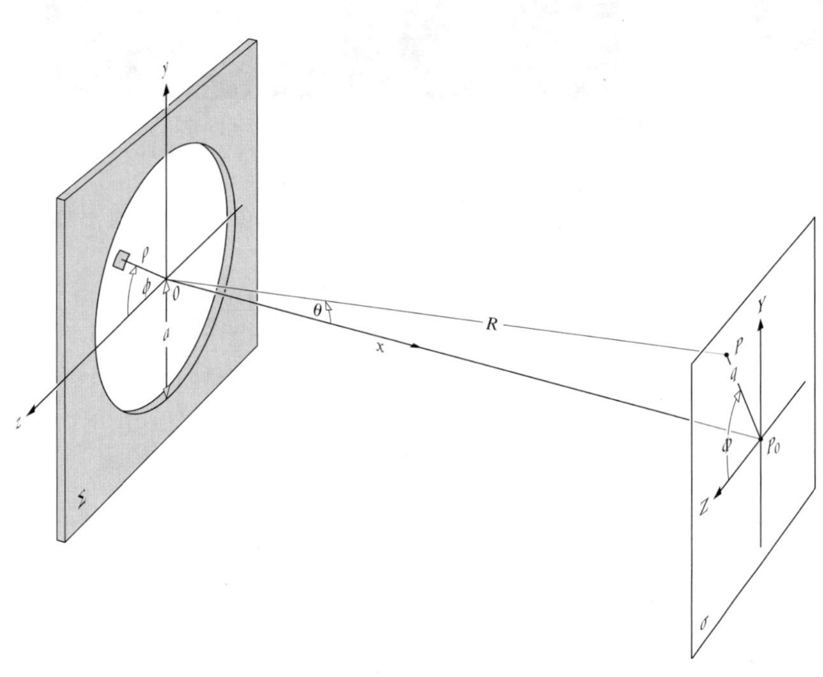

그림 10.34 원형 구멍

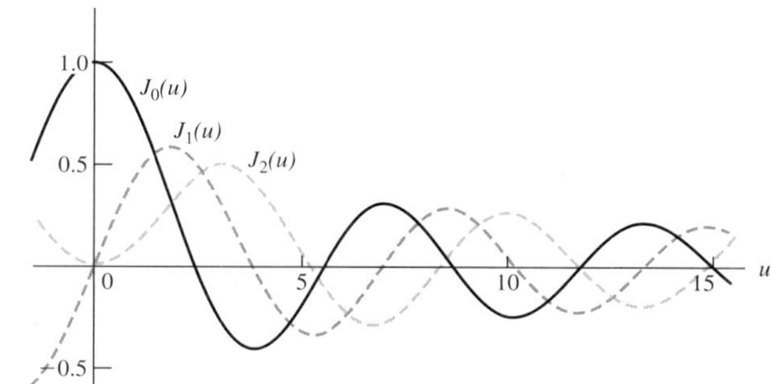

그림 10.35 베셀 함수

는 m차 베셀 함수를 나타낸다. $J_0(u)$와 $J_1(u)$의 수치적인 값은 대부분의 수학 편람(mathematical handbook)에서 찾아볼 수 있으며, 넓은 범위의 u에 대하여 표로 나타나 있다. 사인 함수와 코사인 함수처럼 베셀 함수도 급수 전개를 가지며 그다지 복잡하지 않다. 그림 10.35에 나타난 것처럼 $J_0(u)$ 와 $J_1(u)$는 단조 감소하는 진동 함수이며 특별히 극적인 변화를 갖지 않는다.

식 (10.46)은

$$\tilde{E} = \frac{\mathcal{E}_A e^{i(\omega t - kR)}}{R} 2\pi \int_0^a J_0(k\rho q/R)\rho\, d\rho \tag{10.49}$$

로 다시 쓸 수 있다. 베셀 함수의 일반적인 성질 중의 하나는 회귀 관계식(recurrence relation)이라고 하며

$$\frac{d}{du}[u^m J_m(u)] = u^m J_{m-1}(u)$$

로 표현된다. $m = 1$인 경우에는

$$\int_0^u u' J_0(u')\, du' = uJ_1(u) \tag{10.50}$$

가 되며, 여기에서 u'은 단지 더미 변수(dummy variable)의 역할만을 한다. 이제 식 (10.49)의 적분으로 돌아가서 변수를 $w = k\rho q/R$로 치환하면 $d\rho = (R/kq)dw$이 되고

$$\int_{\rho=0}^{\rho=a} J_0(k\rho q/R)\rho\, d\rho = (R/kq)^2 \int_{w=0}^{w=kaq/R} J_0(w)w\, dw$$

가 된다. 식 (10.50)을 이용하여

$$\tilde{E}(t) = \frac{\mathcal{E}_A e^{i(\omega t - kR)}}{R} 2\pi a^2 (R/kaq) J_1(kaq/R) \tag{10.51}$$

을 얻는다. 점 P에서 조도는 $\langle(\text{Re}\tilde{E})^2\rangle$ 또는 $\frac{1}{2}\tilde{E}\tilde{E}^*$이므로

$$I = \frac{2\mathcal{E}_A^2 A^2}{R^2}\left[\frac{J_1(kaq/R)}{kaq/R}\right]^2 \tag{10.52}$$

이며, 여기에서 A는 원형 구멍의 면적이다. 무늬의 중앙(즉 P_0)에서 복사 조도를 구하기 위해 $q = 0$로 놓는다. 위의 회귀 관계식($m = 1$)은

$$J_0(u) = \frac{d}{du}J_1(u) + \frac{J_1(u)}{u} \tag{10.53}$$

로 쓸 수 있다. 식 (10.47)로부터 $J_0(0) = 1$임을 알 수 있고, 식 (10.48)로부터 $J_1(0) = 0$이 된다. u가 0에 접근할 때 $J_1(u)/u$의 극한값은 로피탈 정리(L'Hospital's rule)에 따라 분자와 분모 각각의 도함수의 비와 같다. 즉 $dJ_1(u)/du$이다. 이 결과를 식 (10.53)에 대입하면 오른쪽은 $dJ_1(u)/du$의 2배가 되므로 $u = 0$에서 $J_1(u)/u = 1/2$이 된다. 따라서 P_0의 복사 조도는

$$I(0) = \frac{\mathcal{E}_A^2 A^2}{2R^2} \tag{10.54}$$

으로 주어지고 직사각형 구멍에 대한 결과인 식 (10.43)과 같다. 만약 R이 전체 무늬에 대하여 일정하다고 가정하면,

$$I = I(0)\left[\frac{2J_1(kaq/R)}{kaq/R}\right]^2 \tag{10.55}$$

으로 표현된다. $\sin\theta = q/R$이므로 복사 조도는 θ의 함수인

$$I(\theta) = I(0)\left[\frac{2J_1(ka\sin\theta)}{ka\sin\theta}\right]^2 \tag{10.56}$$

으로 표현할 수 있으며 그림 10.36에 그려져 있다. 축대칭성의 결과로 원형 반점의 형태를 나타내는 중앙의 높은 최대 복사 조도는 **에어리 원판(Airy disk)**으로 알려져 있다. 영국 국립천문대장이었던 에어리 경(Sir George Biddell Airy, 1801~1892)이 식 (10.56)을 처음으로 유도했다. 중심 원판은 $J_1(u)$의 함수의 첫 번째 영점에 해당하는 어두운 고리에 둘러싸여 있다. 표 10.2에서 $u = 3.83$일 때, 즉 $kaq/R = 3.83$이면 $J_1(u) = 0$이 된다. 첫 번째 어두운 고리의 중심까지 그린 반지름 q_1은 에어리 원판의 크기로 간주되며 $q_1 = 3.83R\lambda/2\pi a$ 또는

$$q_1 = 1.22\frac{R\lambda}{2a} \tag{10.57}$$

로 주어진다. 스크린 σ 위에 초점이 맞추어진 렌즈에 대하여 초점 거리는 $f \approx R$이므로

$$[\text{첫 번째 어두운 고리 반지름}] \qquad q_1 \approx 1.22\frac{f\lambda}{D} \tag{10.58}$$

이 되며, D는 구멍의 지름이다. 즉 $D = 2a$이다. [가시 스펙트럼에서 에어리 원판의 **지름**은 대략 렌즈의 f수($f/\#$)에 100만분의 1m를 곱한 것과 같다.] 에어리 고리의 사진에서 볼 수 있듯이 q_1은 구멍의 지름에 반비례한다. D가 λ에 접근할

표 10.2 베셀 함수*

x	$J_1(x)$*	x	$J_1(x)$	x	$J_1(x)$
0.0	0.000 0	3.0	0.339 1	6.0	−0.276 7
0.1	0.049 9	3.1	0.300 9	6.1	−0.255 9
0.2	0.099 5	3.2	0.261 3	6.2	−0.232 9
0.3	0.148 3	3.3	0.220 7	6.3	−0.208 1
0.4	0.196 0	3.4	0.179 2	6.4	−0.181 6
0.5	0.242 3	3.5	0.137 4	6.5	−0.153 8
0.6	0.286 7	3.6	0.095 5	6.6	−0.125 0
0.7	0.329 0	3.7	0.053 8	6.7	−0.095 3
0.8	0.368 8	3.8	0.012 8	6.8	−0.065 2
0.9	0.405 9	3.9	−0.027 2	6.9	−0.034 9
1.0	0.440 1	4.0	−0.066 0	7.0	−0.004 7
1.1	0.470 9	4.1	−0.103 3	7.1	0.025 2
1.2	0.498 3	4.2	−0.138 6	7.2	0.054 3
1.3	0.522 0	4.3	−0.171 9	7.3	0.082 6
1.4	0.541 9	4.4	−0.202 8	7.4	0.109 6
1.5	0.557 9	4.5	−0.231 1	7.5	0.135 2
1.6	0.569 9	4.6	−0.256 6	7.6	0.159 2
1.7	0.577 8	4.7	−0.279 1	7.7	0.181 3
1.8	0.581 5	4.8	−0.298 5	7.8	0.201 4
1.9	0.581 2	4.9	−0.314 7	7.9	0.219 2
2.0	0.576 7	5.0	−0.327 6	8.0	0.234 6
2.1	0.568 3	5.1	−0.337 1	8.1	0.247 6
2.2	0.556 0	5.2	−0.343 2	8.2	0.258 0
2.3	0.539 9	5.3	−0.346 0	8.3	0.265 7
2.4	0.520 2	5.4	−0.345 3	8.4	0.270 8
2.5	0.497 1	5.5	−0.341 4	8.5	0.273 1
2.6	0.470 8	5.6	−0.334 3	8.6	0.272 8
2.7	0.441 6	5.7	−0.324 1	8.7	0.269 7
2.8	0.409 7	5.8	−0.311 0	8.8	0.264 1
2.9	0.375 4	5.9	−0.295 1	8.9	0.255 9

* $J_1(x)=0$, $x=0$, 3.832, 7.016, 10.173, 13.324, ⋯

E. Kreyszig, Advanced Engineering Mathematics(John Wiley & Sons, Inc.)에서 발췌

수록 에어리 원판은 매우 커질 수 있으며 원형 구멍은 구면파의 점광원과 유사하게 된다.

높은 차수의 영점은 kaq/R가 7.02, 10.17 등의 값을 가질 때 나타난다. 2차 최대는 u가

$$\frac{d}{du}\left[\frac{J_1(u)}{u}\right] = 0$$

의 조건을 만족하는 곳에 위치하며, 이 조건은 $J_2(u) = 0$와 동등하다. 2차 최대는 표로부터 kaq/R가 5.14, 8.42, 11.6과 같을 경우에 나타나고, 이 결과 $I/I(0)$는 각각 1로부터 0.0175, 0.0042, 0.0016의 값으로 감소하게 된다(연습문제 10.36).

렌즈의 모양에 관한 한 원형 구멍이 직사각형 구멍보다 선호되는데, 원형 구멍의 복사 조도 곡선이 보다 넓은 중앙 정점 영역을 가지며, 이는 각도가 증가하면 더 빠르게 감소하기 때문이다. σ에 입사한 빛에너지가 정확히 어떤 비율로 여러 최대 정점 안으로 입사하는가 하는 문제는 흥미롭지만 여기서 취급하기에는 너무 복잡하다.* 복사 조도의 표현을 특정 구간에 한정하여 적분해 본다면 에어리 원판 안에는 84%의 빛이 모이게 되며, 두 번째 어두운 고리까지, 즉 에어리 원판과 그 다음의 밝은 영역을 더한 부분에는 91%의 빛이 모이게 됨을 알 수 있다.

*Born and Wolf, *Principles of Optics*, P. 398이나, 기초 교재인 Towne, *Wave Phenomena*, P. 464를 참조하라.

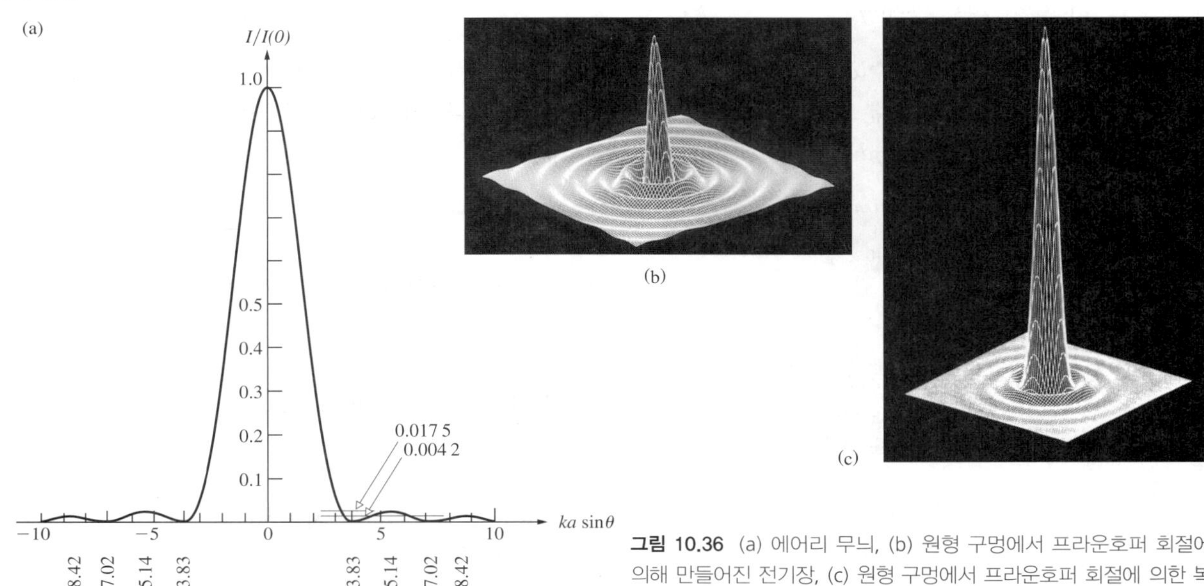

그림 10.36 (a) 에어리 무늬, (b) 원형 구멍에서 프라운호퍼 회절에 의해 만들어진 전기장, (c) 원형 구멍에서 프라운호퍼 회절에 의한 복사 조도 (R.G. Wilson, Illinois Wesleyan University)

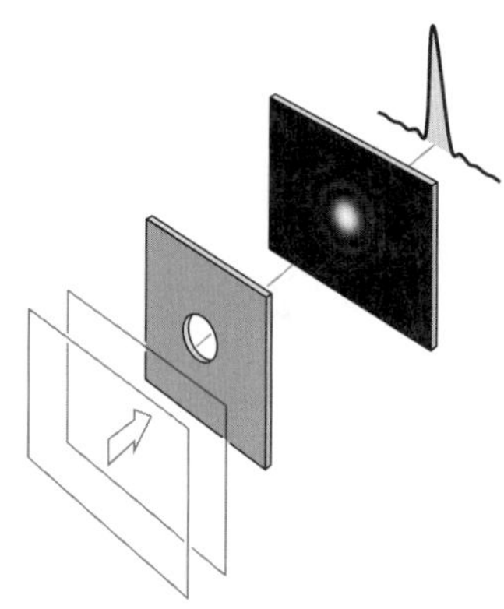

그림 10.37 원형 구멍에 의한 프라운호퍼 회절. 에어리 회절 무늬

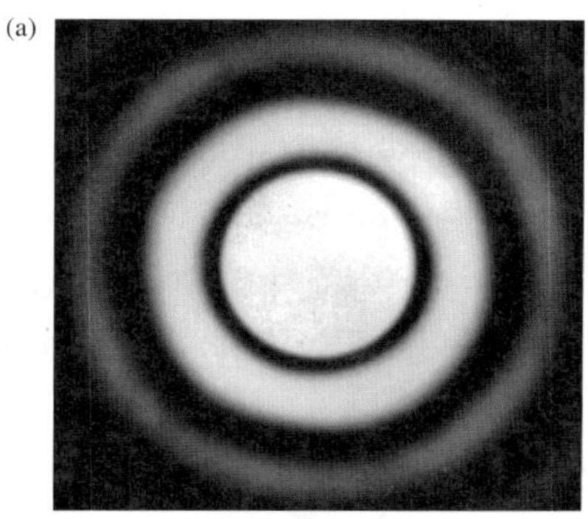

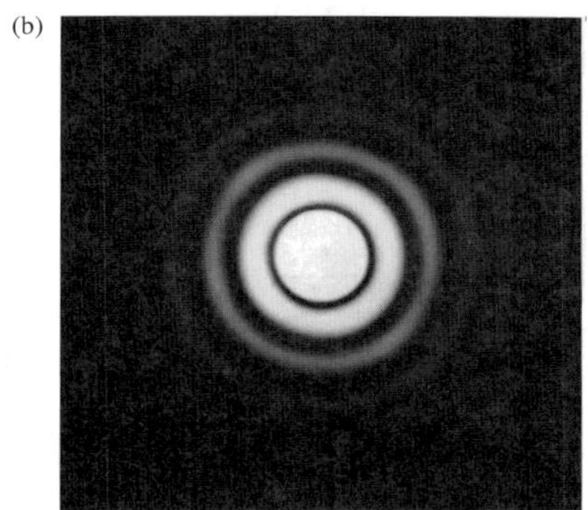

에어리 고리 (a) 0.5 mm 지름의 구멍, (b) 1.0 mm 지름의 구멍 (E.H.)

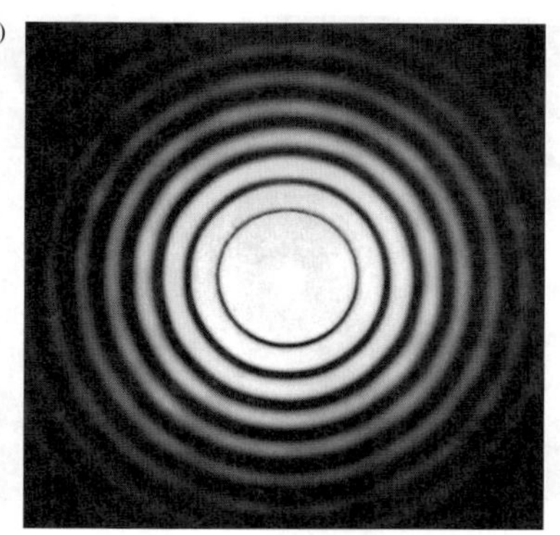

(a) 장시간 노출시킨 에어리 고리(1.5 mm 지름의 구멍). (b) 같은 상황에서 짧은 시간 동안 노출시킨 중앙 에어리 원판. (E.H.)

예제 10.6

불투명 스크린에 지름이 4.98 mm인 원형 구멍이 있다. 이것을 헬륨-네온 레이저(λ_0= 543 nm)로 수직으로 비추면 멀리 떨어진 스크린에 프라운호퍼 회절 무늬가 생긴다. 에어리 원판의 각폭 $2\Delta\theta_1$을 구하라. 구멍이 10배 작아지면 각폭은 얼마나 커지는가?

풀이

$\sin\theta = q/R$이다. $\Delta\theta_1$을 에어리 원판 각폭의 1/2이라고 하고 식 (10.57)을 이용하면

$$\sin\Delta\theta_1 = 1.22\frac{\lambda}{2a} = \frac{q_1}{R}$$

이다. 각도가 작을 경우, $\sin\Delta\theta_1 \approx \theta_1$이므로

$$2\Delta\theta_1 = 1.22\frac{\lambda}{a}$$

이고,

$$2\Delta\theta_1 = 1.22\,\frac{543\times10^{-9}\,\text{m}}{2.49\times10^{-3}\,\text{m}}$$

이다. 그리고 $2\Delta\theta_1 = 2.66\times10^{-4}$ rad이다. 결국 a =0.498 mm일 때 $2\Delta\theta_1 = 2.66\times10^{-4}$ rad이다. 구멍이 작을수록 에어리 원판은 커진다.

10.2.6 결상계의 분해능

넓은 물체(extended object)의 상을 형성하는 렌즈계를 생각해 보자. 자체적으로 빛을 내는 물체는 결어긋난 점광원의 모임으로 간주할 수 있다. 반면에 빛을 반사하여 보는 물체의 경우에는 빛을 산란하는 표면의 점 사이에 어떤 위상 상관 관계(phase correlation)가 있게 마련이다. 점광원이 결이 어긋나면 렌즈계는 물체의 상을 형성하게 되는데, 이 상

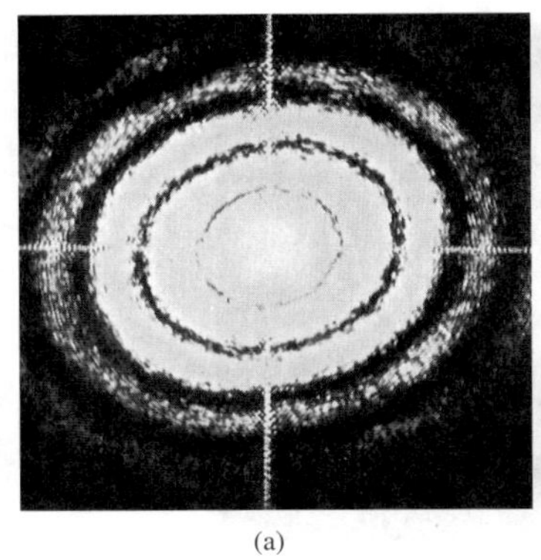
(a)

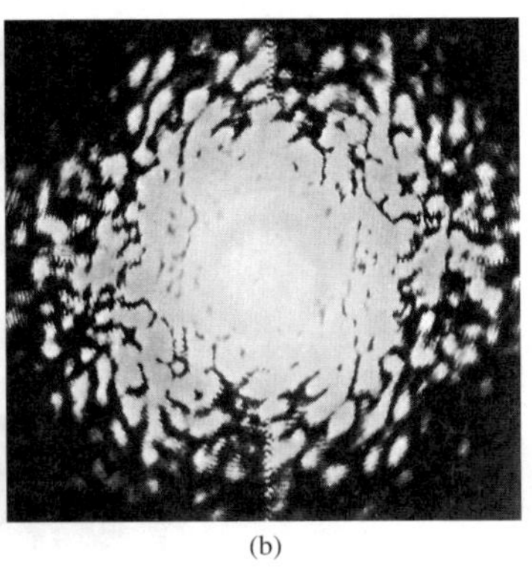
(b)

회절은 초기 암검사에서 빠른 자동 분석방법으로 연구되고 있다. (a) 정상 자궁 세포의 프라운호퍼 회절 무늬. (b) 악성 자궁 세포의 프라운호퍼 회절 무늬는 매우 다르다. (Benjamin J. Pernick)

은 부분적으로 중첩되고 서로 독립적인 에어리 무늬의 분포를 보여 준다. 수차가 대단히 작고 성능이 우수한 렌즈에 의해서도 각 점광원의 상은 회절에 의해 퍼지고 상의 선명도에 한계를 주게 된다.

문제를 간단히 하기 위하여 밝기가 같고 결이 어긋나며 먼 거리에 놓여 있는 2개의 점광원을 생각하자. 예를 들어 망원경의 대물 렌즈를 통해 관찰되는 2개의 별을 생각해 보자. 이때 대물 렌즈인 입사동은 회절 구멍이 된다. 앞 절에서 에어리 원판의 반지름은 $q_1 = 1.22f\lambda/D$로 주어진다. 대응하는 관찰각을 $\Delta\theta$라고 하면, $q_1/f = \sin\Delta\theta \approx \Delta\theta$이므로 $\Delta\theta = 1.22\lambda/D$가 된다. 그림 10.38과 같이 각 별의 에어리 원판은 기하학적 상점 주위로 $\Delta\theta$ 만큼 퍼질 것이다. 만일 두 별의 분리각(angular separation)이 $\Delta\varphi$이고 $\Delta\varphi >> \Delta\theta$라면 두 별의 상은 선명하게 볼 수 있으며 쉽게 식별할 수 있다. 별이 서로 접근하면 2개의 상은 서로 가까워지고 중첩되며 두 무늬가 어우러져 하나를 이루게 된다. 레일리 기준(Rayleigh's criterion)에 따르면 1개의 에어리 원판의 중심이 다른 별의 에어리 무늬의 첫 번째 최소에 놓이게 될 때 별은 **가까스로 분해되었다**고 말한다(이 기준보다 두 별이 조금 더 가까이 겹치더라도 식별이 가능하고 기준 자체가 임의적이긴 하지만 레일리 기준은 복잡하지 않다는 장점이 있다).* **분해 가능한 최소의 분리각 또는 분해 한계각**(angular limit of resolution)은

$$(\Delta\varphi)_{\min} = \Delta\theta = 1.22\lambda/D \tag{10.59}$$

가 되며 그림 10.39에 나타나 있다. 두 상의 중심 사이의 거

*레일리는 "이 규칙은 간단하면서도 분해능을 기술하는 데 충분히 정확하다."라고 언급한 바 있다. 자세한 논의는 9.6.1절을 참조하라.

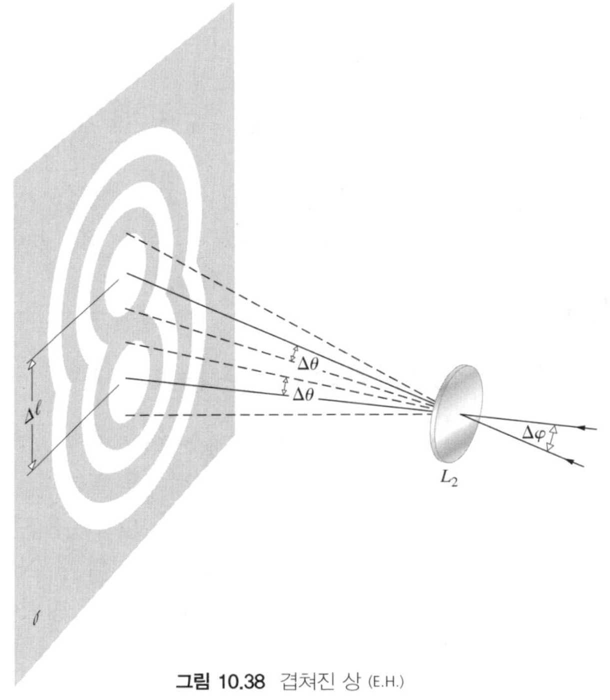

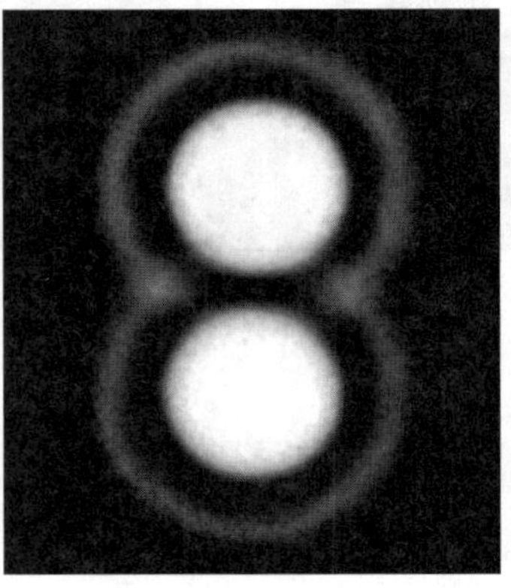

그림 10.38 겹쳐진 상 (E.H.)

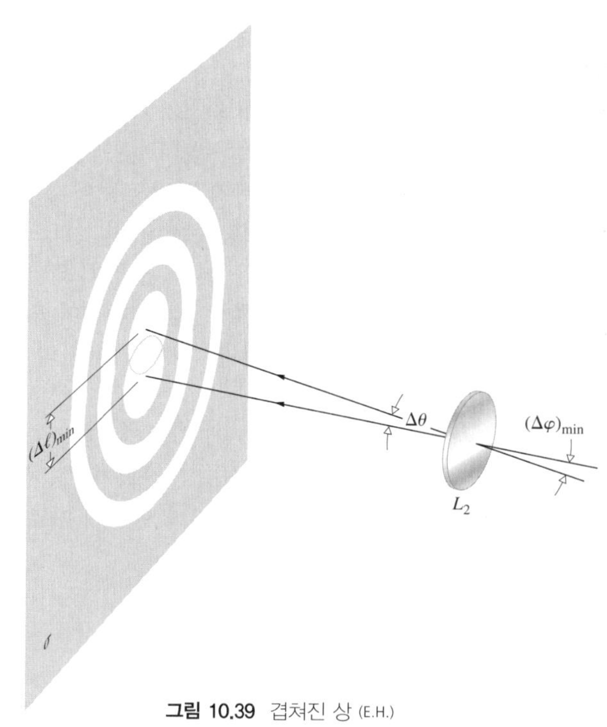

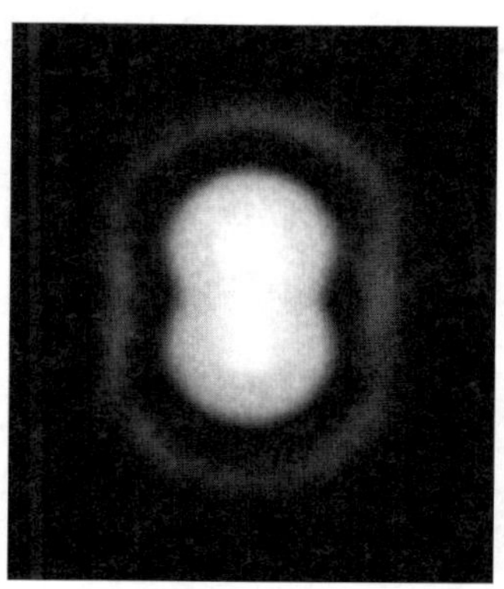

그림 10.39 겹쳐진 상 (E.H.)

리를 $\Delta\ell$이라고 하면 **분해 한계(limit of resolution)**는

$$(\Delta\ell)_{\min} = 1.22 f\lambda/D \tag{10.60}$$

로 표현된다. 결상계의 **분해능(resolving power)**은 일반적으로 $1/(\Delta\varphi)_{\min}$ 또는 $1/(\Delta\ell)_{\min}$로 정의된다.

예제 10.7

지름이 40 mm인 볼록 렌즈를 사용해서 두 별의 상을 카메라의 CCD에 맺게 한다. 별들이 지구에서 1000 광년 떨어져 있을 때 레일리 기준에 따라서 두 별을 가까스로 분해할 수 있다면 별들은 얼마나 떨어져 있는가? $\lambda_0 = 550\,\text{nm}$로 가정한다.

풀이

식 (10.59)로부터

$$(\Delta\varphi)_{\min} = 1.22\lambda/D$$

이므로,

$$(\Delta\varphi)_{\min} = \frac{1.22(550 \times 10^{-9}\ \text{m})}{40 \times 10^{-3}\ \text{m}}$$

이고

$$(\Delta\varphi)_{\min} = 1.6775 \times 10^{-5}\ \text{rad}$$

이다. 이때 별들 사이의 거리 L은

$$L = R(\Delta\varphi)_{\min} = 1000(1.6775 \times 10^{-5})$$

이므로 $L = 0.0168$ 광년이다.

분해 가능한 최소의 분리각을 줄이기 위해서는(즉 분해능을 크게 하려면) 짧은 파장을 사용하는 것이 한 방법이다. 가시광선 대신에 자외선을 사용하면 보다 자세한 현미경 관찰이 가능하다. 전자 현미경에서는 대략 빛의 파장이 10^{-4}~10^{-5}배에 해당하는 짧은 파장이 사용되며, 회절 효과에 의해 가시 스펙트럼에서는 식별이 불가능한 물체를 분석하는 것이 가능하다. 또한 지름이 큰 대물 렌즈나 대물경을 사용함으로써 망원경의 분해능을 높일 수 있다. 지름이 크면 빛의 수광량도 많아지고 에어리 원판의 크기가 작아지므로 보다 선명하고 밝은 상을 얻을 수 있다. 팔로마(Palomar)산에 설치된 200인치 망원경은 지름 5 m의 대물경을 사용하며(거울 중앙의 작은 부분은 빛이 차단되지만 큰 영향이 없다), 550 nm에서의 분해 한계각은 2.7×10^{-2}초이다. 이와 대조적으로 76.2 m 지름을 가진 조드럴뱅크(Jodrell Bank)산 전파 망원경은 21 cm의 상당히 긴 파장을 사용하며 분해 한계각은 700초 정도이다. 사람 눈은 동공의 지름이 변한다. 밝은 곳에서의 동공 지름을 대략 2 mm라고 하면 $\lambda = 550\,\text{nm}$의 값에 대하여 $(\Delta\varphi)_{\min}$는 1분 정도가 된다. 눈의 초점 거리를 대략 20 mm

라고 하면 망막에서 $(\Delta\ell)_{min}$는 6700nm이다. 이 거리는 망막(retina) 간의 평균 간격의 대략 2배이다. 그러므로 인간의 눈은 약 100m의 거리에서 3cm 떨어져 있는 두 점을 분해할 수 있다고 말할 수 있다. 그러나 실제로는 분해가 어려운 것이다. 아마 30cm 떨어진 두 점은 가능할 것이다.

복사 조도가 같은 두 개의 작은 광원의 분해

스패로(C.Sparrow)는 분해능에 관한 보다 적당한 기준을 제안하였다. 레일리 기준에 따른 분해 한계에서는 두 정점 사이에 복사 조도가 최소가 되는 점 또는 안장점(saddle point)이 있었음을 상기하자. 두 점광원 사이의 거리가 더욱 감소하면 안장점은 얕아지고 결국 보이지 않게 된다. 안장점이 없어지는 상태에 해당하는 분리각이 스패로의 한계가 된다. 이때의 최대 정점은 넓고 평평한 모양을 갖게 된다. 다시 말해서 안장점은 최대 정점의 중심이 되며, 복사 조도 함수의 2차 도함수가 0이 된다. 즉 기울기의 변화가 없다(그림 10.40).

결어긋남을 내포하는 레일리 기준과는 달리, 스패로 기준은 결맞는 광원에 대해서도 일반화가 가능하다. 또한 동일한 광도를 가진 별에 대한 천문학 연구에 따르면 스패로의 기준이 훨씬 더 실제적이다.

10.2.7 0차 베셀 빔

빛이 좁은 원형 구멍을 나올 경우 회절된 빔의 중심 에어리

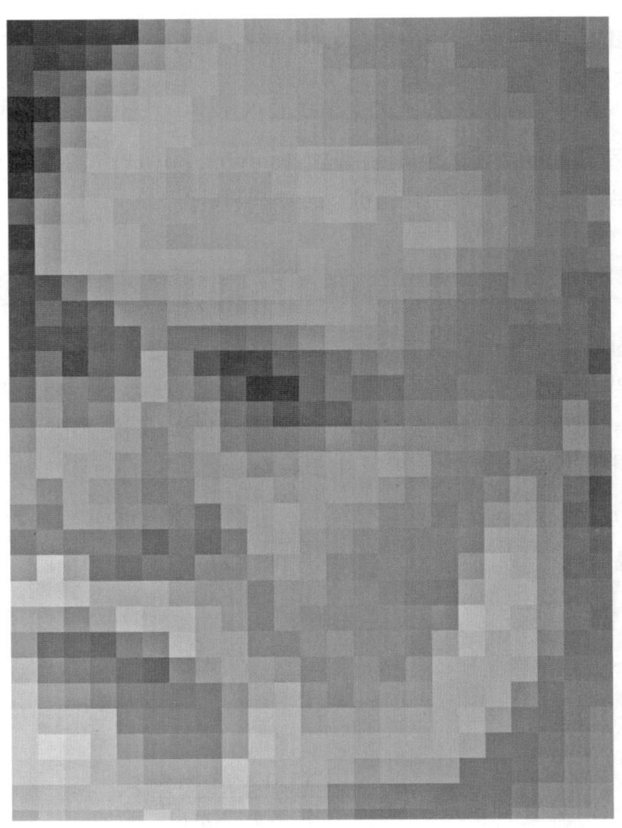

이 사진은 약 750개의 픽셀로 구성되어 있다. 이 사진을 눈에 가까이 가져가면 사진의 인물을 파악하기가 힘들다. 왜냐하면 사각형의 각 픽셀이 구분되어 보이기 때문이다. 잘 보기 위해서는 각 픽셀을 보는 분해 능력을 감소시켜야 한다. 즉 눈의 동공 크기 D를 감소하거나 각 픽셀을 보는 각도를 감소시켜야 한다(그림을 눈에서 멀리 놓는다). 그러면 저자의 상을 볼 수 있다. (E.H.)

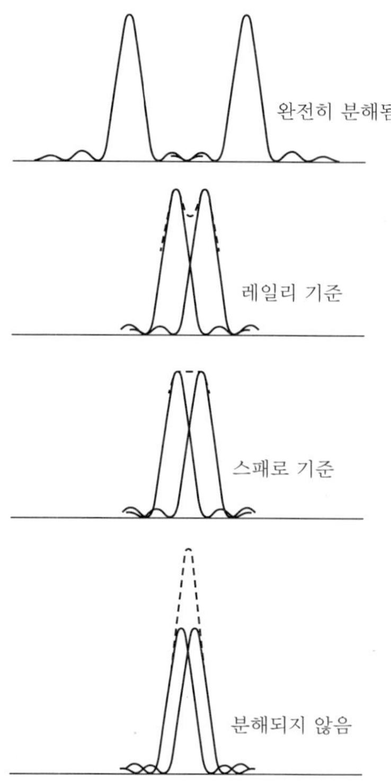

그림 10.40 겹치는 점광원의 상에 대한 레일리 기준과 스패로 기준

원판은 식 (10.57)에 의하여 거리에 따라 증가한다. 즉 빔이 전파하면서 퍼진다. 평행한 광선 다발같이 보이는 레이저빔도 퍼져 나간다. 가장 간단하고 흔한 레이저빔의 형태는 TEM_{00} 모드의 가우시안 빔이다. D_0가 **허리 지름**(waist diameter, 빔이 가장 좁은 지름)이라면 거리 z_R을 지난 후 빔의 면적은 2배가 되는데, 이 거리를 **레일리 거리**(Rayleigh range)라고 하며 $z_R = \pi D_0^2/4\lambda$이다. 실제로 모든 빔은 아무리 평행광으로 잘 만들더라도 퍼진다.

그러나 자유 공간에서 '회절을 전혀 하지 않는'(non-diffracting) 미분 파동 방정식의 해가 존재한다. 퍼지지 않는 빔의 가장 간단한 해는 0차 베셀 함수 J_0에 비례하는 전기장을 가지고 z-방향으로 진행하는 단색광이다. 즉

$$\tilde{E}(r, \theta, z, t) \propto J_0(k_\perp r)e^{i(k_\parallel z - \omega t)}$$

이다. 여기에서 $\tilde{E}(r, \theta, z, t)$는 그림 2.30의 원통 좌표계로 표현되었으며, $k_\parallel = k \cos\phi$, $k_\perp = k \sin\phi$이고, ϕ는 0°와 90° 사이에서 일정하다. $\phi = 0$이면 $\sin\phi = 0$와 $J_0(0) = 1$이고 이 해는 평면파가 되는 것을 유의하라. 이상적인 평면파는 전파하면서 퍼지지 않는다. 그러나 평면파는 좁은 빔으로 국지화되지 않으며, 실제로 존재하지 않는다.

11장에서 푸리에 변환을 공부할 때, 일반적으로 복소수인 $\tilde{E}(r, \theta, z, t)$를 k가 연속적으로 변하는 무한히 많은 평면파들

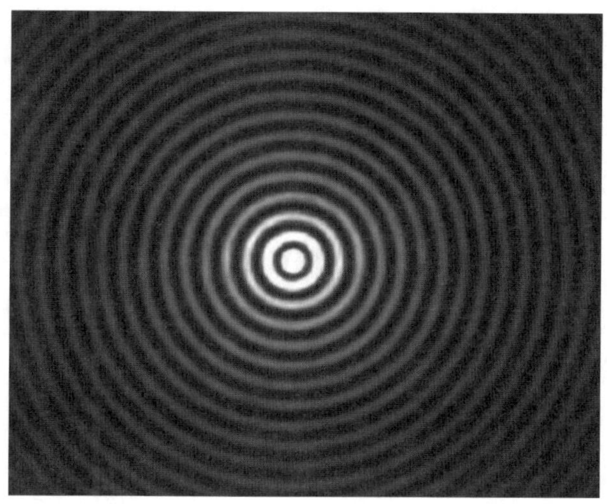

베셀 빔 (Ryan P. MacDonald)

의 합으로 표현할 수 있다는 것을 배울 것이다. 특히 $\tilde{E}(r, \theta, z, t)$는 전파 벡터(또는 파수 벡터)가 중심축인 z-축으로부터 반각이 ϕ인 원뿔면 위에 있는 무한히 많은 평면파의 중첩으로 생각할 수 있다. 이것이 **베셀 빔(Bessel beam)** 혹은 **J_0-빔(J_0-beam)**을 정의하는 특성이다.

복사 조도는 $\tilde{E}\tilde{E}^*$에 비례하므로 z에 관한 종속이 없어져서 $I(r, \theta, t) \propto J_0^2(k_\perp r)$ 가 되고, z-축에 수직한 모든 평면에서 복사 조도는 같다. 이것은 파동이 진행해 나가면서 횡방향 복사 조도의 모양이 퍼지지 않는다는 것을 의미한다. 실제 모양은 (지름이 $2.405/k_\perp$인) 중앙의 좁은 원판과 이를 둘러싼 고리로 구성되어 있다(사진 참조). 각 고리의 에너지는 근사적으로 중앙의 원판과 에너지가 같으며, 빔의 초기 에너지의 약 5%이다.

실제로 이상적인 J_0-빔을 만들기 위한 완전한 평면파를 생성할 수 없다. 평면파는 공간적으로 무한히 크므로 얻기 어려운 이상일 뿐이다. 그러므로 기껏해야 유한한 공간에서 J_0-빔에 가까운 파동을 만들 수 있을 뿐이다.

그림 10.41a는 J_0-빔을 만드는 훌륭한 방법을 보여 준다. 좁은 원형 슬릿(약 10μm)이나 지름 (a)이 수 mm인 원형 고리띠에 파장 λ인 평면파가 입사하고 있다. 구멍의 각 점은 구면파의 점광원으로 작용하고 있으며, 원형 고리띠는 반지름 R인 렌즈의 앞 초평면에 놓여 있다. 각 구면파는 렌즈에서 각도 ϕ로 전파하는 평면파로 바뀌며, 이때

$$\phi = \tan^{-1}\left(\tfrac{1}{2}a/f\right)$$

이 된다. 평면파가 겹치는 영역은 그림 10.41b에서 z_{max}까지 이르며, 이때 $\tan\phi = R/z_{max} = \frac{1}{2}a/f$가 된다. 따라서

$$z_{max} = \frac{2Rf}{a}$$

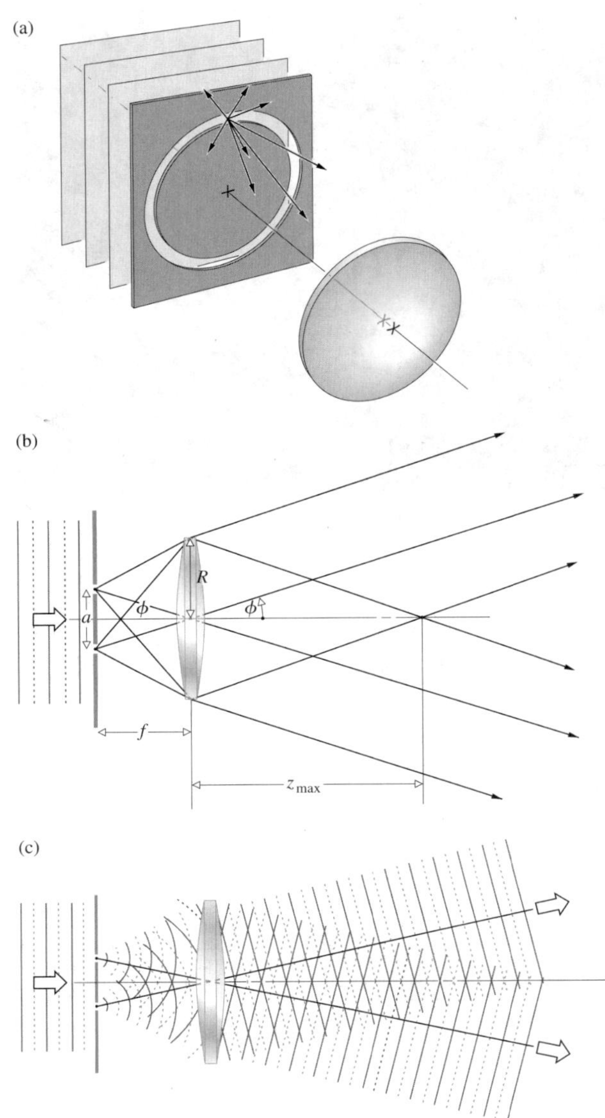

그림 10.41 원형 슬릿을 이용하여 베셀 빔을 만드는 장치. (a) 평면파가 고리형 구멍에 입사하고 있다. (b) 고리형 구멍은 렌즈의 앞 초평면에 놓여 있으며 평행광이 렌즈를 떠난다. (c) 전파 벡터가 원뿔면 위에 있는 평면파는 거리 z_{max}까지 서로 겹친다.

가 된다. 이것이 베셀 빔의 전파 거리 혹은 영역이다. a가 작고 R이 크면 비슷한 지름의 가우시안 빔에 대한 레일리 거리보다 현저하게 클 수 있다.*

*Lord Rayleigh, "On the passage of electric waves through tubes, or the vibrations of dielectric cylinders," *Phil. Mag.*, S. 5, **43**, No. 261, 125 (Feb. 1897); J. Durnin, "Exact solutions for nondiffracting beams. I. The scalar theory," *J. Opt. Soc. Am. A* **4**, 651 (1987); J. Durnin, J. J. Miceli, Jr., and J. H. Eberly, "Diffraction-free beams," *Phys. Rev. Lett.* **58**, 1499 (1987); C. A. McQueen, J. Arit, and K. Dholakia, "An experiment to study a 'nondiffracting' light beam," *Am. J. Phys.* **67**, 912 (1999).

10.2.8 회절 격자

회절 구멍이나 장애물이 주기적으로 배열되어 출사파의 위상이나, 진폭 또는 위상과 진폭 모두에 주기적인 변화를 주는 장치를 **회절 격자(diffraction grating)**라고 한다. 이 중에서 10.2.3절의 다중 슬릿 배열은 가장 간단한 것에 속하며, 대략 1785년에 미국 천문학자인 리텐하우스(David Rittenhouse)에 의해 고안되었다. 몇 년 후 프라운호퍼(Joseph von Fraunhofer)는 이 원리를 독립적으로 재발견했으며, 계속해서 격자에 대한 이론과 기술에 중요한 공헌을 많이 남겼다. 처음의 장치들은 실제로 다중 슬릿이었으며, 공간 띄우게(spacer) 역할을 하는 2개의 평행한 나사 주위를 가는 철사나 실을 감고 벌려서 만들어진 격자를 사용하였다. 이 같은 장치를 통과한 파면은 불투명한 부분과 투명한 부분이 교대로 반복되는 배열에 의하여 **진폭** 변조를 받는다. 그러므로 다중 슬릿 배열을 **투과 진폭 격자(transmission amplitude grating)**라고 한다. 보다 일반적인 투과 격자는 평평하고 투명한 유리판의 표면에 나란하게 줄을 긁거나 파서 만든다(그림 10.42(a)). 각 줄은 산란 광원 역할을 하고 전체적으로는 서로 평행하고 규칙적인 선광원의 배열을 구성한다. 진폭 변조가 거의 없이 빛은 완전히 투과하나, 광학적

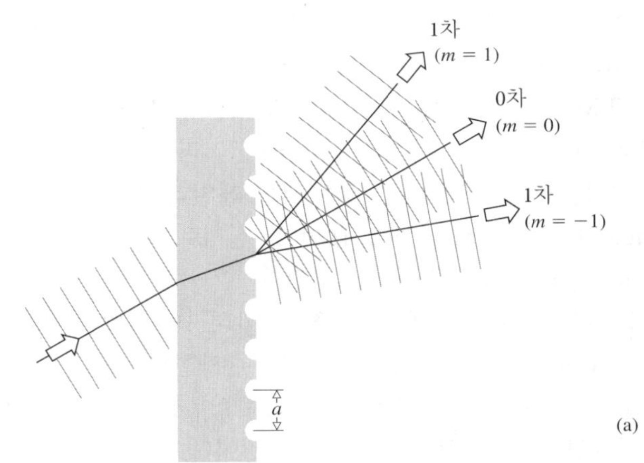

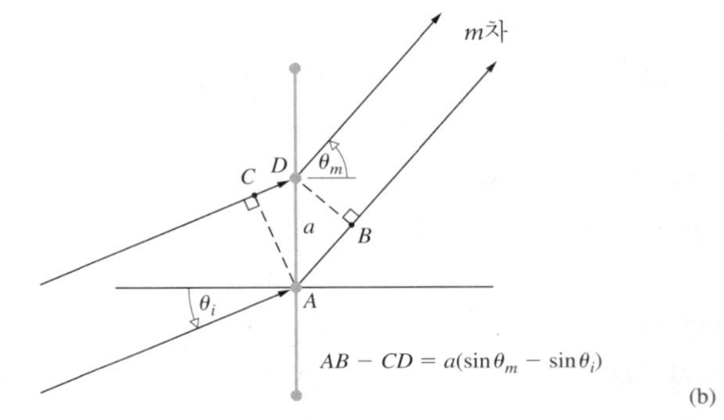

그림 10.42 투과 격자

인 두께가 규칙적으로 변화된 격자는 위상 변조를 일으키는데 이를 **투과 위상 격자(transmission phase grating)**라고 한다(사진 참조). 하위헌스-프레넬 원리에 따라 격자 표면에서 서로 다른 위상으로 복사하는 가지 파동을 상상해 보자. 이 경우에는 진폭 대신에 파면의 모양이 주기적으로 변하게 되며, 이는 구성된 평면파의 각도 분포와 동등하다.

이러한 격자에서 빛이 반사하면 격자 표면의 주기적인 형태에 의하여 산란된 빛은 명확한 위상 관계를 가지고 점 P에 도달한다. 반사에 의해 형성된 회절 무늬는 투과에 의한 것과 매우 유사하다. 이러한 기능을 갖도록 특별하게 설계된 격자를 **반사 위상 격자(reflection phase grating)**라고 한다(그림 10.43). 요즈음 사용되는 반사 위상 격자는 광학적으로 편평한 유리 위에 코팅된 알루미늄 박막에 금을 그어 만든다. 알루미늄의 재질은 상당히 연하여 금을 긋는 데 사용하는 다이아몬드 날의 마모가 거의 없으며 자외선 영역에서도 높은 반사율을 가진다.

괘선 격자(ruled grating)의 제작은 극히 어려워서 소량의 격자만 제작된다. 실제 사용되는 대부분의 격자는 대단히 우수한 플라스틱 주형제품이거나 정교한 괘선 격자 원판의 **복제품**(replica)이다. 오늘날 많은 수의 회절 격자는 홀로그래피 방법으로 만들어진다(13.3절 참조).

투과 격자를 통해 멀리 떨어져 평행하게 놓인 선광원을 정

1차 ($m = -1$)

0차 ($m = 0$)

1차 ($m = 1$)

(a)

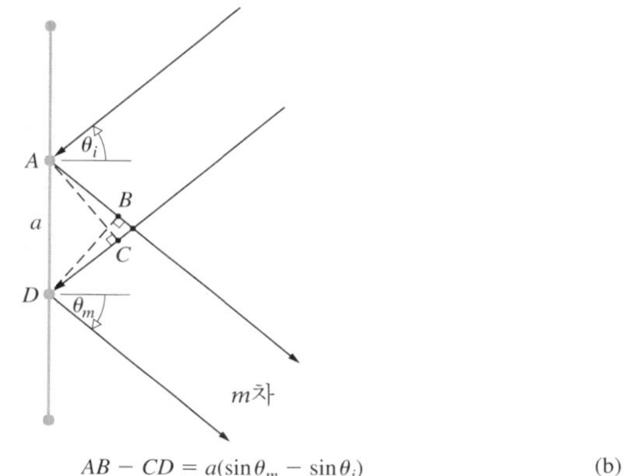

그림 10.43 반사 격자

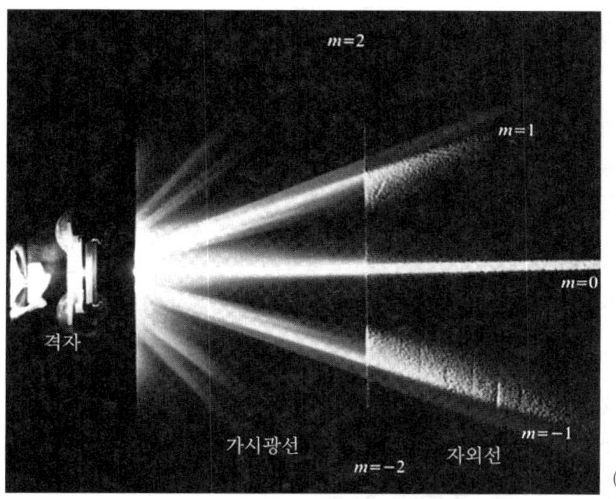

격자를 통해 나오는 빛. (a) 왼쪽 영역은 가시광선 스펙트럼이고, 오른쪽 영역은 자외선이다.(Klinger Educational Prod. Crop., College Point, N.Y.) (b) 헬륨-네온 레이저광이 530 lines/mm인 격자를 통과할 때 스크린 위에서 나타난 $m = 0$과 $m = \pm1$인 회절 무늬. 위 그림에서 격자는 공기($\lambda = 632.8\,\text{nm}$) 중에 있다. 아래 그림에서 격자는 물속에 잠겨 있다. θ_1을 측정하고 회절 격자 방정식을 이용하면 $\lambda_w = 471\,\text{nm}$이고, 따라서 $n_w = 1.340$이다. (A. F. Leung, The Chinese University of Hong Kong)

면으로 바라볼 때 눈은 회절 무늬를 형성하는 초점 렌즈로 작용한다. 10.2.3절의 논의와 표현식

$$a \sin\theta_m = m\lambda \qquad [10.32]$$

를 다시 생각해 보자. 이 식은 수직 입사에 대한 **회절 격자 방정식(grating equation)**이다. m은 주요 최댓값의 **차수**이다. 텅스텐 필라멘트와 같이 넓고 연속적인 스펙트럼을 가진 광원에 대해서 $m = 0$, 즉 0차의 상은 편향되지 않는($\theta_0 = 0$) 백색광에 해당된다. 회절 격자 방정식은 λ에 의존하므로 $m \neq 0$인 임의의 값에 대해 약간씩 다른 각도(θ_m)에 대응하여 분산되는 여러 색의 상은 연속적인 스펙트럼을 형성하게 된다. 작은 보조 최대에 해당되는 부분은 거의 관찰이 어려워진다. 1차 스펙트럼 $m = \pm 1$은 $\theta = 0$의 양옆에 나타나고, 높은 차수의 스펙트럼 $m = \pm 2, \pm 3, \ldots$이 어두운 간격과 교대로 나타난다. 식 (10.32)에서 a가 작으면 관찰되는 차수의 수도 작아진다.

회절 격자 방정식이 영의 이중 슬릿 장치에서 최댓값의 위치를 결정하는 식 (9.29)와 같은 표현을 갖는 것은 놀라운 일이 아니다. 동일한 각도에 위치한 모든 최대 간섭은 이제 다만 날카로워졌을 따름이다(다중 빔에 의하여 파브리-페로 에탈론의 무늬가 더욱 선명해지는 것과 같다). 이중 슬릿의 경우 복사 조도가 최대인 중앙점에서 관찰점을 약간 이동시켜도 각 슬릿에서 나온 두 파는 대체로 같은 위상이 되며, 복사 조도가 감소되긴 하지만 상당히 큰 값을 갖는다. 따라서 밝은 부분은 충분히 넓은 영역을 차지한다. 이와 대조적으로 다중 빔의 경우에는 복사 조도가 최대인 중앙점에서 모든 파가 중앙 최대에서 보강 간섭을 하지만, 약간만 중앙에서 벗어나면 일부 빔들은 다른 빔과 관찰점에서 $\frac{1}{2}\lambda$의 위상을 갖게 된다. 예를 들어 P가 θ_1에서 약간 벗어나 1.000λ 대신에 $a \sin \theta = 1.010\lambda$이 되었다고 생각해 보자. 각 슬릿에서 나온 파는 인접한 슬릿에 비해 0.01λ의 경로차를 가지고 P에 도달할 것이다. 따라서 51번째 슬릿에서 나온 파는 첫 번째 슬릿에 비하여 $\frac{1}{2}\lambda$ 만큼 경로차를 가지며, 슬릿 1과 슬릿 51에서 나온 빛은 완전히 상쇄될 것이다. 슬릿 2와 슬릿 52, 3과 53 등 다른 쌍들의 슬릿에 대해서도 같은 결과가 성립한다. 결국에는 중앙점 근처에서의 복사 조도는 급격히 감소하게 된다.

예제 10.8

400 nm에서 600 nm 까지의 파장이 섞여있는 다파장 빛이 미터당 500,000개의 홈이 있는 투과 격자에 수직으로 입사한다. 가까이에 있는 볼록 렌즈가 초평면에 있는 스크린 위에 프라운호퍼 회절 무늬를 형성한다. 2차 스펙트럼이 2.00 cm 벌어질 때 렌즈의 초첨 거리를 구하라. 회절 무늬의 색 분포를 중심축과 관련지어서 논의하라.

풀이

회절 격자 방정식

$$a \sin\theta_m = m\lambda$$

로부터 주요 최대의 위치를 알 수 있다. $m = 2$는 2차 스펙트럼을 의미한다. 중심축에서 스크린 위의 파장을 측정하는 곳까지의 거리를 $Y_2(400)$과 $Y_2(600)$으로 두면,

$$Y_2(600) - Y_2(400) = 2.00 \times 10^{-2}\ \text{m}$$

이다. $\theta_2(\lambda)$는 중심축을 기준으로 측정한 스펙트럼 띠까지의 각도로 다음과 같다.

$$\tan\theta_2 = Y_2/R = Y_2/f$$

$a \sin \theta_2 = 2\lambda$이므로

$$\sin\theta_2 \approx \tan\theta_2 = \frac{2\lambda}{a}$$

이고,

$$\frac{Y_2}{f} = \frac{2\lambda}{a}$$

이다. 이때 $a = 1/500\,000 = 2.00 \times 10^{-6}$이므로

$$Y_2(600) = \frac{2(600 \times 10^{-9})f}{2.00 \times 10^{-6}} = 0.60f$$

$$Y_2(400) = \frac{2(400 \times 10^{-9})f}{2.00 \times 10^{-6}} = 0.40f$$

이고, $2.00 \times 10^{-2}\,\text{m} = Y_2(600) - Y_2(400) = 0.20f$이다. 이로부터 $f = 0.10\,\text{m}$이다.

λ가 커질수록 θ_m이 커지고, 중심축으로부터 스펙트럼 띠는 멀어진다. 즉 자주색이 가장 가깝고 빨간색이 가장 멀다.

이제 그림 10.42 및 그림 10.43과 같이 평행 광선이 비스듬히 입사하는 보다 일반적인 상황을 논의해 보자. 투과와 반사의 경우에 회절 격자 방정식은

$$a(\sin\theta_m - \sin\theta_i) = m\lambda \qquad (10.61)$$

로 표현된다. 이 표현은 투자 격자 자체의 굴절률에 무관하다(연습문제 10.63). 지금까지 검토된 장치들이 가진 주된 단점 중의 하나(사실상 활용되지 않는 이유)는 복사 조도가 낮은 여러 분광 차수로 빛의 입사 에너지가 분산되기 때문이다. 그림 10.43의 격자에서 대부분의 입사 광선은 평면 거울처럼 **거**

울 반사(specular reflection)를 한다. 회절 격자 방식으로부터 $\theta_m = \theta_i$의 조건에서 0번째 차수는 $m = 0$에 해당된다. 분광 장치로서의 활용을 생각한다면 성분 파장이 모두 한 곳에 중첩되어 있기 때문에 이 빛은 낭비되었다고 말할 수 있다.

1888년 「Encyclopedia Britannica」에 발표한 논문에서 레일리(Lord Rayleigh)는 쓸모없는 0번째 차수가 가진 에너지를 높은 차수의 스펙트럼 중 하나로 이동시키는 것이 적어도 이론적으로 가능하다는 것을 제시했다. 이것이 동기가 되어 우드(Robert Williams Wood, 1868~1955)는 1910년 그림 10.44와 같이 조절된 모양의 격자를 만드는 데 성공했다. 오늘날 대부분의 격자는 이와 같거나 유사한 모양, 즉 **경사면(blazed)**의 형태이다. 0이 아닌 차수의 방향, 즉 θ_m의 값은 a와 λ 그리고 특히 논의의 대상인 θ_i에 의해 결정된다. 그런데 θ_i와 θ_m은 개개의 홈의 표면에 대해서가 아니라 격자 평면에 수직한 선을 기준으로 측정된다. 반면에 어느 한 개의 홈 표면에 의한 회절 무늬의 최대 조도의 방향은 그 표면에서의 **거울 반사**에 해당한다. 이 방향은 홈의 **경사각** γ에 의존하며 θ_m과는 무관하게 조정할 수 있다. 이러한 사실은 광원 간의 상대적인 위상차를 조정함으로써 간섭 무늬[식 (10.6)]의 공간상의 배치를 조절할 수 있었던 10.1.3절 안테나 배열의 경우와 유사하다.

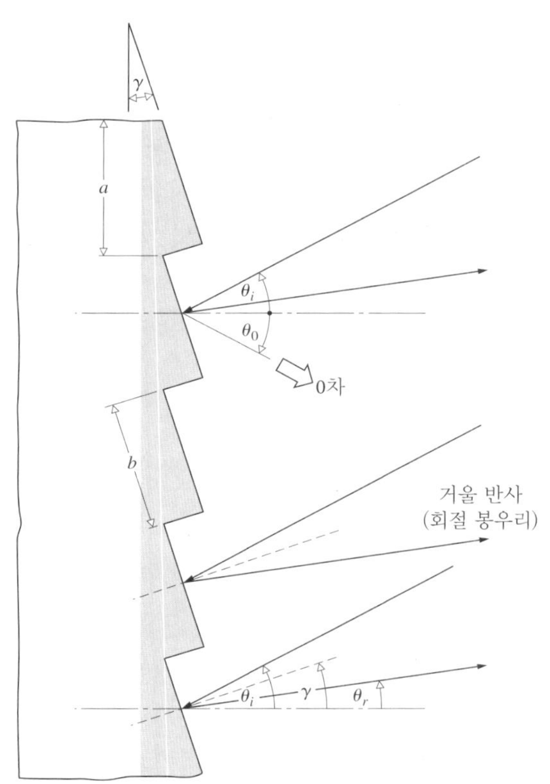

그림 10.44 경사면 반사 위상 격자의 단면

그림 10.45와 같이 입사파가 경사면 반사 격자 평면에 수직으로 입사한 경우를 고려해 보자. 즉 $\theta_i = 0$, $m = 0$, $\theta_0 = 0$이다. **거울 반사**에서는 $\theta_i - \theta_r = 2\gamma$(그림 10.44)이고, 회절된 대부분의 복사는 $\theta_r = -2\gamma$ 주위로 향한다. (입사 광선과 반사 광선이 격자에 수직한 법선에 대하여 같은 부분에 있기 때문에 θ_r은 음수가 된다.) $\theta_m = -2\gamma$의 경우, 이 빛의 방향은 0차가 아닌 중앙에서 어느 한쪽의 특정 차수에 대응할 것이다. 다시 말해서 주어진 λ와 m에 대해 $a \sin(-2\gamma) = m\lambda$가 성립한다.

격자 분광학

1920년대 초에 발전한 양자역학은 처음에는 주로 원자물리학 분야에 적용되었다. 수소 원자에서 방출된 복사선이 명백하게 제시하는 원자의 세부적인 구조에 대하여 이론이 전개되었고, 분광 실험은 이에 대한 결정적인 증거를 제공했다. 보다 크고 우수한 격자의 필요성이 분명해졌다. 연 X-선(soft X-ray)에서 원적외선까지의 영역에서 사용할 수 있는 격자 분광기는 지속적으로 활용되었다. 천체 물리학자에 의해 활용되거나 인공위성에 장착되어 사용됨으로써 우주의 기원에 대한 정보, 별의 온도, 은하계의 회전, 퀘이사(quasar)의 스펙트럼과 적색 편이(red shift)와 같은 다양한 정보를 제공하였다. 1900년대 중반, 해리슨(George R. Harrison)과 스트로크(George W. Stroke)는 고분해능 격자의 성능을 현저하게 개선하였다. 그들은 간섭 현상을 이용한 구동 장치에 의해 조절되는 괘선 엔진(ruling engine)*을 사용하였다.

*이 경탄할 만한 기계 장치에 관한 내용은 A. R. Ingalls, *Sci. Am.* **186**, 45 (1952) 또는 E. W. Palmer and J. F. Verrill, *Contemp. Phys.* **9**, 257 (1968)을 참조하라.

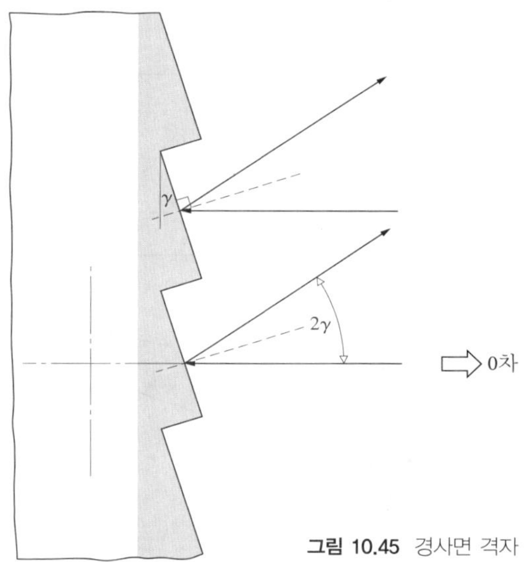

그림 10.45 경사면 격자

격자 스펙트럼의 몇 가지 중요한 특징을 자세히 살펴보자. 대단히 좁고 결어긋난 광원을 사용한다고 가정하자. 스펙트럼선의 폭은 주요 최대의 양쪽에 있는 두 영점 사이의 각도로 정의할 수 있다. 즉 식 (10.33)에 따라 $\Delta\alpha = 2\pi/N$ 이다. 격자에 비스듬히 입사한 경우에는 α를 $(ka/2)(\sin\theta - \sin\theta_i)$와 같이 정의할 수 있으며 α의 미소 변화는

$$\Delta\alpha = (ka/2)\cos\theta\,(\Delta\theta) = 2\pi/N \tag{10.62}$$

로 주어지고, 여기에서 입사각은 일정하여, 즉 $\Delta\theta_i = 0$이다. 그러므로 입사광이 단색광인 경우에도

$$\Delta\theta = 2\lambda/(Na\cos\theta_m) \tag{10.63}$$

은 **측정계기의 각폭 확대**(instrumental broadening)로 인한 **선의 각폭**(angular width)이 된다. 각선폭(angular linewidth)이 격자 자체의 폭인 Na에 반비례한다는 사실은 흥미롭다. 파장의 변화에 따른 각도의 변화도도 또한 중요하다. 프리즘처럼 **각분산(angular dispersion)**은

$$\mathscr{D} \equiv d\theta/d\lambda \tag{10.64}$$

로 정의된다. 회절 격자 방정식을 미분하면

$$\mathscr{D} = m/(a\cos\theta_m) \tag{10.65}$$

을 얻는다. 이 식은 주파수가 다른 두 스펙트럼선 사이의 각분리가 회절 차수가 높아짐에 따라 증가하는 것을 의미한다.

거의 직사각형 모양의 홈을 가진 경사면 평면 격자(blazed plane grating)는 대부분 입사광이 홈의 두 표면 중 하나에 거의 수직하도록 설치된다. 이 이유는 **자동시준**(autocollimation)의 조건을 만족시키기 위한 것인데, θ_i와 θ_m은 격자의 법선에서 같은 쪽에 놓이게 되고 $\gamma \approx \theta_i \approx -\theta_m$이므로(그림 10.46 참조) a에 무관하게

$$\mathscr{D}_{\text{auto}} = (2\tan\theta_i)/\lambda \tag{10.66}$$

의 값을 갖는다.

파장의 차가 충분히 작아서 두 스펙트럼선이 겹치면 중첩의 결과로 정점은 명확하지 않게 된다. 분광기의 **색분해능 (chromatic resolving power)** $\mathscr{R}$은

$$\mathscr{R} \equiv \lambda/(\Delta\lambda)_{\min} \tag{9.76}$$

와 같이 정의되며, $(\Delta\lambda)_{\min}$은 분해 가능한 최소의 파장차 또는 **분해 한계(limit of resolution)**이고, λ는 **평균 파장**이다. 동일한 선속 밀도를 가진 두 줄무늬의 분해에 관한 레일리의 기준은 한 무늬의 주요 최댓값이 다른 무늬의 첫 번째 최솟값의 위치에 놓이게 되는 것이다(9.6.1절의 설명과 비교해 보라). 그림 10.40과 같이 분해 한계에서 각 분리는 선폭의 반이 되며, 식 (10.63)에서

$$(\Delta\theta)_{\min} = \lambda/(Na\cos\theta_m)$$

가 된다. 또한 분산에 대한 표현을 사용하면

$$(\Delta\theta)_{\min} = (\Delta\lambda)_{\min}\, m/(a\cos\theta_m)$$

를 얻는다. 이 두 식을 결합하면 $\mathscr{R}$을 구할 수 있다. 즉

$$\lambda/(\Delta\lambda)_{\min} = mN \tag{10.67}$$

또는

$$\mathscr{R} = \frac{Na(\sin\theta_m - \sin\theta_i)}{\lambda} \tag{10.68}$$

이다. 분해능은 격자의 폭 Na, 입사각 θ_i 그리고 λ의 함수이다. 1 cm당 6000개의 선을 가진 15 cm 폭의 격자는 총 9×10^4개의 선을 가지며 2차 회절 차수에서 1.8×10^5의 분해능을 갖는다. 540 nm 부근에서 격자는 파장차가 0.003 nm인

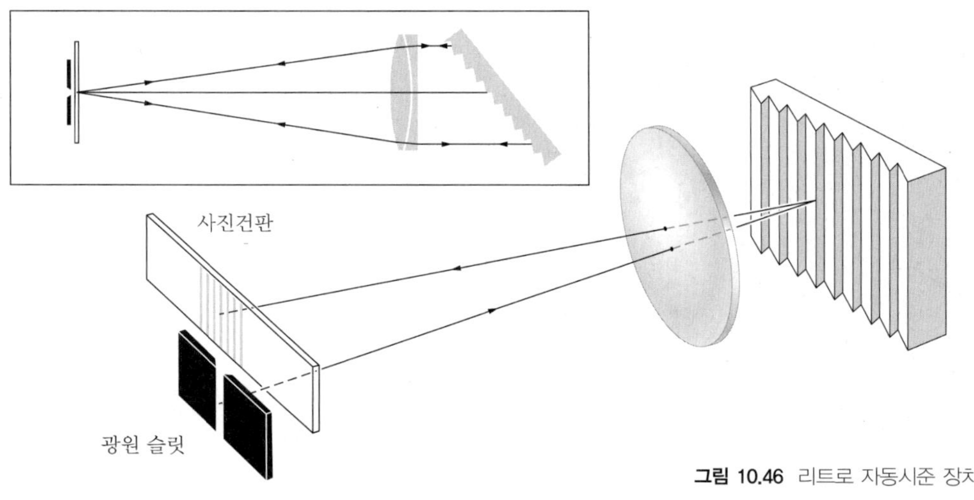

그림 10.46 리트로 자동시준 장치

두 스펙트럼선을 분해할 수 있다. 분해능은 $2Na/\lambda$를 넘을 수 없으며, 이 최대 분해능은 $\theta_i = -\theta_m = 90°$인 경우에 해당한다는 것에 유의하라. $\mathcal{R}$의 최댓값은 격자를 자동시준 조건에서 사용할 때 얻을 수 있으며, 이때

$$\mathcal{R}_{\text{auto}} = \frac{2Na\sin\theta_i}{\lambda} \tag{10.69}$$

이고, θ_i와 θ_m은 법선에서 같은 방향에 놓인다. 해리슨의 격자 중 하나는 폭이 260mm인 75° 경사면 격자이며 리트로(Littrow) 방식으로 설치되었는데, $\lambda = 500\,\text{nm}$에서 10^6보다 약간 큰 분해능을 가진다.

이제 차수가 다른 스펙트럼이 서로 중복되는 문제에 대하여 검토해 보자. 회절 격자 방정식에 따르면 첫 번째 차수의 600nm의 선은 두 번째 차수의 300nm 선 또는 $m = 3$인 경우의 200nm 선과 정확히 같은 θ_m을 가진다. 만일 파장 λ와 $(\lambda + \Delta\lambda)$의 두 선이 차수 $(m + 1)$과 m에서 만나게 된다면,

$$a(\sin\theta_m - \sin\theta_i) = (m+1)\lambda = m(\lambda + \Delta\lambda)$$

의 식이 성립한다. 파브리-페로 간섭계의 경우와 같이 위의 식을 만족하는 파장차를 **자유 스펙트럼 영역(free spectral range)**이라고 하고

$$(\Delta\lambda)_{\text{fsr}} = \lambda/m \tag{10.70}$$

와 같이 표현되며, 이 결과는 파브리-페로 간섭계와 같다.

$$\mathcal{R} = \mathcal{F}m \tag{9.76}$$

인 파브리-페로 간섭계의 분해능과 비교해 볼 때, N을 회절 격자의 예리도(finesse)라고 간주할 수 있다(연습문제 10.65).

자유 스펙트럼 영역을 최대로 하기 위하여 첫 번째 차수를 사용하도록 제작된 고분해 경사면 격자는 $\mathcal{R}$의 높은 값을 유지하기 위하여 높은 홈 밀도(대략 mm당 1,200개의 격자선)를 가져야 한다. 식 (10.68)에 따르면 $\mathcal{R}$을 일정하게 유지하려면 격자선 사이의 간격을 증가시키면서 격자선의 총수를 줄여 격자폭 Na를 일정하게 유지해야 한다. 그러나 이 경우에는 m이 증가하고 자유 스펙트럼 영역이 감소하여 차수의 중복이 심해지게 된다. 만일 N을 일정하게 하고 a만을 증가시키면 $\mathcal{R}$과 m이 증가하며 $(\Delta\lambda)_{\text{fsr}}$ 역시 감소한다. 격자선 사이의 간격이 넓어지면 선의 각폭은 감소하게 되지만(즉 스펙트럼선은 가늘어진다) 각 차수에서 분산이 작아지고 스펙트럼선이 서로 접근한다.

지금까지 특별한 형태의 주기적인 배열, 즉 **직선 격자**(line grating)에 대해 논의하였다. 이 장치의 다양한 모양, 설치방법 및 활용 등에 관해서는 관련 문헌*에서 많은 정보를 얻을 수 있다.

가정에서 볼 수 있는 물건 중에서 작은 광원과 함께 사용할 때 간단한 격자로 활용할 수 있는 것들이 있다. 레코드판의 홈을 가진 표면은 빛이 스치듯 입사(grazing incidence)할 때 좋은 효과를 보여 주며, CD는 매우 아름다운 반사형 회절 격자이다. 또한 $\theta_i \approx 90°$일 때 미세한 빗살의 빗은 백색과의 파장을 분산해 내는 놀라운 효과를 보여 줄 것이다. 이 같은 물건들은 본격적인 반사 격자를 사용할 때와 정확하게 같은 역할을 한다. 그레고리(James Gregory)는 1673년 5월 12일 친구에게 쓴 편지에서 햇빛이 깃털을 통과하면 채색된 무늬를 보여 준다는 사실을 알렸으며 그의 관찰을 뉴턴(Newton)에게 전해 주도록 부탁하였다. 깃털은 좋은 투과 격자이므로 가지고 있으면 시험해 보자.

예제 10.9

두 개의 밝은 노란색 나트륨 분광선(589.5923 nm와 588.9953nm)을 투과 격자를 사용하여 2차 스펙트럼까지 분해하려고 한다. 격자에는 슬릿 또는 홈이 최소 얼마나 있어야 할까?

풀이

격자의 분해능은 $\lambda/(\Delta\lambda)_{\text{min}}$이고, 여기서 λ는 평균 파장으로 $\frac{1}{2}(589.5923 + 588.9953)\,\text{nm} = 589.2938\,\text{nm}$이고, $(\Delta\lambda)_{\text{min}} = (589.5923 - 588.9953)\,\text{nm} = 0.597\,\text{nm}$이다. 따라서 식 (10.67)에서 $m = 2$일 때,

$$\frac{\lambda}{(\Delta\lambda)_{\text{min}}} = mN$$

이고,

$$N = \frac{589.2938\ \text{nm}}{2(0.597\,\text{nm})}$$

$$N = 493.5$$

이다. 두 분광선을 보기 위해서 적어도 494개의 슬릿이 있는 격자가 필요하다.

---

*F. Kneubühl, "Diffraction grating spectroscopy," *Appl. Opt.* **8**, 505 (1969); R. S. Longhurst, *Geometrical and Physical Optics*; S. Flügge에 의해 편집된, *Encyclopedia of Physics*, Vol. 29에 실려 있는 G. W. Stroke의 광범위한 논문(p. 426)을 참조하라.

2차원 및 3차원 회절 격자

회절 스크린 Σ가 N개의 동일한 회절 물체(구멍 또는 장애물)를 포함하고 있다고 가정하자. 또한 이 물체가 완전히 불규칙적으로 Σ의 전 표면에 분포되어 있고 비슷한 모양으로 배치되어 있다고 가정하자. 회절 스크린은 평면파에 의해 조명되며, Σ를 통과한 빛은 완전한 렌즈 L_2에 의해 모아진다고 생각해 보자(그림 10.16 참조). 각 구멍은 동일한 프라운호퍼 회절 무늬를 형성하며 모두 초평면 σ 상에서 겹쳐지게 된다. 만일 구멍의 배열에 어떠한 규칙적인 주기성도 없다면 σ 상의 임의의 점 P에 도달하는 파들의 상대적인 위상은 무질서하게 분포될 것이다. 그렇지만 여기에서는 예외적인 경우가 있으므로 주의해야 한다. 만일 P가 중심축 상에 놓여 있을 경우, 즉 $P = P_0$인 경우에는 각 구멍에서 중심축과 평행하게 나온 모든 광선이 동일한 광경로차를 가지고 점 P_0에 도달하게 된다. 따라서 모든 파는 위상이 동일하며 보강 간섭을 하게 된다.

이제 각 구멍에서 방출되어 (중심축 방향이 아닌) 임의의 방향으로 서로 평행하게 진행하는 광선군을 고려해 보자. 이 파들은 σ 상의 어떤 점에 모이게 될 것이며, 각 파의 위상은 동일한 확률로 0과 2π 사이의 임의의 값을 갖는다. 여기서는 임의의 상대적 위상을 가진 N개의 진폭이 같은 위상자(phasor)들이 중첩될 경우에 대한 합성파를 알고자 한다. 이 문제를 풀기 위해서는 확률 이론에 입각한 정교한 분석이 필요하므로 여기서 취급하기에는 너무 복잡하다.* 중요한 사실은 임의의 위상을 가진 많은 수의 위상자 합은 상식적인 예측과는 달리 0이 되지 않는다는 것이다. 통계적으로 많은 수의 서로 다른 회절 스크린을 가정함으로써 일반적인 분석을 시작해 보자. 각 스크린은 N개의 불규칙적으로 배열된 회절 구멍을 가지며 단색광에 의해 조명된다. 2개의 서로 다른 분포의 구멍(예: 구멍의 숫자 N = 100개)은 서로 다른 회절 무늬를 만드는 것이 당연하며(두 스크린은 결국 서로 다르기 때문에), N값이 작으면 이 차이는 보다 분명해진다. 그러나 많은 수의 스크린을 검토하면 회절 무늬 사이에 통계적인 유사성을 예측할 수 있게 되며 일반적인 분석이 가능해진다.

많은 스크린의 복사 조도 분포를 σ 위의 어떤 특정한 **비축상**(off-axis)의 점에 대해 평균을 취하면, 평균 복사 조도(I_{av})는 단일 구멍에 의한 복사 조도(I_0)의 N배와 같다. 즉 $I_{av} = NI_0$이 된다. 그러나 임의의 단일 구멍 스크린에 의한 임의의 점에서의 복사 조도는 N이 대단히 큰 값일지라도 이 평균값과 상당히 큰 차이를 보여 준다. 이와 같이 관찰점 사이의 요동(fluctuation)으로 인해 각 스크린에 해당하는 특정의 무늬는 섬유 다발의 단면과 같은 입상(granularity) 구조를 갖는다. 미립 반점의 분포가 많은 요동을 포함하더라도 작은 영역에 대하여 평균을 취하면 그 값은 NI_0가 된다.

물론 실제 실험의 결과는 지금까지 논의된 이상적인 경우와 다를 수 있다. 완전한 단색광이나 또는 엄밀하게 불규칙적(겹치지 않는)으로 배열된 회절 물체 같은 것은 존재하지 않기 때문이다. 그럼에도 불구하고 준단색성이며 거의 평면파인 입사 광선과 N개의 '불규칙적인' 구멍을 가진 스크린을 사용하면, 하나의 구멍이 만드는 무늬와 유사하고 선속 밀도는 N배 밝은 반점의 조도 분포를 볼 수 있다. 또한 중앙 축상에 밝은 점이 나타나며 그 선속 밀도는 단일 구멍의 경우보다 N^2배의 크기를 가진다. 예를 들어 N개의 직사각형 구멍을 포함한 스크린(그림 10.47a)이 만드는 회절 무늬 그림 10.47b는 정사각형 구멍의 프라운호퍼 회절 무늬 사진(10.2.4절 참조)과 유사하다. 마찬가지로 그림 10.47c에 그려진 원형 구멍의 배열은 그림 10.47d의 회절 고리를 만든다.

구멍의 수가 증가하면 중앙점의 밝기는 매우 강해져서 무늬의 다른 부분을 가리는 경향이 있다. 또한 위의 논의는 모든 구멍이 완전히 결맞게 조명될 경우에 적용된다는 사실에 유의하라. 실제로 회절 현상의 선속 밀도 분포는 결맞음의 정도에 따라 다르다(12장 참조). 완전 결어긋난 광원을 사용함으로써 간섭이 전혀 일어나지 않는 경우로부터 위에서 논의된 완전 결맞는 광원의 경우에 이르기까지 회절 무늬의 양상은 다양한 변화를 보여 준다(연습문제 10.67).

동일한 효과가 2차원 **위상 회절 격자**(phase grating)에서도 발생한다. 예를 들면 태양이나 달 주위에서 종종 볼 수 있는 후광(halo)이나 광환(corona)은 불규칙적으로 배열된 수증기 방울(즉 구름 입자)에 의한 회절의 결과이다. 만일 이 효과를 재현하고 싶다면, 현미경 슬라이드 표면을 활석으로 문질러 매우 얇은 분말 필름을 만들고 입김으로 불어 안개처럼 만든 후 슬라이드를 통해 백색 점광원을 관찰해 보라. 중심의 백색 원판 둘레에 동심원을 따라 채색된 고리 모양의 무늬[식 (10.56)]를 분명하게 볼 수 있을 것이다. 만일 흐릿한 백색 무늬만이 보인다면 분말의 크기가 비슷하지 않기 때문이다. 활석으로 다시 시도해 보라. 보통의 **망사** 나일론 스타킹을 사용하면 동심 고리군과 유사한 현저하게 아름다운 무늬를 볼 수 있다. 수은 가로등을 사용하면 수은 기체의 모든 가시 스펙트럼을 쉽게 볼 수 있다. (잘 보이지 않는다면 일부분만 남기고 수은등을 가려서 작은 광원을 얻도록 하라.) 나

*통계 이론에 의한 분석에 대하여는 J. M. Stone, *Radiation and Optics*, p. 146과 Sommerfeld, *Optics*, p. 194를 참조하라. 또한 R. B. Hoover, "Diffraction plates for classroom demonstrations," *Am. J. Phys.* **37**, 871 (1969)와 T. A. Wiggins, "Hole grating for optics experiments," *Am. J. Phys.* **53**, 227 (1985)를 보라.

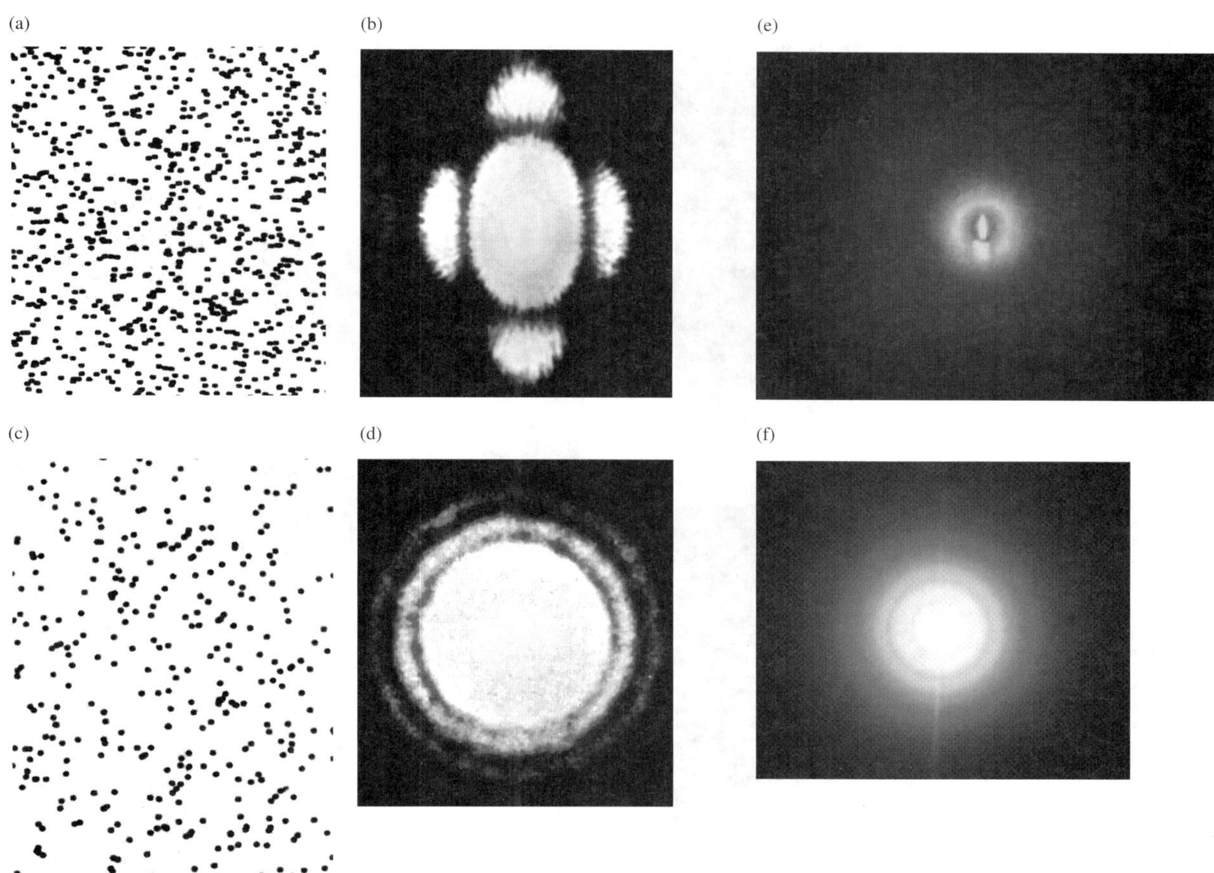

그림 10.47 (a) 직사각형 구멍의 불규칙적인 배열. (b) 백색광에 의해 형성된 프라운호퍼 무늬. (c) 원형 구멍의 불규칙적인 배열. (d) 백색광에 의해 형성된 프라운호퍼 무늬 (a-d: Richard B. Hoover, Ealing Electro-Optics, Inc.) (e) 흐릿한 유리조각을 통해서 본 촛불. 스펙트럼색은 동심 고리로 나타난다. (E.H.) (f) 투명한 구형 석송속 포자(lycopodium spore)가 덮여 있는 유리판을 통해서 백색 점광원을 볼 때 생성된 유사한 색깔이 있는 동심 고리계. (E.H.)

일론을 겹쳐서 여러 겹이 되면 대칭성이 증가한다는 것에 유의하라. 이 사실이 격자를 발명한 리텐하우스(Rittenhouse)가 이 문제에 흥미를 갖게 된 이유이다. 그는 실크로 된 손수건을 사용하였다.

규칙적인 2차원 배열(그림 10.48)의 회절 요소에 평면파가 수직으로 입사하는 경우를 고려해 보자. 각 요소는 결맞는 광원으로 작용하며, 빛을 방출하는 격자의 규칙적인 주기성 때문에 출사파들은 서로 일정한 위상차를 갖는다. 각 회절 요소에서 나온 파가 동일한 위상으로 도달하는 특정의 점 P에서 보강 간섭이 일어나는 것은 분명하다. 이 현상은 (나일론 커튼의 천과 같은) **얇은 평직**(square woven)천 또는 차(tea) 여과기의 세밀한 금속망을 통해 점광원을 볼 때 회절 무늬를 관찰할 수 있다(그림 10.48e 참조). 회절 무늬는 직각으로 교차된 2개의 격자 무늬를 중첩한 효과를 보여 준다. 주의 깊게 무늬의 중앙을 관찰하고 격자 모양의 구조를 확인해 보라.

3차원 격자의 가능성을 검토하는 데에는 특별히 어려운 개념이 필요하지 않다. 산란 중심의 규칙적인 공간 배열은 특정 방향에서 틀림없이 최대의 간섭 효과를 만들 것이다. 1912년에 라우에(Max von Laue, 1879~1960)는 결정 내부에 규칙적으로 배치된 원자를 3차원 격자로 사용할 수 있다는 기발한 착상을 하였다. 회절 격자 방정식[식 (10.61)]으로부터 λ가 격자 간의 간격보다 크면 0번째 차수($m = 0$)만이 가능하게 된다. 이 경우에 $\theta_0 = \theta_i$이며, 즉 거울 반사이다. 결정을 구성하는 원자 사이의 간격은 일반적으로 수 Å(1Å $= 10^{-1}$nm)이므로 빛의 회절은 0번째 차수에서만 가능하다.

이 문제를 연구할 때 라우에는 빛 대신에 원자 간의 거리와 비슷한 파장을 가진 X-선을 사용해서 격자를 분석하였다(그림 10.49a). 백색(X-선 발생 장치에서 방출된 넓고 연속적인 스펙트럼)의 가는 복사 빔을 얇은 단결정에 입사시키면 정밀하게 위치된 점의 배열로 이루어진 프라운호퍼 무늬를 사진건판에 얻을 수 있다(그림 10.49b). 보강 간섭은 격자 내부의 서로 평행한 여러 층의 원자면과 입사 빔이 이루는 각도가 브래그의 법칙(Bragg's law)인

$$2d\sin\theta = m\lambda \tag{10.71}$$

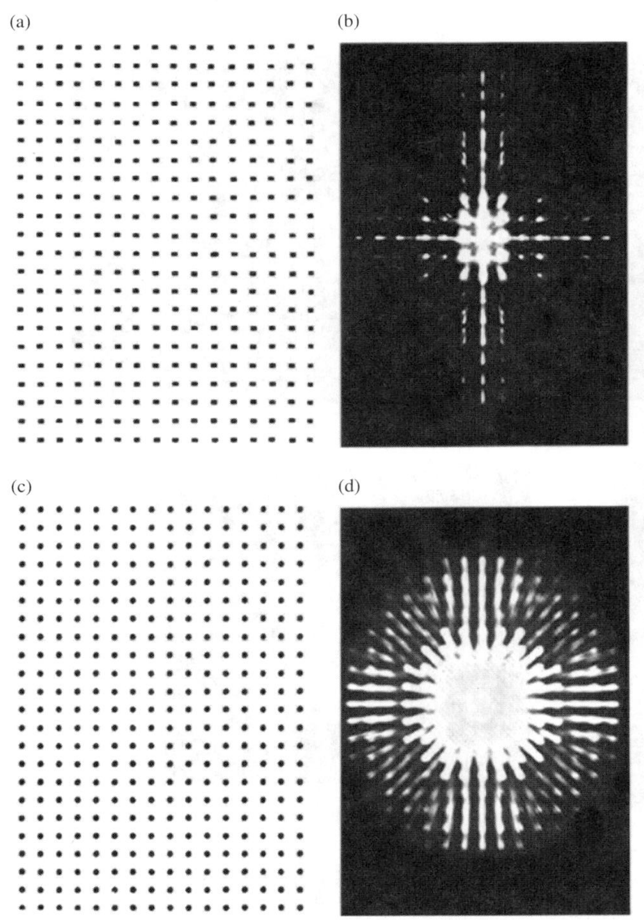

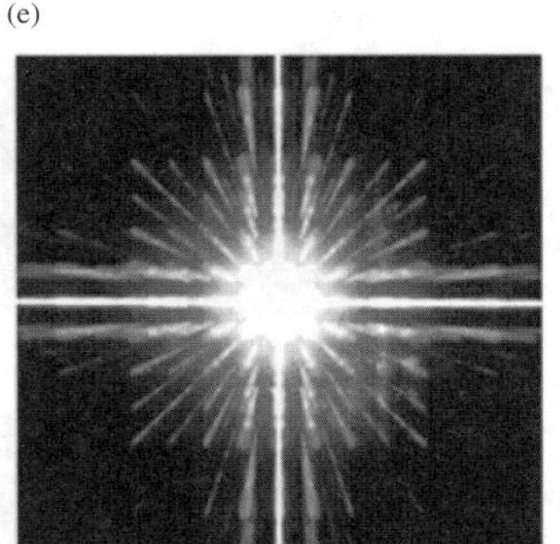

그림 10.48 (a) 직사각형 구멍들의 규칙적인 배열. (b) 백색광에 의해 생기는 프라운호퍼 무늬. (c) 원형 구멍들의 규칙적인 배열. (d) 백색광에 의해 생기는 프라운호퍼 무늬 (a-d: Richard B. Hoover, Ealing Electro-Optics, Inc.). (e) 촘촘히 짠 천 조각을 통해 본 백색 점광원 (E.H.)

를 만족시키는 모든 방향에서 일어난다. X-선을 사용하는 실험에서는 관례적으로 θ는 법선과 이루는 각도가 아니라 평면과 이루는 각도라는 사실에 주의하라. 각 평면군은 각 파장을 특정 방향으로 회절시킨다. 이와 유사한 현상을 잔물결통에서도 볼 수 있다는 사실이 사진에 나타나 있다.

파장 λ를 X-선 영역까지 줄이는 대신에, 다른 모든 것을 대략 10억 배 크게 하면 마이크로파에 대한 격자로서 금속구 격자를 사용할 수 있다.

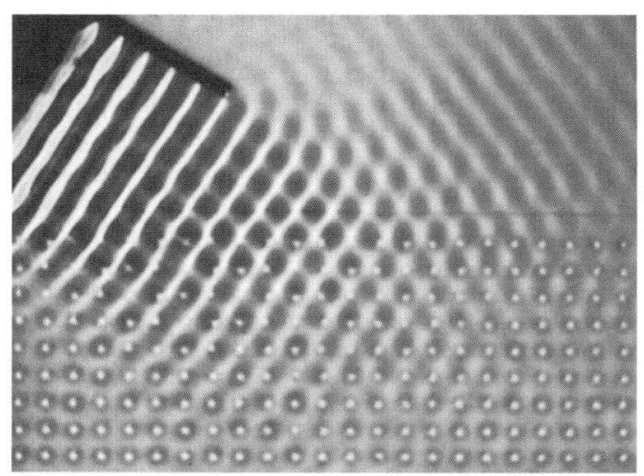

점 산란 물체의 역할을 하는 막대 못의 배열에 의해 반사되는 잔물결통의 수면파. (PSSC *Physics*, D. C. Heath, Boston, 1960. Cengage Learning)

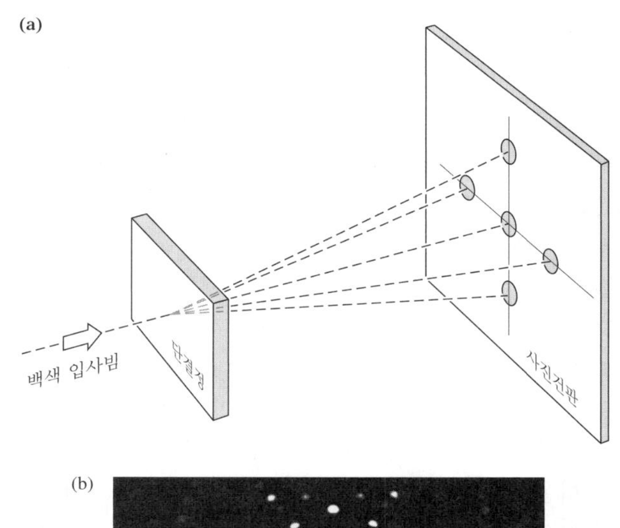

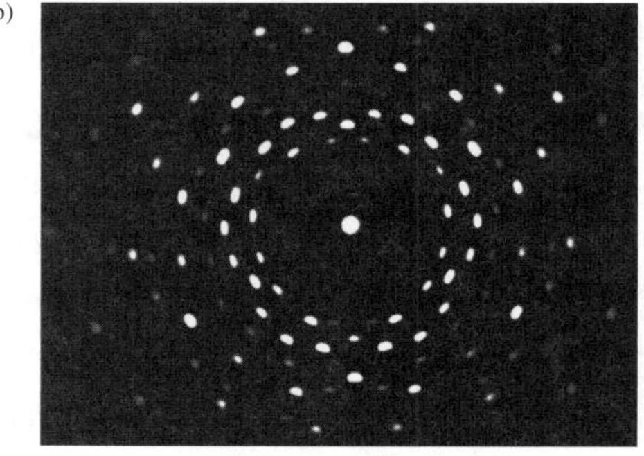

그림 10.49 (a) 투과 라우에 무늬. (b) 수정(SiO_2)의 X-선 회절 무늬. (E.H.)

10.3 프레넬 회절

10.3.1 구면파의 자유 전파

프라운호퍼 회절을 구성하고 있는 구멍이나 물체는 비교적 작고 관찰점은 매우 멀다. 이런 상황에서는 하위헌스–프레넬 원리에서 문제의 소지가 있는 몇몇 부분을 그대로 무시할 수 있다. 그러나 이제는 회절 소자 자체에까지 접근하는 근접장(near-field) 영역을 다루기 때문에 프라운호퍼 회절의 근사는 전혀 부적절하다. 그러므로 하위헌스–프레넬 원리를 자세히 검토해 보도록 한다. 1차 파면 위의 모든 점이 매 순간 2차 구면 가지 파동을 연속적으로 방출하는 것으로 생각할 수 있다. 만일 모든 2차 가지 파동이 모든 방향으로 균일하게 방출된다면 원래 방향으로 진행하는 파뿐만 아니라 파원 쪽으로 거꾸로 진행하는 파가 있게 된다. 그러나 그런 파는 존재하지 않으므로 2차 파원의 복사 형태를 어떻게든지 수정해야 한다. 2차 방출의 방향성을 기술하기 위하여 이제 **경사 인자(obliquity factor, 또는 inclination factor)**로 알려진 함수 $K(\theta)$를 도입하자. 프레넬은 이와 같은 양이 필요하다는 것을 인식하였으나 그 형태에 관해서는 추측 정도만 했을 뿐이다.* 10.4절에 있는 바와 같이 실제의 $K(\theta)$는

*이 문제에 대해 프레넬 자신의 표현을 살펴보는 것은 흥미로운 일이다. 그런데 그는 빛을 에테르의 탄성 진동으로 인식하고 있었다는 것을 염두에 두어야 한다.

1차파의 모든 부분에 전달된 충격은 수직 방향이므로 각각의 2차파가 에테르에 가하는 운동은 다른 방향에 비해서 이 방향으로 더 강할 것이다. 그로부터 나오는 광선은 이 방향으로부터 벗어남에 따라 더욱 약할 것이다.

그들의 세기에 대한 법칙을 연구하는 것은 틀림없이 매우 어려운 일이다.... (출처: Augustine. Jean Fresnel, 1788~1827)

$$K(\theta) = \tfrac{1}{2}(1 + \cos\theta) \tag{10.72}$$

로 주어진다는 것은 분석적인 키르히호프(Kirchhoff) 이론에 의해 밝혀졌다. 그림 10.50에서 θ는 1차 파면에 수직한 벡터 $\vec{\mathbf{k}}$와 이루는 각이다. 경사 인자는 정면 방향으로 최댓값인 $K(0) = 1$을 가진다. 또한 $K(\pi) = 0$이므로 거꾸로 진행하는 파는 존재하지 않는다.

이제 **점광원** S로부터 발생하는 단색 구면파의 자유 전파(free propagation)를 고려해 보자. 만일 하위헌스–프레넬 원리가 옳다면 점 P에 도달하는 2차파를 합성함으로써 자유 전파된 파를 얻을 수 있다. 이런 과정에서 통찰력을 얻고 결점을 파악하고 매우 유용한 기법을 개발할 수 있다. 그림 10.51에 있는 상황을 살펴보자. 여기서 구면은 임의의 시간 t'에서의 1차 파면이며, 이는 $t = 0$일 때 S에서 발생된 것이다. 반지름 ρ를 가진 교란은 구면 조화파로서

$$E = \frac{\mathcal{E}_0}{\rho}\cos(\omega t' - k\rho) \tag{10.73}$$

와 같이 수학적으로 나타낼 수 있다. 그림에서와 같이 파면을 고리 모양의 영역으로 분할하자. 이 영역들의 경계는 P를 중심으로 하고 반지름이 $r_0 + \lambda/2$, $r_0 + \lambda$, $r_0 + 3\lambda/2$ 등으로 주어지는 일련의 구와 파면이 만나는 곳이다. 이들을 프레넬 **원형띠(Fresnel zone)** 또는 **반주기 원형띠(half-period zone)**라고 한다. 하나의 원형띠에 있는 2차 점광원에 대하여 P로부터 $\lambda/2$ 만큼 떨어진 이웃하는 원형띠에 점광원이 있음을 주목하기 바란다. 각 띠는 작기는 하지만 유한한 크기를 가지므로 그림 10.52에서와 같이 고리 모양의 미소 면적 요소 dS를 정의하자. dS 내부의 모든 점광원은 결맞으며, **식 (10.73)의 1차파와 같은 위상으로 복사한다고 가정한다.** 시

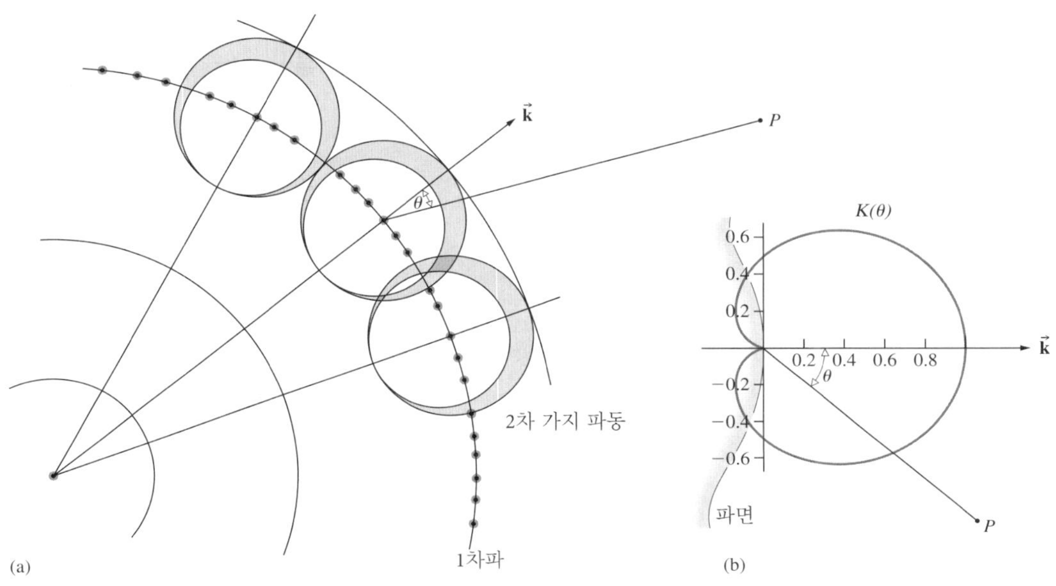

그림 10.50 (a) 2차 가지 파동들. (b) 경사 인자 $K(\theta)$.

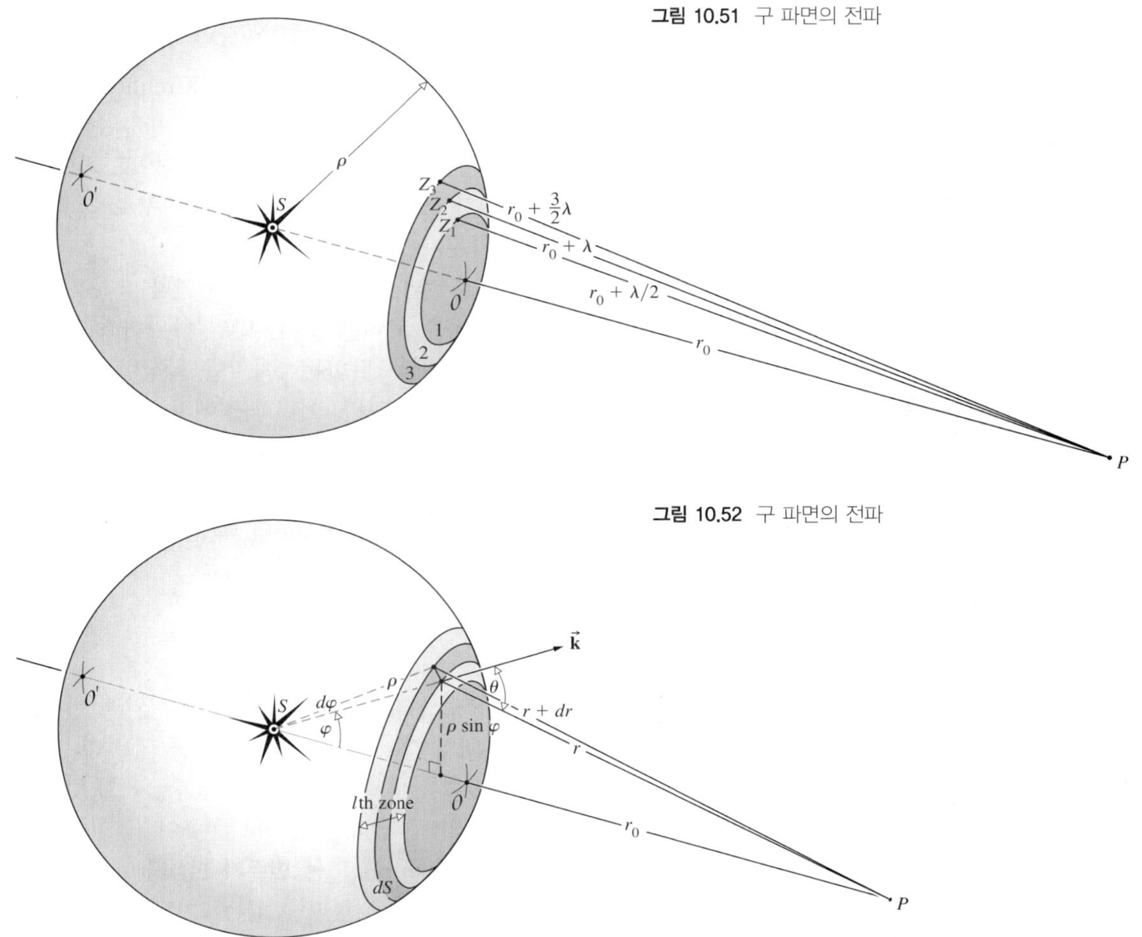

그림 10.51 구 파면의 전파

그림 10.52 구 파면의 전파

간 t에서 2차파는 거리 r만큼 떨어진 점 P에 도달하는데 모두 같은 위상 $\omega t - k(\rho + r)$을 갖는다. S로부터 ρ 만큼 떨어진 1차파의 진폭은 ε_0/ρ이다. 따라서 dS 위에 있는 2차 점광원들의 단위 면적당 광원 강도 ε_A가 비례 상수 Q를 가지고 ε_0/ρ에 비례한다고, 즉 $\varepsilon_A = Q\varepsilon_0/\rho$라고 가정한다. 따라서 dS 위의 2차 점광원이 P에 미치는 광학 교란은

$$dE = K\frac{\mathcal{E}_A}{r}\cos[\omega t - k(\rho + r)]\,dS \tag{10.74}$$

로 주어진다. 경사 인자(K)는 느리게 변화하므로 단일 프레넬 띠 위에서는 일정하다고 가정할 수 있다. dS를 r의 함수로 나타내기 위하여 우선

$$dS = \rho\,d\varphi\,2\pi(\rho\sin\varphi)$$

에서 시작한다. 코사인(cosine) 법칙에 의하여

$$r^2 = \rho^2 + (\rho + r_0)^2 - 2\rho(\rho + r_0)\cos\varphi$$

으로 주어지는데, ρ와 r_0은 상수로 하고 이를 미분하면

$$2r\,dr = 2\rho(\rho + r_0)\sin\varphi\,d\varphi$$

를 얻는다. 여기서 $d\varphi$의 값을 이용하면 dS는

$$dS = 2\pi\frac{\rho}{(\rho + r_0)}r\,dr \tag{10.75}$$

와 같이 구할 수 있다. l번째 띠로부터 P에 도달하는 광학 교란은

$$E_l = K_l 2\pi\frac{\mathcal{E}_A\rho}{(\rho + r_0)}\int_{r_{l-1}}^{r_l}\cos[\omega t - k(\rho + r)]\,dr$$

이다. 따라서

$$E_l = \frac{-K_l\mathcal{E}_A\rho\lambda}{(\rho + r_0)}[\sin(\omega t - k\rho - kr)]_{r=r_{l-1}}^{r=r_l}$$

이다. $r_{l-1} = r_0 + (l - 1)\lambda/2$와 $r_l = r_0 + l\lambda/2$를 사용하면 위 식은

$$E_l = (-1)^{l+1}\frac{2K_l\mathcal{E}_A\rho\lambda}{(\rho + r_0)}\sin[\omega t - k(\rho + r_0)] \tag{10.76}$$

이 된다(연습문제 10.69). l이 홀수 또는 짝수이면 E_l의 진폭은 양(+) 또는 음(−)의 값을 갖게 됨을 유의하기 바란다. 이 것은 이웃하는 띠의 위상이 서로 반대여서 서로 상쇄되는 경향이 있음을 의미한다. 여기에서 경사 인자가 결정적인 차이를 주게 된다. l이 커지면 θ는 증가하고 K는 감소하므로 이러한 영향이 실제로 완전히 상쇄되지는 않는다. E_l/K_l이 위치에 무관하다는 것을 유의하기 바란다. 각 띠의 면적은 거의 같기는 하지만, l의 증가에 따라 약간씩 증가하므로 더 많은 광원을 갖게 된다. 그러나 각 띠로부터 P까지의 평균 거리도 증가하므로 E_l/K_l은 일정하다(연습문제 10.70 참조).

P에서 m개의 띠들에 의한 교란의 합은

$$E = E_1 + E_2 + E_3 + \cdots + E_m$$

이고, 각 항의 부호가 엇갈리므로

$$E = |E_1| - |E_2| + |E_3| - \cdots \pm |E_m| \tag{10.77}$$

로 쓸 수 있다. 만일 m이 홀수이면 이 급수는

$$E = \frac{|E_1|}{2} + \left(\frac{|E_1|}{2} - |E_2| + \frac{|E_3|}{2}\right) + \left(\frac{|E_3|}{2} - |E_4| + \frac{|E_5|}{2}\right) + \cdots + \left(\frac{|E_{m-2}|}{2} - |E_{m-1}| + \frac{|E_m|}{2}\right) + \frac{|E_m|}{2} \tag{10.78}$$

또는

$$E = |E_1| - \frac{|E_2|}{2} - \left(\frac{|E_2|}{2} - |E_3| + \frac{|E_4|}{2}\right) - \left(\frac{|E_4|}{2} - |E_5| + \frac{|E_6|}{2}\right) + \cdots + \left(\frac{|E_{m-3}|}{2} - |E_{m-2}| + \frac{|E_{m-1}|}{2}\right) - \frac{|E_{m-1}|}{2} + |E_m| \tag{10.79}$$

와 같이 두 가지 모양으로 재구성할 수 있다. 이제 $|E_l|$이 이웃하는 $|E_{l-1}|$과 $|E_{l+1}|$의 산술 평균보다 크거나 작은 두 가지 가능성이 있다. 이는 사실상 $K(\theta)$의 변화율에 의해 결정된다. 만일

$$|E_l| > (|E_{l-1}| + |E_{l+1}|)/2$$

이면 괄호로 묶인 모든 항은 음(−)이 된다. 따라서 식 (10.78)에 의하여

$$E < \frac{|E_1|}{2} + \frac{|E_m|}{2} \tag{10.80}$$

이고, 식 (10.79)에 의하여

$$E > |E_1| - \frac{|E_2|}{2} - \frac{|E_{m-1}|}{2} + |E_m| \tag{10.81}$$

인 것이다. 경사 인자는 많은 띠들에서 1에서 0으로 변화하므로 이웃하는 띠에서의 변화는 무시할 수 있어서 $|E_1| \approx |E_2|$이고 $|E_{m-1}| \approx |E_m|$이다. 이 정도의 근사를 사용하면 식 (10.81)은

$$E > \frac{|E_1|}{2} + \frac{|E_m|}{2} \tag{10.82}$$

가 된다. 따라서 식 (10.80)과 식 (10.82)에 의하여

$$E \approx \frac{|E_1|}{2} + \frac{|E_m|}{2} \tag{10.83}$$

라고 결론 내릴 수 있다. 한편

$$|E_l| < (|E_{l-1}| + |E_{l+1}|)/2$$

인 경우에도 동일한 결과를 얻게 된다. 식 (10.77)의 마지막 항 $|E_m|$의 m이 짝수이면 같은 방법에 의하여

$$E \approx \frac{|E_1|}{2} - \frac{|E_m|}{2} \tag{10.84}$$

가 된다(연습문제 10.71). 프레넬은 영향을 미치는 최후의 띠가 $\theta = 90°$에 있다고, 즉 경사 인자는

$$K(\theta) = 0, \quad \pi/2 \le |\theta| \le \pi$$

으로 주어진다고 추측했다. 그렇다면 $K_m(\pi/2) = 0$이고 $|E_m|$이 0이 되므로 식 (10.83) 및 식 (10.84)는

$$E \approx \frac{|E_1|}{2} \tag{10.85}$$

가 된다. 한편 키르히호프의 정확한 경사 인자를 사용해서 **전체** 구면파를 구분하는데, 이때 마지막 또는 m번째 띠에 O'이 포함되도록 한다. 이제 θ는 π가 되므로 $K_m(\pi) = 0$이고 $|E_m| = 0$이므로 다시 $E \approx |E_1|/2$이 된다. **자유 전파된 전체 파면에 의한 광학 교란은 근사적으로 첫째 띠에 의한 영향의 절반이다.**

1차파가 시간 t 동안 S로부터 P까지 단순히 전파한다면

$$E = \frac{\mathcal{E}_0}{(\rho + r_0)} \cos[\omega t - k(\rho + r_0)] \tag{10.86}$$

과 같이 주어진다. 한편 2차파로부터 합성된 광학 교란은 식 (10.76)과 식 (10.85)에 의하여

$$E = \frac{K_1 \mathcal{E}_A \rho \lambda}{(\rho + r_0)} \sin[\omega t - k(\rho + r_0)] \tag{10.87}$$

이다. 이 두 식은 동일해야 하지만 식 (10.87)의 상수가 결정되는데 있어서 약간의 임의성이 있다. 여기서는 정면 방향의 경사인자를 1로, 즉 $K_1 = 1(1/\lambda$ 대신)로 한다. 따라서 Q는

$1/\lambda$이 되고, $\mathcal{E}_A\rho\lambda = \mathcal{E}_0$이 된다. $\mathcal{E}_A$는 반지름 ρ인 1차 파면에서의 단위 면적당 2차파 광원 강도이고, $\mathcal{E}_0/\rho$는 1차파 $E_0(\rho)$의 진폭이므로 $\mathcal{E}_A = E_0(\rho)/\lambda$인 것이다. 다른 하나의 문제가 있는데, 이는 식 (10.86)과 식 (10.87) 사이에 $\pi/2$의 위상차가 있다는 것이다. 이것은 2차 광원이 1차파와 $\lambda/4$의 위상차를 갖고 복사한다고 가정하면 설명될 수 있다(4.2.3절 참조).

하위헌스-프레넬 원리에서 처음에 서술된 내용은 수정해야 하지만, 실용적인 두 가지 이유로 인하여 이 원리는 유용하게 사용된다. 첫째로 하위헌스-프레넬 원리가 키르히호프 공식의 근사임을 증명할 수 있으므로 더 이상 고안 정도가 아니라는 것이다. 둘째로 실험적 관찰과 잘 일치하는 수많은 예측을 비교적 간단히 할 수 있다. 이 원리는 프라운호퍼 근사에서 잘 들어맞았음을 잊지 말기 바란다.

10.3.2 진동 곡선

이제 원대칭인 경우에 주로 나타나는 여러 회절 문제를 정성적으로 분석할 수 있는 그래프 법을 공부하자.

그림 10.51에서 첫째(또는 극에 있는) 프레넬 띠를 반지름이

$$r_0 + \lambda/2N, r_0 + \lambda/N, r_0 + 3\lambda/2N, \ldots, r_0 + \lambda/2$$

이고 P를 중심으로 한 구와 교차하는 N개의 작은 띠(subzone)로 분할한다고 생각해 보자. 각각의 작은 띠는 P의 광학 교란에 영향을 미치는데, 이들의 합성은 물론 E_1이다. O로부터 그 가장자리까지 전체 띠에 걸친 위상차는 π 라디안($\lambda/2$에 상당)이므로 각 작은 띠는 π/N 라디안의 위상 변화를 갖는다. 그림 10.53은 $N = 10$인 경우에 작은 띠 위상자들의 벡터 합을 보여 준다. 위상자들의 사슬은 원으로부터 조금 벗어나는데, 이는 각각의 잇따른 진폭의 경사 인자에 의해 줄어들기 때문이다. 작은 띠의 수가 무한히 증가할 때(즉 $N \to \infty$) 벡터로 된 다각형은 **진동 곡선**이라고 하는 매끈한 나선(spiral)의 일부분으로 변하게 된다. 각각의 프레넬 작은 띠에 대하여 진동 곡선은 안쪽으로 **반 바퀴**를 회전하고, 그에 따라 위상이 π 만큼 바뀐다. 그림 10.54에서 나선 위의 점 O_s, Z_{s1}, Z_{s2}, Z_{s3}, …, O_s'은 그림 10.51의 파면 위의 점 O, Z_1, Z_2, Z_3, …, O'에 대응한다. 점 Z_1, Z_2, …, Z_m은 띠 경계에 있으므로 Z_{s1}, Z_{s2}, …, Z_{sm} 등의 점은 각각 반 바퀴씩 떨어져 있다. 나중에 식 (10.91)에서 알 수 있듯이 각 띠의 반지름은 띠의 번호 m의 제곱근에 비례한다. 100번째 띠의 반지름은 첫째 띠에 비해 10배일뿐이다. 그러므로 각 θ는 처음에는 빨리 증가하지만 m이 커짐에 따라 느리게 증가한다. 따라서 $K(\theta)$는 처음 몇몇 띠에 대해서만 급격히 감소한다. 그 결과로 m의 증가에 따라 나선이 회전할 때 점점 촘촘해지고 원에 더욱 가까워지게 된다.

나선은 위상각의 차이가 매우 작은 무한히 많은 수의 위상자로 구성되어 있다는 것을 염두에 두길 바란다. 파면 위의 임의의 두 점, 예를 들어 그림 10.55의 O와 A로부터 P에 미치는 광학 교란 사이의 위상차는 그림과 같이 나타낼 수 있다. 점 O_s 와 A_s에서 진동 곡선의 접선들 사이의 각 β가 위상차이다. 점 A가 파면 위의 진하게 표시된 영역의 경계에 있다면 이 전체 영역에 의하여 P에 미치는 합성 진폭은 각도 δ에서 $\overrightarrow{O_sA_s}$가 된다.

자유 전파되어 P에 도달하는 총 교란은 O와 O' 사이의 모든 띠에 의한 기여의 합이다. 따라서 O_s와 O_s'를 잇는 벡터가 바로 그 진폭이다. 예상한 대로 진폭 O_sO_s'은 첫째 띠에 의한

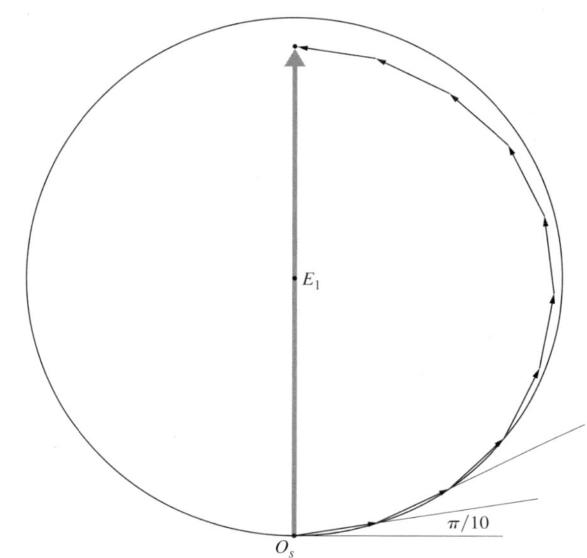

그림 10.53 위상자 더하기

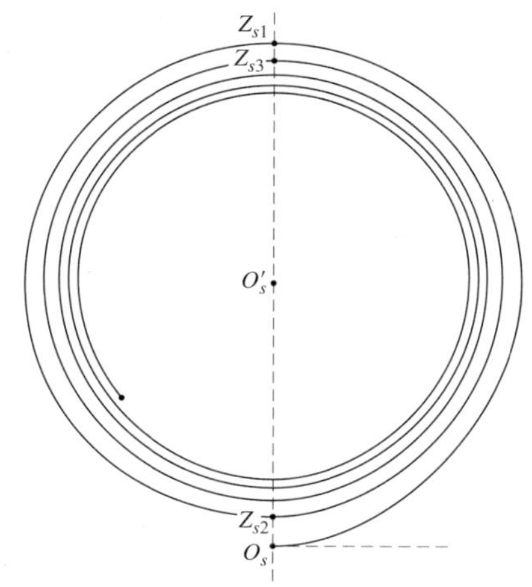

그림 10.54 점상 겹치기

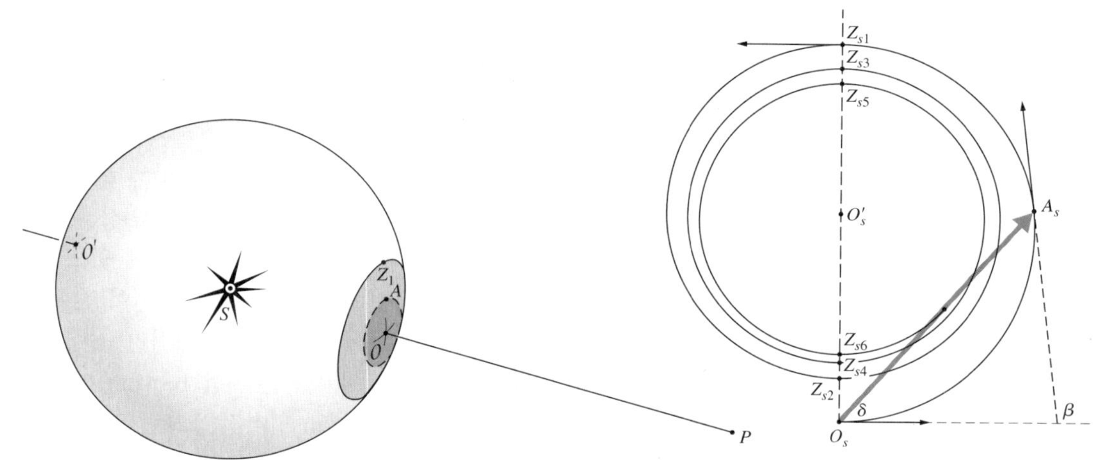

그림 10.55 파면과 그에 대응하는 진동 곡선

기여, 즉 O_sZ_{s1}의 약 절반이다. $\overrightarrow{O_sO_s'}$는 O에서 P에 도달하는 파에 의해 90°의 위상차를 갖는다는 것에 유의하기 바란다. 1차파와 같은 위상으로 O에서 방출된 2차파는 1차파와 역시 같은 위상으로 P에 도달한다. 이것은 $\overrightarrow{O_sO_s'}$이 자유 전파된 1차파와 90°의 위상차를 갖는다는 것을 의미한다. 앞에서 본 바대로 이것이 프레넬 이론의 단점 중 하나이다.

10.3.3 원형 구멍

구면파

점광원에 대한 프레넬 방법은 원형 구멍에 의한 회절을 어느 정도 정량적으로 적용될 수 있다. 그림 10.56과 같이 작은 구멍을 가진 스크린에 입사하는 단색 구면파를 생각해 보자. 우선 대칭축 위의 점 P에 있는 매우 작은 센서에 도달하는 복사 조도를 기록한다. 센서의 위치를 변화시키면서 Σ 뒤의 영역에서 복사 조도를 위치에 따라 구하고자 한다.

점 P에 있는 센서가 구멍을 채우는 m개의 띠를 보게 된다고 가정하자. 실제로는 센서가 단지 P에서의 복사 조도를 기록할 뿐이고 띠들이 실제로 있는 것은 아니다. 만일 m이 짝수이면 $K_m \neq 0$이므로

$$E = (|E_1| - |E_2|) + (|E_3| - |E_4|) + \cdots + (|E_{m-1}| - |E_m|)$$

이다. 각각의 이웃하는 항들이 거의 같으므로

$$E \approx 0$$

이고 $I \approx 0$이다. 한편 m이 홀수이면

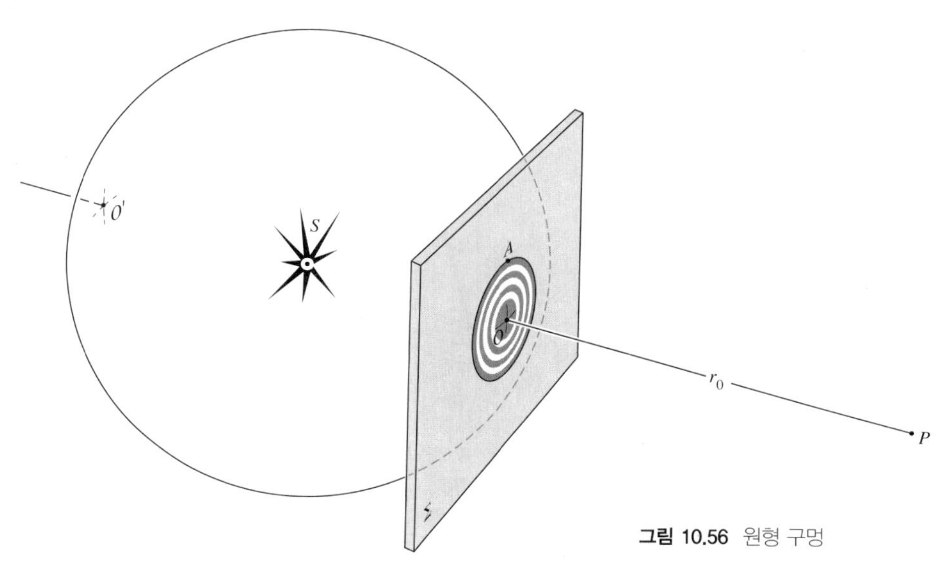

그림 10.56 원형 구멍

$$E = |E_1| - (|E_2| - |E_3|)$$
$$- (|E_4| - |E_5|) - \cdots - (|E_{m-1}| - |E_m|)$$

이고

$$E \approx |E_1|$$

이며, 이는 자유 전파된 파동 진폭의 약 2배이다. 이것은 참으로 놀라운 결과인데 파동의 진로에 스크린을 놓아 대부분의 파면을 가로막음으로써 점 P에서의 복사 조도가 4배 증가하는 것이다. 물론 에너지 보존 법칙에 의해 복사 조도가 감소하는 점들이 있어야 한다. 이 장치의 완벽한 대칭성에 의해 원고리 무늬를 예측할 수 있다. 만일 m이 정수가 아니라면, 즉 띠의 일부분이 구멍을 채운다면, P에서의 복사 조도는 0과 최댓값 사이의 값을 가질 것이다.

이러한 사실은 구멍의 크기가 0으로부터 서서히 증가한다고 상상해 보면 보다 분명히 알 수 있다. P에서의 진폭은 진동 곡선으로 결정할 수 있는데, 여기서 A는 구멍의 가장자리에 있는 임의의 점이다. 위상자 크기 O_sA_s가 구하고자 하는 광파의 진폭이다. 그림 10.57로 되돌아가 보면 구멍이 커질 때 A_s는 Z_{s1}, 즉 최댓값을 향해 나선 주위를 반시계 방향으로 움직인다. 두 번째 띠가 첨가되면 O_sA_s는 거의 0인 O_sZ_{s2}로 줄어들고 P는 어두운 점이 된다. 구멍이 커짐에 따라 O_sA_s는 그 길이가 거의 0과 연속적인 여러 개의 최댓값 사이를 진동하는데, 이 최댓값 자체는 점점 감소한다. 마지막으로 구멍이 상당히 클 때는 파가 본질적으로 자유 전파되므로 A_s는 O_s'에 접근하고 O_sA_s의 더 이상의 변화는 인식하기가 매우 어렵게 된다.

그림 10.58과 같이 광축에 수직한 임의의 직선을 따라 센서를 이동시킴으로써 나머지 무늬를 구할 수 있다. P에서 2개의 띠가 구멍을 채우고 $E \approx 0$라고 가정한다. P_1에서는 두 번째 띠가 부분적으로 가려지고 세 번째 띠가 보이기 시작한다. E는 더 이상 0이 아니다. P_2에서는 두 번째 띠의 상당한 부분이 가려지는 반면에 세 번째 띠가 더 분명히 보인다. 첫 번째와 세 번째에 의한 기여는 같은 위상을 가지므로 센서가 P_2를 지나고 점선으로 나타낸 원 위에 있으면 밝은 점을 기록하게 된다. 센서가 광축으로부터 멀어짐에 따라 잇따른 띠들의 부분이 보이고 일련의 상대적인 최대, 최솟값을 기록하게 된다. 뒤쪽의 사진은 지름 1~4mm까지의 여러 구멍에 의한 회절 무늬를 1m 떨어진 스크린 위에서 기록한 것을 보여 준다. 왼쪽 위에서 오른쪽으로 처음 4개의 구멍은 아주 작아서 단지 첫째 띠의 일부분만이 보인다. 여섯 번째 구멍에서 첫 번째와 두 번째 띠가 드러나므로 회절 무늬의 중앙이 어둡게 된다. 아홉 번째 구멍에 있어서는 처음 3개의 띠가 드러나서 중앙부가 다시 밝게 된다. 그림 10.58에서 기하광학적 그림자 약간 안쪽에 있는 P_3에서 첫 번째 띠가 부분적으로 드러나는 것을 유의하기 바란다. 기여하는 마지막 두세 조각은 각각의 띠의 작은 부분일 뿐이므로 무시할 수 있다. 띠의 일부분에 의한 진폭은 전부 합하면 작기는 하지만 유한하다. 그러나 그림자 안쪽으로 더 들어가면 첫 번째 띠가 전부 가려지고 마지막 항은 무시할 수 있으므로 합이 0에 가까워지고 어둡게 된다.

여기서 취급하는 것들의 크기에 대한 실제적인 감각을 얻기 위해서 주어진 구멍에 대한 띠의 수를 계산해 보자. 연습문제 10.70에서 다루는 바와 같이 각 띠의 면적은

$$A \approx \frac{\rho}{(\rho + r_0)} \pi r_0 \lambda \tag{10.88}$$

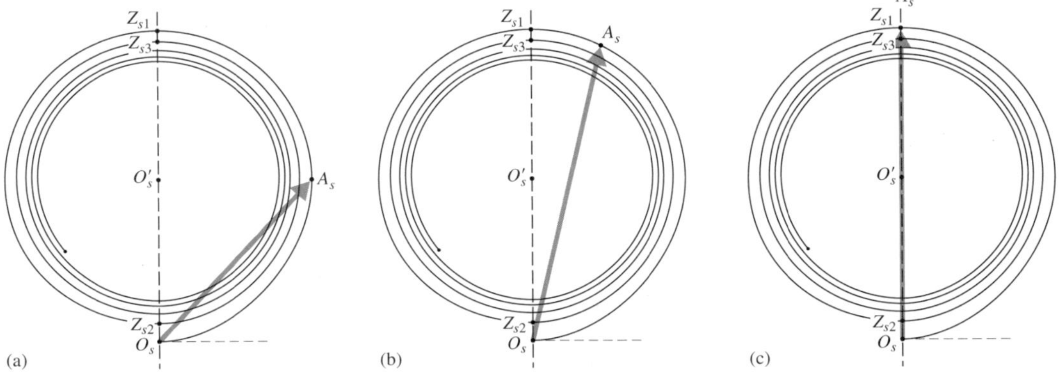

그림 10.57 불투명한 스크린에 있는 원형 구멍에 대한 진동 곡선. 점 A는 진동 나선 위의 점으로 구멍 모서리에 놓여 있다. A_s는 진동 나선 위의 점이다. (a) 이 구멍은 작고, 첫 번째 프레넬 띠의 약 절반만이 구멍 안에 나타난다. 위상자의 길이 $\overrightarrow{O_sA_s}$는 작고 전기장 진폭에 해당한다. (b) 구멍이 커지면 $\overrightarrow{O_sA_s}$이 커진다. 이때 첫 번째 띠의 약 3/4을 에워싼다. (c) 이 경우 첫 번째 띠 전체가 구멍과 맞게 된다. 위상자 $\overrightarrow{O_sA_s}$는 축상 전기장과 마찬가지로 최댓값을 갖는다. 구멍을 크게 하면 위상자와 축상 복사 조도가 감소한다.

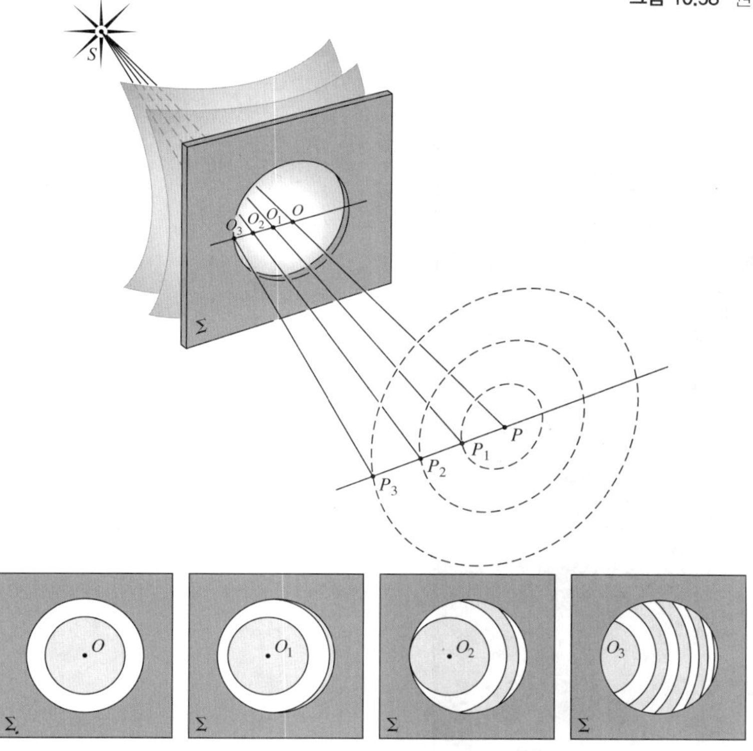

그림 10.58 원형 구멍에서의 띠

로 주어진다. 프레넬 띠들의 반지름이 증가할 때 각 띠의 면적은 매우 조금씩 넓어지지만 기본적으로는 같다.

구멍의 반지름이 R이면 그 안의 띠의 수(N_F)는 단순히

$$N_F = \frac{\pi R^2}{A} = \frac{(\rho + r_0)R^2}{\rho r_0 \lambda} \tag{10.89}$$

로 잘 근사할 수 있고, 이것을 **프레넬 수**(Fresnel number)라고 한다. 예를 들어 구멍에서 1 m 뒤에 $\lambda = 500\,\text{nm}$의 점광원이 있고($\rho \approx 1\,\text{m}$) 1 m 앞에 스크린이 있을 때($r_0 = 1\,\text{m}$), $R = 1\,\text{mm}$라면 4개의 띠가 있고 $R = 1\,\text{cm}$라면 400개의 띠가 있을 것이다. ρ와 r_0가 동시에 증가하여 가운데 띠의 극히 일부분만 구멍에 나타난다면 $N_F << 1$이고 프라운호퍼 회절이 된다. 이것은 본질적으로 10.1.2절의 프라운호퍼 조건을 달리 표현했을 뿐이다. 연습문제 10.1도 참고하기 바란다. $N_F \geq 1$이면 프레넬 회절이 된다.

식 (10.89)에 의하면 구멍을 채우는 띠의 수는 P로부터 O까지의 거리인 r_0에 따라 달라진다. P가 광축을 따라 어느 방향이로든지 이동할 때 가로막히지 않는 띠의 수는 증가 또는 감소하며 반복적으로 홀수와 짝수가 된다. 그 결과로서 복사조도는 일련의 최대와 최솟값을 갖게 된다. 이러한 현상은 프라운호퍼 회절에서는 일어나지 않는데, 이는 정의에 따라 구멍에 단일 띠의 일부만이 나타나기 때문이다.*

그림 10.59는 지름이 D로 일정한 원형 구멍에 대한 축상 복사 조도로 프라운호퍼 조도의 최댓값이 1이 되도록 규격화하였다. 축상의 관찰점 P가 아주 먼 곳에서부터 구멍 스크린 쪽으로 온다(그림에서 데이터 점이 왼쪽에서 오른쪽으로 이동한다)고 생각해 보자. 구멍 스크린에서 먼 곳에 있는 작은 검출기로 관찰할 때 첫 번째 띠의 아주 작은 부분만을 볼 수 있다. 이때 원거리 회절 무늬가 생기고 축상 규격화된 크기는 1이다. 검출기를 O에 가깝게 가져가면 배열이 근접장으로 바뀌고 구멍 전체를 채울 때까지 축상 복사 조도는 감소한다. P가 O에 가까워짐에 따라 구멍 안에 더 많은 첫 번째 띠들이 나타난다. 이때 대부분의 빛이 비축 영역으로 재분포되고, P에서의 규격화된 복사 조도는 0.4로 감소해서 분명히 근접장이 된다. 구멍이 첫 번째와 두 번째 프레넬 띠($N_F = 2$)를 포함할 수 있도록 P가 충분히 가까워지면, 그림 10.59와 같이 P에서의 축상 전기장은 0이 되고, 따라서 복사 조도도 0이 된다.

지름이 일정한 구멍 안에 나타나는 띠들이 많을수록 각 띠의 면적(A)의 면적은 더 작아지는데, 이것은 식 (10.89)로부

*D. S. Burch, "Fresnel diffraction by a circular aperture", *Am. J. Phys.* **53**, 255 (1985).

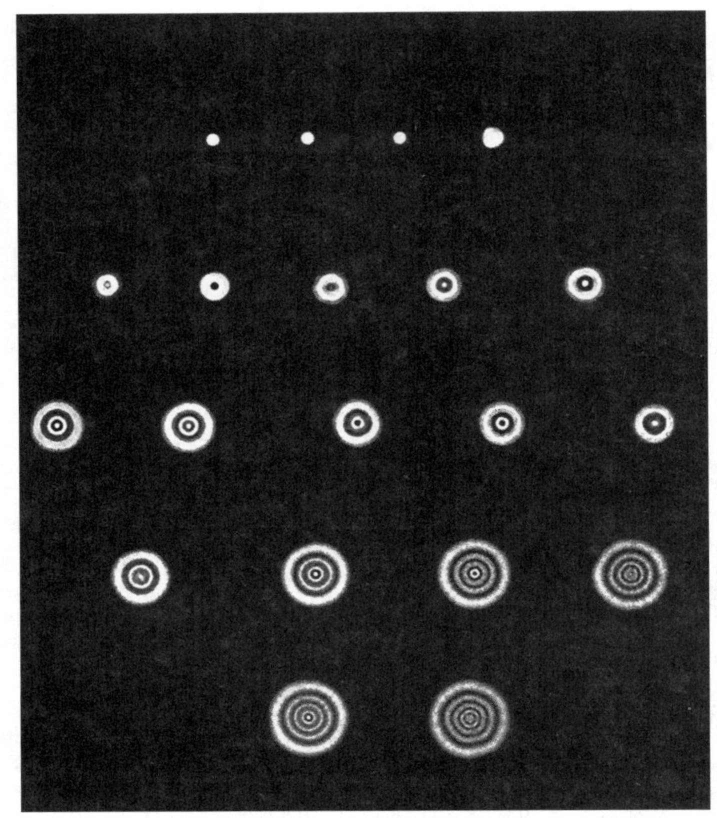

원형 구멍의 크기가 증가함에 따른 회절 무늬 (Francis Weston Sears, *Optics*, ©1949, Addison-Wesley Reading, MA. Pearson Education Inc.)

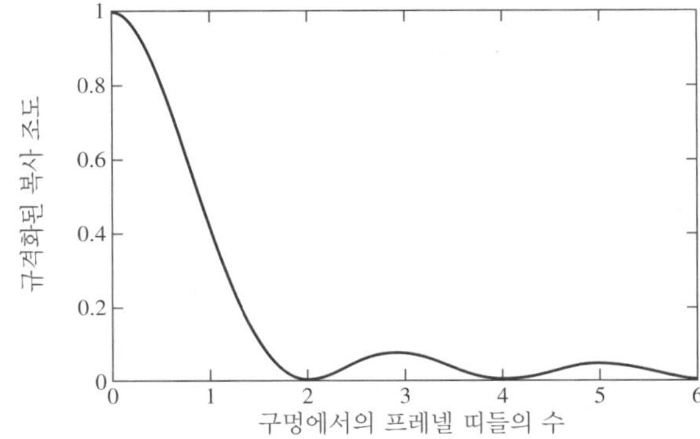

그림 10.59 O 쪽으로 이동하는 축상 점 P에서의 규격화된 복사 조도. 지름이 일정한 원형 구멍 안의 프레넬 띠들의 수는 증가한다. (James C. Wyant, College of Optical Sciences, University of Arizona, http://www.optics.arizona.edu/jcwyant/)

터 명백하다. N_F가 커짐에 따라 이러한 줄어든 각 띠에서 나오는 전기장의 P에서 알짜 진폭은 더 작아진다. D를 일정하게 하면 축상 최대 복사 조도(임의의 완전한 띠로 인한 복사 조도)는 $(1/N_F)^2$으로 변한다. 결국 P가 O에 가까워짐에 따라 축상 복사 조도 2차 최댓값은 감소한다. 즉 그림 10.59에서 $N_F = 3$에서의 최댓값은 꽤 작고, $N_F = 5$에서는 더 작다.

이와는 대조적으로 구멍의 지름이 증가해서 다음의 홀수 번째 띠(P는 고정한 채로)가 되면, 축상 복사 조도는 첫 번째 띠 단독에 의한 양만큼 증가한다는 것을 앞에서 공부하였다. 이러한 상황에서 구멍이 커짐에 따라 띠들의 수는 증가하는데 각 띠의 면적은 일정하게 유지된다. 이때 각 띠는 P에서의 전기장 진폭에 양(+)이나 음(−)으로 같은 양만큼 기여한다. 그리고 구멍이 서서히 열려서 띠의 차수가 홀수, 짝수, 그리고 다시 홀수가 될 때 전기장은 E_1에서 0으로, 그리고 다시 E_1으로 계속 반복된다. I_u가 P에서의 **차단되지 않은 복사 조도**라는 것을 고려하면, P에 구멍 스크린을 설치하고 구멍을 크게 함에 따라 축상 복사 조도는 $4I_u$에서 0으로 줄어들다가 다시 $4I_u$로 늘어나는 과정을 반복하며 진동한다. 그림 10.60은 차례대로 ≈ 0, 0.5, 1.0, 1.5, 2.0개의 프레넬 띠를 포함하는 원형 구멍에 대한 복사 조도의 분포를 보여 준다. 높이가 가장 높은 곡선은 프라운호퍼 회절(에어리) 무늬(첫 번째 띠의 작은 일부와 관련된)에 대한 것이고 이것은 축상에서 1.0으로 규격화되어 있지 않다. 이때 하나의 완전한 띠의 축상 최댓값은 0.4이고, 예상과 같이 2개의 띠에 대한 축상 복사 조도는 0이다. 그림 10.61의 곡선들은 비교하기 쉽게 겹쳐서 비율에 맞게 그린 것이다.

이제 그림 10.62와 같이 원형 고리띠를 만드는 원형 구멍의 중심에 작은 불투명한 원판을 둔 배열을 생각해 보자. 원형띠판을 공부할 때 이와 같은 배열을 사용할 것이다. 그림에서 원판은 축상의 점 P에서 볼 때 첫 번째 띠의 절반 정도가 흐려진다. 이 경우 진동 곡선 위의 위상자는 점 A_s에서 시작한다. 이 점은 구멍의 (차단되지 않은) 중심에 해당하는 O_s가 아니라 점 A로 표시된 내부 원판의 가장자리와 관련된다. 점 A_s는 O_s와 첫 번째 띠 Z_{s1}의 끝 사이의 곡선을 따라 중간에 위치한다. 위상자는 점 B_s까지 확장되며, 점 B_s는 구멍 가장

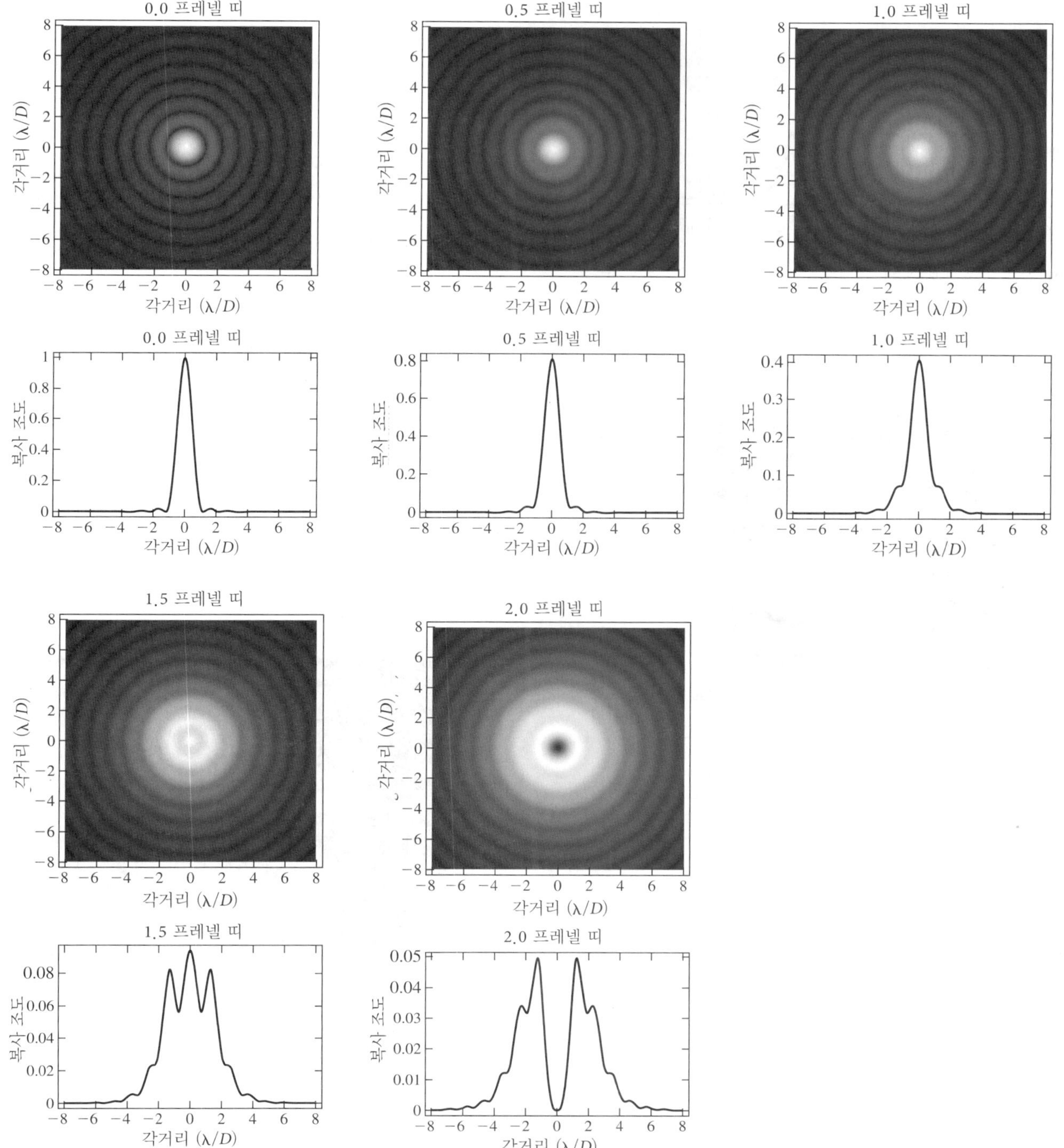

그림 10.60 프라운호퍼에서 프레넬로 변하는 원형 구멍에 의한 회절 무늬 (James C. Wyant, College of Optical Sciences, University of Arizona, http://www.optics.arizona.edu/jcwyant/)

자리에 있는 점 B에 의해 결정된다. 이 경우 고리 모양의 구멍은 약 9.2개의 띠를 포함한다. 위상자의 길이는 열린 고리에서의 프레넬 회절로 인한 점 P에서의 전기장 진폭에 해당한다.

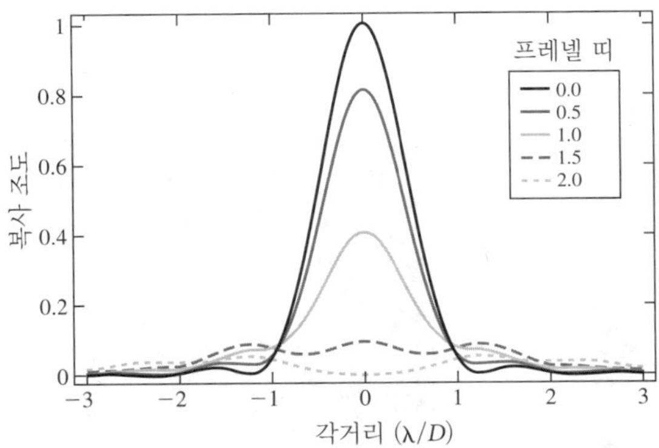

그림 10.61 ≈ 0, 0.5, 1.0, 1.5, 2.0개의 프레넬 띠를 포함하는 원형 구멍에 의한 복사 조도의 분포. 비교를 위하여 곡선들을 겹쳐서 그렸다. (James C. Wyant, College of Optical Sciences, University of Arizona, http://www.optics.arizona.edu/jcwyant/)

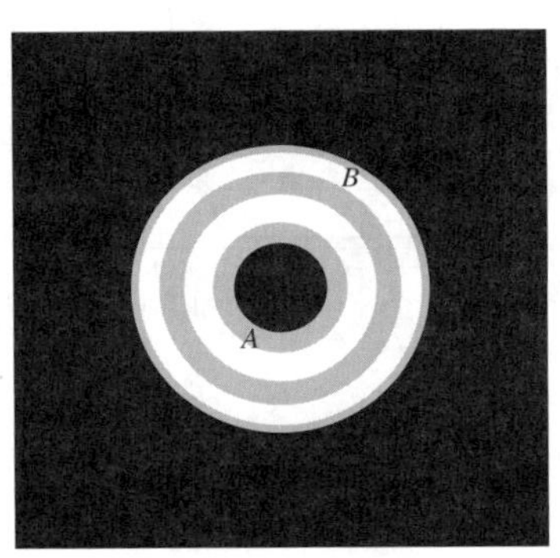

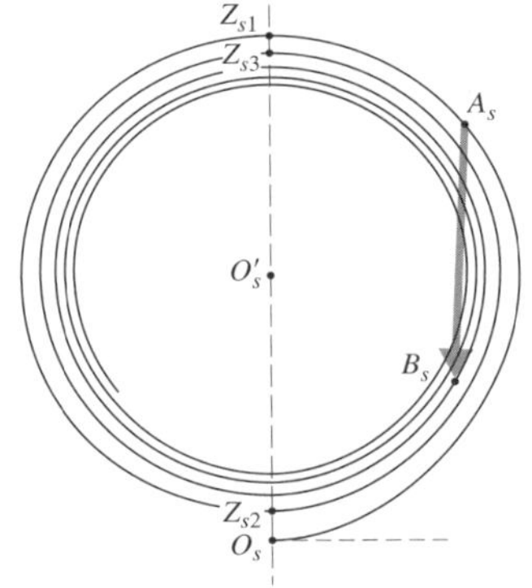

그림 10.62 약 $3\frac{2}{3}$개의 띠를 지나는 고리 모양의 구멍(원형 고리띠). 불투명한 가운데 원판(점 A는 원판 가장자리에 있다)은 첫 번째 띠의 약 2/3를 가린다. 점 B는 구멍의 바깥쪽 가장자리에 있고, 이것은 진동 곡선 위의 점 B_s에 해당한다. 위상자 $\overrightarrow{A_sB_s}$는 띠들을 볼 수 있는 축상 점에서의 전기장 진폭이다.

평면파

점광원이 구멍으로부터 아주 멀리 떨어져($\rho \to \infty$) 입사광이 평면파로 간주될 수 있는 경우를 생각해 보자. 그림 10.63을 참고하여 m번째 띠의 반지름 R_m을 구할 수 있다. $r_m = r_0 + m\lambda/2$이므로

$$R_m^2 = (r_0 + m\lambda/2)^2 - r_0^2$$

이고, 이를 정리하면

$$R_m^2 = mr_0\lambda + m^2\lambda^2/4 \tag{10.90}$$

이 된다. m이 대단히 크지 않은 한 대부분의 경우 식 (10.90)의 둘째 항은 무시할 수 있다. 결과적으로

$$R_m^2 = mr_0\lambda \tag{10.91}$$

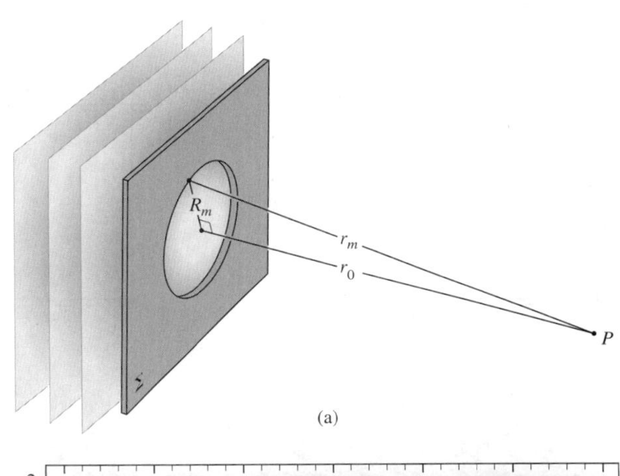

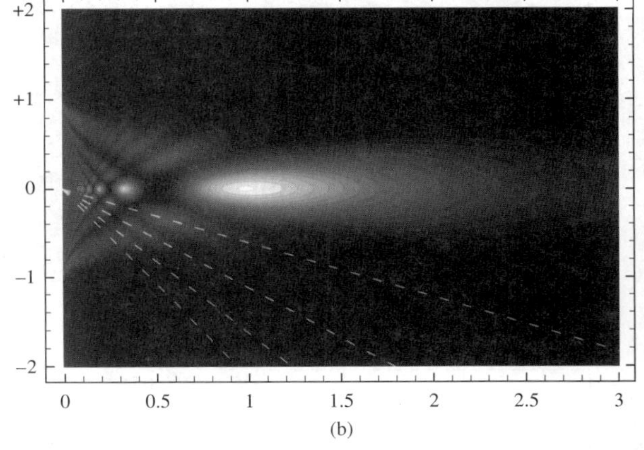

그림 10.63 (a) 원형 구멍에 입사하는 평면파. (b) 3차원 복사 조도 분포의 단면. 수평축은 R^2/λ의 단위로 그려져 있고 수직축은 R의 단위이다. R 은 구멍의 반지름이다. 따라서 구멍은 +1부터 -1까지 변한다. $R^2/\lambda = r_0$인 거리에서 1개의 프레넬 띠가 구멍을 채우며 복사 조도는 최대이다. 더 멀어지면 $I(r)$ 은 서서히 감소하여 원거리 회절 영역에 다다른다. 프라운호퍼 복사 조도 분포가 0이 되는 처음 네 곳이 점선 위에 표시되어 있다. (G. W. Forbes, The Institute of Optics, University of Rochester)

이 되므로 **띠의 반지름은 정수 m의 제곱근에 비례한다.** 평행한 헬륨-네온 레이저(λ_0 = 632.8nm)를 사용한다면 1.58m의 거리에서 관찰할 때 첫 번째 띠의 반지름은 1mm이다. 이러한 조건 아래에서 $m << 10^7$이면 식 (10.91)이 성립되며, 이때 $R_m = \sqrt{m}$(mm 단위로)이다. 한편 그림 10.58에서 $\overline{O_1P_1}$, $\overline{O_2P_2}$, $\overline{O_3P_3}$ 등의 직선은 관찰점으로부터 Σ에 수직선이 되도록 수정되어야 한다.

예제 10.10

불투명한 스크린 Σ에 지름이 2.00mm인 원형 구멍이 있다. Σ에 수직한 구멍의 중심을 지나는 축 위에 단색 점광원(λ_0 = 550nm)이 있다. 이 점광원은 Σ의 3.00m 앞에 있고, 점 P는 Σ의 3.00m 뒤에 있으며 모두 축상에 있다. P에서 볼 때 구멍을 채우는 프레넬 띠들의 수를 계산하라. P에 밝거나 어두운 점이 있을까? 회절 무늬는 근접장에 의한 것임을 증명하라.

풀이

점광원 S에서 구멍 O의 중심까지 거리는 ρ이고, O부터 P까지 거리는 r_0이다. 따라서

$$N_F = \frac{(\rho + r_0)R^2}{\rho r_0 \lambda} = \frac{(3.00 + 3.00)(2.00 \times 10^{-3})^2}{(3.00)(3.00)(550 \times 10^{-9})}$$

$$N_F = \frac{6.00(4.00 \times 10^{-6})}{4.95 \times 10^{-6}}$$

이고, 띠의 개수는 N_F = 4.8이다. N_F가 5이면 P는 밝은 점에 해당하고, N_F = 4.8은 꽤 밝은 점이다.

10.1.2절에 의하면 프라운호퍼 회절은

$$R > a^2/\lambda$$

일 때 생긴다. 여기에서 a는 구멍의 가장 큰 폭이고, R은 S에서 Σ까지 또는 Σ에서 P까지의 거리 중 짧은 것이다. 이때 R = 3.00m, a = 2.00mm, λ = 550nm이므로

$$a^2/\lambda = (2.00 \times 10^{-3})^2/550 \times 10^{-9}$$

$$a^2/\lambda = 7.3 \text{ m}$$

이다. 한편 R = 3.00m이어서 프레넬 회절을 예상할 수 있다.

10.3.4 원형 장애물

1818년에 프레넬은 프랑스 학술원이 후원하는 논문 경연대회에 참가하였다. 회절 이론에 관한 그의 논문은 일등상과 **최우수 논문**(Méoire Courronné)이라는 칭호를 받았는데, 이에 관한 흥미로운 이야기가 있다. 심사위원회는 라플라스(Pierre Laplace), 비오(Jean B. Biot), 푸아송(Siméon D. Poisson), 아라고(Dominique F. Arago), 게이뤼삭(Joseph L. Gay-Lussac)과 같은 쟁쟁한 인물들로 구성되었다. 푸아송은 빛이 파동이라는 견해를 맹렬히 비판해 왔는데, 프레넬 이론으로부터 놀랍고도 겉보기에는 불가능한 결론을 이끌어냈다. 즉 불투명한 원형 장애물에 의한 그림자의 중심에 밝은 반점이 나타나리라는 것을 보였는데, 그는 이 결과가 프레넬 이론이 허구임을 증명한다고 생각하였다. 그러나 동일한 결론을 다음과 같은 다소 지나치게 단순화된 논증에 의하여 동일하게 얻을 수 있다. 자유 전파된 파동은 식 (10.85), 즉 $E \approx |E_1|/2$로 주어지는 광학 교란을 일으킨다. 어떤 장애물이 첫 번째 프레넬 띠를 정확하게 가로막는다면 $|E_1|$이 제외되므로 $E \approx -|E_1|/2$가 된다. 따라서 광축 위의 한 점 P에서는 그런 장애물의 유무에 관계없이 동일한 복사 조도를 가질 것이다. 푸아송이 빛의 파동론에 대한 결정적 반증으로 제시한 이 놀라운 예측은 거의 즉시 아라고에 의해 실험적으로 입증되었다. 밝은 반점이 실제로 관찰되었던 것이다. 오늘날 푸아송 반점(Poisson's spot)이라고 하는 이 반점은 흥미롭게도 오래전인 1723년에 마랄디(Maraldi)에 의해 관찰되었는데 오랫동안 잊혀 있었다.*

실제의 그림자는 사진에서 볼 수 있는 바와 같이 상당히 복잡한 구조를 가지고 있으므로 조금 더 자세히 다룰 필요가 있다. 만일 원판 또는 구 모양의 장애물이 처음 ℓ개의 띠를 가로막는다면

$$E = |E_{\ell+1}| - |E_{\ell+2}| + \cdots + |E_m|$$

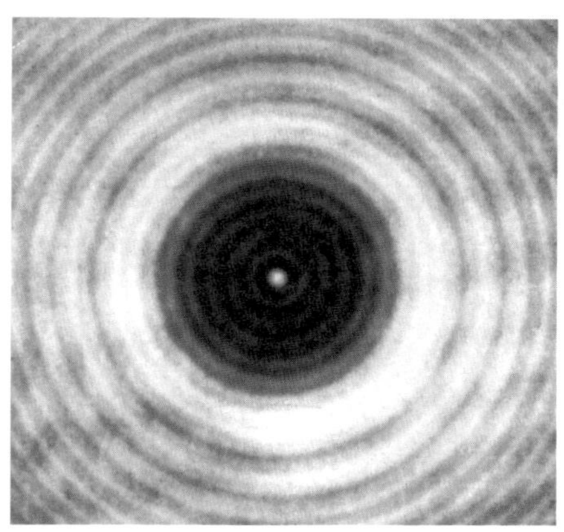

지름 1/8인치의 볼 베어링에 의한 그림자. 베어링을 현미경 슬라이드에 부착하고 헬륨-네온 레이저빔으로 조명하였다. 현미경 슬라이드와 사용된 렌즈로부터 발생하는, 회절과 관계 없는 희미하고 동심이 아닌 무늬가 약간 있다. (E.H.)

*J. E. Harvey and J. L. Forgham, "The Spot of Arago: New relevance for an old phenomenon," *Am. J. Phys.* **52**, 234 (1984)를 보라.

가 된다. (앞에서와 마찬가지로 부호에 절대적인 중요성이 있는 것은 아니고 이웃하는 항들이 서로 반대 부호를 가지면 된다.) 원형 구멍에서와는 달리 $K_m \to 0$이므로 E_m은 0에 접근한다. 이 급수는 식 (10.78)과 식 (10.79)의 자유 전파된 파동에서와 같이 취급되어야 한다. 이 과정을 반복하면

$$E \approx \frac{|E_{\ell+1}|}{2} \tag{10.92}$$

가 되고, 광축 위의 복사 조도는 자유 전파된 경우보다 일반적으로 약간 작을 뿐이다. **원형 장애물 바로 뒤를 제외하고 광축 위의 모든 곳에 밝은 점이 있다.** 원판의 가장자리를 넘어서 진행하는 2차파들은 같은 위상으로 광축 위에서 만나게 된다. P가 원판에 가까워지면 θ가 증가하므로 $K_{\ell+1} \to 0$이고 복사 조도는 점점 0으로 떨어진다. 만일 원판이 크다면 $(\ell + 1)$번째 띠는 매우 좁아지므로 가장자리에 조그만 요철만 있어도 이 띠를 상당히 가로막을 수 있다. 따라서 푸아송 반점을 잘 관찰하려면 장애물이 매끄러운 원이어야 한다.

A가 원판 또는 구의 가장자리에 있는 점이라면 A_s는 진동 곡선 위에 있는 대응하는 점이다(그림 10.64). P는 고정되어 있고 원판이 커지면 A_s는 O_s'을 향하여 반시계 방향으로 나선형으로 움직이면서 진폭 A_sO_s'은 점점 감소한다. P가 일정한 크기의 원판에 접근할 때에도 마찬가지의 현상이 일어난다. 작은 장애물의 경우 A_sO_s'는 거의 O_sO_s'와 같고, 축상 점 P에서의 복사 조도는 근사적으로 차단되지 않은 복사 조도와 같다.

광축에서 벗어나면 원형 구멍에 대한 그림 10.58에서 가로막혔던 띠들이 노출되고, 노출되었던 띠들은 가로막히게 된다. 따라서 가운데 반점 주위에 일련의 밝고 어두운 동심원들이 나타나는 것이다(그림 10.65).

불투명한 원판이 S의 상을 P에 맺고, 이와 비슷하게 퍼진 광원의 모든 점에 대한 상을 어느 정도 맺게 된다. 폴(R.W.Pohl)은 작은 원판을 질이 낮은 볼록 렌즈로 사용할 수 있다는 것을 보였다.

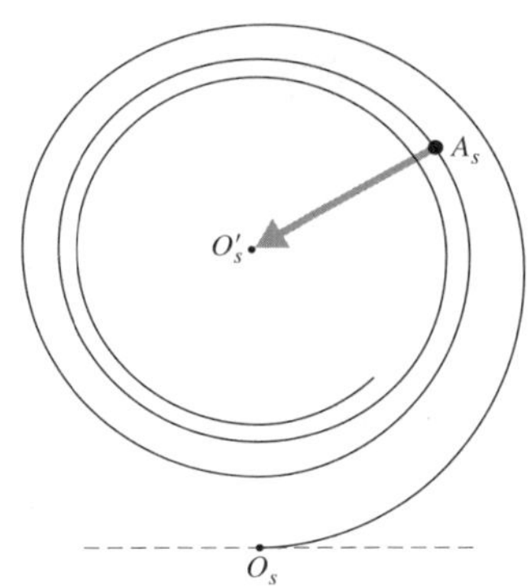

그림 10.64 원형 장애물에 적용된 진동 곡선

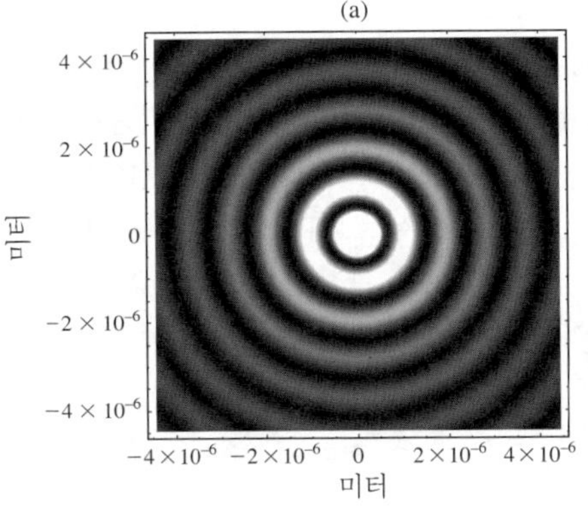

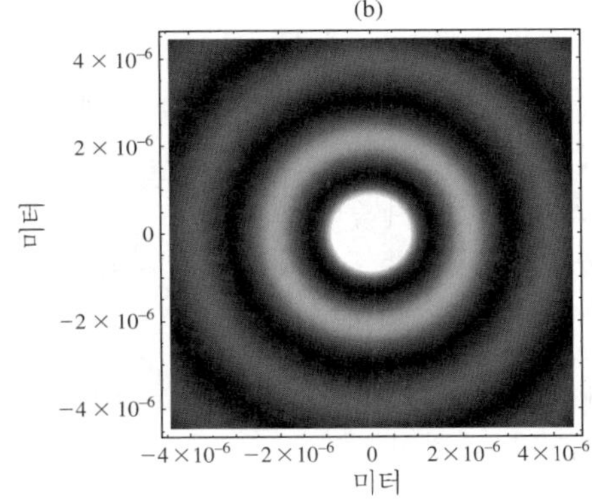

그림 10.65 푸아송 반점. 이들 계산된 상은 회절 무늬의 안쪽 영역을 자세히 보여 준다. 고리들의 밝기를 조절하여 보다 잘 보이게 하였다. 원형 장애물의 지름인 40μm (a) λ = 350 nm이고 (b) λ = 700 nm이다. (Wolfram Demonstration Project, http://demonstration.wolfram.com/PoissonSpot/Gábor Angler이 기여함)

회절 무늬는 망원경이나 쌍안경을 이용하여 쉽게 관찰할 수 있다. 지름이 1/8 또는 1/4 인치 정도인 작은 볼 베어링(ball bearing)을 현미경 슬라이드에 붙인 다음 점광원에서 수 m에 놓고 3~4m 정도 떨어져서 관찰한다. 볼 베어링이 점광원 정면에 있어서 완전히 가리도록 한다. r_0이 대단히 크기 때문에 상을 확대하는 데 망원경이 필요하다. 망원경을 흔들리지 않도록 잘 들고 관찰하면 동심원 무늬를 분명히 볼 수 있을 것이다.

10.3.5 프레넬 원형띠판

앞의 논의에서 이웃하는 프레넬 띠들은 서로 상쇄하려는 경향이 있다는 사실을 이용하였다(그림 10.66). 이로부터 만일 모든 짝수 번째 또는 홀수 번째 띠가 제거된다면 P에서의 복사 조도가 엄청나게 증가될 수 있다는 것을 알 수 있다. **원형 띠판(zone plate)**이란 반주기 띠를 하나 걸러 빛의 진폭 또는 위상을 변조하는 스크린이다.*

*레일리 경이 원형띠판을 발명한 것으로 보이는데, 이는 1871년 4월 11일 그의 연구 노트에 다음과 같이 적혀 있기 때문이다. "중앙에서 빛을 증가시키기 위해서 홀수 번째 하위헌스 원형띠를 가로막는 실험은 매우 성공적이었다."

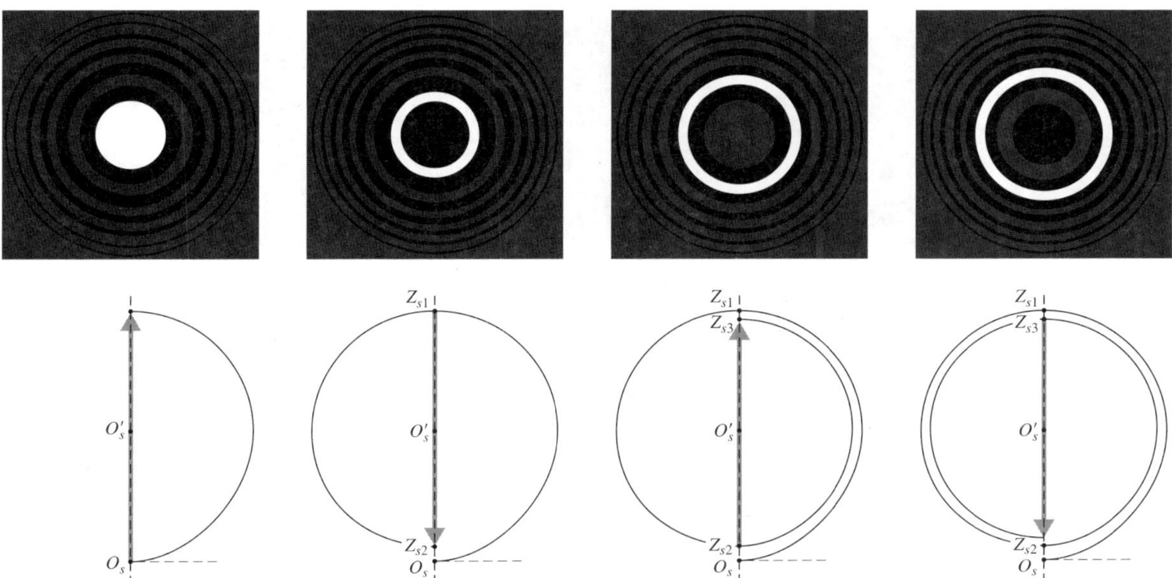

그림 10.66 이웃한 띠들의 위상자들의 부호가 바뀐다. 위상자들의 길이는 거의 같다. 따라서 홀수 번째 또는 짝수 번째 위상자들 모두를 가로막으면 전기장 진폭, 즉 모든 위상자들의 합이 매우 커진다.

처음 20개의 홀수 번째 띠를 통과시키고 짝수 번째 띠를 가로막는 원형띠판을 생각해 보자. 원형띠판에 의한 전기장 진폭은

$$E = E_1 + E_3 + E_5 + \cdots + E_{39}$$

인데, 모든 항은 대략적으로 같다. 자유 전파된 경우 P에서의 광학 교란은 $E_1/2$인 반면에 원형띠판이 있을 경우에는 $E \approx 20E_1$이 된다. 그림 10.66에서 모든 홀수 번째 또는 짝수 번째 띠들의 위상자를 머리에서 꼬리로 더하면 매우 큰 축상 전기장 진폭이 얻어진다. 이때 복사 조도는 1600배 증가하는 것이다.

그림 10.67에서 띠의 반지름을 계산하기 위하여 그림 10.68을 참조하자. m번째 띠의 바깥 가장자리를 점 A_m으로 나타내었다. 정의에 따라 경로 $S-A_m-P$를 지나는 파는 $S-O-P$를 따르는 파와 $m\lambda/2$ 만큼 광로차가 난다. 즉

$$(\rho_m + r_m) - (\rho_0 + r_0) = m\lambda/2 \tag{10.93}$$

이다. 이때 $\rho_m = (R_m^2 + \rho_0^2)^{1/2}$이고 $r_m = (R_m^2 + r_0^2)^{1/2}$이므로 이들을 이항 급수로 전개한다. R_m이 상대적으로 작으므로 처음 두 항만 고려하면

$$\rho_m = \rho_0 + \frac{R_m^2}{2\rho_0} \quad \text{및} \quad r_m = r_0 + \frac{R_m^2}{2r_0}$$

가 된다. 마지막으로 이들을 식 (10.93)에 대입하면

$$\left(\frac{1}{\rho_0} + \frac{1}{r_0}\right) = \frac{m\lambda}{R_m^2} \tag{10.94}$$

를 얻는다. 입사광이 평면파인 경우 $(\rho_0 \to \infty)$, 식 (10.94)는

$$R_m^2 = mr_0\lambda \tag{10.91}$$

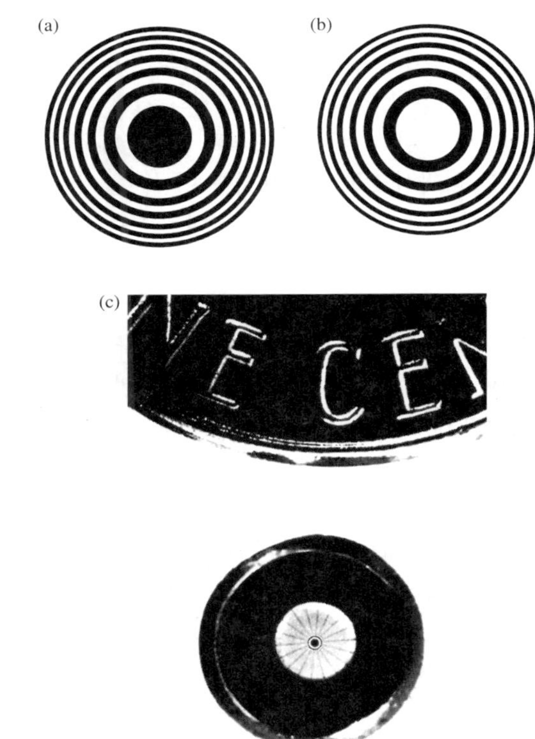

그림 10.67 (a)와 (b) 프레넬 원형띠판. 1 cm 전방에 있는 표적으로부터 오는 알파 입자들을 5 cm 후방에 있는 사진건판에 결상하는데 사용되는 원형띠판. 이 판의 지름은 2.5 mm이고 100개의 띠가 있는데 가장 좁은 것의 폭은 5.3 μm이다. (University of California, Lawrence Livermore National Laboratory)

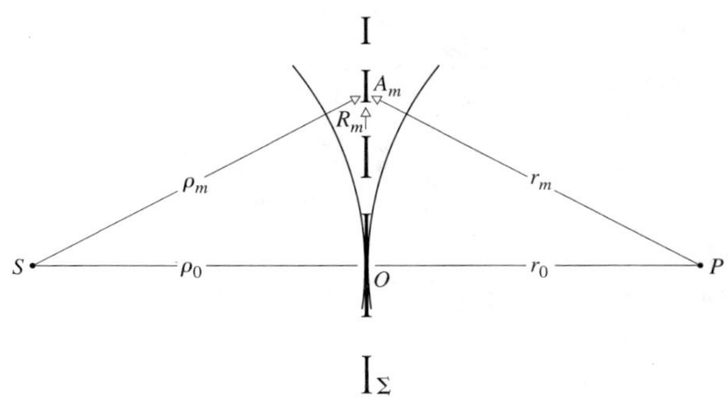

그림 10.68 원형띠판의 기하학적 모양

가 되는데, 이는 정확한 식 (10.90)의 근사이다. 식 (10.94)는 얇은 렌즈 방정식의 모양인데, S의 상이 수렴하는 회절광에 의해 P에 맺히므로 이것은 우연이 아니다. 따라서 **기본 초점 거리**(primary focal length)는

$$f_1 = \frac{R_m^2}{m\lambda} \tag{10.95}$$

로 주어진다. (원형띠판은 매우 큰 색수차를 갖는다는 것을 유의하라.) 점 S와 P는 공액 초점(conjugate foci)이라고 한다. 그림 10.69에 보인 바와 같이 평행한 입사 빔에 대한 상거리(image distance)는 기본 또는 **1차** 초점 거리인데, 이는 복사 조도 분포에 있어서 주요 최댓값(principal maximum)에 대응한다. 이 실상 이외에도 Σ 앞 f_1의 거리에서 발산하는 빛에 의한 허상이 있다. Σ로부터 f_1의 거리에서 판 위의 모든 고리가 파면 위의 반주기 띠들로 정확히 채워지는 것이다. $S-P$축을 따라서 Σ쪽으로 센서를 이동시킬 경우 Σ로부터 $f_1/3$ 거리에 이를 때까지는 일련의 매우 작은 복사 조도의 최대, 최소를 측정하게 된다. 그 **3차 초점**에 복사 조도의 뚜렷한 최고점이 있다. 또한 렌즈나 단순한 불투명한 원판과는 달리 $f_1/5, f_1/7$ 등에 추가적인 초점이 존재한다.

우드(R.W.Wood)는 레일리 경이 제시한 바와 같이 **위상 반전 원형띠판**(phase-reversal zone plate)을 제작하였다. 띠를 하나 걸러 가로막는 대신에 그 두께를 증가시켜서 위상이 π 만큼 지연되도록 하였다. 이 원형띠판은 전체가 투명하기 때문에 진폭은 2배가 되고 복사 조도는 4배가 된다. 실제로 각 원형띠판은 위상이 완전히 일정하지는 않으므로 이처럼 대단한 성능을 가지는 것은 아니다. 이상적으로는 띠 내의 위상 지연이 점진적으로 변화하고 다음 띠의 시작에서 π 만큼 제자리로 떨어져야 한다.*

* Ditchburn, *Light*, 2nd ed., p. 232; M. Sussman, "Elementary diffraction theory of zone plates," *Am. J. Phys.* **28**, 394 (1960); Ora E. Myers, Jr., "Studies of transmission zone plates," *Am. J. Phys.* **19**, 359 (1951); J. Higbie, "Fresnel zone plate: Anomalous foci," *Am. J. Phys.* **44**, 929 (1976)을 보라.

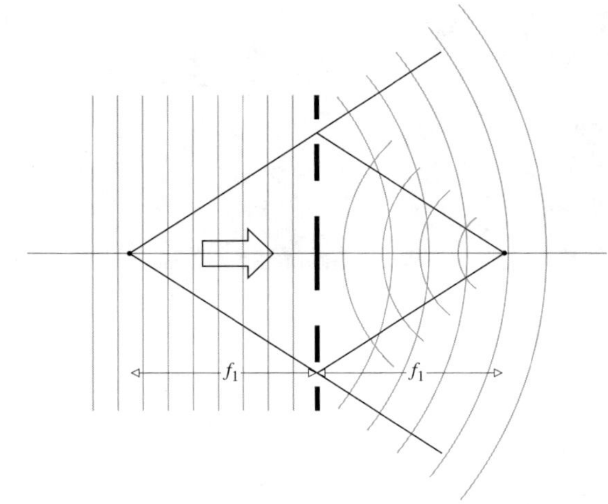

그림 10.69 원형띠판의 초점

광학 원형띠판을 만드는 일반적인 방법은 큰 모양을 그린 다음 사진 촬영하여 축소하는 것이다. 평행하게 시준된 준단색광에 의해 형성된 뉴턴 고리 무늬를 사진 촬영하면 수백 개의 띠를 가진 원형띠판을 제작할 수 있다. 한편 알루미늄박(foil)으로 된 고리를 마분지에 붙이면 마이크로파에 잘 적용된다.

바퀴살 구조로 자체 지탱하도록 제작된 금속 원형띠판은 보통 유리를 투과하지 않는 자외선이나 연 X-선 영역에서 렌즈로 사용된다.

예제 10.11

500 nm의 빛을 사용할 때 원형띠판의 기본 초점 거리는 200 cm이다. 이 판은 지름 10.0 mm보다 아주 조금 크게 하려면 얼마나 많은 투명한 띠(또는 영역)가 포함되어야 할까? 파면 위의 정확한 3개의 프레넬 반주기 띠가 원형띠판의 각 투명한 영역을 채우는 3차 초점 위치를 구하라.

풀이

식 (10.95)에서

$$f_1 = \frac{R_m^2}{m\lambda}$$

이고,

$$200 \times 10^{-2} = \frac{(10.0 \times 10^{-3})^2}{m(500 \times 10^{-9})}$$

이다. 따라서 $m = 100$이고, 원형띠판에는 100개의 투명한 띠 또는 영역이 있다.

3차 초점의 경우 각 투명한 영역은 3개의 반주기 프레

넬 띠들로 채워진다. 따라서 1차 영역에 관심을 갖는다. 식 (10.91)로부터 P에서 측정한 처음 3개의 반주기 프레넬 띠의 반지름은 $\sqrt{3r_0\lambda}$이고, 이것은 첫 번째 영역의 열린 반지름 R_1과 같아야 한다. 다시 말해서 P가 3차 초점에 있을 때 $r_0 = f_3$이고 원형띠판의 첫 번째 띠의 반지름은

$$R_1 = \sqrt{3r_0\lambda} = \sqrt{3f_3\lambda}$$

이고,

$$f_3 = \frac{1}{3}\frac{R_1^2}{1\lambda} = \frac{1}{3}f_1$$

이다.

10.3.6 프레넬 적분과 직사각형 구멍

이제 앞에서와 같이 원 대칭을 가지지 않은 경우의 프레넬 회절을 다루자. 그림 10.70에서 임의의 점 A에 있는 면적 요소 dS의 좌표는 (y, z)이고, 원점 O는 단색 점광원으로부터 Σ에 그은 수직선에 의해 결정된다. dS에 있는 2차 파원이 P의 광학 교란에 주는 영향은 식 (10.74)에 의해 주어진다. 이 식은 자유 전파에서 얻은 $\mathcal{E}_A\rho\lambda = \mathcal{E}_0$의 관계를 이용하면

$$dE_P = \frac{K(\theta)\mathcal{E}_0}{\rho r\lambda}\cos[k(\rho + r) - \omega t]\, dS \tag{10.96}$$

로 쓸 수 있다. 위상의 부호가 식 (10.74)와는 다른데, 이렇게 쓴 것은 전통적인 취급에 따르기 위함이다. ρ_0과 r_0에 비하여 **구멍의 크기가 작은 경우** 진폭 계수에서 $K(\theta) = 1$, $1/\rho r = 1/\rho_0 r_0$로 할 수 있다. 위상에 대한 근사에 있어서는 주의를 요하는데, 삼각형 SOA와 POA에 피타고라스 정리를 적용하면

$$\rho = (\rho_0^2 + y^2 + z^2)^{1/2}$$

와

$$r = (r_0^2 + y^2 + z^2)^{1/2}$$

이 된다. 이들을 이항 급수로 전개하면

$$\rho + r \approx \rho_0 + r_0 + (y^2 + z^2)\frac{\rho_0 + r_0}{2\rho_0 r_0} \tag{10.97}$$

이 된다. 이는 식 (10.40)의 프라운호퍼 해석에서 구멍 변수들의 2차 또는 그 이상의 항들을 무시한 것에 비해 더 정밀한 근사이다. P의 광학 교란을 복소수로 나타내면

$$\tilde{E}_P = \frac{\mathcal{E}_0 e^{-i\omega t}}{\rho_0 r_0\lambda}\int_{y_1}^{y_2}\int_{z_1}^{z_2} e^{ik(\rho+r)}\, dy\, dz \tag{10.98}$$

가 된다. 적분을 쉽게 하기 위해

$$u \equiv y\left[\frac{2(\rho_0 + r_0)}{\lambda\rho_0 r_0}\right]^{1/2} \qquad v \equiv z\left[\frac{2(\rho_0 + r_0)}{\lambda\rho_0 r_0}\right]^{1/2} \tag{10.99}$$

로 정의되는 무차원의 변수 u와 v를 도입하자. 식 (10.97)을 식 (10.98)에 대입하고 새로운 변수를 사용하면

$$\tilde{E}_P = \frac{\mathcal{E}_0}{2(\rho_0 + r_0)} e^{i[k(\rho_0+r_0)-\omega t]}\int_{u_1}^{u_2} e^{i\pi u^2/2}\, du \int_{v_1}^{v_2} e^{i\pi v^2/2}\, dv \tag{10.100}$$

를 얻는다. 적분 앞에 있는 항은 P에서의 자유 전파된 광학 교란의 1/2이다. 이것을 $\tilde{E}_u/2$라고 하자. 적분 자체는 두 함수 $\mathscr{C}(w)$와 $\mathscr{S}(w)$로 나타낼 수 있는데, 여기서 w와 u 또는 v를 나타낸다. **프레넬 적분(Fresnel integrals)**으로 알려진 $\mathscr{C}(w)$와 $\mathscr{S}(w)$는 각각

$$\mathscr{C}(w) \equiv \int_0^w \cos(\pi w'^2/2)\, dw'$$

$$\mathscr{S}(w) \equiv \int_0^w \sin(\pi w'^2/2)\, dw' \tag{10.101}$$

으로 정의된다. 이 두 함수는 모두 폭넓게 연구되었으며 그 수치들을 표 10.3과 그림 10.71에서 구할 수 있다. 여기서 우리와 관계되는 것은

$$\int_0^w e^{i\pi w'^2/2}\, dw' = \mathscr{C}(w) + i\mathscr{S}(w)$$

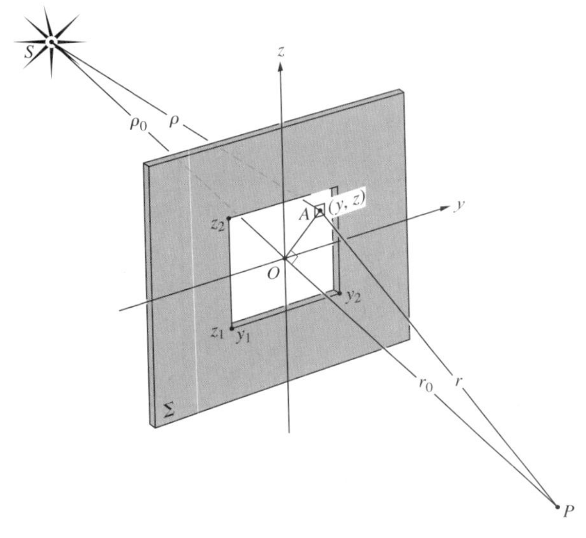

그림 10.70 직사각형 구멍에서의 프레넬 회절

인데, 이는 식 (10.100)에 있는 적분 모양이다. 따라서 P에서의 광학 교란은

$$\tilde{E}_P = \frac{\tilde{E}_u}{2}\left[\mathscr{C}(u) + i\mathscr{S}(u)\right]_{u_1}^{u_2}\left[\mathscr{C}(v) + i\mathscr{S}(v)\right]_{v_1}^{v_2} \quad (10.102)$$

로 쓸 수 있고, 이는 표 10.3에 나온 $\mathscr{C}(u_1)$, $\mathscr{C}(u_2)$, $\mathscr{S}(u_1)$ 등의 값을 사용하여 계산할 수 있다. 구멍의 위치는 변하지 않고 관찰면 위의 모든 점에서 광학 교란을 계산하는 것은 상당히 복잡하다. 대신에 직선 $S-O-P$는 고정시키고 Σ-평면 내에서 구멍을 약간씩 움직인다고 생각해 보자. 이는 고정된 구멍에 대하여 원점 O를 이동시키고 점 P 위에 무늬를 주사하는 것과 같은 효과를 가진다. O의 새로운 위치는 새로운 구멍 경계 y_1, y_2, z_1, z_2에 대응한다. 따라서 이것은 u_1, u_2, v_1, v_2가 새로운 값을 가진다는 것을 뜻하고, 결과적으로 식 (10.102)로부터 새로운 $\tilde{E}_P$을 얻게 된다. 구멍의 이동 거리가 ρ_0에 비해 작으면 이와 같은 과정에서 나타나는 오차는 무시할 수 있다. 따라서 이 방법은 입사광이 평면파일 경우에 더 적절하다. 그러한 경우에 Σ에서의 입사 평면파 진폭을 E_0이라 하면 식 (10.96)은 단순히

$$dE_P = \frac{E_0 K(\theta)}{r\lambda}\cos(kr - \omega t)\, dS$$

가 되는데, 앞에서와 같이 $\boldsymbol{\varepsilon}_A = E_0/\lambda$이다. 식 (10.99)의 분자와 분모를 ρ_0으로 나누고 $\rho_0 \to \infty$로 하면

$$u = y\left(\frac{2}{\lambda r_0}\right)^{1/2} \qquad v = z\left(\frac{2}{\lambda r_0}\right)^{1/2} \quad (10.103)$$

이 되고 $\tilde{E}_P$는 식 (10.102)와 같은 모양이 되는데, 여기서 $\tilde{E}_u$는 역시 자유 전파된 광학 교란이다. P에서의 복사 조도는 $\tilde{E}_P \tilde{E}_P^*/2$이다. 따라서 I_u를 자유 전파된 P에서의 복사 조도라 하면 다음과 같다.

$$I_P = \frac{I_u}{4}\{[\mathscr{C}(u_2) - \mathscr{C}(u_1)]^2 + [\mathscr{S}(u_2) - \mathscr{S}(u_1)]^2\} \times \{[\mathscr{C}(v_2) - \mathscr{C}(v_1)]^2 + [\mathscr{S}(v_2) - \mathscr{S}(v_1)]^2\} \quad (10.104)$$

예제 10.12

2.00 mm × 2.00 mm의 정사각형 구멍이 있는 불투명한 스크린을 500 nm인 평면파로 수직으로 비춘다. O가 구멍의 한가운데 있고 그 뒤로 광축을 따라 4.0 m 떨어진 곳에 관찰점 P가 있다. 프레넬 적분이 기함수임을 이용해서 P에서의 복사 조도를 자유 전파 복사 조도 I_u의 항으로 나타내어라.

풀이

식 (10.103)에서

표 10.3 프레넬 적분

w	$\mathscr{C}(w)$	$\mathscr{S}(w)$	w	$\mathscr{C}(w)$	$\mathscr{S}(w)$
0.00	0.0000	0.0000	4.50	0.5261	0.4342
0.10	0.1000	0.0005	4.60	0.5673	0.5162
0.20	0.1999	0.0042	4.70	0.4914	0.5672
0.30	0.2994	0.0141	4.80	0.4338	0.4968
0.40	0.3975	0.0334	4.90	0.5002	0.4350
0.50	0.4923	0.0647	5.00	0.5637	0.4992
0.60	0.5811	0.1105	5.05	0.5450	0.5442
0.70	0.6597	0.1721	5.10	0.4998	0.5624
0.80	0.7230	0.2493	5.15	0.4553	0.5427
0.90	0.7648	0.3398	5.20	0.4389	0.4969
1.00	0.7799	0.4383	5.25	0.4610	0.4536
1.10	0.7638	0.5365	5.30	0.5078	0.4405
1.20	0.7154	0.6234	5.35	0.5490	0.4662
1.30	0.6386	0.6863	5.40	0.5573	0.5140
1.40	0.5431	0.7135	5.45	0.5269	0.5519
1.50	0.4453	0.6975	5.50	0.4784	0.5537
1.60	0.3655	0.6389	5.55	0.4456	0.5181
1.70	0.3238	0.5492	5.60	0.4517	0.4700
1.80	0.3336	0.4508	5.65	0.4926	0.4441
1.90	0.3944	0.3734	5.70	0.5385	0.4595
2.00	0.4882	0.3434	5.75	0.5551	0.5049
2.10	0.5815	0.3743	5.80	0.5298	0.5461
2.20	0.6363	0.4557	5.85	0.4819	0.5513
2.30	0.6266	0.5531	5.90	0.4486	0.5163
2.40	0.5550	0.6197	5.95	0.4566	0.4688
2.50	0.4574	0.6192	6.00	0.4995	0.4470
2.60	0.3890	0.5500	6.05	0.5424	0.4689
2.70	0.3925	0.4529	6.10	0.5495	0.5165
2.80	0.4675	0.3915	6.15	0.5146	0.5496
2.90	0.5624	0.4101	6.20	0.4676	0.5398
3.00	0.6058	0.4963	6.25	0.4493	0.4954
3.10	0.5616	0.5818	6.30	0.4760	0.4555
3.20	0.4664	0.5933	6.35	0.5240	0.4560
3.30	0.4058	0.5192	6.40	0.5496	0.4965
3.40	0.4385	0.4296	6.45	0.5292	0.5398
3.50	0.5326	0.4152	6.50	0.4816	0.5454
3.60	0.5880	0.4923	6.55	0.4520	0.5078
3.70	0.5420	0.5750	6.60	0.4690	0.4631
3.80	0.4481	0.5656	6.65	0.5161	0.4549
3.90	0.4223	0.4752	6.70	0.5467	0.4915
4.00	0.4984	0.4204	6.75	0.5302	0.5362
4.10	0.5738	0.4758	6.80	0.4831	0.5436
4.20	0.5418	0.5633	6.85	0.4539	0.5060
4.30	0.4494	0.5540	6.90	0.4732	0.4624
4.40	0.4383	0.4622	6.95	0.5207	0.4591

$$u = y\left(\frac{2}{\lambda r_0}\right)^{1/2} \text{ 및 } v = z\left(\frac{2}{\lambda r_0}\right)^{1/2}$$

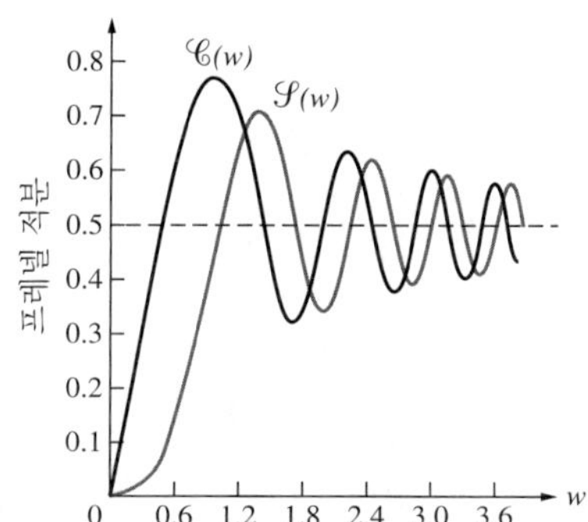

그림 10.71 프레넬 코사인 적분과 사인 적분

이다. 식 (10.70)을 참고하면 $z_1 = -1.00\,\text{mm}$, $z_2 = +1.00\,\text{mm}$, $y_1 = -1.00\,\text{mm}$, $y_2 = +1.0\,\text{mm}$이고, $u_1 = -1.00$, $u_2 = +1.00$, $v_1 = -1.00$, $v_2 = +1.00$이다. 프레넬 적분이 기함수이므로

$$\mathscr{C}(w) = -\mathscr{C}(-w) \text{ 및 } \mathscr{S}(w) = -\mathscr{S}(-w)$$

이다. 이때 식 (10.104)는

$$I_P = \frac{I_u}{4}\{[2\mathscr{C}(1)]^2 + [2\mathscr{S}(1)]^2\}^2$$

이다. 표 10.3에서 $\mathscr{C}(1) = 0.7799$, $\mathscr{S}(1) = 0.4383$이므로

$$I_P = \frac{I_u}{4}\{2.4330 + 0.7684\}^2$$

$$I_P = 2.56\ I_u$$

이다.

위의 예제에서 무늬 내의 다른 곳, 예를 들어 중심 왼쪽으로 0.1mm 떨어진 곳에서 복사 조도를 구하기 위해서는 직선 OP에 대하여 구멍을 그만큼 이동시키면 $u_2 = 1.1$, $u_1 = -0.9$, $v_2 = 1.0$, $v_1 = -1.0$이 된다. 이렇게 얻은 I_P는 중심 오른쪽으로 0.1mm인 곳에서와 같을 것이다. 정사각형 구멍이므로 사진에서 관찰할 수 있는 바와 같이 중심 위아래 0.1mm인 곳에서도 같다.

자유 전파의 경우로 접근하려면 구멍을 대단히 크게 하면 된다. $\mathscr{C}(\infty) = \mathscr{S}(\infty) = \frac{1}{2}$과 $\mathscr{C}(-\infty) = \mathscr{S}(-\infty) = -\frac{1}{2}$을 이용하면 구멍 중심 반대편에 있는 점 P에서의 복사 조도가

$$I_P = I_u$$

으로 정확하게 주어진다. 그림 10.70에서 $\overline{OA}$의 길이가 클 때 유도에 사용된 모든 근사를 더 이상 사용할 수 없다는 것을 고려하면 이 결과는 놀라운 것이다. 그러나 근사가 적용되는 상대적으로 작은 구멍이라도 그 중심 맞은편 영역에서 회절이 거의 일어나지 않을 정도로 충분히 클 수 있다는 것을 알아야 한다. 예를 들어 $\rho_0 = r_0 = 1\,\text{m}$일 때 P에 1°~2° 정도의 각을 이루는 구멍에 대해서 $|u|$와 $|v|$의 값은 대략 25~50 정도이다. 이때 $\mathscr{C}$와 $\mathscr{S}$의 극한값은 1/2에 매우 가깝다. 따라서 근사가 적용되지 않을 정도로 구멍의 크기를 증가시키더라도 매우 작은 오차가 있을 뿐이다. 이 사실은 $r_0 >> \lambda$, $\rho_0 >> \lambda$가 성립하는 한 구멍의 크기를 크게 염려할 필요가 없다는 것을 의미한다. 2차파들의 진폭이 r에 역비례한다는 사실과 경사 인자에 의해서 O로부터 멀리 떨어진 파면 영역은 거의 영향을 미치지 않는다.

10.3.7 코르뉘 나선

코르뉘(Marie Alfred Cornu, 1841~1902)는 파리에 있는 에콜기술대학교(Éole Polytechnique)의 교수였는데, 이미 배운 진동 곡선과 유사한 기하학적 방법으로 프레넬 적분을 다루는 법을 고안하였다. **코르뉘 나선(Cornu spiral)**으로 알려진 그림 10.72는 w가 0부터 ±∞의 모든 가능한 값을 가질 때 $\tilde{B}(w) \equiv \mathscr{C}(w) + i\mathscr{S}(w)$를 복소 평면에 그린 것이다. 여기서 $\mathscr{C}(w)$는 수평 또는 실수축에, $\mathscr{S}(w)$는 수직 또는 허수축에 표시한 것이다. 표 10.3에 프레넬 적분의 값이 있다. 곡선을 따른 길이 요소를 $d\ell$이라고 하면

$$d\ell^2 = d\mathscr{C}^2 + d\mathscr{S}^2$$

이다. 식 (10.101)의 정의로부터

$$d\ell^2 = (\cos^2 \pi w^2/2 + \sin^2 \pi w^2/2)\,dw^2$$

이고

$$d\ell = dw$$

이다. 즉 w의 값은 호의 길이를 나타내는 것이고, 그림 10.72에 나선을 따라 표시되어 있다. $w \to \pm\infty$일 때 곡선은 극한값인 $\tilde{B}^+ = \frac{1}{2} + i\frac{1}{2}$와 $\tilde{B}^- = -\frac{1}{2} - i\frac{1}{2}$로 다가간다. 나선의 기울기는

$$\frac{d\mathscr{S}}{d\mathscr{C}} = \frac{\sin \pi w^2/2}{\cos \pi w^2/2} = \tan\frac{\pi w^2}{2} \qquad (10.105)$$

이므로 $\mathscr{C}$-축과 임의의 점에서 나선의 접선이 이루는 각은 $\beta = \pi w^2/2$이다.

코르뉘 나선은 정량적인 계산을 위한 편리한 도구로 쓰이기도 하고 진동 곡선과 마찬가지로 회절 무늬를 정성적으로 결정하는 데 도움을 주기도 한다. 정량적으로 사용되는 예로 앞 절에서 다룬 2mm 정사각형 구멍을 다시 고려해 보자

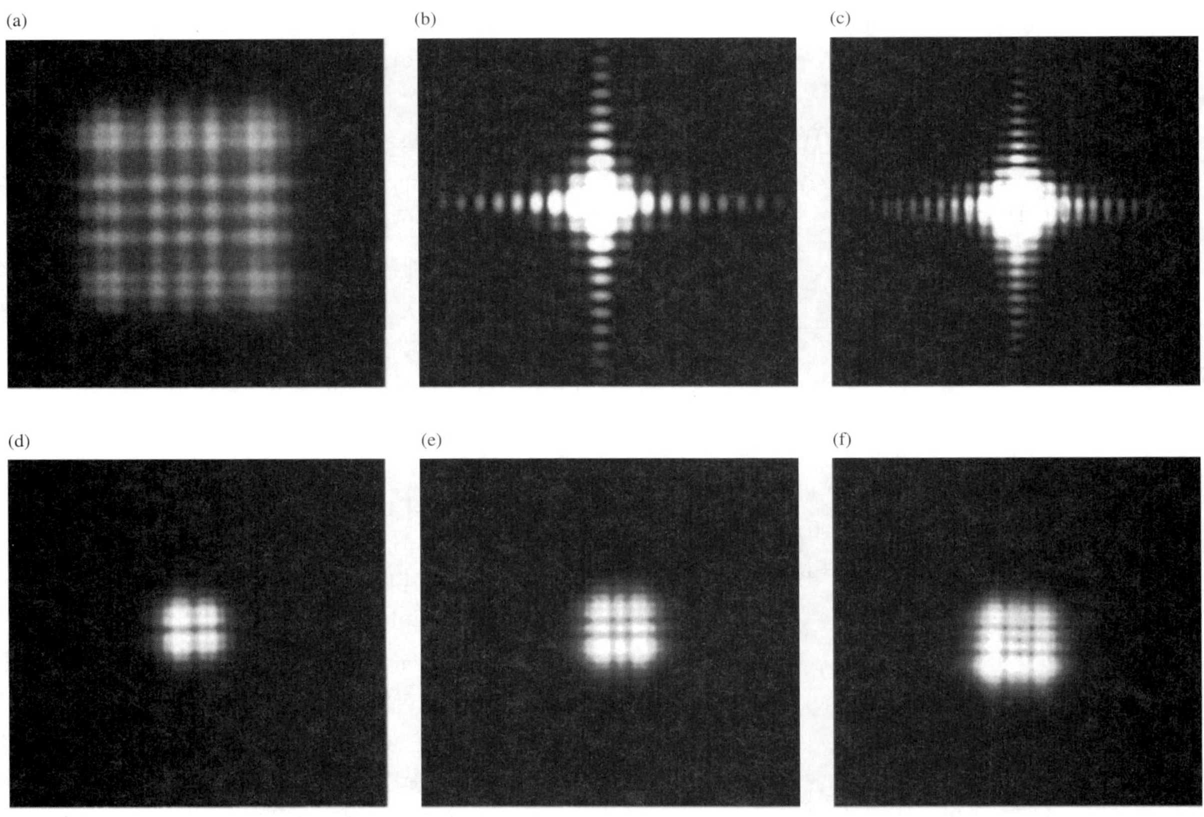

(a) 정사각형 구멍에 의한 전형적인 프레넬 회절 무늬. (b)~(f) 동일한 조건 아래에서 구멍의 크기를 증가시킬 때 나타나는 일련의 프레넬 회절 무늬. 구멍이 커짐에 따라 회절 무늬가 프라운호퍼 회절같이 퍼진 분포를 갖다가 훨씬 더 집중된 구조로 변화하는 것을 유의하라. (E.H.)

($\lambda = 500\,\text{nm}$, $r_0 = 4\,\text{m}$, 입사광은 평면파). 구멍의 중심 바로 반대편에 있는 점 P의 복사 조도를 구하고자 하는데, 이 경우에 $u_1 = -1.0$, $u_2 = 1.0$이다. 변수 u는 곡선을 따라 측정된 것이므로 나선 위에서 w는 u로 바뀐다. O_s로부터 거리가 u_1과 u_2인 나선 위의 두 점을 찾는다. (P가 구멍의 중심 반대편에 있기 때문에 이들은 O_s에 대하여 대칭을 이룬다.) 그림 10.73에 보인 것과 같이 이들을 $\tilde{B}_1(u)$와 $\tilde{B}_2(u)$로 표시하자. $\tilde{B}_1(u)$로부터 $\tilde{B}_2(u)$에 이르는 위상자 $\tilde{\mathbf{B}}_{12}(u)$는 바로 복소수 $\tilde{B}_2(u) - \tilde{B}_1(u)$, 즉

$$\tilde{\mathbf{B}}_{12}(u) = [\mathscr{C}(u) + i\mathscr{S}(u)]_{u_1}^{u_2}$$

이고 $\tilde{E}_P$에 대한 식 (10.102)의 첫째 항이다. 마찬가지로 $v_1 = -1.0$, $v_2 = 1.0$에 대하여 $\tilde{B}_2(v) - \tilde{B}_1(v)$는

$$\tilde{\mathbf{B}}_{12}(v) = [\mathscr{C}(v) + i\mathscr{S}(v)]_{v_1}^{v_2}$$

로서 $\tilde{E}_P$의 뒷부분이다. 이들 두 복소수의 크기는 바로 적절한 $\tilde{\mathbf{B}}_{12}$-위상자의 길이로서 자를 이용하여 그림에서 읽을 수 있다. 그러면 복사 조도는 단순히

$$I_P = \frac{I_u}{4}\,|\tilde{\mathbf{B}}_{12}(u)|^2|\tilde{\mathbf{B}}_{12}(v)|^2 \qquad (10.106)$$

로서 문제는 해결된 것이다. 나선을 따른 호의 길이, 즉 $\Delta u = u_2 - u_1$과 $\Delta v = v_2 - v_1$은 y, z 방향이 구멍의 크기에 각각 비례한다는 것을 염두에 두기 바란다. 따라서 **관찰면에서 P의 위치에 관계없이 호의 길이는 일정하다.** 반면에 호의 길이에 해당하는 위상자 $\tilde{\mathbf{B}}_{12}(u)$와 $\tilde{\mathbf{B}}_{12}(v)$는 일정하지 않고 P의 위치에 따라 달라진다.

P의 위치를 구멍 중심 맞은편으로 하고 구멍의 크기를 변화시킬 수 있다고 생각해 보자. 구멍이 서서히 커지면 Δv와 Δu도 따라서 증가한다. 곡선의 끝점 $\tilde{B}_1$과 $\tilde{B}_2$는 각각 $\tilde{B}^-$와 $\tilde{B}^+$를 향하여 반시계 방향으로 나선 모양을 따른다. 위상자 $\tilde{\mathbf{B}}_{12}(u)$와 $\tilde{\mathbf{B}}_{12}(v)$는 이 경우에 대칭성으로 인하여 동일한데, 이들은 일련의 최대, 최소를 갖는다. 따라서 회절 무늬의 중심점은 점차적으로 어두워졌다가 밝아지는 과정을 반복한다. 이때 회절 무늬도 사진(앞쪽 사진 참조)과 같이 아름답게 뒤얽힌 모양으로 변한다. 주어진 구멍 크기에 대한 회절 무늬는 P의 위치를 변화시킴으로써 구할 수 있다. 호의 길이는 그 길이가 Δv나 Δu인 한 가닥의 줄로 생각하는 것이 도움이 된다. 그것이 나선 위에 있고, 처음에는 O_s가 그 중간에 있다고 생각하라. 예를 들어 그림 10.70과 같이 P가 y-축을 따라 왼쪽으로 이동하면 y_1, 즉 u_1은 음(−)이면서 크기가 감소

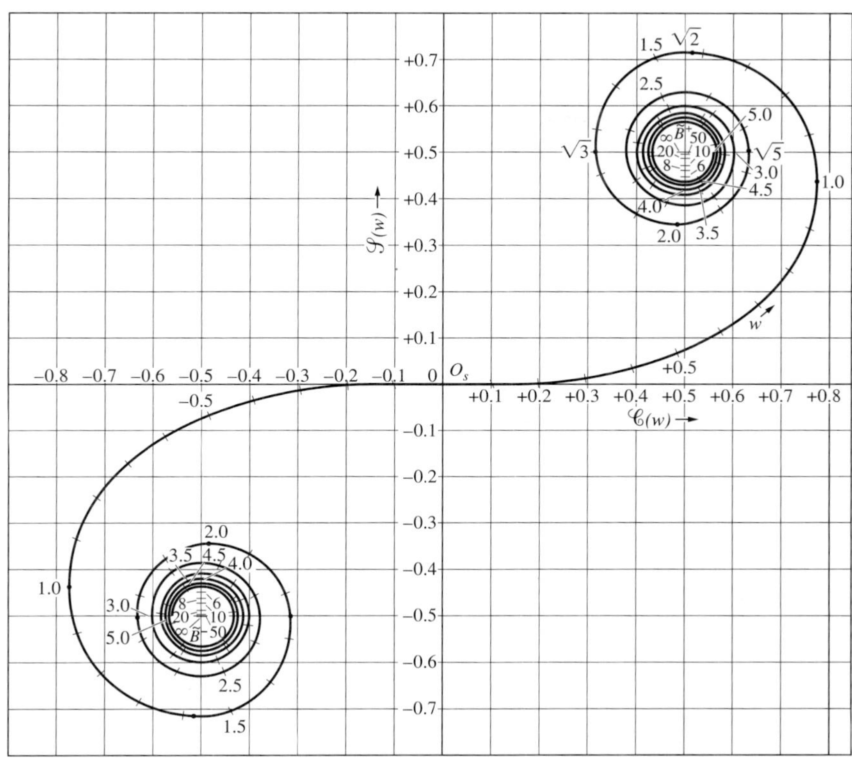

그림 10.72 코르뉘 나선

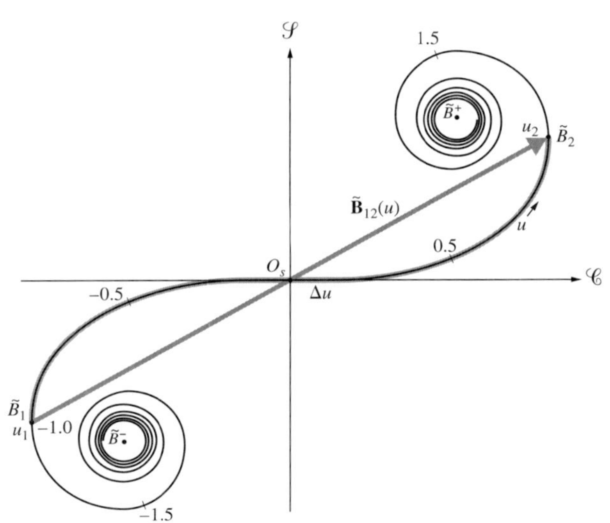

그림 10.73 코르뉘 나선

하고, y_2와 u_2는 양(+)이면서 크기가 증가한다. 그 결과 Δu-줄은 나선을 따라 위로 올라가게 된다. Δu-줄의 양 끝점 사이의 거리가 변하므로 $|\tilde{\mathbf{B}}_{12}(u)|$가 변하고 식 (10.106)의 복사 조도가 변하게 된다. P가 기하학적 그림자의 왼쪽 가장자리에 있을 때는 $y_1 = u_1 = 0$이다. 관찰점이 그림자 안에 있게 되면 u_1은 양(+)으로 증가하고 Δu-줄은 완전히 코르뉘 나선의 위쪽 절반에 있게 된다. u_1과 u_2가 계속 증가하면 줄은 $\tilde{B}^+$ 극한점 둘레로 더 촘촘히 감기게 된다. 그 양 끝 $\tilde{B}_1$과 $\tilde{B}_2$는 서로 더 가까워지고, 그 결과 $|\tilde{\mathbf{B}}_{12}(u)|$가 매우 작아지며, I_P가 기하학적 그림자 안에서 감소한다. (다음 절에서 상세히 다룰 것이다.) z-방향에 대해서도 같은 과정을 적용할 수 있다. Δv가 일정하고 $|\tilde{\mathbf{B}}_{12}(v)|$가 변한다.

만일 구멍이 완전히 열려서 자유 전파의 경우가 되면 $u_1 = v_1 = -\infty$가 되고 $\tilde{B}_1(u) - \tilde{B}_1(v) = \tilde{B}^-$와 $\tilde{B}_2(u) - \tilde{B}_2(v) = \tilde{B}^+$가 된다. 직선 $\tilde{B}^-\ \tilde{B}^+$는 $\mathscr{C}$-축과 45°의 각을 이루고 길이가 $\sqrt{2}$이다. 결과적으로 위상자 $\tilde{\mathbf{B}}_{12}(u)$와 $\tilde{\mathbf{B}}_{12}(v)$는 크기 $\sqrt{2}$와 위상 $\pi/4$를 갖는다. 즉 $\tilde{\mathbf{B}}_{12}(u) = \sqrt{2}\exp(i\pi/4)$, $\tilde{\mathbf{B}}_{12}(v) = \sqrt{2}\exp(i\pi/4)$이다. 따라서 식 (10.102)로부터

$$\tilde{E}_P = \tilde{E}_u e^{i\pi/2} \tag{10.107}$$

이 되고, 10.3.1절에서와 같이 $\pi/2$ 위상 불일치를 빼고는 자유 전파의 경우가 된다.* 마지막으로 식 (10.106)을 이용하면 $I_P = I_u$이 된다.

코르뉘 나선이 나타내는 바를 더욱 뚜렷하게 묘사하기 위하여 결맞는 선광원에 의한 원통형 파면을 보여 주는 그림 10.74를 생각해 보자. 여기서 다루는 내용은 진동 곡선을 유도할 때와 완전히 동일하다. 보다 여유 있는 논의를 원하는 독자는 10.3.2절을 다시 보기 바란다. 반지름이 $r_0 + \lambda/2$, r_0

*위상 불일치는 10.4절의 키르히호프 이론에 의하여 해결된다.

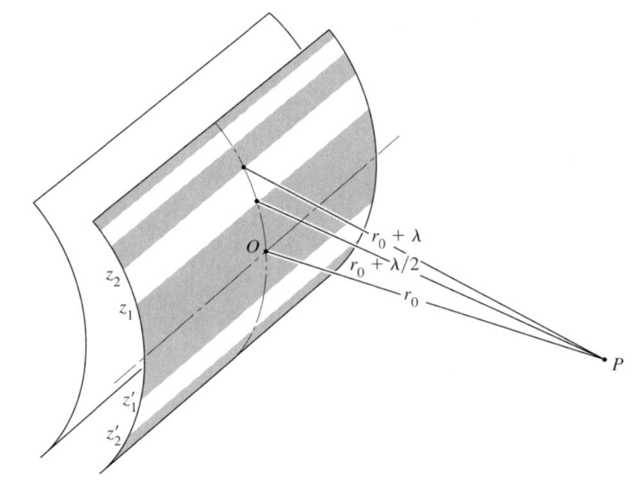

그림 10.74 원통형 파면 띠

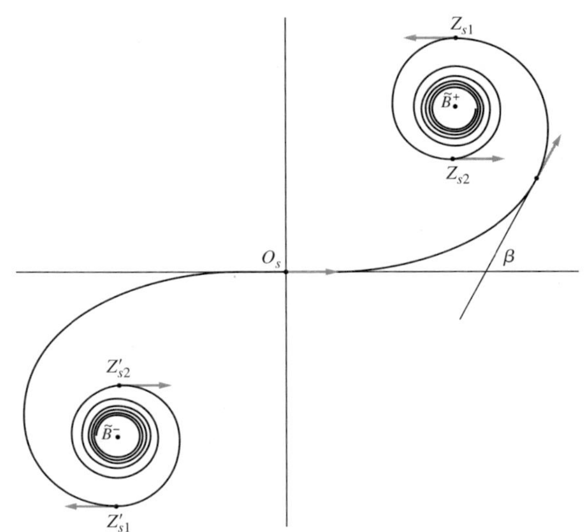

그림 10.75 원통형 파면에 대한 코르뉘 나선

$+ \lambda$, $r_0 + 3\lambda/2$ 등인 공용 축을 가진 일련의 원통의 **반주기적 직선띠**(half-period strip zone)로 파면을 분할하자. **이 직선띠의 영향은 면적에 비례하며 급격히 감소한다.** 이것은 원형띠판과는 다른데, 이들은 반지름이 증가하더라도 그 면적이 거의 일정하다. 각각의 띠를 앞에서와 비슷하게 상대적 위상차가 π/N인 N개의 작은 직선띠로 분할한다. 중심선 위에 있는 띠에 의한 진폭의 벡터합은 나선 모양의 다각형이다. $N \to \infty$이고 중심선 아래의 직선띠에 의한 영향을 포함시키면 다각형은 매끄러운 코르뉘 나선이 된다. 이것은 무한히 많은 점광원에 의한 무늬들이 서로 겹치도록 결맞는 선광원이 간섭 무늬를 발생시키므로 놀라운 일이 아니다.

그림 10.75는 나선 위의 여러 곳에서 접하는 단위 벡터들을 보여 준다. O_s에 있는 벡터는 파면 위의 점 O를 지나는 중앙축으로부터의 기여에 대응한다. 각 띠의 경계와 연관된 점들을 나선 위에서 알아낼 수 있는데, 이는 그러한 점에서 상대 위상 β가 π의 정수배가 되기 때문이다. 예를 들면 그림 10.75의 점 Z_{s1}은 그림 10.74의 파면 위에 있는 z_1에 관계되는데, 정의에 따라 O_s와 180°의 위상차를 갖는다. 그러므로 Z_{s1}은 $w = \sqrt{2}$이고 따라서 $\beta = \pi w^2/2 = \pi$인 나선의 꼭대기에 있는 것이다.

장애물의 효과를 분석할 때 이 직선띠들이 가로막는다고 상상하면 도움이 된다. 이런 사실을 유익하게 활용하면 적절한 띠로 구성된 실제로 사용되는 직선띠판을 만들 수 있다.

10.3.8 슬릿에 의한 프레넬 회절

직사각형 구멍에 의한 회절을 연장하면 슬릿에 의한 프레넬 회절을 다룰 수 있다. 그림 10.76과 같이 y_1과 y_2를 O로부터 멀리 이동시킴으로써 직사각형을 길게 늘이기만 하면 된다. 슬릿의 양 끝에 있는 가장자리가 실질적으로 무한히 멀리 있는 경우, y-축을 따라 관찰점을 이동시키면 $u_2 \approx \infty$, $u_1 \approx -\infty$이고 $\tilde{\mathbf{B}}_{12}(u) \approx \sqrt{2}\ e^{i\pi/4}$이다. 점광원 또는 입사광이 평면파일 경우, 식 (10.106)으로부터

$$I_P = \frac{I_u}{2} |\tilde{\mathbf{B}}_{12}(v)|^2 \tag{10.108}$$

이 되고 회절 무늬는 y에 무관하다. 슬릿 폭을 정하는 z_1과 z_2의 값은 $\tilde{\mathbf{B}}_{12}(v)$를 결정하는 중요한 변수인 $\Delta v = v_2 - v_1$을 결정한다. 길이 Δv가 와선 위에 있다고 상상해 보자. 점 O 맞은편에 있는 P에서 구멍의 대칭성에 의해 O_s는 줄의 중심에 있게 된다(그림 10.77). $|\tilde{\mathbf{B}}_{12}(v)|$의 길이를 측정하여 식 (10.108)에 대입하면 I_P를 얻게 된다. 점 P_1에서 z_1과 v_1은 음(−)으로 크기가 감소하고, z_2와 v_2는 양(+)으로 크기가 증가한다. 줄이 그림 10.77과 같이 나선을 따라 올라가므로 $|\tilde{\mathbf{B}}_{12}(v)|$는 줄어든다. 관찰점이 그림자 속으로 내려가면 줄은 $\tilde{\mathbf{B}}^+$ 둘레를 감아서 $|\tilde{\mathbf{B}}_{12}(v)|$는 일련의 최대, 최소를 갖게 된다. 만일 Δv가 작으면 줄도 짧으므로 $|\tilde{\mathbf{B}}_{12}(v)|$의 길이는 나선 자체의 곡률 반지름이 작을 때만 감지할 수 있는 정도로 감소한다. 이는 $\tilde{B}^+$ 또는 $\tilde{B}^-$ 근처, 즉 그림자 깊은 곳에서 일어난다. 그러므로 구멍이 작으면 그 가장자리에서 먼 곳까지 빛이 있게 된다. 또한 Δv가 작으면 중앙 최대 밝은 부분이 넓어진다는 것을 유의하라. Δv가 1에 비하여 매우 작으면 $r_0\lambda$가 구멍의 폭보다 훨씬 크므로 사실상 프라운호퍼 회절이 된다. w가 클 때 프레넬 적분이 삼각 함수 모양으로 된다는 것을 알게 되면 식 (10.108)이 식 (10.17) 모양으로 변하는 것이 더 그럴듯하다(연습문제 10.85 참조).

슬릿이 넓어질 때 Δv가 증가하므로 고정된 r_0에 대하여 슬

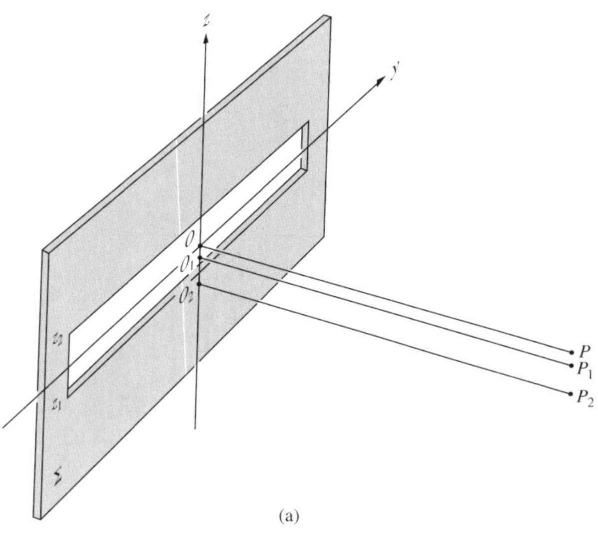

(a)

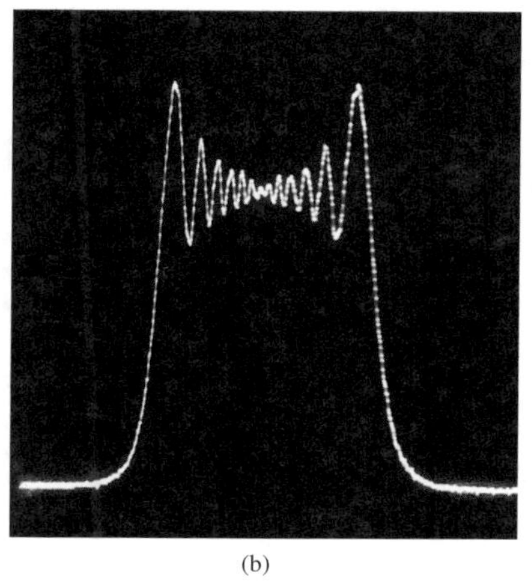
(b)

그림 10.76 (a) 단일 슬릿 구성. (b) 넓은 슬릿에 매우 가까운 곳에서의 전형적 근거리 복사 조도 분포. 슬릿은 헬륨-네온 레이저광으로 비추었으며 무늬는 광다이오드로 측정하였다. 수평축은 그림의 z-축에 평행하다. (W. Klein, I. Physikalisches Institut, Koln, Germany)

릿 중심 반대편에 있는 점에 있어서 그림 10.78과 같은 상황이 될 수 있다. 관찰점을 위, 아래로 움직이면 Δv는 나선을 따라 아래, 위로 이동한다. 이때 두 경우 모두 호의 길이가 증가하므로 회절 무늬의 중심은 상대적으로 최소가 되어야 한다. 또한 프라운호퍼 회절과는 달리 슬릿의 기하학적 상 안에 줄무늬가 있게 된다.

그림 10.79는 $|\tilde{\mathbf{B}}_{12}(w)|^2$을 $(w_1 + w_2)/2$, 즉 호의 길이 Δw의 중심점에 대하여 그린 것이다. (기호 w는 u 또는 v를 나타낸다는 것을 상기하라.) Δw가 대략 1~10의 범위일 때 관심의 대상이 된다. 이 곡선들은 먼저 Δw를 정하고, 코르뉘 나선에서 Δw가 움직일 때 적절한 $|\tilde{\mathbf{B}}_{12}(w)|$ 값을 읽어 계산한다. 긴 슬릿에 대하여

$$I_P = \frac{I_u}{2}|\tilde{\mathbf{B}}_{12}(v)|^2 \qquad [10.108]$$

이고, Δz가 Δv에 대응하는 슬릿의 폭이므로 그림 10.79의 각 곡선은 주어진 슬릿의 **복사 조도 분포에 비례한다**. 예를 들면, 그림 10.79a에서 $\Delta v = 2.5$일 때 $|\tilde{\mathbf{B}}_{12}(v)|^2$을 $(v_1 + v_2)/2$에 대하여 읽을 수 있다. 수평축은 슬릿 중심으로부터 관찰점의 변위인 $(z_1 + z_2)/2$를 나타낸다. 그림 10.79b에서는 $\Delta w = 3.5$인데, $\Delta v = 3.5$인 슬릿은 기하학적 상 안에 회절 무늬를 갖는다(연습문제 10.84). 이 곡선을 명백하게 Δz나 Δy 값에 대하여 그릴 수도 있지만 이렇게 되면 ρ_0, r_0, λ가 불필요하게 한 세트로 제한될 것이다.

슬릿이 더 넓어지면(그림 10.80) Δv는 10에 접근한 다음 더 커지게 된다. 기하학적 상 안에 더 많은 줄무늬가 나타나

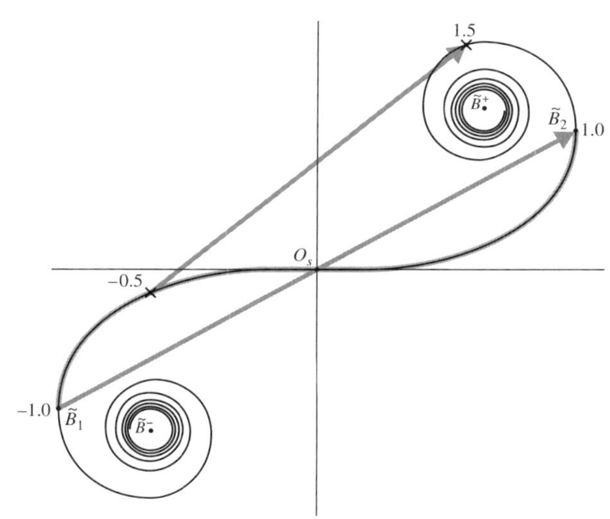

그림 10.77 슬릿에 대한 코르뉘 나선

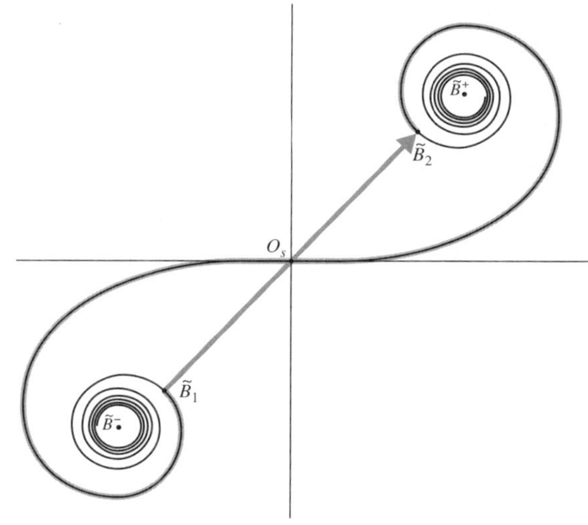

그림 10.78 슬릿 회절 무늬에서 복사 조도의 최소. O_s 주변 중심부가 열려있고 빛을 통과시킨다.

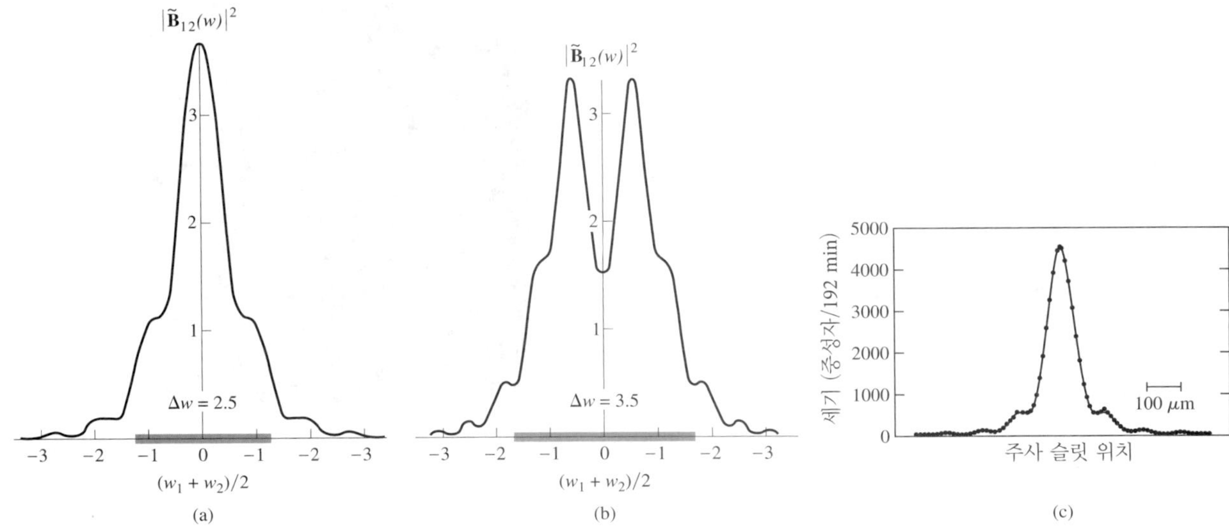

그림 10.79 (a) Δw = 2.5와 (b) Δw = 3.5인 경우, $|\tilde{B}_{12}(w)|^2$을 $(w_1 + w_2)/2$에 대하여 그린 것. (c) 단일 슬릿을 통과하는 중성자 빔에 대한 프레넬 회절. (R. Gähler and A. Zeilinger, "Wave-optical experiments with very cold neutrons," *Am. J. Phys* **59**, (4), 316 (1991). American Association of Physics Teachers.)

며, 회절 무늬는 더 이상 기하학적 상을 넘어 감지할 수 있을 정도로 확대되지 않는다(10.3.9절).

직사각형 구멍에 대해서도 같은 해석방법을 적용할 수 있고 그림 10.79에 있는 곡선도 사용할 수 있다.

슬릿에 의한 프레넬 회절을 쉽게 관찰하려면 팔 길이 정도의 거리에 두 손가락으로 길고 좁은 슬릿을 만든다. 다음으로 다른 손으로 눈 가까이에 비슷한 평행한 슬릿을 만든다. 대낮의 하늘이나 큰 전등과 같은 **밝은 광원**으로 멀리 있는 슬릿을 비추고 슬릿에 가까이 있는 구멍을 통해 회절을 관찰한다. 이때 멀리 있는 슬릿은 넓어지고, 손가락의 줄무늬가 나타나는 것을 볼 수 있다.

예제 10.13

그림 10.76a의 경우 폭이 0.7 mm인 길고 좁은 수평 슬릿을 생각해 보자. 그림 10.72와 같은 코르뉘 나선을 이용해서 O에서부터 1.0 m 떨어진 P에서의 복사 조도와 구멍 스크린이 없을 때 복사 조도의 대략적인 비율을 구하라. 이때 슬릿을 비추는 빛의 파장은 600 nm이다.

풀이

복사 조도는 아래와 같은 식 (10.108)로 계산할 수 있다.

$$\frac{I_P}{I_u} = \tfrac{1}{2}|\tilde{\mathbf{B}}_{12}(v)|^2$$

우선 이로부터 v를 구하면

$$v = z\left(\frac{2}{\lambda r_0}\right)^{1/2}$$

이고

$$v = z\left[\frac{2}{600 \times 10^{-9}(1.0\,\text{m})}\right]^{1/2} = z(1825.7)$$

이다. $z = \pm\frac{1}{2}(0.70\,\text{mm})$이므로

$$v_1 = -0.64 \text{ 및 } v_2 = +0.64$$

이다. 나선 위의 각 부분이 0.1이 되는 −0.64에 있는 나선 위에 점을 찍으면 이 점이 $\tilde{B}_1$이다. 다음에 $\tilde{B}_2$가 되는 +0.64에 점을 찍는다. $\tilde{B}_1$부터 $\tilde{B}_2$까지의 위상자는 $\tilde{\mathbf{B}}_{12}$이다. 종이의 가장자리에 길이를 표시한 다음 코르뉘 나선 그래프의 어느 한 축을 사용하여 비율에 맞게 길이를 결정한다. 이때 길이는 $|\tilde{\mathbf{B}}_{12}| \approx 1.25$이고,

$$\frac{I_P}{I_u} = \tfrac{1}{2}|\tilde{\mathbf{B}}_{12}|^2 \approx 0.78$$

이다.

10.3.9 불투명한 반무한 스크린

이제 그림 10.76a에서 Σ의 위쪽 절반을 제거하여 투명한 반무한대 평면 스크린을 만든다. 이는 단순히 $z_2 = y_1 = y_2 = \infty$로 하면 된다. 원래 사용했던 근사를 염두에 두고 관찰점은 스크린의 가장자리에 가깝도록 제한한다. $v_2 = u_2 = \infty$, $u_1 = -\infty$이므로 식 (10.104) 또는 식 (10.108)로부터

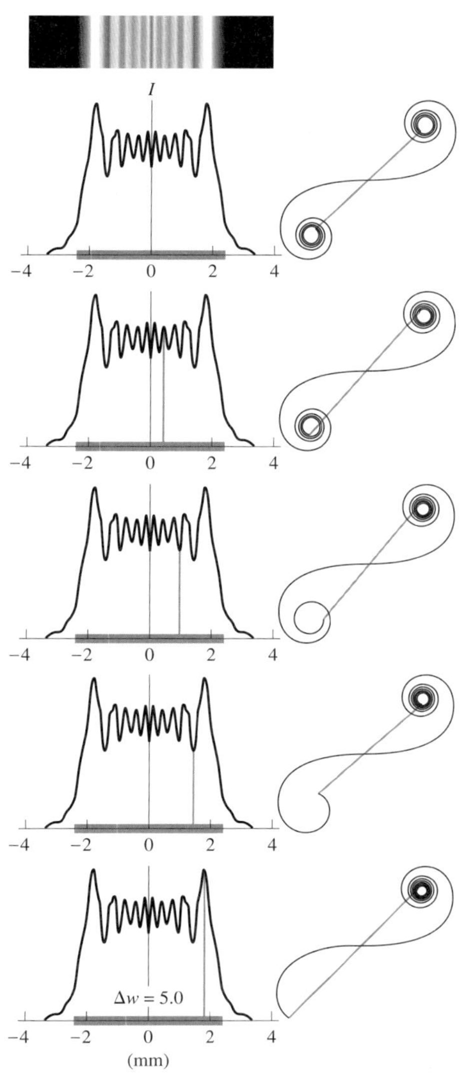

그림 10.80 5.0 mm 폭의 수직 슬릿에 의한 프레넬 회절. 각각의 동일한 복사 조도 분포는 회절을 계산하는 지점에 대응하는 수직 회색 선을 갖는다. 관련된 코르뉘 나선의 위상자는 여러 위치에서 서로 다른 진폭을 보여 준다. ("Single-Slit Diffraction Pattern," Wolfram Demonstrations Project, http://demonstrations.wolfram.com/ Hans-Joackim Domke and Martin Domke이 기여함)

$$I_P = \frac{I_u}{2}\{[\tfrac{1}{2} - \mathscr{C}(v_1)]^2 + [\tfrac{1}{2} - \mathscr{S}(v_1)]^2\} \qquad (10.109)$$

가 된다. 점 P가 가장자리 바로 맞은편에 있을 때 $v_1 = 0$, $\mathscr{C}(0) = \mathscr{S}(0) = 0$이므로 $I_P = I_u/4$이다. 이는 예상할 수 있는 결과인데, 그 이유는 파면의 절반이 가로막히므로 광학 교란의 진폭은 절반이 되고 복사 조도는 1/4이 되기 때문이다. 이것은 그림 10.81과 10.82의 점 (3)에서 일어난다. 기하학적 그림자 속으로 이동하여 점 (2), 그다음 점 (1), 그리고 더 깊숙이 들어가면 $|\tilde{\mathbf{B}}_{12}(v)|^2$는 분명히 점차적으로 감소한다(연습문제 10.85). 이 영역에서는 복사 조도의 진동이 존재하지 않는다. 복사 조도는 단지 급격히 감소할 뿐이다. (3) 위에

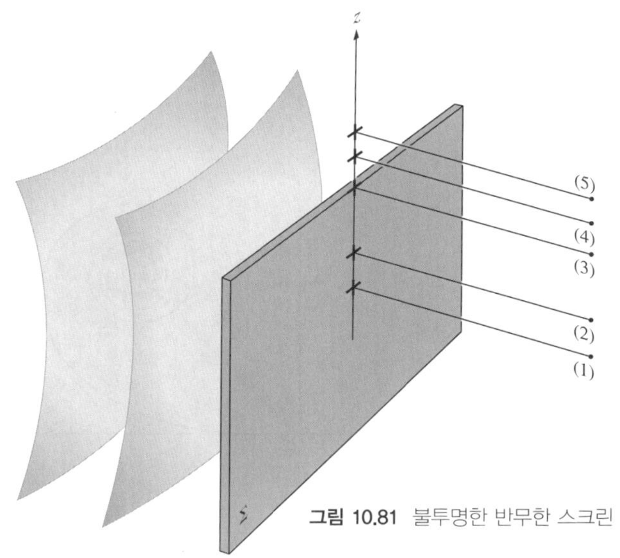

그림 10.81 불투명한 반무한 스크린

있는 점들에 대해서는 스크린 가장자리가 밑에 있게 되므로 $z_1 < 0$ 그리고 $v_1 < 0$이다. 대략 $v_1 = -1.2$일 때, $|\tilde{\mathbf{B}}_{12}(v)|^2$는 최대이고 복사 조도도 최대가 된다. 그로부터 I_P는 I_u에 대하여 진동하며 그 크기가 점차적으로 줄어든다. 민감한 전자적 방법을 사용하면 수백 개의 줄무늬를 관찰할 수 있다.*

사진의 회절 무늬는 극한 경우인 매우 넓은 슬릿($\Delta v \gtrsim 10$)의 가장자리 근처에서도 나타날 것이다. 기하광학적인 복사 조도 분포는 $\lambda \to 0$일 때만 나타난다. λ가 감소할 때 실제로 줄무늬는 가장자리 쪽으로 움직이고 더 촘촘해지게 된다.

슬릿을 큰 전등 앞 팔 길이 정도에 두고 광원으로 사용하면 직선자 모양의 회절 무늬를 관찰할 수 있다. 예를 들어 검게 칠한 현미경 슬라이드나 면도날처럼 불투명한 물체를 눈에 아주 가까이한다. 물체의 가장자리가 그에 평행한 슬릿 앞에 있을 때 일련의 줄무늬가 나타난다.

10.3.10 좁은 장애물에 의한 회절

좁은 단일 슬릿에 관하여 논의했던 것을 참고하여 슬릿이 불투명하고 스크린이 투명한 상보적인 경우를 생각해 보자. 예를 들어 수직한 불투명 철사를 생각해 보자. 철사의 중심 바로 반대편에 있는 점에서는 y_1에서 $-\infty$까지와 y_2에서 $+\infty$까지에 이르는 2개의 분리된 영역이 영향을 미친다. 코르뉘 나선 위에서 이들은 u_1에서 $\tilde{B}^-$와 u_2에서 $\tilde{B}^+$까지의 2개 호의 길이에 대응한다. 관찰면 위의 점 P에서 광학 교란의 진폭은 그림 10.83과 같이 두 위상자 $\overrightarrow{B^-u_1}$과 $\overrightarrow{u_2B^+}$의 **벡터**합의 크기이다. 불투명한 원판과 마찬가지로 대칭성에 의하여 중앙축을 따라 조명된 영역이 항상 있다. 이 사실은 나선으로부터 볼 수

*J. D. Barnett and F. S. Harris, Jr., *J. Opt. Soc. Am.* **52**, 637 (1962).

있는데 P가 중앙축에 있으면 $\overrightarrow{B^-u_1} = \overrightarrow{u_2B^+}$이므로 그 합은 0이 될 수 없다. 호의 길이 Δu는 가려진 영역을 나선에서 나타내는데 이는 철사가 굵어지면 증가한다. 두꺼운 철사의 경우 u_1은 $\tilde{B}^-$, u_2는 $\tilde{B}^+$에 접근하고 위상자의 길이가 짧아지므로 그림자 중앙부의 복사 조도가 감소한다. 이것은 사진에 분명히 보이는데, 여기서 회절 무늬는 연필심과 지름이 1/8 인치인 막대의 것이다. 관찰면 위의 점 P에 작은 복사 조도 센서 또는 필름을 놓았다고 생각해 보자. P가 중심축으로부터 오른쪽으로 이동할 때 y_1과 u_1은 음(−)이면서 크기가 증가하고, y_2와 u_2는 양(+)이면서 크기가 감소한다. 불투명한 영역 Δu는 나선을 따라 내려온다. 센서가 기하학적 그림자의 오른쪽 가장자리에 있을 때 $y_2 = 0$, $u_2 = 0$, 다시 말하면 u_2가 O_s에 있게 된다. 만일 철사가 가늘다면, 즉 Δu가 작으면 u_2가 O_s에 접근할 때 센서가 기록하는 복사 조도는 점차적으로 감소한다는 것을 유의하라. 반면에 철사가 굵으면 Δu가 크고 u_1과 u_2도 크다. Δu가 나선을 따라 내려올 때 두 위상자는 여러 바퀴를 회전하는데 이때 위상이 같아지기도 하고 달라지기도 한다. 이 결과로 가운데 사진에서 분명히 볼 수 있는 바와 같이 기하학적 그림자 내부에 최대, 최소가 추가적으로 생기게 된다. 사실상 내부 줄무늬 간격은 막대 굵기의 역으로 변화되며, 이 무늬는 막대의 가장자리에서 반사된 두 파가 영의 실험에서와 같이 간섭하여 나타나는 것과 같다.

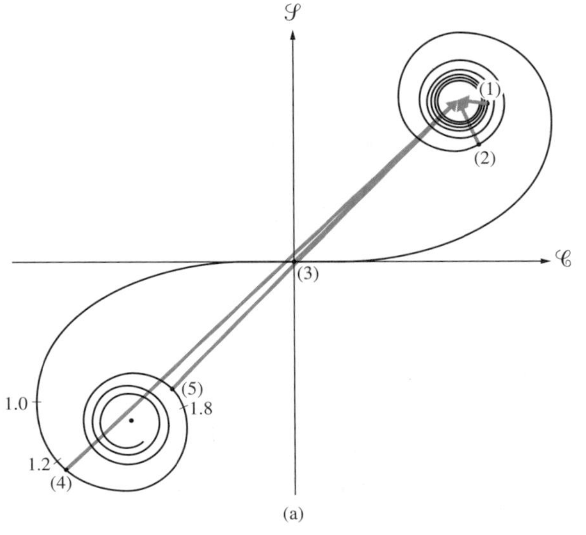

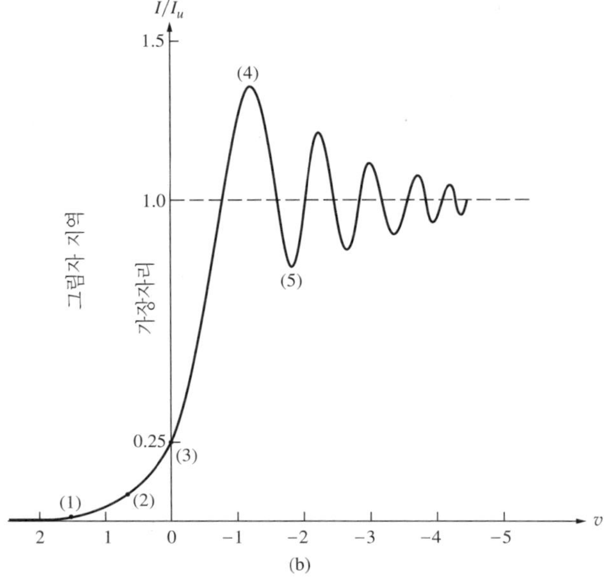

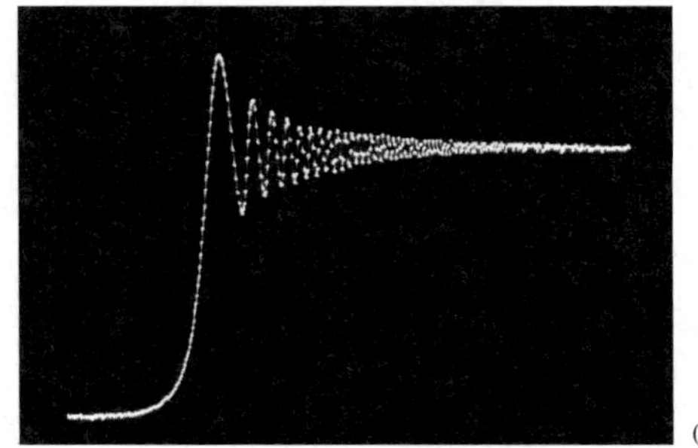
(c)

그림 10.82 (a) 반무한 스크린에 대한 코르뉘 나선. (b) (a)의 경우에 대하여 계산한 복사 조도 분포. (c) 헬륨-네온 레이저로 비추고 광다이오드로 측정한 (a)의 복사 조도. (W. Klein, I. Physikalisches Institut, Koln, Germany)

예제 10.14

폭이 0.70 mm인 길고 좁은 불투명한 사각형 물체가 수평으

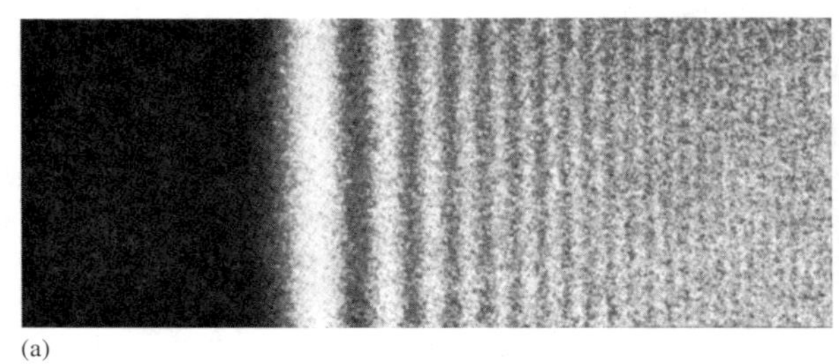
(a)

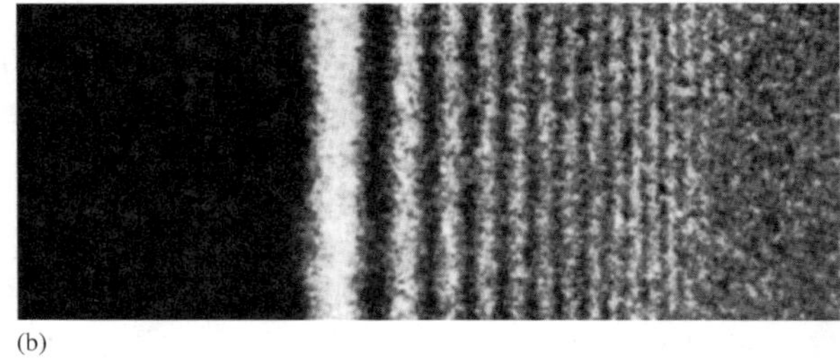
(b)

(a) 빛에 의한 반무한 스크린의 회절 무늬 (Francis Weston Sears, *Optics*, © 1949, Addison-Wesley, Reading, MA. Pearson Education). (b) 전자에 의한 반무한대 MgO 결정의 프레넬 회절 무늬. 전자가 광자와 같이 행동한다.(*Handbuch der Physik*, edited by S. Flügge, Springer-Verlag, Heidelberg.)

(a)

(b)

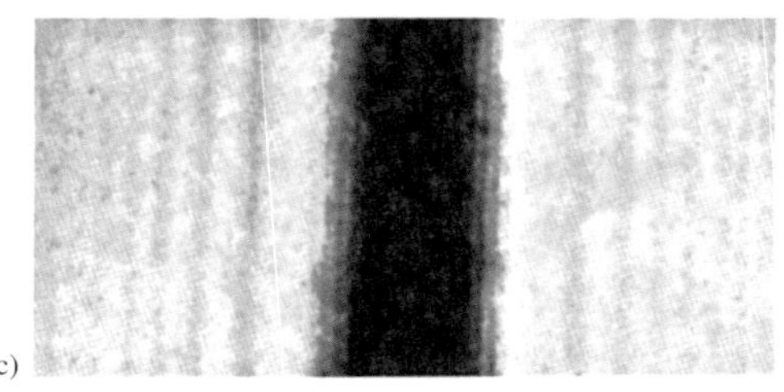

(c)

(a) 자동 연필심에 의한 그림자 무늬. (E.H) (b) 지름이 1/8인치인 막대에 의한 무늬. (E.H.) (c) 물질파의 회절. 지름이 2μm 금속화된 석영 필라멘트의 프레넬 전자 회절 무늬. (O.E. Klemperer, *Electron Physics*, Butterworths, [1972] pp. 188–191.)

로 놓여 있다. 그림 10.72와 같은 코르뉘 나선을 이용해서 (사각형의 중심 O에서 1.0 m 떨어진) 중심축 위의 점 P에서의 복사 조도와 구멍 스크린을 제거한 후 P에서의 복사 조도의 대략적인 비를 구하라. 이때 물체를 비추는 빛의 파장은 600 nm이다.

풀이

장애물 위와 아래에서 출발하는 빛에 대한 위상자 2개를 생각할 수 있다. 즉 위상자는 $\tilde{B}^-$에서 $\tilde{B}_1$까지와 $\tilde{B}_2$에서 $\tilde{B}^+$까지에 대한 것이고, v_1과 v_2를 구해서 $\tilde{B}_1$과 $\tilde{B}_2$의 위치를 정해야 한다. 따라서

$$v = z\left(\frac{2}{\lambda r_0}\right)^{1/2}$$

이기 때문에

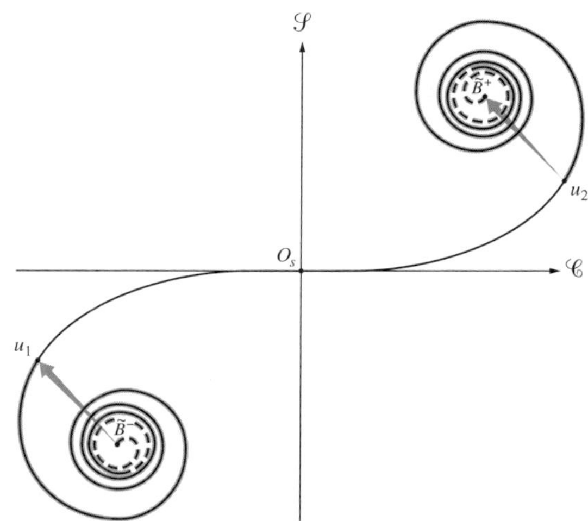

그림 10.83 좁은 장애물에 적용된 코르뉘 나선. O_s 근처의 중심부는 가려져 있고 빛을 통과시키지 않는다.

$$v = z\left[\frac{2}{600 \times 10^{-9}(1.0\,\text{m})}\right]^{1/2} = z(1825.7)$$

이고, $z = \pm\frac{1}{2}(0.70\,\text{mm})$이므로

$$v_1 = -0.64 \quad \text{및} \quad v_2 = +0.64$$

이다. 나선 위의 0.64와 +0.64에 점을 찍으면 이것이 각각 $\tilde{B}_1$과 $\tilde{B}_2$이다. $|\tilde{B}_{-1}| = |\overrightarrow{B^-B_1}|$과 $|\tilde{B}_{1+}| = |\overrightarrow{B_1B^+}|$은 서로 같고, 약 0.38이다. 위상자들은 평행하기 때문에 알짜 진폭 $|\tilde{\mathbf{B}}| \approx 0.76$이고

$$\frac{I_P}{I_u} = \tfrac{1}{2}|\tilde{\mathbf{B}}|^2 \approx 0.29$$

이다.

10.3.11 바비네 원리

한 스크린의 투명한 영역이 다른 스크린의 불투명한 영역에 정확히 대응하고 그 역도 성립할 때 이들 2개의 회절 스크린을 **상보적**(complementary)이라고 한다. 이러한 스크린들을 겹치면 그 결과가 완전히 불투명한 스크린이 된다는 것은 분명하다. 상보적 스크린 $\boldsymbol{\Sigma}_1$ 또는 $\boldsymbol{\Sigma}_2$가 각각 놓였을 때 P에 도달하는 스칼라 광학 교란을 각각 E_1 또는 E_2라고 하자. 각 구멍의 기여는 그 구멍의 면적에 대하여 적분하여 결정한다. 두 **구멍**이 동시에 있다고 가정하면 불투명한 부분이 전혀 없을 것이다. 적분 구간이 무한대가 되고 자유 전파된 광학 교란은 E_u를 얻게 되므로

$$E_1 + E_2 = E_u \tag{10.110}$$

가 되는데 이를 **바비네 원리(Babinet's Principle)**라고 한다. 투명한 슬릿과 좁고 불투명한 장애물에 대한 코르뉘 나선을 보여 주는 그림 10.78과 그림 10.83을 자세히 관찰해 보라. 이들이 상보적일 때 그림 10.84는 바비네 원리를 매우 분명히 보여 준다. 좁은 장애물에 의한 위상자 $(\overrightarrow{B^-B_1} + \overrightarrow{B_2B^+})$를 슬릿에 의한 $\overrightarrow{B_2B_1}$에 합하면 자유 전파된 위상자 $\overrightarrow{B^-B^+}$를 얻는다.

이 원리는 $E_0 = 0$일 때 $E_1 = -E_2$임을 의미한다. 다시 말하면 이 광학자의 크기는 완전히 같고 180° 위상차를 가진다. 따라서 Σ_1 또는 Σ_2를 하나 놓았을 때 완전히 같은 복사 조도 분포를 나타내므로 참으로 흥미로운 결과이다. 그러나 점광원으로부터 자유 전파되었을 때 진폭이 0인 점이 없으므로(즉 모든 점에서 $E_u \neq 0$) 이 원리가 정확히 성립할 수 없다는 것은 분명하다. 그렇지만 그림 10.6에서와 같이(Σ_1과 Σ_2는 없음) 완벽한 렌즈에 의해 점광원의 상이 P_0에 맺힌다면 P_0 바로 근처 너머(에어리 원판을 넘어) 실질적으로 진폭이 0인 넓은 영역이 있어서 $E_1 + E_2 = E_u = 0$ 이 된다. 그러므로 상보적 스크린이 동일한 복사 조도 분포, 즉 $E_1 = -E_2$(점 P_0은 제외)를 나타내는 것은 프라운호퍼 회절의 경우에 국한된다. 비록 복사 조도들 사이에 단순한 관계가 성립하지 않지만, 그럼에도 불구하고 식 (10.110)은 프레넬 회절에 적용된다. 이에 대한 예는 그림 10.84의 슬릿과 좁은 장애물의 경우이다. 더구나 원형 구멍과 원판에 대해서는 그림 10.85를 살펴보라. 회절 무늬는 동등하지 않지만 식 (10.110)은 다시금 분명히 적용된다.

프라운호퍼 회절에 적용되었을 때 바비네 원리의 아름다움이 가장 분명해지며, 상보적 스크린에 의한 회절 무늬가

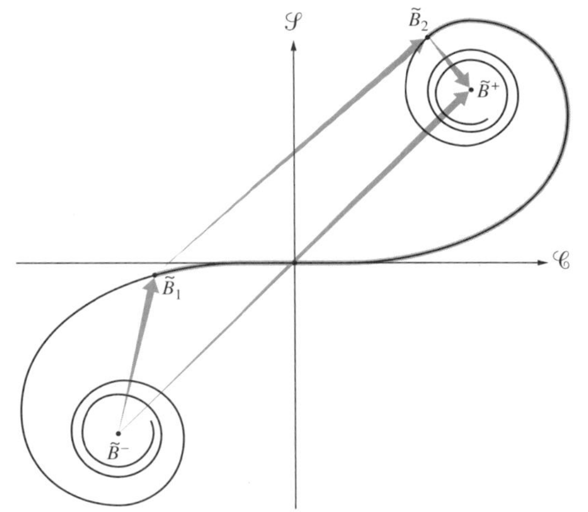

그림 10.84 바비네 원리를 보여주는 코르뉘 나선

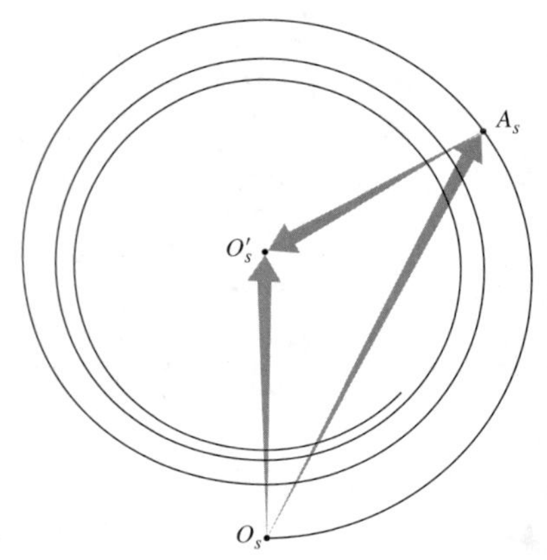

그림 10.85 바비네 원리를 보여 주는 진동 곡선

그림 10.86에서 거의 동일하다.

10.4 키르히호프의 스칼라 회절 이론

이제까지 여러 가지 회절 문제를 비교적 단순한 하위헌스-프레넬 이론의 범주에서 상당히 만족스럽게 취급해 왔다. 그러나 이러한 분석의 기반이 되는 가공의 점광원들로 뒤덮인 가상적인 면은 근본 원리로부터 유도된 것이 아니고 자명한 것이라고 가정했을 뿐이다. 키르히호프 이론에 따르면 이러한 결과들이 **스칼라** 미분 파동 방정식으로부터 실제로 유도될 수 있다는 것을 알 수 있다.

이제부터 논의는 다소 형식적이고 복잡해진다. 따라서 여러 부분을 부록으로 넘겼으며, 부록에서 간명하고 읽기 쉬운 대신 수학적으로 엄밀함을 추구할 수 있다.

단색 점광원의 분포를 다룰 때 이전에는 개개의 파동을 합성함으로써 점 P의 합성 광학 교란, 즉 E_P를 계산하였다. 그러나 퍼텐셜(potential) 이론에 기초한 완전히 다른 접근방법이 있다. 여기에서는 광원 자체를 다루는 것이 아니라, P를 둘러싸는 임의의 폐곡면 위에서의 스칼라 광학 교란과 그 미분을 다루는 것이다. 푸리에 해석을 사용하여 구성 주파수를 분리할 수 있다고 가정하고, 한 번에 하나의 주파수만을 다룬다. 단색 광학 교란 E는 미분 파동 방정식

$$\nabla^2 E = \frac{1}{c^2}\frac{\partial^2 E}{\partial t^2} \tag{10.111}$$

의 해이다. 파동의 공간적 특성을 정확히 지정하지 않고

$$\tilde{E} = \tilde{\mathscr{E}} e^{-ikct} \tag{10.112}$$

와 같이 쓸 수 있다. 여기에서 $\tilde{\mathscr{E}}$는 광학 교란의 복소 공간 부분을 나타낸다. 식 (10.112)를 파동 방정식에 대입하면,

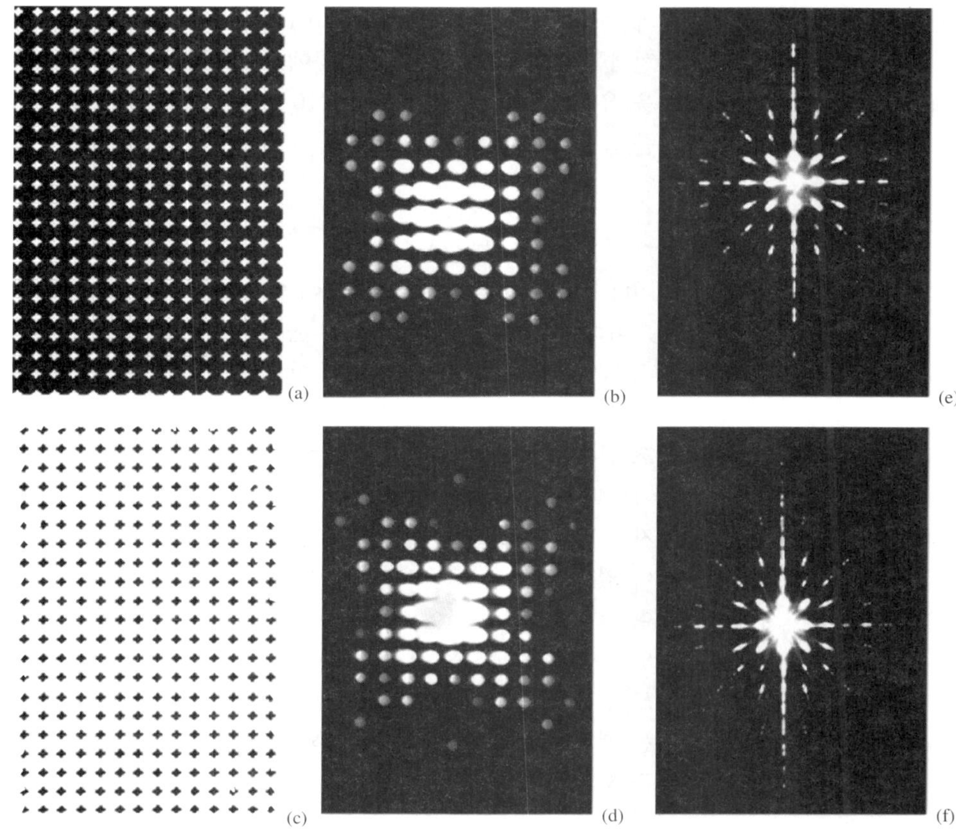

그림 10.86 (a)~(d) 반복되는 플러스(+) 기호 모양의 구멍과 상보적 장애물을 규칙적으로 배열한 것에 대한 백색광 회절 무늬. (*e*)와 (*f*) 직사각형 구멍과 장애물을 각각 규칙적으로 배열한 것에 대한 회절 무늬 (Richard B. Hoover, Ealing Electro-Optics, Inc.)

$$\nabla^2\tilde{\mathscr{E}} + k^2\tilde{\mathscr{E}} = 0 \tag{10.113}$$

을 얻는다. 이것을 **헬름홀츠 방정식**(Helmholtz equation)이라고 하고, 부록 2에 그린 정리(Greens' theorem)를 이용하여 푸는 방법이 나와 있다. P를 둘러싸는 임의의 폐곡면 S 위에서의 광학 교란과 그 미분들로 점 P에서의 광학 교란을 나타내면

$$\tilde{\mathscr{E}}_P = \frac{1}{4\pi}\left[\oiint_S \frac{e^{ikr}}{r}\nabla\tilde{\mathscr{E}}\cdot d\vec{\mathbf{S}} - \oiint_S \tilde{\mathscr{E}}\nabla\left(\frac{e^{ikr}}{r}\right)\cdot d\vec{\mathbf{S}}\right] \tag{10.114}$$

로 주어진다. 이것은 **키르히호프 적분 정리**(Kirchhoff integral theorem)로 알려졌고, 식 (10.114)는 그림 10.87에 기하학적 구조가 표시되어 있다.

이제 이 정리를 그림 10.88과 같이 점광원 s로부터 나와 자유 전파되고 있는 구면파에 적용하자. 광학 교란은

$$\tilde{E}(\rho, t) = \frac{\boldsymbol{\varepsilon}_0}{\rho}e^{i(k\rho-\omega t)} \tag{10.115}$$

의 모양을 가지며, 이때

$$\tilde{\mathscr{E}}(\rho) = \frac{\boldsymbol{\varepsilon}_0}{\rho}e^{ik\rho} \tag{10.116}$$

이다. 이것을 식 (10.114)에 대입하면

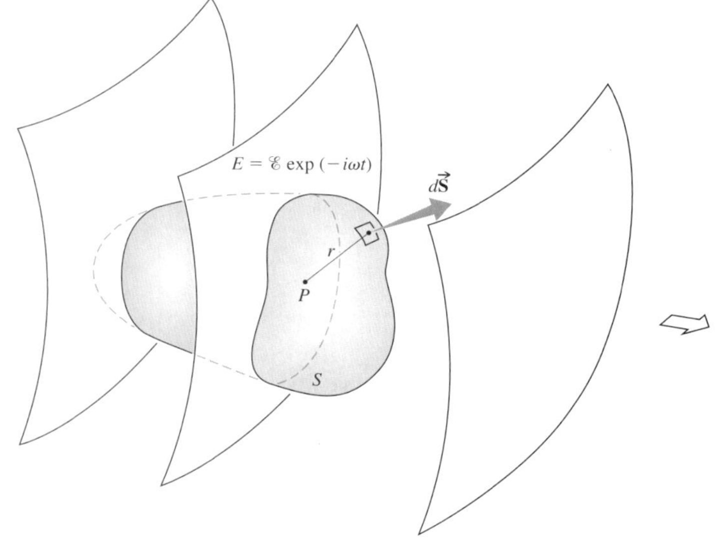

그림 10.87 점 P를 둘러싸는 임의의 폐곡면 S

$$\tilde{\mathscr{E}}_P = \frac{1}{4\pi}\left[\oiint_S \frac{e^{ikr}}{r}\frac{\partial}{\partial\rho}\left(\frac{\boldsymbol{\varepsilon}_0}{\rho}e^{ik\rho}\right)\cos(\hat{\mathbf{n}}, \hat{\boldsymbol{\rho}})\,dS - \oiint_S \frac{\boldsymbol{\varepsilon}_0}{\rho}e^{ik\rho}\frac{\partial}{\partial r}\left(\frac{e^{ikr}}{r}\right)\cos(\hat{\mathbf{n}}, \hat{\mathbf{r}})\,dS\right]$$

가 되는데, 여기에서 $d\mathbf{S} = \hat{\mathbf{n}}\, dS$이고, $\hat{\mathbf{n}}$, $\hat{\mathbf{r}}$, $\hat{\boldsymbol{\rho}}$은 단위 벡터이며

$$\nabla\left(\frac{e^{ikr}}{r}\right) = \hat{\mathbf{r}}\frac{\partial}{\partial r}\left(\frac{e^{ikr}}{r}\right)$$

이고

$$\nabla\mathscr{E}(\rho) = \hat{\boldsymbol{\rho}}\,\partial\mathscr{E}/\partial\rho$$

이다. 적분 기호 안의 미분은

$$\frac{\partial}{\partial r}\left(\frac{e^{ik\rho}}{\rho}\right) = e^{ik\rho}\left(\frac{ik}{\rho} - \frac{1}{\rho^2}\right)$$

와

$$\frac{\partial}{\partial r}\left(\frac{e^{ikr}}{r}\right) = e^{ikr}\left(\frac{ik}{r} - \frac{1}{r^2}\right)$$

이다. $\rho >> \lambda$이고 $r >> \lambda$일 때 $1/\rho^2$과 $1/r^2$ 항들은 무시될 수 있다. 이 근사는 가시광선 영역에서는 문제가 없지만 마이크로파에 대해서는 성립하지 않을 수도 있다. 계속하면

$$\tilde{\mathscr{E}}_p = -\frac{\boldsymbol{\mathcal{E}}_0 i}{\lambda}\oiint_S \frac{e^{ik(\rho+r)}}{\rho r}\left[\frac{\cos(\hat{\mathbf{n}}, \hat{\mathbf{r}}) - \cos(\hat{\mathbf{n}}, \hat{\boldsymbol{\rho}})}{2}\right] dS \qquad (10.117)$$

이 되는데 이것이 **프레넬-키르히호프 회절 공식(Fresnel-Kirchhoff diffraction formula)**이다.

하위헌스-프레넬 이론에서 면적 요소 dS로부터 발생하는 P에서의 광학 교란을 나타내는 식 (10.96)을 주의 깊게 살펴보고 식 (10.117)과 비교해 보라. 식 (10.117)에 각도에 대한 의존은 $\frac{1}{2}[\cos(\hat{\mathbf{n}}, \hat{\mathbf{r}}) - \cos(\hat{\mathbf{n}}, \hat{\boldsymbol{\rho}})]$에만 있는데, 이것을 **경사 인자(obliquity factor)** $K(\theta)$라고 할 것이며 나중에 식 (10.72)와 동등함을 보일 것이다. 식 (10.115)의 위상을 $(\omega t - k\rho)$로 선택할 수도 있었으므로 모든 곳에서 k를 $-k$로 바꿀 수 있음을 유의하기 바란다. 이제 식 (10.117)의 양변에 $\exp(-i\omega t)$를 곱한다. 그러면 미분 요소는

$$dE_P = \frac{K(\theta)\boldsymbol{\mathcal{E}}_0}{\rho r\lambda}\cos[k(\rho + r) - \omega t - \pi/2]\, dS \qquad (10.118)$$

이다. 이것은 P로부터 r의 거리에 있는 표면 요소 dS가 만든 E_P이다. 위상의 $\pi/2$ 항은 $-i = \exp(-i\pi/2)$라는 사실로부터 온 것이다. 따라서 키르히호프 이론은 식 (10.96)의 하위헌스-프레넬 이론에서 결여된 올바른 $\pi/2$ 위상 이동을 포함하고 있다는 점을 제외하고는 똑같은 결과를 준다.

하위헌스-프레넬 이론에서 그린 것처럼 표면 S가 파면의 자유 전파된 부분에 대응될 수 있다는 것을 확인하는 일이 남아 있다. 점광원 s로부터 나와 자유 전파하는 구면파에 대하여 그림 10.89와 같이 이중으로 연결된 영역을 구성하자. 면 S_2는 작은 구면 S_1을 완전히 둘러싼다. $\rho = 0$에서 광학 교란 $E(\rho, t)$는 특이점(singularity)을 가지므로 S_1과 S_2 사이에 있는 부피 V로부터 적절하게 제외되어 있다. 이제 적분은 S_1과 S_2의 두 면을 모두 포함해야 한다. 그런데 S_2는 반지름을 무한대로 함으로써 바깥쪽으로 무한히 크게 할 수 있다. 이럴 경우 S_2는 면적분에 거의 기여하지 않는다. (이는 입사하는 광학 교란이 적어도 구면파와 같이 급격히 감소하는 한 그 형태에 관계없이 성립한다.) 남아 있는 면 S_1은 점광원을 중심으로 하는 구이다. S_1 위에서 $\hat{\mathbf{n}}$과 $\hat{\boldsymbol{\rho}}$는 서로 반대 방향으로 평행하므로, 그림 10.88b에서 $(\hat{\mathbf{n}}, \hat{\mathbf{r}})$과 $(\hat{\mathbf{n}}, \hat{\boldsymbol{\rho}})$는 각각 θ와 180° 임을 분명히 알 수 있다. 그러므로 경사 인자는 식

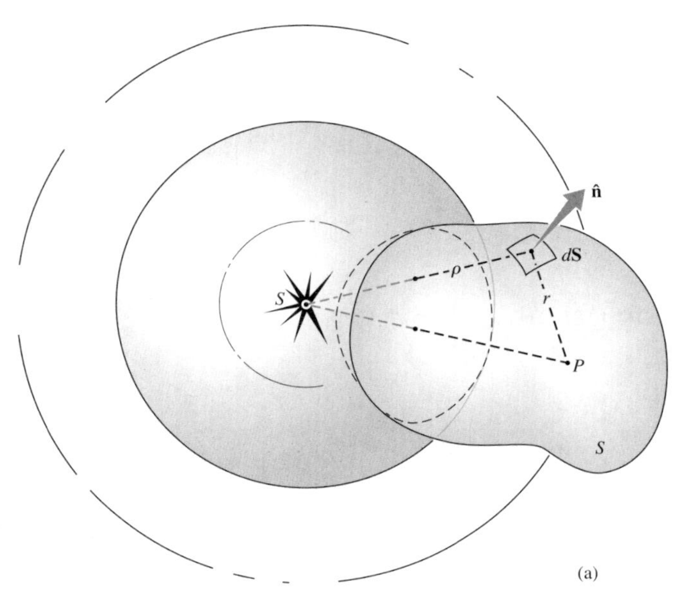

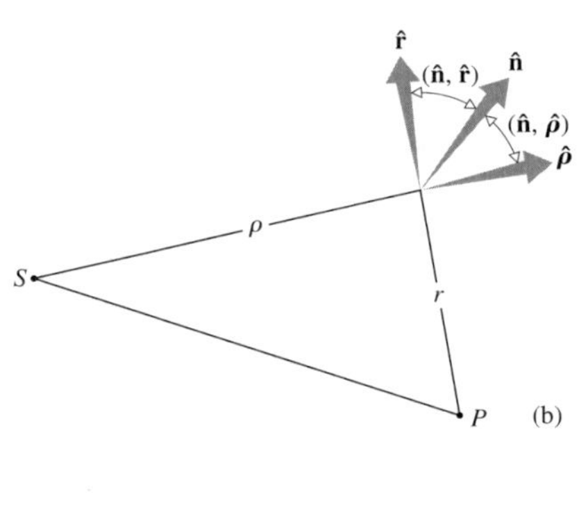

그림 10.88 점광원 s로부터 방출된 구면파

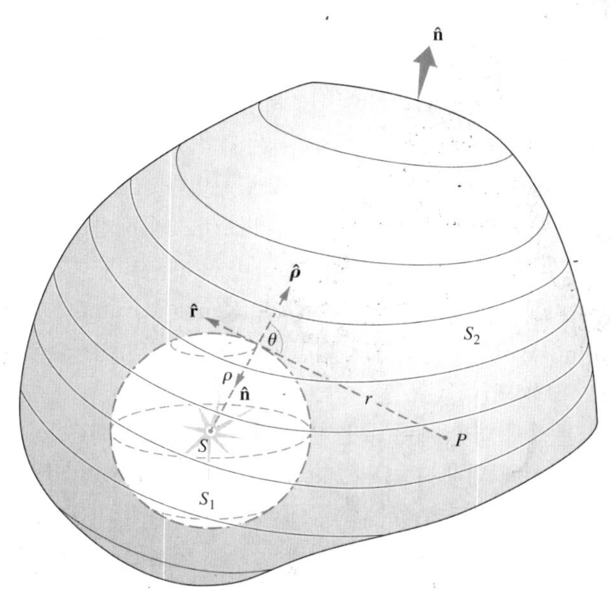

그림 10.89 점광원 s를 둘러싸는 이중으로 연결된 영역

(10.72)와 같이

$$K(\theta) = \frac{\cos\theta + 1}{2}$$

이 된다. 적분면 S_1의 중심은 s이므로 어느 순간이든지 그것은 구형 파면에 대응한다는 것이 분명하다. 따라서 **하위헌스-프레넬 원리는 스칼라 파동 미분 방정식에서 직접적으로 유도할 수 있다.**

더 이상 키르히호프 이론을 다루지 않을 것이지만, 그것을 회절 문제에 적용하는 방법을 잠시 살펴보자. 관찰점 P를 둘러싸는 닫힌 적분면은 일반적으로 무한반구로 덮인 전체 스크린 Σ로 선택한다. 이 경우 고려해야 하는 서로 다른 세 영역이 있다. 무한반구 영역의 적분 기여는 0이다. 또한 불투명한 스크린 바로 뒤에는 광학 교란이 없다고 가정하므로 이 두 번째 영역 역시 기여하지 않는다. 그러므로 P에서의 광학 교란은 구멍으로부터의 기여에 의해서만 결정되고 식 (10.117)은 구멍의 면적에 대해서만 적분하면 된다.

하위헌스-프레넬 원리를 사용하여 얻은 훌륭한 결과들이 이제 이론적으로 정당화되었으며, 다만 주된 제약조건은 $\rho >> \lambda$ 와 $r >> \lambda$일 뿐이다.

10.5 가장자리 회절파

10.1.1절에서 하위헌스-프레넬 원리에 따라 회절된 파는 파면의 가로막히지 않은 부분 위에 퍼져 있는 2차 방사자(emitter)들의 가공적인 분포로부터 나오는 것으로 생각할 수 있다고 하였다. 그러나 이러한 생각과는 완전히 다르며 상당히 흥미를 끄는 또 하나의 가능한 설명이 있다. 입사파가 회절 스크린 Σ 뒤쪽에 있는 전자를 진동시킴으로써 이들이 복사한다고 생각해 보자. 이중의 효과를 예상할 수 있다. 첫째로 구멍 가장자리에서 멀리 떨어진 모든 진동자는 구멍 자체를 연장시킨 영역을 제외하고는 모든 점에서 입사파를 상쇄하도록 광원을 향하여 복사한다. 다시 말해서 이것이 맞는다면 관찰면에 구멍의 완벽한 기하학적 상이 생길 것이다. 그러나 구멍 가장자리 근처에 있는 진동자에 의해 추가적인 기여가 있다. 이 2차 광원이 복사하는 에너지의 일부를 앞방향으로 전파한다. **가장자리 회절파**(boundary diffraction wave)로 알려진 이 산란된 파와 **기하학적 파동**(geometrical wave)으로 알려진 1차파의 가로막히지 않은 부분의 중첩이 회절 무늬를 형성한다. 이와 같이 생각하는 상당히 유력한 이유는 다음과 같은 경우를 조사할 때 분명해진다. 종잇조각에 아무 모양이나 지름이 1/2cm 정도의 작은 구멍을 만들어 팔 길이 정도에 들고 수 m 떨어져 있는 보통 전구를 쳐다보라. 눈을 그림자 부위에 두더라도 구멍의 가장자리는 밝게 보일 것이다. 사진에 있는 잔물결통의 사진도 이런 현상을 보여 준다. 슬릿의 각 가장자리가 원형 광학 교란의 중심 역할을 하고, 이 파가 구멍을 지나 전파하는 것을 유의하라. 여기에는 전자-진동자가 없으므로 이러한 착상은 탄성파에 대해서도 적용될 정도로 어느 정도의 일반성을 갖고 있다고 할 수 있다.

산란된 가장자리 파와 기하학적 파동의 간섭으로 회절을 정립하는 것이 하위헌스-프레넬 원리의 가공의 방사자들보다 물리적으로 더 흥미를 끄는 것 같다. 그러나 그것은 새로운 개념이 아니다. 실제로 이는 프레넬의 회절에 대한 유명

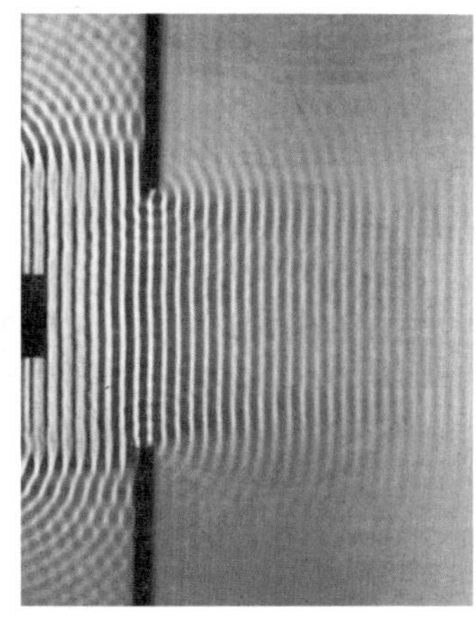

슬릿을 통과하는 잔물결통의 파동 (PSSC *Physics*, D. C. Heath, Boston, 1960. Cengage Learning)

한 논문이 발표되기 전에 많은 분야에 공헌을 한 영(Thomas Young)에 의해 처음으로 제안되었다. 그러나 프레넬의 빛나는 성공으로 말미암아 영은 불행하게도 그 자신의 생각을 버리게 되었는데 1818년에 프레넬에게 쓴 편지에 이를 나타내었다. 키르히호프의 업적으로 강화된 프레넬의 회절에 대한 이해는 일반적으로 받아들여져서(바로 10.4절까지) 지속되었다. 영의 이론은 1888년에 부활되기 시작하였다. 그때 마지(Gian Antonio Maggi)는 적어도 점광원에 대하여 키르히호프의 분석이 2개의 항으로 구성되어 있다는 것을 증명하였다. 하나는 기하학적 파동이고, 다른 하나는 불행히도 그 당시에는 분명한 물리적 해석을 할 수 없는 적분이었다.

1893년 박사학위 논문에서 매이(Eugen Maey)는 반무한대 평면에 대한 수정된 키르히호프 이론으로부터 가장자리파를 이끌어 낼 수 있다는 것을 보였다. 조머펠트(Arnold Sommerfeld)의 반평면 문제(10.1절 참조)에 대한 엄밀한 해는 원통형 파가 실제로 스크린의 가장자리로부터 진행하는 것을 보였다. 그것은 기하학적 그림자 영역과 조명된 영역으로 전파한다. 조명된 영역에서는 영의 이론과 완전히 일치되어 가장자리 회절파가 기하학적 파동과 합성된다. 1917년에 루비노비츠(Adalbert Wojciech Rubinowicz)는 평면파 또는 구면파에 대한 키르히호프 공식이 바라던 2개의 파동으로 적절하게 분할될 수 있다는 것을 증명함으로써 영의 착상이 기본적으로 옳다는 것을 입증하였다. 또한 그는 나중에 1차 근사 내에서 가장자리 회절파는 1차파가 구멍 가장자리로부터 반사되어 발생된다는 것을 확립하였다. 1923년에 코틀러(Friedrich Kottler)가 마지와 루비노비츠의 해가 동등함을 밝힘으로써, 이제는 영-마지-루비노비츠 이론이라 하게 되었다. 보다 최근인 1962년에 미야모토(Kenro Miyamoto)와 울프(Emil Wolf)는 가장자리 회절 이론을 임의의 입사파의 경우로 확장하였다.*

이 문제에 대한 매우 유용한 현대적 접근법이 켈러(Joseph B. Keller)에 의해 고안되었다. 그는 영의 가장자리 파 이론에 가깝게 관련되어 있는 회절에 대한 기하학적 이론을 발전시켰다. 또한 기하광학의 광선과 더불어 회절된 광선의 존재를 가정하였다. 이들 회절된 광선을 지배하는 법칙은 반사 및 굴절 법칙과 유사한데, 이를 이용하여 합성장을 결정하게 된다.

*많은 참고문헌을 *Progress in Optics*, Vol. 4, P. 199에 있는 논문에서 찾을 수 있다.

연습문제

***가 붙지 않은 문제의 풀이는 책 뒤에 나와 있다.**

10.1 점광원 S가 불투명한 스크린 위에 있는 반지름이 a인 원형 구멍의 중심으로부터 수직거리로 R만큼 떨어져 있다. S에서 가장자리까지의 거리가 $(R + \ell)$이고

$$\lambda R >> a^2/2$$

일 때, 대단히 멀리 떨어져 있는 스크린에 프라운호퍼 회절이 일어남을 보여라. 구멍의 반지름이 1 mm, $\ell \leq \lambda/10$, $\lambda = 500$ nm일 때 위 조건을 만족하는 R의 최솟값은 얼마인가?

10.2* 10.1.3절에서 일렬로 배열된 진동자 사이에 고유한 위상 이동 ε을 도입하는 것에 대해 언급하였다. 이것을 염두에 두고 평면 입사파가 슬릿면과 θ_i의 각을 이룰 때 식 (10.18)이

$$\beta = (kb/2)(\sin\theta - \sin\theta_i)$$

로 되는 것을 보여라.

10.3 466쪽의 다중 안테나 시스템에서 이웃하는 돌출부(lobe) 또는 주요 최대 사이의 각거리(angular separation)와 중심 최댓값의 폭을 구하라.

10.4 그림 10.3의 배치를 조사하여 렌즈의 상공간에서 어떤 일이 일어나는지 알아보라. 다시 말하면 출사동의 위치를 구하고, 그것과 회절 과정을 연계시켜라. 그림 10.3에 있는 구성이 그림 P.10.4와 동등하고, 이들도 프라운호퍼 회절을 일으킴을 보여라. 그러한 구성을 하나 이상 추가로 설계하라.

[그림 P.10.4]

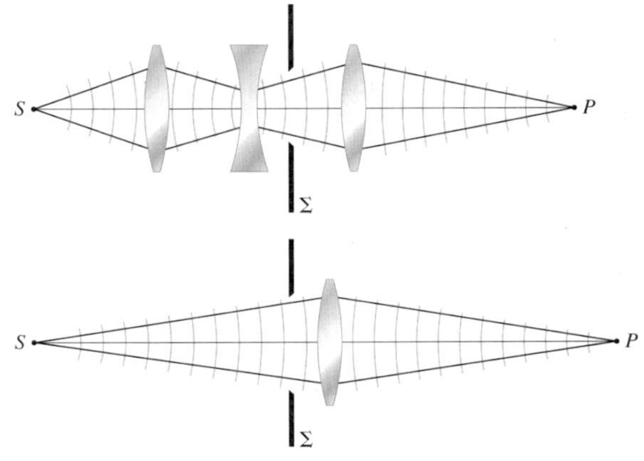

10.5* 단일 슬릿 프라운호퍼 회절을 생각해 보자. 중심 최대의 복사 조도와 중앙 최대 양쪽의 첫 번째 보조 최대의 복사 조도

의 비를 구하라. 결과를 그림 10.13과 비교하라.

10.6 단일 슬릿 프라운호퍼 회절 무늬에서 중심과 1차 최소 사이의 각거리를 반각 너비(half-angular breadth)라고 한다. 그에 대한 표현식을 써라. 렌즈가 없고 관찰 스크린이 L만큼의 거리에 있을 때 이에 상응하는 반선 너비(half-linear width)를 구하라. 반선 너비는 이웃하는 최소 사이의 거리임을 유의하라.

10.7* 불투명한 스크린 위의 폭 0.10 mm인 단일 슬릿을 크립톤 이온 레이저($\lambda_0 = 461.9$nm)에서 나오는 평면파로 공기 중에서 비추었다. 관찰 스크린이 1.0m 떨어져 있을 때, 회절 무늬가 원거리 회절인지 아닌지를 결정하고 중심 최대의 각너비를 구하라.

10.8* 불투명한 스크린 위의 좁은 단일 슬릿을 헬륨-네온 레이저의 1152.2nm 적외선으로 공기 중에서 비추었을 때, 프라운호퍼 회절 무늬에서 10번째 어두운 띠의 중심이 중심축으로부터 6.2°의 각에 위치한다. 슬릿의 폭을 결정하라. 장치 전체를 공기(n_a = 1.00029) 중에서 물속(n_w = 1.33)으로 옮긴다면 10번째 최소는 얼마의 각에 나타나겠는가?

10.9 평행하게 시준된 마이크로파를 길고 폭이 20cm인 수평 방향의 슬릿이 있는 금속 스크린에 비추었다. 원거리 영역에 있고 스크린에 평행하게 이동하는 검출기가 중심축과 36.87°의 각에서 복사 조도의 1차 최소를 찾아냈다. 마이크로파의 파장을 구하라.

10.10* 마그네슘등(λ = 518.36nm)에서 나오는 평면파가 폭이 0.250mm이고 긴 불투명한 슬릿이 있는 스크린에 수직으로 입사한다. 슬릿 가까이에 있는 큰 볼록 렌즈가 스크린 위에 선명한 프라운호퍼 회절 무늬를 형성한다. 4번째 어두운 무늬의 중심이 광축에서 1.20mm인 곳에 있을 때 렌즈의 초점 거리를 구하라.

10.11* 초점 거리가 f인 렌즈로 스크린에 형성된 단일 슬릿 프라운호퍼 회절 무늬를 생각해 보자. 관찰 스크린에 형성된 첫 번째 보조 최대 띠의 봉우리 거리 Y(중심축으로부터 측정)가

$$\approx 1.4303\,\frac{\lambda f}{b}$$

와 같이 주어짐을 보여라.

10.12* 녹색광(λ = 546.1nm)의 평면파가 불투명한 스크린에 있는 길고 좁은 슬릿(폭 0.15mm)에 수직으로 입사한다. 슬릿 뒤에 놓인 초점 거리 +62.0cm인 렌즈가 초평면에 있는 스크린에 프라운호퍼 회절 무늬를 만든다. 중심 복사 조도에 대한 최대폭(0에서 0까지)을 구하라.

10.13* 폭이 0.20mm인 길고 좁은 슬릿을 평행하게 시준된 파란색 수소등(λ = 486.1nm)으로 수직으로 비춘다. 슬릿 바로 뒤에 초점 거리가 60.0cm인 큰 볼록 렌즈로 초평면에 있는 스크린에 회절 무늬를 만든다. 복사 조도가 처음과 두 번째로 0이 되는 곳은 얼마나 떨어져 있을까?

10.14 이중 슬릿 프라운호퍼 무늬에서 $a = mb$일 때, 중심 최대 회절 무늬 내부의 밝은 줄무늬(또는 일부분)의 수가 $2m$임을 보여라.

10.15* 불투명한 스크린 위에 있는 서로 0.20mm 떨어진 폭 0.10mm의 2개 긴 슬릿을 파장 500nm인 빛으로 비추었다. 관찰면이 2.5m 떨어져 있을 때 회절 무늬가 프라운호퍼 또는 프레넬 회절에 의한 것인지를 결정하라. 중심에 있는 밝은 띠 안에 영의 줄무늬가 몇 개 나타나는가?

10.16* 이중 슬릿 배치에서 각 슬릿의 폭은 0.020mm이다. 이들 구멍을 노란색 나트륨등(λ = 589.6nm) 평면파로 비춘다. 프라운호퍼 회절 무늬는 중앙 최대로부터의 거리에 따라 복사조도가 서서히 감소하는 11개의 좁고 밝은 무늬들로 이루어져 있다. 슬릿 사이의 간격을 구하라.

10.17 3중 슬릿 프라운호퍼 회절 무늬에서 보조 최대의 상대적인 복사 조도를 구하라. $a = 2b$일 때 이중 슬릿과 3중 슬릿의 복사 조도 분포를 그래프로 그려라.

10.18* 매우 좁고 평행한 3개의 슬릿을 단색 평면파로 비출 때 슬릿들 중 한 개로 인하여 멀리 떨어진 스크린에서의 전기장 진폭을 E_{01}이라고 하자. 프라운호퍼 회절에서 중앙 보조 최대와 0차 주요 최대의 진폭의 비를 구하라. 이 결과는 이전 질문의 결과와 어떻게 다른가? 자세히 설명하라. 각 슬릿들의 회절은 무시하라.

10.19* 두 개의 프라운호퍼 회절 무늬를 만들 수 있는 두 개의 구멍 스크린을 생각해 보자. 그중 하나에는 매우 좁고 촘촘한 슬릿이 8개 있고, 다른 하나에는 16개 있다. 다른 모든 것들이 동일할 때, 두 슬릿의 복사 조사 분포를 비교하라. 즉 각 회절 무늬에서 연속한 주요 최대 사이에 얼마나 많은 보조 최대가 있는가? 16개 슬릿 회절 무늬의 0차 최대의 복사 조도를 1.0으로 할 때, 8개 슬릿 회절 무늬의 0차 최대의 복사 조도는 얼마인가? 주요 최대의 폭을 넓게 하려면 어떻게 배열해야 하는가? 각 경우를 대략적으로 그려라.

10.20* 불투명한 스크린에 15개의 평행한 길고 좁은 슬릿이 있다고 하자. 또한 각 슬릿이 4개의 슬릿 폭과 동일한 중심에서 중심까지의 거리만큼 다음 슬릿과 떨어져 있다고 하자. 스크린 위에 프라운호퍼 회절 무늬가 나타날 때 2차 주요 최대와 0차 최대의 복사 조도의 비를 구하라.

10.21* 8개의 매우 좁고 평행한 슬릿을 단색으로 비출 때의 프라운호퍼 회절 무늬를 생각해 보자. (a) 복사 조도 분포를 대략 그려보라. (b) 위상자의 관점에서 최솟값이 처음에 나타나는 이유를 설명하라. (c) 주요 봉우리들 사이의 전기장이 0인 이유는 무엇인가? (d) (0차 주요 최대로부터 측정된) 2차 최소의 전기장 진폭에 대한 위상자 도표는 어떻게 보이는가? (e) 위에서 고려한 각 최솟값에서 연속한 위상자들 사이의 각도는 얼마인가?

10.22* 유한 슬릿에 대한 복사 조도 분포식으로부터 시작하여 슬릿의 폭을 매우 좁게 하였을 때 그것이 모든 방향으로 동일하게 방사함을 보여라.

10.23* 불투명한 스크린에 z-방향으로 0.199mm, y-방향으로 0.100mm 크기의 직사각형 구멍이 있다. 이것을 543nm의 헬륨-네온 레이저로 비춘다. 초점 거리가 1.00m인 큰 볼록 렌즈로 초평면에 프라운호퍼 회절 무늬를 만든다. Y-축과 Z-축 방향으로의 첫 번째 최소의 위치를 구하라.

10.24* y-방향으로 0.200mm, z-방향으로 0.100mm 크기의 직사각형 구멍에 의한 프라운호퍼 회절 무늬를 생각해 보자. 543nm 헬륨-네온 레이저로 10.0m 떨어진 스크린에 회절 무늬를 만든다. 직교 대칭축 Y와 Z-방향의 회절 무늬의 중심에서 1.00mm인 곳에서 상대적인 복사 조도를 구하라.

10.25* 식 (10.41)에서 시작하여 프라운호퍼 회절 무늬가 구멍에서 광학장의 위상 변화가 없는 한 구멍의 구성에 관계없이 중심 대칭을 갖는다는 것을, 즉 $I(Y, Z) = I(-Y, -Z)$임을 보여라. 이 제한 조건이 구멍 함수가 실수라는 것과 동등함을 나중에 (11장) 알게 될 것이다.

10.26 연습문제 10.25의 결과를 염두에 두고 선에 대해 대칭을 가진 구멍의 프라운호퍼 회절 무늬에 나타날 대칭성에 대하여 논하라. 준단색(quasimonochromatic) 평면파가 수직으로 입사한다고 가정한다.

10.27 정삼각형 구멍과 플러스(+) 기호 모양의 구멍에 대한 프라운호퍼 회절 무늬를 대칭성을 고려하여 대략적으로 그려라.

10.28 그림 P.10.28은 길쭉한 직사각형 구멍의 원거리에서의 복사 조도 분포이다. 구멍이 어떻게 배치되면 이와 같은 무늬를 나타내는지 자세히 설명하라.

[그림 P.10.28] (R. G. Wilson, Illinois Wesleyan University)

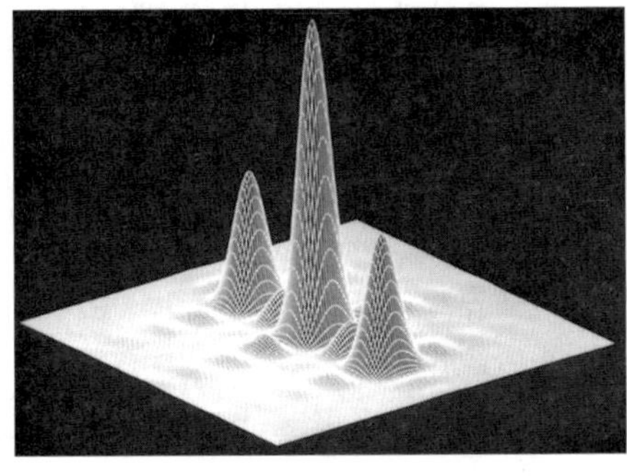

10.29 그림 P.10.29에서 a와 b는 길쭉한 직사각형 구멍에 의한 원거리에서의 전기장과 복사 조도 분포를 각각 나타낸다. 구멍이 어떻게 배치되면 이와 같은 무늬가 나타나는지 자세히 설명하라.

[그림 P.10.29] (R. G. Wilson, Illinois Wesleyan University)

(a)

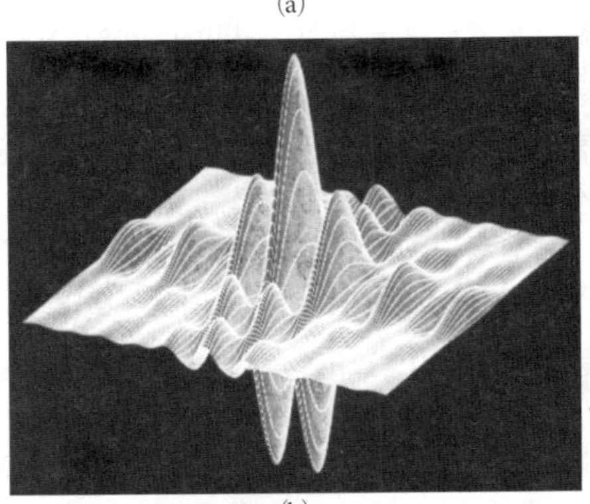

(b)

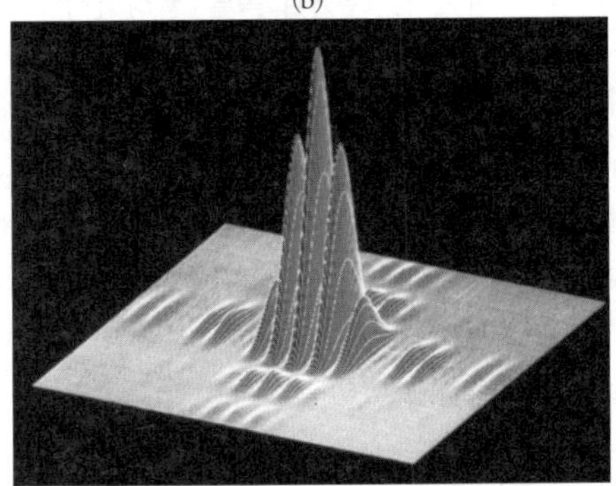

10.30 그림 P.10.30은 컴퓨터로 만들어 낸 프라운호퍼 복사 조도 분포이다. 어떤 구멍이 이와 같은 무늬를 만드는지 자세히 설명하라.

[그림 P.10.30] (R. G. Wilson, Illinois Wesleyan University)

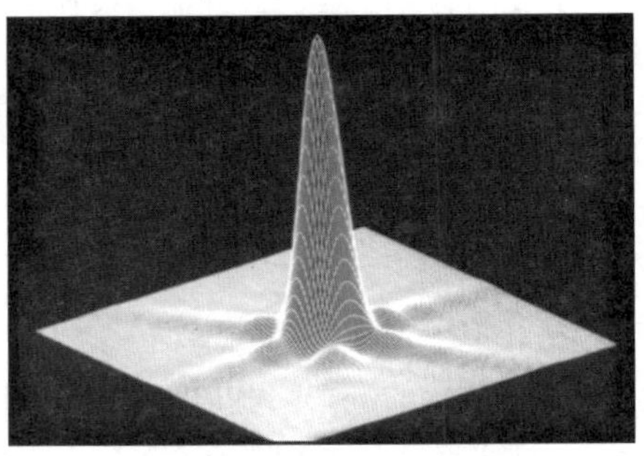

10.31 그림 P.10.31은 불투명한 스크린 위의 어떤 구멍에 의한 원거리 전기장 분포를 나타낸다. 어떤 구멍이 이와 같은 무늬를 만드는지 자세히 설명하라.

[그림 P.10.31] (R. G. Wilson, Illinois Wesleyan University)

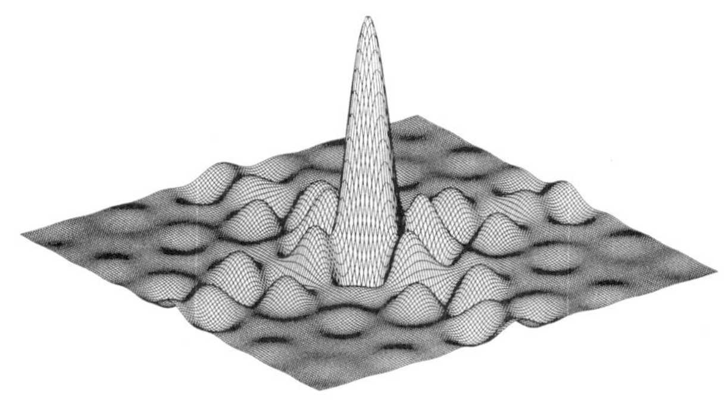

10.32 앞의 다섯 문제를 참고하여 그림 P.10.32이 무엇인지 설명하고, 어떤 구멍이 이와 같은 무늬를 만드는지 설명하라.

[그림 P.10.32] (R. G. Wilson, Illinois Wesleyan University)

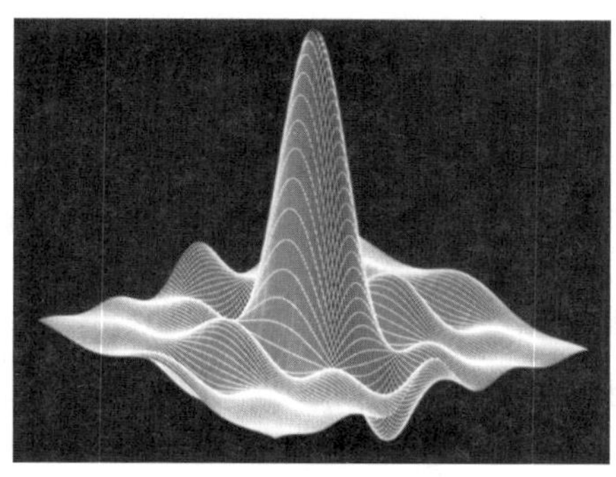

10.33* 초점 거리가 100cm이고 지름이 2.4cm인 볼록 렌즈가 멀리 있는 작은 빨간색(656 nm) 수소등의 상을 맺는다. 초평면 위에 나타나는 중앙의 원형 반점의 선형 크기를 구하라.

10.34* 대물 렌즈의 지름이 15cm인 아마추어 천체 망원경을 사용해서 멀리 떨어진 별의 상을 CCD에 맺으려고 한다. 평균 파장이 540nm이고 초점 거리가 +140cm라고 할 때, 최종 에어리 원판의 크기를 구하라. 다른 것은 일정하게 두고 렌즈의 지름을 두 배로 하면 원판의 크기는 어떻게 될까?

10.35* 별을 쳐다보고 있다고 생각해 보자. 지름이 6.00mm인 눈동자가 커진다. 망막은 전형적인 눈의 눈동자에서 약 21.0mm 떨어져 있다. 유리체액의 굴절률이 1.337임을 고려해서 망막 위의 에어리 원판의 크기를 구하라. 평균 진공 파장은 550nm로 하라.

10.36* 원형 구멍의 원거리 회절에 대한 에어리 무늬에서 1차 '고리'의 최대 복사 조도 I_1이 $I_1/I(0) = 0.0175$로 주어짐을 보여라.

$$J_1(u) = \frac{u}{2}\left[1 - \frac{1}{1!2!}\left(\tfrac{1}{2}u\right)^2 + \frac{1}{2!3!}\left(\tfrac{1}{2}u\right)^4 - \frac{1}{3!4!}\left(\tfrac{1}{2}u\right)^6 + \cdots\right]$$

를 이용하라.

10.37* u의 값이 클 경우

$$J_1(u) = \frac{1}{\sqrt{\pi u}}(\sin u - \cos u)$$

이다. 이 식을 이용해서 이웃한 최솟값 사이의 각거리 $(\Delta\theta)$는

$$\Delta\theta = \frac{\lambda}{2a\cos\theta}$$

와 같이 주어짐을 보여라. [힌트: sin θ에 대한 표현식과 이것의 m에 대한 미분식을 써라. 이때 이웃한 최솟값에 대하여 $\Delta m = 1$이다.]

10.38 항상 어느 정도의 회절이 있기 때문에 어떤 렌즈도 빛을 완벽한 점으로 집중시킬 수 없다. 렌즈의 초점에 생길 수 있는 최소 반점의 크기를 어림잡아 계산하라. 초점 거리, 렌즈 지름과 반점 크기 사이의 관계를 논하라. 렌즈의 *f*-수는 가장 빠르다고 할 수 있는 대략 0.8 또는 0.9 정도로 하라.

10.39 그림 P.10.39에 몇 개의 구멍 배치를 그렸다. 각각에 대한 프라운호퍼 무늬를 대략적으로 그려라. 원모양의 부분은 원점에 중심을 둔 에어리 무늬와 비슷한 고리를 발생시킨다는 것을 참고하라.

[그림 P.10.39]

L◓2ZS5

10.40* 어떤 레이저로부터 지름 2mm인 회절 한계 빔(λ_0 = 632.84nm)이 나온다고 하자. 이로부터 376 × 10^3km 떨어진 달의 표면에서 반점의 크기는 얼마인가? 지구 대기에 의한 효과는 무시하라.

10.41* 0.75mm의 구멍을 통해서 시력 검사표를 쳐다본다면 아마도 시각적인 뚜렷함이 감소되는 것을 느낄 것이다. 회절 효과에 의해서만 결정된다고 가정하고 각분해능 한계를 계산하라. λ_0 = 550nm로 하라. 이 결과를 4.0mm 동공에 대응하는 1.7 × 10^{-4}rad의 값과 비교하라.

10.42* 밝기가 같고 각거리가 50.0 × 10^{-7}rad인 멀리 있는 두 별을 관찰하려고 한다. 평균 파장이 550nm이면 레일리 기준에 따라 두 별을 구별할 수 있는 대물 렌즈의 최소 지름은 얼마인가?

10.43* 레일리 기준을 사용해서 같은 밝기의 두 점을 사람 눈으로 겨우 구별할 수 있는 가장 작은 각을 구하라. 눈동자의 지름은 2.0mm, 평균 파장은 550nm로 가정한다. 사람 눈 안의 굴절률은 1.337이다.

10.44* 물체가 눈의 근점(25cm)에 있을 때 물체 위에 있는 두 개의 동일한 점을 겨우 구별할 수 있으려면 점 사이의 간격은 얼마인가?

10.45 신인상주의 화가인 쇠라(Georges Seurat)는 점묘법 파에 속한다. 그의 그림들은 촘촘히 찍힌 엄청난 개수의 작은 원색 점(≈1/10인치)으로 되어 있다. 관람자의 눈에는 색이 혼합되어

보인다. 이와 같이 색이 혼합되어 보이려면 그림으로부터 얼마나 멀리서 감상해야 하는가?

10.46* 팔로마산 천문대 망원경의 대물거울은 지름이 508 cm이다. 550 nm의 파장에서 각 분해능 한계를 라디안, 도 및 초로 나타내라. 달 표면에 있는 두 물체를 이 망원경으로 분리하여 보려면 얼마나 멀리 떨어져 있어야 하는가? 지구-달 거리는 3.844×10^8 m이고 $\lambda_0 = 550$ nm로 하라. 달 위의 두 물체가 맨눈으로 구별되려면 얼마나 떨어져 있어야 하는가? 눈동자의 지름은 4.00mm로 하라.

10.47* 대물 렌즈의 지름이 10.0 cm인 천체 망원경을 사용해서 파장이 550 nm인 두 개의 밝고 작은 광원을 관찰한다. (a) 두 광원을 겨우 구별할 수 있을 때 광원들의 각거리를 구하라. (b) 두 광원이 1000 km에 있다면 그들은 얼마나 떨어져 있는가?

10.48* DVD 기술을 개선하기 위해서 청색광 레이저를 어떻게 사용하는가? 설명하라.

10.49* 스파이 위성으로 부터 161 km의 거리에 있는 번호판(숫자의 크기는 약 5.0 cm × 5.0 cm)을 읽으려고 한다. 스파이 위성의 대물 거울은 얼마나 커야 하는가? 평균 파장은 550 nm로 가정한다.

10.50* 허블 우주 망원경의 대물 거울 지름은 2.4 m이다. 평균 파장이 550 nm일 때 600 km에서 분해능 한계를 결정하라.

10.51* 격자 간격이 3.0×10^{-6} m인 투과 회절 격자에 루비 레이저의 빨간색의 가는 빔(λ_0 = 694.3 nm)을 비추었다. 2.0 m 떨어진 스크린 위에 회절되지 않은 빔 양쪽으로 회절된 빛의 반점이 나타난다. 중심에 가장 가까운 2개의 반점은 중심축으로부터 얼마나 떨어져 있는가?

10.52* 슬릿이 0.60×10^{-3} cm의 간격으로 되어 있는 회절 격자에 파장 500 nm의 빛을 비추었다. 3차 최댓값은 몇 도에서 생기는가?

10.53* 어떤 회절 격자가 황색광(λ_0= 550 nm)의 2차 스펙트럼을 25°에서 만들었다. 격자의 선 간격을 구하라.

10.54* 수소 방전등에서 나오는 평행하게 시준된 적색광(656.2816 nm)이 투과 격자에 수직으로 입사한다. 빔은 중심축과 42.00°의 각도로 적색 선의 2차 스펙트럼을 형성한다. 격자에는 1 cm당 몇 개의 선들이 있어야 하는지 계산하라. 2차 수소 스펙트럼에서 청색(486.1327nm) 선의 각도 위치를 구하라.

10.55 cm당 1000개의 선을 가진 투과 격자에 백색광을 수직하게 입사시켰다. 1차 스펙트럼에서 적색광(λ_0 = 650 nm)은 얼마의 각으로 나오는가?

10.56* 나트륨등은 2개의 강한 노란색 성분을 589.5923 nm와 588.9953 nm에서 내보낸다. 이 두 선은 cm당 10,000개의 선을 가진 격자로부터 1.00 m 떨어진 스크린 위의 1차 스펙트럼에서 얼마나 떨어져 있는가?

10.57* 예제 10.9를 참고로 해서 투과 격자가 1차 스펙트럼에서 나트륨 이중선을 분해하는데 필요한 홈의 개수를 구하라.

10.58* 투과 격자가 1 cm당 5,900개의 선을 가지고 있다. 400 nm~720 nm 범위의 빛이 격자에 수직으로 입사한다. 1차 스펙트럼의 각폭은 얼마인가?

10.59* 태양빛이 cm당 5,000개의 선을 가진 투과 회절 격자에 입사한다. 3차 스펙트럼과 2차 스펙트럼이 겹치겠는가? 빨간색은 780 nm로 하고 보라색은 390 nm로 하라.

10.60* 500 nm~700 nm 범위의 평행하게 시준된 다색 광선이 590,000선/m의 투과 격자에 수직으로 입사한다. 완전한 2차 스펙트럼이 생긴다면 슬릿의 폭은 최대 얼마나 되는가? [힌트: 2차 스펙트럼은 각 슬릿의 회절 포락선 안에서 맞아야 한다.]

10.61 주파수 4.0×10^{14} Hz인 빛이 cm당 10,000개의 선을 가진 격자에 입사한다. 이 장치로 볼 수 있는 가장 높은 차수의 스펙트럼은 무엇인가? 설명하라.

10.62* 어떤 격자 분광기는 지구 위의 진공 중에서 500 nm의 입사광에 대한 1차 스펙트럼을 20.0°로 회절시킨다. 그런데 항성인 몽고(Mongo)에 착륙했을 때 같은 빛이 18.0°로 회절되었다. 몽고 대기의 굴절률을 구하라.

10.63 투과 격자에서는 방정식

$$a(\sin\theta_m - \sin\theta_i) = m\lambda \qquad [10.61]$$

이 굴절률에 관계없음을 증명하라.

10.64* 격자의 전체 폭은 10.0 cm이고 600선/mm이다. 2차 스펙트럼에서 분해능은 얼마인가? 평균 파장이 540 nm인 경우 분해할 수 있는 파장 차이는 얼마인가?

10.65 폭이 260 mm이고 mm당 300개의 선을 가지며 약 75°에서 자동시준되는 고분해능 격자의 λ = 500 nm에 대해 분해능이 약 10^6이다. 자유 스펙트럼 영역을 구하라. 이때 $\mathcal{R}$의 값과 $(\Delta\lambda)_{fsr}$을 공기 간격이 1 cm이면서 예리도가 25인 파브리-페로 에탈론과 비교하라.

10.66 나트륨의 두 선(λ_1 = 5895.9Å, λ_2 = 5890.0Å)을 3차에서 가까스로 분리할 수 있는 회절 격자의 총선수는 얼마인가?

10.67* 30개의 원형 구멍이 불투명한 스크린에 무질서하게 있다. 각 구멍은 그 자체에 대한 평면파로 결맞게 비추어지지만, 각 평면파는 서로 완전히 결어긋나 있다. 이 경우 원거리 회절 무늬를 묘사하라.

10.68 20 m 떨어진 점광원(λ_0 = 600 nm)을 정방형으로 짜인 천을 통해 관찰한다고 생각해 보자. 그림 P.10.68과 같이 점광원 주위에 밝은 반점이 정방형으로 나열되는데 이웃하는 반점 사이의 거리가 12 cm라면 천 가닥들의 간격은 얼마인가?

[그림 P.10.68] (E.H.)

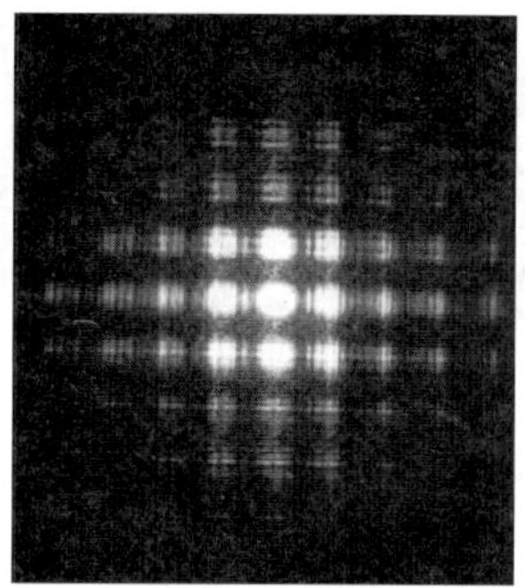

10.69* 식 (10.76)을 유도하는 데 필요한 계산을 하라.

10.70 그림 10.52에서 l번째 띠의 면적이

$$A_l = \frac{\lambda\pi\rho}{\rho + r_0}\left[r_0 + \frac{(2l-1)\lambda}{4}\right]$$

이라는 것을 $dS = 2\pi\rho^2 \sin\varphi\, d\varphi$를 적분하여 보여라. l번째 띠까지의 평균 거리가

$$r_l = r_0 + \frac{(2l-1)\lambda}{4}$$

이며, 비율 A_l/r_l이 일정함을 보여라.

10.71* 식 (10.84)를 유도하라.

10.72* 지름이 6.00mm인 원형 구멍이 있는 불투명한 스크린을 파장이 500nm인 평행하게 시준된 빛이 수직으로 비춘다. 스크린에서 6.00m 떨어진 중심축 위의 점 P에서 얼마나 많은 프레넬 띠를 볼 수 있는가? 이 점은 밝은가? 아니면 어두운가? P를 포함하고 있는 수직면 위에서 회절 무늬는 대략 어떻게 보이는가?

10.73* 평행하게 시준된 크립톤 이온 레이저(568.19nm) 빛이 원형 구멍을 수직으로 비춘다. 1.00m의 거리에서 광축을 따라 관찰했을 때 첫째 반주기 프레넬 띠가 나타난다면 구멍의 지름은 얼마인가?

10.74* 반지름이 R인 작은 원형 구멍이 있는 스크린에 평면파가 수직으로 입사한다. 축 위의 어떤 점 P에서 관찰했을 때 구멍은 첫째 반주기 띠의 절반이 보인다. P에서의 복사 조도를 스크린이 없을 때의 것으로 나타내라. [힌트 : 식 (10.54)와 식 (10.55) 참조]

10.75* 점광원 S가 구멍 스크린 Σ의 원형 구멍으로부터 수직 거리 ρ_0에 있다고 생각해 보자. 스크린은 축상 관찰점 P의 앞쪽 r_0의 거리에 있다. P에서 '본' l번째 프레넬 띠에 의한 전기장은 다음과 같이 주어짐을 보여라.

$$E_l = (-1)^{l+1}\frac{2\mathcal{E}_0}{(\rho_0 + r_0)}\cos[\omega t - k(\rho_0 + r_0)]$$

10.76* 단색 평면파가 스크린의 작은 구멍을 수직으로 비춘다. 중심축 위의 구멍 뒤에 있는 점 P로부터 정확하게 3개의 프레넬 띠가 생겨서 구멍을 채운다. 구멍 스크린에서 입사 복사 조도가 I_u라면 P에서의 복사 조도는 $4I_u$임을 증명하라. [힌트: 평면파이므로 P 에서 자유 전파 복사 조도는 I_u와 같을 것이다.]

10.77* 지름이 5.00mm인 구멍이 있는 불투명한 스크린 Σ에 평면파(λ = 550nm)가 수직으로 입사한다. 회절 무늬는 구멍 쪽으로 서서히 움직이는 다른 스크린 σ에서 관찰한다. Σ로부터 어떤 거리에서 근접장 무늬(일련의 밝고 어두운 고리)가 중심축 위의 점 P에서 첫 번째 복사 조도가 최대가 되는가? 어떤 거리일 때 P에서 최솟값이 처음으로 나타나는가? [힌트: 첫 번째 프레넬 원형띠 전체를 비출 때 첫 번째 최댓값에 도달한다.]

10.78* 반지름이 R인 원형 구멍이 있는 불투명한 스크린 Σ을 생각해 보자. 점광원 S는 Σ의 앞쪽 거리 ρ_0에 중심축 위에 있고, 관찰점 P는 Σ의 뒤쪽 거리 r_0인 중심축 위에 있다. R = 1.00mm, ρ_0 = 1.00m, r_0 = 1.00m, λ_0 = 500nm인 경우, P에서 얼마나 많은 프레넬 띠를 볼 수 있는지 그리고 밝게 비추어지는지 여부를 결정하라. P를 포함하는 수직 스크린에서 회절 무늬는 대충 어떻게 보이는가?

10.79* 앞의 문제를 고려하여 구멍의 중심에 반지름 R_D인 불투명한 원판을 집어넣어서 자유 전파 영역이 이제는 원형 고리띠가 되도록 한다. R_D = 0.50 mm인 경우 P에서의 복사 조도 I와 스크린이 없을 때 복사 조도 I_u의 비를 구하라.

10.80* 투명한 원판이 중심에 있는 프레넬 원형띠판을 생각해 보자. 이것이 m = 1인 영역이고, 10차 투명한 영역의 반지름은 6.00mm이다. λ_0=600 nm일 때 판의 주요 초점 거리를 구하라.

10.81* 파장이 647 nm인 크립톤 이온 레이저광에 대하여 주요 초점 거리가 2.00 m인 프레넬 원형띠판을 만들려고 한다. 중앙의 투명한 원판은 얼마나 커야 하는가? 30개의 투명한 영역이 있다면 원판의 최소 지름은 얼마인가?

10.82* 2.00 mm × 1.00 mm인 수평 구멍이 있는 불투명한 스크린을 파장 500 nm인 평행하게 시준된 빛이 수직으로 비춘다. 입사 복사 조도가 30 W/m^{2}일 때 중심축의 구멍으로부터 5.0 m에 있는 점에서의 대략적인 복사 조도를 계산하라.

10.83* 평행하게 시준된 루비 레이저(694.3 nm)의 복사 조도가 10 W/m^{2}이고, 한 변이 5.0 mm인 정사각형 구멍을 가진 불투명한 스크린에 수직으로 입사한다. 구멍으로부터 250 cm인 곳에 있는 중심축 위 점에서의 복사 조도를 구하라. 결과가 근접장 회절인지 확인해보라.

10.84 코르뉘 나선을 이용하여 Δw = 5.5일 때 $(w_1 + w_2)/2$에 대하여 $|\tilde{\mathbf{B}}_{12}(w)|^2$을 대략적으로 그려라. 그 결과를 그림 10.79와 비교하라.

10.85 프레넬 적분은

$$\mathscr{C}(w) \approx \tfrac{1}{2} + \left(\frac{1}{\pi w}\right)\sin\left(\frac{\pi w^2}{2}\right)$$

$$\mathscr{S}(w) \approx \tfrac{1}{2} - \left(\frac{1}{\pi w}\right)\cos\left(\frac{\pi w^2}{2}\right)$$

로 주어지는 (큰 w 값에 대한) 점근 형태(asymptotic form)를 가진다. 이러한 사실을 이용하여 불투명한 반무한 스크린의 그림자 안에서 내부 복사 조도가 z_1과 v_1이 커질 때 가장자리까지의 거리의 제곱에 역비례로 감소한다는 것을 보여라.

10.86 그림 10.81의 반평면 Σ가 만일 반투명하다면 관찰면에서 무엇을 볼 수 있는가?

10.87 평행하게 시준된 헬륨-네온 레이저빔($\lambda_0 = 632.8$ nm)에 의한 평면파가 지름 2.5 mm인 강철 막대에 입사한다. 막대로부터 3.16 m에 있는 스크린에서 보게 될 회절 무늬를 대략 그려라.

10.88 이중 슬릿에 의한 프레넬 회절 무늬에 대한 복사 조도 함수를 대략적으로 그려라. 점 P_0에서 코르뉘 나선 그림은 어떻게 보이는가?

10.89* 그림 P.10.89에 있는 구멍에 의한 프레넬 회절 무늬를 대략적으로 그려라.

[그림 P.10.89]

10.90* 그림 10.76의 슬릿이 매우 넓어진다면 프레넬 회절 무늬는 어떻게 보이는가?

10.91* 0.90 m인 곳에 있는 점광원으로부터 나오는 파장 500 nm의 빛이 폭 0.10 mm인 길고 좁은 슬릿을 비춘다. 광원으로부터 관찰점까지 이르는 직선에 슬릿의 중심이 있고 슬릿이 거기에 수직으로 놓여 있을 때, 스크린 너머 2.0 m인 곳에서의 복사 조도를 구하라. 답을 자유 전파된 복사 조도로 나타내라.

10.92* 폭이 0.70 mm인 길고 좁은 수평 슬릿을 600 nm의 빛으로 비춘다. 구멍 스크린에서 1.0 m 떨어진 점 P은 스크린의 아래쪽 모서리 반대편에 있다. 스크린이 없을 때 100 W/m^{2}가 점 P에 도달하고, 빛이 구멍을 통과할 때 P에서의 대략적인 복사 조도를 구하라. 코르뉘 나선을 이용하라.

10.93* 폭이 0.70 mm인 길고 좁은 수평의 불투명한 직사각형 물체를 600 nm의 빛으로 비춘다. 물체의 아래쪽 모서리에서 1.0 m 떨어진 점 P를 생각해 보자. 장애물이 있을 때와 없을 때 P 에서의 복사 조도의 비를 구하라.

11 푸리에 광학

11.1 서론

이 장에서는 7장에서 이미 소개한 푸리에(Fourier) 방법을 좀 더 자세히 다루고자 한다. 푸리에 방법에 대한 모든 내용을 다루기보다는 이에 관한 기본적이며 중요한 개념을 제공하게 될 것이다. 푸리에 해석(Fourier analysis)은 수학적인 강점 외에도 광학 현상을 공간 주파수(spatial frequency) 관점에서 취급할 수 있는 훌륭한 방법을 제공한다.* 물론 새로운 해석 방법을 이해하는 것 자체도 흥미롭지만, 물리적인 현상을 폭넓게 생각하는 또 다른 방법을 알게 된다는 것은 더욱 가치가 있으므로 이 장에서는 두 가지를 모두 다루게 될 것이다.**

먼저 상을 형성하기 위해 광학계가 빛을 어떻게 처리하는가를 이해하고자 하며, 궁극적으로는 결상면에 도달하는 광파의 진폭과 위상에 대한 모든 것을 알고자 한다. 푸리에 방법은 이러한 일에 매우 적합하므로 이미 논의된 푸리에 변환을 자세히 다룰 것이다. 푸리에 해석에서 몇 가지 변환은 매우 유용하므로 이에 대해 먼저 생각할 것이다. 그 중에는 점광원을 표현하기 위해 사용되는 델타 함수가 있는데, 광학계가 수많은 델타 함수 형태의 점광원으로 구성된 물체에 대해 어떻게 반응하는가를 11.3.1절에서 생각해 볼 것이다. 푸리에 해석과 프라운호퍼 회절의 관계에 대해서 이 장 전반적으로 다루어지는데, 특히 11.3.3절에서 주의 깊게 다룰 것이다. 이 장의 끝에서는 서로 관련되기는 하지만 다른 관점에서 상의 평가에 관한 문제를 다시 취급한다. 물체를 점광원의 집합체라기보다는 평면파를 퍼뜨리는 산란체로 취급한다.

* 수식적인 측면이 아닌 논의에 대해서는 13.2절을 참조하라.

** 이 장에 관한 일반적인 참고문헌으로, R. C. Jennison, *Fourier Transforms and Convolutions for the Experimentalist*; N. F. Barber, *Experimental Correlograms and Fourier Transforms*; A. Papoulis, *Systems and Transforms with Applications in Optics*; J. W. Goodman, *Introduction to Fourier Optics*; J. Gaskill, *Linear Systems, Fourier Transforms, and Optics*; R. G. Wilson, *Fourier Series and Optical Transform Techniques in Contemporary Optics*; 그리고 일련의 훌륭한 소책자들 B. W. Jones et al., *Images and Information* 등을 보라.

11.2 푸리에 변환

11.2.1 1차원 변환

공간 변수를 가진 1차원 함수 $f(x)$는 무한개의 조화 성분(harmonics)에 대한 선형 결합으로 아래와 같이 표현될 수 있음을 7.4절에서 이미 살펴보았다.

$$f(x) = \frac{1}{\pi}\left[\int_0^{\infty} A(k)\cos kx\,dk + \int_0^{\infty} B(k)\sin kx\,dk\right] \quad [7.56]$$

위 식에서 각공간 주파수(angular spatial frequency) k의 기여 정도를 결정하는 가중치, 즉 $A(k)$와 $B(k)$는 각각 **$f(x)$의 푸리에 코사인 변환 및 사인 변환**인

$$A(k) = \int_{-\infty}^{+\infty} f(x')\cos kx'\,dx'$$

$$B(k) = \int_{-\infty}^{+\infty} f(x')\sin kx'\,dx' \quad [7.57]$$

에 의해 주어진다. 여기서 x'은 단지 적분 변수일 뿐이므로 $A(k)$와 $B(k)$는 x'의 외재(explicit) 함수가 아니며 x' 대신 어떤 기호를 사용해도 무방하다. 사인 변환 및 코사인 변환은 다음과 같이 하나의 복소 지수 함수 표현으로 통합될 수 있는 데 식 [7.57]을 식 [7.56]에 대입함으로써

$$f(x) = \frac{1}{\pi}\int_0^{\infty}\cos kx\int_{-\infty}^{+\infty} f(x')\cos kx'\,dx'\,dk$$

$$+ \frac{1}{\pi}\int_0^{\infty}\sin kx\int_{-\infty}^{+\infty} f(x')\sin kx'\,dx'\,dk$$

을 얻게 된다. 그러나 $\cos k(x' - x) = \cos kx \cos kx' + \sin kx \sin kx'$의 관계에 의해 위 식은

$$f(x) = \frac{1}{\pi}\int_0^{\infty}\left[\int_{-\infty}^{+\infty} f(x')\cos k(x' - x)\,dx'\right]dk \quad (11.1)$$

로 표현될 수 있다. 중괄호 안의 표현은 k에 관한 우함수(even function)이므로 바깥 적분 구간을 바꾸어

$$f(x) = \frac{1}{2\pi}\int_{-\infty}^{+\infty}\left[\int_{-\infty}^{+\infty} f(x')\cos k(x'-x)\,dx'\right]dk \qquad (11.2)$$

와 같이 표현할 수도 있다. 이제 오일러(Euler) 정리를 이용하여 지수 함수 표현을 구하자. 그리고 식 (11.2)와 비슷하게

$$\frac{i}{2\pi}\int_{-\infty}^{+\infty}\left[\int_{-\infty}^{+\infty} f(x')\sin k(x'-x)\,dx'\right]dk = 0$$

이 성립하는데, 이는 중괄호 안의 표현이 k에 관한 기함수(odd function)이기 때문이다. 마지막 두 식을 더해

$$f(x) = \frac{1}{2\pi}\int_{-\infty}^{+\infty}\left[\int_{-\infty}^{+\infty} f(x')e^{ikx'}dx'\right]e^{-ikx}dk \qquad (11.3)$$

와 같이 푸리에 적분의 복소수* 형태를 구할 수 있다. 따라서 푸리에 변환 관계를

$$f(x) = \frac{1}{2\pi}\int_{-\infty}^{+\infty} F(k)e^{-ikx}dk \qquad (11.4)$$

로 표현할 수 있고, 여기에서 $F(k)$는

$$F(k) = \int_{-\infty}^{+\infty} f(x)e^{ikx}dx \qquad (11.5)$$

이며 $x' = x$로 놓았다. 함수 $F(k)$를 $f(x)$의 **푸리에 변환(Fourier transform)**이라고 하며,

$$F(k) = \mathcal{F}\{f(x)\} \qquad (11.6)$$

와 같은 기호로 표기한다. 문헌에 따라 변환의 정의가 동등하기는 하지만 조금씩 다르게 나타난다. 예를 들면 지수 함수의 지수 부호가 바뀔 수 있으며, 인자 $1/2\pi$이 $f(x)$와 $F(k)$에 대칭적으로 나뉠 수 있다. 이 경우 각 함수는 $1/\sqrt{2\pi}$의 계수를 갖는다. $A(k)$와 $B(k)$는 각각 $F(k)$의 실수부와 허수부, 즉

$$F(k) = A(k) + iB(k) \qquad (11.7a)$$

이다. 2.4절에서처럼 이러한 복소수는 실수값을 가진 진폭 $|F(k)|$인 **진폭 스펙트럼**(amplitude spectrum)과 실수값을 가진 위상 $\phi(k)$인 **위상 스펙트럼**(phase spectrum)으로

$$F(k) = |F(k)|e^{i\phi(k)} \qquad (11.7b)$$

와 같이 나타낼 수 있으며, 이러한 형태는 가끔 매우 유용할 수 있다[식 (11.96) 참조].

$F(k)$를 $f(x)$의 푸리에 변환이라고 하듯이, $f(x)$를 $F(k)$의 **역 푸리에 변환(inverse Fourier transform)**이라고 하는데, 기호로 나타내면

$$f(x) = \mathcal{F}^{-1}\{F(k)\} = \mathcal{F}^{-1}\{\mathcal{F}\{f(x)\}\} \qquad (11.8)$$

가 된다. 흔히 $f(x)$와 $F(k)$를 푸리에 변환쌍이라고 한다. 공간 주파수 $\kappa = 1/\lambda = k/2\pi$를 도입하면 푸리에 변환과 그 역변환을 더욱 대칭적인 형태로 나타낼 수 있다. 그러나 어떻게 표현하든지 간에 지수에 있는 음의 부호 때문에 변환과 역변환이 똑같을 수는 없다. 결과적으로 여기의 표현 방식에서는

$$\mathcal{F}\{F(k)\} = 2\pi f(-x) \quad \text{그리고} \quad \mathcal{F}^{-1}\{F(k)\} = f(x)$$

의 관계가 성립한다(연습문제 11.13 참조). 이 관계는 도립 실상을 형성하는 단일 렌즈와 관련이 있다는 것을 아베의 결상 이론(Abbe's image theory)을 공부할 때 알게 될 것이다. 이러한 관계는 대부분의 경우, 특히 $f(x) = f(-x)$의 우함수인 경우에는 별 문제가 되지 않으며 함수와 그 변환 사이에 상당한 동등성을 예상할 수 있다.

만일 함수 f가 공간 변수 대신에 시간의 함수라면 시간 영역에서 변화쌍의 적절한 표현식을 얻기 위하여 x를 t로 바꾸고 각공간 주파수 k를 각시간 주파수(각주파수) ω로 각각 대치하면 된다. 이 경우 푸리에 변화쌍은

$$f(t) = \frac{1}{2\pi}\int_{-\infty}^{+\infty} F(\omega)e^{-i\omega t}d\omega \qquad (11.9)$$

과

$$F(\omega) = \int_{-\infty}^{+\infty} f(t)e^{i\omega t}dt \qquad (11.10)$$

로 표현된다.

만일 함수 $f(x)$가 두 함수의 합으로 주어진다면 그 변환[식 (11.5)]은 각 구성 함수의 변환을 합한 것과 같다. 이 성질을 잘 이용하면 널리 알려진 함수들로 합성된 복잡한 함수의 푸리에 변환을 쉽게 구할 수 있는데, 그림 11.1을 통해 그 의미를 분명히 이해할 수 있다.

예제 11.1

$f(x)$의 변환이 $F(k)$이면, $f(ax)$의 변환은 $(1/a)F(k/a)$임을 보여라. 여기서 a는 양의 상수이다.

* 혼동을 일으킬 우려가 없을 때는 복소수를 나타내는 데 사용하는 물결(tilde) 기호를 생략하여 일반적인 표기법을 따른다.

풀이

$f(ax)$의 변환은

$$\int_{-\infty}^{+\infty} f(ax)\, e^{ikx} dx$$

이다. $y = ax$로 놓으면 $dy = adx$이고, 위의 적분은

$$\frac{1}{a}\int_{-\infty}^{+\infty} f(y) e^{iky/a} dy$$

가 된다. 이 경우 각공간 주파수는 k/a임을 고려하면, 이 적분은

$$\frac{1}{a} F(k/a)$$

와 같아서 증명된 것이다.

가우스 함수의 변환

하나의 예로서 가우스 확률 함수

$$f(x) = Ce^{-ax^2} \tag{11.11}$$

를 생각해 보자. 여기서 $C = \sqrt{a/\pi}$이며 a는 상수이다. 이 함수는 $t = 0$에서 어떤 펄스의 모양이라고 생각할 수도 있다.

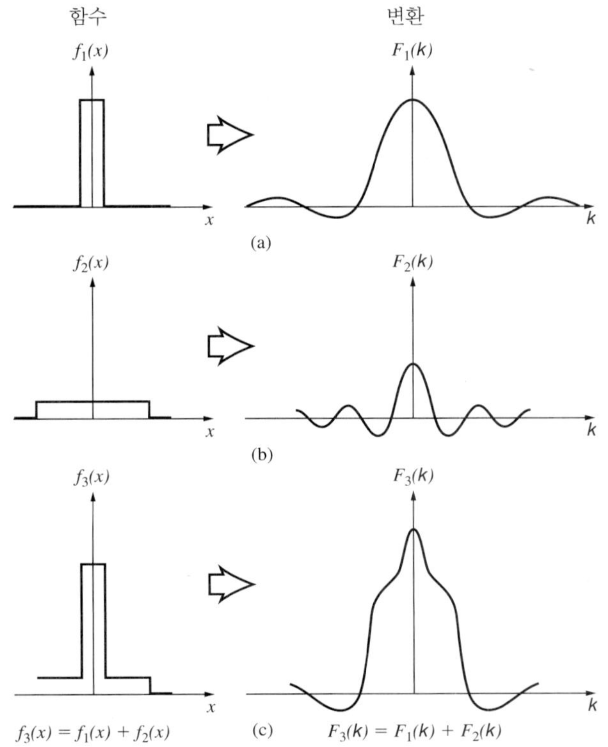

그림 11.1 합성 함수와 그 푸리에 변환

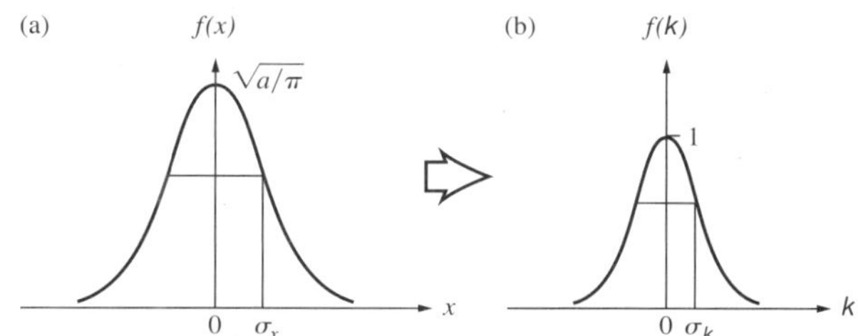

그림 11.2 가우스 함수와 그 푸리에 변환

이러한 잘 알려진 종 모양의 곡선(그림 11.2a)은 광학에서 아주 자주 접하게 된다. 이 함수는 개별적인 광자를 파동 다발(wave packet)로 나타내거나, TEM_{00} 모드의 레이저빔에서 복사 조도의 단면 분포 또는 결맞음(coherence) 이론에서 열복사광(thermal light)을 통계적으로 다루는 등 많은 문제와 밀접한 관계를 가진다. 푸리에 변환 $\mathscr{F}\{f(x)\}$는

$$F(k) = \int_{-\infty}^{+\infty} (Ce^{-ax^2}) e^{ikx} dx$$

에 의해 구해진다. 위 식에서 지수 $-ax^2 + ikx$를 완전 제곱꼴로 변환하면, $-(x\sqrt{a} - ik/2\sqrt{a})^2 - k^2/4a$가 되는데 여기서 $x\sqrt{a} - ik/2\sqrt{a} = \beta$로 치환하면,

$$F(k) = \frac{C}{\sqrt{a}} e^{-k^2/4a} \int_{-\infty}^{+\infty} e^{-\beta^2} d\beta$$

를 얻는다. 적분 표에서 이 정적분의 값을 찾아보면 $\sqrt{\pi}$이므로 푸리에 변환은

$$F(k) = e^{-k^2/4a} \tag{11.12}$$

로서 변수가 k인 또 다른 가우스 함수가 된다(그림 11.2b). 표준 편차는 가우스 함수가 최댓값의 $e^{-1/2} = 0.607$배로 감소하는 변수(x 또는 k)의 범위로서 정의된다. 따라서 두 곡선의 표준 편차는 각각 $\sigma_x = 1/\sqrt{2a}$와 $\sigma_k = \sqrt{2a}$이고 $\sigma_x\sigma_k = 1$이 된다. a가 증가함에 따라 $f(x)$는 좁아지지만 $F(k)$는 넓어진다. 다시 말해 펄스폭이 짧아질수록 주파수 대역폭(bandwidth)은 넓어지게 된다. 표 11.1은 푸리에 변환의 대칭적인 특성들을 나열한 것이다. 가우시안은 실수이고 짝수이며, 그것의

표 11.1 푸리에 변환의 대칭성

$f(x)$또는 $f(t)$	$F(k)$ 또는 $F(\omega)$
실수이고 짝수	실수이고 짝수
실수이고 홀수	허수이고 홀수
허수이고 짝수	허수이고 짝수
허수이고 홀수	실수이고 홀수
복소수이고 짝수	복소수이고 짝수
복소수이고 홀수	복소수이고 홀수

변환은 실수이고 짝수이다.

11.2.2 2차원 변환

지금까지 1차원 함수에 대해 논의해 왔으나, 광학에서는 일반적으로 2차원 신호를 다룬다[예: 구멍에서의 전기장 분포 또는 상면에서 선속 밀도 분포]. 푸리에 변환쌍은

$$f(x, y) = \frac{1}{(2\pi)^2}\iint_{-\infty}^{+\infty} F(k_x, k_y)e^{-i(k_x x+k_y y)}dk_x\,dk_y \quad (11.13)$$

$$F(k_x, k_y) = \iint_{-\infty}^{+\infty} f(x, y)\,e^{i(k_x x+k_y y)}dx\,dy \quad (11.14)$$

와 같이 쉽게 2차원으로 확장할 수 있다. k_x와 k_y는 각각 두 축 방향의 각공간 주파수이다. 검은색과 흰색의 정사각형 타일을 각 변이 x축과 y축에 나란하도록 번갈아 붙여 놓은 타일 바닥의 상을 보고 있다고 생각해 보자. 만일 바닥이 무한히 펼쳐져 있다면, 그로부터 반사된 빛의 수학적인 분포는 2차원 푸리에 급수로 표시될 수 있다. 각 타일의 크기가 ℓ이라면 x축과 y축 방향으로 공간 주기(spatial period)는 2ℓ이며 기본 각공간 주파수는 π/ℓ이다. 따라서 바닥의 모습을 나타내는 함수는 각공간 주파수가 π/ℓ인 항과 그 조화 항들로 기술될 수 있다.

만일 이 무늬가 유한한 영역 내에 펼쳐져 있다면, 함수는 더 이상 주기적이지 않으므로 급수 대신에 푸리에 적분이 필요하게 된다. 사실 식 (11.13)의 의미는 복소 인자 $F(k_x, k_y)$에 의해 진폭과 위상이 동시에 적절히 가중된 $\exp[-i(k_x x + k_y y)]$ 형태의 기본 함수가 선형 결합하여 함수 $f(x,y)$를 나타내고 있다는 것이다. 변환은 단순히 각각의 기본 성분이 어떤 크기와 위상으로 합성되어야 하는가를 알려 준다. 3차원의 경우에 기본 함수는 $\exp[-i(k_x x + k_y y + k_z z)]$ 또는 $\exp(-i\,\vec{\mathbf{k}}\cdot\vec{\mathbf{r}})$로 주어지는데, 이들은 평면에 대응한다. 더욱이 함수 f가 파동 함수, 즉 일종의 3차원 파 $f(\vec{\mathbf{r}},t)$라면 이들 기본 성분은 $\exp[-i(\vec{\mathbf{k}}\cdot\vec{\mathbf{r}} + \omega t)]$의 형태로 표현되는 평면파가 된다. 다시 말해서 **임의의 파는 여러 가지 방향과 전파 상수를 가진 평면파의 선형 결합으로 합성될 수 있다**. 마찬가지로 2차원의 경우도 기본 함수들은 각각 다른 방향을 가지고 있다. 즉 주어진 k_x, k_y 값에 대해 기본 함수의 지수 혹은 위상은 직선

$$k_x x + k_y y = \text{상수} = A$$

또는

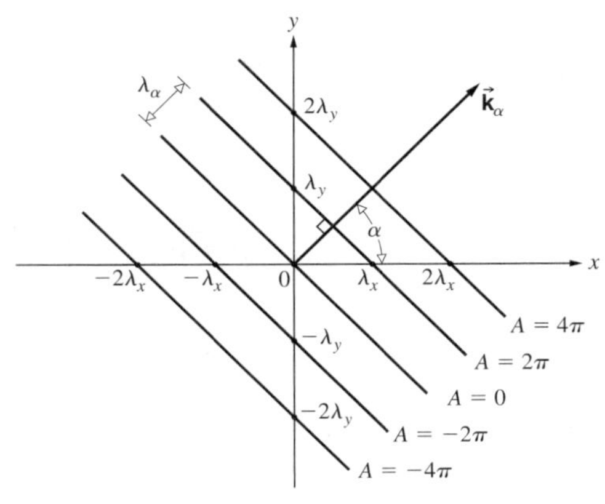

그림 11.3 식 (11.15)로 주어지는 동일 위상면

$$y = -\frac{k_x}{k_y}x + \frac{A}{k_y} \quad (11.15)$$

를 따라서 일정하다. 이 상황은 xy-평면과 교차하며 동시에 그것에 수직한 평면이 다른 A 값에 대해 식 (11.15)에 의해 주어진 선을 따라 배열된 경우와 유사하다. 이 선에 수직한 벡터 $\vec{\mathbf{k}}_\alpha$는 k_x와 k_y의 성분을 갖는다. 그림 11.3은 $A = 0$, $\pm 2\pi$, $\pm 4\pi$, ...에 해당하는 선을 (주어진 k_x와 k_y에 대해) 보여 준다. 기울기는 모두 $-k_x/k_y$ 또는 $-\lambda_y/\lambda_x$이며, y-절편은 $A/k_y = A\lambda_y/2\pi$이다. 동일한 위상을 가진 선의 방향은

$$\alpha = \tan^{-1}\frac{k_y}{k_x} = \tan^{-1}\frac{\lambda_x}{\lambda_y} \quad (11.16)$$

이다. 그림의 닮은꼴 삼각형에 대해 $\lambda_\alpha/\lambda_y = \lambda_x/\sqrt{\lambda_x^2 + \lambda_y^2}$가 성립하므로 $\vec{\mathbf{k}}_\alpha$ 방향으로 측정된 파장 또는 공간 주기 λ_α는

$$\lambda_\alpha = \frac{1}{\sqrt{\lambda_x^{-2} + \lambda_y^{-2}}} \quad (11.17)$$

로 주어진다. 따라서 $2\pi/\lambda_\alpha$로 주어지는 각공간 주파수 k_α는 예상한 바와 같이

$$k_\alpha = \sqrt{k_x^2 + k_y^2} \quad (11.18)$$

이다. 따라서 2차원 함수를 표현하기 위해서는 일반적으로 공간 주파수 k_x와 k_y를 가진 항뿐만 아니라 조화 항이 요구되며, 이들은 x축이나 y축이 아닌 임의의 방향을 향하게 된다.

여러 가지 개념을 활용하여 구멍에 의해 회절된 빛을 표현했던 그림 10.7로 잠깐 되돌아가자. 방출되는 복잡한 파면을 이해하는 방법 중의 하나는 회절광을 모든 방향으로 진행해 나가는 평면파의 중첩으로 보는 것이다(그림 7.52). 이들은 푸리에 변환 성분으로서 특정 각공간 주파수를 가지고 주어진 방향으로 방출된다. 공간 주파수가 0인 항은 편향되지 않고 중심축을 따라 진행하는 파에 대응하며, 높은 공간 주파

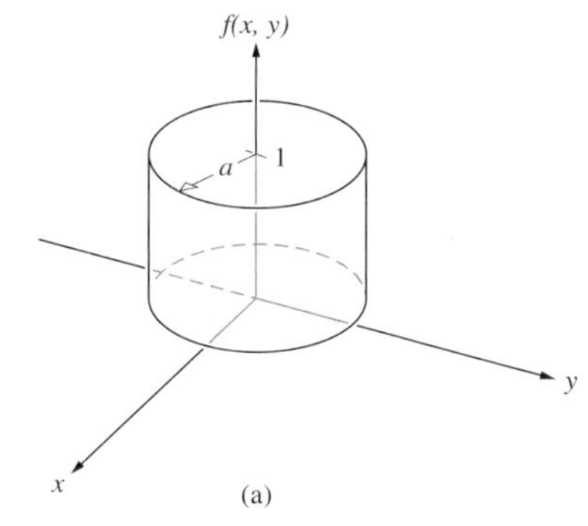

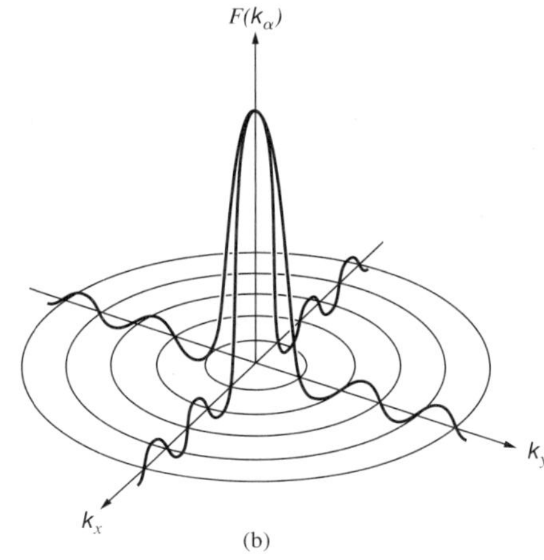

그림 11.4 원통 또는 모자(top-hat) 함수와 그 푸리에 변환

수를 가진 항은 중심축과 큰 각으로 방출된다. 빛이 구멍으로부터 나올 때 이러한 푸리에 성분이 회절광을 이룬다.

원통 함수의 변환

그림 11.4a의 원통 함수(cylinder function)

$$f(x, y) = \begin{cases} 1 & \sqrt{x^2 + y^2} \le a \\ 0 & \sqrt{x^2 + y^2} > a \end{cases} \tag{11.19}$$

는 푸리에 방법을 2차원에 적용하는 중요하고도 실용적인 예가 된다. 이에 대한 계산은 그리 간단하지 않지만 원형 구멍이나 렌즈에 의한 회절 이론에 중요하므로 다룰 만한 가치가 충분하다. 원대칭성을 가지므로 극좌표계를 사용하여

$$\begin{aligned} k_x &= k_\alpha \cos\alpha \\ k_y &= k_\alpha \sin\alpha \\ x &= r\cos\theta \\ y &= r\sin\theta \end{aligned} \tag{11.20}$$

와 같이 놓는다. $dx\,dy = r dr\,d\theta$이므로 변환 $\mathscr{F}\{f(x)\}$는

$$F(k_\alpha, \alpha) = \int_{r=0}^{a}\left[\int_{\theta=0}^{2\pi} e^{ik_\alpha r\cos(\theta-\alpha)}d\theta\right]r\,dr \tag{11.21}$$

로 주어진다. 그런데 함수 $f(x, y)$가 원대칭이므로 그 변환도 원대칭이어야 한다. 이것은 $F(k_\alpha, \alpha)$가 α에 무관하다는 것을 의미한다. 따라서 α를 어떤 상수값으로 놓으면 적분이 단순해질 수 있다. α를 0으로 놓으면 위 식은

$$F(k_\alpha) = \int_0^a\left[\int_0^{2\pi} e^{ik_\alpha r\cos\theta}d\theta\right]r\,dr \tag{11.22}$$

로 주어지며, 식 (10.47)을 이용하면

$$F(k_\alpha) = 2\pi\int_0^a J_0(k_\alpha r)r\,dr \tag{11.23}$$

이 된다. 여기서 $J_0(k_\alpha r)$은 0차 베셀 함수이다. $k_\alpha r = w$로 치환하면 $dr = k_\alpha^{-1}dw$이므로 적분식은

$$\frac{1}{k_\alpha^2}\int_{w=0}^{k_\alpha a} J_0(w)w\,dw \tag{11.24}$$

로 바뀐다. 식 (10.50)을 이용하면 이 적분 결과는 1차의 베셀 함수가 되므로(그림 10.35 참조)

$$F(k_\alpha) = \frac{2\pi}{k_\alpha^2}k_\alpha a J_1(k_\alpha a)$$

또는

$$F(k_\alpha) = 2\pi a^2\left[\frac{J_1(k_\alpha a)}{k_\alpha a}\right] \tag{11.25}$$

와 같은 결과를 얻게 된다. 이 표현식(그림 11.4b)이 원형 구멍에 의한 프라운호퍼 회절 무늬의 전기장에 관한 공식[식 (10.51)]과 비슷한 것은 당연한 결과이다.

곧 알게 되겠지만 프라운호퍼 회절의 경우 구멍에 대한 전기장 진폭의 변환은 일반적으로 회절 무늬의 전기장과 상당히 동일하다. 이 전기장은 진동하는 값을 가지며 음(−)의 값으로 수렴하기 때문에 인쇄된 종이에 흑백의 그림으로 나타내기가 쉽지 않다. 그림 11.5는 이를 수행하기 위한 시도로 이것은 크기가 커지는 원형 구멍의 2차원 변환의 절댓값을 그린 것이다. 변환을 인쇄하기 위해 밝기 조절을 하지 않으면, 결국 복사 조도 분포와 비슷하게 보인다.

푸리에 변환자로서의 렌즈

그림 11.6에서 수렴 렌즈의 앞 초평면에 놓인 슬라이드에 평행광이 비치고 있다. 이 물체는 평면파를 산란시키며, 이들은 렌즈에 의해 모아져 평행한 광선 다발이 뒤 초평면에 맺

그림 11.5 윗줄은 크기가 커지는 4개의 원형 공간 신호를 나타낸다. 아랫줄은 각각의 원형 신호에 대한 2차원 푸리에 변환을 나타낸다. (K. Betzler, Universität Osanabrück)

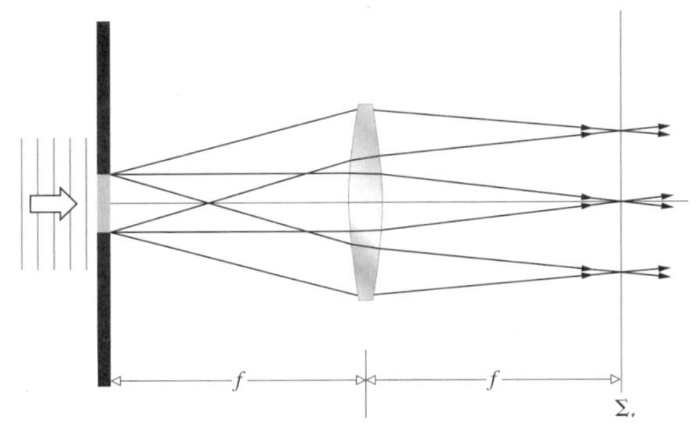

그림 11.6 렌즈의 앞 초평면에 놓인 슬라이드에 의해 회절된 빛은 렌즈의 뒤 초평면에 수렴되어 원거리 회절 무늬를 형성한다.

히게 된다. 소위 **변환 평면(transform plane)** Σ_t에 스크린을 놓으면 그 위에 물체의 원거리 회절 무늬를 관찰할 수 있다(이것은 본질적으로 그림 10.8e의 배치와 같다). 바꾸어 말하면 물체면의 전기장 분포, 즉 **구멍 함수(aperture function)**는 렌즈에 의해 원거리 회절 무늬로 변환된다. 이것은 대부분의 경우 사실이지만 엄밀하게는 그렇지 않다. 결국 렌즈는 실제로 하나의 평면 위에 결상하는 것이 아니다.

주목할 점은 프라운호퍼 회절의 전기장 $\vec{\mathbf{E}}$ 분포는 구멍 함수의 푸리에 변환에 정확히 대응된다는 것이다. 11.3.3절에서 이러한 사실을 보다 엄밀하게 확인할 것이다. 여기에서는 물체가 앞 초평면 위에 놓여 있으므로 여러 회절광은 변환 평면까지 똑같은 광경로 길이(optical path length)를 갖게 되고 위상 관계도 유지된다. 그러나 물체가 앞 초평면이 아닌 다른 위치에 놓이면 그렇지 못하다. 이 경우 위상 변이가 일어나지만 일반적으로 복사 조도에만 관심이 있으므로 실제로 별 상관이 없다. 이때 위상 정보는 평균이 되고 위상 왜곡이 관찰될 수 없다.

원형 구멍이 뚫려 있는 불투명한 물체판(그림 11.5)의 경우에 그 위의 전기장 $\vec{\mathbf{E}}$는 그림 11.4a의 모자 모양과 같으며 회절된 전기장, 즉 푸리에 변환은 그림 11.4b와 아주 흡사한 베셀 함수 형태로 공간에 분포한다. 비슷한 예로서 물체 슬라이드가 한 방향으로만 명암의 변화(그림 11.7a)를 보일 때, 즉 진폭 투과도가 삼각형 모양일 때 회절 무늬의 전기장 진폭은 그림 11.7b에 대응한다. 삼각형 함수(triangle function)의 푸리에 변환은 싱크(sinc) 함수의 제곱이다.

11.2.3 디랙 델타 함수

물리 현상 중에는 짧은 시간 동안에 큰 세기를 가지고 일어나는 것들이 많이 있으며, 이러한 자극에 의한 계의 반응에 대해서 관심을 갖는 경우가 흔히 있다. 망치로 때렸을 때 당구공과 같은 역학적인 장치가 어떻게 반응하는가? 또는 어떤 회로에 짧고 높은 전류 펄스가 입력되었을 때 어떤 현상이 일어날 것인가? 이와 비슷하게 시간 대신에 공간 영역에서 뾰족한 펄스와 같은 어떤 자극을 생각해 볼 수 있다. 어두운 배경 속에서 빛나는 작은 광원은 본질적으로 매우 국소적인 2차원 공간 펄스–복사 조도의 스파이크(spike)이다. 이러한 종류의 극단적으로 우뚝 솟은 자극을 이상적이고 편리하게 수학적으로 기술하는 것이 **디랙 델타 함수(Dirac delta function)** $\delta(x)$이다. 이 함수는 원점 이외의 모든 점에서 0이 되며, 적분값이 단위 면적이 되기 위해 원점에서는 무한대로 발산한다. 즉

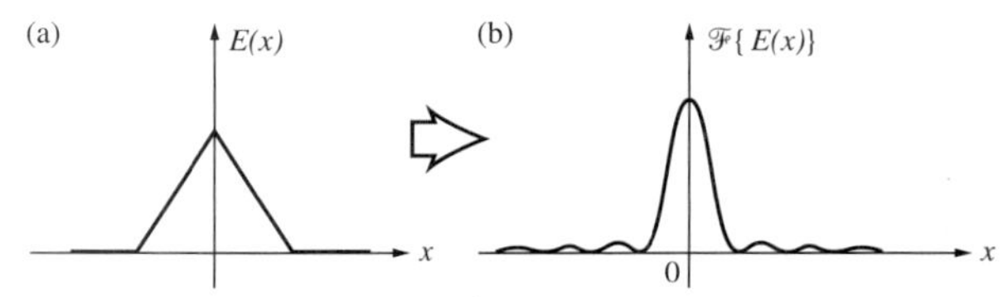

그림 11.7 삼각형 함수의 변환은 싱크 함수의 제곱이다.

$$\delta(x) = \begin{cases} 0 & x \neq 0 \\ \infty & x = 0 \end{cases} \quad (11.26)$$

과

$$\int_{-\infty}^{+\infty} \delta(x)\, dx = 1 \quad (11.27)$$

의 성질을 갖는다. 이것은 전통적인 수학적 의미에서 함수가 아니다. 사실 이 함수는 극단적으로 특이하기 때문에 1930년 디랙(P. A. M. Dirac)에 의해 도입되고 널리 알려진 이후에도 오랫동안 논쟁거리로 남아 있었다. 그러나 함수가 엄밀하게 정당화되지 않았음에도 불구하고, 실용적인 물리학자들에게는 매우 유용하여 곧 확립된 도구가 되었다. 사실 거의 20년 후인 1950년대 초에 주로 슈바르츠(Laurent Schwartz)에 의해 델타 함수에 관한 정확한 수학적 이론이 정립되었다.

$\delta(x)$가 적용될 수 있는 가장 기본적인 연산은

$$\int_{-\infty}^{+\infty} \delta(x) f(x)\, dx$$

와 같은 적분의 계산일 것이다. 여기서 $f(x)$는 임의의 연속 함수이다. $x = 0$에서 함수는 연속이므로 원점에 중심을 둔 $x = -\gamma$에서 $+\gamma$까지의 아주 좁은 구간에 걸쳐 $f(x) \approx f(0) \approx$ 상수이다. $x = -\infty$에서 $x = -\gamma$까지 그리고 $x = +\gamma$에서 $x = +\infty$까지의 구간에서 델타 함수가 0이므로 적분은 0이다. 그러므로 위의 적분은

$$f(0)\int_{-\gamma}^{+\gamma} \delta(x)\, dx$$

와 같다. 0을 제외한 모든 x에서 $\delta(x) = 0$이므로 적분 구간은 무한히 좁혀질 수 있다. 즉, γ가 0으로 수렴하더라도 식 (11.27)에 의해

$$\int_{-\gamma}^{+\gamma} \delta(x)\, dx = 1$$

이다. 따라서

$$\int_{-\infty}^{+\infty} \delta(x) f(x)\, dx = f(0) \quad (11.28)$$

의 정확한 결과를 얻는다. 이 관계식을 이용하여 함수가 취할 수 있는 여러 값 중에서 $x = 0$에서의 $f(x)$ 값을 뽑아낼 수 있으므로 이를 흔히 델타 함수의 **선택성(sifting property)**이라고 한다. 마찬가지로 x_0 만큼 원점으로부터 좌표 이동된 델타 함수는

$$\delta(x - x_0) = \begin{cases} 0 & x \neq x_0 \\ \infty & x = x_0 \end{cases} \quad (11.29)$$

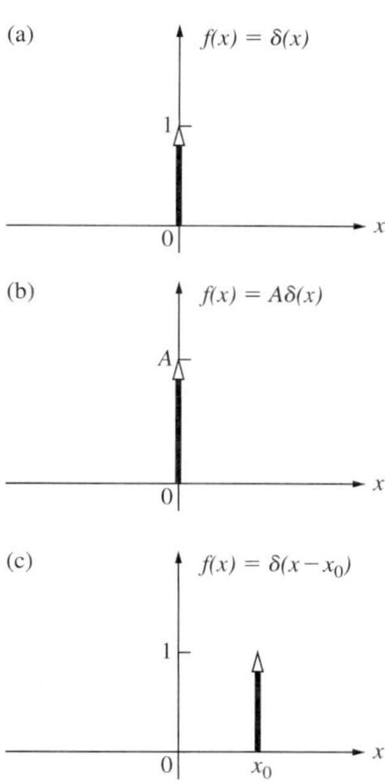

그림 11.8 델타 함수를 표시하는 화살표의 높이는 함수의 적분 면적에 해당한다.

이다. 그림 11.8에 보인 것처럼 스파이크는 $x = 0$ 대신 $x = x_0$에 존재한다. 이 경우 선택성은 $x - x_0 = x'$으로 치환하고 $f(x' + x_0) = g(x')$이라 놓음으로써

$$\int_{-\infty}^{+\infty} \delta(x - x_0) f(x)\, dx = \int_{-\infty}^{+\infty} \delta(x') g(x')\, dx' = g(0)$$

이 되고 $g(0) = f(x_0)$이므로

$$\int_{-\infty}^{+\infty} \delta(x - x_0) f(x)\, dx = f(x_0) \quad (11.30)$$

가 된다. 각 x값에 대한 $\delta(x)$의 정확한 정의를 따지는 것보다는 다른 함수 $f(x)$에 대한 $\delta(x)$의 영향을 정의하는 방식을 따르는 것이 형식상 더 유익할 것이다. 따라서 식 (11.28)은 실제로 함수 $f(x)$에 수 $f(0)$를 부여하는 완전한 연산의 정의이며, 이러한 종류의 연산을 **범함수**(functional)라고 한다.

펄스의 폭이 점점 좁아지고 동시에 높이가 증가하는 펄스열(sequence of pulses)을 몇 가지 구성할 수 있다. 이때 각각의 펄스가 둘러싸는 면적은 단위 면적이다. $a = 1, 2, 3, \ldots$에 대하여 높이가 a/L이고 폭이 L/a인 직사각형 펄스열이 하나의 예이다. 그림 11.9의 가우스 함수열[식 (11.11)]

$$\delta_a(x) = \sqrt{\frac{a}{\pi}}\, e^{-ax^2} \quad (11.31)$$

이나, 싱크 함수열

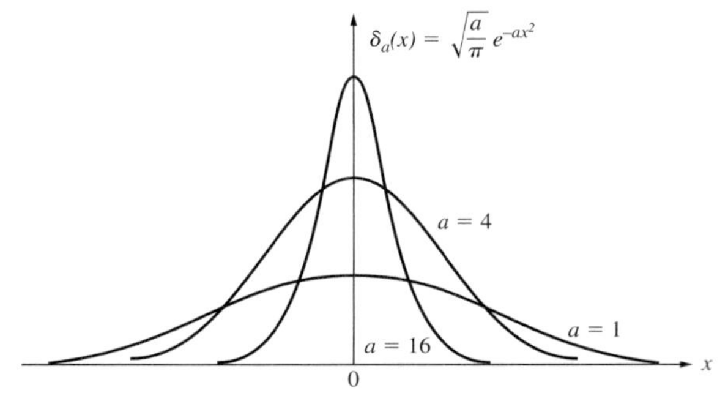

그림 11.9 가우스 함수열

$$\delta_a(x) = \frac{a}{\pi}\,\text{sinc}\,(ax) \tag{11.32}$$

도 이에 해당한다. 선택성에 근접해 가는, 즉

$$\lim_{a\to\infty}\int_{-\infty}^{+\infty}\delta_a(x)f(x)\,dx = f(0) \tag{11.33}$$

을 만족하며 그와 같이 매우 우뚝 솟은 함수를 **델타 함수열**(delta sequences)이라고 한다. 실제 아주 정확하지는 않지만 $\delta(x)$를 $a\to\infty$일 때 이러한 함수열의 수렴 극한으로 생각하는 것이 종종 유용하다. 이러한 개념은 정의식

$$\delta(x, y) = \begin{cases}\infty & x = y = 0\\ 0 & \text{그 밖의 경우}\end{cases} \tag{11.34}$$

와

$$\iint_{-\infty}^{+\infty}\delta(x, y)\,dx\,dy = 1 \tag{11.35}$$

에 의해 2차원으로 확장된다. 또한 선택성은

$$\iint_{-\infty}^{+\infty}f(x, y)\,\delta(x - x_0)\,\delta(y - y_0)\,dx\,dy = f(x_0, y_0) \tag{11.36}$$

로 표현된다. 푸리에 적분 식 (11.3)으로부터 델타 함수의 또 다른 표현 방법을 찾을 수 있다. 이는

$$f(x) = \int_{-\infty}^{+\infty}\left[\frac{1}{2\pi}\int_{-\infty}^{+\infty}e^{-ik(x-x')}dk\right]f(x')\,dx'$$

로 쓸 수 있으며,

$$f(x) = \int_{-\infty}^{+\infty}\delta(x - x')f(x')\,dx' \tag{11.37}$$

라 놓으면

$$\delta(x - x') = \frac{1}{2\pi}\int_{-\infty}^{+\infty}e^{-ik(x-x')}dk \tag{11.38}$$

이 된다. 식 (11.29)의 정의로부터 $\delta(x - x') = \delta(x' - x)$이므로 식 (11.37)은 식 (11.30)과 동일하다. 식 (11.38)의 (발산)적분은 $x = x'$을 제외한 모든 점에서 0이다. $x' = 0$을 대입하면 분명히 $\delta(x) = \delta(-x)$이며

$$\delta(x) = \frac{1}{2\pi}\int_{-\infty}^{+\infty}e^{-ikx}\,dk = \frac{1}{2\pi}\int_{-\infty}^{+\infty}e^{ikx}dk \tag{11.39}$$

임을 알 수 있다. 이 식으로부터 식 (11.4)에 의해 델타 함수는 1의 역푸리에 변환으로 생각할 수 있다. 즉 $\delta(x) = \mathcal{F}^{-1}\{1\}$과 $\mathcal{F}\{\delta(x)\} = 1$의 관계가 성립한다. 직사각형 펄스가 점점 좁아지고 높아짐에 따라 그 변환은 더욱 넓어진다는 것을 알 수 있다. 마침내 펄스가 무한히 좁아지면 변환은 무한히 넓게 펼쳐진 형태, 즉 상수가 되는 것이다.

변위와 위상 이동

δ-스파이크가 $x = 0$에서 $x = x_0$로 좌표 이동하면 그 변환의 진폭은 1의 값을 유지하며 단지 위상만 변화한다. 이를 확인하기 위해

$$\mathcal{F}\{\delta(x - x_0)\} = \int_{-\infty}^{+\infty}\delta(x - x_0)e^{ikx}dx$$

을 계산해 보자. 이 식은 선택성 [식 (11.30)]에 의해

$$\mathcal{F}\{\delta(x - x_0)\} = e^{ikx_0} \tag{11.40}$$

이 된다. 단지 위상만 변화되며 진폭은 $x_0 = 0$인 경우와 같이 1인 것이다. 시간 영역으로 돌아가서 $t = 0$인 순간에 발생된 (스파이크와 같은) 극히 짧은 펄스를 생각해 보면 이러한 설명은 좀 더 직관적으로 이해할 수 있다. 이 경우 무한개의 주파수 성분이 생성되며, 그들은 생성 순간($t = 0$)에 모두 동일한 초기 위상을 가진다. 반면에 펄스가 t_0 시각에 발생된다고 가정하면, 앞에서와 마찬가지로 모든 주파수가 생성되지만 이 경우 각 주파수 성분은 $t = t_0$의 시각에서 동일한 위상을 갖게 된다. 결과적으로 거꾸로 추정하면 $t = 0$의 시각에서 각 성분의 위상은 주파수에 따라 다르게 될 것이다. 더욱이 모든 성분을 합성한 결과는 t_0의 시각 외에 항상 0이 되므로 주파수에 따라 위상이 다르다는 것은 아주 당연한 결과이다. 공간 영역에서 위상 이동은 식 (11.40)으로부터 확인할 수 있는데, 위상은 각공간 주파수 $\boldsymbol{k}$에 따라 변화한다는 것을 유의하라.

위상 이동에 관한 논의는 일반적인 경우에도 적용될 수 있으며, **공간적으로 (혹은 시간적으로) 좌표 이동된 함수의 푸리에 변환은 원래 함수의 푸리에 변환에 선형적인 위상을 갖는 지수 함수를 곱한 것과 같음**을 보게 된다(연습문제

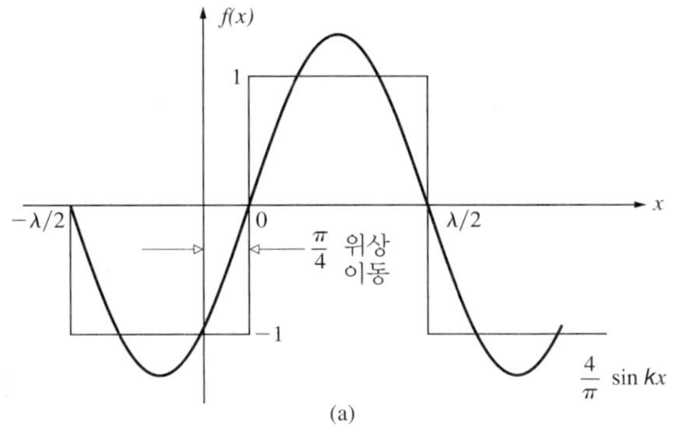

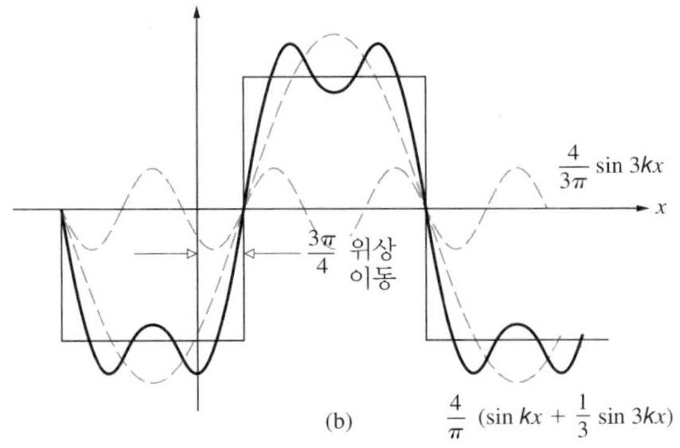

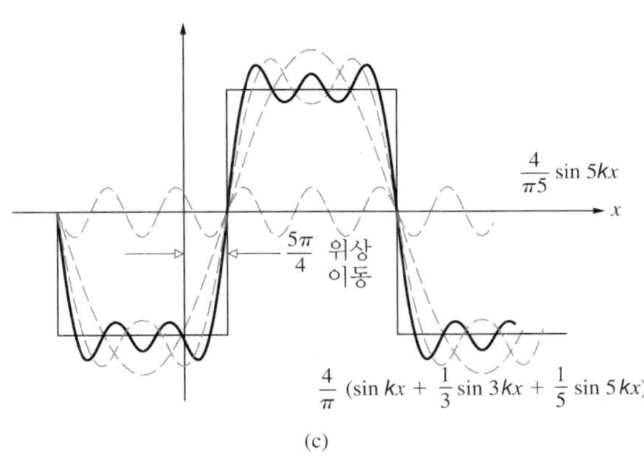

그림 11.10 각 성분 파동(component wave)의 위상 변화를 보여 주는 좌표 이동된 직사각형 파형

11.17). 공간적으로 분리되어 있지만 동일한 몇 개 점광원의 상을 다룰 때, 푸리에 변환의 이러한 성질은 매우 유용하다. 이 과정은 그림 11.10과 그림 7.34를 통해 도식적으로 이해할 수 있다. 직사각형 파를 오른쪽으로 $\pi/4$ 만큼 이동시키기 위해서 기본성분은 1/8 파장(예: 1.0mm) 만큼 이동해야 하고, 동시에 모든 성분도 일률적으로 같은 거리(즉 1.0mm) 만큼 이동해야 한다. 그래서 각각의 성분은 1.0mm의 변위에 해당하는 $m\pi/4$ 만큼 위상 이동을 갖게 된다.

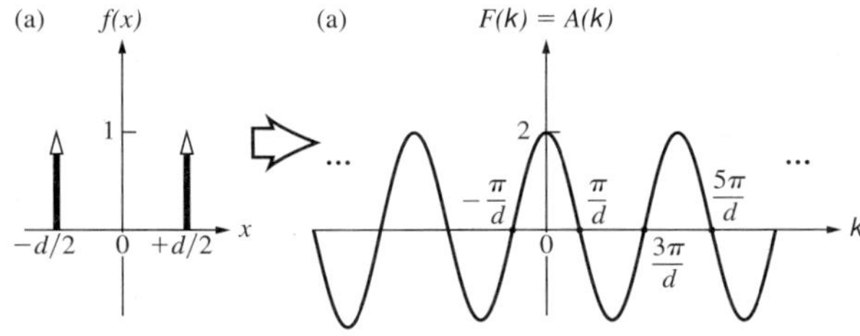

그림 11.11 두 개의 델타 함수와 코사인 함수 형태의 변환

사인 함수와 코사인 함수

만일 어떤 함수를 개별 함수들의 합으로 표현할 수 있다면 그 변환은 단순히 각 구성 함수들의 변환을 합한 것임을 이미 살펴보았다(그림 11.1). 빗살 모양처럼 균일하게 배열되어 있는 델타 함수를 생각해 보자.

$$f(x) = \sum_j \delta(x - x_j) \tag{11.41}$$

항의 개수가 무한히 많을 때 이러한 주기 함수를 흔히 *comb*(x)라고 한다. 함수 $f(x)$의 변환은 단순히 식 (11.40)과 같은 항들의 합으로 주어질 것이다.

$$\mathscr{F}\{f(x)\} = \sum_j e^{ikx_j} \tag{11.42}$$

특히 $x_0 = d/2$와 $x_0 = -d/2$에 위치한 2개의 δ-함수

$$f(x) = \delta[x - (+d/2)] + \delta[x - (-d/2)]$$

의 푸리에 변환은

$$\mathscr{F}\{f(x)\} = e^{ikd/2} + e^{-ikd/2}$$

이며, 이는

$$\mathscr{F}\{f(x)\} = 2\cos(kd/2) \tag{11.43}$$

이다. 따라서 대칭적인 두 δ-함수의 합에 대한 변환은 코사

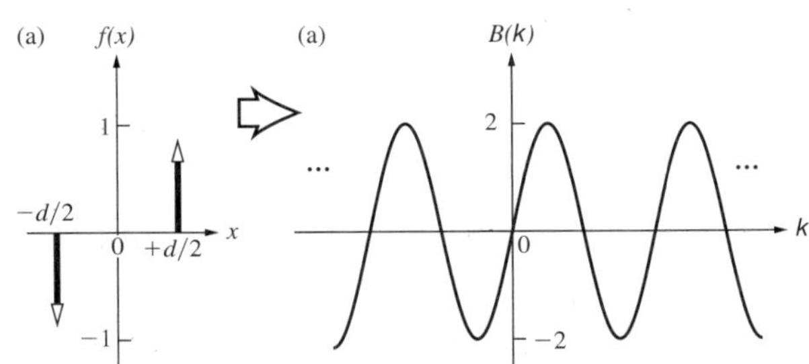

그림 11.12 두 개의 델타 함수와 실수 사인 함수 형태의 변환 $B(k)$. $F(k)$는 식 (11.44)와 같이 여전히 허수이다. 모든 실수 기함수의 변환은 허수 기함수이다(표 11.1 참조).

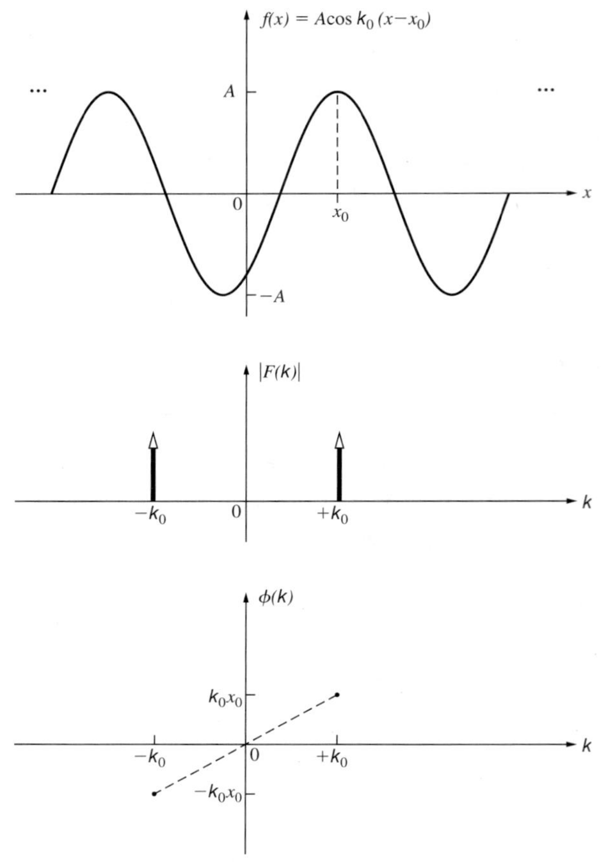

그림 11.13 좌표 이동된 코사인 함수의 스펙트럼

인 함수가 되며 그 역도 성립한다. **합성 함수는 실수값을 가진 우함수이고,** $F(k) = \mathscr{F}\{f(x)\}$**도 실수값을 가진 우함수이다.** 나중에 다시 논의하겠지만 이것은 매우 좁은 슬릿에 의한 영(Young)의 실험과 밀접한 관련이 있다. 그림 11.12와 같이 δ-함수 중에서 하나의 위상이 변화된다면 합성 함수는 비대칭이 된다. 즉 기함수

$$f(x) = \delta[x - (+d/2)] - \delta[x - (-d/2)]$$

가 되는데 그 변환은

$$\mathscr{F}\{f(x)\} = e^{ikd/2} - e^{-ikd/2} = 2i\sin(kd/2) \tag{11.44}$$

로 주어진다. 따라서 실수 사인 변환[식 (11.7)]은

$$B(k) = 2\sin(kd/2) \tag{11.45}$$

이며, 이 또한 기함수이다. 일반적으로 **실수 기함수의 변환은 허수 기함수이다.**

이 결과는 매우 흥미롭다. 복소수 변환을 두 가지 방법으로, 즉 식 (11.7a)처럼 실수부와 허수부의 합이나 식 (11.7b)처럼 진폭과 위상항의 곱으로 생각할 수 있음을 상기하라. 코사인과 사인은 다소 특별한 함수이다. 전자는 순수하게 실수부와 관련되고 후자는 순수하게 허수부와 관련된다. 대부분의 함수의 경우, 심지어 조화 함수라도 변환에 실수부와 허수부가 섞여 있다. 예를 들어 코사인 함수를 약간 좌표 이동시키면 그 결과는 보통 기함수나 우함수가 아니며 변환은 실수부와 허수부를 모두 포함한다. 게다가 그것은 그림 11.13과 같이 코사인 함수의 경우와 같으나 적절히 위상 이동된 진폭 스펙트럼으로 표현될 수 있다. 두 코사인 함수가 $\lambda/4$ 만큼 이동하여 사인 함수로 바뀔 때, 두 델타 함수 간의 상대적인 위상 차이는 다시 π rad임을 주목하라.

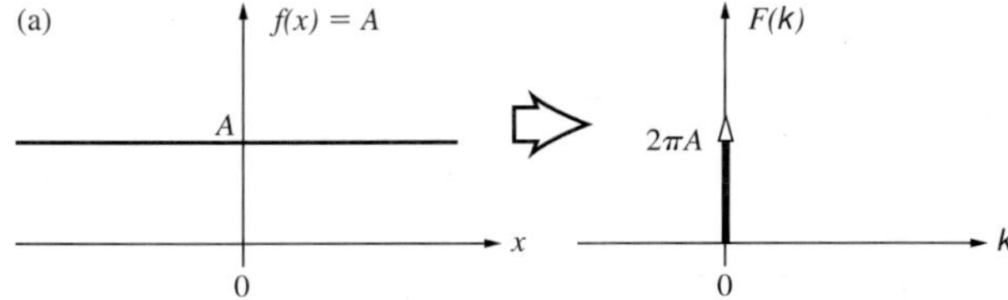

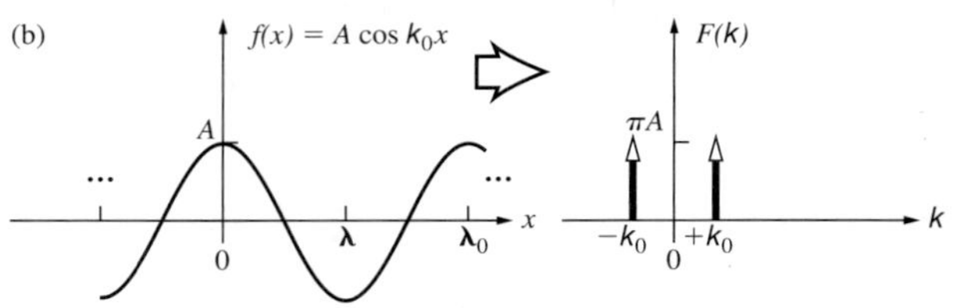

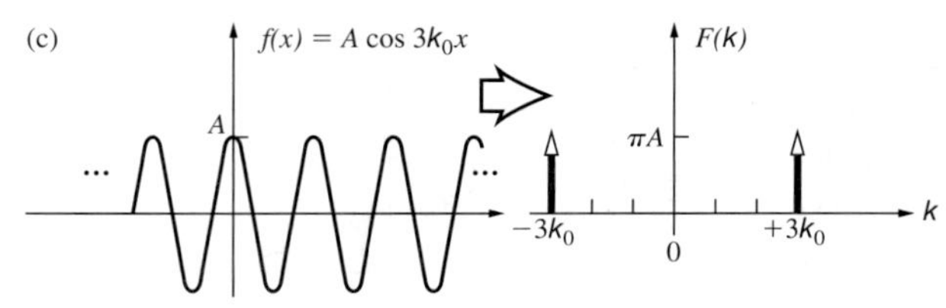

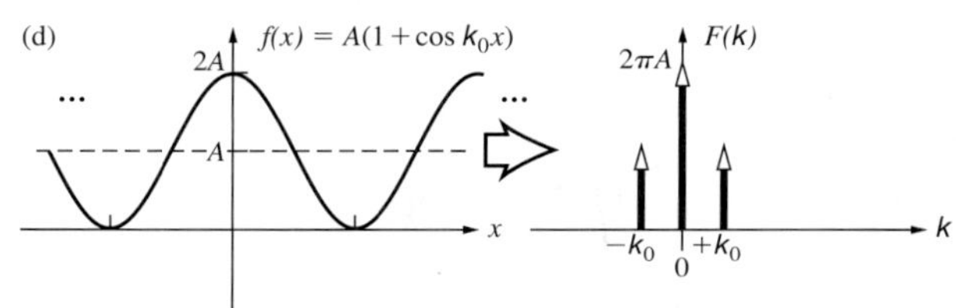

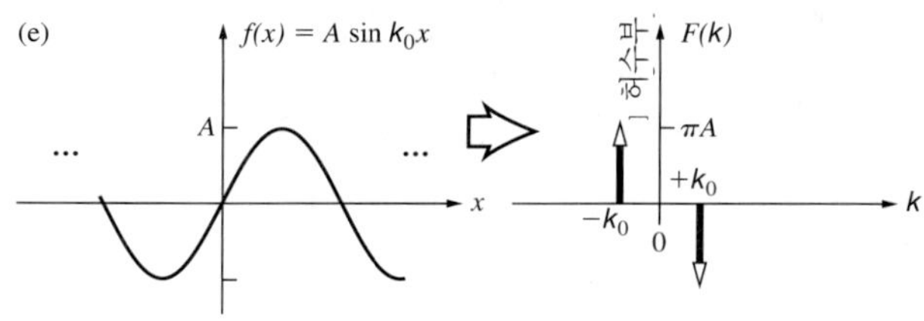

그림 11.14 몇 가지 함수와 그 변환

그림 11.14에 여러 가지 함수와 그 변환을, 특히 주로 조화 함수와 그 변환을 정리하였다. (a)와 (b)의 함수와 변환을 결

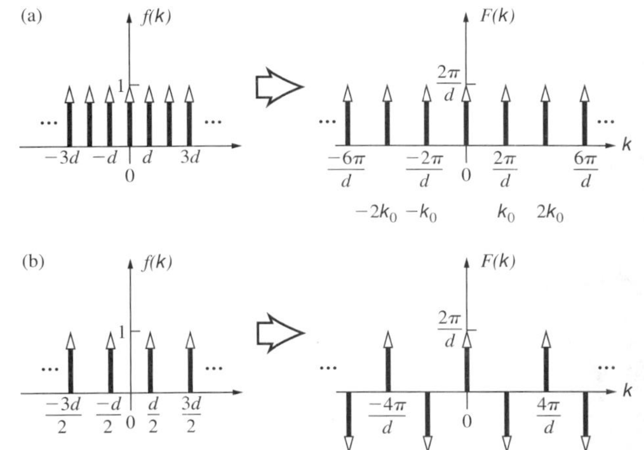

그림 11.15 (a) 빗살 함수와 그 변환. (b) 좌표 이동된 빗살 함수와 그 변환.

합하여 어떻게 (d)의 함수와 변환이 얻어지는가를 보라. 대체적으로 조화 함수의 주파수 스펙트럼에서 δ-펄스 각각은 k-축을 따라 원점으로부터 $f(x)$의 기본 각공간 주파수만큼 거리에 위치한다. 일반적인 주기 함수는 푸리에 급수로 표현될 수 있으므로 그 변환은 또한 델타 함수쌍의 배열로 표현될 수 있다. 이때 각각의 델타 함수쌍은 적절한 가중치를 가지면서 k-축의 원점으로부터 해당 조화항의 각공간 주파수만큼 거리에 있다. **임의의 주기 함수의 주파수 스펙트럼은 이산적**(discrete)**일 것이다**. 가장 특기할 만한 주기 함수 중의 하나는 $comb(x)$이다. 그림 11.15에 보인 것처럼 그 변환은 역시 빗살 함수(comb function)이다.

11.3 광학적 응용

11.3.1 2차원 상

2차원 상(예를 들어 사진에 있는 상)을 푸리에 성분으로 합성할 수 있는 방법을 이해하기 위하여 그림 11.16을 조사해 보자. 왼쪽의 코사인파로 변조된 흑백 '간섭' 무늬는 공간적 밝기 신호이다. 간섭 무늬는 띠에 수직한 수평 x축을 따라 스캔해서 결정할 수 있는 단일 **공간 주파수(spatial frequency)**를 갖는다.

관찰된 무늬의 **대비도**, 즉 $(I_{\max} - I_{\min})/(I_{\max} + I_{\min})$과 일치하도록 이 신호의 **진폭(amplitude)**을 취하자. 공간 주파수나 진폭을 바꾸지 않고 현재의 위치에 대하여 무늬를 오른쪽 또는 왼쪽으로 이동할 수 있다. 이것은 사인파의 **위상(phase)**을 변화시키는 것이다. 주파수, 진폭, 위상의 세 가지 양(quantity)은 밝은 무늬를 완전하게 설명할 수 있다.

그림 11.16에 보인 신호는 단일 공간 주파수 k_0를 갖는 단색파와 유사하다. 이것이 사실이라면 그림의 신호는 그림의 사각형 틀로 제한되지 않는 것으로 취급해야 한다. 시간 영역에서 단색파가 이상적인 것처럼 이것은 실제로 이상적인 것이다. 수학적인 사인파는 -1과 $+1$ 사이에서 진동하고, 평균값은 0이다. 인쇄된 종이의 밝은 사인파의 경우는 음의 값을 가질 수 없으므로 그럴 수는 없다. 결과적으로 신호는 주파수가 0인 DC 항을 가져야 하고, 이 항은 본질적으로 진동을 크게 하고 음수가 되지 않도록 한다(그림 11.14d 참조). 따라서 그림 11.14a와 같은 상수를 사인파에 더한다.

정확하게 이 상수가 코사인파를 음수가 아닌 최소 요구량 이상으로 얼마나 높게 하는지는 특수한 코사인파 무늬의 대비도에 의해 결정된다. 가장 작게 올라가면(즉, DC 항이 작으면) 대비도는 가장 높아진다. 균일한 회색 배경과 같은 DC의 기여가 이 종류의 모든 물리적인 상에 나타나야 한다. 이러한 내용을 그림 11.14a와 d 그리고 그림 11.17에서 주파수가 0인 스파이크로 나타내었다. A가 코사인파의 진폭인 경우 최소로 높여서 양수로 하려면 그림 11.14d에 보인 것처럼 DC 스파이크는 $2\pi A$이어야 한다.

이전의 그림 7.42에서 양과 음의 공간 주파수로 변환을 대칭적으로 그리는 개념을 도입하였다. 복잡한 수학적 표현을

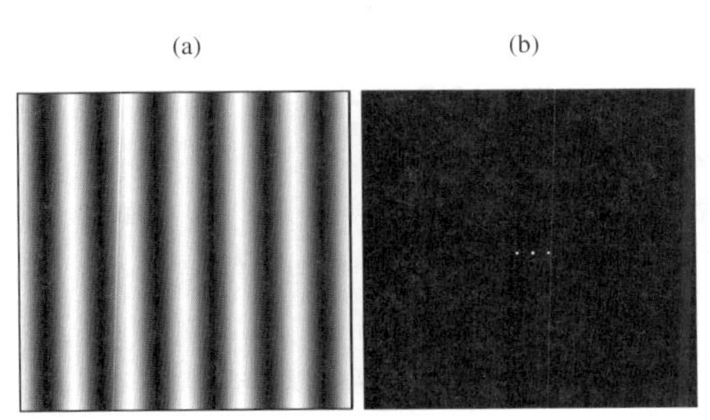

그림 11.16 (a) 밝은 사인파와 (b) 그것의 푸리에 변환. (Steven Lehar, http://sharp.bu.edu/~slehar/fourier/fourier.html)

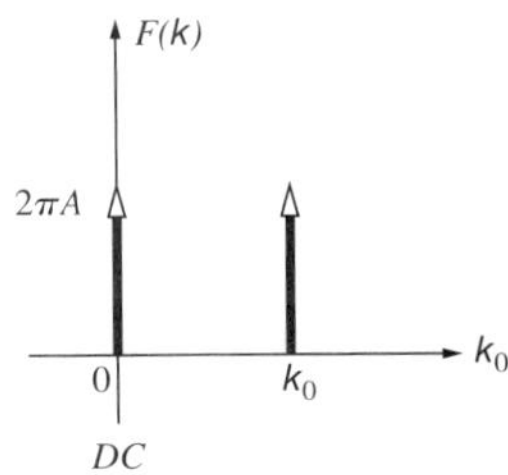

그림 11.17 공간 주파수가 k_0인 코사인파의 공간 신호에 해당하는 두 개의 델타 스파이크. DC 항은 신호를 높게 해서 코사인파가 0과 $+2A$ 사이에서 진동하고, 절대 음수가 되지 않도록 한다. 대칭적인 변환이 되려면 k_0 스파이크를 그림 11.14d과 같이 두 개로 분리해야 한다.

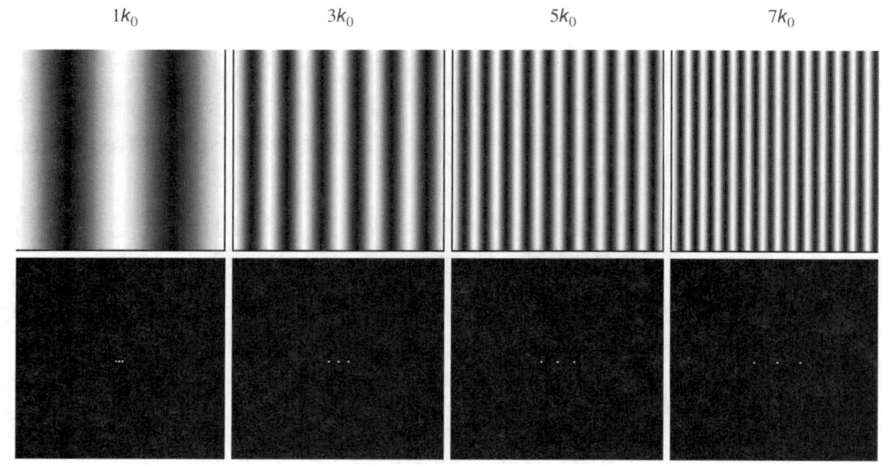

그림 11.18 몇 가지 밝은 사인파 신호와 그것의 푸리에 변환. 공간 주파수는 기본인 k_0에서부터 3차, 5차 및 7차 조화파에 걸쳐 있다. (Steven Lehar, http://sharp.bu.edu/~slehar/fourier/fourier.html)

자동으로 많이 하고, 회절 무늬는 *DC* 기여에 대해 마찬가지로 대칭이기 때문에 양과 음의 공간 주파수에 대해 모두 그렸다. 따라서 그림 11.14d에서와 같이 주파수 공간에서 코사인파의 공간 신호, 즉 *DC* 스파이크 양쪽의 $\pm k_0$에서 두 개의 델타 함수를 나타낸다. 변환을 대칭으로 만들기 위해 k_0 기여를 둘로 분리했기 때문에 주파수가 0이 아닌 두 개의 스파이크의 진폭은 $2\pi A/2$이다.

그림 11.16의 오른쪽은 2차원 푸리에 변환을 나타낸 것으로, **모든 점이나 픽셀은 특정한 푸리에 주파수 성분을 나타낸다.** 가운데 점은 *DC* 항이고 이러한 성분은 물리적 영상계에서 항상 존재하며, 코사인파를 표현하는 두 개의 점이 양쪽에 있다. 그림 11.16b에서 실제로 보기 어렵지만 **픽셀의 밝기는 특정한 공간 주파수 푸리에 성분의 크기를 나타낸다.** 이 경우 신호 띠들은 수직이고, 따라서 푸리에 픽셀들은 *DC* 가운데를 지나는 수평선에 수직인 방향으로 퍼져 있다. 주파수 영역에서 이러한 3개의 픽셀들은 관련된 밝은 코사인파와 완전히 일치한다. 이로부터 공간 주파수 영역에서 신호를 분석하기 위해 필요한 모든 것을 알 수 있다.

공간 신호의 파장이 변하면 변환 픽셀들 사이의 간격은 반대로 변한다. 즉 공간 파장이 짧아져서 공간 주파수가 높아지면 픽셀들은 멀어지지만 무늬는 언제나 0을 기준으로 대칭적이다. 그림 11.18에서 (a) 매우 낮은 기본 주파수 k_0, (b) 3차 조화파 $3k_0$, (c) 5차 조화파 $5k_0$, (d) 7차 조화파 $7k_0$와 같은 몇 개의 신호를 볼 수 있다. 각 신호는 가운데 밝은 띠가 있고 모두 위상이 같다. 각 신호에 대한 3개의 변환 픽셀들은 점점 멀어진다. **픽셀이 변환의 중심으로부터(즉 가운데 *DC* 값으로부터) 멀어질수록 공간 주파수는 높아진다.** 공간 상에서 미세한 무늬는 변환 과정에서 고주파 성분(중심에서 먼 픽셀)을 필요로 한다. 그러나 복잡할 수도 있지만 **물리적 변환은 항상 중심을 지나는 선을 따라서 대칭적이다.**

이때 몇 개 함수들 합의 변환은 그림 11.1에 보인 것과 같이 각 함수들의 변환의 합과 같다는 사실을 이용하자. 따라서 그림 11.18과 같이 주파수가 다른 몇 개의 코사인파 신호들을 더하면 그림 11.19와 같은 복잡한 띠무늬가 생긴다. 변환은 각 변환의 합이고, 보기 어렵지만 연속적인 신호에서 중심부가 밝아지고 좁아지면서 *DC* 항이 증가한다. 이 과정은 다중 빔 회절을 연상시키며 보다 많은 성분이 더해짐에 따라 주요 최대는 더 선명해지고 높아진다.

이제 하나의 코사인파 신호가 그림 11.3과 같이 임의의 각도로 회전하는 경우를 생각해 보자. 그림 11.20의 신호의 공간 파장이나 진폭이 그림 11.16의 것과 바뀌지 않는다. (경계가 없다고 다시 가정하면) 기울어진 신호의 최종 변환은 이전의 것, 즉 3개의 델타 함수와 같다. 이전과 같이 이 픽셀들은 신호 띠에 수직인 선 위에 놓여 있어서 신호와 같은 각도로 회전한다. 위에서 설명한 모든 경우에서 **각 변환의 역변환을 취하면(즉 델타 함수처럼) 처음의 공간 신호가 나온다.**

이제 그림 11.20a의 기울어진 신호를 위의 그림 11.18의 저주파 신호에 더하자. 달리 말하면 그림 11.21a와 b를 더하면 그림 11.21c 왼쪽과 같은 무늬가 만들어진다. 이 합성 신호의 변환은 그 신호를 구성하는 개별 변환들의 합, 즉 3개의 기울어진 점들 위에 놓이는 3개의 수평 델타 점들이다. 이러한 사실은 넓은 공간 주파수를 포함하는 많은 다른 코사인파 항을 여러 방향으로 더함으로써 복잡한 상을 생성할 수 있는 방법을 제시한다.

모나리자(Mona Lisa) 그림과 수천 개의 주파수 픽셀을 포함하는 이 그림의 변환을 생각해 보자(그림 7.50). 이 그림의 사람은 라 조오콘다(La Gioconda)와 완전히 동일하지만 매력적이지 않다. 이 변환을 고려해서 중심을 지나는 선을 그린다. 이 선 위의 모든 픽셀은 선에 수직으로 회전된 특정 단일 밝기 코사인파에 해당하고, *DC* 중심으로부터의 거리에

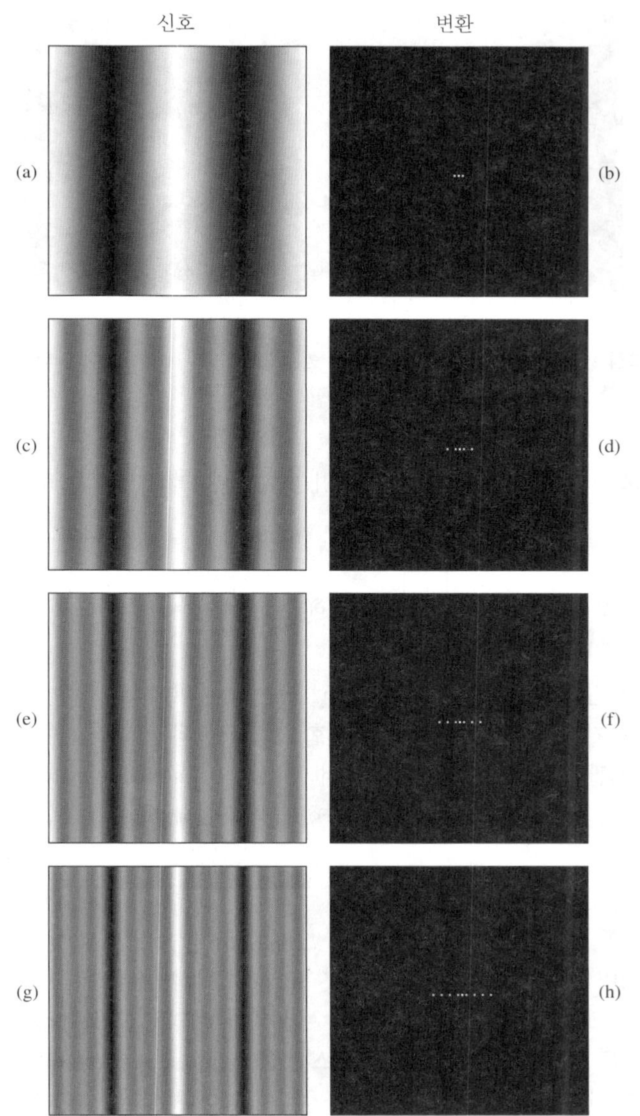

그림 11.19 사인파 신호들의 조합과 그것의 변환. 그림 11.17을 참고하면 (c)는 $1k_0$와 $3k_0$ 신호의 더하기, (e)는 $1k_0$, $3k_0$, $5k_0$ 신호의 더하기, (g)는 $1k_0$, $3k_0$, $5k_0$, $7k_0$ 신호의 더하기라는 것을 알 수 있다. (Steven Lehar, http://sharp.bu.edu/~slehar/fourier/fourier.html)

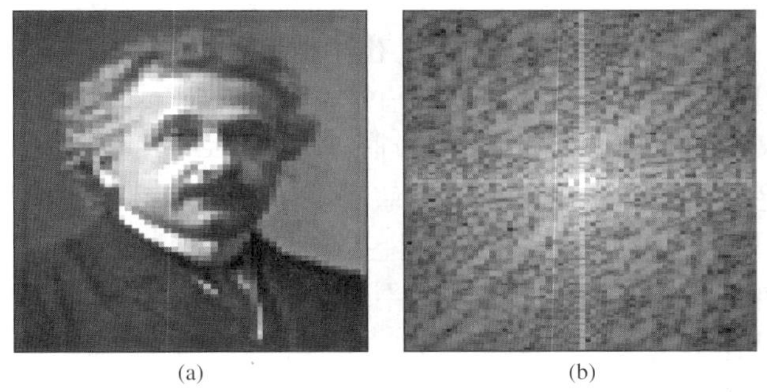

그림 11.22 (a) 약간 픽셀화된 아인슈타인의 상. (b) 이 아인슈타인 상의 푸리에 변환. (K.S. Sasaki and I. Ohzawa, Osaka University)

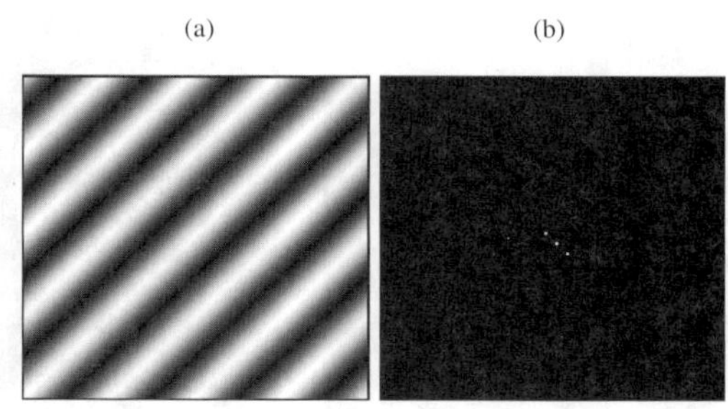

그림 11.20 기울어진 사인파 신호와 그것의 푸리에 변환 (Steven Lehar, http://sharp.bu.edu/~slehar/fourier/fourier.html)

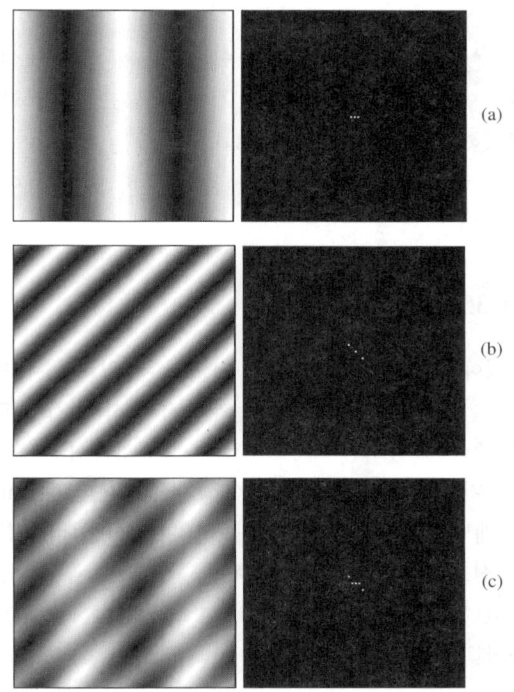

그림 11.21 두 개의 사인파 신호 (a)와 (b)의 더하기와 그것의 푸리에 변환 (c). (Steven Lehar, http://sharp.bu.edu/~slehar/fourier/fourier.html)

비례하는 공간 주파수를 갖는다.

이 모든 것은 그림 11.22a 이후의 여러 사진에서 합쳐진다. 젊어 보이는 아인슈타인의 사진으로 시작하자. 이때 약간 픽셀화되는 것은 간과한다. 주파수와 방향의 범위에서 공간 코사인파들로 상을 어떻게 합성할 수 있는지를 보여 주고자 한다. 그림 11.22b는 상의 완전한 푸리에 변환이다. 이것은 아인슈타인의 상과 비슷하게 만들기 위해 점차적으로 일부분만 구성하고자 하는 것이다. 중앙 수평선을 따라 나가면 수직으로 회전된 밝고 주파수가 증가하는 사인 곡선에 대응하는 픽셀을 만난다. 이것은 *DC* 픽셀을 통과하는 모든 직선에 대해 나타나고, 이때 높낮이가 있는 띠는 선에 수직이다.

다른 방향 다른 주파수의 사인 곡선 30개를 추가하면(그

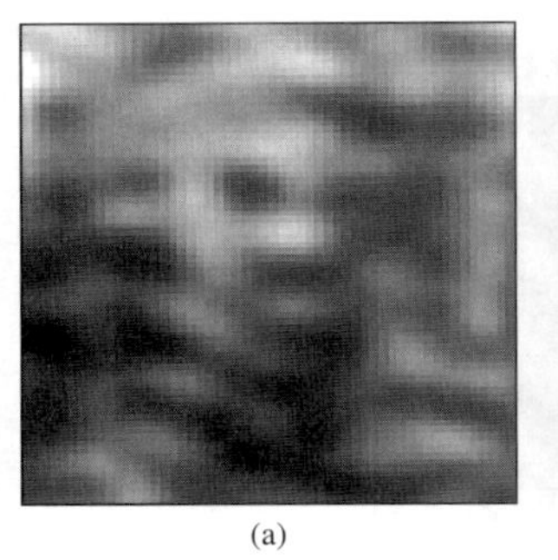

(a)

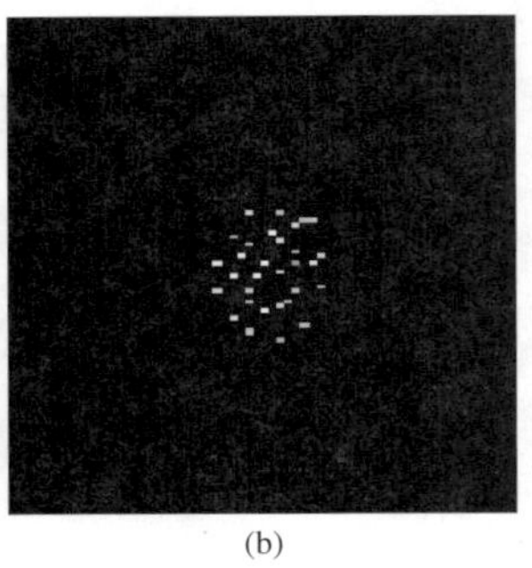

(b)

그림 11.23 30개의 픽셀로 나타낸 푸리에 변환 (b). 이미 아인슈타인의 상이 나오기 시작하는 것을 볼 수 있다 (a). (K.S. Sasaki and I. Ohzawa, Osaka University)

(a)

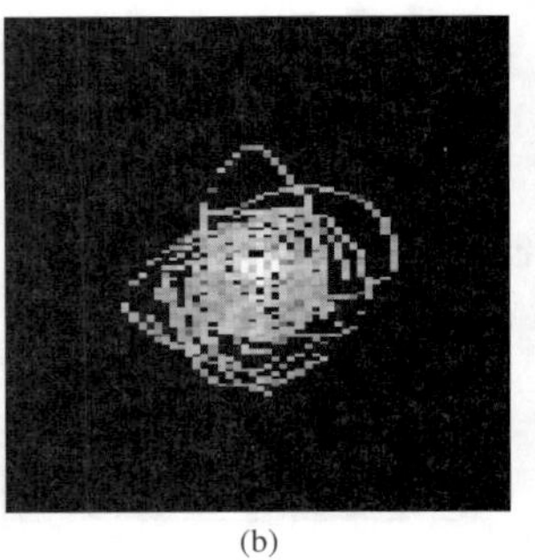

(b)

그림 11.24 보다 많은 픽셀로 나타낸 변환 (b). 아인슈타인의 상이 나타난다 (a). (K.S. Sasaki and I. Ohzawa, Osaka University)

림 11.23b), 위대한 사람을 약간 암시하는 얼굴이 이미 나타난다. 얼굴처럼 보이는 것에서 두 눈, 코, 심지어는 콧수염을 식별할 수 있다(그림 11.23a). 더 많은 항을 변환에 추가하면(그림 11.24b) 아인슈타인을 분명히 인식할 수 있다(그림 11.24a).

11.3.2 선형계

푸리에 기법은 결상 과정을 기술할 수 있는 아주 멋진 체계를 제공한다. 필요한 수식을 전개하기 위하여 가끔 다른 방향으로 갈 수도 있지만 대부분 이 주제에 대하여 다룰 것이다.

여기의 논의에서 가장 핵심적인 것은 **선형계(linear system)**의 개념인데, 이는 입력과 출력의 관계에 의해 정의된다. 입력 신호 $f(y, z)$가 어떤 광학계를 통과한 후 출력 $g(Y, Z)$로 되었다고 하자. 이때 다음의 성질이 성립하면 그러한 광학계는 선형적이다.

1. 상수 a가 곱해진 입력 신호 $f(y, z)$는 출력 $ag(Y, Z)$를 생성한다.
2. 입력 신호가 두 함수(또는 그 이상)의 가중된 결합, 즉 $af_1(y, z) + bf_2(y, z)$일 때, 출력은 마찬가지로 $ag_1(Y, Z) + bg_2(Y, Z)$가 된다. 여기서 $f_1(y, z)$와 $f_2(y, z)$는 각각 $g_1(Y, Z)$와 $g_2(Y, Z)$의 출력을 생성한다.

또한 선형계가 **정상성**(stationarity)을 가진다면, 다시 말해 입력 위치가 바뀌어도 출력의 형태는 변하지 않고 단지 출력의 위치만 변한다면 그러한 계를 **공간 불변**(space invariant)이라고 한다. 이와 같은 논의를 뒷받침하는 것은 광학계에 의해 주어지는 출력이 물체의 각 점으로부터 얻은 출력을 선형 결합함으로써 표현될 수 있다는 사실이다. 선형계의 작용을 $\mathscr{L}\{\ \}$라는 기호로 나타낸다면 입력과 출력의 관계는

$$g(Y, Z) = \mathscr{L}\{f(y, z)\} \tag{11.46}$$

로 표현된다. δ-함수의 선택성[식 (11.36)]을 이용하면 위 식은

$$g(Y, Z) = \mathscr{L}\left\{\iint_{-\infty}^{+\infty} f(y', z')\delta(y' - y)\delta(z' - z)\, dy'dz'\right\}$$

이 된다. 위 식의 우변에서 $f(y, z)$는 숫자 $f(y', z')$으로 가중된 기본 델타 함수의 선형 결합으로 표현되고 있다. 선형성에 관한 두 번째 조건으로부터 계연산자(system operator)는 각각의 기본 함수에 대해 동등하게 작용한다. 즉

$$g(Y, Z) = \iint_{-\infty}^{+\infty} f(y', z')\mathscr{L}\{\delta(y' - y)\delta(z' - z)\}\, dy'dz' \tag{11.47}$$

이며, 여기서 $\mathscr{L}\{\delta(y' - y)\delta(z' - z)\}$는 입력 공간상의 한 점 (y', z')에 놓여 있는 델타 함수에 대한 계의 응답(response)[식 (11.46)]으로서 이를 **임펄스 응답(impulse response)**이라고 한다. 계의 임펄스 응답이 알려져 있다면 식 (11.47)을 이용하여 입력으로부터 출력을 즉각 결정할 수 있다. 기본 광원이 결맞음을 가지면 입력 및 출력신호는 전기장이 되어야 하며, 결어긋남을 갖는 경우는 선속 밀도가 되어야 한다.

그림 11.25에 묘사된 스스로 발광하는, 즉 결어긋난 광원을 생각해 보자. 물체면 Σ_o의 각 점에서 빛이 방출되며, 이 빛은 광학계에 의해 초평면 또는 상면 Σ_i 위에 반점을 형성한다. 여기서 **물체면과 상면 간의 배율을 1로 가정한다.** 상이 물체와 같은 크기이고 정립이므로 우선 취급하기가 약간 용이하다. 이미 알고 있듯이 배율(M_T)이 1보다 큰 경우에 상은 물체보다 크다. 결과적으로 상의 세부 구조는 더 커지고 넓어지게 되므로 상을 합성하는 데 필요한 조화항의 공간 주파수 값은 물체의 공간 주파수보다 낮을 것이다. 예를 들어 사인 함수적으로 변하는 흑백 줄무늬(사인 함수 진폭 격자)의 슬라이드는 최댓값 사이가 더욱 넓어지게 결상되므로 공간 주파수가 낮아진다. 이뿐만 아니라 상의 면적이 M_T^2배 만

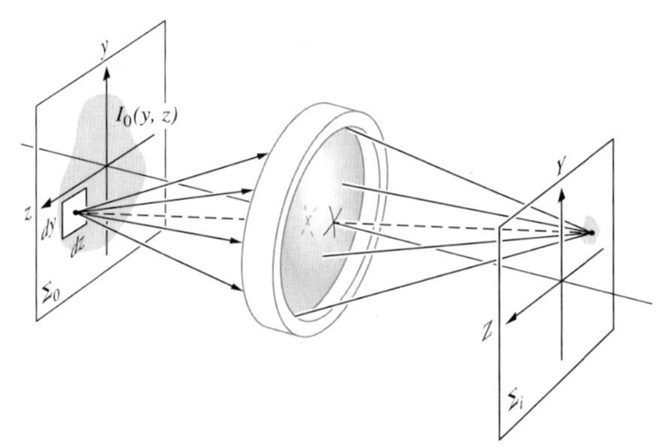

그림 11.25 상을 형성하는 렌즈계

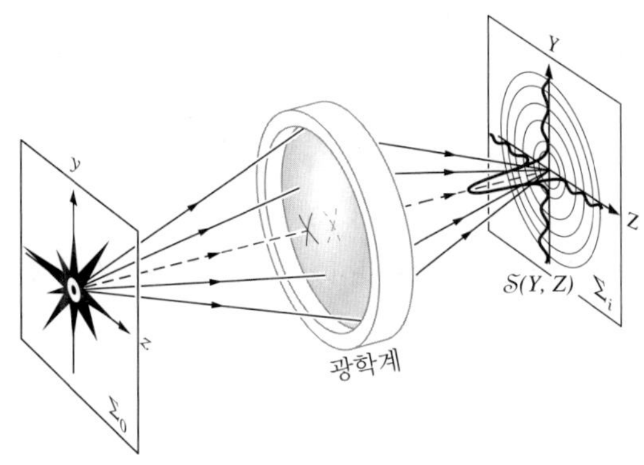

그림 11.26 점퍼짐 함수: 입력 점광원을 가진 광학계에 의해 생성된 복사 조도

큼 증가하므로 상의 복사 조도는 M_T^2배 만큼 감소한다.

만일 물체면에서 복사 조도 분포가 $I_0(y, z)$라면 점 (y, z)에 위치한 면적 요소 $dy\,dz$는 $I_0(y, z)dy\,dz$의 복사 선속(radiant flux)을 방출한다. 회절 때문에(그리고 수차가 존재한다면 그것에 의해) 이러한 빛은 한 점에 모이지 못하고 상면 위의 유한한 영역 내에 퍼지게 된다. 복사 선속의 퍼짐은 수학적으로 함수 $\mathcal{S}(y, z;\ Y, Z)$에 의해 기술되며, 광원 요소 $dy\,dz$로부터 상점에 도달하는 선속 밀도는

$$dI_i(Y, Z) = \mathcal{S}(y, z; Y, Z)I_0(y, z)\,dy\,dz \qquad (11.48)$$

와 같이 주어진다. 이것은 상면의 점 (Y, Z)에 존재하는 빛의 일부분이 되는데, $\mathcal{S}(y, z;\ Y, Z)$는 **점퍼짐 함수(point-spread function)**라고 한다. 다시 말해 광원 요소 $dy\,dz$의 복사 조도 $I_0(y, z)$가 $1\,\mathrm{W/m^2}$이라면 $\mathcal{S}(y, z;\ Y, Z)dy\,dz$는 상면에 분포된 결과적인 복사 조도의 형태가 된다. 광원의 결어긋남 때문에 각 광원 요소에 의한 선속 밀도가 합해져서

$$I_i(Y, Z) = \iint_{-\infty}^{+\infty} I_0(y, z)\mathcal{S}(y, z; Y, Z)\,dy\,dz \qquad (11.49)$$

와 같이 주어진다. 수차를 갖지 않는 '이상적인' 회절 한계(diffraction-limited) 광학계의 경우 $\mathcal{S}(y, z;\ Y, Z)$는 (y, z)에 놓인 점광원의 회절 무늬와 똑같은 모양이 된다. 만일 입력을 (y_0, z_0)에 중심을 둔 δ-펄스와 같다고 놓으면 분명히 $I_0(y, z) = A\delta(y - y_0)\,\delta(z - z_0)$으로 주어진다. 여기에서 상수 A는 필요한 단위(즉 복사 조도와 면적의 곱)를 포함한다. 그러므로 식 (11.49)는

$$I_i(Y, Z) = A\iint_{-\infty}^{+\infty} \delta(y - y_0)\delta(z - z_0)\mathcal{S}(y, z; Y, Z)\,dy\,dz$$

와 같이 주어지며 선택성으로부터

$$I_i(Y, Z) = A\,\mathcal{S}(y_0, z_0; Y, Z)$$

가 된다.

점퍼짐 함수는 δ-펄스 입력에 의해 생성된 상과 동일한 함수 형태를 갖는다. 이것은 계가 광학적으로 완벽한지의 여부와 관계없이 임펄스 응답이다[식 (11.47)과 식 (11.49)를 비교해 보라]. 수차가 보정된 광학계에서는 상수가 곱해졌다는 점을 제외하면 가우스 상점에 중심을 둔 에어리 복사 조도 분포 함수[식 (10.56)]와 다를 바 없다(그림 11.26).

공간 불변계에 있어서는 물체면 위에서 입력 점광원의 위치를 움직이면 상의 위치만 바뀔 뿐이다. 마찬가지로 모든 점 (y, z)에 대하여 점퍼짐 함수가 동일하다고 말할 수 있다. 그러나 실제로는 퍼짐 함수가 위치 (y, z)에 따라 변화한다. 그렇더라도 상면을 작은 영역으로 분할하면 각각의 작은 영역 내에서는 $\mathcal{S}$의 변화를 거의 무시할 수 있다. 그러므로 물체와 상의 크기가 충분히 작다면 계를 공간 불변으로 간주할 수 있다. 위치 (y, z)에 관계없이 동일한 모양을 가진 퍼짐 함수들이 각각 다른 가중 인자 $I_0(y, z)$가 곱해져서 Σ_i 위 각각의 가우스 상점에 놓여 있다고 생각할 수 있다. 배율이 1로 설정되었으므로 물체와 대응하는 상점의 좌표는 같은 크기를 가진다.

결맞는 빛을 다룬다면 전기장 진폭을 나타내는 δ-펄스 입력에 대해 계가 어떻게 반응하는지를 생각해야 한다. 결과적인 상은 또다시 퍼짐 함수에 의해 기술될 수 있는데, 이 경우의 퍼짐 함수는 **진폭** 퍼짐 함수이다. 원형 구멍에 대한 진폭 퍼짐 함수는 회절에 의하여 그림 10.36b와 같은 모양이 된다. 마지막으로 결맞음을 가진 전기장이 상호작용할 때 상면에서 일어나는 간섭을 고려해야 한다. 반면에 결어긋난 물체의 경우, 상면에서 일어나는 과정은 그림 11.27에서 1차원으로 묘사된 것과 같이 중첩되는 복사 조도가 단순히 더해지는

것이다. 주어진 세기를 가진 각각의 점광원은 적절한 크기의 δ-펄스에 대응하며, 상면에서 이들은 퍼짐 함수에 의해 퍼지게 된다. 중첩된 모든 기여의 합이 상의 복사 조도가 되는 것이다.

함수 $\mathcal{S}(y, z; Y, Z)$는 상과 물체의 공간 좌표에 대해 어떻게 관계될까? 점퍼짐 함수는 그 중심 위치에 관한 한 (y, z)에만 관계된다. 공간 불변계에 있어서는 Σ_i 위 임의의 점에서 $\mathcal{S}(y, z; Y, Z)$의 값은 단지 $\mathcal{S}$의 중심 위치인 가우스 상점 $(Y = y,\ Z = z)$으로부터의 변위에만 관계된다(그림 11.28). 다시 말해서 점퍼짐 함수는 좌표에 대해

$$\mathcal{S}(y, z; Y, Z) = \mathcal{S}(Y - y, Z - z) \tag{11.50}$$

의 의존성을 갖는다. 물체점이 중심축$(y = 0,\ z = 0)$ 위에 있을 때 가우스 상점도 마찬가지로 중심축 위에 놓이므로, 그림 11.26에 그려진 것과 같이 퍼짐 함수는 바로 $\mathcal{S}(Y, Z)$가 된다. 공간 불변성이 만족되며 광원이 결어긋남을 갖는 경우, 최종적인 상의 복사 조도는

$$I_i(Y, Z) = \iint_{-\infty}^{+\infty} I_0(y, z)\,\mathcal{S}(Y - y, Z - z)\,dy\,dz \tag{11.51}$$

로 표현된다.

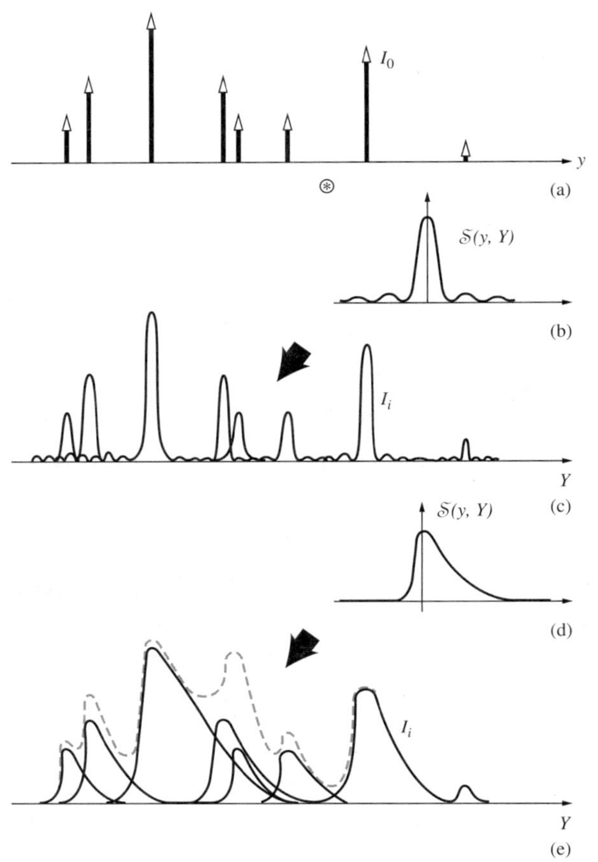

그림 11.27 (a)를 (b)와 역상관시키면 (c)가 얻어지며, (a)를 (d)와 역상관시키면 (e)가 얻어진다. 결과적인 모양은 그림 (e)에 점선으로 나타낸 것과 같이 펼쳐진 모든 기여를 합한 것이다.

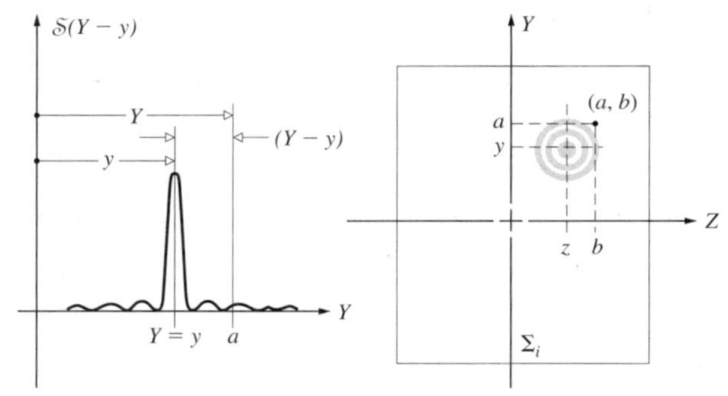

그림 11.28 점퍼짐 함수

11.3.3 역상관 적분

그림 11.27은 물체를 구성하는 점광원, 즉 δ-함수의 분포를 1차원에서 나타낸 것이다. 적절한 가중치를 곱한 Σ_i 위의 각 상점에 '배분'하고 Y-축 위의 각 점에서 모든 기여를 더함으로써 물체에 대응하는 상을 얻을 수 있다. 하나의 함수를 다른 함수의 각 점에 가중하여 배분하는 과정을 **역상관(convolution)**이라고 하는데, 함수 $I_0(y)$ 가 다른 함수 $\mathcal{S}(y, Y)$와 역상관되었다고 말하거나 그 반대로 말한다.

이 과정은 2차원의 경우에도 적용될 수 있으며, 소위 **역상관 적분(convolution integral)**이라고 하는 식 (11.51)에 의해 수행되는 것이다. 두 함수 $f(x)$와 $h(x)$의 역상관을 나타내는 1차원 표현

$$g(X) = \int_{-\infty}^{+\infty} f(x)\,h(X - x)\,dx \tag{11.52}$$

이 더 이해하기 쉽다. 그림 11.27에서 두 함수 중의 하나가 δ-펄스의 모임이었으므로 그림을 통해 역상관 과정을 아주 쉽게 나타낼 수 있었다. 그러므로 임의의 함수는 δ-펄스가 '아주 촘촘하게 배치된' 연속체로 간주될 수 있으므로 이 경우도 같은 방법으로 취급할 수 있다. 이제 수학적으로 식 (11.52)가 역상관 과정을 정확히 어떻게 수행하는지에 대해 좀 더 자세히 살펴보자. 이 과정의 본질적인 내용은 그림 11.29에 그려져 있다. 출력 공간상의 한 점 X_1에서 출력 신호 $g(X_1)$은 X_1에 존재하는 중첩된 모든 기여를 선형 결합한 것이다. 다시 말해서 각 광원 요소 dx는 주어진 세기 $f(x)dx$의 신호를 내는데, 이는 계에 의하여 가우스 상점$(X = x)$을 중심으로 하는 영역 내에 퍼진다. 따라서 X_1에서의 출력은

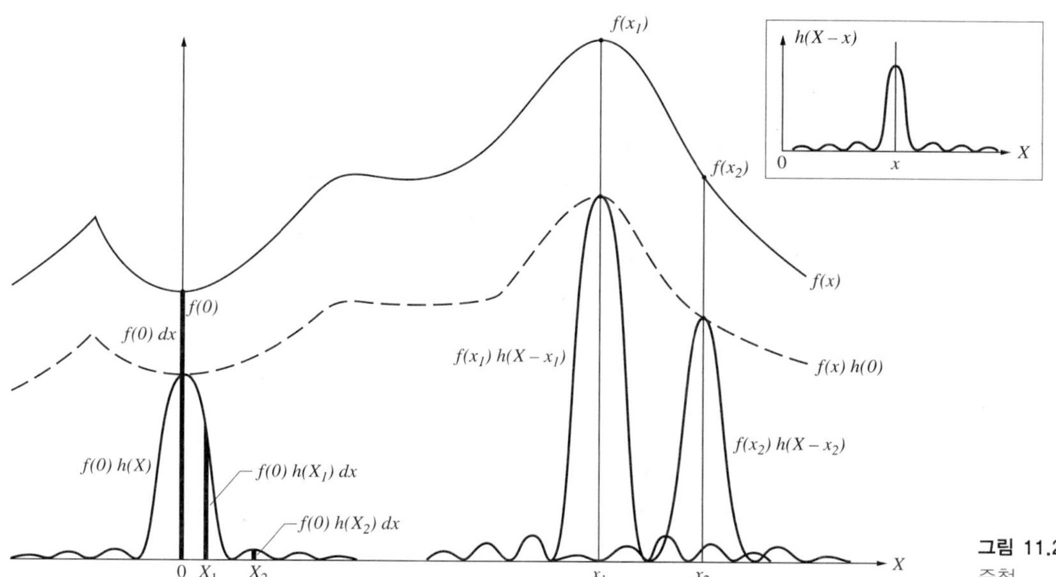

그림 11.29 가중치가 곱해진 퍼짐 함수의 중첩

$dg(X_1) = f(x)h(X_1 - x)dx$가 된다. 적분 과정을 통해 각각의 광원 요소로부터의 기여가 모두 더해진다. 물론 퍼짐 함수는 일반적으로 변위에 따라 감소하기 때문에 Σ_i 상의 주어진 점으로부터 더 먼 곳에 있는 요소는 더 적게 기여한다. 그러므로 $f(x)$가 그림 11.30에 보인 일련의 수직한 띠와 같은 1차원 복사 조도 분포를 나타낸다고 생각해 보자. 만일 1차원 **선퍼짐 함수(line-spread function)**, $h(X - x)$가 그림 11.30d와 같은 모양의 함수라면 결과적인 상은 단순히 입력이 약간 번진 형태로 주어질 것이다(그림 11.30e).

이제 역상관의 수학적인 측면을 살펴보자. 실제로 그것은 일견 명료하지 않은 과정을 수행하는 다소 미묘한 대상이므로 약간 다른 관점에서 접근해 보자. 따라서 역상관 적분을 두 가지 관점에서 생각할 것이며 이들이 서로 동등함을 보일 것이다.

$h(x)$가 그림 11.31a의 비대칭 함수와 같다고 가정하자. 그러면 $h(-x)$는 그림 11.31b와 같으며 좌표 이동된 함수 $h(X - x)$는 그림 11.31c와 같다. 그림 11.31d의 함수 $f(x)$와 $h(x)$의 역상관은 식 (11.52)에 의해 주어진 함수 $g(X)$이다. 이것은 보다 간결하게 $f(x) \circledast h(x)$로 표현하기도 한다. 적분은 단순히 모든 x에 대한 함수곱 $f(x)h(X - x)$ 아래의 면적이 $g(X)$임을 말해 준다. 당연히 $h(X - x)$가 0이 아닌 구간 d, 즉 두 곡선이 중첩되는 영역(그림 11.31e) 내에서만 함수곱은 0이 아니다. 출력 공간 내의 주어진 점 X_1에서의 함수곱 $f(x)h(X_1 - x)$ 아래의 면적이 $g(X_1)$이다. 이와 같은 비교적 직접적인 해석은 그림 11.29에서 이미 묘사한 것처럼 역상관 적분을 점광원의 중첩되는 기여로 보는, 물리적으로 보다 적절한 관점과 서로 관련지어질 수 있다. 그때 각 광원 요소는 상면 위에서 선퍼짐 함수의 형태로 번져진다고 했음을 기억하라. 이제 직접적인 접근을 통해 점 X_1에서 그림 11.31e의 함수곱 면적, 즉 $g(X_1)$을 계산해 보자. 중첩 영역(그림 11.32a) 내 임의의 점, 예를 들어 x_1을 중심으로 하는 미분 요소 dx는 면적

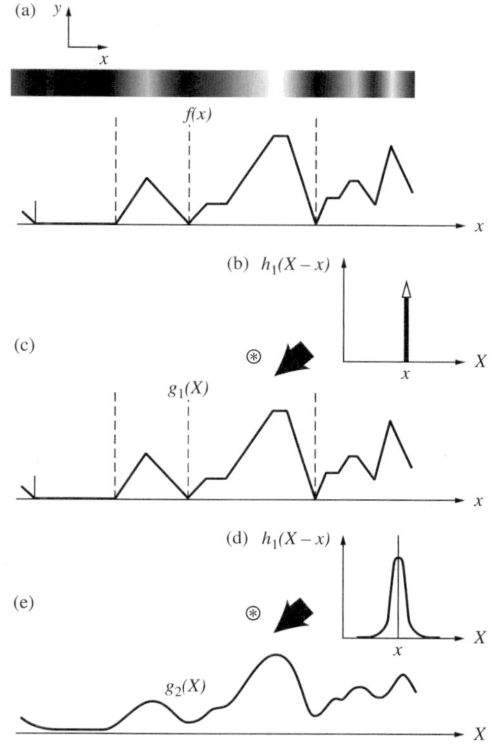

그림 11.30 복사 조도의 공간적인 분포를 (a)와 같은 함수 $f(x)$로 표현한다. 이 함수와 (b)의 δ-함수를 역상관시키면 동일한 $f(x)$를 얻는다. 한편 함수 $f(x)$와 (d)의 퍼짐 함수 h_2를 역상관시키면 (e)의 부드러워진 곡선 $g_2(x)$를 얻게 된다.

값에 $f(x_1)h(X_1 - x_1)dx$ 만큼 기여할 것이다. 동일한 미분 요소는 중첩된 점퍼짐 함수의 관점에서 볼 때도 똑같은 기여를 할 것이다. 이 사실을 확인하기 위해 **출력 공간에 그려진** 그림 11.32b와 c를 살펴보자. 후자는 $X = x_1$을 '중심'으로 하는 선퍼짐 함수를 보여 준다. 이 경우 물체 위의 한 점 x_1에 놓인 광원 요소 dx는 그림 11.32d에서와 같이 $f(x_1)h(X_1 - x_1)$에 비례하는 번진 신호를 생성한다. 여기서 $f(x_1)$은 단순히 숫자일 따름이다. X_1에서 이 신호의 값은 $f(x_1)h(X_1 - x_1)dx$이며, 이것은 사실 그림 11.32a의 x_1에 있는 dx에 의한 기여와 똑같다. 마찬가지로 그림 11.32a의 함수곱 면적에 있어서 각각의 미분 요소는(임의의 점 $x = x'$에 있는) 그림 11.32d와 같은 곡선 위에 대응점을 갖는데, 그 '중심'은 새로운 위치($X = x'$)에 있게 된다. $x = x_2$ 이상의 점들은 기여하지 않는데, 그 이유는 그들이 그림 11.32a의 중첩 영역 내에 있지 않기 때문이다. 달리 표현하면 이것은 그들이 그림 11.32e에 보인 것처럼 X_1로부터 너무 멀리 떨어져 있어서 거기까지 번질 수 없기 때문이다.

만일 역상관을 수행할 함수들이 충분히 단순하다면 계산을 하지 않고도 $g(X)$를 대략적으로 결정할 수 있다. 동일한 직사각형 펄스의 역상관을 지금까지 설명한 두 가지 관점에 따라 그림 11.33과 11.34에 보였다. 그림 11.33에서 $f(x)$를 구성하는 각각의 임펄스(impulse)는 직사각형 파형으로 번져 합쳐진다. 그림 11.34에서는 h에 따른 중첩 영역의 변화가 X에 대해 그려져 있다. 두 경우 모두 결과는 삼각파형이 된다.

참고로 식 (11.52)에서 적분 경계를 유의하며 변수 변환($x' = X - x$)을 통해 알 수 있듯이 $(f \circledast h) = (h \circledast f)$이다(연습문제 11.18 참조).

역상관에 대한 식 (11.52)는 문자 그대로 해석할 수 있고,

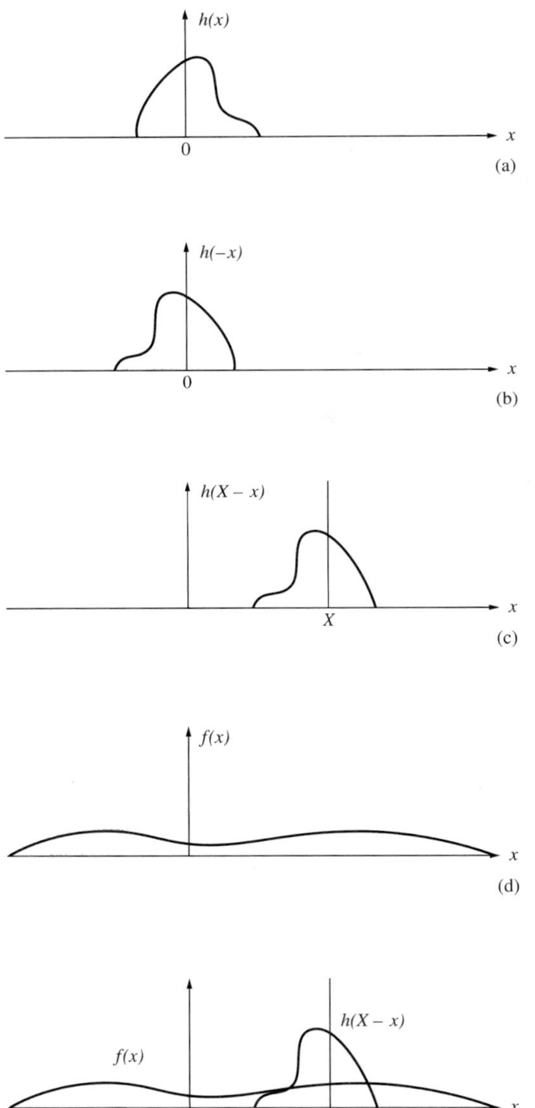

그림 11.31 물체 좌표계 내에서 역상관 과정

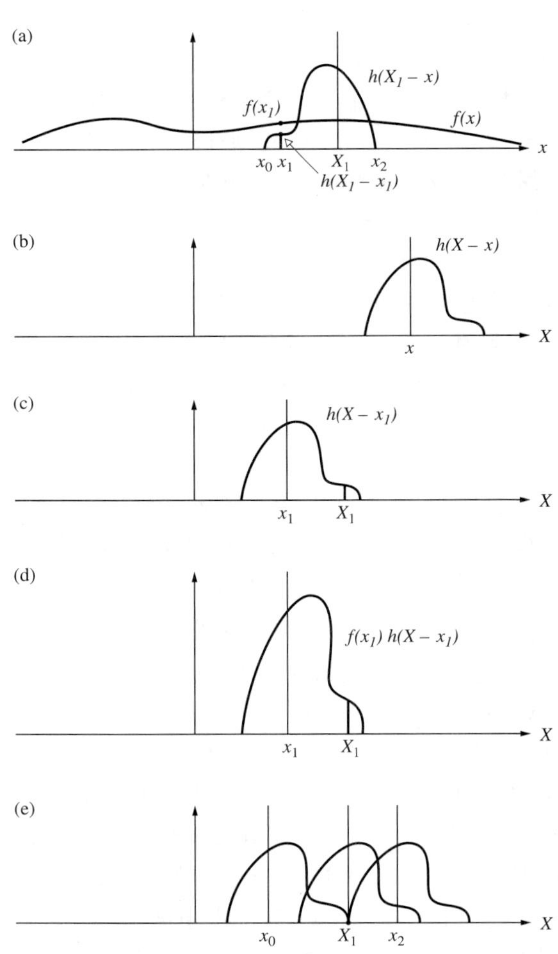

그림 11.32 상좌표계 내에서 역상관 과정

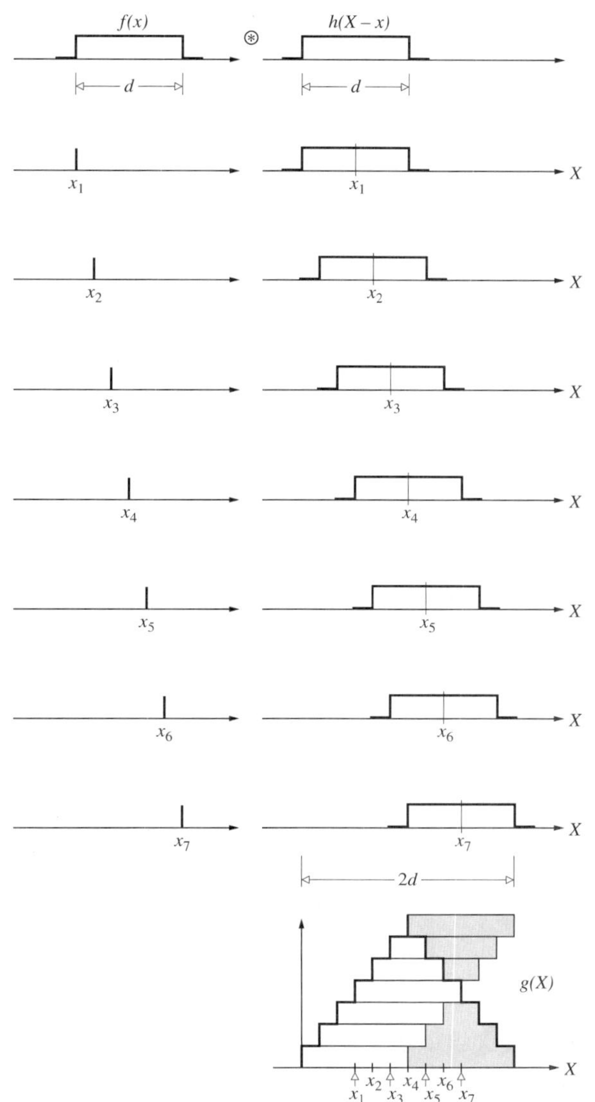

그림 11.33 높이가 1.0인 두 직사각형 펄스의 역상관. 함수 $f(x)$를 유한개의(즉 7개) 델타 함수로 표현했기 때문에 $g(X)$에 계단 모양이 나타난다. 여기서 $f(x)$를 구성하는 x_1, x_2, x_3 등에서의 임펄스는 (x_1, x_2, x_3 등을 중심으로 하는) 직사각형 신호로 퍼진다. 이동된 직사각형의 수직 열(오른쪽)에 있는 각 신호의 영역이 합쳐져 역상관을 만든다. 역상관이 어떻게 거리 2d까지 퍼지는지 주목하라.

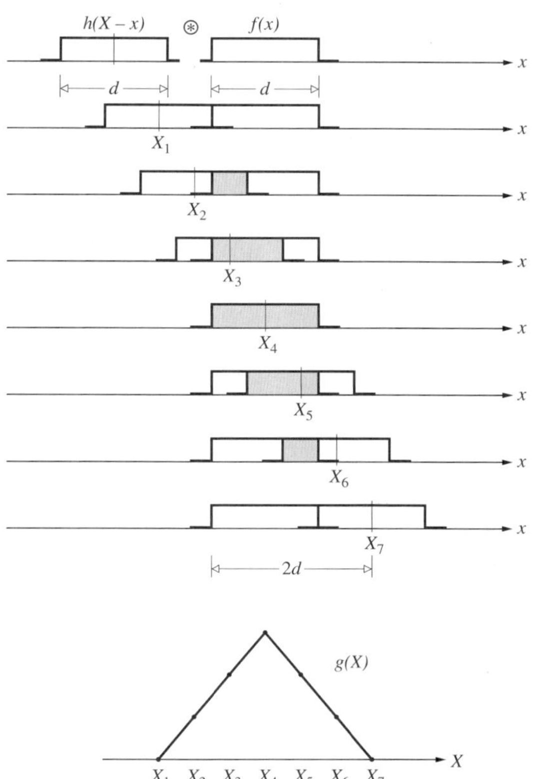

그림 11.34 두 직사각형 펄스의 역상관

이제는 직관인 그래픽 방법으로 적분을 할 것이다. 그러나 초기에는 몇 가지 보조적인 개념이 필요하다. 그림 11.35a의 $f(x)$와 $h(x)$를 역상관할 두 개의 공간 신호라 생각해 보자. 이때 두 함수는 비대칭이고 더미 적분 변수(dummy integration variable) x를 사용해서 그렸다. 일반적으로 이러한 함수와 이미 살펴본 몇 가지 함수는 유한한 영역을 제외한 어디에서나 0이고, 확실한 값을 갖는다고 한다. 이러한 함수들을 역상관할 때 **합성 역상관의 폭은 항상 두 기여 함수의 전체 폭의 합과 같다.**

$f(x)$ 영역에 걸쳐있는 $h(x)$를 선택한다. 따라서 역상관 적분에 필요한 것과 같이 세로 좌표($x = 0$에서 점선으로 된 수직선)를 기준으로 $h(x)$를 대칭시키면 거울상 $h(-x)$이 만들어진다. $h(-x)$를 오른쪽으로 이동시키기 위해서 $h(X - x)$로 쓰고 그림 11.36과 비교한다. 변수 X는 더미 변수 좌표계의 원점을 나타내는 고정점 $x = 0$에서 $h(-x)$의 세로 좌표 변위이다. 그림 11.36의 (a)에서 점선으로 된 수직선과 $x = 0$ 축은 서로 겹쳐서 $X = 0$이고 $h(X - x) = h(0 - x) = h(-x)$이다. 이러한 과정을 검사하기 위해 직사각형 함수의 왼쪽에 대응하는 $x = -3$(작은 흰 원으로 표시됨)으로 두고 그림 11.36a의 그 위치에서 $h(X - x)$를 조사한다. 이때 $h[0 - (-3)] = h(0 + 3) = h(3)$이고, 이것은 그림 11.35a(다시 작은 흰 원으로 표시됨)과 같은 값이다. 이제까지의 수학적 과정은 맞다. 이제 직사각형을 그림 11.36b와 같이 오른쪽으로 1 단위 옮긴다. 즉 $X = 1$로 둔다. 그러면 $h(X - x) = h(1 - x)$이고, 예를 들어 $x = +2$로 두면 이 시간은 함수의 오른쪽(작은 검은 원으로 표시)과 같아서 $h(X - x) = h(-1)$이고, 그림 11.35a의 $h(x)$와 다시 일치한다. 따라서 X가 증가하면 $h(X - x)$는 필요한 만큼 오른쪽으로 옮겨간다.

역상관 적분과 그림 11.35로 다시 돌아가서 이 과정을 계속해 보자. 그림 11.35b에서 두 개의 함수는 닿지만 겹치지 않고 곱해진 영역도 없어서 $f(x)h(X - x) = 0$이다. $h(X - x)$의 점선으로 움직이는 세로 좌표는 $x = -1$에 있다. 이것은

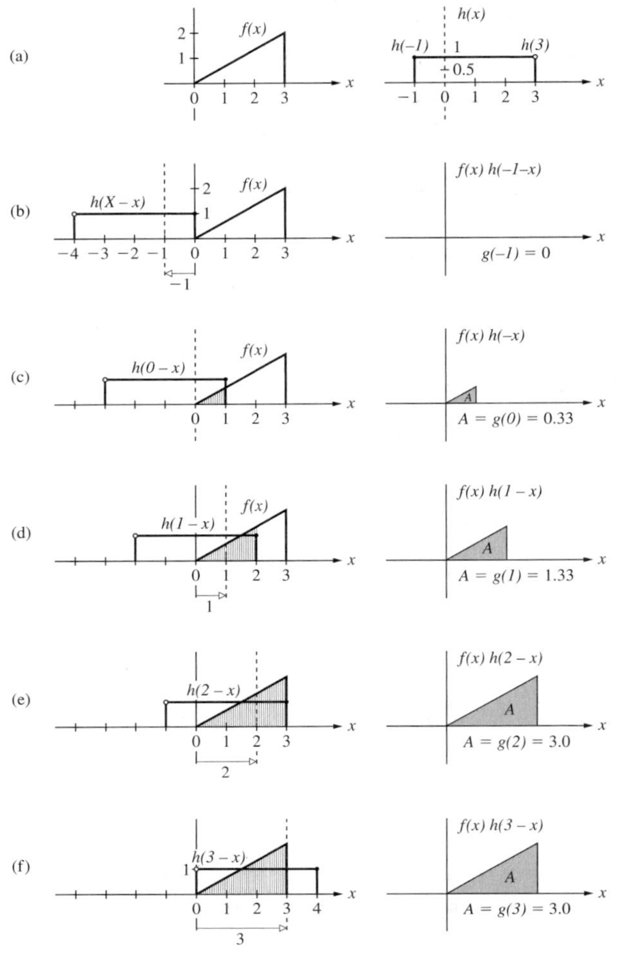

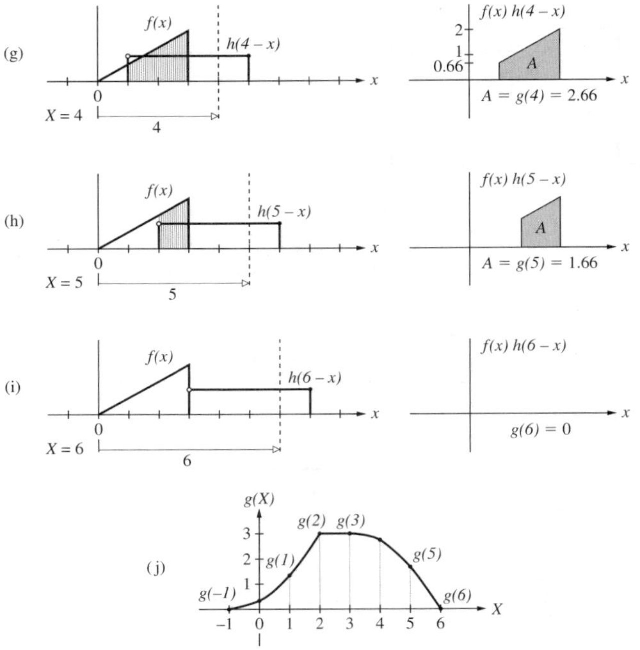

그림 11.35 $f(x)$와 $h(x)$의 역상관. 이때 $g(X) = f(x) \circledast h(x)$이다. 특정한 X의 값에서 둘 다 존재하는 모든 지점에서 $f(x)$와 $h(X - x)$의 곱하기를 한다. 곱하기 곡선 아래 (왼쪽)의 면적 A는 X의 해당 값에서 $g(X)$의 값이다.

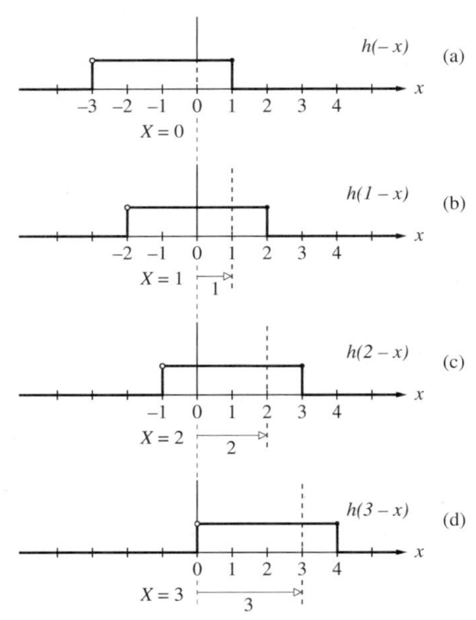

그림 11.36 $X = 0, 1, 2, 3$에서 함수 $h(X - x)$. 직사각형 펄스가 오른쪽으로 진행한다. $h(x)$는 원점에 대하여 대칭 또는 반전되어 $h(-x)$가 되는 것에 주목하자.

고정 원점 0의 왼쪽에 1 단위이므로 $X = -1$이다. $X = -1$에서 역상관 $g(X)$은 0이지만 상승하는 경향이 있다[그림 11.35j의 $g(x)$ 곡선 참조]. $h(X - x)$가 오른쪽으로 더 이동하면 그림 11.35c에서와 같이 항상 정지해 있는 $f(x)$와 겹친다. 겹치는 영역의 각 x에 수직선을 그리고 이 선들에서 두 함수의 값을 구한다. 그 다음 각 x에서 두 값의 곱하기를 한 다음 곱하기 곡선을 그린다[이 경우 $h(X - x)$는 크기가 1이므로 삼각형의 빗변에 놓인다]. $f(x)h(X - x)$ 아래의 영역은 $h(X - x)$[점선으로 표시된 세로선]의 세로 좌표 위치에서 $g(X)$의 값이고, 연속적으로 $X = -1, 0, 1, 2, 3, 4, 5, 6$이다.

$h(X - x)$은 크기가 1.0의 일정한 크기를 갖기 때문에, 삼각형 $f(x)$의 일부분에 의해 경계 지어지는 겹쳐진 넓이는 곱하기 곡선의 아래 넓이와 같다. 이 보기(그림 11.35c)에서 넓이는 0.33이고, $X = 0$인 경우 그림 11.35g에 그려져 있다. 이때 그림 11.35c에서 $h(X - x)$의 세로 좌표는 원점 0에서 변위가 0이다. 그림 11.35d에서 밑변이 2인 작은 삼각형 아래의 넓이는 1.33이고, 이것은 $X = 1$에서 역상관 값이다. $X = 2$인 그림 11.35e에서 곱하기 넓이는 전체 삼각형의 넓이인 3이다. 이 넓이는 $h(X - x)$의 왼쪽이 $x = 0$에 도달할 때

까지 3으로 유지된다(그림 11.35f). 이후 $f(x)$ 삼각형의 일부가 겹쳐진 영역 왼쪽 밖으로 나오고, $X = 6$에서 역상관은 서서히 0으로 떨어진다(그림 11.35h).

예제 11.2

다음 도표와 같은 함수 $f(x)$와 $h(x)$를 생각해 보자.

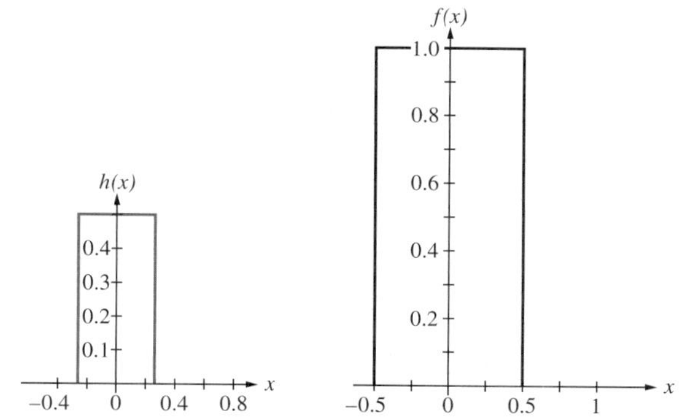

각 단계를 설명하면서 두 함수의 역상관을 그래픽 방법으로 구하라.

풀이

$h(x)$와 역상관된 $f(x)$가 $f(x)$와 역상관된 $h(x)$와 같기 때문에 $f(x)$를 고정시키고 $h(x)$를 $f(x)$ 쪽으로 옮긴다. 이들 함수는 대칭이므로 $h(x) = h(-x)$이고 함수를 반전시킬 필요가 없다. $f(x)$의 수직 원점 축에 중심을 둔 역상관을 구할 것이다. $g(X)$의 그래프는 밝은 회색 곡선이 된다.

(a) 이 그림에서 $h(X - x)$는 $f(x)$와 한 점에서 만나고 겹치기 시작하는데 이는 역상관이 그 점에서 시작하는 것과 같다. 즉 $h(X - x)$의 세로 좌표 위치($X = -0.75$)에 의해 고정되는 점 ($x = -0.75$) 이상에서 $h(X - x)$는 0이 아닌 값을 갖는다. $X = -0.75$일 때 X축 위의 점 (d)를 그리면 이것이 역상관 곡선의 시작이다.

(b) 여기서 $h(X - x)$는 오른쪽으로 이동하여 완전히 절반이 $f(x)$와 겹친다. 도표의 회색 영역의 경계는 더미 변수인 x의 함수로서 지점별 곱하기 $f(x)h(X - x)$로 이루어진다. 다시 말하면 두 함수가 존재하는 중첩 영역의 x축 위의 모든 점에서 수직선을 그리고 그 선 위에서 각 함수의 값을 구한다[예를 들어 어떤 점 x_1에서 이것은 $f(x_1)$과 $h(X - x_1)$가 될 것이다]. 이 두 값을 곱한다[예를 들어 점 x_1에서 $f(x_1) \times h(X - x_1)$가 될 것이다]. 두 함수가 겹치는 모든 점에 대해 이러한 과정을 계속한다. 물론 곱하기는 두 함수 모두 0이 아닌 곳에서만 0이 아닌 값을 가진다. 그 다음 곱하기를 나타내는 곡선을 x의 함수로 그린다. **곱하기 곡선(회색 영역) 아래의 넓이는 $h(X - x)$의 수직축으로 지정된 단일 위치에서의 역상관 값과 같다.** (b)의 경우, $h(X - x)$는 0.5로 일정하고, $f(x)$는 1.0으로 일정해서 −0.5와 −0.25 사이의 모든 x에서 이들의 곱하기는 0.5이다. 높이가 0.5인 수평 직선 아래의 넓이는 $(0.5)(0.25) = 0.125$이다. 이 값을 $X = -0.5$에 그려서 $h(X - x)$의 수직축 위치를 표시하고, 역상관 (d)로 펼쳐지는 지점을 두 번째 지점으로 지정한다. 이 간단한 예에서 $f(x)$는 1.0으로 일정하기 때문에 겹친 영역과 곱하기 영역이 같다는 것을 기억하자. **일반적으로 곱하기 영역은 겹치는 영역과 단순히 동일하지 않다.**

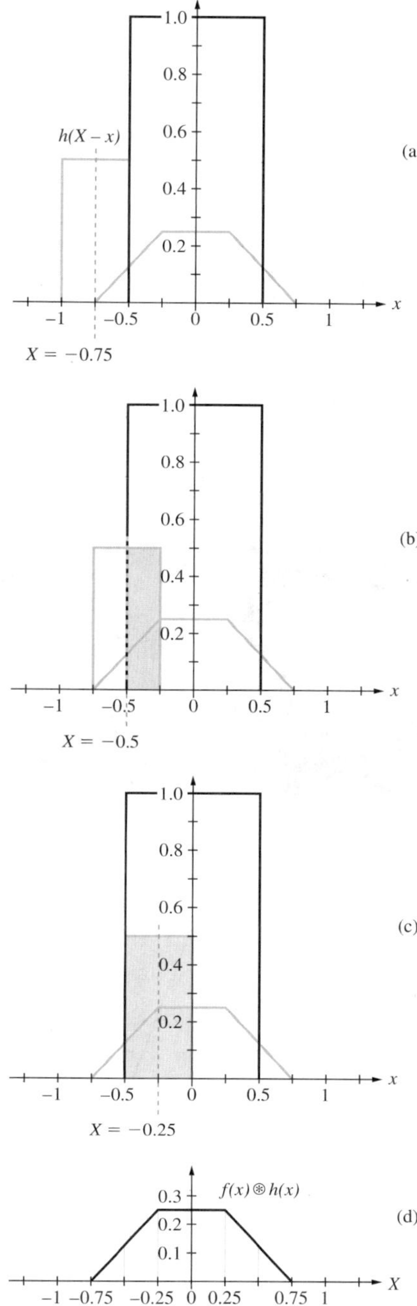

이제 (c)에서 회색 곱하기 영역은 $(0.5)(0.5) = 0.25$이고, 이것을 역상관 곡선 (d) 위에 그리고, $X = -0.25[h(X - x)$의 수직축이 되는 위치]에 있는 역상관 곡선 (d)에 그 점을 표시한다. 이 값은 $h(X - x)$가 $x = +0.25$일 때 $f(x)$ 안에서 나오기 시작할 때까지 지속되며, 역상관은 $X = -0.25$에서 $X = +0.25$까지 일정하다.

실제로 2개의 2차원 데이터 세트를 물리적으로 역상관하는 방법이 있는데 몇 가지 간단한 상황에 대해 간략하게 조사하자. 불투명 스크린(그림 11.37a)에 원형의 균일하게 조명된 구멍이 있다고 가정하고, 그 구멍 자체와 구멍 함수 $f(x, y)$의 역상관을 결정하고자 한다. $f(x, y)$가 대칭이므로 어느 축에 대해서도 반전시키는 것은 효과가 없다. 다른 하나 위에 하나의 원을 옮기고 각 변위에서 곱하기 영역을 기록한다. 두 개의 직사각형 1차원 펄스를 어떻게 역상관하여 삼각형 모양을 얻는지 보았다. 이와 비슷하게 그림 11.37a의 원형 '모자 모양'을 그 자체와 역상관하면 그림 11.37c와 같은 약간 구부러진 원뿔 모양이 생기고, 복사 조도는 그림 11.37b와 같이 중앙 최댓값으로부터 거의 선형적으로 떨어진다.

다소 복잡한 예로서 그림 11.38a의 3점 무늬를 조사하자. 이것은 불투명 스크린에 있는 균일하게 비춘 3개의 원형 구멍에서 나오는 빛을 나타낸다. 이것은 그래픽 방법으로 역상관하고자 하는 2차원 신호이다. 이 과정을 수행하는 하나의 방법은 종이 위에 수평 수직으로 정사각형 격자 무늬를 그리고, 3개의 밝은 '모자 모양' 점들을 격자 무늬의 선상에 있는 L-자형 무늬에(원점에 모서리 점이 있는 x축과 y축 위에) 배치한다. 이것이 $f(x, y)$이다. 격자 무늬 선 간격(한 칸)은 가장 가까이 이웃한 점의 중심 간 간격과 일치해야 한다. 역상관을 구성할 동일한 격자 무늬를 만든다. 이제 투명 플라스틱 위에(이전과 같이 x축과 y축 위에) 동일한 3점 L-자를 그리면 이것이 $h(x, y)$이다. y축을 중심으로 플라스틱을 반전시켜서 $h(Y - y, X - x)$를 만들면 L-자는 왼쪽을 향한다. 이번에는 x축을 중심으로 다시 반전시키면 L-자는 마치 원형 구멍들 중 하나를 중심으로 180° 회전한 것처럼 거꾸로 뒤집어지고 왼쪽으로 향한다.

플라스틱의 x축이 종이의 x축과 평행하지만 그 아래 어딘가에 있도록 3개의 원형 점이 있는 플라스틱, 즉 $h(Y - y, X - x)$을 종이 위에 놓는다. 플라스틱 함수를 한 번에 오른쪽으로 옮기고 겹치는 점의 쌍 수(기본적으로 넓이)를 기록한다. 처음에는 겹치지 않는다. $h(Y - y, X - x)$의 정보를 가진 플라스틱을 y축 방향으로 한 칸 올린 다음 오른쪽으로 옮긴다. 그림 11.38a와 같이 특이한 무늬가 $x > 0$인 x축 위에 있기 때문에 $h(Y - y, X - x)$와 $f(x, y) = h(x, y)$의 두 점집합은 두 개의 x축이 동일 선상에 있을 때만 겹치기 시작한다. 그 다음 두 모서리 점이 겹치기 시작할 때 역상관 도표(그림 11.38b)의 해당 위치(왼쪽 아래)에 최대 복사 조도가 1.0인 원판(그림 11.37b와 같이 보임)을 그린다. 그리고 플라스틱을 오른쪽으로 한 번 더 옮기면 이제 두 쌍의 겹치는 점들이 생기고, 역상관 도표에 최대 복사 조도가 2.0인 원판을 그린다. 투명한 플라스틱 함수를 오른쪽으로 또 옮기면 점 쌍이 한 개 더 생기고, 최댓값이 1.0인 원판을 도표에 그려서 그림 11.38b에서 맨 아래 줄(1.0, 2.0, 1.0)을 완성한다.

플라스틱 함수 $h(Y - y, X - x)$를 y-방향으로 한 칸 올린

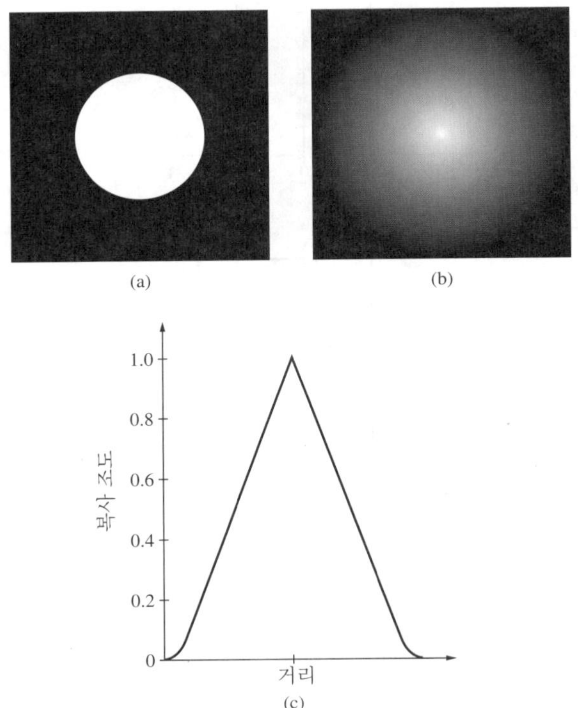

그림 11.37 (a) 균일하게 비춘 원형 구멍과 그 자체의 역상관. (b) 공간에서 보이는 역상관. (c) 복사 조도 그래프.

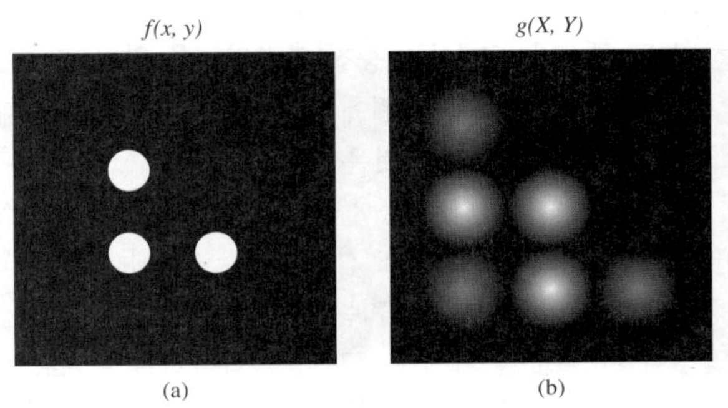

그림 11.38 (a)에 표시된 $f(x, y)$와 그 자체의 역상관. (b) 그 결과 $g(x, y)$가 (b)에 나타나 있다. 그림 11.53 참조.

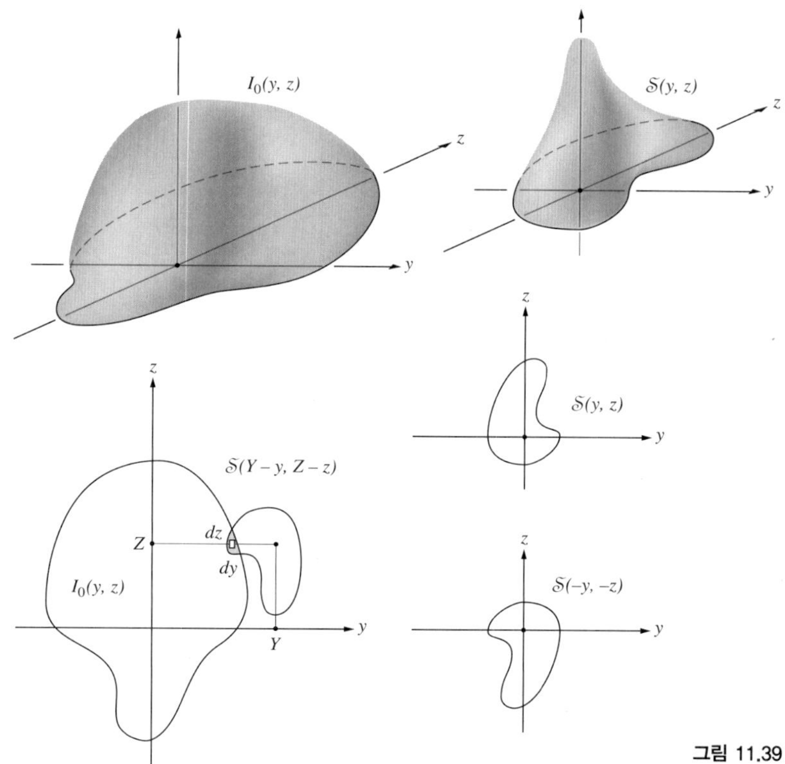

그림 11.39 2차원에서 역상관

다음 오른쪽으로 한 칸 옮긴다. 이 결과 두 개의 겹치는 쌍이 생기고, 최대 복사 조도가 2.0인 밝은 원판을 역상관 도표 두 번째 줄의 첫 번째 위치에 그린다. 한 번 더 옮기면 두 쌍의 겹치는 영역이 생기고, 역상관 도표 두 번째 줄에 최댓값이 2.0인 원판을 한 번 더 그린다. 마지막으로 함수를 또 한 칸 올리고 오른쪽으로 옮기면 한 쌍의 겹치는 영역이 생기고, 역상관의 가장 위의 복사 조도는 그림 11.38b와 같이 1.0이 된다.

그림 11.39는 식 (11.51)에 의해 주어진 것처럼 2차원에서 두 함수 $I_o(y, z)$와 $\mathcal{S}(y, z)$의 역상관을 나타낸다. 함수곱 $I_0(y, z)\mathcal{S}(Y-y, Z-z)$, 즉 겹쳐진 영역 아래의 부피는 (Y, Z)에서 $I_i(Y, Z)$와 같다(연습문제 11.21 참조).

역상관 정리

두 함수 $f(x)$와 $h(x)$가 각각 $\mathcal{F}\{f(x)\} = F(\mathbf{k})$와 $\mathcal{F}\{h(x)\} = H(\mathbf{k})$의 푸리에 변환을 갖는다고 가정하자. **역상관 정리 (convolution theorem)**는 다음과 같다. 만일 $g = f \circledast h$이면 g의 푸리에 변환은

$$\mathcal{F}\{g\} = \mathcal{F}\{f \circledast h\} = \mathcal{F}\{f\} \cdot \mathcal{F}\{h\} \tag{11.53}$$

또는

$$G(\mathbf{k}) = F(\mathbf{k})H(\mathbf{k}) \tag{11.54}$$

로 주어진다. 여기에서 $\mathcal{F}\{g\} = G(\mathbf{k})$이다. 두 함수의 역상관의 변환은 함수들의 변환의 곱하기이다. 증명은 아주 간단하다.

$$\mathcal{F}\{f \circledast h\} = \int_{-\infty}^{+\infty} g(X)e^{ikX}dX$$

$$= \int_{-\infty}^{+\infty} e^{ikX}\left[\int_{-\infty}^{+\infty} f(x)h(X-x)\,dx\right]dX$$

에서 적분 순서를 바꾸면

$$G(\mathbf{k}) = \int_{-\infty}^{+\infty}\left[\int_{-\infty}^{+\infty} h(X-x)e^{ikX}\,dX\right]f(x)\,dx$$

이다. 중괄호 안의 적분에서 $w = X - x$로 치환하면 $dX =$

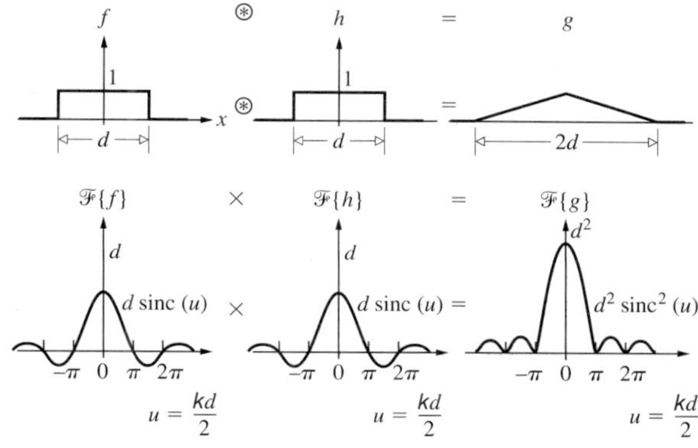

그림 11.40 역상관 정리의 설명도

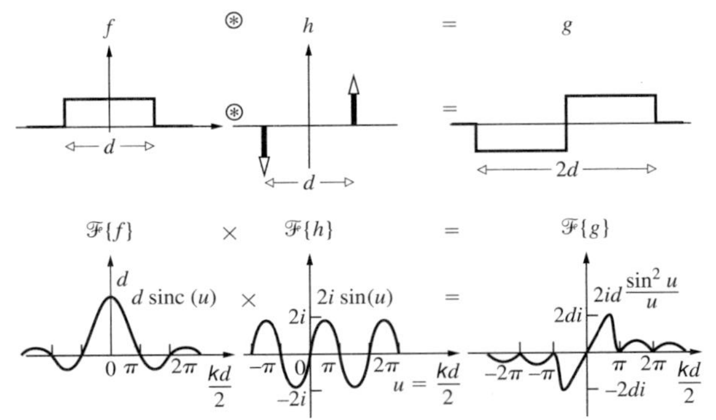

그림 11.41 역상관 정리의 설명도

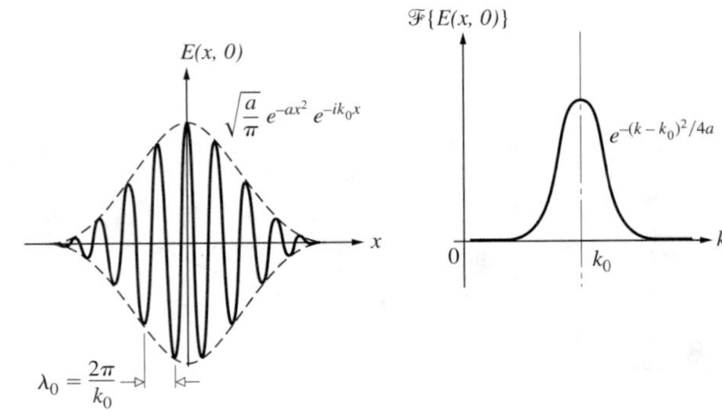

그림 11.43 가우스 파동 다발과 이에 대한 푸리에 변환

dw이며

$$G(k) = \int_{-\infty}^{+\infty} f(x)e^{ikx}dx \int_{-\infty}^{+\infty} h(w)e^{ikw}dw$$

가 된다. 따라서

$$G(k) = F(k)H(k)$$

로 역상관 정리가 증명된다. 이 정리의 응용 예로 그림 11.40을 보자. 동일한 직사각형 펄스들의 역상관 ($f \circledast h$)는 삼각형 펄스 (g)이므로 두 함수의 변환을 곱한 결과는 함수 g의 변환, 즉

$$\mathscr{F}\{g\} = [d \operatorname{sinc}(kd/2)]^2 \tag{11.55}$$

이어야 한다. 또 다른 예로서 그림 11.12의 두 δ-함수와 직사각형 펄스의 역상관을 구해 보자. 그림 11.41에 보인 것처럼 결과적인 이중 펄스의 변환은 다시 개별 변환의 곱으로 주어진다.

식 (11.53)에 대응하는 k-공간에서의 **주파수 역상관 정리** (frequency convolution theorem)는

$$\mathscr{F}\{f \cdot h\} = \frac{1}{2\pi}\mathscr{F}\{f\} \circledast \mathscr{F}\{h\} \tag{11.56}$$

와 같이 주어진다. 즉 함수곱의 변환은 두 함수의 변환을 역상관시킨 것과 같다.

그림 11.42로부터 이와 같은 관계를 더 명확히 이해할 수 있다. 무한히 긴 코사인 함수인 $f(x)$에 직사각형 펄스 $h(x)$를 곱하여 유한한 구간 내에서 진동하는 파열 $g(x)$를 얻을 수 있다. 함수 $f(x)$의 변환은 델타 함수의 쌍으로 주어지며, 직사각형 펄스의 변환은 싱크(sinc) 함수이다. 두 변환의 역상관은 $g(x)$의 변환이 된다. 이 결과를 식 (7.60)과 비교해 보라.

가우스 파동 다발의 변환

역상관 정리가 얼마나 유용한가를 보여 주는 예로서 그림 11.43과 같은 파동 다발 모양의 빛 펄스를 푸리에 변환해 보자. 다소 일반적인 취급을 하고자 하는데, 1차원 조화파는

$$\tilde{E}(x, t) = E_0 e^{-i(k_0 x - \omega t)}$$

으로 표현되므로 단지 진폭을 변조시킴으로써 원하는 형태의 펄스를 얻을 수 있다. 파형은 시간에 무관하다고 가정하고

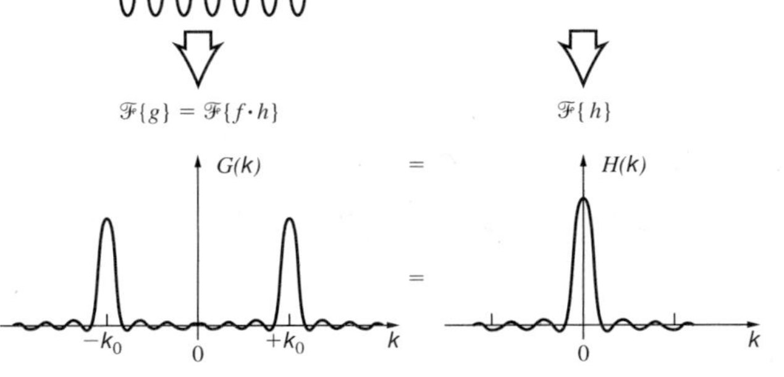
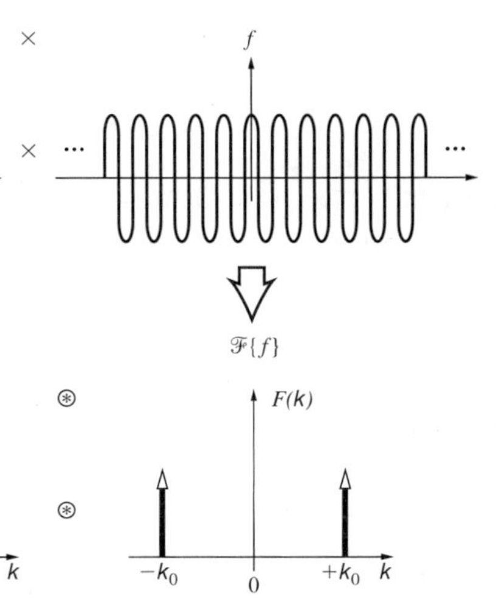

그림 11.42 주파수 역상관 정리의 예

$$\tilde{E}(x, 0) = f(x)e^{-ik_0x}$$

와 같이 표현할 수 있다. 이제 $\mathscr{F}\{f(x)e^{-ik_0x}\}$을 구하기 위해

$$\int_{-\infty}^{+\infty} f(x)e^{-ik_0x}e^{ikx}dx \tag{11.57}$$

를 계산하자. 여기에서 $k' = k - k_0$라 놓으면,

$$F(k') = \int_{-\infty}^{+\infty} f(x)e^{ik'x}dx = F(k - k_0) \tag{11.58}$$

가 된다. 즉 $F(k) = \mathscr{F}\{f(x)\}$라면 $F(k - k_0) = \mathscr{F}\{f(x)e^{-ik_0x}\}$가 된다. 그림에서처럼 가우스 형태[식 (11.11)]의 경우, $f(x) = \sqrt{a/\pi}e^{-ax^2}$이므로 파형의 표현은

$$\tilde{E}(x, 0) = \sqrt{a/\pi}\, e^{-ax^2}e^{-ik_0x} \tag{11.59}$$

가 된다. 앞에서 논의한 것과 식 (11.12)로부터 위 식을 변환하면

$$\mathscr{F}\{\tilde{E}(x, 0)\} = e^{-(k-k_0)^2/4a} \tag{11.60}$$

이 된다. 식 (11.56)을 이용하여 상당히 다른 방법으로 푸리에 변환을 구할 수 있다. 이제 $\tilde{E}(x, 0)$을 두 함수 $f(x) = \sqrt{a/\pi}\exp(-ax^2)$과 $h(x) = \exp(-ik_0x)$의 곱으로 생각할 수 있다. $\mathscr{F}\{h\}$를 구하는 하나의 방법은 식 (11.57)에서 $f(x) = 1$로 놓는 것이다. 그러면 k가 $k - k_0$으로 대치된 1의 변환을 얻게 된다. $\mathscr{F}\{1\} = 2\pi\delta(k)$(연습문제 11.4 참조)이므로 $\mathscr{F}\{e^{-ik_0x}\} = 2\pi\delta(k - k_0)$가 된다. 따라서 $\mathscr{F}\{\tilde{E}(x, 0)\}$은 $2\pi\delta(k - k_0)$과 중심이 0인 가우스 함수 $e^{-k^2/4a}$의 역상관 결과의 $1/2\pi$배가 된다. 이 결과*는 앞에서처럼 k_0에 중심을 둔 가우스 함수, 즉 $e^{-(k-k_0)^2/4a}$가 된다.

11.3.4 회절 이론과 푸리에 방법

프라운호퍼 회절

푸리에 변환을 이용하면 프라운호퍼 회절의 메커니즘에 대한 좋은 안목을 얻을 수 있다. 식 (10.41)로 되돌아가서

$$E(Y, Z) = \frac{\boldsymbol{\varepsilon}_A e^{i(\omega t - kR)}}{R} \iint_{구멍} e^{ik(Yy+Zz)/R}\, dy\, dz \tag{11.61}$$

와 같이 표현하자. 이 식은 yz-평면 위에 있는 임의 모양의 구멍에 단색 평면파가 입사하는 경우를 보인 그림 10.29과 관련된 식이다. R은 구멍의 중심에서 출력 점까지의 거리인데, 출력 점에서 전기장은 $E(Y, Z)$이다. 구멍에서 단위 면적당 광원 세기(source strength)는 $\boldsymbol{\varepsilon}_A$로 표기하였다. 여기에서 논의하는 것은 물론 시간에 따라 변화하는 전기장이다. $\exp i(\omega t - kR)$ 항은 단지 구멍의 중심에 대한 관찰 지점 (Y, Z)의 상대적 위상을 기술한다. $1/R$은 구멍으로부터 거리에 따라 전기장의 진폭이 감소하는 것을 나타낸다. 우리는 관찰면에서 전기장의 상대적인 진폭 분포에 관심이 있고, 어느 지점에서 결과적인 위상이 얼마로 변하는지는 별로 관계가 없기 때문에 적분 기호 앞의 위상 항은 여기에서 중요하지 않다. 따라서 만약 관심 범위를 R 값을 상수로 볼 수 있는 관찰면의 일부로만 제한한다면, 적분 기호 앞에서 $\boldsymbol{\varepsilon}_A$를 제외한 나머지는 모두 하나의 상수로 묶을 수 있다.

지금까지는 $\boldsymbol{\varepsilon}_A$가 구멍 전체에 걸쳐 불변이라고 가정해 왔으나 반드시 그럴 필요는 없다. 실제로 이 구멍이 거칠고 지저분한 유리로 덮여 있다면 각 면적 요소 $dy\,dz$에서 나오는 빛의 진폭과 위상이 다를 것이다. 각 부분별로 흡수와 광경로 길이가 다를 수 있으며, 이는 분명히 회절장의 분포에 영향을 줄 것이다. 이 $\boldsymbol{\varepsilon}_A$의 변화와 기타의 부가 상수를 묶어 하나의 복소량으로

$$\mathscr{A}(y, z) = \mathscr{A}_0(y, z)e^{i\phi(y, z)} \tag{11.62}$$

와 같이 표기하고 이를 **구멍 함수(aperture function)**라고 한다. 구멍에서 전기장 진폭의 변화는 $\mathscr{A}_0(y, z)$로, 그리고 위치에 따른 위상 변화는 $\exp[i\phi(y, z)]$로 나타낸다. 따라서 $\mathscr{A}_0(y, z)dy\,dz$는 미소 광원 요소 $dy\,dz$에서 발산되는 회절장에 비례한다. 이제까지의 논의로부터 식 (11.61)을

$$E(Y, Z) = \iint_{-\infty}^{+\infty} \mathscr{A}(y, z)e^{ik(Yy+Zz)/R}\, dy\, dz \tag{11.63}$$

와 같이 일반화할 수 있다. 적분의 한계가 $\pm\infty$로 확대되는 것은 구멍 함수 값이 구멍 내부에서만 0이 아닌 값을 가지기 때문이다.

주어진 점 P에서 $dE(Y, Z)$가 그림 11.44에 보인 바와 같이 $\vec{\mathbf{k}}$ 방향으로 진행하고, 진폭은 $\mathscr{A}(y, z)dy\,dz$로 주어지는 평면파인 것처럼 생각하면 도움이 된다. 식 (11.63)과 식 (11.14) 사이의 유사성을 강조하기 위하여 **공간 주파수 k_Y와 k_Z**를

* 사실 이것을 유도할 때 $\exp(-ik_0x)$의 실수부를 사용했어야 했는데, 그 이유는 복소 지수 함수의 변환과 $\cos k_0x$의 변환이 다르며 나중에 실수부를 취하는 것으로는 불충분하기 때문이다. 이러한 어려움은 복소 지수 함수를 서로 곱할 때 흔히 겪는다. 실제로 결과식인 식 (11.60)은 1/2의 곱셈 인자뿐만 아니라 부가적인 지수 함수항 $\exp[-(k+k_0)^2/4a]$을 포함해야 한다. 그러나 크기를 비교하면 이 항은 보통 무시될 수 있다. 그럴지라도 식 (11.59)에서 $\exp(+ik_0x)$의 표현을 사용하여 계산했더라면, 단지 무시할 수 있는 작은 항만 나왔을 것이다. 사인 함수나 코사인 함수를 표현하기 위해 복소 지수 함수를 이런 식으로 사용하는 것은 보통 문제가 되지는 않지만 엄밀히 따진다면 부정확한 것이다. 편리함 때문에 그것을 사용하지만 세심한 주의를 요한다.

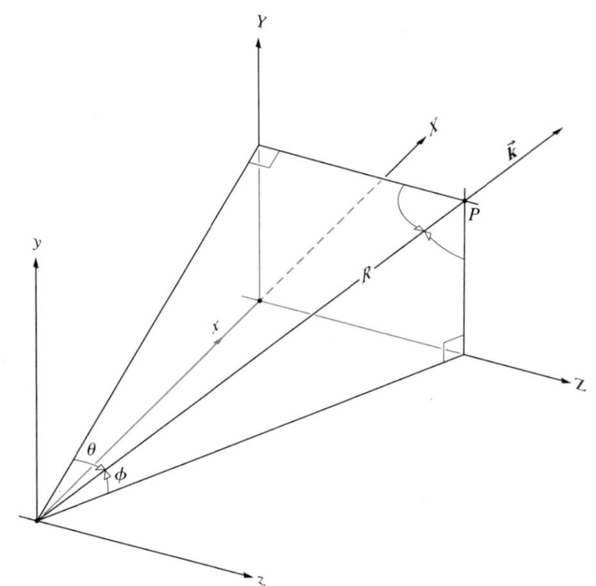

그림 11.44 기하학적 관계의 일부분

$$k_Y \equiv kY/R = k\sin\phi = k\cos\beta \qquad (11.64)$$

와

$$k_Z \equiv kZ/R = k\sin\theta = k\cos\gamma \qquad (11.65)$$

로 정의하자. **상면 위의 주어진 위치에는 각각 거기에 대응하는 공간 주파수가 존재한다.** 이제 회절장을

$$E(k_Y, k_Z) = \iint_{-\infty}^{+\infty} \mathcal{A}(y, z)e^{i(k_Y y + k_Z z)}\, dy\, dz \qquad (11.66)$$

와 같이 쓸 수 있고, 다음과 같은 핵심점에 도달한다. **프라운호퍼 회절 무늬에서의 전기장 분포는 구멍에 걸친 전기장 분포(즉, 구멍 함수)의 푸리에 변환이다.** 이는

$$E(k_Y, k_Z) = \mathcal{F}\{\mathcal{A}(y, z)\} \qquad (11.67)$$

와 같이 나타낼 수 있다. **상면의 전기장 분포는 구멍 함수와 공간 주파수 스펙트럼이다.** 따라서 역변환은

$$\mathcal{A}(y, z) = \frac{1}{(2\pi)^2}\iint_{-\infty}^{+\infty} E(k_Y, k_Z)e^{-i(k_Y y + k_Z z)}\, dk_Y\, dk_Z \qquad (11.68)$$

으로, 즉

$$\mathcal{A}(y, z) = \mathcal{F}^{-1}\{E(k_Y, k_Z)\} \qquad (11.69)$$

이다. 여러 차례 보아 온 바와 같이 신호가 좁은 영역에 집중되어 있을수록 그 변환은 더 넓게 분포된다(이는 2차원에도 똑같이 적용된다). 회절 구멍이 작을수록 회절된 빔의 각도 분포, 즉 공간 주파수의 대역폭이 증가한다.

여기서 짚고 넘어가야 할 사소한 사항이 있다. 프라운호퍼 무늬를 (렌즈 없이) 멀리 떨어진 스크린에서 실제로 관찰할 경우, 근사적인 결과만을 얻게 된다. 참된 프라운호퍼 무늬는 유한한 거리에서는 수렴하지 않는 평행광에서만 얻어진다. 실제로 관찰되는 것은 복사 조도이고 이는 먼 거리에서 이상적인 분포와 구별할 수 없으므로 일반적으로 큰 문제가 되지는 않는다. 어쨌든 멀리 떨어졌으나 유한한 위치에서 회절된 전기장 분포는 그 위상에 있어서 구멍 함수의 푸리에 변환과 아주 조금 다르다. 전기장은 측정조차 할 수 없으므로 실제적인 문제가 되지 않을 것이고, 따라서 앞으로 이 문제는 그냥 지나칠 것이다.

단일 슬릿

하나의 예로서 그림 10.15의 방향으로 기다란 단일 슬릿에 평면파가 입사하는 경우를 고려해 보자. 구멍 전체에 걸쳐 위상이나 진폭의 변화가 없다고 가정하면 $\mathcal{A}(y, z)$는 직사각형 펄스

$$\mathcal{A}(y, z) = \begin{cases} \mathcal{A}_0, & |z| \le b/2 \\ 0, & |z| > b/2 \end{cases}$$

의 모양을 갖는데, 여기서 $\mathcal{A}_0$는 y와 z의 함수가 아닌 상수이다. 이것을 1차원 문제로 간주하면

$$E(k_Z) = \mathcal{F}\{\mathcal{A}(z)\} = \mathcal{A}_0\int_{z=-b/2}^{+b/2} e^{ik_Z z}dz$$

$$E(k_Z) = \mathcal{A}_0 b \operatorname{sinc} k_Z b/2$$

이다. $k_Z = k\sin\theta$로 설정하면 이 식은 10.2.1절에서 유도한 결과와 정확히 일치한다. 사각 구멍에 의한 원거리 회절무늬(10.2.4절)는 슬릿의 경우를 2차원으로 확장한 것이다. $\mathcal{A}(y, z)$를 구멍 위에서 $\mathcal{A}_0$으로 놓으면(그림 10.30)

$$E(k_Y, k_Z) = \mathcal{F}\{\mathcal{A}(y, z)\}$$

$$E(k_Y, k_Z) = \int_{y=-b/2}^{+b/2}\int_{z=-a/2}^{+a/2} \mathcal{A}_0 e^{i(k_Y y + k_Z z)}dy\, dz$$

이고, 따라서 식 (10.42)와 같이

$$E(k_Y, k_Z) = \mathcal{A}_0\, ba \operatorname{sinc} \frac{bkY}{2R} \operatorname{sinc} \frac{akZ}{2R}$$

를 얻는데, 여기에서 ba는 구멍의 면적이다.

영의 실험: 이중 슬릿

영의 실험을 처음 다룰 때(9.3절) 슬릿의 폭은 무한히 작은

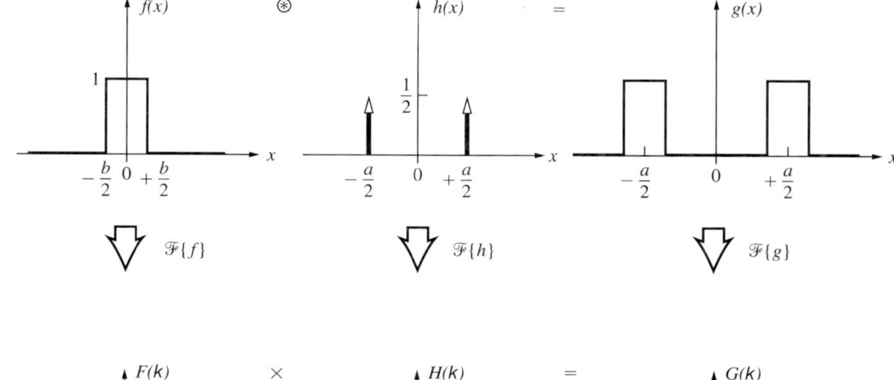

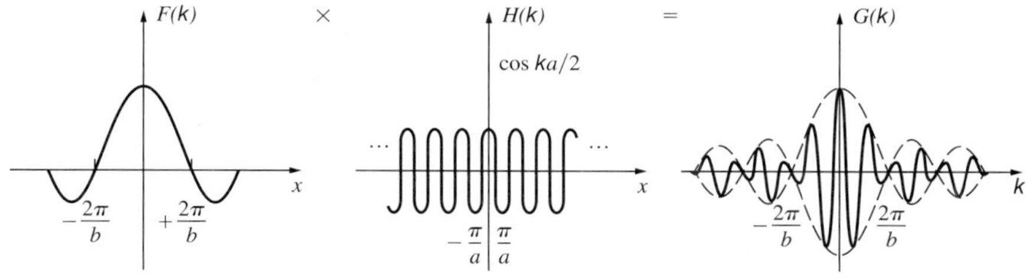

그림 11.45 역상관 정리의 설명도

것으로 가정하였다. 이 경우 구멍 함수는 2개의 대칭 δ-펄스의 형태로 되며, 이에 대응되는 회절 무늬의 이상적인 전기장 진폭은 그 푸리에 변환, 즉 코사인 함수였다. 이를 제곱하면 그림 9.12의 잘 알려진 코사인 제곱 함수 모양의 복사 조도 분포를 얻는다. 좀 더 사실적으로 보자면 각 구멍은 유한한 크기를 가지고 있으며 실제의 회절 무늬는 그렇게 단순하지는 않을 것이다. 그림 11.45는 구멍이 실제 슬릿과 같이 어느 정도의 폭을 가지고 있는 경우를 보여 준다. 구멍 함수 $g(x)$는 각 슬릿의 위치에 있는 δ-함수 짝을 나타내는 $h(x)$와 구멍의 열린 부분을 나타내는 직사각형 펄스 형태의 함수 $f(x)$를 역상관시킨 것이다. 역상관 정리로부터 변환의 곱은 상면에 나타나는 회절장을 나타내는 변조된 코사인 진폭 함수가 된다. 이를 제곱하면 그림 10.18에 보인 이중 슬릿의 복사 조도 분포를 얻는다. 1차원 변환 곡선이 k에 대해 그려졌지만 이는 식 (11.64)에 의해 상공간의 변수에 대해 그린 것과 같다(이와 같은 논리를 원형 구멍에 적용하면 그림 12.2의 무늬를 얻는다).

삼중 슬릿

그림 11.14d를 보면 3개의 δ-함수 배열을 변환시켰을 때 0-주파수 항, 즉 원점에 위치한 δ-함수 항에 비례하여 위쪽으로 이동한 코사인 함수가 얻어짐을 분명히 알 수 있다. 이 델타 함수가 다른 두 델타 함수보다 2배의 진폭을 가지면 코사인은 항상 양의 값을 가진다. 이제 3개의 극히 좁고 나란한 슬릿이 균일하게 조명되고 있다고 하자. 구멍 함수는 그림 11.46a에 해당하는데, 여기에서 중심부의 δ-함수는 그 전 크기의 반이다. 따라서 변환 결과인 코사인은 그림 11.46b에 보인 것처럼 1/4만큼 아래로 내려간다. 이것이 회절된 전기장 진폭에 해당되며, 이를 제곱하면 그림 11.46c, 바로 삼중 슬릿에 대한 복사 조도 무늬가 된다.

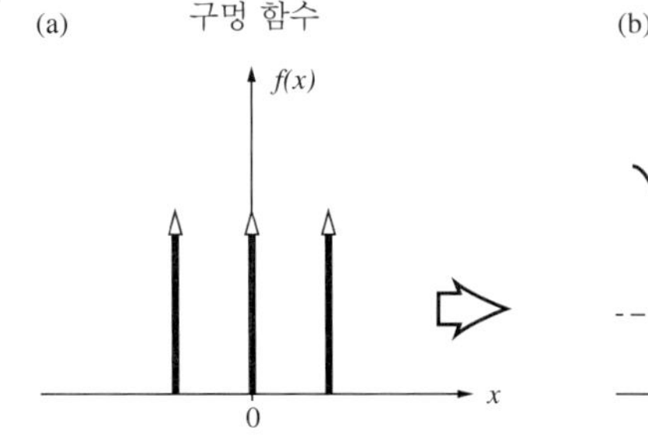

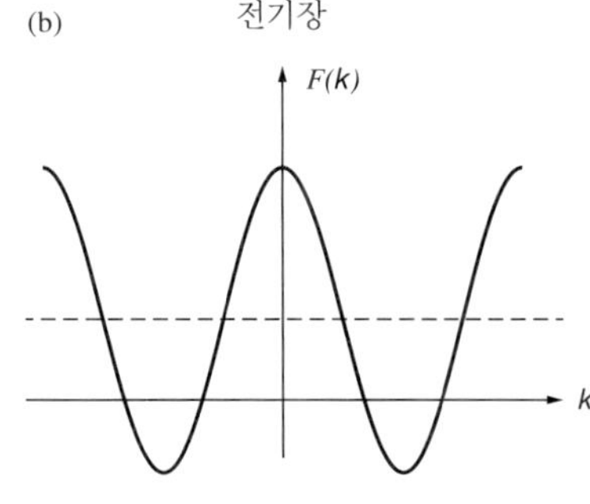

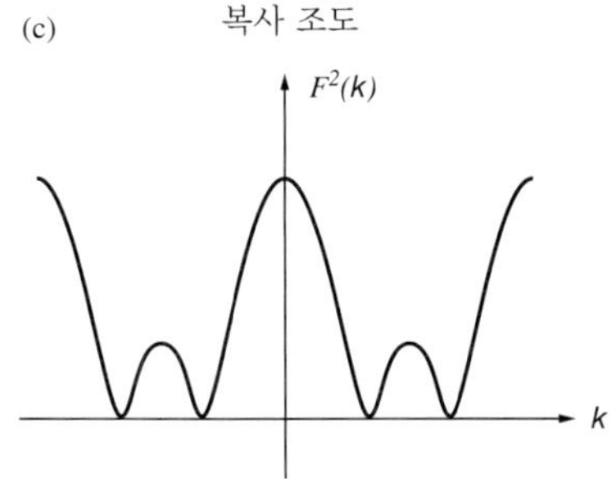

그림 11.46 삼중 슬릿을 나타내는 3개의 동일한 델타 함수의 푸리에 변환

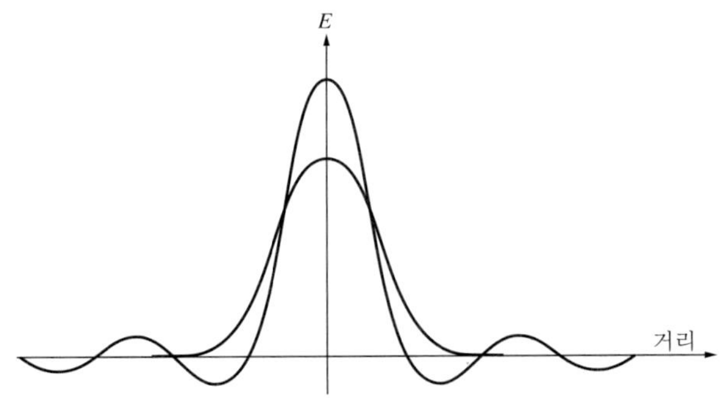

그림 11.47 에어리 함수와 가우스 함수의 비교

무족화

무족화(apodization)라는 말은 그리스어에서 '제거한다'는 뜻의 α와 '발(feet)'을 의미하는 $\pi o \delta o \sigma$에서 기원한다. 이는 회절 무늬에서 2차 최대 또는 측엽(side lobe), 즉 발을 줄이는 과정을 뜻한다. 원형 구멍의 경우(10.2.5절), 회절 무늬는 동심원 모양의 고리가 중심 반점을 둘러싼 형태이다. 첫 번째 고리의 선속 밀도(밝기)는 중심 반점의 1.75%이다(이는 작은 값이지만 문제가 될 수 있다). 상면에 입사하는 빛의 약 16%가 이러한 고리에 분포되어 있다. 이러한 측엽의 존재가 광학계의 해상력을 저하시키기 때문에 천문학이나 분광학 분야에서처럼 무족화가 필요한 경우가 있다. 예를 들어 하늘에서 가장 밝게 보이는 시리우스[*Canis Major*(큰개) 성좌에 있음]는 실제로는 이중성이다. 이 별은 희미한 백색왜성과 짝을 이루어 두 별의 질량 중심 주위를 돌고 있다. 두 별의 밝기 차이가 아주 커서(10^4 대 1), 보통의 망원경으로 관측하면 이 희미한 별의 상은 주된 별의 회절 무늬의 측엽으로 인하여 전혀 볼 수 없게 된다.

무족화는 구멍의 형태나 투과성을 변화시키는 등 여러 가지 방법으로 구현할 수 있다.* 이미 식 (11.66)에서 회절장의 분포는 $\mathscr{A}(y, z)$의 푸리에 변환임을 알고 있다. 따라서 $\mathscr{A}_0(y, z)$나 $\phi(y, z)$를 변화시킴으로써 측엽을 변화시킬 수 있다. 아마 가장 간단한 방법은 $\mathscr{A}_0(y, z)$만을 변화시키는 방법이다. 이는 적절하게 박막을 입힌 평평한 유리를 구멍에 덮어서(혹은 대물 렌즈 자체에 박막을 입혀서) 달성할 수 있다. 이 박막이 구멍의 중심(yz-평면의)에서 가장자리로 가면서 점점 불투명해진다고 생각해 보자. 투과 전기장도 그에 따라서 광축에서 멀어질수록 감소하여 가장자리에는 거의 무시할 정도가 된다. 특히 이 진폭의 감쇄가 가우스 함수를 따르는 경우를 보자. 그러면 $\mathscr{A}_0(y, z)$가 가우스 함수 꼴이며 그 변환 $E(Y, Z)$도 같은 형태가 되기 때문에 결과적으로 고리들이 사라진다. 중심 반점이 넓어지기는 하지만 측엽은 억제가 된다(그림 11.47).

이 문제를 보는 다소 발견적이지만(heuristic) 흥미 있는 관점은 합성되는 함수의 섬세한 내용을 재구성하는 데 높은 공간 주파수 성분이 사용된다는 것이다. 앞에서 1차원의 경우에 보았듯이(그림 7.34) 높은 주파수는 직사각형 펄스의 구석을 채우는 데 기여한다. 마찬가지로 $\mathscr{A}(y, z) = \mathscr{F}^{-1}\{E(\boldsymbol{k}_Y, \boldsymbol{k}_Z)\}$이므로 구멍에 예리한 가장자리가 있으면 회절장에 반드시 높은 공간 주파수의 기여가 상당히 있기 마련이다. 따라서 $\mathscr{A}_0(y, z)$를 서서히 감소하게 만들면 이 높은 주파수 성분이 줄어들고, 결과적으로 측엽이 억제되는 것이다.

무족화는 더 넓은 범주의 기술인 **공간 필터링**(spatial filtering)의 일부인데, 이 방법은 13장에서 수학적이지는 않지만 상세하게 다룰 것이다.

배열 정리

앞에서 다룬 개념을 2차원으로 일반화하기 위하여 그림 11.48에서처럼 N개의 동일한 구멍이 있는 스크린을 생각해 보자. 각 구멍의 동일한 상대적 위치인 (y_1, z_1), (y_2, z_2), ..., (y_N, z_N)의 지점에 각각 O_1, O_2, ..., O_N 점을 설정한다. 이들 각 점은 그 부분의 국소 좌표계 (y', z')의 원점이 된다. 따라서 j번째 구멍의 국소 좌표계상의 한 점(y', z')의 좌표는 (y, z) 좌표계에서 $(y_j + y', z_j + z')$로 주어진다. 결맞는 단색광이 입사하는 경우, 상면 위의 한 점 P에서의 결과적인 프라운호퍼 회절장 $E(Y, Z)$는 각 구멍으로부터 발생하는 점 P에서의 전기장의 합성이 된다. 즉

$$E(Y, Z) = \sum_{j=1}^{N} \iint_{-\infty}^{+\infty} \mathscr{A}_I(y', z') e^{ik[Y(y_j+y')+Z(z_j+z')]/R}\, dy'\, dz' \tag{11.70}$$

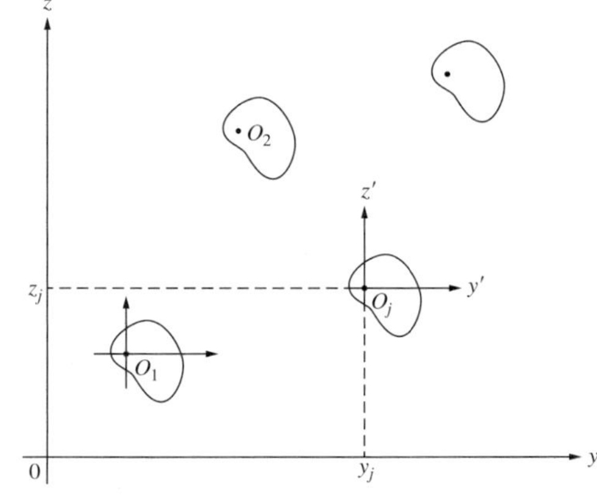

그림 11.48 여러 구멍의 배치도

* 이 주제에 대한 자세한 설명이 필요하면 P. Jacquinot and B. Roizen-Dossier, "Apodization," in Vol. III of *Progress in Optics*를 참조하라.

또는

$$E(Y, Z) = \iint_{-\infty}^{+\infty} \mathscr{A}_I(y', z')e^{ik(Yy'+Zz')/R}\, dy'\, dz' \times \sum_{j=1}^{N} e^{ik(Yy_j+Zz_j)/R} \tag{11.71}$$

인데, 여기서 $\mathscr{A}_I(y', z')$은 각 구멍에 적용되는 개별적인 구멍 함수이다. 이 식은 식 (11.64)와 식 (11.65)를 이용하여

$$E(k_Y, k_Z) = \iint_{-\infty}^{+\infty} \mathscr{A}_I(y', z')e^{i(k_Yy'+k_Zz')}\, dy'\, dz' \times \sum_{j=1}^{N} e^{i(k_Yy_j)}e^{i(k_Zz_j)} \tag{11.72}$$

와 같이 정리할 수 있다. 여기에서 적분항은 각 구멍 함수의 푸리에 변환이며, 합의 항은

$$A_\delta = \sum_j \delta(y - y_j)\,\delta(z - z_j) \tag{11.73}$$

와 같은 델타 함수 배열의 변환[식 (11.42)]임을 주목하자. $E(\boldsymbol{k}_Y, \boldsymbol{k}_Z)$ 자체가 전체 배열에 대한 총구멍 함수의 변환 $\mathscr{F}\{\mathscr{A}(y, z)\}$이므로,

$$\mathscr{F}\{\mathscr{A}(y, z)\} = \mathscr{F}\{\mathscr{A}_I(y', z')\}\cdot\mathscr{F}\{A_\delta\} \tag{11.74}$$

이다. 이 관계식이 **배열 정리(array theorem)**이며, **유사한 방향으로 배치된 동일한 구멍의 배열에 의한 프라운호퍼 회절에서 전기장의 분포는 각 구멍 함수의 푸리에 변환(즉 회절장의 분포)에 동일한 형태로 배치된 점광원 배열에 의하여 얻어지는 회절 무늬($\mathscr{A}_\delta$의 변환)를 곱한 것과 같다**는 의미를 지닌다.

이는 조금 다른 관점에서 볼 수도 있다. 전체의 구멍 함수는 개별적인 구멍 함수와 각 구멍의 좌표원점 (y_1, z_1), (y_2, z_2) 등에 위치한 델타 함수의 적절한 배열과 역상관시켜 얻을 수 있다. 따라서

$$\mathscr{A}(y, z) = \mathscr{A}_I(y', z') \circledast A_\delta \tag{11.75}$$

인데, 여기에서 역상관 정리[식 (11.53)]에 의하여 배열 정리가 바로 유도된다.

간단한 예로 폭이 b, 간격이 a이고 y-방향으로 배치된 두 슬릿을 이용한 영의 실험을 다시 살펴보자. 각 슬릿에 대한 개별적인 구멍 함수는 계단 함수

$$\mathscr{A}_I(z') = \begin{cases} \mathscr{A}_{I0}, & |z'| \le b/2 \\ 0, & |z'| > b/2 \end{cases}$$

이다. 따라서

$$\mathscr{F}\{\mathscr{A}_I(z')\} = \mathscr{A}_{I0}b\,\text{sinc}\,k_Zb/2$$

이다. 슬릿이 $z = \pm a/2$에 위치하고 있으므로

$$A_\delta = \delta(z - a/2) + \delta(z + a/2)$$

이며, 그리고 식 (11.43)으로부터

$$\mathscr{F}\{A_\delta\} = 2\cos k_Za/2$$

이다. 따라서

$$E(k_Z) = 2\mathscr{A}_{I0}b\,\text{sinc}\left(\frac{k_Zb}{2}\right)\cos\left(\frac{k_Za}{2}\right)$$

가 얻어지는데, 이는 앞에서 얻은 것과 동일한 결과이다(그림 11.31). 복사 조도의 형태는 **코사인 제곱된** 간섭 무늬가 **싱크(sinc) 제곱된** 회절 포락면에 의해 변조된 것이다.

11.3.5 스펙트럼과 상관관계

파스발 공식

$f(x)$가 유한한 폭을 가진 펄스이고, $F(k)$는 그 푸리에 변환[식 (11.5)]이라고 가정하자. 7.8절을 보면 $F(\boldsymbol{k})$가 $f(x)$의 공간 주파수 스펙트럼(spectrum)의 진폭임을 알게 된다. 그리고 $F(\boldsymbol{k})d\boldsymbol{k}$는 $\boldsymbol{k}$와 $\boldsymbol{k}+d\boldsymbol{k}$ 사이의 주파수가 펄스에 기여하는 진폭을 의미한다. 따라서 $|F(\boldsymbol{k})|$는 분광 진폭 밀도(spectral amplitude density)라고 할 수 있고, 그 제곱 $|F(\boldsymbol{k})|^2$는 단위 공간 주파수 구간당의 에너지에 비례한다. 이와 비슷하게 시간 영역에서도 $f(t)$가 복사된 전기장이라면 $|f(t)|^2$은 복사 선속 또는 출력(power)에 비례하며, 방출된 전체 에너지는 $\int_0^\infty |f(t)|^2dt$가 된다. $F(\omega) = \mathscr{F}\{f(t)\}$라고 하면, $|F(\omega)|^2$은 단위 시간 주파수 구간당의 복사된 에너지를 나타낸다. 조금 더 정확히 하기 위해서 $\int_{-\infty}^{\infty}|f(t)|^2dt$를 적절한 푸리에 변환으로 계산해 보자. $|f(t)|^2 = f(t)f^*(t) = f(t)\cdot[\mathscr{F}^{-1}\{\mathscr{F}(\omega)\}]^*$이므로

$$\int_{-\infty}^{+\infty}|f(t)|^2\,dt = \int_{-\infty}^{+\infty} f(t)\left[\frac{1}{2\pi}\int_{-\infty}^{+\infty} F^*(\omega)e^{+i\omega t}d\omega\right]dt$$

이며, 적분 순서를 바꾸면

$$\int_{-\infty}^{+\infty}|f(t)|^2\,dt = \frac{1}{2\pi}\int_{-\infty}^{+\infty} F^*(\omega)\left[\int_{-\infty}^{+\infty} f(t)e^{i\omega t}dt\right]d\omega$$

를 얻는다. 따라서

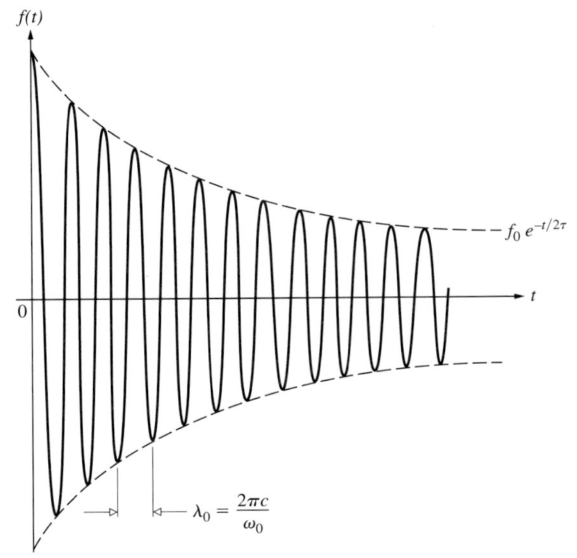

그림 11.49 감쇄 조화 진동

$$\int_{-\infty}^{+\infty} |f(t)|^2 dt = \frac{1}{2\pi}\int_{-\infty}^{+\infty} |F(\omega)|^2 d\omega \tag{11.76}$$

인데, 여기서 $|F(\omega)|^2 = F^*(\omega)F(\omega)$이다. 이 식이 **파스발 공식**(Parseval's formula)이다. 예상된 바와 같이 전체 에너지는 $|F(\omega)|^2$ 곡선 아랫부분의 면적에 비례하며, 결과적으로 $|F(\omega)|^2$를 가끔 **파워 스펙트럼(power spectrum)** 혹은 **분광 에너지 분포**(spectrum energy distribution)라고 한다. 공간 영역에서 이에 대응하는 공식은

$$\int_{-\infty}^{+\infty} |f(x)|^2 dx = \frac{1}{2\pi}\int_{-\infty}^{+\infty} |F(k)|^2 dk \tag{11.77}$$

이다.

로렌츠 곡선 형태

이런 개념들이 실제로 적용되는 방식을 알아보기 위하여 그림 11.49에 보인 바와 같이 $x = 0$에서 감쇄 조화파 $f(t)$를 살펴보자. 이는

$$f(t) = \begin{cases} 0 & t = -\infty\text{부터 } t = 0\text{까지} \\ f_0 e^{-t/2\tau}\cos\omega_0 t & t = 0\text{부터 } t = +\infty\text{까지} \end{cases}$$

로 주어진다. 음수 지수의 관계식은 어떤 양의 변화율이 그 순간 값과 관련되는 경우에 상당히 보편적으로 나타난다. 여기에서는 원자에서 복사되는 출력(power)이 $(e^{-t/\tau})^{1/2}$와 같이 변화한다고 생각할 수 있다. 어쨌든 τ를 진동의 시정수(time constant)라고 하고, $\tau^{-1} = \gamma$는 감쇄 상수(damping constant)라고 한다. $f(t)$의 변환은

$$F(\omega) = \int_0^{\infty} (f_0 e^{-t/2\tau}\cos\omega_0 t)e^{i\omega t} dt \tag{11.78}$$

인데, 이 적분의 계산은 연습문제에서 다루어진다. 이를 계산하면

$$F(\omega) = \frac{f_0}{2}\left[\frac{1}{2\tau} - i(\omega + \omega_0)\right]^{-1} + \frac{f_0}{2}\left[\frac{1}{2\tau} - i(\omega - \omega_0)\right]^{-1}$$

이 된다.

$f(t)$가 원자에서 복사된 전기장이라면, τ는 여기 상태의 **수명**(1.0~10 ns 정도)을 나타낸다. 이제 파워 스펙트럼 $F(\omega)F^*(\omega)$은 $\pm\omega_0$에 각각 위치하므로 $2\omega_0$ 만큼 떨어진 2개의 봉우리로 이루어진다. 가시광선 영역에서는 $\omega_0 >> \gamma$이므로 이들 봉우리는 좁고 간격이 넓기 때문에 겹치지 않는다. 이 봉우리의 형태는 그림 11.49의 변조 포락면, 즉 음수 지수 함수의 (푸리에) 변환에 의하여 주어진다. 봉우리의 위치는 변조된 코사인파의 주파수에 의해 정해지며, 2개의 봉우리가 있다는 사실은 이 대칭적인 주파수 표현에서 코사인 스펙트럼을 반영한다. $F(\omega)F^*(\omega)$로부터 관찰할 수 있는 스펙트럼을 구하려면 양(+)의 주파수항만을 고려하면 된다. 즉

$$|F(\omega)|^2 = \frac{f_0^2}{\gamma^2}\frac{\gamma^2/4}{(\omega - \omega_0)^2 + \gamma^2/4} \tag{11.79}$$

이다. 이 함수는 그림 11.50에 보인 것과 같이 $\omega = \omega_0$에서 최댓값 f_0^2/γ^2를 가진다. 절반출력 점(half-power point)인 $(\omega - \omega_0) = \pm\gamma/2$에서 $|F(\omega)|^2 = f_0^2/2\gamma^2$으로 최댓값의 절반이 된다. 이 두 점 사이의 스펙트럼 선폭은 γ와 같다.

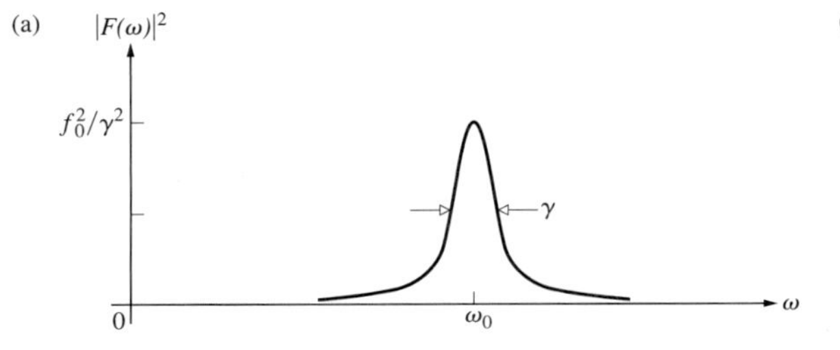

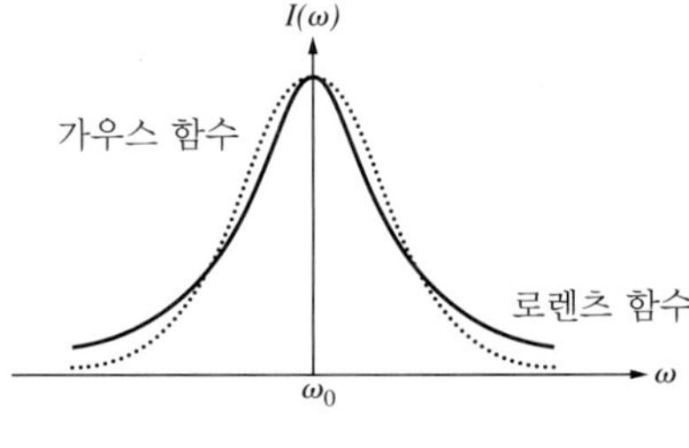

그림 11.50 (a) 공명 또는 로렌츠 함수. (b) 가우스 함수와 로렌츠 함수의 비교.

식 (11.79)로 나타내는 곡선은 **공명 곡선(resonance profile)** 혹은 **로렌츠 곡선(Lorentz profile)**이라고 한다. 여기 상태의 유한한 수명에 의하여 생기는 주파수 대역폭을 **자연 선폭(natural linewidth)**이라고 한다.

빛을 내는 원자가 충돌하면 에너지를 잃게 되고, 따라서 방출 시간이 짧아진다. 이 과정에서 주파수 대역폭이 증가하게 되는데 이를 **로렌츠 선폭 확대**(Lorentz broadening)라고 한다. 여기에서도 스펙트럼은 로렌츠 함수의 모양을 한다. 또한 기체 원자의 무작위적인 열운동으로 인하여 주파수 대역폭이 도플러 효과를 통해서 증가한다. 이 **도플러 선폭 확대**는 가우스 함수 꼴의 스펙트럼을 발생한다. 가우스 함수는 ω_0 바로 근처에서는 로렌츠 함수보다 천천히 감소하지만, 멀어짐에 따라 더 빠르게 감소한다. 이 두 가지 효과를 가우스와 로렌츠 함수를 역상관시킴으로써 단일 스펙트럼이 되도록 수학적으로 결합할 수 있다. 저압 기체 방전관의 경우, 가우스 형태가 훨씬 넓어서 일반적으로 주종을 이룬다.

자체 상관과 상호 상관

공간과 시간의 신호 분석 분야에서 **자체 상관**(autocorrelation)과 **상호 상관**(cross-correlation) 같은 데이터 분석을 위한 중요한 분석 기술이 있다. 시간 영역에서 상호 상관은 두 신호 중 하나에 기록된 시간 이동의 함수로 나타나는 두 파형(또는 두 세트의 데이터) 사이에 존재하는 유사성의 측정 방법이다. 즉 하나의 신호가 다른 신호 위로 이동하고 각각의 상대 위치에서 비교된다. **상관관계가 두 함수 $f(x)$와 $h(x)$의 곱하기의 적분에 해당하는 상에 더 많은 관심을 가질 것이다. 이때 두 함수 중 하나가 먼저 x축 방향으로 변수 X만큼 이동했다고 가정하면, 상관관계는 공간 영역에서 X의 함수이다.** 지속 시간이 긴 신호(예를 들어 애매한 잡음이 있는 배경)가 있을 때 그 안에서 특정한 신호를 간단히 조사하고자 하거나, 또는 도시의 옥상 사진과 같이 표시할 데이터가 많아서 특정 건물에 대한 데이터를 검색하고자 할 때 사용한다.

신호 자체의 상호 상관은 자체 상관이라고 알려져 있다. 이는 주어진 데이터 세트와 시간 지연된(또는 공간적으로 이동된) 데이터 세트 사이의 유사성 정도를 나타낸다. 즉 **공간 영역에서 X의 함수인 자체 상관은 함수 $f(x)$의 함수 중 하나가 x축을 따라 변수 X에 의해 지정된 거리로 먼저 이동될 때 함수 $f(x)$와 그 자체의 곱하기의 적분에 해당한다.** 최근에는 **상관기**(correlator)라는 광학 장치가 이러한 과정을 실시간으로 수행한다. 이 기술은 지문 및 DNA 식별에서부터 생산 라인 로봇 눈의 작동에 이르기까지 모든 종류의 응용 분야에 사용된다.

다시 파스발 공식을 유도하는 과정으로 돌아가서 약간 다른 방법으로 검토하자. 앞에서 사용한 방법과 거의 같은 방식으로 $\int_{-\infty}^{\infty} f(t+\tau)f^*(t)dt$를 구해 보고자 한다. $F(\omega) = \mathscr{F}\{f(t)\}$라고 하면,

$$\int_{-\infty}^{+\infty} f(t+\tau)f^*(t)\,dt = \int_{-\infty}^{+\infty} f(t+\tau) \times \left[\frac{1}{2\pi}\int_{-\infty}^{+\infty} F^*(\omega)e^{+i\omega t}\,d\omega\right]dt \tag{11.80}$$

이 되는데, 이 식에서 적분 순서를 바꾸면 다음을 얻는다.

$$\frac{1}{2\pi}\int_{-\infty}^{+\infty} F^*(\omega)\left[\int_{-\infty}^{+\infty} f(t+\tau)e^{i\omega t}\,dt\right]d\omega = \frac{1}{2\pi}\int_{-\infty}^{+\infty} F^*(\omega)\mathscr{F}\{f(t+\tau)\}\,d\omega$$

마지막 적분 속의 변환을 구하기 위해서 식 (11.9)에서 변수를 바꾸어 다음 관계가 얻어짐을 주목하자.

$$f(t+\tau) = \frac{1}{2\pi}\int_{-\infty}^{+\infty} F(\omega)e^{-i\omega(t+\tau)}d\omega$$

이고, 따라서

$$f(t+\tau) = \mathscr{F}^{-1}\{F(\omega)e^{-i\omega\tau}\}$$

가 되며, 앞에서 논의한 바와 같이 $\mathscr{F}\{f(t+\tau)\} = F(\omega)e^{-i\omega\tau}$이 된다. 그러므로 식 (11.80)은

$$\int_{-\infty}^{+\infty} f(t+\tau)f^*(t)\,dt = \frac{1}{2\pi}\int_{-\infty}^{+\infty} F^*(\omega)F(\omega)e^{-i\omega\tau}\,d\omega \tag{11.81}$$

가 되고, 여기에서 양변은 모두 매개 변수 τ의 함수가 된다. 이 관계의 왼쪽 항은 $f(t)$의 **자체 상관(autocorrelation)**이라고 하며, 다음과 같이 표기하는데

$$c_{ff}(\tau) \equiv \int_{-\infty}^{+\infty} f(t+\tau)f^*(t)\,dt \tag{11.82}$$

이를 종종 $f(t) \star f^*(t)$로 나타내기도 한다. 양변의 (푸리에) 변환을 취하면 식 (11.81)은 다음과 같이 된다.

$$\mathscr{F}\{c_{ff}(\tau)\} = |F(\omega)|^2 \tag{11.83}$$

이 식은 **위너-킨친 정리(Wiener-Khintchine theorem)**의 한 형태이다. 이를 이용하면 모함수(generating function)의 자체 상관을 통해 스펙트럼을 결정할 수 있다. $c_{ff}(\tau)$의 정의는 그 함수가 유한한 에너지를 가진 경우에 적용된다. 그렇지 않은 경우에는 약간의 변화가 필요하다. 식 (11.82)는 간단

한 변수 변환 ($t + \tau$를 t로)을 통해 다음과 같이 바꿔 쓸 수도 있다.

$$c_{ff}(\tau) = \int_{-\infty}^{+\infty} f(t) f^*(t - \tau)\, dt \tag{11.84}$$

식 (11.82)와 유사하게 함수 $f(t)$와 $h(t)$의 **상호 상관(cross-correlation)**은 다음과 같이 정의된다.

$$c_{fh}(\tau) = \int_{-\infty}^{+\infty} f^*(t) h(t + \tau)\, dt \tag{11.85}$$

예제 11.3

실수 공간 영역의 $f(x)$에 대하여 $c_{ff}(X)$는 우함수임을 증명하라.

풀이

$c_{ff}(X) = c_{ff}(-X)$라면 자체 상관은 우함수이다. 따라서 $c_{ff}(X)$가 식 (11.84)로 주어질 때

$$c_{ff}(X) = \int_{-\infty}^{\infty} f(x) f^*(x - X)\, dx$$

이고, $c_{ff}(-X)$는

$$c_{ff}(-X) = \int_{-\infty}^{\infty} f(x) f^*(x + X)\, dx$$

와 같이 쓸 수 있다. 그러나 $f(x)$가 실수이므로

$$c_{ff}(-X) = \int_{-\infty}^{\infty} f(x) f(x + X)\, dx$$

이다. 이제 $u = x + X$로 두면, $x = u - X$, $dx = du$이다. 이때

$$c_{ff}(-X) = \int_{-\infty}^{\infty} f(u - X) f(u)\, du$$

이고, u는 더미 변수이므로

$$c_{ff}(-X) = c_{ff}(X)$$

이다.

상관 분석이란 기본적으로 두 신호 사이의 비슷한 정도를 결정하기 위하여 그들을 비교하는 하나의 방법이다. 자체 상관에서는 원래 함수를 시간적으로 τ만큼 이동시키고, 이를 이동하지 않은 함수와 곱한 다음 이 곱해진 함수 아랫부분의 면적, 즉 겹쳐진 정도를 적분으로 구하는 것이다. 자체 상관 함수 $c_{ff}(\tau)$는 모든 τ 값에 대하여 이러한 과정으로 얻어지는 함수이다. 예를 들면 상관 분석은 무작위(random) 배경

(a) $f(t) = A \sin \omega t$ … $f(t)$, $\tau = 0$ … $c_{ff}(0)$, $A^2/2$

(b) $f(t)$ … $f(t + \pi/2)$, $\tau = \pi/2$ … $c_{ff}(\pi/2)$

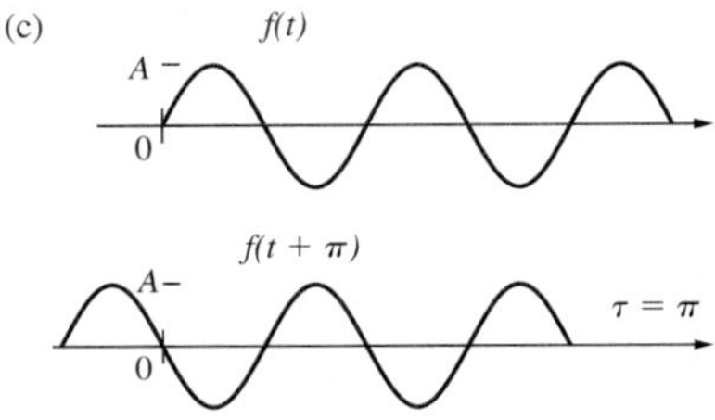

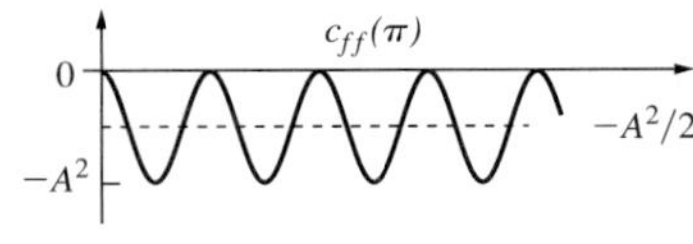

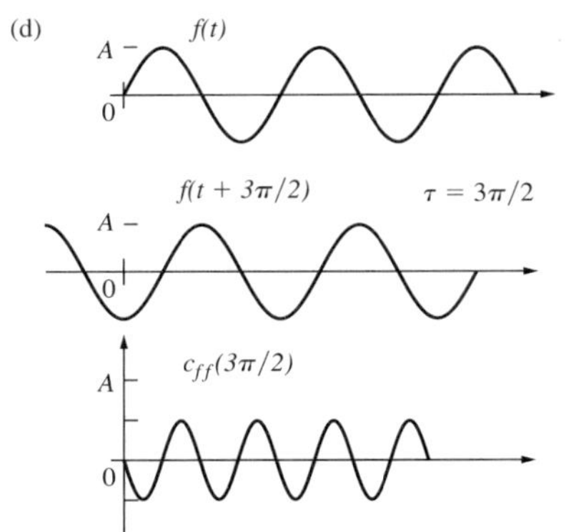

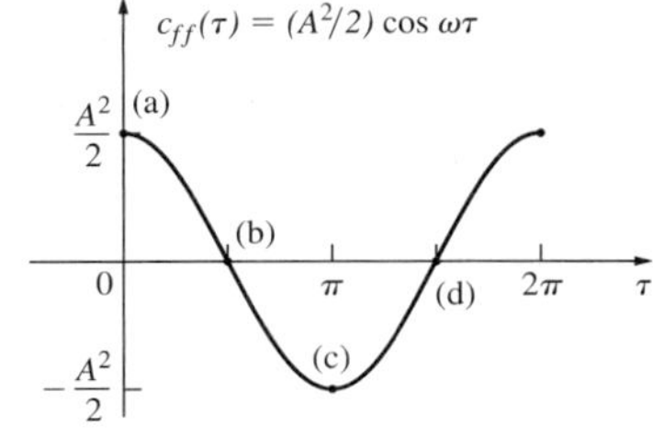

그림 11.51 사인 함수의 자체 상관

잡음 속에서 신호를 추출하는 데 이용된다. 주기적인 함수의 자체 상관도 또한 주기적인 함수임을 기억하자.

단계별로 보다 자세히 관찰하기 위하여 그림 11.51에 보인 간단한 $A \sin(\omega t + \epsilon)$ 함수를 고려하자. 그림의 각 부분별로 τ 만큼 이동시킨 뒤, 두 함수의 곱 $f(t) \cdot f(t+\tau)$를 구하고 이 함수 아랫부분의 면적을 구하여 (e)에 보였다(이 과정은 ϵ의 값과 무관함을 주목할 것). 최종 결과는 $c_{ff}(\tau) = \frac{1}{2}A^2 \cos \omega\tau$ 인데, 이 함수는 $f(t)$와 같이 2π의 주기를 가진다. 따라서 자체 상관 함수를 구하면 이로부터 원래의 진폭 A와 각주파수 ω를 재구성할 수 있다.

예제 11.4

다음과 같이 주어지는 실수 함수 $f(x)$에 대한 자체 상관 $c_{ff}(x)$를 구하라.

$$f(x) = \begin{cases} 0 & x < 0 \\ 1 - x & 0 < x < 1 \\ 0 & x > 1 \end{cases}$$

이것은 단일 톱니(single saw tooth) 모양이다. $c_{ff}(x)$를 조절해서 $x = 0$를 기준으로 대칭이고 이때 1.0이 되도록 한다.

풀이

u를 더미 변수로 두고, 식 (11.85)을 이용하면

$$c_{ff}(x) = \int_{-\infty}^{\infty} f^*(u) f(u+x)\, du = \int_0^{1-x} (1-u)(1-u-x)\, du$$

이고, 여기에서 $f^*(u) = f(u) = (1-u)$이고 $f(u+x) = 1-(u+x)$이다. 그러나 놀랍게도 이 수식으로부터 x의 함수인 자체 상관을 얻을 수 있다.

$$(1-u)(1-u-x) = 1 - u - x - u + u^2 + ux$$

이고

$$c_{ff}(x) = \int_0^{1-x} [(1-x) - u(2-x) + u^2]\, du$$

이므로, 결과적으로

$$c_{ff}(x) = (1-x)^2\left[1 - \frac{(2-x)}{2} + \frac{(1-x)}{3}\right]$$

이고, 이를 정리하면,

$$c_{ff}(x) = (1-x)^2(1/3 + x/6)$$

이 된다. 이어서

$$c_{ff}(x) = \frac{1}{3} - \frac{x}{2} + \frac{x^3}{6}$$

이 된다. 이것이 $x = 0$를 중심으로 대칭이려면

$$c_{ff}(x) = \frac{1}{3} - \frac{|x|}{2} + \frac{|x^3|}{6}$$

이어야 한다. $x = 0$에서 위 식의 값은 1/3이고, 3을 곱해서 규격화한다. $-1 < x < +1$ 영역에서

$$c_{ff}(x) = 1 - \frac{3}{2}|x| + \frac{1}{2}|x^3|$$

이다. $|x| > 1$인 다른 모든 곳에서 위 식의 값은 0이다.

실수 함수에 있어서는 $c_{fh}(\tau)$를 다음과 같이 쓸 수 있는데

$$c_{fh}(\tau) = \int_{-\infty}^{+\infty} f(t) h(t+\tau)\, dt \qquad (11.86)$$

이 식은 분명히 $f(t)$와 $h(t)$의 역상관과 유사하다. 식 (11.86)은 $c_{fh}(\tau) = f(t) \bigstar h(t)$와 같이 표기한다. 실제로 $f(t)$나 $h(t)$가 우함수이면, 바로 다음의 예에서 보게 되듯이 $f(t) \circledast h(t) = f(t) \bigstar h(t)$가 된다. 역상관이란 함수 하나를 좌우 반전시킨 뒤 겹친 부분의 면적(그림 11.31), 즉 곱해진 함수의 아래 면적을 구하는 것임을 상기하자. 이와 반대로 상관의 함수를 반전시키지 않은 채로 중첩된 부분의 합을 구한다. 함수가 우함수 $f(t) = f(-t)$이면 좌우 반전시켜도 변화가 없으므로 두 피적분 함수가 같아진다. $f(t) \circledast h(t) = h(t) \circledast f(t)$ 이므로, 이렇게 되기 위해서는 두 함수 중 하나가 우함수여야 한다. 따라서 직각 펄스(square pulse)의 자체 상관 함수는 자기 자신과의 역상관과 같이 그림 11.34의 삼각형 함수가 된다. 이와 정확히 같은 결과가 식 (11.83)과 그림 11.40에서도 도출된다. 직각 펄스의 (푸리에) 변환은 싱크 함수이므로 파워 스펙트럼은 $\text{sinc}^2 u$의 형태가 된다. $|F(\omega)|^2$의 역변환, 즉 $\mathscr{F}^{-1}\{\text{sinc}^2 u\}$은 $c_{ff}(\tau)$가 되는데, 이는 이미 본 바와 같이 삼각형 펄스가 된다(그림 11.52).

예제 11.5

그림 11.53은 2차원 신호와 그것의 자체 상관을 보여 주는 것이다. 그림에서 밝은 원들은 불투명한 스크린에 있는 구멍들을 균일하게 비춘 것이라고 생각하자. 자체 상관을 어떻게 얻을 수 있는지 설명하라. 자체 상관의 두드러진 특징들을 설명하고 이전에 그림 11.38에서 보인 역상관과 비교하라.

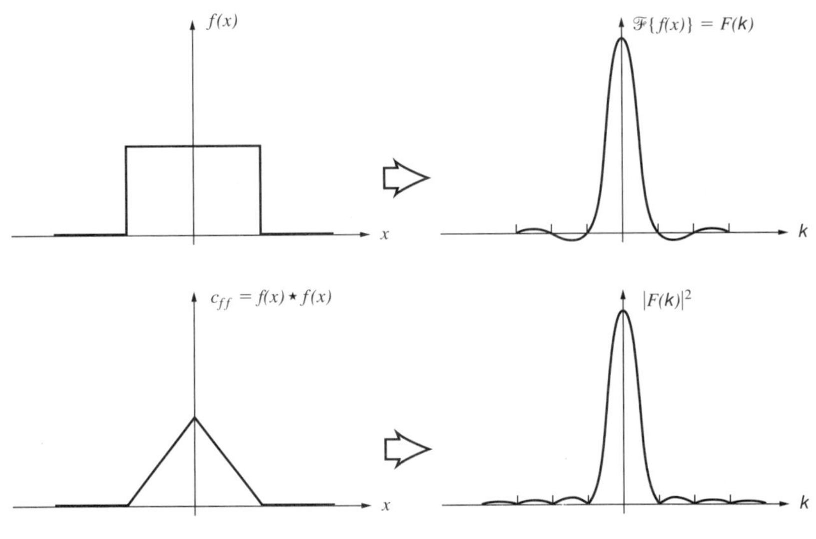

그림 11.52 직각 펄스 $f(x)$의 푸리에 변환의 제곱(즉 $|F(k)|^2$)은 $f(x)$의 자체 상관의 푸리에 변환과 같다.

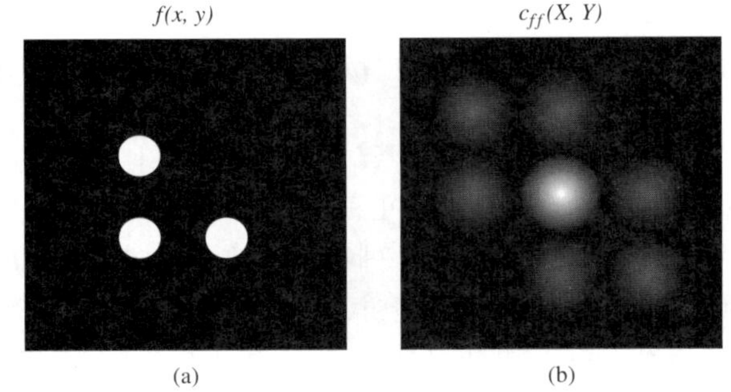

그림 11.53 2차원 함수 $f(x,y)$와 그것의 자체 상관. 그림 11.38 참조.

풀이

그림 11.38의 분석에서와 같이 세 개의 구멍에 투명한 플라스틱 조각을 놓는다고 가정하자. 똑같은 점 세 개를 각 구멍 위에 그린다. 모서리 원을 원점으로 하는 L-자형 '구멍'을 지나도록 x축과 y축을 그린다. 이 과정을 플라스틱 위의 점에 대해서도 한다.

플라스틱 조각에 대한 이동 함수(sliding function)의 반전이나 뒤집기가 없는 자체 상관을 구하고자 한다. 이전과 같은 종류의 격자를 그린 다음 원래의 방향으로 페이지에 배치해서 가장 위의 점이 세 개의 구멍을 가진 L의 x축과 왼쪽에 있도록 한다. 이제 가장 위의 점이 모서리 구멍과 겹칠 때까지 플라스틱의 함수를 오른쪽으로 옮긴다. 상응하는 위치(즉, 자체 상관 도표의 y축에서 원점보다 한 칸 아래)에 최대 중앙 복사 조도가 1.0인 원판을 그린다. 이것이 그림 11.53b의 맨 밑줄의 시작이다. 플라스틱의 함수를 오른쪽으로 한 칸 더 옮기면 다른 점 쌍이 나타난다. 따라서 자체 상관의 맨 아래 줄 (1.0, 1.0)에 최대 복사 조도가 1.0인 원판을 그린다.

계속해서 세 개 구멍의 왼쪽에 플라스틱을 놓고 격자 위에서 한 칸 올려서 두 개의 x축을 겹치게 한 다음 오른쪽으로 옮긴다. 단일 도트 쌍이 생기면 자체 상관 도표의 두 번째 줄 시작 부분 왼쪽에 최대 복사 조도가 1.0인 원판을 그린다. 다음으로 플라스틱을 오른쪽으로 한 칸 더 옮기면 세 개의 점이 모두 겹치고, 자체 상관 두 번째 줄 중심에 최대 복사 조도가 3.0인 원판이 생긴다. 이것이 두 함수가 일치할 때 발생하는 자체 상관의 최댓값이다. 플라스틱의 함수를 오른쪽으로 한 칸 더 밀면 자체 상관의 중간(1.0, 3.0, 1.0)선에 나타나는 1.0의 단위 복사 조도가 나타난다.

플라스틱의 함수를 한 칸 더 올리면 세 번째 및 마지막 줄 (1.0, 1.0)에 두 개의 연속한 1.0의 단위 복사 조도 원판이 생성된다. 이와 같은 방법으로 L-자형 점 함수는 2차원 자체 상관을 생성하기 위해 동일한 L-자형 구멍 함수와 겹치게 한다. 반전이 없기 때문에 이 결과는 그림 11.38b의 자체-역상관과 매우 다르다.

$(-\infty, +\infty)$의 적분 구간에서 무한 에너지[식 (11.76)]를 가지지만 유한한 **평균 출력**

$$\lim_{T\to\infty} \frac{1}{2T}\int_{-T}^{+T} |f(t)|^2\, dt$$

를 가진 함수가 있을 수 있다. 이런 경우에는 상관 함수의 정의를 적분 구간으로 나눈 것으로 한다.

$$C_{fh}(\tau) \equiv \lim_{T\to\infty} \frac{1}{2T}\int_{-T}^{+T} f(t)\,h(t+\tau)\, dt \qquad (11.87)$$

예를 들어 $f(t) = A$(상수)인 경우, 그 자체 상관 함수는

$$C_{ff}(\tau) \equiv \lim_{T\to\infty} \frac{1}{2T}\int_{-T}^{+T} (A)(A)\, dt = A^2$$

이며, 자체 상관 함수의 푸리에 변환인 파워 스펙트럼은

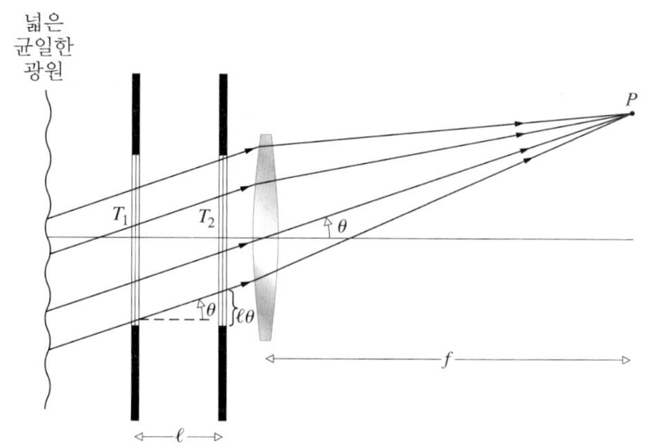

그림 11.54 두 함수의 광학적 상관

$$\mathscr{F}\{C_{ff}(\tau)\} = A^2 2\pi\delta(\omega)$$

이 된다. 이는 원점($\omega = 0$)에 위치한 단일 펄스로서 흔히 직류 항이라고 한다. $C_{fh}(\tau)$는 두 함수 중 하나를 τ 만큼 이동시켜서 곱한 함수의 시간 평균이라고 생각할 수 있다. 12장에서는 $\langle f^*(t)h(t+\tau)\rangle$ 형태의 표현이 전기장과 관련된 결맞음 함수로 다루어진다. 이들은 또한 필름의 입자 잡음과 같은 잡음 문제의 분석에 대단히 유용하다.

함수의 변환으로부터 그 함수를 재구성할 수는 있으나 일단 변환 함수가 식 (11.83)에서처럼 제곱이 되고 나면 주파수 성분의 부호, 즉 상대 위상에 대한 정보를 잃게 된다. 같은 이유로 자체 상관 함수는 위상 정보를 포함하고 있지 않으며 따라서 유일하지 않다. 이 점을 좀 더 명확히 보기 위해 진폭과 주파수가 다른 여러 개의 조화 함수를 고려하자. 이들 사이의 상대 위상이 바뀌면 합성 함수는 그 (푸리에) 변환과 같이 변화하지만 모든 경우에 주어진 주파수에 대한 에너지는 일정해야만 한다. 따라서 합성 함수의 형태가 어떠하더라도 자체 상관 함수는 불변이다. $f(t) = A\sin(\omega t + \epsilon)$에 대하여 $C_{ff}(\tau) = (A^2/2)\cos\omega\tau$임을 해석적으로 증명하는 과정은 연습문제로 남겨 두는데, 이는 위상 정보가 손실됨을 분명히 보여 준다.

그림 11.54는 광학적으로 두 개의 2차원 공간 함수를 상관시키는 과정을 보여 준다. 각각의 함수는 슬라이드 유리 T_1과 T_2의 투과 특성의 위치별 변화로 나타낸다. 비교적 간단한 함수에 있어서는 슬라이드 유리 대신 적절한 구멍이 있는 불투명 스크린을 사용할 수 있다(예: 직각 펄스의 경우).* 상위의 임의의 점 P에서의 복사 조도는 두 장의 슬라이드 유리를 통과한 다음 모이게 되는 평행한 광선 다발에 의해 결정된다. 점 P의 좌표 $(\theta f, \varphi f)$는 광선 다발의 방향, 즉 θ와 φ 각에 의해 정해진다. 두 슬라이드 유리가 동일하고 그 투과율이 $g(x, y)$라면, 처음 슬라이드 유리의 한 점 (x, y)를 통과한 광선은 두 번째 슬라이드 유리에서 투과율이 $g(x+X, y+Y)$인 $(x+X, y+Y)$ 점을 지나게 된다. 두 슬라이드 유리 사이의 거리를 ℓ이라고 할 때 좌표의 이동은 $X = \ell\theta$, $Y = \ell\varphi$로 주어진다. 따라서 점 P의 복사 조도는 $g(x, y)$의 자체 상관 함수

$$c_{ff}(X, Y) = \iint_{-\infty}^{+\infty} g(x, y)g(x + X, y + Z)\, dx\, dy \qquad (11.88)$$

에 비례하고, 선속 밀도의 분포도를 **상관도**(correlogram)라고 한다. 물론 두 슬라이드 유리가 다르면 영상은 그 함수들의 상호 상관을 나타내게 된다. 마찬가지로 슬라이드 유리 중 하나를 180° 회전시키면 역상관을 얻게 된다(그림 11.39).

앞으로 더 나아가기 전에 상관 함수에 의한 연산에 대한 확실한 물리적 감각을 가지도록 하자. 그림 11.55a에서와 같이 무작위적 잡음 같은 신호(공간의 한 점에서 요동하는 밝기 혹은 시간에 따라 변하는 전압이나 전기장 등)가 있다고 하자. 함수 $f(t)$의 자체 상관이란 실제적으로는 그 함수와 다른 시간에서의 함수값 $f(t+\tau)$을 비교하는 것이다. 자체 상

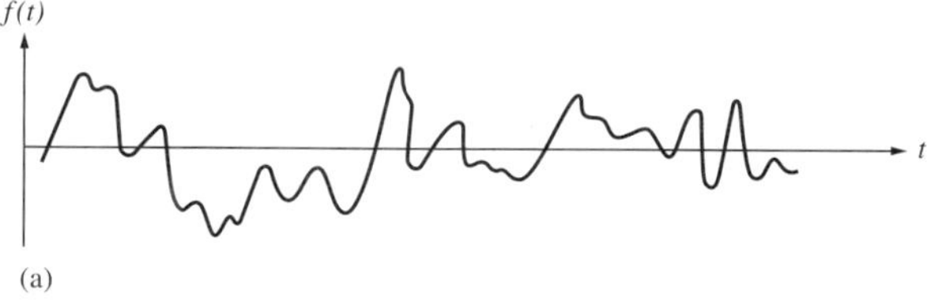

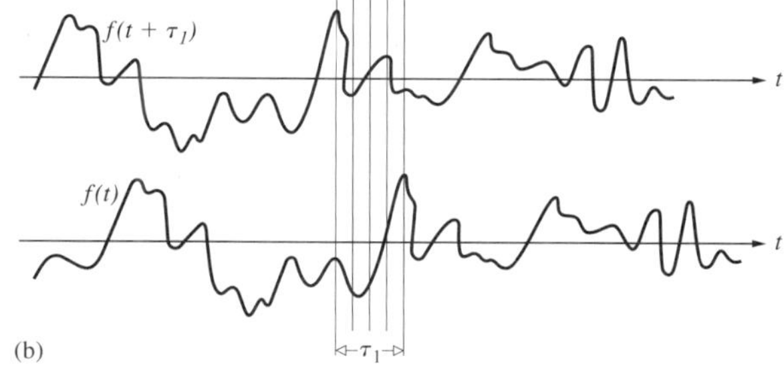

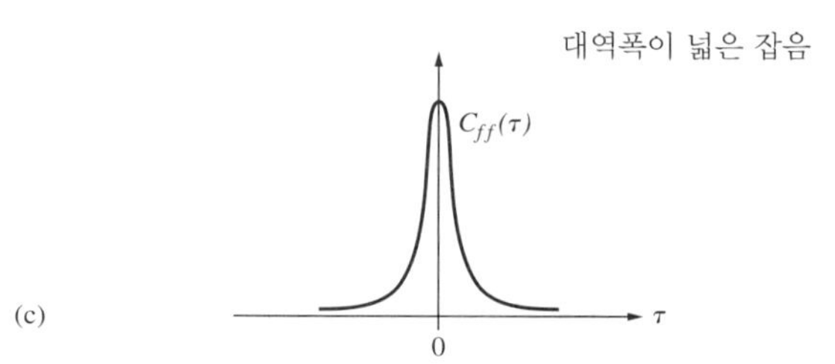

그림 11.55 신호 $f(t)$와 그 자체 상관

* L. S. G. Kovasznay and A. Arman, *Rev. Sci. Instr.* **28**, 793 (1958)과 D. McLachlan, Jr., *J. Opt. Soc. Am.* **52**, 454 (1962)를 참조하라.

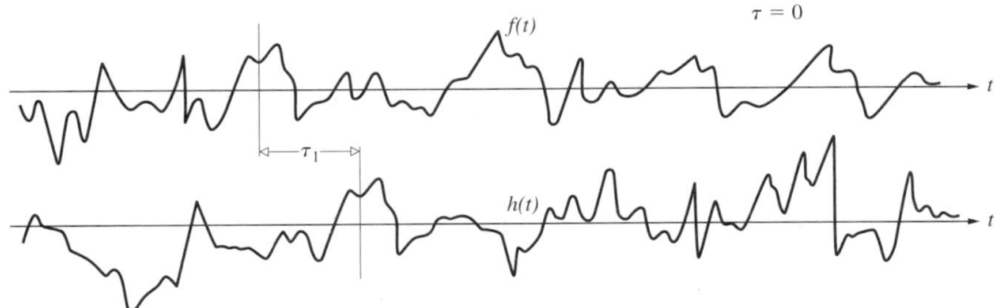

그림 11.56 $f(t)$와 $h(t)$의 상호 상관

관 적분은 $f(t)$와 $f(t + \tau)$의 곱을 시간에 따라 합산, 즉 시간 평균하는데, 예를 들어 $\tau = 0$인 경우에는 단순히 $f^2(t)$의 시간 평균이다. 모든 시간 t에 대하여 $f^2(t)$는 양수이므로 $C_{ff}(0)$은 비교적 큰 수가 된다. 반면에 이 잡음이 $+\tau_1$ 만큼 이동한 것과 원래 신호를 비교하면 $C_{ff}(\tau_1)$ 값은 어느 정도 작아진다. $f(t)f(t + \tau_1)$ 이 양이 되는 시점도 있고, 또 이 값이 음수의 값이 되는 시점도 있을 것이므로 적분값이 감소하는 것이다(그림 11.55b). 즉 신호를 그 자체에 대하여 이동시킴으로써 앞의 경우($\tau = 0$)에 어느 시점에서나 존재했던 두 신호 사이의 유사성이 감소되었다. 이 이동 τ가 증가하면 그림 11.55c에 보인 것처럼 그나마 남아 있던 상관관계가 급속히 줄어든다. 자체 상관과 파워 스펙트럼이 푸리에 변환이 짝을 이룬다는 사실로부터[식 (11.83)] 잡음의 주파수 대역폭이 넓을수록 자체 상관 함수의 폭이 좁아진다고 추측할 수 있다. 따라서 대역폭이 넓은 잡음에 대해서는 약간의 이동만 있어도 $f(t)$와 $f(t + \tau)$ 사이의 유사성이 현저하게 떨어진다. 더 나아가서 신호가 무작위로 분포된 직각 함수로 구성되어 있다면, 앞에서 언급한 유사성이 직각 함수의 폭에 비례하는 시간만큼 존재한다는 것을 직감적으로 알 수 있다. 직각 펄스의 (시간적) 폭이 넓을수록 τ의 증가에 따라 상관관계가 서서히 감소한다. 그런데 이것은 신호의 대역폭을 줄이면 $C_{ff}(\tau)$가 넓어진다는 말과 같다. 이 모든 결과는 자체 상관이 모든 위상 정보를 제거한다는 앞의 관찰 사실과 부합되는데, 여기서 위상 정보란 무작위 펄스의 시간축 위치에 해당한다. 자명한 일이지만 $C_{ff}(\tau)$가 t축상의 펄스 위치에 따라 달라질 수는 없다.

거의 같은 방법으로 상호 상관은 상대적 이동 시간 τ에 따른 두 파형 $f(t)$와 $h(t)$의 유사성 척도이다. 그러나 자체 상관과 달리 $\tau = 0$에 별다른 의미는 없다. 다시 한 번 각각의 τ 값에 대해서 식 (11.87)을 이용하여 $f(t)h(t + \tau)$를 평균하여 $C_{fh}(\tau)$를 구한다. 그림 11.56에 보인 함수의 경우 $\tau = \tau_1$에서 $C_{fh}(\tau)$가 양의 최댓값을 가진다.

1960년대 이래로 화상 자료를 고속으로 분석할 수 있는 광학 프로세서의 개발에 많은 노력을 기울였다. 그 잠재적 용도는 지문 비교부터 문서에서 단어나 어귀 찾아내기, 그리고 항공정찰 사진의 선별부터 미사일용 지표면 추적 유도 장치의 개발 등의 범위에 걸쳐 있다. 이와 같은 **광학적 패턴 인식**(optical pattern recognition)의 한 예로서 그림 11.57에 상관기법을 이용하는 방법을 보였다. 사진 (a)에 나타난 입력 신호 $f(x, y)$는 어떤 지역의 광역 사진인데, 여기에서 기준 신호 $h(x, y)$로 따로 떼어 둔 특별한 구조물군(群)[사진 (b)]을

(a)

(b)

(c)

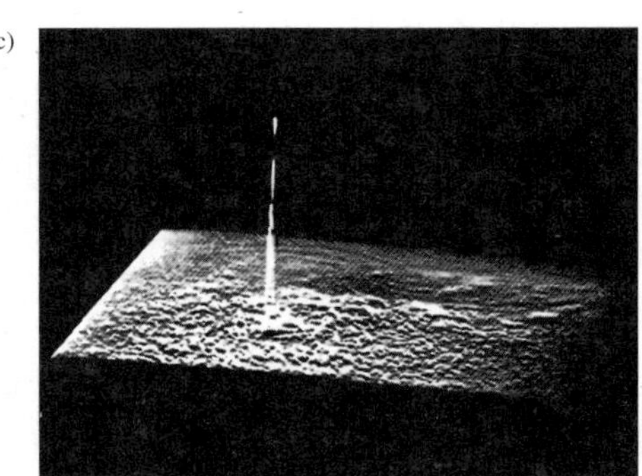

그림 11.57 광학적 패턴 인식의 예. (a) 입력 신호. (b) 기준 자료. (c) 상관도. (the November 1980 issue of *Electro-Optical Systems* Design. David Casasent의 허락하에 재인쇄함)

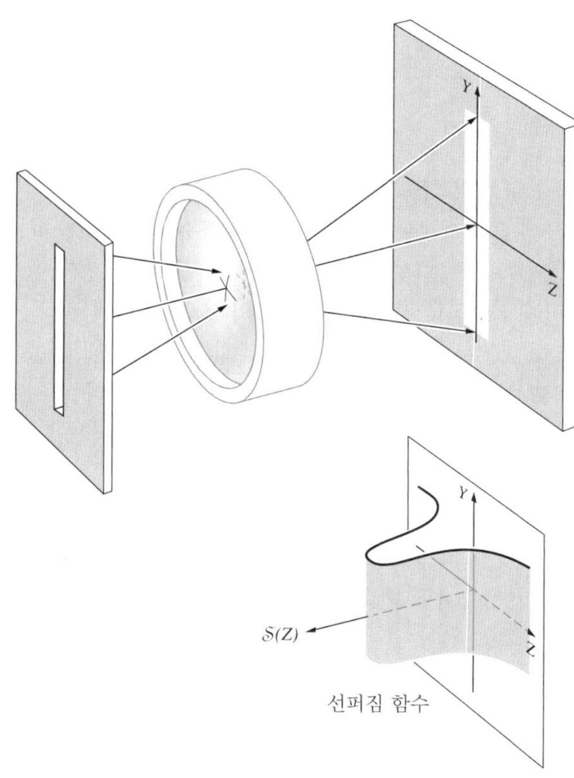

그림 11.58 선퍼짐 함수

찾아내고자 한다. 물론 여기 작은 사진의 경우는 눈으로도 쉽게 찾을 수 있다. 그러나 좀 더 실제적인 경우로 입력이 수백 m 길이의 항공 정찰 필름이라고 상상해 보라. 광학적으로 이 두 신호를 상관시킨 결과를 사진 (c)에 보였는데, 상관 함수의 피크(밝은 점으로 나타남)로부터 찾고자 하는 구조물군이 이 그림 속에 있음을 즉각 알 수 있을 뿐만 아니라 그 위치까지도 결정되는 것이다.

11.3.6 전달 함수

개념

얼마 전까지만 해도 광소자나 광학계의 품질을 나타내는 전통적인 방법은 그 분해능을 평가하는 것이었다. 분해능이 클수록 그 계가 우수한 것으로 간주되었다. 이런 방법론을 따라서 일련의 흑백 평행 막대로 구성된 분해능 표적을 이용하여 광학계를 개선할 수도 있다. 우리는 이미 한 물체점이 그림 11.28에 보인 것처럼 점퍼짐 함수 $\mathcal{S}(Y,\ Z)$에 따라 희미하게 퍼져 결상됨을 보았다. 결어긋난 조명일 경우, 이 각각의 선속 밀도 무늬가 겹쳐 선형적으로 더해져서 최종의 영상을 형성한다. 1차원적으로는 무한히 좁은 기하학적 선광원의 영상에 대한 가로 방향의 선속 밀도 분포를 나타내는 **선퍼짐 함수** $\mathcal{S}(Z)$가 있다(그림 11.58). 이상적인 광학계도 회절 효과에 의한 제한을 받기 때문에 분해능 표적(그림 11.59)의 영상은 어느 정도 흐려진다(그림 11.30 참조). 따라서 표적의 막대 폭이 줄어듦에 따라 미세한 구조(**론키 격자**와 유사함)를 더 이상 판독할 수 없는 한계에 도달하게 되는데, 이것이 바로 분해능 한계이다. 이는 공간 주파수의 차단으로 생각할 수 있는데, 여기에서 흑백의 막대 한 쌍이 물체의 한 주기를 나타내고 공간 주파수의 단위는 보통 **mm당 선쌍수**(line pairs per mm)이다. 이 방법의 단점을 명확히 보여 주는 비교 예는 하이파이 시스템을 단순히 그 고음 한계 주파수(upper-frequency cutoff)에 따라 평가하는 것이다. 플럼비콘(plumbicon), 이미지 오시콘(orthicon), 비디콘(vidicon) 등의 검출기가 등장하면서 이 방법의 한계가 매우 분명해졌다. 이 (촬상)관들은 비교적 적은 주사 선수를 가지고 있어서 렌즈-촬상관 계의 분해능이 상당히 낮은 공간 주파수로 제한된다. 따라서 이런 검출기 앞의 렌즈를 설계할 때 제한된 주파수 범위 내에서 최대의 대비도(contrast)를 얻도록 하는 것이 타당할 것으로 보인다. 맞는 렌즈를 고를 때 단순히 분해능이 좋다고 해서 고르는 것은 분명 불필요하며, 앞으로 보겠지만 오히려 악영향을 줄 수도 있다. 그러므로 전체 작동 주파수에 걸쳐 적용할 수 있는 성능 지수(figure of merit)가 필요하다.

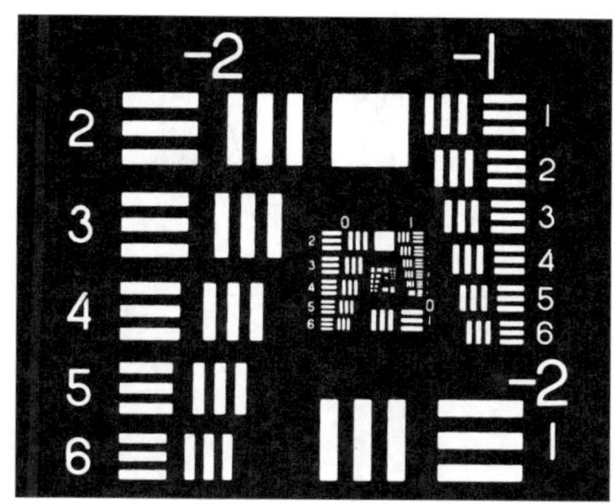

그림 11.59 막대형 분해능 표적

우리는 이미 물체를 점광원의 집합체로 나타내었는데, 이들 각 점은 광학계에 의해 점퍼짐 함수로 결상이 되고 이 빛 조각들이 영상으로 합쳐진다. 이제 영상 분석의 문제를 좀 다른 시각에서 보자. 물체가 평면파로 이루어진 입력 광원이라고 하자. 이 평면파는 식 (11.64)와 식 (11.65)에 따라 특정 공간 주파수에 대응하는 방향으로 진행한다. 이 평면파가 물체에서 영상으로 진행할 때, (광학)계는 이들의 진폭과 위상을 어떻게 변화시킬 것인가?

광학계의 성능을 평가하는 매우 유용한 지수는 다음과 같

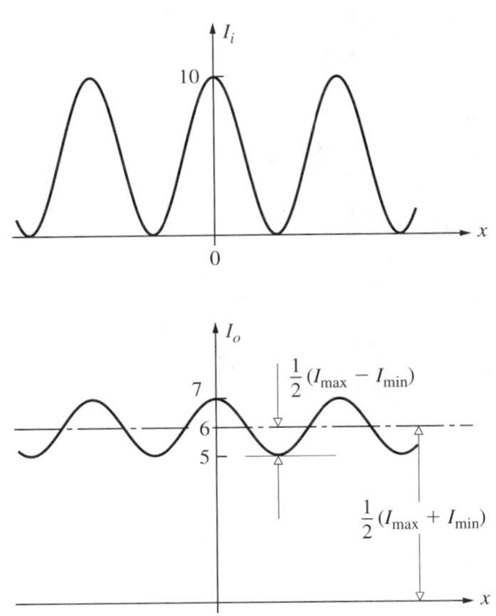

그림 11.60 (광학)계로 들어가고 나오는 복사 조도 분포

이 정의되는 **대비도(contrast)** 혹은 **변조도(modulation)**이다.

$$\text{변조도} \equiv \frac{I_{max} - I_{min}}{I_{max} + I_{min}} \tag{11.89}$$

간단한 예로 입력이 결어긋난 조명을 받은 슬라이드 유리로서 코사인 함수 모양의 밝기 분포를 가진다고 하자(그림 11.60). 이 경우 출력은 역시 코사인이지만 조금 달라진다. 평균값을 기준으로 함수의 변화량을 평균값으로 나눈 값인 변조도는 그 변화가 직류(*DC*) 배경에 대하여 얼마나 드러나는가를 나타내는 지수이다. 입력의 경우 변조도는 최댓값이 1.0이지만 출력 변조도는 단지 0.17이다. 이 값은 단일 공간 주파수 입력에 대한 (광학)계의 응답인데, 전체 주파수에 대해서 어떻게 반응하는지 알 수 있다면 좋을 것이다. 더구나 여기에서는 입력 변조도가 1.0이어서 출력과의 비교가 용이하였다. 일반적으로 그 값이 1.0이 아닐 것이므로, **모든 공간 주파수에서 물체 변조도에 대한 영상 변조도의 비를 변조 전달 함수(modulation transfer function)** 혹은 MTF라 정의한다.

그림 11.61은 두 개의 가상적인 렌즈에 대한 MTF를 그린 것이다. 둘 다 0-주파수(*DC*) 값을 1.0에서 출발하여 더 이상 영상을 분리해 볼 수 없는 **한계 주파수**(cutoff frequency)에서 0-축과 만난다. 이들이 모두 회절 한계를 가진 렌즈였다면 한계 주파수는 회절, 즉 구멍의 크기에 의해 정해진다. 어쨌든 이 중 하나를 그림에 한계 주파수를 나타낸 검출기에 부착하였다고 하자. 렌즈 1의 분해능 한계가 높다는 사실에도 불구하고 렌즈 2가 그 특정한 검출기에 부착되었을 때 더 좋은 성능을 보일 것이다.

막대 표적은 일련의 직각 펄스로 구성된 입력 신호를 만들어 내므로 영상의 대비도는 실제로는 이를 구성하는 푸리에 성분에 의한 대비도 변화의 합성임에 주의하자. 사실상 다음

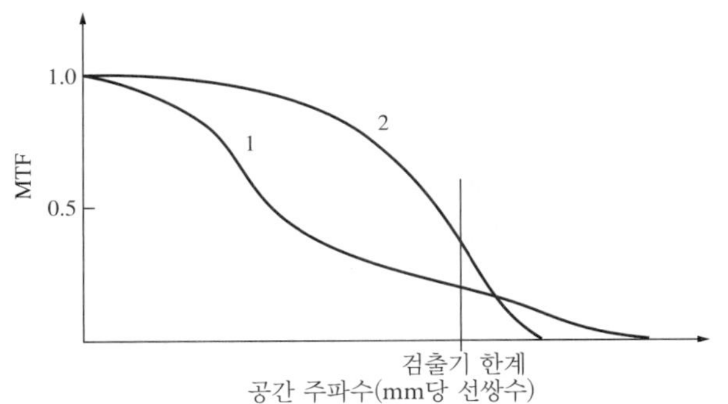

그림 11.61 두 렌즈의 변조도-공간 주파수 관계

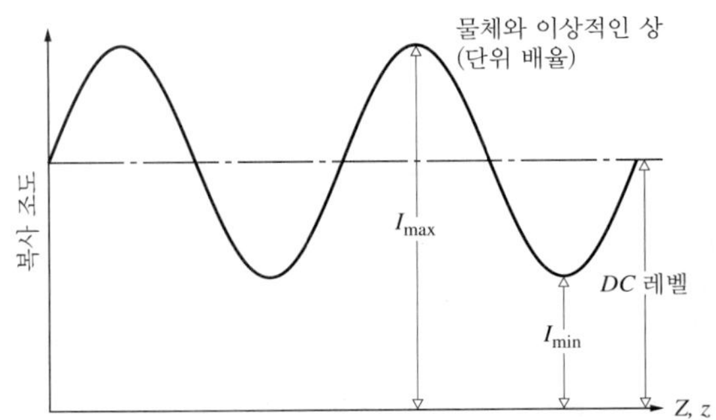

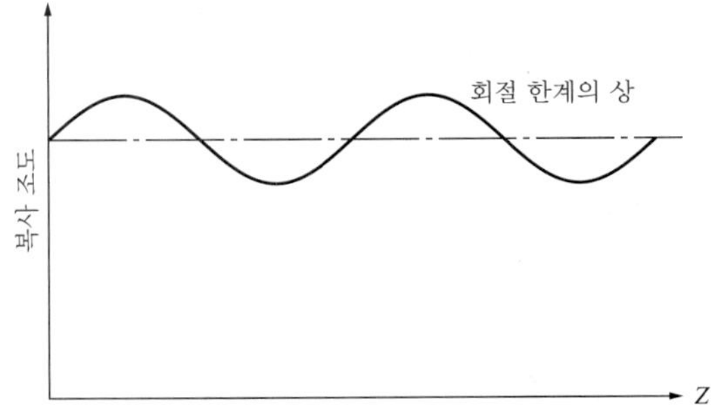

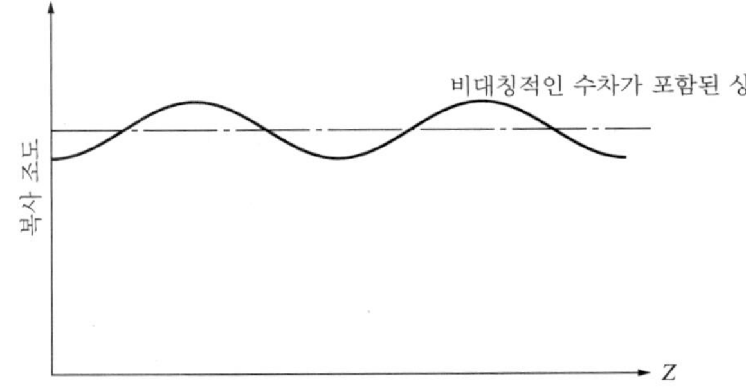

그림 11.62 조화파 입력과 그 출력

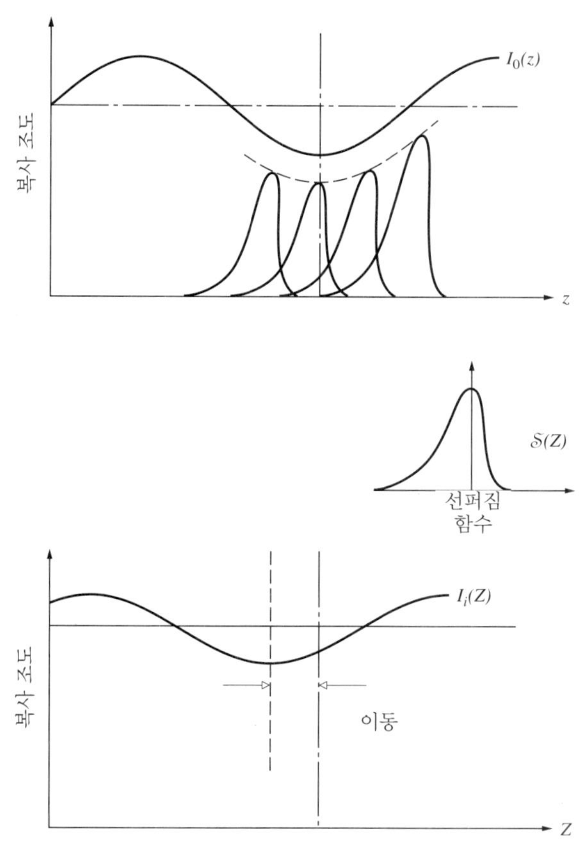

그림 11.63 조화파 입력과 비대칭 선퍼짐 함수에 의한 출력

에 나오는 내용의 요점 중 하나는 **선형 연산자 기능을 하는 광소자는 사인파 입력 신호를 왜곡되지 않은 사인파 출력으로 변환시킨다**는 점이다. 그럼에도 불구하고 일반적으로 입력부와 출력부의 복사 조도 분포는 동일하지 않다. 예를 들어 광학계의 배율은 출력의 공간 주파수를 변화시킨다(따라서 이제부터 배율은 1로 잡는다). 회절과 수차에 의하여 사인파의 진폭(대비도)이 감소된다. 또한 비대칭 수차(예: 코마)와 소자들의 어긋난 중심 위치가 위상 이동이 있는 경우와 같이 출력 사인파의 위치 이동을 초래한다. 그림 11.13에서 고려했던 이 사실은 그림 11.62와 같은 그림을 통해 이해될 수 있다.

선퍼짐 함수가 좌우 대칭이면 영상의 복사 조도는 이동하지 않은 사인파이지만, 비대칭 퍼짐 함수는 그림 11.63에서 볼 수 있는 것처럼 출력을 조금 옆으로 밀게 될 것이다. 어느 경우든지 간에 **선퍼짐 함수의 형태에 관계없이 물체가 조화 함수 꼴이면 영상도 조화 함수 꼴이다**. 결과적으로 물체가 푸리에 성분으로 이루어진 것으로 본다면, 이 각각의 조화 성분이 광학계에 의해 이에 상응하는 영상의 조화 성분으로 변환되는 방식이 결상 과정의 핵심이다. 이 변환을 수행하는 함수를 **광 전달 함수(optical transfer function)** 또는 OTF라고 한다. 이 함수는 공간 주파수에 따라 변하는 복소수이며 그 크기는 **변조 전달 함수**(modulation transfer function, MTF)이고 위상은 자연히 **위상 전달 함수(phase transfer function, PTF)**이다. 전자는 물체에서 영상으로 바뀌는 과정에서 주파수에 따라 감소되는 대비도의 지수이다. 후자는 이때의 상대적인 위상 이동을 나타낸다. 동축 광학계에서 위상 이동은 광축 외의 지점에서만 발생하며, 흔히 PTF는 MTF만큼 관심의 대상이 되지는 않는다. 그렇다고 해도 전달 함수를 적용할 때마다 신중하게 대처해야 한다. PTF가 매우 중요한 역할을 하는 경우가 있다. 사실상 MTF는 몇 개만 예를 들더라도 렌즈, 자기 테이프와 필름에서부터 망원경, 대기권 그리고 눈 등에 이르기까지 온갖 종류의 광소자와 광학계의 성능을 나타내는 수단으로 널리 사용되고 있다. 더구나 여기에는 광학계를 구성하는 독립적인 광소자들의 MTF가 주어지면, 전체 MTF는 종종 단순히 이들의 곱으로 주어진다는 장점이 있다. 렌즈의 수차는 함께 사용된 다른 렌즈의 수차를 보정할 수 있어 서로 독립적이지 않기 때문에, 렌즈계에 있어서는 위 내용이 적용되지 않는다. 30선/mm에서 변조도 0.3인 물체를 적절한 조건하에서 30선/mm에서의 MTF가 0.5인 렌즈를 가진 사진기를 이용하여 30선/mm에서 MTF가 0.4인 Tri-X와 같은 필름에 촬영할 경우, 영상의 변조도는 $0.3 \times 0.5 \times 0.4 = 0.06$이 될 것이다.*

보다 형식적인 검토

식 (11.51)에서 (공간 불변과 결어긋남의 조건하에서) 영상은 다음과 같이 물체 복사 조도와 점퍼짐 함수의 역상관으로 표현될 수 있음을 보았다.

$$I_i(Y, Z) = I_0(y, z) \circledast \mathcal{S}(y, z) \tag{11.90}$$

공간 주파수 영역에서 이에 대응하는 관계는 푸리에 변환을 취하여

$$\mathcal{F}\{I_i(Y, Z)\} = \mathcal{F}\{I_0(y, z)\} \cdot \mathcal{F}\{\mathcal{S}(y, z)\} \tag{11.91}$$

가 되는데, 여기에 역상관 정리식 (11.53)이 사용되었다. 이 관계는 **영상의 복사 조도 분포의 주파수 스펙트럼은 물체의 복사 조도 분포의 주파수 스펙트럼과 퍼짐 함수의 변환을 곱한 것과 같다**는 것이다(그림 11.64). 따라서 물체의 주파수 스펙트럼을 변화시켜 영상 스펙트럼으로 전환시키는 것은 바로 $\mathcal{F}\{\mathcal{S}(y, z)\}$와의 곱셈 과정이다. 다른 말로 해서 실제

* 부언하면 필름을 잡음 없는 선형 시스템으로 취급하는 것이 부적절할 수 있다. 추가적인 내용이 필요하면 J. B. De Velis and G. B. Parrent, Jr., "Transfer function for cascaded optical system," *J. Opt. Soc. Am.* **57**, 1486 (1967)을 보라.

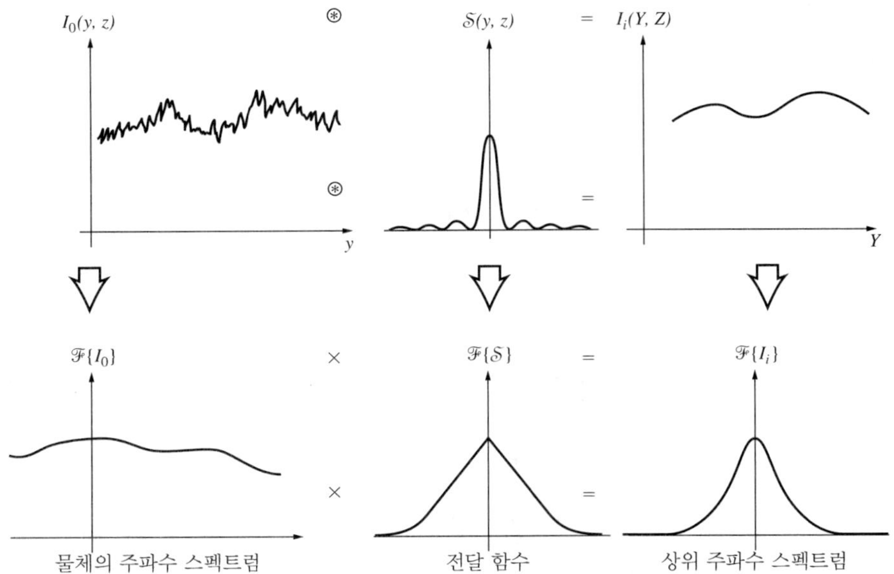

그림 11.64 결어긋난 조명하에서 OTF를 통한 물체와 영상 스펙트럼 사이의 관계. 그리고 점퍼짐 함수를 통한 물체와 영상의 복사 조도

로 물체 스펙트럼을 영상 스펙트럼으로 전환시켜 주는 것은 $\mathcal{F}\{\mathcal{S}(y, z)\}$이다. 이것이 바로 OTF가 하는 기능이며 실제로 **비규격화 OTF(unnormalized OTF)**를 다음과 같이 정의한다.

$$\mathcal{T}(k_Y, k_Z) \equiv \mathcal{F}\{\mathcal{S}(y, z)\} \tag{11.92}$$

$\mathcal{F}(k_Y, k_Z)$의 크기는 물체 스펙트럼의 여러 주파수 성분의 진폭을 변환시키고, 물론 그 위상은 이들 성분의 위상을 변환시켜 $\mathcal{F}\{I_i(Y, Z)\}$를 형성한다. 식 (11.90)의 오른쪽 항에서 실제의 광학과 관련된 항은 $\mathcal{S}(y, z)$뿐임을 유의하자. 따라서 점퍼짐 함수가 공간적으로 OTF에 대응하는 것은 당연하다.

이제 조화 함수의 입력이 어느 정도 변화된 조화 출력으로 변환된다고 앞에서 언급한 내용을 확인해 보자. 이를 위해서 다시 단순한 1차원 분포

$$I_0(z) = 1 + a\cos(k_Z z + \epsilon) \tag{11.93}$$

를 고려한다. 1은 직류 바이어스로 복사 조도가 물리적인 의미가 없는 음수의 값을 갖지 않도록 한다. $f \circledast h = h \circledast f$이므로, 여기에서

$$I_i(Z) = \mathcal{S}(Z) \circledast I_0(z)$$

를 사용하는 것이 더 편리하다. 따라서

$$I_i(Z) = \int_{-\infty}^{+\infty} \{1 + a\cos[k_Z(Z - z) + \epsilon]\}\,\mathcal{S}(z)\,dz$$

이다. 코사인 항을 전개시켜서

$$I_i(Z) = \int_{-\infty}^{+\infty} \mathcal{S}(z)\,dz + a\cos(k_Z Z + \epsilon)\int_{-\infty}^{+\infty} \cos k_Z z\,\mathcal{S}(z)\,dz + a\sin(k_Z Z + \epsilon)\int_{-\infty}^{+\infty} \sin k_Z z\,\mathcal{S}(z)\,dz$$

를 얻는다. 식 (7.57)을 참조하면 둘째와 셋째 적분이 각각 $\mathcal{S}(z)$의 푸리에 사인 및 코사인 변환, 즉 $\mathcal{F}_C\{\mathcal{S}(z)\}$와 $\mathcal{F}_S\{\mathcal{S}(z)\}$임을 알 수 있다. 따라서

$$I_i(Z) = \int_{-\infty}^{+\infty} \mathcal{S}(z)\,dz + \mathcal{F}_c\{\mathcal{S}(z)\}\,a\cos(k_Z Z + \epsilon) + \mathcal{F}_s\{\mathcal{S}(z)\}\,a\sin(k_Z Z + \epsilon) \tag{11.94}$$

이다. 우리가 이제 사용에 익숙해진 복소 변환은

$$\mathcal{F}\{f(z)\} = \mathcal{F}_c\{f(z) + i\mathcal{F}_s\{f(z)\} \tag{11.95}$$

또는

$$F(k_Z) = A(k_Z) + iB(k_Z) \tag*{[11.7]}$$

와 같이 정의되었음을 상기하자. 더구나

$$\mathcal{F}\{f(z)\} = |F(k_Z)|e^{i\varphi(k_Z)} = |F(k_Z)|[\cos\varphi + i\sin\varphi]$$

인데, 여기에서

$$|F(k_Z)| = [A^2(k_Z) + B^2(k_Z)]^{1/2} \tag{11.96}$$

이며

(a)

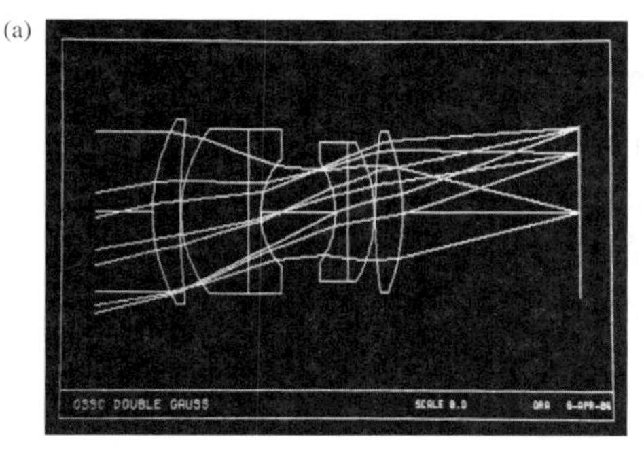

(b)

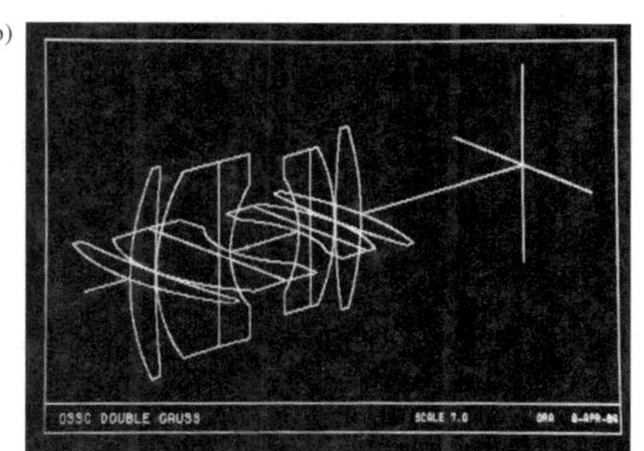

(c)

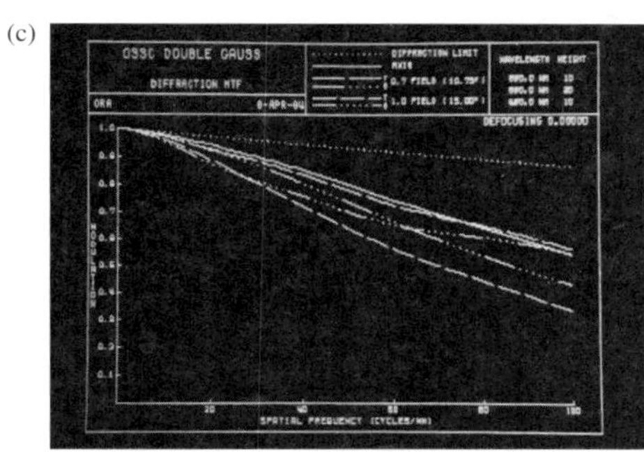

(d)

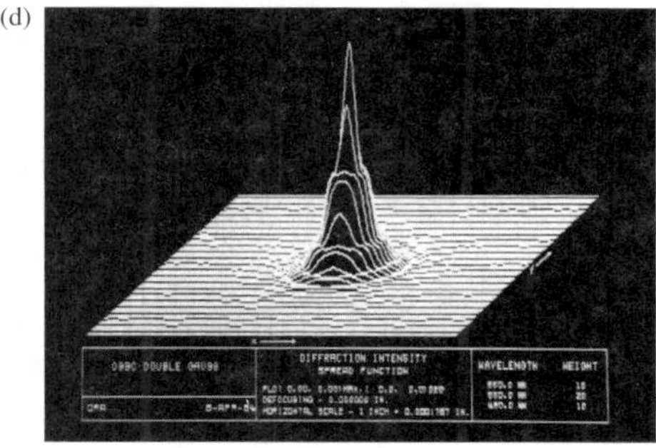

그림 11.65 컴퓨터 기법으로 얻을 수 있는 렌즈 설계 정보의 예. (Optical Research Associates.)

$$\varphi(k) = \tan^{-1}\frac{B(k_Z)}{A(k_Z)} \tag{11.97}$$

이다. 정확히 같은 방법으로 이를 OTF에 적용하여

$$\mathscr{F}\{\mathcal{S}(z)\} \equiv \mathcal{T}(k_Z) = \mathcal{M}(k_Z)e^{i\Phi(k_Z)} \tag{11.98}$$

와 같이 나타낼 수 있는데, 여기서 $\mathcal{M}(\boldsymbol{k}_Z)$와 $\Phi(\boldsymbol{k}_Z)$는 각각 비규격화 MTF와 PTF이다. 식 (11.94)를 다음과 같이 표현할 수 있음은 연습문제로 남겨 둔다.

$$I_i(Z) = \int_{-\infty}^{+\infty}\mathcal{S}(z)\,dz + a\mathcal{M}(k_Z)\cos[k_Z Z + \epsilon - \Phi(k_Z)] \tag{11.99}$$

이는 바로 우리가 구하려고 시작했던 입력 신호[식 (11.93)] $I_0(z)$와 동일한 꼴의 함수이다. 선퍼짐 함수가 대칭이면(즉 우함수), $\mathscr{F}_S\{\mathcal{S}(z)\} = 0$, $\mathcal{M}(\boldsymbol{k}_Z) = \mathscr{F}_C\{\mathcal{S}(z)\}$이고 $\Phi(\boldsymbol{k}_Z) = 0$이 되어서 앞 절에서 지적한 대로 위상 이동이 존재하지 않는다. 비대칭 선퍼짐 함수(기함수)의 경우 $\mathscr{F}_S\{\mathcal{S}(z)\}$는 PTF와 마찬가지로 0이 아니다.

공간 주파수가 0일 때의 값인 $\mathscr{F}(0) = \int_{-\infty}^{+\infty}\mathcal{S}(z)\,dz$로 나눈 일련의 **규격화 전달 함수**(normalized transfer function)를 정의하는 것이 관례가 되었다. 규격화 퍼짐 함수는

$$\mathcal{S}_n(z) = \frac{\mathcal{S}(z)}{\int_{-\infty}^{+\infty}\mathcal{S}(z)\,dz} \tag{11.100}$$

이며, **규격화 OTF(normalized OTF)**는

$$T(k_Z) \equiv \frac{\mathscr{F}\{\mathcal{S}(z)\}}{\int_{-\infty}^{+\infty}\mathcal{S}(z)\,dz} = \mathscr{F}\{\mathcal{S}_n(z)\} \tag{11.101}$$

이고, 2차원에서는

$$T(k_Y, k_Z) = M(k_Y, k_Z)e^{i\Phi(k_Y, k_Z)} \tag{11.102}$$

인데, 여기에서 $M(\boldsymbol{k}_Y, \boldsymbol{k}_Z) \equiv \mathcal{M}(\boldsymbol{k}_Y, \boldsymbol{k}_Z)/\mathcal{T}(0, 0)$이다. 따라서 식 (11.99)의 $I_i(Z)$는

$$1 + aM(k_Z)\cos[k_Z Z + \epsilon - \Phi(k_Z)]$$

에 비례한다. 영상의 변조도[식 (11.89)]는 $aM(\boldsymbol{k}_Z)$이 되고, 물체의 변조도[식 (11.93)]는 a이므로 예상했던 바와 같이 그 비는 규격화 MTF $= M(\boldsymbol{k}_Z)$이다.

여기에서 다룬 내용은 완벽한 구조보다는 튼튼한 기반을 제공하기 위해 만들어진 입문에 불과하다. 구멍 함수의 자체 상관과 OTF의 관계 그리고 그로부터 전달 함수를 계산하고 측정하는 방법 등(그림 11.65)과 같이 다룰 내용이 더 많이 있으나 독자들은 문헌을 참조하기 바란다.*

* 다음의 문헌을 참조하라. 1970년 3월호 이후의 *Optical Spectra*에 게재된 F. Abbott의 "The evolution of the transfer function" 논문; 1964년 12월 이후의 *S.P.I.E. Journal*, Vol. 3에 게재된 G. B. Parrent, Jr.와 B. J. Thompson의 "Physical optics notebook" 논문; 로체스터대학교의 Institute of Optics에서 구할 수 있는 K. Sayanagi의 1967년 자료 "Image structure and transfer". 실용적인 내용이 풍부한 여러 책이 있는데, E. Brown의 *Modern Optics*, W. Smith의 *Modern Optical Engineering*, L. Levi의 *Applied Optics* 등을 들 수 있다. 위의 모든 문헌에서 변환의 부호 규약에 조심하라.

연습문제

***가 붙지 않은 문제의 풀이는 책 뒤에 나와 있다.**

11.1 다음 함수의 푸리에 변환을 구하라.

$$E(x) = \begin{cases} E_0 \sin k_p x & |x| < L \\ 0 & |x| > L \end{cases}$$

$\mathcal{F}\{E(x)\}$의 그림을 그려라. 이것과 그림 11.11과의 관계를 논하라.

11.2* 함수

$$f(x) = \begin{cases} \sin^2 k_p x & |x| < L \\ 0 & |x| > L \end{cases}$$

의 푸리에 변환을 구하고 그림을 그려라.

11.3 다음 함수의 푸리에 변환을 구하라.

$$f(t) = \begin{cases} \cos^2 \omega_p t & |t| < T \\ 0 & |t| > T \end{cases}$$

$F(\omega)$의 그림을 그리고, $T \to \pm\infty$일 때 $F(\omega)$의 그림을 그려라.

11.4* $\mathcal{F}\{1\} = 2\pi\delta(k)$임을 보여라.

11.5* 함수 $f(x) = A\cos k_0 x$의 푸리에 변환을 구하라.

11.6* 함수

$$E(t) = E_0 e^{-i\omega_0 t} e^{-t^2/2\tau^2}$$

를 생각해보자. 우선 지수의 단위가 없는지 확인해보고, $E(t)$의 푸리에 변환이

$$E(\omega) = \sqrt{2\pi} E_0 \tau e^{-\tau^2(\omega-\omega_0)^2/2}$$

임을 보여라. 다음의 적분 항등식을 이용할 수도 있다.

$$\int_{-\infty}^{+\infty} e^{-ax^2+bx+c} dx = \left(\frac{\pi}{a}\right)^{1/2} e^{\frac{1}{4}(b^2/a)+c}$$

11.7* 이전 문제를 염두에 두고

$$E(\omega) = \sqrt{2\pi} E_0 \tau\, e^{-\tau^2(\omega-\omega_0)^2/2}$$

의 역변환이 다시 $E(t)$가 됨을 증명하라.

11.8* $f(x)$가 실수이고 우함수이면 그것의 변환이 실수이고 우함수임을 증명하라.[힌트: 식 (11.5)와 2.5절의 오일러 공식을 사용하고, $f(x)$는 실수와 허수부를 모두 갖는다고 가정하라.]

11.9 $\mathcal{F}\{f(x)\} = F(k)$, $\mathcal{F}\{h(x)\} = H(k)$이고 a와 b가 상수인 경우 $\mathcal{F}\{af(x) + bh(x)\}$를 구하라.

11.10* 그림 P.11.10은 두 개의 함수 $f(x)$와 $h(x)$를 보인 것인데, 이 둘을 더하여 $g(x)$를 얻고자 한다. $g(x)$ 그리고 이 세 함수에 대한 실수 및 허수 주파수 스펙트럼과 진폭 스펙트럼을 그려라.

그림 P.11.10

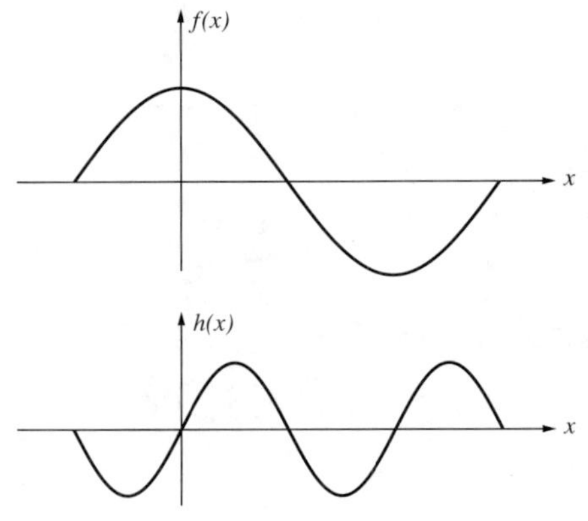

11.11 그림 P.11.11에 보인 삼각형 함수의 푸리에 변환을 계산하라. 구한 답의 그림을 그리고, 곡선 위에 적절한 값을 표시하라.

그림 P.11.11

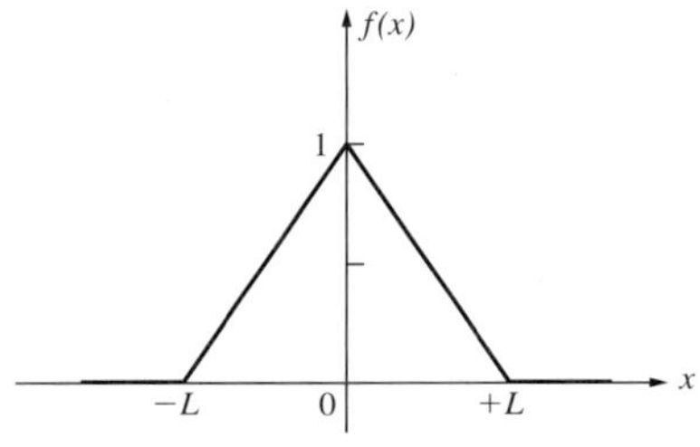

11.12* $\mathcal{F}\{f(x)\} = F(k)$인 경우, $f(x/a)$의 푸리에 변환을 구하라. 여기에서 $1/a$는 상수 배율이다. $f(-x)$의 푸리에 변환은 $F(-k)$임을 보여라.

11.13* 변환 $\mathcal{F}\{f(x)$의 푸리에 변환은 $2\pi f(-x)$와 같고, 변환의 역변환인 $f(x)$와 같지 않음을 보여라. 이 문제는 체프먼(D. Chapman)씨가 오타와대학교 학생 시절에 제안하였다.

11.14* 직각 함수는 가끔 다음과 같이 정의된다.

$$\text{rect}\left|\frac{x-x_0}{a}\right| = \begin{cases} 0, & |(x-x_0)/a| > \frac{1}{2} \\ \frac{1}{2}, & |(x-x_0)/a| = \frac{1}{2} \\ 1, & |(x-x_0)/a| < \frac{1}{2} \end{cases}$$

이 식에서 불연속적 값은 1/2로 정의되었다(그림 P.11.14). 함수

$$f(x) = \text{rect}\left|\frac{x-x_0}{a}\right|$$

의 푸리에 변환을 구하라. 이 함수는 그림 11.1b의 직각 펄스가 원점으로부터 x_0만큼 이동한 것임을 주목하라.

그림 P.11.14

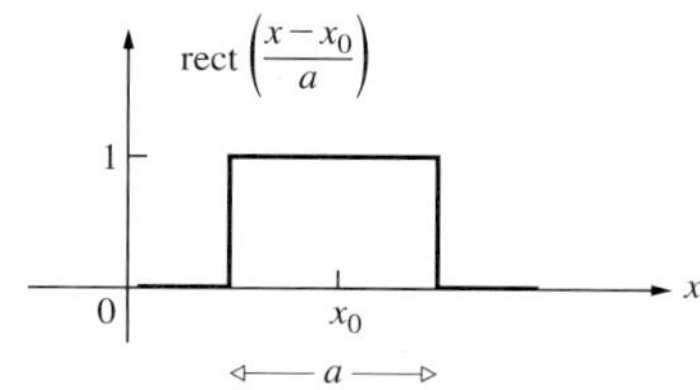

11.15* 앞의 두 문제를 염두에 두고 $\mathscr{F}\{\text{rect}(x)\} = \text{sinc}(\frac{1}{2}k)$, 즉 식 (7.58)에서 $L = a$이며 $a = 1$이라는 사실에서 시작하여 $\mathscr{F}\{(\frac{1}{2}\pi)\ \text{sinc}\ (\frac{1}{2}x)\} = \text{rect}(k)$임을 보여라.

11.16* 식 (11.38)을 이용하여 $\mathscr{F}^{-1}\{\mathscr{F}\{f(x)\}\} = f(x)$임을 보여라.

11.17* $\mathscr{F}\{f(x)\}$가 주어졌을 때 $\mathscr{F}\{f(x - x_0)\}$은 그것과 단지 선형 위상만큼 다름을 보여라.

11.18 $f \circledast h = h \circledast f$를 직접적으로 증명하라. 그리고 나서 역상관 정리를 이용하여 증명하라.

11.19* 함수 $f(x)$와 $h(x)$의 역상관 아래의 넓이는 이들 각 함수 아래의 넓이의 곱임을 증명하라.

11.20* 그림 P.11.20에 있는 세 개의 그래프를 살펴보고 무엇을 나타내고 있는지 설명하라. 어떻게 $g(x)$의 모양이 생기는지 설명하라. 왜 $g(X)$는 $X = 0$을 중심으로 대칭일까? $g(x)$의 중요성은 무엇인가? $g(x)$의 최댓값을 계산하라.

그림 P.11.20

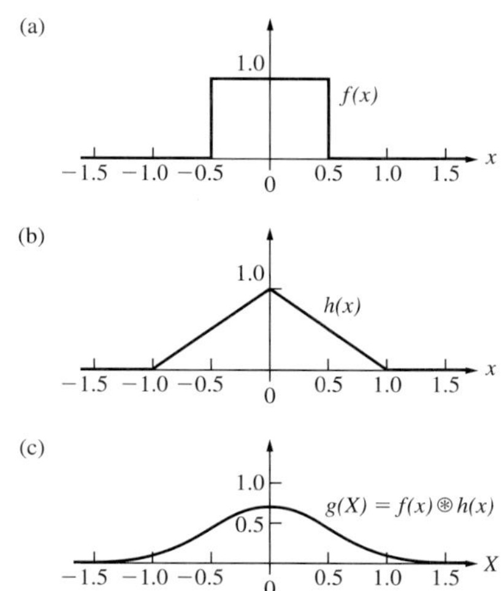

11.21* 2개의 함수 $f(x, y)$와 $h(x, y)$가 있는데, 둘 다 xy-평면에 있는 정사각형 구역 내에서는 1이고 그 밖에는 0이라고 하자(그림 P.11.21). 이들의 역상관이 $g(X, Y)$일 때, $g(X, 0)$을 그려라.

그림 P.11.21

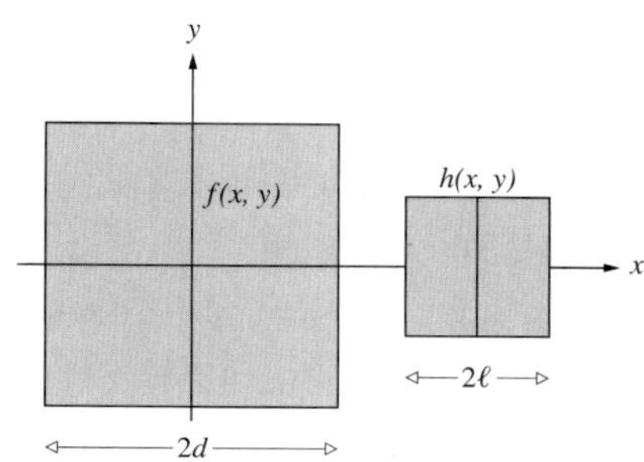

11.22 앞의 문제에서 h를 점퍼짐 함수로 볼 경우, $|X| \geq d + \ell$인 영역에서는 역상관이 0임을 증명하라.

11.23* 그림 11.30에 보인 방법을 사용하여 그림 P.11.23에 있는 두 함수의 역상관을 구하라.

그림 P.11.23

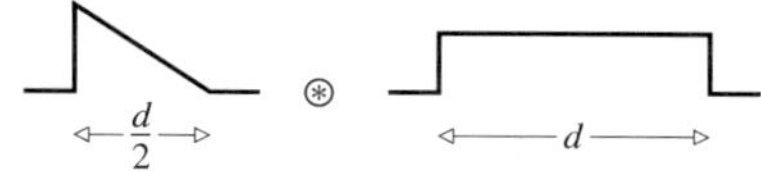

11.24 $f(x) \circledast h(x) = g(X)$라 하고, f와 h 중 하나를 x_0만큼 이동시키면 $f(x - x_0) \circledast h(x) = g(X - x_0)$이 됨을 보여라.

11.25* 그림 P.11.25는 단일 '톱날' 함수와 그 역상관을 나타낸다. 역상관은 비대칭임에 유의하고 그 이유를 설명하라. 역상관은 왜 0에서 시작하는가? 역상관은 얼마나 넓고 $f(x)$와 어떤 관계인가?

그림 P.11.25

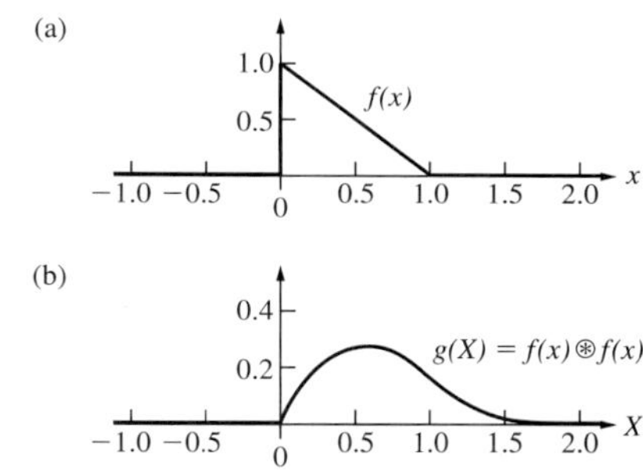

11.26* 그림 P.11.26에 보인 두 함수 $f(x)$와 $h(x)$의 역상관을 그래프 방법으로 구하라.

그림 P.11.26

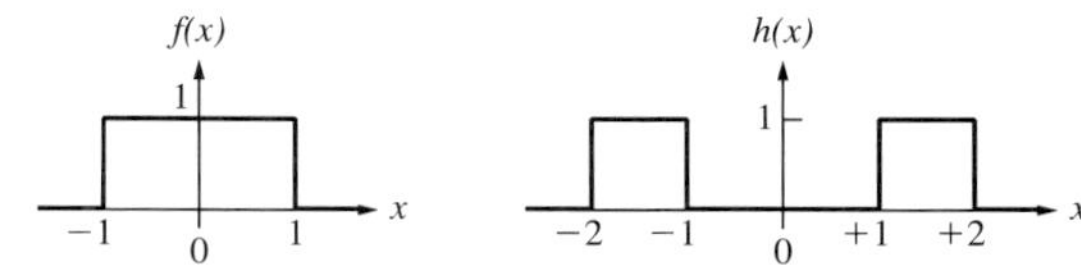

역상관은 얼마나 넓은가? 역상관은 대칭인가? 역상관은 어디에서 시작하는가?

11.27* 임의의 함수 $f(x)$와 델타 함수 $\delta(x)$를 역상관시키면 원 함수 $f(X)$가 얻어짐을 해석적으로 증명하라.

11.28 $\delta(x - x_0) \circledast f(x) = f(X - x_0)$임을 증명하고 이 결과의 의미를 설명하라. 두 개의 적당한 함수들의 그림을 그리고 이들을 역상관시켜라. 비대칭 함수 $f(x)$를 사용하라.

11.29* $\mathscr{F}\{f(x) \cos k_0x\} = [F(k - k_0) + F(k + k_0)]/2$와 $\mathscr{F}\{f(x) \sin k_0x\} = [F(k - k_0) - F(k + k_0)]/2i$임을 증명하라.

11.30* 그림 P.11.30에 두 함수를 보였다. 그림을 이용하여 이들을 역상관시키고 그 결과를 그려라.

그림 P.11.30

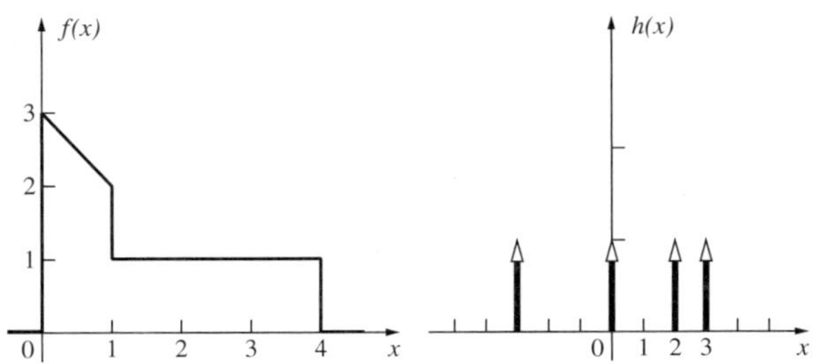

11.31* 그림 P.11.31에 보인 두 함수의 역상관을 그래프 방법을 이용해서 대략적으로 구하라. 이 결과는 무엇을 연상시키는가? 역상관은 왜 대칭인가? 최댓값은 $f(x)$와 $h(x)$와 관련하여 언제 나타나는가? 역상관은 얼마나 넓은가? 그 이유는 무엇인가?

그림 P.11.31

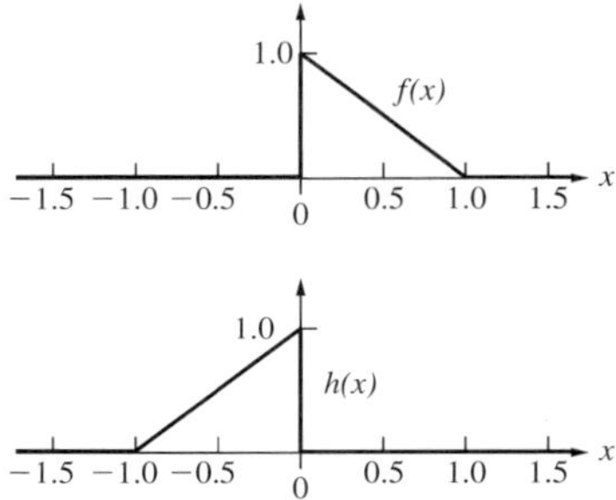

11.32 함수

$$f(x) = \text{rect}\left|\frac{x - a}{a}\right| + \text{rect}\left|\frac{x + a}{a}\right|$$

의 푸리에 변환을 구하라(연습문제 11.14 참조).

11.33 함수 $f(x) = \delta(x + 3) + \delta(x - 2) + \delta(x - 5)$와 임의의 함수 $h(x)$를 역상관시켜라.

11.34* 그림 P.11.34에 보인 두 함수를 역상관시킨 결과를 그려라.

그림 P.11.34

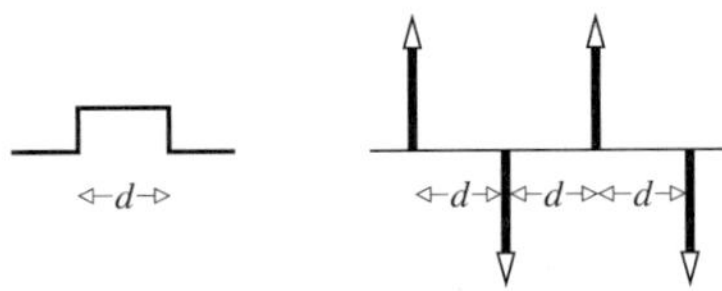

11.35* 그림 P.11.35는 앞에서 정의된 rect 함수와 주기적인 빗살(comb) 함수를 보인다. 둘을 역상관시켜서 $g(x)$를 구하라. 그리고 이들 각각의 변환을 공간 주파수 $k/2\pi = 1/\lambda$에 대하여 그려라. 그 결과를 역상관 정리를 이용하여 점검하라. $f(x)$의 변환이 0이 되는 점과 같은 중요한 점을 d의 단위로 수평축 위에 표시하라.

그림 P.11.35

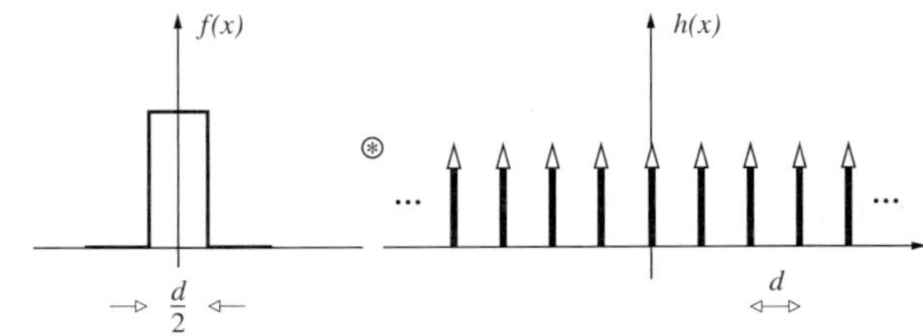

11.36 그림 P.11.36은 1차원에서 격자를 형성하는 여러 개의 불투명한 막대로 구성된 구멍에 걸쳐 조사된 전기장을 보인 것이다. 이를 주기적인 직각 함수 $h(x)$와 단위 직각 함수 $f(x)$의 곱에 의해 형성된 것으로 보고, 프라운호퍼 영역에서 얻어지는 전기장을 그려라.

그림 P.11.36

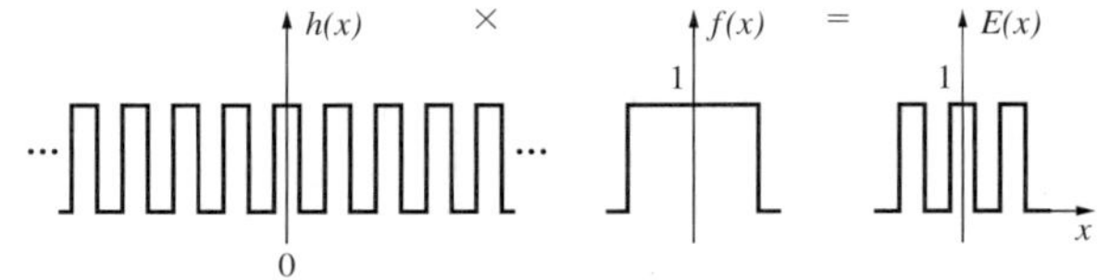

11.37 구멍이 점대칭이면(즉 구멍 함수가 우함수이면), 수직으로 입사하는 평면파에 대하여 프라운호퍼 영역에서의 회절장도 점대칭임을 보여라.

11.38 주어진 구멍에 대한 프라운호퍼 장을 $E(Y, Z)$라고 하자. 구멍의 크기가 바뀌어 구멍 함수가 $\mathscr{A}(y, z)$에서 $\mathscr{A}(\alpha y, \beta z)$로 되었다면, 회절장이

$$E'(Y, Z) = \frac{1}{\alpha\beta} E\left(\frac{Y}{\alpha}, \frac{Z}{\beta}\right)$$

임을 보여라.

11.39 $f(t) = A \sin(\omega t + \varepsilon)$이면 $C_{ff}(\tau) = (A^2/2) \cos \omega t$임을 보여라. 이것은 자체 상관에서 위상 정보가 손실됨을 보여 준다.

11.40 y-방향으로 폭이 b인 단일 슬릿이 있고, 구멍 내에서는 구멍 함수가 일정한 값 $\mathscr{A}_0$을 가지고 있다고 하자. 이 슬릿을 코사인 진폭 마스크로 무족화하면 회절장은 어떻게 되는가? 다시 말해서 구멍 함수를 중심에서의 값 $\mathscr{A}_0$으로부터 가장자리 $\pm b/2$에서 0이 되도록 코사인 함수 꼴로 감소시켰다.

11.41* 그림 P.11.41에 보인 두 함수의 상호 상관 $c_{fh}(x)$를 그래프 방법으로 구하라.

그림 P.11.41

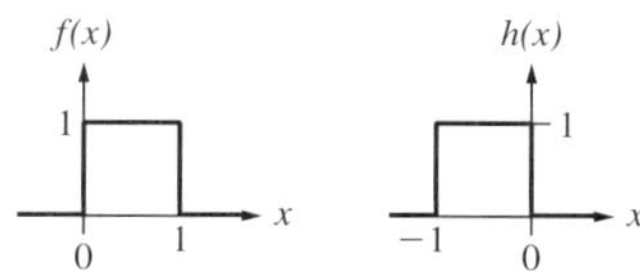

상호 상관은 얼마나 넓은가? 어떤 x 값에서 최댓값을 가지는가? $c_{fh}(x)$의 최댓값은 얼마인가? 이것은 대칭인가? [힌트: 두 함수 중 하나를 다른 것 위로 이동한다.]

11.42* 주기 함수

$$f(x) = \cos(kx + \epsilon)$$

을 생각해보자. 이때 진폭은 1.0이고, ϵ는 임의의 위상 항이다. 자체 상관 함수(이전에 규격화됨)는

$$c_{ff}(x) = \tfrac{1}{2}\cos kx$$

임을 보여라. 그림 11.49를 보라.

11.43* 직사각형 펄스가 $-x_0$에서 $+x_0$까지 퍼져있고 높이는 1.0이다. 자체 상관 $c_{ff}(X)$를 그려라. $c_{ff}(X)$는 얼마나 넓은가? 이것은 우함수인가, 기함수인가? $c_{ff}(X)$는 어디에서 시작하고(0이 아니게 되고) 어디에서 끝나는가?

11.44* 그림 P.11.44는 단일 '톱날' 함수와 그것의 자체 상관을 나타낸다. $c_{ff}(X)$가 원점을 기준으로 대칭인 이유를 설명하라. $c_{ff}(X)$는 왜 -1에서 $+1$까지 퍼져있는가? 적절한 곳에 그려서 나타내어라.

그림 P.11.44

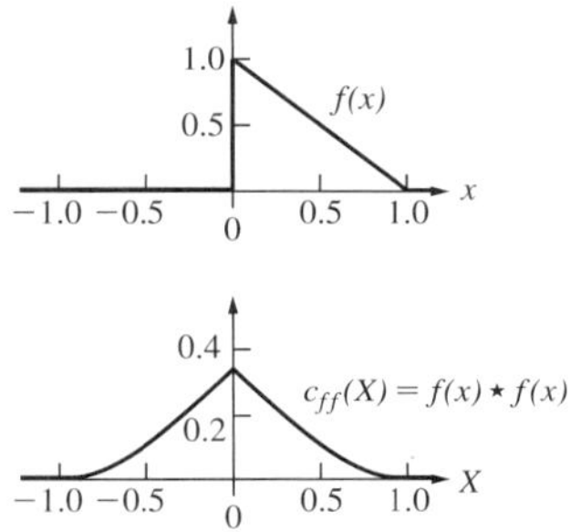

11.45* 적분 정의로부터 $f(x) \star g(x) = f(x) \circledast g(-x)$임을 보여라. 이때 두 함수는 실수이다.

11.46* 그림 P.11.46은 함수 $f(x)$를 나타낸다. $f(x)$의 자체 상관 함수 $c_{ff}(X)$를 비율에 맞게 그려라. $c_{ff}(X)$은 얼마나 넓은가? $c_{ff}(X)$를 구성하는 각 봉우리는 얼마나 넓은가?

그림 P.11.46

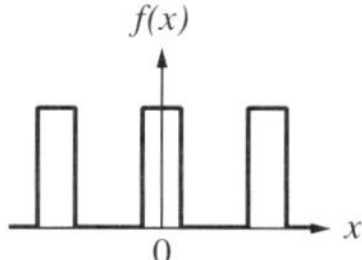

11.47* 그림 P.11.47은 등간격 델타 함수의 주기적인 배열로 이루어진 함수 $f(x)$를 보인 것이다. $f(x)$의 자체 상관을 구하고 주기적인지 아닌지 설명하라.

그림 P.11.47

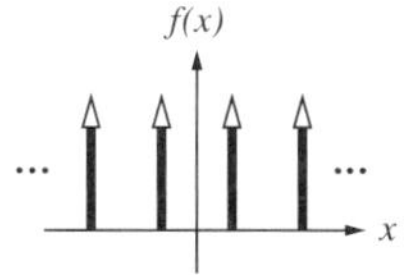

11.48* 그림 P.11.48과 같이 불투명 스크린에 있는 작은 원형 구멍들을 균일하게 비춘다고 생각해 보자. 자체 상관을 구성하라. 자체 상관에서 각각의 빛 조각에 대한 복사 조도 분포를 설명하라. 자체 상관에서 여러 빛 조각의 상대적인 복사 조도를 표시하라. 원래 함수와 비교하여 자체 상관의 전체적인 크기를 설명하라.

그림 P.11.48

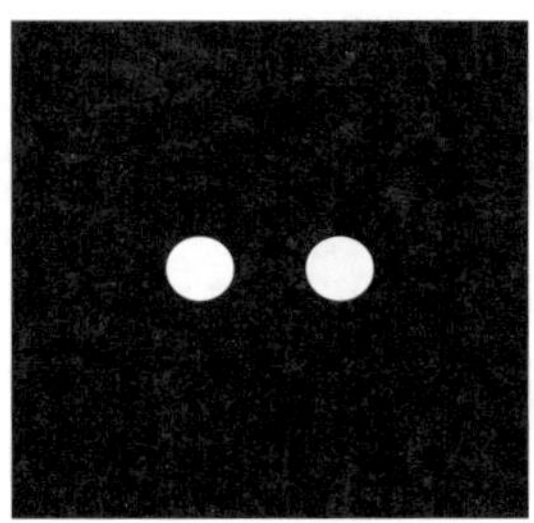

11.49* 그림 P.11.49는 투명한 고리를 가진 불투명한 마스크를 보인 것이다. 이 구멍의 자체 상관 함수를 대략적으로 그려라. 이때 중심 사이의 거리 l을 수평축 변수로 한다.

그림 P.11.49

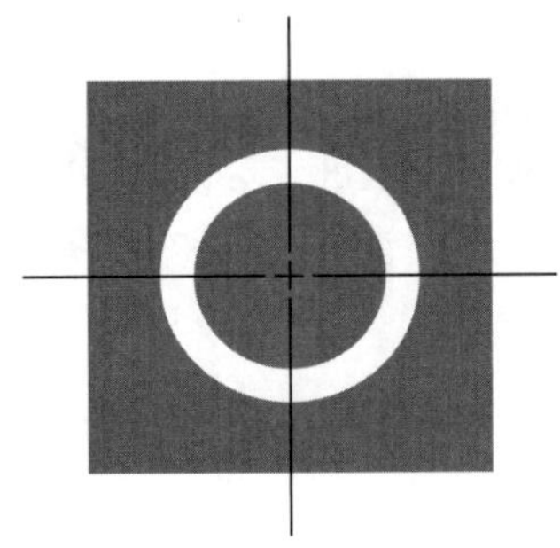

11.50* 그림 P.11.49의 함수를 코사인 반송파에 지수 함수 꼴의 포락면이 곱해진 것으로 간주하자. 주파수 공간에서의 역상관 정리를 사용하여 그 푸리에 변환을 구하라.

12 결맞음 이론의 기초

지금까지는 완전히 결맞거나 완전히 결어긋난 교란에만 국한시켜 파동의 중첩 현상을 다루었다. 그 이유는 이런 극한적인 상황이 많은 경우에 이론적으로 쉽게 다룰 수 있기 때문이다. 그러나 사실상 이 극한적인 상황은 둘 다 실재적이라기보다는 이상화된 것이다. 이들 두 대조적인 개념 사이에는 상당한 관심을 끌고 있는 **부분 결맞음(partial coherence)**이 존재한다. 과거로부터 이론적 구조를 확장할 필요성은 인식되어 있었다. 1860년대 중반 베르데(Emile Verdet)는 태양광과 같이 보통 결어긋난 것으로 간주되는 1차 광원을 0.05 mm 이하의 간격을 가진 두 핀홀(pinhole)에 조사할 때, 영(Young)의 간섭 무늬가 관찰될 수 있음을 보여 준 바 있다(9.3절 참조). 그러나 부분 결맞음에 대한 이론적인 연구는 1930년대에 와서 반시테르트(van Cittert)와 제르니케(Fritz Zernike)에 의해서 비로소 이루어지게 되었다. 그 후 기본적으로 가시광선 잡음 발생기라 할 수 있는 전통적인 광원에서 레이저의 개발로 기술이 발전함에 따라 결맞음 연구는 새롭고 실제적인 자극을 받게 되었다. 더구나 최근에 광자 계수기의 출현으로 인하여 광파의 입자성과 관련된 현상을 관찰할 수 있게 되었다.

광파의 결맞음 이론은 현재 활발히 연구되고 있는 분야이다. 따라서 많은 내용이 이 교재의 수준을 넘지만 여기에서는 이와 관련된 기본 개념만을 소개할 것이다.

12.1 서론

7.10절에서 준단색광을 무작위적인 위상을 가지며 유한한 일련의 파열(wavetrain)로 나타낸 바 있는데 이는 매우 유용하다(그림 7.47). 준단색광은 (주파수 10^{15} Hz와 비교하여) 그 주파수가 평균값 근처에서 조금씩 변화하지만 거의 사인 함수꼴이며, 진폭 또한 요동하지만 비교적 천천히 변화한다. 준단색광을 구성하는 파열은 평균적으로 대략 Δt_c의 길이를 갖는데, 이를 **결맞음 시간**(coherence time)이라고 하며 주파수 대역폭 $\Delta\nu$의 역수와 같다.

결맞음 효과는 인위적이지만 **시간 결맞음(temporal coherence)**과 **공간 결맞음(spatial coherence)**으로 나누는 것이 편리하다(9.2.1절 참조). **시간 결맞음은 광원의 유한한 대역폭과 관련되며 공간 결맞음은 광원의 크기에 직결된다.**

단색광이 존재한다면 $\Delta\nu$는 0이며 Δt_c는 무한대이겠지만 이는 불가능하다. 그러나 결맞음 시간 Δt_c보다 훨씬 짧은 시간 범위에서는 실제 파동이 본질적으로 단색광으로 나타난다. **결맞음 시간은 공간상의 한 점에서 광파의 위상을 어느 정도 예측할 수 있는 시간이라고 할 수 있다.** 이것이 바로 **시간 결맞음**이다. 즉 Δt_c가 크면 시간 결맞음이 높으며 그 역도 성립한다.

시간 결맞음을 다른 관점에서 살펴보기 위해서 준단색 점광원으로부터 나오는 하나의 직선 위에 있는 두 점 P_1'과 P_2'을 생각하자(그림 9.6). 만일 결맞음 거리 $c\Delta t_c$가 P_1'과 P_2' 사이의 거리 r_{12}보다 매우 길다면, 이 간격에는 유한한 파열 하나의 일부분만이 놓이게 된다. 따라서 점 P_1'과 점 P_2'의 교란은 높은 상관관계를 갖게 된다. 그러나 만일 이 세로 거리가 결맞음 거리보다 매우 길다면, 위상이 제멋대로인 여러 개의 파동으로 인해 간격 r_{12}는 더 벌어진다. 이 경우 두 지점에서의 교란은 항상 서로 무관할 것이다. 두 파열이 갖는 상관관계의 정도를 **세로 방향 결맞음**(longitudinal coherence)의 양이라고도 한다. 결맞음 시간(Δt_c)이나 결맞음 거리($c\Delta t_c$) 중 어떤 것을 사용하든지 간에 결맞음 효과는 광원의 유한한 대역폭에 기인한다.

공간 결맞음의 개념은 일반 광원의 공간적 크기에 기인하는 효과를 나타내기 위해서 자주 사용된다. 넓은 면적을 가진 고전적 단색 광원을 생각하자. 그 위에 있는 파장 λ에 비해서 멀리 떨어진 두 점광원을 고려하면 이들은 서로 무관하게 발광한다. 즉 이 두 점광원에서 나온 교란의 위상은 서로 상관성이 없다. 이와 같은 유한한 크기의 광원은 일반적으로 결어긋난다고 말하는데, 곧 알게 되겠지만 여기에는 오해의 소지가 있다. 광원 자체에서 일어나는 현상에 더 관심을 가질 경우가 많다. 궁극적으로 풀어야 할 문제는 광원의 성질과 주변의 기하학적 구성이 가로 방향으로 떨어진 두 지점에서 광파가 갖는 위상의 상관성에 어떻게 관계되느냐 하는 것이다.

이를 위해서 불투명한 스크린 위의 두 핀홀을 1차 단색 광원 S로 조사하는 영의 실험을 생각해 보자. 두 핀홀은 2차 광원 S_1과 S_2 역할을 하며 멀리 떨어진 관찰면 Σ_o 위에 간섭 무늬를 형성한다(그림 9.11). S가 이상적인 점광원일 경우, 이미 알고 있는 바와 같이 임의의 두 구멍 S_1과 S_2에서 나오는 가지 파동은 Σ_a 위에서 일정한 위상차를 유지하므로 이들은 높은 상관성을 가지며 결맞음을 갖게 된다. 따라서 선명한 간섭 무늬가 형성되며 광파는 공간 결맞음이 있다고 말한다. 반대로 두 핀홀을 두 개의 독립적인 백열 광원(비록 좁은 대역폭을 갖더라도)으로 각각 조사할 경우, 상관성이 존재하지 않는다. 이 경우에 대해서 현존하는 검출기로는 간섭 무늬를 관찰할 수 없으며 S_1과 S_2에서 광파는 결어긋남이라고 한다. 따라서 **간섭 무늬는 결맞음의 매우 편리한 척도이다.**

간섭에 관한 중요한 통찰력을 얻기 위해서 9.1절과 식 (9.7)을 다시 살펴보자. 그림 9.2에서 보인 바와 같이 두 스칼라 파동 $E_1(t)$와 $E_2(t)$가 진행하여 점 P에서 서로 겹칠 경우, 두 파동이 같은 주파수의 단색광이면 간섭 무늬는 점 P에서의 상대 위상에 따라 달라진다. 만일 두 파동의 위상이 같으면, 두 파동은 함께 증가하고 함께 감소하기 때문에 $E_1(t)E_2(t)$는 모든 t에서 양의 값을 가진다. 따라서 $I_{12} = 2\langle E_1(t)E_2(t)\rangle_T$는 0이 아닌 양의 값을 갖기 때문에 총복사 조도 I는 $I_1 + I_2$보다 커진다. 반대로 두 파동의 위상이 서로 반대이면 하나가 양일 때 다른 하나는 음이므로 $E_1(t)E_2(t)$는 항상 음의 값을 가진다. 결과적으로 간섭항 I_{12}가 음이 되고, I는 $I_1 + I_2$보다 작아진다. 이들 두 가지 경우 모두 $E_1(t)E_2(t)$는 시간에 대해서 진동하지만, 양 또는 음의 값을 유지하기 때문에 시간 평균값은 0이 아니다.

이제 보다 실제적인 경우로서 그림 7.47의 교란과 비슷한 유한한 결맞음 거리를 가진 준단색광파를 생각해 보자. 이들의 곱 $E_1(t)E_2(t)$는 그림 12.1에 보인 바와 같이 시간에 따라서 음수값에서 양수값으로 변화하기 때문에, 광파의 주기보다 충분히 긴 시간에 걸쳐서 평균한 간섭항 $\langle E_1(t)E_2(t)\rangle_T$는 0이 아니라 해도 매우 작은 값이 된다. 즉 $I \approx I_1 + I_2$이다. 다시 말하면 두 광파가 오르내림에서 서로 상관되어 있지 않으면 일정한 위상 관계를 유지할 수 없으며, 완전한 결맞음을 갖지 못하므로 9장에서와 같은 선명한 간섭 무늬를 만들지 못하게 된다. 여기서 두 함수 사이의 상호 상관을 나타내는 식 (11.87)에서 $\tau = 0$인 경우를 상기하자. 실제로 영의 실험에서 관찰면 위의 P를 이동시켜 이 점에 도달하는 두 광파 사이의 시간차가 τ라면, 간섭항 $\langle E_1(t)E_2(t+\tau)\rangle_T$이 바로 상호상관이다. 결맞음이란 상관관계를 의미하는데, 이 내용은 12.4절에서 자세히 취급할 것이다.

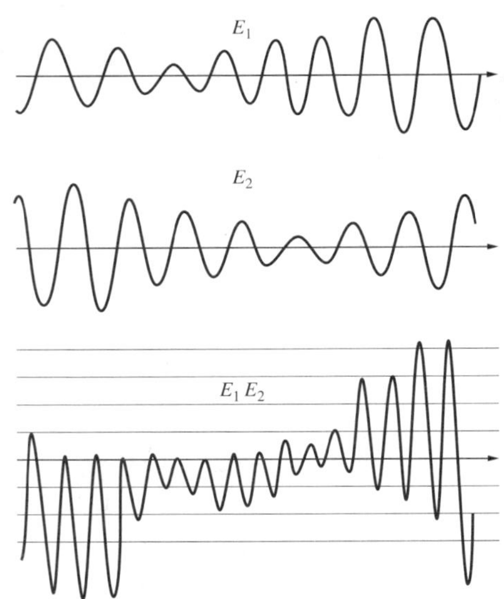

그림 12.1 시간의 함수로 보인 중첩된 두 파동 및 그들의 곱. 두 파동 사이에 상관관계가 없어질수록 곱의 평균값은 0에 접근한다.

영의 실험 장치에서 대역폭이 유한한 광원을 사용하면 시간 결맞음 효과를 관찰할 수 있다. 그림 12.2a는 두 개의 원형 구멍에 헬륨–네온 레이저를 조사할 때 얻어지는 간섭 무늬이다. 그림 12.2b는 두 원형 구멍 중 하나(예: S_1)에

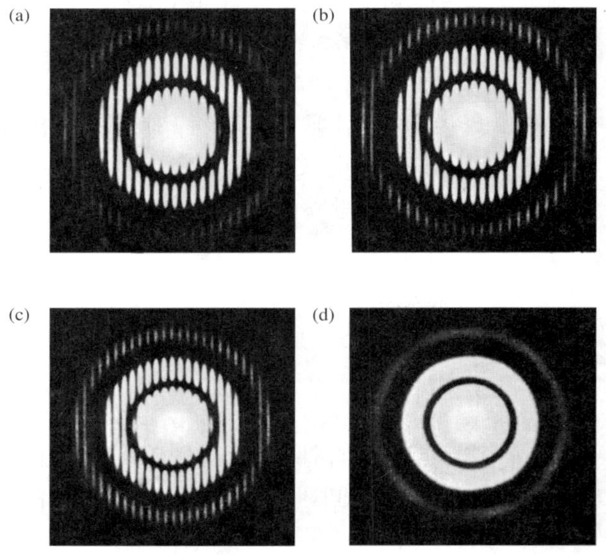

그림 12.2 두 원형 구멍에서 나온 광파에 의한 간섭 무늬. (a) 헬륨–네온 레이저광을 조사할 때, (b) 레이저광을 사용하고 원형 구멍 중 하나에 0.5 mm 두께의 유리판을 놓을 때, (c) 유리판 없이 집속된 수은등을 사용했을 때, (d) 수은등을 사용하고 유리판을 놓았을 때 간섭 무늬가 사라진다. (B.J. Thompson, *J. Soc. Photo. Inst. Engr.* **4**, 7 [1965])

0.5mm 두께의 유리판을 놓았을 때의 간섭 무늬이다. 그림 12.2a와 비교할 때 무늬가 이동한 것을 제외하고는 아무런 차이가 없는데, 그 이유는 레이저광의 결맞음 거리가 유리판에 의한 광경로보다 훨씬 길기 때문이다. 레이저를 집속된 수은등으로 바꿀 경우, 간섭 무늬는 그림 12.2c 및 d와 같이 사라진다. 그 이유는 결맞음 거리가 짧아서 두 구멍에서 나오는 상관관계가 없는 광파들이 관찰면에 도달할 정도로 유리판에 의한 광경로차가 충분히 크기 때문이다. 다시 말해서 S_1과 S_2에서 나오는 두 개의 결맞는 파열 중 S_1에서 나온 것은 유리판을 지나면서 다른 것보다 훨씬 뒤로 처졌기 때문에 관찰면 Σ_o에 도달할 때 S_2에서 나온 전혀 다른 파열과 겹치게 된다.

시간 및 공간 결맞음은 모두 하나의 현상, 즉 광학적 교란 사이의 상관관계에 관련된다. 다시 말하면 우리의 관심은 시공간 안의 두 점에서의 광파에 생긴 상대적인 요동으로부터 생기는 영향을 결정하는 것이다. **시간 결맞음**이라는 용어가 시간에 관련된 효과만을 의미하는 것처럼 보이지만, 사실은 시간 또는 공간상에서 파열이 갖는 유한한 길이에 관련된다. 따라서 어떤 학자들은 시간 결맞음 대신 **세로 방향 공간 결맞음**(longitudinal spatial coherence)이라는 용어를 선호하기도 한다. 그러나 본질적으로 시간에 따른 위상의 안정성에 관련되어 있으므로 **시간 결맞음**이라는 용어를 계속 사용할 것이다. 공간 결맞음 또는 **가로 방향 공간 결맞음**(lateral spatial coherence)은 파면의 개념과 밀접한 관계가 있어서 이해하기가 더 쉽다고 할 수 있다. 즉 가로 방향으로 떨어져 있는 두 점이 주어진 시간에 같은 파면 위에 있다면, 이 두 지점의 광파는 공간적으로 결맞음이 있는 것이다(12.4.1절 참조).

12.2 간섭 무늬와 결맞음

간섭 무늬는 쉽게 관찰할 수 있는 결맞음의 표현이다. 실험 장치가 간섭 무늬를 발생시키려면 현존하는 광학장은 적어도 어느 정도는 결맞어야 한다. 이 절에서는 이 현상을 어떻게 정량화할 수 있는지 살펴본다.

결맞음 길이와 결맞음 시간의 개념 이외에 **결맞음 넓이**(**coherence area**)라는 유용한 또 다른 개념이 있다. 이를 이해하기 위해 그림 12.3에 개략적으로 설명한 고전적인 이중 구멍을 생각해 보자. 이 두 개의 구멍은 핀홀 또는 매우 좁은 슬릿일 수도 있다. 복사 조도가 균일하고, 평균 파장이 $\bar{\lambda}_0$라고 가정하고, 준단색 광원이 무수히 많은 독립적인 원자 방출자로부터 빛을 내보낸다. 이것을 백열등, 방전 램프 또는

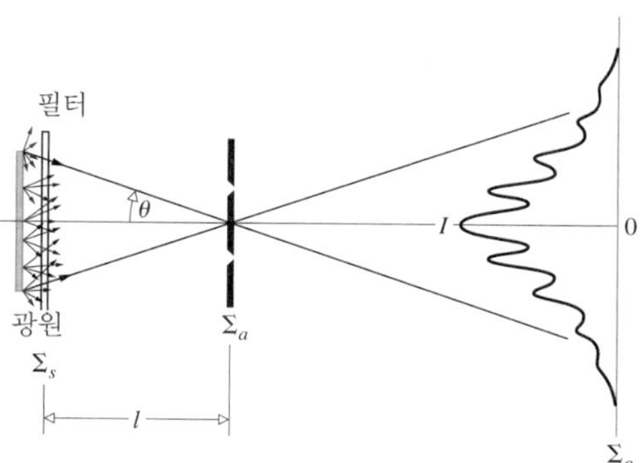

그림 12.3 필터링된 백열 광원이 한 쌍의 구멍을 비춘다. 최종 복사 조도 무늬는 부분적으로 결맞는 준단색 광원에 의해 형성된다.

태양과 같은 백열 광원과 필터로 생각한다. 백열 광원에서의 복사는 잡음과 유사해서 무작위적이고 급격하게 변동하는 위상을 갖는 넓은 주파수 스펙트럼을 포함한다. 빛을 필터링하여 대역폭을 줄여서 분석을 더 쉽게 하고 협대역(narrow-band) 잡음과 동등한 것으로 다룬다.

한 번에 많은 일이 일어나기 때문에 분석은 약간 혼란스러울 수 있다. 즉 간섭 전자기(electromagnetic; EM) 가지 파동, 이 가지 파동에서 발생하는 복사 조도 무늬, 그리고 겹쳐진 무늬에서 관찰되는 밝고 어두운 띠 모양들이 동시에 생긴다.

광원, 구멍 스크린 및 관찰면은 모두 수평 방향으로 멀리 떨어져 있다. 결국 이전에 본 것과 같이 각 구멍들의 크기가 유한하기 때문에 영의 코사인 제곱 무늬는 프라운호퍼 회절로 변조된다. 여기서(그림 12.3) 다른 것은 $I = 0$ 선 위의 '떠 있는 것'처럼 보이는 그래픽 복사 조도 무늬이다. 이 무늬는 이전에 빛이 완벽하게 결맞음을 띤 것으로 가정하고 이상적으로 다른 상황(예를 들어 그림 9.17)과 같이 0(어두움)에서 시작하지 않는다. 각 그래픽 복사 조도의 최대는 이전과 같이 회절 무늬 포락선 아래에 있지만, 각각은 이전보다 짧아서 무늬가 이전보다 덜 뚜렷해 보인다(검은 띠가 사라짐). 결맞음 이론은 모든 간섭 무늬에 대한 것이므로 광학장은 단지 **부분적으로 결맞는다(partially coherent)**고 한다.

그림 12.4에 개략적으로 나타낸 것과 같이 멀리 떨어진 구멍 평면에서의 광학장은 무수히 많은 독립적인 EM 평면파들로 여길 수 있으며, 각각은 광원 위의 한 점에서 발생한다. 광원의 중심에서 방출된 이러한 가지 파동은 중심축을 따라 내려가면서 구멍에 수직으로 도달하게 되고 궁극적으로 익숙한(그림 9.14) 다소 희미한 영의 간섭 무늬 시스템이 된다. 그러나 지금은 비상관된 많은 파동들이 구멍 스크린에서 많은 방향으로 들어오고, 각각은 코사인 제곱 모양의 간섭 무늬를 만든다. 이들 중 하나는 각도 θ에 따라 조금씩 가로 방향으로 이동하며 모두 관찰면 Σ_o에서 겹쳐진다. EM 가지 파동의 요동으로 인한 복사 조도 분포가 어떻게 보이는지, 그

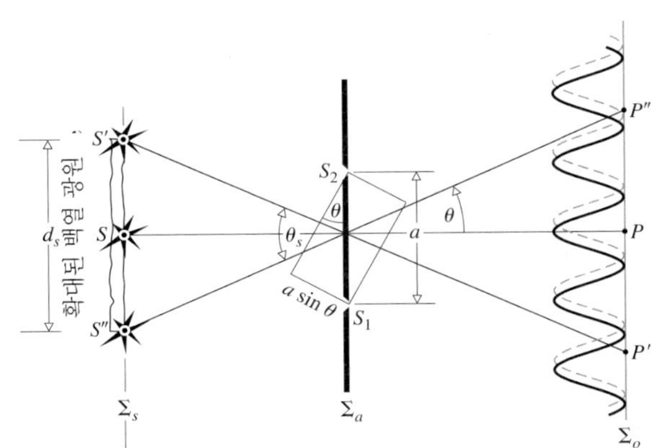

그림 12.4 영의 이중 슬릿 장치에서 점광원 S, S', S''에 의해 만들어진 복사 조도 무늬

리고 그것이 백열 광원의 크기, 모양 및 위치에 어떻게 의존하는지를 이해하고자 한다.

우선 문제를 단순화하기 위해 큰 광원의 주변에 있는 S'과 중심에 있는 S라는 두 개의 점광원만 있다고 가정한다. 점광원 S는 P에서 0차 최댓값을 갖는 코사인 제곱 간섭 무늬를 만든다. S'에 의해 생성된 복사 조도 무늬는 S'에서 P'까지 연결된 선의 끝에 중심이 있는 반면($m = 0$인 경우), 밝은 띠들은 $\theta_m = m\bar{\lambda}_0/a$와 동일한 각거리에서 나타난다. P'의 위치는 S'의 위치에 따라 결정된다. 두 점광원은 서로 독립적이어서 두 점에서 나오는 빠르게 변화하는 EM 파동은 어떤 방법으로도 간섭하지 못한다. 각각에 의한 복사 조도 무늬는 단지 Σ_o 위에서 겹쳐진다(그림 12.5).

처음에는 S'와 S를 매우 가깝게 둔다. 그림 12.5a에서 회절을 무시하면 두 간섭 무늬는 마루와 마루가 거의 겹쳐서 밝고 잘 정의된 무늬를 만들지만 그럼에도 불구하고 $I = 0$인 축 위에 약간 '떠' 있다. S'을 S에서 가로 방향 이동하면 P'이 P에서 멀어지고, 두 개의 이상적인 코사인 제곱 복사 조도

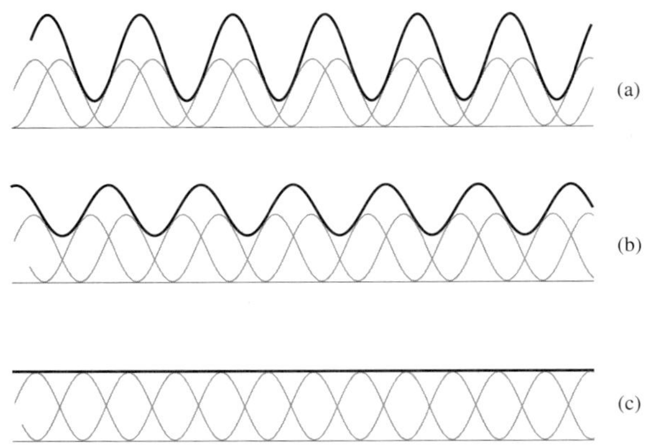

그림 12.5 위상이 점차 어긋남에 따라 두 세트의 이상적인 복사 조도 무늬의 겹친 결과가 무늬를 어떻게 흐려지게 하는지를 보여 준다.

분포는 서로 가까워진다. 이러한 중첩의 결과로 우리가 실제로 보는 최종 무늬는 S'에 의해 생성된 복사 조도 마루가 S에 의해 생성된 골과 정확히 겹칠 때까지(그림 12.5c) 뚜렷하지 않다. 그 다음 두 개의 무늬 조합이 본질적으로 섞여서 균일한 빛의 얼룩으로 사라진다(문제 12.2 참조). 극단적인 조건에서는 빛의 결맞음을 정의할 수 있으며, 이러한 조건은 분석이 진행되는 과정의 일부이다.

$S-S_2-P$로 가는 파와 $S-S_1-P$로 가는 파는 같은 위상으로 도달해서 P에서 최댓값을 갖는 코사인 제곱 복사 조도를 만든다. 이제 복사 조도가 P'에서 최소가 되도록 S'이 위치한다고 가정하자. 그러면 S'에 의해 P'에 생성된 최대는 S에 의해 P'에 생성된 최소와 정확하게 겹친다. 사실 S의 모든 최소는 S의 모든 최대와 겹치고, 최종 간섭 무늬는 완전히 없어진다(그림 12.5c). 이러한 현상이 일어나기 위해서 두 가지 파동 사이의 상대적인 위상차가 π 라디안의 홀수 배와 같아야 한다. 즉 $S'-S_2-P'$와 $S'-S_1-P'$의 두 가지 파동과 마찬가지로 $S-S_2-P$와 $S-S_1-P$의 두 가지 파동은 위상이 같은 상태로 P에 도달한다. 그러나 두 전자기 가지 파동이 P에서 어떤 위상을 갖더라도 파동들은 P'에서 1/2 파장 차에 해당하는 위상을 가져야만 한다. 이때 복사 조도 무늬에 1/2 파장의 상대적 이동이 생기고 S의 모든 최대는 S의 모든 최소의 꼭대기에 놓이며 그 반대도 일어난다.

이를 수행하려면 그림 12.4를 재검토해야 하는데, Σ_a에서 중앙 SP-축을 따라 진행하는 평면파가 $S'P'$-축을 따라 진행하는 평면파와 각도 θ를 이루는 것에 유의하라. S'에서 P'까지의 OPL은 S에서 P까지의 OPL보다 $a\sin\theta$ 만큼 길다. θ가 작아짐에 따라 S'은 S에 접근하고, $a\sin\theta$는 0에 접근한다. EM 가지 파동이 P 와 P'에서 위상이 서로 π 만큼 어긋나게 하려면 $a\sin\theta$는 $\lambda_0/2$(또는 $\lambda_0/2$의 홀수 배)와 같아야 한다. 각도가 작은 경우 $\sin\theta \approx \theta$이고, 간섭 무늬는

$$\theta \approx \bar{\lambda}_0/2a$$

이거나 일반적으로 $\theta \approx (m + \frac{1}{2})\bar{\lambda}_0/a(m = 0, 1, 3, \ldots)$일 때 사라진다. 마지막 간섭 무늬가 사라지면 S'이 S로부터 더 멀어지고 두 복사 조도 분포의 최댓값은 다시 서로 가까워지며 희미한 간섭 무늬가 다시 나타난다.

위의 결과를 점광원이 결맞지 않다는 점을 제외하고는 그림 10.4와 같이 크기가 d_S인 선광원에 적용해 보자. 선광원을 그림 12.4에서 S'부터 S''까지 펼쳐진 것으로 한다. 또한 Σ_S(종이 면에 수직) 평면에서 폭 $S'S''$의 슬릿 광원을 생각해볼 수 있다. S'와 S가 적절하게 위치할 때, 그들이 개별적으로 만든 두 개의 간섭 무늬 시스템을 흐리게 하기 위해 조정된 광원 쌍으로 함께 동작하는 것처럼 동일한 과정이 선광원을 따라

하나하나씩 일어나는 것으로 생각할 수 있다. 따라서 S'과 S가 각각 만드는 무늬가 겹쳐서 없어지도록 그들의 위치를 정한다. S' 바로 아래에 점광원을 두고 다른 하나는 S 바로 아래 둔다. 이들 각각의 무늬 또한 Σ_O 위에서 사라지도록 쌍을 이룬다. 그리고 S 의 바로 위에 있는 하나의 점광원과 S''의 바로 위에 있는 하나의 점광원의 쌍과 같이 모든 지점들의 쌍에 대해서도 마찬가지이다. 코사인 제곱 복사 조도 무늬가 흐려지도록 S'와 S를 배열하는 것으로 전체 선광원의 모든 미세한 점광원(1개 제외)에 의한 간섭 무늬를 흐리게 하는 데 충분하다. 선광원이 그림의 평면에 수직으로(직사각형 구멍에 평행하게) 이동하면 유한한 폭 $S'S''$의 슬릿 광원이 되고, 위의 논의는 여전히 유효해서 간섭 무늬가 사라진다. 간섭 무늬가 거의 균일한 얼룩이 되어 사라지면 광원 슬릿은 $\theta_S = 2\theta$의 각도를 만들고, 따라서

$$\theta_s \approx \bar{\lambda}_0/a \qquad (12.1)$$

이다. 간섭 무늬를 선명하게 관찰하기 위해서 광원은 구멍 평면에서 본 각 θ_S보다 훨씬 작은 각을 이루어야 한다.

균일한 복사 조도를 가진다고 가정한 원형 백열 광원(그림 12.4)이 a 만큼 떨어진 두 개의 핀홀을 다시 비춘다. 선형 크기가 d_S인 광원에서 평균 진공 파장 $\bar{\lambda}_0$를 필터링한다. 지름이 $d_c \approx a$인 조명된 원형 영역을 Σ_a에 투영하고 $d_c \approx \bar{\lambda}_0/\theta_S$이 되도록 두 구멍을 모두 포함한다고 생각해 보자. 구멍 간격이 d_c보다 작으면 구별하기 쉬운 간섭 무늬 수가 증가한다. 분석이 다소 미숙함에도 불구하고 d_c를 **가로 방향 결맞음 거리(lateral coherence distance)**라고 한다. 결맞음 이론에 관계된 개선된 취급 방법인 반시테르트-제르니케 정리 및 에어리 회절 무늬는 나중에 논의할 것이다. $d_c = 1.22\,\bar{\lambda}_0/\theta_S$일 때 간섭 무늬가 처음으로 사라짐이 분명하다. Σ_a 위의 조명된 원의 넓이 크기 정도는 지름이 d_c이다. 지금은 약간 더 실용적인 정의를 고려할 것이지만

$$A_c \approx (\bar{\lambda}_0/\theta_s)^2 \qquad (12.2)$$

를 **결맞음 넓이(coherence area)**이라고 한다. 광원에서 구멍까지의 거리를 l이라고 하고 광원의 넓이 A_S의 근삿값을 d_S^2라고 할 때, 결맞음 넓이의 다른 표현이

$$A_c \approx \frac{l^2\bar{\lambda}_0^2}{A_s} \qquad (12.3)$$

임을 보이는 것은 연습문제로 남긴다. **광원으로부터의 거리(l)가 멀어질수록 결맞음 넓이는 증가한다.** 이것은 구멍 스크린에서 Σ_S가 멀어질수록 각각의 결어긋난 점광원이 구멍 스크린을 더 좁게 비추기 때문이다. 달리 말해서 별에서 오는 광선들이 매우 좁은 각도로 장치에 도달하고 코사인 제곱 무늬들은 거의 마루와 마루가 겹친다. **빛이 광원에서 점점 멀리 진행할 때, 즉 빛이 평행광이 될 때 결맞음이 증가한다.** 이것이 멀리 떨어진 가로등에서 가까운 두 개의 핀홀을 통해 영의 간섭 무늬를 볼 수 있는 이유이다. 시도해 보라. 이것은 또한 광원이 결맞거나 또는 부분적으로 결맞는다고 말하기에 적당하지 않은 이유이다. 빛은 결맞거나 그렇지 않거나이다.

이 시점에서 근본적으로 고안된 개념이므로 가로 방향 결맞음 길이에 대한 주의사항을 새겨야 한다. 그러나 이 개념은 유용하지만 주의해서 적용해야 한다. 우선 크기의 정도라는 것 외에도 접근 방식이 다르며, 하나의 구멍이 중심축에 있는지 여부 또는 그 축이 구멍 사이의 중간에 있는지 여부 등에 따라 다른 수식이 유도될 수도 있고, 심지어 2배 차이가 난다. 모양이 다른 구멍에서 발생하는 변화를 고려해서 어떤 저자들은 $d_c = 1.22\bar{\lambda}_0/\theta_S$을 결맞음 영역의 지름이 아닌 '반지름'으로 취급하고 보다 넓은 영역을 포함시키는 것을 선호한다.

예제 12.1

지구 표면에서 태양의 각도는 0.533°이다. 햇빛을 필터링해서 500 nm의 준단색 빔을 만들어 영의 이중 핀홀 무늬를 관찰하고자 한다. 핀홀 사이의 아주 작은 간격은 얼마나 멀어질 수 있는가? 작은 구멍들을 최대 얼마나 멀리 벌려 놓을 수 있는가?

풀이

$d_c \approx \bar{\lambda}_0/\theta_S$와 $\theta_S = 0.533° = 9.30 \times 10^{-3}$ 라디안을 이용하면

$$d_c \approx \frac{500 \times 10^{-9}\,\text{m}}{9.30 \times 10^{-3}\,\text{rad}} \approx 5.4 \times 10^{-5}\,\text{m}$$

이다. 구멍의 간격은 약 $54\,\mu$m보다 작아야 한다.

그림 12.6은 가시도에 대한 요약의 일부이다. 각 무늬의 폭은 구멍들의 중심과 중심의 거리에 반비례한다(9.3.1절). 빛의 줄무늬가 있는 최종 원판의 전체 크기는 각 구멍 크기에 반비례한다(10.2.5절). 그림 12.6a에서 작은 백열 광원이 어떻게 밝고 어두운 띠의 선명한 복사 조도 무늬를 만드는지 알 수 있다. 이동한 간섭 무늬(두 개가 그래픽으로 보임)는 각 구멍에 의한 프라운호퍼 회절 포락선에 의해 변조된다. 최종 그래픽 무늬들은 $I = 0$ 축 위에 약간만 '떠' 있다. 반면에 큰 광원(그림 12.6b)은 복사 조도가 퍼져나가면서 아래쪽 포락선으로 변조된 불분명한 무늬를 만든다. 밝고 어두운 무늬는 섞여서 거의 불균일해진다. 남아있는 희미한 그래픽 무늬는 $I = 0$축 위에 '떠' 있다.

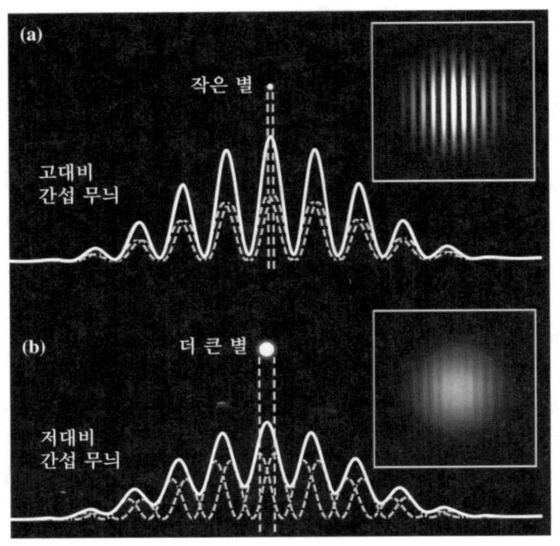

그림 12.6 (a) 작고 균일한 광원에 의한 고대비 간섭 무늬. (b) 크고 불균일한 광원에 의한 저대비 간섭 무늬. (Peter Lawson/*Sky & Telescope Magazine*)

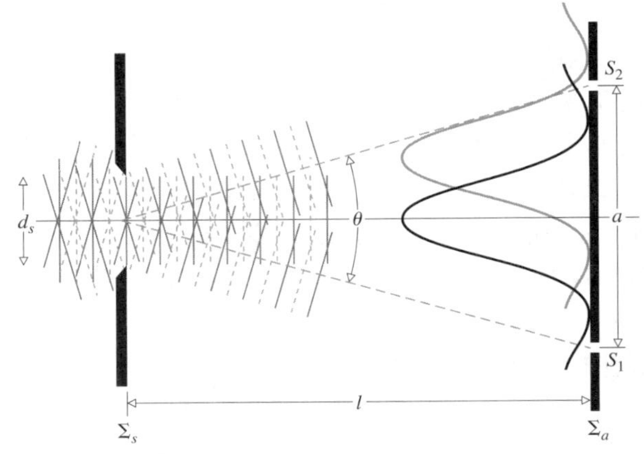

그림 12.7 백열 광원에 의한 회절. 이 도표는 구멍 스크린에 펼쳐져 있는 많은 프라운호퍼 회절 무늬 중 단지 두 가지를 보여 준다.

12.2.1 회절과 사라지는 간섭 무늬

유한한 백열 광원에서 발생하는 광파가 결어긋나고 간섭 무늬가 사라지는 상황으로 돌아가자. 구멍의 크기가 제법 큰 경우 광원에 의해 발생된 회절 무늬는 코사인 제곱 무늬가 사라지는 것과 관련이 있는 것으로 보인다. 간섭 무늬를 만드는 빛이 광원에서 나오고 광원을 넓히면 가시도가 떨어지기 때문에 이 설명은 타당하다. 사실 이 관계를 다루는 반시테르트-제르니케 정리라고 불리는 매우 유용한 공식이 있는데 곧 알게 될 것이다. 이 정리는 수학적이고 다소 이해하기 어려워서 약간의 기초 과정을 거친 후 나중에 다룰 것이다.

그림 12.7의 스크린 Σ_s의 왼쪽에 필터링된 백열 광원이 있다. 광원 스크린에는 그림 12.3과 비슷한 영의 장치를 비추는 확대된 광원으로 사용되는 지름 d_S인 구멍이 있다. 구멍에서 흘러나오는 빛은 여러 번 방향을 벗어나는 연속적인 평면파들로 생각할 수 있고, 이것은 이전에 여러 번 논의하였다. 이 파들은 두 개의 구멍을 비추고 코사인 제곱 간섭 무늬를 만드는 EM 가지 파동이다.

작은 광원 구멍을 전방으로 진행하는 평면파로만 비추면(그림 10.2b), 원뿔 모양으로 가지 파동이 다시 방출되고 멀리 떨어진 구멍 스크린에 프라운호퍼 회절 무늬를 만든다. 이 회절의 주요 최대의 각은 $\theta \approx \bar{\lambda}_0/b$이고, 이때 $b = d_S$이다. d_S가 작을 경우 θ는 커지고, 영의 두 구멍은 결맞게 비추어져서 코사인 제곱 간섭 무늬가 발생되는 것이 분명하다. 그만큼 쉽게 관찰할 수 있다(그림 9.10).

평면파가 다른 각도로 광원 구멍에 입사하고 중심축으로부터 입사각에 비례하여 이동된 회절 무늬를 구멍 스크린에 만든다. 그럼에도 불구하고 각각의 넓은 중앙 회절 최대는 이중 구멍을 모두 비추는데, 이것은 중요한 요지이다. 이때 d_s가 작을 경우, 9장에서 논의한 영의 실험으로 다시 돌아간다.

다시 한 번 중심축을 따라 진행하는 평면파를 고려하지만, 이번에는 광원 구멍이 커져서 θ가 감소하고 회절 무늬의 중심 최대는 폭이 a가 될 때까지 좁아지는 것을 가정한다. 이때 a는 Σ_a에서 두 구멍 사이의 간격이다. a 만큼 떨어진 중앙 최대의 양쪽의 첫 번째 회절 최솟값($m = \pm 1$)이 두 구멍 각각과 겹칠 때 이전에 생성되고 있던 영의 간섭 무늬는 사라져야 한다. 중앙의 평면파에서 나오는 파동 중 Σ_a의 어느 쪽인가의 구멍에 도달하는 빛은 없다. 광원에서 나오는 다른 모든 평면파는 무엇인가? 이 평면파들은 중심축에서 약간 벗어난 동일한 프라운호퍼 무늬를 만든다. 이러한 각각의 최대는 적어도 하나의 구멍(예를 들어 그림의 12.7 S_2)을 비출 가능성이 있지만, 만약 그렇다면 다른 구멍(예를 들어 그림 12.7의 S_1)을 비추는 데 부족할 것이다. 이것은 양쪽 구멍에 도달하는 빛이 결어긋날 것이고, 영의 간섭 무늬는 사라질 것임을 의미한다. 광원이 한층 더 넓어지면 작은 2차 회절 최댓값이 동시에 두 구멍에 도달할 때 간섭 무늬가 희미하게 다시 나타난다.

일반적으로 특정한 백열 광원에 의해 발생된 원거리 회절 무늬와 같은 영역에 놓인 것처럼 보이는 광원의 결맞음 사이에는 연관성이 있고, 이 연관성이 반시테르트-제르니케 정리이다.

12.3 가시도

간섭계가 만드는 간섭 무늬의 질은 마이컬슨이 처음으로 도입한 **가시도(visibility)**라는 양을 사용하여 정량적으로 표현할 수 있다. 가시도 $\mathcal{V}$는

$$\mathcal{V}(\vec{r}) \equiv \frac{I_{max} - I_{min}}{I_{max} + I_{min}} \tag{12.4}$$

로 정의된다. 이것은 식 (11.89)의 **변조도**(modulation)와 같다. 여기에서 I_{max}과 I_{min}은 각각 간섭 무늬의 최대 및 최소 복사 조도를 나타낸다.

예제 12.2

두 점광원으로부터 발생하는 간섭 무늬에 대한 식 (9.14)로 돌아가서 가시도의 최댓값이 1.0임을 보여라. 이 경우는 언제 일어나는가? 가시도가 0일 때는 언제인가?

풀이

식 (9.14)는

$$I = I_1 + I_2 + 2\sqrt{I_1 I_2}\cos\delta$$

이다. 이것의 최댓값은

$$I_{max} = I_1 + I_2 + 2\sqrt{I_1 I_2}$$

이고, 최솟값은

$$I_{min} = I_1 + I_2 - 2\sqrt{I_1 I_2}$$

이다. 따라서 두 개의 이상적인 광원의 가시도는

$$\mathcal{V}(\vec{r}) = \frac{I_{max} - I_{min}}{I_{max} + I_{min}} = 2\frac{\sqrt{I_1\ I_2}}{(I_1 + I_2)}$$

이다. $I_1 = CI_2$라고 가정하면(C는 임의의 수)

$$\mathcal{V}(\vec{r}) = \frac{2\sqrt{C}\ I_2}{(C+1)I_2} = \frac{2\sqrt{C}}{C+1}$$

이다. 이것은 $C = 1$ 또는 $I_1 = I_2 = I_0$일 때 최대가 되는 것을 쉽게 알 수 있고,

$$\mathcal{V}(\vec{r}) = \frac{2I_0}{2I_0} = 1.0$$

이다. $I_{max} = I_{min}$일 때, 즉 간섭 무늬가 균일한 빛의 분포를 가질 때 가시도는 0이다. 두 개의 구멍을 동일하게, 즉 $I_1 = I_2$가 되게 비출 때 영의 간섭 무늬를 관찰하기에 가장 좋다.

영의 실험에서 두 구멍 사이의 거리 또는 결어긋남을 갖는 1차 준단색 광원의 크기를 변화시키면 $\mathcal{V}$의 변화를 관측할 수 있고 이를 결맞음 개념과 관련시킬 수 있다. 복사 조도 분포에 대한 해석적인 표현을 유도하기 위해서 그림 12.8을 살펴보자.[*] 간섭 무늬를 더욱 효과적으로 위치시키기 위하여, 즉 구멍에 의해 회절된 광파가 관찰면 Σ_o 위에서 완전히 겹치게 하기 위해서 렌즈 L을 사용하였다. 중심축 위에 위치한 점광원 S'이 만든 무늬는 9.3절에서와 같이

$$I = 4I_0 \cos^2\left(\frac{Ya\pi}{s\lambda}\right) \tag{12.5}$$

로 주어진다. 마찬가지로 선 $\overline{S_1S_2}$에 수직한 방향을 따라서 S'의 위 또는 아래에 놓인 점광원(그림 12.8b의 슬릿에 평행)은 간섭 무늬에 평행한 방향으로 약간 이동된 동일한 직선 띠무늬를 만들 것이다. 따라서 S'을 지면에 수직한 결어긋난 선광원으로 대치하면 예측하는 대로 빛의 양, 즉 간섭 무늬의 밝기만 커지게 된다. 반면에 중심축에서 벗어난 점광원 S'은 구멍 스크린이 없을 때 Σ_o 위의 상점 P''에 중심을 둔 간섭 무늬를 만든다. S''에서 나온 '구면파' 형태의 가지 파동은 P''에 모이게 되는데, S''에서 P''까지 모든 광선의 광경로 길이가 같기 때문에 보강 간섭이 일어난다. 다시 말해서 P''이 중심 최고점이 된다. 경로차 $\overline{S_1P''} - \overline{S_2P''}$는 변위 $\overline{P'P''}$과 관련된다. 결과적으로 S''은 $\overline{P'P''}$만큼 무늬가 변위된 것을 제외하고는 S'과 똑같은 무늬를 만든다. 이 점광원은 서로 결어긋나므로 Σ_o 위에서 그들의 진폭이 아니라 복사 조도가 합해진다(그림 12.8e).

폭이 b인 직사각형 구멍을 갖는 준단색 백열 광원으로부터 생기는 무늬는 $\overline{S_1S_2}$에 평행하게 연속적으로 분포된 '결어긋난' 선광원에 의한 복사 조도를 구하여 얻을 수 있다. 그림 12.8b에서 변수 Y_0는 구멍 스크린이 없다고 가정할 때 광원의 상점 위치를 나타낸다. 선광원을 아주 작게 나누면 각 부분은 Σ_a 위에서 원점으로부터 Y_0 거리에 있는 자신의 상점에 중심을 둔 무늬를 형성하게 된다. 각 미소 부분에 의한 복사 조도 dI는 그 크기 또는 상의 크기 dY_0에 비례한다. 따라서 식 (9.31)로부터 dY_0에 의한 복사 조도는

$$dI = A\ dY_0 \cos^2\left[\frac{a\pi}{s\lambda}(Y - Y_0)\right]$$

이며, 여기서 A는 적당한 상수이다. 이 식은 식 (12.5)와 비슷하게 Y_0점에 dY_0 크기의 상을 형성하는 광원의 미소 부분이 만든 Y_0에 중심을 둔 간섭 무늬의 복사 조도 분포를 나타낸다. 이제 선광원의 상 크기 w 전체에 대해서 적분하면 선광원이 만드는 간섭 무늬의 전체 복사 조도 분포를 다음과 같이 얻는다.

* 부분적으로 Towne의 *Wave Phenomena*, 11장을 따랐다. 다른 설명을 알고 싶으면 Klein, *Optics*, 6.3절이나 문제 12.13을 보라.

$$I(Y) = A\int_{-w/2}^{+w/2} \cos^2\left[\frac{a\pi}{s\lambda}(Y - Y_0)\right] dY_0$$

이 식을 계산하면

$$I(Y) = \frac{Aw}{2} + \frac{A}{2}\frac{s\lambda}{a\pi}\sin\left(\frac{a\pi}{s\lambda}w\right)\cos\left(2\frac{a\pi}{s\lambda}Y\right)$$

이 된다. 복사 조도는 평균값 $\bar{I} = Aw/2$을 중심으로 진동하

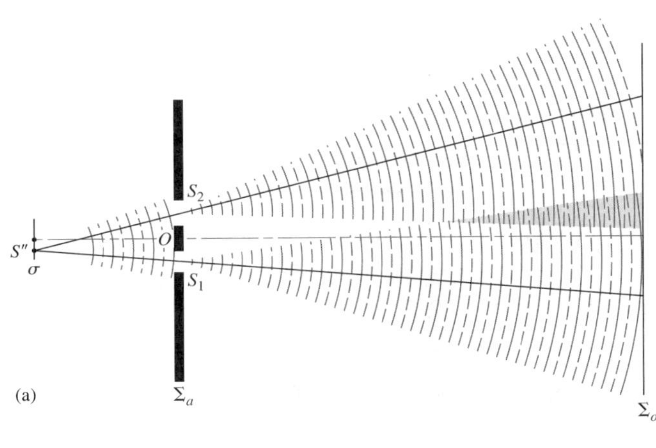

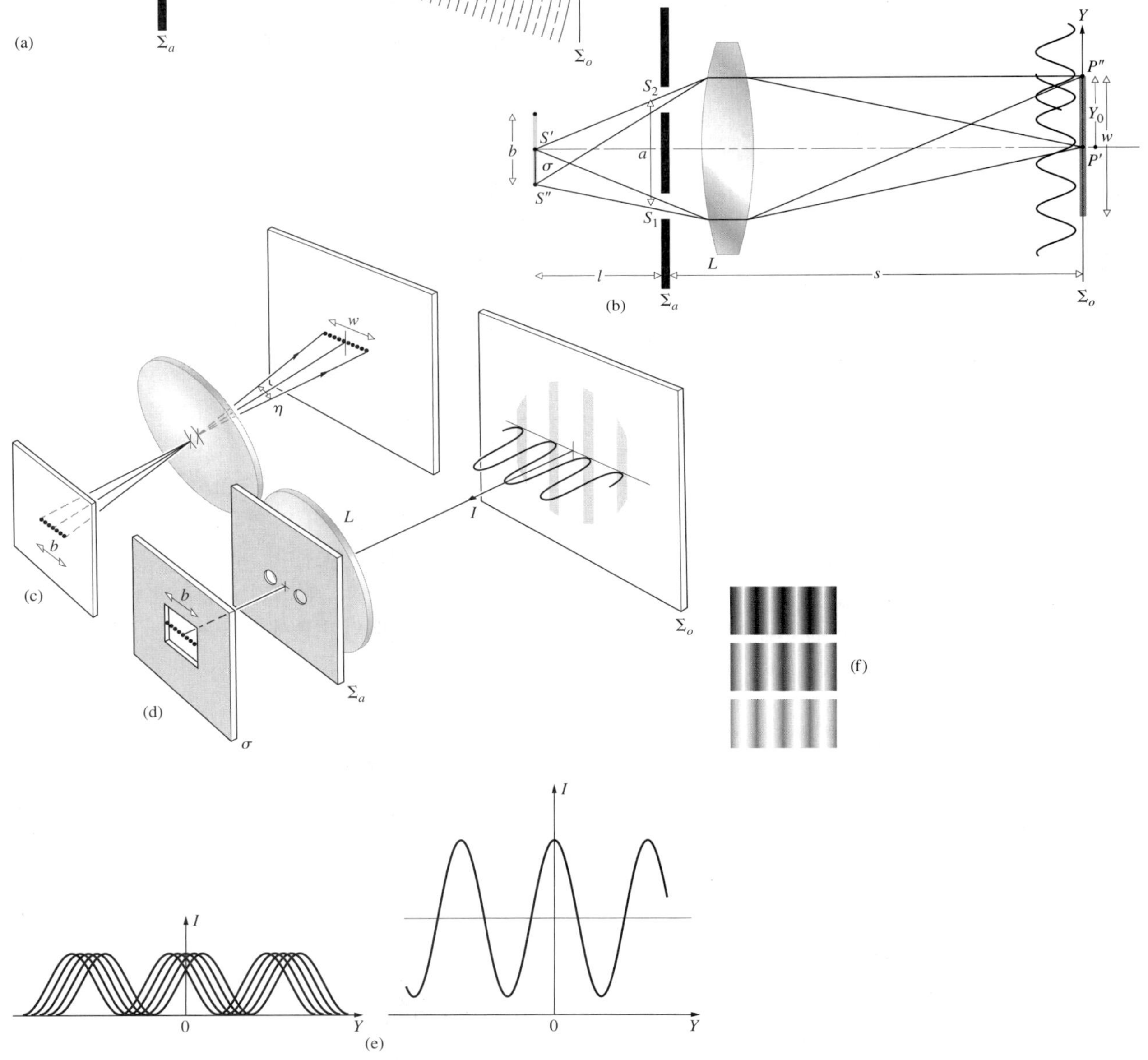

그림 12.8 유한한 크기의 슬릿 광원을 사용한 영의 실험. (*e*) 같은 공간 주파수를 갖는 여러 개의 무늬가 서로 변위되어 중첩되어 있을 때, 합성된 무늬는 동일한 공간 주파수를 갖지만 가시도가 감소된다는 것을 간단히 보여 준다(그림 7.9 참조) (*f*) 가시도가 감소함에 따라 (위에서부터 아래로) 간섭 무늬가 어떻게 보이는가를 나타낸다.

는데, 이는 상의 크기 w 또는 광원 슬릿 폭의 크기에 비례하여 증가한다. 따라서

$$\frac{I(Y)}{\bar{I}} = 1 + \left(\frac{\sin a\pi w/s\lambda}{a\pi w/s\lambda}\right)\cos\left(2\frac{a\pi}{s\lambda}Y\right) \tag{12.6}$$

또는

$$\frac{I(Y)}{\bar{I}} = 1 + \text{sinc}\left(\frac{a\pi w}{s\lambda}\right)\cos\left(2\frac{a\pi}{s\lambda}Y\right) \tag{12.7}$$

이다. 이제 상대 복사 조도의 최대 및 최솟값은

$$\frac{I_{\max}}{\bar{I}} = 1 + \left|\text{sinc}\left(\frac{a\pi w}{s\lambda}\right)\right| \tag{12.8}$$

그리고

$$\frac{I_{\min}}{\bar{I}} = 1 - \left|\text{sinc}\left(\frac{a\pi w}{s\lambda}\right)\right| \tag{12.9}$$

로 주어진다. w가 간섭 무늬의 폭($s\lambda/a$)에 비해서 매우 작을 경우, 싱크 함수는 1에 접근하므로 $I_{\max}/\bar{I} = 2$이고 $I_{\min}/\bar{I} = 0$이 된다(그림 12.9 참조). w가 증가하면 $I_{\min}$은 0이 되지 못하므로 간섭 무늬의 대비도는 감소하며, $w = s\lambda/a$일 때 간섭 무늬는 사라진다. 싱크 함수는 변수가 π와 2π 사이의 값을 가지면(즉 w가 $s\lambda/a$와 $2s\lambda/a$ 사이에 있으면) 음수의 값을 가진다. 따라서 1차 슬릿 광원이 $w = s\lambda/a$보다 커지면 간섭 무늬가 다시 나타나지만 위상이 변화한다. 다시 말하면 $Y = 0$에서 최대가 되었던 것이 최소로 바뀌는 것이다.

대개의 경우, 광원의 크기 b와 원형 구멍 사이의 간격 a는 스크린 사이의 거리 l과 s에 비해서 매우 작기 때문에, 단순화하는 근사를 적용할 수 있다. 위에서는 w와 s를 사용하여 표현하였는데, 그림 12.8c로부터 중심각 η를 사용하면 $b \approx l\eta$와 $w \approx s\eta$이므로 $w/s \approx b/l$이다. 따라서 $(a\pi w/s\lambda) \approx (a\pi\eta/\lambda) \approx (a\pi b/l\lambda)$이다. 이때 식 (12.4)의 가시도는

$$\mathscr{V} = \left|\text{sinc}\left(\frac{a\pi w}{s\lambda}\right)\right| = \left|\text{sinc}\left(\frac{a\pi b}{l\lambda}\right)\right| \tag{12.10}$$

로 쓸 수 있으며, 그림 12.10에 그 그래프를 보였다. $\mathscr{V}$는 광원의 크기 b와 구멍 사이의 간격 a의 함수임을 유의하라. 이 둘 중 하나를 일정하게 유지하고 다른 하나를 변화시키면 $\mathscr{V}$는 동일하게 변화하게 된다. $I_{\min} = 0$이므로 그림 12.9a에서 가시도는 모두 1임을 유의하라. 관찰면 위에 형성된 간섭 무늬의 가시도는 분명히 빛이 구멍 스크린 위에 어떻게 분포하느냐에 달려 있다. 1차 광원이 점광원(즉 $b = 0$)이면 가시도는 정확히 1이 된다. 그렇지는 않더라도 $(a\pi b/l\lambda)$가 작을수록 가시도는 좋아진다. 즉 $\mathscr{V}$가 커지면 간섭 무늬는 더욱 선명해진다. $\mathscr{V}$는 1차 광원에서 나와서 구멍 스크린에 분포된 빛의 결맞음을 측정하는 척도로 볼 수 있다. 이전에 직사각형 구멍에 의한 회절 무늬를 다룰 때, 싱크 함수가 나왔던 것을 상기하기 바란다.

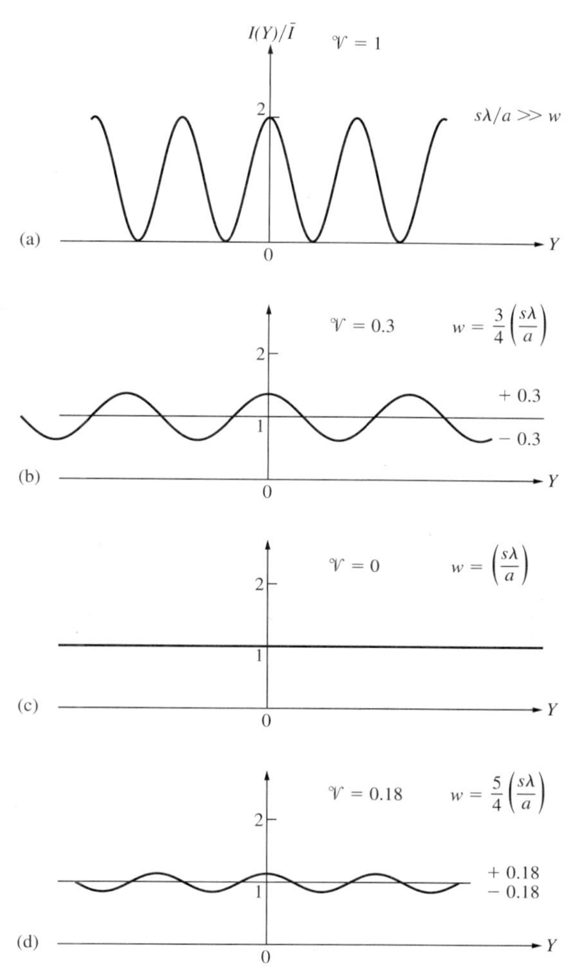

그림 12.9 슬릿 광원의 크기에 따른 간섭 무늬의 변화. 여기서 w는 슬릿 상의 크기이며 $s\lambda/a$는 간섭 무늬 간격이다.

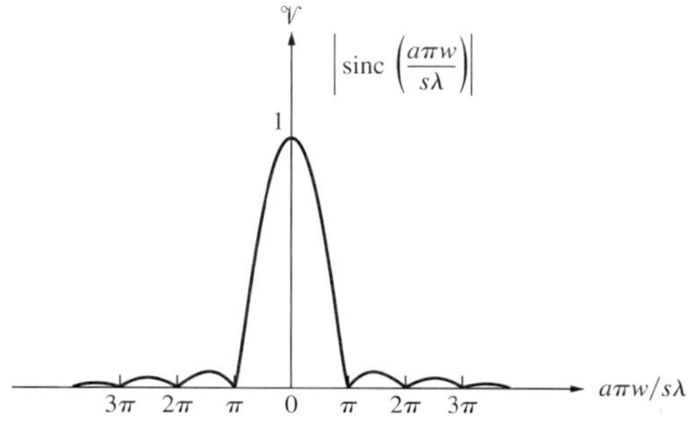

그림 12.10 식 (12.10)으로 주어진 가시도. 이것은 부분적으로 결맞는 ($\mathscr{V}$<1) 빛에 대한 슬릿 광원에 적용된다.

$\mathscr{V}$
1.0
0.8
0.6
0.4
0.2
a
b
c
d
e
f
0 1 2 3 4
a
$\alpha_{12} = 0$ | π | 0 | π

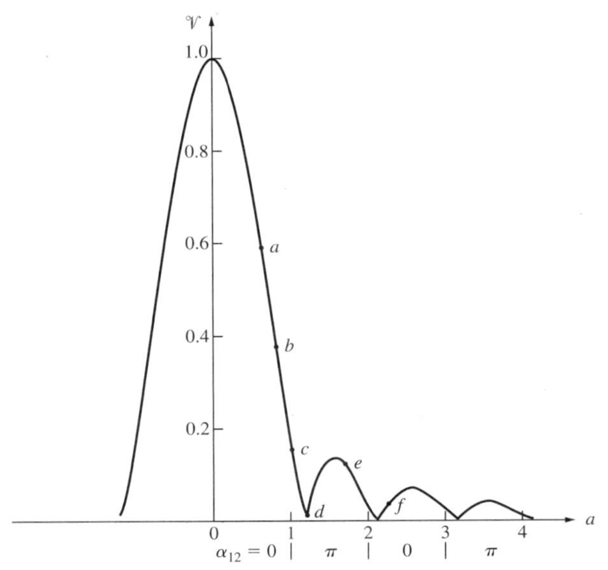

그림 12.11 부분적으로 결맞는($\mathscr{V}<1$) 빛의 균일한 원형 광원에 대한 가시도

1차 광원이 원형이면 가시도의 계산은 상당히 복잡해지는데, 결과는 1차 베셀 함수에 비례한다(그림 12.11). 이 결과도 (원형 구멍에 의한) 회절을 상기시킨다[식 (10.56)]. 이와 같이 동일한 모양의 구멍에 의한 $\mathscr{V}$와 회절 무늬의 식 사이의 공통점은 우연의 일치가 아니라 곧 보게 되듯이 반시테르트−제르니케 정리(van Cittert−Zernike *t*heorem)에 의한 것이다.

그림 12.12는 원형 백열 광원의 크기를 고정하고 S_1과 S_2 사이의 거리 a를 증가시킬 때 간섭 무늬의 변화를 보여 준다. 가시도는 (a)에서 (d)까지 감소하다가 (e)에서 다시 증가하고 (f)에서 다시 감소한다. 각 경우에 해당하는 $\mathscr{V}$값이 그림 12.11에 표시되어 있다. 최댓값이 이동한 것에 주목하자. 즉 그림 12.11에서 2차 돌출부(즉 베셀 함수 값이 음이 되는 부분) 위의 각 점에 대응하는 간섭 무늬의 경우 중심에서 위상이 반전된다. 다시 말해서 무늬 (d)와 (e)는 중심에서 최소인 반면에 무늬 (a)와 (b) 그리고 (c)는 최대이다. 그리고 3차

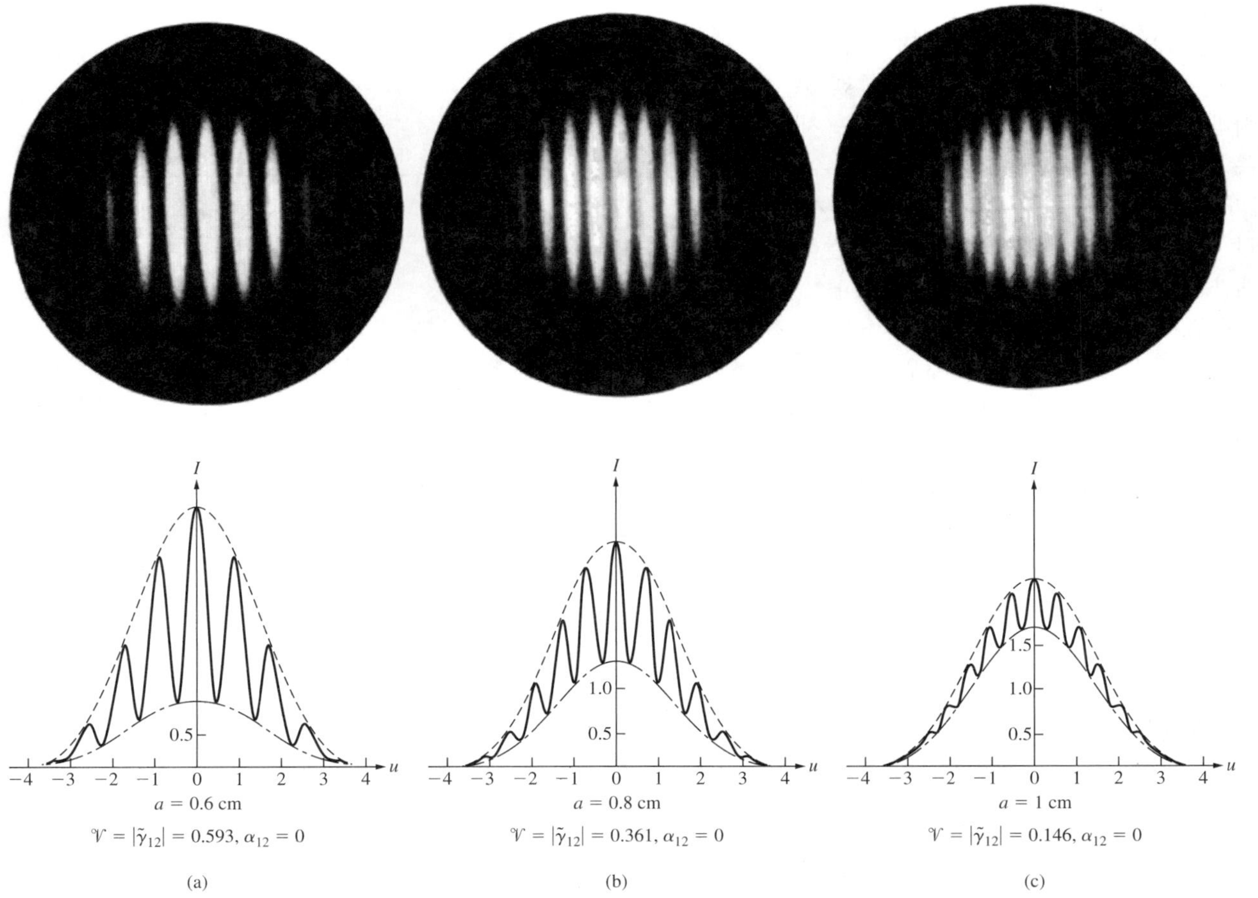

I
0.5
1.0
1.5
u
−4 −3 −2 −1 0 1 2 3 4
$a = 0.6$ cm
$\mathscr{V} = |\tilde{\gamma}_{12}| = 0.593, \alpha_{12} = 0$
(a)
$a = 0.8$ cm
$\mathscr{V} = |\tilde{\gamma}_{12}| = 0.361, \alpha_{12} = 0$
(b)
$a = 1$ cm
$\mathscr{V} = |\tilde{\gamma}_{12}| = 0.146, \alpha_{12} = 0$
(c)

그림 12.12 부분적으로 결맞는 빛을 이용한 이중 빔 간섭 무늬. 사진은 구멍 사이의 거리 a가 변화함에 따라서 가시도가 변화함을 보여 준다. 이론적인 곡선에서 $I_{max} \propto 1 + |2J_1(u)/u|$이고 $I_{min} \propto 1 - |2J_1(u)/u|$이다. 몇몇 기호는 나중에 설명할 것이다. (B.J. Thompson and E. Wolf, *J. Opt. Soc. Am.* **47**, 895 [1957])

돌출부 위의 점에 대응하는 무늬 (f)는 중심에서 다시 최대이다. 마찬가지로 슬릿 광원의 경우도 식 (12.7)의 $\text{sinc}(a\pi w/s\lambda)$이 양수 또는 음수인 영역에 대응하는 무늬는 $I(0)/\bar{I}$가 각각 최대 또는 최소이다. 이들은 또한 그림 12.10의 가시도 곡선에서 홀수 번째 또는 짝수 번째 돌출부에 대응한다. 나중에 보게 되겠지만 크기가 $\mathcal{V}$이고 위상 이동에 대응하는 편각을 가지는 복소 가시도를 정의할 수 있다는 사실을 염두에 두기 바란다.

그림 12.13은 간격 a를 고정하고 1차 백열 광원의 지름을 증가시킬 때의 결과이다. 또한 간섭 무늬의 폭은 a에 반비례하기 때문에 a가 그림 12.12의 (a)의 값에서 (f)의 값으로 증가할 때 밝고 어두운 띠의 공간 주파수는 증가한다.

또한 광원의 대역폭이 유한하면 주어진 간섭 무늬에서 Y가 증가할 때 그림 12.14에서와 같이 $\mathcal{V}$가 점차적으로 감소한다는 것을 알아야 한다(연습문제 12.10). 이 경우라도 각각의 간섭 무늬 중심 부분을 이용해서 가시도를 결정하면 구멍 사이의 거리에 따른 $\mathcal{V}$의 변화는 그림 12.11과 같다.

12.4 상호 결맞음 함수와 결맞음도

이제 조금 더 이론적인 논의를 하고자 한다. 다시 한 번 유한한 크기의 광원에서 방출되는 대역폭이 좁은 광원을 가정하고, 이로부터 발생되는 빛의 전기장을 복소 함수 $\tilde{E}(\mathbf{r}, t)$로 표현하자. 편광 효과를 무시하고, 스칼라 양으로 취급하자. 공간 S_1과 S_2의 두 지점에서의 교란은 $\tilde{E}(S_1, t)$과 $\tilde{E}(S_2, t)$ 또는 줄여서 $\tilde{E}_1(t)$과 $\tilde{E}_2(t)$로 나타낼 수 있다. 만일 그림 12.15와 같이 두 지점이 서로 떨어진 원형 구멍 위의 점이라면 영의 실험 형태가 될 것이다. 두 원형 구멍은 Σ_o 위의 점 P를 향해서 2차 가지 파동을 발생시키는 광원으로 볼 수 있으므로 점 P에서의 전기장은

$$\tilde{E}_P(t) = \tilde{K}_1\tilde{E}_1(t - t_1) + \tilde{K}_2\tilde{E}_2(t - t_2) \tag{12.11}$$

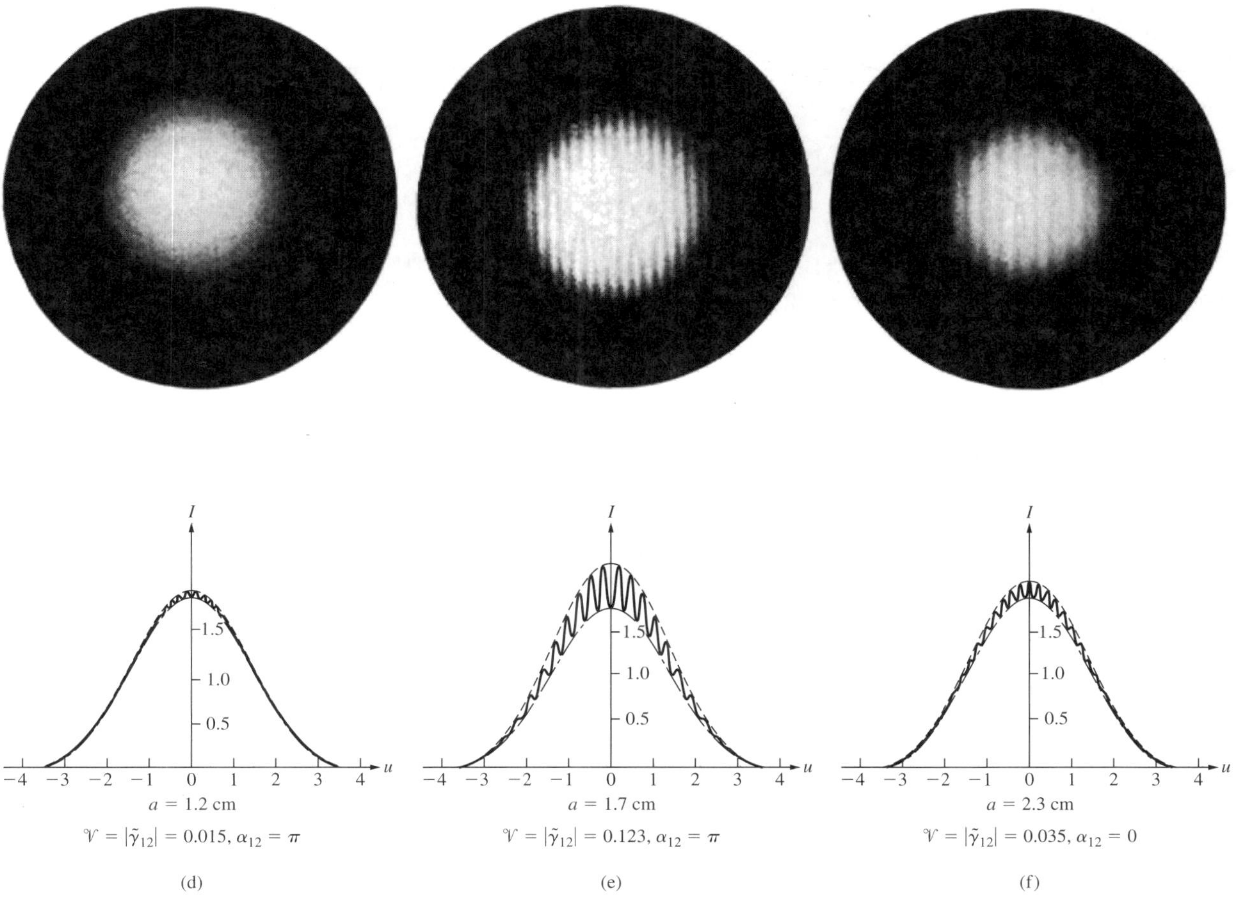

그림 12.12 (계속)

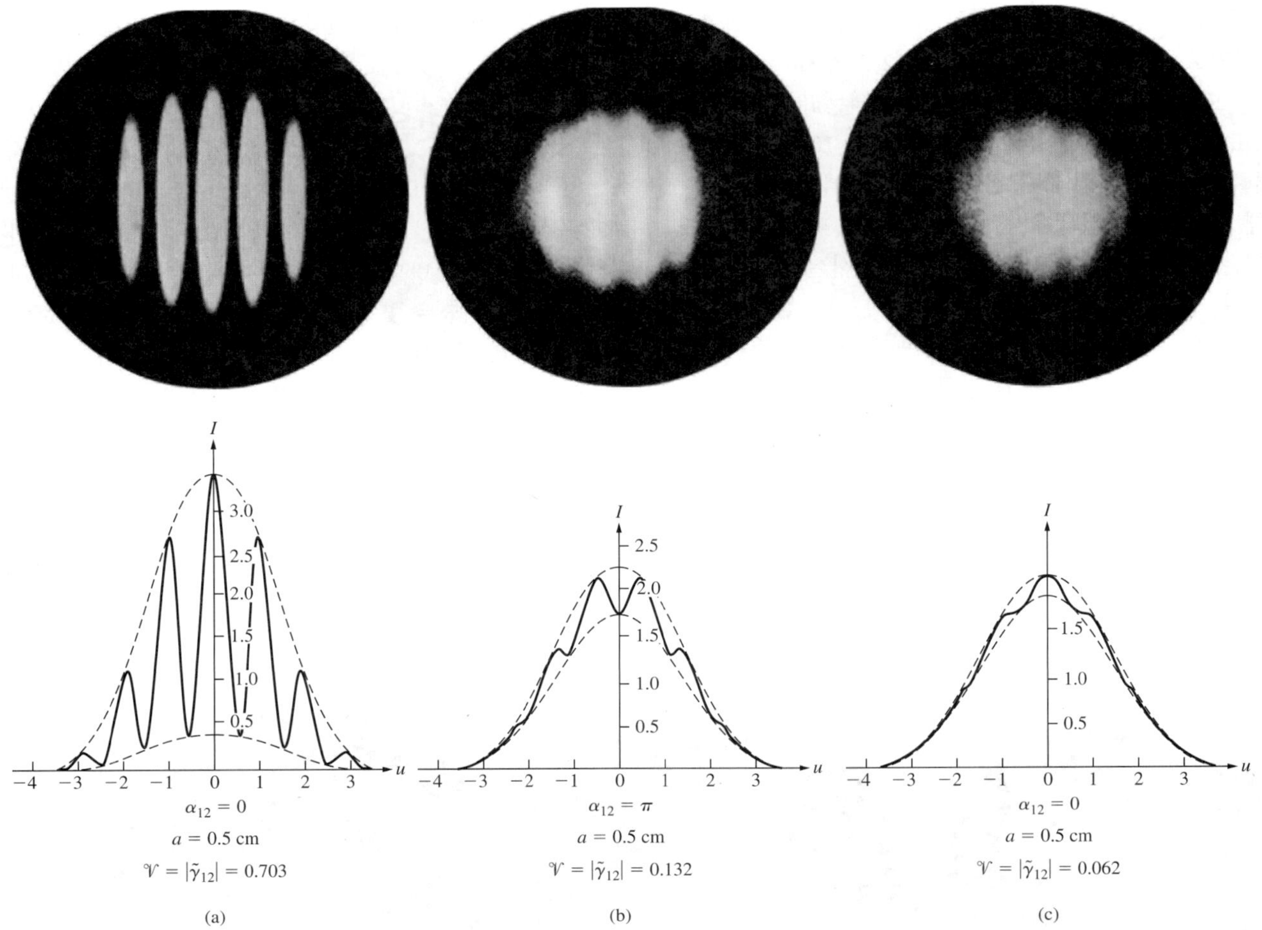

$\alpha_{12} = 0$
$a = 0.5$ cm
$\mathscr{V} = |\tilde{\gamma}_{12}| = 0.703$
(a)

$\alpha_{12} = \pi$
$a = 0.5$ cm
$\mathscr{V} = |\tilde{\gamma}_{12}| = 0.132$
(b)

$\alpha_{12} = 0$
$a = 0.5$ cm
$\mathscr{V} = |\tilde{\gamma}_{12}| = 0.062$
(c)

그림 12.13 이중 빔 간섭 무늬. 구멍 사이의 거리 *a*를 고정하고 1차 결어긋난 광원의 크기를 변화시킬 때 가시도가 변화함을 보여 준다. 무늬의 수는 불변이다. (B.J. Thompson, *J. Soc. Photo. Inst. Engr.* 4, 7 [1965])

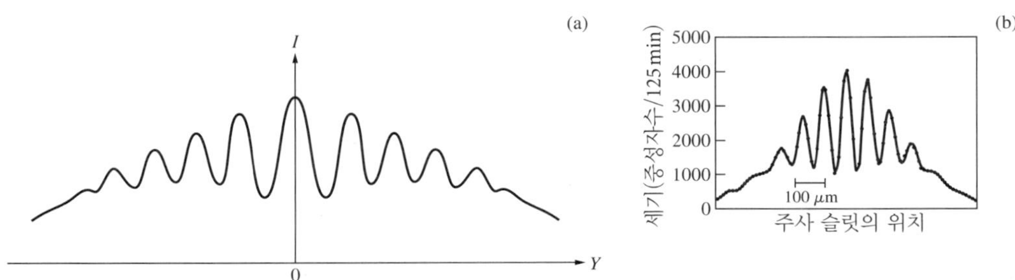

그림 12.14 (a) 유한한 대역폭을 가진 광파의 $\mathscr{V}$의 값은 Y 가 증가할 때 감소한다. (b) 이 간섭 무늬는 두 개의 좁은 슬릿을 통과하는 느린 중성자 빔에 의한 것이다. (*Am. J. Phys* 59, (4), 316(1991), American Association of Physics Teachers.)

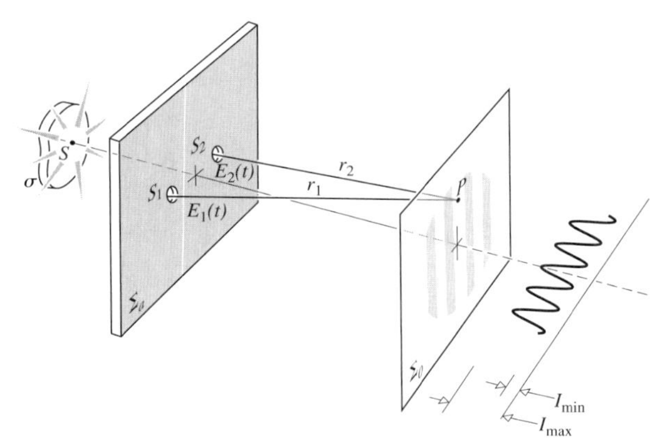

그림 12.15 영의 실험

이 되는데, 여기에서 $t_1 = r_1/c$와 $t_2 = r_2/c$이다. 위 식은 시간 공간상의 한 점 (P, t)에서의 전기장은 S_1과 S_2에서 각각 t_1과 t_2 순간에 존재하는 전기장에 의해서 결정됨을 말해준다. 이 시각들은 빛이 현재 Σ_o 위에서 중첩되지만 구멍으로부터 나오는 순간이다. **전달 인자**(propagator)로 알려진 $\tilde{K}_1$과 $\tilde{K}_2$는 그 구멍의 크기와 P에 대한 구멍의 상대 위치에 따라 달라진다. 이들은 빛이 두 구멍을 지날 때 변화하는 것을 수학적으로 기술한다. 예를 들면 구멍에서 나온 2차 가지 파동은 구멍 스크린 Σ_a에 입사한 1차 파동과 비교할 때 $\pi/2$ rad만큼의 위상차를 갖는다(10.3.1절 참조). Σ_a를 지날 때의 이 위상차 효과를 $\tilde{E}(\vec{r}, t)$에 반영하기 위해서 $\tilde{K}$ 인자가 필요하다. 더욱이 흡수 또는 회절과 같은 여러 가지 물리적인 요인 때문에 발생할지 모르는 전기장의 감소 효과를 반영하기도 한다. 여기서는 $\pi/2$ 만큼의 위상차가 있어서 $\exp(i\pi/2)$를 곱하게 되므로 $\tilde{K}_1$과 $\tilde{K}_2$는 순허수가 된다.

결맞음 시간에 비해서 긴 시간 동안 측정된 P에서의 합성 복사 조도는

$$I = \langle \tilde{E}_P(t)\tilde{E}^*_P(t)\rangle_T \tag{12.12}$$

이며, 식 (12.11)을 대입하면

$$\begin{aligned} I = \tilde{K}_1\tilde{K}_1^*\langle \tilde{E}_1(t - t_1)\tilde{E}_1^*(t - t_1)\rangle_T \\ + \tilde{K}_2\tilde{K}_2^*\langle \tilde{E}_2(t - t_2)\tilde{E}_2^*(t - t_2)\rangle_T \\ + \tilde{K}_1\tilde{K}_2^*\langle \tilde{E}_1(t - t_1)\tilde{E}_2^*(t - t_2)\rangle_T \\ + \tilde{K}_1^*\tilde{K}_2\langle \tilde{E}_1^*(t - t_1)\tilde{E}_2(t - t_2)\rangle_T \end{aligned} \tag{12.13}$$

이 된다. 참고적으로 식 (12.12)에서 몇몇 비례 상수가 생략되었다. 이제 고전 광학의 범주에서 거의 항상 성립하는 **정상적인**(stationary) 파동을 가정한다. 즉 통계적인 성질이 시간에 따라 변하지 않으므로 시간 평균은 원점의 선택에 무관하다. 따라서 파동이 시간에 따라서 요동하지만, 시간의 원점이 바뀌더라도 식 (12.13)의 평균값은 불변이다. I를 측정하는 시점은 문제가 되지 않으므로 식 (12.13)의 처음 두 항은

$$I_{S_1} = \langle \tilde{E}_1(t)\tilde{E}_1^*(t)\rangle_T \quad \text{그리고} \quad I_{S_2} = \langle \tilde{E}_2(t)\tilde{E}_2^*(t)\rangle_T$$

와 같이 다시 쓸 수 있다. 위 식은 각 항의 시점을 각각 t_1과 t_2만큼 이동한 결과이며, 아래 첨자는 이들이 점 S_1과 S_2에서의 복사 조도임을 강조한다. 또한 식 (12.13)의 나중 두 항의 시점을 t_2만큼 이동하고 $\tau = t_2 - t_1$라고 두면 다음과 같이 쓸 수 있다.

$$\tilde{K}_1\tilde{K}_2^*\langle \tilde{E}_1(t + \tau)\tilde{E}_2^*(t)\rangle_T + \tilde{K}_1^*\tilde{K}_2\langle \tilde{E}_1^*(t + \tau)\tilde{E}_2(t)\rangle_T$$

그러나 이 식의 두 항은 공액 복소수의 관계를 가지므로 이 식은 각각의 실수부의 2배와 같다. 따라서

$$2\,\mathrm{Re}\,[\tilde{K}_1\,\tilde{K}_2^*\langle \tilde{E}_1(t + \tau)\tilde{E}_2^*(t)\rangle_T]$$

로 쓸 수 있다. $\tilde{K}$ 인자는 순허수이므로 $\tilde{K}_1\tilde{K}_2^* = \tilde{K}_1^*\tilde{K}_2 = |\tilde{K}_1||\tilde{K}_2|$이 된다. 이 항의 시간 평균 부분은

$$\tilde{\Gamma}_{12}(\tau) \equiv \langle \tilde{E}_1(t + \tau)\tilde{E}_2^*(t)\rangle_T \tag{12.14}$$

로 나타내는 상호 상관 함수인데[11.3.4절], 점 S_1과 S_2에서 빛의 전기장에 대한 **상호 결맞음 함수(mutual coherence function)**라고 한다. 이제까지의 내용을 이용하면 식 (12.13)은

$$I = |\tilde{K}_1|^2 I_{S_1} + |\tilde{K}_2|^2 I_{S_2} + 2|\tilde{K}_1||\tilde{K}_2|\,\mathrm{Re}\,\tilde{\Gamma}_{12}(\tau) \tag{12.15}$$

의 모양이 된다. $|\tilde{K}_1|^2 I_{S_1}$과 $|\tilde{K}_2|^2 I_{S_2}$는 두 구멍 중 한쪽이 막혔을 때, 즉 $\tilde{K}_1 = 0$ 또는 $\tilde{K}_2 = 0$일 때 P에서의 복사 조도를 나타내는데, (물론 비례 상수는 무시하고) 이들을 I_1과 I_2라고 두면 식 (12.15)는

$$I = I_1 + I_2 + 2|\tilde{K}_1||\tilde{K}_2|\,\mathrm{Re}\,\tilde{\Gamma}_{12}(\tau) \tag{12.16}$$

이 된다. 만일 S_1과 S_2가 서로 일치하게 된다면 상호 결맞음 함수는

$$\tilde{\Gamma}_{11}(\tau) = \langle \tilde{E}_1(t + \tau)\tilde{E}_1^*(t)\rangle_T$$

또는

$$\tilde{\Gamma}_{22}(\tau) = \langle \tilde{E}_2(t + \tau)\tilde{E}_2^*(t)\rangle_T$$

이 된다. 이와 같이 서로 일치하게 된 점광원에서 나온 두 광파가 τ에 비례하는 위상차를 가지는 경우를 생각할 수 있다. 여기에서는 광경로 길이의 차이가 없으므로 τ는 0이며, 이 함수들은 Σ_a 위에서의 복사 조도 $I_{S_1} = \langle \tilde{E}_1(t)\tilde{E}_1^*(t)\rangle_T$와 $I_{S_2} = \langle \tilde{E}_2(t)\tilde{E}_2^*(t)\rangle_T$로 귀착된다. 결과적으로

$$\Gamma_{11}(0) = I_{S_1} \quad \text{그리고} \quad \Gamma_{22}(0) = I_{S_2}$$

이고, 이들을 **자체 결맞음 함수**(self-coherence function)라고 한다. 따라서

$$I_1 = |\tilde{K}_1|^2\Gamma_{11}(0) \text{ 그리고 } I_2 = |\tilde{K}_2|^2\Gamma_{22}(0)$$

이다. 식 (12.16)에서

$$|\tilde{K}_1||\tilde{K}_2| = \sqrt{I_1}\sqrt{I_2}/\sqrt{\Gamma_{11}(0)}\sqrt{\Gamma_{22}(0)}$$

임을 유의하라. 규격화된 상호 결맞음 함수(규격화된 상호 상관 함수)를

$$\tilde{\gamma}_{12}(\tau) \equiv \frac{\tilde{\Gamma}_{12}(\tau)}{\sqrt{\Gamma_{11}(0)\Gamma_{22}(0)}} = \frac{\langle \tilde{E}_1(t+\tau)\tilde{E}_2^*(t)\rangle_T}{\sqrt{\langle|\tilde{E}_1|^2\rangle_T\langle|\tilde{E}_2|^2\rangle_T}} \quad (12.17)$$

와 같이 정의하는데, 이는 **복소 결맞음도(complex degree of coherence)**라고 한다. 식 (12.16)은

$$I = I_1 + I_2 + 2\sqrt{I_1 I_2}\,\mathrm{Re}\,\tilde{\gamma}_{12}(\tau) \quad (12.18)$$

로 쓸 수 있는데, 이것이 **부분적으로 결맞는 빛의 일반적인 간섭 법칙**이다.

준단색광의 경우 광경로차에 대응하는 위상차는

$$\varphi = \frac{2\pi}{\bar{\lambda}}(r_2 - r_1) = 2\pi\bar{\nu}\tau \quad (12.19)$$

이며, 여기에서 $\bar{\lambda}$과 $\bar{\nu}$는 평균 파장과 평균 주파수이다. 이제 $\tilde{\gamma}_{12}(\tau)$는

$$\tilde{\gamma}_{12}(\tau) = |\tilde{\gamma}_{12}(\tau)|e^{i\Phi_{12}(\tau)} \quad (12.20)$$

으로 표현될 수 있는 복소수로서 그 위상각은 식 (12.14), 즉 두 광파 사이의 위상각에 관계된다. $\Phi_{12}(\tau) = \alpha_{12}(\tau) - \varphi$라 놓으면

$$\mathrm{Re}\,\tilde{\gamma}_{12}(\tau) = |\tilde{\gamma}_{12}(\tau)|\cos[\alpha_{12}(\tau) - \varphi]$$

이 되므로 식 (12.18)은

$$I = I_1 + I_2 + 2\sqrt{I_1 I_2}|\tilde{\gamma}_{12}(\tau)|\cos[\alpha_{12}(\tau) - \varphi] \quad (12.21)$$

로 표현할 수 있다. 식 (12.17)과 슈바르츠 부등식으로부터 $0 \le |\tilde{\gamma}_{12}(\tau)| \le 1$임을 보일 수 있다. 식 (12.21)을 완전히 결맞는 빛의 경우에 유도된 식 (9.14)와 비교해 보면, $|\tilde{\gamma}_{12}(\tau)| = 1$일 때 I는 S_1과 S_2에서 $\alpha_{12}(\tau)$의 위상차를 갖는 두 **결맞는** 빛에 의해 형성된 것과 동일하다는 사실을 분명히 알 수 있다. 다른 한편의 극단적인 경우로서 $|\tilde{\gamma}_{12}(\tau)| = 0$이면 $I = I_1 + I_2$로서 간섭이 없으며, 이 경우 두 파동은 **결어긋남**이라고 한다. $0 < |\tilde{\gamma}_{12}(\tau)| < 1$일 때, 교란은 **부분 결맞음**(partial coherence)을 가지며 그 정도는 $|\tilde{\gamma}_{12}(\tau)|$ 자체에 의해서 결정되기 때문에 이를 **결맞음도(degree of coherence)**라고 한다. 요약하면 다음과 같다.

$|\tilde{\gamma}_{12}(\tau)| = 1$	결맞는 한계
$|\tilde{\gamma}_{12}(\tau)| = 0$	결어긋난 한계
$0 < |\tilde{\gamma}_{12}(\tau)| < 1$	부분 결맞음

간섭에서는 빛의 근본적인 통계적 성질이 중요한 역할을 하는데, 특히 $\tilde{\Gamma}_{12}(\tau)$에서 $\tilde{\gamma}_{12}(\tau)$는 복사 조도 분포의 표현에 있어서 핵심이다. 이들이 간섭항의 핵심인 것이다. 여기에서 $\tilde{E}_1(t+\tau)$과 $\tilde{E}_2(t)$이 시공간상의 서로 다른 두 지점에 있는 교란이라는 사실에 주목해야 한다. 한편 이들의 진폭과 위상은 시간에 따라서 요동한다고 보아야 한다. 만일 S_1과 S_2에서의 요동이 서로 완전히 무관하다면, $\tilde{E}_1$과 $\tilde{E}_2$는 양과 음의 값을 가질 확률이 같아서 두 양의 곱의 평균인 $\tilde{\Gamma}_{12}(\tau) = \langle \tilde{E}_1(t+\tau)\tilde{E}_2^*(t)\rangle_T$는 0이 된다. 이 경우 상관관계가 존재하지 않으므로 $\tilde{\Gamma}_{12}(\tau) = \tilde{\gamma}_{12}(\tau) = 0$이 된다. 만일 S_1에서 $(t+\tau)$ 순간의 전기장과 S_2에서 t 순간의 전기장이 완전한 상관관계를 유지하고 있다면, 개별적인 요동에도 불구하고 이들의 상대 위상은 일정하게 유지된다. 따라서 부분적으로 상관관계가 있는 경우와 마찬가지로 두 파동의 곱의 시간 평균은 결코 0이 되지 않는다.

$|\tilde{\gamma}_{12}(\tau)|$과 $\alpha_{12}(\tau)$는 $\cos 2\pi\bar{\nu}\tau$와 $\sin 2\pi\bar{\nu}\tau$에 비해 τ에 대해서 천천히 변화한다. 다시 말해서 P가 형성된 간섭 무늬를 가로지르며 이동할 때, 복사 조도 I의 공간적 변화는 주로 $(r_2 - r_1)$의 변화에 따른 φ의 변화에 의존한다.

복사 조도 I의 최댓값과 최솟값은 식 (12.21)의 코사인 값이 각각 +1과 −1일 때 얻어진다. 점 P에서의 가시도는

$$\mathscr{V} = \frac{2\sqrt{I_1}\sqrt{I_2}}{I_1 + I_2}|\tilde{\gamma}_{12}(\tau)| \quad (12.22)$$

로 주어진다(연습문제 12.14). 대부분의 경우에 $I_1 = I_2$이며, 이때 가시도는

$$\mathscr{V} = |\tilde{\gamma}_{12}(\tau)| \quad (12.23)$$

이 된다. 즉 **복소 결맞음도의 크기는 간섭 무늬의 가시도와 같다**(그림 12.12 참조).

식 (12.17)과 식 (12.18)은 $\tilde{\Gamma}_{12}(\tau)$와 $\tilde{\gamma}_{12}(\tau)$의 실수부가 직접적인 측정을 통해서 결정될 수 있음을 말해 준다. 두 교란의 복사 조도를 같도록 조절하면 식 (12.23)을 이용하여 무늬의 가시도로부터 $|\tilde{\gamma}_{12}(\tau)|$를 측정할 수 있다. 또한 간섭 무늬 중심 위치($\varphi = 0$)가 축으로부터 벗어난 정도를 측정하면 S_1과 S_2에 있는 두 교란의 위상차 $\alpha_{12}(\tau)$가 결정된다. 따라서 무늬의 가시도와 그 위치를 측정하면 복소 결맞음도의 진폭과 위상을 알 수 있다.

한편 광파가 엄밀한 의미에서 단색광인 경우에만 시간 τ와 위치에 관계없이 $|\tilde{\gamma}_{12}(\tau)|$는 항상 1임을 보일 수 있는데,* 이런 상황은 실제로는 불가능하다. 또한 시간 τ 와 위치에 관계없이 $|\tilde{\gamma}_{12}(\tau)|$이 항상 0인 파동도 자유 공간에서는 존재할 수 없다.

12.4.1 시간 결맞음과 공간 결맞음

이제 앞에서 다룬 내용에 시간 결맞음과 공간 결맞음의 개념을 관련시켜 보자.

만일 그림 12.15에서 유한한 대역폭을 가진 1차 광원 S의 크기가 줄어들어 중심축 위의 점광원이 된다면 시간 결맞음 효과가 두드러질 것이다. 이 경우 S_1과 S_2에서의 두 교란은 동일하므로 두 점 사이의 상호 결맞음 함수[식 (12.14)]는 파동의 자체 결맞음 함수와 같다. 따라서 $\tilde{\Gamma}(S_1, S_2, \tau) = \tilde{\Gamma}_{12}(\tau) = \tilde{\Gamma}_{11}(\tau)$ 또는 $\tilde{\gamma}_{12}(\tau) = \tilde{\gamma}_{11}(\tau)$이다. 따라서 이런 상황은 S_1과 S_2가 일치할 경우에 일어나므로, $\tilde{\gamma}_{11}(\tau)$는 동일한 지점에서 나온 광파에 대한 시간차가 τ인 두 지점 사이의 **복소 시간 결맞음도(complex degree of temporal coherence)**라고 한다. 이러한 경우는 마이컬슨 간섭계와 같은 진폭 분리형 간섭계에서 볼 수 있는데, 여기서 τ는 광경로차를 광속 c로 나눈 값에 해당한다. 식 (12.18)의 I에서는 $\tilde{\gamma}_{12}(\tau)$를 $\tilde{\gamma}_{11}(\tau)$로 대치하면 된다.

진폭 분리형 간섭계에서 광파가

$$\tilde{E}(t) = E_0 e^{i\phi(t)} \tag{12.24}$$

형태의 동일한 두 교란으로 분리된 후, 다시 결합하여 간섭 무늬를 형성한다고 하자. 그러면 시간 결맞음도는

$$\tilde{\gamma}_{11}(\tau) = \frac{\langle \tilde{E}(t+\tau)\tilde{E}^*(t)\rangle_T}{|\tilde{E}|^2} \tag{12.25}$$

또는

$$\tilde{\gamma}_{11}(\tau) = \langle e^{i\phi(t+\tau)}e^{-i\phi(t)}\rangle_T$$

으로 표현된다. 따라서

$$\tilde{\gamma}_{11}(\tau) = \lim_{T\to\infty}\frac{1}{T}\int_0^T e^{i[\phi(t+\tau)-\phi(t)]}\,dt \tag{12.26}$$

이며, 이는

$$\tilde{\gamma}_{11}(\tau) = \lim_{T\to\infty}\frac{1}{T}\int_0^T (\cos\Delta\phi + i\sin\Delta\phi)\,dt$$

이 되는데, 여기에서 $\Delta\phi = \Delta\phi(t+\tau) - \phi(t)$이다. 결맞음 거리가 무한대인 엄밀한 단색광 평면파에 대해서 $\phi(t) = \vec{\mathbf{k}}\cdot\vec{\mathbf{r}} - \omega t$이고 $\Delta\phi = -\omega\tau$이므로

$$\tilde{\gamma}_{11}(\tau) = \cos\omega\tau - i\sin\omega\tau = e^{-i\omega\tau}$$

이다. 따라서 $|\tilde{\gamma}_{11}| = 1$이고 $\tilde{\gamma}_{11}$의 편각(argument)은 $-2\pi\nu\tau$ 이어서 완전 결맞음을 가진다. 반면에 준단색광의 경우 τ가 결맞음 시간보다 길 때, $\Delta\phi$는 0과 2π 사이에서 무작위로 변화하므로 평균 적분, 즉 $|\tilde{\gamma}_{11}(\tau)| = 0$이 되고 완전 결어긋남에 해당한다. 마이컬슨 간섭계에서 두 팔의 길이가 30 cm만큼 차이가 있다면 광경로차는 60 cm이므로 시간차 $\tau \approx 2$ ns이다. 이것은 좋은 동위원소 방전등에서 나오는 빛의 결맞음 시간에 해당하는데, 이 광원을 사용할 경우 간섭무늬의 가시도는 상당히 나쁘다. 만일 백색광을 대신 사용한다면 $\Delta\nu$가 커서 Δt_c가 매우 작으며 결맞음 거리는 파장보다 짧아진다. 따라서 τ를 Δt_c보다 작게 하기 위해서는(즉 가시도를 높이기 위해서는) 광경로차가 파장보다 훨씬 작아야 한다. 반면에 레이저광의 경우는 Δt_c가 매우 크기 때문에, 가시도가 눈에 띄게 감소할 정도의 광경로차 $c\tau$를 얻기 위해서는 현실적이지 못할 정도로 큰 간섭계가 필요하다.

$\tilde{\Gamma}_{11}(\tau)$는 시간 결맞음의 척도이므로 광원의 결맞음 시간과 대역폭에 밀접하게 관계된다. 사실 **자체 결맞음 함수 $\tilde{\Gamma}_{11}(\tau)$의 푸리에 변환은 빛의 주파수에 따른 에너지 분포를 기술하는 파워 스펙트럼과 같다**(11.3.4절 참조).

다시 영의 실험(그림 12.15)으로 되돌아가서 만일 대역폭이 매우 좁고 유한한 크기의 광원을 사용한다면 공간 결맞음 효과가 두드러질 것이다. 교란은 S_1과 S_2에서 서로 다를 것이고 간섭 무늬는 $\tilde{\Gamma}(S_1, S_2, \tau) = \tilde{\Gamma}_{12}(\tau)$에 의존하게 된다. $(r_2 - r_1) = 0$이고 $\tau = 0$인 간섭 무늬의 중심 부근을 관찰하면 $\tilde{\Gamma}_{12}(0)$와 $\tilde{\gamma}_{12}(0)$을 결정할 수 있다. $\tilde{\gamma}_{12}(0)$은 같은 시점에서 두 지점의 **복소 공간 결맞음도(complex degree of spatial coherence)**이다. $\tilde{\Gamma}_{12}(0)$는 나중에 설명할 마이컬슨 별간섭계를 기술하는 데 핵심적인 역할을 한다.

공간상에서의 복소 공간 결맞음도와 광원 위의 복사 조도 분포 사이에는 **반시테르트-제르니케 정리(van Cittert-Zernike theorem)**라고 하는 매우 유용한 관계식이 성립한다. 이 정리의 유도는 생략하겠으며 계산상의 도구로 활용할 것이다. 핵심적인 내용은 12.2절의 논의에서 볼 수 있다. 그림 12.16은 복사 조도가 $I(y, z)$이고 Σ_S 평면 위에 위치한 유한한 크기의 준단색 백열 광원 S와 두 점 P_1과 P_2를 포함하는 관찰면을 보여 주고 있다. 두 점은 광원 S의 미소 요소로부터 각각 R_1과 R_2의 거리에 위치하는데, 여기에서 전기장의 변화에 대한 상관관계를 나타내는 $\tilde{\gamma}_{12}(0)$를 결정하고자 한다. 광원 상의 모든 광파들이 서로 '결어긋난' 광원이지만 그 위의

* 이에 대한 증명은 Beran and Parrent, *Theory of Partial Coherence*의 4.2절에 나와 있다.

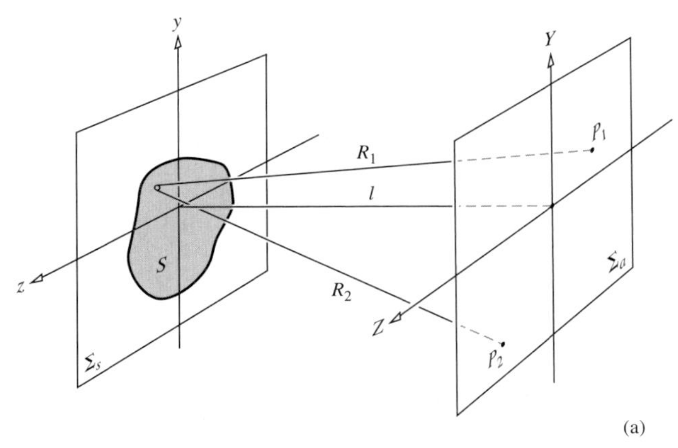

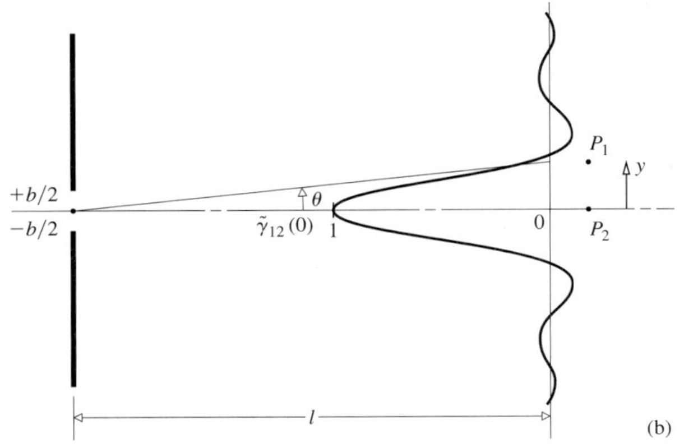

그림 12.16 (a) 반시테르트–제르니케 정리를 보여 주는 구성. (b) 규격화된 회절 무늬는 복소 결맞음도와 같다. 여기에서 직사각형 슬릿에 의한 회절 무늬는 sinc($\pi by/l\lambda$)이다.

별은 비상관된 결어긋난 복사열을 무작위로 방출하는 무수한 원자의 모음이다. 그러나 별에서 먼 거리에서 빛은 결맞아 있다. 여기 연못에서 13마리의 오리가 '열적' 근원으로부터 무작위로 멀어짐에 따라 발생하는 파동이 잘 만들어지는 것을 분명하게 볼 수 있다.

(W.H. Knox, M. Alonso and E. Wolf, "Spatial Coherence from Ducks," *Phys. Today* **63**, 11 (March 2010), courtesy American Institute of Physics)

모든 점이 관찰면 위의 파동에 기여하기 때문에 P_1과 P_2에 도달하는 빛은 일반적으로 어느 정도 상관관계를 갖게 된다.

P_1과 P_2의 파동으로부터 $\tilde{\gamma}_{12}(0)$을 계산할 때 나타나는 적분은 우리에게 익숙한 형태이다. 각 항의 의미를 적절하게 재해석한다면 그 결과는 잘 알려진 회절 적분식과 동일하다. 예를 들면 결맞음 적분 식에 나타나는 $I(y, z)$는 회절 적분에 있어서는 구멍 함수에 대응한다. 따라서 S가 광원이 아니라 같은 모양과 크기의 구멍이라고 생각하고, $I(y, z)$를 복사 조도가 아니라 구멍면의 광분포 함수라고 가정하면 된다. 다시 말해서 구멍면에 $I(y, z)$와 같은 함수꼴의 진폭 투과 특성을 갖는 슬라이드 유리가 있고, 고정점 P_2로 수렴하는 구면파가 구멍면을 비춘다고 가정하면(그림 12.16b) **점 P_2를 중심으로 회절 무늬가 생길 것이다.** 점 P_2에서의 값을 1로 규격화하면 회절 광분포 함수는 모든 점에서(즉 P_1에서) $\tilde{\gamma}_{12}(0)$과 같다. 이것이 바로 반시테르트–제르니케 정리이다.

P_1과 P_2가 가까이 있고 광원 S의 크기가 l에 비해서 작다면 **복소 결맞음도는 광원의 복사 조도 분포의 규격화된 푸리에 변환과 같다.** 또한 광원이 균일한 복사 조도의 분포를 갖는다면 $\tilde{\gamma}_{12}(0)$은 슬릿 광원의 경우 단순히 싱크 함수이고 원형 광원에 대해서는 베셀 함수이다. 그림 12.16b의 싱크 함수는 그림 10.13의 것과 같으며, $\beta \approx (kb/2)\sin\theta$ 및 $\theta \approx \sin\theta$이다. 따라서 P_1과 P_2로부터 거리 y에 있다면 $\beta \approx kb\theta/2$ 및 $\theta \approx y/l$이고 $|\tilde{\gamma}_{12}(0)| = |\text{sinc}(\pi by/l\lambda)|$가 된다. 이 결과는 연습문제에서 다시 검토될 것이다. 원형 또는 직사각형 백열 광원을 사용하여 결맞음도가 높은 영역을 만들고자 하는 경우 원거리 스크린에서 그 광원에 의해 생성된 프라운호퍼 회절 무늬의 중심 최대 영역 안에서만 이를 작동시키면 된다.

12.5 결맞음과 별간섭법

12.5.1 마이컬슨 별간섭계

1890년 마이컬슨은 피조의 제의에 따라서 그림 12.17과 같은 간섭 장치를 제안하였다. 이 장치는 오늘날 중요한 간섭 기술의 시작이었으며 결맞음 이론으로 설명된다는 점에서 관심을 갖게 한다. **별간섭계**(stellar interferometer)라고 하는 이 장치의 기능은 멀리 있는 천체의 작은 각크기를 측정하는 것이다.

서로 넓게 벌려진 움직일 수 있는 두 거울 M_1과 M_2가 멀리 있는 별로부터 평행하게 들어오는 빛을 수집한다. 이 빛은 거울 M_3과 M_4를 거쳐서 마스크 위의 구멍 S_1과 S_2를 통해 망원경의 대물 렌즈에 입사한다. 광경로 $M_1M_3S_1$과 $M_2M_4S_2$를 같게 하고, M_1과 M_2에서 교란의 위상차가 S_1과 S_2 사이의

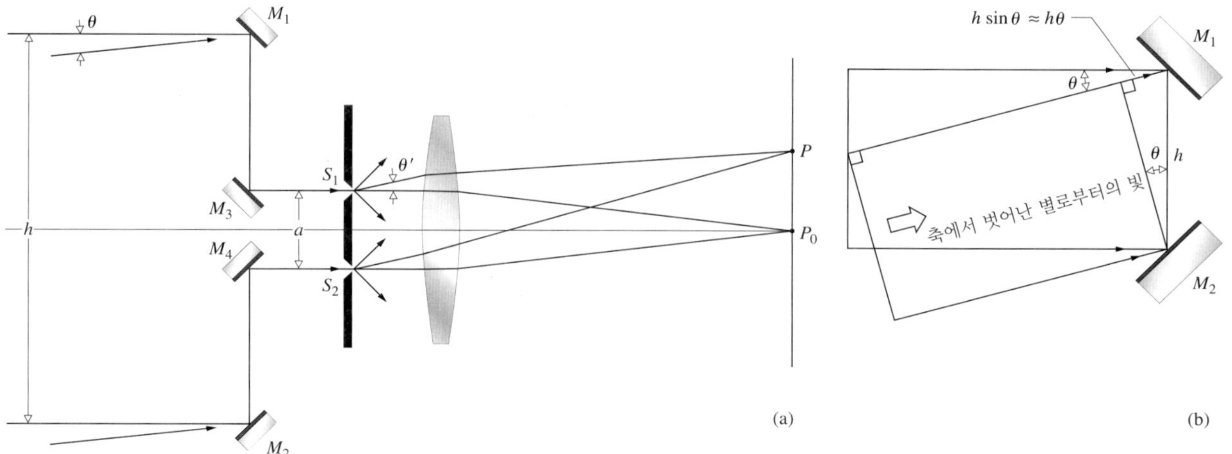

그림 12.17 마이컬슨 별간섭계

위상차와 같도록 한다. 두 구멍을 통해 들어온 빛은 대물 렌즈의 초평면 위에 영의 간섭 무늬를 형성한다. 사실상 거울 M_1과 M_2만으로도 구멍 역할을 할 수 있으므로 마스크와 구멍들은 반드시 필요하지는 않다.

이제 이웃하는 두 별로 이루어진 연성의 별 하나에 간섭계의 중심축을 향하도록 배치하자. 별까지의 거리가 매우 크므로 별로부터 간섭계에 도달하는 빛은 평행광이다. 또한 우선적으로 입사광은 파장 $\bar{\lambda}_0$를 중심으로 좁은 선폭을 갖는다고 가정하자. 광축 위에 있는 별로부터 들어온 교란은 S_1과 S_2에서 동일 위상을 갖기 때문에 P_0에 중심을 둔 밝고 어두운 무늬가 형성된다.

이와 유사하게 또 다른 별로부터 오는 광선은 그림 12.17b에 보인 바와 같이 각 θ를 갖는데, 이때 M_1과 M_2(즉 S_1과 S_2)에서 교란은 대략적으로 $\bar{k}_0 h\theta$ 만큼의 위상차 (또는 $h\theta/c$의 시간차)를 보일 것이다. 결과적으로 간섭 무늬의 중심의 $h\theta/c = a\theta'/c$을 만족하는 각 θ'만큼 점 P_0로부터 기울어진 점 P에 있게 된다. 두 별은 결어긋난 점광원으로 볼 수 있으므로 각각에 의한 복사 조도 분포는 단순히 겹쳐진다. 두 별에 의해서 형성된 간섭 무늬의 간격은 동일하며 a에만 의존한다. 그러나 무늬의 가시도는 h에 따라서 변화한다. 만일 h가 0으로부터 $\bar{k}_0 h\theta = \pi$일 때까지, 즉

$$h = \frac{\bar{\lambda}_0}{2\theta} \tag{12.27}$$

까지 증가한다면 두 간섭 무늬는 한 무늬의 최대점이 다른 무늬의 최소점에 겹칠 때까지 상대적으로 이동한다. 이때 두 간섭 무늬의 복사 조도가 같다면 가시도 $\mathscr{V}$는 0이 된다. 따라서 간섭 무늬가 사라질 때의 h를 측정하면 두 별 사이의 각거리 θ를 결정할 수 있다. 이 h 값은 θ에 반비례한다는 사실을 주목하라.

점광원들, 즉 두 별이 서로 상관관계가 없다고 가정했지만 M_1과 M_2에 입사한 두 광파가 완벽하게 결어긋난 것은 아님을 유의하라. h가 매우 작아서 M_1과 M_2에 들어온 빛의 상대 위상이 0일 경우, $\mathscr{V}$는 1이 되며 이 점에서의 빛은 서로 높은 결맞음을 갖는다.

연성의 경우와 마찬가지 방법으로 하나의 별에 대한 각지름($\theta = \theta_S$)을 측정할 수 있다. 이 경우도 간섭 무늬의 가시도는 M_1과 M_2에 들어온 빛의 결맞음도와 같다. 결어긋난 점광원이 원형으로 분포되어 있고 균일한 밝기 분포를 갖는 별을 가정하면 무늬의 가시도는 이미 그림 12.11에 보인 것과 같다. 이런 광원에 대한 $\mathscr{V}$는 1차 베셀 함수로 표현될 수 있다는 것을 앞에서 암시하였는데, 실제로 이는

$$\mathscr{V} = |\tilde{\gamma}_{12}(0)| = 2\left|\frac{J_1(\pi h\theta_s/\bar{\lambda}_0)}{\pi h\theta_s/\bar{\lambda}_0}\right| \tag{12.28}$$

로 표현된다. $u = 0$에서 $J_1(u)/u = 1/2$이므로 $\mathscr{V}$의 최댓값은 1이다. 그림 10.36에서와 같이 $\pi h\theta_S/\bar{\lambda}_0 = 3.83$일 때 $\mathscr{V}$가 처음으로 0이 된다. 즉

$$h = 1.22\,\frac{\bar{\lambda}_0}{\theta_s} \tag{12.29}$$

일 때 간섭 무늬가 사라진다. 따라서 앞에서와 같이 h를 측정하면 각지름 θ_S를 결정할 수 있다.

마이컬슨은 윌슨산 천문대(Mt. Wilson Observatory)의 100인치 반사 망원경 앞에 2개의 거울을 긴 대들보 위에서 움직일 수 있도록 설치했으며, 이를 이용하여 오리온(Orion)좌 상단 왼쪽에서 오렌지색의 빛을 발하는 베텔게우스(Betelgeuse)라는 별의 각지름을 처음으로 측정하였다.

이 별이름은 **중심 인물(즉 오리온)의 겨드랑이**(the armpit of the central one)를 의미하는 아라비아 말을 줄인 것이다. 1920년 12월의 어느 추운 날 밤에 h = 121인치에서 간섭 무늬가 사라진다는 것을 관측했다. 이때 $\bar{\lambda}_0$ = 570 nm이고 $\theta_S = 1.22(570 \times 10^{-9})/121(2.54 \times 10^{-2}) = 22.6 \times 10^{-8}$ 라디안 또는 0.047초였다. 시차 측정법에 의해서 결정된 별까지의 거리를 이용해서 계산한 결과, 별의 지름은 240×10^6 마일로 태양 지름의 280배 정도임을 알게 되었다. 베텔게우스는 크기가 불규칙적으로 변하는 별로서 최대 지름은 태양 주위를 돌고 있는 화성의 궤도보다 더 크다. 별간섭계를 사용하는 데 있어서 주된 제한은 매우 큰 별에 대해서조차도 거울 사이의 거리가 불편할 정도로 커야 한다는 것이다. 이와 같은 문제는 고주파 천문학에서 고주파를 방출하는 천체의 크기를 측정하는 데 널리 이용되어 온 비슷한 장치에서도 발생한다.

참고적으로 가시도가 0.88 이상일 때 종종 결맞음이 '좋다'고 한다. 원판형 광원에 대해서는 식 (12.28)의 $\pi h\theta/\bar{\lambda}_0$가 1일 때, 즉

$$h = 0.32\,\frac{\bar{\lambda}_0}{\theta_s} \tag{12.30}$$

일 때 이에 해당한다. 대역폭이 좁은 지름 D의 광원으로부터 R 만큼 떨어진 곳에서 $|\bar{\gamma}_{12}| \geq 0.88$인 **결맞음 면적(area of coherence)**은 $\pi(h/2)^2$이다. $D/R = \theta_S$이므로

$$h = 0.32\,\frac{R\bar{\lambda}_0}{D} \tag{12.31}$$

이다. 이 식은 회절 또는 간섭 실험에서 필요한 물리 변수의 값을 추산하는 데에 있어서 매우 편리하다. 예를 들어서 평균 투과 파장이 600 nm인 적색 필터를 붙인 지름 1 mm의 원판형 광원으로부터 20 m 떨어진 곳에서

$$h = 0.32(20)(600 \times 10^{-9})/10^{-3} = 3.8\text{ mm}$$

이다. 이것은 구멍 사이의 거리가 h 보다 같거나 작을 때 좋은 간섭 무늬를 볼 수 있음을 의미한다.

현대적 천문 간섭계

오늘날 마이컬슨 별간섭계는 지상기반 천문학에 혁명을 일으키고 있고, 우주에서도 전망이 밝은 초고해상도 장치로 변해오고 있다. 가장 중요한 문제는 멀리 있는 물체를 자세하게 구별하는 능력인 **분해능**(resolution)이다. 거울이나 렌즈 기반의 상형성 망원경의 분해능은 조리개에 따라 올라간다. 즉 원리적으로 주경 또는 렌즈가 클수록 망원경은 더 세부적으로 분해할 수 있다. 아쉽게도 지구의 소용돌이치는 대기는 가장 큰 망원경의 분해능조차도 대략 0.5 아크초(arcsecond(as)) 정도인데, 이는 뒷마당에 있는 아마추어용 망원경의 분해능에 불과하다.

이러한 한계를 극복하기 위해 적응 광학계(adaptive optics system)를 설치한다(5.8.1절 참조). 이런 방식으로 재구성된 현대적 천체 망원경은 허블 우주 망원경의 분해능과 같거나 심지어 넘어서는 이론적 분해능에 근접한다. 그러한 시스템이 갖추어져 있는 장치는 ≈50 밀리아크초(milliarcsecond(mas))의 분해능을 갖는다. 그리고 차세대 대형 망원경(234쪽)의 분해능은 훨씬 좋아질 것이다. 그러나 결국 분해능은 여전히 기본 광학계의 크기와 점점 더 큰 망원경의 설치에 수반되는 비용에 의해 제한된다. 망원경이 커질수록 장치 설치에 따른 기술적 문제가 까다로워지고 중력과의 싸움이 더욱 어려워진다. 꽤 오랫동안은 축구장 크기의 망원경을 볼 수 없을 것이다.

그에 비해서 엔지니어링 관점에서 볼 때 간섭계는 사용자가 원하는 만큼 크게 할 수 있다. 별간섭계의 분해능은 크기가 아닌 거울의 간격에 따라 달라진다(그림 12.18). 마이컬슨이 원래의 장치를 만든 로스앤젤레스가 내려다보이는 윌슨산(Mount Wilson)에 있는 CHARA Array에는 수백 미터 떨어져 있는 6개의 1미터 망원경이 있다. 진공 파이프를 따라 진행하는 빛은 중앙 실험실로 옮겨져 결합되고 1920년 마이컬슨이 한 것과 같이 간섭 무늬를 형성한다. 장비 자체는 파장의 몇 십분의 일 이상의 경로차를 갖지 말아야 한다. 그렇지 않으면 유사 효과(spurious effects)로 인해 무늬를 관찰할 수 없게 된다. 또한 연구하고 있는 별은 하늘을 가로지를 때 추적해야 하지만 일반적으로 별은 두 개의 망원경을 통해 초당 몇 개의 파장 정도의 광경로 길이차를 만든다. 이 문제는 수백 미터의 정밀한 트랙 위에서 앞뒤로 움직이는 거울이 장착된 카트로 구성된 **지연 경로**(delay lines)을 사용하여 수정하였다. 동시에 3개 이상의 망원경으로 빛을 동시에 모으면 서로 다른 기준선을 통해 측정할 수 있고, 종합해서 2차원의 별 윤곽 사진을 얻을 수 있다.

CHARA Array의 분해능은 ≈1 mas이다. 즉 애틀랜타의 관찰자가 로스앤젤레스에서 들고 있는 동전을 보는 각도 정도이다.

12.5.2 상관 간섭법

7.4.3절에서 논의했던 백열 광원에서 방출되는 교란의 표현을 다시 생각해 보자. 여기서 **백열**(thermal)이라는 단어는 매우 많은 독립된 원자로부터 자발적으로 방출되는 파동임

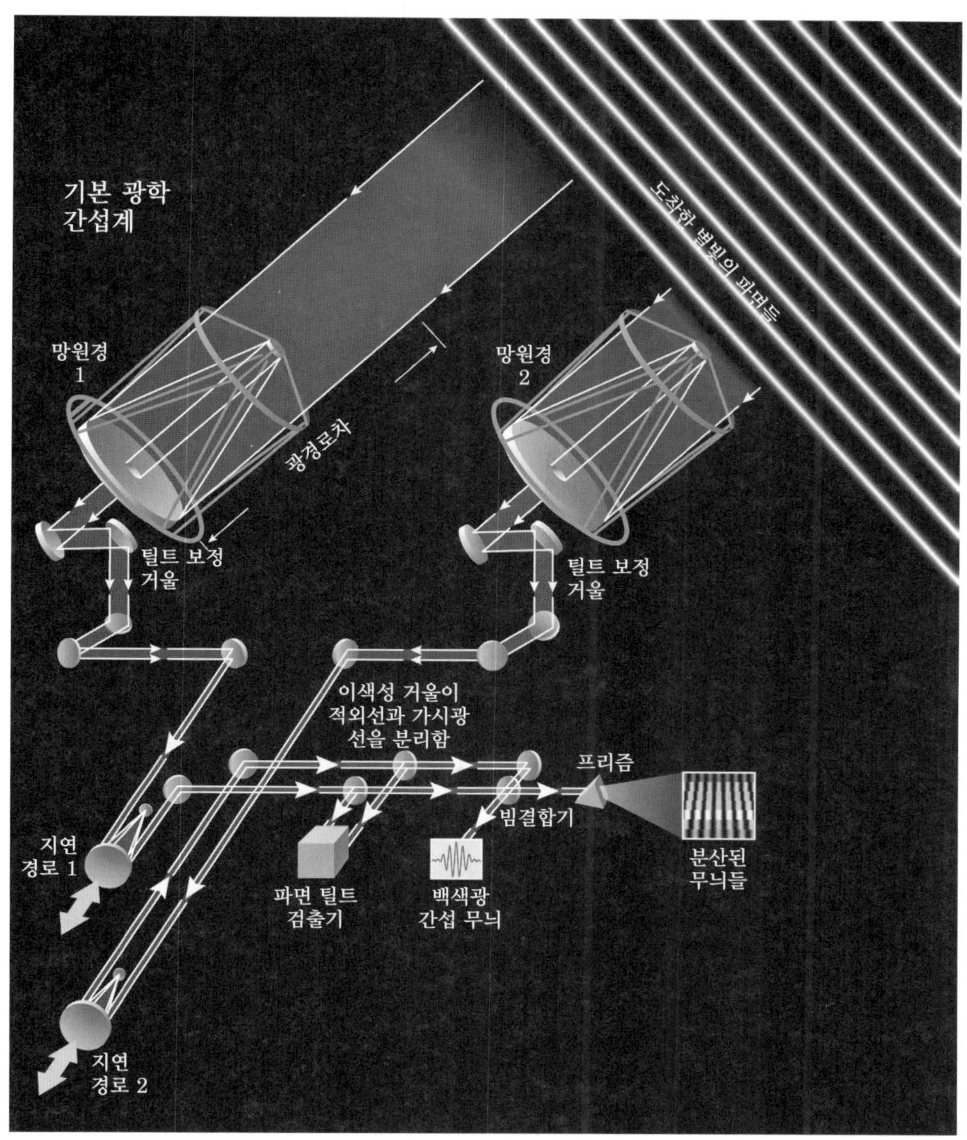

그림 12.18 별간섭계의 최신 버전. 꽤 멀리 떨어진 두 개 또는 그 이상의 망원경이 출력한 신호들은 결합되어 간섭 무늬를 만든다. (Peter Lawson/*Sky & Telescope Magazine*)

을 의미한다.* 준단색광은

$$E(t) = E_0(t)\cos[\varepsilon(t) - 2\pi\bar{\nu}t] \quad [7.65]$$

로 표현된다. 진폭은 위상과 마찬가지로 시간에 따라 비교적 천천히 변한다. 즉 파동이 수만 번 진동하는 동안 진폭(즉 진동의 포락면)과 위상은 거의 변하지 않는다. 결맞음 시간이란 위상이 변하는 시간 간격을 의미하는 동시에 $E_0(t)$가 예측될 수 있는 시간 간격을 나타낸다. 일반적으로 ε의 큰 요동은 E_0의 큰 요동을 동반한다. 따라서 파동의 진폭 요동에 관한 정보는 위상 요동 및 상관(즉 결맞음) 함수와 관련될 수 있다. 즉 파동의 위상이 서로 상관관계가 있는 시공간의 두 지점에서는 진폭 또한 상관관계를 기대할 수 있다.

마이컬슨의 별간섭계에서 간섭 무늬가 나타나는 것은 M_1과 M_2, 즉 구멍에 있는 두 광파 사이에 서로 상관관계가 있기 때문이다. 즉 $\tilde{\Gamma}_{12}(0) = \langle \tilde{E}_1(t)\tilde{E}_2^*(t)\rangle_T \neq 0$이다. 만일 이 지점에서 광파의 전기장을 측정한다면 그 요동들은 또한 상관성을 보일 것이다. 그러나 주파수가 워낙 높기 때문에 측정이 불가능하므로 대신에 M_1과 M_2 위치에서 복사 조도의 요동을 측정하여 서로 비교함으로써 $|\tilde{\gamma}_{12}(0)|$을 알아낼 수 있을지 모른다. 다시 말해서 $\tilde{\gamma}_{12}(\tau)$가 0이 아닌 τ 값이 존재한다면 이런 두 지점에서 광파는 부분 결맞음이 있으며 복사 조도의 요동 사이에도 상관관계가 있음을 암시한다. 이것이 핸버리 브라운(R. Hanbury-Brown)이 1952년과 1956년 사이에 트위스(R. Q. Twiss) 등과 공동으로 행한 일련의 탁월한

* 전기장의 진폭이 가우스 확률 분포를 따르기 때문에 백열광을 종종 **가우스 광**(Gaussian light)이라고 한다.

실험의 핵심 아이디어이다. 그들 업적의 최대 가치는 소위 **상관 간섭계**(correlation interferometer)를 만든 것이다.

지금까지는 결맞음 현상에 대한 정당성을 직관적으로만 설명해 왔는데, 엄밀한 이론적인 분석은 이 교재의 수준을 넘으므로 중요한 특징만을 언급하기로 한다.* 바로 식 (12.14)에서와 같이 상호 상관 함수를 결정할 것인데, 여기서는 부분 결맞음이 있는 광파의 두 지점에서 복사 조도에 대한 $\langle I_1(t+\tau)I_2(t)\rangle_T$를 다룬다. 광파를 다시 복소수로 표현하고 이들이 가우스 통계를 따르도록 무작위로 방출되었다고 하면 결과적으로

$$\langle I_1(t+\tau)I_2(t)\rangle_T = \langle I_1\rangle_T\langle I_2\rangle_T + |\tilde{\Gamma}_{12}(\tau)|^2 \tag{12.32}$$

또는

$$\langle I_1(t+\tau)I_2(t)\rangle_T = \langle I_1\rangle_T\langle I_2\rangle_T\,[1 + |\tilde{\gamma}_{12}(\tau)|^2] \tag{12.33}$$

이 된다. 그림 12.19에서 보듯이 복사 조도의 순간 요동 $\Delta I_1(t)$와 $\Delta I_2(t)$는 평균값 $\langle I_1(t)\rangle_T$와 $\langle I_2(t)\rangle_T$로부터 순간 복사 조도 $I_1(t)$와 $I_2(t)$가 변화한 양으로 주어진다. 따라서

$$\Delta I_1(t) = I_1(t) - \langle I_1\rangle_T \quad \text{및} \quad \Delta I_2(t) = I_2(t) - \langle I_2\rangle_T$$

와

$$\langle \Delta I_1(t)\rangle_T = 0 \quad \text{및} \quad \langle \Delta I_2(t)\rangle_T = 0$$

를 사용하면 식 (12.32)와 식 (12.33)은

$$\langle \Delta I_1(t+\tau)\Delta I_2(t)\rangle_T = |\tilde{\Gamma}_{12}(\tau)|^2 \tag{12.34}$$

또는

$$\langle \Delta I_1(t+\tau)\Delta I_2(t)\rangle_T = \langle I_1\rangle_T\langle I_2\rangle_T|\tilde{\gamma}_{12}(\tau)|^2 \tag{12.35}$$

이 된다(연습문제 12.18 참조). 이 식이 바로 복사 조도 요동에 대한 상호 상관 함수로서 두 점에서 광파가 부분 결맞음을 가지면 유한한 값을 가진다. 참고적으로 위 식은 선형 편광된 빛에 대한 것이고, 비편광파의 경우는 우변에 1/2을 곱해 주어야 한다.

상관 간섭법의 원리에 대한 타당성은 신호 검출이 비교적 용이했던 고주파 영역에서 처음으로 입증되었다. 곧이어 1956년에 핸버리 브라운과 트위스가 그림 12.20과 같은 광 별간섭계(optical stellar interferometer)를 제안했다. 광파 영역에서 사용할 수 있는 검출기는 광전 소자뿐이었는데, 이들의 작동 원리는 바로 광파의 양자적 성질에 직결되어 있다. 따라서 이들은

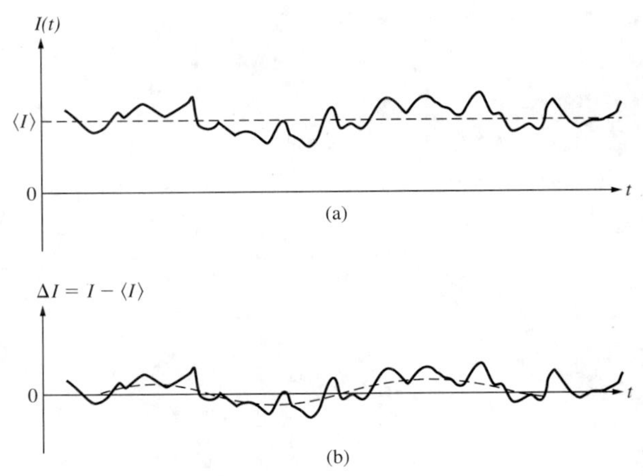

그림 12.19 복사 조도의 변화

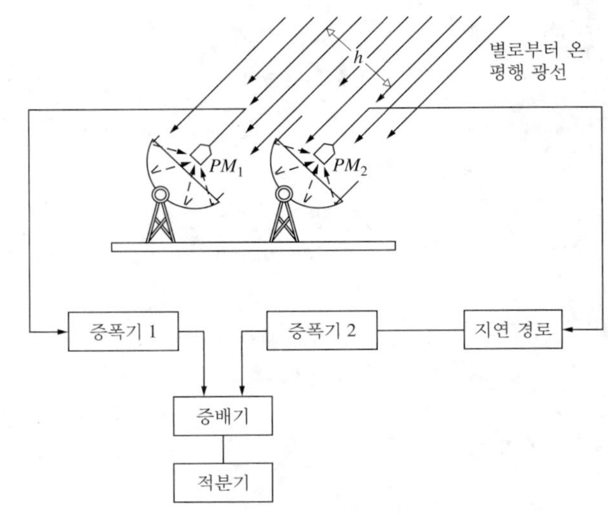

그림 12.20 별 상관 간섭계

> … 광파의 상관관계가 광전 방출 과정에서 그대로 유지되는지 결코 확실하지 않았다. 이러한 이유들로 인해 다음에서 서술된 바와 같이 실험실 안에서의 실험을 수행하였다.**

와 같이 말하였다. 그 실험을 그림 12.21에 보였다. 수은 방전에서 나온 빛이 필터를 지나 직사각형 구멍을 통과한 다음에 파면의 두 지점에서 빛을 광전 증배관 PM_1과 PM_2로 검출한다. 결맞음도는 PM_1이 움직여서 h가 변화할 때 달라진다. 두 검출기로부터 얻은 신호는 광파의 순간 복사 조도 $I_1(t)$과 $I_2(t)$에 비례할 것이다. 이 신호들을 필터링하여 $\langle I_1\rangle_T$와 $\langle I_2\rangle_T$에 비례하는 일정한, 즉 직류 성분을 제거하고 증폭하면

* R. Hanbury-Brown and R. Q. Twiss, "Correlation between photons in two coherent beams of light," *Nature* **127**, 27 (1956)에서 발췌하였다.

** 완전한 내용을 보고 싶으면, 예를 들어 L. Mandel, "Fluctuations of light beams," *Progress in Optics*, Vol. II, p. 193 또는 Francon, *Optical Interferometry*, p. 182를 보라.

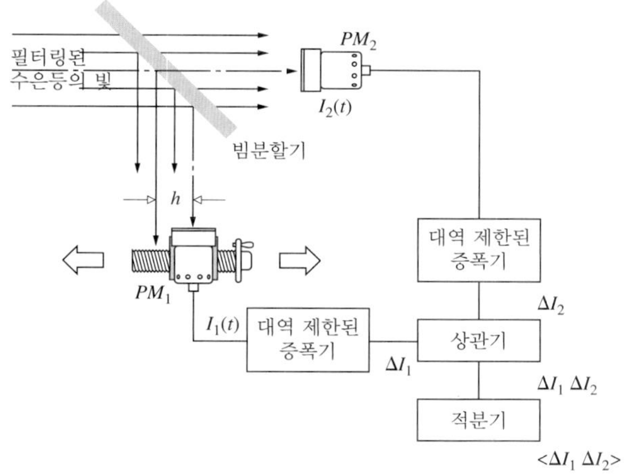

그림 12.21 핸버리 브라운과 트위스의 실험

$\Delta I_1(t) = I_1(t) - \langle I_1 \rangle_T$와 $\Delta I_2(t) = I_2(t) - \langle I_2 \rangle_T$에 비례하는 요동만 남는다. 그다음 이 신호들을 상관기에서 서로 곱하며, 최종적으로 $\langle \Delta I_1(t) \Delta I_2(t) \rangle_T$에 비례하는 시간 평균을 기록한다. 식 (12.35)를 이용하여 실험적으로 추론된 거리 h의 변화에 따른 $|\tilde{\gamma}_{12}(0)|^2$ 값은 이론값과 잘 일치하였다. 이 실험에서 상관관계는 분명히 존재했으며, 이는 광전 검출 과정에서 유지되었다.

입사광의 대역폭($\Delta\nu$), 즉 $(\Delta t_c)^{-1}$은 대략 100 MHz 또는 그 이상인데, 복사 조도의 요동은 대충 이와 비슷한 주파수 대역폭을 갖는다. 이것은 광파의 중심 주파수 10^{15} Hz보다 훨씬 낮기는 하지만, 측정하기 위해서는 대략 100 MHz의 투과 대역폭을 갖는 빠른 전자 회로가 요구된다. 실제로는 검출기가 신호를 구별할 수 있는 시간 간격 T가 유한하므로 신호 전류 $\mathscr{I}_1$과 $\mathscr{I}_2$는 $I_1(t)$과 $I_2(t)$의 순간 값이 아니라 T에 걸친 시간 평균에 비례한다. 따라서 검출된 신호는 그림 12.19b에서 점선과 같이 완만해진다. 대부분 그런 것처럼 $T > \Delta t_c$인 경우, 실제로 특정된 상관 값은 단순히 $\Delta t_c/T$ 만큼 감소하게 된다. 즉

$$\langle \Delta\mathscr{I}_1(t) \Delta\mathscr{I}_2(t) \rangle = \langle \mathscr{I}_1 \rangle \langle \mathscr{I}_2 \rangle \frac{\Delta t_c}{T} |\tilde{\gamma}_{12}(0)|^2 \qquad (12.36)$$

이다. 예를 들어 앞의 실험에서 사용한 필터링된 수은등의 결맞음 시간은 약 1 ns이었으며, 전자 회로의 투과 대역폭의 역수 또는 실효 수집 시간은 약 40 ns이었다. 식 (12.36)은 약간 더 실제적으로 수정된 것을 제외하고는 식 (12.35)와 개념상으로 전혀 다르지 않다는 사실을 주목하기 바란다.

실험실에서의 성공적인 실험에 이어서 곧 핸버리 브라운과 트위스는 그림 12.20과 같은 별간섭계를 제작하였다. 별빛을 모으기 위해서 탐조등의 거울을 사용하였고 그 초점에 두 개의 광전 증배관을 설치하였다. 두 거울을 같은 높이에 설치하고 간섭계의 한쪽 팔에는 시간 지연 장치를 부착하여 빛이 도달하는 시간차를 보상하도록 하였다. 검출기 사이의 거리를 변화시키면서 $\langle \Delta\mathscr{I}_1(t) \Delta\mathscr{I}_2(t) \rangle_T$를 측정함으로써 결맞음도의 크기의 제곱값 $|\tilde{\gamma}_{12}(0)|^2$을 추론하였다. 이 결과로부터 마이컬슨 별간섭계와 마찬가지로 별의 각지름을 결정하였다. 그러나 이 경우는 마이컬슨 장치와 달리 위상에 대해서 염려할 필요가 없으므로 거리 h를 매우 크게 할 수 있다. 마이컬슨 장치에서는 거울이 빛의 파장에 비해 작게 움직이면 치명적인 반면에 여기서는 위상을 제거하였으므로 심지어 거울면의 상태가 좋지 않아도 된다. 최초로 별 상관 간섭계를 이용해 측정한 별은 시리우스(Sirius)인데, 그 각지름이 0.0069초였다. 최근 오스트레일리아의 나라브리(Narrabri)에 618피트 간격의 별 상관 간섭계가 설치되었다. 이것은 0.0005초 정도로 매우 작은 별의 각지름을 측정할 수 있는데, 이 값은 베텔게우스의 각지름 0.047초보다 훨씬 작은 것이다.*

입사광이 거의 단색광이고 충분히 높은 복사 조도를 가질 경우는 복사 조도 상관에 사용되는 전자 회로를 매우 단순화시킬 수 있다. 레이저광은 통계적 성질이 백열등과 다르지만 **준백열광**(pseudothermal light)**을 만들 때 이용될 수 있다. 준백열 광원은 일반적인 밝은 광원(레이저가 가장 편리함)을 회전하는 간유리판과 같이 광학적 두께가 **불균일한** 운동 매질에 비춤으로써 얻을 수 있다. 만일 정지 상태의 간유리에 의해서 산란된 빔을 **충분히 느린 검출기**로 측정하면 본래 복사 조도의 요동은 완전히 완만해져서 없어진다. 그러나 간유리가 움직이면 그 속력에 의해서 결정되는 유도 결맞음 시간(stimulated coherence time)을 가진 복사 조도의 요동이 나타난다. 따라서 결맞음 시간 Δt_c를 변화시킬 수 있는(예: 1초와 10^{-5}초 사이에서) 극히 밝은 백열 광원을 얻는데, 이는 매우 넓은 범위의 결맞음 효과를 조사하는 데 사용될 수 있다. 예를 들어 그림 12.22는 $[2J_1(u)/(u)]^2$에 비례하는 상관 함수를 보여 주는데, 이는 원판형 준백열 광원에 대하여 복사 조도 요동으로부터 결정한 것이다. 그림 12.21과 비슷한 실험장치를 사용하였는데, 전자 회로는 훨씬 단순하다.***

* 복사 조도의 상관관계에 대한 광자적 관점을 알고 싶으면 Garbuny, *Optical Physics*의 6.2.5.2절이나, Klein, *Optics*의 6.4절을 보라.

** W. Martienssen and E, Spiller, "Coherence and fluctuations in light beams." *Am. J. Phys.* **32**, 919 (1964) 그리고 A. B. Haner and N. R. Isenor, "Intensity correlations from pseudothermal light sources," *Am. J. Phys.* **38**, 748 (1970)을 보라. 이 두 논문은 읽을 가치가 충분히 있다.

*** 이 장에 대한 좋은 참고문헌은 리뷰 논문 L. Mandel and E. Wolf, "Coherence properties of optical fields." *Revs. Modern Phys.* **37**, 231 (1965)인데, 읽기가 만만치 않다. 또한 K. I. Kellermann, "Intercontinental radio astronomy," *Sci. Am.* **226**, 72 (February 1972)를 살펴보라.

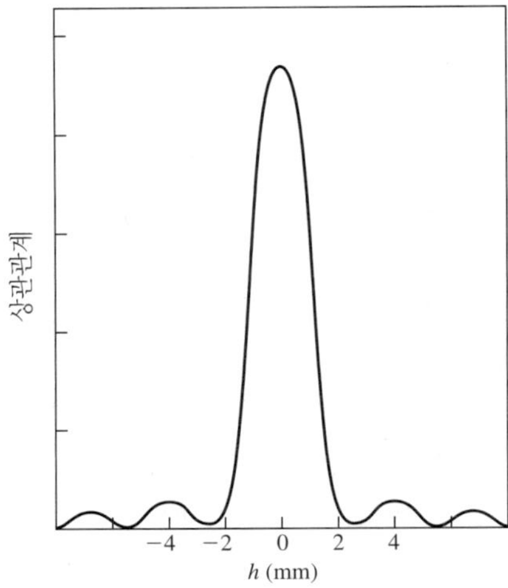

그림 12.22 준백열 광원에 대한 상관 함수 (A.B. Harner and N.R. Isenor, *Am J. Phys.* **38**, 748 (1970) American Journal of Physics으로부터 발췌)

연습문제

***가 붙지 않은 문제의 풀이는 책 뒤에 나와 있다.**

12.1* 두 개의 단색 점광원이 같은 위상으로 빛을 방출한다. 보통의 거리만큼 떨어진 관찰면(광원들을 연결하는 선에 평행)에서 두 광원 중 한 개에서 방출되는 복사 조도는 다른 것에 의한 것의 100배이다. 일반적인 간섭 무늬에서

$$I_{\max} = (\sqrt{I_1} + \sqrt{I_2})^2$$

과

$$I_{\min} = (\sqrt{I_1} - \sqrt{I_2})^2$$

임을 보여라. 중심축으로부터의 거리에 따른 알짜 복사 조도 그림을 그려라. 간섭 무늬는 실제로 어떻게 보이는가? 가시도를 구하라.

12.2* 그림 12.3을 염두에 두고 각각 $I_0\cos^2\alpha$ 형태의 두 개의 결어긋난 코사인 제곱 간섭 무늬 시스템을 만들어라. 이때 최고점이 골짜기와 겹쳐서 합성 복사 조도는 $I = I_0$로 균일하게 되도록 한다.

12.3* 다음과 같은 식 (12.2)

$$A_c \approx \left(\frac{\bar{\lambda}_0}{\theta_s}\right)^2$$

가 타당함을 보여라. A_S를 d_S^2으로 근사하고

$$A_c \approx \frac{l^2\bar{\lambda}_0^2}{A_s}$$

임을 보여라. l이 커지면 A_c가 커짐에 유의하라.

12.4* 평균 파장이 500 nm, 면적이 $1.0 \times 10^{-6}\,\mathrm{m}^2$인 작은 준단색 백열 광원을 사용해서 지름이 0.1 mm인 두 개의 핀홀이 있는 불투명 스크린을 비춘다. 스크린의 2 m 앞에 원판 모양의 균일한 복사 조도 광원이 있다. 결맞음 넓이의 크기 정도를 구하라.

12.5* 구멍 스크린의 중심에서 보는 광원의 입체각을 Ω_S라고 할 때

$$A_c \approx \frac{\bar{\lambda}_0^2}{\Omega_s}$$

이 결맞음 넓이임을 보여라. 이 식은 광원까지의 거리를 모를 때 유용하다. 광원의 크기가 작을수록 결맞음 넓이는 커진다.

12.6* 지구 표면에서 볼 때 태양면의 각도는 약 9.3×10^{-3} 라디안이다. 햇빛 중에서 평균 파장 550 nm을 사용하면 지표면의 구멍 스크린에서의 결맞음 넓이는 대충 어느 정도인가? 간섭 무늬가 생기거나 사라질 때 스크린에서 핀홀은 얼마나 멀리 떨어져 있는가? [힌트: 연습문제 12.5 참고]

12.7* Σ_a가 Σ_S에서 멀어짐에 따라 결맞음 넓이가 증가하더라도 변하지 않는 양이 있다. 즉 광원의 중심에서 결맞음 넓이에 대한 입체각 Ω_c가 있다. 별과 같이 먼 거리의 물체의 경우

$$\Omega_c \approx \frac{\bar{\lambda}_0^2}{A_s}$$

임을 증명하라. Σ_a가 Σ_S에서 멀어질 때 Σ_a는 입체각의 원뿔과 교차해서 A_c의 값이 점점 커진다.

12.8 수은등을 광원으로 사용하여 마이컬슨 간섭계의 무늬를 관찰하고자 한다. 수은등의 스위치를 켠 직후부터 수은 증기압이 정상 상태에 도달할 때까지 무늬의 변화에 대해서 논하라.

12.9* 영의 실험에서 주파수가 약간 다른 두 개의 단색광 E_1과 E_2로 슬릿을 동시에 비출 때, 관찰면 위에 생긴 복사 조도를 관찰하고자 한다. $\lambda_1 = 0.8\lambda_2$라 두고 복사 조도를 시간의 함수로 스케치하고, P에서 E_1E_2의 곱을 그려라. 비교적 긴 시간에 걸친 곱의 평균에 대하여 논하라. $(E_1 + E_2)^2$의 모양에 대하여 서술하고 $E_1^2 + E_2^2$와 비교하라. 파동의 진동 주기보다 긴 시간 동안 평균한 $\langle (E_1 + E_2)^2 \rangle_T$를 근사적으로 구하라.

12.10* 문제 12.9를 염두에 두고 이제 주어진 한순간에 공간적인 분포를 고려하자. 각각의 파동은 관찰면 위에서 복사 조도 분포 I_1과 I_2를 형성한다. 이들과 그 합 $I_1 + I_2$를 그리고, 그 의미를 논하라. 또한 그림 7.16과 비교하라. 또 다른 파장의 광들이 추가된다면 복사 조도 분포는 어떻게 달라지겠는가? 결맞음 거리의 개념으로 설명하라. 대역폭이 무한대로 접근한다면 무늬는 어떻게 되겠는가?

12.11 문제 12.10을 염두에 두고 그림 11.51에 보인 사인 함수의 자체 상관을 고려하자. 이제 매우 많은 사인 함수로 구성된 신호를 생각해 보라. 이 복잡한 신호의 자체 상관을 그림 11.51e와 같이 그려라(처음에는 3개 또는 4개의 사인파로 구성된 신호에 대해서 생각하라). 파동의 수가 매우 많아서 신호가 무작위 잡음과 같아지면 자체 상관 함수는 어떻게 되겠는가? $\tau = 0$의 중요성은 무엇인가? 문제 12.10과 비교하라.

12.12* 그림 12.8의 장치에서 무늬 간격(최대에서 최대까지)이 1mm이고 스크린에 투영된 선광원의 폭이 0.5mm일 때, 무늬의 가시도를 계산하라.

12.13 그림 P.12.13과 같이 선광원과 두 개의 핀홀로 구성된 장치에서 광원에 대한 적분을 이용하여 관찰면 위의 복사 조도 분포가

$$I(Y) \propto b + \frac{\sin(\pi a/\lambda l)b}{\pi a/\lambda l}\cos(2\pi aY/\lambda s)$$

임을 보여라.

그림 P.12.13

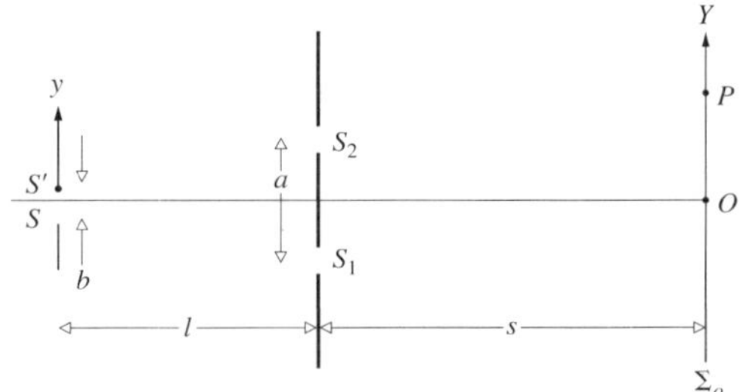

12.14 식 (12.22)를 유도하라.

12.15 그림 P.12.15에서 Σ_o 위에 복사 조도가 $4I_0$와 같아지는 조건을 구하라. 여기서 I_0는 어느 한쪽의 비상관된 점광원에 의한 복사 조도 분포이다.

그림 P.12.15

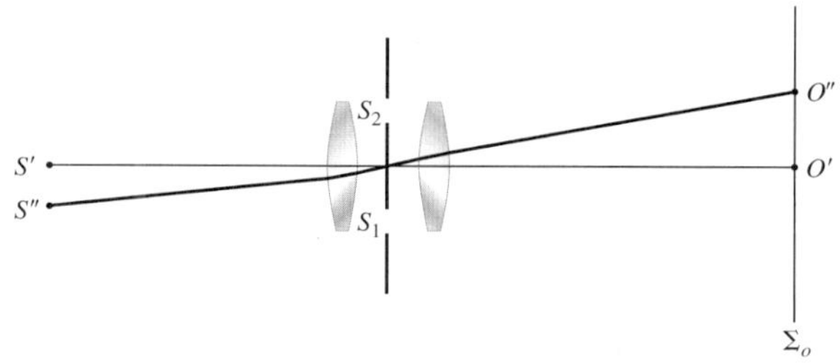

12.16* 파장 $\bar{\lambda}_0 = 589.3$nm인 나트륨등 앞에 지름 0.1mm의 작은 원형 구멍을 놓아서 영의 실험에서 광원으로 사용하려고 한다. 광원과 슬릿들 사이의 거리를 1m라 할 때, 간섭 무늬가 사라지는 슬릿 사이의 간격은 얼마인가?

12.17* 그림 9.10에 나타낸 영의 실험을 보자. 준단색 백열 광원에서 평균 파장 500nm을 걸러서 광원 스크린에 있는 지름 0.1mm 구멍의 왼쪽부터 입사시킨다. 간섭 무늬가 보이기 시작할 때 두 핀홀 구멍들은 최대 얼마나 멀리 떨어져 있을 것인가? 광원은 구멍 스크린에서 1.0m 떨어져 있다.

12.18 식 (12.32)와 식 (12.33)으로부터 식 (12.34)와 식 (12.35)가 유도됨을 보여라.

12.19* 식 (12.21)을 복사 조도가 각각 $|\tilde{\gamma}_{12}(\tau)|I_1$과 $|\tilde{\gamma}_{12}(\tau)|I_2$이고 위상차가 $\alpha_{12}(\tau) - \varphi$인 두 결맞은 광의 중첩 항과 복사 조도가 각각 $[1 - |\tilde{\gamma}_{12}(\tau)|]I_1$과 $[1 - |\tilde{\gamma}_{12}(\tau)|]I_2$인 두 결어긋난 광의 중첩 항으로 분해할 수 있음을 보여라. $I_{결맞음}/I_{결어긋남}$과 $I_{결어긋남}/I_{전체}$를 유도하라. 위와 같이 다른 관점의 물리적 의미를 논하고, 간섭 무늬의 가시도를 이런 관점에서 논하라.

12.20 영의 실험에서 한쪽 핀홀에는 1/10로 복사 조도를 줄이는 *ND* 필터를 놓고 다른 쪽에는 위상차가 생기지 않도록 투명한 유리판을 놓았다. 완전히 결맞은 빛으로 비출 때 무늬의 가시도를 계산하라.

12.21* 영의 이중 슬릿 실험장치를 중심 파장 550nm인 태양광으로 비춘다면, 무늬가 사라지는 슬릿 간격은 얼마인가?

12.22* 그림 12.8로 돌아가서 광대역 준단색의 긴 직사각형 광원($\bar{\lambda}_0 = 500$nm)을 생각해 보자. 두 개의 좁은 구멍 슬릿 사이의 간격이 거의 0으로부터 시작하여 증가한다면 Σ_0 위의 간섭 무늬가 처음으로 사라질 때 이동할 수 있는 슬릿들은 얼마나 멀리 떨어져야 하는가? 광원은 구멍 스크린 앞 1.0m에 있고, 광원의 폭은 0.10mm이다.

12.23* 그림 12.8로 돌아가서 광대역 준단색 슬릿 광원을 생각해 보자. 간섭 무늬 가시도가 0.9이려면 광원의 폭은 얼마이어야 하는가? 광원은 구멍 스크린 앞 1.0m에 있고, $\bar{\lambda}_0 = 550$nm이고, 구멍 슬릿들은 0.20mm 떨어져 있다. [힌트: 책 뒷부분의 표 1을 참고하라. $\text{sinc}(\pi/4)$는 얼마인가?]

12.24 폭 b이고 균일한 결어긋난 선광원이 평균 파장 500 nm의 준단색광을 낸다고 한다. 이 광원으로부터 1.5 m 떨어진 곳에 간격 0.5 mm인 두 핀홀이 놓일 때, 관찰면 위에서 무늬의 가시도가 0.85보다 작지 않기 위한 광원의 폭 b를 구하라.

12.25* 마스크와 필터를 앞에 설치한 방전등과 같은 준단색광을 방출하는 균일한 결어긋난 선광원을 생각하자. 평균 파장이 500 nm인 선광원이 10 m 떨어진 곳에 위치한 구멍 스크린을 비출 때, 스크린 위의 폭 1 mm인 영역 전체에서 복소 결맞음도의 크기가 90%보다 크거나 같이 위한 선광원의 크기를 결정하라.

12.26* 그림 P.12.26에서와 같이 두 개의 결어긋난 준단색 점광원이 마스크의 두 핀홀을 비추고 있다. 관찰면 위에서 무늬의 가시도가 최소인 조건은

$$a(\alpha_2 - \alpha_1) = \tfrac{1}{2}m$$

임을 보여라. 여기서 $m = \pm 1, \pm 3, \pm 5 \ldots$이다.

그림 P.12.26

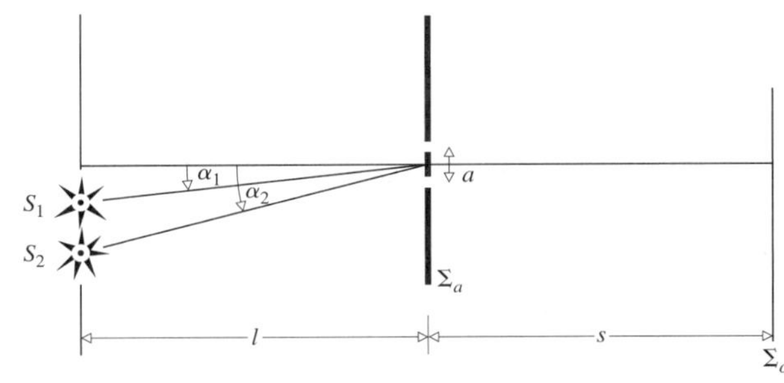

12.27 평균 파장 500 nm의 준단색광을 방출하는 여러 개의 결어긋난 선광원이 500 μm 간격으로 배열된 넓은 폭의 광원이 있다. 이 광원으로부터 2 m 떨어진 곳에 선광원과 평행한 이중 슬릿을 놓을 때, 최대 가시도를 얻기 위한 슬릿 간격을 구하라.

12.28* 이전 예제에서 $d_c \approx \bar{\lambda}_0/\theta_S$를 이용해서 태양빛의 가로 방향 결맞음 길이의 근삿값을 계산하였다. 이제 식 (12.31)을 얻을 수 있는 보다 보수적인 개념을 사용해서 원형 백열 광원에 대한 결맞음 넓이의 지름을 구하라.

12.29* 마이컬슨 별간섭계를 생각해 보자. 같은 밝기의 두 개의 별에서 빛이 나올 때 간섭 무늬가 사라지는 조건은 무엇인가? 이것을 적당히 큰 각 크기의 균일한 밝기의 별이 하나밖에 없는 상황과 비교하라. 두 경우 모두 광원이 장치에서 이루는 각도의 표현식을 구하라.

12.30* 마이컬슨 별간섭계로 아르크투루스(Arcturus) 별에 대해 실험할 때 두 거울이 24피트 떨어진 경우 간섭 무늬가 사라졌다. 빛의 평균 파장을 500 nm로 가정하면, 별이 지구에서 어떤 각도를 이룰지 초 단위로 답을 구하라.

13 현대 광학: 레이저를 비롯한 몇 가지 논제

13.1 레이저와 레이저광

1950년대 초반에 **메이저**(maser)라는 놀라운 장치가 여러 과학자에 의해 개발되었다. 이들 가운데 주역은 미국의 타운스(Charles Hard Townes), 소련의 프로호로프(Alexandr Mikhailovich Prokhorov)로서 이들은 1964년 노벨 물리학상을 공동 수상하였다. '유도 방출 복사에 의한 마이크로파 증폭(Microwave Amplification by Stimulated Emission of Radiation)'의 첫 글자를 모아 만든 메이저는 그 이름이 말해주듯이 잡음이 극도로 적은 마이크로파 증폭기이다.* 그것은 물질과 복사 에너지의 양자역학적인 상호작용을 직접 사용하는 것으로써 그 당시로서는 다소 새로운 방식이었다. 처음 메이저를 고안하자마자 이 기술을 가시광선 영역에까지 확장할 수 있을지의 여부를 고찰하게 되었다. 1958년에 타운스와 숄로(Arthur L. Schawlow)는 '유도 방출 복사에 의한 빛의 증폭(**L**ight **A**mplification by **S**timulated **E**mission of **R**adiation)', 즉 **레이저(laser)**를 동작시키는 데 요구되는 일반적인 물리적 조건을 예언적으로 제시하였다. 이어서 1960년 7월에 메이먼(Theodore H. Maiman)이 최초의 광메이저, 즉 레이저의 동작에 성공하였음을 발표했는데 이것은 광학의 역사에 나아가 과학사에 크나큰 이정표를 세운 것이다.

레이저는 '신기한 빛'을 만들어내는 양자역학적 장치로서 원자가 신비한 방식으로 전자기 복사와 상호작용하는 것을 이용한다. 레이저가 어떻게 작동하는지 그리고 그 빛이 그렇게 특별한 이유가 무엇인지를 개괄적이지만 확고하게 이해하기 위해서 먼저 전구, 별과 같은 보통 백열 광원에 대한 기본 이론을 다루고자 한다. 이를 위하여 흑체 복사를 소개해야 하는데, 이는 전자기 복사와 물질의 상호작용을 다룰 때는 반드시 필요한 것이다. 여기에 덧붙여 원자 에너지 준위에 대한 볼츠만 분포를 다룰 것이다. 이러한 내용을 토대로 아인슈타인 A 계수와 B 계수를 통해 유도 방출의 핵심적인 내용을 이해할 수 있으며, 나머지 내용도 별 문제 없이 이해할 수 있다.

13.1.1 복사 에너지와 물질의 평형

빛(즉 복사 에너지)에 대한 모든 것을 정확히 밝히는 것은 결코 가능하지 않을지도 모른다. 양자론은 1859년으로 거슬러 올라가 **흑체 복사(blackbody radiation)**로 알려진 불가사의하게 보이는 현상의 연구로부터 시작한다. 그해에 다윈(Charles Darwin)은 『종의 기원(*The Origin of Species*)』을 출간하였고, 키르히호프(Gustav Robert Kirchhoff)는 물리학에 혁명을 일으킬 지적인 다음과 같은 난제를 제안하였다.

키르히호프는 열평형 상태에 있는 물체가 복사 에너지를 교환하는 현상을 연구하고 있었다. 이 **열복사**(thermal radiation)는 모든 물체가 방출하는 전자기 에너지인데, 그 근원은 물체를 구성하는 원자들의 무작위적 운동이다. 그는 물체가 전자기 에너지를 방출 또는 흡수하는 정도를 각각 **방출 계수**(emission coefficient) ε_λ와 **흡수 계수**(absorption coefficient) α_λ로 나타내었다. **방출 계수는 λ 근처의 미소 파장 범위에서 단위 면적당 단위 시간당 단위 파장당 방출하는 에너지**로 $W/m^2/m$의 단위를 갖는다. 열복사는 넓은 범위의 주파수로 구성되어 있지만 에너지를 측정하는 장치는 유한한 범위의 파장을 측정하게 되어 있다. **흡수 계수는 단위가 없으며 입사하는 복사 에너지가 단위 면적당 단위 시간당 주어진 파장 범위에서 흡수되는 비율이다.** 흡수 계수와 방출 계수는 둘 다 물체 표면의 성질(색, 질감 등)과 파장에 관계한다. 어떤 물체가 주어진 파장에서 방출과 흡수를 잘하지만 다른 파장에서는 그렇지 못할 수 있다.

고정된 온도 T에서 열평형 상태에 있는 고립된 상자를 생각해 보자. 아마도 그것은 무수히 다른 파장의 복사 에너지로 가득 차 있을 것이다. 빛나는 용광로를 생각해보라. 키르히호프는 T에 의존하고 **각 파장에서 단위 면적당 단위 시간당 에너지** 값을 제공하는 몇 가지 공식 또는 **분포 함수** $I_\lambda(\lambda)$가 있다고 가정하였다. 그것을 공동(cavity) 안의 **분광 선속 밀도**

---

* James P. Gorden, "The Maser," *Sci. Am.* 199. **42** (December 1958)을 보라.

(**spectral flux density**)라고 하며, 방출하는 경우에는 **분광 방출도**(**spectral exitance**)라고 한다. 그는 공동의 벽이 모든 파장에서 흡수하는 총에너지와 방출한 총에너지가 같아야 한다고 결론지었다. 그렇지 않다면 T가 변해야 하는데 그렇지 않기 때문이다. 더 나아가 키르히호프는 공동 벽의 재료가 (T에 따라 다르게 반응하는) 다른 물질로 되어 있을지라도 이와 같은 평형이 **모든** 파장에 대해 성립해야 한다고 주장하였다. **모든 물질에 대하여** λ에서 흡수된 에너지, 즉 $\alpha_\lambda I_\lambda$는 방출된 에너지 ε_λ와 같아야 한다는 것이다. 즉 **키르히호프의 복사 법칙**(**Kirchhoff's radiation law**)은

$$\frac{\varepsilon_\lambda}{\alpha_\lambda} = I_\lambda \tag{13.1}$$

로 표현되는데, 여기서 분포 함수 I_λ는 $\mathrm{J/m^3 \cdot s}$ 또는 $\mathrm{W/m^3}$의 단위를 가지며, 공동 벽의 재료, 색, 크기, 모양에 관계없이 오직 T와 λ에만 관계되는 보편적인 함수이다. 이것은 참으로 놀랍다. 그러나 오래전인 1792년에 영국의 도공인 웨지우드(Thomas Wedgwood)는 용광로 안의 물체가 크기, 모양 또는 재료에 관계없이 벽과 마찬가지로 붉게 달아오른다고 언급한 바 있다.

비록 키르히호프는 일반적인 에너지 분포 함수를 제시하지 못했지만, $\alpha_\lambda = 1$인 완전히 흡수하는 물체는 검게 보일 것이며 이 특별한 경우 $I_\lambda = \varepsilon_\lambda$일 것이라고 하였다. 또한 흑체에 대한 분포 함수는 같은 온도의 고립된 상자에 대한 것과 같다고 하였다. (뜨거운 오븐 안에서 평형 상태에 있는 그러한 흑체를 생각해 보라.) 평형 상태에 있는 고립된 공동 안의 복사 에너지 분포는 모든 면에서 같은 온도의 완전한 흑체에 의한 것과 동일하다. 따라서 **상자의 작은 구멍으로부터 나오는 에너지는 같은 온도의 완벽한 흑체의 복사와 동일한 것이다.**

과학자들은 I_λ를 실험적으로 결정해야 하는 도전을 받아들였으나 큰 기술적 어려움으로 인해 진전이 느렸다. 기본 장치(그림 13.1a)는 상당히 단순하지만, 신뢰성 있는 광원을 확보하는 것이 오랫동안 매우 어려운 문제였다. 특정한 검출기의 구조에 관계없이 실험 데이터를 얻어야 하므로, (입사창의) 단위 면적당 (검출기가 받아들인) 단위 파장 범위당 검출기로 들어가는 단위 시간당 복사 에너지를 그리는 것이 최선이다. 결국 그림 13.1b에 있는 것과 같은 곡선이 기록되었는데 각각의 곡선은 특정한 온도에서 I_λ를 그린 것이다.

슈테판–볼츠만 법칙

1865년에 틴들(John Tyndall)은 가열된 백금 도선이 525°C (798 K)보다 1200°C(1473 K)에서 11.7배의 총에너지를 방출한다는 사실을 포함하여 몇 가지 실험 결과를 발표하였다.

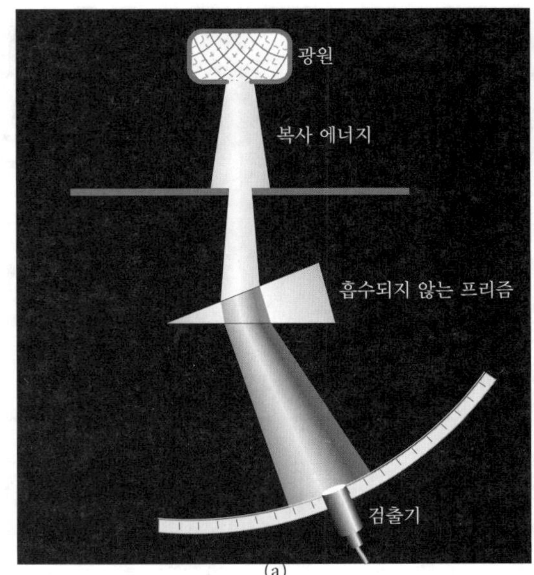

(a)

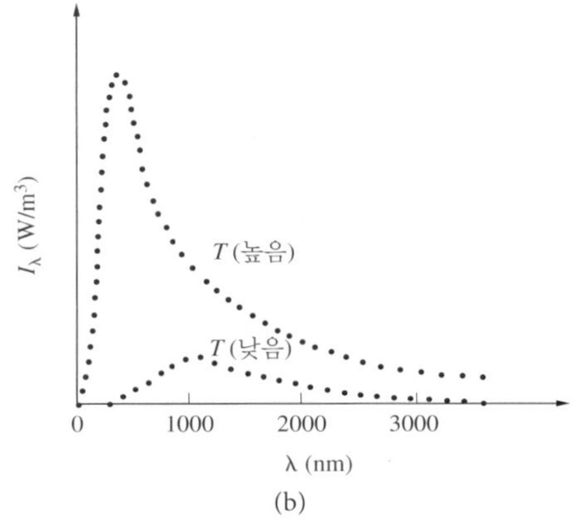

(b)

그림 13.1 (a) 흑체 복사를 측정하는 기본 실험장치. (b) 검출기로 측정된 파장에 따른 I_λ 값. 두 곡선은 각각 광원의 다른 특정한 온도에 대응한다.

1879년에 놀랍게도 슈테판(Josef Stefan)은 $(1473\text{ K})^4$과 $(798\text{ K})^4$의 비율이 11.7과 거의 같은 11.6이라는 사실을 알아내고, 에너지 복사율이 T^4에 비례할 것이라고 추측하였다. 슈테판의 관찰이 맞기도 했지만 운도 좋았다. 사실상 틴들의 결과는 흑체에 대한 것과는 거리가 먼 것이었다. 그럼에도 불구하고 곧이어 1884년 볼츠만(L. Boltzmann)이 슈테판의 관찰에 대한 이론적 근거를 마련하였다. 그는 열역학 법칙과 키르히호프의 복사 법칙을 이용하여 실린더 안의 피스톤이 받는 복사압을 전통적인 방법으로 다루었다. 볼츠만의 분석은 실린더 안의 기체를 취급하는 방법과 대동소이한데, 다만 능동적인 매개체로 원자 대신에 전자기파가 역할을 하는 것이었다. 결과적으로 흑체에 대한 슈테판–볼츠만 법칙은 (오늘날은 다른 방식으로 유도)

$$P = \sigma A T^4 \tag{13.2}$$

로 주어지며, 여기에서 P는 모든 파장에 걸친 총복사 출력이고, A는 복사면의 면적, T는 켈빈으로 나타낸 절대 온도, σ는 보편 상수로서 현재

$$\sigma = 5.670\,33 \times 10^{-8}\ \mathrm{W/m^2 \cdot K^4}$$

이다. 그림 13.1b에서 주어진 T에 대한 흑체 복사 곡선 아래의 총면적은 단위 면적당 출력으로서 식 (13.2)로부터 $P/A = \sigma T^4$이다.

실제 물체는 완전한 흑체가 아니다. 카본 블랙(carbon black)의 경우도 단지 주어진 주파수 영역(물론 가시광선을 포함)에서만 흡수율이 거의 1이다. 원적외선(far infrared) 영역에서 그것의 흡수율은 훨씬 낮다. 그렇지만 대부분의 물체는 적어도 어떤 주어진 온도와 파장에서는 흑체와 비슷하다. 예를 들면 인체는 적외선 영역에서 거의 흑체이다. 따라서 보통 물체에 대하여 비슷한 관계식을 쓰는 것은 유용한데, 총방출률(ε)로 불리는 곱셈 인자를 도입하여 할 수 있다. 이것은 복사 출력을 $\varepsilon = 1$인 같은 온도의 흑체에 대한 것과 연관시키는 것으로 총복사 출력은

$$P = \varepsilon \sigma A T^4$$

이다. 표 13.1은 실온에서 몇 개의 값을 보여 준다. 방출률은 단위가 없으며 $0 < \varepsilon < 1$임을 유의하라.

총흡수율 α인 물체가 공동이나 방과 같은 방출률 ε_e, 온도 T_e인 상자 안에 놓이게 되면 물체는 $\varepsilon\sigma AT^4$의 비율로 방출하고, 상자 안의 에너지를 $\alpha(\varepsilon_e \sigma A T_e^4)$의 비율로 흡수할 것이다. 그런데 물체와 상자가 평형을 이루는 온도(즉 $T = T_e$)에서는 이 비율이 같아야 한다. 따라서 모든 온도에서 $\alpha\varepsilon_e = \varepsilon$이어야 한다. 그러므로 물체가 복사($T > T_e$일 때) 또는 흡수($T < T_e$일 때) 하는 알짜 출력은

$$P = \varepsilon \sigma A (T^4 - T_e^4)$$

이다.

표 13.1 대표적인 총방출률 값*

물질	ε
알루미늄박	0.02
연마된 구리	0.03
산화된 구리	0.5
탄소	0.8
흰색 페인트(평평한 면)	0.87
붉은 벽돌	0.9
콘크리트	0.94
검은색 페인트(평평한 면)	0.94
그을음	0.95

*T = 300 K, 실온

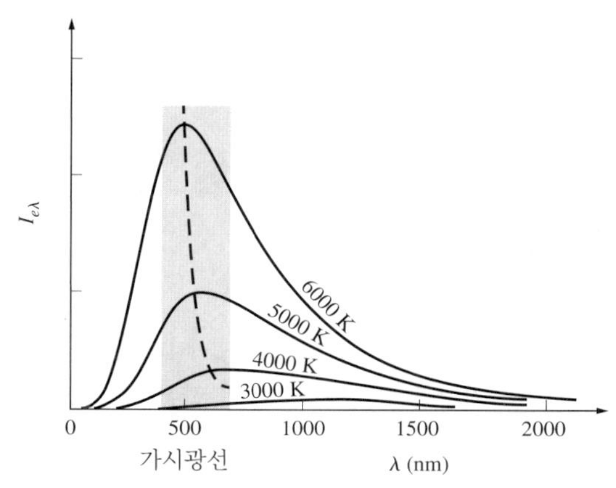

그림 13.2 흑체 복사 곡선. 최고점을 잇는 쌍곡선은 빈의 법칙을 따른다.

절대 온도 0 K가 아닌 모든 물체는 복사하는데, 복사는 T의 4제곱에 비례하므로 온도 변화에 매우 민감하다. 0°C(273 K)의 물체가 100°C(373 K)로 가열되면 복사 출력이 약 3.5배 증가한다. 온도가 증가하면 복사하는 알짜 출력은 증가한다. 이 때문에 물체의 온도를 올리는 것이 점점 어려워지는 것이다. (시험 삼아 철제 숟가락을 1300°C까지 가열해 보라.) 또한 물체의 온도가 올라가면 파장에 따라 방출하는 에너지 분포도 달라진다. 전구의 필라멘트가 끊어지는 순간에 저항, 전류, 온도가 증가하므로 정상 상태의 불그레한 백색에서 푸른 백색의 섬광을 내게 된다.

빈의 변위 법칙

아마도 1983년 고전 이론을 흑체 복사 문제에 마지막으로 성공적으로 적용한 사람은 노벨상을 수상하였으며 그의 친구들에게 빌리(Willy)로 알려진 독일 물리학자 빈(Wilhelm Otto Fritz Franz Wien, 1864~1928)이다. 그는 오늘날 **변위 법칙(displacement law)**으로 불리는 것을 유도하였다. 각각의 흑체 곡선은 절대 온도 T에 관계되는 특정 파장(λ_{max})에서 최댓값을 갖는다. 그 파장에서 흑체는 가장 많은 에너지를 방출한다. 빈은

$$\lambda_{max} T = \text{상수} \tag{13.3}$$

임을 보였는데, 상수는 실험을 통해 0.002898 m · K로 밝혀졌다. 최고 파장은 온도에 반비례한다. **온도가 올라가면 대부분의 복사는 짧은 파장과 높은 주파수로 이동한다**(그림 13.2에서 점선으로 표시된 곡선을 보라). 달아오른 석탄이나 빛나는 별이 뜨거워짐에 따라 따뜻한 적외선으로부터 뜨거운 빨간색을 거쳐 푸른 백색으로 옮겨간다. 인체나 나뭇조각은 단지 근사적인 흑체로서 거의 대부분 적외선을 방출한다. 이들은 600°C 또는 700°C 정도에서 희미한 빛을 낼 수 있겠지만, 훨씬 전에 분해되고 말 것이다. 빨갛게 달아오른 철 덩

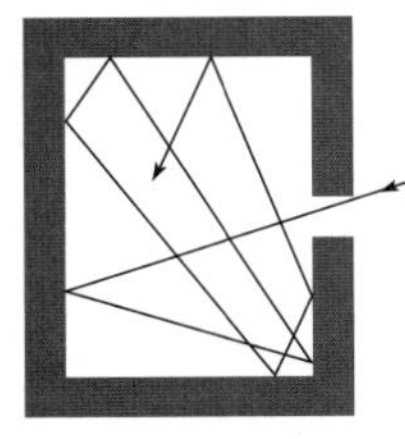

그림 13.3 공동의 작은 구멍으로 들어가는 복사 에너지는 여기저기로 반사되지만, 빠져나올 기회가 거의 없으므로 구멍은 검게 보인다. 반대로 가열된 공동의 구멍은 흑체 복사의 광원으로 나타난다.

어리는 1300°C 정도에서 밝은 선홍색을 띠게 된다.

1899년에 과학자들은 가열된 공동의 작은 구멍(그림 13.3)을 흑체 복사의 광원으로 사용함으로써 실험 수준을 크게 향상시켰다. 이와 같은 구멍으로 들어가는 에너지는 내부에서 여러 번 반사하는 과정에서 흡수된다(바로 이러한 이유로 눈의 동공이 검게 보인다). 거의 완전한 흡수체는 거의 완전한 방출체이다. 따라서 오븐의 작은 구멍은 **흑체 복사**의 훌륭한 광원이다.

이때 고전 이론이 흔들리기 시작하였다. 전자기학을 기초로 한 이론식으로 복사 곡선(그림 13.2) 전체를 설명하고자 갖은 노력을 하였지만 극히 제한된 성공만을 거두었다. 빈은 하나의 공식을 만들었는데 짧은 파장 영역에서 실험 데이터와 일치했지만 λ가 클 때 큰 차이를 보였다. 레일리 경(Lord Rayleigh)과 이후에 진스 경(Sir James Jeans, 1877~1946)은 흑체 복사를 상자 안의 전자기장의 정상파 모드로 기술하는 이론을 개발하였다. 그러나 결과적인 **레일리-진스 공식**(Rayleigh-Jeans formula)은 매우 긴 파장 영역에서만 실험 곡선과 일치하였다. 고전 이론으로는 이를 전혀 설명할 수 없었다. 물리학사에 전환기가 온 것이었다.

플랑크의 복사 법칙

플랑크는 42세에 양자론의 아버지가 되었다. 19세기 말 그 역시 다른 많은 이론 물리학자들과 마찬가지로 흑체 복사를 연구하고 있었다. 그러나 플랑크는 키르히호프 분포 곡선을 설명하는 데 성공했을 뿐 아니라 그 과정에서 물리학을 완전히 뒤집고 말았다. 여기에서 그의 이론을 자세히 다룰 수는 없다. 게다가 원래의 내용은 잘못되었다[수년 후에 보스(Bose)와 아인슈타인(Einstein)이 정정하였다]. 그럼에도 불구하고, 그것은 엄청난 영향을 끼쳤으므로 옳은 요점들은 살펴볼 가치가 있다.

플랑크는 임의의 에너지 분포를 가진 분자들을 일정한 온도의 공동 안으로 주입하면 분자가 평형을 이룸에 따라 그 속력 분포가 바뀌어 맥스웰-볼츠만 분포를 따를 것이라는 것을 알았다. 추측하건대 만일 임의의 분포를 갖는 복사 에너지를 일정한 온도의 공동 안으로 주입하면 그 또한 평형을 이룸에 따라 에너지 분포가 바뀌어 키르히호프 분포로 바뀔 것이다.

1900년 10월 플랑크는 최신의 실험결과를 기초로 하나의 분포 공식을 만들었다. '운 좋은 어림짐작'을 섞어 만들어낸 이 수학적 발명은 모든 실험 데이터와 부합하였다. 그것은 2개의 기본 상수(fundamental constant)를 포함하는데, 그중 하나(h)는 **플랑크 상수(Planck's Constant)**로 알려지게 되었다. 비록 아무것도 설명하지는 않았지만 그 자체로 상당한 성공이었다. 그 당시 플랑크는 몰랐지만 우주에 대한 우리의 인식에 뜻밖의 혁명을 일으킬 일보를 내딛으려 하고 있었다.

자연스럽게 플랑크는 그가 이미 고안한 방정식을 논리적으로 이끌어 낼 수 있는 이론적 체계를 세우기 시작하였다. 그는 공동 안의 복사가 미지의 단순한 미시적인 진동자와 상호작용한다고 가정하였다. 이들은 물질에 관계없이 복사 에너지를 흡수하고 재방출하며 공동 벽의 표면에서 진동한다.(사실상 벽의 원자들이 바로 그렇게 행동한다. 고체 벽에 꽉 채워져 있는 원자는 수많은 이웃하는 원자들과 상호작용한다. 이러한 상호작용은 그들의 통상적인 좁고 독특한 공명 진동을 완전히 둔하게 하고, 그 결과 넓은 주파수 범위에 걸쳐 진동하고 연속적인 스펙트럼을 내게 한다.) 플랑크의 시도는 실패했다. 그 당시 그는 원자의 실재성을 인정하지 않았던 마흐(E. Mach)의 추종자였는데, 문제가 해결될 조짐이 보이지 않자 플랑크는 결국 '자포자기의 행동'을 하게 되었다. 그는 망설이며 볼츠만의 '불쾌한' 통계적 방법으로 주의를 돌렸는데, 이 방법은 기체를 구성하는 원자의 구름을 취급하도록 고안된 것이었다.

플랑크는 원자에 대하여 대단한 옹호자인 볼츠만과 한동안 지적인 적대관계에 있었다. 이제 플랑크는 그의 경쟁자의 통계적인 해석을 사용할 수밖에 없게 되었던 것인데, 아이러니하게도 이를 제대로 적용하지 않았다. 원자를 계수하는 볼츠만의 방식을 에너지와 같이 연속적인 대상에 적용시키려면 그 과정에서 어느 정도의 조정이 필요하다. 따라서 플랑크는 진동자의 총에너지를 셀 수 있도록 '에너지 요소들'로 분배하는 것을 생각했다. 이 에너지 요소들에는 진동자의 주파수 ν에 비례하는 값이 주어졌다. 플랑크는 추구하던 공식을 이미 가지고 있었으며 거기에는 $h\nu$ 항이 포함되어 있음을 기억하기 바란다. 플랑크 상수 h는

$$6.626\,075\,5 \times 10^{-34}\ \mathrm{J \cdot s} \quad \text{또는} \quad 4.135\,669\,2 \times 10^{-15}\ \mathrm{eV \cdot s}$$

로 매우 작다. 그러므로 에너지의 단위를 가진 $h\nu$도 매우 작은 양이다. 따라서 그는 에너지 요소의 값을 아래와 같이 놓았다.

$$\mathscr{E} = h\nu.$$

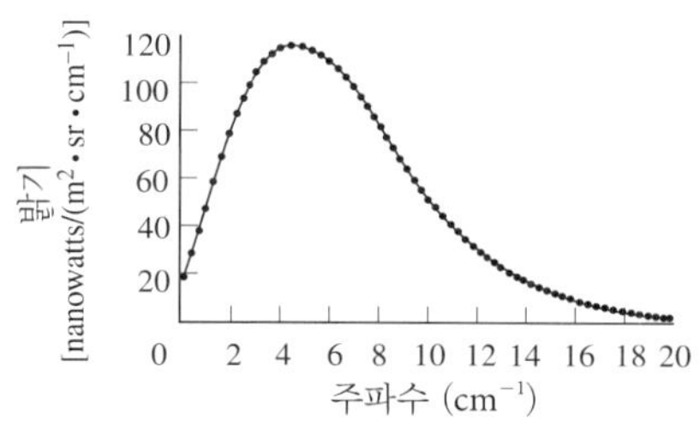

그림 13.4 우주의 배경 복사. 대폭발(Big Bang)로 시작한 이래 우주는 팽창함에 따라 식었다. (마이크로파 스펙트럼에서 측정된) 데이터 점들은 Cosmic Background Explore(COBE) 위성에 의해 검출되었다. 실선은 온도가 2.735 ± 0.06 K인 플랑크 흑체 곡선이다.

이것은 통계적인 해석이었으므로 계수(counting)를 중심으로 정리한 것이다. 그럼에도 불구하고 볼츠만의 의도대로 이 방법을 적용하면 에너지가 자연적으로 고르게 되어 여느 때처럼 연속적이 된다. 다시 말하지만 우리는 세부적인 내용에 대해서 걱정할 필요가 없다. 놀라운 것은 플랑크가 자연의 감춰진 미스터리를 우연히 발견한 것이다. **에너지는 양자화되어 있다.** 그가 그 당시 인식하지 못했으나 에너지는 작은 덩어리로 존재한다.

플랑크는 실험 데이터에 곡선을 맞춤으로써 이미 얻은 바 있고 키르히호프 난제에 대한 해답인 분광 방출도(또는 분광 복사 조도)에 대한 공식

$$I_\lambda = \frac{2\pi hc^2}{\lambda^5}\left[\frac{1}{e^{\frac{hc}{\lambda k_B T}} - 1}\right] \tag{13.4}$$

를 유도했다. 여기서 k_B는 볼츠만 상수이다. 이것이 **플랑크의 복사 법칙(Planck's Radiation Law)**으로서 물론 흑체 복사 데이터와 더할 나위 없이 일치한다(그림 13.4). 위 식에 광속도, 볼츠만 상수와 플랑크 상수(h)가 어떻게 들어 있는지 유의하라. 이것은 전자기 이론을 원자의 영역으로 연결시켜 준다.

예제 13.1

넓이가 $1.0\,\text{m}^2$인 흑체가 300 K의 온도에서 공간으로 전자파를 방출한다. $1.0\,\mu\text{m}$에서 $0.10\,\mu\text{m}$의 파장 범위로 방출하는 전력량을 구하라.

풀이

방출되는 전력 P는 단위 시간당 방출되는 에너지로

$$P = I_\lambda \Delta\lambda\, \Delta A$$

이다. 따라서

$$P = \frac{2\pi hc^2}{\lambda^5}\left[\frac{1}{e^{hc/\lambda k_B T} - 1}\right]\Delta\lambda\, \Delta A$$

이고, 연습문제 13.11의 결과를 이용하면

$$P = \frac{3.742 \times 10^{-25}\, \Delta\lambda\, \Delta A}{\lambda^5(e^{0.0144/\lambda T} - 1)}\ \text{W/m}^2\cdot\text{nm}$$

이다. $\Delta\lambda$를 나노미터로 그리고 λ를 미터의 단위로 대입하면

$$P = \frac{3.742 \times 10^{-25}(100\ \text{nm})(1)}{1 \times 10^{-30}(7.017 \times 10^{20} - 1)}$$

을 얻고, 따라서

$$P = 5.3 \times 10^{-14}\ \text{W}$$

이다. 이것은 작은 전력량이다.

식 (13.4)가 기존의 물리학 지식과 크게 다르지만 플랑크는 고전 이론과 결별할 생각이 없었다. 복사 에너지가 연속적이 아니라는 것은 플랑크에게 있어서 생각조차 할 수 없었을 것이다. 이후에 플랑크는 "처음에 에너지가 어떤 덩어리로 존재할 수밖에 없다고 한 것은 순전히 형식적인 가정이었고, 나는 그것에 관하여 깊이 생각하지 않았다"라고 언급하였다. 원자 진동자가 실재하고 그 에너지가 양자화되어 있다는 것은 1905년 즈음에 이르러서야 훨씬 더 기발한 사색가인 아인슈타인에 의해 알려졌다. 각 진동자는 $h\nu$의 정수배인 에너지만을 가질 수 있는 것이다(계단을 올라가는 사람의 **중력** 위치 에너지와 비슷하게). 더 나아가 **복사 에너지 자체가 양자화되어 있어서** $\mathscr{E} = h\nu$의 에너지로 존재하는 것이다.

13.1.2 유도 방출

레이저(LASER)는 매질 안의 활성화된 원자들을 이용하여 '빛의 증폭(light amplification)', 즉 광파를 강화한다. 따라서 먼저 주어진 온도에서 원자계의 에너지 상태가 일반적으로 분포되는 방식을 살펴보자. 이 문제는 보다 넓은 학문 분야인 통계역학과 관계되며 구체적으로는 맥스웰–볼츠만 분포로 취급된다.

에너지 준위의 밀도

주어진 온도 T의 평형 상태에 있는 기체로 채워진 상자를 생각해 보자. 보통 실내에서와 같이 T가 비교적 낮다면 대부분의 원자는 바닥 상태에 있으며 몇 개의 원자만이 순간적으로 충분한 에너지를 받아서 들뜬 상태로 '올라갈' 것이다. 고전적인 맥스웰–볼츠만 분포에 따르면 에너지 $\mathscr{E}_i$인 주어진 들뜬 상태에 있게 될 단위 부피당 원자수 N_i는 평균적으로

$$N_i = N_0 e^{-\mathscr{E}_i/k_B T}$$

인데, 여기에서 N_0는 주어진 온도에서의 상수이다. **에너지 상태가 높을수록, 즉 $\mathscr{E}$의 값이 클수록 (지수 함수 값이 작을수록) 그 상태에 있는 원자가 더 적은 것이다.**

임의의 상태들 사이의 원자 전이를 다룰 것이므로 $\mathscr{E}_j > \mathscr{E}_i$인 j번째 에너지 준위를 생각하자. 이때 $N_j = N_0 e^{-\mathscr{E}_j/k_B T}$이며, 이 두 상태를 차지하는 밀도의 비율은

$$\frac{N_j}{N_i} = \frac{e^{-\mathscr{E}_j/k_B T}}{e^{-\mathscr{E}_i/k_B T}} \tag{13.5}$$

이다. 이것은 **상대 밀도**(relative population)이고,

$$N_j = N_i e^{-(\mathscr{E}_j - \mathscr{E}_i)/k_B T} = N_i e^{-h\nu_{ji}/k_B T} \tag{13.6}$$

이 되는데, 여기에서 j번째 상태에서 i번째 상태로 전이할 때 에너지가 $(\mathscr{E}_j - \mathscr{E}_i)$만큼 변화하고, 이러한 전이는 주파수 ν_{ji}인 광자의 방출을 수반하므로 $(\mathscr{E}_j - \mathscr{E}_i) = h\nu_{ji}$를 대입할 수 있다는 사실을 이용하였다.

아인슈타인 A 계수와 B 계수

1916년 아인슈타인은 전자기 복사 안에 잠긴 흡수 및 재방출하는 물질에 존재하는 동적인 평형을 단순하게 취급하는 멋진 이론을 고안하였다. 이 이론은 플랑크의 복사 법칙을 확증하는 데 이용되었지만, 보다 더 중요한 것은 레이저에 대한 이론적 기초를 제공했다는 것이다. 독자들은 **흡수**에 대한 기본적인 원리에 대해 잘 알 것이다(그림 3.35 참조). 가장 낮은 에너지 준위, 즉 바닥 상태에 있는 원자를 생각해 보자. 적당한 에너지를 갖는 광자는 원자와 상호작용하여 그 에너지를 줌으로써 원자의 전자 구름이 새로운 상태에 가도록 한다. 원자는 더 높은 에너지의 들뜬 상태로 뛰어 올라간다(그림 13.5). 밀집한 매질 안의 원자는 진동하는 이웃과 상호작용하게 되고 받은 에너지를 충돌을 통해 전달하는 경향을 가진다.

이와 같은 잉여 에너지 상태는 항상 그런 것은 아니지만 보통 짧은 수명을 가지며, 원자는 외부의 영향이 없어도 10 ns 정도 안에 잉여 에너지를 광자의 형태로 방출한다. 이때 원자는 **자발 방출**(spontaneous emission)을 통해 안정한 상태로 되돌아가는 것이다(그림 13.5b).

놀라운 것은 다른 세 번째 과정이 존재한다는 것인데, 이는 아인슈타인이 처음 발견한 것으로 거의 반세기 후에야 발명된 레이저의 작동에 필수적인 것이다. 전자기 복사가 넘쳐나는 매질에 있어서 원자는 들뜬 상태에 있을 동안에 광자와 상호작용할 수 있다. 그러한 경우 원자는 **유도 방출(stimulated emission)**이라고 하는 과정을 통해 입사하는 광자와 보조를 맞춰 잉여 에너지를 방출할 수 있다(그림 13.5).

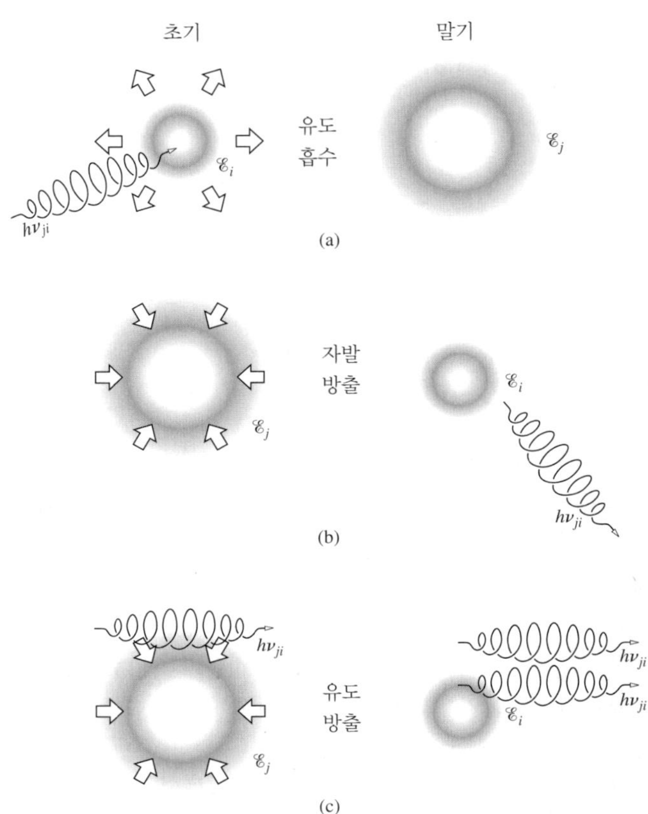

그림 13.5 (a) 유도 흡수, (b) 자발 방출, (c) 유도 방출의 개략도.

흡수의 경우 주어진 초기 상태에 있는 원자수의 변화율은 원자가 들뜬 상태로 감에 따라 그러한 원자에 쇄도하는 광자장(photon field)의 세기에 관계된다. 다시 말하면 그것은 식 (3.34)에 주어진 에너지 밀도 u에 관계되는데, 보다 구체적으로는 전이를 일으키는 주파수 범위 안의 에너지 밀도, 즉 단위 부피당 역초당 줄($\text{J} \cdot \text{s/m}^3$)의 단위를 가지는 분광 에너지 밀도 u_ν에 관계된다. (복사장을 광자로 이루어진 기체로 본다면 분광 에너지 밀도는 단위 주파수 범위당 광자 밀도로 생각할 수 있음을 유의하라.) 원자수의 변화율, 즉 **전이율(transition rate)** 또한 밀도, 즉 그 상태의 원자수 밀도(N_i)에 비례한다. 원자수 밀도가 높을수록 (흡수를 통하여) 원자가 들뜬 상태로 1초당 더욱 많이 떠나게 된다. 이 과정은 광자장에 의하여 이루어지기 때문에 **유도 흡수(stimulated absorption)**라고 하며, 이때 전이율은

[유도 흡수] $$\left(\frac{dN_i}{dt}\right)_{ab} = -B_{ij} N_i u_\nu \tag{13.7}$$

이다. 여기서 **아인슈타인 흡수 계수** B_{ij}는 비례 상수이며, N_i

가 감소하므로 음(−)의 부호가 있다. 마찬가지로 유도 방출에 대하여

[유도 방출] $$\left(\frac{dN_j}{dt}\right)_{st} = -B_{ji}N_ju_\nu \tag{13.8}$$

이다. 상수 B_{ji}는 **아인슈타인 유도 방출 계수**이다. 자발 방출의 경우는 외부 영향에 무관하므로

[자발 방출] $$\left(\frac{dN_j}{dt}\right)_{sp} = -A_{ji}N_j \tag{13.9}$$

로 주어진다. 이것이 자발 방출에 의한 들뜬 상태 밀도의 감소율 N_j이다. 그리고 A_{ij}는 에너지 준위-j에서 준위-i로 떨어지는 것과 연관된 **아인슈타인 자발 방출 계수**이다. 유도 방출 비율은 u_ν에 따라 달라지고 자발 방출 비율은 그렇지 않기 때문에, 레이저와 같이 에너지 밀도가 높을 때 유도 방출이 지배적일 것으로 예상할 수 있다.

예제 13.2

10mW 레이저가 평균 파장 500nm에서 방출되고 있다. 유도 방출의 발생률을 결정하라.

풀이

레이저는 10×10^{-3}J/s을 방출한다. 각 광자가 얼마나 많은 에너지(E)를 전달하는지 알아야 한다. $E = h\nu$이고 $c = \lambda\nu$이므로

$$E = \frac{hc}{\lambda} = \frac{(6.626 \times 10^{-34})(2.998 \times 10^8)}{500 \times 10^{-9}}$$

이다. 그러므로 각 광자는 $E = 3.973 \times 10^{-19}$J을 방출한다. 이때 광자 방출률은

$$\frac{10 \times 10^{-3}\text{ J/s}}{3.973 \times 10^{-19}\text{ J}} = 2.52 \times 10^{16}\text{광자/초}$$

이고, 여기서 이것이 모두 유도 방출에 의한 것이라는 것을 가정할 수 있다.

전이율, 즉 1초당 전이하는 원자수를 원자수로 나누면 1초당 전이할 확률 $\mathcal{P}$가 됨을 유의하라. 결과적으로 1초당 자발 방출할 확률은 $\mathcal{P}_{sp} = A_{ji}$이다.

들뜬 하나의 원자가 낮은 상태로 자발 전이를 하는 경우, 1초당 전이 확률의 역을 취하면 들뜬 상태의 **평균 수명(mean life)** 또는 **수명 시간(lifetime)** τ가 된다. 따라서 만일 N개의 원자가 들뜬 상태에 있을 때 자발 방출만을 고려하면 총전이

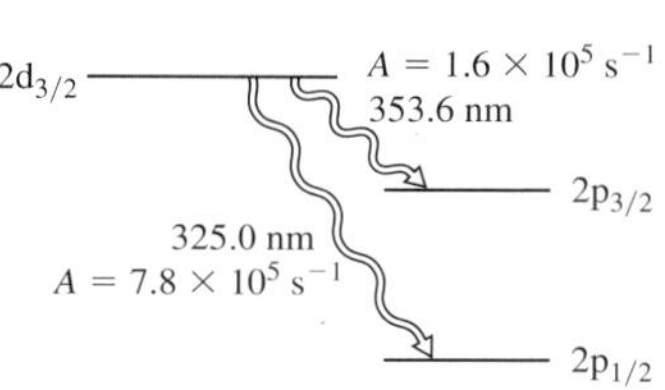

그림 13.6 헬륨-카드뮴 레이저에서 일어나는 두 개의 강한 방출 전이

율, 즉 1초당 방출된 광자수는 $N\mathcal{P}_{sp} = NA_{ji} = N/\tau$이다. 낮은 전이 확률은 긴 수명을 의미한다. 일반적으로 높은 에너지 준위의 전자는 그림 13.6에서와 같이 몇 가지 다른 아래 준위로 감쇠될 수 있다. 그 다음 각각의 다른 전이에 대한 복사 전이 확률 값이 다르고, 총 확률은 모든 개별 확률의 합인 ΣA_{ji}이다. 일어날 가능성이 있는 전이는 **허용된(allowed)** 전이로, 가능성이 훨씬 적은 것은 **금지된(forbidden)** 전이로 알려져 있다. 가시광 영역의 경우 허용된 전이의 A_{ji}값은 $10^6\ s^{-1}$~$10^8\ s^{-1}$인 반면에 금지된 전이에서는 $10^4\ s^{-1}$보다 작다.

예제 13.3

바닥 상태 준위-i 바로 위의 에너지 준위-j에 단위 부피당 N_j개의 들뜬 전자가 있는 시료가 있다고 가정하자. 전자가 자발 방출을 통해 줄어듦에 따라 에너지 준위-j의 밀도가 기하급수적으로 줄어드는 것을 보여라. 준위-j의 수명 시간은 어떨까?

풀이

식 (13.9)로부터

$$\frac{dN_j}{dt} = -A_{ji}N_j$$

이다. 따라서

$$\frac{dN_j}{N_j} = -A_{ji}\,dt$$

이고, 양변을 적분하면

$$N_j = N_j(0)e^{-A_{ji}t}$$

이고, 여기에서 $N_j(0)$는 $t = 0$일 때 N_j이다. 밀도는 $\tau = 1/A_{ji}$의 시간 안에 처음 값의 $1/e$로 감소한다.

아인슈타인의 가정에 따라 다음을 가정한다. (1) 복사장과 그 안의 원자들 사이에 임의의 온도 T에서 열평형이 존재한

다. (2) 에너지 밀도는 T에서 흑체의 특성을 갖는다. (3) 두 상태에 있는 원자 밀도는 맥스웰-볼츠만 분포를 따른다.

계가 평형 상태에 있을 때 상향 전이율($i \rightarrow j$)은 하향 전이율($j \rightarrow i$)과 같아야 한다.

$$B_{ij}N_i u_\nu = B_{ji}N_j u_\nu + A_{ji}N_j$$

양변을 N_i로 나눈 다음 정리하면

$$\frac{N_j}{N_i} = \frac{B_{ij}u_\nu}{A_{ji} + B_{ji}u_\nu}$$

을 얻는다. 맥스웰-볼츠만 분포를 적용하여 얻은 식 (13.6)을 이용하면 이 식은

$$e^{-h\nu_{ji}/k_B T} = \frac{B_{ij}u_\nu}{A_{ji} + B_{ji}u_\nu}$$

이 되고, 이를 u_ν에 대해 풀면

$$u_\nu = \frac{A_{ji}/B_{ji}}{(B_{ij}/B_{ji})e^{h\nu_{ji}/k_B T} - 1} \tag{13.10}$$

을 얻는다. 여기에서 아인슈타인은 $T \rightarrow \infty$일 때 분광 에너지 밀도, 즉 분광 광자 밀도는 무한대로 간다고 지적하였다. 그림 13.2는 I_λ가 T에 따라 증가한다는 것을 보이는데, 이는 u_ν가 비슷하게 행동할 것을 암시한다. 곧 보게 되듯이 실제로 $I_\nu = cu_\nu/4$이다. 어쨌든 $e^0 = 1$이므로 u_ν가 커지는 유일한 방법은 T가 클 때

$$B_{ij} = B_{ji} = B$$

이어야 하는데, 이들은 온도에 무관한 상수이므로 임의의 T에서 같아야 한다. 유도 방출과 흡수 확률은 각각 $\mathscr{P}_{st} = B_{ji}u_\nu$와 $\mathscr{P}_{ab} = B_{ij}u_\nu$이다. 따라서 **유도 방출할 확률과 유도 흡수할 확률은 같다.** 낮은 상태에 있는 원자가 상향 유도 전이할 가능성은 들뜬 상태의 원자가 하향 유도 전이할 가능성과 정확히 같다.

$A = A_{ji}$로 간단히 쓰면 식 (13.10)은

$$u_\nu = \frac{A}{B}\left[\frac{1}{e^{h\nu_{ji}/k_B T} - 1}\right] \tag{13.11}$$

이 된다. 이 식을

$$I_\lambda = \frac{2\pi hc^2}{\lambda^5}\left[\frac{1}{e^{\frac{hc}{\lambda k_B T}} - 1}\right] \tag*{[13.4]}$$

와 비교하면 비율 A/B는 기본 물리량으로 표현할 수 있다. 먼저 I_λ를 I_ν로 변환시켜야 하는데, 이들은 각각 구간 $d\lambda$와 $d\nu$당의 바깥 방향의 복사 조도, 즉 방출도(exitance)이다. $\lambda = c/\nu$를 미분하면 $d\lambda = -c d\nu/\nu^2$를 얻는다. $I_\lambda d\lambda = I_\nu d\nu$이므로 부호를 생략하면(단순히 하나의 미분 요소가 감소하면 다른 하나는 증가한다는 것을 의미하므로) $I_\lambda c/\nu^2 = I_\nu$를 얻는다. 결과적으로

$$I_\nu = \frac{2\pi h\nu^3}{c^2}\left[\frac{1}{e^{\frac{h\nu}{k_B T}} - 1}\right] \tag{13.12}$$

를 얻는다.

이제 마지막으로 상자 안의 분광 에너지 밀도 u_ν와 그것으로부터 나오는 분광 방출도

$$I_\nu = \frac{c}{4}u_\nu \tag{13.13}$$

를 비교하기만 하면 된다. 이 관계식을 유도하는 것은 다소 복잡하므로 정당화하는 정도로 만족하자. I_ν는 한쪽으로 들어가고 다른 쪽으로 나가는 단위 수직 면적당 에너지 흐름으로, 상자로부터 나오는 빔에 대응한다는 것을 유의하라. 3.3.1절에서 본 바와 같이 포인팅 벡터는 단위 수직 면적당 출력의 순간 흐름으로서 $S = cu$로 주어지며, 따라서 평균하면 하나의 빔에 대하여 $I = cu$이다. 그러나 상자 안에서는 빛이 모든 방향으로 운동하므로 u에 기여하는 일부의 광자만이 특정 방향의 방출도에 기여한다. 상자 안의 수평한 단위 면적을 생각해 보면 에너지가 그것을 통해 위 방향으로 흐르는 만큼 아래 방향으로 흐를 것이다. 더구나 면에 수직한 성분만 S에 기여하므로 인자 1/4이 불합리한 것은 아니다.

식 (13.11), 식 (13.12), 식 (13.13)으로부터

$$\frac{A}{B} = \frac{8\pi h\nu^3}{c^3} \tag{13.14}$$

을 얻는다. 자발 방출할 확률은 유도 방출할 확률에 비례한다. 하나의 메커니즘에 반응하는 원자는 다른 메커니즘에 비례적으로 반응하는 것이다. 레이저는 유도 방출에 의하여 동작하므로 유도 방출(즉 B)을 줄이는 대신 자발 방출(즉 A)을 증가시키면 곤란하다. 비율 A/B는 ν^3에 비례하므로, 예상할 수 있는 것처럼 X-선 레이저를 만들기는 매우 힘들다.

예제 13.4

2mW의 헬륨-네온 레이저의 632.8nm 빔의 지름이 1.5mm이다. 아인슈타인 A와 B 계수의 비를 구하라.

풀이

식 (13.14)로부터

$$\frac{A}{B} = \frac{8\pi h\nu^3}{c^3} = \frac{8\pi h}{\lambda^3}$$

이고,

$$\frac{A}{B} = \frac{8\pi\ 6.626 \times 10^{-34}\,\text{J}\cdot\text{s}}{(632.8 \times 10^{-9}\text{m})^3}$$

이다. 그리고

$$\frac{A}{B} = 6.572 \times 10^{-14}\,\text{J}\cdot\text{s/m}^3$$

이다.

2개의 상태만을 갖는 원자계가 열평형을 이루고 있다고 하자. 또한 원자의 평균 수명이 길어서 자발 방출을 무시할 수 있다고 하자. 이 계에 적절한 에너지를 가진 광자들이 넘쳐나면 유도 흡수는 아래 i-준위의 밀도를 감소시키는 반면, 유도 방출은 위 j-준위의 밀도를 감소시킨다. 유도 흡수에 의하여 1초당 계로부터 없어지는 광자수는 $\mathcal{P}_{ab}N_i$에 비례하고, 유도 방출에 의해 계로 들어오는 광자수는 $\mathcal{P}_{st}N_j$에 비례하는데, B-계수가 같으므로 $\mathcal{P}_{st} = \mathcal{P}_{ab}$이 된다. 따라서 $\mathcal{P}_{ab}N_j = \mathcal{P}_{st}N_j$이다. 그러나 계가 열평형을 이루고 있으면 $N_i > N_j$이며, 이는 1초당 없어지는 광자수가 들어오는 수보다 많다는 것을 의미한다. 어떤 온도에서든지 낮은 상태에 있는 원자수가 더 많으므로 낮은 상태에 의한 광자의 알짜 흡수가 존재한다. 만일 $N_i < N_j$인 **밀도 반전**(population inversion)을 일으킬 수 있다면 반대 상황이 가능할 것이다. 그렇게 되면 유도 방출이 유도 흡수를 압도할 것이다.

13.1.3 레이저

몇 개의 원자가 주어진 들뜬 상태에 있는 일반적인 매질을 생각해 보자. 양자역학적 표기법에 따라 이 상태를 $|j\rangle$라고 한다. 입사 빔의 광자가 들뜬 원자를 자극하여 유도 방출이 일어나게 하려면 그림 13.5c에 따라 그 주파수는 ν_{ji}이어야 한다. 이 과정의 두드러진 양상은 **방출된 광자가 유도하는 복사와 동일한 위상, 편광 및 전파 방향을 갖는다는 것이다.** 방출된 광자는 입사파와 동일한 복사 모드(radiation mode)에 있다고 하며 입사파와 더해져서 선속 밀도를 높이게 된다. 그러나 일반적으로 대부분의 원자가 바닥 상태에 있으므로 흡수가 유도 방출을 훨씬 능가한다.

흥미로운 점은 아래 상태를 거의 비워 놓고 어떻게 해서든지 상당한 비율의 원자들을 높은 상태로 여기시킨다면 어떤 일이 일어날까 하는 것이다. 명백한 이유 때문에 이것을 **밀도 반전(population inversion)**이라고 한다. 여기에 적절한 주파수를 가진 광자가 들어오면 **동일한 위상을 가진** 유도 광자의 사태(avalanche)가 일어난다. (산란과 같은) 유력한 경쟁 과정이 없고 밀도 반전이 유지되는 한 초기 파동은 계속하여 증대될 것이다. 사실상 밀도 반전을 유지하기 위하여 에너지(전기적, 화학적, 광학적 등)가 유입되고, 광선이 **활성 매질**(active medium)을 통과한 후에 밖으로 나온다.

최초의 (펄스 루비) 레이저 이러한 과정이 실제로 어떻게 이루어지는지 알아보기 위해 메이먼이 처음 개발한 장치를 살펴보자(그림 13.7). 최초로 동작한 레이저의 활성 매질은 작은 원통형의 연분홍색을 띤 인조 루비로서 0.05 무게 퍼센트(weight percent)의 Cr_2O_3를 포함하는 Al_2O_3 결정이었다. 결정 레이저의 매질로서 아직도 가장 보편적인 것 중의 하나인 루비는 처음에는 메이저 분야에서 사용되었는데, 숄로(Schawlow)가 이를 레이저에 사용하자고 제안하였다. 루비 막대의 양쪽 면은 광축에 수직하고 평평하게 연마하였다. 그런 다음 **공진기(resonant cavity)**를 구성하도록 양면에 은을

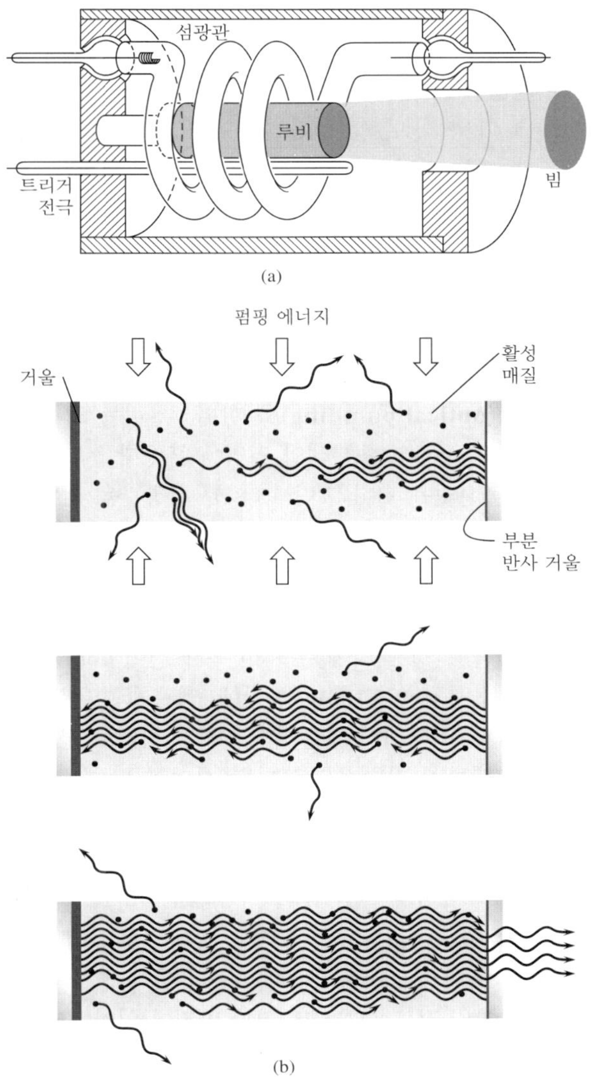

그림 13.7 최초의 루비 레이저 장치로서 실물 크기와 거의 같다.

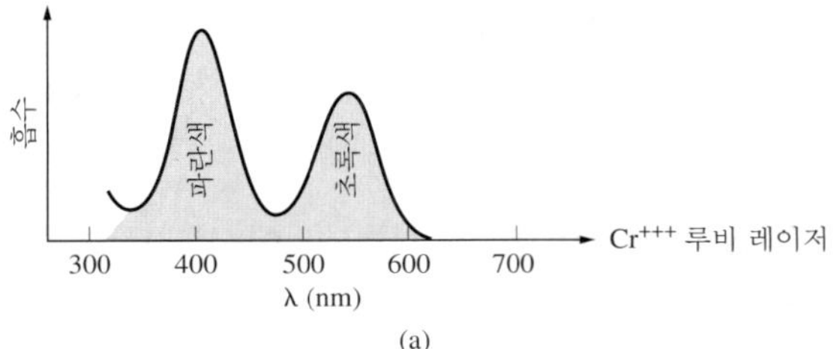

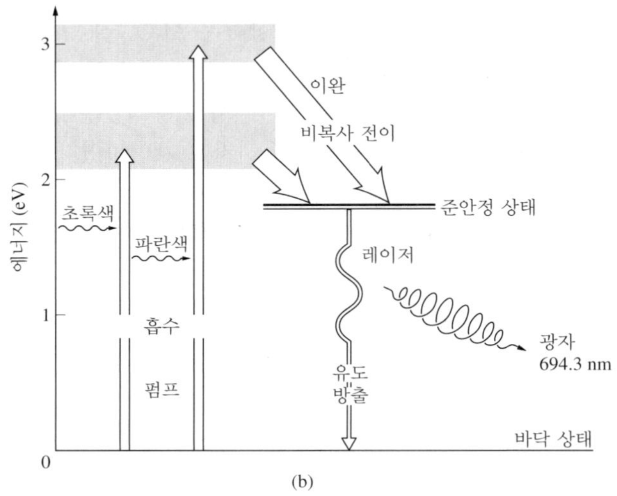

그림 13.8 루비 레이저의 에너지 준위

입혔다(한쪽은 부분 반사면으로).

이것을 나선형 기체 섬광관(flashtube)로 둘러싸서 넓은 대역의 **광펌핑(optical pumping)**을 한다. 루비는 크롬 원자가 스펙트럼의 푸르고 초록색인 영역에 흡수대를 가지고 있기 때문에 붉은빛을 띤다(그림 13.8a). 섬광관을 켜면 강력한 빛이 수 ms 동안 계속된다. 이 에너지의 상당한 부분은 열로 손실되지만 많은 Cr^{3+} 이온을 흡수대로 들뜨게 한다. 에너지 준위를 그림 13.8b에 간단하게 나타냈다. 들뜬 이온들은 에너지를 결정 격자에 주고 비복사 전이(nonradiative transitions)를 통해 (약 100ns 동안에) 빠르게 이완된다. 이들은 수명이 길고 가까이 있는 2개의 중간 상태로 떨어진다. 이온은 무질서하게 자발적으로 바닥 상태로 떨어지기 전에 **준안정 상태(metastable states)**라고 하는 이 상태에 수 ms(상온에서 약 3ms) 동안 머문다. 바닥 상태로 떨어질 때 루비 특유의 붉은 형광이 방출된다. 낮은 준위로부터의 전이가 주를 이루는데 694.3nm를 중심으로 비교적 넓은 스펙트럼 영역에서 모든 방향으로 방출되며 결어긋나 있다.

펌핑률이 어느 정도 증가하면 밀도 반전이 일어나고 몇 개의 자발 방출된 광자들은 연쇄 반응을 유도한다. 하나의 양자는 다른 양자가 위상이 같고 빠르게 방출되도록 자극하여 에너지를 준안정한 원자로부터 증대하는 광파로 보낸다(그림 13.7b). (양쪽 거울에서의 손실보다 큰 에너지가 공급되면) 광파는 활성 매질을 왕복하면서 계속해서 강해진다. 따라서 붉은 레이저광의 강력한 펄스(선폭이 약 0.01nm이고 지속시간은 0.5ms 정도)가 루비 막대의 부분 반사면으로부터 나오게 된다.

모든 것이 얼마나 잘 맞아떨어지는지 주목하라. 넓은 흡수대로 인해 초기의 여기가 상당히 용이하며, 준안정 상태의 긴 수명은 밀도 반전이 잘 일어나도록 한다. 원자계는 효과적으로 (1) 흡수대, (2) 준안정 상태, (3) 바닥 상태로 구성된다. 따라서 이것은 **3-준위**(three-level) 레이저라고 한다.

현재 루비 레이저는 일반적으로 결맞는 펄스의 고출력 광원으로서 간섭 실험, 플라스마 진단, 홀로그래피 등에서 많이 사용된다. 이런 루비 레이저의 결맞음 거리는 0.1m에서 10m 정도이다. 최근의 레이저 장치는 일반적으로 완전 반사 및 부분 반사 평면 거울을 사용한다. 하나의 발진기로서 루비 레이저는 에너지가 50J에서 100J에 이르는 ms 펄스를 발생시키는데, 직렬식 발진기-증폭기 구조를 사용하면 100J을 훨씬 능가한다. 상업적인 루비 레이저의 효율은 1% 미만이며 빔의 지름은 1mm에서 25mm에 이르고, 퍼짐각 (divergence)은 0.25mrad에서 7mrad 정도이다. 루비 레이저가 한때 우월했던 점을 잃었지만 이 레이저 외에도 다른 많은 종류의 레이저들이 있다.

광공진기 공진기는 파브리-페로 에탈론으로서 레이저 동작에 중요한 역할을 한다. 레이저 과정의 초기 단계에서는 자발 방출한 광자뿐만 아니라 유도 방출한 광자도 사방으로 방출된다. 공진기축 방향으로 진행하는 것을 제외한 대부분의 광자는 루비 막대의 측면 쪽으로 빠르게 빠져나가 버린다. 반면에 축상의 빔은 활성 매질을 가로질러 왕복하며 계속하여 증대된다. 이것이 레이저빔의 매우 높은 평행성을 가져오고 나아가 사실상 결맞는 평면파를 만든다. 활성 매질이 광파를 증폭시키지만 공진기의 **광되먹임**(optical feedback)이 계를 발진기, 즉 광발생기로 변환시킨다. 따라서 머리 글자로 이루어진 laser는 약간 잘못된 이름이다.

레이저 안에서 빔이 앞뒤로 진행하면서 증강되는 과정은 전자 증폭기와 매우 비슷하고 '이득'으로 알려진 양으로 자연스럽게 설명된다. 증폭기의 이득은 출력 신호의 크기 대 입력 신호의 크기의 비율이다. 따라서 한쪽 거울에서 활성 레이저 매질(즉, 이득 매질)로 빔이 들어가고 다른 거울 쪽에서 다소 증폭된 약한 신호, 즉 빔이 나간다고 생각해 보자. 레이저 매질은 구성 원자의 유도 방출을 통해 빔에 전달되는 에너지의 즉각적인 원천이다.

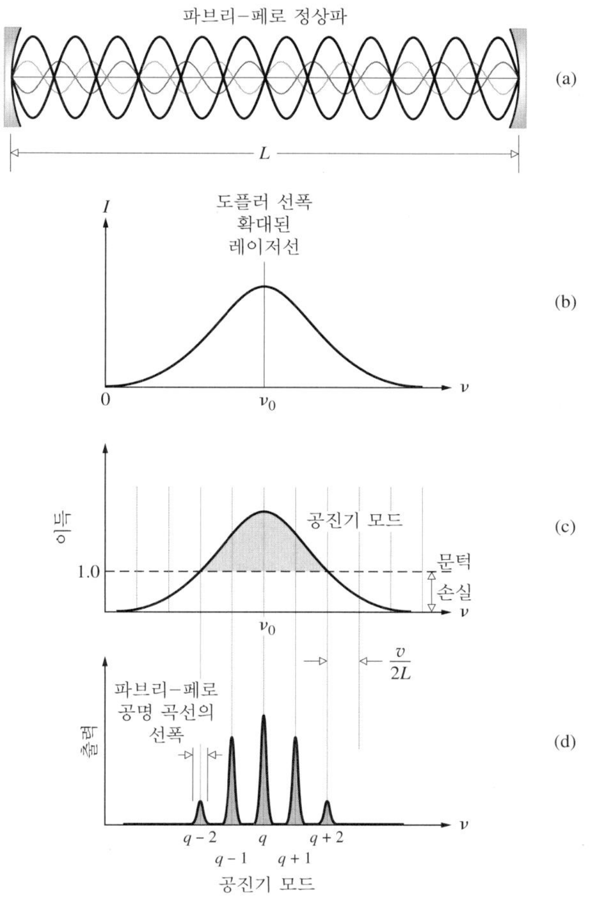

그림 13.9 (a) 공진기 정상파. (b) 도플러 선폭 확대된 가우시안 방출선. (c) 공진기 모드들의 위치를 보여 주는 이득 대역폭 도표. (d) 레이저 방출에 해당하는 변조된 파브리-페로 공명.

레이저 매질이 들뜬 기체라고 가정하자. 원자들이 빠른 속도로 날아다니는 기체 방전에 의해 방출되는 빛은 도플러 효과로 인해 주파수가 이동한다. 그렇지 않은 경우에는 ν_0를 중심으로 한 매우 좁은 주파수 범위에 국한되는 원자 전이 방출이 이제 넓은 가우스 모양의 주파수 대역으로 퍼져나간다. **도플러 선폭 확대(Doppler broadening)**라고 하는 이 과정은 기체 레이저의 행동 특성을 결정짓는 요인이다. 실제로 이득은 방출의 도플러 폭에 비례한다. 다시 말하면 이득은 레이저 매질을 채우는 자발 방출광의 곡선 모양(line shape) 또는 주파수 분포에 의존한다. 빛에 들어있는 광자가 특정한 들뜬 상태의 원자를 유도 방출할 수 있다. 이 광자는 원자를 낮은 에너지 상태로 전이하는 것과 관련된 주파수(에너지)를 정확히 가지고 있어야 한다. 도플러 선폭 확대는 광자의 이용 가능성을 변화시키고, 이로 인해 이득에 영향을 준다. 중간 정도의 이득을 가진 시스템의 경우, 가우시안 종 모양 곡선은 주파수 의존 이득 곡선을 잘 나타낼 것이다(그림 13.9a). 따라서 약한 신호의 경우, 도플러 곡선의 중심에 해당하는 이득 곡선의 최댓값은 **불포화 이득의 최대**, 즉 이득 자체이다.

이제 공진기를 만들기 위해 거울 사이에 활성 매질을 놓으면 여러 가지 손실 메커니즘이 생긴다. 즉 거울에서 에너지가 누출되고 결함에 의한 흡수 및 산란 등의 문제가 발생한다. 빔이 1.0 cm의 레이저 매질을 통과할 때 **이득 계수(gain coefficient)** g(cm^{-1}의 단위로)를 얻는 것으로 가정해 보자. 마찬가지로 가능한 모든 손실 메커니즘(거울에서 완벽하게 반사되지 않아 쉽게 측정할 수 있음)에 대한 1 cm당 포괄적인 **손실 계수(loss coefficient)**를 α(cm^{-1} 단위로)라고 하자. 그 다음 공진기의 두 거울의 반사율을 R_1과 R_2로 둔다. 복사조도가 I_0인 빔은 첫 번째 거울에서 시작하여 $I = I_0\exp[(g - \alpha)L]$로 두 번째 거울에 도달한다. 거울-2에서 반사된 후 거울-1로 돌아가며 활성 영역을 두 번 통과하고, 그 결과

$$I = I_0\, R_1 R_2 \exp\,[2(g - \alpha)L]$$

가 된다. 이때 **총 두 번 통과 이득** $G(= I/I_0)$는

$$G = R_1 R_2 \exp\,[2(g - \alpha)L]$$

이다. 이득이 손실을 겨우 초과할 때, 즉 $G = 1.0$일 때 레이저가 발진하기 시작한다. 따라서 **문턱 이득 계수(threshold gain coefficient)**는

$$g_{th} = \alpha + (1/2L)\ln\,(1/R_1R_2)$$

이다. 일반적으로 기체 레이저에서 α는 무시할 수 있다. 따라서 $L = 15\,\mathrm{cm}$, $R_1 = 98\%$, $R_2 = 95\%$이면, 위의 식에서 $g_{\mathrm{th}} = 2.4 \times 10^{-3}\,\mathrm{cm}^{-1}$이다.

레이저의 동작이 안정적이려면 활성 매질의 최대 이득은 매질을 통해 가용한 에너지가 모든 에너지 손실과 출력 빔 에너지의 합을 초과할 만큼 커야 한다.

공진기 내부에서 진행하는 광파는 거울 사이의 거리(L)에 의해 결정되는 정상파가 된다(그림 13.9b). 거울 사이의 거리가 반파장의 정수(m)배가 될 때 공진기는 공명한다(즉 정상파가 내부에 존재한다.) 각각의 거울에 마디가 있어야 하는데, 이는 L이 $\lambda/2$(여기서 $\lambda = \lambda_0/n$)의 정수배가 되어야만 가능하다. 따라서

$$m = \frac{L}{\lambda/2}$$

이고,

$$\nu_m = \frac{mv}{2L} \tag{13.15}$$

이다. 따라서 무한히 많은 수의 진동하는 **세로 공진기 모드(longitudinal cavity modes)**가 존재할 수 있는데, 각 모드는

ν_m의 독특한 주파수를 가진다. 이웃하는 모드는 일정한 차

$$\nu_{m+1} - \nu_m = \Delta\nu = \frac{v}{2L} \qquad (13.16)$$

만큼 떨어져 있는데, 이것은 에탈론의 자유 스펙트럼 영역 [식 (9.79)]이며, 참고적으로 왕복 시간의 역수이다. 길이 1m인 기체 레이저의 경우 $\Delta\nu \approx 150\,\text{MHz}$이다.

공진기의 공진 모드는 보통의 자발적인 원자 전이의 대역폭보다 훨씬 좁은 주파수 범위를 갖는다(그림 13.9d). 이 모드가 한 개 이상이 되도록 장치가 만들어졌는지 여부에 관계없이, 이 모드들은 공진기 안에 지속되므로 방출되는 빔은 그 주파수에 가까운 영역에 제한된다. 달리 말하면 복사 전이는 비교적 넓은 주파수 영역을 가지는데, 공진기가 좁은 밴드만을 필요로 한다면 심지어 단 1개의 밴드만이 필요하다면 이것만을 선택하여 증폭한다. 이와 같은 이유로 레이저는 극도의 단색성을 가진다. 따라서 루비의 바닥 상태로의 전이 대역폭은 결정 격자와 크롬 이온의 상호작용으로 인하여 상당히 넓은 0.53nm(330GHz) 정도인데, 이에 대응하는 레이저 공진기 대역폭은 단일 공진 모드의 주파수폭으로서 매우 좁은 0.00005nm(30MHz)이다. 그림 13.9에 이러한 상황을 나타내었는데, 대표적인 전이선 모양과 일련의 공진기 스파이크를 볼 수 있다. 이 경우 이들의 폭은 30MHz이고 $v/2L$의 간격을 가진다. 그림 13.9c의 회색 영역인 소위 활성 영역(active region)에 속하는 공진기 모드들만이 유지되고 레이저로 방출될 것이다.

예제 13.5

632.8nm로 동작하는 헬륨-네온 레이저의 도플러 확대는 1.5×10^9Hz로 이것은 기본적으로 이득 대역폭이다. 레이저 거울들이 0.8m 떨어져 있다고 가정하고 세로 모드의 대략적인 수를 계산하라. 혼합 기체의 굴절률은 1.0으로 가정한다.

풀이

이웃한 모드 사이의 간격은 식 (13.16)으로 주어지고

$$\Delta\nu = \frac{v}{2L} = \frac{3\times10^8\,\text{m/s}}{2(0.8\,\text{m})}$$

이다. 이를 이용하면 $\Delta\nu = 187.5\,\text{MHz}$이다. 따라서 1.5×10^9Hz(반치폭에 해당)를 $\Delta\nu$로 나누면

$$\frac{1.5\times10^9\,\text{Hz}}{0.1875\times10^9\,\text{Hz}} = 8$$

이다. 각각의 폭이 $\Delta\nu$인 8개의 주파수 간격이 있을 수 있다(그림 13.9 참조).

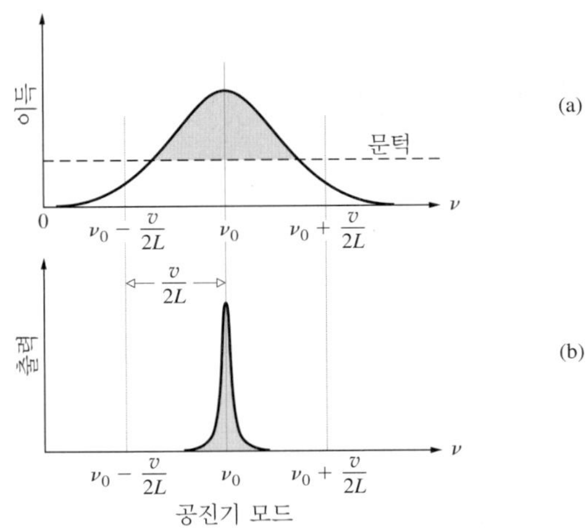

그림 13.10 레이저의 단일 세로 모드 동작. (a)의 이득 곡선의 회색 활성 영역 내에 하나의 공진기 모드가 어떻게 맞는지 주목하라. 따라서 그 주파수 ν_0의 빛만이 공진기에 형성되어 레이저빔으로 나온다.

공진기 안에 단일 모드만 생성시키는 하나의 방법은 식 (13.16)으로 주어진 모드 간격이 전이 대역폭보다 크게 하는 것이다. 그러면 단 1개의 모드만이 전이 주파수 영역 안에 들어가게 된다(그림 13.10). 632.8nm에서 동작하는 헬륨-네온 레이저의 경우 단일 세로 모드 출력을 보장하기 위해 약 10cm의 공진기 길이가 필요하다. 이러한 특별한 접근법의 단점은 빔에 에너지를 기여하는 활성 영역의 길이를 제한함으로써 레이저의 출력을 제한한다는 것이다.

공진기의 축, 즉 z-축을 따라 형성되는 정상파에 대응하는 세로 모드 또는 축상 모드뿐만 아니라 **가로 모드(transverse modes)**도 존재할 수 있다(그림 13.11과 그림 13.12). 전기장이 축에 거의 수직하므로 TEM_{mn} 모드(transverse electric and magnetic mode)라고 한다. 첨자 m과 n은 방출 빔을 가로지르는 각각 x-방향과 y-방향의 가로 마디선의 수이다. 말하자면 빔의 단면이 1개 또는 그 이상의 영역으로 나누어진다는 것이다. 그러한 각각의 배열은 그림 13.13과 그림 13.14에 나타낸 것과 같이 TEM 모드에 대응한다. 가장 낮은

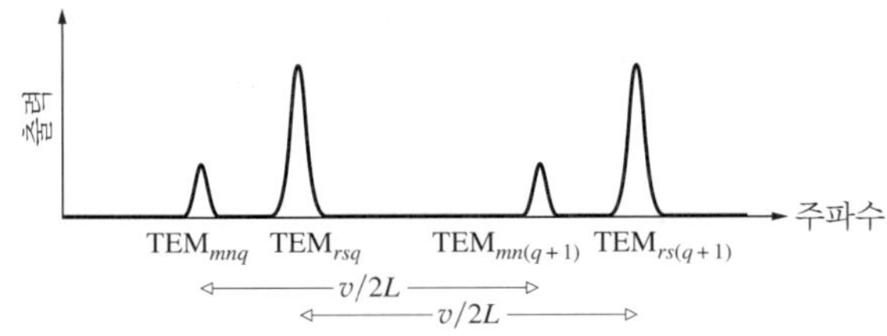

그림 13.11

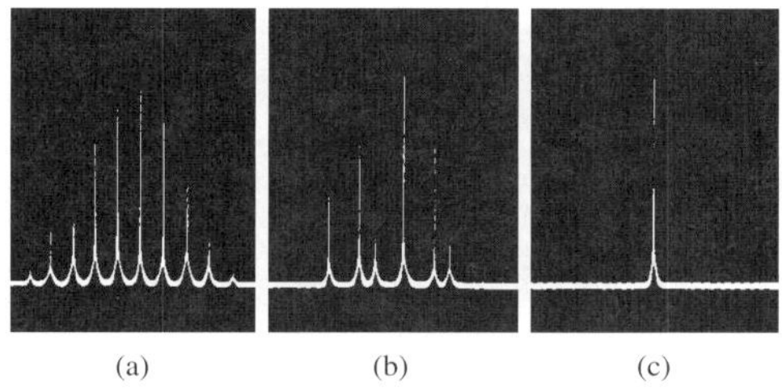

그림 13.12 연속 발진 기체 레이저의 동작 형태. (a) 대체적으로 가우스 함수 형태의 포락면 아래에 몇 개의 세로 모드가 보이고, (b) 몇 개의 세로 모드와 가로 모드가, (c) 단일 세로 모드가 보인다. (E.H.)

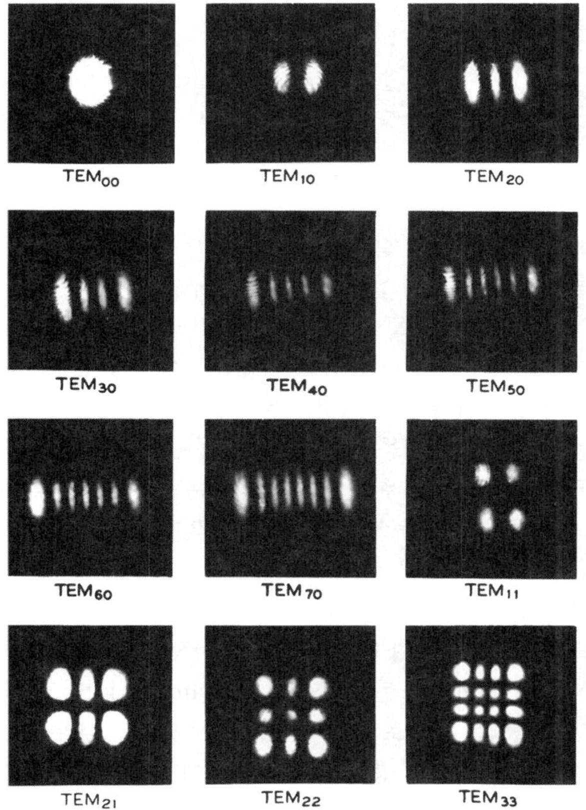

그림 13.13 모드 무늬(희미한 간섭 무늬를 제외하면 이것이 빔의 단면 모양이다.) (Alcatel-Lucent USA Inc.의 허가하에 사용함)

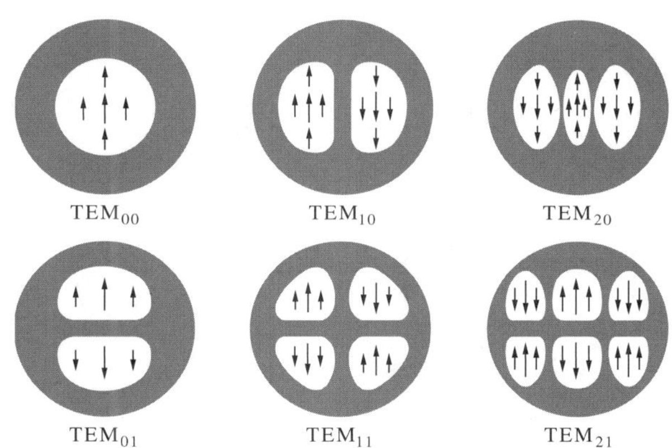

그림 13.14 (직각 대칭에서) 모드의 모양. 원대칭 모드로 볼 수 있으나 (브루스터 창과 같은) 약간의 비대칭만 있어도 사라진다.

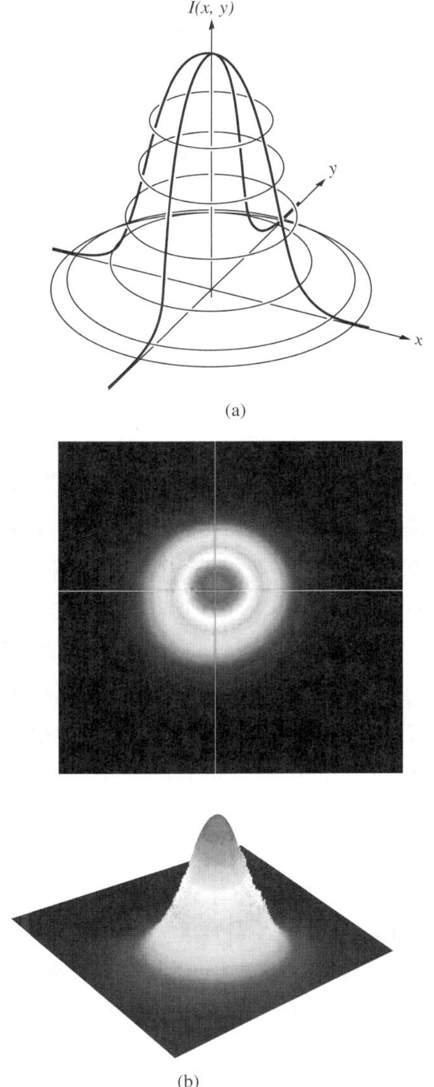

그림 13.15 (a) 가우시안 복사 조도 분포. (b) 405 nm에서 20 mW의 연속 발진 레이저 다이오드에 대한 실제 레이저빔 프로파일. 빨간색의 정점부터 파란색의 맨 아래 부분까지 보기 좋게 색으로 표현하였다. (S.J. Bentley, Aldephi University Quantum & Nonlinear Optics Lab.)

차수인 TEM_{00} 가로 모드가 가장 많이 사용되는데, 여기에는 몇 가지 중요한 이유가 있다. 이 모드는 선속 밀도가 빔의 단면상에서 이상적인 가우스 함수 모양이다(그림 13.15). 또한 다른 모드와 달리 빔 전체에 걸쳐 전기장의 위상 이동이 없고, 따라서 공간적으로 완전히 결맞음이다. 그리고 빔의 각 퍼짐이 최소이고 매우 작은 점으로 초점을 맺을 수 있다. 이 모드의 진폭은 파면에 걸쳐 일정치 않으므로 비균질파라는 점에 유의하라.

각 모드를 완전히 지정하기 위하여 TEM_{mnq}로 표시하는데 여기서 q는 세로 모드 수이다. 각 가로 모드(m, n)에서 많은

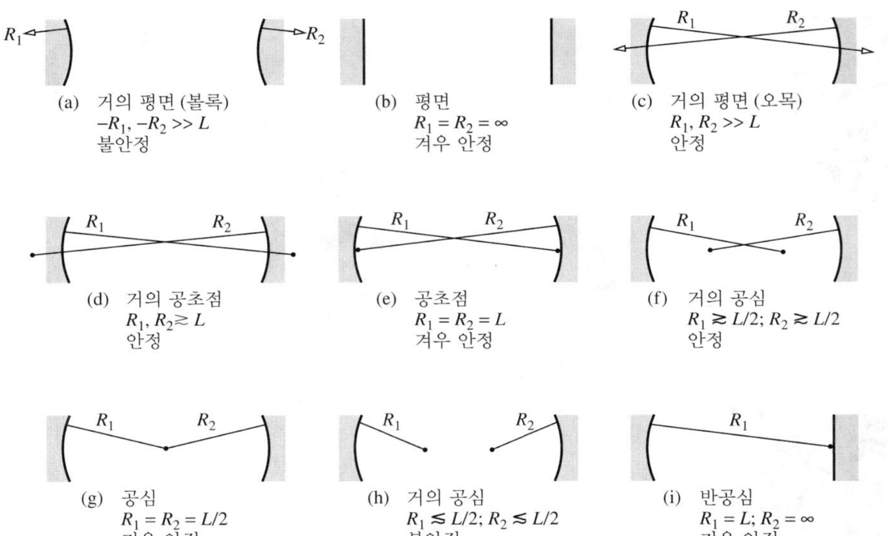

그림 13.16 레이저 공진기 형태. (O'Shea, Callen, and Rhodes, *An Introduction to Lasers and Their Applications*. Addison-Wesley/Pearson Education, Inc.에 기초함)

세로 모드(즉 q 값)가 있을 수 있다. 그러나 보통 하나의 특정한 세로 모드만을 취급하지 않기 때문에 아래 첨자 q를 일반적으로 생략한다.*

원래의 평행한 평면-평행(plane-parallel) 형태(그림 13.16)보다 실제적으로 보다 더 중요한 몇 가지 공진기 형태가 있다. 예를 들면 평면 거울을 동일한 오목 구면 거울로 바꾼 **공초점**(confocal) 공진기가 있는데, 거울 사이의 거리가 그 곡률 반지름과 거의 같다. 이 경우에 거울 사이의 축의 중간 지점에서 초점이 만나게 되므로 공초점이라고 한다.

만약 구면 거울 중 하나를 평면 거울로 바꾸면 이 공진기를 **반구형**(hemispherical) 공진기 또는 **반공심**(hemiconcentric) 공진기라고 한다. 평행한 평면 공진기에 비해 이 공진기를 정렬하는 것이 더 용이하다. 빔이 원래 위치로 되돌아와서 비교적 광축에 가깝게 남아있는 정도에 따라 **안정한**(stable) 공진기 또는 **불안정한**(unstable) 공진기가 된다(그림 13.17). 불안정한 공진기의 경우 빔은 반사할 때마다 광축으로부터 멀어져서 순식간에 공진기를 '벗어나' 버린다. 반대로 안정한 공진기(예를 들어 반사율 100%와 98%인 거울을 사용하는 공진기)에서는 빔이 공진기 안을 50회 이상 반복한다. 불안정 공진기는 일반적으로 고출력 레이저에 사용되는데, 빔이 활성 매질의 넓은 영역을 지나가므로 증폭이 커지고 따라서 보다 많은 에너지가 나올 수 있다. 이러한 불안정 공진기는 공진기를 한 번 지날 때마다 빔이 상당량의 에너지를 얻는 매질(이산화탄소 혹은 아르곤)에 특히 유용하다. 필요로 하는 매질을 지나가는 횟수는 활성 매질의 **소신호 이득**(small-signal gain)에 따라 결정된다. 실제로 어떤 구성의 공진기를 선택할 것인가는 시스템의 특정한 요구에 따라 좌우되므로 어느 것이 보편적으로 가장 좋은 것이라고 말할 수 없다.

공진기 내부의 에너지 감소는 공진기의 **특성 인자(quality factor)** Q로 나타난다. 이것은 라디오 공학의 개발 초기부터 사용한 식으로서 진동(동조) 회로의 성능을 나타내는 데 사용되었다. Q가 높고 손실이 낮은 회로는 좁은 대역폭을 나타내므로 예민하게 동조되는 라디오를 의미한다. 광공진기를 교란시키면, 예를 들어 한쪽 거울이 이동하거나 없어진다면 일반적으로 레이저 동작은 끝난다. 이것을 레이저 공진기에 의도적으로 적용하여 레이저 발진의 시작을 늦추는 것을 Q-손상(Q-spoiling) 또는 **Q-스위칭(Q-switching)**이라고 한다. 레이저 출력은 스스로 제한되는데, 이는 공진기 내부에서 복사장의 유도 방출을 통하여 밀도 반전이 연속적으로 고갈되

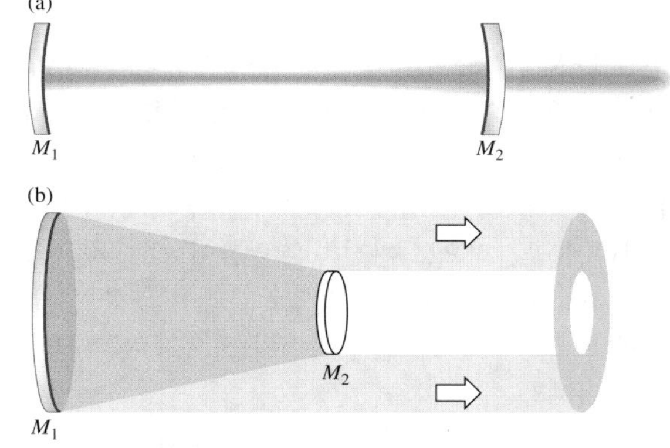

그림 13.17 안정한 공진기 및 불안정한 공진기. (O'Shea, Callen, and Rhodes, *An Introduction to Lasers and Their Applications*. Addison-Wesley/Pearson Education, Inc.에 기초함)

* R. A. Phillips and R. D. Gehrz, "Laser mode structure experiments for undergraduate laboratories," *Am. J. Phys.* **38**, 429 (1970)을 참조하라.

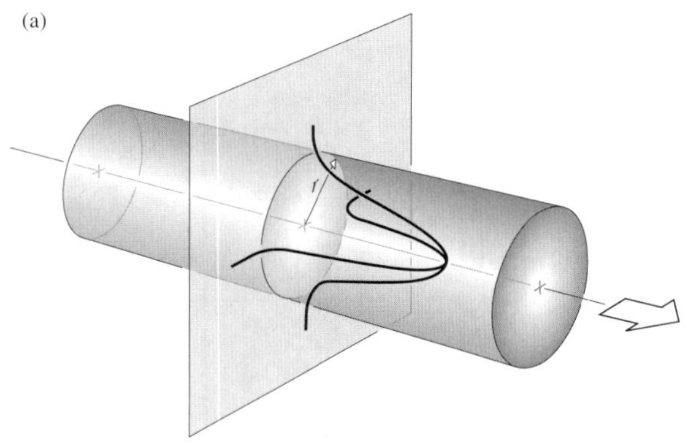

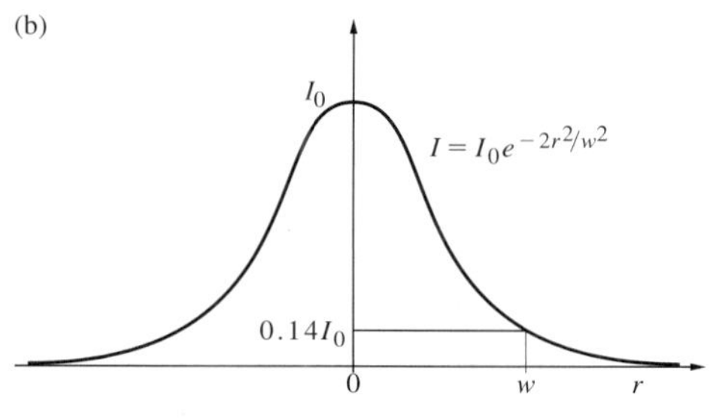

그림 13.18 z-축 방향으로 진행하는 가우스 빔 파동

기 때문이다. 그러나 발진을 차단하면 긴 수명의 준안정 상태로 펌핑된 원자수가 상당히 증가하여 매우 큰 밀도 반전이 일어난다. 적당한 순간에 공진기가 켜지면 원자가 거의 한꺼번에 낮은 상태로 떨어지면서 엄청나게 강력한(아마도 수백 MW에 이르는) **거대한 펄스**가 나온다. 빛을 비추면 투명해지는 표백 흡수체, 회전 프리즘 및 회전 거울, 기계적 초퍼(chopper), 초음파 소자, 커(Kerr) 또는 포켈스(Pockels) 셀과 같은 전기광학 셔터 등의 다양한 제어 방식을 사용한 매우 많은 **Q-스위칭** 장치가 사용되어 왔다.

가우스 레이저빔 공진기 안에 나타나는 TEM_{00} 모드는 가우스 함수 형태의 단면을 갖는다(그림 13.15). 빔과 같은 파동의 세기는 중심축에 대하여 대칭인 종모양의 곡선 형태로 감소한다(그림 13.18a). 가우스 함수는 변수 제곱의 음수 지수함수임을 기억하라. 이 경우 변수는 진행 중심축(z)으로부터 수직 평면 내에서 측정된 거리(r)이다. 빔이 지름 방향으로 감소하므로 그 폭에 대한 인위적인 경계를 두는 것이 유용하다. 따라서 $r = w$를 **빔 반치폭**(beam half-width)이라고 하는데, 이는 빔의 전기장이 최댓값 E_0에서 E_0/e 또는 $37\%E_0$으로 감소하는 거리이다. 따라서 진폭의 제곱에 비례하는 빔의 복사 조도는 $r = w$에서 I_0/e^2 또는 $14\%I_0$이다. 빔의 에너지는 대부분 반지름 w의 가상적인 원통 안에 존재한다. 이때

$$I = I_0 e^{-2r^2/w^2}$$

이며(그림 13.18b), 앞에서 언급한 대로 $r = w$에서 $I = I_0 e^{-2}$이다.

그림 13.17a에 나타난 것과 같이 공진기를 곡면 거울로 구성할 때에는 빔이 '초점을 맺는' 경향이 있는데, 이때 반지름 w_0인 최소 단면적, 즉 **허리**(waist)가 생긴다. 이 경우에 레이저빔의 외부 퍼짐은 이 허리로부터 발산의 연장에 해당한다(그림 13.19, 그림 13.20). 일반적으로 빔 허리는 레이저 공진기의 거울 사이 어딘가에 있게 된다. 그 정확한 위치는 특정한 설계에 따라 결정된다. 예를 들어 공초점(confocal) 공진기(그림 13.16)의 경우 거울 중간에 허리가 있다.

공진기 안의 전자기파를 보다 자세히 분석해 보면 빔 허리가 $z = 0$에 있을 때 임의의 위치 z에서 반치폭은

$$w(z) = w_0\left[1 + \left(\frac{\lambda z}{\pi w_0^2}\right)^2\right]^{1/2} \tag{13.17}$$

으로 주어지고, 여기에서 w_0는 **최소 반지름(minimum radius)**이다. $w(z)$로 표현되는 빔의 모양은 z-축을 회전축으로 하는 쌍곡면이다. 빔의 발산을 나타내는 실제적인 척도는 **단면적이 2배로 되는 거리** 또는 $w(z) = \sqrt{2}w_0$가 되는 z값이

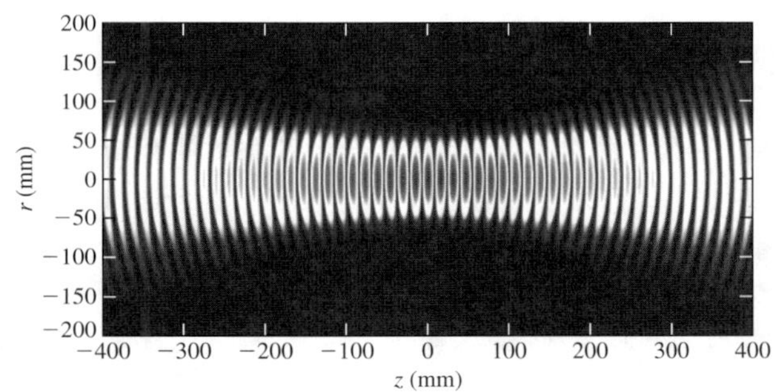

그림 13.19 w = 40mm와 λ = 30mm인 가우스 빔의 순간적인 복사 조도. (Etoombs@en.wikipedia.)

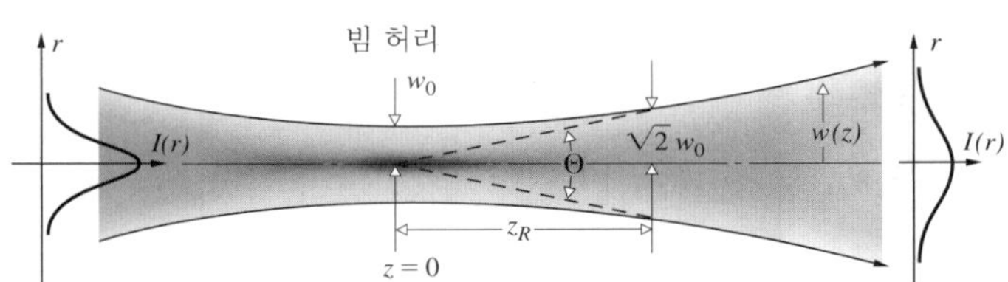

그림 13.20 가우스 빔의 퍼짐. $d = 2z_R$의 거리만큼 떨어져서 공초점 공진기를 형성하는 2개의 거울을 생각해 보자. 그중 하나를 부분 반사 거울로 하면 발산각을 갖고 레이저빔이 방출된다.

다. 이러한 특별한 거리 z_R을 **레일리 거리(Rayleigh range)**라고 하며 위의 $w(z)$에 대한 식으로부터

$$z_R = \frac{\pi w_0^2}{\lambda}$$

가 됨을 알 수 있다. 따라서 곡률 반지름 R인 2개의 오목 거울이 거리 L 만큼 떨어져서 이루어진 공초점 공진기를 생각해 보자. $R = L = 2z_R$일 때 기하학적 구조로부터 최소 반지름은

$$w_0 = \sqrt{\frac{\lambda L}{2\pi}} \tag{13.18}$$

로 주어진다. TEM_{00} 모드로 동작하고 가우스 빔을 방출하는 레이저가 많다.

허리가 작을수록(또는 마찬가지로 최소 단면적이 작을수록) 레일리 거리는 짧고 빔은 빠르게 발산한다. 허리로부터 먼 거리에서($z >> z_R$) 빔의 **각 전치폭**(full-angular width) (Θ, 라디안 단위)는 $2w(z)/z$에 접근한다. 즉 길이 z인 직선이 각 Θ 만큼 회전할 때 그 끝은 거리 $\approx 2w(z)$ 만큼 움직이는 것이다. 따라서 z가 길고 w_0가 작을 때 $w(z)$에 대한 식에서 둘째 항은 1보다 훨씬 크므로

$$w(z) \approx w_0\left[\left(\frac{\lambda z}{\pi w_0^2}\right)^2\right]^{1/2} \approx \frac{\lambda z}{\pi w_0}$$

이다. $\Theta \to 2w(z)/z$로 수렴하므로

$$\Theta = \frac{2\lambda}{\pi w_0} = 0.637\,\frac{\lambda}{w_0}$$

이다. 다시금 말해서 **w_0가 작을수록 빔 발산각 Θ는 커진다.** 부분적으로 이것이 사람들이 확성기를 사용하는 이유이다. 큰 구멍으로부터 나오는 파동은 덜 퍼지기 때문이다.

예제 13.6

TEM_{00} 모드로 동작하는 헬륨-네온 레이저가 632.8nm의 빔을 방출한다. 대칭적인 공초점 레이저 공진기의 거울과 거울 사이의 거리가 28.0cm이다. 공진기 내부에서 빔의 최소 반지름과 레이저의 발산각을 구하라.

풀이

최소 반지름 w_0는 식 (13.18)로부터

$$w_0 = \sqrt{\frac{\lambda L}{2\pi}} = \left[\frac{(632.8 \times 10^{-9})(28 \times 10^{-2})}{2\pi}\right]^{1/2}$$

로 주어지므로

$$w_0 = 0.168\text{ mm}$$

이다. 빔의 발산각은

$$\Theta = 0.637\frac{\lambda}{w_0} = 0.637\,\frac{632.8 \times 10^{-9}}{0.168 \times 10^{-3}}$$

이고, $\Theta = 2.399\,\text{mrad} = 0.137°$이다.

2개의 평면 거울로 이루어진 레이저 공진기는 거울 크기에 의한 회절 때문에 빔 크기가 한정될 수도 있지만 이 경우에는 그렇지 않다. 식 (10.58)인 $q_1 \approx 1.22f\lambda/D$($D$는 구멍의 반지름)를 상기하자. 이 식은 에어리 원판의 반지름을 나타내며, 이 식의 양변을 f로 나누면 지름 D의 회절된 원형 빔의 각 반치폭(half-angular width)이 된다. 이것을 2배하면 **각 전치폭** 또는 **구멍 제한된(aperture-limited) 레이저빔의 발산각 Θ**를 얻는다.

$$\Theta \approx 2.44\lambda/D$$

반면에 허리를 가진 레이저빔의 각 전치폭은 최소 단면적으로부터 멀리 떨어져 있을 때,

$$\Theta \approx 1.27\lambda/D_0 \tag{13.19}$$

로 주어지는데, 여기에서 빔 허리의 지름 $D_0 = 2w_0$은 주어진 공진기 형태로부터 계산할 수 있다.

헬륨-네온 레이저 최초의 레이저 동작에 관한 메이먼의 발표가 1960년 7월 7일 뉴욕에서 열린 기자회견에서 있었다.* 1961년 2월경에 자반(Ail Javan)과 그의 동료인 베넷 2세(W. R. Bennett, Jr.) 및 헤리엇(D. R. Herriott)은 1152.3 nm에서 **연속 발진**(continuous-wave, c-w) 헬륨-네온 기체 레이저의 동작에 성공하였다고 발표했다. 헬륨-네온 레이저(그림 13.21)는 오늘날 가장 널리 쓰이는 레이저의 하나로서 대부분 수 밀리와트의 가시광선(632.8nm)을 연속적으로 방출한다. 이것이 널리 쓰이는 이유는 교육적으로 흥미롭다는 것 이상으로 만들기가 쉽고, 비교적 값이 싸며, 상당히 신뢰성이 있고, 대부분 스위치를 한 번 켜기만 하면 작동되기 때문이다. 펌핑은 (직류, 교류 또는 무전극 rf 여기 방식인) 통상 전기 방전으로 한다. 인가된 전기장에 의해 자유 전자와 이온이 가속되어 충돌하므로 기체 매질(일반적으로 0.8torr 정도의 헬륨과 약 0.1torr의 네온 혼합 기체)을 더욱 이온화시키고 들뜨게 한다. 많은 헬륨 원자들은 몇몇의 높은 준위에

*그의 발견을 보다 전통적인 방식으로 알려지게 했을 그의 처음 논문은 *Physical Review Letters*의 편집위원들로부터 (그들에게는 두고두고 애통한 일이지만) 퇴짜를 맞았다.

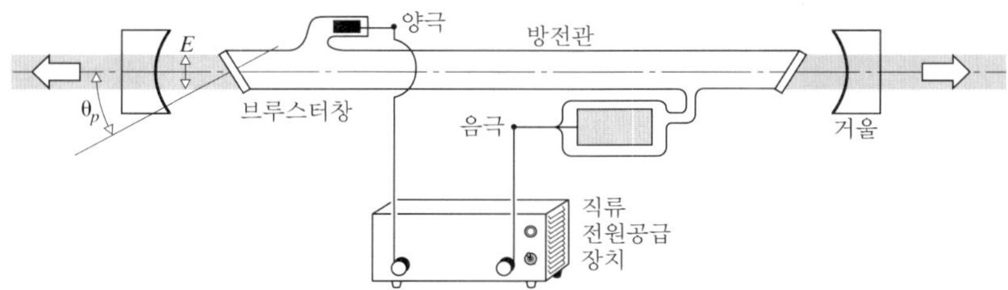

그림 13.21 초기의 간단한 헬륨-네온 레이저 장치

서 떨어진 후에 수명이 긴 2^1S 상태와 2^3S 상태에 모인다. 이들은 준안정 상태로서(그림 13.22) 허용된 복사 전이가 없다. 들뜬 헬륨 원자는 바닥 상태에 있는 네온 원자와 비탄성적으로 충돌하여 에너지를 전달함으로써 네온 원자를 5s 상태와 4s 상태로 올려준다. 이들은 높은 레이저 준위로서 낮은 4p 상태와 3p 상태에 대하여 밀도 반전이 일어난다. 5s 상태와 4s 상태 사이의 전이는 금지되어 있다. 자발 방출된 광자는 유도 방출을 유발하여 연쇄 반응을 일으킨다. 주된 레이저 전이는 적외선에 속하는 1152.3 nm와 3391.2 nm 그리고 널리 쓰이는 가시광선(밝은 빨간색)인 632.8 nm이다. 네온 원자의 p 상태는 3s 상태로 빠져 비게 되므로 계속하여 밀도 반전이 유지된다. 3s 준위는 준안정하므로 3s 원자는 용기의 벽에 에너지를 주고 바닥 상태로 간다. 이것이 플라스마 튜브의 지름이 이득에 역으로 작용하는 이유이고, 따라서 설계상의 중요한 매개변수이다. 레이저 전이가 바닥 상태로 내려가는 루비와는 반대로 헬륨-네온 레이저에서는 2개의 높은 준위 사이에서 유도 방출이 일어난다. 이것의 중요성은, 예를 들어 3p 상태가 보통 희박하게 채워져서 바닥 상태를 절반까지 비울 필요도 없이 밀도 반전이 아주 쉽게 일어난다는 것이다.

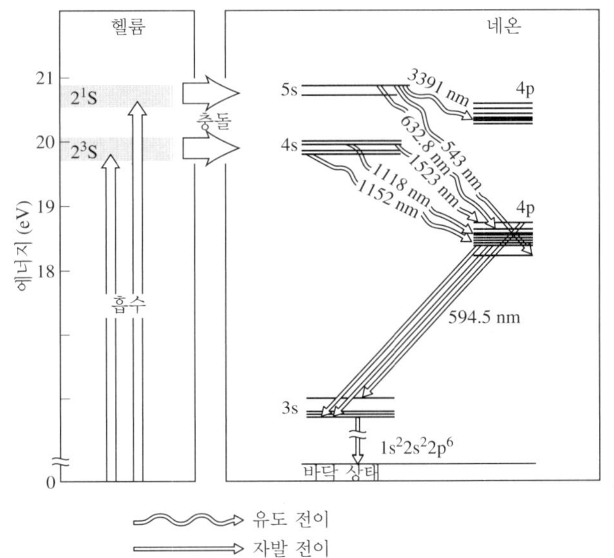

그림 13.22 헬륨-네온 레이저의 에너지 준위

초기의 초보적인 헬륨-네온 레이저의 특징을 보여 주는 그림 13.21로 돌아가 보자. 거울은 반사율 99% 이상의 유전체 다중박막으로 코팅되어 있다. 방전관의 끝에 편광각으로 기울어진 브루스터창이 있기 때문에 레이저 출력은 선편광이 된다. 만일 방전관 끝 면이 광축에 수직하면 반사에 의한 손실(각 경계면마다 4%)이 심각할 것이다. 창을 편광각으로 기울여 줌으로써 전기장 성분이 입사면(종이면)에 평행한 빛은 100% 투과하게 된다. 이 편광 상태가 수직한 편광 상태보다 빠르게 우세하게 되는데, 이는 수직 편광 성분은 창을 지날 때마다 광축을 벗어난 방향으로 부분 반사하기 때문이다. 입사면으로 선편광된 빛은 곧 공진기 안에서 지배적인 유도 메커니즘이 되어 결국 수직 편광을 배제해 버린다.*

1970년대 중반까지는 레이저 튜브 끝에 에폭시로 창을 붙이고 외부에 거울을 설치하는 어려움을 수반하는 일반적인 방법이 상업적으로 사용되었다. 에폭시가 새서 수증기가 튜브로 들어가고 헬륨이 새어 나오는 것은 피할 수 없었다. 현재는 이런 레이저를 **밀봉**(hard seal)한다. 유리를 금속(코바, Kovar) 마운트에 직접 접착시키는데 마운트는 거울을 튜브 안에서 지지한다. 거울(하나는 일반적으로 ≈ 100% 반사)은 튜브 안의 방전 환경을 견딜 수 있도록 코팅되어 있다. 동작 수명은 보편적으로 20,000시간 이상이다(1960년대에는 단지 수백 시간 정도였음). 일반적으로 브루스터 창은 옵션이며, 대부분의 상업적 헬륨-네온 레이저는 비편광 빔을 발생한다. 대량 생산되는 일반적인 헬륨-네온 레이저(출력 0.5~5 mW)는 TEM_{00} 모드로 작동하고, 결맞음 거리는 25 cm 정도이며, 빔의 지름은 약 1 mm이고, 효율은 단지 0.01%에서 0.1% 정도로 낮은 편이다. 적외선 헬륨-네온 레이저와 새로운 녹색(543.5 nm) 헬륨-네온 레이저도 있지만, 가장 널리 사용되는 것은 밝은 적색의 632.8 nm 레이저이다.

* 브루스터 창에서 수직한 $\mathcal{P}$-상태의 빛이 산란될 때, 레이저 출력의 절반이 반사로 사라지지 않는다. 에너지가 공진기에 의해서 단순히 그 편광 성분으로 계속 흘러 들어가지 않는다. 일단 이 성분이 플라스마 튜브 바깥으로 반사되어 나오면 더 이상의 방출을 유도할 수 없다.

레이저 개발 현황

레이저 기술은 너무나 활발한 분야이기 때문에 한두 해 전에 실험실에서 개발에 성공한 것이 오늘은 일상적으로 판매될 정도이다. 개발의 회오리바람은 절대로 쉬지 않을 것이기 때문에 '가장 작은', '가장 큰', 또는 '가장 센' 등의 용어를 개발된 레이저에 오랫동안 붙일 수 없을 것이다. 이것을 염두에 두고 앞으로 개발될 놀라운 레이저에 대한 추측은 생략하고 현황만을 간단히 살펴보고자 한다(표 13.2). 레이저빔은 이미 달까지 왕복하였다. 레이저는 떨어진 각막을 스폿 용접하

표 13.2 현존하는 레이저와 몇 개의 방출 파장들의 예

종류	고체 레이저 파장 (nm)
Cr:Al_2O_3 (Ruby)	694.3
Cr:$BeAl_2O_3$ (Alexandrite)	700–830
Cr:LiCaF	700–830
Cr:LiSrAlF	800–1050
Cr:ZnSe	2200–2800
Er:YAG	2940
Ho:YAG	2100
Nd:Glass	1080, 1062, 1054
Nd:YAG	1064.1, 266, 355, 532, 1320
Nd:YCOB	≈ 1060
Nd:YLF	1047, 1053
Nd:YVO_4	1064
Pr:Glass	933, 1098
Sm:CaF_2	708.5
Ti:sapphire	650–1180
Tm:YAG	2000
U:CaF_2	2500
Yb:Glass	1030
Yb:YAG	1030

종류	기체 레이저 파장 (nm)
Argon ion	488.0, 514.5, 275, 363.8, 457.9, 465.8, 528.7
Carbon dioxide	10600, 9600
Carbon monoxide	4700–8200, 2500–4200
Helium-cadmium	441.6, 330.0
Helium-neon	632.8, 543.5, 593.9, 1523
Hydrogen cyanide (HCN)	337 000
Krypton ion	647.1, 676.4, 416, 530.9, 568.2, 752.5, 799.3
Nitrogen	337.1
Water vapor	28 000, 118 600
Xenon ion	540
Excimer (Exciplex) lasers	
ArCl	169, 175
ArF	193.4
ArO	558
F_2	157
HgBr	499–504.6
KrCl	222
KrF	248
XeBr	282
XeCl	308
XeF	353
XeO	537.6, 544.2

종류	금속 증기 레이저 파장 (nm)
Copper vapor	510.5, 578.2
Gold vapor	627.8
Lead vapor	722.9
HeAg	224.3
HeCd	441.56, 352.0, 353.6
HeHg	567, 615
HeSe	497.5, 499.2, 506.8, 517.6, 522.7, 530.5
NeCu	248.6
Strontium vapor	430.5

종류	반도체 레이저 파장 (nm)
AlGaAs	630–900
AlGaInP	630–900
GaAlAs/GaAS	720–900
GaAs/GaAS	904
GaInPAs/GaAS	670–680
GaN/SiC	423, 405–425
InGaAsP/InP	1000–1700
PbSnSe	8000–30 000
Quantum cascade	mid- to far-IR

종류	액체 레이저 파장 (nm)
Coumarin	≈ 460–558
Dicyanomethylene	610–705
Eu ion chelate	613.1
Kiton red	600–650
Rhodamine	≈ 528–640
Stilbene	≈ 391–465

종류	화학 레이저 파장 (nm)
AGIL (all gas-phase iodine laser)	1315
COIL (chemical oxygen-iodine laser)	1315
DF-CO_2	10600
DF	≈ 2700 – ≈ 4200
HBr	4000
HF	2700–2900

고, 핵융합 중성자를 발생시키고, 씨의 성장을 자극하고, 광통신에 활용되고, CD를 읽고, 공작기계, 미사일, 선박, 회절격자 엔진을 이끌고, 컬러텔레비전 영상을 전달하고, 다이아몬드에 구멍을 뚫고, 작은 물체를 공중에 띄우는 영역*에서 헤아릴 수 없이 많은 호기심을 불러일으켰다.

고체 레이저 루비 레이저(ruby laser)를 비롯하여 수많은 고체 레이저(solid-state laser)가 있는데, 출력 파장이 대략 170 nm에서 3900 nm에 이른다. 이러한 레이저는 필요한 에너지 상태를 만들 수 있는 이온이 도핑된 유리 혹은 결정봉을 사용한다. 루비는 크롬이 첨가된 강옥(corundum)이다. 3가의 희토류 원소인 Nd^{3+}, Ho^{3+}, Gd^{3+}, Tm^{3+}, Er^{3+}, Pr^{3+}, Eu^{3+}는 $CaWO_4$, Y_2O_3, $SrMoO_4$, LaF_3, 야그(yttrium aluminum garnet, 줄여서 YAG), 유리 등의 모체(host) 안에서 레이저의 동작을 일으킨다. 이 중에서 네오디뮴(Nd)이 도핑된 유리와 야그는 특히 중요하다. 이 둘은 약 1060 nm에서 동작하는 강력한 레이저 매질이다. 1 kW 이상의 연속 출력을 가진 Nd:YAG 레이저가 이미 생산되었다.

Nd:YAG ($Nd:Y_3Al_5O_{12}$) 레이저는 가장 널리 이용되는 고체 레이저 중 하나로 수술, 목표 지정, 거리 측정, 주파수 배가(frequency doubling) 및 재료 처리 등에 활용된다. 다소 새로운 것으로 IR(1064 nm)에서 작동하는 네오디뮴 도핑된 이트륨 리튬 플루오르화물(neodymium doped yttrium lithium fluoride; Nd:YLF)과 네오디뮴 도핑된 이트륨 오소바나데이트(neodymium-doped yttrium orthovanadate; $Nd:YVO_4$) 레이저가 있다. 몇몇 AAA 전지는 값싼 IR 다이오드 레이저에 전력을 공급해서 광공진기 안에 있는 작은 $Nd:YVO_4$ 결정을 펌핑할 수 있다. 이 다이오드 레이저에서 KTP 주파수 배가 결정을 공진기 안에 두면 잘 시준된 녹색 레이저 포인터를 만들 수 있다.

이와 비슷하게 Yb:YAG 및 Yb:KGW와 같은 다양한 이터븀 도핑된 레이저 매질이 있는데, 이들은 일반적으로 1020 nm부터 1050 nm의 파장 범위에서 상당한 출력으로 동작한다. 2100 nm의 홀뮴 야그(Ho:YAG) 레이저는 종종 담석과 신장결석을 폭발시키고 암종양을 파괴하는 데 사용된다. 이와 함께 2940 nm의 에르븀 야그(Er:YAG) 레이저는 치과에서 가장 선호한다. 그리고 이들은 오늘날 이용 가능한 다양한 고체 레이저의 일부일 뿐이다.

*M. Lubin and A. Fraas, "Fusion by Laser," *Sci. Am.* 224, **21** (June 1971); R. S. Craxton, R. L. McCrory, and J. M. Soures, "Progress in laser fusion," *Sci. Am.* 255, **69** (August 1986); and A. Ashkin, "The pressure of laser light," *Sci. Am.* 226, **63** (February 1972)를 참조하라.

예제 13.7

Nd:YAG 레이저봉은 YAG 모체에 1% 농도로 도핑된 Nd 이온으로 구성되어 있다. 이것은 레이저봉 안의 Nd^{+3} 이온의 농도가 약 $1.38 \times 10^{26} m^{-3}$에 해당한다. 이들 이온 전부가 한 번에 $^4F_{3/2}$의 위 준위로 펌핑된다고 가정하자. 이때 1060 nm을 방출하면서 위 준위에서 아래로 떨어진다. 레이저봉의 $1 m^3$당 방출되는 에너지를 구하라.

풀이

우선 각 광자의 에너지를 구하자. 그리고 모든 Nd 이온이 광자를 방출한다고 가정하면, 방출되는 전체 에너지를 구할 수 있다. 1060 nm의 광자 에너지는

$$E = h\nu = \frac{hc}{\lambda} = \frac{(6.626 \times 10^{-34}\,\mathrm{J\cdot s})(2.998 \times 10^{8}\,\mathrm{m/s})}{1060 \times 10^{-9}\,\mathrm{m}}$$

이고, 이 결과로

$$E = 1.874 \times 10^{-19}\,\mathrm{J}$$

이다. 이제 이온의 농도가 1.38×10^{26} 이온$/m^3$이고 각 이온이 1.874×10^{-19} J의 광자를 방출하면 $1\,m^3$당 방출되는 전체 에너지는

$$E_T = (1.874 \times 10^{-19}\,\mathrm{J})(1.38 \times 10^{26}\,\mathrm{m^{-3}})$$

이므로

$$E_T = 25.9 \times 10^{6}\,\mathrm{J/m^3}$$

이다.

직렬로 배치된 몇 개의 레이저를 동작시켜 펄스 시스템에서 엄청난 출력을 얻은 바 있다. 이 가운데 첫 번째 레이저는 증폭기 기능을 갖는 다음 단계 레이저로 입력하는 Q-스위치 발진기의 역할을 한다. 이 시스템에는 1개 또는 그 이상의 증폭기가 있다. 공진기의 되먹임을 감소시켜서 레이저는 더 이상 자체 발진하지 않고, 유도 방출을 유발하는 입사파를 증폭시킨다. 그래서 증폭기는 사실상 펌핑되는 활성 매질이지만, 양끝 면은 단지 부분 반사하거나 심지어 반사하지 않는다. 수 GW(기가와트, 즉 10^9 W)를 수 나노초의 펄스로 출력하는 이러한 종류의 루비 레이저 시스템이 판매되고 있다.

1984년 12월 19일 그 당시 최대의 레이저인 캘리포니아에 있는 로렌스 리버모어 국립연구소의 노바(Nova)가 최초로 10개의 빔을 동시에 발사하여 파장 350 nm의 광을 18 kJ의 에너지를 가진 1 ns의 펄스로 출력하였다(사진 참조). 이 거대한 네오디뮴 도핑된 유리 레이저(Nd:glass laser)는 핵융

노바 레이저 (Lawernce Livemore National Laboratory.)

2010년에 작동하게 된 NIF 레이저 기반 관성 가둠 장치의 일부. (Lawrence Livermore National Laboratory.)

LLE 레이저 융합 장치의 타깃 쳄버 내부. 융합 반응은 중수소/삼중수소로 채워진 30 kJ 오메가 레이저로 조사된 작은 타깃-구에서 발생한다. (University of Rochester's Laboratory for Laser Energestic, Eugene Kowaluk, Image specialist.)

합 연료 알갱이에 120 TW까지 집중시킬 수 있도록 설계되었는데, 이는 비록 10^{-9} s 동안이지만 미국 전체 발전소의 순간 출력의 500배에 해당하는 것이다. 1990년대 말에 로렌스 리버모어 국립연구소의 연구자들은 노바의 빔 하나만을 사용하여 1.25 PW 펄스를 발생시켰는데, 각 펄스의 지속 시간은 490 fs이며 에너지는 580 J이었다.

노바를 대신하는 24개로 된 고체 레이저 시스템이 1980년에 로체스터대학교(University of Rochester)의 레이저 에너지 연구소(Laboratory for Laser Energetics, LLE)에 설치되었다. LLE의 오메가(Omega) 레이저는 30~45 kJ의 에너지로 작동하며 세계 최고의 레이저 핵융합 연구시설이다. 오메가는 네오디뮴이 첨가된 인산염 유리 레이저로서 1995년에 60개의 빔으로 업그레이드되어 눈곱 크기의 타깃(target)에 60×10^{12} W의 복사 출력을 집중할 수 있다. 첫 부분의 레이저 출력은 여럿으로 분할된 다음 각각 Nd:glass 원판과 막대에서 증폭되어 그러한 위업을 달성하였다. 여러 개의 빔은 타깃에 도달하기 직전 KDP 결정에 의하여 주파수가 3배인 351 nm로 변환된다(13.4.2절). 오메가는 시간당 최대 한 번 작동하는 데 많은 연구자가 활용하고 있다.

이를 대신하는 레이저가 캘리포니아주의 리버모어에 있는 미국 에너지성의 거대한 국립발화시설(National Ignition Facility, NIF)에 건설 중이다. 500 TW의 복사 에너지를 생산하기 위해 192개의 빔을 사용하도록 설계된 이 장치는 2010년에 첫 번째 점화 실험을 수행했다.

NIF의 발생한 방출 에너지 흐름은 이터븀이 도핑된 광섬유 레이저에서 적외선(1053 nm)의 저출력 플래시(수 nJ)로부터 시작된다. 그것은 네오디뮴 유리 전치증폭기(preamplifier)를 통해 보내지는 수많은 빔으로 나뉘며, 이 빔들로부터 약 6 J의 에너지로 나온다. 7680 제논 섬광등으로 펌핑된 유리 주증폭기의 시리즈는 전체 빔 에너지를 4 MJ까지 높인다. 공간 필터는 빔을 깨끗하게 하여 광학계의 불완전성 때문에 생긴 모든 빔의 변형을 제거하여 타깃에 도달할 때 빔의 단면이 매우 균일해지도록 한다.

적외선은 고온의 타깃에서 전자에 의해 매우 효율적으로 흡수되어 중수소-삼중수소 연료의 압축 및 그 후의 열핵 점화를 심각하게 방해한다. 그러므로 타깃에 도달하기 전에 빔을 단결정 인산이수소칼륨(potassium dihydrogen phosphate, KDP) 2장을 연속적으로 통과함으로써 UV로 변환시킨다. 첫 번째 결정은 1053 nm의 IR을 527 nm의 녹색광으로 변환시킨다. 두 번째 결정은 이것을 351 nm의 UV로 변환시킨다. 이 과정은 약 50%의 효율로서 전체 생산 가능한 에너지를 약 1.8MJ로 감소시킨다.

NIF는 192개의 빔을 보완한 후 타깃 챔버로 발사해서 2009년에 처음으로 1.1MJ의 UV를 전달함으로써 지구상에서 가장 강력한 레이저가 되었다.

기체 레이저

수많은 기체 레이저(gas laser)의 발진 파장은 원적외선에서 자외선(1nm에서 150nm까지)에 이르는 스펙트럼 영역에 걸쳐 있다. 헬륨-네온, 아르곤, 크립톤 등은 분자 기체 레이저인 이산화탄소, 불화수소, 질소 분자(N_2) 레이저 등과 더불어 기체 레이저의 주를 이룬다. 아르곤 레이저는 초록색, 청록색, 자외선(457.9nm, 488.0nm와 514.5nm가 주된 발진 파장임)의 펄스 혹은 연속 발진으로 동작한다. 그 출력은 보통 c-w 수 W이지만, c-w 150W 정도의 것도 있다. 아르곤 이온 레이저는 어떤 면에서는 헬륨-네온 레이저와 유사하나, 출력이 크고 파장이 짧고 선폭이 넓고 값이 비싸다는 점에서 분명히 헬륨–네온 레이저와는 다르다. 대기압 가로 전기 방전(transverse electrical discharge in gas at atmospheric pressure, TEA) 레이저는 저렴한 337.1nm의 UV 광원이다. 모든 불활성 기체(He, Ne, Ar, Kr, Xe)는 각기 레이저로 동작하며, 다른 많은 원소의 기체 이온도 있지만 이들이 가장 많이 연구되었다.

CO_2 분자는 진동 모드 사이에서 레이저 동작을 하는데 10.6μm의 IR을 방출하며, 일반적인 연속 발진 출력은 수 W에서 수 kW에 이른다. 이 레이저의 효율은 N_2와 He를 첨가하면 매우 높은 값인 15%도 가능하다. 한때는 c-w 10kW의 출력을 발생시키는 데 길이가 거의 200m인 방전관을 사용하였으나, 현재는 상당히 작은 '탁상형(table model)'이 판매되고 있다. 1970년대에는 CO_2, N_2, H_2O의 혼합 기체를 열로 펌핑하는 실험적인 기체동력학(gas-dynamics) 레이저가 10.6μm에서 다중 모드 동작으로 c-w 60kW의 출력을 발생하여 한동안 최고 기록을 유지한 바 있다.

연속 발진 헬륨-카드뮴 레이저(325nm)와 337.1nm에서 동작하는 펄스 질소 레이저는 UV를 방출한다. 224nm의 HeAg와 248.6nm의 NeCu와 같은 몇 가지 금속 이온(또는 금속 증기) 레이저는 원자외선(deep UV)를 발생한다. 구리 증기(510.6nm, 578.2nm)와 금증기(627nm)와 같은 또 다른 것들은 가시광선을 방출한다. 헬륨-카드뮴 레이저는 325.0nm와 441.6nm에서 동작한다. 이들은 준안정한 헬륨 원자와 충돌하여 들뜬 카드뮴 이온의 전이선을 이용한다.

엑시머 레이저는 방전에 의해 에너지를 얻는 기체 레이저의 일종이다. 일반적으로 엑시머 레이저는 불소, 염소 또는 브롬과 같은 반응성 기체와 함께 제논, 크립톤 또는 아르곤과 같은 불활성 기체 하나와 조합된 형태를 사용한다. 엑시머는 에너지가 공급된 상태에서만 존재하는 유사 분자(pseudomolecule)이다. XeF(351nm), XeCl(308nm), XeBr(282nm), KrF(248nm), KrCl(222nm), ArF(193nm)와 같은 엑시머 레이저는 일반적으로 수십 mW의 UV를 방출한다. 이들은 종종 LASIK 안과 수술 및 정밀 마이크로 기계 가공 및 반도체 집적 회로 생산에 사용된다.

앞에서 논의한 것처럼 티타늄 도핑된 사파이어(Ti:sapphire) 모드-잠금(mode-locked) 레이저는 매우 안정적인 적외선(650~1100nm) 장치로 정밀하게 파장 가변할 수 있다. 이들은 강력한 초단 펄스를 생성하고 특히 분광기 및 LIDAR(Light Detection And Ranging) 시스템과 같은 수많은 응용에 매우 적당하다.

반도체 레이저

접합 또는 다이오드 레이저라고도 불리는 반도체 레이저(semiconductor laser)는 발광 다이오드(light emitting diode, LED) 개발 후 얼마 안 되어 1962년에 발명되었다. 오늘날 반도체 레이저는 전기광학의 중심 역할을 하는데, 그 주된 이유는 스펙트럼의 순수성과 높은 효율(≈ 100%), 튼튼함, 매우 빠른 변조율, 긴 수명, 머리핀 정도의 크기에서도 상당한 출력(200mW 정도까지)을 가지기 때문이다. 다이오드 레이저는 광섬유 통신, CD(780nm), DVD(650nm) 시스템, 레이저 포인터 등에 이미 수백만 개씩 사용되었다.

최초의 반도체 레이저는 갈륨 비소(gallium arsenide) 한 가지에 적절한 도핑을 하여 p–n 접합을 만든 것이었다. 동종 구조(homostructure)라고 불리는 이것은 레이저 문턱값(threshold)이 높아서 저온에서 펄스로만 동작한다. 그렇지 않으면 작은 구조에서 발생하는 열 때문에 파괴되어 버린다. 최초의 파장 가변 납염(lead-salt) 다이오드 레이저가 1964년에 개발되었으나, 상업적으로 사용되기에는 거의 12년이라는 세월이 걸렸다. 그것은 액체 질소 온도에서 동작하므로 불편하기는 하지만 2~30μm까지 스캔할 수 있다.

이후 발전을 거듭하여 문턱값을 낮추고 상온에서 연속 발진으로 동작하는 다이오드 레이저가 등장하였다. 전도대와 가전자대 사이에서 전이가 일어나고, p–n 접합 바로 근처에서 유도 방출이 일어난다(그림 13.23). 일반적으로 반도체 다이오드에 전류가 순방향으로 흐르면 n-층의 전도대에 있던 전자가 p-층의 홀과 결합하면서 광자의 형태로 에너지를 방출한다. 이 복사 과정은 (포논 생성과 같은) 다른 흡수 메커니즘과 에너지를 다투지만 재결합층이 작고 전류가 크면 우

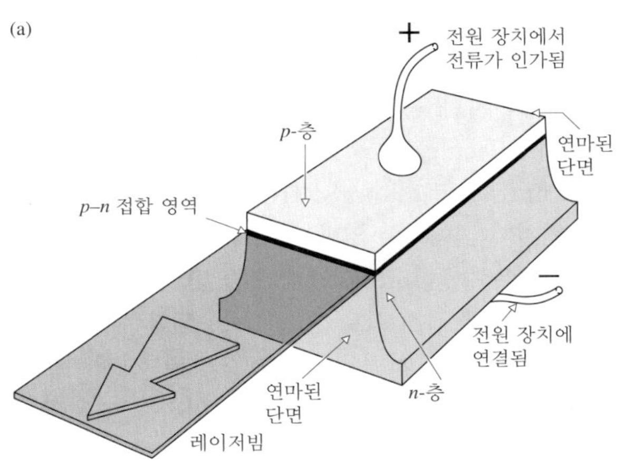

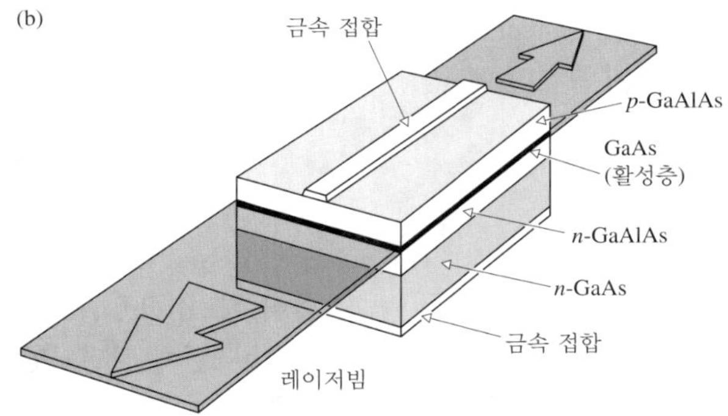

그림 13.23 (a) 초기의 GaAs p–n 접합 레이저. (b) 현재의 다이오드 레이저.

세하게 된다. 레이저로 동작하기 위해서는 다이오드에서 방출된 빛이 공진기 안에 유지되어야 하는데, 이를 위하여 일반적으로 접합 채널에 수직한 단면을 단순히 연마하면 된다.

오늘날 반도체 레이저는 특정한 필요를 충족시키기 위해 만들어지는데, 파장 400 nm부터 30 μm에 이르는 많은 레이저 디자인이 있다. 1970년대 초기에는 연속 발진 GaAs/GaAlAs 레이저가 개발되었다. 이는 (알루미늄과 갈륨의 상대적인 함량에 따라) 750~900 nm까지 상온에서 동작하는 아주 작은 다이오드 칩으로서 그 크기는 1/16 cm^3 정도이다. 그림 13.23b는 이런 종류의 대표적인 이종 구조(heterostructure, 다른 물질로 구성된 소자) 다이오드 레이저를 보여 준다. 여기서 레이저빔은 두께 0.2 μm인 GaAs 활성층의 양쪽으로 나온다. 이 작은 레이저는 통상 20 mW의 연속 출력을 낸다. 광섬유 유리의 저손실 영역($\lambda \approx 1.3\,\mu$m)을 이용하기 위하여 1970년대 중반에 GaInAsP/InP 레이저가 1.2~1.6 μm 사이에서 동작하도록 고안되었다. 질화 갈륨(GaN) 다이오드 레이저는 405 nm에서 보라색 빛을 방출한다. 이것은 블루레이(Blue-ray) 디스크를 읽거나 쓰는 데 사용된다. 양자 캐스케이드(quantum cascade, QC) 레이저는 중적외선 ~ 원적외선 영역에서 방출된다. 2006년에는 광범위하게 조정 가능한 버전이 상업적으로 사용 가능해졌고, QC 레이저는 이제는 특히 유용한 조사 도구이다.

초기의 벽개 결합 공진기 레이저. (Alcatel-Lucent USA Inc.의 허가하에 사용.)

사진에 벽개 결합 공진기 레이저(cleaved-coupled-cavity laser)가 나와 있다. 이것은 세로 모드의 수를 제어하여 매우 좁은 대역폭을 가진 파장 가변 복사를 발생한다. 작은 틈을 사이에 두고 2개의 공진기가 결합함으로써 복사는 양쪽 공진실에서 유지될 수 있는 극도로 좁은 대역폭을 가진다.*

액체 레이저

최초의 액체 레이저(liquid laser)는 1963년 1월에 동작하였다.** 초기의 액체 레이저는 **킬레이트**(chelates) 화합물(즉 하나의 금속 이온과 유기기로 이루어진 금속-유기 화합물)뿐이었다. 최초의 액체 레이저는 유로피움 벤조일아세토네이트(europium benzoylacetonate)의 알코올 용액으로서 613.1 nm에서 동작하였다. 1966년에 비킬레이트(nonchelate) 유기 액체에서 레이저 동작을 발견하였다. 클로로알루미늄 프탈로시아닌(chloroaluminum phtalocyanine) 용액에서 유도 라만 방출을 찾고 있는 중에 우연히 (755.5 nm에서) 레이저 동작이 발견되었다.***

그 후 플루오레세인(fluorescein), 쿠마린(coumarins), 로다민(rhodamines)과 같은 수많은 형광 색소 용액이 IR에서 UV에 이르는 주파수 영역에서 레이저 동작에 사용되었다.

*Y. Suematsu, "Advances in semiconductor lasers," *Phys. Today*, **32** (May, 1985)를 보라. 이종 구조의 다이오드 레이저에 관해서는 M. B. Panish and I. Hayashi, "A new class of diode lasers," *Sci, Am.* 225, **32** (July 1971)을 참조하라.

**더욱 상세한 것은 Adam Heller, "Laser action in liquids," *Phys. Today* (November 1967), p. 35를 참조하라.

***. Sorokin, "Organic lasers," *Sci, Am.* 220, **30** (February 1969).

이들은 연속 발진으로 동작하지만 보통 펄스로 동작한다. 유기 색소가 매우 많기 때문에 가시광선 영역의 어떤 주파수에서도 레이저 동작이 가능해 보인다. 나아가 이들은 본래부터 일정한 파장 영역에 걸쳐서 연속적으로 파장 가변(170 nm에 걸친 파장 가변 펄스 레이저가 존재하기도 하지만 대략 70 nm 정도)한다는 점에서 독특하다. 1차 레이저빔의 주파수를 변화시키는 다른 방법이 있지만(즉 13.4절에서 취급하는 대로 주어진 색을 갖는 빔이 들어와서 다른 색으로 나간다), 색소 레이저에 있어서는 1차 빔 자체가 내부적으로 파장 가변된다. 이것은 예를 들면 색소의 농도 또는 색소셀의 길이를 바꾸든지 또는 공진기 끝에 있는 회절 격자 반사판을 조절하든지 하여 이루어진다. 한 색소에서 다른 색소로 쉽게 바꿀 수 있어서 매우 넓은 주파수 범위에 걸쳐 동작하는 다색 색소 레이저 시스템이 상품화되어 있다.

화학 레이저

화학 레이저(chemical laser)는 화학 반응에서 나오는 에너지로 펌핑된다. 최초의 화학 레이저는 1964년에 동작하였는데, 연속 발진 화학 레이저는 1969년에야 개발되었다. 가장 유명한 화학 레이저 중 하나는 불화중수소-이산화탄소(deuterium fluoride-carbon dioxide, DF-CO_2) 레이저이다. 이것은 외부 동력을 필요로 하지 않고 자급한다. 간단하게 말하면 $F_2 + D_2 \rightarrow 2DF$ 반응은 이 두 가지의 비교적 일반적인 기체를 혼합할 때 일어나는데, 이것은 CO_2 레이저를 펌핑하는 데 충분한 에너지를 발생시킨다. 불화수소 레이저는 2700~2900 nm에서 방출되는 반면, 중수소 레이저는 3800 nm에서 방출된다.

고체, 기체, 액체, (H_2O와 같은) 증기 레이저가 있으며, 반도체 레이저, 자유 전자 레이저(600 nm에서 3 mm까지), X-선 레이저, 도핑된 유리 광섬유 레이저, 색중심(color centered) 레이저 및 극도로 짧은 펄스나 엄청난 주파수 안정성이 있는 매우 특별한 속성을 가진 레이저도 있다. 후자의 것은 고분해능 분광학에서 매우 유용한데, 다른 연구 분야에서도 이들에 대한 필요성이 증가하고 있다(예: 중력파를 검출하려는 시도에 사용되는 간섭계). 아무튼 이러한 레이저는 온도 변화, 진동, 심지어 음파 등의 교란의 영향에도 불구하고 정확하게 제어되는 공진기 구조를 가져야 한다. 오늘날까지 콜로라도의 볼더(Boulder)에 있는 천문학공동연구소(Joint Institute for Laboratory Astrophysics)의 레이저가 기록을 가지고 있는데, 거의 $1/10^{14}$에 이르는 주파수 안정도를 유지한다.

13.1.4 환상의 빛

레이저에 따라 다소의 차이를 보이지만 정도의 차이는 있어도 모든 레이저가 공통적으로 가지고 있는 레이저빔의 몇 가지 현저한 특성이 있다. 아주 명백한 것은 거의 대부분의 레이저빔이 극도의 지향성, 즉 평행 광선의 성질을 가진다는 것이다. 다른 방법으로는 보이지 않는 가시광선 레이저빔을 보기 위해서 연기를 불어 보내기만 하면 (산란을 통하여) 뻗어 나가는 환상적인 광선을 보게 된다. TEM_{00} 모드의 헬륨-네온 레이저빔은 일반적으로 1분 이하의 각퍼짐을 가질 뿐이다. 이 모드의 방출광은 거의 가우스 복사 조도 분포를 가진다. 즉 선속 밀도는 중심축 위의 최댓값에서 가장자리로 가면서 측엽(side lobe) 없이 급속히 작아진다. 대표적인 레이저빔은 매우 좁아서 지름이 수 mm에 지나지 않는다. 빔이 잘린(truncated) 평면파와 유사하므로 당연히 높은 **공간 결맞음**을 가진다. 사실상 레이저의 지향성은 공간 결맞음을 보여 주는 것이라고 생각할 수 있다. 또한 레이저광은 일반적으로 매우 좁은 주파수폭을 가진 준단색이다(7.4.2절 주파수 대역폭 참조). 즉 레이저광은 높은 **시간 결맞음**을 가진다.

또 다른 특징은 좁은 주파수 대역에서 방출되는 높은 선속 또는 **복사 출력**(radiant power)이다. 이미 살펴본 바와 같이 레이저는 좁은 빔의 형태로 모든 에너지를 방출하는 것이 특징이다. 이와 대조적으로 100 W의 백열 전구는 낮은 출력의 연속 발진 레이저보다 전체적으로는 상당히 많은 복사 에너지를 방출하지만, 결어긋나고 큰 입체각으로 퍼져 나가며 넓은 주파수 대역폭을 가진다. 좋은 렌즈*는 레이저빔 전체를 받아들여 거의 모든 에너지를 작은 점으로 모이게 할 수 있다(초점의 지름은 파장과 초점 거리에 비례하고 빔의 지름에 반비례한다). 초점 거리가 짧은 렌즈를 사용하면 지름이 수천분의 1인치인 점을 쉽게 얻을 수 있다. 그리고 이론상으로는 지름이 수억분의 1인치인 점도 가능하다. 따라서 초점으로 모인 레이저빔의 경우, 예를 들어 산소 아세틸렌 불꽃의 $10^3\ W/cm^2$ 정도의 선속 밀도와 대조적으로 어렵지 않게 $10^{17}\ W/cm^2$ 이상의 선속 밀도를 얻을 수 있다. 이와 같은 출력을 갖기 위하여 초점으로 모인 수 킬로와트의 연속 출력 CO_2 레이저는 약 10초 이내에 1/4인치 두께의 스테인리스 강판에 구멍을 낼 수 있음을 주목하라. 이와 비교하여 보통 광원 앞에 핀홀과 필터를 장치하면 공간적으로 그리고 시간적으로 극히 일부분만을 사용할 수 있다.

*레이저빔은 일반적으로 준단색이며 광축을 따라 입사하므로 주로 구면 수차가 주된 문제이다.

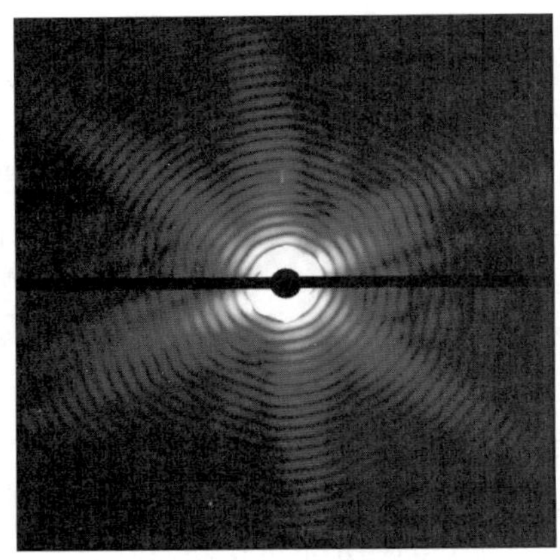

리낙(Linac) 결맞음 광원으로 발생시킨 세계에서 가장 강력한 자유전자 X-선 레이저를 이용한 미미 바이러스의 X-선 회절 무늬. (Tomas Ekeberg, Uppsala University, SLAC National Accelerator Laboratory, Stanford University.)

펨토초 광펄스

1970년대 초에 모드 잠금된(mode-locked) 색소 레이저가 개발되어 그 당시 극초단 광펄스의 발생을 위한 노력에 엄청난 도움을 주었다.* 1974년에 벌써 피코초($1\,\text{ps} = 10^{-12}\,\text{s}$) 이하의 광펄스가 만들어졌는데, 1970년대 후반에는 큰 진전이 없었다. 1981년에는 두 가지 방법으로 펨토초($1\,\text{fs} = 10^{-15}\,\text{s}$) 레이저(즉 $< 0.1\,\text{ps}$ 또는 $< 100\,\text{fs}$)의 개발에 성공했는데, 하나는 벨 연구소에서 개발된 충돌 펄스 고리(colliding pulse ring) 색소 레이저이고, 다른 하나는 IBM 연구팀이 고안한 새로운 펄스 압축(pulse compression) 방법이다.

전자광학적 통신이라는 실제적인 영역에서 극초단 광펄스의 중요성과 더불어 **초고속 현상**(ultrafast phenomena)으로 알려진 새로운 연구 분야가 확립되었다. 극도로 빠른 과정(예: 반도체에서 캐리어의 역학, 형광, 광화학적 생물 과정, 그리고 분자 배치의 변화)의 진행을 연구하는 데 가장 효과적인 방법은 일어나는 현상에 비해 더 짧은 시간 간격으로 살펴보는 것이다. 약 10fs 정도의 펄스는 물질의 연구에 있어서 이전에는 감추어진 영역을 완전히 새롭게 들여다볼 수 있도록 해준다.

현재 파열의 길이가 붉은빛 파장의 4배에 해당하는 $8\,\text{fs}(10^{-15}\,\text{s})$ 동안 지속하는 펄스를 일상적으로 만들어낸다. 이 펨토초 파군(wavegroup)을 가능케 해 준 하나의 기술은 **펄스 압축**으로, 1950년대에 레이더에 사용된 아이디어를 기초로 한 기술이다. 이 방법은 레이저 펄스의 주파수 스펙트럼을 넓혀 줌으로써 그 역수, 즉 시간 펄스폭을 짧게 하는 것이다. $\Delta\nu$와 Δt는 공액 푸리에 관계에 있음을 기억하라[식 (7.63)]. (길이가 수 피코초인) 입사 펄스는 비선형 분산 매질, 즉 단일 모드 광섬유를 통과한다. 빛의 세기가 충분히 강하면 굴절률에 상당히 큰 비선형 항이 있게 되고(13.4절) 펄스의 반송(carrier) 주파수에 시간에 따른 변이가 발생한다. 30m 정도의 광섬유를 통과하면 펄스의 주파수는 '잡아 늘려진다(chirped)'. 다시 말하면 펄스의 스펙트럼이 퍼져서 낮은 주파수가 앞서고 높은 주파수는 뒤따라가게 된다. 그다음 스펙트럼이 퍼진 펄스가 한 쌍의 회절 격자와 같은 또 다른 분산 시스템(지연 경로)을 통과한다. 청색 이동된 펄스의 뒤따르는 끝이 다른 경로를 지나감으로써 적색 이동된 앞선 끝을 따라잡게 되고, 결과적으로 시간적으로 압축된 출력 펄스가 생긴다.

*Chandrashekhar Joshi and Paul Corkum, "Interactions of ultra-intense laser light with matter," *Phys. Today* **36** (January 1995)를 참조하라.

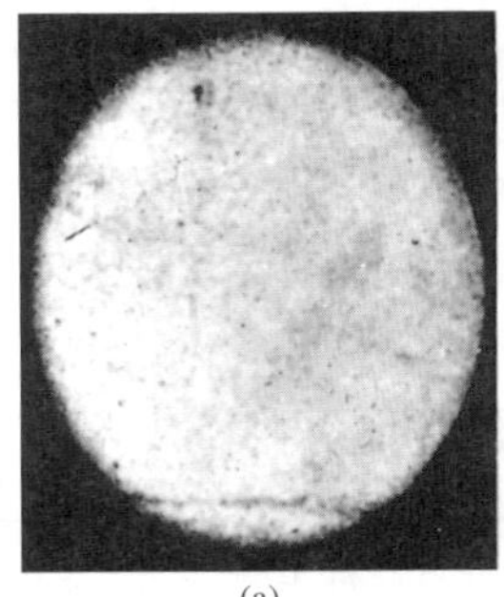

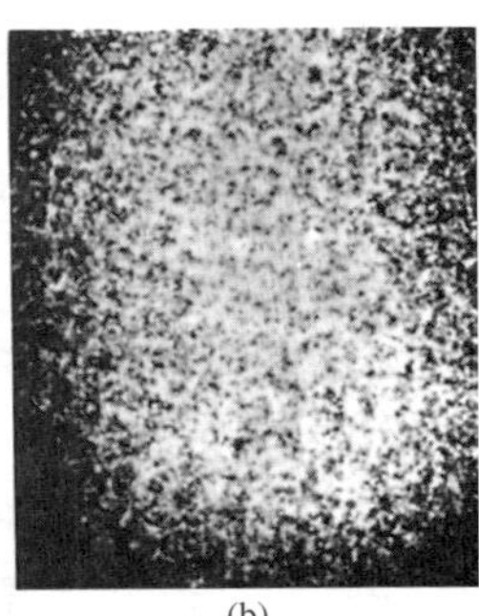

(a) (b)

스페클 무늬. (a) 수은등으로 비춘 시멘트 벽돌. (b) 헬륨-네온 레이저로 비춘 것. (B.J. Thompson, *J. Soc. Photo. Inst. Engr.* **4**, 7 [1965].)

스페클 효과(Speckle Effect)

레이저광의 공간 결맞음을 쉽게 관찰할 수 있는 인상적인 현상의 하나는 거친 표면에서 반사할 때 나타나는 반점 모양의 무늬(스페클)이다. 헬륨-네온 레이저(632.8nm)를 단순한 렌즈를 통과시켜서 약간 퍼지게 하여 벽이나 종이에 비추면, 그 조명된 부위는 마치 사이키 조명에서 빛이 어지럽게 비치는 것과 같이 번쩍이는 밝고 어두운 영역으로 얼룩져 보인다. 눈을 가늘게 뜨고 보면 알갱이가 크게 보이고, 스크린에 가까이 가면 작아진다. 안경을 벗고 보더라도 반점 무늬는 완벽한 초점을 유지한다. 실제로 근시안의 경우 렌즈 위의 먼지에 의한 회절 무늬는 퍼져서 사라지지만 스페클은 사라지지 않는다. 연필을 손에 들고 조명된 부위가 바로 위에 오게 하고 눈으로부터의 거리를 조절해 보자. 각 위치에서 연필 위에 초점을 맞춰라. 초점을 맞추는 위치에 관계없이 반점 모양은 선명하게 나타난다. 망원경을 통해 무늬를 관찰해 보라. 망원경을 가장 가까운 곳에서부터 먼 곳까지 조절함에 따라 심지어 벽이 완전히 흐려져 보이더라도 여기저기 도처에 존재하는 반점들은 완벽하게 뚜렷이 보인다.

거친 표면에서 산란된 공간적으로 결맞는 빛은 (9.3절의 파면 분리 장치에서처럼) **움직이지 않는** 간섭 무늬로 주변 영역을 채운다. 표면에서 반점들은 매우 작은데, 거리에 따라 크기가 증가한다. 공간상의 임의의 위치에서 결과적인 장(field)은 수많은 산란파의 합성으로 주어진다. 간섭 무늬가 그대로 유지되려면 이 산란파들은 각각의 산란체로부터 대상 점까지의 광경로 길이에 의해 결정되는 일정한 상대 위상을 가져야 한다. 앞의 사진은 이 중요한 사항을 명확히 해 준다. 한쪽 사진은 레이저를 비춘 시멘트 블록이고 다른 것은 거의 같은 공간 결맞음을 갖는 수은 방전등의 평행광을 비춘 것이다. 레이저의 결맞음 거리는 표면의 요철보다 훨씬 길지만 수은등의 결맞음 거리는 그렇지 못하다. 레이저를 비춘 경우 사진의 스페클(반점 무늬)은 커서 표면 구조를 불분명하게 한다. 수은등의 경우에는 공간 결맞음에도 불구하고 사진에서 스페클 무늬를 볼 수 없고, 따라서 표면의 모양이 그대로 나타난다. 시멘트 블록면이 거칠기 때문에 다른 표면 융기로부터 산란되어 공간상의 한 점에 도달하는 2개의 파동 사이의 광경로차는 일반적으로 수은등의 결맞음 거리보다 길다. 이것은 겹쳐지는 파열의 상대 위상이 시간적으로 무질서하게 빨리 바뀌므로 광범위한 간섭 무늬가 사라져버리는 것을 의미한다.

스크린 앞에 수렴하는 산란된 파들은 실제의 간섭 무늬를 만든다. 편리한 위치에 종이를 대면 간섭 무늬를 관찰할 수 있다. 공간에 실상을 맺은 후에 광선이 퍼져 나가므로 눈의 초점을 적절하게 맞추면 상의 어떤 부분이라도 직접적으로 볼 수 있다. 반대로 처음부터 퍼져 나오는 광선은 마치 스크린의 뒤쪽에서 나오는 것처럼 보이며 따라서 허상을 만든다.

정상이거나 원시인 눈은 색수차로 인하여 붉은빛의 초점을 스크린의 뒤쪽에 맺는 경향이 있다. 반대로 (파장에 관계없이) 근시인 사람은 스크린 앞에 위치한 실상을 보게 된다. 그래서 관측자가 머리를 오른쪽으로 움직이면 처음의 경우 (초점이 스크린 너머에 있을 때)에는 무늬가 오른쪽으로 이동하고, 근시안의 경우는 왼쪽으로 이동할 것이다. 무늬를 표면 가까이에서 관찰하는 경우에는 무늬는 관찰자의 머리를 따라 움직인다. 이와 같은 겉보기 시차 운동은 창문을 통해서 물체를 볼 때에도 나타난다. 창밖의 물체는 관측자의 머리와 같은 방향으로 움직이고 방안에 있는 물체는 반대 방향으로 움직인다. 물론 다른 방법으로도 가능하지만* 밝고 대역폭이 좁으며 공간적으로 결맞는 레이저빔은 반점 효과를 관찰하는 데 아주 적합하다. 보통 태양빛을 받은 표면에서 다채롭고 작은 반점들을 볼 수 있다. 이 효과는 매끄럽고 (포스터컬러를 칠한 종이와 같은) 평탄한 검은 물체 위에서 쉽게 관찰할 수 있고 손톱에서나 닳은 동전에서도 볼 수 있다.

미적으로나 교육적으로나 효과적이지만, 반점 효과는 결맞는 빛으로 비추어진 광학계의 경우 심각한 실제적인 문제일 수 있다. 예를 들면 홀로그래피 영상에서 스페클 무늬는 귀찮은 배경 잡음에 해당한다. 그런데 이와 매우 흡사한 일은 전파에서도 나타나는데, 주위 환경과 결과적인 간섭 무늬에 따라 신호 세기가 장소에 따라 불규칙적으로 변하는 곳에서 자동차의 라디오를 들을 때 관찰된다.

자발 라만 효과

들뜬 원자는 광자를 방출한 후에 초기 상태로 돌아가지 않을 수 있다. 스토크스(George Stokes)는 양자 이론 출현 전에 이런 종류의 행동을 관찰하고 광범위하게 연구하였다. 원자가 중간 상태로 떨어지기 때문에 입사한 원래의 광자보다 낮은 에너지의 광자를 방출하는데, 이를 보통 **스토크스 전이(Stockes transition)**라고 한다. 이 과정이 급격히(대략 10^{-7} s) 일어나면 **형광(fluorescence)**이라고 하는 반면에, 상당한 지연(어떤 경우에는 수 초, 수 분 또는 심지어 수 시간)이 있다면 **인광(phosphorescence)**이라고 한다. 자외선 광자를 이용해 가시광선의 형광을 방출하는 것은 우리의 일상생활에서 보통 일어나는 일이다. 많은 일상적인 물질(예: 세제, 유기색소 및 치아 에나멜)이 자외선을 비추었을 때 특유한 가시광선의 광자를 방출하며 빛을 내는 것으로 보인다. 따라서 상업적인 표시 목적과 의복의 '표백'을 위해 이 현상이 널리 쓰인다.

만일 준단색광이 어떤 물질로부터 산란된다면 주로 같은 주파수의 빛이 나올 것이다. 하지만 높고 낮은 주파수를 갖는 매우 약한 부수적인 성분(측엽)을 관측하는 것이 가능하다. 더욱이 측엽과 입사 주파수 ν_i 사이의 차이는 물질의 특성으로 나타나므로 분광학으로의 응용을 제시한다. **자발 라만 효과(Spontaneous Raman effect)**라고 하는 현상은 1923년 스메칼(Adolf Smekal)에 의해 예측되었고, 1928년 콜카타대학교의 물리학 교수였던 라만(Sir Chandrasekhara Vankata Raman, 1888~1970)에 의해서 실험적으로 관찰되었다. 이 효과는 강한 광원(보통 수은 방전이 사용되었다)과 큰 시료를 필요로 했기 때문에 실제 사용하기가 힘들었다. 광원에서 나오는 자외선이 종종 시편을 분해하여 문제를 더욱 복잡하게 만들었다. 따라서 라만 효과의 유망하고 실제적인 측면이 지속적인 관심을 끌지 못했던 것은 별로 놀랍지

*이 효과에 대하여 더 알기 위해서는 L. I. Goldfischer, *J. Opt. Soc. Am.* **55**, 247 (1965); D .C. Sinclair, *J. Opt. Soc. Am.* **55,** 575 (1965); J. D. Rigden and E. I. Gordon, *Proc. IRE* **50**, 2367 (1962); B. M. Oliver, *Proc. IEEE*, **51**, 220 (1963)을 참조하라.

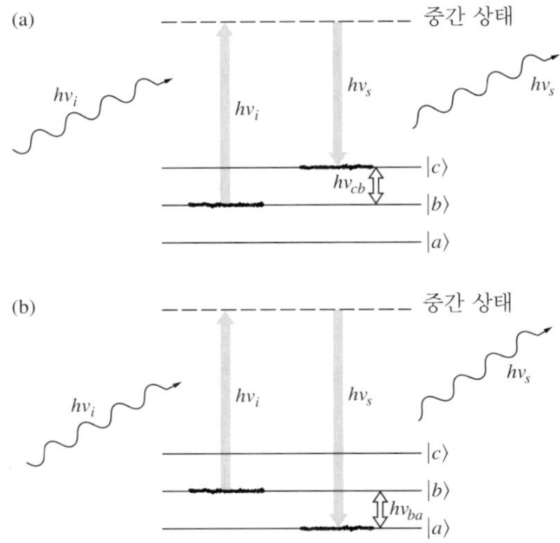

그림 13.24 자발 라만 산란

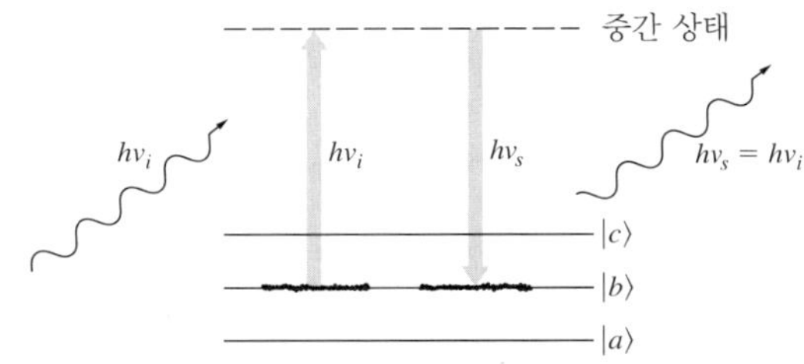

그림 13.25 레일리 산란

않다. 하지만 레이저가 현실화되었을 때 상황은 극적으로 변하였다. 이제 **라만 분광학(Raman spectroscopy)**은 독특하고 강력한 분석도구이다.

이 현상이 어떻게 일어나는지 이해하기 위하여 분자 스펙트럼과 관련된 특징을 재검토해 보자. 분자는 원적외선과 마이크로파 영역의 복사 에너지를 흡수하여 분자의 회전 운동 에너지로 전환할 수 있다. 게다가 분자는 적외선 광자(즉 대략 10^{-2}mm으로부터 약 700 nm까지의 파장 영역 안에 있는 광자)를 흡수하여 그 에너지를 분자의 진동 운동으로 변환할 수 있다. 마지막으로 분자는 원자의 경우와 마찬가지로 전자 전이의 메커니즘을 통해 가시광선과 자외선 영역의 에너지를 흡수할 수 있다. 이제 그림 13.24a에 도표로 나타낸 것처럼 어떤 진동 상태에 있는 분자를 생각하자. 여기서 양자역학적 기호를 사용하여 진동 상태를 $|b\rangle$라고 나타내는데, 이것이 들뜬 상태일 필요는 없다. 에너지 $h\nu_i$의 입사 광자가 흡수되면 계가 어떤 중간 상태나 가상(virtual) 상태로 올라가게 되고 거기서 즉시 스토크스 전이를 하여 $h\nu_s < h\nu_i$인 에너지의 (산란된) 광자를 방출한다. 에너지 보존에 의하여 $h\nu_i - h\nu_s = h\nu_{cb}$의 차이는 분자를 더 높은 진동 준위 $|c\rangle$로 여기시키는 데 사용된다. 전자 여기나 회전 여기가 이와 같이 일어나는 것도 가능하다.

한편 초기 상태가 들뜬 상태(단순히 시료를 가열하여)이면, 분자는 광자를 흡수하고 방출한 후에 더 낮은 상태로 떨어지는(그림 13.24b) **반스토크스 전이(anti-Stokes transition)**를 할 수도 있다. 이 경우 $h\nu_s > h\nu_i$이며, 이는 얼마의 분자 진동 에너지($h\nu_{ba} = h\nu_s - h\nu_i$)가 복사 에너지로 전환되었다는 것을 의미한다. 두 경우 모두 ν_s와 ν_i 사이의 결과적인 차이는 연구되고 있는 물질의 특정 에너지 준위 차이에 대응하며, 이와 같은 결과로서 분자 구조가 파악된다. 그림 13.25는 비교의 목적으로 $\nu_s = \nu_i$인 레일리 산란을 보여준다.

레이저는 자발 라만 산란에 대한 이상적인 광원이다. 레이저는 밝고 준단색이며 넓은 범위의 주파수에서 사용할 수 있다. 그림 13.26은 전형적인 레이저 라만 장치를 보여 준다. 이런 종류의 완전한 연구기기는 상업적으로도 구입 가능한데, 레이저(보통은 헬륨-네온 레이저, 아르곤 레이저 또는 크립톤 레이저), 집속 렌즈계 및 광자 계수 전자 장치를 포함한다. 주파수 이동이 없는 레이저광(ν_i)이 라만 스펙트럼(ν_s)과 함께 산란되기 때문에, 이중 주사 단색화 장치(double scanning monochromator)가 ν_i와 ν_s 사이를 구별해 준다. 분자 회전과 관련된 라만 산란은 레이저를 이용하기 전에도 관측되었지만, 현재는 레이저로 인하여 감도가 높아져서 측정이 용이하며 심지어 전자 운동의 효과까지 조사할 수 있다.

유도 라만 효과

1962년에 우드버리(Eric J. Woodbury)와 능(Won K. Ng)은 **유도 라만 산란**(stimulated Raman scattering)으로 알려진 주목할 만한 관련 효과를 우연히 발견하였다. 그들은 니트로벤젠 커 셀 셔터(nitrobenzene Kerr cell shutter, 8.11.3절 참조)를 포함하는 백만 와트의 펄스 루비 레이저를 연구하고 있었다. 그들은 694.3 nm의 입사 에너지 10% 정도가 파장이 바뀌어 766.0 nm의 결맞는 산란 빔으로 나타난다는 것을 발견했다. 이에 대응하는 약 40 THz의 주파수 이동은 산란 빔에 함께 존재하는 다른 새로운 주파수로서 니트로벤젠 분자의 진동 모드 중 하나의 특성이라는 것이 뒤이어 발견되었다. 유도 라만 산란은 초점으로 모인 고에너지 레이저 펄스의 영향으로 고체, 액체 또는 높은 밀도의 기체에서 발생할 수 있다(그림 13.27). 이 효과는 그림 13.28에 도식적으로 묘사되어 있다. 여기서 하나는 레이저의 주파수 ν_i에 대응하며, 다른 하나는 산란된 주파수 ν_s를 갖고 있는 2개의 광자 빔으로 이 광자들이 동시에 분자에 입사한다. 원래의 장치에서는

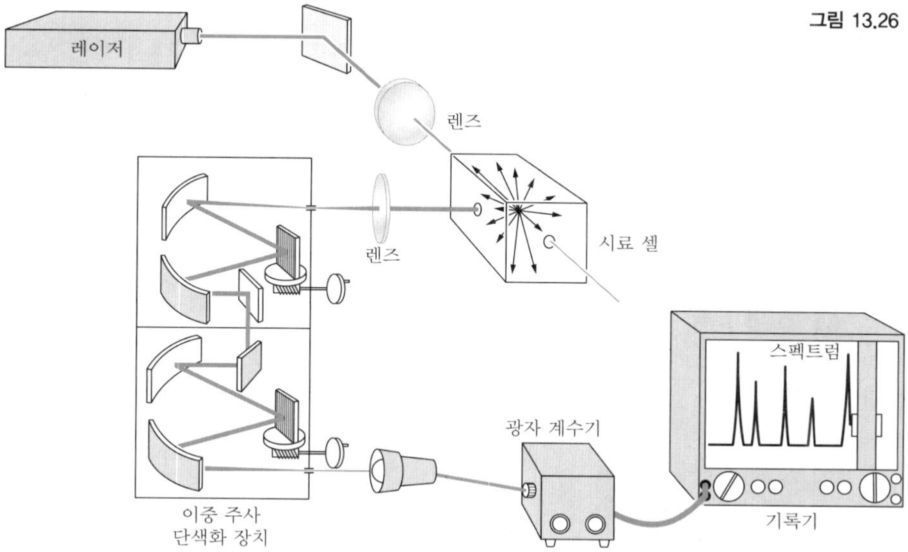

그림 13.26 레이저 라만 장치

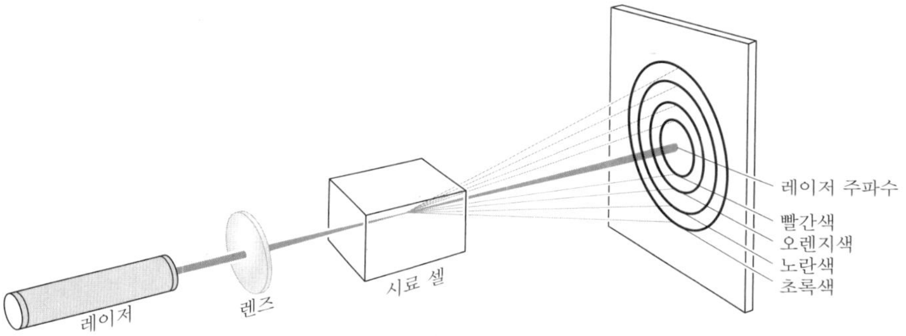

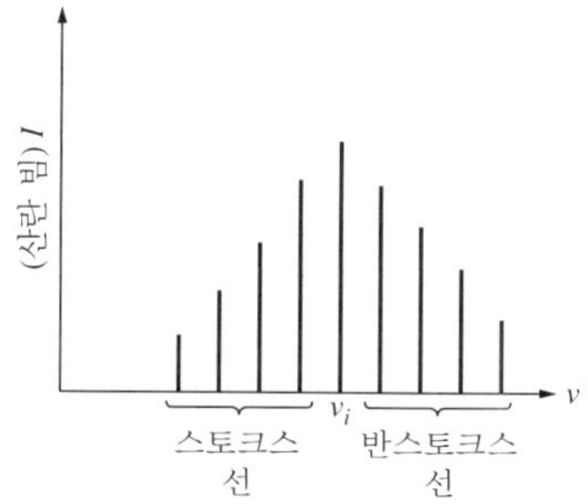

그림 13.27 유도 라만 산란 (출처: R. W. Minck, R. W. Terhune, and C.C. Wang, *Proc. IEEE* **54**, 1357, [1966]를 보라.)

산란된 빔이 시편을 통해 앞뒤로 반사하지만, 공진기가 없이도 이 효과는 일어날 수 있다. 레이저빔은 $h\nu_i$의 광자를 잃어버리는 반면에, 산란된 빔은 $h\nu_s$의 광자를 얻게 되며 결국 증폭된다. 남은 에너지($h\nu_i - h\nu_s = h\nu_{ba}$)는 시료를 투과한다. 입사 빔의 상당 부분이 유도 라만 산란으로 전환되는 연쇄 반응은 레이저빔의 주어진 높은 임계 선속 밀도 이상에서만 일어날 수 있다.

유도 라만 산란은 적외선에서 자외선에 이르는 완전히 새로운 영역의 고선속 밀도의 결맞음 광원을 제공한다. 각각의 자발 산란 메커니즘(예: 레일리와 브릴루앙 산란)은 원리적

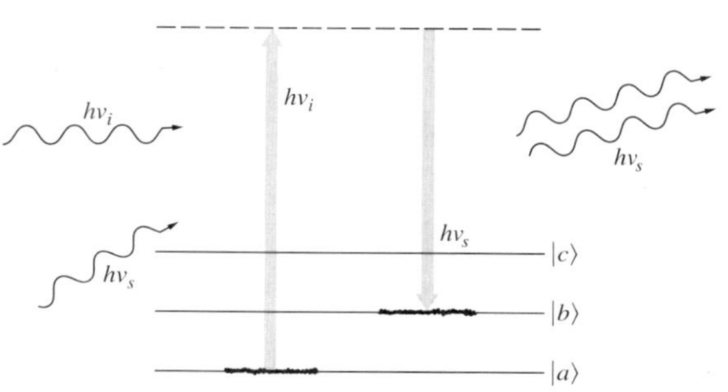

그림 13.28 유도 라만 산란의 에너지 준위 도표

으로 그것에 대응하는 유도 산란 메커니즘을 갖는다는 사실을 유의하라.*

13.2 상–광정보의 공간적 분포

다양한 종류의 자료를 광학적 방법으로 조작하는 것은 이미 기술적으로 **기정사실**이 되었다. 1960년대 이후의 문헌들은 다양한 분야에서 광정보처리의 방법에 대한 이러한 폭 넓은 관심을 반영하고 있다. 몇 가지만 예를 들면 텔레비전과 사진영상의 향상, 레이더와 소나(sonar) 신호처리(위상을 맞춘 합성 배열 안테나 분석)와 패턴인식(예: 항공사진 해석과 지문연구) 등의 실제적인 응용이 이루어졌다.

여기서는 용어 체계와 이와 같은 광학의 현대적인 주제를 이해하는 데 필요한 아이디어를 자세히 설명할 것이다.

13.2.1 공간 주파수

전기적으로 대부분 시간적인 신호의 변화, 즉 공간상의 주어진 지점에 있는 한 쌍의 단자 사이에 나타나는 순간순간의 전압 변화를 다룬다. 이와 비교하여 광학에서는 주어진 시각에 공간상의 영역에 퍼진 물체의 상에 대한 정보를 주로 취급한다. 예를 들면 그림 13.29a에 있는 장면을 2차원 선속 밀도 분포로 생각할 수 있다. 이것은 빛을 비춘 슬라이드나 텔레비전 화면 또는 스크린 위에 투사된 영상일 수 있다. 어쨌든 어떤 함수 $I(y, z)$가 있어서 그림의 각 점에 I의 값을 대응시킬 수 있을 것이다. 문제를 약간 간단하게 하기 위하여 수평선($z = 0$)을 따라서 스크린을 가로질러 주사(scan)하고 그 위치에 따른 복사 조도의 변화를 일일이 그림 13.29b와 같이 표시한다고 하자. 함수 $I(y, 0)$은 7장과 11장에서 취급한 푸리에 해석의 기법을 사용하면 조화 함수의 합으로 나타낼 수 있다. 이 경우에는 함수가 다소 복잡하므로 이를 제대로 표현하려면 많은 항이 필요하다. 하지만 $I(y, 0)$의 함수 모양이 알려지면 절차는 상당히 수월하다. 다른 선, 예를 들어 $z = a$를 따라서 주사하면 그림 13.29c와 같은 $I(y, a)$를 얻는데, 이는 우연히도 같은 간격으로 배열된 일련의 사각 펄스이다. 이 함수는 7.3절에서 자세히 다루었는데, 몇 개의 푸리에 성분을 그림 13.29d에 대략적으로 나타내었다. 만일 (c)의 펄스의 중심 사이의 거리가,

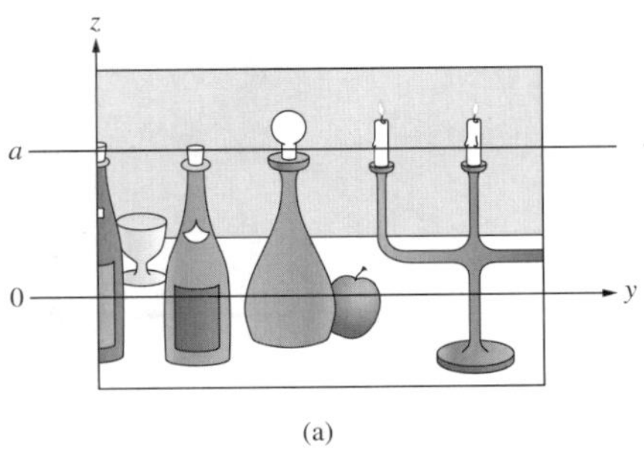

(a)

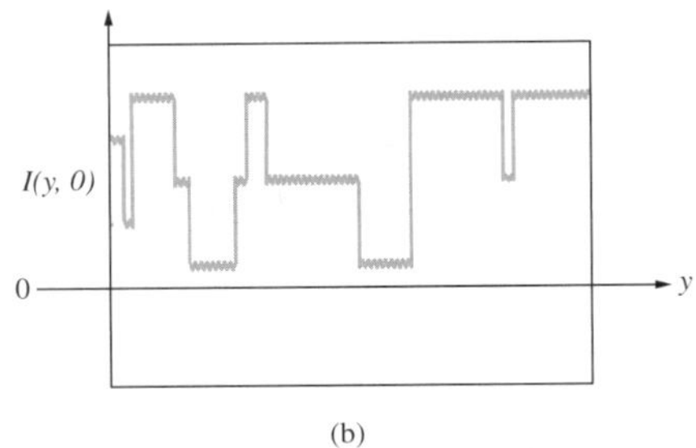

(b)

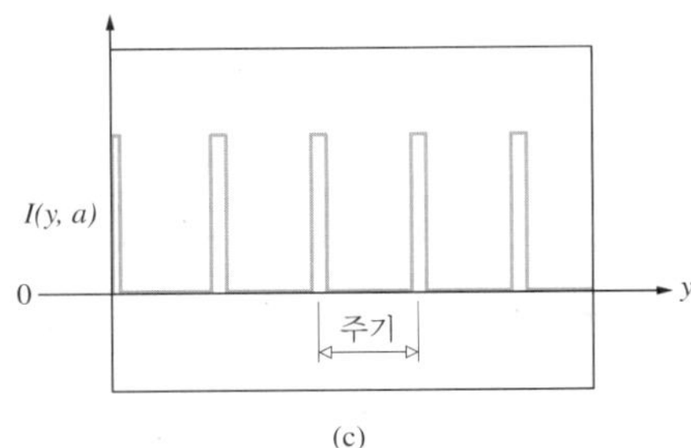

(c)

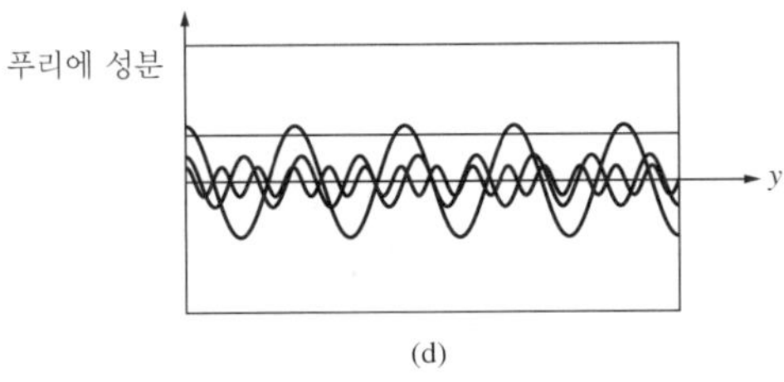

(d)

그림 13.29 2차원 복사 조도 분포

예를 들어 1cm라면 공간 주기는 1사이클당 cm(cm per cycle)이고 이것의 역수인 공간 주파수는 1cm당 사이클(cycle per cm)이다.

일반적으로 임의의 주사선을 따르는 정보는 적절한 진폭과 공간 주파수를 갖는 사인 함수들의 급수로 변환될 수 있다. 그림 13.30의 단순한 사인파 혹은 사각파 표적의 경우, 모든 수평 주사선이 동일하므로 사실상 1차원 무늬이다. 그림 7.40은 사각파를 합성하는 데 필요한 푸리에 성분의 공간 주파수 스펙트럼을 나타낸다. 한편 와인병과 촛대가 있는 그림에 대한 $I(y, z)$는 2차원 함수이므로 2차원 푸리에 변환으로 생각해야 한다(7.4.4절, 11.2.2절). 또한 적어도 원리상으

*이 주제에 대하여 더 알기 위해서 Nicolaas Bloembergen의 평론 교습 논문 "The Stimulated Raman Effect," *Am. J. Phys.* **35**, 989 (1967)은 읽어볼 만하다. 이 논문은 역사적인 부록뿐만 아니라 상당히 좋은 문헌 목록을 포함하고 있다. *Lasers and Light*의 많은 논문들도 이 주제를 다루는데 적극적으로 추천할 만하다.

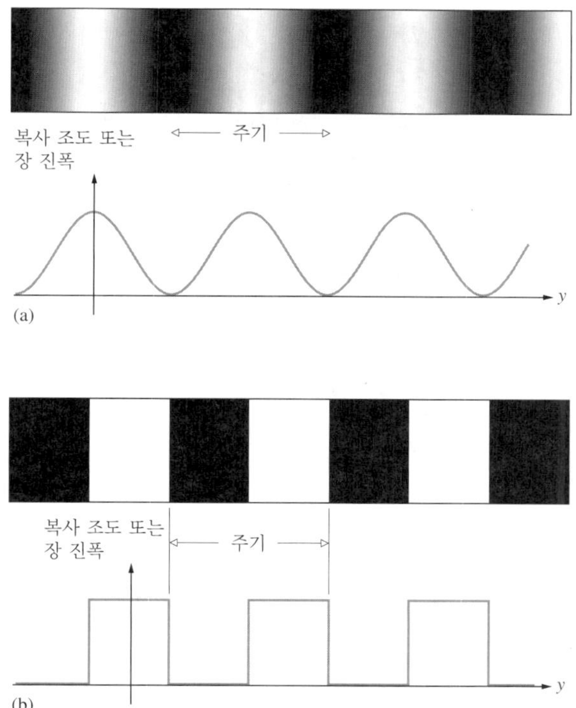

그림 13.30 (a) 사인파 타겟과 (b) 사각파 타겟

로는 그림의 각 점에서 전기장의 진폭을 기록하고 앞에서와 같이 그 신호를 푸리에 성분으로 분해할 수도 있다.

원거리, 즉 프라운호퍼 회절 무늬는 본질적으로 구멍 함수 $\mathscr{A}(y, z)$의 푸리에 변환과 같음을 상기하라(11.3.3절). 구멍 함수는 입력면, 즉 물체면 위의 단위 면적당 광원 강도 $\varepsilon_A(y, z)$에 비례한다[식 (10.37)]. 다시 말하면 물체면 위의 전기장 분포가 $\mathscr{A}(y, z)$이면, 2차원 푸리에 변환은 매우 멀리 떨어진 스크린 위에 전기장 분포 $E(Y, Z)$로 나타난다. 그림 7.52와 10.3에서와 같이 상면까지의 거리를 줄이기 위하여 물체 다음에 렌즈(L_t)를 놓는다. 이 렌즈를 보통 **변환 렌즈(transform lens)**라고 하는데, 그 이유는 이것이 즉각적인 푸리에 변환을 시킬 수 있는 **광컴퓨터**(optical computer)라고 생각할 수 있기 때문이다. 이제 필터링된 평행광 수은 방전등이나 레이저로부터 나오는 평면파와 같은 공간적으로 결맞는 준단색광을 다소 이상화된 투과 회절 격자에 비춘다고 하자(그림 13.31). 여기에서 전기장의 진폭은 입사 파면 위에서 상당히 균일하다고 가정한다. 따라서 구멍 함수는 주기적인 계단 함수이다(그림 13.32). 즉 물체면 위에서 전기장의 진폭은 상수이거나 0이다. 격자 간격이 a라면 이것은 계단 함수의 공간 주기이며, 그 역수는 격자의 기본 공간 주파수이다. 회절 무늬의 중앙 스폿($m = 0$)은 공간 주파수 0인 직류항이다. 이것은 입력 $\mathscr{A}(y)$가 어디에서나 양의 값을 가진다는 사실에 기인하는 바이어스(bias) 준위이다. 이 바이어스 준위는 균일한 회색 바탕

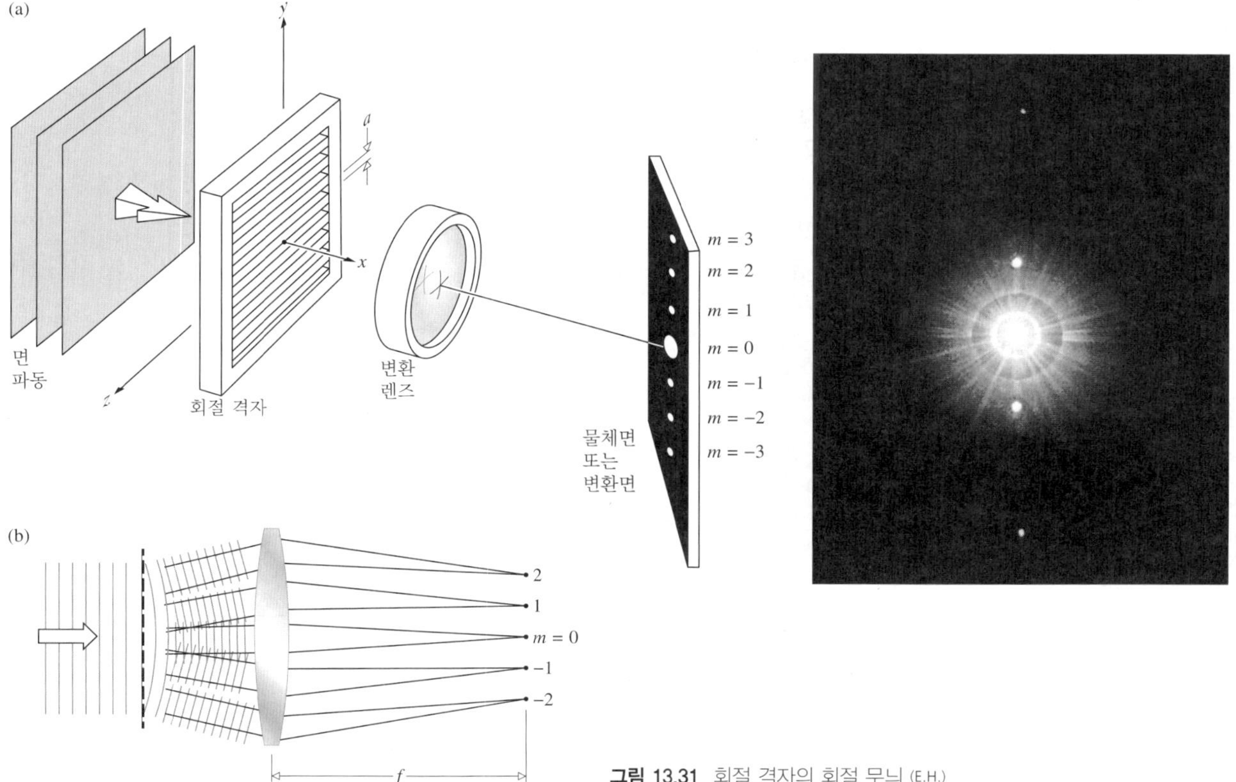

그림 13.31 회절 격자의 회절 무늬 (E.H.)

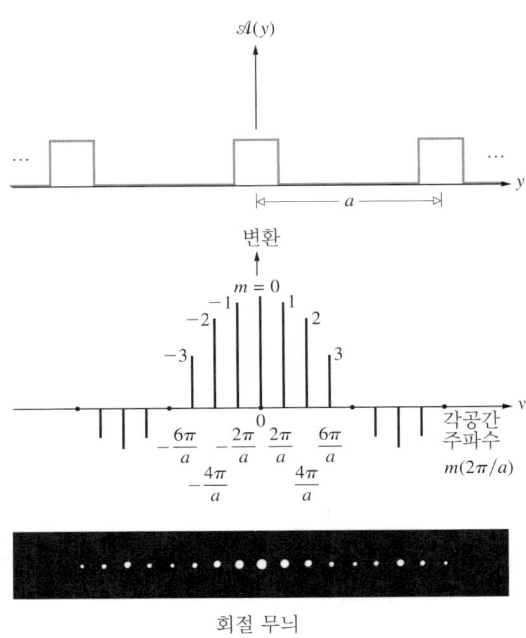

그림 13.32 사각파와 그 변환

위에 계단 함수 무늬를 배치하면 바뀔 수 있다. 상(이 경우에는 변환) 평면 위의 반점이 중심축으로부터 멀어짐에 따라 격자 방정식 $\sin \theta_m = \lambda(m/a)$에 따라 이들과 관련된 공간 주파수 (m/a)는 증가한다. 간격이 넓은 격자는 보다 큰 a 값을 가지므로 주어진 차수(m)의 반점은 더 낮은 주파수 (m/a)에 해당하고 중심축, 즉 광축에 더욱 가까이 위치하게 된다.

그림 13.30a의 사인파형 투명지를 물체로 사용한다면 구멍 함수가 사인 함수 형태이므로 변환면 위에는 이상적인 3개의 반점이 나타나며, 이들은 각각 주파수 0인 중심 극대와 그 양쪽에 있는 1차 극대$(m = \pm 1)$에 해당한다. 2차원으로 확장시켜 보면 십자형 회절 격자(혹은 그물)는 위의 사진과 같은 회절 무늬를 만든다. 그물은 수평 및 수직 방향으로 주기적일 뿐만 아니라 대각 방향으로도 주기적임을 유의하라.

십자형 격자의 회절 무늬 (E.H.)

달 표면을 찍은 사진 필름과 같이 좀 더 복잡한 물체는 매우 복잡한 회절 무늬를 만들 것이다. 회절 격자는 단순한 주기성을 가지므로 푸리에 급수로 취급할 수 있었으나 이제는 푸리에 변환으로 다루어야 할 것이다. 아무튼 **회절 무늬의 각 스폿은(주파수 0) 광축으로부터의 거리에 비례하는 특정한 공간 주파수의 존재를 나타낸다**. 양과 음의 부호를 갖는 주파수 성분은 광축을 중심으로 서로 반대쪽에 나타난다. 변환면 위의 각 점에서 전기장을 측정할 수 있다면, 구멍 함수의 변환을 관찰할 수 있겠지만 그것은 불가능한 일이다. 이 대신에 검출되는 것은 선속 밀도 분포인데, 여기서 각 점의 복사 조도는 전기장의 제곱의 시간 평균, 즉 그 점에서 해당 공간 주파수에 대한 진폭의 제곱에 비례한다.

13.2.2 결상에 관한 아베의 이론

그림 13.33b를 보다 자세히 그린 그림 13.33a를 살펴보자. 시준 렌즈(L_c)로부터 나오는 단색 평면 파면이 회절 격자에 의해 회절된다. 그 결과는 왜곡된 파면인데, 이것을 각각 주

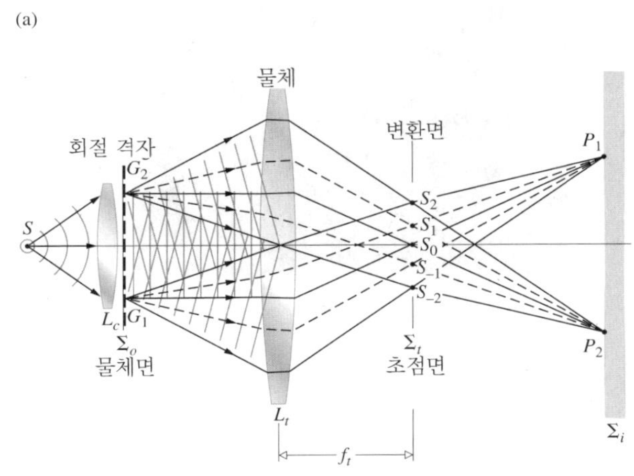

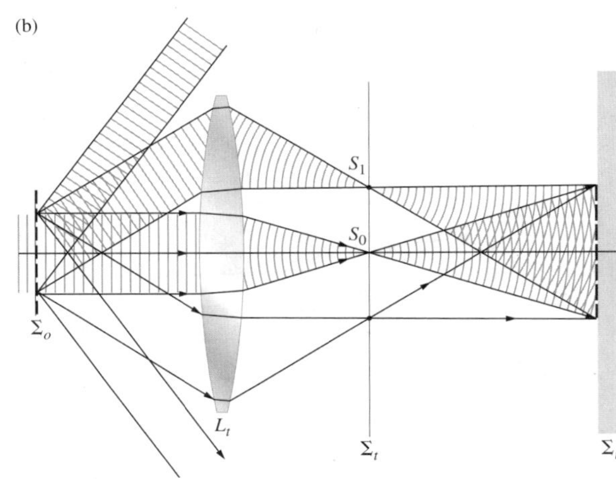

그림 13.33 상의 형성

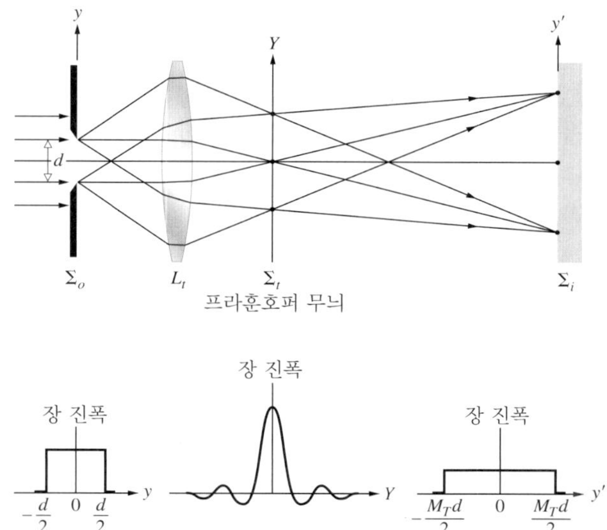

그림 13.34 슬릿의 상

어진 차수 $m = 0, \pm 1, \pm 2, \ldots$ 또는 공간 주파수에 대응하며 특정한 방향으로 진행하는 새로운 평면파로 분해한다(그림 13.33b). 대물 렌즈(L_t)는 **변환 렌즈**의 역할을 하는데, 이것은 변환면 Σ_t(이것은 또한 L_t의 뒤쪽 초점면이다) 위에 회절 격자의 프라운호퍼 회절 무늬를 만든다. 물론 평면파는 Σ_t를 거쳐 상면 Σ_i에 도달한다. 거기서 그들은 겹쳐지고 간섭을 일으켜 격자의 도립상을 만든다. 따라서 점 G_1과 점 G_2는 각각 P_1과 P_2에 상을 맺는다. 대물 렌즈는 2개의 독특한 무늬를 형성한다. 하나는 광원면에 대응하는 초점면 위의 푸리에 변환이고, 다른 하나는 물체면에 대응하는 면에 맺어지는 물체에 대한 상이다. 그림 13.34는 결맞게 조명된 수평 방향의 길고 좁은 슬릿을 가진 동일한 장치를 보여 준다.

그림 13.33a에서 변환면 위의 S_0, S_1, S_2 등의 점을 하위헌스 점광원으로 생각할 수 있으므로 결과적으로 Σ_i에 생기는 회절 무늬는 격자의 상이다. 달리 말하면 **상은 이중 회절 과정으로 만들어진다.** 입사파가 물체에 의하여 회절되고, 회절된 파동이 대물 렌즈에 의해 다시 한 번 회절된다고 생각할 수 있다. 만일 대물 렌즈가 없다면 상 대신 물체의 회절 무늬가 Σ_i에 나타날 것이다.

이러한 아이디어는 1873년에 아베 교수(Ernest Abbe, 1840~1905)가 처음으로 제안하였다.* 그 당시 그는 현미경에 관한 이론을 연구했는데 L_t가 현미경 대물 렌즈이면 관계가 분명해진다. 나아가서 회절 격자를 얇은 반투명 물체(즉 검사하는 시료)로 바꾸고 여기에 작은 광원과 집광 렌즈를 사용하여 빛을 비추면 앞의 광학계는 현미경과 유사한 것이 된다.

차이스(Carl Zeiss, 1816~1888)는 1800년대 중반에 예나(Jena)에서 작은 현미경 공장을 경영했는데, 그 당시의 시행착오적인 개발방법의 문제점을 인식하였다. 1866년에 그는 현미경 디자인에 더욱 과학적인 접근법을 확립하기 위하여 예나대학에서 강의하고 있던 아베의 도움을 요청하였다. 아베는 입사광이 이루는 겉보기 원뿔이 대물 렌즈의 작은 부분만을 차지하더라도 구멍(aperture)이 크면 분해능이 높다는 사실을 실험을 통해 곧 알아냈다. 주변의 '어두운 공간(dark space)'이 어떤 방법으로든지 상에 기여를 한 것이다. 결과적으로 그는 그 당시 잘 알려진 렌즈의 가장자리에서 발생하는 회절 과정(점광원의 경우 무늬를 만들어내는)이 결어긋나게 비추어진 망원경 대물 렌즈의 경우와 동일하게 취급될 수 없다고 보았다. 크기가 파장 λ와 비슷한 시료는 분명히 현미경 대물 렌즈의 '어두운 공간'으로 빛을 산란시켰던 것이다. 그림 13.33b에서와 같이 대물 렌즈의 구멍이 회절광을 모두 모을 정도로 충분히 크지 않다면 상은 물체에 정확히 대응되지 않는다. 대신에 상은 완전한 회절 무늬가 L_t에 의해 모인 것과 일치하는 가상적인 물체에 대응된다. 앞 절에서 프라운호퍼 무늬의 잃어버린 바깥 부분이 높은 공간 주파수에 해당함을 알았다. 그리고 곧 보게 되듯이 이들의 제거로 인하여 상의 대비도와 분해능이 감소한다.

실제적으로 말하면, 앞에서 고려한 회절 격자의 폭이 무한대가 아닌 한 엄밀한 의미에서는 주기적일 수 없다. 이는 그것이 연속적인 푸리에 스펙트럼을 가진다는 것을 의미한다. 물론 통상의 이산적인 푸리에 급수항이 주된 역할을 하며, 나머지 항의 진폭은 훨씬 작다. 불규칙적이고 복잡한 물체의 푸리에 변환은 연속적인 특성을 분명히 보여 준다. 어쨌든 **대물 렌즈가 무한히 큰 구멍을 가지지 않는 한, 그것은 주어진 값보다 큰 공간 주파수를 제외시키고 그보다 낮은 부분은 전부 통과시키는 저주파대역 통과(low-pass) 필터의 역할을 한다**는 사실에 유의하라(주어진 값보다 큰 공간 주파수는 렌즈의 물리적인 경계를 넘는 것이다). 결과적으로 실제의 모든 렌즈계는 결맞는 광원으로 비춘 실체 물체의 높은 공간 주파수 성분을 재생시키는 데 한계를 가진다.** 또한 높은 공간 주파수에서 동작하는 광학 결상계에는 기본적인 비선형

*1896년 레일리 경은 궁극적으로는 아베의 생각과 동일하지만 다른 방향으로 접근하였다. 그는 물체의 각 점을 그들로부터 방출된 파동이 렌즈에 의해 에어리 무늬(Airy pattern)로 회절되는 결맞는 광원으로 생각했다. 각각의 에어리 무늬의 중심은 그에 대응하는 점광원의 이상적인 상점(Σ_i 위의)에 있다. 따라서 어느 정도 겹쳐서 간섭하는 에어리 무늬의 분포가 Σ_i에 나타난다.

아베가 광학 분야에 남긴 많은 업적에 대한 보다 상세한 내용은 H. Volkmann, "Ernst Abbe and His Work," *Appl. Opt.* **5, 1720 (1966)을 참조하라.

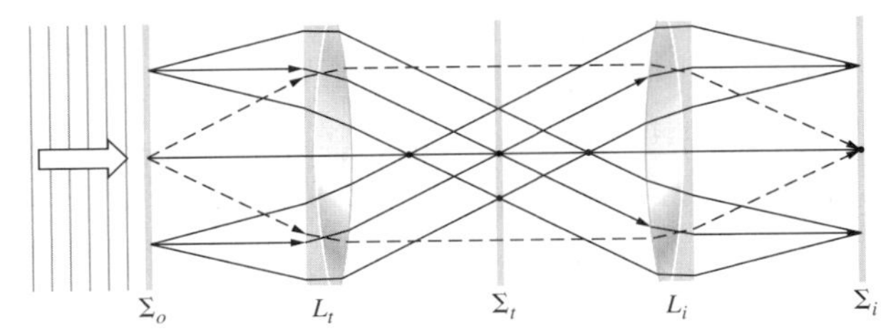

그림 13.35 물체, 변환, 그리고 상면

성이 있다.*

13.2.3 공간 여과

레이저를 평면파 광원으로 사용하여, 그림 13.23a에 있는 광학계를 실제로 구성한다고 하자. 점 S_0, S_1, S_2 등이 프라운호퍼 무늬를 발생시키기 위해서는 상 스크린이 아마 $x = \infty$(보통 10 m 정도이면 되지만)에 있어야 한다. 되풀이되지만 원래 L_t는 물체의 회절 무늬를 무한원으로부터 가까운 곳으로 가져오기 위해 사용되었다는 점을 상기하자. 이제 **결상 렌즈**(imaging lens) L_i(그림 13.35와 그림 13.36)를 설치하여 점광원 S_0, S_1, S_2 등의 회절 무늬를 무한원으로부터 가까이 가져오고 Σ_i를 편리한 거리에 위치시킨다. 변환 렌즈는 물체에서 나오는 빛을 평면 Σ_t 위에 회절 무늬의 형태로 집속시킨다. 즉 물체의 2차원 푸리에 변환을 Σ_t에 만든다. 다시 말하면, 물체의 공간 주파수 스펙트럼이 변환면 위에 퍼져 있다. 다음으로 L_i(**'역' 변환 렌즈**, 'inverse' transform lens)는 Σ_t에 분포된 빛의 회절 무늬를 상면에 투영한다. 달리 말하면 렌즈가 회절된 광선을 회절시킨 것으로서 이 렌즈가 (도립의) 역변환을 발생시킨다는 것을 의미한다. 따라서 Σ_t에 있는 데이터의 역변환은 본질적으로 최종적인 상으로 나타난다.

실제적으로 거의 대부분의 경우 L_t와 L_i는 동일하고($f_t = f_i$) 잘 보정된 복합 렌즈이다(정밀한 실험에 사용되는 것은 약 150 line pairs/mm의 분해능을 가진다. 1 line pair는 그림 13.30b의 한 주기이다). 일반적인 작업에는 30~40 cm의 적당한 초점 거리를 가지며 지름이 큰(약 100 mm) 2개의 환등기 대물 렌즈가 아주 적당하다. 두 렌즈 중 하나는 단순히 뒤집어서 그들의 뒤 초점면이 Σ_t와 일치하도록 한다. 그런데 입력 또는 물체면은 L_t로부터 초점 거리만큼 떨어져 있을 필요는 없다. 변환은 여전히 Σ_t에 나타난다. Σ_o를 이동시키면 단지 진폭 분포의 위상만 영향을 받게 되는데, 이는 일반적으로 관심거리가 아니다. 그림 13.35와 그림 13.36의 장치는 종종 **결맞는 광컴퓨터(coherent optical computer)**라고 한다. 이 장치의 변환면 위에 장애물(즉 마스크나 필터)을 설치하여 특정한 공간 주파수를 부분적으로 또는 완벽하게 차단하여 상면에 도달하지 않도록 한다. **이렇게 상의 주파수 스펙트럼을 변경하는 과정을 공간 필터링(spatial filtering)이라고 한다**(7.4.4절 참조).

프라운호퍼 회절에 관한 논의에서 본 대로 Σ_0에 있는 좁고 긴 슬릿은 위치와 방향에 관계없이, **원점을 지나고** 슬릿에 수직한 직선 위의 일련의 파선들로 구성된 변환을 Σ_t 위에 만든다(그림 10.6). 결과적으로 직선 물체가 $y = mz + b$로 기술된다면, 그 회절 무늬는 직선 $Y = -Z/m$ 혹은 식 (11.64)와 식 (11.65)로부터 $k_Y = -k_Z/m$ 위에 있다. 이 사실과 에어리 무늬를 염두에 두면, 여러 가지 물체에 대한 변환의 대체적인 구조를 예측할 수 있다. 또한 이러한 변환의 중심은 공간 주파수가 0인 광축에 있음을 유의하라. 예를 들면 투명한 십자 기호의 2차원 변환은 십자 기호와 비슷하다. 만일 수평선이 수직선보다 두껍다면, 두꺼운 수평선은 일련의 짧은 파선을 발생시키는 반면에 가는 수직선은 긴 수평 파선으로 나타난다. 크기가 작은 물체는 큰 각도로 회절시킴을 상기하라. 현대 통신 이론의 영향을 받은 공간 주파수 필터링과 변환의 개념을 사용하는 대신에 본 주제는 아베가 그랬던 것처럼 이와 같은 방식으로 생각할 수 있다.

그림 13.36에 있는 문자 **E**의 수직 방향 성분은 수평 방향의 무늬로 나타나는 넓은 주파수 스펙트럼을 발생시킨다. 주어진 물체의 모든 평행선은 변환면 위에서는 1개의 직선 배열에 대응함을 주목하라. 이 배열은 회절 격자의 경우와 같이 Σ_t 위의 원점을 통과한다(절편이 0). 투명한 숫자 5는 비교적 큰 공간 주파수 범위에 걸친 수평 및 수직 방향의 점으로 구성된 무늬를 만든다. 또한 비교적 낮은 주파수의 동심(concentric) 고리 모양의 구조도 있을 것이다. 원판이나 고리와 같은 것의 변환은 명백하게 회전 대칭이 된다. 이와 비슷하게 수평 타원 구멍은 수직 방향의 동심 타원 띠를 만들 것이다. 대부분의 경우 원거리 회절 무늬는 대칭 중심을 갖는다(연습문제 10.25와 11.37 참조).

이제 공간 필터링 과정을 잘 이해할 수 있는 준비가 되었다. 이를 위하여 1906년에 포터(A. B. Porter)가 발표한 것과 유사한 실험을 고찰해 볼 것이다. 그림 13.37a는 주기적인 무늬에 몇 개의 먼지 입자가 붙은 가는 철사로 된 그물을 나타낸다. 그림 13.37b는 이 그물이 Σ_0에 있을 때 Σ_t에 나타나는 변환을 보여 준다. 재미있는 사실은 먼지와 관련된 변환 정보는 중심 부근에 있는 불규칙적인 구름 모양으로 나타나며, 이는 Σ_t에 불투명한 마스크를 놓으면 쉽게 제거할 수 있다는 것이다. 만일 마스크가 주요 최대(principal maxima)의 위치에 구멍을 가지고 있어서 이들 주파수만 통과시키

---

* R. J. Becherer and G. B. Parrent, Jr., "Nonlinearity in optical imaging systems," *J. Opt. Soc. Am.* **57**, 1479 (1967).

면 먼지가 없는 상이 나타난다(그림 13.38a). 다른 극단적인 경우로 중심 부근에 있는 구름 모양의 무늬만을 통과시키면, 주기적인 구조는 거의 나타나지 않으며 단지 먼지 입자만의 상이 나타난다(그림 13.38b). 0차의 중심점만을 통과시키면 균일하게 비추어진(직류) 장을 만들어서 마치 그물이 더 이상 없는 것처럼 보인다. 높은 공간 주파수를 더 많이 제거함에 따라 상의 명확성이 현저히 떨어지게 됨을 보라(그림 13.38d, e, f). 이것은 급격한 변화를 보이는 함수가 여러 조화 성분으로 합성된다는 사실을 기억하면 쉽게 이해될 것이다. 그림 7.34의 사각파는 이러한 점을 설명해 준다. 고차 조화파를 추가함에 따라 분명히 모퉁이 부분이 더욱 직각화되고 진동 영역이 평평해진다. 이러한 방식으로 **높은 공간 주파수는 상이 밝고 어두운 영역 사이의 뚜렷하고 섬세한 경계에 기여한다.** 높은 공간 주파수 항을 제거하면 계단 함수가

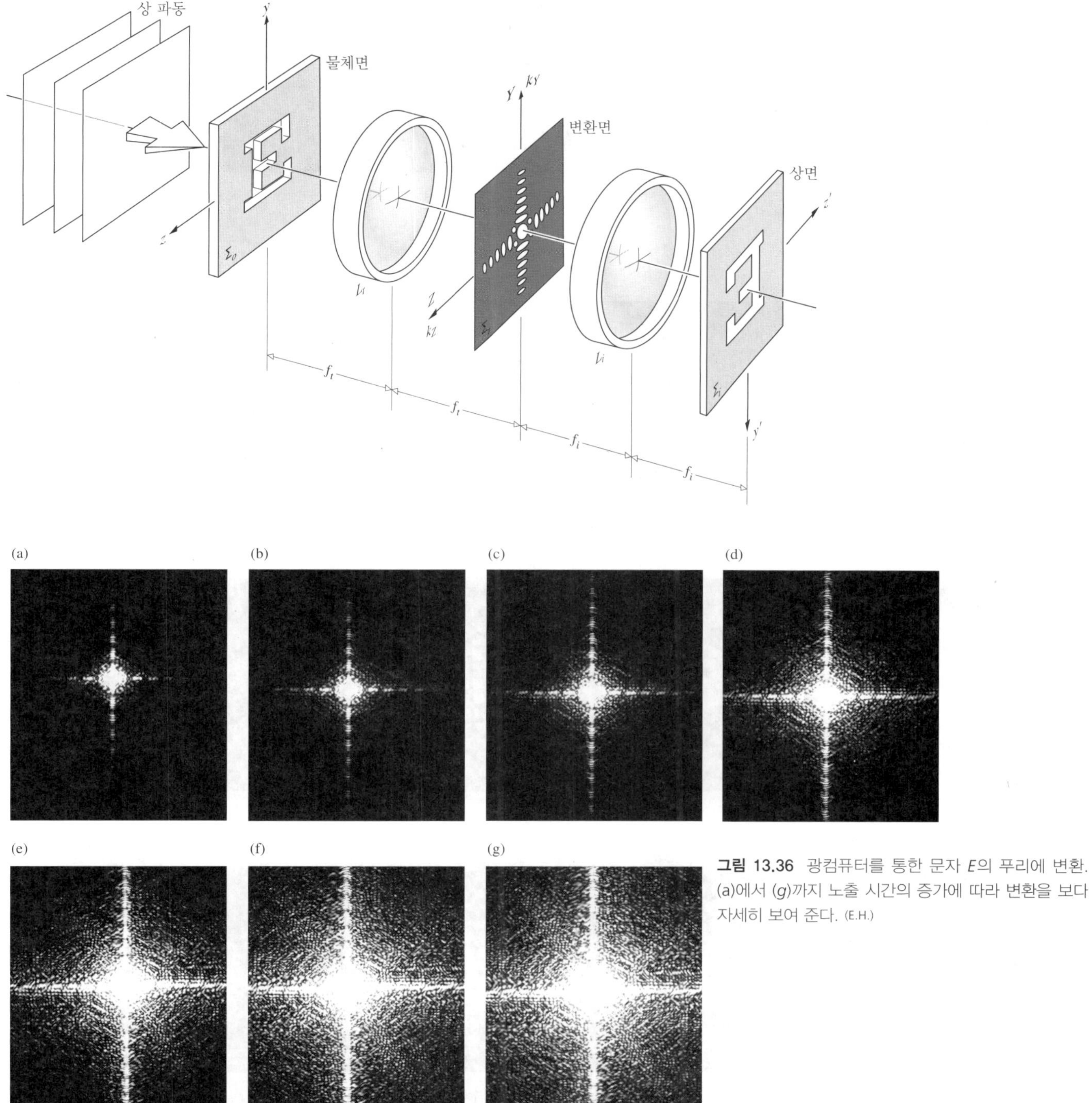

그림 13.36 광컴퓨터를 통한 문자 *E*의 푸리에 변환. (a)에서 (*g*)까지 노출 시간의 증가에 따라 변환을 보다 자세히 보여 준다. (E.H.)

뭉개지고, 2차원의 경우 결과적으로 분해능이 떨어진다.

만일 중앙점을 제외한 나머지 부분을 모두 통과시킴으로써 직류 성분을 없앤다면(그림 13.38c) 어떻게 될까? 원래 사진에서 검게 나타나는 점은 0에 가까운 복사 조도, 즉 필연적으로 0에 가까운 전기장 진폭을 나타낸다. 말하자면 그러한 점에서는 모든 광학장 성분이 완전히 상쇄되므로 빛이 없

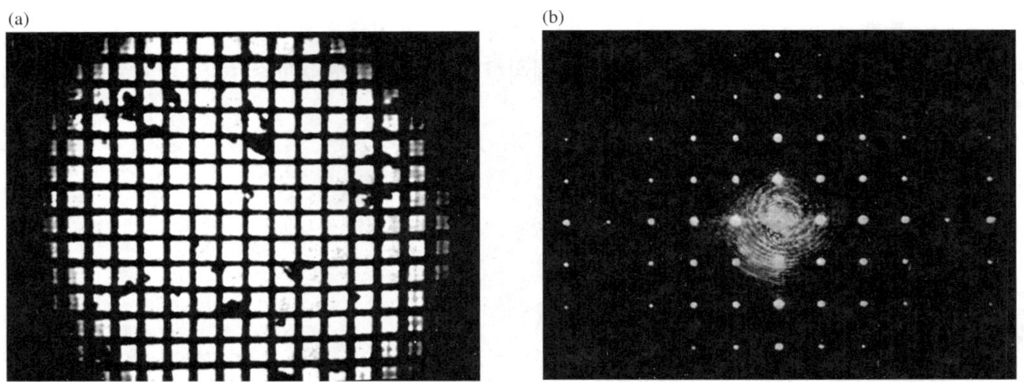

그림 13.37 먼지가 약간 묻은 그물과 그 변환. (D. Dutton, M.P. Givens, and R.E. Hopkins, *Spectra-Physics Laser Technical Bulletin Number* 3.)

바뀐 상 필터링된 변환 바뀐 상 필터링된 변환

(a) (b)

(c) (d)

(e) (f)

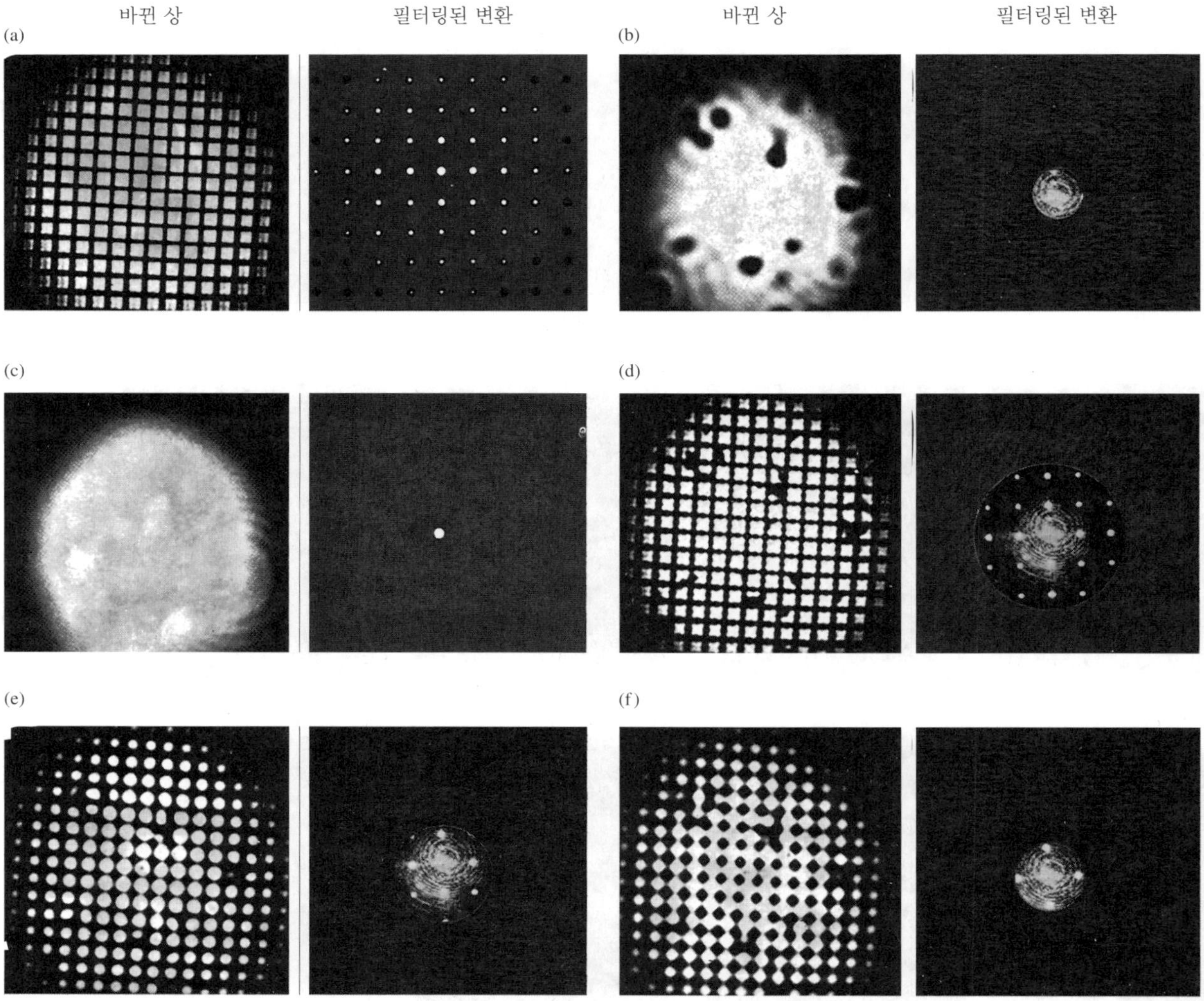

그림 13.38 공간 필터, 즉 마스크를 이용하여 그림 13.37b에 있는 회절 무늬의 여러 부분을 막았을 때 나타나는 상. (D. Dutton, M.P. Givens, and R.E. Hopkins, *Spectra-Physics Laser Technical Bulletin Number* 3.)

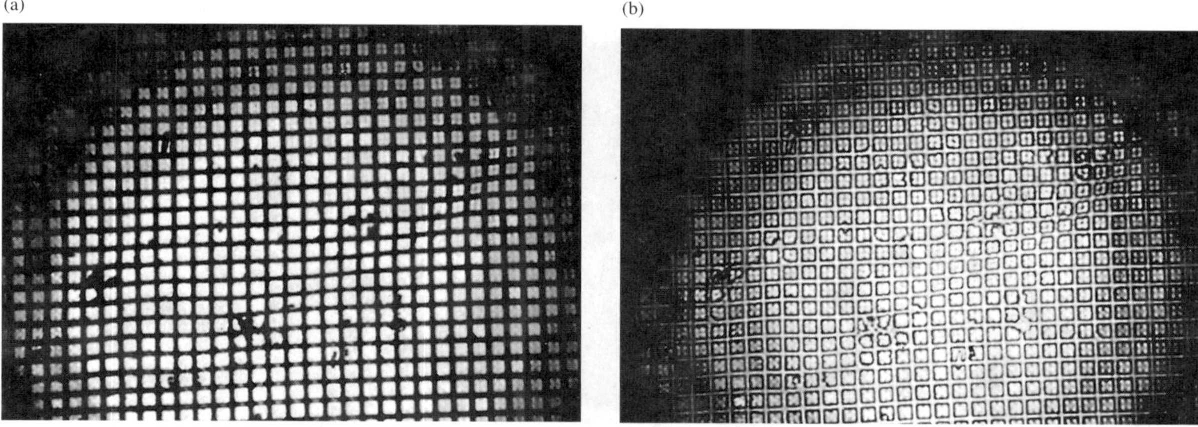

(b)는 필터를 사용하여 (a)의 0차를 제거한 것이다. (D. Dutton, M.P. Givens, and R.E. Hopkins, *Spectra-Physics Laser Technical Bulletin Number 3*.)

는 것이다. 그러나 직류 성분을 제거하면 그 점에서의 전기장 진폭은 더 이상 0이 아니다. 제곱을 했을 때도 ($I \propto E_0^2/2$) 복사 조도는 당연히 0이 아니다. 따라서 사진과 같이 원래 사진에서는 검은색이었던 부분이 약간 희게 나타나며 원래 흰 부분은 잿빛 비슷하게 된다.

이제 이 기법의 몇 가지 적용 가능성을 알아보자. 그림 13.39a는 필름 조각을 붙여서 모자이크로 만든 달의 합성 사진이다. 이 비디오 데이터는 **루나 1호**(Lunar Orbiter 1)가 지구로 전송한 것이다. 사진에서 인접한 조각들 사이의 격자 모양의 규칙적인 불연속선은 그림 13.39c에 분명하게 나타난 넓은 대역폭의 수직 주파수 분포를 발생시킨다. 이 주파수 성분을 제거하면 모자이크의 흔적이 없어진 향상된 상을 얻게 된다. 매우 비슷한 방법으로 소립자 자취를 보이는 거품 상자 사진에서 불필요한 데이터를 삭제할 수 있다.* 이 사진들은 산란되지 않은 빔의 궤적이 존재하기 때문에(그림 13.40) 분석하기 어려운데, 이 궤적이 평행하므로 공간 여과를 이용하여 쉽게 제거할 수 있다.

단지 흰 종이와 검은 잉크만을 사용하는 데도 프린터가 다양한 명암의 감각을 나타낼 수 있는 망판(half-tone) 또는 팩시밀리 과정을 생각해 보자(신문의 사진을 자세히 보라). 그러한 팩시밀리의 슬라이드 유리가 그림 13.35의 Σ_0에 놓이면 그 공간 주파수 스펙트럼이 Σ_t에 나타날 것이다. 망판 체(mesh)에 의한 비교적 높은 주파수 성분은 다시금 쉽게 제거할 수 있다. 이렇게 하여 원래 슬라이드의 불연속성이 제거되고 연속적인 명암을 가진 상을 얻는다(그림 13.41). 정방형 체의 주파수만을 제거할 수 있는 정교한 필터는 기본적인 체커판(checkboard) 배열의 변환을 음화(negative) 슬라이드로 제작할 수 있다. 체의 주파수가 비교적 높은 경우, 보통은 원형 구멍의 저주파대역 통과(low-pass) 필터를 사용하면 되는데, 원래 장면의 높은 주파수 성분이 본의 아니게 제거되기도 한다.

크게 확대시킨 사진의 그레인(grain)을 제거하는 데 이와 동일한 방법이 사용될 수 있는데, 이는 항공정찰 사진과 같은 경우에 유용하다. 반면에 약간 흐려진(blurred) 사진의 높은 주파수 성분을 강조함으로써 선명하게 할 수도 있다. 이것은 스펙트럼의 낮은 주파수 성분을 선택적으로 흡수하는 필터를 사용하면 가능하다. 1950년대부터 사진영상 향상에 관한 많은 연구가 이루어져 주목할 만한 성과가 잇따라 나왔다. 그 중에서도 가장 큰 공로자는 파리대학 광학 연구소의 마레샬(A. Maréchal)로서 그는 흡수 및 위상 이동(phase-shifting) 필터를 사용하여 심하게 흐려진 사진을 복원하였다. 이 필터들은 광학 평판(optical flat) 위에 투명 코팅을 통하여 여러 부분의 스펙트럼에 대한 위상을 변화시켰다(13.2.4절).

앞으로도 광정보 처리의 이러한 연구가 계속됨에 따라, 점점 더 많은 응용에서 사진 대신에 실시간 전자 광학(electro-optical) 소자들을 활용할 것이다(예: 다중 채널 입력을 구성하는 초음파 광변조기 배열이 벌써 사용되고 있다).** 입력, 필터링 및 출력을 전자 광학적으로 수행할 수 있게 되면 결맞는 광컴퓨터는 성숙기에 들어가서 더욱 강력한 도구가 될

*D. G. Falconer, "Optical Processing of Bubble Chamber Photographs," *Appl. Opt.* **5**, 1365 (1966)는 결맞는 광컴퓨터의 몇 가지 응용 보기를 보여준다.

여기에서는 광정보 처리라는 주제를 건드리기만 하였다. 더 자세한 것은 Goodman, *Introduction to Fourier Optics* 7장에 있다. 거기에는 이와 관련된 학술잡지의 좋은 목록도 실려 있다. P. F. Mueller, "Linear multiple image storage," *Appl. Opt.* **8, 267 (1969)도 보라. 현대 광학의 많은 분야처럼 여기서도 프론티어는 빨리 움직이며 사라지는 분야도 있다.

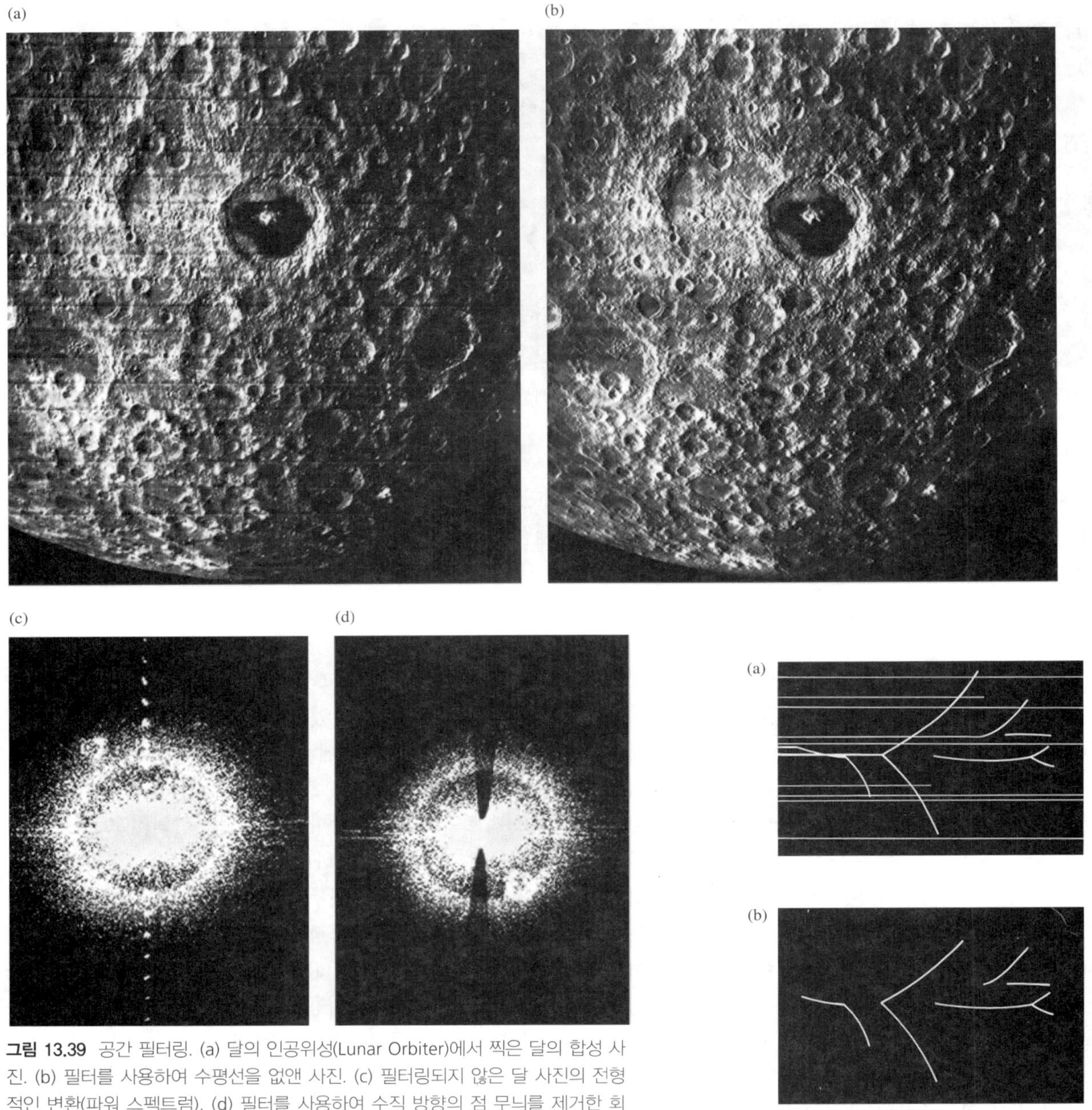

그림 13.39 공간 필터링. (a) 달의 인공위성(Lunar Orbiter)에서 찍은 달의 합성 사진. (b) 필터를 사용하여 수평선을 없앤 사진. (c) 필터링되지 않은 달 사진의 전형적인 변환(파워 스펙트럼). (d) 필터를 사용하여 수직 방향의 점 무늬를 제거한 회절 무늬. (D. A. Ansley, W. A. Blikken, The Conductron Corporation, and NASA.)

그림 13.40 필터링되지 않은 경우와 필터링된 거품상자 궤적

것이다. 실시간 데이터의 연속적인 흐름이 이러한 장치를 통해 입출력될 것이다.

13.2.4 위상 대비

앞 절에서 위상 이동 필터를 사용하여 복원된 상에 변화를 줄 수 있다고 간단하게 언급하였다. 아마도 이 기술을 사용한 가장 잘 알려진 예로, 1934년에 네덜란드 물리학자 제르니케(Fritz Zernike)가 발명한 **위상 대비(phase contrast)** 방법과 이것을 이용한 **위상차 현미경**(phase-contrast microscope)을 꼽을 수 있다.

주어진 물체는 주변으로부터 두드러지기 때문에 '볼' 수 있다. 그것은 색, 밝기 혹은 색의 결함 등으로 인해 그 배경과 대비를 이룬다. 이와 같은 구조를 **진폭 물체**(amplitude object)라고 하는데, 그 이유는 광파의 진폭에 일어나는 변화로부터 관찰할 수 있기 때문이다. 이러한 물체에 의하여 반사되거나 투과되는 빛은 그 과정에서 **진폭 변조**(amplitude modulation)된다. 반면에 **위상 물체**(phase object)를 '보아

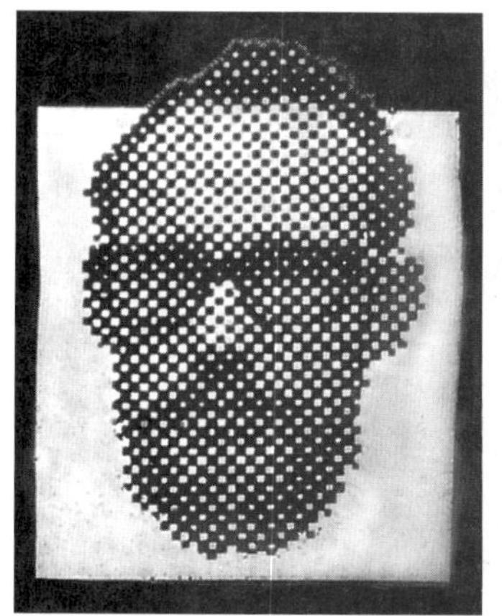

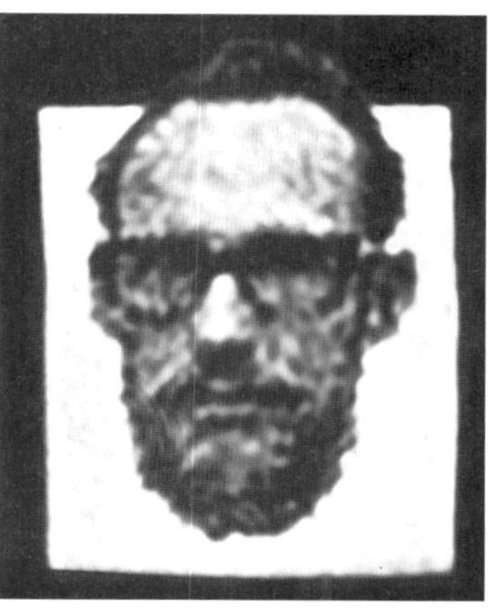

그림 13.41 망판으로 찍어서 흑백 영역으로만 이루어진 K. E. Bethke의 자화상, 높은 주파수를 제거했을 때 회색의 밝기가 나타나고 명확한 경계가 사라진다. (R.A. Phillips, *Am. J. Phys.* **37**, 536 [1969].)

프리츠 제르니케(Frits Zernike, 1888~1966)는 1953년 노벨물리학상을 받았다. (E.H.)

야' 할 경우가 종종 있는데, 이러한 물체는 투명하기 때문에 주변과 실제적인 대비를 주지 못하고 검출된 파동의 위상만을 변하게 한다. 이러한 물체의 광학적인 두께는 일반적으로 위치에 따라 변화하는데, 실제 두께나 굴절률 또는 둘 다 변할 수 있다. 눈은 위상 변화를 감지할 수 없기 때문에 이러한 물체를 볼 수 없다. 그렇기 때문에 생물학자들은 투명한 시료를 염색하는 기술을 개발하여 위상 물체를 진폭 물체로 바꾸는 것이다. 그러나 이 방법은 여러 가지 측면에서 만족스럽지 못하다. 예를 들면 살아가는 과정을 관찰하려는 데 염색약이 생체를 죽이는 경우가 허다하기 때문이다.

회절은 일정한 위상을 갖는 면의 일부분이 어떤 방법으로 가려질 때, 즉 파면의 한 부분이(진폭이든 위상이든 모양이) 변할 때 일어난다는 사실을 상기하라. 평면파가 파면의 위상을 지연시키는 투명한 입자를 통하여 지나가는 경우를 생각해 보자. 이때 통과한 파는 더 이상 평면파가 아니고 그 물체에 의하여 위상이 지연된 작은 부분을 갖는다. 광파는 **위상 변조**(phase modulated, PM)된다.

간단하게 취급해서 위상 변조파 $E_{PM}(\vec{\mathbf{r}}, t)$(그림 13.42)이 원래의 입사 평면파 $E_i(x, t)$와 국소 교란 $E_d(\vec{\mathbf{r}}, t)$의 합이라고 생각할 수 있다. (기호 $\vec{\mathbf{r}}$은 E_{PM}과 E_d가 x, y, z에 따라 달라진다는 것을 의미한다. 즉 이들은 yz-평면 위에서 변하지만 E_i는 그렇지 않고 일정하다.) 만일 위상 지연이 매우 작다면 국소 교란은 진폭 E_{0d}가 매우 작고 그림 13.43에 나타난 것과 같이 거의 $\lambda_0/4$ 만큼 늦어진 파가 된다. 이 그림에 $E_{PM}(\vec{\mathbf{r}}, t)$과

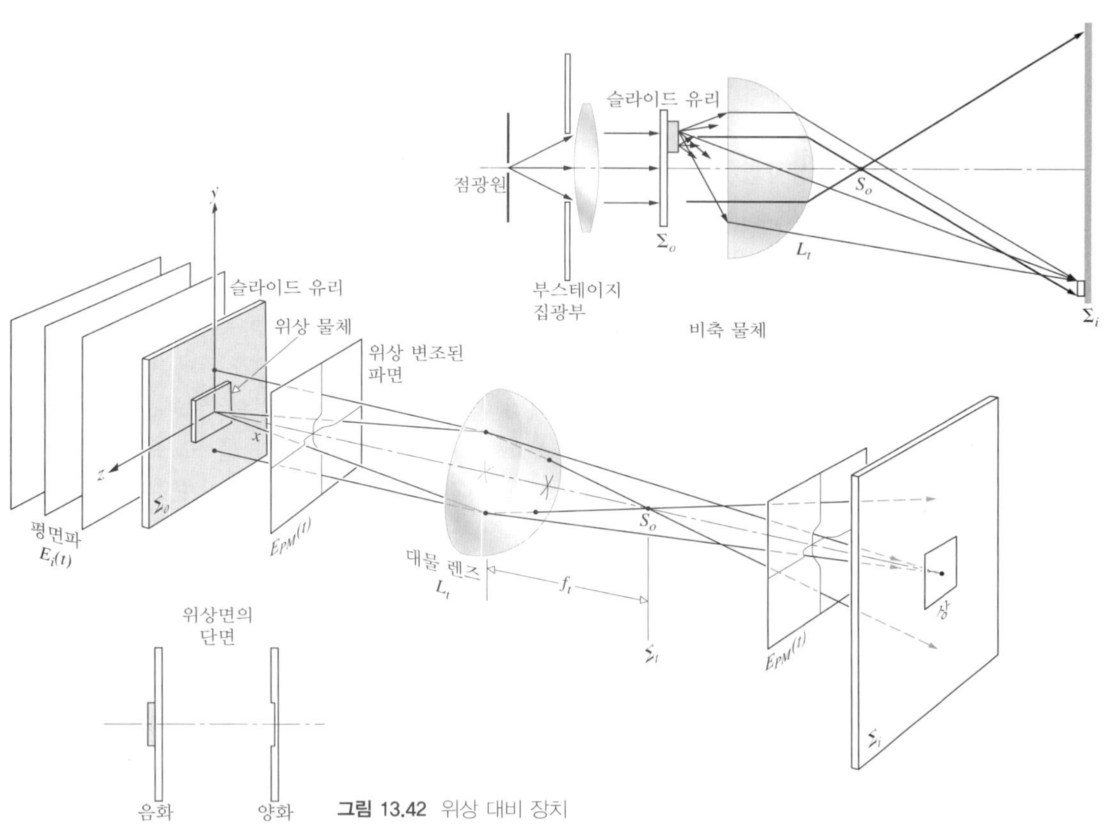

그림 13.42 위상 대비 장치

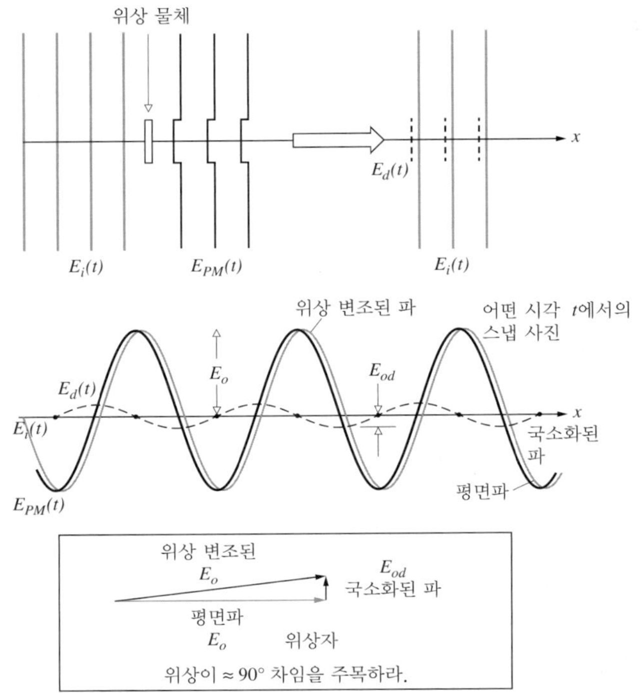

그림 13.43 위상 대비 과정에서의 파면

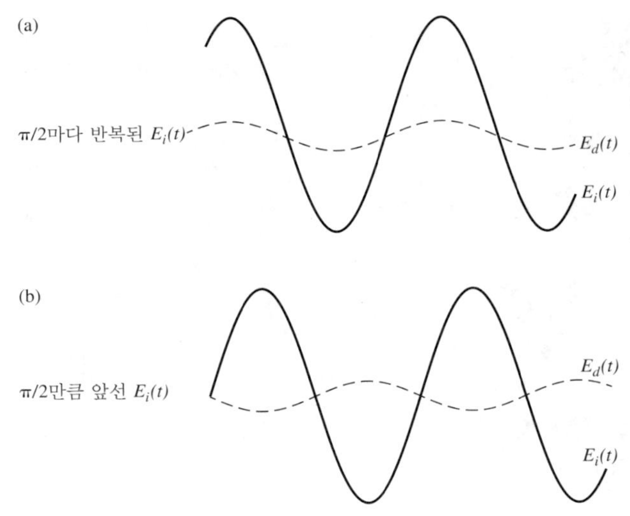

그림 13.44 위상 이동의 효과

$E_i(x, t)$의 차이가 $E_d(\vec{r}, t)$인 것으로 나타나 있다. 교란 $E_i(x, t)$를 직진 또는 **0차파**(zeroth-order wave)라고 하고, $E_d(\vec{r}, t)$를 **회절파**(diffracted wave)라고 한다. 0차파는 물체와 무관하게 Σ_i에서 균일하게 비추는 전기장을 만들고, 회절파는 입자의 광학적 구조에 관한 모든 정보를 갖는다. 물체로부터 넓게 퍼져 나간 후에 이들 고차 공간 주파수 항(13.2.2절 참조)은 상면에 수렴한다. 직진파와 회절파는 $\pi/2$의 위상차를 가지고 재결합하여 위상 변조파를 만든다. 재구성된 파 $E_{PM}(\vec{r}, t)$의 위상은 위치에 따라 다르지만 그 진폭은 Σ_i 위의 어느 곳에서나 같으므로 선속 밀도가 균일하여 상을 감지할 수 없다. 마찬가지로 위상 회절 격자의 0차 스펙트럼은 고차 스펙트럼과 $\pi/2$ 만큼의 위상차를 가진다.

만일 직진파와 회절파가 재결합하기 전에 $\pi/2$의 위상차를 보상해 준다면 이들은 간섭이 가능하여 서로 보강 간섭 혹은 소멸 간섭을 할 것이다(그림 13.44). 어떠한 경우라도 상의 영역에서 재결합한 파면은 진폭 변조되고, 상의 식별이 가능하게 된다.

이와 같은 사실은 매우 단순한 해석적인 방법을 써서 이해할 수 있다. 물체를 놓지 않았을 때 Σ_0에 입사하는 단색광을

$$E_i(x, t)|_{x=0} = E_0 \sin \omega t$$

라 하자. 입자가 위치에 의존하는 위상 변화 $\phi(y, z)$를 일으키면 나가는 파동은

$$E_{PM}(\vec{r}, t)|_{x=0} = E_0 \sin [\omega t + \phi(y, z)] \qquad (13.20)$$

이다. 이것은 진폭이 일정한 파동으로서 공액 상면에서도 기본적으로 동일하다. 즉 어느 정도 손실이 있겠으나 렌즈가 크고 수차가 없으며 상의 방향과 크기를 상관하지 않으면, 식 (13.20)은 Σ_0나 Σ_i 위의 PM파를 나타낸다. 그 교란을

$$E_{PM}(y, z, t) = E_0 \sin \omega t \cos \phi + E_0 \cos \omega t \sin \phi$$

으로 나타내고, ϕ를 **매우 작은 값**으로 한정하면

$$E_{PM}(y, z, t) = E_0 \sin \omega t + E_0\phi(y, z) \cos \omega t$$

를 얻는다. 이 식의 첫 항은 물체와 무관하나 둘째 항은 그렇지 않다. 따라서 앞에서 설명한 대로 이들의 상대 위상을 $\pi/2$ 만큼 바꾸면, 즉 코사인을 사인으로 바꾸거나 그 반대로 하면

$$E_{AM}(y, z, t) = E_0[1 + \phi(y, z)] \sin \omega t \qquad (13.21)$$

으로 되는데, 이것은 진폭이 변조된 파동이다. $\phi(y, z)$를 푸리에 전개하게 되면 물체와 관련된 공간 주파수를 도입할 수 있음을 주목하라. 그런데 이러한 내용은 1936년에 암스트롱(E. H. Armstrong)이 AM 라디오파를 FM으로 변환시키기 위해 제안한 것과 매우 비슷하다[$\phi(t)$는 주파수 변조로 생각할 수 있는데 0차항이 반송자이다]. 전기적인 대역 필터를 사용하여 반송자를 다른 정보 스펙트럼으로부터 분리시키고 $\pi/2$ 만큼 위상을 바꾸어 주었던 것이다. 기본적으로 같은 작업을 하는 데 있어서 제르니케는 다음과 같은 방법을 사용하였다. 그는 대물 렌즈의 변환면 Σ_t에 공간 필터를 삽입하여 위상을 $\pi/2$ 만큼 바꿀 수 있게 하였다. 직접적인 빛은 실제로 광축상에서 Σ_t의 위치에 광원의 작은 상을 형성함을 주목하라. 따라서 필터는 굴절률 n_g인 투명한 유리판에 깊이 d 만

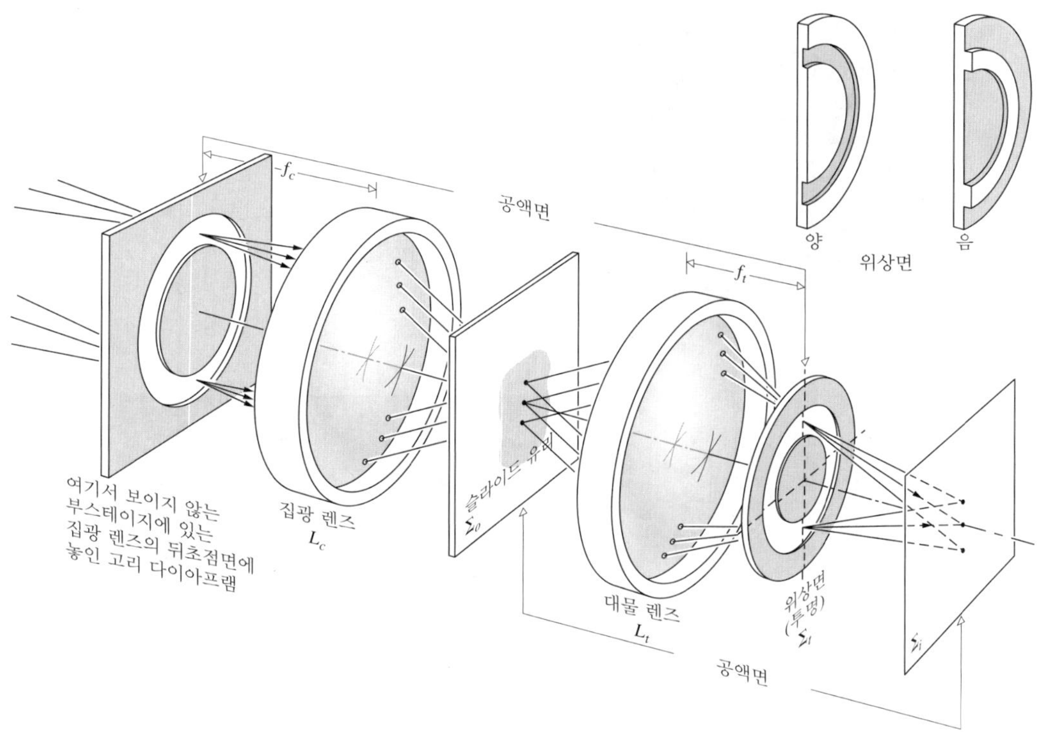

그림 13.45 위상 대비(0차만 나타냄)

큼 오목하게 패인 작은 원이면 된다. 이상적으로는 직접적인 빔만 패인 원을 통과하여, 회절된 파보다 $\lambda_0/4$ 와 같게 만든 $(n_g - 1)d$ 만큼 **위상이 앞서게** 된다. 이런 종류의 필터를 **위상판(phase plate)**이라고 하는데, 그림 13.44b, 즉 소멸 간섭에 해당하는 효과를 가지므로 두껍거나 높은 굴절률을 가진 위상 물체는 밝은 배경에 대하여 어둡게 나타난다. 대신에 위상판의 중앙 부분이 약간 올라온 작은 원판이면 반대 현상이 나타난다. 전자의 경우를 **양의 위상 대비**(positive-phase contrast)라고 하고, 후자를 **음의 위상 대비**(negative-phase contrast)라고 한다.

실제에 있어서 점광원보다는 넓은 광원을 부수적인 집광 렌즈와 함께 사용하여 보다 밝은 상을 얻을 수 있다. 이로부터 나오는 평면파는 고리 모양의 판을 비추는데(그림 13.45), 이것은 광원면으로서 대물 렌즈의 변환면과 공액(conjugate)을 이룬다. 그림에서 0차파는 기하광학의 원리에 따라 물체를 통과한다. 그런 다음 Σ_t에 있는 위상판의 얇은 고리 부분을 지난다. 이 고리 부분은 아주 작아서 회절된 광선이 이루는 원추의 극히 일부만이 이 부분을 통과한다. 또한 고리 부분이 (금속 박막을 사용하여) 빛을 흡수하도록 하면 매우 크고 균일한 0차항(그림 13.46)이 고차항에 대해서 감소하므로 대비가 증가한다. 즉 E_0이 회절파 E_{0d}와 비슷한 크기로 줄어든다. 일반적으로 위상차 현미경에는 흡수도가 다른 여러 개

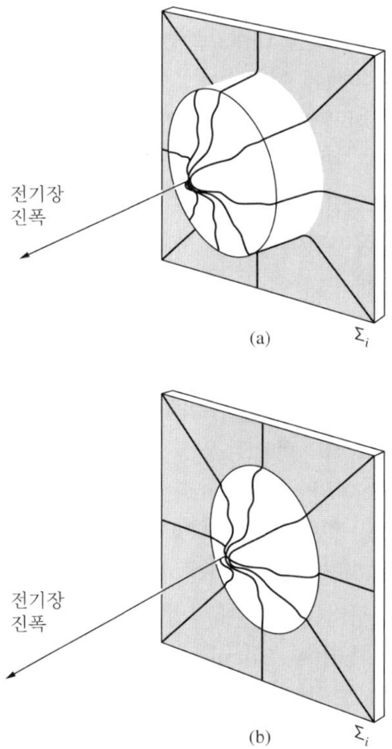

그림 13.46 상면 위의 원형 부분에서의 전기장 진폭. 위상판에 흡수가 없는 경우, 복사 조도는 높은 고원 위에 작은 주름이 있는 것과 같다. 0차를 감쇠시키면 대비는 증가한다.

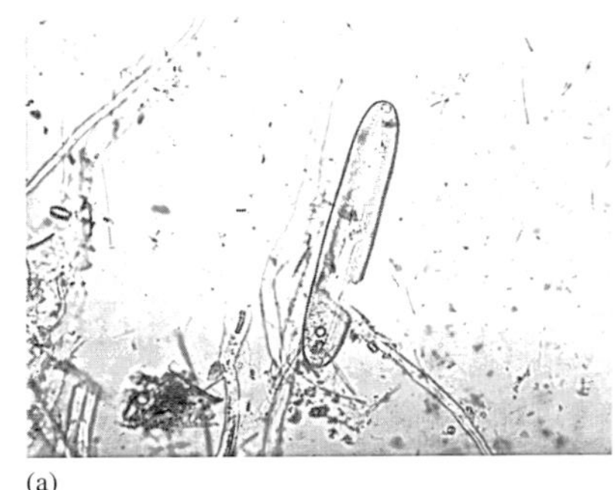
(a)

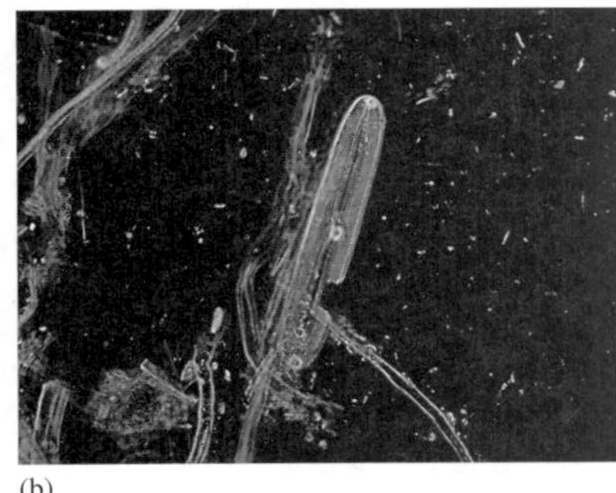
(b)

(a) 규조, 섬유조직, 박테리아의 보통 현미경 사진, (b) (a)를 위상차 현미경으로 찍은 사진 (T.J. Lowery and R. Hawley.)

의 위상판이 갖추어져 있다.

(통신 이론의 새색시라고 할 수 있는) 현대 광학의 용어로 위상 대비는 적절한 공간 필터를 사용하여 단순히 위상 물체의 0차 푸리에 변환 스펙트럼에 $\pi/2$ 만큼의 위상차를 주는 과정이다(진폭의 감소도 수반된다).

제르니케에게 1953년 노벨상을 가져다준 위상차 현미경은 많은 분야에 응용되었는데(사진 참조), 가장 흥미진진한 응용은 다른 방법으로도 관찰할 수 없는 생물의 생체기능 연구일 것이다.

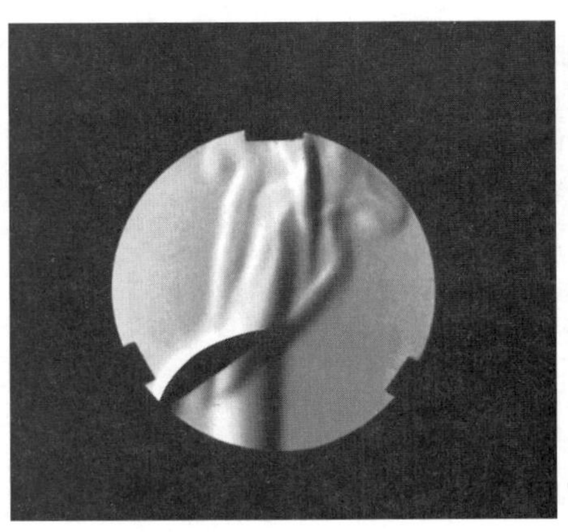
양초의 불꽃 속에 있는 숟가락의 슐리렌 사진 (E.H.)

13.2.5 암흑 배경 방법과 슐리렌 방법

위상 물체를 다룬 그림 13.42로 돌아가서 중심의 0차를 지연 및 감소시키는 대신에 이번에는 S_0에 불투명한 원판을 놓아 그것을 완전히 제거해 보자. 이때 물체를 치우면 상면이 완전히 어둡게 되므로 이 방식을 **암흑 배경(dark ground)**이라고 한다. 물체를 갖다 놓으면 회절파만이 Σ_i에 모여서 상을 만든다. (이와 같은 것은 현미경에서도 대물 렌즈에 직사광이 들어가지 않도록 비스듬한 방향에서 물체를 비춤으로써 달성할 수 있다.) 직류(DC) 성분을 제거하면 진폭 분포가 낮아지므로(그림 13.46과 같이) 필터를 쓰기 전에 0에 가까운 값을 가지던 부분이 음의 값을 가질 것임을 주목하라. 복사 조도는 진폭의 제곱에 비례하므로 결과적으로 위상 대비에서 관찰될 것과 비교하여 어느 정도 대비 반전(contrast reversal)이 일어날 것이다(13.2.3절 참조). 일반적으로 이 방법은 물체 전체에 걸쳐 발생한 위상 변화에 직접적으로 비례하는 선속 밀도 분포를 상 전체에 걸쳐 발생시키는 위상 대비법만큼 만족스럽지 못하다.

1864년에 퇴플러(A. Toepler)는 렌즈의 결함을 조사하는 한 가지 방법을 도입하였는데, 이것은 **슐리렌 방법(schileren method)**이라고 알려지게 되었다.* 이 방법은 유체역학 연구에서 광범위하게 사용되고 있는데, 공간 필터링을 응용한 멋진 예이기 때문에 여기서 취급하고자 한다. 슐리렌 장치는 탄도학과 항공역학 및 초음파 분석(슐리렌 사진 참조)을 포함하여 압력 변화를 굴절률 변화 형태로 조사하고자 하는 분야는 어디든지 간에 막론하고 매우 유용하다.

프라운호퍼 회절을 관찰하는 장치를 생각해 보자(예: 그림 10.3 혹은 P.10.4). 그러나 이번에는 어떤 종류의 구멍을 회절을 일으키는 진폭 물체로 사용하는 대신에 기체를 채운 상자와 같은 위상 물체를 넣어 보자(그림 13.47). 그러면 프라운호퍼 무늬가 Σ_t에 만들어지고 카메라 렌즈를 통해 필름면에 상자의 상이 나타날 것이다. 이 경우 시험 영역 안에 있는 진폭 물체의 사진은 찍을 수 있겠지만 위상 물체는 여전히 나타나지 않을 것이다. 이제 Σ_t에 칼날을 삽입하고 0차 빛(어떤 때는 부분적으로만)뿐만 아니라 아래쪽의 모든 고차 차수를 차단할 때까지 밑에서부터 위로 올린다고 생각해 보자. 그러면 암흑 배경법에서와 같이 위상 물체를 감지할 수 있다. 이 뿐만 아니라 시험 상자 창의 불균일성이나 렌즈에 있는 결함도 나타난다. 이런 이유와 보통 넓은 시야가 필요하기 때문에 일반적으로 거울을 사용하는 장치(그림 13.48)가 이용된다.

광검출기와 같이 전자 회로를 써서 결과 데이터를 분석하

*슐리렌(Schlieren)이란 단어는 독일어로서 줄무늬(streak) 또는 평행으로 놓인 가는 줄(striae)을 뜻한다. 이것의 첫머리 글자를 자주 대문자로 쓰는데, 그 이유는 독일어에서 명사를 그렇게 쓰기 때문이지 슐리렌(Mr. Schlieren) 때문에 그런 것이 아니다.

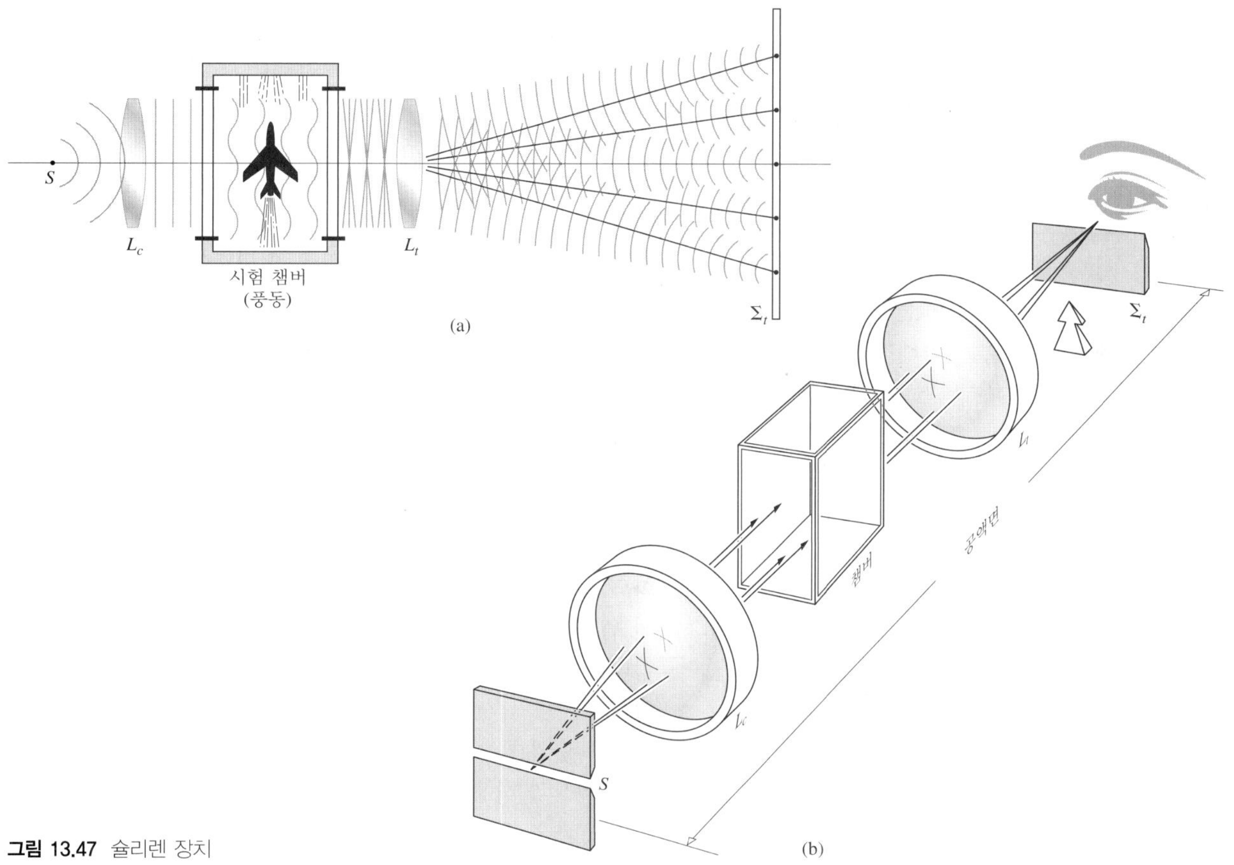

그림 13.47 슐리렌 장치

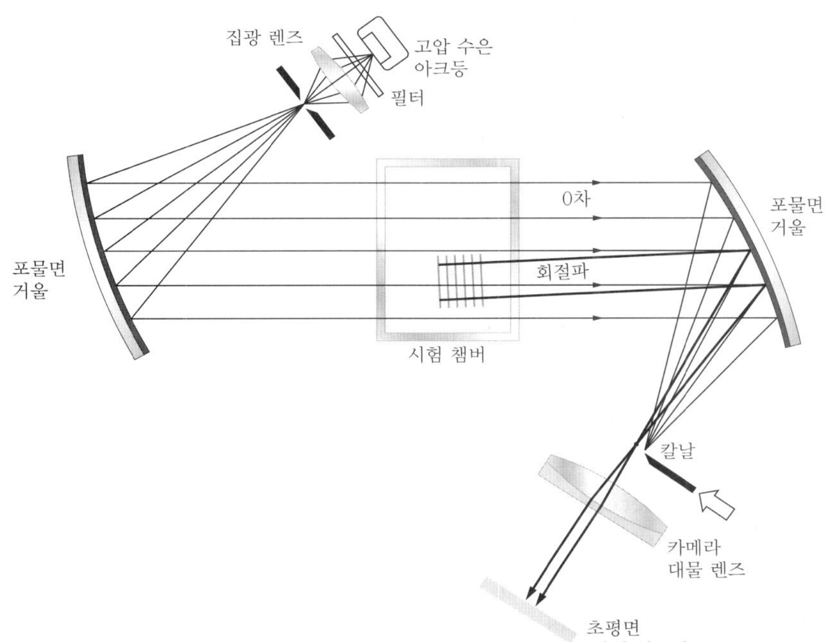

그림 13.48 거울을 사용한 슐리렌 장치

는 경우, 일반적으로 준단색 조명이 사용된다. 한편 넓은 스펙트럼을 가진 광원을 쓰고 사진 감광유제의 상당히 큰 색감응도를 이용하는 여러 가지의 컬러 슐리렌 장치가 고안되었다.

13.3 홀로그래피

사진 기술은 오래된 기술이며, 우리는 앨범 페이지에 평탄하게 압축된 3차원 세계를 보는 데 익숙해져 있다. TV에 나오는 수많은 배우와 광고 모델들은 우편엽서의 에펠탑과 마찬가지로 평면으로 보일 뿐이다. 둘 다 단순히 복사 조도 분포라는 심각한 한계를 가진다. 다시 말하면 물체의 상이 종래의 어떤 방법으로 재생될 때 우리가 궁극적으로 보는 것은 물체로부터 나온 광파의 정확한 재생이 아니라 단지 전기장 진폭의 제곱을 일일이 기록한 것이다. 사진에서 반사하는 빛은 복사 조도에 관한 정보를 가지지만 물체로부터 나온 파의 위상에 관한 것은 전혀 갖지 않는다. 만일 원래 파의 진폭과 위상이 둘 다 어떻게 해서든지 재생할 수 있다면, 이러한 광파(주파수가 같다고 가정하면)는 원래 것과 구별할 수 없을 것이다. 이것은 바로 물체가 실제로 파를 발생하면서 여러분 앞에 있는 것처럼 완전한 3차원 재생 상을 볼 수(그리고 사진을 찍을 수) 있다는 것을 의미한다.

13.3.1 방법

가보르(Dennis Gabor)는 몇 년 동안 이러한 생각을 해 왔는데, 1947년에야 영국 톰슨-휴스턴 사(British Thomson-Houston Company) 연구소에서 홀로그래피의 유명한 실험을 시작하였다. 그림 13.49에 보인 원래 실험장치는 렌즈를 사용하지 않는 두 단계의 결상 과정이었다. 여기서 그는 물체로부터 산란된 준단색광과 결맞는 기준파의 상호작용에 의해 생긴 간섭 무늬를 사진으로 기록하였다. 그러한 무늬를 **홀로그램(hologram)**이라고 하는데, 이는 그리스어로 '완전한(whole)'을 뜻하는 *holos*로부터 따온 것이다. 다음 단계는 광파 혹은 상을 **재생**(reconstruction)하는 것인데, 이는 슬라이드, 즉 현상된 홀로그램이 결맞는 빔을 회절시켜서 재생되는 것이다. 제르니케의 위상 대비법(13.2.4절)과 상당히 비슷하게 산란되지 않은 **배경파**(background wave) 혹은 **기준파**(reference wave)를 작은 반투명 물체 *S*(그 당시에는 마이크로필름 조각이었다)에서 회절된 파와 간섭을 일으켜서 홀로그램을 만들었다. 요점은 간섭 무늬 혹은 홀로그램은 줄무늬 형태에 의하여 물체로부터 산란된 파의 진폭과 위상에 해당되는 정보를 포함한다는 것이다.

헝가리 태생으로 영국 물리학자인 데니스 가보르(1900~1979)는 1971년에 노벨상을 수상하였다. (E.H.)

현상된 홀로그램에 평면파를 비추어 원래 물체의 상을 재생할 수 있다는 것은 결코 이해하기 쉽지 않다. 우선 물체가 매우 작다면 산란파는 거의 구면파이고 간섭 무늬는 (물체를 통과하는 축에 중심을 둔 그리고 평면파에 수직한) 일련의 동심원 고리라고만 말해 두겠다. 이때 선속 밀도 분포는 원형 간섭 무늬의 복사 조도가 연속적으로 변한다는 사실을 제외하고는 종래의 프레넬 원형띠판(10.3.5절)에 대응한다. 원형띠판은 집속된 빛을 실초점 P_r에 빔을 회절시켜서 수렴하게 한다는 점에 있어서 어느 정도 렌즈처럼 작동한다는 것을 상기하라. 이것은 또한 점 P_r로부터 오는 것으로 보이며 허상을 구성하는 발산파를 생성한다. 따라서 비록 지나치게 단순화되기는 했지만 유한한 크기의 물체 위의 각 점은 그 자신의 원형띠판들을 만들고, 그렇게 부분적으로 겹쳐진 모든 원형띠들의 전체적 효과가 홀로그램을 형성한다고 생각할 수 있다.*

재생 단계에서 각각의 구성요소인 원형띠판은 단일 물체 점의 실상과 허상을 형성한다. 이런 방법으로 홀로그램은 한 점씩 원래의 광파를 재생한다. 재생하는 빔이 원래 기록하는 빛과 같은 파장을 가지면(꼭 그럴 필요는 없으며 대부분의 경우에는 그렇지 않다), 물체가 원래 놓여 있던 위치에 허상이 왜곡되지 않고 나타난다. 따라서 실제로 원래의 물체파에 대응하는 것은 허상파(virtual image field)이다. 그렇기 때문에 허상은 때때로 **참영상**(true image)이라고 하며, 다른 상은 실상 또는 보다 적절히 말해서 **공액상**(conjugate image)이다. 어쨌든 우리는 홀로그램을 간섭 무늬의 복합체로 생각하며, 적어도 이와 같이 매우 단순한 구성에 대해 그 무늬는 원형띠판과 비슷하다. 이제 보겠지만 복잡한 홀로그램을 구성하는 기본적인 무늬로 사인파 격자가 있다.

1971년 노벨 물리학상을 수상했던 가보르의 연구는 그 동기가 전자 현미경의 개선이었다. 그의 연구는 초기에 어느 정도 관심을 불러일으켰으나 약 15년 동안 거의 이목을 끌지 못하는 상태에 있었다. 그러다 1960년대 초기에 특히 어떤 레이더 문제와 관련하여 가보르의 **파면 재생(wavefront reconstruction)** 방법에 대한 관심이 되살아났다. 새로운 결맞는 레이저광이 많이 개발되고 많은 기술적인 진보가 이루어짐에 따라 홀로그래피는 곧 광범위한 연구의 주제이면서 굉장히 유망한 주제가 되었다. 이러한 부활은 미시간대

*M. P. Givens, "Introduction to holography," *Am. J. Phys.* **35**, 1056 (1967)을 보라.

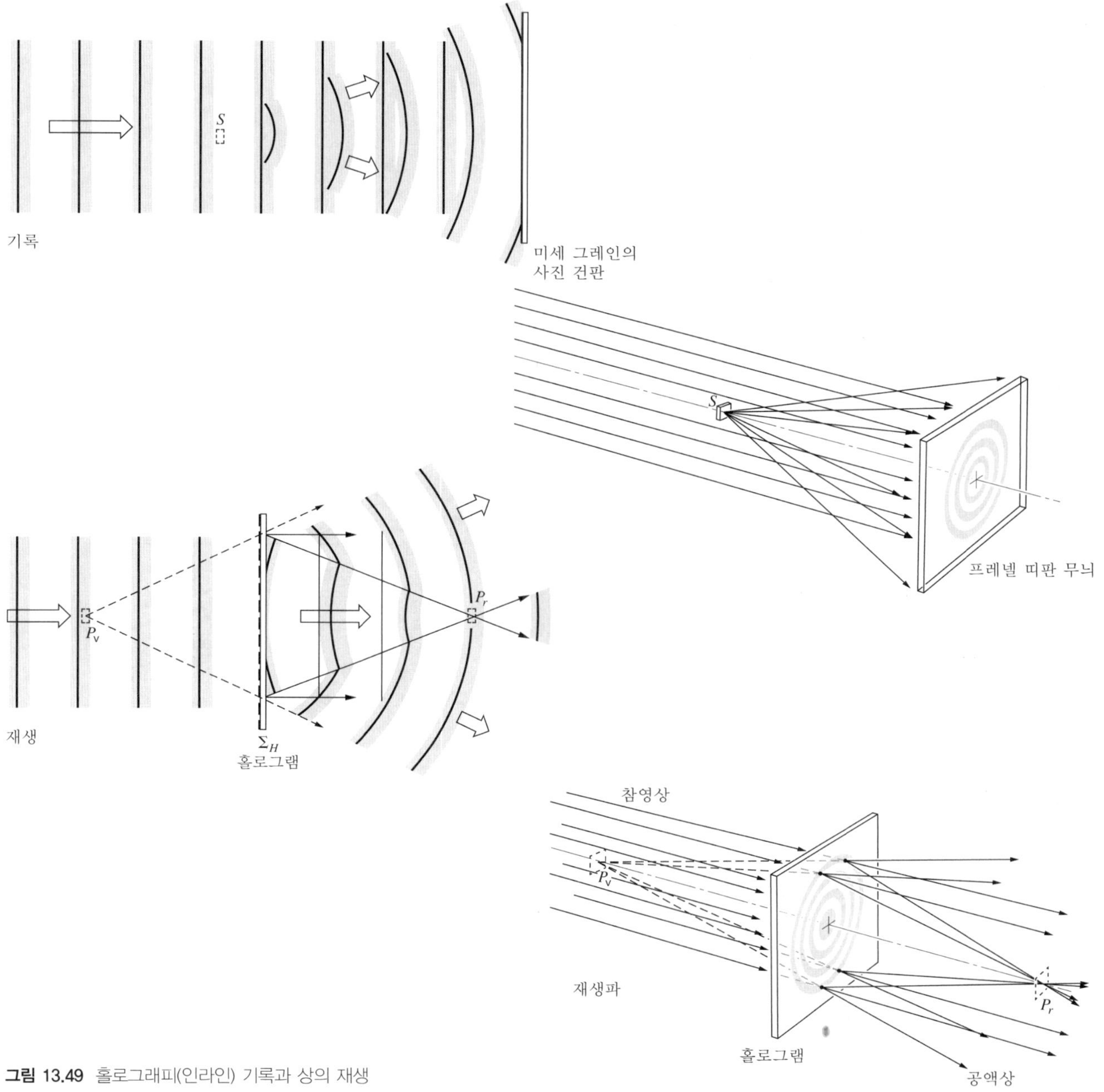

그림 13.49 홀로그래피(인라인) 기록과 상의 재생

학교 레이더 연구소(Radar Laboratory)의 니스(Emmett N. Neith)와 우파트닉스(Juris Upatnieks)의 연구로 시작되었다. 그들은 무엇보다도 그림 13.50에 보이는 바와 같이 홀로그램을 만드는 보다 개선된 장치를 도입하였다. 가보르의 **인라인**(in−line) 구성에서는 공액상이 불편하게 참영상 앞에 위치해 있지만, 여기에서는 그림에서 보는 것처럼 이 둘이 축에서 벗어나(off-axis) 충분히 분리되어 있다. 물론 여기에서 홀로그램은 물체로부터 산란된 파와 결맞는 기준파로부터 발생하는 간섭 무늬이다[이 유형은 **측파대 프레넬 홀로그램(side-band Fresnel hologram)**이라고도 한다]. 그림 13.51은 투과하는 물체로부터 측파대 프레넬 홀로그램을 만드는 동등한 장치를 보여 준다.

이제 이 내용들에 대해 두 가지 방법, 즉 기본적으로 그림을 사용하는 푸리에 광학적 방법과 직접적인 수학적 방법을 통해 이해해 보자. 이 둘은 서로 보완적이므로 둘 다 살펴볼 것이다. 우선적으로 이것은 사실 간섭(혹은 회절이라고 할 수도 있다) 문제이며, 복잡한 물체 파면이 반사 또는 투과된 물체파의 여러 공간 주파수와 관련된 방향으로 진행하는 푸리에-성분 평면파(그림 7.52와 10.7d)로 이루어져 있다고 다시 한 번 생각할 수 있다. 이 각각의 푸리에 평면파는 사진

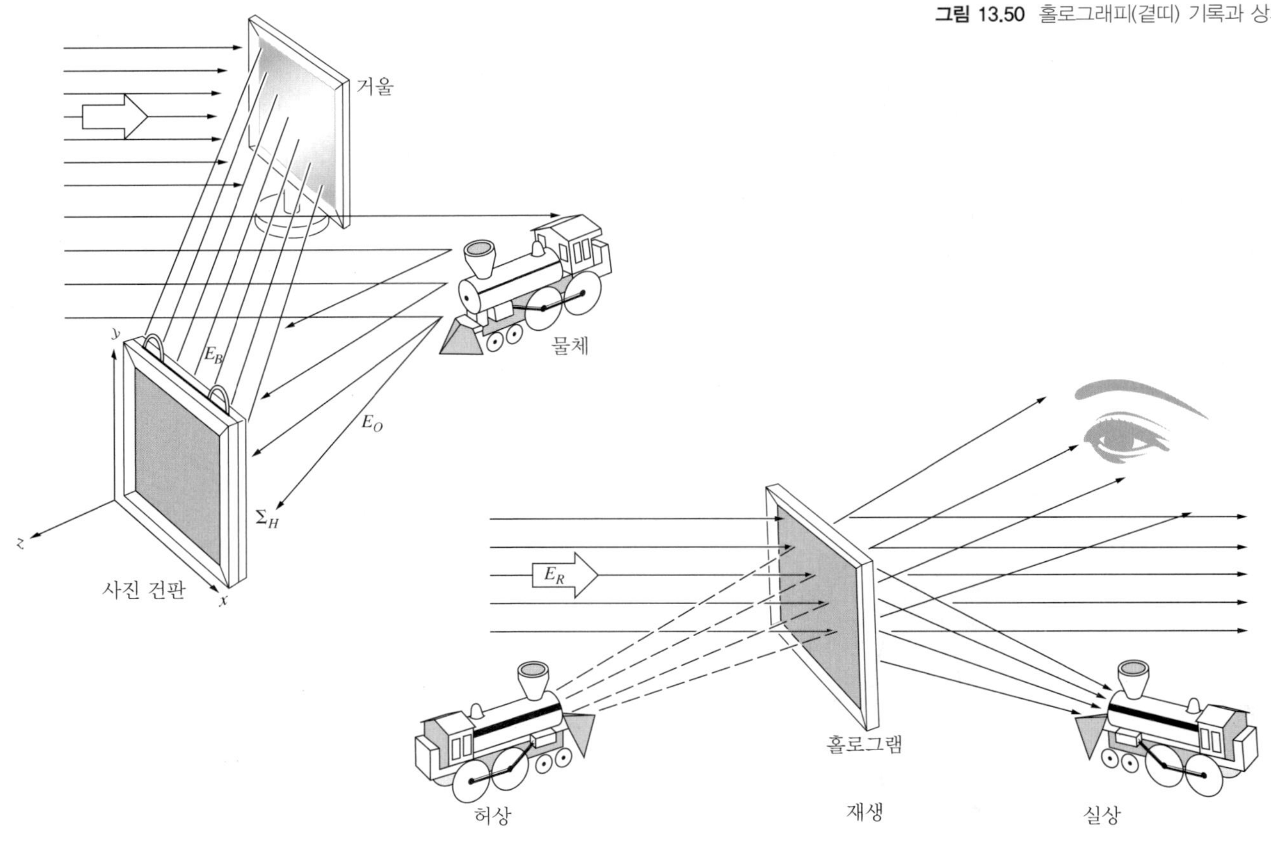

그림 13.50 홀로그래피(결띠) 기록과 상의 재생

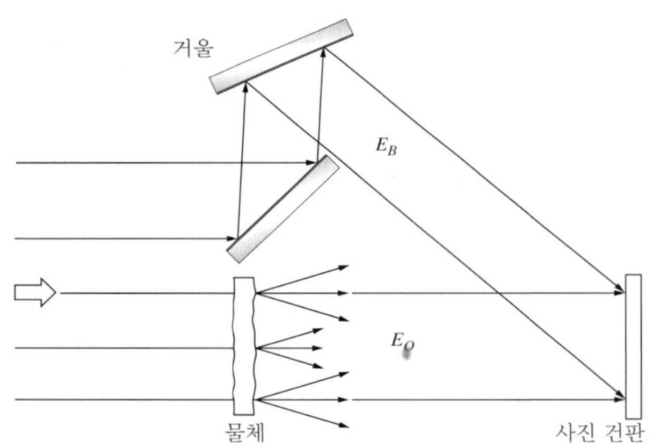

그림 13.51 투과하는 물체에 대한 측파대 프레넬 홀로그래피 장치

건판 위에서 기준파와 간섭하고, 따라서 그에 특유한 간섭 무늬의 형태로 그 특정 공간 주파수와 관련된 정보를 저장한다.

이것이 어떻게 일어나는지 알아보기 위하여 그림 13.52에 보인 바와 같이 두 광파의 간섭으로 단순화시킨 것을 살펴보자. 기준파는 그림에 보인 순간에 필름면을 따라 마루에 있으며, 각 θ로 입사하는 산란된 물체파는 마찬가지로 점 A, B, C에서 마루에 있다. 이 점은 그림에 표시한 순간에 간섭의 최댓값을 가진다. 그러나 두 파가 오른쪽으로 진행해 감에 따라 이들은 이 점에서 같은 위상을 유지하고, 즉 골은 골과 중첩하여 A, B, C에서 최댓값이 그대로 유지된다. 이와 비슷하게 이 점들 사이에서는 골이 마루와 중첩하여 최소가 나타난다. 이들 두 파의 상대 위상(ϕ)은 필름을 따라 변하므로 x의 함수로 표현할 수 있다. x가 길이 $\overline{AB}$ 만큼 변할 때 ϕ는 2π 만큼 변하므로 $\phi/2\pi = x/\overline{AB}$이다. $\sin\theta = \lambda/\overline{AB}$임을 유의하고 특정한 길이 $\overline{AB}$를 제거하면 위상은 일반적으로

$$\phi(x) = (2\pi x \sin\theta)/\lambda \tag{13.22}$$

가 된다. 만약 두 파가 같은 진폭 E_0를 갖는다고 가정하면 결과적인 전기장은 식 (7.17)로부터

$$E = 2E_0 \cos\tfrac{1}{2}\phi \sin(\omega t - kx - \tfrac{1}{2}\phi)$$

가 된다. 그리고 복사 조도 분포는 전기장 진폭의 제곱에 비례하므로 식 (3.44)에 따라

$$I(x) = \tfrac{1}{2}c\epsilon_0(2E_0\cos\tfrac{1}{2}\phi)^2 = 2c\epsilon_0 E_0^2\cos^2\tfrac{1}{2}\phi$$

혹은

$$I(x) = 2c\epsilon_0 E_0^2 + 2c\epsilon_0 E_0^2\cos\phi. \tag{13.23}$$

이 된다. 여기서 얻어진 것은 필름면을 따라 $\overline{AB}$의 공간 주기와 $(1/\overline{AB})$, 즉 $\sin\phi/\lambda$의 공간 주파수를 가진 코사인 형태의 복사 조도 분포이다.

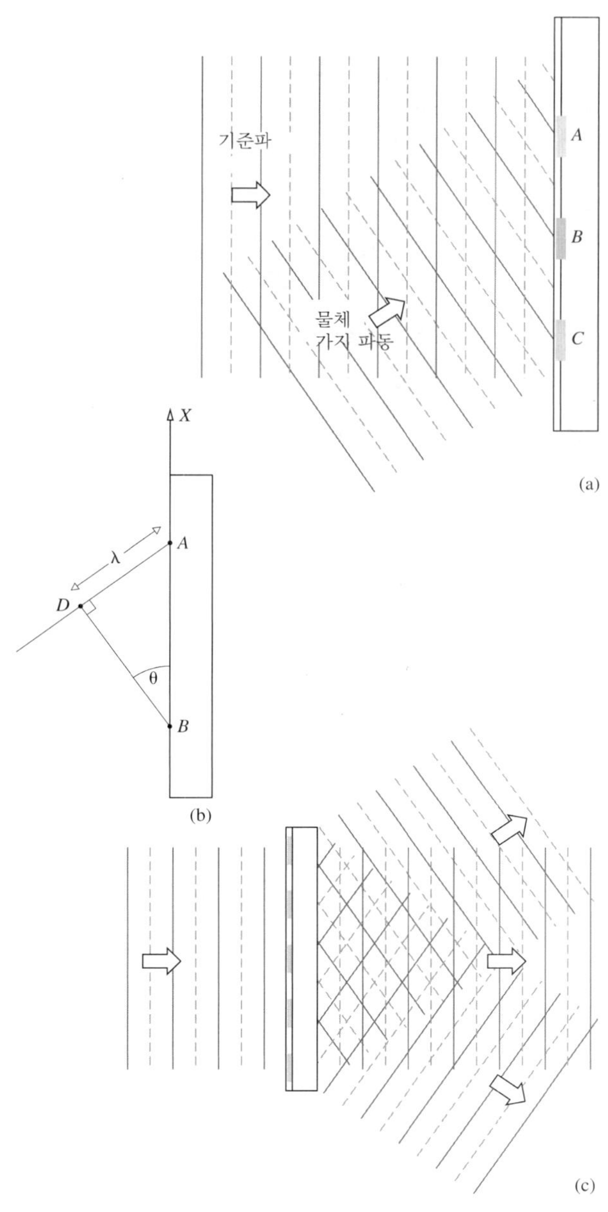

그림 13.52 코사인 격자를 생기게 하는 두 평면파의 간섭

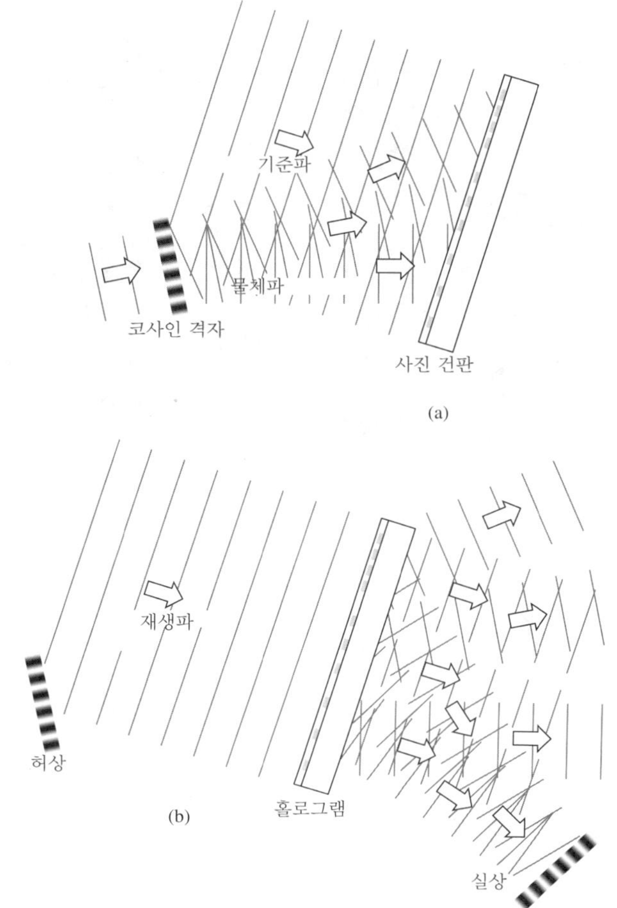

그림 13.53 다른 공간 주파수를 가진 세 영역이 있음을 유의하라. 홀로그램을 재조명할 때, 이들은 각각 3개의 광파를 발생한다.

필름을 현상하여 진폭 투과 형태가 $I(x)$에 대응하도록 하면 코사인 회절 격자가 생긴다. 이 간단한 홀로그램(이것은 기본적으로 정보를 갖지 않은 구조가 없는 물체에 해당한다)이 원래의 기준파(그림 13.52c)와 동일한 평면파로 조명될 때 3개의 빔이 나온다. 하나는 0차이고 2개는 1차이다. 이 1차 빔 중에 하나는 원래 물체 빔의 방향으로 진행하며 그것의 재생된 파면에 해당한다.

이와 같이 극히 기본적인 홀로그램을 넘어서 한 단계 나아가 이제 어떤 광학적인 구조를 갖고 있는 물체를 살펴보자. 이제 단일 공간 주파수의 간단한 주기적인 구조를 갖는 슬라이드 유리, 즉 코사인 격자를 물체로 사용하자. 그림 13.53은 (빔과 격자의 유한한 크기에 의한 미약한 고차항을 무시한) 약간 이상적인 상황을 나타내는데, 조명된 격자, 3개의 투과된 빔 그리고 기준 빔을 보여 준다. 결과적으로 3개의 투과파는 기준파와 각각 약간 다른 각(θ)을 이루므로 그림 13.47과는 다르게 이 세 가지 투과파는 약간 바뀌어 나타난다. 결과적으로 3개의 중첩 영역 각각에는 식 (13.22)에 의해 약간 다른 공간 주파수를 갖는 코사인 무늬가 형성될 것이다. 그림 13.53a의 이러한 홀로그램을 다시 그림 13.53b와 같이 재생하면, 회절되지 않은 투과파, 허상 그리고 실상이 생긴다. 원래 회절 격자의 상들이 형성되는 곳은 3개의 빔이 그들의 공간 주파수 내용을 기여하기 위하여 함께 모이는 곳뿐임을 주목하라.

보다 복잡한 물체에 대해서는 물체파와 기준파 사이의 상대 위상(ϕ)이 위치에 따라 복잡하게 변할 것이며, 따라서 물체가 없을 때 두 평면파에 의해서 생긴 기본적인 반송(carrier) 신호가 변조될 것을 예상할 수 있다(그림 13.54). 그림 13.53을 참고해서 일반화하면 (θ에 따라 변하는) 위상

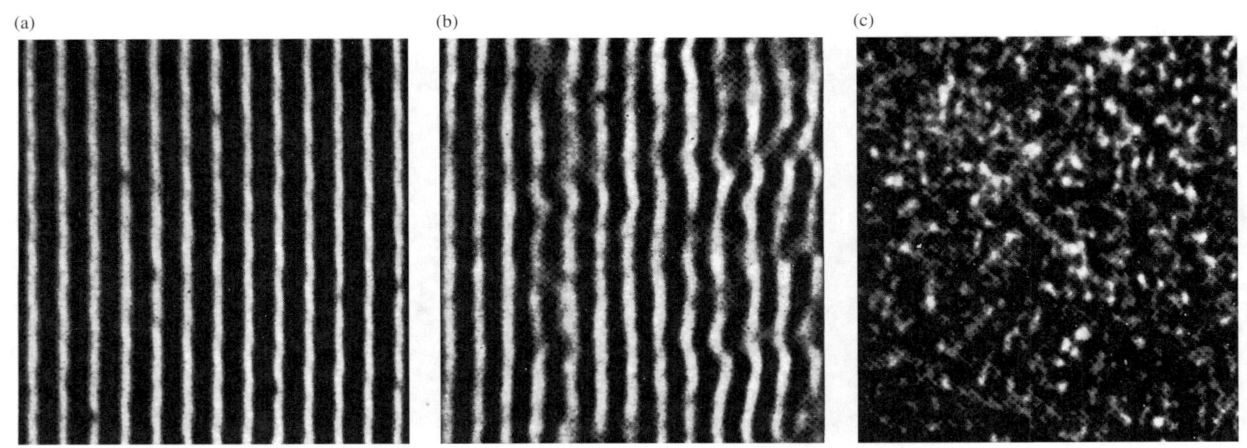

그림 13.54 변조 정도가 다른 홀로그램의 간섭 무늬 (Emmett N. Leith가 촬영. 허가받고 재실험함. Copyright © 2016 Scientific American, Inc.에 모든 권리가 있음.)

각 차이 ϕ는 무늬의 형태로 저장된다고 결론지을 수 있다. 더욱이 기준파와 물체파의 진폭이 다르다면 이들 무늬의 복사 조도는 달라질 것이다. 따라서 필름면 위의 모든 점에서 물체파의 진폭은 결과적인 무늬의 가시도로 저장될 것이라고 짐작할 수 있다.

그림 13.50에 보인 내용을 다음과 같이 분석적으로 취급할 수 있다. 홀로그램 면 Σ_H를 xy-평면으로 하자. 그러면 편광에 대한 고려를 하지 않을 경우,

$$E_B(x, y) = E_{0B} \cos [2\pi\nu t + \phi(x, y)] \tag{13.24}$$

는 Σ_H에서의 배경 혹은 기준 평면파를 나타낸다. 그 진폭 E_{0B}는 일정하지만 위상은 위치의 함수이다. 이것은 단순히 기준 파면이 Σ_H에 대해 어떤 알려진 형태로 기울어져 있다는 것을 뜻한다. 예를 들어 파면을 y축에 대해 각 θ 만큼 회전하여 Σ_H와 일치시킬 수 있다면 홀로그램 면 위의 임의의 점에서 위상은 그 x값에 의존할 것이다. 따라서 ϕ는 다시

$$\phi = \frac{2\pi}{\lambda} x \sin\theta = kx \sin\theta$$

의 형태를 가지며, 이 경우 ν에 관계없이 x에 따라 선형적으로 변한다. 간단히 하기 위하여 이것을 일반적으로 $\phi\ (x, y)$라고 쓰고, 이것은 알려진 단순한 함수라는 것을 기억해 두자. 한편 물체로부터 산란된 파는

$$E_O(x, y) = E_{0O}(x, y) \cos [2\pi\nu t + \phi_O(x, y)] \tag{13.25}$$

로 표현할 수 있는데, 여기에서 진폭과 위상 모두 불규칙한 파면에 대응하는 복잡한 위치의 함수이다. 통신 이론의 관점에서 보면 이것은 물체에 대한 모든 유용한 정보를 갖고 있는 진폭 및 위상 변조된 반송파이다. 이 정보는 광파의 시간적 변화가 아니라 공간적 변화로 저장된다는 것을 주목하라.

이 두 교란 E_B와 E_O는 서로 중첩하고 간섭하여 복사 조도 분포를 형성하며, 이는 사진 유제에 기록된다. 비례 상수를 제외하고 결과적인 복사 조도는 $I(x, y) = \langle(E_B + E_O)^2\rangle_T$인데, 이는 9.1절로부터

$$I(x, y) = \frac{E_{0B}^2}{2} + \frac{E_{0O}^2}{2} + E_{0B}E_{0O} \cos (\phi - \phi_O) \tag{13.26}$$

로 주어진다. 물체파의 위상이 Σ_H 위에서 복사 조도의 최대 및 최소 위치를 결정한다는 것을 다시 한 번 주목하라. 더욱이 홀로그램 면을 따라 대비도 또는 무늬 가시도(fringe visibility)인

$$\mathscr{V} \equiv (I_{\max} - I_{\min})/(I_{\max} + I_{\min}) \qquad [12.4]$$

는

$$\mathscr{V} = 2E_{0B}E_{0O}/(E_{0B}^2 + E_{0O}^2) \tag{13.27}$$

로 주어지며, 이는 물체파의 진폭에 관한 적절한 정보를 내포하고 있다.

한 번 더 통신 이론의 용어를 빌리면, 필름판은 저장 장치와 검출기 혹은 혼합기(mixer)로서의 역할을 겸한다고 할 수 있다. 필름판 표면 위에는 변조된 공간 파형에 대응하는 불투명한 영역들의 분포가 생긴다. 따라서 식 (13.27)에서 세 번째 항 혹은 차(difference) 주파수 항은 $E_{0O}(x, y)$와 $\phi_O(x, y)$가 위치에 관계됨에 따라 진폭과 위상이 변조된다.

그림 13.54b는 본질적으로 2차원의 간단한 반투명 물체에 대한 홀로그램을 구성하는 간섭 무늬의 일부를 확대한 것이다. 만일 간섭하는 두 파가 완벽한 평면파이면(그림 13.54a에서처럼), 정보를 나타내는 간섭 무늬의 위치와 복사 조도의 변화없이 종래의 영(Young)의 무늬(9.3절)를 얻게 될 것이다. 사인파 투과 격자 형태(그림 13.54a)는 반송 파형

(carrier waveform)으로 생각할 수 있는데, 이것은 신호에 따라 변조된다. 더욱이 큰 물체 위의 각 점으로부터 생기는 무수한 원형띠판 무늬의 결맞는 중첩이 그림 13.54b의 변조된 무늬 형태로 변화된다고 생각할 수 있다. 확산적으로 반사하는 3차원의 큰 물체의 경우처럼 변조량이 더욱 크게 증가하면, 간섭 무늬들은 그림 13.54b와 같이 어느 정도 식별할 수 있는 대칭성을 잃고 매우 복잡해진다. 덧붙여 말하면 홀로그램은 종종 광학 소자 위의 먼지 등에 의한 회절로부터 생기는 이질적인 소용돌이 무늬와 동심원 무늬로 뒤덮여 있다.

현상된 홀로그램의 진폭 투과 함수는 $I(x, y)$에 비례하도록 만들 수 있다. 이 경우에 **최종 출사파**(final emerging wave) $E_F(x, y)$는 곱 $I(x, y)E_R(x, y)$에 비례한다. 여기에서 $E_R(x, y)$는 홀로그램에 입사하는 **재생파**(reconstructing wave)이다. 따라서 주파수 ν의 재생파가 배경파와 마찬가지로 Σ_H에 비스듬히 입사하면

$$E_R(x, y) = E_{0R} \cos [2\pi\nu t + \phi(x, y)] \tag{13.28}$$

로 쓸 수 있다. (비례 상수를 제외하고) 최종적인 파는 식 (13.26)과 식 (13.28)의 곱이다.

$$\begin{aligned} E_F(x, y) = {} & \tfrac{1}{2}E_{0R}(E_{0B}^2 + E_{0O}^2) \cos [2\pi\nu t + \phi(x, y)] \\ & + \tfrac{1}{2}E_{0R}E_{0B}E_{0O} \cos (2\pi\nu t + 2\phi - \phi_O) \\ & + \tfrac{1}{2}E_{0R}E_{0B}E_{0O} \cos (2\pi\nu t + \phi_O) \end{aligned} \tag{13.29}$$

여기에서 세 항은 홀로그램으로부터 나오는 빛을 나타낸다. 첫 항은

$$\tfrac{1}{2}(E_{0B}^2 + E_{0O}^2)E_R(x, y)$$

로 다시 쓸 수 있으며 재생파가 진폭 변조된 것이다. 사실상 홀로그램의 각 부분은 회절 격자로 생각할 수 있는데, 이 항은 **0차**, 즉 편향되지 않고 곧장 나아가는 빔이다. 여기에는 물체파의 위상 ϕ_O에 대한 정보가 없기 때문에 이 항은 여기에서 관심사가 아니다.

다음의 두 파 혹은 **두 측파대 파는** 각각 합과 차의 항이다. 이들은 격자 같은 홀로그램에 의해서 회절된 2개의 **1차파**이다. 이 중의 첫 번째 것(즉 합의 항)은 비례 상수를 제외하고 물체파 $E_{0O}(x, y)$와 똑같은 진폭을 갖는 파를 나타낸다. 게다가 이 항의 위상은 $2\phi(x, y)$를 포함하고 있다. 그런데 이것은 Σ_H에 대하여 배경 파면과 재생 파면을 기울임으로써 생긴 것이다. 이 위상 인자로 인하여 실상과 허상이 각도적으로 분리되는 것이다. 더욱이 합의 항은 물체파의 위상을 포함하는 대신에 오히려 그 위상의 음의 값을 포함하고 있다. 따라서 이것은 아주 정확치는 않지만 물체에 관한 모든 적당한 정보를 갖고 있는 파이다. 실제로 이것은 홀로그램 앞쪽 공간, 즉 홀로그램과 관찰자 사이에서 수렴하는 광으로 형성된 실상 또는 공액상을 형성한다. 위상이 음(negative)이기 때문에 입체 사진쌍을 맞바꿀 때 일어나는 앞뒤 바뀜 효과(pseudoscopic effect)와 비슷하게 상이 뒤집어진다(inside-out). 나온 부분은 움푹 들어간 것으로 나타나고, Σ_H의 앞에 그리고 더 가까이 있는 물체점의 상은 이제 Σ_H에 더 가까이 그러나 Σ_H 너머에 만들어진다. 따라서 원래 관찰자에게 가장 가까운 물체 위의 점은 실상에서는 가장 멀리 떨어져 나타난다. 물체가 하나의 축을 따라 뒤집어져 나타나는데, 아마도 보지 않으면 이해하기 어려울 것이다.

예를 들어 볼링장의 홀로그래피 공액상을 내려다본다고 생각해 보자. '뒷'줄에 있는 핀(pin)은 비록 '앞'줄에 의해서 부분적으로 가려지더라도, 맨 앞에 있는 핀보다도 관찰자에 더 가까이 상을 맺는다. 그렇다고 해서 볼링핀의 배열을 뒤로부터 보는 것과는 다르다는 사실을 명심해야 한다. 핀의 뒤편으로부터 오는 빛은 전혀 기록되지 않는다. 여러분은 뒤집어진 전경(front view)을 보고 있는 것이다. 결과적으로 공액상은 보통 그리 유용하지 않은데, 실상을 물체로 삼아 제2의 홀로그램을 만듦으로써 정상적인 구성을 갖도록 할 수 있기는 하다.

식 (13.29)의 차의 항은 비례 상수를 제외하고 정확히 물체파 $E_{0O}(x, y)$의 형태를 갖는다. 마치 창문을 통해 저편의 경치를 내다보는 것처럼 조명된 홀로그램을 응시하면(홀로그램 자체에 눈의 초점을 맞추는 것이 아니라), 바로 물체가 실제로 거기에 놓여 있는 것처럼 그 물체를 '볼 수' 있다. 머리를 약간 움직이면 앞에 있는 물건을 비켜서 그것이 가로막고 있던 광경을 볼 수 있다. 달리 말해서 완전히 3차원적일 뿐만 아니라 어떤 다른 재생 기술에서도 찾아볼 수 없는 시차(parallax) 효과가 분명하다(사진 참조). 인쇄된 종이에 초점이 맞춰진 확대경의 홀로그래피 상을 보고 있다고 생각하자. 홀로그램 면에 대하여 눈을 움직이면, 렌즈(이것은 그 자체가 단지 상이다)에 의해 확대되는 글자는 '실제' 렌즈와 '실제' 종이를 가지고 '실제로' 볼 때처럼 실제로 변한다. 상당한 깊이를 갖는 커다란 장면의 경우, 거리가 다른 부분들을 볼 때 눈의 초점을 조절하지 않으면 안 된다. 이와 똑같이 허상의 여러 영역에 대한 사진을 찍으려면 카메라 렌즈를 재조정해야만 한다(사진 참조).

홀로그램은 지극히 중요하고도 흥미로운 다른 특징들을 보여 준다. 예를 들어 만약 여러분이 창문 가까이 서 있다면 들여다볼 수 있는 아주 작은 면적을 제외하고 창문을 전부 가리더라도 그 너머에 있는 물체를 여전히 볼 수 있다. 홀로그램의 작은 부분은 각각 물체 전체에 대한 정보를 포함하고

(a)

(b)

(c)

(d)

(b)에서 (d)까지는 (a)의 홀로그램에 의해 재생된 동일한 홀로그래피 상을 세 가지 다른 방향에서 찍은 것이다. (Smith, *Principles of Holography*/John Wiley & Sons.)

있기 때문에 홀로그램에 있어서도 똑같다. 따라서 적어도 같은 정도로 전망이 좋은 지점에서 보면, 비록 분해능이 떨어지기는 하지만 홀로그램의 작은 부분은 각각 완전한 상을 재생할 수 있다.

그림 13.55는 지금까지 논의했던 많은 것을 그림으로 요약한 것으로, 홀로그램을 실제로 만들고 관찰하는 편리한 실험 장치를 보여 준다. 여기서 사진 유제는 그림 13.52에서 완전히 2차원적인 것처럼 취급했던 것과는 다르게 얼마간의 깊이를 갖는다. 물론 모든 사진 유제는 유한한 두께를 갖는다. 간섭 무늬의 공간 주기가 대략 $1\mu m$ 정도인 데 비하여, 유제의 두께는 보통 $10\mu m$ 정도이다. 그림 13.56a는 실제에 가깝게 그린 것인데, 사진 유제 전체에 걸쳐 실제로 존재하는 3차원 무늬를 보여 준다. 평면파에 대해서 이 평평하고 평행한 간섭 무늬 면들은 기준파와 물체파가 이루는 각을 이등분한다. 지금까지 고려한 모든 홀로그램은 이들을 통해 봄으로써 관찰된다는 사실을 유의하라. 이들은 모두 **투과형 홀로그램(transmission hologram)**이며, 모든 경우에 기준파와 물체파를 같은 쪽에서 필름을 지나가도록 하여 제작한다.

그림 13.56b와 같이 기준파와 물체파가 서로 반대편으로부터 사진 유제를 지나갈 때에도 비슷한 현상이 일어난다. 다시 말해서 두 파가 단순히 평면파라면, 결과적인 간섭 무늬는 두 빔을 파면과 함께 이동시킴으로써 시각화할 수 있다. 간섭 무늬는 필름 면에 평행한 똑바른 띠 (평면)이라는 것은 분명하다. 매우 뒤틀린 실제 물체파가 결맞는 기준 평면파와 중첩되면 이 무늬들은 물체를 나타내는 정보로 변조된다. 이와 같은 3차원 회절 격자를 **반사형 홀로그램(reflection hologram)**이라고 한다. 이것을 재생할 때 재조명하는 빔은 관찰자를 향하여 거꾸로 산란되며, (마치 거울을 들여다보는 것처럼) 관찰자는 홀로그램 뒤에 있는 허상을 보게 된다.

원형띠판 해석은 **근접장**(near-field) 회절이든 혹은 **원거리장**(far-field) 회절이든지 간에(즉 각각 프레넬 혹은 프라운호퍼 홀로그램이든지 간에) 지금까지 고찰했던 여러 가지 홀로그래피 구성에 적용될 수 있다. 실제로 인터페로그램(interferogram)이 물체의 각 점으로부터 산란된 구면파와 결맞는 기준 평면파 혹은 구면 기준파(후자의 곡률 반지름이 물체파의 것과 다르다면)가 중첩함으로써 생기는 경우에는 이 원형띠판 해석을 일반적으로 적용한다. 따라서 이러한 구

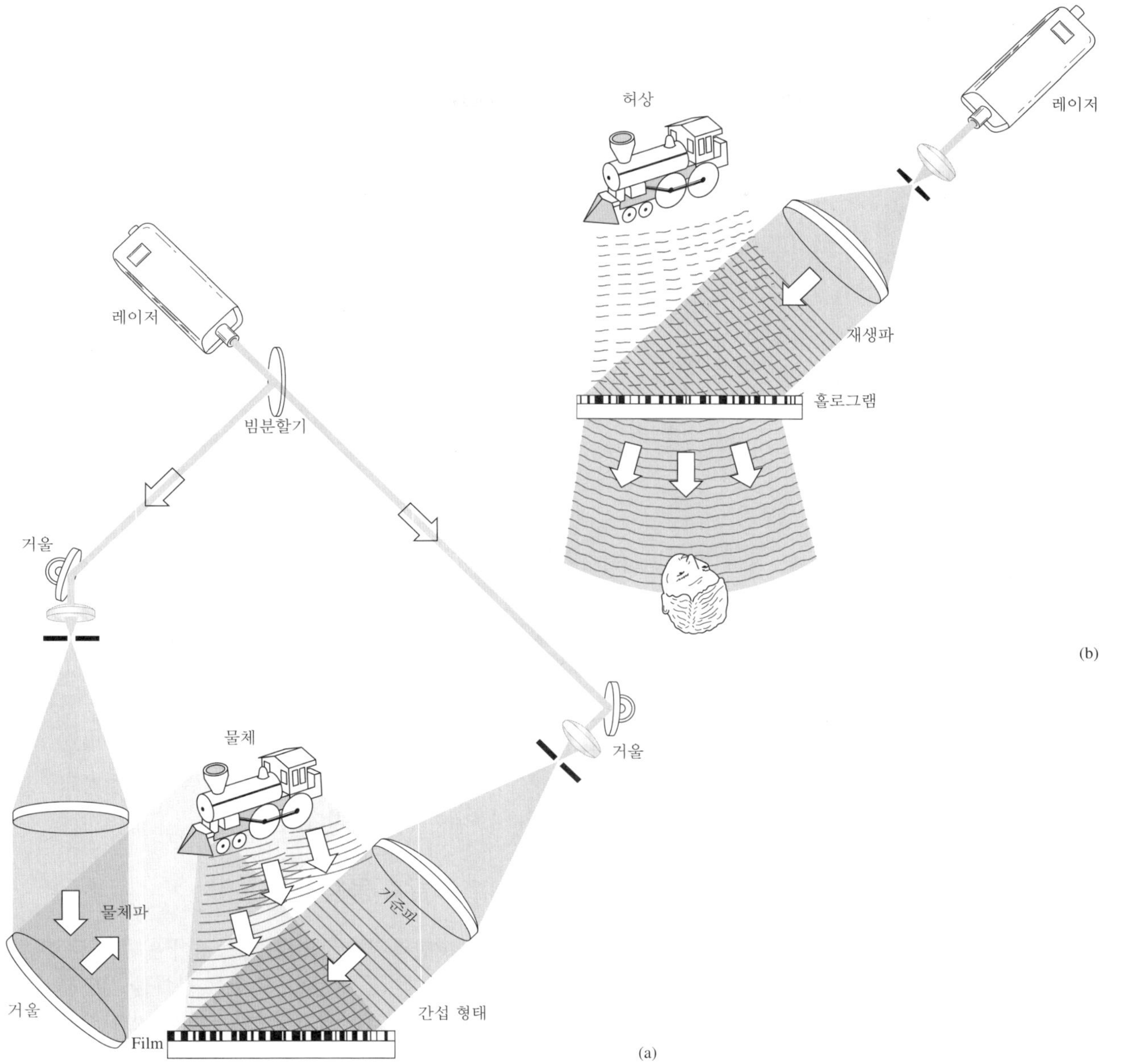

그림 13.55 (a) 장난감 기차의 투과형 홀로그램의 제작. (b) 투과형 홀로그램의 재생.

(a)

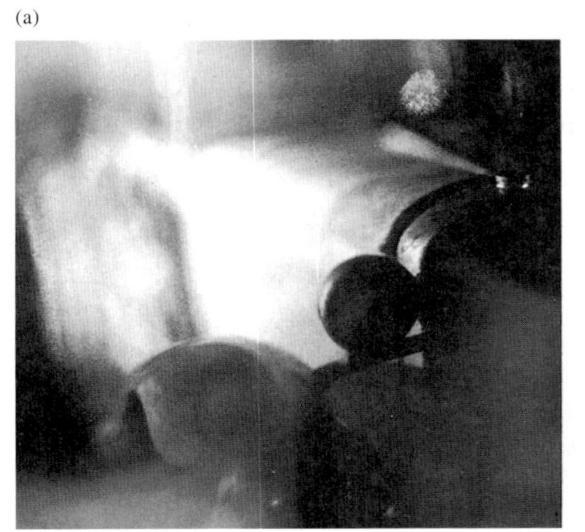

(b)

모형자동차의 재생된 상. (a)와 (b)는 카메라 위치와 초점면을 바꾼 것이다. (O'Shea, Callen, and Rhodes, *An Introduction to Lasers and Their Applications*. Pearson Education, Inc.에 나온 사진을 인용함)

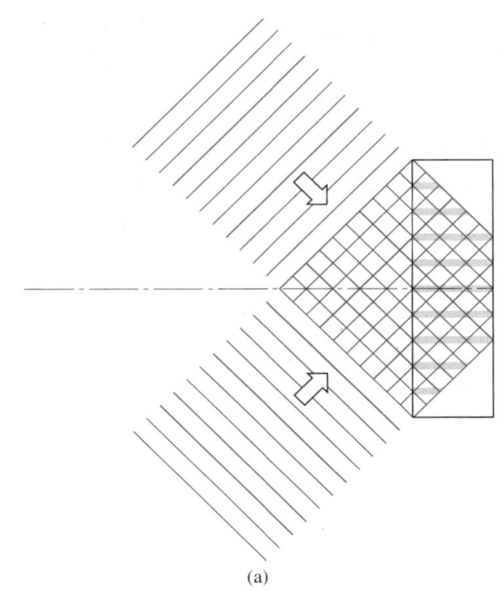
(a)

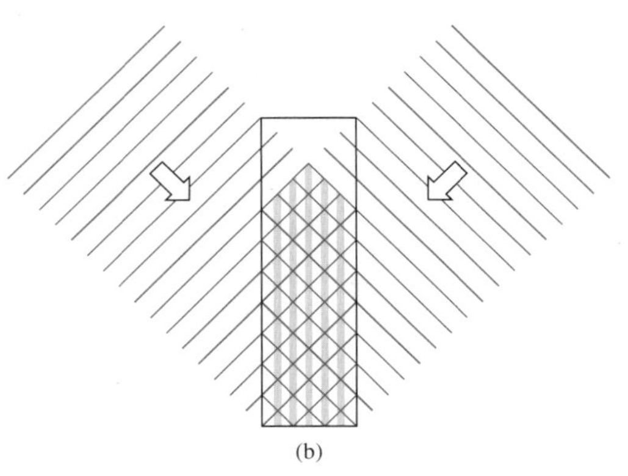
(b)

그림 13.56 (a) 같은 면을 향하여 진행하는 두 평면파의 간섭은 투과형 홀로그램을 생성한다. (b) 반대면을 향하여 진행하는 두 평면파의 간섭은 반사형 홀로그램을 생성한다. 굴절은 무시하였다.

성이 공통적으로 갖고 있는 하나의 본직절인 문제는 원형띠판의 반지름 R_m이 식 (10.91)에 따라 $m^{1/2}$으로 변한다는 사실로부터 발생한다. 따라서 원형띠판 무늬는 각 원평띠판 렌즈의 중심으로부터 멀어질수록 (즉 m 값이 커짐에 따라) 더 조밀하게 된다. 즉 사진 건판에 기록되어야 하는 밝고 어두운 고리들의 공간 주파수가 증가하는 것이다. 같은 내용을 코사인 격자 표현으로도 이해할 수 있는데, 여기서 공간 주파수는 θ 에 따라 증가한다. 필름의 입자가 아무리 미세하더라도 공간 주파수 응답에 제한이 있기 때문에 데이터를 기록할 수 없는 한계가 있을 것이다. 이러한 사실은 분해능에 근본적인 한계가 있음을 나타낸다. 이와 대조적으로 만약 간섭 무늬의 평균 주파수를 낮게 할 수 있다면, 사진 매질에 의한 제한이 상당히 줄어들 것이며 그에 따라 분해능은 증가할 것이다. 간섭 무늬의 평균 공간 주파수를 기록할 수만 있다면, 폴라로이드 P/N과 같은 거친 유제라도 분해능의 큰 손실 없이 사용할 수 있다. 그림 13.57은 회절된 물체파면이 대략 같은 곡률의 구면 기준파와 간섭함으로써 바로 이러한 목적을 달성하는 광학적 구성을 보여 준다. 결과적인 인터페로그램을 **푸리에 변환(Fourier-transform)** 홀로그램이라고 한다(이 경우에 이 홀로그램은 **렌즈를 사용하지 않는** 고분해능 홀로그램이다). 이 구성은 기준파가 Σ_H에서 위치에 따른 위상의 2차 의존성(원형띠판 렌즈 유형)을 상쇄하도록 고안된 것이다. 그러나 이것은 2차원 평면 물체에 대해서만 정확히 성립한다. 3차원 물체의 경우(그림 13.58), 이것은 단지 한 평면에 대해서만 성립한다. 따라서 이렇게 만들어진 홀로그램은 두 가지 유형, 즉 원형띠판 렌즈와 푸리에 변환의 복합체이다. 다른 구성과는 달리 푸리에 변환 홀로그램에 의해 생긴 상은 둘 다 허상이고 동일 평면에 있으며 원점에 대하여 대칭적으로 놓여 있다(사진 참조).

앞의 모든 홀로그램이 회절 격자와 같은 성질을 갖는다는 것이 여기서도 명백하다. 실제로 만약에 푸리에 변환 홀로그램을 통하여 작은 백색 광원(암실에서 손전등을 사용하면 잘 된다)을 쳐다보면 두 거울상을 볼 수 있으나 매우 흐릿하고 무지갯빛의 띠로 둘러싸여 있다. 회절 격자를 통과한 백색광의 경우와 매우 유사하다.*

13.3.2 개발과 응용

3차원 광고판과 같이 확실한 가능성이 있기 때문에 여러 해 동안 홀로그래피를 응용할 수 있는 분야를 개발하고자 노력해 왔다. 다행히 최근에 몇 가지 중요한 기술 개발로 인하여 홀로그래피의 전망과 유용성이 지속적으로 확장될 것이 확실시된다. 이 분야의 초기에는 큰 덩어리의 화강암 위에 놓여 있는 장난감 자동차와 기차, 서양장기 말, 작은 조각상 등의 작은 물체들의 상을 나타내고자 노력하였다. 물체는 제한된 레이저 출력과 결맞음 거리 때문에 작아야만 했다. 한편 간섭 무늬를 흐리게 하여 저장 데이터의 질을 떨어뜨리거나 아예 지워버릴 수 있는 아주 미소한 진동은 육중한 화강암으로 만든 광학 테이블을 이용하여 제거하였다. 수 분 정도 지속될 수 있는 노출 동안에 큰 소리나 공기의 흔들림으로 인하여 사진건판, 물체 혹은 거울이 수백만분의 1인치만큼 움

*DeVelis and Reynolds, *Theory and Applications of Holography*; Stroke, *An Introduction to Coherent Optics and Holography*; Goodman, *Introduction to Fourier Optics*; Smith, *Principles of Holography*; 또는 E. R. Robertson과 J. M. Harvey가 편집한 *The Engineering Uses of Holography*를 보라.

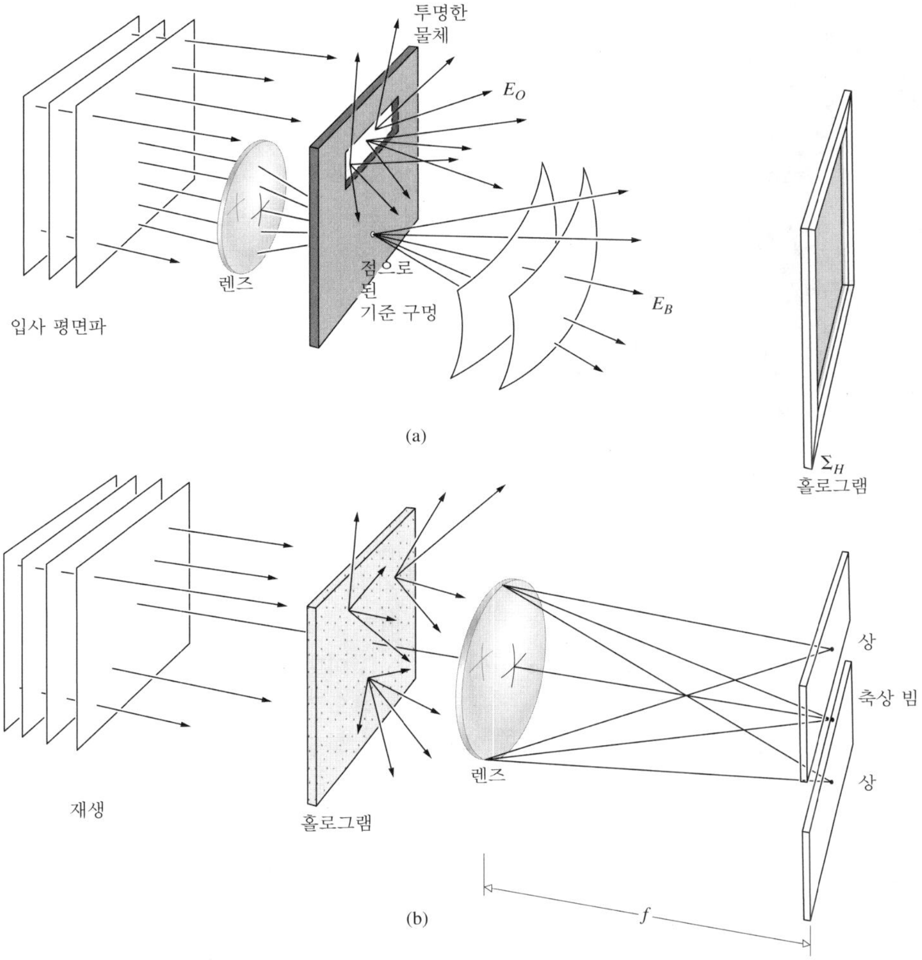

그림 13.57 렌즈를 사용하지 않는 푸리에 변환 홀로그래피(투명한 물체).

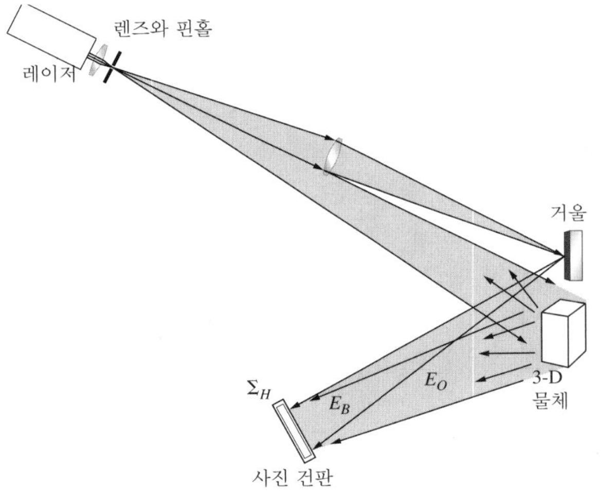

그림 13.58 렌즈를 사용하지 않는 푸리에 변환 홀로그래피(불투명한 물체).

직이더라도 재생상의 질이 떨어질 수 있다. 이 당시는 홀로그래피의 정물화 시대라고 할 수 있었다. 그러나 지금은 새롭고 더 민감한 필름과 단일 모드 펄스 루비 레이저에서 나오는 짧은 시간폭($\approx$ 40 ns)의 고출력 레이저광을 사용하여

푸리에 변환 홀로그램의 재생 (G.W. Stroke, D. Brumm, and A. Funkauser, *J. Opt. Soc. Am.* **55**, 1327 [1965].)

초상화 홀로그래피와 순간 정지(stop–action) 홀로그래피도 실현하였다(사진 참조).*

1960년대와 1970년대에는 홀로그래피의 명백하고 시각적으로 놀라운 효과들이 중요시되었다. 이러한 현상은 1억 개 이상의 (신용카드에 접착되며 과자상자를 포장하고

*L. D. Siebert, *Appl. Phys. Letters* **11**, 326 (1967) 그리고 R. G. Zech and L. D. Siebert, *Appl. Phys. Letters* **13**, 417 (1968).

홀로그래피의 인물사진 재생 (L.D. Siebert.)

잡지 표지, 보석, 음반 앨범을 장식하는) 값싼 플라스틱 반사형 홀로그램이 대량 생산됨에 따라 1980년대에도 계속되었다. 양질의 상을 얻을 수 있고 값싸며 안정한 광고분자(photopolymer)의 개발로 인하여 이러한 일회용 홀로그램이 더욱 많이 생산되었다. 그러나 이제는 비회화적(nonpictorial) 수단으로서 홀로그래피의 잠재력이 폭넓게 인식되고 있으며, 이러한 새로운 방향에서 더욱 중요한 응용들이 나타나고 있다.

부피 홀로그램

1962년 소련의 데니슈크(Yuri Nikolayevitch Denisyuk)는 홀로그램을 만드는 데 있어서 리프만(Gabriel Lippmann)의 초기(1891년) 컬러사진 방법과 개념적으로 비슷한 방법을 소개하였다. 간단히 말하면 물체파는 물체로부터 반사되어 뒤로 진행하고 입사하는 결맞는 배경파와 중첩된다. 이 과정에서 두 파는 그림 13.56에서처럼 3차원 정상파 무늬를 만든다. 간섭 무늬의 공간 분포는 사진 유제의 두께 전체에 기록되어 **부피 홀로그램(volume hologram)**을 형성한다. 그 이후 몇 가지 변형이 소개되었으나 기본 아이디어는 같다. 2차원 회절 격자와 같은 산란 구조를 만드는 대신에 부피 홀로그램은 3차원 격자를 만든다. 달리 말해서 이것은 데이터를 나타내는 위상 또는 진폭 물체의 3차원적이고 변조된 주기적 배열이다. 이러한 부피 홀로그램은 여러 가지 매질에 기록할 수 있는데, 예를 들어 침적된 은 입자로 된 진폭형의 두꺼운 사진 유제, 조광 유리(photochromic glass), 색중심(color-center) 변화를 통해 빛에 감응하는 KBr과 같은 할로겐 결정 또는 굴절률이 국부적으로 변하여 위상 부피 홀로그램(phases volume hologram)을 만드는 리튬 니오베이트(lithium niobate)와 같은 강유전성(ferroelectric) 결정 등이 있다. 어쨌든 매질에 어떻게 저장되었든지 데이터의 부피 배열이 존재하며, 이것은 재생 과정에서 X-선으로 조사된 결정과 매우 유사하게 작용한다. 이것은 브래그의 법칙에 따라 입사(재생)파를 산란시킨다. 부피 홀로그램은 산란체의 크기와 λ가 둘 다 단순히 비례적으로 늘어난 것이기 때문에 이것은 놀라운 일이 아니다.

부피 홀로그램의 한 가지 중요한 특징은 파장과 산란각이 상호의존[브래그의 법칙인 $2d\sin\theta = m\lambda$을 나타낸 식 (10.71)에 의하여]한다는 것이다. 즉 주어진 색깔의 빛만이 홀로그램에 의해 특정한 각으로 회절될 것이다. 또 하나의 중요한 특성은 입사각(혹은 파장)을 계속적으로 변화시킴으로써 단일 부피 매질이 한 번에 아주 많은 홀로그램을 저장할 수 있다는 것이다. 이 특성으로 인해 그러한 시스템은 조밀하게 배열된 기억장치로 극히 매력적이다. 예를 들면 두께가 8 mm인 홀로그램은 각각 개별적으로 검색할 수 있는 550쪽 분량의 정보를 저장할 수 있다. 이론적으로 단일 리튬 니오베이트 결정은 수천 개의 홀로그램을 쉽게 저장할 수 있고, 레이저빔을 적절한 각도로 결정에 비춤으로써 임의로 이들을 재생할 수 있다. 최근에는 잠재적인 저장 매질로 광굴절 결정(photorefractive crystal)인 KTN(potassium tantalate niobate)에도 연구 초점이 맞춰지고 있다. 3차원 홀로그래피 영화, 도서관 혹은 모든 사람의 중요한 통계 자료[출산반(beauty mark), 신용카드, 세금, 나쁜 습관, 수입, 생애 등등]가 한 움큼의 작은 투명한 결정들에 기록되었다고 생각해 보라.

(흑백의) 부피 홀로그래피 건판을 사용하여 다중색채 재생

총천연색 반사 홀로그램으로 구성된 미국 우표의 세 가지 다른 보기 (E.H.)

을 할 수 있다. 둘, 셋 혹은 그 이상의 다른 색깔을 가지며 서로 결어긋나고 중첩하는 레이저빔을 이용하여 서로 구별되면서 공존하는 물체의 성분 홀로그램을 만드는데, 이것은 한 번에 하나씩 혹은 한꺼번에 이루어질 수 있다. 이 홀로그램을 동시에 여러 성분 빔으로 비추면 다중색채 상이 생긴다.

스트로크(G. W. Stroke)와 라베이리(A. E. Labeyrie)가 고안한 중요하고 매우 유망한 다른 방법으로 **백색광 반사 홀로그래피(white-light reflection holography)**가 있다. 여기서 재생파는 원래의 준단색 배경파와 유사한 파면을 갖는, 예를 들어 손전등 혹은 환등기로부터 나오는 보통의 백색 빔이다. 관찰자와 같은 쪽에서 비출 때, 적당한 브래그 각으로 부피 홀로그램으로 입사하는 특정한 파장만이 반사되어 3차원 허상을 재생한다. 따라서 만약 주어진 장면을 붉은 레이저광으로 기록한다면 붉은색만이 상으로 반사된다. 그러나 사진 유제가 정착하는 과정 동안 브래그 각이 줄어들 수 있다는 것은 교육적인 관심사이다. 그리고 만약 이것이 화학적으로[예: 트리에틸노라민(triethylnolamine)으로] 원래 형태로 팽창하지 않는다면 브래그 면 사이의 간격 d가 감소한다. 이것은 주어진 각 θ에서 반사되는 파장이 비례적으로 감소할 것을 의미한다. 따라서 헬륨-네온 레이저의 적색광으로 기록된 장면을 백색 빔으로 재생할 때, 오렌지색 혹은 심지어 녹색으로도 재생할 수 있다.

만약 여러 파장에 해당하는 몇 개의 겹치는 홀로그램들이 저장되면 다중색채 상이 생길 것이다. 총천연색 3차원 상을 재생시키는 데 있어서 백색광의 보통 광원을 사용하면 많은 이점이 있다고 할 수 있다.

광전자 상 재생

홀로그램을 생성하는 과정을 생각해 보자. 물체 그룹(예: 체스 세트)에 입사하는 평면파가 물결 모양의 파동장(wavefiled)으로 반사된다. 파면의 왜곡은 물체의 특징 및 공간에서의 물체의 위치에 따라 변한다. 그리고 반사파는 원래의 조명파(illuminating wave)와 동일한 기준 평면파와 간섭하게 된다. 결과로 생기는 간섭 무늬는 홀로그램의 핵심이며, 보통 미세 입자 사진 필름에 기록된다. 체스 세트에서 나오는 물결 모양의 파동은 현장에서 직접 바라보며 '보는' 것이다. 이 반사된 물체파를 기준 평면파와 중첩시키면 결과적으로 생긴 간섭 무늬에 물체파의 진폭과 위상에 관한 모든 필요한 정보가 전달된다. 일단 필름을 현상하면 미세한 줄무늬로 덮인 홀로그램이 만들어진다. 기준파로 조명하면 홀로그램은 재생된 물결 모양의 체스 세트 파동을 전송한다. 이때 창문을 들여다보듯이 홀로그램을 들여다보면, 체스 세트

LC-SLM을 이용하여 생성된 홀로그램. (Andreas Hermerschmidt and HOLOEYE Photonics AG, Berlin.)

가 여전히 빛을 반사하는 것처럼 3차원 장면이 보인다.

이제 체스 세트를 제거하고 이 대신에 원래의 물결 모양의 파동을 정확하게 재현할 수 있도록 입사하는 평면파로 상을 재생할 수 있는 반투명 장치로 완전히 대체한다고 가정하자. 그 세트가 없었더라면 대체 물체파(ersatz object wave)는 체스 세트의 홀로그램을 생산할 수 있었다. 실제로 이 **공간 광변조기**(spatial light modulator, SLM)가 빠르게 변조되고 실시간으로 간섭 무늬를 기록할 수 있다면 3차원 홀로그램 영화를 만들 수 있다. 아직은 확실히 사용할 수는 없지만 현재 저가의 액정 공간 광변조기(liquid crystal spatial light modulators, LC-SLM)가 상업적으로 이용 가능하다. 이러한 장치는 대개 전자적으로 주소 지정이 가능하며, 작고, 단단히 채워진 네마틱(nematic) 액정 셀의 정렬된 2차원 배열로 이루어진다. 또한 필름 처리를 기다리지 않고 홀로그램을 Fe:Ce:Ti가 도핑된 $LiNbO_3$와 같은 결정 내에 즉시 기록할 수 있다.

위의 사진은 부피 홀로그래픽 데이터 저장 시스템에서 발췌하였다. LC-SLM에 의해 공간적으로 디지털 방식으로 형상화된 레이저빔은 입력 평면 이미지의 정보를 파면 변형 형태로 광굴절 결정에 전달하고, 기준 평면파 조건을 만족한다. 결과적인 간섭 무늬인 데이터는 무수히 많은 굴절률 격자로 결정에 저장되었다. 그리고 재생 레이저빔으로 재생한 다음 상을 간단하게 사진 찍는 것이다.

홀로그래피 간섭광학

최근 홀로그래피의 발전에 있어서 가장 혁신적이고 실제적인 것 중의 하나가 간섭광학(interferometry) 분야이다. 많은

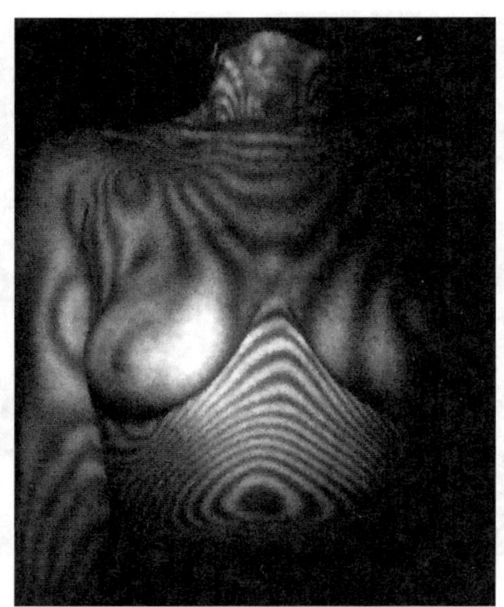

이중 노출 홀로그래피 간섭 사진. (S. M. Zivi and G. H. Humberstone, "Chest motion visualized by holographic interferometry," *Medical Research Eng*. p. 5 [June 1970].) 이것을 453쪽의 레이더 사진과 비교하라.

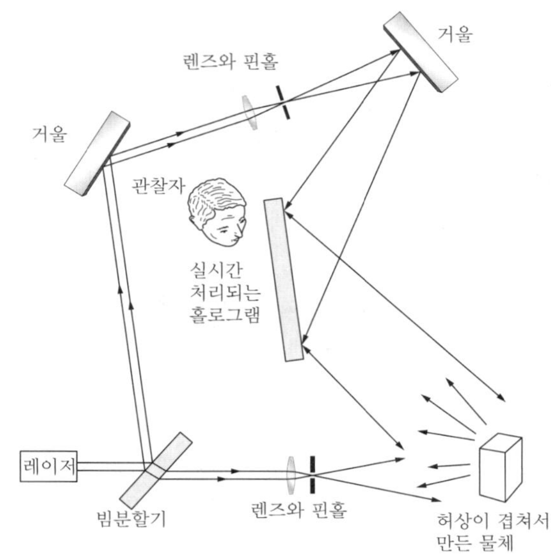

그림 13.59 실시간 홀로그래피 간섭 계측

비파괴 검사 상황에서, 예를 들어 응력, 진동, 열 등으로부터 생기는 물체의 미소 변형(100만분의 1인치 정도)을 조사하고자 할 때, 세 가지 다른 방법이 매우 유용한 것으로 밝혀졌다. **이중 노출**(double exposure) 방법에서는 단순히 변형이 없는 물체의 홀로그램을 만든 다음에 이를 현상하기 전에 변형된 물체로부터 오는 빛으로 재차 홀로그램을 노출한다. 궁극적으로 2개의 중첩하는 재생파가 존재하게 되는데, 이들은 물체에 일어난 변위, 즉 광경로 길이의 변화를 나타내는 간섭 무늬를 형성하게 된다(사진 참조). 풍동에서 일어나는 것과 같은 굴절률 변화도 이와 같은 종류의 간섭 무늬를 형성한다.

실시간(real-time) 방법에서는 물체가 원래의 위치에 계속해서 그대로 놓여 있다. 현상된 홀로그램을 만들어서 그 허상이 정확히 물체와 겹치도록 한다(그림 13.59). 뒤이어 검사하는 동안 생기는 변형은 홀로그램을 통해 보면 무늬로 나타나는데, 이들이 실시간으로 변화하는 것을 조사할 수 있다. 이 방법은 불투명하거나 투명한 물체에 모두 적합하다. 이러한 감응을 연속적으로 기록하기 위해 영화를 찍을 수도 있다.

세 번째는 **시간 평균**(time-average) 방법으로 작은 진폭으로 빠르게 진동하는 시스템에 특히 적절하다. 여기서 필름판은 비교적 긴 시간 동안 노출되며 그동안 물체는 여러 번 진동한다. 이렇게 하여 생긴 홀로그램은 많은 상의 중첩으로 생각할 수 있는데, 그 결과 정상파 무늬가 나타난다. 밝은 곳은 편향되지 않은 혹은 고정된 마디의 영역을 나타내며 등고선은 진폭이 일정한 영역을 그린다.

오늘날 기계 시스템에 대한 홀로그래피 검사는 산업계에서 이미 잘 확립되어 있다. 그것은 자동차 변속기의 소음 감소로부터 일상적인 제트엔진 검사에 이르기까지 광범위한 응용에 기여하고 있다.

음향 홀로그래피

음향 홀로그래피에서는 우선 초고주파의 음파(초음파)를 이용하여 홀로그램을 만든 다음에 레이저빔을 이용하여 인식할 수 있는 재생상을 만든다. 하나의 응용으로 물에 잠긴 결맞는 변환기들에 의해서 생기는 물 위의 정지된 잔물결 무늬는 물 밑에 있는 물체의 홀로그램에 해당한다(그림 13.60). 이것에 빛을 비추어 사진 찍으면 시각적인 상을 얻을 수 있는 홀로그램이 된다. 다른 방법으로 레이저빔을 위에서 물에 비추어 잔물결에 의해서 반사되는 빛으로 즉각적인 재생상을 만들 수 있다.

음향 기술의 유리한 점은 빛이 없는 고밀도 액체와 고체에서도 음파가 상당한 거리를 전파해 갈 수 있다는 사실에 있다. 따라서 음향 홀로그램은 수중의 잠수함이나 인체의 내부 기관과 같이 다양한 것들을 기록할 수 있다.* 그림 13.60에 이를 나타내었다. 사진은 48 MHz 주파수의 초음파를 이용한 음향 홀로그래피에 의해 형성된 동전의 상이다. 물에서 이

*A. F. Metherell, "Acoustical holography," *Sci. Am*. **36**, 221 (October 1969)을 보라. 표면 양각 무늬의 다른 흥미로운 사용에 대해서는 A. L. Dalisa et al., "Photoanodic engraving of holograms on silicon," *Appl. Phys. Letters* **17**, 208 (1970)을 참조하라.

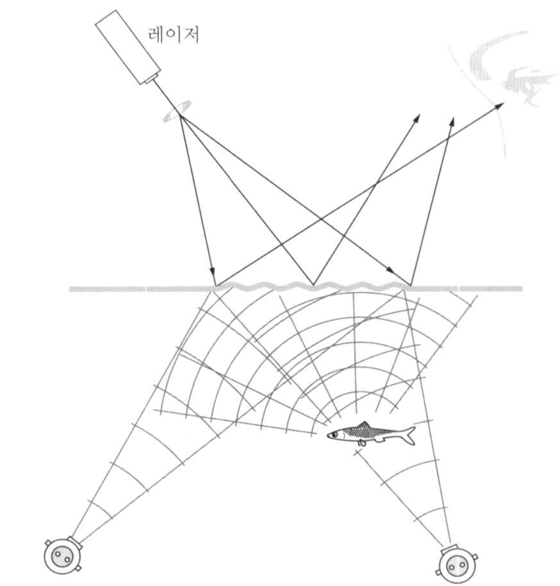

그림 13.60 음향 홀로그래피

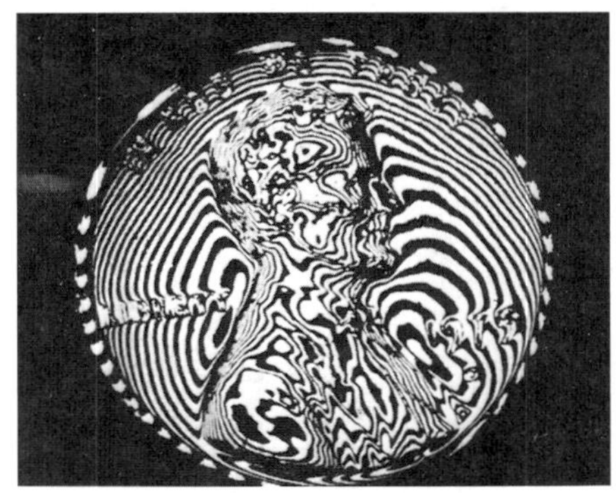

음향 홀로그래피에 의한 동전의 간섭계측 상. (Holosonics, Inc.)

주파수는 대략 30μm의 파장에 해당하므로 각각의 무늬 윤곽선은 $\lambda/2$ 혹은 15μm의 높이 변화를 나타낸다.

홀로그래피 광학 소자

그림 13.52에서처럼 두 평면파가 겹칠 때 확실히 코사인 격자가 생긴다. 이것은 홀로그래피가 회절 격자를 만드는 것과 같이 비회화적인 목적에 사용될 수 있다는 것을 암시한다. 사실상 **홀로그래피 광학 소자**(holographic optical element, HOE)는 직접 간섭광학에 의해서든 또는 컴퓨터 시뮬레이션(computer simulation)에 의해서든 간에 간섭 무늬(즉 회절시키는 진폭 혹은 위상 물체의 분포)로 이루어진 회절 장치이다. 경사진(blazed) 그리고 사인파형의 홀로그래피 회절 격자가 상업적으로(약 3600선/mm까지) 이용된다. 비록 선을 그은(ruled) 격자보다 일반적으로 효율이 떨어지지만, 이들은 떠돌이(stray) 빛을 훨씬 적게 발생하므로 많은 응용 분야에서 아주 중요하다고 할 수 있다.

기준 평면파를 사용하여 수렴하는 빔의 간섭 무늬를 기록한다고 하자. 결과적인 투과형 홀로그램을 기준파와 일치하는 평면파로 재조명하면 재생된 수렴파가 나올 것이다. 홀로그램은 렌즈와 같은 기능을 한다(그림 13.49 참조). 이와 비슷하게 만약 기준 빔이 점광원으로부터 발산하는 광파이고 물체파가 평면파라면, 결과적인 홀로그램을 점광원으로 재조명할 때 평면파가 재생된다. 이와 같이 홀로그래피 광학 소자는 복잡한 렌즈의 역할을 해낼 수 있으며 값싸고 가벼우며 간편한 시스템 디자인을 가능하게 하는 추가적인 이점을 가진다.

홀로그래피 광학 소자는 상품 위의 통일 제품 코드(Universal Product Code, UPC) 줄무늬를 자동적으로 읽는 슈퍼마켓 계산대의 스캐너 내부에 이미 사용되고 있다. 레이저빔이 다수의 홀로그래피 렌즈-프리즘 면으로 구성된 회전하는 디스크를 통과한다. 이 면은 주어진 영역 안에서 빠르게 빔의 초점을 맞추고 이동시키며 주사함으로써 부호가 단번에 읽히도록 한다. HOE는 비행기 조종실의 소위 헤드업(head-up) 디스플레이에 사용된다. 이 디스플레이는 반사된 데이터가 조종사의 얼굴 앞에 있는 투명한 스크린에 나타나도록 하지만 시야를 가로막지는 않는다. 또한 HOE는 사무실 복사기나 태양광 집속기에도 사용된다.

HOE들은 **정합 공간 필터**(matched spatial filter)로서 반도체 소자의 결함과 정찰 사진에 있는 탱크를 찾아내는 광상관자(optical correlator)에 사용된다. 이런 경우에 HOE는 대상물(예: 탱크의 그림 혹은 인쇄된 단어)의 푸리에 변환을 물체로 사용하여 제작한 홀로그램이다. 그림 13.35에 있는 것과 같은 광컴퓨터를 사용하여 인쇄된 종이에서 어떤 단어를 자동적으로 찾는 것, 즉 이 단어와 종이에 있는 많은 단어가 상호상관하는 것을 찾는 것이 문제라고 하자. 대상물의 변환으로 된 홀로그램이 변환면(transform plane)에 놓이고, 인쇄된 종이 전체의 변환을 위하여 조명된다. 그러면 이 HOE-필터로부터 나오는 전기장 진폭은 그 단어의 변환과 종이의 변환의 곱에 비례할 것이다. 마지막 렌즈에 의해 주어지는 이 곱의 변환은 원하는 상호상관(위너-킨친 정리를 상기하라)으로서 상면 위에 나타난다. 만약 그 단어가 종이에 있으면 높은 상관관계가 있을 것이고, 최종적인 상에 대상 단어가 있는 곳마다 밝은 반점이 나타날 것이다.*

가상 물체의 홀로그램을 일일이 합성하는 것도 가능하다. 달리 말해서 가장 직접적인 방법에서는 어떤 물체가 가상적인 기록 기간에 적절히 조명되었을 때 발생하는 복사 조도의

*A. Ghatak and K. Thyagarajan, *Contemporary Optics*, p. 214를 보라.

분포를 컴퓨터로 계산함으로써 홀로그램을 만들 수 있다. 그 다음에 컴퓨터로 제어된 플로터(plotter)의 출력이나 음극선관(cathode ray tube, CRT)에 나타난 인터페로그램을 사진 촬영하면 실제 홀로그램이 된다. 이것을 조명하면 결과적으로 실존하지 않는 물체의 3차원적인 재생상을 얻는다. 보다 더 실제적으로 종종 광학 검사(optical testing)를 위한 기준으로 사용되는 컴퓨터로 생성된(computer-generated) HOE 들이 현재 일상적으로 생산되고 있다. 이와 같은 복합적인 기술은 원리상 다른 방법으로는 불가능한 파면을 만들 수 있기 때문에 그 장래가 매우 유망하다.

13.4 비선형 광학

일반적으로 **비선형 광학**(nonlinear optics) 분야는 전기장과 자기장의 1차보다 높은 거듭제곱 항이 주도적인 역할을 하는 현상이다. 굴절률이 인가 전압, 즉 전기장의 제곱에 비례하는 커(Kerr) 효과(8.11.3절)는 잘 알려진 비선형 효과이다.

중첩, 반사, 굴절 등과 같은 빛의 전파를 고전적으로 취급할 때, 일반적으로 전자기장과 매질을 구성하는 반응 원자계 사이에 선형적인 관계를 가정한다. 그러나 진동하는 역학 장치(예: 추가 달린 용수철)가 충분히 큰 힘의 작용으로 인하여 비선형 반응을 보이는 것과 같이 매우 강한 빔은 상당한 비선형 광학적 효과를 발생시킬 수 있다는 것을 예상할 수 있다.

보통 또는 전통적인 광원의 빔과 관련된 전기장은 너무 미약하여 그와 같은 효과를 쉽게 관찰할 수 없다. 이런 이유가 초기의 기술적인 역량 부족과 결부되어서 이 분야는 가시광선 영역에서 충분한 세기를 얻을 수 있는 레이저의 출현을 기다려야 했다. 현재 기술로 어렵지 않게 얻을 수 있는 전기장 세기를 살펴보기 위해서 좋은 렌즈를 사용하면 레이저빔을 지름 약 10^{-3}인치의, 즉 대략 $10^{-9}\,\mathrm{m}^2$의 면적을 갖는 스폿으로 모을 수 있다고 생각해 보자. 예를 들어 Q-스위칭 루비 레이저의 200 MW 펄스는 $20 \times 10^{16}\,\mathrm{W/m^2}$의 선속 밀도를 발생시킬 것이다. 이에 대응하는 전기장의 진폭은

$$E_0 = 27.4\left(\frac{I}{n}\right)^{1/2} \tag{13.30}$$

이므로(연습문제 13.37), $n \approx 1$인 경우 전기장 진폭은 대략 $1.2 \times 10^8\,\mathrm{V/m}$이다. 이것은 공기의 유전 파괴(대략 $3 \times 10^6\,\mathrm{V/m}$)를 일으키기에 충분하고, 결정체를 서로 유지하는 전형적인 전기장과 비교하면 수십 배 정도 작다. 후자는 수소 원자에서 전자에 대한 응집장의 세기($5 \times 10^{11}\,\mathrm{V/m}$)와 거의 같다. 이보다 더 강한($10^{12}\,\mathrm{V/m}$) 전기장의 활용 가능성으로 인해 광범위한 새로운 비선형 현상에 대한 연구와 장치 개발이 가능하게 되었다. 여기에서는 수동(passive) 매질(즉 그들 고유의 주파수를 드러나게 하지 않고 본질적으로 촉매로 작용하는 매질)과 관계된 몇 가지 비선형 현상만을 취급하고자 한다. 구체적으로 말하면 광정류(optical rectification), 광조화파 발생(optical harmonic generation), 주파수 혼합(frequency mixing), 그리고 빛의 자체 집속(self-focusing)을 다룰 것이다. 이와 대조적으로 유도 라만(stimulated Raman) 산란, 레일리 산란 그리고 브릴루앙 산란은 그 고유 주파수를 광파에 부과하는 능동(active) 매질에서 일어나는 비선형 광학적 효과의 예이다.*

기억하겠지만 매질을 통해 전파되는 광파의 전자기장은 느슨하게 결합된 외각 전자 또는 가전자(valencce electron)에 힘을 가한다. 보통 이 힘은 아주 약하며 등방성 선형 매질에서는 결과적인 전기 분극이 가해진 전기장과 평행하고 그것에 직접적으로 비례한다. 사실상 분극은 전기장을 따른다. 만약 전기장이 조화파라면 분극 또한 조화파일 것이다. 결과적으로

$$P = \epsilon_0 \chi E \tag{13.31}$$

로 쓸 수 있는데, 여기에서 χ는 전기 감수율(electric susceptibility)로 알려진 차원이 없는 상수이며, E 대 P의 그래프는 일직선이다. 아주 강한 전기장과 같은 극단적인 경우에는 명백하게 P가 포화될 것을 예상할 수 있다. 달리 말하면 (자기 모멘트가 비교적 낮은 H의 값에서 포화되는 강자성 물질의 잘 알려진 경우처럼) P는 단순히 E에 따라 무한정 선형적으로 증가할 수 없다. 따라서 E가 증가함에 따라 항상 존재하지만 보통 무시할 수 있는 비선형성이 완만하게 증가할 것을 예측할 수 있다. 가장 간단한 등방성 매질의 경우에 $\vec{\mathbf{P}}$와 $\vec{\mathbf{E}}$의 방향이 일치하므로 분극을 급수 전개로서 보다 효과적으로 다음과 같이 표현할 수 있다.

$$P = \epsilon_0(\chi E + \chi_2 E^2 + \chi_3 E^3 + \cdots) \tag{13.32}$$

일반적인 선형 감수율 χ는 비선형 항의 계수 χ_2, χ_3 등보다 훨씬 크므로 비선형 계수들은 강한 크기의 전기장에서만 뚜렷하게 나타난다. 이제

$$E = E_0 \sin \omega t$$

형태의 광파가 매질에 입사한다고 가정하자. 결과적인 전기 분극은

*여기에서 다룬 것보다 더 자세한 내용은 N. Bloembergen, *Nonlinear Optics* 나 G. C. Baldwin, *An Introduction to Nonlinear Optics*를 보라.

$$P = \epsilon_0 \chi E_0 \sin \omega t + \epsilon_0 \chi_2 E_0^2 \sin^2 \omega t + \epsilon_0 \chi_3 E_0^3 \sin^3 \omega t + \cdots \tag{13.33}$$

이고,

$$P = \epsilon_0 \chi E_0 \sin \omega t + \frac{\epsilon_0 \chi_2}{2} E_0^2 (1 - \cos 2\omega t) + \frac{\epsilon_0 \chi_3}{4} E_0^3 (3 \sin \omega t - \sin 3\omega t) + \cdots \tag{13.34}$$

와 같이 다시 쓸 수 있다. 조화 광파가 매질을 통해 지나갈 때, 전기장에 대한 반응으로 매질 안에 분극 파동이라고 생각할 수 있는 것, 즉 전하의 물결 모양의 재분포를 일으킨다. 만약 선형항만이 유효하다면 전기 분극 파동은 입사광과 함께 진동하는 전류에 해당할 것이다. 그 후 그러한 과정에서 재복사된 빛은 입사광과 똑같은 주파수를 가지고 일반적으로 감소된 속도 v로 진행하는 보통의 굴절파일 것이다. 반면에 식 (13.33)에서 고차항의 존재는 분극 파동이 입사 전기장과 같은 조화파 형태를 갖지 않는다는 것을 암시한다. 사실은 식 (13.34)을 $P(t)$의 왜곡된 형태에 대한 푸리에 급수 표현에 비유할 수 있다.

13.4.1 광정류

식 (13.34)에서 두 번째 항은 두 가지의 중요한 성분을 포함하고 있다. 첫째는 E_0^2과 같이 변하는 직류(DC) 혹은 **일정한 바이어스 분극**(constant bias polarization)이다. 결과적으로 만일 강력한 선형 편광 빔이 적절한 [압전성(piezoelectric)] 결정을 지나가면, 2차 비선형성의 존재는 부분적으로는 매질의 일정한 전기 분극으로 나타난다. 그에 따라 결정의 양단에 빔의 선속 밀도에 비례하는 전압이 나타날 것이다. 이 효과는 라디오 주파수(radiofrequency)에서의 생기는 비슷한 현상을 따라 **광정류(optical rectification)**로 알려져 있다.

13.4.2 고조파 발생

식 (13.34)의 $\cos 2\omega t$항은 기본 주파수(즉, 입사파의 주파수)의 2배인 전기 분극의 변화에 해당한다. 강제 진동자에서 발생하는 재복사된 빛은 또한 이와 같은 주파수 2ω의 성분을 가지므로 이 과정을 **2차 고조파 발생(second-harmonic generation)** 또는 줄여서 SHG라고 한다. 광자의 관점에서는 에너지가 $\hbar\omega$인 2개의 동일한 광자가 매질 속에서 융합하여 에너지 $2\hbar\omega$의 단일 광자를 형성한다고 생각할 수 있다. 1961년 최초로 미시간대학교의 프랑켄(Peter A. Franken) 연구팀은 SHG를 실험적으로 관찰했다. 이들은 붉은 루비 레이저(694.3 nm) 빛의 3 kW 펄스를 수정 결정에 집속시켰다. 이 입사파 가운데 $1/10^8$ 정도의 비율만이 347.15 nm의 자외선 2차 고조파로 전환되었다.

주어진 물질에서 만일 $P(E)$가 기함수(odd function)이면, 즉 전기장 $\vec{\mathbf{E}}$의 방향이 뒤바뀔 때 단순히 $\vec{\mathbf{P}}$의 방향이 역전되면 식 (13.32)에서 E의 짝수 지수 항들이 사라져야 한다는 사실을 주목하라. 그러나 이 현상은 바로 물(액체에는 특별한 방향성이 없다)이나 유리 같은 등방성 매질에서 일어나는 것이다. 더구나 **대칭 중심**(center of symmetry) 혹은 **반전 중심**(inversion center)을 갖는 구조의 방해석과 같은 결정에서는 모든 좌표축을 역전시켜도 물리량 사이의 상호관계가 불변이다. 그래서 이런 종류의 물질에서는 짝수의 고조파는 생성되지 않는다. 그러나 3차 고조파 발생(third harmonic generation, THG)은 가능하며 방해석을 비롯하여 여러 물질에서 관찰된 바 있다. 결정이 반전 대칭을 가지지 않아야 된다는 SHG에 대한 조건은 그것이 압전성이기 위해서도 필요하다. [수정, KDP(potassium dihydrogen phosphate) 혹은 ADP(ammonium dihydrogen phosphate)와 같은] 압전 결정에 압력을 가하면 전하 분포가 비대칭적으로 변형되어서 전압이 발생한다. 32개의 결정 종류 가운데 20개가 이런 종류이고 따라서 SHG에 사용할 수 있다. 단순한 스칼라 표현인 식 (13.32)는 실제로 전형적인 유전체 결정을 기술하는 데 적당하지 않다. 결정에서 몇몇 다른 방향의 전기장 성분이 어떤 한 방향의 전기 분극에 영향을 줄 수 있기 때문에 실제로는 상당히 더 복잡하다. 완벽하게 취급하자면 $\vec{\mathbf{P}}$와 $\vec{\mathbf{E}}$가 하나의 스칼라 양으로 관계되는 것이 아니라 감수율 텐서(susceptibility tensor)라는 텐서 형태로 배열된 여러 개의 양들에 의하여 관계된다.*

2차 고조파 빛을 충분히 발생시킬 때 가장 어려운 점은 굴절률이 주파수에 관계되는, 즉 분산이 있기 때문이다. 입사파 혹은 ω-파가 2차 고조파 혹은 2ω-파를 발생하는 어떤 초기 시점에 이들은 긴밀히 결부되어 있다. ω-파가 결정 안을 진행함에 따라 계속적으로 추가적인 2차 고조파가 발생하는데, 이들이 적절한 위상 관계를 유지할 때만 모두 완전히 보강적으로 합성한다. 그러나 ω-파는 위상 속도 v_ω로 진행하며, 이것은 보통 2ω-파의 위상 속도 $v_{2\omega}$와 다르다. 그러므로 새로 방출되는 2차 고조파는 이전에 발생된 2ω-파의 일부와 주기적으로 위상이 어긋난다. 두께 ℓ의 판으로부터 나오는 2차 고조파의 복사 조도 $I_{2\omega}$를 계산하면**

*부언하면 이러한 것이 결코 비정상적인 것은 아니다. 이러한 텐서 형태는 여기저기서 나타난다. 관성 텐서(inertia tensors), 자기소거 계수 텐서(demagnetization coefficient tensors), 변형력 텐서(stress tensors) 등이 있다.

**예를 들어 기초적이며 훌륭한 취급으로 B. Lengyel, *Introduction to Laser Physics*, 7장을 보라.

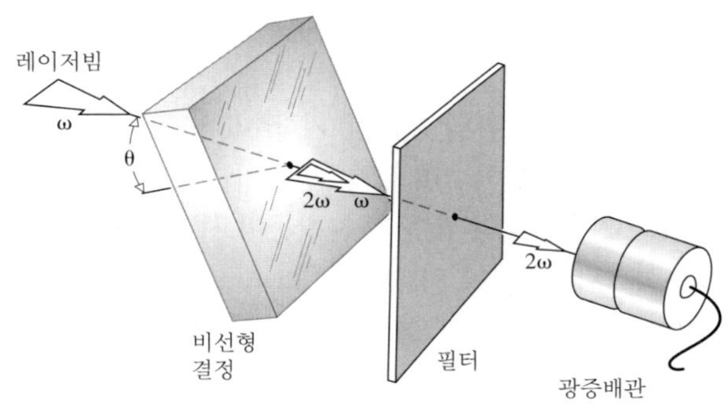

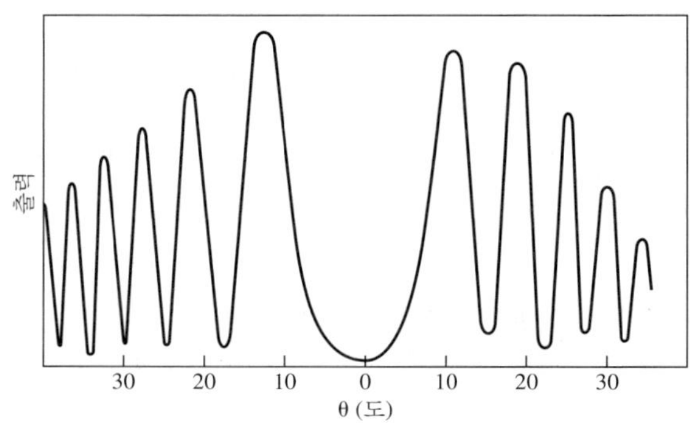

그림 13.61 0.78 mm 두께의 수정판에서 θ의 함수로 나타낸 2차 고조파 발생. 실효 두께가 ℓ_c의 짝수배일 때 봉우리가 발생한다. (P. D. Maker, R. W. Terhune, M. Nisenoff, and C.M Savage. Effects of Dispersion and Focusing on the Production of Optical Harmonics *Phys. Rev. Lett.* **8**, 21—Published 1 January 1962의 허락하에 재인쇄함. Copyright 1962 by the American Physical Society http://journals.aps.org/prl/abstract/10.1103/PhysRevLett.8.21)

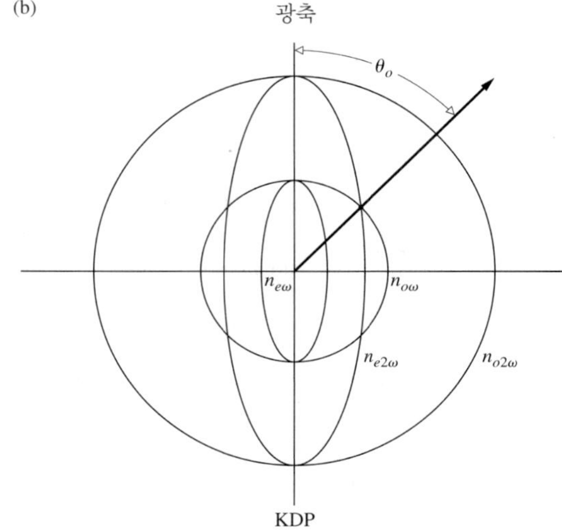

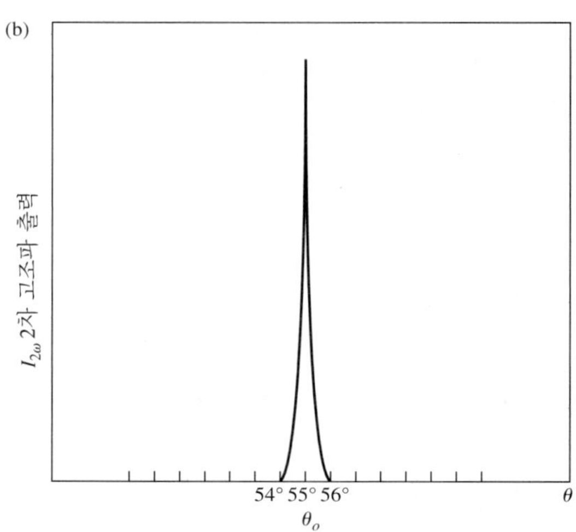

그림 13.62 (a) KDP의 굴절률면. (b) KDP에서 결정 방향에 따른 $I_{2\omega}$의 변환. (P. D. Maker, R. W. Terhune, M. Nisenoff, and C.M Savage. Effects of Dispersion and Focusing on the Production of Optical Harmonics *Phys. Rev. Lett.* **8**, 21-Published 1 January 1962의 허락하에 재인쇄함. Copyright 1962 by the American Physical Society http://journals.aps.org/prl/abstract/10.1103/PhysRevLett.8.21)

$$I_{2\omega} \propto \frac{\sin^2 [2\pi(n_\omega - n_{2\omega})\ell/\lambda_0]}{(n_\omega - n_{2\omega})^2} \tag{13.35}$$

이 된다(그림 13.61 참조). 이 식으로부터 $\ell = \ell_c$일 때 $I_{2\omega}$가 최댓값을 갖는다는 것을 알 수 있는데, 여기서

$$\ell_c = \frac{1}{4}\frac{\lambda_0}{|n_\omega - n_{2\omega}|} \tag{13.36}$$

이다. 이것은 보통 **결맞음 길이**(coherence length)라고 하고(아마도 다른 이름이 더 좋을 것이지만), 대개 $20\lambda_0$ 정도의 크기만을 갖는다. 그럼에도 불구하고 분산으로 인한 바람직하지 못한 효과를 없앨 수 있는 **굴절률 정합**(index matching)으로 알려진 과정을 통해 효율적인 SHG를 달성할 수 있다. 간략하게 말하면 $n_\omega = n_{2\omega}$이 성립하도록 하면 된다. 일반적으로 사용되는 SHG 물질은 KDP이다. 이것은 압전성이며, 투명하고 또한 부단축 복굴절성(negatively uniaxally birefringent) 결정이다. 더욱이 기본 광파가 선형 편광된 **정상파**(ordinary wave)일 경우, 생성된 2차 고조파는 **이상파**(extraordinary wave)인 흥미로운 특성을 갖고 있다. 그림 13.62에서 볼 수 있는 것처럼 빛이 광축에 대해서 특별한 각도 θ_0로 KDP 결정 속을 진행하면 정상 기본파의 굴절률 $n_{0\omega}$는 이상 2차 고조파의 굴절률 $n_{e2\omega}$와 정확히 같을 것이다. 그러면 2차 고조파들은 보강 간섭을 할 것이고, 전환 효율의 크기는 자릿수가 여러 개만큼 증가한다. 단순히 적절하게 잘라 맞춰진 결정으로 만든 2차 고조파 발생기는 상업적으로 이용할 수 있지만, θ_0가 λ의 함수이므로 각각의 장치는 하나의 주파수만 발생시킨다. 근년에 1 W 1.06 μm 레이저의 공진기 안에 바륨 소듐 니오베이트(barium sodium niobate) 결정을 넣음으로써 532.3 nm에서 1 W로 연속 발진하는 2차 고조파 빔을 얻었다. ω-파가 결정을 통해 앞뒤로 계속 지나가므로

노바 레이저의 KDP 주파수 변환기. (Lawrence Livermore National Laboratory)

알짜 전환 효율이 증가한다.

광학적 고조파 발생은 곧 초기의 관심을 잃어버리고 1980년 초기에는 이미 일상적인 상업적 공정이 되었다. 그럼에도 불구하고 이는 노바 레이저-핵융합 계획(Nova laser-fusion program)을 위해 제작되었으며, 10년 후에 3차 고조파 오메가(Omega) 시스템으로 발전된 지름 74 cm의 고조파 전환 배열(사진 참조)과 같이 호기심을 자극하는 기술적 업적이 이루어졌다. 이 전환 배열의 기능은 네오디뮴-유리(neodyminum-glass) 레이저로부터 방출된 적외선(1.05 μm)의 80% 이상을 더 효율적인 높은 주파수의 복사로 바꾸는 것이다. 그 거대한 크기 때문에 전환 장치는 두 층으로 이루어진 작은 KDP 단결정 판의 정렬된 모자이크로 되어 있다. 2차 고조파(0.53 μm의 초록빛)를 만들 때 각각의 층이 독립적으로 기능하여 2개의 겹치는 주파수 전환된 성분을 발생하도록 배열을 조정한다. 이 2차 고조파 성분은 각각의 결정층으로부터 하나씩 발생하며 서로 직교하는 편광으로 되어 있다. 한편 빔이 첫 번째 결정층을 지날 때 에너지의 2/3 정도가 2차 고조파로 전환하도록 적절한 위상 정합각으로 장치를 재조정하면 3차 고조파(0.35 μm의 푸른빛)가 발생한다. 두 번째 층은 3차 고조파의 푸른빛을 만들기 위해서 남은 IR과 2차 고조파 초록빛을 섞는 것이다.

13.4.3 주파수 혼합

상당히 실용적인 또 다른 응용법은 서로 다른 주파수를 갖는 2개 이상의 1차 빔을 비선형 유전체 안에서 **혼합**하는 것이다. 이 과정은 식 (13.32)에 주어진 P의 가장 단순한 표현에

$$E = E_{01} \sin \omega_1 t + E_{02} \sin \omega_2 t \tag{13.37}$$

형태의 파동 E를 대입함으로써 가장 쉽게 이해할 수 있다. 이때 2차 기여는

$$\epsilon_0 \chi_2 (E_{01}^2 \sin^2 \omega_1 t + E_{02}^2 \sin^2 \omega_2 t + 2E_{01}E_{02} \sin \omega_1 t \sin \omega_2 t)$$

이 된다. 첫 번째 두 항은 각각 $2\omega_1$과 $2\omega_2$의 함수로 표현할 수 있으나, 마지막 항으로부터 $\omega_1 + \omega_2$ 그리고 $\omega_1 - \omega_2$의 합과 차의 항이 나타난다.

양자적인 관점에서 주파수 $\omega_1 + \omega_2$의 광자는 SHG의 경우와 똑같이 단순히 2개의 원래 광자가 하나의 새로운 광자로 융합함에 해당한다. 물론 SHG에서는 2개의 양자가 같은 주파수를 가졌다. 소멸된 광자의 에너지와 운동량은 생성된 합 광자로 넘어간다. $\omega_1 - \omega_2$의 차-광자의 발생은 조금 더 복잡하다. 에너지와 운동량 보존으로 인하여 ω_2-광자와 상호작용할 때 오직 높은 주파수의 ω_1-광자가 사라지고 2개의 새로운 광자, 즉 하나는 ω_2-광자 그리고 다른 하나는 차-광자가 생성된다.

이 현상의 응용으로 **펌프광**(pump light)으로 불리는 주파수 ω_p의 강한 광파를 증폭될 낮은 주파수 ω_s의 약한 **신호파**(signal wave)의 비선형 결정 속에서 섞는다고 생각하자. 그러면 펌프광은 신호광과 **아이들러 광**(idler light)이라고 하는 주파수 $\omega_i = \omega_p - \omega_s$의 차-광파로 전환된다. 그 다음 아이들러 광을 펌프광과 섞이도록 하면 펌프광은 추가적인 아이들러 광과 신호광으로 전환된다. 이런 식으로 신호파와 아이들러 파는 둘 다 증폭된다. 이것은 사실상 오래전인 1940년 후반 마이크로파 영역에서 사용된 **파라메트릭 증폭**(parametric amplification)이라는 잘 알려진 개념을 가시광선 영역으로 확장한 것이다. 1965년에 작동되었던 최초의 **광 파라메트릭 발진기**(optical parametric oscillator)가 그림 13.63에 그려져 있다. 비선형 결정(리튬니오베이트)의 평평하고 평행한 양쪽 면을 코팅하여 광 파브리–페로 공진기를 만들었다. 신호 주파수와 아이들러 주파수(둘 다 파장이 약 1000 nm)는 공진기의 2개의 공명 주파수와 일치한다. 펌프광의 선속 밀도가 충분히 높을 때, 에너지는 이로부터 신호와 아이들러 진동 모드로 옮겨진다. 결과적으로 이 모드가 증강되어 주파수에서 결맞는 복사 에너지가 방출된다. 무손실(lossless) 매질 안에서 이와 같이 하나의 광파로부터 다른 광파로 에너지가 이동하는 것은 파라메트릭 과정의 전형적인 형상이다. 결정의 굴절률을 변환시키면(온도, 전기장 등을 통해) 발진기는 파장 가변된다. 이후 바륨 소듐 니오베이트(barium sodium niobate)와 같은 다른 비선형 물질도 사용하여 다양한 발진기 구성이 발표되었다. 광 파라메트릭 발진기는 레이저와 비슷하고, 적외선에서 자외선까지 폭넓게 파장 가변할 수 있는 결맞음 복사 에너지의 광원이다.

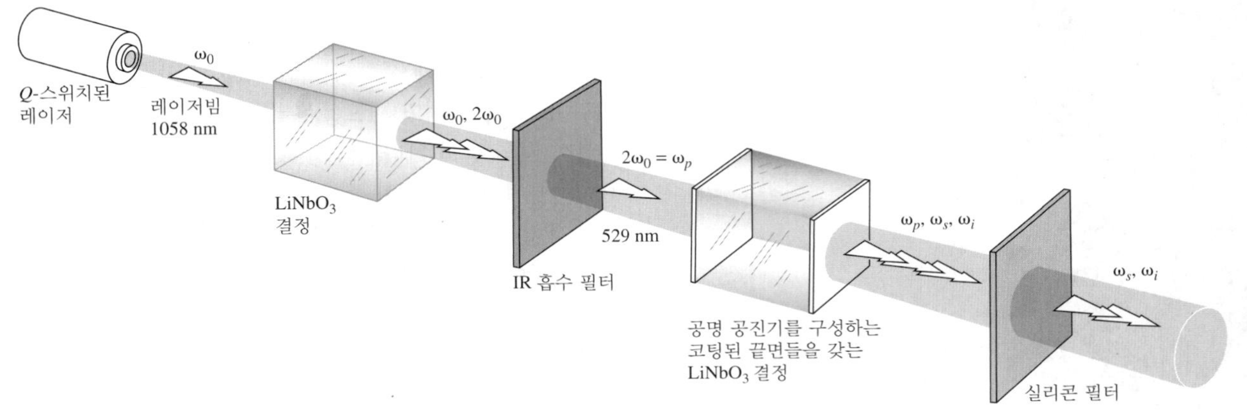

그림 13.63 광 파라메트릭 발진기 (J. A. Giordmaine and R.C. Miller, *Phys. Rev. Letters* **4**, 973 [1965].)

13.4.4 빛의 자체 집속

유전체에 공간적으로 변하는 전기장을 가하면, 즉 $\vec{\mathbf{P}}$에 평행한 전기장의 기울기가 있으면 내부의 힘이 생길 것이다. 이 힘은 선형 매질과 비선형 등방성 매질 모두에서 밀도를 변화 시키고 유전율을 변화시키기 때문에 굴절률이 변한다. 이제 가로 방향으로 가우스 선속 밀도 분포를 가진 강한 레이저빔을 유전체 위에 비춘다고 생각하자. 유도된 굴절률 변화는 빔 부위의 매질이 마치 볼록 렌즈인 것처럼 되게 한다. 따라서 빔의 지름이 줄어들고 선속 밀도는 더욱 증가하는 **자체 집속(self-focusing)**이라고 알려진 과정에서 빔의 축소가 계속된다. 이 효과는 빔이 한계 필라멘트 지름(약 5×10^{-6}m)에 도달할 때까지 지속될 수 있다.* 이때 빔은 마치 매질 안에 박아 넣은 광섬유 소자 안에 있는 것처럼 전반사된다.

*J. A. Giordmaine, "Nonlinear optics," *Phys. Today* , **39** (January 1969)를 보라.

연습문제

***가 붙지 않은 문제의 풀이는 책 뒤에 나와 있다.**

13.1* 거친 강철로 된 한 변의 길이가 10cm인 정육면체가 용광로 안에서 한참 후에 400°C의 온도로 평형을 이룬다. 총방출률이 0.97이라 하고 정육면체의 한 면에서 에너지를 복사하는 비율을 구하라.

13.2 보통 사람의 총피부 면적은 약 1.4m²이고 평균 피부 온도는 33°C이다. 사람의 총방출률이 97%이며 주변은 실온(20°C)이라고 가정하고, 단위 면적당 알짜 복사 출력, 즉 복사 조도 또는 보다 정확히 방출도를 구하라. 신체는 매초 얼마의 에너지를 복사하겠는가?

13.3 어떤 종류의 광 고온계를 사용하여 측정했을 때, 용광로의 작은 구멍으로부터 방출도가 22.8W/cm²이라고 가정하자. 용광로의 내부 온도를 계산하라.

13.4 흑체와 비슷한 물체의 온도가 200K에서 2000K로 올라갔다. 그것이 복사하는 에너지 양은 얼마만큼 증가했겠는가?

13.5* 당신의 평균 피부 온도는 33°C이다. 당신이 그 온도에서 흑체가 복사하는 것처럼 복사한다고 가정하고, 가장 많은 에너지를 방출하는 파장을 구하라.

13.6* 흑체와 비슷한 물체가 실온(20°C)의 주변으로 에너지를 복사할 때, 가장 많은 에너지를 방출하는 파장을 구하라.

13.7* 0등급의 청백색 별의 표면 온도는 약 40×10^3K이다. 어떤 주파수에서 대부분의 에너지를 복사하겠는가?

13.8* 지구의 대기권 위에 있는 로켓을 이용하여 태양의 스펙트럼을 사진 촬영했을 때, 약 465nm에서 분광 방출도가 최대임을 발견하였다. 태양이 흑체라고 가정하고 그 표면 온도를 구하라. 이러한 근사의 결과로 실제보다 약 400K만큼 높은 값이 나온다.

13.9* 흑체와 비슷한 물체가 가시광선 스펙트럼의 적색광(λ = 680nm)에서 최대의 단위 파장당 에너지를 방출한다. 그 표면 온도는 얼마인가?

13.10* 온도 T의 흑체가 단위 면적당 단위 시간당 파장 범위당 방출하는 에너지는

$$I_\lambda = \frac{2\pi hc^2}{\lambda^5}\left[\frac{1}{e^{\frac{hc}{\lambda k_B T}} - 1}\right]$$

으로 주어진다. 주어진 온도에서 흑체가 단위 면적당 복사하는 총출력은 이에 해당하는 I_λ 대 λ 곡선 아래의 면적과 같다. 이 사실을 이용하여 슈테판–볼츠만 법칙을 유도하라. [힌트: 지수 함수를 단순히 하기 위하여 적분 변수를

$$x = \frac{hc}{\lambda k_B T}$$

으로 바꿔라. $\int_0^\infty x^n \frac{dx}{e^x - 1} = \Gamma(n+1)\zeta(n+1)$ 을 이용하라. 여기서 감마(gamma) 함수는 $\Gamma(n+1) = n!$로 주어지고, $n = 3$에 대한 리만 제타(Riemann zeta) 함수는 $\zeta(4) = \frac{\pi^4}{90}$이다.]

13.11* 식 (13.4)를 이용해서

$$I_\lambda = \frac{3.742 \times 10^{-25}}{\lambda^5(e^{0.0144/\lambda T} - 1)} \text{ W/m}^2 \cdot \text{nm}$$

임을 보여라. 여기서 λ는 미터, T는 켈빈의 단위이고, 파장 간격 Δλ는 나노미터 단위이어야 한다. 이때 I_λ는 단위 시간당 m^2당 나노 미터당의 에너지(J)이다.

13.12* 원자 영역에서 에너지는 종종 전자 볼트(electron volt, eV)로 측정된다. 광량자의 에너지를 eV로 나타내면

$$\mathscr{E} = \frac{1239.8 \text{ eV} \cdot \text{nm}}{\lambda}$$

과 같음을 보여라. 여기서 파장은 나노미터(nanometer, nm)로 나타내었다. 600 nm 광량자의 에너지는 얼마인가?

13.13 그림 P.13.13은 맑은 날 태양이 정점에 있을 때, 해수면에서 수평면에 닿는 **분광 복사 조도**(spectral irradiance)이다. 우리가 마주칠 것이라 기대할 수 있는 가장 에너지가 큰 광자는? (eV와 J로 나타내라.)

그림 P.13.13

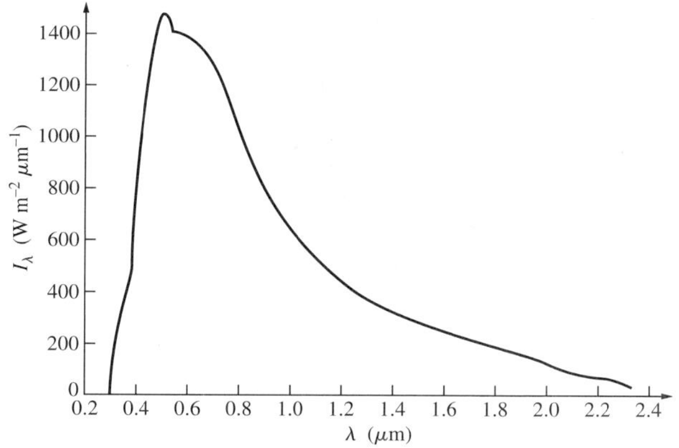

13.14* 셔터가 있는 지름 3 cm의 구멍으로부터 100 m 떨어진 곳에 100 W의 노란색의 전구(550 nm)가 있다고 하자. 전구가 2.5%를 복사 출력으로 변환한다면 셔터가 $\frac{1}{1000}$ s 동안 열렸을 때 얼마나 많은 광자가 구멍을 통과하겠는가?

13.15 태양 상수(solar constant)는 태양을 중심으로 하고 지구의 평균 궤도 반지름과 같은 반지름을 가진 구면에서의 복사 선속 밀도이다. 그 값은 0.133~0.14 W/cm^{2}이다. 평균 파장이 약 700 nm라고 가정하면, 대기권 바로 위에 있는 태양 전지 판에 최대한 얼마나 많은 광자가 1 m^{2}당 1초당 도달하겠는가?

13.16 50.0 cm^{3}의 용기에 20.3 Pa의 압력과 0°C 온도로 아르곤 기체를 채웠다. 처음에 이 원자는 거의 전부 바닥 상태에 있다. 용기를 둘러싼 섬광관이 원자 가운데 1.0%를 평균 수명 1.4×10^{-8} s인 동일한 들뜬 상태로 올린다. 기체에 의한 광자의 최대 방출률은 얼마인가? 물론 방출률은 시간에 따라 감소한다. 이상 기체이고 자발 방출만 일어난다고 가정하라.

13.17* 온도 T에서 평형 상태에 있는 원자와 광자의 계에 있어서 자발 방출 전이율에 대한 유도 방출 전이율의 비가

$$\left[\frac{1}{e^{\frac{h\nu}{k_B T}} - 1}\right]$$

로 주어짐을 보여라.

13.18* 열평형 상태의 원자들이 2.0 eV 광자들을 방출 및 흡수하고 있다. 300 K의 온도에서 자발 방출 전이율에 대한 유도 방출 전이율의 비를 구하라. 당신의 해답이 가진 의미를 논하라. [힌트: 앞 문제를 보라.]

13.19 앞 문제를 30.0×10^3 K의 온도에 대하여 다시 풀고, 두 문제의 결과를 비교하라.

13.20* 준위-2가 바닥 상태 준위-1보다 에너지가 높은 2-준위 원자계에서

$$\frac{dN_2}{dt} = B_{12}u_\nu N_1 - B_{21}u_\nu N_2 - A_{21}N_2$$

의 의미는 무엇인가? 열평형 상태에 있을 때

$$A_{21}N_2 + B_{21}u_\nu N_2 = B_{12}u_\nu N_1$$

임을 보여라.

13.21* 441.56 nm를 방출하는 100 mW의 헬륨-카드뮴(He-Cd) 레이저에서 유도 방출이 일어나는 비율을 구하라.

13.22* 2개의 에너지 준위를 갖는 평형 상태의 원자들에 대하여 $k_B T >> \mathscr{E}_j - \mathscr{E}_i$인 높은 온도에서 두 상태의 원자수 밀도는 같아지는 경향이 있음을 보여라. [힌트: 총흡수 전이율에 대한 방출 전이율의 비를 고려하라.]

13.23* 21 cm 복사가 우주 공간에서 지구로 쏟아지고 있다. 그 근원은 거대한 수소 기체 구름이다. 우주 공간의 배경 온도가 3.0 K라 하고, 자발 방출 전이율에 대한 유도 방출 전이율의 비

를 구하고 그 결과를 논하라.

13.24* 예제 13.7을 염두에 두고 Nd:YAG 레이저 결정이 방출하는 $1\,\text{m}^3$당의 평균 출력을 구하라. 이때 전이는 230 μs의 위 준위 평균 수명으로 발생한다.

13.25* 헬륨-카드뮴 레이저에서 두 개의 전이를 보여 주는 그림 13.6을 참고해서 위 준위인 d-상태의 수명 시간을 구하라.

13.26* 헬륨-네온 레이저는 632.8 nm의 적색광을 방출하는 것으로 알려져 있다. 그러나 같은 고에너지 준위에 있는 전자들은 표 13.3에 나타낸 파장의 복사 에너지를 방출하면서 9개의 다른 낮은 준위(각각 어느 정도 확률을 가지고)로 내려갈 수 있다. 높은 에너지 준위의 수명 시간을 구하라. 어느 전이가 가장 잘 일어날 수 있을까? 어느 것이 가장 밝은 가시광을 방출하는 것일까?

표 13.3 헬륨-네온 레이저 방출

λ(nm)	$A_{ji}(\text{s}^{-1})$
60.0	259×10^5
543.4	283×10^5
593.9	2.00×10^5
604.6	2.26×10^5
611.8	6.09×10^5
629.4	6.39×10^5
632.8	33.9×10^5
635.2	3.45×10^5
640.1	13.9×10^5
730.5	2.55×10^5

13.27* 처음의 지름이 3.0 mm인 헬륨-네온 레이저빔(λ = 632.8 nm)이 100 m 떨어진 수직벽을 비춘다. 회절 한계를 가정하면, 벽에서 빔의 지름은 얼마인가?

13.28* 결정의 지름이 5.0 mm이고 길이가 0.050 m인 루비 레이저가 낼 수 있는 에너지를 대략적으로 계산하라. 광 펄스의 길이는 5.0×10^{-6} s라고 가정하라. 산화알루미늄(Al_2O_3)의 밀도는 $3.7 \times 10^3\,\text{kg/m}^3$이다. 그림 13.7에 대한 논의에 나오는 데이터와 크롬 이온은 1.79 eV의 레이저 전이를 한다는 사실을 이용하라. 펄스당 출력은 얼마인가?

13.29 632.8 nm 방출에 대한 에너지 감소는 1.96 eV이고 출력이 1.0 mW라면, 헬륨-네온 레이저 안에 있는 네온 원자의 전이율은 얼마인가?

13.30* 활성 매질이 지름 10 mm, 길이 0.20 m인 막대로 구성된 고체 레이저가 2.0%의 효율로 동작하고 있다. 막대에는 $1\,\text{cm}^3$당 4.0×10^{19}개의 이온이 있다. 레이저는 701 nm에서 펄스를 방출한다. 단일 펄스의 에너지를 구하라.

13.31* 694.3 nm에서 동작하는 루비 레이저가 50 MHz의 주파수 대역폭을 가진다고 할 때, 이에 대응하는 선폭은 얼마인가?

13.32* 길이가 25 cm인 일반적인 기체 레이저에 대하여($n \approx 1$) 이웃하는 세로 공명 공진기 모드(axial resonant cavity mode) 사이의 주파수 차이를 구하라.

13.33* 아르곤 이온 레이저의 488.0 nm 방출선이 2.7×10^9 Hz로 도플러 선폭 확대된다. 레이저의 거울이 1.0 m 떨어진 것을 감안할 때, 가로 모드의 대략적인 수를 구하라. 기체의 굴절률은 1.0으로 가정한다.

13.34* 기체 레이저가 길이 40 cm인 파브리–페로 공진기를 가지고 있다. 기체의 굴절률은 1.0이다. 600 nm에서 동작할 때 모드 수, 즉 공진기에 맞는 반주기 수를 결정하라.

13.35* 연속 발진 헬륨-네온 레이저가 632.8 nm에서 약 1.4 GHz의 도플러 확대 전이 대역폭을 가지고 있다. $n = 1.0$이라 가정하고, 단일 세로 모드 동작을 위한 공진기의 최대 길이를 구하라. 전이 선폭과 이에 해당하는 공진기 모드를 스케치하라.

13.36* $\alpha \approx 10\,\text{cm}^{-1}$, 공진기 길이가 0.03 cm이고, '거울'의 반사율이 모두 0.4인 반도체 레이저에 대한 이득 계수 문턱 값을 구하라.

13.37 주어진 복사 조도 I에 대한 전기장의 최대 진폭 $E_{\max}$가 V/m 단위로

$$E_{\max} = 27.4\left(\frac{I}{n}\right)^{1/2} \text{ (단위: V/m)}$$

임을 보여라. 여기서 n은 매질의 굴절률이다.

13.38* 632.8 nm에서 동작하는 헬륨-네온 레이저가 0.60 mm의 내부 빔 허리 지름을 갖는다. 빔의 각 전치폭 또는 퍼짐각을 계산하라.

13.39 그림 P.13.39의 3개의 교차된 격자에 의해 회절된 레이저빔은 어떤 무늬를 보이겠는가?

그림 P.13.39

13.40 그림 P.13.40a의 슬라이드 유리가 물체로 사용될 때 나타나 게 될 프라운호퍼 회절 무늬를 대략적으로 스케치하라. 그림 P.13.40b를 얻기 위해 그것을 어떻게 필터링해야 하는가?

그림 P.13.40 (E.H.)

(a) (b)

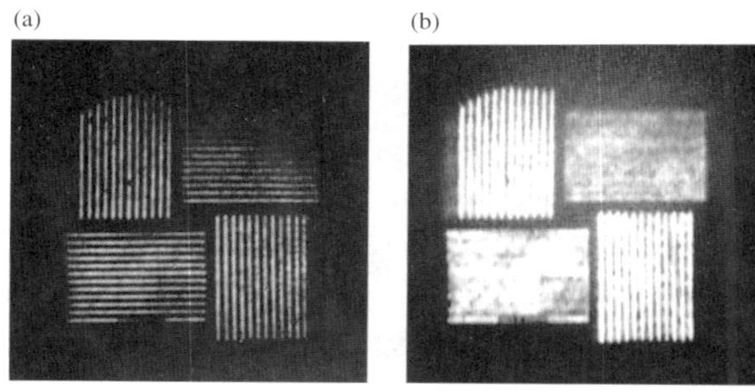

13.41 그림 P.13.41을 보고, 앞 문제를 다시 하라.

그림 P.13.41 (R. A. Phillips)

(a) (b)

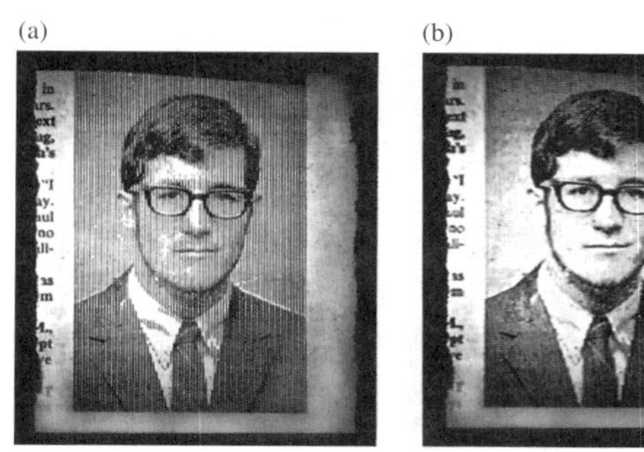

13.42* 이번에는 그림 P.13.42를 보고, 앞 문제를 다시 하라.

그림 P.13.42 (R. A. Phillips)

(a)

(b)

13.43 그림 13.37로 되돌아가서 어떤 종류의 공간 필터가 그림 P.13.43에 보인 각각의 무늬를 발생시킬까?

그림 P.13.43 (D. Dutton, M. P. Givens, and R. E. Hopkins.)

(a)

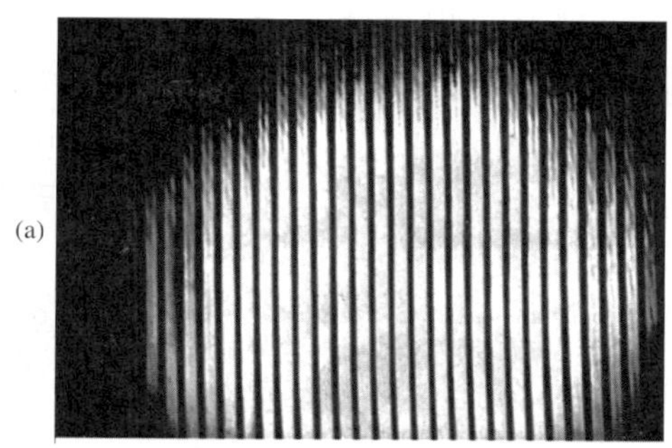

(b)

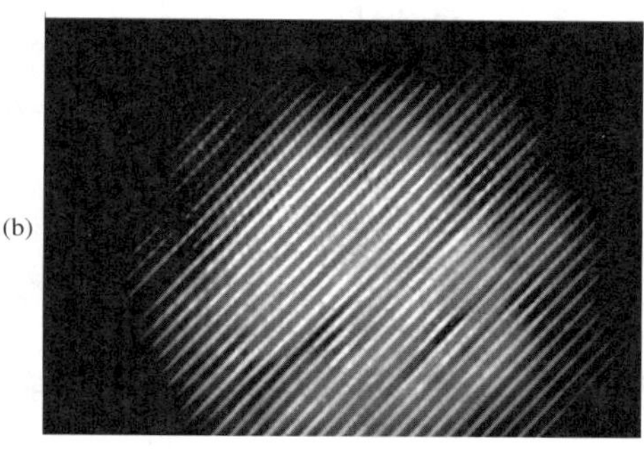

13.44 그림 13.36에 있어서 시스템의 횡배율이 $-f_i/f_t$임을 보이고 적절한 광로도를 그려라. 축과 위쪽으로 각 θ를 이루며 첫 번째 렌즈의 중심을 통과하는 광선을 그려라. 그 광선이 Σ_t와 교차하는 점으로부터 각 Φ로 두 번째 렌즈의 중심을 통과하는 아래 방향 광선을 그려라. $\Phi/\theta = f_t/f_i$임을 증명하라. 공간 주파수의 개념을 이용해서 식 (11.64)로부터 물체면의 k_o가 상면의 k_I와

$$k_I = k_o(f_t/f_i)$$

관계를 가짐을 보여라. $f_i > f_t$일 때 이것은 상의 크기에 관하여 무엇을 의미하는가? 그러면 상 출력과 비교해서 입력 데이터의 공간 주기에 대해 무엇을 말할 수 있는가?

13.45 1 cm당 단지 50개의 홈을 가진 회절 격자가 그림 13.41에 보인 광컴퓨터에 있는 물체이다. 만일 헬륨-네온 레이저의 초록빛(543.5 nm) 평면파에 의해 결맞게 조명되고 각각의 렌즈가 100 cm의 초점 거리를 가진다면 변환면 위에서 회절 스폿의 간격은 얼마일까?

13.46* 0.01 mm의 공간 주기를 가진 코사인 격자(즉 **진폭** 투과 형태가 0과 1 사이에서 변화하는 코사인 함수)를 생각하자. 격자는 $\lambda = 500$ nm의 준단색 평면파에 의해 조명되고 장치는 그림 13.36과 같다. 여기서 변환 렌즈와 상렌즈의 초점 거리는 각각 2.0 m와 1.0 m이다.

(a) 결과적인 무늬를 논하고 1차 항만을 통과시킬 필터를 설계하라. 자세하게 기술하라.

(b) 그 필터를 설치하면 Σ_i에서 상은 어떻게 보일까?

(c) 어떻게 하면 DC 항만 통과시킬 수 있을까? 그리고 그렇게 하면 상은 어떻게 보일까?

13.47 앞 문제의 변환면에 $m = +1$ 회절만을 통과시키는 마스크를 삽입해 보자. Σ_i에 재형성된 상은 어떤 모양일까? 당신의 추론을 설명하라. 이제 $m = +1$ 또는 $m = -1$ 항만을 제거한다고 생각하자. 재형성된 상은 어떤 모양일까?

13.48* 앞의 두 문제에서 코사인 격자가 수평 방향으로 향하고 있다고 하고, 필터링을 하지 않았을 때 y'를 따라 전기장 진폭을 스케치하라. 그에 대응하는 상 복사 조도 분포를 그려라. 만일 DC 항을 제거하면 상의 전기장은 어떻게 보일까? 그것을 그려라. 이제 새로운 복사 조도 분포를 그려라. 필터의 설치 여부에 따라 상의 공간 주파수에 관해 어떻게 말할 수 있는가? 당신의 해답을 그림 11.14와 관계시켜라.

13.49 앞 문제에 코사인 격자를 '사각(square)' 막대 격자, 즉 미세하고 같은 폭의 불투명한 띠와 투명한 띠가 번갈아 반복되는 격자로 대치하라. 이제 변환면에서 0차와 2개의 1차 회절 반점을 제외한 나머지를 전부 여과시킨다. 이들의 상대 복사 조도가 1.00, 0.36, 0.36이다. 그것을 그림 7.40a 및 7.42와 비교하라. 상면에서 복사 조도 분포의 일반적인 모양을 유도하고 스케치하라. 결과적인 무늬 시스템은 어떻게 보일까?

13.50 1 cm당 50선을 갖는 미세한 사각 철사 그물이 그림 13.36의 광컴퓨터 물체면에 연직으로 놓여 있다. 각각의 렌즈가 1.00 m의 초점 거리를 가질 때, 변환면 위의 회절 스폿이 수평 및 수직 방향으로 2.0 mm의 간격을 가지려면 조명 파장은 얼마여야 하는가? 상면에 나타나는 그물의 간격은 얼마인가?

13.51* 똑같은 크기의 원형 구멍이 체커판(checkerboard) 사각형의 모서리에 있는 것처럼 규칙적인 배열로 뚫려 있는 불투명한 마스크를 생각해 보자. 이제 로봇 천공기(puncher)가 잘못되어서 마스크 전체에 걸쳐 마구잡이로 구멍을 더 뚫는다고 가정하자. 만일 이 스크린이 문제 13.49의 물체로 되었다면 회절 무늬는 어떻게 보일까? 규칙적인 구멍들이 물체 위의 가장 가까운 이웃으로부터 0.1 mm만큼 떨어져 있다면 상에 있는 대응점의 공간 주파수는 얼마일까? 최종적인 상으로부터 무작위적인 구멍을 제거할 수 있는 필터를 기술하라.

13.52* 큰 사진 투명지에 한 학생의 사진이 있다고 하자. 이 사진은 같은 크기의 작은 원형 점의 규칙적인 배열로 구성되어 있는데, 이들은 각각 주어진 전기장 진폭을 갖는 빛의 스폿을 통과시키도록 그 자체의 농도를 가지고 있다. 투명지가 평면파에 의해 조명될 때, 그 바로 다음의 전기장 진폭을 모자(top-hat) 함수(그림 11.4)의 규칙적인 2차원 배열과 연속적인 2차원 사진 함수의 곱으로 나타내는(평균적으로) 아이디어에 관해 논하라. 전자는 뭉텅한 못이 깔려 있는 것과 같고 후자는 보통 사진이다. 주파수 역상관 정리를 적용하면 변환면 위에서 빛의 분포는 어떻게 보일까? 연속적인 출력 상을 얻기 위해서는 어떻게 필터링해야 할까?

13.53* 그림 P.13.53에 보인 장치는 평행한 레이저빔을 구면파로 전환시키는 데 사용된다. 이때 핀홀은 빔을 깨끗이 해 준다. 즉 그것은 렌즈 위의 먼지와 같은 것에 의한 회절 무늬를 없애 준다. 어떻게 그렇게 할 수 있는가?

그림 P.13.53 (a)와 (b) 공간 필터링 전후의 고출력 레이저빔 (Lawrence Livermore National Laboratory.)

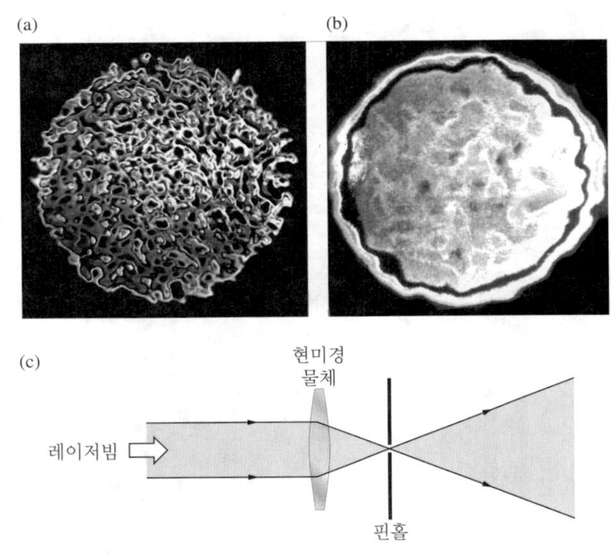

13.54 만약에 레이저빔을 매끄러운 벽이 아니라 우유 같은 현탁액에 투과시켰다면 반점 무늬(speckle pattern)는 어떻게 되겠는가?

부록 1 전자기 이론

미분 형태의 맥스웰 방정식

맥스웰 방정식으로 알려진 식의 적분 표현은

$$\oint_C \vec{\mathbf{E}} \cdot d\vec{\ell} = -\iint_A \frac{\partial \vec{\mathbf{B}}}{\partial t} \cdot d\vec{\mathbf{S}} \tag{3.5}$$

$$\oint_C \frac{\vec{\mathbf{B}}}{\mu} \cdot d\vec{\ell} = \iint_A \left(\vec{\mathbf{J}} + \epsilon \frac{\partial \vec{\mathbf{E}}}{\partial t} \right) \cdot d\vec{\mathbf{S}} \tag{3.13}$$

$$\oiint_A \epsilon \vec{\mathbf{E}} \cdot d\vec{\mathbf{S}} = \iiint_V \rho \, dV \tag{3.7}$$

그리고

$$\oiint_A \vec{\mathbf{B}} \cdot d\vec{\mathbf{S}} = 0 \tag{3.9}$$

이며, 여기에서 단위는 SI 단위이다.

맥스웰 방정식은 전자기장의 파동을 유도하는 데 더욱 유용한 미분형으로 표현할 수 있다. 이러한 전환은 벡터 해석에 나오는 2개의 정리인 가우스 발산 정리(Gauss's divergence theorem)인

$$\oiint_A \vec{\mathbf{F}} \cdot d\vec{\mathbf{S}} = \iiint_V \nabla \cdot \vec{\mathbf{F}} \, dV \tag{A1.1}$$

와 스토크스 정리(Stokes's theorem)인

$$\oint_C \vec{\mathbf{F}} \cdot d\vec{\ell} = \iint_A \nabla \times \vec{\mathbf{F}} \cdot d\vec{\mathbf{S}} \tag{A1.2}$$

을 사용하여 쉽게 할 수 있다. 여기서 $\vec{\mathbf{F}}$라는 양은 하나의 고정된 벡터가 아니고, 위치 변수들에 의존하는 함수이다. 단일 벡터, 예를 들면 직각 좌표계에서 $\vec{\mathbf{F}}(x, y, z)$를 공간상의 각 점 (x, y, z)와 연관시키는 것이 규칙이다. 이와 같이 $\vec{\mathbf{E}}$와 $\vec{\mathbf{B}}$처럼 벡터값을 가진 함수를 벡터장(vector field)이라고 한다.

스토크스 정리를 전기장에 적용하면,

$$\oint \vec{\mathbf{E}} \cdot d\vec{\ell} = \iint \nabla \times \vec{\mathbf{E}} \cdot d\vec{\mathbf{S}} \tag{A1.3}$$

이 된다. 이 식과 식 (3.5)를 비교하면,

$$\iint \nabla \times \vec{\mathbf{E}} \cdot d\vec{\mathbf{S}} = -\iint \frac{\partial \vec{\mathbf{B}}}{\partial t} \cdot d\vec{\mathbf{S}} \tag{A1.4}$$

이 된다. 이 결과는 경로 C로 경계를 이룬 모든 표면에 대해서 성립해야 한다. 이것은 피적분 함수끼리 같을 경우에만, 즉

$$\nabla \times \vec{\mathbf{E}} = -\frac{\partial \vec{\mathbf{B}}}{\partial t} \tag{A1.5}$$

이면 성립한다. 식 (3.13)을 이용하여 $\vec{\mathbf{B}}$에 스토크스 정리를 비슷하게 적용하면,

$$\nabla \times \vec{\mathbf{B}} = \mu \left(\vec{\mathbf{J}} + \epsilon \frac{\partial \vec{\mathbf{E}}}{\partial t} \right) \tag{A1.6}$$

이 나온다. 가우스 발산 정리를 전기장에 적용하면,

$$\oiint \vec{\mathbf{E}} \cdot d\vec{\mathbf{S}} = \iiint \nabla \cdot \vec{\mathbf{E}} \, dV \tag{A1.7}$$

이 된다. 식 (3.7)을 이용하면 이 식은

$$\iiint_V \nabla \cdot \vec{\mathbf{E}} \, dV = \frac{1}{\epsilon} \iiint_V \rho \, dV \tag{A1.8}$$

이 되며, 임의의 부피(즉, 임의의 닫힌 영역)에 대해서 이 식이 성립해야 하므로 두 피적분 함수는 같아야 한다. 결과적으로 시공간 안의 임의의 점 (x, y, z, t)에서

$$\nabla \cdot \vec{\mathbf{E}} = \frac{\rho}{\epsilon} \tag{A1.9}$$

이다. 마찬가지로 가우스 발산 정리를 자기장 $\vec{\mathbf{B}}$에 적용하고, 식 (3.9)와 결합시키면

$$\nabla \cdot \vec{\mathbf{B}} = 0 \tag{A1.10}$$

이 된다. (A1.5), (A1.6), (A1.9), (A1.10)의 식들은 미분 형태의 맥스웰 방정식이다. 직각 좌표계와 **자유 공간**($\rho = J = 0$, $\epsilon = \epsilon_0$, $\mu = \mu_0$)의 단순한 경우에 있어서는 식 (3.18)부터 식 (3.21)까지를 참고하라.

전자기파

가장 일반적인 형태의 전자기 파동 방정식을 유도하기 위해서 다시 매질의 존재를 고려해야 한다. 3.5.1절에서 **분극** 벡터 $\vec{\mathbf{P}}$를 도입할 필요가 있음을 보았는데, 이것은 단위 부피당 결과적인 전기 쌍극자 모멘트라는 점에서 매질의 전반적인 반응의 척도이다. 물질 안에서는 전기장이 변하므로 새로운 장 양(field quantity)인 **변위** $\vec{\mathbf{D}}$를

$$\vec{\mathbf{D}} = \epsilon_0 \vec{\mathbf{E}} + \vec{\mathbf{P}} \tag{A1.11}$$

와 같이 정의한다. 당연히 이 식은

$$\vec{\mathbf{E}} = \frac{\vec{\mathbf{D}}}{\epsilon_0} - \frac{\vec{\mathbf{P}}}{\epsilon_0}$$

이 된다. 내부 전기장 $\vec{\mathbf{E}}$는 분극이 없을 때 존재하는 전기장 $\vec{\mathbf{D}}/\epsilon_0$와 분극 때문에 생기는 전기장 $\vec{\mathbf{P}}/\epsilon_0$의 차이이다.

균질한 선형 등방성 유전체에 대해서 $\vec{\mathbf{P}}$와 $\vec{\mathbf{E}}$는 같은 방향을 가지며 서로 비례한다. 그러므로 $\vec{\mathbf{D}}$도 $\vec{\mathbf{E}}$에 비례한다.

$$\vec{\mathbf{D}} = \epsilon \vec{\mathbf{E}} \tag{A1.12}$$

$\vec{\mathbf{D}}$는 $\vec{\mathbf{E}}$처럼 공간 전체에 미치며, $\vec{\mathbf{P}}$처럼 유전체로 채워진 영역에만 국한되지 않는다. $\vec{\mathbf{D}}$의 선은 자유로이 이동 가능한 전하에서 시작하고 끝난다. 그러나 $\vec{\mathbf{E}}$의 선은 자유 전하 또는 속박된 분극 전하에서 시작하고 끝난다. 만약에 분극된 유전체 근처 혹은 자유 공간에서처럼 자유 전하가 없다면 $\vec{\mathbf{D}}$의 선은 스스로 닫힌다.

일반적으로 자기장 $\vec{\mathbf{B}}$에 대한 광학 매질의 반응은 진공의 반응과 단지 약간만 다르므로 그 과정을 상세히 기술할 필요가 없다. 물질이 분극될 것이라고 하면 충분하며, 단위 부피당 자기 쌍극자 모멘트로서 **자기 분극**(magnetic polarization) 또는 **자기화**(magnetization) 벡터 $\vec{\mathbf{M}}$을 정의할 수 있다. 자기적으로 분극된 매질의 영향을 취급하기 위해서, 전통적으로 **자기장 세기**(magnetic field intensity)라고 하는 보조적인 벡터 $\vec{\mathbf{H}}$를 도입한다.

$$\vec{\mathbf{H}} = \mu_0^{-1} \vec{\mathbf{B}} - \vec{\mathbf{M}} \tag{A1.13}$$

균질한 선형(비강자성) 등방성 매질에 대해서 $\vec{\mathbf{B}}$와 $\vec{\mathbf{H}}$는 평행하며 비례한다.

$$\vec{\mathbf{H}} = \mu^{-1} \vec{\mathbf{B}} \tag{A1.14}$$

식 (A1.12) 및 식 (A1.14)와 함께 **구성 방정식**(constitutive equation)이 하나 더 있다.

$$\vec{\mathbf{J}} = \sigma \vec{\mathbf{E}} \tag{A1.15}$$

이것은 **옴의 법칙**(Ohm's law)으로 알려져 있으며, 일정한 온도의 도체에 대해서 성립하는 실험적으로 결정된 법칙을 기술한 것이다. 전기장, 즉 도체 안의 각 전자에 작용하는 힘이 전하의 흐름을 결정한다. $\vec{\mathbf{E}}$와 $\vec{\mathbf{J}}$를 맺어 주는 비례 상수는 주어진 매질의 전도도 σ이다.

상당히 일반적인 경우로 물리적으로 정지해 있는 균질한 선형(비강유전성이며 비강자성) 등방성 매질을 고려하자. 구성 방정식을 이용하여

$$\nabla \cdot \vec{\mathbf{E}} = \frac{\rho}{\epsilon} \tag{A1.9}$$

$$\nabla \cdot \vec{\mathbf{B}} = 0 \tag{A1.10}$$

$$\nabla \times \vec{\mathbf{E}} = -\frac{\partial \vec{\mathbf{B}}}{\partial t} \tag{A1.5}$$

그리고

$$\nabla \times \vec{\mathbf{B}} = \mu\sigma \vec{\mathbf{E}} + \mu\epsilon \frac{\partial \vec{\mathbf{E}}}{\partial t} \tag{A1.16}$$

와 같이 맥스웰 방정식을 다시 쓸 수 있다. 이 식으로부터 파동 방정식 (2.61)을 유도하려면 공간 변수에 대한 2차 미분을 취하는 것이 좋다. 식 (A1.16)에 curl을 취하면

$$\nabla \times (\nabla \times \vec{\mathbf{B}}) = \mu\sigma(\nabla \times \vec{\mathbf{E}}) + \mu\epsilon \frac{\partial}{\partial t}(\nabla \times \vec{\mathbf{E}}) \tag{A1.17}$$

이 되며, 여기서 $\vec{\mathbf{E}}$가 시간과 공간에 따라 잘 정의된(well-behaved) 함수라고 가정하였기 때문에, 공간과 시간 미분을 서로 바꾸었다. 요구되는 시간에 대한 2차 미분 형태를 얻기 위해서 이 식에 식 (A1.5)를 대입한다.

$$\nabla \times (\nabla \times \vec{\mathbf{B}}) = -\mu\sigma \frac{\partial \vec{\mathbf{B}}}{\partial t} - \mu\epsilon \frac{\partial^2 \vec{\mathbf{B}}}{\partial t^2} \tag{A1.18}$$

벡터 삼중적은 벡터 연산자 항등식

$$\nabla \times (\nabla \times\ ) = \nabla(\nabla \cdot\ ) - \nabla^2 \tag{A1.19}$$

을 이용하면 단순화할 수 있다. 즉

$$\nabla \times (\nabla \times \vec{\mathbf{B}}) = \nabla(\nabla \cdot \vec{\mathbf{B}}) - \nabla^2 \vec{\mathbf{B}}$$

이며, 여기에서 직각 좌표계를 사용하면

$$(\nabla \cdot \nabla)\vec{\mathbf{B}} = \nabla^2 \vec{\mathbf{B}} \equiv \frac{\partial^2 \vec{\mathbf{B}}}{\partial x^2} + \frac{\partial^2 \vec{\mathbf{B}}}{\partial y^2} + \frac{\partial^2 \vec{\mathbf{B}}}{\partial z^2}$$

이다. $\vec{\mathbf{B}}$가 0이기 때문에 식 (A1.18)은

$$\nabla^2 \vec{\mathbf{B}} - \mu\epsilon \frac{\partial^2 \vec{\mathbf{B}}}{\partial t^2} - \mu\sigma \frac{\partial \vec{\mathbf{B}}}{\partial t} = 0 \tag{A1.20}$$

이 된다.

전기장에 대해서도 비슷한 방정식이 성립한다. 위와 같은 과정을 따라 식 (A1.5)에 curl을 취하면

$$\nabla \times (\nabla \times \vec{\mathbf{E}}) = -\frac{\partial}{\partial t}(\nabla \times \vec{\mathbf{B}})$$

이다. 여기에서 $\vec{\mathbf{B}}$를 소거하면 이 식은

$$\nabla \times (\nabla \times \vec{\mathbf{E}}) = -\mu\sigma\frac{\partial \vec{\mathbf{E}}}{\partial t} - \mu\epsilon\frac{\partial^2 \vec{\mathbf{E}}}{\partial t^2}$$

이 되며, 그다음 식 (A1.19)를 이용하면

$$\nabla^2 \vec{\mathbf{E}} - \mu\epsilon\frac{\partial^2 \vec{\mathbf{E}}}{\partial t^2} - \mu\sigma\frac{\partial \vec{\mathbf{E}}}{\partial t} = \nabla(\rho/\epsilon)$$

이 된다. 이때

$$\nabla(\nabla \cdot \vec{\mathbf{E}}) = \nabla(\rho/\epsilon)$$

를 사용하였다. 대전되지 않은 매질($\rho = 0$)에 대해서 이 식을 보면,

$$\nabla^2 \vec{\mathbf{E}} - \mu\epsilon\frac{\partial^2 \vec{\mathbf{E}}}{\partial t^2} - \mu\sigma\frac{\partial \vec{\mathbf{E}}}{\partial t} = 0 \qquad \text{(A1.21)}$$

이 된다. 식 (A1.20)과 식 (A1.21)은 **전송 방정식**(equations of telegraphy)이라고 한다.*

비전도성 매질에 대해서 $\sigma = 0$이고, 이 방정식은

$$\nabla^2 \vec{\mathbf{B}} - \mu\epsilon\frac{\partial^2 \vec{\mathbf{B}}}{\partial t^2} = 0 \qquad \text{(A1.22)}$$

$$\nabla^2 \vec{\mathbf{E}} - \mu\epsilon\frac{\partial^2 \vec{\mathbf{E}}}{\partial t^2} = 0 \qquad \text{(A1.23)}$$

이 되며, 마찬가지로

$$\nabla^2 \vec{\mathbf{H}} - \mu\epsilon\frac{\partial^2 \vec{\mathbf{H}}}{\partial t^2} = 0 \qquad \text{(A1.24)}$$

과

$$\nabla^2 \vec{\mathbf{D}} - \mu\epsilon\frac{\partial^2 \vec{\mathbf{D}}}{\partial t^2} = 0 \qquad \text{(A1.25)}$$

이 된다.

$$\rho = 0 \qquad \sigma = 0 \qquad K_e = 1 \qquad K_m = 1$$

이 성립하는 특별한 비전도성 매질인 진공(자유 공간)에서 이 식들은 간단하게

$$\nabla^2 \vec{\mathbf{E}} = \mu_0\epsilon_0\frac{\partial^2 \vec{\mathbf{E}}}{\partial t^2} \qquad \text{(A1.26)}$$

과

$$\nabla^2 \vec{\mathbf{B}} = \mu_0\epsilon_0\frac{\partial^2 \vec{\mathbf{B}}}{\partial t^2} \qquad \text{(A1.27)}$$

이 된다. 이 두 식은 시공간적으로 변화하는 결합된 장을 기술하며 둘 다 미분형 파동 방정식의 형태이다(보다 깊이 알고 싶으면 3.2절 참조).

*전송선으로 사용할 수 있는 한 쌍의 평행한 전선에 있어서 유한한 전선 저항은 출력 손실과 줄(joule) 열을 일으킨다. 전송선을 따라 진행하는 전자기파의 에너지는 점점 줄어든다. 식 (A1.20)과 식 (A1.21)의 1차 시간 미분 항은 전도 전류 때문에 생기며 에너지 소모 또는 감쇠를 일으킨다.

키르히호프 회절 이론

헬름홀츠(Helmholtz) 방정식 (10.113)을 풀기 위해서 2개의 스칼라 함수 U_1과 U_2를 고려하자. 이들에 대하여 그린 정리(Green's theorem)는

$$\iiint_V (U_1\nabla^2 U_2 - U_2\nabla^2 U_1)dV = \oiint_S (U_1\boldsymbol{\nabla}U_2 - U_2\boldsymbol{\nabla}U_1)\cdot d\vec{\mathbf{S}} \qquad (A2.1)$$

이다. U_1과 U_2가 헬름홀츠 방정식의 해라면, 즉

$$\nabla^2 U_1 + k^2 U_1 = 0$$

과

$$\nabla^2 U_2 + k^2 U_2 = 0$$

이면,

$$\oiint_S (U_1\boldsymbol{\nabla}U_2 - U_2\boldsymbol{\nabla}U_1)\cdot d\vec{\mathbf{S}} = 0 \qquad (A2.2)$$

은 분명하다. U_1을 명시되지 않은 스칼라 광 교란의 공간 부분[식 (10.112)] $\tilde{\mathscr{E}}$와 같다고 하자. 그리고 U_2를

$$U_2 = \frac{e^{ikr}}{r}$$

로 놓는데, 여기에서 r은 점 P로부터 측정된다. 이 선택은 둘 다 분명히 헬름홀츠 방정식을 만족한다. $r = 0$이 되는 점 P에는 특이점이 있기 때문에 S로 둘러싸인 영역에서 점 P를 제외시키기 위해서 아주 작은 구로 점 P를 둘러싼다(그림 A2.1 참조). 식 (A2.2)는 이제

$$\oiint_S\left[\tilde{\mathscr{E}}\boldsymbol{\nabla}\left(\frac{e^{ikr}}{r}\right) - \frac{e^{ikr}}{r}\boldsymbol{\nabla}\tilde{\mathscr{E}}\right]\cdot d\vec{\mathbf{S}} + \oiint_{S'}\left[\tilde{\mathscr{E}}\boldsymbol{\nabla}\left(\frac{e^{ikr}}{r}\right) - \frac{e^{ikr}}{r}\boldsymbol{\nabla}\tilde{\mathscr{E}}\right]\cdot d\vec{\mathbf{S}} = 0 \qquad (A2.3)$$

이 된다. 이제 S'에 해당하는 적분의 부분을 전개하자. 작은 구 위에서 단위 법선 벡터 $\hat{\mathbf{n}}$은 P에 있는 원점을 향하고, 기울기(gradient)는 바깥 지름 방향으로 향하기 때문에

$$\boldsymbol{\nabla}\left(\frac{e^{ikr}}{r}\right) = \left(\frac{1}{r^2} - \frac{ik}{r}\right)e^{ikr}\,\hat{\mathbf{n}}$$

이다. 점 P에서 측정된 입체각($dS = r^2 d\Omega$)으로 나타내면 S'에 대한 적분은

$$\oiint_{S'}\left(\tilde{\mathscr{E}} - ik\tilde{\mathscr{E}}r + r\frac{\partial\tilde{\mathscr{E}}}{\partial r}\right)e^{ikr}\,d\Omega \qquad (A2.4)$$

가 되는데, 여기서 $\nabla\tilde{\mathscr{E}}\cdot d\vec{\mathbf{S}} = -(\partial\tilde{\mathscr{E}}/\partial r)r^2 d\Omega$을 이용하였다. P를 둘러싸는 구가 줄어들 때, S' 위에서 $r \to 0$이며 또한 $\exp(ikr) \to 1$이다. $\tilde{\mathscr{E}}$의 연속성 때문에 S' 위의 임의의 점에서의 그 값은 P에서의 값, 즉 $\tilde{\mathscr{E}}_p$에 접근한다. 식 (A2.4)의 마지막 두 항은 0이 되고, 이 적분은 $4\pi\tilde{\mathscr{E}}_p$가 된다. 그래서 최종적으로 식 (A2.3)은 **키르히호프 적분 정리**(Kirchhoff Integral Theorem)라고 하는

$$\tilde{\mathscr{E}}_p = \frac{1}{4\pi}\left[\oiint_S \frac{e^{ikr}}{r}\boldsymbol{\nabla}\tilde{\mathscr{E}}\cdot d\vec{\mathbf{S}} - \oiint_S \tilde{\mathscr{E}}\boldsymbol{\nabla}\left(\frac{e^{ikr}}{r}\right)\cdot d\vec{\mathbf{S}}\right] \qquad [10.114]$$

이 된다.

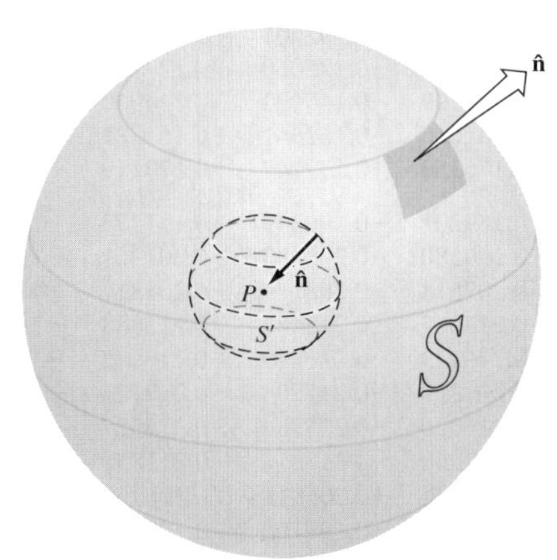

그림 A2.1

표 1

SINC 함수

					$(\sin u)/u$					
u	0.00	0.01	0.02	0.03	0.04	0.05	0.06	0.07	0.08	0.09
0.0	1.000000	0.999983	0.999933	0.999850	0.999733	0.999583	0.999400	0.999184	0.998934	0.998651
0.1	0.998334	0.997985	0.997602	0.997186	0.996737	0.996254	0.995739	0.995190	0.994609	0.993994
0.2	0.993347	0.992666	0.991953	0.991207	0.990428	0.989616	0.988771	0.987894	0.986984	0.986042
0.3	0.985067	0.984060	0.983020	0.981949	0.980844	0.979708	0.978540	0.977339	0.976106	0.974842
0.4	0.973546	0.972218	0.970858	0.969467	0.968044	0.966590	0.965105	0.963588	0.962040	0.960461
0.5	0.958851	0.957210	0.955539	0.953836	0.952104	0.950340	0.948547	0.946723	0.944869	0.942985
0.6	0.941071	0.939127	0.937153	0.935150	0.933118	0.931056	0.928965	0.926845	0.924696	0.922518
0.7	0.920311	0.918076	0.915812	0.913520	0.911200	0.908852	0.906476	0.904072	0.901640	0.899181
0.8	0.896695	0.894182	0.891641	0.889074	0.886480	0.883859	0.881212	0.878539	0.875840	0.873114
0.9	0.870363	0.867587	0.864784	0.861957	0.859104	0.856227	0.853325	0.850398	0.847446	0.844471
1.0	0.841471	0.838447	0.835400	0.832329	0.829235	0.826117	0.822977	0.819814	0.816628	0.813419
1.1	0.810189	0.806936	0.803661	0.800365	0.797047	0.793708	0.790348	0.786966	0.783564	0.780142
1.2	0.776699	0.773236	0.769754	0.766251	0.762729	0.759188	0.755627	0.752048	0.748450	0.744833
1.3	0.741199	0.737546	0.733875	0.730187	0.726481	0.722758	0.719018	0.715261	0.711488	0.707698
1.4	0.703893	0.700071	0.696234	0.692381	0.688513	0.684630	0.680732	0.676819	0.672892	0.668952
1.5	0.664997	0.661028	0.657046	0.653051	0.649043	0.645022	0.640988	0.636942	0.632885	0.628815
1.6	0.624734	0.620641	0.616537	0.612422	0.608297	0.604161	0.600014	0.595858	0.591692	0.587517
1.7	0.583332	0.579138	0.574936	0.570725	0.566505	0.562278	0.558042	0.553799	0.549549	0.545291
1.8	0.541026	0.536755	0.532478	0.528194	0.523904	0.519608	0.515307	0.511001	0.506689	0.502373
1.9	0.498053	0.493728	0.489399	0.485066	0.480729	0.476390	0.472047	0.467701	0.463353	0.459002
2.0	0.454649	0.450294	0.445937	0.441579	0.437220	0.432860	0.428499	0.424137	0.419775	0.415414
2.1	0.411052	0.406691	0.402330	0.397971	0.393612	0.389255	0.384900	0.380546	0.376194	0.371845
2.2	0.367498	0.363154	0.358813	0.354475	0.350141	0.345810	0.341483	0.337161	0.332842	0.328529
2.3	0.324220	0.319916	0.315617	0.311324	0.307036	0.302755	0.298479	0.294210	0.289947	0.285692
2.4	0.281443	0.277202	0.272967	0.268741	0.264523	0.260312	0.256110	0.251916	0.247732	0.243556
2.5	0.239389	0.235231	0.231084	0.226946	0.222817	0.218700	0.214592	0.210495	0.206409	0.202334
2.6	0.198270	0.194217	0.190176	0.186147	0.182130	0.178125	0.174132	0.170152	0.166185	0.162230
2.7	0.158289	0.154361	0.150446	0.146546	0.142659	0.138786	0.134927	0.131083	0.127253	0.123439
2.8	0.119639	0.115854	0.112084	0.108330	0.104592	0.100869	0.097163	0.093473	0.089798	0.086141
2.9	0.082500	0.078876	0.075268	0.071678	0.068105	0.064550	0.061012	0.057492	0.053990	0.050506
3.0	0.047040	0.043592	0.040163	0.036753	0.033361	0.029988	0.026635	0.023300	0.019985	0.016689
3.1	0.013413	0.010157	0.006920	0.003704	0.000507	−0.002669	−0.005825	−0.008960	−0.012075	−0.015169
3.2	−0.018242	−0.021294	−0.024325	−0.027335	−0.030324	−0.033291	−0.036236	−0.039160	−0.042063	−0.044943
3.3	−0.047802	−0.050638	−0.053453	−0.056245	−0.059014	−0.061762	−0.064487	−0.067189	−0.069868	−0.072525
3.4	−0.075159	−0.077770	−0.080358	−0.082923	−0.085465	−0.087983	−0.090478	−0.092950	−0.095398	−0.097823
3.5	−0.100224	−0.102601	−0.104955	−0.107285	−0.109591	−0.111873	−0.114131	−0.116365	−0.118575	−0.120761
3.6	−0.122922	−0.125060	−0.127173	−0.129262	−0.131326	−0.133366	−0.135382	−0.137373	−0.139339	−0.141282
3.7	−0.143199	−0.145092	−0.146960	−0.148803	−0.150622	−0.152416	−0.154186	−0.155930	−0.157650	−0.159345
3.8	−0.161015	−0.162661	−0.164281	−0.165877	−0.167448	−0.168994	−0.170515	−0.172011	−0.173482	−0.174929
3.9	−0.176350	−0.177747	−0.179119	−0.180466	−0.181788	−0.183086	−0.184358	−0.185606	−0.186829	−0.188027
4.0	−0.189201	−0.190349	−0.191473	−0.192573	−0.193647	−0.194698	−0.195723	−0.196724	−0.197700	−0.198652
4.1	−0.199580	−0.200483	−0.201361	−0.202216	−0.203046	−0.203851	−0.204633	−0.205390	−0.206124	−0.206833
4.2	−0.207518	−0.208179	−0.208817	−0.209430	−0.210020	−0.210586	−0.211128	−0.211647	−0.212142	−0.212614
4.3	−0.213062	−0.213487	−0.213888	−0.214267	−0.214622	−0.214955	−0.215264	−0.215550	−0.215814	−0.216055
4.4	−0.216273	−0.216469	−0.216642	−0.216793	−0.216921	−0.217028	−0.217112	−0.217174	−0.217214	−0.217232
4.5	−0.217229	−0.217204	−0.217157	−0.217089	−0.217000	−0.216889	−0.216757	−0.216604	−0.216430	−0.216235
4.6	−0.216020	−0.215784	−0.215527	−0.215250	−0.214953	−0.214635	−0.214298	−0.213940	−0.213563	−0.213166
4.7	−0.212750	−0.212314	−0.211858	−0.211384	−0.210890	−0.210377	−0.209846	−0.209296	−0.208727	−0.208140
4.8	−0.207534	−0.206911	−0.206269	−0.205609	−0.204932	−0.204236	−0.023524	−0.202794	−0.202046	−0.201282
4.9	−0.200501	−0.199702	−0.198887	−0.198056	−0.197208	−0.196344	−0.195464	−0.194568	−0.193656	−0.192728

표 1 (계속)

	$(\sin u)/u$									
u	0.00	0.01	0.02	0.03	0.04	0.05	0.06	0.07	0.08	0.09
5.0	−0.191785	−0.190826	−0.189853	−0.188864	−0.187860	−0.186841	−0.185808	−0.184760	−0.183699	−0.182622
5.1	−0.181532	−0.180428	−0.179311	−0.178179	−0.177035	−0.175877	−0.174706	−0.173522	−0.172326	−0.171117
5.2	−0.169895	−0.168661	−0.167415	−0.166158	−0.164888	−0.163607	−0.162314	−0.161010	−0.159695	−0.158369
5.3	−0.157032	−0.155684	−0.154326	−0.152958	−0.151579	−0.150191	−0.148792	−0.147384	−0.145967	−0.144540
5.4	−0.143105	−0.141660	−0.140206	−0.138744	−0.137273	−0.135794	−0.134307	−0.132812	−0.131309	−0.129798
5.5	−0.128280	−0.126755	−0.125222	−0.123683	−0.122137	−0.120584	−0.119024	−0.117459	−0.115887	−0.114310
5.6	−0.112726	−0.111137	−0.109543	−0.107943	−0.106338	−0.104728	−0.103114	−0.101495	−0.099871	−0.098243
5.7	−0.096611	−0.094976	−0.093336	−0.091693	−0.090046	−0.088396	−0.086743	−0.085087	−0.083429	−0.081768
5.8	−0.080104	−0.078438	−0.076770	−0.075100	−0.073428	−0.071755	−0.070080	−0.068404	−0.066726	−0.065048
5.9	−0.063369	−0.061689	−0.060009	−0.058329	−0.056648	−0.054967	−0.053287	−0.051606	−0.049927	−0.048248
6.0	−0.046569	−0.044892	−0.043216	−0.041540	−0.039867	−0.038195	−0.036524	−0.034856	−0.033189	−0.031525
6.1	−0.029863	−0.028203	−0.026546	−0.024892	−0.023240	−0.021592	−0.019947	−0.018305	−0.016667	−0.015032
6.2	−0.013402	−0.011775	−0.010152	−0.008533	−0.006919	−0.005309	−0.003703	−0.002103	−0.000507	0.001083
6.3	0.002669	0.004249	0.005824	0.007393	0.008956	0.010514	0.012066	0.013612	0.015151	0.016684
6.4	0.018211	0.019731	0.021244	0.022751	0.024250	0.025743	0.027228	0.028706	0.030177	0.031640
6.5	0.033095	0.034543	0.035983	0.037414	0.038838	0.040253	0.041661	0.043059	0.044449	0.045831
6.6	0.047203	0.048567	0.049922	0.051268	0.052604	0.053931	0.055249	0.056558	0.057857	0.059146
6.7	0.060425	0.061695	0.062955	0.064204	0.065444	0.066673	0.067892	0.069101	0.070299	0.071487
6.8	0.072664	0.073830	0.074986	0.076130	0.077264	0.078386	0.079498	0.080598	0.081688	0.082765
6.9	0.083832	0.084887	0.085930	0.086962	0.087982	0.088991	0.089987	0.090972	0.091945	0.092906
7.0	0.093855	0.094792	0.095717	0.096629	0.097530	0.098418	0.099293	0.100157	0.101008	0.101846
7.1	0.102672	0.103485	0.104286	0.105074	0.105849	0.106611	0.107361	0.108098	0.108822	0.109533
7.2	0.110232	0.110917	0.111589	0.112249	0.112895	0.113528	0.114149	0.114756	0.115350	0.115931
7.3	0.116498	0.117053	0.117594	0.118122	0.118637	0.119138	0.119627	0.120102	0.120563	0.121012
7.4	0.121447	0.121869	0.122277	0.122673	0.123055	0.123423	0.123779	0.124121	0.124449	0.124765
7.5	0.125067	0.125355	0.125631	0.125893	0.126142	0.126378	0.126600	0.126809	0.127005	0.127188
7.6	0.127358	0.127514	0.127658	0.127788	0.127905	0.128009	0.128100	0.128178	0.128243	0.128295
7.7	0.128334	0.128360	0.128373	0.128373	0.128361	0.128335	0.128297	0.128247	0.128183	0.128107
7.8	0.128018	0.127917	0.127803	0.127677	0.127539	0.127388	0.127224	0.127049	0.126861	0.126661
7.9	0.126448	0.126224	0.125988	0.125739	0.125479	0.125207	0.124923	0.124627	0.124320	0.124000
8.0	0.123670	0.123328	0.122974	0.122609	0.122232	0.121845	0.121446	0.121036	0.120615	0.120183
8.1	0.119739	0.119286	0.118821	0.118345	0.117859	0.117363	0.116855	0.116338	0.115810	0.115272
8.2	0.114723	0.114165	0.113596	0.113018	0.112429	0.111831	0.111223	0.110605	0.109978	0.109341
8.3	0.108695	0.108040	0.107376	0.106702	0.106019	0.105327	0.104627	0.103918	0.103200	0.102473
8.4	0.101738	0.100994	0.100243	0.099483	0.098714	0.097938	0.097154	0.096362	0.095562	0.094755
8.5	0.093940	0.093117	0.092287	0.091450	0.090606	0.089755	0.088896	0.088031	0.087159	0.086280
8.6	0.085395	0.084503	0.083605	0.082701	0.081790	0.080874	0.079951	0.079023	0.078089	0.077149
8.7	0.076203	0.075253	0.074296	0.073335	0.072369	0.071397	0.070421	0.069439	0.068453	0.067463
8.8	0.066468	0.065468	0.064465	0.063457	0.062445	0.061429	0.060410	0.059386	0.058359	0.057328
8.9	0.056294	0.055257	0.054217	0.053173	0.052127	0.051077	0.050025	0.048970	0.047913	0.046853
9.0	0.045791	0.044727	0.043660	0.042592	0.041521	0.040449	0.039375	0.038300	0.037223	0.036145
9.1	0.035066	0.033985	0.032904	0.031821	0.030738	0.029654	0.028569	0.027484	0.026399	0.025313
9.2	0.024227	0.023141	0.022055	0.020970	0.019884	0.018799	0.017714	0.016630	0.015547	0.014464
9.3	0.013382	0.012301	0.011222	0.010143	0.009066	0.007990	0.006916	0.005843	0.004772	0.003703
9.4	0.002636	0.001570	0.000507	−0.000554	−0.001612	−0.002669	−0.003722	−0.004774	−0.005822	−0.006868
9.5	−0.007911	−0.008950	−0.009987	−0.011021	−0.012051	−0.013078	−0.014101	−0.015121	−0.016138	−0.017150
9.6	−0.018159	−0.019164	−0.020165	−0.021161	−0.022154	−0.023142	−0.024126	−0.025106	−0.026081	−0.027051
9.7	−0.028017	−0.028977	−0.029933	−0.030884	−0.031830	−0.032771	−0.033707	−0.034637	−0.035562	−0.036482
9.8	−0.037396	−0.038304	−0.039207	−0.040104	−0.040995	−0.041881	−0.042760	−0.043633	−0.044500	−0.045361
9.9	−0.046216	−0.047064	−0.047906	−0.048741	−0.049570	−0.050392	−0.051208	−0.052017	−0.052819	−0.053614

표 1 (계속)

u	0.00	0.01	0.02	0.03	0.04	0.05	0.06	0.07	0.08	0.09
					$(\sin u)/u$					
10.0	−0.054402	−0.055183	−0.055957	−0.056724	−0.057484	−0.058237	−0.058982	−0.059720	−0.060450	−0.061173
10.1	−0.061888	−0.062596	−0.063296	−0.063988	−0.064673	−0.065350	−0.066019	−0.066680	−0.067333	−0.067978
10.2	−0.068615	−0.069244	−0.069865	−0.070477	−0.071082	−0.071678	−0.072266	−0.072845	−0.073416	−0.073979
10.3	−0.074533	−0.075078	−0.075615	−0.076143	−0.076663	−0.077174	−0.077677	−0.078170	−0.078655	−0.079131
10.4	−0.079599	−0.080057	−0.080507	−0.080947	−0.081379	−0.081802	−0.082216	−0.082620	−0.083016	−0.083403
10.5	−0.083781	−0.084149	−0.084509	−0.084859	−0.085200	−0.085532	−0.085855	−0.086169	−0.086473	−0.086768
10.6	−0.087054	−0.087331	−0.087599	−0.087857	−0.088106	−0.088346	−0.088576	−0.088797	−0.089009	−0.089212
10.7	−0.089405	−0.089589	−0.089764	−0.089929	−0.090085	−0.090232	−0.090370	−0.090498	−0.090617	−0.090727
10.8	−0.090827	−0.090919	−0.091001	−0.091073	−0.091137	−0.091191	−0.091236	−0.091272	−0.091299	−0.091316
10.9	−0.091324	−0.091324	−0.091314	−0.091295	−0.091267	−0.091229	−0.091183	−0.091128	−0.091064	−0.090990
11.0	−0.090908	−0.090817	−0.090717	−0.090608	−0.090490	−0.090364	−0.090228	−0.090084	−0.089931	−0.089770
11.1	−0.089599	−0.089420	−0.089233	−0.089037	−0.088832	−0.088619	−0.088397	−0.088167	−0.087929	−0.087682
11.2	−0.087427	−0.087163	−0.086891	−0.086612	−0.086324	−0.086027	−0.085723	−0.085411	−0.085091	−0.084763
11.3	−0.084426	−0.084083	−0.083731	−0.083371	−0.083004	−0.082630	−0.082247	−0.081857	−0.081460	−0.081055
11.4	−0.080643	−0.080223	−0.079796	−0.079362	−0.078921	−0.078473	−0.078017	−0.077555	−0.077086	−0.076609
11.5	−0.076126	−0.075636	−0.075140	−0.074637	−0.074127	−0.073611	−0.073088	−0.072559	−0.072023	−0.071481
11.6	−0.070934	−0.070379	−0.069819	−0.069253	−0.068681	−0.068103	−0.067519	−0.066929	−0.066334	−0.065733
11.7	−0.065127	−0.064515	−0.063898	−0.063275	−0.062647	−0.062014	−0.061376	−0.060733	−0.060084	−0.059431
11.8	−0.058773	−0.058111	−0.057443	−0.056771	−0.056095	−0.055414	−0.054728	−0.054039	−0.053345	−0.052646
11.9	−0.051944	−0.051238	−0.050528	−0.049814	−0.049096	−0.048375	−0.047650	−0.046921	−0.046189	−0.045453
12.0	−0.044714	−0.043972	−0.043227	−0.042479	−0.041727	−0.040973	−0.040216	−0.039456	−0.038694	−0.037929
12.1	−0.037161	−0.036391	−0.035618	−0.034844	−0.034067	−0.033288	−0.032506	−0.031723	−0.030938	−0.030152
12.2	−0.029363	−0.028573	−0.027781	−0.026988	−0.026193	−0.025398	−0.024600	−0.023802	−0.023003	−0.022202
12.3	−0.021401	−0.020599	−0.019796	−0.018992	−0.018188	−0.017384	−0.016578	−0.015773	−0.014967	−0.014161
12.4	−0.013355	−0.012549	−0.011743	−0.010937	−0.010131	−0.009326	−0.008521	−0.007716	−0.006912	−0.006109
12.5	−0.005306	−0.004504	−0.003702	−0.002902	−0.002103	−0.001304	−0.000507	0.000289	0.001083	0.001877
12.6	0.002668	0.003459	0.004248	0.005035	0.005820	0.006603	0.007385	0.008164	0.008942	0.009717
12.7	0.010491	0.011262	0.012030	0.012797	0.013560	0.014321	0.015080	0.015836	0.016589	0.017339
12.8	0.018087	0.018831	0.019572	0.020311	0.021046	0.021778	0.022506	0.023231	0.023953	0.024671
12.9	0.025386	0.026097	0.026804	0.027507	0.028207	0.028903	0.029594	0.030282	0.030966	0.031645
13.0	0.032321	0.032992	0.033658	0.034321	0.034978	0.035632	0.036281	0.036925	0.037564	0.038199
13.1	0.038829	0.039454	0.040075	0.040690	0.041300	0.041905	0.042506	0.043101	0.043690	0.044275
13.2	0.044854	0.045428	0.045996	0.046559	0.047117	0.047669	0.048215	0.048756	0.049291	0.049820
13.3	0.050344	0.050861	0.051373	0.051879	0.052379	0.052873	0.053361	0.053843	0.054319	0.054788
13.4	0.055252	0.055709	0.056160	0.056605	0.057043	0.057476	0.057901	0.058321	0.058733	0.059140
13.5	0.059540	0.059933	0.060320	0.060700	0.061073	0.061440	0.061800	0.062154	0.062500	0.062840
13.6	0.063174	0.063500	0.063820	0.064132	0.064438	0.064737	0.065029	0.065314	0.065593	0.065864
13.7	0.066128	0.066385	0.066636	0.066879	0.067115	0.067344	0.067566	0.067781	0.067989	0.068190
13.8	0.068384	0.068570	0.068750	0.068922	0.069087	0.069245	0.069396	0.069540	0.069677	0.069806
13.9	0.069929	0.070044	0.070152	0.070253	0.070346	0.070433	0.070512	0.070584	0.070649	0.070707
14.0	0.070758	0.070801	0.070838	0.070867	0.070889	0.070904	0.070912	0.070913	0.070907	0.070893
14.1	0.070873	0.070846	0.070811	0.070770	0.070721	0.070666	0.070603	0.070534	0.070457	0.070374
14.2	0.070284	0.070186	0.070082	0.069971	0.069854	0.069729	0.069598	0.069460	0.069315	0.069163
14.3	0.069005	0.068840	0.068668	0.068490	0.068305	0.068114	0.067916	0.067712	0.067501	0.067283
14.4	0.067060	0.066829	0.066593	0.066350	0.066101	0.065845	0.065584	0.065316	0.065042	0.064762
14.5	0.064476	0.064183	0.063885	0.063581	0.063271	0.062954	0.062633	0.062305	0.061971	0.061632
14.6	0.061287	0.060936	0.060580	0.060218	0.059851	0.059478	0.059100	0.058717	0.058328	0.057933
14.7	0.057534	0.057129	0.056719	0.056304	0.055884	0.055459	0.055029	0.054594	0.054154	0.053710
14.8	0.053260	0.052806	0.052347	0.051884	0.051416	0.050944	0.050467	0.049985	0.049500	0.049010
14.9	0.048516	0.048017	0.047515	0.047008	0.046497	0.045983	0.045464	0.044942	0.044416	0.043886

표 1 (계속)

	(sin u)/u									
u	0.00	0.01	0.02	0.03	0.04	0.05	0.06	0.07	0.08	0.09
15.0	0.043353	0.042815	0.042275	0.041730	0.041183	0.040632	0.040077	0.039520	0.038959	0.038395
15.1	0.037828	0.037257	0.036684	0.036108	0.035529	0.034948	0.034363	0.033776	0.033187	0.032595
15.2	0.032000	0.031403	6.030803	0.030202	0.029598	0.028992	0.028383	0.027773	0.027161	0.026547
15.3	0.025931	0.025313	0.024693	0.024072	0.023450	0.022825	0.022199	0.021572	0.020944	0.020314
15.4	0.019683	0.019051	0.018418	0.017783	0.017148	0.016512	0.015875	0.015237	0.014599	0.013960
15.5	0.013320	0.012680	0.012040	0.011399	0.010758	0.010116	0.009475	0.008833	0.008191	0.007549
15.6	0.006907	0.006266	0.005624	0.004983	0.004342	0.003702	0.003062	0.002422	0.001783	0.001145
15.7	0.000507	−0.000130	−0.000766	−0.001401	−0.002035	−0.002668	−0.003300	−0.003931	−0.004561	−0.005190
15.8	−0.005817	−0.006443	−0.007067	−0.007690	−0.008311	−0.008931	−0.009549	−0.010166	−0.010780	−0.011393
15.9	−0.012004	−0.012613	−0.013219	−0.013824	−0.014427	−0.015027	−0.015625	−0.016221	−0.016814	−0.017405
16.0	−0.017994	−0.018580	−0.019163	−0.019744	−0.020322	−0.020898	−0.021470	−0.022040	−0.022607	−0.023170
16.1	−0.023731	−0.024289	−0.024843	−0.025395	−0.025943	−0.026488	−0.027030	−0.027568	−0.028103	−0.028634
16.2	−0.029162	−0.029686	−0.030207	−0.030724	−0.031237	−0.031747	−0.032252	−0.032754	−0.033252	−0.033746
16.3	−0.034236	−0.034722	−0.035204	−0.035682	−0.036156	−0.036626	−0.037091	−0.037552	−0.038009	−0.038461
16.4	−0.038909	−0.039352	−0.039792	−0.040226	−0.040656	−0.041081	−0.041502	−0.041918	−0.042330	−0.042737
16.5	−0.043139	−0.043536	−0.043928	−0.044315	−0.044698	−0.045076	−0.045448	−0.045816	−0.046179	−0.046536
16.6	−0.046889	−0.047236	−0.047578	−0.047915	−0.048247	−0.048574	−0.048895	−0.049212	−0.049522	−0.049828
16.7	−0.050128	−0.050423	−0.050713	−0.050997	−0.051275	−0.051548	−0.051816	−0.052078	−0.052335	−0.052586
16.8	−0.052831	−0.053071	−0.053306	−0.053535	−0.053758	−0.053975	−0.054187	−0.054393	−0.054594	−0.054789
16.9	−0.054978	−0.055161	−0.055339	−0.055511	−0.055677	−0.055837	−0.055992	−0.056141	−0.056284	−0.056421
17.0	−0.056553	−0.056678	−0.056798	−0.056912	−0.057021	−0.057123	−0.057220	−0.057310	−0.057395	−0.057474
17.1	−0.057548	−0.057615	−0.057677	−0.057732	−0.057782	−0.057826	−0.057865	−0.057897	−0.057924	−0.057944
17.2	−0.057959	−0.057968	−0.057972	−0.057969	−0.057961	−0.057947	−0.057927	−0.057902	−0.057870	−0.057833
17.3	−0.057790	−0.057742	−0.057688	−0.057628	−0.057562	−0.057491	−0.057414	−0.057331	−0.057243	−0.057149
17.4	−0.057049	−0.056944	−0.056834	−0.056717	−0.056596	−0.056468	−0.056336	−0.056197	−0.056054	−0.055905
17.5	−0.055750	−0.055590	−0.055425	−0.055254	−0.055078	−0.054897	−0.054710	−0.054518	−0.054321	−0.054119
17.6	−0.053912	−0.053699	−0.053481	−0.053258	−0.053031	−0.052798	−0.052560	−0.052317	−0.052069	−0.051816
17.7	−0.051558	−0.051296	−0.051028	−0.050756	−0.050479	−0.050198	−0.049911	−0.049620	−0.049324	−0.049024
17.8	−0.048719	−0.048410	−0.048096	−0.047778	−0.047455	−0.047128	−0.046796	−0.046461	−0.046121	−0.045776
17.9	−0.045428	−0.045075	−0.044718	−0.044358	−0.043993	−0.043624	−0.043251	−0.042875	−0.042494	−0.042110
18.0	−0.041722	−0.041330	−0.040934	−0.040535	−0.040132	−0.039726	−0.039316	−0.038902	−0.038485	−0.038065
18.1	−0.037642	−0.037215	−0.036785	−0.036351	−0.035915	−0.035475	−0.035033	−0.034587	−0.034139	−0.033687
18.2	−0.033233	−0.032775	−0.032315	−0.031853	−0.031387	−0.030919	−0.030449	−0.029976	−0.029500	−0.029022
18.3	−0.028541	−0.028059	−0.027574	−0.027086	−0.026597	−0.026105	−0.025612	−0.025116	−0.024619	−0.024119
18.4	−0.023618	−0.023114	−0.022610	−0.022103	−0.021594	−0.021085	−0.020573	−0.020060	−0.019546	−0.019030
18.5	−0.018512	−0.017994	−0.017474	−0.016953	−0.016431	−0.015908	−0.015384	−0.014859	−0.014333	−0.013806
18.6	−0.013278	−0.012750	−0.012220	−0.011691	−0.011160	−0.010629	−0.010098	−0.009566	−0.009033	−0.008501
18.7	−0.007968	−0.007435	−0.006901	−0.006368	−0.005834	−0.005301	−0.004767	−0.004234	−0.003701	−0.003168
18.8	−0.002635	−0.002102	−0.001570	−0.001038	−0.000507	0.000024	0.000554	0.001083	0.001612	0.002140
18.9	0.002668	0.003194	0.003720	0.004245	0.004769	0.005292	0.005813	0.006334	0.006853	0.007371
19.0	0.007888	0.008404	0.008918	0.009431	0.009942	0.010452	0.010960	0.011466	0.011971	0.012474
19.1	0.012976	0.013475	0.013973	0.014468	0.014962	0.015454	0.015944	0.016431	0.016917	0.017400
19.2	0.017881	0.018360	0.018836	0.019310	0.019782	0.020251	0.020717	0.021181	0.021643	0.022102
19.3	0.022558	0.023011	0.023462	0.023910	0.024355	0.024797	0.025236	0.025672	0.026105	0.026535
19.4	0.026962	0.027386	0.027807	0.028224	0.028638	0.029049	0.029457	0.029861	0.030262	0.030659
19.5	0.031053	0.031444	0.031831	0.032214	0.032594	0.032970	0.033342	0.033711	0.034076	0.034437
19.6	0.034794	0.035148	0.035497	0.035843	0.036185	0.036522	0.036856	0.037186	0.037512	0.037833
19.7	0.038151	0.038464	0.038774	0.039079	0.039379	0.039676	0.039968	0.040256	0.040540	0.040820
19.8	0.041095	0.041365	0.041632	0.041893	0.042151	0.042404	0.042652	0.042896	0.043135	0.043370
19.9	0.043600	0.043826	0.044047	0.044263	0.044475	0.044682	0.044885	0.045082	0.045275	0.045464

L. Levi, *Applied Optics*, John Wiley & Sons, New York, 1968에 기초함.

연습문제 풀이

2장

2.6 $(0.003)(2.54 \times 10^{-2})/580 \times 10^{-9}$ = 파의 수 = 131, $c = \nu\lambda$, $\lambda = c/\nu = 3 \times 10^8/10^{10}$, $\lambda = 3\text{cm}$. 파의 길이는 3.9m이다.

2.11 $v = \nu\lambda = 1498\text{m/s} = (440\text{Hz})\lambda$, $\lambda = 3.40\text{m}$

2.21 $\psi = A\sin 2\pi(\kappa x - \nu t)$, $\psi_1 = 4\sin 2\pi(0.2x - 3t)$

(a) $\nu = 3$ (b) $\lambda = 1/0.2$ (c) $\tau = 1/3$
(d) $A = 4$ (e) $v = 15$ (f) 양의 x-방향

$\psi = A\sin(kx + \omega t)$, $\psi_2 = (1/2.5)\sin(7x + 3.5t)$

(a) $\nu = 3.5/2\pi$ (b) $\lambda = 2\pi/7$ (c) $\tau = 2\pi/3.5$
(d) $A = 1/2.5$ (e) $v = 1/2$ (f) 음의 x-방향

2.27 $v_y = -\omega A\cos(kx - \omega t + \varepsilon)$, $a_y = -\omega^2 y$이다. $a_y \propto y$이므로 단조화 운동이다.

2.28 $\tau = 2.2 \times 10^{-15}\text{s}$, 따라서 $\nu = 1/\tau = 4.5 \times 10^{14}\text{Hz}$이다. $v = \nu\lambda$, $3 \times 10^8\text{m/s} = (4.5 \times 10^{14}\text{Hz})\lambda$이므로 $\lambda = 6.6 \times 10^{27}\text{m}$이다. 그리고 $k = 2\pi/\lambda = 9.5 \times 10^6\text{m}^{-1}$이다. $\psi(x, t) = (10^3\text{V/m})\cos[9.5 \times 10^6\text{m}^{-1} \times (x + 3 \times 10^8\text{m/s}\ t)]$. 코사인 함수인데, 그 이유는 $\cos 0 = 1$이기 때문이다.

2.29 $y(x, t) = C/[2 + (x + vt)^2]$

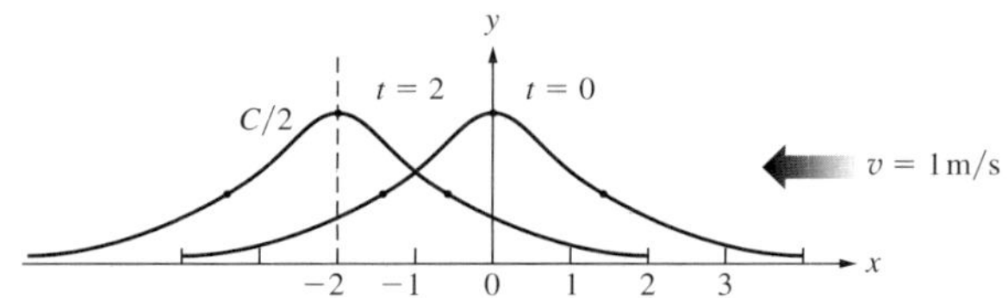

2.31 아니다. 왜냐하면 (당연하지는 않게) 두 번 미분 가능하지 않으므로 미분 파동 방정식의 해가 될 수 없기 때문이다.

2.34 $\dfrac{d\psi}{dt} = \dfrac{\partial\psi}{\partial x}\dfrac{dx}{dt} + \dfrac{\partial\psi}{\partial y}\dfrac{dy}{dt}$으로 쓸 수 있는데, $y = t$로 놓으면 $\dfrac{d\psi}{dt} = \dfrac{\partial\psi}{\partial x}(\pm v) + \dfrac{\partial\psi}{\partial t} = 0$이 되므로 원하는 결과가 바로 나온다.

2.35 $\dfrac{d\varphi}{dt} = \dfrac{\partial\varphi}{\partial x}\dfrac{dx}{dt} + \dfrac{\partial\varphi}{\partial t} = 0 = k\dfrac{dx}{dt} - kv$인데, 이것은 당연히 $\dfrac{dx}{dt} = \pm v$이면 0이다. 문제 2.26의 주어진 파동에 대하여 $\dfrac{d\varphi}{dt} = \dfrac{\partial\varphi}{\partial y}(\pm v) + \dfrac{\partial\varphi}{\partial t} = \pi^3 \times 10^6(\pm v) + \pi^9 \times 10^{14} = 0$이므로 속력은 $-3 \times 10^8\text{m/s}$이다.

2.37

$$\psi(z, 0) = A\sin(kz + \varepsilon);$$
$$\psi(-\lambda/12, 0) = A\sin(-\pi/6 + \varepsilon) = 0.866$$
$$\psi(\lambda/6, 0) = A\sin(\pi/3 + \varepsilon) = 1/2$$
$$\psi(\lambda/4, 0) = A\sin(\pi/2 + \varepsilon) = 0$$
$$A\sin(\pi/2 + \varepsilon) = A(\sin\pi/2\cos\varepsilon + \cos\pi/2\sin\varepsilon)$$
$$= A\cos\varepsilon = 0,\ \varepsilon = \pi/2$$
$$A\sin(\pi/3 + \pi/2) = A\sin(5\pi/6) = 1/2$$

그러므로 $A = 1$이고, 따라서 $\psi(z,0) = \sin(kz + \pi/2)$이다.

2.38 (a)와 (b)는 각각 두 번 미분 가능한 $(z - vt)$와 $(x + vt)$의 함수이므로 둘 다 파동이다. 따라서 (a)의 경우 $\psi = a^2(z - bt/a)^2$으로 쓸 수 있으므로 속도가 양의 z-방향으로 b/a이다. (b)에 대해서는 $\psi = a^2(x + bt/a + c/a)^2$이므로 속도는 음의 x-방향으로 b/a이다.

2.40 $\psi(x, t) = 5.0\exp[-a(x + \sqrt{b/a}\,t)^2]$이므로 진행 방향은 음의 x-방향이다. $v = \sqrt{b/a} = 0.6\text{m/s}$. $\psi(x, 0) = 5.0\exp(-25x^2)$.

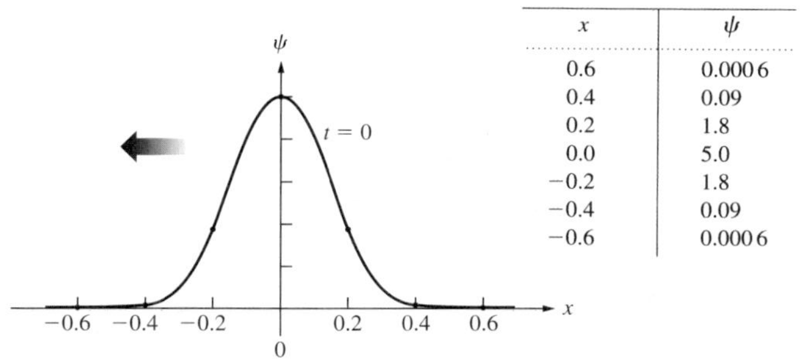

x	ψ
0.6	0.0006
0.4	0.09
0.2	1.8
0.0	5.0
−0.2	1.8
−0.4	0.09
−0.6	0.0006

2.42 30°는 $\lambda/12$, 즉 $(1/12)3 \times 10^8/6 \times 10^{14} = 42\text{nm}$에 대응한다.

2.43

$$\psi = A\sin 2\pi\left(\frac{z}{\lambda} \pm \frac{t}{\tau}\right)$$
$$\psi = 60\sin 2\pi\left(\frac{z}{400 \times 10^{-9}} - \frac{t}{1.33 \times 10^{-15}}\right)$$
$$\lambda = 400\text{ nm}$$
$$v = 400 \times 10^{-9}/1.33 \times 10^{-15} = 3 \times 10^8\text{ m/s}$$
$$\nu = (1/1.33) \times 10^{+15}\text{ Hz},\quad \tau = 1.33 \times 10^{-15}\text{ s}$$

2.48

$$\psi = A\exp i(k_x x + k_y y + k_z z)$$
$$k_x = k\alpha \qquad k_y = k\beta \qquad k_z = k\gamma$$
$$|\vec{\mathbf{k}}| = [(k\alpha)^2 + (k\beta)^2 + (k\gamma)^2]^{1/2} = k[\alpha^2 + \beta^2 + \gamma^2]^{1/2}$$

2.52 $\lambda = h/mv = 6.6 \times 10^{-34}/6(1) = 1.1 \times 10^{-34}\text{ m}$

2.53 적절한 방향의 단위 벡터를 만들고 k를 곱하면 $\vec{\mathbf{k}}$를 얻게 된다. 단위 벡터는

$$[(4-0)\hat{\mathbf{i}} + (2-0)\hat{\mathbf{j}} + (1-0)\hat{\mathbf{k}}]/\sqrt{4^2+2^2+1^2}$$
$$= (4\hat{\mathbf{i}} + 2\hat{\mathbf{j}} + \hat{\mathbf{k}})/\sqrt{21}$$

이므로 $\vec{\mathbf{k}} = k(4\hat{\mathbf{i}} + 2\hat{\mathbf{j}} + \hat{\mathbf{k}})/\sqrt{21}$이다.

$$\vec{\mathbf{r}} = x\hat{\mathbf{i}} + y\hat{\mathbf{j}} + z\hat{\mathbf{k}}$$

이므로 $\psi(x, y, z, t) = A\sin[(4k/\sqrt{21})x + (2k/\sqrt{21})y + (k/\sqrt{21})z - \omega t]$이다.

2.55 $\vec{\mathbf{k}}\cdot(\vec{\mathbf{r}}_2 - \vec{\mathbf{r}}_1) = 0$이므로

$$\psi(\vec{r}_1, t) = \psi[\vec{r}_2 - (\vec{r}_2 - \vec{r}_1), t] = \psi(\vec{k}\cdot\vec{r}_1, t)$$
$$= \psi[\vec{k}\cdot\vec{r}_2 - \vec{k}\cdot(\vec{r}_2 - \vec{r}_1), t]$$
$$= \psi(\vec{k}\cdot\vec{r}_2, t) = \psi(\vec{r}_2, t)$$

이다.

3장

3.1 $E_y = 2\cos[2\pi\times10^{14}(t - x/c) + \pi/2)]$ 식 (2.26)에서 $E_y = A\cos[2\pi\nu(t - x/v) + \pi/2]$이다.

(a) $\nu = 10^{14}\,\text{Hz}$, $v = c$, $\lambda = c/\nu = 3\times10^8/10^{14} = 3\times10^{-6}\,\text{m}$이며, 양의 x-방향으로 진행하며, $A = 2\,\text{V/m}$, $\varepsilon = \pi/2$, y-방향으로 선편광되어 있다.

(b) $B_x = 0,\quad B_y = 0,\quad B_z = \dfrac{2}{c}\cos[2\pi\times10^{14}(t - x/c) + \pi/2]$..

3.2 $E_z = 0$, $E_y = E_x = E_0\sin(kz - \omega t)$ 또는 코사인; $B_z = 0$, $B_y = -B_x = E_y/c$ 또는

$$\vec{\mathbf{E}} = \frac{E_0}{\sqrt{2}}(\hat{\mathbf{i}} + \hat{\mathbf{j}})\sin(kz - \omega t),\ \vec{\mathbf{B}} = \frac{E_0}{c\sqrt{2}}(\hat{\mathbf{j}} - \hat{\mathbf{i}})\sin(kz - \omega t)$$

이다.

3.6 전기장은 y-방향으로 선편광되어 있고 $z = 0$에서 0으로부터 $z = z_0$에서 0까지 사인 함수 형태로 변화한다. 파동 방정식을 이용하면

$$\frac{\partial^2 E_y}{\partial x^2} + \frac{\partial^2 E_y}{\partial y^2} + \frac{\partial^2 E_y}{\partial z^2} - \frac{1}{c^2}\frac{\partial^2 E_y}{\partial t^2} = 0$$

$$\left[-k^2 - \frac{\pi^2}{z_0^2} + \frac{\omega^2}{c^2}\right]E_0\sin\frac{\pi z}{z_0}\cos(kx - \omega t) = 0$$

이고, 이것은 모든 x, z, t에 대하여 성립하므로 각 항은 0이어야 한다. 따라서

$$k = \frac{\omega}{c}\sqrt{1 - \left(\frac{c\pi}{\omega z_0}\right)^2}.$$

이며, 또한

$$v = \frac{\omega}{k} = \frac{c}{\sqrt{1 - \left(\frac{c\pi}{\omega z_0}\right)^2}}.$$

이다.

3.15 $\langle\cos^2(\vec{\mathbf{k}}\cdot\vec{\mathbf{r}} - \omega t)\rangle = \dfrac{1}{T}\displaystyle\int_t^{t+T}\cos^2(\vec{\mathbf{k}}\cdot\vec{\mathbf{r}} - \omega t')\,dt'$

$\vec{\mathbf{k}}\cdot\vec{\mathbf{r}} - \nu t' = x$이라고 놓으면

$$\langle\cos^2(\vec{\mathbf{k}}\cdot\vec{\mathbf{r}} - \omega t)\rangle = \frac{1}{-\omega T}\int\cos^2 x\,dx$$
$$= \frac{1}{-\omega T}\int\frac{1 + \cos 2x}{2}dx$$
$$= -\frac{1}{\omega T}\left[\frac{x}{2} + \frac{\sin 2x}{4}\right]_{\vec{\mathbf{k}}\cdot\vec{\mathbf{r}} - \omega t}^{\vec{\mathbf{k}}\cdot\vec{\mathbf{r}} - \omega(t+T)}$$

이 된다.

3.25 $\vec{\mathbf{E}}_0 = (-E_0/\sqrt{2})\hat{\mathbf{i}} + (E_0/\sqrt{2})\hat{\mathbf{j}}$; $\vec{\mathbf{k}} = (2\pi/\lambda)(\hat{\mathbf{i}}/\sqrt{2} + \hat{\mathbf{j}}\sqrt{2})$이므로 $\vec{\mathbf{E}} = (1/\sqrt{2})(-10\hat{\mathbf{i}} + 10\hat{\mathbf{j}})\cos[(\sqrt{2}\pi/\lambda)(x + y) - \omega t]$이며 $I = \frac{1}{2}c\epsilon_0 E_0^2 = 0.13\,\text{W/m}^2$이다.

3.26 (a) $l = c\Delta t = (3.00\times10^8\,\text{m/s})(2.00\times10^{-9}\,\text{s}) = 0.600\,\text{m}$
(b) 펄스 하나의 부피는 $(0.600\,\text{m})(\pi R^2) = 2.945\times10^{-6}\,\text{m}^3$이므로

$$(6.0\,\text{J})/(2.945\times10^{-6}\,\text{m}^3) = 2.0\times10^6\,\text{J/m}^3$$

이다.

3.28 $u = \dfrac{(\text{출력})(t)}{(\text{부피})} = \dfrac{(10^{-3}\,\text{W})(t)}{(\pi r^2)(ct)} = \dfrac{10^{-3}\,\text{W}}{\pi(10^{-3})^2(3\times10^8)}$

$$u = \frac{10^{-5}}{3\pi}\,\text{J/m}^3 = 1.06\times10^{-6}\,\text{J/m}^3$$

3.30 $h = 6.63\times10^{-34}$, $E = h\nu$

$$\frac{I}{h\nu} = \frac{19.88\times10^{-2}}{(6.63\times10^{-34})(100\times10^6)}$$
$$= 3\times10^{24}\,\text{photons/m}^2\,\text{s}$$

부피 V 안의 모든 광자는 1초 동안 단위 면적을 지나간다.

$$V = (ct)(1\,\text{m}^2) = 3\times10^8\,\text{m}^3$$
$$3\times10^{24} = V(\text{밀도})$$
$$\text{밀도} = 10^{16}\,\text{photons/m}^3$$

3.32 $P_e = iV = (0.25)(3.0) = 0.75\,\text{W}$. 이것은 소모된 전력이다. 빛으로 가용한 출력은

$$P_l = (0.01)P_e = 75\times10^{-4}\,\text{W}$$

이다.

(a) 광자 선속

$$= P_l/h\nu = 75\times10^{-4}\lambda/hc$$
$$= 75\times10^{-4}(550\times10^{-9})/(6.63\times10^{-34})\,3\times10^8$$
$$= 2.08\times10^{16}\,\text{photons/s}$$

(b) 부피$(3\times10^8)(1\,\text{s})(10^{-3}\,\text{m}^2)$ 안에 2.08×10^{16}개가 있다.

$$\therefore\ \frac{2.08\times10^{16}}{3\times10^5} = \text{photons/m}^3 = 0.69\times10^{11}$$

(c) $I = 75\times10^{-4}\,\text{W}/10\times10^{-4}\,\text{m}^2 = 7.5\,\text{W/m}^2$

3.34 파를 둘러싸는 반지름 r_1과 r_2의 동축 원통 2개를 생각하자. 첫째 원통을 통하여 매초 흐르는 에너지는 둘째 원통을 통과해야 한다. 즉 $\langle S_1\rangle 2\pi r_1 = \langle S_2\rangle 2\pi r_2$이므로 $\langle S\rangle 2\pi r$는 일정하고 $\langle S\rangle$는 r에 역비례한다. 그러므로 $\langle S\rangle \propto E_0^2$이므로, E_0는 $\sqrt{1/r}$로 변한다.

3.36 $\left\langle \dfrac{dp}{dt}\right\rangle = \dfrac{1}{c}\left\langle \dfrac{dW}{dt}\right\rangle$

A = 면적. $\langle \mathcal{P}\rangle = \dfrac{1}{A}\left\langle \dfrac{dp}{dt}\right\rangle = \dfrac{1}{Ac}\left\langle \dfrac{dW}{dt}\right\rangle = \dfrac{I}{c}$

3.39
$$\mathscr{E} = 300\text{ W}(100\text{ s}) = 3\times 10^4\text{ J}$$
$$p = \mathscr{E}/c = 3\times 10^4/3\times 10^8 = 10^{-4}\text{ kg}\cdot\text{m/s}$$

3.40

(a) $\langle \mathcal{P}\rangle = 2\langle S\rangle/c = 2(1.4\times 10^3\text{ W/m}^2)/(3\times 10^8\text{ m/s}) = 9\times 10^{-6}\text{ N/m}^2$.

(b) S와 $\mathcal{P}$는 거리의 역제곱으로 감소한다. 따라서 $\langle S\rangle = [(0.7\times 10^9\text{m})^{-2}/(1.5\times 10^{11}\text{m})^{-2}]\times(1.4\times 10^3\text{W/m}^2) = 6.4\times 10^7\text{ W/m}^2$이며, $\langle \mathcal{P}\rangle = 0.21\text{ N/m}^2$이다.

3.43
$$\langle S\rangle = 1400\text{ W/m}^2$$
$$\langle \mathcal{P}\rangle = 2(1400\text{ W/m}^2/3\times 10^8\text{ m/s}) = 9.3\times 10^{-6}\text{ N/m}^2$$
$$\langle F\rangle = A\langle \mathcal{P}\rangle = 2000\text{ m}^2(9.3\times 10^{-6}\text{ N/m}^2) = 1.9\times 10^{-2}\text{ N}$$

3.44
$$\langle S\rangle = (200\times 10^3\ W)(500\times 2\times 10^{-6}\text{ s})/A(1\text{s})$$
$$\langle F\rangle = A\langle \mathcal{P}\rangle = A\langle S\rangle/c = 6.7\times 10^{-7}\text{ N}$$

3.45
$$\langle F\rangle = A\langle \mathcal{P}\rangle = A\langle S\rangle/c = \frac{10\text{ W}}{3\times 10^8} = 3.3\times 10^{-8}\text{ N}$$
$$a = 3.3\times 10^{-8}/100\text{ kg} = 3.3\times 10^{-10}\text{ m/s}^2$$
$$v = at = \tfrac{1}{3}\times 10^{-9}(t) = 10\text{ m/s}$$
$$t = 3\times 10^{10}\text{ s} \qquad 1\text{년} = 3.2\times 10^7\text{ s}$$

3.46 $\vec{\mathbf{B}}$는 $\vec{\mathbf{v}}$를 원형으로 둘러싸고, $\vec{\mathbf{E}}$는 지름 방향이므로 $\vec{\mathbf{E}}\times\vec{\mathbf{B}}$는 구에 접하며, 에너지가 구로부터 바깥 방향으로 복사되지 않는다.

3.51 $n = c/v = (2.998\times 10^8\text{ m/s})/(1.245\times 10^8\text{ m/s}) = 2.41$.

3.56 분자 쌍극자를 열적으로 뒤흔들 때, K_e는 현저히 감소하나 n은 거의 변하지 않는다. 가시광선 영역에서 n은 주로 전자 분극의 영향을 받는다. 분자 쌍극자의 회전은 훨씬 낮은 주파수에서 그 영향을 멈춘다.

3.57 단일 공명 주파수의 경우, 식 (3.70)에서

$$n = \left[1 + \frac{Nq_e^2}{\epsilon_0 m_e}\left(\frac{1}{\omega_0^2 - \omega^2}\right)\right]^{1/2}$$

을 얻는다. 저밀도 물질의 경우 $n \approx 1$이고 둘째 항은 1보다 훨씬 작으므로, n의 이항 전개에서 처음 두 항만 유지하면 된다. 따라서 $\sqrt{1+x} \approx 1 + x/2$이므로

$$n = 1 + \frac{1}{2}\frac{Nq_e^2}{\epsilon_0 m_e}\left(\frac{1}{\omega_0^2 - \omega^2}\right)$$

이다.

3.59 유리로 된 프리즘에서 스펙트럼의 정상적인 순서는 R, O, Y, G, B, V인데, 적색(R)이 가장 적게 편향되고 자주색(V)이 가장 많이 편향된다. 푹신(fuchsin) 프리즘의 경우, 초록색에 흡수대가 있으므로 다음 그림과 같이 그 양쪽은 노란색과 푸른색에 대한 굴절률(n_Y와 n_B)이 양극단이다. 즉, n_Y가 최대이고 n_B는 최소이며, 아래 그림에서 볼 수 있는 바와 같이 $n_Y > n_O > n_R > n_V > n_B$이다. 따라서 편향이 증가하는 스펙트럼의 순서는 B, V, 흑색 띠, R, O, Y이다.

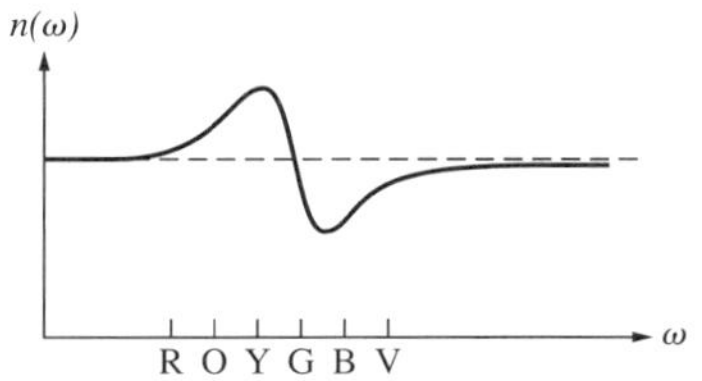

3.61 가시광선 주파수에 ω의 경우 $(\omega_0^2 - \omega^2)$는 납유리에 대해서는 작고 용융 석영에 대해서는 크다. 따라서 $n(\omega)$는 전자에 대해서는 크고 후자에 대해서는 작다.

3.63 C_1은 λ가 커짐에 따라 n이 접근하는 값이다.

3.64 흡수대 사이의 각 영역에서 $n(\omega)$가 접근하는 수평값은 ω가 감소할 때 증가한다.

4장

4.1 $E_{0s} \propto \dfrac{VE_{0i}}{r} = K\dfrac{VE_{0i}}{r}$; 따라서 $\dfrac{VK}{r}$은 단위가 없어야 하므로 K는 (**길이**)$^{-2}$의 단위를 갖는다. 설명되지 않은 유일한 양은 λ 이므로 $K = \lambda^{-2}$라고 결론 내릴 수 있으며 $\dfrac{I_s}{I_i} \propto K^2 \propto \lambda^{-4}$이다.

4.4 $x_0(-\omega^2 + \omega_0^2 + i\gamma\omega) = (q_eE_0/m_e)e^{i\alpha} = (q_eE_0/m_e)(\cos\alpha + i\sin\alpha)$, 양변의 크기를 제곱하면 $x_0^2[(\omega_0^2 - \omega^2)^2 + \gamma^2\omega^2] = (q_eE_0/m_e)^2(\cos^2\alpha + \sin^2\alpha)$이 되므로 x_0가 바로 나온다. α에 대해서는 위의 처음 방정식의 양변의 허수부를 나누면 $x_0\gamma\omega = (q_eE_0/m_e)\sin\alpha$이고, 실수부에 의하여 $x_0(\omega_0^2 - \omega^2) = (q_eE_0/m_e)\cos\alpha$이다. 따라서 $\alpha = \tan^{-1}[\gamma\omega/(\omega_0^2 - \omega^2)]$이 얻어진다. α의 값은 0에서 $\pi/2$부터 π까지 연속적으로 변한다.

4.5 위상각은 $(n\Delta y2\pi/\lambda) - \Delta y2\pi/\lambda$ 또는 $(n-1)\Delta y\omega/c$ 만큼 지연된다. 따라서

$$E_p = E_0\exp i\omega[t - (n-1)\Delta y/c - y/c]$$

또는 $E_p = E_p\exp[-i\omega(n-1)\Delta y/c]\exp i\omega(t - y/c)$이다. 만일 $n \approx 1$ 또는 $\Delta y << 1$이면, x가 작을 때 $e^x \approx 1 + x$이므로

$$\exp[-i\omega(n-1)\Delta y/c] \approx 1 - i\omega(n-1)\Delta y/c$$

이고, 또한 $\exp(-i\pi/2) = -i$이므로

$$E_p = E_u + \frac{\omega(n-1)\Delta y}{c}E_ue^{-i\pi/2}$$

이다.

4.11

$$n_i \sin\theta_i = n_t \sin\theta_t$$
$$\sin 30° = 1.52 \sin\theta_t$$
$$\theta_t = \sin^{-1}(1/3.04)$$
$$\theta_t = 19° \, 13'$$

4.17 $n_{ti} = \dfrac{n_t}{n_i} = \dfrac{c/v_t}{c/v_i} = \dfrac{v_i}{v_t} = \dfrac{\nu\lambda_i}{\nu\lambda_t} = \dfrac{\lambda_i}{\lambda_t}.$

그러므로 $\lambda_t = \lambda_i 3/4 = 9\,\text{cm}$이고

$$\sin\theta_i = n_{ti} \sin\theta_t$$
$$\sin^{-1}[\tfrac{3}{4}(0.707)] = \theta_t = 32°$$

이다.

4.21

θ_i(도)	θ_t(도)
0	0
10	6.7
20	13.3
30	19.6
40	25.2
50	30.7
60	35.1
70	38.6
80	40.6
90	41.8

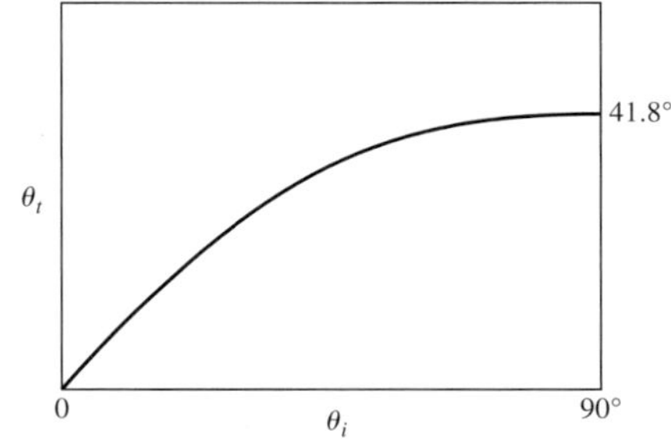

4.30 경계면에서 $\overline{AC}$를 따라 단위 길이당 파의 수는 $(\overline{BC}/\lambda_i)/(\overline{BC}\ \sin\theta_i) = (\overline{AD}/\lambda_t)(\overline{AD}\ \sin\theta_t)$과 같다. 양변에 c/ν를 곱하면 스넬의 법칙이 나온다.

4.32 b_1에서 b_2까지, a_1에서 a_2까지, 그리고 a_1에서 a_3까지, 파동이 광선을 따라 이동하는 시간을 τ라 하자. 따라서 $\overline{a_1a_2} = \overline{b_1b_2} = v_i\tau$이고, $\overline{a_1a_3} = v_t\tau$이다.

$$\sin\theta_i = \overline{b_1b_2}/\overline{a_1b_2} = v_i/\overline{a_1b_2}$$
$$\sin\theta_t = \overline{a_1a_3}/\overline{a_1b_2} = v_t/\overline{a_1b_2}$$
$$\sin\theta_r = \overline{a_1a_2}/\overline{a_1b_2} = v_i/\overline{a_1b_2}$$
$$\frac{\sin\theta_i}{\sin\theta_t} = \frac{v_i}{v_t} = \frac{n_t}{n_i} = n_{ti} \quad \text{그리고} \quad \theta_i = \theta_r$$

4.33

$$n_i \sin\theta_i = n_t \sin\theta_t$$
$$n_i(\hat{\mathbf{k}}_i \times \hat{\mathbf{u}}_n) = n_t(\hat{\mathbf{k}}_t \times \hat{\mathbf{u}}_n)$$

이며, 여기에서 $\hat{\mathbf{k}}_i$, $\hat{\mathbf{k}}_t$는 단위 전파 벡터이다. 그러므로

$$n_t(\hat{\mathbf{k}}_t \times \hat{\mathbf{u}}_n) - n_i(\hat{\mathbf{k}}_i \times \hat{\mathbf{u}}_n) = 0$$
$$(n_t\hat{\mathbf{k}}_t - n_i\hat{\mathbf{k}}_i) \times \hat{\mathbf{u}}_n = 0$$

이다. $n_t\hat{\mathbf{k}}_t - n_i\hat{\mathbf{k}}_i = \vec{\Gamma} = \Gamma\hat{\mathbf{u}}_n$라 놓자.

Γ는 종종 **비점 상수**(astigmatic constant)라고 한다. $\vec{\Gamma} = \hat{\mathbf{u}}_n$에 대한 $n_t\hat{\mathbf{k}}_t$와 $n_i\hat{\mathbf{k}}_i$의 투영 값들 사이의 차, 달리 말해서 내적 $\vec{\Gamma} \cdot \hat{\mathbf{u}}_n$을 취하면

$$\Gamma = n_t\cos\theta_t - n_i\cos\theta_i$$

이다.

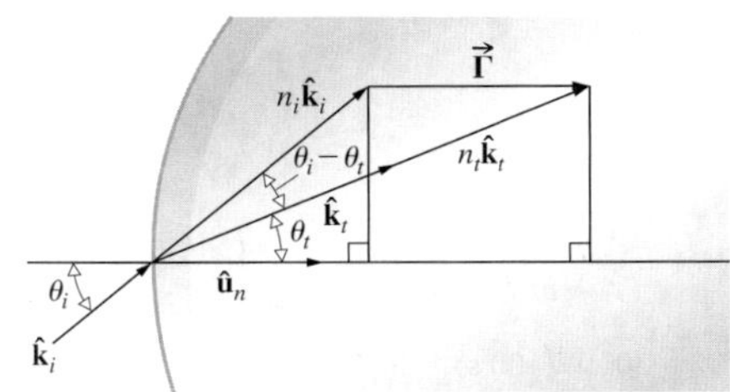

4.34 $\theta_i = \theta_r$, $\hat{\mathbf{k}}_{ix} = \hat{\mathbf{k}}_{rx}$ 그리고 $\hat{\mathbf{k}}_{iy} = -\hat{\mathbf{k}}_{ry}$이고 $(\hat{\mathbf{k}}_i \cdot \hat{\mathbf{u}}_n)\hat{\mathbf{u}}_n = \hat{\mathbf{k}}_{iy}$이므로 $\hat{\mathbf{k}}_i - \hat{\mathbf{k}}_r = 2(\hat{\mathbf{k}}_i \cdot \hat{\mathbf{u}}_n)\hat{\mathbf{u}}_n$이다.

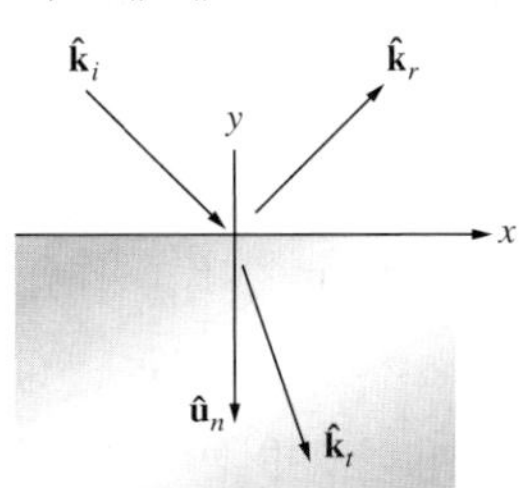

4.35 $\overline{SB'} > \overline{SB}$이고 $\overline{B'P} > \overline{BP}$이므로 가장 짧은 경로는 B'과 B가 입사면 안에서 일치할 때 얻어진다.

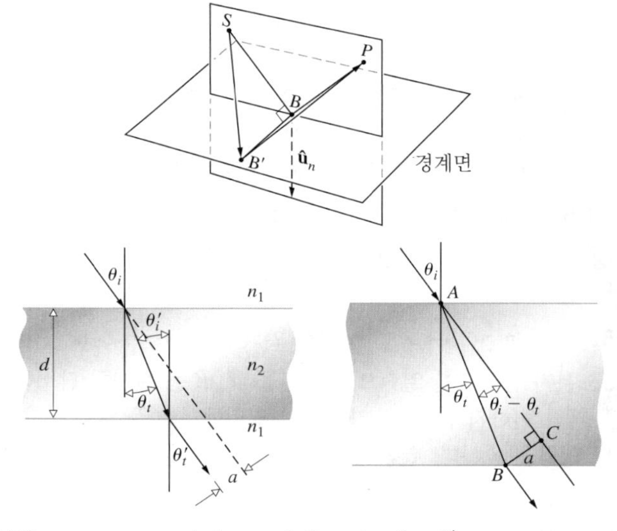

4.38

$$n_1 \sin\theta_i = n_2 \sin\theta_t \qquad \theta_t = \theta_i'$$
$$n_2 \sin\theta_i' = n_1 \sin\theta_t'$$
$$n_1 \sin\theta_i = n_1 \sin\theta_t' \quad \text{그리고} \quad \theta_i = \theta_t'$$

$$\cos\theta_t = d/\overline{AB}$$
$$\sin(\theta_i - \theta_t) = a/\overline{AB}$$
$$\sin(\theta_i - \theta_t) = \frac{a}{d}\cos\theta_t$$
$$\frac{d\sin(\theta_i - \theta_t)}{\cos\theta_t} = a$$

4.40 점 S에서 점 P로 직선을 따라 진행하는 대신에 광선은 보

다 큰 각도로 평판을 가로지르는 경로를 따른다. 그렇게 할 때 공기 중의 경로는 약간 증가하지만 평판 안에서의 시간의 감소가 충분히 보상하고도 남는다. 그러므로 변위 a는 n_{21}에 따라 증가할 것으로 예측할 수 있다. 주어진 θ_i에 대하여 n_{21}이 증가할 때 θ_t는 감소하고, $(\theta_i - \theta_t)$는 증가하며, 연습문제 4.34의 결과들로부터 a는 분명히 증가한다.

4.42 식 (4.40)으로부터

$$r_\parallel = \frac{1.52\cos 30^\circ - \cos 19^\circ 13'}{\cos 19^\circ 13' + 1.52\cos 30^\circ}$$

인데, 여기서 연습문제 4.11로부터 구한 $\theta_t = 19^\circ 13'$이 사용되었다. 마찬가지로

$$t_\parallel = \frac{2\cos 30}{\cos 19^\circ 13' + 1.52\cos 30^\circ}$$

$$r_\parallel = \frac{1.32 - 0.944}{0.944 + 1.32} = 0.165$$

$$t_\parallel = \frac{1.732}{0.944 + 1.32} = 0.766$$

이다.

4.43 식 (4.34)에서 시작하여 분자 분모를 n_i로 나누고 n_{ti}를 $\sin\theta_i/\sin\theta_t$로 바꾸면 식 (4.42)와 동등한

$$r_\perp = \frac{\sin\theta_t\cos\theta_i - \sin\theta_i\cos\theta_t}{\sin\theta_t\cos\theta_i + \sin\theta_i\cos\theta_t}$$

를 얻는다. 식 (4.44)도 정확히 같은 방법으로 얻어진다. $r_\parallel$를 구하기 위해서는 식 (4.40)으로부터 같은 방법으로 시작하여

$$r_\parallel = \frac{\sin\theta_i\cos\theta_i - \cos\theta_t\sin\theta_t}{\cos\theta_t\sin\theta_t + \sin\theta_i\cos\theta_i}$$

을 얻는다. 이제 여러 방법이 가능하다. 한 가지는 $r_\parallel$를

$$r_\parallel = \frac{(\sin\theta_i\cos\theta_t - \sin\theta_t\cos\theta_i)(\cos\theta_i\cos\theta_t - \sin\theta_i\sin\theta_t)}{(\sin\theta_i\cos\theta_t + \sin\theta_t\cos\theta_i)(\cos\theta_i\cos\theta_t + \sin\theta_i\sin\theta_t)}$$

와 같이 다시 쓰는 것인데, 따라서

$$r_\parallel = \frac{\sin(\theta_i - \theta_t)\cos(\theta_i + \theta_t)}{\sin(\theta_i + \theta_t)\cos(\theta_i - \theta_t)} = \frac{\tan(\theta_i - \theta_t)}{\tan(\theta_i + \theta_t)}.$$

을 얻는다. 같은 분모를 갖는 $t_\parallel$는 비슷하게 구할 수 있다.

4.63 $[E_{0r}]_\perp + [E_{0i}]_\perp = [E_{0t}]_\perp$. 접선 성분은 입사 매질과 투과 매질에서 같다.

$$[E_{0t}/E_{0i}]_\perp - [E_{0r}/E_{0i}]_\perp = 1, \qquad t_\perp - r_\perp = 1$$

또는 식 (4.42)와 식 (4.44)로부터

$$\frac{+\sin(\theta_i - \theta_t) + 2\sin\theta_t\cos\theta_i}{\sin(\theta_i + \theta_t)} \overset{?}{=} 1$$

$$\frac{\sin\theta_i\cos\theta_t - \cos\theta_i\sin\theta_t + 2\sin\theta_t\cos\theta_i}{\sin\theta_i\cos\theta_t + \cos\theta_i\sin\theta_t} = 1$$

이다.

4.66 $\theta_i = \theta_p$일 때 $\theta_i + \theta_t = 90^\circ$

$$n_i\sin\theta_p = n_t\sin\theta_t = n_t\cos\theta_p$$

$$\tan\theta_p = n_t/n_i = 1.52, \qquad \theta_p = 56^\circ 40' \qquad [8.29]$$

4.68

$$\tan\theta_p = n_t/n_i = n_2/n_1$$

$$\tan\theta'_p = n_1/n_2, \qquad \tan\theta_p = 1/\tan\theta'_p$$

$$\frac{\sin\theta_p}{\cos\theta_p} = \frac{\cos\theta'_p}{\sin\theta'_p} \therefore \sin\theta_p\sin\theta'_p - \cos\theta_p\cos\theta'_p = 0$$

$$\cos(\theta_p + \theta'_p) = 0, \qquad \theta_p + \theta'_p = 90^\circ$$

4.69 식 (4.92)에서

$$\tan\gamma_r = r_\perp[E_{0i}]_\perp / r_\parallel[E_{0i}]_\parallel = \frac{r_\perp}{r_\parallel}\tan\gamma_i$$

이고, 식 (4.42)와 식 (4.43)에서

$$\tan\gamma_r = -\frac{\cos(\theta_i - \theta_t)}{\cos(\theta_i + \theta_t)}\tan\gamma_i$$

이다.

4.71

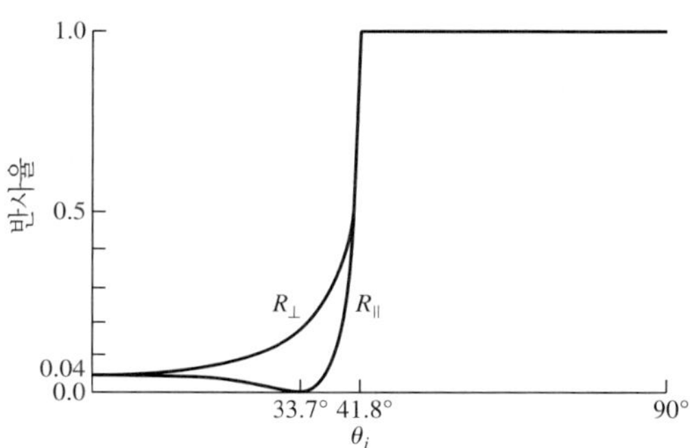

4.72 $T_\perp = \left(\dfrac{n_t\cos\theta_t}{n_i\cos\theta_i}\right)t_\perp^2$. 식 (4.44)와 스넬의 법칙으로부터

$$T_\perp = \left(\frac{\sin\theta_i\cos\theta_t}{\sin\theta_t\cos\theta_i}\right)\left(\frac{4\sin^2\theta_t\cos^2\theta_i}{\sin^2(\theta_i + \theta_t)}\right) = \frac{\sin 2\theta_i\sin 2\theta_t}{\sin^2(\theta_i + \theta_t)}$$

이다. $T_\parallel$도 비슷한 방법으로 얻는다.

4.74 Φ_i가 입사 복사 선속 또는 출력이고 T는 첫 번째 공기–유리 경계면에서의 투과율이라 하면 투과 선속은 $T\Phi_i$이다. 식 (4.68)로부터 수직 입사의 경우 유리에서 공기로 투과율은 역시 T이다. 따라서 처음 슬라이드 유리에서 나오는 선속은 $T\Phi_i T$이며, 마지막 슬라이드 유리로부터는 $\Phi_i T^{2N}$이다. $T = 1 - R$이므로 $T_t = (1-R)^{2N}$이다. 식 (4.67)에서

$$R = (0.5/2.5)^2 = 4\%, \qquad T = 96\%$$

$$T_t = (0.96)^6 \approx 78.3\%$$

이다.

4.75 $T = \dfrac{I(y)}{I_0} = e^{-\alpha y}, \qquad T_1 = e^{-\alpha}, \qquad T = (T_1)^y$

$$T_t = (1 - R)^{2N}(T_1)^d$$

4.76 $\theta_i = 0$일 때, $R = R_\parallel = R_\perp = \left(\dfrac{n_t - n_i}{n_t + n_i}\right)^2$.

$n_{ti} \to 1$일 때 $n_t \to n_i$이고 분명히 $R \to 0$이다.

$\theta_i = 0$일 때,

$$T = T_\parallel = T_\perp \frac{4n_t n_i}{(n_t + n_i)^2}$$

이고, $n_t \rightarrow n_i$이므로 $\lim_{n_{ti}\rightarrow 1} T = 4n_i^2/(2n_i)^2 = 1$이다.

연습문제 4.91과 $n_t \rightarrow n_i$일 때 스넬의 법칙에 의해 $\theta_t \rightarrow \theta_i$이라는 사실로부터

$$\lim_{n_{ti}\rightarrow 1} T_\parallel = \frac{\sin^2 2\theta_i}{\sin^2 2\theta_i} = 1, \qquad \lim_{n_{ti}\rightarrow 1} T_\perp = 1$$

을 얻는다. 식 (4.43)과 $R_\parallel = r_\parallel^2$와 $\theta_t \rightarrow \theta_i$로부터, $\lim_{n_{ti}\rightarrow 1} R_\parallel = 0$이다. 마찬가지로 식 (4.42)에서 $\lim_{n_{ti}\rightarrow 1} R_\perp = 0$이다.

4.78 $\theta_i > \theta_c$인 경우, 식 (4.70)은

$$r_\perp = \frac{\cos\theta_i - i(\sin^2\theta_i - n_{ti}^2)^{1/2}}{\cos\theta_i + i(\sin^2\theta_i - n_{ti}^2)^{1/2}}$$

$$r_\perp r_\perp^* = \frac{\cos^2\theta_i + \sin^2\theta_i - n_{ti}^2}{\cos^2\theta_i + \sin^2\theta_i - n_{ti}^2} = 1$$

으로 쓸 수 있다. 마찬가지로 $r_\parallel r_\perp^* = 1$이다.

4.86 식 (4.73)의 지수에서 $k_t \sin\theta_i/n_{ti}$를 뽑아내면 지수는 $k(x - vt)$의 형태가 된다. 이때 둘째 항은 $\omega n_{ti} t/k_t \sin\theta_i$이 되고, 이는 $v_t t$이어야 한다. 즉 $\omega n_t/(2\pi/\lambda_t)n_i \times \sin\theta_i = v_t$이고, 따라서 $v_t = c/n_i \sin\theta_i = v_i/\sin\theta_i$이다.

4.87 정의식으로부터 $\beta = k_t[(\sin^2\theta_i/n_{ti}^2) - 1]^{1/2} = 3.702 \times 10^6 \mathrm{m}^{-1}$이고, $y\beta = 1$이므로 $y = 2.7 \times 10^{-7}\mathrm{m}$이다.

4.91 빔은 젖은 종이에서 산란되며 임계각에 도달하기 전까지는 대부분 투과한다. 임계각에 도달하면 빛은 광원 쪽으로 거꾸로 반사한다. $\tan\theta_c = (R/2)/d$이므로 $n_{ti} = 1/n_i = \sin[\tan^{-1}(R/2d)]$이다.

4.92 $1.00029 \sin 88.7° = n \sin 90°$

$$(1.00029)(0.99974) = n; \quad n = 1.00003$$

4.93 두 입사파로부터 다양한 양으로 방출된 빔을 얻는 혼합기(mixer)로 사용할 수 있다. 이것은 간격을 조절함으로써 가능하다. [그 이상의 언급을 위해서는 H.A. Daw and J. R. Izatt, *J. Opt. Soc. Am.* **55**, 201 (1965)를 보라.]

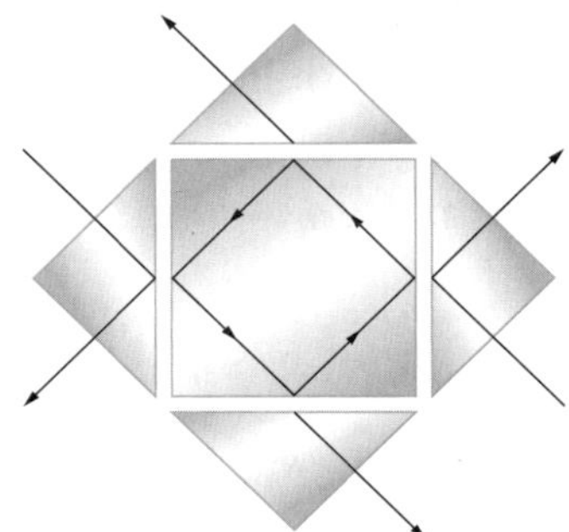

4.94 빛은 조절할 수 있는 결합 간격을 따라 진행하는 에바네센트파로서 프리즘의 바닥을 가로지른다. 에바네센트파가 어떤 조건을 만족시킬 때, 에너지는 유전체 박막 안으로 들어간다. 박막은 고유 진동 배치 또는 모드를 유지하는 도파로처럼 작동한다. 각 모드는 이것과 관련된 주어진 속력과 편광을 가진다. 에바네센트파는 모드 배치와 정합될 때 박막 안으로 결합되어 들어간다.

4.95 그림 4.69로부터 확실한 선택은 은이다. 300 nm 근방에서 $n_I \approx n_R \approx 0.6$임을 주목하라. 이 경우 식 (4.83)에 의하면 $R \approx 0.18$이다. 300 nm 바로 위쪽에서 n_I는 급격하게 증가하지만, n_R은 매우 강하게 감소한다. 그 결과 가시광선 영역에서는 $R \approx 1$이다.

4.99

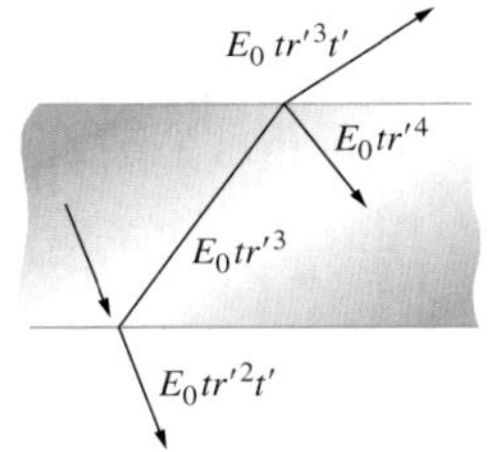

$$t_\parallel = \frac{2\sin\theta_2\cos\theta_1}{\sin(\theta_1+\theta_2)\cos(\theta_1-\theta_2)}$$

$$t_\parallel' = \frac{2\sin\theta_1\cos\theta_2}{\sin(\theta_1+\theta_2)\cos(\theta_2-\theta_1)}$$

$$t_\parallel t_\parallel' = \frac{\sin 2\theta_1 \sin 2\theta_2}{\sin^2(\theta_1+\theta_2)\cos^2(\theta_1-\theta_2)} = T_\parallel$$

인데, 식 (4.98)로부터 마지막 결과가 나온다. 마찬가지로 $t_\perp t_\perp' = T_\perp$

$$r_\parallel^2 = \left[\frac{\tan(\theta_1-\theta_2)}{\tan(\theta_1+\theta_2)}\right]^2 = \left[\frac{-\tan(\theta_2-\theta_1)}{\tan(\theta_1+\theta_2)}\right]^2$$

$$r_\parallel'^2 = \left[\frac{\tan(\theta_2-\theta_1)}{\tan(\theta_1+\theta_2)}\right]^2 = r_\parallel^2 = R_\parallel$$

이다.

4.101 식 (4.45)로부터

$$t_\parallel'(\theta_p')t_\parallel(\theta_p) = \left[\frac{2\sin\theta_p\cos\theta_p'}{\sin(\theta_p+\theta_p')\cos(\theta_p'-\theta_p)}\right] \times \left[\frac{2\sin\theta_p'\cos\theta_p}{\sin(\theta_p+\theta_p')\cos(\theta_p-\theta_p')}\right]$$

$$= \frac{\sin 2\theta_p' \sin 2\theta_p}{\cos^2(\theta_p-\theta_p')}, \qquad (\theta_p + \theta_p' = 90° \text{ 이므로})$$

$$= \frac{\sin^2 2\theta_p}{\cos^2(\theta_p-\theta_p')}, \qquad (\sin 2\theta_p' = \sin 2\theta_p \text{ 이므로})$$

$$= \frac{\sin^2 2\theta_p}{\cos^2(2\theta_p - 90°)} = 1$$

이다.

5장

5.1 S에서 P까지 OPL이 같아야 한다. 따라서 $\ell_o n_1 + \ell_i n_2 = s_o n_1 + s_i n_2 =$ 상수이다. A에서 광축에 수선을 내렸을 때 교점이 B이다. $\overline{BP} = s_o + s_i - x$이고 나머지는 피타고라스 정리로부터 나온다.

5.2 $\ell_o n_1 + \ell_i n_2 =$ 상수임을 이용하면 $\ell_o + \ell_i 3/2 =$ 상수이므로 $5 + (6)3/2 = 14$이다. 그러므로 $2\ell_o + 3\ell_i = 28$이다. $\ell_o = 6$일 때 $\ell_i = 5.3$이며, $\ell_o = 7$일 때 $\ell_i = 4.66$이다. S와 P에 중심을 둔 호는 물리적으로 의미 있는 ℓ_o와 ℓ_i값으로 교차해야 함을 유의한 것이다.

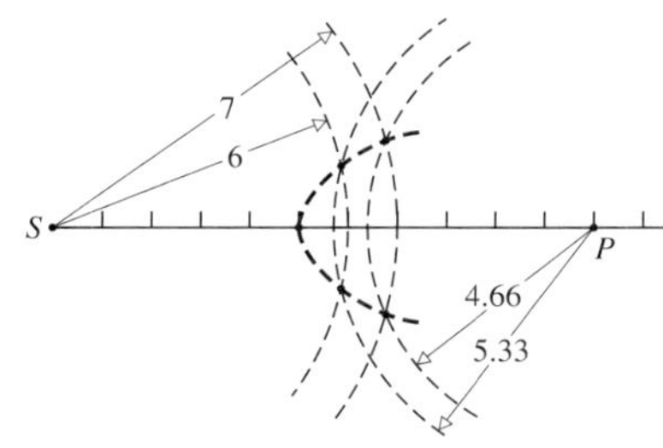

5.4 그림 5.4에서 오목한 타원면에 입사하는 평면파는 구면파가 된다. 만일 두 번째 구면이 이것과 같은 곡률을 가지면 파동의 모든 광선은 이것에 수직할 것이며 변함없이 곧장 나올 것이다.

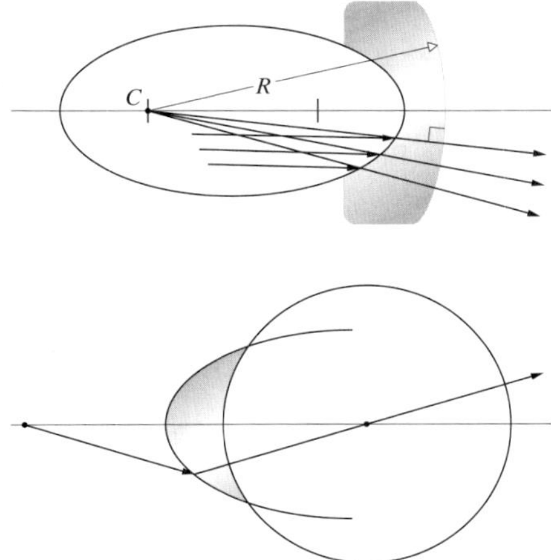

5.8 첫째 면: $\dfrac{n_1}{s_o} + \dfrac{n_2}{s_i} = \dfrac{n_2 - n_1}{R}$

$$\frac{1}{1.2} + \frac{1.5}{s_i} = \frac{0.5}{0.1}$$

따라서 $s_i = 0.36\,\text{m}$임 (제1정점에서 오른편으로 0.36m에 있는 실상). 둘째 면: $s_o = 0.20 - 0.36 = -0.16\,\text{m}$ (허물체 거리).

$$\frac{1.5}{-0.16} + \frac{1}{s_i} = \frac{-0.5}{-0.1}, \qquad s_i = 0.069$$

최종적인 상은 실상 ($s_i > 0$)이며, 도립($M_T < 0$)이고, 제2정점에서 오른편으로 6.9cm에 있다.

5.13 식 (5.8)에서 $1/8 + 1.5/s_i = 0.5/-20$. 첫째 면에서 $s_i = -10\,\text{cm}$. 제1정점에서 왼편으로 10cm에 있는 허상이다. 둘째 면에서 물체는 제2정점으로부터 15cm에 있는 실물체이다.

$$1.5/15 + 1/s_i = -0.5/10\,, \quad s_i = -20/3 = -6.66\,\text{cm}$$

제2정점 왼편에 있는 허상이다.

5.15 $s_o + s_i = s_o s_i / f$이므로 $s_o + s_i$를 최소화하기 위하여

$$\frac{d}{ds_o}(s_o + s_i) = 0 = 1 + \frac{ds_i}{ds_o}$$

$$\text{또는 } \frac{d}{ds_o}\left(\frac{s_o s_i}{f}\right) = \frac{s_i}{f} + \frac{s_o}{f}\frac{ds_i}{ds_o} = 0$$

$$\text{따라서 } \frac{ds_i}{ds_o} = -1\text{이고 } \frac{ds_i}{ds_o} = -\frac{s_i}{s_o}, \quad \therefore \quad s_i = s_o$$

이다. 둘 중 하나가 ∞이면 간격은 최대이겠지만 둘 다 그럴 수는 없다. 따라서 $s_i = s_o$이 최소에 대한 조건이다. 가우스 방정식에서 $s_i = s_o = 2f$이다.

5.16 $1/5 + 1/s_i = 1/10$, $s_i = -10\,\text{cm}$ 허상, $M_T = -s_i/s_o = 10/5 = 2$ 정립. 상의 크기는 4cm이다. 또는 $-5(x_i) = 100$, $x_i = -20$, $M_T = -x_i/f = 20/10 = 2$이다.

5.17 $1/s_o + 1/s_i = 1/f$

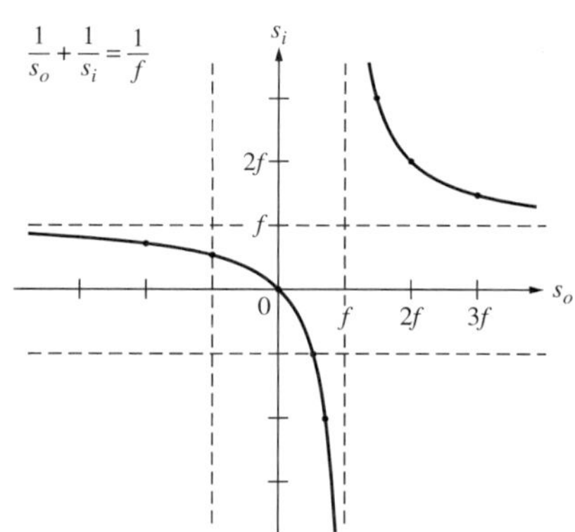

5.20 허상이므로 $s_i < 0$이다. $1/100 + 1/-50 = 1/f$, $f = -100\,\text{cm}$. 상은 오른편으로 50cm이다. $M_T = -s_i/s_o = 50/100 = 0.5$. 개미의 상은 절반 크기이고 정립이다($M_T > 0$).

5.23 $1/f = (n_l - 1)[(1/R_1) - (1/R_2)]$
$= 0.5[(1/\infty) - (1/10)] = -0.5/10$
$f = -20\text{ cm}, \qquad \mathcal{D} = 1/f = -1/0.2 = -5\text{ D}$

5.31

(a) 가우스 렌즈 방정식에서

$$\frac{1}{15.0\text{ m}} + \frac{1}{s_i} = \frac{1}{3.00\text{ m}}$$

이다. 그리고 $s_i = +3.75\,\text{m}$이다.

(b) 배율을 계산하면

$$M_T = -\frac{s_i}{s_o} = -\frac{3.75\text{ m}}{15.0\text{ m}} = -0.25$$

를 얻는다. 상의 거리가 양(+)이므로 **실상**이다. 배율이 음(−)이므로 **도립상**이고, 배율의 절댓값이 1보다 작으므로 **축**

소된 상이다.

(c) 배율의 정의에서

$$y_i = M_T y_o = (-0.25)(2.25\,\text{m}) = -0.563\,\text{m}$$

이 되는데, 음(−)의 부호는 도립상임을 나타낸다.

(d) 다시 가우스 방정식

$$\frac{1}{17.5\text{ m}} + \frac{1}{s_i} = \frac{1}{3.00\text{ m}}$$

에서 $s_i = +3.62\,\text{m}$이다. 말의 전체 상 길이는 단지 0.13 m이다.

5.38 먼저 구할 것은 수중에서의 초점 거리인데, 렌즈 제작자의 공식을 이용한다. 비율을 취하면 $f_w/f_a = f_w/(10\,\text{cm}) = (n_g - 1)/[(n_g/n_w) - 1] = 0.56/0.17 = 3.24$, $f_w = 32\,\text{cm}$이다. 상거리는 가우스 렌즈 공식으로부터 얻어진다. $1/s_i + 1/100\,\text{cm} = 1/32.4\,\text{cm}$, $s_i = 48\,\text{cm}$.

5.39 실상이 되기 위해서는 도립상이어야 하므로 텔레비전 세트가 거꾸로 되어 있거나 상을 뒤집을 무언가가 더 필요하다. $M_T = -3 = -s_i/s_o$, $1/s_o + 1/3s_o = 1/0.60\,\text{m}$, $s_o = 0.80\,\text{m}$이고, 따라서 $0.80\,\text{m} + 3(0.80\,\text{m}) = 3.2\,\text{m}$이다.

5.40 $$\frac{1}{f} = (n_{lm} - 1)\left(\frac{1}{R_1} - \frac{1}{R_2}\right)$$

$$\frac{1}{f_w} = \frac{(n_{lm} - 1)}{(n_l - 1)}\frac{1}{f_a} = \frac{1.5/1.33 - 1}{1.5 - 1}\frac{1}{f_a} = \frac{0.125}{0.5}\frac{1}{f_a}$$

$$f_w = 4f_a$$

5.44 $1/f = 1/f_1 + 1/f_2$, $1/50 = 1/f_1 - 1/50$, $f_1 = 25\,\text{cm}$. 첫째 렌즈와 둘째 렌즈의 각 면의 곡률 반지름이 각각 R_{11}과 R_{12} 그리고 R_{21}과 R_{22}이면,

$$1/f_1 = (n_l - 1)(1/R_{11} - 1/R_{12}), \qquad 1/25 = 0.5(2/R_{11})$$
$$R_{11} = -R_{12} = -R_{21} = 25\text{ cm}$$
$$1/f_2 = (n_l - 1)(1/R_{21} - 1/R_{22})$$
$$-1/50 = 0.55[1/(-25) - 1/R_{22}]$$
$$R_{22} = -275\text{ cm}$$

이다.

5.45

$$M_{T_1} = -s_{i1}/s_{o1} = -f_1/(s_{o1} - f_1)$$
$$M_{T_2} = -s_{i2}/s_{o2} = -s_{i2}/(d - s_{i1})$$
$$M_T = f_1 s_{i2}/(s_{o1} - f_1)(d - s_{i1})$$

식 (5.30)으로부터 s_{i1}을 대입하면,

$$M_T = \frac{f_1 s_{i2}}{(s_{o1} - f_1)d - s_{o1}f_1}$$

이다.

5.47 첫째 렌즈에서 $1/s_{i1} = 1/30 - 1/30 = 0$, $s_{i1} = \infty$이다. 둘째 렌즈에서 $1/s_{i2} = 1/(-20) - 1/(-\infty)$인데, 여기서 둘째 렌즈에 대한 물체는 오른편으로 ∞, 즉 $s_{o2} = -\infty$이다. 따라서 $s_{i2} = -20$ cm이므로 허상이 첫째 렌즈 왼편으로 10 cm에 있다.

$$M_T = (-\infty/30)(+20/-\infty) = \frac{2}{3}$$

또는 식 (5.34)로부터

$$M_T = \frac{30(-20)}{10(30 - 30) - 30(30)} = \frac{2}{3}$$

이다.

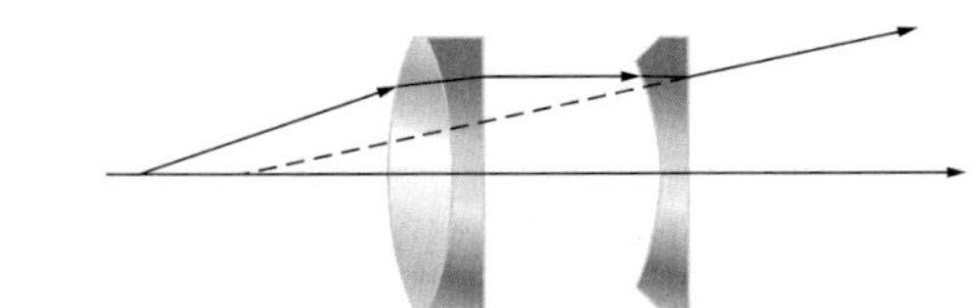

5.51

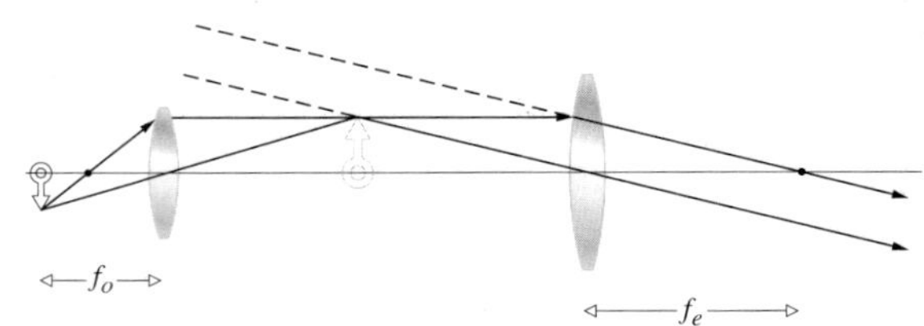

5.55 L_1이 S에 대하여 이루는 각은 $\tan^{-1} 3/12 = 14°$이다. L_1에 의한 조리개의 상을 구하기 위해 식 (5.23)을 이용한다. $x_o x_i = f^2$, $(-6)(x_i) = 81$, $x_i = -13.5\,\text{cm}$이므로, 따라서 상은 L_1 뒤 4.5 cm에 있다. 배율은 $-x_i/f = 13.5/9 = 1.5$이므로, 구멍 가장자리의 상의 반지름은 $(0.5)(1.5) = 0.75\,\text{cm}$이다. 그러므로 S에 대하여 이루는 각은 $\tan^{-1} 0.75/16.5 = 2.6°$이다. L_1에 의한 L_2의 상은 $(-4)(x_i) = 81$로부터 얻어지며, $x_i = -20.2\,\text{cm}$이다. 즉 상은 L_1 오른편으로 11.2 cm에 있다. $M_T = 20.2/9 = 2.2$. 따라서 L_2의 가장자리는 광축 위 4.4 cm에 상을 맺는다. 따라서 S에 대하여 이루는 각은 $\tan^{-1} 4.4/(12 + 11.2)$ 또는 9.8°이다. 결과적으로 조리개가 A.S.이고 입사동(L_1에 의한 조리개의 상)은 L_1 뒤 4.5 cm에서 1.5 cm의 지름이다. L_2에 의한 조리개의 상은 출사동이다. 따라서 $1/2 + 1/s_i = 1/3$에서 $s_i = -6$, 즉 L_2 앞 6 cm에 있다. $M_T = 6/2 = 3$이므로 출사동 지름은 3 cm이다.

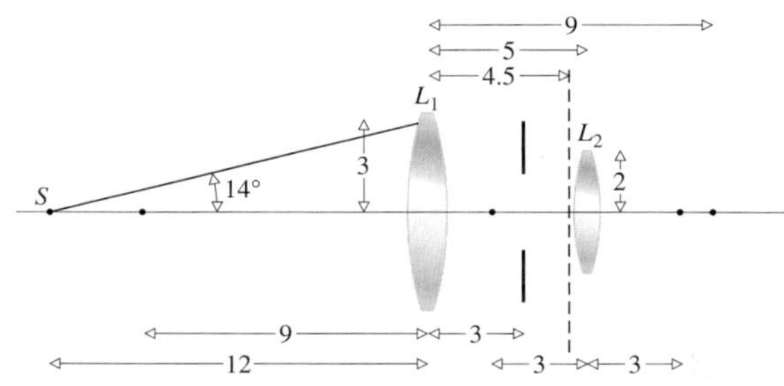

5.57 L_1 또는 L_2의 가장자리가 구경 조리개일 것이다. L_1 왼편에는 렌즈가 없으므로 그 가장자리 또는 P_1이 입사동에 해당한다. 점 A를 지나서는 (왼편으로) L_1이 가장 작은 각을 이루므로 입사동이다. 더 가까이는 (A의 오른편으로) P_1이 입사동의 가장자리가 된다. 전자의 경우, P_2가 출사동이다. 후자의 경우, (L_2의 오른편으로 렌즈가 없으므로) L_2의 가장자리 자체가 출사동이다.

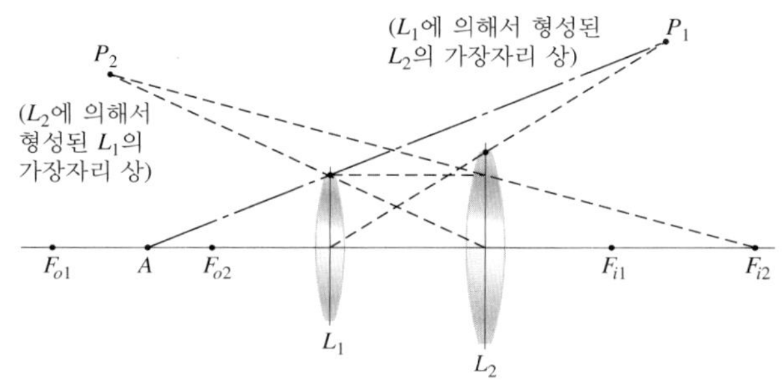

5.58 구경 조리개는 L_1 또는 L_1의 가장자리이다. 따라서 입사동은 P_1 또는 P_2로 표시된다. F_{o1}을 지나서는 P_1이 더 작은 각을 이룬다. 따라서 Σ_1이 구경 조리개이다. 그 오른편에 있는 렌즈 L_2에 의한 구경 조리개의 상은 P_3에 있으며 출사동이다.

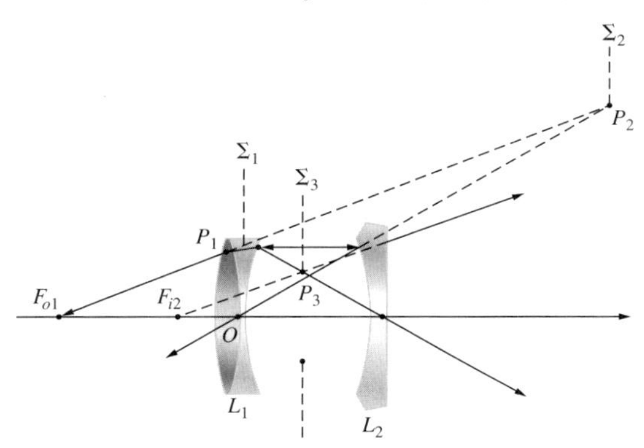

5.60 물체 끝에서 L_1까지 주광선을 그리고 그것을 연장했을 때 입사동의 중심을 지나도록 한다. 주광선은 L_1부터 구경 조리개의 중심을 지난 다음, L_2에서 꺾여서 출사동의 중심을 지난다. 주변 광선은 S에서 입사동의 가장자리로 가다가, L_1에서 꺾여서 구경 조리개의 가장자리를 스친 다음, 다시 L_2에서 꺾여 출사동의 가장자리로부터 오는 것처럼 진행한다.

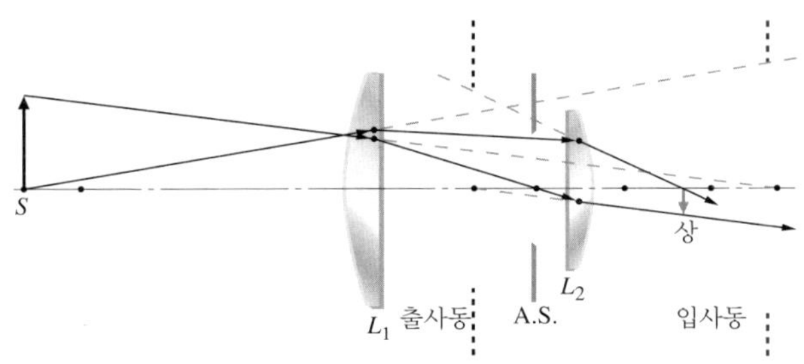

5.61

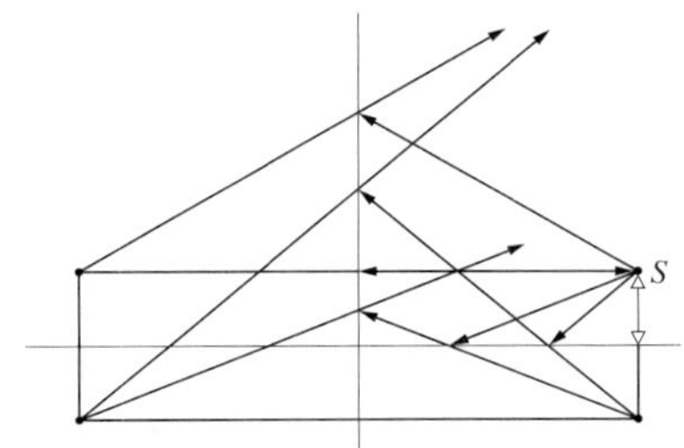

5.62 아니다. 그녀는 당신을 보고 있겠지만.

5.63 거울은 그림 평면에 평행하므로 소녀의 상은 그녀 오른편으로 떨어져 있지 않고 바로 뒤에 있어야 한다.

5.64 $1/s_o + 1/s_i = -2/R$. $R \to \infty$라 하자. $1/s_o + 1/s_i = 0$, $s_o = -s_i$, 그리고 $M_T = +1$. 같은 크기의 정립 허상이다.

5.71 식 (5.49)에서 $1/100 + 1/s_i = -2/80$이며, 따라서 $s_i = -28.5$ cm이다. 축소된 정립($M_T > 0$), 허상($s_i < 0$)이다. (표 5.5와 맞춰 보라.)

5.74 스크린 위의 상은 실상이어야 한다. $\therefore$ s_i는 양(+)이다.

$$\frac{1}{25} + \frac{1}{100} = -\frac{2}{R}, \quad \frac{5}{100} = -\frac{2}{R}, \qquad R = -40 \text{ cm}$$

5.75 상이 정립이며 축소되어 있다. 이것은 볼록 구면 거울을 암시한다(표 5.5).

5.80 정립 확대상이기 위해서는 오목 거울이어야 하며 허상이다. $M_T = 2.0 = s_i/(0.015\text{m})$, $s_i = -0.03\text{m}$이며, 따라서 $1/f = 1/(0.015\text{m}) + 1/(-0.03\text{m})$, $f = 0.03\text{m}$ 그리고 $f = -R/2$, $R = -0.06\text{m}$이다.

5.81 $M_T = y_i/y_o = -s_i/s_o$, 식 (5.50)을 이용하면 $s_i = fs_o/(s_o - f)$이고, 그리고 $f = -R/2$이므로 $M_T = -f/(s_o - f) = -(-R/2)/(s_o + R/2) = R/(2s_o + R)$이다.

5.84 $M_T = -s_i/25\text{cm} = -0.064$, $s_i = 1.6\text{cm}$, $1/25\text{cm} + 1/1.6\text{cm} = -2/R$, $R = -3.0\text{cm}$.

5.89 $f = -R/2 = 30\text{cm}$, $1/20 + 1/s_i = 1/30$, $1/s_i = 1/30 - 1/20$.

$$s_i = -60\text{cm}, \; M_T = -s_i/s_o = 60/20 = 3$$

상은 거울 뒤 60cm에 있고 크기는 9인치이며 정립($M_T > 0$), 허상($s_i < 0$)이다.

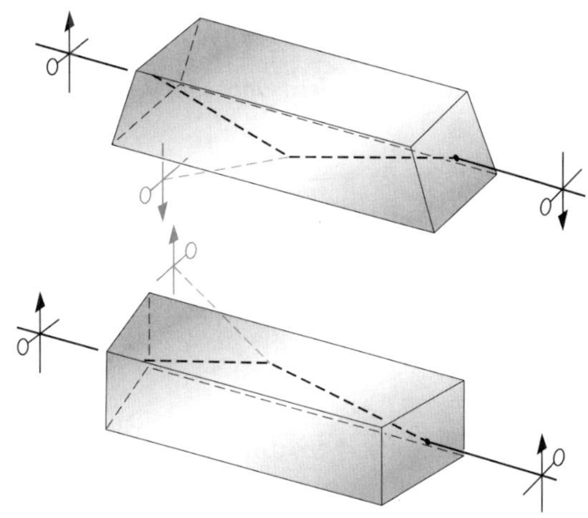

5.92 상은 180° 만큼 회전한다.

5.93 식 (5.64)에서

$$\text{NA} = (2.624 - 2.310)^{1/2} = 0.550$$
$$\theta_{\max} = \sin^{-1} 0.550 = 33°22'$$

이다. 최대 수용각은 $2\theta_{max} = 66°44'$이다. 45°의 광선은 광섬유로부터 금방 새어 나갈 것이다. 즉 첫 반사에서도 상당한 에너지가 새어 나간다.

5.95 식 (5.62)에서 $\log 0.5 = -0.30 = -\alpha L/10$이므로 $L = 15$ km이다.

5.98 식 (5.61)에서 $NA = 0.232$이고 $N_m = 9.2 \times 10^2$이다.

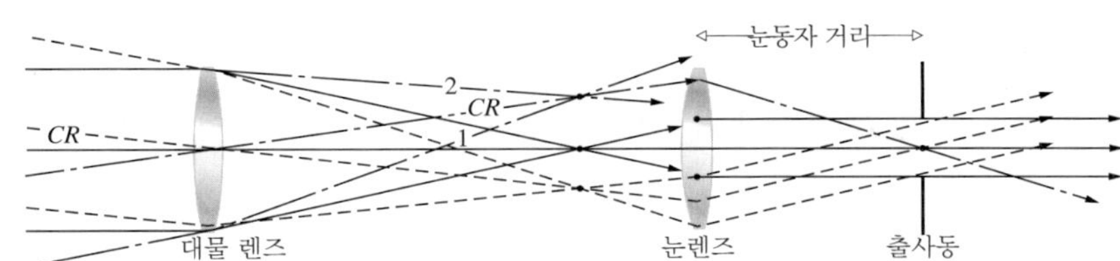

5.101 $M_T = -f/x_o = -1/x_o\mathscr{D}$. 사람 눈의 경우, $\mathscr{D} \approx 58.6$ 디옵터.

$$x_o = 230000 \times 1.61 = 371 \times 10^3 \text{ km}$$
$$M_T = -1/3.71 \times 10^6(58.6) = 4.6 \times 10^{-11}$$
$$y_i = 2160 \times 1.61 \times 10^3 \times 4.6 \times 10^{-11} = 0.16 \text{ mm}$$

5.103 $1/20 + 1/s_{io} = 1/4, \quad s_{io} = 5 \text{ m}$

$$1/0.3 + 1/s_{ie} = 1/0.6, \quad s_{ie} = -0.6 \text{ m}$$
$$M_{To} = -5/10 = -0.5$$
$$M_{Te} = -(-0.6)/0.5 = +1.2$$
$$M_{To}M_{Te} = -0.6$$

5.107 다음 문제의 그림에서 광선 1은 눈렌즈를 지나지 못하므로, 해당하는 상점에 도달하는 에너지가 감소한다. 이것이 비네팅이다.

5.108 앞 문제에서 눈렌즈를 지나지 못했을 광선은 시야 렌즈에 의해 통과하게 된다. 시야 렌즈가 어떻게 주광선을 약간 꺾어서 눈렌즈에 약간 더 가까이 광축을 지나게 하고 그에 따라 출사동을 이동시키며 눈동자 거리를 감소시키는지 주목하라. (더 자세한 것은 Smith의 *Modern Optical Engineering*을 보라.)

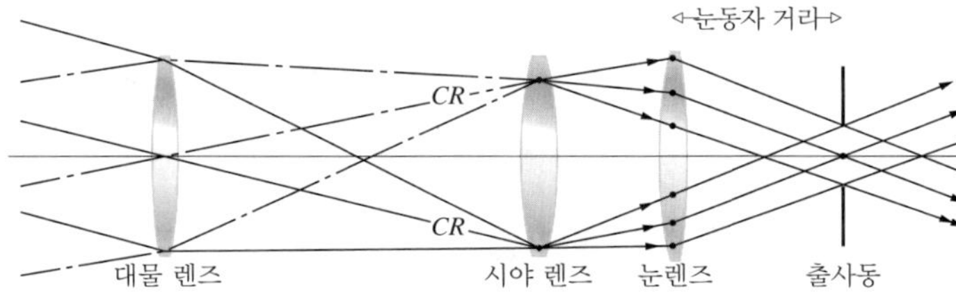

5.117 $\mathscr{D}_l - \dfrac{\mathscr{D}_c}{1 + \mathscr{D}_c d} = \dfrac{3.2D}{1 + (3.2D)(0.017 \text{ m})} = +3.03D$

또는 2개의 숫자만 쓰면 $+3.0D$, $f_l = 0.330$m이므로 원점은 안경 렌즈 뒤 $0.330\text{m} = -0.017\text{m} = 0.313$m에 있다. 콘택트 렌즈에 대해서는 $f_c = 1/3.2 = 0.313$m이다. 따라서 0.31m에 있는 원점은 두 경우에 같다.

5.119 (a) 중간 상거리는 대물 렌즈에 렌즈 공식을 적용시켜 얻는다.

$$\frac{1}{27 \text{ mm}} + \frac{1}{s_i} = \frac{1}{25 \text{ mm}}$$

따라서 $s_i = 3.38 \times 10^2$mm이다. 이것은 대물 렌즈에서 중간상까지 거리이고, 렌즈 간격을 구하기 위해서는 여기에 대안 렌즈의 초점 거리를 더해야 한다. $3.38 \times 10^2\text{mm} + 25\text{mm} = 3.6 \times 10^2\text{mm}$.

(b) $M_{To} = -s_i/s_o = -3.38 \times 10^2\text{mm}/27\text{mm} = -12.5\times$, 그런데 대안 렌즈의 배율은 $d_0\mathscr{D} = (254 \text{ mm})(1/25\text{mm}) = 10.2\times$ 이다. 그러므로 총배율은 $\text{MP} = (-12.5)(10.2) = -1.3 \times 10^2$이고, 음(−) 부호는 단지 도립상임을 의미한다.

6장

6.2 식 (6.8)에서

$$1/f = 1/f' + 1/f' - d/f'f' = 2/f' - 2/3f', \qquad f = 3f'/4$$

이고, 식 (6.9)에서 $\overline{H_{11}H_1} = (3f'/4)(2f'/3)/f' = f'/2$이며, 식 (6.10)에서 $\overline{H_{22}H_2} = -(3f'/4)(2f'/3)/f' = -f'/2$이다.

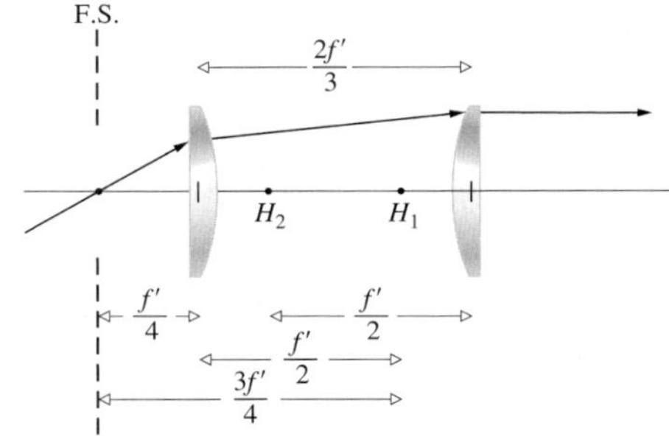

6.3 식 (6.2)에서 $-(1/R_1 - 1/R_2) = (n_l - 1)d/n_lR_1R_2$일 때 $1/f = 0$이다. 따라서 $d = n_l(R_1 - R_2)/(n_l - 1)$이다.

6.5 $1/f = 0.5[1/6 - 1/10 + 0.5(3)/1.5(6)10]$

$$= 0.5[10/60 - 6/60 + 1/60]; \; f = +24$$
$$h_1 = -24(0.5)(3)/10(1.5) = -2.4$$
$$h_2 = -24(0.5)(3)/6(1.5) = -4$$

6.7 $f = \frac{1}{2}nR/(n-1); \; h_1 = +R, \; h_2 = -R.$

6.11 $f = 29.6 + 0.4 = 30\text{cm}$, $s_o = 49.8 + 0.2 = 50\text{cm}$, $1/50 + 1/s_i = 1/30\text{cm}$. H_2로부터 $s_i = 75$cm이고 뒷면으로부터 74.6 cm이다.

6.13 식 (6.2)에서

$$1/f = \tfrac{1}{2}[(1/4.0) - (1/-15) + \tfrac{1}{2}(4.0)/(3/2)(4.0)(-15)]$$
$$= 0.147 \text{ 이므로 } f = 6.8 \text{ cm}$$

$h_1 = (6.8)\frac{1}{2}(4.0)/(-15)(3/2) = +0.60$cm이고, $h_2 = -2.3$이다. 상을 구하기 위해서는 $1/(100.6) + 1/s_i = 1/(6.8)$를 이용하면, $s_i = 7.3$cm 또는 렌즈 뒷면으로부터 5cm가 된다.

6.22 식 (5.71)에 의하여 $h_1 = n_{i1}(1 - a_{11})/-a_{12} = (\mathscr{D}_2 d_{21}/n_{t1})f$

$= -(n_{t1} - 1)d_{21}f/R_2 n_{t1}$이고, 이때 $n_{t1} = n_l$이며,
$h_2 = n_{t2}(a_{22} - 1)/-a_{12} = -(\mathcal{D}_1 d_{21}/n_{t1})f$은 식 (5.70)에 의해 $= -(n_{i1} - 1)d_{21}f/R_1 n_{t1}$이다.

6.23 $\mathcal{A} = \mathcal{R}_2\mathcal{T}_{21}\mathcal{R}_1$, 그러나 평면의 경우

$$\mathcal{R}_2 = \begin{bmatrix} 1 & -\mathcal{D}_2 \\ 0 & 1 \end{bmatrix}$$

이며, $\mathcal{D}_2 = (n_{t1} - 1)/(-R_2)$이다. 그러나 $R_2 = \infty$

$$\mathcal{R}_2 = \begin{bmatrix} 1 & 0 \\ 0 & 1 \end{bmatrix}$$

이다. 이것은 단위 행렬이므로 $\mathcal{A} = \mathcal{T}_{21}\mathcal{R}_1$이다.

6.24 $\mathcal{D}_1 = (1.5 - 1)/0.5 = 1$

그리고 $\mathcal{D}_2 = (1.5 - 1)/-(-0.25) = 2.$

$$\mathcal{A} = \begin{bmatrix} 1 - 2(0.3)/1.5 & -1 + 2(1)(0.3)/(1.5 - 2) \\ 0.3/1.5 & -1(0.3)/1.5 + 1 \end{bmatrix}$$

$$= \begin{bmatrix} 0.6 & -2.6 \\ 0.2 & 0.8 \end{bmatrix}$$

$$|\mathcal{A}| = 0.6(0.8) - (0.2)(-2.6) = 0.48 + 0.52 = 1$$

6.30 E. Slayter, *Optical Methods in Biology*를 보라. $\overline{PC}/\overline{CA} = (n_1/n_2)R/R = n_1/n_2$이며, $\overline{CA}/\overline{P'C} = n_1/n_2$이다.
따라서 삼각형 ACP와 ACP'는 닮은꼴이다. 사인 법칙을 이용하면

$$\frac{\sin \measuredangle PAC}{\overline{PC}} = \frac{\sin \measuredangle APC}{\overline{CA}}$$

또는

$$n_2 \sin \measuredangle PAC = n_1 \sin \measuredangle APC$$

이다. 그러나 $\theta_i = \measuredangle PAC$이므로 따라서 $\theta_t = \measuredangle APC = \measuredangle P'AC$이고, 굴절 광선은 P'에서 오는 것처럼 보인다.

6.31 식 (5.6)에서 $\cos\varphi = 1 - \varphi^2/2$으로 놓는다. 그러면

$$\ell_o = [R^2 + (s_o + R)^2 - 2R(s_o + R) + R(s_o + R)\varphi^2]^{1/2}$$
$$\ell_o^{-1} = [s_o^2 + R(s_o + R)\varphi^2]^{-1/2}$$
$$\ell_i^{-1} = [s_i^2 - R(s_i - R)\varphi^2]^{-1/2}$$

이다. 여기서 이항 급수의 처음 두 항만 사용하면,

$\ell_o^{-1} \approx s_o^{-1} - (s_o + R)h^2/2s_o^3R$ 여기에서 $\varphi \approx h/R$,
$\ell_i^{-1} \approx s_i^{-1} + (s_i - R)h^2/2s_i^3R$

이다. 위 식을 식 (5.5)에 대입하면 식 (6.46)이 나온다.

6.32

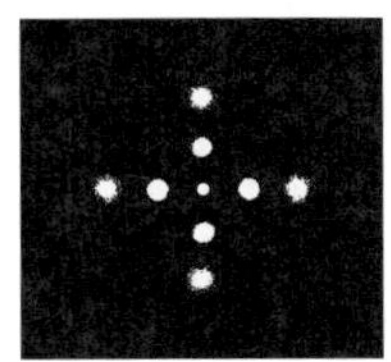

7장

7.1 $E_0^2 = 36 + 64 + 2\cdot6\cdot8\cos\pi/2 = 100$, $E_0 = 10$; $\tan\alpha = \frac{8}{6}$, $\alpha = 53.1° = 0.93$ rad.

$$E = 10\sin(120\pi t + 0.93)$$

7.5 $\dfrac{1\text{ m}}{500\text{ nm}} = 0.2 \times 10^7 = 2\,000\,000$파

유리 안에서 $\dfrac{0.05}{\lambda_0/n} = \dfrac{0.05(1.5)}{500\text{ nm}} = 1.5 \times 10^5$임.

공기 중에서 $\dfrac{0.95}{\lambda_0} = 0.19 \times 10^7$임.

총 2050000파

$OPD = [(1.5)(0.05) + (1)(0.95)] - (1)(1)$
$OPD = 1.025 - 1.000 = 0.025$ m

$$\frac{\Lambda}{\lambda_0} = \frac{0.025}{500\text{ nm}} = 5 \times 10^4\text{ 파}$$

7.8 $E = E_1 + E_2 = E_{01}[\sin\{\omega t - k(x + \nabla x)\} + \sin(\omega t - kx)]$

$\sin\beta + \sin\gamma = 2\sin\frac{1}{2}(\beta + \gamma)\cos\frac{1}{2}(\beta - \gamma)$이므로

$$E = 2E_{01}\cos\frac{k\Delta x}{2}\sin\left[\omega t - k\left(x + \frac{\Delta x}{2}\right)\right]$$

7.9
$$\begin{aligned} E &= E_0\,\text{Re}\,[e^{i(kx+\omega t)} - e^{i(kx-\omega t)}] \\ &= E_0\,\text{Re}[e^{ikx}(e^{i\omega t} - e^{-i\omega t})] \\ &= E_0\,\text{Re}\,[e^{ikx}2i\sin\omega t] \\ &= E_0\,\text{Re}\,[2i\cos kx\sin\omega t - 2\sin kx\sin\omega t] \end{aligned}$$

따라서 $E = -2E_0\sin kx\sin\omega t$임. $x = 0$에 마디가 있는 정상파.

7.13

$$\frac{\partial E}{\partial x} = -\frac{\partial B}{\partial t}$$

적분하면

$$B(x, t) = -\int\frac{\partial E}{\partial x}dt = -2E_0 k\cos kx\int\cos\omega t\,dt$$
$$= -\frac{2E_0 k}{\omega}\cos kx\sin\omega t$$

이다. 그러나 $E_0 k/\omega = E_0/c = B_0$이므로, 따라서

$$B(x, t) = -2B_0\cos kx\sin\omega t$$

이다.

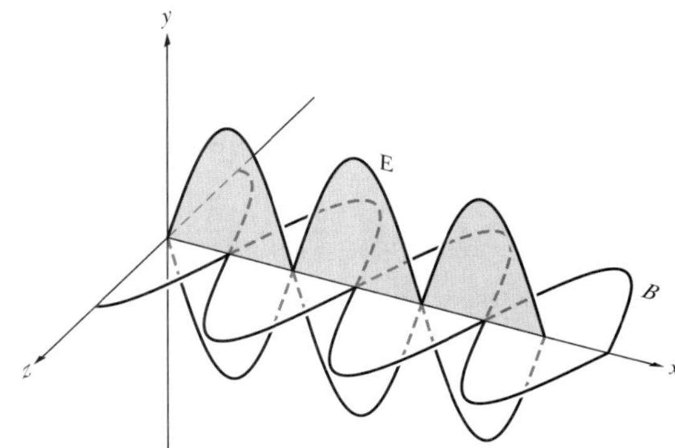

7.21 $E = E_0\cos\omega_c t + E_0\alpha\cos\omega_m t\cos\omega_c t$

$$= E_0\cos\omega_c t + \frac{E_0\alpha}{2}[\cos(\omega_c - \omega_m)t + \cos(\omega_c + \omega_m)t]$$

가청 범위 $\nu_m = 20\,\text{Hz}$에서 $20 \times 10^3\,\text{Hz}$까지이다. 최대 변조 주파수는 $\nu_m(\max) = 20 \times 10^3\,\text{Hz}$이다.

$$\nu_c - \nu_m(\max) \le \nu \le \nu_c + \nu_m(\max)$$
$$\Delta\nu = 2\nu_m(\max) = 40 \times 10^3\ \text{Hz}$$

7.22 $v = \omega/k = ak, \qquad v_g = d\omega/dk = 2ak = 2v.$

7.29

$$v = \sqrt{\frac{g\lambda}{2\pi}} = \sqrt{g/k}$$
$$v_g = v + k\frac{dv}{dk} \qquad [7.38]$$
$$\frac{dv}{dk} = -\frac{1}{2k}\sqrt{\frac{g}{k}} = -\frac{v}{2k}$$
$$v_g = v/2$$

7.31 $v_g = v + k\dfrac{dv}{dk}$ 그리고 $\dfrac{dv}{dk} = \dfrac{dv}{d\omega}\dfrac{d\omega}{dk} = v_g\dfrac{dv}{d\omega}.$

$v = c/n$이므로, $\dfrac{dv}{d\omega} = \dfrac{dv}{dn}\dfrac{dn}{d\omega} = -\dfrac{c}{n^2}\dfrac{dn}{d\omega}$ 이다.

$$v_g = v - \frac{v_g ck}{n^2}\frac{dn}{d\omega} = \frac{v}{1 + (ck/n^2)(dn/d\omega)} = \frac{c}{n + \omega(dn/d\omega)}$$

7.40 $\omega >> \omega_i,\ n^2 = 1 - \dfrac{Nq_e^2}{\omega^2\epsilon_0 m_e}\sum f_i = 1 - \dfrac{Nq_e^2}{\omega^2\epsilon_0 m_e}.$

이항 전개를 이용하면, $x << 1$일 때

$$(1-x)^{1/2} \approx 1 - \frac{1}{2}x$$
$$n = 1 - Nq_e^2/\omega^2\epsilon_0 m_e^2, \qquad dn/d\omega = Nq_e^2/\epsilon_0 m_e\omega^3$$
$$v_g = \frac{c}{n + \omega(dn/d\omega)}$$
$$= \frac{c}{1 - Nq_e^2/\omega^2\epsilon_0 m_e^2 + Nq_e^2/\epsilon_0 m_e\omega^2}$$
$$= \frac{c}{1 + Nq_e^2/\epsilon_0 m_e\omega^2 2}$$

이다. 따라서 $v_g < c$,

$$v = c/n = \frac{c}{1 - Nq_e^2/\epsilon_0 m_e\omega^2 2}$$

이다. 이항 전개

$$(1-x)^{-1} \approx 1 + x, \qquad x << 1$$
$$v = c[1 + Nq_e^2/\epsilon_0 m_e\omega^2 2]; \qquad vv_g = c^2$$

7.43 $\displaystyle\int_0^\lambda \sin akx \sin bkx\, dx$

$$= \frac{1}{2k}\left[\int_0^\lambda \cos[(a-b)kx]k\,dx - \int_0^\lambda \cos[(a+b)kx]k\,dx\right]$$
$$= \frac{1}{2k}\frac{\sin(a-b)kx}{a-b}\Big|_0^\lambda - \frac{1}{2k}\frac{\sin(a+b)kx}{a+b}\Big|_0^\lambda$$

$= 0 \quad a \neq b$이면)

반면에 $a = b$이면

$$\int_0^\lambda \sin^2 akx\,dx = \frac{1}{2k}\int_0^\lambda (1 + \cos 2akx)k\,dx = \frac{\lambda}{2}$$

이다. 다른 적분들도 비슷하다.

7.44 우함수이므로 $B_m = 0$

$$A_0 = \frac{2}{\lambda}\int_{-\lambda/a}^{\lambda/a} dx = \frac{2}{\lambda}\left(\frac{\lambda}{a} + \frac{\lambda}{a}\right) = \frac{4}{a}$$
$$A_m = \frac{2}{\lambda}\int_{-\lambda/a}^{\lambda/a} (1)\cos mkx\,dx$$
$$A_m = \frac{2}{mk\lambda}\sin mkx\Big]_{-\lambda/a}^{\lambda/a}$$
$$A_m = \frac{2}{m\pi}\sin\frac{m2\pi}{a}$$

이다.

7.50

$$f'(x) = \frac{1}{\pi}\int_0^a E_0 L\frac{\sin kL/2}{kL/2}\cos kx\,dk$$
$$= \frac{E_0L}{\pi 2}\int_0^b \frac{\sin(kL/2 + kx)}{kL/2}dk + \frac{E_0L}{\pi 2}\int_0^b \frac{\sin(kL/2 - kx)}{kL/2}dk$$

$kL/2 = w$로 놓으면, $(L/2)dk = dw$, $kx = wx'$

$$f'(x) = \frac{E_0}{\pi}\int_0^b \frac{\sin(w + wx')}{w}dw + \frac{E_0}{\pi}\int_0^b \frac{\sin(w - wx')}{w}dw$$

이다. 여기에서 $b = aL/2$. $w + wx' = t$로 놓으면 $dw/w = dt/t$, $0 \le w \le b$ 그리고 $0 \le t \le (x'+1)b$이다. 다른 적분에서는 $w - wx' = -t$로 놓는다. $0 \le w \le b$ 그리고 $0 \le t \le (x'-1)b$.

$$f'(x) = \frac{E_0}{\pi}\int_0^{(x'+1)b}\frac{\sin t}{t}dt - \frac{E_0}{\pi}\int_0^{(x'-1)b}\frac{\sin t}{t}dt$$
$$f'(x) = \frac{E_0}{\pi}\text{Si}[b(x'+1)] - \frac{E_0}{\pi}\text{Si}[b(x'-1)], \qquad x' = 2x/L$$

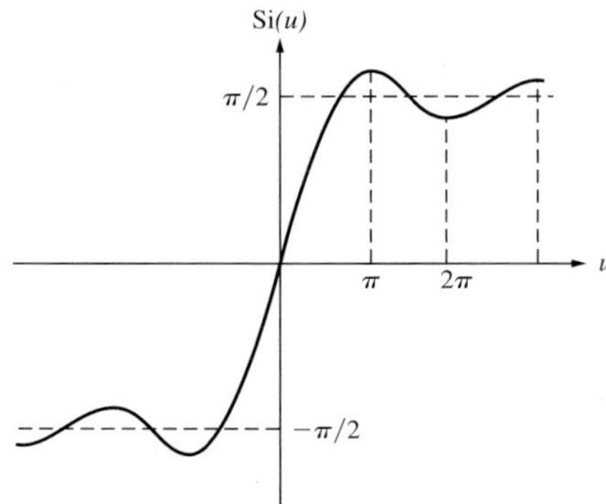

7.54 식 (7.61)과 비슷하게,

$$A(\omega) = \frac{\Delta t}{2}E_0\,\text{sinc}(\omega_p - \omega)\frac{\Delta t}{2}$$

부록 표 1에서 $\text{sinc}(\pi/2) = 63.7\%$이다. 실제로는 50%가 아니다.

$$\text{sinc}\left(\frac{\pi}{1.65}\right) = 49.8\%$$

$$\left|(\omega_p - \omega)\frac{\Delta t}{2}\right| < \frac{\pi}{2} \qquad \text{또는} \qquad -\frac{\pi}{\Delta t} < (\omega_p - \omega) < \frac{\pi}{\Delta t}$$

따라서 $A(\omega)$의 상당한 값은 $\Delta\omega \sim 2\pi/\Delta t$ 구간에 있고 $\Delta\nu\Delta t \approx 1$이다. 파워 스펙트럼은 $A^2(\omega)$에 비례하므로 $[\text{sinc}(\pi/2)]^2 =$

40.6%이다.

7.55 $\Delta l_c = c\Delta t_c$, $\Delta l_c \approx c/\Delta\nu$. 그러나 $\Delta\omega/\Delta k_0 = \bar{\omega}/\bar{k}_0 = c$이므로, $|\Delta\nu/\Delta\lambda_0| = \bar{\nu}\bar{\lambda}_0$이다.

$$\Delta l_c \approx \frac{c\bar{\lambda}_0}{\Delta\lambda_0\bar{\nu}} \qquad \Delta l_c \approx \bar{\lambda}_0^2/\Delta\lambda_0$$

또는 불확정성 원리를 사용해 보라.

$$\Delta l \approx \frac{h}{\Delta p},\ \text{여기에서}\ p = h/\lambda\ \text{그리고}\ \Delta\lambda_0 << \bar{\lambda}_0\text{이다.}$$

7.57
$$\Delta l_c = c\,\Delta t_c = 3\times10^8\ \text{m/s}\times10^{-8}\ \text{s} = 3\ \text{m}$$
$$\Delta\lambda_0 \approx \lambda_0^2/\Delta l_c = (500\times10^{-9}\ \text{m})^2/3\ \text{m}$$
$$\Delta\lambda_0 \approx 8.3\times10^{-14}\ \text{m} = 8.3\times10^{-5}\ \text{nm}$$
$$\Delta\lambda_0/\bar{\lambda}_0 = \Delta\nu/\bar{\nu} = 8.3\times10^{-5}/500 = 1.6\times10^{-7}$$
$$\approx 10^7\text{분의 1}$$

7.58 $\Delta\nu = 54\times10^3$ Hz

$$\Delta\nu/\bar{\nu} = \frac{(54\times10^3)(10\,600\times10^{-9}\ \text{m})}{(3\times10^8\ \text{m/s})}$$
$$= 1.91\times10^{-9}$$
$$\Delta l_c = c\,\Delta t_c \approx c/\Delta\nu$$
$$\Delta l_c \approx \frac{(3\times10^8\ \text{m/s})}{(54\times10^3\ \text{Hz})} = 5.55\times10^3\ \text{m}$$

7.60 $\Delta l_c = c\,\Delta t_c = 3\times10^8\times10^{-10} = 3\times10^{-2}$ m

$$\Delta\nu \approx 1/\Delta t_c = 10^{10}\ \text{Hz}$$
$$\Delta\lambda_0 \approx \bar{\lambda}_0^2/\Delta l_c\ (\text{연습문제 7.55 참조})$$
$$= (632.8\ \text{nm})^2/3\times10^{-2}\ \text{m} = 0.013\ \text{nm}$$
$$\Delta\nu = 10^{15}\ \text{Hz},\ \Delta l_c = c\times10^{-15} = 300\ \text{nm}$$
$$\Delta\lambda_0 \approx \bar{\lambda}_0^2/\Delta l_c = 1334.78\ \text{nm}$$

8장

8.4

(a) $\vec{\mathbf{E}} = \hat{\mathbf{i}}E_0\cos(kz-\omega t) + \hat{\mathbf{j}}E_0\cos(kz-\omega t+\pi)$. 같은 진폭이며, E_y는 E_x에 π만큼 뒤진다. 따라서 135° 또는 −45°를 이루는 $\mathcal{P}$-상태이다.

(b) $\vec{\mathbf{E}} = \hat{\mathbf{i}}E_0\cos(kz-\omega t-\pi/2) + \hat{\mathbf{j}}E_0\cos(kz-\omega t+\pi/2)$ 같은 진폭이며, E_y는 E_x에 π 만큼 뒤진다. 따라서 (a)와 같다.

(c) E_x는 $\pi/4$만큼 E_y를 앞선다. 그들은 같은 진폭을 가진다. 따라서 +45° 기울어진 반시계 방향 타원 편광이다.

(d) E_y는 $\pi/2$ 만큼 E_x를 앞선다. 그들은 같은 진폭을 가진다. 따라서 $\mathcal{R}$-상태이다.

8.5 $\vec{\mathbf{E}}_x = \hat{\mathbf{i}}\cos\omega t$, $\vec{\mathbf{E}}_y = \hat{\mathbf{j}}\sin\omega t$

좌원 편광된 정상파이다.

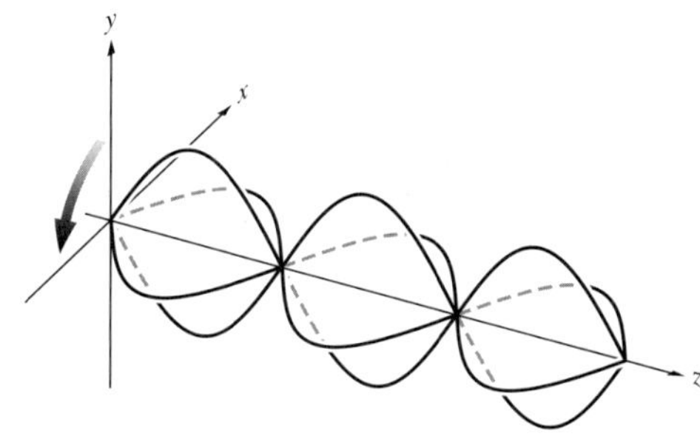

8.6 $\vec{\mathbf{E}}_{\mathcal{R}} = \hat{\mathbf{i}}E_0\cos(kz-\omega t) + \hat{\mathbf{j}}E_0\sin(kz-\omega t)$

$$\vec{\mathbf{E}}_{\mathcal{L}} = \hat{\mathbf{i}}E_0'\cos(kz-\omega t) - \hat{\mathbf{j}}E_0'\sin(kz-\omega t)$$
$$\vec{\mathbf{E}} = \vec{\mathbf{E}}_{\mathcal{R}} + \vec{\mathbf{E}}_{\mathcal{L}} = \hat{\mathbf{i}}(E_0+E_0')\cos(kz-\omega t) + \hat{\mathbf{j}}(E_0-E_0')\sin(kz-\omega t).$$

$E_0 + E_0' = E_{0x}''$ 그리고 $E_0 - E_0' = E_{0y}''$라 하자. 그러면 $\vec{\mathbf{E}} = \hat{\mathbf{i}}E_{0x}''\cos(kz-\omega t) + \hat{\mathbf{j}}E_{0y}''\sin(kz-\omega t)$. 식 (8.11)과 (8.12)에서 $\varepsilon = -\pi/2$이고 $\alpha = 0$인 타원임이 분명하다.

8.7 $E_{0y} = E_0\cos25°;\ E_{0z} = E_0\sin25°;$

$$\vec{\mathbf{E}}(x,t) = (0.91\hat{\mathbf{j}} + 0.42\hat{\mathbf{k}})E_0\cos(kx-\omega t+\tfrac{1}{2}\pi).$$

8.9 $\vec{\mathbf{E}} = E_0[\hat{\mathbf{j}}\sin(kx-\omega t) - \hat{\mathbf{k}}\cos(kx-\omega t)]$.

8.15 자연광에서 각 필터는 입사 빔의 32%를 통과시킨다. 입사 선속 밀도의 절반이 소멸축에 평행한 $\mathcal{P}$-상태에 있고, 실제적으로 이것은 조금도 나오지 않는다. 따라서 투과축에 평행한 빛의 64%가 투과한다. 본 문제에 있어서 32%I_i는 둘째 필터로 들어가므로 64% (32%I_i) = 21%I_i가 나온다.

8.30 그림으로부터

$$I = \tfrac{1}{2}E_{01}^2\sin^2\theta\cos^2\theta = \frac{E_{01}^2}{8}(1-\cos2\theta)(1+\cos2\theta)$$
$$= \frac{E_{01}^2}{8}(1-\cos^2 2\theta) = \frac{E_{01}^2}{8}[1-(\tfrac{1}{2}\cos4\theta+\tfrac{1}{2})]$$
$$= \frac{E_{01}^2}{16}(1-\cos4\theta) = \frac{I_1}{8}(1-\cos4\theta) \qquad \theta = \omega t$$

이 된다.

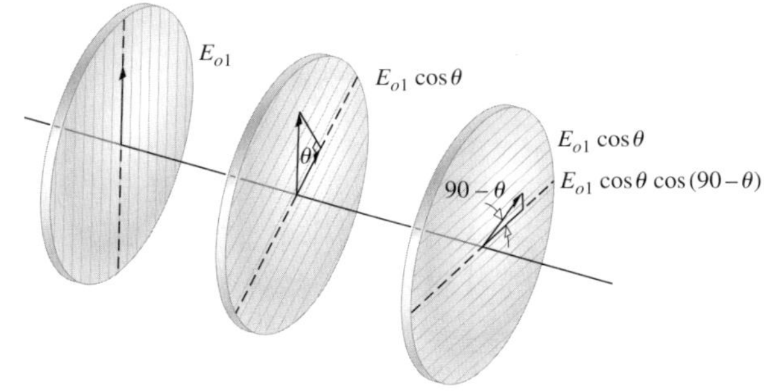

8.31 아니다. 결정은 2개의 직렬이고 반대 방향을 가진 시료인 것처럼 작동한다. 2개의 직렬이고 같은 방향을 가진 결정은 하나의 두꺼운 시료처럼 동작하므로 o-광선과 e-광선을 더욱 벌어지게 한다.

8.33 종이에서 산란된 빛은 편광판을 통과하고 선편광된다. 왼편 위의 필터로부터 오는 빛은 그것의 전기장 $\vec{\mathbf{E}}$가 주요 단면(이 경우 2사분면과 4사분면을 가로지르는 대각선 방향)에 평행하므로 e-광선이다. 문자 P와 T가 어떻게 **이상적인**(extraordinary) 방식으로 아래로 이동하였는지 주목하라. 오른편 아래의 필터는 o-광선을 통과시키므로 C는 그대로이다. 정상적인 상은 뭉툭한 모서리에 더 가까움을 주목하라.

8.34 (a)와 (c)는 앞 문제의 두 가지 측면이다. (b)는 복굴절을 보이는데, 그 이유는 편광판 축이 결정의 주요 단면과 대략 45°를 이루기 때문이다. 따라서 o-광선과 e-광선 둘 다 존재할 것이다.

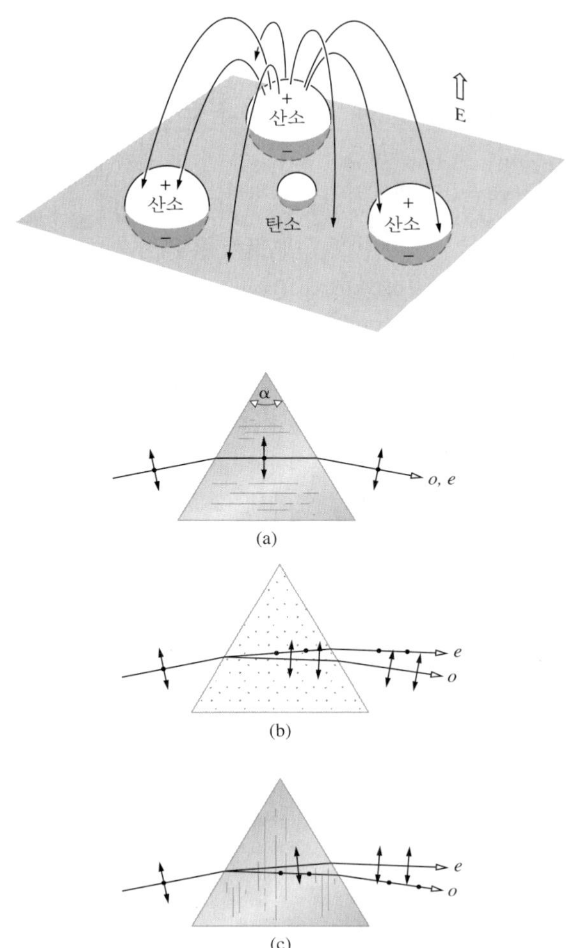

(a) (b) (c)

8.35 $\vec{\mathbf{E}}$가 CO_3 면에 수직하면 평행할 때보다 덜 분극될 것이다. 전자의 경우 각각의 분극된 산소 원자의 전기장은 그 이웃들의 분극을 감소시키는 경향이 있다. 달리 말하면 그림에 보인 것처럼 $\vec{\mathbf{E}}$는 위 방향이지만 유도 전기장은 아래 방향이다. $\vec{\mathbf{E}}$가 탄산염 평면 안에 있을 때, 두 쌍극자는 3번째를 강화하며 그 역도 성립한다. 감소된 편극률은 낮은 유전 상수, 낮은 굴절률, 그리고 높은 속력을 초래한다. 따라서 $v_{\parallel} > v_{\perp}$이다.

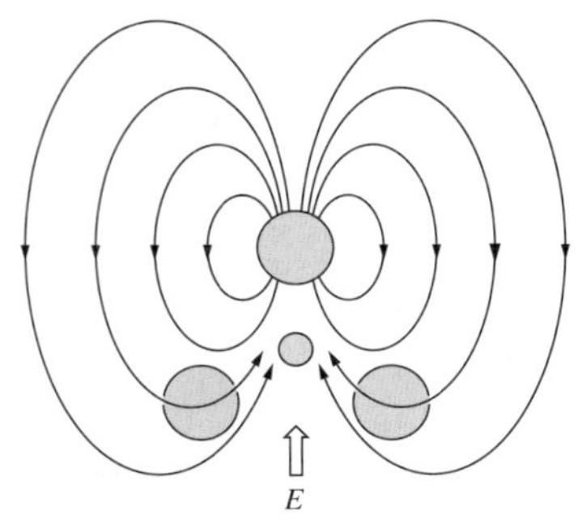

8.36 방해석의 경우 $n_o > n_e$. (b)나 (c)가 분광기에 사용되면 두 가지 스펙트럼이 보일 것이다. 굴절률은 일반적으로

$$n = \frac{\sin\frac{1}{2}(\alpha + \delta_m)}{\sin\frac{1}{2}\alpha}$$

을 이용하여 계산한다. 여기에서 δ_m은 각 빔의 최소 편의각이다.

8.37 $\sin\theta_c = \dfrac{n_{\text{balsam}}}{n_0} = \dfrac{1.55}{1.658} = 0.935;\ \theta_c \approx 69°$

8.40

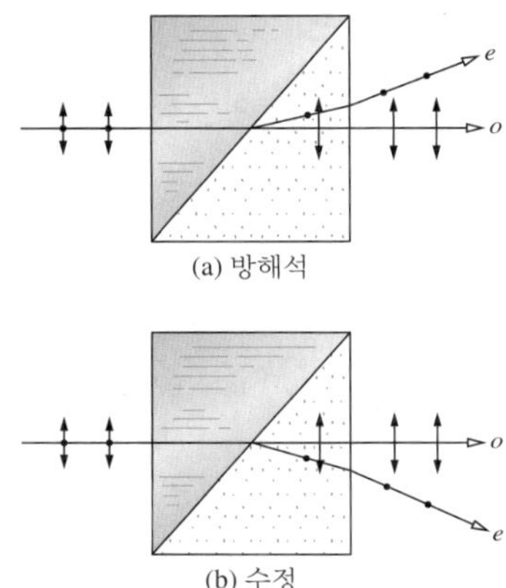

(a) 방해석

(b) 수정

(c) 하나의 $\mathscr{P}$-상태 형태의 불필요한 에너지를 국소적인 가열 문제없이 처리할 수 있다.

(d) 로천은 편향되지 않은 빔(o-광선)을 투과시키므로 또한 무색수차(achromatic)이다.

8.52 $n_o = 1.6584$, $n_e = 1.4864$. 스넬의 법칙:

$$\sin\theta_i = n_o \sin\theta_{to} = 0.766$$
$$\sin\theta_i = n_e \sin\theta_{te} = 0.766$$
$$\sin\theta_{to} \approx 0.463, \qquad \theta_{to} \approx 27°35'$$
$$\sin\theta_{te} \approx 0.516, \qquad \theta_{te} \approx 31°4'$$
$$\Delta\theta \approx 3°29'$$

8.54 E_x는 $\pi/2$ 만큼 E_y를 앞선다. 그들은 처음에 같은 위상이었고 $E_x > E_y$. 따라서 수평 방향으로 반시계 방향 타원 편광된 파이다.

8.68 유리 스크린에 입사하는 $\mathscr{R}$-상태(광원을 보는 방향)는 전자를 원형 궤도로 돌게 하고, 그들은 전기장이 입사 빔과 같은 방향으로 회전하는 전기장 $\vec{\mathbf{E}}$의 반사된 원편광 빛을 재복사한다. 그러나 반사로 인하여 전파 방향이 반대로 되었으므로 입사광은 $\mathscr{R}$-상태이더라도 반사광(광원을 보는 방향)의 편광은 반시계 방

향이다. 따라서 그것은 시계 방향 편광기에 의하여 완전히 흡수된다. 이것이 다음 그림에 나타나 있다.

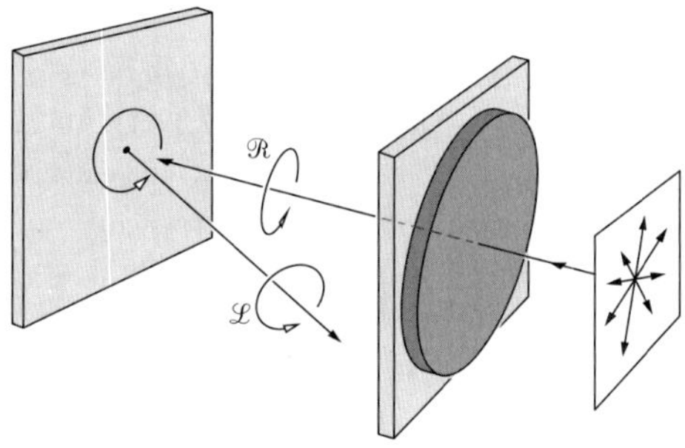

8.69
$$\Delta\varphi = \frac{2\pi}{\lambda_0} d\,\Delta n$$
그러나 무늬 이동 때문에 $\Delta\varphi = (1/4)(2\pi)$이다. 따라서 $\Delta\varphi = \pi/2$이고
$$\frac{\pi}{2} = \frac{2\pi\, d(0.005)}{589.3 \times 10^{-9}}$$
$$d = \frac{589.3 \times 10^{-9}}{2(10^{-2})} = 2.94 \times 10^{-5}\text{ m}$$
이다.

8.70 그렇다. 만일 $\mathscr{P}$-상태가 진폭이 다르면. 판 더미(pile-of-plates) 편광기에서 특히 작은 더미의 경우 투과된 빔.

8.72 두 위상 지연판을 마주 대하도록 설치한 원형 편광 편광기들(그림 8.59처럼) 사이에 광탄성 물질을 놓으면 된다. 원형 편광 조명을 하면, 변형력 축의 방향에 따른 선호가 없으므로 등경사 곡선은 보이지 않게 된다. 단지 복굴절만이 영향을 주므로 등색 곡선을 보일 것이다. 두 편광기가 다르다면, 즉 하나는 $\mathscr{R}$, 하나는 $\mathscr{Q}$이면, Δn이 $\Delta\varphi = \pi$이 되도록 하는 곳은 밝게 나타날 것이다. 만일 그들이 같다면 그러한 곳은 어둡게 나타난다.

8.74
$$V_{\lambda/2} = \lambda_0/2n_0^3 r_{63} \qquad [8.51]$$
$$= 550 \times 10^{-9}/2(1.58)^3 5.5 \times 10^{-12}$$
$$= 10^5/2(3.94) = 12.7\text{ kV}$$

8.76 $\vec{\mathbf{E}}_1 \cdot \vec{\mathbf{E}}_2^* = 0,\ \vec{\mathbf{E}}_2 = \begin{bmatrix} e_{21} \\ e_{22} \end{bmatrix}$
$$\vec{\mathbf{E}}_1 \cdot \vec{\mathbf{E}}_2^* = (1)(e_{21})^* + (-2i)(e_{22})^* = 0$$
$$\vec{\mathbf{E}}_2 = \begin{bmatrix} 2 \\ i \end{bmatrix}$$

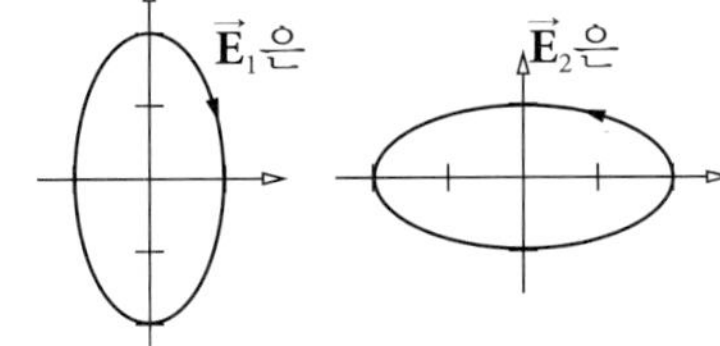

8.84
$$\begin{bmatrix} 1 & 0 & 0 & 0 \\ 0 & 0 & 0 & 1 \\ 0 & 0 & 1 & 0 \\ 0 & -1 & 0 & 0 \end{bmatrix}\begin{bmatrix} 1 & 0 & 0 & 0 \\ 0 & 0 & 0 & -1 \\ 0 & 0 & 1 & 0 \\ 0 & 1 & 0 & 0 \end{bmatrix} = \begin{bmatrix} 1 & 0 & 0 & 0 \\ 0 & 1 & 0 & 0 \\ 0 & 0 & 1 & 0 \\ 0 & 0 & 0 & 1 \end{bmatrix}$$

8.86
$$\begin{bmatrix} 1 & 0 & 0 & 0 \\ 0 & 1 & 0 & 0 \\ 0 & 0 & 0 & -1 \\ 0 & 0 & 1 & 0 \end{bmatrix}\begin{bmatrix} 1 & 0 & 0 & 0 \\ 0 & 1 & 0 & 0 \\ 0 & 0 & 0 & -1 \\ 0 & 0 & 1 & 0 \end{bmatrix} = \begin{bmatrix} 1 & 0 & 0 & 0 \\ 0 & 1 & 0 & 0 \\ 0 & 0 & -1 & 0 \\ 0 & 0 & 0 & -1 \end{bmatrix}$$
$$\begin{bmatrix} 1 & 0 & 0 & 0 \\ 0 & 1 & 0 & 0 \\ 0 & 0 & -1 & 0 \\ 0 & 0 & 0 & -1 \end{bmatrix}\begin{bmatrix} 1 \\ 0 \\ 0 \\ 1 \end{bmatrix} = \begin{bmatrix} 1 \\ 0 \\ 0 \\ -1 \end{bmatrix}$$
$$\begin{bmatrix} 1 & 0 & 0 & 0 \\ 0 & 1 & 0 & 0 \\ 0 & 0 & -1 & 0 \\ 0 & 0 & 0 & -1 \end{bmatrix}\begin{bmatrix} 1 \\ 0 \\ 0 \\ -1 \end{bmatrix} = \begin{bmatrix} 1 \\ 0 \\ 0 \\ 1 \end{bmatrix}$$
$$\begin{bmatrix} 1 & 0 & 0 & 0 \\ 0 & 1 & 0 & 0 \\ 0 & 0 & 0 & 1 \\ 0 & 0 & -1 & 0 \end{bmatrix}\begin{bmatrix} 1 & 0 & 0 & 0 \\ 0 & 1 & 0 & 0 \\ 0 & 0 & 0 & 1 \\ 0 & 0 & -1 & 0 \end{bmatrix} = \begin{bmatrix} 1 & 0 & 0 & 0 \\ 0 & 1 & 0 & 0 \\ 0 & 0 & -1 & 0 \\ 0 & 0 & 0 & -1 \end{bmatrix}$$

8.87
$$\begin{bmatrix} 1 & 0 & 0 & 0 \\ 0 & 1 & 0 & 0 \\ 0 & 0 & 0 & -1 \\ 0 & 0 & 1 & 0 \end{bmatrix}\frac{1}{2}\begin{bmatrix} 1 & 0 & 1 & 0 \\ 0 & 0 & 0 & 0 \\ 1 & 0 & 1 & 0 \\ 0 & 0 & 0 & 0 \end{bmatrix} = \frac{1}{2}\begin{bmatrix} 1 & 0 & 1 & 0 \\ 0 & 0 & 0 & 0 \\ 0 & 0 & 0 & 0 \\ 1 & 0 & 1 & 0 \end{bmatrix}$$
$$\frac{1}{2}\begin{bmatrix} 1 & 0 & 1 & 0 \\ 0 & 0 & 0 & 0 \\ 0 & 0 & 0 & 0 \\ 1 & 0 & 1 & 0 \end{bmatrix}\begin{bmatrix} 1 \\ 0 \\ 0 \\ 0 \end{bmatrix} = \frac{1}{2}\begin{bmatrix} 1 \\ 0 \\ 0 \\ 1 \end{bmatrix}$$
$$\frac{1}{2}\begin{bmatrix} 1 & 0 & 1 & 0 \\ 0 & 0 & 0 & 0 \\ 0 & 0 & 0 & 0 \\ 1 & 0 & 1 & 0 \end{bmatrix}\begin{bmatrix} 1 \\ 0 \\ 0 \\ 1 \end{bmatrix} = \frac{1}{2}\begin{bmatrix} 1 \\ 0 \\ 0 \\ 1 \end{bmatrix}$$
$$\frac{1}{2}\begin{bmatrix} 1 & 0 & 0 & 1 \\ 0 & 0 & 0 & 0 \\ 0 & 0 & 0 & 0 \\ 1 & 0 & 0 & 1 \end{bmatrix}\begin{bmatrix} 1 \\ 0 \\ 0 \\ 1 \end{bmatrix} = \frac{1}{2}\begin{bmatrix} 1 \\ 0 \\ 0 \\ 1 \end{bmatrix}$$
$$\frac{1}{2}\begin{bmatrix} 1 & 0 & 1 & 0 \\ 0 & 0 & 0 & 0 \\ 0 & 0 & 0 & 0 \\ 1 & 0 & 1 & 0 \end{bmatrix}\begin{bmatrix} 1 \\ 0 \\ 0 \\ -1 \end{bmatrix} = \frac{1}{2}\begin{bmatrix} 1 \\ 0 \\ 0 \\ 1 \end{bmatrix}$$
$$\frac{1}{2}\begin{bmatrix} 1 & 0 & 0 & 1 \\ 0 & 0 & 0 & 0 \\ 0 & 0 & 0 & 0 \\ 1 & 0 & 0 & 1 \end{bmatrix}\begin{bmatrix} 1 \\ 0 \\ 0 \\ -1 \end{bmatrix} = \begin{bmatrix} 0 \\ 0 \\ 0 \\ 0 \end{bmatrix}$$

8.89
$$\begin{bmatrix} te^{i\varphi} & 0 \\ 0 & te^{i\varphi} \end{bmatrix}$$
여기에서 판을 지나는 결과로서 두 성분에 φ의 위상 증가가 도입되었다.
$$\begin{bmatrix} 1 & 0 \\ 0 & 1 \end{bmatrix} \qquad \begin{bmatrix} 0 & 0 \\ 0 & 0 \end{bmatrix}$$

8.90
$$\begin{bmatrix} t^2 & 0 & 0 & 0 \\ 0 & t^2 & 0 & 0 \\ 0 & 0 & t^2 & 0 \\ 0 & 0 & 0 & t^2 \end{bmatrix} \qquad \begin{bmatrix} 1 & 0 & 0 & 0 \\ 0 & 0 & 0 & 0 \\ 0 & 0 & 0 & 0 \\ 0 & 0 & 0 & 0 \end{bmatrix}$$

8.91
$$V = \frac{I_p}{I_p + I_u} = \frac{(\mathcal{S}_1^2 + \mathcal{S}_2^2 + \mathcal{S}_3^2)^{1/2}}{\mathcal{S}_0}$$
$$I_p = (\mathcal{S}_1^2 + \mathcal{S}_2^2 + \mathcal{S}_3^2)^{1/2}; \qquad I - I_p = I_u$$
$$\mathcal{S}_0 - (\mathcal{S}_1^2 + \mathcal{S}_2^2 + \mathcal{S}_3^2)^{1/2} = I_u$$
$$\begin{bmatrix}4\\0\\0\\0\end{bmatrix} + \begin{bmatrix}1\\0\\0\\1\end{bmatrix} = \begin{bmatrix}5\\0\\0\\1\end{bmatrix}$$
$$5 - (0 + 0 + 1)^{1/2} = I_u$$

8.93

(a)
$$\begin{bmatrix}\cos^2\alpha & \cos\alpha\sin\alpha\\ \cos\alpha\sin\alpha & \sin^2\alpha\end{bmatrix}\begin{bmatrix}\cos\theta\\ \sin\theta\end{bmatrix} =$$
$$\begin{bmatrix}\cos^2\alpha\cos\theta + \cos\alpha\sin\alpha\sin\theta\\ \cos\alpha\sin\alpha\cos\theta + \sin^2\alpha\sin\theta\end{bmatrix} = \cos(\theta - \alpha)\begin{bmatrix}\cos\alpha\\ \sin\alpha\end{bmatrix}$$

(b) 필터를 통과하여 나오는 빔은 수평과 각 α로 편광되어 있고, 그 진폭은 $\cos(\theta - \alpha)$배만큼 줄어든다. 이는 바로 투과축이 수평과 각 α를 이루는 이상적인 편광자에 의한 것과 같다. (말뤼스의 법칙을 상기하자.)

(c) 예를 들어 직교하는 편광자에 대한 존스 행렬을 구해 보자. 두 번째 편광자의 각도가 $\alpha - 90°$라 하면 $\cos\alpha$는 $\sin\alpha$로, $\sin\alpha$는 $-\cos\alpha$로 바뀐다. 따라서 두 편광자에 대한 존스 행렬은

$$\begin{bmatrix}\cos^2\alpha & \cos\alpha\sin\alpha\\ \cos\alpha\sin\alpha & \sin^2\alpha\end{bmatrix}\begin{bmatrix}\sin^2\alpha & \sin\alpha\cos\alpha\\ \sin\alpha\cos\alpha & \cos^2\alpha\end{bmatrix} =$$
$$\begin{bmatrix}0 & 0\\ 0 & 0\end{bmatrix}\text{(0 행렬!)}$$

이다.

9장

9.1 $\vec{\mathbf{E}}_1 \bullet \vec{\mathbf{E}}_2 = \frac{1}{2}(\vec{\mathbf{E}}_1 e^{-i\omega t} + \vec{\mathbf{E}}_1^* e^{i\omega t}) \bullet \frac{1}{2}(\vec{\mathbf{E}}_2 e^{-i\omega t} + \vec{\mathbf{E}}_2^* e^{i\omega t})$

여기에서 $\text{Re}(z) = \frac{1}{2}(z + z^*)$.

$$\vec{\mathbf{E}}_1 \bullet \vec{\mathbf{E}}_2 = \frac{1}{4}[\vec{\mathbf{E}}_1 \bullet \vec{\mathbf{E}}_2 e^{-2i\omega t}\} + \vec{\mathbf{E}}_1^* \bullet \vec{\mathbf{E}}_2^* e^{2i\omega t} + \vec{\mathbf{E}}_1 \bullet \vec{\mathbf{E}}_2^* + \vec{\mathbf{E}}_1^*\} \bullet \vec{\mathbf{E}}_2$$

마지막 두 항은 시간에 무관하며, $1/T\omega$ 계수 때문에 $\langle \vec{\mathbf{E}}_1 \bullet \vec{\mathbf{E}}_2 e^{-2i\omega t}\rangle \to 0$이며 $\langle \vec{\mathbf{E}}_1^* \bullet \vec{\mathbf{E}}_2^* e^{2i\omega t}\rangle \to 0$이다.

$$I_{12} = 2\langle \vec{\mathbf{E}}_1 \bullet \vec{\mathbf{E}}_2\rangle = \frac{1}{2}[\vec{\mathbf{E}}_1 \bullet \vec{\mathbf{E}}_2^* + \vec{\mathbf{E}}_1^* \bullet \vec{\mathbf{E}}_2]$$

9.2 $(r_1 - r_2)$의 최댓값은 a이다. 따라서 $\boldsymbol{\varepsilon}_1 = \boldsymbol{\varepsilon}_2$이면, $\delta = k(r_1 - r_2)$은 0에서 ka까지 변한다. 만일 $a >> \lambda$이면 $\cos\delta$와 I_{12}는 수많은 최대 최소를 가질 것이므로, 평균하면 공간상의 큰 영역에 걸쳐 0이 된다. 반면에 $a << \lambda$이면 δ는 0에서 $ka << 2\pi$ 까지 약간만 변한다. 따라서 I_{12}는 평균하면 0이 되지 않고, 식 (9.17)에서 I는 $4I_0$와 별로 다르지 않다. 두 광원은 실제적으로 원래 세기의 2배인 단일 광원처럼 동작한다.

9.4 S에 있는 전구는 간섭 무늬를 발생한다. 그것은 수많은 결어긋난 점광원으로 이루어진 것으로 생각할 수 있다. 이들 각각은 독립적인 무늬를 발생하며, 이들 전부는 중첩될 것이다. S_1과 S_2에 있는 전구는 결어긋나 있고 감지할 수 있는 무늬를 발생시키지 못한다.

9.9

(a) $(r_1 - r_2) = \pm\frac{1}{2}\lambda$이므로 $a\sin\theta_1 = \pm\frac{1}{2}\lambda$이고, $\theta_1 \approx \pm\frac{1}{2}\lambda/a = \pm\frac{1}{2}(632.8 \times 10^{-9}\text{ m})/(0.200 \times 10^{-3}\text{ m}) = \pm 1.58 \times 10^{-3}\text{ rad}$ 혹은 $y_1 = s\theta_1 = (1.00\text{ m})(\pm 1.58 \times 10^{-3}\text{ rad}) = \pm 1.58\text{ mm}$이다.

(b) $y_5 = s5\lambda/a = (1.00\text{ m})5(632.8 \times 10^{-9})/(0.200 \times 10^{-3}\text{ m}) = 1.582 \times 10^{-2}\text{ m}$.

(c) 무늬가 코사인 제곱으로 변하므로 (a)에 대한 답은 무늬 간격의 절반이고, (b)에 대한 답은 그것의 10배이다.

9.21 $r_2^2 = a^2 + r_1^2 - 2ar_1\cos(90 - \theta)$.

$$\frac{k}{2}\left(\frac{a^2}{2r_1}\cos^2\theta\right) << \pi/2$$

이 성립하면, 매클로린 전개의 셋째 항에 의한 $\cos\delta/2$에 의한 기여는 무시할 수 있으므로 $r_1 >> a^2/\lambda$이다.

9.22 $E = \frac{1}{2}mv^2$, $v = 0.42 \times 10^6\text{m}$

$$\lambda = h/mv = 1.73 \times 10^{-9}, \quad \Delta y = s\lambda/a = 3.46\text{mm}.$$

9.29 $\Delta y = s\lambda_0/2d\alpha(n - n')$.

9.31 $\Delta y = (s/a)\lambda$, $a = 10^{-2}\text{cm}$, $a/2 = 5 \times 10^{-3}\text{cm}$.

9.32 $\delta = k(r_1 - r_2) + \pi$ (로이드 거울)

$$\delta = k\{a/2\sin\alpha - [\sin(90 - 2\alpha)]a/2\sin\alpha\} + \pi$$
$$\delta = ka(1 - \cos 2\alpha)/2\sin\alpha + \pi$$

최대는 $\delta = 2\pi$, 즉 $\sin\alpha(\lambda/a) = (1 - \cos 2\alpha) = 2\sin^2\alpha$일 때 일어난다. 첫째 최대는 $\alpha = \sin^{-1}(\lambda/2\alpha)$이다.

9.34 여기에서 $1.00 < 1.34 > 1.00$이므로, 식 (9.36)에서 $m = 0$로 하면 $d = (0 + \frac{1}{2})(633\text{nm})/2(1.34) = 118\text{ nm}$이다.

9.38 식 (9.37) $m = 2n_f d/\lambda_0 = 10000$. 최소, 즉 어두운 중앙 영역이다.

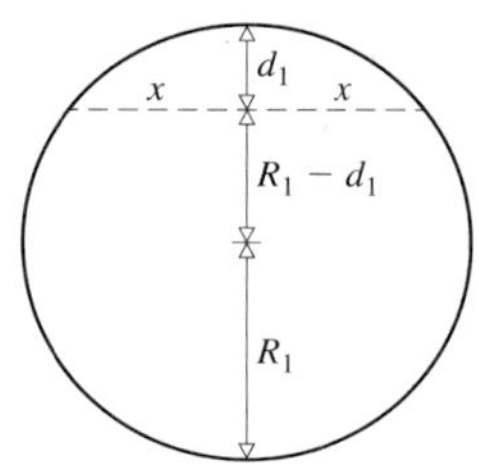

9.39 간섭 무늬는 일반적으로 일련의 섬세하며 들쑥날쑥한 띠이며, 유리에 대하여 고정되어 있다.

9.40 $\Delta x = \lambda_f/2\alpha$, $\alpha = \lambda_0 2n_f\Delta x$

$\alpha = 5 \times 10^{-5}\text{rad} = 10.2$초.

9.43 $x^2 = d_1[(R_1 - d_1) + R_1] = 2R_1d_1 - d_1^2$이다.

마찬가지로 $x^2 = 2R_2d_2 - d_2^2$이므로

$$d = d_1 - d_2 = \frac{x^2}{2}\left[\frac{1}{R_1} - \frac{1}{R_2}\right], \qquad d = m\frac{\lambda_f}{2}$$

이다. $R_2 \to \infty$일 때, x_m은 식 (9.43)에 접근한다.

9.47 $\lambda/2$의 이동은 무늬쌍이 하나 지나가도록 하므로 $92\ \lambda/2 = 2.53 \times 10^{-5}$m이고, $\lambda = 550$nm이다.

9.53 $E_t^2 = E_t E_t^* = E_0^2(tt')^2/(1 - r^2e^{-i\delta})(1 - r^2e^{+i\delta})$

$$I_t = I_i(tt')^2/(1 - r^2e^{-i\delta} - r^2e^{i\delta} + r^4)$$

9.54 (a) $R = 0.80 \therefore F = 4R/(1 - R)^2 = 80$

(b) $\gamma = 4 \sin^{-1} 1/\sqrt{F} = 0.448$

(c) $\mathscr{F} = 2\pi/0.448$

(d) $C = 1 + F$

9.55 $\dfrac{2}{1 + F(\Delta\delta/4)^2} = 0.81\left[1 + \dfrac{1}{1 + F(\Delta\delta/2)^2}\right]$

$$F^2(\Delta\delta)^4 - 15.5F(\Delta\delta)^2 - 30 = 0$$

9.56 $I = I_{\max} \cos^2 \delta/2$

$$\delta = \pi/2\text{일 때 } I = I_{\max}/2 \quad \therefore \gamma = \pi$$

최대 사이의 간격은 2π이다.

$$\mathscr{F} = 2\pi/\gamma = 2$$

9.58 거의 수직 입사하는 경우($\theta_i \approx 0$), 그림 4.52는 내부 반사된 빔과 외부 반사된 빔 사이에 상대 위상 이동이 π rad임을 보여 준다. 이것은 총 상대 위상차가

$$\frac{2\pi}{\lambda_f}[2(\lambda_f/4)] + \pi$$

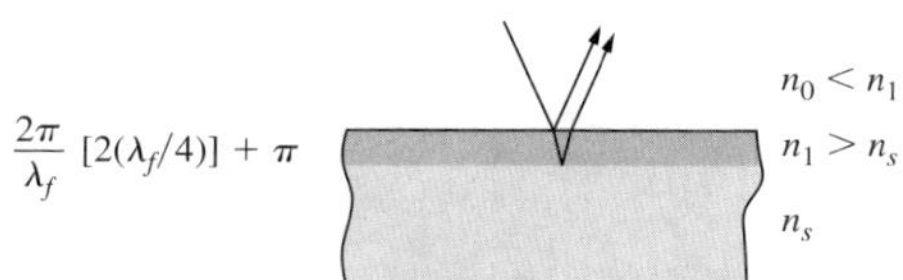

또는 2π임을 의미한다. 파들은 같은 위상이고 보강 간섭한다.

9.59 $n_0 = 1 \quad n_s = n_g \quad n_1 = \sqrt{n_g}$

$$\sqrt{1.54} = 1.24$$

$$d = \frac{1}{4}\lambda_f = \frac{1}{4}\frac{\lambda_0}{n_1} = \frac{1}{4}\frac{540}{1.24}\text{ nm}$$

두 파 사이에 상대 위상 이동이 없다.

9.60 굴절파는 박막을 두 번 지나므로 반사했을 때 상대 위상 이동이 없을 것이다. 따라서

$$d = \lambda_0/4n_f = (550\text{nm})/4(1.38) = 99.6\text{nm}$$

이다.

10장

10.1 $(R + \ell)^2 = R^2 + a^2$, 따라서 $R = (a^2 - \ell^2)/2\ell \approx a^2 2\ell$, $\ell R = a^2/2$, 그러므로 $\lambda >> \ell$일 때, $\lambda R >> a^2/2 \therefore R = (1 \times 10^{-3})^2 10/2\lambda = 10$m이다.

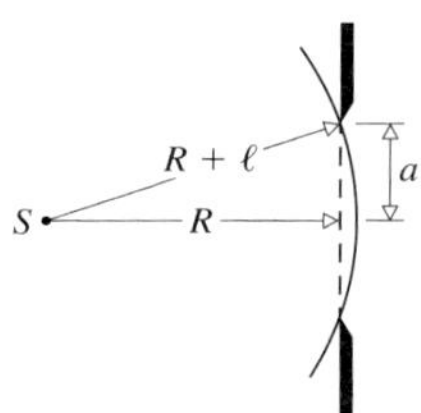

10.3 $d \sin\theta_m = m\lambda$ | $\theta = N\delta/2 = \pi$

$7 \sin\theta = (1)(0.21)$ | $\theta = 2\pi/N = kd \sin\theta$

$\sin\theta = 0.03$ | $\sin\theta = 0.0009$

$\theta = 1.7$ | $\theta = 3$ 분

10.4 상공간에서 수렴하는 구면파는 출사동에 의하여 회절된다.

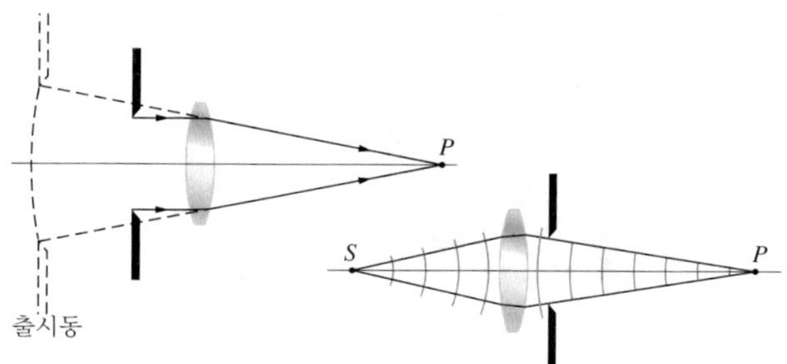

10.6

$$\beta = \pm\pi$$
$$\sin\theta = \pm\lambda/b$$
$$\theta \approx \pm\lambda/b$$
$$L\theta \approx \pm L\lambda/b$$
$$L\theta \approx \pm f_2\lambda/b$$

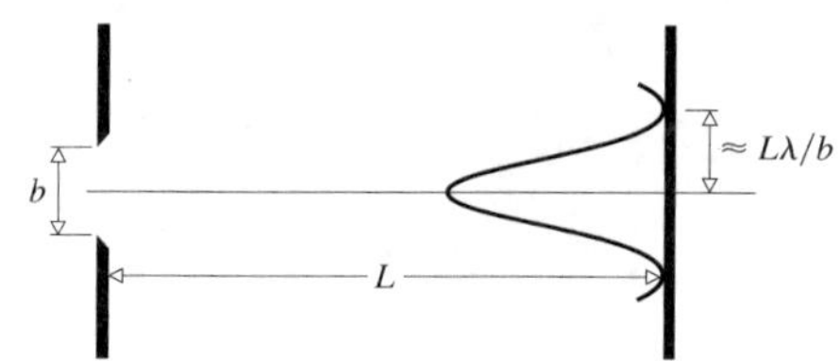

10.9 $\lambda = (20\text{cm}) \sin 36.87° = 12\text{cm}$.

10.14
$$\alpha = \frac{ka}{2}\sin\theta, \qquad \beta = \frac{kb}{2}\sin\theta$$
$$a = mb,\ \alpha = m\beta,\ \alpha = m2\pi$$
$$N = \text{무늬수} = a/\pi = m2\pi/\pi = 2m$$

10.17
$$\alpha = 3\pi/2N = \pi/2 \qquad [10.34]$$

식 (10.35)에서

$$I(\theta) = \frac{I(0)}{N^2}\left(\frac{\sin\beta}{\beta}\right)^2$$

이다. 따라서 $I/I(0) \approx 1/9$이다.

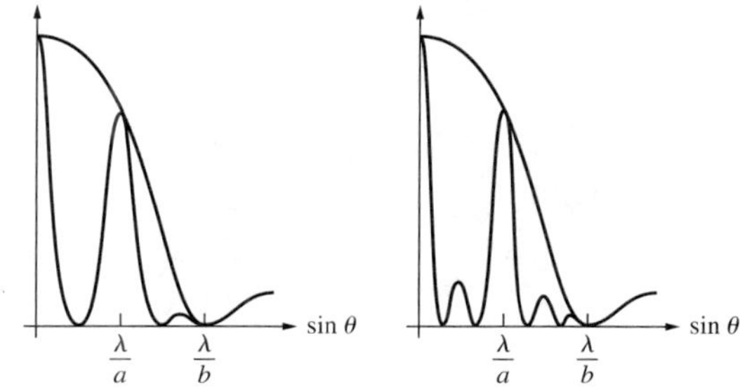

10.26 구멍이 하나의 선에 대하여 대칭이면 무늬는 그것에 평행한 선에 대하여 대칭일 것이다. 더구나 무늬는 구멍의 대칭축에 수직한 또 다른 선에 대하여 대칭일 것이다. 이것은 프라운호퍼 무늬가 대칭 중심을 갖는다는 사실로부터 나온다.

10.27

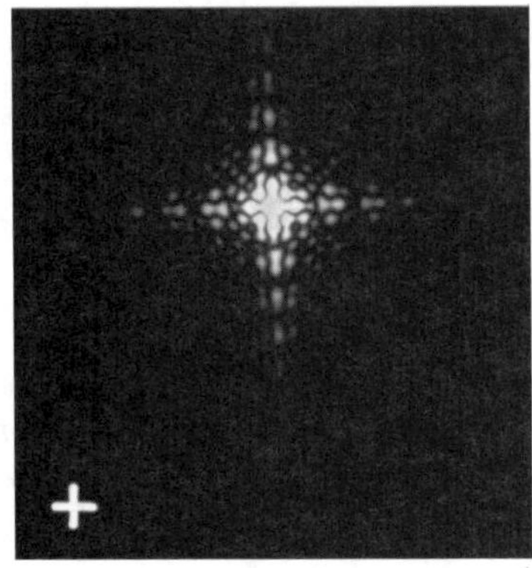

10.28 3개의 평행하고 짧은 슬릿

10.29 2개의 평행하고 짧은 슬릿

10.30 이등변 삼각형 구멍

10.31 십자 모양의 구멍

10.32 직사각형 구멍의 전기장

10.38 식 (10.58)에서 $q_1 \approx 1.22(f/D)\lambda \approx \lambda$

10.39

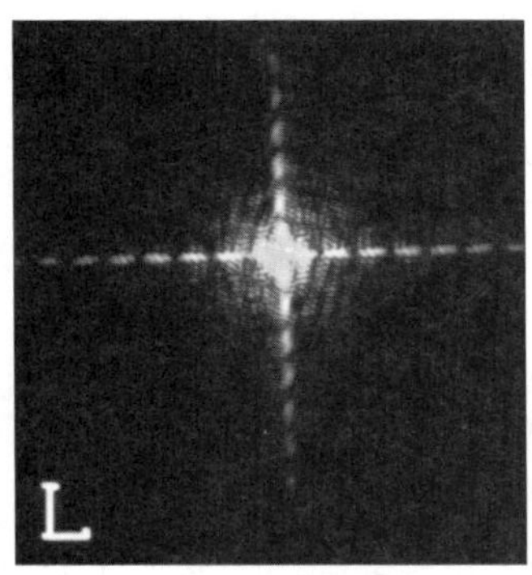

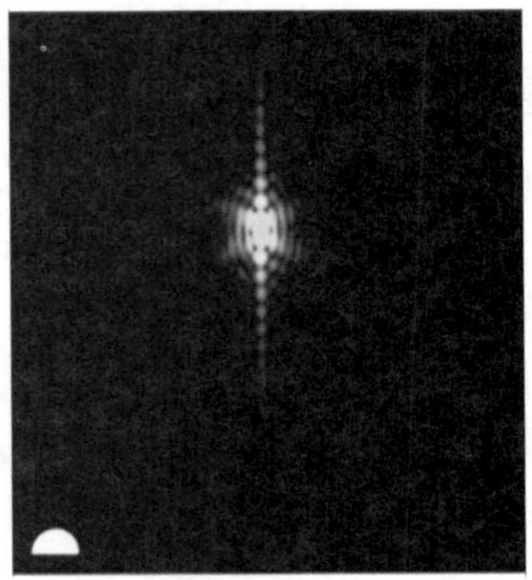

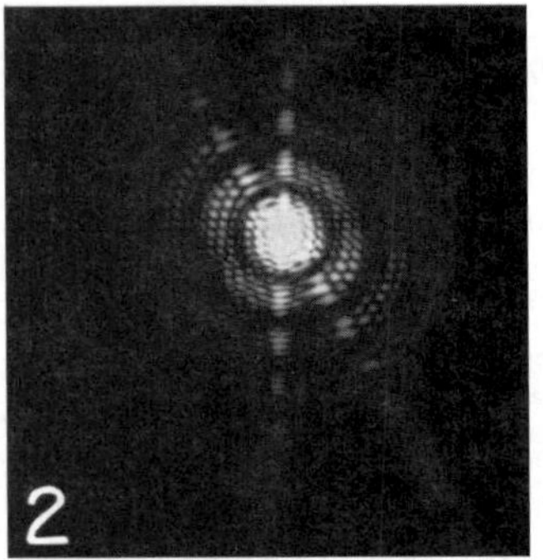

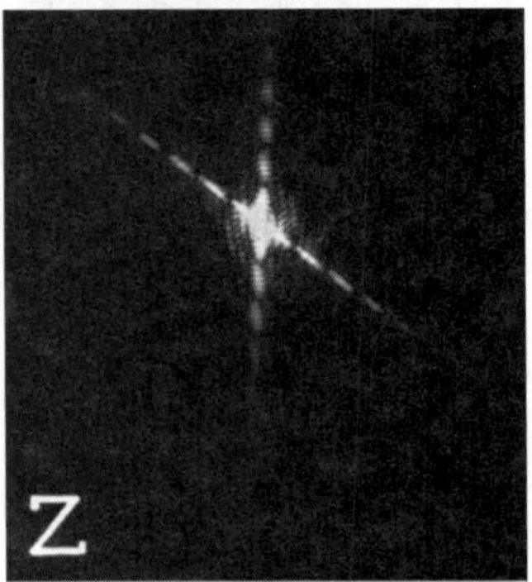

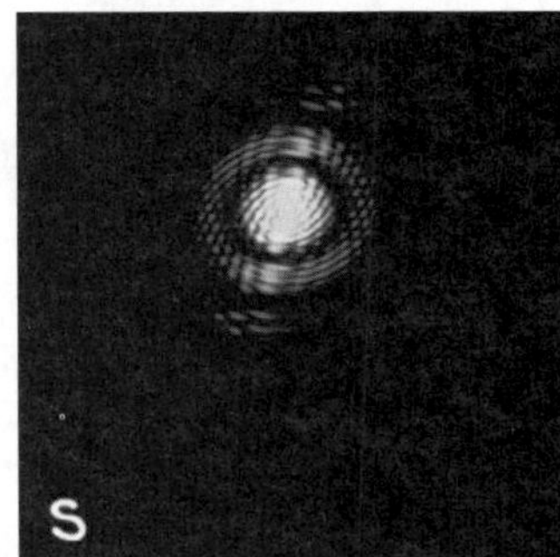

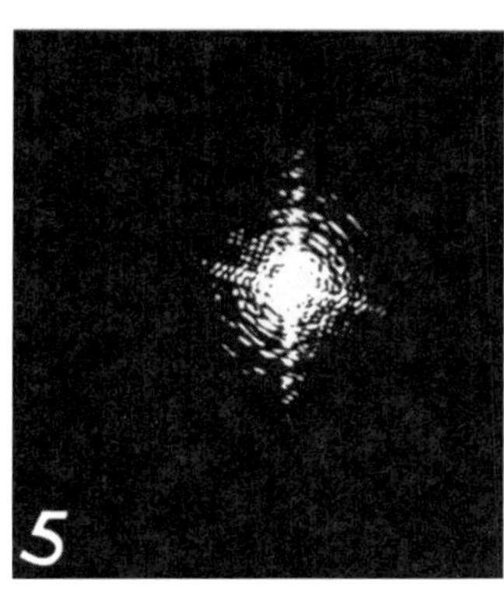

10.45 1000 중의 1. 3 yd ≈ 100인치. (아래 그림 참고)

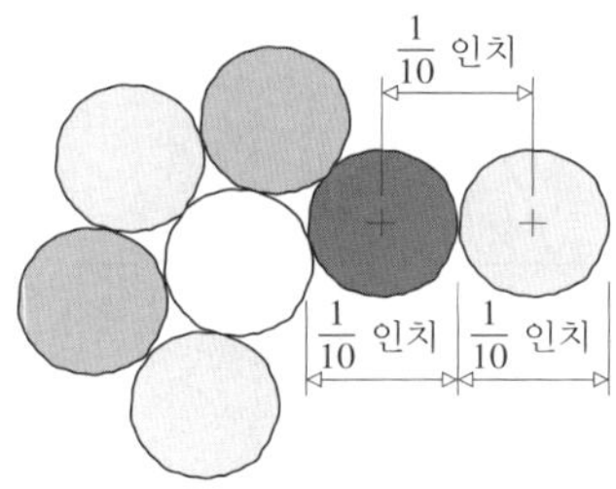

10.55 식 (10.32)에서 $a = 1/(1000\text{ cm당 선수}) = 0.001$ 선수당 cm(중심 사이)이므로, $\sin\theta_m = 1(650 \times 10^{-9}\text{m})/(0.001 \times 10^{-2}\text{m}) = 6.5 \times 10^{-2}$이고 $\theta_1 = 3.73°$임.

10.61 식 (10.32)에서 사인 함수 값이 1이어서 방정식의 좌변이 최대가 될 때 m이 최대가 된다. 따라서 $m = a/\lambda = (1/10 \times 10^5)/(3.0 \times 10^8\text{m/s} \div 4.0 \times 10^{14}\text{Hz}) = 1.3$이고, 1차 스펙트럼만 보인다.

10.63 $\sin\theta_i = n \sin\theta_n$

광경로 길이차 $= m\lambda$

$a \sin\theta_m - na \sin\theta_n = m\lambda$

$a(\sin\theta_m - \sin\theta_i) = m\lambda$

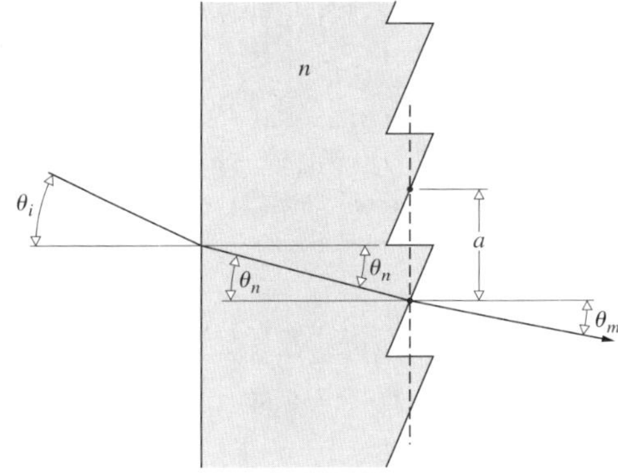

10.65

$$\mathcal{R} = mN = 10^6,\ N = 78 \times 10^3$$
$$\therefore m = 10^6/78 \times 10^3$$
$$\Delta\lambda_{\text{fsr}} = \lambda/m = 500\text{ nm}/(10^6/78 \times 10^3) = 39\text{ nm}$$

$$\mathcal{R} = \mathcal{F}m = \mathcal{F}\frac{2n_f d}{\lambda} = 10^6 \qquad [9.76]$$

$$\Delta\lambda_{\text{fsr}} = \lambda^2/2n_f d = 0.0125\text{ nm} \qquad [9.78]$$

10.66

$$\mathcal{R} = \lambda/\Delta\lambda = 5892.9/5.9 = 999$$
$$N = \mathcal{R}/m = 333$$

10.68

$$y = L\lambda/d$$
$$d = 12 \times 10^{-6}/12 \times 10^{-2} = 10^{-4}\text{ m}$$

10.70

$$A = 2\pi\rho^2\int_0^{\varphi}\sin\varphi\, d\varphi = 2\pi\rho^2(1 - \cos\varphi)$$
$$\cos\varphi = [\rho^2 + (\rho + r_0)^2 - r_l^2]/2\rho(\rho + r_0)$$
$$r_l = r_0 + l\lambda/2$$

처음 l 원형띠의 면적

$$A = 2\pi\rho^2 - \pi\rho(2\rho^2 + 2\rho r_0 - l\lambda r_0 - l^2\lambda^2/4)/(\rho + r_0)$$
$$A_l = A - A_{l-1} = \frac{\lambda\pi\rho}{\rho + r_0}\left[r_0 + \frac{(2l-1)\lambda}{4}\right]$$

10.84

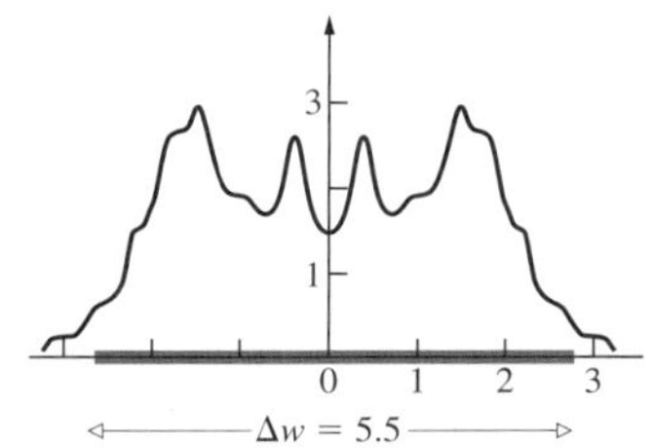

10.85

$$I = \frac{I_0}{2}\{[\tfrac{1}{2} - \mathscr{C}(v_1)]^2 + [\tfrac{1}{2} - \mathscr{S}(v_1)]^2\}$$
$$I = \frac{I_0}{2}\left(\frac{1}{\pi v_1}\right)^2\left[\sin^2\left(\frac{\pi v_1^2}{2}\right) + \cos^2\left(\frac{\pi v_1^2}{2}\right)\right]$$
$$I = \frac{I_0}{2}\left(\frac{1}{\pi v_1}\right)^2$$

10.86 그림자 안과 바깥 영역 모두에 무늬가 있다. [M. P. Givens and W. L. Goffe, *Am. J. Phys.* **34**, 248 (1966)을 보라.]

10.87 $u = y[2/\lambda r_0]^{1/2}; \quad \Delta u = \Delta y \times 10^3 = 2.5.$

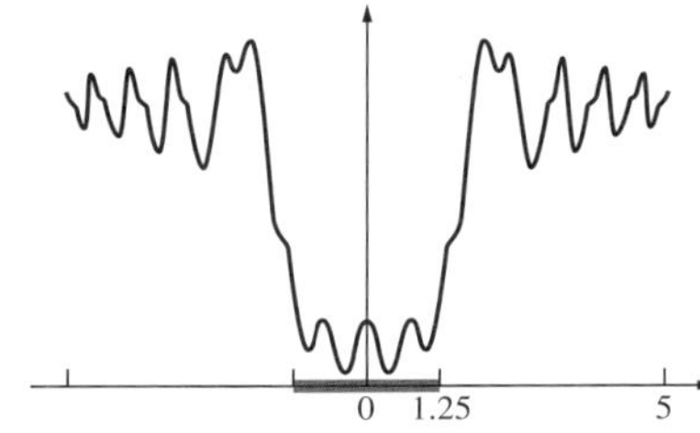

10.88

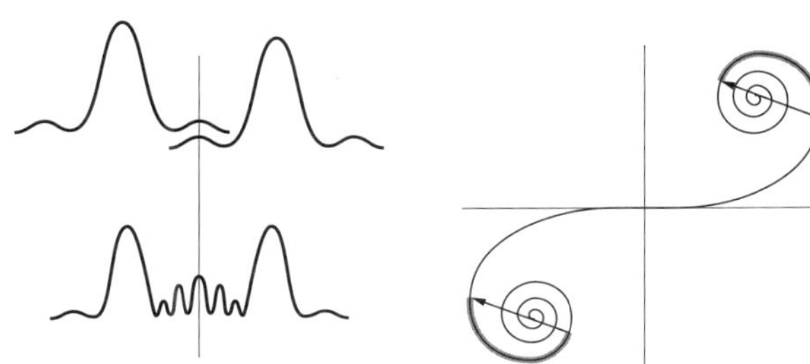

11장

11.1 $E_0 \sin k_p x = E_0(e^{ik_p x} - e^{-ik_p x})/2i$

$$F(k) = \frac{E_0}{2i}\left[\int_{-L}^{+L} e^{i(k+k_p)x}\,dx - \int_{-L}^{+L} e^{i(k-k_p)x}\,dx\right]$$

$$F(k) = -\frac{iE_0 \sin(k+k_p)L}{(k+k_p)} + \frac{iE_0 \sin(k+k_p)L}{(k-k_p)}$$

$$F(k) = iE_0 L[\operatorname{sinc}(k-k_p)L - \operatorname{sinc}(k+k_p)L]$$

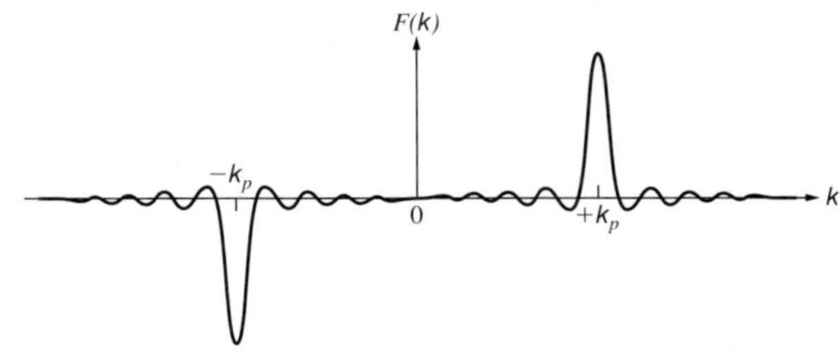

11.3 $\cos^2 \omega_p t = \frac{1}{2} + \frac{1}{2}\cos 2\omega_p t = \frac{1}{2} + \frac{e^{2i\omega_p t} + e^{-2i\omega_p t}}{4}$

$$F(\omega) = \frac{1}{2}\int_{-T}^{+T} e^{i\omega t}\,dt + \frac{1}{4}\int e^{i(\omega+2\omega_p)t}\,dt + \frac{1}{4}\int e^{i(\omega-2\omega_p)t}\,dt$$

$$F(\omega) = \frac{1}{\omega}\sin\omega T + \frac{1}{2(\omega+2\omega_p)}\sin(\omega+2\omega_p)T + \frac{1}{2(\omega-2\omega_p)}\sin(\omega-2\omega_p)T$$

$$F(\omega) = T\operatorname{sinc}\omega T + \frac{T}{2}\operatorname{sinc}(\omega+2\omega_p)T + \frac{T}{2}\operatorname{sinc}(\omega-2\omega_p)T$$

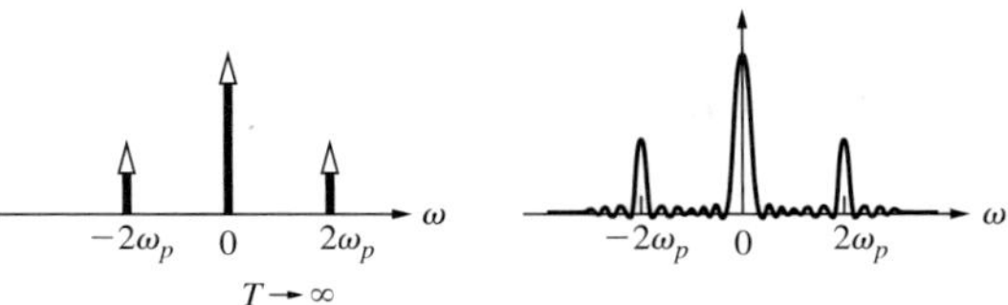

11.9 $\mathscr{F}\{af(x) + bh(x)\} = aF(k) + bH(k)$

11.11 $F(k) = L\ \operatorname{sinc}^2 kL/2$, $k = 0$에서 $F(0) = L$, 그리고 $F(\pm 2\pi/L) = 0$.

11.18 $$\int_{x=-\infty}^{x=+\infty} f(x)h(X-x)\,dx$$

$$= -\int_{x'=+\infty}^{x'=-\infty} f(X-x')h(x')\,dx' = \int_{-\infty}^{+\infty} h(x')f(X-x')\,dx'$$

여기에서 $x' = X - x$, $dx = -dx'$.

$$f \circledast h = h \circledast f$$

또는

$$\mathscr{F}\{f \circledast h\} = \mathscr{F}\{f\}\cdot\mathscr{F}\{h\} = \mathscr{F}\{h\}\cdot\mathscr{F}\{f\} = \mathscr{F}\{h \circledast f\}$$

이다.

11.22 $f(x,y)$ 가장자리 위의 한 점, 예를 들어 $(x = d,\ y = 0)$에 있는 점은 $X = d$에 중심을 둔 한 변 2ℓ인 정사각형으로 퍼진다. 따라서 그것은 $X = d + \ell$ 이상 미치지 않으므로, 역상관은 $X = d + \ell$ 이상에서는 0이어야 한다.

11.24 $f(x-x_0)\circledast h(x) = \int_{-\infty}^{+\infty} f(x-x_0)h(X-x)\,dx,$

이며, $x - x_0 = \alpha$로 놓으면 이것은

$$\int_{-\infty}^{+\infty} f(\alpha)h(X-\alpha-x_0)\,d\alpha = g(X-x_0)$$

이 된다.

11.28

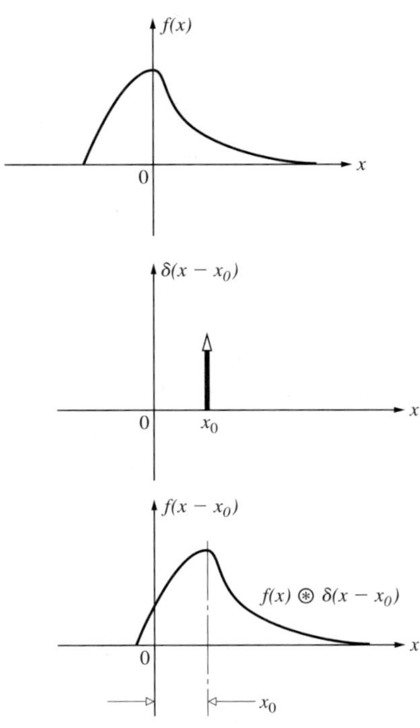

11.32 $f(x)$는 rect-함수와 2개의 델타 함수의 역상관임을 알 수 있으며, 역상관 정리로부터

$$\begin{aligned} F(k) &= \mathscr{F}\{\operatorname{rect}(x)\circledast[\delta(x-a)+\delta(x+a)]\} \\ &= \mathscr{F}\{\operatorname{rect}(x)\}\cdot\mathscr{F}\{[\delta(x-a)+\delta(x+a)]\} \\ &= a\operatorname{sinc}\tfrac{1}{2}ka\cdot(e^{ika}+e^{-ika}) \\ &= a\operatorname{sinc}\left(\tfrac{1}{2}ka\right)\cdot 2\cos ka \end{aligned}$$

11.33 $f(x)\circledast h(x)$

$$\begin{aligned} &= [\delta(x+3)+\delta(x-2)+\delta(x-5)]\circledast h(x) \\ &= h(x+3)+h(x-2)+h(x-5) \end{aligned}$$

11.36

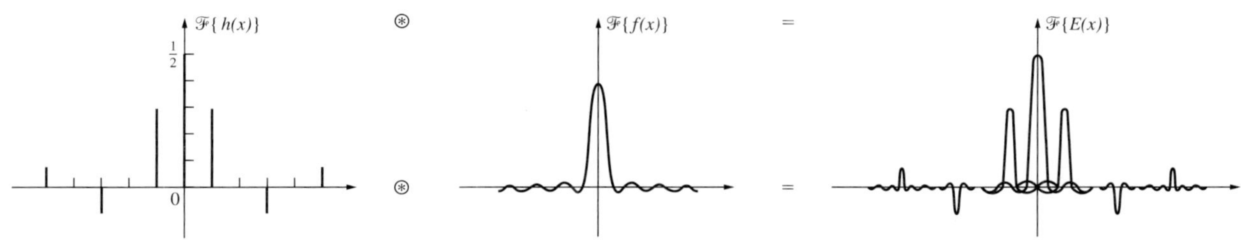

11.37 $\mathscr{A}(y, z) = \mathscr{A}(-y, -z)$

$$E(Y, Z, t) \propto \iint \mathscr{A}(y, z)e^{i(k_Y y + k_Z z)}\, dy\, dz$$

Y를 $-Y$로, Z를 $-Z$로, y를 $-y$로, z를 $-z$로 바꾸면 $\mathbf{k}_Y$는 $-\mathbf{k}_Y$로, $\mathbf{k}_Z$는 $-\mathbf{k}_Z$로 되므로,

$$E(-Y, -Z) \propto \iint \mathscr{A}(-y, -z)e^{i(k_Y y + k_Z z)} dy\, dz$$

$$\therefore E(-Y, -Z) = E(Y, Z)$$

11.38 식 (11.63)에서

$$E(Y, Z) = \iint \mathscr{A}(y, z)e^{ik(Yy+Zz)/R}\, dy\, dz$$

$$E'(Y, Z) = \iint \mathscr{A}(\alpha y, \beta z)e^{ik(Yy+Zz)/R}\, dy\, dz$$

이제 $y' = \alpha y$ 그리고 $z' = \beta z$라 놓는다.

$$E'(Y, Z) = \frac{1}{\alpha\beta}\iint \mathscr{A}(y', z')e^{ik[(Y/\alpha)y' + (Z/\beta)z']}\, dy'\, dz'$$

또는 $E'(Y, Z) = \dfrac{1}{\alpha\beta} E(Y/\alpha, Z/\beta)$

11.39

$$C_{ff} = \lim_{T\to\infty} \frac{1}{2T}\int_{-T}^{+T} A \sin(\omega t + \varepsilon) A \sin(\omega t - \omega\tau + \varepsilon)\, dt$$

$$= \lim_{T\to\infty} \frac{A^2}{2T}\int \left[\tfrac{1}{2}\cos(\omega\tau) - \tfrac{1}{2}\cos(2\omega t - \omega\tau + 2\varepsilon)\right] dt$$

왜냐하면 $\cos\alpha - \cos\beta = -2\sin\frac{1}{2}(\alpha+\beta)\sin\frac{1}{2}(\alpha-\beta)$이므로,

$$C_{ff} = \frac{A^2}{2}\cos(\omega\tau)$$

이다.

11.40

$$E(k_Z) = \int_{-b/2}^{+b/2} \mathscr{A}_0 \cos(\pi z/b) e^{ik_Z z}\, dz$$

$$= \mathscr{A}_0 \int \cos\frac{\pi z}{b}\cos k_Z z\, dz + i\mathscr{A}_0 \int \cos\frac{\pi z}{b}\sin k_Z z\, dz$$

$$E(k_Z) = \mathscr{A}_0 \cos\frac{bk_Z}{2}\left[\frac{1}{\left(\frac{\pi}{b} - k_Z\right)} + \frac{1}{\left(\frac{\pi}{b} + k_Z\right)}\right]$$

12장

12.8 낮은 압력에서는 램프에서 방출된 세기는 낮고, 대역폭은 좁으며, 결맞음 거리는 길다. 간섭 무늬는 상당히 희미할 것이고, 처음에는 높은 대비도를 보일 것이다. 압력이 높아짐에 따라 결맞음 거리는 감소하고, 대비도는 떨어지며, 심지어 간섭 무늬가 완전히 사라질 수 있다.

12.11 신호 각각의 사인 함수는 그 자체의 파장과 진폭을 갖는 코사인 자체 상관 함수를 발생한다. 이들 모두는 $\tau = 0$에 대응하는 지연이 0인 점에서 같은 위상을 가진다. 이 원점에서 벗어나면 코사인은 곧 위상이 맞지 않게 되어, 소멸 간섭이 보다 안 성맞춤인 뒤범벅을 만든다. (이와 같은 일이, 예를 들어 직사각형 펄스가 사인파로부터 합성될 때 일어난다. 펄스 바깥에서는 모든 기여가 상쇄된다.) 성분수가 증가함에 따라 신호는 무작위 잡음과 비슷하게 더욱 복잡해지고 자체 상관은 좁아져서 궁극적으로 $\tau = 0$에 있는 δ-스파이크가 된다.

12.13 점광원에 의한 Σ_0에서의 복사 조도는

$$4I_0\cos^2(\delta/2) = 2I_0(1 + \cos\delta)$$

이다. 축으로부터 y되는 점 S'에 있는 폭 dy의 미소 광원 요소에 대하여, 두 슬릿을 거쳐 Y 되는 점 P까지의 OPD는

$$\Lambda = (\overline{S'S_1} + \overline{S_1P}) - (\overline{S'S_2} + \overline{S_2P})$$
$$= (\overline{S'S_1} - \overline{S'S_2}) + (\overline{S_1P} + \overline{S_2P})$$
$$= ay/l + aY/s \text{ (9.3절로부터)}$$

따라서 dy로부터 복사 조도의 기여는

$$dI \propto (1 + \cos k\Lambda)\, dy$$

$$I \propto \int_{-b/2}^{+b/2} (1 + \cos k\Lambda)\, dy$$

$$I \propto b + \frac{d}{ka}\left[\sin\left(\frac{aY}{s} + \frac{ab}{2l}\right) - \sin\left(\frac{aY}{s} - \frac{ab}{2l}\right)\right]$$

$$I \propto b + \frac{d}{ka}[\sin(kaY/s)\cos(kab/2l) + \cos(kaY/s)\sin(kab/2l) - \sin(kaY/s)\cos(kab/2l) + \cos(kaY/s)\sin(kab/2l)]$$

$$I \propto b + \frac{l2}{ka}\sin(kab/2l)\cos(kaY/s)$$

이다.

12.14

$$\mathscr{V} = \frac{I_{\max} - I_{\min}}{I_{\max} + I_{\min}}$$

$$I_{\max} = I_1 + I_2 + 2\sqrt{I_1 I_2}|\tilde{\gamma}_{12}|$$

$$I_{\min} = I_1 + I_2 - 2\sqrt{I_1 I_2}|\tilde{\gamma}_{12}|$$

$$\mathscr{V} = \frac{4\sqrt{I_1 I_2}|\tilde{\gamma}_{12}|}{2(I_1 + I_2)}$$

12.15 $S''S_1O' - S'S_1O' - \lambda/2, 3\lambda/2, 5\lambda/2, \ldots$ 일 때, S'에 의한 복사 조도는

$$I' = 4I_0 \cos^2(\delta/2) = 2I_0(1 + \cos \delta')$$

이며, S''에 의한 복사 조도는

$$I'' = 4I_0 \cos^2(\delta''/2) = 4I_0 \cos^2(\delta' + \pi)/2$$
$$= 2I_0(1 - \cos \delta')$$

이다. 따라서 $I' + I'' = 4I_0$.

12.18 $I_1(t) = \Delta I_1(t) + \langle I_1 \rangle$
따라서

$$\langle I_1(t+\tau)I_2(t)\rangle = \langle[\langle I_1\rangle + \Delta I_1(t+\tau)][\langle I_2\rangle + \Delta I_2(t)]\rangle$$

$\langle I_1\rangle$이 시간에 무관하므로, $\langle \Delta I_1(t)\rangle = 0$임을 상기하면,

$$\langle I_1(t+\tau)I_2(t)\rangle = \langle I_1\rangle\langle I_2\rangle + \langle \Delta I_1(t+\tau)\Delta I_2(t)\rangle$$

이다. 식 (12.32)와 비교하면 식 (12.34)가 나온다.

12.20 식 (12.22)에서 $\mathscr{V} = 2\sqrt{(10I)I}/(10I + I) = 2\sqrt{10}/11 = 0.57$이다.

12.24 반 시테르트-제르니케(van Cittert-Zernike) 정리를 이용하면 구멍에 의한 회절 무늬로부터 $\tilde{\gamma}_{12}(0)$를 구할 수 있고, 이는 관찰면 위에서 가시도를 결정한다. $\mathscr{V} = |\tilde{\gamma}_{12}(0)| = |\text{sinc}\,\beta|$, $u = 0.97$일 때 $\sin u/u = 0.85$, 따라서 $\pi by/l\lambda = 0.97$, 그리고 $y = \overline{P_1P_2} = 0.50\,\text{mm}$이면, $b = 0.97(l\lambda/\pi y) = 0.97(1.5\,\text{m})(500 \times 10^{-9}\,\text{m})/\pi(0.50 \times 10^{-3}\,\text{m}) = 0.46\,\text{mm}$이다.

12.27 반 시테르트-제르니케 정리에서 결맞음 정도는 광원 함수의 푸리에 변환으로부터 얻을 수 있다. 광원 함수 자체는 간격 a의 회절 격자에 대응하는 일련의 델타 함수이며, 여기서 $a \sin\theta_m = m\lambda$이다. 그러므로 결맞음 함수 역시 일련의 델타 함수이다. 따라서 $\mathscr{V}$가 최대이기 위해서는 슬릿 간격 d인 $\overline{P_1P_2}$의 광원이 1차 회절 무늬 지점과 일치해야 한다. $a\theta_1 \approx \lambda$이므로 $d \approx l\theta_1 \approx \lambda l/a = (500 \times 10^{-9}\,\text{m})(2.0\,\text{m})/(500 \times 10^{-6}\,\text{m}) = 2.0\,\text{mm}$이다.

13장

13.2 $P/A = \epsilon\sigma(T^4 - T_e^4) = (0.97)(5.6703 \times 10^{-8}\,\text{W/m}^2 \cdot \text{K}^4) \times (306^4 - 293^4) = I = 76.9\ \text{W/m}^2$. $P = 108\,\text{W}$

13.3 $I_e = \sigma T^4$

$(22.8\ \text{W cm}^2)(10^4\ \text{cm}^2/\text{m}^2) = (5.7 \times 10^{-8}\ \text{W m}^{-2}\ \text{K}^{-4})T^4$

$$T = \left[\frac{22.8 \times 10^4}{5.7 \times 10^{-8}}\right]^{1/4} = 1.414 \times 10^3 = 1414\ \text{K}$$

13.4 $T_2^4/T_1^4 = P_2/P_1 = 16 \times 10^{12}/16 \times 10^8 = 1.0 \times 10^4$.

13.13 $\lambda(\text{min}) = 300\ \text{nm}$

$$h\nu = hc/\lambda$$
$$= \frac{(6.63 \times 10^{-34}\ \text{J}\cdot\text{s})(3 \times 10^8\ \text{m/s})}{300 \times 10^{-9}\ \text{m}}$$
$$\mathscr{E} = 6.63 \times 10^{-19}\ \text{J} = 4.14\ \text{eV}$$

13.15 $Nh\nu = (1.4 \times 10^3\ \text{W/m}^2)(1\ \text{m}^2)(1\ \text{s})$

$$N = \frac{1.4 \times 10^3(700 \times 10^{-9})}{(6.63 \times 10^{-34})(3 \times 10^8)} = \frac{980 \times 10^{20}}{19.89}$$
$$N = 49.4 \times 10^{20}$$

13.16 전체 원자수를 구한다. $pV = nRT$, $n = 4.47 \times 10^{-7}\text{mol}$; 따라서 2.67×10^{17}개의 원자가 있고 2.67×10^{15}개가 여기된다. 방출률은 $2.67 \times 10^{15}/\tau = 1.92 \times 10^{23}$광자/초이다.

13.19 $h\nu/k_BT = 0.774$이고 $\frac{1}{e^{0.774} - 1} = 0.86$이다. 온도가 높아지면 비가 상당히 커지고 두 전이율은 비슷해진다.

13.29 전이율은 $P/h\nu = 3 \times 10^{15}\text{s}^{-1}$이어야 한다.

13.37 $\mu \approx \mu_0$이므로 $I = \frac{1}{2}v\epsilon E_0^2 = \frac{n}{2}\left(\frac{\epsilon_0}{\mu_0}\right)^{1/2}E_0^2$이다.
따라서 $E_0^2 = 2(\mu_0/\epsilon_0)^{1/2}I/n$인데, $(\mu_0/\epsilon_0)^{1/2} = 376.730\,\Omega$이므로 $E_0 = 27.4(I/n)^{1/2}$이다.

13.39

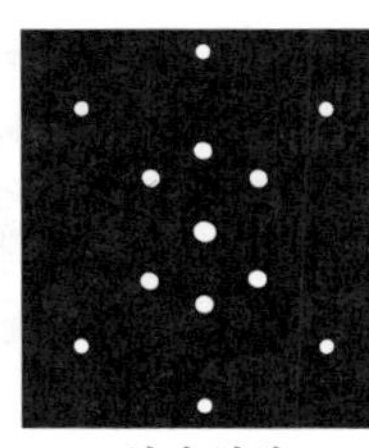

회절 형태

13.40

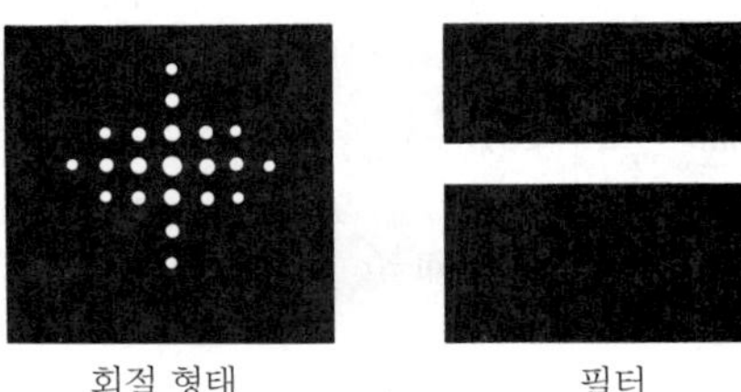

회절 형태 필터

13.41

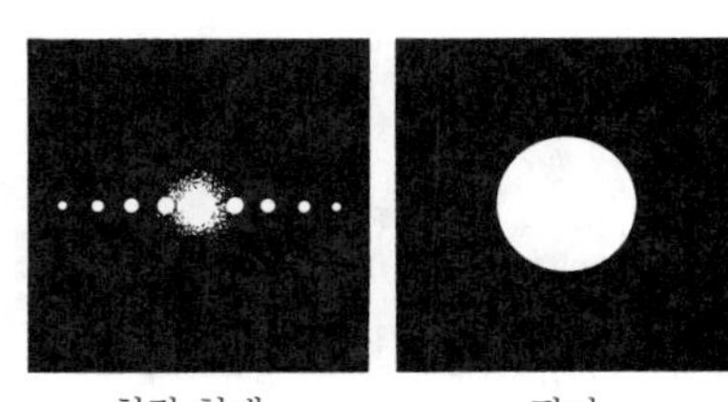

회절 형태 필터

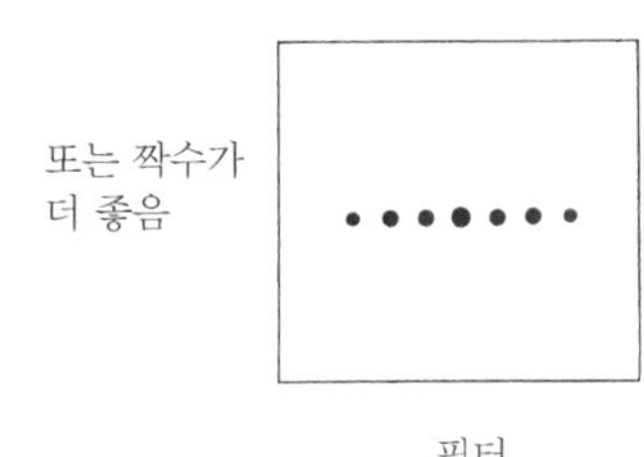

13.43

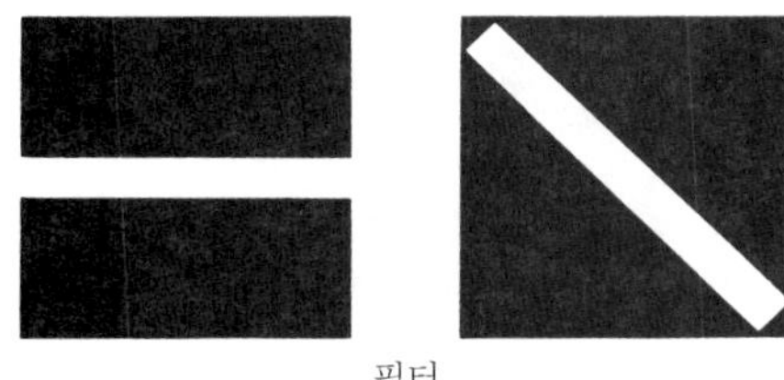

필터

13.44 기하학적 관계로부터 $f_t\theta = f_i\,\Phi$: $k_O = k\sin\theta$이고 $k_I = k\sin\Phi$이므로 $\sin\theta \approx \theta \approx k_O\lambda/2\pi$와 $\sin\Phi \approx \Phi \approx k_I\lambda/2\pi$이다. 따라서 $\theta/\Phi = k_O/k_I$이고, $k_I = k_O(\Phi/\theta) = k_O(f_t/f_i)$이다. $f_i > f_t$일 때 상이 물체보다 클 것이고 상의 공간 주기도 더 클 것이므로 상의 공간 주파수는 물체의 것보다 작다.

13.45 $a = (1/50)\,\text{cm}$: $a\sin\theta = m\lambda$, $\sin\theta \approx \theta$, 따라서 $\theta = (5000\,\text{m})\lambda$이고 변화면 위에서 차수들 사이의 거리는 $f\theta = 5000\,\lambda f = 2.7\,\text{mm}$이다.

13.47 회절 무늬 위의 각 점은 단일 공간 주파수에 대응한다. 만일 회절파가 평면파로 이루어진다고 생각하면, 그것 역시 단일 평면파 방향에 대응할 것이다. 이러한 파들은 홀로 물체의 주기성에 관한 정보를 가지지 못하므로 다소간 균일한 상을 생성한다. 광원의 주기성은 그 성분 평면파가 간섭할 때 상에 나타난다.

13.49 상대 전기장 진폭은 1.00, 0.60, 0.60이다. 그러므로 $E \propto 1 + 0.60\cos(+ky') + 0.60\cos(-ky') = 1 + 1.2\cos ky'$이다. 이것은 1.0과 같은 선에 대하여 진동하는 코사인이다. 그것은 +2.2에서 −0.2까지 변한다. 이것의 제곱은 복사 조도에 해당하고, 그것은 상대 높이가 $(2.2)^2$인 일련의 큰 피크(peak)일 것이다. 이 큰 피크들 사이에는 $(0.2)^2$에 비례하는 작은 피크가 있다. 그림 11.46과 비슷하다는 것을 주목하라.

13.50 $a\sin\theta = \lambda$, 여기서 $f\theta = 50\lambda f = 0.20\,\text{cm}$, 따라서 $\lambda = 0.20/50(100) = 400\,\text{nm}$이다. 초점 거리가 같은 때 배율은 1.0이므로 간격은 역시 50선/cm이다.

13.54 매질의 고유한 운동으로 인하여 스페클 무늬가 사라질 것이다.

참고문헌

ALLEN, L., S. M. BARNETT, and M. J. PADGETT, *Optical Angular Momentum*, Institute of Physics Publishing, Bristol, 2003.

ANDREWS, C. L., *Optics of the Electromagnetic Spectrum*, Prentice-Hall, Englewood Cliffs, N.J., 1960.

ANTONELLI, CHRISTIAN, FISCHER, GILES, JAMES, and STONER, *Waves and Optics Simulations*, Wiley, New York, 1995.

BACHOR, Hans-A., *A Guide to Experiments in Quantum Optics*, Wiley-VCH, Weinheim, 1998.

BAKER, B. B. and E. J. COPSON, *The Mathematical Theory of Huygens' Principle*, Oxford University Press, London, 1969.

BALDWIN, G. C., *An Introduction to Nonlinear Optics*, Plenum Press, New York, 1969.

BAND, Y. B., *Light and Matter*, Wiley, New York, 2006.

BARBER, N. F., *Experimental Correlograms and Fourier Transforms*, Pergamon, Oxford, 1961.

BARNOSKI, M., *Fundamentals of Optical Fiber Communications*, Academic Press, New York, 1976.

BARTON, A. W., *A Textbook on Light*, Longmans, Green, London, 1939.

BASS, M., ed., *Fiber Optics Handbook*, McGraw-Hill, New York, 2002.

BEARD, D. B. and G. B. BEARD, *Quantum Mechanics with Applications*, Allyn and Bacon, Boston, 1970.

BENNETT, C. A., *Principles of Physical Optics*, Wiley, New York, 2008.

BEESLEY, M., *Lasers and Their Applications*, Taylor and Francis, New York, 1976.

BERAN, M. J. and G. B. PARRENT, JR., *Theory of Partial Coherence*, Prentice-Hall, Englewood Cliffs, N.J., 1964.

BLAKER, J. W. and W. M. ROSENBLUM, *Optics*, Macmillan, New York, 1993.

BLOEMBERGEN, N., *Nonlinear Optics*, Addison-Wesley, Reading, MA, 1991.

BLOOM, A. L., *Gas Lasers*, Wiley, New York, 1968.

BLOSS, D., *An Introduction to the Methods of Optical Crystallography*, Holt, Rinehart and Winston, New York, 1961.

BOHREN, C. F.. and D. R. HUFFMAN, *Absorption and Scattering of Light by Small Particles*, Wiley, New York, 1983.

BORN, M. and E. WOLF, *Principles of Optics*, Pergamon, Oxford, 1970.

BOROWITZ, S., *Fundamentals of Quantum Mechanics*, Benjamin, New York, 1967.

BRADDICK, H., *Vibrations, Waves, and Diffraction*, McGraw-Hill, New York, 1965.

BROOKER, G., Modern Classical Optics, Oxford University Press, Oxford, 2003.

BROUWER, W., *Matrix Methods in Optical Instrument Design*, Benjamin, New York, 1964.

BROWN, E. B., *Modern Optics*, Reinhold, New York, 1965.

BUCK, J. A., *Optical Fibers*, Wiley, New York, 1995.

BUDKER, D., D. F. KIMBALL, and D. P. DEMILLE, *Atomic Physics*, Oxford University Press, Oxford, 2004.

BUTCHER, P. N. and D. COTTER, *The Elements of Nonlinear Optics*, Cambridge University Press, Cambridge, 1990.

CAJORI, F., *A History of Physics*, Macmillan, New York, 1899.

CATHEY, W., *Optical Information Processing and Holography*, Wiley, New York, 1974.

CHANG, W. S. C., *Principles of Quantum Electronics, Lasers: Theory and Applications*, Addison-Wesley, Reading, Mass., 1969.

CHARTIER, G., *Introduction to Optics*, Springer, New York, 2005.

COHEN-TANNOUDJI, C., DUPONT-ROC, J. and G. GRYNBERG, *Photons and Atoms*, Wiley, New York, 1989.

COLLIER, R., C. BURCKHARDT, and L. LIN, *Optical Holography*, Academic Press, New York, 1971.

CONRADY, A. E., *Applied Optics and Optical Design*, Dover Publications, New York, 1929.

COOK, A. H., *Interference of Electromagnetic Waves*, Clarendon Press, Oxford, 1971.

COSSLETT, V. E., *Modern Microscopy*, Cornell University Press, Ithaca, N. Y., 1966.

COULSON, C. A., *Waves*, Oliver and Boyd, Edinburgh, 1949.

COX, A., *Optics*, The Focal Press, London, 1961.

COWLEY, J. M., *Diffraction Physics*, North-Holland, Amsterdam, 1986.

CRAWFORD, F. S., JR., *Waves*, McGraw-Hill, New York, 1965.

DARRIGOL, O., *A History of Optics*, Oxford University Press, Oxford, 2012

DAVIS, C. C., *Lasers and Electro-Optics*, Cambridge University Press, Cambridge, 1996.

DAVIS, H. F., *Introduction to Vector Analysis*, Allyn and Bacon, Boston, 1961.

DAVIS, S. P., *Diffraction Grating Spectrographs*, Holt, Rinehart and Winston, New York, 1970.

DEGIORGIO, V. and I. CRISTIANI, *Photonics*, Springer, New York, 2014.

DENISYUK, Y., *Fundamentals of Holography*, Mir Publishers, Moscow, 1984.

DEVELIS, J. B. and G. O. REYNOLDS, *Theory and Applications of Holography*, Addison-Wesley, Reading, Mass., 1967.

DIMARZIO, C. A., *Optics for Engineers*, CRC Press, New York, 2012.

DIRAC, P. A. M., *Quantum Mechanics*, Oxford University Press,

London, 1958.

Ditchburn, R. W., *Light*, Wiley, New York, 1963.

Ditteon, R., *Modern Geometrical Optics*, Wiley, New York, 1998.

Dodd, J. N., *Atoms and Light: Interactions*, Plenum Press, New York, 1991.

Drude, P., *The Theory of Optics*, Longmans, Green, London, 1939.

Elmore, W. and M. Heald, *The Physics of Waves*, McGraw-Hill, New York, 1969.

Ersoy, O. K., *Diffraction Fourier Optics and Imaging*, Wiley, New York, 2007.

Feynman, R. P., *QED*, Princeton University Press, Princeton, N.J., 1985.

Flügge, J., ed., *Die wissenschafliche und angewandte Photographie; Band 1, Das photographische Objektiv*, Springer-Verlag, Wien, 1955.

Fowles, G., *Introduction to Modern Optics*, Holt, Rinehart and Winston, New York, 1968.

Fox, M., *Quantum Optics*, Oxford University Press, Oxford, 2007.

Françon, M., *Diffraction; Coherence in Optics*, Pergamon Press, Oxford, 1966.

Françon, M., *Modern Applications of Physical Optics*, Wiley, Interscience, New York, 1963.

Françon, M., *Optical Interferometry*, Academic Press, New York, 1966.

Françon, M., *Optical Image Formation and Processing*, Academic Press, New York, 1979.

Françon, M., N. Krauzman, J. P. Mathieu, and M. May, *Experiments in Physical Optics*, Gordon and Breach, New York, 1970.

Frank, N. H., *Introduction to Electricity and Optics*, McGraw-Hill, New York, 1950.

Freeman, M. H., *Optics*, Butterworths, London, 1990.

French, A. P., *Special Relativity*, Norton, New York, 1968.

French, A. P., *Vibrations and Waves*, Norton, New York, 1971.

Froome, K. D. and L. Essen, *The Velocity of Light and Radio Waves*, Academic Press, London, 1969.

Fry, G. A., *Geometrical Optics*, Chilton, Philadelphia, 1969.

Garbuny, M., *Optical Physics*, Academic Press, New York, 1965.

Gaskill, J., *Linear Systems, Fourier Transforms, and Optics*, Wiley, New York, 1978.

Gerry, C. C., and P. L. Knight, *Introductory Quantum Optics*, Cambridge University Press, Cambridge, 2006.

Ghatak, A. K., *An Introduction to Modern Optics*, McGraw-Hill, New York, 1971.

Ghatak, A. and K. Thyagarajan, *Contemporary Optics*, Plenum Press, New York, 1978.

Goldin, E., *Waves and Photons, An Introduction to Quantum Theory*, Wiley, New York, 1982.

Goldwasser, E. L., *Optics, Waves, Atoms, and Nuclei: An Introduction*, Benjamin, New York, 1965.

Goodman, J. W., *Introduction to Fourier Optics*, McGraw-Hill, New York, 1968.

Graham Smith, F. and T. A. King, *Optics and Photonics: An Introduction*, Wiley, New York, 2000.

Greenler, R., *Rainbows, Halos, and Glories*, Cambridge University Press, Cambridge, 1991.

Guenther, R. D., *Modern Optics*, Wiley, New York, 1990.

Hardy, A. C. and F. H. Perrin, *The Principles of Optics*, McGraw-Hill, New York, 1932.

Hariharan, P., *Basics of Interferometry*, Academic Press, New York, 1992.

Harvey, A. F., *Coherent Light*, Wiley, London, 1970.

Heavens, O. S., *Optical Properties of Thin Solid Films*, Dover Publications, New York, 1955.

Hecht, E., *Optics: Schaum's Outline Series*, McGraw-Hill, New York, 1975.

Hecht, J., *Understanding Fiber Optics, 4th ed.*, Prentice Hall, Upper Saddle River, New Jersey, 2002.

Hermann, A., *The Genesis of Quantum Theory (1899–1913)*, MIT Press, Cambridge, Mass., 1971.

Houston, R. A., *A Treatise On Light*, Longmans, Green, London, 1938.

Huard, S., *Polarization of Light*, Wiley, New York, 1997.

Hunsperger, R., *Integrated Optics: Theory and Technology*, Springer-Verlag, Berlin, 1984.

Huygens, C., *Treatise on Light*, Dover Publications, New York, 1962 (1690).

Iga, K., *Fundamentals of Laser Optics*, Plenum Press, New York, 1994.

Iizuka, K., *Engineering Optics*, Springer-Verlag, Berlin, 1987.

Iizuka, K., *Elements of Photonics*, Wiley, New York, 2002.

Ingard, K. U., *Fundamentals of Waves and Oscillations*, Cambridge University Press, Cambridge, 1988.

Jackson, J. D., *Classical Electrodynamics*, Wiley, New York, 1962.

Jenkins, F. A. and H. E. White, *Fundamentals of Optics*, McGraw-Hill, New York, 1957.

Jennison, R. C., *Fourier Transforms and Convolutions for the Experimentalist*, Pergamon, Oxford, 1961.

Joannopoulos, J. D., S. G. Johnson, J. N. Winn, and R. D. Meade, *Photonic Crystals*, Princeton University Press, Princeton, 2008.

Johnsen, S., *The Optics of Life*, Princeton University Press, Princeton, 2012.

Johnson, B. K., *Optics and Optical Instruments*, Dover Publications, New York, 1947.

Jones, B., et al., *Images and Information*, The Open University Press, Milton Keynes, Great Britain, 1978.

Kafri, O. and I. Glatt, *The Physics of Moiré Metrology*, Wiley, New York, 1990.

Karim, M. A., *Electro-Optical Devises and Systems*, PWS-Kent, Boston, 1990.

Kasap, S. O., *Optoelectronics and Photonics, 2912* Prentice Hall, Upper Saddle River, N.J., 2001.

Keiser, G., *Optical Fiber Communications*, McGraw-Hill, New York, 1991.

Kenyon, I. R., *The Light Fantastic*, Oxford University Press, Oxford, 2008.

Kitchin, C. R., *Telescopes and Techniques*, Springer-Verlag, Berlin, 1995.

Klauder, J. and E. Sudarshan, *Fundamentals of Quantum Optics*, Benjamin, New York, 1968.

Klein, M. V., *Optics*, Wiley, New York, 1970.

Kreyszig, E., *Advanced Engineering Mathematics*, Wiley, New

York, 1967.

Kuehni, R. G., *Color*, Wiley, New York, 1997.

Lengyel, B. A., *Lasers, Generation of Light by Stimulated Emission*, Wiley, New York, 1962.

Lengyel, B. A., *Introduction to Laser Physics*, Wiley, New York, 1966.

Levi, L., *Applied Optics*, Wiley, New York, 1968.

Levinson, M. D. and S. S. Kano, *Introduction to Nonlinear Laser Spectroscopy*, Academic Press, New York, 1988.

Lipson, S. G. and Lipson, H. and D. S. Tannhauser, *Optical Physics*, Cambridge University Press, London, (3rd Ed.), 1995.

Longhurst, R. S., *Geometrical and Physical Optics*, Wiley, New York, 1967.

Loudon, R., *The Quantum Theory of Light*, Clarendon Press, Oxford, 1986.

Mach, E., *The Principles of Physical Optics, An Historical and Philosophical Treatment*, Dover Publications, New York, 1926.

Magie, W. F., *A Source Book in Physics*, McGraw-Hill, New York, 1935.

Main, I. G., *Vibrations and Waves in Physics*, Cambridge University Press, Cambridge, (3rd Ed.), 1993.

Malacara, D., *Optical Shoptesting*, Wiley, New York, 1978.

Mandel, L. and E. Wolf, *Optical Coherence and Quantum Optics*, Cambridge University Press, Cambridge, 1995.

Mansuripur, M., *Classical Optics and Its Application*, Cambridge University Press, Cambridge, 2002.

Marchenko, O., S. Kazantsev, and L. Windholz, *Demonstrational Optics*, Kluwer Academic, New York, 2003.

Marion, J. and M. Heald, *Classical Electromagnetic Radiation*, Academic Press, New York, 1980.

Markel, V. A., and T. F. George, *Optics of Nanostructured Materials*, Wiley, New York, 2001.

Markos, P. and C. M. Soukoulis, *Wave Propagation*, Princeton University Press, Princeton, N.J., 2008.

Martin, L. C. and W. T. Welford, *Technical Optics*, Sir Isaac Pitman & Sons, Ltd., London, 1966.

Matveev, A. N., *Optics*, Mir Publishers, Moscow, 1988.

Meyer, C. F., *The Diffraction of Light, X-rays and Material Particles*, University of Chicago Press, Chicago, 1934.

Meyer-Arendt, J. R., *Introduction to Classical and Modern Optics*, Prentice-Hall, Englewood Cliffs, N.J., 1972.

Meystre, P. and M. Sargent III, *Elements of Quantum Optics*, Springer-Verlag, Berlin, 1990.

Mickelson, A. A., *Light Waves and Their Uses*, University of Chicago Press, Chicago, 1902.

Mickelson, A. A., *Studies in Optics*, University of Chicago Press, Chicago, 1927.

Mickelson, A. R., *Physical Optics*, Van Nostrand Reinhold, New York, 1992.

Midwinter, J., *Optical Fibers for Transmission*, Wiley, New York, 1979.

Military Standardization Handbook—Optical Design, MIL-HDBK-141, 5 October 1962.

Milonni, P. W. and J. H. Eberly, *Lasers*, Wiley, New York, 1988.

Minnaert, M., *The Nature of Light and Colour in the Open Air*, Dover Publications, New York, 1954.

Möller, K. D., *Optics*, Wiley, New York, 1988.

Morgan, J., *Introduction to Geometrical and Physical Optics*, McGraw-Hill, New York, 1953.

Muirden. J., *Beginner's Guide to Astronomical Telescope Making*, Pelham Books Ltd., London, 1975.

Newell, A. C. and J. V. Moloney, *Nonlinear Optics*, Addison-Wesley, Reading, Mass., 1992.

Newton, I., *Optiks*, Dover Publications, New York, 1952 (1704).

Noakes, G. R., *A Text-Book of Light*, Macmillan, London, 1944.

Nussbaum, A., *Geometric Optics: An Introduction*, Addison-Wesley, Reading, Mass., 1968.

Nussbaum, A. and R. Phillips, *Contemporary Optics for Scientists and Engineers*, Prentice-Hall, Englewood Cliffs, N.J., 1976.

Okoshi, T., *Optical Fibers*, Academic Press, New York, 1982.

O'Neill, E. L., *Introduction to Statistical Optics*, Addison-Wesley, Reading, Mass., 1963.

O'Shea, D., W. Callen, and W. Rhodes, *Introduction to Lasers and Their Applications*, Addison-Wesley, Reading, Mass., 1977.

O'Shea, D. C., *Elements of Modern Optical Design*, Wiley, New York, 1985.

Paesler, M. A., and P. J. Moyer, *Near-field Optics*, Wiley, New York, 1996.

Pain, H. J., *The Physics of Vibrations and Waves*, Wiley, New York, 2005.

Palmer, C. H., *Optics, Experiments and Demonstrations*, Johns Hopkins University Press, Baltimore, Md., 1962.

Papoulis, A., *The Fourier Integral and Its Applications*, McGraw-Hill, New York, 1962.

Papoulis, A., *Systems and Transforms with Applications in Optics*, McGraw-Hill, New York, 1968.

Paul, H., *Introduction to Quantum Optics*, Cambridge University Press, Cambridge, 2004.

Pearson, J. M., *A Theory of Waves*, Allyn and Bacon, Boston, 1966.

Pedrotti, F. L., L. S. Pedrotti, and L. M. Pedrotti, *Introduction to Optics*, Pearson/Prentice Hall, *Upper Saddle River*, N.J., 2007.

Personick, S. D., *Optical Fiber Transmission Systems*, Plenum Press, New York, 1981.

Planck, M. and M. Masius, *The Theory of Heat Radiation*, Blakiston, Philadelphia, 1914.

Preston, K., *Coherent Optical Computers*, McGraw-Hill, New York, 1972.

Reynolds, G., J. DeVelis, and B. Thompson, *The New Physical Optics Notebook: Tutorials in Fourier Optics*, SPIE and AIP, New York, 1989.

Robertson, E. R. and J. M. Harvey, eds., *The Engineering Uses of Holography*, Cambridge University Press, London, 1970.

Robertson, J. K., *Introduction to Optics Geometrical and Physical*, Van Nostrand, Princeton, N.J., 1957.

Ronchi, V., *The Nature of Light*, Harvard University Press, Cambridge, Mass., 1971.

Rossi, B., *Optics*, Addison-Wesley, Reading, Mass., 1957.

Ruechardt, E., *Light Visible and Invisible*, University of Michigan Press, Ann Arbor, Mich., 1958.

Safford, E. L. Jr. and J. A. McCann, *Fiberoptics and Lasers*, TAB Books, Blue Ridge Summit, PA, 1988.

SALEH, B. E. A. and M. C. TEICH, *Fundamentals of Photonics*, Wiley, New York, 1991.

SANDBANK, C. P., *Optical Fibre Communication Systems*, Wiley, New York, 1980.

SANDERS, J. H., *The Velocity of Light*, Pergamon, Oxford, 1965.

SARGENT, M., M. SCULLY, and W. LAMB, *Laser Physics,* Addison-Wesley, Reading, Mass., 1974.

SCHAWLOW, A. L., intr., *Lasers and Light; Readings from Scientific American*, Freeman, San Francisco, 1969.

SCHRÖDINGER, E. C., *Science Theory and Man*, Dover Publications, New York, 1957.

SCHROEDER. D. J., *Astronomical Optics*, Academic Press, New York, 1987.

SEARS, F. W., *Optics,* Addison-Wesley, Reading, Mass., 1949.

SHAMOS, M. H., ed., *Great Experiments in Physics*, Holt, New York, 1959.

SHANNON, R. R., *The Art and Science of Optical Design*, Cambridge University Press, Cambridge, 1997.

SHURCLIFF, W. A., *Polarized Light: Production and Use*, Harvard University Press, Cambridge, Mass., 1962.

SHURCLIFF, W. A. and S. S. BALLARD, *Polarized Light*, Van Nostrand, Princeton, N.J., 1964.

SILVAST, W. T., *Laser Fundamentals*, Cambridge University Press, Cambridge, 1996.

SILVERMAN, M. P., *Waves and Grains*, Princeton University Press, Princeton, N.J., 1998.

SIMMONS, J. and M. GUTTMANN, *States, Waves and Photons: A Modern Introduction to Light*, Addison-Wesley, Reading, Mass., 1970.

SINCLAIR, D. C. and W. E. BELL, *Gas Laser Technology*, Holt, Rinehart and Winston, New York, 1969.

SLAYTER, E. M., *Optical Methods in Biology*, Wiley, New York, 1970.

SMITH, F. G. and T. A. KING, *Optics and Photonics: An Introduction*, Wiley, New York, 2000.

SMITH, F. and J. THOMSON, *Optics*, Wiley, New York, 1971.

SMITH, G. and D. A. Atchison, *The Eye and Visual Optical Instruments*, Cambridge University Press, Cambridge, 1997.

SMITH, H. M., *Principles of Holography*, Wiley, New York, 1969.

SMITH, W. J., *Modern Optical Engineering*, McGraw-Hill, New York (2nd ed.), 1990.

Société Française de Physique, ed., *Polarization, Matter and Radiation. Jubilee Volume in Honor of Alfred Kastler*, Presses Universitaires
de France, Paris, 1969.

SOMMERFELD, A., *Optics*, Academic Press, New York, 1964.

SOUTHALL, J. P. C., *Mirrors, Prisms and Lenses*, Macmillan, New York, 1933.

SOUTHALL, J. P. C., *Introduction to Physiological Optics*, Dover Publications, New York, 1937.

STARK, H., *Applications of Optical Fourier Transforms*, Academic Press, New York, 1982.

STEWARD, E., *Fourier Optics: An Introduction*, Wiley, New York (2nd ed.), 1987.

STONE, J. M., *Radiation and Optics*, McGraw-Hill, New York, 1963.

STROKE, G. W., *An Introduction to Coherent Optics and Holography*, Academic Press, New York, 1969.

STRONG, J., *Concepts of Classical Optics*, Freeman, San Francisco, 1958.

SUITER, H. R., *Star Testing Astronomical Telescopes,* Willmann-Bell, Richmond, Va., 1999.

SVELTO, O., *Principles of Lasers*, Plenum Press, New York, 1977.

SYMON, K. R., *Mechanics,* Addison-Wesley, Reading, Mass., 1960.

TARASOV, L. V., *Laser Age in Optics*, Mir Publishers, Moscow, 1981.

TOLANSKY, S., *An Introduction to Interferometry*, Longmans, Green, London, 1955.

TOLANSKY, S., *Curiosities of Light Rays and Light Waves*, American Elsevier, New York, 1965.

TOLANSKY, S., *Multiple-Beam Interferometry of Surfaces and Films*, Oxford University Press, London, 1948.

TOLANSKY, S., *Revolution in Optics*, Penguin Books, Baltimore, Md., 1968.

TOWNE, D. H., *Wave Phenomena*, Addison-Wesley, Reading, Mass., 1967.

TROUP, G., *Optical Coherence Theory*, Methuen, London, 1967.

VALASEK, J., *Optics, Theoretical and Experimental*, Wiley, New York, 1949.

VAN Albada, L. E. W., *Graphical Design of Optical Systems,* Sir Isaac Pitman & Sons, London, 1955.

VAN de HULST, H. C., *Light Scattering by Small Particles*, Dover Publications, New York, 1981.

VAN HEEL, A. C. S., ed., *Advanced Optical Techniques*, American Elsevier, New York, 1967.

VAN HEEL, A. C. S. and C. H. F. VELZEL, *What Is Light?*, McGraw-Hill, New York, 1968.

VASICEK, A., *Optics of Thin Films*, North-Holland, Amsterdam, 1960.

WAGNER, A. F., *Experimental Optics*, Wiley, New York, 1929.

WALDRON, R., *Waves and Oscillations*, Van Nostrand, Princeton, N.J., 1964.

WEBB, R. H., *Elementary Wave Optics*, Academic Press, New York, 1969.

WILLIAMS, W. E., *Applications of Interferometry*, Methuen, London, 1941.

WILLIAMSON, S. and H. CUMMINS, *Light and Color in Nature and Art*, Wiley, New York, 1983.

WILSON, R. G., *Fourier Series and Optical Transform Techniques in Contemporary Optics*, Wiley, New York, 1995.

WOLF, E., ed., *Progress in Optics*, North-Holland, Amsterdam.

WOLF, H. F., ed., *Handbook of Fiber Optics: Theory and Applications*, Garland STPM Press, 1979.

WOOD, R. W., *Physical Optics*, Dover Publications, New York, 1934.

WRIGHT, D., *The Measurement of Color*, Van Nostrand, New York, 1971.

YARIV, A., *Quantum Electronics*, Wiley, New York, 1967.

YOUNG, H. D., *Fundamentals of Optics and Modern Physics*, McGraw-Hill, New York, 1968.

YU, F. T. S. and X. YANG, *Introduction to Optical Engineering*, Cambridge University Press, Cambridge, 1997.

YOUNG, M., *Optics and Lasers*, Springer-Verlag, Berlin, 1986.

ZAJONC, A., *Catching the Light*, Oxford University Press, New York, 1993.

ZIMMER, H., *Geometrical Optics*, Springer-Verlag, Berlin, 1970.

찾아보기

ㄱ

ㄴ

ㄷ

ㄹ

ㅁ

ㅂ

ㅅ

ㅇ

ㅈ

ㅊ

ㅋ

ㅌ

ㅍ

ㅎ

영문 및 기타

| 역자 소개 |

조재흥

고려대학교 물리학과 학사
KAIST 물리학과 석사·박사
독일 PTB Lab 4.42 초청연구원
미국 Kent University LCI 초청교수
(주) 엠텍, (주) 한빛엠디 기술고문 겸 초청교수
현재 한남대학교 광·센서공학과 교수
Email: jhjo@hnu.ac.kr

김규욱

서강대학교 물리학과 학사
KAIST 물리학과 석사·박사
한국표준과학연구원 레이저연구실 선임연구원
Electrotechnical Laboratory 객원연구원
CREOL, University of Central Florida 방문교수
현재 금오공과대학교 광시스템공학과 교수
Email: gukim@kumoh.ac.kr

황인각

KAIST 물리학과 학사·석사·박사
Novera Optics Inc. 연구원
KAIST 물리학과 박사후연구원 / 연구조교수
현재 전남대학교 물리학과 교수
Email: ikhwang@jnu.ac.kr

광학 제5판

저　　자	Eugene Hecht
역　　자	조재흥 · 김규욱 · 황인각
발 행 인	김지영
발 행 처	자유아카데미
주　　소	경기도 파주시 회동길 37-42 파주출판도시
전　　화	031-955-1321
팩　　스	031-955-1322
전자우편	main@freeaca.com(대표) editor@freeaca.com(편집) crm@freeaca.com(영업)
홈페이지	www.freeaca.com
등　　록	제406-2003-017호, 1980. 7. 12
제5판1쇄	2018년 2월 1일 발행
제5판6쇄	2025년 2월 15일 발행
정　　가	38,000원

PEARSON　www.pearsonhighered.com

Printed in Korea
ISBN 979-11-5808-162-1　　93420